KB199466

CALCULUS 4th

ROBERT T. SMITH / ROLAND B. MINTON 원저

미분적분학

대표역자
연세대학교 장 건 수

Calculus: Early Transcendental Functions, 4th Edition.

1 2 3 4 5 6 7 8 9 10 Book's Hill 20 13

Original: Calculus: Early Transcendental Functions, 4th Edition. © 2012
By Robert Smith, Roland Minton
ISBN 978-0-07-353232-5

This book is exclusively distributed by Book's Hill Publisher.

When ordering this title, please use ISBN 978-89-5526-467-8

Printed in Korea

역자 머리말

이 책은 미국의 대학에서 미분적분학 교재로 가장 많이 채택되는 교재 중 하나이며 스페인어로도 번역 출간되었다. 저자들이 20년 이상 대학에서 미분적분학을 강의한 경험을 바탕으로 집필한 이 책은 그 내용이 풍부하고 구성이 참신하며 이론과 응용을 잘 조화시켜 누구나 쉽게 이해할 수 있도록 내용을 기술하고 있다. 우리나라 대학의 미분적분학 교재로도 손색이 없는 책이라고 생각하여 이 책을 번역하게 되었다.

이 책의 특징은 각 장의 도입 부분에서 그 장의 내용과 관련된 흥미로운 실생활 문제를 소개하여 독자들에게 학습 동기를 부여하고 풍부한 예제와 다양한 문제를 제시하여 내용을 이해하는 데 도움을 준다는 것이다. 그리고 개념을 이해하고 문제를 해결하는 데 필요하다면 그래픽계산기나 컴퓨터를 사용하도록 권장하고 있다. 이 책을 번역하는 데 다음과 같은 원칙을 적용하였다.

1. 원칙적으로 원문에 충실하게 번역한다.
2. 필요한 경우에는 의역을 한다.
3. 학생의 입장에서 알기 쉬운 문장으로 기술한다.
4. 가능한 한 쉽고 간결하게 표현한다.
5. 용어는 고등학교 교과서 용어를 우선하고 그 밖의 용어는 수학용어집(대한수학회 발행)을 참조한다.
6. 책의 분량을 고려하여 각 절의 연습문제는 20문항 정도만 선택한다.
7. 모든 연습문제의 해답을 부록에 수록하여 학생들이 학습하는 데 도움이 되도록 한다.

이 책은 기초에서부터 심화까지 단계적으로 내용을 기술하고 쉬운 문제부터 어려운 문제까지 다양하게 다루고 있어서 고등학교 수학 수준의 내용을 알고 있는 학생이라면 비록 수학적 기초가 약하고 고등학교에서 미분적분학을 배우지 않았더라도 별 어려움 없이 내용을 이해할 수 있으리라 생각한다. 이 책이 미분적분학을 공부하는 학생들에게 많은 도움을 줄 수 있기를 바란다.

이 책을 번역 출판하는 데 애써주신 북스힐 조승식 사장님과 편집부 여러분들께 감사드린다.

2013년 2월 역 자

원저자 머리말

이 책은 수학, 물리학, 화학, 공학, 또는 이와 관련된 분야를 전공하는 학생들을 위해서 집필한 미분적분학 교재이다. 필자는 20년 이상 미국의 대학에서 미분적분학을 강의한 경험을 바탕으로 이 책을 집필하였으며, 누구나 이해하기 쉬운 문장으로 서술하였다. 수학적 기초가 약한 학생, 미분적분학을 전혀 공부하지 않은 학생, 어느 정도는 이해하지만 완전하지 않은 학생도 이 책을 읽고 이해할 수 있도록 배려하였다.

최근 활발히 진행되고 있는 미분적분학의 개선방향에 맞추어 기본개념을 이해하고, 문제를 풀고, 이것을 응용할 수 있도록 많은 예제와 다양한 문제를 제시하였다. 또한, 이론과 실제를 잘 조화시켜 내용을 구성하였다. 예를 들면, 로그함수, 지수함수, 삼각함수를 도입에서 먼저 간단히 소개하고 미분과 적분, 적분의 응용에 관한 흥미로운 예를 다루는 데 이 함수들을 활용하였다. 이 함수들의 엄밀한 정의와 수학적 성질은 그 후에 다루었다. 또한, 곡선 아래의 면적을 리만합의 극한으로 정의하고, 이 개념을 이해하기 위해서 수치적으로 면적의 근삿값을 계산해 보고 미분적분학의 기본정리를 사용하여 면적의 정확한 값을 구하도록 하였다.

미분적분학에서 다루는 기본개념을 이해하고 문제를 해결하는 데 도움이 된다면 그래픽계산기나 컴퓨터를 사용하도록 권장하였다. 특히 삼차원 공간에서 입체의 성질을 이해하는 데 컴퓨터그래픽은 매우 유용하고 필요한 보조수단이다.

각 장의 내용을 간단히 소개하면 다음과 같다. 0장에서는 미분적분학을 공부하는 데 필요한 기본성질을 다루었다. 대부분의 학생들은 이미 이 내용을 잘 알고 있을 것이라 생각한다. 이 장의 내용은 학생의 수준에 따라서 일부 또는 전부를 생략할 수 있다. 1장에서는 극한과 연속의 개념을, 2장에서는 도함수를 정의하고 곱의 법칙, 연쇄법칙을 소개하였다. 3장에서는 뉴턴의 방법, 로피탈의 법칙, 변화율 등 미분의 응용을 다루었다. 4장에서는 역도함수와 적분을 정의하고 미분적분학의 기본정리를 소개하였다. 5장에서는 적분의 응용으로 넓이, 부피, 호의 길이, 겉넓이를 계산하고, 6장에서는 적분법을, 7장에서는 일계 미분방정식을, 8장에서는 무한급수와 수렴판정법을, 9장에서는 매개변수방정식과 극좌표를, 10장에서는 삼차원 공간에서의 벡터와 곡면의 그래프를 다루었다. 11장에서는 벡터함수를, 12장에서는 다변수함수의 극한과 연속, 편도함수, 연쇄법칙을, 13장에서는 이중적분과 삼중적분을 소개하고 이에 관한 응용과 원주좌표와 구면좌표에서 다중적분을 다루었다. 14장에서는 그린정리, 발산정리, 스톡스정리 등을 다루었다.

이 책을 집필하는 데 많은 분들의 도움을 받았다. 특히, 이 책의 본문과 예제, 문제를 검토하여 오류를 바로잡고 여러 가지 충고와 조언을 해 준 분들의 노력 덕분에 이 책의 내용을 개선할 수 있었다. 끝으로, 이 책을 집필하는 동안 필자의 가족들이 보여 준 사랑과 이해는 필자에게 많은 격려가 되었다. 이 모든 분들께 감사드린다.

차 례

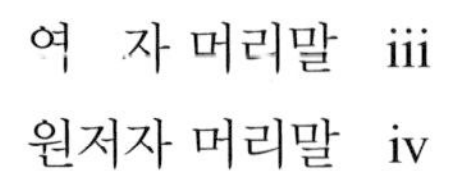

3장 •• 미분의 응용 171

4장 •• 적 분 239

5장 •• 정적분의 응용 313

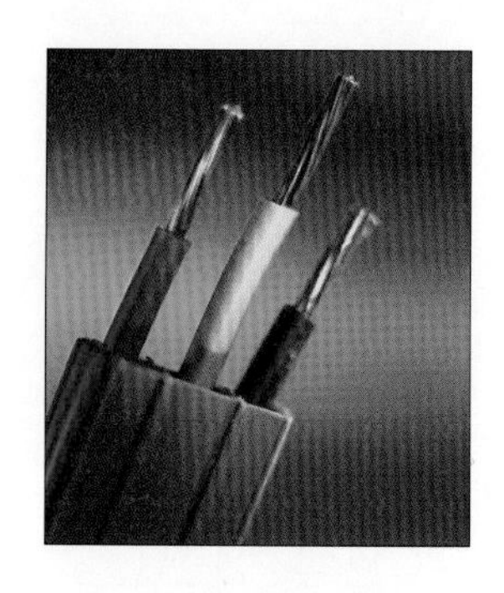

6장 •• 적분법 365

7장 •• 일계 미분방정식 405

8장 •• 무한급수 437

9장 •• 매개변수방정식과 극좌표 525

10장 • • 벡터와 공간기하 567

11장 • • 벡터함수 617

12장 • • 다변수함수와 편미분 641

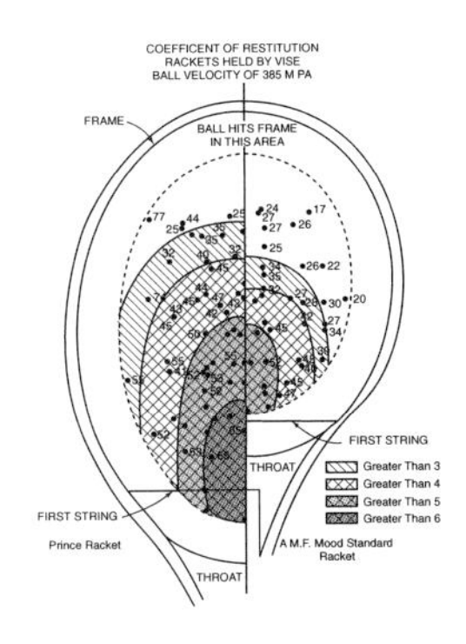

13장 • • 중적분 727

14장 • • 벡터함수의 미분적분학 797

CHAPTER

기본성질

이 장에서는 미분적분학을 공부하는 데 필요한 개념들을 알아보자.

앵무조개는 나선 모양으로 커진다. 이 아름다운 모양 뒤에는 여러 수학 개념이 숨어 있다. 앵무조개의 각 껍데기들은 일정한 비율을 유지하며 커진다. 즉, 조개껍데기에 외접하도록 직사각형을 그리면 그 직사각형의 세로와 가로의 비는 거의 일정하다.

이 성질을 수학으로 표현하는 방법은 몇 가지 있다. 9장의 극좌표에서 커지는 각이 상수인 로그함수를 다루는데 이 각이 앵무조개에서 생기는 비에 해당한다. 조개껍데기에 외접하는 직사각형을 그림과 같이 작은 정사각형들로 나눌 수 있다. 각 정사각형의 크기는 피보나치 수열(1, 1, 2, 3, 5, 8, …)이다.

피보나치 수열은 재미있는 성질이 많다. 이 수들은 신기하게도 여러 자연 현상에서 나타난다. 백합의 꽃잎(3), 미나리아재비의 꽃잎(5), 금송화의 꽃잎(13), 검은 수잔의 꽃잎(21), 제충국의 꽃잎(34) 등이 대표적인 예이다. 피보나치 수열을 함수로는 어떻게 나타낼 수 있을까? 그림 0.1과 같이 처음 몇 개의 항을 그림으로 나타내 보면, 포물선이나 지수함수의 그래프와 비슷함을 알 수 있다.

이 문제에 대한 두 가지 관점이 미분적분학의 중요한 주제이다. 첫 번째 관점은 현상을 좀 더 잘 표현할 수 있도록 규칙을 찾는 것이고 다른 하나는 그래프와 함수 사이의 관계에 대한 것이다. 대수적 방법과 그래프의 모양을 이용하면 자연 현상의 문제를 수학적으로 해결하는 데 많은 도움을 받을 수 있다.

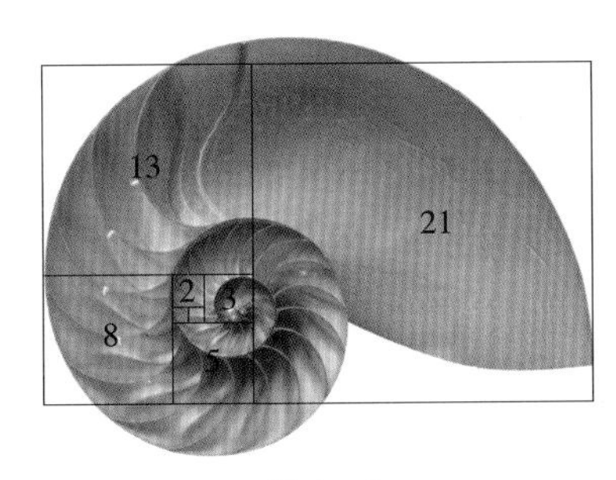

앵무조개

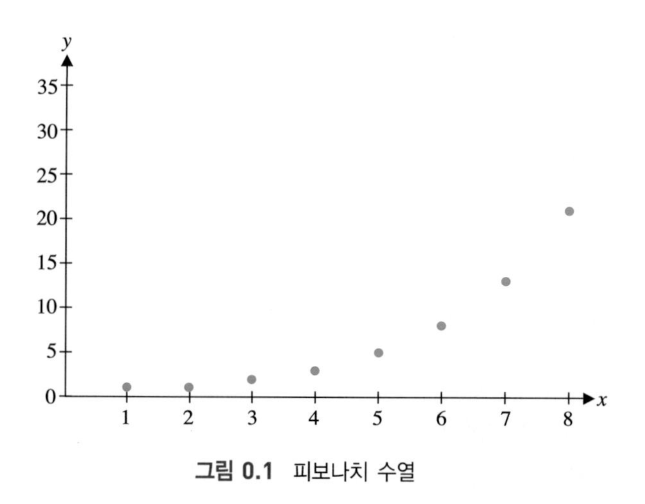

그림 0.1 피보나치 수열

0.1 다항식과 유리함수

실수와 부등식

실수는 유리수와 무리수로 구성되어 있으며, 유리수는 자연수와 정수를 포함한다.

자연수 $= \{1, 2, 3, 4, \cdots\}$
정수 $= \{0, \pm 1, \pm 2, \pm 3, \cdots\}$
유리수 $= \{\frac{p}{q}$: p, q는 정수, $q \neq 0\}$

임의의 정수 n은 $n = \frac{n}{1}$로 표현할 수 있으므로 정수는 유리수이다.

무리수는 유리수가 아닌 모든 실수들의 모임이다. 예를 들면, $\sqrt{2}$, π, e 등은 무리수이다. 순환 소수는 유리수이고, 순환 소수가 아닌 무한 소수는 무리수이다. 예를 들면, $\frac{1}{2} = 0.5$, $\frac{1}{3} = 0.3333\overline{3}$, $\frac{1}{8} = 0.125$, $\frac{1}{6} = 0.16666\overline{6}$은 유리수이고

$$\begin{aligned}\sqrt{2} &= 1.41421\,35623\cdots \\ \pi &= 3.14159\,26535\cdots \\ e &= 2.71828\,18284\cdots\end{aligned}$$

은 무리수이다.

모든 실수는 실직선이라고 부르는 직선 위에 표시할 수 있다(그림 0.2). 실수 전체의 집합을 기호 $\mathbb{R}$로 나타낸다.

두 실수 a, b에 대해서 $a < b$인 경우, 폐구간 $[a, b]$와 개구간 (a, b)를 각각 다음과

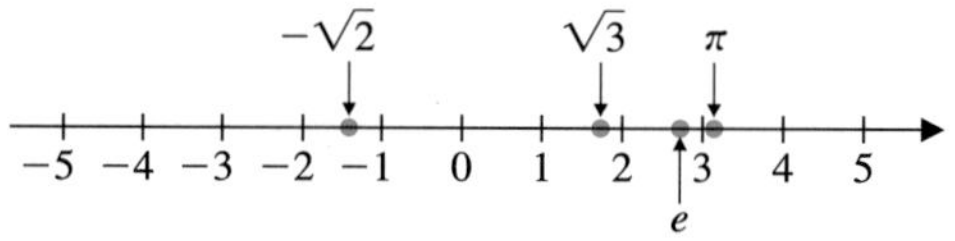

$-\sqrt{2}$ $\sqrt{3}$ π
-5 -4 -3 -2 -1 0 1 2 3 4 5
e

그림 0.2 실직선

그림 0.3 폐구간

그림 0.4 개구간

같이 정의한다(그림 0.3~0.4).

$$[a, b] = \{x \in \mathbb{R} \mid a \le x \le b\}$$
$$(a, b) = \{x \in \mathbb{R} \mid a < x < b\}$$

정리 1.1

a, b가 실수이고 $a<b$일 때, 다음 부등식이 성립한다.

(i) 임의의 실수 c에 대해서, $a+c<b+c$

(ii) 임의의 실수 c, d에 대해서, $c<d$이면 $a+c<b+d$

(iii) 임의의 실수 $c>0$에 대해서, $a \cdot c<b \cdot c$

(iv) 임의의 실수 $c<0$에 대해서, $a \cdot c>b \cdot c$

주 1.1

정리 1.1의 성질들은 부등식을 푸는 데 사용된다. 이 성질들을 말로 표현하면 다음과 같다.

(i) 부등식의 양변에 같은 수를 더할 수 있다.

(iii) 부등식의 양변에 같은 양수를 곱할 수 있다.

(iv) 부등식의 양변에 같은 음수를 곱하면, 부등호의 방향이 바뀐다.

정리 1.1을 사용해서 간단한 부등식을 풀어보자.

예제 1.1 일차부등식

부등식 $2x+5<13$을 풀어라.

풀이

부등식의 양변에 -5를 더하면

$$(2x+5)-5<13-5$$
$$2x<8$$

부등식의 양변을 2로 나누면

$$x<4$$

이 부등식의 해집합을 구간으로 표시하면 $(-\infty, 4)$이다. ■

예제 1.2 연립부등식

연립부등식 $6<1-3x\le 10$을 풀어라.

풀이

다음 두 부등식을 동시에 만족하는 x의 범위를 구하면 된다.

$$6<1-3x, \quad 1-3x\le 10$$

부등식의 각 변에 -1을 더하면

$$6-1<(1-3x)-1\le 10-1$$

$$5<-3x\le 9$$

부등식의 각 변을 -3으로 나누면

$$\frac{5}{-3}>\frac{-3x}{-3}\ge\frac{9}{-3}$$

$$-\frac{5}{3}>x\ge -3$$

따라서 구하는 해는 다음과 같다.

$$-3\le x<-\frac{5}{3}\quad \text{또는}\quad \left[-3,\ -\frac{5}{3}\right)$$

■

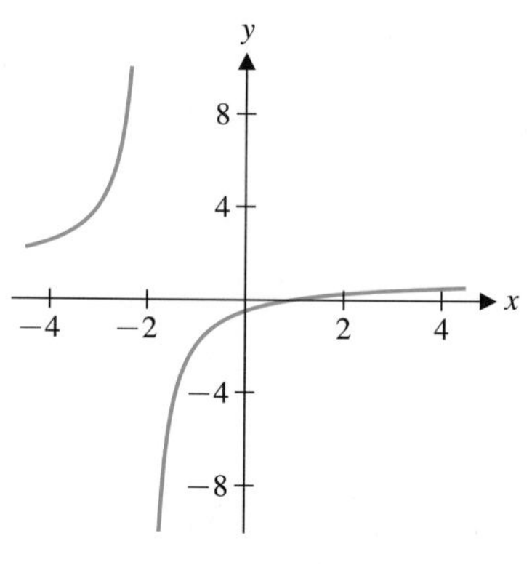

그림 0.5 $y=\dfrac{x-1}{x+2}$

예제 1.3 분수형 부등식

부등식 $\dfrac{x-1}{x+2}\ge 0$을 풀어라.

풀이

함수 $y=\dfrac{x-1}{x+2}$의 그래프(그림 0.5)에서 $x<-2$ 또는 $x\ge 1$이 해가 됨을 알 수 있다. 그러나 그래프만 가지고 항상 정확한 풀이를 구할 수 있는 것은 아니다. 부등식을 풀기 위해서, 먼저 $x-1$, $x+2$, $\dfrac{x-1}{x+2}$이 $-$, 0, $+$가 되는 구간을 결정한다(왼쪽 그림 참조).

$x=-2$인 경우는 부등식의 왼쪽 식은 정의되지 않으므로 그림에서 "⊠"로 표시하였다. 왼쪽 그림에서 $x<-2$ 또는 $x\ge 1$일 때 부등식이 만족된다. 따라서 구하는 해는 $(-\infty,-2)\cup[1,\infty)$이다.

■

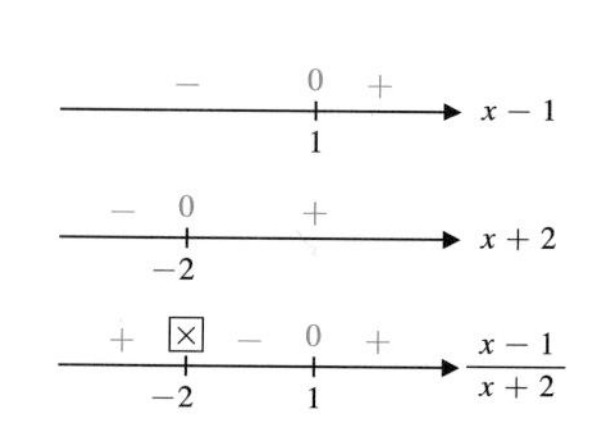

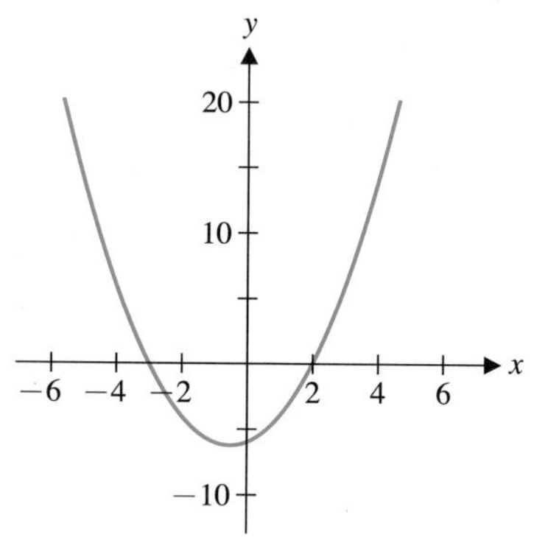

그림 0.6 $y=x^2+x-6$

예제 1.4 이차부등식

다음 부등식을 풀어라.

$$x^2+x-6>0 \tag{1.1}$$

풀이

함수 $y=x^2+x-6$의 그래프(그림 0.6)에서 $x<-3$ 또는 $x>2$이 해가 됨을 알 수 있다. 그러나 그래프만 가지고 항상 정확한 해를 구할 수는 없다. 식 (1.1)은

$$(x+3)(x-2)>0 \tag{1.2}$$

과 같으므로, $x+3$, $x-2$, $(x+3)(x-2)$이 $-$, 0, $+$가 되는 구간을 결정한다(왼쪽 그림 참조). 그림에서 $x<-3$ 또는 $x>2$일 때 부등식이 만족된다. 따라서 구하는 해는 $(-\infty,-3)\cup(2,\infty)$이다.

■

정의 1.1

실수 x의 **절댓값**(absolute value) $|x|$를 다음과 같이 정의한다.

$$|x| = \begin{cases} x, & x \geq 0\text{일 때} \\ -x, & x < 0\text{일 때} \end{cases}$$

x가 음수이면 $-x$는 양수이다. 따라서 모든 실수 x에 대해서 $|x| \geq 0$이다. 예를 들면, $|-4| = -(-4) = 4$이다. 임의의 실수 a, b에 대해서

$$|a \cdot b| = |a| \cdot |b|$$

이다. 그러나 일반적으로

$$|a+b| \neq |a| + |b|$$

이다. $a=5$, $b=-2$인 경우 위 등식은 성립하지 않는다.

그러나 다음 부등식은 항상 성립한다.

$$|a+b| \leq |a| + |b|$$

이 부등식을 **삼각부등식**(triangle inequality)이라 한다.

$|a-b|$는 두 수 a와 b 사이의 거리이다(그림 0.7). 이것은 절댓값을 포함한 부등식을 푸는 데 유용하게 사용된다.

주 1.2

임의의 두 실수 a, b에 대해서, $|a-b|$는 a와 b 사이의 거리이다(그림 0.7).

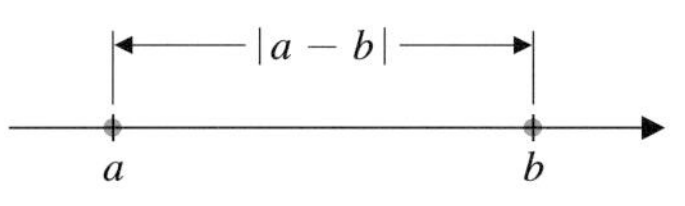

그림 0.7 a와 b 사이의 거리

예제 1.5 절댓값을 포함한 부등식

다음 부등식을 풀어라.

$$|x-2| < 5 \tag{1.3}$$

풀이

식 (1.3)은 x에서 2까지의 거리가 5보다 작다는 뜻이다. 이것을 만족하는 x는 $-3 < x < 7$이다(그림 0.8). 따라서 구하는 해는 $(-3, 7)$이다.

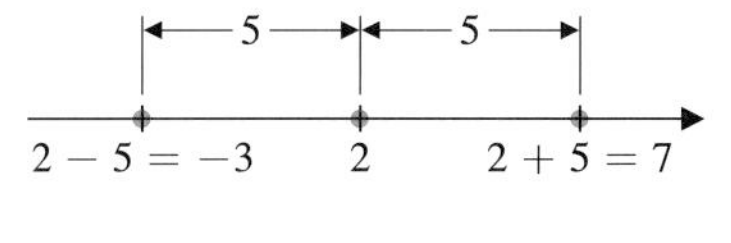

그림 0.8 $|x-2| < 5$

절댓값을 포함하는 많은 부등식들은 다음 예제 1.6과 같이 풀면 된다.

예제 1.6 절댓값 안에 더하기가 있는 부등식

다음 부등식을 풀어라.

$$|x+4| \leq 7 \tag{1.4}$$

풀이

절댓값을 거리로 생각하면 식 (1.4)는 다음과 같이 쓸 수 있다.

$$|x-(-4)| \leq 7$$

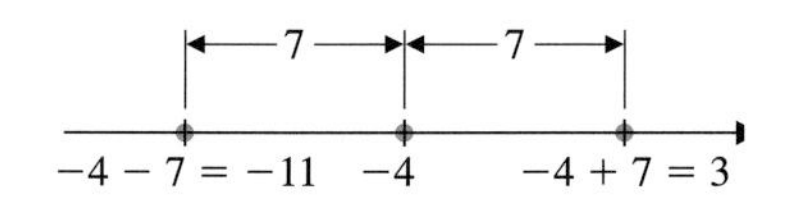

그림 0.9 $|x+4| \le 7$

x와 -4의 거리가 7보다 작거나 같으므로 그림 0.9와 같이 해는 $-11 \le x \le 3$ 또는 $[-11, 3]$이다.

실수 $r>0$에 대하여 부등식 $|x|<r$은 다음 부등식과 같다.

$$-r<x<r$$

예제 1.7에서는 예제 1.5를 다른 방법으로 풀어 보자.

예제 1.7 부등식을 푸는 또 다른 방법

부등식

$$|x-2|<5$$

을 풀어라.

풀이

이 부등식은 다음 부등식과 같다.

$$-5<x-2<5$$

각 변에 2를 더하면

$$-3<x<7$$

이고 구간으로 나타내면 $(-3, 7)$이다.

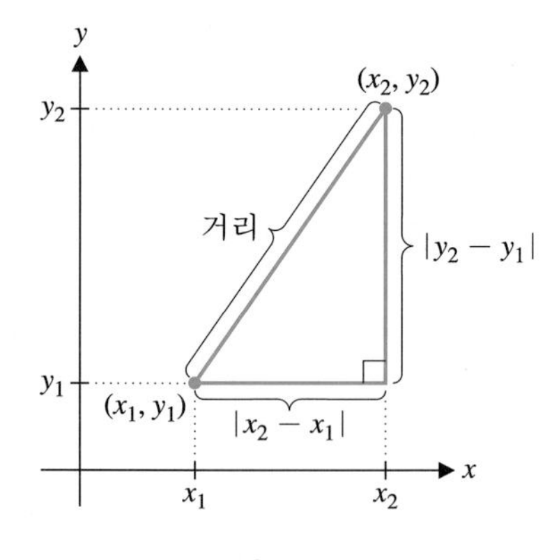

그림 0.10 거리

두 점 (x_1, y_1)과 (x_2, y_2) 사이의 거리는 피타고라스 정리에 의하여

$$d\{(x_1, y_1), (x_2, y_2)\} = \sqrt{(x_2-x_1)^2+(y_2-y_1)^2}$$

이다(그림 0.10).

예제 1.8 거리 공식 이용

두 점 $(1, 2)$, $(3, 4)$ 사이의 거리를 구하여라.

풀이

$(1, 2)$와 $(3, 4)$ 사이의 거리는 다음과 같다.

$$d\{(1, 2), (3, 4)\} = \sqrt{(3-1)^2+(4-2)^2} = \sqrt{4+4} = \sqrt{8}$$

연도	인구
1960	179,323,175
1970	203,302,031
1980	226,542,203
1990	248,709,873

직선의 방정식

왼쪽의 표는 1960년부터 1990년까지 10년마다 미국의 인구를 나타낸 통계 자료이다. 인구에 대한 통계는 정부에서 여러 가지 정책을 마련하는 데 매우 중요한 자료가 된다. 예를 들면, 국회의원 선거구 결정, 사회복지 정책 수립, 의료보험 문제 등이다.

인구 조사 자료를 분석하는 데 실제 인구 수는 숫자가 너무 크고 복잡하므로 백만 단위에서 반올림(또는 버림)하여 자료를 간단하게 하면 편리하다. 오른쪽의 표는 백만 단위에서 반올림한 자료이다. 이때, 연도는 x로, 인구 수는 y로 놓고 자료를 정리하면, 1960은 $x=0$, 1970은 $x=10$이고 이때의 인구는 $y=179$, $y=203$이 된다.

x	y
0	179
10	203
20	227
30	249

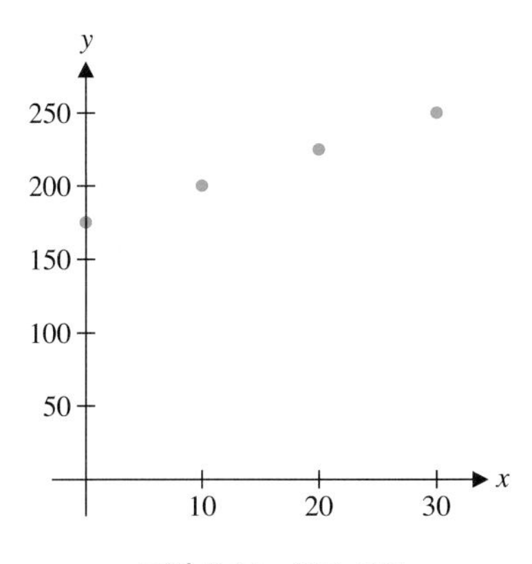

그림 0.11 인구 자료

이 자료를 그림으로 나타낸 것이 그림 0.11이다. 이 그림의 점들은 한 직선 위에 놓여 있는 것 같이 보인다. 실제로, 이 점들이 한 직선에 놓여 있는지를 알아보기 위해서는 10년마다의 인구 증가율을 계산해 보면 된다.

1960년에서 1970년까지는 24(백만),
1970년에서 1980년까지는 24(백만),
1980년에서 1990년까지는 22(백만)

이 증가하였다. 따라서, 이 점들은 같은 직선 위에 놓여 있지 않다. 위에서 생각한 증가율이 직선의 기울기에 대한 개념이다.

정의 1.2

$x_1 \neq x_2$일 때, 평면상의 두 점 (x_1, y_1)과 (x_2, y_2)를 지나는 **직선의 기울기**(slope)는

$$m = \frac{y_2 - y_1}{x_2 - x_1} \tag{1.5}$$

이다. $x_1 = x_2$이고 $y_1 \neq y_2$인 경우, 이 직선은 x축에 **수직**(vertical)인 직선이고 기울기는 없다.

x가 증가한 양 $x_2 - x_1$을 Δx로 놓고, y가 증가한 양 $y_2 - y_1$을 Δy로 놓으면 기울기는 $\dfrac{\Delta y}{\Delta x}$로 표현된다.

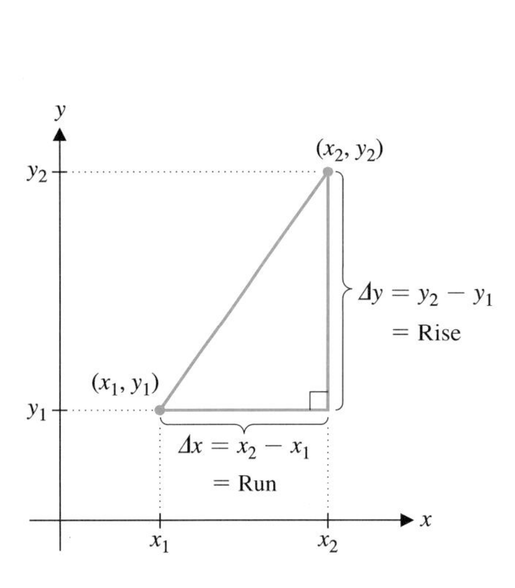

그림 0.12a 기울기

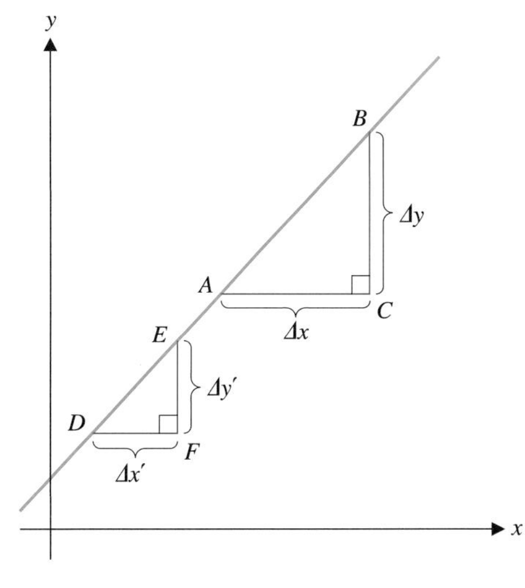

그림 0.12b 닮은 삼각형과 기울기

직선상의 어떤 두 점을 선택해도 기울기는 항상 같다. 그림 0.12b에서 직선상의 점 A, B, D, E에 대해서 삼각형 ΔABC와 ΔDEF는 닮은 삼각형이다. 따라서

$$\frac{\Delta y}{\Delta x} = \frac{\Delta y'}{\Delta x'}$$

이므로 기울기는 같다. x축에 평행인 직선의 기울기는 0이다.

예제 1.9 직선의 기울기 구하기

두 점 (4, 3)과 (2, 5)를 지나는 직선의 기울기를 구하여라.

풀이

식 (1.5)를 사용하여 구한다.

$$m = \frac{y_2 - y_1}{x_2 - x_1} = \frac{5-3}{2-4} = \frac{2}{-2} = -1$$

■

예제 1.10 같은 직선 위의 점

세 점 (1, 2), (3, 10), (4, 14)는 같은 직선 위에 있는가?

풀이

점 (1, 2)와 (3, 10)을 지나는 직선의 기울기는

$$m_1 = \frac{y_2 - y_1}{x_2 - x_1} = \frac{10-2}{3-1} = \frac{8}{2} = 4$$

이고 점 (3, 10)과 (4, 14)를 지나는 직선의 기울기는

$$m_2 = \frac{y_2 - y_1}{x_2 - x_1} = \frac{14-10}{4-3} = 4$$

이다. 두 기울기가 같으므로 세 점은 같은 직선 위에 있다.

■

직선의 기울기와 그 직선이 지나는 한 점을 알면 직선의 방정식을 구할 수 있다. 또, 직선의 그래프를 그리는 가장 쉬운 방법은 두 점을 연결하는 직선을 그리는 것이다.

예제 1.11 직선의 그래프

기울기가 $\frac{2}{3}$이고 점 (2, 1)을 지나는 직선 위에 있는 다른 한 점을 구하고 이 직선의 그래프를 그려라.

풀이

식 (1.5)에 $m = \frac{2}{3}$, $x_1 = 2$, $y_1 = 1$을 대입하면 다음과 같다.

$$\frac{2}{3} = \frac{y_2 - 1}{x_2 - 2}$$

두 번째 점의 x좌표는 임의로 택할 수 있다. 예를 들어, $x_2 = 5$라 하면

$$\frac{2}{3} = \frac{y_2 - 1}{5 - 2} = \frac{y_2 - 1}{3}$$

이므로 $y_2 = 3$이다. 따라서 점 (5, 3)은 이 직선 위에 있다(그림 0.13a). 또 다른 방법으로는 기울기가

$$m = \frac{2}{3} = \frac{\Delta y}{\Delta x}$$

이므로 그림 0.13b에서와 같이 오른쪽으로 세 칸 움직이면 위로 두 칸 움직이면 된다.

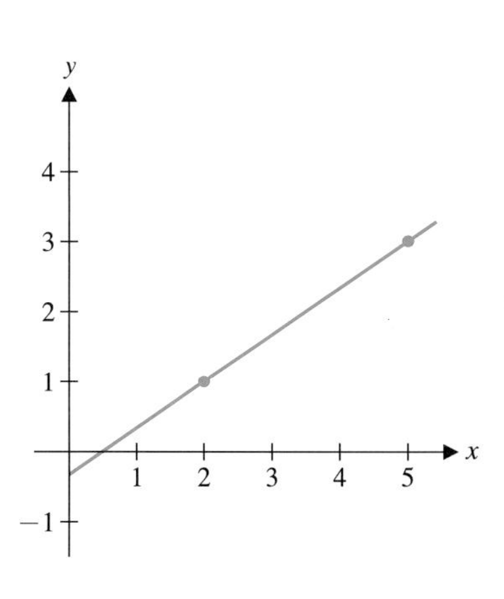

그림 0.13a 직선의 그래프

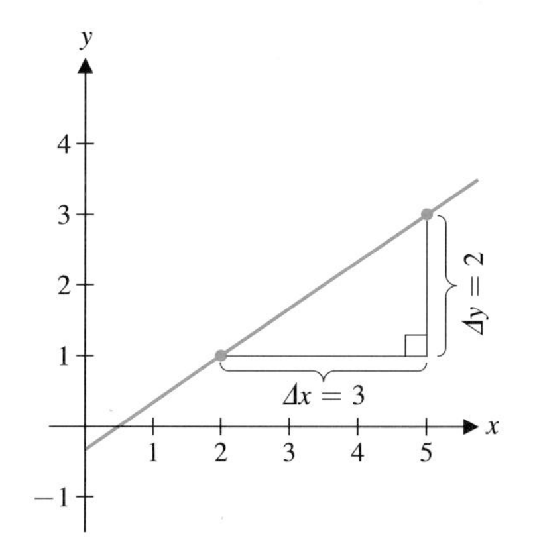

그림 0.13b 기울기를 이용하여 직선 위의 다른 한 점 구하기

기울기가 m이고 점 (x_0, y_0)를 지나는 직선 위의 임의의 점 (x, y)는

$$m = \frac{y - y_0}{x - x_0} \tag{1.6}$$

을 만족한다. 식 (1.6)의 양변에 $(x - x_0)$를 곱하면,

$$y - y_0 = m(x - x_0)$$

이다.

직선의 점-기울기 방정식

$$y = m(x - x_0) + y_0 \tag{1.7}$$

예제 1.12 두 점을 지나는 직선의 방정식

두 점 (3, 1)과 (4, −1)을 지나는 직선의 방정식을 구하고 그래프를 그려라.

풀이

식 (1.5)를 이용하면 기울기는 $m = \frac{-1-1}{4-3} = \frac{-2}{1} = -2$이다. 식 (1.7)에 $m = -2$, $x_0 = 3$, $y_0 = 1$을 대입하면 구하는 직선의 방정식은

$$y = -2(x - 3) + 1 \tag{1.8}$$

이다. 이 직선의 그래프는 그림 0.14와 같이 (3, 1)과 (4, −1)을 잇는 직선이다.

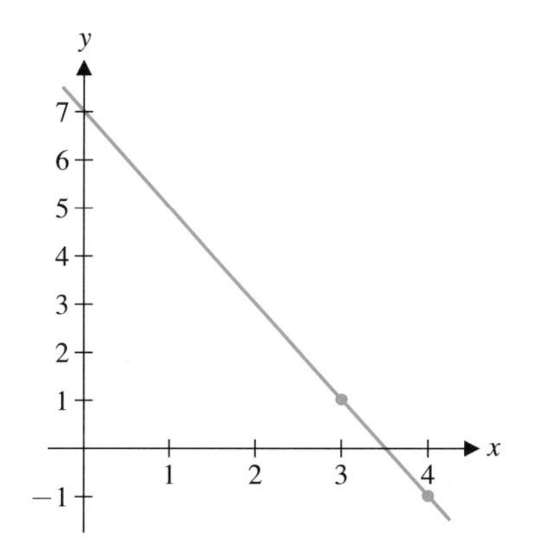

그림 0.14 $y = -2(x-3) + 1$

직선의 점-기울기 방정식도 편리하지만, 때로는 기울기-절편 방정식이 더 편리한 경우도 있다. 이것은

$$y = mx + b$$

형태의 식이다. 이 식에서 m은 직선의 기울기이고 b는 y절편을 나타낸다. 예제 1.12

에서는 방정식이

$$y = -2x + 7$$

이므로 그림 0.14에서 보듯이 이 직선의 y절편은 7이다.

다음 정리는 평행선과 수직선에 관해서 잘 알려진 정리이다.

정리 1.2

(i) 기울기가 같은 두 직선은 **평행**(parallel)이다.

(ii) 두 직선의 기울기가 각각 m_1, m_2이고 $m_1 \cdot m_2 = -1$이면, 이 두 직선은 **서로 수직**(perpendicular)이다.

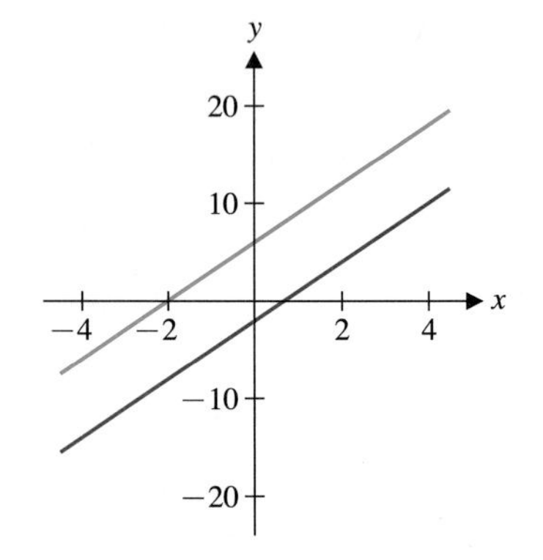

그림 0.15 평행한 직선

예제 1.13 평행한 직선의 방정식

점 $(-1, 3)$을 지나고 직선 $y = 3x - 2$에 평행한 직선의 방정식을 구하여라.

풀이

기울기가 3이고 점 $(-1, 3)$을 지나는 직선이므로

$$y = 3[x - (-1)] + 3$$

이고 간단히 하면 $y = 3x + 6$이다(그림 0.15).

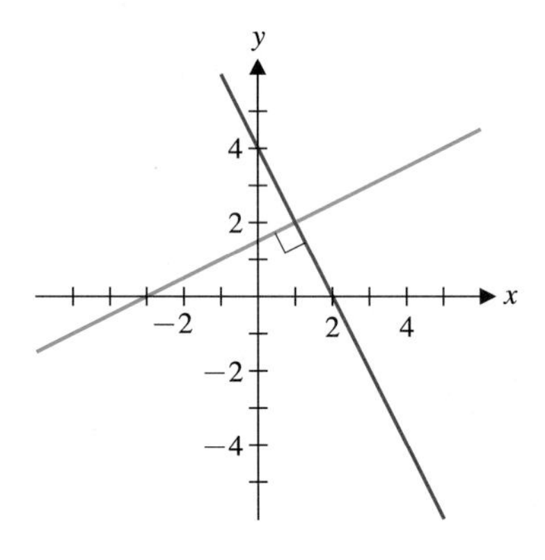

그림 0.16 수직인 직선

예제 1.14 수직인 직선의 방정식

점 $(1, 2)$를 지나고 직선 $y = -2x + 4$에 수직인 직선의 방정식을 구하여라.

풀이

직선 $y = -2x + 4$의 기울기는 -2이므로 수직인 직선의 기울기는 $m = \frac{-1}{-2} = \frac{1}{2}$이다. 따라서 구하는 직선의 방정식은

$$y = \frac{1}{2}(x - 1) + 2 \qquad \text{또는} \qquad y = \frac{1}{2}x + \frac{3}{2}$$

이다(그림 0.16).

다음 예제에서는 이 절의 앞에서 소개한 인구문제에서 2000년의 인구를 예측해 본다.

예제 1.15 직선을 사용한 인구 예측

앞에서 소개한 1960, 1970, 1980, 1990년의 인구 통계자료를 이용하여 2000년의 인구를 예측하여라.

풀이

앞에서 알아보았듯이 이 자료는 직선이 아니다. 그러나 거의 직선에 가깝다고 할 수 있다.

따라서 1980년과 1990년의 자료를 가지고 2000년의 인구를 예측한다. 즉, 두 점 (20, 227)과 (30, 249)을 지나는 직선의 방정식을 구하고, 이 방정식에 $x = 40$(2000년)을 대입하여 y의 값(2000년의 인구)을 구하면 된다.

$$m = \frac{249-227}{30-20} = \frac{22}{10} = \frac{11}{5}$$

이므로 두 점을 지나는 직선의 방정식은

$$y = \frac{11}{5}(x-30)+249$$

이다. $x = 40$을 대입하면

$$\frac{11}{5}(40-30)+249 = 271$$

이다. 따라서 2000년의 인구는 271(백만)이다. 실제 통계 자료에 의하면 2000년의 미국의 인구는 281(백만)이다. 따라서 미국의 인구는 이전의 10년에 비해 1990년과 2000년 사이에 더 많이 증가했음을 알 수 있다.

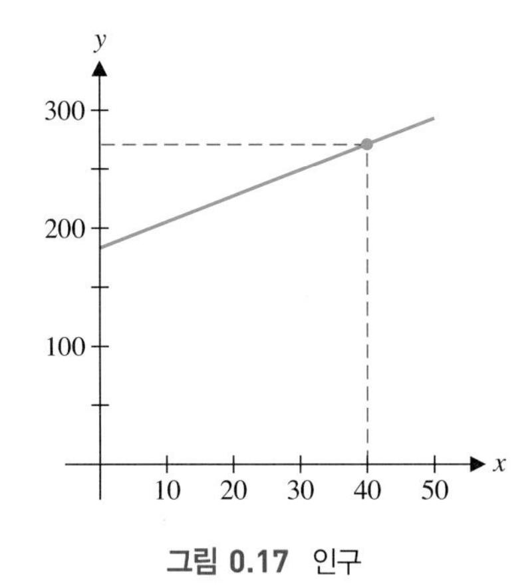

그림 0.17 인구

함수

실수들의 두 집합 A, B에 대해서 함수를 다음과 같이 정의한다.

정의 1.3

함수(function) f는 A의 각 원소 x에 B의 원소 y를 꼭 하나씩만 대응시키는 규칙이다. 이때, $y = f(x)$라고 쓴다. A를 함수 f의 **정의역**(domain), B의 부분집합 $\{f(x) \mid x \in A\}$를 f의 **치역**(range)이라 한다. 또 x를 **독립변수**(independent variable), y를 **종속변수**(dependent variable)라고 한다.

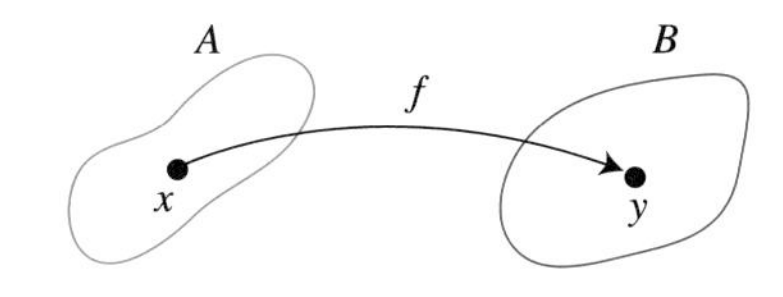

방정식 $y = f(x)$의 그래프를 함수 f의 **그래프**(graph)라 한다. 즉, x가 f의 정의역에 속할 때 $y = f(x)$를 만족하는 점 (x, y)들의 집합이 함수 f의 그래프이다.

어떤 곡선이 x축에 수직인 직선과 두 점 이상에서 만나면, 이 곡선은 함수의 그래프가 될 수 없다. 왜냐하면, x의 값에 y의 값이 꼭 하나만 대응되어야 함수가 되기 때문이다. 이렇게 함수인지 판정하는 방법을 **수직선 판정법**(vertical line test)이라 한다.

주 1.3

함수는 $f(x) = 3x + 2$와 같이 간단한 식으로 정의된다. 그러나 일반적으로 각각의 x에 대하여 y가 오직 하나씩 대응되는 대응 규칙을 함수라고 한다.

예제 1.16 수직선 판정법

그림 0.18a~0.18b의 곡선이 함수의 그래프가 될 수 있는지 판정하여라.

풀이

그림 0.18a의 원은 함수의 그래프가 될 수 없다. 왜냐하면, $x = 0.5$를 지나는 직선은 이 원과 두 점에서 만나기 때문이다(그림 0.19a). 그림 0.18b는 어떤 함수의 그래프가 될 수 있다. 왜냐하면, 모든 수직선이 이 곡선과 꼭 한 점에서만 만나기 때문이다(그림 0.19b).

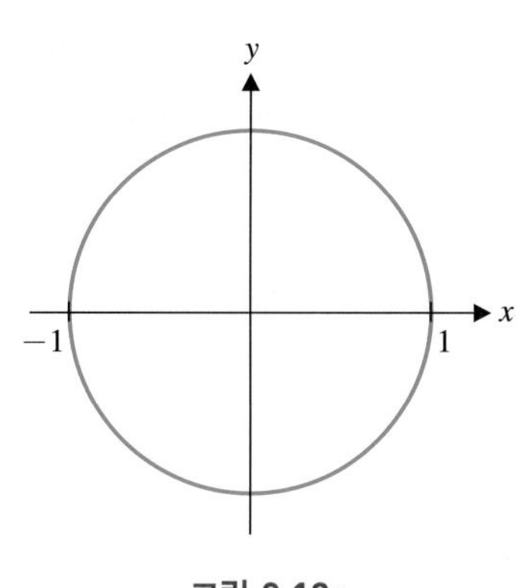

그림 0.18a

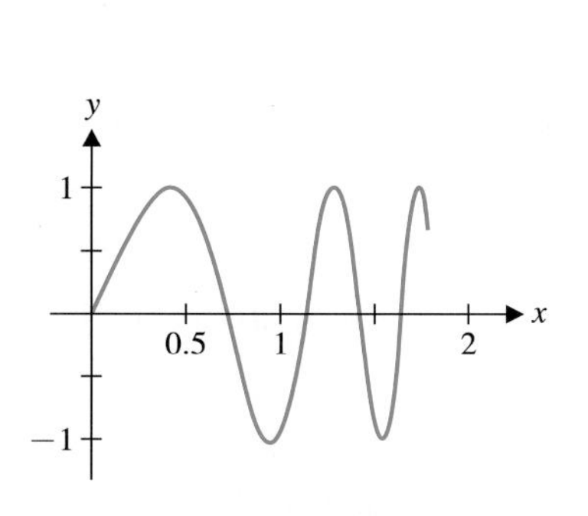

그림 0.18b

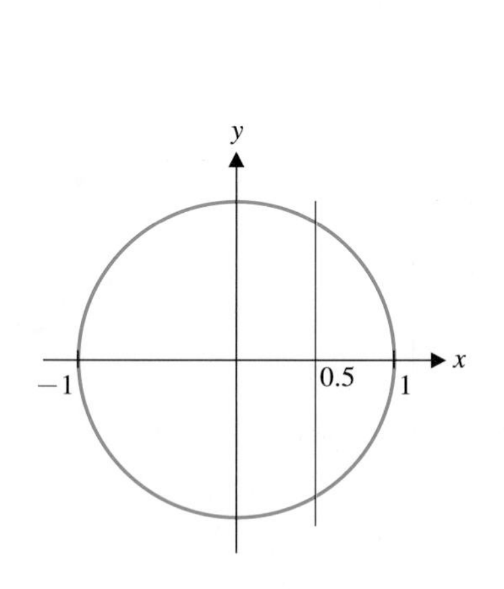

그림 0.19a 함수의 그래프가 아니다

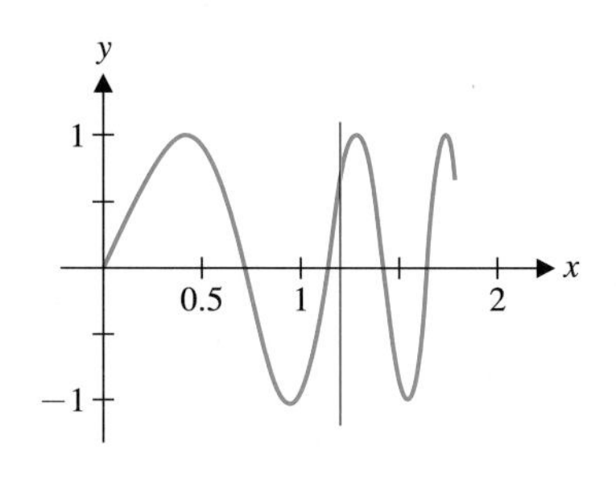

그림 0.19b 함수의 그래프이다

정의 1.4

다음과 같은 형태의 함수를 **다항식**(polynomial)이라 한다.

$$f(x) = a_n x^n + a_{n-1} x^{n-1} + \cdots + a_1 x + a_0$$

여기서 a_0, a_1, a_2, $\cdots$, a_n[다항식의 **계수**(coefficient)]은 실수이고, $a_n \neq 0$, $n \geq 0$(n은 정수)이다. n을 이 다항식의 **차수**(degree)라고 한다.

모든 다항식의 정의역은 실수 전체의 집합이다. 일차다항식 $f(x) = ax + b$의 그래프는 직선이다.

예제 1.17 다항식의 예

(a) $f(x) = 2$: 영차다항식(상수)
(b) $f(x) = 3x + 2$: 일차다항식
(c) $f(x) = 5x^2 - 2x + 2/3$: 이차다항식
(d) $f(x) = x^3 - 2x + 1$: 삼차다항식
(e) $f(x) = -6x^4 + 12x^2 - 3x + 13$: 사차다항식
(f) $f(x) = 2x^5 + 6x^4 - 8x^2 + x - 3$: 오차다항식

위의 6개의 다항식의 그래프는 그림 0.20a~0.20f와 같다.

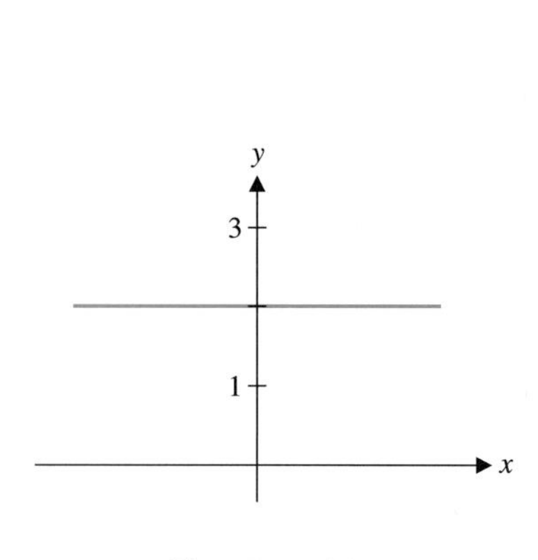

그림 0.20a $f(x) = 2$

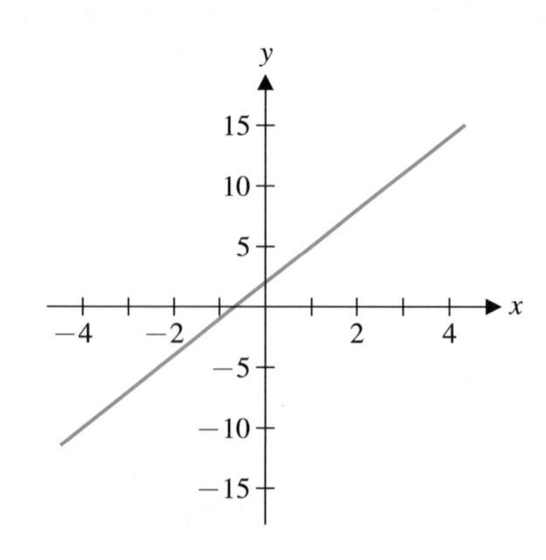

그림 0.20b $f(x) = 3x + 2$

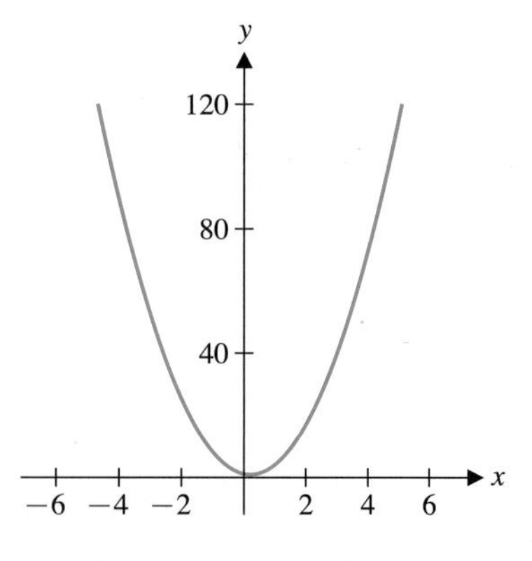

그림 0.20c $f(x) = 5x^2 - 2x + 2/3$

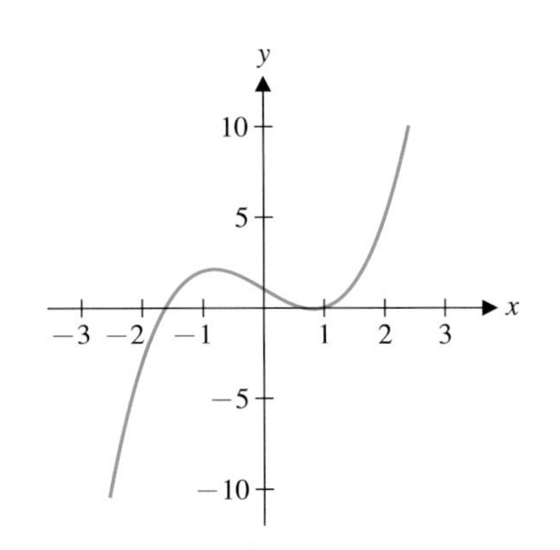

그림 0.20d $f(x)=x^3-2x+1$

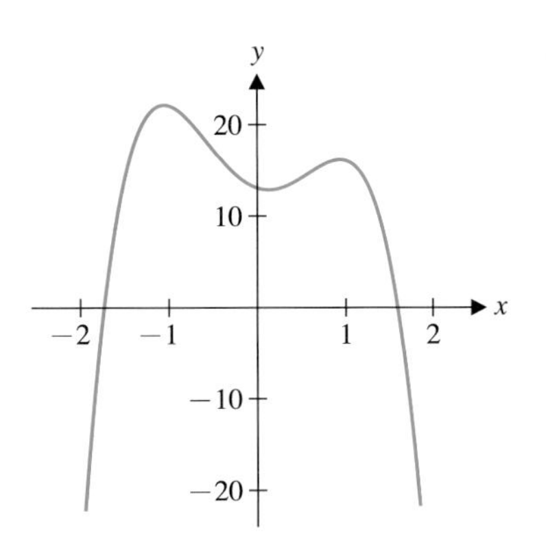

그림 0.20e $f(x)=-6x^4+12x^2-3x+13$

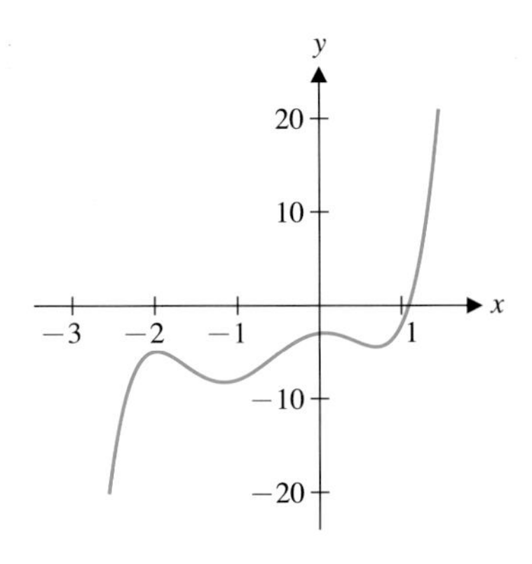

그림 0.20f $f(x)=2x^5+6x^4-8x^2+x-3$

정의 1.5

$p(x)$, $q(x)$가 다항식일 때,

$$f(x) = \frac{p(x)}{q(x)}$$

를 **유리함수**(rational function)라고 한다.

$p(x)$와 $q(x)$는 다항식이므로 모든 x에 대하여 정의된다. 따라서 유리함수 $f(x) = \frac{p(x)}{q(x)}$는 $q(x) \neq 0$인 모든 x에 대해서 정의된다.

예제 1.18 유리함수의 예

유리함수 $f(x) = \frac{x^2+7x-11}{x^2-4}$의 정의역을 구하여라.

풀이

$x^2-4=(x-2)(x+2) \neq 0$인 모든 x들의 집합이 정의역이다(그림 0.21). 즉, 다음과 같다.

$$\{x \in \mathbb{R} \mid x \neq \pm 2\} = (-\infty, -2) \cup (-2, 2) \cup (2, \infty)$$

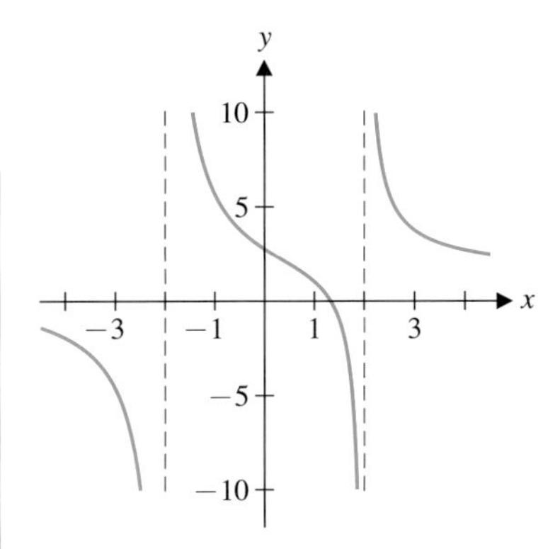

그림 0.21 $f(x) = \frac{x^2+7x-11}{x^2-4}$

제곱근(square root) 함수는 다음과 같이 정의된다. 즉, $y=\sqrt{x}$는 $y^2=x$, $y \geq 0$을 의미한다. 예를 들어, $\sqrt{4}=2$이다. 특히,

$$\sqrt{x^2} = |x|$$

이다. $\sqrt{x^2}$는 제곱하여 x^2이 되는 수를 의미하므로 x가 아니라 $|x|$이다. $n \geq 2$에 대하여 $y^n = x$일 때 $y=\sqrt[n]{x}$라 쓴다. 이때 n이 짝수이면 $x \geq 0$ 이고 $y \geq 0$이다.

예제 1.19 정의역 구하기

다음 함수의 정의역을 구하여라.

(a) $f(x) = \sqrt{x^2 - 4}$ (b) $g(x) = \sqrt[3]{x^2 - 4}$

풀이

(a) $f(x)$는 $x^2 - 4 \geq 0$인 모든 x에 대해서 정의된다. 따라서 정의역은

$$\{x \mid x \geq 2 \text{ 또는 } x \leq -2\} = (-\infty, -2] \cup [2, \infty)$$

(b) $g(x)$는 모든 실수에 대해서 정의된다. 따라서 정의역은 $(-\infty, \infty)$이다.

■

실수 x_0가 방정식 $f(x) = 0$을 만족할 때, x_0를 함수 f의 근, 또는 방정식 $f(x) = 0$의 해라고 한다. 함수 f의 근은 $y = f(x)$의 그래프의 x절편에 해당한다.

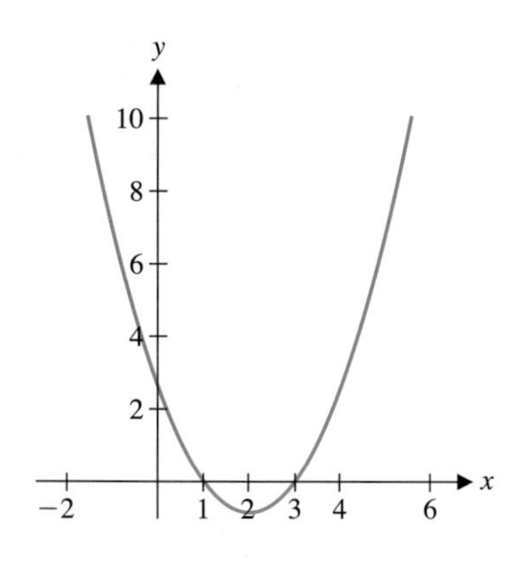

그림 0.22 $f(x) = x^2 - 4x + 3$

예제 1.20 인수분해로 근 찾기

함수 $f(x) = x^2 - 4x + 3$의 x절편과 y절편을 구하여라.

풀이

$x = 0$일 때 $y = 0 - 0 + 3 = 3$이므로 y절편은 $y = 3$이다. x절편을 구하기 위해 $f(x) = 0$을 풀자.

$$f(x) = x^2 - 4x + 3 = (x-1)(x-3) = 0$$

이므로 구하는 x절편은 $x = 1$, $x = 3$이다(그림 0.22).

■

이차방정식

$$ax^2 + bx + c = 0, \quad a \neq 0$$

를 풀 때는 **근의 공식**(quadratic formula)

$$x = \frac{-b \pm \sqrt{b^2 - 4ac}}{2a}$$

을 사용한다.

예제 1.21 근의 공식으로 근 찾기

함수 $f(x) = x^2 - 5x - 12$의 근을 구하여라.

풀이

근의 공식에 대입하여 구한다.

$$x = \frac{-(-5) \pm \sqrt{(-5)^2 - 4 \cdot 1 \cdot (-12)}}{2 \cdot 1} = \frac{5 \pm \sqrt{73}}{2}$$

따라서 두 근은 $x = \frac{5}{2} + \frac{\sqrt{73}}{2} \approx 6.772$, $x = \frac{5}{2} - \frac{\sqrt{73}}{2} \approx -1.772$이다.

■

일반적으로 삼차 이상의 다항식의 근을 구하는 방법은 간단하지 않다. 삼차다항식과 사차다항식의 근을 구하는 공식은 있지만 여기서는 다루지 않는다. 그러나 오차 이상의 다항식의 근을 구하는 공식은 없다.

다음 정리는 다항식의 근의 개수를 말해준다.

정리 1.3

n차다항식은 많아야 n개의 서로 다른 근을 갖는다.

정리 1.3은 다항식이 몇 개의 근을 갖는지 말하는 것은 아니다. n차다항식의 근은 0개에서 n개까지 될 수 있다. 그러나 홀수 차수의 다항식은 적어도 하나의 근을 갖는다. 예를 들어, 삼차방정식은 그림 0.23a~0.23c 중 하나이다. 이 그래프들은 다음 함수의 그래프이다.

주 1.4

다항식은 복소근을 가질 수도 있다. 예를 들어, $f(x) = x^2 + 1$은 복소근 $x = \pm i$를 갖는다. 이 책에서는 실근만 다루기로 하자.

$$f(x) = x^3 - 2x^2 + 3 = (x+1)(x^2 - 3x + 3)$$
$$g(x) = x^3 - x^2 - x + 1 = (x+1)(x-1)^2$$
$$h(x) = x^3 - 3x^2 - x + 3 = (x+1)(x-1)(x-3)$$

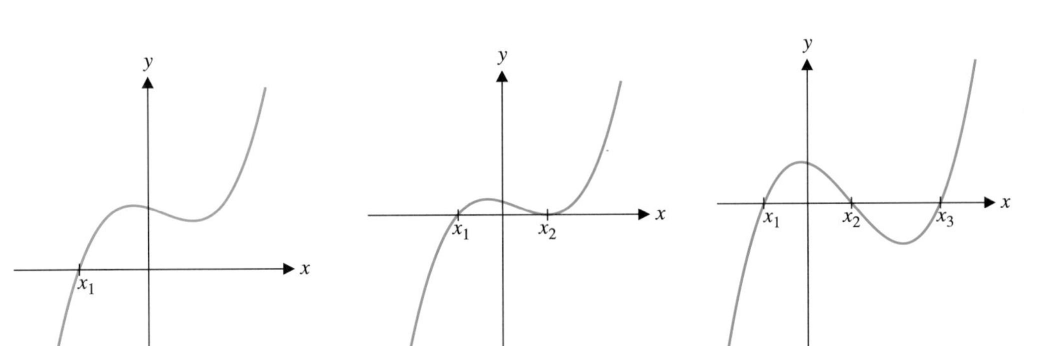

그림 0.23a 하나의 근 **그림 0.23b** 두 개의 근 **그림 0.23c** 세 개의 근

다음 정리는 다항식의 인수와 근의 관계를 말해준다.

정리 1.4 인수정리

$f(x)$가 다항식일 때, $f(a) = 0$일 필요충분조건은 $(x - a)$가 $f(x)$의 인수이다.

예제 1.22 삼차다항식의 근

함수 $f(x) = x^3 - x^2 - 2x + 2$의 근을 구하여라.

풀이

$f(1) = 0$이므로 $(x-1)$은 $f(x)$의 인수이다. 인수분해하면,

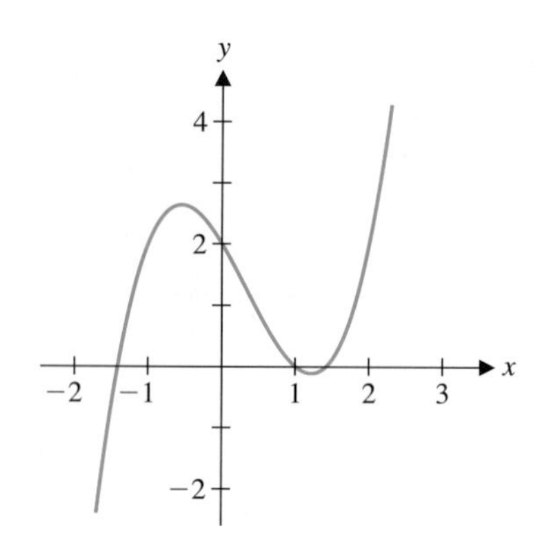

그림 0.24 $y=x^3-x^2-2x+2$

$$f(x) = x^3 - x^2 - 2x + 2 = (x-1)(x^2-2)$$
$$= (x-1)(x-\sqrt{2})(x+\sqrt{2})$$

이므로 구하는 근은 $x=1$, $x=\sqrt{2}$, $x=-\sqrt{2}$이다.

■

예제 1.23 직선과 포물선이 만나는 점 구하기

포물선 $y=x^2-x-5$와 직선 $y=x+3$이 만나는 점을 구하여라.

풀이

그림 0.25에 있는 두 그래프로부터 만나는 두 점 중 하나는 대략 $x=-2$이고 다른 하나는 대략 $x=4$라는 것을 알 수 있다. 이를 확인하기 위하여 두 함수가 같다고 놓고 x에 대하여 푼다.

$$x^2-x-5=x+3$$

의 양변에서 $x+3$을 빼면

$$0=x^2-2x-8=(x-4)(x+2)$$

이므로 만나는 두 점의 x좌표는 정확히 $x=-2$와 $x=4$임을 알 수 있다. 직선 $y=x+3$을 이용하여 $x=-2$와 $x=4$에 대응하는 y 값을 구하면 만나는 점은 $(-2, 1)$과 $(4, 7)$이다.

■

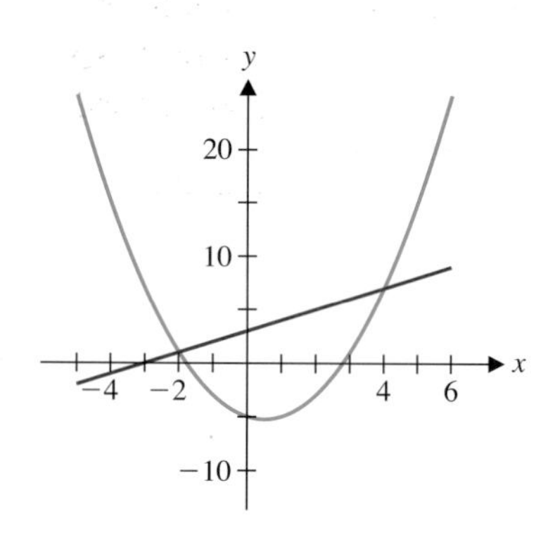

그림 0.25 $y=x+3$과 포물선 $y=x^2-x-5$

연습문제 0.1

[1~2] 다음 부등식을 풀어라.

1. $1 \le 2 - 3x < 6$

2. $\dfrac{x+2}{x-4} \ge 0$

[3~4] 다음 점들은 같은 직선 위에 있는가?

3. $(2, 1), (0, 2), (4, 0)$

4. $(4, 1), (3, 2), (1, 3)$

[5~6] 다음 (a) 두 점 사이의 거리 (b) 두 점을 지나는 직선의 기울기 (c) 두 점을 지나는 직선의 방정식을 구하여라.

5. $(1, 2), (3, 6)$

6. $(0.3, -1.4), (-1.1, -0.4)$

[7~8] 기울기가 m이고 점 P를 지나는 직선의 방정식을 구하고 그래프를 그려라.

7. $m=2$, $P=(1, 3)$

8. $m=1.2$, $P=(2.3, 1.1)$

[9~10] 다음 두 직선이 서로 평행인지 수직인지 구하여라.

9. $y=3(x-1)+2$, $y=3(x+4)-1$

10. $y=-2(x+1)-1$, $y=\frac{1}{2}(x-2)+3$

[11~12] 다음 점을 지나고 주어진 직선에 (a) 평행한 직선 (b) 수직인 직선을 구하여라.

11. $y=2(x+1)-2$, $(2, 1)$

12. $y = 2x + 1$, (3, 1)

[13~14] 수직선 판정법을 이용하여 다음 곡선이 함수의 그래프인지 아닌지 판정하여라.

13.

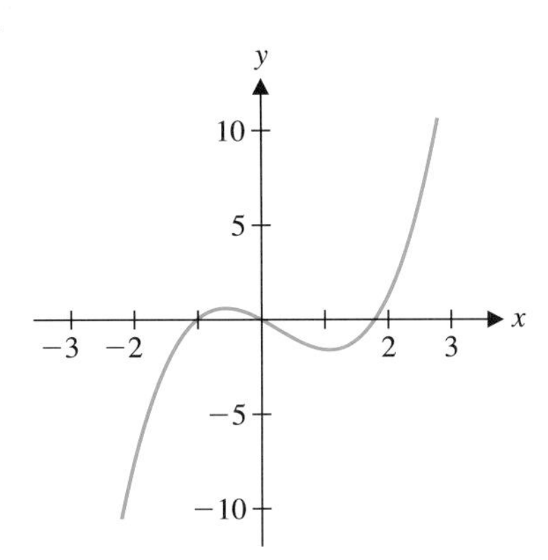

14.

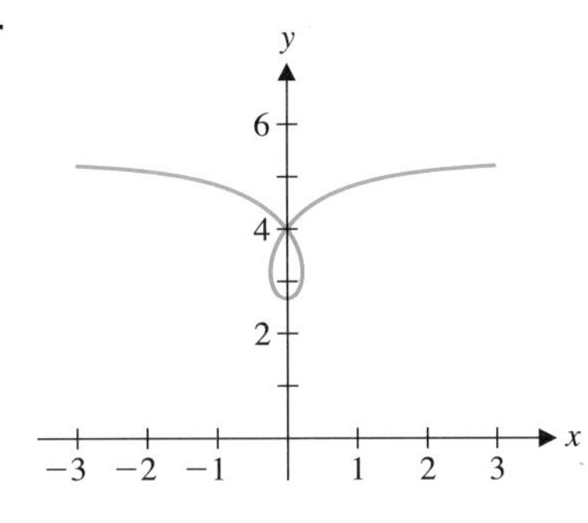

[15~17] 다음 함수의 정의역을 구하여라.

15. $f(x) = \sqrt{x+2}$

16. $f(x) = \dfrac{\sqrt{x^2 - x - 6}}{x - 5}$

17. $f(x) = x^2 - x - 1$일 때, $f(0)$, $f(2)$, $f(-3)$, $f(1/2)$을 계산하여라.

[18~20] 인수분해 또는 근의 공식을 사용하여 다음 함수의 근을 모두 구하여라.

18. $f(x) = x^2 - 4x + 3$

19. $f(x) = x^2 - 4x + 2$

20. $f(x) = x^3 - 3x^2 + 2x$

0.2 역함수

역관계라는 말은 많이 사용되지 않지만 그 개념은 과학의 여러 분야에서 기초를 이루고 있다. 과학에서 역함수를 구하는 문제는 매우 많다. 심전도(EKG)의 경우를 예로 들자. 의사들은 환자의 가슴에 전극을 연결하여 심장 표면의 움직임에 대한 정보를 얻는다. 의사가 출력물(가슴에 있는 전극의 전기적 활동의 측정물)의 원인이 되는 입력물(심장표면의 움직임)을 결정하는 데 사용하므로 역함수를 구하는 문제라고 할 수 있다.

역이라는 수학적 개념은 위에서 설명한 것과 매우 유사하다. 출력물이 주어지면(즉, 주어진 함수의 치역에서의 값), 관찰된 출력물을 만들어내게 한 입력물(정의역의 값)을 찾는다. 즉, $y \in \{f$의 치역$\}$가 주어지면 $y = f(x)$에 대하여 $x \in \{f$의 정의역$\}$를 구한다 (그림 0.26은 역함수 $g(x)$를 나타낸다).

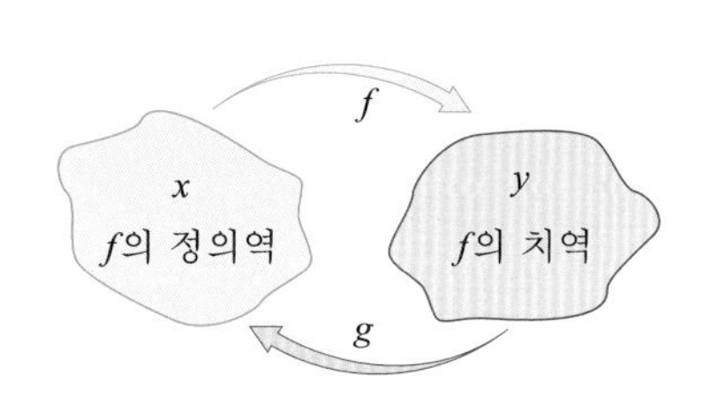

그림 0.26 $g(x) = f^{-1}(x)$

예를 들어, $f(x) = x^3$과 $y = 8$이라고 하자. 그러면 $x^3 = 8$을 만족하는 x를 구할 수 있는가? 즉, $y = 8$에 대응하는 x값을 구할 수 있는가(그림 0.27)? 우리는 해

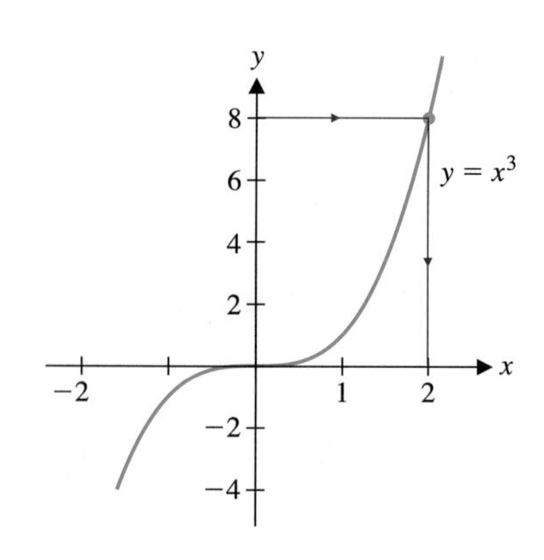

그림 0.27 $y = 8$에 대응하는 x값 구하기

$x = \sqrt[3]{8} = 2$를 알고 있다. 일반적으로, $x^3 = y$이면 $x = \sqrt[3]{y}$ 이다. 여기서 세제곱근 함수는 $f(x) = x^3$의 역함수이다.

예제 2.1 역대응 관계의 두 함수

$f(x) = x^3$, $g(x) = x^{1/3}$일 때 모든 x에 대하여 다음 식을 보여라.

$$f(g(x)) = x, \quad g(f(x)) = x$$

풀이

모든 실수 x에 대하여,

$$f(g(x)) = f(x^{1/3}) = (x^{1/3})^3 = x$$

$$g(f(x)) = g(x^3) = (x^3)^{1/3} = x$$

주 2.1

$f^{-1}(x)$는 $\dfrac{1}{f(x)}$과는 다르다. $f(x)$의 역수는

$$\frac{1}{f(x)} = [f(x)]^{-1}$$

이다.

정의 2.1

함수 f와 g의 정의역이 각각 A와 B이고, 함수 $f(g(x))$가 $x \in B$에서 정의되고 $g(f(x))$는 $x \in A$에서 정의된다고 하자. 만일

모든 $x \in B$에 대하여 $f(g(x)) = x$이고,
모든 $x \in A$에 대하여 $g(f(x)) = x$이면,

g를 f의 **역함수**(inverse)라 하고 $g = f^{-1}$로 표시한다. 마찬가지로, f를 g의 역함수라 하고 $f = g^{-1}$로 표시한다.

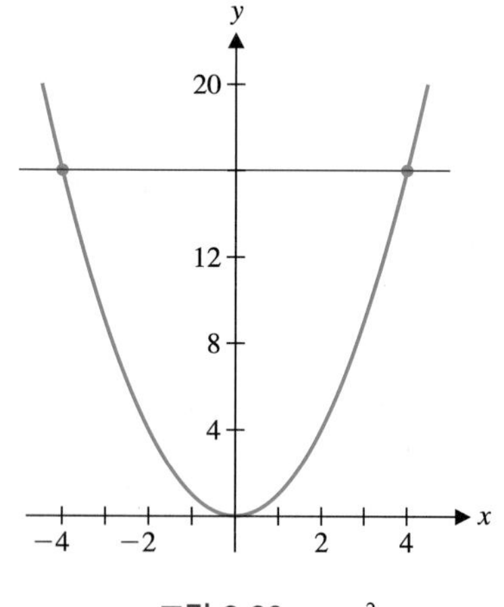

그림 0.28 $y = x^2$

역함수가 존재하지 않는 함수도 많이 있다.

예제 2.2 역함수를 갖지 않는 함수

함수 $f(x) = x^2$은 구간 $(-\infty, \infty)$에서 역함수를 갖지 않음을 보여라.

풀이

$f(4) = 16$이고 $f(-4) = 16$이다. 즉, 두 개의 x값에 대하여 y값이 같다. 따라서 $f^{-1}(16)$의 값이 두 개가 되므로, f의 역함수를 구할 수 없다(그림 0.28). 즉 $y > 0$에 대하여 $y = x^2$에 대한 x값은 두 개가 존재하므로, 이런 함수의 역함수는 존재하지 않는다.

함수 $f(x) = x^2$의 역함수가 $g(x) = \sqrt{x}$라고 생각할 수 있다. 그러나 모든 $x \geq 0$에 대하여 $f(g(x)) = (\sqrt{x})^2 = x$을 만족하지만, 일반적으로 $g(f(x)) = \sqrt{x^2} = x$은 성립하지 않고 $x \geq 0$에서만 성립한다. 따라서 함수 $f(x) = x^2$의 정의역을 $x \geq 0$로 제한할 때만 역함수 $f^{-1}(x) = \sqrt{x}$가 존재한다.

정의 2.2

함수 f가 다음 조건을 만족할 때, **일대일**(one-to-one)이라고 한다.
모든 $y \in \{f$의 치역$\}$에 대하여 $y = f(x)$인 $x \in \{f$의 정의역$\}$가 반드시 하나 존재한다.

주 2.2

일대일 함수의 정의는 다음 성질과 같다. 함수 $f(x)$가 일대일일 필요충분조건은, $f(a) = f(b)$이면 $a = b$이다.

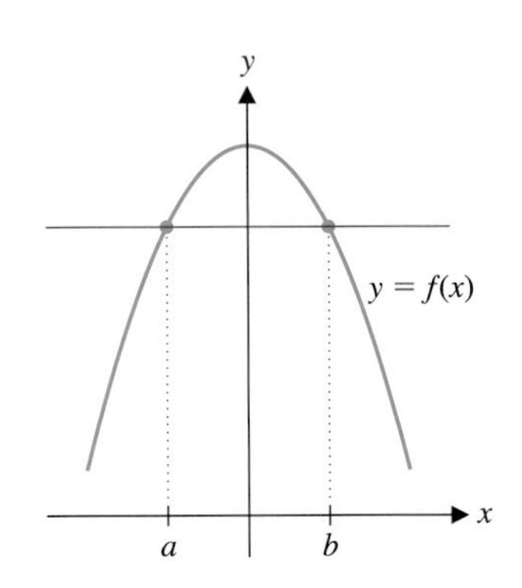

그림 0.29a $a \neq b$일 때 $f(a) = f(b)$ 수평선이 곡선과 두 점에서 만나므로 일대일 함수가 아님

위의 성질은 일대일 함수를 판단하는 데 매우 유용하게 사용된다. 함수 f가 일대일일 필요충분조건은 모든 수평직선이 많아야 한 점에서 그래프와 만나는 것이다. 이 방법을 수평선 판정법이라고 한다(그림 0.29a~0.29b). 이것으로 다음 결과를 증명할 수 있다.

정리 2.1

함수 f가 역함수를 가질 필요충분조건은 그 함수가 일대일인 것이다.

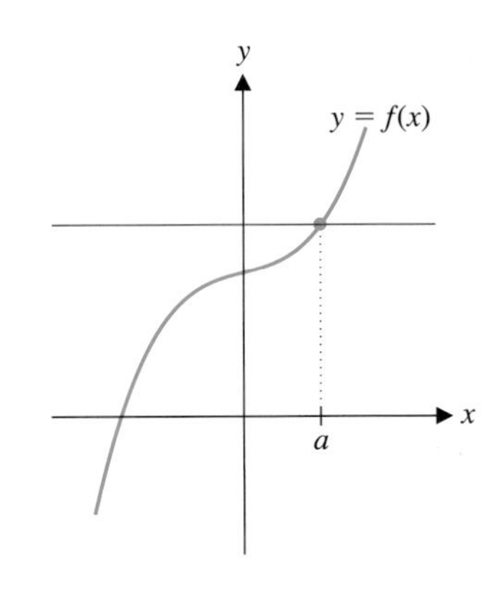

그림 0.29b 모든 수평선은 곡선과 한 점에서 만나므로 일대일 함수

다시 말하면, 일대일 함수는 역함수를 갖는다. 그러나 역함수를 구하는 일반적인 방법은 알 수 없다. 매우 간단한 함수에 대해서는 방정식의 해를 구하는 방법으로 역함수를 구할 수 있다.

예제 2.3 역함수 구하기

함수 $f(x) = x^3 - 5$의 역함수를 구하여라.

풀이

함수 $f(x) = x^3 - 5$는 일대일 함수이므로 역함수를 갖는다(그림 0.30 참조). 역함수를 구하기 위하여 $y = f(x)$라 놓으면,

$$y = x^3 - 5$$

양변에 5를 더한 다음 세제곱근을 취하면

$$(y+5)^{1/3} = (x^3)^{1/3} = x$$

이다. 따라서 $x = f^{-1}(y) = (y+5)^{1/3}$이고, x와 y를 바꾸면 역함수를 얻는다.

$$f^{-1}(x) = (x+5)^{1/3}$$

■

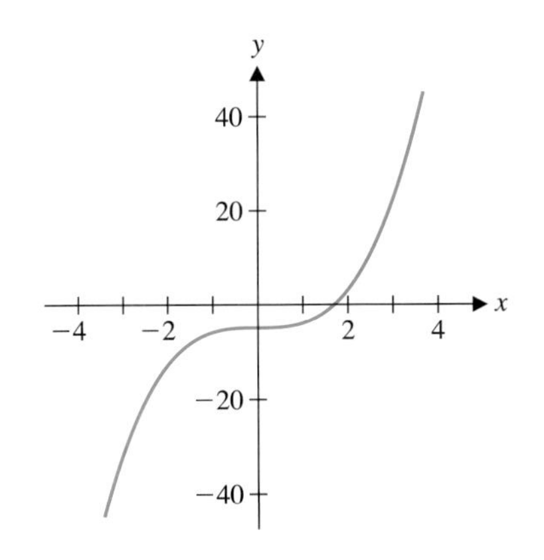

그림 0.30 $y = x^3 - 5$

예제 2.4 일대일이 아닌 함수

함수 $f(x) = 10 - x^4$의 역함수가 존재하지 않음을 보여라.

풀이

그림 0.31에서 함수 f는 일대일 함수가 아니다. 예를 들면, $f(1) = f(-1) = 9$이다. 따라서 함수 f는 역함수를 갖지 않는다.

■

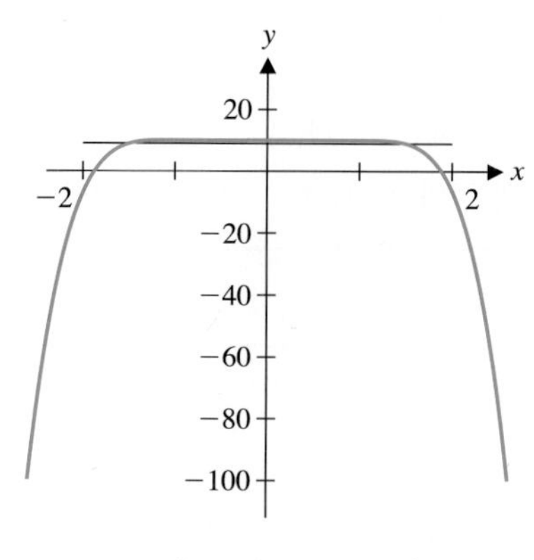

그림 0.31 $y = 10 - x^4$

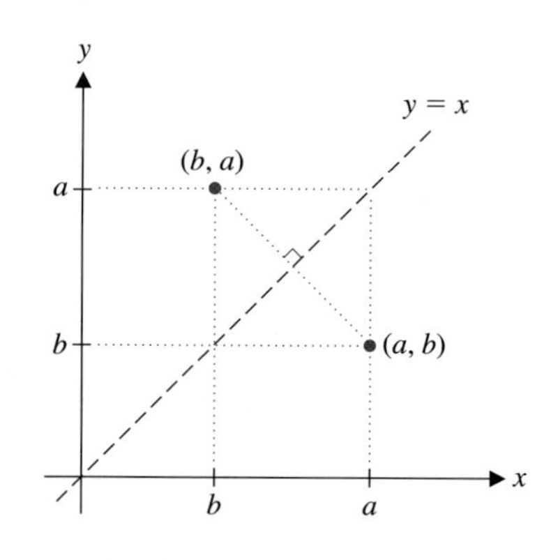

그림 0.32 $y = x$에 대한 대칭

어떤 함수의 역함수를 정확히 구할 수 없어도 그림으로는 말할 수 있다. 즉 (a, b)가 $y = f(x)$의 그래프 위의 한 점이고 f가 역함수를 갖는다고 하면,

$$b = f(a)$$

이므로

$$f^{-1}(b) = f^{-1}(f(a)) = a$$

이다. 즉, (b, a)는 $y = f^{-1}(x)$의 그래프 위의 한 점이다. 이것은 역함수에 대하여 많은 것을 말해 준다. 특히, 단순한 관찰만으로도 $y = f^{-1}(x)$의 그래프 위의 임의의 점을 즉시 구할 수 있다. 더욱이 점(b, a)는 $y = x$에 대해서 (a, b)의 대칭점이다(그림 0.32 참조). 일대일 함수의 그래프가 주어지면, $y = x$에 대하여 대칭인 그래프를 그릴 수 있고, 이 그래프가 역함수의 그래프이다.

다음 예제는 함수와 역함수의 대칭성에 대하여 설명한다.

예제 2.5 함수와 역함수의 그래프

함수 $f(x) = x^3$과 역함수의 그래프를 그려라.

풀이

예제 2.1에서 함수 $f(x) = x^3$의 역함수 $f^{-1}(x) = x^{1/3}$을 구했다. 이 함수들의 그래프가 $y = x$에 대하여 대칭임을 그림 0.33에서 볼 수 있다.

■

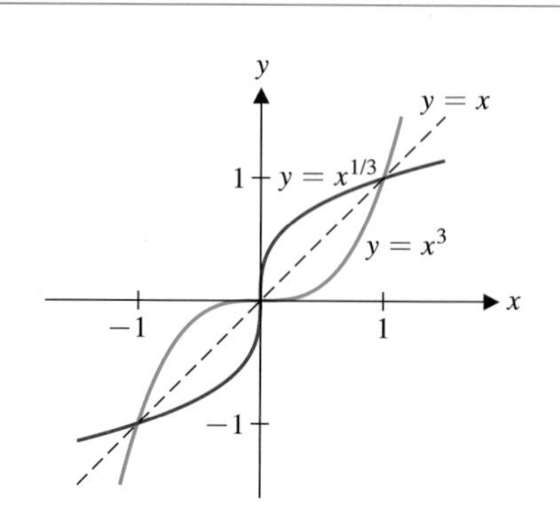

그림 0.33 $y = x^3$와 $y = x^{1/3}$

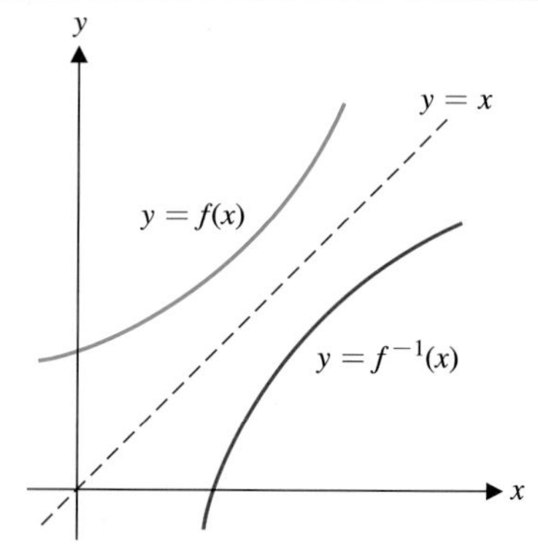

그림 0.34 f와 f^{-1}의 그래프

함수의 식을 모르더라도 이 대칭성을 이용하여 역함수의 그래프를 그릴 수 있다(그림 0.34 참조).

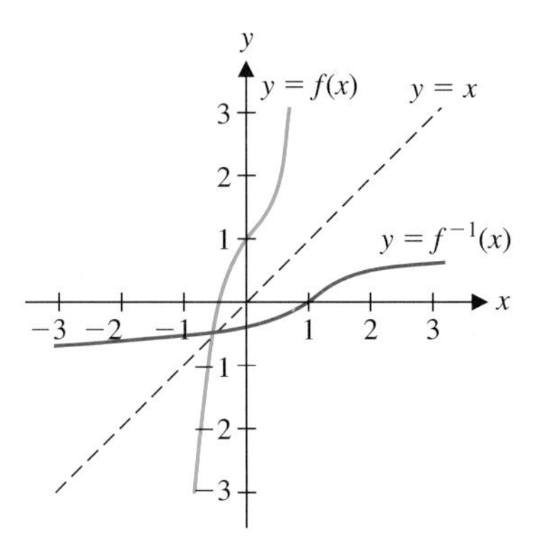

그림 0.35 $y=f(x)$와 $y=f^{-1}(x)$

예제 2.6 역함수를 모르는 함수의 그래프 그리기

$f(x)=x^5+8x^3+x+1$와 그 역함수의 그래프를 그려라.

풀이

$f(x)$의 역함수는 구할 수 없지만 f^{-1}의 그래프는 쉽게 그릴 수 있다. $y=f(x)$의 그래프를 $y=x$에 대하여 대칭으로 그린 그래프가 f^{-1}의 그래프이다(그림 0.35).

연습문제 0.2

[1~2] 다음 함수에서 모든 x에 대해 $f(g(x))=x$와 $g(f(x))=x$가 성립함을 보여라.

1. $f(x)=x^5,\ g(x)=x^{1/5}$

2. $f(x)=2x^3+1,\ g(x)=\sqrt[3]{\dfrac{x-1}{2}}$

[3~6] 다음 함수가 일대일 함수인지 아닌지를 판정하고, 만일 일대일 함수이면 역함수를 구하고, 그 함수와 역함수의 그래프를 그려라.

3. $f(x)=x^3-2$

4. $f(x)=x^5-1$

5. $f(x)=x^4+2$

6. $f(x)=\sqrt{x^3+1}$

[7~8] 다음 함수는 역함수를 갖는다. 역함수를 구하지 않고 주어진 함숫값을 구하여라.

7. $f(x)=x^3+4x-1$ (a) $f^{-1}(-1)$ (b) $f^{-1}(4)$

8. $f(x)=\sqrt{x^3+2x+4}$ (a) $f^{-1}(4)$ (b) $f^{-1}(2)$

[9~10] 다음 그래프를 이용하여 역함수의 그래프를 그려라.

9.

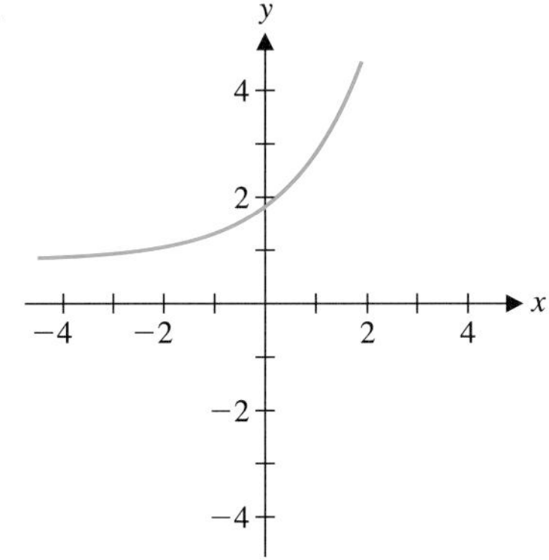

10.

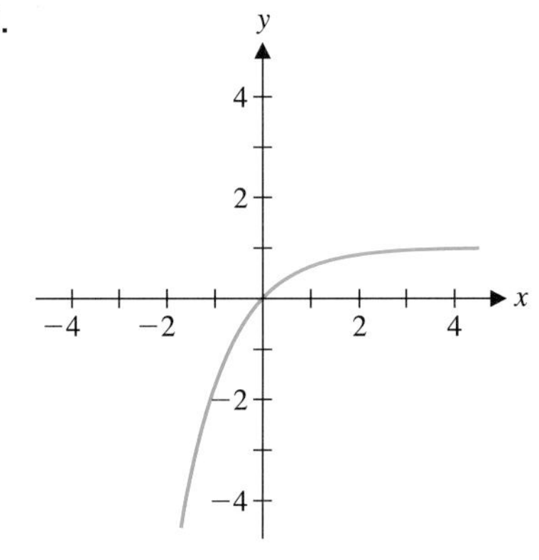

[11~14] 그래프를 이용하여 일대일 함수인지 판정하고 일대일 함수이면 역함수의 그래프를 그려라.

11. $f(x) = x^3 - 5$

12. $f(x) = x^3 + 2x - 1$

13. $f(x) = \dfrac{1}{x+1}$

14. $f(x) = \dfrac{x}{x+4}$

15. $f(x) = x^2 (x \geq 0)$과 $g(x) = \sqrt{x}\ (x \geq 0)$은 서로 역함수임을 보이고 그래프를 그려라.

16. $f(x) = x^2 (x \leq 0)$의 그래프를 그리고 일대일 함수임을 보여라. 또 역함수를 찾고 그래프를 그려라.

17. $f(x) = \sqrt{x^2 - 2x}$가 일대일 함수가 되는 구간을 찾아라. 또 이 구간에서 역함수를 구하고 그래프를 그려라.

18. $f(x) = \sin x$가 일대일 함수가 되는 구간을 찾아라. 또 이 구간에서 역함수를 구하고 그래프를 그려라.

0.3 삼각함수와 역삼각함수

우리가 일상 생활에서 많이 접하는 것 중의 하나가 파동이다. 예를 들어, 라디오 방송국에서 음악을 전자파 형태로 보내면 라디오 수신기가 이 전자파를 해독해서 스피커 안에 있는 얇은 막을 진동시킨다. 이 진동이 공기 속에서 압력파를 만들어 우리 귀에 전해지면 우리는 라디오를 듣게 되는 것이다(그림 0.36). 이 파동은 주기적이다. 즉, 같은 형태의 파동이 계속 되풀이된다. 이와 같은 현상을 수학적으로는 주기함수로 나타낼 수 있다. 주기함수 중에서 가장 잘 알려진 것이 삼각함수이다.

정의 3.1

함수 f의 정의역에 속하는 모든 x와 $x+T$에 대해서,

$$f(x+T) = f(x)$$

이면, 함수 f를 주기가 T인 **주기함수**(periodic function)라고 한다. 위 식을 만족하는 가장 작은 수 $T > 0$를 **기본주기**(fundamental period)라고 한다.

주 3.1

함수의 주기를 말할 때, 대부분의 경우 기본주기를 사용한다.

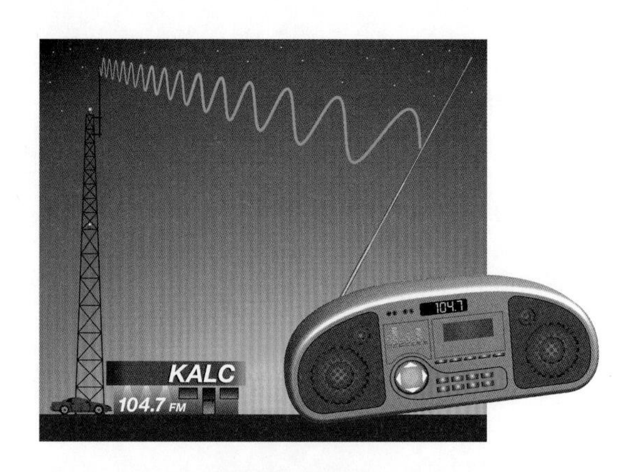

그림 0.36 라디오와 음파

그림 0.37의 원 $x^2+y^2=1$에서 θ는 x축에서 점 (x, y)까지 시계 반대 방향으로 측정한 각으로 단위는 **라디안**(radian)이다.

$\sin\theta$와 $\cos\theta$를 다음과 같이 정의한다.

$$\sin\theta = y,\ \cos\theta = x$$

이때, $\sin\theta$와 $\cos\theta$는 모든 실수 θ에 대해서 정의할 수 있다. 즉, $\sin\theta$와 $\cos\theta$의 정의역은 $(-\infty, \infty)$이고 치역은 $[-1, 1]$이다.

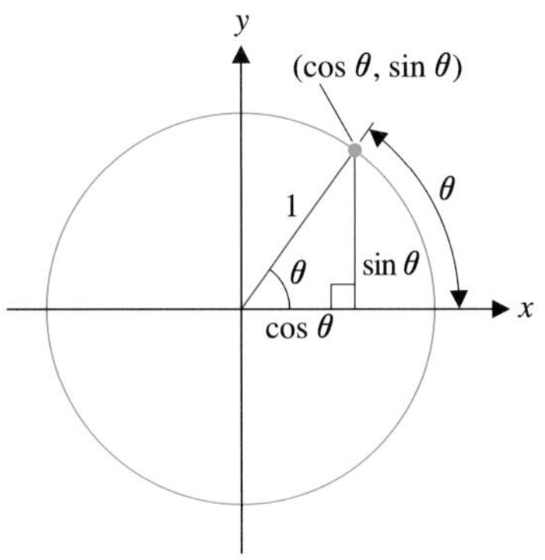

그림 0.37 $\sin\theta$, $\cos\theta$의 정의

주 3.2

특별한 언급이 없는 한, 각의 단위는 라디안이다.

반지름이 1인 원은 둘레가 2π이므로 $360° = 2\pi$ 라디안이다. 아래 표는 각을 나타내는 도와 라디안 사이의 관계를 나타낸다.

°(도)	0°	30°	45°	60°	90°	135°	180°	270°	360°
라디안	0	$\frac{\pi}{6}$	$\frac{\pi}{4}$	$\frac{\pi}{3}$	$\frac{\pi}{2}$	$\frac{3\pi}{4}$	π	$\frac{3\pi}{2}$	2π

정리 3.1

$f(\theta) = \sin\theta$와 $g(\theta) = \cos\theta$는 주기가 2π인 주기함수이다.

증명

반지름이 1인 원 위의 점 (x, y)에서 원의 둘레를 따라서 2π 라디안만큼 시계 반대 방향으로 회전하면 다시 점 (x, y)에 오게 된다. 따라서,

$$\sin(\theta+2\pi) = \sin\theta$$
$$\cos(\theta+2\pi) = \cos\theta$$

이다. ■

$f(x) = \sin x$와 $g(x) = \cos x$의 그래프는 아래 그림과 같다(그림 0.38a~0.38b).

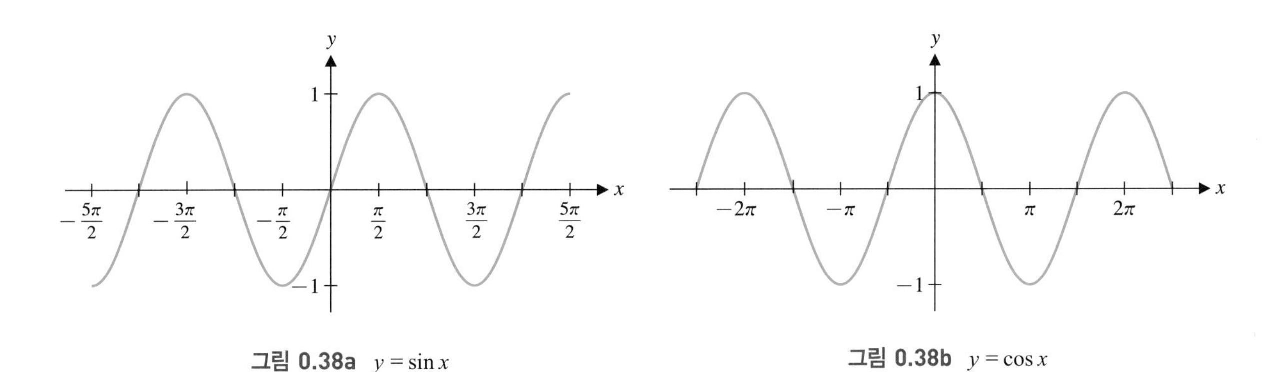

그림 0.38a $y = \sin x$

그림 0.38b $y = \cos x$

x	$\sin x$	$\cos x$
0	0	1
$\frac{\pi}{6}$	$\frac{1}{2}$	$\frac{\sqrt{3}}{2}$
$\frac{\pi}{4}$	$\frac{\sqrt{2}}{2}$	$\frac{\sqrt{2}}{2}$
$\frac{\pi}{3}$	$\frac{\sqrt{3}}{2}$	$\frac{1}{2}$
$\frac{\pi}{2}$	1	0
$\frac{2\pi}{3}$	$\frac{\sqrt{3}}{2}$	$-\frac{1}{2}$
$\frac{3\pi}{4}$	$\frac{\sqrt{2}}{2}$	$-\frac{\sqrt{2}}{2}$
$\frac{5\pi}{6}$	$\frac{1}{2}$	$-\frac{\sqrt{3}}{2}$
π	0	-1
$\frac{3\pi}{2}$	-1	0
2π	0	1

$y=\sin x$의 그래프를 왼쪽으로 $\frac{\pi}{2}$만큼 평행이동하면 $y=\cos x$의 그래프와 일치한다. 따라서 다음 공식을 얻는다.

$$\boxed{\sin\left(x+\frac{\pi}{2}\right)=\cos x}$$

왼쪽의 표는 그림 0.37로부터 쉽게 얻을 수 있는 사인과 코사인의 값이다.

주 3.3

$(\sin\theta)^2$, $(\cos\theta)^2$ 대신 $\sin^2\theta$, $\cos^2\theta$로 쓰기로 한다. 또 $\sin(2x)$ 대신 $\sin 2x$로 쓴다.

예제 3.1 삼각방정식의 해

다음 방정식의 해를 모두 구하여라.

(a) $2\sin x-1=0$

(b) $\cos^2 x-3\cos x+2=0$

풀이

(a) $x=\frac{\pi}{6}$, $x=\frac{5\pi}{6}$이면 $\sin x=\frac{1}{2}$, 즉 $2\sin x-1=0$이 된다. 그리고 $\sin x$의 주기는 2π이므로 $\frac{\pi}{6}+2\pi$, $\frac{5\pi}{6}+2\pi$도 해가 된다. 따라서 임의의 정수 n에 대해서

$$x=\frac{\pi}{6}+2n\pi,\ x=\frac{5\pi}{6}+2n\pi$$

는 방정식 (a)의 해이다.

(b) $\cos^2 x-3\cos x+2=(\cos x-1)(\cos x-2)=0$이므로 $\cos x=1$, $\cos x=2$이다. 그런데 $-1\le\cos x\le 1$이기 때문에 $\cos x=2$는 해가 없다. 또 $x=0$, $x=2\pi$이면 $\cos x=1$이므로 임의의 정수 n에 대해서, $x=2n\pi$는 방정식 (b)의 해이다. ■

나머지 네 가지 삼각함수에 대한 정의는 다음과 같다.

정의 3.2

$$\tan x=\frac{\sin x}{\cos x}\quad (탄젠트)$$

$$\cot x=\frac{\cos x}{\sin x}\quad (코탄젠트)$$

$$\sec x=\frac{1}{\cos x}\quad (시컨트)$$

$$\csc x=\frac{1}{\sin x}\quad (코시컨트)$$

주 3.4

대부분의 계산기에는 $\sin x$, $\cos x$, $\tan x$의 기능만 있다. 나머지 세 개의 함수에 대해서는 아래 식을 이용하여 계산한다.

$$\cot x=\frac{1}{\tan x},\ \sec x=\frac{1}{\cos x},$$
$$\csc x=\frac{1}{\sin x}$$

다음의 그림 0.39a~0.39d는 각각 $\tan x$, $\cot x$, $\sec x$, $\csc x$의 그래프이다. $\cot x$와 $\csc x$는 분모에 $\sin x$가 있으므로 $\sin x=0$이 되는 $0, \pm\pi, \pm 2\pi$에서 수직점근선을 갖는다. 또 $\tan x$와 $\sec x$는 분모에 $\cos x$가 있으므로 $\cos x=0$이 되는 $\pm\pi/2, \pm 3\pi/2, \pm 5\pi/2$에서 수직점근선을 갖는다. 수직점근선을 찾으면 그래프를 그리기 쉽다.

$\tan x$와 $\cot x$는 주기가 π이고, $\sec x$, $\csc x$는 주기가 2π이다.

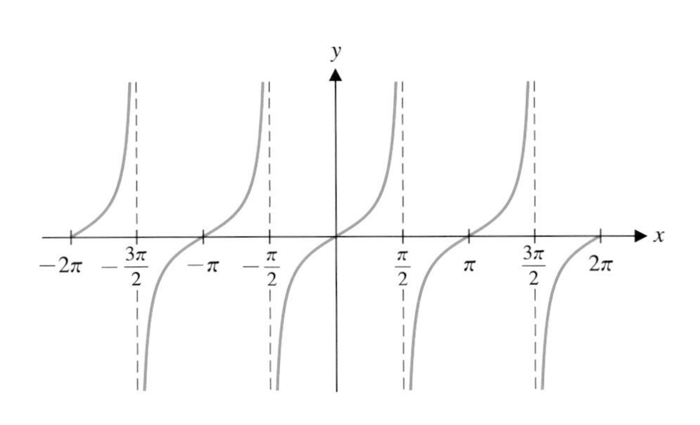

그림 0.39a $y = \tan x$

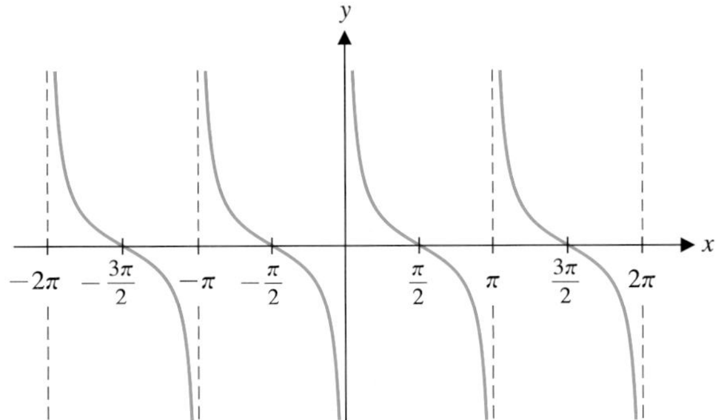

그림 0.39b $y = \cot x$

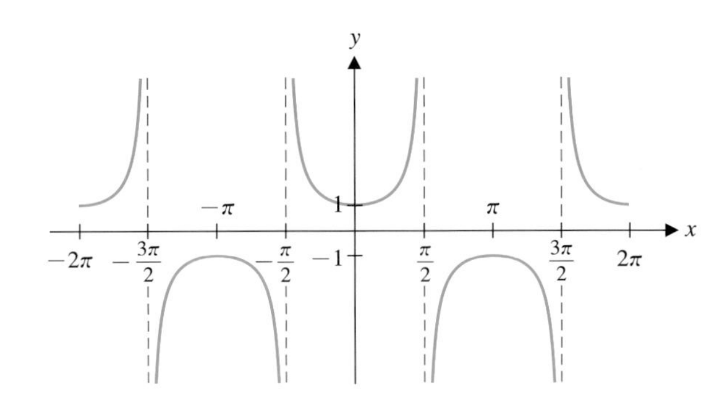

그림 0.39c $y = \sec x$

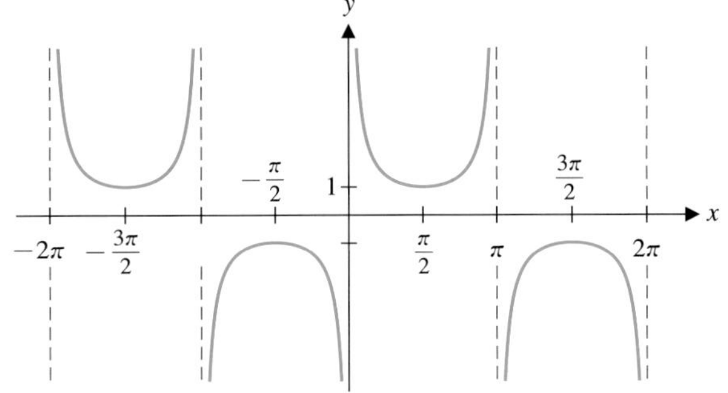

그림 0.39d $y = \csc x$

예제 3.2 진폭과 주기의 변경

$y = 2\sin x$, $y = \sin 2x$의 그래프를 그리고 $y = \sin x$의 그래프와 비교해 보아라.

풀이

그림 0.40a~0.40c는 각각 $y = \sin x$, $y = 2\sin x$, $y = \sin 2x$의 그래프이다. $y = 2\sin x$의 그래프는 $y = \sin x$의 그래프와 모양은 같고 y의 값은 2와 -2 사이에서 진동한다($\sin x$의 경우는 1과 -1). $y = \sin 2x$의 그래프는 $y = \sin x$의 그래프와 모양은 같지만 주기가 π이다($\sin x$의 주기는 2π).

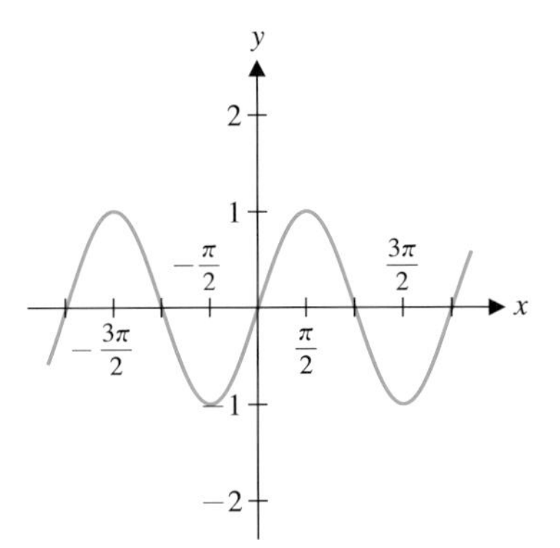

그림 0.40a $y = \sin x$

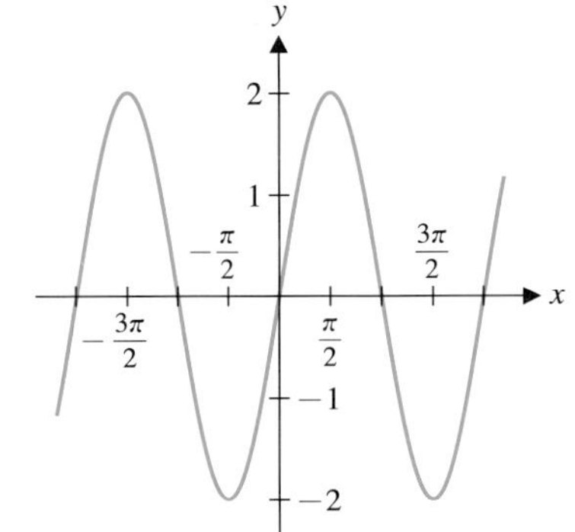

그림 0.40b $y = 2 \sin x$

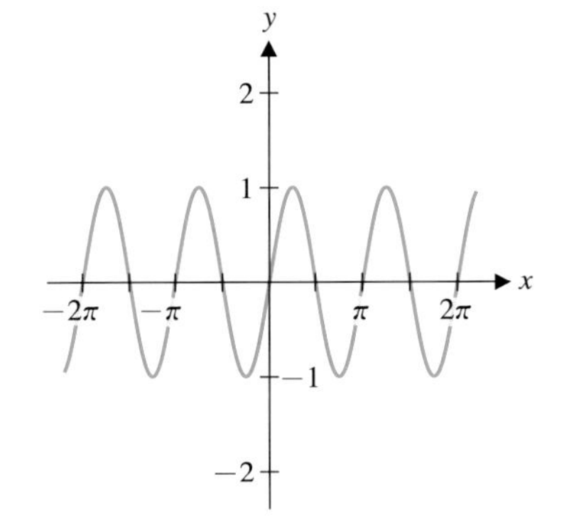

그림 0.40c $y = \sin(2x)$

예제 3.2의 결과를 다음과 같이 일반화할 수 있다. $A>0$일 때, $y=A\sin x$의 값은 $-A$와 A 사이에서 진동한다. 이때 A를 **진폭**(amplitude)이라고 한다. 임의의 양수 c에 대해서, $y=\sin cx$의 **주기**(frequency)는 $2\pi/c$이다. $y=A\cos cx$의 경우에도 진폭은 A, 주기는 $2\pi/c$이다.

예제 3.3 진폭과 주기

다음 함수의 진폭과 주기를 구하여라.

(a) $f(x) = 4\cos 3x$ (b) $g(x) = 2\sin\left(\frac{x}{3}\right)$

풀이

(a) 진폭은 4, 주기는 $2\pi/3$이다.

(b) 진폭은 2, 주기는 $2\pi/(1/3)=6\pi$이다.

두 함수의 그래프는 아래의 그림과 같다.

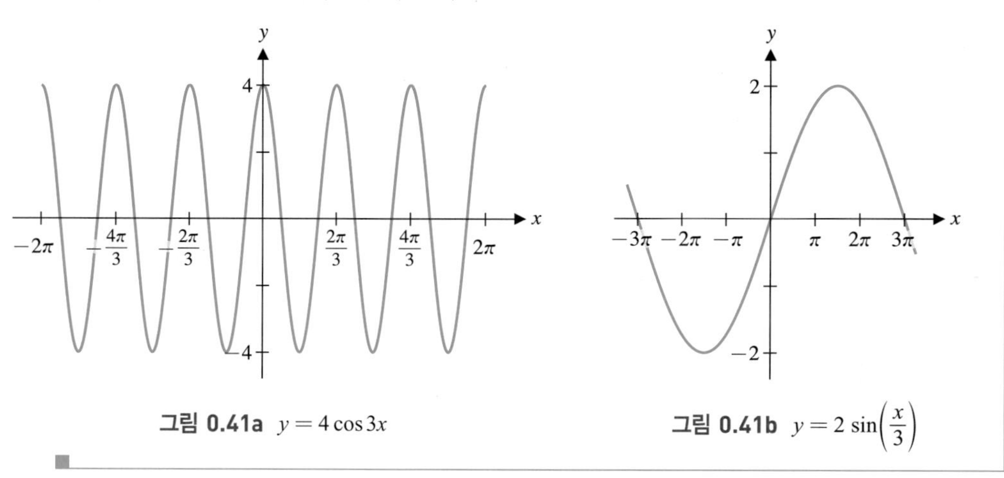

그림 0.41a $y=4\cos 3x$

그림 0.41b $y=2\sin\left(\frac{x}{3}\right)$

삼각함수를 계산할 때 필요한 공식과 항등식이 많이 있다. $\sin\theta$와 $\cos\theta$의 정의(그림 0.37)과 피타고라스 정리를 이용하면 다음 항등식을 얻을 수 있다.

$$\sin^2\theta + \cos^2\theta = 1$$

또 다음 성질도 성립한다.

$$\sin(-\theta) = -\sin\theta, \ \cos(-\theta) = \cos\theta$$

몇 가지 중요한 항등식은 다음과 같다.

정리 3.2

임의의 실수 α, β에 대해서 다음 항등식이 성립한다.

$$\sin(\alpha+\beta) = \sin\alpha\cos\beta + \sin\beta\cos\alpha \tag{3.1}$$

$$\cos(\alpha+\beta) = \cos\alpha\cos\beta - \sin\alpha\sin\beta \tag{3.2}$$

$$\sin^2\alpha = \frac{1}{2}(1-\cos 2\alpha) \tag{3.3}$$

$$\cos^2\alpha = \frac{1}{2}(1+\cos 2\alpha) \tag{3.4}$$

예제 3.4 이배각의 공식

다음 항등식을 유도하여라.

(a) $\sin 2\theta = 2\sin\theta\cos\theta$ (b) $\cos 2\theta = \cos^2\theta - \sin^2\theta$

풀이

(a) 식 (3.1)에 $\alpha=\theta$, $\beta=\theta$를 대입하여 얻는다.

(b) 식 (3.2)에 $\alpha=\theta$, $\beta=\theta$를 대입하여 얻는다.

역삼각함수

$y=\sin x$(그림 0.40a)의 그래프를 살펴보자. $\sin x$는 일대일 함수가 아니므로 역함수가 존재하지 않는다. 그러나 정의역을 $\left[-\frac{\pi}{2}, \frac{\pi}{2}\right]$로 제한하면 그림 0.42에서 보듯이 일대일 함수가 되어 역함수가 존재하게 된다. 이 함수를 **역사인함수**(inverse sine)라 하고 다음과 같이 정의한다.

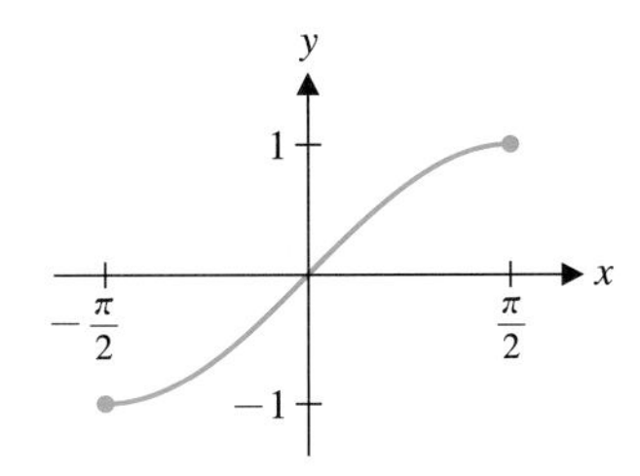

그림 0.42 $\left[-\frac{\pi}{2}, \frac{\pi}{2}\right]$에서 $y=\sin x$

$$y=\sin^{-1}x \Leftrightarrow \sin y = x,\ -\frac{\pi}{2} \le y \le \frac{\pi}{2} \tag{3.5}$$

위의 정의는 다음과 같이 생각하면 편리하다. 만일 $y=\sin^{-1}x$이면 y가 $-\frac{\pi}{2}$와 $\frac{\pi}{2}$ 사이에 있고 $\sin y = x$를 만족한다. 정의역을 제한하는 방법은 여러 가지가 있으나 $\left[-\frac{\pi}{2}, \frac{\pi}{2}\right]$로 선택하는 것이 편리하며, 다음과 같은 성질을 만족한다.

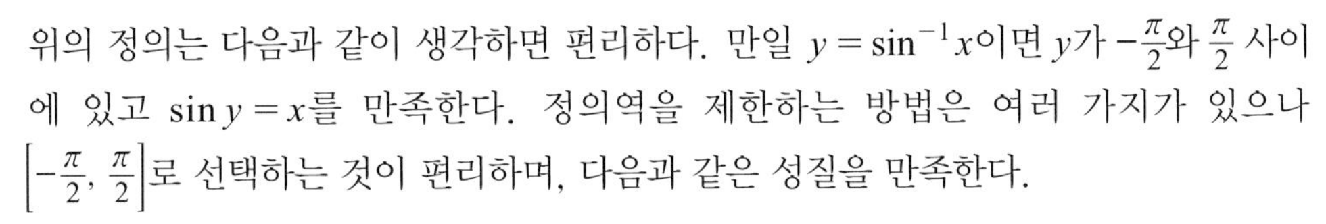

$$\sin(\sin^{-1}x) = x,\quad x\in[-1, 1]$$

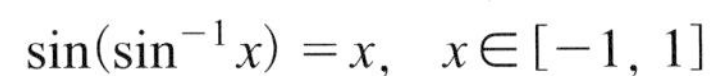

이고

$$\sin^{-1}(\sin x) = x,\quad x\in\left[-\frac{\pi}{2}, \frac{\pi}{2}\right] \tag{3.6}$$

식 (3.6)은 모든 실수 x에 대하여 성립하는 것이 아니라, 제한된 구간인 $\left[-\frac{\pi}{2}, \frac{\pi}{2}\right]$에서만 성립한다. 따라서 $\sin^{-1}(\sin\pi)=\pi$이 아니라

$$\sin^{-1}(\sin\pi) = \sin^{-1}(0) = 0$$

이다.

주 3.5

$\sin^{-1}x$는 $\arcsin x$라고도 쓰며, "역사인함수" 또는 "arcsine x"라 읽는다.

예제 3.5 역사인함숫값 구하기

다음을 계산하여라.

(a) $\sin^{-1}\left(\frac{\sqrt{3}}{2}\right)$ (b) $\sin^{-1}\left(-\frac{1}{2}\right)$

풀이

(a) $\sin\theta = \frac{\sqrt{3}}{2}$를 만족하는 θ를 $\left[-\frac{\pi}{2}, \frac{\pi}{2}\right]$에서 찾으면 된다. $\sin\left(\frac{\pi}{3}\right) = \frac{\sqrt{3}}{2}$ 이고 $\frac{\pi}{3} \in \left[-\frac{\pi}{2}, \frac{\pi}{2}\right]$ 이므로

$$\sin^{-1}\left(\frac{\sqrt{3}}{2}\right) = \frac{\pi}{3}$$

(b) $\sin\left(-\frac{\pi}{6}\right) = -\frac{1}{2}$이고 $-\frac{\pi}{6} \in \left[-\frac{\pi}{2}, \frac{\pi}{2}\right]$이므로

$$\sin^{-1}\left(-\frac{1}{2}\right) = -\frac{\pi}{6}$$

■

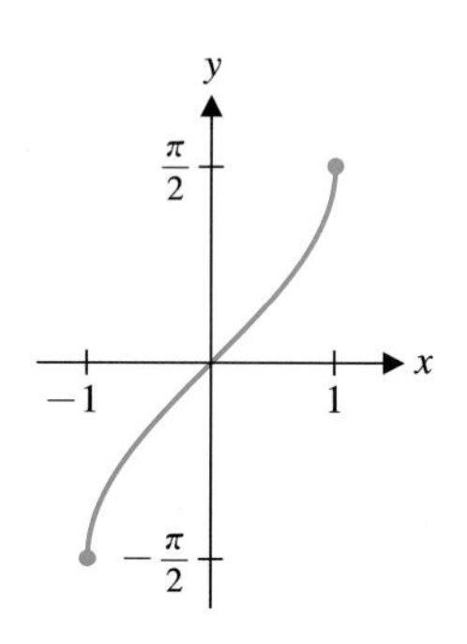

그림 0.43 $y = \sin^{-1}x$

$y = \sin^{-1}x$의 그래프는 정의역이 $[-1, 1]$이고 치역이 $\left[-\frac{\pi}{2}, \frac{\pi}{2}\right]$이므로, $y = \sin x$의 그래프를 $y = x$에 대칭이 되도록 그리면 된다(그림 0.43).

역코사인함수(inverse cosine)도 역사인함수를 유도하는 방법과 유사하게 얻을 수 있다. 정의역을 $[0, \pi]$로 제한하여(그림 0.44) 일대일 함수를 만들면 다음과 같이 정의할 수 있다.

$$\boxed{y = \cos^{-1}x \;\Leftrightarrow\; \cos y = x,\ 0 \le y \le \pi} \tag{3.7}$$

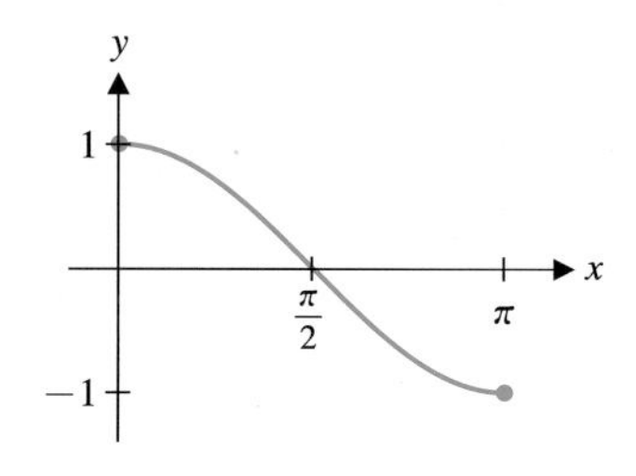

그림 0.44 $[0, \pi]$에서 $y = \cos x$

여기서

$$\cos(\cos^{-1}x) = x,\quad x \in [-1, 1]$$

이고

$$\cos^{-1}(\cos x) = x,\quad x \in [0, \pi]$$

이다.

예제 3.6 역코사인함숫값 구하기

다음을 계산하여라.

(a) $\cos^{-1}(0)$ (b) $\cos^{-1}\left(-\frac{\sqrt{2}}{2}\right)$

풀이

(a) $\cos\theta = 0$를 만족하는 θ를 $[0, \pi]$에서 찾으면 된다. $\cos\frac{\pi}{2} = 0$이므로 $\cos^{-1}(0) = \frac{\pi}{2}$이다.

(b) $\cos\theta = -\frac{\sqrt{2}}{2}$를 만족하는 θ를 $[0, \pi]$에서 찾으면 된다. $\cos\left(\frac{3\pi}{4}\right) = -\frac{\sqrt{2}}{2}$이고 $\frac{3\pi}{4} \in [0, \pi]$이므로

$$\cos^{-1}\left(-\frac{\sqrt{2}}{2}\right) = \frac{3\pi}{4}$$

■

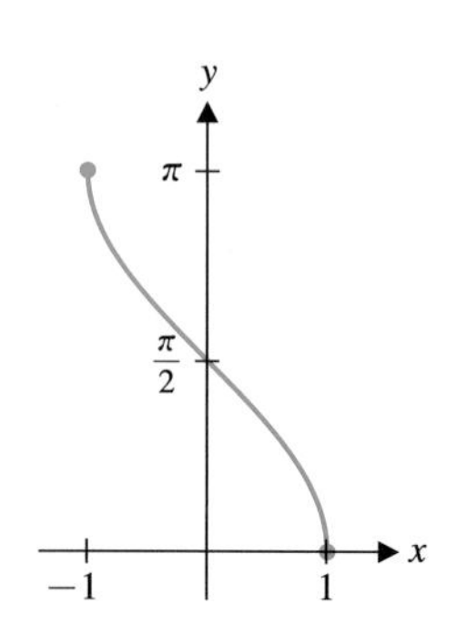

그림 0.45 $y = \cos^{-1}x$

역코사인함수의 그래프는 그림 0.44의 그래프를 $y = x$에 대칭이 되도록 그리면 되므로 그림 0.45와 같다.

유사한 방법으로 다른 삼각함수의 역함수를 정의할 수 있다. $y = \tan x$의 정의역을 $\left(-\frac{\pi}{2}, \frac{\pi}{2}\right)$로 제한하면(그림 0.46) **역탄젠트함수**(inverse tangent)를

$$\boxed{y = \tan^{-1}x \;\Leftrightarrow\; y = x,\ -\frac{\pi}{2} < y < \frac{\pi}{2}} \tag{3.8}$$

로 정의할 수 있다. $y = \tan^{-1}x$의 그래프는 그림 0.47과 같다.

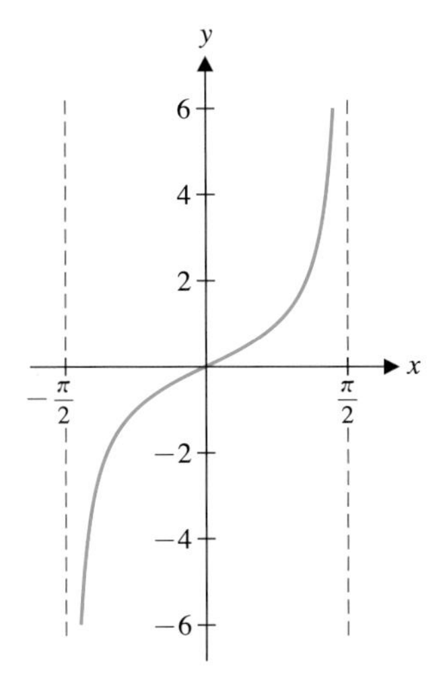

그림 0.46 $\left(-\frac{\pi}{2}, \frac{\pi}{2}\right)$에서 $y = \tan x$

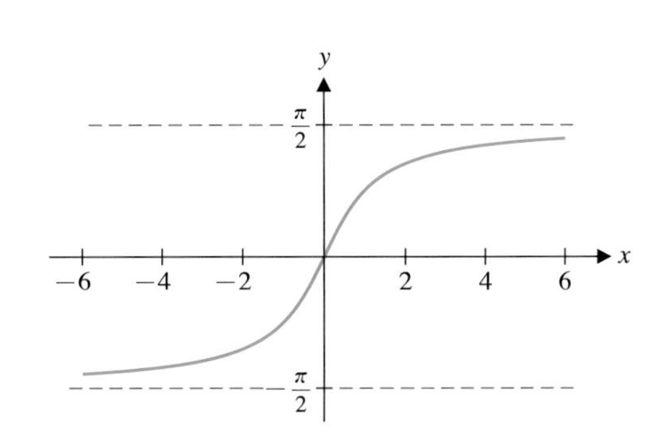

그림 0.47 $y = \tan^{-1} x$

예제 3.7 역탄젠트함숫값 구하기

$\tan^{-1}(1)$를 계산하여라.

풀이

$\tan\theta = 1$인 θ값을 $\left(-\frac{\pi}{2}, \frac{\pi}{2}\right)$에서 찾으면 된다. $\tan\frac{\pi}{4} = 1$이고 $\frac{\pi}{4} \in \left(-\frac{\pi}{2}, \frac{\pi}{2}\right)$ 이므로 $\tan^{-1}(1) = \frac{\pi}{4}$ 이다.

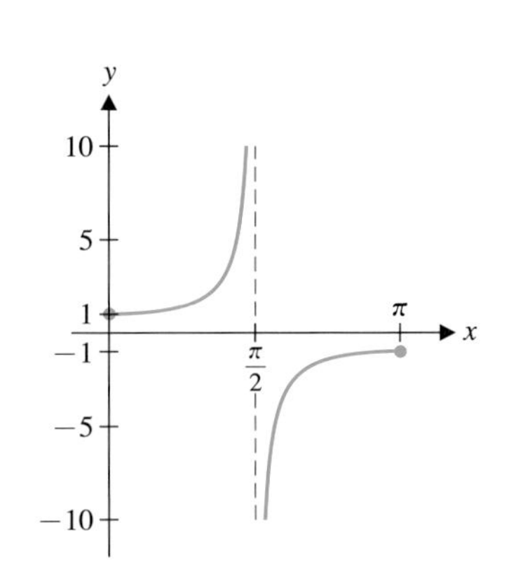

그림 0.48 $[0, \pi]$에서 $y = \sec x$

그림 0.48과 같이 $y = \sec x$의 정의역을 $\left[0, \frac{\pi}{2}\right) \cup \left(\frac{\pi}{2}, \pi\right]$로 제한하면 **역시컨트함수**(inverse secant)는

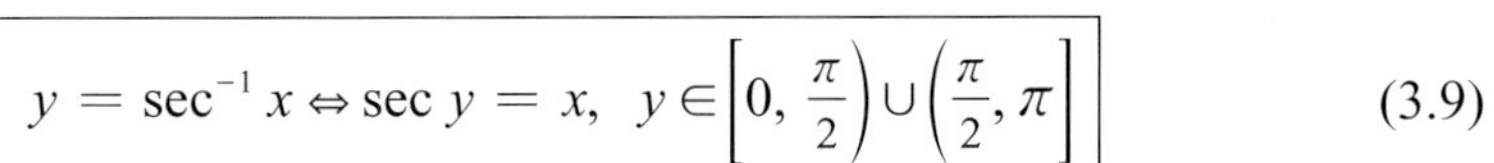

$$y = \sec^{-1} x \Leftrightarrow \sec y = x, \quad y \in \left[0, \frac{\pi}{2}\right) \cup \left(\frac{\pi}{2}, \pi\right] \tag{3.9}$$

로 정의할 수 있다. $y = \sec^{-1} x$의 그래프는 그림 0.49와 같다.

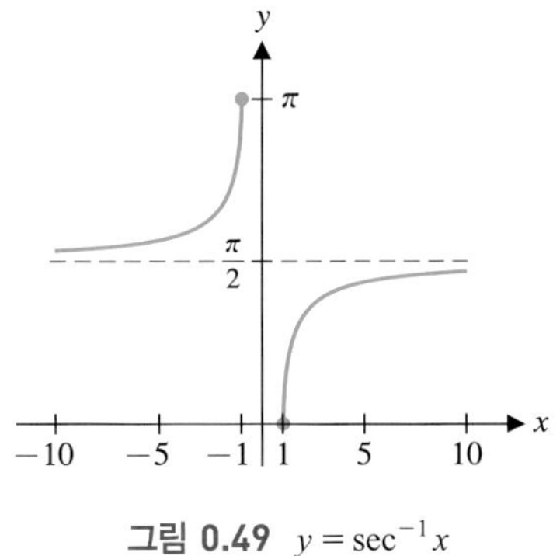

그림 0.49 $y = \sec^{-1} x$

예제 3.8 역시컨트함숫값 구하기

$\sec^{-1}(-\sqrt{2})$를 계산하여라.

풀이

$\sec\theta = -\sqrt{2}$ 를 만족하는 θ를 $\left[0, \frac{\pi}{2}\right) \cup \left(\frac{\pi}{2}, \pi\right]$에서 찾으면 된다. $\sec\theta = -\sqrt{2}$ 이면 $\cos\theta = -\frac{1}{\sqrt{2}} = -\frac{\sqrt{2}}{2}$를 만족한다. 예제 3.7에서와 같이 $\cos\frac{3\pi}{4} = -\frac{1}{\sqrt{2}} = -\frac{\sqrt{2}}{2}$ 이고 $\frac{3\pi}{4}$는 구간 $\left(\frac{\pi}{2}, \pi\right]$에 있으므로, $\sec^{-1}(-\sqrt{2}) = \frac{3\pi}{4}$ 이다.

주 3.6

$\cot x$와 $\csc x$의 역함수도 비슷하게 정의할 수 있지만 자주 사용되지 않으므로 여기서는 생략한다.

다음은 세 가지 주요 역삼각함수의 정의역과 치역을 나타낸 표이다.

함수	정의역	치역
$\sin^{-1} x$	$[-1, 1]$	$\left[-\frac{\pi}{2}, \frac{\pi}{2}\right]$
$\cos^{-1} x$	$[-1, 1]$	$[0, \pi]$
$\tan^{-1} x$	$(-\infty, \infty)$	$\left(-\frac{\pi}{2}, \frac{\pi}{2}\right)$

예제 3.9 탑의 높이 구하기

탑에서 100피트 떨어져 있는 위치에서 바닥에서 탑의 꼭대기를 올려본 각이 60° 였다(그림 0.50). (a) 탑의 높이를 구하여라. (b) 탑에서 200피트 떨어져 있는 위치에서 바닥에서 탑의 꼭대기까지 각을 구하여라.

풀이

(a) 60° 를 라디안으로 나타내면

$$60^\circ = 60\frac{\pi}{180} = \frac{\pi}{3} \text{ 라디안}$$

이다. 그림 0.50의 삼각형의 밑변이 100피트이므로 탑의 높이 h는 닮음 삼각형을 이용하여 구한다.

$$\frac{\sin\theta}{\cos\theta} = \frac{h}{100}$$

이므로 탑의 높이는

$$h = 100\frac{\sin\theta}{\cos\theta} = 100\tan\theta = 100\tan\frac{\pi}{3} = 100\sqrt{3} \approx 173 \text{ 피트}$$

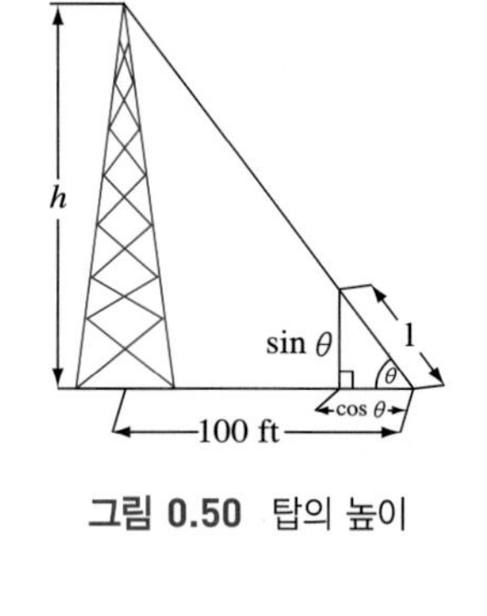

그림 0.50 탑의 높이

(b) 그림 0.50의 닮음 삼각형으로부터

$$\tan\theta = \frac{h}{200} = \frac{100\sqrt{3}}{200} = \frac{\sqrt{3}}{2}$$

을 얻는다. $0 < \theta < \frac{\pi}{2}$이므로 구하는 각은

$$\theta = \tan^{-1}\left(\frac{\sqrt{3}}{2}\right) \approx 0.7137 \text{라디안(약 } 41^\circ)$$

이다.

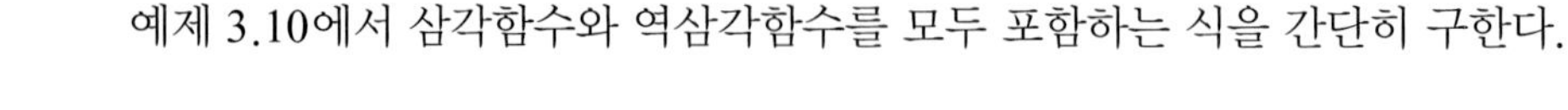
예제 3.10에서 삼각함수와 역삼각함수를 모두 포함하는 식을 간단히 구한다.

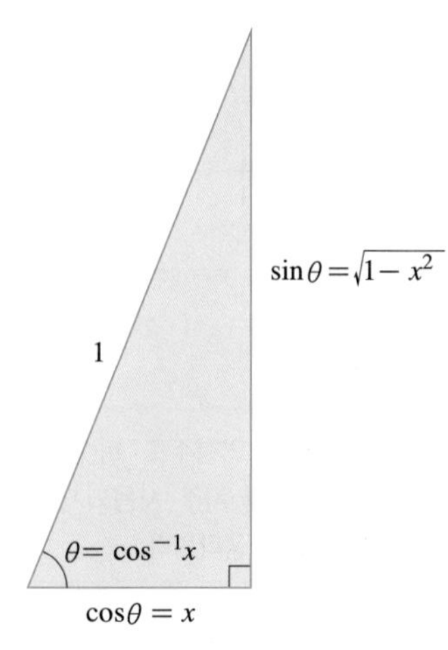

그림 0.51 $\theta = \cos^{-1} x$

예제 3.10 역삼각함수를 포함한 식 간단히 하기

$\sin(\cos^{-1} x)$와 $\tan(\cos^{-1} x)$를 간단히 하여라.

풀이

$\theta = \cos^{-1} x$라 하면 $\cos\theta = x$이다. 그림 0.51과 같이 대각선의 길이가 1이고 인접각이 θ인 직각삼각형을 그리자. 사인과 코사인함수의 정의로부터 삼각형의 밑변의 길이는 $\cos\theta = x$이고 높이가 $\sin\theta$이다. 피타고라스 정리로부터

$$\sin(\cos^{-1} x) = \sin\theta = \sqrt{1-x^2}$$

이고

$$\tan(\cos^{-1} x) = \tan\theta = \frac{\sin\theta}{\cos\theta} = \frac{\sqrt{1-x^2}}{x}$$

이다.

연습문제 0.3

1. 다음 각을 도(°)로 나타내어라.
   (a) $\frac{\pi}{4}$ (b) $\frac{\pi}{3}$
   (c) $\frac{\pi}{6}$ (d) $\frac{4\pi}{3}$

2. 다음 각을 라디안으로 나타내어라.
   (a) 180° (b) 270°
   (c) 120° (d) 30°

[3~4] 다음 방정식의 해를 모두 구하여라.

3. $2\cos x - 1 = 0$

4. $\sqrt{2}\cos x - 1 = 0$

[5~6] 다음 함수의 그래프를 그려라.

5. $f(x) = \sin 2x$

6. $f(x) = 3\cos(x - \pi/2)$

[7~8] 다음 함수의 진폭과 주기를 구하여라.

7. $f(x) = 3\sin 2x$

8. $f(x) = 3\cos(2x - \pi/2)$

[9~10] 다음 삼각항등식을 증명하여라.

9. $\sin(\alpha - \beta) = \sin\alpha\cos\beta - \sin\beta\cos\alpha$

10. (a) $\cos(2\theta) = 2\cos^2\theta - 1$
    (b) $\cos(2\theta) = 1 - 2\sin^2\theta$

11. 적당한 상수 β에 대하여

$$4\cos x - 3\sin x = 5\cos(x + \beta)$$

임을 증명하고 β의 값을 구하여라.

[12~13] 다음 함수가 주기함수인지 판정하고 주기함수일 경우 주기를 구하여라.

12. $f(x) = \cos 2x + 3\sin\pi x$

13. $f(x) = \sin 2x - \cos 5x$

[14~16] 삼각형을 이용하여 다음 표현을 간단히 하여라.

14. $\cos(\sin^{-1} x)$

15. $\tan(\sec^{-1} x)$

16. $\sin\left(\cos^{-1}\frac{1}{2}\right)$

17. 로켓 발사대로부터 2마일 떨어진 지점에서 로켓의 맨 꼭대기를 올려다 본 각이 20도이다. 지상에서부터 로켓의 맨 꼭대기까지의 거리는 얼마인가?

18. 측량사가 건물의 아랫부분에서 80피트 떨어진 곳에서 건물 옥상에 있는 첨탑 꼭대기를 올려다 본 각이 50도이다. 첨탑의 꼭대기는 첨탑의 가장자리에서 20피트 양쪽에 있다고 할 때 첨탑의 높이를 구하여라.

0.4 지수함수와 로그함수

실험 용기 속에 100마리의 박테리아가 있다. 매 시간마다 그 수가 두 배로 증가한다고 하자. $P(t)$를 t시간 후의 박테리아의 수라고 하면, 박테리아의 수는 다음과 같다.

$$P(0)=100,\ P(1)=200,\ P(2)=400,\ P(3)=800,\ \cdots$$

그러면 10시간 후의 박테리아의 수는 얼마일까? $P(10)$을 간단히 구하기 위해서 다음과 같이 $P(t)$에 대한 공식을 만든다.

$$\begin{aligned}
&P(0)=100,\\
&P(1)=2P(0)=2\cdot 100,\\
&P(2)=2P(1)=2\cdot 2P(0)=2^2\cdot 100,\\
&P(3)=2P(2)=2\cdot 2^2\cdot 100=2^3\cdot 100,\ \cdots
\end{aligned}$$

위 식으로부터 $P(10)=2^{10}\cdot 100=102{,}400$이라는 것을 쉽게 알 수 있다. 이것을 일반화하면, t시간 후의 박테리아 수는

$$P(t)=2^t\cdot 100$$

이다. $P(t)$를 지수함수라고 부른다. $P(t)$는 정수뿐만 아니라 유리수에 대해서도 정의된다. 예를 들면,

$$P\left(\frac{1}{2}\right)=2^{1/2}\cdot 100=\sqrt{2}\cdot 100\approx 141$$

이다.

지수가 분수일 경우에는 제곱근을 이용하여 이해할 수 있다. 예를 들면

$$\begin{aligned}
x^{1/2}&=\sqrt{x}\\
x^{1/3}&=\sqrt[3]{x}\\
x^{2/3}&=\sqrt[3]{x^2}=\left(\sqrt[3]{x}\right)^2\\
x^{3.1}&=x^{31/10}=\sqrt[10]{x^{31}}
\end{aligned}$$

이다. 그런데 지수가 무리수일 경우에는 어떻게 될까? 예를 들어 π는 3.14와 3.15 사이의 수이므로 2^π은 $2^{3.14}$와 $2^{3.15}$ 사이의 수면 된다. 이런 방법으로 x가 무리수일 때 2^x은 유리수 x에 대한 $y=2^x$의 그래프의 빈칸을 메우도록 정의한다. 즉, 무리수 x가 유리수 a와 b 사이의 수라면 $2^a<2^x<2^b$이다.

π 시간 후의 박테리아의 수를 구하려면 계산기를 이용하여

$$P(\pi)=2^\pi\cdot 100\approx 882$$

임을 알 수 있다.

지수 법칙 $(x > 0, y > 0)$

(i) 임의의 정수 m, n에 대해서($n \geq 2$)

$$x^{m/n} = \sqrt[n]{x^m} = (\sqrt[n]{x})^m$$

(ii) 임의의 실수 p에 대해서

$$x^{-p} = \frac{1}{x^p}, \ (xy)^p = x^p \cdot y^p, \ \left(\frac{x}{y}\right)^p = \frac{x^p}{y^p}$$

(iii) 임의의 실수 p, q에 대해서

$$(x^p)^q = x^{p \cdot q}, \ x^p \cdot x^q = x^{p+q}, \ \frac{x^p}{x^q} = x^{p-q}$$

예제 4.1 지수함수로 표시하기

(a) $3\sqrt{x^5} = 3x^{5/2}$

(b) $\dfrac{5}{\sqrt[3]{x}} = 5x^{-1/3}$

(c) $\dfrac{3x^2}{2\sqrt{x}} = \dfrac{3}{2}\dfrac{x^2}{x^{1/2}} = \dfrac{3}{2}x^{2-1/2} = \dfrac{3}{2}x^{3/2}$

(d) $(2^x \cdot 2^{3+x})^2 = (2^{x+3+x})^2 = 2^{4x+6}$

■

정의 4.1

임의의 실수 $a \neq 0$와 $b > 0$에 대해서 $f(x) = a \cdot b^x$를 **지수함수**(exponential function)라고 한다. 이때 b를 **밑**(base), x를 **지수**(exponent)라고 한다.

0보다 큰 실수가 모두 밑이 될 수 있지만, 우리가 주로 사용하는 밑은 2와 10이다. 컴퓨터 연산에서는 밑 2를 사용하고, 우리가 사용하는 수 체계는 밑이 10이다. 2와 10 이외에 유용하게 사용되는 밑은 무리수 e이다. e를 다음과 같이 정의한다.

$$e = \lim_{n \to \infty}\left(1 + \frac{1}{n}\right)^n \tag{4.1}$$

위에서 정의한 e의 값을 추정해 보자.

$$\left(1 + \frac{1}{10}\right)^{10} = 2.5937 \cdots,$$

$$\left(1 + \frac{1}{1000}\right)^{1000} = 2.7169 \cdots,$$

$$\left(1 + \frac{1}{10000}\right)^{10,000} = 2.7181 \cdots$$

이 값들은 n을 크게 택할수록 $e \approx 2.718281828459\cdots$에 수렴함을 알 수 있다.

예제 4.2 지수함수의 값 구하기

e^4, $e^{-1/5}$, e^0을 구하여라.

풀이

계산기를 사용하여 구한다.

$$e^4 = e \cdot e \cdot e \cdot e \approx 54.598$$

$$e^{-1/5} = \frac{1}{e^{1/5}} = \frac{1}{\sqrt[5]{e}} \approx 0.81873$$

$$e^0 = 1$$

주: 계산기에서는 $-1/5$ 대신 -0.2를 사용하는 것이 편리하다.

예제 4.3 지수함수의 그래프

다음 지수함수의 그래프를 그려라.

$$y = 2^x, \quad y = e^x, \quad y = e^{2x}, \quad y = e^{x/2}, \quad y = \left(\tfrac{1}{2}\right)^x, \quad y = e^{-x}$$

풀이

계산기 또는 컴퓨터를 사용하여 그린다.

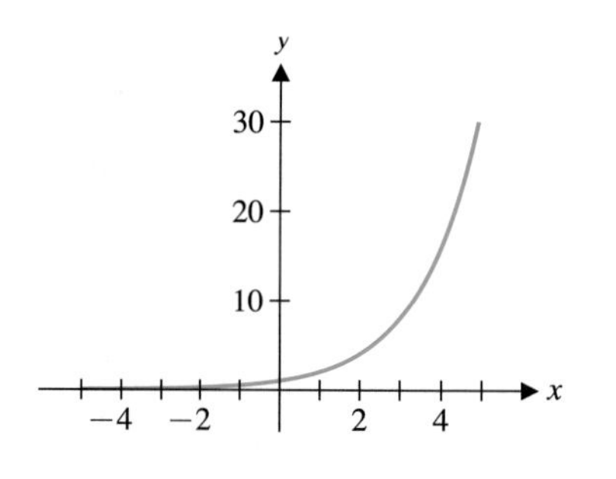

그림 0.52a $y = 2^x$

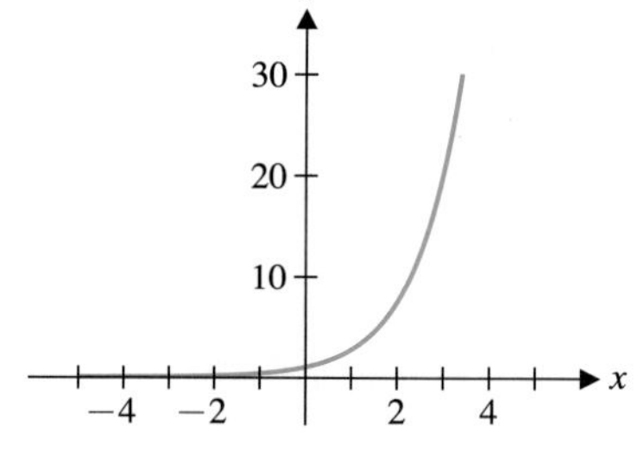

그림 0.52b $y = e^x$

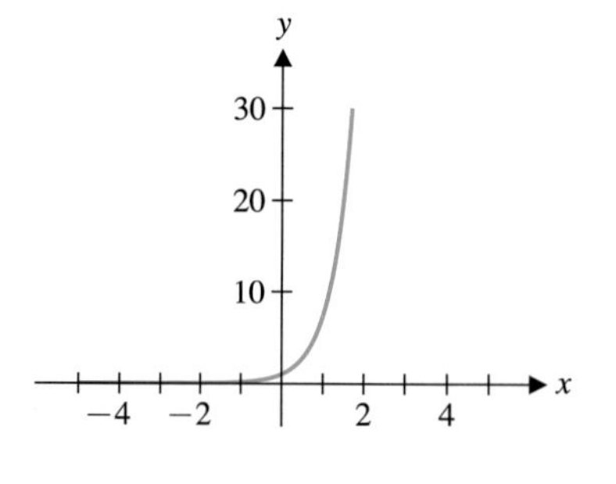

그림 0.53a $y = e^{2x}$

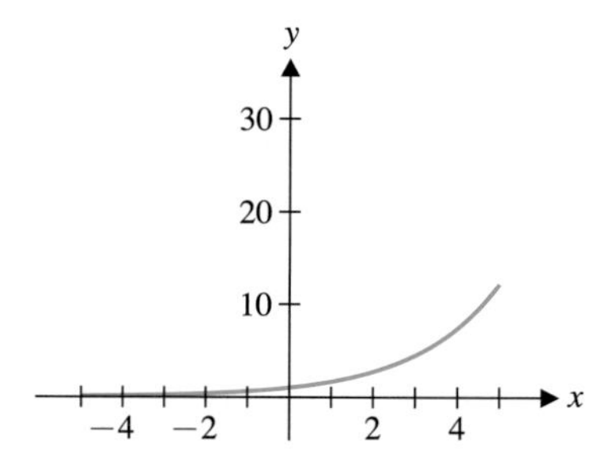

그림 0.53b $y = e^{x/2}$

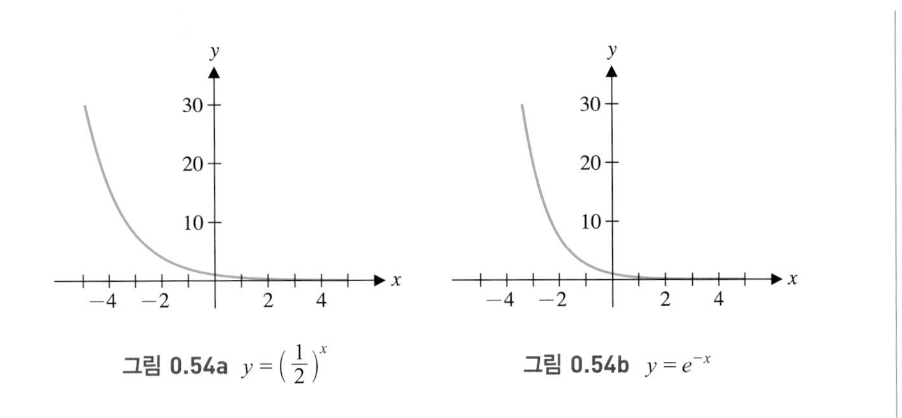

그림 0.54a $y=\left(\frac{1}{2}\right)^x$　　그림 0.54b $y=e^{-x}$

정의 4.2

$x=b^y$일 때, $y=\log_b x$ (단, $b>0$, $b\neq 1$)라고 정의한다. 이때 y를 밑이 b인 **로그함수**(logarithm function)라고 한다.

로그함수의 예를 보면,

$$\log_{10} 10 = 1 \quad (10^1 = 10\text{이므로})$$
$$\log_{10} 100 = 2 \quad (10^2 = 100\text{이므로})$$
$$\log_{10} 1000 = 3 \quad (10^3 = 1000\text{이므로})$$

등은 쉽게 구할 수 있지만, $\log_{10} 45$는 $10^y=45$인 y를 쉽게 구할 수 없다. 이 경우, 계산기나 컴퓨터를 사용해서 $\log_{10} 45 \approx 1.6532$를 알 수 있지만 로그함수의 성질을 이해하는 데 도움이 되지는 않는다.

정의 4.2에서 $y=\log_b x\,(b>0,\ b\neq 1)$이면, $x=b^y>0$이므로 함수 $f(x)=\log_b x$의 정의역은 $(0, \infty)$이고 치역은 $(-\infty, \infty)$이다.

10을 밑으로 하는 로그를 **상용로그**, e를 밑으로 하는 로그를 **자연로그**(natural logarithm)라 하고 간단히 다음과 같이 쓴다.

$$\log_{10} x = \log x, \quad \log_e x = \ln x$$

예제 4.4 로그함수의 값 구하기

다음 값을 구하여라.

$$\log(1/10),\ \log(0.001),\ \ln e,\ \ln e^3$$

풀이

$1/10=10^{-1}$이므로 $\log(1/10)=-1$이고 $0.001=10^{-3}$이므로 $\log(0.001)=-3$이다. 또 $\ln e=\log_e e^1$이므로 $\ln e=1$이고 $\ln e^3=\log_e e^3$이므로 $\ln e^3=3$이다.

$y=\ln x=\log_e x$라고 하면, 정의 4.2로부터 $x=e^y=e^{\ln x}$이므로 다음 성질을 얻는다.

$$x > 0\text{일 때, } e^{\ln x} = x\text{이고 모든 } x\text{에 대하여 } \ln(e^x) = x \tag{4.2}$$

예제 4.5 로그방정식의 해

방정식 $\ln(x+5)=3$의 해를 구하여라.

풀이

양변에 지수 e를 취하면,

$$e^3 = e^{\ln(x+5)} = x+5$$

이다. 따라서

$$x = e^3 - 5$$

예제 4.6 지수방정식의 해

방정식 $e^{x+4}=7$의 해를 구하여라.

풀이

양변에 자연로그를 취하면,

$$\ln 7 = \ln(e^{x+4}) = x+4$$

이고, 양변에서 4를 빼면

$$\ln 7 - 4 = x$$

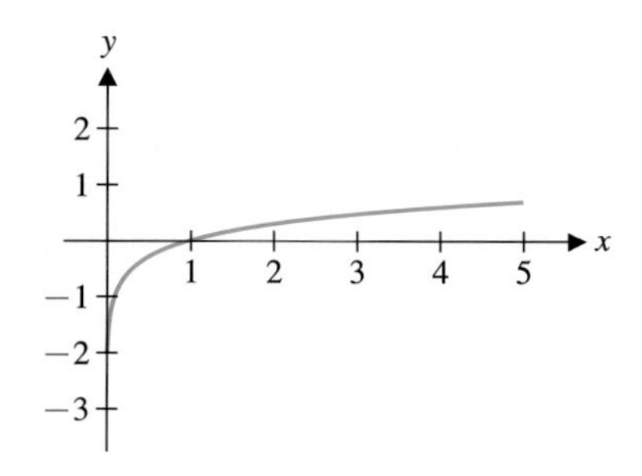

그림 0.55a $y = \log x$

예제 4.7 로그함수의 그래프

$y = \log x$, $y = \ln x$의 그래프를 그려라.

풀이

계산기 또는 컴퓨터를 사용하여 그린다(그림 0.55a~0.55b). 두 그래프는 $x = 0$일 때 수직점근선을 갖고 x절편은 $x = 1$이다.

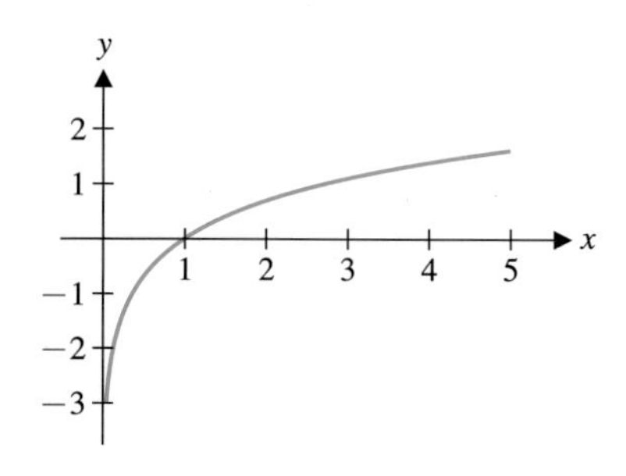

그림 0.55b $y = \ln x$

정리 4.1

$b>0(b \neq 1)$에 대해서

(i) $x>0$일 때만 $\log_b x$는 정의된다.

(ii) $\log_b 1 = 0$

(iii) $b>1$일 때, $0<x<1$이면 $\log_b x < 0$이고 $x>1$이면 $\log_b x > 0$이다.

증명

(i) $b>0$이므로 모든 y에 대해서 $b^y>0$이다. 만일 $\log_b x = y$이면 $x = b^y>0$이다.

(ii) $b \neq 0$이면 $b^0 = 1$이므로 $\log_b 1 = 0$이다.

(iii) 연습문제로 남긴다. ■

정리 4.2

$b>0(b \neq 1)$, $x>0$, $y>0$일 때

(i) $\log_b(xy) = \log_b x + \log_b y$

(ii) $\log_b(x/y) = \log_b x - \log_b y$

(iii) $\log_b(x^y) = y \log_b x$

예제 4.8 로그함수 간단히 하기

다음 식을 하나의 로그로 표현하여라.

(a) $\log_2 27^x - \log_2 3^x$ (b) $\ln 8 - 3\ \ln(1/2)$

풀이

(a) $\log_2 27^x - \log_2 3^x = \log_2 3^{3x} - \log_2 3^x$

$= 3x \log_2 3 - x \log_2 3 = 2x \log_2 3 = \log_2 3^{2x}$

(b) $\ln 8 - 3\ \ln(1/2) = 3\ \ln 2 - 3(-\ln 2)$

$= 3\ \ln 2 + 3\ \ln 2 = 6\ \ln 2 = \ln 2^6 = \ln 64$

■

예제 4.9 로그함수 풀어서 쓰기

$\ln\left(\frac{x^3 y^4}{z^5}\right)$을 풀어서 나타내어라.

풀이

$$\ln\left(\frac{x^3 y^4}{z^5}\right) = \ln(x^3 y^4) - \ln(z^5) = \ln(x^3) + \ln(y^4) - \ln(z^5)$$

$$= 3\ln x + 4\ \ln y - 5\ \ln z$$

■

정리 4.2의 (iii)과 $e^{\ln y} = y\ (y>0)$로부터 다음 성질을 얻는다.

$$a^x = e^{\ln(a^x)} = e^{x \ln a}\ (a>0) \tag{4.3}$$

예제 4.10 밑이 e인 지수로 바꾸어 쓰기

2^x, 5^x, $(2/5)^x$를 밑이 e인 지수로 바꾸어라.

풀이

식 (4.3)에 의하여

$$2^x = e^{\ln(2^x)} = e^{x\ln 2}$$
$$5^x = e^{\ln(5^x)} = e^{x\ln 5}$$
$$\left(\frac{2}{5}\right)^x = e^{\ln[(2/5)^x]} = e^{x\ln(2/5)}$$

■

$b>0\ (b \neq 1)$에 대해서 다음 성질이 성립한다.

$$\boxed{\log_b x = \frac{\ln x}{\ln b}} \tag{4.4}$$

왜냐하면 $y = \log_b x$ 이면 정의 4.2에 의해서 $x = b^y$의 양변에 자연로그를 취하면

$$\ln x = \ln(b^y) = y \ln b$$

이고 양변을 $\ln b$로 나누면

$$y = \frac{\ln x}{\ln b}$$

이기 때문이다.

예제 4.11 로그의 근삿값 구하기

$\log_7 12$의 근삿값을 구하여라.

풀이

식 (4.4)에 의해서

$$\log_7 12 = \frac{\ln 12}{\ln 7} \approx 1.2769894$$

■

쌍곡삼각함수

게이트웨이 아치, 세인트루이스

쌍곡삼각함수는 지수함수 e^x와 e^{-x}의 결합으로 표현되는데 여러 가지 응용문제에 유용하게 사용되며, 특히 미분방정식의 해를 구하는 데 편리하게 사용된다.

쌍곡사인함수(hyperbolic sine)는 모든 실수 $x \in (-\infty, \infty)$에 대하여

$$\sinh x = \frac{e^x - e^{-x}}{2}$$

로 정의한다. **쌍곡코사인함수**(hyperbolic cosine)도 모든 실수 $x \in (-\infty, \infty)$에 대하여

$$\cosh x = \frac{e^x + e^{-x}}{2}$$

로 정의한다. 위의 정의로부터 쉽게

$$\cosh^2 u - \sinh^2 u = 1$$

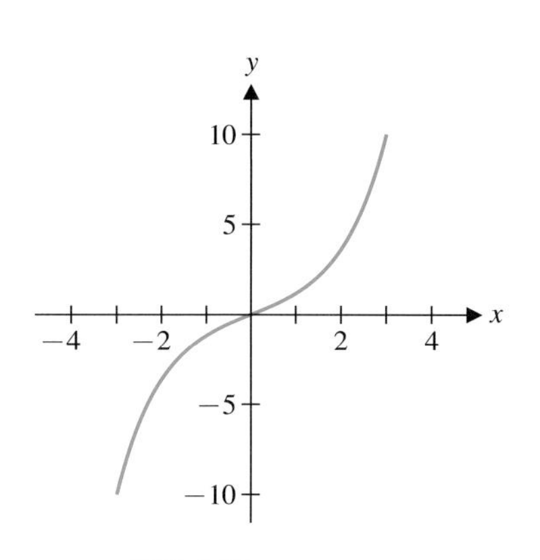

그림 0.56a $y = \sinh x$

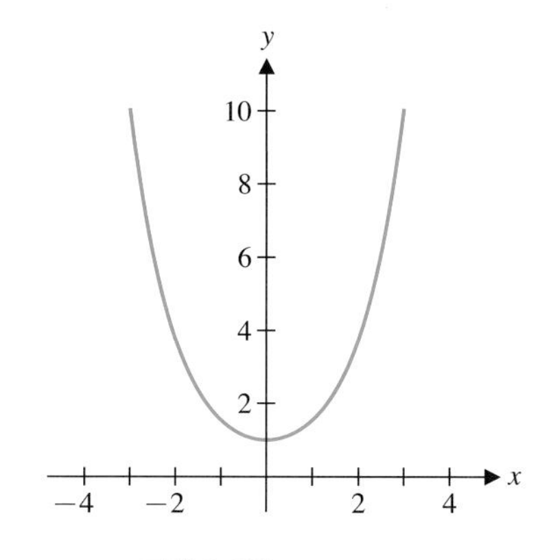

그림 0.56b $y = \cosh x$

을 유도할 수 있다. 위의 항등식에서 $x = \cosh u$, $y = \sinh u$라 놓으면

$$x^2 - y^2 = \cosh^2 u - \sinh^2 u = 1$$

이므로 쌍곡선 위에 놓여 있다고 생각할 수 있고, 이런 이유로 이 함수를 쌍곡삼각함수라 한다. 다른 쌍곡함수들은 삼각함수와 같은 방법으로 다음과 같이 정의한다.

$$\tanh x = \frac{\sinh x}{\cosh x}, \quad \coth x = \frac{\cosh x}{\sinh x}$$

$$\operatorname{sech} x = \frac{1}{\cosh x}, \quad \operatorname{csch} x = \frac{1}{\sinh x}$$

예제 4.12 쌍곡삼각함수의 값 계산

다음 각 함수에 대하여 $f(0)$, $f(1)$, $f(-1)$을 구하고 $f(x)$와 $f(-x)$를 비교하여라.

(a) $f(x) = \sinh x$ (b) $f(x) = \cosh x$

풀이

(a)

$$\sinh 0 = \frac{e^0 - e^{-0}}{2} = \frac{1-1}{2} = 0$$

$$\sinh 1 = \frac{e^1 - e^{-1}}{2} \approx 1.18$$

$$\sinh(-1) = \frac{e^{-1} - e^1}{2} \approx -1.18$$

$$\sinh 0 = \sin 0 = 0, \ \sinh(-1) = -\sinh 1$$

임의의 x에 대하여

$$\sinh(-x) = \frac{e^{-x} - e^x}{2} = \frac{-(e^x - e^{-x})}{2} = -\sinh x$$

이다(임의의 x에 대하여 $\sin(-x) = -\sin x$이다).

(b)
$$\cosh 0 = \frac{e^0 + e^{-0}}{2} = \frac{1+1}{2} = 1$$
$$\cosh 1 = \frac{e^1 + e^{-1}}{2} \approx 1.54$$
$$\cosh(-1) = \frac{e^{-1} + e^1}{2} \approx 1.54$$
$$\cosh 0 = \cos 0 = 1,\ \cosh(-1) = \cosh 1$$

임의의 x에 대하여

$$\cosh(-x) = \frac{e^{-x} + e^x}{2} = \frac{e^x + e^{-x}}{2} = \cosh x$$

이다(임의의 x에 대하여 $\cos(-x) = \cos x$이다).

연습문제 0.4

[1~2] 다음 지수를 분수 또는 제곱근 형태로 나타내어라.

1. 2^{-3} **2.** $3^{1/2}$

[3~4] 다음 표현을 지수 형태로 나타내어라.

3. $\frac{1}{x^2}$ **4.** $\frac{2}{x^3}$

[5~7] 다음 함수의 그래프를 그리고 비교하여라.

5. $f(x) = e^{2x},\ g(x) = e^{3x}$

6. $f(x) = 3e^{-2x},\ g(x) = 2e^{-3x}$

7. $f(x) = \ln 2x,\ g(x) = \ln x^2$

[8~12] 다음 방정식의 해를 구하여라.

8. $e^{2x} = 2$

9. $e^x(x^2-1) = 0$

10. $4\ln x = -8$

11. $e^{2\ln x} = 4$

12. $e^x = 1 + 6e^{-x}$

13. 다음 값을 구하여라.

(a) $\log_3 9$ (b) $\log_4 64$ (c) $\log_3 \frac{1}{27}$

[14~16] 다음 식을 하나의 로그로 나타내어라.

14. $\ln 3 - \ln 4$

15. $\frac{1}{2}\ln 4 - \ln 2$

16. $\ln \frac{3}{4} + 4\ln 2$

17. $\cosh x$의 치역은 $x \geq 1$이고 $\sinh x$의 치역은 실수 전체임을 보여라.

18. $\sinh(x^2-1) = 0$의 모든 해를 구하여라.

19. 식당에서 손님에게 매 식사마다 1장씩 복권을 준다. 이 복권 10장 중에 1장은 무료식사권이다. 즉 그 식당에 10번 간다면 1번은 무료식사를 할 수 있는 기회가 있다. 이때 무료식사를 할 수 있는 확률을 추측하여 보아라. 정확한 확률은 $1-\left(\frac{9}{10}\right)^{10}$이다. 추측한 확률과 비교하여 보아라.

20. 일반적으로 복권 n장 중에 1장의 무료식사권이 있다면 그 확률은 $1-\left(1-\frac{1}{n}\right)^n$이다. n이 증가하면 이 확률은 어떤 값으로 접근하는가?

0.5 함수의 변환

$3+2$, $3-2$, 3×2, $3\div2$와 같은 연산을 함수의 경우에서 정의하고, 합성함수와 함수의 변환에 관한 여러 가지 성질을 소개한다.

정의 5.1

함수 $f(x)$와 $g(x)$의 정의역이 각각 D_1, D_2라고 하자. 함수 $f+g$, $f-g$, $f\cdot g$를 모든 $x\in D_1\cap D_2$에 대해서 다음과 같이 정의한다.

$$(f+g)(x)=f(x)+g(x)$$
$$(f-g)(x)=f(x)-g(x)$$
$$(f\cdot g)(x)=f(x)\cdot g(x)$$

$g(x)\neq0$인 모든 $x\in D_1\cap D_2$에 대해서 $\frac{f}{g}$를

$$\left(\frac{f}{g}\right)(x)=\frac{f(x)}{g(x)}\ (단,\ g(x)\neq0)$$

로 정의한다.

예제 5.1 함수의 연산

$f(x)=x-3$, $g(x)=\sqrt{x-1}$일 때, 함수 $f+g$, $3f-g$, $f\cdot g$, $\frac{f}{g}$를 구하고 그 정의역을 구하여라.

풀이

$$(f+g)(x)=f(x)+g(x)=(x-3)+\sqrt{x-1}\ (단,\ x\geq1),$$
$$(3f-g)(x)=3(x-3)-\sqrt{x-1}=3x-9-\sqrt{x-1}\ (단,\ x\geq1),$$
$$(f\cdot g)(x)=(x-3)\sqrt{x-1}\ (단,\ x\geq1),$$
$$\left(\frac{f}{g}\right)(x)=\frac{f(x)}{g(x)}=\frac{x-3}{\sqrt{x-1}}\ (단,\ x>1)$$

■

정의 5.2

함수 $f(x)$와 $g(x)$의 정의역을 각각 D_1, D_2라 할 때, $x\in D_2$, $g(x)\in D_1$에 대해서 **합성함수**(composition) $f\circ g$를

$$(f\circ g)(x)=f(g(x))$$

로 정의한다.

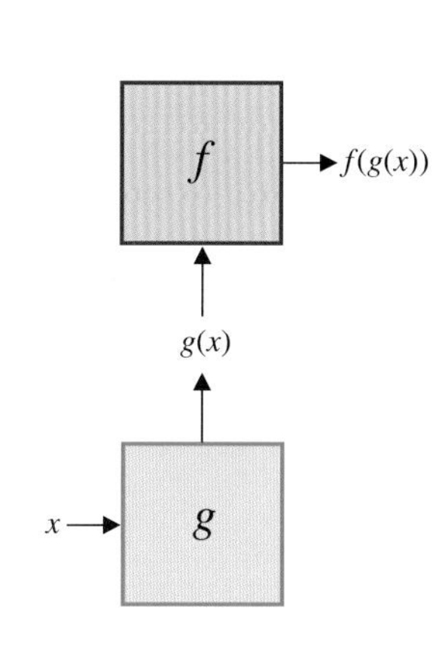

$(f\circ g)(x)=f(g(x))$

예제 5.2 합성함수 구하기

$f(x)=x^2+1$, $g(x)=\sqrt{x-2}$일 때 합성함수 $f\circ g$와 $g\circ f$를 구하고 그 정의역을 구하여라.

풀이

먼저 $f \circ g$를 구하면

$$(f \circ g)(x) = f(g(x)) = f(\sqrt{x-2})$$
$$= (\sqrt{x-2})^2 + 1 = x - 2 + 1 = x - 1$$

이다. 함수 $g(x)$의 정의역은 $\{x \mid x \geq 2\}$이고 함수 $f(x)$의 정의역은 $(-\infty, \infty)$이므로 합성함수 $f \circ g$의 정의역은 $\{x \mid x \geq 2\}$이다. 또

$$(g \circ f)(x) = g(f(x)) = g(x^2 + 1)$$
$$= \sqrt{(x^2+1) - 2} = \sqrt{x^2 - 1}$$

이다. $f(x)$의 정의역은 $(-\infty, \infty)$이고 $f(x) \geq 2$이어야 하므로 $x^2 - 1 \geq 0$이다. 따라서 $g \circ f$의 정의역은 $\{x \in \mathbb{R} \mid |x| \geq 1\}$이다.

예제 5.3 합성함수로 나타내기

다음 각 함수를 $(f \circ g)(x)$ 형태로 나타낼 때, f와 g를 구하여라.

(a) $\sqrt{x^2 + 1}$ (b) $(\sqrt{x} + 1)^2$ (c) $\sin x^2$ (d) $\cos^2 x$

풀이

(a) $g(x) = x^2 + 1$, $f(x) = \sqrt{x}$ (b) $g(x) = \sqrt{x} + 1$, $f(x) = x^2$

(c) $g(x) = x^2$, $f(x) = \sin x$ (d) $g(x) = \cos x$, $f(x) = x^2$

예제 5.4 그래프의 수직이동

$y = x^2$과 $y = x^2 + 3$의 그래프를 비교하여라.

풀이

$y = x^2 + 3$의 그래프는 $y = x^2$의 그래프를 3만큼 위로 평행이동한 그래프이다(그림 0.57a~0.57b).

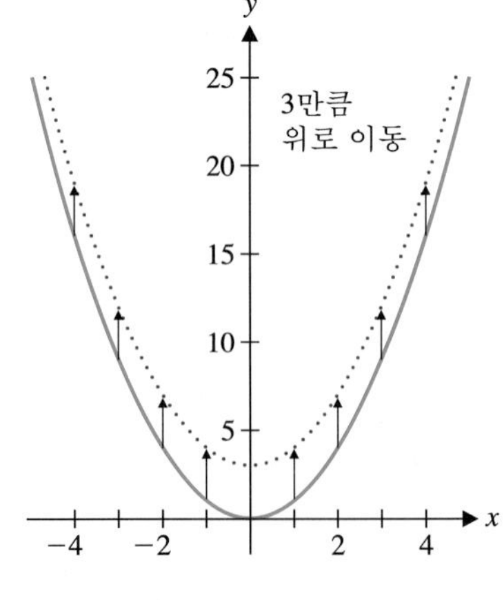

그림 0.57a 그래프 이동

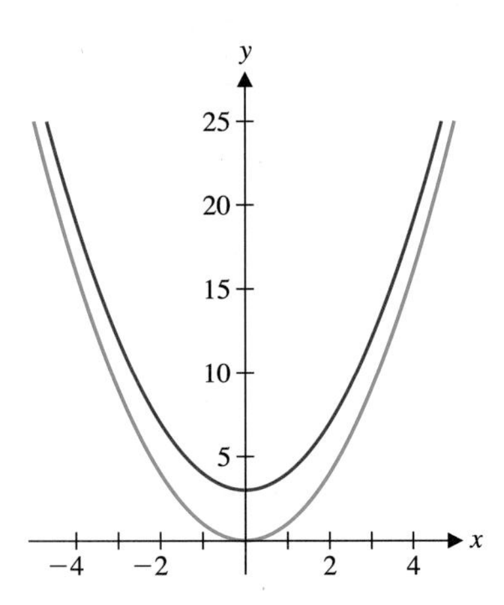

그림 0.57b $y = x^2$, $y = x^2 + 3$

$y=f(x)+c$의 그래프는 $y=f(x)$의 그래프를 c만큼 위로($c>0$인 경우), $|c|$만큼 아래로($c<0$인 경우) 평행이동한 그래프이다. $f(x)+c$를 **수직이동**(vertical translation)이라 한다.

예제 5.5 그래프의 수평이동

$y=x^2$과 $y=(x-1)^2$의 그래프를 비교하여라.

풀이

$y=(x-1)^2$의 그래프는 $y=x^2$의 그래프를 1만큼 오른쪽으로 평행이동한 그래프이다.

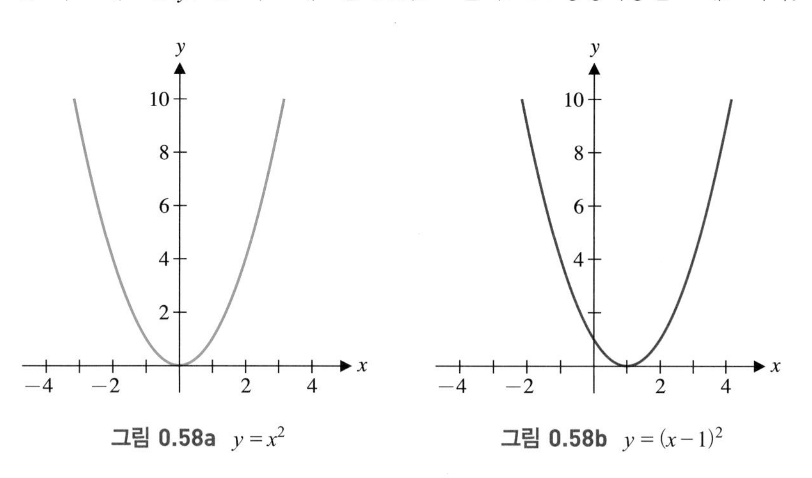

그림 0.58a $y=x^2$ 그림 0.58b $y=(x-1)^2$

$y=f(x-c)$의 그래프는 $y=f(x)$의 그래프를 c만큼 오른쪽으로($c>0$인 경우) 평행이동한 그래프이다. $y=f(x+c)$의 그래프는 $y=f(x)$의 그래프를 c만큼 왼쪽으로($c>0$인 경우) 평행이동한 그래프이다. $f(x-c)$와 $f(x+c)$를 **수평이동**(horizontal translations)이라 한다.

$f(x)$에서는 $x=0$일 때 $f(0)$이지만 $f(x-c)$에서는 $x=c$일 때 $f(0)$이다. 즉 $y=f(x)$의 그래프에서 $x=0$일 때에 해당하는 점은 $y=f(x-c)$의 그래프에서 $x=c$일 때의 점이다.

예제 5.6 수직이동과 수평이동 비교

$y=f(x)$의 그래프가 그림 0.59a와 같을 때 $y=f(x)-2$와 $y=f(x-2)$의 그래프를 그려라.

풀이

$y=f(x)-2$와 그래프는 그림 0.59b와 같이 2만큼 아래로 평행이동하면 된다. $y=f(x-2)$의 그래프는 그림 0.59c와 같이 오른쪽으로 2만큼 평행이동한다. 즉, $x=0$인 x 절편이 $x=2$로 이동하면 된다.

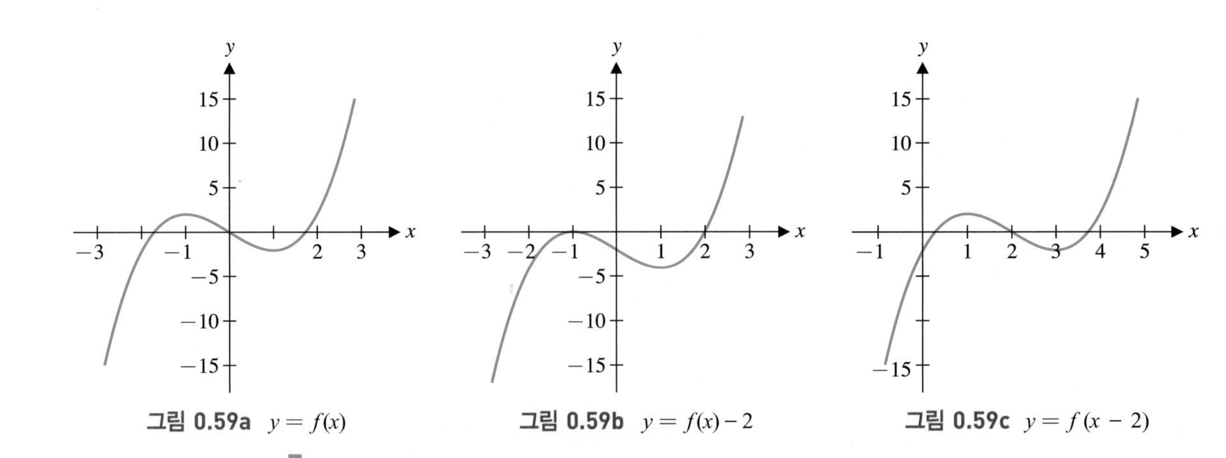

그림 0.59a $y = f(x)$ 그림 0.59b $y = f(x) - 2$ 그림 0.59c $y = f(x - 2)$

예제 5.7 그래프의 비교

$y = x^2 - 1$과 $y = 4(x^2 - 1)$, $y = (4x)^2 - 1$의 그래프를 비교하여라.

풀이

$y = x^2 - 1$과 $y = 4(x^2 - 1)$의 그래프는 아래 그림과 같다.

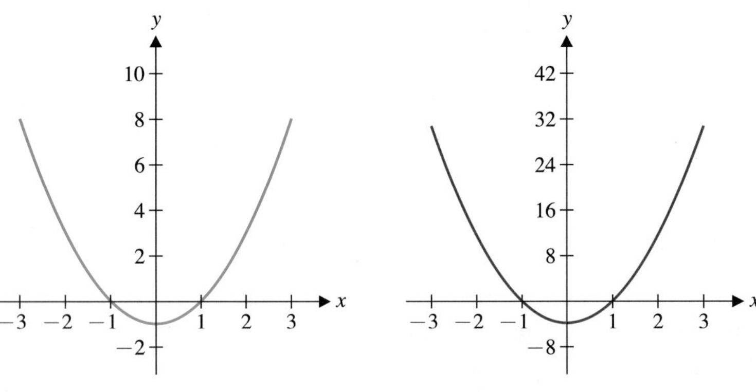

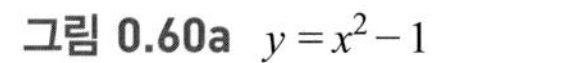

그림 0.60a $y = x^2 - 1$

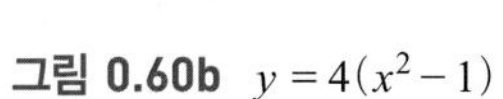

그림 0.60b $y = 4(x^2 - 1)$

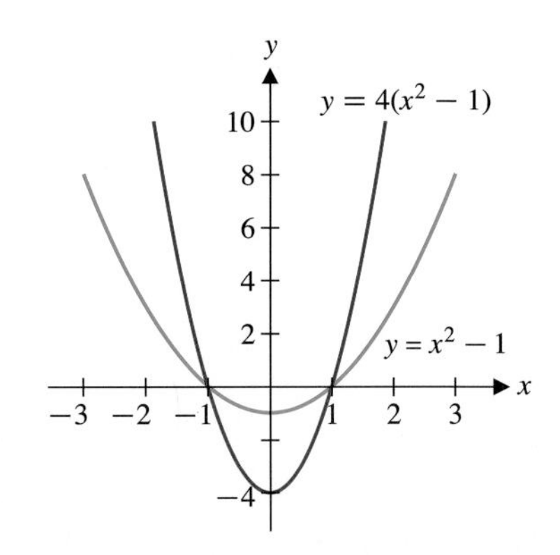

그림 0.60c $y = x^2 - 1$, $y = 4(x^2 - 1)$

$y = x^2 - 1$과 $y = (4x)^2 - 1$의 그래프는 아래 그림과 같다.

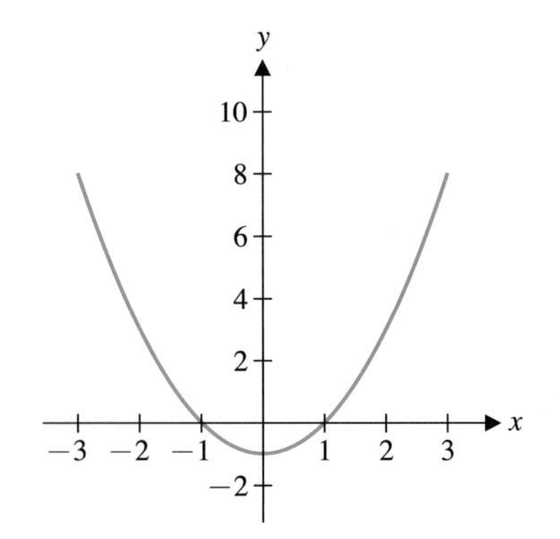

그림 0.61a $y = x^2 - 1$

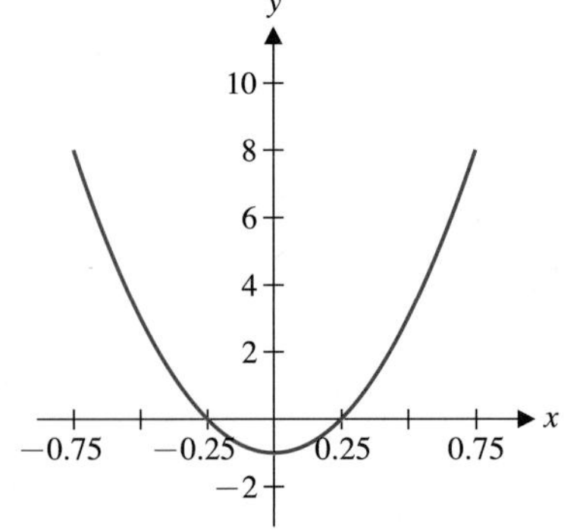

그림 0.61b $y = (4x)^2 - 1$

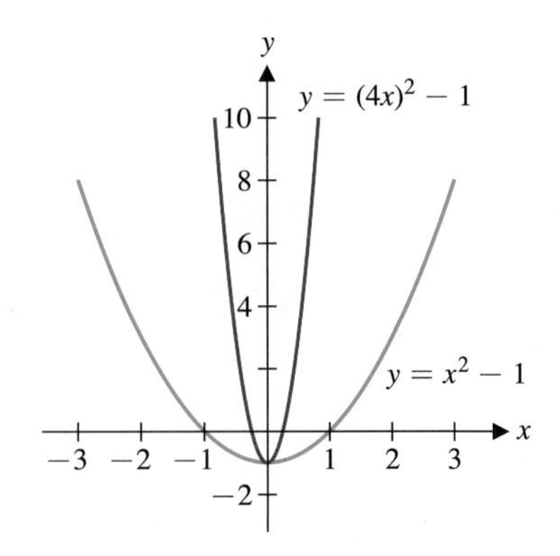

그림 0.61c $y = x^2 - 1$, $y = (4x)^2 - 1$

예제 5.7의 결과를 일반화할 수 있다. $y = f(x)$의 그래프를 알 때 $y = cf(x)$와 $y = f(cx)$의 그래프는 어떻게 될까? $c > 0$일 때 $y = cf(x)$의 그래프는 $y = f(x)$의 그래프를 y축으로 c만큼 곱하여 확대하면 된다. 또 $c > 0$일 때 $y = f(x)$의 그래프는 $y = f(x)$의 그래프를 x축으로 $1/c$만큼 확대하면 된다.

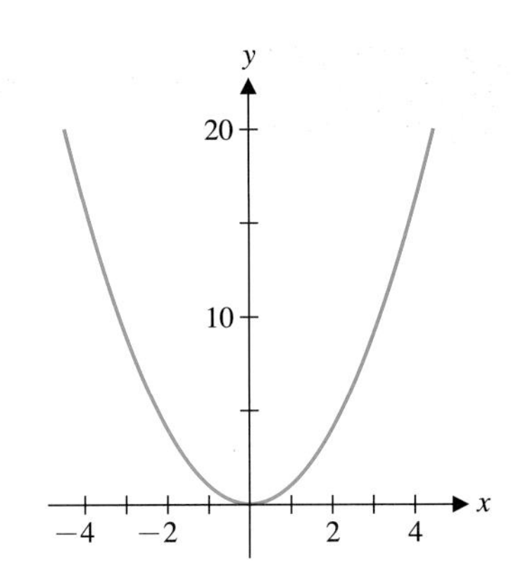

그림 0.62a $y = x^2$

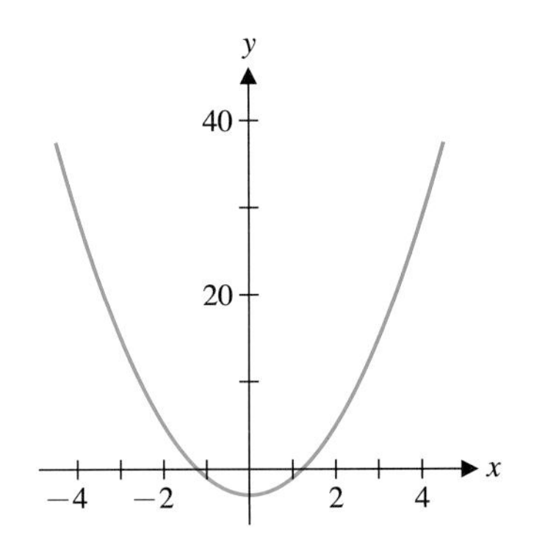

그림 0.62b $y = 2x^2 - 3$

예제 5.8 평행이동과 늘리기

$y = x^2$의 그래프를 이용하여 $y = 2x^2 - 3$의 그래프를 그려라.

풀이

$y = x^2$의 그래프를 y축으로 2배 확대하고, 아래로 3만큼 평행이동하면 된다(그림 0.62a~0.62b).

■

예제 5.9 그래프의 이동

$y = x^2$의 그래프를 이용하여 $y = x^2 + 4x + 3$의 그래프를 그려라.

풀이

$$y = x^2 + 4x + 3 = (x^2 + 4x + 4) - 4 + 3 = (x + 2)^2 - 1$$

이므로 $y = x^2 + 4x + 3$의 그래프는 $y = x^2$의 그래프를 왼쪽으로 2만큼 평행이동한 다음, 다시 1만큼 아래로 평행이동한 그래프이다.

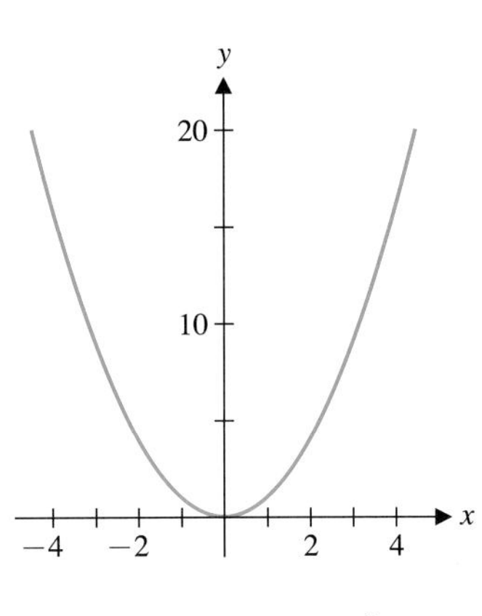

그림 0.63a $y = x^2$

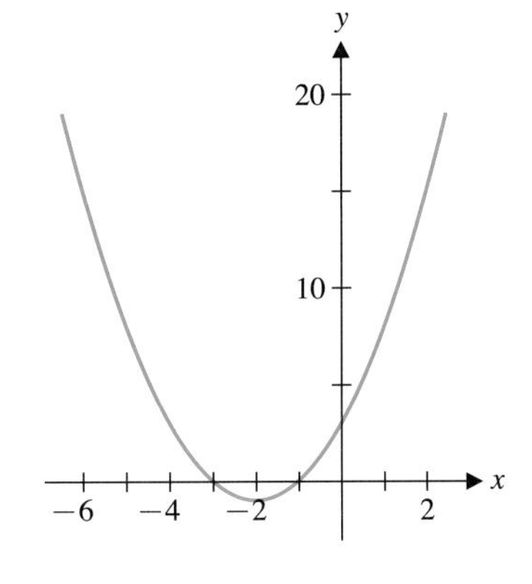

그림 0.63b $y = (x + 2)^2 - 1$

■

이 절의 내용을 요약하면 다음과 같다.

변환	형태	그래프의 효과
수직이동	$f(x) + c$	$\|c\|$만큼 위로 $(c > 0)$ 또는 아래로 $(c < 0)$
수평이동	$f(x + c)$	$\|c\|$만큼 왼쪽으로 $(c > 0)$ 또는 오른쪽으로 $(c < 0)$
수직확대	$cf(x) (c > 0)$	수직으로 c만큼 확대
수평확대	$f(cx) (c > 0)$	수평으로 c만큼 확대

연습문제 0.5

[1~3] 다음 함수들의 합성함수 $f \circ g$와 $g \circ f$를 구하고 그 정의역을 구하여라.

1. $f(x) = x+1,\ g(x) = \sqrt{x-3}$

2. $f(x) = e^x,\ g(x) = \ln x$

3. $f(x) = x^2+1,\ g(x) = \sin x$

[4~7] 다음 함수가 $(f \circ g)(x)$가 되도록 $f(x)$와 $g(x)$를 구하여라.

4. $\sqrt{x^4+1}$

5. $\dfrac{1}{x^2+1}$

6. $(4x+1)^2+3$

7. $\sin^3 x$

[8~10] 다음 함수가 $[f \circ (g \circ h)](x)$가 되도록 $f(x),\ g(x),\ h(x)$를 구하여라.

8. $\dfrac{3}{\sqrt{\sin x+2}}$

9. $\cos^3(4x-2)$

10. $4e^{x^2} - 5$

[11~14] 그림에 주어진 $y = f(x)$의 그래프를 이용하여 다음 함수의 그래프를 그려라.

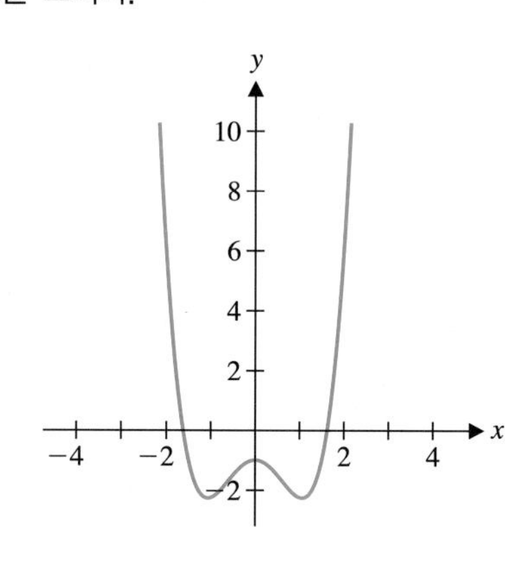

11. $f(x)-3$

12. $f(x-3)$

13. $f(2x)$

14. $-3f(x)+2$

[15~17] 다음 식을 완전제곱으로 만들어 그래프를 그리고 $y = x^2$의 그래프와 비교하여라.

15. $f(x) = x^2+2x+1$

16. $f(x) = x^2+2x+4$

17. $f(x) = 2x^2+4x+4$

[18~19] 다음 함수들의 그래프를 그리고 $y = x^2 - 1$의 그래프와 비교하여라.

18. $f(x) = -2(x^2-1)$

19. $f(x) = -3(x^2-1)+2$

극한과 연속

CHAPTER 1

어두운 방에 들어갔을 때, 여러분의 눈동자는 크기가 확대되면서 감소된 빛의 양에 적응한다. 눈동자의 크기가 확대되는 것은, 더 많은 빛을 눈으로 받아들여 주위의 물체를 쉽게 보기 위해서이다. 반대로 밝은 방에 들어갔을 때는 눈동자의 크기가 축소된다. 눈동자의 크기가 작아지면 눈으로 들어오는 빛의 양도 줄어든다.

작은 눈동자

연구원들은 실험을 수행하고 그 결과를 수학적으로 표현함으로써 이러한 과정을 연구한다. 이 경우에 눈동자의 크기는 현재 빛의 양에 대한 함수로 표시할 수도 있다. 이러한 **수학적 모델**에는 다음과 같은 두 가지 기본적인 특성이 있다.

1. 빛의 양 (x)이 증가하면, 눈동자의 크기 (y)는 최솟값 p로 감소한다.
2. 빛의 양 (x)이 감소하면, 눈동자의 크기 (y)는 최댓값 P로 증가한다.

큰 눈동자

이러한 두 가지 규칙을 만족하는 함수는 많이 있다. 그림 1.1은 이 함수의 한 가지 예를 그린 것이다.

이 장에서는 위에서 언급한 특별한 규칙을 만족하는 함수를 찾는 데 필요한 극한의 개념에 대하여 알아본다. 극한은 미분적분학의 기본 개념이며 여러분이 공부하게 될 미분적분학의 모든 내용을 서로 묶는 중요한 도구이다. 그러므로 미분적분학이 무엇인지를 이해하려면, 극한에 대한 충분한 지식이 필요하다.

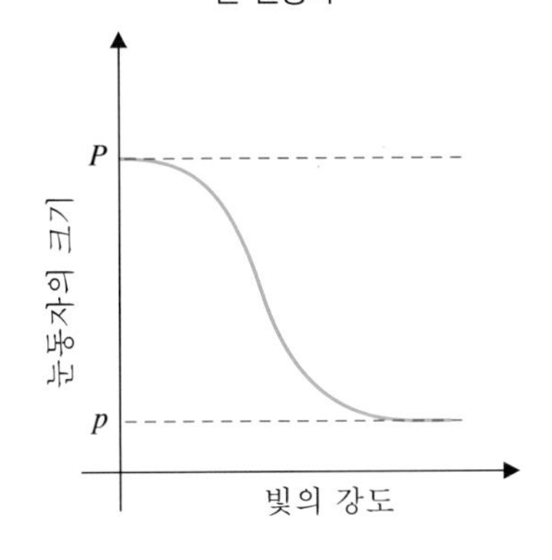

그림 1.1 눈동자의 크기

1.1 미분적분학 맛보기: 접선과 곡선의 길이

그림 1.2a 할선, 기울기 = 3

이 절에서는 미분적분학을 이용해야 하는 몇 가지 중요한 문제에 대하여 알아보자. 직선의 기울기는 y의 변화량을 x의 변화량으로 나누어 계산한다. 이 값은 직선 위의 어느 두 점을 택하더라도 항상 일정하다. 예를 들어 점 (0, 1), (1, 4), (3, 10)은 모두 직선 $y = 3x + 1$ 위의 점이다. 어느 두 점을 이용하더라도 기울기는 3이다. 즉,

$$m = \frac{4-1}{1-0} = 3, \quad m = \frac{10-1}{3-0} = 3$$

미분적분학에서는 이 문제를 확장하여 곡선 위의 한 점에서의 기울기를 구한다. 예를 들어, 곡선 $y = x^2 + 1$ 위의 점 (1, 2)에서의 기울기를 구한다고 하자. 이 포물선 위의 다른 한 점, 예를 들면 (2, 5)를 택하자. 이 두 점을 연결하는 직선을 할선이라 한다. 그림 1.2a의 기울기는 쉽게 구할 수 있다.

$$m_{\text{sec}} = \frac{5-2}{2-1} = 3$$

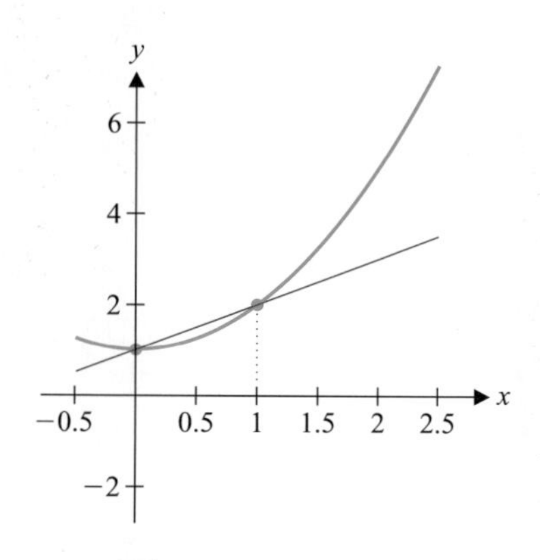

그림 1.2b 할선, 기울기 = 1

그러나 (0, 1)과 (1, 2)를 이용하면 기울기는 다르다(그림 1.2b).

$$m_{\text{sec}} = \frac{2-1}{1-0} = 1$$

일반적으로 곡선 위의 두 점을 연결하는 할선의 기울기는 항상 같지 않다. 그렇다면 곡선 위의 한 점에서의 기울기는 어떤 의미일까? 그 대답은 한 점 근처의 그래프를 확대해 보면 얻을 수 있다. 이 문제의 경우 점 (1, 2) 근처를 확대하면 그림 1.3과 같은 그래프를 얻게 되는데 직선과 비슷하다. 따라서 다음과 같이 할 수 있다. 포물선 위의 점 중에서 점 (1, 2)에 점점 더 가까워지는 것 몇 개를 선택하자. 그리고 점 (1, 2)와 이 점들을 잇는 직선의 기울기를 구하자. 점들이 (1, 2)에 가까워질수록 우리가 구하는 기울기에 가까워진다.

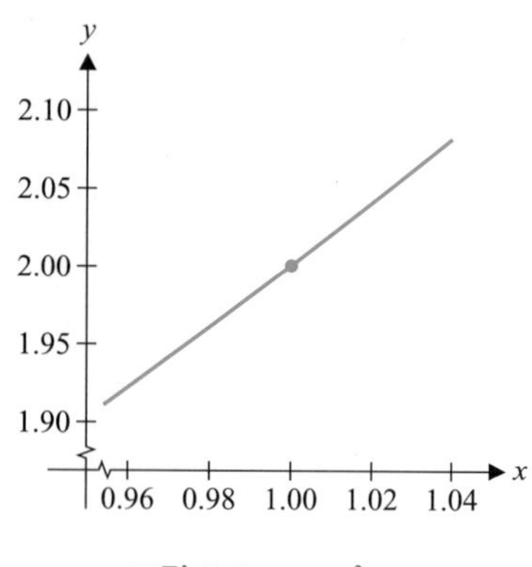

그림 1.3 $y = x^2 + 1$

예를 들어, 포물선 위의 점 (1.5, 3.25)는 (1, 2)에 가까이 있다. 두 점을 연결하는 직선의 기울기는

$$m_{\text{sec}} = \frac{3.25-2}{1.5-1} = 2.5$$

이고 더 가까이 있는 점 (1.1, 2.21)을 택하여 할선의 기울기를 구하면

$$m_{\text{sec}} = \frac{2.21-2}{1.1-1} = 2.1$$

이다. 이러한 방법으로 기울기에 좀 더 근사한 값을 구할 수 있다.

예제 1.1 곡선의 기울기 추정하기

$x = 1$일 때 $y = x^2 + 1$의 기울기를 추정하여라.

풀이

$x = 1$일 때 $y = 1^2 + 1 = 2$이다. 점 (1, 2) 근처에 있는 두 번째 점을 택하고 이 두 점을 연결하는 직선의 기울기를 구하자. $x > 1$일 때(x가 2, 1.1, 1.01일 때)와 $x < 1$일 때(x가 0, 0.9, 0.99일 때) y값을 계산하여 기울기를 구하면 다음 표와 같다.

두 번째 점	m_{sec}
(2, 5)	$\frac{5-2}{2-1} = 3$
(1.1, 2.21)	$\frac{2.21-2}{1.1-1} = 2.1$
(1.01, 2.0201)	$\frac{2.0201-2}{1.01-1} = 2.01$

두 번째 점	m_{sec}
(0, 1)	$\frac{1-2}{0-1} = 1$
(0.9, 1.81)	$\frac{1.81-2}{0.9-1} = 1.9$
(0.99, 1.9801)	$\frac{1.9801-2}{0.99-1} = 1.99$

표에서 보면 두 번째 점이 (1, 2)에 가까워질수록 할선의 기울기는 2에 가까워진다. 따라서 점 (1, 2)에서 곡선의 기울기는 2라고 추정할 수 있다.

■

2장에서 기울기를 정확히 구하는 쉬운 방법을 공부할 것이다. 어떤 경우에는 할선이 그 점에서의 곡선의 기울기 x와 같은 기울기를 갖는 직선(접선)으로 접근하기도 한다. 미분적분학 문제는 이렇게 극한이라는 과정을 포함한다. 지금은 곡선의 기울기의 근삿값만을 구했지만, 극한을 이용하면 기울기를 정확히 구할 수 있다.

예제 1.2 곡선의 기울기 추정하기

$x = 0$일 때 곡선 $y = \sin x$의 기울기를 추정하여라.

풀이

(0, 0) 근처의 점들을 선택하고 이 점들과 (0, 0)을 연결하는 직선의 기울기를 구하면 다음 표와 같다.

두 번째 점	m_{sec}
(1, sin 1)	0.84147
(0.1, sin 0.1)	0.99833
(0.01, sin 0.01)	0.99998

두 번째 점	m_{sec}
(−1, sin(−1))	0.84147
(−0.1, sin(−0.1))	0.99833
(−0.01, sin(−0.01))	0.99998

두 번째 점이 (0, 0)에 가까이 갈수록 할선의 기울기를 추정할 수 있다.

■

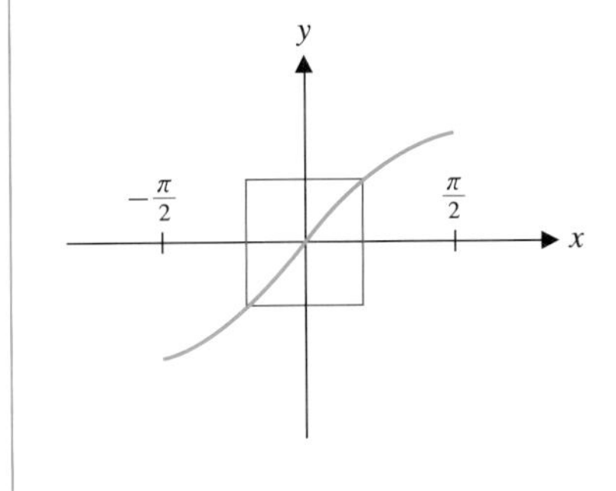

그림 1.4 $y = \sin x$

미분적분학의 위력을 보여주는 두 번째 문제는 곡선의 길이를 구하는 문제이다. 다음 과정을 보면 이 문제에도 기울기 문제와 유사한 점이 있다는 것을 알 수 있다.

두 점 (x_1, y_1)과 (x_2, y_2) 사이의 직선거리는

$$d\{(x_1, y_1), (x_2, y_2)\} = \sqrt{(x_2 - x_1)^2 + (y_2 - y_1)^2}$$

이다. 예를 들어, 점 (0, 1)과 (3, 4) 사이의 거리는

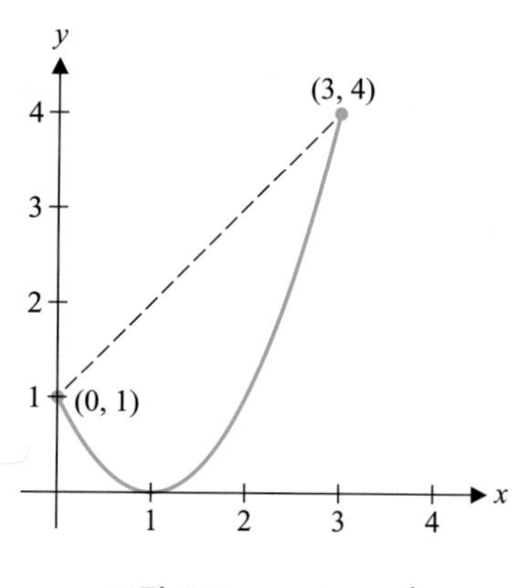

그림 1.5a $y = (x-1)^2$

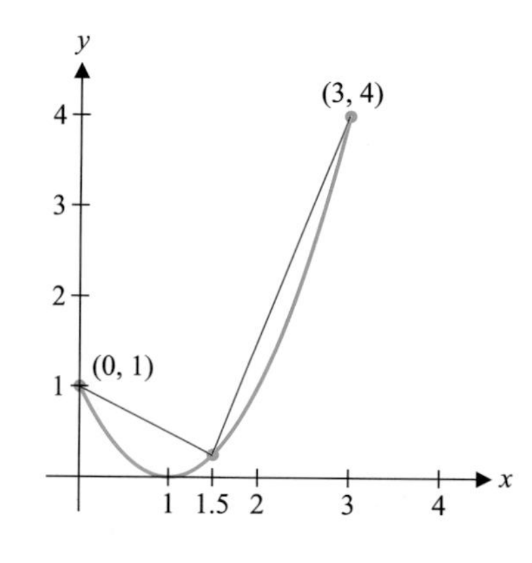

그림 1.5b 두 개의 선분

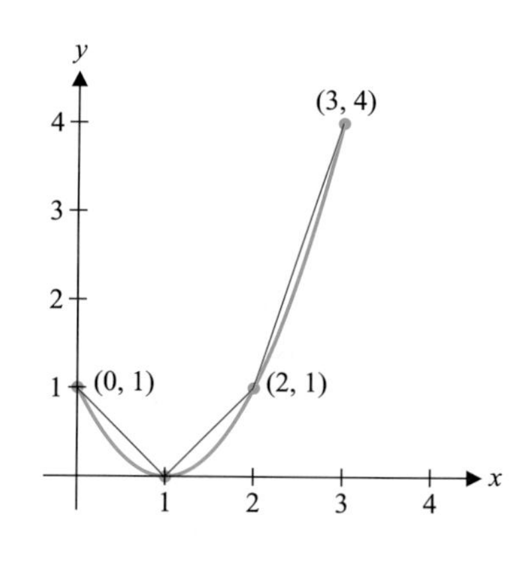

그림 1.5c 세 개의 선분

$$d\{(0,1),(3,4)\} = \sqrt{(3-0)^2 + (4-1)^2} = 3\sqrt{2} \approx 4.24264$$

이다. 그러나 두 점 사이의 거리를 계산하는 방법은 이것만 있는 것은 아니다. 예를 들어, (0, 1) 지점에서 (3, 4) 지점까지 곡선 $y = (x-1)^2$ 모양의 길을 따라 자동차를 운전한다고 하자(그림 1.5a). 이때는 직선거리가 아니라 곡선거리를 구해야 한다.

기울기 문제에서와 마찬가지로 근사시켜서 좀 더 정확한 거리를 구할 수 있다. 그림 1.5b와 같이 두 개의 직선으로 근사시켜 보자. 두 선분의 길이의 합은 두 점 사이의 직선거리인 $3\sqrt{2}$ 보다 크다는 것을 알 수 있다. 이 거리는

$$\begin{aligned} d_2 &= d\{(0,1),(1.5,0.25)\} + d\{(1.5,0.25),(3,4)\} \\ &= \sqrt{(1.5-0)^2 + (0.25-1)^2} + \sqrt{(3-1.5)^2 + (4-0.25)^2} \approx 5.71592 \end{aligned}$$

이다. 그림 1.5c와 같이 세 개의 선분으로 근사시키면 좀 더 근사한 값을 구할 수 있다.

$$\begin{aligned} d_3 &= d\{(0,1),(1,0)\} + d\{(1,0),(2,1)\} + d\{(2,1),(3,4)\} \\ &= \sqrt{(1-0)^2 + (0-1)^2} + \sqrt{(2-1)^2 + (1-0)^2} + \sqrt{(3-2)^2 + (4-1)^2} \\ &= 2\sqrt{2} + \sqrt{10} \approx 5.99070 \end{aligned}$$

선분의 개수	거리
1	4.24264
2	5.71592
3	5.99070
4	6.03562
5	6.06906
6	6.08713
7	6.09711

더 많은 선분을 이용할수록 더 근사한 값을 구할 수 있다. 이 과정은 4장에서 정적분을 공부하면 좀 더 쉽게 해결할 수 있다. 여기에서는 몇 개의 근삿값을 구하여 왼쪽의 표로 나타내었다.

표에서 보면 곡선의 길이는 6.1에 근사함을 알 수 있다. 이 과정을 계속하여 좀 더 많은 선분을 이용하면 선분의 길이의 합은 곡선의 실제 거리(약 6.126)에 근접한다. 곡선의 기울기를 구할 때와 마찬가지로 곡선의 정확한 길이를 구하려면 극한을 이용해야 한다.

예제 1.3 곡선의 길이 추정하기

곡선 $y = \sin x,\ 0 \le x \le \pi$ 의 길이를 추정하여라(그림 1.6a).

풀이

곡선의 양 끝점은 (0, 0)과 (π, 0)이고 이 두 점 사이의 직선거리는 $d_1 = \pi$이다. 구간 $[0, \pi]$에서 곡선 $y = \sin x$의 중점은 ($\pi/2$, 1)이다. (0, 0)부터 ($\pi/2$, 1)까지의 거리와 ($\pi/2$, 1)에서 (π, 0)까지의 거리를 더하면(그림 1.6a)

$$d_2 = \sqrt{\left(\frac{\pi}{2}\right)^2 + 1} + \sqrt{\left(\frac{\pi}{2}\right)^2 + 1} \approx 3.7242$$

이다. 다섯 개의 점 (0, 0), ($\pi/4$, $1/\sqrt{2}$), ($\pi/2$, 1), ($3\pi/4$, $1/\sqrt{2}$), (π, 0)을 이용하면 (그림 1.6b) 선분의 길이의 합은

$$d_4 = 2\sqrt{\left(\frac{\pi}{4}\right)^2 + \frac{1}{2}} + 2\sqrt{\left(\frac{\pi}{4}\right)^2 + \left(1 - \frac{1}{\sqrt{2}}\right)^2} \approx 3.7901$$

이다. 아홉 개의 점을 이용하여 계산기로 계산하면 선분의 길이의 합은 약 3.8125이다. 더 계산해 보면 결과는 다음 표와 같다.

선분의 개수	길이의 합
8	3.8125
16	3.8183
32	3.8197
64	3.8201

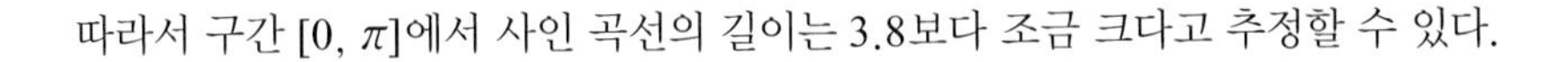
따라서 구간 $[0, \pi]$에서 사인 곡선의 길이는 3.8보다 조금 크다고 추정할 수 있다.

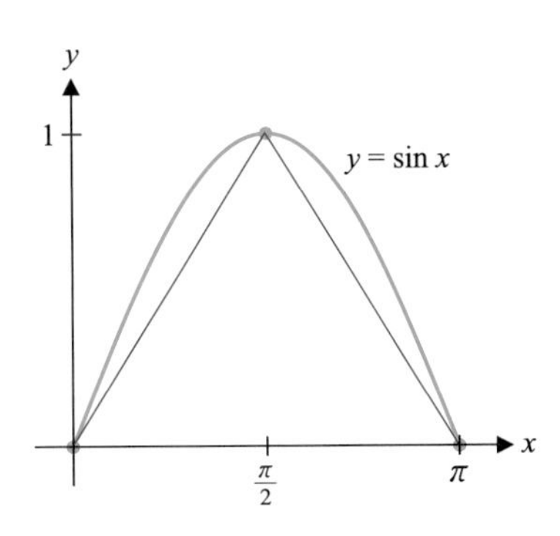

그림 1.6a 두 개의 선분으로 근사시키기

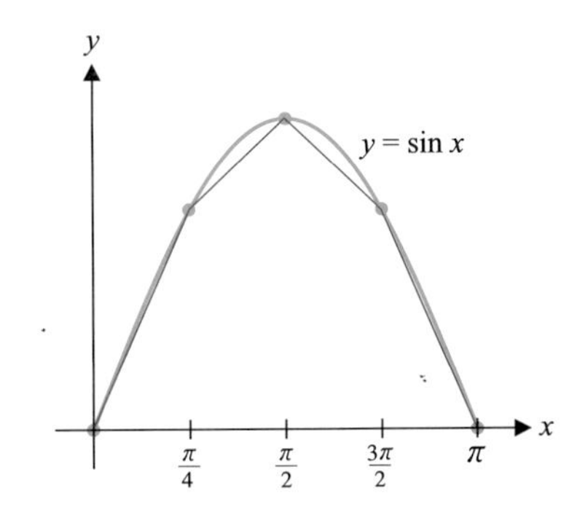

그림 1.6b 네 개의 선분으로 근사시키기

연습문제 1.1

[1~3] $x = a$에서 $y = f(x)$의 기울기를 추정하여라.

1. $f(x) = x^2 + 1$ (a) $a = 1$ (b) $a = 2$
2. $f(x) = \cos x$ (a) $a = 0$ (b) $a = \pi/2$
3. $f(x) = e^x$ (a) $a = 0$ (b) $a = 1$

[4~6] 주어진 구간에서 곡선 $y = f(x)$의 길이를 다음 방법으로 구하여라. (a) $n = 4$개의 선분을 이용하여 (b) $n = 8$개의 선분을 이용하여 (c) 계산기를 이용하여 더 큰 n에 대하여 계산하고 곡선의 길이를 추정하여라.

4. $f(x) = \cos x,\ 0 \le x \le \pi/2$
5. $f(x) = \sqrt{x+1},\ 0 \le x \le 3$
6. $f(x) = x^2 + 1,\ -2 \le x \le 2$

1.2 극한의 개념

이 절에서는 간단한 예제를 통하여 극한의 개념을 알아보기로 하자. 극한의 개념은 미묘한 것으로 직관적으로 생각하기는 쉽지만 정확한 용어를 사용하여 설명하기는

다소 힘들다. 극한의 정확한 정의는 1.6절에서 알아보기로 하자.

함수 f가 a를 포함하는 개구간의 모든 점에서 ($x = a$는 제외할 수도 있다) 정의된다고 하자. x가 a에 충분히 가까워질 때 (a와 같지는 않으면서) $f(x)$는 L에 충분히 가까워지면, x가 a에 접근할 때 $f(x)$의 극한을 L이라 하고 $\lim_{x \to a} f(x) = L$이라 나타낸다. 예를 들면 x가 2에 가까워질 때 x^2은 4에 가까워지므로 $\lim_{x \to 2} x^2 = 4$라 쓸 수 있다.

함수

$$f(x) = \frac{x^2 - 4}{x - 2} \text{ 와 } \quad g(x) = \frac{x^2 - 5}{x - 2}$$

에 대하여 알아보기로 하자.

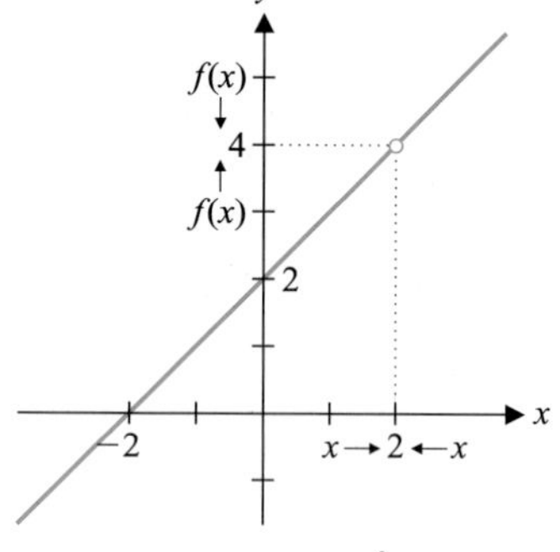

그림 1.7a $y = \frac{x^2-4}{x-2}$

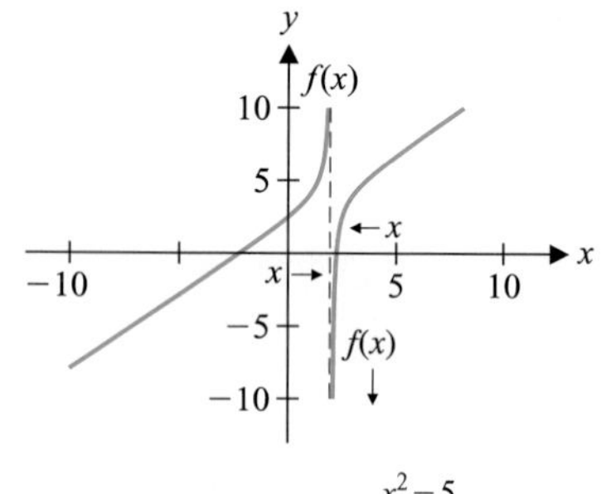

그림 1.7b $y = \frac{x^2-5}{x-2}$

이 함수들은 $x = 2$에서 정의되지 않는다. 우리는 그래프(그림 1.7a~1.7b)에서 중요한 실마리를 찾을 수 있다.

이 두 함수의 그래프는 $x = 2$ 근처에서 서로 다른 모습을 보이고 있다. $x = 2$에서 이 함수들의 값을 알 수는 없지만 그 근처에서 어떻게 변하는지는 알 수 있다.

예제 2.1 극한 구하기

$\lim_{x \to 2} \frac{x^2 - 4}{x - 2}$를 계산하여라.

풀이

2 근처에서 함숫값을 계산하면 다음과 같다.

x	$f(x) = \frac{x^2 - 4}{x - 2}$
1.9	3.9
1.99	3.99
1.999	3.999
1.9999	3.9999

x	$f(x) = \frac{x^2 - 4}{x - 2}$
2.1	4.1
2.01	4.01
2.001	4.001
2.0001	4.0001

왼쪽 표의 첫 번째 열에서 x값은 2보다 작지만 2로 접근하고 있다. 이것을 **x가 왼쪽에서 2로 접근한다**라고 하며, 기호로 $x \to 2^-$라고 나타낸다. x가 2의 왼쪽에서 접근하면 $f(x)$의 값은 4로 접근한다. 이것을 **x가 2의 왼쪽에서 접근할 때 $f(x)$의 극한이 4**라고 말하며,

$$\lim_{x \to 2^-} f(x) = 4$$

라고 쓴다.

마찬가지로 x가 2보다 크지만 2로 접근하는 경우를 **x는 오른쪽에서 2로 접근한다**라고 하며, 기호로 $x \to 2^+$라고 나타낸다. 오른쪽 표에서 보면 x가 2보다 크면서 2로 접근하면 $f(x)$의 값은 4로 접근한다. 이것을 **x가 2의 오른쪽에서 접근할 때 $f(x)$의 극한이 4**라고 말하며

$$\lim_{x \to 2^+} f(x) = 4$$

라고 쓴다.

$\lim_{x \to 2^-} f(x)$와 $\lim_{x \to 2^+} f(x)$를 **한쪽극한**이라 한다. $f(x)$의 두 한쪽극한이 같으므로 다음과 같

이 나타낼 수 있다.

$$\lim_{x \to 2} f(x) = 4$$

극한의 개념은 어떤 점에서의 함숫값을 알아보는 것이 아니라 그 점 근처에서 함숫값의 움직임을 알아보는 것이다. 함수 $f(x)$에 대하여, x가 2로 접근하는 것이므로, $x \neq 2$, 즉 $x-2 \neq 0$이다. 따라서 $f(x)$의 분자를 인수분해한 후 $(x-2)$를 소거하여 다음과 같이 계산할 수 있다.

$$\begin{aligned} \lim_{x \to 2} f(x) &= \lim_{x \to 2} \frac{x^2-4}{x-2} \\ &= \lim_{x \to 2} \frac{(x-2)(x+2)}{x-2} \\ &= \lim_{x \to 2} (x+2) = 4 \end{aligned}$$

$(x-2)$항을 소거

x가 2로 접근하면, $(x+2)$는 4로 접근한다.

■

예제 2.2 극한이 존재하지 않는 경우

$\lim_{x \to 2} \frac{x^2-5}{x-2}$를 계산하여라.

풀이

예제 2.1과 마찬가지로 $x \to 2$일 때 $g(x) = \frac{x^2-5}{x-2}$의 한쪽극한을 계산하자. 그림 1.7b의 그래프를 이용하여 함숫값의 근삿값을 구하면 다음 표와 같다.

x	$g(x) = \frac{x^2-5}{x-2}$
1.9	13.9
1.99	103.99
1.999	1003.999
1.9999	10,003.9999

x	$g(x) = \frac{x^2-5}{x-2}$
2.1	−5.9
2.01	−95.99
2.001	−995.999
2.0001	−9995.9999

x가 2보다 작으면서 2에 접근하면 $g(x)$는 계속 커진다. 이때 x가 2의 왼쪽에서 접근할 때 $g(x)$의 극한은 존재하지 않는다고 하고

$$\lim_{x \to 2^-} g(x) \text{는 존재하지 않는다}$$

라고 한다. 같은 방법으로 x가 2보다 크면서 2에 접근하면 $g(x)$는 계속 작아진다. 이때

$$\lim_{x \to 2^+} g(x) \text{는 존재하지 않는다}$$

라고 한다. $g(x)$의 한쪽극한들이 존재하지 않으므로

$$\lim_{x \to 2} g(x) \text{는 존재하지 않는다}$$

라고 한다.

■

지금까지의 내용을 정리하면 다음과 같다.

극한이 존재할 필요충분조건은 두 가지 한쪽극한들이 존재하고 그 값이 같아야 한다. 즉

$$\lim_{x \to a} f(x) = L \text{이기 위한 필요충분조건은 } \lim_{x \to a^-} f(x) = \lim_{x \to a^+} f(x) = L$$

이다.

즉 x가 a의 어느 쪽으로부터든지 a에 가까워질 때 (a와는 같지 않으면서) $f(x)$는 L에 가까워지면 $\lim_{x \to a} f(x) = L$이라 나타낸다.

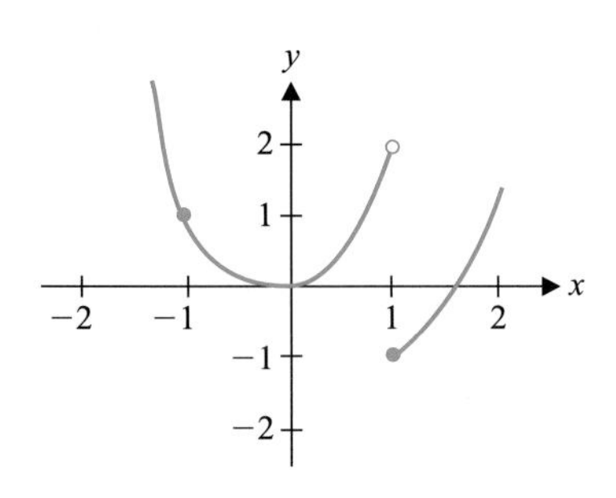

그림 1.8 $y = f(x)$

예제 2.3 그래프로부터 극한 구하기

그림 1.8의 그래프에 대하여 다음 극한을 계산하여라.

$$\lim_{x \to 1^-} f(x),\ \lim_{x \to 1^+} f(x),\ \lim_{x \to 1} f(x),\ \lim_{x \to -1} f(x)$$

풀이

x가 1의 왼쪽에서 1로 접근하면 그래프는 점 (1, 2)로 접근하므로 $\lim_{x \to 1^-} f(x) = 2$이다. x가 1의 오른쪽에서 1로 접근하면 그래프는 점 (1, −1)로 접근하므로 $\lim_{x \to 1^+} f(x) = -1$이다. $\lim_{x \to 1^-} f(x) \neq \lim_{x \to 1^+} f(x)$이므로 $\lim_{x \to 1} f(x)$는 존재하지 않는다. x가 −1로 접근하면 그래프는 점 (−1, 1)로 접근하므로 $\lim_{x \to -1} f(x) = 1$이다. ■

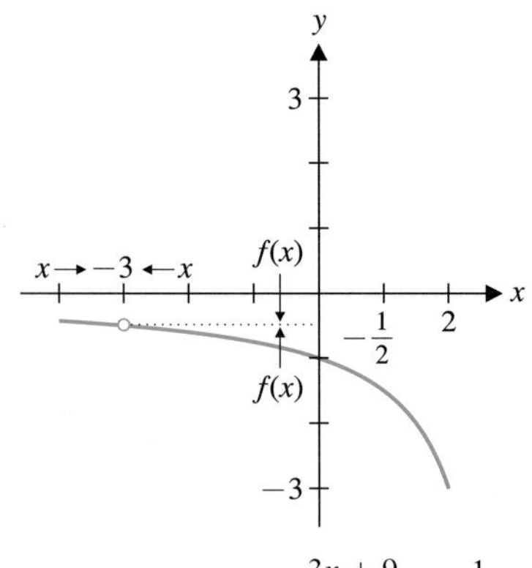

그림 1.9 $\lim_{x \to -3} \frac{3x+9}{x^2-9} = -\frac{1}{2}$

예제 2.4 극한 구하기

$\lim_{x \to -3} \frac{3x+9}{x^2-9}$를 계산하여라.

풀이

그림 1.9와 같이 함수의 그래프를 살펴보고, $x = -3$ 근방에서 함숫값을 계산해 보면

$$\lim_{x \to -3^+} \frac{3x+9}{x^2-9} = \lim_{x \to -3^-} \frac{3x+9}{x^2-9} = -\frac{1}{2}$$

이 성립한다고 예상하는 것이 합리적이다. x가 −3으로 접근하면 $x \neq -3$, 즉 $x+3 \neq 0$이다. 따라서

$$\lim_{x \to -3^-} \frac{3x+9}{x^2-9} = \lim_{x \to -3^-} \frac{3(x+3)}{(x+3)(x-3)} \qquad (x+3)\text{항을 소거}$$

$$= \lim_{x \to -3^-} \frac{3}{x-3} = -\frac{1}{2}$$

이다. 마찬가지로

$$\lim_{x \to -3^+} \frac{3x+9}{x^2-9} = -\frac{1}{2}$$

이다. 따라서 x가 −3으로 접근할 때 함수의 한쪽극한들이 같은 값이므로

$$\lim_{x \to -3} \frac{3x+9}{x^2-9} = -\frac{1}{2}$$

이다.

x	$\frac{3x+9}{x^2-9}$
−3.1	−0.491803
−3.01	−0.499168
−3.001	−0.499917
−3.0001	−0.499992

x	$\frac{3x+9}{x^2-9}$
−2.9	−0.508475
−2.99	−0.500835
−2.999	−0.500083
−2.9999	−0.500008

예제 2.4에서는 두 개의 한쪽극한들이 존재하고 같으므로 극한이 존재한다. 다음 예제에서는 한쪽극한들이 존재하지 않는 경우를 살펴보자.

예제 2.5 극한이 존재하지 않는 경우

$\lim_{x \to 3} \frac{3x+9}{x^2-9}$의 존재여부를 결정하여라.

풀이

그림 1.10과 같이 함수의 그래프를 그리고 $x=3$ 근처에서 함숫값을 계산하여 보자. 그러면, $x \to 3^+$일 때, 함수 $\frac{3x+9}{x^2-9}$의 값은 무한히 증가한다. 그러므로

$$\lim_{x \to 3^+} \frac{3x+9}{x^2-9}\text{는 존재하지 않는다.}$$

마찬가지로, $\lim_{x \to 3^-} \frac{3x+9}{x^2-9}$도 존재하지 않는다. 이와 같이 두 가지의 한쪽극한들이 존재하지 않으므로

$$\lim_{x \to 3} \frac{3x+9}{x^2-9}\text{는 존재하지 않는다.}$$

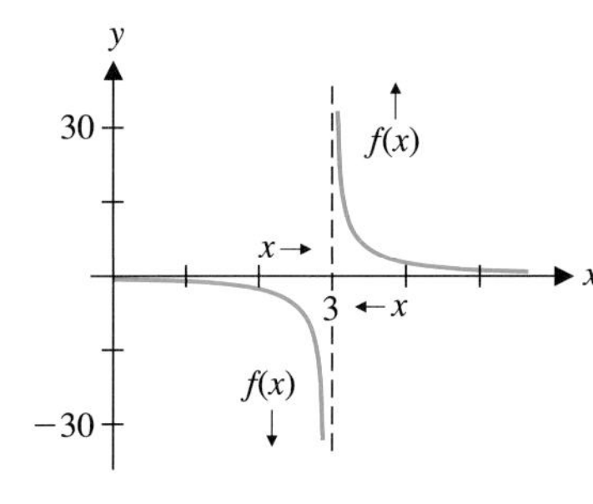

그림 1.10 $y = \frac{3x+9}{x^2-9}$

x	$\frac{3x+9}{x^2-9}$
3.1	30
3.01	300
3.001	3000
3.0001	30,000

x	$\frac{3x+9}{x^2-9}$
2.9	−30
2.99	−300
2.999	−3000
2.9999	−30,000

위에서 우리는 두 방향의 한쪽극한들을 조사했다. 만약 둘 중 하나의 한쪽극한이라도 존재하지 않는다면 극한값은 존재하지 않는다.

예제 2.6 극한의 근삿값 구하기

$\lim_{x \to 0} \frac{\sin x}{x}$를 계산하여라.

풀이

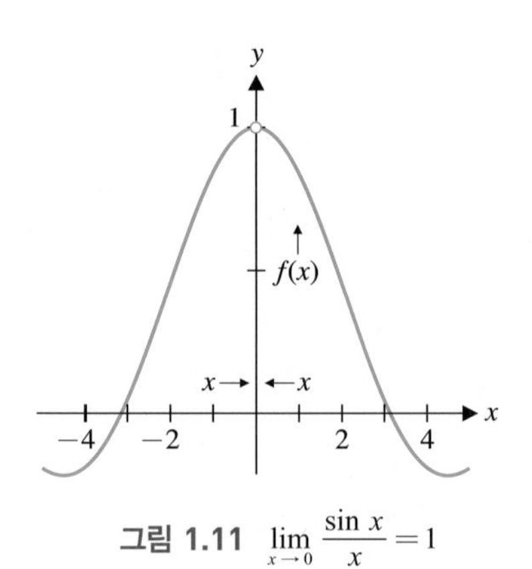

그림 1.11 $\lim_{x \to 0} \frac{\sin x}{x} = 1$

앞의 예제들과는 다르게 함수의 식을 간단히 표현할 수는 없다. 그러나 그림 1.11에서와 같이 그래프를 그리고, $x = 0$ 근처에서 함숫값을 계산하여 보자.

x	$\frac{\sin x}{x}$
0.1	0.998334
0.01	0.999983
0.001	0.99999983
0.0001	0.9999999983
0.00001	0.999999999983

x	$\frac{\sin x}{x}$
−0.1	0.998334
−0.01	0.999983
−0.001	0.99999983
−0.0001	0.9999999983
−0.00001	0.999999999983

그래프와 표를 만들어 보면

$$\lim_{x \to 0^+} \frac{\sin x}{x} = 1\text{과 } \lim_{x \to 0^-} \frac{\sin x}{x} = 1$$

이라는 것을 추측하여

$$\lim_{x \to 0} \frac{\sin x}{x} = 1$$

임을 짐작할 수 있다. 자세한 증명은 2장에서 알아보기로 하자.

주 2.1

컴퓨터나 계산기를 이용한 극한의 계산은 믿을 수 없는 경우가 있다. 우리는 그래프와 표를 사용하여 그럴듯한 예측값만을 얻을 수 있다. 이 예측값에 대한 확인과정은 다음 절부터의 내용을 참고하도록 한다.

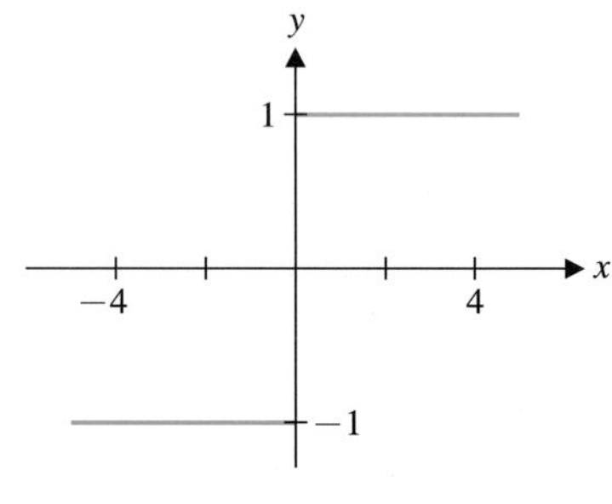

그림 1.12a $y = \frac{x}{|x|}$

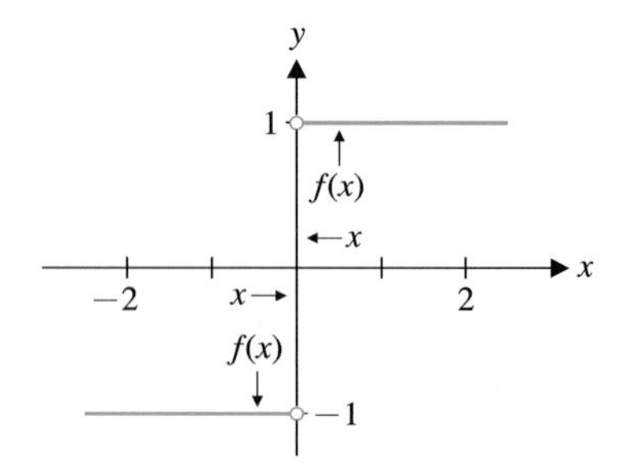

그림 1.12b $\lim_{x \to 0} \frac{x}{|x|}$는 존재하지 않는다

예제 2.7 한쪽극한만 존재하는 경우

$\lim_{x \to 0} \frac{x}{|x|}$를 계산하여라.

풀이

그림 1.12a는 컴퓨터로 그린 그래프이다. $x = 0$에서 $\frac{x}{|x|}$는 정의되지 않으므로 $x=0$에서 함숫값은 존재하지 않는다. 그림 1.12b는 함수의 정확한 그래프로서 y축과 그래프가 만나는 곳에 두 개의 작은 원이 있다. 그러므로

$$\lim_{x \to 0^+} \frac{x}{|x|} = \lim_{x \to 0^+} \frac{x}{x} = \lim_{x \to 0^+} 1 = 1 \qquad x>0\text{일 때, } |x| = x$$

이고

$$\lim_{x \to 0^-} \frac{x}{|x|} = \lim_{x \to 0^-} \frac{x}{-x} = \lim_{x \to 0^-} -1 = -1 \qquad x<0\text{일 때, } |x| = -x$$

이다. 따라서 $\lim_{x \to 0} \frac{x}{|x|}$ 는 존재하지 않는다.

■

예제 2.8 야구경기와 극한

너클볼은 야구 경기에서 가장 흥미로운 투구 방법 중 하나이다. 타자들은 너클볼을 상하좌우로 움직이고 예측할 수 없는 공이라고 한다. 60 mph인 너클볼이 홈플레이트를 통과할 때, 공의 좌우 위치는

$$f(\omega) = \frac{1.7}{\omega} - \frac{5}{8\omega^2}\sin(2.72\omega)$$

로 주어진다(Watts와 Bahill의 《Keeping Your Eye on the Ball》에서 소개한 실험 자료). 여기서 ω는 공의 회전 속도(radian/sec)이며 홈플레이트 중앙에서는 $f(\omega) = 0$이다. 야구 투수들 사이에는 공에 회전을 적게 줄수록 공을 던지기가 더 좋다는 것이 알려져 있다. 이것을 알아보기 위하여, $\omega \to 0^+$일 때 $f(\omega)$의 극한을 조사해 보자. 그림 1.13과 같이 함수의 그래프와 함숫값의 표를 만들어 보면, $\lim_{\omega \to 0^+} f(\omega) = 0$임을 알 수 있다.

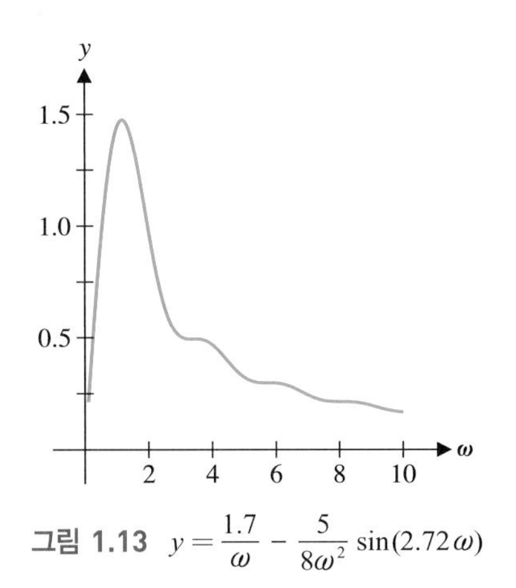

그림 1.13 $y = \frac{1.7}{\omega} - \frac{5}{8\omega^2}\sin(2.72\omega)$

ω	$f(\omega)$
10	0.1645
1	1.4442
0.1	0.2088
0.01	0.021
0.001	0.0021
0.0001	0.0002

이것은 회전이 전혀 없는 너클볼은 홈플레이트의 중앙에서 이동하지 않는다는 것을 의미한다(따라서 타자가 치기가 쉽다). Watts와 Bahill에 의하면, 초당 1에서 3라디안까지 매우 천천히 회전을 시키면 최고의 구질이 나온다고 한다(그림 1.13 참조).

■

연습문제 1.2

[1~3] 함숫값의 표와 그래프를 이용하여 극한을 예측하여라.

1. $\lim_{x \to 1} \frac{x^2 - 1}{x - 1}$

2. $\lim_{x \to 2} \frac{x - 2}{x^2 - 4}$

3. $\lim_{x \to 3} \frac{3x - 9}{x^2 - 5x + 6}$

4. 아래의 그래프와 같은 함수 $f(x)$에 대하여, 다음 극한을 계산하여라.

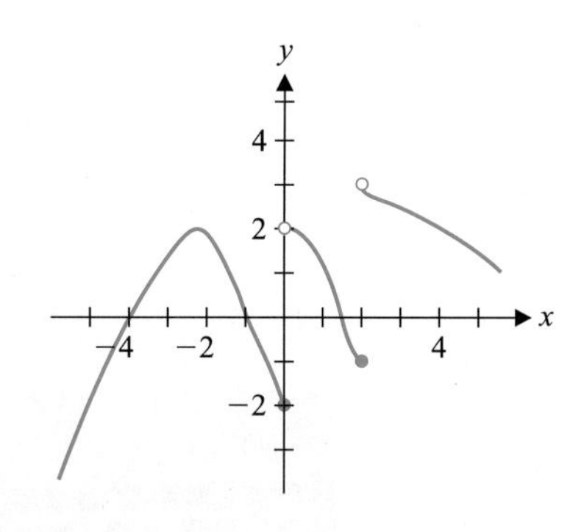

(a) $\lim_{x\to0^-} f(x)$ (b) $\lim_{x\to0^+} f(x)$

(c) $\lim_{x\to0} f(x)$ (d) $\lim_{x\to-2^-} f(x)$

(e) $\lim_{x\to-2^+} f(x)$ (f) $\lim_{x\to-2} f(x)$

(g) $\lim_{x\to-1} f(x)$ (h) $\lim_{x\to1^-} f(x)$

5. $f(x) = \begin{cases} 2x, & x < 2 \\ x^2, & x \geq 2 \end{cases}$의 그래프를 그리고 다음 극한을 구하여라.

(a) $\lim_{x\to2^-} f(x)$ (b) $\lim_{x\to2^+} f(x)$

(c) $\lim_{x\to2} f(x)$ (d) $\lim_{x\to1} f(x)$

(e) $\lim_{x\to3} f(x)$

6. 함수 $f(x) = \dfrac{x-1}{\sqrt{x}-1}$에 관하여, $f(1.5)$, $f(1.1)$, $f(1.01)$, $f(1.001)$의 값을 계산하고, $\lim_{x\to1^+} f(x)$를 예측하여라. 또 $f(0.5)$, $f(0.9)$, $f(0.99)$, $f(0.999)$의 값을 계산하고 $\lim_{x\to1^-} f(x)$를 예측하여라. $\lim_{x\to1} f(x)$는 존재하는가?

[7~11] 함숫값의 표와 그래프를 이용하여, 주어진 점 $x=a$에서 다음 극한의 존재 여부를 예측하여라. 또한 극한이 존재하지 않을 경우 그래프로 설명하여라.

7. $\lim_{x\to0} \dfrac{x^2+x}{\sin x}$ **8.** $\lim_{x\to0} e^{-1/x^2}$

9. $\lim_{x\to0} \dfrac{\tan x}{x}$ **10.** $\lim_{x\to0} \sin\left(\dfrac{1}{x}\right)$

11. $\lim_{x\to2} \dfrac{x-2}{|x-2|}$

[12~13] 다음 성질을 만족하는 함수 $f(x)$의 그래프를 그려라.

12. $f(-1)=2$, $f(0)=-1$, $f(1)=3$, $\lim_{x\to1} f(x)$는 존재하지 않음.

13. $f(0)=1$, $\lim_{x\to0^-} f(x)=2$, $\lim_{x\to0^+} f(x)=3$

14. $\lim_{x\to1}\dfrac{x^2+1}{x-1}$과 $\lim_{x\to2}\dfrac{x+1}{x^2-4}$을 계산하고 다음을 조사하여라. 함수 $f(x)$와 $g(x)$는 $g(a)=0$와 $f(a)\neq0$을 만족하는 다항식이라고 하자. 그러면 $\lim_{x\to a}\dfrac{f(x)}{g(x)}$는 어떻게 되겠는가?

15. $\lim_{x\to0^+}\sin\dfrac{\pi}{x}$에 대하여 살펴보자. 첫째, 함수 $\sin t$는 t가 증가하면 진동하므로, $x\to0^+$일 때 $\dfrac{\pi}{x}$가 증가하고 $\lim_{x\to0^+}\sin\dfrac{\pi}{x}$는 존재하지 않는다. 둘째, $x=1, 0.1, 0.01$ 등을 택하면 $\sin\pi = \sin10\pi = \sin100\pi = \cdots = 0$이므로 극한은 0이다. 어느 것이 옳은가? 그 이유를 설명하고 극한을 조사하여라.

16. 함숫값의 표를 이용하여 $\lim_{x\to0^+}(1+x)^{1/x}$과 $\lim_{x\to0^-}(1+x)^{1/x}$을 예측하여라. $x>0$일 때 x가 감소하면 함숫값은 증가하고, $x<0$일 때 x가 증가하면 함숫값은 감소한다. 이것으로부터 극한 $\lim_{x\to0}(1+x)^{1/x}$은 x가 양수일 때와 음수일 때의 함숫값들의 사이에 위치함을 설명하여라. 소수점 이하 8자리까지 정확하게 극한의 근삿값을 계산하여라.

17. $\lim_{x\to0} f(x)$는 존재하고 $f(0)$값이 존재하지 않는 함수 $f(x)$의 예를 찾아라. 또한 $g(0)$은 존재하고 $\lim_{x\to0} g(x)$가 존재하지 않는 함수 $g(x)$의 예를 찾아라.

1.3 극한의 계산

이 절에서는 극한의 문제들을 다루는 기본적인 규칙에 대하여 알아보자. 먼저 두 가지 간단한 극한을 알아보자.

임의의 상수 c와 임의의 실수 a에 대하여,

$$\lim_{x\to a} c = c \tag{3.1}$$

가 성립한다.

즉 상수의 극한은 바로 그 상수이다. 그림 1.14에서와 같이 함수 $f(x)=c$는 x값에 의존하지 않으므로 $x\to a$일 때 함숫값이 변하지 않아 위의 정리를 쉽게 얻을 수 있다(그림 1.14).

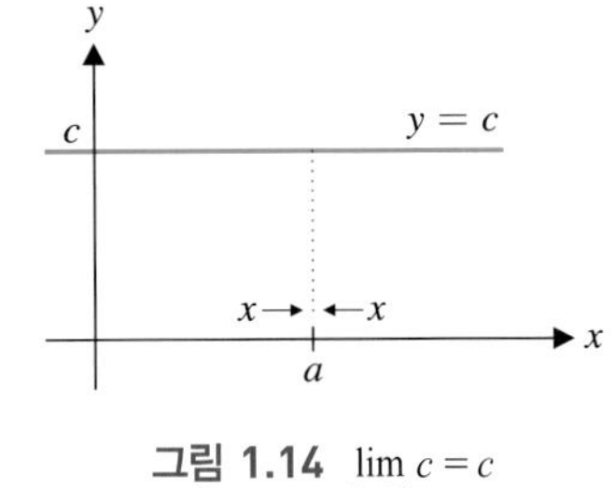

그림 1.14 $\lim_{x\to a} c = c$

임의의 실수 a에 대하여

$$\lim_{x\to a} x = a \tag{3.2}$$

가 성립한다.

그림 1.15에서와 같이 $x\to a$일 때 x값이 a로 접근하므로 위 정리를 쉽게 얻을 수 있다.

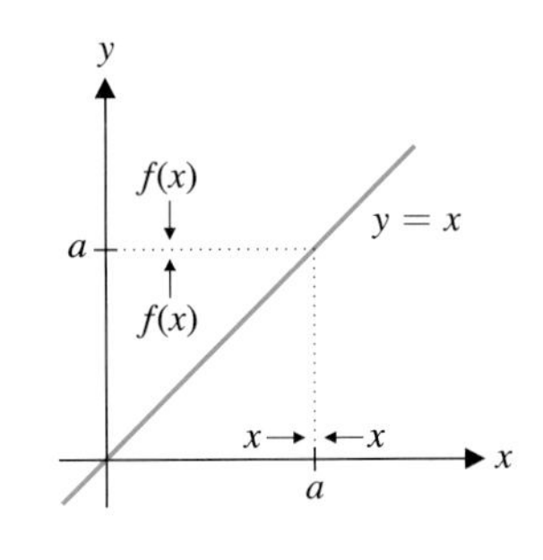

그림 1.15 $\lim_{x\to a} x = a$

수렴하는 함수의 극한값에 대해서는 다음이 성립한다.

정리 3.1

$\lim_{x\to a} f(x)$와 $\lim_{x\to a} g(x)$가 존재하고 c를 임의의 상수라고 할 때, 다음 성질들이 성립한다.

(i) $\lim_{x\to a} [c\cdot f(x)] = c\cdot \lim_{x\to a} f(x)$

(ii) $\lim_{x\to a} [f(x)\pm g(x)] = \lim_{x\to a} f(x) \pm \lim_{x\to a} g(x)$

(iii) $\lim_{x\to a} [f(x)\cdot g(x)] = [\lim_{x\to a} f(x)]\cdot[\lim_{x\to a} g(x)]$

(iv) $\lim_{x\to a} \dfrac{f(x)}{g(x)} = \dfrac{\lim_{x\to a} f(x)}{\lim_{x\to a} g(x)}$ ($\lim_{x\to a} g(x)\neq 0$인 경우)

정리 3.1의 증명은 부록 A에 있으며 1.6절에서 공부할 극한의 정의를 이용한다. 극한의 직관적인 이해를 통하여, 이러한 규칙들이 타당하고 상식적인 결과라고 생각할 수 있다. 예를 들면, 정리 3.1의 (ii)는 극한이 존재한다면 합(차)의 극한은 극한의 합(차)이라는 것을 뜻한다. 이것은 다음과 같이 생각할 수 있다. x가 a에 접근할 때 $f(x)$가 L에 접근하고 $g(x)$가 M에 접근하면 $f(x)+g(x)$는 $L+M$에 접근한다.

정리 3.1의 (iii)에서 $g(x)=f(x)$이면 다음 결과를 얻을 수 있다. $\lim_{x\to a} f(x)$가 존재할 때

$$\begin{aligned}\lim_{x\to a}[f(x)]^2 &= \lim_{x\to a}[f(x)\cdot f(x)]\\ &= \left[\lim_{x\to a} f(x)\right]\left[\lim_{x\to a} f(x)\right] = \left[\lim_{x\to a} f(x)\right]^2\end{aligned}$$

이 성립한다.

또, 임의의 자연수 n에 대하여, 정리 3.1 (iii)의 성질을 반복하면

$$\lim_{x\to a}[f(x)]^n = \left[\lim_{x\to a} f(x)\right]^n \tag{3.3}$$

임을 알 수 있다(연습문제 18 참고).

식 (3.3)에서 $f(x)=x$로 택하면 임의의 양의 정수 n과 임의의 실수 a에 대하여

$$\lim_{x \to a} x^n = a^n \tag{3.4}$$

이 성립한다.

즉 x의 양의 제곱에 대한 극한은 x가 접근하는 값을 대입하여 얻을 수 있다.

예제 3.1 다항식의 극한

$\lim_{x \to 2} (3x^2 - 5x + 4)$을 계산하여라.

풀이

$$\lim_{x \to 2} (3x^2 - 5x + 4) = \lim_{x \to 2} (3x^2) - \lim_{x \to 2} (5x) + \lim_{x \to 2} 4 \quad \text{정리 3.1 (ii) 이용}$$

$$= 3 \lim_{x \to 2} x^2 - 5 \lim_{x \to 2} x + 4 \quad \text{정리 3.1 (i) 이용}$$

$$= 3 \cdot (2)^2 - 5 \cdot 2 + 4 = 6 \quad \text{식 (3.4) 이용}$$

■

예제 3.2 유리함수의 극한

$\lim_{x \to 3} \dfrac{x^3 - 5x + 4}{x^2 - 2}$ 를 계산하여라.

풀이

$$\lim_{x \to 3} \frac{x^3 - 5x + 4}{x^2 - 2} = \frac{\lim_{x \to 3} (x^3 - 5x + 4)}{\lim_{x \to 3} (x^2 - 2)} \quad \text{정리 3.1 (iv) 이용}$$

$$= \frac{\lim_{x \to 3} x^3 - 5 \lim_{x \to 3} x + \lim_{x \to 3} 4}{\lim_{x \to 3} x^2 - \lim_{x \to 3} 2} \quad \text{정리 3.1 (i)과 (ii) 이용}$$

$$= \frac{3^3 - 5 \cdot 3 + 4}{3^2 - 2} = \frac{16}{7} \quad \text{식 (3.4) 이용}$$

■

위의 두 예제에서는 x 대신 x가 접근하는 값을 대입하면 쉽게 계산된다. 그러나 다음 예제는 그렇게 간단하지 않다.

예제 3.3 인수분해로 극한 구하기

$\lim_{x \to 1} \dfrac{x^2 - 1}{1 - x}$을 계산하여라.

풀이

분수함수의 극한은, 분모와 분자의 극한이 모두 존재하고 분모의 극한이 0이 아닐 때만 존재한다. 이 문제에서는 분모의 극한이 0이므로

$$\lim_{x \to 1} \frac{x^2 - 1}{1 - x} \neq \frac{\lim_{x \to 1} (x^2 - 1)}{\lim_{x \to 1} (1 - x)}$$

이다. 그러나 아래와 같은 방법으로 해결할 수 있다. $x \to 1$일 때 x가 1로 접근하고 $x \neq 1$이므로 $x-1 \neq 0$이다. 따라서 $(x-1)$이 소거가능하여

$$\lim_{x \to 1} \frac{x^2-1}{1-x} = \lim_{x \to 1} \frac{(x-1)(x+1)}{-(x-1)} \qquad \text{분자를 인수분해한다}$$

$$= \lim_{x \to 1} \frac{(x+1)}{-1} = -2$$

이다.

다음 정리에서는 다항식의 극한은 단순히 x가 접근하는 점에서 다항식의 값임을 설명하고 있다. 즉 다항식의 극한은 x가 접근하는 값을 대입한 값이다.

정리 3.2

임의의 다항식 $p(x)$와 임의의 실수 a에 대하여

$$\lim_{x \to a} p(x) = p(a)$$

가 성립한다.

증명

$p(x)$를 $p(x) = c_n x^n + c_{n-1}x^{n-1} + \cdots + c_1 x + c_0$ 형태의 n차다항식이라고 하자($n \geq 0$). 따라서 정리 3.1과 식 (3.4)에 의하여

$$\begin{aligned}\lim_{x \to a} p(x) &= \lim_{x \to a}(c_n x^n + c_{n-1}x^{n-1} + \cdots + c_1 x + c_0)\\ &= c_n \lim_{x \to a} x^n + c_{n-1} \lim_{x \to a} x^{n-1} + \cdots + c_1 \lim_{x \to a} x + \lim_{x \to a} c_0\\ &= c_n a^n + c_{n-1}a^{n-1} + \cdots + c_1 a + c_0 = p(a)\end{aligned}$$

가 성립한다. ■

정리 3.3

$\lim_{x \to a} f(x) = L$이고 n을 임의의 자연수라고 하자. 그러면

$$\lim_{x \to a} \sqrt[n]{f(x)} = \sqrt[n]{\lim_{x \to a} f(x)} = \sqrt[n]{L}$$

이 성립한다 (단, n이 짝수이면 $L > 0$이라 가정한다).

정리 3.3의 증명은 부록 A를 참고하기 바란다. 이 정리는 극한이 n제곱근 안으로 들어갈 수 있음을 뜻한다. 그러므로 앞에서 언급했던 극한의 규칙들을 n제곱근 안에서도 이용할 수 있다.

예제 3.4 다항식의 n제곱근의 극한

$\lim_{x\to 2} \sqrt[5]{3x^2-2x}$ 를 계산하여라.

풀이

정리 3.2와 3.3에 의하여

$$\lim_{x\to 2} \sqrt[5]{3x^2-2x} = \sqrt[5]{\lim_{x\to 2}(3x^2-2x)} = \sqrt[5]{8}$$

이다.

주 3.1

일반적으로 분모, 분자의 극한이 모두 0일 때는 예제 3.3과 3.5에서처럼 식을 간단히 하여 극한을 구한다.

예제 3.5 유리화하여 극한 구하기

$\lim_{x\to 0} \frac{\sqrt{x+2}-\sqrt{2}}{x}$ 를 계산하여라.

풀이

x가 0에 접근함에 따라 분자 $\left(\sqrt{x+2}-\sqrt{2}\right)$와 분모($x$)도 0에 접근한다. 예제 3.3과 달리 분자를 인수분해할 수 없다. 그러나 다음과 같이 분자를 유리화할 수 있다.

$$\begin{aligned}\frac{\sqrt{x+2}-\sqrt{2}}{x} &= \frac{\left(\sqrt{x+2}-\sqrt{2}\right)\left(\sqrt{x+2}+\sqrt{2}\right)}{x\left(\sqrt{x+2}+\sqrt{2}\right)} = \frac{x+2-2}{x\left(\sqrt{x+2}+\sqrt{2}\right)} \\ &= \frac{x}{x\left(\sqrt{x+2}+\sqrt{2}\right)} = \frac{1}{\sqrt{x+2}+\sqrt{2}}\end{aligned}$$

($x \to 0$일 때 $x \neq 0$) 그러므로

$$\lim_{x\to 0} \frac{\sqrt{x+2}-\sqrt{2}}{x} = \lim_{x\to 0} \frac{1}{\sqrt{x+2}+\sqrt{2}} = \frac{1}{\sqrt{2}+\sqrt{2}} = \frac{1}{2\sqrt{2}}$$

이와 같은 성질은 덧셈, 뺄셈, 곱셈, 나눗셈, 지수함수 등에 의하여 만들어지거나 n제곱근을 취하여 만들어지는 대수함수에만 국한되는 내용이 아니라 다음 함수들에도 적용된다.

정리 3.4

임의의 실수 a에 대하여 다음이 성립한다.

(i) $\lim_{x\to a} \sin x = \sin a$

(ii) $\lim_{x\to a} \cos x = \cos a$

(iii) $\lim_{x\to a} e^x = e^a$

(iv) $\lim_{x\to a} \ln x = \ln a$ $(a>0)$

(v) $\lim_{x\to a} \sin^{-1} x = \sin^{-1} a$ $(-1<a<1)$

(vi) $\lim_{x\to a} \cos^{-1} x = \cos^{-1} a$ $(-1<a<1)$

(vii) $\lim_{x\to a} \tan^{-1} x = \tan^{-1} a$ $(-\infty<a<\infty)$

(viii) p가 다항식이고 $\lim_{x\to p(a)} f(x)=L$이면 $\lim_{x\to a} f(p(x))=L$

위의 정리 3.4에서 사인, 코사인, 지수함수, 자연로그함수, 역사인함수, 역코사인 함수, 역탄젠트함수들의 극한은 $x = a$값을 대입하여 계산할 수 있음을 뜻한다.

예제 3.6 역삼각함수의 극한 계산

$\lim_{x\to 0} \sin^{-1}\left(\frac{x+1}{2}\right)$ 을 계산하여라.

풀이

정리 3.4의 (v)와 (viii)에 의하여

$$\lim_{x\to 0} \sin^{-1}\left(\frac{x+1}{2}\right) = \sin^{-1}\left(\frac{1}{2}\right) = \frac{\pi}{6}$$

이다.

■

이와 같이 극한은 앞에서 공부한 기본적인 규칙을 이용하여 계산하는 경우가 많다. 그러나 기본적인 규칙을 이용하여 계산할 수 없는 경우도 있다. 따라서 이 경우에는 좀 더 신중한 분석이 필요하며 때로는 간접적인 방법으로 극한을 얻을 수도 있다. 다음 예제를 보자.

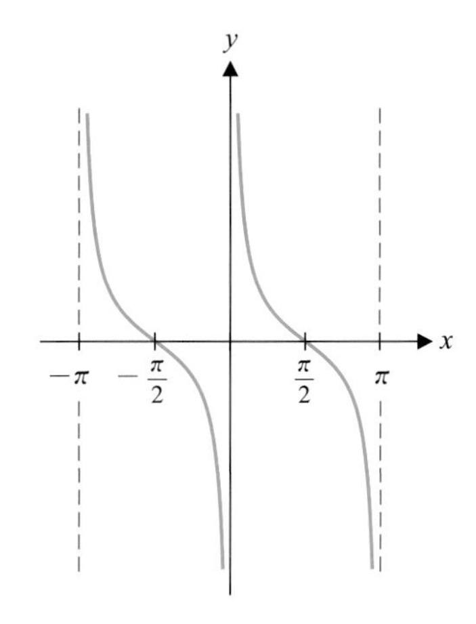

그림 1.16 $y = \cot x$

예제 3.7 곱의 극한이 극한의 곱과 다른 경우

$\lim_{x\to 0} (x \cot x)$를 계산하여라.

풀이

위 극한은 함수의 곱 형태이므로 다음과 같이 극한의 곱으로 이루어질 듯하다.

$$\lim_{x\to 0} (x \cot x) = \left(\lim_{x\to 0} x\right)\left(\lim_{x\to 0} \cot x\right) \qquad \text{이것은 오류이다}$$

$$= 0 \cdot ? = 0 \tag{3.5}$$

위에서 $\lim_{x\to 0} \cot x$값을 모르기 때문에 "?" 기호를 사용했다. 이것은 정리 3.1의 가정이 만족되지 않은 경우에 정리의 결과를 이용한 것이다. 정리 3.1은 극한들이 모두 존재할 경우에, 곱의 극한이 극한들의 곱으로 표시된다는 것이다. $\lim_{x\to 0} \cot x$값을 알아보기 위해 그림 1.16과 같이 함수의 그래프를 그려 보자. 그러면, $\lim_{x\to 0} \cot x$가 존재하지 않음을 알 수 있다. 그러므로 식 (3.5)는 성립하지 않는다. 이 경우에는 극한에 대한 규칙들을 적용할 수 없기 때문에 그래프를 그리고 함숫값들의 표를 만드는 것이 가장 적당한 방법이다. 그림 1.17과 같이 $y = x \cot x$의 그래프를 살펴보자. 오른쪽 표와 같이 함숫값들을 계산해 보면 $x \to 0$일 때 함숫값이 1로 접근함을 알 수 있다. 따라서

$$\lim_{x\to 0} (x \cot x) = 1$$

임을 알 수 있다. 또한 아래와 같은 방법으로 계산할 수도 있다.

$$\lim_{x\to 0} (x \cot x) = \lim_{x\to 0} \left(x \frac{\cos x}{\sin x}\right) = \lim_{x\to 0} \left(\frac{x}{\sin x} \cos x\right)$$

$$= \left(\lim_{x\to 0} \frac{x}{\sin x}\right)\left(\lim_{x\to 0} \cos x\right)$$

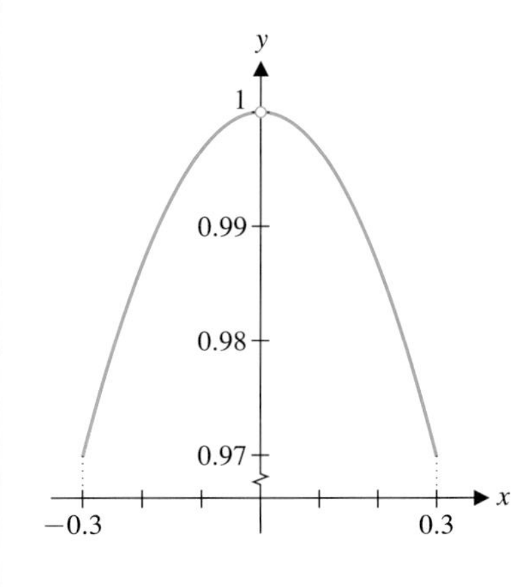

그림 1.17 $y = x \cot x$

x	$x \cot x$
±0.1	0.9967
±0.01	0.999967
±0.001	0.9999967
±0.0001	0.99999967
±0.00001	0.999999967

$$= \frac{\lim_{x\to 0}\cos x}{\lim_{x\to 0}\frac{\sin x}{x}} = \frac{1}{1} = 1$$

여기서 $\lim_{x\to 0}\cos x = 1$이고 예제 2.6에서 추측했던 바와 같이 $\lim_{x\to 0}\frac{\sin x}{x} = 1$을 이용했다(이것은 다음에 소개할 조임정리를 이용하여 2.6절에서 증명한다).

■

정리 3.5 조임정리(Squeeze Theorem)

$a\in(c, d)$이고 구간 (c, d)의 임의의 $x(\neq a)$에 대하여

$$f(x) \le g(x) \le h(x)$$

이고

$$\lim_{x\to a} f(x) = \lim_{x\to a} h(x) = L$$

을 만족한다고 하자. 그러면

$$\lim_{x\to a} g(x) = L$$

이다.

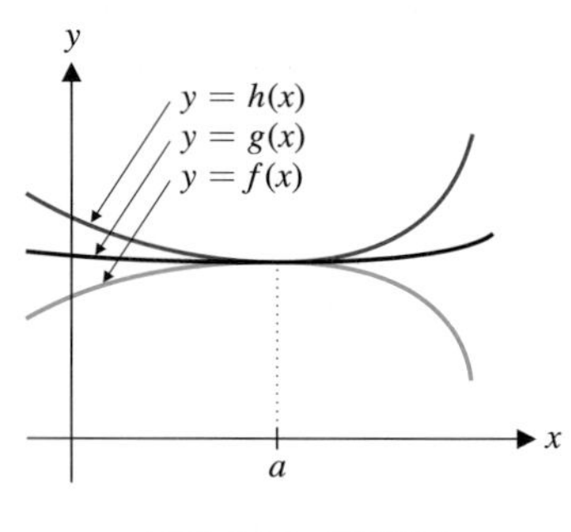

그림 1.18 조임정리

정리 3.5의 증명은 부록 A를 참고하여라. 그러나 그림 1.18에서와 같이 $g(x)$의 그래프가 $x=a$를 제외한 모든 값에서 $f(x)$와 $h(x)$의 그래프 사이에 있고 $x\to a$일 때 $f(x)$와 $h(x)$가 같은 극한을 갖는다면, $f(x)$와 $h(x)$ 사이에 놓인 $g(x)$도 같은 극한을 갖는 것이 명백하다. 따라서 조임정리를 이용하려면, $x\to a$일 때 같은 극한을 가지며 주어진 함수 g의 경계가 되는 함수 f와 h를 찾는 것이 중요하다.

주 3.2

조임정리는 한쪽극한에 대해서도 성립한다.

예제 3.8 조임정리를 이용하여 극한 구하기

$\lim_{x\to 0}\left[x^2\cos\left(\frac{1}{x}\right)\right]$을 계산하여라.

풀이

주어진 함수가 함수의 곱 형태이므로 함수 곱의 극한을 극한의 곱으로 생각해 보자. 그러나 $\lim_{x\to 0}\cos\left(\frac{1}{x}\right)$이 존재하지 않기 때문에 아래의 계산은 오류이다.

$$\lim_{x\to 0}\left[x^2\cos\left(\frac{1}{x}\right)\right] \stackrel{?}{=} \left(\lim_{x\to 0}x^2\right)\left[\lim_{x\to 0}\cos\left(\frac{1}{x}\right)\right] \quad \text{이것은 오류이다} \quad (3.6)$$

그림 1.19에서와 같이 $y=\cos\left(\frac{1}{x}\right)$의 그래프를 생각해 보자. $\cos\left(\frac{1}{x}\right)$은 -1과 1 사이를 위아래로 진동하며 x가 0으로 더 가까이 갈수록 진동은 더 빨라진다. 그러므로 $\lim_{x\to 0}\cos\left(\frac{1}{x}\right)$은 존재하지 않는다. 식 (3.6)이 성립하지 않으므로 극한에 대한 기본적인 규칙을 적용할 수 없고 함수의 그래프나 함숫값의 표를 참고하는 것이 가장 적당한 방법이다. 그림 1.20에서와 같이 $y=x^2\cos\left(\frac{1}{x}\right)$의 그래프를 살펴보면, 함숫값의 표에서도 알 수 있는 것처럼 그래프가 진동하지만

$$\lim_{x\to 0}\left[x^2\cos\left(\frac{1}{x}\right)\right] = 0$$

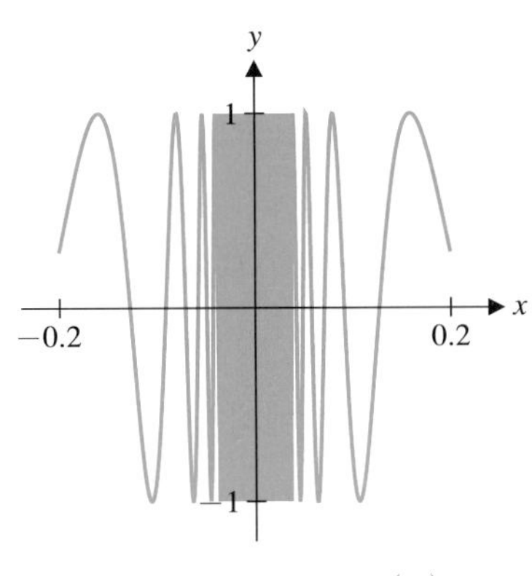

그림 1.19 $y = \cos\left(\frac{1}{x}\right)$

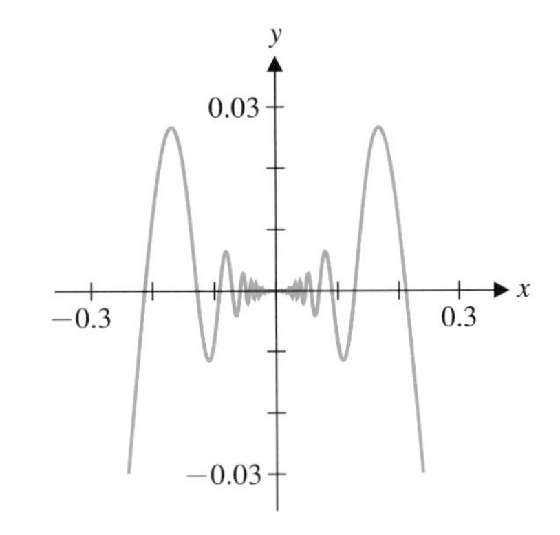

그림 1.20 $y = x^2\cos\left(\frac{1}{x}\right)$

x	$x^2\cos(1/x)$
± 0.1	-0.008
± 0.01	8.6×10^{-5}
± 0.001	5.6×10^{-7}
± 0.0001	-9.5×10^{-9}
± 0.00001	-9.99×10^{-11}

임을 예측할 수 있다. 조임정리를 이용하여 위의 극한을 증명해 보자. 조임정리를 이용하려면, 0이 아닌 모든 x에 대하여

$$f(x) \le x^2\cos\left(\frac{1}{x}\right) \le h(x)$$

이며 $\lim_{x\to 0} f(x) = \lim_{x\to 0} h(x) = 0$을 만족하는 함수 $f(x)$와 $h(x)$를 찾아야 한다. 모든 $x\,(\neq 0)$에 대하여

$$-1 \le \cos\left(\frac{1}{x}\right) \le 1 \qquad (3.7)$$

이므로 식 (3.7)에 0 이상인 x^2을 곱하면

$$-x^2 \le x^2\cos\left(\frac{1}{x}\right) \le x^2$$

이 성립한다. 그림 1.21은 이 부등식을 나타낸다. 또 $\lim_{x\to 0}(-x^2) = 0 = \lim_{x\to 0} x^2$이다. 그러므로 조임정리에 의하여

$$\lim_{x\to 0} x^2\cos\left(\frac{1}{x}\right) = 0$$

이다.

■

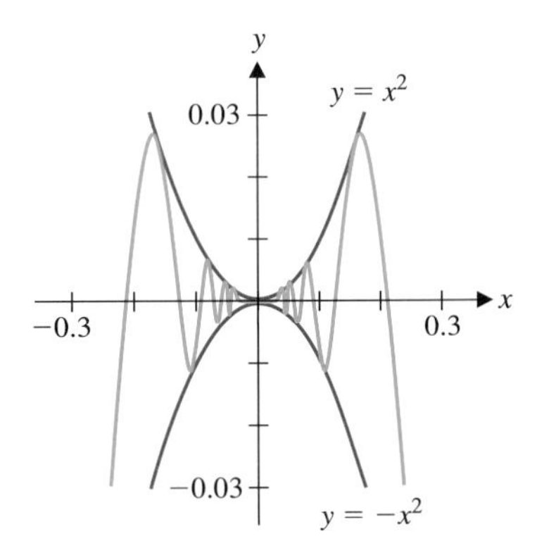

그림 1.21 $y = x^2\cos\left(\frac{1}{x}\right)$, $y = x^2$와 $y = -x^2$

때때로 함수는 구간에 따라서 서로 다른 표현으로 정의된다. 이렇게 구간별로 다르게 정의된 함수를 다음의 예제에서 다루어 보자.

예제 3.9 구간별로 다르게 정의된 함수의 극한

함수

$$f(x) = \begin{cases} x^2 + 2\cos x + 1, & x < 0 \\ e^x - 4, & x \ge 0 \end{cases}$$

에 대하여 $\lim_{x\to 0} f(x)$를 계산하여라.

풀이

함수가 $x < 0$과 $x \ge 0$인 경우로 나누어 정의되었으므로 한쪽극한을 생각해야 한다. 정리 3.4에 의하여

현대의 수학자

프리드먼
(Michael Freedman, 1951−)

미국 수학자로 수학에서 가장 유명한 문제의 하나인 4차원 푸앵카레 추측을 처음 해결하였다. 수학에서의 노벨상이라 할 수 있는 필즈상을 받았으며 다음과 같이 이야기했다. "수학의 위력의 대부분은 서로 달라 보이는 영역에서의 직관들이 모아져서 나온다."

$$\lim_{x\to 0^-} f(x) = \lim_{x\to 0^-} (x^2 + 2\cos x + 1) = 2\cos 0 + 1 = 3$$

이고

$$\lim_{x\to 0^+} f(x) = \lim_{x\to 0^+} (e^x - 4) = e^0 - 4 = 1 - 4 = -3$$

이다. 여기서 한쪽극한들의 값이 다르므로 $\lim_{x\to 0} f(x)$는 존재하지 않는다.

이 절의 마지막으로, 극한을 이용하여 속도를 계산하는 예제를 알아보기로 하자. 2.1절에서 직선상에서 움직이는 물체의 시각 t에서 위치를 $f(t)$라고 할 때, $t = 1$에서의 순간속도는 극한

$$\lim_{h\to 0} \frac{f(1+h) - f(1)}{h}$$

로 주어짐을 공부하게 될 것이다.

예제 3.10 극한으로 속도 구하기

어떤 물체의 위치함수를

$$f(t) = t^2 + 2 \text{ 피트}$$

라고 하자(t의 단위는 초). $t = 1$일 때, 물체의 순간속도를 구하여라.

풀이

앞에서 설명한 것처럼 순간속도는

$$\lim_{h\to 0} \frac{f(1+h) - f(1)}{h} = \lim_{h\to 0} \frac{[(1+h)^2 + 2] - 3}{h}$$

이고

$$\lim_{h\to 0} \frac{[(1+h)^2 + 2] - 3}{h} = \lim_{h\to 0} \frac{(1 + 2h + h^2) - 1}{h} \quad \text{제곱항을 전개}$$

$$= \lim_{h\to 0} \frac{2h + h^2}{h} = \lim_{h\to 0} \frac{h(2+h)}{h}$$

$$= \lim_{h\to 0} \frac{2+h}{1} = 2 \quad h\text{를 소거}$$

이다. 그러므로 시각 $t = 1$일 때 물체의 순간속도는 2 ft/s이다.

연습문제 1.3

[1~9] 다음 극한을 계산하여라.

1. $\lim_{x\to 0}(x^2-3x+1)$

2. $\lim_{x\to 3}\dfrac{x^2-x-6}{x-3}$

3. $\lim_{x\to 0}\dfrac{xe^{-2x+1}}{x^2+x}$

4. $\lim_{x\to 0}\dfrac{\sqrt{x+4}-2}{x}$

5. $\lim_{x\to 1}\left(\dfrac{1}{x-1}-\dfrac{2}{x^2-1}\right)$

6. $f(x)=\begin{cases}2x, & x<2\\ x^2, & x\geq 2\end{cases}$ 일 때, $\lim_{x\to 2}f(x)$

7. $f(x)=\begin{cases}2x+1, & x<-1\\ 3, & -1<x<1\\ 2x+1, & x>1\end{cases}$ 일 때, $\lim_{x\to -1}f(x)$

8. $\lim_{h\to 0}\dfrac{(2+h)^2-4}{h}$

9. $\lim_{x\to 2}\dfrac{\sin(x^2-4)}{x^2-4}$

10. 함숫값의 표와 그래프를 이용하여, $\lim_{x\to 0}x^2\sin(1/x)$을 예측하여라. 조임정리를 이용하여 이 예측이 정확함을 보여라. 즉, $f(x)\leq x^2\sin(1/x)\leq h(x)$이며 $\lim_{x\to 0}f(x)=\lim_{x\to 0}h(x)$인 함수 $f(x)$와 $h(x)$를 찾아라.

11. 조임정리를 이용하여, $\lim_{x\to 0^+}\left[\sqrt{x}\cos^2(1/x)\right]=0$을 보여라. 즉, $x>0$일 때, $f(x)\leq\sqrt{x}\cos^2(1/x)\leq h(x)$이며 $\lim_{x\to 0^+}f(x)=\lim_{x\to 0^+}h(x)=0$인 함수 $f(x)$와 $h(x)$를 찾아라.

[12~13] 위치함수 $f(x)$가 다음과 같을 때 $t=a$일 때의 속력을 구하여라.

12. $f(t)=t^2+2,\ a=2$

13. $f(t)=t^3,\quad a=0$

14. 다항식 $g(x)$와 $h(x)$에 대하여, $f(x)=\begin{cases}g(x), & x<a\\ h(x), & x>a\end{cases}$와 같이 정의할 때, $\lim_{x\to a^-}f(x)=g(a)$가 되는 이유를 설명하고 $\lim_{x\to a^+}f(x)$를 구하여라.

15. 다음 극한을 구하고 각 단계에서 필요한 정리나 식을 말하여라.

(a) $\lim_{x\to 2}(x^2-3x+1)$ (b) $\lim_{x\to 0}\dfrac{x-2}{x^2+1}$

16. $\lim_{x\to 0}[f(x)+g(x)]$는 존재하지만, $\lim_{x\to 0}f(x)$와 $\lim_{x\to 0}g(x)$가 존재하지 않는 함수 $f(x)$와 $g(x)$의 예를 찾아라.

17. $\lim_{x\to a}f(x)$는 존재하고 $\lim_{x\to a}g(x)$가 존재하지 않는다면, $\lim_{x\to a}[f(x)+g(x)]$는 항상 존재하지 않는가? 이유를 설명하여라.

18. $\lim_{x\to a}f(x)=L$이라고 할 때, 정리 3.1을 이용하여, $\lim_{x\to a}[f(x)]^3=L^3$를 증명하여라. 또 $\lim_{x\to a}[f(x)]^4=L^4$이 성립함을 보여라.

19. 함수 $f(x)=[x]$는 x보다 작거나 같은 최대정수를 말한다. $\lim_{x\to 3}[x]$가 존재하지 않음을 보여라.

20. 과세 대상이 x달러일 때 세율 $T(x)$는 다음과 같다고 하자.

$$T(x)=\begin{cases}0.14x, & 0\leq x<10{,}000\\ 1500+0.21x, & 10{,}000\leq x\end{cases}$$

이때, $\lim_{x\to 0^+}T(x)$와 $\lim_{x\to 10{,}000}T(x)$를 구하고 위 함수가 적절한지를 설명하여라.

1.4 연속성

여러분은 어떤 것을 연속이라고 표현할 때 무엇을 생각하는가? 예를 들어, 기계를 60시간 동안 작동시켰다면 이것은 기계를 그 시간 동안 잠시라도 중단하지 않고 작동했음을 뜻한다. 수학자들은 함수가 연속이라는 것을 이와 같은 방식으로 생각한다.

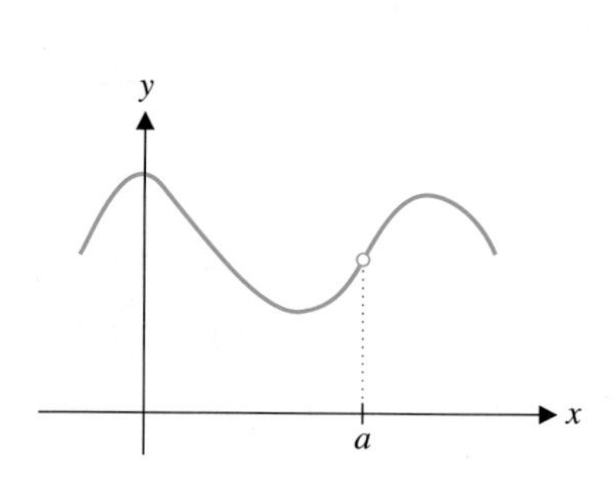

그림 1.22a $f(a)$는 존재하지 않음

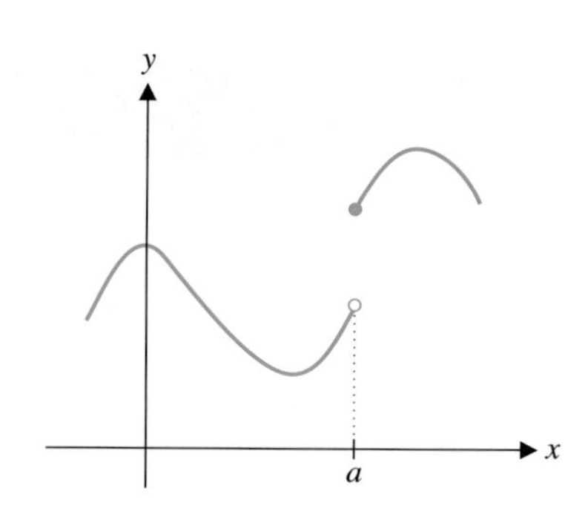

그림 1.22b $f(a)$는 존재하나 $\lim_{x \to a} f(x)$는 존재하지 않음

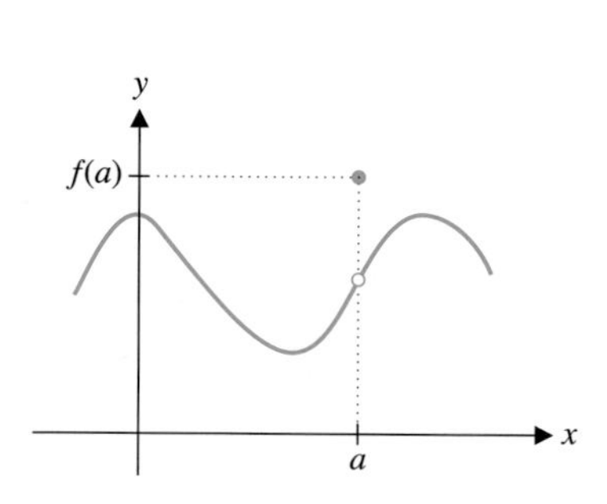

그림 1.22c $f(a)$와 $\lim_{x \to a} f(x)$는 존재하나 $\lim_{x \to a} f(x) \neq f(a)$

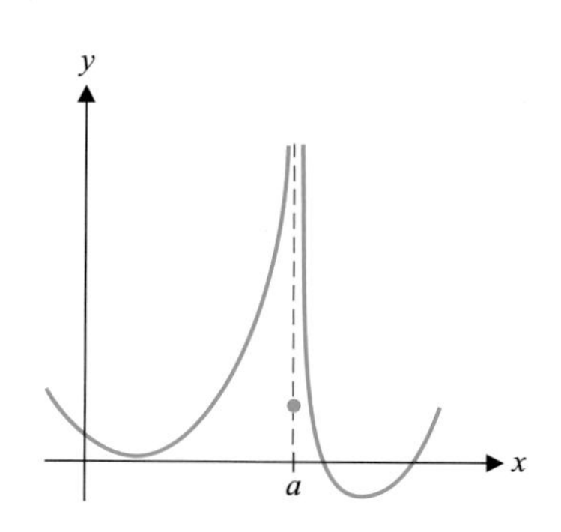

그림 1.22d $\lim_{x \to a} f(x)$가 존재하지 않음

함수가 어떤 구간에서 연속이라는 것은 그 구간에서 함수의 그래프가 끊기지 않는 것을 말한다. 그림 1.22a~1.22d를 보면 $x = a$에서 연속이기 위해서는 어떤 조건이 필요한지 알 수 있다.

이러한 것을 바탕으로 다음과 같이 한 점에서 함수의 연속을 정의할 수 있다.

주 4.1

함수 f가 $x = a$에서 연속이라는 정의는 다시 말하면

(i) $f(a)$가 정의되고
(ii) $\lim_{x \to a} f(x)$가 존재하고
(iii) $\lim_{x \to a} f(x) = f(a)$

라는 뜻이다. 즉 함수가 연속인 점에서는 극한값을 구할 때 그 숫자를 대입하면 된다는 뜻이다.

정의 4.1

함수 f가 $x = a$를 포함하는 개구간에서 정의되어 있을 때 다음 조건을 만족하면 함수 f가 $x = a$에서 **연속**(continuous)이라고 한다.

$$\lim_{x \to a} f(x) = f(a)$$

그렇지 않으면 f가 $x = a$에서 **불연속**(discontinuous)이라고 한다.

예제 4.1 유리함수의 연속

함수 $f(x) = \dfrac{x^2 + 2x - 3}{x - 1}$의 연속성을 조사하여라.

풀이

$x \neq 1$일 때

$$f(x) = \frac{x^2 + 2x - 3}{x - 1} = \frac{(x-1)(x+3)}{x-1} \quad \text{분자를 인수분해}$$

$$= x + 3 \quad \text{공통인수를 소거}$$

이므로 함수 f의 그래프는 그림 1.23과 같이 $x=1$에 구멍이 있는 직선이다. 그러므로 f는 $x=1$에서 불연속이고 그 외의 점에서는 연속이다.

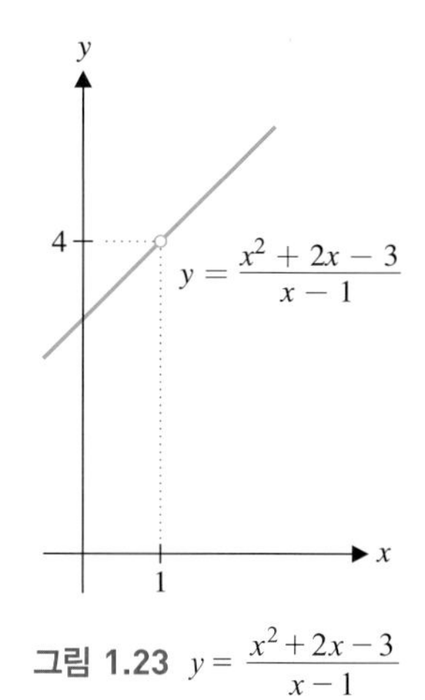

그림 1.23 $y = \frac{x^2+2x-3}{x-1}$

예제 4.2 불연속점의 제거

예제 4.1의 함수가 모든 점에서 연속이 되도록 정의하여라.

풀이

예제 4.1에서 함수가 $x=1$에서 정의되지 않으므로 함수는 $x=1$에서 불연속이다. 실수 a에 대하여 다음과 같은 함수를 생각해 보자.

$$g(x) = \begin{cases} \dfrac{x^2+2x-3}{x-1}, & x \neq 1 \\ a, & x = 1 \end{cases}$$

따라서 함수 $g(x)$는 모든 x에 대하여 정의되며, $x \neq 1$일 때 $g(x) = f(x)$이고

$$\lim_{x\to1} g(x) = \lim_{x\to1} \frac{x^2+2x-3}{x-1} = \lim_{x\to1}(x+3) = 4$$

이다. 따라서 $a=4$로 택하면

$$\lim_{x\to1} g(x) = 4 = g(1)$$

이므로 함수 g는 $x=1$에서 연속이다. 그림 1.24에서와 같이 함수 g의 그래프는 점 $(1, 4)$를 제외하고 함수 f의 그래프와 같다.

주 4.2

한 점에서 함수의 연속을 단순히 그 점에서 함수가 정의되어 있는 것과 혼동하지 않도록 주의해야 한다. 함수는 어떤 점에서 정의되지만 연속이 아닐 수도 있다.

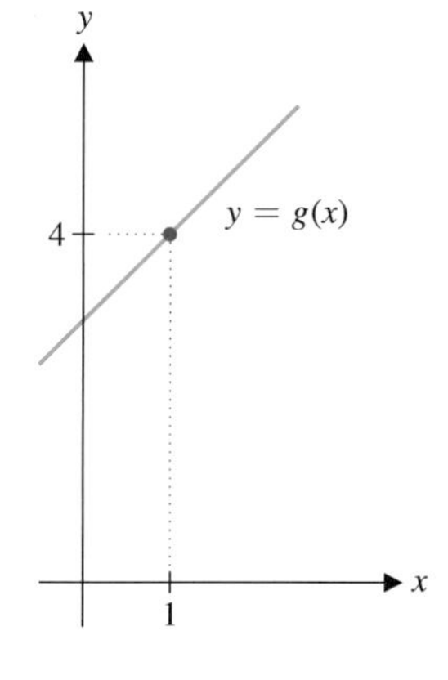

그림 1.24 $y = g(x)$

위와 같이 어떤 점에서 함숫값을 다시 정의하여 불연속인 점을 제거할 수 있을 때, 이것을 **제거가능한 불연속**(removable discontinuity)이라고 한다. 그러나 모든 불연속인 점이 제거가능한 불연속은 아니다. 그림 1.22b와 1.22c를 보면 그림 1.22c에서는 불연속인 점이 제거가능하지만, 그림 1.22b와 1.22d에서는 제거가능하지 않다. 간단히 말하면 $\lim_{x\to a} f(x)$가 존재하지 않으면 $x = a$는 제거가능하지 않다.

예제 4.3 제거할 수 없는 불연속점

함수 $f(x) = \frac{1}{x^2}$과 $g(x) = \cos\left(\frac{1}{x}\right)$의 불연속인 점을 찾아라.

풀이

그림 1.25a와 같이

$$\lim_{x\to0} \frac{1}{x^2} \text{은 존재하지 않는다.}$$

그러므로 함수 f는 $x=0$에서 불연속이다(함숫값 표를 만들 수도 있다). 이와 같은 방법으로, 그림 1.25b를 참고하면 $x\to0$일 때 함수 $\cos(1/x)$이 진동하므로 $\lim_{x\to0} \cos(1/x)$이 존재하지 않는다.

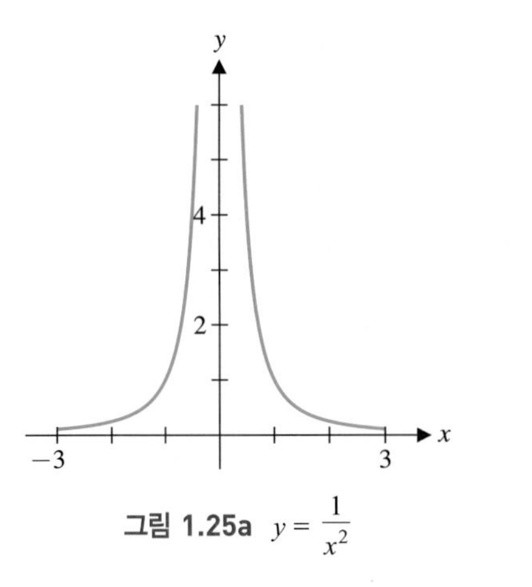

그림 1.25a $y=\frac{1}{x^2}$

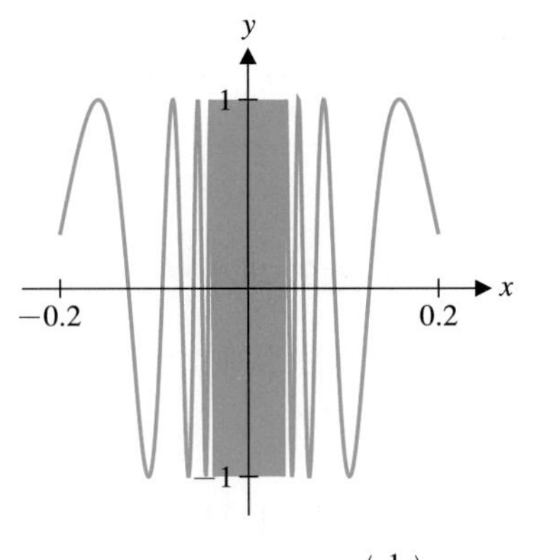

그림 1.25b $y=\cos\left(\frac{1}{x}\right)$

위의 두 가지 경우가 모두 극한이 존재하지 않으므로 연속이 되게 하기 위하여 함숫값을 다시 정의할 수 있는 방법이 없다.

정리 4.1

(i) 다항식은 모든 실수에서 연속이다.

(ii) $\sin x$, $\cos x$, $\tan^{-1}x$, e^x도 모든 실수에서 연속이다.

(iii) $\sqrt[n]{x}$는 n이 홀수이면 모든 x에서 연속이고 n이 짝수이면 $x>0$에서 연속이다.

(iv) $\ln x$는 양의 실수에서 연속이다.

(v) $\sin^{-1}x$, $\cos^{-1}x$는 $-1<x<1$에서 연속이다.

증명

정리 3.2에 의해 임의의 실수 a에 대하여

$$\lim_{x\to a} p(x) = p(a)$$

이므로 다항식 p는 $x=a$에서 연속이다. (ii)~(v)는 정리 3.3과 3.4에 의하여 유사한 방법으로 증명할 수 있다. ■

위와 같은 기본적인 연속함수들로부터 다음 정리를 이용하여 다양한 연속함수를 만들 수 있다.

정리 4.2

함수 f와 g가 $x=a$에서 연속이면 다음이 성립한다.

(i) $(f\pm g)$도 $x=a$에서 연속이다.

(ii) $(f\cdot g)$도 $x=a$에서 연속이다.

(iii) $g(a)\neq 0$이면, (f/g)는 $x=a$에서 연속이다.

증명

(i) 함수 f와 g가 $x=a$에서 연속이므로

$$\begin{aligned}\lim_{x\to a}[f(x)\pm g(x)] &= \lim_{x\to a}f(x)\pm\lim_{x\to a}g(x) && \text{정리 3.1이용}\\ &= f(a)\pm g(a) && f\text{와 }g\text{가 }a\text{에서 연속}\\ &= (f\pm g)(a)\end{aligned}$$

이다. 따라서 $(f\pm g)$는 $x=a$에서 연속이다. 같은 방법으로 (ii)와 (iii)도 쉽게 증명할 수 있다. ■

예제 4.4 유리함수의 연속

함수 $f(x)=\dfrac{x^4-3x^2+2}{x^2-3x-4}$ 의 연속성을 조사하여라.

풀이

함수 f는 두 개의 (연속인) 다항식의 분수 형태이다. 그림 1.26에서와 같이 함수의 그래프는 $x=4$ 근처에서 수직점근선을 가지며 그 외의 다른 불연속점은 없다. 정리 4.2로부터 함수 f는 분모가

$$x^2-3x-4=(x+1)(x-4)\neq 0$$

인 모든 x점에서 연속이다. 그러므로 f는 $x\neq -1,\ 4$인 모든 점에서 연속이다(그래프에는 $x=-1$인 점에서 어떠한 특별한 것도 보이지 않는 이유를 생각해 보자).

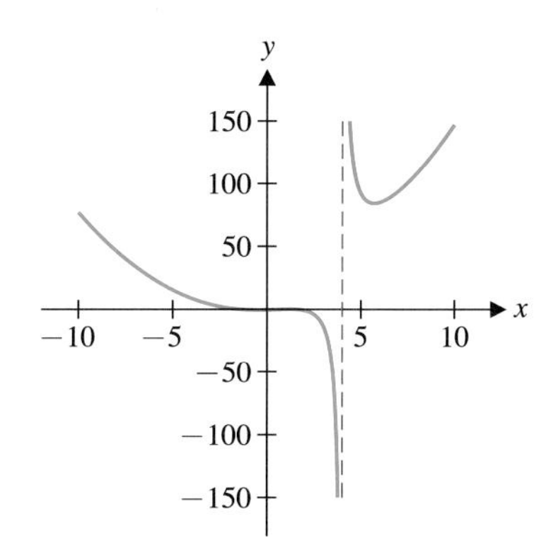

그림 1.26 $f(x)=\dfrac{x^4-3x^2+2}{x^2-3x-4}$

두 연속함수 f와 g의 합성함수 $f\circ g$도 연속임을 다음 정리에서 알 수 있다.

정리 4.3

$\lim_{x\to a}g(x)=L$이고 f는 $x=L$에서 연속이라고 하자. 그러면

$$\lim_{x\to a}f(g(x))=f\left(\lim_{x\to a}g(x)\right)=f(L)$$

이 성립한다.

정리 4.3의 증명은 부록 A를 참조하기 바란다. 이것은 함수 f가 연속이면 극한 기호를 함수기호 안으로 옮길 수 있음을 뜻한다. 즉, $x\to a$이면 $g(x)\to L$이고 f가 L에서 연속이므로 $f(g(x))\to f(L)$이 된다.

따름정리 4.1

g가 $x=a$에서 연속이고 f가 $g(a)$에서 연속이면, 합성함수 $f\circ g$도 $x=a$에서 연속이다.

증명

정리 4.3에 의하여

$$\lim_{x\to a}(f\circ g)(x)=\lim_{x\to a}f(g(x))=f\left(\lim_{x\to a}g(x)\right)$$
$$=f(g(a))=(f\circ g)(a) \qquad \text{함수 } g\text{가 } a\text{에서 연속}$$

이다. ■

예제 4.5 합성함수의 연속

함수 $h(x)=\cos(x^2-5x+2)$의 연속성을 조사하여라.

풀이

$g(x)=x^2-5x+2$와 $f(x)=\cos x$를 이용하면

$$h(x)=f(g(x))$$

이다. 또한 따름정리 4.1에 의하여 f와 g가 모든 실수에 대하여 연속이므로 h는 모든 실수 x에서 연속이다.

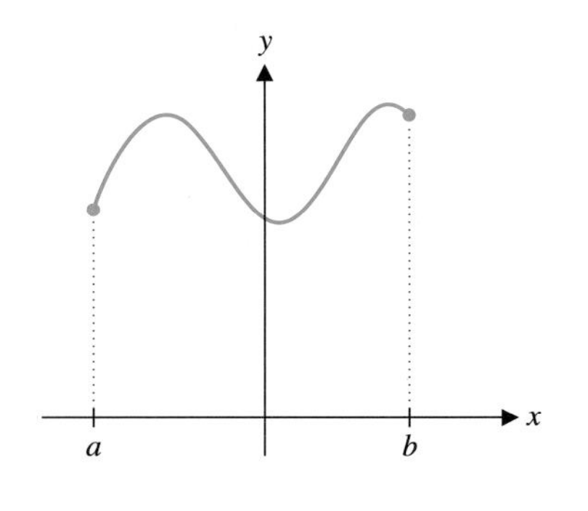

그림 1.27 f는 구간 $[a, b]$에서 연속

정의 4.2

함수 f가 개구간 (a, b)의 모든 점에서 연속이면 f가 **개구간 (a, b)에서 연속**이라고 한다. 또, 그림 1.27에서와 같이, f가 구간 (a, b)에서 연속이고

$$\lim_{x\to a^+}f(x)=f(a) \text{ 와 } \lim_{x\to b^-}f(x)=f(b)$$

를 만족하면 f가 **폐구간 $[a, b]$에서 연속**이라고 한다. 끝으로, f가 $(-\infty, \infty)$의 모든 점에서 연속이면 f가 **연속**(continuous)이라고 한다. 특히 구간에 대한 아무 언급이 없으면 모든 점에서 연속임을 뜻한다.

함수가 연속인 구간을 결정하는 것은 대부분의 경우 간단하다. 다음 예제를 살펴보자.

예제 4.6 폐구간에서의 연속

함수 $f(x)=\sqrt{4-x^2}$ 가 연속인 구간을 조사하여라.

풀이

먼저 f는 $-2\le x\le 2$에서 정의된다. f는 두 연속함수의 합성함수이므로 $4-x^2>0$인 모든 x에서 연속이다. 그림 1.28은 $y=\sqrt{4-x^2}$ 의 그래프이다. $-2<x<2$일 때 $4-x^2>0$이므로 정리 4.1과 따름정리 4.1에 의하여 f는 구간 $(-2, 2)$에 속한 모든 x에서 연속이다. 마지막으로

$$\lim_{x\to 2^-}\sqrt{4-x^2}=0=f(2)$$
$$\lim_{x\to -2^+}\sqrt{4-x^2}=0=f(-2)$$

이므로 f는 폐구간 $[-2, 2]$에서 연속이다.

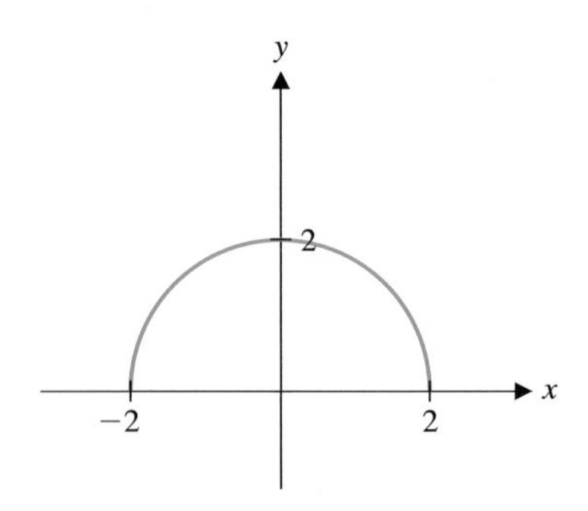

그림 1.28 $y=\sqrt{4-x^2}$

예제 4.7 로그함수의 연속

함수 $f(x) = \ln(x-3)$가 연속인 구간을 조사하여라.

풀이

정리 4.1과 따름정리 4.1에 의하여 $(x-3)>0$일 때 연속이다. 즉, 함수 f는 구간 $(3, \infty)$에서 연속이다.

국세청에서는 세무 업무를 관장한다. 아래 표는 개인 납세자에 대한 세율체계표이다.

과세금액	세율	감액
\$0 이상 ~ \$6000 미만	10%	\$0
\$6000 이상 ~ \$27,950 미만	15%	\$300
\$27,950 이상 ~ \$67,700 미만	27%	\$3654

위의 표에서 \$300과 \$3654라는 숫자는 어디서 나왔을까? 여기서 과세금액 x에 대한 세액함수를 $T(x)$라 하면

$$T(x) = \begin{cases} 0.10x, & 0 < x \le 6000 \\ 0.15x - 300, & 6000 < x \le 27,950 \\ 0.27x - 3654, & 27,950 < x \le 67,700 \end{cases}$$

과 같이 된다.

예제 4.8 세액함수의 연속

세액함수 $T(x)$는 경계점 $x = 27,950$에서 연속임을 보이고 아래 표에서 a를 구하여라.

과세금액	세율	감액
\$67,700 이상 ~ \$141,250 미만	30%	a
\$141,250 이상 ~ \$307,050 미만	35%	b
\$307,050 이상	38.6%	c

풀이

먼저, 함수 $T(x)$가 $x = 27,950$에서 연속임을 보이려면

$$\lim_{x\to 27,950^-} T(x) = \lim_{x\to 27,950^+} T(x)$$

가 성립해야 한다. 두 함수 $0.15x-300$과 $0.27x-3654$가 연속이므로 $x = 27,950$을 대입하여 다음과 같이 한쪽극한들을 계산할 수 있다.

$$\lim_{x\to 27,950^-} T(x) = 0.15(27,950) - 300 = 3892.50$$

$$\lim_{x\to 27,950^+} T(x) = 0.27(27,950) - 3654 = 3892.50$$

이다. 한쪽극한들이 존재하고 같으므로 함수 $T(x)$는 $x = 27,950$에서 연속이다. 여기서 $T(x)$

가 $x=6000$에서 연속임을 보이는 것은 연습문제로 남긴다. 주어진 표를 완성하기 위해서는 경계점에서 한쪽극한들이 같도록 a와 b를 결정해야 한다. 먼저

$$\lim_{x\to 67{,}700^-} T(x) = 0.27(67{,}700) - 3654 = 14{,}625$$

$$\lim_{x\to 67{,}700^+} T(x) = 0.30(67{,}700) - a = 20{,}310 - a$$

이므로 한쪽극한들이 같다고 놓으면

$$14{,}625 = 20{,}310 - a$$

이므로 $a = 20{,}310 - 14{,}625 = 5685$이다.

수학자

바이어슈트라스
(Karl Weierstrass, 1815−1897)

중간값 정리를 증명한 독일의 수학자로서 현대 해석학의 창시자 중 한 사람이다. 뛰어난 수학교육자로, 그의 강의록은 전 유럽의 학생들에게 인기가 있었다.

다음 정리는 연속의 직관적인 정의로부터 얻을 수 있는 당연한 결과이다.

정리 4.4 중간값 정리(Intermediate Value Theorem)

함수 f가 폐구간 $[a, b]$에서 연속이고, W를 $f(a)$와 $f(b)$ 사이의 임의의 수라고 하자. 그러면 $f(c) = W$를 만족하는 점 $c \in [a, b]$가 존재한다.

정리 4.4는 함수 f가 구간 $[a, b]$에서 연속이면, f는 $f(a)$와 $f(b)$ 사이의 모든 값을 적어도 한 번은 갖는다는 것을 뜻한다. 즉 연속함수는 구간 양 끝점에서의 함숫값들 사이의 어떠한 값도 빠뜨릴 수 없다. 연속함수의 그래프는 수평선 $y = W$를 반드시 만난다(그림 1.29a). 그림 1.29b와 같이 두 점 이상에서 만날 수도 있다. 그래프로 보면 당연해 보이지만 증명은 꽤 복잡하므로 생략하기로 하자.

다음 따름정리는 중간값 정리의 유용한 응용사례이다.

따름정리 4.2

함수 f가 폐구간 $[a, b]$에서 연속이고 $f(a)\cdot f(b)<0$이라고 하자. 그러면 $f(c)=0$인 점 $c\in(a, b)$가 존재한다. 여기서 c를 f의 근이라고 한다.

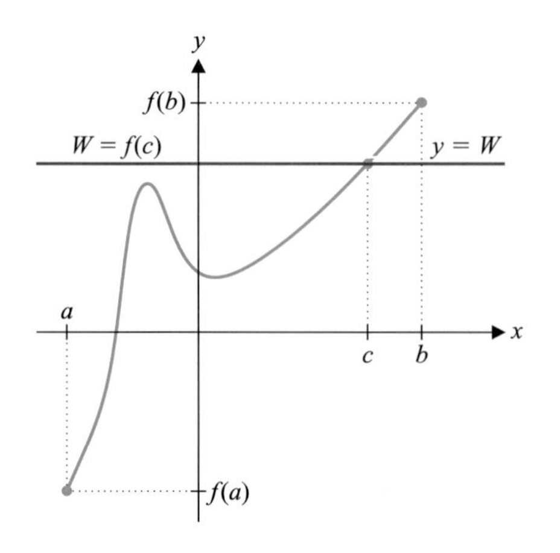

그림 1.29a 중간값 정리

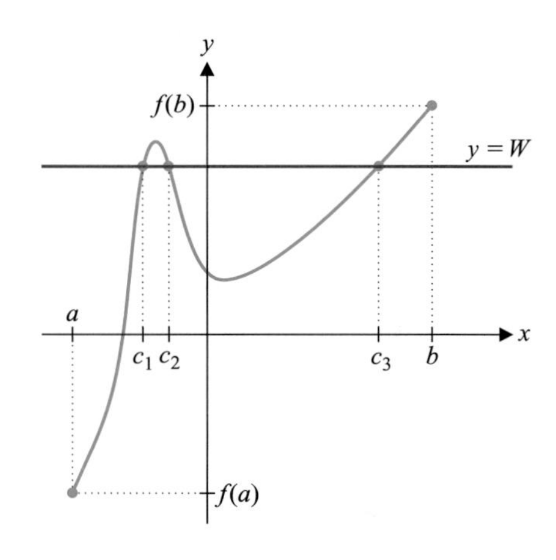

그림 1.29b 두 개 이상의 점들이 존재

위의 따름정리는 그림 1.30에서와 같이, 중간값 정리에서 $W=0$인 특수한 경우이다. 중간값 정리와 따름정리 4.2는 존재 정리이다. 이 정리에서는 주어진 조건을 만족하는 c가 존재한다는 것이지 c가 어떤 값인지는 알 수 없다.

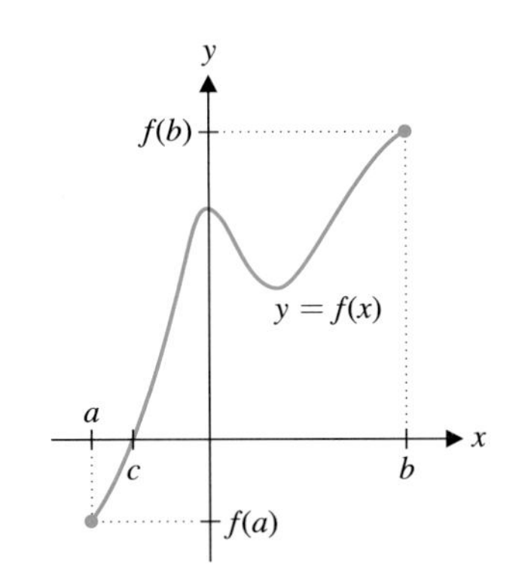

그림 1.30 c가 f의 근인 중간값 정리

이등분법

다음 예제에서 함수의 근의 위치를 알아보는 데 따름정리 4.2를 어떻게 이용하는지 알아보자.

예제 4.9 이등분법으로 근 구하기

함수 $f(x)=x^5+4x^2-9x+3$의 근을 찾아라.

풀이

함수 f가 이차다항식이라면 근의 공식을 이용하여 근을 구할 수 있다. 그러나 오차다항식의 근의 공식은 없으므로 우리가 할 수 있는 방법은 근의 근삿값을 찾는 것이다. 그림 1.31과 같이 $y=f(x)$의 그래프를 그려 보는 것은 좋은 방법이다. 그래프에는 세 개의 근이 있다. 함수 f가 다항식이므로 f는 모든 실수에서 연속이다. 그러므로 따름정리 4.2에 의하면 함숫값의 부호가 변하는 구간에 근이 존재한다. 그래프로부터 -3과 -2 사이, 0과 1 사이 그리고 1과 2 사이에 근이 있음을 알 수 있다. 그래프가 없다면 $f(0)=3$과 $f(1)=-1$을 계산하여 이와 같이 생각할 수 있다. 비록 근을 포함하는 구간을 구하였지만 근을 어떻게 찾는지에 대한 문제는 남아 있다. 정확한 근삿값을 구하기 위한 방법을 알아보자. 아래와 같은 방법을 **이분법**(method of bisection)이라고 한다. 0과 1 사이의 근을 찾기 위하여 중간점 0.5를 택한다. $f(0.5)\approx-0.469<0$이고 $f(0)=3>0$이므로 부호가 변하는 0과 0.5 사이에 근이 존재한다. 다음 단계로, $[0, 0.5]$의 중간점 0.25를 택한다. $f(0.25)\approx 1.00098>0$이므로 근은 구간 $(0.25, 0.5)$에 존재한다. 이와 같은 과정을 구간의 길이가 충분히 짧아질 때까지 반복하면 정확한 근삿값을 예측할 수 있다.
다음 표는 위의 과정을 표로 만든 것이다.

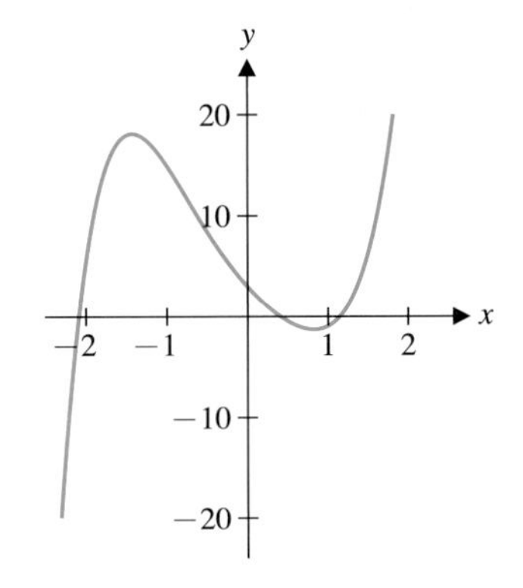

그림 1.31 $y=x^5+4x^2-9x+3$

a	b	$f(a)$	$f(b)$	$\frac{a+b}{2}$	$f\left(\frac{a+b}{2}\right)$
0	1	3	−1	0.5	−0.469
0	0.5	3	−0.469	0.25	1.001
0.25	0.5	1.001	−0.469	0.375	0.195
0.375	0.5	0.195	−0.469	0.4375	−0.156
0.375	0.4375	0.195	−0.156	0.40625	0.015
0.40625	0.4375	0.015	−0.156	0.421875	−0.072
0.40625	0.421875	0.015	−0.072	0.4140625	−0.029
0.40625	0.4140625	0.015	−0.029	0.41015625	−0.007
0.40625	0.41015625	0.015	−0.007	0.408203125	0.004

만약 이러한 과정을 20번 이상 한다면, 근의 근삿값으로 0.40892288(최소한 소수점 이하 8자리까지 정확하게)을 얻게 된다.

이분법은 지루한 과정이지만 근의 근사값을 찾는 믿을 수 있고 간단한 방법이다.

연습문제 1.4

[1~4] 다음 함수가 연속인지 판정하여라. 가능하다면 예제 4.2에서와 같이 연속함수로 확장하여라.

1. $f(x) = \dfrac{x^2 + x - 2}{x + 2}$

2. $f(x) = \dfrac{x - 1}{x^2 - 1}$

3. $f(x) = \begin{cases} 2x, & x < 1 \\ x^2, & x \geq 1 \end{cases}$

4. $f(x) = \begin{cases} 3x - 1, & x \leq -1 \\ x^2 + 5x, & -1 < x < 1 \\ 3x^3, & x \geq 1 \end{cases}$

[5~7] 함수가 주어진 점에서 불연속임을 보이는 것에 있어서 정의 4.1의 세 가지 조건 가운데 어떤 것을 만족하지 않는지 설명하여라.

5. $f(x) = \dfrac{x}{x - 1}, \quad x = 1$

6. $f(x) = \sin\dfrac{1}{x}, \quad x = 0$

7. $f(x) = \begin{cases} x^2, & x < 2 \\ 3, & x = 2 \\ 3x - 2, & x > 2 \end{cases}$

[8~10] 다음 함수가 연속인 구간을 결정하여라.

8. $f(x) = \sqrt{x + 3}$

9. $f(x) = \sqrt[3]{x + 2}$

10. $f(x) = \dfrac{\sqrt{x + 1} + e^x}{x^2 - 2}$

11. 과세대상 x달러에 대하여 세액함수 $T(x)$를 다음과 같이 정의하자.

$$T(x) = \begin{cases} 0, & x \leq 0 \\ 0.14x, & 0 < x < 10{,}000 \\ c + 0.21x, & 10{,}000 \leq x \end{cases}$$

모든 x에 대하여 $T(x)$가 연속이 되도록 상수 c를 결정하여라. 또한 $T(x)$가 연속이 되어야 하는 이유를 설명하여라.

[12~13] 중간값 정리를 이용하여 주어진 구간에서 근이 존재함을 설명하여라. 또 이분법을 이용하여 근을 포함하는 구간의 길이가 1/32인 구간을 찾아라.

12. $f(x) = x^2 - 7, \ [2, 3]$

13. $f(x) = \cos x - x, \ [0, 1]$

14. 다음 그래프의 함수가 연속인 구간을 모두 구하여라.

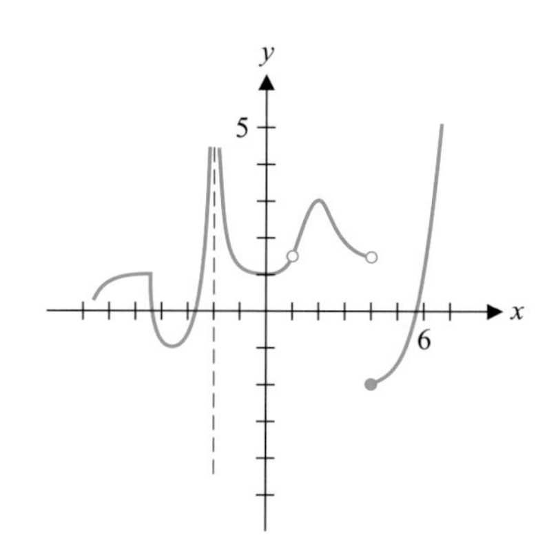

[15~16] 다음 함수가 연속이 되도록 a와 b의 값을 구하여라.

15. $f(x) = \begin{cases} \dfrac{2\sin x}{x}, & x < 0 \\ a, & x = 0 \\ b\cos x, & x > 0 \end{cases}$

16. $f(x) = \begin{cases} a(\tan^{-1}x + 2), & x < 0 \\ 2e^{bx} + 1, & 0 \leq x \leq 3 \\ \ln(x - 2) + x^2, & x > 3 \end{cases}$

17. $\lim_{x \to a^+} f(x) = f(a)$일 때, $f(x)$가 $x = a$에서 오른쪽으로부터 연속이라고 한다. 다음 함수가 $x = 2$에서 오른쪽으로부터 연속인지 판정하여라.

$$f(x) = \begin{cases} x^2, & x \le 2 \\ 3x - 3, & x > 2 \end{cases}$$

18. $f(x)$가 $x = 0$에서 연속이면 $\lim_{x \to 0} x f(x) = 0$임을 보여라.

19. 함수 $f(x)$는 $x = a$와 $x = b$에서만 근을 가지며 연속이라고 하자. 즉, $f(a) = f(b) = 0$이고 $a < x < b$일 때 $f(x) \ne 0$이다. 또 a와 b 사이의 어떤 c값에 대하여 $f(c) > 0$라고 하자. 중간값 정리를 이용하여 $a < x < b$인 모든 x에 대하여 $f(x) > 0$임을 증명하여라.

20. f가 구간 $[a, b]$에서 연속이고 $f(a) > a$, $f(b) < b$이면 f는 구간 (a, b)에서 고정점($f(x) = x$의 근)을 가짐을 보여라.

21. 새로 태어난 미시시피 악어의 성별은 둥지에 있는 알의 온도에 의해서 결정된다. 알들은 26°C에서 36°C 사이에 있을 때만 부화하는데 26°C에서 30°C 사이에서는 암컷으로, 34°C에서 36°C 사이에서는 수컷으로 부화한다. 암컷의 비율은 30°C일 때 100%에서 34°C일 때 0%로 감소한다. $f(T)$를 T°C일 때 부화하는 암컷의 비율이라고 하면 $f(T)$는 어떤 함수 $g(T)$에 대하여 다음과 같다.

$$f(T) = \begin{cases} 100, & 26 \le T \le 30 \\ g(T), & 30 < T < 34 \\ 0, & 34 \le T \le 36 \end{cases}$$

함수 $f(T)$가 연속이 되어야 하는 이유를 말하라. 또한 $30 < T < 34$일 때 $0 \le g(T) \le 100$이며 $f(T)$가 연속인 함수 $g(T)$를 구하여라(**힌트**: 먼저 그래프를 그리고 $g(T)$를 선분으로 연결하라).

1.5 무한대의 극한

이 절에서는 극한에 대한 좀 더 유익한 정보를 얻기 위하여 앞에서 배웠던 몇 가지 극한 문제들을 다시 생각해 보고 관련된 의문점들을 조사해 보자.

예제 5.1 극한 구하기

$\lim_{x \to 0} \frac{1}{x}$을 구하여라.

풀이

먼저 그래프(그림 1.32)를 그리고 함숫값의 표를 만들어 보자.

x	$\frac{1}{x}$
0.1	10
0.01	100
0.001	1000
0.0001	10,000
0.00001	100,000

x	$\frac{1}{x}$
−0.1	−10
−0.01	−100
−0.001	−1000
−0.0001	−10,000
−0.00001	−100,000

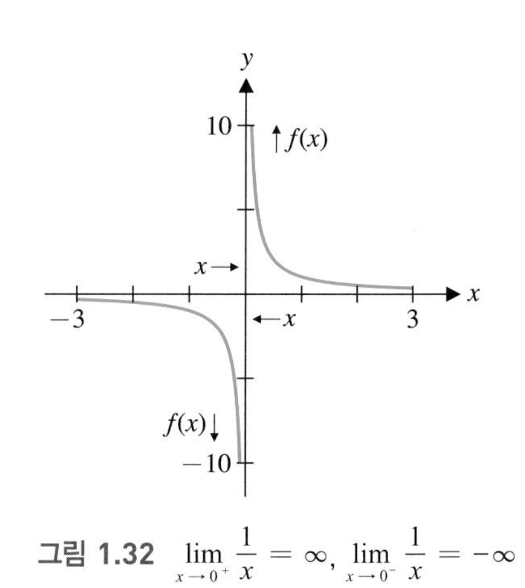

그림 1.32 $\lim_{x \to 0^+} \frac{1}{x} = \infty$, $\lim_{x \to 0^-} \frac{1}{x} = -\infty$

$\lim_{x \to 0^+} \frac{1}{x}$과 $\lim_{x \to 0^-} \frac{1}{x}$은 존재하지 않더라도, $x > 0$일 때와 $x < 0$일 때 함숫값은 매우 다르다. 특히 $x \to 0^+$일 때는 $\frac{1}{x}$의 값은 무한히 증가하는 반면, $x \to 0^-$일 때는 $\frac{1}{x}$의 값은 무한히 감소한다. 이 경우

$$\lim_{x \to 0^+} \frac{1}{x} = \infty \tag{5.1}$$

와

$$\lim_{x \to 0^-} \frac{1}{x} = -\infty \tag{5.2}$$

라고 나타낸다. 그래프에서 보면, 그림 1.32에서와 같이 $x \to 0$일 때 $y = \frac{1}{x}$의 그래프는 수직선 $x = 0$에 접근함을 뜻한다. 이 경우에 직선 $x = 0$을 **수직점근선**(vertical asymptote)이라고 한다. 이와 같이 한쪽극한 식 (5.1)이나 (5.2)가 존재하지 않으므로 $\lim_{x \to 0} \frac{1}{x}$은 존재하지 않는다고 한다.

■

주 5.1

$\lim_{x \to 0^+} \frac{1}{x}$이 존재하지 않는다는 말과 $\lim_{x \to 0^+} \frac{1}{x} = \infty$로 쓰는 것은 모순처럼 보일 수도 있다. 그러나 ∞는 실수가 아니므로 이것은 모순이 아니다. 여기서 $\lim_{x \to 0^+} \frac{1}{x} = \infty$는 $x \to 0^+$일 때 함숫값이 무한히 계속 증가한다는 뜻이다.

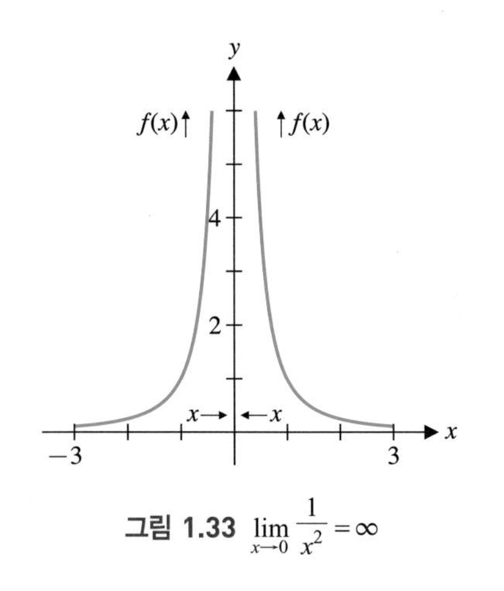

그림 1.33 $\lim_{x \to 0} \frac{1}{x^2} = \infty$

예제 5.2 한쪽극한이 무한대인 경우

$\lim_{x \to 0} \frac{1}{x^2}$을 구하여라.

풀이

그림 1.33과 같이 그래프에서 $x = 0$이 수직점근선이다. 함숫값의 표를 만들어 보면

x	$\frac{1}{x^2}$
0.1	100
0.01	10,000
0.001	1×10^6
0.0001	1×10^8
0.00001	1×10^{10}

x	$\frac{1}{x^2}$
−0.1	100
−0.01	10,000
−0.001	1×10^6
−0.0001	1×10^8
−0.00001	1×10^{10}

이므로

$$\lim_{x \to 0^+} \frac{1}{x^2} = \infty, \quad \lim_{x \to 0^-} \frac{1}{x^2} = \infty$$

임을 알 수 있다. 또한 한쪽극한들이 ∞로 접근하므로

$$\lim_{x \to 0} \frac{1}{x^2} = \infty$$

라고 한다. 이것을 더욱 정확하게 말하면, 극한은 존재하지 않으나 $f(x)$는 $x = 0$에서 수직점근선을 가지며 $x \to 0$일 때 $f(x) \to \infty$이다.

■

주 5.2

$\lim_{x \to 0} \frac{1}{x^2} = \infty$는 $\lim_{x \to 0} \frac{1}{x^2}$이 존재하지 않는 것 이상의 의미가 있다. $\lim_{x \to 0} \frac{1}{x^2} = \infty$는 $\lim_{x \to 0} \frac{1}{x^2}$이 존재하지 않는 것뿐만 아니라 x가 0에 가까워지면 $\frac{1}{x^2}$이 무한히 커진다는 것을 의미한다.

예제 5.3 무한대인 한쪽극한들이 같지 않은 경우

$\lim_{x \to 5} \frac{1}{(x-5)^3}$ 을 계산하여라.

풀이

그림 1.34와 같이 $x=5$에서 수직점근선을 갖는다.

$$x \to 5^+ \text{일 때 } (x-5)^3 \to 0 \text{이고 } (x-5)^3 > 0$$

이므로

$$\lim_{x\to 5^+} \frac{\overset{+}{1}}{\underset{+}{(x-5)^3}} = \infty$$

$x>5$이면, $(x-5)^3>0$이다.

이다. 같은 방법으로

$$x \to 5^- \text{일 때 } (x-5)^3 \to 0 \text{이고 } (x-5)^3 < 0$$

이므로

$$\lim_{x\to 5^-} \frac{\overset{+}{1}}{\underset{-}{(x-5)^3}} = -\infty$$

$x<5$이면, $(x-5)^3<0$이다.

이다. 따라서

$$\lim_{x\to 5} \frac{1}{(x-5)^3} \text{은 존재하지 않는다.}$$

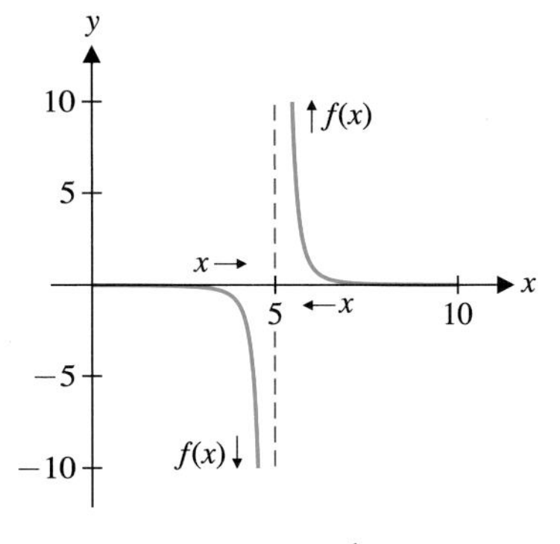

그림 1.34 $\lim_{x\to 5^+} \frac{1}{(x-5)^3} = \infty$, $\lim_{x\to 5^-} \frac{1}{(x-5)^3} = -\infty$

앞에서 몇 가지 예제를 통하여 살펴보았듯이, 분모가 0으로 접근하고 분자가 그렇지 않은 경우 극한이 존재하지 않음을 보았다. 이 경우에 극한은 여러 가지 부호를 살펴보고 ∞나 $-\infty$로 접근함을 결정해야 한다.

예제 5.4 무한대인 한쪽극한들이 같지 않은 경우

$\lim_{x\to -2} \frac{x+1}{(x-3)(x+2)}$을 계산하여라.

풀이

그림 1.35와 같이, 함수의 그래프를 살펴보면 $x=-2$가 수직점근선으로 보인다. 또한 $x\to -2^+$일 때 함수는 ∞로, $x\to -2^-$일 때 함수는 $-\infty$로 향한다. 계산해 보면 다음과 같다.

$$\lim_{x\to -2^+} \frac{\overset{-}{x+1}}{\underset{-}{(x-3)}\underset{+}{(x+2)}} = \infty$$

$-2<x<-1$이면 $(x+1)<0$, $(x-3)<0$, $(x+2)>0$

이고

$$\lim_{x\to -2^-} \frac{\overset{-}{x+1}}{\underset{-}{(x-3)}\underset{-}{(x+2)}} = -\infty$$

$x<-2$이면 $(x+1)<0$, $(x-3)<0$, $(x+2)<0$

따라서 직선 $x=-2$는 수직점근선이며

$$\lim_{x\to -2} \frac{x+1}{(x-3)(x+2)} \text{은 존재하지 않는다.}$$

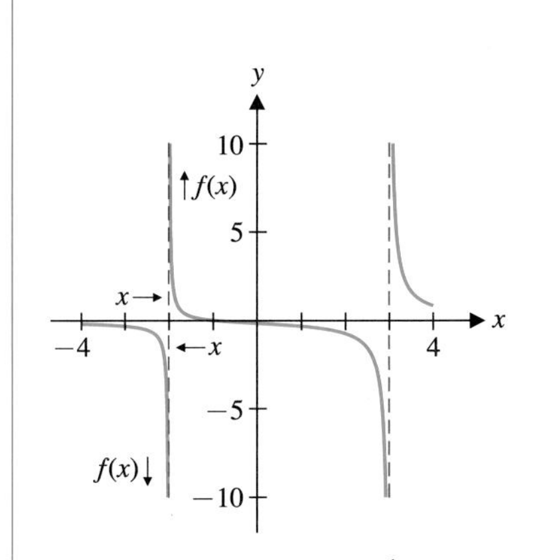

그림 1.35 $\lim_{x\to -2} \frac{x+1}{(x-3)(x+2)}$은 존재하지 않는다

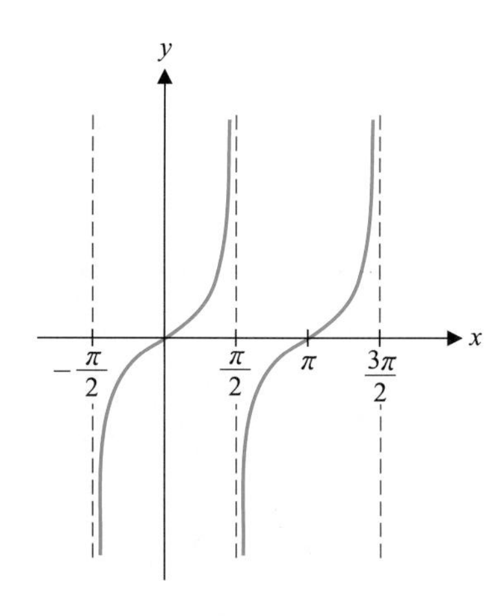

그림 1.36 $y = \tan x$

예제 5.5 삼각함수의 극한

$\lim_{x \to \frac{\pi}{2}} \tan x$을 계산하여라.

풀이

$y = \tan x$의 그래프를 보면 $x = \frac{\pi}{2}$에서 수직점근선이 있음을 알 수 있다. 좌우극한을 계산하면

$$\lim_{x \to \frac{\pi}{2}^-} \tan x = \lim_{x \to \frac{\pi}{2}^-} \frac{\overset{+}{\sin x}}{\underset{+}{\cos x}} = \infty \qquad 0 < x < \frac{\pi}{2}\text{에서 } \sin x > 0,\ \cos x > 0\text{이다.}$$

$$\lim_{x \to -\frac{\pi}{2}^+} \tan x = \lim_{x \to \frac{\pi}{2}^+} \frac{\overset{+}{\sin x}}{\underset{-}{\cos x}} = -\infty \qquad \frac{\pi}{2} < x < \pi\text{에서 } \sin x > 0,\ \cos x < 0\text{이다.}$$

이므로 직선 $x = \frac{\pi}{2}$이 수직점근선이고 $\lim_{x \to \frac{\pi}{2}} \tan x$는 존재하지 않는다.

무한대에서의 극한

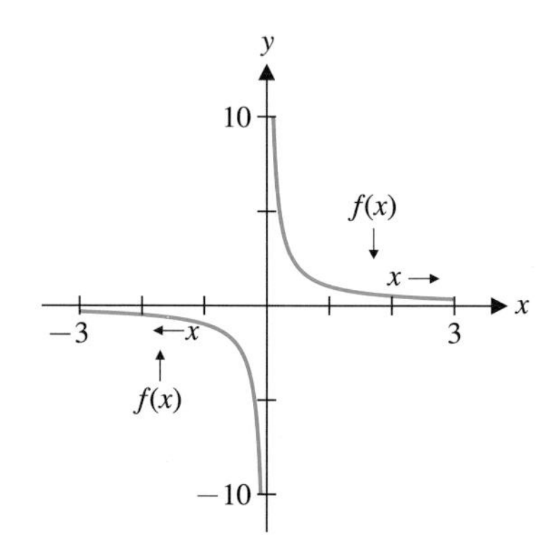

그림 1.37 $\lim_{x \to \infty} \frac{1}{x} = 0$, $\lim_{x \to -\infty} \frac{1}{x} = 0$

함수 $f(x) = \frac{1}{x}$을 살펴보면, $x \to \infty$일 때 $\frac{1}{x} \to 0$이므로

$$\lim_{x \to \infty} \frac{1}{x} = 0$$

이라고 한다. 같은 방법으로

$$\lim_{x \to -\infty} \frac{1}{x} = 0$$

이다. 그림 1.37에서 $x \to \infty$일 때와 $x \to -\infty$일 때 그래프가 수평선 $y = 0$으로 접근한다. 이 경우 $y = 0$을 **수평점근선**(horizontal asymptote)이라고 한다.

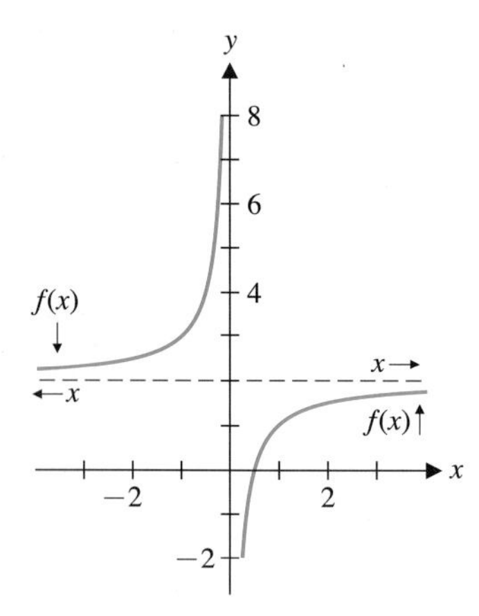

그림 1.38 $\lim_{x \to \infty} \left(2 - \frac{1}{x}\right) = 2$, $\lim_{x \to -\infty} \left(2 - \frac{1}{x}\right) = 2$

예제 5.6 수평점근선 구하기

함수 $f(x) = 2 - \frac{1}{x}$의 수평점근선을 구하여라.

풀이

그림 1.38과 같이 함수 $y = f(x)$의 그래프를 살펴보자. $x \to \pm\infty$일 때 $\frac{1}{x} \to 0$이므로

$$\lim_{x \to \infty} \left(2 - \frac{1}{x}\right) = 2$$

이고

$$\lim_{x \to -\infty} \left(2 - \frac{1}{x}\right) = 2$$

이다. 따라서 직선 $y = 2$는 수평점근선이다.

다음 정리에서와 같이, 임의의 양의 유리수 지수 t에 대하여 $x \to \pm\infty$일 때 $\frac{1}{x^t}$의 움직임은 $f(x) = \frac{1}{x}$과 거의 같다.

정리 5.1

임의의 유리수 $t>0$에 대하여

$$\lim_{x\to\pm\infty}\frac{1}{x^t}=0$$

이다. 여기서 $x\to-\infty$일 때 $t=\frac{p}{q}$는 q가 홀수일 경우이다.

정리 5.1의 증명은 부록 A를 참고하기 바란다. $t>0$인 경우 $x\to\infty$일 때는 $x^t\to\infty$이므로 $\frac{1}{x^t}\to0$임을 쉽게 알 수 있다.

주 5.3

정리 3.1에서의 극한 법칙은 $x\to\pm\infty$인 극한에 대해서도 성립한다.

정리 5.2

n차다항식 $(n>0)$ $p_n(x)=a_nx^n+a_{n-1}x^{n-1}+\cdots+a_1x+a_0$에 대하여

$$\lim_{x\to\infty}p_n(x)=\begin{cases}\infty, & a_n>0\\ -\infty, & a_n<0\end{cases}$$

가 성립한다.

증명

만일 $a_n>0$라면

$$\lim_{x\to\infty}\left(a_n+\frac{a_{n-1}}{x}+\cdots+\frac{a_0}{x^n}\right)=a_n$$

이고 $\lim_{x\to\infty}x^n=\infty$이므로

$$\begin{aligned}\lim_{x\to\infty}p_n(x)&=\lim_{x\to\infty}(a_nx^n+a_{n-1}x^{n-1}+\cdots+a_1x+a_0)\\&=\lim_{x\to\infty}\left[x^n\left(a_n+\frac{a_{n-1}}{x}+\cdots+\frac{a_0}{x^n}\right)\right]=\infty\end{aligned}$$

이다. $a_n<0$인 경우도 같은 방법으로 보일 수 있다. ■

$\lim_{x\to-\infty}p_n(x)$인 경우도 유사한 방법으로 증명할 수 있으나 n이 홀수 또는 짝수인지에 따라서 값이 변하는 것에 주의해야 한다.

다음 예제에서는 극한의 기본적인 규칙들(정리 3.1)을 적용할 때 주의할 사항에 대하여 알아보자.

예제 5.7 유리함수의 극한

$\lim_{x\to\infty}\frac{5x-7}{4x+3}$을 계산하여라.

풀이

다음과 같이 할 수도 있다.

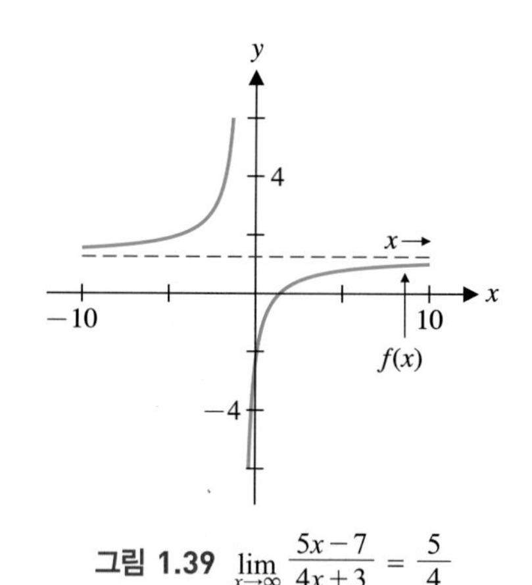

그림 1.39 $\lim_{x\to\infty}\frac{5x-7}{4x+3}=\frac{5}{4}$

x	$\frac{5x-7}{4x+3}$
10	1
100	1.223325
1000	1.247315
10,000	1.249731
100,000	1.249973

$$\lim_{x\to\infty}\frac{5x-7}{4x+3}=\frac{\lim_{x\to\infty}(5x-7)}{\lim_{x\to\infty}(4x+3)} \quad \text{정리 3.1의 잘못된 적용}$$

$$=\frac{\infty}{\infty}=1 \quad \text{오류이다} \qquad (5.3)$$

그러나 그림 1.39와 같이 그래프를 그리고 함숫값들의 표를 만들어 보면 위의 계산이 정확하지 않음을 알 수 있다. 식 (5.3)에는 두 가지 오류가 있다. 첫 번째 오류는 분수함수의 극한이 각각의 극한의 분수 형태가 된다는 것이다. 이것은 분모와 분자의 극한이 모두 존재할 때(그리고 분모의 극한이 0이 아닌 경우)만 성립한다. 분모의 극한과 분자의 극한이 ∞로 접근하기 때문에 극한은 존재하지 않는다. 따라서 식 (5.3)의 첫 번째 등호는 성립하지 않는다. 두 번째 오류는 ∞는 실수가 아니므로 $\frac{\infty}{\infty}=1$은 의미가 없다. 분모, 분자가 모두 ∞로 접근하는 형태를 부정형이라고 한다. 이 문제는 다음과 같이 계산할 수 있다.
분수함수의 극한을 계산할 때, $\frac{\infty}{\infty}$ 형태의 부정형을 계산하려면 분모의 최고차 항으로 분모, 분자를 나눈다. 따라서

$$\lim_{x\to\infty}\frac{5x-7}{4x+3}=\lim_{x\to\infty}\left[\frac{5x-7}{4x+3}\cdot\frac{(1/x)}{(1/x)}\right] \quad \text{분모, 분자에 } \frac{1}{x}\text{을 곱한다}$$

$$=\lim_{x\to\infty}\frac{5-7/x}{4+3/x} \quad \frac{1}{x}\text{의 곱을 계산한다}$$

$$=\frac{\lim_{x\to\infty}(5-7/x)}{\lim_{x\to\infty}(4+3/x)} \quad \text{정리 3.1 (iv)를 이용}$$

$$=\frac{5}{4}=1.25$$

다음 예제에서도 위와 같은 방법으로 극한을 계산해 보자.

예제 5.8 유리함수의 극한

$\lim_{x\to\infty}\frac{4x^3+5}{-6x^2-7x}$를 계산하여라.

풀이

그림 1.40a의 그래프를 살펴보자. 여기서 $x\to\infty$일 때 그래프는 $-\infty$로 접근한다. 더욱이 x의 구간 $[-2, 2]$ 밖에서는 그래프가 직선처럼 보일 수도 있다. 만일 그래프의 범위를 더욱 늘여서 그려 보면 그림 1.40b에서와 같이 명백해짐을 알 수 있다.

$$\lim_{x\to\infty}\frac{4x^3+5}{-6x^2-7x}=\lim_{x\to\infty}\left[\frac{4x^3+5}{-6x^2-7x}\cdot\frac{(1/x^2)}{(1/x^2)}\right]$$

$$=\lim_{x\to\infty}\frac{4x+5/x^2}{-6-7/x} \quad \frac{1}{x^2}\text{의 곱을 계산한다}$$

$$=-\infty$$

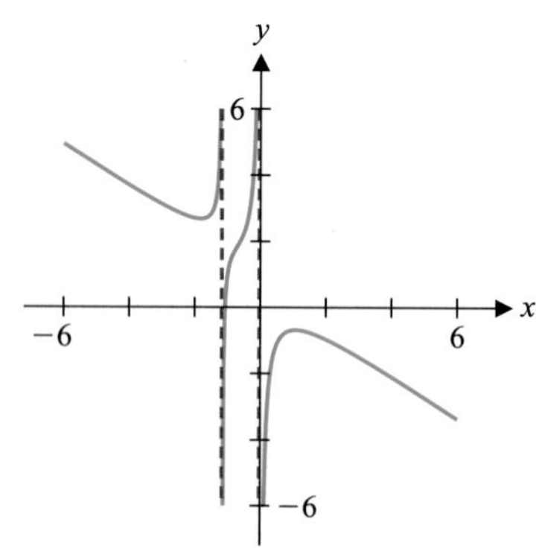

그림 1.40a $y=\frac{4x^3+5}{-6x^2-7x}$

가 성립한다. 이유는 $x\to\infty$일 때 분자는 ∞로 접근하고 분모는 -6으로 접근하기 때문이다.

그림 1.40b를 더 설명하기 위하여

$$\frac{4x^3+5}{-6x^2-7x} = -\frac{2}{3}x + \frac{7}{9} + \frac{5+49/9x}{-6x^2-7x}$$

로 나타내 보자. 위 식 오른쪽의 세 번째 항은 $x \to \infty$일 때 0으로 접근한다. 그러므로 위 분수함수는 $x \to \infty$일 때

$$-\frac{2}{3}x + \frac{7}{9}$$

로 접근한다. 이 경우 함수는 **사점근선**(slant or oblique asymptote)을 갖는다고 한다. 즉 수직이나 수평점근선 대신에 이 함수의 그래프는 사점근선 $y = -\frac{2}{3}x + \frac{7}{9}$로 접근한다.

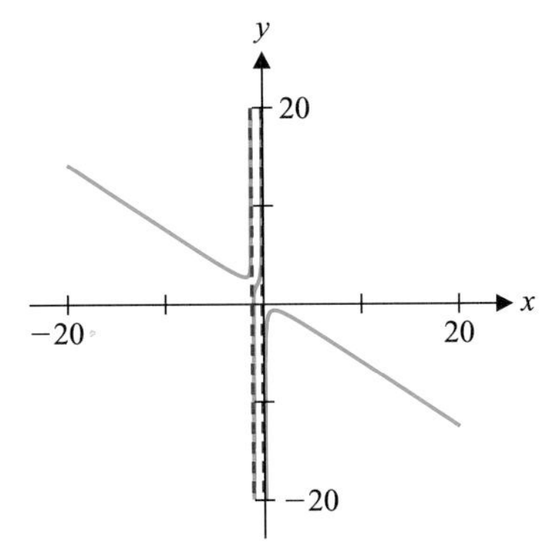

그림 1.40b $y = \frac{4x^3+5}{-6x^2-7x}$

예제 5.9 지수함수의 극한

$\lim_{x\to 0^-} e^{1/x}$와 $\lim_{x\to 0^+} e^{1/x}$을 계산하여라.

풀이

그림 1.41a는 컴퓨터로 그린 그림이다. 그래프가 특이하게 생겼지만 x가 왼쪽에서 0으로 접근할 때 함숫값은 0에 접근하고, x가 오른쪽에서 0으로 접근할 때 함숫값은 한없이 증가한다는 것을 알 수 있다. $\lim_{x\to 0^-} \frac{1}{x} = -\infty$와 $\lim_{x\to -\infty} e^x = 0$($y = e^x$의 그래프는 그림 1.41b)으로부터 $\lim_{x\to 0^-} e^{1/x} = 0$이다. 또한 $\lim_{x\to 0^+} \frac{1}{x} = \infty$와 $\lim_{x\to\infty} e^x = \infty$로부터 $\lim_{x\to 0^+} e^{1/x} = \infty$이다.

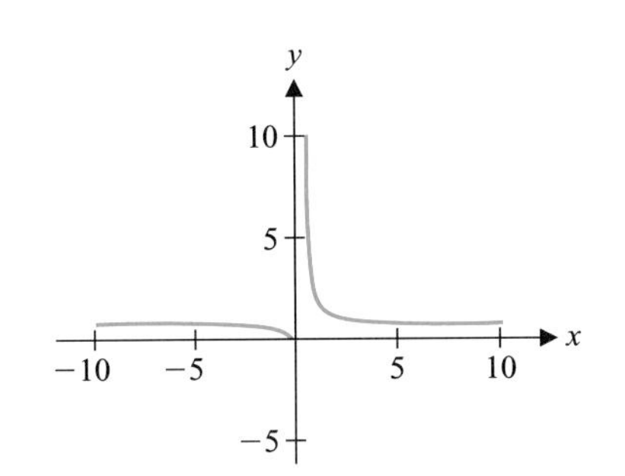

그림 1.41a $y = e^{1/x}$

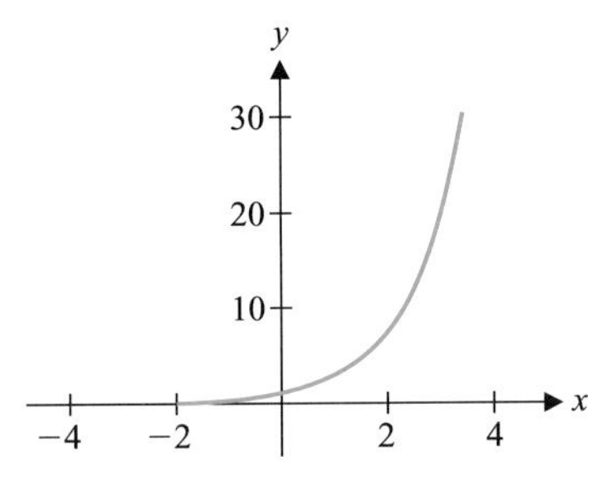

그림 1.41b $y = e^x$

예제 5.10 역삼각함수의 극한

$\lim_{x\to\infty} \tan^{-1}x$와 $\lim_{x\to-\infty} \tan^{-1}x$을 계산하여라.

풀이

그림 1.42a에 있는 $y = \tan^{-1}x$의 그래프는 $x \to -\infty$일 때 대략 직선 $y = -1.5$가 수평점근선이고, $x \to \infty$일 때 대략 직선 $y = 1.5$가 수평점근선인 것처럼 보인다. 먼저 $\lim_{x\to\infty} \tan^{-1}x$인 경우, $-\frac{\pi}{2} < \theta < \frac{\pi}{2}$에서 $\tan\theta \to \infty$이 성립하는 θ가 접근하는 각을 구해야 한다. 그림 1.42b에 있는 $y = \tan x$의 그래프를 보면 $x \to \frac{\pi}{2}^-$일 때 $\tan x \to \infty$이다. 같은 방법으로 $x \to -\frac{\pi}{2}^+$일 때 $\tan x \to -\infty$이므로

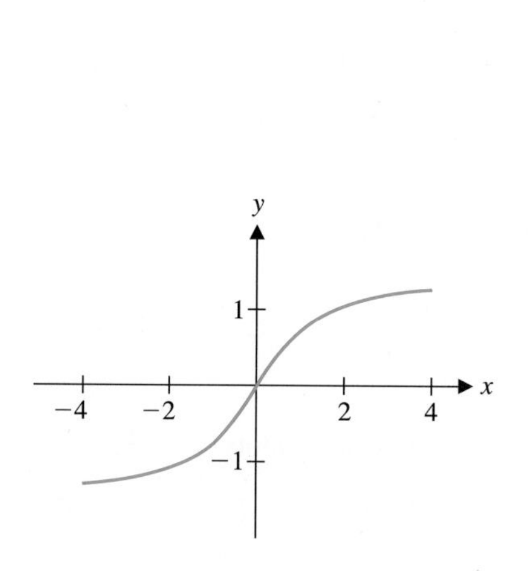

그림 1.42a $y = \tan^{-1}x$

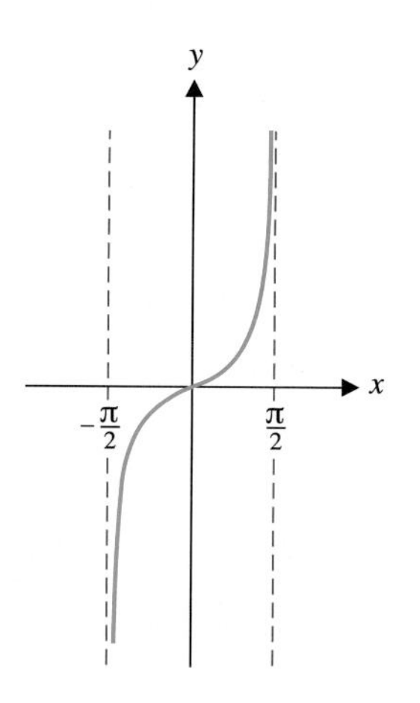

그림 1.42b $y = \tan x$

$$\lim_{x\to\infty}\tan^{-1}x = \frac{\pi}{2},\ \lim_{x\to-\infty}\tan^{-1}x = -\frac{\pi}{2}$$

이다.

다음 예제에서는 이 장의 도입부에 있는 동물의 눈동자 문제에 대하여 알아보기로 하자.

예제 5.11 동물의 눈동자 크기 구하기

x를 동물의 눈동자에 비치는 빛의 세기라고 할 때 눈동자의 지름을 $f(x)$ 밀리미터라고 하자. $f(x) = \dfrac{160x^{-0.4}+90}{4x^{-0.4}+15}$ 이라고 할 때 (a) 최소의 빛 (b) 최대의 빛이 비칠 때 눈동자의 지름을 구하여라.

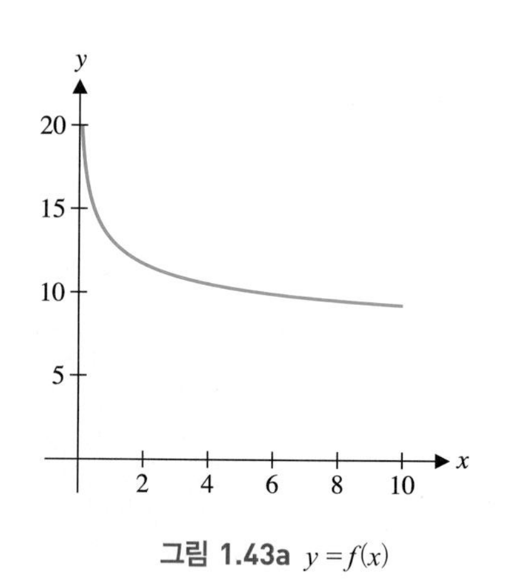

그림 1.43a $y = f(x)$

그림 1.43b $y = f(x)$

풀이

(a) $f(0)$은 정의되지 않고 x값은 음수가 아니므로 x가 0으로 접근할 때 $f(x)$의 한쪽극한을 생각해 보자. 그림 1.43a는 컴퓨터를 이용하여 그린 $y = f(x)$의 그래프이다. x가 0으로 접근하면 y값은 20으로 접근하는 것처럼 보인다. 극한을 계산하면

$$\lim_{x\to0^+}\frac{160x^{-0.4}+90}{4x^{-0.4}+15} = \lim_{x\to0^+}\frac{160x^{-0.4}+90}{4x^{-0.4}+15}\cdot\frac{x^{0.4}}{x^{0.4}}$$

$$= \lim_{x\to0^+}\frac{160+90x^{0.4}}{4+15x^{0.4}} = \frac{160}{4} = 40\text{ 밀리미터}$$

이다. 위에서 극한은 그래프(그림 1.43a)와 일치하지 않는 듯하다. 그러나 자세히 보면 $x = 0$ 근처에 간격이 보인다. 그림 1.43b와 같이 그래프를 구간 $0 \le x \le 0.1$로 확대하면 극한이 40인 것이 합리적임을 알 수 있다.

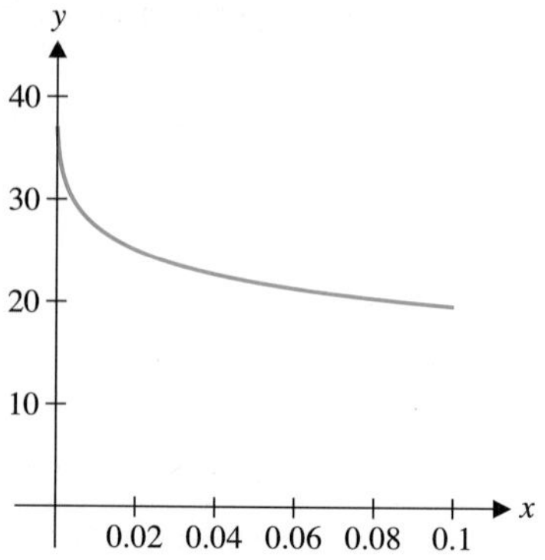

(b) x가 ∞로 접근할 때 극한을 생각해 보자. 그림 1.43a의 그래프를 보면 $y = 10$보다 조금 아래에서 수평점근선을 가진다는 것을 알 수 있다. 극한값은

$$\lim_{x\to\infty}\frac{160x^{-0.4}+90}{4x^{-0.4}+15} = \frac{90}{15} = 6\text{ 밀리미터}$$

이므로 빛의 세기가 ∞로 가면 눈동자의 지름은 극한으로 6 밀리미터를 갖는다.

연습문제 1.5

[1~2] 다음 함수에 대하여 (a) $\lim_{x \to a^-} f(x)$ (b) $\lim_{x \to a^+} f(x)$ (c) $\lim_{x \to a} f(x)$를 구하여라(숫자나 ∞, $-\infty$ 또는 존재하지 않음으로 결정하여라).

1. $f(x) = \dfrac{1-2x}{x^2-1}$, $a = 1$

2. $f(x) = \dfrac{x-4}{x^2-4x+4}$, $a = 2$

[3~9] 다음 극한을 상수, ∞, $-\infty$ 또는 존재하지 않음으로 결정하여라.

3. $\lim_{x \to -2} \dfrac{x^2+2x-1}{x^2-4}$

4. $\lim_{x \to \infty} \dfrac{x^2+3x-2}{3x^2+4x-1}$

5. $\lim_{x \to -\infty} \dfrac{-x}{\sqrt{4+x^2}}$

6. $\lim_{x \to \infty} \ln\left(\dfrac{x^2+1}{x-3}\right)$

7. $\lim_{x \to 0^+} e^{-2/x^3}$

8. $\lim_{x \to 0} \sin(e^{-1/x^2})$

9. $\lim_{x \to \pi/2} e^{-\tan x}$

[10~11] 수평점근선과 수직점근선을 구하여라. 수직점근선의 양쪽에서 $f(x) \to \infty$인지 $f(x) \to -\infty$인지 결정하여라.

10. (a) $f(x) = \dfrac{x}{4-x^2}$ (b) $f(x) = \dfrac{x^2}{4-x^2}$

11. $f(x) = 4\tan^{-1}x - 1$

[12~13] 수평, 사선, 수직점근선을 구하여라.

12. $y = \dfrac{x^3}{4-x^2}$

13. $y = \dfrac{x^3}{x^2+x-4}$

14. x를 빛의 세기라고 할 때 어떤 동물의 눈동자의 크기를 $f(x)$밀리미터라고 하자. $f(x) = \dfrac{80x^{-0.3}+60}{2x^{-0.3}+5}$이라고 할 때 빛이 없을 경우에 눈동자의 크기와 빛의 양이 무한대일 때 눈동자의 크기를 구하여라.

15. $f(x) = \dfrac{p(x)}{q(x)}$에서 $p(x)$의 차수는 $q(x)$의 차수보다 크다. $y = f(x)$는 수평점근선을 가지는가?

16. $f(x) = \dfrac{x^3-4}{q(x)}$가 수평점근선 $y = -\dfrac{1}{2}$을 갖고 수직점근선은 $x = 3$ 하나뿐이도록 $q(x)$를 구하여라.

17. $f(x) = \dfrac{x^3-3}{g(x)}$이 수직점근선을 갖지 않고 사점근선 $y = x$를 갖도록 $g(x)$를 구하여라.

18. 어떤 작은 동물이 출생한 지 t일이 경과한 후 길이가 $h(t) = \dfrac{300}{1+9(0.8)^t}$ mm라고 하자. 출생 직후의 길이는 얼마인가? 최종적인 (즉 $t \to \infty$일 때) 동물의 길이는 어느 정도인가?

19. 질량 m과 처음속도 $v_0 = 0$ ft/s인 어떤 물체가 일정한 힘 F pound/s로 움직이기 시작했다. 이 물체의 속력은 뉴턴의 운동법칙에 의하면 $v_N = Ft/m$이고, 아인슈타인의 상대성 이론에 의하면 $v_E = Fct/\sqrt{m^2c^2+F^2t^2}$이다(여기서 c는 빛의 속력이다). $\lim_{t \to \infty} v_N$과 $\lim_{t \to \infty} v_E$를 계산하여라.

1.6 극한의 엄밀한 정의

지금까지 극한을 계산하는 여러 가지 방법을 배웠다. 그러나 극한의 정확한 의미를 정의하지 않아서 다소 이상하게 느껴질 수도 있을 것이다. 극한에 대한 직관적인 개념을 배운 것이지 극한에 대한 모든 것을 배운 것은 아니다. 그렇다면 다시 한 번 극한의 직관적인 정의를 살펴보자. x가 a로 아주 가깝게 접근하면 $f(x)$가 L로 아주 가깝

수학자

코시
(Augustin Louis Cauchy, 1789–1857)

극한과 연속을 $\varepsilon-\delta$ 방법으로 정의한 프랑스의 수학자이다. 정수론, 선형대수, 미분방정식, 천문학, 광학, 복소수 등에 많은 업적을 남겼다.

게 접근할 때

$$\lim_{x \to a} f(x) = L$$

이라고 나타낸다.

이 절에서는 극한에 대한 좀 더 정확한 정의를 알아보기로 하자. 극한의 정확한 정의를 이해하지 않고 수학을 계속 공부하는 것은, 화학이나 생물학의 기본지식이 없이 뇌수술을 배우는 것과 유사하다. 이러한 기본지식이 사용되지 않을 수도 있으나 이 분야에 완전한 지식을 가지고 있지 않은 의사에게 수술을 맡기겠는가?

지금부터 기본적인 예제를 통하여 극한의 정확한 정의를 자세하게 공부해 보자. 극한

$$\lim_{x \to 2} (3x+4) = 10$$

은 어렵지 않게 얻을 수 있다. 다시 말하면 x가 2로 충분히 가깝게 접근할 때 $(3x+4)$는 10과 원하는 만큼 가깝게 만들 수 있어야 한다는 뜻이다. 예를 들어, $(3x+4)$와 10과의 거리를 1보다 작게 해보자. 그러면 어떤 x값들이 이 조건, 즉

$$|(3x+4)-10|<1$$

을 만족하는가? 부등식을 풀어보면

$$-1<(3x+4)-10<1$$

이고 이것을 계산하면

$$-\frac{1}{3}<x-2<\frac{1}{3}$$

즉

$$|x-2|<\frac{1}{3} \tag{6.1}$$

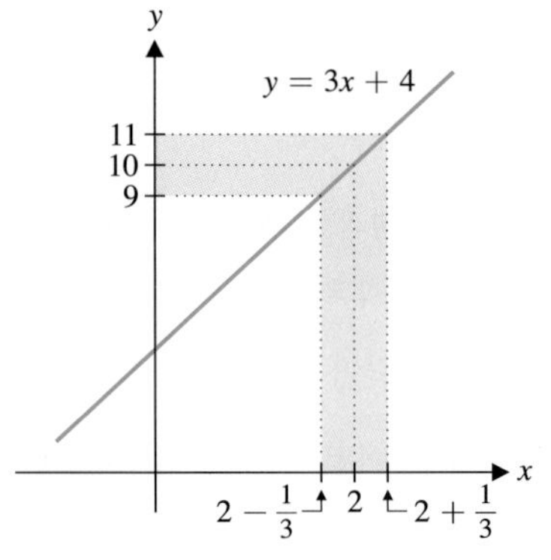

그림 1.44 $2-\frac{1}{3}<x<2+\frac{1}{3}$이면 $|(3x+4)-10|<1$

이 된다. 식 (6.1)을 얻기까지의 과정을 거슬러 올라가 보면, 그림 1.44에서와 같이 x와 2의 거리를 $\frac{1}{3}$보다 작게 하여 ($|x-2|<\frac{1}{3}$), $(3x+4)$와 10의 거리를 1보다 작게 할 수 있다($|(3x+4)-10|<1$).

예제 6.1 간단한 극한 탐구

$(3x+4)$와 10 사이의 거리가 $\frac{1}{100}$보다 작기 위한 x를 구하여라.

풀이

다음 식이 성립해야 한다.

$$|(3x+4)-10|<\frac{1}{100}$$

부등식을 풀면

$$-\frac{1}{100}<(3x+4)-10<\frac{1}{100}$$

또는

$$-\frac{1}{100} < 3x - 6 < \frac{1}{100}$$

이고 양변을 3으로 나누면

$$-\frac{1}{300} < x - 2 < \frac{1}{300}$$

또는

$$|x - 2| < \frac{1}{300}$$

이 된다.

예제 6.1에서 $(3x + 4)$와 10과의 거리를 가깝게 만들 수 있었다. 그러나 임의로 가깝게 만들 수 있어야 한다. 이를 위하여 예제 6.1과 똑같은 방법을 사용하되 불특정한 거리 ε을 사용하자.

예제 6.2 극한 확인하기

x가 2에 충분히 가까우면 $(3x + 4)$와 10과의 거리가 $\varepsilon > 0$(ε이 아무리 작더라도)보다 작게 만들 수 있음을 보여라.

풀이

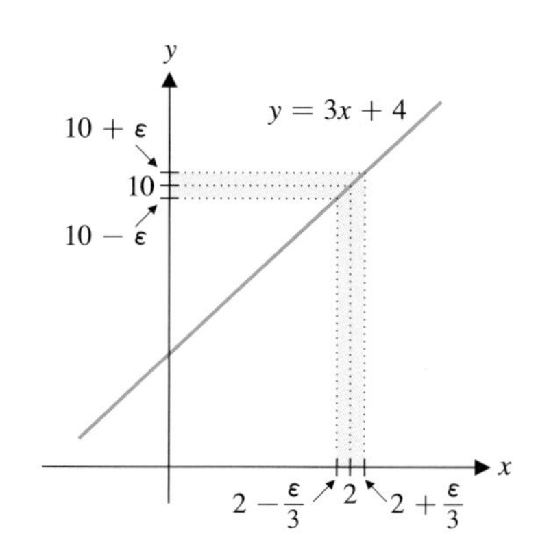

그림 1.45 $|(3x + 4) - 10| < \varepsilon$을 만족하는 x의 범위

그림 1.45를 참조하여 $(3x+4)$와 10과의 거리를 ε보다 작게 만드는 x의 범위를 구해 보면 부등식

$$|(3x + 4) - 10| < \varepsilon$$

에서

$$-\varepsilon < (3x + 4) - 10 < \varepsilon$$

또는

$$-\varepsilon < 3x - 6 < \varepsilon$$

이고 양변을 3으로 나누면

$$-\frac{\varepsilon}{3} < x - 2 < \frac{\varepsilon}{3}$$

즉

$$|x - 2| < \frac{\varepsilon}{3}$$

을 얻는다. 그러므로 위의 과정을 거슬러 올라가면 $|x - 2| < \frac{\varepsilon}{3}$이면 $|(3x + 4) - 10| < \varepsilon$을 만족한다.

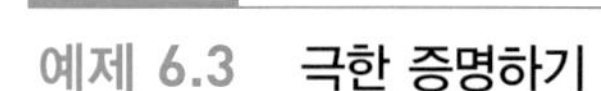

예제 6.3 극한 증명하기

$\lim_{x \to 1} \frac{2x^2 + 2x - 4}{x - 1} = 6$을 증명하여라.

풀이

앞에서 배운 극한의 법칙을 이용하여 극한을 계산하는 것은 쉬우므로 예제로 남긴다. 여기서는 극한의 정확한 정의를 사용하여 이것을 증명해 보자. 임의의 양수 ε에 대하여 함수

$$f(x)=\frac{2x^2+2x-4}{x-1}$$

와 6의 거리를 ε보다 작게 만들기 위하여 x를 1에 얼마나 가깝게 접근시켜야 하는지 알아야 한다. 먼저 함수 f가 $x=1$에서 정의되지 않으므로 x와 1의 거리가 δ보다 작을 때 $(x\neq 1)$, $|f(x)-6|<\varepsilon$이 성립하는 양수 δ를 찾아보자. 즉

$$0<|x-1|<\delta \text{이면 } |f(x)-6|<\varepsilon$$

을 만족하는 δ를 찾아보자. 여기서 $0<|x-1|$은 $x\neq 1$임을 뜻한다. 더욱이 $|f(x)-6|<\varepsilon$은

$$-\varepsilon<\frac{2x^2+2x-4}{x-1}-6<\varepsilon$$

이며 부등식을 계산하면

$$-\varepsilon<\frac{2x^2+2x-4-6(x-1)}{x-1}<\varepsilon,\ \text{즉}\ \ -\varepsilon<\frac{2x^2-4x+2}{x-1}<\varepsilon$$

이다. 분자를 인수분해하면

$$-\varepsilon<\frac{2(x-1)^2}{x-1}<\varepsilon$$

이 되며 $x\neq 1$이므로 $(x-1)$을 하나씩 소거하면

$$-\varepsilon<2(x-1)<\varepsilon$$

이 된다. 이것은

$$-\frac{\varepsilon}{2}<x-1<\frac{\varepsilon}{2}$$

즉

$$|x-1|<\frac{\varepsilon}{2}$$

이다. 그러므로 $\delta=\frac{\varepsilon}{2}$으로 택하고 거슬러 계산해 보면

$$0<|x-1|<\delta=\frac{\varepsilon}{2}$$

을 만족하는 x에 대하여

$$\left|\frac{2x^2+2x-4}{x-1}-6\right|<\varepsilon$$

을 만족한다. 그림 1.46을 참조하여라. ■

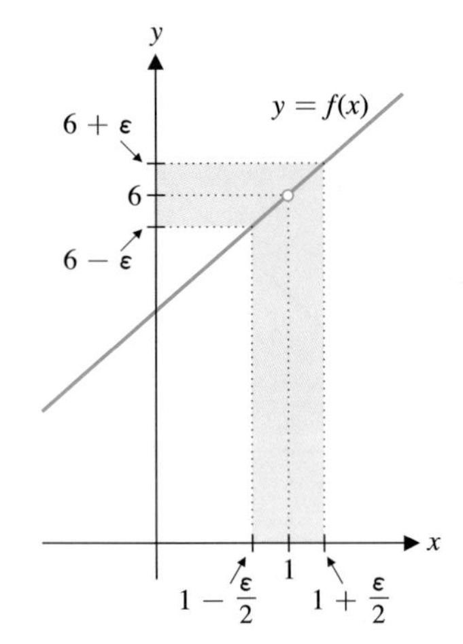

그림 1.46 $0<|x-1|<\frac{\varepsilon}{2}$이면 $6-\varepsilon<\frac{2x^2+2x-4}{x-1}<6+\varepsilon$이다.

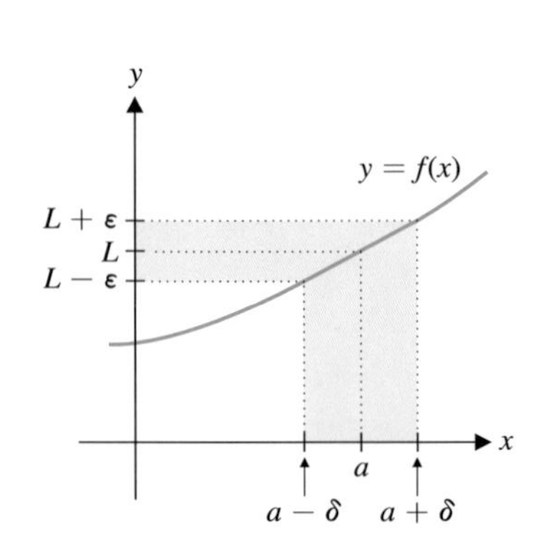

그림 1.47 $a-\delta<x<a+\delta$이면 $L-\varepsilon<f(x)<L+\varepsilon$이다.

지금까지 공부한 것과 그림 1.47을 토대로 아래와 같이 일반적인 극한의 정의를 생각할 수 있다.

정의 6.1 극한의 정확한 정의

함수 f는 점 a를 포함한 개구간에서 정의되었다고 하자(단, a는 제외가능).

$$\lim_{x \to a} f(x) = L$$

은 임의의 $\varepsilon > 0$에 대하여 $\delta > 0$가 존재하여 $0 < |x - a| < \delta$이면 $|f(x) - L| < \varepsilon$이 성립한다는 뜻이다.

예제 6.2는 $\lim_{x \to 2}(3x + 4)$에 대한 정리 6.1의 설명이다. 이 경우 정의를 만족하는 δ는 $\varepsilon/3$이다.

주 6.1

이러한 극한의 정의는 새로운 아이디어가 아니다. 처음부터 사용해 왔던 극한의 직관적인 정의를 수학적인 기호를 사용하여 표현했을 뿐이다. 이것은 δ를 ε의 함수로서 찾는 것이다.

다음 예제는 앞에서 배운 여러 가지 문제들보다 조금 더 복잡해 보일 뿐이지만, 새로운 증명 방법을 필요로 한다.

예제 6.4 극한의 정의를 사용하여 극한 증명하기

정의 6.1을 사용하여 $\lim_{x \to 2} x^2 = 4$를 증명하여라.

풀이

이것은 다항식의 극한으로 비교적 간단한 문제이다. 임의의 $\varepsilon > 0$에 대하여 $\delta > 0$가 존재하여 $0 < |x - 2| < \delta$이면

$$|x^2 - 4| < \varepsilon$$

이 성립하여야 한다. 그러나

$$|x^2 - 4| = |x + 2||x - 2| \qquad \text{인수분해} \tag{6.2}$$

이다. x가 2 근처에 있을 때만 관심이 있으므로 x가 구간 $[1, 3]$에 속할 때를 생각해 보자. 이 때

$$|x + 2| \le 5 \qquad x \in [1, 3]$$

가 되므로 식 (6.2)로부터

$$\begin{aligned} |x^2 - 4| &= |x + 2||x - 2| \\ &\le 5|x - 2| \end{aligned} \tag{6.3}$$

가 성립하므로

$$5|x - 2| < \varepsilon \tag{6.4}$$

이 되면

$$|x^2 - 4| \le 5|x - 2| < \varepsilon$$

이 된다. 따라서 식 (6.4)로부터

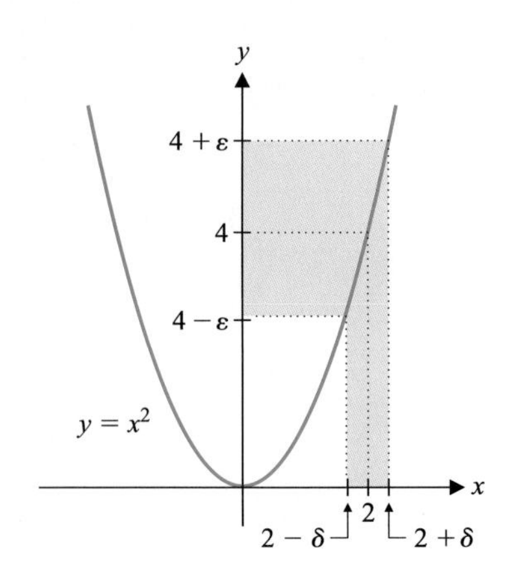

그림 1.48 $0 < |x - 2| < \delta$이면 $|x^2 - 4| < \varepsilon$ 이다.

$$|x - 2| < \frac{\varepsilon}{5}$$

을 얻는다. 위에서 $|x-2|<1$과 $|x-2|<\frac{\varepsilon}{5}$이라는 두 부등식이 나온다. 따라서 $\delta = \min\left\{1, \frac{\varepsilon}{5}\right\}$ (즉 1과 $\frac{\varepsilon}{5}$ 중에서 최솟값)을 택하면

$$0 < |x-2| < \delta$$

일 때

$$|x^2 - 4| < \varepsilon$$

을 만족한다(그림 1.48).

그래프를 이용한 극한의 정의

예제 6.4에서 살펴보았듯이 주어진 ε에 대하여 δ를 구하는 것은 쉽지 않다. 그러므로 여기서는 좀 더 복잡한 함수들에 대하여 그래프를 이용해서 극한의 정의를 공부해 보자. 먼저 그래프를 이용하여 이미 공부했던 예제 6.4를 살펴보자.

예제 6.5 그래프를 이용한 극한의 검증

$\lim_{x\to 2} x^2 = 4$를 그래프를 이용하여 검증하여라.

풀이

예제 6.4에서 $\delta = \min\left\{1, \frac{\varepsilon}{5}\right\}$에 대하여

$$0 < |x-2| < \delta\text{가 성립하면 } |x^2-4| < \varepsilon$$

을 만족함을 보았다. 이것은 $\varepsilon/5$에 대하여, $y=x^2$의 그래프를 그리고 x값의 구간을 $\left(2-\frac{\varepsilon}{5}, 2+\frac{\varepsilon}{5}\right)$으로 제한한다면 y값은 구간 $(4-\varepsilon, 4+\varepsilon)$ 안에 놓이게 된다는 것을 의미한다. 만일 $\varepsilon = \frac{1}{2}$을 택하여 $2 - \frac{1}{10} \le x \le 2 + \frac{1}{10}$과 $3.5 \le y \le 4.5$ 부분에서 그래프를 그리면 그림 1.49에서와 같이 곡선이 y값의 주어진 범위를 벗어나지 못하게 된다.

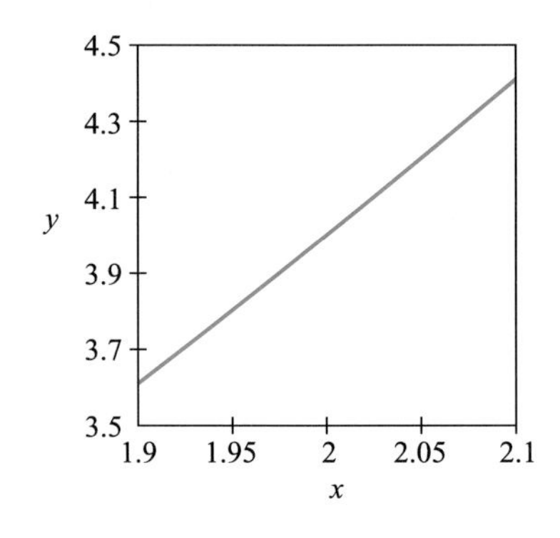

그림 1.49 $y = x^2$

예제 6.6 삼각함수의 극한

$\lim_{x\to 2} \sin\frac{\pi x}{2} = 0$에 대하여 (a) $\varepsilon = \frac{1}{2}$ (b) $\varepsilon = 0.1$인 경우에 대응되는 $\delta > 0$를 구하여라.

풀이

이 극한은 함수 $f(x) = \sin x$가 연속이고 $\sin\frac{2\pi}{2} = 0$이므로 쉽게 계산된다. 그러나 극한의 정의를 이용하여 증명해 보자. 먼저 임의의 $\varepsilon > 0$에 대하여

$$0 < |x-2| < \delta\text{이면 } \sin\left|\frac{\pi x}{2} - 0\right| < \varepsilon$$

이 성립하는 $\delta > 0$를 찾아보자. 함수 $\sin\frac{\pi x}{2}$를 간단히 표현하는 방법이 없으므로 특정한 ε에 대응하는 δ를 그래프를 통하여 알아보자.

(a) $\varepsilon = \frac{1}{2}$에 대하여 $0 < |x-2| < \delta$일 때

$$-\frac{1}{2} < \sin\frac{\pi x}{2} - 0 < \frac{1}{2}$$

이 성립하는 $\delta > 0$를 찾아보자. 그림 1.50a와 같이 구간 $[1, 3]$에서 $y = \sin\frac{\pi x}{2}$의 그래프를 그린다. 계산기나 컴퓨터를 이용하여 그래프를 그려 보면 $x \in [1.666667, 2.333333]$에 대하여 y값들이 $[-0.5, 0.5]$에 나타난다. 그러므로 $\varepsilon = \frac{1}{2}$에 대하여 δ는

$$\delta = 2.333333 - 2 = 2 - 1.666667 = 0.333333$$

로 결정된다(물론, 0.333333보다 더 작은 δ에 대해서도 성립한다). 그림 1.50b에서는 x값이 구간 $[1.67, 2.33]$에 있을 때를 그래프로 그린 것이다.

(b) $\varepsilon = 0.1$에 대하여 $0 < |x-2| < \delta$일 때 $-0.1 < \sin\frac{\pi x}{2} - 0 < 0.1$이 성립하는 $\delta > 0$를 찾아보자. 그림 1.51a와 같이 y값을 구간 $[-0.1, 0.1]$로 제한하여 그래프를 다시 그려 보자. 그러면 그래프는 $x \in [1.936508, 2.063492]$에 대하여 y값들을 주어진 영역에 나타낸다. 그러므로

$$\delta = 2.063492 - 2 = 2 - 1.936508 = 0.063492$$

로 결정된다. 그림 1.51b와 같이 새로운 x값들의 영역에서 그래프를 그리면 더욱 명확해진다.

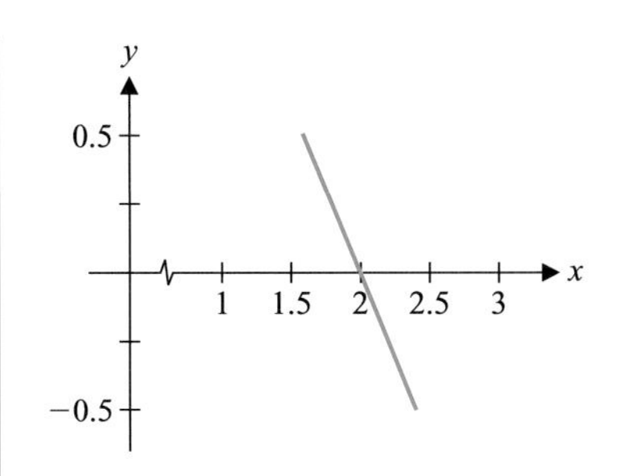

그림 1.50a $y = \sin\frac{\pi x}{2}$

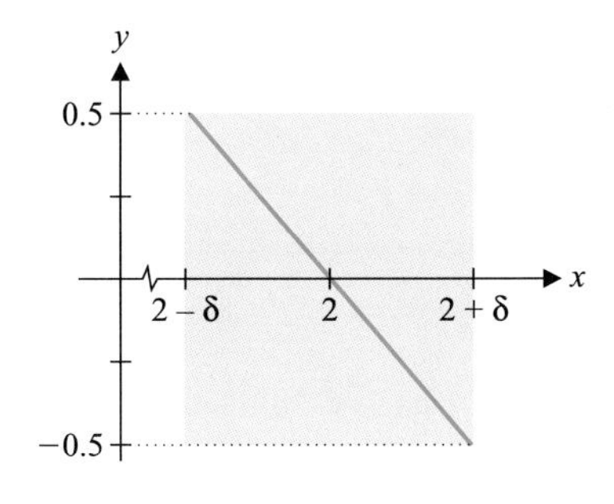

그림 1.50b $y = \sin\frac{\pi x}{2}$

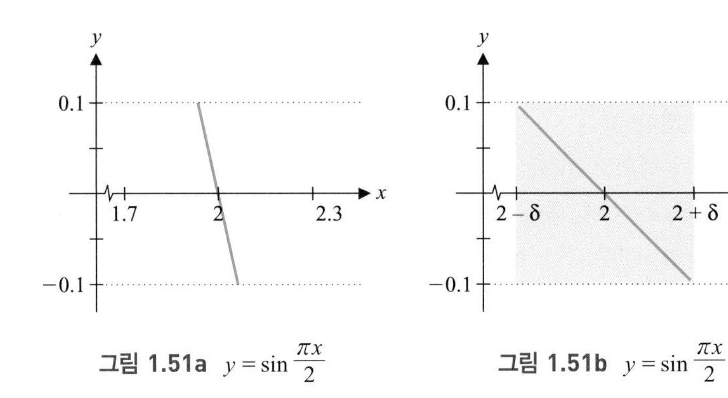

그림 1.51a $y = \sin\frac{\pi x}{2}$ 그림 1.51b $y = \sin\frac{\pi x}{2}$

이 예제는 위의 극한이 정확함을 증명하는 것은 아니다. 이것을 증명하기 위해서는 임의의 $\varepsilon > 0$에 대하여 δ를 찾아야 한다. 이 예제는 극한의 정의에서 δ와 ε이 뜻하는 것을 익숙하게 하기 위한 그래프를 이용한 설명이다.

예제 6.7 틀린 극한의 검증

$\lim_{x \to 0} \frac{x^2 + 2x}{\sqrt{x^3 + 4x^2}} = 1$을 검증하여라.

풀이

먼저 오른쪽과 같이 함숫값으로 표를 만들어 보자. 표만 살펴보면 극한이 1로 접근하는 듯하다. 그러나 x값에 음수를 고려하지 않았기 때문에 오류가 생길 수 있다. 따라서 그림 1.52a에서와 같이 0으로 접근하는 왼쪽과 오른쪽의 값 모두를 고려하여 그래프를 그려 보자. 그래프에서는 $x \to 0$(적어도 $x \to 0^-$)일 때 함숫값이 1로 가깝게 접근하지 않는다.

x	$\frac{x^2+2x}{\sqrt{x^3+4x^2}}$
0.1	1.03711608
0.01	1.0037461
0.001	1.00037496
0.0001	1.0000375

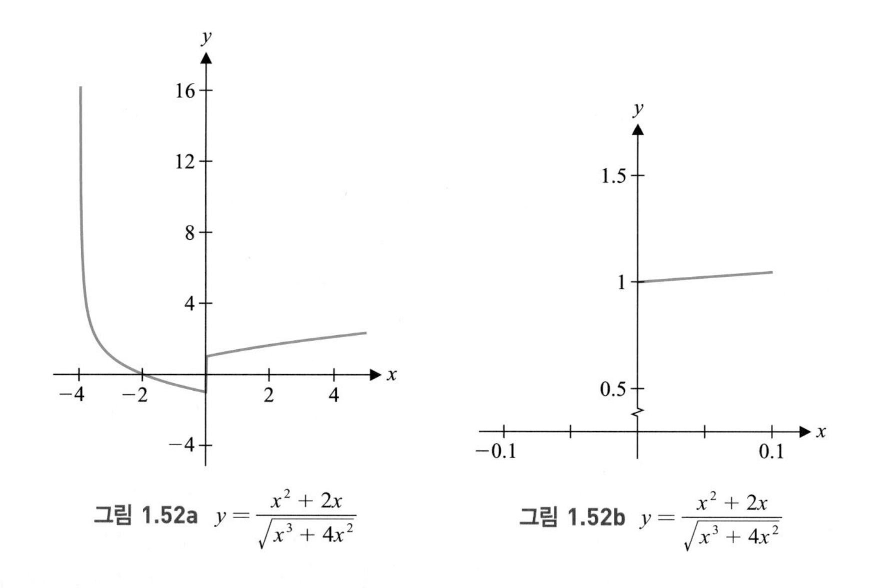

그림 1.52a $y = \dfrac{x^2 + 2x}{\sqrt{x^3 + 4x^2}}$ **그림 1.52b** $y = \dfrac{x^2 + 2x}{\sqrt{x^3 + 4x^2}}$

이제 $\varepsilon = \frac{1}{2}$일 때 극한을 그래프를 이용하여 조사하여 보자. 즉, $0 < |x| < \delta$이면

$$1 - \frac{1}{2} < \frac{x^2 + 2x}{\sqrt{x^3 + 4x^2}} < 1 + \frac{1}{2}$$

즉

$$\frac{1}{2} < \frac{x^2 + 2x}{\sqrt{x^3 + 4x^2}} < \frac{3}{2}$$

이 성립하는 δ를 구해야 한다. 작은 값으로 $\delta = 0.1$을 시도해 보자. 그러면 x의 범위는 $[-0.1, 0.1]$이고 y의 범위는 $[0.5, 1.5]$가 되며, 이 영역에서 그림 1.52b와 같이 그래프를 다시 그린다. 임의의 $x < 0$에 대하여 그래프는 나타나지 않는다. 정의에 따르면 임의의 $x \in (-\delta, \delta)$에 대하여 y값은 구간 $(0.5, 1.5)$에 나타나야만 한다. 그러나 $x = -0.05$는 구간 $(-\delta, \delta)$에 속하지만 $f(-0.05) \approx -0.981$은 구간 $(0.5, 1.5)$에 속하지 않기 때문에 $\delta = 0.1$은 좋은 선택이 아니다. δ를 더 작은 값으로 택하더라도 $x \in (-\delta, \delta)$값이 존재하여 $f(x) \notin (0.5, 1.5)$이다. 특히, 임의의 $x \in (-1, 0)$에 대하여 $f(x) < 0$이다. 즉, $\varepsilon = \frac{1}{2}$에 대하여 주어진 부등식이 성립하는 δ는 없다.

따라서 극한이 1이라는 생각은 잘못됐다. 여기서 여러분은 극한이 1이 아님을 보았을 뿐이며 극한이 존재하지 않음을 증명하는 것은 이보다 다소 복잡하다.

무한대의 극한

$x \to a$일 때 함숫값이 무한히 커지면

$$\lim_{x \to a} f(x) = \infty$$

라 나타낸다. 즉 x가 a에 충분히 가까워지면 $f(x)$는 임의의 큰 값이 될 수 있다는 뜻이다. 따라서 임의의 큰 양수 M에 대하여 x가 a로 충분히 가깝게 접근할 때 $f(x) > M$이 성립하게 만들 수 있다.

정의 6.2

함수 f는 점 a를 포함한 개구간에서 정의되었다고 하자(단, a는 제외가능).

$$\lim_{x \to a} f(x) = \infty$$

는 임의의 $M > 0$에 대하여 $\delta > 0$가 존재하여 $0 < |x - a| < \delta$이면 $f(x) > M$이 성립한다는 뜻이다(그래프를 이용한 설명은 그림 1.53 참고).

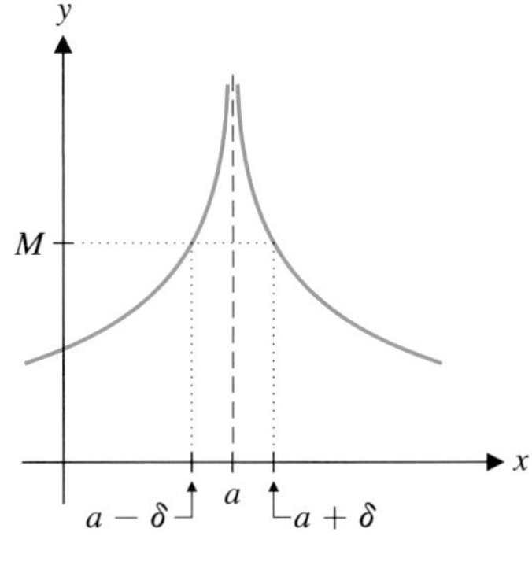

그림 1.53 $\lim_{x \to a} f(x) = \infty$

이와 유사하게 함수 f가 $x \to a$일 때 무한히 감소하면 $\lim_{x \to a} f(x) = -\infty$로 나타낸다.

정의 6.3

함수 f는 점 a를 포함한 개구간에서 정의되었다고 하자(단, a는 제외가능).

$$\lim_{x \to a} f(x) = -\infty$$

는 임의의 $N < 0$에 대하여 $\delta > 0$가 존재하여 $0 < |x - a| < \delta$이면 $f(x) < N$이 성립한다는 뜻이다(그래프를 이용한 설명은 그림 1.54 참고).

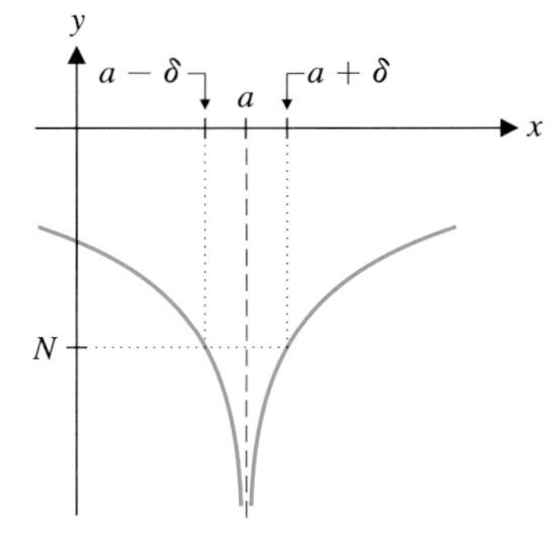

그림 1.54 $\lim_{x \to a} f(x) = -\infty$

극한의 의미를 생각한다면 이러한 정의는 쉽게 얻을 수 있다. 단순히 외우지 말고 앞에서 정의 6.1을 이용하여 공부했던 것과 같은 방법으로 이러한 정의를 이용하여 공부하여 보자.

예제 6.8 극한이 무한대인 경우

$\lim_{x \to 0} \frac{1}{x^2} = \infty$를 증명하여라.

풀이

임의의 (큰) 수 $M > 0$에 대하여 $0 < |x - 0| < \delta$이면

$$\frac{1}{x^2} > M \tag{6.5}$$

이 성립하는 $\delta > 0$를 구해 보자. M과 x^2이 양수이므로 식 (6.5)는

$$x^2 < \frac{1}{M}$$

과 같다. $\sqrt{x^2} = |x|$를 이용하면

$$|x| < \sqrt{\frac{1}{M}}$$

이 성립한다. 그러므로 임의의 $M > 0$에 대하여 $\delta = \sqrt{\frac{1}{M}}$로 택하면 $0 < |x - 0| < \delta$일 때

$$\frac{1}{x^2} > M$$

이 성립한다. 예를 들어, $M = 100$으로 하면 $0 < |x| < \sqrt{\frac{1}{100}} = \frac{1}{10}$일 때 $\frac{1}{x^2} > 100$이 성립한다. ■

다음은 $\lim_{x\to\infty} f(x) = L$에 대한 의미를 알아보기로 하자. 이것은 x값이 무한히 커지면, $f(x)$값은 L값으로 점점 가깝게 접근한다는 뜻이다. 즉, x값을 충분히 크게 택하면 우리가 원하는 만큼 $f(x)$값을 L값에 가깝게 만들 수 있다는 뜻이다.

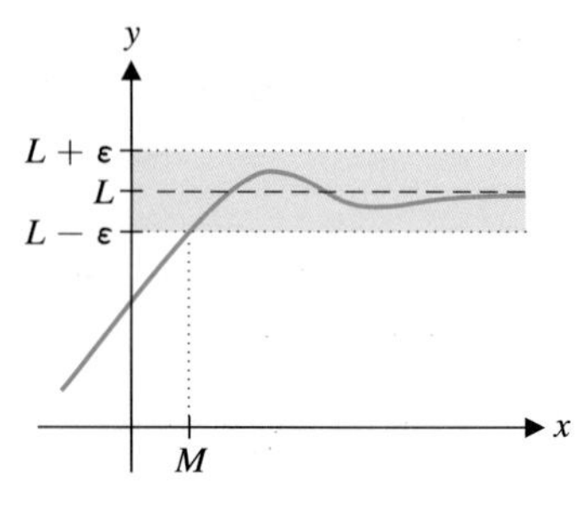

그림 1.55 $\lim_{x\to\infty} f(x) = L$

정의 6.4

함수 f는 $a>0$에 대하여 구간 (a, ∞)에서 정의되었다고 하자.

$$\lim_{x\to\infty} f(x) = L$$

은 임의의 $\varepsilon > 0$에 대하여 $M > 0$이 존재하여 $x > M$ 이면 $|f(x) - L| < \varepsilon$이 성립한다는 뜻이다(그래프를 이용한 설명은 그림 1.55 참고).

이와 유사하게 $\lim_{x\to-\infty} f(x) = L$에 대한 의미는 x값이 무한히 작아지면 $f(x)$값은 L값으로 점점 가깝게 접근한다는 뜻을 나타낸다. 즉, x값을 충분히 작게 택하면 우리가 원하는 만큼 $f(x)$값을 L값에 가깝게 만들 수 있다는 뜻이다.

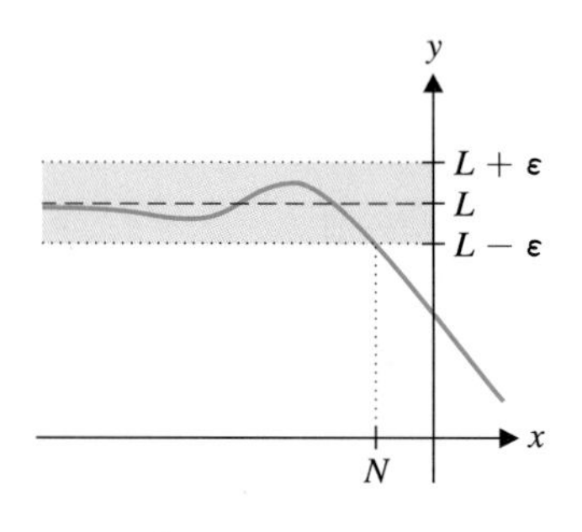

그림 1.56 $\lim_{x\to-\infty} f(x) = L$

정의 6.5

함수 f는 $a<0$에 대하여 구간 $(-\infty, a)$에서 정의되었다고 하자.

$$\lim_{x\to-\infty} f(x) = L$$

은 임의의 $\varepsilon > 0$에 대하여 $N<0$이 존재하여 $x<N$이면 $|f(x) - L| < \varepsilon$이 성립한다는 뜻이다(그래프를 이용한 설명은 그림 1.56 참고).

다음의 예제에서는 정의 6.4와 6.5를 이용하여 보자.

예제 6.9 x가 무한대로 커질 때의 극한

$\lim_{x\to-\infty} \frac{1}{x} = 0$을 증명하여라.

풀이

극한의 정의에 의하여 임의의 $\varepsilon > 0$에 대하여 x를 음수로서 충분히 작게 택하면

$$\left|\frac{1}{x} - 0\right| < \varepsilon$$

이 성립함을 보이자. 즉,

$$\left|\frac{1}{x}\right| < \varepsilon \tag{6.6}$$

임을 보이자. $x < 0$이므로 $|x| = -x$이고 식 (6.6)은

$$-\frac{1}{x} < \varepsilon$$

이 된다. 이것은

$$-\frac{1}{\varepsilon} > x$$

와 같다. 그러므로 $N = -\frac{1}{\varepsilon}$로 택하고 거슬러 올라가면 정의를 만족한다는 것을 알 수 있다.

■

주 6.2

앞에서 살펴본 다섯 가지 극한의 정의들이 아주 유사하기 때문에 정의들 사이의 공통점을 주의 깊게 살펴보아야 한다. 이 정의들은 '가깝다'는 말이 무슨 뜻인지 정확히 설명하고 있다. 정의를 그대로 외우지 말고, 그것들이 의미하는 바를 이해하고 문제를 풀어야 한다.

이러한 정의들이 모든 극한을 증명하기 위해 사용되는 것은 아니다. 사실상 이 정의들은 몇 가지 기본적인 극한을 증명하는 곳에만 사용을 하거나 어떤 경우는 증명 없이 사용해 왔다. 앞에서 극한의 정리들을 살펴보았고, 이러한 정리들을 이용하여 새로운 극한 정리들을 증명하였다. 여기서는 극한의 합에 대한 법칙을 증명해 보자.

정리 6.1

실수 a에 대하여 $\lim_{x\to a} f(x) = L_1$과 $\lim_{x\to a} g(x) = L_2$라 하자. 그러면

$$\lim_{x\to a}[f(x)+g(x)] = \lim_{x\to a} f(x) + \lim_{x\to a} g(x) = L_1 + L_2$$

가 성립한다.

증명

$\lim_{x\to a} f(x) = L_1$이므로 임의의 $\varepsilon_1 > 0$에 대하여 $\delta_1 > 0$이 존재하여

$$0 < |x-a| < \delta_1 \text{이면 } |f(x) - L_1| < \varepsilon_1 \tag{6.7}$$

이 성립한다. 또한 $\lim_{x\to a} g(x) = L_2$이므로 임의의 $\varepsilon_2 > 0$에 대하여 $\delta_2 > 0$가 존재하여

$$0 < |x-a| < \delta_2 \text{이면 } |g(x) - L_2| < \varepsilon_2 \tag{6.8}$$

가 성립한다. 여기서

$$\lim_{x\to a}[f(x)+g(x)] = (L_1 + L_2)$$

를 보이려면, 임의의 $\varepsilon > 0$에 대하여 $\delta > 0$가 존재하여

$$0 < |x-a| < \delta \text{이면 } |[f(x)+g(x)] - (L_1+L_2)| < \varepsilon$$

을 보여야 한다. 그런데 삼각부등식에 의하여

$$\begin{aligned} |[f(x)+g(x)] - (L_1+L_2)| &= |[f(x)-L_1] + [g(x)-L_2]| \\ &\le |f(x)-L_1| + |g(x)-L_2| \end{aligned} \tag{6.9}$$

가 된다. 여기서 $\varepsilon_1 = \varepsilon_2 = \frac{\varepsilon}{2}$과 $0 < |x-a| < \delta = \min\{\delta_1, \delta_2\}$로 택하면

$$0 < |x-a| < \delta_1 \text{이고 } 0 < |x-a| < \delta_2$$

일 때

$$|[f(x)+g(x)]-(L_1+L_2)| \le |f(x)-L_1| + |g(x)-L_2|$$
$$< \frac{\varepsilon}{2} + \frac{\varepsilon}{2} = \varepsilon$$

이 성립한다. ■

극한에 관한 다른 성질들도 극한의 정의를 이용하여 이와 유사하게 증명할 수 있다(부록 A 참고).

연습문제 1.6

[1~5] δ를 ε을 이용하여 표현하여라.

1. $\lim_{x \to 0} 3x = 0$

2. $\lim_{x \to 2}(3x + 2) = 8$

3. $\lim_{x \to 1}(3 - 4x) = -1$

4. $\lim_{x \to 1}\frac{x^2 + x - 2}{x - 1} = 3$

5. $\lim_{x \to 1}(x^2 - 1) = 0$

6. $\lim_{x \to a}(mx+b)$에 대하여, δ를 ε으로 표시하여라. δ는 a값에 의존하는가? 그래프를 이용하여 설명하여라.

[7~8] 함숫값의 표와 그래프를 이용하여, 주어진 ε에 대응하는 δ를 구하여라. 또한 선택한 영역 [x범위는 $(a-\delta,\ a+\delta)$, y범위는 $(L-\varepsilon,\ L+\varepsilon)$]에 대하여 함수의 그래프를 그려라.

7. $\lim_{x \to 0}(x^2 + 1) = 1,\ \varepsilon = 0.1$

8. $\lim_{x \to 1}\sqrt{x + 3} = 2,\ \varepsilon = 0.1$

9. 한쪽극한 $\lim_{x \to a^-} f(x)$와 $\lim_{x \to a^+} f(x)$를 $\varepsilon - \delta$를 이용하여 정의하여라.

10. $M = 100$ 또는 $N = -100$에 대응하는 δ를 구하여라.

(a) $\lim_{x \to 1^+}\frac{2}{x - 1} = \infty$ (b) $\lim_{x \to 1^-}\frac{2}{x - 1} = -\infty$

[11~12] $\varepsilon = 0.1$에 대응하는 M 또는 N을 구하여라.

11. $\lim_{x \to \infty}\frac{x^2 - 2}{x^2 + x + 1} = 1$

12. $\lim_{x \to -\infty}\frac{x^2 + 3}{4x^2 - 4} = 0.25$

[13~15] 다음 극한을 증명하여라(단, k는 정수).

13. $\lim_{x \to \infty}\left(\frac{1}{x^2 + 2} - 3\right) = -3$

14. $\lim_{x \to -3}\frac{-2}{(x + 3)^4} = -\infty$

15. $\lim_{x \to \infty}\frac{1}{x^k} = 0,\ k > 0$

[16~17] 특정한 $\varepsilon > 0$에 대하여 극한의 정의를 만족하는 $\delta > 0$가 존재하지 않음을 보여라.

16. $f(x) = \begin{cases} 2x, & x < 1 \\ x^2 + 3, & x > 1 \end{cases}$ $\lim_{x \to 1} f(x) \ne 2$

17. $f(x) = \begin{cases} 2x, & x < 1 \\ 5 - x^2, & x > 1 \end{cases}$ $\lim_{x \to 1} f(x) \ne 2$

미 분

CHAPTER 2

42.195킬로미터(26마일 385야드)를 달리는 마라톤은 가장 유명한 달리기 경기 중의 하나이다. 2004년 올림픽 마라톤 경기는 마라톤에서 아테네까지 전설이 깃든 역사적인 길에서 열렸는데 이탈리아의 스테파노 발디니가 2시간 10분 55초의 기록으로 우승하였다. 이 선수가 달린 속력을 계산해 보자. '속력은 거리 나누기 시간'이라는 공식을 이용하면 발디니의 평균속력은

$$\frac{26+\dfrac{385}{1760}}{2+\dfrac{10}{60}+\dfrac{55}{3600}} \approx 12.0\,\text{mph}$$

임을 알 수 있다. 따라서 발디니는 26마일을 뛰는 동안 1마일에 평균적으로 5분이 채 걸리지 않은 것이다. 한편 100미터 경기에서는 미국의 저스틴 가트린이 9.85초의 기록으로 우승했고, 200미터 경기에서는 미국의 숀 크로포드가 19.79초의 기록으로 우승하였다. 이 선수들의 평균속력은

$$\frac{\dfrac{100}{1610}}{\dfrac{9.85}{3600}} \approx 22.7\,\text{mph}, \quad \frac{\dfrac{200}{1610}}{\dfrac{19.79}{3600}} \approx 22.6\,\text{mph}$$

임을 알 수 있다. 이 속력이 마라톤 경기에서의 속력보다 더 빠르기 때문에 100미터와 200미터 경기의 우승자를 흔히 '세상에서 가장 빠른 사람'이라고 부른다.

만약 어떤 사람이 200미터를 19.79초에 뛰었는데 처음 100미터를 9.85초에 뛰었다고 가정하여 각 100미터에서의 평균속력을 비교해 보자. 두 번째 100미터에서는 달린 거리가 $200-100=100$미터이고 걸린 시간은 $19.79-9.85=9.94$초이다. 따라서 평균속력은

$$\frac{200-100}{19.79-9.85}=\frac{100}{9.94} \approx 10.06\,\text{m/s} \approx 22.5\text{mph}$$

이다. m/s 단위로 속력을 계산하는 것은 두 점 (9.85, 100)과 (19.79, 200) 사이의 직선

의 기울기를 계산하는 것과 같은 방법이다. 이 장에서는 직선의 기울기와 속력 등의 관계를 알아보자.

2.1 접선과 속도

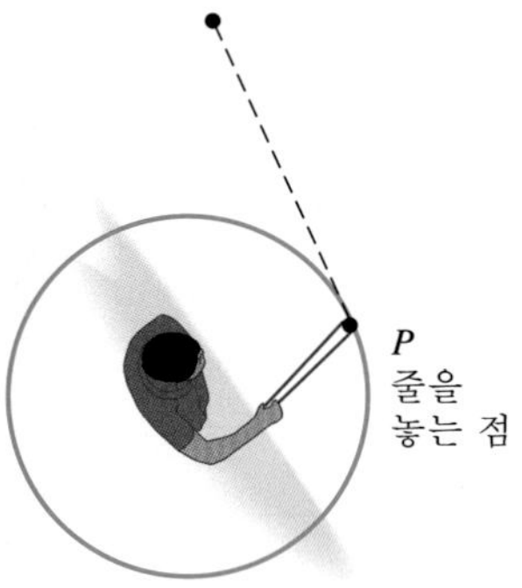

P
줄을
놓는 점

그림 2.1 돌멩이의 경로

줄 끝에 돌멩이를 매달고 원을 그리며 돌리다가 어느 순간 줄을 놓는 놀이를 생각해 보자. 줄을 놓으면 돌멩이는 어느 방향으로 날아갈까? 이 상황을 그림으로 나타낸 것이 그림 2.1이다. 많은 사람들이 돌멩이가 곡선 경로로 날아갈 것이라고 잘못 생각하지만 뉴턴의 운동에 대한 제1법칙에 의하면 그 경로는 직선이다. 실제로 돌멩이는 줄을 놓는 지점에서 원의 접선 방향으로 날아가게 된다. 이 절의 목표는 접선의 개념을 좀 더 일반적인 곡선에 대한 것으로 확장하는 것이다.

좀 더 구체적으로 설명하기 위해, 곡선 $y = x^2 + 1$ 위의 점 (1, 2)에서 접선을 구한다고 하자(그림 2.2). 이것을 어떻게 정의할 수 있을까? 접선은 만나는 점 근처에서 곡선과 접하는 직선이다. 다시 말하면, 원의 접선과 마찬가지로, 접하는 점(접점)에서 접선과 곡선은 같은 방향을 갖는다. 따라서 여러분이 곡선 위의 접점에 서 있다가 조금 이동할 때도 여전히 곡선 위에 있고 싶다면 접선 방향으로 이동하면 되는 것이다. 또 다른 방법으로 이것을 생각하여, 이 곡선을 충분히 확대하면 그래프는 직선에 가까워 보인다. 그림 2.2에서 곡선 $y = x^2 + 1$의 그래프의 작은 직사각형 부분을 확대한 것이 그림 2.3이다.

곡선에서 두 점, 예를 들면 (1, 2)와 (3, 10)을 택하고 이 두 점을 잇는 직선의 기울기를 계산하자. 이 직선을 **할선**(secant line)이라 하는데 그 기울기를 m_{sec}라 하면

$$m_{\text{sec}} = \frac{10-2}{3-1} = 4$$

이다. 그러면 할선의 방정식은

$$\frac{y-2}{x-1} = 4$$

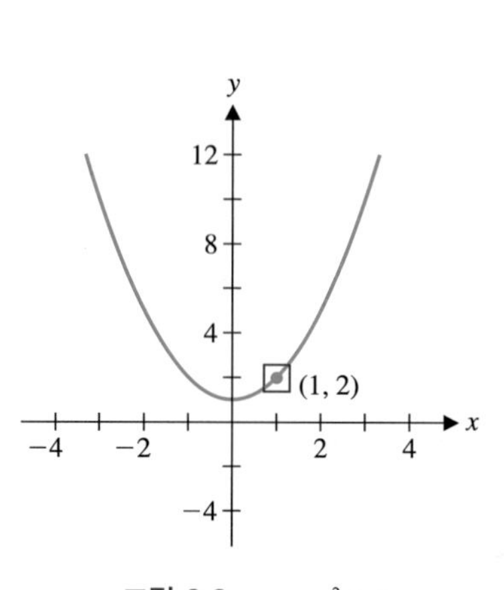

그림 2.2 $y = x^2 + 1$

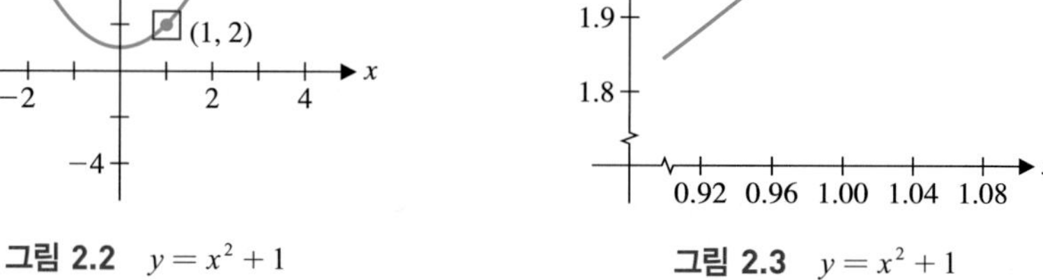

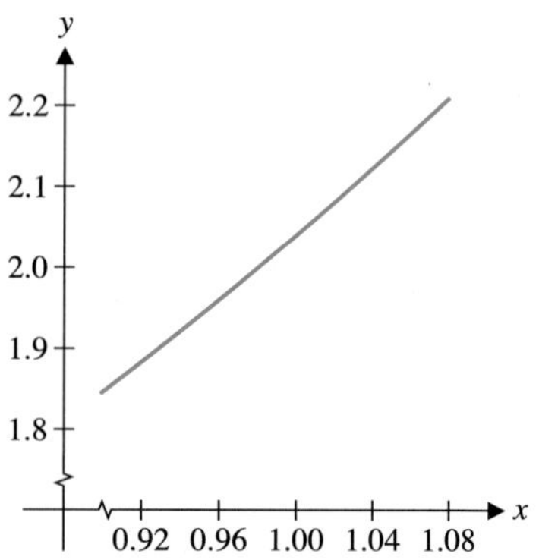

그림 2.3 $y = x^2 + 1$

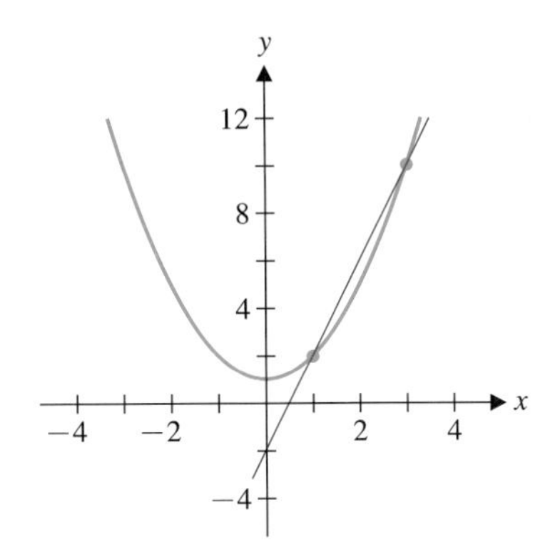

그림 2.4a (1, 2)와 (3, 10)을 잇는 할선

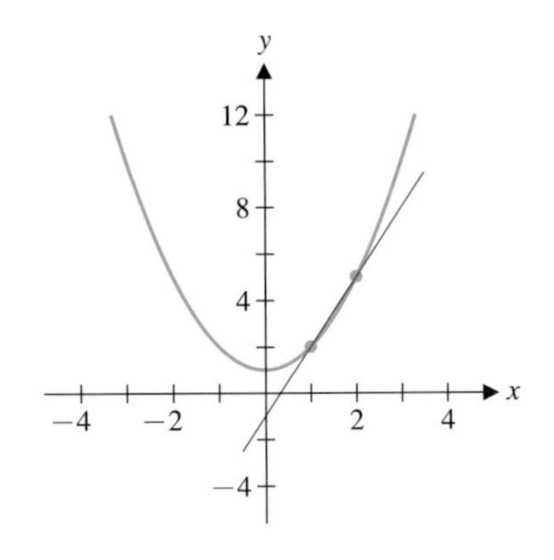

그림 2.4b (1, 2)와 (2, 5)를 잇는 할선

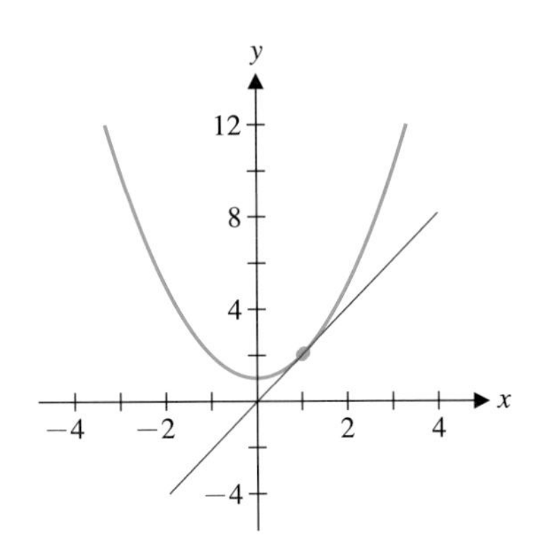

그림 2.4c (1, 2)와 (1.05, 2.1025)를 잇는 할선

이므로

$$y = 4(x - 1) + 2$$

이다. 그림 2.4a에서 보듯이 이 할선은 접선과는 많이 달라 보인다.

이제 두 번째 점을 접점에 더 가깝게 (2, 5)로 택하면 할선의 기울기는

$$m_{\text{sec}} = \frac{5 - 2}{2 - 1} = 3$$

이므로 할선의 방정식은 $y = 3(x - 1) + 2$이다. 그림 2.4b에서 보면 이 직선은 접선에 좀 더 가까워 보이기는 하지만 여전히 차이가 있다. 두 번째 점을 접점에 더 가깝게 (1.05, 2.1025)로 택하면 접선에 훨씬 근사한 직선을 얻을 수 있다. 이 경우 두 점을 잇는 할선의 기울기는

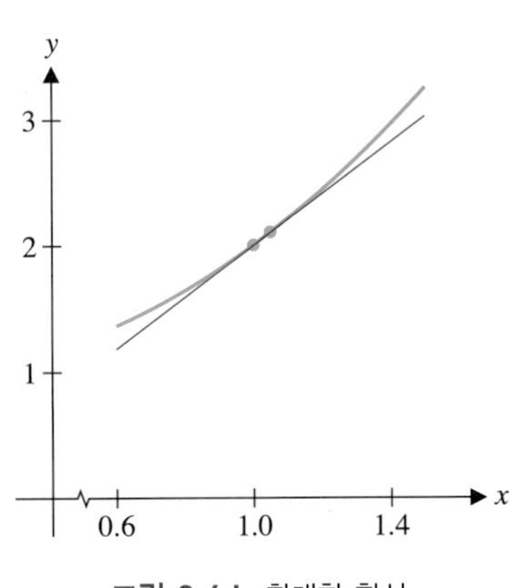

그림 2.4d 확대한 할선

$$m_{\text{sec}} = \frac{2.1025 - 2}{1.05 - 1} = 2.05$$

이고 할선의 방정식은 $y = 2.05(x - 1) + 2$이다. 그림 2.4c에서 보듯이 이 할선은 접선과 아주 비슷해 보이고, 그림 2.4d와 같이 확대해 보아도 그렇게 보인다. 이 과정을 반복하여 점 (1, 2)와, 0에 가까운 값 h에 대해서, 점 $(1+h, f(1+h))$를 연결하는 할선의 기울기를 계산해 보자. 이 할선의 기울기는

$$\begin{aligned} m_{\text{sec}} = \frac{f(1+h) - 2}{(1+h) - 1} &= \frac{[(1+h)^2 + 1] - 2}{h} \\ &= \frac{(1 + 2h + h^2) - 1}{h} = \frac{2h + h^2}{h} && \text{전개하고 정리} \\ &= \frac{h(2+h)}{h} = 2 + h && \text{인수분해하고 } h \text{ 약분} \end{aligned}$$

이다. h가 0으로 접근함에 따라 할선의 기울기는 2에 접근하고 우리는 이것을 접선의 기울기라고 정의할 수 있다.

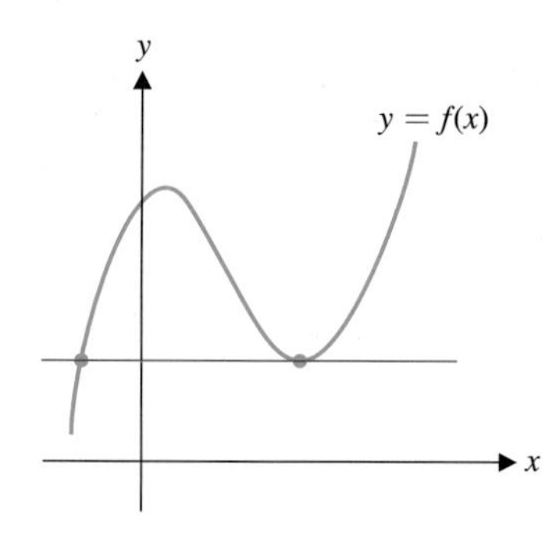

그림 2.5 두 점 이상에서 곡선과 만나는 접선

주 1.1

접선의 일반적인 경우를 공부하기 전에 한 가지 더 생각해야 할 것이 있다. 원의 경우와는 달리, 그림 2.5에서 보듯이 접선은 곡선과 만나는 점이 두 곳 이상일 수도 있다.

일반적인 경우

$y=f(x)$의 $x=a$에서의 접선의 기울기를 구하기 위해 곡선 위의 두 점을 택하자. 한 점은 접점으로 $(a,\ f(a))$이다. 또 다른 점의 x좌표를 $x=a+h$라 하고 h가 0에 가까운 값이라 하면, y좌표는 $f(a+h)$이다. h가 양수일 때가 그림 2.6a이고 h가 음수일 때는 그림 2.6b이다.

두 점 $(a,\ f(a))$와 $(a+h,\ f(a+h))$를 지나는 할선의 기울기는

$$m_{\text{sec}} = \frac{f(a+h)-f(a)}{(a+h)-a} = \frac{f(a+h)-f(a)}{h} \tag{1.1}$$

이다. 식 (1.1)의 표현에서 우리가 택하는 임의의 두 점에 대한 (즉, 임의의 $h \neq 0$에 대한) 할선의 기울기를 구할 수 있다.

앞에서 우리는 접선에 좀 더 근사한 식을 구하기 위해 접점 근처를 확대하는 과정을 반복했다. 이러한 과정은 두 점을 점점 더 가깝게 하고 h가 0으로 접근하게 한다. 그러면 어느 정도까지 확대해야 할까? 크게 확대하면 할수록 더 좋은 것인데 이것은 h가 0으로 접근함을 의미한다. 그림 2.7에서 $h>0$일 때 몇 개의 할선을 그려서 이 과정을 설명하고 있다. 점 Q가 점 P에 접근하면 (즉, $h \to 0$이면) 할선은 점 P에서의 접선에 접근한다.

$h \to 0$일 때 할선의 기울기 식 (1.1)의 극한값이 존재하면 이 극한값을 접선의 기울기라 정의한다.

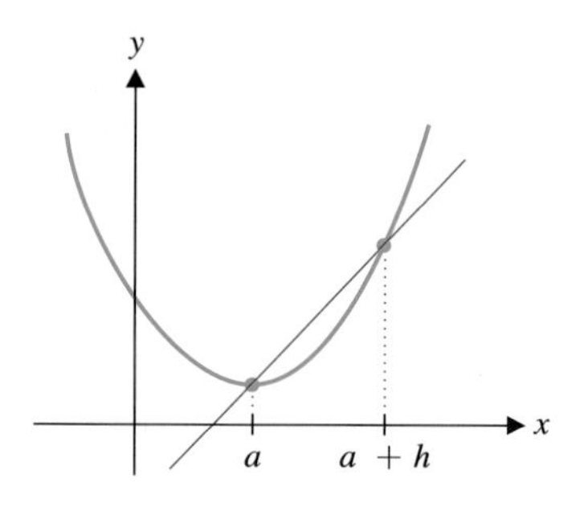

그림 2.6a $h>0$일 때 할선

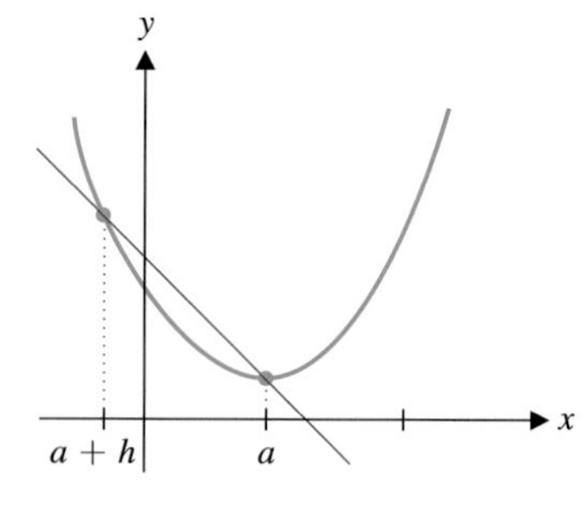

그림 2.6b $h<0$일 때 할선

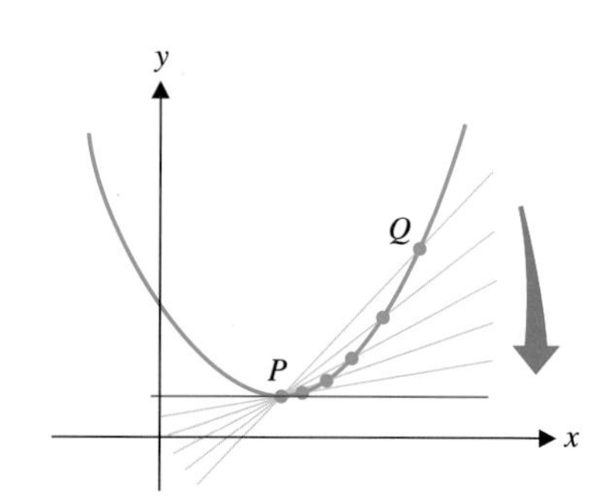

그림 2.7 점 P에서의 접선으로 접근하는 할선

정의 1.1

극한

$$m_{\tan} = \lim_{h \to 0} \frac{f(a+h) - f(a)}{h} \tag{1.2}$$

가 존재하면 이 극한값을 $y = f(x)$의 $x = a$에서의 **접선의 기울기**(slope)라 한다.

접선은 점 $(a, f(a))$를 지나고 기울기가 $m_{\tan}$인 직선이므로

$$\boxed{y = m_{\tan}(x - a) + f(a)}$$

접선의 방정식

이다.

예제 1.1 접선의 방정식 구하기

$y = x^2 + 1$ 의 $x = 1$ 에서의 접선의 방정식을 구하여라.

풀이

식 (1.2)를 이용하여 접선의 기울기를 계산하면

$$\begin{aligned} m_{\tan} &= \lim_{h \to 0} \frac{f(1+h) - f(1)}{h} \\ &= \lim_{h \to 0} \frac{[(1+h)^2 + 1] - (1+1)}{h} \\ &= \lim_{h \to 0} \frac{1 + 2h + h^2 + 1 - 2}{h} && \text{전개하고 정리} \\ &= \lim_{h \to 0} \frac{2h + h^2}{h} = \lim_{h \to 0} \frac{h(2+h)}{h} && \text{인수분해하고 } h \text{ 약분} \\ &= \lim_{h \to 0} (2 + h) = 2 \end{aligned}$$

이다. $x = 1$일 때 곡선 위의 점의 좌표는 (1, 2)이므로, 기울기가 2이고 점 (1, 2)를 지나는 직선의 방정식을 구하면

$$y = 2(x - 1) + 2$$
$$y = 2x$$

이다. 이것은 앞에서 계산한 할선들과 아주 가깝다. 이 함수와 접선의 그래프는 그림 2.8에 있다.

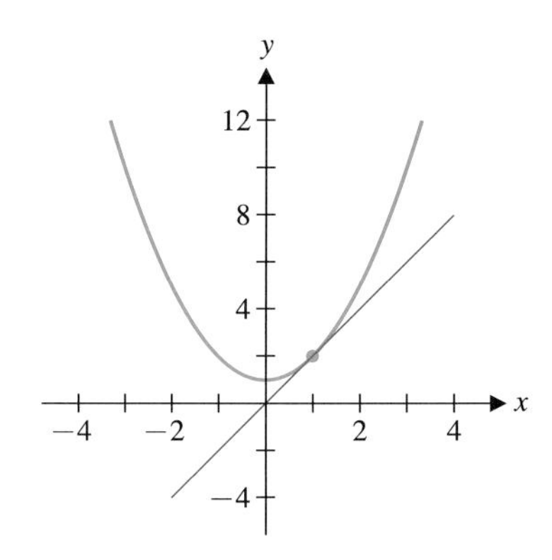

그림 2.8 $x = 1$에서의 $y = x^2 + 1$의 접선

예제 1.2 유리함수의 그래프에 대한 접선

$y = \dfrac{2}{x}$의 $x = 2$에서의 접선의 방정식을 구하여라.

풀이

식 (1.2)에 의하여

$$\begin{aligned} m_{\tan} &= \lim_{h\to 0}\frac{f(2+h)-f(2)}{h} = \lim_{h\to 0}\frac{\frac{2}{2+h}-1}{h} && f(2+h)=\frac{2}{2+h}\text{이므로} \\ &= \lim_{h\to 0}\frac{\left[\frac{2-(2+h)}{(2+h)}\right]}{h} = \lim_{h\to 0}\frac{\left[\frac{2-2-h}{(2+h)}\right]}{h} && \text{분자 정리} \\ &= \lim_{h\to 0}\frac{-h}{(2+h)h} = \lim_{h\to 0}\frac{-1}{2+h} = -\frac{1}{2} && h\text{ 약분} \end{aligned}$$

이다. $x=2$일 때 $f(2)=1$이므로 곡선 위의 점의 좌표는 (2, 1)이다. 따라서 접선의 방정식은

$$y = -\frac{1}{2}(x-2)+1$$

이다. 이 함수와 접선의 그래프는 그림 2.9에 있다.

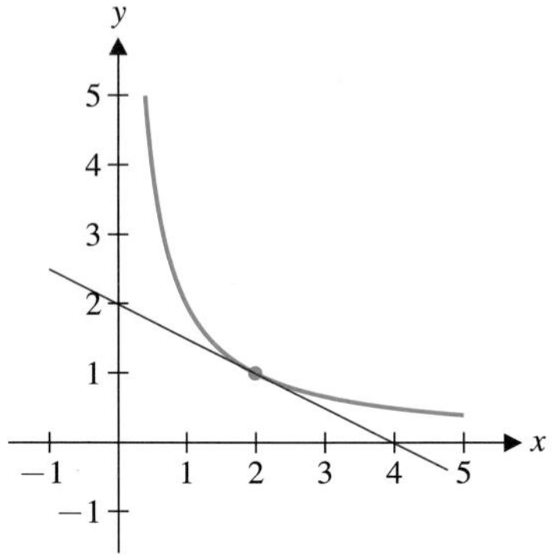

그림 2.9 점 (2, 1)에서의 $y=\frac{2}{x}$의 접선

접선의 기울기를 구하는 극한을 계산할 수 없을 경우에는 다음의 예제 1.3과 같이 근삿값을 구해야 한다.

예제 1.3 그래프와 계산으로 접선의 기울기의 근삿값 구하기

$y=\frac{x-1}{x+1}$의 $x=0$에서의 접선의 기울기의 근삿값을 그래프와 계산을 통해 구하여라.

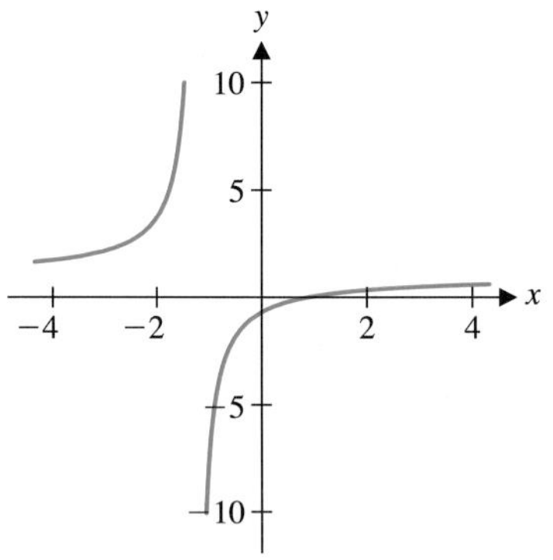

풀이

$y=\frac{x-1}{x+1}$의 그래프가 그림 2.10a에 있다. 점 (0, −1)에서 접선을 구하면 되는데 그림 2.10b는 그래프를 좀 더 확대한 것이다. 기울기의 근삿값을 구하기 위해 접선 위에서 (0, −1)이 아닌 점을 하나 택하자. 그림 2.10b에서 보면 점 (1, 1)이 접선 위에 있는 것으로 보인다. 따라서 접선의 기울기의 근삿값은 $m_{\tan} \approx \frac{1-(-1)}{1-0}=2$이다. 계산으로 근삿값을 구하기 위해서는 점 (0, −1) 근처에 있는 몇 개의 점을 택하고 할선의 기울기를 구하자. 예를 들어, y 값을 소수점 이하 넷째 자리에서 반올림하면 다음 표를 얻는다.

그림 2.10a $y=\frac{x-1}{x+1}$

두 번째 점	$m_{\sec}$	두 번째 점	$m_{\sec}$
(1, 0)	$\frac{0-(-1)}{1-0}=1$	(−0.5, −3)	$\frac{-3-(-1)}{-0.5-0}=4.0$
(0.1, −0.8182)	$\frac{-0.8182-(-1)}{0.1-0}=1.818$	(−0.1, −1.2222)	$\frac{-1.2222-(-1)}{-0.1-0}=2.22$
(0.01, −0.9802)	$\frac{-0.9802-(-1)}{0.01-0}=1.98$	(−0.01, −1.0202)	$\frac{-1.0202-(-1)}{-0.01-0}=2.02$

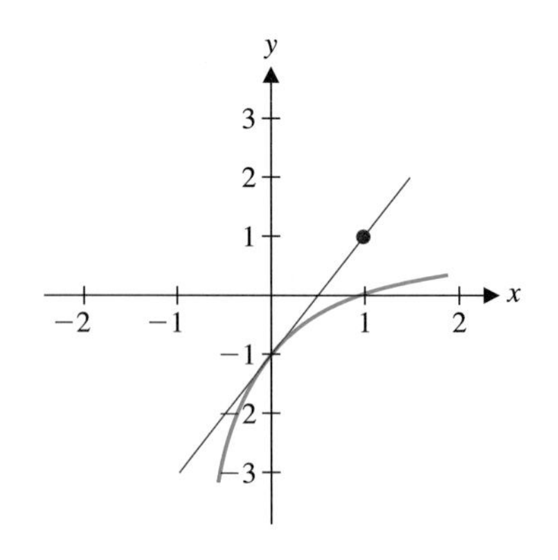

그림 2.10b 접선

위의 표에서 두 번째 점이 (0, −1)에 가까이 갈수록 할선의 기울기는 2에 점점 가까워짐을 알 수 있다. 따라서 이 곡선의 점 (0, −1)에서의 접선의 기울기는 2임을 추측할 수 있다.

속도

우리는 흔히 어떤 물체의 속력과 방향을 결정하는 양을 속도라고 한다. 만약 속도계가 없다면 다음 공식을 이용하여 속력을 구할 수 있다.

$$\text{거리} = \text{속력} \times \text{시간} \tag{1.3}$$

식 (1.3)을 이용하여, 속력은 거리를 시간으로 나누면 된다. 하지만 식 (1.3)에서의 속력은 일정한 시간 동안의 평균속력을 의미한다. 우리는 어떤 특정한 순간의 속력을 알고 싶다. 다음 이야기는 두 개념의 차이에 관한 것이다.

과속 단속 경찰은 운전자에게 얼마나 빨리 달렸는지 묻곤 한다. 3년 2개월 7일 5시간 45분 동안 45,259.7마일을 운전했으므로 속력은

$$\text{속력} = \frac{\text{거리}}{\text{시간}} = \frac{45{,}259.7\text{마일}}{27{,}917.75\text{시간}} \approx 1.62118 \text{ mph}$$

이라고 하면 대부분의 경찰은 이러한 설명에 동의하지 않는다. 그러면 이것은 왜 틀렸는가? 물론 식 (1.3)과 위의 계산에는 틀린 점이 없다. 그러나 3년 동안 대부분의 시간은 운전하고 있지 않았으므로 위의 계산은 틀린 것이다.

위와는 달리 다음과 같이 주장했다고 생각해 보자. “나는 집에서 정확히 오후 6시 17분에 출발해서 오후 6시 43분에 단속으로 정지했고 정확히 17마일을 달렸습니다, 따라서 속력은

$$\text{속력} = \frac{17\text{마일}}{26\text{분}} \cdot \frac{60\text{분}}{1\text{시간}} = 39.2\text{mph}$$

인데 이것은 제한속력 45 mph를 넘지 않는 것입니다.”

물론 이것은 위에서 계산한 1.6 mph보다는 훨씬 더 합리적인 결과이다. 하지만 이것 역시 다소 긴 시간 구간에서 평균속력을 계산한 것이다.

함수 $s(t)$가 직선을 따라 움직이는 물체의 시각 t에서의 위치를 나타낸다고 하자. 즉, $s(t)$는 기준점으로부터의 변위(부호가 붙은 거리)를 의미하여, $s(t)<0$이면 물체가 기준점으로부터 음의 방향으로 $|s(t)|$만큼 떨어져 있음을 나타낸다. 그러면 두 시각 a와 $b(a<b)$에 대하여 $s(b)-s(a)$는 두 위치 $s(a)$와 $s(b)$ 사이의 변위를 나타낸다. 평균속도 v_{avg}는

$$\boxed{v_{\text{avg}} = \frac{\text{변위}}{\text{시간}} = \frac{s(b) - s(a)}{b - a}} \tag{1.4}$$

로 주어진다.

예제 1.4 평균속도 구하기

직선 도로에서 자동차가 주행할 때 t분 후의 위치는

$$s(t) = \frac{1}{2}t^2 - \frac{1}{12}t^3, \quad 0 \le t \le 4$$

로 주어진다고 하자. $t = 2$일 때 속도의 근삿값을 구하여라.

풀이

$t = 2$부터 $t = 4$까지의 2분 동안의 평균속도를 구해보면, 식 (1.4)에 의해서

$$\begin{aligned} v_{\text{avg}} &= \frac{s(4)-s(2)}{4-2} \approx \frac{2.6667-1.3333}{2} \\ &\approx 0.6667 \text{ miles/minute} \\ &\approx 40 \text{ mph} \end{aligned}$$

이다. 물론 자동차의 속력은 2분 동안 아주 많이 변하기 때문에 2분 구간 동안 평균속도를 구하는 것은 좋은 근삿값이라 할 수 없다. 좀 더 나은 근삿값은 1분 동안의 평균속도를 구함으로써 얻을 수 있다. 따라서 식 (1.4)에 의해

$$\begin{aligned} v_{\text{avg}} &= \frac{s(3)-s(2)}{3-2} \approx \frac{2.25-1.3333}{1} \\ &\approx 0.91667 \text{ miles/minute} \\ &\approx 55 \text{ mph} \end{aligned}$$

이다. 이 근삿값은 처음 근삿값보다 시간 구간이 훨씬 짧기 때문에 더 나은 근삿값이라 할 수 있지만 역시 충분히 정확하지는 않다. 시간 구간을 작게 할수록 평균속도는 $t = 2$일 때의 순간속도에 가까워지게 된다. 따라서 시간 구간 $[2, 2+h]$에서 평균속도를 구하고 $h \to 0$이면 그 값은 $t = 2$일 때의 순간속도에 점점 더 가까워지게 된다.

$$v_{\text{avg}} = \frac{s(2+h)-s(2)}{(2+h)-2} = \frac{s(2+h)-s(2)}{h}$$

h	$\frac{s(2+h)-s(2)}{h}$
1.0	0.9166666667
0.1	0.9991666667
0.01	0.9999916667
0.001	0.999999917
0.0001	1.0
0.00001	1.0

이다. $h > 0$일 때 몇 개의 값을 계산하면 왼쪽 표와 같고, $h < 0$일 때도 비슷한 결과를 얻을 수 있다. 따라서 평균속도는 $h \to 0$일 때 1마일/분(60 mph)임을 알 수 있다. 이 극한값을 순간속도라고 부른다.

■

따라서 우리는 다음과 같이 정의할 수 있다.

주 1.2

예를 들어 t의 단위가 초이고 $f(t)$의 단위가 피트이면(평균 또는 순간)속도의 단위는 초당 피트(ft/s)이다. 속도(velocity)라는 말은 항상 순간속도를 의미한다.

정의 1.2

기준점에서 출발하여 직선 운동을 하는 어떤 물체의 시각 t일 때의 위치를 $s(t)$라고 하자. 극한값

$$v(a) = \lim_{h \to 0} \frac{s(a+h)-s(a)}{(a+h)-a} = \lim_{h \to 0} \frac{s(a+h)-s(a)}{h} \tag{1.5}$$

가 존재하면 이 값을 시각 $t = a$일 때의 **순간속도**(instantaneous velocity)라 한다. 또한 **속력**(speed)은 속도의 절댓값이다.

예제 1.5 평균속도와 순간속도 구하기

64피트 높이에서 떨어뜨린 물체의 t초 후의 높이를 $s(t) = 64-16t^2$피트라고 하자. $t = 1$에서 $t = 2$ 사이의 평균속도, $t = 1.5$에서 $t = 2$ 사이의 평균속도, $t = 1.9$에서 $t = 2$ 사이의 평균속도와 $t = 2$일 때의 순간속도를 구하여라.

풀이

$t = 1$ 에서 $t = 2$ 사이의 평균속도는

$$v_{\text{avg}} = \frac{s(2)-s(1)}{2-1} = \frac{64-16(2)^2-[64-16(1)^2]}{1} = -48 \text{ ft/s}$$

이고 $t = 1.5$에서 $t = 2$ 사이의 평균속도는

$$v_{\text{avg}} = \frac{s(2)-s(1.5)}{2-1.5} = \frac{64-16(2)^2-[64-16(1.5)^2]}{0.5} = -56 \text{ ft/s}$$

이며, $t = 1.9$에서 $t = 2$ 사이의 평균속도는

$$v_{\text{avg}} = \frac{s(2)-s(1.9)}{2-1.9} = \frac{64-16(2)^2-[64-16(1.9)^2]}{0.1} = -62.4 \text{ ft/s}$$

이다. 순간속도는 이러한 평균속도들의 극한값이다. 식 (1.5)에 의해서

$$\begin{aligned} v(2) &= \lim_{h\to 0}\frac{s(2+h)-s(2)}{(2+h)-2} \\ &= \lim_{h\to 0}\frac{[64-16(2+h)^2]-[64-16(2)^2]}{h} \\ &= \lim_{h\to 0}\frac{[64-16(4+4h+h^2)]-[64-16(2)^2]}{h} && \text{전개하고 정리} \\ &= \lim_{h\to 0}\frac{-64h-16h^2}{h} = \lim_{h\to 0}\frac{-16h(h+4)}{h} && \text{인수분해하고 } h \text{ 약분} \\ &= \lim_{h\to 0}[-16(h+4)] = -64 \text{ ft/s} \end{aligned}$$

이다. 속도는 속력과 방향을 의미한다. 이 문제에서 $s(t)$는 지면으로부터의 거리를 측정한 것이다. 따라서 음의 속도는 물체가 음의 방향으로 (아래로) 향하는 것을 의미한다. 2초 후 물체의 속력이 64 ft/s인 것이다(속력은 속도의 절댓값이다).

순간속도를 구하는 식 (1.5)와 접선의 기울기를 구하는 식 (1.2)는 같은 식임을 알 수 있다. 이 연관 관계를 좀 더 자세히 알아보자. 먼저 예제 1.4의 위치함수 $s(t) = 64-16t^2$, $0 \le t \le 2$를 그림으로 그려 보자. $t = 1$에서 $t = 2$ 사이의 평균속도는 $t = 1$일 때와 $t = 2$일 때의 두 점 사이의 할선의 기울기이다(그림 2.11a). 같은 방법으로 $t = 1.5$일 때와 $t = 2$ 사이의 평균속도는 대응되는 할선의 기울기이다(그림 2.11b). 마지막으로 $t = 2$일 때의 순간속도는 $t = 2$일 때의 접선의 기울기이다(그림 2.11c).

속도는 변화율이다(좀 더 정확히 이야기하면 시간에 대한 위치의 순간적인 변화

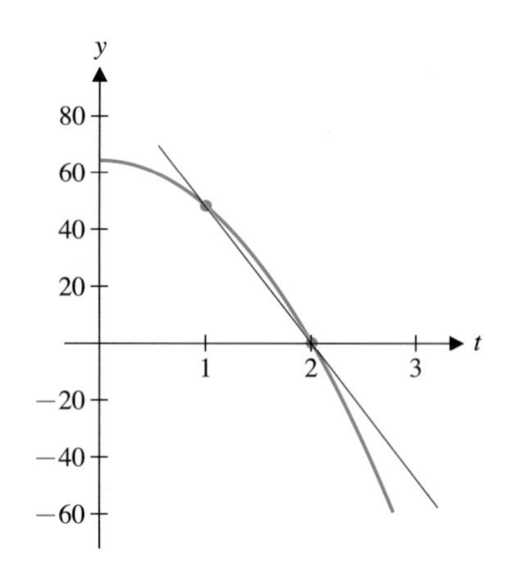

그림 2.11a $t = 1$과 $t = 2$ 사이의 할선

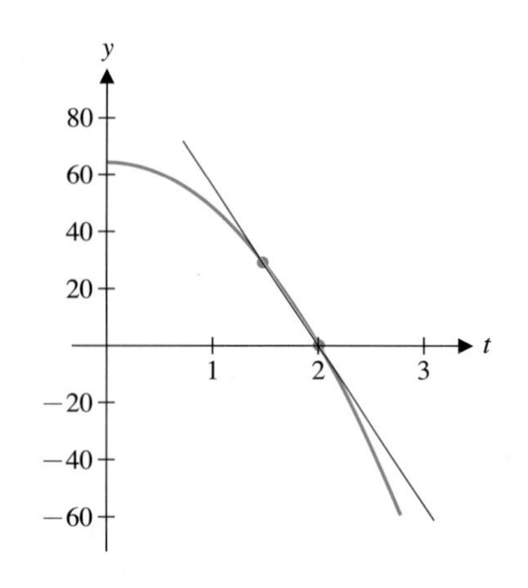

그림 2.11b $t = 1.5$와 $t = 2$ 사이의 할선

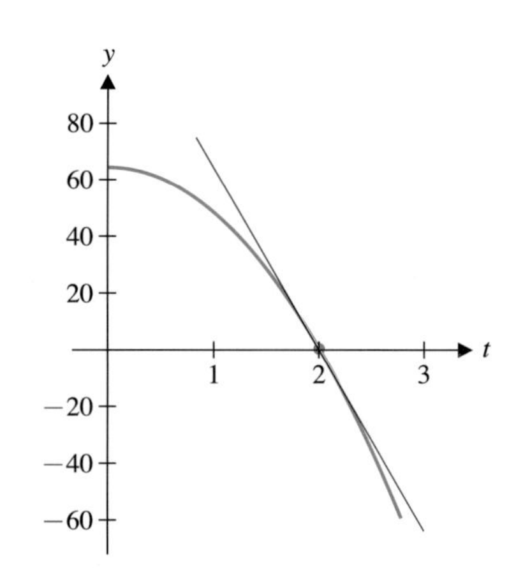

그림 2.11c $t = 2$에서의 접선

율이다). 이 순간변화율의 개념을 일반화하자. 일반적으로 함수 $f(x)$의 $x = a$에서 $x = b(a \neq b)$까지의 **평균변화율**(average rate of change)은

$$\frac{f(b)-f(a)}{b-a}$$

로 주어진다. 또 극한값

$$\lim_{h \to 0} \frac{f(a+h)-f(a)}{h}$$

이 존재하면 이 값을 $f(x)$의 $x = a$에서의 **순간변화율**(instaneous rate of change)이라 한다. 순간변화율의 단위는 f의 단위 나누기 x의 단위 (또는 x의 단위당 f의 단위)이다.

예제 1.6 변화율의 의미

어느 도시의 2000년 1월 1일부터 t년 후의 인구가 $f(t)$(단위는 백만 명)라 할 때 다음 수식이 무엇을 의미하는지 설명하여라.

(a) $\frac{f(2)-f(0)}{2} = 0.34$ (b) $f(2)-f(1) = 0.31$ (c) $\lim_{h \to 0} \frac{f(2+h)-f(2)}{h} = 0.3$

풀이

앞에서 설명했듯이 $\frac{f(b)-f(a)}{b-a}$는 $f(t)$의 a에서 b까지의 평균변화율을 나타낸다. (a)는 $f(t)$의 $a = 0$에서 $b = 2$까지의 평균변화율이 0.34임을 의미한다. 즉, 이 도시의 인구는 2000년부터 2002년까지 연평균 34만 명씩 증가한 것이다. 같은 방법으로 (b)는 $f(t)$의 $a = 1$에서 $b = 2$까지의 평균변화율이 0.31, 즉, 2001년부터는 연평균 31만 명씩 증가했음을 의미한다. (c)는 $t = 2$일 때 인구의 순간변화율을 나타낸다. 즉, 2002년 1월 1일부터 이 도시의 인구는 30만 명이 증가했음을 의미한다.

■

접선의 기울기, 순간속도, 그리고 순간변화율의 정의에는 '극한이 존재하면'이라는 조건이 있다. 이들 정의에서의 극한이 항상 존재하는 것은 아니라는 것은 이미 알고 있을 것이다. 다음 예제에서 살펴보자.

예제 1.7 어떤 점에서 접선을 갖지 않는 그래프

$y=|x|$의 $x=0$에서의 접선의 기울기를 구하여라.

풀이

그림 2.12를 보면 (0, 0) 근처를 아무리 확대하더라도 그림 2.12와 같은 형태임을 알 수 있다(이것이 그림 2.12에서 축에 척도를 표시하지 않은 이유 중의 하나이다). 이 이유만으로도 접선은 존재하지 않는다고 추측할 수 있다. 그뿐만 아니라 h가 임의의 양수일 때 (0, 0)과 $(h, |h|)$를 지나는 할선의 기울기는 1이고, h가 음수일 때 (0, 0)과 $(h, |h|)$를 지나는 할선의 기울기 또한 -1이다. $f(x)=|x|$라 하고 한쪽극한을 계산해 보자. $h>0$이면 $|h|=h$이므로

$$\lim_{h\to 0^+}\frac{f(0+h)-f(0)}{h}=\lim_{h\to 0^+}\frac{|h|-0}{h}=\lim_{h\to 0^+}\frac{h}{h}=1$$

이고, $h<0$이면 $|h|=-h$이므로

$$\lim_{h\to 0^-}\frac{f(0+h)-f(0)}{h}=\lim_{h\to 0^-}\frac{|h|-0}{h}=\lim_{h\to 0^-}\frac{-h}{h}=-1$$

이다. 좌극한과 우극한이 다르므로

$$\lim_{h\to 0}\frac{f(0+h)-f(0)}{h}$$

는 존재하지 않고 따라서 접선도 존재하지 않는다.

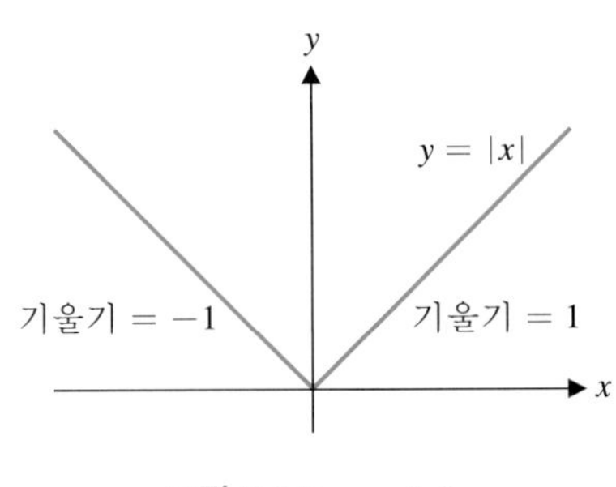

그림 2.12 $y=|x|$

연습문제 2.1

[1~4] 다음 함수의 $x=a$에서의 접선의 방정식을 구하여라. $y=f(x)$와 접선의 그래프를 그려서 계산 결과와 비교해 보아라.

1. $f(x)=x^2-2,\ a=1$
2. $f(x)=x^2-3x,\ a=-2$
3. $f(x)=\dfrac{2}{x+1},\ a=1$
4. $f(x)=\sqrt{x+3},\ a=-2$

[5~6] 다음 함수에 대하여 주어진 각 두 점 (a) $x=1$과 $x=2$ (b) $x=2$와 $x=3$ (c) $x=1.5$와 $x=2$ (d) $x=2$와 $x=2.5$ (e) $x=1.9$와 $x=2$ (f) $x=2$와 $x=2.1$ 사이의 할선의 기울기를 구하여라. (e) $x=2$일 때의 접선의 기울기는 대략 얼마인가?

5. $f(x)=x^3-x$
6. $f(x)=\dfrac{x-1}{x+1}$

7. 아래 그림에서 점 A, B, C, D를 접선의 기울기가 커지는 순서대로 나열하라.

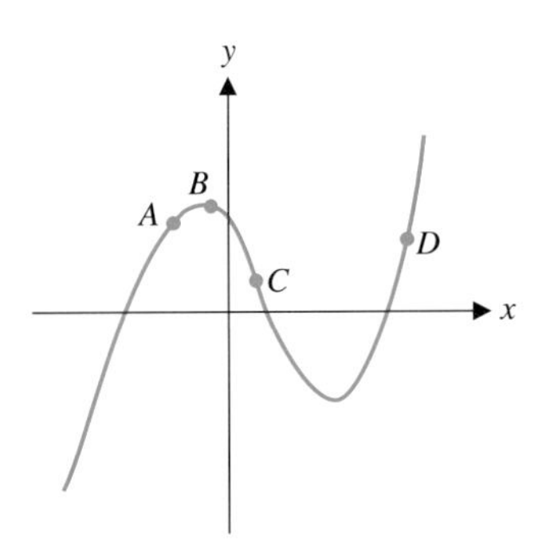

[8~9] 위치함수 $f(t)$가 다음과 같을 때 $t=a$에서의 속도를 구하여라.

8. $s(t) = -4.9t^2 + 5$, (a) $a=1$ (b) $a=2$

9. $s(t) = \sqrt{t+16}$, (a) $a=0$ (b) $a=2$

[10~11] 다음 함수는 어떤 물체의 시각 t에서의 위치를 나타낸다. (a) $t=0$과 $t=2$ (b) $t=1$과 $t=2$ (c) $t=1.9$와 $t=2$ (d) $t=1.99$와 $t=2$에서의 평균속도를 구하고 (e) $t=2$일 때의 순간속도를 구하여라.

10. $s(t) = 16t^2 + 10$ **11.** $s(t) = \sqrt{t^2 + 8t}$

[12~13] 그래프를 이용하거나 수를 직접 대입하여 다음 함수들의 $x=a$에서의 접선이 존재하지 않는 이유를 설명하여라.

12. $f(x) = |x-1|$, $a=1$

13. $f(x) = \begin{cases} x^2-1, & x<0 \\ x+1, & x \geq 0 \end{cases}$, $a=0$

14. (a) $y = x^3 + 3x + 1$의 접선의 기울기가 5인 점을 모두 구하여라.

(b) $y = x^3 + 3x + 1$의 접선의 기울기가 어느 점에서도 1이 될 수 없음을 보여라.

15. (a) $x = 1$일 때 $y = x^3 + 3x + 1$의 접선의 방정식을 구하여라.

(b) (a)에서 구한 접선은 $y = x^3 + 3x + 1$과 두 점 이상에서 만남을 보여라.

(c) 임의의 c에 대하여 $x = c$에서 $y = x^2 + 1$의 접선은 $y = x^2 + 1$과 한 점에서만 만남을 보여라.

16. 다음 표는 압력에 따라 물의 어는 온도를 나타낸 것이다. $p = 1$일 때와 $p = 3$일 때 접선의 기울기를 구하여 그 결과를 해석하여라.

p(atm)	0	1	2	3	4
°C	0	−7	−20	−16	−11

17. 다음의 그래프는 어떤 사람이 등산할 때의 고도를 시간에 대한 함수로 나타낸 것이다. 가장 높은 곳에 도착했을 때는 언제인가? 가장 빠른 속도로 올라가고 있을 때는 언제인가? 가장 빠른 속도로 내려가고 있을 때는 언제인가? 그래프가 수평인 지점에서는 어떤 일이 일어나고 있는가?

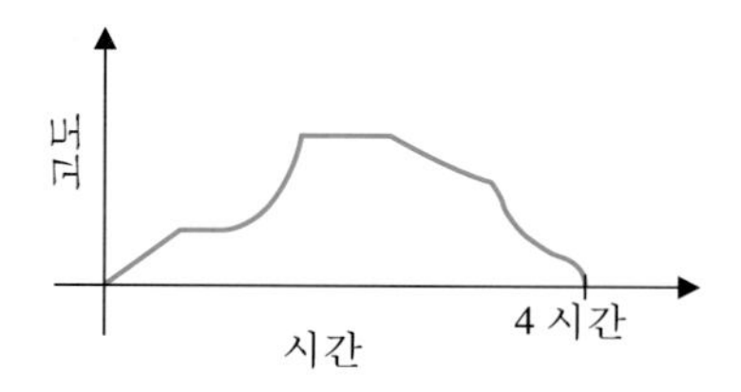

2.2 도함수

2.1절에서는 얼핏 보기에는 관계가 없어 보이는 두 개념, 즉 접선의 기울기와 속도에 관하여 공부하였다. 그리고 두 개념은 같은 형태의 극한으로 표현된다는 것을 알았다. 이것은 서로 달라 보이는 두 개념이 같은 수학적 표현으로 나타날 수 있는 수학의 위력을 나타낸다. 이 특별한 극한은 매우 유용하므로 특별한 이름을 붙이고 좀 더 자세히 공부해 보기로 하자.

정의 2.1

함수 $f(x)$에 대하여 극한

$$f'(a) = \lim_{h \to 0} \frac{f(a+h) - f(a)}{h} \tag{2.1}$$

이 존재하면 이 값을 $f(x)$의 $x = a$에서의 **미분계수**(derivative)라 하고 f는 $x=a$에서 **미분가능하다**(differentiable)고 한다.

식 (2.1)의 다른 표현은

$$f'(a) = \lim_{b \to a} \frac{f(b) - f(a)}{b - a} \tag{2.2}$$

이다.

예제 2.1 어떤 점에서의 미분계수 구하기

$f(x) = 3x^3 + 2x - 1$ 의 $x = 1$에서의 미분계수를 구하여라.

풀이

식 (2.1)에 의하여 다음과 같이 구할 수 있다.

$$\begin{aligned}
f'(1) &= \lim_{h \to 0} \frac{f(1+h) - f(1)}{h} \\
&= \lim_{h \to 0} \frac{[3(1+h)^3 + 2(1+h) - 1] - (3 + 2 - 1)}{h} \\
&= \lim_{h \to 0} \frac{3(1 + 3h + 3h^2 + h^3) + (2 + 2h) - 1 - 4}{h} && \text{전개하고 정리} \\
&= \lim_{h \to 0} \frac{3 + 9h + 9h^2 + 3h^3 + 2 + 2h - 5}{h} \\
&= \lim_{h \to 0} \frac{11h + 9h^2 + 3h^3}{h} && \text{인수분해하고 } h \text{ 약분} \\
&= \lim_{h \to 0} (11 + 9h + 3h^2) = 11
\end{aligned}$$

■

예제 2.1에서 $f'(2)$와 $f'(3)$의 값도 구하고 싶다고 하자. $f'(1)$을 구했던 것과 똑같이 할 수 있다. 그러나 $f'(2)$와 $f'(3)$을 구하기 위해 똑같은 긴 과정을 반복해야만 할까? 방법은 x의 값을 특별히 정하지 않고 미분계수를 계산하는 것이다. 이 방법은 극한을 계산하기 좀 더 어렵게 할 수도 있지만 임의의 a에 대하여 x 대신 a를 대입하기만 하면 $f'(a)$를 얻을 수 있는 어떤 함수를 구할 수 있다.

예제 2.2 특별히 정해지지 않은 점에서의 미분계수 구하기

$f(x) = 3x^3 + 2x - 1$ 의 특별히 정해지지 않은 점 x에서의 미분계수를 구하여라. 그리고 $x = 1$, $x = 2$, $x = 3$일 때의 미분계수를 구하여라.

풀이

도함수의 정의 식 (2.1)에서 a를 x로 바꾸면

$$\begin{aligned}
f'(x) &= \lim_{h \to 0} \frac{f(x+h) - f(x)}{h} \\
&= \lim_{h \to 0} \frac{[3(x+h)^3 + 2(x+h) - 1] - (3x^3 + 2x - 1)}{h}
\end{aligned}$$

$$= \lim_{h \to 0} \frac{3(x^3+3x^2h+3xh^2+h^3)+(2x+2h)-1-3x^3-2x+1}{h}$$ 전개하고 정리

$$= \lim_{h \to 0} \frac{3x^3+9x^2h+9xh^2+3h^3+2x+2h-3x^3-2x}{h}$$

$$= \lim_{h \to 0} \frac{9x^2h+9xh^2+3h^3+2h}{h}$$

$$= \lim_{h \to 0} (9x^2+9xh+3h^2+2)$$ 인수분해하고 h 약분

$$= 9x + 0 + 0 + 2 = 9x^2 + 2$$

를 얻는다. 여기에서 새로운 함수 $f'(x) = 9x^2 + 2$를 얻었다. x에 값을 대입하면 $f'(1) = 9 + 2 = 11$(예제 2.1에서의 결과와 같다), $f'(2) = 9(4) + 2 = 38$ 그리고 $f'(3) = 9(9) + 2 = 83$을 얻는다.

■

따라서 다음과 같이 정의할 수 있다.

정의 2.2

함수 $f(x)$에 대하여 극한

$$f'(x) = \lim_{h \to 0} \frac{f(x+h) - f(x)}{h} \tag{2.3}$$

가 존재하면 이것을 $f(x)$의 **도함수**(derivative)라 한다. 도함수를 구하는 과정을 **미분**(differentiation)이라고 한다. 또 f가 구간 I의 모든 점에서 미분가능할 때 f는 I에서 미분가능하다고 한다.

예제 2.3과 2.4에서 보면, 먼저 도함수를 정의하는 극한을 쓰고 적당한 방법으로 그 극한값을 구하는 것이다(모두 처음에는 부정형 $\frac{0}{0}$꼴이다).

예제 2.3 간단한 유리함수의 도함수 구하기

$f(x) = \dfrac{1}{x}$ $(x \neq 0)$일 때 $f'(x)$를 구하여라.

풀이

도함수의 정의에 의하여

$$f'(x) = \lim_{h \to 0} \frac{f(x+h) - f(x)}{h}$$

$$= \lim_{h \to 0} \frac{\left(\frac{1}{x+h} - \frac{1}{x}\right)}{h}$$ $f(x+h) = \dfrac{1}{x+h}$ 이므로

$$= \lim_{h \to 0} \frac{\left[\frac{x-(x+h)}{x(x+h)}\right]}{h}$$ 분자 정리

$$= \lim_{h \to 0} \frac{-h}{hx(x+h)}$$ h 약분

$$= \lim_{h \to 0} \frac{-1}{x(x+h)} = -\frac{1}{x^2}$$

또는 $f'(x) = -x^{-2}$ 이다.

■

예제 2.4 제곱근 함수의 도함수 구하기

$f(x) = \sqrt{x}\ (x \geq 0)$일 때 $f'(x)$를 구하여라.

풀이

도함수의 정의에 의하여

$$f'(x) = \lim_{h \to 0} \frac{f(x+h) - f(x)}{h}$$

$$= \lim_{h \to 0} \frac{\sqrt{x+h} - \sqrt{x}}{h}$$

$$= \lim_{h \to 0} \frac{\sqrt{x+h} - \sqrt{x}}{h} \left(\frac{\sqrt{x+h} + \sqrt{x}}{\sqrt{x+h} + \sqrt{x}} \right)$$ $\sqrt{x+h} + \sqrt{x}$를 분모, 분자에 곱한다

$$= \lim_{h \to 0} \frac{(x+h) - x}{h\left[\sqrt{x+h} + \sqrt{x}\right]}$$ 전개하고 정리

$$= \lim_{h \to 0} \frac{h}{h\left[\sqrt{x+h} + \sqrt{x}\right]}$$

$$= \lim_{h \to 0} \frac{1}{\sqrt{x+h} + \sqrt{x}}$$ h 약분

$$= \frac{1}{2\sqrt{x}} = \frac{1}{2}x^{-1/2}$$

이다. 여기서 $f'(x)$는 $x > 0$일 때만 정의된다.

■

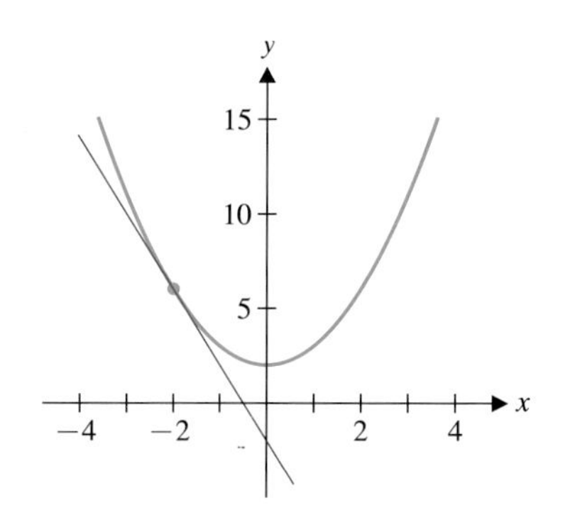

그림 2.13a $m_{\tan} < 0$

도함수를 구함으로써 얻는 이점은 여러 점에서의 미분계수를 간단히 구할 수 있게 하는 것 외에도 많이 있다. 앞으로 공부하게 되겠지만 도함수를 통하여 원래 함수에 관하여 많은 것을 알 수 있다.

어떤 점에서의 미분계수는 그 점에서 접선의 기울기를 의미한다. 그림 2.13a ~

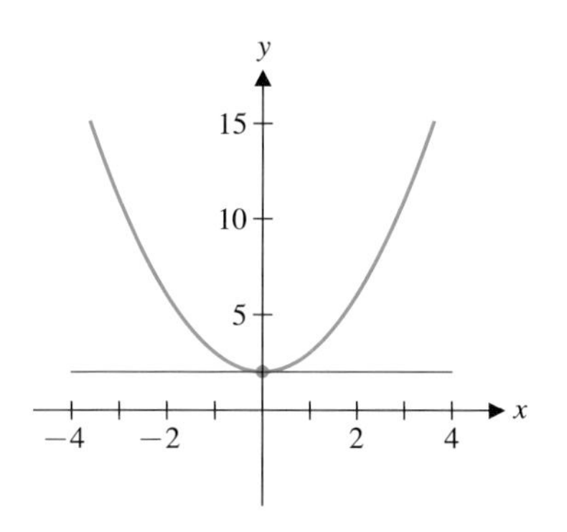

그림 2.13b $m_{\tan} = 0$

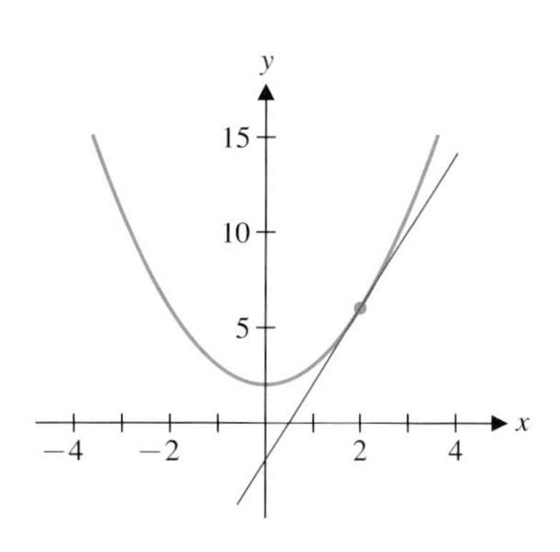

그림 2.13c $m_{\tan} > 0$

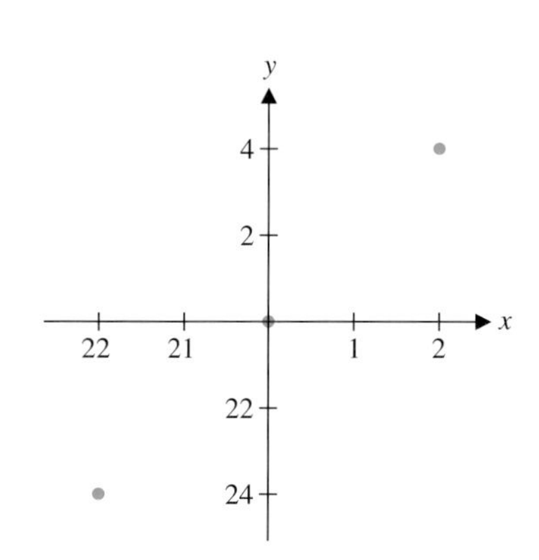

그림2.13d $y = f'(x)$(세 점)

2.13c는 서로 다른 세 점에서 어떤 함수의 그래프의 접선을 그린 것이다. 그림 2.13a에서 접선의 기울기는 음수이고, 그림 2.13c에서 접선의 기울기는 양수이며 그림 2.13b에서 접선의 기울기는 0이다. 이 세 접선으로부터 $f'(x)$의 값을 추정하여 세 점에서의 도함수의 그래프(그림 2.13d)를 그릴 수 있다. x가 변하면 접선의 기울기가 변하고 따라서 $f'(x)$가 변한다.

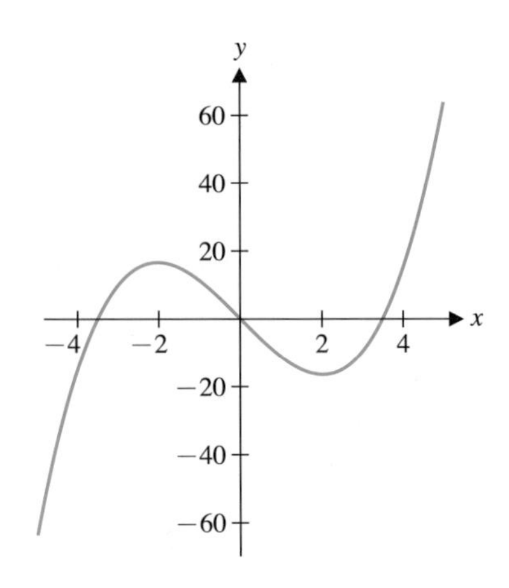

그림 2.14 $y=f(x)$

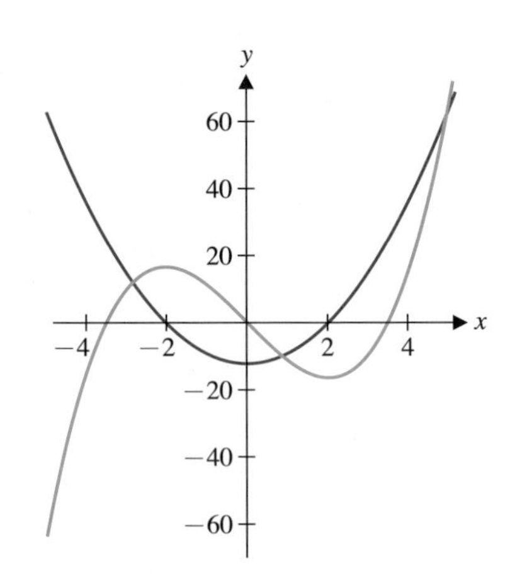

그림 2.15 $y=f(x)$ 와 $y=f'(x)$

예제 2.5 $f(x)$의 그래프가 주어졌을 때 $f'(x)$ 그래프 그리기

$f(x)$의 그래프가 그림 2.14로 주어졌을 때 $f'(x)$ 의 개략적인 그래프를 그려라.

풀이

기울기를 정확히 알 필요는 없고 대략적인 형태만 그리면 된다. 그림 2.13a ~ 2.13d에서 했던 것처럼 몇 개의 중요한 점에서만 생각해 보자. 그래프가 연속이 아닌 점과 곡선이 휘어진 부분을 주목해야 한다.

그래프는 대략 $x=-2$와 $x=2$ 근처에서 수평에 가깝다. 이 점들에서 미분계수는 0이다. 왼쪽에서 오른쪽으로 진행함에 따라 그래프는 $x<-2$에서 증가하고, $-2<x<2$에서 감소하며 $x>2$에서는 다시 증가한다. 이것은 $x<-2$에서 $f'(x)>0$이고, $-2<x<2$에서 $f'(x)<0$이며 $x>2$에서 $f'(x)>0$임을 의미한다. 그뿐만 아니라 x가 -2의 왼쪽에서 접근하면 접선은 점차 수평이 된다. 따라서 x가 -2의 왼쪽에서 접근함에 따라 $f'(x)$의 값은 양수로서 0에 가까워진다. -2에서부터 0에 가까워짐에 따라 그래프는 점점 더 경사가 급해지며 2에 가까워짐에 따라 다시 점차 수평에 가까워지게 된다. 따라서 $f'(x)$는 $x=0$까지는 음수로 점차 커지다가 $x=2$까지는 다시 음수로 0에 가까워지게 된다. 마지막으로 $x=2$보다 오른쪽에서는 점점 더 경사가 급해진다. 이것을 이용하여 $f'(x)$의 그래프를 그릴 수 있다(그림 2.15).

$y=f'(x)$의 그래프가 주어졌을 때 $y=f(x)$ 그래프는 어떠한 모양일까? 이는 흥미로운 문제이다. 다음 예제에서 알아보자.

예제 2.6 $f'(x)$의 그래프가 주어졌을 때 $f(x)$의 그래프 그리기

$f'(x)$의 그래프가 그림 2.16으로 주어졌을 때 $f(x)$의 개략적인 그래프를 그려라.

풀이

여기서도 정확한 함숫값을 구하기보다는 그래프의 개형만 알아보자. $y=f'(x)$의 그래프에서 $x<-2$일 때는 $f'(x)<0$이라는 것에 주목하자. 즉, 이 구간에서 $y=f(x)$의 접선의 기울기가 음수이고 따라서 함수는 감소한다. 구간 $(-2, 1)$에서는 $f'(x)>0$이고 $y=f(x)$의 접선의 기울기가 양수이며 함수는 증가한다. 그뿐만 아니라, 이로부터 $x=-2$ 근처에서 곡선이 바뀐다는 것(즉, 감소하다가 증가한다는 것)을 알 수 있다. 이렇게 움직이는 그래프를 그림 2.17에서 $y=f'(x)$의 그래프와 같이 그려 놓았다. 또 구간 $(1, 3)$에서는 $f'(x)<0$이므로 접선의 기울기는 다시 음수(따라서 함수는 감소)이다. 마지막으로 $x>3$에서는 $f'(x)>0$이고 접선의 기울기는 양수이며 함수는 증가한다. 이렇게 움직이는 그래프가 그림 2.17에 있

다. 그림에서 y축 오른쪽의 오목한 부분을 왼쪽의 오목한 부분보다 작게 그린 것은 다음과 같은 이유 때문이다. $f'(x)$의 그래프를 잘 살펴보면 $|f'(x)|$이 구간 $(1, 3)$에서보다는 구간 $(-2, 1)$에서 훨씬 크다는 것을 알 수 있다. 이것은 $(1, 3)$에서보다는 $(-2, 1)$에서의 접선이, 따라서 그래프의 경사가 훨씬 급하다는 것을 의미한다.

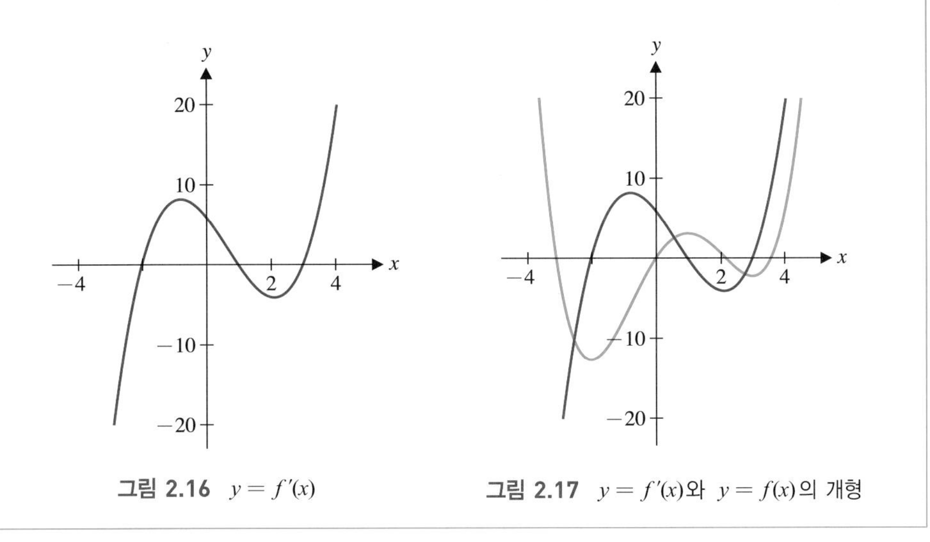

그림 2.16 $y = f'(x)$ 그림 2.17 $y = f'(x)$와 $y = f(x)$의 개형

도함수의 다른 표현

지금까지는 도함수를 $f'(x)$라고 나타내었다. 흔히 사용되는 또 다른 기호도 있는데 이것들은 각각 장점과 단점을 가지고 있다. 미분적분학을 발견한 사람 중의 한 명인 라이프니츠는 도함수를 $\frac{df}{dx}$(라이프니츠 기호)로 나타내었다. $y = f(x)$라 하면 다음 기호들이 도함수를 나타내는 또 다른 표현들이다.

$$f'(x) = y' = \frac{dy}{dx} = \frac{df}{dx} = \frac{d}{dx}f(x)$$

기호 $\frac{d}{dx}$를 **미분작용소**(differential operator)라고 하고 이는 함수에 작용하면 도함수가 됨을 의미한다.

2.1절에서, $f(x) = |x|$는 모든 점에서 연속이지만 $x = 0$에서는 접선을 갖지 않는다는 것(즉, $x = 0$에서는 미분불가하다는 것)을 살펴보았다. 따라서 연속이지만 미분가능하지 않은 함수가 존재한다. 그러면 그 역은 참일까? 즉 미분가능하지만 연속이 아닌 함수가 존재할까? 그런 함수는 존재하지 않는다는 것이 정리 2.1이다.

정리 2.1

$f(x)$가 $x = a$에서 미분가능하면 $f(x)$는 $x = a$에서 연속이다.

증명

f가 $x = a$에서 연속임을 보이기 위해서는 $\lim_{x \to a} f(x) = f(a)$임을 보이면 된다. 도함수의 또

수학자

라이프니츠
(Gottfried Leibniz, 1646−1716)

독일의 수학자이자 철학자로 미분적분학에서 사용되는 많은 기호와 용어들을 개발했으며, (뉴턴과 더불어) 미분적분학을 발견했다고 인정받고 있다. 라이프니츠는 20세에 이미 법학 학위를 받은 신동으로 논리학과 법학 이론에 관한 논문들을 발표하였다. 진정한 르네상스 시대 사람으로서 라이프니츠는 정치학, 철학, 신학, 공학, 언어학, 지질학, 건축, 물리학 등에서 중요한 업적을 남겨서 박학다식한 사람으로 인정받았다. 수학에서는 도함수에 관한 많은 기본적인 공식을 유도했고 폭넓은 교류를 통하여 미분적분학의 발전에 기여했다. 그가 개발한 기호들은 간단하고 논리적이어서 많은 사람들이 미적분학을 쉽게 접할 수 있었고 그 기호들은 300년이 지난 지금까지도 거의 그대로 사용하고 있다. 그는 "기호를 이용함으로써 새로운 발견을 하는 데 이점이 있고, 이 이점은 사물의 정확한 본질은 간단하게 표현할 때 최대가 된다. … 그리고 생각하는 노동력은 훨씬 줄어들게 된다" 고 했다.

다른 정의인 식 (2.2)를 이용하면

$$\lim_{x\to a}[f(x)-f(a)] = \lim_{x\to a}\left[\frac{f(x)-f(a)}{x-a}(x-a)\right]$$ (x − a)를 곱하고 나눈다

$$= \lim_{x\to a}\left[\frac{f(x)-f(a)}{x-a}\right]\lim_{x\to a}(x-a)$$ 1.2절의 정리 2.3 (iii)에 의해서

$$= f'(a)(0) = 0$$

이다. 1.3절의 정리 3.1에 의하여

$$0 = \lim_{x\to a}[f(x)-f(a)] = \lim_{x\to a}f(x) - \lim_{x\to a}f(a)$$
$$= \lim_{x\to a}f(x) - f(a)$$

이므로 증명된다. ■

정리 2.1은 함수가 어떤 점에서 연속이 아니면 그 점에서 미분가능하지 않다는 것을 의미한다. 또, $f(x)=|x|$의 $x=0$인 경우에 보았듯이 그래프가 꺾인 점에서 함수는 미분가능하지 않다(예제 1.7).

예제 2.7 함수가 어떤 점에서 미분가능하지 않음을 보이기

$f(x)=\begin{cases}4, & x<2\\ 2x, & x\geq 2\end{cases}$ 가 $x=2$에서 미분가능하지 않음을 보여라.

풀이

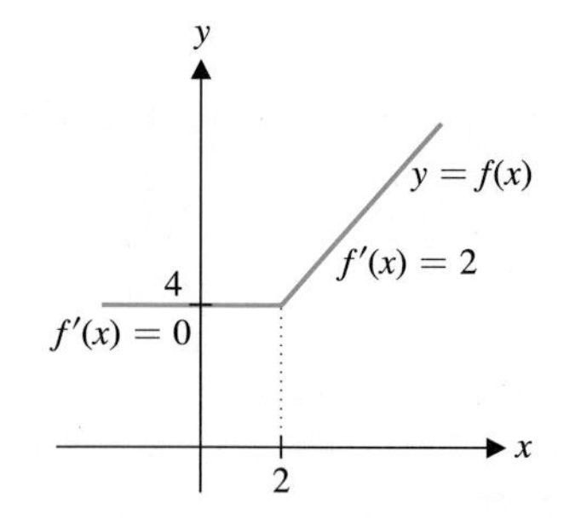

그림 2.18 꺾인 점을 가진 그래프

그래프(그림 2.18)에서 보듯이 $x=2$에서 꺾여 있으므로 미분계수는 존재하지 않을 것이라고 예상할 수 있다. 이것을 증명하기 위해서 왼쪽과, 오른쪽의 극한값을 계산하여 미분계수를 알아보자. $h>0$일 때 $(2+h)>2$이므로 $f(2+h)=2(2+h)$이다. 따라서

$$\lim_{h\to 0^+}\frac{f(2+h)-f(2)}{h} = \lim_{h\to 0^+}\frac{2(2+h)-4}{h}$$ 전개하고 정리

$$= \lim_{h\to 0^+}\frac{4+2h-4}{h}$$ h 약분

$$= \lim_{h\to 0^+}\frac{2h}{h} = 2$$

이다. 같은 방법으로, $h<0$이면 $(2+h)<2$이므로 $f(2+h)=4$이고

$$\lim_{h\to 0^-}\frac{f(2+h)-f(2)}{h} = \lim_{h\to 0^-}\frac{4-4}{h} = 0$$

이다. 좌극한과 우극한이 다르므로 $f'(2)$는 존재하지 않는다(즉 f는 $x=2$에서 미분가능하지 않다).

$f'(a)$가 존재하지 않는 여러 종류의 그래프가 그림 2.19a~2.19d에 있다. 각각의 경우에 미분계수가 존재하지 않음을 확인해 보아라.

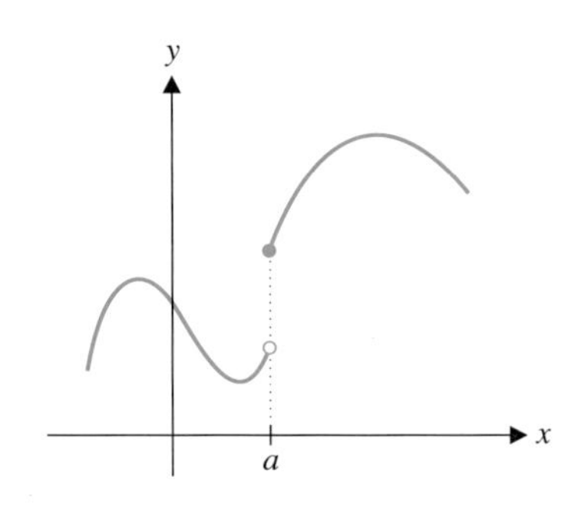

그림 2.19a 도약하는 점이 있는 불연속

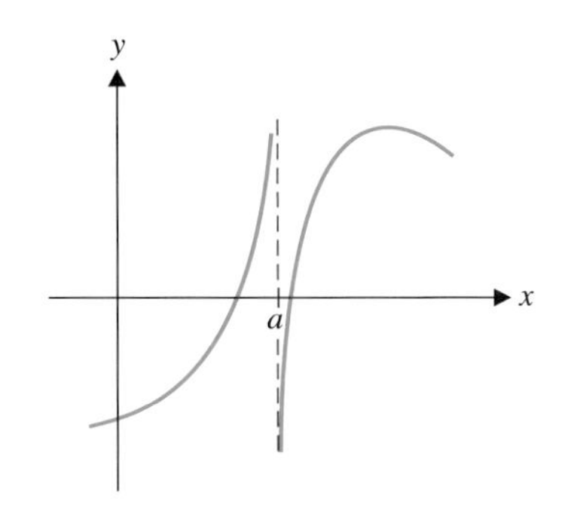

그림 2.19b 수직점근선

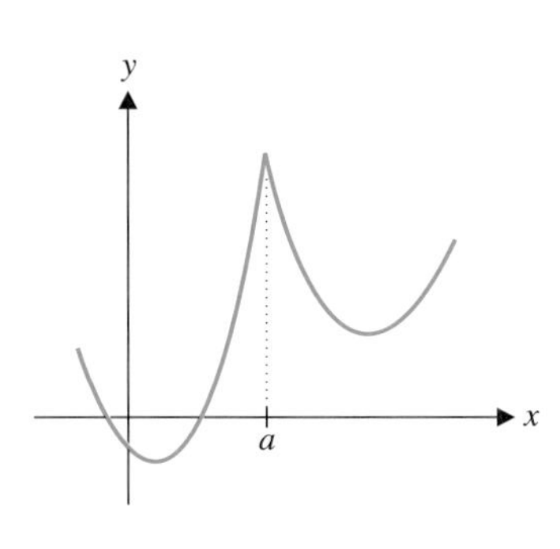

그림 2.19c 뾰족한 점

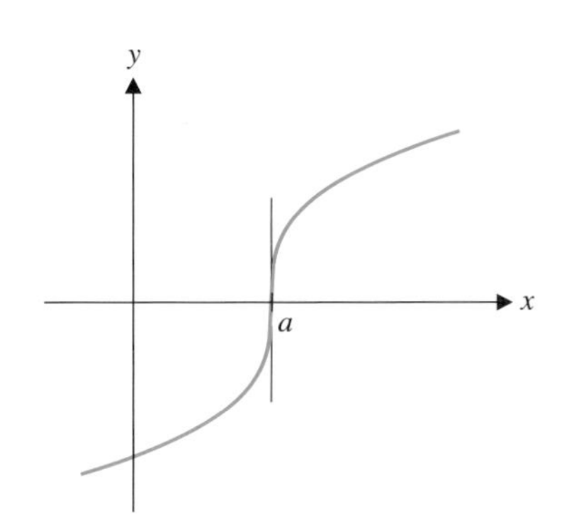

그림 2.19d 수직접선

수치미분

도함수를 계산하는 것이 불가능하거나 실용적이지 못한 경우가 응용 면에서는 많이 있다. 특히 몇 개의 자료들(즉, 값들의 표)만 알고 있고 함수를 나타내는 식을 알 수 없을 때 그러하다. 미분계수를 합리적으로 추정하기 위해서는 극한의 정의를 이해할 필요가 있다.

예제 2.8 수치적으로 미분계수의 근삿값 구하기

$f(x) = x^2\sqrt{x^3+2}$ 의 $x = 1$에서의 미분계수를 수치적으로 구하여라.

풀이

정의에 의하면 $x = 1$에서의 미분계수는 할선의 기울기들의 극한이다. 몇 가지를 계산해 보면 아래의 표와 같다. h가 0에 가까워짐에 따라 기울기는 대략 4.33에 수렴하는 것으로 보인다. 따라서 $f'(1) \approx 4.33$이라 할 수 있다.

h	$\frac{f(1+h)-f(1)}{h}$
0.1	4.7632
0.01	4.3715
0.001	4.3342

h	$\frac{f(1+h)-f(1)}{h}$
−0.1	3.9396
−0.01	4.2892
−0.001	4.3260

예제 2.9 수치적으로 속도의 근삿값 구하기

아래의 표는 어느 육상선수가 달린 거리를 시간별로 측정한 것이다. 6초인 순간 이 선수의 속도의 근삿값을 구하여라.

t(s)	5.0	5.5	5.8	5.9	6.0	6.1	6.2	6.5	7.0
$f(t)$(ft)	123.7	141.01	151.41	154.90	158.40	161.92	165.42	175.85	193.1

풀이

순간속도는 시간 구간이 점점 짧아질 때 그 구간의 평균속도의 극한이다. 먼저 5.9에서 6.0과 6.0에서 6.1 구간 사이의 평균속도를 구해 보자.

시간구간	평균속도
(5.9, 6.0)	35.0 ft/s
(6.0, 6.1)	35.2 ft/s

왼쪽 표의 값들이 주어진 자료를 이용하여 계산할 수 있는 최선의 방법이므로 순간속도는 두 값의 가운데인 35.1 ft/s라고 추정할 수 있다. 그러나 나머지 자료들로부터 유용한 정보를 얻을 수 있다. 좀 더 많은 평균속도들을 보자. 왼쪽 표에서 보면 선수는 6초 근처에서 최고속도에 도달한다는 것을 알 수 있다. 따라서 좀 더 높은 근삿값으로 35.2 ft/s를 택할 수도 있다. 이 문제의 경우 자료가 불완전하기 때문에 (즉, 몇 개의 시각에서의 거리만 알고 있고 전체 시각에 대해서는 알 수 없기 때문에) 하나의 정확한 답은 없다.

시간구간	평균속도
(5.5, 6.0)	34.78 ft/s
(5.8, 6.0)	34.95 ft/s
(5.9, 6.0)	35.00 ft/s
(6.0, 6.1)	35.20 ft/s
(6.0, 6.2)	35.10 ft/s
(6.0, 6.5)	34.90 ft/s

연습문제 2.2

[1~2] 식 (2.1) 또는 식 (2.2)를 이용하여 $f'(a)$를 구하여라.

1. $f(x) = 3x+1,\ a=1$ **2.** $f(x) = \sqrt{3x+1},\ a=1$

[3~6] 식 (2.1) 또는 식 (2.2)를 이용하여 도함수 $f'(x)$를 구하여라.

3. $f(x) = 3x^2+1$ **4.** $f(x) = x^2+2x-1$

5. $f(x) = \dfrac{3}{x+1}$ **6.** $f(t) = \sqrt{3t+1}$

[7~9] f의 그래프가 다음과 같을 때 f'의 그래프를 그려라.

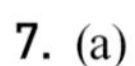

7. (a)

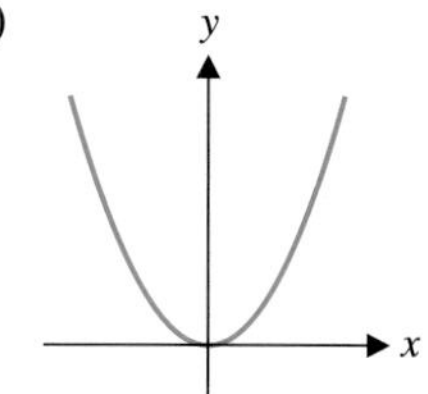

(b)

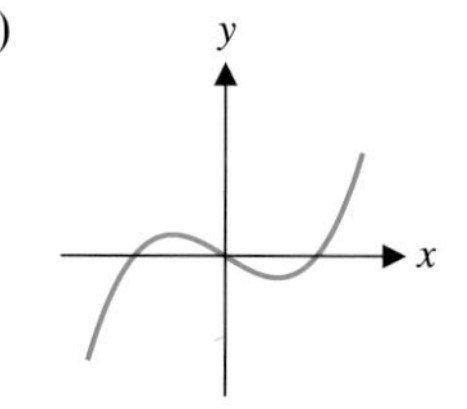

8. (a)

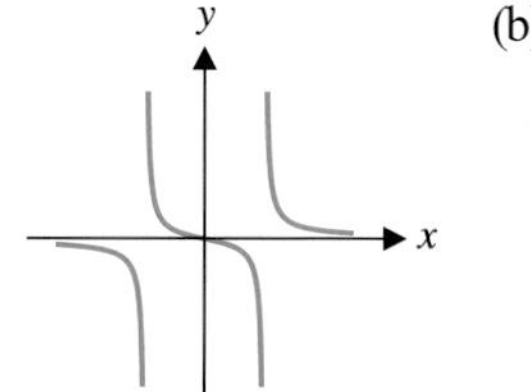

(b)

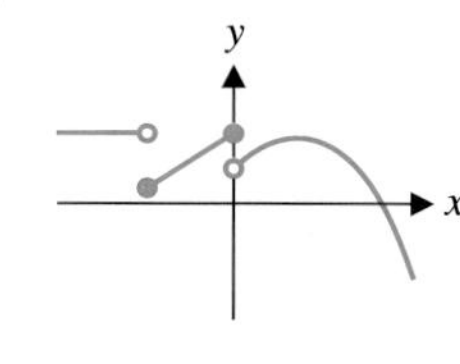

9. f'의 그래프가 다음과 같을 때 연속함수 f의 그래프를 그려라.

(a)

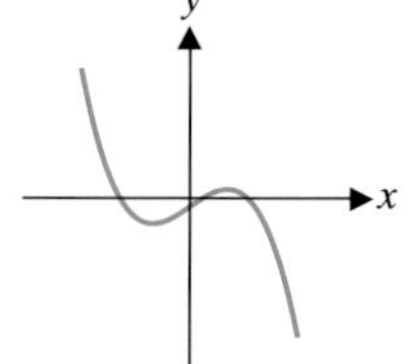

(b)

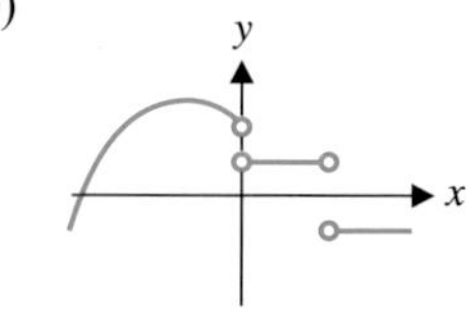

[10~11] 우미분계수 $D_+f(0) = \lim_{h\to 0^+} \dfrac{f(h)-f(0)}{h}$과 좌미분계수 $D_-f(0) = \lim_{h\to 0^-} \dfrac{f(h)-f(0)}{h}$을 구하여라. $f'(0)$은 존재하는가?

10. $f(x) = \begin{cases} 2x+1, & x<0 \\ 3x+1, & x \geq 0 \end{cases}$

11. $f(x) = \begin{cases} x^2, & x<0 \\ x^3, & x \geq 0 \end{cases}$

[12~13] 다음 미분계수의 근삿값을 구하여라.

12. $f'(1),\ f(x) = \dfrac{x}{\sqrt{x^2+1}}$

13. $f'(0),\ f(x) = \cos 3x$

14. 거리 $f(t)$가 다음과 같이 주어질 때 $t=2$에서 속도의 근삿값을 구하여라.

t	1.7	1.8	1.9	2.0	2.1	2.2	2.3
$f(t)$	3.1	3.9	4.8	5.8	6.8	7.7	8.5

15. $f(x) = x^p$에 대하여 $f'(0)$이 존재하는 모든 실수 p를 구하여라.

16. 모든 함수 f에 대하여 다음이 성립하지 않음을 예를 들어 설명하여라. $f(x) \leq x$이면 모든 x에 대하여 $f'(x) \leq 1$이다.

17. f가 $x = a \neq 0$에서 미분가능할 때 다음을 구하여라.

$$\lim_{x \to a} \frac{[f(x)]^2 - [f(a)]^2}{x^2 - a^2}$$

18. 다음 성질을 갖는 함수를 그려라.

$f(0) = 1,\ f(1) = 0,\ f(3) = 6,\ f'(0) = 0,$
$f'(1) = -1,\ f'(3) = 4$

19. $f(t)$가 어떤 주식의 날짜 t일의 가격을 나타낸다고 하자. $f'(t) < 0$이라면 주가는 어떠하다는 뜻인가? 만약 여러분이 주식을 가지고 있다면 팔아야 할까 아니면 더 사야할까?

2.3 도함수의 계산: 제곱법칙

지금까지 도함수의 정의를 이용하여 많은 도함수를 계산했다. 또 기본적인 함수 몇 개의 도함수를 구하고 그 결과를 일반화해 보았다. 이러한 과정을 이 절에서 계속하자.

제곱법칙

먼저 도함수의 정의를 이용하여 간단한 두 종류의 도함수를 구해 보자.

$$\text{임의의 상수 } c\text{에 대하여 } \frac{d}{dx}c = 0 \tag{3.1}$$

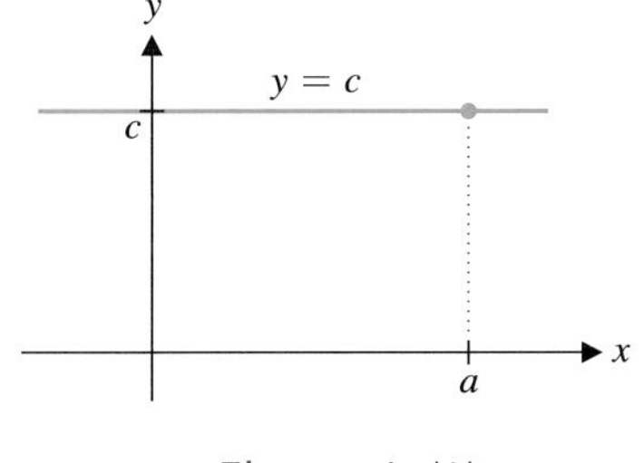

그림 2.20 수평선

식 (3.1)에 의하면 임의의 상수 c에 대하여 수평직선 $y=c$의 접선의 기울기는 0이다. 즉 수평직선의 접선은 자기 자신이다(그림 2.20).

모든 x에 대하여 $f(x)=c$라 하자. 식 (2.3)에 의해

$$\frac{d}{dx}c = f'(x) = \lim_{h \to 0} \frac{f(x+h) - f(x)}{h}$$
$$= \lim_{h \to 0} \frac{c-c}{h} = \lim_{h \to 0} 0 = 0$$

이다.

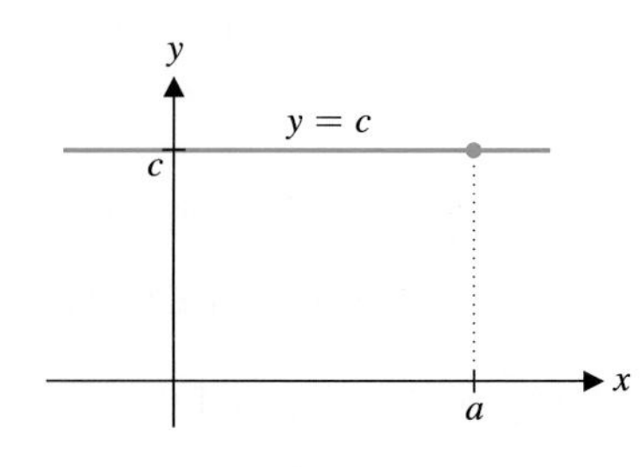

비슷한 방법으로

$$\frac{d}{dx}x = 1 \tag{3.2}$$

식 (3.2)는 직선 $y = x$ 의 접선은 기울기가 1인 직선(즉 $y = x$, 그림 2.21)이라는 것이다. 직관적으로 보아도 모든 직선의 접선은 자기자신임은 당연하다.

그림 2.21 $y = x$의 접선

$f(x) = x$ 라 하자. 식 (2.3)에 의해서

$$\begin{aligned}\frac{d}{dx}x = f'(x) &= \lim_{h \to 0}\frac{f(x+h) - f(x)}{h} \\ &= \lim_{h \to 0}\frac{(x+h) - x}{h} \\ &= \lim_{h \to 0}\frac{h}{h} = \lim_{h \to 0} 1 = 1\end{aligned}$$

이다.

$f(x)$	$f'(x)$
1	0
x	1
x^2	$2x$
x^3	$3x^2$
x^4	$4x^3$

왼쪽 표는 지금까지 예제나 연습문제에서 계산했던 몇 가지 도함수들을 나열한 것이다. 표의 도함수들에서 어떤 규칙을 찾을 수 있을까? 두 가지 주목할 것이 있다. 첫째는 도함수에서 x의 지수가 원래함수의 x의 지수보다 1씩 작다는 것이고, 둘째로 도함수에서 계수는 원래 함수의 x의 지수와 같다는 것이다. 이러한 생각을 기호로 나타내면 다음과 같이 추측할 수 있다.

정리 3.1 제곱법칙

임의의 자연수 n에 대하여

$$\frac{d}{dx}x^n = nx^{n-1}$$

증명

식 (2.3)의 도함수의 정의에 의하여 $f(x) = x^n$이라고 하면

$$\frac{d}{dx}x^n = f'(x) = \lim_{h \to 0}\frac{f(x+h) - f(x)}{h} = \lim_{h \to 0}\frac{(x+h)^n - x^n}{h} \tag{3.3}$$

이다. 이 극한을 계산하기 위해 분자를 간단히 하자. n이 자연수이면 $(x+h)^n$을 전개할 수 있다. $(x+h)^2 = x^2 + 2xh + h^2$이고 $(x+h)^3 = x^3 + 3x^2h + 3xh^2 + h^3$이며 일반적으로는, 이항정리에 의해서

$$(x+h)^n = x^n + nx^{n-1}h + \frac{n(n-1)}{2}x^{n-2}h^2 + \cdots + nxh^{n-1} + h^n \tag{3.4}$$

이다. 식 (3.4)를 식 (3.3)에 대입하면

$$f'(x) = \lim_{h \to 0}\frac{x^n + nx^{n-1}h + \frac{n(n-1)}{2}x^{n-2}h^2 + \cdots + nxh^{n-1} + h^n - x^n}{h}$$

x^n소거

$$= \lim_{h \to 0} \frac{nx^{n-1}h + \frac{n(n-1)}{2}x^{n-2}h^2 + \cdots + nxh^{n-1} + h^n}{h}$$

$$= \lim_{h \to 0} \frac{h\left[nx^{n-1} + \frac{n(n-1)}{2}x^{n-2}h^1 + \cdots + nxh^{n-2} + h^{n-1}\right]}{h}$$ 인수분해하고 h 약분

$$= \lim_{h \to 0} \left[nx^{n-1} + \frac{n(n-1)}{2}x^{n-2}h^1 + \cdots + nxh^{n-2} + h^{n-1}\right] = nx^{n-1}$$

이다. 여기서 마지막 등식은, 첫째 항을 제외한 모든 항에는 h가 포함되어 있기 때문에 얻어진다. ■

제곱법칙은 적용하기 아주 쉽다. 다음 예제에서 살펴보자.

예제 3.1 제곱법칙의 이용

$f(x) = x^8$과 $g(t) = t^{107}$의 도함수를 구하여라.

풀이

제곱법칙에 의하여

$$f'(x) = \frac{d}{dx}x^8 = 8x^{8-1} = 8x^7$$

이고

$$g'(t) = \frac{d}{dt}t^{107} = 107t^{107-1} = 107t^{106}$$

이다. ■

2.2절에서

$$\frac{d}{dx}\left(\frac{1}{x}\right) = -\frac{1}{x^2} \tag{3.5}$$

임을 보였는데, 식 (3.5)는

$$\frac{d}{dx}x^{-1} = (-1)x^{-2}$$

으로 쓸 수 있다. 즉, x^{-1}의 도함수도 지수가 자연수일 때의 제곱법칙과 같은 규칙을 따른다는 것이다.

마찬가지로, 2.2절에서

$$\frac{d}{dx}\sqrt{x} = \frac{1}{2\sqrt{x}} \tag{3.6}$$

임을 보였는데 식 (3.6)은

$$\frac{d}{dx}x^{1/2} = \frac{1}{2}x^{-1/2}$$

주 3.1

나중에 공부하게 되겠지만 제곱법칙은 x의 모든 제곱에 대해 성립한다. 하지만 정리 3.1의 증명에서 이항정리는 n이 자연수일 때만 성립하기 때문에 이 증명을 일반화하여 증명할 수는 없다. 그렇지만 제곱법칙은 모든 지수에 대하여 쓸 수 있다. 다음 정리에서 보자.

으로 쓸 수 있다. 따라서 x의 유리수 거듭제곱의 도함수도 지수가 자연수일 때의 지수 법칙과 같은 규칙을 따른다는 것을 알 수 있다.

정리 3.2 일반적인 제곱법칙

임의의 실수 $r \neq 0$에 대하여

$$\frac{d}{dx}x^r = rx^{r-1} \tag{3.7}$$

제곱법칙은 도함수를 구하는 공식 중 가장 간단한 것이다. 다음 예제에서 살펴보자.

예제 3.2 일반적인 제곱법칙의 이용

$\frac{1}{x^{19}}$, $\sqrt[3]{x^2}$, x^{π}의 도함수를 구하여라.

풀이

식 (3.7)에 의해서

$$\frac{d}{dx}\left(\frac{1}{x^{19}}\right) = \frac{d}{dx}x^{-19} = -19x^{-19-1} = -19x^{-20}$$

이다. $\sqrt[3]{x^2}$을 x의 분수 지수 거듭제곱으로 바꾸고 식 (3.7)을 이용하면 다음과 같이 도함수를 구할 수 있다.

$$\frac{d}{dx}\sqrt[3]{x^2} = \frac{d}{dx}x^{2/3} = \frac{2}{3}x^{2/3-1} = \frac{2}{3}x^{-1/3}$$

마지막으로

$$\frac{d}{dx}x^{\pi} = \pi x^{\pi-1}$$

이다. ■

주 3.2

다음과 같은 실수를 하지 않도록 주의하라.

$$\frac{d}{dx}x^{-19} \neq -19x^{-18}$$

제곱법칙에 의하면 지수에서 (지수가 음수라 하더라도) 1을 빼는 것이다.

여기에서는 x^{π}이 의미하는 것이 무엇인지에 대한 (4장에서 배울 것이다) 또 다른 문제가 있다. 지수가 유리수가 아닌 무리수인 π제곱이라는 것은 정확히 어떤 의미일까?

일반적인 미분 공식

우리는 많은 함수들의 도함수를 정의를 이용하지 않고 제곱법칙에 의해서 간단히 구할 수 있었다. 다음 공식들을 이용하면 더 많은 함수들의 도함수를 정의를 이용하지 않고 구할 수 있다. 도함수는 극한이라는 것을 기억하라. 정리 3.3의 미분 공식들은 극한의 성질(1장의 정리 3.1)을 이용하면 쉽게 얻어진다.

정리 3.3

$f(x)$와 $g(x)$가 x에서 미분가능하고 c가 임의의 상수이면

(i) $\dfrac{d}{dx}[f(x)+g(x)] = f'(x) + g'(x)$

(ii) $\dfrac{d}{dx}[f(x)-g(x)] = f'(x) - g'(x)$

(iii) $\dfrac{d}{dx}[cf(x)] = cf'(x)$

증명

(i)만 증명하고 (ii)와 (iii)은 연습으로 해 보기 바란다. $k(x) = f(x) + g(x)$라 하자. 그러면 도함수의 정의 식 (2.3)에 의해서

$$\frac{d}{dx}[f(x)+g(x)] = k'(x) = \lim_{h\to 0}\frac{k(x+h)-k(x)}{h}$$

$$= \lim_{h\to 0}\frac{[f(x+h)+g(x+h)]+[f(x)+g(x)]}{h}$$ $k(x)$의 정의에 의해서

$$= \lim_{h\to 0}\frac{[f(x+h)-f(x)]-[g(x+h)-g(x)]}{h}$$ f와 g를 나누어서 정리

$$= \lim_{h\to 0}\frac{f(x+h)-f(x)}{h} + \lim_{h\to 0}\frac{g(x+h)-g(x)}{h}$$ 1장의 정리 3.1 이용

$$= f'(x) + g'(x)$$ f와 g의 도함수의 정의

이다. ■

정리 3.3을 적용하여 몇 가지 함수의 도함수를 구해 보자.

예제 3.3 합의 도함수

$f(x) = 2x^6 + 3\sqrt{x}$의 도함수를 구하여라.

풀이

정리 3.3에 의하여

$$f'(x) = \frac{d}{dx}(2x^6) + \frac{d}{dx}(3\sqrt{x})$$ 정리 3.3 (i)에 의해서

$$= 2\frac{d}{dx}(x^6) + 3\frac{d}{dx}(x^{1/2})$$ 정리 3.3 (iii)에 의해서

$$= 2(6x^5) + 3\left(\frac{1}{2}x^{-1/2}\right)$$ 제곱법칙에 의해서

$$= 12x^5 + \left(\frac{3}{2\sqrt{x}}\right)$$ 계수 정리

■

예제 3.4 함수를 정리하여 도함수 구하기

$f(x) = \dfrac{4x^2 - 3x + 2\sqrt{x}}{x}$ 의 도함수를 구하여라.

풀이

분수함수의 도함수를 구하는 공식을 아직 배우지 않았으므로 우선 $f(x)$의 분모 x로 나누어 정리하면

$$f(x) = \frac{4x^2}{x} - \frac{3x}{x} + \frac{2\sqrt{x}}{x} = 4x - 3 + 2x^{-1/2}$$

이다. 정리 3.3과 제곱법칙 (3.7)에 의해서 다음과 같다.

$$f'(x) = 4\frac{d}{dx}(x) - 3\frac{d}{dx}(1) + 2\frac{d}{dx}(x^{-1/2}) = 4 - 0 + 2\left(-\frac{1}{2}x^{-3/2}\right) = 4 - x^{-3/2}$$

예제 3.5 접선의 방정식 구하기

$f(x) = 4 - 4x + \dfrac{2}{x}$ 의 $x = 1$에서의 접선의 방정식을 구하여라.

풀이

먼저 $f(x) = 4 - 4x + 2x^{-1}$이다. 정리 3.3과 제곱법칙에 의해서

$$f'(x) = 0 - 4 - 2x^{-2} = -4 - 2x^{-2}$$

이다. $x = 1$일 때 접선의 기울기는 $f'(1) = -4 - 2 = -6$이다. 기울기가 -6이고 점 $(1, 2)$을 지나는 직선의 방정식은

$$y - 2 = -6(x - 1)$$

이다. $y = f(x)$와 $x = 1$에서의 접선의 그래프가 그림 2.22에 있다.

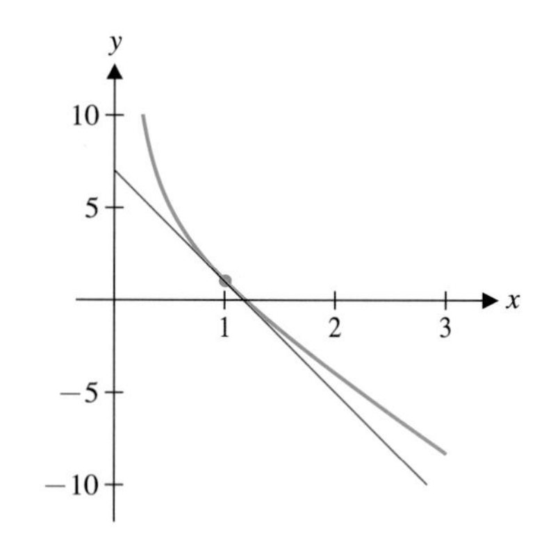

그림 2.22 $x = 1$에서의 $y = f(x)$의 접선

고계도함수

도함수를 알고 있으면 도함수의 도함수를 계산할 수 있다. 이러한 고계도함수는 중요하게 응용된다.

함수 $f(x)$가 주어지고 도함수 $f'(x)$를 계산했다고 하자. 그러면 $f'(x)$의 도함수를 계산할 수 있다. 이것을 f의 이계도함수라 하고 $f''(x)$로 나타낸다. 이 $f''(x)$의 도함수를 다시 계산할 수 있는데 이것을 f의 삼계도함수라 하고 $f'''(x)$로 나타낸다. 이러한 과정을 반복할 수 있다. 다음의 표는 f의 오계도함수까지 흔히 쓰이는 기호를 나타낸 것이다.

계	′기호	라이프니츠 기호
1	$y' = f'(x)$	$\frac{d}{dx}f(x)$
2	$y'' = f''(x)$	$\frac{d^2}{dx^2}f(x)$
3	$y''' = f'''(x)$	$\frac{d^3}{dx^3}f(x)$
4	$y^{(4)} = f^{(4)}(x)$	$\frac{d^4}{dx^4}f(x)$
5	$y^{(5)} = f^{(5)}(x)$	$\frac{d^5}{dx^5}f(x)$

고계도함수의 계산은 일계도함수를 계산하는 것과 같은 방법으로 계산한다. 다음 예제에서 알아보자.

예제 3.6 고계도함수 구하기

$f(x) = 3x^4 - 2x^2 + 1$의 도함수를 가능한 한 많이 구하여라.

풀이

일계도함수를 구하면

$$f'(x) = \frac{df}{dx} = \frac{d}{dx}(3x^4 - 2x^2 + 1) = 12x^3 - 4x$$

이다. 더 미분하면

$$f''(x) = \frac{d^2f}{dx^2} = \frac{d}{dx}(12x^3 - 4x) = 36x^2 - 4$$

$$f'''(x) = \frac{d^3f}{dx^3} = \frac{d}{dx}(36x^2 - 4) = 72x$$

$$f^{(4)}(x) = \frac{d^4f}{dx^4} = \frac{d}{dx}(72x) = 72$$

$$f^{(5)}(x) = \frac{d^5f}{dx^5} = \frac{d}{dx}(72) = 0$$

등이다. 따라서 $n \geq 5$이면 도함수는 다음과 같다.

$$f^{(n)}(x) = \frac{d^nf}{dx^n} = 0$$

■

가속도

이계도함수로부터 어떤 정보를 얻을 수 있을까? 그래프에서는 오목, 볼록에 대한 성질을 얻을 수 있는데 이것은 3장에서 공부하기로 하자. 이계도함수의 중요한 응용 중의 하나인 가속도를 간단히 살펴보기로 하자.

가속도라는 말은 익숙한 말이다. 가속도란 간단히 정의하면 속도의 **순간변화율**이라고 할 수 있다. 따라서 어떤 물체의 시각 t에서의 속도가 $v(t)$라면 가속도는

$$a(t) = v'(t) = \frac{dv}{dt}$$

이다. 도함수는 변화율이기 때문에 가속도를 달리 정의하면 속도의 변화율이다.

예제 3.7 스카이다이버의 가속도 계산

스카이다이버가 비행기에서 낙하한 t초 후 다이버의 높이는 $f(t) = 640 - 20t - 16t^2$피트라고 하자. t초 후 다이버의 가속도를 구하여라.

풀이

가속도는 속도의 도함수이므로 먼저 속도를 구하면

$$v(t) = f'(t) = 0 - 20 - 32t = -20 - 32t \text{ ft/s}$$

이다. 이 함수를 다시 미분하면

$$a(t) = v'(t) = -32$$

이다. 이제 가속도의 단위를 결정하면 된다. 이 문제에서 속도의 단위는 초당 피트였고 시간의 단위는 초였다. 따라서 가속도의 단위는 단위 초당 초당 피트이다. 이것은 ft/s/s, 즉 ft/s^{2}으로 나타낼 수 있다. 따라서 이 문제에서는 속도가 매초당 −32 ft/s씩 변한다는 것이다. 이 경우 속력이 중력의 영향으로 아래(음의) 방향으로 매초당 32 ft/s씩 증가한다는 것이다.

연습문제 2.3

[1~7] 다음 함수의 도함수를 구하여라.

1. $f(x) = x^3 - 2x + 1$
2. $f(t) = 3t^3 - 2\sqrt{t}$
3. $f(w) = \dfrac{3}{w} - 8w + 1$
4. $h(x) = \dfrac{10}{\sqrt[3]{x}} - 2x + \pi$
5. $f(s) = 2s^{3/2} - 3s^{-1/3}$
6. $f(x) = \dfrac{3x^2 - 3x + 1}{2x}$
7. $f(x) = x(3x^2 - \sqrt{x})$

[8~10] 다음 함수에 대하여 주어진 도함수를 구하여라.

8. $f(t) = t^4 + 3t^2 - 2$일 때 $f''(x)$
9. $f(x) = 2x^4 - \dfrac{3}{\sqrt{x}}$일 때 $\dfrac{d^2f}{dx^2}$
10. $f(x) = x^4 + 3x^2 - 2/\sqrt{x}$일 때 $f^{(4)}(x)$

[11~12] 위치함수가 다음과 같을 때 속도와 가속도 함수를 구하여라.

11. $s(t) = -16t^2 + 40t + 10$
12. $s(t) = \sqrt{t} + 2t^2$

13. 다음 함수가 물체의 높이를 나타낼 때 $t = t_0$일 때의 속도와

가속도를 구하여라. 물체는 위로 올라가는가 내려가는가?

$$h(t) = -16t^2 + 40t + 5, \quad (a)\ t_0 = 1 \quad (b)\ t_0 = 2$$

[14~15] $y = f(x)$의 $x = a$에서의 접선의 방정식을 구하여라.

14. $f(x) = x^2 - 2,\ a = 2$

15. $f(x) = 4\sqrt{x} - 2x,\ a = 4$

16. f''의 그래프가 다음과 같을 때 f의 그래프를 그려라(힌트: f'을 먼저 그려라).

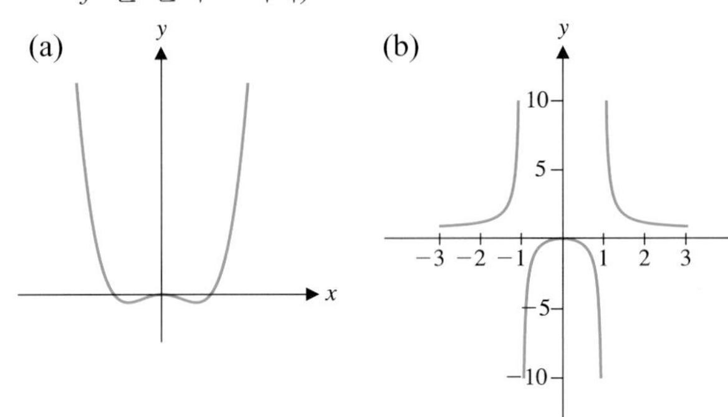

17. $f(x) = x^3 - 3x + 1$의 접선이 다음과 같은 x의 값을 모두 구하여라. (a) x축과의 각도 45° (b) x축과의 각도 30°

18. 다음 조건을 만족하는 이차다항식 $ax^2 + bx + c$를 구하여라.

(a) $f(0) = -2,\ f'(0) = 2,\ f''(0) = 3$

(b) $f(0) = 0,\ f'(0) = 5,\ f''(0) = 1$

19. $x = 0,\ y = 0$과 $x = 1$에서 $y = \frac{1}{x}$의 접선으로 이루어진 삼각형의 넓이를 구하여라. 또 $x = 0,\ y = 0$과 $x = 2$에서 $y = \frac{1}{x}$의 접선으로 이루어진 삼각형의 넓이를 구하여라. 임의의 $x = a > 0$에서 $y = \frac{1}{x}$의 접선을 구할 때도 넓이는 같음을 보여라.

[20~21] 아래의 도함수를 갖는 함수를 구하여라.

20. $f'(x) = 4x^3$

21. $f'(x) = \sqrt{x}$

22. 대부분의 육생동물의 다리 굵기 w와 몸 길이 b는 적당한 양의 상수 c에 대하여 $w = cb^{3/2}$을 만족한다고 알려져 있다. b가 충분히 크면 $w'(b) > 1$임을 보여라. 따라서 큰 동물은 몸을 지탱하기 위한 다리의 굵기를 몸의 길이보다 더 빠르게 증가시켜야 한다는 것을 알 수 있다. 이로부터 육생동물의 크기는 제한될 수밖에 없음을 설명하여라.

2.4 곱과 몫의 법칙

지금까지 여러 종류의 함수들의 도함수를 계산하는 것을 공부했다. 일반적인 식이 주어졌을 때 두 함수의 합과 차의 도함수를 구하는 법칙을 얻은 것처럼, 두 함수의 곱과 몫의 도함수에 대한 법칙도 얻을 수 있다. 특히, 두 함수의 곱의 도함수가 각 함수의 도함수의 곱과 같은지 궁금할 것이다. 간단한 예제를 통하여 알아보자.

곱의 법칙

$\frac{d}{dx}\left[(x^2)(x^5)\right]$을 생각해 보자. 먼저 두 항을 곱한 후 도함수를 계산하면

$$\frac{d}{dx}\left[(x^2)(x^5)\right] = \frac{d}{dx}x^7 = 7x^6$$

을 얻을 수 있다. 하지만 각각의 도함수의 곱을 계산하면

$$\begin{aligned}\left(\frac{d}{dx}x^2\right)\left(\frac{d}{dx}x^5\right) &= (2x)(5x^4) \\ &= 10x^5 \neq 7x^6 = \frac{d}{dx}\left[(x^2)(x^5)\right] \qquad (4.1)\end{aligned}$$

이다. 따라서 식 (4.1)로부터 곱의 도함수는 각각의 도함수의 곱과 같지 않다는 것을 알 수 있다. 정리 4.1에서 미분가능한 두 함수의 곱의 도함수를 구하는 일반적인 공식을 알아보자.

정리 4.1 곱의 법칙

f와 g가 미분가능하면

$$\frac{d}{dx}[f(x)g(x)] = f'(x)\,g(x) + f(x)\,g'(x) \tag{4.2}$$

이다.

증명

일반적인 법칙을 유도하고자 하는 것이기 때문에 도함수의 정의만 이용할 수 있다. $p(x) = f(x)\,g(x)$라 하면

$$\begin{aligned}\frac{d}{dx}[f(x)g(x)] &= p'(x) = \lim_{h\to 0}\frac{p(x+h)-p(x)}{h}\\ &= \lim_{h\to 0}\frac{f(x+h)g(x+h)-f(x)g(x)}{h}\end{aligned} \tag{4.3}$$

이다. 이 식은 f와 g의 도함수를 정의하는 요소들로 이루어져 있으므로 이 식을 잘 정리하면 된다. 요령은 분자에서 $f(x)g(x+h)$를 더하고 빼는 것이다.

$$\begin{aligned}p'(x) &= \lim_{h\to 0}\frac{f(x+h)g(x+h)-f(x)g(x+h)+f(x)g(x+h)-f(x)g(x)}{h}\\ &= \lim_{h\to 0}\frac{f(x+h)g(x+h)-f(x)g(x+h)}{h} + \lim_{h\to 0}\frac{f(x)g(x+h)-f(x)g(x)}{h}\\ &= \lim_{h\to 0}\left[\frac{f(x+h)-f(x)}{h}\,g(x+h)\right] + \lim_{h\to 0}\left[f(x)\frac{g(x+h)-g(x)}{h}\right]\\ &= \left[\lim_{h\to 0}\frac{f(x+h)-f(x)}{h}\right]\left[\lim_{h\to 0}g(x+h)\right] + f(x)\lim_{h\to 0}\frac{g(x+h)-g(x)}{h}\\ &= f'(x)g(x) + f(x)g'(x)\end{aligned}$$

을 얻는다. 마지막 단계에는 중요한 사실이 있다. g가 x에서 미분가능하므로 x에서 연속이라는 점이다. 따라서 $h \to 0$일 때 $g(x+h) \to g(x)$이다. ■

예제 4.1에서 곱의 법칙을 이용하여 도함수를 구해 보자.

예제 4.1 곱의 법칙의 이용

$f(x) = (2x^4 - 3x + 5)\left(x^2 - \sqrt{x} + \dfrac{2}{x}\right)$일 때 $f'(x)$를 구하여라.

풀이

식을 전개해서 미분할 수도 있지만 곱의 법칙을 이용하는 것이 간단하다.

$$f'(x) = \frac{d}{dx}(2x^4 - 3x + 5)\left(x^2 - \sqrt{x} + \frac{2}{x}\right) + (2x^4 - 3x + 5)\frac{d}{dx}\left(x^2 - \sqrt{x} + \frac{2}{x}\right)$$
$$= (8x^3 - 3)\left(x^2 - \sqrt{x} + \frac{2}{x}\right) + (2x^4 - 3x + 5)\left(2x - \frac{1}{2\sqrt{x}} - \frac{2}{x^2}\right)$$

예제 4.2 접선의 방정식 구하기

곡선

$$y = (x^4 - 3x^2 + 2x)(x^3 - 2x + 3)$$

의 $x = 0$에서 접선의 방정식을 구하여라.

풀이

곱의 법칙에 의하여

$$y' = (4x^3 - 6x + 2)(x^3 - 2x + 3) + (x^4 - 3x^2 + 2x)(3x^2 - 2)$$

이다. $x = 0$에서의 값을 구하면 $y'(0) = (2)(3) + (0)(-2) = 6$이다. 기울기가 6이고 점 (0, 0)을 지나는 직선의 방정식은 $y = 6x$이다(왜 (0, 0)인가?).

몫의 법칙

곱의 법칙에서 보았듯이 두 함수의 몫의 도함수는 각 도함수의 몫과 같지 않다는 것을 예상할 수 있을 것이다. 간단한 예를 들어 계산해 보자.

$$\frac{d}{dx}\left(\frac{x^5}{x^2}\right) = \frac{d}{dx}(x^3) = 3x^2$$

이지만

$$\frac{\frac{d}{dx}(x^5)}{\frac{d}{dx}(x^2)} = \frac{5x^4}{2x^1} = \frac{5}{2}x^3 \neq 3x^2 = \frac{d}{dx}\left(\frac{x^5}{x^2}\right)$$

이다. 따라서 두 함수의 몫의 도함수는 각 도함수의 몫과 같지 않다는 것을 알 수 있다. 정리 4.2는 미분가능한 두 함수의 몫의 도함수를 구하는 일반적인 법칙이다.

정리 4.2 몫의 법칙

f와 g가 미분가능하고 $g(x) \neq 0$이면

$$\frac{d}{dx}\left[\frac{f(x)}{g(x)}\right] = \frac{f'(x)g(x) - f(x)g'(x)}{[g(x)]^2} \tag{4.4}$$

이다.

증명

$Q(x) = \dfrac{f(x)}{g(x)}$에 대하여 도함수의 정의를 적용하면

$$\begin{aligned}
\frac{d}{dx}\left[\frac{f(x)}{g(x)}\right] = Q'(x) &= \lim_{h\to 0}\frac{Q(x+h)-Q(x)}{h} \\
&= \lim_{h\to 0}\frac{\dfrac{f(x+h)}{g(x+h)}-\dfrac{f(x)}{g(x)}}{h} \\
&= \lim_{h\to 0}\frac{\left[\dfrac{f(x+h)g(x)-f(x)g(x+h)}{g(x+h)g(x)}\right]}{h} \\
&= \lim_{h\to 0}\frac{f(x+h)g(x)-f(x)g(x+h)}{hg(x+h)g(x)}
\end{aligned}$$

이다. 곱의 법칙을 증명할 때와 마찬가지로, 분자에 적당한 항을 더하고 빼서 $f'(x)$ 와 $g'(x)$ 를 정의하는 식 형태가 나오도록 만들면 된다. 분자에서 $f(x)g(x)$를 더하고 빼면

$$\begin{aligned}
Q'(x) &= \lim_{h\to 0}\left[\frac{f(x+h)g(x)-f(x)g(x+h)}{hg(x+h)g(x)}\right] \\
&= \lim_{h\to 0}\frac{f(x+h)g(x)-f(x)g(x)+f(x)g(x)-f(x)g(x+h)}{hg(x+h)g(x)} \\
&= \lim_{h\to 0}\frac{\dfrac{f(x+h)\,f(x)}{h}g(x)-f(x)\dfrac{g(x+h)-g(x)}{h}}{g(x+h)g(x)} \\
&= \frac{\lim\limits_{h\to 0}\left[\dfrac{f(x+h)\,f(x)}{h}\right]g(x)-f(x)\lim\limits_{h\to 0}\left[\dfrac{g(x+h)-g(x)}{h}\right]}{\lim\limits_{h\to 0}g(x+h)g(x)} \\
&= \frac{f'(x)g(x)-f(x)g'(x)}{[g(x)]^2}
\end{aligned}$$

이다. 마지막 단계에서 f와 g가 미분가능하다는 것을 이용했고, g가 미분가능하면 연속이어서 $h\to 0$일 때 $g(x+h)\to g(x)$라는 사실을 이용했다. ■

몫의 법칙에서 분자는 곱의 법칙과 매우 비슷해 보이지만 두 항의 가운데 부호가 − 이다. 따라서 순서에 주의해야 한다.

예제 4.3 몫의 법칙의 이용

$f(x) = \dfrac{x^2-2}{x^3+1}$ 의 도함수를 구하여라.

풀이

몫의 법칙을 이용하면

$$\begin{aligned}
f'(x) &= \frac{\left[\dfrac{d}{dx}(x^2-2)\right](x^3+1)-(x^2-2)\left[\dfrac{d}{dx}(x^3+1)\right]}{(x^2+1)^2} \\
&= \frac{2x(x^3+1)-(x^2-2)(3x^2)}{(x^3+1)^2} = \frac{-x^4+6x^2+2x}{(x^3+1)^2}
\end{aligned}$$

이다. 이 경우에는 분자가 아주 간단히 정리된다. 몫의 법칙에서는 흔히 그러하다.

이제 몫의 법칙을 배웠으니 지수가 음의 정수일 때 제곱법칙을 증명할 수 있다(2.3절 이후로 우리는 아직 이 법칙을 증명하지 않고 사용해 왔다).

정리 4.3 제곱법칙

모든 정수 n에 대하여 다음이 성립한다.

$$\frac{d}{dx}x^n = nx^{n-1}$$

증명

지수가 양의 정수일 때는 이미 증명했으므로 $n<0$이라 하고 $M=-n>0$이라 하자. 그러면 몫의 법칙에 의해 다음과 같이 증명된다.

$$\begin{aligned}
\frac{d}{dx}x^n &= \frac{d}{dx}x^{-M} = \frac{d}{dx}\left(\frac{1}{x^M}\right) \\
&= \frac{\left[\frac{d}{dx}(1)\right]x^M - (1)\left[\frac{d}{dx}(x^M)\right]}{(x^M)^2} \\
&= \frac{(0)x^M - (1)Mx^{M-1}}{x^{2M}} \\
&= \frac{Mx^{M-1}}{x^{2M}} = -Mx^{M-1-2M} \\
&= (-M)x^{M-1} = nx^{n-1}
\end{aligned}$$

■

다음 예제 4.4에서 알 수 있듯이 때로는 곱과 몫의 법칙을 이용하는 것보다는 함수를 간단히 하여 미분하는 것이 더 편리할 때도 있다.

예제 4.4 곱과 몫의 법칙이 필요하지 않은 경우

$f(x) = x\sqrt{x} + \dfrac{2}{x^2}$의 도함수를 구하여라.

풀이

첫 번째 항에 곱의 법칙을 적용하고 두 번째 항에 몫의 법칙을 적용하는 것보다 함수를 정리하여 다르게 표현하면 계산이 훨씬 간단해진다. 이 문제의 경우 첫 번째 항의 x의 지수를 간단히 할 수 있고, 두 번째 항은 분자가 상수이므로 음의 지수를 이용하여 간단히 나타낼 수 있다. 따라서

$$f(x) = x\sqrt{x} + \frac{2}{x^2} = x^{3/2} + 2x^{-2}$$

이다. 제곱법칙을 이용하면 다음과 같다.

$$f'(x) = \frac{3}{2}x^{1/2} - 4x^{-3}$$

■

응용

수학과 과학을 공부하다 보면 곱과 몫의 법칙이 중요하게 이용되는 것을 보게 될 것이다. 두 개의 간단한 응용을 보자.

예제 4.5 총 수입의 변화율 계산하기

어떤 물건이 현재 하나에 \$25에 팔리고 있고 1년에 \$2의 비율로 오르고 있다고 하자. 현재 가격으로 고객들은 150,000개 사지만 그 개수는 1년에 8,000개의 비율로 감소하고 있다. 총 수입은 어떤 비율로 변하는가? 총 수입은 증가하는가 또는 감소하는가?

풀이

이 문제를 해결하기 위해서는 기본적인 공식

$$\text{총 수입} = \text{개수} \times \text{가격}$$

이 필요하다(예를 들어, 10개를 \$4씩 팔았다면 수입은 \$40이다). 개수가 시간에 따라 변하므로 $R(t) = Q(t)P(t)$라고 나타낼 수 있다. 여기서 $R(t)$는 총 수입, $Q(t)$는 팔린 물건의 개수, $P(t)$는 가격이며 모두 시간 t의 함수이다. 이 함수들의 구체적인 식은 알 수 없지만 곱의 공식에 의해서

$$R'(t) = Q'(t)P(t) + Q(t)P'(t)$$

이다. 각 항에 대한 정보는 알고 있다. 처음 가격 $P(0) = 25$(달러), 가격의 변화율은 $P'(0) = 2$ (달러/년), 처음 개수는 $Q(0) = 150{,}000$(개), 개수의 변화율은 $Q'(0) = -8{,}000$(개/년)이다. $Q'(0)$ 에서 음의 부호는 Q가 감소함을 의미한다. 따라서

$$R'(0) = (-8{,}000)(25) + (150{,}000)(2) = 100{,}000 \text{ 달러/년}$$

이다. 변화율이 양수이므로 총 수입은 현재로는 증가한다.

예제 4.6 도함수를 이용하여 운동 분석

질량이 0.05 kg인 골프공이 질량이 m kg인 골프채에 의해 50 m/s의 속도로 맞으면 골프공의 처음 속도는 $u(m) = \dfrac{83m}{m + 0.05}$ m/s이다. $u'(m) > 0$임을 보이고 이 결과를 골프로 설명해 보아라. $u'(0.15)$와 $u'(0.20)$을 비교해 보아라.

풀이

몫의 법칙에 의해서

$$u'(m) = \frac{83(m+0.05) - 83m}{(m+0.05)^2} = \frac{4.15}{(m+0.05)^2}$$

이다. 분자, 분모 모두 양수이므로 $u'(m) > 0$이다. 모든 접선의 기울기가 양수라는 것은 $u(m)$의 그래프가 왼쪽에서 오른쪽으로 갈수록 증가하는 것이다(그림 2.23). 다시 말하면, m이 증가함에 따라 $u(m)$도 증가하는 것을 의미한다. 골프로 설명하자면, 골프채의 질량이

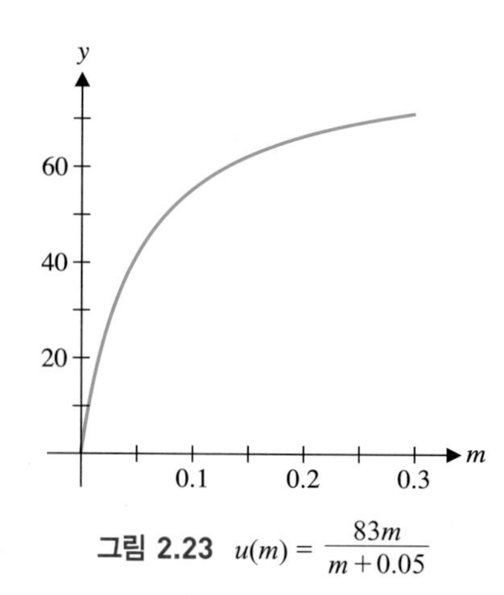

그림 2.23 $u(m) = \dfrac{83m}{m+0.05}$

커지면 골프공의 속도가 점점 더 빨라진다는 것이다. 마지막으로 $u'(0.15) = 103.75$ 이고 $u'(0.20) = 66.4$ 이다. 이것은 가벼운 골프채보다는 무거운 골프채를 사용했을 때 골프채의 질량에 대한 골프공의 속도의 증가율이 훨씬 낮다는 것을 의미한다. 무거운 골프채는 다루기가 쉽지 않으므로, 무거운 것을 사용하여 얻는 골프공의 속도 증가 정도는 무거운 것을 사용하여 다루기 어려운 정도에 비하면 상대적으로 적다고 할 수 있다.

연습문제 2.4

[1~8] 다음 각 함수의 도함수를 구하여라.

1. $f(x) = (x^2 + 3)(x^3 - 3x + 1)$

2. $f(x) = (\sqrt{x} + 3x)\left(5x^2 - \dfrac{3}{x}\right)$

3. $g(t) = \dfrac{3t - 2}{5t + 1}$

4. $f(x) = \dfrac{3x - 6\sqrt{x}}{5x^2 - 2}$

5. $f(u) = \dfrac{(u+1)(u-2)}{u^2 - 5u + 1}$

6. $f(x) = \dfrac{x^2 + 3x - 2}{\sqrt{x}}$

7. $h(t) = t\left(\sqrt[3]{t} + 3\right)$

8. $f(x) = (x^2 - 1)\dfrac{x^3 + 3x^2}{x^2 + 2}$

[9~10] $x = a$일 때 $y = f(x)$의 그래프의 접선의 방정식을 구하여라.

9. $f(x) = (x^2 + 2x)(x^4 + x^2 + 1),\ a = 0$

10. $f(x) = \dfrac{x+1}{x+2},\ a = 0$

[11~12] f와 g가 미분가능하고 $f(0) = -1,\ f(1) = -2,\ f'(0) = -1,\ f'(1) = 3,\ g(0) = 3,\ g(1) = 1,\ g'(0) = -1,\ g'(1) = -2$라 하자. $x = a$일 때 $y = h(x)$의 그래프의 접선의 방정식을 구하여라.

11. $h(x) = f(x)g(x)$ (a) $a = 0$ (b) $a = 1$

12. $h(x) = x^2 f(x)$ (a) $a = 1$ (b) $a = 0$

13. 어떤 물건의 가격은 \$20이고 20,000개가 팔린다고 하자. 가격이 1년에 \$1.25씩 오르고 팔리는 양은 1년에 2,000개씩 증가한다면 총 수입의 증가율은 얼마인가?

14. 질량이 0.15 kg이고 속도가 45 m/s인 야구공이 무게가 m이고 속도가 45 m/s인 야구 방망이에 맞는다고 하자(두 운동 방향은 반대). 맞은 후 공의 처음 속도는 $u(m) = \dfrac{82.5m - 6.75}{m + 0.15}$ m/s 이다. $u'(m) > 0$임을 보이고 이 결과를 야구로 설명해 보아라. $u'(1)$과 $u'(1.2)$를 비교해 보아라.

15. 함수 $f(x)g(x)h(x)$에 대한 곱의 법칙을 유도하라(**힌트**: 처음 두 항을 하나로 묶어서 생각하라). 일반화된 곱의 법칙을 유도하라. 즉, n개의 함수에 대하여 $f_1(x)f_2(x)f_3(x)\cdots f_n(x)$의 곱의 공식은 어떻게 될까?

16. 문제 15에서 구한 일반화된 곱의 법칙을 이용하여 다음 함수의 도함수를 구하여라.

$$f(x) = x^{2/3}(x^2 - 2)(x^3 - x + 1)$$

17. f와 g가 무한히 미분가능할 때 (즉, $f'(x),\ f''(x)\ \cdots$가 존재) $F(x) = f(x)g(x)$라 하면

$$F''(x) = f''(x)g(x) + 2f'(x)g'(x) + f(x)g''(x)$$

임을 보여라. 또 $F'''(x)$를 구하여라. $F''(x)$와 이항전개 $(a+b)^2$을 비교하고 $F'''(x)$와 $(a+b)^3$을 비교하여 보아라.

18. $f(x)$가 미분가능하고 $g(x) = [f(x)]^2$일 때 곱의 법칙을 이용하여 $g'(x) = 2f(x)f'(x)$임을 보여라.

2.5 연쇄법칙

함수 $P(t)=\sqrt{100+8t}$가 어느 도시의 t년 후의 인구를 나타낸다고 하자. 그러면 2년 후의 인구의 변화율은 $P'(2)$이다. 지금까지 공부한 범위에서 이 미분계수를 구하려면 도함수의 정의를 이용해야만 한다. 그러나 $P(t)$는 두 함수 $f(t)=\sqrt{t}$와 $g(t)=100+8t$의 합성함수 $P(t)=f(g(t))$로 나타낼 수 있다. 또한 $f'(t)$와 $g'(t)$는 이미 공부한 미분공식을 이용하여 쉽게 계산할 수 있다. 이 절에서는 두 함수의 합성함수를 미분하는 일반적인 공식을 공부해 보자.

다음 간단한 예를 보면 연쇄법칙이 어떻게 전개되는지 알 수 있다. 곱의 법칙을 이용하면

$$\begin{aligned}\frac{d}{dx}\left[(x^2+1)^2\right]&=\frac{d}{dx}\left[(x^2+1)(x^2+1)\right]\\&=2x(x^2+1)+(x^2+1)2x\\&=2(x^2+1)2x\end{aligned}$$

이다. 물론 더 정리하여 $4x(x^2+1)$이라 나타낼 수도 있지만, 위와 같은 형태로 두는 것이 연쇄법칙의 규칙을 이해하는 데 편리하다. 이 결과와 곱의 법칙을 다시 적용하면

$$\begin{aligned}\frac{d}{dx}\left[(x^2+1)^3\right]&=\frac{d}{dx}\left[(x^2+1)(x^2+1)^2\right]\\&=2x(x^2+1)^2+(x^2+1)2(x^2+1)2x\\&=3(x^2+1)^2 2x\end{aligned}$$

이고, 같은 방법으로 계산하면

$$\frac{d}{dx}\left[(x^2+1)^4\right]=4(x^2+1)^3 2x$$

를 얻을 수 있다.

각각의 경우에 지수가 1만큼 낮아지고 x^2+1의 도함수 $2x$가 곱해졌다는 것을 알 수 있다. $(x^2+1)^4$은 $g(x)=x^2+1$, $f(x)=x^4$이라 하면 합성함수 $f(g(x))=(x^2+1)^4$으로 나타낼 수 있으며 이 합성함수의 도함수는

$$\frac{d}{dx}[f(g(x))]=\frac{d}{dx}\left[(x^2+1)^4\right]=4(x^2+1)^3 2x=f'(g(x))g'(x)$$

임을 알 수 있다. 이것이 연쇄법칙의 예이며 일반적으로 나타내면 다음과 같다.

정리 5.1 연쇄법칙(Chain Rule)

g가 x에서 미분가능하고 f가 $g(x)$에서 미분가능하면 다음이 성립한다.

$$\frac{d}{dx}[f(g(x))]=f'(g(x))g'(x)$$

증명

여기서는 $g'(x) \neq 0$인 특별한 경우만 증명하기로 하자. $F(x) = f(g(x))$라 하면

$$\begin{aligned}\frac{d}{dx}[f(g(x))] &= F'(x) = \lim_{h\to 0}\frac{F(x+h)-F(x)}{h}\\ &= \lim_{h\to 0}\frac{f(g(x+h))-f(g(x))}{h}\\ &= \lim_{h\to 0}\frac{f(g(x+h))-f(g(x))}{h}\,\frac{g(x+h)-g(x)}{g(x+h)-g(x)}\\ &= \lim_{h\to 0}\frac{f(g(x+h))-f(g(x))}{g(x+h)-g(x)}\lim_{h\to 0}\frac{g(x+h)-g(x)}{h}\\ &= \lim_{g(x+h)\to g(x)}\frac{f(g(x+h))-f(g(x))}{g(x+h)-g(x)}\lim_{h\to 0}\frac{g(x+h)-g(x)}{h}\\ &= f'(g(x))g'(x)\end{aligned}$$

이다. 마지막에서 두 번째 식은 g가 연속이므로 $h \to 0$이면 $g(x+h) \to g(x)$이기 때문에 성립한다(g가 미분가능하므로 g는 연속이다). 이 증명에서 $g'(x) \neq 0$가 왜 필요한지 알아보기 바란다. ■

연쇄법칙을 라이프니츠 기호로 표현하는 것이 도움이 되는 경우가 많다. $y = f(u)$이고 $u = g(x)$라 하면 $y = f(g(x))$이고 연쇄법칙은

$$\frac{dy}{dx} = \frac{dy}{du}\frac{du}{dx} \tag{5.1}$$

로 나타낼 수 있다.

주 5.1

연쇄법칙을 직관적으로는 다음과 같이 생각할 수 있다. $\frac{dy}{dx}$는 x에 대한 y의 (순간) 변화율이고 $\frac{dy}{du}$는 u에 대한 y의 (순간) 변화율이며 $\frac{du}{dx}$는 x에 대한 u의 (순간) 변화율이다. 따라서 $\frac{dy}{du} = 2$(즉, y의 변화량은 u의 변화량의 2배)이고 $\frac{du}{dx} = 5$(즉, u의 변화량은 x의 변화량의 5배)이면, y의 변화량은 x의 변화량의 $2 \times 5 = 10$배라고 생각할 수 있다. 따라서 $\frac{dy}{dx} = 10$이라 할 수 있으며 이것은 식 (5.1)과 같다.

예제 5.1 연쇄법칙의 이용

$y = (x^3 + x - 1)^5$을 미분하라.

풀이

$u = x^3 + x - 1$라 하면 $y = u^5$이다. 식 (5.1)에 의해서 다음과 같다.

$$\begin{aligned}\frac{dy}{dx} &= \frac{dy}{du}\frac{du}{dx} = \frac{d}{du}(u^5)\frac{du}{dx} \qquad y = u^5\text{이므로}\\ &= 5u^4\frac{d}{dx}(x^3 + x - 1)\\ &= 5(x^3 + x - 1)^4(3x^2 + 1)\end{aligned}$$

연쇄법칙을 안의 함수와 바깥의 함수로 생각하면 편리하다. 합성함수 $f(g(x))$에서 f는 바깥의 함수이고 g는 안의 함수이다. 그러면 연쇄법칙 $f'(g(x))g'(x)$는 바깥의 함수의 도함수와 안의 함수의 도함수의 곱으로 볼 수 있다. 예제 5.1에서 안의 함수는 $x^3 + x - 1$이고 바깥의 함수는 u^5이다.

예제 5.2 무리함수에 연쇄법칙 이용하기

$\frac{d}{dt}\left(\sqrt{100 + 8t}\right)$을 구하여라.

풀이

$u = 100 + 8t$라 하면 $\sqrt{100 + 8t} = u^{1/2}$이다. 식 (5.1)에 의해서

$$\begin{aligned}\frac{d}{dt}\left(\sqrt{100+8t}\right) &= \frac{d}{dt}(u^{1/2}) = \frac{1}{2}u^{-1/2}\frac{du}{dt}\\ &= \frac{1}{2\sqrt{100+8t}}\frac{d}{dt}(100+8t) = \frac{4}{\sqrt{100+8t}}\end{aligned}$$

이다. 여기서 안의 함수의 도함수는 근호 안의 함수의 도함수이다.

■

이제 연쇄법칙과 다른 미분법칙을 이용하여 여러 가지 함수의 도함수를 계산해 보자.

예제 5.3 연쇄법칙과 다른 법칙을 포함하는 미분

$f(x) = x^3\sqrt{4x+1}$, $g(x) = \dfrac{8x}{(x^3+1)^2}$, $h(x) = \dfrac{8}{(x^3+1)^2}$의 도함수를 구하여라.

풀이

세 함수의 차이점을 잘 살펴보자. $f(x)$는 두 함수의 곱이고 $g(x)$는 두 함수의 몫이며 $h(x)$는 상수 나누기 함수의 형태이다. 따라서 $f(x)$에 대해서는 곱의 법칙, $g(x)$에 대해서는 몫의 법칙을 적용하고 $h(x)$에 대해서는 연쇄법칙을 적용하면 된다. 따라서

$$\begin{aligned}f'(x) &= \frac{d}{dx}(x^3\sqrt{4x+1}) = 3x^2\sqrt{4x+1} + x^3\frac{d}{dx}\sqrt{4x+1} && \text{곱의 법칙}\\ &= 3x^2\sqrt{4x+1} + x^3\frac{1}{2}(4x+1)^{-1/2}\underbrace{\frac{d}{dx}(4x+1)}_{\text{안의 함수 미분}} && \text{연쇄법칙}\\ &= 3x^2\sqrt{4x+1} + 2x^3(4x+1)^{-1/2} && \text{식 정리}\end{aligned}$$

이다. 다음으로

$$\begin{aligned}g'(x) &= \frac{d}{dx}\left[\frac{8x}{(x^3+1)^2}\right] = \frac{8(x^3+1)^2 - 8x\dfrac{d}{dx}[(x^3+1)^2]}{(x^3+1)^4} && \text{몫의 법칙}\\ &= \frac{8(x^3+1)^2 - 8x\left[2(x^3+1)\underbrace{\dfrac{d}{dx}(x^3+1)}_{\text{안의 함수 미분}}\right]}{(x^3+1)^4} && \text{연쇄법칙}\\ &= \frac{8(x^3+1)^2 - 16x(x^3+1)3x^2}{(x^3+1)^4}\\ &= \frac{8(x^3+1)^2 - 48x^3}{(x^3+1)^3} = \frac{8-40x^3}{(x^3+1)^3} && \text{식 정리}\end{aligned}$$

이다. $h(x)$에 대해서는 몫의 법칙을 적용하기보다는 $h(x) = 8(x^3+1)^{-2}$으로 변형하여 계산하는 것이 편리하다. 따라서 다음과 같다.

$$\begin{aligned}h'(x) &= \frac{d}{dx}\left[8(x^3+1)^{-2}\right] = -16(x^3+1)^{-3}\underbrace{\frac{d}{dx}(x^3+1)}_{\text{안의 함수 미분}} = -16(x^3+1)^{-3}(3x^2)\\ &= -48x^2(x^3+1)^{-3}\end{aligned}$$

■

예제 5.4에서 합성함수들의 합성으로 된 함수들에 대하여 연쇄법칙을 적용해 보자.

예제 5.4 연쇄법칙을 반복 적용하는 미분

$f(x) = (\sqrt{x^2 + 4} - 3x^2)^{3/2}$의 도함수를 구하여라.

풀이

연쇄법칙을 적용하면 다음과 같다.

$$\begin{aligned} f'(x) &= \frac{3}{2}\left(\sqrt{x^2+4} - 3x^2\right)^{1/2} \frac{d}{dx}\left(\sqrt{x^2+4} - 3x^2\right) \\ &= \frac{3}{2}\left(\sqrt{x^2+4} - 3x^2\right)^{1/2} \left[\frac{1}{2}(x^2+4)^{-1/2} \frac{d}{dx}(x^2+4) - 6x\right] \\ &= \frac{3}{2}\left(\sqrt{x^2+4} - 3x^2\right)^{1/2} \left[\frac{1}{2}(x^2+4)^{-1/2}(2x) - 6x\right] && \text{연쇄법칙} \\ &= \frac{3}{2}\left(\sqrt{x^2+4} - 3x^2\right)^{1/2} \left[x(x^2+4)^{-1/2} - 6x\right] && \text{식 정리} \end{aligned}$$

연쇄법칙을 적용하여 역함수의 도함수를 원래 함수를 이용하여 나타내 보자. f의 정의역에 속하는 모든 x에 대하여 $g(f(x)) = x$이고 g의 정의역에 속하는 모든 x에 대하여 $f(g(x)) = x$이면 $g(x) = f^{-1}(x)$라 나타냄을 알고 있다. 따라서 f와 g가 미분가능하면

$$\frac{d}{dx}[f(g(x))] = \frac{d}{dx}(x)$$

이다. 연쇄법칙에 의하여

$$f'(g(x))g'(x) = 1$$

이고 $f'(g(x))$가 0이 아닐 때는 이 식을 $g'(x)$에 대하여 풀면

$$g'(x) = \frac{1}{f'(g(x))}$$

이다.

정리 5.2

f가 모든 x에 대하여 미분가능하고 역함수 $g(x) = f^{-1}(x)$를 갖는다고 하자. $f'(g(x)) \neq 0$이면 다음이 성립한다.

$$g'(x) = \frac{1}{f'(g(x))}$$

예제 5.5에서 보듯이 정리 5.2를 적용하기 위해서는 역함수의 값을 구할 수 있어야 한다.

현대의 수학자

정

(Fan Chung, 1949–)
타이완의 수학자로 미국 산업계에서 훌륭한 업적을 내며 활동하고 있다. 그녀는 다음과 같이 말했다. "타이완에서 대학을 다닐 때 제 주변에는 좋은 친구들과 많은 여성 수학자들이 있었습니다. 교육의 상당 부분은 교수로부터 배우기보다는 오히려 친구들로부터 배우는 것입니다." 공동 연구는 그녀의 업적의 특징이다. "제대로 된 문제를 찾는 것이 연구에 중요한 부분입니다. 흔히 다른 사람으로부터 좋은 문제를 알게 되면 분발하게 되고 그 다음에 할 일은 또 다른 좋은 문제를 찾는 것입니다."

예제 5.5 역함수의 도함수

$f(x) = x^5 + 3x^3 + 2x + 1$은 역함수 $g(x)$를 갖는다. $g'(7)$을 구하여라.

풀이

그림 2.24에서 보듯이 f는 일대일 함수이고 역함수를 갖는다. 정리 5.2에 의하여

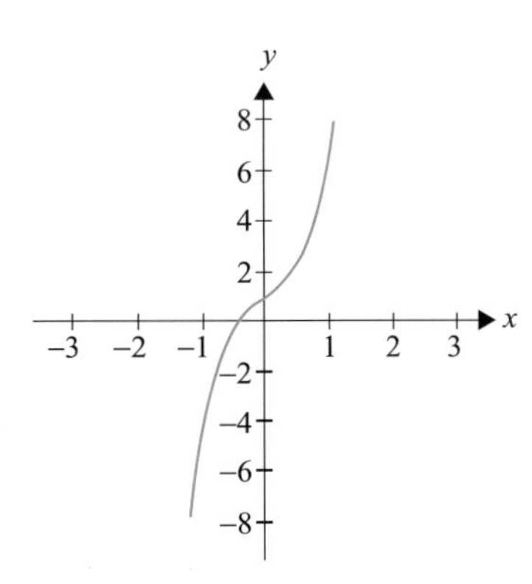

그림 2.24 $y = x^5 + 3x^3 + 2x + 1$

$$g'(7) = \frac{1}{f'(g(7))}$$

이다. $f'(x) = 5x^4 + 9x^2 + 2$이지만 정리 5.2를 적용하기 위해서는 $g(7)$의 값을 알아야 한다. $x = g(7)$이라 하면 $x = f^{-1}(7)$이므로 $f(x) = 7$이다. 일반적으로 $f(x) = 7$을 풀기는 어렵지만 몇 개의 값을 대입해 보면 $f(1) = 7$, 즉 $g(7) = 1$임을 쉽게 알 수 있다. 따라서 다음과 같다.

$$g'(7) = \frac{1}{f'(1)} = \frac{1}{16}$$

예제 5.5의 풀이는 $f(x) = 7$을 만족하는 x를 찾는 것과 관계가 있다. 이 문제에서는 $g(7)$을 찾기 쉬웠으나 대부분의 문제에서는 이 값을 구하기 매우 어렵거나 불가능한 경우가 많다.

연습문제 2.5

[1~2] 연쇄법칙을 이용하지 않고 다음 함수의 도함수를 구하여라.

1. $f(x) = (x^3-1)^2$

2. $f(x) = (x^2+1)^3$

[3~8] 다음 함수의 도함수를 구하여라.

3. (a) $f(x) = (x^3 - x)^3$ (b) $f(x) = \sqrt{x^2+4}$

4. (a) $f(t) = t^5\sqrt{t^3+2}$ (b) $f(t) = (t^3+2)\sqrt{t}$

5. (a) $f(u) = \dfrac{u^2+1}{u+4}$ (b) $f(u) = \dfrac{u^3}{(u^2+4)^2}$

6. (a) $g(x) = \dfrac{x}{\sqrt{x^2+1}}$ (b) $g(x) = \sqrt{\dfrac{x}{x^2+1}}$

7. (a) $h(w) = \dfrac{6}{\sqrt{w^2+4}}$ (b) $h(w) = \dfrac{\sqrt{w^2+4}}{6}$

8. (a) $f(x) = (\sqrt{x^3+2}+2x)^{-2}$
   (b) $f(x) = \sqrt{x^3+2+2x^{-2}}$

[9~11] 다음에서 $f(x)$는 역함수 $g(x)$를 갖는다. 정리 5.2를 이용하여 $g'(a)$를 구하여라.

9. $f(x) = x^3+4x-1,\ a=-1$

10. $f(x) = x^5+3x^3+x,\ a=5$

11. $f(x) = \sqrt{x^3+2x+4},\ a=2$

12. 곡선 $f(x) = \sqrt{x^2+16}$의 $x=3$에서의 접선의 방정식을 구하여라.

13. 위치함수가 $s(t) = \sqrt{t^2+8}$로 주어질 때 $t=2$에서의 속도를 구하여라.

14. $h(x) = f(g(x))$이고 $f(1)=3,\ g(1)=2,\ f'(1)=4,\ f'(2)=3,\ g'(1)=-2,\ g'(3)=5$일 때 $h'(1)$을 구하여라.

15. 모든 x에 대하여 $f(-x)=f(x)$를 만족하면 $f(x)$는 **우함수**(even function)라 하고, 모든 x에 대하여 $f(-x)=-f(x)$를 만족하면 $f(x)$는 **기함수**(odd function)라 한다. 기함수의 도함수는 우함수이고 우함수의 도함수는 기함수임을 보여라.

[16~17] $f(x)$가 미분가능할 때 다음 함수의 도함수를 구하여라.

16. (a) $f(x^2)$ (b) $[f(x)]^2$ (c) $f(f(x))$

17. (a) $f(1/x)$ (b) $1/f(x)$ (c) $f\left(\dfrac{x}{f(x)}\right)$

18. 다음 함수의 이계도함수를 구하여라.
   (a) $f(x) = \sqrt{x^2+4}$ (b) $f(t) = \dfrac{2}{\sqrt{t^2+4}}$

[19~20] 다음에서 $g'(x) = f(x)$가 되는 $g(x)$를 구하여라.

19. $f(x) = (x^2+3)^2(2x)$

20. $f(x) = \dfrac{x}{\sqrt{x^2+1}}$

2.6 삼각함수의 도함수

용수철은 자동차, 스테레오 또는 다른 민감한 기계의 충격 흡수 장치에서 기본적인 요소이다. 천장에 달려 있는 용수철에 어떤 물체가 매달려 있다고 하자(그림 2.25). 물체를 움직이게 하면 (예를 들어 아래로 잡아당긴 후 놓으면), 물체는 위아래로 진동하여 점차 진동 거리가 짧아지다가 정지하게 된다(평형 상태). 용수철의 그러한 운동을 수학적으로 표현하기 위해, 지금까지 이 장에서 공부해 온 대수함수 이외의 다른 함수가 필요하다. 짧은 시간 동안은 운동이 거의 주기적이라는 것이 알려져 있다. 물체의 정지 상태(평형 상태)로부터의 수직 변위를 구한다고 하자(그림 2.25).

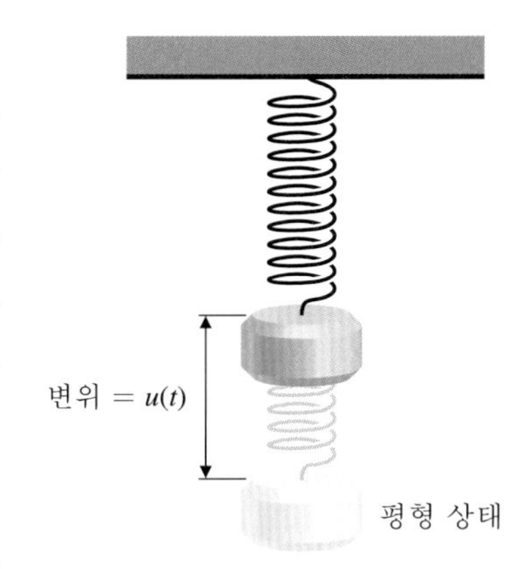

그림 2.25 용수철-질량 계

물체를 아래로 끌어당기면 수직 변위는 음수이다. 물체는 변위가 양수가 될 때까지 튕겨 올랐다가 다시 음수로 내려오고 하는 과정을 반복한다. 어떤 함수가 이러한 종류의 진동을 설명할 수 있을까? 우리가 알고 있는 함수 중 이런 모양을 갖는 것은 사인과 코사인 함수뿐이다. 이 상황에서는 어느 것이나 이용할 수 있다(잘 알고 있듯이 코사인 함수의 그래프는 사인 함수를 수평으로 평행이동시킨 것이다). 사인과 코사인 함수는 진동이 있는 모델에서 흔히 이용된다. 이 절에서는 이 함수들과 다른 삼각함수들의 도함수를 계산해 보자.

$\sin x$와 $\cos x$의 그래프를 통해서 이 함수들의 도함수가 무엇인지 아이디어를 얻을

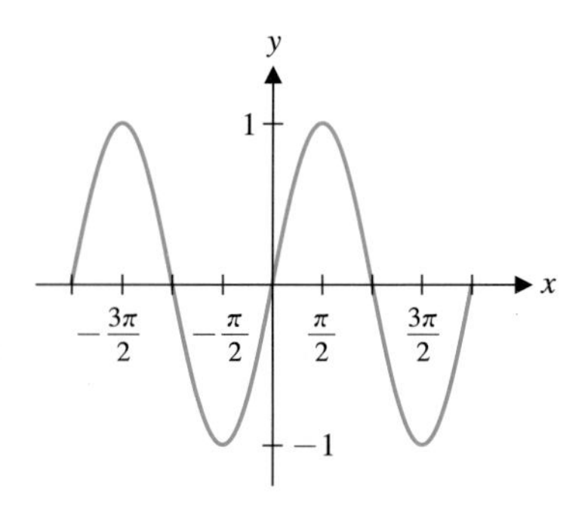

그림 2.26a $y = \sin x$

수 있다. 그림 2.26a에 있는 $y = \sin x$의 그래프를 분석해 보자. 이 그래프는 $x = -3\pi/2,\ -\pi/2,\ \pi/2,\ 3\pi/2$에서 수평접선을 갖는다. 따라서 이들 x값에서의 미분계수는 0이다. 접선의 기울기는 $-2\pi < x < -3\pi/2$에서는 양수이고, $-3\pi/2 < x < -\pi/2$에서는 음수이며 이러한 과정이 반복된다. 도함수가 양수나 음수가 되는 각 구간에서 그래프는 각 구간의 가운데에서 가장 경사가 급하다. 예를 들면 $x = -\pi/2$에서부터 $x = 0$까지 그래프는 점점 더 경사가 급해지다가 $x = \pi/2$까지는 점차 경사가 낮아져서 수평이 된다. 따라서 도함수의 그래프를 그리면 그림 2.26b와 같이 그릴 수 있다. 이것은 $y = \cos x$의 그래프와 흡사해 보인다. 다음에서 정말로 그러하다는 것을 보일 것이다. 연습문제에서 위와 같은 방법으로 $f(x) = \cos x$의 그래프를 분석하여 도함수가 $-\sin x$와 같게 됨을 확인해 보기 바란다.

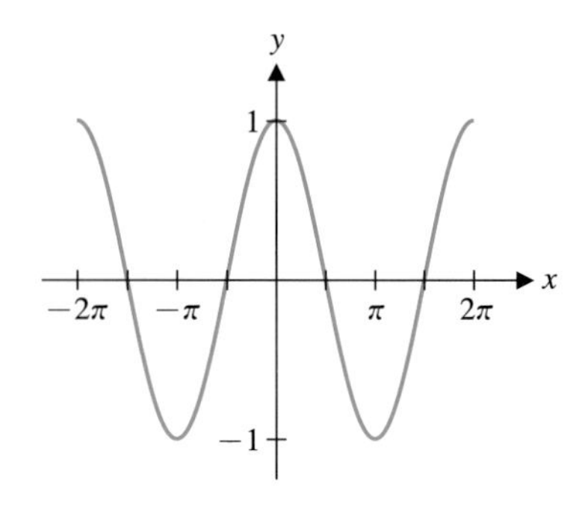

그림 2.26b $f(x) = \sin x$의 도함수

여섯 가지 삼각함수의 도함수를 계산하기 전에, 먼저 삼각함수를 포함하는 몇 가지 극한을 알아보자(이것을 보조정리−좀 더 중요한 결과를 이끌어내는 작은 정리−라고 한다). 왜 이것을 먼저 계산해야 하는지 곧 알게 될 것이다.

보조정리 6.1

$$\lim_{\theta \to 0} \sin\theta = 0$$

이 결과는 당연해 보인다. 특히 $y = \sin x$의 그래프를 보면 그렇다. 이 사실을 몇 번 이용하기는 했지만 지금 증명해 보자.

증명

$0 < \theta < \frac{\pi}{2}$에 대하여 그림 2.27을 생각해 보자. 그림으로부터

$$0 \le \sin\theta \le \theta \tag{6.1}$$

임을 알 수 있다.

$$\lim_{\theta \to 0^+} 0 = 0 = \lim_{\theta \to 0^+} \theta \tag{6.2}$$

임은 당연하므로 1.3절의 조임정리와 식 (6.1), (6.2)에 의해

$$\lim_{\theta \to 0^+} \sin\theta = 0$$

이다. 비슷한 방법으로

$$\lim_{\theta \to 0^-} \sin\theta = 0$$

임을 보일 수 있는데 이것은 각자 해 보기 바란다. 좌극한과 우극한이 같으므로

$$\lim_{\theta \to 0} \sin\theta = 0$$

이다. ■

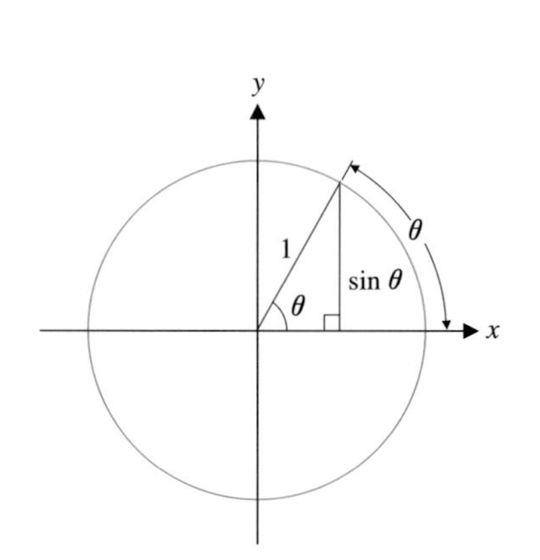

그림 2.27 $\sin\theta$의 정의

다음 정리는 보조정리 6.1과 피타고라스 정리에 의해서 얻을 수 있다.

보조정리 6.2

$$\lim_{\theta \to 0} \cos\theta = 1$$

1.2절에서 (그래프와 약간의 계산을 해 보면) 극한을 처음 공부할 때 다음 식을 참인 것으로 예상했었다. 이제 이 정리를 증명할 수 있다.

보조정리 6.3

$$\lim_{\theta \to 0} \frac{\sin\theta}{\theta} = 1$$

증명

$0 < \theta < \frac{\pi}{2}$ 라 가정하자. 그림 2.28에서 부채꼴 OPR의 넓이는 삼각형 OPR의 넓이보다는 크고, 삼각형 OQR의 넓이보다는 작다. 즉,

$$0 < \triangle OPR\text{의 넓이} < \text{부채꼴 } OPR\text{의 넓이} < \triangle OQR\text{의 넓이} \tag{6.3}$$

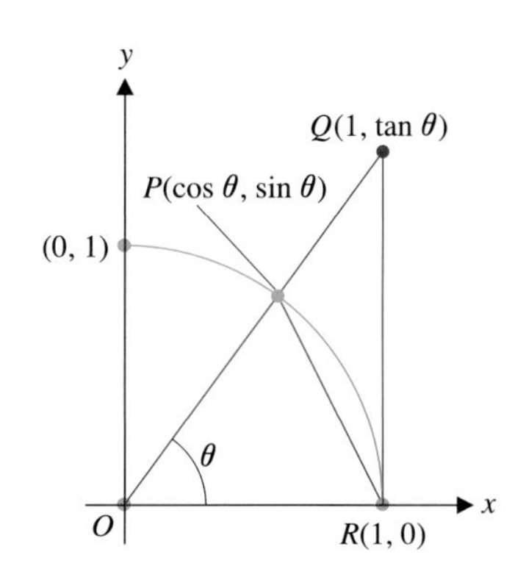

그림 2.28

이다. 그림 2.29로부터

$$\text{부채꼴 } OPR\text{의 넓이} = \pi(\text{반지름})^2(\text{전체 원에서 부채꼴의 비율})$$

$$= \pi(1^2)\frac{\theta}{2\pi} = \frac{\theta}{2} \tag{6.4}$$

이며

$$\triangle OPR\text{의 넓이} = \frac{1}{2}(\text{밑변})(\text{높이}) = \frac{1}{2}(1)\sin\theta \tag{6.5}$$

이고

$$\triangle OQR\text{의 넓이} = \frac{1}{2}\tan\theta \tag{6.6}$$

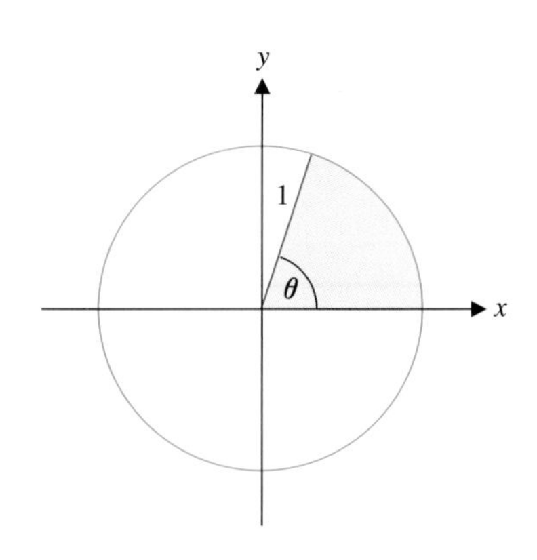

그림 2.29 부채꼴

이다. 따라서 식 (6.3), (6.4), (6.5), (6.6)에 의해서

$$0 < \frac{1}{2}\sin\theta < \frac{\theta}{2} < \frac{1}{2}\tan\theta \tag{6.7}$$

이다. 식 (6.7)의 각 변을 $\frac{1}{2}\sin\theta$로 나누면(이 값은 양수이므로 부등호의 방향은 변하지 않는다),

$$1 < \frac{\theta}{\sin\theta} < \frac{\tan\theta}{\sin\theta} = \frac{1}{\cos\theta}$$

이다. 각 변의 역수를 취하면(역시 모든 항이 양수이다)

$$1 > \frac{\sin\theta}{\theta} > \cos\theta \tag{6.8}$$

를 얻는다. 식 (6.8)의 부등식은 $-\frac{\pi}{2} < \theta < 0$일 때도 성립한다. 마지막으로

$$\lim_{\theta \to 0} \cos\theta = 1 = \lim_{\theta \to 0} 1$$

이므로 식 (6.8)과 조임정리에 의해서

$$\lim_{\theta \to 0} \frac{\sin\theta}{\theta} = 1$$

임이 증명된다. ■

삼각함수의 도함수를 다루기 전에 극한을 하나 더 알아보자.

보조정리 6.4

$$\lim_{\theta \to 0} \frac{1 - \cos\theta}{\theta} = 0$$

이것을 증명하기 전에 우선 이 예상이 맞을지에 대해서 생각해 보자. 그림 2.30에 $y = \frac{1 - \cos x}{x}$의 그래프가 있다. 아래의 표에서 계산한 함숫값을 보면 맞는 것으로 보인다.

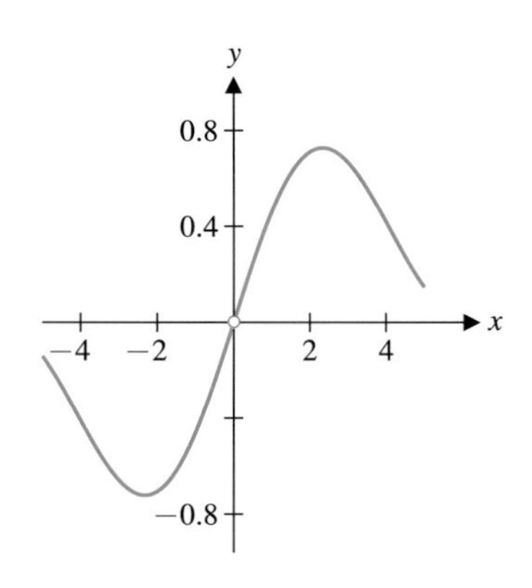

그림 2.30 $y = \frac{1 - \cos x}{x}$

x	$\frac{1-\cos x}{x}$
0.1	0.04996
0.01	0.00499996
0.001	0.0005
0.0001	0.00005

x	$\frac{1-\cos x}{x}$
−0.1	−0.04996
−0.01	−0.00499996
−0.001	−0.0005
−0.0001	−0.00005

예상이 확실해 보이므로 이제 이 보조정리를 증명해 보자.

증명

$$\lim_{\theta \to 0} \frac{1 - \cos\theta}{\theta} = \lim_{\theta \to 0} \left(\frac{1 - \cos\theta}{\theta}\right)\left(\frac{1 + \cos\theta}{1 + \cos\theta}\right)$$ 분모, 분자에 $1 + \cos\theta$를 곱함

$$= \lim_{\theta \to 0} \frac{1 - \cos^2\theta}{\theta(1 + \cos\theta)}$$ 분모, 분자를 전개

$$= \lim_{\theta \to 0} \frac{\sin^2\theta}{\theta(1 + \cos\theta)}$$ $\sin^2\theta + \cos^2\theta = 1$이므로

$$= \lim_{\theta \to 0} \left[\left(\frac{\sin\theta}{\theta}\right)\left(\frac{\sin\theta}{1 + \cos\theta}\right)\right]$$

$$= \left(\lim_{\theta \to 0} \frac{\sin\theta}{\theta}\right)\left(\lim_{\theta \to 0} \frac{\sin\theta}{1 + \cos\theta}\right)$$ 각 극한이 존재하므로 분리

$$= (1)\left(\frac{0}{1+1}\right) = 0$$

이므로 예상대로 증명되었다. ■

이제 사인과 코사인 함수의 도함수를 계산할 수 있다.

정리 6.1

$$\frac{d}{dx}\sin x = \cos x$$

증명

$f(x) = \sin x$라 하면 도함수의 정의에 의해서

$$\frac{d}{dx}\sin x = f'(x) = \lim_{h\to 0}\frac{\sin(x+h) - \sin(x)}{h}$$

$$= \lim_{h\to 0}\frac{\sin x\cos h + \sin h\cos x - \sin x}{h}$$

$\sin(\alpha + \beta) = \sin\alpha\cos\beta + \sin\beta\cos\alpha$

$$= \lim_{h\to 0}\frac{\sin x\cos h - \sin x}{h} + \lim_{h\to 0}\frac{\sin h\cos x}{h}$$

$\sin x$가 있는 항과 $\sin h$가 있는 항 분리

$$= (\sin x)\lim_{h\to 0}\frac{\cos h - 1}{h} + (\cos x)\lim_{h\to 0}\frac{\sin h}{h}$$

첫 번째 항에서 $\sin x$를 묶어내고 두 번째 항에서 $\cos x$를 묶어내고

$$= (\sin x)(0) + (\cos x)(1) = \cos x$$

이다. 마지막에서 두 번째 등식에 보조정리 6.3과 6.4를 이용하였다. ■

다음 정리의 증명은 각자 해 보기 바란다.

정리 6.2

$$\frac{d}{dx}\cos x = -\sin x$$

나머지 네 가지 삼각함수에 대해서는 $\sin x$와 $\cos x$의 도함수와 더불어 몫의 법칙을 이용하여 구할 수 있다.

정리 6.3

$$\frac{d}{dx}\tan x = \sec^2 x$$

증명

몫의 법칙을 적용하고 $\sin x$와 $\cos x$의 도함수 공식 (정리 6.1과 6.2)을 적용하면 다음과 같다.

$$\frac{d}{dx}\tan x = \frac{d}{dx}\left(\frac{\sin x}{\cos x}\right)$$
$$= \frac{\left[\frac{d}{dx}\sin x\right](\cos x) - (\sin x)\frac{d}{dx}\cos x}{(\cos x)^2}$$
$$= \frac{\cos x(\cos x) - \sin x(-\sin x)}{(\cos x)^2}$$
$$= \frac{\cos^2 x + \sin^2 x}{(\cos x)^2} = \frac{1}{(\cos x)^2} = \sec^2 x$$

■

나머지 삼각함수들의 도함수는 각자 해 보기 바란다. 여섯 가지의 삼각함수의 도함수를 정리하면 다음과 같다.

$\frac{d}{dx}\sin x = \cos x$	$\frac{d}{dx}\cos x = -\sin x$
$\frac{d}{dx}\tan x = \sec^2 x$	$\frac{d}{dx}\cot x = -\csc^2 x$
$\frac{d}{dx}\sec x = \sec x\tan x$	$\frac{d}{dx}\csc x = -\csc x\cot x$

예제 6.1은 곱의 법칙이 적용된 것이다.

예제 6.1 곱의 법칙이 필요한 도함수

$f(x) = x^5\cos x$의 도함수를 구하여라.

풀이

곱의 법칙을 적용하면 다음과 같다.

$$\frac{d}{dx}(x^5\cos x) = \left[\frac{d}{dx}(x^5)\right]\cos x + x^5\frac{d}{dx}(\cos x)$$
$$= 5x^4\cos x - x^5\sin x$$

■

예제 6.2 몇 가지 단순한 도함수

(a) $f(x) = \sin^2 x$ (b) $g(x) = 4\tan x - 5\csc x$의 도함수를 구하여라.

풀이

(a)는 함수를 $f(x) = (\sin x)^2$이라 바꿔 쓰고 연쇄법칙을 적용하면

$$f'(x) = (2\sin x)\frac{d}{dx}(\sin x) = 2\sin x\cos x$$

이다. (b)는 다음과 같다.

$$g'(x) = 4\sec^2 x + 5\csc x\cot x$$

■

예제 6.3에서와 같이, 서로 다른 의미를 갖지만 표현은 비슷한 경우가 있으므로 주의해야 한다.

예제 6.3 비슷한 삼각함수의 도함수

$f(x) = \cos x^3$, $g(x) = \cos^3 x$, $h(x) = \cos 3x$의 도함수를 각각 구하여라.

풀이

괄호를 이용하여 세 함수를 다시 표현하면 $f(x) = \cos(x^3)$, $g(x) = (\cos x)^3$, $h(x) = \cos(3x)$이다. 첫 번째 함수의 도함수는

$$f'(x) = \frac{d}{dx}\cos(x^3) = -\sin(x^3)\frac{d}{dx}(x^3) = -\sin(x^3)(3x^2) = -3x^2\sin(x^3)$$

이고

$$\begin{aligned} g'(x) &= \frac{d}{dx}(\cos x)^3 = 3(\cos x)^2\frac{d}{dx}(\cos x) \\ &= 3(\cos x)^2(-\sin x) = -3\sin x\cos^2 x \end{aligned}$$

이며

$$h'(x) = \frac{d}{dx}\cos(3x) = -\sin(3x)\frac{d}{dx}(3x) = -\sin(3x)(3) = -3\sin(3x)$$

이다.

■

삼각함수의 미분공식과 곱의 법칙, 몫의 법칙, 연쇄법칙을 같이 적용하면 많은 복잡한 함수의 도함수를 구할 수 있다.

예제 6.4 연쇄법칙과 몫의 법칙을 포함하는 미분

$f(x) = \sin\left(\frac{2x}{x+1}\right)$의 도함수를 구하여라.

풀이

연쇄법칙과 몫의 법칙을 이용하면 다음과 같다.

$$\begin{aligned} f'(x) &= \cos\left(\frac{2x}{x+1}\right)\frac{d}{dx}\left(\frac{2x}{x+1}\right) && \text{연쇄법칙} \\ &= \cos\left(\frac{2x}{x+1}\right)\frac{2(x+1)-2x(1)}{(x+1)^2} && \text{몫의 법칙} \\ &= \cos\left(\frac{2x}{x+1}\right)\frac{2}{(x+1)^2} \end{aligned}$$

■

예제 6.5 접선의 방정식 구하기

함수

$$y = 3\tan x - 2\csc x$$

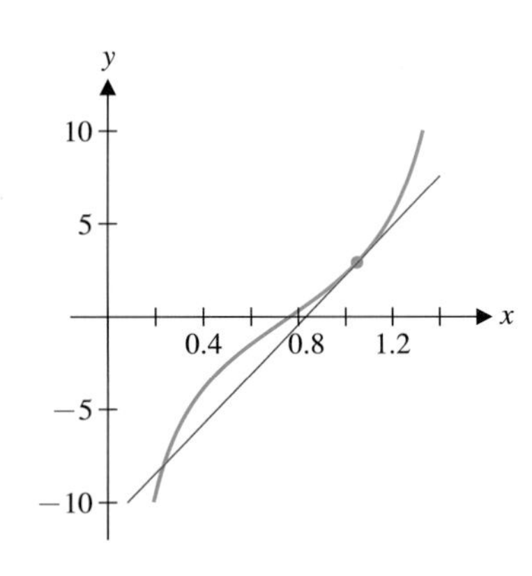

그림 2.31 $y = 3\tan x - 2\csc x$와 $x = \frac{\pi}{3}$에서의 접선

의 $x = \frac{\pi}{3}$에서의 접선의 방정식을 구하여라.

풀이

도함수는

$$y' = 3\sec^2 x - 2(-\csc x \cot x) = 3\sec^2 x + 2\csc x \cot x$$

이므로 $x = \frac{\pi}{3}$에서

$$y'\left(\frac{\pi}{3}\right) = 3\,(2)^2 + 2\left(\frac{2}{\sqrt{3}}\right)\left(\frac{1}{\sqrt{3}}\right) = 12 + \frac{4}{3} = \frac{40}{3}$$

이다. 접점 $\left(\frac{\pi}{3},\ 3\sqrt{3} - \frac{4}{\sqrt{3}}\right)$에서 기울기가 $\frac{40}{3}$인 접선의 방정식은

$$y = \frac{40}{3}\left(x - \frac{\pi}{3}\right) + 3\sqrt{3} - \frac{4}{\sqrt{3}}$$

이다. 이 함수와 접선의 그래프가 그림 2.31에 있다.

응용

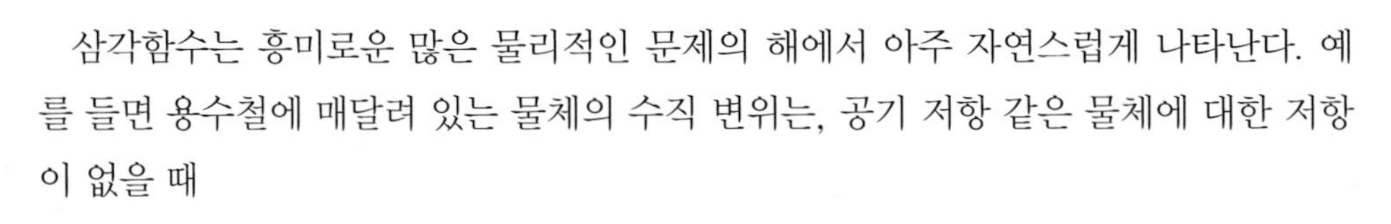

삼각함수는 흥미로운 많은 물리적인 문제의 해에서 아주 자연스럽게 나타난다. 예를 들면 용수철에 매달려 있는 물체의 수직 변위는, 공기 저항 같은 물체에 대한 저항이 없을 때

$$u(t) = a\cos(\omega t) + b\sin(\omega t)$$

로 주어짐을 보일 수 있다. 여기서 ω는 진동수, t는 시간이고 a, b는 상수이다(이러한 용수철–질량 계를 나타낸 것이 그림 2.32이다).

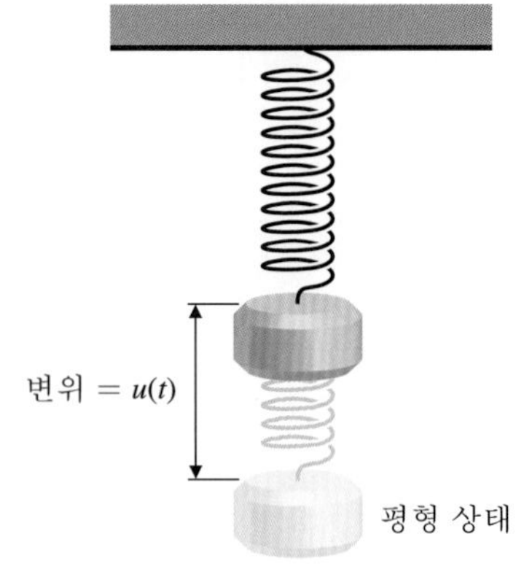

그림 2.32 용수철–질량 계

예제 6.6 용수철–질량 계의 분석

용수철에 매달려 있는 물체를 잡아 당겼다가 놓은 t초 후의 물체의 변위(단위는 인치) $u(t)$가

$$u(t) = 4\cos 2t$$

로 주어진다고 하자. 시각 t에서의 속도와 최고속도를 구하여라.

풀이

$u(t)$가 위치(변위)를 나타내므로 속도는 $u'(t)$로 주어진다.

$$u'(t) = 4\,(-\sin 2t) \cdot 2 = -8\sin 2t$$

이고 $u'(t)$의 단위는 인치/초이다. 물론 $\sin 2t$는 -1과 1을 진동하므로 $u'(t)$의 최댓값은 $-8(-1) = 8$인치/초이다. 이것은 $\sin 2t = -1$일 때, 즉 $t = 3\pi/4t$, $t = 7\pi/4$ 등에서 발생한다. 이 시각들에서 $u(t)=0$이므로 물체는 평형상태에 있던 위치를 지날 때 가장 빨리 지나게 된다.

연습문제 2.6

[1~9] 다음 함수의 도함수를 구하여라.

1. $f(x) = 4\sin 3x - x$

2. $f(t) = \tan^3 2t - \csc^4 3t$

3. $f(x) = x\cos 5x^2$

4. $f(x) = \dfrac{\sin x^2}{x^2}$

5. $f(t) = \sin 3t \sec 3t$

6. $f(w) = \dfrac{1}{\sin 4w}$

7. $f(x) = 2\sin 2x \cos 2x$

8. $f(x) = \tan\sqrt{x^2+1}$

9. $f(x) = \sin^3\left(\cos\sqrt{x^3+2x^2}\right)$

[10~11] 다음 함수의 도함수를 구하여라.

10. (a) $f(x) = \sin x^2$ (b) $f(x) = \sin^2 x$
(c) $f(x) = \sin 2x$

11. (a) $f(x) = \sin x^2 \tan x$ (b) $f(x) = \sin^2(\tan x)$
(c) $f(x) = \sin(\tan^2 x)$

[12~13] $y = f(x)$의 $x = a$에서의 접선의 방정식을 구하여라.

12. $f(x) = \sin 4x,\ a = \dfrac{\pi}{8}$

13. $f(x) = x^2\cos x,\ a = \dfrac{\pi}{2}$

[14~15] 다음 위치함수를 이용하여 시각 $t = t_0$일 때의 속도를 구하여라.

14. $s(t) = t^2 - \sin 2t,\ t_0 = 0$

15. $s(t) = \dfrac{\cos t}{t},\ t_0 = \pi$

16. 용수철이 천장에 매달려 위아래로 진동하고 있다. 시각 t일 때 위치는 $f(t) = 4\sin 3t$로 주어진다고 하자. (a) 시각 t일 때 용수철의 속도를 구하여라. (b) 용수철의 최대 속력은 얼마인가? (c) 용수철의 속력이 최대인 것은 언제인가?

17. 극한 $\lim_{x\to 0}\dfrac{\sin x}{x} = 1$과 $\lim_{x\to 0}\dfrac{\cos x - 1}{x} = 0$을 이용하여 다음 극한을 구하여라.
(a) $\lim_{x\to 0}\dfrac{\sin 3x}{x}$ (b) $\lim_{t\to 0}\dfrac{\sin t}{4t}$
(c) $\lim_{x\to 0}\dfrac{\cos x - 1}{5x}$ (d) $\lim_{x\to 0}\dfrac{\sin x^2}{x^2}$

18. $f(x) = \sin 2x$일 때 $f^{(75)}(x)$와 $f^{(150)}(x)$를 구하여라.

19. 항등식 $\cos(x+h) = \cos x\cos h - \sin x\sin h$를 이용하여 정리 6.2를 증명하여라.

20. $f(x) = \begin{cases} \dfrac{\sin x}{x}, & x \neq 0 \\ 1, & x = 0 \end{cases}$에 대하여 다음을 보여라.
(a) 모든 x에 대하여 연속이고 미분가능하다(힌트: $x = 0$일 때를 생각하라).
(b) $f'(x)$은 연속이다.

2.7 지수함수와 로그함수의 도함수

지수함수와 로그함수는 응용 면에서 가장 흔히 만나는 함수들이다. 경영학에서의 간단한 응용부터 시작해 보자.

어떤 것에 투자한 것의 가치가 매년 두 배로 오른다고 하자. 처음 \$100로 시작했으면 1년 후에는 \$100(2) = \$200이 된다. 2년 후에 그 가치는 \$100(2)(2) = \$400이 되고 3년 후에는 $\$100(2^3) = \$800$이 된다. 일반적으로 t년 후의 가치는 $\$100(2^t)$이 된다. 이 투자의 이익 비율을 어떻게 나타낼 수 있을까? 가치가 매년 두 배 증가하므로 100%라고 할 수도 있다. 이것을 **연이익률**(APY: annual percentage yield)이라고 부

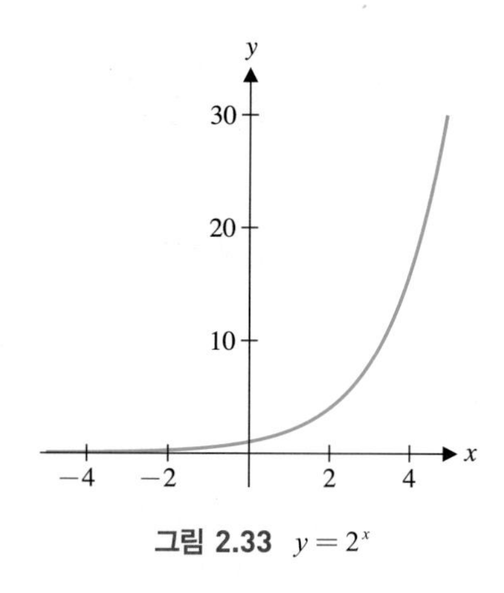

그림 2.33 $y = 2^x$

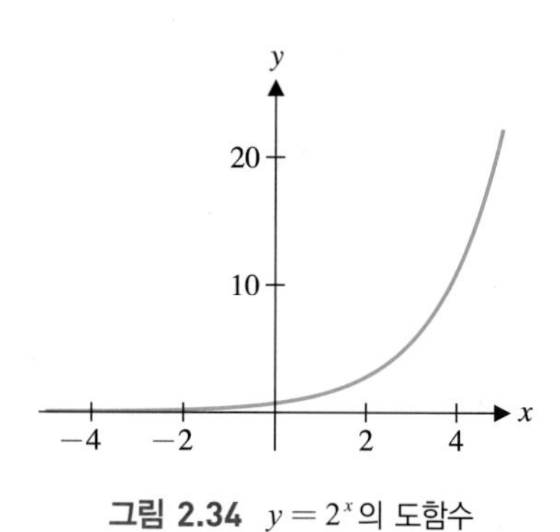

그림 2.34 $y = 2^x$의 도함수

른다. 미분적분학을 공부한 사람이라면 비율이라는 용어에서 도함수를 생각할 것이다.

어떤 상수 $a>1$에 대하여 $f(x)=a^x$을 생각하자[a를 **밑**(base)이라고 한다]. 0장에서 공부한 것을 생각해 보면, 그 그래프는 그림 2.33에 있는 $f(x)=2^x$의 그래프와 비슷하다.

왼쪽에서 오른쪽으로 진행하면 그래프는 항상 증가한다. 따라서 접선의 기울기와 미분계수는 항상 양수이다. 또한 오른쪽으로 갈수록 그래프는 점점 더 경사가 급해지고 미분계수는 더 큰 값이 된다. 그뿐만 아니라 원점 왼쪽에서는 접선은 거의 수평이고 미분계수는 0에 가까운 양수이다. 위의 정보를 바탕으로 $y = f'(x)$의 그래프를 그린 것이 그림 2.34이다(컴퓨터를 이용하여 여러 가지 값 $a>0$에 대하여 $y = a^x$와 이 함수의 도함수의 그래프를 그려서 형태를 알아보아라). 그림 2.34를 잘 보면 도함수의 그래프가 원래 함수의 그래프와 흡사하다.

지수함수의 도함수

도함수의 정의를 이용하여 $a>0$일 때 $f(x) = a^x$의 도함수를 구해 보자.

$$\begin{aligned} f'(x) &= \lim_{h\to 0}\frac{f(x+h)-f(x)}{h} = \lim_{h\to 0}\frac{a^{x+h}-a^x}{h} \\ &= \lim_{h\to 0}\frac{a^x a^h - a^x}{h} && \text{지수법칙에 의해서} \\ &= a^x \lim_{h\to 0}\frac{a^h-1}{h} && a^x\text{을 묶는다} \end{aligned} \tag{7.1}$$

이다. 불행하게도 현재로는 식 (7.1)의 극한을 계산할 수 없다. 그러나 식 (7.1)의 극한값이 존재한다고 하면

$$\frac{d}{dx}a^x = (\text{상수})\,a^x \tag{7.2}$$

이다. 그리고 식 (7.2)는 그림 2.33과 그림 2.34에서 그래프를 통하여 관찰해 본 것과도 일치한다. 이제 우리가 해결해야 할 문제는 모든 (또는 임의의) $a>1$에 대하여

$$\lim_{h\to 0}\frac{a^h-1}{h}$$

이 존재하는지에 관한 것이다. 아래의 표에서 $a=2$일 때 값을 계산하여 알아보자.

h	$\frac{2^h-1}{h}$
0.01	0.6955550
0.0001	0.6931712
0.000001	0.6931474
0.0000001	0.6931470

h	$\frac{2^h-1}{h}$
−0.01	0.6907505
−0.0001	0.6931232
−0.000001	0.6931469
−0.0000001	0.6931472

앞의 표에서 보면 그 극한은 존재하고

$$\lim_{h \to 0} \frac{2^h - 1}{h} \approx 0.693147$$

일 것이라는 생각을 갖게 한다. 같은 방법으로 계산해 보면

$$\lim_{h \to 0} \frac{3^h - 1}{h} \approx 1.098612$$

임을 알 수 있다. 그리고 이 근삿값은

$$\ln 2 \approx 0.693147 \text{ 이고 } \ln 3 \approx 1.098612$$

임을 주목하자.

식 (7.1)의 극한에서 다른 $a > 0$에 대하여 계산해 보더라도 비슷한 결과를 얻을 수 있다(직접 몇 가지를 계산해 보기 바란다).

따라서 다음 결과를 얻을 수 있다.

정리 7.1

임의의 상수 $a > 0$에 대하여

$$\frac{d}{dx} a^x = a^x \ln a \tag{7.3}$$

이다.

이 정리의 증명은 식 (7.1)에서의 극한값을 정확히 구하는 것 외에는 식 (7.1)의 계산과 같다. 그리고 이것은 4장의 내용을 알아야 가능하다. 우선은 수를 대입하고 그래프를 이용하고 (거의 완전한) 대수적인 논의만으로 이 예측이 맞다는 것에 만족해야 한다.

예제 7.1 투자에서 변화율 찾기

100달러를 투자했을 때 그 가치가 매년 두 배로 늘어난다고 하면 t년 후 그 가치는 $v(t) = 100\,2^t$으로 주어진다. 가치의 순간상대백분변화율을 구하여라.

풀이

순간변화율은 도함수

$$v'(t) = 100\,2^t \ln 2$$

이다. 상대변화율은

$$\frac{v'(t)}{v(t)} = \frac{100\,2^t \ln 2}{100\,2^t} = \ln 2 \approx 0.693$$

이므로 상대백분변화율은 69.3%이다. 즉, 백분변화율이 69.3%이고 연속적으로 복리로 늘어난다면 투자액은 매년 두 배로 불어난다는 것이다. 연속적인 복리에 대해서는 연습문제에서 좀 더 다루어 보자.

가장 흔히 사용되는 밑은 무리수 e이다. 이 값의 중요성은 곧 알게 될 것이다. $\ln e = 1$이므로 $f(x) = e^x$의 도함수는 간단히

$$\frac{d}{dx}e^x = e^x \ln e = e^x$$

이다.

따라서 다음 결과를 얻는다.

정리 7.2

$$\frac{d}{dx}e^x = e^x$$

이것이 도함수 공식 중 가장 기억하기 쉬운 것일 것이다. 2.6절에서 용수철에 매달려 있는 물체의 진동에 관한 간단한 모델을 공부했다. 삼각함수와 지수함수를 함께 이용하면 좀 더 실제적인 모델을 만들 수 있다.

예제 7.2 지수함수에서의 연쇄법칙

$f(x) = 3e^{x^2}$, $g(x) = xe^{2/x}$, $h(x) = 3^{2x^2}$의 도함수를 구하여라.

풀이

연쇄법칙에 의하여

$$f'(x) = 3e^{x^2}\frac{d}{dx}(x^2) = 3e^{x^2}(2x) = 6xe^{x^2}$$

이다. 곱의 법칙과 연쇄법칙을 이용하면

$$\begin{aligned} g'(x) &= (1)e^{2/x} + xe^{2/x}\frac{d}{dx}\left(\frac{2}{x}\right) \\ &= e^{2/x} + xe^{2/x}\left(-\frac{2}{x^2}\right) \\ &= e^{2/x} - 2\frac{e^{2/x}}{x} \\ &= e^{2/x}(1 - 2/x) \end{aligned}$$

이고

$$\begin{aligned} h'(x) &= 3^{2x^2}\ln 3\frac{d}{dx}(2x^2) \\ &= 3^{2x^2}\ln 3\,(4x) \\ &= 4(\ln 3)x3^{2x^2} \end{aligned}$$

이다.

예제 7.3 매달려 있는 물체의 속도 구하기

용수철–질량 계에 공기 저항 같은 물체에 대한 저항이 있으면(그림 2.35), 용수철에 매달려 있는 물체의 수직 변위는

$$u(t) = Ae^{\alpha t}\cos(\omega t) + Be^{\alpha t}\sin(\omega t)$$

로 나타난다. 여기서 A, B, α와 ω는 상수이다.

$$\text{(a) } u_1(t) = e^{-t}\cos t \qquad \text{(b) } u_2(t) = e^{-t/6}\cos 4t$$

에 대하여 물체의 운동 그래프를 그리고 시각 t일 때의 속도를 구하여라.

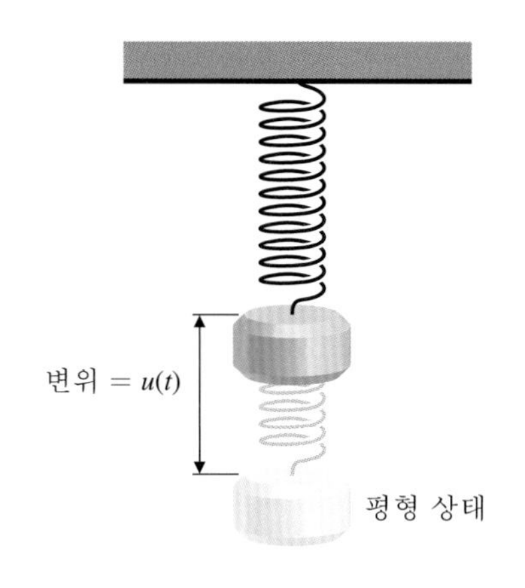

그림 2.35 용수철–질량 계

풀이

그림 2.36a가 $u(t) = e^{-t}\cos t$의 그래프이다. 잠시 동안 진동하다가 빠르게 정지상태 $u = 0$로 됨을 알 수 있다. 이것은 자동차의 범퍼가 부딪쳤을 때 자동차의 완충장치(가장 익숙한 용수철–질량 계)에서 일어나는 일과 정확히 일치하는 것이라는 것을 알 수 있다. 자동차의 완충장치가 고장났다면 그림 2.36b와 같이 될 것이다. 이것은 $v(t) = e^{-t/6}\cos(4t)$의 그래프이다.

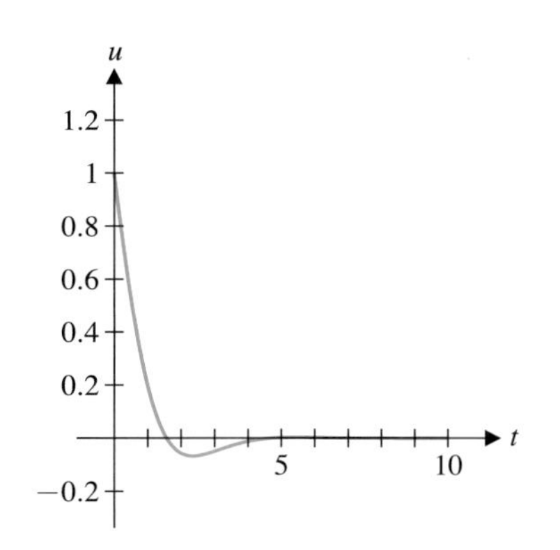

그림 2.36a $u(t) = e^{-t}\cos t$

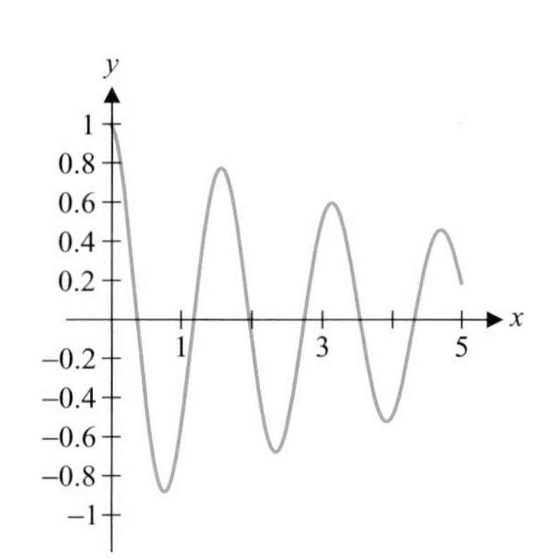

그림 2.36b $y = e^{-t/6}\cos(4t)$

물체의 속도는 도함수로 주어진다. 곱의 법칙에 의해서

$$\begin{aligned} u'_1(t) &= \frac{d}{dt}(e^{-t})\cos t + e^{-t}\frac{d}{dt}(\cos t) \\ &= -e^{-t}\frac{d}{dt}(-t)\cos t - e^{-t}\sin t \\ &= -e^{-t}(\cos t + \sin t) \end{aligned}$$

이고

$$\begin{aligned} u'_2(t) &= \frac{d}{dt}(e^{-t/6})\cos(4t) + e^{-t/6}\frac{d}{dt}[\cos(4t)] \\ &= e^{-t/6}\frac{d}{dt}\left(-\frac{t}{6}\right)\cos(4t) + e^{-t/6}[-\sin(4t)]\frac{d}{dt}(4t) \\ &= -\frac{1}{6}e^{-t/6}\cos(4t) - 4e^{-t/6}\sin(4t) \end{aligned}$$

이다.

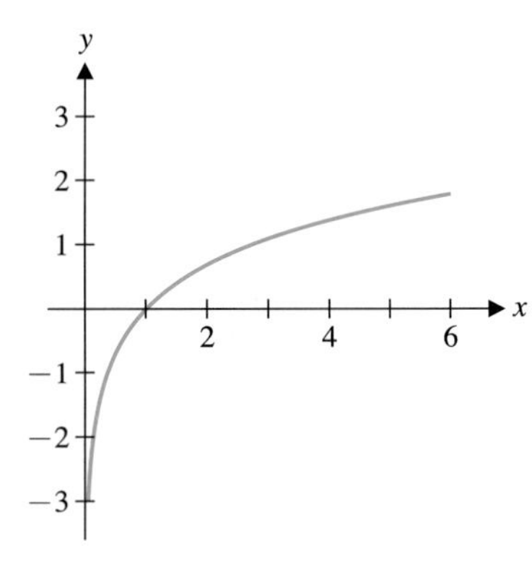

그림 2.37a $y = \ln x$

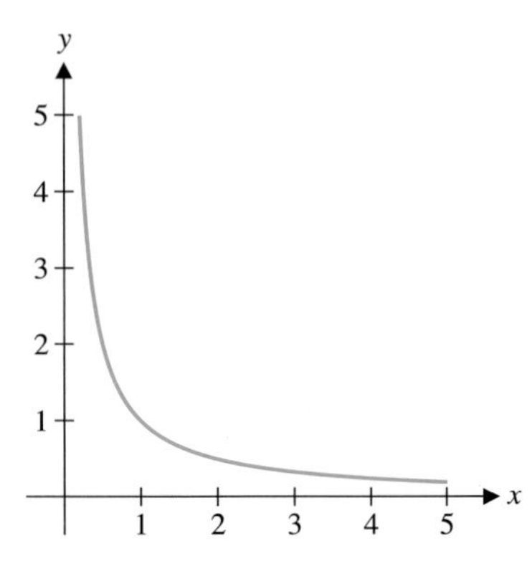

그림 2.37b $f(x) = \ln x$의 도함수

자연로그함수의 도함수

자연로그함수 $\ln x$는 지수함수와 밀접한 관련이 있다. 우리는 이미 일반적인 지수함수의 도함수 공식 (7.3)에서 자연로그가 나타남을 보았다. 또한 0장에서 자연로그함수의 그래프는 그림 2.37a에서와 같은 모양임을 배웠다.

이 함수는 $x>0$에서만 정의되고 오른쪽으로 갈수록 증가한다. 따라서 접선의 기울기와 도함수 값은 항상 양수이다. 그뿐만 아니라 $x\to\infty$이면 접선의 기울기는 양수로서 0에 가까워지는 값이 된다. 반면에 x가 0의 오른쪽으로 가까워지면 그래프는 기울기가 커지고 미분계수는 점점 더 커져서 무한대로 된다. 그림 2.37b의 그래프가 이러한 관찰을 바탕으로 그린 것이다.

$f(x) = \ln x$에 대하여 도함수의 정의를 적용하면

$$f'(x) = \lim_{h\to 0}\frac{f(x+h)-f(x)}{h} = \lim_{h\to 0}\frac{\ln(x+h)-\ln(x)}{h}$$

를 얻는다. 불행하게도 우리는 아직 이 극한값을 어떻게 계산해야 할지 모를 뿐만 아니라 존재 자체도 확신할 수 없다(이것은 4장에서 공부할 것이다).

그런데 $x>0$일 때 $y = \ln x$일 필요충분조건은 $e^y = x$이다. 정리 5.2와 7.2에 의하여 $g(x) = \ln x$, $f(x) = e^x$, $f'(x) = e^x$라 하면

$$g'(x) = \frac{1}{f'(g(x))} = \frac{1}{e^y} = \frac{1}{x}$$

이다. 따라서 다음 정리를 얻는다.

정리 7.3

$x>0$에 대하여

$$\frac{d}{dx}(\ln x) = \frac{1}{x} \tag{7.4}$$

예제 7.4 로그함수의 도함수

$f(x) = x\ln x$, $g(x) = \ln x^3$, $h(x) = \ln(x^2+1)$의 도함수를 구하여라.

풀이

곱의 법칙을 이용하면

$$f'(x) = (1)\ln x + x\left(\frac{1}{x}\right) = \ln x + 1$$

이다. 연쇄법칙을 이용하여 $g(x)$를 미분할 수도 있지만 로그의 성질을 이용하여 $g(x) = \ln x^3 = 3\ln x$로 변형한 후 식 (7.4)를 이용하는 것이 편리하다. 따라서

$$g'(x) = 3\frac{d}{dx}(\ln x) = 3\left(\frac{1}{x}\right) = \frac{3}{x}$$

이다. $h(x)$에 대해서는 연쇄법칙을 적용하면 다음과 같다.

$$h'(x) = \frac{1}{x^2+1}\frac{d}{dx}(x^2+1) = \frac{1}{x^2+1}(2x) = \frac{2x}{x^2+1}$$

일반적인 지수함수의 미분공식을 유도하는 또 다른 방법은 다음과 같다. $a>0$일 때 지수함수와 로그함수의 성질에 의하여

$$a^x = e^{\ln(a^x)} = e^{x\ln a}$$

이다. 따라서

$$\begin{aligned}\frac{d}{dx}a^x &= \frac{d}{dx}e^{x\ln a} = e^{x\ln a}\cdot\frac{d}{dx}(x\ln a)\\ &= e^{x\ln a}\cdot\ln a\\ &= a^x\cdot\ln a\end{aligned}$$

이므로 정리 7.1의 결과와 같다.

예제 7.5 화학 물질의 최대 농도 구하기

어떤 화학 물질의 촉매 반응이 일어난지 t초 후의 농도 c가 $c(t) = \frac{10}{9e^{-20t}+1}$로 주어진다고 하자. $c'(t) > 0$임을 보이고, 이것을 이용하여 이 화학 물질의 농도는 10을 넘을 수 없다는 것을 보여라.

풀이

도함수를 계산하기 전에 함수 $c(t)$를 잘 살펴보자. 독립변수는 t이고 t를 포함하는 항은 분모뿐이다. 따라서 몫의 법칙을 이용하기보다는 $c(t) = 10(9e^{-20t}+1)^{-1}$이라고 쓰고 연쇄법칙을 이용하면

$$\begin{aligned}c'(t) &= -10(9e^{-20t}+1)^{-2}\frac{d}{dt}(9e^{-20t}+1)\\ &= -10(9e^{-20t}+1)^{-2}(-180e^{-20t})\\ &= 1800e^{-20t}(9e^{-20t}+1)^{-2}\\ &= \frac{1800e^{-20t}}{(9e^{-20t}+1)^2} > 0\end{aligned}$$

이다. 모든 t에 대하여 $e^{-20t} > 0$이므로 분모와 분자 모두 양수이고 따라서 $c'(t) > 0$이다. 모든 접선의 기울기가 양수이므로 $y = c(t)$의 그래프는 그림 2.38에서 보듯이 왼쪽에서 오른쪽으로 증가한다. 농도가 항상 증가하기 때문에 농도는 극한값 $\lim_{t\to\infty} c(t)$ 보다는 낮고 이 값은 다음과 같다.

$$\lim_{t\to\infty}\frac{10}{9e^{-20t}+1} = \frac{10}{0+1} = 10$$

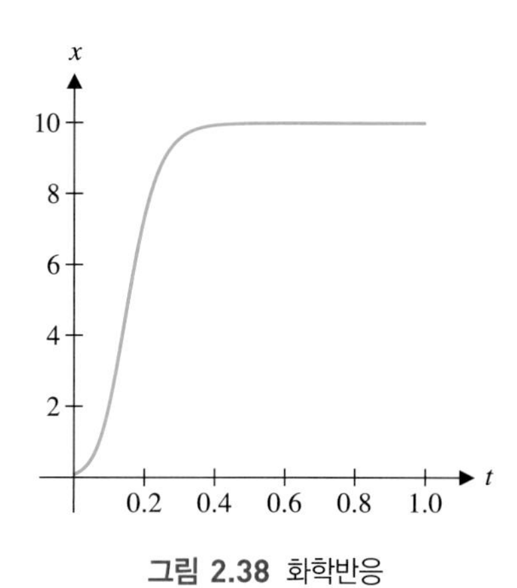

그림 2.38 화학반응

로그를 이용한 미분

로그함수의 도함수를 구하는 방법을 응용하면 미분 공식을 모르는 함수들의 도함수를 구할 수 있는 경우도 있다. 예를 들면, $f(x) = x^x$은 지수가 상수가 아니므로 제곱함수가 아니다. 또 밑이 상수가 아니므로 지수함수도 아니다. 예제 7.6에서 로그의 성질을 이용하여 이런 함수의 도함수를 구해 보자.

예제 7.6 로그를 이용한 미분

$f(x) = x^x$, $x > 0$의 도함수를 구하여라.

풀이

위에서 이야기한 것처럼 우리가 알고 있는 공식을 바로 적용할 수는 없다. $f(x) = x^x$의 양변에 자연로그를 취하면

$$\begin{aligned}\ln[f(x)] &= \ln(x^x)\\ &= x\ln x\end{aligned}$$

이다. 이 식의 양변을 미분하자. 좌변에는 연쇄법칙을 적용하고 우변에는 곱의 법칙을 적용하면

$$\frac{1}{f(x)}f'(x) = (1)\ln x + x\frac{1}{x}$$

이므로

$$\frac{f'(x)}{f(x)} = \ln x + 1$$

이다. 이 식을 $f'(x)$에 대하여 풀면 다음과 같다.

$$f'(x) = (\ln x + 1)f(x) = (\ln x + 1)x^x$$

연습문제 2.7

[1~12] 다음 함수의 도함수를 구하여라.

1. $f(x) = x^3e^x$
2. $f(t) = t + 2^t$
3. $f(x) = 2e^{4x+1}$
4. $h(x) = (1/3)^{x^2}$
5. $f(u) = e^{u^2+4u}$
6. $f(w) = \dfrac{e^{4w}}{w}$
7. $f(x) = \ln 2x$
8. $f(t) = \ln(t^3 + 3t)$
9. $g(x) = \ln(\cos x)$
10. (a) $f(x) = \sin(\ln x^2)$ (b) $g(t) = \ln(\sin t^2)$
11. (a) $h(x) = e^x \ln x$ (b) $f(x) = e^{\ln x}$
12. (a) $f(x) = \ln(\sin x)$ (b) $f(t) = \ln(\sec t + \tan t)$

[13~14] 다음 $y = f(x)$의 $x = 1$에서의 접선의 방정식을 구하여라.

13. $f(x) = 3e^x$ **14.** $f(x) = x^2 \ln x$

15. $y = f(x)$가 수평접선을 갖는 x값을 구하여라.

(a) $f(x) = xe^{-2x}$ (b) $f(x) = xe^{-3x}$

[16~17] 투자 가치 $v(t)$가 다음과 같이 주어졌을 때 순간상대변화백분율을 구하여라.

16. $v(t) = 100\,3^t$ **17.** $v(t) = 40\,e^{0.4t}$

18. 어떤 박테리아의 개체 수는 200마리에서 시작해서 매일 세 배로 늘어난다. t일 후 박테리아의 개체 수를 나타내는 식을 구하고 개체 수의 상대변화백분율을 구하여라.

[19~21] 로그함수의 미분을 이용하여 다음 함수의 도함수를 구하여라.

19. $f(x) = x^{\sin x}$ **20.** $f(x) = (\sin x)^x$

21. $f(x) = x^{\ln x}$

2.8 음함수 미분과 역삼각함수

두 방정식

$$y = x^2 + 3 \qquad \text{(포물선)}$$

과

$$x^2 + y^2 = 4 \qquad \text{(원)}$$

을 비교해 보자.

첫 번째 방정식에서 y는 x의 함수로 양적으로 정의된다. 왜냐하면, 각 x에 대하여 대응되는 y값을 구할 수 있는 식 $y = f(x)$의 형태이기 때문이다. 반면에 두 번째 방정식은 그림 2.39의 원에서 수직선으로 확인해 보면 함수가 아님을 알 수 있다. 하지만 y에 대해 풀어서 방정식 $x^2 + y^2 = 4$에 의해 음적으로 정의되는 적어도 두 개의 함수 $y = \sqrt{4 - x^2}$과 $y = -\sqrt{4 - x^2}$를 찾을 수 있다.

원 $x^2 + y^2 = 4$ 위의 점 $(1, -\sqrt{3})$에서 접선의 기울기를 구한다고 하자(그림 2.39). y가 x의 함수로 표현되지 않았기 때문에 우리가 알고 있는 도함수 공식을 적용할 수는 없다. 물론 이 원을 두 개의 반원 $y = \sqrt{4 - x^2}$과 $y = -\sqrt{4 - x^2}$의 그래프라고 생각할 수 있다. 우리는 점 $(1, -\sqrt{3})$에서 관심이 있기 때문에 아래 반원을 나타내는 $y = -\sqrt{4 - x^2}$을 이용할 수 있다. 이 식은 y가 x의 함수로 양적으로 정의되었으므로 이것을 이용하여 도함수를 다음과 같이 구할 수 있다.

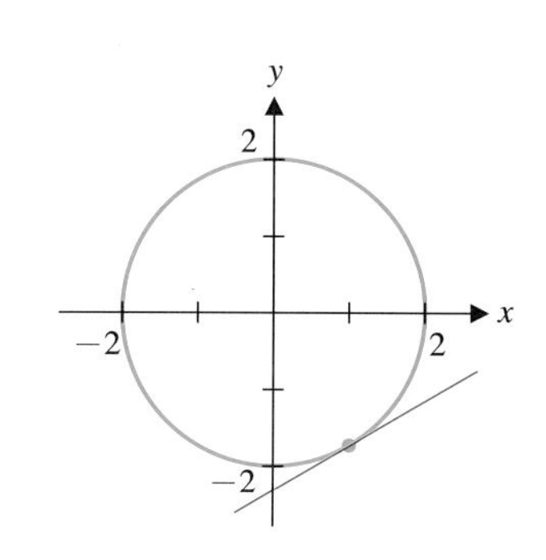

그림 2.39 점 $(1, -\sqrt{3})$에서의 접선

$$y'(x) = -\frac{1}{2\sqrt{4 - x^2}}(-2x) = \frac{x}{\sqrt{4 - x^2}}$$

이므로 점 $(1, -\sqrt{3})$에서 접선의 기울기는 $y'(1) = \dfrac{1}{\sqrt{3}}$이다.

이 계산은, 곧 더 쉬운 방법을 공부하겠지만, 특별히 어렵지는 않다. 그러나 어떤 방정식에 의해 음적으로 주어진 함수를 양적으로 풀어내는 것이 항상 가능하지는 않다.

방정식 $x^2+y^2 = 4$가 x에 관한 함수 $y = y(x)$를 하나 이상 정의한다고 하면

$$x^2+[y(x)]^2 = 4 \tag{8.1}$$

이다. 식 (8.1)의 양변을 x에 관해 미분하면

$$\frac{d}{dx}\{x^2+[y(x)]^2\} = \frac{d}{dx}(4)$$

이다. 연쇄법칙 $\frac{d}{dx}[y(x)]^2 = 2y(x)y'(x)$을 이용하면

$$2x + 2y(x)y'(x) = 0$$

을 얻는다. 이 식을 $y'(x)$에 대하여 풀면

$$y'(x) = \frac{-2x}{2y(x)} = \frac{-x}{y(x)}$$

를 얻는다. 여기에서 $y'(x)$는 x와 y로 표현되었다. 점 $(1, -\sqrt{3})$에서 접선 기울기를 얻기 위해 $x = 1$과 $y = -\sqrt{3}$을 대입하면

$$y'(1) = \left.\frac{-x}{y(x)}\right|_{x=1} = \frac{-1}{-\sqrt{3}} = \frac{1}{\sqrt{3}}$$

이다(이것은 먼저 y를 x의 함수로 풀고 미분해서 얻은 결과와 같다). 이렇게 방정식의 양변을 x에 관해서 미분한 후 $y'(x)$에 대해서 푸는 방법을 **음함수 미분**(implicit differentiation)이라고 한다.

하나 이상의 함수 $y = f(x)$를 음적으로 정의하는 방정식이 주어지면, 연쇄법칙을 이용하여 양변을 x에 관해서 미분하여라. 특히 모든 y의 함수의 미분에는 연쇄법칙이 필요하다.

$$\boxed{\frac{d}{dx}g(y) = g'(y)y'(x)}$$

그런 다음에 $y'(x)$를 포함하는 항을 한 변으로 모으고 나머지 항을 다른 변으로 모아서 $y'(x)$에 대해서 풀면 된다. 다음 몇 개의 예제에서 이러한 과정을 살펴보자.

예제 8.1 음적으로 기울기 구하기

$x^2 + y^3 - 2y = 3$에서 $y'(x)$를 구하여라. 그리고 점 (2, 1)에서 접선의 기울기를 구하여라.

풀이

y를 x의 함수로 쉽게 풀 수 없으므로 음함수 미분을 이용해야 한다. 양변을 x에 관해서 미분하면

$$\frac{d}{dx}(x^2 + y^3 - 2y) = \frac{d}{dx}(3)$$

이므로

$$2x + 3y^2 y'(x) - 2y'(x) = 0$$

이다. 이 식을 $y'(x)$ 에 대해서 풀기 위해 $y'(x)$ 을 포함하는 항을 한 변으로 모으고 나머지 항을 다른 변으로 모으면

$$3y^2 y'(x) - 2y'(x) = -2x$$

이고 인수분해 하면

$$(3y^2 - 2)\, y'(x) = -2x$$

이다. 이 식을 $y'(x)$ 에 대해서 풀면

$$y'(x) = \frac{-2x}{3y^2 - 2}$$

이다. $x = 2$와 $y = 1$을 대입하면 점 $(2, 1)$에서의 접선의 기울기

$$y'(2) = \frac{-4}{3 - 2} = -4$$

를 얻는다. 따라서 접선의 방정식은

$$-4 = \frac{y - 1}{x - 2}$$

또는

$$y - 1 = -4(x - 2)$$

이다. 컴퓨터를 이용하여 그려진 방정식과 접선의 그래프가 그림 2.40에 있다.

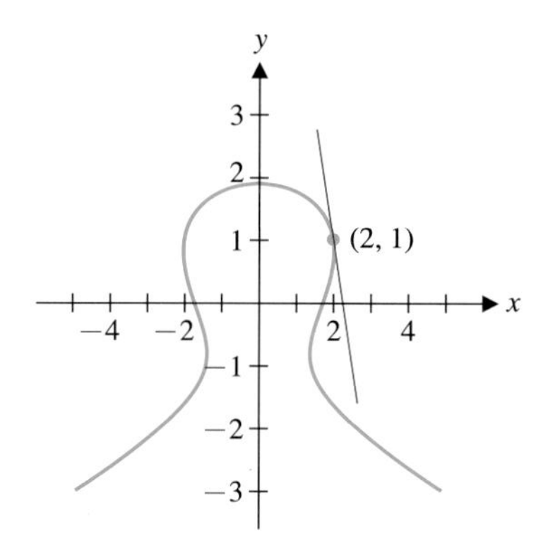

그림 2.40 (2, 1)에서의 접선

예제 8.2 음함수 미분으로 접선 구하기

$x^2y^2 - 2x = 4 - 4y$에서 $y'(x)$를 구하고 점 $(2, -2)$에서 접선의 방정식을 구하여라.

풀이

양변을 x로 미분하면

$$\frac{d}{dx}(x^2y^2 - 2x) = \frac{d}{dx}(4 - 4y)$$

이다. 첫 번째 항은 x^2과 y^2의 곱이므로 곱의 법칙을 이용하면

$$2xy^2 + x^2(2y)\, y'(x) - 2 = 0 - 4\, y'(x)$$

를 얻는다. $y'(x)$가 포함된 항을 왼쪽으로, 나머지 항을 오른쪽으로 정리하면

$$(2x^2y + 4)\, y'(x) = 2 - 2xy^2$$

이고 $y'(x)$에 대해서 풀면

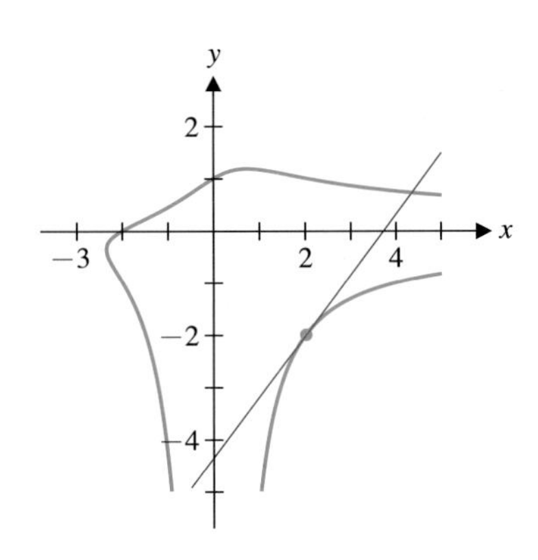

그림 2.41 점 (2, −2)에서의 접선

$$y'(x) = \frac{2 - 2xy^2}{2x^2y + 4}$$

이다. $x = 2$와 $y = -2$를 대입하면 접선의 기울기

$$y'(2) = \frac{2 - 16}{-16 + 4} = \frac{7}{6}$$

을 얻는다. 마지막으로, 접선의 방정식은

$$y + 2 = \frac{7}{6}(x - 2)$$

이다. 컴퓨터를 이용하여 그려진 방정식과 점 (2, −2)에서의 접선의 그래프가 그림 2.41에 있다.

음함수의 미분을 이용하면 표현할 수 있는 거의 모든 함수의 도함수를 구할 수 있다. 다음 응용문제에서 알아보자.

예제 8.3 압력에 대한 부피의 변화율

어떤 기체의 반 데르 발스(van der Waals) 방정식이

$$\left(P + \frac{5}{V^2}\right)(V - 0.03) = 9.7 \tag{8.2}$$

이라고 하자. 부피 V를 압력 P의 함수로 생각하고 음함수 미분을 이용하여 점 (5, 1)에서의 미분계수 $\frac{dV}{dP}$를 구하여라.

풀이

식 (8.2)의 양변을 P에 관해 미분하면

$$\frac{d}{dP}[(P + 5V^{-2})(V - 0.03)] = \frac{d}{dP}(9.7)$$

이다. 곱의 법칙과 연쇄법칙에 의하여

$$\left(1 - 10V^{-3}\frac{dV}{dP}\right)(V - 0.03) + (P + 5V^{-2})\frac{dV}{dP} = 0$$

이며 $\frac{dV}{dP}$를 포함하는 항과 그렇지 않은 항을 분리하면

$$[-10V^{-3}(V - 0.03) + P + 5V^{-2}]\frac{dV}{dP} = 0.03 - V$$

이다. 이 식을 $\frac{dV}{dP}$에 대해서 풀면

$$\frac{dV}{dP} = \frac{0.03 - V}{-10V^{-3}(V - 0.03) + P + 5V^{-2}}$$

이고 따라서

$$V'(5) = \frac{0.03 - 1}{-10(1)(0.97) + 5 + 5(1)} = \frac{-0.97}{0.3} = -\frac{97}{30}$$

이다(단위는 부피/압력이다). 반 데르 발스 방정식과 점 (5, 1)에서의 접선의 그래프가 그림 2.42에 있다.

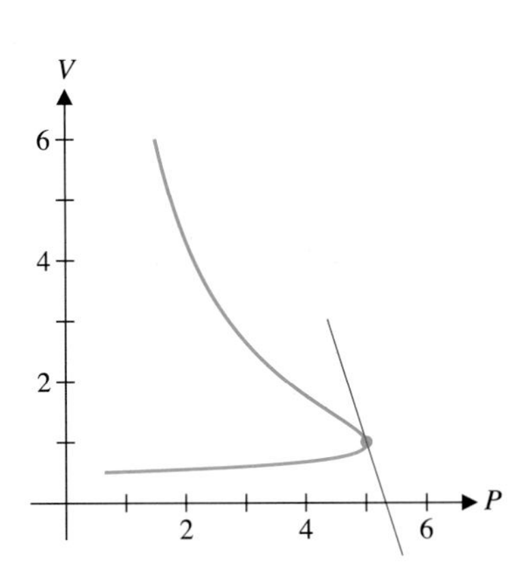

그림 2.42 반 데르 발스 방정식의 그래프와 점 (5, 1)에서의 접선의 그래프

음함수 미분법으로 일계도함수뿐만 아니라 이계나 고계도함수도 구할 수 있다. 예제 8.4에서 볼 수 있듯이, 어떤 방정식을 이용하는지에 따라 이계도함수를 구하는 것이 쉬울 수도 있고 복잡할 수도 있다.

예제 8.4 음함수 미분법으로 이계도함수 구하기

$y^2 + 2e^{-xy} = 6$에서 $y''(x)$를 구하여라. 또 점 (0, 2)에서 y''의 값을 구하여라.

풀이

양변을 x에 관하여 미분하면

$$\frac{d}{dx}(y^2 + 2e^{-xy}) = \frac{d}{dx}(6)$$

이므로 연쇄법칙에 의해

$$2yy'(x) + 2e^{-xy}[-y - xy'(x)] = 0 \tag{8.3}$$

이다. 이 식을 $y'(x)$에 대하여 풀 필요는 없다. 공통인수 2로 나누고 다시 미분하면

$$y'(x)y'(x) + yy''(x) - e^{-xy}[-y - xy'(x)][y + xy'(x)]$$
$$-e^{-xy}[y'(x) + y'(x) + xy''(x)] = 0$$

이다. $y''(x)$를 포함하는 항을 한쪽으로 정리하면

$$yy''(x) - xe^{-xy}y''(x) = -[y'(x)]^2 - e^{-xy}[y + xy'(x)]^2 + 2e^{-xy}y'(x)$$

이고 좌변에서 $y''(x)$을 인수분해하면

$$(y - xe^{-xy})y''(x) = -[y'(x)]^2 - e^{-xy}[y + xy'(x)]^2 + 2e^{-xy}y'(x)$$

이므로

$$y''(x) = \frac{-[y'(x)]^2 - e^{-xy}[y + xy'(x)]^2 + 2e^{-xy}y'(x)}{y - xe^{-xy}} \tag{8.4}$$

이다. 식 (8.4)는 $y''(x)$을 x, y, $y'(x)$로 표현하는 좀 복잡한 식이다. $y''(x)$을 x와 y만의 함수로 나타내려면 식 (8.3)를 $y'(x)$에 대해 풀어서 식 (8.4)에 대입하면 된다. 하지만 $y''(0)$값은 그렇게 하지 않고도 계산할 수 있다. 식 (8.3)에 $x = 0$과 $y = 2$를 대입하면

$$4y'(0) + 2(-2) = 0$$

이므로 $y'(0) = 1$이다. 다시 $x = 0$, $y = 2$와 $y'(0) = 1$을 식 (8.4)에 대입하면

$$y''(0) = \frac{-1 - (2)^2 + 2}{2} = -\frac{3}{2}$$

이다. 그림 2.43은 점 (0, 2) 근처에서 $y^2 + 2e^{-xy} = 6$의 그래프이다.

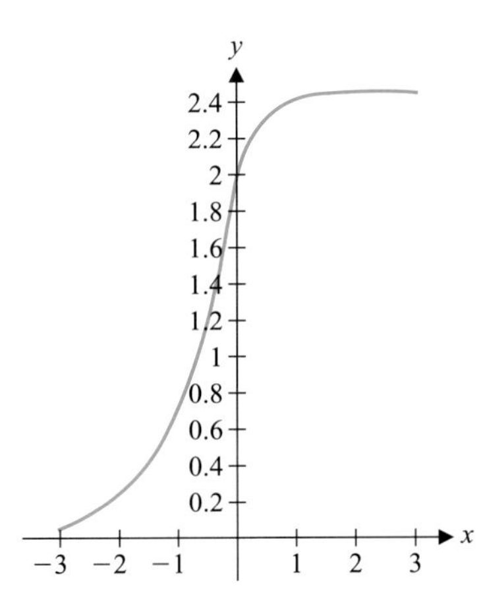

그림 2.43 $y^2 + 2e^{-xy} = 6$

현대의 수학자

맥더프
(Dusa Mcduff, 1945−)
영국의 수학자로, 다차원 기하학에 관한 연구로 권위 있는 상을 받았다. 맥더프는 러시아 수학자인 겔판트(Israel Gelfand)의 영향을 받았다. "겔판트는 수학을 시처럼 이야기해서 놀라게 했다. …… 나는 수학을 훨씬 더 직접적으로 간주하여 수식은 수식이고, 대수는 대수라고 생각했었다." 맥더프는 대학 교육이나 과학과 공학 분야의 여성을 위해 기여했다. 세계 여러 나라에서 강의했으며 공동연구 결과도 발표했다.

지금까지 제곱법칙

$$\frac{d}{dx}x^r = rx^{r-1}$$

은 정수 지수에 대해서만 (정리 3.1과 4.3) 증명하였지만, 이 결과를 임의의 실수 지수 r에 대하여 자유롭게 사용하였다. 하지만 이제 음함수 미분을 공부했으므로 임의의 유리수 지수에 대한 제곱법칙을 증명할 수 있다.

정리 8.1

임의의 유리수 r에 대하여 $\frac{d}{dx}x^r = rx^{r-1}$이다.

증명

r이 임의의 유리수라고 할 때, 적당한 정수 p와 q에 대하여 $r = \frac{p}{q}$이다.

$$y = x^r = x^{p/q} \tag{8.5}$$

라 하고 식 (8.5)의 양변을 q승 하면

$$y^q = x^p \tag{8.6}$$

이다. 식 (8.6)의 양변을 x에 관해 미분하면

$$\frac{d}{dx}(y^q) = \frac{d}{dx}(x^p)$$

이므로 연쇄법칙에 의해서

$$qy^{q-1}\frac{dy}{dx} = px^{p-1}$$

을 얻는다. 이제 $\frac{dy}{dx}$에 대하여 풀면 다음과 같다.

$$\begin{aligned}
\frac{dy}{dx} &= \frac{px^{p-1}}{qy^{q-1}} = \frac{px^{p-1}}{q(x^{p/q})^{q-1}} && y = x^{p/q}\text{이므로} \\
&= \frac{px^{p-1}}{qx^{p-p/q}} = \frac{p}{q}x^{p-1-p+p/q} && \text{지수법칙에 의해서} \\
&= \frac{p}{q}x^{p/q-1} = rx^{r-1} && \frac{p}{q} = r\text{이므로}
\end{aligned}$$

■

역삼각함수의 도함수

역삼각함수는 응용 분야에서 유용하게 쓰이고 방정식을 푸는 데도 꼭 필요하다. 이제 역삼각함수의 미분공식을 공부해 보자. 0장에서 이 함수들의 정의역과 치역에 주의해야 한다고 하였다. 특히 역사인함수는 사인함수의 정의역을 $\left[-\frac{\pi}{2}, \frac{\pi}{2}\right]$으로 제한

하여 얻어진다. 좀 더 명확히 이야기하면

$$y = \sin^{-1} x \Leftrightarrow \sin y = x \text{ 이고 } -\frac{\pi}{2} \le y \le \frac{\pi}{2}$$

이다. $\sin y = x$의 양변을 음함수 미분하면

$$\frac{d}{dx}\sin y = \frac{d}{dx}x$$

이므로

$$\cos y \frac{dy}{dx} = 1$$

이다. 이것을 $\frac{dy}{dx}$에 대해 풀면, $\cos y \ne 0$일 때

$$\frac{dy}{dx} = \frac{1}{\cos y}$$

이다. 그러나 이 식은 도함수가 y의 함수로 주어졌기 때문에 만족스럽지 않다. 그런데 $-\frac{\pi}{2} \le y \le \frac{\pi}{2}$이므로 $\cos y \ge 0$이고

$$\cos y = \sqrt{1-\sin^2 y} = \sqrt{1-x^2}$$

이다. 따라서

$$\frac{dy}{dx} = \frac{1}{\cos y} = \frac{1}{\sqrt{1-x^2}}$$

이고 $-1 < x < 1$이다. 즉,

$$\boxed{\frac{d}{dx}\sin^{-1} x = \frac{1}{\sqrt{1-x^2}}, \quad -1 < x < 1}$$

다른 방법으로는 2.5절의 정리 5.2를 이용하여 이 공식을 얻을 수도 있다.

비슷한 방법으로

$$\boxed{\frac{d}{dx}\cos^{-1} x = \frac{-1}{\sqrt{1-x^2}}, \quad -1 < x < 1}$$

임을 보일 수 있다. $\frac{d}{dx}\tan^{-1} x$를 계산하기 위해서

$$y = \tan^{-1} x \Leftrightarrow \tan y = x \text{ 이고 } -\frac{\pi}{2} < y < \frac{\pi}{2}$$

임을 이용하자. 음함수 미분법을 이용하면

$$\frac{d}{dx}\tan y = \frac{d}{dx}x$$

이므로

$$(\sec^2 y)\frac{dy}{dx} = 1$$

이다. 이것을 $\frac{dy}{dx}$에 대해 풀면,

$$\frac{dy}{dx} = \frac{1}{\sec^2 y} = \frac{1}{1 + \tan^2 y} = \frac{1}{1 + x^2}$$

이다. 즉,

$$\boxed{\frac{d}{dx} \tan^{-1} x = \frac{1}{1 + x^2}}$$

다른 역삼각함수의 도함수는 연습문제로 풀어 보기 바란다. 여섯 가지의 역삼각함수의 도함수를 정리하면 다음과 같다.

$$\frac{d}{dx} \sin^{-1} x = \frac{1}{\sqrt{1 - x^2}}, \quad -1 < x < 1$$

$$\frac{d}{dx} \cos^{-1} x = \frac{-1}{\sqrt{1 - x^2}}, \quad -1 < x < 1$$

$$\frac{d}{dx} \tan^{-1} x = \frac{1}{1 + x^2}$$

$$\frac{d}{dx} \cot^{-1} x = \frac{-1}{1 + x^2}$$

$$\frac{d}{dx} \sec^{-1} x = \frac{1}{|x|\sqrt{x^2 - 1}}, \quad |x| > 1$$

$$\frac{d}{dx} \csc^{-1} x = \frac{-1}{|x|\sqrt{x^2 - 1}}, \quad |x| > 1$$

예제 8.5 역삼각함수의 도함수 구하기

(a) $\cos^{-1}(3x^2)$ (b) $(\sec^{-1} x)^2$ (c) $\tan^{-1}(x^3)$의 도함수를 구하여라.

풀이

연쇄법칙을 이용하면 다음과 같다.

(a)
$$\frac{d}{dx} \cos^{-1}(3x^2) = \frac{-1}{\sqrt{1 - (3x^2)^2}} \frac{d}{dx}(3x^2) = \frac{-6x}{\sqrt{1 - 9x^4}}$$

(b)
$$\frac{d}{dx}(\sec^{-1} x)^2 = 2(\sec^{-1} x)\frac{d}{dx}(\sec^{-1} x) = 2(\sec^{-1} x)\frac{1}{|x|\sqrt{x^2 - 1}}$$

(c)
$$\frac{d}{dx}[\tan^{-1}(x^3)] = \frac{1}{1 + (x^3)^2} \frac{d}{dx}(x^3) = \frac{3x^2}{1 + x^6}$$

예제 8.6 야구 선수 시선의 변화율 모형

대부분의 운동 경기에서 가장 중요한 원칙 중의 하나는 공에서 눈을 떼지 말라는 것이다. 야구에서 타자가 홈 플레이트에서 2피트 떨어진 곳에 있고 투수가 130 ft/s의 속도로 공을 던졌다. 공이 홈 플레이트를 지나는 순간을 타자가 이 공을 보기 위해서는 시선의 변화율이 어떠하겠는가?

풀이

우선 그림 2.44의 삼각형을 보라. 공과 홈 플레이트 사이의 거리를 d라 하고 타자의 시선의 각도를 θ라 하자. 거리는 시간에 따라 변하므로 $d = d(t)$라 할 수 있다. 속도가 130 ft/s이므로 $d'(t) = -130$이다. [$d'(t)$의 부호가 왜 음수인가?] 그림 2.44에서

$$\theta(t) = \tan^{-1}\left[\frac{d(t)}{2}\right]$$

이므로 각도의 변화율은

$$\begin{aligned}\theta'(t) &= \frac{1}{1+\left[\frac{d(t)}{2}\right]^2}\frac{d'(t)}{2}\\ &= \frac{2d'(t)}{4+[d(t)]^2}\text{ 라디안/초}\end{aligned}$$

이다. $d(t) = 0$일 때(즉, 공이 홈 플레이트를 지날 때) 시선의 변화율은

$$\theta'(t) = \frac{2(-130)}{4} = -65\text{ 라디안/초}$$

이다. 이 문제와 관련된 사실 중 하나는 인간의 눈동자가 약 3라디안/초 정도로 움직이는 물체만 정확히 볼 수 있다는 것이다. 따라서 이 문제의 경우 공을 정확히 본다는 것은 실질적으로는 불가능하다(Watts와 Bahill의 공저 《공에서 눈을 떼지 마라》 참고).

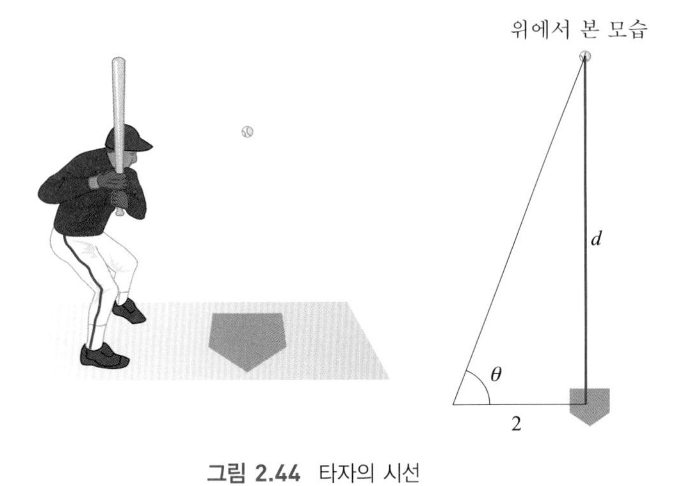

그림 2.44 타자의 시선

연습문제 2.8

[1~2] 주어진 점에서 접선의 기울기를 양적으로(먼저 y를 x의 함수로 풀어서) 그리고 음적으로 구하여라.

1. $x^2 + 4y^2 = 8$, $(2, 1)$

2. $y - 3x^2 y = \cos x$, $(0, 1)$

[3~8] 음함수 미분으로 도함수 $y'(x)$를 구하여라.

3. $x^2 y^2 + 3y = 4x$

4. $\sqrt{xy} - 4y^2 = 12$

5. $\dfrac{x+3}{y} = 4x + y^2$

6. $e^{x^2 y} - e^y = x$

7. $y^2\sqrt{x+y} - 4x^2 = y$

8. $e^{4y} - \ln(y^2 + 3) = 2x$

[9~11] 이계도함수 $y''(x)$를 구하여라.

9. $x^2 y^2 + 3x - 4y = 5$

10. $y^2 = x^3 - 6x + 4\cos y$

11. $(y-1)^2 = 3xy + e^{4y}$

[12~14] 다음 함수의 도함수를 구하여라.

12. (a) $f(x) = \sin^{-1}(x^3 + 1)$ (b) $f(x) = \sin^{-1}(\sqrt{x})$

13. (a) $f(x) = \tan^{-1}(\sqrt{x})$ (b) $f(x) = \tan^{-1}(1/x)$

14. (a) $f(x) = 4\sec(x^4)$ (b) $f(x) = 4\sec^{-1}(x^4)$

15. 예제 8.6에서 타자가 홈 플레이트로부터 3피트 떨어져 있으면 변화율 θ'은 어떻게 되는가?

16. $x^2 + y^3 - 3y = 0$의 수평접선과 수직접선의 위치를 찾아라.

17. $\sin^{-1}x + \cos^{-1}x$를 미분하고 간단히 하여라. 이 결과를 이용하여 $\sin^{-1}x$와 $\cos^{-1}x$의 관계식을 구하여라.

18. 음함수 미분을 이용하여 $x^2 y - 2y = 4$에서 $y'(x)$을 구하여라. 이 식을 이용하여 $x = \sqrt{2}$일 때 수직접선을 갖고 $y = 0$일 때 수평접선을 가짐을 보여라.

2.9 평균값 정리

이 절에서는 미분적분학에서 아주 중요한 평균값 정리를 소개하겠다. 평균값 정리는 매우 중요해서 앞으로 이 정리를 이용하여 많은 사실을 유도하게 될 것이다. 그 내용을 알아보기 전에 롤의 정리라고 하는 특별한 경우를 알아보자.

롤의 아이디어는 아주 간단하다. 폐구간 $[a, b]$에서 연속이고 개구간 (a, b)에서 미분가능하며 $f(a) = f(b)$인 함수를 택하면 $x = a$와 $x = b$ 사이의 어디에선가 $y = f(x)$의 접선이 수평이 되는 점이 적어도 하나 존재한다는 것이다. 그림 2.45a~2.45c에는 이 조건을 만족하는 함수들의 그래프가 있다. 각 그래프에는 접선이 수평하게 되는 점이 적어도 하나씩 있다. 여러분도 각자 위와 같은 조건으로 그래프를 그려서 두 점 $(a, f(a))$와 $(b, f(b))$를 연결하고 수평접선을 갖는 점이 없는 곡선은 없다는 것을 확인하여라.

수평접선을 갖는 점에서 $f'(x) = 0$이므로, 이것은 $f'(c) = 0$ 되는 점 c가 (a, b)에 적어도 하나 존재한다는 것이다(그림 2.45a~2.45c).

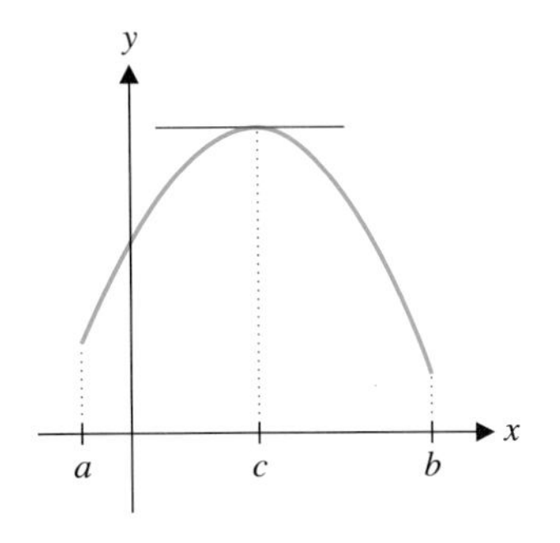

그림 2.45a 초기에 증가하는 그래프

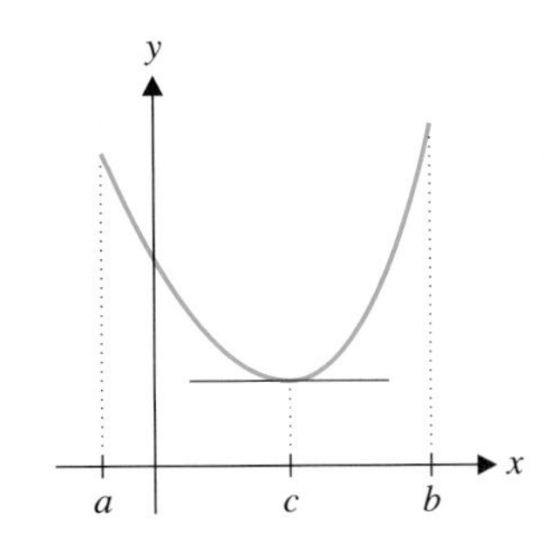

그림 2.45b 초기에 감소하는 그래프

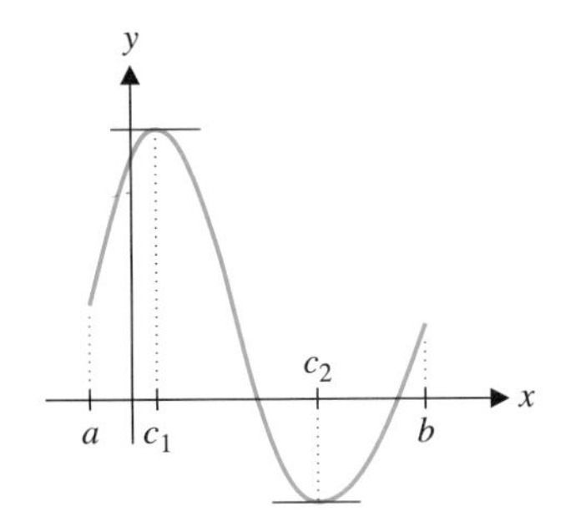

그림 2.45c 수평접선이 두 개인 그래프

정리 9.1 롤의 정리(Rolle's Theorem)

$f(x)$가 구간 $[a, b]$에서 연속이고, 구간 (a, b)에서 미분가능하며 $f(a) = f(b)$ 라고 하자. 그러면 $f'(c) = 0$을 만족하는 $c \in (a, b)$가 존재한다.

롤의 정리는 3.3절에서 소개한 극값의 정리를 이용하여 증명한다. 여기에서는 증명의 요점을 그래프의 관점에서 설명하겠다. 우선 $f(x)$가 $[a, b]$에서 상수함수이면, a와 b 사이의 모든 x에 대하여 $f'(c) = 0$이다. 반면에 $f(x)$가 $[a, b]$에서 상수함수가 아니면, 그래프의 왼쪽에서 오른쪽으로 그래프는 어느 점에서부터 증가하거나 감소해야 한다(그림 2.46a~2.46b). 그래프가 증가하는 경우, 시작한 높이로 다시 돌아오기 위해서는 어떤 점에서 방향이 바뀌어 감소하기 시작해야 한다(이렇게 생각해 보자. 여러분이 산에 오르다 처음 출발했던 곳으로 되돌아오려면 어느 지점에서든 방향을 바꾸어 내려와야 한다).

따라서 그래프의 방향이 바뀌어 증가하다가 감소하게 되는 점이 적어도 하나 있게 된다(그림 2.46a). 마찬가지로, 그래프가 처음에 감소하는 경우에는 그래프는 어느 지점에선가 방향을 바꾸어 증가하기 시작한다(그림 2.46b). 이 점을 $x = c$라 하자. $f'(c)$가 존재하기 때문에 $f'(c) > 0$, $f'(c) < 0$ 또는 $f'(c) = 0$이어야 한다. 그림 2.46a와 2.46b에서 보듯이 $f'(c) = 0$임을 보이면 된다. 이것을 보이기 위해서는 $f'(c) > 0$ 또는 $f'(c) < 0$인 경우는 생기지 않는다는 것을 보이는 것이 쉽다. 만약

수학자

롤
(Michael Rolle, 1652−1719)

프랑스 수학자로 다항식에 대한 롤의 정리를 증명하였다. 롤은 보잘 것 없는 배경으로 대부분 독학으로 공부하였으며 보조변호사, 서기, 초등학교 교사 등의 직업을 거쳤다. 그는 프랑스 과학 아카데미 회원으로 활발히 활동하였고 데카르트 같은 위대한 인물의 의견에 반대하기도 했다. 기이한 일이지만 롤은 새로 개발된 미분적분학을 '교묘한 오류들의 모임'이라고 반대했던 것으로 알려져 있다.

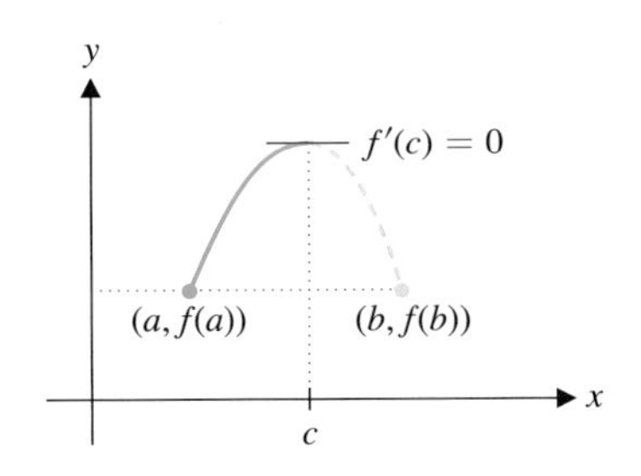

그림 2.46a 처음에 증가하다가 시작 높이로 감소하는 그래프

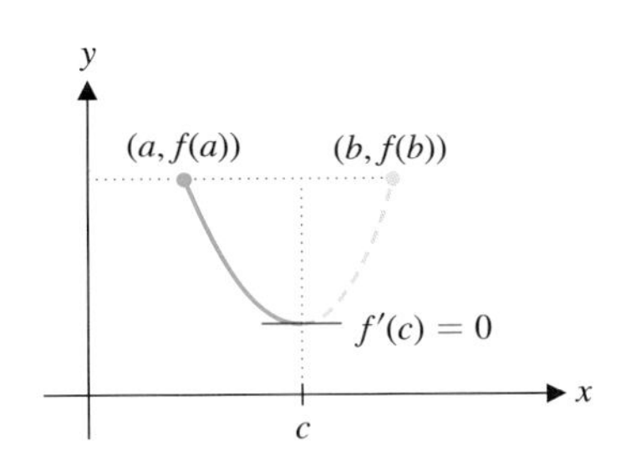

그림 2.46b 처음에 감소하다가 시작 높이로 증가하는 그래프

$f'(c) > 0$이 참이라면, 2.2절에서 도함수를 정의하는 식 (2.2)에 의해서

$$f'(c) = \lim_{x \to c} \frac{f(x) - f(c)}{x - c} > 0$$

이다. 이것은 c에 충분히 가까운 모든 x에 대하여

$$\frac{f(x) - f(c)}{x - c} > 0 \tag{9.1}$$

임을 의미한다. 특히 처음에 증가하는 그래프의 경우 $x - c > 0$(즉, $x > c$)이면, 위의 식은 $f(x) - f(c) > 0$ 또는 $f(x) > f(c)$를 의미하는데, 이러한 일은 그래프가 c에서 방향을 바꾸어 감소하기 시작하는 경우에는, 어떠한 $x > c$(x가 c에 충분히 가까운)에 대해서도 일어날 수 없는 일이다. 따라서 $f'(c) > 0$은 가능하지 않다는 것을 알 수 있다. 비슷한 방법으로 $f'(c) < 0$도 가능하지 않다는 것을 보일 수 있다. 따라서 $f'(c) = 0$이다. 그래프가 처음에 감소하기 시작하는 경우에도 거의 같은 방법으로 보일 수 있으므로 각자 해보기 바란다.

다음 예제에서는 롤의 정리에 대한 실례를 보자.

예제 9.1 롤의 정리의 실례

구간 [0, 1]에서

$$f(x) = x^3 - 3x^2 + 2x + 2$$

에 대하여 롤의 정리의 결론을 만족하는 c값을 구하여라.

풀이

우선 정리의 가정이 만족된다는 것을 보이자. f는 (다항식이고 모든 다항식은 모든 구간에서 연속이고 미분가능하므로) 모든 x에 대하여 미분가능하고 연속이다. 또한 $f(0) = f(1) = 2$이다.

$$f'(x) = 3x^2 - 6x + 2$$

이므로

$$f'(c) = 3c^2 - 6c + 2 = 0$$

이 되는 c값을 찾자. 이차방정식에 관한 근의 공식에 의해서 $c = 1 + \frac{1}{3}\sqrt{3} \approx 1.5774$[구간 (0, 1)에 속하지 않는다]와 $c = 1 - \frac{1}{3}\sqrt{3} \approx 0.42265 \in (0, 1)$을 얻는다. ■

주 9.1

예제 9.1은 롤의 정리의 실례일 뿐이다. 롤의 정리에서의 결론을 만족하는 c값을 찾는 것은 중요한 것이 아니다. 롤의 정리는 미분적분학의 중요한 결과인 평균값 정리를 증명할 수 있게 해 준다는 면에서 중요하다.

롤의 정리는 간단한 결과지만 그것을 이용하여 함수에 관한 많은 성질을 유도할 수 있다. 예를 들면, 함수 f의 해(즉, 방정식 $f(x) = 0$의 해)를 찾아야 할 때가 있다. 대부분의 경우 주어진 함수의 해가 몇 개인지 아는 것은 어렵다. 이 경우 롤의 정리가 도움이 된다.

정리 9.2

$f(x)$가 구간 $[a, b]$에서 연속이고 구간 (a, b)에서 미분가능하며 $f(x)=0$이 $[a, b]$에서 두 개의 해를 갖는다고 하면, $f'(x) = 0$은 (a, b)에 적어도 하나의 해를 갖는다.

증명

이것은 롤의 정리의 특별한 경우이다. $f(x)$의 두 해를 $x = s$와 $x = t$, $s < t$라 하자. $f(s) = f(t)$이므로 롤의 정리에 의해서 $s<c<t$ (따라서 $a<c<b$)이고 $f'(x) = 0$인 c가 존재한다. ■

정리 9.2의 결과를 다음 정리와 같이 일반화할 수 있다.

정리 9.3

임의의 $n>0$에 대하여, $f(x)$가 구간 $[a, b]$에서 연속이고 구간 (a, b)에서 미분가능하며 $f(x) = 0$이 $[a, b]$에서 n개의 해를 갖는다고 하면, $f'(x) = 0$은 (a, b)에서 적어도 $(n-1)$개의 해를 갖는다.

증명

정리 9.2에 의해서 $f(x) = 0$의 각 두 해 사이에 $f'(x) = 0$는 적어도 하나의 해를 갖는다. 따라서 $f'(x) = 0$은 적어도 $(n-1)$개의 해를 갖는다. ■

정리 9.2와 9.3을 이용하여 주어진 함수가 해를 몇 개 가지는지 알아볼 수 있다.

예제 9.2 함수의 해의 개수 결정하기

$x^3+4x+1 = 0$의 해는 오직 하나임을 보여라.

풀이

그림 2.47에 있는 그래프는 결과가 맞다는 것을 보여 준다. 그러나 그림으로 보이는 바깥에 다른 해가 없다는 것을 어떻게 확신할 수 있을까? $f(x) = x^3+4x+1$이면 모든 x에 대하여

$$f'(x) = 3x^2+4>0$$

이다. $f(x) = 0$이 두 개의 해를 갖는다면 정리 9.2에 의해서, $f'(x) = 0$은 적어도 하나의 해를 갖는다. 그러나 모든 x에 대하여 $f'(x) \neq 0$이므로 $f(x) = 0$은 두 개의 해를 가질 수 없다. 따라서 $f(x) = 0$의 해는 오직 하나이다.

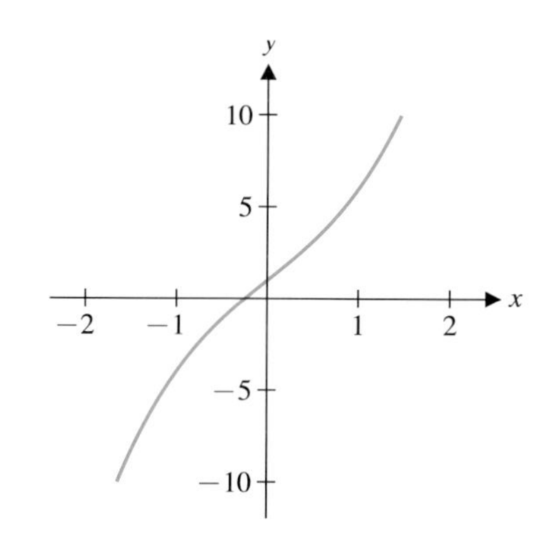

그림 2.47 $y = x^3 + 4x + 1$

이제 롤의 정리를 미분적분학의 가장 중요한 결과 중의 하나로 일반화하자.

정리 9.4 평균값 정리(Mean Value Theorem)

f가 구간 $[a, b]$에서 연속이고 구간 (a, b)에서 미분가능하다고 하자. 그러면

$$f'(c) = \frac{f(b)-f(a)}{b-a} \tag{9.2}$$

가 되는 $c \in (a, b)$가 존재한다.

주 9.2

$f(a) = f(b)$인 특별한 경우에 식 (9.2)는 롤의 정리의 결과인 $f'(c) = 0$이 된다.

증명

양 끝점에서의 f의 함숫값에 관한 조건을 제외하고는 롤의 정리 과정과 같다. $\frac{f(b)-f(a)}{b-a}$는 양 끝점 $(a, f(a))$와 $(b, f(b))$를 연결하는 할선의 기울기이다. 이 정리는 구간 (a, b)의 점 $x=c$에서 곡선에 접하고 위의 할선과 기울기가 같은 (따라서 평행한) 접선이 존재한다는 것이다(그림 2.48과 2.49). 그림 2.49에서 선분이 수평으로 보이도록 조금 기울여 보면 롤의 정리의 그림(그림 2.46a와 2.46b)과 비슷해 보일 것이다. 증명은 함수를 '기울이고' 롤의 정리를 적용하는 것이다. 우선 양 끝점을 지나는 할선의 기울기는

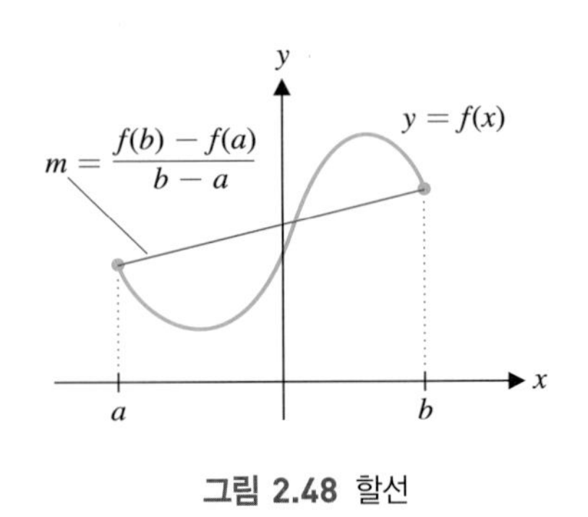

그림 2.48 할선

$$m = \frac{f(b)-f(a)}{b-a}$$

이다. 따라서 할선의 방정식은

$$y - f(a) = m(x-a)$$

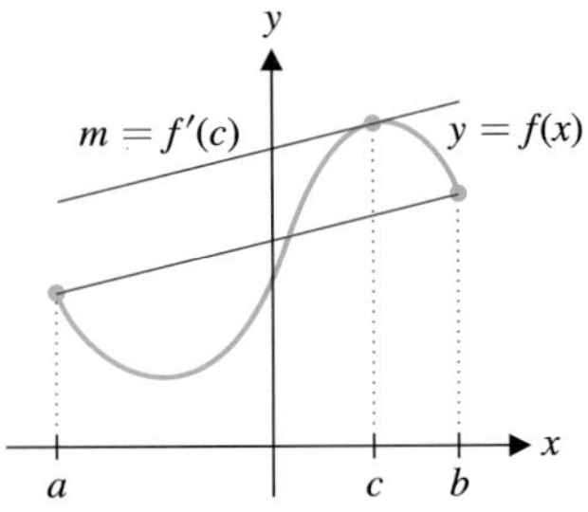

그림 2.49 평균값 정리

이다. '기울인' 함수 g는 f와 할선을 나타내는 함수의 차로 정의하자. 즉

$$g(x) = f(x) - [m(x-a) + f(a)] \tag{9.3}$$

이다. f가 미분가능하고 연속이므로 g도 구간 $[a, b]$에서 연속이고 구간 (a, b)에서 미분가능하다. 더구나

$$g(a) = f(a) - [0 + f(a)] = 0$$

이고

$$\begin{aligned} g(b) &= f(b) - [m(b-a) + f(a)] \\ &= f(b) - [f(b) - f(a) + f(a)] = 0 \end{aligned}$$

이다. $g(a) = g(b)$이므로 롤의 정리에 의해서 $g'(c) = 0$이 되는 c가 구간 (a, b)에 존재한다. 식 (9.3)을 미분하면

$$0 = g'(c) = f'(c) - m \tag{9.4}$$

을 얻는다. 마지막으로 식 (9.4)를 $f'(c)$에 대하여 풀면

$$f'(c) = m = \frac{f(b)-f(a)}{b-a}$$

이다. ■

평균값 정리의 위력을 설명하기 전에 그 결과를 간단히 살펴보자.

예제 9.3 평균값 정리의 실례

구간 [0, 2]에서

$$f(x) = x^3 - x^2 - x + 1$$

에 대하여 평균값 정리의 결론을 만족하는 c값을 찾아라.

풀이

f는 [0, 2]에서 연속이고 (0, 2)에서 미분가능하다. 따라서 평균값 정리에 의해서

$$f'(c) = \frac{f(2) - f(0)}{2 - 0} = \frac{3 - 1}{2 - 0} = 1$$

을 만족하는 c가 0과 2 사이에 존재한다. 이 c를 찾기 위해

$$f'(c) = 3c^2 - 2c - 1 = 1$$

또는

$$3c^2 - 2c - 2 = 0$$

이라 하자. 이차방정식에 관한 근의 공식에 의해서 $c = \frac{1 \pm \sqrt{7}}{3}$을 얻는다. 이 중 $c = \frac{1 + \sqrt{7}}{3}$만 구간 (0, 2)에 있다. 그림 2.50에서, 구간 [0, 2]에서 곡선 $y = f(x)$의 양 끝점을 연결하는 할선, 그리고 $x = \frac{1 + \sqrt{7}}{3}$에서의 접선의 기울기가 같다.

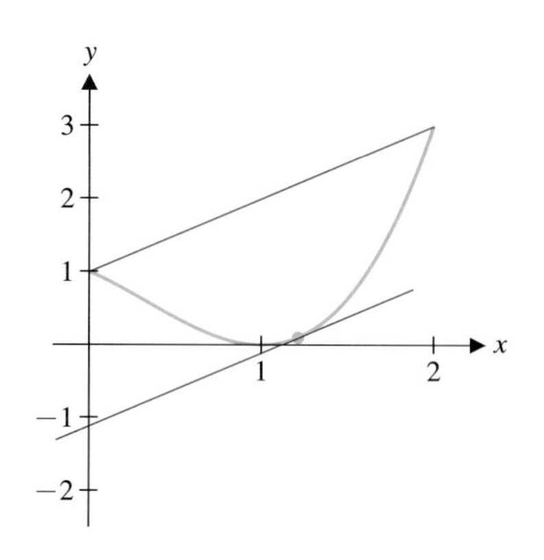

그림 2.50 평균값 정리

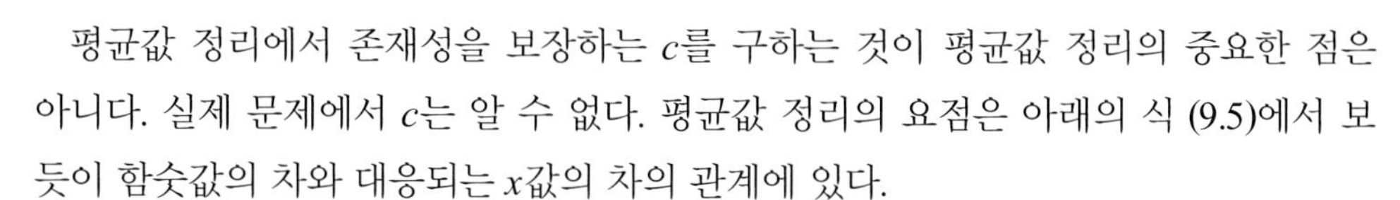

평균값 정리에서 존재성을 보장하는 c를 구하는 것이 평균값 정리의 중요한 점은 아니다. 실제 문제에서 c는 알 수 없다. 평균값 정리의 요점은 아래의 식 (9.5)에서 보듯이 함숫값의 차와 대응되는 x값의 차의 관계에 있다.

평균값 정리 식 (9.2)의 결론에서 양변에 $(b - a)$를 곱하면

$$f(b) - f(a) = f'(c)(b - a) \tag{9.5}$$

를 얻는다.

미분적분학에서 (미분적분학의 기본 정리를 포함해서) 많은 중요한 결과들이 평균값 정리로부터 얻어진다고 알려져 있다. 여기서는 4장을 공부하는 데 꼭 필요한 결과를 하나 유도해 보자.

임의의 상수 c에 대하여

$$\frac{d}{dx}(c) = 0$$

이다. 이것은 물론 아주 간단한 미분이다. 그런데 도함수가 0인 또 다른 함수가 있을까? 다음 정리 9.5에서 보듯이 그런 함수는 없다.

정리 9.5

어떤 개구간 I의 모든 점 x에 대하여 $f'(x) = 0$이라 하자. 그러면 $f(x)$는 I에서 상수이다.

증명

임의의 두 점 a와 b, $a<b$를 I에서 택하자. f는 I에서 미분가능하고 $(a, b) \subset I$이므로 f는 (a, b)에서 미분가능하고 $[a, b]$에서 연속이다. 평균값 정리에 의해서

$$\frac{f(b) - f(a)}{b - a} = f'(c)$$

가 되는 $c \in (a, b) \subset I$가 존재한다. 그러나 모든 $x \in I$에 대하여 $f'(x) = 0$이므로 $f'(c) = 0$이며

$$f(b) - f(a) = 0 \quad 즉 \quad f(b) = f(a)$$

이다. a와 b는 I의 임의의 점이므로 이것은 f가 I에서 상수라는 것을 의미한다. ■

정리 9.5와 밀접한 관련이 있는 것으로 다음과 같은 문제도 있다. 예를 들면,

$$\frac{d}{dx}(x^2 + 2) = 2x$$

인데, 같은 도함수를 갖는 또 다른 함수가 있을까? 몇 개를 금방 찾을 수 있을 것이다. 예를 들면 $x^2 + 3$과 $x^2 - 4$는 모두 도함수가 $2x$이다. 실제로 임의의 상수 c에 대하여

$$\frac{d}{dx}(x^2 + c) = 2x$$

이다. 그렇다면 도함수가 $2x$인 또 다른 함수가 있을까? 다음 따름정리 9.1에 의하면 그러한 함수는 없다.

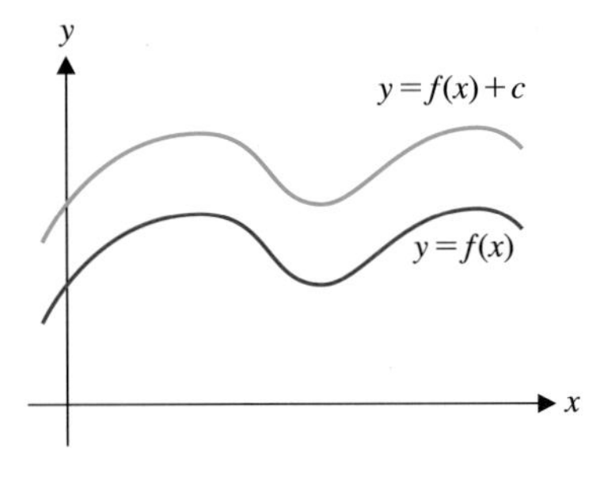

그림 2.51 평행한 그래프

따름정리 9.1

어떤 개구간 I의 모든 점 x에 대하여 $g'(x) = f'(x)$라 하자. 그러면 적당한 상수 c에 대하여

$$g(x) = f(x) + c, \ x \in I$$

이다.

따름정리 9.1이 의미하는 것은 두 그래프의 모든 점에서의 기울기가 같으면 두 그래프는 서로 수직이동한 것과 같다는 것이다(그림 2.51).

증명

함수 $h(x) = g(x) - f(x)$라 정의하자. 그러면 모든 $x \in I$에 대하여

$$h'(x) = g'(x) - f'(x) = 0$$

이다. 정리 9.5에 의하여, 적당한 상수 c에 대하여 $h(x) = c$이다. 따라서 $h(x)$의 정의에 의해서 따름정리의 결과가 얻어진다. ■

4장에서 미분의 역과정(역미분이라 한다)을 공부할 때 따름정리 9.1은 중요하게 이용된다. 다음의 예제 9.4에서 이것을 미리 살펴보기로 하자.

예제 9.4 주어진 도함수를 갖는 모든 함수 구하기

도함수가 $3x^2 + 1$인 함수를 모두 구하여라.

풀이

(도함수를 구한 경험으로) 이 함수를 도함수로 갖는 함수 $x^3 + x$를 찾자. 따름정리 9.1에 의해서 같은 도함수를 갖는 다른 함수는 이 함수와 상수만큼 차이가 나게 된다. 따라서 도함수가 $3x^2 + 1$인 모든 함수는, 적당한 상수 c에 대하여 $x^3 + x + c$ 형태이다.

마지막 예제에서 평균값 정리를 이용하여 유용한 부등식을 증명하자.

예제 9.5 $\sin x$에 대한 부등식 증명하기

모든 a에 대하여 다음이 성립함을 보여라.

$$|\sin a| \le |a|$$

임을 보여라.

풀이

우선 $f(x) = \sin x$는 모든 구간에서 연속이고 미분가능하며, $\sin 0 = 0$이므로

$$|\sin a| = |\sin a - \sin 0|$$

이다. 평균값 정리에 의해서($a \ne 0$에 대하여), a와 0 사이의 적당한 c에 대하여

$$\frac{\sin a - \sin 0}{a - 0} = f'(c) = \cos c \tag{9.6}$$

이다. 식 (9.6)의 양변에 a를 곱하고 절댓값을 취하면

$$|\sin a| = |\sin a - \sin 0| = |\cos c||a - 0| = |\cos c||a| \tag{9.7}$$

이다. 그러나 모든 실수 c에 대하여 $|\cos c| \le 1$이므로 식 (9.7)에 의하여

$$|\sin a| = |\cos c||a| \le (1)|a| = |a|$$

이다.

연습문제 2.9

[1~3] 다음 함수들이 롤의 정리와 평균값 정리의 조건을 만족하는지 보이고 정리를 만족하는 c를 구하여라. 또 그래프를 그려 결과를 설명하여라.

1. $f(x) = x^2 + 1$, $[-2, 2]$

2. $f(x) = x^3 + x^2$, $[0, 1]$

3. $f(x) = \sin x$, $[0, \pi/2]$

4. $x^3 + 5x + 1 = 0$은 오직 하나의 해를 가짐을 보여라.

5. $x^4 + 3x^2 - 2 = 0$은 정확히 두 개의 해를 가짐을 보여라.

6. $x^3 + ax + b$은 $a > 0$일 때 오직 하나의 해를 가짐을 보여라.

7. $x^5 + ax^3 + bx + c = 0$는 $a>0$, $b>0$일 때 오직 하나의 해를 가짐을 보여라.

[8~11] $g'(x) = f(x)$가 되는 $g(x)$를 모두 구하여라.

8. $f(x) = x^2$

9. $f(x) = 1/x^2$

10. $f(x) = \sin x$

11. $f(x) = \dfrac{4}{1 + x^2}$

12. $f(x)$는 미분가능한 함수이고 $f(0) = f'(0) = 0$이며 $f''(0) > 0$이라 하자. 구간 $(0, a)$의 모든 x에 대하여 $f(x) > 0$가 성립하는 양수 a가 존재함을 보여라. x가 음수일 때는 $f(x)$에 대해서 어떤 결론을 내릴 수 있겠는가?

13. $0 < |x| < 1$일 때 $|x| < |\sin^{-1} x|$임을 보여라.

14. 모든 x에 대하여 $f'(x) > 0$이면 $f(x)$는 증가함수임을 보여라. 즉, $a < b$이면 $f(a) < f(b)$이다.

[15~18] 다음 함수가 증가함수인지, 감소함수인지, 두 가지 모두 아닌지 밝혀라.

15. $f(x) = x^3 + 5x + 1$

16. $f(x) = -x^3 - 3x + 1$

17. $f(x) = e^x$

18. $f(x) = \ln x$

19. $s(t)$가 시각 t일 때 물체의 위치를 나타낸다고 하자. s가 $[a, b]$에서 미분가능하면 적당한 시각 $t = c$일 때의 순간속도는 $t = a$에서 $t = b$까지의 평균속도와 같음을 보여라.

20. f가 g가 구간 $[a, b]$에서 미분가능하고 $f(a) = g(a)$이고 $f(b) = g(b)$이면 구간 $[a, b]$의 적당한 점에서는 f와 g는 평행한 접선을 가짐을 보여라.

21. $f(x) = \begin{cases} 2x, & x \le 0 \\ 2x - 4, & x > 0 \end{cases}$일 때 $f(x)$는 구간 $(0, 2)$에서 연속이고 구간 $(0, 2)$에서 미분가능하며 $f(0) = f(2)$임을 보여라. $f'(c) = 0$이 되는 c가 존재하지 않음을 보여라. 롤의 정리 가정 중 어느 것이 만족되지 않는가?

미분의 응용

CHAPTER 3

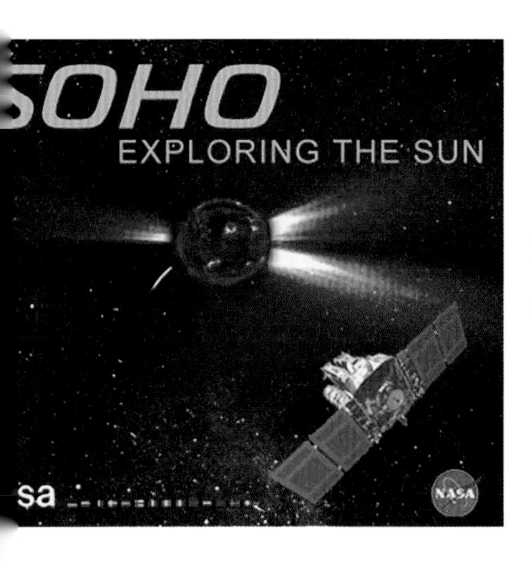

SOHO(The Solar Heliospheric Observatory)는 태양의 관찰과 탐험에 관한 국제적인 프로젝트이다. NASA(The National Aeronautics and Space Administration)는 지구와 태양 사이에 SOHO 우주선이 일직선상에 놓이도록 우주선의 위치를 주기적으로 수정하는 것을 포함하여 SOHO 우주선의 운항을 주관한다. SOHO는 태양을 끊임없이 관찰함으로써 태양의 내부 구조, 외부의 대기 그리고 태양풍 연구를 위한 자료들을 수집할 수 있다.

SOHO는 태양의 내부를 통과하여 움직이는 음향 태양파와 태양의 표면 위에 속도의 유형을 나타내는 인위적인 컬러 영상들을 발견하여 태양에 대한 수많은 독특하고 중요한 영상들을 제공해 왔다.

SOHO는 태양 주변의 궤도를 도는데, 태양–지구계에 관한 L_1 라그랑주 점이라고 불리는 상대적인 곳에 위치하고 있다. 이것은 태양과 지구의 중력이 태양과 지구, 그리고 위성의 상대적인 위치를 유지하게 하는 다섯 개의 점들 가운데 하나이다. L_1점의 경우, 그 위치는 SOHO 우주선이 태양을 가장 잘 관찰하고 지구와 최단거리 통신을 할 수 있는 태양과 지구 사이를 잇는 선분 위에 있다. 중력은 L_1점이 태양 및 지구와 함께 보조를 맞춰 공전하도록 하기 때문에 SOHO 우주선은 거의 연료를 사용하지 않아도 적당한 위치를 유지할 수 있다.

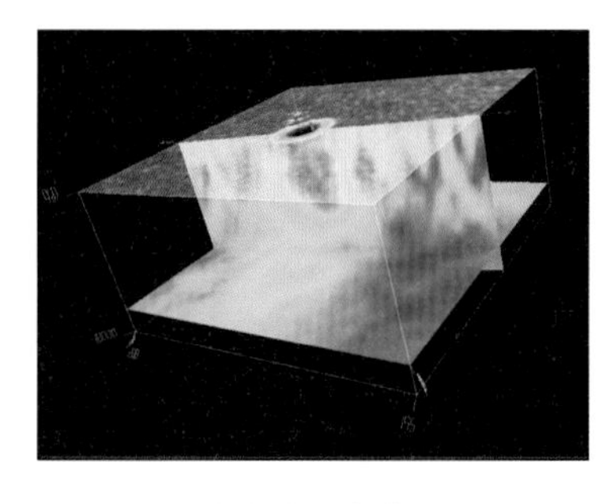

태양 내부의 파동

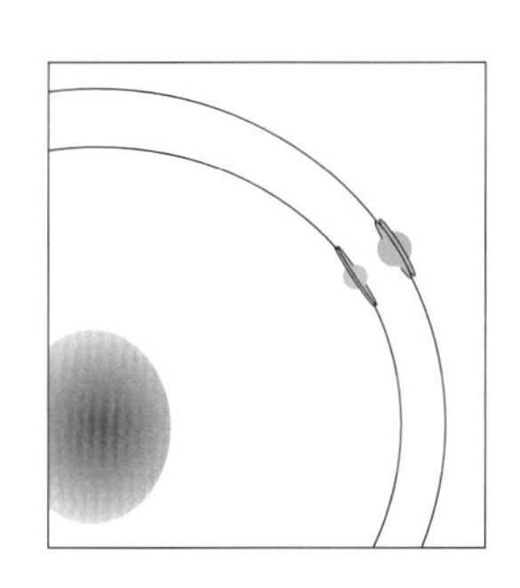

L_1 궤도

라그랑주 점들은 질량이 크게 다른 세 가지 물체로 이루어진 삼체문제(Three-body problem)의 근이다. 태양, 지구 그리고 우주선이 한 예이지만 다른 계도 우주 탐험에 있어서 중요하다. 지구, 달 그리고 우주 실험실은 흥미로운 또 하나의 예가 된다. 태양, 목성 그리고 소행성은 세 번째 계이고 태양-목성계의 L_4와 L_5 라그랑주 점들에 있는 소행성의 무리를 트로이 소행성(Trojan asteroid)이라고 한다.

주어진 계에 대하여, 다섯 개의 라그랑주 점들의 위치는 방정식을 풀어서 알아낼 수 있다. SOHO의 위치에 관한 방정식은 어려운 오차방정식이다. 오차방정식의 근의 근삿값을 구하기 위하여 그래프나 수치적인 방법을 사용하지 않을 수 없다. 이 장에서는 복잡한 함수의 그래프 작업과 이것의 분석 그리고 이 함수를 포함하는 방정식의 해를 구하는 방법에 대하여 알아보자.

3.1 선형근사법과 뉴턴의 방법

공학용 계산기를 사용하는 목적은 무엇인가? 계산기는 두 가지 다른 기능을 가지고 있다. 첫째, 1024에 1673을 어떻게 곱하는지 모르는 사람은 거의 없지만 계산기로는 훨씬 빨리 계산할 수 있다.

둘째, 계산기 없이 sin(1.2345678)을 계산하는 것은 불가능하다. 왜냐하면 $\sin x$를 산술적으로 계산하는 공식은 아직 알려지지 않았기 때문이다. 계산기는 내장된 근삿값 계산 프로그램에 의해 $\sin(1.2345678) \approx 0.9440056953$라고 계산한다.

이 절에서는 간단한 근사법을 공부한다. 이 근사법이 다소 초보적이긴 하지만 뒤에서 다루게 될 세밀한 근사법의 실마리가 된다. 이 절의 목적은 근사 문제에 어떻게 접근하는지를 알아보고자 하는 것이다.

선형근사법

한 점 x_0에서 $f(x_0)$가 알려져 있다고 하고 x_0에 가까운 점 x_1에서 $f(x_1)$의 근삿값을 구하여 보자. 예를 들어, cos(1)은 알려져 있지 않으며 $\cos(\pi/3) = \frac{1}{2}$은 우리가 잘 알고 있는 값이다. $\pi/3 \approx 1.047$이므로 1은 $\pi/3$에 아주 가깝다고 볼 수 있고, 따라서 $\frac{1}{2}$을 cos(1)의 근삿값으로 택할 수 있다. 이러한 근사법을 보다 논리적으로 접근하여 보자.

$x = x_0$에서 곡선 $y = f(x)$에 대한 접선은 그 접점 근처에서 원래 곡선과 비슷한 함숫값을 가진다. 그림 3.1을 보면 x_1이 x_0에 아주 가까운 점이고, 곡선 $y = f(x)$의 y좌표 $f(x_1)$과 접선 위에서의 y좌표 y_1은 아주 가까이 있음을 알 수 있다.

$x = x_0$에서 곡선 $y = f(x)$에 대한 접선의 기울기는 $f'(x_0)$이므로 이 점에서 접선의 방정식은 다음 형태로 주어진다.

$$m_{\tan} = f'(x_0) = \frac{y - f(x_0)}{x - x_0}$$

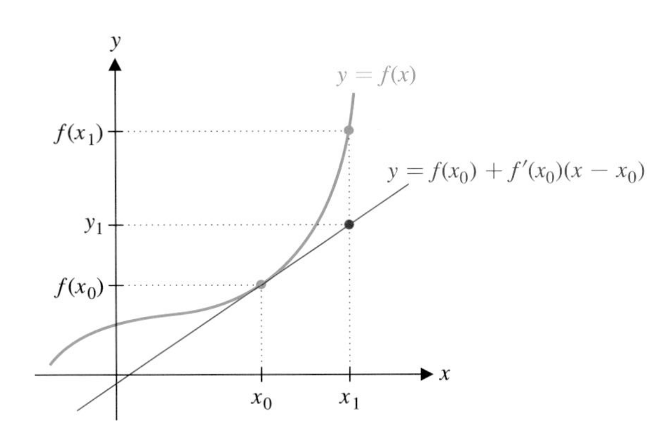

그림 3.1 $f(x_1)$의 선형근사식

또는

$$y = f(x_0) + f'(x_0)(x - x_0) \tag{1.1}$$

식 (1.1)은 $x = x_0$에서 곡선 $y = f(x)$의 접선의 방정식이다. 이 일차함수를 다음과 같은 용어로 정의한다.

> **정의 1.1**
>
> 함수 $L(x) = f(x_0) + f'(x_0)(x - x_0)$를, $x = x_0$에서 함수 $y = f(x)$의 **선형근사식**(linear approximation) 또는 **접선근사식**(tangent line approximation)이라 한다.

$x = x_1$에 대응되는 접선 위의 y좌표 y_1은 식 (1.1)에서 $x = x_1$을 대입함으로써 쉽게 얻어진다. 즉

$$y_1 = f(x_0) + f'(x_0)(x_1 - x_0) \tag{1.2}$$

이다. **증분**(increments) Δx와 Δy를 다음과 같이 정의하자.

$$\Delta x = x_1 - x_0$$

그리고

$$\Delta y = f(x_1) - f(x_0)$$

이 기호를 사용하여 식 (1.2)로부터 다음 근사식을 얻는다.

$$\boxed{f(x_1) \approx y_1 = f(x_0) + f'(x_0)\Delta x} \tag{1.3}$$

이것을 그림 3.2에서 설명하였다. 식 (1.3)의 양변에 $f(x_0)$를 빼면 다음 식을 얻을 수 있다.

$$\Delta y = f(x_1) - f(x_0) \approx f'(x_0)\Delta x = dy \tag{1.4}$$

여기서 $dy = f'(x_0)\Delta x$를 y의 **미분**(differential)이라 한다. x의 미분 dx를 $dx = \Delta x$로 정의하면 식 (1.4)에 의해서

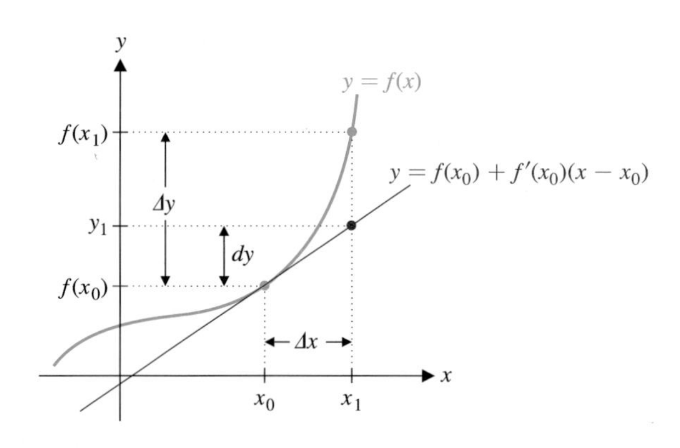

그림 3.2 증분과 미분

$$dy = f'(x_0)\,dx$$

이다.

다음 예제에서, 선형근사식을 이용하여 초월함수의 근삿값을 구하여 보자.

예제 1.1 선형근사식 찾기

$x_0 = \pi/3$에서 $f(x) = \cos x$의 선형근사식을 구하고, 이 식을 이용하여 $\cos(1)$의 근삿값을 구하여라.

풀이

정의 1.1로부터 선형근사식은 $L(x) = f(x_0) + f'(x_0)(x - x_0)$이다. $x_0 = \pi/3$, $f(x) = \cos x$ 그리고 $f'(x) = -\sin x$이므로

$$L(x) = \cos\left(\frac{\pi}{3}\right) - \sin\left(\frac{\pi}{3}\right)\left(x - \frac{\pi}{3}\right) = \frac{1}{2} - \frac{\sqrt{3}}{2}\left(x - \frac{\pi}{3}\right)$$

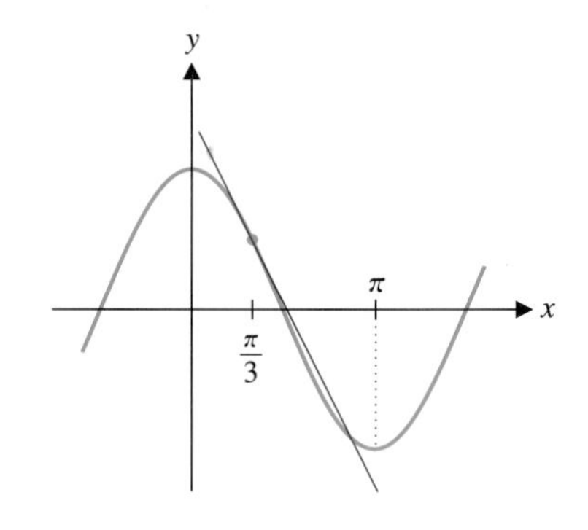

그림 3.3a $y = \cos x$와 $x_0 = \pi/3$에서 선형근사식

이다. $y = \cos x$의 그래프와 $x_0 = \pi/3$에서 선형근사식의 그래프를 그림 3.3에서 나타내었다. $x_0 = \pi/3$에서 선형근사식, 즉 $x_0 = \pi/3$에서 접선의 방정식은 x가 $\pi/3$에 근접해 있을 때, $y = \cos x$에 근접해 있음을 알 수 있다. $x < 0$이거나 $x > \pi$이면 선형근사식의 그래프는 $y = \cos x$ 그래프에 근접해 있지 않는데 이것은 선형근사식(접선)의 전형적인 예이다. 선형근사식의 그래프는 접점 근처에서만 원래 함수의 그래프에 근접해 있다.

여기서 x_0의 값을 임의로 정할 수 있지만 $x_0 = \frac{\pi}{3}$로 택한 이유는 1에 가장 가까우며 정확한 cos 값을 계산할 수 있는 점이 $\frac{\pi}{3}$이기 때문이다. 마지막으로 이 선형근사식을 이용한 $\cos(1)$의 근삿값은

$$\cos(1) \approx L(1) = \frac{1}{2} - \frac{\sqrt{3}}{2}\left(1 - \frac{\pi}{3}\right) \approx 0.5409$$

이다. 계산기를 이용하면 $\cos(1) \approx 0.5403$을 얻을 수 있는데 이것은 선형근사식을 이용한 근삿값과 비슷하다.

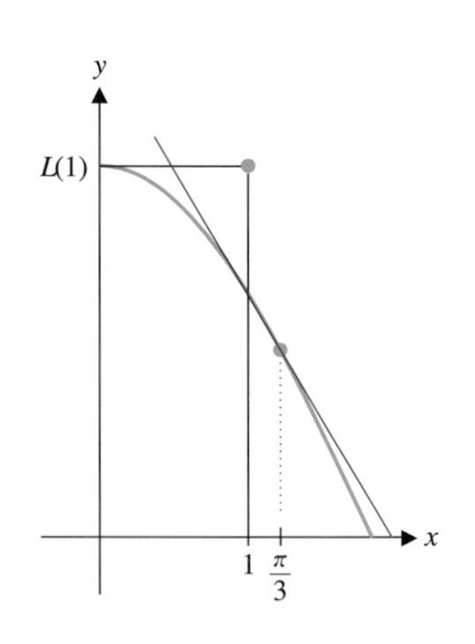

그림 3.3b $L(1) \approx \cos(1)$

다음 예제에서, 0에 충분히 가까운 x에 대하여 $\sin x$의 근사식을 유도할 것이다. 이 근사식은 공학이나 물리학에서 $\sin x$를 포함하는 방정식을 간단히 하는 데 이용된다.

예제 1.2 $\sin x$의 선형근사식

0에 충분히 가까운 x에 대해서 $f(x) = \sin x$의 선형근사식을 구하여라.

풀이

$f'(x) = \cos x$ 이므로 정의 1.1로부터

$$\sin x \approx L(x) = f(0) + f'(0)(x - 0) = \sin 0 + \cos 0(x) = x$$

이다. 0에 충분히 가까운 x에 대해서 $\sin x \approx x$임을 의미한다. 이것은 그림 3.4의 $y = \sin x$와 $y = x$의 그래프를 통해 확인할 수 있다.

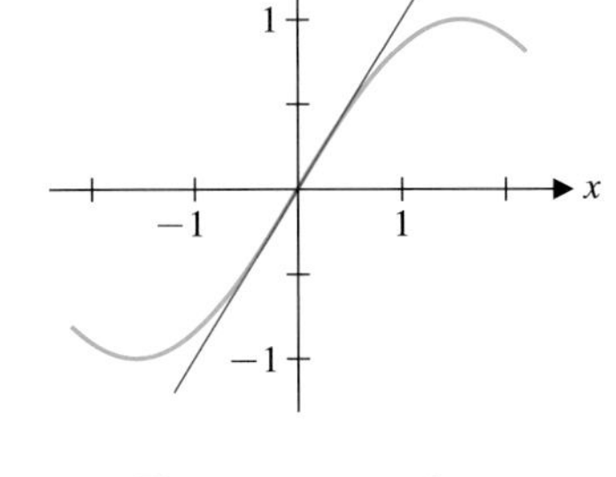

그림 3.4 $y = \sin x$와 $y = x$

그림 3.4를 보면 $x = 0$ 근처에서만 $y = \sin x$와 $y = x$의 그래프가 근접해 있다. 이것은 0에 아주 가까운 x에 대해서만 $\sin x \approx x$임을 의미하고 x가 0에서 멀어지면 근사식은 의미가 없음을 말하고 있다. 그림 3.1에서도 마찬가지이다. 이것은 다음 예제에서 증분 Δx와 Δy의 관계가 어떠한지를 설명하고 있다.

예제 1.3 세제곱근에 대한 선형근사식

선형근사식을 이용하여 $\sqrt[3]{8.02}$, $\sqrt[3]{8.07}$, $\sqrt[3]{8.15}$ 및 $\sqrt[3]{25.2}$의 근삿값을 구하여라.

풀이

구하고자 하는 선형근사식의 원래 함수를 $f(x) = \sqrt[3]{x} = x^{1/3}$라 하면 $f'(x) = \frac{1}{3}x^{-2/3}$이다. 8.02, 8.07 또는 8.15에 가장 가까운 값으로 세제곱근을 쉽게 구할 수 있는 점은 8이다. 따라서

$$\begin{aligned} f(8.02) &= f(8) + [f(8.02) - f(8)] && f(8)\text{을 더하고 뺌} \\ &= f(8) + \Delta y && (1.5) \end{aligned}$$

를 얻고 식 (1.4)로부터

$$\begin{aligned} \Delta y \approx dy &= f'(8)\Delta x \\ &= \left(\frac{1}{3}\right)8^{-2/3}(8.02 - 8) = \frac{1}{600} && \Delta x = 8.02 - 8 \quad (1.6) \end{aligned}$$

이다. 식 (1.5)과 (1.6)을 이용하여

$$f(8.02) \approx f(8) + dy = 2 + \frac{1}{600} \approx 2.0016667$$

을 얻고 계산기로 계산하여 보면 $\sqrt[3]{8.02} \approx 2.0016653$이다. 이와 마찬가지로

$$f(8.07) \approx f(8) + \frac{1}{3}8^{-2/3}(8.07 - 8) \approx 2.0058333$$

과

$$f(8.15) \approx f(8) + \frac{1}{3}8^{-2/3}(8.15 - 8) \approx 2.0125$$

를 얻는데 계산기로 계산하여 보면 각각 $\sqrt[3]{8.07} \approx 2.005816$과 $\sqrt[3]{8.15} \approx 2.01242$이다.

x	오차
8.02	1.4×10^{-6}
8.07	1.7×10^{-5}
8.15	7.7×10^{-5}

선형근사식에서의 오차

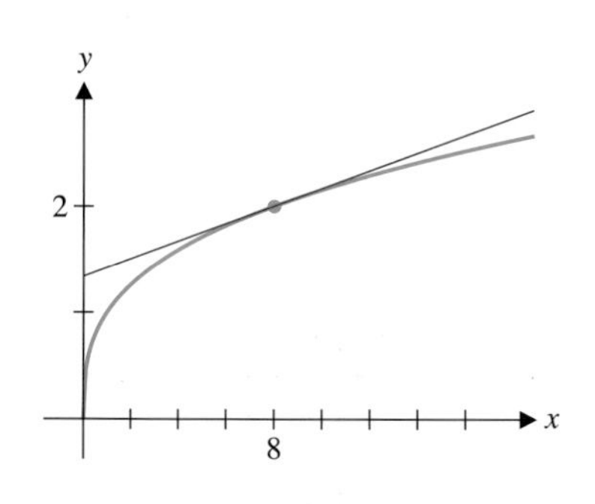

그림 3.5 $y = \sqrt[3]{x}$ 와 $x_0 = 8$에서의 선형근사식

마지막으로 $\sqrt[3]{25.2}$의 근삿값을 구해 보자. 세제곱근의 값을 정확히 구할 수 있는 점으로 25.2에 가장 가까운 값은 27이다. 따라서

$$f(25.2) = f(27) + \Delta y \approx f(27) + dy = 3 + dy$$

이고 여기서

$$dy = f'(27)\Delta x = \frac{1}{3}27^{-2/3}(25.2 - 27) = \frac{1}{3}\left(\frac{1}{9}\right)(-1.8) = -\frac{1}{15}$$

이므로

$$f(25.2) \approx 3 + dy = 3 - \frac{1}{15} \approx 2.9333333$$

을 얻을 수 있으며 계산기로 계산한 값은 2.931794이다. 그림 3.5에서 보면 x가 8에서 멀어질수록 선형근사식의 그래프는 원래 함수 $\sqrt[3]{x}$로부터 멀어짐을 알 수 있다.

위의 세 예제를 통해 선형근사식이 어떤 경우에 적합하며 어떤 경우에 적합하지 않은지 알 수 있다. 다음 예제에서는 근삿값과 비교되는 참값은 알 수 없지만, **선형보간법**(linear interpolation)이라 부르는 선형근사법을 알아보자.

예제 1.4 선형근사식을 이용한 선형보간법

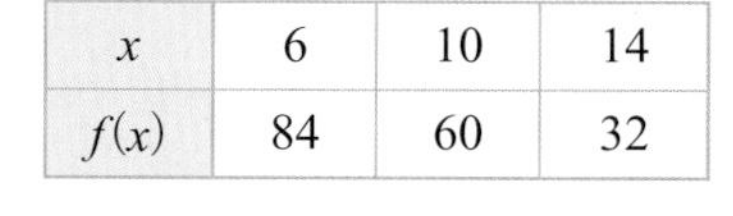

x	6	10	14
$f(x)$	84	60	32

어떤 상품의 가격 동향은 소비자의 구매욕에 영향을 준다. 한 기업이 시장 조사를 하였더니 왼쪽 표에서 주어진 것과 같이, 한 대 가격이 x달러인 소형 카메라가 $f(x)$ (단위는 천 대) 팔렸다고 하자. 한 대 가격이 7달러일 때 카메라는 몇 대 팔리겠는가?

풀이

위의 표에서 $x = 7$에 가장 가까운 값은 $x = 6$이다. 즉 $f(x)$값을 알고 있는 값 중에서 7에 가장 가까운 x값이 6이다. $x = 6$에서 $f(x)$의 선형근사식은

$$L(x) = f(6) + f'(6)(x - 6)$$

이다. 주어진 표로부터 $f(6) = 84$임은 알 수 있지만 $f'(6)$은 정확히 계산할 수 없다. 즉 $f(x)$를 나타내는 식을 알 수 없으므로 $f'(x)$를 정확히 계산할 수는 없다. 주어진 자료로부터 할 수 있는 최선의 방법은 다음과 같이 미분계수의 근삿값을 계산하는 것이다.

$$f'(6) \approx \frac{f(10) - f(6)}{10 - 6} = \frac{60 - 84}{4} = -6$$

따라서 선형근사식은

$$L(x) \approx 84 - 6(x - 6)$$

이고 이것을 이용하면 $x = 7$일 때 팔린 카메라 수는 $L(7) \approx 84 - 6 = 78$, 즉 약 78,000대로 추정할 수 있다. 그림 3.6의 그래프로 분석하면 선형근사식은 직선임을 알 수 있다(이 경우에 첫 번째 점과 두 번째 점을 잇는 선분임을 알 수 있다).

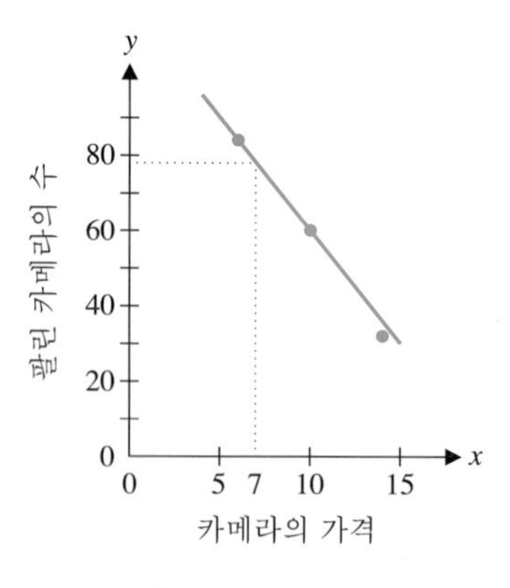

그림 3.6 선형보간법

뉴턴의 방법

어떤 함수의 근, 즉 $f(x) = 0$인 x를 구하는 문제를 생각해 보자. 1.3절에서 연속함수의 근을 구하는 방법으로 이분법을 알아보았다. 이 절에서는 이분법보다 효과적인 방법을 알아보고자 한다. 우리가 찾는 것은 $f(x) = 0$ 인 x값이며 이 값을 방정식 $f(x) = 0$ 의 **근**(root) 또는 함수 f의 **근**(zero)이라 한다. 만약

$$f(x) = ax^2 + bx + c$$

이면 이 함수는 매우 쉽게 근을 찾을 수 있다. 그러나

$$f(x) = \tan x + x$$

와 같은 함수의 근을 찾으려면 어떻게 해야 하겠는가? 이 함수는 대수함수가 아니므로 근을 찾는 유용한 공식은 없다. 그림 3.7의 그래프를 보면 수많은 근을 볼 수 있다. 그렇다면 어떻게 근을 찾을 것인가?

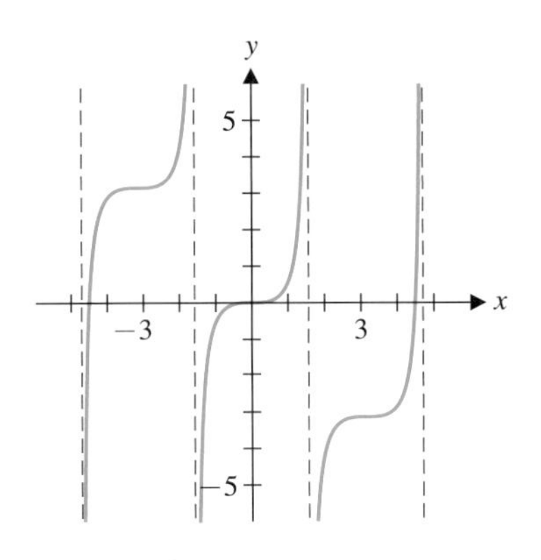

그림 3.7 $y = \tan x - x$

일반적으로 방정식 $f(x) = 0$ 의 근사근을 찾고자 한다면, 먼저 근의 적당한 위치를 추정하여 이것을 **처음값**(initial guess)이라 하고 보통 x_0로 나타낸다. $x = x_0$ 에서 $y = f(x)$ 에 대한 접선은 원래 곡선에 근사하므로 이 접선이 x축과 만나는 점을 찾는다(그림 3.8).

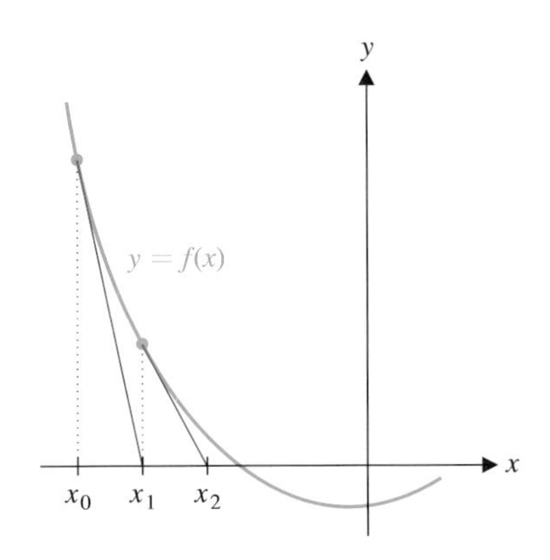

그림 3.8 뉴턴의 방법

이 점은 x_0 보다 구하는 근에 더 가까운 점이다. $x = x_0$ 에서 $y = f(x)$ 에 대한 접선의 방정식은 $x = x_0$ 에서의 선형근사식

$$y = f(x_0) + f'(x_0)(x - x_0) \tag{1.7}$$

이다[식 (1.1) 참조]. 이 접선의 x절편은 식 (1.7)에서 $y = 0$으로 놓으면 구할 수 있고 이것을 x_1이라 하자. 그러면

$$0 = f(x_0) + f'(x_0)(x_1 - x_0)$$

이고 이것을 x_1에 대해서 풀면

$$x_1 = x_0 - \frac{f(x_0)}{f'(x_0)}$$

를 얻는다. x_1을 다시 처음값으로 하여 이 과정을 반복하면, 근의 더 나은 근삿값

$$x_2 = x_1 - \frac{f(x_1)}{f'(x_1)}$$

을 얻을 수 있다(그림 3.8). 이 과정을 반복하면 **근사점화수열**(successive approximation)

$$\boxed{x_{n+1} = x_n - \frac{f(x_n)}{f'(x_n)}, \quad n = 0, 1, 2, 3, \cdots} \tag{1.8}$$

을 얻을 수 있다. 이 과정을 **뉴턴-랩슨 방법**(Newton-Raphson method) 또는 **뉴턴의 방법**(Newton's method)이라 한다. 그림 3.8에서 보는 바와 같이 n이 증가할수록 x_n은 근에 더 가까워지고 있다. 다음 예제에서 설명하는 것과 같이 뉴턴 방법은 함수의

수학자

뉴턴
(Sir Issac Newton, 1642−1727)

미분적분학의 공동창시자이며, 영국의 과학자이자 수학자이다. 1665년부터 1667년까지 광학 및 만유인력의 법칙뿐만 아니라 미분적분학의 다양한 분야를 발견하였다. 뉴턴의 수학적 결과는 시기적절한 형태로 출간되지 않았다. 반면에, 뉴턴의 방법과 같은 것들이 그의 논문에서 유용한 도구로 소개 되었다. 뉴턴의 《자연철학의 수학적 원리(Mathematical Principles of Natural Philosopy)》는 인류의 위대한 업적 중의 하나로 널리 알려져 있다.

근의 근삿값을 구하는 정확하고 빠른 방법 중의 하나이다.

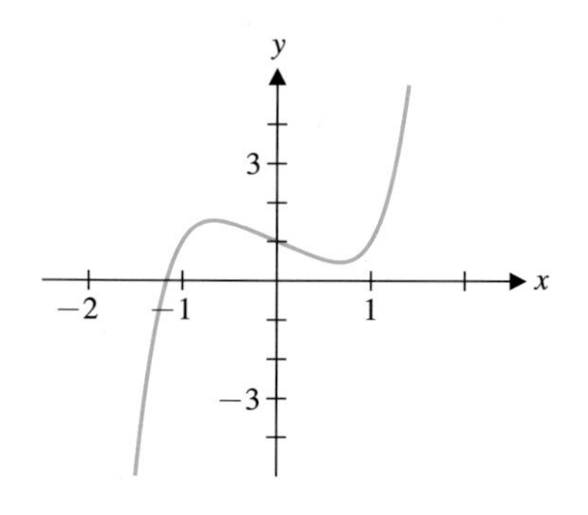

그림 3.9 $y=x^5-x+1$

예제 1.5 뉴턴의 방법을 이용한 근의 근삿값

함수 $f(x)=x^5-x+1$의 근을 구하여라.

풀이

그림 3.9로부터 f의 근은 $x=-2$와 $x=-1$ 사이에 있음을 추측할 수 있고 $f(-1)=1>0$이며 $f(-2)=-29<0$이다. 모든 다항식 함수는 연속이므로 f도 연속이고 중간값 정리에 의해 f는 구간 $(-2, -1)$에서 근을 갖는다. $x=-1$이 근에 가까우므로 처음값을 $x_0=-1$로 택하자. 마지막으로 $f'(x)=5x^4-1$이므로 뉴턴의 방법을 사용하면

$$\begin{aligned} x_{n+1} &= x_n - \frac{f(x_n)}{f'(x_n)} \\ &= x_n - \frac{x_n^5-x_n+1}{5x_n^4-1}, \quad n=0, 1, 2, \cdots \end{aligned}$$

이고 이 점화식에 처음값 $x_0=-1$을 대입하면 다음을 얻는다.

$$x_1 = -1 - \frac{(-1)^5-(-1)+1}{5(-1)^4-1} = -1 - \frac{1}{4} = -\frac{5}{4}$$

마찬가지 방법으로, $x_1=-\frac{5}{4}$로부터 더 나은 근삿값

$$x_2 = -\frac{5}{4} - \frac{\left(-\frac{5}{4}\right)^5 - \left(-\frac{5}{4}\right)+1}{5\left(-\frac{5}{4}\right)^4-1} \approx -1.178459394$$

를 얻고 계속하여

$$x_3 \approx -1.167537389,$$
$$x_4 \approx -1.167304083$$

과

$$x_5 \approx -1.167303978 \approx x_6$$

을 얻는다. $x_5=x_6$이므로 더 이상 다음 단계를 계산할 필요가 없다. 구한 근삿값의 정확도를 알아보기 위하여 $f(x_6)$를 계산하여 보면

$$f(x_6) \approx 3 \times 10^{-12}$$

이다. 이 값은 0에 아주 가까우므로 $x_6 \approx -1.167303978$은 f의 **근사근**이다. ■

뉴턴의 방법은 다양한 근삿값을 구하는 문제에 적용할 수 있다. 이것을 위해서는 다음 예제와 같이 주어진 문제를 먼저 근을 찾는 문제로 변형시켜야 하는 경우도 있다.

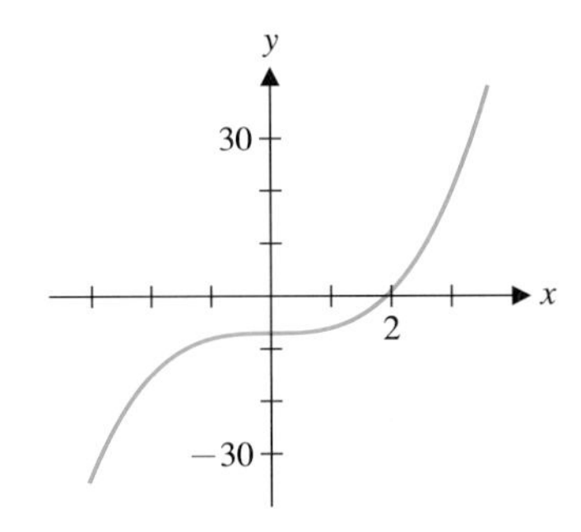

그림 3.10 $y = x^3 - 7$

예제 1.6 뉴턴의 방법을 이용한 세제곱근의 근삿값

뉴턴의 방법을 이용하여 $\sqrt[3]{7}$의 근삿값을 구하여라.

풀이

뉴턴의 방법은 $f(x) = 0$ 형태의 방정식을 푸는 데 이용되므로 다음과 같이 이 문제를 변형시키자. $x = \sqrt[3]{7}$이라 하면 $x^3 = 7$이고 이것은

$$f(x) = x^3 - 7 = 0$$

으로 변형할 수 있다. 여기서 $f'(x) = 3x^2$이고 $y = f(x)$의 그래프로부터 처음값을 추측할 수 있다(그림 3.10). $x = 2$는 근 근처의 점이고 따라서 $x_0 = 2$로 택하자. 뉴턴의 방법을 이용하면

$$x_1 = 2 - \frac{2^3 - 7}{3(2^2)} = \frac{23}{12} \approx 1.916666667$$

이다. 이 과정을 반복하면

$$x_2 \approx 1.912938458$$

과

$$x_3 \approx 1.912931183 \approx x_4$$

를 얻을 수 있다. 더욱이

$$f(x_4) \approx -5 \times 10^{-12}$$

이므로 x_4는 f의 근사근이다. 따라서

$$\sqrt[3]{7} \approx 1.912931183$$

이고 계산기로 계산한 $\sqrt[3]{7}$의 근삿값과 비교하여 보면 뉴턴의 방법이 정확함을 알 수 있다.

주 1.1

위의 두 예제가 효과적이긴 하지만 뉴턴의 방법을 모든 함수에 적용할 수 있는 것은 아니다. 뉴턴의 방법으로 얻어지는 값들은 근에 점점 가까워져야 하며 원하는 정확도에 도달할 때까지 계산을 해야 한다. 즉 구하는 근의 근삿값에서 함숫값을 계산해서 그 값이 0으로 접근하지 않는다면 그 값을 근사근으로 택할 수 없다.

다음 예제에서 보는 것처럼 뉴턴의 방법으로 정확한 근삿값을 찾기 위해서는 처음값을 효과적으로 설정해야 한다.

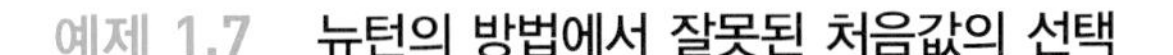

예제 1.7 뉴턴의 방법에서 잘못된 처음값의 선택

뉴턴의 방법을 사용하여 $f(x) = x^3 - 3x^2 + x - 1$의 근사근을 구하여라.

풀이

그림 3.11의 그래프로부터 근은 구간 (2, 3) 안에 있음을 알 수 있다. 처음값을 $x_0 = 1$로 택한다면 $x_1 = 0$, $x_2 = 1$, $x_3 = 0$ 등을 얻는다. 뉴턴의 방법은 처음값에 의해서 영향을 많이

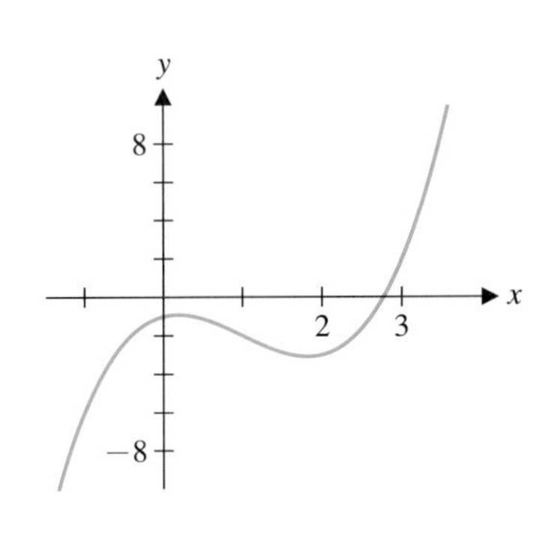

그림 3.11 $y = x^3 - 3x^2 + x - 1$

받으며 위의 처음값은 적절하지 못하다. 반면에 다른 처음값 $x_0 = 2$를 택하여 뉴턴의 방법을 사용하면 근사근 2.769292354에 빨리 수렴함을 알 수 있다. ■

예제 1.7에서 알 수 있듯이 처음값을 잘못 택하면 심각한 결과를 초래할 수 있다. 더욱이 뉴턴의 방법에서 적절한 처음값을 택해도 근사점화식이 빠르게 근에 수렴한다는 보장은 없다. 어떤 함수에서는 처음값을 적절하게 택한다 하더라도 수렴하는 속도는 매우 느릴 수 있다. 이 경우에 근삿값을 효과적으로 구하기 위해서는 수많은 계산을 반복하여야 한다.

예제 1.8 뉴턴의 방법을 적용할 때 느리게 수렴하는 경우

뉴턴의 방법을 사용하여 처음값이 (a) $x_0 = -2$ (b) $x_0 = -1$ (c) $x_0 = 0$일 때, 함수 $f(x) = \dfrac{(x-1)^2}{x^2+1}$의 근사근을 구하여라.

풀이

이 문제의 경우 $x = 1$이 유일한 근임을 쉽게 알 수 있다. 문제에서 주어진 처음값으로 뉴턴의 방법을 적용하면 어떻게 될까?

(a) $x_0 = -2$로 하여 뉴턴의 방법을 적용하면 옆의 표를 얻는다. 주어진 처음값에 뉴턴의 방법을 계속 적용하면 값은 근으로부터 멀어진다. 그림 3.12에서 $y = f(x)$와 $x = -2$에서의 접선을 보면 이유를 알 수 있다. 접선을 따라서 x축과 만나는 점을 추적해 보면 근으로부터 멀어짐을 알 수 있다. $x \le -2$일 때, 모든 접선은 양의 기울기를 가지며($f'(x)$를 구하여 보아라), 각 단계에서 근으로부터 점점 더 멀어진다. 이것이 사실이라는 것은 다양한 단계에서 접선을 그려 보면 알 수 있다.

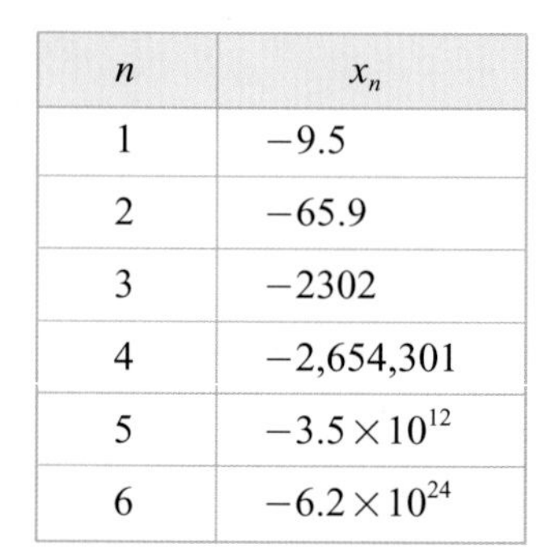

n	x_n
1	−9.5
2	−65.9
3	−2302
4	−2,654,301
5	-3.5×10^{12}
6	-6.2×10^{24}

$x_0 = -2$일 때 뉴턴의 방법

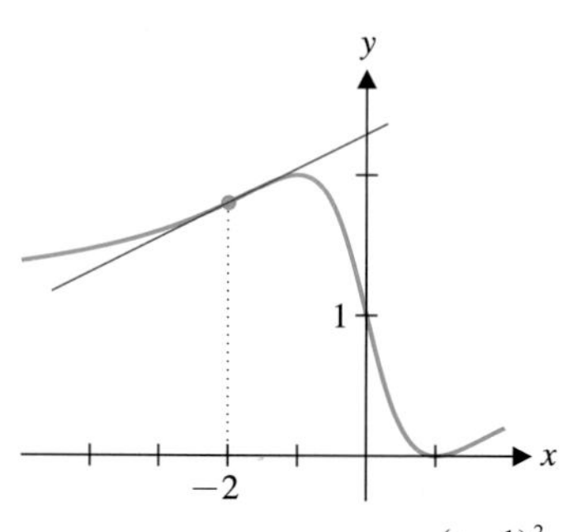

그림 3.12 $x = -2$에서의 $y = \dfrac{(x-1)^2}{x^2+1}$의 접선

(b) 처음값을 $x_0 = -1$로 택하면 x_1조차 계산할 수 없다. 이 경우, $f'(x_0) = 0$이며 뉴턴의 방법을 적용할 수 없다. 그래프를 보면 $x = -1$에서 $y = f(x)$에 대한 접선은 수평선이며 따라서 이 접선은 x축과 만나지 않는다(그림 3.13).

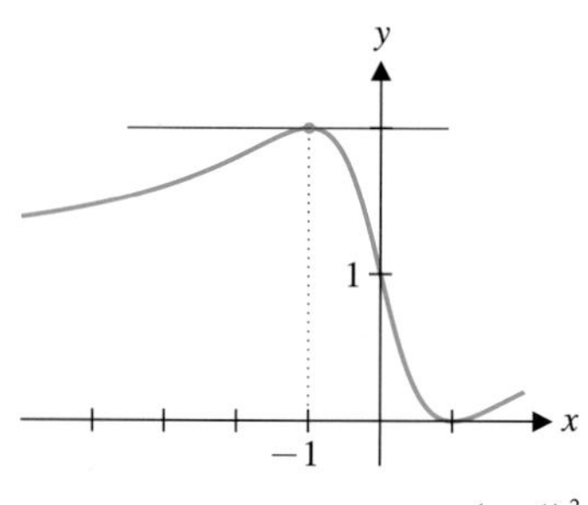

그림 3.13 $x = -1$에서의 $y = \dfrac{(x-1)^2}{x^2+1}$의 접선

(c) 처음값을 $x_0 = 0$로 택하여 각 단계의 근삿값을 구하여 보면 다음 표와 같다.

n	x_n	n	x_n
1	0.5	7	0.9881719
2	0.70833	8	0.9940512
3	0.85653	9	0.9970168
4	0.912179	10	0.9985062
5	0.95425	11	0.9992525
6	0.976614	12	0.9996261

$x_0 = 0$에서 뉴턴의 방법

마지막으로, 이 처음값을 이용하여 뉴턴의 방법을 적용하면 근 $x = 1$에 수렴함을 알 수 있다. 여기서의 특징은 위의 표에서 보는 바와 같이 뉴턴의 방법으로 주어지는 근사점화식 수열이 앞의 예제에서보다 훨씬 느리게 1로 수렴한다는 것이다. 이와 반대로, 예제 1.5에서는 x_5에서 끝난다. 여기서 x_5가 $f(x)$의 근에 특별히 가까운 근삿값은 아니다. 현재의 예제에서는 x_{12}가 예제 1.5의 x_5만큼 근에 가깝지 않다.

■

예제 1.7과 1.8에서 본 것처럼 다소의 문제점은 있지만 뉴턴의 방법이 근의 근삿값을 구하는 효과적이고 신뢰할 수 있는 방법이라는 것을 알았다. 주의해야 할 점은 근사점화수열에서 수렴하는 값이 그래프에서 나타나는 값과 일치하지 않는다면, 결과를 자세히 살펴보고 다른 처음값을 선택해야 한다는 것이다.

연습문제 3.1

[1~3] $x = x_0$에서 다음 함수 $f(x)$의 선형근사식을 구하고 주어진 함수와 선형근사식의 그래프를 그려라.

1. $f(x) = \sqrt{x},\ \ x_0 = 1,\ \ \sqrt{1.2}$

2. $f(x) = \sqrt{2x+9},\ \ x_0 = 0,\ \ \sqrt{8.8}$

3. $f(x) = \sin 3x,\ \ x_0 = 0,\ \ \sin(0.3)$

4. 선형근사식을 이용하여 다음 값의 근삿값을 구하여라.
(a) $\sqrt[4]{16.04}$ (b) $\sqrt[4]{16.08}$ (c) $\sqrt[4]{16.16}$

[5~6] 선형보간법을 이용하여 다음 근삿값을 구하여라.

5. 어떤 회사에서 한 개 가격이 x달러인 게임프로그램이 팔린 개수 $f(x)$(단위는 천)를 조사하였더니 다음 표와 같았다.
(a) 24달러 (b) 36달러에 팔릴 게임의 개수를 각각 구하여라.

x	20	30	40
$f(x)$	18	14	12

6. 만화 영화 감독이 영화가 시작 t프레임 후의 등장 인물의 머리 위치 $f(t)$를 다음 표와 같이 입력하였다. 컴퓨터가 중간 시간의 위치를 보간법으로 계산한다면 프레임 수가 (a) 208 (b) 232일 때 머리의 위치를 구하여라.

x	200	220	240
$f(t)$	128	142	136

[7~8] 다음 방정식에서 주어진 x_0에 대해 뉴턴의 방법을 이용하여 (a) x_1, x_2를 직접 계산하고 (b) 컴퓨터나 계산기로 소수점 이하 다섯 번째 자리까지 정확하게 근의 근삿값을 구하여라.

7. $x^3 + 3x^2 - 1 = 0,\ \ x_0 = 1$

8. $x^4 - 3x^2 + 1 = 0,\ \ x_0 = 1$

[9~12] 뉴턴의 방법을 적용하여 소수점 이하 여섯 번째 자리까지 정확하게 다음 방정식의 근의 근삿값을 구하여라. 또 그래프를 그리고 어떻게 처음값을 설정할 것인지를 설명하여라.

9. $x^3 + 4x^2 - 3x + 1 = 0$

10. $x^5 + 3x^3 + x - 1 = 0$

11. $\sin x = x^2 - 1$

12. $e^x = -x$

[13~15] 뉴턴의 방법을 적용하여 다음값의 근삿값을 구하고 이때 사용된 함수 $f(x)$를 말하여라.

13. $\sqrt{11}$

14. $\sqrt[3]{11}$

15. $\sqrt[4.4]{24}$

[16~18] 다음 문제에서는 뉴턴의 방법을 적용할 수 없다. 그 이유를 설명하고 처음값을 다시 정하여 근의 근삿값을 구하라.

16. $4x^3 - 7x^2 + 1 = 0,\ \ x_0 = 0$

17. $x^2 + 1 = 0,\ \ x_0 = 0$

18. $\dfrac{4x^2 - 8x + 1}{4x^2 - 3x - 7} = 0, \quad x_0 = -1$

19. 뉴턴의 방법을 $x^2 - c = 0\ (c > 0)$에 적용하여 $\sqrt{c}$의 근삿값을 구하는 점화식 $x_n + 1 = \frac{1}{2}(x_n + c/x_n)$을 구하여라.

20. 뉴턴의 만유인력 법칙에 의하면, 해발 x피트 높이에 있는 사람의 체중은 $W(x) = PR^2/(R + x)^2$으로 주어진다. 여기서, P는 해수면 위에서 이 사람의 체중이고 R은 지구 반지름(약 20,900,000피트)이다. $x = 0$에서 $W(x)$의 선형근사식을 구하여라. 체중이 120파운드인 사람이 1% 적게 체중을 측정할 수 있는 높이의 근삿값을 선형근사식을 이용하여 구하여라.

3.2 부정형과 로피탈의 법칙

이 절에서는 극한값을 구하는 문제를 다시 다룬다. 우리는 $\lim\limits_{x\to a} f(x) = \lim\limits_{x\to a} g(x) = 0$이거나 $\lim\limits_{x\to a} f(x) = \lim\limits_{x\to a} g(x) = \infty$(또는 $-\infty$)인 경우에 다음과 같은 형태

$$\lim_{x\to a}\frac{f(x)}{g(x)}$$

의 극한을 자주 만나게 된다. 이러한 형태($\frac{0}{0}$ 또는 $\frac{\infty}{\infty}$ 형태를 부정형이라 한다)의 극한에서는 극한값을 결정할 수 없을 뿐만 아니라, 극한값이 존재하는지조차 모른다. 다음 예들은 모두 $\frac{0}{0}$ 형태지만 극한값은 존재할 수도 있고 존재하지 않을 수도 있음을 보여주고 있다.

$$\lim_{x\to 1}\frac{x^2-1}{x-1} = \lim_{x\to 1}\frac{(x-1)(x+1)}{x-1} = \lim_{x\to 1}\frac{x+1}{1} = \frac{2}{1} = 2$$

$$\lim_{x\to 1}\frac{x^2-1}{x-1} = \lim_{x\to 1}\frac{x-1}{(x-1)(x+1)} = \lim_{x\to 1}\frac{1}{x+1} = \frac{1}{2}$$

$$\lim_{x\to 1}\frac{x-1}{x^2-2x+1} = \lim_{x\to 1}\frac{x-1}{(x-1)^2} = \lim_{x\to 1}\frac{1}{x-1} \text{는 존재하지 않음}$$

여기서 $\frac{0}{0}$이라는 표현은 수학적으로는 의미가 없다. 이것은 단지 분모와 분자가 모두 0에 접근하고 있다는 것을 의미한다.

부정형 $\frac{\infty}{\infty}$ 형태의 극한들도 같은 결과를 보여준다.

$$\lim_{x\to\infty}\frac{x^2+1}{x^3+5} = \lim_{x\to\infty}\frac{(x^2+1)\left(\frac{1}{x^3}\right)}{(x^3+5)\left(\frac{1}{x^3}\right)} = \lim_{x\to\infty}\frac{\frac{1}{x}+\frac{1}{x^3}}{1+\frac{5}{x^3}} = \frac{0}{1} = 0$$

$$\lim_{x\to\infty}\frac{x^3+5}{x^2+1} = \lim_{x\to\infty}\frac{(x^3+5)\left(\frac{1}{x^2}\right)}{(x^2+1)\left(\frac{1}{x^2}\right)} = \lim_{x\to\infty}\frac{x+\frac{5}{x^2}}{1+\frac{1}{x^2}} = \infty$$

$$\lim_{x\to\infty}\frac{2x^2+3x-5}{x^2+4x-11}=\lim_{x\to\infty}\frac{(2x^2+3x-5)\left(\frac{1}{x^2}\right)}{(x^2+4x-11)\left(\frac{1}{x^2}\right)}$$

$$=\lim_{x\to\infty}\frac{2+\frac{3}{x}-\frac{5}{x^2}}{1+\frac{4}{x}-\frac{11}{x^2}}=\frac{2}{1}=2$$

이와 같이 부정형 $\frac{0}{0}$ 형태에서와 마찬가지로 $\frac{\infty}{\infty}$ 형태의 부정형의 극한을 계산하기 위해서는 더욱 깊이 있게 공부해야 한다. 부정형의 극한 문제는 보통 위에 주어진 문제들보다 더 어렵다. 하나의 예로 2.6절에서 복잡한 그림을 이용하여 $\lim_{x\to 0}\frac{\sin x}{x}$를 구하였다. 이 극한은 부정형(즉, 분모와 분자의 극한값이 0) 형태이며 분모와 분자를 간단히 정리할 수 있는 형태는 아니다. 일반적으로 $\lim_{x\to c}f(x)=\lim_{x\to c}g(x)=0$일 때 극한값 $\lim_{x\to c}\frac{f(x)}{g(x)}$를 구하는 방법을 알아보자. 선형근사식을 이용하면 이 극한을 구하는 하나의 방법을 얻을 수 있다.

위의 두 함수가 $x=c$에서 미분가능하다고 가정하면, 이 함수들은 $x=c$에서 연속이므로 $f(c)=\lim_{x\to c}f(x)=0$이고 $g(c)=\lim_{x\to c}g(x)=0$이다. 따라서 선형근사식

$$f(x)\approx f(c)+f'(c)(x-c)=f'(c)(x-c)$$

와

$$g(x)\approx g(c)+g'(c)(x-c)=g'(c)(x-c)$$

를 얻는다. $g'(c)\neq 0$이라 가정하면 선형근사식을 이용하여 다음을 얻을 수 있다.

$$\lim_{x\to c}\frac{f(x)}{g(x)}=\lim_{x\to c}\frac{f'(c)(x-c)}{g'(c)(x-c)}=\lim_{x\to c}\frac{f'(c)}{g'(c)}=\frac{f'(c)}{g'(c)}$$

여기서, $f'(x)$와 $g'(x)$가 $x=c$에서 연속이고 $g'(c)\neq 0$이면 $\frac{f'(c)}{g'(c)}=\lim_{x\to c}\frac{f'(x)}{g'(x)}$이다. 따라서 다음 정리를 얻을 수 있다.

정리 2.1 로피탈의 법칙(l'Hôpital's Rule)

점 $c\in(a,b)$를 제외한 구간 (a,b)에서 f와 g는 미분가능하고 $g'(x)\neq 0$이라고 가정하자. 만약 $\lim_{x\to c}\frac{f(x)}{g(x)}$가 부정형 $\frac{0}{0}$이거나 $\frac{\infty}{\infty}$의 형태이고 $\lim_{x\to c}\frac{f'(x)}{g'(x)}=L$(또는 $\pm\infty$)이면

$$\lim_{x\to c}\frac{f(x)}{g(x)}=\lim_{x\to c}\frac{f'(x)}{g'(x)}$$

이다.

증명

여기서는 $g'(c)\neq 0$이고 (a,b)에서 f, f', g 및 g'가 연속이고 $\frac{0}{0}$ 형태인 경우만 증명한다. 보다 일반적인 경우는 부록 A에 증명되어 있다. 2.2절에서 주어진 미분계수의 정의를 변형하면

$$f'(c)=\lim_{x\to c}\frac{f(x)-f(c)}{x-c}$$

주 2.1

앞으로는 극한 표현 뒤에 $\left(\frac{0}{0}\right)$ 또는 $\left(\frac{\infty}{\infty}\right)$이라는 표현을 써서

$$\lim_{x\to 1}\frac{x-1}{x^2-1}\quad\left(\frac{0}{0}\right)$$

와 같이 나타낼 것이다. 이것은 이 극한이 부정형 $\frac{0}{0}$꼴이라는 것을 나타내는 표현이지 극한값이 $\frac{0}{0}$이라는 것은 아니다. $\lim_{x\to a}f(x)=\frac{0}{0}$ 또는 $\frac{\infty}{\infty}$와 같은 표현은 수학적으로 의미가 없다.

수학자

로피탈
(Guillaume de l'Hôpital, 1661–1704)

로피탈의 법칙을 처음으로 발견한 프랑스의 수학자이다. 귀족 가문에서 태어나 위대한 수학자 요한 베르누이(Johann Bernoulli)로부터 미분적분학을 배웠다. 유능한 수학자 로피탈은 미분적분학 서적을 처음으로 집필한 학자로 알려져 있다. 로피탈은 17세기 최고의 수학자 중 한 명이었다.

이므로 연속성으로부터

$$\lim_{x \to c} \frac{f'(x)}{g'(x)} = \frac{f'(c)}{g'(c)} = \frac{\lim_{x \to c} \dfrac{f(x) - f(c)}{x - c}}{\lim_{x \to c} \dfrac{g(x) - g(c)}{x - c}}$$

$$= \lim_{x \to c} \frac{\dfrac{f(x) - f(c)}{x - c}}{\dfrac{g(x) - g(c)}{x - c}} = \lim_{x \to c} \frac{f(x) - f(c)}{g(x) - g(c)}$$

이다. 더욱이 f와 g는 $x = c$에서 연속이므로

$$f(c) = \lim_{x \to c} f(x) = 0 \text{이고 } g(c) = \lim_{x \to c} g(x) = 0$$

이다. 따라서

$$\lim_{x \to c} \frac{f'(x)}{g'(x)} = \lim_{x \to c} \frac{f(x) - f(c)}{g(x) - g(c)} = \lim_{x \to c} \frac{f(x)}{g(x)}$$

이다. ■

부정형 $\frac{\infty}{\infty}$ 경우의 증명은 고급 미분적분학에서 다룬다.

주 2.2

$\lim_{x \to c} \frac{f(x)}{g(x)}$가 $\lim_{x \to c^+} \frac{f(x)}{g(x)}$, $\lim_{x \to c^-} \frac{f(x)}{g(x)}$, $\lim_{x \to \infty} \frac{f(x)}{g(x)}$, $\lim_{x \to -\infty} \frac{f(x)}{g(x)}$로 바뀌어도 정리 2.1은 성립한다.

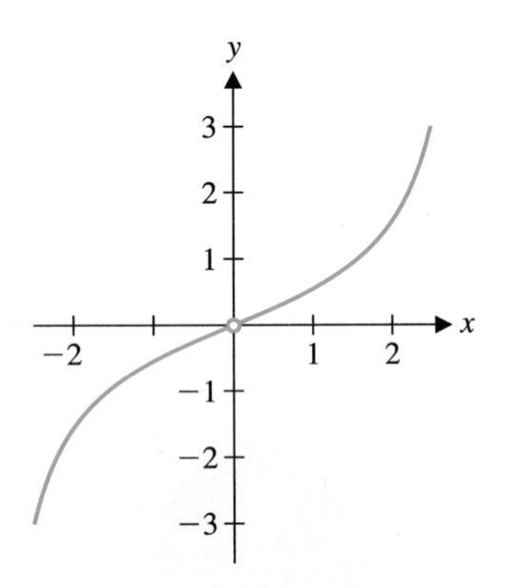

그림 3.14 $y = \frac{1 - \cos x}{\sin x}$

예제 2.1 부정형 $\frac{0}{0}$ 형태

$\lim_{x \to 0} \frac{1 - \cos x}{\sin x}$를 구하여라.

풀이

이것은 부정형 $\frac{0}{0}$ 형태이다. $1 - \cos x$와 $\sin x$는 연속이고 미분가능하며 $x = 0$을 포함하는 한 구간에서 $\frac{d}{dx} \sin x = \cos x \neq 0$이다. 그림 3.14의 $f(x) = \frac{1 - \cos x}{\sin x}$의 그래프에서 보는 것처럼 $x \to 0$이면 $f(x) \to 0$이다. 이 사실은 로피탈의 법칙을 사용하여 다음과 같이 확인할 수 있다.

$$\lim_{x \to 0} \frac{1 - \cos x}{\sin x} = \lim_{x \to 0} \frac{\dfrac{d}{dx}(1 - \cos x)}{\dfrac{d}{dx}(\sin x)} = \lim_{x \to 0} \frac{\sin x}{\cos x} = \frac{0}{1} = 0$$

■

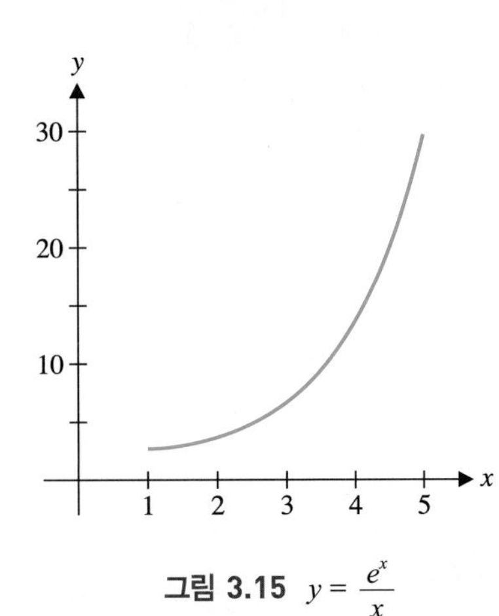

그림 3.15 $y = \frac{e^x}{x}$

예제 2.2 부정형 $\frac{\infty}{\infty}$ 형태

$\lim_{x \to \infty} \frac{e^x}{x}$를 구하여라.

풀이

이것은 $\frac{\infty}{\infty}$ 형태로 $x \to \infty$일 때 무한히 커진다는 것을 그림 3.15에서 알 수 있다. 로피탈의 법칙을 사용하면 다음과 같다.

$$\lim_{x\to\infty}\frac{e^x}{x}=\lim_{x\to\infty}\frac{\frac{d}{dx}(e^x)}{\frac{d}{dx}(x)}=\lim_{x\to\infty}\frac{e^x}{1}=\infty$$

로피탈의 법칙은 여러 번 사용할 수 있으나 각 단계에서 가정을 만족하는지 살펴보아야 한다.

예제 2.3 로피탈의 법칙을 두 번 이용해야 하는 경우

$\lim_{x\to\infty}\frac{x^2}{e^x}$를 구하여라.

풀이

이 극한은 $\frac{\infty}{\infty}$ 형태이다. $x\to\infty$일 때 이 함수가 0으로 접근하는 것을 그림 3.16에서 알 수 있다. 로피탈의 법칙을 두 번 사용하면 다음과 같다.

$$\lim_{x\to\infty}\frac{x^2}{e^x}=\lim_{x\to\infty}\frac{\frac{d}{dx}(x^2)}{\frac{d}{dx}(e^x)}=\lim_{x\to\infty}\frac{2x}{e^x}\quad\left(\frac{\infty}{\infty}\right)$$

$$=\lim_{x\to\infty}\frac{\frac{d}{dx}(2x)}{\frac{d}{dx}(e^x)}=\lim_{x\to\infty}\frac{2}{e^x}=0$$

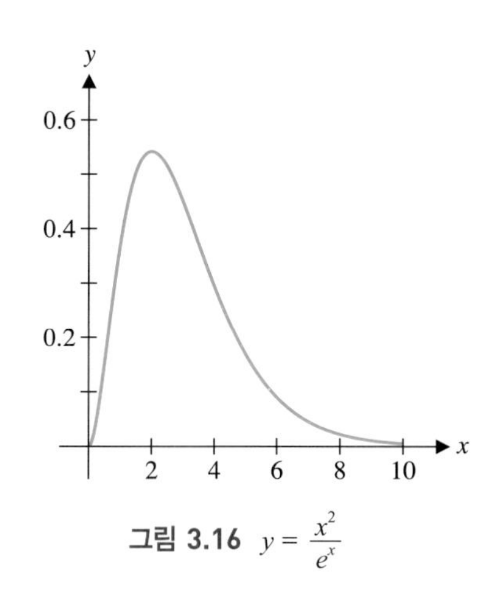

그림 3.16 $y=\frac{x^2}{e^x}$

주 2.3

로피탈의 법칙을 사용할 때 자주 하는 실수는 분모와 분자의 도함수들의 비를 계산하지 않고 분수함수 자체를 미분하는 것이다. 로피탈의 법칙을 사용할 때 극한이 $\frac{0}{0}$ 또는 $\frac{\infty}{\infty}$ 형태인지 확인하지 않는 실수도 자주 발생한다.

예제 2.4 로피탈 법칙의 잘못된 적용

다음 등식에서 잘못된 부분을 찾아라.

$$\lim_{x\to0}\frac{x^2}{e^x-1}=\lim_{x\to0}\frac{2x}{e^x}=\lim_{x\to0}\frac{2}{e^x}=\frac{2}{1}=2$$

풀이

그림 3.17에서 극한값은 근사적으로 0임을 알 수 있으므로 2는 극한값이 아니다. 첫 번째 극한 $\lim_{x\to0}\frac{x^2}{e^x-1}$은 부정형 $\frac{0}{0}$ 형태이며, 함수 $f(x)=x^2$과 $g(x)=e^x-1$은 로피탈 법칙의 가정을 만족한다. 따라서 첫 번째 등식 $\lim_{x\to0}\frac{x^2}{e^x-1}=\lim_{x\to0}\frac{2x}{e^x}$는 성립한다. 그러나 $\lim_{x\to0}\frac{2x}{e^x}=\frac{0}{1}=0$이고 여기서는 부정형 $\frac{0}{0}$ 형태가 아니므로 로피탈 법칙을 적용할 수 없다. 따라서 올바른 계산은

$$\lim_{x\to0}\frac{x^2}{e^x-1}=\lim_{x\to0}\frac{2x}{e^x}=\frac{0}{1}=0$$

이다.

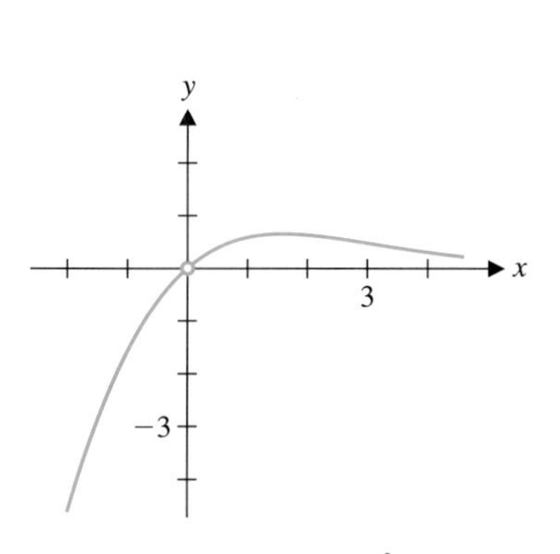

그림 3.17 $y=\frac{x^2}{e^x-1}$

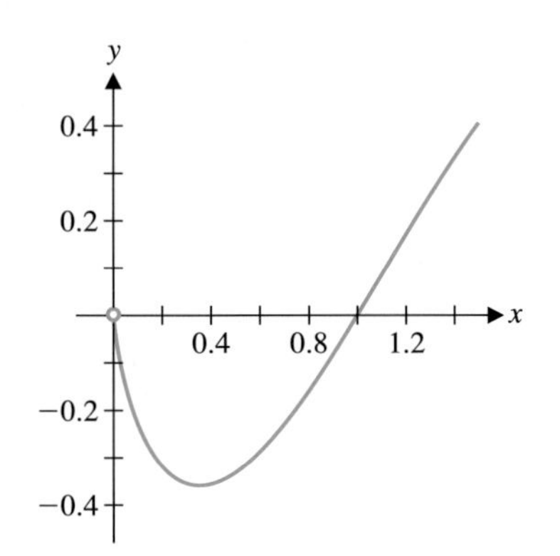

그림 3.18 $y = \dfrac{\ln x}{\csc x}$

예제 2.5 부정형 $\frac{\infty}{\infty}$ 형태 간단히 하기

$\displaystyle\lim_{x \to 0^+} \frac{\ln x}{\csc x}$를 구하여라.

풀이

이 극한은 $\frac{\infty}{\infty}$ 형태이다. $x \to 0^+$일 때 이 함수가 0으로 접근하는 것을 그림 3.18에서 알 수 있다. 로피탈의 법칙을 사용하면

$$\lim_{x \to 0^+} \frac{\ln x}{\csc x} = \lim_{x \to 0^+} \frac{\frac{d}{dx}(\ln x)}{\frac{d}{dx}(\csc x)} = \lim_{x \to 0^+} \frac{\frac{1}{x}}{-\csc x \cot x} \quad \left(\frac{\infty}{\infty}\right)$$

이고 이 극한은 여전히 $\frac{\infty}{\infty}$ 형태의 부정형이다. 여기서 로피탈의 법칙을 다시 사용하기보다는 아래 식과 같이 변형하고 $\displaystyle\lim_{x \to 0} \frac{\sin x}{x} = 1$을 사용하면

$$\lim_{x \to 0^+} \frac{\ln x}{\csc x} = \lim_{x \to 0^+} \frac{\frac{1}{x}}{-\csc x \cot x} = \lim_{x \to 0^+} \left(-\frac{\sin x}{x} \tan x\right) = (-1)(0) = 0$$

이다.

다른 부정형

앞에서 다룬 부정형 외에 살펴보아야 할 부정형이 다음과 같이 다섯 가지가 더 있다. 즉 $\infty - \infty$, 0^0, $0 \cdot \infty$, 1^∞, ∞^0의 형태이다. 이들 각각을 자세히 관찰해 보면 부정형이 되는 이유를 알 수 있다. 이러한 형태의 극한을 계산하려면 로피탈의 법칙을 사용할 수 있도록 $\frac{0}{0}$이나 $\frac{\infty}{\infty}$의 부정형으로 바꾸어야 한다.

예제 2.6 부정형 $\infty - \infty$ 형태

$\displaystyle\lim_{x \to 0} \left[\frac{1}{\ln(x+1)} - \frac{1}{x}\right]$을 구하여라.

풀이

이 경우에 극한은 $\infty - \infty$의 형태이다. 그림 3.19는 극한이 0.5 근처 어딘가에 있음을 알려준다. 주어진 분수식을 통분하고 로피탈의 법칙을 사용하면

$$\lim_{x \to 0} \left[\frac{1}{\ln(x+1)} - \frac{1}{x}\right] = \lim_{x \to 0} \frac{x - \ln(x+1)}{\ln(x+1)x} \quad \left(\frac{0}{0}\right)$$

$$= \lim_{x \to 0} \frac{\frac{d}{dx}[x - \ln(x+1)]}{\frac{d}{dx}[\ln(x+1)x]} \qquad \text{로피탈의 법칙}$$

$$= \lim_{x \to 0} \frac{1 - \frac{1}{x+1}}{\left(\frac{1}{x+1}\right)x + \ln(x+1)(1)} \quad \left(\frac{0}{0}\right)$$

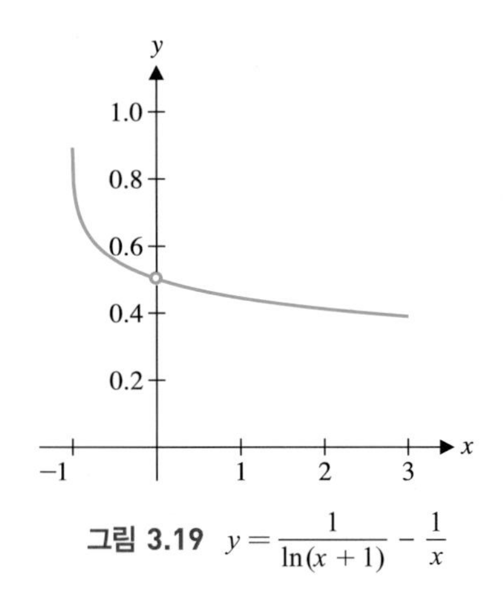

그림 3.19 $y = \dfrac{1}{\ln(x+1)} - \dfrac{1}{x}$

이고 마지막 식에서 분모 분자에 $x+1$을 곱하여 간단히 하면

$$\lim_{x\to 0}\left[\frac{1}{\ln(x+1)}-\frac{1}{x}\right]=\lim_{x\to 0}\frac{1-\dfrac{1}{x+1}}{\left(\dfrac{1}{x+1}\right)x+\ln(x+1)(1)}\left(\frac{x+1}{x+1}\right)$$

$$=\lim_{x\to 0}\frac{(x+1)-1}{x+(x+1)\ln(x+1)}\qquad\left(\frac{0}{0}\right)$$

$$=\lim_{x\to 0}\frac{\dfrac{d}{dx}(x)}{\dfrac{d}{dx}[x+(x+1)\ln(x+1)]}\qquad \text{로피탈의 법칙}$$

$$=\lim_{x\to 0}\frac{1}{1+(1)\ln(x+1)+(x+1)\dfrac{1}{(x+1)}}=\frac{1}{2}$$

이다.

예제 2.7 부정형 $0\cdot\infty$ 형태

$\displaystyle\lim_{x\to\infty}\left(\frac{1}{x}\ln x\right)$를 구하여라.

풀이

이 경우는 부정형 $0\cdot\infty$의 형태이다. $x\to\infty$일 때 함수가 0으로 감소해 가는 것을 그림 3.20에서 알 수 있다. 이 식을 다음과 같이 간단하게 $\frac{\infty}{\infty}$의 형태로 바꾸고 로피탈의 법칙을 사용하면

$$\lim_{x\to\infty}\left(\frac{1}{x}\ln x\right)=\lim_{x\to\infty}\frac{\ln x}{x}\qquad\left(\frac{\infty}{\infty}\right)$$

$$=\lim_{x\to\infty}\frac{\dfrac{d}{dx}\ln x}{\dfrac{d}{dx}x}\qquad \text{로피탈의 법칙}$$

$$=\lim_{x\to\infty}\frac{\dfrac{1}{x}}{1}=\frac{0}{1}=0$$

이다.

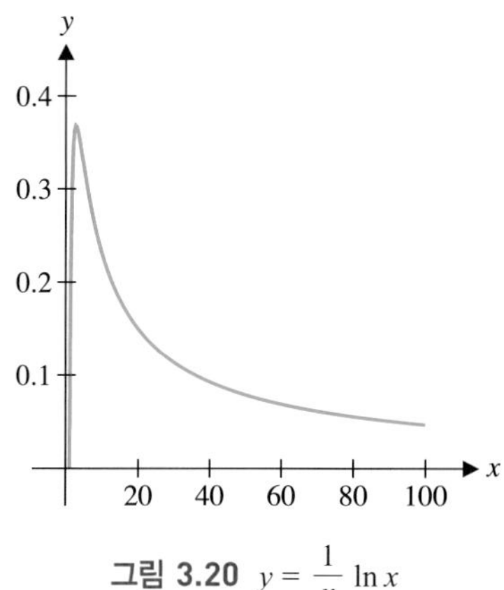

그림 3.20 $y=\dfrac{1}{x}\ln x$

만약 $\displaystyle\lim_{x\to c}[f(x)]^{g(x)}$가 부정형 0^0, 1^∞, ∞^0 중의 하나인 경우, 치환 $y=[f(x)]^{g(x)}$를 사용한다. 이때 $f(x)>0$이면

$$\ln y=\ln[f(x)]^{g(x)}=g(x)\ln[f(x)]$$

이다. 따라서 $\displaystyle\lim_{x\to c}\ln y=\lim_{x\to c}\{g(x)\ln[f(x)]\}$는 부정형 $0\cdot\infty$ 형태가 되므로 예제 2.7에서와 같이 극한값을 계산할 수 있다.

예제 2.8 부정형 1^∞ 형태

$\displaystyle\lim_{x\to 1^+}x^{\frac{1}{x-1}}$을 구하여라.

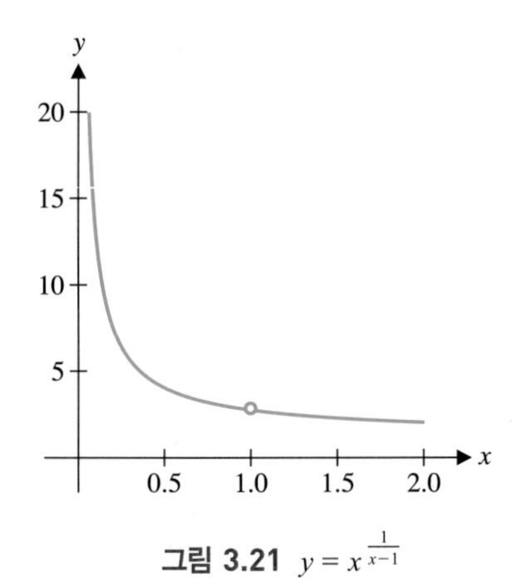

그림 3.21 $y = x^{\frac{1}{x-1}}$

풀이

이 극한은 부정형 1^∞ 형태이다. 극한값이 3 근처에 있는 것을 그림 3.21에서 알 수 있다. 치환 $y = x^{\frac{1}{x-1}}$을 사용하면

$$\ln y = \ln x^{\frac{1}{x-1}} = \frac{1}{x-1}\ln x$$

이고 $x \to 1^+$일 때 $\ln y$의 극한값은 다음과 같이 계산된다.

$$\begin{aligned}\lim_{x\to1^+}\ln y &= \lim_{x\to1^+}\frac{1}{x-1}\ln x \quad (\infty\cdot 0)\\ &= \lim_{x\to1^+}\frac{\ln x}{x-1} \quad \left(\frac{0}{0}\right)\\ &= \lim_{x\to1^+}\frac{\frac{d}{dx}(\ln x)}{\frac{d}{dx}(x-1)} = \lim_{x\to1^+}\frac{x^{-1}}{1} = 1 \qquad \text{로피탈의 법칙}\end{aligned}$$

$\lim_{x\to1^+}\ln y = 1$이므로 구하는 극한값은

$$\lim_{x\to1^+} y = \lim_{x\to1^+} e^{\ln y} = e^1$$

이다.

■

부정형의 극한 계산에서 로피탈의 법칙을 여러 번 적용해야 하는 경우도 있다. 단계마다 가정을 조심스럽게 확인하고 원래의 문제 자체를 잊지 않도록 한다.

예제 2.9 부정형 0^0 형태

$\lim_{x\to0^+}(\sin x)^x$를 구하여라.

풀이

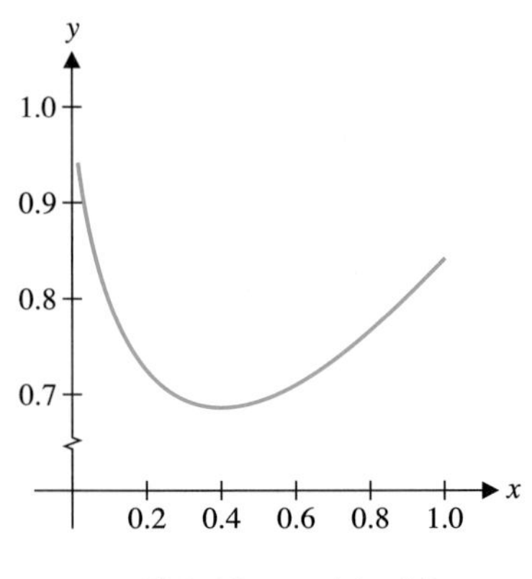

그림 3.22 $y = (\sin x)^x$

이 극한은 부정형 0^0의 형태이다. 그림 3.22에서 극한값이 대략 1이라는 것을 알 수 있다. $y = (\sin x)^x$로 치환하면

$$\ln y = \ln(\sin x)^x = x\ln(\sin x)$$

이고 다음과 같이 $\frac{\infty}{\infty}$ 형태로 바꾸고 로피탈의 법칙을 사용하면

$$\begin{aligned}\lim_{x\to0^+}\ln y &= \lim_{x\to0^+}\ln(\sin x)^x = \lim_{x\to0^+}[x\ln(\sin x)] \quad (0\cdot\infty)\\ &= \lim_{x\to0^+}\frac{\ln(\sin x)}{\left(\frac{1}{x}\right)} \qquad \left(\frac{\infty}{\infty}\right)\\ &= \lim_{x\to0^+}\frac{\frac{d}{dx}[\ln(\sin x)]}{\frac{d}{dx}(x^{-1})} \qquad \text{로피탈의 법칙}\\ &= \lim_{x\to0^+}\frac{(\sin x)^{-1}\cos x}{-x^{-2}} \qquad \left(\frac{\infty}{\infty}\right)\end{aligned}$$

이다. 앞에서 여러 번 보았듯이 로피탈의 법칙을 다시 사용하기 전에 음의 지수를 제거해야 한다. 분모, 분자에 $x^2 \sin x$를 곱하고 로피탈의 법칙을 사용하면

$$\begin{aligned}\lim_{x\to 0^+} \ln y &= \lim_{x\to 0^+} \frac{(\sin x)^{-1}\cos x}{-x^{-2}}\left(\frac{x^2 \sin x}{x^2 \sin x}\right) \\ &= \lim_{x\to 0^+} \frac{-x^2\cos x}{\sin x} \qquad \left(\frac{0}{0}\right) \\ &= \lim_{x\to 0^+} \frac{\frac{d}{dx}(-x^2\cos x)}{\frac{d}{dx}(\sin x)} \qquad \text{로피탈의 법칙} \\ &= \lim_{x\to 0^+} \frac{-2x\cos x + x^2 \sin x}{\cos x} = \frac{0}{1} = 0\end{aligned}$$

이고 구하는 극한값은

$$\lim_{x\to 0^+} y = \lim_{x\to 0^+} e^{\ln y} = e^0 = 1$$

이다.

■

현대의 수학자

존스
(Vaughan Jones, 1952–)

뉴질랜드 출신의 수학자로, 1990년에 뛰어난 수학자에게 수여하는 필즈메달을 받았다. 그의 업적 중의 하나는 매듭 이론(knot theory)을 이용하여 생물학의 DNA 복제에 도움을 준 것이다. 뉴질랜드에서 수학과 과학교육의 후원자인 존스의 연구 방식은 격식이 없이 자유롭고 개방적인 사고의 교환에서 비롯된다. 이러한 점에서 그의 개방성과 관용은 수학에서 최고의 경의로움과 영감을 가져다주었다. 그의 아이디어는 다른 분야의 연구에 필요한 풍부한 자원이 되고 있다.

예제 2.10 부정형 ∞^0 형태

$\lim_{x\to\infty}(x+1)^{2/x}$를 구하여라.

풀이

이 극한은 부정형 ∞^0 형태이다. $x\to\infty$일 때 극한값이 1 근처에 있는 것을 그림 3.23에서 알 수 있다. $y=(x+1)^{2/x}$로 치환하면

$$\begin{aligned}\lim_{x\to\infty} \ln y &= \lim_{x\to\infty} \ln(x+1)^{2/x} = \lim_{x\to\infty}\left[\frac{2}{x}\ln(x+1)\right] \qquad (0\cdot\infty) \\ &= \lim_{x\to\infty} \frac{2\ln(x+1)}{x} \qquad \left(\frac{\infty}{\infty}\right) \\ &= \lim_{x\to\infty} \frac{\frac{d}{dx}[2\ln(x+1)]}{\frac{d}{dx}x} = \lim_{x\to\infty}\frac{2(x+1)^{-1}}{1} \qquad \text{로피탈의 법칙} \\ &= \lim_{x\to\infty} \frac{2}{x+1} = 0\end{aligned}$$

이고 따라서 구하는 극한값은

$$\lim_{x\to\infty} y = \lim_{x\to\infty} e^{\ln y} = e^0 = 1$$

이다.

■

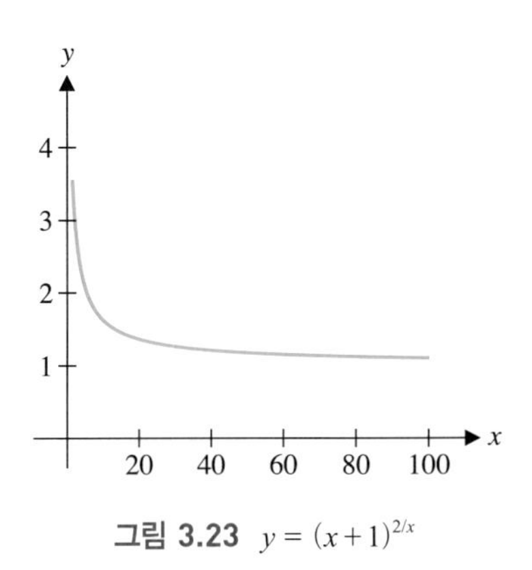

그림 3.23 $y=(x+1)^{2/x}$

연습문제 3.2

[1~13] 다음 극한값을 구하여라.

1. $\lim_{x \to -2} \dfrac{x+2}{x^2-4}$ **2.** $\lim_{x \to \infty} \dfrac{3x^2+2}{x^2-4}$

3. $\lim_{t \to 0} \dfrac{e^{2t}-1}{t}$ **4.** $\lim_{t \to 0} \dfrac{\tan^{-1} t}{\sin t}$

5. $\lim_{x \to 0} \dfrac{\sin x - x}{x^3}$ **6.** $\lim_{t \to 1} \dfrac{\sqrt{t}-1}{t-1}$

7. $\lim_{x \to 0} \dfrac{x \cos x - \sin x}{x \sin^2 x}$ **8.** $\lim_{x \to 0} \left(\dfrac{x+1}{x} - \dfrac{2}{\sin 2x} \right)$

9. $\lim_{t \to 1} \dfrac{\ln(\ln t)}{\ln t}$ **10.** $\lim_{x \to \infty} (\sqrt{x^2+1} - x)$

11. $\lim_{x \to 0^+} \left(\dfrac{1}{\sqrt{x}} - \sqrt{\dfrac{x}{x+1}} \right)$ **12.** $\lim_{x \to 0^+} (1/x)^x$

13. $\lim_{t \to \infty} \left(\dfrac{t-3}{t+2} \right)^t$

[14~15] 다음에서 잘못된 부분을 찾고 올바른 극한값을 구하여라.

14. $\lim_{x \to 0} \dfrac{\cos x}{x^2} = \lim_{x \to 0} \dfrac{-\sin x}{2x} = \lim_{x \to 0} \dfrac{-\cos x}{2} = -\dfrac{1}{2}$

15. $\lim_{x \to 0} \dfrac{x^2}{\ln x^2} = \lim_{x \to 0} \dfrac{x^2}{2 \ln x} = \lim_{x \to 0} \dfrac{2x}{2/x} = \lim_{x \to 0} \dfrac{2}{-2/x^2}$
$= \lim_{x \to 0} (-x^2) = 0$

16. $\lim_{x \to \infty} f(x)$이 부정형 $\frac{\infty}{\infty}$ 형태를 갖는 함수 중에 다음 조건을 만족하는 함수 f를 찾아라. (a) 극한값이 존재하지 않는다. (b) 극한값이 0이다. (c) 극한값이 3이다. (d) 극한값이 −4이다.

17. $\lim_{x \to \infty} \dfrac{\ln(x^3+2x+1)}{\ln(x^2+x+2)}$을 구하여라. 이 결과를 일반화하여 $\lim_{x \to \infty} \dfrac{\ln(p(x))}{\ln(q(x))}$를 구하여라. 여기서 p, q는 다항식이고 $x > 0$일 때 $p(x) > 0$, $q(x) > 0$이다.

18. 만약 $\lim_{x \to 0} \dfrac{f(x)}{g(x)} = L$이라면 $\lim_{x \to 0} \dfrac{f(x^2)}{g(x^2)}$은 얼마인가? $a \neq 0$일 때 $\lim_{x \to a} \dfrac{f(x)}{g(x)} = L$이라도 $\lim_{x \to a} \dfrac{f(x^2)}{g(x^2)}$을 구할 수 없는 이유를 설명하여라.

19. 그림에서와 같이 단위원을 각 θ만큼 분할하자. 그리고 영역 1은 삼각형 ABC로, 영역 2는 선분 AB와 BC 그리고 원의 호에 의하여 둘러싸인 영역이라고 하자. 각 θ가 감소하면 두 영역의 차도 감소한다. 마치 두 영역의 넓이가 거의 같아지고 넓이의 비는 1로 수렴하는 것으로 생각하기 쉽다. 확인을 위해 영역 1을 영역 2로 나누면

$$\frac{(1-\cos\theta)\sin\theta}{\theta - \cos\theta\sin\theta} = \frac{\sin\theta - \frac{1}{2}\sin 2\theta}{\theta - \frac{1}{2}\sin 2\theta}$$

이 되는 것을 보이고 $\theta \to 0$일 때의 극한값을 구하여라.

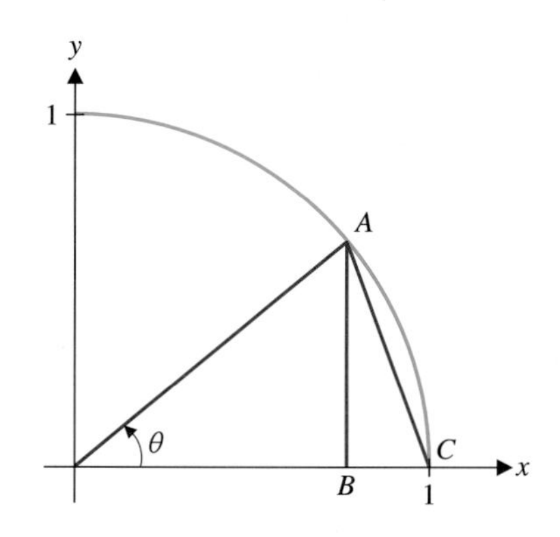

3.3 최댓값 및 최솟값

경쟁에서 살아남기 위해서 경영자는 어떻게 하면 투자에 대한 손실을 최소화하고 이윤을 최대화할 수 있는지 정기적으로 판단해야 한다. 이 절에서는 함수의 최댓값 및 최솟값을 구하는 방법을 알아본다. 3.7절에서 이 개념을 응용문제에 어떻게 적용하는지 살펴볼 것이다.

우선, 최댓값 및 최솟값의 수학적 정의를 살펴보자.

정의 3.1

함수 f가 실수집합의 부분집합 S에서 정의되고 $c \in S$라 하자.

(i) 모든 $x \in S$에 대해 $f(c) \geq f(x)$이면 $f(c)$를 S에서 함수 f의 **최댓값**(absolute maximum)

(ii) 모든 $x \in S$에 대해 $f(c) \leq f(x)$이면 $f(c)$를 S에서 함수 f의 **최솟값**(absolute minimum)

이라 한다. 최댓값 또는 최솟값을 **절대극값**(absolute extremum)이라 한다.

여기서 문제는 모든 함수가 최댓값과 최솟값을 갖는지에 대한 것이다. 그림 3.24a와 3.24b에서 주어진 그래프를 보면 항상 그러한 것은 아니라는 것을 알 수 있다.

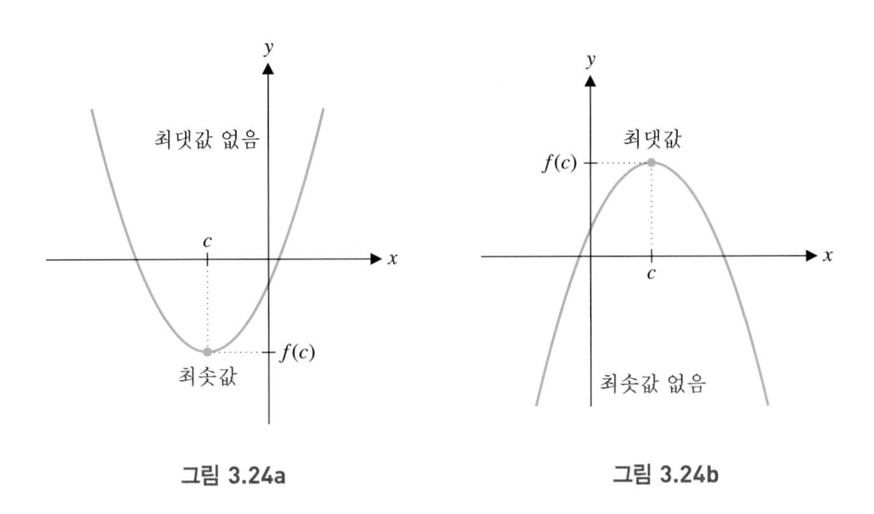

그림 3.24a　　그림 3.24b

예제 3.1　최댓값 및 최솟값

(a) 구간 $(-\infty, \infty)$에서 함수 $f(x) = x^2 - 9$의 절대극값을 구하여라. (b) 구간 $(-3, 3)$에서 함수 $f(x) = x^2 - 9$의 절대극값을 구하여라. (c) 구간 $[-3, 3]$에서 함수 $f(x) = x^2 - 9$의 절대극값을 구하여라.

풀이

(a) 그림 3.25의 그래프를 보면 f는 최솟값 $f(0) = -9$를 갖지만 최댓값은 갖지 않는다.

(b) 그림 3.26a의 그래프를 보면 f는 최솟값 $f(0) = -9$를 가짐을 알 수 있지만 여전히 최댓

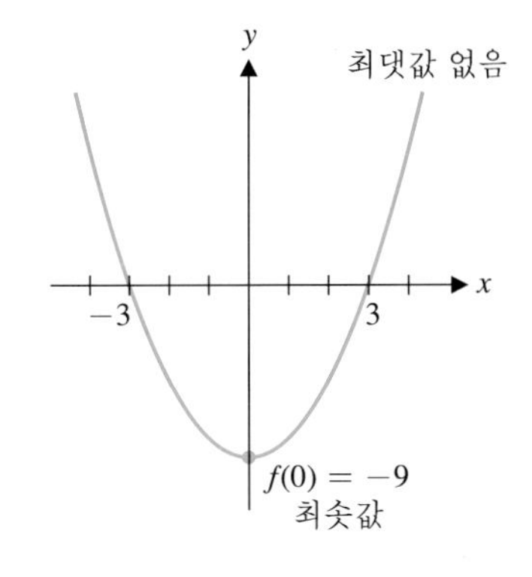

그림 3.25 $(-\infty, \infty)$에서 $y = x^2 - 9$

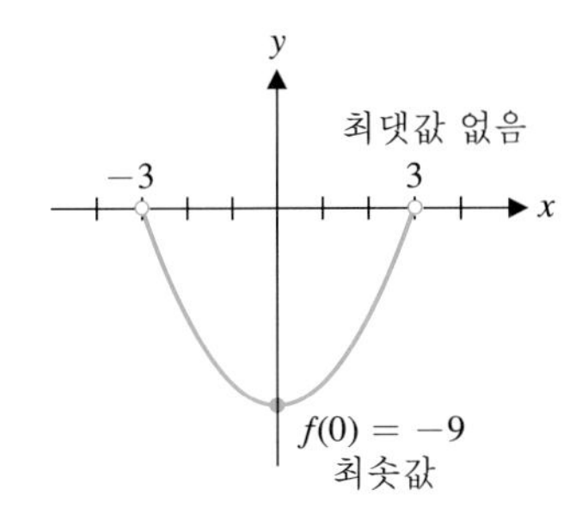

그림 3.26a $(-3, 3)$에서 $y = x^2 - 9$

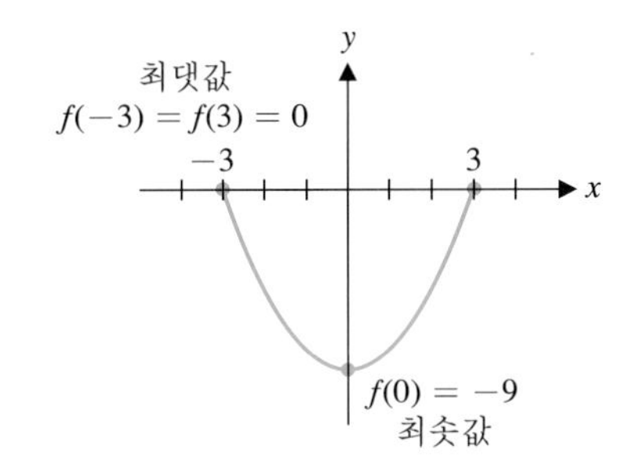

그림 3.26b $[-3, 3]$에서 $y = x^2 - 9$

값은 갖지 않는다. 얼핏 생각하기에는 f의 최댓값을 0으로 생각할 수 있으나 구간 $(-3, 3)$이 개구간이므로 끝점 -3과 3은 포함되지 않고 따라서 이 구간에서 $f(x) \neq 0$이다.
(c) 이 경우에는 -3과 3이 구간 $[-3, 3]$의 끝점이며 이 구간에 포함된다. 따라서 f는 두 점에서 최댓값 $f(-3) = f(3) = 0$을 가진다(그림 3.26b).

예제 3.1에서 살펴본 것처럼 연속함수조차도 구간의 성질 때문에 절대극값을 갖지 않는 경우가 있다. 이 예제에서 폐 유계 구간 $[-3, 3]$이 아니면 주어진 함수는 최댓값을 갖지 않음을 알 수 있다. 다음 예제를 보자.

예제 3.2 최댓값 또는 최솟값을 갖지 않는 함수

구간 $[-3, 0) \cup (0, 3]$에서 함수 $f(x) = 1/x$의 절대극값을 구하여라.

풀이

x	$1/x$
1	1
0.1	10
0.01	100
0.001	1,000
0.0001	10,000
0.00001	100,000
0.000001	1,000,000

x	$1/x$
-1	-1
-0.1	-10
-0.01	-100
-0.001	$-1,000$
-0.0001	$-10,000$
-0.00001	$-100,000$
-0.000001	$-1,000,000$

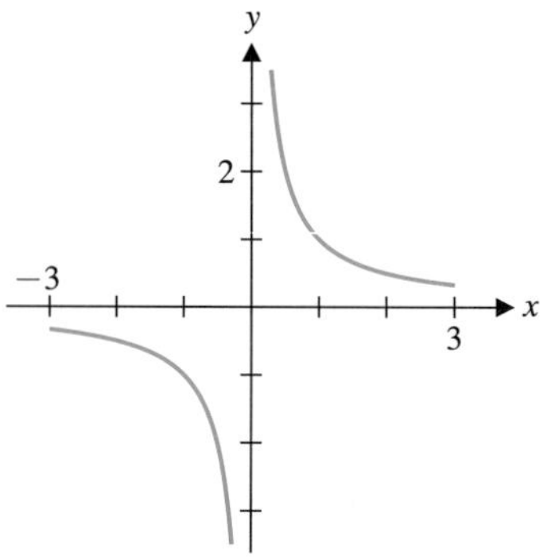

그림 3.27 $y = 1/x$

그림 3.27의 그래프를 보면 $[-3, 0) \cup (0, 3]$에서 f는 최댓값 및 최솟값을 갖지 않음을 알 수 있다. 위의 표에서 보면 x가 0에 가까울 때 $f(x)$의 값을 살펴보면 같은 결과를 얻을 수 있다.

예제 3.1과 3.2의 차이는 함수 $f(x) = 1/x$이 구간 $[-3, 3]$의 한 점에서 불연속이라는 사실이다. 증명 없이 다음 정리를 소개한다.

정리 3.1 극값의 정리(Extreme Value Theorem)
폐 유계 구간 $[a, b]$에서 연속인 함수 f는 이 구간에서 최댓값 및 최솟값을 갖는다.

연속인 함수나 폐구간이라는 조건은 함수가 절대극값을 갖는 데 꼭 필요하진 않지만 위의 정리에 의해서 폐 유계 구간에서 정의되는 연속함수는 반드시 최댓값 및 최솟값을 가진다.

다음 예제에서는 예제 3.2에 주어진 함수에 대하여 다른 구간에서 성질을 살펴보자.

예제 3.3 연속함수의 절대극값 찾기

구간 [1,3]에서 함수 $f(x)=1/x$의 절대극값을 구하여라.

풀이

함수 f는 구간 [1, 3]에서 연속이다. 극값의 정리에 의하여 f는 구간 [1, 3]에서 최댓값 및 최솟값을 갖는다. 그림 3.28의 그래프를 보면 f는 $x=1$에서 최댓값을, $x=3$에서 최솟값을 가지는 것을 알 수 있다.

■

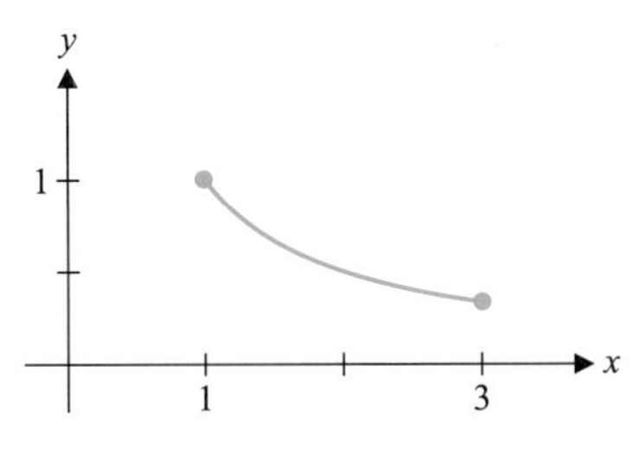

그림 3.28 구간 [1, 3]에서 $y=1/x$

우리의 목적은 주어진 함수의 절대극값을 어떻게 찾는지에 관한 것이다. 이것을 위해 다음에 주어진 극값의 정의를 보자.

정의 3.2

(i) c를 포함하는 적당한 개구간 안에 있는 모든 x에 대하여 $f(c) \geq f(x)$이면 $f(c)$를 함수 f의 **극댓값**(local maximum)이라 한다.

(ii) c를 포함하는 적당한 개구간 안에 있는 모든 x에 대하여 $f(c) \leq f(x)$이면 $f(c)$를 함수 f의 **극솟값**(local minimum)이라 한다.

$f(c)$가 극댓값 또는 극솟값이면 f의 **극값**(local extremum)이라 한다.

그림 3.29에서 각 극값은 수평접선을 갖는 점, 즉 $f'(x)=0$인 점, 수직접선을 갖는 점과 뾰족점, 즉 $f'(x)$가 존재하지 않는 점들이다. 다음 예제들에서 이러한 특징을 갖는 함수들을 살펴볼 것이다.

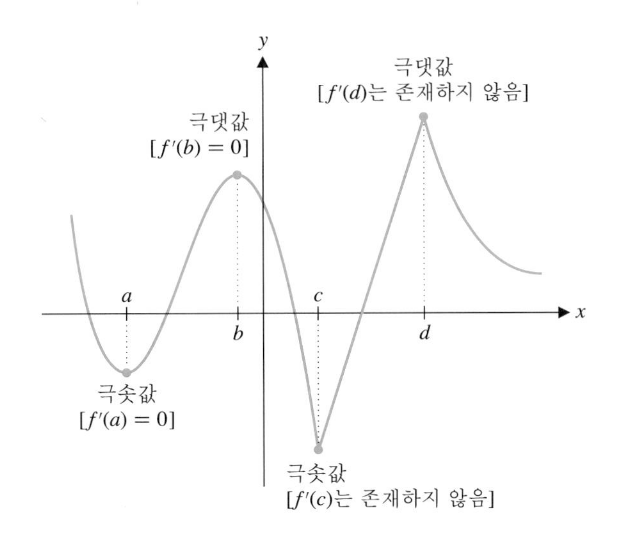

그림 3.29 극값들

예제 3.4 극점에서 미분계수가 0인 함수

함수 $f(x)=9-x^2$의 모든 극값을 구하고 극점에서 미분계수의 특징을 설명하여라.

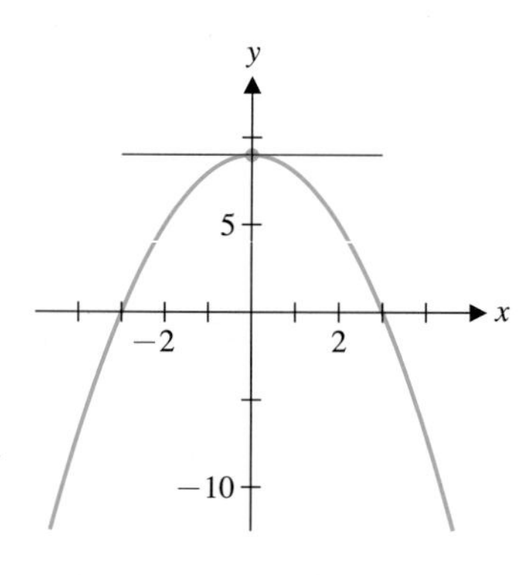

그림 3.30 $y=9-x^2$과 $x=0$에서의 접선

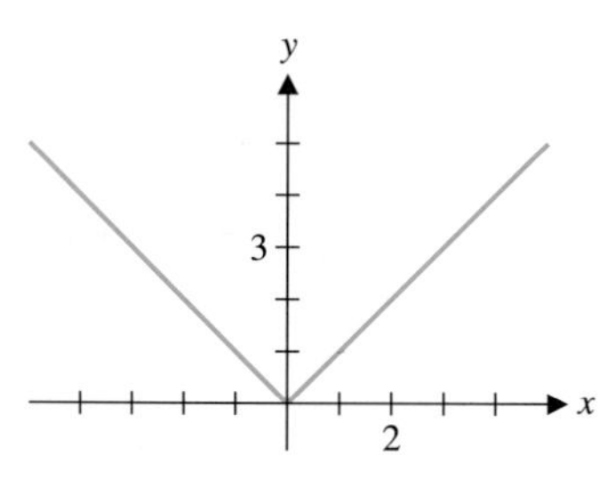

그림 3.31 $y=|x|$

풀이

그림 3.30의 그래프를 보면 이 함수는 $x=0$에서 극댓값을 가지는 것을 알 수 있다. 더욱이 $f'(x)=-2x$ 이므로 $f'(0)=0$이고 따라서 $x=0$에서 함수 $y=f(x)$는 수평접선을 가진다. ■

예제 3.5 극점에서 미분계수를 갖지 않는 함수

함수 $f(x)=|x|$의 극값을 구하고 극점에서 미분계수의 특징을 설명하여라.

풀이

그림 3.31의 그래프를 보면 $x=0$에서 극솟값을 가지는 것을 알 수 있다. 2.1절에서 언급한 바와 같이 이 함수의 그래프는 $x=0$에서 뾰족점이고 $f'(0)$는 존재하지 않는다(2장의 예제 1.7 참조). ■

그림 3.29~3.31의 그래프들은 특별한 것이 아니다. 극값과 함께 함수들의 그래프를 그려 보면, 함수의 극값은 미분계수를 갖지 않거나 미분계수가 0인 점에서 존재하는 것을 알 수 있다. 이러한 사실로부터 이 점들에 대해서 특별한 용어를 붙이자.

정의 3.3

함수 f의 정의역 안에 있는 점 c에 대해 $f'(c)=0$이거나 $f'(c)$가 존재하지 않으면 이 점을 f의 **임계점**(critical point)이라 한다.

앞에서 살펴본 극점의 특징은 당연하다. 즉, 극값은 미분계수가 0이거나 정의되지 않는 점에서 발생하고 따라서 다음 정리를 얻는다.

정리 3.2 페르마의 정리(Fermat's Theorem)

$f(c)$가 함수 f의 극값, 즉 극댓값 또는 극솟값이라 하자. 그러면 c는 f의 임계점이다.

증명

함수 f가 c에서 미분가능하지 않으면 c는 임계점이고 증명은 끝난다. 이제, f가 c에서 미분가능하고 $f'(c)\neq 0$라고 가정하자. 그러면 $f'(c)>0$ 또는 $f'(c)<0$이다. 만약 $f'(c)>0$이면 미분계수의 정의로부터

$$f'(c)=\lim_{h\to 0}\frac{f(c+h)-f(c)}{h}>0$$

을 얻을 수 있다. 따라서 충분히 작은 h에 대하여

$$\frac{f(c+h)-f(c)}{h}>0 \tag{3.1}$$

이다. $h>0$인 h에 대해 식 (3.1)로부터

수학자

페르마
(Pierre de Fermat, 1601−1665)

페르마 정리를 비롯하여 많은 중요한 수학적 결과를 발견한 프랑스의 수학자이다. 페르마는 법관이었으며 툴루즈 최고법정에 소속되어 있었고, 수학은 그의 취미였다. 그가 남긴 저서 《아마추어의 왕자(Prince of Amateurs)》의 한 여백에는 다음과 같은 말이 남아 있다. '나는 위대한 결과의 증명을 발견하였다. 그러나 증명을 적기에는 여백이 부족하다.' 1995년 앤드류 와일즈(Andrew Wiles)가 증명하기 전까지 300년이 넘는 동안 이 페르마의 마지막 정리(Fermat's Last Theorem)는 세계의 많은 수학자들에게 풀리지 않은 과제였다.

$$f(c+h) - f(c) > 0$$

이므로

$$f(c+h) > f(c)$$

이다. 따라서 $f(c)$는 극댓값이 아니다. $h < 0$이면 식 (3.1)에 의해

$$f(c+h) - f(c) < 0$$

이고 따라서

$$f(c+h) < f(c)$$

이다. 이것은 $f(c)$가 극솟값이 아님을 의미한다.

$f(c)$는 f의 극값이므로 이 사실들은 모순이다. 따라서 $f'(c) \le 0$를 얻는다. 이와 비슷하게, 만약 $f'(c) < 0$ 이면 같은 모순을 얻는데 이것의 증명은 연습문제로 남긴다. 따라서 $f'(c) = 0$이고 증명은 끝난다. ■

다음 두 예제에서 계산기나 컴퓨터 프로그램과 페르마의 정리를 이용하여 극값을 구하여 보자.

예제 3.6 다항함수의 극값 구하기

함수 $f(x) = 2x^3 - 3x^2 - 12x + 5$의 임계점과 극값을 구하여라.

풀이

여기서

$$f'(x) = 6x^2 - 6x - 12 = 6(x^2 - x - 2) = 6(x-2)(x+1)$$

이고 따라서 함수 f는 두 임계점 $x = -1$과 $x = 2$를 갖는다. 그림 3.32의 그래프에서 이 점들은 각각 극대점과 극소점임을 알 수 있다.

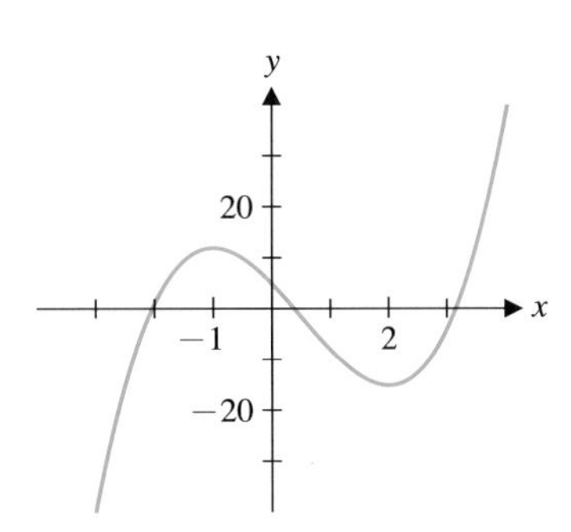

그림 3.32 $y = 2x^3 - 3x^2 - 12x + 5$

■

예제 3.7 미분계수를 갖지 않는 점에서의 극값

함수 $f(x) = (3x+1)^{2/3}$의 임계점과 극값을 구하여라.

현대의 수학자

와일즈
(Andrew Wiles, 1953−)

영국의 수학자로서 1995년에 20세기 가장 유명한 미해결 문제인 페르마의 마지막 정리를 증명하였다. 페르마의 마지막 정리는, $n>2$인 정수들에 대하여, $x^n + y^n = z^n$을 만족하는 정수해 x, y, z가 없다는 것이다. 그는 10살에 이 정리를 읽고 증명하기를 원했다. 성공적인 수학자로 10년 이상 연구에 정진한 후 와일즈는 정리의 증명에 필요한 수학을 공부하기 위해 7년 동안 동료 수학자들과 떨어져 지냈다. 또한 증명의 한 단계를 위하여 1년의 맹렬한 연구 끝에 마지막 단계를 증명했다. 그리고 그는 “이렇게 믿을 수 없는 의외의 사실과 같이 증명은 표현할 수 없이 아름답고 단순하며 우아했다.”라고 말했다.

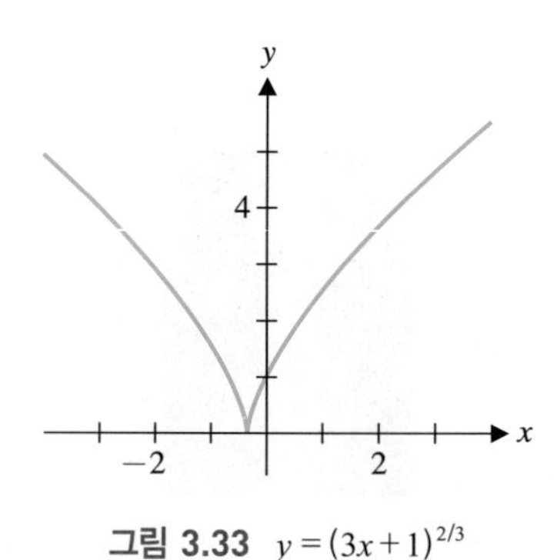

그림 3.33 $y=(3x+1)^{2/3}$

주 3.1

페르마의 정리로부터 극값은 임계점에서 나타남을 알 수 있다. 이것은 모든 임계점이 극점임을 의미하는 것은 아니다. 예제 3.8과 3.9에서 이 사실을 확인할 수 있다.

풀이

여기서

$$f'(x)=\frac{2}{3}(3x+1)^{-1/3}(3)=\frac{2}{(3x+1)^{1/3}}$$

이다. 물론, 모든 x에 대해 $f'(x)\neq 0$ 이지만 $x=-\frac{1}{3}$에서 $f'(x)$는 존재하지 않고 $x=-\frac{1}{3}$은 이 함수의 정의역 안에 있는 점이다. 따라서 $x=-\frac{1}{3}$은 f의 유일한 임계점이다. 그림 3.33의 그래프에서 이 점은 극소점(최소점)임을 알 수 있다. 그래프를 그리는 프로그램을 사용하여 $y=f(x)$의 그래프를 그려 보아라. 그림 3.33의 그래프의 절반만 얻었다면 프로그램을 사용할 때 일어날 수 있는 위험성을 발견한 것이다. 계산기나 컴퓨터 알고리즘은 음수의 분수지수를 복소수나 오류로 처리할 것이다. 이러한 결점은 때때로 어려움을 초래한다. 이 사실을 여기서 언급하는 이유는 이러한 기술적 한계가 있다는 것을 알아야 하기 때문이다.

예제 3.8 극값을 갖지 않는 점에서의 수평접선

함수 $f(x)=x^3$의 임계점과 극값을 구하여라.

풀이

그림 3.34의 그래프로부터 f는 극값을 갖지 않음을 알 수 있다. $x=0$(f의 유일한 임계점)일 때 $f'(x)=3x^2=0$이고 이 점에서 f는 수평접선을 갖지만 이 점은 극점이 아니다.

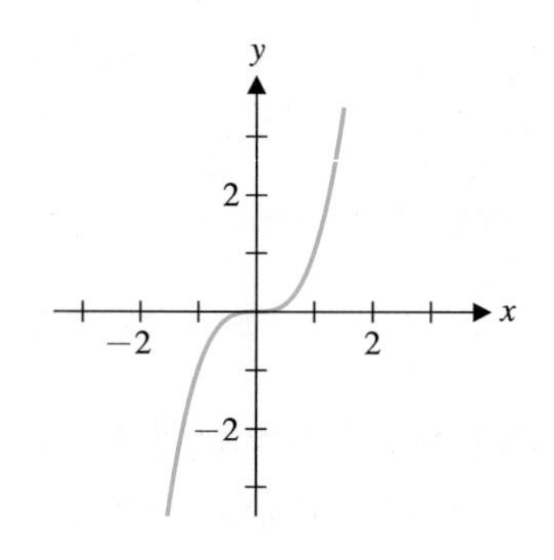

그림 3.34 $y=x^3$

예제 3.9 극값을 갖지 않는 점에서의 수직접선

함수 $f(x)=x^{1/3}$의 임계점과 극값을 구하여라.

풀이

예제 3.8에서와 같이 f는 극값을 갖지 않는다(그림 3.35). 여기서 $f'(x)=\frac{1}{3}x^{-2/3}$이며 $x=0$은 f의 임계점이고 이 점에서 미분계수는 존재하지 않는다. 그러나 이 점은 극점이 아니다.

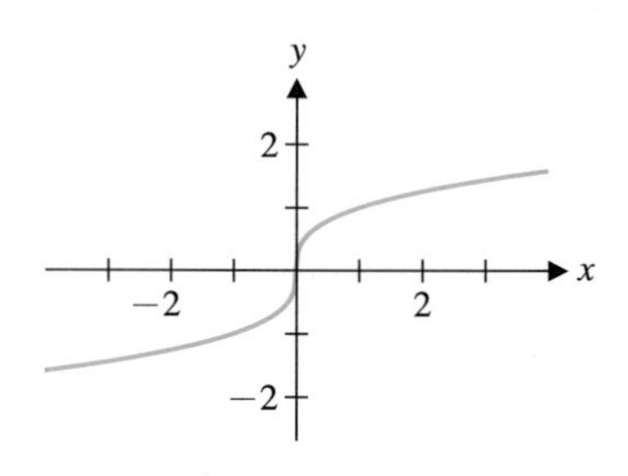

그림 3.35 $y=x^{1/3}$

다음 예제에서처럼, 함수의 임계점을 판정하기 전에 그 점이 주어진 함수의 정의역 안에 있는지 확인하여야 한다.

예제 3.10 유리함수의 임계점 구하기

함수 $f(x)=\dfrac{2x^2}{x+2}$의 모든 임계점을 구하여라.

풀이

f의 정의역은 $x=-2$를 제외한 모든 실수의 집합이다. 여기서

$$\begin{aligned} f'(x) &= \frac{4x(x+2)^2-2x^2(1)}{(x+2)^2} \\ &= \frac{2x(x+4)}{(x+2)^2} \end{aligned}$$

이다. $x=0,\ -4$에서 $f'(x)=0$이며 $x=-2$에서 $f'(x)$는 존재하지 않는다. 그러나 -2는 f의 정의역에 속하지 않으므로 $x=0$과 $x=-4$가 임계점이다.

지금까지 임계점에서 극점이 생긴다는 사실과 폐 유계 구간에서 연속인 함수는 최댓값 및 최솟값을 갖는다는 사실을 알아보았다. 정리 3.3은 절대극값을 어떻게 구하는지 알려 준다.

주 3.2

특별한 언급 없이 최댓값 또는 최솟값이란 용어를 사용할 때는 절대극값을 의미한다.

정리 3.3

함수 f가 폐구간 $[a, b]$에서 연속이라 하자. 그러면 끝점(a 또는 b)이나 임계점에서 f는 절대극값을 갖는다.

증명

f가 구간 $[a, b]$에서 연속이므로 극값의 정리에 의해서 f는 최댓값과 최솟값을 갖는다. 이 절대극값을 $f(c)$라 하자. c가 끝점이 아니라면(즉, $c \neq a$ 그리고 $c \neq b$), c는 개구간 (a, b) 안의 점이다. 따라서 $f(c)$는 극값이다. 결국, 페르마의 정리에 의해 극점은 임계점이므로 c는 임계점이다. ■

주 3.3

정리 3.3으로부터 폐 유계 구간에서 연속인 함수의 절대극값을 찾기 위해서는 다음 순서로 하면 된다는 것을 알 수 있다.

1. 임계점과 이 점들에서의 함숫값을 구한다.
2. 양 끝점에서의 함숫값을 구한다.
3. 이 값들 중에서 제일 큰 값이 최댓값이고 제일 작은 값이 최솟값이다.

다음 예제에서 다항함수에 대해 정리 3.3을 적용하여 보자.

예제 3.11 폐구간에서 절대극값 구하기

구간 $[-2, 4]$에서 $f(x)=2x^3-3x^2-12x+5$의 절대극값을 구하여라.

풀이

그림 3.36의 그래프로부터 $x=4$에서 주어진 함수는 최댓값을 가지며 $x=2$ 근처의 극소점에서 최솟값을 가짐을 알 수 있다. 예제 3.6에서 f의 임계점은 $x=-1$과 $x=2$임을 알았다. 더욱이 이 두 점은 구간 $[-2, 4]$에 포함된다. 따라서 이 점들과 구간의 끝점에서 함숫값들을 비교하여야 한다.

$$f(-2)=1,\ f(4)=37$$

이며 임계점에서의 함숫값은

$$f(-1)=12,\ f(2)=-15$$

이다. 정리 3.3에 의해서 절대극값은 이 네 개의 값 중에서 결정된다. 따라서 $f(4)=37$이 최

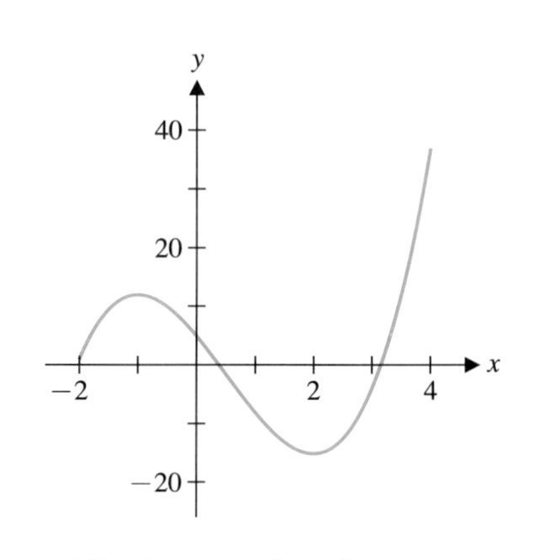

그림 3.36 $y=2x^3-3x^2-12x+5$

댓값이고 $f(2)=-15$가 최솟값이다. 이 값들과 그림 3.36의 그래프를 비교하면 일치하는 것을 알 수 있다.

물론 우리가 다루는 함수들의 도함수가 항상 정수근을 갖는 것은 아니다. 다음 예제를 보자.

예제 3.12 유리수 지수를 갖는 함수의 극값 구하기

구간 $[0, 4]$에서 함수 $f(x)=4x^{5/4}-8x^{1/4}$의 절대극값을 구하여라.

풀이

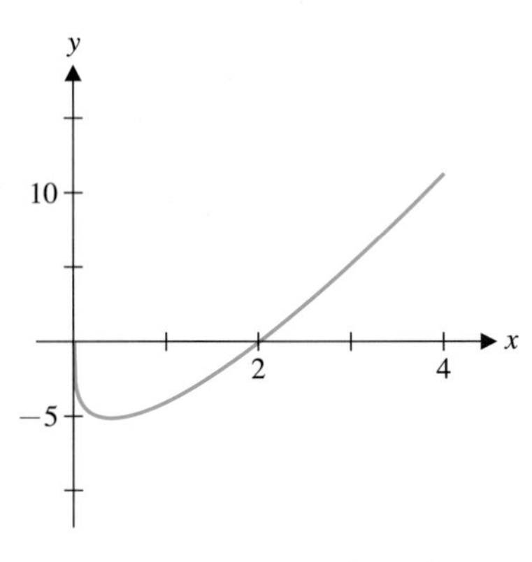

그림 3.37 $y=4x^{5/4}-8x^{1/4}$

우선, 극값이 어디에 위치하는지를 살펴보기 위해 주어진 함수의 그래프를 그려 보자(그림 3.37). 그래프로부터 주어진 함수는 $x=4$일 때 최댓값을 가지며 $x=\frac{1}{2}$ 근처에서 최솟값을 가짐을 알 수 있다. 여기서

$$f'(x)=5x^{1/4}-2x^{-3/4}=\frac{5x-2}{x^{3/4}}$$

이다. $f'\left(\frac{2}{5}\right)=0$이며, 0은 f의 정의역에 속하고 $x=0$에서 f'이 존재하지 않으므로 이 두 점이 임계점이다. 다음 값들

$$f(0)=0,\quad f(4)\approx 11.3137,\quad f\left(\frac{2}{5}\right)\approx -5.0897$$

을 비교하여 보면 최댓값은 $f(4)\approx 11.3137$이고 최솟값은 $f\left(\frac{2}{5}\right)\approx -5.0897$이다. 이것을 그림 3.37의 그래프와 비교하면 일치하는 것을 알 수 있다.

임계점을 찾는 것이 예제 3.11과 3.12에서는 다소 쉬우나 항상 그런 것은 아니다. 다음 예제에서는 임계점이 몇 개인지조차도 알 수 없다. 그러나 컴퓨터를 이용한 그래프 분석을 통하여 임계점의 위치와 개수를 추정할 수 있다.

예제 3.13 절대극값의 근삿값 구하기

구간 $[-2, 2.5]$에서 함수 $f(x)=x^3-5x+3\sin x^2$의 절대극값을 구하여라.

풀이

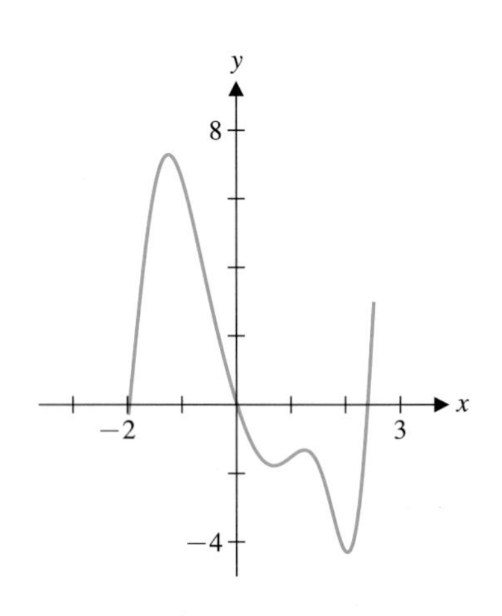

그림 3.38 $y=f(x)=x^3-5x+3\sin x^2$

우선 극값의 위치를 찾기 위해 그래프를 보자(그림 3.38). 그래프로부터 최댓값은 $x=-1$ 근처에서 나타나며 최솟값은 $x=2$ 근처에서 나타남을 알 수 있다. 다음으로 f의 도함수는 다음과 같다.

$$f'(x)=3x^2-5+6x\cos x^2$$

예제 3.11 및 3.12와는 달리 f'의 근을 구하는 대수적 방법은 없다. 방정식 $f'(x)=0$의 근을 구하기 위해 뉴턴의 방법을 적용하자. 물론, 계산기나 컴퓨터를 이용하여 다른 방법으로 근을 구할 수도 있다. 우선 적절한 처음값을 구해야 한다. 그림 3.39의 $y=f'(x)$의 그래프로부터 이 처음값을 적절하게 정할 수 있다. 이 그래프로부터 문제에서 주어진 구간에 속하는 네 점 $x=-1.3,\ 0.7,\ 1.2,\ 2.0$ 근처에서 $f'(x)$의 근이 있음을 알 수 있다. 그

림 3.38에서 $y=f(x)$의 그래프를 보면 이 네 점은 극점임을 알 수 있다. 이 네 점을 처음 값으로 뉴턴의 방법을 적용하여 방정식 $f'(x)=0$의 해를 구하여 보자. 이것을 이용하면 구간 $[-2, 2.5]$에서 f의 네 임계점의 근삿값을 구할 수 있다. 구한 f'의 근의 근삿값은

$$a \approx -1.26410884789,\ b \approx 0.674471354085,$$
$$c \approx 1.2266828947, \quad d \approx 2.01830371473$$

이다. 이제 구간의 끝점과 근사임계점에서 f의 값들을 비교하자.

$$f(a) \approx 7.3,\ f(b) \approx -1.7,\ f(c) \approx -1.3,$$
$$f(d) \approx -4.3,\ f(-2) \approx -0.3,\ f(2.5) \approx 3.0$$

따라서 최댓값은 근사적으로 $f(-1.26410884789) \approx 7.3$이고 최솟값은 근사적으로 $f(2.01830371473) \approx -4.3$이다.

여기서 대부분의 작업은 그래프와 근삿값을 구하는 것이기 때문에 우리가 구한 근사극값들을 $y=f(x)$의 그래프로부터 확인하는 것은 대단히 중요하다. 이것들은 서로 밀접하게 대응되기 때문에 그 정확성을 신뢰할 수 있는 것이다.
■

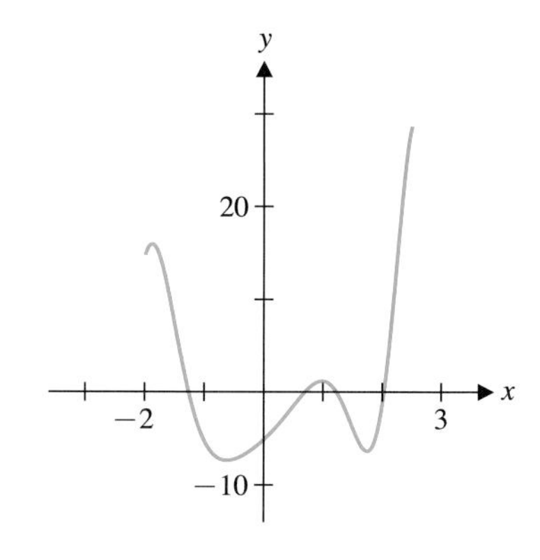

그림 3.39
$y=f'(x)=3x^2-5+6x\cos x^2$

지금까지 우리는 폐구간에서 연속인 함수의 절대극값을 구하는 방법을 살펴보았다. 3.4절에서 극값을 구하는 방법을 살펴볼 것이다.

연습문제 3.3

[1~2] 다음 함수의 임계점을 구하고 극대인지 극소인지 판정하여라.

1. (a) $f(x) = x^2 + 5x - 1$
(b) $f(x) = -x^2 + 4x + 2$

2. (a) $f(x) = x^3 - 3x^2 + 6x$
(b) $f(x) = -x^3 + 3x^2 - 3x$

[3~8] 다음 함수의 임계점을 구하고 각 임계점이 극대인지 극소인지 아니면 극대도 극소도 아닌지를 판정하여라.

3. $f(x) = x^4 - 3x^3 + 2$

4. $f(x) = x^{3/4} - 4x^{1/4}$

5. $f(x) = \sin x \cos x,\ \ [0, 2\pi]$

6. $f(x) = \dfrac{1}{2}(e^x + e^{-x})$

7. $f(x) = |x^2 - 1|$

8. $f(x) = \begin{cases} x^2 + 2x - 1, & x < 0 \\ x^2 - 4x + 3, & x \geq 0 \end{cases}$

[9~12] 주어진 구간에서 다음 함수의 절대극값을 구하여라.

9. $f(x) = x^3 - 3x + 1$
(a) $[0, 2]$ (b) $[-3, 2]$

10. $f(x) = e^{-x^2}$
(a) $[0, 2]$ (b) $[-3, 2]$

11. $f(x) = \dfrac{3x^2}{x-3}$
(a) $[-2, 2]$ (b) $[2, 8]$

12. $f(x) = \dfrac{x}{x^2+1}$
(a) $[0, 2]$ (b) $[-3, 3]$

[13~14] 주어진 구간에서 다음 함수의 절대극값을 수치적인 방법으로 구하여라.

13. $f(x) = x^4 - 3x^2 + 2x + 1$

(a) $[-1, 1]$ (b) $[-3, 2]$

14. $f(x) = x\sin x + 3$

(a) $\left[-\frac{\pi}{2}, \frac{\pi}{2}\right]$ (b) $[0, 2\pi]$

15. 구간 $[-2, 2]$에서 최댓값이 3이고 최솟값은 갖지 않는 함수 $f(x)$의 그래프를 그려라.

16. c가 상수일 때, 함수족 $f(x) = x^3 + cx + 1$에 대하여 고찰하여 보자. 이 함수의 극값의 개수와 형태는 어떠한가? 정답은 c와 관련이 있다. 이 함수족들이 삼차함수의 그래프를 대표한다고 가정하고 삼차함수의 모든 그래프 형태를 열거하여라.

17. $f(x) = x^3 + bx^2 + cx + d$는 $c < 0$일 때 극댓값과 극솟값을 가짐을 보여라.

18. f가 구간 $[a, b]$에서 미분가능하고 $f'(a) < 0 < f'(b)$이면 $f'(a) = 0$인 c가 a와 b 사이에 존재함을 증명하여라(힌트: 극값의 정리와 페르마의 정리를 이용하여라).

3.4 증가함수 및 감소함수

3.3절에서 극값은 임계점에서 생긴다는 사실을 알았다. 하지만 모든 임계점이 항상 극점이 되는 것은 아니다. 이 절에서는 임계점이 극점이 되는지 판정하는 방법과 도함수와 그래프의 관계를 살펴볼 것이다.

우리는 증가와 감소라는 용어에 익숙하다. 만약 고용주가 고용 기간 동안에 급여를 지속적으로 인상하기로 했다면 시간이 경과함에 따라 급여가 인상되는 것을 기대하게 된다. 시간에 따른 급여를 그래프로 그리면 그림 3.40과 같을 것이다.

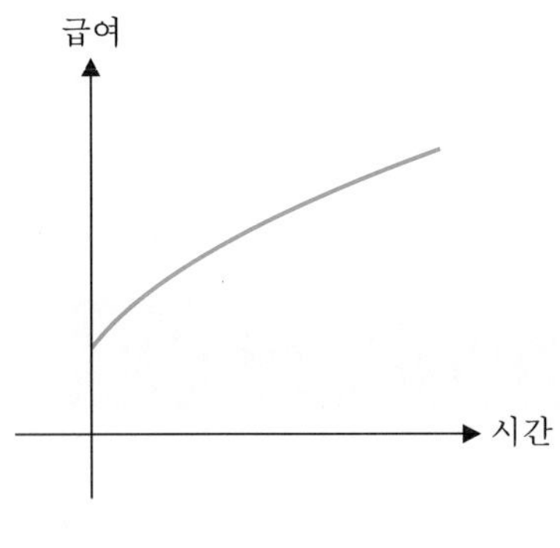

그림 3.40 급여의 증가

주택이나 차를 구매하기 위해 대출을 받거나 학비를 지불했다면 대출금을 상환하기 시작하는 순간부터 부채액은 시간의 경과에 따라 감소할 것이다. 시간에 따른 부채액을 그래프로 그린다면 그림 3.41과 같을 것이다.

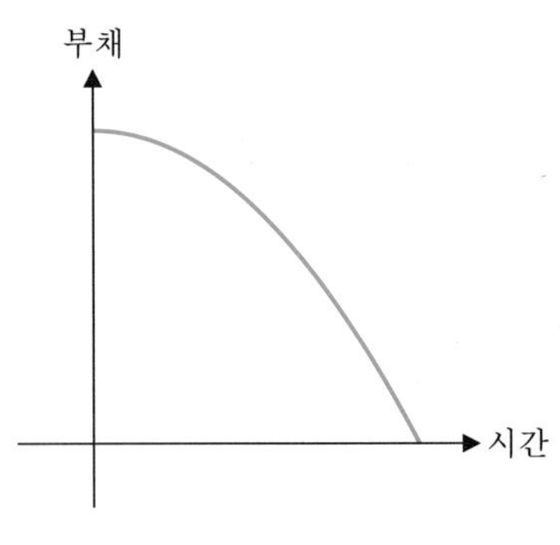

그림 3.41 부채의 감소

이 개념을 자세히 정의하여 보자. 다음에 주어지는 정의는 우리가 이미 살펴보았던 개념을 수학적으로 정의한 것이다.

> **정의 4.1**
>
> I를 임의의 구간이라 하자. 임의의 $x_1, x_2 \in I$에 대해 $x_1 < x_2$일 때 $f(x_1) < f(x_2)$이면, 즉 x가 커짐에 따라 $f(x)$가 커지면 함수 f는 **증가**(increasing)한다고 한다.
>
> 임의의 $x_1, x_2 \in I$에 대해 $x_1 < x_2$일 때 $f(x_1) > f(x_2)$이면, 즉 x가 커짐에 따라 $f(x)$가 작아지면 함수 f는 **감소**(decreasing)한다고 한다.

주어진 함수의 그래프를 보고 그 함수가 어디서 증가하고 감소하는지 판단하는 것은 비교적 쉽다. 그러나 단지 수학적 식으로만 주어진 함수가 어디서 증가하고 감소하는지 판정하는 것은 쉬운 일이 아니다. 예를 들어, 그래프를 그리지 않고 함수 $f(x) = x^2 \sin x$가 어디서 증가하고 감소하는지 판정할 수 있겠는가? 함수가 증가하고

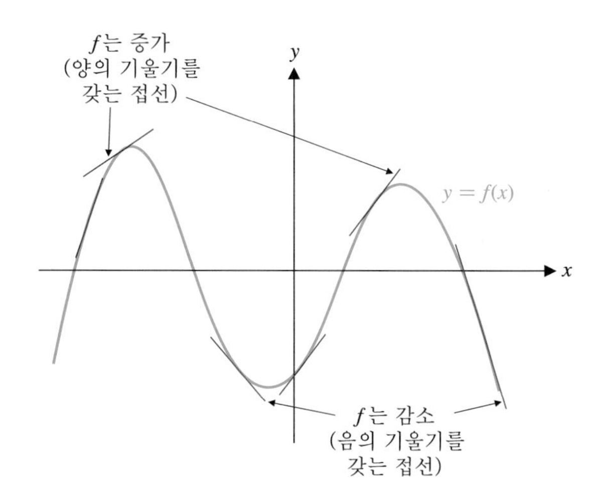

그림 3.42 증가와 감소

감소하는 곳에서 어떠한 특징이 있는지 그림 3.42를 살펴보자.

함수가 증가하는 구간에서는 접선이 양의 기울기를 가지며 반면에 감소하는 구간에서는 접선이 음의 기울기를 가진다. 물론 한 점에서 접선의 기울기는 그 점에서 미분계수로 주어진다는 사실을 이미 알고 있다. 따라서 주어진 함수가 한 구간에서 증가 또는 감소하는 것은 그 구간에서 도함수의 부호와 관련이 있다. 비록 그래프로 이러한 것을 추측하였지만 다음 정리에서 이 사실은 명백해진다.

정리 4.1

구간 I에서 함수 f가 미분가능하다고 하자.

(i) $x \in I$인 모든 x에 대해 $f'(x) > 0$ 이면 f는 구간 I에서 증가한다.

(ii) $x \in I$인 모든 x에 대해 $f'(x) < 0$ 이면 f는 구간 I에서 감소한다.

증명

(i) 구간 I에서 임의의 두 점 x_1, x_2를 택하고 $x_1 < x_2$라 하자. 구간 (x_1, x_2)에서 f에 평균값 정리(2.9절 정리 9.4)를 적용하면, 적당한 $c \in (x_1, x_2)$에 대해

$$\frac{f(x_2) - f(x_1)}{x_2 - x_1} = f'(c) \tag{4.1}$$

이다(여기서 평균값 정리를 적용할 수 있는 이유는 무엇인가?). 가정에서 $f'(c) > 0$ 이고 $x_1 < x_2$(따라서 $x_2 - x_1 > 0$)이므로 식 (4.1)로부터

$$0 < f(x_2) - f(x_1)$$

또는

$$f(x_1) < f(x_2) \tag{4.2}$$

이다. 식 (4.2)는 $x_1 < x_2$인 모든 x_1, x_2에 성립하므로 f는 I에서 증가한다.

(ii)의 증명은 (i)과 거의 비슷하며 연습문제로 남겨둔다. ■

보는 것과 실제 그래프의 차이

이 절 이외의 나머지 절에서는 주어진 함수의 그래프의 특징을 어떻게 그릴지 결정하는 것이 목적이다. 즉, 주어진 함수의 그래프의 중요한 특징을 찾는 것이다. 어디서 증가하고 감소하며 극값 및 점근선과 3.5절에서 살펴볼 두 가지 특징인 오목성과 변곡점 등을 찾는 것이다. 우리는 그래프를 그릴 때 그래프의 특정한 부분, 즉 특정 x와 y의 범위에서 그래프를 그린다. 컴퓨터나 계산기를 이용하여 그래프를 그릴 때, 범위는 주로 사용된 계산기나 컴퓨터가 선택한다. 그렇다면 주어진 범위 바깥 부분에 중요한 특징이 감춰져 있는지는 어떻게 알 수 있을까? 또 주어진 함수의 그래프의 특징이 충분히 나타나기 위해서는 어떻게 범위를 설정할 것인가? 앞으로 살펴보겠지만 이러한 의문점들을 해결하는 유일한 방법이 미분적분학이다.

예제 4.1 그래프 그리기

함수 $f(x) = 2x^3 + 9x^2 - 24x - 10$의 모든 극값이 나타나도록 그래프를 그려 보아라.

풀이

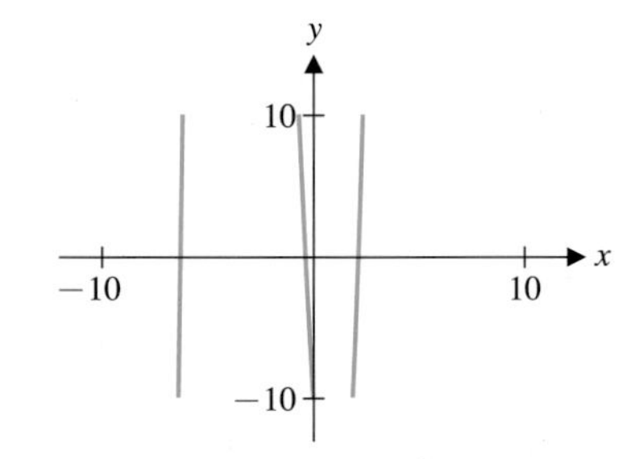

그림 3.43 $y = 2x^3 + 9x^2 - 24x - 10$

대부분의 계산기는 $-10 \le x \le 10$, $-10 \le y \le 10$인 창을 사용한다. 이 범위에서 $y = f(x)$의 그래프는 그림 3.43에 나타나 있다. 그림 3.43에서 주어진 세 선분은 주어진 함수의 특징을 모두 나타낸 것은 아니다. 적절한 그래프를 얻기 위해서 범위를 조절하는 것에 앞서 어디서 증가하고 감소하는지 결정해야 한다. 우선 주어진 함수의 도함수는

$$f'(x) = 6x^2 + 18x - 24 = 6(x^2 + 3x - 4)$$
$$= 6(x-1)(x+4)$$

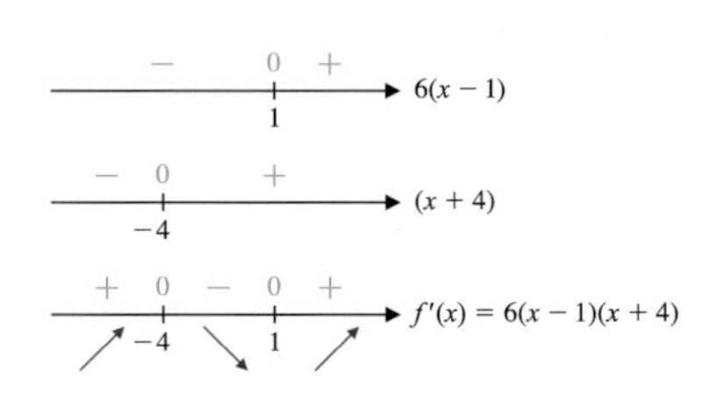

이다. 임계점은 1과 -4이며 이것들은 극점이 될 가능성이 있는 점들이고, 따라서 왼쪽 그림에서 주어진 수직선을 보고 도함수의 부호가 양인지 음인지 판정하여야 한다. 이 사실로부터

$$(-\infty, -4) \cup (1, \infty)\text{에서 } f'(x) > 0 \qquad f\text{는 증가}$$

이고

$$(-4, 1)\text{에서 } f'(x) < 0 \qquad f\text{는 감소}$$

이다. 마지막 수직선 아래에 함수의 증가와 감소를 표시하기 위해 화살표를 사용하였다. 그

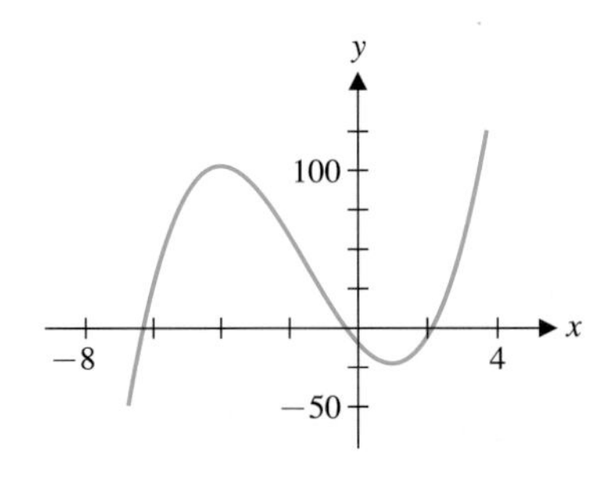

그림 3.44a $y = 2x^3 + 9x^2 - 24x - 10$

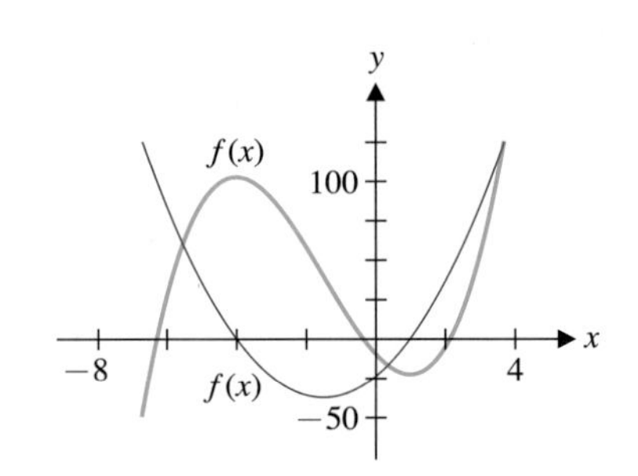

그림 3.44b $y = f(x)$와 $y = f'(x)$

림 3.44a에서 범위를 $-8 \le x \le 4$와 $-50 \le y \le 105$로 설정하여 그래프를 다시 그렸다. 여기서 임계점 $(-4,\ 102)$와 $(1,\ -23)$ 사이의 모든 점이 나타나도록 y의 범위를 설정하였다. $(-\infty,\ -4)$에서 f는 증가하므로 그림 3.44a에 나타나지 않은 왼쪽 부분은 여전히 증가할 것이다. 이와 마찬가지로, $(1,\ \infty)$에서 f가 증가하므로 그림에 나타나지 않은 오른쪽 부분은 여전히 증가할 것이다. 그림 3.44b에서 $y = f(x)$의 그래프(파란색)와 $y = f'(x)$ 의 그래프(빨간색)를 나타내었다. 두 그래프의 관계를 잘 살펴보아라. $f'(x) > 0$일 때 f는 증가하고 $f'(x) < 0$일 때 f는 감소한다. f의 극값은 $f'(x)$가 어떠할 때 나타나는지 관찰해 보아라(이것에 관해서 나중에 자세히 언급할 것이다).

이제 우리는 계산기나 컴퓨터만 있으면 그래프를 그릴 수 있고 또 조금만 창의 범위를 조절하면 더욱 명확한 그래프를 얻을 수 있을 거라고 생각하기 쉽다. 그러나 불행히도 이것만으로는 충분하지 않을 때가 있다. 예를 들어, 그림 3.43의 그래프는 불충분한 반면에, 다음 예제에서 최초의 그래프는 흔히 보는 형태이고 적절해 보이지만 사실은 옳은 그래프가 아니다. 미분적분학을 통해 예상했던 그래프의 특징을 찾아낼 수 있다. 미분적분학이 없다면 적절한 그래프를 얻지 못할 수도 있다.

예제 4.2 그래프의 숨겨진 특징 찾기

함수 $f(x) = 3x^4 + 40x^3 - 0.06x^2 - 1.2x$의 그래프를 그리고 모든 극값을 나타내어라.

풀이

컴퓨터를 이용하여 그래프를 그리면 그림 3.45a와 같고 그래프를 그리는 계산기를 이용하면 그림 3.45b의 그래프를 얻는다. 그림 3.45b의 그래프를 확대하면 그림 3.45a를 얻을 수 있을 것으로 여겨진다. 그러나 미분적분학을 통하여 이 그래프로는 알 수 없는 특징을 발견할 수 있다. 우선

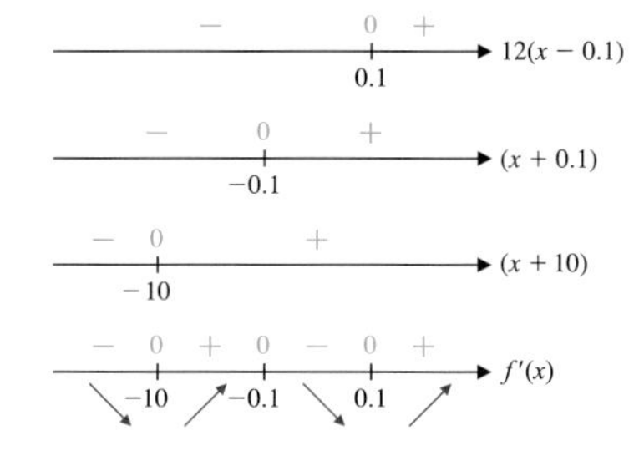

$$\begin{aligned} f'(x) &= 12x^3 + 120x^2 - 0.12x - 1.2 \\ &= 12(x^2 - 0.01)(x + 10) \\ &= 12(x - 0.1)(x + 0.1)(x + 10) \end{aligned}$$

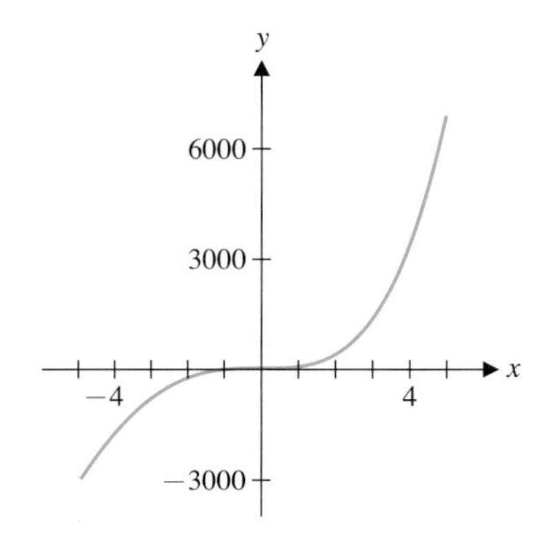

그림 3.45a 컴퓨터로 그린 $y = 3x^4 + 40x^3 - 0.06x^2 - 1.2x$의 그래프

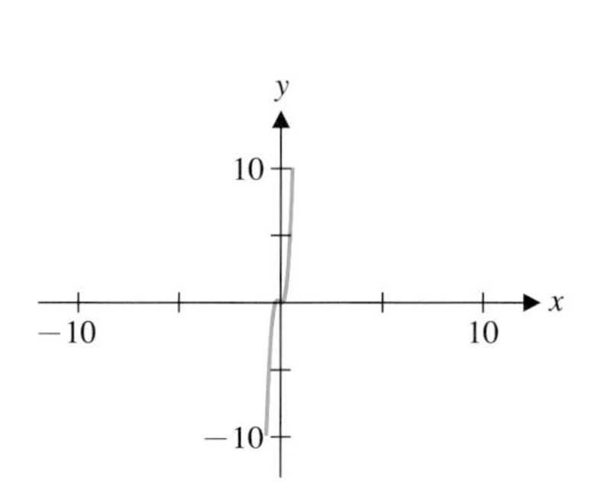

그림 3.45b 계산기로 그린 $y = 3x^4 + 40x^3 - 0.06x^2 - 1.2x$의 그래프

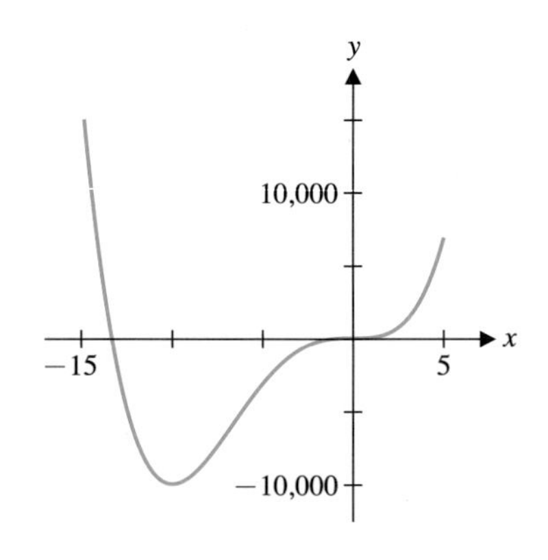

그림 3.46a $f(x)=3x^4+40x^3-0.06x^2-1.2x$의 전체적인 그래프

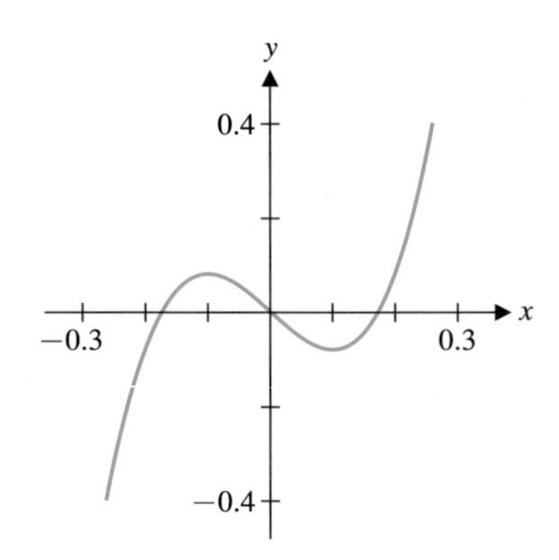

그림 3.46b $f(x)=3x^4+40x^3-0.06x^2-1.2x$의 원점 근처에서의 그래프

이고 이 세 인수를 앞 페이지의 수직선에 나타내었다. 한편,

$$f'(x)\begin{cases} >0 \text{ (구간 } (-10,\ -0.1)\cup(0.1,\ \infty)\text{에서)} & f\text{는 증가} \\ <0 \text{ (구간 } (-\infty,\ -10)\cup(-0.1,\ 0.1)\text{에서)} & f\text{는 감소} \end{cases}$$

이다. 이 사실로부터 그림 3.45a와 3.45b의 그래프는 충분하지 않음을 알 수 있고 구간 $(-\infty,\ -10)\cup(-0.1,\ 0.1)$에서의 특징은 어느 그래프에서도 나타나지 않는다. 또한 어떤 그래프도 이 함수의 특징을 정확히 나타내지 않는다. x의 범위를 구간 $[-15,\ 5]$로 잡으면 그림 3.46a의 그래프를 얻는다. 이 그림은 주어진 함수의 전체적인 그래프를 나타낸다. 여기서, 주어진 함수는 $x=-10$에서 극솟값을 가지며 이것은 앞의 그래프에서는 나타나지 않고 여전히 0 근처의 x값에 대한 특징은 명확하지 않다. 이것을 알아보기 위해, 그림 3.46b에서와 같이 x의 범위를 작게 잡아서 따로 그래프를 그려야 한다.
여기서는 0 근처의 x에 대한 함수의 그래프 특징이 잘 나타나 있다. 특히, $x=-0.1$에서 극대가 되고 $x=0.1$에서 극소가 되는 것을 볼 수 있다. 그림 3.46b는 주어진 함수의 원점 근처에서의 그래프이다. 그림 3.47a와 3.47b에서는 같은 좌표평면에서 $f(x)$(파란색)와 $f'(x)$(빨간색)의 전체적인 그래프와 원점 근처에서의 그래프를 볼 수 있다. 특히 $f(x)$의 극값 근처에서 $f'(x)$의 특징을 잘 살펴보아라.

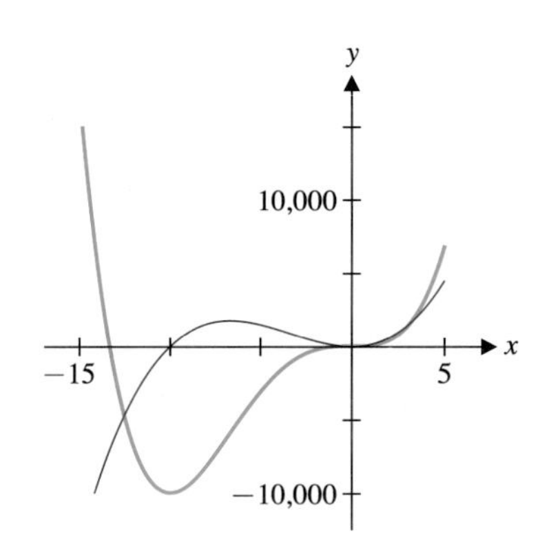

그림 3.47a $y=f(x)$와 $y=f'(x)$(전체)

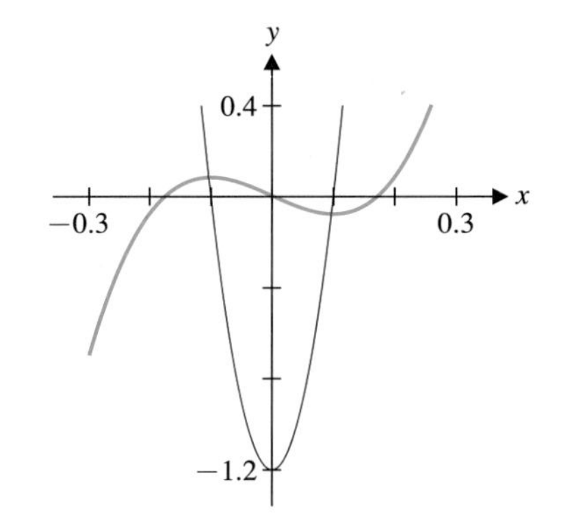

그림 3.47b $y=f(x)$와 $y=f'(x)$(원점 근처)

주어진 함수가 증가 또는 감소하는 구간과 극값과는 관계가 있음을 이미 살펴보았다. 이 사실로부터 다음 정리를 얻는다.

정리 4.2 일계도함수 판정법

구간 $[a,\ b]$에서 함수 f가 연속이고 $c\in(a,\ b)$는 임계점이라고 하자.

(i) $x\in(a,\ c)$인 모든 x에 대하여 $f'(x)>0$이고 $x\in(c,\ b)$인 모든 x에 대하여 $f'(x)<0$이면, 즉 c에서 f가 증가에서 감소로 바뀌면, $f(c)$는 극댓값이다.

(ii) $x\in(a,\ c)$인 모든 x에 대하여 $f'(x)<0$이고 $x\in(c,\ b)$인 모든 x에 대하여 $f'(x)>0$이면, 즉 c에서 f가 감소에서 증가로 바뀌면, $f(c)$는 극솟값이다.

(iii) $(a,\ c)$와 $(c,\ b)$에서 $f'(x)$의 부호 변화가 없으면 $f(c)$는 극값이 아니다.

이 결과를 그래프로 분석하면 쉽다. 임계점의 왼쪽에서 f가 증가하고 오른쪽에서

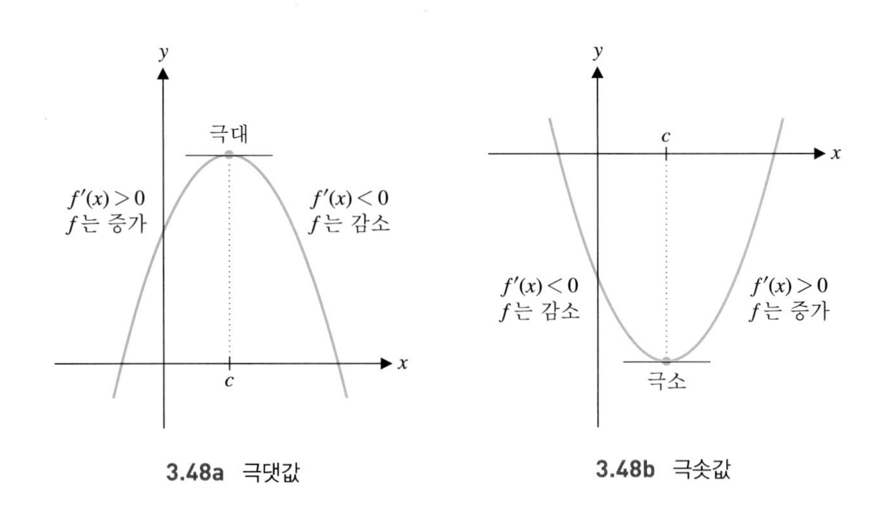

3.48a 극댓값 **3.48b** 극솟값

감소하면 그 임계점은 극대점이다(그림 3.48a). 이와 마찬가지로, 임계점의 왼쪽에서 f가 감소하고 오른쪽에서 증가하면 그 임계점은 극소점이다(그림 3.48b). 이것은 위의 정리를 증명하는 아이디어를 제공한다. 자세한 증명은 연습으로 남긴다.

예제 4.3 일계도함수 판정법을 이용한 극값 구하기

예제 4.1에 주어진 함수 $f(x) = 2x^3 + 9x^2 - 24x - 10$의 극값을 구하여라.

풀이

예제 4.1에서

$$f'(x)\begin{cases} >0 \text{ (구간 } (-\infty, -4) \cup (1, \infty)\text{에서)} & f\text{는 증가} \\ <0 \text{ (구간 } (-4, 1)\text{에서)} & f\text{는 감소} \end{cases}$$

임을 알았다. 일계도함수 판정법으로부터 f는 $x = -4$에서 극댓값을 갖고 $x = 1$에서 극솟값을 갖는다.

예제 4.4 분수 지수를 갖는 함수의 극값 구하기

함수 $f(x) = x^{5/3} - 3x^{2/3}$의 극값을 구하여라.

풀이

주어진 함수의 도함수는

$$\begin{aligned} f'(x) &= \frac{5}{3}x^{2/3} - 3\left(\frac{2}{3}\right)x^{-1/3} \\ &= \frac{5x - 6}{3x^{1/3}} \end{aligned}$$

이고 임계점은 $\frac{6}{5}\left[f'\left(\frac{6}{5}\right) = 0\right]$과 0[$f'(0)$은 존재하지 않음]이다. 각 구간을 수직선에 나타내면 f가 증가하고 감소하는 구간을 찾을 수 있다. $x = 0$에서 $f'(x)$가 존재하지 않는데 $f'(x)$를 나타내는 수직선의 0 윗부분에 ☒로 표시하였다. 이것으로부터 f'가 양인 부분과 음인 부분을 알 수 있다.

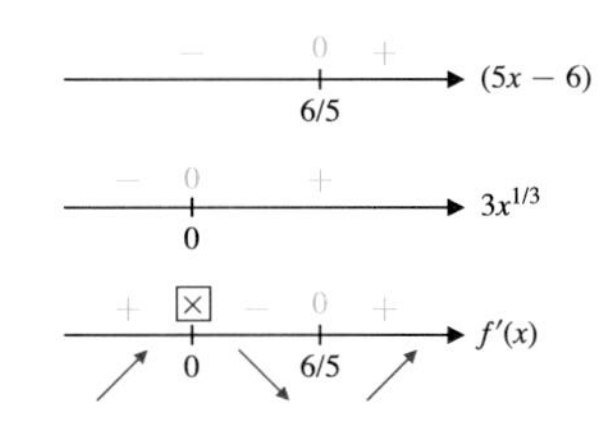

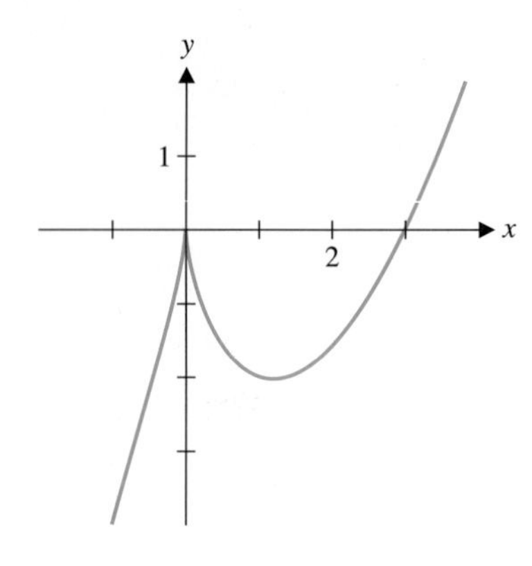

그림 3.49 $y = x^{5/3} - 3x^{2/3}$

$$f'(x)\begin{cases} >0 \text{ (구간 } (-\infty, 0)\cup(\frac{6}{5}, \infty)\text{에서)} & f\text{는 증가} \\ <0 \text{ (구간 } (0, \frac{6}{5})\text{에서)} & f\text{는 감소} \end{cases}$$

따라서 f는 $x = 0$에서 극댓값을 갖고 $x = \frac{6}{5}$에서 극솟값을 갖는다. 이를 그림 3.49에서 나타내었다.

예제 4.5 극값의 근삿값 찾기

함수 $f(x) = x^4 + 4x^3 - 5x^2 - 31x + 29$의 극값을 구하고 그래프를 그려라.

풀이

그림 3.50에서 계산기를 이용하여 $y = f(x)$의 그래프를 나타내었다. 보다 더 정확한 분석이 없다면 이 그래프가 주어진 함수의 중요한 특징을 모두 나타낸다고 할 수는 없다. 예를 들어, $f(x) = x^4$과 같은 사차함수의 그래프는 그림 3.50의 모양과 비슷하다. 우선

$$f'(x) = 4x^3 + 12x^2 - 10x - 31$$

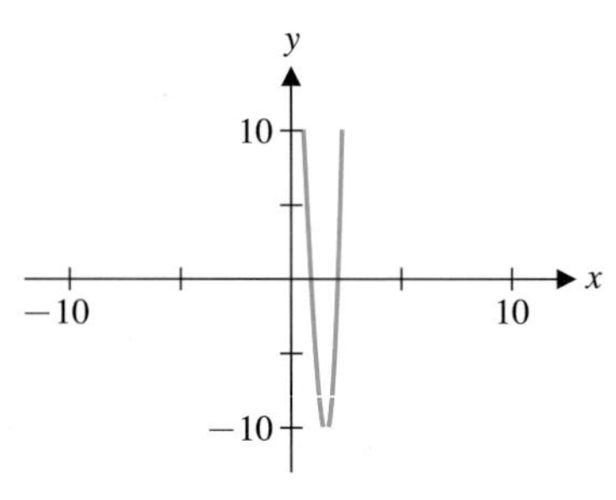

그림 3.50
$f(x) = x^4 + 4x^3 - 5x^2 - 31x + 29$

이다. 앞의 예제들과는 달리 이 도함수는 쉽게 인수분해되지 않는다. $y = f'(x)$의 그래프(그림 3.51)는 세 개의 근을 나타내며, 각각 $x = -3,\ -1.5,\ 1.5$ 근처이다. 삼차함수는 최대 세 개의 근을 가지므로 더 이상의 근은 없다. $f'(x)$에 뉴턴의 방법이나 근을 구하는 다른 방법을 적용하면 f'의 세 근사근을 구할 수 있다. 따라서 세 근사근 $a \approx -2.96008$, $b \approx -1.63816$, $c \approx 1.59824$를 얻는다. 그림 3.51로부터

$$(a, b)\cup(c, \infty)\text{에서 } f'(x) > 0 \qquad f\text{는 증가}$$

이고

$$(-\infty, a)\cup(b, c)\text{에서 } f'(x) < 0 \qquad f\text{는 감소}$$

이다. 따라서 $a \approx -2.96008$에서 극솟값을 가지며 $b \approx -1.63816$에서 극댓값을 갖고 $c \approx 1.59824$에서 극솟값을 갖는다. 그림 3.51에서는 $x = c$에서 유일한 극솟값을 가지므로 이 그래프는 주어진 함수의 특징을 모두 나타내지 않는다. x의 범위를 줄이고 y의 범위를 늘이면 그림 3.52와 같은 훨씬 유용한 그래프를 얻는다. 또 $c \approx 1.59824$에서 최솟값을 가짐을 알 수 있다.

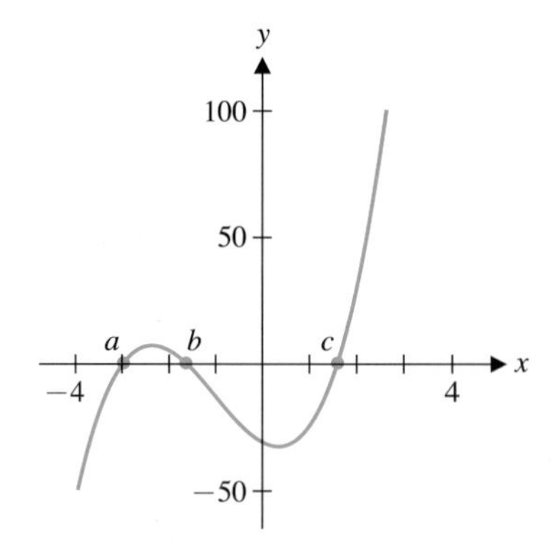

그림 3.51 $f'(x) = 4x^3 + 12x^2 - 10x - 31$

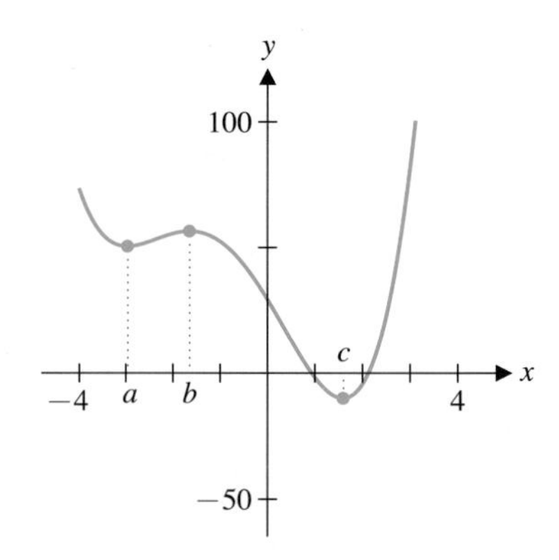

그림 3.52 $f(x) = x^4 + 4x^3 - 5x^2 - 31x + 29$

연습문제 3.4

[1~4] 다음 함수가 증가하고 감소하는 구간을 구하여라. 극값을 구하고 그래프를 그려라. $f(x)$와 $f'(x)$의 그래프를 그려서 결과를 확인하여라.

1. $y = x^3 - 3x + 2$
2. $y = x^4 - 8x^2 + 1$
3. $y = (x+1)^{2/3}$
4. $y = e^{x^2-1}$

[5~8] 다음 함수의 모든 임계점을 구하고, 일계도함수 판정법을 이용하여 각 임계점이 극대인지 극소인지, 아니면 극대도 극소도 아닌지를 판정하여라.

5. $y = x^4 + 4x^3 - 2$
6. $y = xe^{-2x}$
7. $y = \dfrac{x}{1+x^3}$
8. $y = \sqrt{x^3 + 3x^2}$

[9~11] 다음 함수에 대하여 모든 극값의 x좌표를 구하고 전체적인 특징과 부분적인 특징을 그래프에 나타내어라.

9. $y = x^4 - 15x^3 - 2x^2 + 40x - 2$
10. $y = x^5 - 200x^3 + 605x - 2$
11. $y = (x^2 + x + 0.45)e^{-2x}$

[12~14] 다음 주어진 성질을 만족하는 함수의 그래프를 그려 보아라.

12. $f(0) = 1$, $f(2) = 5$, $x < 0$이고 $x > 2$일 때 $f'(x) < 0$이고 $0 < x < 2$일 때 $f'(x) > 0$
13. $f(3) = 0$, $x < 0$이고 $x > 3$일 때 $f'(x) < 0$이고, $0 < x < 3$일 때 $f'(x) > 0$이며, $f'(3) = 0$, $f(0)$와 $f'(0)$는 존재하지 않음
14. $f(-1) = f(2) = 0$, $x < -1$이고 $0 < x < 2$이고 $x > 2$일 때 $f'(x) < 0$이며 $-1 < x < 0$일 때 $f'(x) > 0$이고 $f'(-1)$은 존재하지 않고 $f'(2) = 0$

[15~17] 점근선과 극값을 구하고 그래프를 그려라.

15. $y = \dfrac{x}{x^2 - 1}$
16. $y = \dfrac{x^2}{x^2 - 4x + 3}$
17. $y = \dfrac{x}{\sqrt{x^2+1}}$
18. 그래프를 이용하여 반례(counter example)를 들고 다음 명제가 거짓임을 밝혀라. $f(0) = 4$이고 f가 감소함수이면 방정식 $f(x) = 0$은 유일한 해를 가진다.
19. f와 g가 증가함수이면 $f(g(x))$도 증가함수인가? 참이면 증명하고 거짓이면 반례를 들어라.
20. 정리 4.2(일계도함수 판정법)를 증명하여라.
21. 한 제품이 t달 동안 팔린 액수는 $s(t) = \sqrt{t+4}$이다(단위는 천 달러). $s'(t)$를 계산하고 이것을 분석하여라.

3.5 오목성

3.4절에서 함수가 증가하고 감소하는 구간을 구하는 방법과 이 방법이 함수의 그래프와 가지는 관계에 대해 살펴보았다. 하지만 함수가 증가하고 감소하는 구간을 파악하는 것만으로는 그래프를 그리는 데 충분하지 않다. 그림 3.53a와 3.53b에서 두 점을 연결하는 증가함수의 두 가지 형태를 볼 수 있다.

그림 3.53a에서는 증가하는 비율이 증가하며 그림 3.53b에서는 증가하는 비율이 감소한다. 그림 3.54a와 3.54b는 각각 그림 3.53a와 그림 3.53b와 같으나 여기서는 접선이 몇 개 그려져 있다.

$f'(x) > 0$ 이므로 모든 접선이 양의 기울기를 갖지만, 그림 3.54a에서는 접선의 기

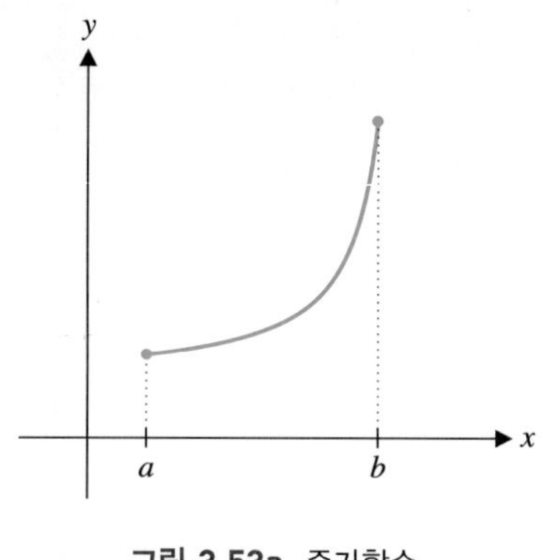

그림 3.53a 증가함수

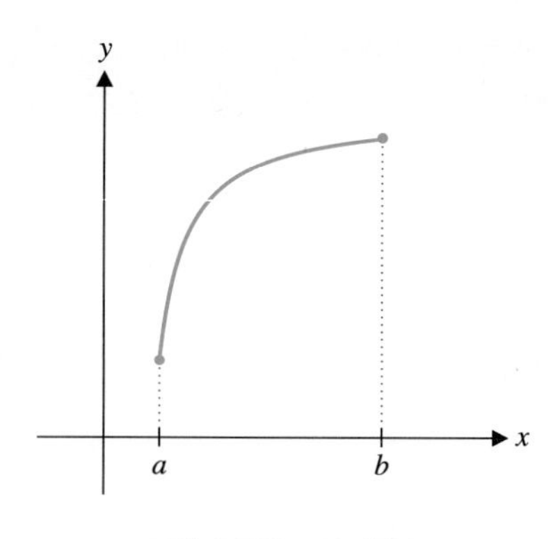

그림 3.53b 증가함수

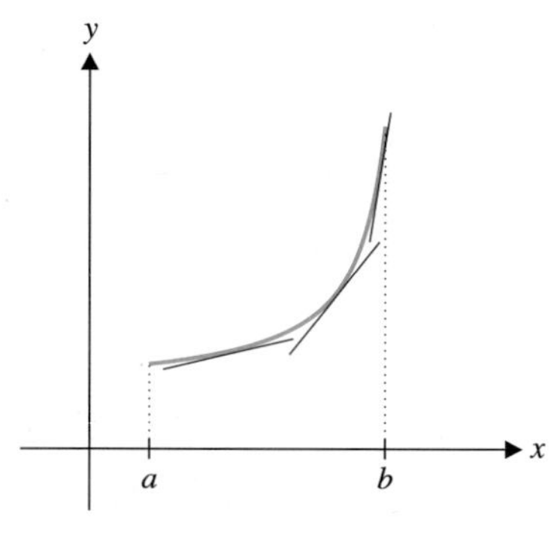

그림 3.54a 위로 오목, 증가

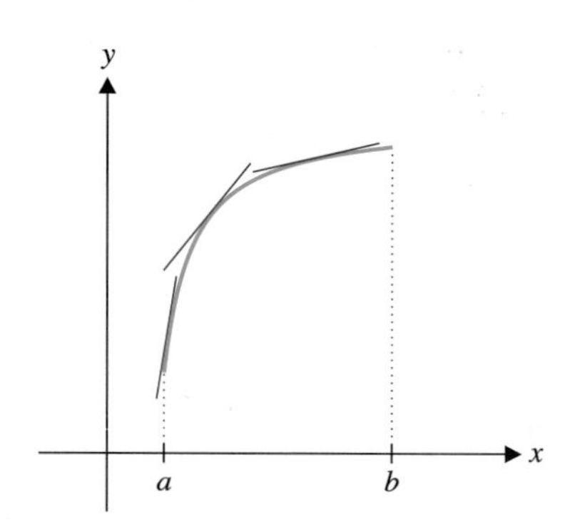

그림 3.54b 아래로 오목, 증가

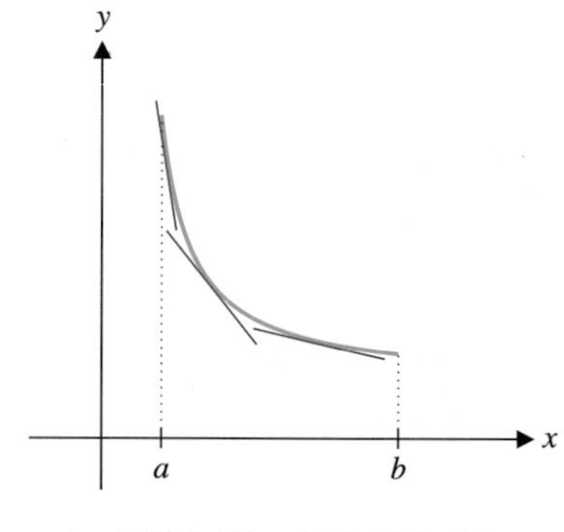

그림 3.55a 위로 오목, 감소

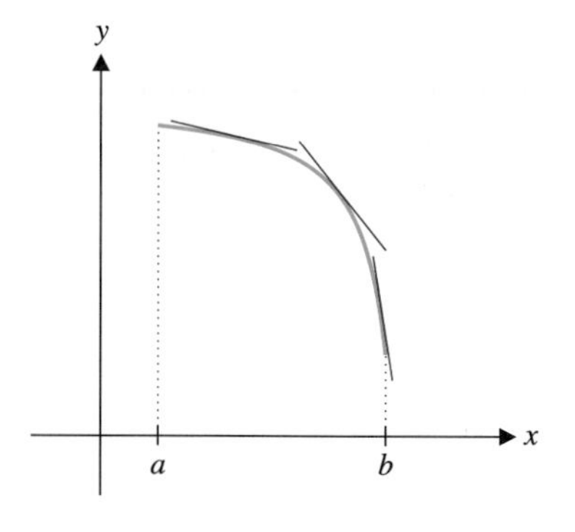

그림 3.55b 아래로 오목, 감소

울기가 증가하며 그림 3.54b에서는 감소한다. 그림 3.54a의 그래프를 위로 오목하다고 하며, 그림 3.54b의 그래프를 아래로 오목하다고 한다. 감소함수에 대해서도 이와 비슷하게 정의한다. 그림 3.55a와 3.55b에서 감소함수의 두 가지 다른 형태를 나타내었다. 두 함수 모두 감소함수인데, 그림 3.55a의 그래프는 위로 오목하며(접선의 기울기가 증가), 그림 3.55b의 그래프는 아래로 오목하다(접선의 기울기가 감소). 요약하여 다음 정의를 얻는다.

정의 5.1

구간 I에서 함수 f가 미분가능하다고 하자. f의 그래프를

(i) I에서 f'이 증가할 때 **위로 오목**(concave up)하다고 하며

(ii) I에서 f'이 감소할 때 **아래로 오목**(concave down)하다고 한다.

f'의 도함수(즉 f'')로부터 어느 경우에 f'이 증가하거나 감소하는지 알 수 있다. 다음 정리는 증가함수 또는 감소함수에 대하여 우리가 알고 있는 것과 오목성과의 관계를 말하고 있다. 이 정리는 정의 5.1에 정리 4.1을 적용하면 쉽게 증명할 수 있다.

정리 5.1

구간 I에서 f''이 존재한다고 가정하자.

(i) I에서 $f''(x) > 0$이면 f의 그래프는 구간 I에서 위로 오목하다.

(ii) I에서 $f''(x) < 0$이면 f의 그래프는 구간 I에서 아래로 오목하다.

예제 5.1 오목성 결정하기

함수 $f(x) = 2x^3 + 9x^2 - 24x - 10$의 그래프에서 위로 오목한 부분과 아래로 오목한 부분을 찾고 그래프의 중요한 특징이 포함되도록 그래프를 그려 보아라.

풀이

미분하면

$$f'(x) = 6x^2 + 18x - 24$$

이고 예제 4.3으로부터

$$f'(x)\begin{cases} >0\ (\text{구간 } (-\infty, -4) \cup (1, \infty)\text{에서}) & f\text{는 증가} \\ <0\ (\text{구간 } (-4, 1)\text{에서}) & f\text{는 감소} \end{cases}$$

이다. 그리고

$$f''(x) = 12x + 18 \begin{cases} >0\ (x > -\frac{3}{2}\text{일 때}) & f\text{는 위로 오목} \\ <0\ (x < -\frac{3}{2}\text{일 때}) & f\text{는 아래로 오목} \end{cases}$$

이다. 위의 사실들을 이용하여 그림 3.56과 같은 그래프를 그릴 수 있다. 점 $\left(-\frac{3}{2}, f\left(-\frac{3}{2}\right)\right)$에서 그래프는 아래로 오목에서 위로 오목으로 바뀌고 있다. 이러한 점을 변곡점이라고 한다. 일반적으로 다음 정의를 얻는다.

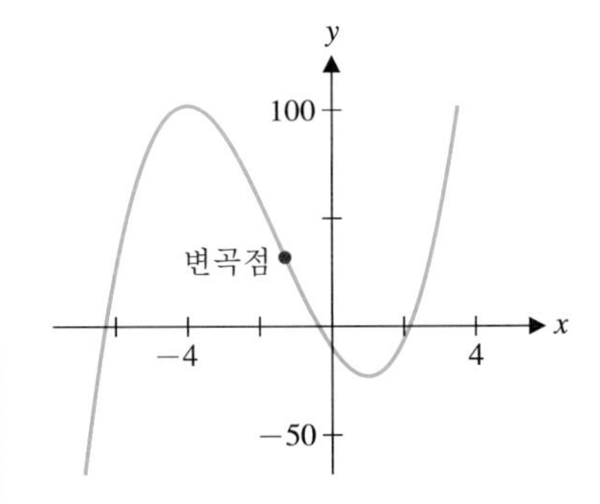

그림 3.56 $2x^3 + 9x^2 - 24x - 10$

정의 5.2

구간 (a, b)에서 함수 f는 연속이고, 한 점 $c \in (a, b)$에서 그래프의 오목성이 변한다고 하자. 즉, 그래프가 c의 한쪽 편에서 아래로 오목이고 다른 한쪽 편에서 위로 오목이라고 하자. 이 점 $(c, f(c))$를 f의 **변곡점**(inflection point)이라 한다.

주 5.1

점 $(c, f(c))$가 변곡점이면 $f''(c) = 0$이거나 $f''(c)$가 존재하지 않는다. 따라서 $f''(x)$가 0이거나 존재하지 않는 점이 변곡점이 될 수 있는 점이다. 그러나 $f''(x)$가 0이거나 존재하지 않는 모든 점이 항상 변곡점일 필요는 없다.

예제 5.2 오목성과 변곡점 결정하기

함수 $f(x) = x^4 - 6x^2 + 1$의 그래프에서 위로 오목한 부분과 아래로 오목한 부분을 결정하고 변곡점을 구하여라. 또, 함수의 중요한 특징이 모두 나타나도록 그래프를 그려라.

풀이

미분하면

$$\begin{aligned} f'(x) &= 4x^3 - 12x = 4x(x^2 - 3) \\ &= 4x(x - \sqrt{3})(x + \sqrt{3}) \end{aligned}$$

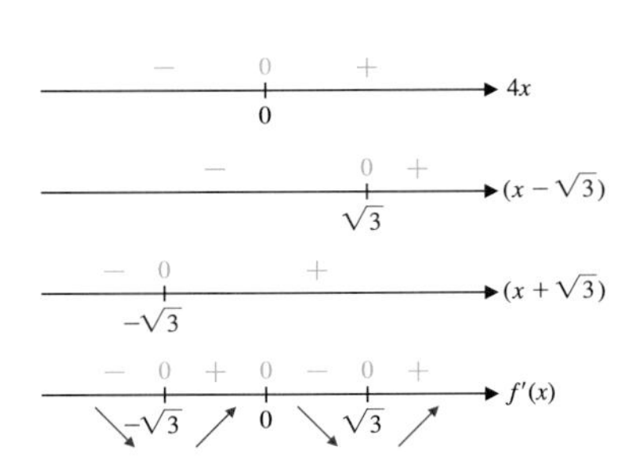

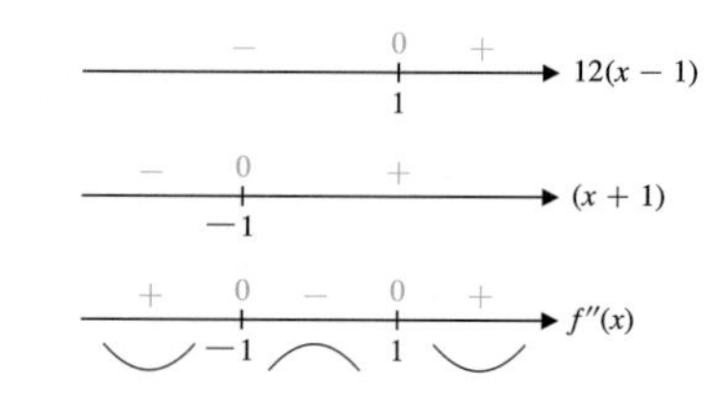

이다. 왼쪽에 $f'(x)$의 인수를 수직선에 나타내었다. 이것으로부터

$$f'(x)\begin{cases} >0 \text{ (구간 } (-\sqrt{3},\ 0)\cup(\sqrt{3},\ \infty)\text{에서)} & f\text{는 증가} \\ <0 \text{ (구간 } (-\infty,\ -\sqrt{3})\cup(0,\ \sqrt{3})\text{에서)} & f\text{는 감소} \end{cases}$$

임을 알 수 있다. 한 번 더 미분하면

$$f''(x) = 12x^2 - 12 = 12(x-1)(x+1)$$

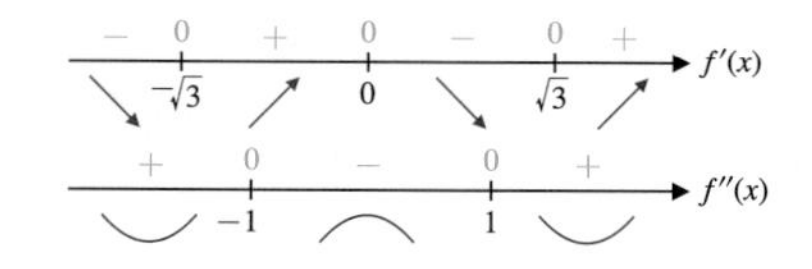

이고 각 인수를 수직선에 나타내었다. 이것으로부터

$$f''(x)\begin{cases} >0 \text{ (구간 } (-\infty,\ -1)\cup(1,\ \infty)\text{에서)} & f\text{는 위로 오목} \\ <0 \text{ (구간 } (-1,\ 1)\text{에서)} & f\text{는 아래로 오목} \end{cases}$$

임을 알 수 있다. 이 사실을 이용하여 마지막 수직선 아래에 그림과 함께 오목성을 표시하였다. 마지막으로 $x=-1$과 $x=1$에서 그래프의 오목성이 변하므로 $(-1,\ -4)$와 $(1,\ -4)$는 변곡점이다. 이러한 사실들을 종합하여 그래프를 그리면 그림 3.57에 주어진 그래프와 같다. 편의를 위해 $f'(x)$와 $f''(x)$에 대한 수직선도 나타내었다.

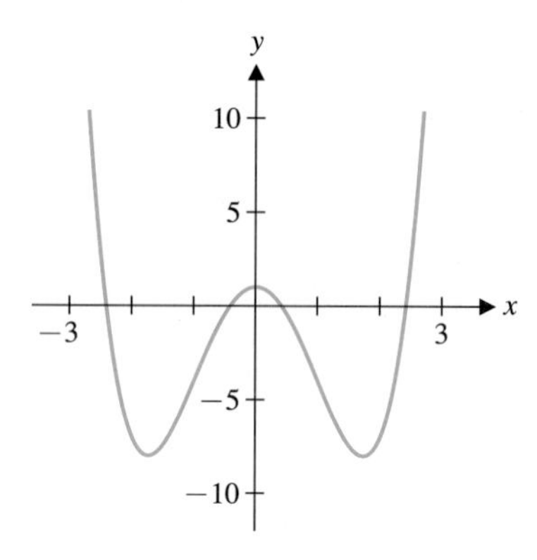

그림 3.57 $y = x^4 - 6x^2 + 1$

다음 예제에서 $f''(x) = 0$이라고 해서 그 점이 반드시 변곡점이 될 필요는 없다는 것을 알 수 있다.

예제 5.3 변곡점을 갖지 않는 그래프

함수 $f(x) = x^4$의 오목성을 결정하고 변곡점을 구하여라.

풀이

$f'(x) = 4x^3$이고 $f''(x) = 12x^2$이다. $x>0$일 때 $f'(c)>0$이고 $x<0$일 때 $f'(x)<0$이므로 $x>0$일 때 f는 증가하고 $x<0$일 때 f는 감소한다. $x \neq 0$일 때 $f''(x)>0$인 반면에 $f''(0) = 0$이다. 따라서 $x \neq 0$일 때 그래프는 위로 오목하다. 더욱이 $f''(0) = 0$이지만 변곡점은 없다. 그림 3.58에 주어진 함수의 그래프가 나타나 있다.

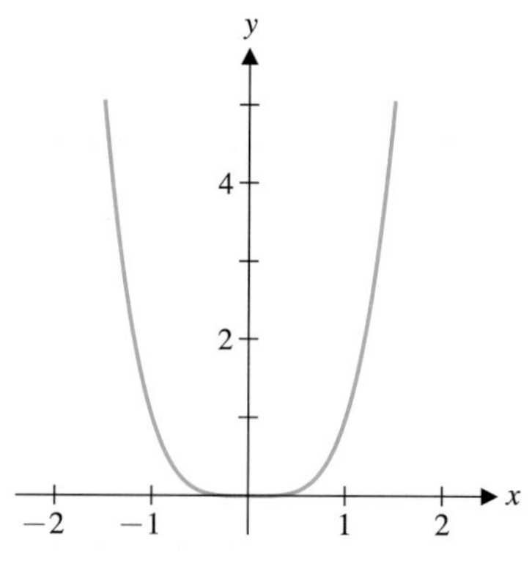

그림 3.58 $y = x^4$

이제 이계도함수와 극값과의 관계를 알아보자. $f'(c) = 0$이라고 가정하고 c를 포함하는 적당한 개구간에서 f의 그래프가 아래로 오목하다고 하자. 그러면 $x=c$ 근처에서 그래프는 그림 3.59a의 형태이고 따라서 $f(c)$는 극댓값이다.

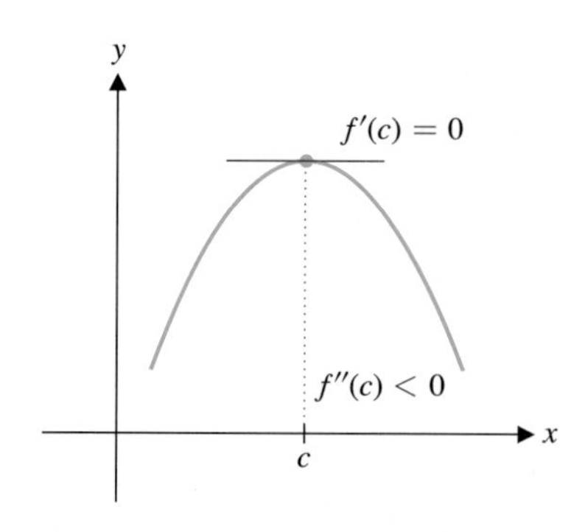

그림 3.59a 극댓값

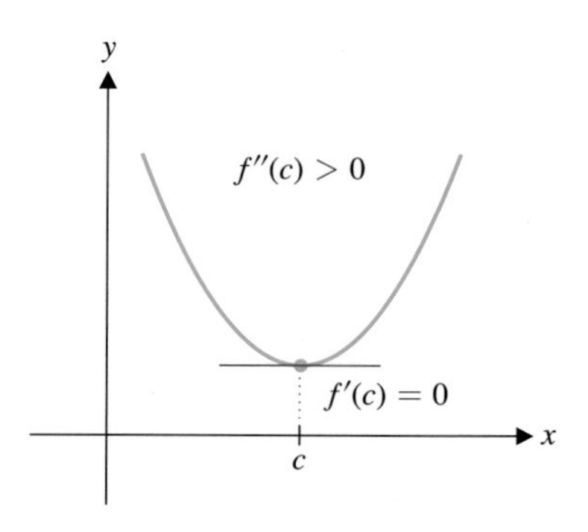

그림 3.59b 극솟값

이와 비슷하게 $f'(c) = 0$ 이고 c를 포함하는 한 개구간에서 f의 그래프가 위로 오목하면 $x = c$에서 그래프는 그림 3.59b와 같고 따라서 $f(c)$는 극솟값이다.

이 사실로부터 다음 정리를 얻는다.

정리 5.2 이계도함수 판정법

(a, b)에서 f는 연속이며 적당한 $c \in (a, b)$에 대해 $f'(c) = 0$ 이라고 하자.

(i) $f''(c) < 0$ 이면 $f(c)$는 극댓값이고

(ii) $f''(c) > 0$ 이면 $f(c)$는 극솟값이다.

이 정리의 증명은 연습으로 남겨 둔다. 이 정리를 적용할 때, 그림 3.59a~3.59b와 같이 생각하면 된다.

예제 5.4 이계도함수 판정법을 이용한 극값 구하기

이계도함수 판정법을 이용하여 함수 $f(x) = x^4 - 8x^2 + 10$의 극값을 구하여라.

풀이

미분하면

$$f'(x) = 4x^3 - 16x = 4x(x^2 - 4) = 4x(x-2)(x+2)$$

이다. 따라서 임계점은 $x = 0,\ 2,\ -2$이다. 한 번 더 미분하면

$$f''(x) = 12x^2 - 16$$

이고 따라서

$$f''(0) = -16 < 0, \quad f''(-2) = 32 > 0, \quad f''(2) = 32 > 0$$

이다. 따라서 이계도함수 판정법에 의하여 $f(0)$는 극댓값이고 $f(-2)$와 $f(2)$는 극솟값이다. 그림 3.60에 $y = f(x)$의 그래프를 나타내었다.

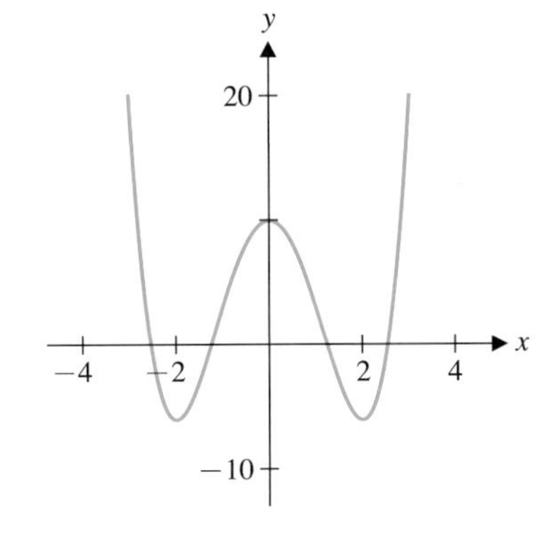

그림 3.60 $y = x^4 - 8x^2 + 10$

주 5.2

$f''(c) = 0$ 또는 $f''(c)$ 가 존재하지 않으면 이계도함수 판정법을 이용할 수 없다. 즉, $f(c)$ 는 극댓값 또는 극솟값일 수도 있고 어느 것도 아닐 수 있다. 이 경우, $f(c)$ 가 극값인지 아닌지를 판정할 때는 일계도함수 판정법을 사용해야 한다. 다음 예제에서 이 사실을 알 수 있다.

예제 5.5 이계도함수 판정법을 사용할 수 없는 함수

이계도함수 판정법을 사용하여 다음 함수의 극값을 구하여라.

(a) $f(x) = x^3$ (b) $g(x) = (x+1)^4$ (c) $h(x) = -x^4$

풀이

(a) $f'(x) = 3x^2$이고 $f''(x) = 6x$이다. 따라서 임계점은 $x = 0$이고 $f''(0) = 0$이다. $(0,\ 0)$이 극점이 아닌 것을 증명하는 것은 연습문제로 남긴다(그림 3.61a).

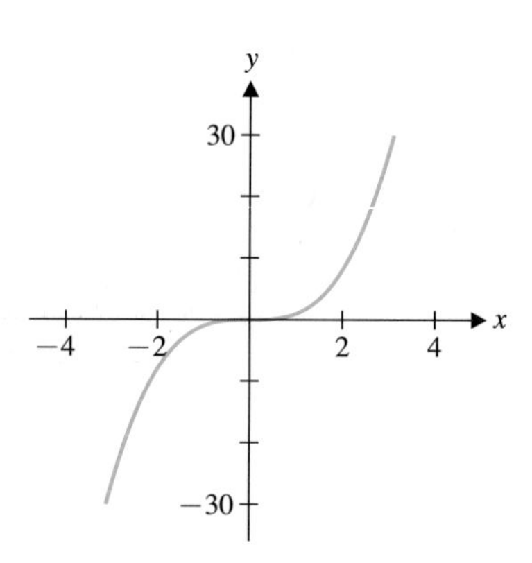

그림 3.61a $y = x^3$

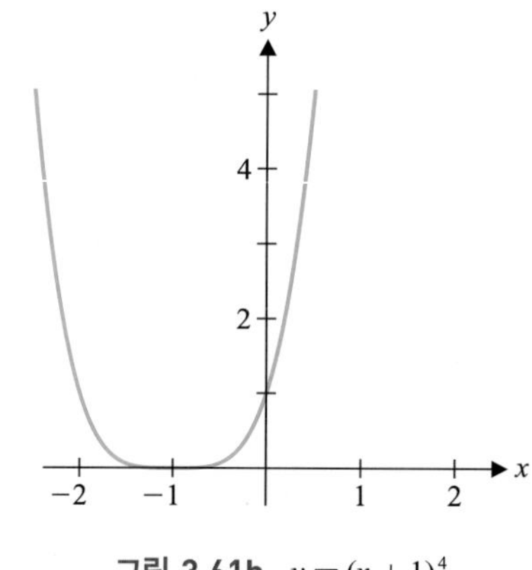

그림 3.61b $y = (x+1)^4$

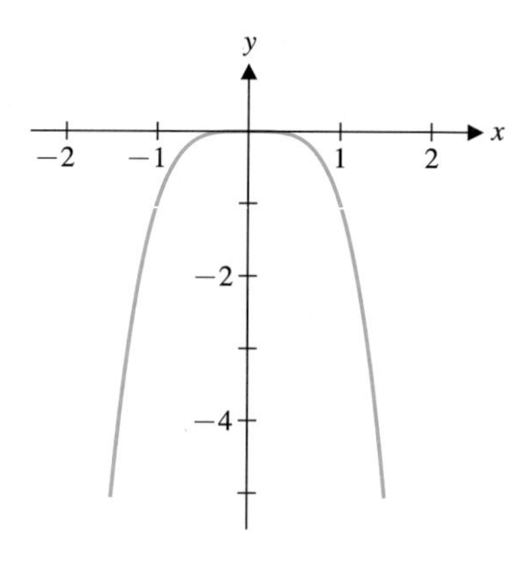

그림 3.61c $y = -x^4$

(b) $g'(x) = 4(x+1)^3$이고 $g''(x) = 12(x+1)^2$이다. 임계점은 $x = -1$이고 $g''(-1) = 0$이다. 이 경우 $x < -1$이면 $g'(x) < 0$이고 $x > -1$이면 $g'(x) > 0$이다. 따라서 일계도함수 판정법에 의해서 (0, 0)은 극소점이다(그림 3.61b).

(c) 마지막으로 $h'(x) = -4x^3$이고 $h''(x) = -12x^2$이다. 임계점은 $x = 0$이고 $h''(0) = 0$이다. 점 (0, 0)은 h의 극대점인데 이것의 증명은 연습으로 남겨둔다(그림 3.61c).

다음 예제에서 일계 및 이계도함수 판정법을 이용하여 함수의 그래프를 그리는 방법을 알아본다.

예제 5.6 유리함수의 그래프 그리기

함수 $f(x) = x + \dfrac{25}{x}$의 중요한 특징을 나타내는 그래프를 그려 보아라.

풀이

f의 정의역은 $x = 0$을 제외한 실수집합이다. 미분하면

$$f'(x) = 1 - \frac{25}{x^2} = \frac{x^2 - 25}{x^2} = \frac{(x-5)(x+5)}{x^2}$$

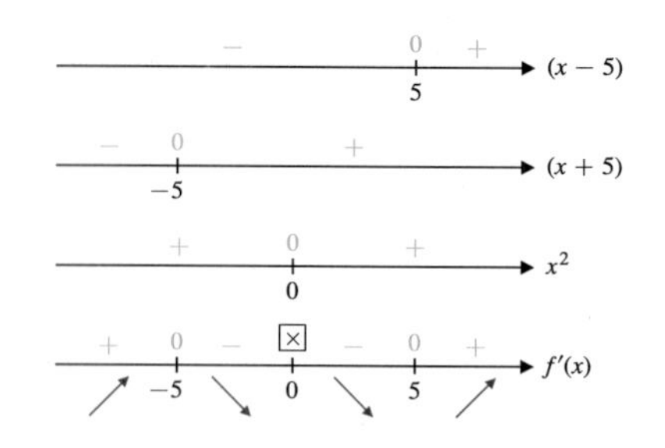

이다. 따라서 임계점은 $x = -5, 5$이다($x = 0$은 왜 임계점이 아닐까?). $f'(x)$의 세 인수를 왼쪽 수직선에 나타내었다. 따라서

$$f'(x)\begin{cases} > 0 \text{ (구간 } (-\infty, -5) \cup (5, \infty)\text{에서)} & f\text{는 증가} \\ < 0 \text{ (구간 } (-5, 0) \cup (0, 5)\text{에서)} & f\text{는 감소} \end{cases}$$

이다. 더욱이

$$f''(x) = \frac{50}{x^3}\begin{cases} > 0 \text{ (구간 } (0, \infty)\text{에서)} & f\text{는 위로 오목} \\ < 0 \text{ (구간 } (-\infty, 0)\text{에서)} & f\text{는 아래로 오목} \end{cases}$$

이다. 여기서 주의하여야 할 것이 있다. 그래프는 $x = 0$의 한쪽 편에서는 위로 오목하고 다른 한쪽 편에서는 아래로 오목하지만 변곡점이 없다(왜 그럴까?). 극값을 구하기 위해 일계도함수 판정법이나 이계도함수 판정법을 사용할 수 있다. 이계도함수 판정법에 의해

$$f''(5) = \frac{50}{125} > 0$$

이고

$$f''(-5) = -\frac{50}{125} < 0$$

이므로 $x = 5$에서 극솟값을 갖고 $x = -5$에서 극댓값을 갖는다. 마지막으로 0은 f의 정의역에 포함되지 않기 때문에 $x = 0$ 근처에서 함수의 특징을 살펴보아야 한다. 극한값을 구하여 보면

$$\lim_{x \to 0^+} f(x) = \lim_{x \to 0^+}\left(x + \frac{25}{x}\right) = \infty$$

이고

$$\lim_{x \to 0^-} f(x) = \lim_{x \to 0^-}\left(x + \frac{25}{x}\right) = -\infty$$

이다. 따라서 $x = 0$ 은 수직점근선이다. 위의 결과를 종합하면 그림 3.62에서 주어진 것과 같은 그래프를 얻는다.

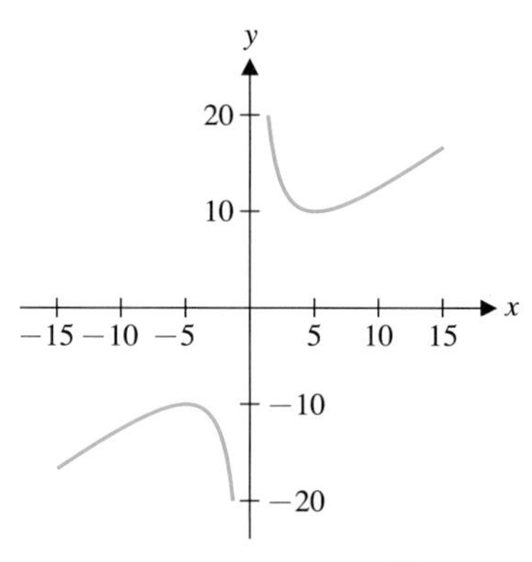

그림 3.62 $y = x + \frac{25}{x}$

예제 5.6에서 $x = 0$은 f의 정의역에 속하지 않으므로 $x = 0$ 근처의 함수의 특징을 알아보기 위해 $\lim_{x\to 0^+} f(x)$와 $\lim_{x\to 0^-} f(x)$를 살펴보았다. 다음 예제에서 $x = -2$는 f의 정의역에는 속하지만 f' 의 정의역에는 속하지 않으므로 $\lim_{x\to -2^+} f'(x)$와 $\lim_{x\to -2^-} f'(x)$를 계산하여야 한다. 이것으로부터 $x = -2$ 근처에서 접선의 특징을 알 수 있다.

예제 5.7 변곡점에서 수직접선을 갖는 함수

함수 $f(x) = (x+2)^{1/5} + 4$의 중요한 특징을 나타내는 그래프를 그려 보아라.

풀이

f의 정의역은 실수 전체의 집합이고 도함수는

$$f'(x) = \frac{1}{5}(x+2)^{-4/5} > 0 \ (x \neq -2)$$

이다. 따라서 $x = -2$를 제외하고 f는 증가한다. 또한 $x = -2$는 유일한 임계점이며 $f'(-2)$는 존재하지 않는다. 이 사실로부터 f는 극값을 가지지 않음을 알 수 있다. 한 번 더 미분하면

$$f''(x) = -\frac{4}{25}(x+2)^{-9/5} \begin{cases} > 0 \text{ (구간 } (-\infty, -2)\text{에서)} & f\text{는 위로 오목} \\ < 0 \text{ (구간 } (-2, \infty)\text{에서)} & f\text{는 아래로 오목} \end{cases}$$

이고 따라서 $x = -2$에서 변곡점을 갖는다. 이 경우, $x = -2$에서 $f''(x)$는 정의되지 않는다. $x = -2$는 f의 정의역에 있으나 f'의 정의역에는 있지 않고 극한을 계산하면

$$\lim_{x \to -2^-} f'(x) = \lim_{x \to -2^-} \frac{1}{5}(x+2)^{-4/5} = \infty$$

이고

$$\lim_{x \to -2^+} f'(x) = \lim_{x \to -2^+} \frac{1}{5}(x+2)^{-4/5} = \infty$$

이다. 이것으로부터 $x = -2$는 수직접선임을 알 수 있다. 그래프는 그림 3.63에 주어져 있다.

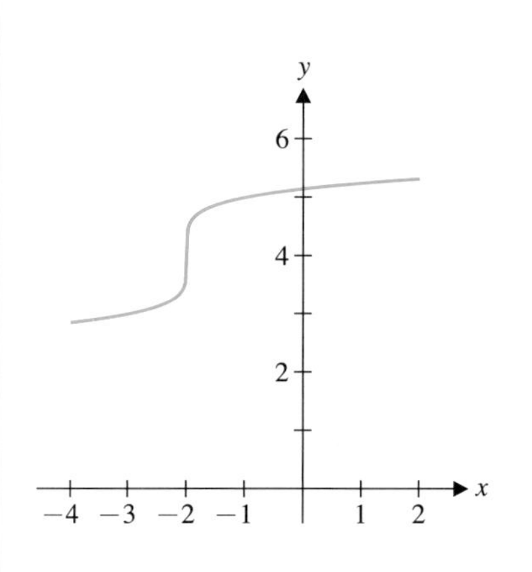

그림 3.63 $y = (x+2)^{1/5} + 4$

연습문제 3.5

[1~4] 다음 함수의 그래프가 위로 오목하거나 아래로 오목한 구간을 찾아보아라.

1. $f(x) = x^3 - 3x^2 + 4x - 1$

2. $f(x) = x + 1/x$

3. $f(x) = \sin x - \cos x$

4. $f(x) = x^{4/3} + 4x^{1/3}$

[5~7] 다음 함수의 모든 임계점을 구하고 이계도함수 판정법을 이용하여 모든 극값을 구하여라.

5. $f(x) = x^4 + 4x^3 - 1$

6. $f(x) = xe^{-x}$

7. $f(x) = \dfrac{x^2 - 5x + 4}{x}$

[8~12] 다음 함수의 중요한 특징을 나타내는 그래프를 그려라.

8. $f(x) = (x^2 + 1)^{2/3}$

9. $f(x) = \dfrac{x^2}{x^2 - 9}$

10. $f(x) = \sin x + \cos x$

11. $f(x) = x^{3/4} - 4x^{1/4}$

12. $f(x) = x|x|$

[13~14] 다음 성질을 만족하는 함수의 그래프를 그려라.

13. $f(0) = 0$, $x < -1$ 또는 $-1 < x < 1$일 때 $f'(x) > 0$, $x > 1$일 때 $f'(x) < 0$, $x < -1$ 또는 $0 < x < 1$ 또는 $x > 1$일 때 $f''(x) > 0$, $-1 < x < 0$일 때 $f''(x) < 0$

14. $f(0) = 0$, $f(-1) = -1$, $f(1) = 1$, $x < -1$ 또는 $0 < x < 1$일 때 $f'(x) > 0$, $-1 < x < 0$ 또는 $x > 1$일 때 $f'(x) < 0$, $x < 0$ 또는 $x > 0$일 때, $f''(x) < 0$

15. 삼차함수 $f(x) = ax^3 + bx^2 + cx + d$는 하나의 변곡점을 가짐을 보여라. 사차함수 $f(x) = ax^4 + bx^3 + cx^2 + dx + e$가 두 개의 변곡점을 갖기 위한 $a - e$의 조건을 구하여라.

16. 반례를 들어 다음 명제가 거짓임을 밝혀라. $y = f(x)$의 그래프가 모든 x에 대하여 아래로 오목하면 방정식 $f(x) = 0$은 적어도 한 개의 해를 갖는다.

17. 다음 그래프에서 증가하고 감소하는 구간, 극값, 위로 오목하거나 아래로 오목한 구간, 그리고 변곡점을 구하여라.

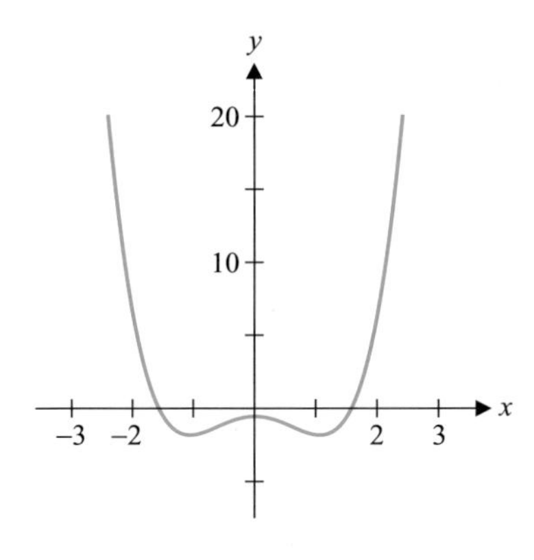

18. 한 회사에서 어떤 제품 x개를 생산하는 데 비용이 $C(x) = 0.01x^2 + 40x + 3600$달러 지출된다고 한다. 이 비용함수에 대하여 평균비용함수는 $\overline{C}(x) = \dfrac{C(x)}{x}$ 이다. 평균비용을 최소화하는 x를 구하여라. 비용함수는 생산 공정의 효율성과 관계 있는데 비용함수가 위로 오목한 것보다 아래로 오목한 것이 더 효율적인 이유를 설명하여라.

3.6 함수의 그래프

계산기나 컴퓨터 연산시스템은 수학을 응용하거나 연구하는 데 있어서 중요한 도구이다. 그러나 계산기나 컴퓨터 연산시스템은 실제로 그래프를 완벽하게 그리지는 못한다. 그것들이 하는 것은 대부분 점을 찍어서 점과 점 사이를 매끄러운 곡선으로 연결하는 것이다. 이것이 매우 도움이 되는 것은 분명하지만 때로는 충분하지 않은 경우도 있다. 문제는 그래프를 그릴 창을 어떻게 선택하고 그 창에 얼마나 많은 점을 나타내는지에 관한 것이다. 그 창을 선택하는 유일한 방법은 미분적분학을 이용하여 보고자 하는 그래프의 성질을 파악하는 것이다. 이미 우리는 여러 번 이 사실을 확인하였다.

우선 $y = f(x)$의 그래프를 그리려고 할 때 필요한 것들을 요약해 보자.

- **정의역**: 먼저 f의 정의역을 결정해야 한다.
- **수직점근선**: f의 정의역 안에 있지 않는 고립점에서 수직점근선을 갖는지, 점프가 일어나는지 또는 제거가능한 불연속점인지 알기 위해, x가 그 점으로 접근할 때 f의 극한값을 조사한다.
- **일계도함수**: f가 증가 또는 감소하는 부분과 극값을 결정한다.
- **수직접선**: f의 정의역에는 있으나 f'의 정의역에는 속하지 않는 고립점에서, 수직접선을 갖는지 아닌지를 판정하기 위해 $f'(x)$의 극한값을 조사한다.
- **이계도함수**: 그래프가 위로 오목한 부분과 아래로 오목한 부분 그리고 변곡점의 위치를 조사한다.
- **수평점근선**: $x\to\infty$일 때와 $x\to-\infty$일 때 $f(x)$의 극한값을 조사한다.
- **절편**: x절편과 y절편이 있으면 구한다. 정확히 구하기 어려우면 뉴턴의 방법 등을 이용하여 근삿값을 구한다.

이제 간단한 예제로 시작하자.

예제 6.1 다항함수의 그래프 그리기

함수 $f(x) = x^4 + 6x^3 + 12x^2 + 8x + 1$의 중요한 특징을 모두 나타내는 그래프를 그려라.

풀이

컴퓨터 연산시스템이나 계산기를 이용하여 그래프를 그리는 방법 중 한 가지는 주어진 x값의 표준범위에서 수많은 함숫값을 계산하는 것이다. 그 다음에 y의 범위가 선택되고 계산된 점을 나타낸다. 이렇게 하여 그린 그래프가 그림 3.64a이다. 또 다른 방법은 컴퓨터 자체에 내장된 창을 이용하여 그래프를 나타내는 것이다. 예를 들면 대부분의 계산기는 창의 범위가

$$-10 \le x \le 10, \quad -10 \le y \le 10$$

으로 설정되어 있다. 이 창을 사용하면 그림 3.64b와 같은 그래프를 얻을 수 있다. 물론 이 두 그래프는 다르며 이들 중 어느 것이 f의 특징을 잘 나타내는지 설명하기 어렵다. 우선 f의 정의역은 실수 전체의 집합이다. 더욱이, f는 다항식이므로 수평점근선과 수직점근선은 갖지 않는다. 도함수를 구하면

$$f'(x) = 4x^3 + 18x^2 + 24x + 8 = 2(2x+1)(x+2)^2$$

이다. $f'(x)$의 인수를 수직선에 나타내 보면

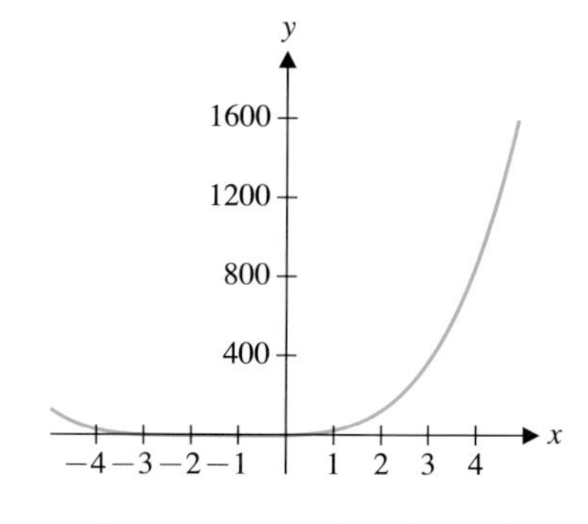

그림 3.64a $f(x) = x^4 + 6x^3 + 12x^2 + 8x + 1$(한 장면)

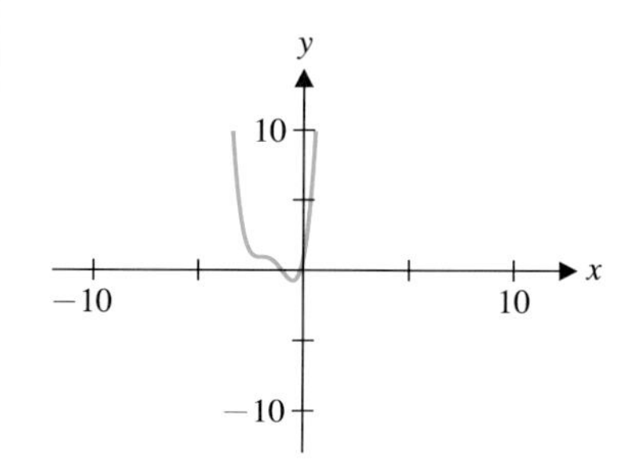

그림 3.64b $f(x) = x^4 + 6x^3 + 12x^2 + 8x + 1$(표준계산기 사용)

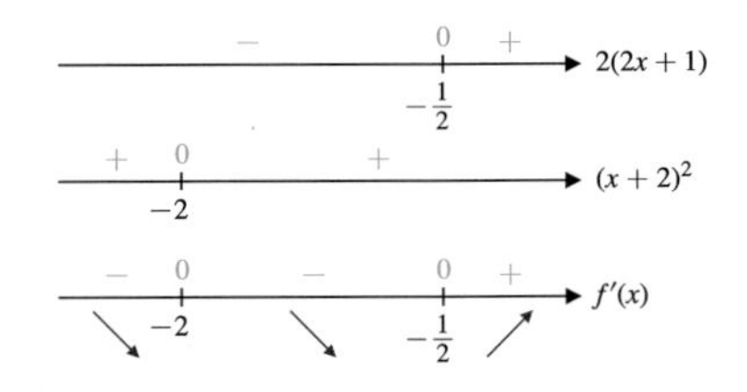

$$f'(x)\begin{cases} >0 \left(\text{구간 } \left(-\frac{1}{2},\ \infty\right)\text{에서}\right) & f\text{는 증가} \\ <0 \left(\text{구간 } (-\infty,\ -2)\cup\left(-2,\ -\frac{1}{2}\right)\text{에서}\right) & f\text{는 감소} \end{cases}$$

임을 알 수 있다. 이 사실로부터 $x=-\frac{1}{2}$에서 주어진 함수는 극솟값을 가지며 극댓값은 갖지 않음을 알 수 있다. 한 번 더 미분하면

$$f''(x)=12x^2+36x+24=12(x+2)(x+1)$$

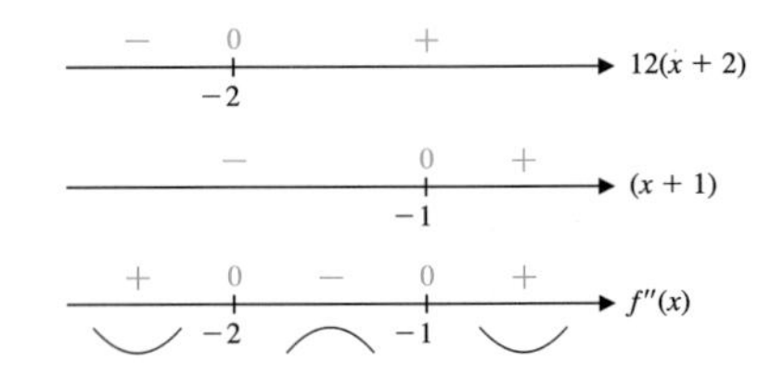

이고 이것을 수직선에 나타내 보면

$$f''(x)\begin{cases} >0 \ (\text{구간 } (-\infty,\ -2)\cup(-1,\ \infty)\text{에서}) & f\text{는 위로 오목} \\ <0 \ (\text{구간 } (-2,\ -1)\text{에서}) & f\text{는 아래로 오목} \end{cases}$$

임을 알 수 있다.

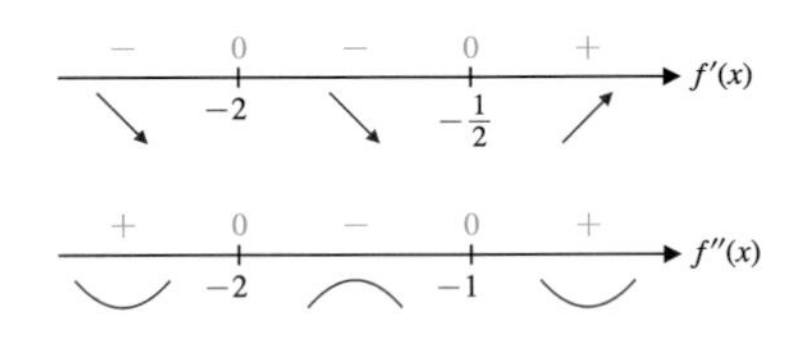

이것으로부터 $x=-2$와 $x=-1$에서 변곡점을 가짐을 알 수 있다. 마지막으로 x절편을 찾기 위해서 방정식 $f(x)=0$의 근삿값을 구하여 보자. 근삿값을 구하여 보면(자세한 것은 연습문제로 남겨둔다. 뉴턴의 방법이나 계산기 사용) x절편은 $x=-1$(참값)과 $x\approx -0.160713$이다. 중요한 x값은 $x=-2,\ x=-1,\ x=-\frac{1}{2}$이다. $y=f(x)$로부터 이것에 대응되는 y값을 계산하여, 세 점 $(-2,\ 1),\ (-1,\ 0),\ \left(-\frac{1}{2},-\frac{11}{16}\right)$을 얻는다. 왼쪽에 일계 및 이계 도함수에 관련된 정보를 요약하였다. 그림 3.65에서 x의 범위를 $-3\le x\le 1$로, y의 범위를 $-2\le y\le 8$로 택하여 중요한 특징이 나타나도록 그래프를 나타내었다.

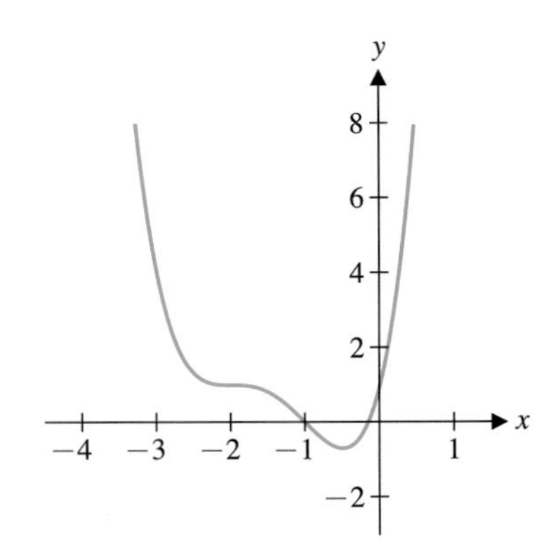

그림 3.65 $f(x)=x^4+6x^3+12x^2+8x+1$

다음 예제에서 극점, 변곡점 그리고 수평 및 수직점근선을 갖는 함수를 살펴본다.

예제 6.2 유리함수의 그래프 그리기

함수 $f(x)=\dfrac{x^2-3}{x^3}$의 중요한 특징을 나타내는 그래프를 그려라.

풀이

계산 프로그램을 사용한 그래프가 그림 3.66a이고 x의 범위 $-10\le x\le 10$과 y의 범위 $-10\le y\le 10$으로 설정된 계산기로 그린 그래프가 그림 3.66b이다. 이것은 그림 3.66a보다는 훨씬 정확하지만 여전히 부족해 보인다.

우선, f의 정의역은 $x\ne 0$인 모든 실수 x의 집합이다. $x=0$은 f의 정의역에 속하지 않는

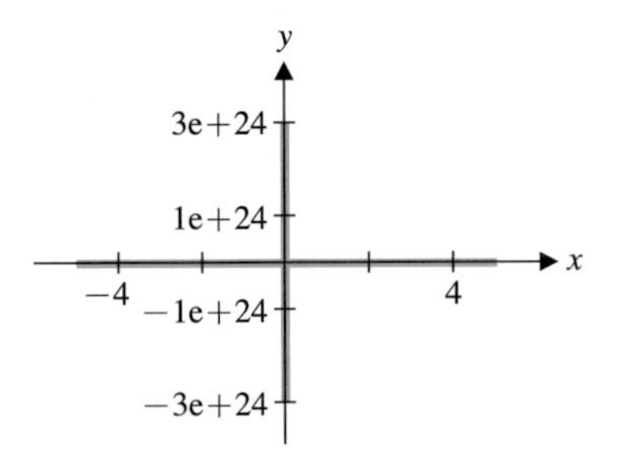

그림 3.66a $y=\dfrac{x^2-3}{x^3}$

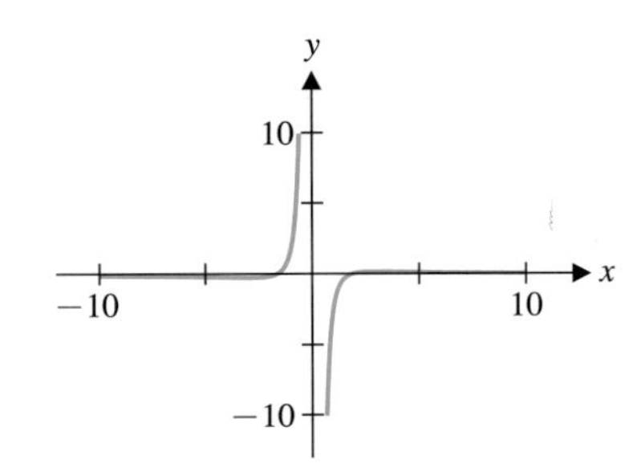

그림 3.66b $y=\dfrac{x^2-3}{x^3}$

고립점이므로 x가 0에 접근할 때 f의 극한값을 조사하여 보면

$$\lim_{x \to 0^+} f(x) = \lim_{x \to 0^+} \frac{x^2 - 3}{x^3} = -\infty \tag{6.1}$$

이고

$$\lim_{x \to 0^-} f(x) = \lim_{x \to 0^-} \frac{x^2 - 3}{x^3} = \infty \tag{6.2}$$

이다. 식 (6.1)과 (6.2)로부터 $x = 0$에서 주어진 함수는 수직점근선을 가짐을 알 수 있다. 일계도함수를 구하면

$$\begin{aligned} f'(x) &= \frac{2x(x^3) - (x^2 - 3)(3x^2)}{(x^3)^2} && \text{분수함수의 도함수} \\ &= \frac{x^2[2x^2 - 3(x^2 - 3)]}{x^6} && x^2\text{에 대한 인수정리} \\ &= \frac{9 - x^2}{x^4} && \text{각 항을 정리} \\ &= \frac{(3-x)(3+x)}{x^4} && \text{분자를 인수분해} \end{aligned}$$

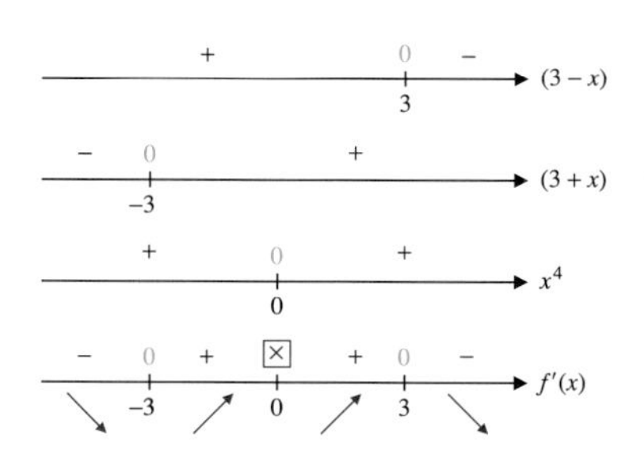

이다. $f'(x)$의 인수를 오른쪽 수직선에 나타내었다. 따라서

$$f'(x) \begin{cases} > 0 \ (\text{구간 } (-3, 0) \cup (0, 3)\text{에서}) & f\text{는 증가} \\ < 0 \ (\text{구간 } (-\infty, -3) \cup (3, \infty)\text{에서}) & f\text{는 감소} \end{cases} \tag{6.3}$$

이다. 이것으로부터 주어진 함수는 $x = -3$에서 극솟값과 $x = 3$에서 극댓값을 갖는다. 한 번 더 미분하면

$$\begin{aligned} f''(x) &= \frac{-2x(x^4) - (9 - x^2)(4x^3)}{(x^4)^2} && \text{분수함수의 도함수} \\ &= \frac{-2x^3[x^2 + (9 - x^2)(2)]}{x^8} && -2x^3\text{에 대한 인수정리} \\ &= \frac{-2(18 - x^2)}{x^5} && \text{각 항을 정리} \\ &= \frac{2(x - \sqrt{18})(x + \sqrt{18})}{x^5} && \text{분자를 인수분해} \end{aligned}$$

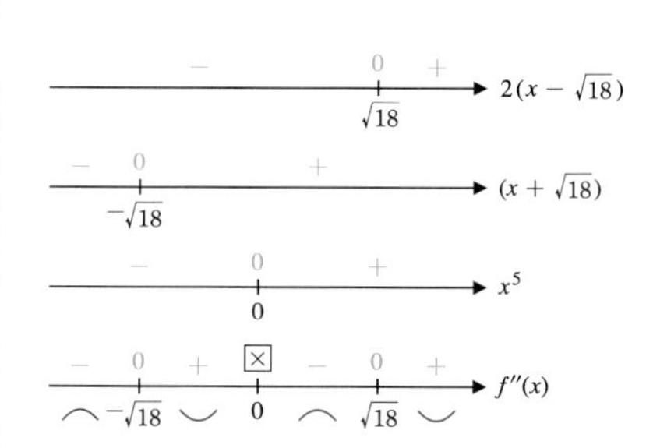

이다. $f''(x)$의 인수를 오른쪽 수직선에 나타내었다. 따라서

$$f'(x) \begin{cases} > 0 \ (\text{구간 } (-\sqrt{18}, 0) \cup (\sqrt{18}, \infty)\text{에서}) & f\text{는 위로 오목} \\ < 0 \ (\text{구간 } (-\infty, -\sqrt{18}) \cup (0, \sqrt{18})\text{에서}) & f\text{는 아래로 오목} \end{cases} \tag{6.4}$$

이고 이것으로부터 $x = \pm\sqrt{18}$에서 주어진 함수는 변곡점을 가짐을 알 수 있다($x = 0$에서 변곡점이 아닌 이유는 무엇인가?). $x \to \pm\infty$일 때 극한을 구하면

$$\begin{aligned} \lim_{x \to \infty} f(x) &= \lim_{x \to \infty} \frac{x^2 - 3}{x^3} \\ &= \lim_{x \to \infty} \left(\frac{1}{x} - \frac{3}{x^3} \right) = 0 \end{aligned} \tag{6.5}$$

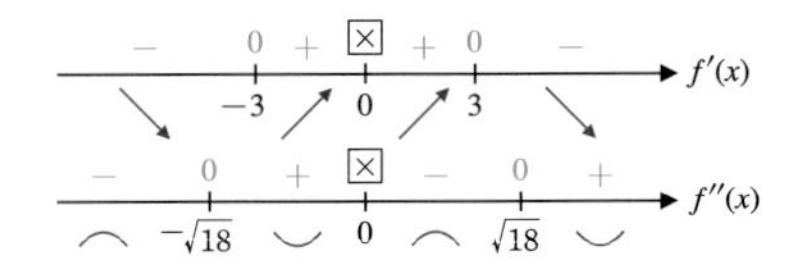

이고, 이와 마찬가지로 극한

$$\lim_{x \to -\infty} f(x) = 0 \tag{6.6}$$

을 얻는다. 따라서 $x \to -\infty$와 $x \to \infty$일 때 수평점근선 $y = 0$을 갖는다. 마지막으로 x절편은

$$0 = f(x) = \frac{x^2 - 3}{x^3}$$

즉 $x = \pm\sqrt{3}$이다. $x = 0$은 주어진 함수의 정의역에 속하지 않으므로 y절편은 없다. 이제 그래프를 그리기 위한 모든 정보를 얻었다. 그림 3.67에서 함수의 주요 부분, 즉 수직 및 수평점근선, 극점, 변곡점 등이 나타나도록 x의 범위와 y의 범위를 적절히 선택하여 그래프를 그렸다. 그림 3.67의 그래프는 식 (6.1)~(6.6)에 있는 함수의 특징들을 종합하여 나타낸 것이다. 비록 곡선의 오목성의 변화로부터 변곡점의 존재성을 알 수 있지만 그것의 정확한 위치는 이 그래프에서 판독하기 어렵다. 그렇지만 그림 3.66a나 3.66b에 나타나지 않는 수직 및 수평점근선, 극값 등이 이 그래프에서는 나타난다.

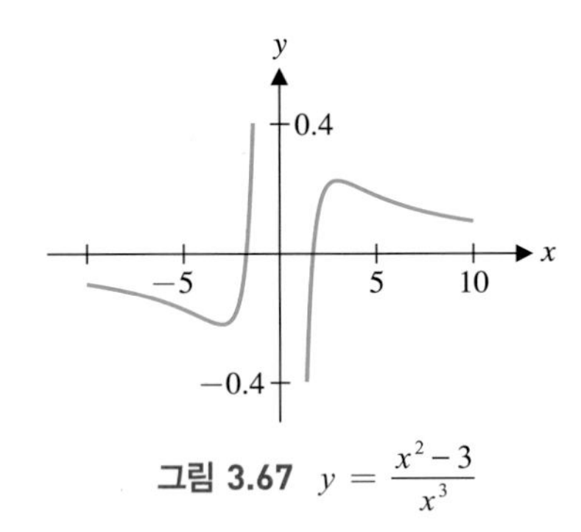

그림 3.67 $y = \dfrac{x^2 - 3}{x^3}$

다음 예제에서는 두 개의 수직점근선과 한 개의 극값을 갖고 변곡점이 없는 그래프를 살펴볼 것이다.

예제 6.3 두 개의 수직점근선을 갖는 그래프

함수 $f(x) = \dfrac{x^2}{x^2 - 4}$의 중요한 특징을 나타내는 그래프를 그려라.

풀이

컴퓨터 프로그램을 사용하여 그린 그래프는 그림 3.68a이고 계산기를 사용하여 그린 그래프는 그림 3.68b이다. $x = \pm 2$에서 함수 f의 분모는 0이므로 이 점들을 제외한 모든 실수 x의 집합이 f의 정의역이다. 그림 3.68b를 보면 $x = \pm 2$는 수직점근선처럼 보이는데 이 사실을 주의 깊게 확인하여 보자. 여기서

$$\lim_{x \to 2^+} \frac{x^2}{x^2 - 4} = \lim_{x \to 2^+} \frac{x^2}{(x-2)(x+2)} = \infty \tag{6.7}$$

이다. 이와 마찬가지로

$$\lim_{x \to 2^-} \frac{x^2}{x^2 - 4} = -\infty, \quad \lim_{x \to -2^+} \frac{x^2}{x^2 - 4} = -\infty \tag{6.8}$$

와

$$\lim_{x \to -2^-} \frac{x^2}{x^2 - 4} = \infty \tag{6.9}$$

를 얻는다. 따라서 $x = \pm 2$는 수직점근선이다. 다음으로

$$f'(x) = \frac{2x(x^2 - 4) - x^2(2x)}{(x^2 - 4)^2} = \frac{-8x}{(x^2 - 4)^2}$$

이다. $x \neq \pm 2$일 때 분모는 양이므로

$$f'(x) = \begin{cases} > 0 \text{ (구간 } (-\infty, -2) \cup (-2, 0)\text{에서)} & f\text{는 증가} \\ < 0 \text{ (구간 } (0, 2) \cup (2, \infty)\text{에서)} & f\text{는 감소} \end{cases} \tag{6.10}$$

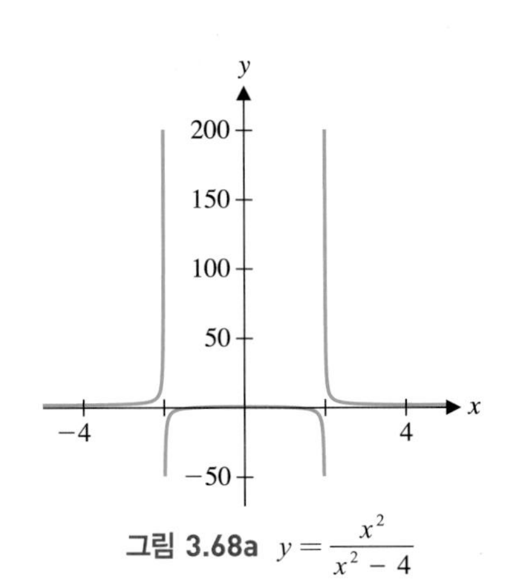

그림 3.68a $y = \dfrac{x^2}{x^2 - 4}$

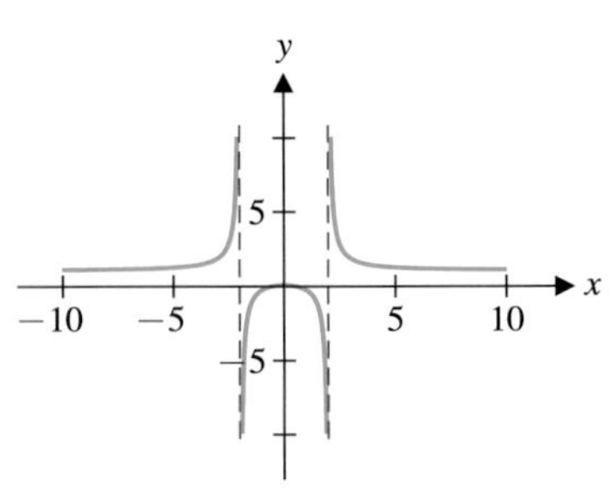

그림 3.68b $y = \dfrac{x^2}{x^2 - 4}$

임을 쉽게 알 수 있다. $x=-2, 2$는 f의 정의역에 있지 않으므로 $x=0$ 이 유일한 임계점이다. 따라서 $x=0$에서 극댓값을 갖는다. 한 번 더 미분하면

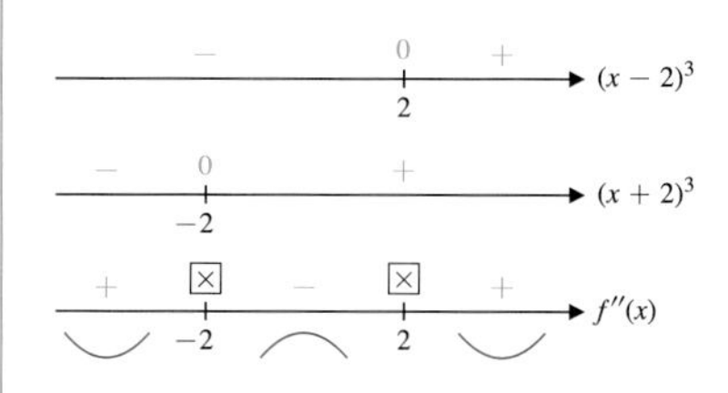

$$f''(x) = \frac{-8(x^2-4)^2+(8x)2(x^2-4)^1(2x)}{(x^2-4)^4} \quad \text{분수함수의 도함수}$$

$$= \frac{8(x^2-4)[-(x^2-4)+4x^2]}{(x^2-4)^4} \quad 8(x^2-4)\text{에 대한 인수정리}$$

$$= \frac{8(3x^2+4)}{(x^2-4)^3} \quad \text{각 항을 정리}$$

$$= \frac{8(3x^2+4)}{(x-2)^3(x+2)^3} \quad \text{인수분해}$$

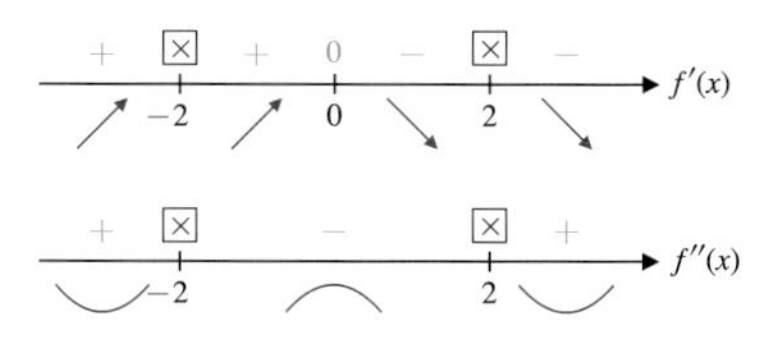

이다. 모든 x에 대해서 분자는 양이므로 이계도함수에서 분모의 부호만 조사하면 된다. 따라서

$$f''(x)\begin{cases} >0 \ (\text{구간 } (-\infty, -2)\cup(2, \infty)\text{에서}) & f\text{는 위로 오목} \\ <0 \ (\text{구간 } (-2, 2)\text{에서}) & f\text{는 아래로 오목} \end{cases} \tag{6.11}$$

을 얻고 $x=2, -2$는 f의 정의역에 속하지 않으므로 f의 변곡점은 없다. 한편, 극한값

$$\lim_{x\to\infty}\frac{x^2}{x^2-4}=1 \tag{6.12}$$

과

$$\lim_{x\to-\infty}\frac{x^2}{x^2-4}=1 \tag{6.13}$$

을 얻고 식 (6.12)와 (6.13)으로부터 $x\to\infty$와 $x\to-\infty$일 때 수평점근선 $y=1$을 얻는다. 마지막으로 x 절편은 $x=0$이다. 식 (6.7)~(6.13)의 결과를 종합하여 주어진 함수의 그래프를 그림 3.69에 나타내었다.

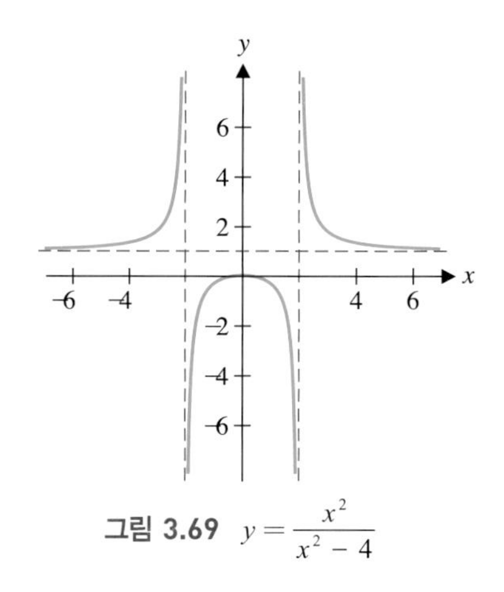

그림 3.69 $y=\dfrac{x^2}{x^2-4}$

다음 예제에서 컴퓨터 프로그램을 이용하여 근을 찾고 함수의 그래프를 그려 보자.

예제 6.4 정의역 및 극값의 근삿값을 이용한 그래프

함수 $f(x)=\dfrac{1}{x^3+3x^2+3x+3}$ 의 중요한 특징을 나타내는 그래프를 그려라.

풀이

계산기나 컴퓨터 프로그램을 이용하여 그린 그래프가 그림 3.70이다. 그러나 주어진 함수의 특징은 앞에서처럼 미분적분학을 통하여 조사해야만 한다.

f는 유리함수이므로 분모가 0인 점, 즉

$$x^3+3x^2+3x+3=0$$

인 x값을 제외한 모든 실수 x에 대하여 정의된다. 이 방정식의 근을 찾기 위해 인수분해를 하는 것이 어렵다면 근삿값을 찾아야 한다. 우선 근이 어디에 위치하는지 알아보기 위해 삼차함수의 그래프를 그려야 한다(그림 3.71). 이것은 단지 근의 개수와 위치를 찾기 위한 것이므로 자세히 그릴 필요는 없다. 이 함수의 경우, $x=-2$ 근처에서 한 개의 근만 가진다는

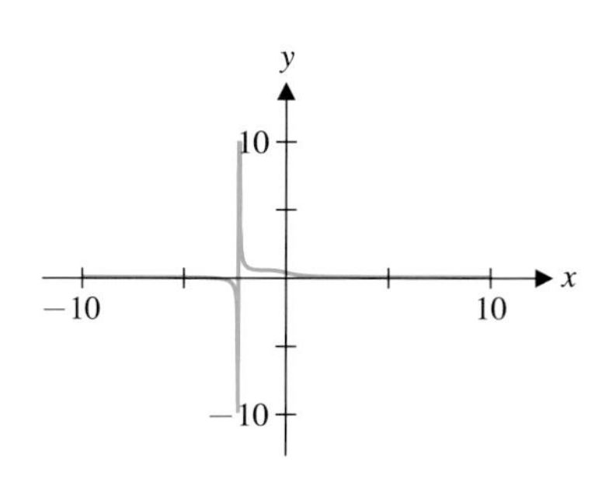

그림 3.70 $y=\dfrac{1}{x^3+3x^2+3x+3}$

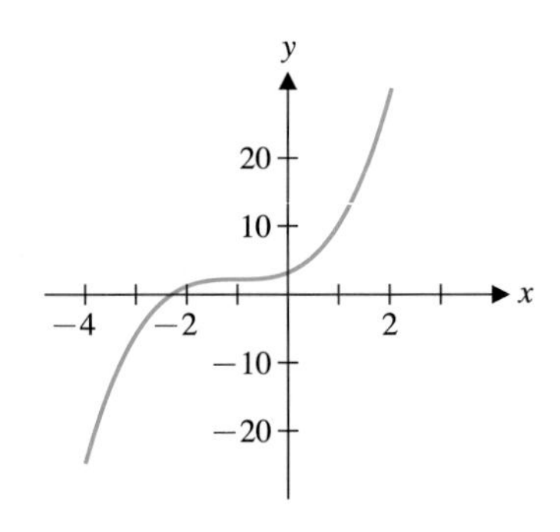

그림 3.71 $y = x^3 + 3x^2 + 3x + 3$

것을 알 수 있다.

$$\frac{d}{dx}(x^3 + 3x^2 + 3x + 3) = 3x^2 + 6x + 3 = 3(x+1)^2 \geq 0$$

이므로 이것이 유일한 근이다. 도함수는 음이 아니므로 이 함수의 그래프는 x축과 두 번 이상 만날 수 없다. 뉴턴의 방법이나 계산기를 이용하여 근의 근삿값을 구하여 보면 $x = a \approx -2.25992$를 얻는다. 이 근을 정확히 구할 수는 없지만 그림 3.71의 그래프를 이용하여 다음 극한

$$\lim_{x \to a^+} f(x) = \lim_{x \to a^+} \frac{1}{x^3 + 3x^2 + 3x + 3} = \infty \tag{6.14}$$

와

$$\lim_{x \to a^-} f(x) = \lim_{x \to a^-} \frac{1}{x^3 + 3x^2 + 3x + 3} = -\infty \tag{6.15}$$

를 얻는다. 식 (6.14)와 (6.15)로부터 $x = a$에서 f는 수직점근선을 갖는다. 주어진 함수의 도함수를 구하고 정리하여 보면, $x \neq a$ 또는 -1일 때

$$\begin{aligned} f'(x) &= -(x^3 + 3x^2 + 3x + 3)^{-2}(3x^2 + 6x + 3) \\ &= -3\left[\frac{(x+1)^2}{(x^3 + 3x^2 + 3x + 3)^2}\right] \\ &= -3\left(\frac{x+1}{x^3 + 3x^2 + 3x + 3}\right)^2 \\ &< 0 \end{aligned} \tag{6.16}$$

이고 $f'(-1) = 0$이다. 따라서 f는 $x < a$과 $x > a$인 구간에서 감소한다. 또한 $x = -1$은 이 함수의 유일한 임계점이고, $x = a$를 제외한 모든 곳에서 f는 감소하므로 극값은 없다. 이계도함수를 구하여 보면

$$\begin{aligned} f''(x) &= -6\left(\frac{x+1}{x^3 + 3x^2 + 3x + 3}\right)\frac{1(x^3 + 3x^2 + 3x + 3) - (x+1)(3x^2 + 6x + 3)}{(x^3 + 3x^2 + 3x + 3)^2} \\ &= \frac{-6(x+1)}{(x^3 + 3x^2 + 3x + 3)^3}(-2x^3 - 6x^2 - 6x) \\ &= \frac{12x(x+1)(x^2 + 3x + 3)}{(x^3 + 3x^2 + 3x + 3)^3} \end{aligned}$$

이다. 모든 x에 대하여 $(x^2 + 3x + 3) > 0$이므로(왜 그럴까?) 이계도함수 판정법을 적용할 때 이 항은 무시하여도 된다. 나머지 인수들을 이용하여 이계도함수의 부호를 수직선에 나타내면

− 0 + → $12x$ (0)

− 0 + → $(x+1)$ (−1)

− 0 + → $x^3 + 3x^2 + 3x + 3$ ($a = -2.2599\ldots$)

− ☒ + 0 − 0 + → $f''(x)$ (a, −1, 0)

이다. 따라서

$$f''(x)\begin{cases} >0\ (\text{구간 } (a,\ -1)\cup(0,\ \infty)\text{에서}) & f\text{는 위로 오목} \\ <0\ (\text{구간 } (-\infty,\ a)\cup(-1,\ 0)\text{에서}) & f\text{는 아래로 오목}\end{cases} \tag{6.17}$$

이고 $x=0$과 $x=-1$에서 주어진 함수는 변곡점을 갖는다. 그림 3.70에서는 오목성이 명확하지 않고 변곡점도 구별하기 어렵다.

주어진 함수는 0을 함숫값으로 가질 수 없고 따라서 x절편은 없다. 마지막으로 극한

$$\lim_{x\to\infty}\frac{1}{x^3+3x^2+3x+3}=0 \tag{6.18}$$

과

$$\lim_{x\to-\infty}\frac{1}{x^3+3x^2+3x+3}=0 \tag{6.19}$$

을 얻는다. 식 (6.14)~(6.19)를 사용하여 그림 3.72에 그래프를 나타냈다. 이 그래프에서 수직점근선과 수평점근선을 볼 수 있고, 오목성의 변화를 알 수 있다. 또한 주어진 함수는 정의역 전체에서 감소함을 알 수 있다.

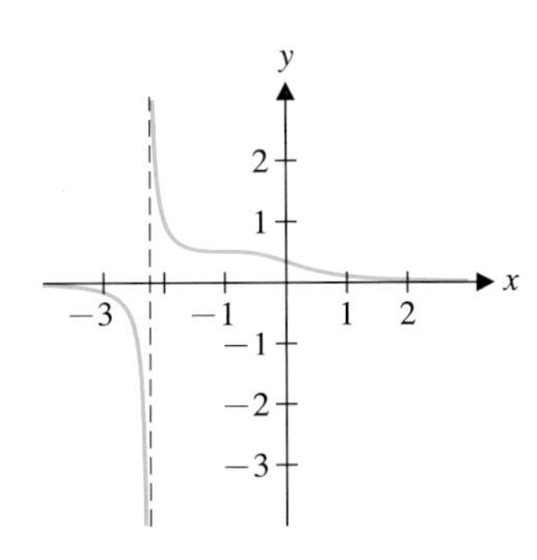

그림 3.72 $y=\dfrac{1}{x^3+3x^2+3x+3}$

다음 예제에서 수직점근선을 갖는 초월함수의 그래프를 그려 보자.

예제 6.5 일부 특징을 보기 어려운 그래프 그리기

함수 $f(x)=e^{1/x}$의 중요한 특징을 나타내는 그래프를 그려 보아라.

풀이

그림 3.73a는 컴퓨터 프로그램으로 그린 그래프로 별로 유용하지 못하다. 내장된 프로그램을 이용하여 계산기로 그린 그래프 그림 3.73b는 그림 3.73a의 그래프보다는 낫지만 정확한 분석이 어려워 만족스럽지 못하다. 우선 f의 정의역은 $(-\infty,\ 0)\cup(0,\ \infty)$이다. $x\to0^+$일 때 $1/x\to\infty$이므로

$$\lim_{x\to0^+}e^{1/x}=\infty \tag{6.20}$$

이다. 또한 $x\to0^-$일 때 $1/x\to-\infty$이고, $t\to-\infty$일 때 $e^t\to0$이므로 다음 극한을 얻는다.

$$\lim_{x\to0^-}e^{1/x}=0 \tag{6.21}$$

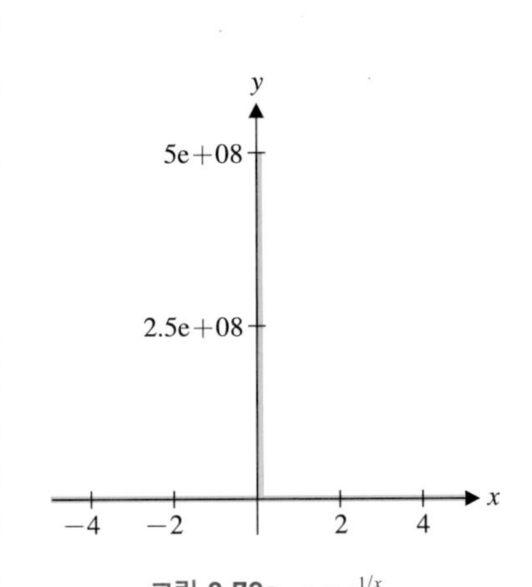

그림 3.73a $y=e^{1/x}$

식 (6.20)과 (6.21)로부터 $x=0$은 수직점근선이다. 그런데 이것은 0의 오른쪽에서 $f(x)\to\infty$이고 0의 왼쪽에서 $f(x)\to0$인 특별한 경우이다. 다음으로 모든 x에 대하여 $e^{1/x}>0$이므로

$$\begin{aligned} f'(x) &= e^{1/x}\frac{d}{dx}\left(\frac{1}{x}\right) \\ &= e^{1/x}\left(\frac{-1}{x^2}\right)<0,\ x\neq0 \end{aligned}$$

이다. 따라서 $x\neq0$인 모든 실수 x에 대하여 f는 감소함을 알 수 있다. 또한

$$\begin{aligned} f''(x) &= e^{1/x}\left(\frac{-1}{x^2}\right)\left(\frac{-1}{x^2}\right)+e^{1/x}\left(\frac{2}{x^3}\right) \\ &= e^{1/x}\left(\frac{1}{x^4}+\frac{2}{x^3}\right)=e^{1/x}\left(\frac{1+2x}{x^4}\right) \end{aligned}$$

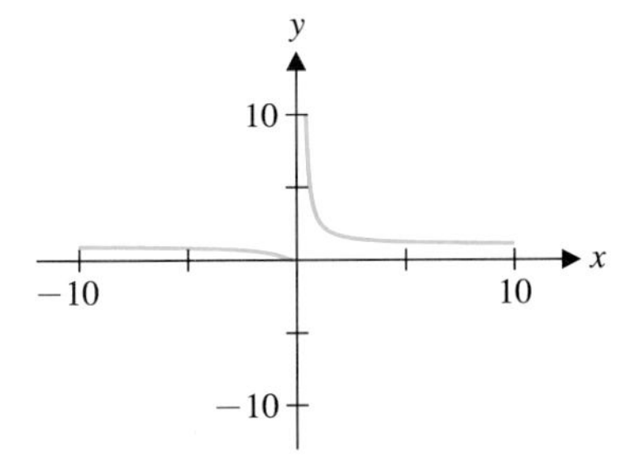

그림 3.73b $y=e^{1/x}$

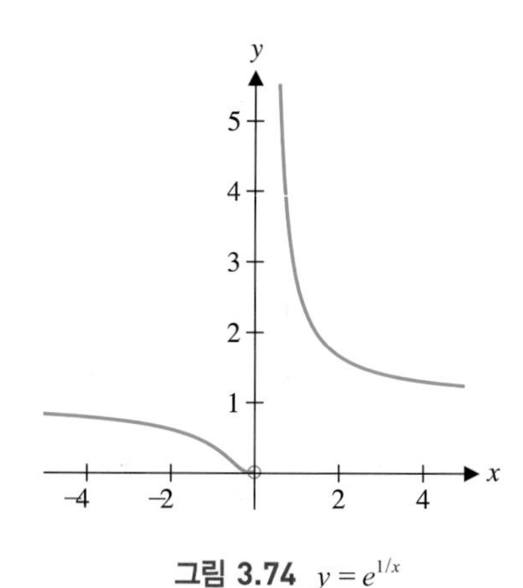

그림 3.74 $y = e^{1/x}$

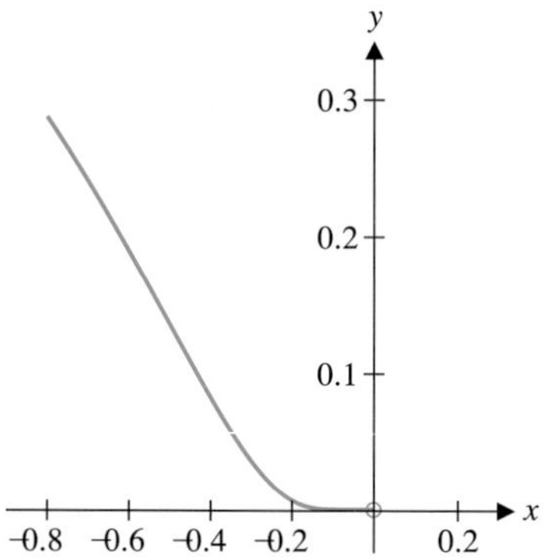

그림 3.75 $y = e^{1/x}$

$$\begin{cases} < 0, \left(\text{구간 } \left(-\infty, -\frac{1}{2}\right) \text{에서}\right) & f\text{는 아래로 오목} \\ > 0, \left(\text{구간 } \left(-\frac{1}{2}, 0\right) \cup (0, \infty) \text{에서}\right) & f\text{는 위로 오목} \end{cases}$$

를 얻는다. $x = 0$은 f의 정의역에 있지 않으므로 $x = -\frac{1}{2}$에서 유일한 변곡점이 생긴다. 다음으로, $x \to \infty$일 때 $1/x \to 0$이고 $t \to 0$일 때 $e^t \to 1$이므로

$$\lim_{x\to\infty} e^{1/x} = 1$$

이며

$$\lim_{x\to-\infty} e^{1/x} = 1$$

이다. 따라서 $x \to \infty$이거나 $x \to -\infty$일 때 모두 $y = 1$이 수평점근선이 된다. 마지막으로 $x \neq 0$인 모든 실수 x에 대하여

$$e^{1/x} > 0$$

이므로 x절편은 없다. 변곡점 $\left(-\frac{1}{2}, e^{-2}\right)$이 x축에 아주 근접해 있기 때문에 그래프에서 이것을 자세히 나타내기는 어렵다. 또 수평점근선은 $y = 1$이므로 그래프를 아주 크게 그리지 않는 한 이것을 자세히 나타내는 것 또한 어렵다. 그림 3.74에서는 구간 $\left(-\frac{1}{2}, 0\right)$에서 오목성과, 변곡점을 제외한 모든 특징이 나타나 있다. 변곡점 근처에서의 특징을 살펴보기 위해, 그림 3.75에서 변곡점 근처의 그래프를 확대하여 그렸다. 이 그림에서는 변곡점과 $x = 0$ 근처에서 오목성은 알 수 있지만 그래프 전체의 특징을 살펴볼 수는 없다.

다음 마지막 예제에서 삼각함수와 다항함수의 합으로 이루어진 함수의 그래프를 살펴볼 것이다.

예제 6.6 삼각함수와 다항함수의 합으로 이루어진 함수의 그래프 그리기

함수 $f(x) = \cos x - x$의 중요한 특징을 나타내는 그래프를 그려라.

풀이

컴퓨터를 이용하여 그린 그래프가 그림 3.76a이고 계산기를 이용하여 그린 그래프가 그림 3.76b이다. 우선, f의 정의역은 실수 전체이고 따라서 수직점근선은 없다. 미분하면 모든

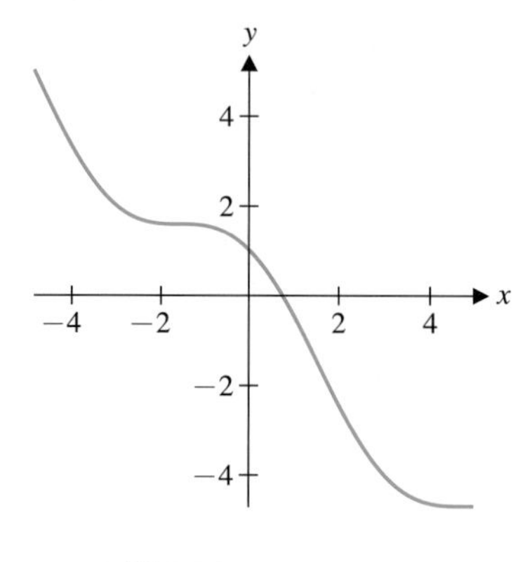

그림 3.76a $y = \cos x - x$

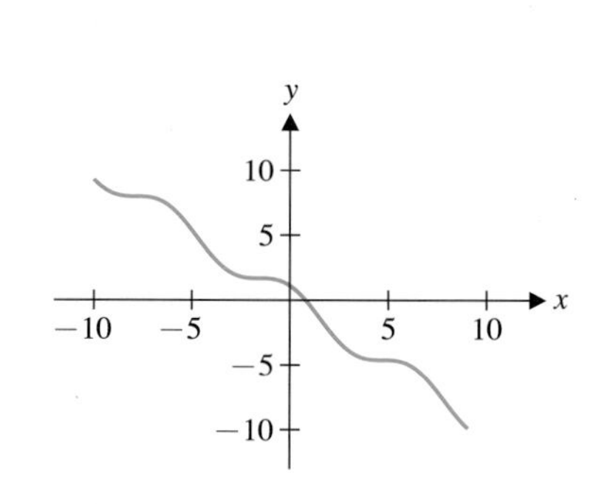

그림 3.76b $y = \cos x - x$

x에 대하여

$$f'(x) = -\sin x - 1 \leq 0 \tag{6.22}$$

이다. 더욱이 $f'(x)=0$일 필요충분조건은 $\sin x = -1$이다. 따라서 임계점은 존재하고(여기서는 수평접선을 갖는 점), $f'(x)$의 부호는 변하지 않으므로 극값은 없다. 그러나 여전히 수평접선을 갖는 점의 특징을 조사해 볼 필요가 있다.

$$x = \frac{3\pi}{2}\text{에서 } \sin x = -1$$

이고 보다 일반적으로 임의의 정수 n에 대하여

$$x = \frac{3\pi}{2} + 2n\pi$$

일 때 $\sin x = -1$이다. 한 번 더 미분하면

$$f''(x) = -\cos x$$

이고 구간 $[0, 2\pi]$에서

$$\cos x \begin{cases} > 0, \left(\text{구간 } \left[0, \frac{\pi}{2}\right) \cup \left(\frac{3\pi}{2}, 2\pi\right] \text{에서}\right) \\ < 0, \left(\text{구간 } \left(\frac{\pi}{2}, \frac{3\pi}{2}\right) \text{에서}\right) \end{cases}$$

이므로

$$f''(x) = -\cos x \begin{cases} < 0, \left(\text{구간 } \left[0, \frac{\pi}{2}\right) \cup \left(\frac{3\pi}{2}, 2\pi\right] \text{에서}\right) & f\text{는 아래로 오목} \\ > 0, \left(\text{구간 } \left(\frac{\pi}{2}, \frac{3\pi}{2}\right) \text{에서}\right) & f\text{는 위로 오목} \end{cases} \tag{6.23}$$

이다. 구간 $[0, 2\pi]$의 바깥에서 $f''(x)$는 주기함수이므로 이와 같은 형태를 반복한다. 특히 이것은 주어진 함수가 $\pi/2$의 홀수 배인 x값에서 무수히 많은 변곡점을 가짐을 말한다.

$x \to \pm\infty$일 때 함수의 특징을 살펴보자. 모든 x에 대하여 $-1 \leq \cos x \leq 1$이고 $\lim_{x\to\infty} x = \infty$이므로

$$\lim_{x\to\infty}(\cos x - x) = -\infty \tag{6.24}$$

이고

$$\lim_{x\to-\infty}(\cos x - x) = \infty \tag{6.25}$$

이다.

마지막으로 x절편을 구하기 위해서 다음 방정식을 풀어야 한다.

$$f(x) = \cos x - x = 0$$

그러나 이 방정식은 정확히 풀 수 없다. 모든 x에 대하여 $f'(x) \leq 0$이고 그림 3.76a와 3.76b를 살펴보면 $x=1$ 근처에 근이 있음을 알 수 있으므로 근은 한 개이다. 뉴턴의 방법이나 계산기를 사용하여 x절편의 근삿값을 구하면 $x \approx 0.739085$를 얻는다. 식 (6.22)~(6.25)를 사용하여 주어진 함수의 그래프를 그리면 그림 3.77과 같다. 그림 3.76b의 그래프는 그림 3.77의 그래프와 비슷하나 x의 범위가 상대적으로 작다. 어느 것이 그래프의 특징을 잘 나타내는 것인지는 독자의 판단에 맡긴다. ■

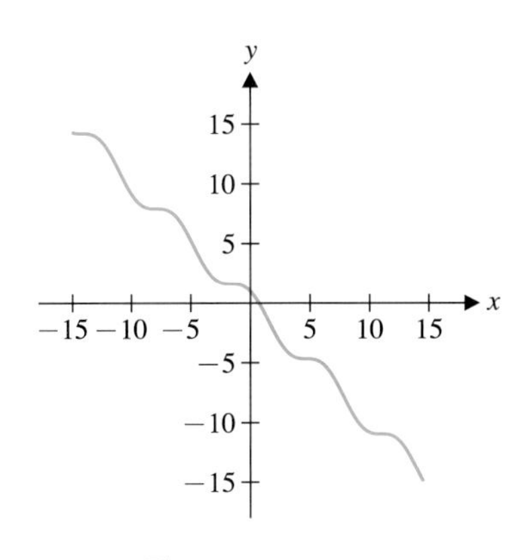

그림 3.77 $y = \cos x - x$

연습문제 3.6

[1~10] 다음 함수의 그래프를 그리고 예제 6.2와 같이 그래프의 특징을 설명하여라.

1. $f(x) = x^3 - 3x^2 + 3x$
2. $f(x) = x^5 - 2x^3 + 1$
3. $f(x) = x + \dfrac{4}{x}$
4. $f(x) = \dfrac{x^2+4}{x^3}$
5. $f(x) = \dfrac{2x}{x^2-1}$
6. $f(x) = x\ln x$
7. $f(x) = \sqrt{x^2+1}$
8. $f(x) = \sqrt[3]{x^3-3x^2+2x}$
9. $f(x) = x^{5/3} - 5x^{2/3}$
10. $f(x) = e^{-2/x}$

[11~13] 임의의 상수 c를 포함하는 함수들을 함수족이라 한다. c가 0일 때, 양 또는 음일 때, 다음 각 함수의 그래프에 차이가 있다면 어떤 차이가 있는지 설명하여라. 양의 값으로 매우 큰 c와 음의 값으로 매우 작은 c에 대하여 그래프가 어떠한지 설명하여라.

11. $f(x) = x^4 + cx^2$
12. $f(x) = \dfrac{x^2}{x^2+c^2}$
13. $f(x) = \sin(cx)$

[14~16] $\lim_{x\to\infty}[f(x)-(mx+b)]=0$ 또는 $\lim_{x\to-\infty}[f(x)-(mx+b)]=0$이면 $y=mx+b(m\neq 0)$를 $f(x)$의 사점근선(slant asymptote)이라 한다. 다음 각 유리함수의 나눗셈을 계산하고 이것을 이용하여 사점근선을 구하여라. 그 다음에 이 점근선과 함께 함수의 그래프를 그려보아라.

14. $f(x) = \dfrac{3x^2-1}{x}$
15. $f(x) = \dfrac{x^3-2x^2+1}{x^2}$
16. $f(x) = \dfrac{x^4}{x^3+1}$

[17~18] 다음 점근선을 갖는 함수를 구하여라.

17. $x=1, x=2, y=3$
18. $x=-1, x=1, y=-2, y=2$
19. 수평점근선과 수직점근선 이외의 점근선을 조사하는 것은 매우 유용하다. 예를 들어 $\lim_{x\to\infty}[f(x)-x^2]=0$ 또는 $\lim_{x\to-\infty}[f(x)-x^2]=0$이면 포물선 x^2은 $f(x)$의 점근선이다. x^2은 $f(x)=\dfrac{x^4-x^2+1}{x^2-1}$의 점근선임을 증명하여라. 또 $y=f(x)$의 그래프를 포물선에 근접해 보일 때까지 축소하여 그려 보아라(주: 그래프를 축소하여 그리는 것은 매우 큰 x값에서 그래프의 형태를 살펴보기 위함이다).
20. 함수 $y=\sinh x=\dfrac{e^x-e^{-x}}{2}$, $y=\cosh x=\dfrac{e^x+e^{-x}}{2}$의 극값과 변곡점을 구하고 그래프를 그려라.

3.7 최적화

오늘날 모든 산업 현장과 여러 분야에서 손실을 최소화하고 생산성을 최대화하려는 노력들을 볼 수 있다. 이 절에서는 미분적분학을 이용하여 최댓값이나 최솟값을 구하는 응용 문제들을 공부해 보자. 우선 몇 가지 조사해야 할 것을 제시함으로써 시작하자.

- 그려야 할 그림이 있다면 먼저 그것을 그린다.
- 변수들이 무엇인지, 그것들의 관계가 어떻게 되는지 결정한다.
- 최대가 되거나 최소가 되어야 할 양이 무엇인지 결정한다.
- 최대가 되거나 최소가 되어야 할 양을 한 변수의 함수로 나타낸다. 이것을 구하기 위해서는 다른 변수들을 한 변수에 관해 풀어야 한다.

- 사용하고 있는 변수에 대하여 허용된 범위(독립 변수의 최솟값과 최댓값)를 구한다.
- 문제를 푼다(주어진 질문에 맞는 답인지 확인한다).

우선 간단한 예제로 시작하자.

예제 7.1 최대 넓이의 직사각형 정원 만들기

둘레의 길이가 40피트인 울타리를 이용하여 직사각형 모양의 정원을 만들려고 한다. 이 울타리로 둘러싸인 정원 중에서 넓이가 최대인 것의 치수와 넓이를 구하여라.

풀이

직사각형의 정원을 만드는 방법은 여러 가지이다. 길고 좁은 정원, 길지 않고 폭이 넓은 정원 등이 있다(그림 3.78). 어떤 모양의 정원이 최적인지 결정하는 방법은 무엇인가? 우선 그림을 그리고 적절하게 이름을 붙이자(그림 3.79). 직사각형 평면도에서 길이와 폭이 변수이며 이것들을 각각 x와 y라 하자.
가능한 최대 넓이, 즉

$$A = xy$$

가 최대가 되는 치수를 구하여야 한다. 이 함수는 변수가 두 개이므로 이용 가능한 방법들을 바로 적용할 수는 없다. 그러나 여기서는 사용할 수 있는 또 다른 조건이 있다. 최대 넓이를 얻으려면 울타리를 모두 사용하여야 한다. 따라서 울타리의 둘레는 40피트이어야 하고

$$40 = \text{둘레의 길이} = 2x + 2y \tag{7.1}$$

이다. 식 (7.1)에서 한 변수를 나머지 변수에 관해서 풀 수 있다.

$$2y = 40 - 2x$$

이고 따라서

$$y = 20 - x$$

이다. $A = xy$에 y를 대입하면

$$A = xy = x(20 - x)$$

를 얻고 따라서 함수

$$A(x) = x(20 - x)$$

의 최댓값을 구해야 한다.
$A(x)$의 최댓값을 구하기 전에 x의 구간을 찾아야 한다. 우선, x는 길이이므로 $0 \le x$이어야 하고, 더욱이 둘레는 40피트이므로 $x \le 20$이어야 한다($x \le 40$이면 안 되는 이유는 무엇인가?). 따라서 구간 $[0, 20]$에서 $A(x)$의 최댓값을 찾아야 한다. 이것은 이제 간단한 문제이다. 적절한 답이 무엇인지 살펴보려면 구간 $[0, 20]$에서 $y = A(x)$의 그래프를 그려야 한다(그림 3.80). $x = 10$ 근처에서 넓이는 최대가 됨을 알 수 있다. 도함수를 구하면

$$\begin{aligned} A'(x) &= 1(20 - x) + x(-1) \\ &= 20 - 2x \\ &= 2(10 - x) \end{aligned}$$

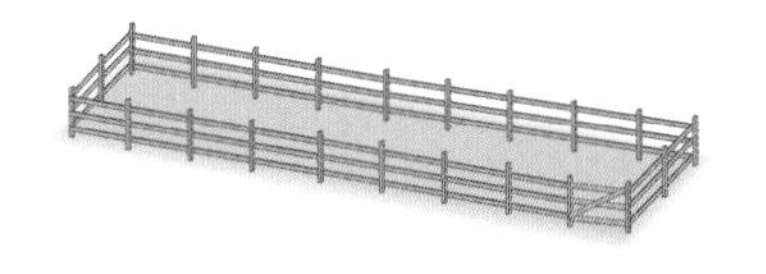

또는

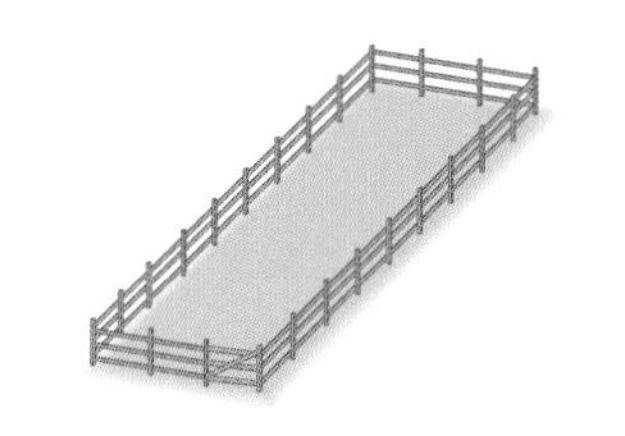

그림 3.78 가능한 평면도

그림 3.79 직사각형 평면도

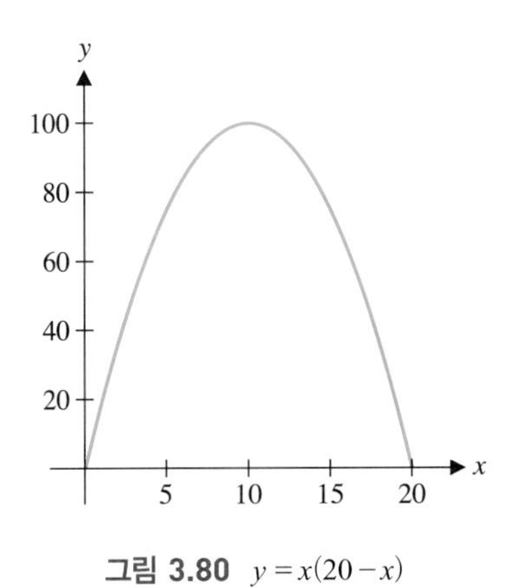

그림 3.80 $y = x(20 - x)$

이다. 따라서 $x = 10$이 유일한 임계점이고 이 점은 구간 [0, 20] 안에 있다. 폐 유계 구간에서 연속인 함수는 임계점 또는 구간의 끝점에서 최댓값과 최솟값을 갖는다는 것을 이용하면 다음 함숫값만 비교하면 된다.

$$A(0) = 0,\ A(20) = 0,\ \ A(10) = 100$$

이것으로부터 40피트의 울타리로 둘러싸인 정원의 최대 넓이는 100제곱피트임을 알 수 있다. 다음으로 평면도의 치수를 알아보자(최대 넓이의 직사각형을 만드는 방법을 모른다면 이 결과는 단순히 이론적인 값에 불과하다). $x = 10$이므로

$$y = 20 - x = 10$$

이다. 즉, 둘레의 길이가 40피트인 직사각형 중에서 넓이가 최대인 것은 한 변의 길이가 10피트인 정사각형이다.

■

일반적으로 둘레가 일정할 때, 이 둘레를 갖는 직사각형 중에서 넓이가 최대인 것은 정사각형일 때이다. 이것의 풀이는 실질적으로 예제 7.1과 같은데 연습문제로 남겨둔다.

제조업을 하는 회사에서는 제품을 선적하기 위해서 어떻게 포장하는 것이 경제적인지 판단하는 것이 중요하다. 다음 예제가 이러한 문제의 간단한 형태이다.

예제 7.2 최대 부피의 상자 만들기

한 변의 길이가 18인치인 정사각형 모양의 마분지로, 네 귀퉁이를 같은 모양의 정사각형으로 잘라서 버리고(그림 3.81a) 점선을 따라 위로 접어서 뚜껑이 없는, 즉 윗부분이 없는 상자를 만들려고 한다(그림 3.81b). 부피가 최대가 되도록 상자의 치수를 구하여라.

그림 3.81a 마분지

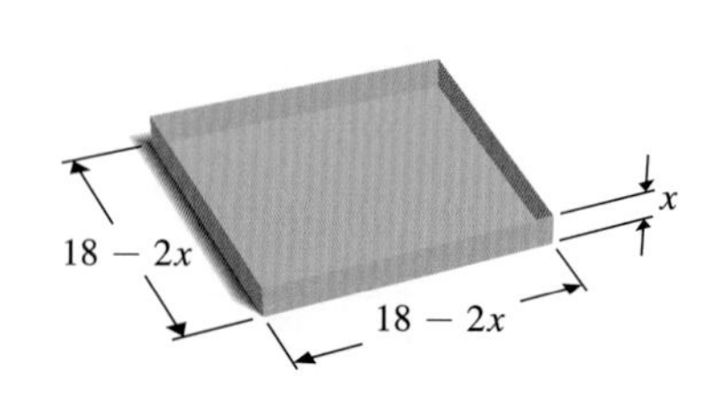

그림 3.81b 직육면체 모양의 상자

풀이

직육면체 상자의 부피는

$$V = l \times w \times h$$

이다. 그림 3.81b로부터 $h = x$이며 길이와 폭은 $l = w = 18 - 2x$임을 알 수 있다. 따라서 상자의 부피를 변수 x의 함수로 나타내면

$$V = V(x) = (18 - 2x)^2(x) = 4x(9 - x)^2$$

이다. 이 식을 습관적으로 전개하지 말자. x는 길이이므로 $x \geq 0$이다. 네 귀퉁이를 한 변의 길이가 9인 정사각형으로 잘라서 버리면 전체 마분지가 다 버려지므로 $x \leq 9$이다. 따라서 주어진 문제는 폐구간 [0, 9]에서 함수

$$V(x) = 4x(9 - x)^2$$

의 최댓값을 구하는 문제이다. 구간 [0, 9]에서 $y = V(x)$의 그래프가 그림 3.82에 있다.
그래프로부터 최대 부피는 대략 $x = 3$일 때 약 400임을 추정할 수 있다. 이제 문제를 정확히 풀어 보자. 도함수를 구하면

$$\begin{aligned} V'(x) &= 4(9-x)^2 + 4x(2)(9-x)(-1) && \text{곱의 법칙과 연쇄법칙} \\ &= 4(9-x)[(9-x)-2x] && 4(9-x)\text{에 대한 인수정리} \\ &= 4(9-x)(9-3x) \end{aligned}$$

이다. 따라서 V는 두 개의 임계점을 갖는다. 즉, 3과 9이고 이것은 구간 $[0, 9]$ 안에 있다. 구간의 양 끝점과 임계점에서의 함숫값을 비교하여야 한다. 따라서

$$V(0) = 0,\ V(9) = 0,\ V(3) = 432$$

이고 구하는 최대 부피는 432세제곱인치이다. 각 귀퉁이에서 한 변의 길이가 3인치인 정사각형을 잘라 내면 이 부피를 얻을 수 있다. 그림 3.82에 주어진 $y = V(x)$의 그래프로부터 예상했던 결과이다. 마지막으로, 이 최대 부피를 갖는 상자의 치수는 길이가 12인치, 폭이 12인치이고 높이는 3인치이다.

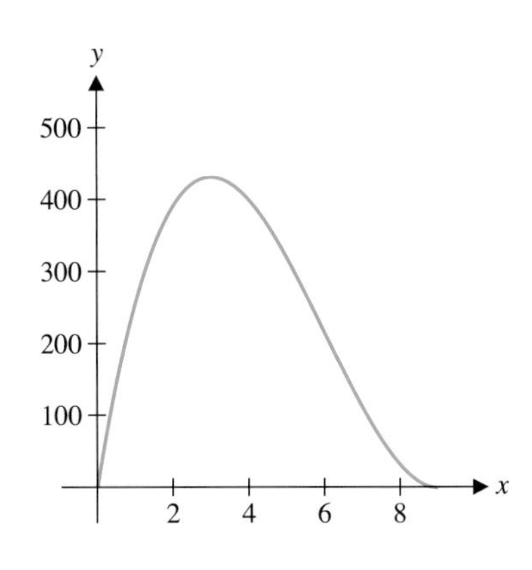

그림 3.82 $y = 4x(9-x)^2$

새로운 건물을 만들 때, 전화선과 전기를 연결해야 하고, 도로, 하수도관 및 상수도관을 연결해야 한다. 전화선, 상수도관, 하수도관, 도로 등이 휘어져 있다면 비용을 최소화하기 위하여 가장 짧은 길이로 연결하는 방법을 찾아야 한다. 다음 두 예제에서 한 점에서부터 주어진 곡선까지의 최단 거리를 구하는 문제를 살펴본다.

예제 7.3 포물선 위의 가장 가까운 점 찾기

점 $(3, 9)$에서 포물선 $y = 9 - x^2$ 위의 가장 가까운 점을 구하여라(그림 3.83).

풀이

거리를 구하는 공식을 사용하여 점 $(3, 9)$와 임의의 점 (x, y) 사이의 거리를 구하면

$$d = \sqrt{(x-3)^2 + (y-9)^2}$$

이다. 점 (x, y)가 주어진 포물선 위의 점이면 방정식 $y = 9 - x^2$을 만족하고 따라서 거리를 변수 x만의 함수로 나타내면

$$\begin{aligned} d(x) &= \sqrt{(x-3)^2 + [(9-x^2)-9]^2} \\ &= \sqrt{(x-3)^2 + (-x^2)^2} \\ &= \sqrt{(x-3)^2 + x^4} \end{aligned}$$

이다. 이 형태로도 주어진 문제를 바로 풀 수 있지만, $d(x)$가 최소일 필요충분조건은 근호 안의 식이 최소일 때이므로 이것을 이용하면 문제를 더 간단히 풀 수 있다. 이것을 증명하는 것은 연습문제로 남겨둔다. 따라서 $d(x)$의 최솟값을 직접 구하는 것 대신에 $d(x)$제곱의 최솟값을 구하자.

$$f(x) = [d(x)]^2 = (x-3)^2 + x^4$$

그림 3.83을 보면 y축 왼쪽 부분 포물선 위에 있는 점들에서 점 $(3, 9)$까지 거리는 점 $(0, 9)$에서 점 $(3, 9)$까지의 거리보다 멀다. 이와 비슷하게 x축 아래에 있는 포물선 위의 점에서 점 $(3, 9)$까지 거리는 점 $(3, 0)$에서 점 $(3, 9)$까지의 거리보다 멀다. 따라서 $0 \le x \le 3$에서 주어진 점에 가장 가까운 포물선 위의 점만 찾으면 된다. 이제, 이것은 폐 유계 구간에서 연속인 함수의 최솟값을 찾는 문제이다.

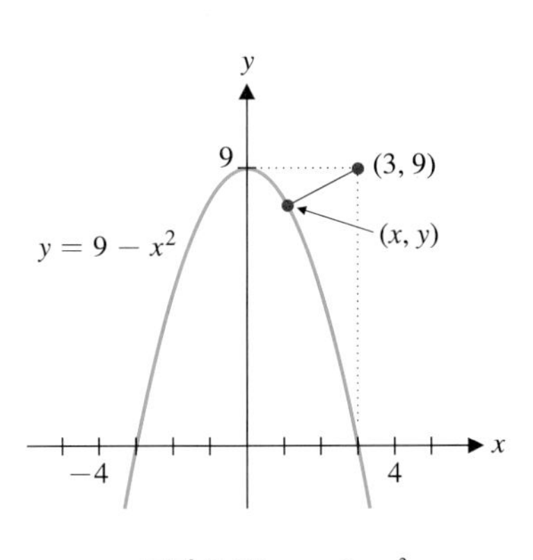

그림 3.83 $y = 9 - x^2$

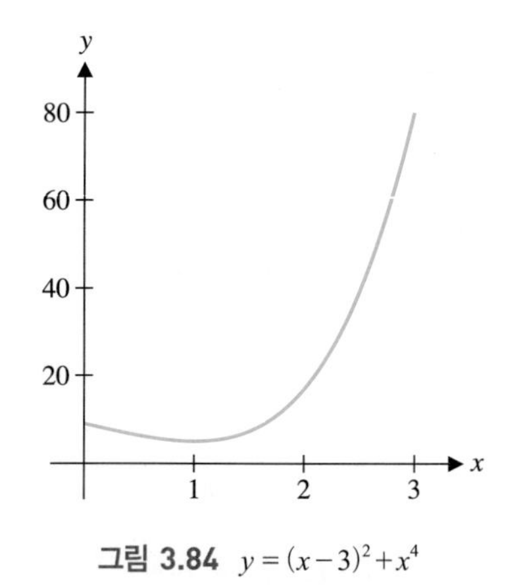

그림 3.84 $y=(x-3)^2+x^4$

구간 [0, 3]에서 $y=f(x)$의 그래프가 그림 3.84이다. 거리 제곱의 함수 f의 최솟값은 대략 $x=1$ 근처에서 5 정도이다. 한편 도함수는

$$f'(x) = 2(x-3)^1 + 4x^3 = 4x^3 + 2x - 6$$

이고 여기서 $f'(x)$ 의 인수를 찾아야 한다. 인수를 찾는 한 가지 방법은 $f'(x)$ 의 근 $x=1$을 구하여 인수 $x-1$를 찾는 것이다. $f'(x)$ 를 인수분해 하면

$$f'(x) = 2(x-1)(2x^2+2x+3)$$

이고 임계점은 $x=1$이다. $(2x^2+2x+3)$은 근을 갖지 않으므로 이것이 유일한 임계점이다 (왜 그럴까?). 이제 양 끝점과 임계점에서 f의 값을 비교하여야 한다. 다음 값

$$f(0)=9, \quad f(3)=81, \quad f(1)=5$$

를 비교하면 $f(x)$의 최솟값은 5이다. 따라서 점 (3, 9)에서 포물선에 이르는 최소 거리는 $\sqrt{5}$ 이고 가장 가까운 포물선 위의 점은 (1, 8)이다. 이것은 $y=f(x)$의 그래프에서 예상한 결과이다.

임계점을 구할 때 근삿값을 구하는 방법을 적용하는 것을 제외하면 다음 예제는 예제 7.3과 비슷하다.

예제 7.4 최소 거리의 근삿값 구하기

점 (5, 11)에서 포물선 $y=9-x^2$ 위의 가장 가까운 점을 구하여라(그림 3.85).

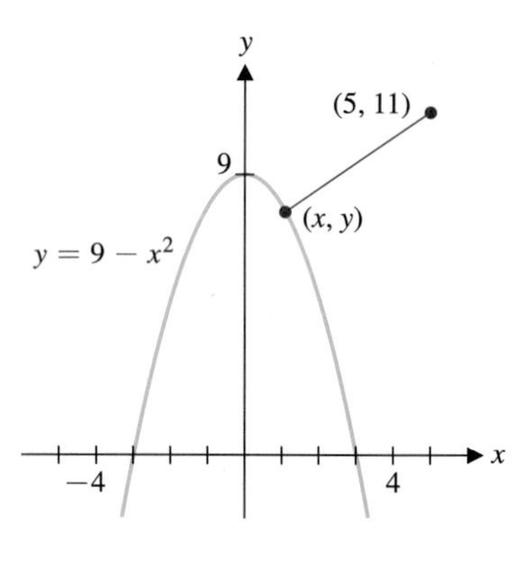

그림 3.85 $y=9-x^2$

풀이

예제 7.3에서와 같이 한 고정점, 즉 점 (5, 11)에서 포물선 위의 점까지 최소 거리를 찾는 것이다. 거리 공식을 사용하면 포물선 위의 점 (x, y) 에서 점 (5, 11)까지 거리는

$$\begin{aligned} d(x) &= \sqrt{(x-5)^2+(y-11)^2} \\ &= \sqrt{(x-5)^2+[(9-x^2)+11]^2} \\ &= \sqrt{(x-5)^2+(x^2+2)^2} \end{aligned}$$

이다. 이것의 최솟값을 구하는 것은 근호 안의 식, 즉

$$f(x)=[d(x)]^2=(x-5)^2+(x^2+2)^2$$

의 최솟값을 구하는 것과 같다. 예제 7.3에서와 같이 그림 3.85에서 점 (5, 11)에서 y축 왼쪽에 있는 포물선 위의 점까지 거리는 점 (0, 9)까지의 거리보다 멀다. 이와 마찬가지로 점 (5, 11)에서 직선 $x=5$ 오른쪽에 있는 포물선 위의 점까지 거리는 점 (5, −16)까지의 거리보다 멀다. 따라서 구간 [0, 5]에서 $f(x)$의 최솟값만 결정하면 된다.
이 구간에서 $y=f(x)$의 그래프가 그림 3.86이다. f의 최솟값은 $x=1$ 근처에서 얻어진다. 이것을 더욱 정확히 조사하기 위해 도함수를 구하면

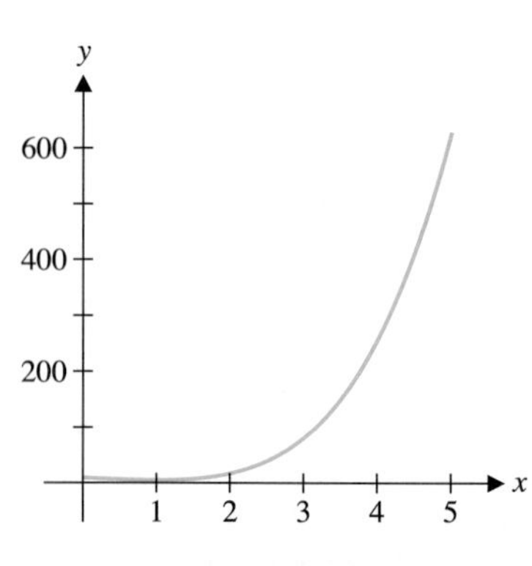

그림 3.86 $y=f(x)=[d(x)]^2$

$$\begin{aligned} f'(x) &= 2(x-5)+2(x^2+2)(2x) \\ &= 4x^3+10x-10 \end{aligned}$$

이다. 예제 7.3과는 달리 $f'(x)$를 인수분해하는 것은 쉽지 않다. 우리가 할 수 있는 것은 $f'(x)$의 근사근을 구하는 것이다. 우선, 구간 [0, 5]에서 $y = f'(x)$의 그래프를 대략 그려 보자(그림 3.87). 한 개의 근이 1보다 작은 곳에서 나타난다. $f'(x) = 0$인 점을 구하기 위하여 처음값을 $x_0 = 1$로 하여 뉴턴의 방법을 적용하거나 계산기를 이용하면 근사근 $x_c \approx 0.79728$을 얻는다. 이제 다음 함숫값들을 비교하여 보자.

$$f(0) = 29,\ f(5) = 729,\ f(x_c) \approx 24.6$$

따라서 점 (5, 11)에서 포물선까지의 최소 거리는 근사적으로 $\sqrt{24.6} \approx 4.96$이고, 가장 가까운 포물선 위의 점은 근사적으로 (0.79728, 8.364)이다.

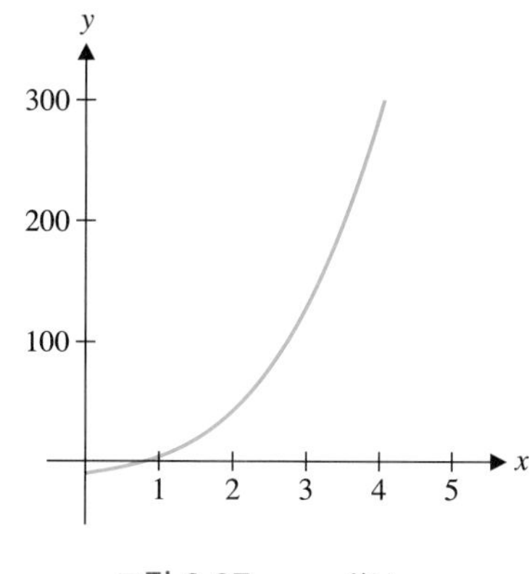

그림 3.87 $y = f'(x)$

그림 3.83과 그림 3.85에서 주어진 점에 가장 가까운 경로는 이 경로가 곡선과 만나는 점에서 곡선의 접선에 수직일 때이다. 이 사실의 증명은 연습문제로 남겨둔다. 이것이 이러한 형태의 많은 문제에 적용할 수 있는 기하학적 원리이다.

주 7.1

경우에 따라서 끝점과 임계점에서의 함숫값들을 비교하는 것을 중단하고 싶을 때가 있다. 결국, 지금까지 우리가 보아 왔던 예제들은 구하고자 하는 최댓값이나 최솟값의 위치, 즉 최댓값이나 최솟값이 발생하는 점은 주어진 구간에서의 임계점이었다. 임계점이 한 개라면 그것이 찾으려고 하는 최대나 최소의 점일 것이라고 생각할 수도 있다. 그러나 이것은 항상 성립하는 것은 아니다. 1945년 항공 기술자 두 명이 항공기의 항속거리에 대한 함수를 유도하였다. 그들의 관심은 이 함수를 이용하여 항속거리를 최대화하는 방법을 발견하는 것이었다. 그들은 날개 쪽에 실질적인 비행기의 무게가 실리도록 이 함수의 임계점을 찾고, 이 임계점에 무게가 실릴 때 항속거리가 최대일 것이라고 생각하였다. 이 결과는 유명한 "나는 날개(Flying Wing)" 비행기이다. 몇 년 후에, 이것은 항속거리 함수의 극소점이라는 것이 밝혀졌다. 기술자들은, 우리가 오늘날 하는 것과 같은 쉽고 정확한 계산을 손으로 할 수 없었다. 놀랍게도, 이 모델은 오늘날의 B-2 스텔스 폭격기(Stealth bomber)와 유사하다. 이것은 B-2를 생산하는 과정 중의 토론에서 비롯됐다 (*Science*, 244, pp. 650-651, May 12, 1989 그리고 *Monthly* of the Mathematical Association of America, October, 1993, pp. 737-738). 교훈은 명백하다. 끝점과 임계점에서 함숫값을 조사하여라. 주어진 임계점이 하나여도 찾고자 하는 극점이라고 추측하지 말아라.

다음에서는, 폐구간으로 제한되지 않는 최적화 문제를 살펴보자. 연속함수가 한 개의 극값을 가지면 이것은 절대극값이라는 사실을 다음 예제에서 이용할 것이다(이것이 왜 사실인지 생각해 보아라).

예제 7.5 최대 용량을 갖는 소다 캔 만들기

12온스(ounce)의 소다 캔이 있다. 재료의 두께가 고르다고 가정하고, 즉 알루미늄의 두께가 캔의 어느 부분에서나 같다면, 캔을 만드는 데 재료가 가장 적게 드는 치수를 구하여라.

풀이

그림 3.88과 같이 반지름이 r이고 높이가 h인 직원기둥 모양의 소다 캔을 생각한다. 알루미늄의 두께가 고르다고 가정하면 캔의 겉넓이가 최소가 되도록 재료를 사용하여야 한다. 한편

$$\begin{aligned} \text{총넓이} &= \text{윗넓이} + \text{밑넓이} + \text{옆넓이} \\ &= 2\pi r^2 + 2\pi r h \end{aligned} \tag{7.2}$$

그림 3.88 소다 캔

이다. 캔의 부피는

$$12 \text{ 온스} \approx 12 \times 1.80469 = 21.65628 \text{ 세제곱인치}$$
$$(1 \text{ 온스} \approx 1.80469 \text{ 세제곱인치})$$

이므로 한 변수를 소거할 수 있다. 더욱이 직원기둥의 부피는

$$V = \pi r^2 h$$

이므로

$$h = \frac{V}{\pi r^2} \approx \frac{21.65628}{\pi r^2} \tag{7.3}$$

이다. 식 (7.2)와 (7.3)으로부터 겉넓이는

$$\begin{aligned} A(r) &= 2\pi r^2 + 2\pi r \frac{21.65628}{\pi r^2} \\ &= 2\pi\left(r^2 + \frac{21.65628}{\pi r}\right) \end{aligned}$$

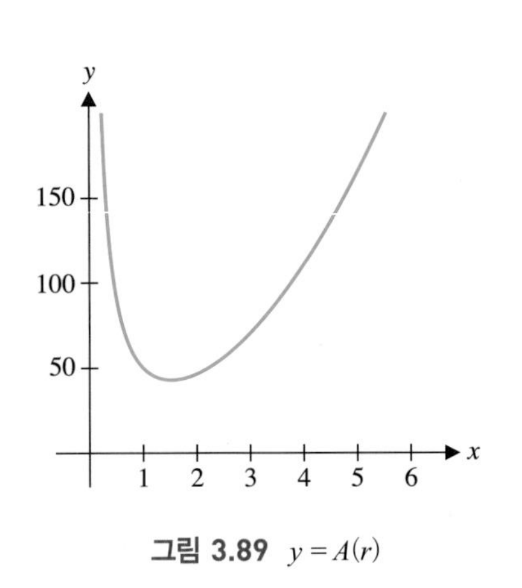

그림 3.89 $y = A(r)$

이다. 따라서 $A(r)$의 최솟값을 구해야 하는데 여기서는 r의 구간이 폐 유계 구간이 아니며 $r > 0$인 구간에서 최솟값을 구해야 한다. h를 작게 또는 크게 택함으로써 r을 각각 크게 또는 작게 택할 수 있다. 무계 개구간 $(0, \infty)$에서 $A(r)$의 최솟값을 찾아야 한다. 문제를 풀기 위한 개념을 얻기 위해서 대략적인 그래프를 그림 3.89에 나타내었다. 이 그래프에서 $r = 1$과 $r = 2$ 사이에서 극솟값(50보다 조금 작은)을 가지는 것을 알 수 있다. 다음으로 도함수를 구하면

$$\begin{aligned} A'(r) &= \frac{d}{dr}\left[2\pi\left(r^2 + \frac{21.65628}{\pi r}\right)\right] \\ &= 2\pi\left(2r - \frac{21.65628}{\pi r^2}\right) \\ &= 2\pi\left(\frac{2\pi r^3 - 21.65628}{\pi r^2}\right) \end{aligned}$$

이고 분자가 0일 때 유일한 임계점이라는 것을 알 수 있다. 즉,

$$0 = 2\pi r^3 - 21.65628$$

일 때 임계점이며 이것은

$$r^3 = \frac{21.65628}{2\pi}$$

과 동치이고 임계점은

$$r = r_c = \sqrt[3]{\frac{21.65628}{2\pi}} \approx 1.510548$$

이다. 더욱이 $0 < r < r_c$일 때 $A'(r) < 0$이고 $r_c < r$일 때 $A'(r) > 0$이다. 즉, 구간 $(0, r_c)$에서 $A(r)$은 감소하고 구간 (r_c, ∞)에서 $A(r)$은 증가한다. 따라서 $r = r_c$에서 $A(r)$은 극소일 뿐만 아니라 최소이다. 이것은 그림 3.89에서 주어진 $y = A(r)$의 그래프에서 예상했던 값이다. 이것으로부터 반지름이 $r_c \approx 1.510548$일 때 캔은 재료를 가장 적게 사용하여 만들 수 있으며 이 때 높이는

$$h = \frac{21.65628}{\pi r_c^2} \approx 3.0211$$

이다.

예제 7.5에서 높이(h)는 지름($2r$)과 같으므로 최적의 캔은 최대 수직 단면이 정사각형일 때이다. 그러나 예제 7.5의 결과는 현실과는 조금 다르다. 우리가 사용하고 있는 12온스 소다 캔은 반지름이 약 1.156인치이다. 예제 7.5에서 우리가 가정했던 것이 현실과 어떤 점이 다른지 다시 살펴보아라. 이 소다 캔을 만드는 문제는 연습문제로 남겨둔다.

마지막 예제에서 대부분의 풀이 과정에서 그래프와 수치적 계산을 사용하는 문제를 살펴볼 것이다.

예제 7.6 고속도로 건설 비용 최소화하기

기존의 다리에서 동쪽으로 8마일, 남쪽으로 8마일 떨어져 있는 교차로와 연결하여 고속도로를 건설하려고 한다. 이 교차로와 다리 사이를 통과하는 폭이 5마일인 습지가 있다(그림 3.90). 습지를 통과하는 고속도로를 건설하는 데 마일당 1,000만 달러의 비용이 소요되며 건조한 지역을 통과하는 고속도로를 건설하는 데는 마일당 700만 달러의 비용이 든다고 한다. 비용을 최소화하기 위해서는, 고속도로가 습지를 통과한 지점이 다리 동쪽의 어느 지점이어야 하는가?

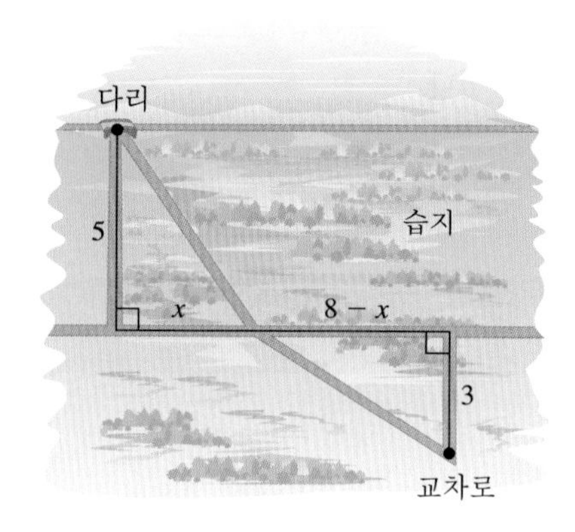

그림 3.90 새 고속도로

풀이

습지를 수직으로 통과해서 고속도로를 건설하는 것이 비용을 최소화하는 것이 아닐까 추측할 수도 있다. 이 질문에 대한 해답을 얻기 위해 미분적분학을 사용할 것이다. 문제에서 구하고자 하는 거리를 x라고 하자(그림 3.90). 그러면 교차로는 고속도로가 습지를 지나는 지점에서 동쪽으로 $8-x$마일 떨어져 있다. 따라서 총 비용(단위는 백만 달러)은

$$\text{비용} = 10(\text{습지를 통과한 거리}) + 7(\text{건조 지역을 통과한 거리})$$

이다. 그림 3.90의 두 직각삼각형에 각각 피타고라스 정리를 적용하면 비용함수는

$$C(x) = 10\sqrt{x^2 + 25} + 7\sqrt{(8 - x)^2 + 9}$$

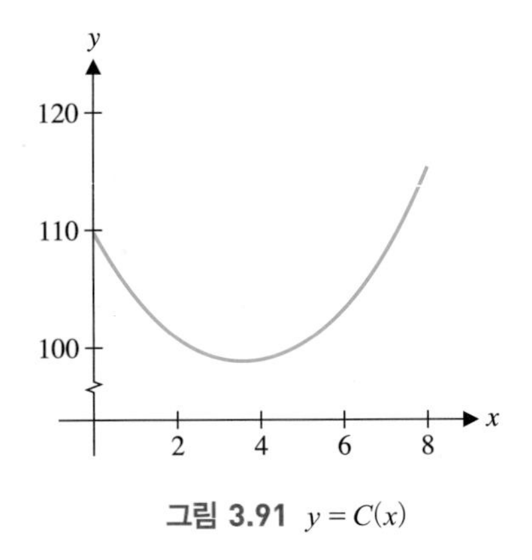

그림 3.91 $y = C(x)$

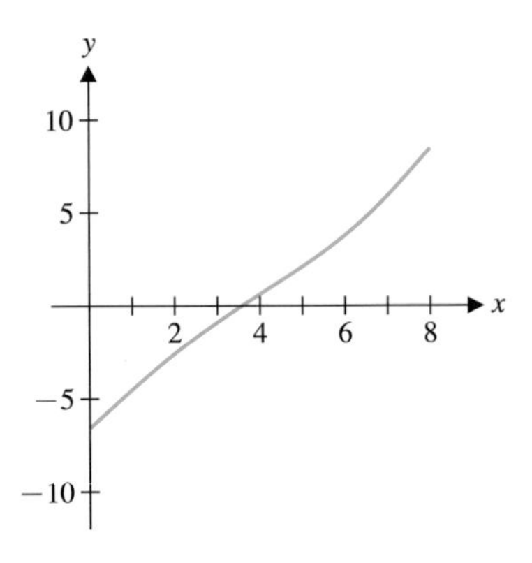

그림 3.92 $y = C'(x)$

이다. 그림 3.90으로부터 $0 \le x \le 8$임을 알 수 있다. 이것은 폐 유계 구간 $[0, 8]$에서 연속인 함수의 최솟값을 구하는 문제이다. 우선 주어진 구간에서 $y = C(x)$의 그래프를 그려 보자(그림 3.91). 그래프로부터 $x = 4$ 근처에서 최솟값이 생기며 100보다 조금 작아 보인다. 문제를 정확히 풀기 위해서 도함수를 구하면

$$\begin{aligned} C'(x) &= \frac{d}{dx}\left[10\sqrt{x^2+25} + 7\sqrt{(8-x)^2+9}\right] \\ &= 5(x^2+25)^{-1/2}(2x) + \frac{7}{2}[(8-x)^2+9]^{-1/2}(2)(8-x)^1(-1) \\ &= \frac{10x}{\sqrt{x^2+25}} - \frac{7(8-x)}{\sqrt{(8-x)^2+9}} \end{aligned}$$

이다. 우선, 임계점은 $C'(x) = 0$일 때 생긴다(왜 그럴까?). 이 점을 찾는 유일한 방법은 근삿값을 구하는 것이다. 그림 3.92에 있는 $y = C'(x)$ 의 그래프를 보면 구간 $[0, 8]$에서 $C'(x)$의 유일한 근은 $x = 3$과 $x = 4$ 사이에 놓여 있다. 이것을 이분법(bisection method)이나 계산기를 이용하여 근삿값을 구하면

$$x_c \approx 3.560052$$

이다. 이제, 끝점과 이 임계점에서 $C(x)$의 값을 비교하자.

$$C(0) \approx 109.8\text{백만 달러}$$
$$C(8) \approx 115.3\text{백만 달러}$$
$$C(x_c) \approx 98.9\text{백만 달러}$$

따라서 미분적분학을 사용하면 습지를 수직으로 통과하는 고속도로를 건설하는 비용보다 1,000만 달러 이상 절감할 수 있고 습지를 대각선으로 통과하는 고속도로를 건설하는 것보다 1,600만 달러 이상 절감할 수 있다.

연습문제 3.7

1. 한 변을 강가에 두고 나머지 세 변을 울타리로 막아서 직사각형 모양의 영역을 만들려고 한다. 이 영역의 넓이가 1800제곱피트라고 할 때 울타리의 최소 둘레와 치수를 구하여라.

2. 두 개의 가축우리를 만들려고 한다. 두 우리는 같은 직사각형 모양이고 붙어 있으며 공통 울타리는 같다고 한다. 사용할 수 있는 울타리의 총 길이가 120피트라면 가축우리의 넓이가 최대일 때의 치수를 구하여라.

3. 둘레의 길이가 P인 직사각형 중 넓이가 최대인 것은 정사각형임을 증명하여라.

4. 가로와 세로의 길이가 각각 6인치, 10인치인 마분지의 네 귀퉁이를 한 변의 길이가 x인치인 정사각형 모양으로 잘라서 버리고 위로 접어서 뚜껑이 없는 상자를 만들려고 한다. 상자의 부피가 최대일 때 x값을 구하여라.

5. 곡선 $y = x^2$ 위의 점 중에서 점 $(0, 1)$에서 가장 가까운 점을 구하여라.

6. 곡선 $y = \cos x$ 위의 점 중에서 점 $(0, 0)$에 가장 가까운 점을 구하여라.

7. 용량이 12온스인 소다 캔을 만들려고 한다. 이 캔의 윗면과 아랫면의 두께는 같고 옆면의 두 배라고 한다. 사용된 재료의 양이 최소일 때 캔의 치수를 구하여라(**힌트**: 표면적을 최

소화하는 대신 두께와 넓이의 곱에 비례하는 비용을 최소화하여야 한다).

8. 동서로 놓인 수로가 있다. 한 도시의 두 지역에서 주택 개발을 하는데, 이 수로의 한 곳에서 두 개발지와 연결하려고 한다. 한 개발지는 수로로부터 남쪽으로 3마일 떨어져 있고 다른 개발지는 수로로부터 남쪽으로 4마일 떨어져 있다고 한다. 또한 두 번째 개발지는 첫 번째 개발지로부터 동쪽으로 5마일 떨어져 있다. 새로운 수로 길이의 합이 최소가 되도록 연결하려면 기존 수로의 어느 곳과 연결하여야 하는가?

9. 시에서 기존의 다리와 교차로를 연결하는 고속도로를 건설하려고 한다. 교차로는 다리로부터 동쪽으로 8마일, 남쪽으로 10마일 떨어져 있다. 또한 다리에서 남쪽으로 4마일까지는 습지이다. 습지를 통과하는 건설비는 마일당 500만 달러이며 건조한 지역을 통과하는 건설비는 마일당 200만 달러이다. 고속도로는 다리부터 습지의 가장자리까지 직선이며 이 가장자리에서 교차로까지도 직선일 것이다. 총 건설 비용이 최소가 되도록 하려면 고속도로가 습지의 가장자리 어느 곳에서 밖으로 나와야 하는가? 다리부터 교차로까지 직선으로 연결하는 고속도로를 건설하는 것보다 비용이 얼마나 절감되는지 구하여라(힌트: 다리에서 교차로까지 직선 경로일 때, 이 경로가 지나는 습지의 가장자리 지점을 찾기 위해 삼각형의 닮음을 이용하고 그 지점에서 비용함수를 계산하여라).

10. 전기로 작동하는 기계에서 각 회로는 다양한 기능을 한다. 어떤 회로는 전력을 증폭하는 대신 감소시킴으로써 전기의 흐름을 조절한다. 아래 그림에 주어진 회로에서 전압은 V 볼트이며 저항이 R옴(Ω)이라고 한다. 이 회로에서 흡수되는 전력은

$$p(x) = \frac{V^2 x}{(R + x)^2}$$

이다. 흡수된 전력을 최대화하는 x값을 구하여라.

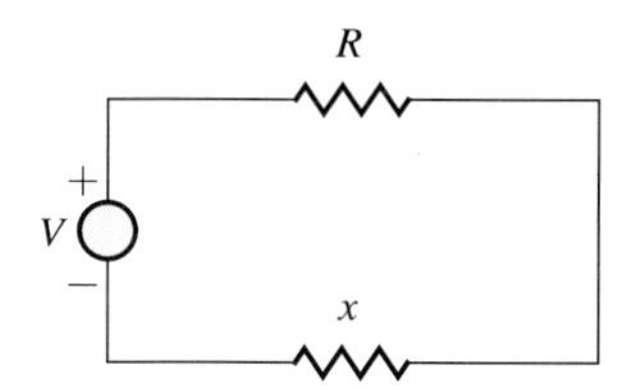

11. 노르만족의 창은 그 틀이 아래 그림에서 주어진 것과 같이 직사각형 위에 반원을 얹어놓은 모양이다. 이 창틀을 만드는 데 $8+\pi$ 피트의 막대를 사용할 수 있다. 창의 넓이를 최대화하는 직사각형과 반원의 치수를 구하여라.

12. 어떤 광고지가 직사각형 모양의 인쇄된 부분, 양 옆 가장자리 각 1인치와 위아래 가장자리 각 2인치로 이루어져 있다고 한다. 인쇄된 부분의 넓이를 92제곱인치라고 하면 전체의 넓이를 최소화하는 광고지 전체의 치수와 인쇄된 부분의 치수를 구하여라.

13. 공을 던지거나 치는 운동 경기에서 일반적으로 공의 출발점과 도착점의 높이는 다르다. 농구에서의 슛이나 골프에서의 내리막 샷 등을 예로 들 수 있다. 아래 그림에서 공이 수평선과 이루는 각 θ로 출발하여 수평선과 이루는 각 β로 도착한다고 하자. 아래로 치거나 던진다면 β가 음일 것이다. 공기저항과 공의 회전을 무시한다면 공의 수평 이동 거리는 v가 처음 속도이고 g가 중력 상수일 때

$$R = \frac{2v^2\cos^2\theta}{g}(\tan\theta - \tan\beta)$$

이다. 다음 주어진 조건에서 R을 최대화하는 θ를 구하여라. 여기서 v와 g는 상수이다. (a) $\beta = 10°$ (b) $\beta = 0°$ (c) $\beta = -10°$ 또한 $\theta = 45° + \beta°/2$일 때 거리가 최대가 됨을 증명하여라.

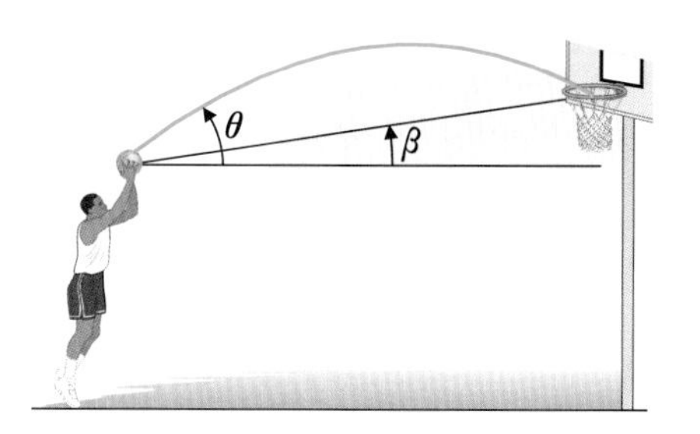

3.8 상관비율

이 절에서는 상관비율 문제로 알려진 문제를 다룬다. 이 문제들의 공통 실마리는 시간에 따라 변하는 두 개 이상의 변수에 관한 상관 방정식이다. 각각의 경우에 연쇄 법칙을 사용하여(2.8절에서 음함수 미분법을 사용한 것처럼) 방정식 각 항의 도함수를 구하고 이렇게 미분한 방정식으로부터 각 도함수(비율)들이 어떻게 관련되었는지 알아낼 수 있다.

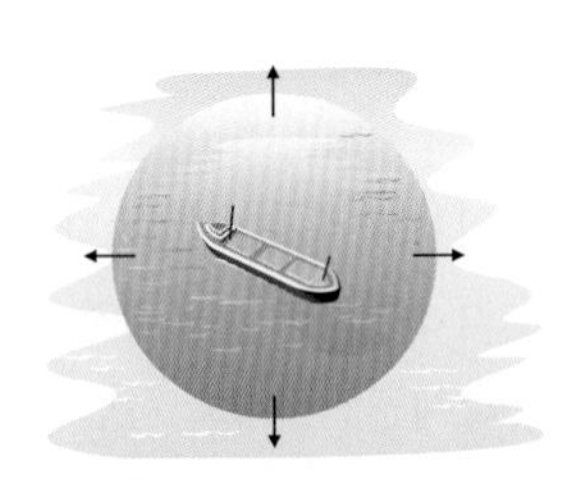

그림 3.93 기름 유출

예제 8.1 상관비율 문제

유조선에 사고가 나서 기름이 분당 150갤런의 비율로 흘러나오고 있다고 하자. 기름은 물 위에 $\frac{1}{10}''$의 두께로 원 모양을 그리며 퍼진다(그림 3.93). 1세제곱피트가 7.5갤런과 같고 유출된 기름에 오염된 지역의 반지름이 500피트일 때 반지름이 증가하는 비율을 구하여라.

풀이

반지름이 r인 원의 넓이는 πr^2이고 두께는 $\frac{1}{10}'' = \frac{1}{120}$피트이므로 기름의 부피는

$$V = (\text{두께})(\text{넓이}) = \frac{1}{120}\pi r^2$$

이다. 부피와 반지름은 시간의 함수이므로

$$V(t) = \frac{\pi}{120}[r(t)]^2$$

이고 이 방정식의 양변을 t에 대해서 미분하면

$$V'(t) = \frac{\pi}{120}2[r(t)]r'(t)$$

이다. 반지름은 500피트로 주어졌고 부피는 분당 150갤런의 비율 또는 $\frac{150}{7.5} = 20\ \text{ft}^3/\text{min}$으로 증가한다. 따라서 $V'(t) = 20$과 $r = 500$을 대입하면

$$20 = \frac{\pi}{120}2(500)r'(t)$$

이다. 마지막으로 $r'(t)$에 대해서 풀면, 반지름이 분당 $\frac{2.4}{\pi} \approx 0.76394$ 피트의 비율로 증가하는 것을 알 수 있다.

■

자세한 것은 문제마다 다르지만 상관비율 문제의 일반적인 풀이는 같다. 예제 8.1의 각 단계를 다음과 같이 정리할 수 있다.

1. 가능한 경우 그림을 간단히 그린다.
2. 관련된 모든 양을 포함하는 방정식을 구한다.
3. 방정식의 양변을 시간(t)에 관하여 미분한다(음함수 미분법).
4. 알고 있는 모든 양과 도함수 값을 대입한다.
5. 남아 있는 비율에 대해서 푼다.

예제 8.2 미끄러지는 사다리

건물 벽에 10피트 길이의 사다리가 기대어져 있다. 만약 사다리의 위 끝이 초속 2피트의 속력으로 미끄러져 내려간다면 8피트 높이에 도달할 때 사다리의 바닥은 얼마나 빠르게 벽으로부터 멀어지겠는가?

풀이

먼저 그림 3.94와 같이 그림을 그리고 사다리 위 끝의 높이를 y, 벽에서 사다리 바닥까지의 거리를 x라 놓자. 사다리가 초속 2피트 속력으로 벽을 타고 미끄러져 내려오고 있기 때문에 $\frac{dy}{dt} = -2$(음의 부호에 유의)이다. 변수 x와 y는 모두 시간 t에 관한 함수이고 사다리의 길이가 10피트이므로 피타고라스 정리를 사용하면 관계식

$$[x(t)]^2 + [y(t)]^2 = 100$$

을 얻는다. 이 방정식을 시간 t에 관해 미분하면

$$0 = \frac{d}{dt}(100) = \frac{d}{dt}\{[x(t)]^2 + [y(t)]^2\}$$
$$= 2x(t)x'(t) + 2y(t)y'(t)$$

이다. 이 식을 $x'(t)$에 관해 정리하면

$$x'(t) = -\frac{y(t)}{x(t)}y'(t)$$

이다. 사다리 위 끝의 높이가 8피트이므로 $y = 8$이고 피타고라스 정리에 의해

$$100 = x^2 + 8^2$$

따라서 $x = 6$이다. 대입하여 정리하면

$$x'(t) = -\frac{y(t)}{x(t)}y'(t) = -\frac{8}{6}(-2) = \frac{8}{3}$$

을 얻는다. 따라서 사다리의 바닥은 벽에서 $\frac{8}{3}$ ft/sec의 속력으로 멀어지고 있다.

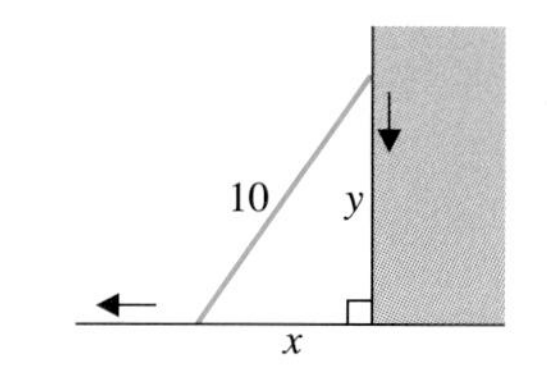

그림 3.94 미끄러지는 사다리

예제 8.3 다른 상관비율 문제

자동차가 교차로 1/2마일 북쪽 지점에서 50 mph의 속력으로 남쪽으로 달리고 있다. 순찰차는 같은 교차로의 1/4마일 동쪽 지점에서 40 mph의 속력으로 서쪽 방향으로 달리고 있다. 그 순간 순찰차의 레이더가 그 두 자동차 사이의 거리가 변하는 비율을 측정한다. 레이더에 기록된 값은 얼마인가?

풀이

우선 그림을 그리고 교차로와 자동차의 거리를 y라 하고 교차로와 순찰차의 거리를 x라 하자(그림 3.95). 순찰차는 x축의 음의 방향으로 움직이고 있으므로 $\frac{dx}{dt} = -40$이고, 자동차는 y축의 음의 방향으로 움직이고 있으므로 $\frac{dy}{dt} = -50$이다. 피타고라스 정리에 의해서 두 자동차 사이의 거리는 $d = \sqrt{x^2 + y^2}$ 이다. 모든 양은 시간에 따라 변하므로 방정식은

$$d(t) = \sqrt{[x(t)]^2 + [y(t)]^2} = \{[x(t)]^2 + [y(t)]^2\}^{1/2}$$

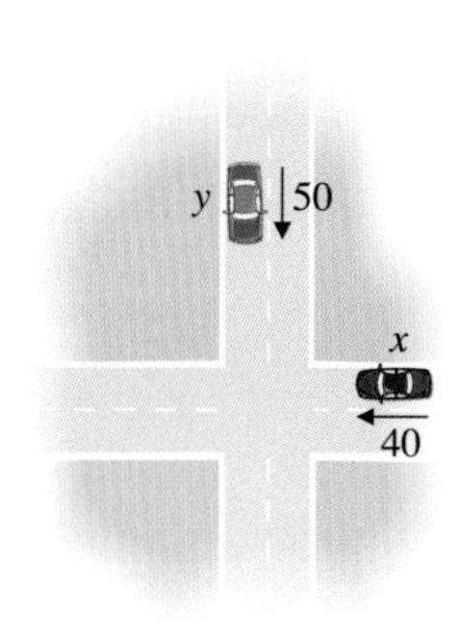

그림 3.95 교차로로 접근하는 자동차

이다. 양변을 t에 관해 미분하면 연쇄법칙에 의해

$$d'(t) = \frac{1}{2}\{[x(t)]^2 + [y(t)]^2\}^{-1/2}\, 2[x(t)x'(t) + y(t)y'(t)]$$
$$= \frac{x(t)x'(t) + y(t)y'(t)}{\sqrt{[x(t)]^2 + [y(t)]^2}}$$

이다. 이 식에 $x(t) = \frac{1}{4}$, $x'(t) = -40$, $y(t) = \frac{1}{2}$과 $y'(t) = -50$을 대입하면

$$d'(t) = \frac{-\frac{1}{4}(-40) + \frac{1}{2}(-50)}{\sqrt{\frac{1}{4} + \frac{1}{16}}} = \frac{-140}{\sqrt{5}} \approx -62.6$$

이다. 따라서 레이더에 기록된 값은 62.6 mph이다. 이는 자동차의 실제 속력과 차이가 많이 나는 값이다. 이러한 이유 때문에 경찰은 대부분 정지한 상태에서 레이더 측정을 한다.

어떤 문제에서는 변수들이 기하학적 도형의 식에 의해 연관되어 있지 않을 수 있다. 이 경우 앞에서 설명한 풀이 단계의 두 번째까지는 따를 필요가 없다. 다음 예제는 한 변수의 변화율이 명확히 주어지지 않아서 세 번째 단계의 계산이 다소 까다로운 문제이다.

예제 8.4 경제학에서 변화율 추정

한 작은 회사에서 연간 광고비로 x천 달러를 사용할 경우 연매출이 $s = 60 - 40e^{-0.05x}$(단위는 천 달러)가 되는 것으로 추정하였다. 최근 4년의 연간 광고비 총액은 다음 표와 같다.

년	1	2	3	4
달러	14,500	16,000	18,000	20,000

현재(4년)의 광고비 변화율 $x'(t)$와 매출액의 변화율을 추정하여라.

풀이

주어진 표로부터 최근 광고비가 연간 약 2000달러씩 증가하고 있음을 알 수 있다. 따라서 $x'(4) \approx 2$라 놓는 것이 적절하다. 주어진 매출액에 관한 식

$$s(t) = 60 - 40e^{-0.05x(t)}$$

으로부터 연쇄법칙을 적용하여

$$s'(t) = -40e^{-0.05x(t)}[-0.05x'(t)] = 2x'(t)e^{-0.05x(t)}$$

을 얻는다. 여기에 $x'(4) \approx 2$와 $x(4) = 20$을 대입하면 $s'(4) \approx 2(2)e^{-1} \approx 1.472$이다. 따라서 매출액은 연간 약 1472달러의 비율로 증가하고 있다.

다음 예제는 2.8절의 예제 8.6과 유사한 문제이다.

예제 8.5 제트기의 비행 경로 추적

한 관람객이 에어쇼에서 제트기의 비행을 관찰하고 있다. 제트기는 관람객 앞에서 시속 540마일의 속도로 직선 항로를 그리며 비행한다. 가장 가까이 접근했을 때 제트기는 그 사람의 600피트 전방을 통과하였다. 관찰자의 시선과 항로에 수직인 직선 사이의 각의 최대 변화율을 구하여라.

풀이

관람객의 위치를 원점 (0, 0)에 놓고 제트기의 경로를 직선 $y = 600$을 따라 왼쪽에서 오른쪽으로 잡고 y축과 관찰자의 시선 사이의 각을 θ라 놓자(그림 3.96). 측정 단위를 피트(ft)와 초(s)로 설정하면 우선 제트기의 속도를 ft/sec로 변환시켜야 한다.

$$540\,\frac{\text{mi}}{\text{h}} = \left(540\,\frac{\text{mi}}{\text{h}}\right)\left(5280\,\frac{\text{ft}}{\text{mi}}\right)\left(\frac{1}{3600}\,\frac{\text{h}}{\text{s}}\right) = 792\,\frac{\text{ft}}{\text{s}}$$

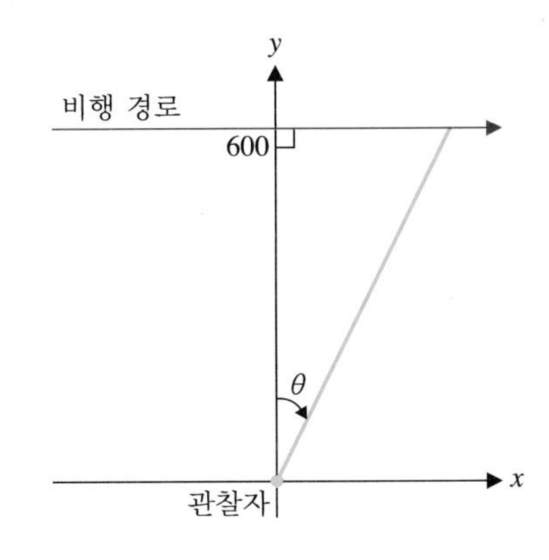

그림 3.96 제트기의 경로

그림 3.96의 직각삼각형으로부터 각 θ와 변수 x, y 사이의 관계는 $\tan\theta = \frac{x}{y}$이다. 모든 변수들이 시간에 따라 변하는 양이므로

$$\tan\theta(t) = \frac{x(t)}{y(t)}$$

로 나타내고 시간 t에 관해 양변을 미분하면

$$[\sec^2\theta(t)]\,\theta'(t) = \frac{x'(t)y(t) - x(t)y'(t)}{[y(t)^2]}$$

를 얻는다. 제트기가 직선 $y = 600$을 따라 왼쪽에서 오른쪽으로 움직이므로 $x'(t) = 792$, $y(t) = 600$, $y'(t) = 0$이다. 이 값들을 식에 대입하면

$$[\sec^2\theta(t)]\,\theta'(t) = \frac{792\,(600)}{600^2} = 1.32$$

이다. 변화율 $\theta'(t)$에 관해 정리하면

$$\theta'(t) = \frac{1.32}{\sec^2\theta(t)} = 1.32\cos^2\theta(t)$$

이다. 이 변화율은 $\cos^2\theta(t)$가 최대일 때 최댓값을 갖는다. 코사인함수의 최댓값은 1이므로 $\cos^2\theta(t)$는 $\theta = 0$일 때 최댓값 1을 갖는다. 따라서 각의 변화율의 최댓값은 1.32 rad/sec이다. 이것은 $\theta = 0$일 때, 즉 제트기가 관람객에 가장 근접한 순간의 값이다(직관과 일치하는지 생각해 보자!). 인간은 약 3 rad/sec의 움직임까지 추적할 수 있기 때문에 앞의 결과는 제트기가 매우 근접하여 날아도 우리의 눈으로 볼 수 있다는 것을 의미한다.

연습문제 3.8

1. 기름 탱크에서 기름이 분당 120갤런씩 흘러나오고 있다. 기름은 물 위에 $\frac{1}{4}$인치 두께로 원 모양을 그리며 퍼진다. 1세제곱피트가 7.5갤런과 같다고 하고 기름에 오염된 지역의 반지름이 (a) 100피트 (b) 200피트일 때 반지름이 증가하는 비율을 구하여라.

2. 기름 탱크에서 기름이 분당 g갤런씩 흘러나오고 있다. 기름은 물 위에 $\frac{1}{4}$인치 두께로 원 모양을 그리며 퍼진다. (a) 기름에 오염된 지역의 반지름이 100피트일 때 0.6 ft/min의 비율로 증가하면 g의 값은 얼마인가? (b) 기름의 두께가 2배로 바뀌면 반지름의 증가율은 어떻게 바뀌는가?

3. 예제 8.2에서처럼 10피트 길이의 사다리가 빌딩 벽에 기대어져 있다. 사다리의 바닥 부분이 벽으로부터 3 ft/sec의 비율로 멀어지고 위 끝은 벽을 타고 내려온다. (a) 바닥이 벽에서 6피트 거리에 있을 때 위 끝의 내려오는 속력은 얼마인가? (b) 사다리의 바닥이 벽에서 6피트 거리에 있을 때 사다리와 바닥의 사이각의 변화율을 구하여라.

4. 비행기가 공항으로부터 (수평방향으로) $x = 40$마일 떨어지고 고도 h마일인 위치에 있다. 공항 관제탑의 레이더로 관측한 결과 공항과 비행기 사이의 거리 $s(t)$는 $s'(t) = -240$ mph의 비율로 변하고 있다고 하자. (a) 비행기가 공항을 향해 고도 $h = 4$를 유지하면서 비행하고 있다면 비행기의 속력 $|x'(t)|$는 얼마인가? (b) 고도를 6마일로 바꾸어 다시 풀어 보아라. 두 가지 답을 비교하여 볼 때 비행기의 실제 고도를 아는 것이 얼마나 중요한가?

5. 예제 8.3에서 순찰자가 $x = \frac{1}{2}$ 위치에서 시속 $(\sqrt{2}-1)50$마일의 속력으로 이동 중이라면 레이더에 기록된 값이 정확한 속력임을 보여라.

6. 야구선수가 홈 플레이트에서 2피트 떨어진 곳에 서서 투수가 던진 공이 지나가는 것을 보고 있다. 그림에서 x는 홈 플레이트에서 공까지의 거리이고 θ는 타자가 공을 보는 방향을 나타내는 각도이다. $x'(t) = -130$ ft/s인 공이 홈 플레이트 $x = 0$을 지나는 순간을 타자가 보기 위해서는 눈동자가 움직이는 비율 θ'이 얼마여야 하는가?

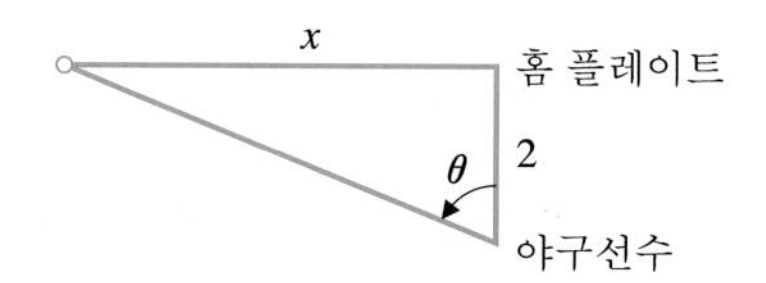

7. 키가 6피트인 사람이 18피트 높이의 가로등에서 12피트 거리에 있다고 가정하자(그림 참조). 만약 이 사람이 2 ft/sec의 속력으로 가로등으로부터 멀어지고 있다면 그 사람의 그림자 길이는 어떤 비율로 변화하는지 구하여라(힌트: $\frac{x+s}{18} = \frac{s}{6}$임을 보여라).

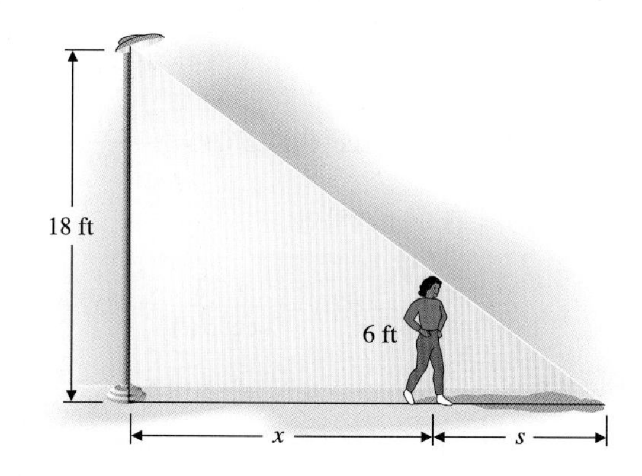

8. 물이 반지름 60피트인 구형 탱크에 10 ft^3/sec의 일정한 비율로 주입되고 있다. (a) 탱크의 절반이 채워졌을 때 물 표면의 반지름의 변화율을 구하여라. (b) 물의 깊이와 표면의 반지름이 같은 비율로 변하는 순간은 언제인가?

적분

CHAPTER 4

현대 비즈니스 세계에서 회사는 비용 대비 효율이 가장 높은 재고 관리 방법을 찾아야 한다. 한 가지 방법은 재고가 바닥나는 순간, 신상품이 도착하는 실시간 재고 관리 방법이다. 간단한 예로 주유소에 한꺼번에 8000갤런씩 기름이 들어오고 매일 1000갤런씩 소비자들에게 배달되어 나간다고 하면, 마지막 남은 재고가 배달 나가는 순간에 새로 기름이 들어오는 방법이다. 재고 비용은 취급점에 남아 있는 기름의 평균량에 따라 결정된다. 이 평균을 어떻게 구할 수 있는가?

이것을 미분적분학 문제로 바꾸기 위하여 $f(t)$를 시각 t(일)에 주유소에 남아 있는 기름의 양이라 하고, $t=0$에 기름이 들어온다고 하자. 이 경우 $f(0)=8000$이다. 더욱이 $0<t<8$일 때 기름은 들어오지 않고 매일 1000갤런의 비율로 나간다. 여기서 비율은 도함수를 의미하므로 $0<t<8$일 때 $f'(t)=-1000$이다. 이것은 $t=8$까지 함수 $y=f(t)$의 기울기가 -1000이라는 것을 말한다. $t=8$일 때 새로 기름이 들어오므로 $f(8)=8000$이 된다. 이렇게 계속하면 $f(t)$의 그래프가 다음과 같다는 것을 알 수 있다.

재고가 0갤런에서부터 8000갤런까지이므로 평균 4000갤런이라고 추측할 수 있다. 그러나 기름이 일정하게 팔리지 않고 재고 함수가 $g(t)$인 오른쪽 그래프를 생각해 보자. 이번에도 재고가 0에서부터 8000까지이지만 기름이 들어온 직후 많이 팔려나가

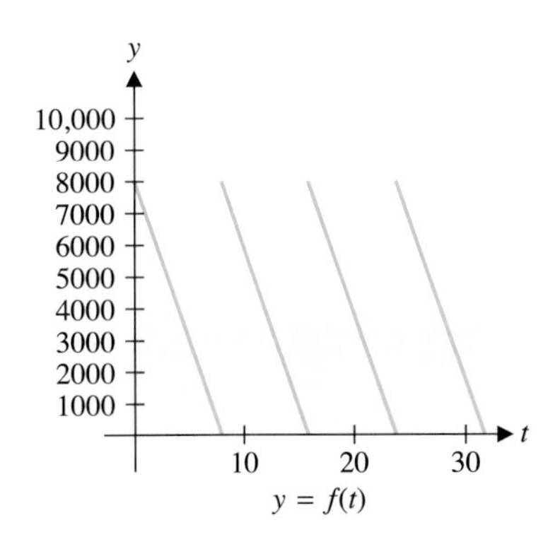

$y=f(t)$

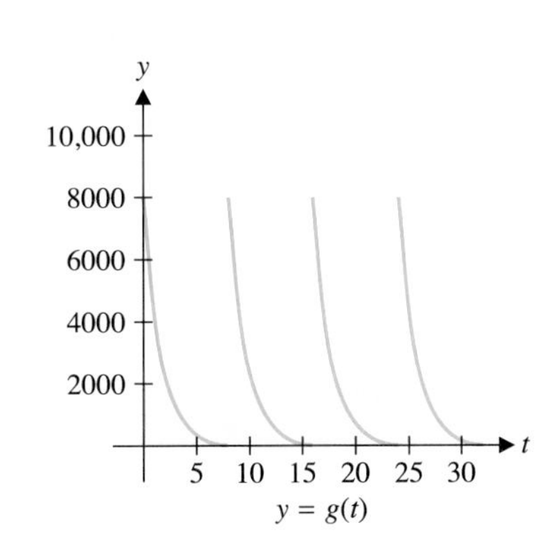

$y=g(t)$

므로 평균 재고는 4000갤런보다 훨씬 적다. 이 장에서 살펴보겠지만 어떤 수집합의 평균은 넓이 문제와 비슷하다. 구체적으로 함수의 평균값은 그래프와 x축 사이의 넓이와 같은 넓이를 가지는 직사각형의 높이이다. 그래프에서 보는 것과 같이 원래 문제의 $f(t)$의 평균값은 4000이 적절하며 $g(t)$의 평균값은 2000에 더 가깝다는 것을 알 수 있다.

위의 설명에는 도함수로부터 원래 함수 구하기, 함수의 평균값 구하기, 곡선 아랫부분의 넓이 구하기 등 몇 가지 문제가 포함되어 있다. 이 장에서는 이러한 문제들 사이의 관계를 알아보고 문제를 해결하기 위한 다양한 방법을 살펴볼 것이다.

4.1 역도함수

주 1.1

여기서 소개한 우주왕복선에 관한 문제는 실제 상황에서는 더 복잡하고 고려해야 할 요인들이 많다.
좀 더 자세한 내용은 The American Mathematical Monthly, 1999년 2월호에서 Long과 Weiss의 논문을 참조하기 바란다.

우주왕복선 'Endeavor'호

미분적분학은 우리 주변의 세상을 이해하는 데 필요한 강력한 수단을 제공한다. 과학자들이 처음 NASA의 우주왕복선을 설계했을 때에는 대기권 재진입 후의 비행을 위한 동력으로서 항공기 엔진을 이용하였다. 비용 절감을 위해 항공기 엔진은 폐기되었고 우주왕복선은 거대한 글라이더가 되었다. NASA의 과학자들은 미분적분학을 이용하여 비행을 정확히 제어하는 문제의 해답을 찾는다. 우주왕복선의 비행과 같이 매우 복잡한 문제를 다루지는 않더라도 어떤 이상적인 모델을 생각할 수는 있다.

현실 세계의 문제를 해결하기 위해서, 물리적 원리를 이용해 물리계의 수학적 모델을 얻는다. 그 다음 수학적 문제를 풀고 그 해를 물리적 문제로 해석한다.

지구를 향해 내려오는 우주왕복선의 수직운동만을 고려하면, 뉴턴의 제2운동법칙에 따라 운동을 나타내는 방정식은 다음과 같다.

$$\text{힘} = \text{질량} \times \text{가속도} \quad \text{또는} \quad F = ma$$

즉, 물체에 작용하는 모든 힘의 합은 물체의 질량과 가속도의 곱과 같다. 물체에 작용하는 두 가지 힘은 아래로 잡아당기는 중력과 운동의 반대방향으로 작용하는 공기저항이다. 실험결과로부터 공기저항으로 인한 힘 F_d는 물체의 속력의 제곱에 비례하고 운동의 반대방향으로 작용한다는 것을 알고 있다. 따라서 낙하하는 우주왕복선인 경우에, 적당한 상수 $k > 0$에 대하여

$$F_d = kv^2$$

이다.

중력으로 인한 힘은 단순히 물체의 무게이며 $W = -mg$이다. 여기서 중력상수 g는 약 32 ft/s^{2}이다(음의 부호는 중력이 아래쪽으로 작용하고 있음을 나타낸다). 종합하면 뉴턴의 제2운동법칙으로부터

$$F = ma = -mg + kv^2$$

이다. $a=v'(t)$이므로 위의 식은 다음과 같이 나타낼 수 있다.

$$mv'(t) = -mg + kv^2(t) \tag{1.1}$$

식 (1.1)은 미지함수인 $v(t)$와 그것의 도함수인 $v'(t)$를 포함하고 있다. 이러한 방정식을 **미분방정식**(differential equation)이라고 한다. 미분방정식은 7장에서 다룬다. 문제를 간단히 하기 위하여 중력이 우주왕복선에 작용하는 단 하나의 힘이라고 가정하자. 식 (1.1)에서 $k=0$이 되고 따라서

$$mv'(t) = -mg \quad \text{또는} \quad v'(t) = -g$$

이다. $y(t)$를 우주왕복선이 재진입하기 시작한 t초 후의 고도를 나타내는 위치함수라고 하자. $v(t)=y'(t)$, $a(t)=v'(t)$이므로

$$y''(t) = -32$$

이다.

이 식으로부터 $y(t)$를 구하려고 한다. 다시 말하면 미분하기 전의 함수를 알아내려고 한다. 즉, 함수 $f(x)$가 주어졌을 때, $F'(x) = f(x)$인 함수 $F(x)$를 구하려는 것이다. 이때 함수 F를 f의 **역도함수**(antiderivative)라고 한다.

예제 1.1 역도함수 구하기

$f(x)=x^2$의 역도함수를 구하여라.

풀이

$F(x)=\frac{1}{3}x^3$은 다음과 같은 성질을 갖기 때문에 $f(x)$의 역도함수이다.

$$F'(x) = \frac{d}{dx}\left(\frac{1}{3}x^3\right) = x^2$$

또한

$$\frac{d}{dx}\left(\frac{1}{3}x^3+5\right) = x^2$$

이므로 $G(x)=\frac{1}{3}x^3+5$도 f의 역도함수이다. 결국 임의의 상수 c에 대하여

$$\frac{d}{dx}\left(\frac{1}{3}x^3+c\right) = x^2$$

이다. 따라서 임의의 상수 c에 대해서, $H(x)=\frac{1}{3}x^3+c$ 역시 f의 역도함수이다. 그래프로 살펴보면 그림 4.1에서와 같이 많은 곡선의 모임이다. 각 곡선은 다른 모든 곡선의 평행이동이라는 것을 알 수 있다.

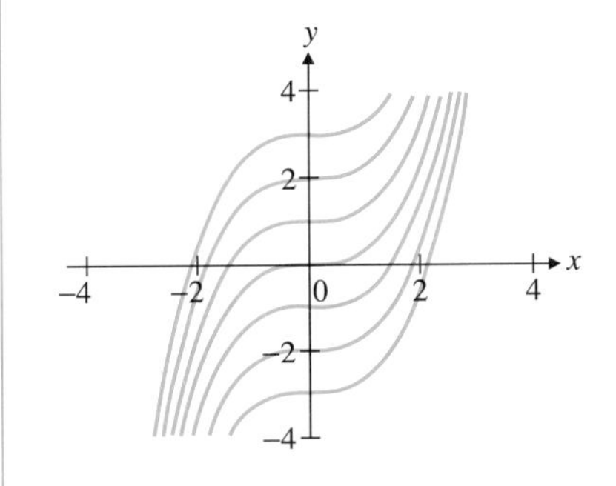

그림 4.1 역도함수의 곡선족

일반적으로 F가 f의 한 역도함수이고 c가 임의의 상수이면,

$$\frac{d}{dx}[F(x)+c] = F'(x) + 0 = f(x)$$

이므로 임의의 상수 c에 대해서, $F(x)+c$ 역시 $f(x)$의 역도함수이다. 여기서, $F(x)+c$

이외에 다른 $f(x)$의 역도함수가 존재하지 않는지에 대해 의문이 생길 것이다. 이 질문에 대한 답은 다음의 정리에서처럼 "그렇지 않다."이다.

정리 1.1

F와 G가 임의의 구간 I에서 f의 역도함수이면 적당한 상수 c에 대하여

$$G(x) = F(x) + c$$

이다.

증명

F와 G가 f의 역도함수이므로 $G'(x) = F'(x)$이다. 2.9절의 따름정리 9.1에 의해서, 적당한 상수 c에 대하여, $G(x) = F(x) + c$이다. ■

주 1.2

정리 1.1은 f의 역도함수 F에 대해서, f의 다른 모든 역도함수는 $F(x)+c$ 형태임을 말해준다. 정의 1.1에서는 이 일반적인 역도함수에 특별한 용어를 부여한다.

정의 1.1

F가 f의 임의의 역도함수이면, $f(x)$의 **부정적분**(indefinite integral)은

$$\int f(x)\,dx = F(x) + c$$

로 정의한다. 여기서 c는 임의의 상수(적분상수)이다.

적분을 계산하는 과정을 **적분법**(integration)이라 한다. 여기서 $f(x)$를 **피적분함수**(integrand)라고 하며 dx는 x가 **적분변수**(variable of integration)임을 의미한다.

예제 1.2 부정적분

$\int 3x^2\,dx$를 구하여라.

풀이

x^3의 도함수가 $3x^2$이므로

$$\int 3x^2\,dx = x^3 + c$$

이다.

예제 1.3 부정적분

$\int t^5\,dt$를 구하여라.

풀이

$\frac{d}{dt}t^6 = 6t^5$이므로 $\frac{d}{dt}\left(\frac{1}{6}t^6\right) = t^5$이다. 따라서

$$\int t^5\,dt = \frac{1}{6}t^6 + c$$

이다.

모든 미분법칙은 대응되는 적분법칙을 갖고 있다. 예를 들면, 모든 유리수 r에 대하여 $\frac{d}{dx}x^r = rx^{r-1}$이다. 따라서

$$\frac{d}{dx}x^{r+1} = (r+1)x^r$$

이 된다.

정리 1.2 거듭제곱 법칙(Power Rule)

임의의 유리수 $r \neq -1$에 대하여

$$\int x^r dx = \frac{x^{r+1}}{r+1} + c \tag{1.2}$$

이다.

주 1.3

x의 거듭제곱(x^{-1}이 아닌)을 적분할 때는 그 지수에 1을 더하고, 더한 지수로 나눈다. $r = -1$인 경우는 0으로 나누어야 하므로 이 법칙은 성립하지 않는다. 이 경우는 이 절의 마지막에서 다룬다.

예제 1.4 거듭제곱 법칙 이용

$\int x^{17} dx$를 구하여라.

풀이

거듭제곱 법칙으로부터

$$\int x^{17} dx = \frac{x^{17+1}}{17+1} + c = \frac{x^{18}}{18} + c$$

이다. ■

예제 1.5 음의 지수에 대한 거듭제곱 법칙

$\int \frac{1}{x^3} dx$를 구하여라.

풀이

피적분함수를 다시 나타내면 거듭제곱 법칙을 이용할 수 있다. 따라서

$$\int \frac{1}{x^3} dx = \int x^{-3} dx = \frac{x^{-3+1}}{-3+1} + c = -\frac{1}{2}x^{-2} + c$$

이다. ■

예제 1.6 분수 형태의 지수를 갖는 거듭제곱 법칙

다음 적분을 구하여라.

(a) $\int \sqrt{x}\, dx$ (b) $\int \frac{1}{\sqrt[3]{x}} dx$

풀이

(a) 예제 1.5에서처럼 먼저 피적분함수를 다시 나타낸 다음, 거듭제곱 법칙을 적용한다. 따라서

$$\int \sqrt{x}\, dx = \int x^{1/2} dx = \frac{x^{1/2+1}}{1/2+1} + c = \frac{x^{3/2}}{3/2} + c = \frac{2}{3}x^{3/2} + c$$

이다.

(b) 같은 방법으로

$$\int \frac{1}{\sqrt[3]{x}}\,dx = \int x^{-1/3}dx = \frac{x^{-1/3+1}}{-1/3+1} + c = \frac{x^{2/3}}{2/3} + c = \frac{3}{2}x^{2/3} + c$$

를 얻는다.

$\frac{d}{dx}(\sin x) = \cos x$ 이므로

$$\boxed{\int \cos x\,dx = \sin x + c}$$

이다. 즉, 미분공식을 역으로 적용하면 대응되는 적분공식을 얻게 된다. 다음 표에서 몇 개의 중요한 공식을 나타내었다. 그러나 잘 알려진 몇 개의 함수, 즉 $\frac{1}{x}$, $\ln x$, $\tan x$ 및 $\cot x$ 등에 대한 적분공식은 나타나 있지 않다.

$\int x^r\,dx = \frac{x^{r+1}}{r+1} + c,\ r \neq -1$	$\int \sec x \tan x\,dx = \sec x + c$
$\int \sin x\,dx = -\cos x + c$	$\int \csc x \cot x\,dx = -\csc x + c$
$\int \cos x\,dx = \sin x + c$	$\int e^x\,dx = e^x + c$
$\int \sec^2 x\,dx = \tan x + c$	$\int e^{-x}\,dx = -e^{-x} + c$
$\int \csc^2 x\,dx = -\cot x + c$	$\int \frac{1}{\sqrt{1-x^2}}\,dx = \sin^{-1} x + c$
$\int \frac{1}{1+x^2}\,dx = \tan^{-1} x + c$	$\int \frac{1}{\lvert x\rvert\sqrt{x^2-1}}\,dx = \sec^{-1} x + c$

여기서는 잘 알려진 대부분의 기본적인 도함수 법칙을 역으로 적용하고, 뒤에서는 더욱 복잡한 적분공식을 살펴볼 것이다. 다음 정리에서는 적분의 기본적인 성질 중 하나를 살펴본다.

정리 1.3

$f(x)$와 $g(x)$가 역도함수를 갖는다고 하자. 이때 임의의 상수 a와 b에 대하여

$$\int [af(x) + bg(x)]\,dx = a\int f(x)\,dx + b\int g(x)\,dx \tag{1.3}$$

이다.

증명

$\frac{d}{dx}\int f(x)\,dx = f(x)$와 $\frac{d}{dx}\int g(x)\,dx = g(x)$ 이므로 다음과 같이 나타낼 수 있다.

$$\frac{d}{dx}\left[a\int f(x)\,dx + b\int g(x)\,dx\right] = af(x) + bg(x)$$

■

이 정리는 함수의 합과 차 그리고 상수 곱의 적분을 쉽게 계산할 수 있음을 말해 주고 있다. 그러나 곱(또는 몫)의 적분이 각 적분의 곱(또는 몫)은 아니다.

예제 1.7 합의 부정적분

$\int (3\cos x + 4x^8)\,dx$를 구하여라.

풀이

$$\begin{aligned}\int (3\cos x + 4x^8)\,dx &= 3\int \cos x\,dx + 4\int x^8 dx \qquad \text{정리 1.3 참조}\\ &= 3\sin x + 4\left(\frac{1}{9}\right)x^9 + c\\ &= 3\sin x + \frac{4}{9}x^9 + c\end{aligned}$$

예제 1.8 차의 부정적분

$\int \left(3e^x - \frac{2}{1+x^2}\right)dx$를 구하여라.

풀이

$$\int \left(3e^x - \frac{2}{1+x^2}\right)dx = 3\int e^x\,dx - 2\int \frac{1}{1+x^2}\,dx = 3e^x - 2\tan^{-1}x + c$$

거듭제곱 법칙으로부터, $r = -1$을 제외한 임의의 유리지수에 대해 $\int x^r dx$를 계산하였다. $r = -1$의 경우는 다음과 같이 적분한다. 먼저, 2.7절로부터 $x > 0$에 대하여

$$\frac{d}{dx}\ln x = \frac{1}{x}$$

이다. $\ln|x|$는 $x \neq 0$에 대하여 정의되어 있다. $x > 0$인 경우 $\ln|x| = \ln x$이므로

$$\frac{d}{dx}\ln|x| = \frac{d}{dx}\ln x = \frac{1}{x}$$

이다. 같은 방법으로, $x < 0$인 경우 $\ln|x| = \ln(-x)$이므로

$$\begin{aligned}\frac{d}{dx}\ln|x| &= \frac{d}{dx}\ln(-x)\\ &= \frac{1}{-x}\frac{d}{dx}(-x) \qquad \text{연쇄법칙}\\ &= \frac{1}{-x}(-1) = \frac{1}{x}\end{aligned}$$

이다. 위의 두 경우에서 같은 도함수를 얻었다. 따라서 다음 정리가 성립한다.

정리 1.4

$x \neq 0$에 대하여, $\dfrac{d}{dx}\ln|x| = \dfrac{1}{x}$ 이다.

예제 1.9 절댓값을 포함한 로그함수의 도함수

$\tan x \neq 0$인 임의의 x에 대하여 $\dfrac{d}{dx}\ln|\tan x|$를 구하여라.

풀이

정리 1.4와 연쇄법칙으로부터

$$\begin{aligned}\frac{d}{dx}\ln|\tan x| &= \frac{1}{\tan x}\frac{d}{dx}\tan x \\ &= \frac{1}{\tan x}\sec^2 x = \frac{1}{\sin x \cos x}\end{aligned}$$

이다.

정리 1.4의 미분법칙을 이용하면 다음과 같은 새로운 적분법칙을 얻는다.

따름정리 1.1

$x \neq 0$에 대하여

$$\int \frac{1}{x}\,dx = \ln|x| + c$$

이다.

일반적으로 $f(x) \neq 0$이고 f가 미분가능하다면 연쇄법칙에 의해

$$\frac{d}{dx}\ln|f(x)| = \frac{1}{f(x)}f'(x) = \frac{f'(x)}{f(x)}$$

이다. 따라서 다음 적분법칙을 얻는다.

따름정리 1.2

$f(x) \neq 0$이면

$$\int \frac{f'(x)}{f(x)}\,dx = \ln|f(x)| + c \tag{1.4}$$

이다.

예제 1.10 $\dfrac{f'(x)}{f(x)}$ 형태로 된 분수함수의 부정적분

$\displaystyle\int \frac{\sec^2 x}{\tan x}\,dx$를 구하여라.

풀이

분자 $\sec^2 x$은 분모 $\tan x$의 도함수이므로 식 (1.4)로부터

$$\int \frac{\sec^2 x}{\tan x}\,dx = \ln|\tan x| + c$$

이다.

■

지금까지는 단지 몇 개의 적분법칙만 살펴보았다. 도함수를 구할 때와는 달리 우리가 잘 알고 있는 모든 함수를 다루기 위한 적분법칙은 찾을 수 없다. 그러므로 어느 경우에 역도함수를 구할 수 없는지를 인식하는 것이 중요하다.

예제 1.11 적분법칙을 이용할 수 없는 적분 구하기

다음 적분 중 어느 것이 이 절에서 주어진 법칙을 이용하여 구할 수 있는가?

(a) $\int \frac{1}{\sqrt[3]{x^2}}\,dx$ (b) $\int \sec x\,dx$ (c) $\int \frac{2x}{x^2+1}\,dx$ (d) $\int \frac{x^3+1}{x}\,dx$

(e) $\int (x+1)(x-1)\,dx$ (f) $\int x\sin 2x\,dx$

풀이

먼저 역도함수를 구할 수 있는 형태로 (a), (c), (d), (e)를 다음과 같이 다시 나타낼 수 있다.

(a)

$$\int \frac{1}{\sqrt[3]{x^2}}\,dx = \int x^{-2/3}\,dx = \frac{x^{-2/3+1}}{-\frac{2}{3}+1} + c = 3x^{1/3} + c$$

이다.

(c) $\frac{d}{dx}(x^2+1) = 2x$(분자)이므로 식 (1.4)로부터

$$\int \frac{2x}{x^2+1}\,dx = \ln|x^2+1| + c = \ln(x^2+1) + c$$

가 되고, 여기서 모든 x에 대하여 $x^2+1>0$이므로 절댓값 기호를 제거할 수 있다.

(d) 피적분함수를 나누면

$$\int \frac{x^3+1}{x}\,dx = \int (x^2 + x^{-1})\,dx = \frac{1}{3}x^3 + \ln|x| + c$$

를 얻는다.

(e) 피적분함수를 전개하면

$$\int (x+1)(x-1)\,dx = \int (x^2-1)\,dx = \frac{1}{3}x^3 - x + c$$

를 얻는다. (b)와 (f)에서는 도함수가 각각 $\sec x$와 $x\sin 2x$인 함수를 구해야 하는데, 아직까지는 이러한 적분을 구할 수 없다.

■

이제 여러 함수의 역도함수가 어떻게 구해지는지 알게 되었다. 이 절의 초반에서 언급했던 낙하하는 물체 문제를 다시 생각해 보자.

예제 1.12 가속도가 주어진 경우 낙하하는 물체의 위치 계산

낙하하는 물체의 가속도가 $y''(t) = -32 \text{ ft/s}^2$로 주어질 때 위치함수 $y(t)$를 구하여라. 물체의 처음 속도는 $y'(0) = -100 \text{ ft/s}$이고 처음 위치는 $y(0) = 100{,}000$ 피트라고 가정한다.

풀이

도함수의 역과정을 두 번 적용하면 두 개의 역도함수가 계산된다. 먼저

$$y'(t) = \int y''(t)\,dt = \int (-32)dt = -32t + c$$

가 된다. $y'(t)$는 낙하하는 물체의 속도이다. 주어진 처음 속도를 이용하면 상수 c를 계산할 수 있다.

$$v(t) = y'(t) = -32t + c$$

이고 $v(0) = y'(0) = -100$이므로

$$-100 = v(0) = -32(0) + c = c$$

이다. 따라서 $c = -100$이고 속도는 $y'(t) = -32t - 100$이다. 다음으로

$$y(t) = \int y'(t)\,dt = \int (-32t - 100)\,dt = -32\left(\frac{1}{2}t^2\right) - 100t + c$$
$$= -16t^2 - 100t + c$$

이다. $y(t)$는 물체의 높이를 나타낸다. 처음 위치를 이용하면

$$100{,}000 = y(0) = -16(0) - 100(0) + c = c$$

이다. 그러므로 $c = 100{,}000$이고

$$y(t) = -16t^2 - 100t + 100{,}000$$

이다.

위의 과정에서는 오직 중력만이 물체에 작용하는 힘이라고 가정하였을 때(즉 공기저항 또는 양력이 작용하지 않을 때), 물체의 고도를 계산하였다.

연습문제 4.1

[1~8] 다음 부정적분을 구하여라.

1. $\int (3x^4 - 3x)dx$

2. $\int \left(3\sqrt{x} - \frac{1}{x^4}\right)dx$

3. $\int \frac{x^{1/3} - 3}{x^{2/3}}\,dx$

4. $\int 2\sec x \tan x\,dx$

5. $\int (3e^x - 2)\,dx$

6. $\int \frac{4x}{x^2 + 4}\,dx$

7. $\int \frac{e^x}{e^x + 3}\,dx$

8. $\int x^{1/4}(x^{5/4} - 4)\,dx$

9. 다음을 계산하여라.

$$\frac{d}{dx}\ln|\sec x + \tan x|$$

[10~12] 다음 조건을 만족하는 함수 $f(x)$를 구하여라.

10. $f'(x) = 3e^x + x,\ f(0) = 4$

11. $f''(x) = 12x^2 + 2e^x$, $f'(0) = 2$, $f(0) = 3$

12. $f''(t) = 2 + 2t$, $f(0) = 2$, $f(3) = 2$

[13~14] 다음 조건을 만족하는 함수를 모두 구하여라.

13. $f''(x) = 3\sin x + 4x^2$

14. $f'''(x) = 4 - 2/x^3$

15. 속도함수가 $v(t) = 3 - 12t$ 이고 처음 위치가 $s(0) = 3$일 때 위치함수 $s(t)$를 구하여라.

16. 가속도함수는 $a(t) = 3\sin t + 1$이고 처음 속도가 $v(0) = 0$, 처음 위치가 $s(0) = 4$ 일 때 위치함수 $s(t)$를 구하여라.

17. 점 (1, 2)는 $y = f(x)$의 그래프 위의 점이고 (1, 2)에서 접선의 기울기는 3이며 $f''(x) = x - 1$인 함수 $f(x)$를 구하여라.

18. 적분공식 $\int e^x dx = e^x + c$ 와 $\int e^{-x} dx = -e^{-x} + c$를 유도하여라.

19. 어떤 차가 30 mph에서 50 mph로 가속하는 데 4초 걸린다. 가속도가 상수라고 가정하고 이 차의 가속도를 구하여라. 그리고 이 차가 그 4초 동안 달린 거리를 구하여라.

20. 다음 표는 떨어지는 물체의 속력을 나타낸다. 각 시간 구간에서 떨어진 거리와 가속도를 추정하여라.

t(s)	0	0.5	1.0	1.5	2.0
$v(t)$ (ft/s)	−4.0	−19.8	−31.9	−37.7	−39.5

4.2 합과 Σ 기호

4.1절에서 물체의 속도함수로부터 역으로 그 물체의 위치함수를 계산하는 법을 살펴보았다. 이제 같은 과정을 그래프로 알아보자. 이 절에서는 이 새로운 해석과 관련된 방법을 살펴본다.

시속 60마일의 일정한 속도로 두 시간 달리면 120마일, 4시간이면 240마일을 간다. 이것은 상수인 속도함수 $v(t) = 60$의 그래프에서도 알 수 있다. 그림 4.2a에서 $t = 0$부터 $t = 2$까지 그래프 아래의 색칠된 영역의 넓이가 그 시간 동안 달린 거리인 120마일이고, 그림 4.2b에서는 $t = 0$부터 $t = 4$까지 색칠된 부분의 넓이가 거리 240마일과 같다.

그러므로 어떤 일정 시간 동안 달린 거리는 그 시간 동안 $y = v(t)$와 t축 사이의 영역의 넓이라고 생각할 수 있다. 속도가 일정한 경우에는

$$d = r \times t = \text{속도} \times \text{시간}$$

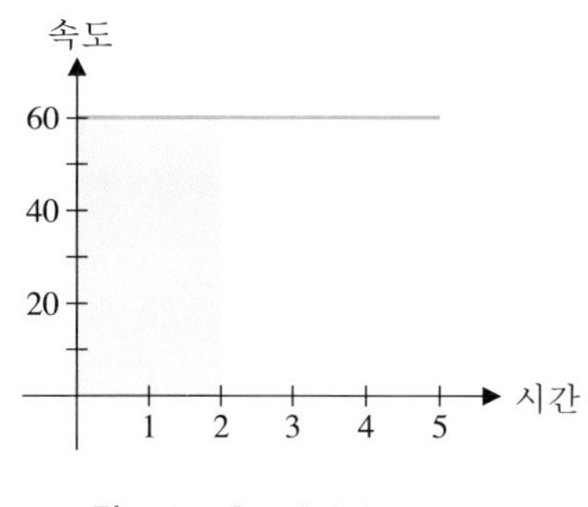

그림 4.2a [0, 2]에서 $y = v(t)$

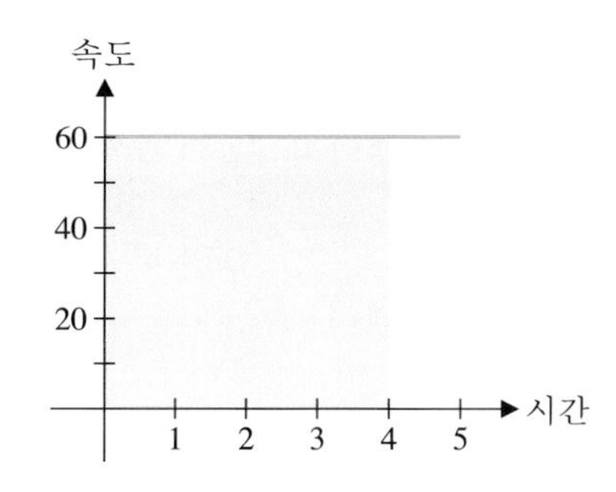

그림 4.2b [0, 4]에서 $y = v(t)$

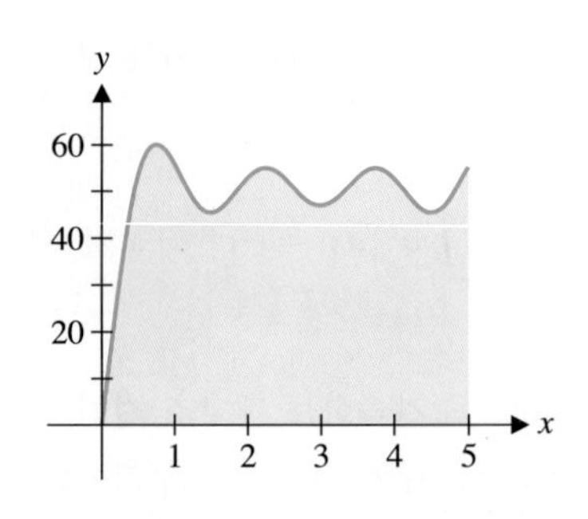

그림 4.3 곡선 아래의 넓이

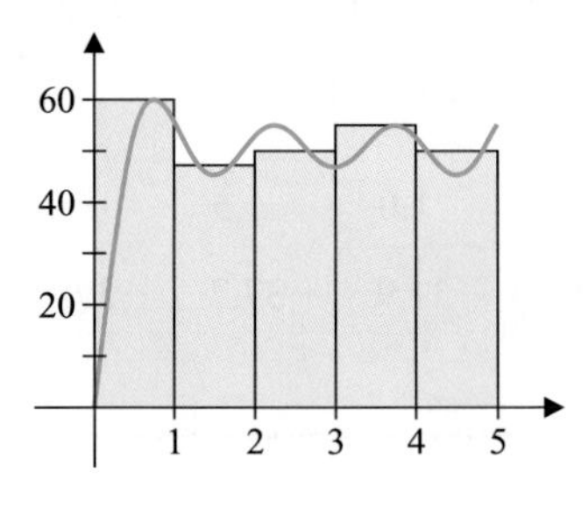

그림 4.4 근사 넓이

이므로 위의 결과는 당연하다. 그림 4.3처럼 상수가 아닌 속도함수인 경우에도 시간 구간 $[0, 5]$에서 곡선 아래 영역의 넓이(이동한 거리와 같은)를 계산하려고 한다. 이 절에서 학습할 것은 이와 같은 넓이를 구하기 위한 첫걸음이다. 이제 그림 4.3의 속도함수가 5시간 동안 1시간마다 일정한 속도인 그림 4.4로 근사되었다고 가정하자.

시간 구간 $t = 0$부터 $t = 5$까지 넓이는 5개의 직사각형의 넓이로 근사된다.

$$A \approx 60 + 45 + 50 + 55 + 50 = 260 \text{ 마일}$$

물론 이것은 추정값이다. 하지만 더 많은 작은 사각형을 사용하면 더 잘 근사시킬 수 있다는 것을 알 수 있다. 5개 사각형의 넓이를 더하기는 쉽다. 그러나 사각형이 5000개라면 그 넓이의 합을 쉽게 계산할 수 있는 간단한 방법이 필요하다. 그러한 합을 다루는 것이 이 절의 목적이다.

먼저 기호를 도입하자. 처음 20개의 양의 정수의 제곱의 합을 계산한다면

$$1 + 4 + 9 + \cdots + 400 = 1^2 + 2^2 + 3^2 + \cdots + 20^2$$

은 $i = 1, 2, 3, \cdots, 20$에 대하여 각 항이 i^2인 항들의 합이다. 간단히 나타내기 위하여 그리스문자 Σ(sigma)를 합을 나타내는 기호로 사용하여

$$\sum_{i=1}^{20} i^2 = 1^2 + 2^2 + 3^2 + \cdots + 20^2$$

으로 나타낸다.

일반적으로 임의의 실수 $a_1, a_2, \cdots, a_n$에 대하여

$$\sum_{i=1}^{n} a_i = a_1 + a_2 + \cdots + a_n$$

이다. 다음 예제를 보자.

예제 2.1 합기호의 사용

(a) $\sqrt{1} + \sqrt{2} + \sqrt{3} + \cdots + \sqrt{10}$ (b) $3^3 + 4^3 + 5^3 + \cdots + 45^3$을 합기호로 나타내어라.

풀이

(a) 1부터 10까지 양의 제곱근의 합은 다음과 같고

$$\sqrt{1} + \sqrt{2} + \sqrt{3} + \cdots + \sqrt{10} = \sum_{i=1}^{10} \sqrt{i}$$

(b) 3부터 45까지 정수의 세제곱의 합은 다음과 같다.

$$3^3 + 4^3 + 5^3 + \cdots + 45^3 = \sum_{i=3}^{45} i^3$$

■

예제 2.2 홀수 관련 합에 대한 합기호

처음 200개의 양의 홀수의 합을 합기호로 나타내어라.

풀이

먼저 모든 i에 대하여 $(2i)$가 짝수이므로 $(2i-1)$과 $(2i+1)$은 모두 홀수이다. 따라서

$$1+3+5+\cdots+399=\sum_{i=1}^{200}(2i-1)$$

이다. 다른 방법으로 $\sum_{i=0}^{199}(2i+1)$로 나타낼 수도 있다.

예제 2.3 합기호로 주어진 합의 계산

(a) $\sum_{i=1}^{8}(2i+1)$ (b) $\sum_{i=2}^{6}\sin(2\pi i)$ (c) $\sum_{i=4}^{10}5$ 에 대하여 모든 항을 나열하고 합을 구하여라.

풀이

(a) $$\sum_{i=1}^{8}(2i+1)=3+5+7+9+11+13+15+17=80$$

(b) $$\sum_{i=2}^{6}\sin(2\pi i)=\sin 4\pi+\sin 6\pi+\sin 8\pi+\sin 10\pi+\sin 12\pi=0$$

(c) $$\sum_{i=4}^{10}5=5+5+5+5+5+5+5=35$$

주 2.1

합에 나타나는 변수는 항을 추적해 가기 위해서만 사용되므로 무효변수(dummy variable)이라 한다. 합은 변수로 사용되는 문자에 관계없이 같다. 그러므로 변수는 어떤 문자를 사용해도 좋다. 일반적으로 i, j, k, m, n이 많이 사용되지만 어떤 문자를 사용해도 관계없다. 예를 들면

$$\sum_{i=1}^{n}a_i=\sum_{j=1}^{n}a_j=\sum_{k=1}^{n}a_k$$

이다.

합을 계산하는 간단한 규칙에는 다음과 같은 것들이 있다.

정리 2.1

n이 임의의 양의 정수이고 c가 임의의 상수일 때

(i) $\sum_{i=1}^{n}c=cn$ (상수의 합)

(ii) $\sum_{i=1}^{n}i=\frac{n(n+1)}{2}$ (처음 n개의 양의 정수의 합)

(iii) $\sum_{i=1}^{n}i^2=\frac{n(n+1)(2n+1)}{6}$ (처음 n개의 양의 정수의 제곱의 합)

증명

(i) $\sum_{i=1}^{n}c$는 같은 상수 c를 n개 합하는 것이므로 c 곱하기 n이다.

(ii) 다음 증명은 가우스가 10살에 증명한 것이다. 먼저

수학자

가우스
(Carl Friedrich Gauss, 1777−1855)

독일의 수학자로 역사상 가장 위대한 수학자 중 한 명이다. 14세에 이미 중요한 정리를 증명한 천재였으며 대수학의 기본정리를 증명하고 정수론과 수리물리학에서도 많은 업적을 남겼다. 그는 복소 해석학, 통계학, 벡터해석, 비 유클리드 기하학 등에 크게 기여하였으며 '수학의 왕'으로 불린다.

$$\sum_{i=1}^{n} i = \underbrace{1+2+3+\cdots+(n-2)+(n-1)+n}_{n\text{항}} \tag{2.1}$$

이고 합의 순서를 바꾸면

$$\sum_{i=1}^{n} i = \underbrace{n+(n-1)+(n-2)+\cdots+3+2+1}_{\text{뒤부터 합한 } n\text{개항}} \tag{2.2}$$

이다. 식 (2.1)과 (2.2)를 항별로 합하면

$$\begin{aligned} 2\sum_{i=1}^{n} i &= (1+n)+(2+n-1)+(3+n-2)+\cdots+(n-1+2)+(n+1) \\ &= \underbrace{(n+1)+(n+1)+(n+1)+\cdots+(n+1)+(n+1)+(n+1)}_{n\text{개의 항의 합}} \\ &= n(n+1) \end{aligned}$$

이다. 양변을 2로 나누면

$$\sum_{i=1}^{n} i = \frac{n(n+1)}{2}$$

이다. (iii)의 증명은 다소 복잡하며 수학적 귀납법을 이용하여 이 절의 마지막에서 증명한다. ■

다음 정리와 같이 일반적으로 합을 전개하는 공식이 있다. 증명은 독자에게 맡긴다.

정리 2.2

임의의 상수 c와 d에 대하여

$$\sum_{i=1}^{n}(ca_i + db_i) = c\sum_{i=1}^{n} a_i + d\sum_{i=1}^{n} b_i$$

이다.

정리 2.1과 2.2를 이용하여 몇 가지 간단한 합을 쉽게 계산할 수 있다. 이제 800개의 항을 합하는 것이 8개의 항을 합하는 것보다 어렵지 않다.

예제 2.4 정리 2.1과 2.2를 이용한 합의 계산

(a) $\sum_{i=1}^{8}(2i+1)$ (b) $\sum_{i=1}^{800}(2i+1)$을 구하여라.

풀이

(a) 정리 2.1과 2.2로부터

$$\sum_{i=1}^{8}(2i+1) = 2\sum_{i=1}^{8} i + \sum_{i=1}^{8} 1 = 2\frac{8(9)}{2} + (1)(8) = 72 + 8 = 80$$

(b) 마찬가지로

$$\sum_{i=1}^{800}(2i+1) = 2\sum_{i=1}^{800} i + \sum_{i=1}^{800} 1 = 2\frac{800(801)}{2} + (1)(800)$$
$$= 640,800 + 800 = 641,600$$

이다.

예제 2.5 정리 2.1과 2.2를 이용한 합의 계산

(a) $\sum_{i=1}^{20} i^2$ (b) $\sum_{i=1}^{20} \left(\frac{i}{20}\right)^2$ 을 구하여라.

풀이

(a) 정리 2.1과 2.2로부터

$$\sum_{i=1}^{20} i^2 = \frac{20(21)(41)}{6} = 2870$$

(b) $$\sum_{i=1}^{20}\left(\frac{i}{20}\right)^2 = \frac{1}{20^2}\sum_{i=1}^{20} i^2 = \frac{1}{400}\frac{20(21)(41)}{6} = \frac{1}{400}2870 = 7.175$$

이 절의 첫 부분에서 거리를 몇 개의 속도함수 값의 합으로 구하였다. 4.3절에서 정확한 넓이를 구할 수 있도록 합에 대하여 더 공부할 것이다. 예제 2.6과 2.7에서는 합을 이용하여 몇 개의 함숫값을 더해 보자.

예제 2.6 함숫값의 합 계산하기

$x = 0.1, x = 0.2, \cdots, x = 1.0$에서 함수 $f(x) = x^2 + 3$의 값을 합하여라.

풀이

이 절의 정리에서 살펴본 공식을 이용할 수 있도록 구하는 값은 합기호로 표시되도록 해야 한다. 합해야 할 각 값은 $a_1 = f(0.1) = 0.1^2 + 3$, $a_2 = f(0.2) = 0.2^2 + 3$ 등이다. x값이 0.1의 배수이므로 $i = 1, 2, \cdots, 10$에 대하여 x를 $0.1i$로 나타낼 수 있다. 일반적으로

$$a_i = f(0.1i) = (0.1i)^2 + 3, \quad i = 1, 2, \cdots, 10$$

이다. 정리 2.1의 (i)과 (iii)으로부터

$$\sum_{i=1}^{10} a_i = \sum_{i=1}^{10} f(0.1i) = \sum_{i=1}^{10}[(0.1i)^2 + 3] = 0.1^2\sum_{i=1}^{10} i^2 + \sum_{i=1}^{10} 3$$
$$= 0.01\frac{10(11)(21)}{6} + (3)(10) = 3.85 + 30 = 33.85$$

이다.

예제 2.7 등간격인 x에 대한 함숫값의 합

$x = 1.05, x = 1.15, x = 1.25, \cdots, x = 2.95$에서 함수 $f(x) = 3x^2 - 4x + 2$의 값을 합하여라.

풀이

x에 대하여 주의 깊게 살펴보아야 한다. 이웃한 x값의 차이가 0.1이고 20개의 값이 있다(반드시 세어 보기 바란다). $i = 1, 2, \cdots, 20$에 대하여 x를 $0.95 + 0.1i$로 나타낼 수 있다. 따라서

$$\begin{aligned}\sum_{i=1}^{20} f(0.95+0.1i) &= \sum_{i=1}^{20} [3(0.95+0.1i)^2 - 4(0.95+0.1i) + 2] \\ &= \sum_{i=1}^{20} (0.03i^2 + 0.17i + 0.9075) && \text{전개하기} \\ &= 0.03\sum_{i=1}^{20} i^2 + 0.17\sum_{i=1}^{20} i + \sum_{i=1}^{20} 0.9075 && \text{정리 2.2} \\ &= 0.03\frac{20(21)(41)}{6} + 0.17\frac{20(21)}{2} + 0.9075(20) && \text{정리 2.1 (i), (ii), (iii)} \\ &= 139.95\end{aligned}$$

앞으로의 절에서 예제 2.6과 2.7의 합이 매우 중요한 역할을 한다는 것을 알게 될 것이다. 이제 중요한 수학적 원리를 하나 살펴보고 이 절을 마친다.

수학적 귀납법

자연수 n에 대한 어떤 명제가 먼저 $n = n_0$에서 성립한다는 것을 보인 다음에 그 명제가 특정하지 않은 어떤 $n = k \geq n_0$에 대하여 성립한다는 것을 가정하고(이것을 귀납가정이라고 한다), 이 명제가 $n = k + 1$에 대하여 성립한다는 것을 보일 수 있으면 이 명제는 모든 $n \geq n_0$에 대하여 성립한다는 것이 증명된다. 이것이 왜 참인가 생각해 보라(힌트: P_1이 참이고 P_k가 참일 때 P_{k+1}이 참이라는 것이 성립한다면 P_1이 참이므로 P_2가 참이 되고, P_2가 참이므로 다시 P_3가 참이다.이러한 과정이 반복된다).

이제 수학적 귀납법을 이용하여 임의의 양의 정수 n에 대하여 $\sum_{i=1}^{n} i^2 = \frac{n(n+1)(2n+1)}{6}$임을 증명할 수 있다[정리 2.1 (iii)].

정리 2.1 (iii)의 증명

$n = 1$일 때

$$1 = \sum_{i=1}^{1} i^2 = \frac{1(2)(3)}{6}$$

이 성립한다. 따라서 주어진 명제는 $n = 1$일 때 참이다. 이제 임의의 $k \geq 1$에 대하여

$$\sum_{i=1}^{k} i^2 = \frac{k(k+1)(2k+1)}{6} \quad \text{귀납가정} \qquad (2.3)$$

이 성립한다고 가정하자. 이 경우 귀납가정에 의하여 $n = k + 1$일 때

$$\begin{aligned}
\sum_{i=1}^{n} i^2 = \sum_{i=1}^{k+1} i^2 &= \sum_{i=1}^{k} i^2 + \sum_{i=k+1}^{k+1} i^2 && \text{마지막 항을 분리} \\
&= \frac{k(k+1)(2k+1)}{6} + (k+1)^2 && \text{식 (2.3)} \\
&= \frac{k(k+1)(2k+1) + 6(k+1)^2}{6} && \text{통분하여 합} \\
&= \frac{(k+1)[k(2k+1) + 6(k+1)]}{6} && (k+1)\text{로 묶기} \\
&= \frac{(k+1)[2k^2 + 7k + 6]}{6} && \text{항을 정리} \\
&= \frac{(k+1)(k+2)(2k+3)}{6} && \text{인수분해} \\
&= \frac{(k+1)[(k+1)+1][2(k+1)+1]}{6} && \text{식 정리} \\
&= \frac{n(n+1)(2n+1)}{6} && n = k+1 \quad \blacksquare
\end{aligned}$$

연습문제 4.2

1. 다음을 합 공식으로 나타내고 합을 구하여라.
   (a) 양의 정수 처음 50개의 제곱의 합
   (b) 양의 정수 처음 50개의 합의 제곱

[2~3] 다음을 풀어서 쓰고 합을 구하여라.

2. $\sum_{i=1}^{6} 3i^2$

3. $\sum_{i=6}^{10} (4i+2)$

[4~8] 합 공식을 사용하여 다음 합을 구하여라.

4. $\sum_{i=1}^{70} (3i-1)$

5. $\sum_{i=1}^{40} (4-i^2)$

6. $\sum_{n=1}^{100} (n^2-3n+2)$

7. $\sum_{i=3}^{30} [(i-3)^2+i-3]$

8. $\sum_{k=3}^{n} (k^2-3)$

[9~10] 주어진 값에서 $\sum_{i=1}^{n} f(x_i)\Delta x$ 의 합을 구하여라.

9. $f(x) = x^2 + 4x$; $x = 0.2, 0.4, 0.6, 0.8, 1.0$;
   $\Delta x = 0.2$; $n = 5$

10. $f(x) = 4x^2 - 2$; $x = 2.1, 2.2, 2.3, 2.4, \cdots, 3.0$;
    $\Delta x = 0.1$; $n = 10$

[11~12] 합을 계산하고 $n \to \infty$일 때 극한값을 구하여라.

11. $\sum_{i=1}^{n} \frac{1}{n}\left[\left(\frac{i}{n}\right)^2 + 2\left(\frac{i}{n}\right)\right]$

12. $\sum_{i=1}^{n} \frac{1}{n}\left[4\left(\frac{2i}{n}\right)^2 - \left(\frac{2i}{n}\right)\right]$

13. 수학적 귀납법을 사용하여 모든 정수 $n \geq 1$에 대하여 $\sum_{i=1}^{n} i^3 = \frac{n^2(n+1)^2}{4}$ 임을 증명하여라.

14. 어느 자동차가 2시간 동안은 50 mph, 1시간 동안은 60 mph, 30분 동안은 70 mph, 3시간 동안은 60 mph로 주행하였다. 이동거리를 구하여라.

15. 다음 표는 어떤 발사체의 시간에 따른 속도를 보여준다. 날아간 거리의 근삿값을 구하여라.

시 간	0	0.25	0.5	0.75	1.0	1.25	1.5	1.75	2.0
속도(ft/s)	120	116	113	110	108	106	104	103	102

4.3 넓 이

$a \leq x \leq b$에서 $y = f(x)$의 그래프 아래와 x축 위의 넓이를 구하는 것을 생각해 보자. 직사각형, 원, 삼각형의 넓이를 계산하기 위한 공식은 잘 알려져 있다. 그러나 직사각형이나 원 또는 삼각형이 아닌 영역의 넓이는 어떻게 계산할 수 있을까?

가능한 거의 모든 이차원 영역의 넓이를 계산할 수 있는 넓이의 개념이 필요하다. 이 절에서는 넓이를 계산하기 위한 일반적인 방법을 소개한다. (4.4절에서 정적분의 개념으로 일반화될) 이러한 방법은 넓이 계산 이상의 중요성을 포함하고 있다. 실제로 강력하고도 유연한 이러한 방법은 다양한 분야에 폭넓게 적용할 수 있는 미분적분학의 중심 개념들 중 하나이다.

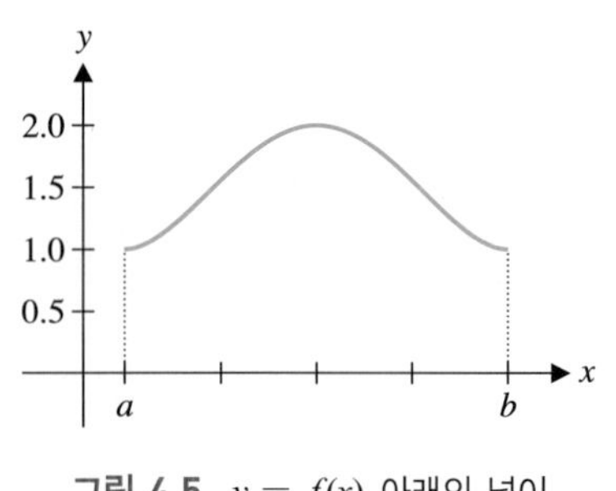

그림 4.5 $y = f(x)$ 아래의 넓이

그림 4.5에서처럼 $f(x) \geq 0$이고 구간 $[a, b]$에서 f가 연속이라고 가정하자. 구간 $[a, b]$를 n개의 같은 소구간으로 나누자. 이것을 $[a, b]$의 **균등분할**(regular partition)이라고 한다. 이때 분할의 각 소구간의 폭은 $\frac{b-a}{n}$이며, 이것을 (x의 작은 변화를 의미하는) Δx로 표시한다. 분할의 점들은 $x_0 = a$, $x_1 = x_0 + \Delta x$, $x_2 = x_1 + \Delta x$ 등으로 표시된다. 일반적으로

$$x_i = x_0 + i\Delta x, \quad i = 1, 2, \cdots, n$$

이다. 그림 4.6은 $n = 6$인 경우에 대한 균등분할을 보여주고 있다.

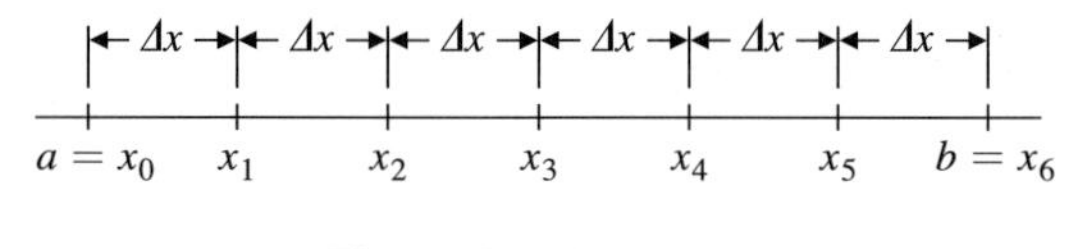

그림 4.6 $[a, b]$의 균등분할

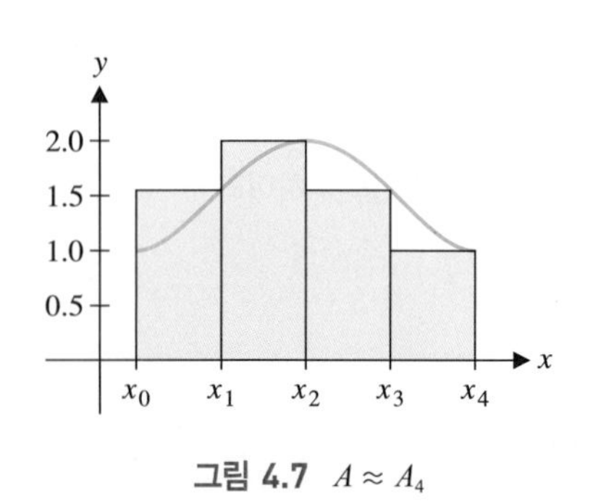

그림 4.7 $A \approx A_4$

$n = 4$인 경우, 그림 4.7에 나타난 것처럼 각 소구간 $[x_{i-1}, x_i](i = 1, 2, \cdots, n)$ 위에서 높이가 $f(x_i)$(소구간의 오른쪽 끝점에서의 함숫값)인 직사각형을 만든다. 그림 4.7로부터 곡선 아래의 넓이 A는 다음과 같이 직사각형 네 개의 넓이의 합으로 근사시킬 수 있다.

$$A \approx f(x_1)\Delta x + f(x_2)\Delta x + f(x_3)\Delta x + f(x_4)\Delta x = A_4$$

특히, 이 직사각형들 중 두 개는 곡선 아래의 넓이보다 큰 넓이를, 다른 두 개는 그것보다 작은 넓이를 갖고 있지만, 전체적으로 직사각형 네 개의 넓이의 합은 곡선 아래의 전체 넓이의 근삿값을 나타낸다. 일반적으로 구간 $[a, b]$ 위에서 n개의 같은 폭의 직사각형으로 나누면

$$A \approx f(x_1)\Delta x + f(x_2)\Delta x + \cdots + f(x_n)\Delta x$$

$$= \sum_{i=1}^{n} f(x_i)\Delta x = A_n \tag{3.1}$$

을 얻는다.

예제 3.1 직사각형을 이용한 넓이의 근삿값

(a) 10개의 직사각형 (b) 20개의 직사각형을 이용하여 구간 [0, 1]에서 곡선 $y = f(x) = 2x - 2x^2$ 아래에 있는 넓이의 근삿값을 구하여라.

풀이

(a) 분할은 구간을 10개의 소구간으로 나누고, 각 소구간의 길이가 $\Delta x = 0.1$인 구간들, 즉 [0, 0.1], [0.1, 0.2], ⋯, [0.9, 1.0]이다. 그림 4.8에 $i = 1, 2, \cdots, 10$에 대하여 각 소구간 $[x_{i-1}, x_i]$에서 높이가 $f(x_i)$인 직사각형이 나타나 있다. 주어진 직사각형 10개의 넓이의 합은 곡선 아래의 넓이의 근삿값이다. 그러므로

$$\begin{aligned} A \approx A_{10} &= \sum_{i=1}^{10} f(x_i)\Delta x \\ &= [f(0.1) + f(0.2) + \cdots + f(1.0)](0.1) \\ &= (0.18 + 0.32 + 0.42 + 0.48 + 0.5 + 0.48 + 0.42 + 0.32 + 0.18 + 0)(0.1) \\ &= 0.33 \end{aligned}$$

이다.

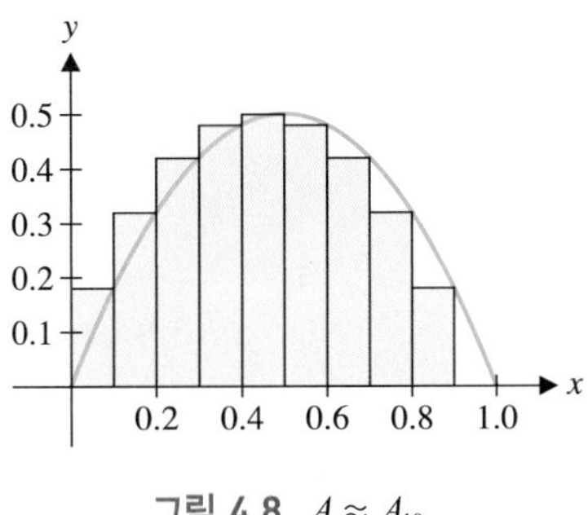

그림 4.8 $A \approx A_{10}$

(b) 구간 [0, 1]을 20개의 소구간으로 분할하면 각각의 폭은

$$\Delta x = \frac{1-0}{20} = \frac{1}{20} = 0.05$$

이다. 이때 $x_0 = 0$, $x_1 = 0 + \Delta x = 0.05$, $x_2 = x_1 + \Delta x = 2(0.05)$가 되며, 따라서 $i = 0, 1, 2, \cdots, 20$에 대하여 $x_i = (0.05)i$이다. 이때, 식 (2.1)로부터 넓이의 근삿값은 다음과 같다.

$$\begin{aligned} A \approx A_{20} &= \sum_{i=1}^{20} f(x_i)\Delta x = \sum_{i=1}^{20}(2x_i - 2x_i^2)\Delta x \\ &= \sum_{i=1}^{20} 2[0.05i - (0.05i)^2](0.05) = 0.3325 \end{aligned}$$

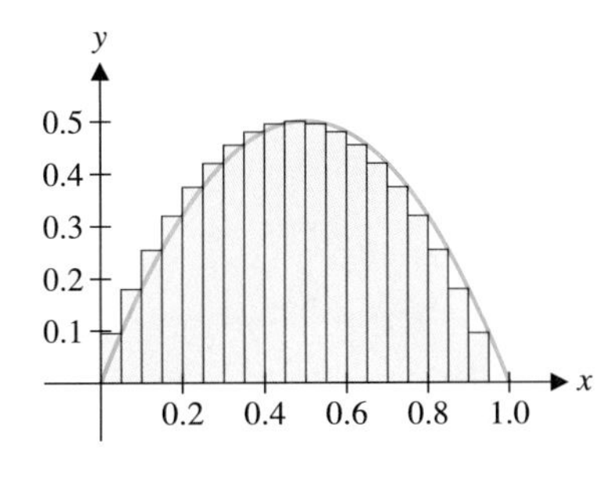

그림 4.9 $A \approx A_{20}$

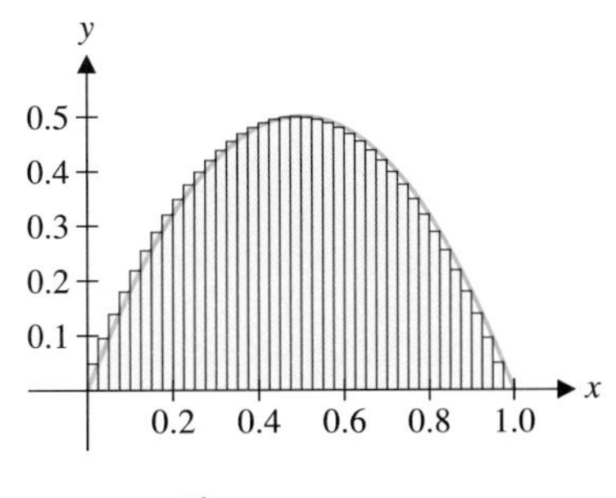

그림 4.10 $A \approx A_{40}$

여기서 자세한 계산은 각자 하기 바란다. 그림 4.9는 20개의 직사각형, 그림 4.10은 40개의 직사각형을 사용했을 때의 넓이의 근삿값을 보여주고 있다.

그림 4.8~4.10에 의하면 보다 큰 n값을 사용할수록 A_n이 실제 넓이에 접근한다. 이러한 개념의 결점은 큰 n값을 이용하여 A_n을 계산하게 되면 상당한 시간이 걸린다는 것이다. 그러나 CAS 또는 프로그램이 가능한 계산기를 이용하면 이러한 합을 쉽게 계산할 수 있다. 다

n	A_n
10	0.33
20	0.3325
30	0.332963
40	0.333125
50	0.3332
60	0.333241
70	0.333265
80	0.333281
90	0.333292
100	0.3333

음의 왼쪽 표는 각 n값에 대한 A_n의 근삿값을 나타내고 있다. n값이 커지면 커질수록 A_n은 $\frac{1}{3}$에 접근하는 것처럼 보인다.

예제 3.1에서 직사각형의 수를 늘릴수록, 더욱 근사한 근삿값을 계산할 수 있음을 알 수 있다. 이것을 분석해 볼 때, 곡선 아래의 넓이에 관한 정의를 다음과 같이 할 수 있다.

정의 3.1

구간 $[a, b]$에서 정의된 함수 f에 대하여, 만약 f가 $[a, b]$에서 연속이고 $f(x) \geq 0$이라면 $[a, b]$에서 곡선 $y = f(x)$ 아래의 넓이 A는 다음과 같이 주어진다.

$$A = \lim_{n \to \infty} A_n = \lim_{n \to \infty} \sum_{i=1}^{n} f(x_i) \Delta x \tag{3.2}$$

다음 예제에서는 식 (3.2)에서 정의된 극한을 이용하여 예제 3.1의 곡선 아래의 넓이를 정확하게 구한다.

예제 3.2 정확한 넓이의 계산

구간 $[0, 1]$에서 곡선 $y = f(x) = 2x - 2x^2$ 아래의 넓이를 구하여라.

풀이

n개의 소구간을 이용하면

$$\Delta x = \frac{1-0}{n} = \frac{1}{n}$$

이고 따라서 $x_0 = 0,\ x_1 = \frac{1}{n},\ x_2 = x_1 + \Delta x = \frac{2}{n}$가 된다. 이때 $i = 0, 1, 2, \cdots, n$에 대하여 $x_i = \frac{i}{n}$이다. 식 (3.1)로부터 근사 넓이는

$$\begin{aligned} A \approx A_n &= \sum_{i=1}^{n} f\left(\frac{i}{n}\right)\left(\frac{1}{n}\right) = \sum_{i=1}^{n}\left[2\frac{i}{n} - 2\left(\frac{i}{n}\right)^2\right]\left(\frac{1}{n}\right) \\ &= \sum_{i=1}^{n}\left[2\left(\frac{i}{n}\right)\left(\frac{1}{n}\right)\right] - \sum_{i=1}^{n}\left[2\left(\frac{i^2}{n^2}\right)\left(\frac{1}{n}\right)\right] \\ &= \frac{2}{n^2}\sum_{i=1}^{n} i - \frac{2}{n^3}\sum_{i=1}^{n} i^2 \\ &= \frac{2}{n^2}\,\frac{n(n+1)}{2} - \frac{2}{n^3}\,\frac{n(n+1)(2n+1)}{6} \qquad \text{정리 2.1 (ii), (iii)} \\ &= \frac{n+1}{n} - \frac{(n+1)(2n+1)}{3n^2} \\ &= \frac{(n+1)(n-1)}{3n^2} \end{aligned}$$

이다. 임의의 n값에 대하여 A_n에 관한 공식을 구하였으므로 몇 개의 값을 쉽게 계산할 수 있다. 예를 들면

$$A_{200} = \frac{(201)(199)}{3(40,000)} = 0.333325$$

$$A_{500} = \frac{(501)(499)}{3(250,000)} = 0.333332$$

이다. 끝으로, A_n의 극한값을 계산하면

$$\lim_{n\to\infty} A_n = \lim_{n\to\infty} \frac{n^2-1}{3n^2} = \lim_{n\to\infty} \frac{1-1/n^2}{3} = \frac{1}{3}$$

이다. 그러므로 그림 4.8의 정확한 넓이는 1/3이다.

■

예제 3.3 곡선 아래의 넓이의 계산

구간 [1, 3]에서 곡선 $y = f(x) = \sqrt{x+1}$ 아래의 넓이를 구하여라.

풀이

소구간의 크기는

$$\Delta x = \frac{3-1}{n} = \frac{2}{n}$$

이고 $x_0 = 1$이다. 따라서

$$x_1 = x_0 + \Delta x = 1 + \frac{2}{n}$$

$$x_2 = 1 + 2\left(\frac{2}{n}\right)$$

등이다. 즉, $i = 0, 1, 2, \cdots, n$에 대하여,

$$x_i = 1 + \frac{2i}{n}$$

이다. 그러므로 식 (3.1)로부터

$$A \approx A_n = \sum_{i=1}^{n} f(x_i)\Delta x = \sum_{i=1}^{n} \sqrt{x_i + 1}\ \Delta x$$

$$= \sum_{i=1}^{n} \sqrt{\left(1+\frac{2i}{n}\right)+1}\left(\frac{2}{n}\right)$$

$$= \frac{2}{n}\sum_{i=1}^{n} \sqrt{2+\frac{2i}{n}}$$

이다. 앞의 예제 3.3처럼 위의 값을 간단히 계산할 수 있는 정리 2.1과 같은 공식은 없다. 방법은 A_n을 계산하기 위하여 CAS 또는 프로그램이 가능한 계산기를 이용하는 것이다. 오른쪽 표는 여섯 자리로 표시된 A_n값을 나열하고 있다. 넓이가 대략 3.4478임을 알 수 있다.

■

n	A_n
10	3.50595
50	3.45942
100	3.45357
500	3.44889
1000	3.44830
5000	3.44783

정의 3.2

모든 i에 대하여, $\{x_0, x_1, \cdots, x_n\}$이 $x_i - x_{i-1} = \Delta x = \frac{b-a}{n}$을 만족하는 구간 $[a, b]$의 균등 분할이라고 하자. c_i는 $i = 0, 1, 2, \cdots, n$에 대하여 소구간 $[x_{i-1}, x_i]$ 안의 임의의 점이라 하

자[이것을 **계산점**(evaluation points)이라 한다]. 이때,

$$\sum_{i=1}^{n} f(c_i)\Delta x$$

을 **리만합**(Riemann sum)이라 한다.

수학자

리만
(Bernhard Riemann, 1826−1866)
독일의 수학자로 적분의 정의를 일반화하였다. 리만은 많은 논문을 남기지 못하고 일찍 세상을 떠났지만 매우 중요한 논문들을 발표하였다. 적분에 관한 그의 업적은 푸리에 급수에 관한 논문의 일부분이다. 기하학에 대해 발표해 달라는 가우스의 요청을 받고 리만 기하학 이론을 만들었는데 이것은 유클리드 기하학과 비 유클리드 기하학을 일반화한 것이다.

지금까지 연속이고 양인 함수 f에 대하여 곡선 $y=f(x)$ 아래의 넓이는 리만합의 극한이라는 것을 알아보았다. 즉,

$$A = \lim_{n\to\infty}\sum_{i=1}^{n} f(c_i)\,\Delta x \tag{3.3}$$

이다. 여기서, $i=1, 2, \cdots, n$에 대하여 $c_i = x_i$이다. 임의의 연속함수 f에 대하여 식 (3.3)의 극한은 어떤 계산점 $c_i \in [x_{i-1}, x_i]$를 택하든지 동일하다(여기서 증명은 생략한다). 예제 3.2와 3.3에서 각 i에 대하여 계산점 $c_i = x_i$(각 소구간의 오른쪽 끝점)가 이용되었다. 보통 직접 계산할 때에는 이것이 가장 편한 선택일 수 있으나 특별히 정확한 근삿값을 구하지는 못한다.

주 3.1

식 (3.3)에 주어진 리만합의 극한을 정확히 계산할 수 없을 때가 흔히 있다. 그러나 충분히 큰 n값에 대하여 리만합을 계산함으로써 넓이의 근삿값을 구할 수 있다. 계산점 c_i에 대한 가장 일반적인 선택은 x_i(오른쪽 끝점), x_{i-1}(왼쪽 끝점) 그리고 $\frac{1}{2}(x_{i-1}+x_i)$(중점)이다. 일반적으로 주어진 n값에 대하여, 중점이 양 끝점보다 더 정확한 근삿값을 제공한다. $n=10$일 때, 구간 $[0, 1]$에서 함수 $f(x)=9x^2+2$에 관한 그림 4.11a(오른쪽 끝점), 그림 4.11b(왼쪽 끝점), 그림 4.11c(중점)의 경우에, 오른쪽 끝 계산점(그림 4.11a)에 대응되는 직사각형은 각 소구간에 대하여 더 큰 넓이를 갖는 반면, 왼쪽 끝 계산점(그림 4.11b)에 대응되는 직사각형은 더 작은 넓이를 갖는다.

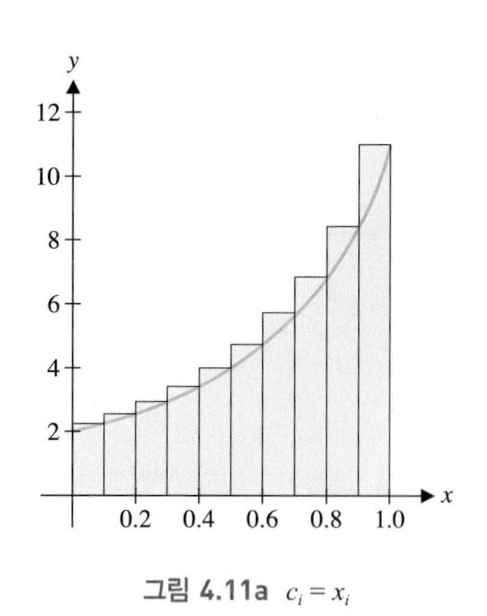

그림 4.11a $c_i = x_i$

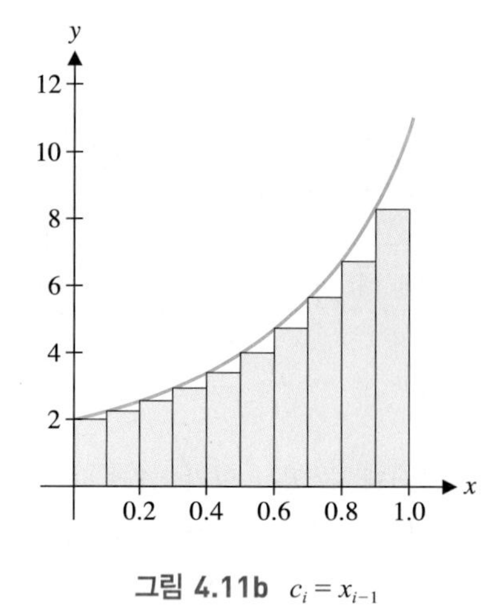

그림 4.11b $c_i = x_{i-1}$

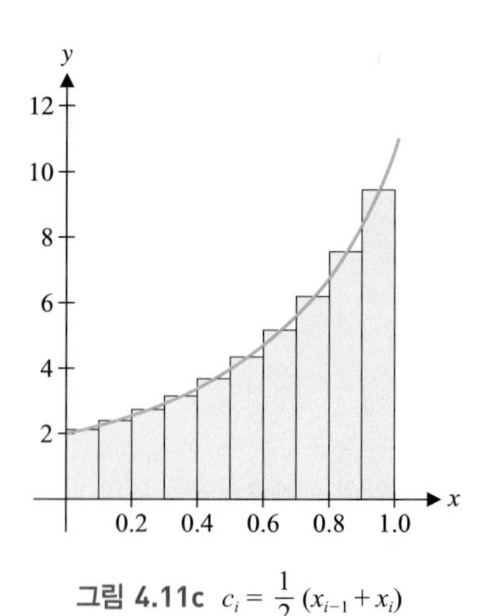

그림 4.11c $c_i = \frac{1}{2}(x_{i-1}+x_i)$

예제 3.4 다른 계산점을 갖는 리만합의 계산

각 소구간의 왼쪽 끝점, 오른쪽 끝점, 중점을 각각 계산점으로 사용하여, 구간 $[1, 3]$에서 $f(x) = \sqrt{x+1}$의 리만합을 구하여라. $n = 10, 50, 100, 500, 1000, 5000$을 이용하여라.

풀이

다음 표에 주어진 숫자는 프로그램이 가능한 계산기로부터 얻은 값이다.

n	왼쪽 끝점	중점	오른쪽 끝점
10	3.38879	3.44789	3.50595
50	3.43599	3.44772	3.45942
100	3.44185	3.44772	3.45357
500	3.44654	3.44772	3.44889
1000	3.44713	3.44772	3.44830
5000	3.44760	3.44772	3.44783

이 결과로부터 몇 가지 결론을 얻는다. 첫째, 세 가지 경우 모두가 근삿값 3.4477이란 공통의 극한값에 수렴하고 있다. 둘째, 세 가지 경우 극한은 같지만 극한으로 수렴하는 속도는 다르다. 왼쪽과 오른쪽 끝점의 경우는 더 큰 n값을 적용해 보면 3.44772에 수렴한다는 것을 알게 될 것이다.

중점을 이용한 리만합이 왼쪽이나 오른쪽 끝점에 대한 리만합보다 훨씬 빠르게 극한에 접근하는 것이 일반적이다. 직사각형을 그려서 생각해 보면 그 이유를 이해할 수 있을 것이다. 끝으로, 예제 3.4에서 왼쪽 끝점의 합은 증가하고 오른쪽 끝점의 합은 감소하면서 거의 같은 속도로 극한에 접근한다는 것을 알 수 있다.

연습문제 4.3

[1~2] 각 소구간의 중점을 계산점으로 하여 리만합을 구하여라.

1. $f(x) = x^2 + 1$ (a) $[0, 1]$, $n = 4$ (b) $[0, 2]$, $n = 4$

2. $f(x) = \sin x$ (a) $[0, \pi]$, $n = 4$ (b) $[0, \pi]$, $n = 8$

[3~5] 각 구간에서 (a) 왼쪽 끝점 (b) 중점 (c) 오른쪽 끝점을 계산점으로 하여 곡선 아래의 넓이의 근삿값을 구하여라.

3. $y = x^2 + 1$, $[0, 1]$, $n = 16$

4. $y = \sqrt{x + 2}$, $[1, 4]$, $n = 16$

5. $y = \cos x$, $[0, \pi/2]$, $n = 50$

[6~7] 리만합과 극한을 사용하여 주어진 구간에서 곡선 아래의 넓이를 구하여라.

6. $y = x^2 + 1$ (a) $[0, 1]$ (b) $[0, 2]$ (c) $[1, 3]$

7. $y = 2x^2 + 1$ (a) $[0, 1]$ (b) $[-1, 1]$ (c) $[1, 3]$

[8~9] 예제 3.5에서와 같이, 왼쪽 끝점, 중점, 오른쪽 끝점을 계산점으로 하여 리만합의 표를 만들어라. $n \to \infty$일 때, 세 경우 모두 같은 극한으로 수렴함을 보여라.

8. $f(x) = 4 - x^2$, $[-2, 2]$

9. $f(x) = x^3 - 1$, $[1, 3]$

[10~11] (a) 왼쪽 끝점 (b) 중점 (c) 오른쪽 끝점을 계산점으로 하여 리만합을 구했을 때 $[a, b]$에서 곡선 $y = f(x)$ 아래의 넓이보다 큰지, 작은지를 그래프로 설명하여라.

10. $f(x)$가 $[a, b]$에서 증가하고 위로 오목

11. $f(x)$가 $[a, b]$에서 감소하고 위로 오목

12. 구간 $[0, 1]$에서 함수 $f(x) = x^2$에 대하여 $n = 2$일 때 리만합이 정확한 넓이인 $\frac{1}{3}$이 되도록 계산점을 구하여라.

13. (a) 구간 $[a, b]$에서 소구간의 길이가 $\Delta x = (b-a)/n$일 때 오른쪽 끝점을 계산점으로 택하면 $c_i = a + i\Delta x$, $i = 1, 2, \cdots, n$임을 보여라.
(b) 중점을 계산점으로 할 때 계산점을 구하여라.

14. 다음 그림에서 $\lim_{n\to\infty}\sum_{i=1}^{n}\sqrt{2}\sqrt{1+i/n}\,\frac{2}{n}$가 나타내는 넓이는 어느 것인가?

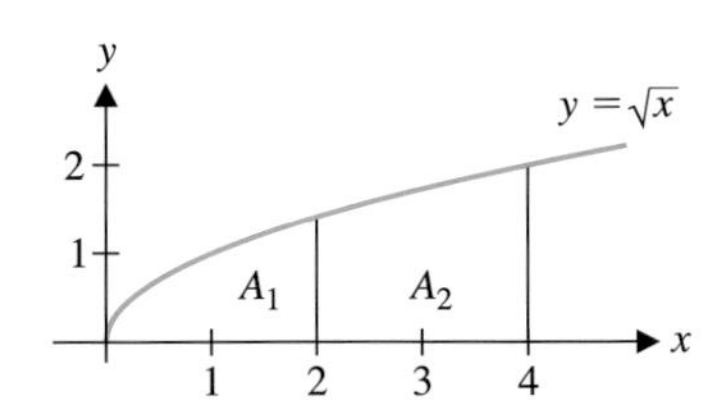

15. 다음 결과는 아르키메데스가 발견한 것이다. 포물선 $y = a^2 - x^2$, $-a \le x \le a$에 대하여 포물선 아랫부분의 넓이는 밑변 곱하기 높이의 $\frac{2}{3}$, 즉 $\frac{2}{3}(2a)(a^2)$임을 보여라.

4.4 정적분

스카이다이버가 비행기에서 뛰어내린다고 가정하자(여기서 아래로 향하는 스카이다이버의 처음 속도는 0이다). 스카이다이버의 하강속도는 최대 속도에 도달할 때까지 점점 증가할 것이다. 이때의 최대 하강속도는 공기저항으로 인한 힘과 중력으로 인한 힘이 상쇄되는 순간의 속도이다. 뛰어내린 다음 x초 후의 속도를 나타내는 함수가 $f(x) = 30(1 - e^{-x/3})$이다(그림 4.12 참조).

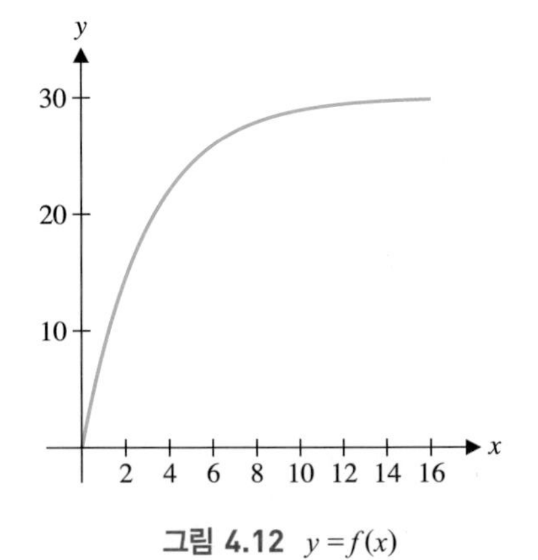

그림 4.12 $y = f(x)$

구간 $0 \le x \le t$에서 곡선 아래의 넓이는 처음 t초 동안 떨어진 거리임을 4.2절에서 공부하였다. 임의의 t에 대하여 넓이는 다음과 같이 리만합의 극한으로 주어진다.

$$A = \lim_{n\to\infty}\sum_{i=1}^{n} f(c_i)\Delta x \tag{4.1}$$

여기서 c_i는 소구간 $[x_{i-1}, x_i]$의 임의의 점이다. 식 (4.1)의 합은 함숫값 $f(c_i)$의 일부분(또는 모두)이 음일 때에도 적용된다. 일반적인 경우에 대해서 다음과 같이 정의할 수 있다.

주 4.1

정의 4.1은 이 교재에서 다루는 대부분의 함수(예: 유한개의 불연속 점을 제외한 연속함수)에 적용되는 정의이다. 보다 더 일반적인 함수에 대해서는 소구간의 길이가 같지 않은 분할을 가지고 정의해야 한다(이것은 13장에서 다룬다).

정의 4.1

구간 $[a, b]$에서 정의된 임의의 함수 f에 대하여, a로부터 b까지 f의 **정적분**(definite integral)은

$$\int_a^b f(x)dx = \lim_{n\to\infty}\sum_{i=1}^{n} f(c_i)\Delta x$$

이다. 이때 극한은 $c_1, c_2, \cdots, c_n$을 어떻게 선택하더라도 같아야 한다. 극한이 존재할 때 f는 구간 $[a, b]$에서 **적분가능하다**(integrable)고 한다.

리만합에서 그리스문자 Σ는 합을 나타내고 또한 'S'를 늘인 $\int$이 적분기호로 사용된다. 적분의 하한 a와 상한 b는 각각 적분 구간의 끝점을 나타내고, 이것이 리만합에서 함축적으로 표현되어 있다. 적분의 dx는 리만합의 증분 Δx에 대응되며 적분변수를 나타낸다. 적분값은 실수이고 x의 함수가 아니기 때문에 적분변수를 나타내는 문자는 어느 것을 쓰더라도 같다. 이러한 이유로 적분변수를 **무효변수**(dummy variable)라고 한다. 여기서 $f(x)$는 **피적분함수**(integrand)라고 한다.

주 4.2

구간 $[a, b]$에서 f가 연속이고 $f(x) \geq 0$이면, $\int_a^b f(x)dx$는 구간 $[a, b]$에서 곡선 아랫부분의 넓이이다.

정적분은 언제 존재할까? 정리 4.1에 의하면 우리가 알고 있는 많은 함수가 적분가능함을 알 수 있다.

정리 4.1

f가 폐구간 $[a, b]$에서 연속이면 f는 $[a, b]$에서 적분가능하다.

정리 4.1을 자세히 증명하기는 어렵지만 정적분을 넓이로 이해하면 성립하리라는 것을 쉽게 알 수 있다. 적분가능한 함수의 정적분을 계산하기 위해서는 두 가지 방법이 있다. 함수가 이차 이하의 다항식과 같이 간단한 함수면 리만합의 극한을 직접 계산하여 구할 수 있고 그렇지 않으면 몇 개의 리만합을 구해 그 극한의 근사합을 구한다. 리만합의 계산점으로 중점을 이용하는 **중점법칙**(Midpoint Rule)이 흔히 이용된다.

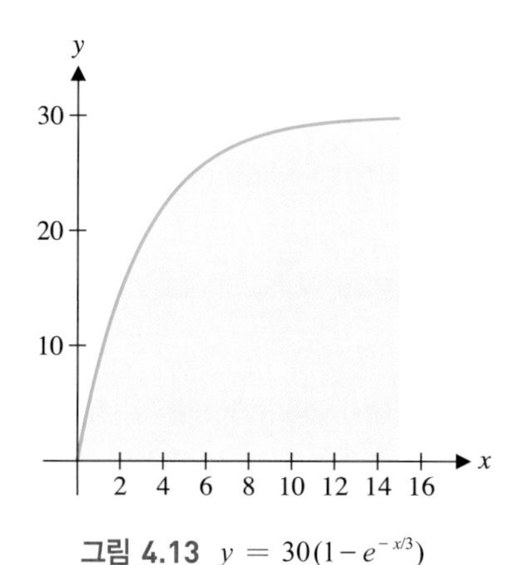

그림 4.13 $y = 30(1-e^{-x/3})$

예제 4.1 정적분의 중점법칙의 근삿값

중점법칙을 이용하여 $\int_0^{15} 30(1-e^{-x/3})dx$를 구하여라.

풀이

적분은 그림 4.13에서처럼 곡선 아래의 넓이를 나타낸다. 중점법칙으로부터

$$\int_0^{15} 30(1-e^{-x/3})\,dx \approx \sum_{i=1}^{n} f(c_i)\Delta x = 30\sum_{i=1}^{n}(1-e^{-c_i/3})\left(\frac{15-0}{n}\right)$$

이고, 여기서 $c_i = \dfrac{x_i + x_{i-1}}{2}$ 이다. CAS 또는 계산기 프로그램을 이용하면, 오른쪽 표에 나열된 근삿값을 얻을 수 있다.

n	R_n
10	361.5
20	360.8
50	360.6
100	360.6

이 문제에서 결정해야 할 것은 자릿수를 어느 정도로 유지하며, 언제 n값의 증가를 멈추느냐 하는 것이다. 여기서는 361피트가 적절한 근삿값이라고 확신할 수 있을 때까지 계속해서 n값을 증가시켰다.

이제 정의 4.1의 극한을 다시 생각해 보자. 구간 $[a, b]$에서 f가 양과 음의 값을 모두 갖는 경우, 이러한 극한을 넓이로 해석할 수 있는가? 만약 어떤 i에 대하여 $f(c_i)<0$이면 그림 4.14의 직사각형의 높이는 $-f(c_i)$이며 따라서

$$f(c_i)\Delta x = -(i\text{번째 직사각형의 넓이})$$

이다. 합에 대해서 이것이 가지고 있는 의미를 확인하기 위하여 다음 예제를 보자.

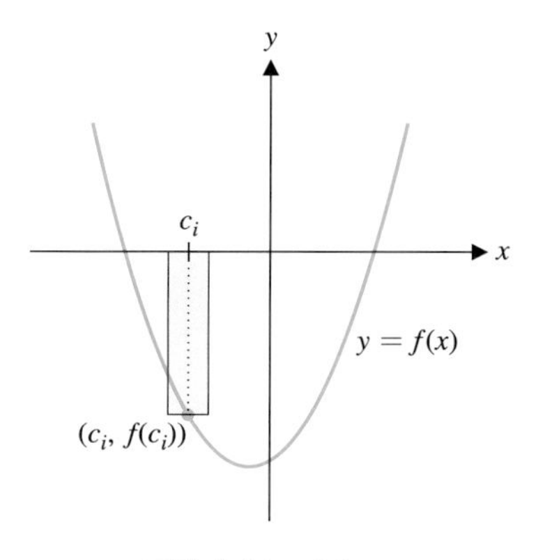

그림 4.14 $f(c_i)<0$

예제 4.2 양의 값과 음의 값을 갖는 함수의 리만합

구간 $[0, 2\pi]$에서 $f(x)=\sin x$일 때 $\lim_{n\to\infty}\sum_{i=1}^{n} f(c_i)\,\Delta x$의 의미를 설명하여라.

풀이

이것을 설명하기 위하여, c_i를 구간 $[x_{i-1}, x_i]\ (i=1, 2, \cdots, n)$의 중점이 되도록 택한다. 그림 4.15a에는 x축과 곡선 $y=f(x)$ 사이에 그려진 10개의 직사각형이 나타나 있다.
처음 5개의 직사각형[여기서 $f(c_i)>0$]은 x축 위에 놓여 있고 높이는 $f(c_i)$이다. 나머지 5개의 직사각형[여기서 $f(c_i)<0$]은 x축 아래에 놓여 있고 높이는 $-f(c_i)$이다. 그러므로

$$\sum_{i=1}^{10} f(c_i)\,\Delta x = (x\text{축 위의 직사각형의 넓이}) - (x\text{축 아래의 직사각형의 넓이})$$

그림 4.15b와 4.15c에서는 각각 동일한 방법으로 그려진 20개와 40개의 직사각형을 보여주고 있다. 이것으로부터

$$\lim_{n\to\infty}\sum_{i=1}^{n} f(c_i)\,\Delta x = (x\text{축 위의 넓이}) - (x\text{축 아래의 넓이})$$

이다.

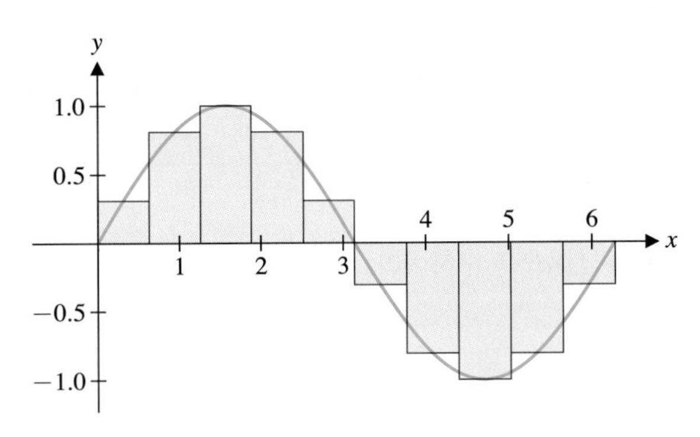

그림 4.15a 10개의 직사각형

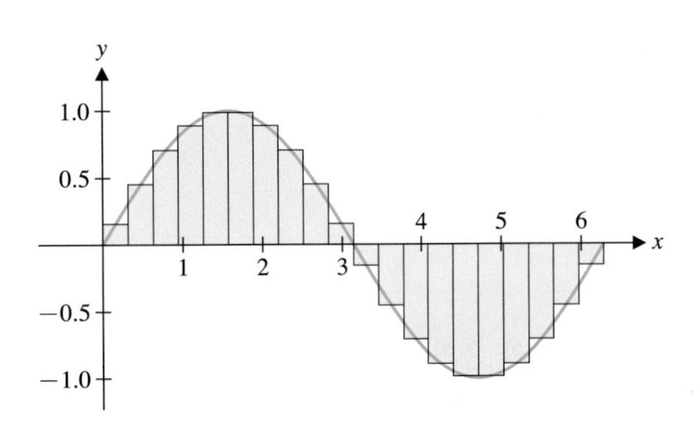

그림 4.15b 20개의 직사각형

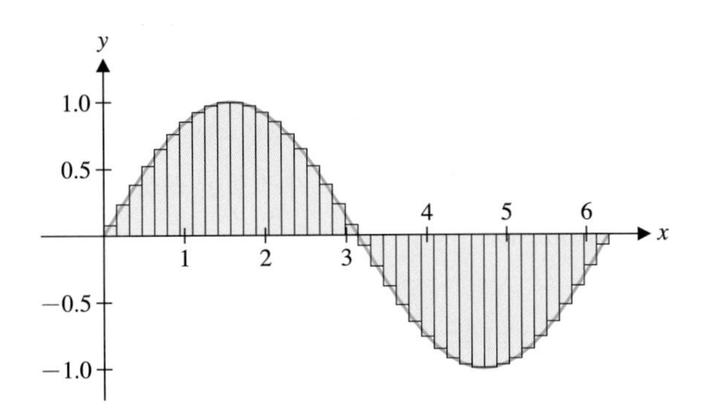

그림 4.15c 40개의 직사각형

다음에서 유향 넓이의 정의를 보자.

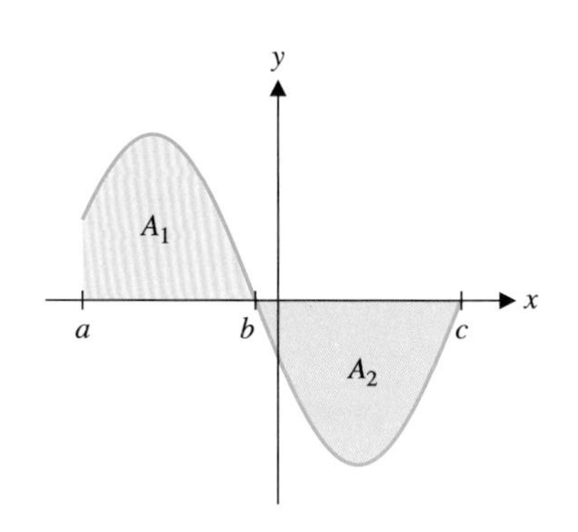

그림 4.16 유향 넓이

정의 4.2

구간 $[a, b]$에서 $f(x) \geq 0$이고 A_1을 $a \leq x \leq b$에서 곡선 $y = f(x)$와 x축으로 둘러싸인 넓이라고 하자. 또한 구간 $[b, c]$에서 $f(x) \leq 0$이고 A_2를 $b \leq x \leq c$에서 곡선 $y = f(x)$와 x축으로 둘러싸인 넓이라고 하자. $a \leq x \leq c$에서 $y = f(x)$와 x축 사이의 **유향 넓이**는 $A_1 - A_2$이고 $a \leq x \leq c$에서 $y = f(x)$와 x축 사이의 **전체 넓이**는 $A_1 + A_2$이다(그림 4.16 참조).

이 정의는 유향 넓이가 x축 위에 놓여 있는 넓이와 x축 아래에 놓여 있는 넓이의 차인 반면, 전체 넓이는 곡선 $y = f(x)$와 x축으로 둘러싸인 넓이의 전체 합이라는 것을 의미하고 있다.

다음 예제는 피적분함수가 적분구간에서 양과 음 둘 다 될 수 있는 일반적인 경우이다.

예제 4.3 정적분과 유향 넓이의 관계

다음 적분을 계산하고 각각을 넓이로 설명하여라.

(a) $\int_0^2 (x^2 - 2x)\, dx$ (b) $\int_0^3 (x^2 - 2x)\, dx$

풀이

피적분함수가 연속함수이므로 모든 구간에서 적분가능하다.

(a) 정적분은 리만합의 극한이며 계산점은 임의로 선택할 수 있다. 여기서는 오른쪽 끝점을 이용하여 극한을 계산하는 것이 가장 쉽다. 이 경우에

$$\Delta x = \frac{2-0}{n} = \frac{2}{n}$$

이다. 이때 $x_0 = 0$, $x_1 = x_0 + \Delta x = \dfrac{2}{n}$,

$$x_2 = x_1 + \Delta x = \frac{2}{n} + \frac{2}{n} = \frac{2(2)}{n}$$

등을 얻게 되며 $c_i = x_i = \dfrac{2i}{n}$이다. 따라서 리만합은

$$\begin{aligned}
R_n &= \sum_{i=1}^{n} f(x_i)\Delta x = \sum_{i=1}^{n}(x_i^2 - 2x_i)\Delta x \\
&= \sum_{i=1}^{n}\left[\left(\frac{2i}{n}\right)^2 - 2\left(\frac{2i}{n}\right)\right]\left(\frac{2}{n}\right) = \sum_{i=1}^{n}\left(\frac{4i^2}{n^2} - \frac{4i}{n}\right)\left(\frac{2}{n}\right) \\
&= \frac{8}{n^3}\sum_{i=1}^{n} i^2 - \frac{8}{n^2}\sum_{i=1}^{n} i \\
&= \left(\frac{8}{n^3}\right)\frac{n(n+1)(2n+1)}{6} - \left(\frac{8}{n^2}\right)\frac{n(n+1)}{2} \qquad \text{정리 2.1 (ii), (iii)} \\
&= \frac{4(n+1)(2n+1)}{3n^2} - \frac{4(n+1)}{n} = \frac{8n^2+12n+4}{3n^2} - \frac{4n+4}{n}
\end{aligned}$$

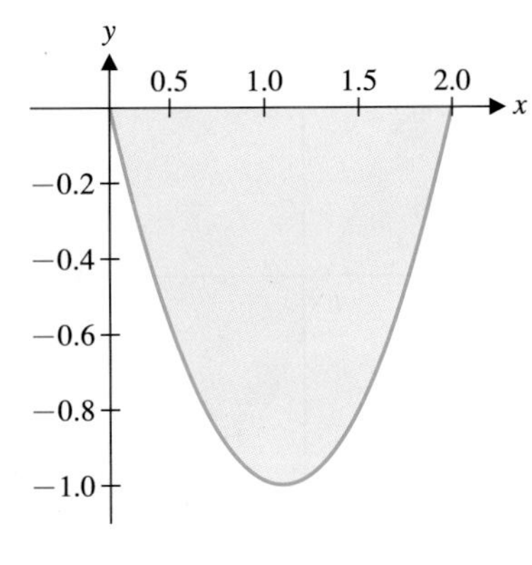

그림 4.17 구간 [0, 2]의 $y = x^2 - 2x$

이다. 여기서 $n \to \infty$일 때 R_n의 극한을 구하면 다음과 같이 정확한 적분값을 얻게 된다.

$$\int_0^2 (x^2 - 2x)\,dx = \lim_{n\to\infty}\left(\frac{8n^2+12n+4}{3n^2} - \frac{4n+4}{n}\right) = \frac{8}{3} - 4 = -\frac{4}{3}$$

구간 [0, 2]에서 $y = x^2 - 2x$의 그래프가 그림 4.17이다. 함수가 항상 음수이므로 정적분값은 음수로서 −A와 같다. 여기서 A는 x축과 곡선 사이의 넓이이다.

(b) 구간 [0, 3]에서 $\Delta x = \frac{3}{n}$이고, $x_0 = 0$, $x_1 = x_0 + \Delta x = \frac{3}{n}$,

$$x_2 = x_1 + \Delta x = \frac{3}{n} + \frac{3}{n} = \frac{3(2)}{n}$$

이다. 오른쪽 끝 계산점을 이용한다면 $c_i = x_i = \frac{3i}{n}$이다. 따라서 리만합은

$$\begin{aligned} R_n &= \sum_{i=1}^{n}\left[\left(\frac{3i}{n}\right)^2 - 2\left(\frac{3i}{n}\right)\right]\left(\frac{3}{n}\right) = \sum_{i=1}^{n}\left(\frac{9i^2}{n^2} - \frac{6i}{n}\right)\left(\frac{3}{n}\right) \\ &= \frac{27}{n^3}\sum_{i=1}^{n} i^2 - \frac{18}{n^2}\sum_{i=1}^{n} i \\ &= \left(\frac{27}{n^3}\right)\frac{n(n+1)(2n+1)}{6} - \left(\frac{18}{n^2}\right)\frac{n(n+1)}{2} \qquad \text{정리 2.1 (ii), (iii)} \\ &= \frac{9n(n+1)(2n+1)}{2n^2} - \frac{9(n+1)}{n} \end{aligned}$$

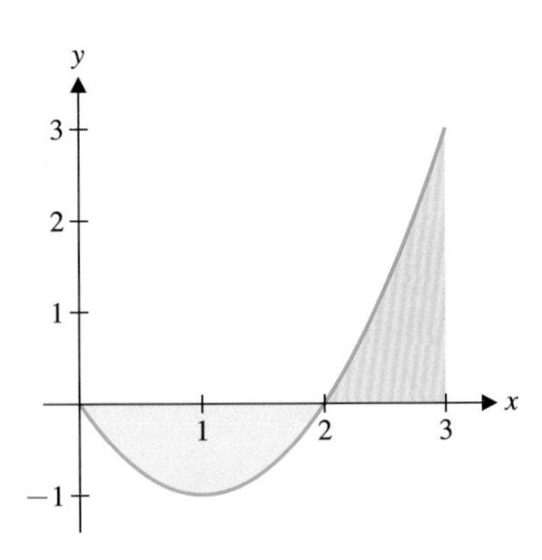

그림 4.18 구간 [0, 3]에서 $y = x^2 - 2x$

이다. 그러므로

$$\int_0^3 (x^2 - 2x)\,dx = \lim_{n\to\infty}\left[\frac{9n(n+1)(2n+1)}{2n^2} - \frac{9(n+1)}{n}\right] = \frac{18}{2} - 9 = 0$$

이다. 구간 [0, 2]에서 곡선 $y = x^2 - 2x$는 x축 아래에 놓여 있고, 이 곡선과 x축으로 둘러싸인 부분의 넓이는 $\frac{4}{3}$이다. 구간 [2, 3]에서 곡선은 x축 위에 놓여 있고 이 곡선과 x축으로 둘러싸인 부분의 넓이 또한 $\frac{4}{3}$이다. 구간 [0, 3]에서 0의 적분값은 유향 넓이가 서로 상쇄되었음을 의미한다(구간 [0, 3]에서 $y = x^2 - 2x$의 그래프에 대한 그림 4.18 참조). 또한 $y = x^2 - 2x$와 x축으로 둘러싸인 부분의 전체 넓이 A는 위에서 구한 두 넓이의 합 $A = \frac{4}{3} + \frac{4}{3} = \frac{8}{3}$이다.

■

유향 넓이는 속도와 위치로도 해석할 수 있다. $v(t)$가 직선을 따라 앞뒤로 이동하는 물체의 속도함수라고 하자. 속도는 양과 음 둘 다 될 수 있다. 만약 속도가 구간 $[t_1, t_2]$에서 양이라면 $\int_{t_1}^{t_2} v(t)\,dt$는 이동한 거리(여기서 양의 방향)를 나타낸다. 만약 속도가 구간 $[t_3, t_4]$에서 음이라면 물체는 음의 방향으로 움직이고 있으며, 이동한 거리(여기서 음의 방향)는 $-\int_{t_3}^{t_4} v(t)\,dt$로 주어진다. 물체가 시각 0에서 움직이기 시작하여 시각 T에서 멈춘다면, 이때 $\int_0^T v(t)\,dt$는 양의 방향으로 이동한 거리에서 음의 방향으로 이동한 거리를 뺀 거리를 나타낸다. 즉 $\int_0^T v(t)\,dt$는 시작에서부터 마지막까지 위치의 전체 변화를 나타낸다.

예제 4.4 **전체 위치변화의 계산**

직선을 따라 이동하는 물체의 속도함수가 $v(t) = \sin t$이다. 물체가 0의 위치에서 출발할 때 시간 $t = 3\pi/2$에서 전체 이동거리와 물체의 위치를 구하여라.

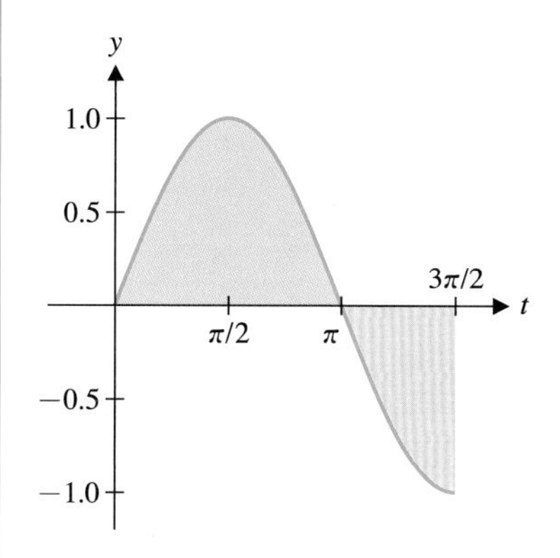

그림 4.19 $[0, 3\pi/2]$에서 $y = \sin t$

풀이

그래프(그림 4.19 참조)로부터 $0 \le t \le \pi$에서 $\sin t \ge 0$이고 $\pi \le t \le 3\pi/2$에서 $\sin t \le 0$이다. 전체 이동거리는 그림 4.19에서 각 유향 넓이의 절댓값의 합이며 다음과 같다.

$$A = \int_0^\pi \sin t\,dt - \int_\pi^{3\pi/2} \sin t\,dt$$

다음 표에 나열된 리만합을 얻는 데 중점법칙을 이용하였다.

n	$R_n \approx \int_0^\pi \sin t\,dt$
10	2.0082
20	2.0020
50	2.0003
100	2.0001

n	$R_n \approx \int_\pi^{3\pi/2} \sin t\,dt$
10	−1.0010
20	−1.0003
50	−1.0000
100	−1.0000

합이 각각 2와 −1로 수렴하고 있음을 알 수 있다. 우리는 이것이 정확한 값이라는 것을 곧 알 수 있게 될 것이다. $[0, 3\pi/2]$에서 $y = \sin t$와 t축으로 둘러싸인 전체 넓이는

$$\int_0^\pi \sin t\,dt - \int_\pi^{3\pi/2} \sin t\,dt = 2 + 1 = 3$$

이다. 이것은 전체 이동거리가 3이라는 것을 의미한다. 물체의 전체 위치변화는

$$\int_0^{3\pi/2} \sin t\,dt = \int_0^\pi \sin t\,dt + \int_\pi^{3\pi/2} \sin t\,dt = 2 + (-1) = 1$$

이며, 따라서 물체가 0의 위치에서 움직이기 시작한다면 물체는 $0 + 1 = 1$의 위치에서 멈추게 된다.

■

다음 정리에서 적분에 관한 일반적인 법칙 몇 가지를 소개한다.

정리 4.2

함수 f와 g가 폐구간 $[a, b]$에서 적분가능하고 c, d는 임의의 상수라고 하면, 다음 식이 성립한다.

(i) $\int_a^b [cf(x) + dg(x)]\,dx = c\int_a^b f(x)\,dx + d\int_a^b g(x)\,dx$

(ii) $\int_a^b f(x)\,dx = \int_a^c f(x)\,dx + \int_c^b f(x)\,dx,\quad a \le c \le b$

증명

임의의 상수 c와 d에 대해서

$$\begin{aligned}\int_a^b [cf(x)+dg(x)]\,dx &= \lim_{n\to\infty}\sum_{i=1}^n [cf(c_i)+dg(c_i)]\Delta x \\ &= \lim_{n\to\infty}\left[c\sum_{i=1}^n f(c_i)\Delta x + d\sum_{i=1}^n g(c_i)\Delta x\right] \qquad \text{정리 2.2} \\ &= c\lim_{n\to\infty}\sum_{i=1}^n f(c_i)\Delta x + d\lim_{n\to\infty}\sum_{i=1}^n g(c_i)\Delta x \\ &= c\int_a^b f(x)\,dx + d\int_a^b g(x)\,dx\end{aligned}$$

이고, 여기서 f와 g가 적분가능하다는 사실과 함께 일반적인 합의 법칙을 적용하였다. (ii)의 증명은 연습문제에서 다룬다. 예제 4.4에서 그 개념은 이미 설명하였다. ■

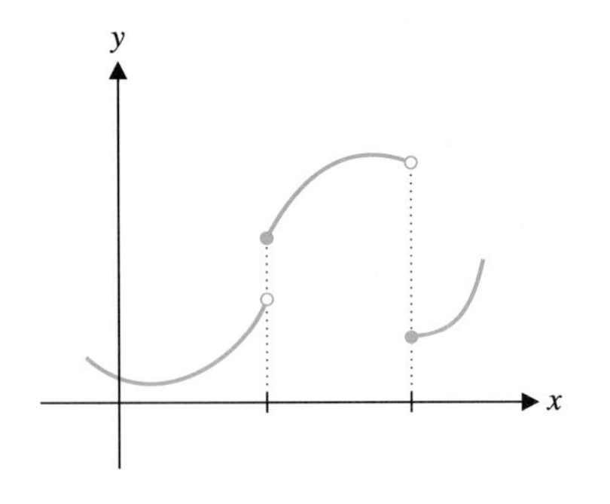

그림 4.20 구분 연속

이제 두 개의 정의를 소개하려고 한다. 먼저, 임의의 적분가능한 함수 f에 대하여 $a<b$일 때

$$\int_b^a f(x)dx = -\int_a^b f(x)dx \tag{4.2}$$

로 정의한다. 이것은 구간을 따라서 역으로 적분할 때 리만합에 대응되는 직사각형의 폭(Δx)이 음수라는 점에서 합리적인 정의이다. 다음으로 만약 $f(a)$가 정의된다면,

$$\int_a^a f(x)\,dx = 0$$

로 정의한다. 이것은 a부터 a까지의 넓이가 0인 것을 의미한다.

함수가 유한개의 불연속점을 포함하고 각 불연속점에서 좌극한 및 우극한을 가지며 그 외에는 연속일 때에도 그 함수는 적분가능하다. 이러한 함수를 **구분연속**(piecewise continuous)이라 한다(그림 4.20 참조).

다음 예제에서 이러한 불연속함수의 적분을 계산한다.

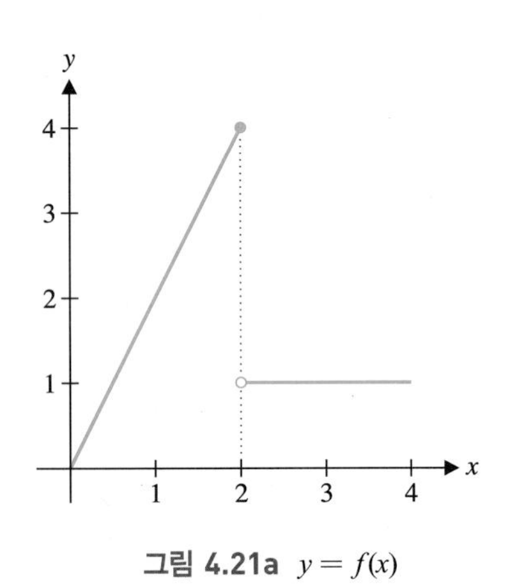

그림 4.21a $y=f(x)$

예제 4.5 불연속인 피적분함수에 대한 적분

$\int_0^3 f(x)\,dx$를 구하여라. 여기서 $f(x)$는 다음과 같이 정의된다.

$$f(x)=\begin{cases}2x, & x\le 2\\ 1, & x>2\end{cases}$$

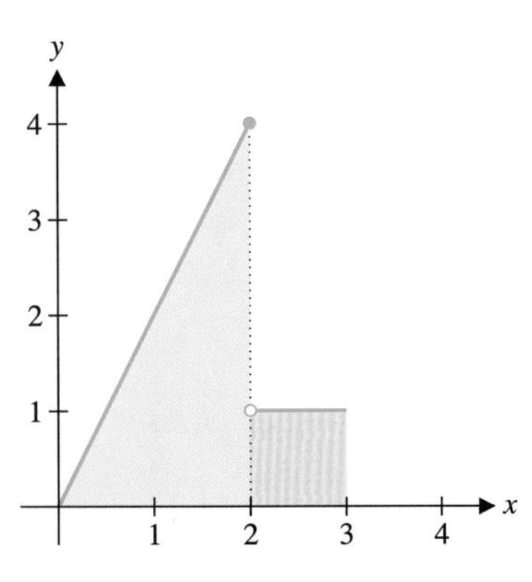

그림 4.21b [0, 3]에서 곡선 $y=f(x)$ 아래의 넓이

풀이

그림 4.21a의 $y=f(x)$의 그래프를 보아라. f가 $x=2$에서 불연속이지만 단 하나의 불연속점을 가지고 있고 [0, 3]에서 구분 연속이다. 정리 4.2 (ii)에 의해

$$\int_0^3 f(x)dx = \int_0^2 f(x)dx + \int_2^3 f(x)dx$$

이다. 그림 4.21b로부터 $\int_0^2 f(x)dx$ 가 밑변이 2이고 높이가 4인 삼각형의 넓이임을 알 수 있다. 그러므로

$$\int_0^2 f(x)dx = \frac{1}{2}(\text{밑변})(\text{높이}) = \frac{1}{2}(2)(4) = 4$$

이다. 그림 4.23b로부터 $\int_2^3 f(x)dx$ 또한 한 변이 1인 정사각형의 넓이이다. 따라서

$$\int_2^3 f(x)dx = 1$$

이고

$$\int_0^3 f(x)dx = \int_0^2 f(x)dx + \int_2^3 f(x)dx = 4 + 1 = 5$$

이다. 이 경우에는 두 적분을 간단한 기하학 공식을 이용해서 계산하였으며 리만합을 계산할 필요가 없다.

정적분의 또 다른 간단한 성질은 다음과 같다.

정리 4.3

모든 $x \in [a, b]$에 대하여 $g(x) \le f(x)$이고 f와 g가 $[a, b]$에서 적분가능하다고 하자. 그러면

$$\int_a^b g(x)\,dx \le \int_a^b f(x)\,dx$$

이다.

증명

$g(x) \le f(x)$이므로 $[a, b]$에서 $0 \le [f(x) - g(x)]$이며, $\int_a^b [f(x) - g(x)]\,dx$는 곡선 $y = f(x) - g(x)$ 아래의 넓이를 나타낸다. 이 넓이는 음이 될 수 없다. 정리 4.2 (i)를 이용하면

$$0 \le \int_a^b [f(x) - g(x)]\,dx = \int_a^b f(x)\,dx - \int_a^b g(x)\,dx$$

이고 증명은 끝난다. ■

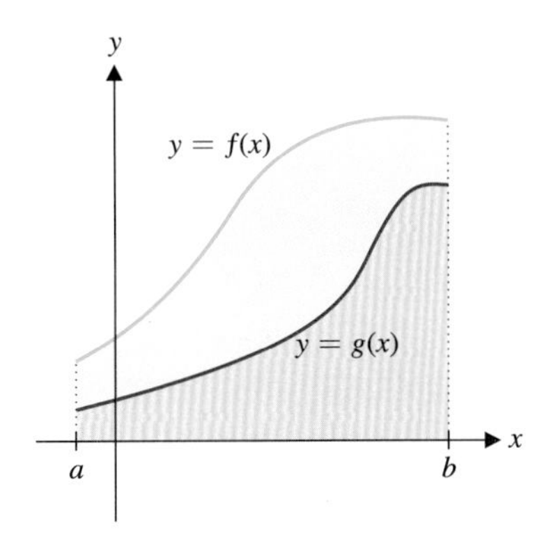

그림 4.22 더 큰 함수의 더 큰 적분값

정리 4.3은 더 큰 함수가 더 큰 적분값을 갖게 된다는 것을 의미한다. 양의 두 함수에 대해서 그림 4.22에서 이것을 보여주고 있다.

함수의 평균값

미분적분학 강의를 듣는 학생의 평균 나이를 계산하기 위해서는 각 학생의 나이를 더하여 전체 학생수로 나눈다. 이와는 대조적으로, 호수의 횡단면의 평균 깊이를 구한다고 가정하자. 이 경우에 호수의 표면에 깊이가 측정될 수 있는 무한개의 점들이 존재한다. 무한히 많은 점들에서 깊이를 측정하는 것이 가능하다 할지라도 무수히 많은 수를 서로 더해서 무한대로 나누는 것이 가능할까? 합리적인 접근 방법은 호수의 길이를 따라 분포된 유한개의 점들에서 호수 깊이의 표본을 추출하여 그림 4.23에서처럼 추출된 깊이의 평균값을 구하는 것이다.

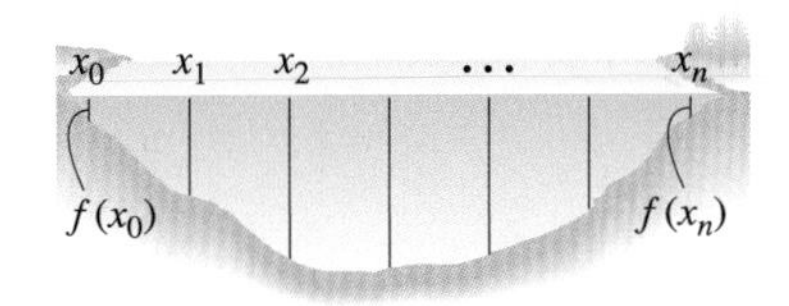

그림 4.23 호수의 횡단면의 평균 깊이

우리는 때로는 임의의 구간 $[a, b]$에서 함수 f의 평균값을 계산하게 될 것이다. 이것을 위하여 먼저 함숫값의 표본을 추출할 몇 개의 점들을 택하기 위하여 다음과 같

이 $[a, b]$의 분할을 만든다.

$$a = x_0 < x_1 < \cdots < x_n = b$$

여기서 인접한 점들의 차는 $\Delta x = \dfrac{b-a}{n}$이다. 이때 평균값 f_{ave}를 $x_1, x_2, \cdots, x_n$에서 함숫값의 평균에 의해 다음과 같은 근삿값으로 계산한다.

$$\begin{aligned} f_{ave} &\approx \frac{1}{n}[f(x_1)+f(x_2)+\cdots+f(x_n)] \\ &= \frac{1}{n}\sum_{i=1}^{n} f(x_i) \\ &= \frac{1}{b-a}\sum_{i=1}^{n} f(x_i)\left(\frac{b-a}{n}\right) && (b-a)\text{로 곱하고 나눔} \\ &= \frac{1}{b-a}\sum_{i=1}^{n} f(x_i)\Delta x && \because \Delta x = \frac{b-a}{n} \end{aligned}$$

마지막 식은 리만합이다. 또한 더 많은 표본점들을 택하면 근삿값이 더욱 정확해진다는 것을 알 수 있다. 따라서 $n \to \infty$일 때 평균값을 나타내는 적분을 다음과 같이 나타낼 수 있다.

$$\boxed{f_{ave} = \lim_{n\to\infty}\left[\frac{1}{b-a}\sum_{i=1}^{n} f(x_i)\Delta x\right] = \frac{1}{b-a}\int_a^b f(x)\,dx} \tag{4.3}$$

예제 4.6 함수의 평균값의 계산

구간 $[0, \pi]$에서 $f(x) = \sin x$의 평균값을 구하여라.

풀이

식 (4.3)으로부터

$$f_{ave} = \frac{1}{\pi - 0}\int_0^{\pi} \sin x\,dx$$

이다. 이 적분값은 임의의 리만합을 계산하여 근삿값으로 얻을 수 있으며 이러한 근사 평균값은 $f_{ave} \approx 0.6366198$이다(예제 4.4 참조). 그림 4.24에 $y = \sin x$의 그래프와 구간 $[0, \pi]$에서 평균값이 나타나 있다. 여기서 두 음영의 넓이가 같다.

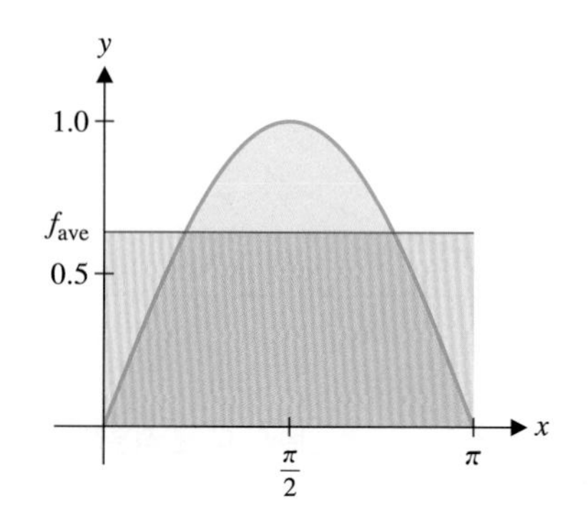

그림 4.24 $y = \sin x$와 평균

그림 4.24에서 보면 함숫값이 평균값과 같은 점이 두 개 있다. 이 결과를 설명하는 것이 정리 4.4이다. 먼저 $\sum_{i=1}^{n}\Delta x$는 분할의 소구간의 길이의 합이므로 임의의 상수 c에 대하여

$$\int_a^b c\,dx = \lim_{n\to\infty}\sum_{i=1}^{n} c\Delta x = c\lim_{n\to\infty}\sum_{i=1}^{n}\Delta x = c(b-a)$$

이다.

f를 $[a, b]$에서 정의되는 임의의 연속함수라고 하자. f가 연속이므로 극값정리에

의해서 f는 $[a, b]$에서 최솟값 m과 최댓값 M을 갖는다. 즉, 모든 $x \in [a, b]$에 대하여

$$m \leq f(x) \leq M$$

이고 따라서 정리 4.3으로부터

$$\int_a^b m\,dx \leq \int_a^b f(x)\,dx \leq \int_a^b M\,dx$$

이다. m과 M은 상수이므로

$$m(b-a) \leq \int_a^b f(x)\,dx \leq M(b-a) \tag{4.4}$$

이다. 끝으로 $(b-a)>0$으로 나누면

$$m \leq \frac{1}{b-a}\int_a^b f(x)\,dx \leq M$$

을 얻게 된다. 즉, $\frac{1}{b-a}\int_a^b f(x)\,dx$($[a, b]$에서 f의 평균값)는 구간 $[a, b]$에서 f의 최솟값과 최댓값 사이에 있게 된다. f는 연속함수이므로 중간값 정리에 의해서

$$f(c) = \frac{1}{b-a}\int_a^b f(x)\,dx$$

인 적당한 수 $c \in (a, b)$가 존재한다.

정리 4.4 적분의 평균값 정리

만약 $[a, b]$에서 f가 연속이면,

$$f(c) = \frac{1}{b-a}\int_a^b f(x)\,dx$$

인 적당한 수 $c \in (a, b)$가 존재한다.

적분의 평균값 정리는 매우 간단한 개념(즉, 연속함수는 어떤 점에서 평균값을 갖는다)이지만 이 정리는 매우 중요한 응용성을 가지고 있다. 이들 중의 하나가 미분적분학의 기본정리의 증명으로 4.5절에서 다루게 될 것이다.

적분의 평균값 정리의 유도 과정을 다시 살펴보자. 임의의 적분가능한 함수 f에 대하여, $m \leq f(x) \leq M$이면 모든 $x \in (a, b)$에 대해서 부등식 (4.4)가 성립한다.

$$m(b-a) \leq \int_a^b f(x)\,dx \leq M(b-a)$$

이 정리는 정적분의 값을 계산할 수 있도록 한다는 점에서 또 다른 중요성을 지니고 있다. 계산이 일반적으로 개략적인 것이기는 하지만, 정적분값이 놓여있는 구간에 대한 정보를 제공한다는 점에서 이 정리는 여전히 중요하다.

예제 4.7 정적분의 값 추정하기

부등식 (4.4)를 이용하여 $\int_0^1 \sqrt{x^2+1}\,dx$의 값을 추정하여라.

풀이

현재로서는 이 적분값을 정확히 계산할 수 없다. 그러나 모든 $x \in [0, 1]$에 대하여

$$1 \le \sqrt{x^2+1} \le \sqrt{2}$$

이므로 부등식 (4.4)로부터

$$1 \le \int_0^1 \sqrt{x^2+1}\,dx \le \sqrt{2} \approx 1.414214$$

를 얻는다. 다시 말하면 적분값은 1과 $\sqrt{2} \approx 1.414214$ 사이에 있다는 것을 알 수 있다.

연습문제 4.4

[1~2] 중점법칙과 $n = 6$을 이용하여 다음 적분의 근삿값을 구하여라.

1. $\int_0^3 (x^3 + x)\,dx$ 2. $\int_0^\pi \sin x^2\,dx$

[3~4] 다음 적분을 넓이로 설명하여라.

3. $\int_1^3 x^2\,dx$ 4. $\int_0^2 (x^2 - 2)\,dx$

[5~7] 다음 넓이를 적분(또는 적분의 합)으로 나타내어라.

5. $y = 4 - x^2$과 x축으로 둘러싸인 영역의 넓이

6. $y = x^2 - 4$와 x축으로 둘러싸인 영역의 넓이

7. 구간 $0 \le x \le \pi$에서 $y = \sin x$와 x축으로 둘러싸인 영역의 넓이

8. 속도함수와 처음 위치가 다음과 같을 때 나중 위치 $s(b)$를 구하여라.

$$v(t) = 40(1 - e^{-2t}),\ \ s(0) = 0,\ \ b = 4$$

9. 함수 $f(x) = \begin{cases} 2x & x < 1 \\ 4 & x \ge 1 \end{cases}$에 대하여 적분 $\int_0^4 f(x)\,dx$를 구하여라.

[10~11] 주어진 구간에서 다음 함수의 평균값을 구하여라.

10. $f(x) = 2x + 1,\ [0, 4]$ 11. $f(x) = x^2 - 1,\ [1, 3]$

[12~13] 적분의 평균값 정리를 사용하여 다음 적분 값을 추정하여라.

12. $\int_{\pi/3}^{\pi/2} 3\cos x^2\,dx$ 13. $\int_0^2 \sqrt{2x^2+1}\,dx$

14. 적분의 평균값 정리를 만족하는 점 c를 구하여라.

$$\int_0^2 3x^2\,dx\,(= 8)$$

15. 정리 4.2를 이용하여 다음 식을 하나의 적분으로 나타내어라.

(a) $\int_0^2 f(x)\,dx + \int_2^3 f(x)\,dx$

(b) $\int_0^3 f(x)\,dx - \int_2^3 f(x)\,dx$

16. $\int_1^3 f(x)\,dx = 3$이고 $\int_1^3 g(x)\,dx = -2$일 때 다음을 구하여라.

(a) $\int_1^3 [f(x) + g(x)]\,dx$ (b) $\int_1^3 [2f(x) - g(x)]\,dx$

17. 다음 적분이 나타내는 넓이를 그려라.

(a) $\int_1^2 (x^2 - x)\,dx$ (b) $\int_2^4 (x^2 - x)\,dx$

18. $c = \frac{1}{2}(a+b)$인 경우 정리 4.2 (ii)를 증명하여라.

19. 다음 그래프를 보고 $\int_0^2 f(x)\,dx$가 양수인지 음수인지 결정하여라.

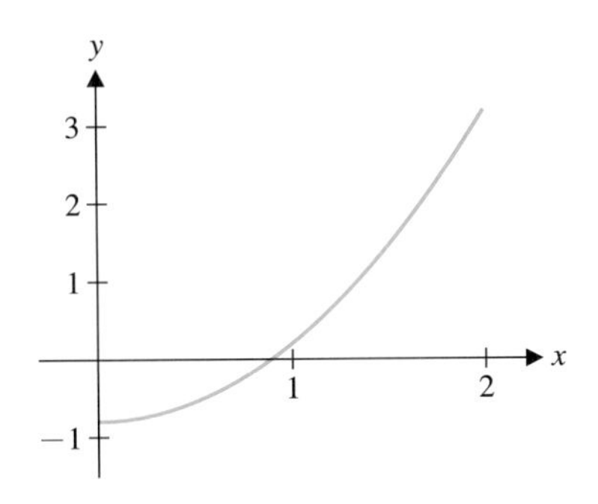

20. 다음 극한을 적분으로 나타내어라.

(a) $\lim_{n\to\infty} \frac{1}{n}\left[\sin\frac{\pi}{n} + \sin\frac{2\pi}{n} + \cdots + \sin\frac{n\pi}{n}\right]$

(b) $\lim_{n\to\infty} \left(\frac{n+1}{n^2} + \frac{n+2}{n^2} + \cdots + \frac{2n}{n^2}\right)$

(c) $\lim_{n\to\infty} \frac{f(1/n) + f(2/n) + \cdots + f(n/n)}{n}$

21. 어느 지역의 인구에 대해서 출생률이 매월 $b(t) = 410 - 0.3t$ 명이며 사망률은 매월 $a(t) = 390 + 0.2t$명이라고 가정하자. $\int_0^{12}[b(t) - a(t)]dt$가 최초 12개월에서 인구의 순 변화를 나타내는 이유를 설명하여라. $b(t) > a(t)$인 t값을 결정하여라. 인구가 증가하는 때와 감소하는 때는 각각 언제인가? 인구가 최대에 도달하는 때를 구하여라.

22. 상온에서 이상 기체의 압력 P와 부피 V는 $PV = 10$의 관계가 있다고 한다. 부피를 $V = 2$로부터 $V = 4$까지 증가시키는 데 필요한 일은 $\int_2^4 P(V)dV$로 주어진다. 이 적분식의 값을 구하여라.

4.5 미분적분학의 기본정리

이 절에서는 미분적분학의 기본정리로 알려진 정리 두 개를 살펴본다. 실질적으로, 기본정리는 정적분을 계산하는 데 매우 필요한 지름길을 제공한다. 개념적으로는 기본정리는 서로 다른 것 같이 보이는 도함수와 정적분의 개념을 하나의 개념으로 통일하였다. 사실, 기본정리는 미분과 적분이 서로 역과정이라는 것을 보여주고 있다. 이런 관점에서 이 정리는 실질적으로 미분적분학의 기본인 것이다.

기본정리의 특성에 대한 몇 가지 힌트를 이미 알고 있다. 첫째, 부정적분과 정적분에 대하여 유사한 기호가 사용되었다. 또한 속도로부터 거리를 계산하기 위하여 부정적분과 넓이 계산이 함께 이용되었다. 그러나 기본정리는 미분과 적분 사이의 관계를 훨씬 더 명확하게 설명하고 있다.

정리 5.1 미분적분학의 기본정리 I

만약 $[a, b]$에서 f가 연속이고 $F(x)$가 f의 임의의 역도함수라면

$$\int_a^b f(x)\,dx = F(b) - F(a) \tag{5.1}$$

이다.

주 5.1

미분적분학의 기본정리 I에 의하면, 정적분을 계산하기 위해서는 역도함수를 찾아서 적분의 상한과 하한에서 이 함수의 값을 계산하면 된다. 이것은 리만합의 극한을 계산해서 구하는 방법보다 훨씬 개선된 방법이다.

증명

먼저 $[a, b]$의 분할을

수학사

미분적분학의 기본정리를 발견하는 데 공헌한 사람은 뉴턴과 라이프니츠이다. 뉴턴은 그의 미분적분학을 1660년대 후반에 개발하였으나 1687년까지 그 결과를 출판하지 않았다. 라이프니츠는 같은 결과를 1670년대 중반에 발견하였으나 뉴턴보다 먼저 1684년과 1686년에 출판하였다. 오늘날 미분적분학에서 사용하는 대부분의 기호와 용어는 라이프니츠가 개발한 것이고 뉴턴의 기호와 용어보다 훨씬 우월하다. 그러나 뉴턴은 라이프니츠보다 먼저 미분적분학의 중요한 개념들을 개발했다. 누가 미분적분학의 발견자인가 하는 논쟁은 그 당시 영국과 유럽 사이의 국제 논쟁으로 비화되어 100년 이상 지속되었고 1700년대의 수학 발전에 많은 영향을 주었다.

$$a = x_0 < x_1 < x_2 < \cdots < x_n = b$$

이라 하자. 여기서 $i = 1, 2, \cdots, n$에 대하여 $x_i - x_{i-1} = \Delta x = \dfrac{b-a}{n}$ 이다. 이 분할에 대해서 다음 식을 얻는다.

$$\begin{aligned} F(b) - F(a) &= F(x_n) - F(x_0) \\ &= [F(x_1) - F(x_0)] + [F(x_2) - F(x_1)] + \cdots + [F(x_n) - F(x_{n-1})] \\ &= \sum_{i=1}^{n} [F(x_i) - F(x_{i-1})] \end{aligned} \tag{5.2}$$

F가 f의 역도함수이므로 F는 (a, b)에서 미분가능하고 $[a, b]$에서 연속이다. 평균값 정리를 이용하면 각 $i = 1, 2, \cdots, n$과 적당한 $c_i \in (x_{i-1}, x_i)$에 대하여

$$F(x_i) - F(x_{i-1}) = F'(c_i)(x_i - x_{i-1}) = f(c_i)\Delta x \tag{5.3}$$

이다. 그러므로 식 (5.2)와 (5.3)에 의해

$$F(b) - F(a) = \sum_{i=1}^{n} [F(x_i) - F(x_{i-1})] = \sum_{i=1}^{n} f(c_i)\Delta x \tag{5.4}$$

이다. 이 마지막 식은 $[a, b]$에서 f의 리만합이다. 식 (5.4)의 양변에서 $n \to \infty$로 극한을 취하면, 원하는 결과를 다음과 같이 얻는다.

$$\begin{aligned} \int_a^b f(x)\,dx &= \lim_{n\to\infty} \sum_{i=1}^{n} f(c_i)\Delta x = \lim_{n\to\infty} [F(b) - F(a)] \\ &= F(b) - F(a) \end{aligned}$$

■

주 5.2

우리는 때때로 다음과 같은 기호를 사용한다.

$$F(x)\Big|_a^b = F(b) - F(a)$$

예제 5.1 기본정리의 이용

$\int_0^2 (x^2 - 2x)\,dx$를 구하여라.

풀이

$f(x) = x^2 - 2x$ 는 구간 $[0, 2]$에서 연속이므로 기본정리를 적용할 수 있다. 거듭제곱 법칙으로부터 역도함수를 구하면 다음과 같이 쉽게 계산할 수 있다.

$$\int_0^2 (x^2 - 2x)\,dx = \left(\frac{1}{3}x^3 - x^2\right)\Bigg|_0^2 = \left(\frac{8}{3} - 4\right) - (0) = -\frac{4}{3}$$

■

앞에서 우리는 리만합의 극한을 이용하여 예제 5.1의 적분을 계산했다(예제 4.3 참조). 어떤 방법이 더 간단한가?

예제 5.2～5.5에서는 합에 관한 공식이 없으므로 리만합의 극한을 계산하여 적분을 직접 구할 수가 없다.

예제 5.2 정적분의 계산

$\int_1^4 \left(\sqrt{x} - \frac{1}{x^2}\right) dx$를 구하여라.

풀이

$f(x) = x^{1/2} - x^{-2}$ 은 $[1, 4]$에서 연속이므로 기본정리가 적용될 수 있다. $f(x)$의 역도함수가 $F(x) = \frac{2}{3}x^{3/2} + x^{-1}$이므로

$$\int_1^4 \left(\sqrt{x} - \frac{1}{x^2}\right) dx = \frac{2}{3}x^{3/2} + x^{-1}\Big|_1^4 = \left[\frac{2}{3}(4)^{3/2} + 4^{-1}\right] - \left(\frac{2}{3} + 1\right) = \frac{47}{12}$$

이다.

예제 5.3 기본정리를 이용한 넓이 계산

구간 $[0, \pi]$에서 곡선 $f(x) = \sin x$ 아래의 넓이를 구하여라.

풀이

구간 $[0, \pi]$에서 $\sin x \geq 0$이고 $\sin x$는 연속이므로

$$\text{넓이} = \int_0^{\pi} \sin x \, dx$$

이다. $\sin x$의 역도함수는 $F(x) = -\cos x$ 이므로 기본정리에 의해

$$\int_0^{\pi} \sin x \, dx = F(\pi) - F(0) = (-\cos \pi) - (-\cos 0) = -(-1) - (-1) = 2$$

이다.

예제 5.4 지수함수를 포함한 정적분

$\int_0^4 e^{-2x} dx$를 구하여라.

풀이

$f(x) = e^{-2x}$ 는 연속이므로 기본정리를 적용할 수 있다. e^{-2x}의 역도함수는 $-\frac{1}{2}e^{-2x}$이다. 따라서

$$\int_0^4 e^{-2x} dx = -\frac{1}{2}e^{-2x}\Big|_0^4 = -\frac{1}{2}e^{-8} - \left(-\frac{1}{2}e^0\right) \approx 0.49983$$

이다.

예제 5.5 로그를 포함한 정적분

$\int_{-3}^{-1} \frac{2}{x} dx$를 구하여라.

풀이

$f(x) = \frac{2}{x}$는 $[-3, -1]$에서 연속이므로 기본정리를 적용할 수 있다. $f(x)$의 역도함수는

$2\ln|x|$이다(여기서 절댓값을 잊는 오류를 자주 범할 수 있다. 이러한 경우, 이 오류는 치명적이다! 그 이유에 대해서는 다음을 주의 깊게 살펴보아라).

$$\int_{-3}^{-1} \frac{2}{x} dx = 2\ln|x|\Big|_{-3}^{-1} = 2(\ln|-1| - \ln|-3|)$$
$$= 2(\ln 1 - \ln 3) = -2\ln 3$$

예제 5.6 상한이 변수인 정적분

$\int_1^x 12t^5\,dt$를 구하여라.

풀이

적분의 상한이 변수이지만 $f(t) = 12t^5$은 임의의 구간에서 연속이므로 이것을 계산하는 데 기본정리를 이용할 수 있다. 따라서

$$\int_1^x 12t^5\,dt = 12\left.\frac{t^6}{6}\right|_1^x = 2(x^6 - 1)$$

이다.

적분한계의 하나가 x이므로 예제 5.6의 정적분이 x의 함수인 것은 당연하다. 또

$$\frac{d}{dx}[2(x^6 - 1)] = 12x^5$$

이다. 이 식은 적분변수 t가 적분상한변수 x로 바뀐 것을 제외하고는 원래의 피적분함수와 같다.

다음에 소개하는 정리(미분적분학의 기본정리 II)는 위에서 논한 결과를 일반화한다. 우선 $F(x) = \int_1^x 12t^5\,dt$와 같은 함수가 무엇을 의미하는지 명백히 할 필요가 있다. $x = 2$에서의 함숫값은 다음과 같이 x를 2로 치환함으로써 구해진다.

$$F(2) = \int_1^2 12t^5\,dt$$

이것은 $t = 1$부터 $t = 2$까지 곡선 $y = 12t^5$ 아래의 넓이와 일치한다(그림 4.25a 참조).

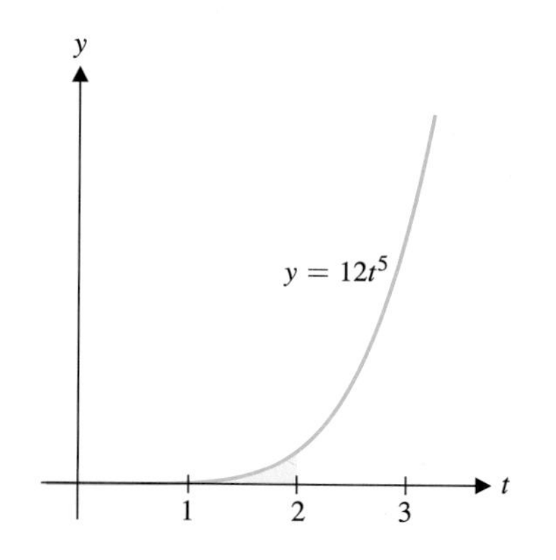

그림 4.25a $t = 1$부터 $t = 2$까지의 넓이

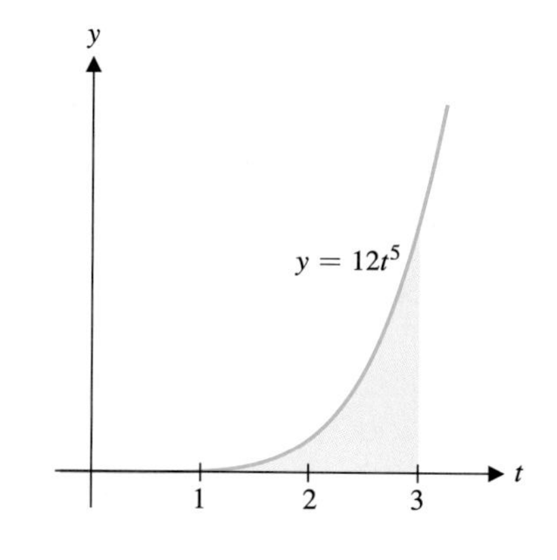

그림 4.25b $t = 1$부터 $t = 3$까지의 넓이

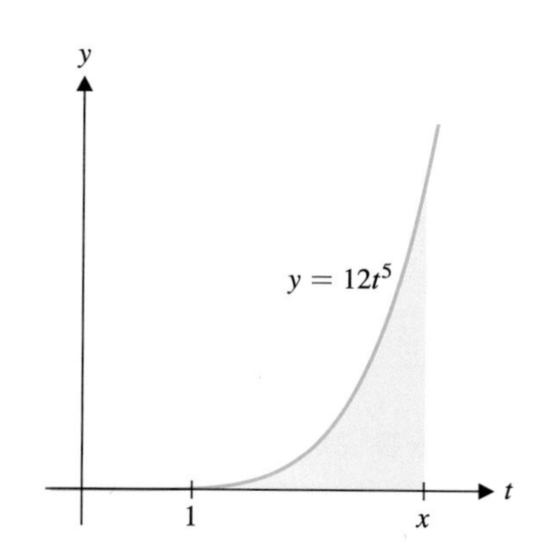

그림 4.25c $t = 1$부터 $t = x$까지의 넓이

이것과 유사하게 $x = 3$에서 함숫값은

$$F(3) = \int_1^3 12t^5\,dt$$

이다. 이것은 $t = 1$부터 $t = 3$까지 곡선 $y = 12t^5$ 아래의 넓이와 일치한다(그림 4.25b 참조). 일반적으로, 임의의 $x > 1$에 대하여, $F(x)$는 $t = 1$부터 $t = x$까지 곡선 $y = f(t)$ 아래의 넓이를 나타낸다(그림 4.25c). 이러한 이유로 함수 F를 **넓이함수**라 부른다. $x > 1$에 대해서 x가 증가할 때 $F(x)$는 $t = 1$의 오른쪽으로 곡선 아래의 점점 더 큰 넓이를 나타낸다.

정리 5.2 미분적분학의 기본정리 II

만약 $[a, b]$에서 f가 연속이고 $F(x) = \int_a^x f(t)\,dt$ 라면 $[a, b]$에서 $F'(x) = f(x)$이다.

증명

도함수의 정의를 이용하면

$$F'(x) = \lim_{h\to 0} \frac{F(x+h) - F(x)}{h} = \lim_{h\to 0} \frac{1}{h}\left[\int_a^{x+h} f(t)\,dt - \int_a^x f(t)\,dt\right]$$

$$= \lim_{h\to 0} \frac{1}{h}\left[\int_a^{x+h} f(t)\,dt + \int_x^a f(t)\,dt\right] = \lim_{h\to 0} \frac{1}{h}\int_x^{x+h} f(t)\,dt \qquad (5.5)$$

이다. 여기서 식 (4.2)에 의해서 적분한계를 바꾸고 정리 4.2 (ii)에 의해서 적분을 더하였다. 식 (5.5)의 마지막 항은 구간 $[x, x+h]$($h>0$이면)에서 $f(x)$의 평균값의 극한으로 간주할 수 있다. 적분의 평균값 정리(정리 4.4)를 이용하면 x와 $x+h$ 사이의 적당한 수 c에 대하여

$$\frac{1}{h}\int_x^{x+h} f(t)\,dt = f(c) \qquad (5.6)$$

이다. 결국, c는 x와 $x+h$ 사이에 놓여 있으므로 $h\to 0$일 때 $c\to x$이고 f는 연속이므로 식 (5.5)와 식 (5.6)으로부터 다음과 같이 나타낼 수 있다.

$$F'(x) = \lim_{h\to 0} \frac{1}{h}\int_x^{x+h} f(t)\,dt = \lim_{h\to 0} f(c) = f(x)$$ ■

주 5.3

미분적분학의 기본정리 II는 f가 연속함수일 때 $\int_a^x f(t)\,dt$는 f의 역도함수임을 말해준다.

예제 5.7 기본정리 II의 이용

$F(x) = \int_1^x (t^2 - 2t + 3)\,dt$ 일 때 $F'(x)$를 구하여라.

풀이

여기서 피적분함수는 $f(t) = t^2 - 2t + 3$이다. 정리 5.2에 의해 도함수는

$$F'(x) = f(x) = x^2 - 2x + 3$$

이다. 즉, $F'(x)$는 피적분함수에서 t를 x로 치환한 함수이다.
■

더 복잡한 예제를 다루기 전에, 예제 5.7을 주의 깊게 살펴보면 기본정리 II의 의미를 더욱 잘 이해하게 될 것이다. 우선, 기본정리 I을 이용하면

$$F(x) = \int_1^x (t^2 - 2t + 3)\, dt = \frac{1}{3}t^3 - t^2 + 3t\Big|_1^x = \left(\frac{1}{3}x^3 - x^2 + 3x\right) - \left(\frac{1}{3} - 1 + 3\right)$$

을 얻을 수 있다. 이것은 쉽게 미분할 수 있으므로

$$F'(x) = \frac{1}{3} \cdot 3x^2 - 2x + 3 - 0 = x^2 - 2x + 3$$

이 된다. 적분의 하한(이 경우에 1)은 $F'(x)$ 값에 영향을 미치지 않는다. $F(x)$의 정의에서, 적분의 하한은 단순히 $F(x)$의 계산 마지막 단계에서 빼게 될 상숫값을 결정한다. 상수함수의 도함수는 0이므로 이 값은 $F'(x)$에 영향을 미치지 않는다.

주 5.4

예제 5.8에서 이용한 연쇄법칙의 일반적인 형태는 다음과 같다.

$$F(x) = \int_a^{u(x)} f(t)\, dt$$

이면

$$F'(x) = f(u(x))u'(x)$$

또는

$$\frac{d}{dx}\int_a^{u(x)} f(t)\, dt = f(u(x))u'(x)$$

이다.

예제 5.8 연쇄법칙과 기본정리 II의 이용

$F(x) = \int_2^{x^2} \cos t\, dt$일 때, $F'(x)$를 구하여라.

풀이

$u(x) = x^2$이라고 하면

$$F(x) = \int_2^{u(x)} \cos t\, dt$$

이다. 연쇄법칙으로부터

$$F'(x) = \cos u(x)\frac{du}{dx} = \cos u(x)(2x) = 2x\cos x^2$$

이다. ■

예제 5.9 변수 형태의 상한과 하한을 포함하는 적분

$F(x) = \int_{2x}^{x^2} \sqrt{t^2+1}\, dt$일 때, $F'(x)$를 구하여라.

풀이

기본정리를 적분상한이 변수인 정적분에 적용한다. 정리 4.2 (ii)에 의해 적분을 다음과 같이 다시 나타낼 수 있다.

$$F(x) = \int_{2x}^{0} \sqrt{t^2+1}\, dt + \int_0^{x^2} \sqrt{t^2+1}\, dt = -\int_0^{2x} \sqrt{t^2+1}\, dt + \int_0^{x^2} \sqrt{t^2+1}\, dt$$

식 (4.2)를 이용하여 처음 적분에서 적분한계를 바꾸었다. 예제 5.8에서처럼 연쇄법칙을 이용하면

$$\begin{aligned} F'(x) &= -\sqrt{(2x)^2+1}\,\frac{d}{dx}(2x) + \sqrt{(x^2)^2+1}\,\frac{d}{dx}(x^2) \\ &= -2\sqrt{4x^2+1} + 2x\sqrt{x^4+1} \end{aligned}$$

이다. ■

두 개의 기본정리의 이론적인 중요성을 설명하기 전에 적분과 도함수의 계산이 필요한 두 예제를 제시한다.

예제 5.10 물체의 낙하거리에 관한 계산

스카이다이버의 하강속도가 처음 5초 동안 $v(t)=30(1-e^{-t})$ ft/s로 주어졌다고 하자. 이 스카이다이버의 낙하거리를 구하여라.

풀이

거리 d는 정적분(곡선 아래의 넓이)에 의해 구해진다.

$$d = \int_0^5 (30 - 30e^{-t})\,dt = 30t + 30e^{-t}\Big|_0^5$$

$$= (150 + 30e^{-5}) - (0 + 30e^{0}) = 120 + 30e^{-5} \approx 120.2 \text{ 피트}$$

속도는 시간에 대한 위치함수의 순간변화율이다. 예제 5.10에서 속도의 정적분은 주어진 시간에 대하여 위치함수의 전체 변화를 나타낸다는 것을 알 수 있다. 실질적인 분야에서 이와 같은 미분과 적분의 적용이 필요하다. 다음 예제에서 탱크 안의 물의 변화율과 전체 변화를 살펴보자.

예제 5.11 탱크 속의 부피의 변화율과 전체 변화

물이 저장 탱크의 안팎으로 흐를 수 있다고 하자. 물의 순 변화율(즉, 증가율 빼기 감소율)은 분당 $f(t) = 20(t^2 - 1)$ 갤런이다.

(a) $0 \le t \le 3$에 대하여, 물의 높이가 증가할 때와 물의 높이가 감소할 때를 결정하여라.

(b) 만약 시간 $t=0$일 때 탱크에 200갤런의 물이 있다면, 시간 $t=3$일 때 탱크에 남아 있는 물의 양을 구하여라.

풀이

$w(t)$를 시간 t일 때 물의 양(단위는 갤런)이라고 하자.

(a) 만약 $w'(t) = f(t) < 0$ 이면 물의 높이가 감소하게 된다. 이때, $0 \le t \le 1$이면

$$f(t) = 20(t^2 - 1) < 0$$

이다. 다른 한편으로, $w'(t) = f(t) > 0$ 이면 물의 높이가 증가하게 되고, 이 경우에 $1 \le t \le 3$이면

$$f(t) = 20(t^2 - 1) > 0$$

이다.

(b) $w'(t) = 20(t^2 - 1)$을 이용하여 $t = 0$부터 $t = 3$까지 적분하면

$$\int_0^3 w'(t)\,dt = \int_0^3 20(t^2 - 1)\,dt$$

이다. 양변의 적분을 계산하면

$$w(3) - w(0) = 20\left(\frac{t^3}{3} - t\right)\Bigg|_{t=0}^{t=3}$$

을 얻게 된다. $w(0) = 200$이므로

$$w(3) - 200 = 20(9 - 3) = 120$$

이고, 따라서

$$w(3) = 200 + 120 = 320$$

이다. 그러므로 시간 $t = 3$일 때 320 갤런의 물이 탱크에 있게 된다.

다음 예제에서는 얼핏 보기에 매우 복잡한 함수에 대한 정보를 결정하기 위하여 기본정리 II를 이용할 것이다. 적분을 어떻게 계산할 것인지는 모르지만 함수에 관한 중요한 정보를 얻기 위하여 기본정리를 이용할 수 있다.

예제 5.12 적분으로 정의된 함수의 접선

함수 $F(x) = \int_4^{x^2} \ln(t^3 + 4)\,dt$ 에 대하여 $x = 2$ 에서 접선의 방정식을 구하여라.

풀이

이 적분을 정확히 계산할 수는 없으나 접선의 방정식은 쉽게 구할 수 있다. 기본정리 II와 연쇄법칙으로부터 도함수는

$$F'(x) = \ln[(x^2)^3 + 4]\frac{d}{dx}(x^2) = \ln[(x^2)^3 + 4](2x) = 2x\ln(x^6 + 4)$$

이다. 따라서 $x = 2$ 에서의 기울기는 $F'(2) = 4\ln(68) \approx 16.878$ 이다. 접선은 점 $x = 2$ 와 $y = F(2) = \int_4^4 \ln(t^3 + 4)\,dt = 0$을 지난다(상한이 하한과 같기 때문이다). 이때 접선의 방정식은

$$y = 4\ln 68(x - 2)$$

이다.

기본정리 I과 II는 같은 이론을 서로 다르게 표현한 것이다. 기본정리 I과 II의 결론은

$$\int_a^b F'(x)dx = F(b) - F(a)$$

$$\frac{d}{dx}\int_a^x f(t)dt = f(x)$$

이다. 두 경우 모두에서, 미분과 적분은 어떤 의미에서 **역연산**(inverse operation)이라 할 수 있다. 적당한 가정하에 두 연산의 효과는 서로 상쇄된다. 기본정리는 서로 관계가 없는 것으로 보이던 계산을 미적분으로 단일화시킨다.

연습문제 4.5

[1~6] 미분적분학의 기본정리 I을 사용하여 다음 적분을 구하여라.

1. $\int_{-1}^{1}(x^3 + 2x)\,dx$
2. $\int_{1}^{4}\left(x\sqrt{x} + \frac{3}{x}\right)dx$
3. $\int_{\pi/2}^{\pi}(2\sin x - \cos x)\,dx$
4. $\int_{0}^{\pi/4}\sec t\,\tan t\,dt$
5. $\int_{0}^{1/2}\frac{3}{\sqrt{1-x^2}}\,dx$
6. $\int_{1}^{4}\frac{t-3}{t}\,dt$

[7~9] 다음 영역의 넓이를 구하여라.

7. x축과 곡선 $y = 4 - x^2$으로 둘러싸인 영역
8. 곡선 $y = x^2$, 직선 $x = 2$, x축으로 둘러싸인 영역
9. $0 \le x \le \pi$에서 $y = \sin x$와 x축으로 둘러싸인 영역

[10~11] 다음 함수의 도함수 $f'(x)$를 구하여라.

10. $f(x) = \int_{0}^{x}(t^2 - 3t + 2)\,dt$
11. $f(x) = \int_{0}^{x^2}(e^{-t^2} + 1)\,dt$

[12~13] 다음 속도 또는 가속도함수와 처음값을 사용하여 위치함수 $s(t)$를 구하여라.

12. $v(t) = 40 - \sin t,\ \ s(0) = 2$
13. $a(t) = 4 - t,\ \ v(0) = 8,\ \ s(0) = 0$

[14~15] 주어진 점에서 접선의 방정식을 구하여라.

14. $y = \int_{0}^{x}\sin\sqrt{t^2 + \pi^2}\,dt,\ \ x = 0$
15. $y = \int_{2}^{x}\cos(\pi t^3)\,dt,\ \ x = 2$

[16~17] 주어진 구간에서 다음 함수의 평균값을 구하여라.

16. $f(x) = x^2 - 1,\ [1, 3]$
17. $f(x) = \cos x,\ [0, \pi/2]$
18. 미분적분학의 기본정리를 이용하여 (a) e^{-x^2} (b) $\sin\sqrt{x^2+1}$의 역도함수를 구하여라.
19. $f(x) = \int_{0}^{x}(t^2 - 3t + 2)\,dt$의 극값을 모두 구하여라.
20. 버스의 속도는 $f(t) = 55 + 10\cos t$ mph이고 승용차의 속도는 $g(t) = 50 + 2t$ mph이다. 버스와 승용차가 $t = 0$일 때 같은 위치에 있다고 가정하자. $\int_{0}^{x}[f(t) - g(t)]\,dt$를 계산하고 그 의미를 설명하여라.

4.6 치환적분

이 절의 목표는 치환적분을 사용하여 역도함수를 계산하기 위한 능력을 넓히는 것이다. 이 방법으로 새로운 역도함수를 훨씬 더 많이 찾을 수 있다.

예제 6.1 시행착오에 의한 역도함수의 계산

$\int 2xe^{x^2}\,dx$를 구하여라.

풀이

여기서 $F'(x) = 2xe^{x^2}$인 함수 $F(x)$를 구해야 한다. x^2은 $2x$의 역도함수이므로

$$F(x) = x^2 e^{x^2}$$

은 $2xe^{x^2}$의 역도함수라고 추측할 수 있을 것이다. 그러나 이것은 틀린 추측이다. $x^2e^{x^2}$의 도함수를 계산해 보면

$$\frac{d}{dx}(x^2 e^{x^2}) = 2xe^{x^2} + x^2 e^{x^2}(2x) \neq 2xe^{x^2}$$

이기 때문이다. $2x$는 x^2의 도함수이며 x^2은 이미 피적분함수에 e^{x^2}의 지수로 나타나 있으므로 $F(x) = e^{x^2}$의 도함수를 계산해 보자. 연쇄법칙에 의하여

$$F'(x) = e^{x^2}\frac{d}{dx}(x^2) = 2xe^{x^2}$$

이며 이것은 정확히 피적분함수이다. 또한, 임의의 상수가 역도함수에 더해진다는 사실로부터

$$\int 2xe^{x^2}\,dx = e^{x^2} + c$$

이다.

■

일반적으로, 피적분함수의 한 부분이 다른 부분의 도함수인 경우 연쇄법칙을 적용한 미분이 나타날 수 있으며 연쇄법칙을 필요로 한다.

일반적으로 F가 f의 임의의 역도함수라면 연쇄법칙으로부터

$$\frac{d}{dx}[F(u)] = F'(u)\frac{du}{dx} = f(u)\frac{du}{dx}$$

이다. 이것으로부터

$$\int f(u)\frac{du}{dx}\,dx = \int \frac{d}{dx}[F(u)]\,dx = F(u) + c = \int f(u)\,du \tag{6.1}$$

이다. 왜냐하면 F가 f의 임의의 역도함수이기 때문이다. 식 (6.1)의 맨 왼쪽과 맨 오른쪽 식을 비교해 보면 다음과 같이 나타낼 수 있다.

$$du = \frac{du}{dx}dx$$

주 6.1

새로운 변수를 선택할 때 다음 사항을 고려한다.

- 어떤 항이 다른 항의 도함수인지 찾아본다.
- 특별히 복잡한 항을 찾아본다

따라서 적분 $\int h(x)\,dx$를 직접 구할 수 없다면 새로운 변수 u와 함수 $f(u)$에 대하여

$$\int h(x)\,dx = \int f(u(x))\frac{du}{dx}\,dx = \int f(u)\,du$$

로 바꾸어 계산해야 하며 여기서 두 번째 적분은 첫 번째 적분보다 더 쉽게 계산할 수 있는 형태이어야 한다.

예제 6.2 적분을 구하기 위한 치환의 이용

$\int (x^3 + 5)^{100}(3x^2)\,dx$를 구하여라.

풀이

적분은 이 상태로는 직접 계산할 수 없다. 그러나

$$\frac{d}{dx}(x^3+5) = 3x^2$$

임을 알 수 있으며 이것은 피적분함수의 일부분이다. 이것을 이용하면 $u = x^3 + 5$로 치환이 가능해지고 $du = \frac{d}{dx}(x^3+5)\,dx = 3x^2 dx$가 된다. 이것으로부터

$$\int \underbrace{(x^3+5)^{100}}_{u^{100}} \underbrace{(3x^2)\,dx}_{du} = \int u^{100}\,du = \frac{u^{101}}{101} + c$$

이다. 여기서 새로운 변수 u를 원래의 변수 x로 바꾸어야 한다. 따라서

$$\int (x^3+5)^{100}(3x^2)\,dx = \frac{u^{101}}{101} + c = \frac{(x^3+5)^{101}}{101} + c$$

이다. 역도함수에 대해서 검증하는 것이 항상 필요하다(적분과 미분이 역과정임을 기억하라!). 여기서

$$\frac{d}{dx}\left[\frac{(x^3+5)^{101}}{101}\right] = \frac{101(x^3+5)^{100}(3x^2)}{101} = (x^3+5)^{100}(3x^2)$$

이며 이것은 주어진 피적분함수이다. 이것으로부터 역도함수를 제대로 구했다는 것을 확인할 수 있다.

■

치환적분

예제 6.2에서 다룬 치환적분을 다음과 같이 일반적인 과정으로 설명할 수 있다.

- u에 대한 식을 택하라: 가장 안쪽 식 또는 합성함수의 내항(예제 6.2에서 x^3+5가 $(x^3+5)^{100}$의 내항이다)을 택하는 것이 일반적이다.
- $du = \frac{du}{dx}dx$를 구한다.
- 피적분함수의 모든 항을 u와 du를 포함하는 식으로 치환한다.
- 얻어진 u를 포함하는 식의 적분을 구한다. 여전히 적분을 구할 수 없다면 u를 다시 선택해야 한다.
- 역도함수에 나타난 u를 대응되는 x의 식으로 바꾼다.

역도함수를 구하는 것은 도함수를 구하는 역과정임을 항상 유의해야 한다. 역도함수를 구하기 위한 어떠한 새로운 법칙도 존재하지 않는다. 다음 예제에서는 피적분함수에 원하는 도함수가 없는 경우를 다룬다.

예제 6.3 치환의 이용: 코사인 안의 거듭제곱함수

$\int x \cos x^2 \, dx$를 구하여라.

풀이

$$\frac{d}{dx} x^2 = 2x$$

이며 이것이 피적분함수에는 없지만 상수는 항상 적분기호의 앞뒤에 놓을 수 있다. 적분을 다시 나타내면

$$\int x \cos x^2 \, dx = \frac{1}{2} \int 2x \cos x^2 \, dx$$

이다. 이제 $u = x^2$으로 치환하면 $du = 2xdx$가 되며

$$\begin{aligned} \int x \cos x^2 \, dx &= \frac{1}{2} \int \underbrace{\cos x^2}_{\cos u} \underbrace{(2x) \, dx}_{du} \\ &= \frac{1}{2} \int \cos u \, du = \frac{1}{2} \sin u + c = \frac{1}{2} \sin x^2 + c \end{aligned}$$

이다. 또한 검증 과정으로

$$\frac{d}{dx} \left(\frac{1}{2} \sin x^2 \right) = \frac{1}{2} \cos x^2 (2x) = x \cos x^2$$

임을 알 수 있으며 이것이 피적분함수이다.

예제 6.4 치환의 이용: 거듭제곱 안의 삼각함수

$\int (3 \tan x + 4)^5 \sec^2 x$를 구하여라.

풀이

이 적분도 이대로 계산할 수는 없다. 이 피적분함수에는 $\tan x$항과 $\sec^2 x$항이 있으며 $\frac{d}{dx}(\tan x) = \sec^2 x$이다. 그러므로 $u = 3 \tan x + 4$로 놓으면 $du = 3 \sec^2 x \, dx$이다. 따라서

$$\begin{aligned} \int (3 \tan x + 4)^5 \sec^2 x \, dx &= \frac{1}{3} \int \underbrace{(3 \tan x + 4)^5}_{u^5} \underbrace{(3 \sec^2 x) \, dx}_{du} \\ &= \frac{1}{3} \int u^5 \, du = \left(\frac{1}{3} \right) \frac{u^6}{6} + c \\ &= \frac{1}{18} (3 \tan x + 4)^6 + c \end{aligned}$$

이다.

때때로 다음 예제와 같이 다른 항의 도함수인 항을 알아내기 위하여 적분을 더욱 자세히 살펴볼 필요가 있다.

예제 6.5 치환의 이용: 사인 안의 제곱근함수

$\int \frac{\sin\sqrt{x}}{\sqrt{x}}\, dx$를 구하여라.

풀이

이 적분은 쉽지 않다. 만약 치환해야 한다면 어떻게 치환할 것인가? $\sin\sqrt{x} = \sin x^{1/2}$ 이므로 $u = \sqrt{x} = x^{1/2}$로 놓으면 $du = \frac{1}{2}x^{-1/2}dx = \frac{1}{2\sqrt{x}}\,dx$가 된다는 것을 알 수 있다. 피적분함수에 $\frac{1}{\sqrt{x}}\,dx$가 있으므로 계속해서 풀어 나갈 수 있다. 따라서

$$\int \frac{\sin\sqrt{x}}{\sqrt{x}}\,dx = 2\int \underbrace{\sin\sqrt{x}}_{\sin u}\underbrace{\left(\frac{1}{2\sqrt{x}}\right)dx}_{du}$$

$$= 2\int \sin u\, du = -2\cos u + c = -2\cos\sqrt{x} + c$$

이다.

예제 6.6 분자가 분모의 도함수인 경우

$\int \frac{x^2}{x^3+5}\, dx$를 구하여라.

풀이

$\frac{d}{dx}(x^3+5) = 3x^2$ 이므로 $u = x^3+5$로 놓으면 $du = 3x^2dx$이다. 따라서

$$\int \frac{x^2}{x^3+5}\,dx = \frac{1}{3}\int \underbrace{\frac{1}{x^3+5}}_{u}\underbrace{(3x^2)\,dx}_{du} = \frac{1}{3}\int \frac{1}{u}\,du$$

$$= \frac{1}{3}\ln|u| + c = \frac{1}{3}\ln|x^3+5| + c$$

이다.

위의 예제는 분자가 분모의 도함수인 경우로 매우 흔한 적분 형태이다. 일반적으로 다음의 정리를 얻게 된다.

정리 6.1

임의의 연속함수 f에 대하여 $f(x) \neq 0$이라면

$$\int \frac{f'(x)}{f(x)}\,dx = \ln|f(x)| + c$$

이다.

증명

$u = f(x)$ 라 놓으면 $du = f'(x)dx$ 이다. 따라서

$$\int \frac{f'(x)}{f(x)}\,dx = \int \underbrace{\frac{1}{f(x)}}_{u}\,\underbrace{f'(x)\,dx}_{du}$$

$$= \int \frac{1}{u}\,du = \ln|u| + c = \ln|f(x)| + c$$

이다. 이 증명의 또 다른 방법으로, 피적분함수를 구하기 위하여 $\frac{d}{dx}\ln|f(x)|$를 직접 계산할 수 있다. ■

4.1절에서 이 결과를 이미 설명하였다(따름정리 1.2). 여기서 치환의 개념으로 이 결과를 다시 언급할 만큼 이 정리는 중요하다.

예제 6.7 탄젠트 함수의 역도함수

$\int \tan x\,dx$를 구하여라.

풀이

이 적분은 기본적분공식에는 없다. 그러나

$$\int \tan x\,dx = \int \frac{\sin x}{\cos x}\,dx = -\int \frac{1}{\cos x}(-\sin x)\,dx$$

$$= -\int \frac{1}{u}\,du = -\ln|u| + c = -\ln|\cos x| + c$$

이다. 여기서 $\frac{d}{dx}(\cos x) = -\sin x$를 이용하였다.

■

예제 6.8 역탄젠트 함수

$\int \frac{(\tan^{-1}x)^2}{1+x^2}\,dx$를 구하여라.

풀이

역시 치환을 살펴보는 것이 문제를 푸는 실마리이다.

$$\frac{d}{dx}\tan^{-1}x = \frac{1}{1+x^2}$$

이므로 $u = \tan^{-1}x$라 두면 $du = \frac{1}{1+x^2}dx$이다. 따라서

$$\int \frac{(\tan^{-1}x)^2}{1+x^2}\,dx = \int \underbrace{(\tan^{-1}x)^2}_{u^2}\,\underbrace{\frac{1}{1+x^2}\,dx}_{du}$$

$$= \int u^2\,du = \frac{1}{3}u^3 + c = \frac{1}{3}(\tan^{-1}x)^3 + c$$

이다.

■

지금까지 모든 예제는 다른 항의 도함수였던 피적분함수 안의 항을 찾아냄으로써 해결되었다. 이러한 경우 외에, 피적분함수에서 특히 문제가 되는 항을 처리하기 위

하여 치환이 이루어지는 적분이 있다. 다음 예제를 보자.

예제 6.9 피적분함수를 전개하기 위한 치환

$\int x\sqrt{2-x}\,dx$를 구하여라.

풀이

이 적분을 그대로 구할 수는 없다. 만약 다른 항의 도함수인 항을 찾고자 한다면 헛수고가 될 것이다. 여기서 문제가 되는 것은 피적분함수에 합(또는 차)의 제곱근이 존재한다는 것이다. 제곱근 내의 식을 치환하는 것이 합리적인 방법이 될 것이다. $u=2-x$라 놓으면 $du=-dx$이다. 이것이 잘못되어 보이지는 않으나 피적분함수의 또 다른 x를 어떻게 처리할 것인가? $u=2-x$이므로 $x=2-u$이다. 이 적분에서 이러한 치환을 하면

$$\int x\sqrt{2-x}\,dx = (-1)\int \underbrace{x}_{2-u}\ \underbrace{\sqrt{2-x}}_{\sqrt{u}}\ \underbrace{(-1)\,dx}_{du}$$
$$= -\int (2-u)\sqrt{u}\,du$$

이다. 이 적분을 직접 계산할 수는 없지만 항들을 전개하면 다음과 같이 적분할 수 있다.

$$\begin{aligned}\int x\sqrt{2-x}\,dx &= -\int (2-u)\sqrt{u}\,du \\ &= -\int (2u^{1/2}-u^{3/2})\,du \\ &= -2\frac{u^{3/2}}{\left(\frac{3}{2}\right)} + \frac{u^{5/2}}{\left(\frac{5}{2}\right)} + c \\ &= -\frac{4}{3}u^{3/2}+\frac{2}{5}u^{5/2}+c \\ &= -\frac{4}{3}(2-x)^{3/2}+\frac{2}{5}(2-x)^{5/2}+c\end{aligned}$$

마지막 함수를 미분해서 적분이 맞는지 검증해 볼 수 있다.

정적분의 치환

정적분을 계산하기 위하여 치환을 이용하는 데에는 부정적분의 치환과는 약간의 차이만 있다. 그것은 변수가 바뀔 때 새로운 변수에 대응하는 적분한계를 바꾸어야 한다는 것이다. 적분한계를 결정하는 과정을 제외하면 그 과정은 예제 6.2부터 6.9까지 이용했던 것과 동일하다. 새로운 변수 u가 도입될 때 $x=a$와 $x=b$인 적분한계를 대응하는 u의 적분한계, 즉 $u=u(a)$와 $u=u(b)$로 바꾸어야 한다. 따라서

$$\int_a^b f(u(x))u'(x)\,dx = \int_{u(a)}^{u(b)} f(u)\,du$$

이다.

예제 6.10 정적분에서 치환의 적용

$\int_1^2 x^3\sqrt{x^4+5}\,dx$를 구하여라.

풀이

이 적분을 직접 계산할 수는 없다. 그러나 $\frac{d}{dx}(x^4+5) = 4x^3$이므로 $u = x^4+5$로 치환하면 $du = 4x^3\,dx$이다. 적분한계는 $x = 1$일 때

$$u = x^4+5 = 1^4+5 = 6$$

이고 $x = 2$일 때

$$u = x^4+5 = 2^4+5 = 21$$

이다. 따라서 다음과 같이 적분을 구할 수 있다.

$$\int_1^2 x^3\sqrt{x^4+5}\,dx = \frac{1}{4}\int_1^2 \underbrace{\sqrt{x^4+5}}_{\sqrt{u}}\,\underbrace{(4x^3)dx}_{du} = \frac{1}{4}\int_6^{21}\sqrt{u}\,du$$

$$= \frac{1}{4}\,\frac{u^{3/2}}{\left(\frac{3}{2}\right)}\Bigg|_6^{21} = \left(\frac{1}{4}\right)\left(\frac{2}{3}\right)(21^{3/2} - 6^{3/2})$$

주 6.2

적분변수를 치환하면 적분한계도 바꾸어야 한다.

새로운 변수와 일치시키기 위하여 적분한계를 바꾸었기 때문에 부정적분에서의 치환처럼 적분한 결과를 원래의 변수로 다시 바꿀 필요가 없다(변수가 다시 바뀐다면 계산 전에 적분한계는 그것의 원래 값으로 다시 바꾸어야 할 것이다).

정적분에서 역도함수만을 구하기 위하여 치환을 이용하고 원래 변수로 돌아가서 적분값을 계산할 수도 있다. 많은 문제에 이러한 방법이 적용될 수 있지만 여러 가지 이유로 그러지 않도록 권한다. 왜냐하면 첫째, 적분한계를 바꾸는 것이 별로 어렵지 않고 결과가 간단한 수식으로 표현되기 때문이고 둘째, 치환이 필요한 많은 응용문제에서 적분한계를 바꿀 필요가 있기 때문이다.

예제 6.11 지수를 포함하는 정적분의 치환

$\int_0^{15} te^{-t^2/2}\,dt$를 구하여라.

풀이

앞에서와 같이 다른 항의 미분인 항을 찾는다. $\frac{d}{dt}\left(\frac{-t^2}{2}\right) = -t$이므로 $u = -\frac{t^2}{2}$으로 치환하면 $du = -t\,dt$이다. 적분의 상한에 대해서 $t = 15$는 $u = -\frac{(15)^2}{2} = -\frac{225}{2}$에 대응된다. 적분의 하한에 대해서 $t = 0$은 $u = 0$에 대응된다. 따라서

$$\int_0^{15} te^{-t^2/2}\,dt = -\int_0^{15} \underbrace{e^{-t^2/2}}_{e^u}\,\underbrace{(-t)\,dt}_{du}$$

$$= -\int_0^{-225/2} e^u\,du = -e^u\Big|_0^{-112.5} = -e^{-112.5}+1$$

이다.

연습문제 4.6

[1~2] 주어진 치환을 사용하여 다음 적분을 구하여라.

1. $\int x^2\sqrt{x^3+2}\,dx,\ u = x^3+2$

2. $\int \frac{(\sqrt{x}+2)^3}{\sqrt{x}}\,dx,\ u=\sqrt{x}+2$

[3~10] 다음 적분을 구하여라.

3. $\int x^3\sqrt{x^4+3}\,dx$

4. $\int \frac{\sin x}{\sqrt{\cos x}}\,dx$

5. $\int xe^{x^2+1}\,dx$

6. $\int \frac{e^{\sqrt{x}}}{\sqrt{x}}\,dx$

7. $\int \frac{4}{x(\ln x+1)^2}\,dx$

8. $\int \frac{(\sin^{-1}x)^3}{\sqrt{1-x^2}}\,dx$

9. $\int \frac{x}{\sqrt{1-x^4}}\,dx$

10. $\int \frac{1+x}{1+x^2}\,dx$

[11~14] 다음 정적분을 구하여라.

11. $\int_{-1}^{1} \frac{t}{(t^2+1)^2}\,dt$

12. $\int_0^2 \frac{e^x}{1+e^{2x}}\,dx$

13. $\int_{\pi/4}^{\pi/2} \cot x\,dx$

14. $\int_1^4 \frac{x-1}{\sqrt{x}}\,dx$

[15~16] 주어진 치환을 사용하여 다음 적분을 변형하여라.

15. $u=x^2,\ \int_0^2 xf(x^2)\,dx$

16. $u=\sin x,\ \int_0^{\pi/2}(\cos x)f(\sin x)\,dx$

17. 함수 f가 모든 x에 대하여 $f(-x)=f(x)$를 만족하면 **우함수**(even function)라 하고, $f(-x)=-f(x)$를 만족하면 **기함수**(odd function)라 한다. f가 모든 x에 대하여 연속이라 하자. f가 우함수이면 $\int_{-a}^{a} f(x)\,dx = 2\int_0^a f(x)\,dx$이고 f가 기함수이면 $\int_{-a}^{a} f(x)\,dx = 0$임을 보여라.

18. (a) $I=\int_0^{10}\frac{\sqrt{x}}{\sqrt{x}+\sqrt{10-x}}\,dx$에서 적당히 치환하여 $I=\int_0^{10}\frac{\sqrt{10-x}}{\sqrt{x}+\sqrt{10-x}}\,dx$임을 보여라.

(b) 위의 결과를 f가 양수이고 연속함수일 때

$$I=\int_0^a \frac{f(x)}{f(x)+f(a-x)}\,dx$$

에 대하여 일반화하여라. 또 $\int_0^{\pi/2}\frac{\sin x}{\sin x+\cos x}\,dx$를 구하여라.

19. f가 $[0, 2]$에서 양수이고 연속함수일 때

$$\int_0^2 \frac{f(x+4)}{f(x+4)+f(6-x)}\,dx$$

를 구하여라.

20. $a>0$일 때 $\int_a^1 \frac{1}{x^2+1}\,dx = \int_1^{1/a}\frac{1}{x^2+1}\,dx$임을 보여라. 이 결과를 이용하여 $\tan^{-1}x$를 포함하는 항등식을 구하여라.

4.7 정적분의 근삿값

지금까지 우리는 적분을 도함수와 병행해서 다루었다. 이 두 경우, 계산하는 데 이용하기 어려운 극한을 사용한 정의부터 계산하기 쉬운 단순한 공식에 이르기까지 여러 가지 결과를 얻었다. 이제 우리는 응용에서 필요한 거의 모든 함수에 대하여 도함수를 구할 수 있다. 몇 개의 법칙으로 적분에 대해서도 가능할 거라 기대하겠지만 불행하게도 그렇지 않다. 초등 역도함수도 구할 수 없는 함수가 많다(초등 역도함수란 잘 알려진 기본 함수, 즉 대수함수, 삼각함수, 지수함수, 로그함수의 항으로 나타낼 수 있는 역도함수를 의미한다). 예를 들면

$$\int_0^2 \cos(x^2)\, dx$$

는 정확히 계산할 수 없다. 왜냐하면 $\cos(x^2)$의 역도함수를 구하기가 쉽지 않기 때문이다(역도함수를 구하는 데에 너무 많은 시간은 쓰지 않길 바란다).

일반적으로 대부분의 정적분은 정확히 계산할 수 없다. 적분값을 정확히 계산할 수 없을 때 수치적으로 근삿값을 구하는 유용한 방법이 있다. 이 절에서는 정적분의 근삿값을 구하는 세 가지 방법을 소개한다. 어느 누구도 계산기 또는 컴퓨터에 장착된 적분 프로그램을 바꿀 수 없다. 그러나 이 방법들을 분석함으로써 더욱 복잡한 적분의 근삿값을 구하는 프로그램을 개발하는 데 이용되는 기본개념을 얻을 수 있다.

정적분은 리만합 수열의 극한이므로 임의의 리만합은 적분의 근삿값으로 생각할 수 있다. 즉

$$\int_a^b f(x)\, dx \approx \sum_{i=1}^{n} f(c_i)\Delta x$$

이다. 여기서 $c_i(i = 1, 2, \cdots, n)$는 소구간 $[x_{i-1}, x_i]$에서 택한 임의의 점(계산점)이다. n이 증가할 때 구하고자 하는 값에 더욱 근접하게 된다는 것은 이미 알고 있다. 수치적분에서 흔히 사용되는 방법은 **중점법칙**(Midpoint Rule)이라고 부르는 방법이다. 중점법칙은

$$\int_a^b f(x)\, dx \approx \sum_{i=1}^{n} f(c_i)\Delta x$$

이며 여기서 c_i는 소구간 $[x_{i-1}, x_i]$의 중점이다. 즉 $i = 1, 2, \cdots, n$에 대하여

$$c_i = \frac{1}{2}(x_{i-1} + x_i)$$

이다.

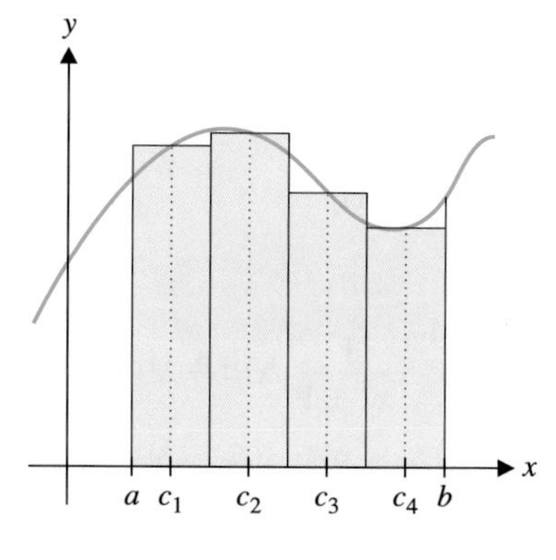

그림 4.26 중점법칙

구간 $[a, b]$에서 $f(x) \geq 0$인 경우에, 중점법칙이 그림 4.26에 나타나 있다.

예제 7.1 중점법칙의 이용

$n = 4$인 경우, 중점법칙을 이용하여 $\int_0^1 3x^2\, dx$의 근삿값을 구하여라.

풀이

$n = 4$에 대하여 구간 $[0, 1]$의 균등분할은 $x_0 = 0$, $x_1 = \frac{1}{4}$, $x_2 = \frac{1}{2}$, $x_3 = \frac{3}{4}$, $x_4 = 1$이다. 이때 중점은 $c_1 = \frac{1}{8}$, $c_2 = \frac{3}{8}$, $c_3 = \frac{5}{8}$, $c_4 = \frac{7}{8}$ 이다. $\Delta x = \frac{1}{4}$ 이고 리만합은

$$\left[f\left(\frac{1}{8}\right) + f\left(\frac{3}{8}\right) + f\left(\frac{5}{8}\right) + f\left(\frac{7}{8}\right)\right]\left(\frac{1}{4}\right) = \left(\frac{3}{64} + \frac{27}{64} + \frac{75}{64} + \frac{147}{64}\right)\left(\frac{1}{4}\right)$$

$$= \frac{252}{256} = 0.984375$$

이다.

물론 기본정리로부터 예제 7.1의 정확한 적분값은

$$\int_0^1 3x^2\,dx = \frac{3x^3}{3}\bigg|_0^1 = 1$$

임을 알 수 있다.

따라서, 예제 7.1의 근삿값은 다소 정확하지 않다. 더욱 정확한 값을 구하기 위하여 더 많은 직사각형을 사용해 근삿값을 계산할 수 있다. 이 과정을 단순화하기 위한 한 가지 방법은 계산기나 컴퓨터를 이용하여 중점법칙을 실행하기 위한 짧은 프로그램을 작성하는 것이다. 이 프로그램의 알고리즘은 다음과 같다.

중점법칙

1. $f(x)$, a, b, n을 저장한다.
2. $\Delta x = \dfrac{b-a}{n}$ 를 계산한다.
3. $c_1 = a + \dfrac{\Delta x}{2}$를 계산하고 $f(c_1)$로 합을 시작한다.
4. 그 다음 $c_i = c_{i-1} + \Delta x$를 계산하고 합에 $f(c_i)$를 더한다.
5. $i = n$이 될 때까지 네 번째 단계를 반복한다[즉, 총 $(n-1)$번 실행].
6. 합에 Δx를 곱한다.

예제 7.2 중점법칙을 사용한 프로그램 이용

$n = 8, 16, 32, 64, 128$에 대하여 중점법칙으로 근삿값을 계산하기 위한 프로그램을 이용하여 예제 7.1을 다시 풀어라.

풀이

프로그램의 결과가 아래표에 나타나 있다. 또한 표에는 각 단계의 근삿값의 오차를 나타내는 열이 포함되어 있다(즉, 정확한 값 1과 근삿값의 차).

n	중점법칙	오차
4	0.984375	0.015625
8	0.99609375	0.00390625
16	0.99902344	0.00097656
32	0.99975586	0.00024414
64	0.99993896	0.00006104
128	0.99998474	0.00001526

각 단계의 숫자가 두 배로 증가할 때마다 오차는 대략 1/4로 감소하고 있음을 알 수 있다. 모든 적분에서 오차가 이렇게 정확히 감소하는 것은 아니지만 근삿값의 정확도를 향상시키는 비율은 중점법칙의 대표적인 성질이다. ■

물론 우리가 적분값을 정확히 알고 있는 경우를 제외하고는 중점법칙의 근삿값의 오차를 구하지 못한다. 예제 7.2에서는 정확한 적분값을 알고 있는 간단한 적분을 이용하여 중점법칙의 근삿값이 얼마나 정확한지 알아보았다.

다음 예제에서는 피적분함수의 역도함수를 알지 못하기 때문에 적분의 정확한 값을 계산할 수 없다.

예제 7.3 주어진 정확도를 갖는 근삿값의 계산

중점법칙을 이용하여 소수점 이하 세 자리까지 정확하게 $\int_0^2 \sqrt{x^2+1}\,dx$의 근삿값을 구하여라.

풀이

n	중점법칙
10	2.95639
20	2.95751
30	2.95772
40	2.95779

주어진 정확도를 만족하기 위해서 언제 프로그램 실행을 멈출지 어떻게 알 수 있을까? 소수점 이하 세 자리가 정확한지를 확인하기 위해서는 소수 셋째 자리가 변하지 않을 때까지 n을 계속해서 증가시켜야 한다. n의 크기는 적분에 따라 다를 것이다. 프로그램 결과는 왼쪽 표에 나타나 있다. 표에 의해 합리적인 근삿값은

$$\int_0^2 \sqrt{x^2+1}\,dx \approx 2.958$$

이다.

주 7.1

적분값을 계산하는 컴퓨터와 계산기 프로그램은 예제 7.3과 같은 문제에 직면한다. 즉, 주어진 근삿값이 언제 충분히 정확한지 알아내야 한다는 것이다. 이런 소프트웨어는 일반적으로 프로그램 자체의 정확도를 검증하는 정교한 알고리즘을 포함하고 있다. 대부분의 수치해석 교재에는 이 알고리즘이 소개되어 있다.

수치계산법을 사용하는 또 다른 중요한 이유는 적분하려는 함수를 정확히 알지 못하는 경우가 있기 때문이다. 함수의 대수적 표현은 구할 수 없으나 몇 개의 점에서의 함숫값만을 알고 있는 경우가 종종 있다. 이것은 물리학, 생물학, 공학에서 자주 일어나는 경우이며 여기서 함수에 대하여 알 수 있는 유일한 정보는 유한개의 점들에서만 함숫값을 알고 있는 경우이다.

예제 7.4 함숫값의 표를 이용한 적분의 계산

$\int_0^1 f(x)\,dx$를 구하여라. 여기서 왼쪽 표에 함수 $f(x)$의 측정값이 나열되어 있다.

x	$f(x)$
0.0	1.0
0.25	0.8
0.5	1.3
0.75	1.1
1.0	1.6

풀이

그래프를 이용하여 문제를 해결할 경우, 다섯 개의 점들이 그림 4.27a에서처럼 표시될 것이다. 다섯 개의 점들로부터 곡선 아래의 넓이를 어떻게 계산할 수 있을까? 우리는 두 가지 작업을 할 것이다. 첫째, 주어진 점들을 연결하는 데 필요한 합리적인 방법을 알아내야 한다. 둘째, 형성된 영역의 넓이를 계산해야 한다. 어떻게 점들을 연결해야 하는가? 가장 쉬운 방법은 그림 4.27b처럼 선분으로 점들을 연결하는 것이다.

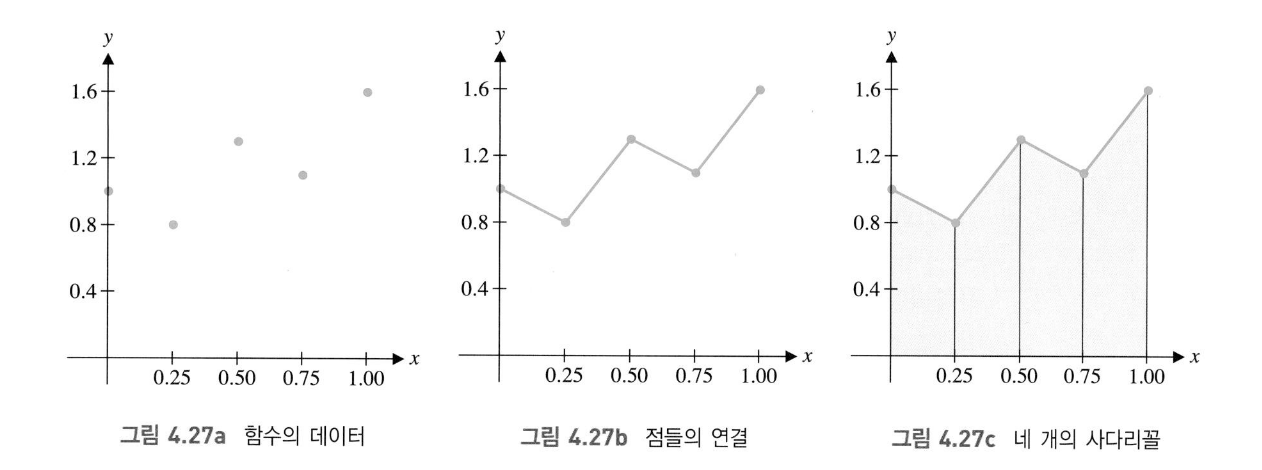

그림 4.27a 함수의 데이터 **그림 4.27b** 점들의 연결 **그림 4.27c** 네 개의 사다리꼴

구간 [0, 1]에서 그래프와 x축으로 둘러싸인 영역은 네 개의 사다리꼴로 구성되어 있다(그림 4.27c 참조).

두 밑변이 h_1과 h_2이고 높이가 b인 사다리꼴의 넓이는 $\left(\frac{h_1+h_2}{2}\right)b$이다. 이것은 높이가 왼쪽 끝점의 함숫값인 직사각형과 높이가 오른쪽 끝점의 함숫값인 직사각형의 평균 넓이로 생각할 수 있다. 이때 전체 넓이는

$$\begin{aligned}&\frac{f(0)+f(0.25)}{2}0.25+\frac{f(0.25)+f(0.5)}{2}0.25+\frac{f(0.5)+f(0.75)}{2}0.25\\&\quad+\frac{f(0.75)+f(1)}{2}0.25\\&=[f(0)+2f(0.25)+2f(0.5)+2f(0.75)+f(1)]\frac{0.25}{2}=1.125\end{aligned}$$

이다.

일반적으로, 구간 $[a, b]$에서 정의된 임의의 연속함수에 대하여 $[a, b]$의 분할을

$$a=x_0<x_1<x_2<\cdots<x_n=b$$

라 하자. 여기서 분할점들은 동일한 간격을 유지하고 그 간격은 $\Delta x=\dfrac{b-a}{n}$이다. 각 소구간에서, 그림 4.28에서처럼 두 밑변의 길이가 $f(x_{i-1})$과 $f(x_i)$인 사다리꼴의 넓이를 곡선 아래의 넓이의 근삿값으로 한다. 이때, 구간 $[x_{i-1}, x_i]$에서 곡선 아래의 근사 넓이는

$$A_i\approx\frac{1}{2}[f(x_{i-1})+f(x_i)]\Delta x$$

이며 여기서 $i=1, 2, \cdots, n$이다. 각 소구간에서 곡선 아래의 넓이의 근삿값을 더하면

$$\int_a^b f(x)\,dx\approx\left[\frac{f(x_0)+f(x_1)}{2}+\frac{f(x_1)+f(x_2)}{2}+\cdots+\frac{f(x_{n-1})+f(x_n)}{2}\right]\Delta x$$

$$=\frac{b-a}{2n}[f(x_0)+2f(x_1)+2f(x_2)+\cdots+2f(x_{n-1})+f(x_n)]$$

이 된다. 이것을 $(n+1)$점 **사다리꼴 공식**(Trapezoidal Rule)이라 하며 그림 4.29에 나

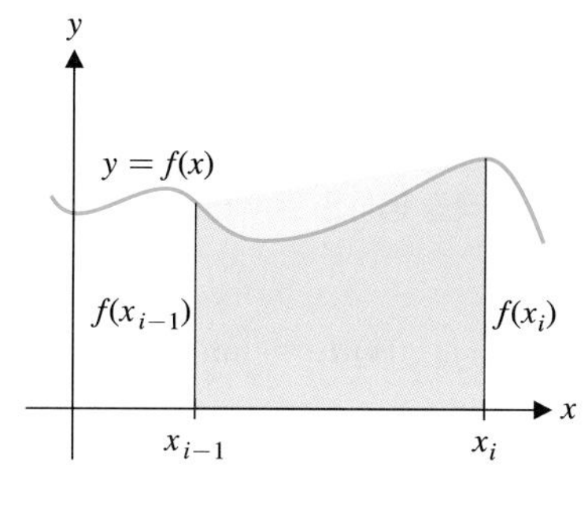

그림 4.28 사다리꼴 공식

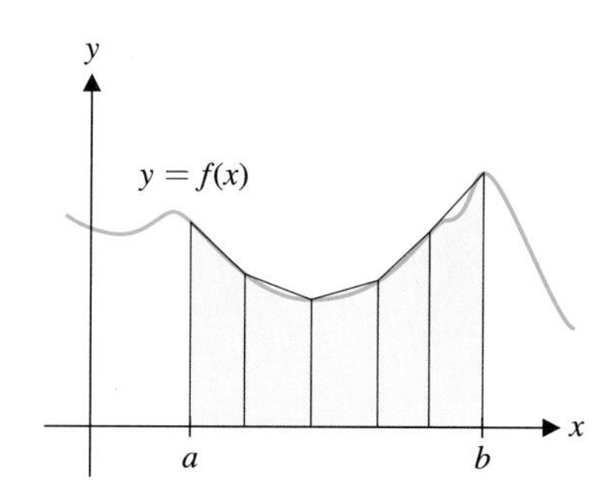

그림 4.29 $(n+1)$점 사다리꼴 공식

타내었다. 중간항들의 각각은 오른쪽 끝점에서 사다리꼴의 밑변의 길이로 한 번, 그리고 왼쪽 끝점에서 사다리꼴의 밑변의 길이로 한 번, 두 개의 사다리꼴에서 이용되었기 때문에 각 중간항에 2가 곱해져 있다.

사다리꼴 공식

$$\int_a^b f(x)\,dx \approx T_n(f) = \frac{b-a}{2n}[f(x_0) + 2f(x_1) + 2f(x_2) + \cdots + 2f(x_{n-1}) + f(x_n)]$$

사다리꼴 공식에 관한 프로그램을 작성하는 데 두 가지 방법이 있다. 하나는 $i = 1, 2, \cdots, n$에 대하여 $[f(x_{i-1}) + f(x_i)]$를 동시에 더하고 난 후 $\Delta x/2$를 곱하는 것이고, 다른 하나는 왼쪽과 오른쪽 끝 계산점을 이용한 리만합을 동시에 더하고 난 후 2로 나누는 것이다.

예제 7.5 사다리꼴 공식의 이용

$\int_0^1 3x^2\,dx$에 대하여 $n = 4$(직접 계산) 그리고 $n = 8, 16, 32, 64, 128$ (프로그램 이용)인 경우 사다리꼴 공식을 이용하여 근삿값을 구하여라.

풀이

예제 7.1과 7.2에서처럼 이 적분의 정확한 값은 1이다. $n = 4$인 경우 사다리꼴 공식을 사용하면

$$T_4(f) = \frac{1-0}{(2)(4)}\left[f(0) + 2f\left(\frac{1}{4}\right) + 2f\left(\frac{1}{2}\right) + 2f\left(\frac{3}{4}\right) + f(1)\right]$$

$$= \frac{1}{8}\left(0 + \frac{3}{8} + \frac{12}{8} + \frac{27}{8} + 3\right) = \frac{66}{64} = 1.03125$$

이다. 프로그램을 이용하면 다음 표의 값을 쉽게 구할 수 있다.

n	$T_n(f)$	오차
4	1.03125	0.03125
8	1.0078125	0.0078125
16	1.00195313	0.00195313
32	1.00048828	0.00048828
64	1.00012207	0.00012207
128	1.00003052	0.00003052

표에 오차(참값 1과 근삿값과의 차의 절댓값)를 보여주는 열이 포함되어 있다. 중점법칙에서처럼, 각 단계의 숫자가 두 배로 증가할 때마다 오차는 대략 $\frac{1}{4}$로 감소하고 있다. ■

주 7.2

사다리꼴 공식은 두 리만합의 평균이므로

$$\int_a^b f(x)\,dx = \lim_{n\to\infty} T_n(f)$$

이다.

심프슨 공식

사다리꼴 공식 이외의 또 다른 방법을 다음에 소개한다. 다음과 같이 구간 $[a, b]$를

균등분할한다.

$$a = x_0 < x_1 < x_2 < \cdots < x_n = b$$

여기서

$$x_i - x_{i-1} = \frac{b-a}{n} = \Delta x$$

이고, $i = 1, 2, \cdots, n$(n은 짝수)이다. 선분으로 각 점들을 연결하는 대신, $i = 2, 4, \cdots, n$에 대하여 3개의 연속점 $(x_{i-2}, f(x_{i-2}))$, $(x_{i-1}, f(x_{i-1}))$, $(x_i, f(x_i))$를 포물선으로 연결한다(그림 4.30 참조). 즉, 이 세 점을 지나는 이차함수 $p(x)$를 구한다. 따라서

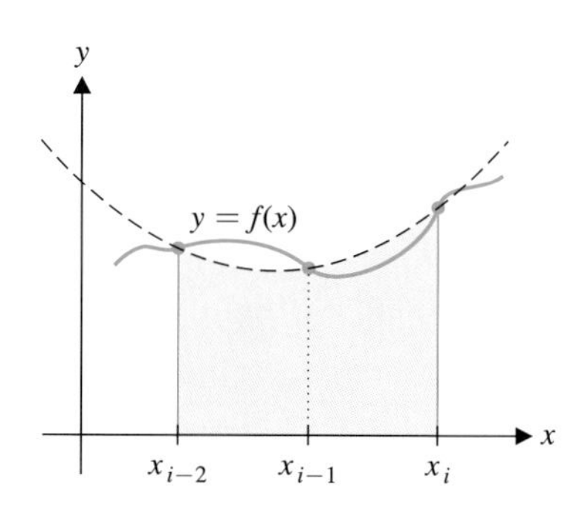

그림 4.30 심프슨 공식

$$p(x_{i-2}) = f(x_{i-2}),\ p(x_{i-1}) = f(x_{i-1}),\ p(x_i) = f(x_i)$$

가 된다. 이것을 이용하여 구간 $[x_{i-2}, x_i]$에서 f의 적분값의 근삿값을 구할 수 있다. 따라서

$$\int_{x_{i-2}}^{x_i} f(x)\,dx \approx \int_{x_{i-2}}^{x_i} p(x)\,dx$$

이다. 다항식으로 f를 근사시키는 이유는 다항식의 적분이 쉽기 때문이다. 직접 계산(CAS를 이용하여 시도해 보아라)하여

$$\begin{aligned}\int_{x_{i-2}}^{x_i} f(x)\,dx &\approx \int_{x_{i-2}}^{x_i} p(x)\,dx \\ &= \frac{x_i - x_{i-2}}{6}[f(x_{i-2}) + 4f(x_{i-1}) + f(x_i)] \\ &= \frac{b-a}{3n}[f(x_{i-2}) + 4f(x_{i-1}) + f(x_i)]\end{aligned}$$

를 얻는다. $i = 2, 4, \cdots, n$에 대하여 각 소구간 $[x_{i-2}, x_i]$에 대한 적분을 더하면

$$\begin{aligned}&\int_a^b f(x)\,dx \\ &\approx \frac{b-a}{3n}[f(x_0) + 4f(x_1) + f(x_2)] + \frac{b-a}{3n}[f(x_2) + 4f(x_3) + f(x_4)] + \cdots \\ &\qquad + \frac{b-a}{3n}[f(x_{n-2}) + 4f(x_{n-1}) + f(x_n)] \\ &= \frac{b-a}{3n}[f(x_0) + 4f(x_1) + 2f(x_2) + 4f(x_3) + 2f(x_4) + \cdots + 4f(x_{n-1}) + f(x_n)]\end{aligned}$$

이다. 계수들의 규칙을 확인하여라. 이것을 $(n+1)$점 **심프슨 공식**(Simpson's Rule)이라고 한다.

심프슨 공식

$$\int_a^b f(x)\,dx \approx S_n(f) = \frac{b-a}{3n}[f(x_0) + 4f(x_1) + 2f(x_2) + 4f(x_3) + 2f(x_4) + \cdots + 4f(x_{n-1}) + f(x_n)]$$

수학자

심프슨
(Thomas Simpson, 1710−1761)

수치적분의 심프슨 공식으로 유명한 영국의 수학자. 숙련된 직조공이자 점쟁이였다. "숙녀의 일기"의 편집인과 교과서 저자로서 생활비를 벌었다. 뉴턴의 미분적분학 용어를 사용하여 저술한 심프슨의 미분적분학 교재가 많은 수학자들에게 심프슨의 공식을 소개했다.

다음 예제에서는 심프슨 공식을 사용하여 적분의 근삿값을 구한다.

예제 7.6 심프슨 공식의 이용

$n=4$인 심프슨 공식을 이용하여 $\int_0^1 3x^2\,dx$의 근삿값을 구하여라.

풀이

심프슨 공식을 이용하면

$$S_4(f)=\frac{1-0}{(3)(4)}\left[f(0)+4f\left(\frac{1}{4}\right)+2f\left(\frac{1}{2}\right)+4f\left(\frac{3}{4}\right)+f(1)\right]=1$$

이 된다. 이것은 실제로 정확한 값이다. 이것으로부터 중점법칙이나 사다리꼴 공식보다 심프슨 공식이 훨씬 더 정확하다는 것을 알 수 있다. ■

심프슨 공식이 포물선 아래의 넓이를 계산하므로 이 공식으로 예제 7.6에서 정확한 넓이를 구할 수 있는 것은 당연하다. 심프슨 공식으로 삼차 이하의 다항식에 대해서는 정확한 적분값을 구할 수 있다.

다음 예제에서는 정확한 계산 방법을 알지 못하는 적분을 다룰 것이다.

예제 7.7 심프슨 공식을 사용하는 프로그램 이용

$\int_0^2 \sqrt{x^2+1}\,dx$에 대하여 $n=4$ (직접 계산)와 $n=8$, 16, 32, 64, 128(프로그램 이용)일 때 심프슨 공식을 이용하여 적분의 근삿값을 구하여라.

풀이

$n=4$에 대하여

$$S_4(f)=\frac{2-0}{(3)(4)}\left[f(0)+4f\left(\frac{1}{2}\right)+2f(1)+4f\left(\frac{3}{2}\right)+f(2)\right]$$

$$=\left(\frac{1}{6}\right)\left[1+4\sqrt{\frac{5}{4}}+2\sqrt{2}+4\sqrt{\frac{13}{4}}+\sqrt{5}\right]\approx 2.95795560$$

n	$S_n(f)$
4	2.9579556
8	2.9578835
16	2.95788557
32	2.95788571
64	2.95788571
128	2.95788572

이다. 프로그램을 이용하면 왼쪽 표에 나열된 값을 쉽게 얻을 수 있다. 이 계산에서 $\int_0^2 \sqrt{x^2+1}\,dx$의 매우 만족할 만한 근삿값은 2.9578857이다. ■

대부분의 그래프가 어느 정도 곡선의 형태이므로 심프슨 공식의 포물선이 사다리꼴 공식의 선분보다 곡선에 더 적합할 것이다. 다음 예제에서 보듯이 심프슨 공식이 중점법칙이나 사다리꼴 공식보다 훨씬 더 정확한 결과를 얻는다.

예제 7.8 중점법칙, 사다리꼴 공식, 심프슨 공식의 비교

$n=10$, $n=20$, $n=50$, $n=100$일 때 $\int_0^1 \frac{4}{x^2+1}\,dx$에 대한 중점법칙, 사다리꼴 공식, 심프슨 공식을 이용하여 적분의 근삿값을 구하여라.

풀이

결과는 아래표와 같다.

n	중점법칙	사다리꼴 공식	심프슨 공식
10	3.142425985	3.139925989	3.141592614
20	3.141800987	3.141175987	3.141592653
50	3.141625987	3.141525987	3.141592654
100	3.141600987	3.141575987	3.141592654

이 값을 참값 $\pi \approx 3.141592654$와 비교하여라. 중점법칙이 사다리꼴 공식보다 π에 약간 더 근접하는 경향이 있으나 $n = 100$인 중점법칙이나 사다리꼴 공식보다 $n = 10$인 심프슨 공식의 값이 더 근사하다.

■

주 7.3

주어진 n값에 대하여 중점법칙, 사다리꼴 공식 그리고 심프슨 공식의 근삿값을 구하기 위하여 요구되는 계산량은 거의 동일하다. 예제 7.8은 심프슨 공식이 다른 두 방법보다 얼마나 더 효율적인지 보여주고 있다. 이것은 함수 $f(x)$를 계산하기 어려운 경우에 중요한 쟁점이 될 것이다. 예를 들면, 실험 데이터의 경우에서 각 함숫값 $f(x)$는 비경제적이고 많은 시간을 필요로 하는 실험 결과가 될 것이다.

다음 예제에서는 예제 7.4에서 다루었던 그림 4.27a의 넓이 계산을 수정할 것이다.

예제 7.9 데이터와 심프슨 공식의 이용

심프슨 공식을 이용하여 $\int_0^1 f(x)\,dx$ 를 구하여라. 여기서 f에 대해서 알고 있는 유일한 정보는 오른쪽 표에 있는 값이다.

x	$f(x)$
0.0	1.0
0.25	0.8
0.5	1.3
0.75	1.1
1.0	1.6

풀이

$n = 4$인 심프슨 공식으로부터

$$\int_0^1 f(x)\,dx \approx \frac{1-0}{(3)(4)}\left[f(0) + 4f(0.25) + 2f(0.5) + 4f(0.75) + f(1)\right]$$

$$= \left(\frac{1}{12}\right)\left[1 + 4(0.8) + 2(1.3) + 4(1.1) + 1.6\right] \approx 1.066667$$

이다. 심프슨 공식이 일반적으로 사다리꼴 공식보다 훨씬 더 정확하기 때문에(같은 n값에 대하여) 이 근삿값이 예제 7.4에서 사다리꼴 공식을 이용하여 구했던 근삿값 1.125보다 더 정확하다고 생각할 수 있다.

■

적분의 근삿값의 오차범위

우리는 정확한 적분값을 알고 있는 예제를 통하여 세 가지 수치적분법의 정확도를 비교하였다. 정확한 적분값을 알 수 없는 실제문제에서 주어진 근삿값이 얼마나 정확한지 어떻게 알 수 있을까? 다음 두 정리에서 세 가지 수치적분값의 오차범위를 다룬다. 먼저 기호를 도입하자. ET_n은 $\int_a^b f(x)\,dx$의 근삿값을 구하기 위하여 $(n+1)$점 사다리꼴 공식을 이용할 때의 오차를 나타낸다고 하자. 즉

$$ET_n = \text{적분의 참값} - \text{근삿값} = \int_a^b f(x)\,dx - T_n(f)$$

이다. 중점법칙과 심프슨 공식의 오차는 각각 EM_n과 ES_n으로 나타내자.

정리 7.1

$[a, b]$에서 f''이 연속이고, $[a, b]$의 모든 x에 대하여 $|f''(x)| \le K$라고 하자. 이때

$$|ET_n| \le K\frac{(b-a)^3}{12n^2}$$

$$|EM_n| \le K\frac{(b-a)^3}{24n^2}$$

이다.

정리 7.1의 두 식은 각각 사다리꼴 공식과 중점법칙의 오차가 우변의 값보다(절댓값으로) 크지 않다는 것을 의미하고 있다. 이것은 우변의 값이 작다면 오차도 작게 된다는 뜻이다. 특히 중점법칙의 최대오차범위는 사다리꼴 공식의 최대오차범위의 절반임을 알 수 있다. 이것은 중점법칙의 실제 오차가 사다리꼴 공식의 오차의 절반이 된다는 것을 의미하는 것이 아니라 동일한 n값에 대하여 왜 중점법칙이 사다리꼴 공식보다 더 정확해지는지 설명하고 있다. 또한, 상수 K는 함수 f의 오목성 $|f''(x)|$에 의해 결정된다. $|f''(x)|$이 커지면 커질수록 그래프는 더 큰 곡률을 갖게 되며 이 경우 직선을 이용하는 중점법칙과 사다리꼴 공식의 근삿값이 다소 정확하지 않게 된다. 심프슨 공식에 대한 오차범위는 다음과 같다.

정리 7.2

$[a, b]$에서 $f^{(4)}$가 연속이고 $[a, b]$의 모든 x에 대하여 $|f^{(4)}(x)| \le L$라고 하자. 이때

$$|ES_n| \le L\,\frac{(b-a)^5}{180n^4}$$

이다.

정리 7.1과 7.2의 증명은 이 교재의 수준을 벗어나므로 관심이 있는 독자는 수치해석에 관한 교재를 참조하여라. 정리 7.1과 7.2를 비교할 때 사다리꼴 공식과 중점법칙의 오차범위의 분모에 n^2의 인수가 포함되어 있는 반면에, 심프슨 공식의 오차범위에는 n^4의 인수가 포함되어 있다. $n = 10$에 대하여 $n^2 = 100$이고 $n^4 = 10{,}000$이다. n의 거듭제곱이 오차범위의 분모에 있기 때문에 심프슨 공식의 오차범위가 동일한 n값에 대하여 사다리꼴 공식이나 중점법칙의 오차범위보다 훨씬 더 작게 된다. 이것이 심프슨 공식을 이용할 때 다른 두 방법보다 더 정확한 결과를 얻게 되는 이유이다. 다음

예제에서 오차범위의 이용에 대해 설명할 것이다.

예제 7.10 수치적분의 오차범위

$n = 10$일 때 $\int_1^3 \frac{1}{x}\,dx$ 의 근삿값을 중점법칙, 사다리꼴 공식, 심프슨 공식으로 구할 때 각 오차범위를 구하여라.

풀이

미분적분학의 기본정리에 의해서 정확한 적분값을 구할 수 있다. 즉,

$$\int_1^3 \frac{1}{x}\,dx = \ln|x|\Big|_1^3 = \ln 3 - \ln 1 = \ln 3$$

이다. 그런데 실제로 $\ln 3$의 값을 알지 못하므로 계산기를 이용하여 근삿값을 구해야 한다. 다른 한편으로는 사다리꼴 공식, 중점법칙 또는 심프슨 공식을 이용하여 이 적분의 근삿값을 구할 수 있다. 여기서 $f(x) = 1/x = x^{-1}$이며 따라서 $f'(x) = -x^{-2}$, $f''(x) = 2x^{-3}$, $f'''(x) = -6x^{-4}$, $f^{(4)}(x) = 24x^{-5}$이다. 이것은 $x \in [1, 3]$에 대하여

$$|f''(x)| = |2x^{-3}| = \frac{2}{x^3} \le 2$$

를 의미한다. 정리 7.1로부터

$$|EM_{10}| \le K\frac{(b-a)^3}{24n^2} = 2\frac{(3-1)^3}{24(10^2)} \approx 0.006667$$

이다. 같은 방법으로

$$|ET_{10}| \le K\frac{(b-a)^3}{12n^2} = 2\frac{(3-1)^3}{12(10^2)} \approx 0.013333$$

이다. $x \in [1, 3]$에 대하여 심프슨 공식을 이용하면 $S_{10}(f) \approx 1.09866$이고

$$|f^{(4)}(x)| = |24x^{-5}| = \frac{24}{x^5} \le 24$$

이며 정리 7.2로부터

$$|ES_{10}| \le L\frac{(b-a)^5}{180n^4} = 24\frac{(3-1)^5}{180(10^4)} \approx 0.000427$$

이다.

■

예제 7.10에서 심프슨 공식을 이용한 근삿값 $S_{10}(f) \approx 1.09866$의 오차는 약 0.000427 이하가 된다는 것을 알 수 있다. 이것은 매우 유용한 정보이나 더 흥미로운 문제는 실제로 정확도가 요구되는 경우에 구한 근삿값이 적어도 그 정확도를 만족해야만 한다. 이것을 다음 예제에서 알아볼 것이다.

예제 7.11 주어진 정확도를 보장하는 단계의 결정

$\int_1^3 \frac{1}{x}\,dx$ 의 근삿값을 구하기 위해서 사다리꼴 공식과 심프슨 공식을 이용하여 적어도 10^{-7}의 정확도를 보장하는 단계를 구하여라.

풀이

예제 7.10으로부터, 모든 $x \in [1, 3]$에 대하여 $|f''(x)| \le 2$이고 $|f^{(4)}(x)| \le 24$임을 알고 있다. 따라서 정리 7.1로부터

$$|ET_n| \le K\frac{(b-a)^3}{12n^2} = 2\frac{(3-1)^3}{12n^2} = \frac{4}{3n^2}$$

이다. 이 오차범위가 주어진 10^{-7}보다 크게 되지 않도록 한다면

$$|ET_n| \le \frac{4}{3n^2} \le 10^{-7}$$

을 만족해야 한다. n^2에 대한 부등식을 풀면

$$\frac{4}{3}10^7 \le n^2$$

이고 양변에 대해 제곱근을 취하면

$$n \ge \sqrt{\frac{4}{3}10^7} \approx 3651.48$$

을 얻는다. 따라서 $n \ge 3652$인 모든 n은 원하는 정확도를 만족할 것이다. 유사하게, 심프슨 공식에 대해서

$$|ES_n| \le L\frac{(b-a)^5}{180n^4} = 24\frac{(3-1)^5}{180n^4}$$

이다. 오차범위가 10^{-7}보다 크게 되지 않도록 한다면

$$|ES_n| \le 24\frac{(3-1)^5}{180n^4} \le 10^{-7}$$

이며 n^4에 대해서 풀면

$$n^4 \ge 24\frac{(3-1)^5}{180}10^7$$

이다. 네제곱근을 적용하면

$$n \ge \sqrt[4]{24\frac{(3-1)^5}{180}10^7} \approx 80.8$$

을 얻는다. 따라서 $n \ge 82$인 모든 n은 원하는 정확도를 만족한다(심프슨 공식에서 n은 짝수이다).

■

예제 7.11에서 10^{-7}의 정확도를 갖기 위해 요구되는 단계에 대한 심프슨 공식(82)과 사다리꼴 공식(3652)을 비교하여라. 이것은 동일한 정확도를 구하는 데 심프슨 공식이 사다리꼴 공식이나 중점법칙보다 훨씬 적은 단계의 수를 필요로 함을 보여주고 있다. 마지막으로 예제 7.11로부터

$$\ln 3 = \int_1^3 \frac{1}{x}\,dx \approx S_{82} \approx 1.0986123$$

이다. 이것은 10^{-7} 내에서 정확도가 보장된다(정리 7.2에 의해). 이것을 계산기로 구한 $\ln 3$의 근삿값과 비교하여라.

연습문제 4.7

[1~4] $n=4$인 경우 중점법칙, 사다리꼴 공식, 심프슨 공식을 이용하여 다음 적분의 근삿값을 구하여라.

1. $\int_0^1 (x^2+1)\,dx$ **2.** $\int_1^3 \frac{1}{x}\,dx$

3. $\ln 4 = \int_1^4 \frac{1}{x}\,dx$ **4.** $\sin 1 = \int_0^1 \cos x\,dx$

[5~7] $n=10,\ 20,\ 50$인 경우, 컴퓨터나 계산기를 사용하여 중점법칙, 사다리꼴 공식, 심프슨 공식으로 다음 적분의 근삿값을 구하여라.

5. $\int_0^{\pi} \cos x^2\,dx$ **6.** $\int_0^2 e^{-x^2}\,dx$

7. $\int_0^{\pi} e^{\cos x}\,dx$

[8~9] 다음 적분의 정확한 값을 구하여라. $n=10,\ 20,\ 40,\ 80$인 경우 중점법칙, 사다리꼴 공식, 심프슨 공식으로 구한 근삿값의 오차를 구하여라.

8. $\int_0^1 5x^4\,dx$ **9.** $\int_0^{\pi} \cos x\,dx$

10. 다음 자료를 만족하는 함수 $f(x)$의 적분 $\int_0^2 f(x)\,dx$의 근삿값을 (a) 사다리꼴 공식 (b) 심프슨 공식으로 구하여라.

x	0.0	0.25	0.5	0.75	1.0	1.25	1.5	1.75	2.0
$f(x)$	4.0	4.6	5.2	4.8	5.0	4.6	4.4	3.8	4.0

11. 문제 3에서 (a) 각 방법의 오차의 한계를 구하고 (b) 정확도 10^{-7}을 보장할 수 있는 단계의 수를 구하여라.

[12~13] 다음 적분을 중점법칙, 사다리꼴 공식, 심프슨 공식을 이용하여 계산할 때 정확도 10^{-6}을 보장하는 단계 수를 구하여라.

12. $\int_1^2 \ln x\,dx$ **13.** $\int_0^1 e^{-x^2}\,dx$

14. $\int_0^1 \sqrt{1-x^2}\,dx$ 와 $\int_0^1 \frac{1}{1+x^2}\,dx$는 모두 $\frac{\pi}{4}$임을 보여라. $n=4$일 때와 $n=8$일 때 각 적분을 심프슨 공식을 이용하여 계산하고 비교하여라. 어느 적분이 π값을 계산하는 데 더 효과적인가?

15. 다음 표에 주어진 시간과 속도함수로 이동한 거리의 근삿값을 구하여라.

t(s)	0	1	2	3	4	5	6	7	8	9	10	11	12
$v(t)$(ft/s)	40	42	40	44	48	50	46	46	42	44	40	42	42

4.8 적분으로서의 자연로그

0장에서 자연로그를 밑수 e인 로그함수로 정의하였다. 즉,

$$\ln x = \log_e x$$

여기서 e는 초월수 $e \approx 2.718\cdots$이었다. 그렇다면 왜 이것을 자연로그라 부르며 이 함수에 많은 관심을 가질까? 이 절에서 이 문제를 분석해 본다.

먼저 적분에 대한 다음 거듭제곱 법칙을 상기하자.

$$\int x^n\,dx = \frac{x^{n+1}}{n+1} + c,\ \ n \neq -1$$

물론 $n = -1$일 때는 0으로 나누는 식이 되므로 이 법칙이 성립하지 않는다. 잠시 동안만 $\ln x$가 아직 정의되지 않았다고 가정해 보자. 그렇다면

$$\int \frac{1}{x}\,dx$$

에 대해서는 어떻게 말할 수 있을까(이미 4.1절에서 이 적분을 구했지만 아직 증명되지 않은 $\frac{d}{dx}\ln x = \frac{1}{x}$라는 추측에 따라서 살펴보자)? $x \neq 0$일 때 $f(x) = \frac{1}{x}$가 연속이므로 정리 4.1에 의하여 $x = 0$을 포함하지 않는 임의의 구간에서 적분가능하다. 문제는 역도함수를 어떻게 구하는지에 대한 것이다. 미적분의 기본정리 II에 의하여

$$\int_1^x \frac{1}{t}\,dt$$

가 역도함수이다. 다음 정의에서 이 새로운 함수에 용어를 부여한다.

정의 8.1

$x > 0$일 때 **자연로그함수**(natural logarithm)를

$$\ln x = \int_1^x \frac{1}{t}\,dt$$

로 정의하고 $\ln x$로 나타낸다.

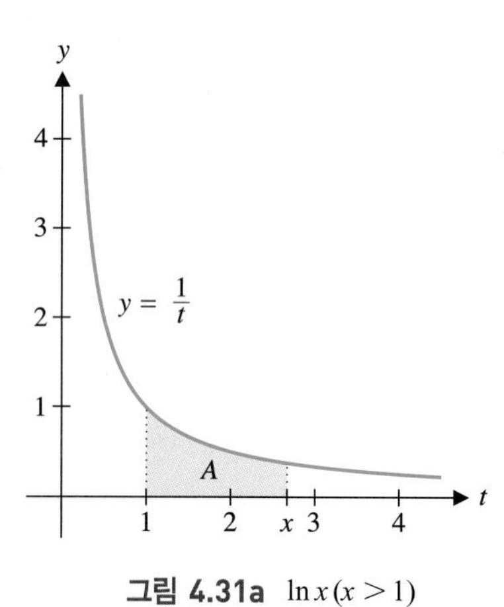

그림 4.31a $\ln x\,(x > 1)$

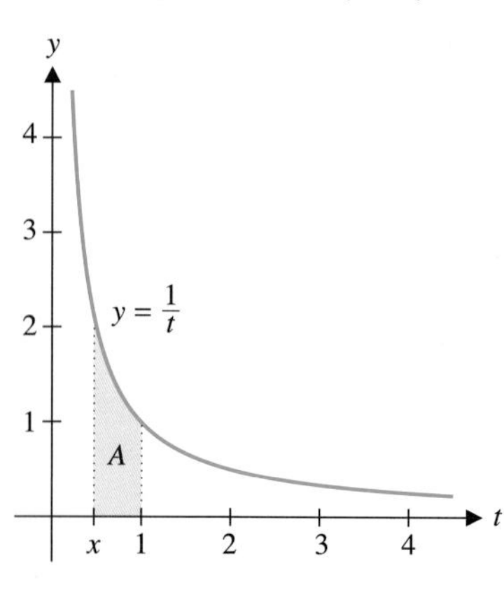

그림 4.31b $\ln x\,(0 < x < 1)$

뒤에서 이 정의가 실제로 0장에서 정의한 것과 일치한다는 것을 보일 것이다. 먼저 이 함수를 그래프를 통하여 알아보자. $x > 1$일 때 이 정적분은 그림 4.31a에서와 같이 1부터 x까지 곡선 $y = \frac{1}{t}$ 아랫부분의 넓이 A에 해당한다. 즉,

$$\ln x = \int_1^x \frac{1}{t}\,dt = A > 0$$

이다. 같은 방법으로 $0 < x < 1$일 때 그림 4.31b에서 보듯이 x부터 1까지 곡선 $y = \frac{1}{t}$의 아랫부분의 넓이는

$$\ln x = \int_1^x \frac{1}{t}\,dt = -\int_x^1 \frac{1}{t}\,dt = -A < 0$$

임을 알 수 있다.

정의 8.1을 이용하면 미적분의 기본정리 II에 의하여

$$\frac{d}{dx}\ln x = \frac{d}{dx}\int_1^x \frac{1}{t}\,dt = \frac{1}{x}, \quad x > 0 \tag{8.1}$$

이다. 이 식은 2.7절에서 구한 미분공식과 같다.

4.1절에서 $x \neq 0$일 때 식 (8.1)을 확장하여 $\frac{d}{dx}\ln|x| = \frac{1}{x}$를 얻을 수 있었다. 이 식으로부터 다시 잘 알고 있는 적분공식

$$\boxed{\int \frac{1}{x}\,dx = \ln|x| + c}$$

을 얻는다.

예제 8.1 몇 개의 자연로그 값의 근삿값

$\ln 2$와 $\ln 3$의 근삿값을 구하여라.

풀이

$\ln x$가 정적분을 이용하여 정의되었으므로 수치적분법을 이용하여 함수의 근삿값을 구할 수 있다. 예를 들어, 심프슨 공식을 이용하면

$$\ln 2 = \int_1^2 \frac{1}{t}\,dt \approx 0.693147$$

과

$$\ln 3 = \int_1^3 \frac{1}{t}\,dt \approx 1.09861$$

을 얻는다. 자세한 계산법은 연습문제로 남긴다(계산기의 ln키를 이용한 계산도 해 보아라). ■

이제 $y = \ln x$의 그래프를 그려 보자. 이미 알아본 것처럼 $f(x) = \ln x$의 정의역은 $(0, \infty)$이고

$$\ln x \begin{cases} < 0, & 0 < x < 1 \\ = 0, & x = 1 \\ > 0, & x > 1 \end{cases}$$

이다. 더욱이

$$f'(x) = \frac{1}{x} > 0, \quad x > 0$$

임을 증명하였다. 따라서 f는 정의역에서 증가한다. 또한

$$f''(x) = -\frac{1}{x^2} < 0, \quad x > 0$$

이므로 그래프는 모든 곳에서 아래로 오목하다. 심프슨 공식이나 사다리꼴 공식을 이용하여

$$\lim_{x \to \infty} \ln x = \infty \tag{8.2}$$

과

$$\lim_{x \to 0^+} \ln x = -\infty \tag{8.3}$$

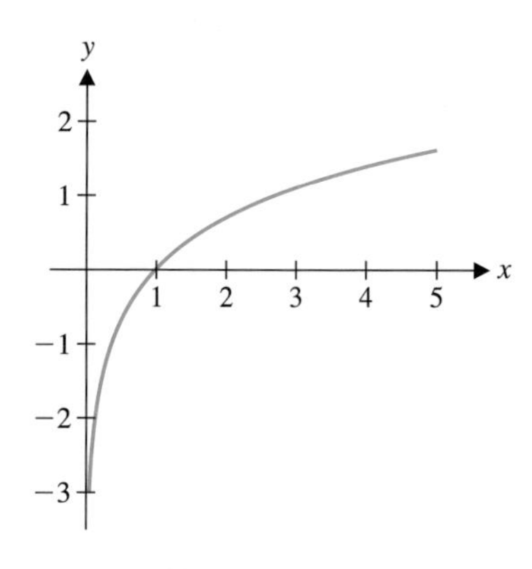

그림 4.32 $y = \ln x$

을 예상할 수 있다. 식 (8.2)의 증명은 정리 8.1 뒤로 미룬다. 식 (8.3)의 증명은 연습문제로 남긴다. 이제 그림 4.32의 그래프를 얻을 수 있다.

이제 왜 이 함수를 로그함수라고 하는지 알아보자. 간단히 말하자면 이 함수는 로그함수의 모든 성질을 만족한다. $\ln x$가 다른 모든 로그함수와 같은 성질을 가지므로 로그함수라고 부른다. 다음 정리에 이 사실을 요약하였다.

정리 8.1

임의의 양의 실수 $a, b > 0$와 유리수 r에 대하여 다음 성질이 성립한다.

(i) $\ln 1 = 0$
(ii) $\ln(ab) = \ln a + \ln b$
(iii) $\ln\left(\frac{a}{b}\right) = \ln a - \ln b$
(iv) $\ln(a^r) = r\ln a$

증명

(i) 정의 8.1에 의하여

$$\ln 1 = \int_1^1 \frac{1}{t}\,dt = 0$$

이다.

(ii) 역시 정의와 4.4절 정리 4.2 (ii)에 의하여

$$\ln(ab) = \int_1^{ab} \frac{1}{t}\,dt = \int_1^a \frac{1}{t}\,dt + \int_a^{ab} \frac{1}{t}\,dt$$

이다. 마지막 적분에서 $u = \frac{t}{a}$로 치환하면 $du = \frac{1}{a}dt$이고 적분 구간이 바뀌어($t = a$일 때 $u = \frac{a}{a} = 1$, $t = ab$일 때 $u = \frac{ab}{a} = b$)

$$\begin{aligned}\ln(ab) &= \int_1^a \frac{1}{t}\,dt + \int_a^{ab} \underbrace{\frac{a}{t}}_{\frac{1}{u}}\underbrace{\left(\frac{1}{a}\right)dt}_{du} \\ &= \int_1^a \frac{1}{t}\,dt + \int_1^b \frac{1}{u}\,du = \ln a + \ln b \qquad \text{정의 8.1}\end{aligned}$$

이다.

(iv)

$$\begin{aligned}\frac{d}{dx}\ln(x^r) &= \frac{1}{x^r}\frac{d}{dx}x^r && \text{식 (8.1)과 연쇄법칙} \\ &= \frac{1}{x^r}rx^{r-1} = \frac{r}{x} && \text{거듭제곱 법칙}\end{aligned}$$

이고

$$\frac{d}{dx}[r\ln x] = r\frac{d}{dx}(\ln x) = \frac{r}{x}$$

이다. 이제 $\ln(x^r)$과 $r\ln x$의 도함수가 서로 같으므로 2.9절 따름정리 9.1에 의하여 모든 $x > 0$에 대하여

$$\ln(x^r) = r \ln x + k$$

이다. 여기서 k는 적당한 상수이다. 특히 $x = 1$을 택하면

$$\ln(1^r) = r \ln 1 + k$$

임을 알 수 있다. $1^r = 1$이고 $\ln 1 = 0$이므로

$$0 = r(0) + k$$

이다. 따라서 $k = 0$이고 모든 $x > 0$에 대하여 $\ln(x^r) = r \ln x$이다.
(iii)은 (ii)와 (iv)로부터 쉽게 알 수 있으며 연습문제로 남긴다. ■

로그함수의 성질을 이용하면 미분의 계산이 간단해지는 경우가 있다. 다음 예제를 보자.

예제 8.2 로그의 성질을 이용한 미분

$\ln\sqrt{\dfrac{(x-2)^3}{x^2+5}}$ 의 도함수를 구하여라.

풀이

연쇄법칙과 나눗셈의 법칙을 직접 적용하여 미분하는 대신 로그의 성질을 이용하면 함수를 매우 간단하게 나타낼 수 있다.

$$\begin{aligned}
\frac{d}{dx}\ln\sqrt{\frac{(x-2)^3}{x^2+5}} &= \frac{d}{dx}\ln\left[\frac{(x-2)^3}{x^2+5}\right]^{1/2} \\
&= \frac{1}{2}\frac{d}{dx}\ln\left[\frac{(x-2)^3}{x^2+5}\right] && \text{정리 8.1 (iv)} \\
&= \frac{1}{2}\frac{d}{dx}[\ln(x-2)^3 - \ln(x^2+5)] && \text{정리 8.1 (iii)} \\
&= \frac{1}{2}\frac{d}{dx}[3\ln(x-2) - \ln(x^2+5)] && \text{정리 8.1 (iv)} \\
&= \frac{1}{2}\left[3\left(\frac{1}{x-2}\right)\frac{d}{dx}(x-2) - \left(\frac{1}{x^2+5}\right)\frac{d}{dx}(x^2+5)\right] && \text{정리 8.1과 연쇄법칙} \\
&= \frac{1}{2}\left(\frac{3}{x-2} - \frac{2x}{x^2+5}\right)
\end{aligned}$$

원래 함수를 직접 미분하여 구함으로써 로그의 성질을 이용하는 것이 얼마나 간단한지를 확인하여라.

예제 8.3 $\ln x$의 극한값의 성질 분석

정리 8.1의 로그의 성질을 이용하여 다음을 증명하여라.

$$\lim_{x\to\infty} \ln x = \infty$$

풀이

다음과 같이 증명할 수 있다. 우선 $\ln 3 \approx 1.0986 > 1$임을 알고 있다. $x = 3^n$을 택하면 로그의 성질에 따라 모든 정수 n에 대하여

$$\ln 3^n = n \ln 3$$

이다. $n \to \infty$일 때 $3^n \to \infty$이므로

$$\lim_{x\to\infty} \ln x = \lim_{n\to\infty} \ln 3^n = \lim_{n\to\infty} (n \ln 3) = +\infty$$

이다. 여기서 첫 등호는 $\ln x$가 단조증가함수이므로 성립한다.

자연로그함수의 역함수로서의 지수함수

이제 자연지수함수 e^x를 다시 생각하자. 자연로그에서처럼 이 함수를 다시 정의하고 그 성질을 알아본다. 먼저 0장에서 e가 왜 중요한지 설명하지 않고 무리수 $e = 2.71828\cdots$ 로 나타내었다. 그리고는 $\ln x$를 밑수 e인 로그함수 $\log_e x$로 정의하였다. 이제 $\ln x$를(e의 정의에 따라서) 정의하였고 e를 명확하게 정의할 수 있으며 그 근삿값을 계산할 수 있다.

정의 8.2

e를

$$\ln e = 1$$

을 만족하는 수로 정의한다.

즉, e는 $y = \ln x$와 $y = 1$의 그래프가 만나는 점의 x좌표이다(그림 4.33 참조). 다시 말해서 e는 방정식

$$\ln x - 1 = 0$$

의 해이다. 이 방정식의 근사해를 구하면(예를 들어 뉴턴의 방법으로)

$$e \approx 2.71828182846$$

이다. 0장에서 e를 $e = \lim_{n\to\infty}(1 + 1/n)^n$ 으로 정의하였다. e에 대한 이들 두 정의가 일치한다는 증명은 연습문제로 남긴다. 이제 무리수 e를 정의하였으므로 e^x를 정의하는 데 어떤 문제가 있는지 생각할 수 있다. 물론 x가 유리수일 때는 전혀 문제 없다. 예를 들어,

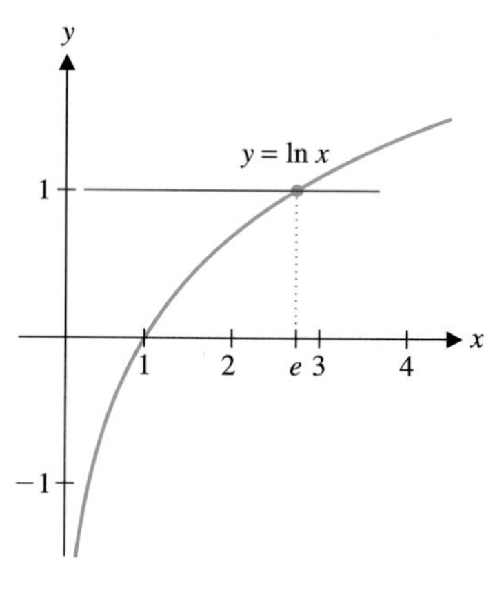

그림 4.33 e의 정의

$$e^2 = e \cdot e$$
$$e^3 = e \cdot e \cdot e$$
$$e^{1/2} = \sqrt{e}$$
$$e^{5/7} = \sqrt[7]{e^5}$$

등과 같다. 실제로 임의의 유리수 $x = p/q(p,\ q$는 정수)에 대하여

$$e^x = e^{p/q} = \sqrt[q]{e^p}$$

이다. 한편, e^π와 같은 무리수 거듭제곱의 의미는 무엇일까? 0장에서 이 문제에 대한 어렴풋한 답을 다룬 적 있다.

먼저 $f(x) = \ln x\ (x > 0),\ f'(x) = 1/x > 0$임을 기억하자. f가 단조증가함수이고 일대일 함수이므로 역함수 $f^{-1}(x)$가 존재한다. 이 역함수를 구하는 일반적인 방법은 없다. 그러나 정리 8.1 (iv)에 의하면 유리수 거듭제곱 x에 대하여 e를 $\ln e = 1$이 되도록 정의하였으므로

$$\ln(e^x) = x \ln e = x$$

이다. 이것은

$$f^{-1}(x) = e^x,\ x\text{는 유리수}$$

임을 말해준다. 즉 다른 방법으로는 알 수 없는 역함수 $f^{-1}(x)$가 모든 유리수 x에 대하여 e^x와 일치한다. 이제 무리수 x에 대하여 e^x는 아래와 같이 $f^{-1}(x)$로 정의한다.

정의 8.3

무리수 x에 대하여 $y = e^x$를

$$\ln y = \ln(e^x) = x$$

을 만족하는 수로 정의한다.

이것은 임의의 무리수 x에 대하여 e^x를 $\ln(e^x) = x$를 만족하는 수로 정의한다는 것이다. 이 정의에 의하면 임의의 $x > 0$에 대하여 $e^{\ln x}$는

$$\ln(e^{\ln x}) = \ln x \tag{8.4}$$

를 만족하는 수이다. $\ln x$가 일대일 함수이므로 식 (8.4)는

$$\boxed{e^{\ln x} = x,\ \ x > 0} \tag{8.5}$$

임을 말해주고 식 (8.5)는

$$\ln x = \log_e x$$

임을 말해준다. 즉 $\ln x$를 적분으로 정의한 것은 앞에서 $\ln x$를 $\log_e x$로 정의한 것과 일치한다. 또 지수함수에 대한 이러한 정의에 따라서

$$\boxed{\ln(e^x) = x,\ \ x \in (-\infty, \infty)}$$

가 성립한다. 이 식은 (8.5)와 함께 e^x와 $\ln x$가 서로 역함수임을 말해준다. 무리수 x에 대하여 e^x는 정의 8.3에 주어진 역함수 관계뿐이라는 것을 명심하여라. 이제 무리수에 대해서도 성립하는 지수에 대한 성질을 살펴보고 증명해 보자.

정리 8.2

임의의 실수 r, s와 유리수 t에 대하여 다음이 성립한다.

(i) $e^r e^s = e^{r+s}$

(ii) $\dfrac{e^r}{e^s} = e^{r-s}$

(iii) $(e^r)^t = e^{rt}$

증명

지수가 유리수일 때는 이 법칙들이 이미 알려져 있다. 그러나 지수가 무리수일 때는 이 지수값들의 관계를 정의 8.3에 주어진 $\ln x$와의 역함수 관계를 통하여 간접적으로만 알고 있다.
(i) 로그의 법칙을 이용하면

$$\ln(e^r e^s) = \ln(e^r) + \ln(e^s) = r + s = \ln(e^{r+s})$$

이다. $\ln x$가 일대일이므로

$$e^r e^s = e^{r+s}$$

이다. 같은 방법으로 증명할 수 있는 (ii)와 (iii)의 증명은 연습문제로 남긴다. ■

2장에서 도함수의 극한 정의를 이용하여 e^x의 도함수를 구하였다. 그 유도가 다음 극한값

$$\lim_{h\to 0} \frac{e^h - 1}{h}$$

를 구하는 것을 제외하고는 완전하다는 것을 알고 있다. 그때는 이 극한값이 1일 것이라고 추측하였으나 증명하지 못하였다. 연습문제에서 이 극한 문제를 다시 생각해 본다. 이제 지수함수의 새로운 정의에 따라서 다른 방법으로 유도해 보자. 먼저 정의 8.3에 의하여

$$y = e^x \iff \ln y = x$$

이다. 이 마지막 식을 x에 대하여 미분하면

$$\frac{d}{dx}\ln y = \frac{d}{dx}x = 1$$

이다. 연쇄법칙에 의하여

$$1 = \frac{d}{dx}\ln y = \frac{1}{y}\frac{dy}{dx} \tag{8.6}$$

이다. 식 (8.6)의 양변에 y를 곱하면

$$\frac{dy}{dx} = y = e^x$$

또는

$$\frac{d}{dx}(e^x) = e^x \tag{8.7}$$

이다. 식 (8.7)은 2장에서 추측했던 것과 같으나 여기서 명확하게 증명하였다. 물론 이것에 대응하는 적분공식은

$$\int e^x\,dx = e^x + c$$

이다. 이제 $f(x) = e^x$의 그래프를 다시 살펴보자. $e = 2.71818\cdots > 1$이므로

$$\lim_{x\to\infty} e^x = \infty \quad \text{그리고} \quad \lim_{x\to-\infty} e^x = 0$$

이다. 또한

$$f'(x) = e^x > 0$$

이며 따라서 f는 증가함수이고 $f''(x) = e^x > 0$ 이다. 그러므로 그래프는 모든 곳에서 위로 오목하다. 이제 그림 4.34의 그래프를 쉽게 얻을 수 있다.

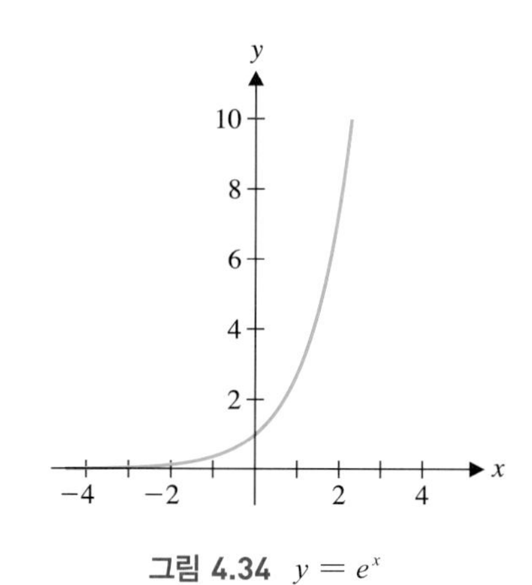

그림 4.34 $y = e^x$

마찬가지로 $f(x) = e^{-x}$는

$$\lim_{x\to\infty} e^{-x} = 0, \quad \lim_{x\to-\infty} e^{-x} = \infty$$

이다. 더욱이 연쇄법칙에 의하여

$$f'(x) = -e^{-x} < 0$$

이므로 f는 모든 x에 대하여 감소함수이다. 또한 모든 x에 대하여

$$f''(x) = e^{-x} > 0$$

이므로 그래프는 모든 곳에서 위로 오목하다. 그림 4.35와 같은 그래프를 쉽게 얻을 수 있다.

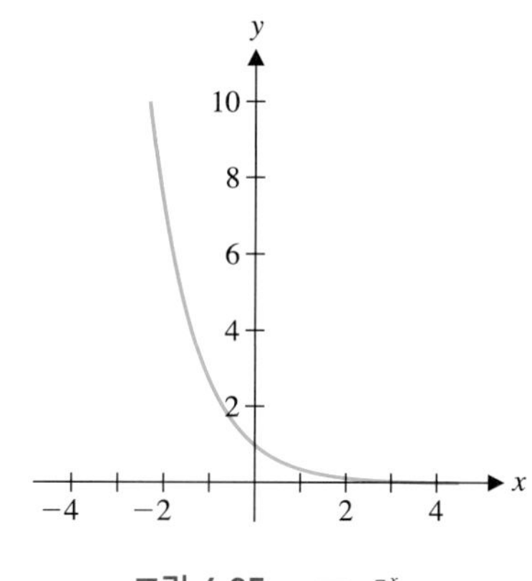

그림 4.35 $y = e^{-x}$

임의의 밑수 $b > 0$에 대한 $f(x) = b^x$처럼 일반적인 지수함수는 다음과 같이 자연지수함수를 이용하여 쉽게 나타낼 수 있다. 일반적인 로그와 지수의 성질에 의하여

$$\boxed{b^x = e^{\ln(b^x)} = e^{x\ln b}}$$

가 성립하므로 2.7절에서 추측했던 것처럼

$$\begin{aligned}\frac{d}{dx}b^x &= \frac{d}{dx}e^{x\ln b} = e^{x\ln b}\frac{d}{dx}(x\ln b)\\ &= e^{x\ln b}(\ln b) = b^x(\ln b)\end{aligned}$$

이다. 마찬가지로 $b > 0\,(b \neq 1)$에 대하여

$$\begin{aligned}\int b^x\,dx &= \int e^{x\ln b}dx = \frac{1}{\ln b}\int e^{\overbrace{x\ln b}^{u}} \underbrace{(\ln b)\,dx}_{du}\\ &= \frac{1}{\ln b}e^{x\ln b} + c = \frac{1}{\ln b}b^x + c\end{aligned}$$

이다. 이제 일반적인 지수함수가 자연지수함수를 이용하여 쉽게 다룰 수 있다는 것을

살펴볼 수 있다. 즉, 일반적인 지수함수의 미분이나 적분공식을 어렵게 기억할 필요가 없다. 대신 지수함수 $f(x) = b^x$가 나올 때마다 $f(x) = e^{x \ln b}$로 다시 고쳐 나타내고 자연지수함수의 미분이나 적분과 연쇄법칙을 적용하면 된다.

주 8.1

자연지수함수 e^x를 $e^x = \exp(x)$로 나타내기도 한다. 이 표기법은 지수가 복잡할 때 자주 사용된다. 예를 들어

$$\exp(x^3 - 5x^2 + 2x + 7) = e^{x^3-5x^2+2x+7}$$

로 나타내면 앞의 표기법이 이해하기 쉽다.

예제 8.4 지수함수의 미분

$f(x) = 2^{x^2}$을 미분하여라.

풀이

함수를 다음과 같이 다시 쓰자.

$$f(x) = e^{\ln 2^{x^2}} = e^{x^2 \ln 2}$$

연쇄법칙을 이용하여 미분하면 다음과 같다.

$$f'(x) = e^{x^2 \ln 2}(2x \ln 2) = (2 \ln 2)x2^{x^2}$$

■

같은 방법으로 일반적인 로그함수를 다루기 위하여 자연로그함수에 대한 성질을 이용할 수 있다. 먼저 임의의 밑수 $a > 0\,(a \neq 1)$와 임의의 $x > 0$에 대하여 $y = \log_a x$일 필요충분조건은 $x = a^y$이다. 이 등식의 양변에 자연로그를 적용하면

$$\ln x = \ln(a^y) = y \ln a$$

이다. y에 대하여 풀면

$$y = \frac{\ln x}{\ln a}$$

이며 다음 정리가 증명된다.

정리 8.3

임의의 밑수 $a > 0\,(a \neq 1)$와 임의의 $x > 0$에 대하여 $\log_a x = \dfrac{\ln x}{\ln a}$이다.

계산기에는 보통 $\ln x$와 $\log_{10} x$를 계산하는 함수가 내장되어 있지만 일반적인 로그함수를 계산하는 함수는 없다. 정리 8.3을 이용하면 임의의 밑수에 대한 로그값을 계산할 수 있다. 예를 들어,

$$\log_7 3 = \frac{\ln 3}{\ln 7} \approx 0.564575$$

이다. 더욱이 정리 8.3을 이용하면 일반적인 로그함수에 대한 도함수를 자연로그함수를 이용하여 나타낼 수 있다. 특히, 임의의 밑수 $a > 0\ (a \neq 1)$에 대하여

$$\begin{aligned}\frac{d}{dx}\log_a x &= \frac{d}{dx}\left(\frac{\ln x}{\ln a}\right) = \frac{1}{\ln a}\frac{d}{dx}(\ln x)\\ &= \frac{1}{\ln a}\left(\frac{1}{x}\right) = \frac{1}{x \ln a}\end{aligned}$$

이다. 일반적인 지수함수의 도함수와 마찬가지로 이것을 새로운 미분 공식으로 생각할 필요 없이 정리 8.3을 이용하면 된다.

연습문제 4.8

[1~2] 다음 값을 적분으로 나타내고 그 영역을 표시하여라.

1. $\ln 4$ **2.** $\ln 8.2$

3. $n = 4$인 경우 심프슨 공식을 이용하여 $\ln 4$의 근삿값을 구하여라.

4. (a) $n = 32$인 경우와 (b) $n = 64$인 경우의 심프슨 공식을 이용하여 $\ln 4$의 근삿값을 컴퓨터로 계산하여라.

[5~6] 로그의 성질을 이용하여 다음 값을 하나의 항으로 나타내어라.

5. $\ln\sqrt{2} + 3\ln 2$ **6.** $2\ln 3 - \ln 9 + \ln\sqrt{3}$

[7~10] 로그의 성질을 이용하여 다음 도함수를 구하여라.

7. $\dfrac{d}{dx}(\ln\sqrt{x^2+1})$ **8.** $\dfrac{d}{dx}\left(\ln\dfrac{x^4}{x^5+1}\right)$

9. $\dfrac{d}{dx}\log_7\sqrt{x^2+1}$ **10.** $\dfrac{d}{dx}(3^{\sin x})$

[11~15] 다음 적분을 구하여라.

11. $\displaystyle\int \frac{1}{x\ln x}\,dx$ **12.** $\displaystyle\int x3^{x^2}\,dx$

13. $\displaystyle\int \frac{e^{2/x}}{x^2}\,dx$ **14.** $\displaystyle\int_0^1 \frac{x^2}{x^3-4}\,dx$

15. $\displaystyle\int_0^1 \tan x\,dx$

16. 정리 8.1 (ii)를 이용하여 (iii) $\ln\left(\dfrac{a}{b}\right) = \ln a - \ln b$를 증명하여라.

17. 정리 8.1의 알고리즘을 이용하여 $\displaystyle\lim_{x\to 0^+}\ln x = -\infty$임을 증명하여라.

18. 그래프를 이용하여 $n > 1$일 때
$\ln(n) < 1 + \dfrac{1}{2} + \dfrac{1}{3} + \cdots + \dfrac{1}{n-1}$임을 보여라.
따라서 $\displaystyle\lim_{n\to\infty}\left(1 + \frac{1}{2} + \frac{1}{3} + \cdots + \frac{1}{n}\right) = \infty$이다.

19. 정리 8.2 (ii)와 (iii)을 증명하여라.

20. 본문에서 $\displaystyle\lim_{h\to\infty}\frac{e^h-1}{h} = 1$을 다음과 같이 증명하여라. $h>0$일 때 $h = \ln e^h = \displaystyle\int_1^{e^h}\frac{1}{x}\,dx$로 나타내면 적분의 평균값 정리에 의하여 1과 e^h 사이의 적당한 값 $\bar{x}$에 대하여 $\displaystyle\int_1^{e^h}\frac{1}{x}\,dx = \frac{e^h-1}{\bar{x}}$이다. 그러므로 $\dfrac{e^h-1}{h} = \bar{x}$가 된다. 이제 $h\to 0^+$일 때의 극한값을 적용하면 증명된다. $h<0$이면 h를 $-h$로 바꾸고 위와 같은 방법으로 증명하여라.

정적분의 응용

CHAPTER 5

우리는 높이 점프하는 운동선수를 보면 점프력이 좋다거나 다리에 스프링이 달려있는 것처럼 잘한다고 말한다. 이런 표현은 캥거루의 뛰는 모습이나 스프링이 달린 신발을 상상하게 되는데, 실제로 이런 말을 뒷받침하는 생리학적인 근거가 있다. 우리 다리의 근육은 에너지를 저장하고 방출하는 일을 실제 스프링처럼 해낸다. 예를 들면, 걸음을 걸을 때 아킬레스건은 다리를 벌리면 펴지고 발이 땅에 닿을 때는 수축한다. 스프링이 늘어났다 줄어들었다 하는 것과 같이 근육이 펴지는 동안 에너지는 모아지고 근육이 수축하는 동안 에너지는 소모된다.

생리학자들은 근육이 스트레칭되는 동안 저장된 에너지의 양에 대한 수축되었을 때 소모되는 에너지의 양을 백분율로 계산함으로써 스프링 작용과 같은 근육의 능률을 측정하여 얻어냈다.

아래에 나타난 스트레스–긴장 곡선은 스트레칭하는 동안 근육의 이완(위 곡선)과 수축(아래 곡선)의 관계를 함수로써 보여준다(그림 출처: 《생체학의 탐구(Exploring Biomechanics)》, R. McNeil Alexander). 만일 에너지의 외부 유출이 없다면 두 곡선은 일치할 것이다. 두 곡선 사이의 부분 넓이는 에너지 손실로 간주된다.

캥거루의 경우에 해당하는 곡선은 두 곡선 사이의 영역이 거의 없는 것을 보여준다. 이것이 캥거루의 뛰어난 높이뛰기 능력의 비밀이다.

캥거루 다리의 유능함은 아주 적은 에너지로 높이뛰기를 한다는 데 있다. 생물학자 테리 도슨(Terry Dawson)은 단순한 테스트를 통하여, 캥거루는 빨리 달리면 달릴수록 에너지를 덜 소모한다는 사실을 밝혀냈다(도슨은 시간당 최고 20마일까지 테스트를 하였다). 운동선수의 경우도 아킬레스건을 많이 사용할수록 달리는 데 더 효과적이라는 사실이 적용된다. 이러한 이유로 운동선수들은 많은 시간 동안 그들의 아킬레스건을 뻗고 수축할 수 있다.

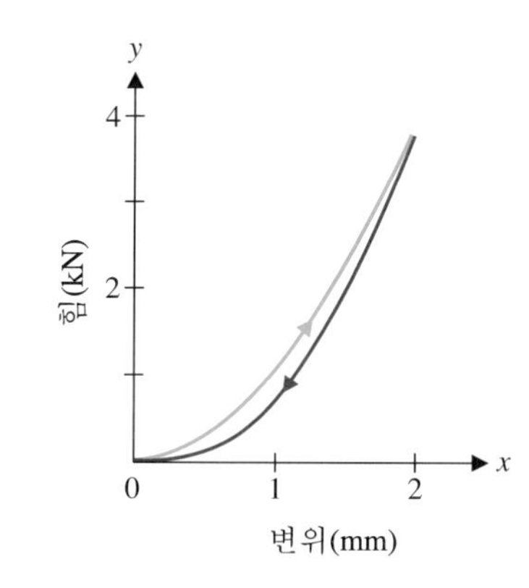

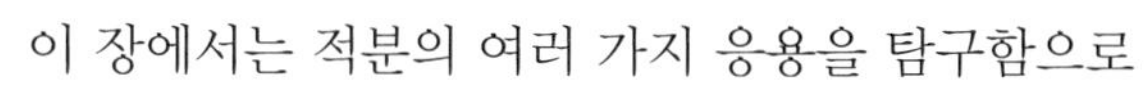
이 장에서는 적분의 여러 가지 응용을 탐구함으로

써 적분이 다양하게 이용됨을 살펴본다. 두 곡선 사이의 넓이를 계산해보는 것으로 시작하여, 앞서 언급한 것처럼 동물 생리에 관한 중요한 정보를 알게 될 것이다. 적분은 그래프 사이의 넓이를 계산하는 일, 리만합의 근삿값을 계산하는 일, 미적분학의 기본 정리를 응용하는 일 등에 다양하게 응용된다. 새로운 응용을 하나하나 공부함으로써 새로운 문제에 적분이 어떻게 관련되는지 알게 될 뿐만 아니라 다양한 응용을 통하여 각각의 문제에서 공통된 도구가 적분이라는 것을 배우게 될 것이다.

5.1 곡선으로 둘러싸인 영역의 넓이

4장에서 이미 곡선 아래 놓인 영역의 넓이를 구하는 데 정적분을 적용하였다. 구간 $[a, b]$에서 연속인 함수 $f(x) \geq 0$에 대하여, $y = f(x)$의 그래프 아랫부분에 놓인 넓이를 구하여 보았다. 즉 구간 $[a, b]$를 n등분하면 길이가 $\Delta x = \dfrac{b-a}{n}$ 인 n개의 소구간을 얻는다. 분할점들은 $x_0 = a$, $x_1 = x_0 + \Delta x$, $x_2 = x_1 + \Delta x$, $\cdots$, $x_n = x_{n-1} + \Delta x = b$이다. 즉, 모든 $i = 0, 1, 2, \cdots, n$에 대하여

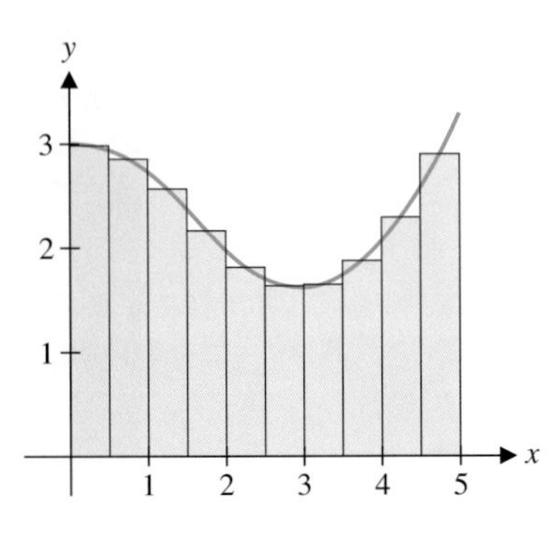

그림 5.1 넓이의 근삿값

$$x_i = a + i\Delta x$$

이다.

그림 5.1과 같이, 각 소구간 $[x_{i-1}, x_i]$에서 임의의 점 $c_i \in [x_{i-1}, x_i]$에 대하여 $f(c_i)$를 높이로 하는 직사각형의 넓이를 구하여 합하면 영역 A의 넓이의 근삿값이 될 것이다. 즉

$$A \approx \sum_{i=1}^{n} f(c_i)\Delta x$$

이다. 구간 $[a, b]$의 분할을 많이 할수록 근삿값은 영역 A의 실제 넓이에 가까워진다. 따라서 다음을 얻을 수 있다.

$$A = \lim_{n\to\infty} \sum_{i=1}^{n} f(c_i)\Delta x = \int_a^b f(x)\,dx$$

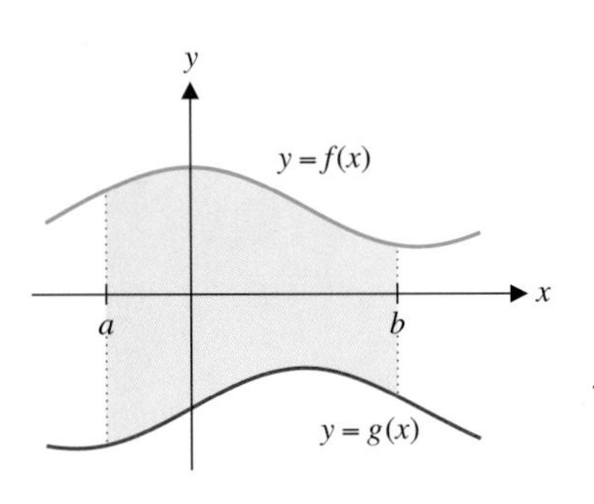

그림 5.2 두 곡선 사이의 넓이

이 절에서는 위의 기호를 구간 $[a, b]$에서 연속이고 $f(x) \geq g(x)$을 만족하는 함수 $f(x)$, $g(x)$ 사이의 넓이(그림 5.2)를 구하는 문제로 확장시키려고 한다. 근삿값을 구하기 위해 적당한 사각형을 사용한다. 그림 5.3a와 같이 각 소구간 $[x_{i-1}, x_i]$에서 곡선 $g(x)$와 $f(x)$ 사이에 직사각형을 그린다. 각각의 사각형의 높이는 그림 5.3b에서처럼 임의의 $c_i \in [x_{i-1}, x_i]$에 대하여 $h_i = f(c_i) - g(c_i)$로 하자.

그러면 i번째 작은 직사각형의 넓이는

$$\text{넓이} = \text{세로} \times \text{가로} = h_i \Delta x = [f(c_i) - g(c_i)]\Delta x$$

이다. 이러한 n개의 작은 직사각형의 넓이를 합하면 구하고자 하는 전체 넓이의 근삿값이 된다.

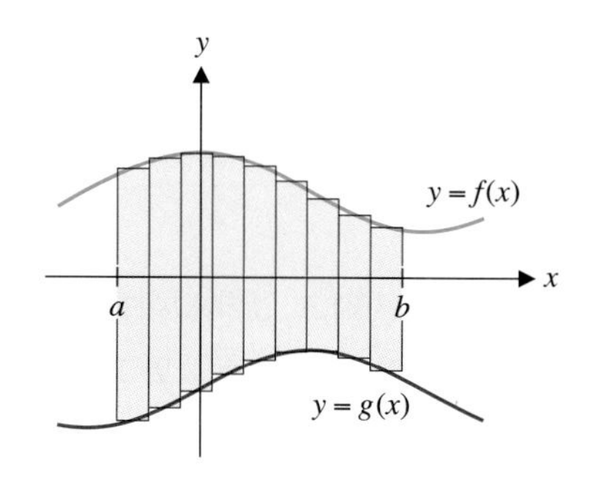

그림 5.3a 넓이의 근사값

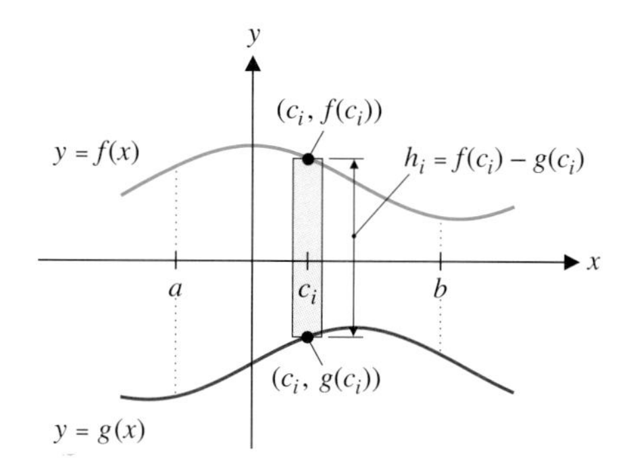

그림 5.3b i번째 직사각형의 넓이

$$A \approx \sum_{i=1}^{n}[f(c_i) - g(c_i)]\Delta x$$

이제 $n \to \infty$일 때 극한이 존재하면 정확한 넓이를 구할 수 있다.

두 곡선 사이의 넓이

$$A = \lim_{n\to\infty}\sum_{i=1}^{n}[f(c_i) - g(c_i)]\Delta x = \int_a^b [f(x) - g(x)]\,dx \qquad (1.1)$$

주 1.1

식 (1.1)은 구간 $[a, b]$에서 함수가 $f(x) \ge g(x)$일 때만 성립한다. 일반적으로 $a \le x \le b$일 때 두 곡선 $y = f(x)$, $y = g(x)$ 사이의 넓이는 식 $\int_a^b |f(x) - g(x)|\,dx$로 주어진다. 이 적분을 계산하기 위해 $f(x) \ge g(x)$를 만족하는 구간에서는 $\int_c^d [f(x) - g(x)]\,dx$를, $f(x) \le g(x)$를 만족하는 구간에서는 $\int_c^d [g(x) - f(x)]\,dx$를 계산한 후 이들 값을 합하면 넓이를 얻을 수 있다.

예제 1.1 두 곡선 사이의 넓이 구하기

함수 $y = 3 - x$와 $y = x^2 - 9$로 둘러싸인 영역이 그림 5.4와 같다. 그 넓이를 구하여라.

풀이

두 그래프 사이의 넓이를 구하기 위해 먼저 교점의 x좌표를 구하면

$$3 - x = x^2 - 9, \quad 0 = x^2 + x - 12 = (x - 3)(x + 4)$$

이므로 $x = 3$, -4이다. 구하고자 하는 영역은 위로는 $y = 3 - x$에 의해 아래로는 $y = x^2 - 9$에 의해 둘러싸여 있으므로 $-4 \le x \le 3$ 내의 임의의 점 x에서 작은 직사각형의 높이는 $h(x) = (3 - x) - (x^2 - 9)$이 된다(그림 5.4 참고). 두 곡선 사이의 넓이는 식 (1.1)에 의해서 다음과 같다.

$$\begin{aligned} A &= \int_{-4}^{3} [(3 - x) - (x^2 - 9)]\,dx \\ &= \int_{-4}^{3} (-x^2 - x + 12)\,dx = \left[-\frac{x^3}{3} - \frac{x^2}{2} + 12x\right]_{-4}^{3} \\ &= \left[-\frac{3^3}{3} - \frac{3^2}{2} + 12(3)\right] - \left[-\frac{(-4)^3}{3} - \frac{(-4)^2}{2} + 12(-4)\right] = \frac{343}{6} \end{aligned}$$

■

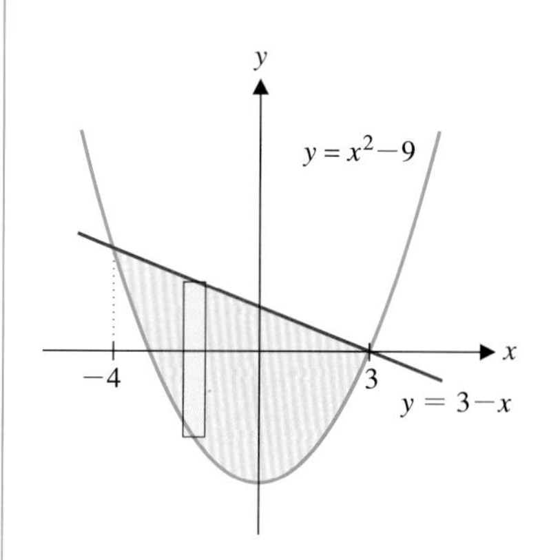

그림 5.4 $y = 3 - x$, $y = x^2 - 9$

다음 예제는 넓이를 구하고자 하는 영역이 두 개 이상의 함수에 의해 위로 유계되거나 아래로 유계된 경우이다.

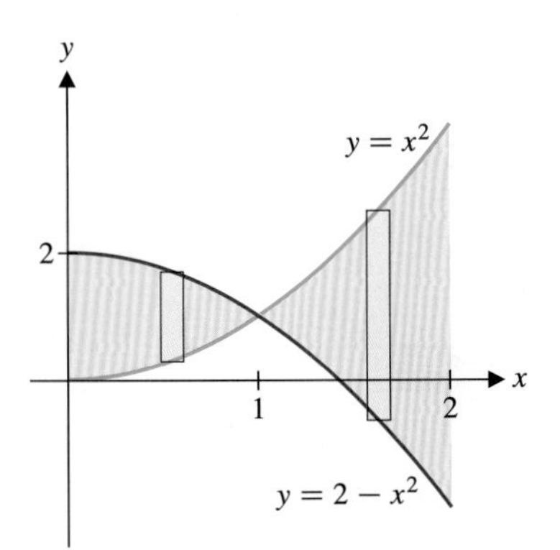

그림 5.5 $y=x^2$, $y=2-x^2$

예제 1.2 교차하는 두 곡선 사이의 영역의 넓이 구하기

구간 $0 \le x \le 2$에서 두 곡선 $y=x^2$과 $y=2-x^2$에 의해 둘러싸인 영역의 넓이를 구하여라.

풀이

그림 5.5를 보면 구간 $0 \le x \le 2$의 중점에서 두 그래프는 서로 교차하고 있어 넓이를 구하기 위해 두 개의 적분값을 구하여야 한다. 교차점을 구하기 위해 $2-x^2=x^2$를 풀면 $2x^2=2$이므로 $x=\pm 1$이다. 그런데 $x=-1$은 구하고자 하는 영역 밖의 교점이므로 $x=1$만이 교점이 된다. 구간 [0, 1]에서는 $2-x^2 \ge x^2$이고 구간 [1, 2]에서는 $x^2 \ge 2-x^2$이므로 넓이는 다음과 같다.

$$A=\int_0^1 [(2-x^2)-x^2]\,dx+\int_1^2 [x^2-(2-x^2)]\,dx$$

$$=\int_0^1 (2-2x^2)\,dx+\int_1^2 (2x^2-2)\,dx=\left[2x-\frac{2x^3}{3}\right]_0^1+\left[\frac{2x^3}{3}-2x\right]_1^2$$

$$=\left(2-\frac{2}{3}\right)-(0-0)+\left(\frac{16}{3}-4\right)-\left(\frac{2}{3}-2\right)=\frac{4}{3}+\frac{4}{3}+\frac{4}{3}=4$$

■

예제 1.2에서는 두 곡선의 교점을 구하기 쉬웠다. 다음 예제 1.3에서는 교점의 근삿값을 구하여 정적분을 계산한다.

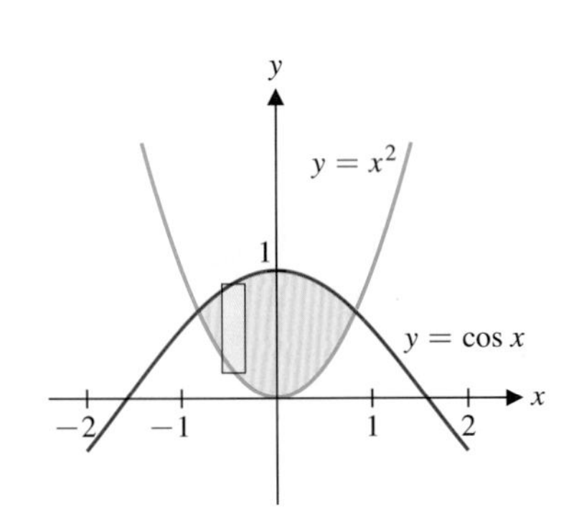

그림 5.6 $y=\cos x$, $y=x^2$

예제 1.3 두 곡선의 교점을 정확히 알 수 없는 경우

함수 $y=\cos x$와 $y=x^2$의 그래프에 의해 둘러싸인 영역의 넓이를 구하여라.

풀이

그림 5.6에서와 같이 두 곡선은 $x=1$과 $x=-1$ 근처에서 교차하고 있다. 교점은 $\cos x = x^2$의 근이지만 정확한 근을 구할 수 없으므로 $f(x)=\cos x - x^2=0$에 대하여 뉴턴의 방법을 이용하여 근삿값을 구하면 $x=\pm 0.824132$이다. 이것을 정적분에 적용하면 두 근삿값 사이에서 $\cos x \ge x^2$이므로 근삿값은 다음과 같다.

$$A \approx \int_{-0.824132}^{0.824132} (\cos x - x^2)\,dx=\left[\sin x-\frac{1}{3}x^3\right]_{-0.824132}^{0.824132}$$

$$=\sin 0.824132-\frac{1}{3}(0.824132)^3-\left[\sin(-0.824132)-\frac{1}{3}(-0.824132)^3\right]$$

$$\approx 1.09475$$

■

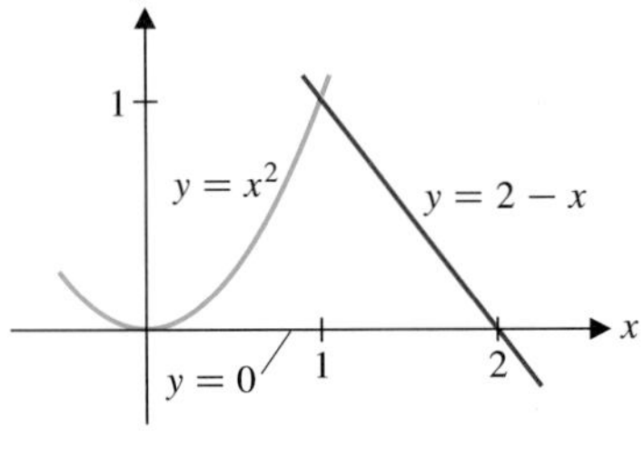

y
1
y = x²
y = 2 − x
x
y = 0
1
2

그림 5.7a $y=x^2$, $y=2-x$

예제 1.4 세 곡선에 의해 둘러싸인 영역의 넓이

그래프 $y=x^2$, $y=2-x$, $y=0$에 의해 둘러싸인 영역의 넓이를 구하여라.

풀이

세 함수의 그래프를 그리면 그림 5.7a와 같다. 세 그래프에 의해 둘러싸인 영역은 앞부분은

$y=x^2$에 의해, 뒷부분은 $y=2-x$에 의해 위로 유계되어 있으므로 넓이를 구하기 위해 먼저 두 그래프의 교점을 구한다. $2-x=x^2$을 풀면 $0=x^2+x-2=(x+2)(x-1)$이므로 $x=-2$, 1을 구할 수 있다. $x=-2$는 y축 왼쪽에 놓이므로 $x=1$이 구하고자 하는 교점이 된다. 그러므로 넓이는 다음과 같다.

$$A = A_1 + A_2 = \int_0^1 (x^2 - 0)\,dx + \int_1^2 [(2-x) - 0]\,dx$$

$$= \frac{x^3}{3}\bigg|_0^1 + \left[2x - \frac{x^2}{2}\right]_1^2 = \frac{5}{6}$$

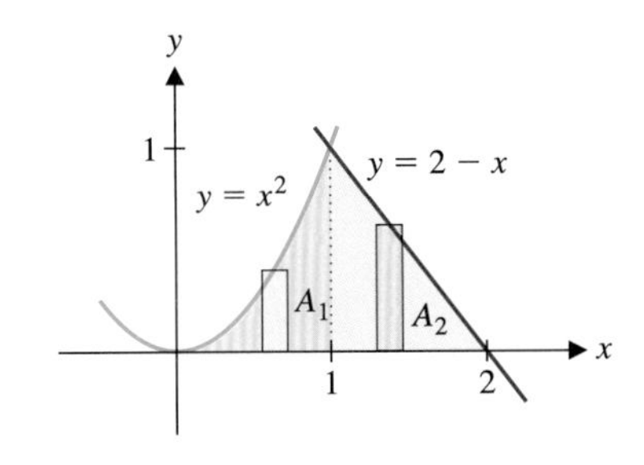

그림 5.7b $y=x^2$, $y=2-x$

앞의 예제에서처럼 두 부분으로 나누고 정적분을 계산하여 넓이를 구하는 것은 어려운 문제는 아니다. 그러나 x축과 y축을 바꾸어 생각해 보면, 영역 A는 두 곡선에 의해 둘러싸인 영역이 되므로 하나의 정적분만으로 넓이를 구할 수 있어 시간과 노력을 절약할 수 있다.

일반적으로 구간 $c \le y \le d$에서 연속인 함수 $f(y)$, $g(y)$가 $f(y) \ge g(y)$을 만족할 때, 구간상에서 두 곡선 $x=f(y)$, $x=g(y)$에 의해 둘러싸인 영역(그림 5.8a)의 넓이를 구해 보자. 구간 $[c, d]$를 n등분하면 분할은 $y_0=c$, $y_1=y_0+\Delta y$, $y_2=y_1+\Delta y$, $\cdots$이다. 즉, $i=0, 1, 2, \cdots, n$에 대하여

$$y_1 = c + i\Delta y$$

이다. 각 소구간 $[y_{i-1}, y_i]$에서 직사각형을 그리면 그 높이는 그림 5.8b에서처럼 임의의 $c_i \in [y_{i-1}, y_i]$에 대하여 $w_i=[f(c_i)-g(c_i)]$가 되므로 i번째 작은 직사각형의 넓이는

$$\text{넓이} = \text{세로} \times \text{가로} = [f(c_i) - g(c_i)]\Delta y$$

이다. 따라서 두 곡선 사이의 영역 넓이의 근삿값은

$$A \approx \sum_{i=1}^{n} [f(c_i) - g(c_i)]\,\Delta y$$

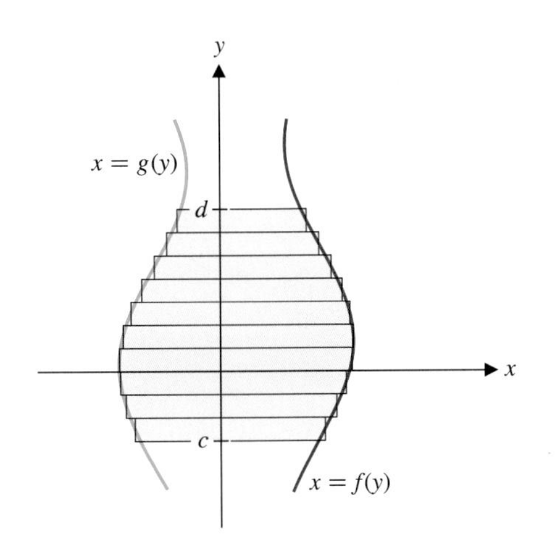

그림 5.8a $x=f(y)$, $x=g(y)$ 사이의 넓이

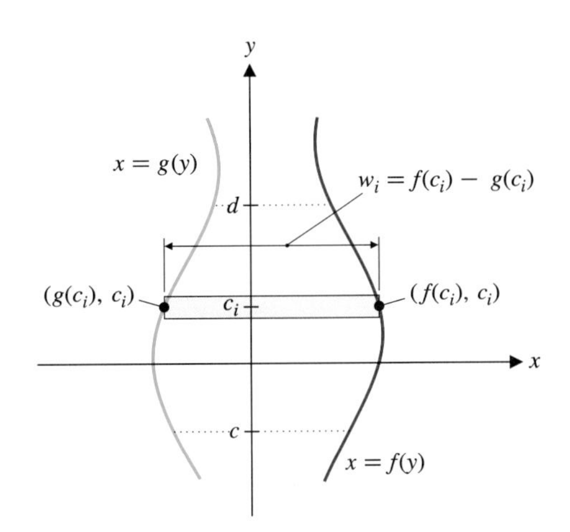

그림 5.8b i번째 직사각형의 넓이

이고 이제 $n \to \infty$일 때 극한이 존재하면 정확한 넓이를 구할 수 있다.

두 곡선 사이의 넓이

$$A = \lim_{n \to \infty} \sum_{i=1}^{n} [f(c_i) - g(c_i)] \Delta y = \int_c^d [f(y) - g(y)]\, dy \tag{1.2}$$

예제 1.5 y에 관한 적분으로 넓이 구하기

예제 1.4를 y에 관하여 적분하여 넓이를 구하여라.

풀이

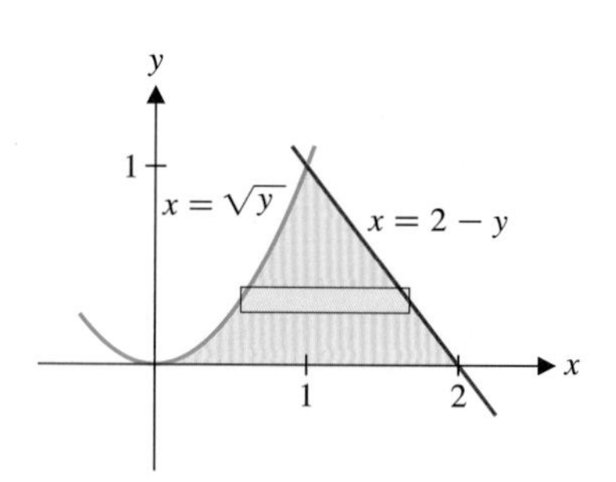

그림 5.9 $y = x^2,\ y = 2 - x$

그림 5.9에서 보는 바와 같이 함수 $y = x^2$, $y = 2 - x$의 그래프에 의해 둘러싸인 영역은 왼쪽으로는 $y = x^2$에 의해, 오른쪽으로는 $y = 2 - x$에 의해 유계된다. 그러므로 넓이는 변수 y에 관해 하나의 정적분으로 나타낼 수 있다. 우선 두 함수를 x에 관해 풀면 $x = \sqrt{y}$와 $x = 2 - y$로 표현된다. 이제 교점을 구하기 위해 두 식을 연립하고 이것을 풀기 위해 $\sqrt{y} = 2 - y$의 양변을 제곱하면 $y = (2 - y)^2 = 4 = 4y + y^2$ 이 되어

$$0 = y^2 - 5y + 4 = (y - 1)(y - 4)$$

교점은 $y = 1$, 4이며 그림 5.9에서 보는 바와 같이 필요한 교점은 $y = 1$이다. 영역 A의 넓이는 다음과 같다.

$$A = \int_0^1 [(2 - y) - \sqrt{y}]\, dy = \left[2y - \frac{1}{2}y^2 - \frac{2}{3}y^{3/2} \right]_0^1 = 2 - \frac{1}{2} - \frac{2}{3} = \frac{5}{6}$$

■

예제 1.6 곡선으로 둘러싸인 영역의 y에 관한 적분

두 곡선 $x = y^2$과 $x = 2 - y^2$로 둘러싸인 영역의 넓이를 구하여라.

풀이

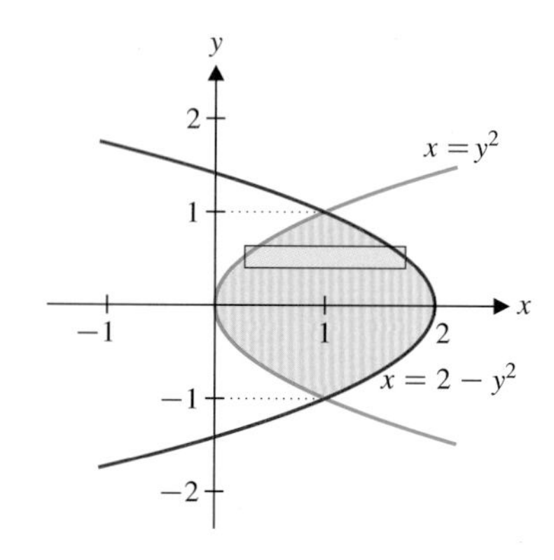

그림 5.10 $x = y^2,\ x = 2 - y^2$

그림 5.10과 같이 위의 두 식의 그래프는 각각 다른 방향으로 열린 포물선이다. 두 곡선에 의해 둘러싸인 영역의 넓이를 구할 때, 변수 x에 관해 적분을 하려면 주어진 영역을 두 부분으로 나누어 계산을 해야 한다. 그러나 y에 관해 적분을 하면 하나의 적분만을 계산하면 된다. 두 곡선의 교점을 구하기 위해 두 식을 연립하면 $y^2 = 2 - y^2$에서 $y^2 = 1$, $y = \pm 1$이다. 구간 $[-1, 1]$에서 $y^2 \le 2 - y^2$(곡선 $x = 2 - y^2$이 $x = y^2$의 오른쪽에 위치하므로)이므로 식 (1.2)를 이용하면 넓이는 다음과 같다.

$$A = \int_{-1}^{1} [(2 - y^2) - y^2]\, dy = \int_{-1}^{1} (2 - 2y^2)\, dy$$

$$= \left[2y - \frac{2}{3}y^3 \right]_{-1}^{1} = \left(2 - \frac{2}{3}\right) - \left(-2 + \frac{2}{3}\right) = \frac{8}{3}$$

■

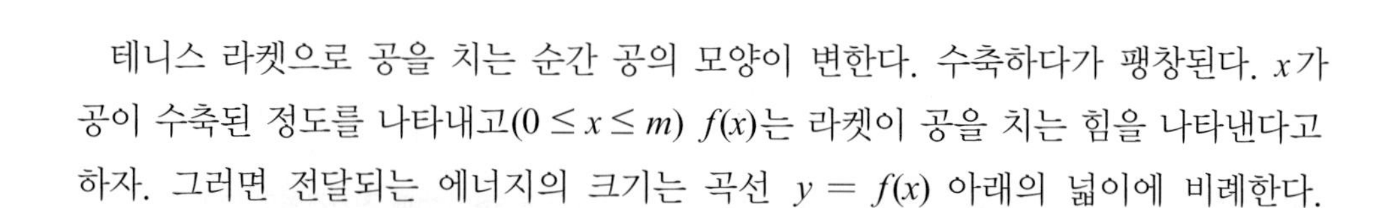

테니스 라켓으로 공을 치는 순간 공의 모양이 변한다. 수축하다가 팽창된다. x가 공이 수축된 정도를 나타내고($0 \le x \le m$) $f(x)$는 라켓이 공을 치는 힘을 나타낸다고 하자. 그러면 전달되는 에너지의 크기는 곡선 $y = f(x)$ 아래의 넓이에 비례한다.

$f_c(x)$가 공이 수축되는 동안의 힘을 나타내고 $f_e(x)$는 공이 팽창되는 동안의 힘을 나타낸다고 하자. 공이 수축되는 동안은 에너지가 공으로 전달되고 팽창되는 동안은 에너지가 공으로부터 빠져나간다. 따라서 공을 쳤을 때 생기는 공의 에너지 손실은 $\int_0^m [f_c(x) - f_e(x)]dx$에 비례한다. 또 에너지 손실의 백분율은 다음과 같이 주어진다.

$$100 \frac{\int_0^m [f_c(x) - f_e(x)]dx}{\int_0^m f_c(x)dx}$$

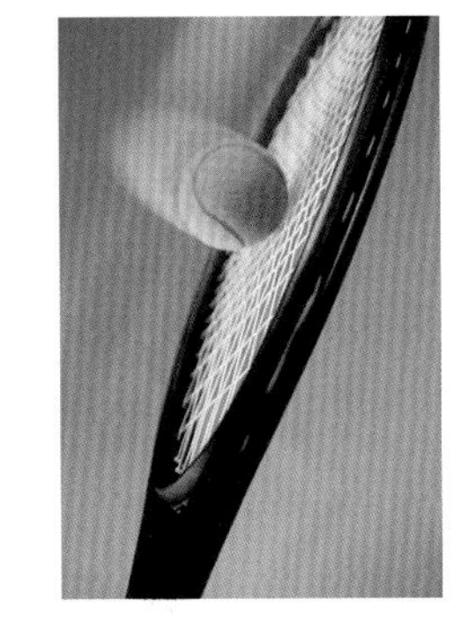

예제 1.7 테니스 공의 에너지 손실 추정하기

테니스 라켓이 공을 칠 때의 측정값이 다음 표와 같을 때 에너지 손실의 백분율을 추정하여라.

x(in.)	0.0	0.1	0.2	0.3	0.4
$f_c(x)$ (lb)	0	25	50	90	160
$f_e(x)$ (lb)	0	23	46	78	160

풀이

데이터를 좌표평면에 표시하고 직선으로 연결하면 그림 5.11과 같다. 두 곡선 사이의 넓이와 위의 곡선 아래의 넓이를 추정하여야 한다. 곡선의 방정식을 알 수 없으므로 심프슨 공식을 이용하자. 먼저

$$\int_0^{0.4} f_c(x)dx \approx \frac{0.1}{3}[0 + 4(25) + 2(50) + 4(90) + 160] = 24$$

이다. 심프슨 공식을 이용하여 $\int_0^{0.4} [f_c(x) - f_e(x)]dx$를 계산하기 위하여 $f_c(x) - f_e(x)$에 대한 표를 만들면

x	0.0	0.1	0.2	0.3	0.4
$f_c(x) - f_e(x)$	0	2	4	12	0

이므로

$$\int_0^{0.4} [f_c(x) - f_e(x)]dx \approx \frac{0.1}{3}[0 + 4(2) + 2(4) + 4(12) + 0] = \frac{6.4}{3}$$

이다. 따라서 에너지 손실의 백분율은 $\frac{100(6.4/3)}{24} \approx 8.9\,\%$이다. 즉, 90 % 이상의 에너지가 보존된다. 실제 테니스에서도 이러하다.

■

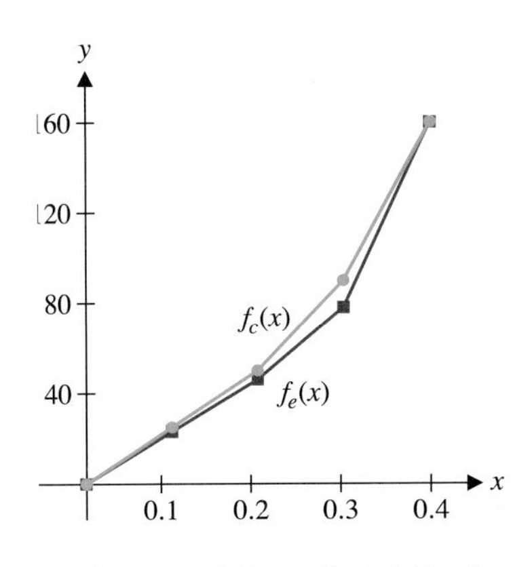

그림 5.11 테니스 공에 가해지는 힘

연습문제 5.1

[1~2] 주어진 구간에서 두 함수 사이의 넓이를 구하여라.

1. $y = x^3$, $y = x^2 - 1$, $1 \le x \le 3$

2. $y = e^x$, $y = x - 1$, $-2 \le x \le 0$

[3~6] 다음 두 함수의 그래프를 그리고 두 곡선 사이의 넓이를 구하여라.

3. $y = x^2 - 1$, $y = 7 - x^2$

4. $y = x^3$, $y = 3x + 2$

5. $y = 4xe^{-x^2}$, $y = |x|$

6. $y = \dfrac{5x}{x^2+1}$, $y = x$

[7~9] 다음 함수의 그래프를 그리고 두 곡선 사이 넓이의 근삿값을 구하여라.

7. $y = e^x$, $y = 1 - x^2$

8. $y = \sin x$, $y = x^2$

9. $y = x^4$, $y = 2 + x$

[10~13] 다음 함수의 그래프를 그리고 유계된 영역의 넓이를 정적분 하나로 계산하여라.

10. $y = x$, $y = 2 - x$, $y = 0$

11. $x = y$, $x = -y$, $x = 1$

12. $y = 2x (x > 0)$, $y = 3 - x^2$, $x = 0$

13. $y = e^x$, $y = 4e^{-x}$, $x = 0$

14. 공이 물체에 충돌할 때 공은 수축과 이완을 하며 모양이 변한다. 만일 x는 공의 크기를 나타내고$(0 \le x \le m)$ $f(x)$는 공과 충돌하는 물체 사이의 힘을 표현한다고 할 때, 곡선 $y = f(x)$ 아랫부분의 넓이는 에너지의 변환을 나타낸다. $f_c(x)$는 압축되는 동안의 힘을 나타내고 $f_e(x)$는 이완되는 동안의 힘을 나타낸다. $\int_0^m [f_c(x) - f_e(x)]\,dx$가 공이 충돌할 때 손실되는 에너지의 양을 나타내는 것을 설명하고 $\int_0^m [f_c(x) - f_e(x)]\,dx \,/\int_0^m f_c(x)\,dx$ 이 충돌 시 생기는 에너지의 손실비율이라는 것을 설명하여라. 다음 표는 야구공이 방망이에 맞을 때 생기는 힘의 양이다.

x(in.)	0	0.1	0.2	0.3	0.4
$f_c(x)$ (lb)	0	250	600	1200	1750
$f_e(x)$ (lb)	0	10	100	270	1750

심프슨 공식을 사용하여 공이 충돌할 때 생기는 에너지의 손실비율을 계산하여라.

15. 구간 $[a,\ b]$에서 함수 $f(x)$의 평균값은 $A = \dfrac{1}{b-a}\displaystyle\int_a^b f(x)\,dx$로 주어진다. 구간 $[0,\ 3]$에서 함수 $f(x) = x^2$의 평균값 A를 구하고 직선 $y = A$의 위와 $y = f(x)$의 아래로 둘러싸인 영역의 넓이와 $y = A$의 아래와 $y = f(x)$의 위로 둘러싸인 영역의 넓이가 같음을 보여라.

16. 포물선 $y = ax^2 + bx + c$와 직선 $y = mx + n$이 $x = A$와 $x = B$에서 만난다고 하자$(A < B)$. 두 곡선 사이의 넓이는 $\dfrac{|a|}{6}(B - A)^3$임을 보여라(힌트: 피적분함수를 A와 B를 이용하여 나타내고 적분하여라).

17. $y = x - x^2$에 대하여 아래 그림에서 $A_1 = A_2$가 되도록 L의 값을 구하여라.

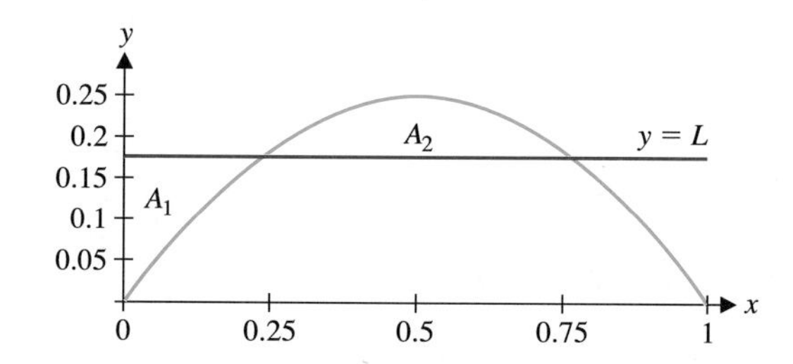

18. $0 \le x \le t$일 때 $y = \sin^2 x$와 $y = 1$ 사이의 영역의 넓이를 $f(t)$라 하자. $t \ge 0$일 때 $f(t)$의 임계점과 극점, 변곡점을 모두 구하여라.

19. 출생률은 $b(t) = 2e^{0.04t}$(백만 명)이고 사망률은 $d(t) = 2e^{0.02t}$(백만 명)이라 하자. $t \ge 0$일 때 $b(t) \ge d(t)$임을 보이고 두 그래프 사이의 넓이가 인구 증가를 나타냄을 설명하여라. 또한 $0 \le t \le 10$에서 증가한 인구를 계산하여라.

5.2 부 피

이 장을 통하여 알게 되겠지만 적분은 놀라운 도구이다. 앞 절에서는 넓이를 계산하는 데 정적분을 사용하였고 이번 절에서는 삼차원 공간의 물체의 부피를 구하는 데 정적분을 사용한다. 먼저 단순한 문제부터 생각해 보자.

건물을 디자인할 때 건축가는 자세한 계산을 수없이 해야 한다. 예를 들어, 건물의 냉난방 시스템을 설계하기 위하여 엔지니어는 처리되는 공기의 양을 계산하여야 한다.

그림 5.12a에 보이는 건물이 직사각형이라고 생각하면 부피는 lwh로 쓸 수 있다(l은 건물의 길이, w는 폭, h는 높이). 그림 5.12b에 보이는 원기둥형 건물의 부피는 $\pi r^2 h$이다(h는 높이, r은 단면의 반지름). 그림 5.12a 건물의 단면은 직사각형이고 5.12b의 단면은 원으로, 각각 수직으로 연장된 모양이 각 건물이 된다. 이러한 모양을 각기둥이라 한다(어느 한 축에 수직으로 자른 단면의 모양은 언제나 일정하다). 이러한 두 각기둥의 부피 사이의 관계를 생각해 보자. 원기둥의 부피는

$$V = \underbrace{(\pi r^2)}_{\text{단면의 넓이}} \times \underbrace{h}_{\text{높이}}$$

이고 직육면체 상자의 부피는

$$V = \underbrace{(\text{가로} \times \text{세로})}_{\text{단면의 넓이}} \times \text{높이}$$

이다. 일반적으로 각기둥의 부피는 다음 식으로 주어진다.

$$V = (\text{단면의 넓이}) \times \text{높이}$$

그림 5.12a

그림 5.12b

수학자

아르키메데스
(Archimedes, ca. 287−212 B.C.)

그리스의 수학자이며 과학자. 부피와 넓이의 공식을 처음으로 유도했으며 정수역학의 기본 법칙(부력의 법칙)을 발견하고 그 기쁨으로 유레카를 외치며 목욕탕에서 거리로 뛰어나온 사람으로 알려져 있다. 지렛대만 있으면 지구를 들어올릴 수 있다고 하였다. 투석기, 기중기, 볼록렌즈 등을 발견한 이 천재 과학자는 로마군이 그의 고향인 시러큐스를 점령했을 때 무지한 로마 군사에 의해 살해당했다. 모래 위에 도형을 그리고 연구 중이던 아르키메데스는 그를 체포하러 온 군사에게 내 연구를 방해하지 말라고 한 것으로 유명하다.

절단면을 이용하여 부피 구하기

물체 단면의 넓이나 세로(폭)의 길이가 상수가 아니라면 앞서 언급한 식을 다소 변형해야 한다. 예를 들어, 그림 5.13a~5.13b의 피라미드 형태나 돔 형태의 건물 단면의 넓이는 일정하지 않다. 이러한 경우에 부피를 구하는 방법을 찾아보기로 하자. 먼저 구하고자 하는 부피의 근삿값을 구하고, 이 근삿값을 이용하여 정확한 부피를 구해 보자.

$x=a$와 $x=b$ 사이에 놓여 있는 물체의 부피를 구하기 위해, 먼저 구간 $[a,\ b]$를 n등분하면 각 구간의 길이는 $\Delta x=\dfrac{b-a}{n}$이 되고 분할점들은 $x_0=a,\ x_1=x_0+\Delta x,\ x_2=x_1+\Delta x,\ \cdots x_n=x_{n-1}+\Delta x$가 되어 임의의 $i=0,\ 1,\ 2,\ \cdots,\ n$에 대하여

$$x_i=a+i\Delta x$$

이다. 이제 물체를 x축에 수직 방향으로 점 $x_1,\ x_2,\ \cdots,\ x_{n-1}$을 지나는 n개의 조각으로 나누자(그림 5.14a 참고). n개의 조각 중 하나의 부피의 근삿값을 구해 보자.

n의 값이 클수록 각 조각의 두께는 얇아지기 때문에 단면의 넓이는 소구간 $[x_{i-1},\ x_i]$의 x값에 상관없이 거의 일정하게 된다. 임의의 점 x에서 단면의 넓이를 $A(x)$로 표시하자. 또한 각 조각은 밑넓이 $A(x)$, 높이 Δx의 값을 갖는 원주 모양으로 간주할 수 있다(그림 5.14b 참고). 그러므로 임의의 i번째 구간에 있는 임의의 점 $c_i\in[x_{i-1},\ x_i]$에서 단면의 넓이는 $A(c_i)$이 되어 i번째 조각의 부피 근삿값은 $V_i\approx A(c_i)\times\Delta x$이 된다. 조각 n개의 부피의 근삿값을 구하여 합하면 입체의 구하고자 하는 전체 부피의 근삿값이 된다.

$$V\approx\sum_{i=1}^{n}A(c_i)\Delta x$$

조각의 수를 증가시키면 오차가 줄어들어 참값에 가까워지므로 정확한 부피는

그림 5.13a 파리 루브르 박물관의 피라미드 입구

그림 5.13b 미국 국회의사당

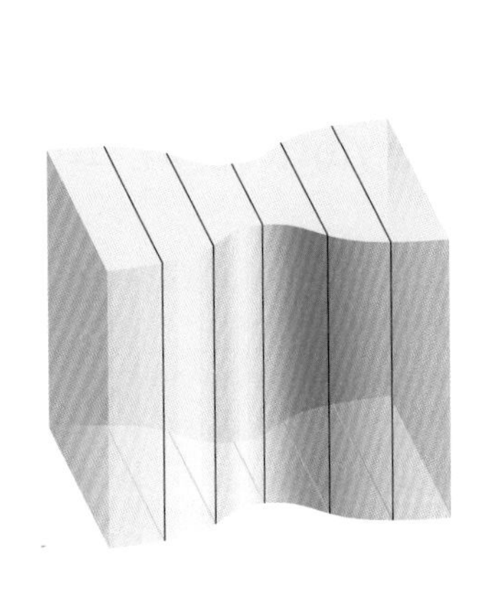

그림 5.14a n조각으로 자르기

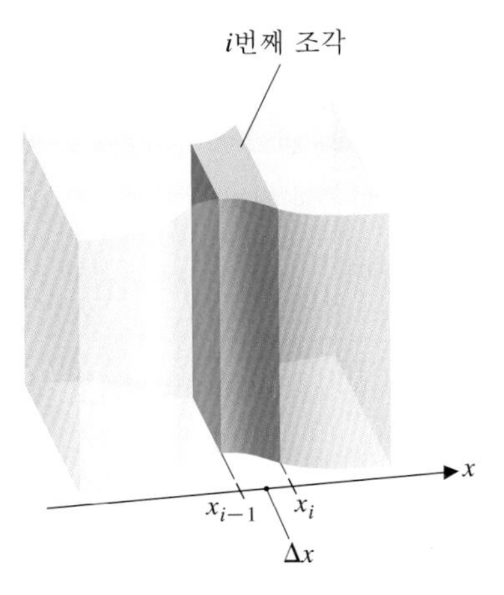

그림 5.14b i번째 조각의 모양

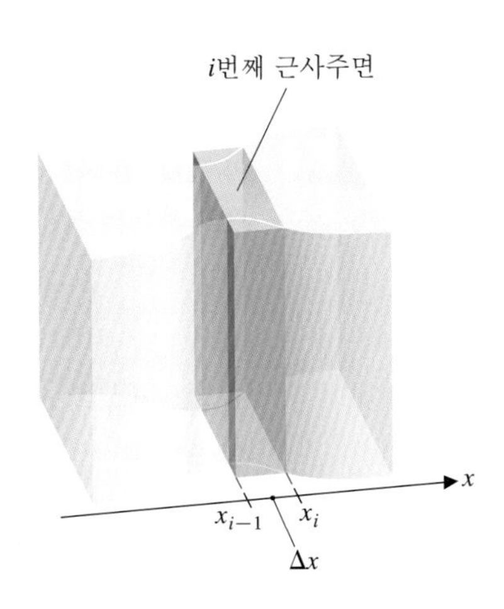

그림 5.14c i번째 조각으로 근사한 원주

$$V = \lim_{n \to \infty} \sum_{i=1}^{n} A(c_i)\Delta x$$

가 된다. 정적분 정의에 의해 단면의 넓이가 $A(x)$인 물체의 부피는 다음과 같이 주어진다.

$$\boxed{V = \int_a^b A(x)dx} \qquad (2.1)$$

주 2.1

식 (2.1)을 유도할 때와 같은 방법으로 넓이, 부피, 곡선의 길이, 그리고 물체의 겉넓이를 구할 수 있다. 주어진 물체를 n개의 조각으로 잘라서 임의의 조각에 대해 구하고자 하는 것의 근삿값을 구한 후 n개를 모두 합하여 다시 극한을 취하면 정적분이 포함되어 있는 식을 얻게 된다. 어떤 문제든 이와 같은 방법으로 해결하면 공식을 외울 필요 없이 원하는 값을 얻게 되므로 위의 절차를 이해해두기 바란다.

예제 2.1 절단 넓이를 이용하여 부피 구하기

멤피스에 위치한 피라미드 아레나의 밑면은 한 변의 길이가 약 600피트인 정사각형이고 높이는 약 320피트이다. 피라미드의 부피를 구하여라.

풀이

식 (2.1)을 이용하기 위하여 단면의 넓이를 구하는 식이 필요하다. 피라미드를 수평으로 자른 단면의 모양은 정사각형이므로 넓이를 구하기는 쉬우나 각각의 높이에서 다른 크기의 정사각형 단면의 넓이를 구하는 식이 필요하다. x축을 돌려서 피라미드의 맨 위에 있는 꼭짓점을 통과하도록 하자. 그러면 점 $x = 0$에는 한 변의 길이가 600피트인 정사각형 단면이 놓이고 $x = 320$에는 피라미드의 맨 위 꼭짓점이 오게 된다. 이는 한 변의 길이가 0인 정사각형 단면으로 생각할 수 있다. 만일 $f(x)$가 높이가 x인 정사각형 단면의 한 변의 길이를 나타낸다면 $f(x)$는 $f(0) = 600$, $f(320) = 0$을 만족하는 일차함수이어야 한다. 이 일차함수의 기울기는 $m = \frac{600-0}{0-320} = -\frac{15}{8}$이고 y절편은 600이므로

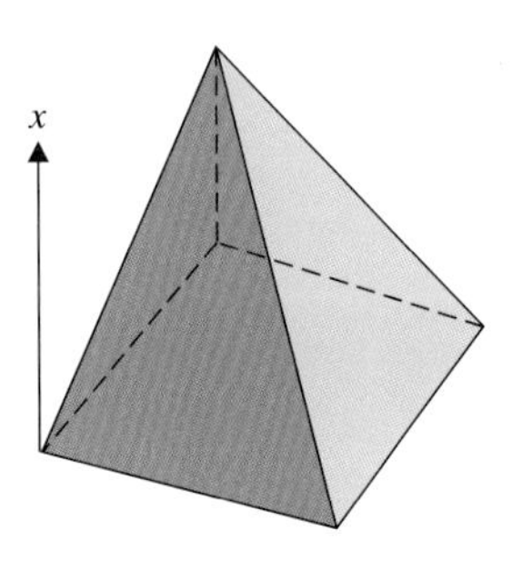

피라미드

$$f(x) = -\frac{15}{8}x + 600$$

이 된다. $f(x)$는 정사각형 단면의 한 변의 길이이므로 단면의 넓이는 $f(x)$의 제곱이다. 그러므로 부피는 식 (2.1)에 의하여 다음과 같다.

$$V = \int_0^{320} A(x)dx = \int_0^{320}\left(-\frac{15}{8}x + 600\right)^2 dx$$

위 적분식을 풀기 위하여 $u = -\frac{15}{8}x + 600$로 치환하고 이를 양변을 미분하면 $du = -\frac{15}{8}dx$을 얻는다.

$$V = \int_0^{320}\left(-\frac{15}{8}x + 600\right)^2 dx = -\frac{15}{8}\int_{600}^{0} u^2 du$$
$$= \frac{8}{15}\int_0^{600} u^2 du = \frac{8}{15}\frac{u^3}{3}\Big|_0^{600} = 38,400,000 \text{ 세제곱피트}$$

■

앞의 예제 2.1에서는 정확한 단면의 넓이의 값을 구할 수 있었다. 그러나 많은 경우에는 단면의 넓이를 정확하게 구할 수 없어 단면의 넓이의 근삿값을 구하여 부피를 구하게 된다.

예제 2.2 단면의 넓이의 근삿값 계산

CT나 MRI와 같은 의료 영상은 의사가 관찰하려는 부위의 삼차원 입체 영상을 제공한다. 이 영상들은 앞서 물체의 부피를 구하기 위해 사용한 방법과 유사하다. 즉 수많은 단면 조각을 이용하는데, 촬영하고자 하는 부위의 여러 단층들을 조합시켜 삼차원 영상을 만들어 의사가 그 부위의 이상 여부를 판단할 수 있는 자료로 쓰이는 것이다. 다음 표는 종양 부근의 단면들의 넓이를 MRI 촬영으로 얻은 자료이다. 종양의 부피를 구하여라.

x(cm)	0	0.1	0.2	0.3	0.4	0.5	0.6	0.7	0.8	0.9	1.0
$A(x)$(cm^2)	0.0	0.1	0.4	0.3	0.6	0.9	1.2	0.8	0.6	0.2	0.1

풀이

종양의 부피를 구하기 위해서는 $V = \int_0^1 A(x)dx$를 계산해야 하지만 $A(x)$은 단지 몇 개의 값으로 주어졌기 때문에 정확한 값을 구할 수 없다. 그러므로 심프슨 공식을 이용하여 그 근삿값을 구해 보자. 구간의 간격을 $\Delta x = 0.1$으로 하여

$$V = \int_0^1 A(x)dx$$
$$\approx \frac{b-a}{3n}\begin{bmatrix} A(0) + 4A(0.1) + 2A(0.2) + 4A(0.3) + 2A(0.4) + 4A(0.5) \\ + 2A(0.6) + 4A(0.7) + 2A(0.8) + 4A(0.9) + A(1) \end{bmatrix}$$
$$= \frac{0.1}{3}(0 + 0.4 + 0.8 + 1.2 + 1.2 + 3.6 + 2.4 + 3.2 + 1.2 + 0.8 + 0.1)$$
$$\approx 0.49667 \text{ 세제곱센티미터}$$

■

이제 그림 5.13b와 같은 반구형의 부피를 구하는 문제를 생각해 보자. 이 경우는 수평으로 자른 단면의 모양이 원형이기 때문에 반지름을 구하는 것이 필요하다.

예제 2.3 반구형의 부피 구하기

외부 곡면의 식이 $y=-\frac{2}{45}x^2+90$이고 $(-45\le x\le 45)$ 원형 단면을 갖는 반구형 물체의 부피를 구해 보자(단위는 피트이고 그림 5.13b의 미국 국회의사당 모양과 유사하다). 그래프는 그림 5.15와 같다.

풀이

그림 5.15와 같이 $0\le y\le 90$일 때 단면은 원이다. y일 때 반지름은 $r(y)=\sqrt{\frac{45}{2}(90-y)}$이므로 각 단면의 넓이는

$$A(y)=\pi\left(\sqrt{\frac{45}{2}(90-y)}\right)^2,\ 0\le y\le 90$$

이고 부피는 다음과 같다.

$$V=\int_0^{90}A(y)dy=\int_0^{90}\pi\left(\sqrt{\frac{45}{2}(90-y)}\right)^2dy=\int_0^{90}\pi\left(2025-\frac{45}{2}y\right)dy$$

$$=\pi\left[2025y-\frac{45}{2}y^2\right]_0^{90}=91{,}125\,\pi\approx 286{,}278\text{세제곱피트}$$

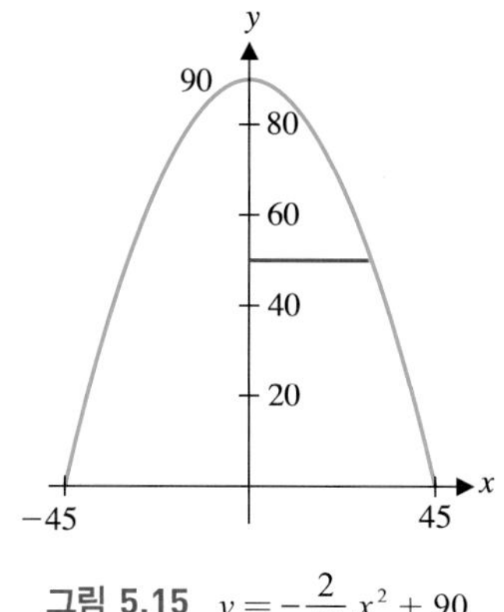

그림 5.15 $y=-\frac{2}{45}x^2+90$

앞의 예제의 다른 해법은 곡선 $x=\sqrt{\frac{45}{2}(90-y)}$과 y축의 구간 $0\le y\le 90$으로 둘러싸인 부분을 y축을 중심으로 회전시켜 얻은 회전체의 부피를 구하는 방법이다.

예제 2.3은 수평선이나 수직선에 관하여 회전시켜 얻은 회전체의 부피를 구하는 원판법으로 일반화할 수 있다. 다음에서 일반적인 방법을 소개하기로 한다.

원판법

구간 $[a, b]$에서 함수 $f(x)\ge 0$는 연속이라 하자. 구간에서 $y=f(x)$의 그래프와 x축으로 둘러싸인 영역(그림 5.16a)을 x축으로 회전시켜 얻은 회전체는 그림 5.16b와 같다. 이 회전체를 x축에 수직 방향으로 얇게 자르면 각 조각은 반지름이 $r=f(x)$인 원형판이 된다. 그러므로 회전체의 부피는

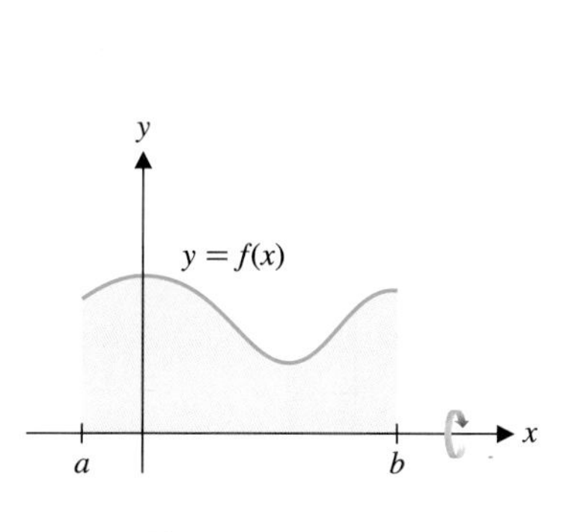

그림 5.16a $y=f(x)\ge 0$

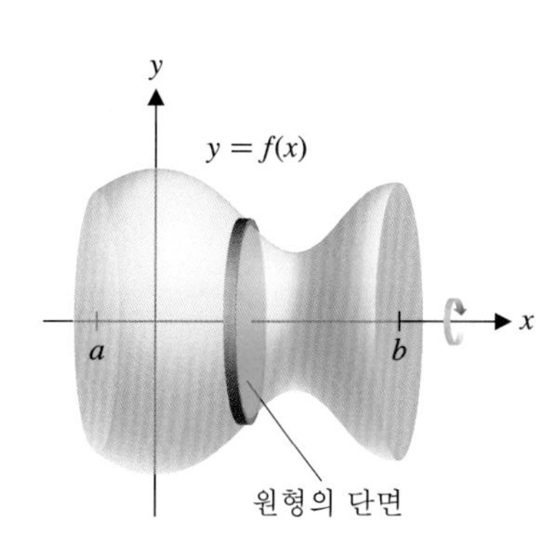

그림 5.16b 회전체

$$V=\int_a^b \underbrace{\pi[f(x)]^2}_{\text{단면의 넓이}=\pi r^2} dx \tag{2.2}$$

이다. 모든 회전체의 단면은 원판이므로 이러한 방법을 **원판법**(method of disks)이라 한다.

예제 2.4 원판법으로 부피 구하기

구간 [0, 4]에서 곡선 $y=\sqrt{x}$ 의 아랫부분을 x축에 관하여 회전시켜 얻은 회전체의 부피를 구하여라.

풀이

주어진 영역과 회전체의 그래프를 정확히 그리면 단면의 반지름과 넓이를 쉽게 구할 수 있다. 그림 5.17a와 5.17b로부터 원형판의 반지름이 $r=\sqrt{x}$라는 것을 알 수 있으며 그 부피를 구해 보면 식 (2.2)로부터 다음과 같다.

$$V=\int_0^4 \underbrace{\pi\left[\sqrt{x}\right]^2}_{\text{단면의 넓이}=\pi r^2} dx=\pi\int_0^4 x\,dx=\pi\frac{x^2}{2}\bigg|_0^4=8\pi$$

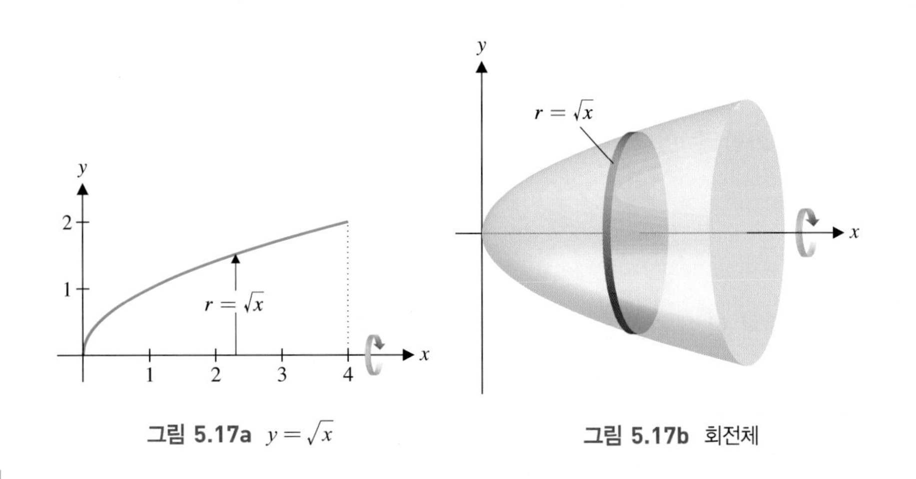

그림 5.17a $y=\sqrt{x}$ 그림 5.17b 회전체

유사한 방법으로 구간 $[c, d]$에서 함수 $g(y)\geq 0$이 연속이라 가정하자. $c\leq y\leq d$에서 곡선 $x=g(y)$와 y축으로 둘러싸인 영역(그림 5.18a)을 y축을 회전축으로 회전시키면 그림 5.18b와 같은 회전체를 얻는다. 앞서 언급한 경우와 비교할 때 x와 y의 역할이 바뀐 것을 알 수 있을 것이다. 그래서 이 회전체의 부피는 원판법에 의해

$$V=\int_c^d \underbrace{\pi[g(y)]^2}_{\text{단면의 넓이}=\pi r^2} dy \tag{2.3}$$

이 된다.

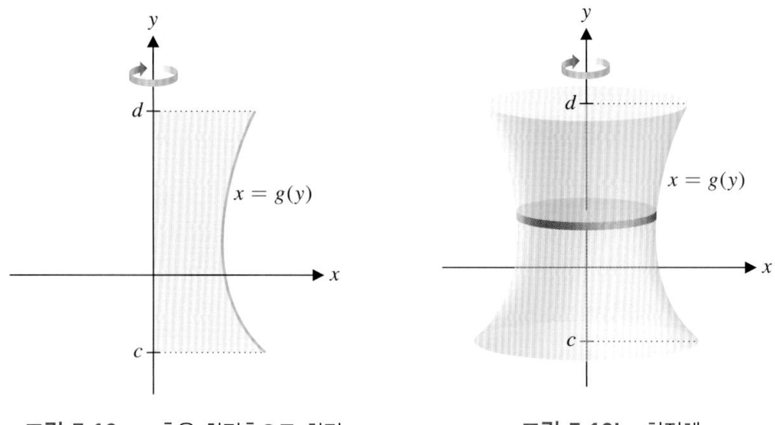

그림 5.18a y축을 회전축으로 회전 **그림 5.18b** 회전체

주 2.2

원판법에서 정적분이 x에 관한 적분인지, y에 관한 적분인지는 영역의 기하학적인 모양에 의해 결정되는 것이 아니라 어느 축을 회전축으로 회전시켰느냐에 의해 결정된다. 즉, x축에 관하여 회전했으면 x에 관한 적분이고, y축에 관하여 회전했으면 y에 관하여 적분하는 것이다.

예제 2.5 독립변수 y에 관한 원판법

$x = 0$과 $x = \sqrt{3}$ 사이에서 곡선 $y = 4 - x^2$으로 둘러싸인 영역을 y축을 회전축으로 회전시킬 때 생기는 회전체의 부피를 구하여라.

풀이

그림 5.19a~5.19b에서 보이는 것처럼 주어진 영역과 회전체의 모양은 다음과 같다. 이 회전체에서 절단면의 반지름은 x로 y에 의해 주어진 함수 $x = \sqrt{4 - y}$으로, 식 $y = 4 - x^2$을 x에 관해 풀어서 구할 수 있다. y축을 회전축으로 하여 회전시킨 회전체는 $y = 1$과 $y = 4$ 사이에 위치하므로 식 (2.3)을 사용하면 부피는 다음과 같다.

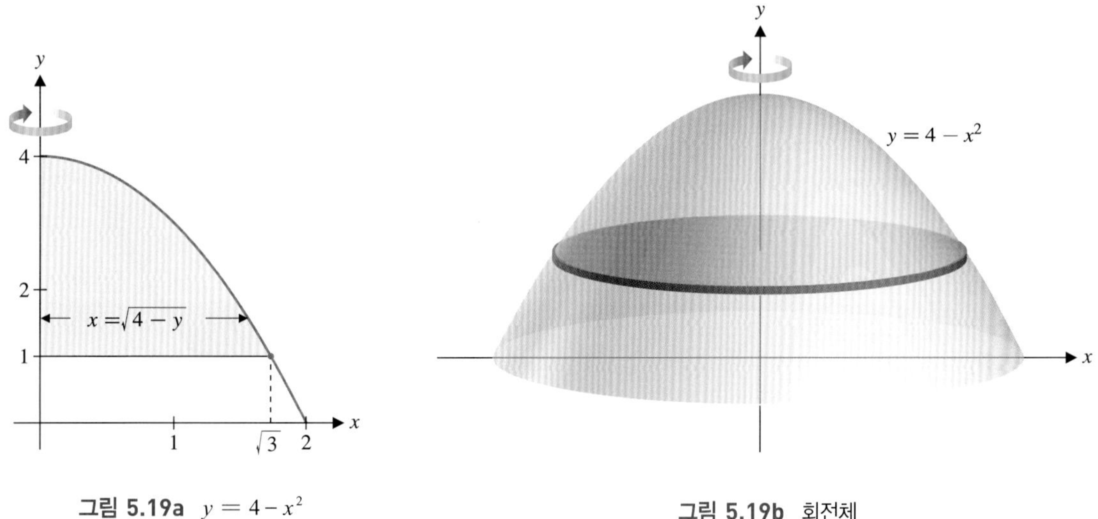

그림 5.19a $y = 4 - x^2$ **그림 5.19b** 회전체

$$V = \int_1^4 \underbrace{\pi\left(\sqrt{4-y}\right)^2}_{\pi r^2} dy = \int_1^4 \pi(4-y)\,dy$$

$$= \pi\left[4y - \frac{y^2}{2}\right]_1^4 = \pi\left[(16-8) - \left(4 - \frac{1}{2}\right)\right] = \frac{9\pi}{2}$$

워셔법

원판법으로 회전체의 부피를 구하는 데는 두 가지 어려움이 있다. 하나는 회전체가 움푹 파여 그릇 모양이거나 내부에 구멍이 있는 경우이고, 다른 하나는 회전축이 x축이나 y축이 아닌 경우이다. 이러한 경우 회전체의 모양을 잘 살펴보면 부피를 구하는 일이 크게 어렵다고 생각되지는 않을 것이다.

예제 2.6 공동이 있는 회전체와 없는 회전체의 부피

영역 R은 $y = \frac{1}{4}x^2$의 그래프와 $x = 0$, $y = 1$에 의해 둘러싸인 부분이다. 이 영역을 (a) y축을 회전축으로 (b) x축을 회전축으로 (c) 직선 $y = 2$에 관하여 회전시켰을 때 생기는 회전체의 부피를 각각 구하여라.

풀이

(a) 영역 R의 그림은 5.20a와 같고 이를 y축을 회전축으로 회전시킨 회전체의 모양은 그림 5.20b와 같다. 앞의 예제 2.5와 유사한 문제임을 알 수 있다. 그러므로 식 (2.3)으로부터 부피는

$$V = \int_0^1 \underbrace{\pi\left(\sqrt{4y}\right)^2}_{\pi r^2} dy = \pi \frac{4}{2} y^2 \Big|_0^1 = 2\pi$$

이 된다.

(b) 지금까지 살펴본 것과는 회전체의 모양이 다소 다르다는 것을 알 수 있을 것이다. 영역 R을 x축을 회전축으로 회전시켜 얻은 이 회전체는 그림 5.21b에서 보이는 것처럼 회전체의

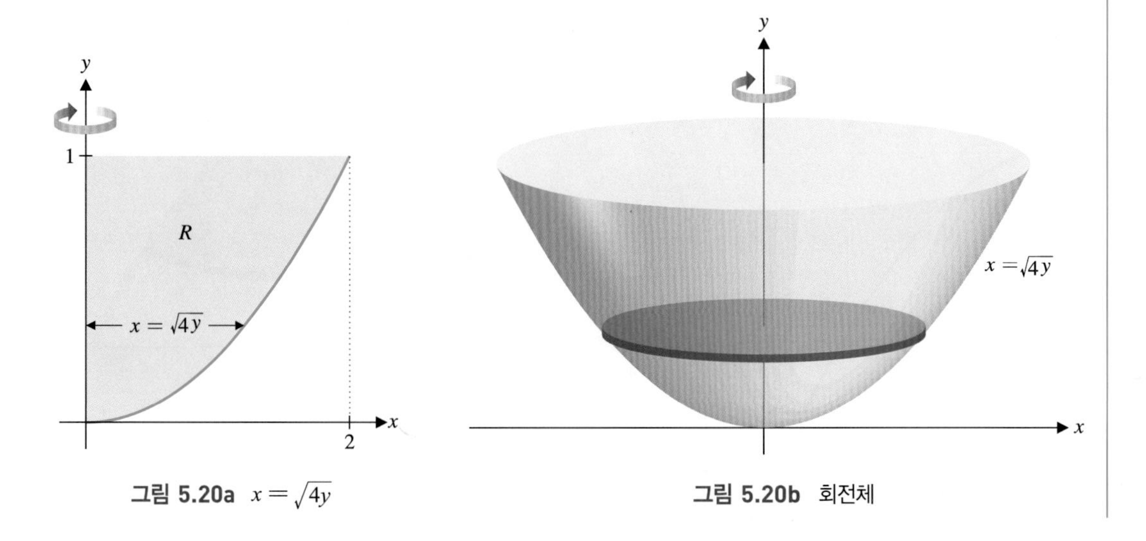

그림 5.20a $x = \sqrt{4y}$

그림 5.20b 회전체

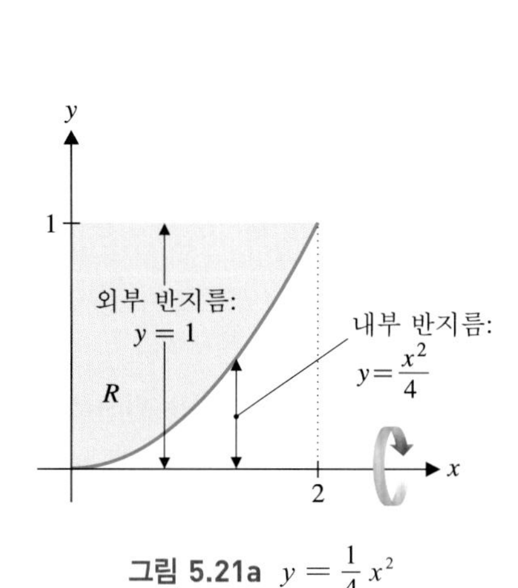

그림 5.21a $y = \frac{1}{4}x^2$

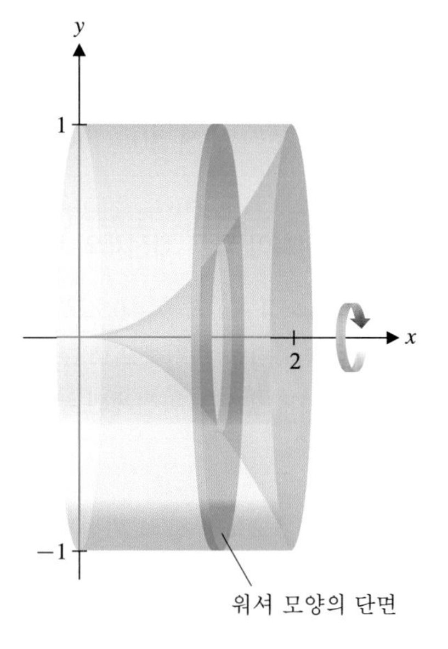

그림 5.21b 공동이 있는 전체

내부가 비어 있는 그릇 모양이다. 이러한 회전체의 부피는 내부가 비어 있지 않다고 생각하고 전체 부피를 구한 뒤 내부의 부피를 전체에서 빼면 구하고자 하는 부피를 얻을 수 있다. 그림 5.21a에서 볼 수 있듯이 외부 회전체는 직선 $y = 1$을 x축을 회전축으로 회전시켜 얻은 것이고 내부 회전체는 $y = \frac{1}{4}x^2$을 x축을 회전축으로 회전시켜 얻은 것이다. 그러므로 외부 회전체의 반지름 r_O는 x축으로부터 직선 $y = 1$까지 거리가 되어 $r_O = 1$이고, 내부 회전체의 반지름 r_I는 x축으로부터 곡선 $y = \frac{1}{4}x^2$까지의 거리이므로 $r_I = \frac{1}{4}x^2$이 된다. 식 (2.2)를 두 번 사용하면 부피는

$$V = \int_0^2 \underbrace{\pi(1)^2}_{\pi(\text{외부 반지름})^2} dx - \int_0^2 \underbrace{\pi\left(\frac{1}{4}x^2\right)^2}_{\pi(\text{내부 반지름})^2} dx$$

$$= \pi\int_0^2\left(1 - \frac{x^4}{16}\right)dx = \pi\left(x - \frac{1}{80}x^5\right)\Big|_0^2 = \pi\left(2 - \frac{32}{80}\right) = \frac{8}{5}\pi$$

이 된다. 이러한 방법을 워셔법이라 한다.

(c) 영역 R을 직선 $y = 2$에 관하여 회전시켜 얻은 물체는 그림 5.22b와 같이 중앙에 원통형 구멍이 있는 세탁기 모양의 회전체이다. 영역 R은 그림 5.22a의 모양으로 외부 반지름은 $y = 2$에서 $y = \frac{1}{4}x^2$까지 거리이므로 $r_O = 2 - \frac{1}{4}x^2$으로 주어지고 내부 반지름은 $y = 2$에서 $y = 1$까지 거리이므로 $r_I = 2 - 1 = 1$이 된다. 앞서 (b)에서 사용한 같은 방법으로 외부 회전체의 부피에서 내부 회전체의 부피를 빼면 세탁기 모양의 회전체의 부피를 구할 수 있다. 식 (2.2)를 사용하면 부피는

$$V = \int_0^2 \underbrace{\pi\left(2 - \frac{1}{4}x^2\right)^2}_{\pi(\text{외부 반지름})^2} dx - \int_0^2 \underbrace{\pi(2-1)^2}_{\pi(\text{내부 반지름})^2} dx$$

$$= \pi\int_0^2\left[\left(4 - x^2 + \frac{x^4}{16}\right) - 1\right]dx = \pi\left[3x - \frac{1}{3}x^3 + \frac{1}{80}x^5\right]_0^2$$

$$= \pi\left(6 - \frac{8}{3} + \frac{32}{80}\right) = \frac{56}{15}\pi$$

■

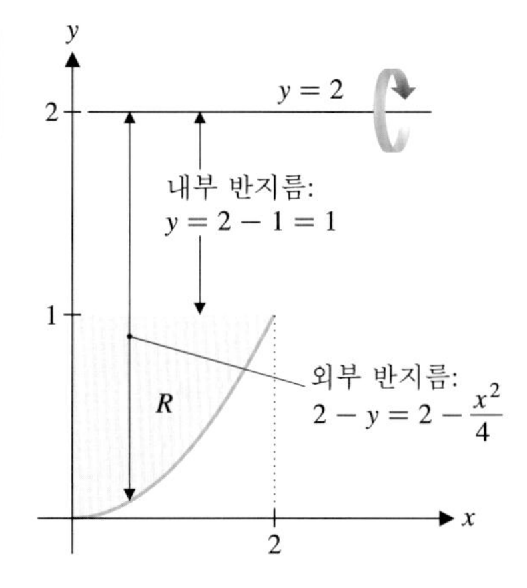

그림 5.22a 회전축 $y = 2$

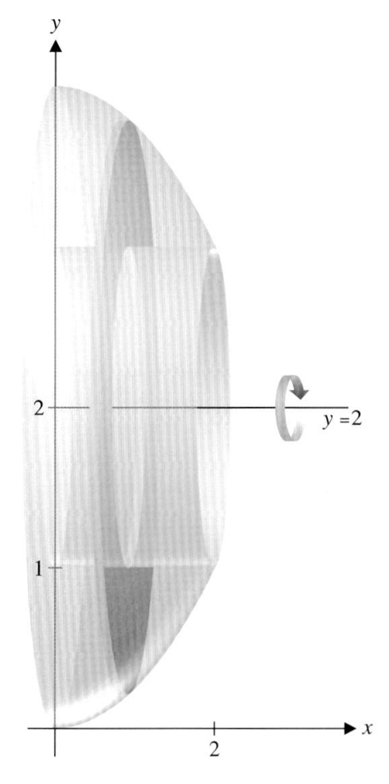

그림 5.22b 회전체

예제 2.6의 (b), (c)에서 구하고자 하는 부피는 외부 회전체의 부피에서 내부 회전체의 부피를 빼서 구하였다. 이 방법은 앞서 나온 원판법보다 일반적인 경우가 된다. 회전체의 모양으로부터 **워셔법**(method of washers)이란 용어가 나왔다.

예제 2.7 회전축이 다른 회전체의 부피

영역 R은 곡선 $y=4-x^2$과 $y=0$으로 둘러싸인 부분이다. 이 영역 R을 (a) y축을 회전축으로 (b) 직선 $y=-3$을 회전축으로 (c) 직선 $y=7$을 회전축으로 (d) 직선 $x=3$을 회전축으로 회전시켰을 때 생기는 회전체의 부피를 각각 구하여라.

풀이

(a) 영역 R은 그림 5.23a와 같고 회전체는 그림 5.23b와 같다. 따라서 y축을 회전축으로 회전시킨 회전체의 단면이 원형판이 됨을 알 수 있다. 반지름은 y축으로부터 곡선 $y=4-x^2$까지 거리이므로 이 곡선을 x에 대하여 푼 식 $x=\sqrt{4-y}$ 이 된다. 식 (2.3)을 사용하여 부피는

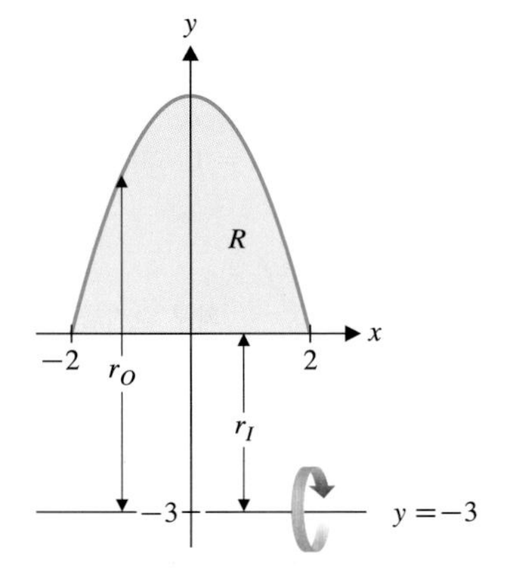

그림 5.24a 회전축 $y=-3$

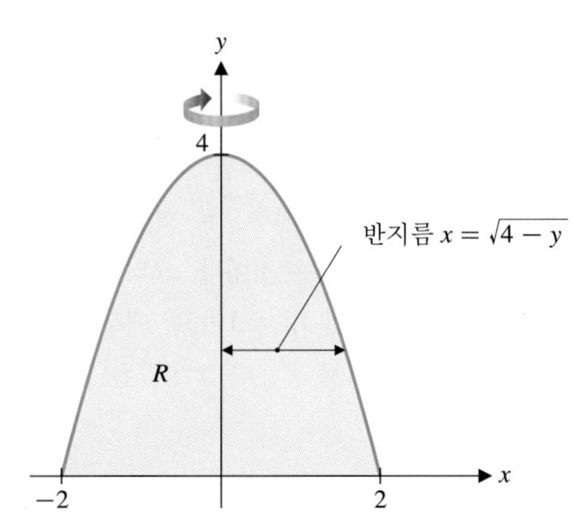

그림 5.23a y 축을 회전축으로 회전

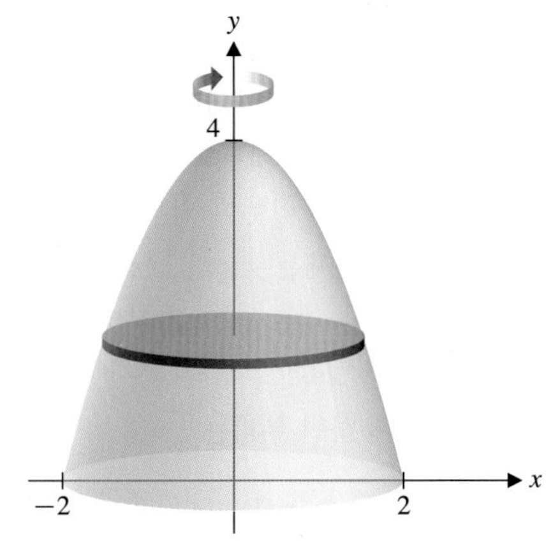

그림 5.23b 회전체

$$V=\int_0^4 \underbrace{\pi\left(\sqrt{4-y}\right)^2}_{\pi(\text{반지름})^2}dy=\pi\int_0^4(4-y)dy$$

$$=\pi\left[4y-\frac{y^2}{2}\right]_0^4=8\pi$$

이 된다.

(b) 영역 R과 회전축 $y=-3$을 그리면 그림 5.24a와 같다. 회전체의 절단면은 그림 5.24b와 같이 세탁통 모양이고 외부 반지름은 회전축으로부터 곡선 $y=4-x^2$까지 거리이므로 $r_O=y-(-3)=(4-x^2)-(-3)=7-x^2$이고 내부 반지름은 x축에서 회전축까지의 거리이므로 $r_I=0-(-3)=3$이다. 식 (2.2)을 사용하면 회전체의 부피는

$$V=\int_{-2}^{2}\underbrace{\pi(7-x^2)^2}_{\pi(\text{외부 반지름})^2}dx-\int_{-2}^{2}\underbrace{\pi(3)^2}_{\pi(\text{내부 반지름})^2}dx=\frac{1472}{15}\pi$$

이다.

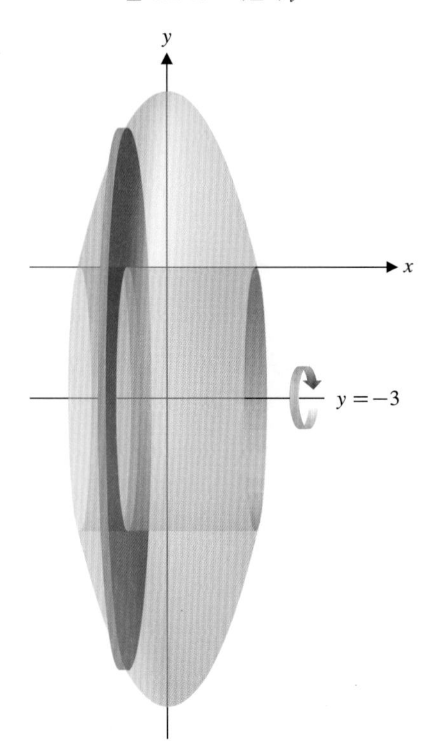

그림 5.24b 회전체

(c) 앞의 (b)와 마찬가지로 영역 R과 회전축 $y=7$은 그림 5.25a와 같고 회전체는 그림

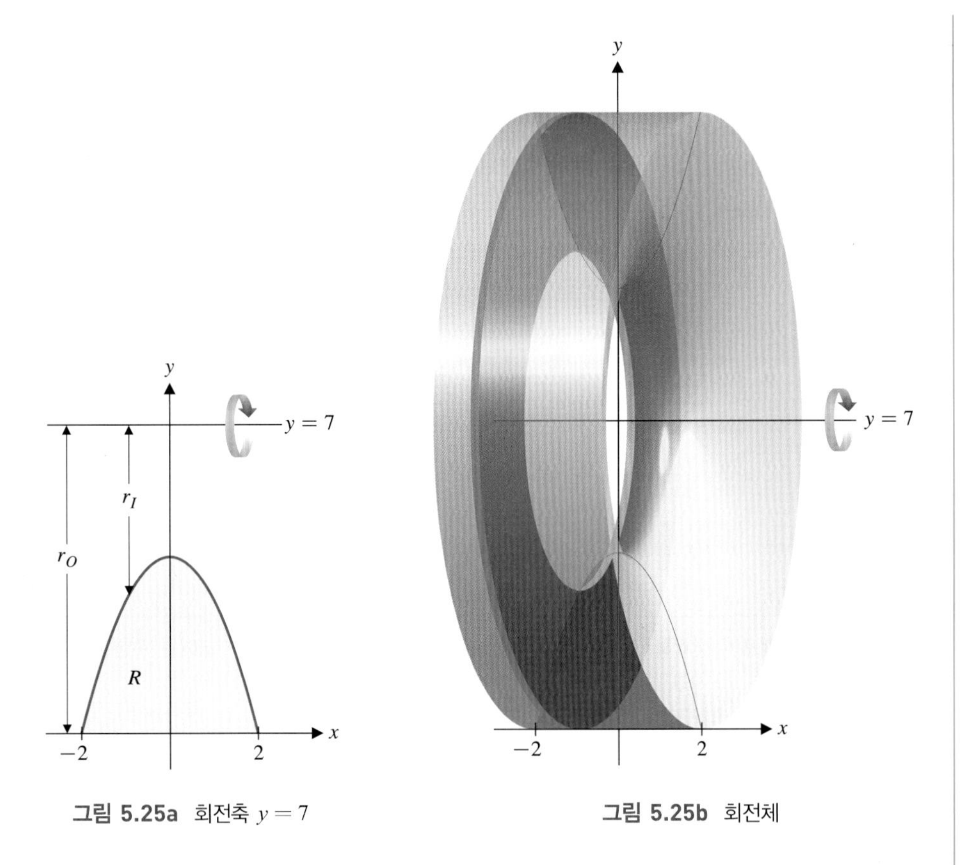

그림 5.25a 회전축 $y = 7$

그림 5.25b 회전체

5.25b와 같다. 그림에서 볼 수 있듯이 회전체의 절단면은 세탁통 모양으로 외부 반지름은 직선 $y = 7$에서부터 x축까지의 거리이므로 $r_O = 7$이고, 내부 반지름은 직선 $y = 7$에서부터 곡선 $y = 4 - x^2$까지의 거리이므로 $r_I = 7 - (4 - x^2) = 3 + x^2$이다. 식 (2.2)로부터 회전체의 부피는

$$V = \int_{-2}^{2} \underbrace{\pi(7)^2}_{\pi(\text{외부 반지름})^2} dx - \int_{-2}^{2} \underbrace{\pi(3 + x^2)^2}_{\pi(\text{내부 반지름})^2} dx = \frac{576}{5}\pi$$

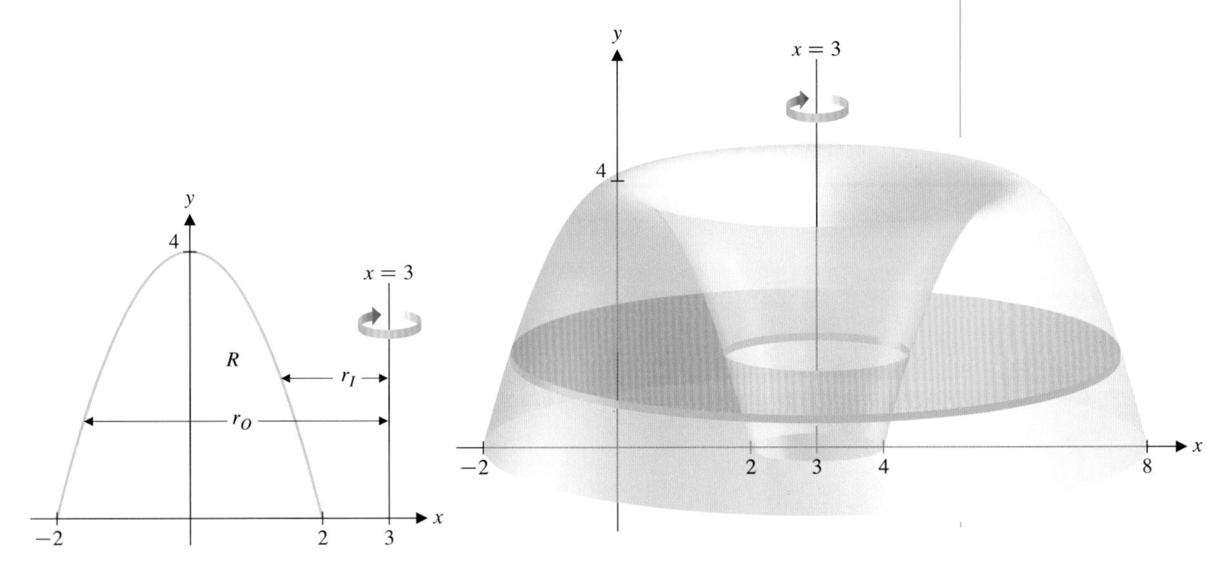

그림 5.26a 회전축 $x = 3$

그림 5.26b 회전체

이 된다.

(d) 영역 R과 회전축 $x=3$은 그림 5.26a와 같고 회전체는 5.26b와 같다. 그림과 같이 회전체의 절단면은 세탁통 모양으로 외부 반지름은 직선 $x=3$에서부터 포물선의 왼쪽 그래프까지의 거리이고 내부 반지름은 직선 $x=3$에서부터 포물선의 오른쪽 그래프까지의 거리가 된다. 먼저 식 $y=4-x^2$을 x에 관하여 풀면 $x=\pm\sqrt{4-y}$이므로 외부 반지름 $r_O=3-(-\sqrt{4-y})=3+\sqrt{4-y}$이고 내부 반지름은 $r_I=3-\sqrt{4-y}$이다. 그러므로 회전체의 부피는

$$V=\int_0^4 \underbrace{\pi\left(3+\sqrt{4-y}\right)^2}_{\pi(\text{외부 반지름})^2} dy-\int_0^4 \underbrace{\pi\left(3-\sqrt{4-y}\right)^2}_{\pi(\text{내부 반지름})^2} dy=64\pi$$

이다.

주 2.3

회전체의 부피는 그래프만 정확히 그리면 쉽게 구할 수 있을 것이다. 먼저 단면의 넓이를 구한 후 정적분을 계산하면 된다.

연습문제 5.2

[1~2] 단면의 넓이 $A(x)$를 이용하여 입체의 부피를 구하여라.

1. $A(x)=x+2,\ -1\le x\le 3$

2. $A(x)=\pi(4-x)^2,\ 0\le x\le 2$

3. (a) 이집트의 도시 지제이(Gizeh)에는 높이 500피트, 밑변의 한 변의 길이가 750피트인 커다란 피라미드가 있다. 적분을 사용하여 이 피라미드의 부피를 구하여라. (b) 피라미드를 완성하지 못하고 높이 250피트에서 중단하여 중단된 단면이 한 변의 길이가 375피트인 정사각형이라 하자. 이 구조물의 부피를 구하여라.

4. 단면이 정사각형 모양이고 높이가 30피트인 교회 철탑이 있다. 밑 부분 절단면의 한 변 길이가 3피트이고 꼭대기 부분 단면의 한 변이 6인치일 때 이 철탑의 부피를 구하여라(단, 이 철탑의 측면은 직선이다).

5. 돔의 외부경계선은 곡선 $y=60-\dfrac{x^2}{60}$, $-60\le x\le 60$(단위는 피트)이고 y축에 수직인 단면은 원이라 한다. 이 돔의 부피를 구하여라.

6. 다음 표는 종양을 MRI로 촬영하여 얻은 단면의 넓이이다. 심프슨 공식을 이용하여 종양의 부피를 구하여라.

x(cm)	0	0.1	0.2	0.3	0.4	0.5
$A(x)$(cm^2)	0.0	0.1	0.2	0.4	0.6	0.4

x(cm)	0.6	0.7	0.8	0.9	1.0
$A(x)$(cm^2)	0.3	0.2	0.2	0.1	0.0

7. 단면의 넓이가 다음과 같을 때 부피를 구하여라.

x(ft)	0.0	0.5	1.0	1.5	2.0
$A(x)$(ft^2)	1.0	1.2	1.4	1.3	1.2

[8~11] 다음 영역을 주어진 직선에 관하여 회전시켰을 때 얻어지는 회전체의 부피를 구하여라.

8. 함수 $y=2-x$, $y=0$와 $x=0$으로 유계된 영역
회전축: (a) x축 (b) $y=3$

9. 함수 $y=\sqrt{x}$, $y=2$와 $x=0$으로 유계된 영역
회전축: (a) y축 (b) $x=4$

10. 함수 $y=e^x$, $x=0$, $x=2$와 $y=0$으로 유계된 영역
회전축: (a) y축 (b) $y=-2$

11. 함수 $y=\sqrt{\dfrac{x}{x^2+2}}$, x축과 $x=1$로 유계된 영역
회전축: (a) x축 (b) $y=3$

12. $y=4-2x$, x축과 y축으로 둘러싸인 영역을 R이라 할 때, R을 다음의 회전축으로 회전시킬 때 얻어지는 회전체의 부피를 구하여라.

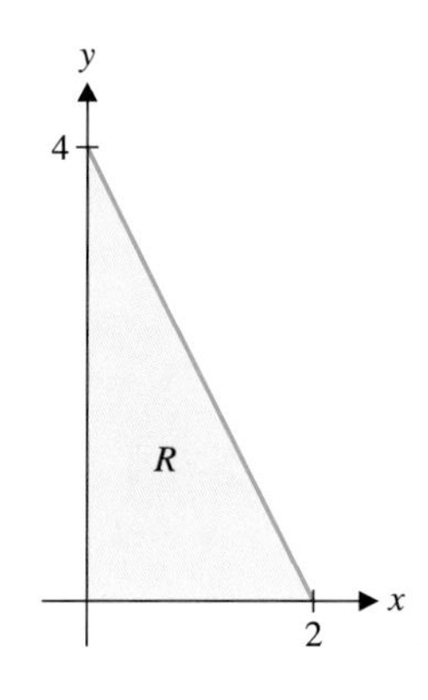

(a) y축 (b) x축 (c) $y=4$
(d) $y=-4$ (e) $x=2$ (f) $x=-2$

13. 영역 R은 $y=x^2$, $y=0$, $x=1$로 유계되었다. R을 다음의 회전축으로 회전시켜 얻어지는 회전체의 부피를 구하여라.
(a) y축 (b) x축 (c) $x=1$
(d) $y=1$ (e) $x=-1$ (f) $y=-1$

14. 영역 R은 $y=ax^2$, $y=h$, y축으로 유계되었다. a와 h이 양의 상수일 때, R을 y축을 회전축으로 회전시켜 얻어지는 회전체의 부피를 구하여라. 또 이것이 높이 h와 반지름 $\sqrt{h/a}$을 갖는 원주의 부피의 절반과 같음을 보여라.

15. $-1\le x\le 1$와 $-1\le y\le 1$로 둘러싸인 정사각형을 y축으로 회전했을 때 얻어지는 회전체의 부피가 2π임을 보여라.

16. 꼭짓점이 $(-1, -1)$, $(0, 1)$, $(1, -1)$인 삼각형을 y축을 회전축으로 회전시킬 때 얻어지는 회전체의 부피가 $\frac{2}{3}\pi$임을 보여라.

17. 원 $x^2+y^2=r^2$을 y축을 회전축으로 회전시켜 얻어지는 회전체의 부피가 구의 부피를 구하는 공식과 같음을 보여라.

18. 입체 V의 아랫면은 $y=x^2$과 $y=2-x^2$으로 둘러싸인 영역이다. x축에 수직인 단면이 다음과 같을 때 V의 부피를 구하여라. (a) 정사각형 (b) 반원 (c) 정삼각형

19. $x^2+y^2=1$을 y축으로 회전했을 때 생기는 입체와 $(x-1)^2+y^2=1$을 $x=1$을 회전축으로 회전했을 때 생기는 입체로 둘러싸인 영역의 부피를 구하여라.

5.3 원주각에 의한 부피

이제 앞 절에서 설명한 워셔법과는 다른 방법을 소개하려고 한다. 영역 R은 구간 $[a, b]$에서 곡선 $y=f(x)$와 x축에 의해 둘러싸여 있고, 구간에서 $f(x)\ge 0$라 하자(그림 5.27a). 이를 y축을 회전축으로 회전시킬 때 그 회전체는 그림 5.27b와 같다.

구간 $[a, b]$를 n등분하면, 길이가 $\Delta x=\dfrac{b-a}{n}$인 n개의 소구간을 얻는다. 각 소구간

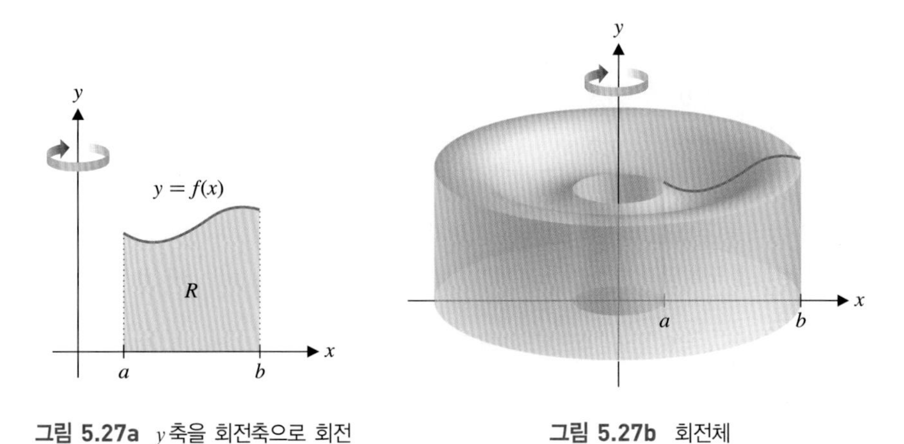

그림 5.27a y축을 회전축으로 회전

그림 5.27b 회전체

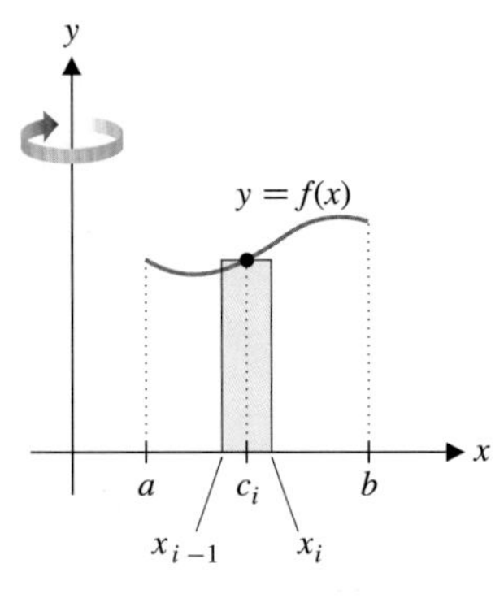

그림 5.28 i번째 직사각형

$[x_{i-1}, x_i]$에서, 임의의 점 $c_i \in [x_{i-1}, x_i]$에 대하여 $f(c_i)$를 높이로 하는 직사각형들을 만들면 그림 5.28과 같다. 이를 y축을 회전축으로 회전시키면 그림 5.29a와 같은 원주각이 된다. 이 원주각의 부피는 옆을 세로로 잘라 펼치면 그림 5.29b와 같은 얇은 직사각형판이 되어 간단히 구할 수 있다.

원주각의 둘레는 펼쳐진 얇은 직사각형 판의 가로가 되어 그 길이는 $2\pi \cdot$ 반지름 $= 2\pi c_i$이다. 따라서 i번째 원주각의 부피는

$$\begin{aligned} V_i &\approx \text{세로} \times \text{가로} \times \text{높이} \\ &= (2\pi \times \text{반지름}) \times \text{두께} \times \text{높이} \\ &\approx (2\pi c_i)\,\Delta x\, f(c_i) \end{aligned}$$

이러한 n개의 원주각의 부피를 합하면 전체 부피의 근삿값을 구할 수 있다.

$$V \approx \sum_{i=1}^{n} 2\pi \underbrace{c_i}_{\text{반지름}} \underbrace{f(c_i)}_{\text{높이}} \underbrace{\Delta x}_{\text{두께}}$$

이제 참값을 얻기 위하여 $n \to \infty$을 취하면 정적분의 정의에 의해 원주각에 의한 부피를 구하는 식을 얻을 수 있다.

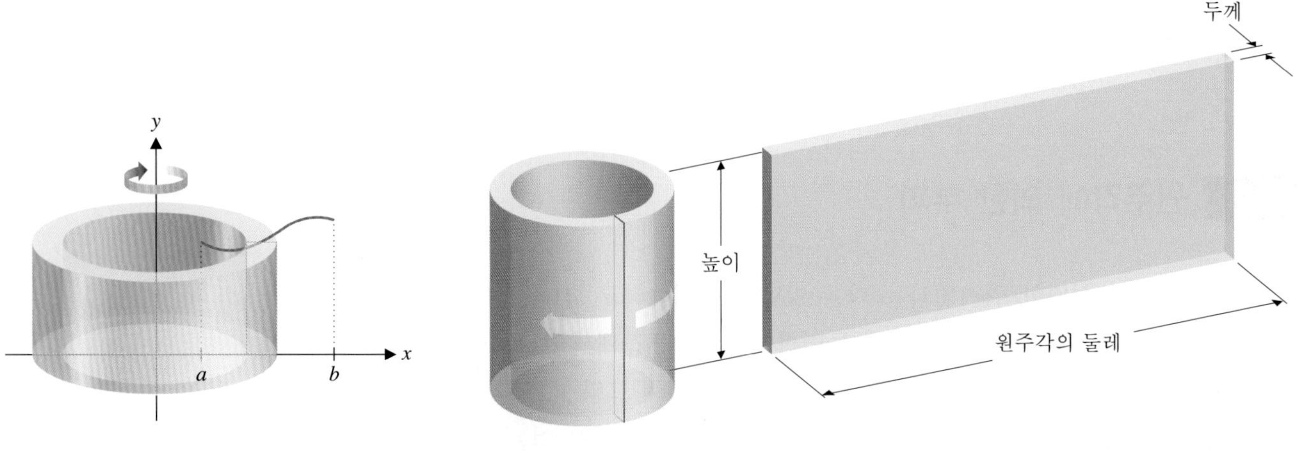

그림 5.29a 원주각

그림 5.29b 펼쳐진 원주각

$$V = \lim_{n \to \infty} \sum_{i=1}^{n} 2\pi c_i f(c_i) \Delta x = \int_a^b 2\pi \underbrace{x}_{\text{반지름}} \underbrace{f(x)}_{\text{높이}} \underbrace{dx}_{\text{두께}} \quad (3.1)$$

주 3.1

식 (3.1)을 기억하려 하지 말고 식 안에 있는 문자에 대응하는 의미를 이해해두길 바란다. 즉

$2\pi \times$반지름 $\times$높이 $\times$두께

이다.

예제 3.1 원주각법의 이용

$y = x$와 $y = x^2$의 그래프에 의하여 둘러싸인 영역 중 제 1 사분면에 놓인 부분을 y축을 회전축으로 회전시켜 얻은 회전체의 부피를 구하여라.

풀이

그림 5.30a와 같이 영역은 $x = 0$과 $x = 1$ 사이에서 함수 $y = x$에 의해 위로 유계되고 $y = x^2$에 의해 아래로 유계되었다. 또한 각각의 소구간 상에서 원주각을 만들 직사각형 샘플도 그림과 같이 주어진다. 그러므로 구하고자 하는 회전체(그림 5.30b 참조)의 부피는 식 (3.1)을 이용하면 다음과 같다.

$$V = \int_0^1 2\pi \underbrace{x}_{\text{반지름}} \underbrace{(x - x^2)}_{\text{높이}} \underbrace{dx}_{\text{두께}}$$

$$= 2\pi \int_0^1 (x^2 - x^3)\,dx = 2\pi \left(\frac{x^3}{3} - \frac{x^4}{4} \right) \Bigg|_0^1 = \frac{\pi}{6}$$

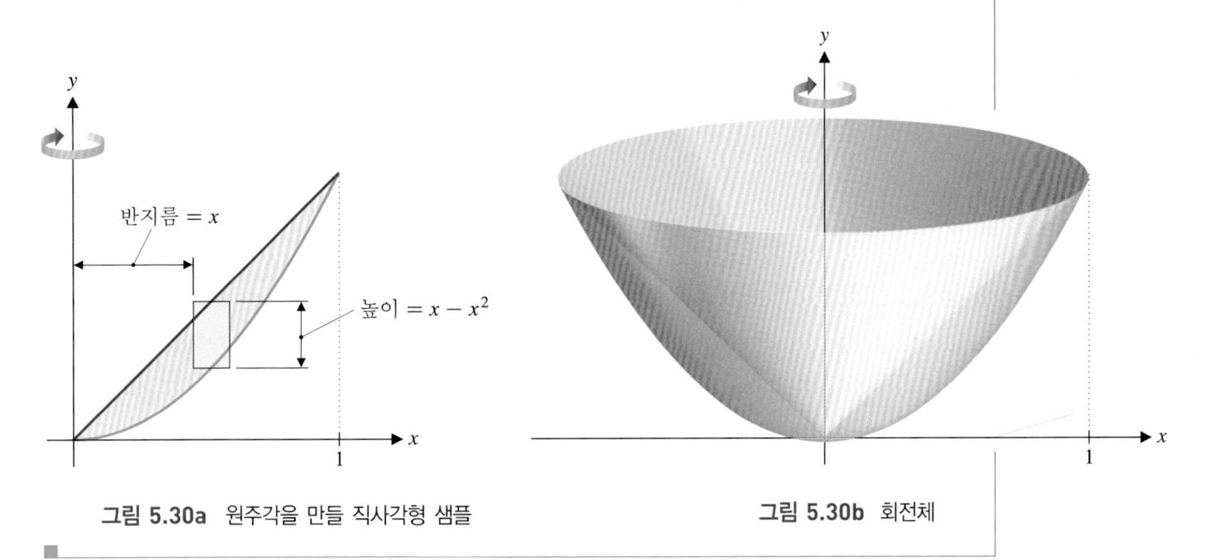

그림 5.30a 원주각을 만들 직사각형 샘플

그림 5.30b 회전체

예제 3.2 워셔법보다 원주각법이 쉬운 경우

$y = 4 - x^2$의 그래프와 x축에 의해 둘러싸인 영역을 직선 $x = 3$을 회전축으로 회전시켰을 때 얻어지는 회전체의 부피를 구하여라.

풀이

주어진 영역과 작은 원주각을 만들 직사각형을 그려 보면 그림 5.31a와 같다. 원주각의 반지름은 회전축 $x = 3$으로부터 원주각까지의 거리이므로 $r = 3 - x$이다. 그러므로 회전체(그림 5.31b)의 부피는 다음과 같다.

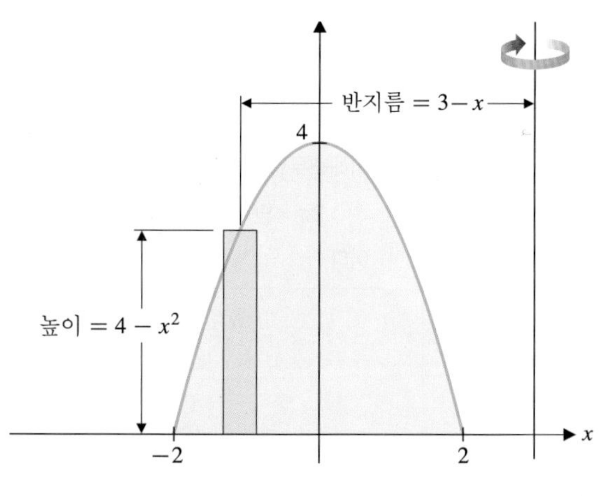

그림 5.31a 원주각을 만들 직사각형

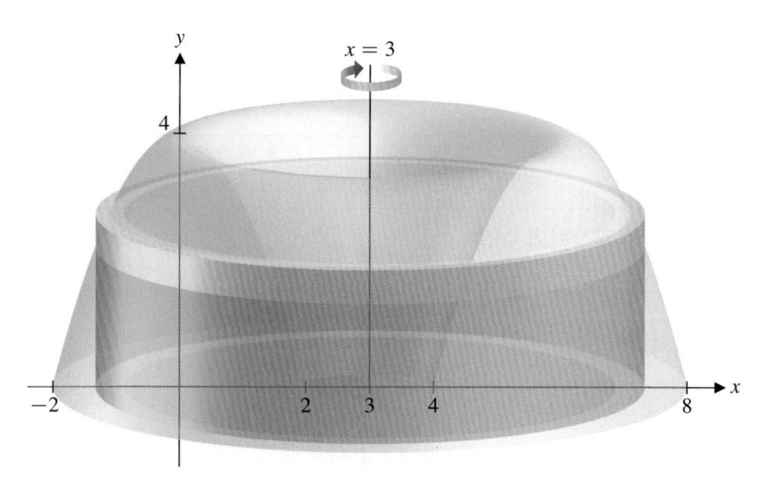

그림 5.31b 회전체

$$V = \int_{-2}^{2} 2\pi \underbrace{(3-x)}_{\text{반지름}} \underbrace{(4-x^2)}_{\text{높이}} \underbrace{dx}_{\text{두께}}$$

$$= 2\pi \int_{-2}^{2} (x^3 - 3x^2 - 4x + 12)\,dx = 64\pi$$

■

부피를 계산하는 데 제일 먼저 생각해야 하는 것은 x축에 관하여 적분을 하는 것이 쉬운지 y축에 관하여 적분을 하는 것이 쉬운지를 결정하는 일이다. 한 회전체의 부피를 구할 때, 워셔법 적분에서 사용한 변수와 원주각법 적분에서 사용한 변수는 반대이다. 그러므로 적분하려는 변수의 선택에 따라 적분법이 결정될 것이다.

예제 3.3 원주각과 워셔법을 이용한 부피

영역 R은 $y = x$, $y = 2 - x$, $y = 0$의 그래프로 둘러싸여 있다. 이 영역을 각각 (a) $y = 2$ (b) $y = -1$ (c) $x = 3$을 회전축으로 회전시킬 때 생기는 회전체의 부피를 구하여라.

풀이

주어진 영역은 그림 5.32a와 같다.

(a) 직선 $y = 2$를 회전축으로 회전시키면 그림 5.32b와 같고 원주각의 반지름은 $r = 2 - y$이고 $0 \le y \le 1$이 된다. 높이는 두 직선의 x값의 차, 다시 말해 $x = y$와 $x = 2 - y$의 차이다. 그러므로 부피는 식 (3.1)로부터

$$V = \int_{0}^{1} 2\pi \underbrace{(2-y)}_{\text{반지름}} \underbrace{[(2-y)-y]}_{\text{높이}} \underbrace{dy}_{\text{두께}} = \frac{10}{3}\pi$$

이다.

(b) 직선 $y = -1$을 회전축으로 회전시키면 원주각의 높이는 (a)에서와 같고 반지름은 그림 5.32c로부터 $r = y - (-1) = y + 1$이 됨을 알 수 있다. 그러므로 회전체 부피는

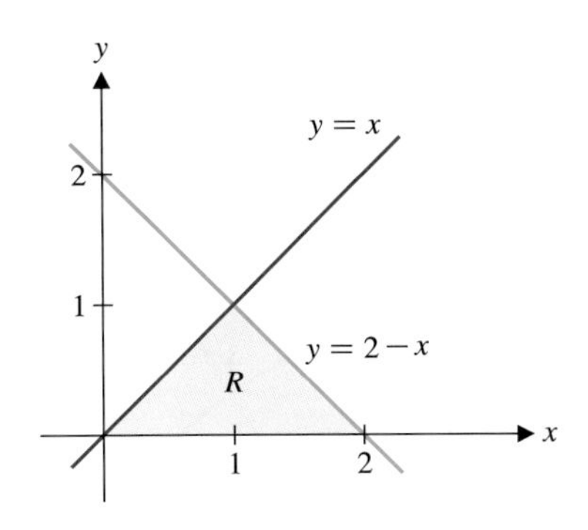

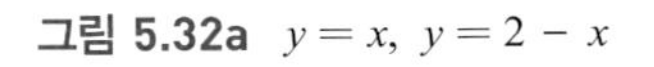

그림 5.32a $y = x,\ y = 2 - x$

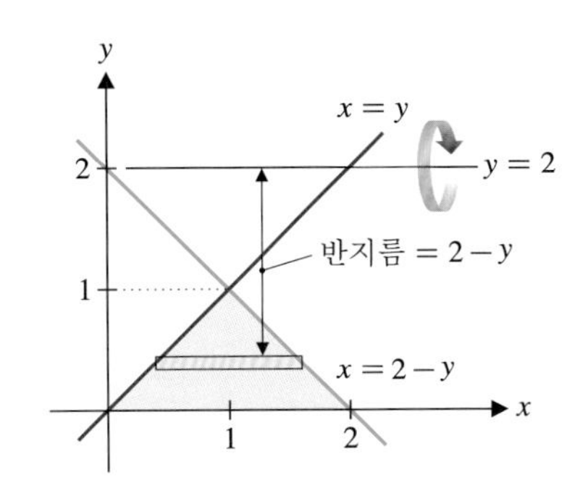

그림 5.32b 회전축 $y = 2$

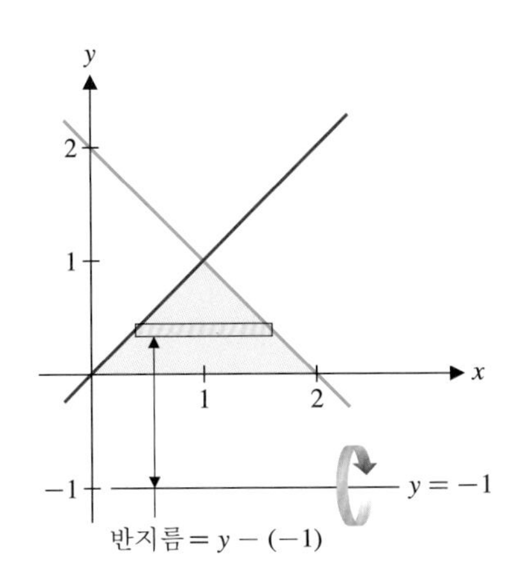

그림 5.32c 회전축 $y = -1$

$$V = \int_0^1 2\pi \underbrace{[y-(-1)]}_{\text{반지름}} \underbrace{[(2-y)-y]}_{\text{높이}} \underbrace{dy}_{\text{두께}} = \frac{8}{3}\pi$$

이 된다.

(c) 마지막으로 주어진 영역을 $x = 3$을 회전축으로 하여 얻어진 회전체의 부피를 구하기 위하여 원주각법을 사용하기 위해서는 여러 조각으로 나누어 계산하여야 한다. 즉 원주의 높이가 $x \in [0,\ 1]$일 때와 $x \in [1,\ 2]$일 때가 다르기 때문이다. 그러나 워셔법을 사용하면 다음과 같이 훨씬 간단히 구할 수 있다. 그림 5.32d와 같이 외부 반지름은 축 $x = 3$에서 직선 $x = y$까지의 거리이므로 $r_O = 3 - y$이고 내부 반지름은 축에서 직선 $x = 2 - y$까지의 거리이므로 $r_I = 3 - (2 - y)$가 된다. 그러므로 부피는

$$V = \int_0^1 \pi \left\{ \underbrace{(3-y)^2}_{\text{외부 반지름}^2} - \underbrace{[3-(2-y)]^2}_{\text{내부 반지름}^2} \right\} dy = 4\pi$$

가 된다.

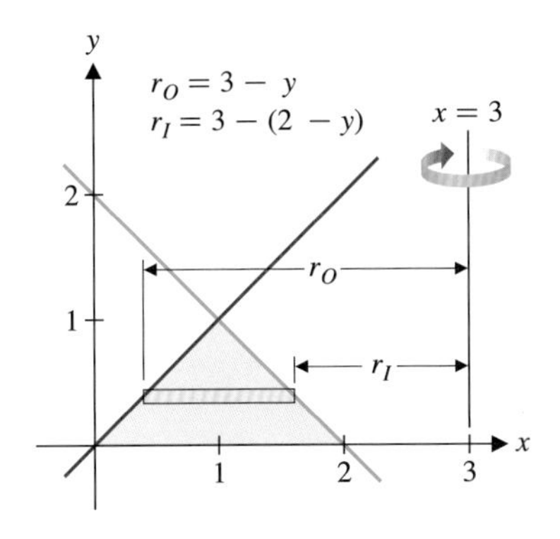

그림 5.32d 회전축 $x = 3$

예제 3.4 원주각법과 워셔법으로 부피의 근삿값 구하기

$y = \cos x$와 $y = x^2$으로 둘러싸인 영역을 R이라 하자. R을 (a) $x = 2$ (b) $y = 2$로 회전시킨 입체의 부피를 구하여라.

풀이

먼저 영역 R을 그리자(그림 5.33a). 영역 R의 위와 아래가 $y = f(x)$ 형태의 곡선으로 표현되므로 x에 대해서 적분하자. 두 곡선의 교점을 구하려면 $\cos x = x^2$을 풀어야 한다. 이 방정식의 정확한 해는 구할 수 없으므로 뉴턴 방법 등을 이용하여 근사해를 구하면 $x = \pm 0.824132$이다.

(a) 이 영역을 직선 $x = 2$로 회전시키면 원주각법을 이용해야 한다(그림 5.33b). 이때 원주각의 반지름은 직선 $x = 2$에서 $r = 2 - x$까지의 거리이고 높이는 $\cos x - x^2$이다. 따라서 부피는

$$V \approx \int_{-0.824132}^{0.824132} 2\pi \underbrace{(2-x)}_{\text{반지름}} \underbrace{(\cos x - x^2)}_{\text{높이}} dx \approx 13.757$$

이다.

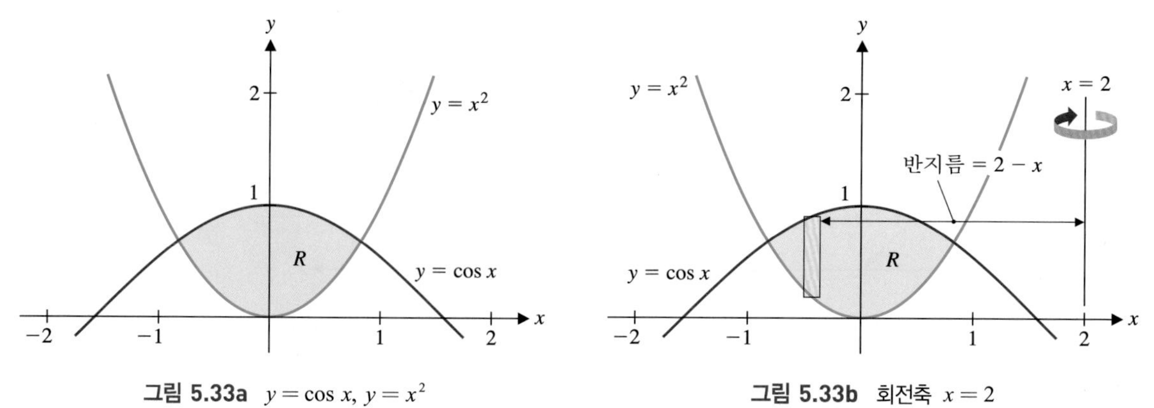

그림 5.33a $y = \cos x$, $y = x^2$

그림 5.33b 회전축 $x = 2$

(b) 이 영역을 직선 $y = 2$로 회전시키면(그림 5.33c) 워셔법을 이용해야 한다. 이 경우 워셔의 바깥 반지름은 직선 $y = 2$에서 곡선 $y = x^2$ 까지의 거리이므로 $r_O = 2 - x^2$이고 안쪽 반지름은 직선 $y = 2$에서 곡선 $y = \cos x$까지의 거리이므로 $r_I = 2 - \cos x$이다. 따라서 부피의 근삿값은 다음과 같다.

$$V \approx \int_{-0.824132}^{0.824132} \pi \Big[\underbrace{(2 - x^2)^2}_{\text{외부 반지름}^2} - \underbrace{(2 - \cos x)^2}_{\text{내부 반지름}^2} \Big] dx \approx 10.08$$

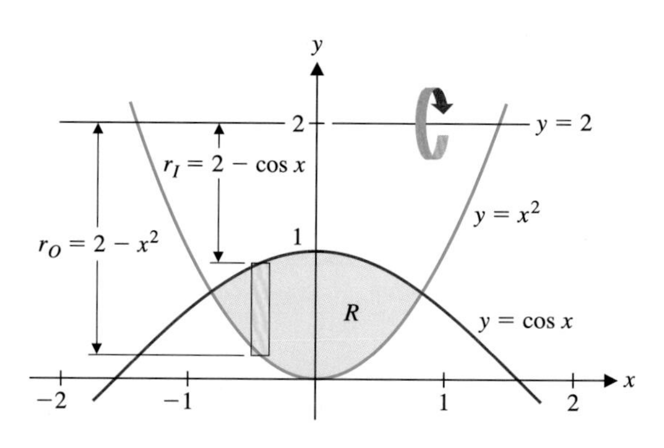

그림 5.33 회전축 $y = 2$

부피를 구하는 문제에서는 그래프를 잘 그리고 영역을 잘 표시하는 것이 중요하다. 그렇게 하는 것이 쉽게 적분식을 세우고 적분을 계산하는 비결이다. 다음과 같이 회전체의 부피를 구하는 과정을 요약하며 이 절을 마친다.

회전체의 부피를 구하는 절차

- 회전할 영역을 스케치한다.
- 적분변수를 결정한다(만일 영역의 아래와 위가 각각 하나의 곡선으로 표현되었으면 x에 관하여, 왼쪽과 오른쪽이 각각 하나의 곡선으로 표현되었으면 y에 관하여 적분한다).

- 회전축, 적분변수를 고려하여 적분법을 결정한다. 원판법이나 워셔법에서는 수평축으로 회전하면 x로 적분하고 수직축으로 회전하면 y로 적분한다. 원주각법에서는 수직축으로 회전하면 x로 적분하고 수평축으로 회전하면 y로 적분한다.
- 원판법이나 워셔법을 사용하는 경우는 외부 반지름과 내부 반지름을 구하여 그림에 표시하고 원주각법일 때는 반지름과 높이를 찾아 표시한다.
- 적분식을 만들고 이것을 계산한다.

연습문제 5.3

[1~4] 다음 영역과 회전체를 그려라. 또 회전체의 반지름과 높이를 구하고 부피도 구하여라.

1. $-1 \le x \le 1$에서 함수 $y = x^2$과 x축으로 유계된 영역, 회전축 $x = 2$

2. 함수 $y = x$, $y = -x$, $x = 1$로 유계된 영역, 회전축 y축

3. $0 \le x \le 4$에서 함수 $y = \sqrt{x^2+1}$, $y = 0$로 유계된 영역, 회전축 $x = 0$

4. 원 $x^2 + y^2 = 1$으로 유계된 영역, 회전축 $y = 2$

[5~8] 원주각법을 사용하여 다음 회전체의 부피를 구하여라.

5. 함수 $y = x^2$, $y = 2 - x^2$로 유계된 영역, 회전축 $x = -2$

6. 식 $x = y^2$과 $x = 4$로 유계된 영역, 회전축 $y = -2$

7. 함수 $y = x^2 + 2$, $y = x + 1$, $x = 2$로 유계된 영역, 회전축 $x = 3$

8. $x = (y-1)^2$과 $x = 9$로 유계된 영역, 회전축 $y = 5$

[9~12] 다음 회전체의 부피를 적당한 방법으로 구하여라.

9. 함수 $y = 4 - x$, $y = 4$와 $y = x$로 유계된 영역, 회전축 (a) x축 (b) y축 (c) $x = 4$ (d) $y = 4$

10. 함수 $y = x$, $y = x^2 - 6$로 유계된 영역, 회전축 (a) $x = 3$ (b) $y = 3$ (c) $x = -3$ (d) $y = -6$

11. 함수 $y = x^2 (x \ge 0)$, $y = 2 - x$와 $x = 0$로 유계된 영역, 회전축 (a) x축 (b) y축 (c) $x = 1$ (d) $y = 2$

12. $x = y^2$의 오른쪽, $y = 2 - x$, $y = x - 2$의 왼쪽으로 유계된 영역, 회전축 (a) x축 (b) y축

[13~14] 다음 정적분은 회전체의 부피를 구하는 식이다. 해당되는 영역과 회전축을 구하여라.

13. $\int_0^1 \pi[(\sqrt{y})^2 - y^2]\,dy$

14. $\int_0^1 2\pi x(x - x^2)\,dx$

15. 식 (3.1) 유도 과정과 유사한 방법을 반지름 R에 적용하여 식

$$\text{넓이} = \pi R^2 = \int_0^R c(r)\,dr$$

을 이끌어내어라. 이때 원의 반지름 r에 관한 원주는 $c(r) = 2\pi r$로 표현한다.

16. $y = 1 - x^2$과 x축으로 유계된 영역을 y축을 회전축으로 회전시킨 회전체의 모양을 갖는 개미집이 있다. 관찰자가 개미집의 중앙에 원통형으로 길게 구멍을 냈다. 전체 흙의 10 %만 제거하려면 제거하는 원통의 반지름이 얼마여야 하는가?

5.4 호의 길이와 겉넓이

이 절에서는 평면에서의 곡선의 길이와 공간에서의 물체의 겉넓이를 구해 보기로 하자.

호의 길이

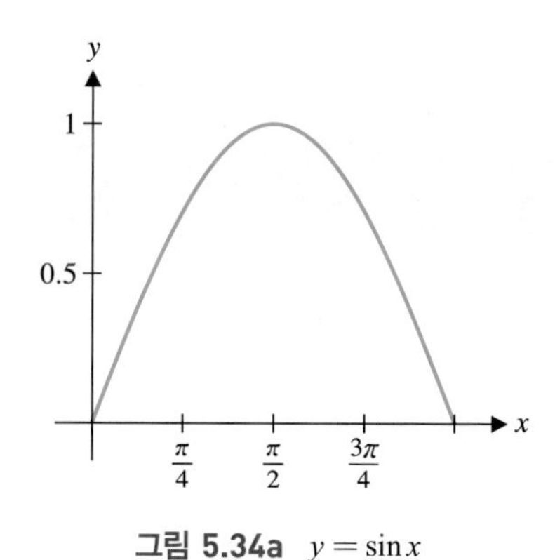

그림 5.34a $y=\sin x$

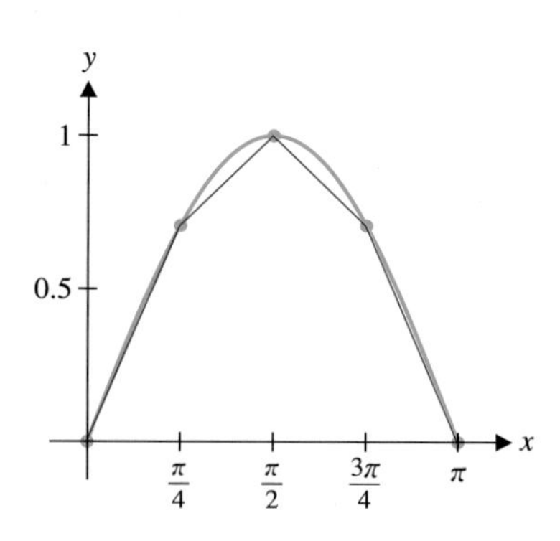

그림 5.34b $y=\sin x$의 근사

n	길이
8	3.8125
16	3.8183
32	3.8197
64	3.8201
128	3.8202

그림 5.34a에서 주어진 사인곡선의 일부 길이를 어떻게 구할 수 있는[곡선의 길이를 **호의 길이**(arc length)라고 한다]? 만일 이 곡선이 도로라면 자동차 주행기록계로 측정할 수 있을 것이다. 만일 현의 조각이라면 똑바로 펴서 자로 재면 측정할 수 있을 것이다. 두 가지 방법 모두 평면상의 곡선 길이 측정 문제를 일차원의 길이 측정으로 바꾸어 해결한 것이다.

이를 수학적으로 해결하기 위하여 먼저 곡선을 여러 조각으로 분할하고 각 조각의 점을 직선으로 연결하여 그 길이를 측정하자. 그림 5.34b와 같이 곡선 $y=\sin x$ 위의 연결점들은 $(0, 0)$, $\left(\frac{\pi}{4}, \frac{1}{\sqrt{2}}\right)$, $\left(\frac{\pi}{2}, 1\right)$, $\left(\frac{3\pi}{4}, \frac{1}{\sqrt{2}}\right)$, $(\pi, 0)$이다. 이웃하는 점들을 연결하여 각 선분의 길이 S를 합하면

$$s \approx \sqrt{\left(\frac{\pi}{4}\right)^2+\left(\frac{1}{\sqrt{2}}\right)^2}+\sqrt{\left(\frac{\pi}{4}\right)^2+\left(1-\frac{1}{\sqrt{2}}\right)^2}$$
$$+\sqrt{\left(\frac{\pi}{4}\right)^2+\left(\frac{1}{\sqrt{2}}-1\right)^2}+\sqrt{\left(\frac{\pi}{4}\right)^2+\left(\frac{1}{\sqrt{2}}\right)^2} \approx 3.79$$

이다.

곡선을 네 개로 분할하였기 때문에 이 값은 참값에 비해 너무 작을 수도 있다. 좀 더 많이 분할하여 길이의 근삿값을 구하면 옆의 표와 같은 수치를 얻을 것이고 n값이 커질수록 그 값은 곡선의 길이에 가까워짐을 알 수 있을 것이다. 이러한 과정을 일반화해 보자.

이제 좀 더 일반적인 경우로 구간 $[a, b]$에서 곡선 $y=f(x)$의 길이를 구해 보자. 이를 위해 $f(x)$는 구간 $[a, b]$에서 연속이고 (a, b)에서는 미분가능하다고 가정하자. 구간 $[a, b]$를 n등분하면 분할점들은 $a=x_0<x_1<\cdots<x_n=b$이고 임의의 $i=1, 2, 3, \cdots, n$에 대하여 i번째 소구간의 길이는 $x_i-x_{i-1}=\Delta x=\frac{b-a}{n}$ 이다.

곡선상에 이웃하는 두 분할점 $(x_{i-1}, f(x_{i-1}))$, $(x_i, f(x_i))$ 사이의 곡선의 길이를 s_i라 하면(그림 5.35) 두 점을 직선으로 연결하는 선분의 길이는 s_i의 근삿값이 될 것이다.

$$s_i \approx d\{(x_{i-1}, f(x_{i-1})), (x_i, f(x_i))\}$$
$$=\sqrt{(x_i-x_{i-1})^2+[f(x_i)-f(x_{i-1})]^2}$$

함수 f가 구간 $[a, b]$에서 연속이고 개구간 (a, b)에서는 미분가능하므로 f는 각 소

구간 $[x_{i-1}, x_i]$에서도 연속이고 (x_{i-1}, x_i)에서 미분가능하다. 평균값 정리를 사용하면 적당한 $c_i \in (x_{i-1}, x_i)$에 대해

$$f(x_i) - f(x_{i-1}) = f'(c_i)(x_i - x_{i-1})$$

임을 알 수 있다. 이로부터

$$\begin{aligned} s_i &\approx \sqrt{(x_i - x_{i-1})^2 + [f(x_i) - f(x_{i-1})]^2} \\ &= \sqrt{(x_i - x_{i-1})^2 + [f'(c_i)(x_i - x_{i-1})]^2} \\ &= \sqrt{1 + [f'(c_i)]^2}\, \underbrace{(x_i - x_{i-1})}_{\Delta x} = \sqrt{1 + [f'(c_i)]^2}\, \Delta x \end{aligned}$$

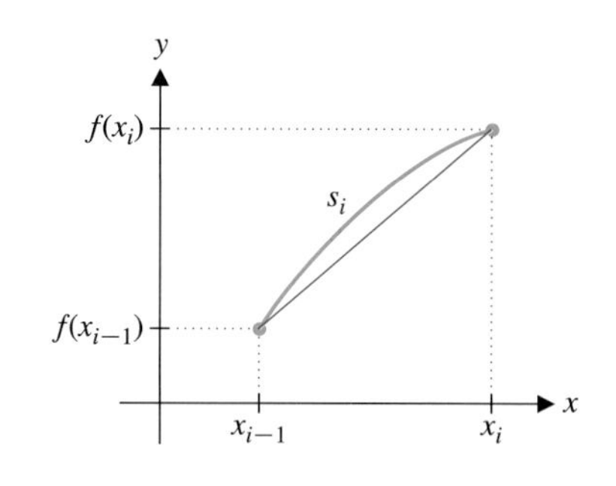

그림 5.35 호의 길이의 선분근사

위와 같은 n개의 선분 조각의 길이를 모두 합하면 전체 길이는 곡선의 길이의 근삿값이 된다.

$$s \approx \sum_{i=1}^{n} \sqrt{1 + [f'(c_i)]^2}\, \Delta x$$

여기서 n의 값을 점점 크게 하면 근삿값은 곡선 길이의 참값에 접근한다. 즉,

$$s = \lim_{n \to \infty} \sum_{i=1}^{n} \sqrt{1 + [f'(c_i)]^2}\, \Delta x$$

이다. 그런데 이것은 $\sqrt{1 + [f'(x)]^2}$의 리만합의 극한이다. 따라서 곡선의 길이는 정적분으로 다음과 같이 주어진다.

$$\boxed{s = \int_a^b \sqrt{1 + [f'(x)]^2}\, dx} \qquad (4.1)$$

예제 4.1 공식을 이용한 호의 길이

구간 $0 \le x \le \pi$에서 곡선 $y = \sin x$의 길이를 구하여라.

풀이

식 (4.1)로부터 호의 길이는

$$s = \int_0^{\pi} \sqrt{1 + (\cos x)^2}\, dx$$

이다. 피적분함수의 역도함수를 찾는 일은 쉽지 않다. 그러므로 수치적분법을 사용하면

$$s = \int_0^{\pi} \sqrt{1 + (\cos x)^2}\, dx \approx 3.8202$$

을 구할 수 있다.

주 4.1

식 (4.1)은 아주 간단하다. 그러나 이 식을 사용하여 정확한 호의 길이를 구할 수 있는 함수는 별로 없다. 그러므로 계산기나 컴퓨터를 사용하여 수치적분법으로 호의 길이를 구하는 방법을 익혀야 한다.

아주 간단한 곡선에서도 호의 길이를 계산하는 적분은 매우 어려운 경우가 많다.

예제 4.2 호의 길이의 근삿값

구간 $0 \le x \le 1$에서 곡선 $y = x^2$의 길이를 구하여라.

풀이

식 (4.1)로부터 호의 길이는

$$s = \int_0^1 \sqrt{1 + (2x)^2}\,dx = \int_0^1 \sqrt{1 + 4x^2}\,dx \approx 1.4789$$

이다. 여기서는 수치적분을 이용하여 근삿값을 계산했으나 6.3절에서 공부할 방법을 이용하여 부정적분을 구하여 계산하면 정확한 값은 $\dfrac{\ln(\sqrt{5}+2)}{4} + \dfrac{\sqrt{5}}{2}$이다. ■

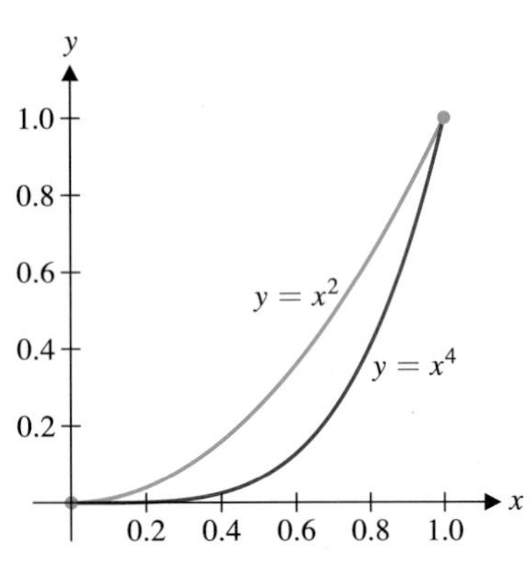

그림 5.36 $y = x^2$, $y = x^4$

$y = x^2$과 $y = x^4$의 그래프는 구간 [0, 1]에서는 비슷해 보인다(그림 5.36). 둘 다 점 (0, 0)과 (1, 1)을 연결하고 증가하며 위로 오목하다. 두 그래프를 동시에 그려 보면 $y = x^4$이 더 천천히 증가하다가 $x = 0.7$ 근처부터 급격히 증가하는 것을 알 수 있다.

예제 4.3 제곱함수에서 호의 길이 비교

$0 \le x \le 1$일 때 곡선 $y = x^4$의 호의 길이를 구하고 곡선 $y = x^2$의 호의 길이와 비교하여라.

풀이

식 (4.1)에 의해 $y = x^4$의 호의 길이는 다음과 같다.

$$\int_0^1 \sqrt{1 + (4x^3)^2}\,dx = \int_0^1 \sqrt{1 + 16x^6}\,dx \approx 1.6002$$

이 길이는 예제 4.2에서 구했던 $y = x^2$의 길이보다 약 8 % 길다. ■

연습문제에서 곡선 $y = x^6$, $y = x^8$의 구간 [0, 1]에서 호의 길이를 구해 볼 것이다. 구간 [0, 1]에서 곡선 $y = x^n$의 호의 길이는 $n \to \infty$일 때 어떻게 될까?

예제 4.4 두 기둥 사이에 매달려 있는 케이블의 길이 구하기

높이가 같고 20피트 떨어져 있는 두 기둥에 케이블이 연결되어 있다. 매달려 있는 케이블은 현수선 모양이 되며 일반적으로 $y = a\cosh\dfrac{x}{a} = \dfrac{a}{2}(e^{x/a} + e^{-x/a})$로 주어짐을 보일 수 있다. 이 문제에서는 그림 5.37과 같이 $y = 5(e^{x/10} + e^{-x/10})$, $-10 \le x \le 10$이라 하자. 케이블의 길이를 구하여라.

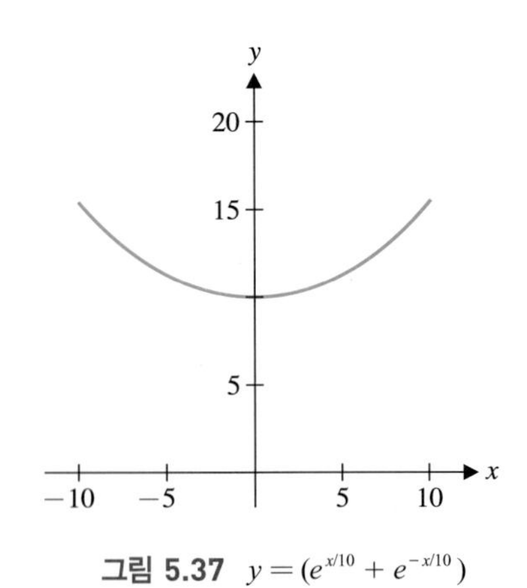

그림 5.37 $y = (e^{x/10} + e^{-x/10})$

풀이

식 (4.1)에 의해 케이블의 길이는 다음과 같다.

$$s = \int_{-10}^{10} \sqrt{1 + \left(\frac{e^{x/10}}{2} - \frac{e^{-x/10}}{2}\right)^2}\,dx$$

$$= \int_{-10}^{10} \sqrt{1 + \frac{1}{4}(e^{x/5} - 2 + e^{-x/5})}\, dx$$
$$= \int_{-10}^{10} \sqrt{\frac{1}{4}(e^{x/5} + 2 + e^{-x/5})}\, dx$$
$$= \int_{-10}^{10} \sqrt{\frac{1}{4}(e^{x/10} + e^{-x/10})^2}\, dx$$
$$= \int_{-10}^{10} \frac{1}{2}(e^{x/10} + e^{-x/10})\, dx$$
$$= 5(e^{x/10} - e^{-x/10})\Big|_{x=-10}^{x=10}$$
$$= 10(e - e^{-1})$$
$$\approx 23.504 \text{ 피트}$$

■

겉넓이

앞의 절 5.2와 5.3에서 평면상의 영역을 회전하여 얻은 회전체의 부피를 구해 보았다. 이제 이러한 회전체의 겉넓이를 구해 보자. 예를 들어, 구간 $0 \leq x \leq 1$에서 직선 $y = x + 1$을 x축을 중심으로 회전시키면 그림 5.38과 같은 회전체를 얻는다. 이는 직원뿔에서 밑면에 평행으로 원뿔의 윗부분을 잘라낸 모양이다.

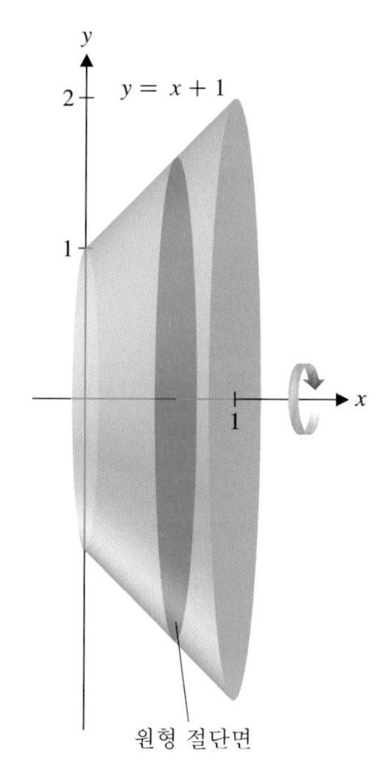

그림 5.38 회전체

겉넓이를 구하기 전에 다음을 먼저 생각해 보자. 그림 5.39a와 같이 밑면의 반지름이 r이고 빗변의 길이가 l인 직원뿔에서 빗면을 일직선으로 잘라 펼치면 그림 5.39b와 같은 부채꼴을 얻게 된다. 직원뿔의 겉넓이는 바로 이 부채꼴의 넓이와 같다. 그러므로 반지름이 l이고 중심각이 θ인 부채꼴의 넓이 A는

$$A = \pi(\text{반지름})^2 \frac{\theta}{2\pi} = \pi l^2 \frac{\theta}{2\pi} = \frac{\theta}{2} l^2 \qquad (4.2)$$

이다.

이제 겉넓이를 구하기 위하여 θ를 구해 보자. 부채꼴의 호의 길이는 직원뿔의 밑면의 둘레와 같으므로

$$2\pi r = 2\pi l \frac{\theta}{2\pi} = l\theta$$

양변을 l로 나누면

$$\theta = \frac{2\pi r}{l}$$

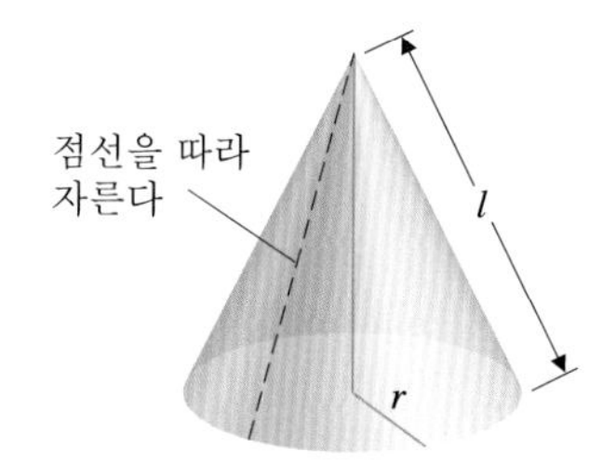

그림 5.39a 직원뿔

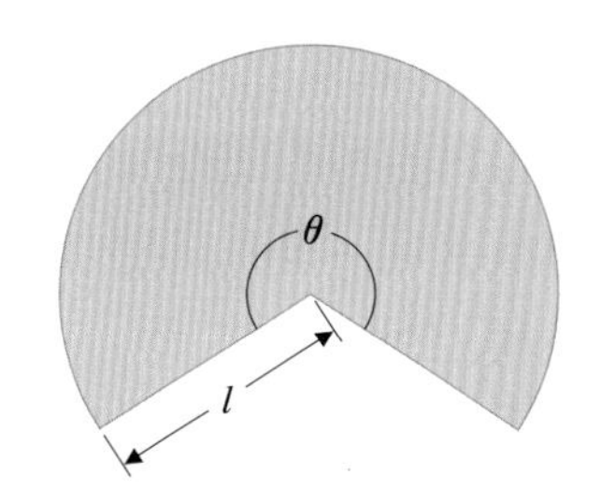

그림 5.39b 펼쳐진 직원뿔

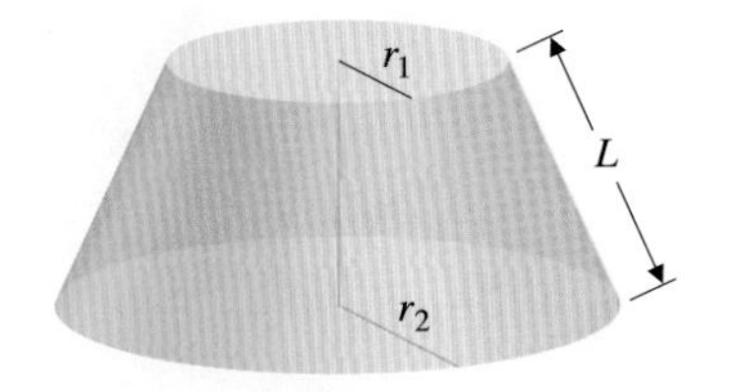

그림 5.40 원뿔대

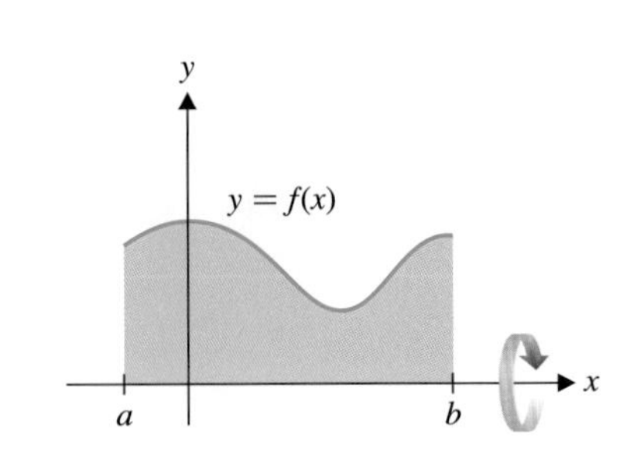

그림 5.41a x축을 회전축으로 회전

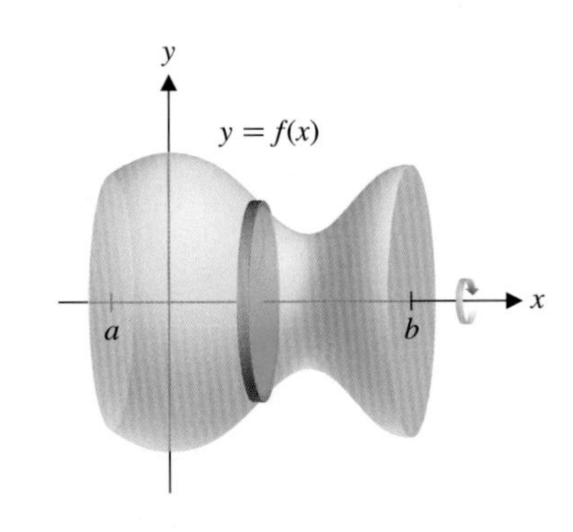

그림 5.41b 회전체의 겉넓이

이 되어 이를 식 (4.2)에 대입하면

$$A = \frac{\theta}{2}l^2 = \frac{\pi r}{l}l^2 = \pi rl$$

이 된다.

그림 5.38에 있는 회전체의 겉넓이를 구하기 위해 그림 5.40의 원뿔대를 먼저 생각해 보자. 원뿔대는 직원뿔에서 윗부분을 밑면과 수평으로 잘라낸 부분이므로 원뿔대의 겉넓이는 전체 원뿔의 겉넓이에서 잘려나간 부분(작은 원뿔)의 겉넓이를 빼면 구할 수 있다. 이를 구하여 간단히 하면 원뿔대의 겉넓이를 구하는 식은

$$A = \pi(r_1 + r_2)L$$

이 된다.

원래 문제로 돌아가 그림 5.38을 보자. 이 원뿔대는 $r_1 = 1,\ r_2 = 2,\ L = \sqrt{2}$ 이므로 겉넓이는

$$A = \pi(1+2)\sqrt{2} = 3\pi\sqrt{2} \approx 13.329$$

이 된다.

일반적으로 회전체의 겉넓이를 구하는 문제를 생각해 보자. 폐구간 $[a,\ b]$에서 연속이고 개구간 $(a,\ b)$에서 미분가능한 함수가 $f(x) \geq 0$라 하자. 함수의 그래프와 x축에 의해 둘러싸인 영역(그림 5.41a)을 x축으로 회전시키면 그림 5.41b와 같은 회전체를 얻는다.

앞서 여러 번 해온 것처럼 구간 $[a,\ b]$를 n등분하자. $a = x_0 < x_1 < \cdots < x_n = b$이고 각 소구간의 길이는 $i = 1,\ 2,\ \cdots,\ n$에 대하여 $x_i - x_{i-1} = \Delta x = \frac{b-a}{n}$이다. 각 소구간 $[x_{i-1},\ x_i]$에서 그래프의 길이는 그림 5.42와 같이 두 점 $(x_{i-1},\ f(x_{i-1}))$와 $(x_i,\ f(x_i))$을 연결한 선분의 길이로 근사시키자. 이 선분 조각을 x축 중심으로 회전시키면 회전체는 원뿔대가 된다. 이러한 원뿔대의 겉넓이가 구간 $[x_{i-1},\ x_i]$에서 회전체의 겉넓이의 근삿값이 될 것이다.

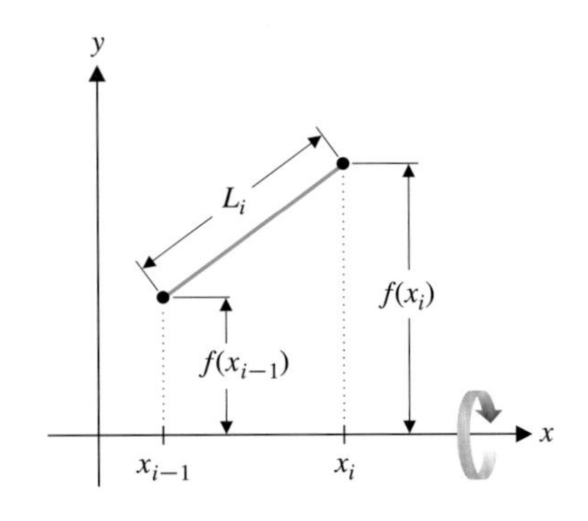

그림 5.42 x축을 회전축으로 회전

이 납작한 원뿔대의 빗변 길이 L_i는

$$L_i = d\{(x_{i-1}, f(x_{i-1})), (x_i, f(x_i))\} = \sqrt{(x_i - x_{i-1})^2 + [f(x_i) - f(x_{i-1})]^2}$$

이고 평균값 정리에 의해 어떤 점 $c_i \in (x_{i-1}, x_i)$에서

$$f(x_i) - f(x_{i-1}) = f'(c_i)(x_i - x_{i-1})$$

이다. 그래서

$$L_i = \sqrt{(x_i - x_{i-1})^2 + [f(x_i) - f(x_{i-1})]^2} = \sqrt{1 + [f'(c_i)]^2}\,\underbrace{(x_i - x_{i-1})}_{\Delta x}$$

각 소구간 $[x_{i-1}, x_i]$에서 Δx가 아주 작은 값이면

$$f(x_i) + f(x_{i-1}) \approx 2f(c_i)$$

이므로 겉넓이의 근삿값은

$$\begin{aligned} S_i &\approx \pi[f(x_i) + f(x_{i-1})]\sqrt{1 + [f'(c_i)]^2}\,\Delta x \\ &\approx 2\pi f(c_i)\sqrt{1 + [f'(c_i)]^2}\,\Delta x \end{aligned}$$

이 된다. 이 과정을 각각의 소구간에서 반복하여 그 합을 구하면 전체 겉넓이의 근삿값은

$$S \approx \sum_{i=1}^{n} 2\pi f(c_i)\sqrt{1 + [f'(c_i)]^2}\,\Delta x$$

n을 크게 할수록 참값에 가까워지므로 $n \to \infty$을 취하면

$$S \approx \lim_{n \to \infty} \sum_{i=1}^{n} 2\pi f(c_i)\sqrt{1 + [f'(c_i)]^2}\,\Delta x$$

이다. 위 극한이 존재하면 정적분의 정의에 의해

$$\boxed{S = \int_a^b 2\pi f(x)\sqrt{1 + [f'(x)]^2}\,dx} \qquad (4.3)$$

을 얻는다.

식 (4.3)의 $\sqrt{1 + [f'(x)]^2}\,dx$는 소구간에서 곡선 $y = f(x)$ 길이에 해당하고 $2\pi f(x)$는 회전체의 원형 절단면의 둘레를 뜻한다. 즉

$$S = 2\pi rh = 2\pi f(x)\sqrt{1 + [f'(x)]^2}\,dx$$

는 회전축인 x축 둘레에 반지름이 $f(x)$인 원뿔대의 겉넓이를 나타낸다. 이때 $h = \sqrt{1 + [f'(x)]^2}\,dx$에 해당된다.

주 4.2

식 (4.3)의 적분에서 정확하게 계산 가능한 함수 f는 거의 없다. 그런 경우에는 수치적분을 하면 된다.

예제 4.5 겉넓이 계산

구간 $0 \le x \le 1$에서 $y = x^4$을 x축으로 회전시켰을 때 생기는 회전체의 겉넓이를 구하여라.

풀이

식 (4.3)을 이용하면 겉넓이는 다음과 같다.

$$S = \int_0^1 2\pi x^4\sqrt{1 + (4x^3)^2}\,dx = \int_0^1 2\pi x^4\sqrt{1 + 16x^6}\,dx \approx 3.4365$$

■

연습문제 5.4

[1~2] $n = 2$와 $n = 4$일 때 n개의 현을 이용하여 다음 곡선의 길이의 근삿값을 구하여라.

1. $y = x^2,\ 0 \le x \le 1$

2. $y = \cos x,\ 0 \le x \le \pi$

[3~7] 다음 곡선의 길이를 구하여라.

3. $y = 2x + 1,\ 0 \le x \le 2$

4. $y = 4x^{3/2} + 1,\ 1 \le x \le 2$

5. $y = \frac{1}{4}x^2 - \frac{1}{2}\ln x,\ 1 \le x \le 2$

6. $x = \frac{1}{8}y^4 + \frac{1}{4y^2},\ -2 \le y \le -1$

7. $y = \frac{1}{3}x^{3/2} - x^{1/2},\ 1 \le x \le 4$

[8~9] 다음 곡선의 호의 길이를 구하는 적분식을 만들고 수치적 분법으로 근삿값을 구하여라.

8. $y = x^3,\ -1 \le x \le 1$

9. $y = \int_0^x u\sin u\, du,\ 0 \le x \le \pi$

10. 서로 40피트 떨어진 두 장대 사이에 로프가 매여 있다. 로프의 모양이 현수선 $y = 10(e^{x/20} + e^{-x/20})$일 때, 구간 $-20 \le x \le 20$에서 로프의 길이를 구하여라.

11. 구간 $0 \le x \le 1$에서 곡선 $y = x^6$, $y = x^8$, $y = x^{10}$의 호 길이를 비교하여라. 이를 이용하여 구간 $0 \le x \le 1$에서 $n \to \infty$에 따라 곡선 $y = x^n$의 길이의 극한을 구하여라.

[12~15] 다음 곡선을 주어진 축으로 회전시켰을 때 생기는 회전체의 겉넓이를 구하는 정적분식을 쓰고 수치근삿값을 구하여라.

12. $y = x^2,\ 0 \le x \le 1$, 회전축 x축

13. $y = 2x - x^2,\ 0 \le x \le 2$, 회전축 x축

14. $y = e^x,\ 0 \le x \le 1$, 회전축 x축

15. $y = \cos x,\ 0 \le x \le \pi/2$, 회전축 x축

16. (a) 정사각형 $-1 \le x \le 1,\ -1 \le y \le 1$을 y축을 회전축으로 회전시켰을 때 생기는 입체의 겉넓이를 구하여라.

(b) 원 $x^2 + y^2 = 1$을 y축을 회전축으로 회전시켰을 때 생기는 입체의 겉넓이를 구하여라.

(c) 꼭짓점이 $(-1,\ -1)$, $(0,\ 1)$, $(1,\ -1)$인 삼각형을 y축을 회전축으로 회전시켰을 때 생기는 입체의 겉넓이를 구하여라.

(d) (a)~(c)의 정사각형, 원, 삼각형을 같은 좌표평면에 그리고 각 회전체의 겉넓이의 비가 $3:2:\tau$임을 보여라. 여기서 τ은 황금비율이며 $\tau = \frac{1+\sqrt{5}}{2}$이다.

5.5 발사체 운동

우리는 2.1, 2.3, 4.1절에서 일직선을 따라 앞뒤로 움직이는 물체의 움직임을 관찰하였다. 시간 t에서 물체의 위치를 나타내는 함수가 주어지면 미분을 이용하여 물체의 속도와 가속도를 구할 수 있다. 반대로 물체의 가속도를 알면 물체의 속도와 위치를 구할 수 있다. 이는 어떤 함수의 도함수를 알면 미분하기 이전의 함수, 즉 원시함수를 구할 수 있다는 것이다.

뉴턴의 **제 2 운동법칙**

$$F = ma$$

를 생각해 보자. m은 물체의 질량이고 a는 물체의 가속도라 할 때 F는 물체에 작용

하는 힘의 합이다.

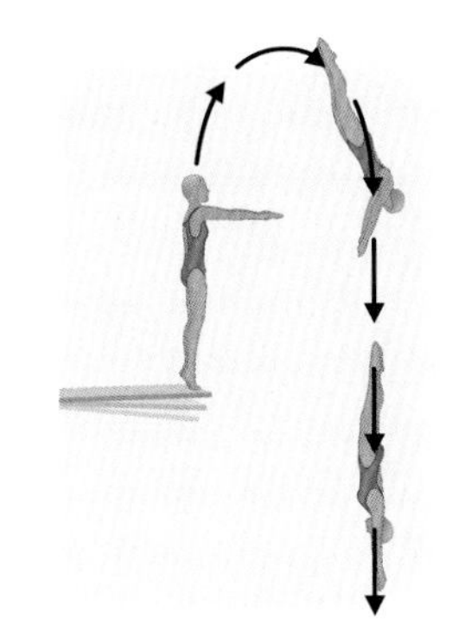

높은 다이빙대에서 다이빙을 할 때 처음에 주어지는 힘은 중력 g이다. 이 중력의 힘은 다이빙하는 사람의 몸무게 m에 비례하여 $W = mg$로 주어진다(중력 $g = 32\ \mathrm{ft/s^2}$ 혹은 $9.8\ \mathrm{m/s^2}$). 문제를 쉽게 하기 위하여 공기저항이나 다이빙 동안에 주어지는 다른 힘은 무시한다.

$h(t)$는 다이빙한 후 t초 후 수면으로부터 다이빙하는 사람까지의 거리를 나타낸다고 하자. 그러면 중력에 대해 힘은 $F = -mg$로 주어지고, 이때 음의 부호는 힘이 아래 방향으로 주어지는 것을 나타내는 것이다. 가속도는 $a(t) = h''(t)$이므로 뉴턴의 제2운동법칙에 의하여 $-mg = mh''(t)$ 또는

$$h''(t) = -g$$

이다. 이 식은 오직 중력에 관한 함수가 되기 때문에 물체의 위치를 나타내는 함수도 질량에 관계없이 오직 중력에 의해 결정되는 것을 알 수 있다. 단지 처음 조건, 즉 처음 위치나 처음 속도만이 그 값에 차이를 가져올 것이다.

예제 5.1 수면에 떨어지는 순간의 속도

수면 위 15피트에 위치한 다이빙대에서 처음 속도 $8\ \mathrm{ft/s}$로 뛰어올랐다. 공기저항을 무시할 때 다이빙하는 사람이 수면에 떨어지는 순간의 속도를 구하여라.

풀이

수면에서 다이빙하는 사람까지의 높이를 시간 t에 관한 함수 $h(t)$로 표기하면 뉴턴의 제2운동법칙에 의해 $h''(t) = -32(g = 32\ \mathrm{ft/s^2})$이고 처음 위치가 수면 위 15피트이므로 $h(0) = 15$이다. 또한 처음 속도 $h'(0) = 8$이다. 이로부터

$$\begin{aligned} \int h''(t)\,dt &= \int -32\,dt, \\ h'(t) &= -32t + c \end{aligned}$$

이다. 처음 속도로부터

$$\begin{aligned} 8 = h'(0) &= -32(0) + c = c \\ h'(t) &= -32t + 8 \end{aligned}$$

이 된다. 수면에 떨어지는 순간의 속도를 알려면 수면에 떨어지는 시간을 알아야 하는데 이것은 $h(t) = 0$일 때이다. 속도함수를 적분하면

$$\begin{aligned} \int h'(t)\,dt &= \int (-32t + 8)\,dt \\ h(t) &= -16t + 8t + c \end{aligned}$$

이다. 처음 위치 $h(0) = 15$로부터

$$\begin{aligned} 15 = h(0) &= -16(0^2) + 8(0) + c = c \\ h(t) &= -16t^2 + 8t + 15 \end{aligned}$$

이다. 따라서 수면에 떨어지는 순간을 구하면

$$0 = h(t) = -16t^2 + 8t + 15$$
$$= -(4t+3)(4t-5)$$

이므로 $t = \frac{5}{4}$이다. 이때 속도는

$$h'\left(\frac{5}{4}\right) = -32\left(\frac{5}{4}\right) + 8 = -32 \text{ ft/s}$$

이 된다(음의 부호는 움직이는 방향이 아래임을 뜻한다).

예제 5.2 수직 운동

처음 속도 64 ft/s로 공을 지상에서 수직으로 쏘아 올렸다. 공기저항을 무시할 때, 공의 위치를 시간에 관한 함수로 표현하여라. 또한 공의 최고 높이와 공이 공중에 떠 있는 총 시간을 구하여라.

풀이

높이 $h(t)$일 때 가속도는 $h''(t) = -32$ ft/s이므로

$$\int h''(t)\,dt = \int -32\,dt,$$
$$h'(t) = -32t + c$$

이다. 처음 조건 $h'(0) = 64$을 이용하면

$$64 = h'(0) = -32(0) + c = c$$
$$h'(t) = 64 - 32t$$

이 된다. 양변을 적분하면

$$\int h'(t)\,dt = \int (64 - 32t)\,dt$$
$$h(t) = 64t - 16t^2 + c$$

이다. 처음 높이 $h(0) = 0$로부터

$$h(0) = 64(0) - 16(0^2) + c = c$$
$$h(t) = 64t - 16t^2$$

이다. 높이함수 $h(t)$가 이차함수이므로 최댓값은 $h'(t) = 0$일 때 발생한다.

$$h'(t) = 64 - 32t = 0$$

으로부터 $t = 2$를 얻을 수 있다. 그러므로 $t = 2$일 때 최고 높이 $h(2) = 64(2) - 16(2)^2 = 64$ 피트를 구할 수 있다. 공이 땅에 떨어지는 순간은 높이가 0일 때이므로

$$0 = h(t) = 64t - 16t^2 = 16t(4-t)$$

해를 구하면 $t = 0, 4$이고 따라서 공이 공중에 머무는 시간은 4초가 된다.

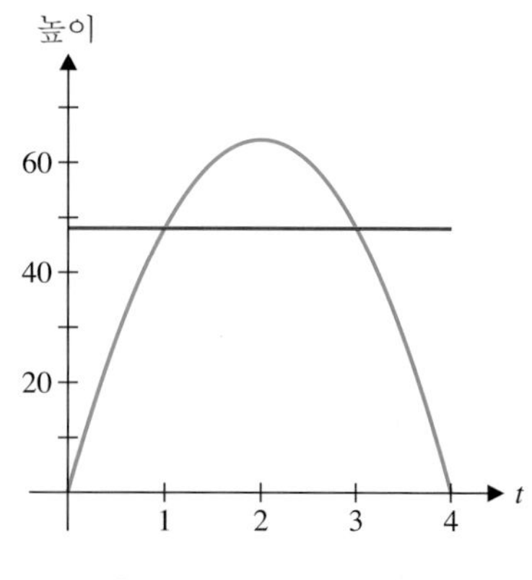

그림 5.43 시간 t일 때 공의 높이

예제 5.2의 높이함수 $h(t)$와 직선 $y = 48$의 그래프는 그림 5.43과 같다. 두 그래프는 두 점 $t = 1, 3$에서 교차하는데 이는 t의 구간 [1, 3], 즉 공이 공중에 머무는 시간의 절반을 지상에서 최고 높이의 4분의 3에 해당하는 높이에 머문다는 사실이다.

예제 5.3 특정한 높이에 도달하기 위해 필요한 처음 속도

농구의 황제 마이클 조단의 수직 높이뛰기 기록은 54인치이다. 공기저항을 무시할 때 얼마의 처음 속도로 뛰어오르면 이 높이까지 뛰어오를 수 있겠는가?

풀이

높이 함수를 $h(t)$라 하면 뉴턴의 제2운동법칙에 의해 중력 가속도는 $h''(t) = -32$이고 처음 속도를 v_0라 하면 $h'(0) = v_0$ 이고 처음 위치는 $h(0) = 0$이다. 최고 높이 54피트에 도달하기 위한 v_0를 결정해야 하므로

$$h'(t) = -32t + c$$

처음 속도는

$$v_0 = h(0) = -32(0) + c = c$$

이고 속도함수는

$$h'(t) = v_0 - 32t$$

이 되어 양변을 적분하고 처음 조건 $h(0) = 0$을 사용하면

$$h(t) = v_0 t - 16t^2$$

이 된다. 최대 높이는 속도함수가 $h'(t) = 0$일 때이므로

$$0 = h'(t) = v_0 - 32t$$

에서 $t = \dfrac{v_0}{32}$이 된다. 이를 위치함수에 대입하면

$$h\left(\frac{v_0}{32}\right) = v_0\left(\frac{v_0}{32}\right) - 16\left(\frac{v_0}{32}\right)^2 = \frac{v_0^2}{32} - \frac{v_0^2}{64} = \frac{v_0^2}{64}$$

이다. 54인치 = 4.5 피트이므로 $\dfrac{v_0^2}{64} = 4.5$, $v_0^2 = 288$

$$v_0 = \sqrt{288} \approx 17 \text{ ft/s}$$

이 된다.

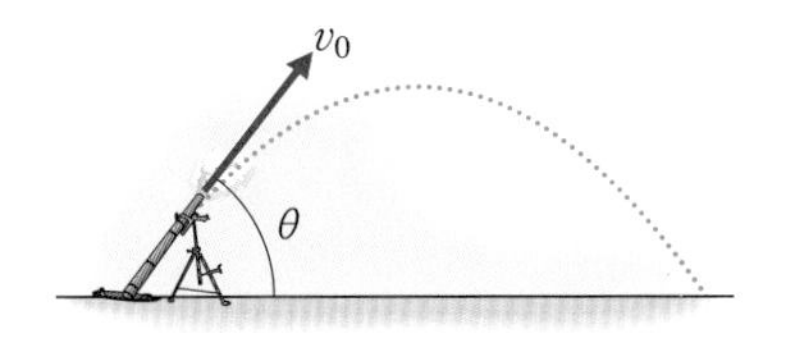

그림 5.44a 발사체의 경로

지금까지 수직으로 던져진 물체에 대하여 살펴보았다. 만일 그림 5.44a와 같이 물체가 지상에 θ각을 이루며 위로 던져진 경우, 물체가 나가는 방향을 수직 성분과 수평 성분으로 분해하여 이에 뉴턴의 제2운동법칙을 적용해야 할 것이다. 즉 공기의 저항을 무시할 때 수직 방향 위치를 $y(t)$로 표시하면 $y''(t) = -g$이 되고, 수평 방향 위치를 $x(t)$로 표시하면 수평 방향은 작용하는 힘이 없으므로 뉴턴의 법칙에 의해 $x''(t) = 0$이 될 것이다.

$\theta > 0$은 물체가 위로 던져진 것을 $\theta < 0$은 물체가 아래 방향으로 던져진 것을 의미한다. 이때 처음 속도를 v_0라 하면 이는 수평, 수직 성분으로 그림 5.44b와 같이 분해될 것이다. 삼각함수에 의해 수직 성분은 $v_y = v_0 \sin\theta$이고 수평 성분은 $v_x = v_0 \cos\theta$이 된다.

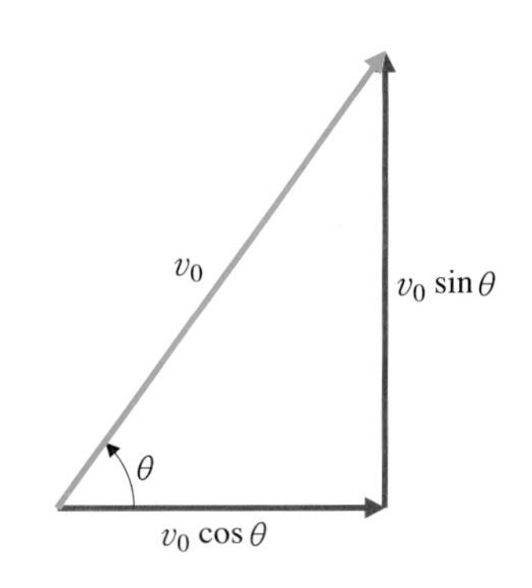

그림 5.44b 처음 속도의 수직 성분과 수평 성분

예제 5.4 이차원 발사체 운동

물체가 수평축으로부터 $\theta = \pi/6$의 각을 이루며 위로 발사되었다. 처음 속도 $v_0 = 98$ m/s 일 때 날아가는 동안의 시간과 수평으로 날아간 거리를 구하여라.

풀이

공기의 저항을 무시하면 수직 방향 성분을 고려할 때 가속도는 $y''(t) = -9.8\,\text{m/s}^2$이고 처음 속도의 수직 성분 $v_y = y'(0) = 98 \sin \pi/6 = 49$가 됨을 알 수 있다(그림 5.44b 참고). 가속도 함수를 적분하면 속도함수 $y'(t) = -9.8t + 49$를 얻는다. 속도함수를 다시 적분하면 $y(0) = 0$이므로 위치함수 $y(t) = -4.9t^2 + 49t$을 구할 수 있다. 물체가 지상에 떨어지는 순간은 $y(t) = 0$이므로

$$0 = y(t) = -4.9t^2 + 49t = 49t(1 - 0.1t)$$

을 풀면 $t = 0$, 10이다. 그러므로 물체가 날아가는 시간은 10초가 된다. 날아간 수평 거리는 $x(10)$은 $x''(t) = 0$로부터 구할 수 있다.
수평 방향 처음 속도 $x'(0) = 98 \cos \pi/6 = 49\sqrt{3}$와 처음 위치 $x(0) = 0$을 이용하여 적분하면 $x'(t) = 49\sqrt{3}$이고 $x(t) = (49\sqrt{3}t)$이 되어 날아간 수평 거리는 $x(10) = 49\sqrt{3}(10) \approx$ 849 미터가 된다(그림 5.45).

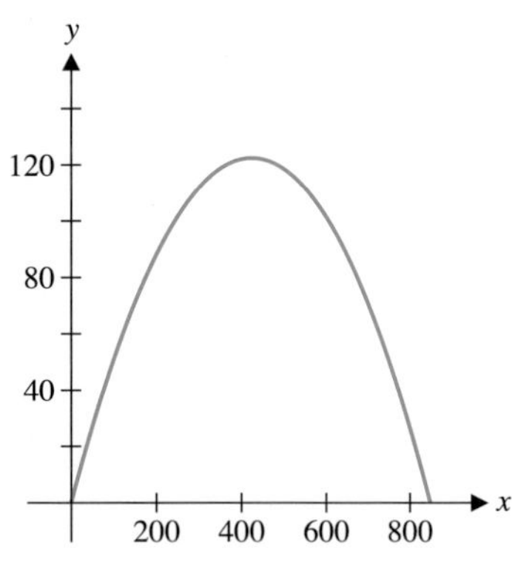

그림 5.45 투사체의 경로

주 5.1

공기의 저항을 무시한다면 위치함수의 수직 성분은 공식

$$y(t) = -\frac{1}{2}gt^2 + (v_0 \sin\theta)t + y(0)$$

이 된다.

예제 5.5 테니스 서브의 운동

비너스 윌리엄스는 여성 테니스 선수 중에서 가장 빠른 서브를 구사한다. 만일 비너스가 높이 10피트에서 처음 속도 120 mph로 수평 방향 7° 아래로 서브를 할 때 '서브 인' 인지 '서브 아웃' 인지 결정하여라('서브 인' 이란 공이 서브하는 선수로부터 39피트 떨어진 곳에 높이 3피트의 네트를 넘어 60피트 지점에 위치한 서비스라인 안에 떨어질 때를 말한다).

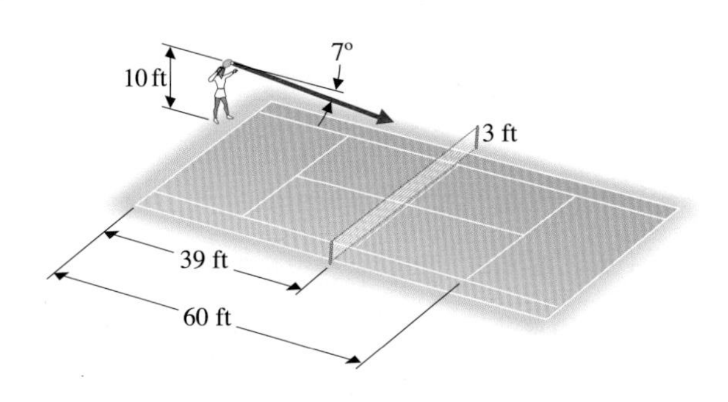

그림 5.46 테니스 서브의 높이

풀이

예제 5.4와 같이 공의 수직 성분의 가속도는 $y''(t) = -32\,\text{ft/s}^2$이다. 처음 속도의 단위를 바꾸면 $v_0 = 120\text{ mph} = 120\frac{5280}{3600}\text{ ft/s} = 176\text{ ft/s}$이므로 수직 방향을 구하면 $y'(0) = 176\sin(-7°) \approx -21.45\,\text{ft/s}$이 된다. 적분하면 $y'(t) = -32t - 21.45$이고 처음 높이가 $y(0) = 10$피트이므로

$$y(t) = -16t^2 - 21.45t + 10$$

수평 방향 가속도는 $x''(t) = 0$이고 처음 속도 수평 방향 성분은 $x'(0) = 176\cos(-7°) \approx 174.69$ ft/s, 처음 위치 $x(0) = 0$으로부터 $x'(t) = 174.69$ ft/s이고 $x(t) = 174.69t$ 피트가 된다. 그러므로

$$x(t) = 174.69t$$
$$y(t) = -16t^2 - 21.45t + 10$$

함수를 갖는다. 공이 네트를 넘으려면 $x = 39$일 때 y값이 최소한 3이어야 하므로 $x(t) = 174.69t = 39$로부터 $t \approx 0.2233$이다. 이를 $y(t)$에 대입하면 $y(0.2233) \approx 4.4$이므로 공은 네트를 충분히 넘어갈 것이다.

다음으로 공이 수평 거리 60피트 앞에 떨어져야 '서브 인'이 되므로 공이 땅에 떨어지는 순간($y = 0$)일 때 $x(t) \le 60$이 된다. 그러므로 $y(t) = -16t^2 - 21.45t + 10 = 0$을 풀면 $t \approx -1.7$와 $t \approx 0.3662$이 되어 양의 t값에 대하여 $x(0.3662) \approx 63.97$이 되어 공은 서비스라인으로부터 약 4피트 밖에 떨어지게 되어 '서브 아웃'이 된다.

예제 5.6 공기저항을 무시 할 수 없는 경우

지상에서 3000피트 상공에서 빗방울이 떨어진다고 가정하자. 공기저항을 무시할 때 빗방울이 땅에 떨어지는 순간의 속도를 구하여라.

풀이

시간 t에 관한 빗방울의 높이함수를 $y(t)$라 하자. 뉴턴의 제2운동법칙에 의해 $y''(t) = -32$이다. 처음 속도는 $y'(0) = 0$이고 처음 위치는 $y(0) = 3000$이므로 적분하면 $y'(t) = -32t$이고 $y(t) = 3000 - 16t^2$이 된다. 빗방울이 땅에 떨어지는 순간 높이함수는 $y(t) = 0$이므로

$$y(t) = 3000 - 16t^2 = 0$$

으로부터 $t = \sqrt{3000/16} \approx 13.693$이다. 이때 속도는

$$y'(\sqrt{3000/16}) = -32\sqrt{3000/16} \approx -438.18 \text{ ft/s}$$

이다. 이는 약 300mph의 속도로 아래로 떨어지는 것을 말한다. 이는 엄청난 속도이지만 실제로는 공기저항 때문에 빗방울이 땅에 떨어지는 속도는 10 mph이다.

예제 5.6을 보면 공기저항을 함부로 무시해서는 안 된다는 것을 알 수 있다. 공기저항까지 고려하여 발사체 문제를 풀기 위한 내용은 7장에서 다룬다.

빗방울이 천천히 떨어지게 하는 공기저항은 공기가 물체의 운동에 영향을 미치는 방법의 하나이다. 물체의 회전이나 물체의 모양의 비대칭성에서 생기는 **마그누스 힘**(Magnus force)은 물체의 방향과 곡선을 변화시킬 수도 있다. 마그누스 힘의 물체의 방향과 곡선을 변화시킬 수도 있다. 마그누스 힘의 가장 대표적인 예가 비행기이다. 비행기의 날개 한쪽은 휘고 다른 한쪽은 상대적으로 편평하다(그림 5.47). 이런 비대칭성으로 인해서 날개 위에서는 아래에서보다 공기가 더 빨리 움직인다. 따라서 마그

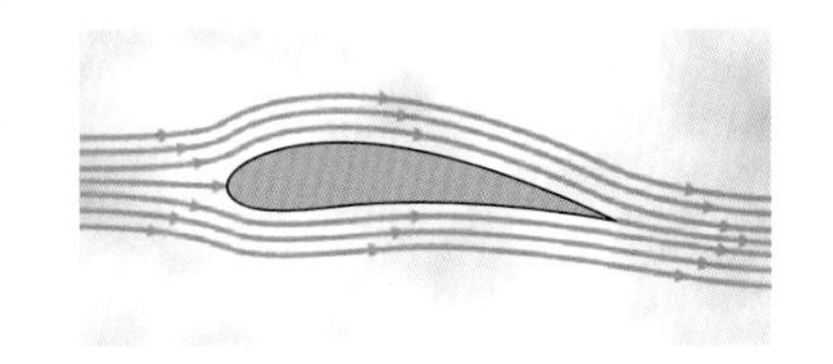

그림 5.47 날개의 단면

야구공의 회전

누스 힘은 위쪽 방향으로 작용하고 비행기가 뜨게 한다.

마그누스 힘의 또 다른 예는 야구의 너클볼이다. 투수의 관점에서 볼 때 공이 좌우로 움직이는 힘은 $F_m = -0.1\sin(4\theta)\,\text{lb}$이다. 여기서 θ는 시작점으로부터 공이 회전한 각도이다. 좌우로 움직이는 볼은 중력의 영향을 미치지 못하므로 공이 좌우로 움직이는 데 미치는 힘은 마그누스 힘뿐이다. 너클볼의 좌우 움직임에 뉴턴의 제2법칙을 적용하면 $mx''(t) = -0.1\sin(4\theta)$이다. 야구공의 무게는 약 0.01슬러그이다(슬러그는 질량의 단위로 이를 파운드로 변환하려면 $g = 32$를 곱하면 된다). 따라서

$$x''(t) = -10\sin(4\theta)$$

이다. 공이 초당 ω라디안의 비율로 회전하면 $4\theta = 4\omega t + \theta_0$이다. 여기서 처음 각도 θ_0는 투수가 공을 어떻게 잡느냐에 따라 결정된다. 따라서

$$x''(t) = -10\sin(4\omega t + \theta_0) \tag{5.1}$$

이고 처음 조건은 $x'(0) = 0$, $x(0) = 0$이다. 속도가 60 mph인 너클볼은 투수가 던져서 홈 플레이트에 도달하기까지 약 0.68초가 걸린다.

예제 5.7 너클볼의 운동방정식

회전속도가 초당 $\omega = 2$라디안이고 $\theta_0 = 0$일 때 너클볼의 수평운동방정식을 구하고 $0 \le t \le 0.68$일 때 그래프를 그려라. $\theta_0 = \pi/2$일 경우도 구하여라.

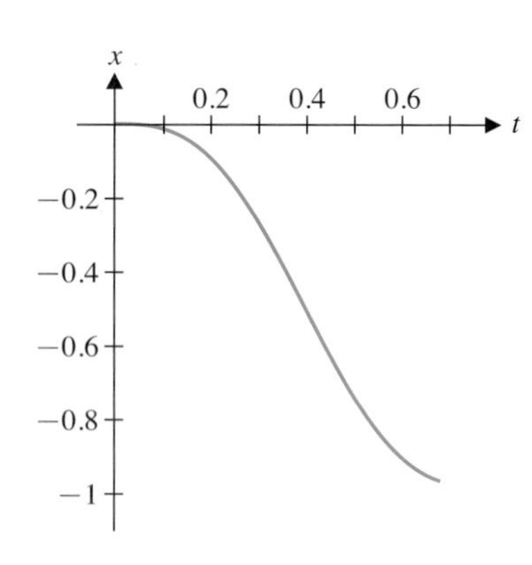

그림 5.48a $\theta_0 = 0$일 때 너클볼의 수평운동

풀이

$\theta_0 = 0$일 때 식 (5.1)에 의하여 $x''(t) = -10\sin 8t$이다. 적분하고 처음 조건 $x'(0) = 0$을 이용하면

$$x'(t) = -\frac{10}{8}[-\cos 8t - (-\cos 0)] = 1.25(\cos 8t - 1)$$

이다. 한 번 더 적분하고 처음 조건 $x(0) = 0$을 이용하면

$$x(t) = 1.25\left(\frac{1}{8}\right)(\sin 8t - 0) - 1.25t = 0.15625\sin 8t - 1.25t$$

이다. 이 함수의 그래프는 공의 수평이동을 보여준다(그림 5.48a). 그래프는 공을 던진 후 위에서 내려다본 모양과 같다. 공은 처음에는 똑바로 가다가 홈 플레이트 근처에서는 약 한 발자국 정도 떨어진 지점으로 도착한다.

$\theta_0 = \pi/2$일 때는 식 (5.1)에 의하여

$$x''(t) = -10\sin\left(8t + \frac{\pi}{2}\right)$$

이다. 적분하고 처음 조건을 이용하면

$$x'(t) = -\frac{10}{8}\left\{-\cos\left(8t + \frac{\pi}{2}\right) - \left[-\cos\left(0 + \frac{\pi}{2}\right)\right]\right\}$$

$$= 1.25\cos\left(8t + \frac{\pi}{2}\right)$$

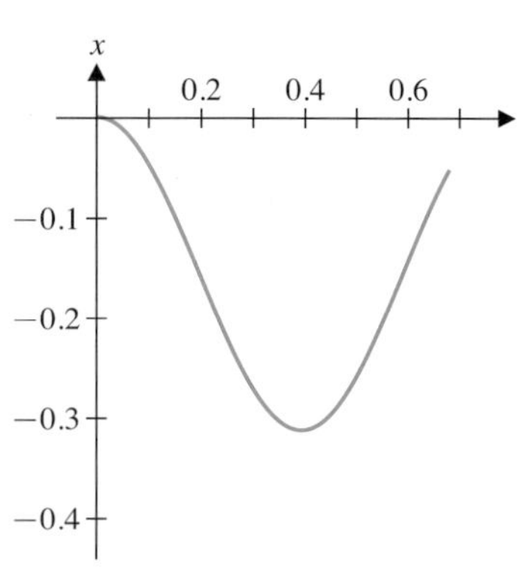

그림 5.48b $\theta_0 = \frac{\pi}{2}$일 때 너클볼의 수평운동

이고 한 번 더 적분하면

$$x(t) = 1.25\left(\frac{1}{8}\right)\left[\sin\left(8t + \frac{\pi}{2}\right) - \sin\left(\frac{\pi}{2}\right)\right]$$

$$= 0.15625\left[\sin\left(8t + \frac{\pi}{2}\right) - 1\right]$$

이다. 이 경우의 수평운동 그래프는 그림 5.48b이다. 이 공은 거의 4인치 정도 투수의 오른쪽으로 갔다가 다시 홈 플레이트 가운데로 가서 스트라이크가 된다. 이론적으로 너클볼은 회전과 처음 위치에 매우 민감하며 적절히 던지면 맞추기 아주 어렵다는 것을 알 수 있다.

연습문제 5.5

1. 수면으로부터 30피트 높이의 다이빙대에서 물로 떨어질 때 수면에 떨어지는 순간속도를 구하여라(단 공기저항은 무시한다).

2. 어떤 코요테가 절벽 끝에서 발을 헛디뎌 떨어지기 시작했다. 4초 후에 땅에 떨어졌다면 이 절벽의 높이는 얼마인가?

3. 위로 20인치 수직 높이뛰기가 가능한 학생이 있다. 이 학생이 이 높이까지 뛰기 위해 요구되는 처음 속도는 얼마인가? 예제 5.3에서 마이클 조던의 처음 속도와 비교해 보아라.

4. (a) 어떤 물체가 높이 H (ft)에서 떨어질 때, 이 물체가 땅에 도달하는 시간은 $T = \frac{1}{4}\sqrt{H}$ (sec)이고 떨어지는 순간의 속도는 $V = -8\sqrt{H}$ ft/s임을 보여라.
   (b) 초기 속도 v_0 ft/s로 지면으로부터 날아가는 물체의 최고 높이는 $v_0^2/64$ ft임을 보여라.

5. 어떤 물체가 처음 속도 98 m/s로 수평선과 $\theta = \pi/3$의 각을 이루며 쏘아 올려졌다. 물체가 공중에 머문 시간과 얼마나 멀리 갔는지 수평거리를 구하여라. 예제 5.4와 비교하여 보아라.

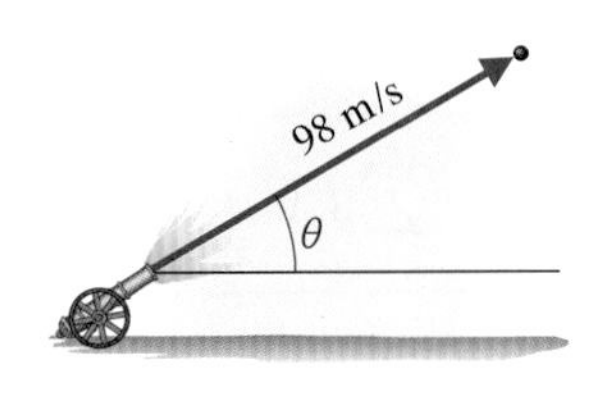

6. 예제 5.5를 처음 각도를 6도로 하여 계산하여라. 서브인이 되기 위한 각도의 최솟값과 최댓값을 추정하여라.

7. 6피트 키의 투수가 처음 속도 130 ft/s로 수평 방향으로 홈을 향해 투구하였다. 투수로부터 60피트 떨어진 홈에 공이 도달했을 때 공의 높이를 구하여라.

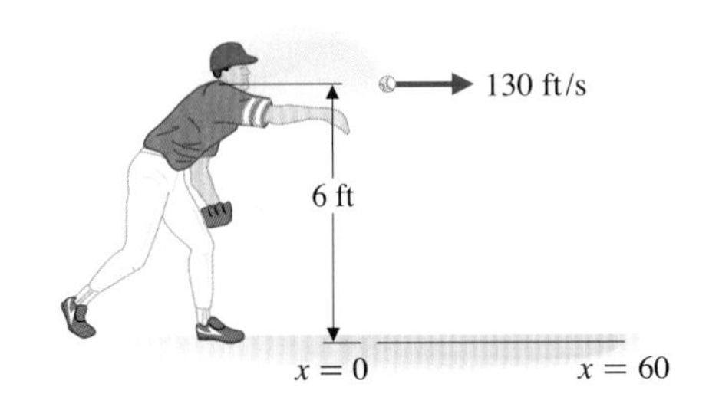

8. 야구선수가 120피트 떨어져 있는 1루로 공을 송구하고 있다. 이 선수의 키는 5피트이고 수평면에서 5도인 위치에서 처음 속도 120 ft/s로 던졌다. 공이 1루에 도달했을 때 공의 높이를 구하여라.

9. 어떤 무모한 사람이 25대의 자동차 위를 뛰어 넘으려고 한다. 자동차의 폭은 모두 5피트로 같고 빈틈없이 나열되어 있을 때 30도 경사의 트랩에서 얼마의 처음 속도로 뛰어 넘을 수 있겠는가?

10. 브라질의 축구선수 호베르투 카를루스는 휘어지는 공을 차는 선수로 유명하다. 그가 30야드 밖에서 프리킥을 찰 때 선수의 위치와 축

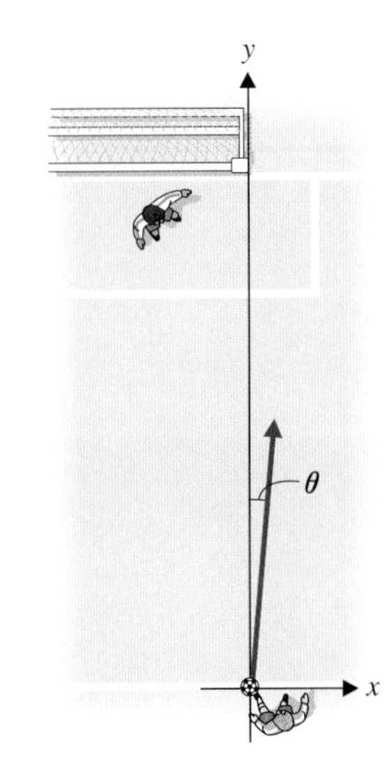

은 다음 그림과 같고 처음 속도 100 ft/s으로 양의 y축 방향에서 5도 기울인 각도로 찬다고 한다. 공에 가해지는 유일한 힘은 공이 회전하면서 생기는 왼쪽으로 향하는 마술 같은 힘이 전부라 하자. 만일 $x''(t) = -20$, $y''(t) = 0$일 때 $y = 90$에서 공의 x축 변위가 $-24 \le x \le 0$이면 공은 골대 안으로 들어간다. 골인하겠는가?

5.6 물리학과 공학에의 응용

이 절에서는 적분을 물리학에 응용하는 문제들을 살펴보자. 기본개념을 정의하고 정적분을 이용하여 이 개념을 일반화하여 문제를 해결해 나갈 것이다.

눈 덮인 언덕 아래에 썰매를 가지고 있다고 생각해 보자. 썰매를 잘 타기 위해서는 썰매를 언덕 위로 가져가야 한다. 물리학자들은 위로 올라갈수록 위치에너지가 커진다고 말한다. 썰매를 타고 내려오면 위치에너지가 운동에너지로 바뀐다. 그러나 썰매를 언덕 위로 끌고 가기 위해서는 일이 필요하다.

이 절의 첫 번째 문제는 일을 계산하는 것이다. 두 배로 무거운 물체를 밀면 두 배의 일을 하는 것이다. 또 썰매를 두 배로 멀리 끌고 가면 두 배의 일을 하는 것이다. 따라서 상수의 힘 F를 작용시켜서 거리 d만큼 움직였을 때 한 **일** W는 다음과 같이 주어진다.

$$W = Fd$$

이 개념을 확장하여 상수가 아닌 힘 $F(x)$가 구간 $[a, b]$에서 작용할 때 일을 계산해 보자. 먼저 구간 $[a, b]$를 같은 길이 $\Delta x = \dfrac{b-a}{n}$를 갖는 n개의 소구간으로 나누고 각 부분 구간에서의 일을 생각해 보자. Δx가 작으면 부분 구간 $[x_{i-1}, x_i]$에서 작용하는 힘 $F(x)$는 상수의 힘 $F(c_i)$, $c_i \in [x_{i-1}, x_i]$로 간주할 수 있다. 따라서 이 부분 구간에서 물체를 이동시키는 일은 약 $F(c_i)\Delta x$이고 전체 일 W는 다음과 같이 근사시킬 수 있다.

$$W \approx \sum_{i=1}^{n} F(c_i)\Delta x$$

이것은 리만합이고 n이 커지면 정확한 일이 된다.

일

$$W = \lim_{n\to\infty} \sum_{i=1}^{n} F(c_i)\Delta x = \int_a^b f(x)\,dx \tag{6.1}$$

식 (6.1)이 일의 정의이다.

용수철을 더 많이 압축하거나 늘리면 더 많은 힘이 필요하다. 후크의 법칙에 따르면 용수철을 특정한 위치에서 유지하는 데 필요한 힘은 그 용수철을 압축하거나 늘린 거리에 비례한다. 즉, 용수철이 원래 상태로부터 압축되거나 늘어난 거리를 x라 하면, 이때 필요한 힘은

$$F(x) = kx \tag{6.2}$$

로 주어진다. 여기서 k는 용수철 상수이다.

예제 6.1 용수철을 늘리는 데 필요한 일

용수철을 원래 상태에서 $\frac{1}{4}$피트 늘리는 데 3파운드의 힘이 필요하다고 하자(그림 5.49). 이 용수철을 원래 상태에서 6인치 늘리는 데 필요한 일을 구하여라.

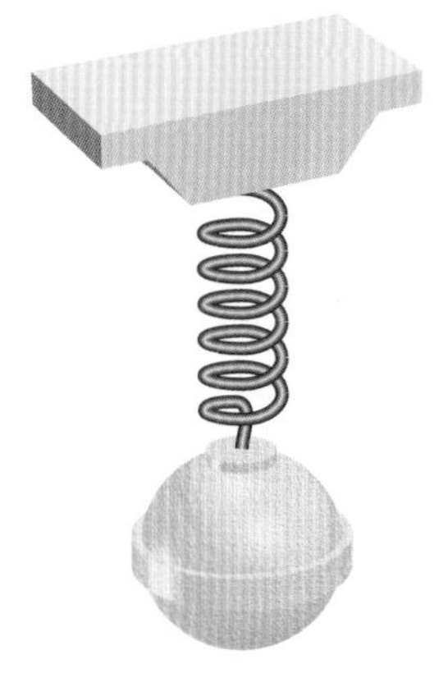

그림 5.49 늘어난 용수철

풀이

먼저 용수철 상수를 구하자. 후크의 법칙 식 (6.2)에 의하여

$$3 = F\left(\frac{1}{4}\right) = k\left(\frac{1}{4}\right)$$

이므로 $k = 12$이고 $F(x) = 12x$이다. 식 (6.1)에 의하여 용수철을 6인치(1/2피트) 늘리는 데 필요한 일은 다음과 같다.

$$W = \int_0^{1/2} F(x)\, dx = \int_0^{1/2} 12x\, dx = \frac{3}{2} \text{ 피트-파운드}$$

예제 6.2 역도선수가 한 일

역도선수가 200파운드의 바벨을 3피트 들어 올렸을 때 한 일을 구하여라. 또한 땅에서 4피트만큼 들어 올렸다가 다시 내려놓았을 때 한 일을 구하여라.

풀이

힘(무게)이 상수이므로

$$W = Fd = 200 \times 3 = 600 \text{ 피트-파운드}$$

이다. 땅에서 4피트만큼 들어 올렸다가 다시 내려놓으면 거리의 차가 0이므로 일도 0이다. 역도선수가 일을 한 것으로 생각하겠지만 앞에서 정의한 것처럼 일은 에너지 변화량의 합이다. 바벨이 처음과 똑같은 운동에너지와 위치에너지를 가지므로 일은 0이다.

예제 6.3에서는 힘과 거리가 모두 상수가 아닌 경우이다.

예제 6.3 탱크의 물을 퍼내는 데 필요한 일

반지름이 10피트인 구 모양의 탱크에 물이 가득 차 있다. 이 물을 모두 퍼내는 데 필요한 일을 구하여라.

풀이

이 문제에서는 공식 $W = Fd$를 곧바로 적용할 수는 없다. 그 이유 중의 하나는 각 부분의 물이 이동한 거리가 다르기 때문이다. 즉 탱크의 가장 아랫부분에 있는 물은 탱크 꼭대기까지 이동해야 하지만 탱크 윗부분의 물은 조금만 이동하면 되기 때문이다. 그림 5.50a처럼 탱크의 밑바닥에서부터 잰 거리를 x라 하자. 탱크의 범위는 $0 \le x \le 20$이고 다음과 같이 분할하자.

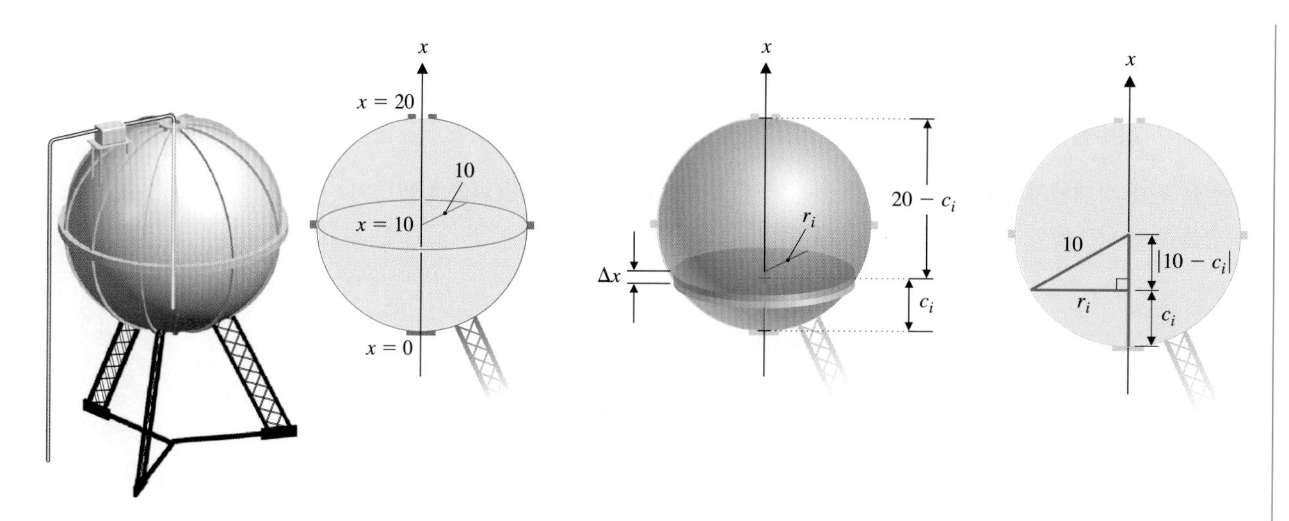

그림 5.50a 구 모양 탱크 **그림 5.50b** i번째 층의 물 **그림 5.50c** 탱크의 단면

$$0 = x_0 < x_1 < \cdots < x_n = 20$$

여기서 $x_i - x_{i-1} = \Delta x = \dfrac{20}{n}$, $i = 1, 2, \cdots, n$이다. 이 분할은 탱크를 n개의 얇은 층으로 나눈다(그림 5.50b). 구간 $[x_{i-1}, x_i]$에 해당하는 층의 물은 높이가 Δx인 원기둥 모양이라고 생각할 수 있다. 이 층의 물은 $20 - c_i$, $c_i \in [x_{i-1}, x_i]$ 정도의 거리를 이용해야 한다. 그림 5.50b에서 알 수 있듯이 i번째 층의 반지름은 x의 값에 따라 다르다. 그림 5.50c에서 깊이가 $x = c_i$일 때 반지름 r_i는 빗변이 10이고 높이가 $|10 - c_i|$인 직각삼각형의 밑변임을 알 수 있다. 피타고라스 정리에 의하여

$$(10 - c_i)^2 + r_i^2 = 10^2$$

이므로 r_i^2에 대하여 풀면

$$\begin{aligned} r_i^2 &= 10^2 - (10 - c_i)^2 = 100 - (100 - 20c_i + c_i^2) \\ &= 20c_i - c_i^2 \end{aligned}$$

이다. i번째 층을 운반하는 데 필요한 힘 F_i는 중력이 물에 가하는 힘(즉, 무게)이다. 물의 밀도는 62.4 lb/ft^{3}이므로

$$\begin{aligned} F_i &\approx (\text{원기둥 조각의 부피})\ (\text{단위무게당 물의 무게}) \\ &= (\pi r_i^2 h)(62.4\ \text{lb/ft}^3) \\ &= 62.4\pi(20c_i - c_i^2)\Delta x \end{aligned}$$

이다. i번째 층을 탱크 위로 뽑아내는 데 필요한 일은

$$\begin{aligned} W_i &\approx (\text{힘})(\text{거리}) \\ &= 62.4\pi(20c_i - c_i^2)\Delta x(20 - c_i) \\ &= 62.4\pi c_i(20 - c_i)^2\Delta x \end{aligned}$$

탱크의 물을 모두 뽑아내는 데 필요한 일은 각층의 물에 대하여 필요한 일을 다음과 같이 합하면 된다.

$$W \approx \sum_{i=1}^{n} 62.4\pi c_i(20 - c_i)^2\,\Delta x$$

마지막으로 $n \to \infty$하면 정확한 일을 구할 수 있다.

$$\begin{aligned} W &= \lim_{n\to\infty} \sum_{i=1}^{n} 62.4\pi c_i (20 - c_i)^2 \Delta x = \int_0^{20} 62.4\pi x(20 - x)^2 dx \\ &= 62.4\pi \int_0^{20} (400x - 40x^2 + x^3)dx \\ &= 62.4\pi \left[400\frac{x^2}{2} - 40\frac{x^2}{3} + \frac{x^4}{4} \right]_0^{20} \\ &= 62.4\pi \left(\frac{40,000}{3} \right) \approx 2.61 \times 10^6 \text{ 피트-파운드} \end{aligned}$$

■

임펄스(impulse)는 일과 밀접한 관련이 있는 물리적인 양이다. 에너지의 변화를 계산하기 위하여 힘과 거리를 이용하는 것처럼 힘과 시간을 이용하여 속도의 변화를 계산하는 것이 임펄스이다. 먼저 상수의 힘 F가 시간 $t=0$부터 $t = T$까지 어떤 물체에 작용한다고 하자. 시각 $t=0$일 때 물체의 위치가 $x(t)$이면 뉴턴의 제2법칙에 의해 $F = ma = mx''(t)$이다. 이 식을 t에 대하여 적분하면

$$\int_0^T F dt = m\int_0^T x''(t) dt$$

또는

$$F(T - 0) = m[x'(T) - x'(0)]$$

이다. $x'(t)$는 속도 $v(t)$이므로

$$FT = m[v(T) - v(0)]$$

또는 $FT = m\Delta v$이다. 여기서 $\Delta v = v(t) - v(0)$는 속도의 변화량이다. 여기서 FT는 임펄스라 하고 $mv(t)$는 시각 t일 때의 **모멘텀**(momentum)이라 하며 임펄스와 속도의 변화량 사이의 관계식을 **임펄스-모멘텀 방정식**이라 한다.

일의 개념을 상수가 아닌 힘에 대한 것으로 확장했듯이 임펄스의 개념도 확장하자.

힘 $F(t)$가 시간 구간 $[a, b]$에서 작용했을 때의 임펄스 J는 다음과 같이 정의된다.

$$\boxed{J = \int_a^b F(t)\, dt}$$

임펄스

이 식을 유도하는 것은 각자 해보기 바란다. 또 임펄스-모멘텀 방정식은 다음과 같이 일반화된다.

$$\boxed{J = m[v(b) - v(a)]}$$

임펄스-모멘텀 방정식

예제 6.4 야구공의 임펄스 추정

야구공이 130 ft/s(약 90 mph)로 날아가서 야구 방망이에 맞았다. 다음 데이터(R. Adair의 《야구의 물리학》에서 인용)는 방망이가 공에 가한 힘을 0.0001초 간격으로 측정한 것이다.

t(s)	0	0.0001	0.0002	0.0003	0.0004	0.0005	0.0006	0.0007
$F(t)$ (lb)	0	1250	4250	7500	9000	5500	1250	0

방망이가 공에 가한 임펄스와 ($m = 0.01$ 슬러그를 이용하여) 공이 방망이에 맞은 후의 속도를 구하여라.

풀이

임펄스는 $J = \int_0^{0.0007} F(t)\,dt$이다. $F(t)$의 측정값만 알고 있으므로 심프슨 공식을 이용하여 수치적으로 적분의 근삿값을 추정해야 한다. 심프슨 공식은 n이 짝수이어야 하므로 $n = 8$로 택하고 $t = 0.0008$일 때 함숫값은 0이라 하자(왜 이것이 가능한지 생각해 보자). 심프슨 공식에 따라

$$\begin{aligned} J &\approx [0 + 4(1250) + 2(4250) + 4(7500) + 2(9000) + 4(5500) \\ &\quad + 2(1250) + 4(0) + 0]\,\frac{0.0001}{3} \\ &\approx 2.867 \end{aligned}$$

이다. 이 경우 임펄스–모멘텀 방정식 $J = m\Delta v$는 $2.867 = 0.01\Delta v$ 또는 $\Delta v = 286.7$ ft/s가 된다. 야구공이 130 ft/s로 날아가다가 배트에 맞은 후 반대방향으로 날아가므로 맞은 후의 속도는 156.7 ft/s이다.

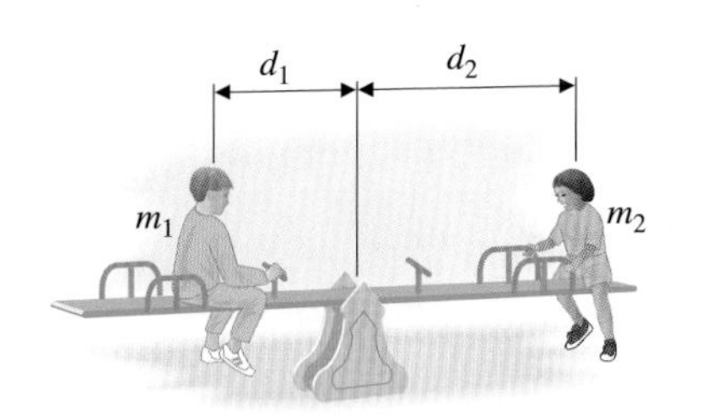

그림 5.51a 두 질량의 균형

어린이 두 명이 시소를 타고 있다고 하자. 그림 5.51a의 왼쪽에 있는 아이가 더 무거울 때 두 아이가 중심으로부터 같은 거리에 앉는다면 왼쪽이 아래로 내려간다. 하지만 왼쪽 아이가 중심에 좀 더 가까이 앉는다면 평형을 이룰 수 있다. 즉, 평형은 무게(힘)와 중심으로부터의 거리에 의해 결정된다. 두 아이의 질량이 m_1, m_2이고 중심으로부터 거리가 각각 d_1, d_2인 지점에 앉아 있다고 하면 서로 평형을 이루기 위한 필요충분조건은 다음과 같다.

$$m_1 d_1 = m_2 d_2 \tag{6.3}$$

문제를 조금 바꿔서 질량이 m_1, m_2인 물체가 각각 x_1, x_2인 지점에 있다고 하자 ($x_1 < x_2$). 이 물체를 점–질량이라 한다. 즉, 각 물체를 하나의 점으로 간주하고 그 점에 질량이 집중되어 있다고 생각한다(그림 5.51b).

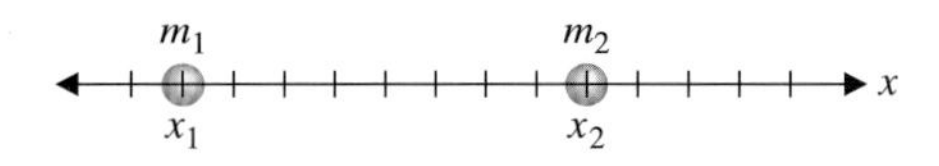

그림 5.51b 두 개의 점–질량

질량중심(center of mass) $\bar{x}$를 구해 보자. 즉, 물체가 평형을 이루도록 시소의 중심을 찾아보자. 평형방정식 식 (6.3)에 의하여 $m_1(\bar{x} - x_1) = m_2(x_2 - \bar{x})$이어야 한다. $\bar{x}$에 대하여 풀면

$$\bar{x} = \frac{m_1 x_1 + m_2 x_2}{m_1 + m_2}$$

이다. 이 식의 분모는 계의 전체 질량 즉, 두 물체의 질량의 합이다. 분자의 식을 계의 **일차능률**(first moment)이라 한다.

일반적으로 n개의 질량 $m_1, m_2, \cdots, m_n$이 각각 $x = x_1, x_2, \cdots, x_n$에 놓여 있을 때 질량 중심 $\bar{x}$는 일차능률을 전체 질량으로 나눈 것이다. 즉 다음과 같다.

$$\bar{x} = \frac{m_1 x_1 + m_2 x_2 + \cdots + m_n x_n}{m_1 + m_2 + \cdots + m_n}$$

질량중심

이제 (단위길이당 질량으로 측정된) 밀도 $\rho(x)$가 변수인 물체가 $x = a$부터 $x = b$까지 펼쳐져 있을 때, 질량과 질량 중심을 찾아보자. 밀도가 상수 ρ이면 물체의 질량은 $m = \rho L$이다. 여기서 $L = b - a$는 물체의 길이이다. 밀도가 변하면 구간 $[a, b]$를 $\Delta x = \dfrac{b-a}{n}$가 되도록 n개의 구간으로 나누어 질량의 근삿값을 구할 수 있다. 각 소구간 $[x_{i-1}, x_i]$에서 질량은 대략 $\rho(c_i)\Delta x$이다. 여기서 c_i는 소구간의 점이다. 따라서 전체 질량의 근삿값은 다음과 같다.

$$m \approx \sum_{i=1}^{n} \rho(c_i)\Delta x$$

이것은 리만합이고 $n \to \infty$이면 전체 질량에 가까워진다.

$$m = \lim_{n \to \infty} \sum_{i=1}^{n} \rho(c_i)\Delta x = \int_a^b \rho(x)\, dx \tag{6.4}$$

질량

예제 6.5 야구 방망이의 질량

30인치의 야구 방망이는 밀도가 인치당 $\rho(x) = \left(\dfrac{1}{46} + \dfrac{x}{690}\right)^2$ 슬러그인 물체가 $x = 0$ 부터 $x = 30$까지 있는 것으로 생각할 수 있다. 방망이의 질량을 구하여라.

풀이

식 (6.4)에 의하여

$$\begin{aligned} m &= \int_0^{30} \left(\frac{1}{46} + \frac{x}{690}\right)^2 dx \\ &= \frac{690}{3}\left(\frac{1}{46} + \frac{x}{690}\right)^3 \Bigg|_0^{30} = \frac{690}{3}\left[\left(\frac{1}{46} + \frac{30}{690}\right)^3 - \left(\frac{1}{46}\right)^3\right] \\ &\approx 6.144 \times 10^{-2} \text{ 슬러그} \end{aligned}$$

이다. 무게를 구하려면 질량에 32 · 16을 곱하면 된다. 방망이의 무게는 약 31.5온스이다. ■

상수 아닌 밀도 $\rho(x)$, $a \le x \le b$를 갖는 물체의 일차능률을 구하기 위해서는 구간을 같은 크기를 갖는 n개의 조각으로 나누자. 앞에서 한 것과 마찬가지로 $i = 1, 2, \cdots, n$에 대하여 i번째 조각의 질량은 적당한 $c_i \in [x_{i-1}, x_i]$에 대하여 $\rho(c_i)\Delta x$ 이다. 이제 i번째 조각은 $x = c_i$ 지점에 질량 $m_i = \rho(c_i)\Delta x$인 입자가 있는 것으로 생각할

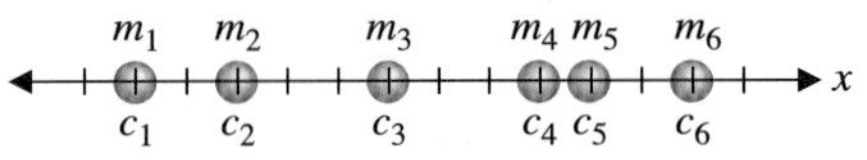

$$\begin{array}{cccccc} m_1 & m_2 & m_3 & m_4 & m_5 & m_6 \\ c_1 & c_2 & c_3 & c_4 & c_5 & c_6 \end{array}$$

그림 5.52 여섯 개의 점-질량

수 있다. 그러면 원래의 물체는 그림 5.52에서와 같이 n개의 점-질량이 있는 것으로 바꾸어 생각할 수 있다.

이 계의 일차능률 M_n은 다음과 같다.

$$\begin{aligned} M_n &= [\rho(c_1)\Delta x]c_1 + [\rho(c_2)\Delta x]c_2 + \cdots + [\rho(c_n)\Delta x]c_n \\ &= [c_1\rho(c_1) + c_2\rho(c_2) + \cdots + c_n\rho(c_n)]\Delta x = \sum_{i=1}^{n} c_i\rho(c_i)\Delta x \end{aligned}$$

극한 $n \to \infty$를 취하면 합은 다음과 같이 일차능률에 접근한다.

일차능률

$$M = \lim_{n\to\infty}\sum_{i=1}^{n} c_i\rho(c_i)\Delta x = \int_a^b x\rho(x)\,dx \tag{6.5}$$

또한 물체의 질량중심은 다음과 같다.

질량중심

$$\bar{x} = \frac{M}{m} = \frac{\displaystyle\int_a^b x\rho(x)\,dx}{\displaystyle\int_a^b \rho(x)\,dx} \tag{6.6}$$

예제 6.6 야구 방망이의 질량중심

예제 6.5의 야구 방망이의 질량중심을 구하여라.

풀이

식 (6.5)에 의하여 일차능률은 다음과 같다.

$$M = \int_0^{30} x\left(\frac{1}{46} + \frac{x}{690}\right)^2 dx = \left[\frac{x^2}{4232} + \frac{x^3}{47{,}610} + \frac{x^4}{1{,}904{,}400}\right]_0^{30} \approx 1.205$$

예제 6.5에서 질량은 $m \approx 6.144 \times 10^{-2}$ 슬러그임을 계산하였으므로 식 (6.6)에 의하여 질량중심은 다음과 같다.

$$\bar{x} = \frac{M}{m} \approx \frac{1.205}{6.144\times 10^{-2}} \approx 19.6\text{인치}$$

후버댐

이 절에서 적분의 응용의 마지막 문제는 수압이다. 물이 가득 찬 호수를 막고 있는 댐을 생각해 보자. 댐이 지탱해야 하는 힘은 어느 정도일까?

먼저 간단한 문제를 풀어 보자. 물속에 수평으로 놓여 있는 직사각형 판에 물이 가하는 힘(수압)은 그 판 위에 있는 물의 무게이다. 이것은 판 위에 있는 물의 부피와 물의 무게 밀도(62.4 lb/ft³)를 곱하면 구할 수 있다. 넓이가 A 제곱피트인 판이 수면보다

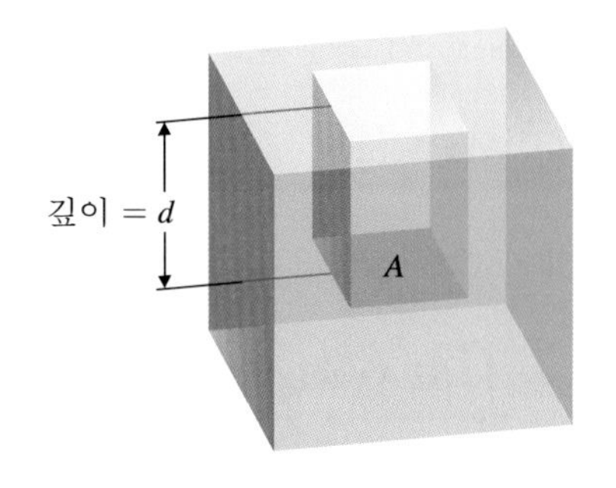

그림 5.53 표면에서 깊이 d만큼 잠긴 넓이 A인 판

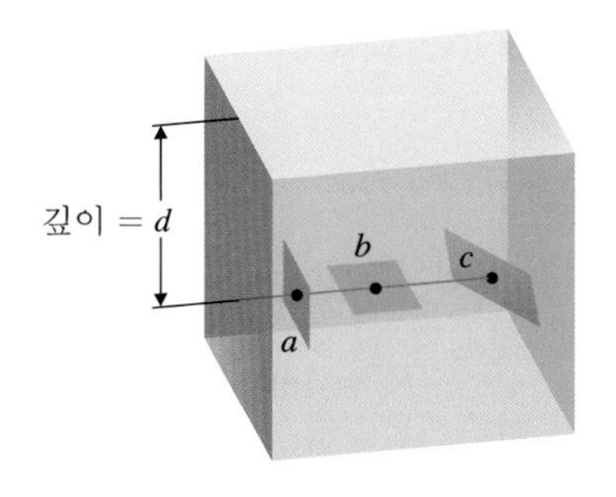

그림 5.54 같은 깊이에서의 압력은 방향에 관계없이 같다.

d 피트 아래에 있다면(그림 5.53) 판이 받는 힘은

$$F = 62.4Ad$$

이다. 파스칼의 법칙에 따라 액체 속 깊이 d인 지점의 압력은 어느 방향에서나 같다. 즉, 판이 액체 속에 잠겨 있으면 그 판의 어느 지점에서나 한쪽 방향의 압력은 $\rho \cdot d$이다. 여기서 ρ는 액체의 무게밀도이고 d는 깊이이다. 특히 판이 수평이나 수직 혹은 또 다른 방향으로 잠겨 있어도 그 방향은 관계없다(그림 5.54).

이제 수직으로 놓아져 호수를 막고 있는 댐을 생각해 보자. 수직축을 x축이라 하고 수면을 $x = 0$, 댐의 바닥을 $x = a > 0$라 하자(그림 5.55). 깊이 x일 때 댐의 폭을 $w(x)$ (단위는 피트)라 하자.

구간 $[0, a]$를 $\Delta x = \frac{a}{n}$가 되도록 n등분하자. 즉, 댐을 두께가 Δx인 n개의 층으로 나눈다. $i = 1, 2, \cdots, n$에 대하여 i번째 단면 넓이는 약 $w(c_i)\Delta x$이다. 여기서 c_i는 부분구간 $[x_{i-1}, x_i]$의 적당한 점이다. 또한 i번째 단면 각 점의 깊이는 약 c_i이다. 따라서 수직으로 놓여 있는 i번째 단면 위의 물이 이 단면에 작용하는 힘 F_i의 근삿값은 다음과 같다.

$$F_i \approx \underbrace{62.4}_{\text{무게밀도}} \; \underbrace{w(c_i)}_{\text{길이}} \; \underbrace{\Delta x}_{\text{두께}} \; \underbrace{c_i}_{\text{깊이}} = 62.4 c_i w(c_i)\, \Delta x$$

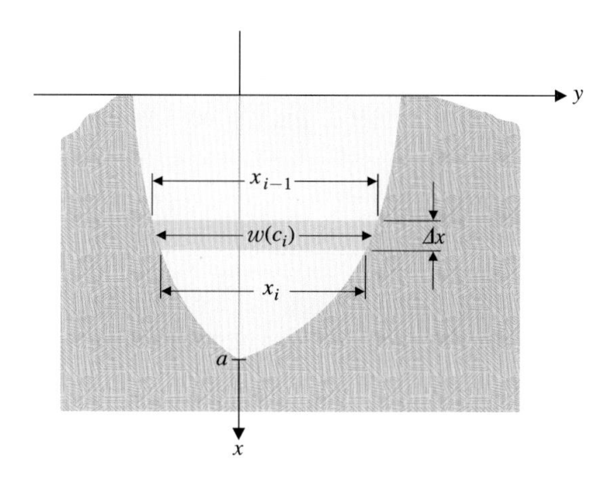

그림 5.55 댐에 작용하는 힘

각 층에 작용하는 힘을 더하면 댐의 전체 힘의 근삿값은 다음과 같다.

$$F \approx \sum_{i=1}^{n} 62.4\, c_i w(c_i)\, \Delta x$$

이것은 리만합이므로 $n \to \infty$일 때의 극한을 취하면 댐의 수압은 다음과 같다.

$$F = \lim_{n\to\infty} \sum_{i=1}^{n} 62.4 c_i\, w(c_i)\, \Delta x = \int_0^a 62.4\, x\, w(x)\, dx \tag{6.7}$$

예제 6.7 댐의 수압 구하기

높이가 60피트인 사다리꼴 모양의 댐이 있다. 윗부분은 폭이 100피트이고 아랫부분은 폭이 40피트이다(그림 5.56). 댐이 지탱하는 최대 수압을 구하여라. 그리고 가뭄이 들어 수위가 10피트 낮아질 때의 수압을 구하여라.

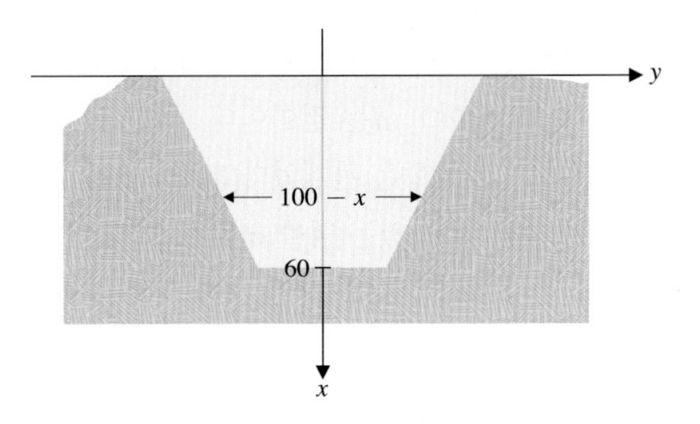

그림 5.56 사다리꼴 댐

풀이

댐의 폭은 깊이에 대한 일차함수이며 $w(0) = 100$, $w(60) = 40$이다. 기울기는 $\frac{60}{-60} = -1$이므로 $w(x) = 100 - x$이다. 식 (6.7)에 의하여 수압은 다음과 같다.

$$F = \int_0^{60} \underbrace{62.4}_{\text{무게밀도}}\ \underbrace{x}_{\text{깊이}}\ \underbrace{(100 - x)}_{\text{폭}}\, dx$$

$$= 3120x^2 - 62.4\frac{x^3}{3}\Bigg|_0^{60} = 6{,}739{,}200 \text{ 파운드}$$

수위가 10피트 줄어들면 폭은 90피트이다. 원점을 10피트 아래로 내리면 $w(0) = 90$, $w(50) = 40$이다. 기울기는 여전히 -1이므로 $w(x) = 90 - x$이다. 따라서 수압은 다음과 같다.

$$F = \int_0^{50} \underbrace{62.4}_{\text{무게밀도}}\ \underbrace{x}_{\text{깊이}}\ \underbrace{(90 - x)}_{\text{폭}}\, dx$$

$$= 2808x^2 - 62.4\frac{x^3}{3}\Bigg|_0^{50} = 4{,}420{,}000 \text{ 파운드}$$

■

연습문제 5.6

1. 5파운드의 힘으로 4인치 늘어나는 용수철이 있다. 이 용수철을 원래 상태에서 6인치 늘리는 데 필요한 일을 구하여라.

2. 역도선수가 250파운드의 물건을 20인치 들어올렸다. 한 일을 구하여라(단위는 피트-파운드).

3. 연료가 가득 찬 10,000파운드의 로켓이 이륙하려고 한다. 이륙 후에는 연료를 태워서 무게는 가벼워지고 고도는 높아진다. 로켓이 연료를 1파운드 사용하면 고도는 15피트가 높아진다고 하자. 로켓이 30,000피트까지 올라가는 데 한 일이 $\int_0^{30,000} (10,000 - x/15)\,dx$임을 보이고 계산하여라.

4. 길이가 40피트이고 무게가 1000파운드인 쇠줄이 배의 갑판에 매어져 있다. 쇠줄은 수직으로 매달려 있고 끝 부분은 갑판 아래 물속 30피트 지점에 있다. 일을 계산하여라.

5. 반지름이 1미터이고 높이가 3미터인 원기둥이 물로 가득 채워져 있다. (a) 원기둥이 세워져 있을 때(원 모양이 지면에 평행) (b) 원기둥이 누워 있을 때(원 모양이 지면에 수직) 원기둥의 물을 모두 원기둥 위로 뽑아내는 데 필요한 일을 구하여라. 물의 무게밀도는 9800 N/m^{3}이다.

6. 두 사람이 함께 깊이가 10피트이고 직사각형 모양인 구덩이를 파고 있다. 구덩이에서 나온 흙은 또 다른 사람이 치우고 있다. 흙의 밀도가 상수라 할 때 한 사람이 일의 절반을 하려면 그 사람은 얼마의 깊이를 파야 하는가? 왜 5피트가 정답이 아닌지 설명하여라.

7. 예제 6.4에서 야구공의 속력은 100 ft/s이었다. 방망이가 공에 가하는 힘이 다음 표와 같다고 할 때 공이 방망이에 맞은 이후의 충격과 속력을 추정하여라.

t(s)	0	0.0001	0.0002	0.0003	0.0004
F(lb)	0	1000	2100	4000	5000

t(s)	0.0005	0.0006	0.0007	0.0008
F(lb)	5200	2500	1000	0

8. 밀도가 $\rho(x) = \frac{x}{6} + 2$ kg/m, $0 \le x \le 6$인 물체의 질량과 질량중심을 구하여라. 질량중심이 $x = 3$이 아닌 이유를 밀도함수를 이용하여 간단히 설명하여라.

9. $x = -3$에서 $x = 27$까지 펼쳐져 있는 물체의 밀도가 $\rho(x) = \left(\frac{1}{46} + \frac{x+3}{690}\right)^2$ slugs/in일 때 이 물체의 무게는 몇 온스인지 구하여라.

[10~11] 다음 영역의 중심을 구하여라. 중심이란 밀도가 상수인 영역의 질량중심을 말한다(힌트: 식 (6.6)을 수정하여 y좌표 $\bar{y}$을 구하여라).

10. 꼭짓점이 (0, 0), (4, 0), (4, 6)인 삼각형

11. $y = 4 - x^2$과 $y = 0$으로 둘러싸인 영역

12. 높이가 60피트인 사다리꼴 모양의 댐이 있다. 윗부분의 폭은 40피트이고 아랫부분의 폭은 100피트이다. 댐이 지탱해야 하는 최대 수압을 구하고 예제 6.7의 수압보다 훨씬 큰 이유를 설명하여라.

적분법

CHAPTER 6

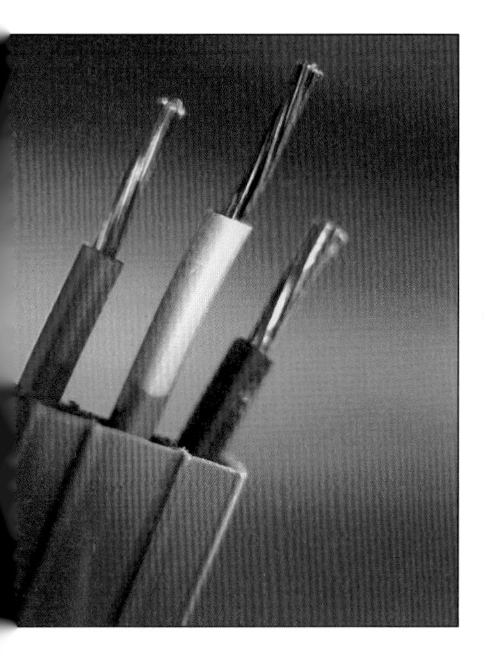

전기 제품 회사들은 끊임없이 제품의 신뢰성을 테스트한다. 부품 신뢰성의 작은 변화가 상품의 판매나 금지를 좌우한다. 전기 제품의 수명은 다음 그림에서 보여주는 욕조 모양의 곡선과 같이 세 단계로 나타낼 수 있다.

이 곡선은 수명 함수로써 제품의 평균 고장율을 나타낸다. 첫 번째 단계는 초기에 수명을 다하는 단계로, 결함이 있는 제품이 곧바로 고장이 나는 것과 같이 고장율은 급격히 감소한다. 만일 제품이 이 초기 단계에서 살아남는다면 고장율이 일정한 두 번째 단계로 들어서는데, 이 단계를 보통의 수명 단계라 한다. 세 번째 단계는 제품의 수명이 물리적인 한계에 이르게 되어 고장율이 증가하게 됨을 보여준다.

일정한 고장율을 갖는 보통의 수명 단계에는 몇 가지 재미있는 결과가 있다. 우선, 제품이 정상작동할 확률이 제품의 나이와 무관한 경우로, 40시간 된 제품이 10시간 된 제품과 마찬가지로 작동하는 경우이다. 이 특별한 성질은 보통의 수명 단계에서 백열전구 같은 전기 제품에 해당된다.

일정한 고장율은 부품 고장이 지수 분포를 따른다는 것을 의미한다. 지수 분포에 대한 통계학적인 계산은 지금까지 언급한 적분법보다 정교함을 요구한다. 예를 들어, 어떤 전자 제품의 평균 수명이 $c>0$일 때 적분 $\int_0^\infty cxe^{-cx}\,dx$에서 구할 수 있다. 이것

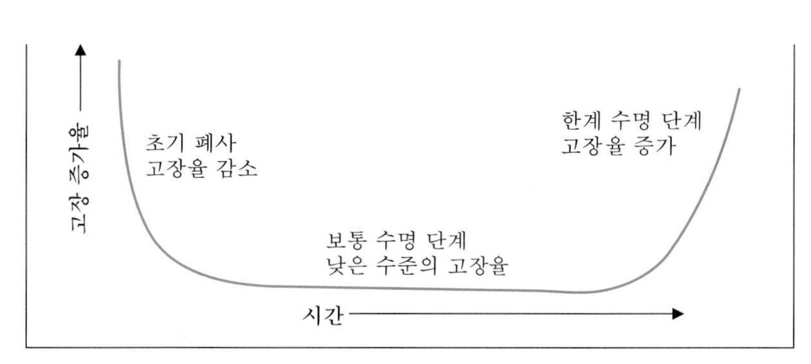

을 계산하기 위해서는 적분 구간이 무한인 이상적분에 대한 개념으로 확장할 필요가 있다. 이 적분의 또 다른 어려운 점은 현재로는 $f(x) = xe^{-cx}$의 역도함수를 알 수 없다는 점이다. 6.2절에서는 이와 같은 함수의 부정적분을 구할 수 있는 부분적분법에 대하여 소개하겠다.

이 장에서는 공학자, 수학자, 과학자들이 흥미로워 할 많은 문제들을 해결할 수 있는 새로운 적분법을 소개한다.

6.1 적분공식과 적분법의 복습

이 절에서는 그동안 공부했던 적분공식과 적분법(치환적분)을 살펴보고 이를 사용하여 좀 더 복잡한 함수들의 부정적분을 구하는 방법을 학습한다. 우선 4장에서 배운 적분공식들을 요약하면 다음과 같다.

$$\int x^r\,dx = \frac{x^{r+1}}{r+1} + c, \quad r \neq -1 \qquad \int \frac{1}{x}\,dx = \ln|x| + c, \quad x \neq 0$$

$$\int \sin x\,dx = -\cos x + c \qquad \int \cos x\,dx = \sin x + c$$

$$\int \sec^2 x\,dx = \tan x + c \qquad \int \sec x \tan x\,dx = \sec x + c$$

$$\int \csc^2 x\,dx = -\cot x + c \qquad \int \csc x \cot x\,dx = -\csc x + c$$

$$\int e^x\,dx = e^x + c \qquad \int e^{-x}\,dx = -e^{-x} + c$$

$$\int \tan x\,dx = -\ln|\cos x| + c \qquad \int \frac{1}{\sqrt{1-x^2}}\,dx = \sin^{-1} x + c$$

$$\int \frac{1}{1+x^2}\,dx = \tan^{-1} x + c \qquad \int \frac{1}{|x|\sqrt{x^2-1}}\,dx = \sec^{-1} x + c$$

위 적분공식은 미분법칙을 사용하면 쉽게 얻을 수 있다. 이제 치환적분법을 사용하여 위의 공식을 적용해 보자.

예제 1.1 간단한 치환

$a \neq 0$일 때 $\int \sin(ax)\,dx$를 구하여라.

풀이

$u = ax$라 놓으면 $du = a\,dx$가 된다. 이것을 이용하면

$$\begin{aligned}\int \sin(ax)\,dx &= \frac{1}{a}\int \underbrace{\sin(ax)}_{\sin u}\,\underbrace{a\,dx}_{du} = \frac{1}{a}\int \sin u\,du \\ &= -\frac{1}{a}\cos u + c = -\frac{1}{a}\cos(ax) + c\end{aligned}$$

이다.

■

예제 1.1에 유도된 공식을 기억할 필요는 없다. 치환적분을 이용하면 이와 같은 일반적인 공식을 유도할 수 있다.

예제 1.2 기본 공식의 일반화

$a \neq 0$일 때 $\int \frac{1}{a^2+x^2}\,dx$를 구하여라.

풀이

이 식은 $\int \frac{1}{1+x^2}\,dx$의 형태와 유사하므로 변형하면

$$\int \frac{1}{a^2+x^2}\,dx = \frac{1}{a^2}\int \frac{1}{1+\left(\frac{x}{a}\right)^2}\,dx$$

이다. $u = \frac{x}{a}$라 놓으면 $du = \frac{1}{a}\,dx$이고 따라서

$$\int \frac{1}{a^2+x^2}\,dx = \frac{1}{a^2}\int \frac{1}{1+\left(\frac{x}{a}\right)^2}\,dx = \frac{1}{a}\int \underbrace{\frac{1}{1+\left(\frac{x}{a}\right)^2}}_{1+u^2}\underbrace{\left(\frac{1}{a}\right)dx}_{du}$$

$$= \frac{1}{a}\int \frac{1}{1+u^2}\,du = \frac{1}{a}\tan^{-1}u + c = \frac{1}{a}\tan^{-1}\left(\frac{x}{a}\right) + c$$

이다.

치환적분으로 얻어진 공식을 사용하면 많은 적분을 할 수 있지만 모든 적분을 치환적분으로 구할 수 있는 것은 아니다. 다음 예제를 보자.

예제 1.3 전개해야만 하는 적분

$\int (x^2-5)^2\,dx$를 구하여라.

풀이

$u = x^2-5$라고 놓으면 $du = 2x\,dx$ 항이 적분식에 없으므로 이 치환으로는 적분을 할 수 없다. 그러나 간단히 피적분함수를 전개하면 다음과 같이 부정적분을 구할 수 있다.

$$\int (x^2-5)^2\,dx = \int (x^4-10x^2+25)\,dx = \frac{1}{5}x^5 - \frac{10}{3}x^3 + 25x + c$$

예제 1.4 완전제곱식으로 바꾸어야 하는 적분

$\int \frac{1}{\sqrt{-5+6x-x^2}}\,dx$를 구하여라.

풀이

근호 안을 완전제곱식으로 바꾸면

$$\int \frac{1}{\sqrt{-5+6x-x^2}}\,dx = \int \frac{1}{\sqrt{-5-(x^2-6x+9)+9}}\,dx = \int \frac{1}{\sqrt{4-(x-3)^2}}\,dx$$

이다. 이 적분은 $\int \frac{1}{\sqrt{1-x^2}}dx = \sin^{-1}x + c$ 와 유사하므로

$$\int \frac{1}{\sqrt{-5+6x-x^2}}\,dx = \int \frac{1}{\sqrt{4-(x-3)^2}}\,dx = \int \frac{1}{\sqrt{1-\left(\frac{x-3}{2}\right)^2}}\,\frac{1}{2}\,dx$$

으로 바꾸고 $u = \frac{x-3}{2}$라 놓으면 $du = \frac{1}{2}dx$ 이다. 따라서

$$\int \frac{1}{\sqrt{-5+6x-x^2}}\,dx = \int \frac{1}{\underbrace{\sqrt{1-\left(\frac{x-3}{2}\right)^2}}_{\sqrt{1-u^2}}}\,\underbrace{\frac{1}{2}\,dx}_{du} = \int \frac{1}{\sqrt{1-u^2}}\,du$$

$$= \sin^{-1}u + c = \sin^{-1}\left(\frac{x-3}{2}\right) + c$$

이다.

예제 1.5 좀 더 복잡한 적분

$\int \frac{4x+1}{2x^2+4x+10}\,dx$를 구하여라.

풀이

피적분함수의 분모를 완전제곱식으로 변형하면

$$\int \frac{4x+1}{2x^2+4x+10}\,dx = \int \frac{4x+1}{2(x^2+2x+1)-2+10}\,dx = \int \frac{4x+1}{2(x+1)^2+8}\,dx$$

이 된다. 이 적분은 $\int \frac{1}{1+x^2}\,dx = \tan^{-1}x + c$ 와 유사하므로 이와 같은 형태로 바꾸면

$$\int \frac{4x+1}{2x^2+4x+10}\,dx = \int \frac{4x+1}{2(x+1)^2+8}dx$$

$$= \frac{1}{8}\int \frac{4x+1}{\frac{1}{4}(x+1)^2+1}\,dx = \frac{1}{8}\int \frac{4x+1}{\left(\frac{x+1}{2}\right)^2+1}\,dx$$

이 된다. 여기서 $u = \frac{x+1}{2}$라 놓으면 $du = \frac{1}{2}\,dx$이고 $x = 2u-1$이므로

$$\int \frac{4x+1}{2x^2+4x+10}\,dx = \frac{1}{8}\int \frac{4x+1}{\left(\frac{x+1}{2}\right)^2+1}\,dx = \frac{1}{4}\int \frac{\overbrace{4x+1}^{4(2u-1)+1}}{\underbrace{\left(\frac{x+1}{2}\right)^2+1}_{u^2+1}}\,\underbrace{\frac{1}{2}\,dx}_{du}$$

$$= \frac{1}{4}\int \frac{4(2u-1)+1}{u^2+1}\,du = \frac{1}{4}\int \frac{8u-3}{u^2+1}\,du$$

$$= \frac{4}{4}\int \frac{2u}{u^2+1}\,du - \frac{3}{4}\int \frac{1}{u^2+1}\,du$$

$$= \ln(u^2+1) - \frac{3}{4}\tan^{-1}u + c$$

$$= \ln\left[\left(\frac{x+1}{2}\right)^2+1\right] - \frac{3}{4}\tan^{-1}\left(\frac{x+1}{2}\right) + c$$

이다.

연습문제 6.1

[1~17] 다음 적분을 구하여라.

1. $\int \sin 6t\, dt$
2. $\int (x^2+4)^2\, dx$
3. $\int \frac{3}{16+x^2}\, dx$
4. $\int \frac{1}{\sqrt{3-2x-x^2}}\, dx$
5. $\int \frac{4}{5+2x+x^2}\, dx$
6. $\int \frac{4t}{5+2t+t^2}\, dt$
7. $\int e^{3-2x}\, dx$
8. $\int \frac{\sin\sqrt{x}}{\sqrt{x}}\, dx$
9. $\int_0^{\pi} \cos x\, e^{\sin x}\, dx$
10. $\int_{-\pi/4}^{0} \frac{\sin t}{\cos^2 t}\, dt$
11. $\int \frac{x^2}{1+x^6}\, dx$
12. $\int \frac{1}{\sqrt{4-x^2}}\, dx$
13. $\int \frac{x}{\sqrt{1-x^4}}\, dx$
14. $\int \frac{1+x}{1+x^2}\, dx$
15. $\int_{-2}^{-1} \frac{\ln x^2}{x}\, dx$
16. $\int_3^4 x\sqrt{x-3}\, dx$
17. $\int_1^4 \frac{x^2+1}{\sqrt{x}}\, dx$

18. $f(x) = \begin{cases} x/(x^2+1), & x \le 1 \\ x^2/(x^2+1), & x > 1 \end{cases}$ 일 때 $\int_0^2 f(x)\, dx$를 구하여라.

19. $\int \frac{1}{1+x^2}\, dx$, $\int \frac{x}{1+x^2}\, dx$, $\int \frac{x^2}{1+x^2}\, dx$, $\int \frac{x^3}{1+x^2}\, dx$를 구하고 이것을 일반화하여 n이 자연수일 때 $\int \frac{x^n}{1+x^2}\, dx$를 구하여라.

6.2 부분적분법

지금까지 공부한 기본적인 공식이나 치환적분으로는 계산할 수 없는 적분이 많다는 것을 알고 있을 것이다. 예를 들어

$$\int x \sin x\, dx$$

는 우리가 알고 있는 방법으로는 적분할 수 없다. 이 문제를 해결하기 위해 이 절에서는 부분적분법을 살펴보자. 미분의 곱의 법칙은

$$\frac{d}{dx}[f(x)g(x)] = f'(x)g(x) + f(x)g'(x)$$

이고 양변을 적분하면

$$\int \frac{d}{dx}[f(x)g(x)]\, dx = \int f'(x)g(x)\, dx + \int f(x)g'(x)\, dx$$

가 된다. 좌변의 적분은 $f(x)g(x)$이므로 이 식을 다시 쓰면

$$\int f(x)g'(x)\, dx = f(x)g(x) - \int f'(x)g(x)\, dx$$

이다. 이 법칙을 **부분적분법**(integration by parts)이라 한다. 부분적분법을 다음과 같이 나타내면 편리하다. $u = f(x)$, $v = g(x)$라 놓으면 $du = f'(x)\, dx$, $dv = g'(x)\, dx$가 되고 부분적분법은

$$\boxed{\int u\, dv = uv - \int v\, du} \qquad (2.1)$$

수학자

테일러
(Brook Taylor, 1685−1731)

영국의 수학자로 부분적분법을 고안한 것으로 알려져 있다. 테일러는 확률론과 자기이론 등에서 중요한 업적을 남겼다. 그러나 그의 이름이 널리 알려진 것은 테일러 정리(8.7절) 때문이다. 이 정리에서 그는 뉴턴, 핼리, 베르누이 등의 연구 결과를 일반화하였다. 테일러는 뛰어난 수학자였지만 개인적인 비극(두 아내가 분만 중 사망)과 허약한 몸 때문에 많은 업적을 남기지는 못했다.

로 표현된다. 부분적분법으로 적분을 하려면, u와 dv를 적절히 선택하여 식 (2.1) 우변의 적분이 쉽게 계산할 수 있는 형태가 되도록 한다.

예제 2.1 부분적분법

$\int x \sin x dx$를 구하여라.

풀이

치환적분법을 사용할 수 없으므로 부분적분법을 사용하기 위해

$$u = x, \quad dv = \sin x \, dx$$

라 놓으면 $du = dx$가 되고 dv를 적분하면

$$v = \int \sin x \, dx = -\cos x + k$$

이다. 그러나 부분적분하는 중간 과정에서는 적분 상수는 생략해도 된다(왜 그런지 생각해보자).

$$\begin{aligned} u &= x & dv &= \sin x \, dx \\ du &= dx & v &= -\cos x \end{aligned}$$

이므로

$$\begin{aligned} \int \underbrace{x}_{u} \underbrace{\sin x \, dx}_{dv} &= \int u dv = uv - \int v \, du \\ &= -x \cos x - \int (-\cos x) \, dx \\ &= -x \cos x + \sin x + c \end{aligned} \tag{2.2}$$

이다. 식 (2.2)의 $-x \cos x + \sin x + c$를 미분하여 $x \sin x$의 부정적분임을 확인할 수 있다.

예제 2.1에서 u와 dv를 선택하는 것이 매우 중요하다. 바꾸어 선택하면 어떤 결과가 나타나는지 알아보자.

예제 2.2 u와 dv를 잘못 선택한 경우

예제 2.1에서 u와 dv를 서로 바꾸어 적분하여라.

풀이

$$\begin{aligned} u &= \sin x & dv &= x \, dx \\ du &= \cos x \, dx & v &= \frac{1}{2} x^2 \end{aligned}$$

라 놓고 부분적분을 하면

$$\int \underbrace{(\sin x)}_{u} \underbrace{x \, dx}_{dv} = uv - \int v \, du = \frac{1}{2} x^2 \sin x - \frac{1}{2} \int x^2 \cos x \, dx$$

가 된다. 그러나 $\int x^2 \cos x \, dx$는 원래의 적분 $\int x \sin x \, dx$보다 훨씬 어렵다.

예제 2.3 항이 하나인 함수의 적분

$\int \ln x\, dx$를 구하여라.

풀이

이 문제는 간단해 보이지만 그렇지 않다. $dv = \ln x\, dx$로 선택할 수 없으므로

$$u = \ln x \qquad dv = dx$$
$$du = \frac{1}{x}\, dx \qquad v = x$$

라 하고 부분적분법을 적용하면

$$\int \underbrace{\ln x}_{u}\ \underbrace{dx}_{dv} = uv - \int v\, du = x \ln x - \int x\left(\frac{1}{x}\right) dx$$
$$= x \ln x - \int 1\, dx = x \ln x - x + c$$

이다.

주 2.1

부분적분법에서 주의해야 할 것은 두 개의 피적분함수를 선택하는 것이다. 이 중의 하나는 u에 대응되고, 다른 하나는 dv에 해당된다. 일반적으로 dv에서 쉽게 v를 얻을 수 있도록 u와 dv를 선택하면 된다.

때로는 부분적분법을 한 번 적용하여 원하는 결과를 얻을 수 없는 경우도 있다. 이 경우에는 부분적분법을 반복하여 적용하면 된다.

예제 2.4 부분적분법의 반복 적용

$\int x^2 \sin x\, dx$를 구하여라.

풀이

부분적분법을 적용하기 위해

$$u = x^2 \qquad dv = \sin x\, dx$$
$$du = 2x\, dx \qquad v = -\cos x$$

라 하면

$$\int \underbrace{x^2}_{u}\ \underbrace{\sin x\, dx}_{dv} = -x^2 \cos x + 2\int x \cos x\, dx$$

가 된다. 마지막 부정적분을 구해야 하므로 다시 부분적분법을 적용하기 위하여

$$u = x \qquad dv = \cos x\, dx$$
$$du = dx \qquad v = \sin x$$

라 놓으면

$$\int x^2 \sin x\, dx = -x^2 \cos x + 2\int \underbrace{x}_{u}\ \underbrace{\cos x\, dx}_{dv}$$
$$= -x^2 \cos x + 2\left(x \sin x - \int \sin x\, dx\right)$$
$$= -x^2 \cos x + 2x \sin x + 2\cos x + c$$

이다.

주 2.2

예제 2.4의 두 번째 부분적분에서 $u = \cos x$이면 $dv = x\,dx$로 놓아야 하고, 이때는 부분적분법을 적용할 수 없음을 직접 확인하여라.

예제 2.4의 부정적분을 구하는 방법을 사용하여 모든 자연수 n에 대하여 $\int x^n \sin x\, dx$를 구할 수 있다. 이는 연습문제로 남긴다.

부분적분법을 적용하다 보면 원래 구하고자 하는 문제와 똑같은 적분식으로 표현되는 경우도 있다. 다음 예제를 살펴보자.

예제 2.5 부분적분하면 같은 적분식이 나오는 경우

$\int e^{2x} \sin x\, dx$를 구하여라.

풀이

부분적분법을 사용하기 위하여

$$u = e^{2x} \qquad dv = \sin x\, dx$$
$$du = 2e^{2x}\, dx \qquad v = -\cos x$$

라 하면

$$\int e^{2x} \sin x\, dx = -e^{2x} \cos x + 2\int e^{2x} \cos x\, dx$$

가 된다. 남아 있는 부정적분을 부분적분법으로 구하기 위하여

$$u = e^{2x} \qquad dv = \cos x\, dx$$
$$du = 2e^{2x}\, dx \qquad v = \sin x$$

라 놓으면

$$\begin{aligned}\int e^{2x} \sin x\, dx &= -e^{2x} \cos x + 2\int \underbrace{e^{2x}}_{u} \underbrace{\cos x\, dx}_{dv} \\ &= -e^{2x} \cos x + 2\left(e^{2x} \sin x - 2\int e^{2x} \sin x\, dx\right) \\ &= -e^{2x} \cos x + 2e^{2x} \sin x - 4\int e^{2x} \sin x\, dx \qquad (2.3)\end{aligned}$$

가 된다. 식 (2.3)을 방정식으로 생각하여 $\int e^{2x} \sin x\, dx$에 관하여 정리하면

$$5\int e^{2x} \sin x\, dx = -e^{2x} \cos x + 2e^{2x} \sin x + K$$

가 되고 양변을 5로 나누어 정리하면

$$\int e^{2x} \sin x\, dx = -\frac{1}{5} e^{2x} \cos x + \frac{2}{5} e^{2x} \sin x + c$$

이다. ■

주 2.3

$\int e^{2x} \cos x\, dx$ 형태의 적분도 예제 2.5와 같이 부분적분법을 두 번 적용하면 얻을 수 있다. 첫 번째 부분적분과 두 번째 부분적분에서 선택한 u와 dv가 서로 같아야 한다. 첫 번째 부분적분에서 $u = e^{2x}$로 선택하고, 두 번째 부분적분에서 $u = \cos x$로 선택하면 어떤 결과가 일어나는지 직접 확인하여 보아라.

임의의 자연수 n에 대하여 $\int x^n e^x\, dx$를 구하는 방법에 대하여 살펴보자.

$$u = x^n \qquad dv = e^x\, dx$$
$$du = nx^{n-1}\, dx \qquad v = e^x$$

라 놓고 부분적분법을 적용하면

$$\int \underbrace{x^n}_{u} \underbrace{e^x\, dx}_{dv} = x^n e^x - n\int x^{n-1} e^x\, dx \qquad (2.4)$$

가 된다. 여기서 $n-1>0$이면 다시 부분적분법을 사용할 수 있다. 식 (2.4)를 **점화식**(reduction formula)이라 한다. 다음 예제를 살펴보자.

예제 2.6 점화식의 이용

$\int x^4 e^x dx$를 구하여라.

풀이

부분적분법을 네 번 적용하여 적분해야 함을 추측할 수 있다. 식 (2.4)에서 $n=4$인 경우를 적용하면

$$\int x^4 e^x dx = x^4 e^x - 4\int x^{4-1} e^x dx = x^4 e^x - 4\int x^3 e^x dx$$

가 되고 식 (2.4)에 $n=3$을 대입하여 정리하면

$$\int x^4 e^x dx = x^4 e^x - 4\left(x^3 e^x - 3\int x^2 e^x dx\right)$$

가 된다. 또 다시 식 (2.4)를 적용하면

$$\int x^4 e^x dx = x^4 e^x - 4x^3 e^x + 12x^2 e^x - 24xe^x + 24e^x + c$$

이다.

■

부분적분법에 미분적분학의 정리를 사용하면 정적분을 계산할 수 있다. 간단히 표현하면

$$\int_{x=a}^{x=b} u\,dv = uv\Big|_{x=a}^{x=b} - \int_{x=a}^{x=b} v\,du$$

정적분의 부분적분법

가 된다.

예제 2.7 부분적분법을 이용한 정적분

$\int_1^2 x^3 \ln x\, dx$를 계산하여라.

풀이

정적분을 구하기 위하여 부분적분법을 사용하자.

$$u = \ln x \qquad dv = x^3 dx$$
$$du = \frac{1}{x}dx \qquad v = \frac{1}{4}x^4$$

라 놓으면

$$\int_1^2 \underbrace{\ln x}_{u}\ \underbrace{x^3 dx}_{dv} = uv\Big|_1^2 - \int_1^2 v\,du = \frac{1}{4}x^4 \ln x\Big|_1^2 - \frac{1}{4}\int_1^2 x^4\left(\frac{1}{x}\right)dx$$

$$= \frac{1}{4}(2^4 \ln 2 - 1^4 \ln 1) - \frac{1}{4}\int_1^2 x^3 dx$$

$$= \frac{16 \ln 2}{4} - 0 - \frac{1}{16}x^4\Big|_1^2 = 4 \ln 2 - \frac{1}{16}(2^4 - 1^4)$$

$$= 4 \ln 2 - \frac{1}{16}(16 - 1) = 4 \ln 2 - \frac{15}{16}$$

이다.

연습문제 6.2

[1~12] 다음 적분을 구하여라.

1. $\int x \cos x \, dx$
2. $\int x e^{2x} dx$
3. $\int x^2 \ln x \, dx$
4. $\int x^2 e^{-3x} dx$
5. $\int e^x \sin 4x \, dx$
6. $\int \cos x \cos 2x \, dx$
7. $\int x^3 e^{x^2} dx$
8. $\int \cos x \ln(\sin x) dx$
9. $\int_0^1 x \sin 2x \, dx$
10. $\int_1^{10} \ln 2x \, dx$
11. $\int e^{ax} x^2 \, dx, \quad a \neq 0$
12. $\int x^n \ln x \, dx, \quad n \neq -1$

13. 부분적분법을 사용하여 다음 식이 성립함을 증명하여라.

$$\int \cos^n x \, dx = \frac{1}{n} \cos^{n-1} x \sin x + \frac{n-1}{n} \int \cos^{n-2} x \, dx$$

[14~16] 부분적분법과 치환을 사용하여 다음을 계산하여라.

14. $\int \sin\sqrt{x} \, dx$
15. $\int \sin(\ln x) \, dx$
16. $\int e^{6x} \sin(e^{2x}) \, dx$

17. $\int x^n \sin x \, dx$ (n은 양의 정수)를 계산하려면 부분적분을 몇 번 해야 하는가?

18. $\int x^2 \sin x \, dx$의 적분을 부분적분법을 사용하기 위하여 다음과 같은 표를 만들었다.

	$\sin x$	
x^2	$-\cos x$	+
$2x$	$-\sin x$	−
2	$\cos x$	+

각 행을 곱하면 부정적분은 $-x^2 \cos x + 2x \sin x + 2 \cos x + c$이다. 이것을 설명하여라.

[19~21] 문제 18의 방법을 이용하여 다음 적분을 구하여라.

19. $\int x^4 \cos x \, dx$
20. $\int x^4 e^{2x} dx$
21. $\int x^3 e^{-3x} dx$

6.3 삼각함수의 적분

삼각함수의 거듭제곱과 관련된 적분

피적분함수가 하나 이상의 삼각함수의 거듭제곱을 포함한 적분을 계산할 때는 적절한 치환이 필요하다.

우리의 첫 목표는 다음과 같은 형태의 적분을 계산하는 것이다.

$$\int \sin^m x \cos^n x \, dx$$

여기에서 m과 n은 양의 정수이다.

경우 1: m 또는 n이 양의 홀수인 경우

m이 홀수인 경우, 먼저 $\sin x$를 하나 분리한다. 다음 $\sin^2 x$를 $1-\cos^2 x$로 바꾸고 $\cos x$를 u로 치환한다. 마찬가지로 n이 홀수인 경우에는 $\cos x$를 하나 분리한다. 다음 $\cos^2 x$를 $1-\sin^2 x$로 바꾸고 $\sin x$를 u로 치환한다. 다음 예제에서는 m이 홀수인 경우를 살펴본다.

예제 3.1 삼각함수의 적분

$\int \cos^4 x \sin x \, dx$를 구하여라.

풀이

$u = \cos x$라 놓으면 $du = -\sin x \, dx$가 되고

$$\int \cos^4 x \sin x \, dx = -\int \underbrace{\cos^4 x}_{u^4} \underbrace{(-\sin x) \, dx}_{du} = -\int u^4 \, du$$

$$= -\frac{u^5}{5} + c = -\frac{\cos^5 x}{5} + c$$

이다.

예제 3.1은 특별히 어려운 것은 아니지만 다음 예제를 어떻게 풀어야 할지 아이디어를 제공한다.

예제 3.2 사인함수의 홀수제곱의 적분

$\int \cos^4 x \sin^3 x \, dx$를 구하여라.

풀이

$u = \cos x$라 놓으면 $du = -\sin x \, dx$가 되고

$$\int \cos^4 x \sin^3 x \, dx = \int \cos^4 x \sin^2 x \, \sin x \, dx = -\int \cos^4 x \sin^2 x (-\sin x) \, dx$$

$$= -\int \underbrace{\cos^4 x (1-\cos^2 x)}_{u^4(1-u^2)} \underbrace{(-\sin x) \, dx}_{du} = -\int u^4 (1-u^2) \, du$$

$$= -\int (u^4 - u^6) \, du = -\left(\frac{u^5}{5} - \frac{u^7}{7} \right) + c$$

$$= -\frac{\cos^5 x}{5} + \frac{\cos^7 x}{7} + c$$

이다.

예제 3.2에서 사용된 방법은 다음과 같은 형태의 적분에도 적용될 수 있다.

예제 3.3 코사인함수의 홀수제곱의 적분

$\int \sqrt{\sin x}\,\cos^5 x\,dx$를 구하여라.

풀이

$u = \sin x$라 놓으면 $du = \cos x\,dx$가 되고

$$\begin{aligned}\int \sqrt{\sin x}\,\cos^5 x\,dx &= \int \underbrace{\sqrt{\sin x}\,(1-\sin^2 x)^2}_{\sqrt{u}\,(1-u^2)^2}\ \underbrace{\cos x\,dx}_{du} \\ &= \int \sqrt{u}\,(1-u^2)^2\,du = \int u^{1/2}(1-2u^2+u^4)\,du \\ &= \int (u^{1/2}-2u^{5/2}+u^{9/2})\,du \\ &= \frac{2}{3}u^{3/2} - 2\left(\frac{2}{7}\right)u^{7/2} + \frac{2}{11}u^{11/2} + c \\ &= \frac{2}{3}\sin^{3/2}x - \frac{4}{7}\sin^{7/2}x + \frac{2}{11}\sin^{11/2}x + c\end{aligned}$$

이다.

주 3.1

반각공식

$$\sin^2 x = \frac{1}{2}(1-\cos 2x)$$

$$\cos^2 x = \frac{1}{2}(1+\cos 2x)$$

경우 2: m과 n이 모두 양의 짝수인 경우

이 경우에는 피적분함수에서의 거듭제곱을 줄이기 위해 사인과 코사인에 대한 반각공식을 사용한다. 다음 예제에서 이 경우를 살펴본다.

예제 3.4 사인함수의 짝수제곱의 적분

$\int \sin^2 x\,dx$를 계산하여라.

풀이

반각공식을 사용하면

$$\int \sin^2 x\,dx = \frac{1}{2}\int (1-\cos 2x)\,dx$$

이다. $u = 2x$라고 치환하면 $du = 2\,dx$가 되고

$$\begin{aligned}\int \sin^2 x\,dx &= \frac{1}{2}\left(\frac{1}{2}\right)\int \underbrace{(1-\cos 2x)}_{1-\cos u}\ \underbrace{2\,dx}_{du} = \frac{1}{4}\int (1-\cos u)\,du \\ &= \frac{1}{4}(u-\sin u) + c = \frac{1}{4}(2x-\sin 2x) + c\end{aligned}$$

이다.

예제 3.5 코사인함수의 짝수제곱의 적분

$\int \cos^4 x\,dx$를 계산하여라.

풀이

코사인에 대한 반각공식을 사용하면

$$\int \cos^4 x\, dx = \int (\cos^2 x)^2\, dx = \frac{1}{4}\int (1+\cos 2x)^2\, dx$$
$$= \frac{1}{4}\int (1+2\cos 2x+\cos^2 2x)\, dx$$

이고 피적분함수의 마지막 항에 반각공식을 다시 사용하면

$$\int \cos^4 x\, dx = \frac{1}{4}\int \left[1+2\cos 2x+\frac{1}{2}(1+\cos 4x)\right] dx$$
$$= \frac{3}{8}x+\frac{1}{4}\sin 2x+\frac{1}{32}\sin 4x+c$$

이다.

■

이제 다음과 같은 형태의 적분

$$\int \tan^m x \sec^n x\, dx$$

를 계산하는 방법을 살펴보자. 여기서 m과 n은 양의 정수이다.

경우 1: m이 양의 홀수인 경우

먼저 $\sec x \tan x$를 하나 분리한다. 다음에 $\tan^2 x$를 $\sec^2 x-1$로 바꾸고 $u=\sec x$라 치환한다. 다음 예제에서 이 경우를 살펴본다.

예제 3.6 탄젠트함수의 홀수제곱의 적분

$\int \tan^3 x \sec^3 x\, dx$를 계산하여라.

풀이

주어진 적분을 다음과 같이 나타낼 수 있다.

$$\int \tan^3 x \sec^3 x\, dx = \int \tan^2 x \sec^2 x(\sec x \tan x)\, dx$$
$$= \int (\sec^2 x-1)\sec^2 x(\sec x \tan x)\, dx$$

두 번째 항등식에서

$$\tan^2 x = \sec^2 x - 1$$

을 사용하였다. 이제 $\sec x$를 u로 치환하면 $du=\sec x \tan x\, dx$가 되어

$$\int \tan^3 x \sec^3 x\, dx = \int \underbrace{(\sec^2 x-1)\sec^2 x}_{(u^2-1)u^2}\, \underbrace{(\sec x \tan x)\, dx}_{du}$$
$$= \int (u^2-1)u^2\, du = \int (u^4-u^2)\, du$$
$$= \frac{1}{5}u^5-\frac{1}{3}u^3+c = \frac{1}{5}\sec^5 x-\frac{1}{3}\sec^3 x+c$$

이다.

■

경우 2: n이 양의 짝수인 경우

먼저 $\sec^2 x$를 하나 분리한다. 그리고 남아 있는 $\sec^2 x$를 $1+\tan^2 x$로 바꾸고 $\tan x$를 u로 치환한다. 다음 예제에서 이 경우를 살펴본다.

예제 3.7 시컨트함수의 짝수제곱의 적분

$\int \tan^2 x \sec^4 x\, dx$를 계산하여라.

풀이

$\frac{d}{dx}\tan x = \sec^2 x$이므로 주어진 적분은 다음과 같이 쓸 수 있다.

$$\int \tan^2 x \sec^4 x\, dx = \int \tan^2 x \sec^2 x \sec^2 x\, dx = \int \tan^2 x(1+\tan^2 x)\sec^2 x\, dx$$

$\tan x$를 u로 치환하면 $du = \sec^2 x\,dx$가 되어

$$\begin{aligned}\int \tan^2 x \sec^4 x\, dx &= \int \underbrace{\tan^2 x(1+\tan^2 x)}_{u^2(1+u^2)}\ \underbrace{\sec^2 x\, dx}_{du} \\ &= \int u^2(1+u^2)\, du = \int (u^2+u^4)\, du \\ &= \frac{1}{3}u^3 + \frac{1}{5}u^5 + c \\ &= \frac{1}{3}\tan^3 x + \frac{1}{5}\tan^5 x + c\end{aligned}$$

이다.

경우 3: m이 양의 짝수이고 n이 양의 홀수인 경우

$\tan^2 x$를 $\sec^2 x - 1$로 바꾸고 $\int \sec^n x\, dx$ 형태의 적분을 계산하기 위하여 점화식을 사용한다. 이것은 대부분 다음 예제의 방법과 유사하다.

예제 3.8 특별한 적분

$\int \sec x\, dx$를 계산하여라.

풀이

이 적분을 계산할 수 있는 방법을 찾기는 쉽지 않다. 적분의 계산은 약간 특별한 방법으로 한다. 피적분함수에 $\dfrac{\sec x + \tan x}{\sec x + \tan x}$를 곱하면

$$\begin{aligned}\int \sec x\, dx &= \int \sec x\left(\frac{\sec x + \tan x}{\sec x + \tan x}\right) dx \\ &= \int \frac{\sec^2 x + \sec x \tan x}{\sec x + \tan x}\, dx\end{aligned}$$

이다. 여기서 분자는 분모의 미분, 즉

$$\frac{d}{dx}(\sec x + \tan x) = \sec x \tan x + \sec^2 x$$

가 되므로 $\sec x + \tan x$를 u로 치환하면

$$\int \sec x\, dx = \int \frac{\sec^2 x + \sec x \tan x}{\sec x + \tan x} dx = \int \frac{1}{u} du = \ln|u| + c$$
$$= \ln|\sec x + \tan x| + c$$

이다.

삼각치환법

a가 양의 실수일 때, 만약 적분이 $\sqrt{a^2 - x^2}$, $\sqrt{a^2 + x^2}$ 또는 $\sqrt{x^2 - a^2}$인 형태의 항을 포함하면, 삼각함수를 포함하는 치환을 사용하여 적분을 계산할 수 있다(이것을 삼각치환법이라고 한다).

먼저, 피적분함수가 $\sqrt{a^2 - x^2}$ 형태의 항을 포함하고 있다면 x를 $a\sin\theta(-\frac{\pi}{2} \le \theta \le \frac{\pi}{2})$로 치환하여 다음과 같이 근호를 없앨 수 있다.

$$\sqrt{a^2 - x^2} = \sqrt{a^2 - (a\sin\theta)^2} = \sqrt{a^2 - a^2\sin^2\theta}$$
$$= a\sqrt{1 - \sin^2\theta} = a\sqrt{\cos^2\theta} = a\cos\theta$$

예제 3.9 $\sqrt{a^2 - x^2}$**을 포함하는 적분**

$\int \frac{1}{x^2\sqrt{4 - x^2}}$를 계산하여라.

풀이

먼저 적분이 간단한 치환이나 부분적분법에 의하여 계산할 수 있는지 검토한다. 만일 계산할 수 없다면, 삼각치환을 고려한다. 우선 제곱근을 없앤다. $x = 2\sin\theta(-\frac{\pi}{2} < \theta < \frac{\pi}{2})$로 치환하면 $dx = 2\cos\theta\, d\theta$가 되어

$$\int \frac{1}{x^2\sqrt{4-x^2}} dx = \int \frac{2\cos\theta}{(2\sin\theta)^2\sqrt{4-(2\sin\theta)^2}} d\theta$$
$$= \int \frac{2\cos\theta}{4\sin^2\theta\sqrt{4-4\sin^2\theta}} d\theta$$
$$= \int \frac{\cos\theta}{(2\sin^2\theta)2\sqrt{1-\sin^2\theta}} d\theta$$
$$= \int \frac{\cos\theta}{4\sin^2\theta\cos\theta} d\theta$$
$$= \frac{1}{4}\int \csc^2\theta\, d\theta = -\frac{1}{4}\cot\theta + c$$

이다. 이제 남아 있는 문제는 부정적분이 변수 θ에 의하여 표현되어 있는 것이다. 원래의 변수 x의 함수로 바꾸기 위해 그림 6.1에서와 같은 삼각형을 사용한다. $x = 2\sin\theta$이기 때문에 $\sin\theta = \frac{x}{2}$이므로 빗변은 2이고 각 θ에 대응하는 변은 x이다. 따라서

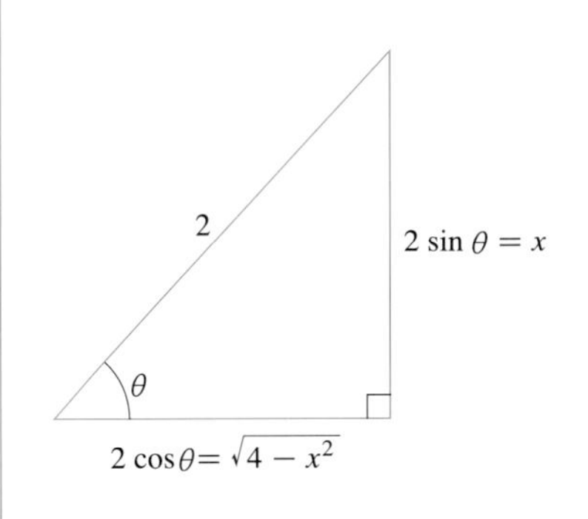

그림 6.1

$$\cot\theta = \frac{\cos\theta}{\sin\theta} = \frac{\sqrt{4-x^2}}{x}$$

이므로

$$\int \frac{1}{x^2\sqrt{4-x^2}}\,dx = -\frac{1}{4}\cot\theta + c = -\frac{1}{4}\frac{\sqrt{4-x^2}}{x} + c$$

이다.

다음으로 양의 실수 a에 대하여 피적분함수가 $\sqrt{a^2+x^2}$ 형태의 항을 포함하는 경우이다. 이때, $x = a\tan\theta\,(-\frac{\pi}{2} < \theta < \frac{\pi}{2})$로 치환하면 다음과 같이 근호를 없앨 수 있다.

$$\begin{aligned}\sqrt{a^2+x^2} &= \sqrt{a^2+(a\tan\theta)^2} = \sqrt{a^2+a^2\tan^2\theta}\\ &= a\sqrt{1+\tan^2\theta} = a\sqrt{\sec^2\theta} = a\sec\theta\end{aligned}$$

이때 $-\frac{\pi}{2} < \theta < \frac{\pi}{2}$ 이므로 $\sec\theta > 0$이다. 다음 예제는 이 치환을 사용하는 적분이다.

예제 3.10 $\sqrt{a^2+x^2}$을 포함하는 적분

$\int \frac{1}{\sqrt{9+x^2}}\,dx$를 계산하여라.

풀이

$x = 3\tan\theta\,(-\frac{\pi}{2} < \theta < \frac{\pi}{2})$로 치환하면 $dx = 3\sec^2\theta\,d\theta$가 되어

$$\begin{aligned}\int \frac{1}{\sqrt{9+x^2}}\,dx &= \int \frac{1}{\sqrt{9+(3\tan\theta)^2}}\,3\sec^2\theta\,d\theta\\ &= \int \frac{3\sec^2\theta}{\sqrt{9+9\tan^2\theta}}\,d\theta\\ &= \int \frac{3\sec^2\theta}{3\sqrt{1+\tan^2\theta}}\,d\theta\\ &= \int \frac{\sec^2\theta}{\sec\theta}\,d\theta\\ &= \int \sec\theta\,d\theta\\ &= \ln|\sec\theta + \tan\theta| + c\end{aligned}$$

이다. $x = 3\tan\theta$이므로 $\tan\theta = \frac{x}{3}$ 이다. $\sec\theta$를 구하기 위해 예제 3.9에서와 같이 삼각형을 사용하면

$$\sec\theta = \sqrt{1+\tan^2\theta} = \sqrt{1+\left(\frac{x}{3}\right)^2}$$

이므로

$$\int \frac{1}{\sqrt{9+x^2}}\,dx = \ln|\sec\theta + \tan\theta| + c = \ln\left|\sqrt{1+\left(\frac{x}{3}\right)^2} + \frac{x}{3}\right| + c$$

이다.

마지막으로, 양의 실수 a에 대하여 피적분함수가 $\sqrt{x^2-a^2}$ 형태의 항을 포함하는 경우이다. 이때, $x=a\sec\theta\ (\theta\in[0, \frac{\pi}{2})\cup(\frac{\pi}{2}, \pi])$로 치환하면 다음과 같이 근호를 없앨 수 있다.

$$\begin{aligned}\sqrt{x^2-a^2} &= \sqrt{(a\sec\theta)^2-a^2} = \sqrt{a^2\sec^2\theta-a^2}\\ &= a\sqrt{\sec^2\theta-1} = a\sqrt{\tan^2\theta} = a|\tan\theta|\end{aligned}$$

$[0, \frac{\pi}{2})\cup(\frac{\pi}{2}, \pi]$에서 $\tan\theta$는 양수일 수도 있고 음수일 수도 있으므로 절댓값이 있어야 한다.

예제 3.11 $\sqrt{x^2-a^2}$을 포함하는 적분

$x\geq 5$일 때 $\int\frac{\sqrt{x^2-25}}{x}dx$를 계산하여라.

풀이

만약 $\theta\in(\frac{\pi}{2}, \pi]$인 경우, $x=5\sec\theta$로 치환하면 $x<-5$이므로 가정이 모순이 된다. 따라서 $\theta\in[0, \frac{\pi}{2})$일 때 $x=5\sec\theta$로 치환하면 $dx=5\sec\theta\tan\theta\, d\theta$가 되어

$$\begin{aligned}\int\frac{\sqrt{x^2-25}}{x}dx &= \int\frac{\sqrt{(5\sec\theta)^2-25}}{5\sec\theta}(5\sec\theta\tan\theta)\,d\theta\\ &= \int\sqrt{25\sec^2\theta-25}\tan\theta\,d\theta\\ &= \int 5\sqrt{\sec^2\theta-1}\tan\theta\,d\theta\\ &= 5\int\tan^2\theta\,d\theta\\ &= 5\int(\sec^2\theta-1)d\theta\\ &= 5(\tan\theta-\theta)+c\end{aligned}$$

이다. $\theta\in[0, \frac{\pi}{2})$일 때 $x=5\sec\theta$이므로

$$\tan\theta = \sqrt{\sec^2\theta-1} = \sqrt{\left(\frac{x}{5}\right)^2-1} = \frac{1}{5}\sqrt{x^2-25}$$

이며 $\theta=\sec^{-1}(\frac{x}{5})$이다. 이것을 사용하면

$$\begin{aligned}\int\frac{\sqrt{x^2-25}}{x}dx &= 5(\tan\theta-\theta)+c\\ &= \sqrt{x^2-25}-5\sec^{-1}\left(\frac{x}{5}\right)+c\end{aligned}$$

이다.

■

연습문제에서 삼각치환법을 사용하는 많은 문제들을 더 다루게 될 것이다. 이때, 기본적인 것은 삼각치환법을 사용하여 근호를 없애는 것이다. 위에서 제시한 세 가지

의 삼각치환법을 요약하면 다음과 같다.

식	삼각치환	구간	항등식
$\sqrt{a^2-x^2}$	$x=a\sin\theta$	$-\frac{\pi}{2}\le\theta\le\frac{\pi}{2}$	$1-\sin^2\theta=\cos^2\theta$
$\sqrt{a^2+x^2}$	$x=a\tan\theta$	$-\frac{\pi}{2}<\theta<\frac{\pi}{2}$	$1+\tan^2\theta=\sec^2\theta$
$\sqrt{x^2-a^2}$	$x=a\sec\theta$	$\theta\in\left[0,\ \frac{\pi}{2}\right)\cup\left(\frac{\pi}{2},\ \pi\right]$	$\sec^2\theta-1=\tan^2\theta$

연습문제 6.3

[1~18] 다음 적분을 계산하여라.

1. $\int \cos x \sin^4 x\, dx$ **2.** $\int_0^{\pi/2} \cos^2 x \sin x\, dx$

3. $\int \cos^2(x+1)\, dx$ **4.** $\int \tan x \sec^3 x\, dx$

5. $\int x\tan^3(x^2+1)\sec(x^2+1)\, dx$

6. $\int_0^{\pi/4} \tan^4 x \sec^4 x\, dx$ **7.** $\int \cos^2 x \sin^2 x\, dx$

8. $\int \frac{1}{x^2\sqrt{9-x^2}}\, dx$ **9.** $\int \frac{x^2}{\sqrt{16-x^2}}\, dx$

10. $\int_0^2 \sqrt{4-x^2}\, dx$ **11.** $\int \frac{x^2}{\sqrt{x^2-9}}\, dx$

12. $\int \frac{2}{\sqrt{x^2-4}}\, dx$ **13.** $\int \frac{\sqrt{4x^2-9}}{x}\, dx$

14. $\int \frac{x^2}{\sqrt{9+x^2}}\, dx$ **15.** $\int \sqrt{16+x^2}\, dx$

16. $\int_0^1 x\sqrt{x^2+8}\, dx$ **17.** $\int \frac{x}{\sqrt{x^2+4x}}\, dx$

18. $\int \frac{x}{\sqrt{10+2x+x^2}}\, dx$

19. $u=\tan x$와 $u=\sec x$로 치환하여 아래 적분을 계산하고 그 결과를 비교하여 보아라.

$$\int \tan x \sec^4 x\, dx$$

20. (a) $n>1$인 모든 정수 n에 대하여 다음이 성립함을 보이고

$$\int \sec^n x\, dx = \frac{1}{n-1}\sec^{n-2} x\tan x + \frac{n-2}{n-1}\int \sec^{n-2} x\, dx$$

(b) $\int \sec^3 x\, dx$ (c) $\int \sec^4 x\, dx$ (d) $\int \sec^5 x\, dx$를 계산하여라.

6.4 부분분수를 이용한 유리함수의 적분

이 절에서 소개하는 개념은 유리함수를 다른 방법으로 표현하는 대수적인 방법이다. 이것은 다른 응용 분야뿐만 아니라 적분에서도 매우 유용하다. 다음과 같은 식을 생각하자.

$$\frac{3}{x+2}-\frac{2}{x-5}=\frac{3(x-5)-2(x+2)}{(x+2)(x-5)}=\frac{x-19}{x^2-3x-10} \tag{4.1}$$

식 (4.1)의 우변에 있는 함수의 적분을 계산하는 것보다는 좌변에 있는 함수의 적분을 계산하는 것이 쉽다. 식 (4.1)에 의해서

$$\int \frac{x-19}{x^2-3x-10}\,dx = \int \left(\frac{3}{x+2} - \frac{2}{x-5}\right)dx = 3\ln|x+2| - 2\ln|x-5| + c$$

이다. 여기서 두 번째 피적분함수

$$\frac{3}{x+2} - \frac{2}{x-5}$$

는 첫 번째 피적분함수의 **부분분수식**이라고 한다. 일반적으로, 세 개의 인수들 a_1x+b_1, a_2x+b_2, a_3x+b_3가 모두 다르면(즉, 어떤 것도 나머지 것의 상수배가 아님) 적당한 상수 A와 B에 대하여

$$\frac{a_1x+b_1}{(a_2x+b_2)(a_3x+b_3)} = \frac{A}{a_2x+b_2} + \frac{B}{a_3x+b_3}$$

와 같이 나타낼 수 있다. 위 식을 적분하려면 우변의 부분분수식들을 적분하는 것이 훨씬 쉽다는 것을 알 수 있을 것이다.

예제 4.1 부분분수: 서로 다른 일차항

$\displaystyle\int \frac{1}{x^2+x-2}\,dx$를 계산하여라.

풀이

피적분함수를 다음과 같이 부분분수의 합으로 바꾸어 표현한다.

$$\frac{1}{x^2+x-2} = \frac{1}{(x-1)(x+2)} = \frac{A}{x-1} + \frac{B}{x+2}$$

양변에 $(x-1)(x+2)$를 곱하면

$$1 = A(x+2) + B(x-1) \tag{4.2}$$

이 된다. 먼저 A와 B에 대한 방정식을 풀어야 한다. 위 방정식은 모든 x에 대하여 성립하므로, $x=1$을 대입하면

$$1 = A(1+2) + B(1-1) = 3A$$

가 되어 $A = \frac{1}{3}$이 된다. 마찬가지로 식 (4.2)에 $x=-2$를 대입하면

$$1 = A(-2+2) + B(-2-1) = -3B$$

가 되어 $B = -\frac{1}{3}$이다. 이것을 이용하면

$$\int \frac{1}{x^2+x-2}\,dx = \int \left[\frac{1}{3}\left(\frac{1}{x-1}\right) - \frac{1}{3}\left(\frac{1}{x+2}\right)\right]dx$$

$$= \frac{1}{3}\ln|x-1| - \frac{1}{3}\ln|x+2| + c$$

이다. ■

위 방법은 유리식의 분모가 n개의 서로 다른 일차다항식들의 곱인 경우에도 그대로 사용할 수 있다. 일반적으로 $P(x)$의 차수가 n보다 작고 인수들 $a_i x + b_i (i = 1, 2, \cdots, n)$이 모두 다른 경우에 다음과 같이 표현할 수 있다.

$$\frac{P(x)}{(a_1 x + b_1)(a_2 x + b_2)\cdots(a_n x + b_n)} = \frac{c_1}{a_1 x + b_1} + \frac{c_2}{a_2 x + b_2} + \cdots + \frac{c_n}{a_n x + b_n}$$

여기서 $c_1, c_2, \cdots, c_n$은 상수이다.

예제 4.2 부분분수: 세 개의 서로 다른 일차항

$\int \frac{3x^2 - 7x - 2}{x^3 - x} dx$를 계산하여라.

풀이

피적분함수를 부분분수의 합으로 표현하면

$$\frac{3x^2 - 7x - 2}{x^3 - x} = \frac{3x^2 - 7x - 2}{x(x-1)(x+1)} = \frac{A}{x} + \frac{B}{x-1} + \frac{C}{x+1}$$

이다. 양변에 $x(x-1)(x+1)$을 곱하면

$$3x^2 - 7x - 2 = A(x-1)(x+1) + Bx(x+1) + Cx(x-1) \tag{4.3}$$

이고 $x = 0$을 대입하면

$$-2 = A(-1)(1) = -A$$

이므로 $A = 2$가 된다. 마찬가지로 $x = 1$을 대입하면 $B = -3$이고, $x = -1$을 대입하면 $C = 4$가 되어

$$\int \frac{3x^2 - 7x - 2}{x^3 - x} dx = \int \left(\frac{2}{x} - \frac{3}{x-1} + \frac{4}{x+1} \right) dx$$

$$= 2\ln|x| - 3\ln|x-1| + 4\ln|x+1| + c$$

이다.

■

예제 4.3 나눗셈이 필요한 부분분수

부분분수를 사용하여 $f(x) = \frac{2x^3 - 4x^2 - 15x + 5}{x^2 - 2x - 8}$의 부정적분을 구하여라.

풀이

분자의 차수가 분모의 차수보다 크므로 다음과 같이 나눗셈을 한다.

$$\begin{array}{r} 2x \\ x^2 - 2x - 8 \overline{\smash{)}\, 2x^3 - 4x^2 - 15x + 5} \\ \underline{2x^3 - 4x^2 - 16x } \\ x + 5 \end{array}$$

나눗셈의 결과를 이용하면

$$f(x) = \frac{2x^3 - 4x^2 - 15x + 5}{x^2 - 2x - 8} = 2x + \frac{x+5}{x^2 - 2x - 8}$$

이고 남아 있는 진분수식을 부분분수로 분할하면

$$\frac{x+5}{x^2 - 2x - 8} = \frac{x+5}{(x-4)(x+2)} = \frac{A}{x-4} + \frac{B}{x+2}$$

이다. A와 B에 대하여 위 식을 풀면 $A = \frac{3}{2}$, $B = -\frac{1}{2}$이 되어

$$\begin{aligned}\int \frac{2x^3 - 4x^2 - 15x + 5}{x^2 - 2x - 8}\,dx &= \int \left[2x + \frac{3}{2}\left(\frac{1}{x-4}\right) - \frac{1}{2}\left(\frac{1}{x+2}\right)\right] dx \\ &= x^2 + \frac{3}{2}\ln|x-4| - \frac{1}{2}\ln|x+2| + c\end{aligned}$$

이다.

■

유리식의 분모가 일차인수 $ax+b$의 n제곱, 즉 $(ax+b)^n$을 포함하고 있어도 다음과 같이 분할할 수 있다. $P(x)$의 차수가 n보다 작은 경우 유리함수 $\frac{P(x)}{(ax+b)^n}$는

$$\boxed{\frac{P(x)}{(ax+b)^n} = \frac{c_1}{ax+b} + \frac{c_2}{(ax+b)^2} + \cdots + \frac{c_n}{(ax+b)^n}}$$

로 표현할 수 있다. 여기서 c_1, c_2, $\cdots$, c_n은 상수이다.

예제 4.4 일차항의 제곱이 있는 부분분수

부분분수를 사용하여 함수

$$f(x) = \frac{5x^2 + 20x + 6}{x^3 + 2x^2 + x}$$

의 부정적분을 구하여라.

풀이

분모가 일차인수의 거듭제곱을 포함하고 있으므로 다음과 같이 나타낼 수 있다.

$$\frac{5x^2 + 20x + 6}{x^3 + 2x^2 + x} = \frac{5x^2 + 20x + 6}{x(x+1)^2} = \frac{A}{x} + \frac{B}{x+1} + \frac{C}{(x+1)^2}$$

양변에 $x(x+1)^2$을 곱하면

$$5x^2 + 20x + 6 = A(x+1)^2 + Bx(x+1) + Cx$$

이다. $x = 0$을 대입하면 $A = 6$이 된다. 마찬가지로 $x = -1$을 대입하면 $C = 9$이다. 또한 $x = 1$을 대입하면 $B = -1$을 구할 수 있다. 따라서

$$\int \frac{5x^2 + 20x + 6}{x^3 + 2x^2 + x}\,dx = \int \left[\frac{6}{x} - \frac{1}{x+1} + \frac{9}{(x+1)^2}\right] dx$$

$$= 6\ln|x| - \ln|x+1| - 9(x+1)^{-1} + c$$

이다.

유리식의 분모가 인수분해되지 않는 이차식을 포함하고 있는 경우에도 부분분수식은 확장될 수 있다. 만일 $P(x)$의 차수가 $2n$보다 작고 분모에 있는 인수들이 각각 다르다면

$$\begin{aligned}&\frac{P(x)}{(a_1x^2+b_1x+c_1)(a_2x^2+b_2x+c_2)\cdots(a_nx^2+b_nx+c_n)}\\&=\frac{A_1x+B_1}{a_1x^2+b_1x+c_1}+\frac{A_2x+B_2}{a_2x^2+b_2x+c_2}+\cdots+\frac{A_nx+B_n}{a_nx^2+b_nx+c_n}\end{aligned} \tag{4.4}$$

로 나타낼 수 있으며 식 (4.4)의 오른쪽에 있는 부분분수식은 치환에 의하여 비교적 쉽게 적분할 수 있다.

예제 4.5 이차항이 있는 부분분수

부분분수를 사용하여 $f(x)=\dfrac{2x^2-5x+2}{x^3+x}$ 의 부정적분을 구하여라.

풀이

$$\frac{2x^2-5x+2}{x^3+x}=\frac{2x^2-5x+2}{x(x^2+1)}=\frac{A}{x}+\frac{Bx+C}{x^2+1}$$

이다. 양변에 $x(x^2+1)$을 곱하면

$$\begin{aligned}2x^2-5x+2&=A(x^2+1)+(Bx+C)x\\&=(A+B)x^2+Cx+A\end{aligned}$$

이고 같은 차수에 대한 계수를 비교하면

$$\begin{aligned}2&=A+B\\-5&=C\\2&=A\end{aligned}$$

이다. $B=0$이 되어

$$\int\frac{2x^2-5x+2}{x^3+x}\,dx=\int\left(\frac{2}{x}-\frac{5}{x^2+1}\right)dx=2\ln|x|-5\tan^{-1}x+c$$

이다.

예제 4.6 이차항이 있는 부분분수

부분분수를 이용하여 $f(x)=\dfrac{5x^2+6x+2}{(x+2)(x^2+2x+5)}$ 의 부정적분을 구하여라.

풀이

분모의 이차식은 인수분해가 되지 않으므로 분할은 다음과 같다.

$$\frac{5x^2+6x+2}{(x+2)(x^2+2x+5)} = \frac{A}{x+2} + \frac{Bx+C}{x^2+2x+5}$$

양변에 $(x + 2)(x^2 + 2x + 5)$를 곱하면

$$5x^2+6x+2 = A(x^2+2x+5)+(Bx+C)(x+2)$$

이고 x의 같은 차수의 계수를 비교하면

$$5 = A+B$$
$$6 = 2A+2B+C$$
$$2 = 5A+2C$$

이다. 주어진 연립방정식을 풀면, $A=2,\ B=3,\ C=-4$이다. 적분하면

$$\int \frac{5x^2+6x+2}{(x+2)(x^2+2x+5)}\,dx = \int \left(\frac{2}{x+2} + \frac{3x-4}{x^2+2x+5}\right)dx \qquad (4.5)$$

이다. 분모에서 $x^2+2x+5=u$로 치환하면, $du=(2x+2)\,dx$가 되어 두 번째 항의 적분은 다음과 같다.

$$\begin{aligned}\int \frac{3x-4}{x^2+2x+5}\,dx &= \int \frac{3(x+1)-7}{x^2+2x+5}\,dx \\ &= \int \left[\left(\frac{3}{2}\right)\frac{2(x+1)}{x^2+2x+5} - \frac{7}{x^2+2x+5}\right]dx \\ &= \frac{3}{2}\int \frac{2(x+1)}{x^2+2x+5}\,dx - \int \frac{7}{x^2+2x+5}\,dx \\ &= \frac{3}{2}\ln(x^2+2x+5) - \int \frac{7}{x^2+2x+5}\,dx \qquad (4.6)\end{aligned}$$

식 (4.6)에서 남아있는 적분을 계산하기 위해 분모를 완전제곱꼴로 바꾸면

$$\int \frac{7}{x^2+2x+5}\,dx = \int \frac{7}{(x+1)^2+4}\,dx = \frac{7}{2}\tan^{-1}\left(\frac{x+1}{2}\right)+c$$

이다. 식 (4.5)와 (4.6)에 의하여

$$\int \frac{5x^2+6x+2}{(x+2)(x^2+2x+5)}\,dx = 2\ln|x+2| + \frac{3}{2}\ln(x^2+2x+5) - \frac{7}{2}\tan^{-1}\left(\frac{x+1}{2}\right)+c$$

이다.

분모가 인수분해되지 않는 이차식의 거듭제곱을 포함하는 유리식은 연습문제에서 다룬다.

인수분해되지 않는 이차식의 거듭제곱을 인수로 포함하는 유리식의 분할을 익힌다면 어떤 유리함수의 부분분수식 분할도 찾을 수 있다. 이러한 함수의 분모는 항상 일

차와 이차식의 인수들의 곱으로 나타낼 수 있을 것이다. 물론 그러한 인수들 중 어떤 것은 일차식이나 이차식의 거듭제곱일 수 있다.

적분법 요약

지금까지 공부한 적분법을 요약해 보자. 미분은 미분공식을 적용하면 쉽게 계산할 수 있지만 적분은 그리 쉽지 않다. 많은 경우에 정확히 계산할 수 없을 뿐만 아니라, 어떤 방법을 적용해야 하는지 알아야 적분을 계산할 수 있다. 적분을 구하는 몇 가지 힌트는 다음과 같다.

치환적분법: $\int f(u(x))u'(x)\,dx = \int f(u)\,du$

1. $f(u(x))$와 $u'(x)$를 포함하고 있을 때; 예를 들면

$$\int 2x\cos(x^2)\,dx = \int \underbrace{\cos(x^2)}_{\cos u}\,\underbrace{2x\,dx}_{du} = \int \cos u\,du$$

2. $f(ax+b)$ 형태가 있을 때; 예를 들면

$$\int \frac{\overbrace{x}^{u-1}}{\underbrace{\sqrt{x+1}}_{\sqrt{u}}}\,\underbrace{dx}_{du} = \int \frac{u-1}{\sqrt{u}}\,du$$

부분적분법: $\int u\,dv = uv - \int v\,du$

x^n, $\cos x$, e^x 같은 형태의 함수들이 곱해져 있을 때; 예를 들면

$$\int 2x\cos x\,dx \qquad \begin{cases} u = x & dv = \cos x\,dx \\ du = dx & v = \sin x \end{cases}$$

$$= x\sin x - \int \sin x\,dx$$

삼각치환법

1. $\sqrt{a^2-x^2}$ 형태일 때; $x = a\sin\theta\ (-\pi/2 \le \theta \le \pi/2)$라 하면

$dx = a\cos\theta\,d\theta$이고 $\sqrt{a^2-x^2} = \sqrt{a^2-a^2\sin^2\theta} = a\cos\theta$; 예를 들면

$$\int \frac{\overbrace{x^2}^{\sin^2\theta}}{\underbrace{\sqrt{1-x^2}}_{\cos\theta}}\,\underbrace{dx}_{\cos\theta\,d\theta} = \int \sin^2\theta\,d\theta$$

2. $\sqrt{x^2+a^2}$ 형태일 때; $x = a\tan\theta\ (-\pi/2 < \theta < \pi/2)$라 하면

$dx = a\sec^2\theta\,d\theta$이고 $\sqrt{x^2+a^2} = \sqrt{a^2\tan^2\theta + a^2} = a\sec\theta$; 예를 들면

$$\int \frac{\overbrace{x^3}^{27\tan^3\theta}}{\underbrace{\sqrt{x^2+9}}_{3\sec\theta}} \underbrace{dx}_{3\sec^2\theta\, d\theta} = 27\int \tan^3\theta \sec\theta\, d\theta$$

3. $\sqrt{x^2-a^2}$ 형태일 때; $x = a\sec\theta,\ \theta \in [0, \pi/2) \cup (\pi/2, \pi]$ 라 하면

$dx = a\sec\theta\tan\theta\, d\theta$이고 $\sqrt{x^2-a^2} = \sqrt{a^2\sec^2\theta - a^2} = a\tan\theta$; 예를 들면

$$\int \underbrace{x^3}_{8\sec^3\theta} \underbrace{\sqrt{x^2-4}}_{2\tan\theta} \underbrace{dx}_{2\sec\theta\tan\theta\, d\theta} = 32\int \sec^4\theta \tan^2\theta\, d\theta$$

부분분수

유리함수의 적분; 예를 들면

$$\int \frac{x+2}{x^2-4x+3} = \int \frac{x+2}{(x-1)(x-3)}\, dx = \int \left(\frac{A}{x-1} + \frac{B}{x-3}\right) dx$$

연습문제 6.4

[1~10] 다음 함수의 부분분수식과 부정적분을 구하여라.

1. $\dfrac{x-5}{x^2-1}$

2. $\dfrac{6x}{x^2-x-2}$

3. $\dfrac{-x+5}{x^3-x^2-2x}$

4. $\dfrac{5x-23}{6x^2-11x-7}$

5. $\dfrac{x-1}{x^3+4x^2+4x}$

6. $\dfrac{x+2}{x^3+x}$

7. $\dfrac{4x^2-7x-17}{6x^2-11x-10}$

8. $\dfrac{2x+3}{x^2+2x+1}$

9. $\dfrac{x^3-4}{x^3+2x^2+2x}$

10. $\dfrac{3x^3+1}{x^3-x^2+x-1}$

[11~16] 다음 적분을 계산하여라.

11. $\displaystyle\int \frac{x^3+x+2}{x^2+2x-8}\, dx$

12. $\displaystyle\int \frac{x+4}{x^3+3x^2+2x}\, dx$

13. $\displaystyle\int \frac{4x^3-1}{x^4-x}\, dx$

14. $\displaystyle\int \frac{4x-2}{16x^4-1}\, dx$

15. $\displaystyle\int \frac{4x^2+3}{x^3+x^2+x}\, dx$

16. $\displaystyle\int \frac{\sin x\cos x}{\sin^2 x-4}\, dx$

17. 적분하는 방법이 두 가지 이상인 경우도 있다. $\displaystyle\int \frac{3}{x^4+x}$를 다음 두 가지 방법으로 계산하여라. 먼저, $u = x^3+1$이라 치환하고 부분분수를 이용하여라. 두 번째 방법으로 $u = \dfrac{1}{x}$이라 치환하여 계산하여라. 그리고 두 계산결과가 같음을 보여라.

6.5 적분표

적분표 사용하기

이 책의 부록에 부정적분에 관한 적분표가 있다. 보다 많은 적분공식을 포함하는 적분표는 CRC 표준 수학표에서 찾아볼 수 있다.

예제 5.1 적분표의 이용

적분표를 사용하여 $\int \frac{\sqrt{3+4x^2}}{x}\,dx$를 계산하여라.

풀이

삼각치환법을 사용하여 이 적분을 계산할 수 있다. 그러나 적분표에서 공식

$$\int \frac{\sqrt{a^2+u^2}}{u}\,du = \sqrt{a^2+u^2} - a\ln\left|\frac{a+\sqrt{a^2+u^2}}{u}\right| + c \tag{5.1}$$

을 이용하여 이 적분을 구할 수 있다. $u = 2x$로 치환하면 $du = 2\,dx$이고

$$\begin{aligned}\int \frac{\sqrt{3+4x^2}}{x}\,dx &= \int \frac{\sqrt{3+(2x)^2}}{2x}(2)\,dx = \int \frac{\sqrt{3+u^2}}{u}\,du \\ &= \sqrt{3+u^2} - \sqrt{3}\ln\left|\frac{\sqrt{3}+\sqrt{3+u^2}}{u}\right| + c \\ &= \sqrt{3+4x^2} - \sqrt{3}\ln\left|\frac{\sqrt{3}+\sqrt{3+4x^2}}{2x}\right| + c\end{aligned}$$

이다.

적분표에 있는 많은 공식들은 점화식이다. 이것은 다음과 같은 형태이다.

$$\int f(u)\,du = g(u) + \int h(u)\,du$$

여기서 두 번째 적분은 첫 번째보다 간단하다. 이것은 다음 예제에서와 같이 반복 적용된다.

예제 5.2 점화식의 이용

$\int \sin^6 x\,dx$를 계산하여라.

풀이

이 적분은 이미 알고 있는 방법에 의하여 계산할 수 있다. $n \ge 1$에 대한 점화식

$$\int \sin^n u\,du = -\frac{1}{n}\sin^{n-1}u\cos u + \frac{n-1}{n}\int \sin^{n-2}u\,du \tag{5.2}$$

에 $n = 6$을 대입하면

$$\int \sin^6 x\, dx = -\frac{1}{6}\sin^5 x\cos x + \frac{5}{6}\int \sin^4 x\, dx$$

이다. 점화식을 $n=4$인 경우에 적용하면

$$\begin{aligned}\int \sin^6 x\, dx &= -\frac{1}{6}\sin^5 x\cos x + \frac{5}{6}\int \sin^4 x\, dx \\ &= -\frac{1}{6}\sin^5 x\cos x + \frac{5}{6}\left(-\frac{1}{4}\sin^3 x\cos x + \frac{3}{4}\int \sin^2 x\, dx\right)\end{aligned}$$

이고 마지막으로 $\int \sin^2 x\, dx$을 계산하기 위해 식 (5.2)를 한 번 더 적용하거나 반각공식을 이용하면

$$\begin{aligned}\int \sin^6 x\, dx &= -\frac{1}{6}\sin^5 x\cos x + \frac{5}{6}\left(-\frac{1}{4}\sin^3 x\cos x + \frac{3}{4}\int \sin^2 x\, dx\right) \\ &= -\frac{1}{6}\sin^5 x\cos x - \frac{5}{24}\sin^3 x\cos x + \frac{5}{8}\left(-\frac{1}{2}\sin x\cos x + \frac{1}{2}\int dx\right) \\ &= -\frac{1}{6}\sin^5 x\cos x - \frac{5}{24}\sin^3 x\cos x - \frac{5}{16}\sin x\cos x + \frac{5}{16}x + c\end{aligned}$$

이다.

예제 5.3 치환하고 점화식 이용하기

$\int x^3 \sin 2x\, dx$를 계산하여라.

풀이

적분표에서 다음 공식을 사용한다.

$$\int u^n \sin u\, du = -u^n \cos u + n\int u^{n-1}\cos u\, du \tag{5.3}$$

식 (5.3)을 사용하기 위하여 $n=3$이라 하고 $u=2x$로 치환하면 $du=2dx$가 되어

$$\begin{aligned}\int x^3 \sin 2x\, dx &= \frac{1}{2}\int \frac{(2x)^3}{2^3}\sin 2x\,(2)\, dx = \frac{1}{16}\int u^3 \sin u\, du \\ &= \frac{1}{16}\left(-u^3\cos u + 3\int u^2 \cos u\, du\right)\end{aligned}$$

이다. 마지막 적분을 계산하기 위하여 다음 점화식을 사용한다.

$$\int u^n \cos u\, du = u^n \sin u - n\int u^{n-1}\sin u\, du$$

위 공식에 $n=2$를 대입하면

$$\begin{aligned}\int x^3 \sin 2x\, dx &= -\frac{1}{16}u^3\cos u + \frac{3}{16}\int u^2 \cos u\, du \\ &= -\frac{1}{16}u^3\cos u + \frac{3}{16}\left(u^2\sin u - 2\int u\sin u\, du\right)\end{aligned}$$

이고 첫 번째 점화식 (5.3)을 다시 한 번 적용하면

$$\begin{aligned}\int x^3 \sin 2x\,dx &= -\frac{1}{16}u^3\cos u + \frac{3}{16}u^2\sin u - \frac{3}{8}\int u\sin u\,du \\ &= -\frac{1}{16}u^3\cos u + \frac{3}{16}u^2\sin u - \frac{3}{8}\left(-u\cos u + \int u^0\cos u\,du\right) \\ &= -\frac{1}{16}u^3\cos u + \frac{3}{16}u^2\sin u + \frac{3}{8}u\cos u - \frac{3}{8}\sin u + c \\ &= -\frac{1}{16}(2x)^3\cos 2x + \frac{3}{16}(2x)^2\sin 2x + \frac{3}{8}(2x)\cos 2x - \frac{3}{8}\sin 2x + c \\ &= -\frac{1}{2}x^3\cos 2x + \frac{3}{4}x^2\sin 2x + \frac{3}{4}x\cos 2x - \frac{3}{8}\sin 2x + c\end{aligned}$$

이다.

■

어떤 적분은 적분표를 사용하기 위해 약간의 통찰력을 필요로 한다. 다음 예제를 보자.

예제 5.4 치환하고 적분표 이용하기

$\int \frac{\sin 2x}{\sqrt{4\cos x - 1}}\,dx$를 계산하여라.

풀이

이 책의 적분표에는 이러한 종류의 적분이나 비슷한 종류의 적분이 포함되어 있지 않다. 조금 더 생각해 보면 이것은 더 간단한 형태로 바꾸어 나타낼 수 있다. 피적분함수의 분자를 이배각공식을 이용하여 다시 표현하면

$$\int \frac{\sin 2x}{\sqrt{4\cos x - 1}}\,dx = 2\int \frac{\sin x\cos x}{\sqrt{4\cos x - 1}}\,dx$$

이고 $u = \cos x$로 치환하면 $du = -\sin x\,dx$가 되어

$$\int \frac{\sin 2x}{\sqrt{4\cos x - 1}}\,dx = 2\int \frac{\sin x\cos x}{\sqrt{4\cos x - 1}}\,dx = -2\int \frac{u}{\sqrt{4u - 1}}\,du$$

이다. 적분표에 있는 공식

$$\int \frac{u}{\sqrt{a + bu}}\,du = \frac{2}{3b^2}(bu - 2a)\sqrt{a + bu} + c \tag{5.4}$$

에서 $a = -1$, $b = 4$라고 하면 주어진 적분은

$$\begin{aligned}\int \frac{\sin 2x}{\sqrt{4\cos x - 1}}\,dx = -2\int \frac{u}{\sqrt{4u - 1}}\,du &= (-2)\frac{2}{3(4)^2}(4u + 2)\sqrt{4u - 1} + c \\ &= -\frac{1}{12}(4\cos x + 2)\sqrt{4\cos x - 1} + c\end{aligned}$$

이다.

■

연습문제 6.5

[1~14] 적분표를 이용하여 다음 적분을 구하여라.

1. $\int \frac{x}{(2+4x)^2}\,dx$
2. $\int e^{2x}\sqrt{1+e^x}\,dx$
3. $\int \frac{x^2}{\sqrt{1+4x^2}}\,dx$
4. $\int_0^1 t^8\sqrt{4-t^6}\,dt$
5. $\int_0^{\ln 2} \frac{e^x}{\sqrt{e^{2x}+4}}\,dx$
6. $\int \frac{\sqrt{6x-x^2}}{(x-3)^2}\,dx$
7. $\int \tan^6 u\,du$
8. $\int \frac{\cos x}{\sin x\sqrt{4+\sin x}}\,dx$
9. $\int x^3\cos x^2\,dx$
10. $\int \frac{\sin 2x}{\sqrt{1+\cos x}}\,dx$
11. $\int \frac{\sin^2 t\cos t}{\sqrt{\sin^2 t+4}}\,dt$
12. $\int \frac{e^{-2/x^2}}{x^3}\,dx$
13. $\int \frac{x}{\sqrt{4x-x^2}}\,dx$
14. $\int e^x\tan^{-1}(e^x)\,dx$

6.6 이상적분

피적분함수가 불연속인 이상적분

우리는 미분적분학의 기본 정리를 자주 사용한다. 그러나 이 정리를 사용하기 전에, 이 정리의 조건이 만족되는지를 살펴보아야 한다. 이 조건의 중요성과 관련하여 다음 적분 계산을 살펴보자.

$$\int_{-1}^{2}\frac{1}{x^2}\,dx = \left.\frac{x^{-1}}{-1}\right|_{-1}^{2} = -\frac{3}{2}$$

기본 정리는 피적분함수는 주어진 구간에서 연속이어야 한다는 조건을 가진다. 앞의 계산은 이러한 조건의 중요성을 무시하고 구한 틀린 계산이다. 그림 6.2의 그래프가 보여주는 것처럼 $x\to 0$일 때 $y=\frac{1}{x^2}$는 무한히 증가한다. 특히 피적분함수 $\frac{1}{x^2}$가 항상 양의 값을 가지는데 적분값이 $-\frac{3}{2}$라는 것은 옳지 않다는 것을 알 수 있다.

4장에서 정적분을 다음과 같이 정의하였다.

$$\int_a^b f(x)\,dx = \lim_{n\to\infty}\sum_{i=1}^{n} f(c_i)\,\Delta x$$

여기서 $c_i\,(i=1,\ 2,\ \cdots,\ n)$는 부분구간 $[x_{i-1},\ x_i]$에서 임의로 선택한 점이다. 따라서 $[a,\ b]$에 있는 어떤 점 c에서 $x\to c$일 때 $f(x)\to\pm\infty$이면 $\int_a^b f(x)\,dx$를 정의하는 위의 극한은 의미가 없다. 이러한 경우의 적분을 **이상적분**(improper integral)이라 하며 이 적분이 무엇을 의미하는지 조심스럽게 정의할 필요가 있다.

적분 $\int_0^1 \frac{1}{\sqrt{1-x}}\,dx$의 경우를 살펴보면 피적분함수는 $x=1$에서 불연속이다. 구간

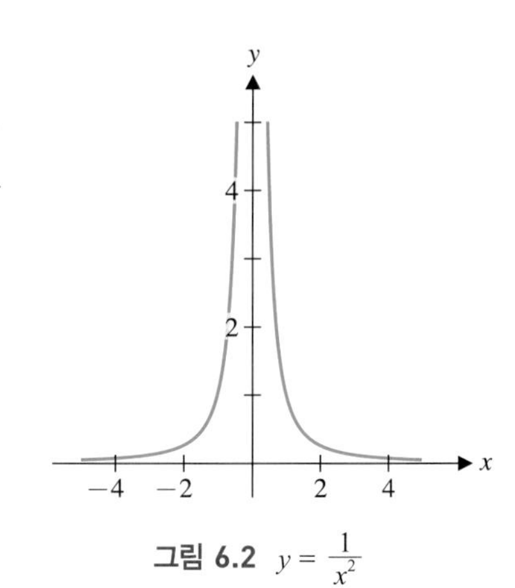

그림 6.2 $y=\frac{1}{x^2}$

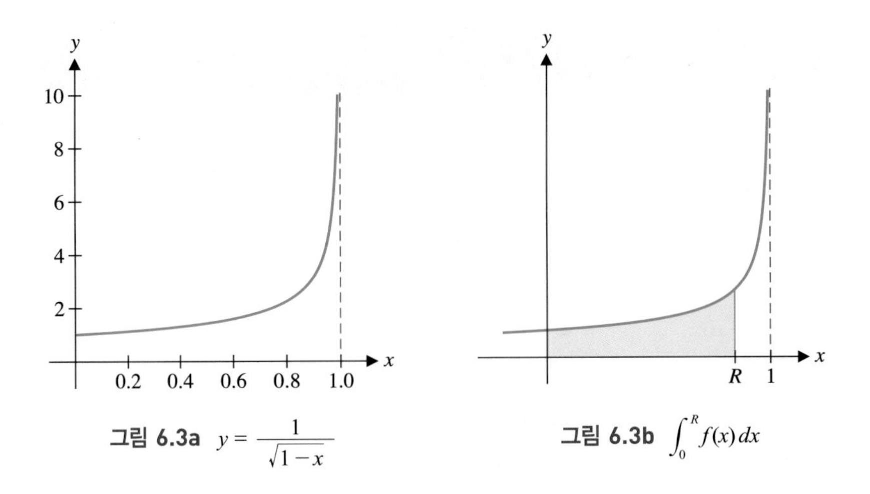

그림 6.3a $y=\frac{1}{\sqrt{1-x}}$ 그림 6.3b $\int_0^R f(x)\,dx$

[0, 1]에서 함수 $y=\frac{1}{\sqrt{1-x}}$의 그래프는 그림 6.3a에 주어져 있다. 구간 [0, 1]에서 함수 $y=\frac{1}{\sqrt{1-x}}$을 나타내는 곡선과 x축 사이의 넓이는 얼마나 될까? 이 넓이가 유한이라고 가정하면 $0<R<1$일 때 $\int_0^R \frac{1}{\sqrt{1-x}}\,dx$에 의하여 넓이의 근삿값을 찾을 수 있다는 것을 그림 6.3b가 보여주고 있다. 실제로 $0\le x\le R<1$에서 함수 $f(x)$는 연속이므로 $\int_0^R \frac{1}{\sqrt{1-x}}\,dx$는 정적분이다. R이 1에 가까울수록 더 정확한 근삿값을 찾을 수 있는 것을 다음 표에서 볼 수 있다.

R	$\int_0^R \frac{1}{\sqrt{1-x}}\,dx$
0.9	1.367544
0.99	1.8
0.999	1.936754
0.9999	1.98
0.99999	1.993675
0.999999	1.998
0.9999999	1.999368
0.99999999	1.9998

다음의 표가 $R\to1^-$이면 적분값은 2로 접근함을 보여준다. $0<R<1$일 때 $\int_0^R \frac{1}{\sqrt{1-x}}\,dx$을 계산하는 방법을 알고 있으므로 극한값을 정확히 계산할 수 있다.

$$\begin{aligned}\lim_{R\to1^-}\int_0^R \frac{1}{\sqrt{1-x}}\,dx &= \lim_{R\to1^-}\left[-2(1-x)^{1/2}\right]_0^R\\ &= \lim_{R\to1^-}\left[-2(1-R)^{1/2}+2(1-0)^{1/2}\right]=2\end{aligned}$$

이 계산에 의하면 곡선 아래 넓이는 극한값 2임을 알 수 있다.

일반적으로 f가 구간 $[a, b)$에서 연속이고 $x\to b^-$(즉 x가 왼쪽에서 b로 접근함에 따라서) $|f(x)|\to+\infty$라고 가정하자. 이 경우에는 b에 충분히 가까운 어떤 값 $R(<b)$에 대하여 $\int_a^R f(x)dx$의 값을 구하여 $\int_a^b f(x)dx$의 근삿값을 구할 수 있다(함수 f가 $[a, R]$에서 연속이기 때문에 $\int_a^R f(x)\,dx$가 정의된다는 것을 기억하자). 그림 6.4는 이와 같은 근삿값을 잘 보여주고 있다.

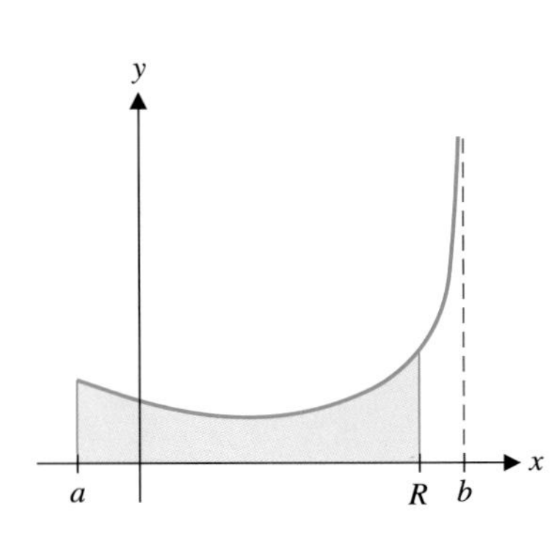

그림 6.4 $\int_a^R f(x)\,dx$

이제 $R\to b^-$라 하자. 만약 $\int_a^R f(x)\,dx$이 어떤 값 L에 접근한다면 이상적분 $\int_a^b f(x)\,dx$을 이 극한값으로 정의한다.

정의 6.1

f가 구간 $[a, b)$에서 연속이고 $x\to b^-$일 때 $|f(x)|\to\infty$라면 $[a, b]$에서 f의 이상적분은

$$\int_a^b f(x)\,dx = \lim_{R\to b^-}\int_a^R f(x)\,dx$$

로 정의한다. 마찬가지로, f가 구간 $(a, b]$에서 연속이고 $x \to a^+$일 때 $|f(x)| \to \infty$라면 $[a, b]$에서 f의 이상적분은

$$\int_a^b f(x)\,dx = \lim_{R \to a^+} \int_R^b f(x)\,dx$$

로 정의한다. 어느 경우든 만일 극한이 존재하면(그 값을 L이라고 하면) 이상적분은 L로 **수렴한다**고 하고 극한이 존재하지 않으면 이상적분은 **발산한다**고 한다.

예제 6.1 오른쪽 끝점에서 값이 커지는 피적분함수

$\int_0^1 \frac{1}{\sqrt{1-x}}\,dx$의 수렴, 발산을 조사하여라.

풀이

정의에 의하여

$$\int_0^1 \frac{1}{\sqrt{1-x}}\,dx = \lim_{R \to 1^-} \int_0^R \frac{1}{\sqrt{1-x}}\,dx = 2$$

이므로 주어진 이상적분은 2로 수렴한다.

다음 예제는 이 절의 앞부분에서 언급했던 발산하는 이상적분이다.

예제 6.2 발산하는 이상적분

$\int_{-1}^0 \frac{1}{x^2}\,dx$의 수렴, 발산을 조사하여라.

풀이

정의 6.1에 의하여

$$\int_{-1}^0 \frac{1}{x^2}\,dx = \lim_{R \to 0^-} \int_{-1}^R \frac{1}{x^2}\,dx = \lim_{R \to 0^-} \left(\frac{x^{-1}}{-1}\right)_{-1}^R$$
$$= \lim_{R \to 0^-} \left(-\frac{1}{R} - \frac{1}{1}\right) = \infty$$

이다. 극한은 존재하지 않으므로 주어진 이상적분은 발산한다.

다음 예제 6.3과 6.4는 피적분함수가 하한에서 불연속인 경우이다.

예제 6.3 수렴하는 이상적분

이상적분 $\int_0^1 \frac{1}{\sqrt{x}}\,dx$의 수렴, 발산을 조사하여라.

풀이

피적분함수의 그래프가 그림 6.5에 있다. 구간 $(0, 1]$에서 $f(x) = \frac{1}{\sqrt{x}}$은 연속이고 $x \to 0^+$일 때 $f(x) \to \infty$이다. 다음 표에 의하면 적분값은 $R \to 0^+$일 때 2에 접근하는 듯하다. 피적

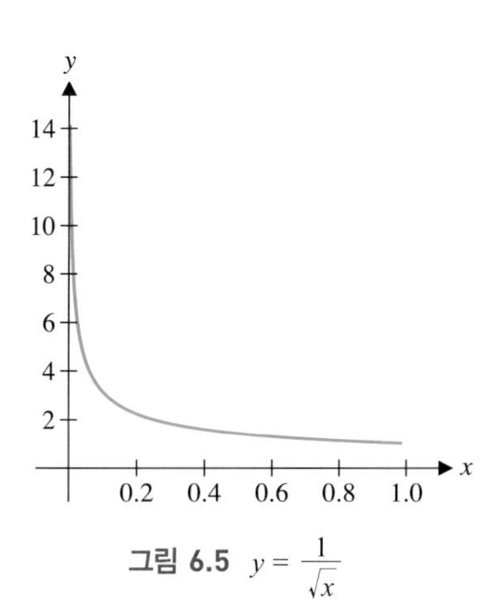

그림 6.5 $y = \frac{1}{\sqrt{x}}$

R	$\int_R^1 \frac{1}{\sqrt{x}}dx$
0.1	1.367544
0.01	1.8
0.001	1.936754
0.0001	1.98
0.00001	1.993675
0.000001	1.998
0.0000001	1.999368
0.00000001	1.9998

분함수의 역도함수를 알 수 있으므로 적분값은 다음과 같이 정확히 구할 수 있다.

$$\int_0^1 \frac{1}{\sqrt{x}}\,dx = \lim_{R\to 0^+}\int_R^1 \frac{1}{\sqrt{x}}\,dx = \lim_{R\to 0^+} \left.\frac{x^{1/2}}{\frac{1}{2}}\right|_R^1 = \lim_{R\to 0^+} 2(1^{1/2} - R^{1/2}) = 2$$

따라서 주어진 이상적분은 2로 수렴한다.

이 절의 시작에서 다룬 것처럼 주어진 함수가 구간 (a, b)의 한 점 c에서 불연속인 경우의 이상적분은 다음과 같이 정의된다.

정의 6.2

f가 구간 (a, b)의 한 점 c를 제외하고 구간 $[a, b]$에서 연속이며, $x\to c$일 때 $|f(x)|\to\infty$이라고 하자. 이때 이상적분 $\int_a^b f(x)\,dx$를 다음과 같이 정의한다.

$$\int_a^b f(x)\,dx = \int_a^c f(x)\,dx + \int_c^b f(x)\,dx$$

만약 $\int_a^c f(x)\,dx$와 $\int_c^b f(x)\,dx$가 각각 L_1과 L_2로 수렴하면 $\int_a^b f(x)\,dx$는 L_1+L_2로 수렴한다고 한다. 만약 $\int_a^c f(x)\,dx$나 $\int_c^b f(x)\,dx$가 발산하면 이상적분 $\int_a^b f(x)dx$는 발산한다고 한다.

예제 6.4 구간의 중간에서 값이 커지는 피적분함수

이상적분 $\int_{-1}^2 \frac{1}{x^2}\,dx$의 수렴, 발산을 조사하여라.

풀이

정의 6.2에 의하여

$$\int_{-1}^2 \frac{1}{x^2}\,dx = \int_{-1}^0 \frac{1}{x^2}\,dx + \int_0^2 \frac{1}{x^2}\,dx$$

예제 6.2에서 $\int_{-1}^0 \frac{1}{x^2}\,dx$가 발산하는 것을 알고 있다. 따라서 $\int_{-1}^2 \frac{1}{x^2}\,dx$는 발산한다.

수학자

라플라스
(Pierre Simon Laplace, 1749−1827)

프랑스의 수학자로 이상적분을 이용하여 라플라스 변환을 개발하였다. 라플라스는 확률론, 천체역학, 열이론 등에서 많은 업적을 남겼다. 그는 정치적인 수완에도 능해서 프랑스 혁명을 위해 일했고 나폴레옹의 고문이 되기도 했으며 부르봉 왕가로부터 후작 작위를 받기도 했다.

적분한계가 무한인 이상적분

이상적분의 또 다른 형태는 적분한계 중 적어도 하나가 무한인 경우이다. 예를 들면 $\int_0^\infty e^{-x^2}dx$는 확률과 통계에서는 기본적인 매우 중요한 적분이다.

f가 구간 $[a, \infty)$에서 정의된 연속인 함수라 하자. $\int_a^\infty f(x)\,dx$는 무엇을 의미하는가? 정적분은 다음과 같이 정의된다는 것을 다시 기억하자.

$$\int_a^b f(x)\,dx = \lim_{n\to\infty}\sum_{i=1}^n f(c_i)\,\Delta x$$

여기서 $\Delta x = \dfrac{b-a}{n}$이고 $b=\infty$이면 의미가 없다. 따라서 적분에 관해서 우리가 이미 알고 있는 어떤 것과 일치하는 방법으로 $\int_a^\infty f(x)\,dx$를 정의할 것이다.

$f(x) = \frac{1}{x^2}$는 구간 $[1, \infty)$에서 양의 값을 갖고 연속이므로 $\int_a^\infty f(x)\,dx$은 곡선 아래 넓이에 일치한다. 그림 6.6의 그래프에서 곡선 아래 넓이는 유한임을 추측할 수 있다.

곡선 아래 넓이가 유한이라면 충분히 큰 R에 대하여 $\int_1^R \frac{1}{x^2}\,dx$으로 이 적분의 근삿값을 구할 것이다($R$이 유한이므로 주어진 적분은 보통의 정적분이다). R이 커짐에 따라서 그에 대응하는 적분값들은 다음 표와 같다.

이러한 근삿값들은 $R \to \infty$일 때 1로 접근함을 추측할 수 있다. 이 경우에 극한값을 다음과 같이 정확하게 구할 수 있다.

$$\lim_{R\to\infty}\int_1^R x^{-2}\,dx = \lim_{R\to\infty}\frac{x^{-1}}{-1}\Big|_1^R = \lim_{R\to\infty}\left(-\frac{1}{R}+1\right) = 1$$

일반적으로 다음과 같이 정의된다.

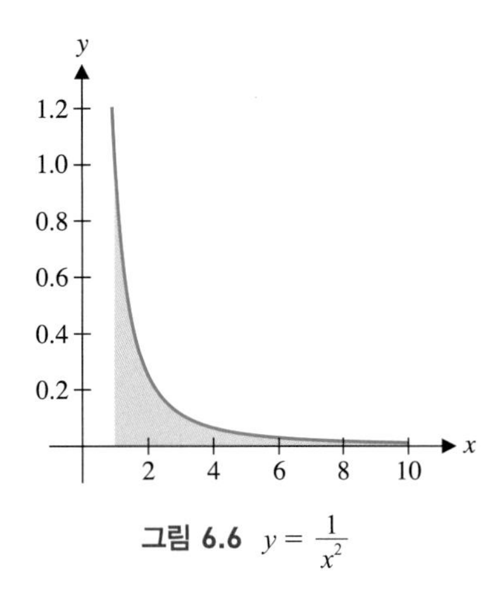

그림 6.6 $y = \frac{1}{x^2}$

R	$\int_1^R \frac{1}{x^2}dx$
10	0.9
100	0.99
1000	0.999
10,000	0.9999
100,000	0.99999
1,000,000	0.999999

정의 6.3

f가 구간 $[a, \infty)$에서 정의된 연속함수이면 이상적분 $\int_a^\infty f(x)\,dx$는

$$\int_a^\infty f(x)\,dx = \lim_{R\to\infty}\int_a^R f(x)\,dx$$

로 정의하고 마찬가지로 f가 구간 $(-\infty, a]$에서 정의된 연속함수이면

$$\int_{-\infty}^a f(x)\,dx = \lim_{R\to-\infty}\int_R^a f(x)\,dx$$

로 정의한다. 만약 극한이 존재하면(그 값을 L이라고 하면) 이상적분은 L로 수렴한다고 하고 극한이 존재하지 않으면 이상적분은 발산한다고 한다.

예제 6.5 발산하는 이상적분

이상적분 $\int_1^\infty \frac{1}{\sqrt{x}}\,dx$의 수렴, 발산을 조사하여라.

풀이

$x \to \infty$일 때 $\frac{1}{\sqrt{x}} \to 0$이다. 그림 6.7을 보면 곡선 아래 넓이를 유한으로 생각할 수도 있다. 그러나 이상적분의 정의에 의하면

$$\int_1^\infty \frac{1}{\sqrt{x}}\,dx = \lim_{R\to\infty}\int_1^R x^{-1/2}\,dx = \lim_{R\to\infty}\frac{x^{1/2}}{1/2}\Big|_1^R = \lim_{R\to\infty}(2R^{1/2}-2) = \infty$$

이고 따라서 주어진 이상적분은 발산한다. ■

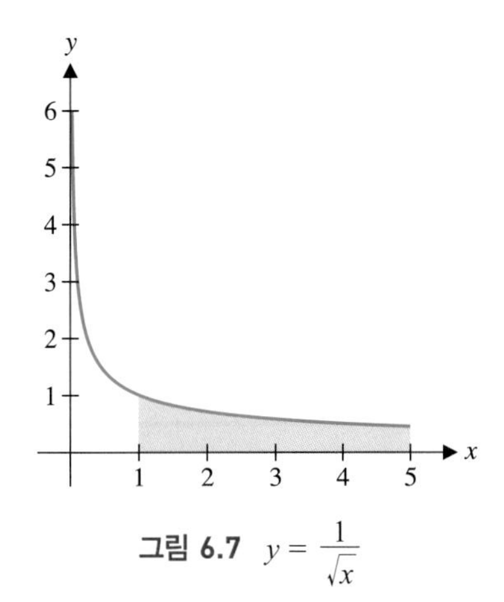

그림 6.7 $y = \frac{1}{\sqrt{x}}$

이 절의 처음에서 다루었던 문제와 예제 6.5는 $\int_1^\infty \frac{1}{x^p}\,dx$ 에서 $p = 2$와 $p = \frac{1}{2}$인 경우이다. 연습문제에서 이 적분은 $p > 1$에서 수렴하고 $p \le 1$에서 발산함을 보일 것이다.

극한값을 계산하기 위하여 다음 예제와 같이 로피탈의 법칙을 사용할 수도 있다.

예제 6.6 수렴하는 이상적분

이상적분 $\int_{-\infty}^{0} xe^x \, dx$의 수렴, 발산을 조사하여라.

풀이

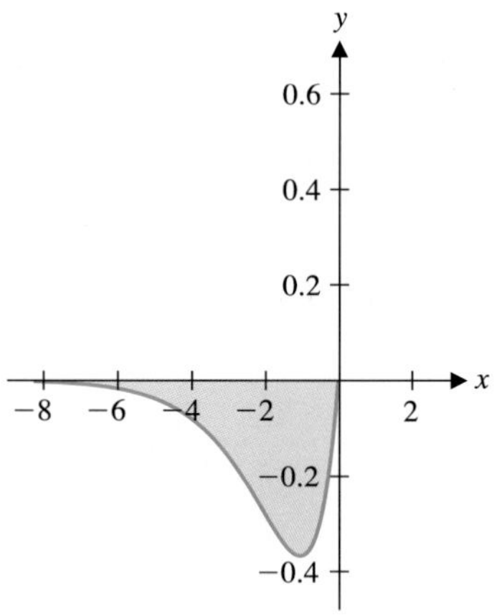

그림 6.8에서 주어진 $y = xe^x$의 그래프에 의하면, 곡선 아래의 넓이가 유한임을 추측할 수 있다. 정의 6.3으로부터

$$\int_{-\infty}^{0} xe^x \, dx = \lim_{R \to -\infty} \int_{R}^{0} xe^x \, dx$$

이고 적분값을 계산하기 위하여 다음과 같이 부분적분을 사용한다.

$$u = x \qquad dv = e^x dx$$
$$du = dx \qquad v = e^x$$

라 놓으면

$$\int_{-\infty}^{0} xe^x \, dx = \lim_{R \to -\infty} \int_{R}^{0} xe^x \, dx = \lim_{R \to -\infty} \left(xe^x \Big|_R^0 - \int_R^0 e^x \, dx \right)$$
$$= \lim_{R \to -\infty} \left[(0 - Re^R) - e^x \Big|_R^0 \right] = \lim_{R \to -\infty} (-Re^R - e^0 + e^R)$$

이다. 극한 $\lim_{R \to -\infty} Re^R$은 부정형 $\infty \cdot 0$이므로 로피탈의 법칙을 사용하면

$$\lim_{R \to -\infty} Re^R = \lim_{R \to -\infty} \frac{R}{e^{-R}} \quad \left(\frac{\infty}{\infty}\right)$$
$$= \lim_{R \to -\infty} \frac{\frac{d}{dR} R}{\frac{d}{dR} e^{-R}} = \lim_{R \to -\infty} \frac{1}{-e^{-R}} = 0 \qquad \text{로피탈의 법칙}$$

이고 따라서 주어진 이상적분은

$$\int_{-\infty}^{0} xe^x \, dx = \lim_{R \to -\infty} (-Re^R - e^0 + e^R) = 0 - 1 + 0 = -1$$

이다.

그림 6.8 $y = xe^x$

예제 6.7 발산하는 이상적분

이상적분 $\int_{-\infty}^{-1} \frac{1}{x} \, dx$의 수렴, 발산을 조사하여라.

풀이

그림 6.9의 그래프는 구간 $(-\infty, \ -1]$에서 곡선 $y = \frac{1}{x}$과 x축 사이의 넓이가 유한인 듯한 느낌을 준다. 그러나 정의 6.3에 의하면

$$\int_{-\infty}^{-1} \frac{1}{x} \, dx = \lim_{R \to -\infty} \int_{R}^{-1} \frac{1}{x} \, dx = \lim_{R \to -\infty} \ln|x| \Big|_R^{-1}$$
$$= \lim_{R \to -\infty} [\ln|-1| - \ln|R|] = -\infty$$

가 되고 주어진 이상적분은 발산한다.

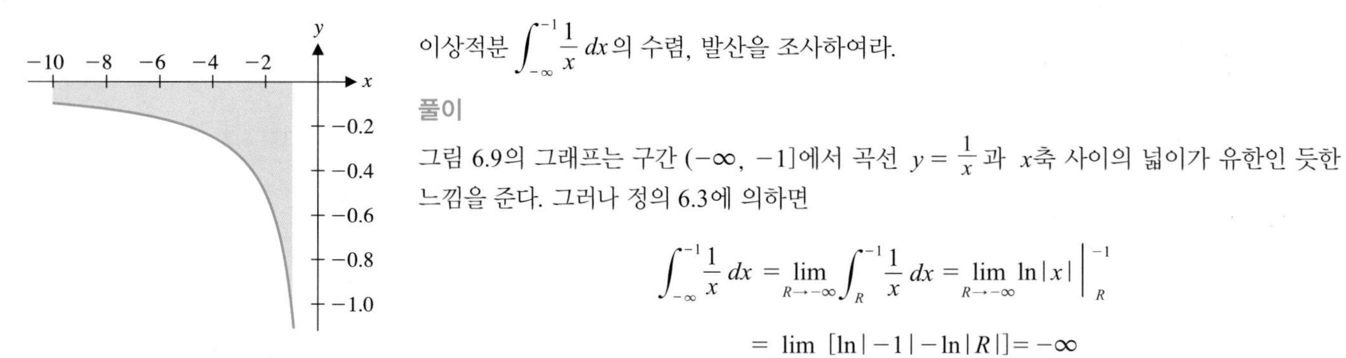

그림 6.9 $y = \frac{1}{x}$

정의 6.4

f가 구간 $(-\infty, \infty)$에서 연속함수이면 이상적분 $\int_{-\infty}^{\infty} f(x)\,dx$는 임의의 상수 a에 대해

$$\int_{-\infty}^{\infty} f(x)\,dx = \int_{-\infty}^{a} f(x)\,dx + \int_{a}^{\infty} f(x)\,dx$$

로 정의한다. $\int_{-\infty}^{\infty} f(x)\,dx$가 수렴할 필요충분조건은 $\int_{-\infty}^{a} f(x)\,dx$와 $\int_{a}^{\infty} f(x)\,dx$가 모두 수렴하는 것이다.

정의 6.4에서 a는 어떤 실수든 상관없다. 따라서 편리한 값(흔히 0)을 택하면 된다.

예제 6.8 적분구간이 모두 무한인 적분

이상적분 $\int_{-\infty}^{\infty} xe^{-x^2}\,dx$의 수렴, 발산을 조사하여라.

풀이

그림 6.10에서 $y = xe^{-x^2}$의 그래프는 $|x| \to \infty$일 때 급격히 0에 다가가므로 주어진 곡선과 x축 사이의 넓이는 유한인 것처럼 보인다. 정의 6.4에 의하여

$$\int_{-\infty}^{\infty} xe^{-x^2}\,dx = \int_{-\infty}^{0} xe^{-x^2}\,dx + \int_{0}^{\infty} xe^{-x^2}\,dx \tag{6.1}$$

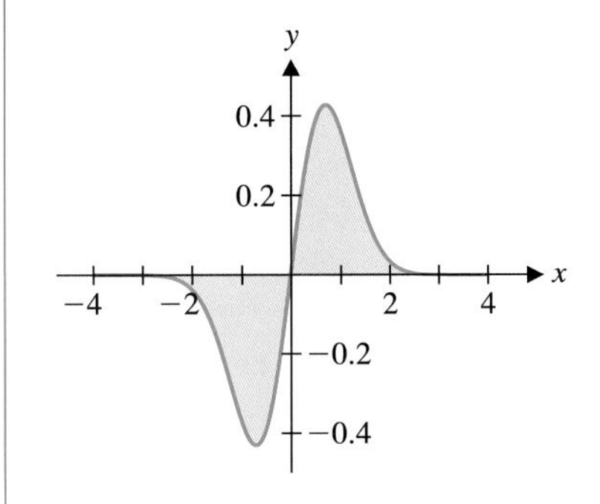

그림 6.10 $y = xe^{-x^2}$

이다. 먼저 $\int_{-\infty}^{0} xe^{-x^2}\,dx$를 계산하기 위하여 $u = -x^2$이라 놓으면 $du = -2x\,dx$이고

$$\int_{-\infty}^{0} xe^{-x^2}\,dx = -\frac{1}{2}\lim_{R\to-\infty}\int_{R}^{0} e^{-x^2}(-2x)\,dx = -\frac{1}{2}\lim_{R\to-\infty}\int_{-R^2}^{0} e^{u}\,du$$

$$= -\frac{1}{2}\lim_{R\to-\infty} e^{u}\Big|_{-R^2}^{0} = -\frac{1}{2}\lim_{R\to-\infty}(e^{0} - e^{-R^2}) = -\frac{1}{2}$$

이다. 마찬가지로

$$\int_{0}^{\infty} xe^{-x^2}\,dx = \lim_{R\to\infty}\int_{0}^{R} xe^{-x^2}\,dx = -\frac{1}{2}\lim_{R\to\infty} e^{u}\Big|_{0}^{-R^2}$$

$$= -\frac{1}{2}\lim_{R\to\infty}(e^{-R^2} - e^{0}) = \frac{1}{2}$$

이고 두 개의 이상적분이 모두 수렴하므로

$$\int_{-\infty}^{\infty} xe^{-x^2}\,dx = \int_{-\infty}^{0} xe^{-x^2}\,dx + \int_{0}^{\infty} xe^{-x^2}\,dx = -\frac{1}{2} + \frac{1}{2} = 0$$

이다.

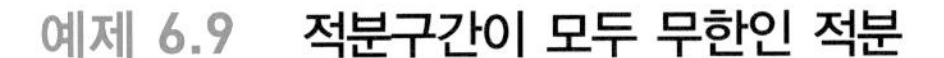

예제 6.9 적분구간이 모두 무한인 적분

이상적분 $\int_{-\infty}^{\infty} e^{-x}\,dx$의 수렴, 발산을 조사하여라.

풀이

정의 6.4에 의하여

주 6.1

$$\int_{-\infty}^{\infty} f(x)\,dx = \lim_{R\to\infty}\int_{-R}^{R} f(x)\,dx$$

는 옳은 표현이 아니다. 가끔 맞는 경우도 있지만, 발산하는 적분인데 위 식의 우변은 유한한 값이 되는 경우도 있다. 이에 대해서는 연습문제에서 다루기로 한다.

$$\int_{-\infty}^{\infty} e^{-x}\,dx = \int_{-\infty}^{0} e^{-x}\,dx + \int_{0}^{\infty} e^{-x}\,dx$$

이고 여기서 $\int_0^\infty e^{-x}\,dx$가 수렴하는 것을 계산하는 것은 연습문제로 남겨 둔다. $\int_{-\infty}^{0} e^{-x}\,dx$는 다음과 같이 계산한다.

$$\int_{-\infty}^{0} e^{-x}\,dx = \lim_{R\to-\infty}\int_{R}^{0} e^{-x}\,dx = \lim_{R\to-\infty} -e^{-x}\Big|_{R}^{0} = \lim_{R\to-\infty}(-e^{0}+e^{-R}) = \infty$$

$\int_0^\infty e^{-x}\,dx$는 수렴하지만 $\int_{-\infty}^{0} e^{-x}\,dx$가 발산하므로 주어진 이상적분 $\int_{-\infty}^{\infty} e^{-x}\,dx$는 발산한다.

■

예제 6.10 두 가지 이유로 이상적분인 경우

이상적분 $\int_0^\infty \frac{1}{(x-1)^2}\,dx$의 수렴, 발산을 조사하여라.

풀이

다음 계산은 틀렸다. 무엇이 틀렸는가?

$$\int_0^\infty \frac{1}{(x-1)^2}\,dx = \lim_{R\to\infty}\int_0^R \frac{1}{(x-1)^2}\,dx$$

피적분함수를 살펴보면 이것은 $[0, \infty)$에서 연속이 아니다. 실제로 피적분함수는 $x=1$에서 불연속이고 점 $x=1$은 적분 구간에 속한다. 이처럼 이 적분은 여러 가지 이유로 이상적분이다. $x=1$에서의 불연속성을 다루기 위해서는 이 적분을 정의 6.2에서와 같이 여러 부분으로 나누어야 한다. 먼저 다음과 같이 나타내 보자.

$$\int_0^\infty \frac{1}{(x-1)^2}\,dx = \int_0^1 \frac{1}{(x-1)^2}\,dx + \int_1^\infty \frac{1}{(x-1)^2}\,dx \tag{6.2}$$

식 (6.2)에서 우변의 두 번째 적분은 왼쪽 끝점에서 피적분함수가 불연속이고 적분한계가 무한이므로 이상적분이다. 이런 이유로 이 적분은 두 개의 부분으로 더 나누어야 한다. 구간을 분할하기 위하여 $(1, \infty)$에서 어떤 점이든 선택할 수 있지만 간단히 $x=2$를 선택하면 다음과 같이 표현할 수 있다.

$$\int_0^\infty \frac{1}{(x-1)^2}\,dx = \int_0^1 \frac{1}{(x-1)^2}\,dx + \int_1^2 \frac{1}{(x-1)^2}\,dx + \int_2^\infty \frac{1}{(x-1)^2}\,dx$$

위 식에서 세 개의 이상적분은 각각 해당되는 적절한 정의에 따라서 개별적으로 계산해야 한다. 처음 두 개의 적분은 발산하고 세 번째 적분의 수렴성은 연습문제로 남겨둔다. 따라서 주어진 이상적분은 발산한다.

■

비교판정법

우리는 여러 가지 다른 형태의 이상적분을 정적분의 극한으로 각각 정의했다. 이와 같은 극한을 계산하기 위하여 먼저 부정적분을 찾을 필요가 있다. 더욱이 e^{-x^2}의 부정적분을 쉽게 찾을 수 없을 때 $\int_a^\infty e^{-x^2}\,dx$의 수렴과 발산을 어떻게 판정할 수 있을까?

그림 6.11과 같이, 구간 $[a, \infty)$에서 연속인 두 개의 함수 f와 g가 $x \geq a$인 모든 x에 대하여 다음 조건을 만족한다고 가정하자.

$$0 \leq f(x) \leq g(x)$$

이 경우에 $\int_a^\infty f(x)\,dx$와 $\int_a^\infty g(x)\,dx$는 각각 곡선 $f(x)$와 곡선 $g(x)$ 아랫부분의 넓이이다. 만약 $\int_a^\infty g(x)\,dx$가 수렴하면, 구간 $[a, \infty)$에서 곡선 $g(x)$ 아랫부분의 넓이가 유한인 것을 의미한다. 곡선 $f(x)$는 곡선 $g(x)$의 아래에 있으므로 곡선 $f(x)$ 아랫부분의 넓이는 유한이다. 따라서 $\int_a^\infty f(x)\,dx$는 수렴한다.

반면에 $\int_a^\infty f(x)\,dx$가 발산하면 곡선 $f(x)$의 아랫부분의 넓이는 무한이다. 곡선 $g(x)$는 곡선 $f(x)$보다 위에 있으므로 곡선 $g(x)$ 아랫부분의 넓이는 무한이다. 따라서 $\int_a^\infty g(x)\,dx$는 발산한다. 이와 같이 피적분함수의 상대적 크기에 비교하여 이상적분의 수렴, 발산을 판정하는 방법을 비교판정법이라고 한다.

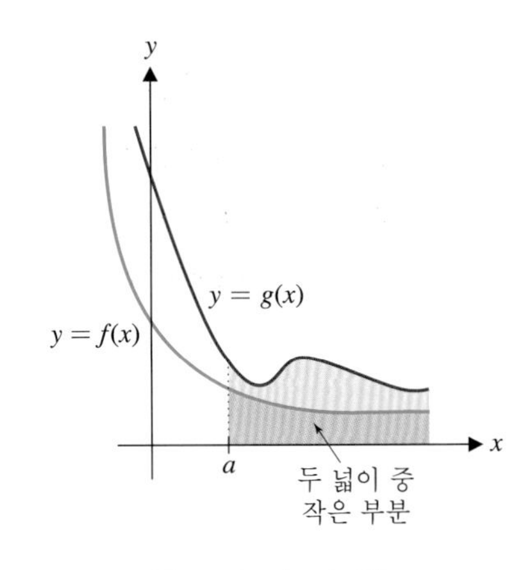

그림 6.11 비교판정법

정리 6.1 비교판정법(Comparison Test)

두 함수 f와 g가 구간 $[a, \infty)$에서 연속이고 $x \in [a, \infty)$인 모든 x에 대하여 $0 \leq f(x) \leq g(x)$이면 다음이 성립한다.

(i) $\int_a^\infty g(x)\,dx$가 수렴하면 $\int_a^\infty f(x)\,dx$도 수렴한다.

(ii) $\int_a^\infty f(x)\,dx$가 발산하면 $\int_a^\infty g(x)\,dx$도 발산한다.

이 정리의 증명은 생략한다.

비교판정법은 주어진 이상적분을 수렴과 발산이 이미 알려져 있는(또는 좀 더 쉽게 판정할 수 있는) 이상적분과 비교하는 것이다. 주어진 이상적분이 수렴한다는 것을 비교판정법을 사용하여 알았다면 근삿값을 수치적으로 구할 수 있고 이상적분이 발산하는 것을 비교판정법을 사용하여 알았다면 더 이상 할 것이 없다.

주 6.2

피적분함수가 불연속이기 때문에 생기는 이상적분과 f가 $(-\infty, a]$에서 연속일 때 $\int_{-\infty}^a f(x)\,dx$와 같은 형태의 이상적분에 대해서도 비슷한 비교판정법을 이끌어 낼 수 있다.

예제 6.11 이상적분에 관한 비교판정법

$\int_0^\infty \frac{1}{x+e^x}\,dx$의 수렴, 발산을 조사하여라.

풀이

$\frac{1}{x+e^x}$의 부정적분을 모르고 이상적분을 직접 계산할 수 있는 방법은 없다. 그러나 $x \geq 0$인 모든 x에 대하여

$$0 \leq \frac{1}{x+e^x} \leq \frac{1}{e^x}$$

임은 알 수 있다. 두 함수의 그래프는 그림 6.12를 참고하여라. $\int_0^\infty \frac{1}{e^x}\,dx$가 1로 수렴한다는 것은 쉽게 증명할 수 있다. 정리 6.1에 의하여 $\int_0^\infty \frac{1}{x+e^x}\,dx$는 수렴한다. 적분이 수렴하는 것은 알 수 있지만 수렴하는 값은 얼마인가? 비교판정법은 수렴과 발산을 판정하는 것만 도

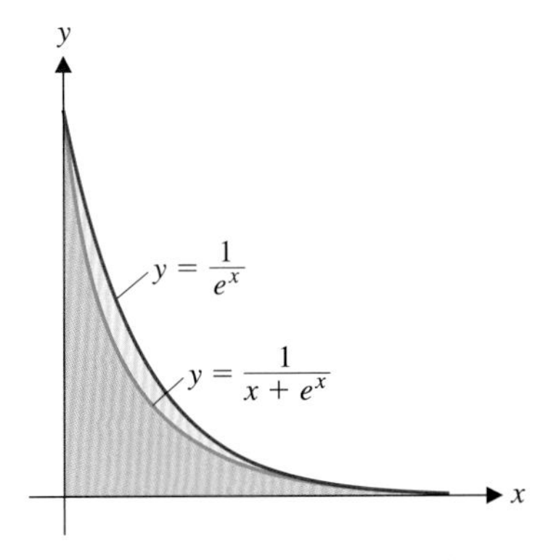

그림 6.12 $y = \frac{1}{e^x}$과 $y = \frac{1}{x+e^x}$의 비교

R	$\int_0^R \frac{1}{x+e^x}\,dx$
10	0.8063502
20	0.8063956
30	0.8063956
40	0.8063956

와줄 뿐이며 적분값을 찾는 데는 도움이 되지 못한다. $\int_0^R \frac{1}{x+e^x}\,dx$의 근삿값을 찾기 위하여 심프슨의 공식과 같은 수치적분을 사용할 수 있다. R이 증가함에 따라서 대응하는 적분의 근삿값은 0.8063956에 접근함을 다음 표가 보여주고 있고 이 값을 주어진 이상적분의 근삿값으로 택할 수 있다. 즉

$$\int_0^\infty \frac{1}{x+e^x}\,dx \approx 0.8063956$$

이다.

다음 예는 확률과 통계에서 중요하게 응용되는 적분이다.

예제 6.12 이상적분에 관한 비교판정법

$\int_0^\infty e^{-x^2}\,dx$의 수렴, 발산을 조사하여라.

풀이

e^{-x^2}의 부정적분은 모르지만 $x>1$인 모든 x에 대하여 $e^{-x^2}<e^{-x}$인 것은 알 수 있다(그림 6.13 참고). 주어진 적분을 다음과 같이 나타내자.

$$\int_0^\infty e^{-x^2}\,dx = \int_0^1 e^{-x^2}\,dx + \int_1^\infty e^{-x^2}\,dx$$

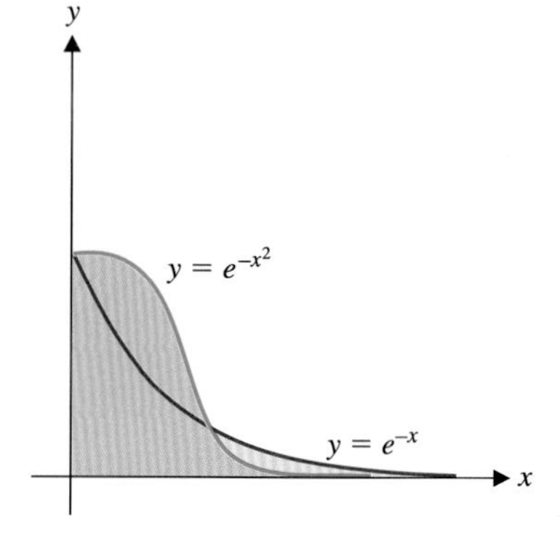

그림 6.13 $y=e^{-x^2}$과 $y=e^{-x}$

우변의 첫 적분은 정적분이고 두 번째 적분이 이상적분이다. $\int_1^\infty e^{-x}$가 수렴하는 것을 보이는 것은 쉽다. 비교판정법에 의하여 $\int_1^\infty e^{-x^2}\,dx$는 수렴한다. 다음 계산은 연습문제로 남긴다.

$$\int_0^\infty e^{-x^2}\,dx = \int_0^1 e^{-x^2}\,dx + \int_1^\infty e^{-x^2}\,dx \approx 0.8862269$$

극좌표계의 중적분을 사용하면 $\int_0^\infty e^{-x^2}\,dx = \frac{\sqrt{\pi}}{2}$ 을 증명하는 것이 가능하다.

비교판정법은 이상적분이 발산하는 것을 보이는 것에도 쉽게 사용할 수 있다.

예제 6.13 비교판정법: 발산하는 적분

$\int_1^\infty \frac{2+\sin x}{\sqrt{x}}\,dx$의 수렴, 발산을 판정하여라.

풀이

예제 6.11과 6.12에서와 같이 피적분함수에 대한 부정적분을 모르기 때문에 적분이 수렴하는지를 알기 위해서는 비교판정법이 적용해 볼 수 있는 유일한 방법이다. 우선, 모든 x에 대하여

$$-1 \le \sin x \le 1$$

이므로 $1 \le x < \infty$인 모든 x에 대하여

$$0 < \frac{1}{\sqrt{x}} = \frac{2-1}{\sqrt{x}} \le \frac{2+\sin x}{\sqrt{x}}$$

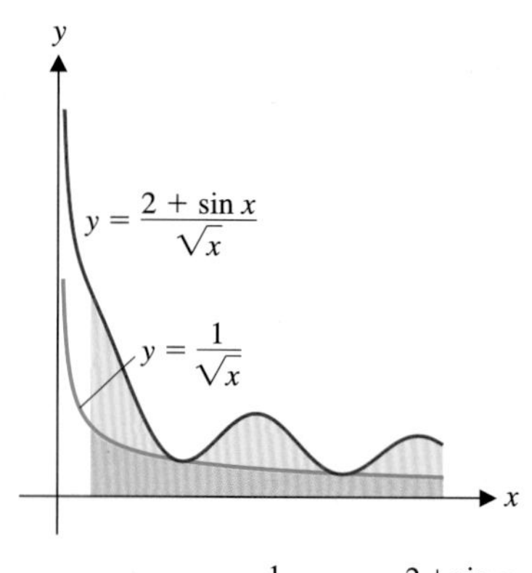

그림 6.14 $y=\frac{1}{\sqrt{x}}$과 $y=\frac{2+\sin x}{\sqrt{x}}$의 비교

이다(두 함수의 그래프는 그림 6.14 참고). 예제 6.5에 의하여 $\int_1^{\infty} \frac{1}{\sqrt{x}}\,dx$가 발산하므로 비교판정법에 의하여 $\int_1^{\infty} \frac{2+\sin x}{\sqrt{x}}\,dx$는 발산한다.

■

연습문제 6.6

1. 다음 적분이 이상적분인지 아닌지를 결정하여라.

(a) $\int_0^2 x^{-2/5}\,dx$ (b) $\int_1^2 x^{-2/5}\,dx$

[2~9] 다음 적분의 수렴, 발산을 조사하고, 수렴하면 그 값을 구하여라.

2. (a) $\int_0^1 x^{-1/3}\,dx$ (b) $\int_0^1 x^{-4/3}\,dx$

3. (a) $\int_0^1 \frac{1}{\sqrt{1-x}}\,dx$ (b) $\int_1^5 \frac{2}{\sqrt{5-x}}\,dx$

4. (a) $\int_0^{\infty} xe^x\,dx$ (b) $\int_1^{\infty} x^2 e^{-2x}\,dx$

5. (a) $\int_{-\infty}^{\infty} \frac{1}{x^2}\,dx$ (b) $\int_{-\infty}^{\infty} \frac{1}{\sqrt[3]{x}}\,dx$

6. (a) $\int_0^1 \ln x\,dx$ (b) $\int_0^{\pi} \sec^2 dx$

7. (a) $\int_0^3 \frac{2}{x^2-1}\,dx$ (b) $\int_{-4}^4 \frac{2x}{x^2-1}\,dx$

8. (a) $\int_{-\infty}^{\infty} \frac{1}{1+x^2}\,dx$ (b) $\int_{-\infty}^{\infty} \frac{1}{x^2-1}\,dx$

9. (a) $\int_0^{\infty} \frac{1}{\sqrt{x}\,e^{\sqrt{x}}}\,dx$ (b) $\int_0^{\infty} \tan x\,dx$

10. (a) $\int_0^1 \frac{1}{x^p}\,dx$가 수렴하는 p의 값을 구하여라.

(b) $\int_1^{\infty} \frac{1}{x^p}\,dx$가 수렴하는 p의 값을 구하여라.

(c) $\int_{-\infty}^{\infty} x^p\,dx$는 모든 p에 대하여 발산함을 보여라.

[11~15] 비교판정법을 사용하여 다음 적분의 수렴과 발산을 판정하여라.

11. $\int_1^{\infty} \frac{x}{1+x^3}\,dx$ **12.** $\int_2^{\infty} \frac{x}{x^{3/2}-1}\,dx$

13. $\int_0^{\infty} \frac{3}{x+e^x}\,dx$ **14.** $\int_0^{\infty} \frac{\sin^2 x}{1+e^x}\,dx$

15. $\int_2^{\infty} \frac{x^2 e^x}{\ln x}\,dx$

16. 부분적분법과 로피탈의 법칙을 이용하여 $\int_0^1 x\ln 4x\,dx$를 계산하여라.

17. (a) $\int_{-\infty}^{\infty} e^{-x^2}dx = \sqrt{\pi}$일 때, $k>0$에 대하여 $\int_{-\infty}^{\infty} e^{-kx^2}dx$를 계산하여라.

(b) $\int_{-\infty}^{\infty} e^{-x^2}dx = \sqrt{\pi}$일 때, $k>0$에 대하여 $\int_{-\infty}^{\infty} x^2 e^{-kx^2}dx$를 계산하여라.

일계 미분방정식

CHAPTER 7

잘 보존된 화석은 고생물학자들에게 지구상의 초기 생물체에 관한 그 가치를 따질 수 없을 정도로 귀중한 단서를 제공한다. 1993년 아마추어 화석 탐험가 루벤 캐롤리니는 아르헨티나 남부 지방에서 거대한 공룡 뼈를 발견하였다. 이 공룡은 새로 발견된 종인 기가노토사우루스(Giganotosaurus)로 이미 알려진 티라노사우루스 렉스를 제치고 지구상에 생존했던 가장 큰 육식 동물로 판정되었다. 기가노토사우루스는 몸길이 45피트에, 높이 12피트로, 몸무게는 약 8톤에 달했을 것으로 추정된다.

기가노토사우루스 같은 발견물의 생존 시대를 추정하기 위해 고생물학자들은 화석의 연대를 추정하는 여러 가지 기술을 사용한다. 가장 잘 알려진 방법이 탄소-14를 사용한 방사성 탄소 연대 측정법이다. 탄소-14는 대기권 상층부에서 우주의 방사선과 질소 원소가 충돌하여 생긴 탄소의 불안전한 동위원소인데 살아 있는 동식물이 지니는 탄소-14의 양과 전체 탄소의 양의 비율은 일정하다. 동식물이 죽으면 탄소-14의 흡수가 멈추게 되고 이미 몸 안에 있던 탄소-14의 양은 미세하지만 일정한 비율로 줄어들게 된다.

따라서 남아 있는 탄소-14의 양을 정확히 측정하면 그 생물이 죽은 시기를 역추적할 수 있다. 탄소-14는 감소 속도가 아주 느리기 때문에 화석 연대 추정에 적합하다. 이러한 탄소-14를 이용한 연대 추정법은 수만 년 전의 화석 연대를 추정하는 데 믿을 만한 방법이다.

같은 원리로 탄소-14보다 감소 속도가 느린 다른 방사성 동위원소를 사용하여 연대를 추정할 수도 있겠지만 화석으로 된 생물체에는 직접 적용할 수 없다. 그 대신 이러한 다른 방사성 동위원소는 화석을 둘러싸고 있는 오래된 바위나 퇴적물의 연대를 정확히 추정할 수 있다. 이러한 기술을 이용하여 고생물학자들은 기가노토사우루스가 약 1억 년 전에 살아 있었던 동물이라고 추정했다. 이는 과학자들이 중생대 말의 생명체를 연구하는 데 아주 결정적인 사실을 제공한 것이다. 예를 들어 이러한 연대 추정법을 사용하면 기가노토사우루스는 작지만 더 강한 티라노사우루스 렉스와는 같은 시기에 살지 않았고 이들은 서로 경쟁은 하지 않았을 것이란 사실을 알 수 있다.

이 장에서는 탄소-14나 다른 방사성 동위원소 시대 측정법을 근간으로 한 수학 이론을 다룰 것이다. 이뿐만 아니라 수학은 은행 계좌의 잔액을 계산하기도 하고 박테리아의 수를 측정하는 데도 사용된다. 미분방정식을 공부하면서 이와 같이 수학과 관련된 분야가 매우 많음을 알게 될 것이다. 기초적인 물리적 원리를 비롯해 많은 중요한 현상을 분석하는 데 미분방정식은 중요한 도구가 될 것이다. 7장에서는 기본적인 미분방정식의 기초 이론과 자주 쓰이는 응용 몇 가지를 소개한다.

7.1 미분방정식의 모델

성장과 감소 문제

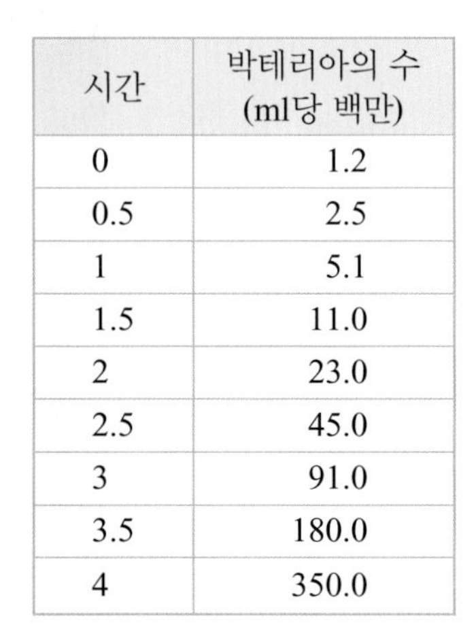

시간	박테리아의 수 (ml당 백만)
0	1.2
0.5	2.5
1	5.1
1.5	11.0
2	23.0
2.5	45.0
3	91.0
3.5	180.0
4	350.0

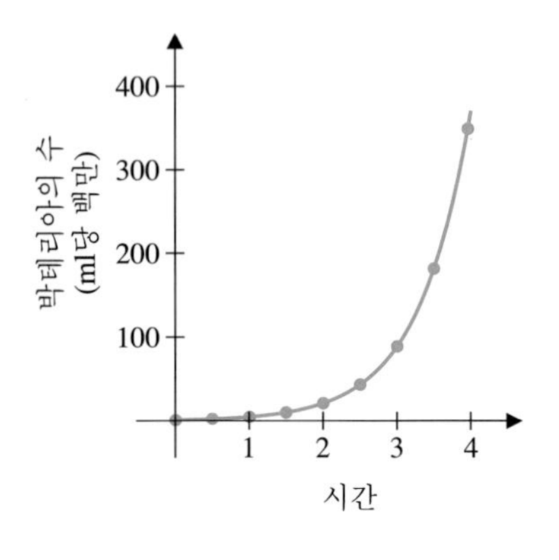

그림 7.1 박테리아의 증가

오늘날 박테리아의 일종인 Esherichia coli(E. coli)가 질병을 일으키는 것처럼 미생물이 어떻게 병을 전염시키는지 잘 알려져 있다. E. coli와 같은 많은 유기체들은 질병뿐만 아니라 심지어 죽음에까지 이르게 하는 독소를 생산한다. 어떤 박테리아는 우리 몸 안에서 놀라울 정도로 빠른 속도로 번식하여 그들이 생산해내는 많은 양의 독소로 우리 몸의 선천적 면역 능력을 압도할 수 있다.

왼쪽 표는 실험실 배양기에 있는 E. coli 박테리아의 수를 30분 간격으로 측정한 것이며 그림 7.1은 시간에 따른 밀리리터당 박테리아 수를 나타내었다. 그래프가 어떤 함수의 그래프와 가장 유사한지 말할 수 있는가? 만약 지수함수라고 생각한다면 옳은 생각이다. 실험 데이터를 유심히 관찰하면 박테리아 수가 늘어나는 비율이 현재의 박테리아 수에 비례하는 것을 알 수 있다. 이것은 이분열법으로 번식하는 박테리아 경우에서 쉽게 관찰된다. 이러한 박테리아 종류가 성장하는 비율은 (번식할 조건이 부족하거나 박테리아 수의 과잉 증가로 인해 한계 상황에 놓일 때까지) 현재의 수에 정비례한다. $y(t)$가 시간 t일 때 박테리아의 수를 나타낸다면 시간에 따른 박테리아 수의 변화 비율은 $y'(t)$이다. 따라서 $y'(t)$는 $y(t)$에 비례하므로 k라는 비례상수에 대하여

$$y'(t) = ky(t) \tag{1.1}$$

이 된다(k는 성장 상수). 식 (1.1)과 같이 도함수를 포함하는 방정식을 **미분방정식**(differential equation)이라 부른다. $y(t)$가 개체 수를 나타내므로 $y(t) > 0$라고 가정하면

$$\frac{y'(t)}{y(t)} = k \tag{1.2}$$

이 된다.

식 (1.2)의 양변을 t에 관하여 적분하면

$$\int \frac{y'(t)}{y(t)}\,dt = \int k\,dt \tag{1.3}$$

이다. 좌변에서 $y = y(t)$로 대치하면 $dy = y'(t)dt$가 되어 식 (1.3)은

$$\int \frac{1}{y}\,dy = \int k\,dt$$

가 된다. 이 적분을 계산하면

$$\ln|y| + c_1 = kt + c_2$$

이 되고 여기서 c_1과 c_2는 적분 상수이다. 양변에서 c_1을 빼면

$$\ln|y| = kt + (c_2 - c_1) = kt + c$$

이다. $y(t) > 0$이므로

$$\ln y(t) = kt + c$$

이고 양변에 지수를 취하면

$$y(t) = e^{\ln y(t)} = e^{kt+c} = e^{kt}e^{c}$$

를 얻는다. $A = e^c$로 놓으면

$$y(t) = Ae^{kt} \tag{1.4}$$

이 된다. 식 (1.4)를 미분방정식의 **일반해**(general solution)라 부른다. 그리고 $k > 0$이면 식 (1.4)를 **지수 성장 법칙**(exponential growth law)이라 하고, $k < 0$이면 **지수 감소 법칙**(exponential decay law)이라고 한다.

다음 예제 1.1은 지수 성장 법칙이 박테리아 배양기에서 그 수를 어떻게 추측하는지 보여주고 있다.

예제 1.1 박테리아 개체의 지수 성장

연쇄상구균 A(패혈성 인두염을 일으키는 미생물)의 박테리아 배양기에는 100개의 개체가 있다. 60분 후에는 450개의 개체가 생성된다. 지수적으로 증가한다고 하고 t분 후의 개체 수와 개체 수가 두 배가 될 때까지 걸린 시간을 구하여라.

풀이

지수적 증가는

$$y'(t) = ky(t)$$

를 의미하므로 식 (1.4)로부터

$$y(t) = Ae^{kt} \tag{1.5}$$

이다. 여기서 A와 k는 결정할 상수이다. $t = 0$을 시작 시간으로 하면

$$y(0) = 100 \tag{1.6}$$

이 되고 이를 **처음 조건**(initial condition)이라 부른다. 식 (1.5)에서 $t = 0$라 하면

$$100 = y(0) = Ae^0 = A$$

이 되고 따라서

$$y(t) = 100e^{kt}$$

이 된다. 성장 상수 k를 결정하기 위해 두 번째 관찰값을 사용하면

$$450 = y(60) = 100e^{60k}$$

가 된다. 양변을 100으로 나누어 자연로그를 취하면

$$\ln 4.5 = \ln e^{60k} = 60k$$

가 된다. 따라서

$$k = \frac{\ln 4.5}{60} \approx 0.02507$$

을 얻는다. 그러므로 t분 후의 개체 수는 다음과 같다.

$$y(t) = 100e^{kt} = 100 \exp\left(\frac{\ln 4.5}{60} t\right)$$

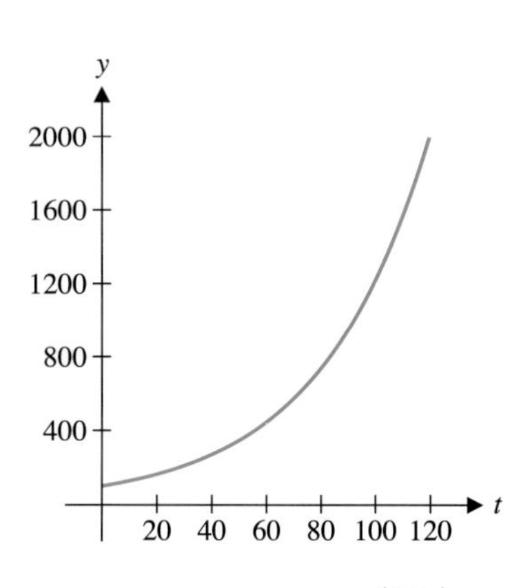

그림 7.2 $y = 100e^{\left(\frac{\ln 4.5}{60} t\right)}$

그림 7.2는 처음 120분 동안의 박테리아 성장 그래프이다. 미생물학자들이 관심을 갖는 것은 개체 수가 두 배로 늘어나는 데 걸리는 시간이다. 이것은 $y(t) = 200$에 대한 시간 t를 구하는 것이다. 따라서

$$200 = y(t) = 100 \exp\left(\frac{\ln 4.5}{60} t\right)$$

이다. 양변을 100으로 나눈 후 로그를 취하면

$$\ln 2 = \frac{\ln 4.5}{60} t$$

가 되고

$$t = \frac{60 \ln 2}{\ln 4.5} \approx 27.65$$

을 얻는다. 따라서 연쇄상구균 A가 배양기에서 두 배로 증가하는 데 걸리는 시간은 약 28분이다. 박테리아 개체 수가 두 배가 되는 데 걸리는 시간은 공급된 먹이의 양과 질, 온도, 그 외 다른 환경적 요인과 더불어 실험에 사용한 박테리아의 종류에 따라 다르다. 그러나 초기 개체 수에는 의존하지 않는다. 그림 7.2를 보면

$$t = \frac{120 \ln 2}{\ln 4.5} \approx 55.3$$

시간 동안에 개체의 수는 400이 되는 것을 쉽게 확인할 수 있다(개체 수가 200이 되는 데 걸린 시간의 두 배이다).
즉 처음 개체 100이 두 배인 200으로 증가하는 데 약 28분 걸리고 다시 두 배(400)가 되는 데 28분이 걸린다는 것이며 계속 이런 비율로 증가하게 된다.

지수의 성장, 감소 법칙을 만족하는 많은 물리적인 현상들이 있는데 예를 들면 방사능 물질의 감소 비율은 현재의 양에 비례한다는 것이 실험을 통하여 알려졌다(방사능 원소들은 화학적으로 불완전한 원소뿐만 아니라 안정적인 원소도 감소시킨다). 시

간 t일 때 방사능 원소의 양을 $y(t)$라 하자. 그러면 시간에 따른 변화율은

$$y'(t) = ky(t) \tag{1.7}$$

이다. 박테리아의 증가율에 관한 예제 1.1과는 반대 상황이지만 식 (1.7)은 식 (1.1)과 똑같은 미분방정식이다. 그러므로 감소의 경우도 식 (1.4)을 얻는다.

$$y(t) = Ae^{kt}$$

여기서 A는 임의의 상수이고 k는 감소상수이다.

방사능 양의 감소 비율을 반감기라 한다. 원소의 반감기는 그 원소의 처음 양이 반으로 감소되는 데 걸리는 시간이다. 예를 들면 과학자들은 ^{14}C(탄소-14)의 반감기를 대략 5,730년으로 계산한다. 즉 지금 ^{14}C를 2그램 갖고 있다면 5,730년 후에는 대략 1그램이 남아 있게 된다. 모든 생물체가 죽을 때까지 계속해서 ^{14}C을 방출한다는 사실과 반감기가 길다는 사실 때문에 탄소 측정이 화석의 연대 측정에 유용하게 쓰이고 있다.

예제 1.2 방사능 감소

지금 ^{14}C를 50그램 갖고 있다면 100년 후에는 얼마나 남을 것인가?

풀이

시간 t일 때 ^{14}C의 양을 $y(t)$라 하자. 그러면

$$y'(t) = ky(t)$$

가 되고 이미 알고 있는 것과 같이

$$y(t) = Ae^{kt}$$

이 된다. 처음 조건이 $y(0) = 50$이므로

$$50 = y(0) = Ae^0 = A$$

이다. 따라서

$$y(t) = 50e^{kt}$$

이다. 감소상수 k의 값을 구하기 위하여 반감기를 사용하면

$$25 = y(5730) = 50e^{5730k}$$

이 된다. 양변을 50으로 나누고 자연로그를 취하면

$$\ln \frac{1}{2} = \ln e^{5730k} = 5730k$$

이며 따라서

$$k = \frac{\ln \frac{1}{2}}{5730} \approx -1.20968 \times 10^{-4}$$

이다. 그림 7.3은 ^{14}C의 양과 시간의 관계를 나타내는 그래프이다.

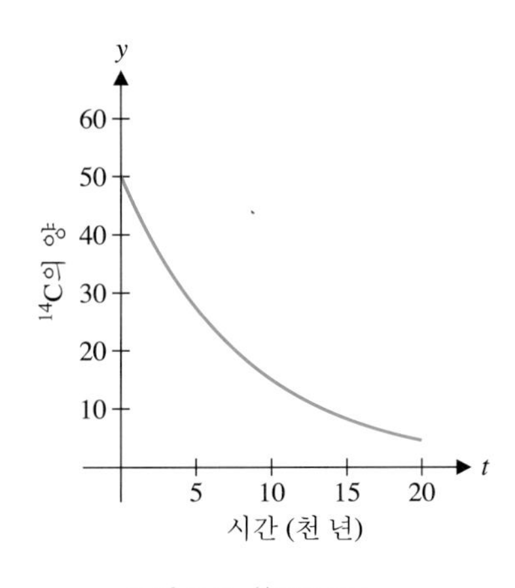

그림 7.3 ^{14}C의 감소

시간 t의 값이 아주 크면 ${}^{14}C$의 감소 속도가 매우 느리다는 의미이다. 만일 처음값이 50그램이면, 100년 후 남게 되는 양은

$$y(100) = 50e^{100k} \approx 49.3988\text{그램}$$

이 된다.

뉴턴의 **냉각법칙**(Law of Cooling)은 위의 예제와 수학적으로 유사한 물리 법칙이다. 만약 뜨거운 물체를 차가운 환경에 넣는다면(혹은 차가운 물체를 따뜻한 환경에 넣는다면), 그 물체가 차가워지는(혹은 뜨거워지는) 비율은 물체의 온도와 비례하지 않고 오히려 물체와 그 주변의 온도차에 비례한다. 수식으로 표현하면, 시간 t일 때 물체의 온도를 $y(t)$라 놓고 T_a를 주변 온도라고 하면 다음과 같은 미분방정식이 성립한다.

$$y'(t) = k[y(t) - T_a] \tag{1.8}$$

식 (1.8)은 지수적 증가 혹은 감소 미분방정식과 같지 않다(둘을 비교해 볼 때 어떤 차이가 있는가?). 비록 차이가 있다 하더라도 해를 구하는 방법은 같음을 알 수 있다. 냉각의 경우

$$T_a < y(t)$$

라 가정하고 식 (1.8)의 양변을 $y(t) - T_a$로 나눈 후 양변을 적분하면

$$\int \frac{y'(t)}{y(t) - T_a}\,dt = \int k\,dt = kt + c_1 \tag{1.9}$$

좌변에서 $u = y(t) - T_a$로 치환하면 $du = y'(t)\,dt$이고 또 $y(t) - T_a > 0$이므로

$$\begin{aligned}\int \frac{y'(t)}{y(t) - T_a}\,dt &= \int \frac{1}{u}\,du \\ &= \ln|u| + c_2 = \ln|y(t) - T_a| + c_2 \\ &= \ln[y(t) - T_a] + c_2\end{aligned}$$

이다. 이것을 식 (1.9)에 대입하면

$$\ln[y(t) - T_a] + c_2 = kt + c_1 \quad \text{혹은} \quad \ln[y(t) - T_a] = kt + c$$

이 된다($c = c_1 - c_2$). 양변을 e의 지수로 취하면

$$y(t) - T_a = e^{kt + c} = e^{kt}e^{c}$$

을 얻고 $A = e^c$로 놓으면

$$y(t) = Ae^{kt} + T_a$$

를 얻는다. 여기서 A와 k는 상수이다.

다음 예제 1.3에서는 뉴턴의 냉각법칙을 살펴보자.

예제 1.3 커피에 대한 뉴턴의 냉각법칙

패스트푸드점에서 갓 뽑아낸 커피의 온도가 180°F라고 하자. 온도가 70°F인 방 안에서 2분 후 커피는 165°F로 변하였다. 임의의 시간 t일 때 커피의 온도를 구하고 커피가 120°F가 될 때까지 걸린 시간을 구하여라.

풀이

함수 $y(t)$를 시간 t일 때 커피 온도라 하면

$$y'(t) = k[y(t) - 70]$$

이 성립하고 앞의 사실을 이용하면

$$y(t) = Ae^{kt} + 70$$

을 얻는다. 여기에서 주어진 처음 온도 $y(0) = 180$을 이용하면

$$180 = y(0) = Ae^0 + 70 = A + 70$$

이므로 $A = 110$이고

$$y(t) = 110e^{kt} + 70$$

이다. 이제 상수 k를 구하기 위하여 두 번째 측정 온도를 이용하면

$$165 = y(2) = 110e^{2k} + 70$$

이 된다. 양변에서 70을 빼고 110으로 나누면

$$e^{2k} = \frac{165-70}{110} = \frac{95}{110}$$

이고 양변에 ln를 취하면

$$2k = \ln\left(\frac{95}{110}\right)$$

이므로

$$k = \frac{1}{2}\ln\left(\frac{95}{110}\right) \approx -0.0733017$$

이 된다. 그림 7.4는 시간에 따른 온도의 변화를 나타낸 것이다. 그림으로부터 약 10분 후 커피의 온도가 120°F로 떨어지는 것을 관찰할 수 있다. 정확한 시간 t를 구해 보면

$$120 = y(t) = 110e^{kt} + 70$$

이므로

$$t = \frac{1}{k}\ln\frac{5}{11} \approx 10.76\text{분}$$

이라는 정확한 값을 얻게 된다.

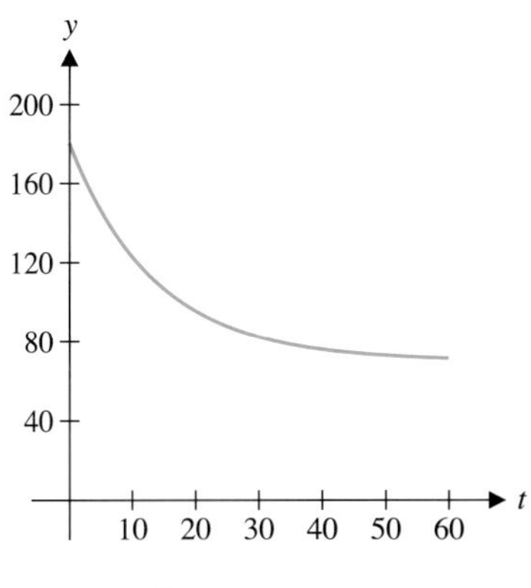

그림 7.4 커피의 온도

복리

연이율 8%로 10,000달러를 은행에 예금하면 연말에는

$$\$10,000 + (0.08)\$10,000 = \$10,000(1 + 0.08) = \$10,800$$

을 받게 된다. 반면에 만약 은행에서 연 8%로 이자를 일 년에 두 번 지급한다면 $\frac{8}{2}$% 의 이자율로 일 년에 두 번 받게 될 것이다. 따라서 연말에

$$\$10,000\left(1 + \frac{0.08}{2}\right)\left(1 + \frac{0.08}{2}\right) = \$10,000\left(1 + \frac{0.08}{2}\right)^2 = \$10,816$$

을 받게 된다. 이러한 방식으로 계속하여 매달 $\frac{8}{12}$%의 복리로 계산하면 연말에는

$$\$10,000\left(1 + \frac{0.08}{12}\right)^{12} \approx \$10,830.00$$

이 된다. 만약 이자를 매일 복리로 계산하면

$$\$10,000\left(1 + \frac{0.08}{365}\right)^{365} \approx \$10,832.78$$

이 된다. 더 빈번하게 이자를 복리로 계산하면 그 이자는 더욱 커질 것이다.

매 순간마다 지불되는 연속 복리를 생각해 보자. 이 경우 연수익율(APY)은 다음의 극한값이 될 것이다.

$$\text{APY} = \lim_{n\to\infty}\left(1 + \frac{0.08}{n}\right)^n - 1$$

이 극한을 계산하기 위해 0장에서 언급한

$$e = \lim_{m\to\infty}\left(1 + \frac{1}{m}\right)^m$$

을 이용하자. $n = 0.08\,m$으로 놓으면

$$\begin{aligned}\text{APY} &= \lim_{m\to\infty}\left(1 + \frac{0.08}{0.08m}\right)^{0.08m} - 1\\ &= \left[\lim_{m\to\infty}\left(1 + \frac{1}{m}\right)^m\right]^{0.08} - 1\\ &= e^{0.08} - 1 \approx 0.083287\end{aligned}$$

이 된다. 따라서 연속 복리로 계산하면 이율이 거의 8.3%이 되고 이자가

$$\$10,000(e^{0.08} - 1) \approx \$832.87$$

이 되어 총액이 10,832.87달러를 받게 된다. 일반적으로 연이율 r로 원금 P달러를 일 년에 n번의 복리로 투자한다고 가정하자. 그러면 t년 후의 총액은

$$\$P\left(1 + \frac{r}{n}\right)^{nt}$$

이다. 연속 복리로 투자하면(즉 $n \to \infty$의 극한을 취하면)

$$\$Pe^{rt} \tag{1.10}$$

가 된다. 역으로, 연속 복리로 투자한 원금의 t년 후의 합을 $y(t)$라 하면 $y(t)$의 변화율은

$$y'(t) = ry(t)$$

이고 r은 연이율이다. 원금 P달러는

$$\$P = y(0) = Ae^0 = A$$

이므로

$$y(t) = Pe^{rt}\text{달러}$$

가 되어 식 (1.10)과 같아진다.

예제 1.4 복리 비교

연이율 5.75%로 7,000달러를 투자한다면, 5년 후의 총액을 여러 종류의 복리로 계산하여라.

풀이

연복리인 경우의 총액은

$$\$7,000\left(1 + \frac{0.0575}{1}\right)^5 \approx \$9,257.63$$

월복리라 하면 총액은

$$\$7,000\left(1 + \frac{0.0575}{12}\right)^{12(5)} \approx \$9,325.23$$

일복리로 한다면 총액은

$$\$7,000\left(1 + \frac{0.0575}{365}\right)^{365(5)} \approx \$9,331.42$$

끝으로 연속 복리인 경우는 총액이

$$\$7,000e^{0.0575(5)} \approx \$9,331.63$$

이 된다.

예제 1.5 자산 가치의 감소

(a) 10,000달러의 자산 가치가 매년 24%씩 연속적으로 감소한다고 할 때 10년 후, 20년 후의 가치를 각각 구하여라.

(b) (a)에서 구한 값들과 선형관계(일차식)로 자산의 가치가 감소하여 20년 후에는 자산 가치가 하나도 남지 않는 경우와 비교해 보아라.

풀이

(a) 비율 r로 변화하는 t년 후의 자산 가치를 $v(t)$라 하면 식 $v' = rv$를 만족한다. 이때 $r = -0.24$이므로

$$v(t) = Ae^{-0.24t}$$

이다. 처음 가치가 10,000달러이므로

$$10{,}000 = v(0) = Ae^{0} = A$$
$$v(t) = 10{,}000e^{-0.24t}$$

이다. $t = 10$일 때 자산의 가치는

$$\$10{,}000e^{-0.24(10)} \approx \$907.18$$

$t = 20$일 때 자산의 가치는

$$\$10{,}000e^{-0.24(20)} \approx \$82.30$$

으로 감소한다.

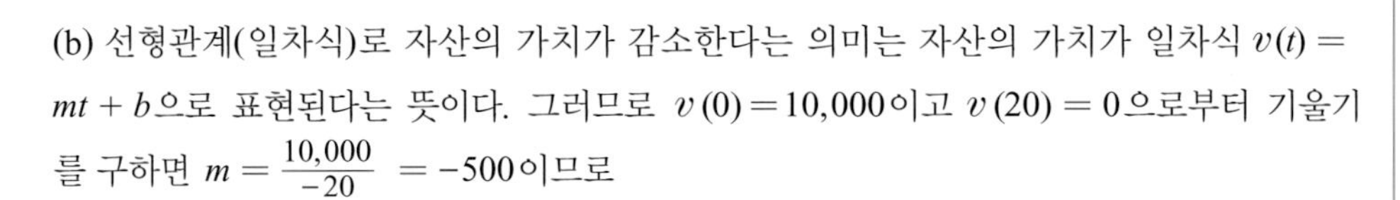

(b) 선형관계(일차식)로 자산의 가치가 감소한다는 의미는 자산의 가치가 일차식 $v(t) = mt + b$으로 표현된다는 뜻이다. 그러므로 $v(0) = 10{,}000$이고 $v(20) = 0$으로부터 기울기를 구하면 $m = \dfrac{10{,}000}{-20} = -500$이므로

$$v(t) = -500t + 10{,}000$$

이다. $t = 10$일 때, 자산의 가치는 $v(10) = \$5{,}000$으로 (a)의 경우보다 상당히 많다. 그러나 $t = 20$일 때는 $v(20) = \$0$으로 (a)의 경우보다 작게 된다. 그림 7.5를 통하여 두 경우 사이에 현저한 차이가 있음을 알 수 있다.

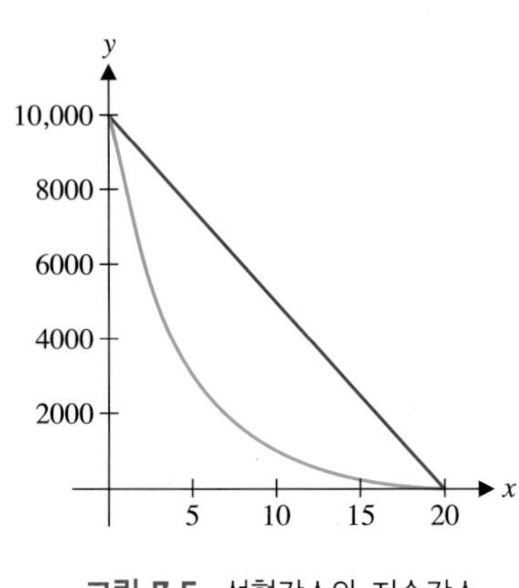

그림 7.5 선형감소와 지수감소

연습문제 7.1

[1~4] 다음 처음값 문제의 해를 구하여라.

1. $y' = 4y,\ y(0) = 2$

2. $y' = -3y,\ y(0) = 5$

3. $y' = 2y,\ y(1) = 2$

4. $y' = y - 50,\ y(0) = 70$

5. 박테리아 배양기의 박테리아 수가 400이고 1시간 후에는 그 수가 800으로 증가하였다. (a) 3시간 후의 개체 수를 구하여라. (b) 시간 t일 때 그 개체 수를 나타내는 방정식을 구하여라. (c) 3.5시간 후의 개체 수는 얼마인가?

6. 박테리아 배양기에 있는 개체가 두 배로 증가하는 데 4시간이 걸리고 처음 개체 수가 100이라 하자. (a) 개체 수가 400이 되는 시간을 구하여라. (b) 시간 t에 대한 방정식을 구하여라. (c) 개체 수가 6,000이 될 때까지 걸리는 시간을 계산하여라.

7. E. coli 박테리아 개체 수가 두 배로 증가하는 데 걸리는 시간이 20분이라 한다. 현재 E. coli의 감염은 90%를 치료한다. 처음 개체 수가 10^8이고 T분 동안 번식한 후 치료하여 그 수가 다시 10^8이 되었을 때 T를 구하여라.

8. 박테리아 배양기에서 개체 수가 비율 r로 지수적인 증가를 하고 있다. 그 수가 두 배가 되는 시간이 $\dfrac{\ln 2}{r}$임을 증명하여라.

9. 스트론튬−90은 위험한 방사능 동위원소이다. 칼슘과 비슷하여 사람의 뼈에 쉽게 흡수되기 때문이다. 스트론튬−90의 반감기는 28년이고 일정량이 핵폭발로 노출된 뼈로 흡수된다면 (a) 50년 후 (b) 100년 후에는 몇 %가 남아 있겠는가?

10. 인간의 혈액 속 모르핀의 반감기는 3시간이다. 혈액에 모르핀의 처음 양이 0.4 mg이라고 할 때, t시간 후 혈액에 있는 모르핀의 양에 대한 방정식을 구하여라. 또 언제 (a) 0.1 mg 이하 (b) 0.01 mg 이하로 떨어지겠는가?

11. 화석의 연도를 계산하는 과학자들이 화석의 현재 탄소−14의 양이 처음 양의 20%라고 추측하였다. 반감기가 5730년이라면 이 화석의 나이는 얼마인가?

12. 200°F의 매우 뜨거운 오트밀 죽이 70°F인 방에 있다. 1분 후 이 죽의 온도는 180°F가 되었다. 온도가 120°F가 될 때는 언제인가?

13. 온도가 50°F인 음료수를 70°F의 방에 2분 동안 놓아두었더니 56°F로 올라갔다. (a) t분 후 음료수의 온도를 구하여라. (b) 10분 후의 온도를 구하여라. (c) 음료수의 온도가 몇 분 후에 66°F가 되는지 구하여라.

14. 살해된 첩보원이 오후 10시 7분에 발견되었다. 첩보원이 죽기 전에 만든 마티니가 첩보원 곁에서 발견되었다. 방의 온도는 70°F이다. 마티니는 10시 7분에서 10시 9분까지 2분 동안 60°F에서 61°F로 따뜻해졌다. 마티니를 처음 만들었을 때 40°F였다면 그 첩보원의 사망 시간은 언제인가?

15. 연이율 8%로 1,000달러를 투자한다면 다음 경우에 1년 후의 총액을 구하여라.

(a) 연복리　　(b) 월복리
(c) 일복리　　(d) 연속 복리

16. A라는 사람은 1990년에 10,000달러를 투자하였고 B라는 사람은 2000년에 20,000달러를 투자하였다. (a) 두 사람 모두 연이율 12%의 이자를 받는다고 할 때 연속 복리로 계산하여 2010년에 총액은 얼마가 되겠는가? (b) 이율을 4%로 바꾸어 다시 계산하여라. (c) A와 B의 자산이 같아지려면 이율이 얼마여야 하겠는가(힌트: A의 자산이 2000년에 20,000달러가 되면 된다)?

7.2 변수분리형 미분방정식

7.1절에서 두 가지 다른 미분방정식

$$y'(t) = ky(t), \quad y'(t) = k[y(t) - T_a]$$

의 해를 구하였다. 이러한 두 식은 변수분리형 미분방정식의 예이다. 이번 절에서는 변수분리형 미분방정식을 공부할 것이다. 우선 **일계 상미분방정식**(first-order ordinary differential equation)

$$y' = f(x, y) \tag{2.1}$$

을 공부해 보자.

이 식에서는 알려지지 않은 함수 y의 도함수 y'이 x, y의 함수 f로 주어진다. 우리의 목적은 식 (2.1)을 만족하는 함수(해) y를 찾는 것이다. 일계라 함은 일계도함수 y'만이 포함된다는 것을 말한다. 이제 변수 x와 y가 분리되어진 경우를 생각해 보자. 만일 식 (2.1)의 변수들을 분리할 수 있으면 변수분리형이라 부른다. 즉 방정식의 변수 x와 y를 각각 양변으로 분리하여

$$g(y)y' = h(x)$$

인 형태로 다시 쓸 수 있는 경우 변수분리형이라 한다.

주 2.1

독립변수를 나타내는 문자 때문에 혼란을 일으키지 않기 바란다. 대개는 식 (2.1)과 같이 x를 독립변수로 쓴다. 그러나 시간이 독립변수일 때는 예제 1.2에서와 같이 t를 쓴다. 따라서 방사능 감소의 경우 방정식이

$$y'(t) = ky(t)$$

이었다.

예제 2.1 변수분리형 미분방정식

다음 미분방정식이 변수분리형인지 결정하여라.

$$y' = xy^2 - 2xy$$

풀이

미분방정식의 우변을 정리하면

$$y' = x(y^2 - 2y)$$

이 되고 양변을 $(y^2 - 2y)$(0이 아닌 것으로 가정하자)로 나누면

$$\frac{1}{y^2 - 2y} y' = x$$

이므로 변수분리형이다.

예제 2.2 변수분리형이 아닌 미분방정식

방정식

$$y' = xy^2 - 2x^2y$$

는 변수 x와 y를 분리할 수 없으므로 변수분리형이 아니다.

변수분리형 미분방정식이 되려면 두 변수 x와 y가 곱셈과 나눗셈으로 되어 있어야 한다. 예제 2.2에서는 미분방정식을 인수분해하면 $y' = xy(y - 2x)$이 되고 $y - 2x$를 변수분리할 수 없다.

변수분리형은 쉽게 해를 구할 수 있다. 변수분리형 미분방정식

$$g(y)\,y'(x) = h(x)$$

의 양변을 x에 관하여 적분하면

$$\int g(y)y'(x)\,dx = \int h(x)\,dx \tag{2.2}$$

가 된다. $dy = y'(x)\,dx$이므로 식 (2.2)의 좌변의 적분은

$$\int g(y)\underbrace{y'(x)\,dx}_{dy} = \int g(y)\,dy$$

이 된다. 따라서 식 (2.2)는

$$\int g(y)\,dy = \int h(x)\,dx$$

이 되어 x와 y만의 함수로 표시되고 더 이상 y'를 포함하고 있지 않으므로 양변을 각

각 쉽게 적분할 수 있다.

예제 2.3 변수분리형 미분방정식의 해 구하기

다음 미분방정식을 풀어라.

$$y' = \frac{x^2+7x+3}{y^2}$$

풀이

변수를 분리하면

$$y^2 y' = x^2+7x+3$$

가 된다. 양변을 x에 관하여 적분하면

$$\int y^2 y'(x)\,dx = \int (x^2+7x+3)\,dx$$

또는

$$\int y^2\,dy = \int (x^2+7x+3)\,dx$$

이 되고 적분하면

$$\frac{y^3}{3} = \frac{x^3}{3} + 7\frac{x^2}{2} + 3x + c$$

이 된다. 이를 y에 관하여 풀면

$$y = \sqrt[3]{x^3 + \frac{21}{2}x^2 + 9x + 3c}$$

이다. 적분 상수 c에 따라 여러 가지 다른 해를 얻을 수 있다. 이 해를 미분방정식의 일반해라 부르며 그림 7.6에서 다양한 해를 볼 수 있다.

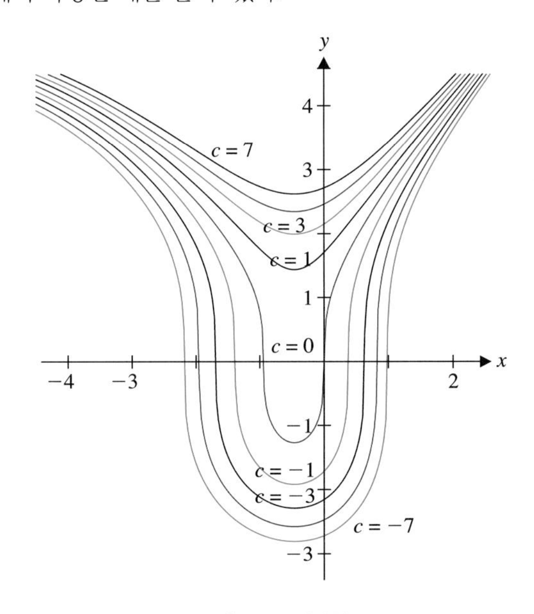

그림 7.6 해집합

일반적으로 일계 변수분리형 미분방정식의 일반해는 임의의 상수(적분상수)를 포함하고 있다. 여러 가지 해 곡선에서 한 개의 곡선을 선택하려면 그 곡선이 지나가는 한 점 (x_0, y_0)을 알면 된다. 즉,

$$y(x_0) = y_0$$

이 필요하며 이를 **처음 조건**(initial condition)이라 부른다. 처음 조건을 갖고 있는 미분방정식을 **처음값 문제**(IVP: initial value problem)라 부른다.

예제 2.4 처음값 문제 풀기

다음의 처음값 문제를 풀어라.

$$y' = \frac{x^2+7x+3}{y^2}, \quad y(0) = 3$$

풀이

예제 2.3에서 이 미분방정식의 일반해

$$y = \sqrt[3]{x^3 + \frac{21}{2}x^2 + 9x + 3c}$$

를 구하였다. 주어진 처음 조건으로부터

$$3 = y(0) = \sqrt[3]{0 + 3c} = \sqrt[3]{3c}$$

이므로 $c = 9$이다. 따라서 처음값 문제의 해는

$$y = \sqrt[3]{x^3 + \frac{21}{2}x^2 + 9x + 27}$$

이다. 이 해는 그림 7.7과 같으며 그림 7.6의 그래프 중 위쪽의 곡선과 유사하다. 연습문제에서 다른 처음 조건의 경우를 살펴보기로 하자.

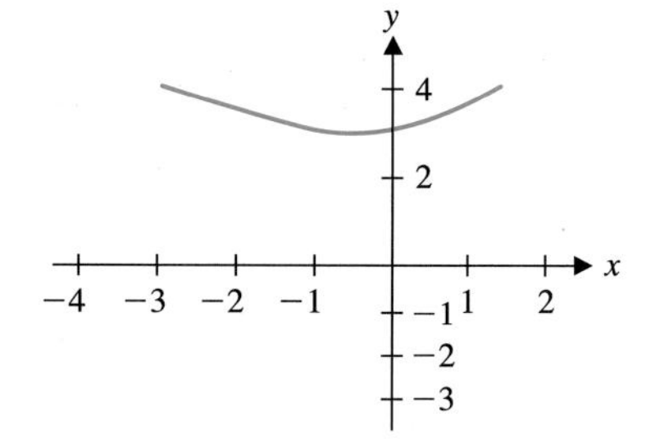

그림 7.7 $y = \sqrt[3]{x^3 + \frac{21}{2}x^2 + 9x + 27}$

미분방정식의 해가 언제나 예제 2.4와 같이 함수(변수 x에 관한 함수)로 표현되는 것은 아니다. 종종 해가 음함수로 표현되는 경우가 있다.

예제 2.5 음함수 해를 갖는 처음값 문제

다음 처음값 문제를 풀어라.

$$y' = \frac{9x^2 - \sin x}{\cos y + 5e^y}, \quad y(0) = \pi$$

풀이

주어진 미분방정식을 정리하면 다음과 같은 변수분리형이 된다.

$$(\cos y + 5e^y)\, y'(x) = 9x^2 - \sin x$$

x에 관하여 양변을 적분하면

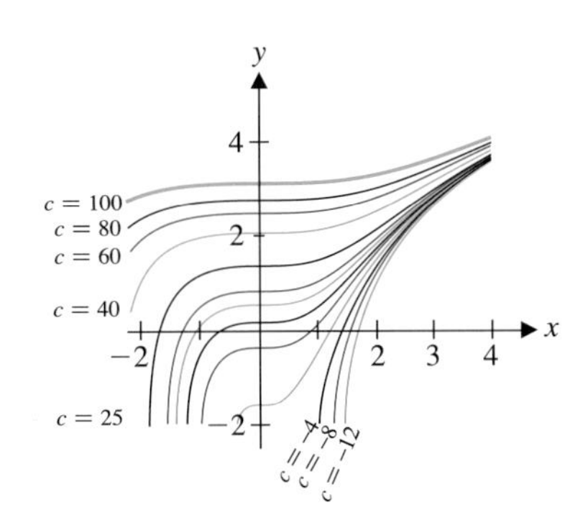

그림 7.8a 해집합

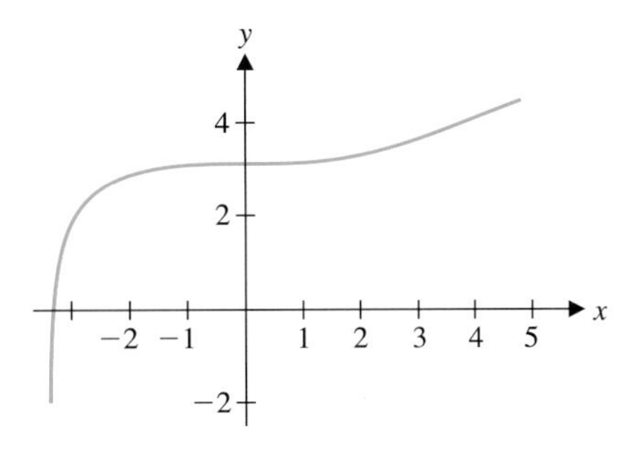

그림 7.8b 처음값 문제의 해

$$\int (\cos y + 5e^y)\, y'(x)\, dx = \int (9x^2 - \sin x)\, dx$$

또는

$$\int (\cos y + 5e^y)\, dy = \int (9x^2 - \sin x)\, dx$$

이 되고 이를 계산하면

$$\sin y + 5e^y = 3x^3 + \cos x + c \tag{2.3}$$

을 얻는다. 식 (2.3)은 음함수이며 이 함수 y를 x에 관해 풀 수는 없지만 그래프상의 몇 개의 점을 찾아서 그래프를 그리면 그림 7.8a와 같다. 또한 y를 x에 관해 풀 수는 없지만 처음 조건 $x = 0$과 $y = \pi$을 식 (2.3)에 대입하면

$$\sin \pi + 5e^\pi = 0 + \cos 0 + c$$

또는

$$5e^\pi - 1 = c$$

이다. 따라서 c를 대입하면 처음값 문제의 해를 음함수 형태로 얻는다.

$$\sin y + 5e^y = 3x^3 + \cos x + 5e^\pi - 1$$

연습문제 7.2

[1~2] 다음 방정식이 변수분리형인지를 밝혀라.

1. (a) $y' = (3x + 1)\cos y$ (b) $y' = (3x + y)\cos y$

2. (a) $y' = x^2 y + y\cos x$ (b) $y' = x^2 y - x\cos y$

[3~8] 다음 변수분리형 미분방정식의 일반해를 구하고 해 곡선을 그려라.

3. $y' = (x^2 + 1)y$ **4.** $y' = 2x^2 y^2$

5. $y' = \dfrac{6x^2}{y(1 + x^3)}$ **6.** $y' = \dfrac{2x}{y} e^{y-x}$

7. $y' = \dfrac{\cos x}{\sin y}$ **8.** $y' = \dfrac{xy}{1 + x^2}$

[9~12] 다음 처음값 문제의 해를 구하여라.

9. $y' = 3(x + 1)^2 y, \quad y(0) = 1$

10. $y' = \frac{4x^2}{y}$, $y(0) = 2$

11. $y' = \frac{4y}{x+3}$, $y(-2) = 1$

12. $y' = \frac{4x}{\cos y}$, $y(0) = 0$

13. 지상으로 낙하하는 물체의 속도가 미분방정식 $\frac{dv}{dt} = 9.8 - 0.002v^2$로 측정되었다. 처음 속도는 $v(0) = 0$ m/s이고 속도가 점점 증가한다고 하자. 위쪽을 향하는 공기저항과 아래쪽을 향하는 중력이 평형 상태를 이룬다고 가정할 때 최종 속도를 구하여라.

7.3 방향장과 오일러 방법

7.2절에서 변수분리형인 간단한 일계 미분방정식의 해를 구해 보았다. 해가 알려진 특별한 미분방정식도 많이 있지만 대부분은 정확한 해를 구할 수가 없다. 예를 들어, 방정식

$$y' = x^2 + y^2 + 1$$

은 변수분리형이 아니며 현재로서는 해를 구할 수 없다. 하지만 해에 대한 몇몇 정보는 얻을 수 있다. 특히, $y' = x^2 + y^2 + 1 > 0$이므로 이 방정식의 해는 증가함수라 할 수 있다. 이것은 정량적인 특별한 정보 없이 해의 성질을 알려주기 때문에 이 정보의 형태를 **정성적**(qualitative) 정보라고 부른다. 이 절에서는 더욱 일반화된 일계 미분방정식을 공부한다. 일계 미분방정식은 다음과 같은 형태로 생각할 수 있다.

$$y' = f(x, y) \tag{3.1}$$

이 방정식의 해는 모두 구할 수는 없지만 수치적인 방법으로 해에 접근할 수는 있다. 이러한 방법 중의 하나인 오일러 방법을 공부한다.

한 점 (x, y)에서의 기울기가 $f(x, y)$에 의해 주어지는 식 (3.1)의 해 $y = y(x)$을 알아보자. 해곡선을 구하기 위하여 기울기가 $f(x, y)$이고 점 (x, y)을 지나는 짧은 선분을 그린다. 이 선분의 모임을 미분방정식의 **방향장**(direction field 또는 slope field)이라 한다. 만일 특별한 해곡선이 주어진 점 (x, y)을 지난다면, 그 점에서의 기울기는 $f(x, y)$이다. 따라서 방향장은 미분방정식의 해집합의 방향을 알려준다.

수학자

오일러
(Leonhard Euler, 1707−1783)

스위스의 수학자로 역사상 가장 많은 업적을 남긴 수학자 중의 하나이다. 오일러의 전체 업적은 책으로 100권이 넘는데 그 중 상당 부분은 시력을 잃은 후 17년 동안 이루어진 것이다. 오일러는 미분적분학뿐만 아니라 정수론, 복소수론, 그래프 이론 등 여러 분야에서 중요한 업적을 남겼다. 작가인 조지 시몬스는 오일러를 '수학 분야의 셰익스피어'라고 불렀다.

예제 3.1 방향장 구하기

다음 미분방정식의 방향장을 구하여라.

$$y' = \frac{1}{2}y \tag{3.2}$$

풀이

우선 점을 찍고 기울기가 $f(x, y)$인 작은 선분을 그린다. 예를 들어, 점 $(0, 1)$에서 다음과 같은 기울기를 갖는 작은 선분을 그린다.

$$y'(0) = f(0,1) = \frac{1}{2}(1) = \frac{1}{2}$$

같은 방법으로 25~30개의 선분을 그린다. 따라서 식 (3.2)의 방향장은 그림 7.9a와 같이 된다. 식 (3.2)는 변수분리형이다. 이 방정식의 일반해는 다음과 같이 되고 그 계산은 연습문제로 남긴다.

$$y = Ae^{\frac{1}{2}x}$$

그림 7.9b는 방정식의 해집합을 만족하는 많은 곡선을 그렸다. 그림 7.9a에 있는 몇 개의 선분을 연결하면 그림 7.9b에서 보는 것처럼 지수함수의 곡선 모양과 비슷한 그림을 얻을 것이다. 방향장은 미분방정식을 풀지 않고 간단한 계산만으로 얻은 것이므로 중요하다. 즉 방향장을 그려서 해곡선의 모양을 알 수 있다. 이것은 해에 대한 정성적 정보이다. 이것은 해의 형태는 알 수 있지만 특별한 한 점에 대한 해의 값은 자세히 알 수 없다. 이 절의 후반부에 처음값 문제로 구한 방정식의 근사해를 얻게 될 것이다.

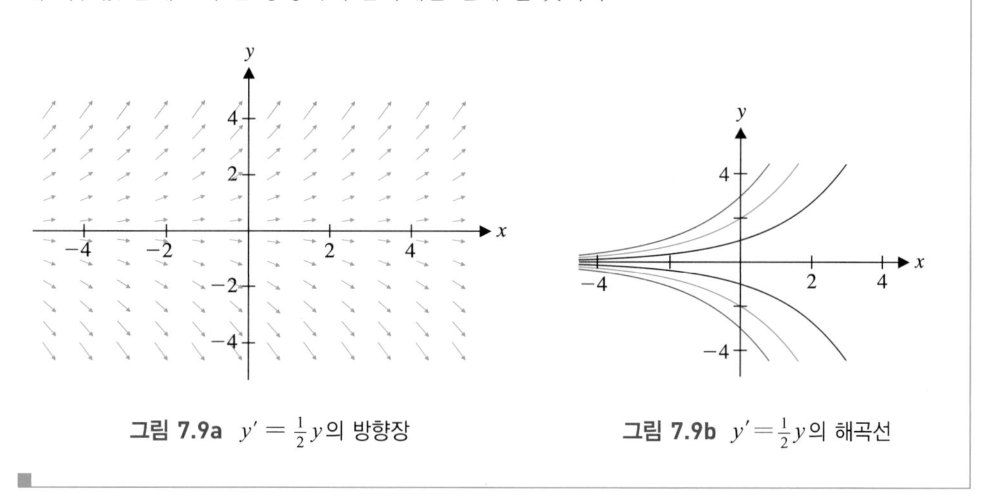

그림 7.9a $y' = \frac{1}{2}y$의 방향장

그림 7.9b $y' = \frac{1}{2}y$의 해곡선

이미 살펴본 것처럼 미분방정식은 과학과 공학에서 넓고 다양한 현상들을 묘사하고 있다. 다른 많은 응용에서, 미분방정식은 전자장의 흐름선 또는 등위선을 구할 수 있다. 이 경우에 해를 그림으로 나타내는 데 도움을 주고 이러한 해의 작용과 그것이 모델링이 되는 물리적인 현상을 직관적으로 이해할 수 있다.

예제 3.2 방향장을 이용하여 해의 개형 구하기

다음 방정식의 방향장을 구하여라.

$$y' = x + e^{-y}$$

풀이

정확한 기울기를 가지고 선분들을 그리면 그림 7.10a와 같이 방향장을 얻는다. 예제 3.1과 같이 이 미분방정식의 해를 구하는 방법은 정확히 모른다. 그렇지만, 방향장으로 해의 행동이 어떠한지 볼 수 있다. 예를 들어, 해들은 제2사분면에서 시작하여 급격히 감소하다가 제3사분면에 살짝 걸친 후에 제1사분면으로 끌어당겨져 아주 빠르게 무한으로 증가한다. 그림 7.10b에는 처음 조건 $y(-4) = 2$을 만족하는 이 미분방정식의 해를 나타냈다. 이 절 후반부

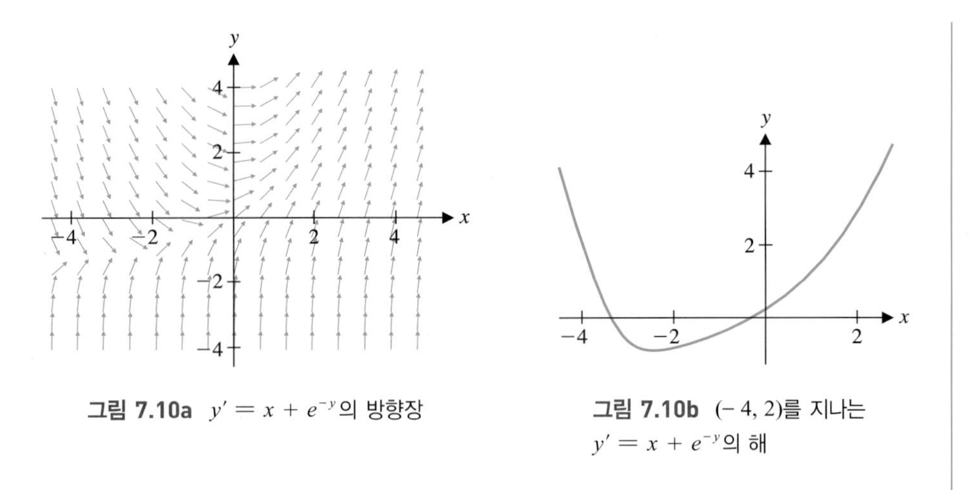

그림 7.10a $y' = x + e^{-y}$의 방향장

그림 7.10b $(-4, 2)$를 지나는 $y' = x + e^{-y}$의 해

에서 이러한 근사해를 어떻게 구하는지 보일 것이다. 그림 7.10a에 있는 약간의 선분을 연결하여 얻은 것과 이것이 어떻게 대응하는가를 주목하라.

우리는 7.1절과 7.2절을 통해 미분방정식의 모델이 시간에 따른 인구의 변화에 대한 중요한 정보를 어떻게 제공하는지 알았다. **임계 문턱 값**(critical threshold)을 포함하는 모델은 다음과 같다.

$$P'(t) = -2[1-P(t)][2-P(t)]P(t)$$

여기서 $P(t)$는 시간 t에 대한 인구의 크기이다.

임계 문턱 값은 해충이 갑자기 만연하는 것과 같은 문제에서 생긴다. 예를 들면, 집에서 개미를 없애는 몇 가지 방법이 있다고 하자. 개미가 다시 생기는 비율이 없애는 비율보다 낮은 동안에는 개미 집단을 통제할 수 있다. 그러나 개미를 없애는 비율이 생기는 비율보다 낮게 되면(즉, 개미를 없애는 비율이 임계 문턱 값을 넘어서면), 그 이상의 개미는 통제할 수 없게 되고 갑작스레 늘어난 개미 때문에 큰 곤란을 겪게 된다. 다음 예제 3.3에서 이런 형태의 행동을 보게 된다.

예제 3.3 임계 문턱 값이 있는 개체 성장 문제

다음 미분방정식의 방향장을 구하여라.

$$P'(t) = -2[1-P(t)][2-P(t)]P(t)$$

풀이

이 방정식의 우변이 P에 의존적이므로 방향장은 쉽게 그릴 수 있다. 만일 $P(t) = 0$이면, $P'(t) = 0$이므로 방향장은 수평선이 된다. $P(t) = 1$ 또는 $P(t) = 2$인 경우에도 마찬가지이다. 만약 $0 < P(t) < 1$이면, $P'(t) < 0$이고 해는 감소한다. $1 < P(t) < 2$인 경우에는 $P'(t) > 0$이고 해는 증가한다. 또한 $P(t) > 2$이면 $P'(t) < 0$이고 해는 감소한다. 결국 방향장은 그림 7.11과 같이 된다. 이 방정식의 해 $P(t) = 0$, $P(t) = 1$, $P(t) = 2$를 **평형해**(equilibrium solution)라 한다. 여기에서 $P(t) = 1$일 때 **불안정 평형**(unstable equilibrium)이라 하고 $P(t) = 0$, $P(t) = 2$일 때 **안정 평형**(stable equilibria)이라 한다.

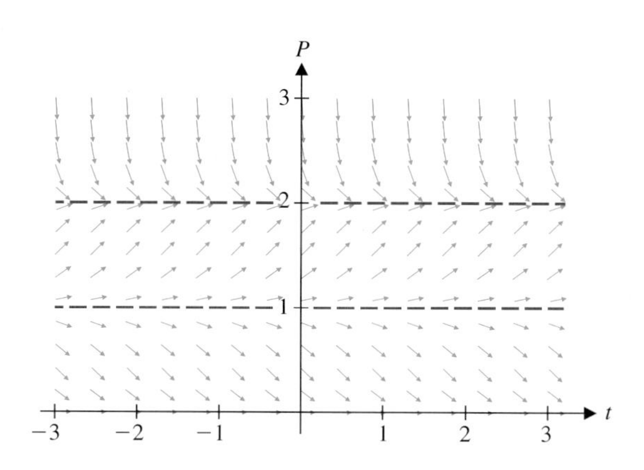

그림 7.11 $P'(t) = -2\,[1 - P(t)][2 - P(t)]P(t)$ 의 방향장

미분방정식의 특수해를 구하는 경우에 방향장의 많은 화살들을 분산시킬 수 있다. 오일러의 방법은 하나의 해곡선으로 접근된다. 이 방법은 아주 단순하고 본질적으로 방향장의 개념을 근거로 하고 있다. 더욱이, 오일러의 방법은 특별히 정확한 근삿값을 제공하는 것이 아니다. 더욱 정확한 방법은 연습문제로 남긴다.

다음에 주어진 처음값 문제에 대하여 생각해 보자.

$$y' = f(x, y), \quad y(x_0) = y_0$$

이 방정식의 해 $y = y(x)$가 존재한다면, 미분방정식은 임의의 점 (x, y)에서의 해곡선에 대한 접선의 기울기가 $f(x, y)$임을 알려준다. 그리고 $y = y(x)$ 위의 한 점 (x_0, y_0)을 이미 알고 있다. 그림 7.12에서와 같이 만일 $x = x_1$에서의 해의 값과 근접해 있고 x_1이 x_0에 멀리 있지 않다면 (x_0, y_0)에서의 접선을 $x = x_1$에 대응하는 점으로 대치하고 $y(x_1)$에 y_1을 근삿값으로 사용한다. $x = x_0$에서의 접선의 방정식은

$$y = y_0 + y'(x_0)(x - x_0)$$

이다. 따라서 $x = x_1$에서의 해의 근삿값은 그 점에 대응하는 접선 위의 점의 y좌표이다. 즉

$$y(x_1) \approx y_1 = y_0 + y'(x_0)(x_1 - x_0) \tag{3.3}$$

이다. 그림 7.12를 언뜻 보면 x_1이 x_0에 근접해 있는 경우에 이 근사가 분명한 것처럼 보인다. 처음값 문제의 해를 구해 보면 구간 $[a, b]$ 내의 모든 점에서의 해를 구할 수 있다. 오일러의 방법으로 구간 $[a, b]$ 내의 모든 점에 대한 근사해를 구해 보자. 우선, 구간 $[a, b]$를 다음과 같이 n 등분하자.

$$a = x_0 < x_1 < x_2 < \cdots < x_n = b, \quad x_{i+1} - x_i = h$$

여기서 $i = 0, 1, 2, \cdots, n-1$이고 h를 소구간의 크기라 부른다. 식 (3.3)으로부터 다음을 구할 수 있다.

$$\begin{aligned} y(x_1) \approx y_1 &= y_0 + y'(x_0)(x_1 - x_0) \\ &= y_0 + hf(x_0, y_0) \end{aligned}$$

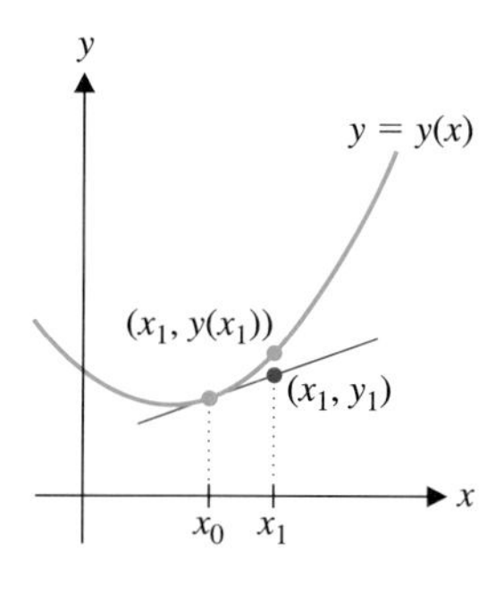

그림 7.12 접선

$y(x_2)$의 근삿값을 구하기 위하여 위에서와 마찬가지로 점 $(x_1, y(x_1))$에서의 접선을 이용하여 다음과 같이 구할 수 있다.

$$\begin{aligned} y(x_2) &\approx y(x_1) + y'(x_1)(x_2 - x_1) \\ &= y(x_1) + h\,f(x_1, y(x_1)) \end{aligned}$$

하지만 $y(x_1)$을 알지 못하므로 $y(x_1)$ 대신에 근삿값 y_1으로 대치하고 또 $y'(x_1)$을 $f(x_1, y_1)$으로 바꾸면 다음과 같이 된다.

$$\begin{aligned} y(x_2) &\approx y(x_1) + hf(x_1,\ y(x_1)) \\ &\approx y_1 + hf(x_1,\ y_1) = y_2 \end{aligned}$$

이 과정을 계속하면 다음과 같은 식 (3.4)를 얻을 수 있다.

오일러의 방법(Euler's Method)

$$y(x_{i+1}) \approx y_{i+1} = y_i + hf(x_i,\ y_i),\ i = 0, 1, 2, \cdots \tag{3.4}$$

이와 같이 접선을 이용하여 근삿값을 구하는 방법을 오일러의 방법이라 한다.

예제 3.4 오일러의 방법 사용하기

오일러의 방법을 사용하여 다음 처음값 문제의 근사해를 구하여라.

$$y' = y, \quad y(0) = 1$$

풀이

이 미분방정식은 변수분리형이고 해는 $y = y(x) = e^x$이다. 이 해를 이용하여 오일러의 방법으로 얻은 해가 얼마나 정확한지 검증해 보자. 식 (3.4)에서 $f(x, y) = y,\ h = 1$로 놓자. 그러면

$$\begin{aligned} y(x_1) &\approx y_1 = y_0 + hf(x_0, y_0) \\ &= y_0 + hy_0 = 1 + 1\,(1) = 2 \end{aligned}$$

이고

$$\begin{aligned} y(x_2) &\approx y_2 = y_1 + hf(x_1, y_1) \\ &= y_1 + hy_1 = 2 + 1(2) = 4 \end{aligned}$$

$$\begin{aligned} y(x_3) &\approx y_3 = y_2 + hf(x_2, y_2) \\ &= y_2 + hy_2 = 4 + 1(4) = 8 \end{aligned}$$

이다. 이 과정을 계속하면 방정식의 근사해들을 구할 수 있다. 그림 7.13에서 오일러 방법으로 얻어진 근사해와 정확한 해를 비교해 볼 수 있다. 이 두 해의 차이는 처음 시작할 때보다 x값이 커질수록 더 커지고 있다. 이것이 오일러의 방법의 특징이다. 다음 표는 방정식의 근사해와 정확한 해, 또 그 차이를 x값에 따라서 나타낸 것이다. 이 표로부터 소구간의 크기 h를 반으로 줄이면 오차도 대략 반으로 줄어드는 것을 알 수 있다.

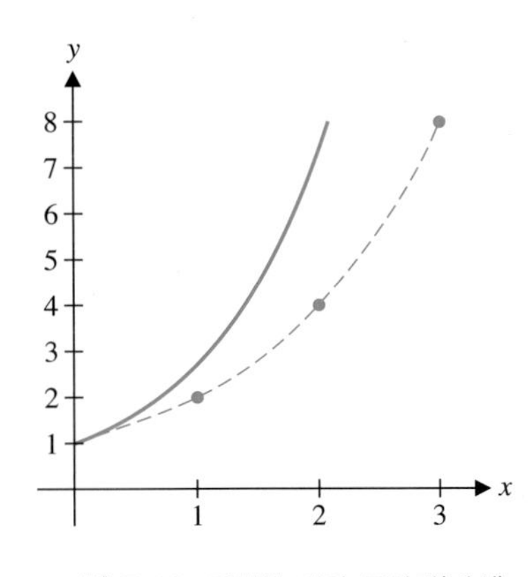

그림 7.13 정확한 해와 근사해(점선)

x	오일러	참 값	오차＝참값－오일러
0.1	1.1	1.1051709	0.0051709
0.2	1.21	1.2214028	0.0114028
0.3	1.331	1.3498588	0.0188588
0.4	1.4641	1.4918247	0.0277247
0.5	1.61051	1.6487213	0.0382113
0.6	1.771561	1.8221188	0.0505578
0.7	1.9487171	2.0137527	0.0650356
0.8	2.1435888	2.2255409	0.0819521
0.9	2.3579477	2.4596031	0.1016554
1.0	2.5937425	2.7182818	0.1245393

h	오일러	오 차	단계별
1.0	2	0.7182818	1
0.5	2.25	0.4682818	2
0.25	2.4414063	0.2768756	4
0.125	2.5657845	0.1524973	8
0.0625	2.6379285	0.0803533	16
0.03125	2.6769901	0.0412917	32
0.015625	2.697345	0.0209369	64
0.0078125	2.707739	0.0105428	128
0.00390625	2.7129916	0.0052902	256

■

예제 3.5 근사해 구하기

다음 처음값 문제의 근사해를 구하여라.

$$y' = x^2 + y^2, \quad y(-1) = -\frac{1}{2}$$

풀이

우선 이 미분방정식의 방향장을 보자. 그러면 미분방정식의 해를 어떻게 구할 것인지 알 수

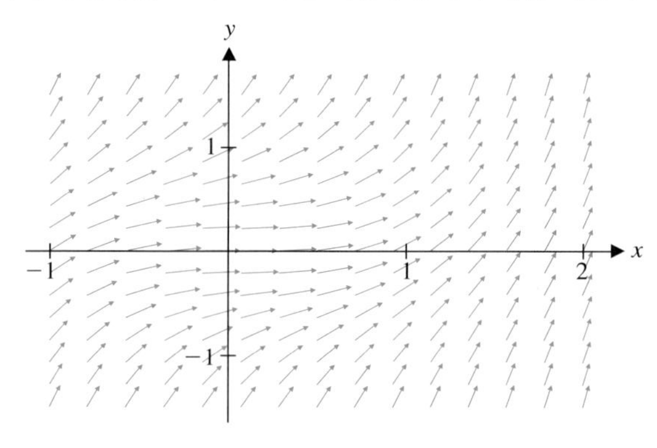

그림 7.14 $y' = x^2 + y^2$의 방향장

있을 것이다(그림 7.14). $h = 0.1$일 때 오일러의 방법을 사용하면

$$\begin{aligned} y(x_1) \approx y_1 &= y_0 + hf(x_0, y_0) \\ &= y_0 + h(x_0^2 + y_0^2) \\ &= -\frac{1}{2} + 0.1\left[(-1)^2 + \left(-\frac{1}{2}\right)^2\right] = -0.375 \end{aligned}$$

이고

$$\begin{aligned} y(x_2) \approx y_2 &= y_1 + hf(x_1, y_1) \\ &= y_1 + h(x_1^2 + y_1^2) \\ &= -0.375 + 0.1[(-0.9)^2 + (-0.375)^2] = -0.2799375 \end{aligned}$$

이다. 이 과정을 계속하면 다음 표를 얻을 수 있다.

x	오일러	x	오일러	x	오일러
−0.9	−0.375	0.1	−0.0575822	1.1	0.3369751
−0.8	−0.2799375	0.2	−0.0562506	1.2	0.4693303
−0.7	−0.208101	0.3	−0.0519342	1.3	0.6353574
−0.6	−0.1547704	0.4	−0.0426645	1.4	0.8447253
−0.5	−0.116375	0.5	−0.0264825	1.5	1.1120813
−0.4	−0.0900207	0.6	−0.0014123	1.6	1.4607538
−0.3	−0.0732103	0.7	0.0345879	1.7	1.9301340
−0.2	−0.0636743	0.8	0.0837075	1.8	2.5916757
−0.1	−0.0592689	0.9	0.1484082	1.9	3.587354
−0.0	−0.0579176	1.0	0.2316107	2.0	5.235265

그림 7.15a는 앞의 표에 있는 점들을 부드러운 곡선으로 연결하여 나타낸 것이다. 이것은 그림 7.14에 있는 방향장 중에서 특별한 것이다. 그림 7.15b는 이 대응을 보다 분명하게 하기 위하여 방향장에 근사해를 겹쳐서 그렸다. 이 대응은 방향장에서 기대할 수 있는 것이므로 근사해와 커다란 차이가 없을 것이다.

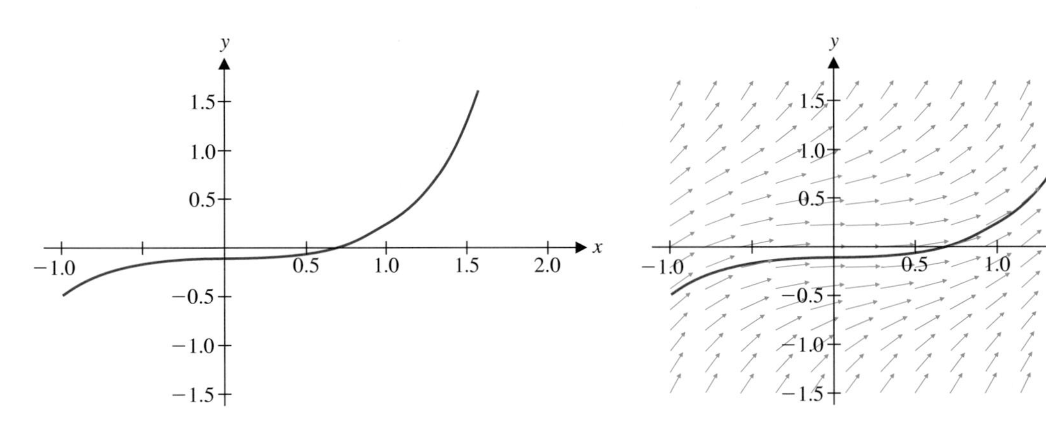

그림 7.15a $\left(-1,-\frac{1}{2}\right)$을 지나는 $y' = x^2 + y^2$의 근사해

그림 7.15b 방향장 위에 그려진 근사해

이제 예제 3.3에서 소개한 평형해의 개념으로 확장하자. 보다 일반적으로, 모든 t에 대하여 $f(t, c) = 0$일 때 상수함수 $y = c$는 미분방정식 $y' = f(t, y)$의 평형해라고 한다. 간단히 말하여, $y' = f(t, y)$에 $y = c$를 대입하여 방정식이 $y' = 0$이 되면 $y = c$는 미분방정식 $y' = f(t, y)$의 평형해라고 말할 수 있다. 예제 3.6에서 평형해를 구해 보자.

예제 3.6 평형해 구하기

다음 미분방정식의 평형해를 구하여라.

(a) $y'(t) = k[y(t) - 70]$ (b) $y'(t) = 2y(t)[4 - y(t)]$

풀이

(a) $y' = 0$인 상수해가 평형해이므로

$$0 = y'(t) = k[y(t) - 70] \quad \text{또는} \quad 0 = y(t) - 70$$

이고 따라서 평형해는 $y = 70$이다.

(b) 마찬가지로, $y' = 0$이라 하면

$$0 = 2y(t)[4 - y(t)] \quad \text{또는} \quad 0 = y(t)[4 - y(t)]$$

이고 따라서 두 개의 평형해 $y = 0$과 $y = 4$를 구할 수 있다.

방향장의 그림에서 묘사된 평형해의 중요한 점이 있다. 우선 임의의 음수 k에 대하여 미분방정식 $y'(t) = k[y(t) - 70]$을 생각해 보자. 만일 $y(t) > 70$이면 $y'(t) = k[y(t) - 70] < 0$이다. 물론 $y'(t) < 0$은 그 해가 감소함수임을 의미한다. 마찬가지로, $y(t) < 70$일 때, $y'(t) = k[y(t) - 70] > 0$이고 해는 증가한다. 그림 7.16a에서 보여주는 방향장은 모든 화살점들이 직선 $y = 70$으로 향하고 있으므로 $t \to \infty$일 때 $y(t) \to 70$임을 알려주고 있다. 다시 말해서 해곡선이 직선 $y = 70$의 약간 위에 놓여 있다면 그림 7.16b에서 보여주는 것처럼 해는 $y = 70$을 향하여 감소한다. 마찬가지로 해곡선이 직선 $y = 70$의 약간 아래에 놓여 있다면 그림 7.16c에서 보여주는 것처럼 해는 $y = 70$을 향하여 증가한다. 이것은 미분방정식을 구하지 않고 알 수 있다.

만일 해가 $t \to \infty$일 때 평형해로 접근한다면 평형해는 **안정적**(stable)이라 한다. 이것은 그림 7.16a~7.16c에서 보여주고 있으며 이때 해 $y = 70$은 안정적이다. 반대로,

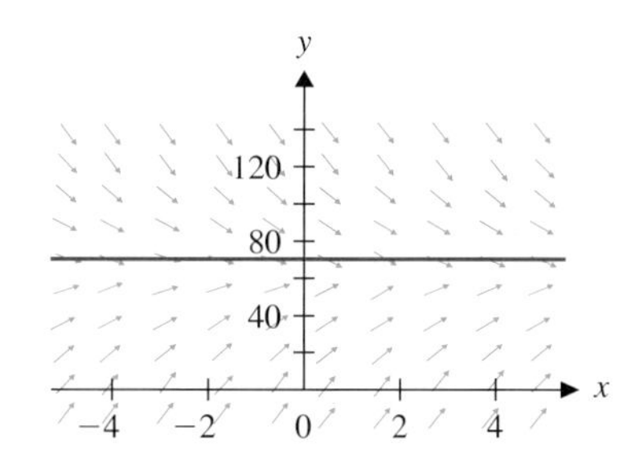

그림 7.16a 방향장

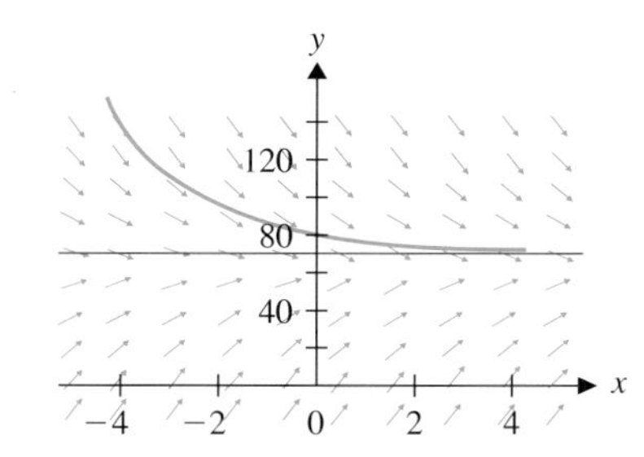

그림 7.16b $y = 70$ 위에서 시작하는 해

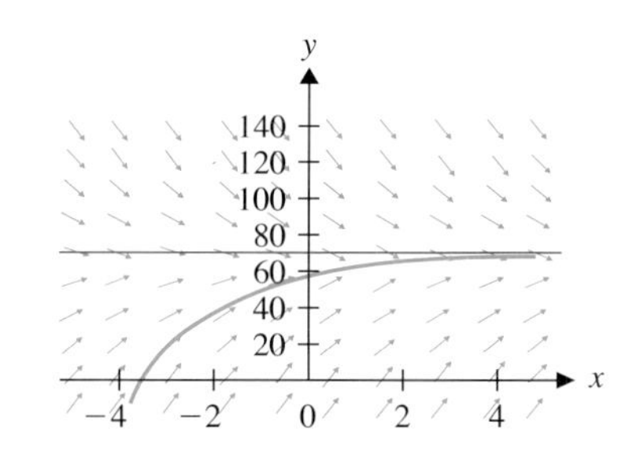

그림 7.16c $y = 70$ 아래에서 시작하는 해

평형해에 접근되어 있는 해가 $t \to \infty$일 때 멀어지고 있다면 평형해는 **불안정적**(unstable)이라 한다.

예제 3.6 (b)에서 보면, $y'(t) = 2y(t)[4 - y(t)]$의 두 평형해는 $y = 0$과 $y = 4$이다. 이것이 안정적인지 불안정적인지 예제 3.7에서 판정해 보자.

예제 3.7 평형해의 안정성 판정

미분방정식 $y'(t) = 2y(t)[4 - y(t)]$에서 방향장을 그리고 평형해의 안정성을 판정하여라.

풀이

앞에서 평행해가 $y = 0$과 $y = 4$임을 계산하였다. 그림 7.17에서 수평선 $y = 0$과 $y = 4$에 방향장이 첨가되었다.

이제 서로 다른 세 개의 영역 $y > 4$, $0 < y < 4$, $y < 0$에서 관찰해 보자. 우선 $y > 4$인 경우 $y'(t) = 2y(t)[4 - y(t)] < 0$이고, $0 < y(t) < 4$인 경우 $y'(t) = 2y(t)[4 - y(t)] > 0$이고, $y(t) < 0$인 경우 $y'(t) = 2y(t)[4 - y(t)] < 0$이 된다. 그림 7.17에서 보면, 직선 $y = 4$ 근처에 있는 모든 화살점들은 $y = 4$를 향하고 있다. 이것은 $y = 4$가 안정성을 나타내는 것이다. 반대로, 직선 $y = 0$ 근처에 있는 모든 화살점들은 $y = 0$에서 멀어지고 있다. 이것은 $y = 0$이 불안정적임을 나타낸다. ■

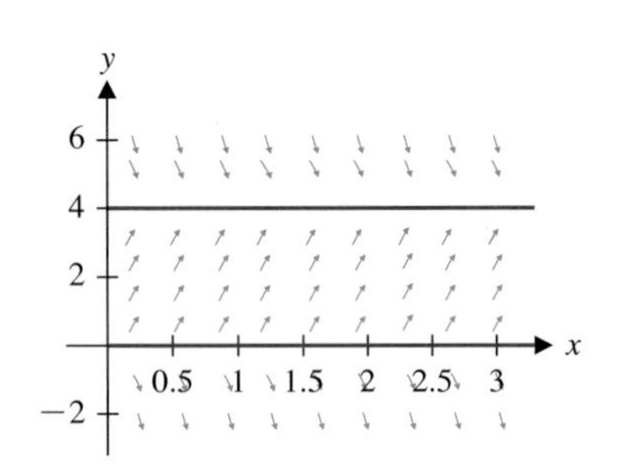

그림 7.17 $y' = 2y(4 - y)$의 방향장

연습문제 7.3

[1~3] 다음 미분방정식의 네 개의 방향장을 손으로 그리고 해의 일반 형태를 구하여라.

1. $y' = x + 4y$
2. $y' = 2y - y^2$
3. $y' = 2xy - y^2$

[4~6] 다음 미분방정식에 해당하는 방향장을 찾아라.

4. $y' = 2 - xy$
5. $y' = x \cos 3y$
6. $y' = \sqrt{x^2 + y^2}$

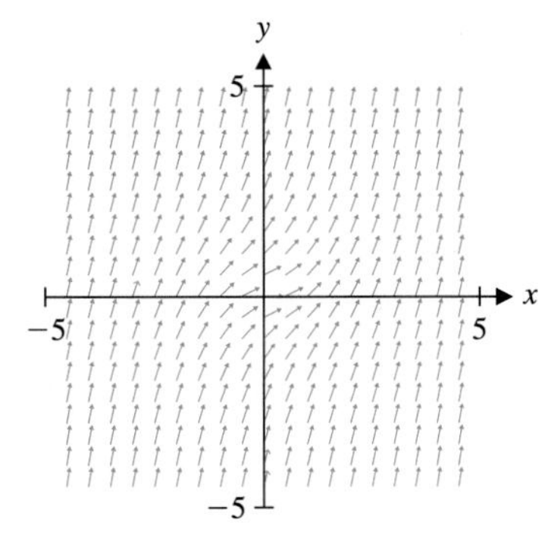

방향장 A

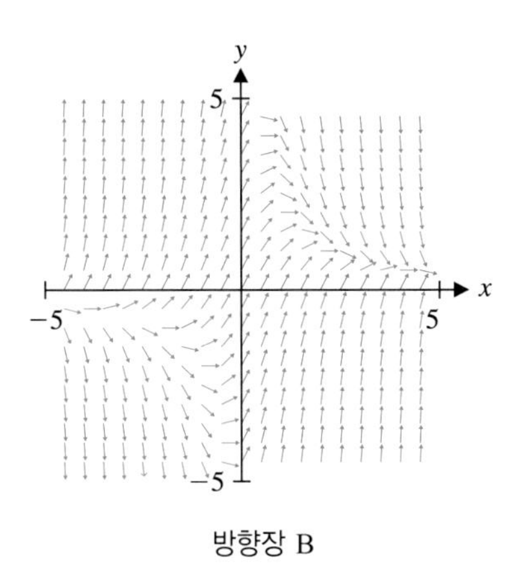

방향장 B

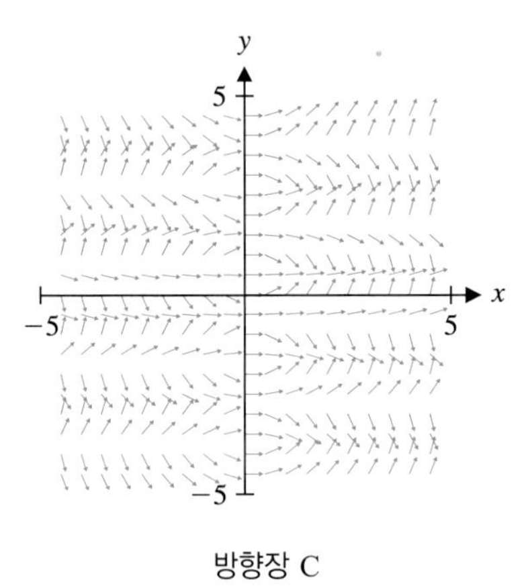

방향장 C

[7~10] 다음 미분방정식의 처음값 문제를 오일러 방법을 이용하여 $h = 0.1$과 $h = 0.05$인 경우에 $y(1)$과 $y(2)$의 근사해를 구하고 처음 두 단계를 손으로 증명하여라.

7. $y' = 2xy,\ y(0) = 1$

8. $y' = 4y - y^2,\ y(0) = 1$

9. $y' = 1 - y + e^{-x},\ y(0) = 3$

10. $y' = \sqrt{x + y},\ y(0) = 1$

[11~13] 다음 미분방정식의 평형해를 구하고 그 해에서 안정성 또는 불안정성을 판정하여라.

11. $y' = 2y - y^2$

12. $y' = y^2 - y^4$

13. $y' = (1 - y)\sqrt{1 + y^2}$

7.4 연립 일계 미분방정식

이 절에서는 연립 일계 미분방정식에 대하여 생각해 보자. 현실적인 모델은 두 종 사이 충돌하는 상호 작용에 대하여 설명할 것이다. 예를 들어, 주어진 영역에 있는 토끼는 여우와 같은 각종 포식 동물의 존재로 부정적인 영향을 받는 반면에 포식 동물은 먹이의 풍부한 공급으로 인하여 증가한다. 우리는 포식 동물의 종이 먹이의 종에 의존하는 **먹이 사슬**의 모델에 대하여 알아보자.

먹이 사슬

먹이의 개체 수를 $x(t)$라 하자. 이 종은 개체 수가 $y(t)$인 포식 동물의 영향이 없다면 잘 번성한다. 포식 동물이 없다면 $x(t)$는 적당한 상수 b와 c에 대하여 방정식 $x'(t) = bx(t) - c[x(t)]^2$을 만족한다고 가정하자. 포식 동물의 부정적 영향은 종족들 사이의 상호작용하는 수에 비례할 것이다. 그런데 그 비는 $x(t)$ 또는 $y(t)$가 증가하면 상호작용도 증가하므로 $x(t)\,y(t)$에 비례한다고 가정하자. 따라서 다음과 같은 모델을 얻을 수 있다.

$$x'(t) = bx(t) - c[x(t)]^2 - k_1 x(t)\, y(t)$$

여기서 k_1은 적당한 양의 상수이다. 한편, 포식 동물의 개체 수는 두 종 사이 상호 작용에 달려 있다. 먹이가 없다면 개체 수 $y(t)$는 지수적으로 감소한다고 가정하자. 포식 동물과 먹이 사이 상호 작용으로 포식 동물의 개체 수는 늘어난다. 따라서 다음과 같은 모델을 얻을 수 있다.

$$y'(t) = -dy(t) + k_2 x(t) y(t)$$

여기서 d, k_2는 양의 상수이다.

이 방정식들을 함께 모으면 다음과 같은 연립 일계 미분방정식이 된다.

먹이 사슬 방정식(Predator-Prey Equations)

$$x'(t) = bx(t) - c[x(t)]^2 - k_1 x(t) y(t)$$
$$y'(t) = -dy(t) + k_2 x(t) y(t)$$

연립방정식의 해는 위의 두 식을 만족하는 $x(t)$와 $y(t)$이다. 연립방정식의 해를 구하는 것이 지금 우리가 공부하는 내용에서 벗어나지만 그래프를 이용하여 해를 구하는 방법을 공부하자. 이 연립방정식의 분석은 예제 3.6~3.7과 비슷한 과정이다.

예제 4.1 연립방정식의 평형해 구하기

다음 먹이 사슬 모델의 모든 평형해를 구하여라.

$$\begin{cases} x'(t) = 0.2x(t) - 0.1[x(t)]^2 - 0.4x(t)y(t) \\ y'(t) = -0.1y(t) + 0.1x(t)y(t) \end{cases}$$

여기서 x와 y는 각각 먹이와 포식 동물의 개체 수이다.

풀이

(x, y)가 평형해라 하면, 상수함수 $x(t) = x$와 $y(t) = y$는 연립방정식 $x'(t) = 0$과 $y'(t) = 0$을 만족한다. 이것을 식에 대입하면

$$0 = 0.2x - 0.1x^2 - 0.4xy$$
$$0 = -0.1y + 0.1xy$$

이다. 이것은 미지수 x와 y에 대한 두 개의 비선형 방정식이다. 이 방정식의 해를 구하는 일반적인 방법은 없다. 이 경우에는 보다 간단한 방정식의 해를 구한 후 더 복잡한 방정식에 대입하여 해를 구한다. 이 두 방정식을 인수분해하면

$$0 = 0.1x(2 - x - 4y)$$
$$0 = 0.1y(-1 + x)$$

이다. 두 번째 식에서 해 $y = 0$과 $x = 1$을 구한다. 이것을 첫 번째 식에 대입하자.
$y = 0$을 첫 번째 식에 대입하면 $0 = 0.1x(2 - x)$이고 따라서 해는 $x = 0$과 $x = 2$를 얻는

다. 즉, (0, 0)과 (2, 0)은 연립방정식의 평형해이다. 평형점 (0, 0)은 포식 동물이나 먹이가 없는 경우에 해당되고, (2, 0)는 포식 동물은 없으나 먹이가 있는 경우에 해당된다.
$x = 1$을 첫 번째 식에 대입하면, $0 = 0.2 - 0.1 - 0.4y$이고 따라서 해는 $y = \frac{0.1}{0.4} = 0.25$을 얻는다. 세 번째 평형해는 (1, 0.25)이고 먹이가 포식동물의 네 배가 된다. 따라서 우리는 두 번째 식의 해들로 연립방정식의 모든 평형해 (0, 0), (2, 0), (1, 0.25)을 구했다.

이제 각 평형해의 안정성에 대하여 알아보자. 이것은 해가 모집단의 자연적인 균형과 대응된다는 것을 추론할 수 있다. 안정성을 판정하는 고급 방법은 대부분의 미분방정식 책에서 찾을 수 있다. 간단히 하기 위하여 그림을 이용하여 안정성을 판정해 보자. 이 방법을 **상 그리기**(phase portrait)라 한다. 예제 4.1에서 연쇄법칙을 이용하여 시간에 대한 변수를 소거하면

$$\frac{dy}{dx} = \frac{y'(t)}{x'(t)} = \frac{-0.1y + 0.1xy}{0.2x - 0.1x^2 - 0.4xy}$$

이다. 이것은 일계 미분방정식이다. 이 경우에 xy평면을 **상 평면**(phase plane)으로 취급하고 있다. 상 그리기는 xy평면에서 미분방정식의 많은 해곡선들을 그릴 수 있다. 예제 4.2로 설명하자.

예제 4.2 방향장을 사용하여 상 그리기

다음 방정식의 방향장을 그리고 상 그리기의 결과를 사용하여 세 평형점 (0, 0), (2, 0), (1, 0.25)의 안정성을 결정하여라.

$$\frac{dy}{dx} = \frac{-0.1y + 0.1xy}{0.2x - 0.1x^2 - 0.4xy}$$

풀이

CAS로 그린 방향장은 별 도움이 되지 않는다(그림 7.18). 왜냐하면 평형점 근처가 별로 자세하지 않기 때문이다.

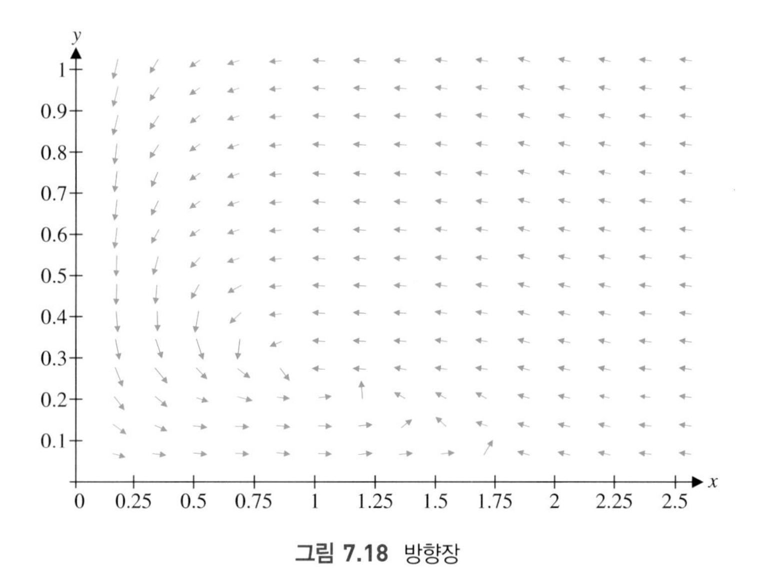

그림 7.18 방향장

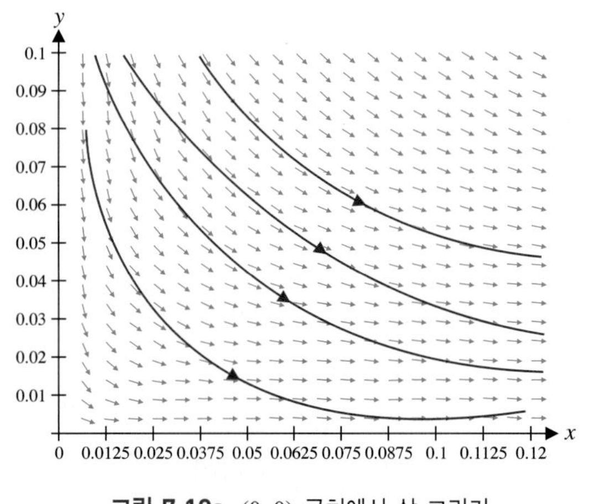

그림 7.19a (0, 0) 근처에서 상 그리기

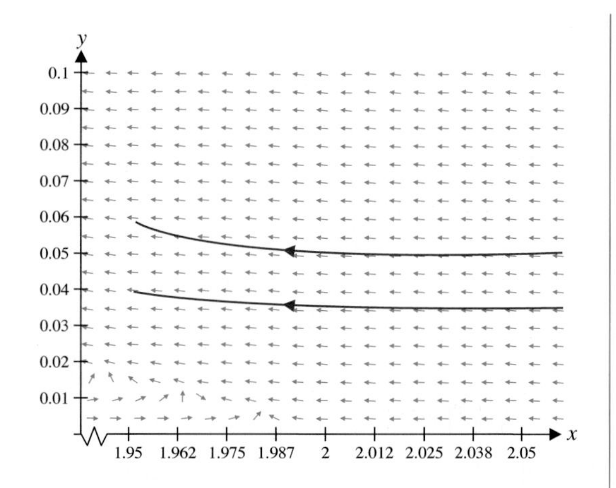

그림 7.19b (2, 0) 근처에서 상 그리기

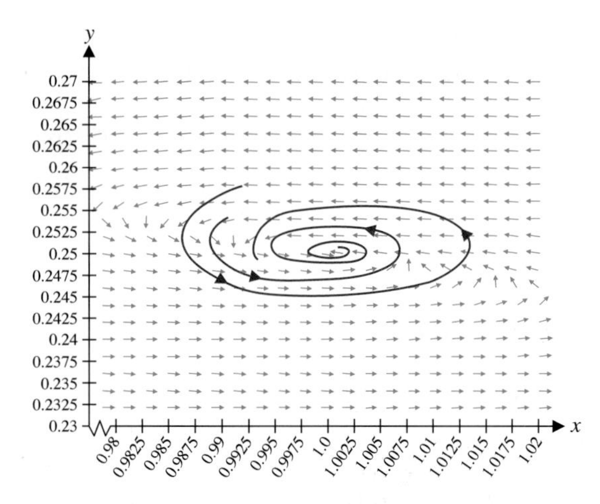

그림 7.19c (1, 0.25) 근처에서 상 그리기

평형해 근처에서 해들의 행동을 확실히 알기 위해서 평형점 근처를 확대하고 그림 7.19a~7.19c와 같이 많은 해곡선을 그린다.

그림 7.19a에서의 화살표는 (0, 0)로부터 멀어지고 있으므로 (0, 0)에서는 **불안정 평형**(unstable equilibrium)이라고 한다. 즉, (0, 0) 가까이에서 출발한 해들은 $t \to \infty$일 때 멀어지고 있다. 마찬가지로, 그림 7.19b에 있는 대부분의 화살표는 (2, 0)에서 멀어지고 있으므로 (2, 0)은 역시 불안정이다. 마지막으로, 그림 7.19c에서는 화살표가 (1, 0.25)을 향하고 있으므로 **안정 평형**(stable equilibrium)이라 한다. 이것으로부터 두 종족이 공존하기 위한 자연적인 균형 상태가 되려면 먹이가 포식 동물의 네 배 정도가 되어야 한다는 것을 알 수 있다. ■

다음은 두 종족 간의 평형성에 대하여 생각해 보자. 종족 X의 개체 수는 $x(t)$이고 종족 Y의 개체 수는 $y(t)$인 경우의 일반적인 방정식은

$$x'(t) = b_1 x(t) - c_1[x(t)]^2 - k_1 x(t) y(t)$$
$$y'(t) = b_2 y(t) - c_2[y(t)]^2 - k_2 x(t) y(t)$$

이고 $b_1, b_2, c_1, c_2, k_1, k_2$은 양의 상수이다. 이것이 먹이 사슬인 경우와 어떻게 다른지

주목하라. 전과 마찬가지로 종족 Y가 없으면 종족 X는 늘어난다. 그러나 여기에서는 종족 X가 없으면 종족 Y도 늘어난다. 더욱이, 상호작용 항목인 $k_1 x(t)y(t)$와 $k_2 x(t)y(t)$은 두 종족에 대하여 음의 영향을 미친다. 따라서 이 경우에, 두 종족은 생존하지만 다른 종족의 생존에 상처를 주게 된다. 먹이 사슬 시스템에서와 마찬가지로 평형해를 구하는 것으로 초점을 맞추자.

예제 4.3 연립방정식의 평형해 구하기

다음의 경쟁하는 종족 모델의 모든 평형해를 구하고 설명하여라.

$$\begin{cases} x'(t) = 0.4x(t) - 0.1\,[x(t)]^2 - 0.4x(t)y(t) \\ y'(t) = 0.3\,y(t) - 0.2\,[y(t)]^2 - 0.1x(t)y(t) \end{cases}$$

풀이

(x, y)가 평형해라 하면 상수함수 $x(t) = x$와 $y(t) = y$는 연립방정식 $x'(t) = 0$과 $y'(t) = 0$을 만족한다. 이것을 식에 대입하면

$$0 = 0.4x - 0.1x^2 - 0.4xy$$
$$0 = 0.3y - 0.2y^2 - 0.1xy$$

이고 이 두 방정식을 인수분해하면

$$0 = 0.1x(4 - x - 4y)$$
$$0 = 0.1y(3 - 2y - x)$$

이다. 이 방정식들은 복잡하므로 두 방정식을 동시에 가지고 해를 구하자. 위의 두 식을 풀면

$$x = 0 \text{ 또는 } x + 4y = 4$$
$$y = 0 \text{ 또는 } x + 2y = 3$$

이다. 우선, $x = 0$과 $y = 0$을 택하면, 평형해 $(0, 0)$을 얻을 수 있다. 또 $x = 0$과 $x + 2y = 3$을 택하면, $y = \frac{3}{2}$가 되어 두 번째 평형해는 $\left(0, \frac{3}{2}\right)$이다. $(0, 0)$은 종족들이 존재하지 않는 경우에 해당되고, $\left(0, \frac{3}{2}\right)$은 종족 Y는 존재하지만 종족 X는 존재하지 않는 경우에 해당된다. $y = 0$을 $x + 4y = 4$에 대입하면 $x = 4$을 얻는다. 따라서 $(4, 0)$는 종족 X는 존재하지만 종족 Y는 존재하지 않는 경우에 해당되는 평형해이다. 마지막 두 식을 택하여 연립방정식을 풀면 $x = 2$이고 $y = \frac{1}{2}$이 된다. 따라서 마지막 평형해는 $\left(2, \frac{1}{2}\right)$이다. 이 경우는 두 종족들이 다 존재하는 경우로 종족 X가 종족 Y보다 네 배 더 많다.
따라서 우리는 두 방정식을 연립하여 풀면 연립방정식의 모든 평형해 $(0, 0)$, $\left(0, \frac{3}{2}\right)$, $(4, 0)$, $\left(2, \frac{1}{2}\right)$을 얻게 된다.

연립 일계 미분방정식은 고계 미분방정식을 변형할 때도 나타난다. 이렇게 변형하는 이유는 몇 가지가 있는데 그 중 하나는 일계 미분방정식에 대한 수치적 근사이론을 적용할 수 있기 때문이다.

떨어지는 물체는 두 개의 처음 힘인 중력과 공기저항에 의하여 움직인다. 5.5절에서, 공기저항을 무시하고 중력의 힘은 일정하다는 가정하에 많은 문제를 풀었다. 이

가정은 해결할 수 있는 방정식들을 유도하였지만 많은 수의 중요한 응용 면에서 타당하지 못했다. 공기저항은 속도의 제곱에 비례한다. 더욱이, 일정한 질량을 가진 물체의 무게는 일정하지 않고 지구의 중심으로부터의 거리에 의존한다. 이 경우에, y를 지구 표면 위에 있는 물체의 높이라고 하면 속도는 y'이고 가속도는 y''이다. 공기의 저항은 $c(y')^2$이고 여기서 c는 저항계수라고 하는 양수이다. 또 무게는 $-\frac{mgR^2}{(R+y)^2}$이다. 이때 R은 지구의 반경이다. 뉴턴의 제2법칙 $F = ma$에서 다음 식을 유도할 수 있다.

$$-\frac{mgR^2}{(R+y)^2} + c(y')^2 = my''$$

이 식은 y, y', y''을 포함하고 있으므로 **이계 미분방정식**(second-order differential equation)이라 한다. 예제 4.4에서 이계 미분방정식을 연립 일계 미분방정식으로 바꾸는 방법을 공부하자.

예제 4.4 이계 미분방정식을 연립 일계 미분방정식으로 바꾸기

다음 이계 미분방정식을 연립 일계 미분방정식으로 변형하고 모든 평형점을 구하여라. 또 그 결과를 분석하여라.

$$y'' = 0.1(y')^2 - \frac{1600}{(40+y)^2}$$

풀이

새로운 함수 u와 v를 써서 $u = y$, $v = y'$으로 치환하자. 그러면 $u' = y' = v$이고

$$v' = y'' = 0.1(y')^2 - \frac{1600}{(40+y)^2} = 0.1v^2 - \frac{1600}{(40+u)^2}$$

이다. 즉 연립 일계 미분방정식은

$$\begin{aligned} u' &= v \\ v' &= 0.1v^2 - \frac{1600}{(40+u)^2} \end{aligned}$$

이다. 평형점은 다음 연립방정식의 해이다.

$$\begin{aligned} 0 &= v \\ 0 &= 0.1v^2 - \frac{1600}{(40+u)^2} \end{aligned}$$

첫 번째 식에서 $v = 0$이고 두 번째 식은 해가 없다. 따라서 평형점은 없다. 떨어지는 물체에 대하여 위치 u는 일정하지 않고 평형점은 없다.
■

계산기를 이용하여 미분방정식의 해의 그래프를 그릴 수도 있지만 이것은 일계 미분방정식이나 연립 일계 미분방정식일 때만 그릴 수 있다. 예제 4.4에서와 같은 방법을 이용하여 고계 미분방정식의 해의 그래프를 계산기를 이용하여 그릴 수 있다.

연습문제 7.4

[1~3] 다음 먹이 사슬 모델 문제의 평형점을 구하고 설명하여라.

1. $\begin{cases} x' = 0.2x - 0.2x^2 - 0.4xy \\ y' = -0.1y + 0.2xy \end{cases}$

2. $\begin{cases} x' = 0.3x - 0.1x^2 - 0.2xy \\ y' = -0.2y + 0.1xy \end{cases}$

3. $\begin{cases} x' = 0.2x - 0.1x^2 - 0.4xy \\ y' = -0.3y + 0.1xy \end{cases}$

[4~5] 방향장을 이용하여 다음 점에서 안정성을 결정하여라.

4. 점 (0, 0)

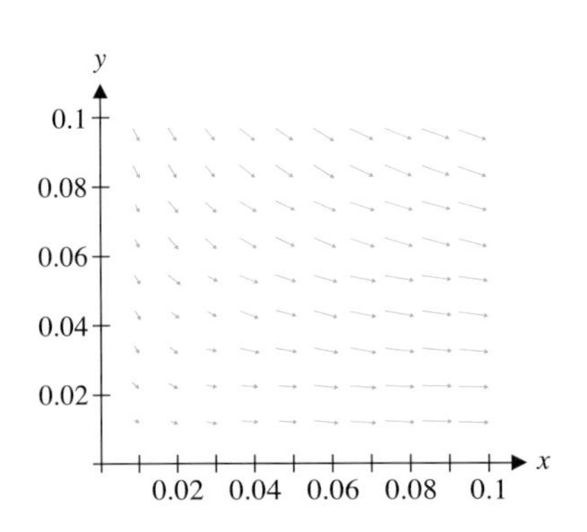

5. 점 (0.5, 0.5)

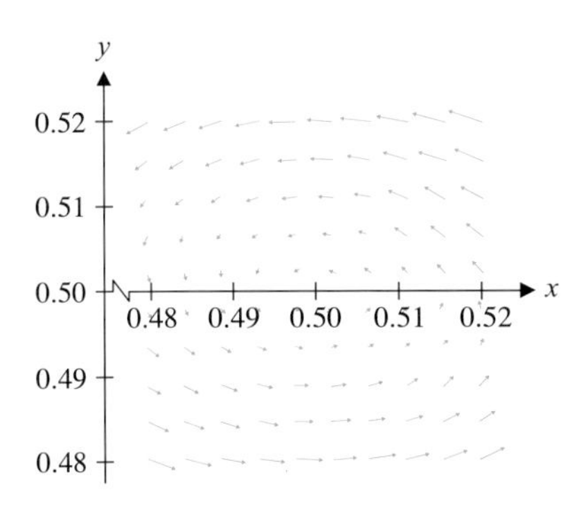

[6~7] 다음 종족 모델 문제의 모든 평형점을 구하고 설명하여라.

6. $\begin{cases} x' = 0.3x - 0.2x^2 - 0.1xy \\ y' = 0.2y - 0.1y^2 - 0.1xy \end{cases}$

7. $\begin{cases} x' = 0.2x - 0.2x^2 - 0.1xy \\ y' = 0.1y - 0.1y^2 - 0.2xy \end{cases}$

[8~9] 다음 미분방정식을 연립 일계 미분방정식으로 바꾸어라.

8. $y'' + 2xy' + 4y = 4x^2$

9. $y'' - (\cos x)y' + xy^2 = 2x$

[10~11] 다음 연립 미분방정식의 모든 평형점을 구하여라.

10. $\begin{cases} x' = (x^2 - 4)(y^2 - 9) \\ y' = x^2 - 2xy \end{cases}$

11. $\begin{cases} x' = (2 + x)(y - x) \\ y' = (4 - x)(x + y) \end{cases}$

CHAPTER 8

무한급수

우리는 일상생활에서 다양한 디지털 기술을 접한다. 예를 들어 음악과 비디오는 디지털화되어 전달되고 디지털 비디오와 카메라, 인터넷 등을 통하여 디지털 정보 세계에 쉽게 접근할 수 있다. 디지털 혁명의 필수적인 요소는 이 장의 마지막 절에서 살펴볼 수학적 개념인 푸리에 해석학이다.

우리는 디지털 시대에서 다양한 정보를 주고받는다. 한 정보를 다른 정보로 변환하는 능력은 문제 해결 능력을 길러준다. 예를 들어 색소폰으로 연주되는 음악을 생각해 보자. 처음에 음악은 악보로 표현되지만 색소폰 연주자는 그 음악을 자신만의 색으로 연주한다. 연주된 음악은 기록되고 복사되어 재생된다. 음악의 연주는 아날로그 기술에 의해 이루어지지만 디지털 기술의 발전은 지금까지 알려지지 않은 세계, 즉 색소폰 연주와 같은 것을 기록하여 보존할 수 있게 한다. 이러한 기술의 핵심은 연주된 음악을 각 구성 요소로 분할한 다음 기록하고 재생장치를 통하여 다시 재결합하여 원음으로 재생시키는 것이다. 이러한

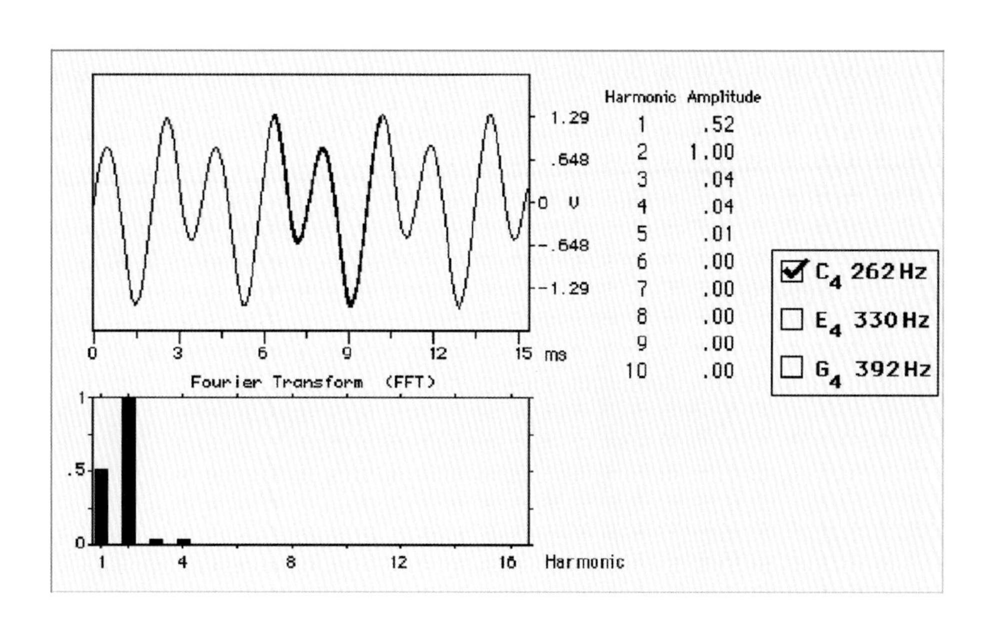

과정이 어떻게 가능한지 상상해 보라! 복잡한 리듬과 음정이 색소폰 리드에 의해 만들어지고 0과 1로 이루어진 디지털 비트로 변환된다. 이 비트들은 CD 플레이어와 같은 재생장치에 의해 다시 음악으로 재생된다.

이 장에서는 $\sin 1.234567$과 같은 값을 계산기가 계산하는 방법과 음악 합성기의 원리를 공부한다. 이 두 기술의 원리인 수학은 아주 비슷하다. 또 다양한 함수를 간단한 함수로 표현하는 방법을 공부하고 중요한 응용에 관해서도 공부할 것이다.

8.1 수 열

수열의 수학적 개념은 일반적으로 어떤 대상의 연속적인 나열이라는 의미이다. 예를 들면, 어떤 교통사고가 발생했을 때 그 과정을 설명하려고 한다면 교통사고가 발생하기 이전까지의 사건(상황)을 나열할 것이고, 이때 사건들의 특별한 순서가 반드시 필요할 것이다. 수학에서도 일반적으로 수열이라는 용어는 특별한 순서에 따라 나열된 무한개의 실수들의 모임을 의미한다.

우리는 이미 다양한 형태의 수열을 접하여 왔다. 예를 들어, $\tan x - x = 0$와 같은 비선형 방정식의 근사해를 구하기 위해서 처음값 x_0를 설정하고 뉴턴의 방법을 사용하여 $x_1, x_2, \cdots$와 같은 수열을 만들어서 근사해를 구해 나간다.

수열의 정의

수열(sequence)은 적당한 정수 n_0(0 또는 1)부터 시작하는 정수들의 집합을 정의역으로 하고, 임의의 실수값을 갖는 함수이다. 예를 들면, 함수 $a(n)=\frac{1}{n}$, ($n = 1, 2, 3, \cdots$)은 수열

$$\frac{1}{1}, \frac{1}{2}, \frac{1}{3}, \frac{1}{4}, \cdots$$

을 정의한다. 여기서 $\frac{1}{1}$은 첫 번째 **항**, $\frac{1}{2}$은 두 번째 항이라 하고 $a(n) = \frac{1}{n}$을 **일반항**(general term)이라 부른다. 앞으로 수열을 나타내기 위하여 함수적인 표현 $a(n)$ 대신에 a_n으로 나타낸다.

예제 1.1 수열의 항

수열의 일반항이 $a_n = \dfrac{n+1}{n}$, ($n = 1, 2, 3, \cdots$)인 수열의 처음 몇 개의 항을 구하여라.

풀이

$$a_1 = \frac{1+1}{1} = \frac{2}{1},\ a_2 = \frac{2+1}{2} = \frac{3}{2},\ a_3 = \frac{4}{3},\ a_4 = \frac{5}{4},\ \cdots$$

■

수열을 나타내기 위해서 집합 기호를 사용한다. 예를 들면, 일반항이 $a_n = \frac{1}{n^2}$, $(n = 1, 2, 3, \cdots)$인 수열을

$$\{a_n\}_{n=1}^{\infty} = \left\{\frac{1}{n^2}\right\}_{n=1}^{\infty}$$

또는

$$\left\{\frac{1}{1}, \frac{1}{2^2}, \frac{1}{3^2}, \cdots, \frac{1}{n^2}, \cdots\right\}$$

로 나타낸다. 이 수열의 그래프는 그림 8.1과 같고 n이 점점 커짐에 따라 수열 $a_n = \frac{1}{n^2}$은 0에 가까이 간다. 이 경우에 수열이 0에 수렴한다고 하고 다음과 같이 나타낸다.

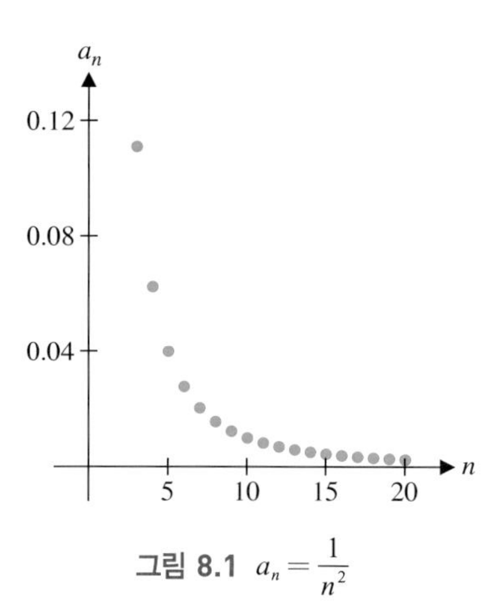

그림 8.1 $a_n = \frac{1}{n^2}$

$$\lim_{n\to\infty} a_n = \lim_{n\to\infty} \frac{1}{n^2} = 0$$

일반적으로, n을 충분히 크게 함으로써 원하는 만큼 a_n을 L에 가깝게 할 수 있으면 수열 $\{a_n\}_{n=1}^{\infty}$은 L에 수렴한다고 하고 $\lim_{n\to\infty} a_n = L$로 나타내며 이것은 1.6절에서 함수의 극한을 정의할 때 사용했던 기호 $\lim_{x\to\infty} f(x) = L$과 유사하다. 유일한 차이점은 함수의 극한에서는 x가 임의의 실수인 반면에 수열의 극한에서는 n이 정수라는 것이다.

n을 충분히 크게 함으로써 원하는 만큼 a_n을 L에 가깝게 할 수 있다고 하는 것은 임의의 (작은) 실수 $\varepsilon > 0$를 택하더라도 a_n을 L로부터의 ε거리 내에 있게 할 수 있어야 한다는 것이다. a_n과 L의 거리가 ε보다 작다는 것은 $|a_n - L| < \varepsilon$과 같은 의미이다.

정의 1.1

수열 $\{a_n\}_{n=1}^{\infty}$에서, 임의의 주어진 $\varepsilon > 0$에 대하여 정수 N이 존재하여

$$n > N\text{인 모든 } n\text{에 대하여 } |a_n - L| < \varepsilon$$

이 성립할 때, 수열 $\{a_n\}_{n=1}^{\infty}$은 L에 **수렴한다**(converge)고 한다. 만약 이와 같은 L이 없다면 이 수열은 **발산한다**(diverge)고 한다.

정의 1.1의 의미를 그림 8.2에서 설명하고 있다. 즉, 임의의 $\varepsilon > 0$에 대하여 적당한 자연수 N을 찾을 수 있고 N번째 이후의 수열의 항들은 $L - \varepsilon$과 $L + \varepsilon$ 사이에 존재한다.

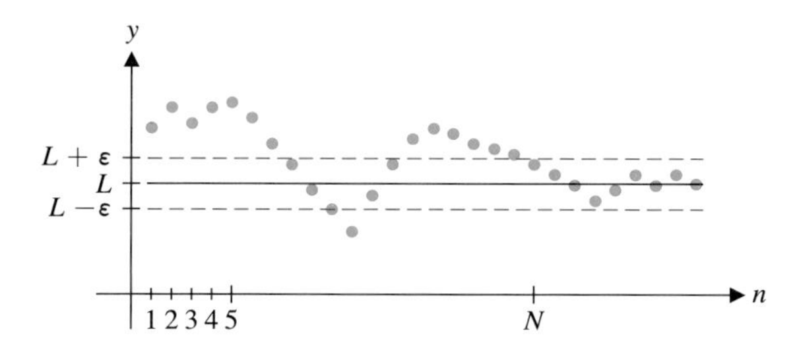

그림 8.2 수열의 수렴

다음 예제에서 정의 1.1을 이용하여 수열의 수렴성을 증명한다.

예제 1.2 수열의 수렴 증명

정의 1.1을 이용하여 수열 $\{a_n\}_{n=1}^{\infty} = \left\{\frac{1}{n^2}\right\}_{n=1}^{\infty}$ 이 0에 수렴함을 증명하여라.

풀이

주어진 수열의 경우, n을 충분히 크게 함으로써 $\frac{1}{n^2}$이 0에 충분히 가깝게 할 수 있음을 보여야 한다. 따라서 임의의 $\varepsilon > 0$에 대하여 $n > N$이면

$$\left| \frac{1}{n^2} - 0 \right| < \varepsilon$$

을 만족하는 충분히 큰 수 N을 찾아야 하며 위 부등식은 다음과 같다.

$$\frac{1}{n^2} < \varepsilon \tag{1.1}$$

n^2과 ε은 양수이므로 식 (1.1)의 양변을 ε으로 나누고 n^2을 곱하면

$$\frac{1}{\varepsilon} < n^2$$

을 얻고 양변에 제곱근을 적용하면 다음 부등식을 얻는다.

$$\sqrt{\frac{1}{\varepsilon}} < n$$

위의 각 단계의 역과정도 성립하므로 $N \geq \sqrt{\frac{1}{\varepsilon}}$이면 $n > N$인 모든 n에 대하여 $\frac{1}{n^2} < \varepsilon$이 성립한다.

■

함수의 극한에 대한 대부분의 성질은 다음과 같이 수열의 극한 성질에도 적용된다.

정리 1.1

수열 $\{a_n\}_{n=n_0}^{\infty}$과 $\{b_n\}_{n=n_0}^{\infty}$가 수렴한다면, 다음 성질이 성립한다.

(i) $\lim_{n\to\infty}(a_n + b_n) = \lim_{n\to\infty} a_n + \lim_{n\to\infty} b_n$

(ii) $\lim_{n\to\infty}(a_n - b_n) = \lim_{n\to\infty} a_n - \lim_{n\to\infty} b_n$

(iii) $\lim_{n\to\infty}(a_n b_n) = \left(\lim_{n\to\infty} a_n\right)\left(\lim_{n\to\infty} b_n\right)$

(iv) $\lim_{n\to\infty} \frac{a_n}{b_n} = \frac{\lim_{n\to\infty} a_n}{\lim_{n\to\infty} b_n}$ $\left(\text{단, } \lim_{n\to\infty} b_n \neq 0\right)$

정리 1.1의 증명은 함수의 극한에 관한 성질의 증명과 유사하므로 생략한다(1.3절의 정리 3.1과 부록 A 참조).

수열의 극한을 구하는 것은 함수의 극한을 구하는 것과 매우 유사하다. 유일한 차이점은 수열은 자연수에서 정의된다는 것이다.

예제 1.3 수열의 극한 구하기

$\lim_{n\to\infty} \frac{5n+7}{3n-5}$ 을 구하여라.

풀이

이 극한은 $\frac{\infty}{\infty}$ 형태의 부정형이다. 그림 8.3의 그래프로부터 이 수열은 2 근처에 극한이 있음을 알 수 있다. 여기서 주의해야 할 것은 분자와 분모가 연속함수가 아니므로 로피탈의 법칙을 적용할 수 없다는 것이다. 이 경우는 분모에 있는 n의 최고차항으로 분자와 분모를 나누어 계산하는 방법을 사용할 수 있다. 즉

$$\lim_{n\to\infty} \frac{5n+7}{3n-5} = \lim_{n\to\infty} \frac{(5n+7)\left(\frac{1}{n}\right)}{(3n-5)\left(\frac{1}{n}\right)} = \lim_{n\to\infty} \frac{5+\frac{7}{n}}{3-\frac{5}{n}} = \frac{5}{3}$$

이다.

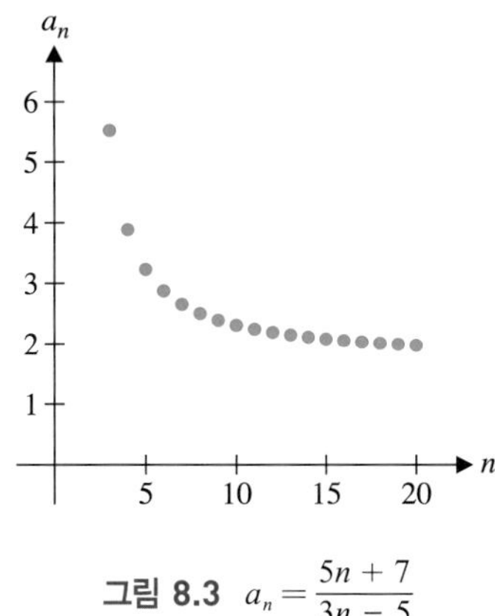

그림 8.3 $a_n = \frac{5n+7}{3n-5}$

주 1.1

예제 1.3에서 n을 연속변수로 간주하고 로피탈의 정리를 적용하면 같은 극한값을 구할 수 있다. 그러나 이 방법을 항상 적용할 수 있는 것은 아니며, 정리 1.2는 수열의 극한값을 구하는 데 로피탈의 정리를 효과적으로 적용하는 방법을 제시한다.

다음 예제에서는 수열의 일반항이 무한히 커지면서 발산하는 수열을 살펴본다.

예제 1.4 발산하는 수열

$\lim_{n\to\infty} \frac{n^2+1}{2n-3}$ 을 구하여라.

풀이

이 수열은 부정형이며 그림 8.4로부터 n이 증가함에 따라 위로 유계되지 않고 증가하고 있는 것을 알 수 있다. 분자와 분모를 n으로 나누면

$$\lim_{n\to\infty} \frac{n^2+1}{2n-3} = \lim_{n\to\infty} \frac{(n^2+1)\left(\frac{1}{n}\right)}{(2n-3)\left(\frac{1}{n}\right)} = \lim_{n\to\infty} \frac{n+\frac{1}{n}}{2-\frac{3}{n}} = \infty$$

가 되어 수열 $\left\{\frac{n^2+1}{2n-3}\right\}_{n=1}^{\infty}$ 은 발산한다.

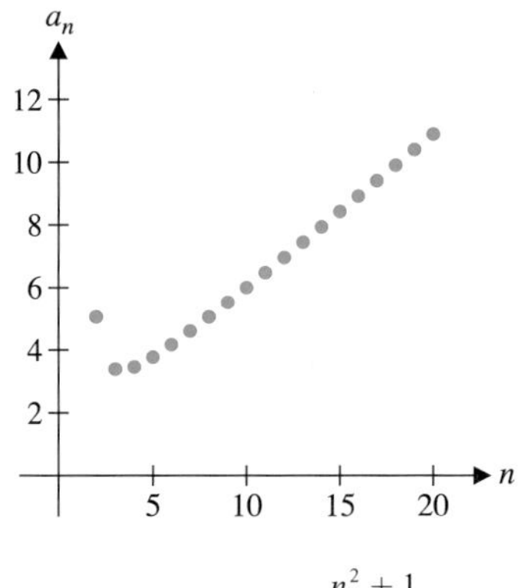

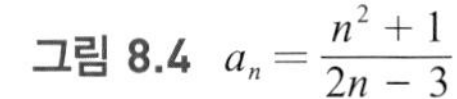

그림 8.4 $a_n = \frac{n^2+1}{2n-3}$

다음 예제에서는 위의 예제와 다른 형태, 즉 진동하면서 발산하는 수열을 살펴본다.

예제 1.5 발산하는 수열

수열 $\{(-1)^n\}_{n=1}^{\infty}$ 의 수렴 또는 발산을 판정하여라.

풀이

수열의 각 항을 나열하여 보면

$$\{-1, 1, -1, 1, -1, 1, \cdots\}$$

이고 그래프는 그림 8.5에 나타나 있다. 수열의 각 항들이 -1과 1을 반복하며 진동하고 일반항은 일정한 값에 접근하지 않는다. 따라서 주어진 수열은 발산한다.

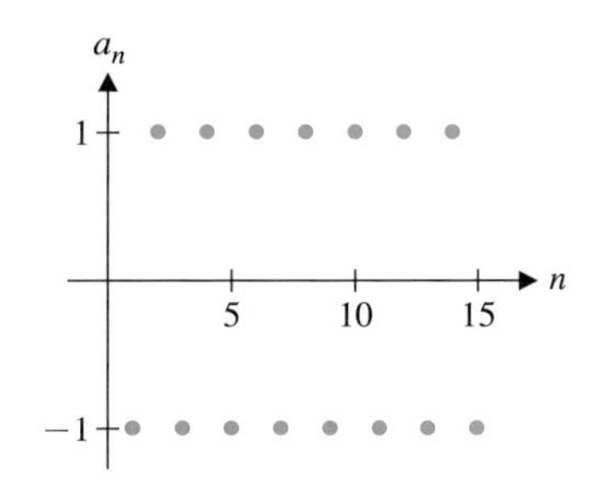

그림 8.5 $a_n = (-1)^n$

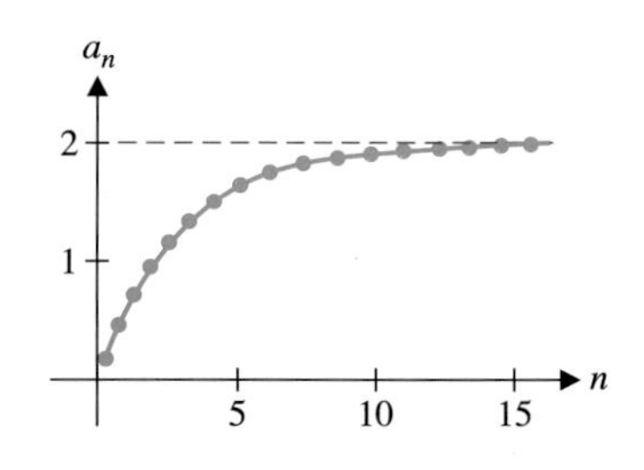

그림 8.6 $a_n = f(n)$, $x \to \infty$일 때 $f(x) \to 2$

수열의 극한을 구하기 위하여 로피탈 법칙을 사용할 수 있다. 그러나 함수의 극한을 나타내는 기호 '$x \to \infty$일 때, $f(x) \to L$'에서 x는 연속변수이며, 기호 '$n \to \infty$일 때, $f(n) \to L$'에서 n은 자연수임을 주의해야 한다(그림 8.6 참조).

다음 정리는 함수의 극한과 수열의 극한의 관계를 나타낸다.

정리 1.2

$\lim_{x\to\infty} f(x) = L$이면, $\lim_{n\to\infty} f(n) = L$이다.

주 1.2

정리 1.2의 역은 성립하지 않는다. 즉, $\lim_{n\to\infty} f(n) = L$일 때 반드시 $\lim_{x\to\infty} f(x) = L$일 필요는 없다. 그림 8.7a에서와 같이 모든 정수 n에 대하여 $\cos(2\pi n) = 1$이므로 수열의 극한은

$$\lim_{n\to\infty}\cos(2\pi n) = 1$$

이지만 $x \to \infty$일 때, 그림 8.7b에서와 같이 $\cos(2\pi x)$는 -1과 1 사이를 진동하므로 함수의 극한

$$\lim_{x\to\infty}\cos(2\pi x)$$

는 존재하지 않는다.

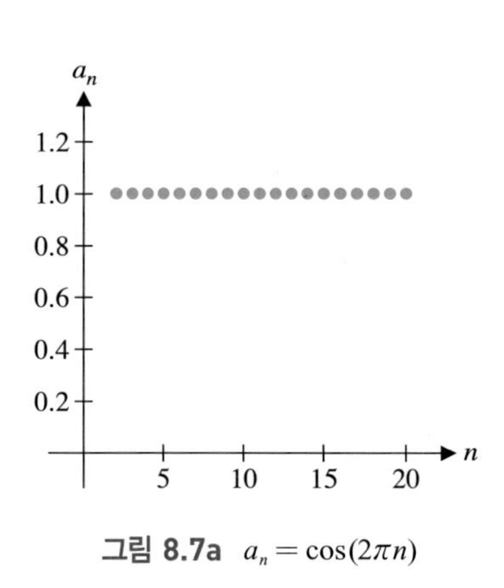

그림 8.7a $a_n = \cos(2\pi n)$

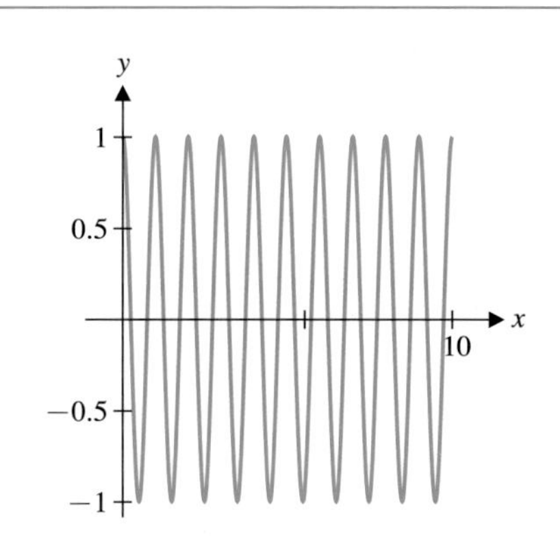

그림 8.7b $y = \cos(2\pi x)$

예제 1.6 로피탈의 법칙 적용

$\lim_{n\to\infty} \frac{n+1}{e^n}$ 을 구하여라.

풀이

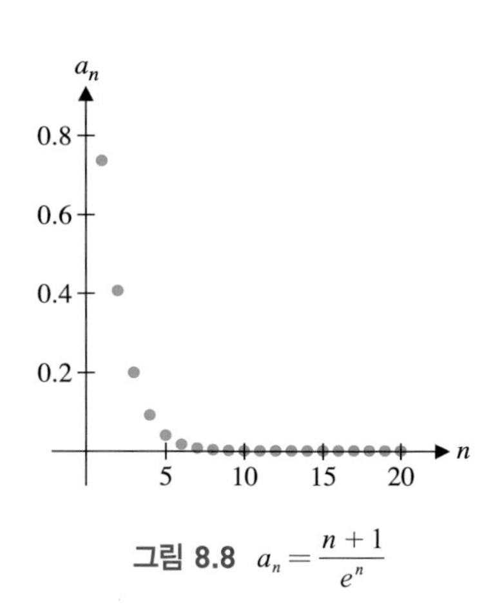

그림 8.8 $a_n = \frac{n+1}{e^n}$

그림 8.8의 그래프는 이 수열이 0에 수렴하고 있음을 보여준다. 그러나 주어진 수열이 0에 수렴한다는 것을 로피탈의 법칙을 적용하지 않고 증명하는 것은 쉽지 않다. 물론 수열의 극한에 대하여 로피탈의 법칙이 적용될 수 없다는 것은 앞에서도 언급하였다. 이 경우 수열의 극한 계산은 로피탈의 법칙을 적용할 수 있는 연속함수이면서 자연수에서 수열과 같은 값을 갖는 함수를 택하여 정리 1.2를 이용한다.

$$\lim_{x\to\infty}\frac{x+1}{e^x} = \lim_{x\to\infty}\frac{\frac{d}{dx}(x+1)}{\frac{d}{dx}(e^x)} = \lim_{x\to\infty}\frac{1}{e^x} = 0$$

이므로 정리 1.2에 의하여

$$\lim_{n\to\infty}\frac{n+1}{e^n}=0$$

이다.

다음 절에서 학습하게 될 급수를 포함한 다양한 형태의 수열에서 수열의 극한을 구하는 방법을 학습하지만, 모든 수열의 일반항조차도 구하는 명확한 공식은 없다. 경우에 따라서는 간접적인 방법으로 수렴성을 조사해야만 한다. 다음 정리에서 1.2절의 함수 극한의 성질에 대응되는 간접적인 방법을 살펴본다.

정리 1.3 조임정리(Squeeze Theorem)

수열 $\{a_n\}_{n=n_0}^{\infty}$과 $\{b_n\}_{n=n_0}^{\infty}$가 모두 극한값 L에 수렴한다고 하자. 만약 모든 $n\geq n_1$에 대하여 $a_n\leq c_n\leq b_n$이 성립하는 정수 $n_1\geq n_0$이 존재하면 수열 $\{c_n\}_{n=n_0}^{\infty}$은 수렴하고 극한값은 L이다.

다음 예제에서 조임정리를 이용하여 수열의 극한을 구하는 방법을 살펴본다. 중요한 것은 주어진 수열보다 크고 작은 두 수열을 찾는 것인데 그 두 수열의 극한은 같아야 한다.

예제 1.7 조임정리의 적용

수열 $\left\{\frac{\sin n}{n^2}\right\}_{n=1}^{\infty}$의 수렴 또는 발산을 판정하여라.

풀이

그림 8.9로부터 주어진 수열은 진동하면서 0에 수렴함을 추정할 수 있다. 지금까지 학습한 공식으로는 극한값을 구하는 것이 쉽지 않다. $\sin n$의 치역을 생각해 보자. 모든 n에 대하여

$$-1\leq\sin n\leq 1$$

이고 각 항을 n^2으로 나누면, $n\geq 1$에 대하여

$$\frac{-1}{n^2}\leq\frac{\sin n}{n^2}\leq\frac{1}{n^2}$$

이다. 여기서

$$\lim_{n\to\infty}\frac{-1}{n^2}=0=\lim_{n\to\infty}\frac{1}{n^2}$$

이므로 조임정리를 적용하면

$$\lim_{n\to\infty}\frac{\sin n}{n^2}=0$$

이다.

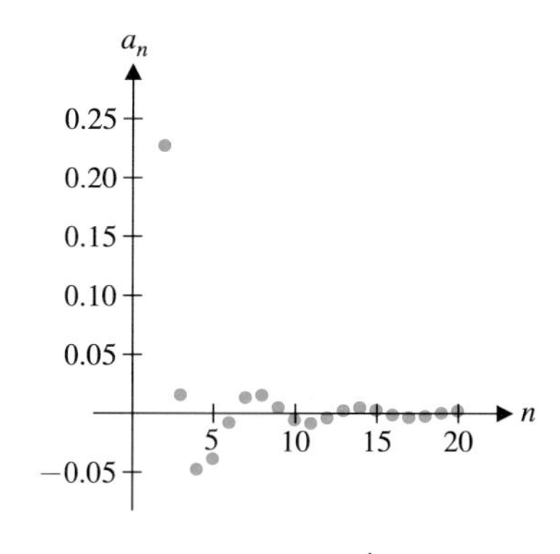

그림 8.9 $a_n=\frac{\sin n}{n^2}$

다음 따름정리는 정리 1.3으로부터 쉽게 얻을 수 있다.

따름정리 1.1

$\lim_{n\to\infty} |a_n| = 0$이면 $\lim_{n\to\infty} a_n = 0$이다.

증명

모든 n에 대하여

$$-|a_n| \le a_n \le |a_n|$$

이다. 또한

$$\lim_{n\to\infty} |a_n| = 0, \quad \lim_{n\to\infty}(-|a_n|) = -\lim_{n\to\infty} |a_n| = 0$$

이므로 조임정리로부터

$$\lim_{n\to\infty} a_n = 0$$

이다. ■

따름정리 1.1은 수열이 양항 및 음항 모두를 가질 때 특히 유용하다.

예제 1.8 교대부호를 갖는 수열

수열 $\left\{\frac{(-1)^n}{n}\right\}_{n=1}^{\infty}$의 수렴 또는 발산을 판정하여라.

풀이

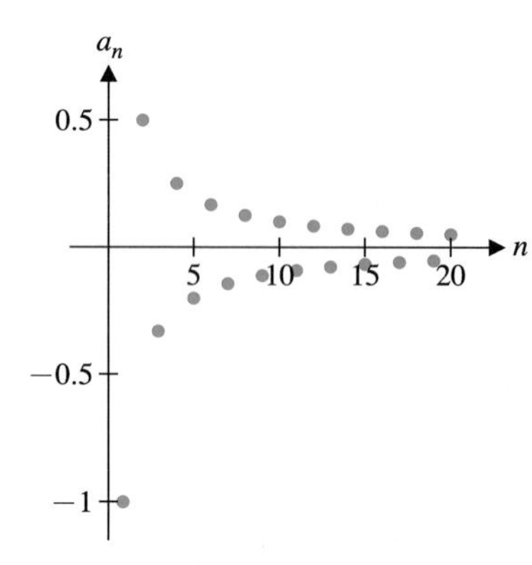

그림 8.10 $a_n = \frac{(-1)^n}{n}$

그림 8.10의 그래프로부터 이 수열은 진동하면서 0에 수렴하고 있음을 추정할 수 있으나 $\lim_{n\to\infty} \frac{(-1)^n}{n}$은 직접 계산할 수 없다. 한편,

$$\left|\frac{(-1)^n}{n}\right| = \frac{1}{n}$$

이고

$$\lim_{n\to\infty} \frac{1}{n} = 0$$

임을 알고 있다. 따라서 따름정리 1.1로부터

$$\lim_{n\to\infty} \frac{(-1)^n}{n} = 0$$

이다. ■

정의 1.2

임의의 자연수 $n \ge 1$의 **계승**(factorial) $n!$을 다음과 같이 정의한다.

$$n! = 1 \cdot 2 \cdot 3 \cdot \cdots \cdot n$$

또한 $0! = 1$로 정의한다.

다음 예제에서 조임정리를 적용하지 않으면 극한값을 구하기 어려운 수열의 예를 알 수 있다.

예제 1.9 수렴성의 간접 증명

수열 $\left\{\frac{n!}{n^n}\right\}_{n=1}^{\infty}$ 의 수렴성을 판정하여라.

풀이

그림 8.11로부터 각 항들이 감소하면서 0에 가까이 접근함을 알 수 있으나, 극한값을 직접 계산하는 것은 쉽지 않다는 것을 알 수 있다. $n!$의 정의로부터 수열의 일반항은 다음 부등식

$$0 < \frac{n!}{n^n} = \frac{1 \cdot 2 \cdot 3 \cdot \cdots \cdot n}{\underbrace{n \cdot n \cdot n \cdot \cdots \cdot n}_{n \text{ factors}}}$$

$$= \left(\frac{1}{n}\right)\frac{2 \cdot 3 \cdot \cdots \cdot n}{\underbrace{n \cdot n \cdot \cdots \cdot n}_{n-1 \text{ factors}}} \le \left(\frac{1}{n}\right)(1) = \frac{1}{n} \tag{1.2}$$

을 만족한다.

$$\lim_{n\to\infty}\frac{1}{n} = 0, \quad \lim_{n\to\infty} 0 = 0$$

이므로 부등식 (1.2)에 조임정리를 적용하면

$$\lim_{n\to\infty}\frac{n!}{n^n} = 0$$

이다.

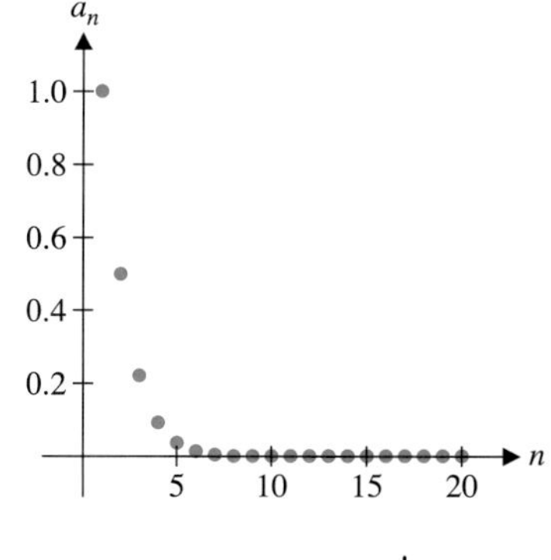

그림 8.11 $a_n = \frac{n!}{n^n}$

함수에서와 마찬가지로 수열에서도 증가수열과 감소수열을 구별할 필요가 있다. 증가수열과 감소수열을 다음과 같이 정의한다.

정의 1.3

(i) $a_1 \le a_2 \le \cdots \le a_n \le a_{n+1} \le \cdots$일 때 수열 $\{a_n\}_{n=1}^{\infty}$을 **증가수열**(increasing sequence)이라 한다.

(ii) $a_1 \ge a_2 \ge \cdots \ge a_n \ge a_{n+1} \ge \cdots$일 때 수열 $\{a_n\}_{n=1}^{\infty}$은 **감소수열**(decreasing sequence)이라 한다.

증가수열과 감소수열을 **단조수열**(monotonic sequence)이라 한다.

어떤 수열이 단조수열임을 보이는 방법은 여러 가지이다. 어떠한 방법을 사용하든 모든 n에 대하여 $a_n \le a_{n+1}$(증가) 또는 $a_n \ge a_{n+1}$(감소)임을 증명하여야 한다. 다음 두 예제에서 연속된 두 개의 항 a_n과 a_{n+1}의 비를 이용하여 증가 또는 감소수열을 판정하는 방법을 살펴볼 것이다.

예제 1.10 증가수열

수열 $\left\{\dfrac{n}{n+1}\right\}_{n=1}^{\infty}$ 이 증가수열인지 감소수열인지 판정하여라.

풀이

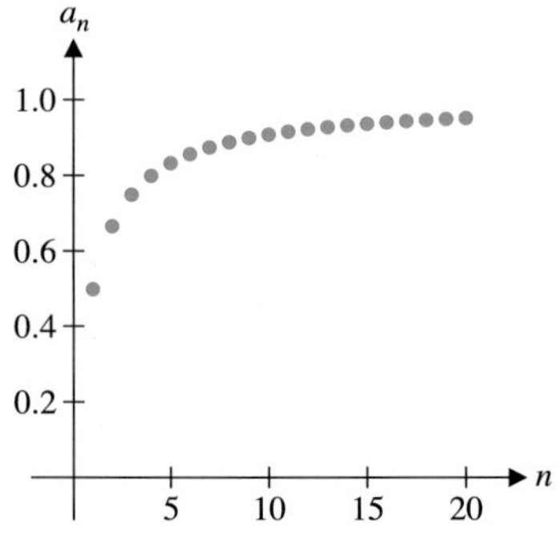

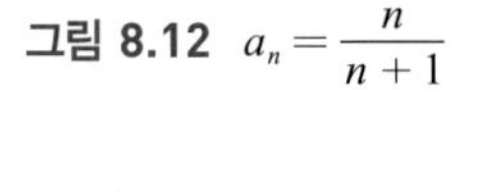

그림 8.12 $a_n = \dfrac{n}{n+1}$

그림 8.12는 이 수열이 증가하고 있음을 나타낸다. 그러나 처음 몇 개의 항만 조사하는 것으로 이 수열이 증가한다고 결론 지을 수는 없다. 연속된 두 항의 비를 조사하여 보자. $a_n = \dfrac{n}{n+1}$ 이라 하면 $a_{n+1} = \dfrac{n+1}{n+2}$ 이므로

$$\begin{aligned}\frac{a_{n+1}}{a_n} &= \frac{\left(\dfrac{n+1}{n+2}\right)}{\left(\dfrac{n}{n+1}\right)} = \left(\frac{n+1}{n+2}\right)\left(\frac{n+1}{n}\right) \\ &= \frac{n^2+2n+1}{n^2+2n} = 1 + \frac{1}{n^2+2n} > 1 \qquad (1.3)\end{aligned}$$

이다. $a_n > 0$ 므로 식 (1.3)의 양변에 a_n을 곱하면, 모든 n에 대하여

$$a_{n+1} > a_n$$

이므로 수열 $\left\{\dfrac{n}{n+1}\right\}_{n=1}^{\infty}$ 은 증가수열이다. 또 다른 방법을 생각해 보자. 함수 $f(x) = \dfrac{x}{x+1}$ 를 x에 대하여 미분하면

$$f'(x) = \frac{(x+1)-x}{(x+1)^2} = \frac{1}{(x+1)^2} > 0$$

이고 함수 $f(x)$는 증가한다. 이것으로부터 수열 $a_n = \dfrac{n}{n+1}$ 도 증가수열임을 알 수 있다.

■

예제 1.11 $n \geq 2$일 때 증가수열

수열 $\left\{\dfrac{n!}{e^n}\right\}_{n=1}^{\infty}$ 이 증가수열인지 감소수열인지 판정하여라.

풀이

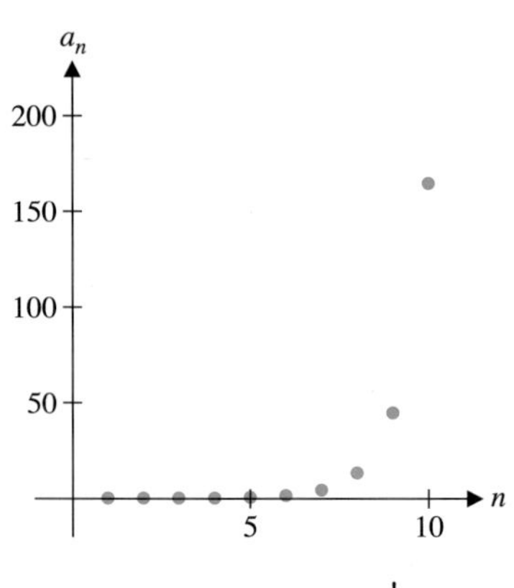

그림 8.13 $a_n = \dfrac{n!}{e^n}$

그림 8.13은 이 수열이 빠르게 증가하고 있음을 나타낸다. $a_n = \dfrac{n!}{e^n}$ 이라 하면 $n \geq 2$일 때

$$\begin{aligned}\frac{a_{n+1}}{a_n} &= \frac{\left[\dfrac{(n+1)!}{e^{n+1}}\right]}{\left(\dfrac{n!}{e^n}\right)} = \frac{(n+1)!}{e^{n+1}}\,\frac{e^n}{n!} \\ &= \frac{(n+1)n!e^n}{e(e^n)n!} = \frac{n+1}{e} > 1 \qquad (1.4)\end{aligned}$$

이 성립한다. 양변에 $a_n > 0$을 곱하면 $n \geq 2$일 때

$$a_{n+1} > a_n$$

이 되어 주어진 수열은 증가수열이다. 이 수열은 모든 자연수 n에 대하여 증가수열은 아니지만 $n \geq 2$일 때는 증가수열이다. 극한값을 구할 때에는 처음 몇 개의 항은 극한값에 영향을 주지 않으므로 $n \to \infty$일 때 항들의 상태가 중요하다.

■

수열의 또 다른 성질을 다음 정의에서 살펴보자.

정의 1.4

모든 n에 대하여

$$|a_n| \le M$$

을 만족하는 실수 M이 존재하면 수열 $\{a_n\}_{n=1}^{\infty}$은 **유계수열**(bounded sequence)이라 하고 M을 이 수열의 **유계**(bound)라 한다.

위의 정의에서 살펴보면 한 유계수열에 대하여 무수히 많은 유계가 존재한다. 예를 들어, 모든 n에 대하여 $|a_n| \le 10$ 이면 $|a_n| \le 20$이다.

예제 1.12 유계수열

수열 $\left\{\dfrac{3-4n^2}{n^2+1}\right\}_{n=1}^{\infty}$ 는 유계수열임을 증명하여라.

풀이

$n \ge 1$인 모든 n에 대하여 $4n^2 - 3 > 0$이고

$$|a_n| = \left|\frac{3-4n^2}{n^2+1}\right| = \frac{4n^2-3}{n^2+1} < \frac{4n^2}{n^2+1} < \frac{4n^2}{n^2} = 4$$

이므로 주어진 수열은 4가 유계인 유계수열이다. 4보다 더 큰 수 또한 유계가 된다.

다음 정리는 단조수열의 수렴성을 조사하는 데 유용한 정리이다.

정리 1.4

유계인 단조수열은 수렴한다.

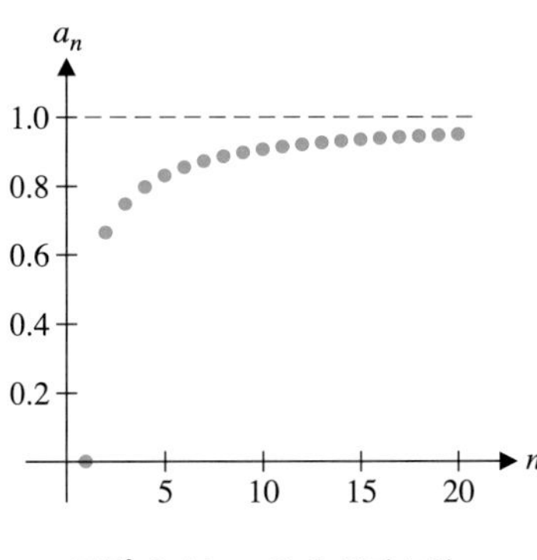

그림 8.14a 유계 증가수열

그림 8.14a와 8.14b는 각각 유계 증가수열과 유계 감소수열의 예이다. 정리 1.4에 따르면 유계 단조수열은 반드시 수렴한다. 정리 1.4의 증명은 이 절의 끝에 나타나 있다.

수열의 극한을 계산하는 방법이 쉽지 않은 수열에서, 그 수열의 유계성과 단조성을 알 수 있다면 그 수열은 수렴한다는 성질이 정리 1.4이다. 수열이 수렴한다는 사실만 알 수 있다면 그 수열의 일반항을 충분히 계산함으로써 극한을 근사적으로 구할 수 있다. 다음 예제를 보자.

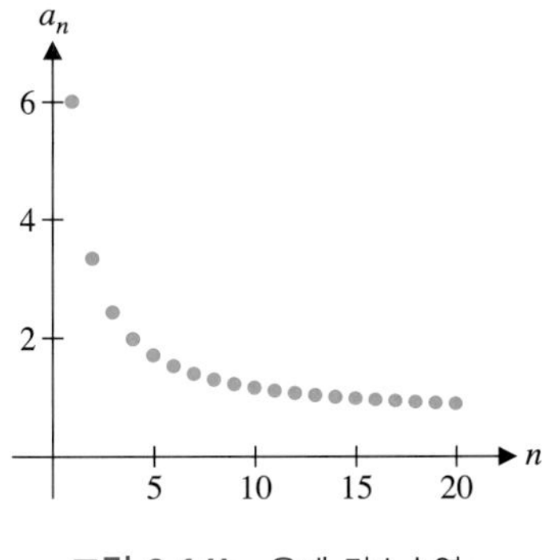

그림 8.14b 유계 감소수열

예제 1.13 수렴성에 대한 간접 증명

수열 $\left\{\dfrac{2^n}{n!}\right\}_{n=1}^{\infty}$ 의 수렴성을 판정하여라.

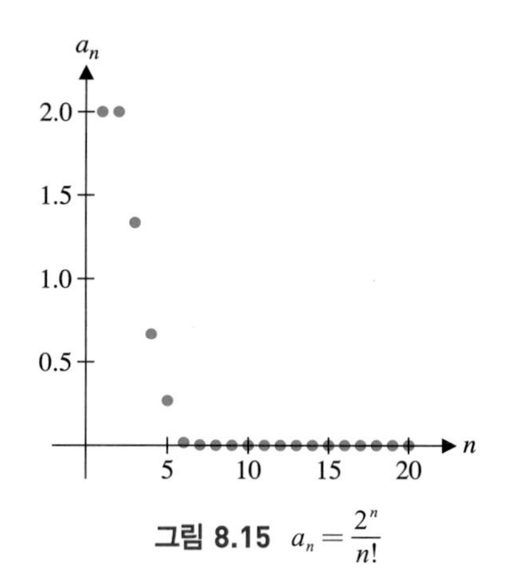

그림 8.15 $a_n = \dfrac{2^n}{n!}$

n	$a_n = \dfrac{2^n}{n!}$
2	2
4	0.666667
6	0.088889
8	0.006349
10	0.000282
12	0.0000086
14	1.88×10^{-7}
16	3.13×10^{-9}
18	4.09×10^{-11}
20	4.31×10^{-13}

풀이

이 수열은 부정형 $\frac{\infty}{\infty}$ 형태이면서 로피탈의 법칙을 적용할 수도 없고 $\lim_{n\to\infty} \dfrac{2^n}{n!}$을 구하기도 쉽지 않다. 그림 8.15는 주어진 수열이 0에 가까운 어떤 수로 수렴한다는 것을 암시한다. 이것을 확인하기 위하여 먼저 수열의 단조성을 확인하여 보자. $n \geq 1$에 대하여

$$\frac{a_{n+1}}{a_n} = \frac{\left[\dfrac{2^{n+1}}{(n+1)!}\right]}{\left(\dfrac{2^n}{n!}\right)} = \frac{2^{n+1}}{(n+1)!}\,\frac{n!}{2^n}$$

$$= \frac{2(2^n)n!}{(n+1)n!\,2^n} = \frac{2}{n+1} \leq 1 \tag{1.5}$$

이므로 모든 n에 대하여 $a_{n+1} \leq a_n$이고 따라서 주어진 수열은 감소수열이다. 다음으로 이 수열이 유계임을 보이자. $n \geq 1$에 대하여

$$0 < \frac{2^n}{n!} \leq \frac{2^1}{1!} = 2$$

이고, 따라서 이 식은 수열의 모든 항이 2보다 작거나 같음을 나타낸다. 즉, 주어진 수열은 유계수열이다. 따라서 정리 1.4에 의하여 이 수열은 수렴한다. 주어진 수열의 극한의 근삿값을 구하기 위하여 표와 같이 수열의 몇 개의 항을 구하여 보자. 이 표로부터 수열은 근사적으로 0에 수렴함을 알 수 있다. 수열이 감소수열이고 수렴하므로 표의 계산 결과를 이용하면, $n \geq 20$일 때

$$0 \leq a_n \leq a_{20} \approx 4.31 \times 10^{-13}$$

을 얻고 이 수열의 극한 L은 다음 부등식

$$0 \leq L \leq 4.31 \times 10^{-13}$$

을 만족한다. 주어진 수열의 극한값이 0임을 다음과 같이 확인할 수 있다. 식 (1.5)로부터

$$L = \lim_{n\to\infty} a_{n+1} = \lim_{n\to\infty}\left(\frac{2}{n+1}\right)a_n$$

이고 따라서

$$L = \left(\lim_{n\to\infty}\frac{2}{n+1}\right)\left(\lim_{n\to\infty} a_n\right) = 0 \cdot L = 0$$

이다.

■

정리 1.4의 증명

정리 1.4를 증명하기 위해서는 다음과 같은 실수의 성질을 필요로 한다.

주 1.3

정리 1.4를 과소평가해서는 안 된다. 뒤의 절에서 학습하게 될 급수에서 수렴성 판정에 대한 간접적인 방법, 즉 정리 1.4가 중요한 역할을 한다.

완비성 공리(Completeness Axion)

만약 공집합이 아닌 실수의 부분집합 S가 **하계**(lower bound)를 가지면, 집합 S는 **최대하계**(greatest lower bound)를 갖는다. 이것과 동치로서, 집합 S가 **상계**(upper bound)를 가지면, 집합 S는 **최소상계**(least upper bound)를 갖는다.

완비성 공리는 공집합이 아닌 실수의 부분집합 S가 상계를 가지면, 즉 모든 $x \in S$에 대하여

$$x \le M$$

인 실수 M이 존재하면, S의 모든 상계 M에 대하여

$$L \le M$$

인 S의 상계 L이 존재함을 의미한다. 하계에 대해서도 같은 의미로 생각할 수 있다.

증명

수열 $\{a_n\}_{n=n_0}^{\infty}$가 유계인 증가수열이라고 가정하자. 즉

$$a_1 \le a_2 \le \cdots \le a_n \le a_{n+1} \le \cdots$$

이고 충분히 큰 적당한 수 M에 대하여

$$-M \le a_n \le M \quad (n \ge 1)$$

을 만족한다. 집합 S를 $S = \{a_n \mid n \ge 1\}$라 하면 S는 위로 유계이다. 완비성 공리에 의하여 S는 최소상계 L을 갖는다. 즉 모든 $n \ge 1$에 대하여

$$a_n \le L \tag{1.6}$$

이다. 임의의 $\varepsilon > 0$에 대하여 $L - \varepsilon < L$이므로 $L - \varepsilon$은 상계가 아니다. 왜냐하면 L은 최소상계이기 때문이다. 따라서 다음 부등식

$$L - \varepsilon < a_N$$

을 만족하는 S의 원소 a_N이 존재한다. 또한 $\{a_n\}_{n=n_0}^{\infty}$이 증가수열이므로 $n \ge N$인 모든 n에 대하여 $a_N \le a_n$이다. 식 (1.6)과 L이 집합 S의 상계라는 사실로부터 $n \ge N$에 대하여

$$L - \varepsilon < a_N \le a_n \le L < L + \varepsilon$$

이 성립하므로 $n \ge N$인 모든 n에 대하여

$$L - \varepsilon < a_n < L + \varepsilon$$

이고 이것은 다음과 동치이다.

$$n \ge N\text{인 모든 } n\text{에 대하여 } |a_n - L| < \varepsilon$$

따라서 $\{a_n\}_{n=n_0}^{\infty}$은 L에 수렴한다. 즉, $\lim_{n \to \infty} a_n = L$이다. 수열 $\{a_n\}_{n=n_0}^{\infty}$이 감소하는 경우에는 최대하계를 이용하여 위와 유사하게 보일 수 있다. ■

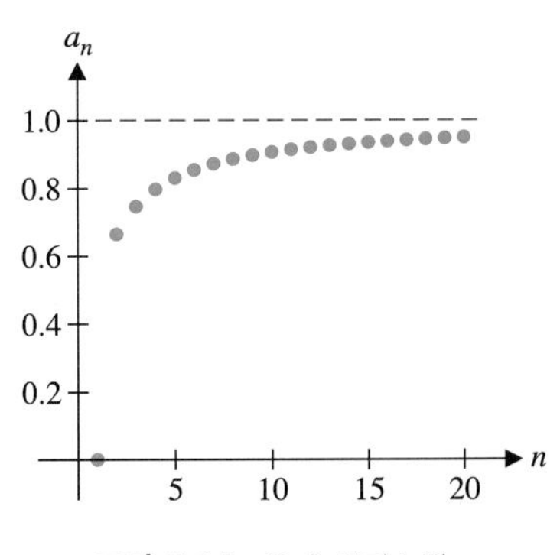

그림 8.16 유계 증가수열

연습문제 8.1

[1~2] 다음 수열에 대하여 $a_1,\ a_2,\ \cdots,\ a_6$을 구하여라.

1. $a_n = \dfrac{2n-1}{n^2}$

2. $a_n = \dfrac{4}{n!}$

[3~4] 다음 수열의 극한을 구하고 극한의 정의를 사용하여 수렴함을 증명하여라.

3. $a_n = \dfrac{1}{n^3}$

4. $a_n = \dfrac{n}{n+1}$

[5~11] 다음 수열의 수렴 또는 발산을 판정하여라.

5. $a_n = \dfrac{3n^2+1}{2n^2-1}$

6. $a_n = \dfrac{n^2+1}{n+1}$

7. $a_n = (-1)^n \dfrac{n+2}{3n-1}$

8. $a_n = (-1)^n \dfrac{n+2}{n^2+4}$

9. $a_n = ne^{-n}$

10. $a_n = \dfrac{e^n+2}{e^{2n}-1}$

11. $a_n = \dfrac{n2^n}{3^n}$

[12~14] 다음 극한을 구하여라.

12. $\lim\limits_{n\to\infty} n\sin\dfrac{1}{n}$

13. $\lim\limits_{n\to\infty} [\ln(2n+1)-\ln(n)]$

14. $\lim\limits_{n\to\infty} \dfrac{n^3+1}{e^n}$

[15~16] $\lim\limits_{n\to\infty}\dfrac{1}{n} = \lim\limits_{n\to\infty}\dfrac{1}{n^2} = 0$임을 알고 있을 때 조임정리와 따름정리 1.1을 이용하여 다음 수열이 0에 수렴함을 증명하여라.

15. $a_n = \dfrac{\cos n}{n^2}$

16. $a_n = (-1)^n \dfrac{e^{-n}}{n^2}$

[17~18] 다음 수열이 증가 또는 감소하는지 혹은 두 가지 모두 아닌지를 결정하여라.

17. $a_n = \dfrac{n+3}{n+2}$

18. $a_n = \dfrac{e^n}{n}$

[19~20] 다음 수열이 유계임을 보여라.

19. $a_n = \dfrac{3n^2-2}{n^2+1}$

20. $a_n = \dfrac{\sin(n^2)}{n+1}$

21. $a_1 = \sqrt{2}$, $n \geq 2$인 n에 대하여 $a_n = \sqrt{2+\sqrt{a_{n-1}}}$로 정의되는 수열 $\{a_n\}$이 주어졌다고 가정하자. 수열 $\{a_n\}$이 증가하고 2에 의해 유계됨을 보여라. $x = \sqrt{2+\sqrt{x}}$의 해를 구하여 이 수열의 극한을 구하여라.

8.2 무한급수

$\frac{1}{3}$의 소수 전개에서 소수점 이하에 3이 계속 반복되며 그 전개는

$$\frac{1}{3} = 0.3333333\cdots$$

과 같다. 이 전개식은 다음과 같이 다른 방법으로 표현할 수 있다.

$$\begin{aligned}\frac{1}{3} &= 0.3 + 0.03 + 0.003 + 0.0003 + 0.00003 + \cdots \\ &= 3(0.1) + 3(0.1)^2 + 3(0.1)^3 + 3(0.1)^4 + \cdots + 3(0.1)^k + \cdots \end{aligned} \tag{2.1}$$

편의상 무한합 기호를 사용하여 식 (2.1)을

$$\frac{1}{3} = \sum_{k=1}^{\infty} 3(0.1)^k \tag{2.2}$$

과 같이 나타내기도 한다. 그러나 식 (2.2)에서 무한합은 정확하게 무엇을 의미하는

가? 물론 무한개의 많은 항을 한 번에 더할 수 없고 한 번에 두 개의 항만을 더할 수 있다. 이것으로부터 이 무한합의 의미는 유한개를 합하고 그 유한개 속에 포함된 항의 수를 점점 늘려서 전체의 합이 $\frac{1}{3}$에 점점 가까이 접근하도록 한다는 극한의 의미를 갖는다.

일반적으로, 임의의 수열 $\{a_k\}_{k=1}^{\infty}$에 대하여 항들의 합을 다음과 같이 정의하자.

$$
\begin{aligned}
S_1 &= a_1,\\
S_2 &= a_1 + a_2 = S_1 + a_2,\\
S_3 &= \underbrace{a_1 + a_2}_{S_2} + a_3 = S_2 + a_3,\\
S_4 &= \underbrace{a_1 + a_2 + a_3}_{S_3} + a_4 = S_3 + a_4,\\
&\ \vdots\\
S_n &= \underbrace{a_1 + a_2 + \cdots + a_{n-1}}_{S_{n-1}} + a_n = S_{n-1} + a_n \qquad (2.3)
\end{aligned}
$$

여기서 S_n을 n번째 **부분합**(partial sum)이라 한다. 각 S_n은 식 (2.3)과 같이 S_{n-1}과 a_n을 더함으로써 구할 수 있다.

예를 들어 수열 $\left\{\frac{1}{2^k}\right\}_{k=1}^{\infty}$의 부분합을 생각해 보자.

$$
S_1 = \frac{1}{2}, \qquad S_2 = \frac{1}{2} + \frac{1}{2^2} = \frac{3}{4},
$$

$$
S_3 = \frac{3}{4} + \frac{1}{2^3} = \frac{7}{8}, \qquad S_4 = \frac{7}{8} + \frac{1}{2^4} = \frac{15}{16}
$$

즉 $S_2 = \frac{3}{4} = 1 - \frac{1}{2^2}$, $S_3 = \frac{7}{8} = 1 - \frac{1}{2^3}$, $S_4 = \frac{15}{16} = 1 - \frac{1}{2^4}$, …이고 따라서 모든 $n = 1, 2, \cdots$에 대하여 $S_n = 1 - \frac{1}{2^n}$이다. 그리고 수열 $\{S_n\}_{n=1}^{\infty}$의 극한은

$$
\lim_{n\to\infty} S_n = \lim_{n\to\infty}\left(1 - \frac{1}{2^n}\right) = 1
$$

임을 알 수 있다. 이 극한의 의미는 수열 $\left\{\frac{1}{2^k}\right\}_{k=1}^{\infty}$의 항들을 점점 추가하여 합하면 수열의 부분합은 1에 가까이 접근한다는 것이다. 이것을

$$
\sum_{k=1}^{\infty} \frac{1}{2^k} = 1 \qquad (2.4)
$$

로 나타낸다. 이 무한합 $\sum_{k=1}^{\infty} \frac{1}{2^k}$을 **급수**(series) 또는 **무한급수**(infinite series)라 하며 이것은 두 항을 더하는 일반적인 덧셈이 아니고 부분합의 극한을 의미한다.

일반적으로 수열 $\{a_k\}_{k=1}^{\infty}$에 대한 급수는 다음과 같이 나타낸다.

$$
a_1 + a_2 + \cdots + a_k + \cdots = \sum_{k=1}^{\infty} a_k
$$

정의 2.1

부분합 $S_n = \sum_{k=1}^{n} a_k$의 수열 $\{S_n\}_{n=1}^{\infty}$이 유한한 극한값 S로 수렴하면, 급수 $\sum_{k=1}^{\infty} a_k$가 S에 **수렴한다**(converge)고 하며 다음과 같이 나타낸다.

$$\sum_{k=1}^{\infty} a_k = \lim_{n\to\infty} \sum_{k=1}^{k} a_k = \lim_{n\to\infty} S_n = S \tag{2.5}$$

또한 S를 **급수의 합**(sum)이라 부른다. 한편 부분합 수열 $\{S_n\}_{n=1}^{\infty}$이 발산하면, 즉 $\lim_{n\to\infty} S_n$이 존재하지 않으면, 주어진 급수는 **발산한다**(diverge)고 한다.

예제 2.1 수렴하는 급수

급수 $\sum_{k=1}^{\infty} \frac{1}{2^k}$의 수렴, 발산을 조사하여라.

풀이

$$\sum_{k=1}^{\infty} \frac{1}{2^k} = \lim_{n\to\infty} \sum_{k=1}^{n} a_k = \lim_{n\to\infty} \left(1 - \frac{1}{2^n}\right) = 1$$

이므로 주어진 급수는 1에 수렴한다.

다음은 발산하는 급수에 대한 예제이다.

예제 2.2 발산하는 급수

급수 $\sum_{k=1}^{\infty} k^2$의 수렴 또는 발산을 판정하여라.

풀이

n번째 부분합 S_n은

$$S_n = \sum_{k=1}^{n} k^2 = 1^2 + 2^2 + \cdots + n^2$$

이고

$$\lim_{n\to\infty} S_n = \lim_{n\to\infty} (1^2 + 2^2 + \cdots + n^2) = \infty$$

이다. 부분합 수열이 발산하므로 주어진 급수는 발산한다.

예제 2.1과 2.2에서 주어진 급수의 수렴 또는 발산을 판정하는 것은 비교적 간단하지만 일반적으로 급수의 수렴 또는 발산을 판정하는 것은 쉽지 않다.

예제 2.3 간단한 부분합을 갖는 급수

급수 $\sum_{k=1}^{\infty} \frac{1}{k(k+1)}$의 수렴 또는 발산을 판정하여라.

풀이

그림 8.17은 처음부터 20번째까지의 부분합을 나타낸 그래프이고, 그 아래 표에는 몇 개의 부분합의 값을 나타내었다. 그림과 표로부터 부분합은 1에 접근하고 있음을 알 수 있다. 여기서 주의해야 할 것은 부분합의 유한개 값만 보고 급수가 수렴한다고 판정하면 안 된다는 것이다. 그러나 주어진 급수에서는 다음과 같은 부분분수

$$\frac{1}{k(k+1)} = \frac{1}{k} - \frac{1}{k+1} \tag{2.6}$$

을 통하여 부분합을 간단히 구할 수 있고 따라서 급수의 합을 쉽게 구할 수 있다. 식 (2.6)으로부터 부분합 S_n을 다음과 같이 나타낼 수 있다.

$$\begin{aligned} S_n &= \sum_{k=1}^{n} \frac{1}{k(k+1)} = \sum_{k=1}^{n}\left(\frac{1}{k} - \frac{1}{k+1}\right) \\ &= \left(\frac{1}{1} - \frac{1}{2}\right) + \left(\frac{1}{2} - \frac{1}{3}\right) + \left(\frac{1}{3} - \frac{1}{4}\right) + \cdots + \left(\frac{1}{n} - \frac{1}{n+1}\right) \end{aligned}$$

앞 괄호 안의 뒤항과 다음 괄호 안의 앞항이 소거되어

$$S_n = 1 - \frac{1}{n+1}$$

이고

$$\lim_{n\to\infty} S_n = \lim_{n\to\infty}\left(1 - \frac{1}{n+1}\right) = 1$$

이다. 따라서 주어진 급수는 1에 수렴한다.

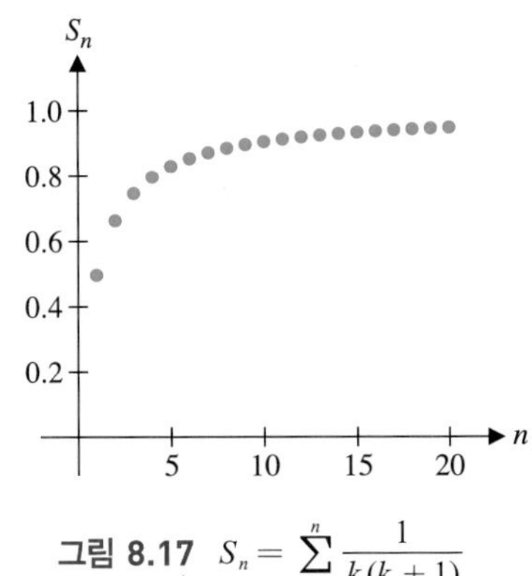

그림 8.17 $S_n = \sum_{k=1}^{n} \frac{1}{k(k+1)}$

n	$S_n = \sum_{k=1}^{n} \frac{1}{k(k+1)}$
10	0.90909091
100	0.99009901
1000	0.999001
10,000	0.99990001
100,000	0.99999
1×10^6	0.999999
1×10^7	0.9999999

수렴하는 급수의 합을 정확히 구할 수 있는 경우는 흔하지 않다. 일반적으로 간접적인 방법을 사용하여 수렴성을 살펴보고 몇 개의 부분합을 계산하여 그 합을 근사적으로 구한다. 그러나 그 합을 정확히 알 수 있는 종류의 급수가 있다. 예제 2.1의 급수 $\sum_{k=1}^{\infty} \frac{1}{2^k}$가 한 예이다. 이와 같은 급수를 **기하급수**(geometric series)라 한다.

주 2.1

0이 아닌 상수 a와 r에 대하여 $\sum_{k=0}^{\infty} ar^k$의 형태의 급수를 기하급수(geometric series)라 한다. 급수의 각 항은 이전 항에 r을 곱한 것이다.

정리 2.1

$a \neq 0$일 때 기하급수 $\sum_{k=0}^{\infty} ar^k$는 $|r| < 1$이면 $\frac{a}{1-r}$에 수렴하고, $|r| \geq 1$이면 발산한다.

증명

급수의 첫 항이 $k=0$일 때이므로 n번째 부분합은

$$S_n = a + ar^1 + ar^2 + \cdots + ar^{n-1} \tag{2.7}$$

이다. 식 (2.7)에 r을 곱하면

$$rS_n = ar^1 + ar^2 + \cdots + ar^{n-1} + ar^n \tag{2.8}$$

을 얻고 식 (2.7)로부터 (2.8)을 빼면

$$\begin{aligned}(1-r)S_n &= (a+ar^1+ar^2+\cdots+ar^{n-1})-(ar^1+ar^2+\cdots+ar^n)\\ &= a-ar^n = a(1-r^n)\end{aligned}$$

이다. $r \neq 1$일 때 이 식의 양변을 $(1-r)$로 나누면

$$S_n = \frac{a(1-r^n)}{1-r}$$

이다. 여기서 $|r|<1$이면, $n\to\infty$일 때 $r^n\to 0$임을 이용하여

$$\lim_{n\to\infty} S_n = \lim_{n\to\infty}\frac{a(1-r^n)}{1-r} = \frac{a}{1-r}$$

가 성립한다. $|r|\geq 1$일 때 $\lim_{n\to\infty} S_n$이 존재하지 않음을 증명하는 것은 연습문제로 남겨둔다. ■

예제 2.4 수렴하는 기하급수

급수 $\sum_{k=2}^{\infty} 5\left(\frac{1}{3}\right)^k$의 수렴 또는 발산을 판정하여라.

풀이

그림 8.18에서 처음 20개의 부분합을 나타내었다. 그림에서 부분합 수열은 0.8 근처의 어떤 수에 수렴함을 추정할 수 있으며 표에서도 이와 같은 사실을 확인할 수 있다. 표를 살펴보면 주어진 수열이 0.83333333 근처의 어떤 수에 수렴함을 알 수 있다.

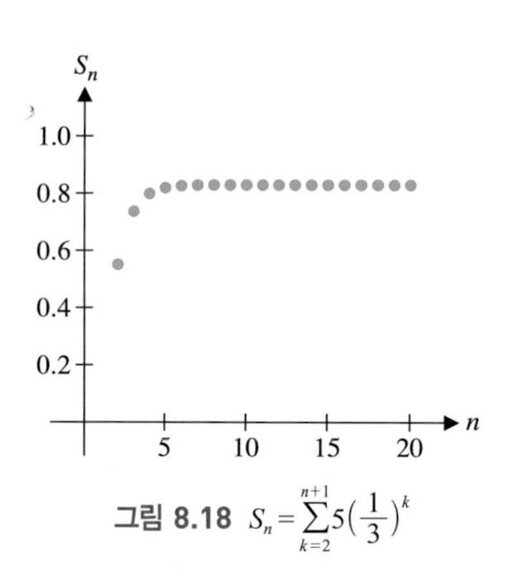

그림 8.18 $S_n = \sum_{k=2}^{n+1} 5\left(\frac{1}{3}\right)^k$

n	$S_n = \sum_{k=2}^{n+1} 5\left(\frac{1}{3}\right)^k$
6	0.83219021
8	0.83320632
10	0.83331922
12	0.83333177
14	0.83333316
16	0.83333331
18	0.83333333
20	0.83333333

그래프나 몇 개의 항을 조사하여 수렴 여부를 판정하는 것은 정확한 것이 아니라는 사실을 다시 한 번 강조한다. 표나 그래프를 통해 수렴 여부를 예측하더라도 반드시 수학적 분석을 통하여 그것을 확인해야 한다. 주어진 급수를 살펴보면 다음과 같은 기하급수이다.

$$\begin{aligned}\sum_{k=2}^{\infty} 5\left(\frac{1}{3}\right)^k &= 5\left(\frac{1}{3}\right)^2 + 5\left(\frac{1}{3}\right)^3 + 5\left(\frac{1}{3}\right)^4 + \cdots + 5\left(\frac{1}{3}\right)^n + \cdots\\ &= 5\left(\frac{1}{3}\right)^2\left[1+\frac{1}{3}+\left(\frac{1}{3}\right)^2+\cdots\right]\\ &= \sum_{k=0}^{\infty}\left\{5\left(\frac{1}{3}\right)^2\left(\frac{1}{3}\right)^k\right\}\end{aligned}$$

이 급수는 공비 $r = \frac{1}{3}$과 $a = 5\left(\frac{1}{3}\right)^2$인 기하급수이고

$$|r| = \frac{1}{3} < 1$$

이므로 정리 2.1로부터 주어진 급수는

$$\frac{a}{1-r} = \frac{5\left(\frac{1}{3}\right)^2}{1-\left(\frac{1}{3}\right)} = \frac{5}{6} = 0.8333333\bar{3}$$

에 수렴하는데 이 결과는 그래프와 표의 결과와 일치한다.

■

예제 2.5 발산하는 기하급수

급수 $\sum_{k=0}^{\infty} 6\left(-\frac{7}{2}\right)^k$의 수렴 또는 발산을 판정하여라.

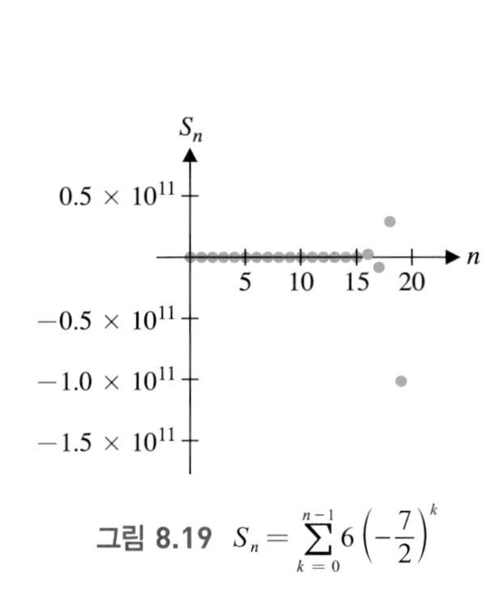

그림 8.19 $S_n = \sum_{k=0}^{n-1} 6\left(-\frac{7}{2}\right)^k$

n	$S_n = \sum_{k=0}^{n-1} 6\left(-\frac{7}{2}\right)^k$
11	1.29×10^6
12	-4.5×10^6
13	1.6×10^7
14	-5.5×10^7
15	1.9×10^8
16	-6.8×10^8
17	2.4×10^9
18	-8.3×10^9
19	2.9×10^{10}
20	-1×10^{11}

풀이

그림 8.19와 표로 주어진 급수가 수렴하는 값을 예측하기는 힘들다. 부분합이 양수와 음수를 반복하면서 진동을 하고 있기 때문이다. 그리고 부분합의 절댓값은 점점 커지고 있다. 주어진 급수는 공비 $r = -\frac{7}{2}$인 기하급수이고

$$|r| = \left|-\frac{7}{2}\right| = \frac{7}{2} \geq 1$$

이므로 이 급수는 발산한다.

■

주어진 급수의 수렴 또는 발산을 판정하는 것은 쉽지 않다. 다음 정리는 발산하는 급수에 대한 판정법으로 매우 유용하다.

정리 2.2

급수 $\sum_{k=1}^{\infty} a_k$가 수렴하면 $\lim_{k\to\infty} a_k = 0$이다.

증명

급수 $\sum_{k=1}^{\infty} a_k$가 L에 수렴한다고 하자. 이것은 부분합 $S_n = \sum_{k=1}^{n} a_k$이 L에 수렴한다는 것이다. $n \ge 2$일 때 S_n을 다음과 같이 나타내면

$$S_n = \sum_{k=1}^{n} a_k = \sum_{k=1}^{n-1} a_k + a_n = S_{n-1} + a_n$$

이다. 이 식의 양변에 S_{n-1}을 빼면

$$a_n = S_n - S_{n-1}$$

이고 따라서 다음 등식

$$\lim_{n\to\infty} a_n = \lim_{n\to\infty}(S_n - S_{n-1}) = \lim_{n\to\infty} S_n - \lim_{n\to\infty} S_{n-1} = L - L = 0$$

을 얻는다. ■

정리 2.2로부터 다음과 같은 유용한 판정법을 얻는다.

발산하는 급수에 대한 k번째 항 판정법

$\lim_{k\to\infty} a_k \ne 0$이면 $\sum_{k=1}^{\infty} a_k$은 발산한다.

주 2.2

정리 2.2의 역은 성립하지 않는다. 즉, $\lim_{k\to\infty} a_k = 0$이 급수 $\sum_{k=1}^{\infty} a_k$의 수렴을 보장하지는 못한다. 이 개념은 착각하기 쉬운 것이며 항상 주의하여야 한다.

발산하는 급수에 대한 k번째 항 판정법은 매우 간단하며 다양한 급수에 적용할 수 있다. 앞의 판정법은 일반항이 0으로 수렴하지 않는다면 그 급수는 발산한다는 사실을 의미한다. 그러나 일반항이 0으로 수렴한다 해도 급수의 수렴 또는 발산을 판정할 수 없으며 다른 판정법이 필요하다.

예제 2.6 일반항이 0으로 수렴하지 않는 수열

급수 $\sum_{k=1}^{\infty} \frac{k}{k+1}$의 수렴 또는 발산을 판정하여라.

풀이

처음 20항에 대한 부분합이 그림 8.20에 나타나 있다. 부분합은 n이 증가함에 따라 유계되지 않고 증가하고 있다. 발산하는 급수에 대한 k번째 항 판정법을 적용하여 주어진 급수의 발산을 확인해 보자.

$$\lim_{k\to\infty} \frac{k}{k+1} = 1 \ne 0$$

이므로 주어진 급수는 발산한다. ■

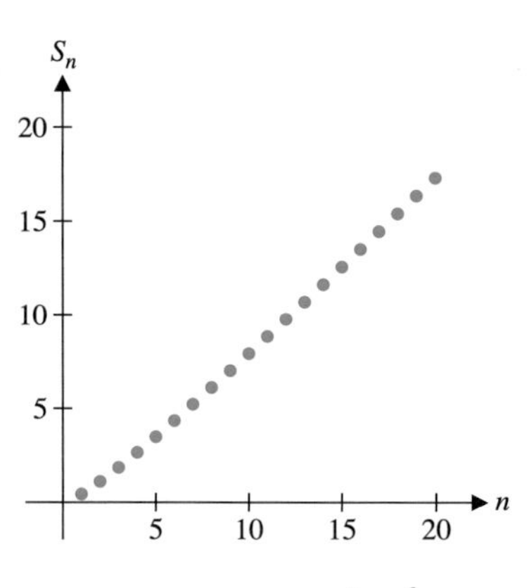

그림 8.20 $S_n = \sum_{k=1}^{n} \frac{k}{k+1}$

다음 예제는 일반항은 0으로 수렴하지만 발산하는 급수를 보여준다.

예제 2.7 조화급수

조화급수(harmonic series) $\sum_{k=1}^{\infty} \frac{1}{k}$ 의 수렴 또는 발산을 판정하여라.

풀이

그림 8.21은 처음 20개의 부분합의 그래프이며 표에서는 11항부터 20항까지의 부분합을 직접 계산하여 정리하였다. 그림과 표로부터 주어진 급수가 3.6에 가까운 어떤 수에 수렴함을 추정할 수 있으나 주어진 급수는 발산한다. 여기서 발산하는 급수에 대한 k번째 항 판정법을 이용하기 위하여 일반항의 극한을 계산하여 보면

$$\lim_{k\to\infty} a_k = \lim_{k\to\infty} \frac{1}{k} = 0$$

이 되는데 이 사실만으로는 수렴 또는 발산을 판정할 수 없고 따라서 다른 방법이 필요하다는 것을 알 수 있다. 부분합

$$S_n = \sum_{k=1}^{n} \frac{1}{k} = \frac{1}{1} + \frac{1}{2} + \frac{1}{3} + \cdots + \frac{1}{n}$$

을 생각하여 보자. 그림 8.22와 같이 S_n은 $y = \frac{1}{x}$의 그래프보다 위에 그려진 n개의 사각형의 넓이의 합과 같으며 그림 8.22는 $n = 7$인 경우의 그래프이다. 이제 S_n의 값을 다음과 같이 추정해 보자.

$$\begin{aligned} S_n &= n\text{개 사각형의 넓이의 합} \\ &\geq \text{그래프 아래의 넓이} = \int_1^{n+1} \frac{1}{x}\,dx \\ &= \ln|x| \Big|_1^{n+1} = \ln(n+1) \end{aligned} \tag{2.9}$$

수열 $\{\ln(n+1)\}_{n=1}^{\infty}$는 발산하고, 즉

$$\lim_{n\to\infty} \ln(n+1) = \infty$$

이며 식 (2.9)로부터 모든 n에 대하여 $S_n \geq \ln(n+1)$이므로 양변에 극한을 적용하면 $\lim_{n\to\infty} S_n = \infty$임을 알 수 있고 따라서 조화급수 $\sum_{k=1}^{\infty} \frac{1}{k}$은 발산한다. ■

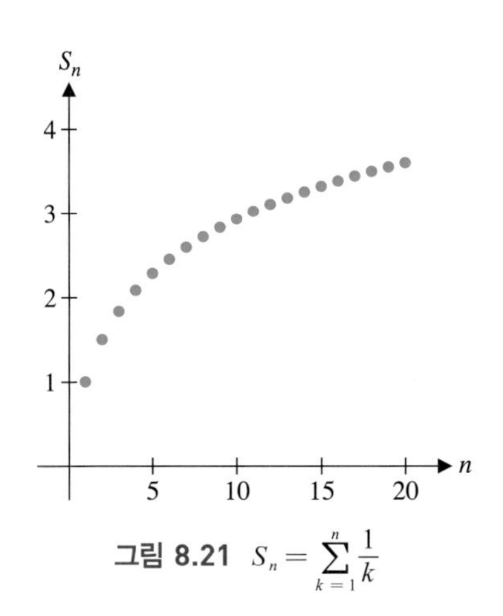

그림 8.21 $S_n = \sum_{k=1}^{n} \frac{1}{k}$

n	$S_n = \sum_{k=1}^{n} \frac{1}{k}$
11	3.01988
12	3.10321
13	3.18013
14	3.25156
15	3.31823
16	3.38073
17	3.43955
18	3.49511
19	3.54774
20	3.59774

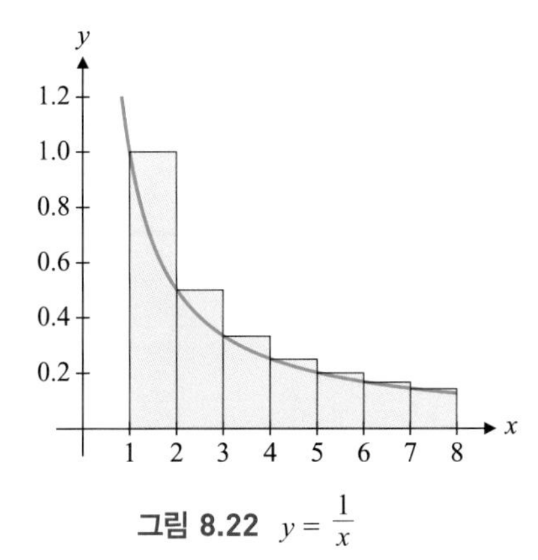

그림 8.22 $y = \frac{1}{x}$

수렴하는 급수에 대한 몇 가지의 결과를 다음 정리에 나타내었으며 증명은 연습문제로 남겨둔다.

정리 2.3

(i) 급수 $\sum_{k=1}^{\infty} a_k$가 A에 수렴하고 급수 $\sum_{k=1}^{\infty} b_k$가 B에 수렴하면 급수 $\sum_{k=1}^{\infty} (a_k \pm b_k)$는 $A \pm B$에 수렴하고, 임의의 상수 c에 대하여 $\sum_{k=1}^{\infty} (ca_k)$는 cA에 수렴한다.

(ii) 급수 $\sum_{k=1}^{\infty} a_k$는 수렴하고 급수 $\sum_{k=1}^{\infty} b_k$는 발산하면 급수 $\sum_{k=1}^{\infty} (a_k \pm b_k)$는 발산한다.

연습문제 8.2

[1~12] 다음 급수의 수렴 또는 발산을 판정하여라. 급수가 수렴하면 그 합을 구하여라.

1. $\sum_{k=0}^{\infty} 3\left(\frac{1}{5}\right)^k$　　**2.** $\sum_{k=0}^{\infty} \frac{1}{2}\left(-\frac{1}{3}\right)^k$

3. $\sum_{k=0}^{\infty} \frac{1}{2}(3)^k$　　**4.** $\sum_{k=1}^{\infty} \frac{4}{k(k+2)}$

5. $\sum_{k=1}^{\infty} \frac{3k}{k+4}$　　**6.** $\sum_{k=1}^{\infty} \frac{2}{k}$

7. $\sum_{k=1}^{\infty} \frac{2k+1}{k^2(k+1)^2}$　　**8.** $\sum_{k=2}^{\infty} 2e^{-k}$

9. $\sum_{k=0}^{\infty}\left(\frac{1}{2^k} - \frac{1}{k+1}\right)$　　**10.** $\sum_{k=2}^{\infty}\left(\frac{2}{3^k} + \frac{1}{2^k}\right)$

11. $\sum_{k=0}^{\infty}(-1)^{k+1}\frac{3k}{k+1}$　　**12.** $\sum_{k=1}^{\infty}\sin\left(\frac{k}{5}\right)$

[13~14] 다음 급수가 수렴하도록 c값을 구하여라.

13. $\sum_{k=0}^{\infty} 3(2c+1)^k$　　**14.** $\sum_{k=0}^{\infty} \frac{c}{k+1}$

15. (a) 급수 $\sum_{k=1}^{\infty} a_k$가 수렴하면, 임의의 양의 정수 m에 대하여 급수 $\sum_{k=m}^{\infty} a_k$도 수렴함을 증명하여라. 만약 $\sum_{k=1}^{\infty} a_k$가 L에 수렴한다면 $\sum_{k=m}^{\infty} a_k$의 수렴값은 얼마인가? (b) 급수 $\sum_{k=1}^{\infty} a_k$가 발산하면, 임의의 양의 정수 m에 대하여 급수 $\sum_{k=m}^{\infty} a_k$도 발산함을 증명하여라.

16. (a) $0.9999\bar{9} = 0.9 + 0.09 + 0.009 + \cdots$이라 할 때, 기하급수를 이용하여 $0.9999\bar{9} = 1$임을 증명하여라. (b) $0.19999\bar{9} = 0.2$임을 증명하여라.

17. 두 급수 $\sum_{k=1}^{\infty} a_k$와 $\sum_{k=1}^{\infty} b_k$는 모두 발산하지만 $\sum_{k=1}^{\infty}(a_k + b_k)$는 수렴하는 예를 찾아라.

18. 수렴하는 기하급수 $1 + r + r^2 + \cdots$의 합은 $\frac{1}{2}$보다 큰 값임을 증명하여라.

19. $0 < x < 1$에 대하여 $1 + x + x^2 + \cdots + x^n < \frac{1}{1-x}$임을 보여라. $-1 < x < 0$일 때도 성립하는가?

8.3 적분판정법과 비교판정법

합을 직접 구하지 않고 급수의 수렴성을 간접적으로 판정할 수 있는 수렴판정법이 필요하다. 이 절에서는 급수의 수렴성에 대한 판정법을 살펴볼 것이다. 첫 번째로 조화급수가 발산함을 증명하는 데 8.2절에서 사용된 방법을 일반화할 것이다.

주어진 급수 $\sum_{k=1}^{\infty} a_k$에 대하여, $x \ge 1$일 때 $f(x) \ge 0$인 연속 감소함수 $f(x)$가 존재하여 $k = 1, 2, \cdots$에 대하여

$$f(k) = a_k$$

를 만족한다고 가정하자. 이제 n번째 부분합

$$S_n = \sum_{k=1}^{n} a_k = a_1 + a_2 + \cdots + a_n$$

을 생각해 보자.

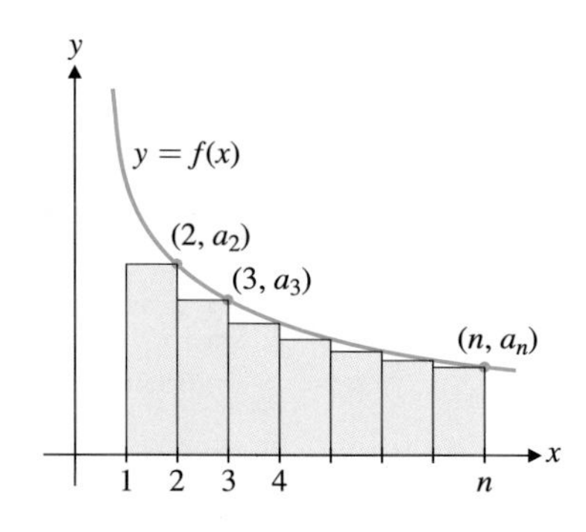

그림 8.23a 곡선 아래에 놓인 $(n-1)$개의 직사각형

그림 8.23a는 구간 $[1, n]$에서 $(n-1)$개의 직사각형을 나타내는데, 각 직사각형의 밑변의 길이는 1이고 높이는 각 소구간의 오른쪽 끝점에서의 함숫값과 같다. 또한 각

직사각형은 그래프 아래에 놓여 있으므로 직사각형 $(n-1)$개의 넓이의 합은 $x=1$에서 $x=n$까지 그래프 아랫부분의 넓이보다는 작다. 즉,

$$0 \le \text{직사각형 } (n-1)\text{개의 넓이의 합} \\ \le \text{곡선 아래의 넓이} = \int_1^n f(x)\,dx \tag{3.1}$$

이다. 첫 번째 직사각형의 넓이는 가로× 높이$=a_2$이고, 두 번째 사각형의 넓이는 a_3, …이므로 직사각형 $(n-1)$개의 넓이의 합은

$$a_2+a_3+\cdots+a_n=S_n-a_1$$

이다. 따라서 식 (3.1)로부터 다음의 식이 성립한다.

$$0 \le (n-1)\text{개의 직사각형의 넓이의 합} \\ = S_n-a_1 \le \text{곡선 아랫부분의 넓이} = \int_1^n f(x)\,dx \tag{3.2}$$

이상적분 $\int_1^{\infty} f(x)\,dx$가 수렴하면, 식 (3.2)로부터

$$0 \le S_n-a_1 \le \int_1^n f(x)\,dx \le \int_1^{\infty} f(x)\,dx$$

이고 a_1을 각 항에 더하면 다음 부등식을 얻는다.

$$a_1 \le S_n \le a_1+\int_1^{\infty} f(x)\,dx$$

이 식은 부분합 수열 $\{S_n\}_{n=1}^{\infty}$이 유계임을 의미하고, 수열 $\{S_n\}_{n=1}^{\infty}$ 또한 단조증가이므로(그 이유는?) $\{S_n\}_{n=1}^{\infty}$는 정리 1.4에 의하여 수렴한다. 따라서 급수 $\sum_{k=1}^{\infty} a_k$은 수렴한다.

그림 8.23b는 구간 $[1, n]$에서 $(n-1)$개의 직사각형을 나타내는데, 각 직사각형의 밑변의 길이는 1이고 높이는 그림 8.23a와는 달리 각 소구간의 왼쪽 끝점에서의 함숫값과 같다. 또한 각 직사각형은 곡선 위에 놓여 있으므로 직사각형 $(n-1)$개의 넓이의 합은 $x=1$에서 $x=n$까지 그래프 아래의 넓이보다 크다. 즉,

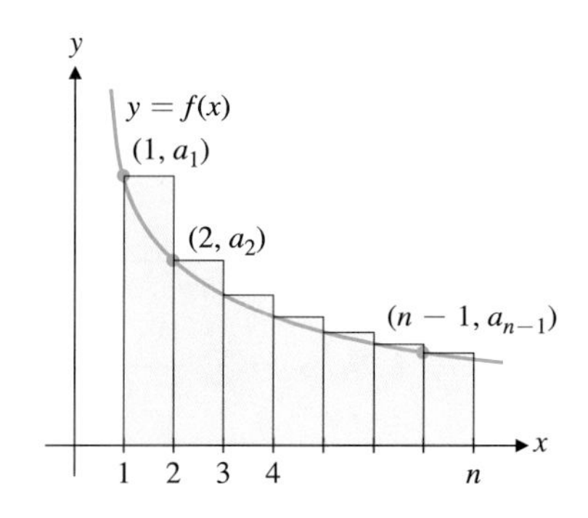

그림 8.23b 곡선 위에 놓인 $(n-1)$개의 직사각형

$$0 \le \text{곡선 아래의 넓이} = \int_1^n f(x)\,dx \\ \le (n-1)\text{개 직사각형의 넓이의 합} \tag{3.3}$$

이다. 첫 번째 직사각형의 넓이는 가로 × 높이 $=a_1$이고, 두 번째 사각형의 넓이는 a_2, …이므로 직사각형 $(n-1)$개의 넓이의 합은

$$a_1+a_2+a_3+\cdots+a_{n-1}=S_{n-1}$$

이다. 따라서 식 (3.3)으로부터 다음이 성립한다.

$$0 \le \text{곡선 아래의 넓이} = \int_1^n f(x)\,dx \\ \le (n-1)\text{개 사각형의 넓이의 합} = S_{n-1} \tag{3.4}$$

이상적분 $\int_1^{\infty} f(x)\,dx$가 발산하면, $f(x) \ge 0$이므로 $\lim_{n\to\infty}\int_1^n f(x)\,dx=\infty$이고, 식 (3.4)로

수학자

매클로린
(Colin Maclaurin, 1698 − 1746)

스코틀랜드의 수학자이며, 적분판정법을 발견하였다. 에든버러 왕립학술원(Royal Society of Edinburgh)의 창립회원이었으며 보험수학(actuarial mathematics) 분야의 선구자였다. 적분판정법은 함수로 이루어진 급수, 즉 제곱급수에 대한 성질을 다루는 책에서 소개되었다. 오늘날 매클로린 급수라고 부르는 제곱급수는 8.7절에서 소개한다.

부터

$$\int_1^n f(x)\,dx \le S_{n-1}$$

이므로

$$\lim_{n\to\infty} S_{n-1} = \infty$$

이다. 따라서 부분합의 수열 $\{S_n\}_{n=1}^{\infty}$이 발산하여 급수 $\sum_{k=1}^{\infty} a_k$ 또한 발산한다.

위의 결과를 다음 정리에 요약하였다.

> **정리 3.1 적분판정법(Integral Test)**
>
> 함수 $f(x)$가 구간 $[1, \infty)$에서 연속이면서 감수함수이고 $f(x) \ge 0$이며 $k = 1, 2, \cdots$일 때 $f(k) = a_k$라 하자. 그러면 $\int_1^{\infty} f(x)\,dx$이 수렴하면 $\sum_{k=1}^{\infty} a_k$이 수렴하고 $\int_1^{\infty} f(x)\,dx$이 발산하면 $\sum_{k=1}^{\infty} a_k$도 발산한다.

적분판정법은 주어진 급수와 이상적분의 수렴성이 서로 동치임을 의미하지만 그 수렴값이 같다는 의미는 아니다. 다음 예제를 보자.

예제 3.1 적분판정법 이용하기

급수 $\sum_{k=0}^{\infty} \frac{1}{k^2+1}$ 의 수렴 또는 발산을 판정하여라.

풀이

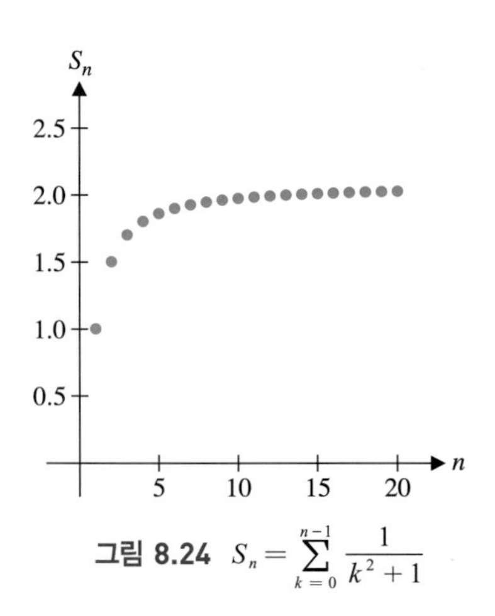

그림 8.24 $S_n = \sum_{k=0}^{n-1} \frac{1}{k^2+1}$

n	$S_n = \sum_{k=0}^{n-1} \frac{1}{k^2+1}$
10	1.97189
50	2.05648
100	2.06662
200	2.07166
500	2.07467
1000	2.07567
2000	2.07617

그림 8.24에 처음 20개 부분합의 그래프가 나타나 있고, 표에는 몇 개의 부분합을 선택하여 값을 계산하여 나타내었다. 그림에서와 같이 이 부분합은 2 근처의 어떤 값, 예를 들면 2.076으로 수렴할 것이라는 예상을 할 수 있다. 그러나 표나 그림에서 급수의 수렴성을 확신할 수 있는 것은 아무것도 없다. 이 경우 급수의 수렴성을 판정하기 위하여 다른 판정법이 필요하다. 우선, $f(x) = \frac{1}{x^2+1}$이라 하자. 함수 f는 양의 값을 갖는 연속함수이고 $k \ge 1$일 때, $f(k) = \frac{1}{k^2+1} = a_k$이다. 또한, $x \in (0, \infty)$일 때,

$$f'(x) = (-1)(x^2+1)^{-2}(2x) < 0$$

이므로 f는 감소함수이고 따라서 적분판정법을 이용할 수 있다. 이제 다음 이상적분을 계산하여 보자.

$$\int_0^{\infty} \frac{1}{x^2+1}\,dx = \lim_{R\to\infty} \int_0^R \frac{1}{x^2+1}\,dx = \lim_{R\to\infty} \tan^{-1} x \Big|_0^R$$
$$= \lim_{R\to\infty} (\tan^{-1} R - \tan^{-1} 0) = \frac{\pi}{2} - 0 = \frac{\pi}{2}$$

적분판정법에 의하여 이상적분이 수렴하므로 주어진 급수는 수렴한다. 한편, 주어진 급수가 수렴하므로 급수의 합은 앞에서 계산한 것처럼 약 2.076이라고 할 수 있는 것이다. 예제에서와 같이 급수의 수렴값 2.076은 이상적분값 $\frac{\pi}{2} \approx 1.5708$과는 같지 않다. ■

다음 예제에서 중요한 급수 중 하나인 p-급수에 대하여 살펴보자.

예제 3.2 p-급수

급수 $\sum_{k=1}^{\infty} \frac{1}{k^p}$ (p-급수)이 수렴하는 p의 값을 구하여라.

풀이

우선 $p=1$일 때 이 급수는 조화급수로서 발산한다. $p>1$일 때 $f(x)=\frac{1}{x^p}$이라 하자. 그러면 $x \geq 1$일 때 f는 연속이고 양의 값을 갖는다. 더욱이

$$f'(x) = -px^{-p-1} < 0$$

이므로 $x \geq 1$일 때 f는 감소한다. 따라서 적분판정법을 적용할 수 있고

$$\int_1^{\infty} x^{-p}\,dx = \lim_{R\to\infty}\int_1^R x^{-p}\,dx = \lim_{R\to\infty} \left.\frac{x^{-p+1}}{-p+1}\right|_1^R$$

$$= \lim_{R\to\infty}\left(\frac{R^{-p+1}}{-p+1} - \frac{1}{-p+1}\right) = \frac{-1}{-p+1}$$

이다. 여기서 $p>1$이면 $-p+1<0$임을 이용하였다. 즉, $p>1$일 때, 이상적분이 수렴하므로 주어진 급수도 수렴한다. $p<1$일 때는 발산함을 쉽게 알 수 있다.

예제 3.2의 결과를 다음에 요약하였다.

p-급수 판정법

p-급수 $\sum_{k=1}^{\infty}\frac{1}{k^p}$는 $p>1$이면 수렴하고, $p \leq 1$이면 발산한다.

예제 3.1과 3.2에서 급수의 수렴성을 판정하기 위하여 적분판정법을 사용하였다. 수렴하는 급수의 합을 추정하기 위하여 부분합을 사용할 때 이 추정값의 정확도는 어떻게 되겠는가?

우선, 급수 $\sum_{k=1}^{\infty} a_k$의 합 s를 부분합 $S_n = \sum_{k=1}^{n} a_k$으로 추정한다면, 나머지 R_n을 다음과 같이 정의한다.

$$R_n = s - S_n = \sum_{k=1}^{\infty} a_k - \sum_{k=1}^{n} a_k = \sum_{k=n+1}^{\infty} a_k$$

즉, 나머지 R_n은 s와 S_n의 차를 의미하며 오차(error)라 한다. R_n은 그림 8.25에 나타낸 직사각형의 넓이의 합이며 적분판정법을 만족하는 조건하에서 나머지 R_n은 유한이고 그림 8.25에서와 같이 곡선 아랫부분의 넓이보다 작다. 따라서 다음 정리를 얻는다.

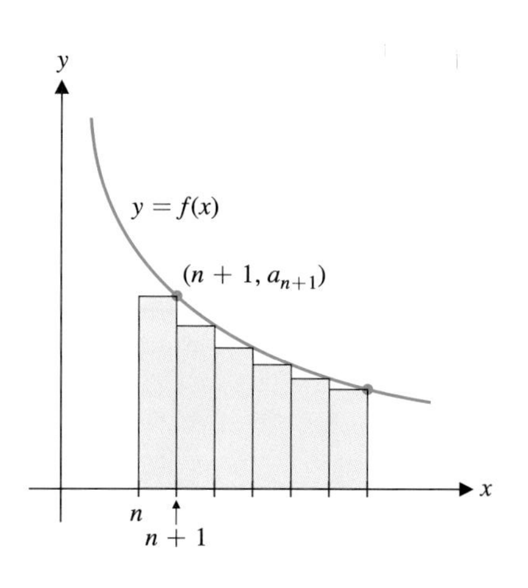

그림 8.25 나머지 추정

정리 3.2 적분판정법에 의한 오차 계산

함수 $f(x)$는 구간 $[1, \infty)$에서 연속이면서 감소함수이며 $f(x) \geq 0$이고, $k = 1, 2, \cdots$에 대하여 $f(k) = a_k$라 하자. 또한 이상적분 $\int_1^\infty f(x)\, dx$가 수렴하면, 나머지 R_n은

$$0 \leq R_n = \sum_{k=n+1}^{\infty} a_k \leq \int_n^\infty f(x)\, dx$$

를 만족한다.

부분합을 이용하여 급수의 합의 근삿값을 계산할 때, 정리 3.2를 이용하여 오차를 다음 예제와 같이 추정할 수 있다.

예제 3.3 부분합의 오차 추정

급수 $\sum_{k=1}^{\infty} \frac{1}{k^3}$ 의 합에 대한 근삿값으로서 부분합 S_{100}을 사용할 때 오차를 추정하여라.

풀이

예제 3.2로부터 적분판정법에 의하여 주어진 급수는 수렴한다. 정리 3.2로부터 오차는 다음과 같다.

$$0 \leq R_{100} \leq \int_{100}^{\infty} \frac{1}{x^3}\, dx = \lim_{R\to\infty} \int_{100}^{R} \frac{1}{x^3}\, dx = \lim_{R\to\infty} \left[-\frac{1}{2x^2} \right]_{100}^{R}$$

$$= \lim_{R\to\infty} \left(\frac{-1}{2R^2} + \frac{1}{2(100)^2} \right) = 5 \times 10^{-5}$$

■

급수의 합의 근삿값을 원하는 정확도를 갖도록 구하기 위하여 부분합을 이용할 때 나머지 R_n을 이용하여 항의 개수를 선택할 수 있다.

예제 3.4 주어진 정확도를 갖기 위한 항의 개수

오차범위를 10^{-5} 이내로 급수 $\sum_{k=1}^{\infty} \frac{1}{k^3}$ 의 합의 근삿값을 얻기 위해서 필요한 항의 개수를 결정하여라.

풀이

정리 3.2에 의하여 나머지는 다음을 만족한다.

$$0 \leq R_n \leq \int_n^\infty \frac{1}{x^3}\, dx = \lim_{R\to\infty} \int_n^R \frac{1}{x^3}\, dx = \lim_{R\to\infty} \left[-\frac{1}{2x^2} \right]_n^R$$

$$= \lim_{R\to\infty} \left(\frac{-1}{2R^2} + \frac{1}{2n^2} \right) = \frac{1}{2n^2}$$

나머지 R_n이 10^{-5}보다 작게 하기 위한 충분조건은

$$0 \leq R_n \leq \frac{1}{2n^2} \leq 10^{-5}$$

이고 n에 관하여 이 부등식을 풀면

$$n^2 \geq \frac{10^5}{2} \quad \text{또는} \quad n \geq \sqrt{\frac{10^5}{2}} = 100\sqrt{5} \approx 223.6$$

이므로 $n \geq 224$이면 원하는 정확도를 가진다. 결론적으로 오차범위 10^{-5} 이내의 정확도로 급수 $\sum_{k=1}^{\infty} \frac{1}{k^3} \approx \sum_{k=1}^{224} \frac{1}{k^3} = 1.202047$임을 추정할 수 있다.

비교판정법

다음 정리에서, 6.6절의 이상적분과 같이, 이미 수렴 또는 발산을 알고 있는 급수와 수렴 또는 발산을 판정하고자 하는 급수와 비교하여 그 수렴성을 판정하는 방법을 살펴본다.

정리 3.3 비교판정법(Comparison Test)

모든 k에 대하여 $0 \leq a_k \leq b_k$라고 하자.

(i) 급수 $\sum_{k=1}^{\infty} b_k$가 수렴하면 급수 $\sum_{k=1}^{\infty} a_k$도 수렴한다.

(ii) 급수 $\sum_{k=1}^{\infty} a_k$가 발산하면 급수 $\sum_{k=1}^{\infty} b_k$도 발산한다.

비교판정법의 의미는 두 급수의 각 항이 음이 아닐때 큰 급수가 수렴하면 그것보다 작은 급수도 수렴하며, 작은 급수가 발산하면 그것보다 큰 급수도 발산한다는 것이다.

증명

모든 k에 대하여 $0 \leq a_k \leq b_k$이면 주어진 두 급수는 다음을 만족한다.

$$0 \leq S_n = a_1 + a_2 + \cdots + a_n \leq b_1 + b_2 + \cdots + b_n$$

(i) 급수 $\sum_{k=1}^{\infty} b_k$가 B로 수렴하면 $n \geq 1$인 자연수 n에 대하여

$$0 \leq S_n = a_1 + a_2 + \cdots + a_n \leq b_1 + b_2 + \cdots + b_n \leq \sum_{k=1}^{\infty} b_k = B \tag{3.5}$$

가 성립하므로 급수 $\sum_{k=1}^{\infty} a_k$의 부분합의 수열 $\{S_n\}_{n=1}^{\infty}$이 위로 유계이다. 한편 $\{S_n\}_{n=1}^{\infty}$은 증가수열이므로 정리 1.4에 의하여 수렴한다. 따라서 급수 $\sum_{k=1}^{\infty} a_k$도 수렴한다.

(ii) 급수 $\sum_{k=1}^{\infty} a_k$가 발산하면 두 급수의 각 항이 음이 아니므로

$$\lim_{n\to\infty}(b_1 + b_2 + \cdots + b_n) \geq \lim_{n\to\infty}(a_1 + a_2 + \cdots + a_n) = \infty$$

가 성립한다. 따라서 급수 $\sum_{k=1}^{\infty} b_k$도 발산한다. ■

급수의 수렴 또는 발산을 알고 있는 급수(예를 들어, 기하급수 또는 p-급수)와 형태가 유사한 급수의 수렴 여부를 판정할 때 비교판정법을 사용한다.

예제 3.5 수렴하는 급수에 대한 비교판정법

급수 $\sum_{k=1}^{\infty} \frac{1}{k^3+5k}$ 의 수렴 또는 발산을 조사하여라.

풀이

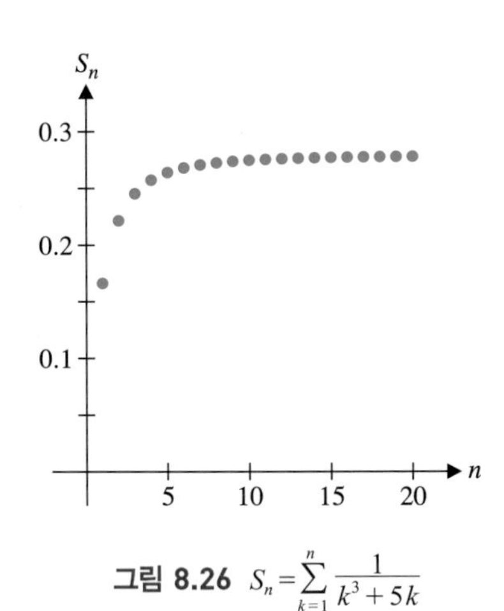

그림 8.26 $S_n = \sum_{k=1}^{n} \frac{1}{k^3+5k}$

처음 20개 부분합에 대한 그래프를 나타낸 그림 8.26으로부터 이 급수는 0.3에 가까운 값에 수렴한다는 추측을 할 수 있다. 충분히 큰 k에 대하여 급수의 일반항 $\frac{1}{k^3+5k}$은 $\frac{1}{k^3}$처럼 간주해도 된다. 왜냐하면 충분히 큰 k에 대하여 k^3은 $5k$보다 훨씬 크기 때문이다. p-급수의 수렴성에 의하여 급수 $\sum_{k=1}^{\infty} \frac{1}{k^3}$은 수렴하며, 또한 $k \ge 1$인 자연수 k에 대하여

$$0 \le \frac{1}{k^3+5k} \le \frac{1}{k^3}$$

이다. $\sum_{k=1}^{\infty} \frac{1}{k^3}$이 수렴하므로 비교판정법에 의하여 급수 $\sum_{k=1}^{\infty} \frac{1}{k^3+5k}$도 수렴한다. 주의할 것은 적분판정법과 마찬가지로 비교판정법으로 두 급수가 수렴한다는 것만 판정하는 것이며 두 급수가 같은 값으로 수렴한다는 것이 아니라는 사실이다. 실제로 급수 $\sum_{k=1}^{\infty} \frac{1}{k^3}$은 약 1.202에 수렴하며 주어진 급수는 약 0.2798에 수렴하는데 이것은 그림 8.26의 결과와 일치한다. ■

예제 3.6 발산하는 급수에 대한 비교판정법

급수 $\sum_{k=1}^{\infty} \frac{5^k+1}{2^k-1}$ 의 수렴 또는 발산을 판정하여라.

풀이

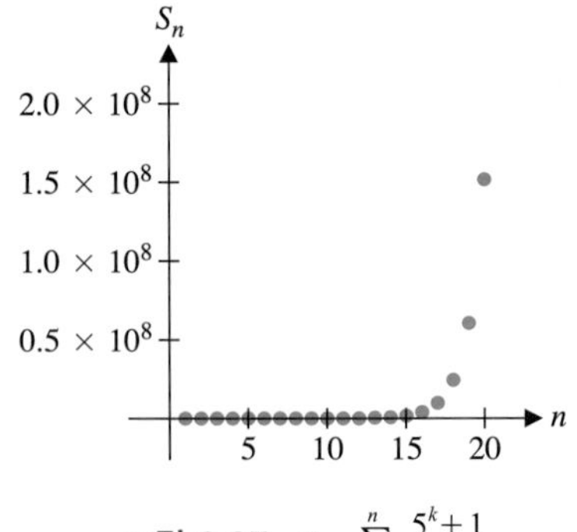

그림 8.27 $S_n = \sum_{k=1}^{n} \frac{5^k+1}{2^k-1}$

충분히 큰 자연수 k에 대하여 급수의 일반항 $\frac{5^k+1}{2^k-1}$은 $\frac{5^k}{2^k} = \left(\frac{5}{2}\right)^k$와 유사한 값을 가지며 $\sum_{k=1}^{\infty} \left(\frac{5}{2}\right)^k$는 발산하는 기하급수이다$\left(|r| = \frac{5}{2} > 1\right)$. 그리고

$$\frac{5^k+1}{2^k-1} \ge \frac{5^k}{2^k-1} \ge \frac{5^k}{2^k} = \left(\frac{5}{2}\right)^k \ge 0$$

이므로 비교판정법에 의하여 급수 $\sum_{k=1}^{\infty} \frac{5^k+1}{2^k-1}$ 은 발산한다. ■

급수의 일반항이 이미 알고 있는 급수의 일반항과 유사한 급수가 매우 많다. 그러나 그러한 급수에 대하여 비교판정법을 사용할 수 있는 부등식을 얻는 일반적인 방법은 없다. 많은 연습이 해결해 줄 뿐이다. 다음 예제를 살펴보자.

예제 3.7 비교판정법을 적용할 수 없는 경우

급수 $\sum_{k=3}^{\infty} \frac{1}{k^3-5k}$ 의 수렴 또는 발산을 조사하여라.

풀이

주어진 급수는 분모의 (−) 부호를 제외하고는 예제 3.5의 급수와 거의 유사하다. 그림 8.28의

처음 20개의 부분합에 대한 그래프도 그림 8.26과 유사하다. 그러나 이 경우 다음과 같은 부등호를 얻는다. $k \geq 3$인 자연수 k에 대하여

$$\frac{1}{k^3 - 5k} \geq \frac{1}{k^3} \geq 0$$

이고 이 부등식은 비교판정법을 사용하기에는 적절하지 않다. $\sum_{k=3}^{\infty} \frac{1}{k^3}$이 수렴하는 p-급수라는 것을 알아도, 이 급수보다 더 큰 급수 $\sum_{k=3}^{\infty} \frac{1}{k^3 - 5k}$ 에 대하여는 비교판정법으로 아무것도 판정할 수 없기 때문이다.

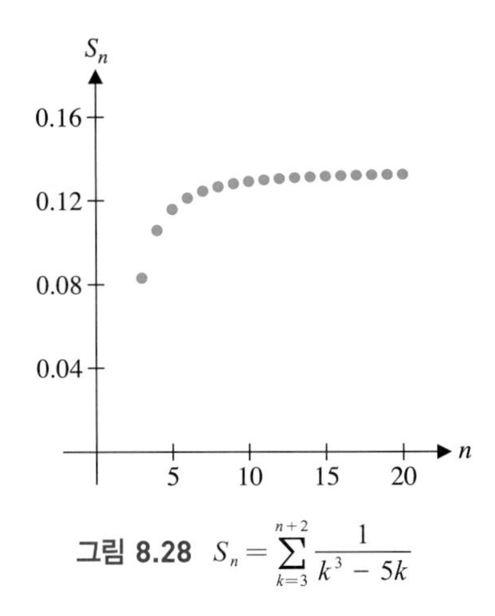

그림 8.28 $S_n = \sum_{k=3}^{n+2} \frac{1}{k^3 - 5k}$

예제 3.7을 다시 한 번 살펴보자. 모든 자연수 $k \geq 1$에 대하여

$$k^2 \geq \frac{1}{k^3} \geq 0$$

이고, 급수 $\sum_{k=1}^{\infty} k^2$은 발산하는 급수에 대한 k번째 항 판정법에 의하여 발산하며 $\sum_{k=1}^{n} \frac{1}{k^3}$은 $p = 3$인 p-급수로서 수렴한다. 즉, 비교판정법에서는 일반항이 더 큰 급수의 발산만으로 작은 급수의 수렴 또는 발산을 판정할 수 없다. 이 경우 비교판정법과는 달리 극한비교판정법을 적용하면 주어진 급수의 수렴성을 판정할 수 있다. 다음 정리를 보자.

주 3.1

$\lim_{k\to\infty} \frac{a_k}{b_k} = L > 0$이라고 나타내면 극한값은 항상 존재하고 양수라는 것을 의미한다. 특히 $\lim_{k\to\infty} \frac{a_k}{b_k} \neq \infty$라는 것을 의미한다.

정리 3.4 극한비교판정법(Limit Comparison Test)

$a_k,\ b_k > 0$이고 $\lim_{k\to\infty} \frac{a_k}{b_k} = L > 0$일 때 두 급수 $\sum_{k=1}^{\infty} a_k$과 $\sum_{k=1}^{\infty} b_k$은 동시에 수렴하거나 동시에 발산한다.

증명

$\lim_{k\to\infty} \frac{a_k}{b_k} = L > 0$이면, $\frac{a_k}{b_k}$를 원하는 만큼 L에 가깝게 할 수 있다. 즉, 적당한 $N > 0$이 존재하여 $k > N$이면

$$L - \frac{L}{2} < \frac{a_k}{b_k} < L + \frac{L}{2}$$

또는

$$\frac{L}{2} < \frac{a_k}{b_k} < \frac{3L}{2} \tag{3.6}$$

이다. 부등식 (3.6)의 각 항에 b_k를 곱하면, 모든 $k \geq N$에 대하여

$$0 < \frac{L}{2} b_k < a_k < \frac{3L}{2} b_k$$

가 성립한다. $\sum_{k=1}^{\infty} a_k$가 수렴하면 비교판정법에 의하여 더 작은 급수 $\sum_{k=1}^{\infty}\left(\frac{L}{2} b_k\right) = \frac{L}{2}\sum_{k=1}^{\infty} b_k$도 수렴한다. 이와 마찬가지로, $\sum_{k=1}^{\infty} a_k$이 발산하면 더 큰 급수 $\sum_{k=1}^{\infty}\left(\frac{3L}{2} b_k\right) = \frac{3L}{2}\sum_{k=1}^{\infty} b_k$도 발산한다. 같은 방법으로, $\sum_{k=1}^{\infty} b_k$가 수렴하면 $\sum_{k=1}^{\infty}\left(\frac{3L}{2} b_k\right) = \frac{3L}{2}\sum_{k=1}^{\infty} b_k$도 수렴하고 이것보다 작은 급수 $\sum_{k=1}^{\infty} a_k$도 수렴한다. 마지막으로 $\sum_{k=1}^{\infty} b_k$가 발산하면 $\sum_{k=1}^{\infty}\left(\frac{L}{2} b_k\right) = \frac{L}{2}\sum_{k=1}^{\infty} b_k$도 발산하고 따라서 더 큰 급수 $\sum_{k=1}^{\infty} a_k$도 발산한다. ■

극한비교판정법을 예제 3.7과 같은 문제에 적용할 수 있다.

예제 3.8 극한비교판정법 이용하기

급수 $\sum_{k=3}^{\infty} \frac{1}{k^3-5k}$ 의 수렴 또는 발산을 판정하여라.

풀이

일반항 $a_k = \frac{1}{k^3-5k}$ 는 k가 충분히 클 때 $b_k = \frac{1}{k^3}$ 와 비슷하다.

$$\lim_{k\to\infty} \frac{a_k}{b_k} = \lim_{k\to\infty}\left(a_k \frac{1}{b_k}\right) = \lim_{k\to\infty} \frac{1}{(k^3-5k)} \frac{1}{\left(\frac{1}{k^3}\right)} = \lim_{k\to\infty} \frac{1}{1-\frac{5}{k^2}} = 1 > 0$$

이고, 급수 $\sum_{k=1}^{\infty} \frac{1}{k^3}$ 이 수렴하므로 극한비교판정법에 의하여 $\sum_{k=3}^{\infty} \frac{1}{k^3-5k}$ 도 수렴한다.

극한비교판정법은 많은 급수의 수렴성을 판정하는 데 사용할 수 있다. 이 방법을 사용하는 데 첫 번째로 해야 할 것은 주어진 급수와 유사하고 수렴 여부를 알고 있는 다른 급수를 찾는 것이다.

예제 3.9 극한비교판정법 이용하기

급수 $\sum_{k=1}^{\infty} \frac{k^2-2k+7}{k^5+5k^4-3k^3+2k-1}$ 의 수렴 또는 발산을 판정하여라.

풀이

이 급수가 그림 8.29에 있는 처음 20개의 부분합의 그래프로부터 1.61에 가까운 값에 수렴함을 추측할 수 있다. 부분합의 표에서도 이와 같이 추정할 수 있다. 충분히 큰 k에 대하여 일반항은 $\frac{k^2}{k^5} = \frac{1}{k^3}$ 에 의하여 결정된다. 극한비교판정법을 적용하기 위하여 다음 극한을 계산하여 보자.

$$\begin{aligned}\lim_{k\to\infty} \frac{a_k}{b_k} &= \lim_{k\to\infty} \frac{k^2-2k+7}{k^5+5k^4-3k^3+2k-1} \frac{1}{\left(\frac{1}{k^3}\right)} \\ &= \lim_{k\to\infty} \frac{(k^2-2k+7)}{(k^5+5k^4-3k^3+2k-1)} \frac{k^3}{1} \\ &= \lim_{k\to\infty} \frac{(k^5-2k^4+7k^3)}{(k^5+5k^4-3k^3+2k-1)} \frac{\left(\frac{1}{k^5}\right)}{\left(\frac{1}{k^5}\right)} \\ &= \lim_{k\to\infty} \frac{1-\frac{2}{k}+\frac{7}{k^2}}{1+\frac{5}{k}-\frac{3}{k^2}+\frac{2}{k^4}-\frac{1}{k^5}} = 1 > 0\end{aligned}$$

급수 $\sum_{k=1}^{\infty} \frac{1}{k^3}$ 이 수렴하므로 극한비교판정법에 의하여 주어진 급수는 수렴한다.

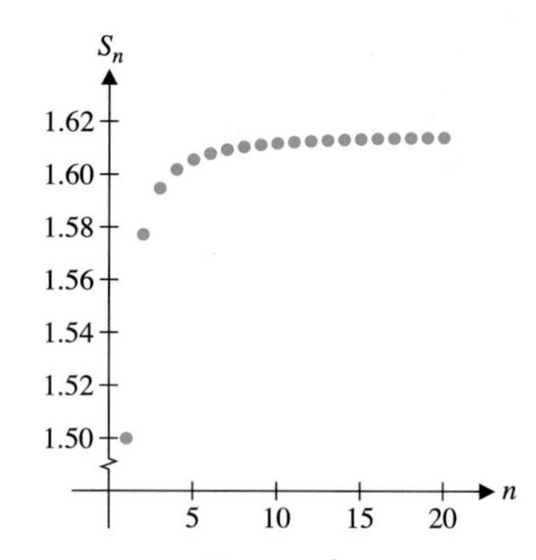

그림 8.29 $S_n = \sum_{k=1}^{n} \frac{k^2-2k+7}{k^5+5k^4-3k^3+2k-1}$

n	$S_n = \sum_{k=1}^{n} \frac{k^2-2k+7}{k^5+5k^4-3k^3+2k-1}$
5	1.60522
10	1.61145
20	1.61365
50	1.61444
75	1.61453
100	1.61457

연습문제 8.3

[1~10] 다음 급수의 수렴 또는 발산을 판정하여라.

1. (a) $\sum_{k=1}^{\infty}\frac{4}{\sqrt[3]{k}}$ (b) $\sum_{k=1}^{\infty}k^{-9/10}$
2. (a) $\sum_{k=3}^{\infty}\frac{k+1}{k^2+2k+3}$ (b) $\sum_{k=0}^{\infty}\frac{\sqrt{k}}{k^2+1}$
3. (a) $\sum_{k=2}^{\infty}\frac{2}{k\ln k}$ (b) $\sum_{k=2}^{\infty}\frac{3}{k(\ln k)^2}$
4. (a) $\sum_{k=3}^{\infty}\frac{e^{1/k}}{k^2}$ (b) $\sum_{k=4}^{\infty}\frac{\sqrt{1+1/k}}{k^2}$
5. (a) $\sum_{k=1}^{\infty}\frac{2k^2}{k^{5/2}+2}$ (b) $\sum_{k=0}^{\infty}\frac{2}{\sqrt{k^2+4}}$
6. (a) $\sum_{k=1}^{\infty}\frac{\tan^{-1}k}{1+k^2}$ (b) $\sum_{k=0}^{\infty}\frac{\sin^{-1}(1/k)}{k^2}$
7. (a) $\sum_{k=2}^{\infty}\frac{\ln k}{k}$ (b) $\sum_{k=1}^{\infty}\frac{2+\cos k}{k}$
8. (a) $\sum_{k=3}^{\infty}\frac{k+1}{k^2+2}$ (b) $\sum_{k=2}^{\infty}\frac{\sqrt{k+1}}{k^2+2}$
9. (a) $\sum_{k=1}^{\infty}\frac{1}{k\sqrt{k}+k\sqrt{k+1}}$ (b) $\sum_{k=1}^{\infty}\frac{2k+1}{k\sqrt{k}+k^2\sqrt{k+1}}$
10. (a) $\sum_{k=2}^{\infty}\frac{1}{\ln k}$ (b) $\sum_{k=3}^{\infty}\frac{1}{\ln(\ln k)}$

[11~12] 다음 급수가 수렴하는 p의 값을 모두 구하여라(단, p는 실수).

11. $\sum_{k=2}^{\infty}\frac{1}{k(\ln k)^p}$
12. $\sum_{k=2}^{\infty}\frac{\ln k}{k^p}$

[13~14] 다음 급수를 주어진 부분합으로 근사시킬 때 오차를 구하여라.

13. S_{100}, $\sum_{k=1}^{\infty}\frac{1}{k^4}$
14. S_{40}, $\sum_{k=1}^{\infty}ke^{-k^2}$
15. a_k, $b_k>0$이고 급수 $\sum_{k=1}^{\infty}a_k$가 수렴할 때 다음 빈칸에 수렴, 발산 또는 판정불가를 써넣어라.

    (a) $b_k\ge a_k$, $k\ge 10$이면, $\sum_{k=1}^{\infty}b_k$는 ________.

    (b) $\lim_{k\to\infty}\frac{b_k}{a_k}=0$이면, $\sum_{k=1}^{\infty}b_k$는 ________.

    (c) $b_k\le a_k$, $k\ge 6$이면, $\sum_{k=1}^{\infty}b_k$는 ________.

    (d) $\lim_{k\to\infty}\frac{b_k}{a_k}=\infty$이면, $\sum_{k=1}^{\infty}b_k$는 ________.

16. 극한비교판정법의 다음과 같은 확장을 증명하여라.

    (a) $\lim_{k\to\infty}\frac{a_k}{b_k}=0$이고 $\sum_{k=1}^{\infty}b_k$가 수렴하면 $\sum_{k=1}^{\infty}a_k$도 수렴한다.

    (b) $\lim_{k\to\infty}\frac{a_k}{b_k}=\infty$이고 $\sum_{k=1}^{\infty}b_k$가 발산하면 $\sum_{k=1}^{\infty}a_k$도 발산한다.

17. 두 급수 $\sum_{k=1}^{\infty}a_k^2$와 $\sum_{k=1}^{\infty}b_k^2$가 수렴하면 급수 $\sum_{k=1}^{\infty}|a_k b_k|$도 수렴함을 증명하여라.
18. 급수 $1+\frac{1}{3}+\frac{1}{5}+\frac{1}{7}+\cdots$는 발산함을 보여라(힌트: $\sum_{k=0}^{\infty}\frac{1}{2k+1}$로 쓰고 극한비교판정법을 이용하여라).
19. $\sum_{k=2}^{\infty}\frac{1}{(\ln k)^{\ln k}}$과 $\sum_{k=2}^{\infty}\frac{1}{(\ln k)^k}$은 수렴함을 보여라.

8.4 교대급수

지금까지는 급수의 각 항이 양수인 양항급수에 대하여 살펴보았다. 일반적인 경우의 급수를 생각하기 전에 이 절에서는 교대급수, 즉 급수의 각 항에 양수와 음수가 교대로 나타나는 급수에 대하여 알아본다.

모든 자연수 k에 대하여 $a_k > 0$일 때

$$\sum_{k=1}^{\infty}(-1)^{k+1}a_k = a_1 - a_2 + a_3 - a_4 + a_5 - a_6 + \cdots$$

와 같은 형태의 급수를 **교대급수**(alternating series)라 한다.

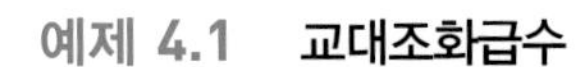

예제 4.1 교대조화급수

교대조화급수(alternating harmonic series)

$$\sum_{k=1}^{\infty}\frac{(-1)^{k+1}}{k} = 1 - \frac{1}{2} + \frac{1}{3} - \frac{1}{4} + \cdots$$

의 수렴 또는 발산을 판정하여라.

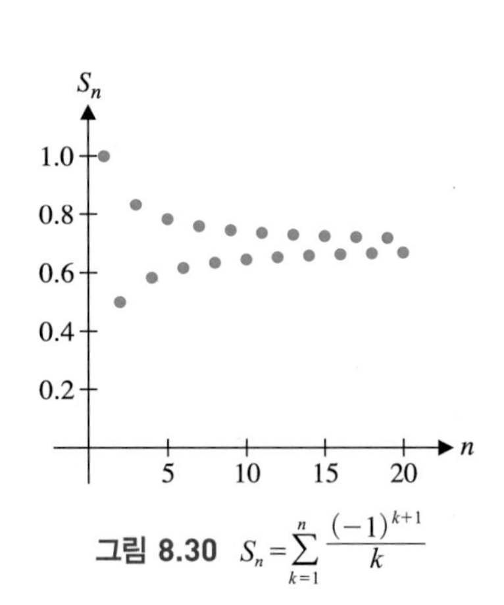

그림 8.30 $S_n = \sum_{k=1}^{n}\frac{(-1)^{k+1}}{k}$

n	$S_n = \sum_{k=1}^{n}\frac{(-1)^{k+1}}{k}$
1	1
2	0.5
3	0.83333
4	0.58333
5	0.78333
6	0.6166
7	0.75952
8	0.63452
9	0.74563
10	0.64563
11	0.73654
12	0.65321
13	0.73013
14	0.65871
15	0.72537
16	0.66287
17	0.7217
18	0.66614
19	0.71877
20	0.66877

풀이

급수의 처음 20개의 부분합의 그래프를 나타낸 그림 8.30으로부터 급수는 0.7에 수렴할 것이라고 추측할 수 있다. 처음 몇 개의 부분합을 직접 계산해 보자.

$$S_1 = 1, \qquad S_2 = 1 - \frac{1}{2} = \frac{1}{2},$$

$$S_3 = \frac{1}{2} + \frac{1}{3} = \frac{5}{6}, \qquad S_4 = \frac{5}{6} - \frac{1}{4} = \frac{7}{12},$$

$$S_5 = \frac{7}{12} + \frac{1}{5} = \frac{47}{60}, \qquad S_6 = \frac{47}{60} - \frac{1}{6} = \frac{37}{60}$$

그림 8.31은 처음 8개의 부분합을 수직선 위에 나타낸 것이다. 이 급수의 부분합은 차례로 음수와 양수를 더하기 때문에 진동함을 알 수 있다. 더 많은 부분합을 계산하여 보면 이 급수는 0.66877과 0.71877 사이의 어떤 값에 수렴할 것이라고 추측할 수 있다.

S_2 S_4 S_6 S_8 S_7 S_5 S_3 S_1

0.5 0.6 0.7 0.8 0.9 1

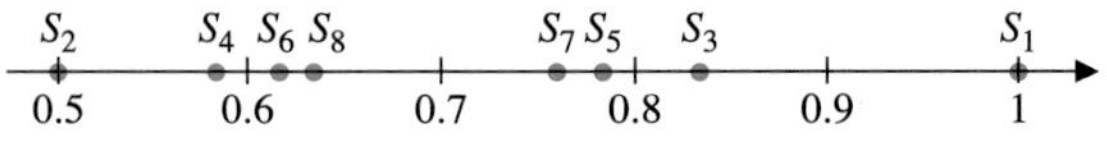

그림 8.31 부분합 $S_n = \sum_{k=1}^{\infty}\frac{(-1)^{k+1}}{k}$

■

정리 4.1 교대급수판정법(Alternating Series Test)

$\lim_{k\to\infty} a_k = 0$이고 모든 $k \geq 1$에 대하여 $0 < a_{k+1} \leq a_k$이면 교대급수 $\sum_{k=1}^{\infty}(-1)^{k+1}a_k$는 수렴한다.

이 정리를 증명하기 전에 이 정리의 의미를 살펴보자. 첫 항 $a_1 > 0$은 S_1이다. $S_2 = S_1 - a_2$이고 여기서 $a_2 \leq a_1$이다. 이것은 S_2가 0과 S_1 사이에 있음을 알 수 있다. 이 관계를 그림 8.32에 나타내었다.

$S_3 = S_2 - a_3$이고 $a_3 \leq a_2$이므로 $S_2 \leq S_3 \leq S_1$이다. 그림 8.32를 참고하면 다음 부등식이 성립한다.

$$S_2 \leq S_4 \leq S_6 \leq \cdots \leq S_5 \leq S_3 \leq S_1$$

홀수항의 부분합(S_{2n+1}, $n = 0, 1, 2\cdots$)은 짝수항의 부분합(S_{2n}, $n = 1, 2\cdots$)보다 크다.

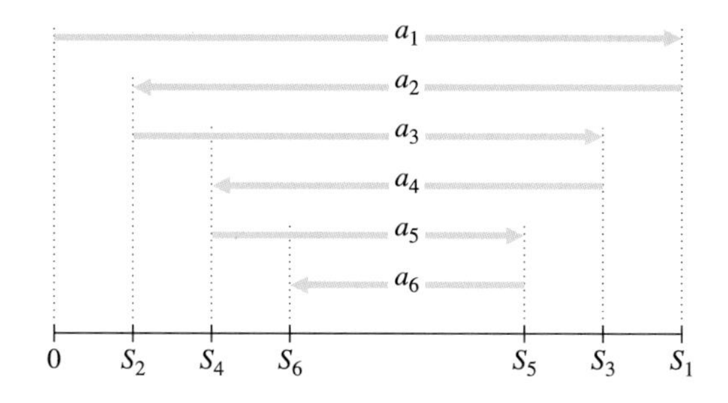

그림 8.32 교대급수의 부분합의 수렴

부분합은 진동하면서 간격이 줄어들기 때문에 그것들은 극한 S에 점점 가까이 가고 극한은 짝수항의 부분합과 홀수항의 부분합 사이에 있게 된다. 즉

$$S_2 \le S_4 \le S_6 \le \cdots \le S \le \cdots \le S_5 \le S_3 \le S_1 \tag{4.1}$$

이다.

증명

그림 8.32에서와 같이 짝수항과 홀수항의 부분합의 수열은 각각 다르게 행동한다. 먼저 짝수항의 부분합을 생각해 보자.

$$S_2 = a_1 - a_2 \ge 0$$

이고 $(a_3 - a_4) \ge 0$이므로

$$S_4 = S_2 + (a_3 - a_4) \ge S_2$$

를 만족한다. 이와 유사하게 모든 n에 대하여 $(a_{2n-1} - a_{2n}) \ge 0$이므로

$$S_{2n} = S_{2n-2} + (a_{2n-1} - a_{2n}) \ge S_{2n-2}$$

가 성립한다. 따라서 짝수항의 부분합 수열 $\{S_{2n}\}_{n=1}^{\infty}$은 증가수열이다. 또한 모든 n에 대하여

$$0 \le S_{2n} = a_1 + (-a_2 + a_3) + (-a_4 + a_5) + \cdots + (-a_{2n-2} + a_{2n-1}) - a_{2n} \le a_1$$

이 성립하므로 $\{S_{2n}\}_{n=1}^{\infty}$은 위로 유계이다. 따라서 정리 1.4에 의하여 $\{S_{2n}\}_{n=1}^{\infty}$은 적당한 수 L에 수렴한다. 홀수항의 부분합 수열 $\{S_{2n+1}\}_{n=0}^{\infty}$은

$$S_{2n+1} = S_{2n} + a_{2n+1}$$

을 만족하고 $\lim\limits_{k\to\infty} a_k = 0$이므로

$$\lim_{n\to\infty} S_{2n+1} = \lim_{n\to\infty}(S_{2n} + a_{2n+1}) = \lim_{n\to\infty} S_{2n} + \lim_{n\to\infty} a_{2n+1} = L + 0 = L$$

이다. 부분합의 홀수항 수열 $\{S_{2n+1}\}_{n=0}^{\infty}$과 짝수항 수열 $\{S_{2n}\}_{n=1}^{\infty}$이 같은 값 L로 수렴하므로 전체 수열 $\{S_n\}_{n=1}^{\infty}$도

$$\lim_{n\to\infty} S_n = L$$

을 만족한다. ■

예제 4.2 교대급수판정법 이용하기

교대급수 $\sum_{k=1}^{\infty} \frac{(-1)^{k+1}}{k}$ 의 수렴 또는 발산을 판정하여라.

풀이

$$\lim_{k\to\infty} a_k = \lim_{k\to\infty} \frac{1}{k} = 0$$

이고 모든 $k \geq 1$에 대하여

$$0 < a_{k+1} = \frac{1}{k+1} \leq \frac{1}{k} = a_k$$

이므로 교대급수판정법에 의하여 주어진 급수는 수렴한다.

교대급수판정법은 다른 판정법보다는 비교적 쉬운 방법이지만 때로는 교대급수판정법의 조건을 만족한다는 것을 증명해야 할 때가 있다.

예제 4.3 교대급수판정법 이용하기

교대급수 $\sum_{k=1}^{\infty} \frac{(-1)^k (k+3)}{k(k+1)}$ 의 수렴 또는 발산을 판정하여라.

n	$S_n = \sum_{k=1}^{n} \frac{(-1)^k (k+3)}{k(k+1)}$
50	−1.45545
100	−1.46066
200	−1.46322
300	−1.46406
400	−1.46448

n	$S_n = \sum_{k=1}^{n} \frac{(-1)^k (k+3)}{k(k+1)}$
51	−1.47581
101	−1.47076
201	−1.46824
301	−1.46741
401	−1.46699

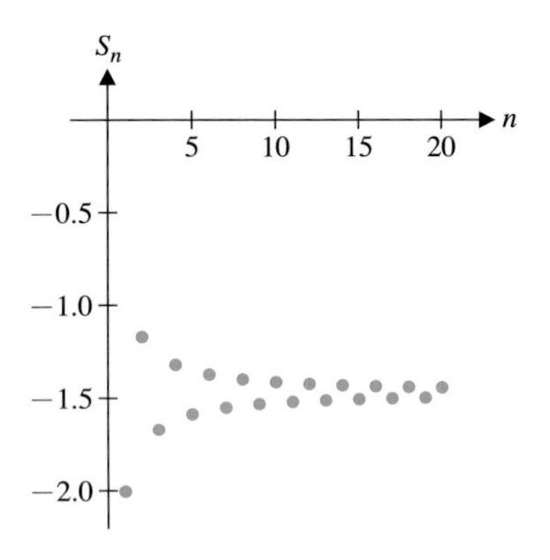

그림 8.33 $S_n = \sum_{k=1}^{n} \frac{(-1)^k (k+3)}{k(k+1)}$

풀이

그림 8.33을 보면 이 급수는 −1.5에 가까운 어떤 값에 수렴한다는 것을 추정할 수 있다. 두 표에서도 이와 같은 추측을 할 수 있다. 이 급수가 수렴함을 다음과 같이 보일 수 있다. 우선

$$\lim_{k\to\infty} a_k = \lim_{k\to\infty} \frac{k+3}{k(k+1)} \frac{\frac{1}{k^2}}{\frac{1}{k^2}} = \lim_{k\to\infty} \frac{\frac{1}{k} + \frac{3}{k^2}}{1 + \frac{1}{k}} = 0$$

이고 또한 모든 k에 대하여

$$\frac{a_{k+1}}{a_k} = \frac{(k+4)}{(k+1)(k+2)} \frac{k(k+1)}{(k+3)} = \frac{k^2+4k}{k^2+5k+6} < 1$$

이므로 $a_{k+1} < a_k$이다. 따라서 교대급수판정법에 의하여 주어진 급수는 수렴한다.

예제 4.4 발산하는 교대급수

교대급수 $\sum_{k=3}^{\infty} \frac{(-1)^k k}{k+2}$ 의 수렴 또는 발산을 판정하여라.

풀이

일반항의 극한은

$$\lim_{k\to\infty} a_k = \lim_{k\to\infty} \frac{k}{k+2} = 1 \neq 0$$

이다. 따라서 k번째 항 판정법에 의하여 이 급수는 발산한다.

교대급수의 근삿값 추정

앞에서 급수의 근삿값을 계산할 때 급수의 부분합에 항을 추가하면서 보다 더 정확한 급수의 합의 근삿값을 계산하였다. 여기에 숨어 있는 의미는 급수의 나머지 $S-S_n$, 즉 오차 또한 급수라는 것이다. 반면에 교대급수에서는 보다 더 간단하게 오차를 추정할 수 있다.

그림 8.32를 다시 살펴보자. 수렴하는 교대급수 $\sum_{k=1}^{\infty}(-1)^{k+1}a_k$의 부분합의 짝수항은 급수의 합 S보다 작고 부분합의 홀수항은 S보다 크다. 즉, 식 (4.1)과 같이

$$S_2 \leq S_4 \leq S_6 \leq \cdots \leq S \leq \cdots \leq S_5 \leq S_3 \leq S_1$$

이다. 이것은 n이 짝수일 때

$$S_n \leq S \leq S_{n+1}$$

임을 나타낸다. 위 부등식의 각 항에서 S_n을 빼면

$$0 \leq S - S_n \leq S_{n+1} - S_n = a_{n+1}$$

이며, $a_{n+1} > 0$이므로

$$-a_{n+1} < 0 \leq S - S_n \leq a_{n+1}$$

이고

$$|S - S_n| \leq a_{n+1} \tag{4.2}$$

이다. 이와 비슷하게 n이 홀수일 때도

$$S_{n+1} \leq S \leq S_n$$

이고

$$-a_{n+1} = S_{n+1} - S_n \leq S - S_n \leq 0 < a_{n+1}$$

이므로

$$|S - S_n| \leq a_{n+1} \tag{4.3}$$

이다. 식 (4.2)와 (4.3)을 **오차의 한계**(error bound)라고 한다. 교대급수에서 오차한계는 n이 짝수이든 홀수이든 같으므로 이것을 다음과 같이 요약할 수 있다.

정리 4.2

$\lim_{k\to\infty} a_k = 0$이고 모든 $k \ge 1$에 대하여 $0 < a_{k+1} \le a_k$이면 교대급수 $\sum_{k=1}^{\infty}(-1)^{k+1}a_k$는 어떤 실수 S에 수렴하고 부분합과 급수의 합과의 오차는 다음을 만족한다.

$$|S - S_n| \le a_{n+1} \tag{4.4}$$

정리 4.2에서 급수의 합 S와 급수의 근삿값 S_n의 오차의 절댓값은 a_{n+1}보다 작거나 같음을 알 수 있다.

예제 4.5 교대급수의 근삿값 추정

교대급수 $\sum_{k=1}^{\infty}\frac{(-1)^{k+1}}{k^4}$의 근삿값으로서 40번째의 부분합 S_{40}을 택할 때 오차의 한계를 구하여라.

풀이

이 급수가 수렴한다는 증명은 연습문제로 남겨둔다.

$$S \approx S_{40} \approx 0.9470326439$$

이다. 식 (4.4)에 의하여

$$|S - S_{40}| \le a_{41} = \frac{1}{41^4} \approx 3.54 \times 10^{-7}$$

이다. 즉 $S \approx 0.9470326439$의 오차는 $\pm 3.54 \times 10^{-7}$을 넘지 못한다. ■

교대급수에서 주어진 정확도를 갖는 근삿값을 구하기 위해서 택해야 하는 항의 개수는 몇 개이겠는가? 이 질문에 대한 답은 식 (4.4)를 이용한 오차의 추정이다. 다음 예제를 보자.

예제 4.6 주어진 정확도를 갖기 위한 항의 개수

수렴하는 교대급수 $\sum_{k=1}^{\infty}\frac{(-1)^{k+1}}{k^4}$에 대하여 S_n이 급수의 합 S와 오차범위 1×10^{-10} 이내에 있으려면 얼마나 많은 항이 필요한가?

풀이

이 문제는

$$|S - S_n| \le 1 \times 10^{-10}$$

을 만족하는 항의 수 n을 찾는 것이다. 식 (4.4)로부터

$$|S - S_n| \le a_{n+1} = \frac{1}{(n+1)^4}$$

이므로 다음과 같은 자연수 n을 찾으면 충분하다.

$$\frac{1}{(n+1)^4} \le 1 \times 10^{-10}$$

이 부등식은

$$10^{10} \le (n+1)^4$$

과 동치이고 n에 대하여 풀면

$$\sqrt[4]{10^{10}} \le n+1$$

또는

$$n \ge \sqrt[4]{10^{10}} - 1 \approx 315.2$$

이므로 $n \ge 316$이면 오차는 1×10^{-10}을 넘지 않는다. 이때, 부분합을 계산하면

$$S \approx S_{316} \approx 0.947032829447$$

이고 오차는 1×10^{-10} 이내에 있다.

연습문제 8.4

[1~12] 다음 급수의 수렴 또는 발산을 판정하여라.

1. $\sum_{k=1}^{\infty}(-1)^{k+1}\frac{3}{k}$ **2.** $\sum_{k=1}^{\infty}(-1)^{k}\frac{4}{\sqrt{k}}$

3. $\sum_{k=2}^{\infty}(-1)^{k}\frac{k}{k^2+2}$ **4.** $\sum_{k=5}^{\infty}(-1)^{k+1}\frac{k}{2^k}$

5. $\sum_{k=1}^{\infty}(-1)^{k}\frac{4^k}{k^2}$ **6.** $\sum_{k=1}^{\infty}\frac{3}{2+k}$

7. $\sum_{k=3}^{\infty}(-1)^{k}\frac{3}{\sqrt{k+1}}$ **8.** $\sum_{k=1}^{\infty}(-1)^{k+1}\frac{2}{k!}$

9. $\sum_{k=1}^{\infty}(-1)^{k}\frac{4k}{k^2+2k+2}$ **10.** $\sum_{k=5}^{\infty}(-1)^{k+1}2e^{-k}$

11. $\sum_{k=2}^{\infty}(-1)^{k}\ln k$ **12.** $\sum_{k=0}^{\infty}(-1)^{k+1}\frac{1}{2^k}$

[13~14] 오차범위 0.01 내에서 다음 급수의 근삿값을 구하여라.

13. $\sum_{k=1}^{\infty}(-1)^{k+1}\frac{4}{k^3}$ **14.** $\sum_{k=3}^{\infty}(-1)^{k}\frac{k}{2^k}$

[15~16] 오차범위 0.0001 내에서 다음 급수의 근삿값을 구하기 위한 항의 개수를 추정하여라.

15. $\sum_{k=1}^{\infty}(-1)^{k+1}\frac{2}{k}$ **16.** $\sum_{k=0}^{\infty}(-1)^{k}\frac{10^k}{k!}$

17. $a_k = f(k)$, $f'(k) < 0$이면 수열 a_k는 감소함을 설명하고 이것을 이용하여 $a_k = \frac{k}{k^2+2}$가 감소함을 보여라.

18. $a_k = \begin{cases} 1/k, & k: \text{홀수} \\ 1/k^2, & k: \text{짝수} \end{cases}$ 일 때 교대급수 $\sum_{k=1}^{\infty}(-1)^{k+1}a_k$는 ∞로 발산함을 보여라. 따라서 교대급수는 $\lim_{n\to\infty} a_k = 0$이어도 발산할 수 있다.

19. 교대조화급수에 대하여 $S_{2n} = \sum_{k=1}^{2n}\frac{1}{k} - \sum_{k=1}^{n}\frac{1}{k} = \sum_{k=1}^{n}\frac{1}{n+k} = \frac{1}{n}\sum_{k=1}^{n}\frac{1}{1+k/n}$ 임을 증명하여라. 이 결과를 리만합으로 간주하여 교대조화급수는 $\ln 2$에 수렴함을 증명하여라.

8.5 절대수렴과 비판정법

8.4절에서 공부한 교대급수판정법 이외의 판정법(적분판정법, 비교판정법, 극한비교판정법)은 일반항이 모두 양수인 급수에 대해서만 적용할 수 있다. 만약 양항과 음항을 갖는 급수이면서 교대급수가 아닌 급수라면 수렴이나 발산을 어떻게 판정할 것인가? 예를 들어 급수

$$\sum_{k=1}^{\infty} \frac{\sin k}{k^3} = \sin 1 + \frac{1}{8}\sin 2 + \frac{1}{27}\sin 3 + \frac{1}{64}\sin 4 + \cdots$$

를 생각해 보자. 이 급수는 양항과 음항을 가지면서 교대급수도 아니다. 이와 같은 급수의 각 항에 절댓값을 적용한 급수 $\sum_{k=1}^{\infty} |a_k|$의 수렴 여부를 살펴봄으로써 문제를 해결할 수 있다. 급수 $\sum_{k=1}^{\infty} |a_k|$를 $\sum_{k=1}^{\infty} a_k$의 절대급수라 하며 이 절대급수가 수렴할 때, 급수 $\sum_{k=1}^{\infty} a_k$는 **절대수렴한다**(absolutely convergent)고 한다. 절대급수 $\sum_{k=1}^{\infty} |a_k|$의 수렴 여부를 판정할 때 각 항은 양수이므로 앞에서 공부한 양항급수의 수렴판정법을 사용할 수 있다.

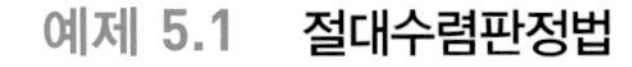

예제 5.1 절대수렴판정법

급수 $\sum_{k=1}^{\infty} \frac{(-1)^{k+1}}{2^k}$의 절대수렴성을 판정하여라.

풀이

주어진 급수는 수렴하는 교대급수이다. 그림 8.34로부터 주어진 급수는 0.35에 가까운 어떤 수에 수렴할 것이라는 예측을 할 수 있다. 절대수렴 여부를 판정하기 위하여 절대급수 $\sum_{k=1}^{\infty} \left| \frac{(-1)^{k+1}}{2^k} \right|$이 수렴성을 판정하여야 한다. 한편

$$\sum_{k=1}^{\infty} \left| \frac{(-1)^{k+1}}{2^k} \right| = \sum_{k=1}^{\infty} \frac{1}{2^k} = \sum_{k=1}^{\infty} \left(\frac{1}{2}\right)^k$$

이고 이 급수는 $|r| = \frac{1}{2} < 1$인 기하급수이므로 수렴한다. 즉 주어진 급수는 절대수렴한다. ■

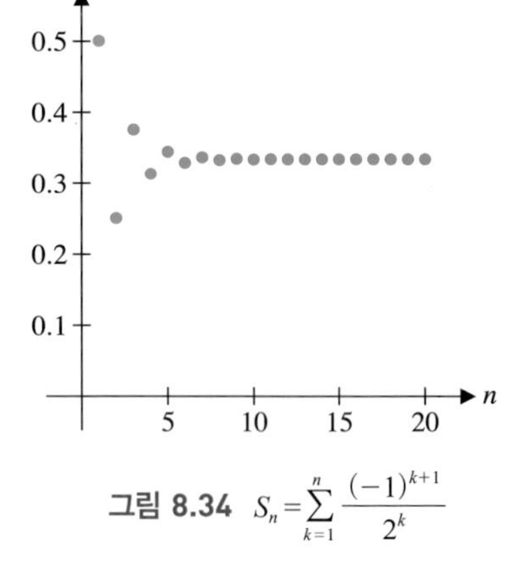

그림 8.34 $S_n = \sum_{k=1}^{n} \frac{(-1)^{k+1}}{2^k}$

수렴하는 급수와 절대수렴하는 급수 사이의 관계에 대하여 살펴보자. 결론부터 말하면 절대수렴하는 모든 급수는 자신도 수렴하는 급수이다(예제 5.1을 보아라). 그러나 역은 성립하지 않는다. 즉 절대수렴하지 않고 자신만 수렴하는 급수도 있다. 이와 같은 급수를 **조건수렴한다**(conditionally convergent)고 한다. 이러한 급수를 찾을 수 있는가? 다음 예제를 보자.

예제 5.2 조건수렴하는 급수

교대조화급수 $\sum_{k=1}^{\infty} \frac{(-1)^{k+1}}{k}$의 절대수렴성을 판정하여라.

풀이

예제 4.2에서 이 급수는 수렴한다는 사실을 알았다. 절대수렴성을 판정하기 위하여 절대급수

$$\sum_{k=1}^{\infty}\left|\frac{(-1)^{k+1}}{k}\right| = \sum_{k=1}^{\infty}\frac{1}{k}$$

를 생각해 보자. 이 급수는 조화급수로서 발산한다. 따라서 급수 $\sum_{k=1}^{\infty}\frac{(-1)^{k+1}}{k}$ 은 수렴하지만 절대수렴하지는 않는다. 즉 조건수렴한다.

■

정리 5.1

$\sum_{k=1}^{\infty}|a_k|$ 가 수렴하면 급수 $\sum_{k=1}^{\infty}a_k$도 수렴한다.

증명

임의의 실수 x에 대하여 $-|x| \le x \le |x|$가 성립하므로 임의의 k에 대하여

$$-|a_k| \le a_k \le |a_k|$$

도 성립한다. 각 항에 $|a_k|$를 더하여 다음 부등식을 얻는다.

$$0 \le a_k + |a_k| \le 2|a_k| \tag{5.1}$$

을 얻는다. 급수 $\sum_{k=1}^{\infty}|a_k|$가 수렴하므로 $\sum_{k=1}^{\infty}2|a_k| = 2\sum_{k=1}^{\infty}|a_k|$도 수렴한다. 이제 $b_k = a_k + |a_k|$라 하면 식 (5.1)로부터

$$0 \le b_k \le 2|a_k|$$

이므로 비교판정법에 의하여 $\sum_{k=1}^{\infty}b_k$는 수렴한다. 또한

$$\begin{aligned}\sum_{k=1}^{\infty}a_k &= \sum_{k=1}^{\infty}(a_k + |a_k| - |a_k|) = \sum_{k=1}^{\infty}(a_k + |a_k|) - \sum_{k=1}^{\infty}|a_k| \\ &= \sum_{k=1}^{\infty}b_k - \sum_{k=1}^{\infty}|a_k|\end{aligned}$$

이다. 이 식에서 우변의 두 급수가 수렴하므로 $\sum_{k=1}^{\infty}a_k$도 수렴한다. ■

예제 5.3 절대수렴판정법

급수 $\sum_{k=1}^{\infty}\frac{\sin k}{k^3}$ 의 수렴 또는 발산을 판정하여라.

풀이

이 급수는 양항급수도 아니고 교대급수도 아니다. 따라서 주어진 절대수렴성을 판정하여 주어진 급수의 수렴성을 판정하여야 한다. 그림 8.35에 처음 20개 부분합이 그래프로 나타나 있으며 이 그래프로부터 주어진 급수는 0.94에 가까운 어떤 값으로 수렴할 것이라는 추정을 할 수 있다. 절대수렴성을 판정하기 위하여 급수 $\sum_{k=1}^{\infty}\left|\frac{\sin k}{k^3}\right|$의 수렴성을 판정하여야 한다. 모든 자연수 k에 대하여 $|\sin k| \le 1$이므로

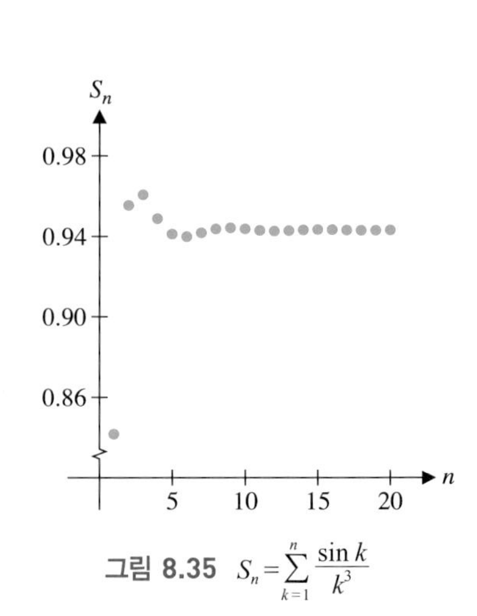

그림 8.35 $S_n = \sum_{k=1}^{n}\frac{\sin k}{k^3}$

$$\left|\frac{\sin k}{k^3}\right| = \frac{|\sin k|}{k^3} \le \frac{1}{k^3} \tag{5.2}$$

이고 $\sum_{k=1}^{\infty} \frac{1}{k^3}$은 수렴하는 p-급수이므로 비교판정법과 식 (5.2)에 의하여 $\sum_{k=1}^{\infty} \left|\frac{\sin k}{k^3}\right|$는 수렴한다. 따라서 급수 $\sum_{k=1}^{\infty} \frac{\sin k}{k^3}$도 수렴한다.

■

비판정법

이제 급수의 절대수렴성을 판정하는 방법 중 하나인 비판정법을 살펴보자. 이 방법은 제곱급수(8.6절) 및 광범위한 급수들의 절대수렴성을 판정하는 데 사용된다.

정리 5.2 비판정법(Ratio Test)

모든 k에 대하여 $a_k \ne 0$인 급수 $\sum_{k=1}^{\infty} a_k$에 대하여

$$\lim_{k\to\infty} \left|\frac{a_{k+1}}{a_k}\right| = L$$

일 때

(i) $L < 1$이면 급수는 절대수렴한다.
(ii) $L > 1$(또는 $L = \infty$)이면 급수는 발산한다.
(iii) $L = 1$이면 이 방법으로는 급수의 수렴, 발산을 판정할 수 없다.

증명

(i) 가정에서 $L < 1$이므로 $L < r < 1$인 실수 r을 택하면

$$\lim_{k\to\infty} \left|\frac{a_{k+1}}{a_k}\right| = L < r$$

이므로 충분히 큰 자연수 N이 존재하여 $k \ge N$인 모든 자연수 k에 대하여

$$\left|\frac{a_{k+1}}{a_k}\right| < r \tag{5.3}$$

을 만족한다. 식 (5.3)의 양변에 $|a_k|$를 곱하면 부등식

$$|a_{k+1}| < r|a_k|$$

를 얻는다. 여기서 $k = N$으로 택하면 $|a_{N+1}| < r|a_N|$이 되고 $k = N+1$로 택하면

$$|a_{N+2}| < r|a_{N+1}| < r^2|a_N|$$

이다. 유사한 방법으로

$$|a_{N+3}| < r|a_{N+2}| < r^3|a_N|$$

이고 이 과정을 반복하면 $k = 1, 2, 3, \cdots$일 때

$$|a_{N+k}| < r^k|a_N|$$

이다. $\sum_{k=1}^{\infty} |a_N| r^k = |a_N| \sum_{k=1}^{\infty} r^k$은 수렴하는 기하급수이고 비교판정법에 의하여 급수

$\sum_{k=1}^{\infty} |a_{N+k}| = \sum_{n=N+1}^{\infty} |a_n|$도 수렴한다. 따라서 급수 $\sum_{n=N+1}^{\infty} a_n$은 절대수렴하며

$$\sum_{n=1}^{\infty} a_n = \sum_{n=1}^{N} a_n + \sum_{n=N+1}^{\infty} a_n$$

이므로 주어진 급수 $\sum_{k=1}^{\infty} a_k$도 절대수렴한다.

(ii) $L > 1$이면

$$\lim_{k\to\infty} \left| \frac{a_{k+1}}{a_k} \right| = L > 1$$

이므로 충분히 큰 자연수 N이 존재하여 $k \geq N$인 모든 자연수 k에 대하여

$$\left| \frac{a_{k+1}}{a_k} \right| > 1 \tag{5.4}$$

을 만족한다. 식 (5.4)의 양변에 $|a_k|$를 곱하면, 모든 $k \geq N$에 대하여

$$|a_{k+1}| > |a_k| > 0$$

을 얻는다. 따라서

$$\lim_{k\to\infty} a_k \neq 0$$

이고 발산하는 급수의 k항 판정법에 의해 주어진 $\sum_{k=1}^{\infty} a_k$는 발산한다. ■

예제 5.4 비판정법 사용하기

급수 $\sum_{k=1}^{\infty} \frac{(-1)^k k}{2^k}$의 수렴 또는 발산을 판정하여라.

풀이

그림 8.36에 주어진 급수의 절대급수 $\sum_{k=1}^{\infty} \frac{k}{2^k}$의 처음 20개 부분합이 그래프로 나타나 있으며 이 그래프로부터 절대급수가 2에 가까운 어떤 값에 수렴할 수 있다고 추측할 수 있다. 비판정법에 의하여

$$\lim_{k\to\infty}\left|\frac{a_{k+1}}{a_k}\right| = \lim_{k\to\infty} \frac{\frac{k+1}{2^{k+1}}}{\frac{k}{2^k}} = \lim_{k\to\infty} \frac{k+1}{2^{k+1}} \frac{2^k}{k} = \frac{1}{2}\lim_{k\to\infty} \frac{k+1}{k} = \frac{1}{2} < 1$$

이므로 주어진 급수는 절대수렴한다.

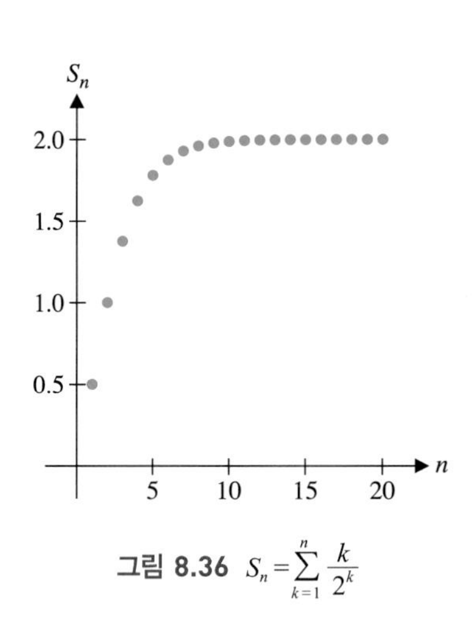

그림 8.36 $S_n = \sum_{k=1}^{n} \frac{k}{2^k}$

비판정법은 급수의 일반항이 예제 5.4와 같이 지수항을 포함하거나 다음 예제 5.5와 같이 **계승**(factorial)을 포함할 때 유용하게 사용할 수 있다.

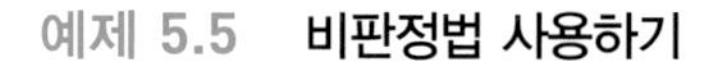

예제 5.5 비판정법 사용하기

급수 $\sum_{k=0}^{\infty} \frac{(-1)^k k!}{e^k}$의 수렴 또는 발산을 판정하여라.

풀이

주어진 급수의 처음 20개 부분합이 그림 8.37에 나타나 있는데, 이것으로부터 주어진 급수

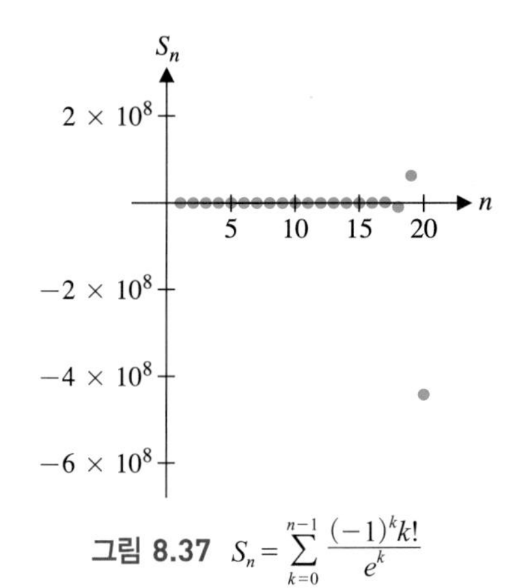

그림 8.37 $S_n = \sum_{k=0}^{n-1} \frac{(-1)^k k!}{e^k}$

는 발산함을 추측할 수 있다. 이것을 확인하기 위하여 비판정법을 사용해 보자.

$$\lim_{k\to\infty}\left|\frac{a_{k+1}}{a_k}\right| = \lim_{k\to\infty}\frac{\dfrac{(k+1)!}{e^{k+1}}}{\dfrac{k!}{e^k}} = \lim_{k\to\infty}\frac{(k+1)!}{e^{k+1}}\,\frac{e^k}{k!}$$

$$= \lim_{k\to\infty}\frac{(k+1)k!}{ek!} = \frac{1}{e}\lim_{k\to\infty}\frac{k+1}{1} = \infty$$

이므로 비판정법에 의하여 주어진 급수는 발산한다.

정리 5.2로부터

$$\lim_{k\to\infty}\left|\frac{a_{k+1}}{a_k}\right| = 1$$

이면 비판정법으로는 급수 $\sum_{k=1}^{\infty} a_k$의 수렴성을 판정할 수 없다. 이 급수는 수렴할 수도 있고 발산할 수도 있으며, 따라서 새로운 판정법을 적용해야 한다.

수학자

라마누잔
(Srinivasa Ramanujan, 1887−1920)

인도의 수학자로서 무한급수에 관하여 많은 발견을 하였다. 그의 발견은 많은 수학자들이 여전히 놀라워하는 내용이다. 라마누잔은 대부분 독학으로 공부하여, 급수, 연분수, 리만-제타함수(Riemann-zeta function) 등에 관한 수학적 추측을 노트에 써 놓았는데, 설명이나 증명은 거의 해놓지 않았다. 그럼에도 불구하고 영국의 수학자 하디(G. H. Hardy)는 다음과 같은 말을 남겼다. "그것들은 참일 것이다. 만약 참이 아니라면 아무도 발견할 마음을 먹지 않았을 테니까."

예제 5.6 비판정법을 적용할 수 없는 발산급수

비판정법을 사용하여 조화급수 $\sum_{k=1}^{\infty}\frac{1}{k}$ 의 수렴 또는 발산을 판정하여라.

풀이

주어진 급수는 조화급수이므로 발산한다. 비의 극한을 계산하면

$$\lim_{k\to\infty}\left|\frac{a_{k+1}}{a_k}\right| = \lim_{k\to\infty}\frac{\dfrac{1}{k+1}}{\dfrac{1}{k}} = \lim_{k\to\infty}\frac{k}{k+1} = 1$$

이므로 비판정법으로는 수렴 또는 발산을 판정할 수 없지만 조화급수이므로 발산한다.

예제 5.7 비판정법을 적용할 수 없는 수렴급수

비판정법을 사용하여 급수 $\sum_{k=1}^{\infty}\frac{1}{k^2}$ 의 수렴 또는 발산을 판정하여라.

풀이

이 급수는 수렴하는 p−급수임을 알고 있다. 그러나

$$\lim_{k\to\infty}\left|\frac{a_{k+1}}{a_k}\right| = \lim_{k\to\infty}\frac{1}{(k+1)^2}\,\frac{k^2}{1} = \lim_{k\to\infty}\frac{k^2}{k^2+2k+1} = 1$$

이므로 비판정법으로는 수렴 또는 발산을 판정할 수 없지만 $p = 2 > 1$인 p−급수이므로 수렴한다.

예제 5.6과 5.7을 비교해 보면, 비판정법으로는 p−급수의 수렴 또는 발산을 판정할 수 없음을 알 수 있다.

근판정법

다음 정리에서 급수의 수렴성을 판정하기 위한 다른 판정법을 살펴본다.

정리 5.3 근판정법(Root Test)

급수 $\sum_{k=1}^{\infty} a_k$에 대하여 $\lim_{k\to\infty} \sqrt[k]{|a_k|} = L$일 때,

(i) $L<1$이면 급수는 절대수렴한다.

(ii) $L>1$(또는 $L=\infty$)이면 급수는 발산한다.

(iii) $L=1$이면 이 방법으로는 수렴 또는 발산을 판정할 수 없다.

이 정리의 내용은 비판정법과 거의 유사하며 증명 또한 유사하므로 연습문제로 남긴다.

예제 5.8 근판정법 이용하기

급수 $\sum_{k=1}^{\infty} \left(\frac{2k+4}{5k-1}\right)^k$의 수렴, 발산을 근판정법을 이용하여 판정하여라.

풀이

$$\lim_{k\to\infty} \sqrt[k]{|a_k|} = \lim_{k\to\infty} \sqrt[k]{\left|\frac{2k+4}{5k-1}\right|^k} = \lim_{k\to\infty} \frac{2k+4}{5k-1} = \frac{2}{5} < 1$$

이므로 근판정법에 의하여 이 급수는 절대수렴한다.

현대의 수학자

콘
(Alain Connes, 1947－)

프랑스의 수학자이며 연산자대수의 분류에 대한 업적으로 1983년에 필즈상을 받았다. 학창시절 그는 자신만의 수학세계를 열어 갔으며 훗날 다음과 설명하였다. "나는 처음에 수리의 아주 조그만 부분에서 연구를 시작하였다. …… 선생님께서 나만의 수학세계와 관련된 문제를 질문하셨을 때 나는 즉각적인 대답을 하였다. 때로는 이 질문이 나만의 수학세계와 관계없는 질문도 있었지만, 선생님의 질문에 대답을 할 수 없었을 때, 나 자신이 바보처럼 느껴져서 어찌할 바를 몰랐다." 그의 수학세계가 확장되어 감에 따라, '즉각적인 대답'은 점점 더 중요한 수학적 문제가 되어갔다.

판정법의 요약

다양한 급수의 수렴 또는 발산을 판정하려면 각 급수에 따라 적당한 판정법을 선택해야 한다. 주어진 급수에 대하여 어떠한 판정법을 적용하여야 하겠는가? 이 질문에 대한 대답은 다양한 문제를 통한 연습밖에 없다는 것이다. 이 절의 연습문제에 다양한 급수가 있으며 지금까지 학습한 판정법을 급수에 형태에 따라 선택하여 적용하여야 한다. 경우에 따라서는 이 절에서 학습한 판정법을 적용하고, 이 절에서 학습한 판정법으로 수렴성을 판정할 수 없는 경우에는 앞 절에서 학습한 판정법을 적용하여야 한다. 다음 표에 지금까지 학습한 판정법을 정리하였다.

판정법	급수의 형태	결론	절
기하급수	$\sum_{k=0}^{\infty} ar^k$	수렴: $\frac{a}{1-r}$, $\lvert r\rvert < 1$ 발산: $\lvert r\rvert \ge 1$	8.2
k번째 항 판정법	모든 급수	$\lim_{k\to\infty} a_k \neq 0$이면 발산	8.2
적분판정법	$\sum_{k=1}^{\infty} a_k$, $f(k) = a_k$ f는 연속이면서 감소함수, $f(x) \ge 0$	$\sum_{k=1}^{\infty} a_k$, $\int_1^{\infty} f(x)\,dx$ 모두 수렴 또는 모두 발산	8.3
p-급수	$\sum_{k=1}^{\infty} \frac{1}{k^p}$	수렴: $p > 1$ 발산: $p \le 1$	8.3
비교판정법	$\sum_{k=1}^{\infty} a_k$, $\sum_{k=1}^{\infty} b_k$ $0 \le a_k \le b_k$	$\sum_{k=1}^{\infty} b_k$가 수렴하면 $\sum_{k=1}^{\infty} a_k$도 수렴 $\sum_{k=1}^{\infty} a_k$가 발산하면 $\sum_{k=1}^{\infty} b_k$도 발산	8.3
극한비교판정법	$\sum_{k=1}^{\infty} a_k$, $\sum_{k=1}^{\infty} b_k$ $a_k, b_k > 0$, $\lim_{k\to\infty} \frac{a_k}{b_k} = L > 0$	$\sum_{k=1}^{\infty} a_k$, $\sum_{k=1}^{\infty} b_k$ 모두 수렴 또는 모두 발산	8.3
교대급수판정법	$\sum_{k=1}^{\infty} (-1)^{k+1} a_k$, $a_k > 0$	$a_{k+1} \le a_k$, $\lim_{k\to\infty} a_k = 0$이면 수렴	8.4
절대수렴	양항과 음항을 갖는 급수(교대급수도 포함)	$\sum_{k=1}^{\infty} \lvert a_k\rvert$이 수렴이면 $\sum_{k=1}^{\infty} a_k$도 수렴	8.5
비판정법	모든 급수(특히 지수, 계승을 포함하는 급수) $\sum_{k=1}^{\infty} a_k$	$\lim_{k\to\infty} \left\lvert \frac{a_{k+1}}{a_k} \right\rvert = L$ $L < 1$이면 수렴 $L > 1$이면 발산 $L = 1$이면 결론 없음	8.5
근판정법	모든 급수(특히 지수를 포함하는 급수) $\sum_{k=1}^{\infty} a_k$	$\lim_{k\to\infty} \sqrt[k]{\lvert a_k\rvert} = L$ $L < 1$이면 수렴 $L > 1$이면 발산 $L = 1$이면 결론 없음	8.5

연습문제 8.5

[1~20] 다음 급수의 절대수렴, 조건수렴 또는 발산을 판정하여라.

1. $\sum_{k=0}^{\infty} (-1)^k \frac{3}{k!}$

2. $\sum_{k=0}^{\infty} (-1)^k 2^k$

3. $\sum_{k=1}^{\infty} (-1)^{k+1} \frac{k}{k^2+1}$

4. $\sum_{k=3}^{\infty} (-1)^k \frac{3^k}{k!}$

5. $\sum_{k=2}^{\infty} (-1)^{k+1} \frac{k}{2k+1}$

6. $\sum_{k=6}^{\infty} (-1)^k \frac{k2^k}{3^k}$

7. $\sum_{k=1}^{\infty} \left(\frac{4k}{5k+1}\right)^k$

8. $\sum_{k=1}^{\infty} \frac{-2}{k}$

9. $\sum_{k=0}^{\infty}(-1)^{k+1}\frac{\sqrt{k}}{k+1}$

10. $\sum_{k=7}^{\infty}\frac{k^2}{e^k}$

11. $\sum_{k=2}^{\infty}\frac{e^{3k}}{k^{3k}}$

12. $\sum_{k=1}^{\infty}\frac{\sin k}{k^2}$

13. $\sum_{k=1}^{\infty}\frac{\cos k\pi}{k}$

14. $\sum_{k=2}^{\infty}\frac{(-1)^k}{\ln k}$

15. $\sum_{k=1}^{\infty}\frac{(-1)^k}{k\sqrt{k}}$

16. $\sum_{k=3}^{\infty}\frac{3}{k^k}$

17. $\sum_{k=6}^{\infty}(-1)^{k+1}\frac{k!}{4^k}$

18. $\sum_{k=1}^{\infty}(-1)^{k+1}\frac{k^{10}}{(2k)!}$

19. $\sum_{k=0}^{\infty}\frac{(-2)^k(k+1)}{5^k}$

20. $\sum_{k=1}^{\infty}\frac{\cos(k\pi/5)}{k!}$

[21~30] 다음 급수의 수렴성을 판정하는 방법을 결정하고 수렴, 발산을 판정하여라.

21. $\sum_{k=1}^{\infty}\frac{e^k}{k!}$

22. $\sum_{k=2}^{\infty}(-1)^k\frac{1+1/k}{k}$

23. $\sum_{k=3}^{\infty}k^{-4/5}$

24. $\sum_{k=0}^{\infty}\frac{k^2+1}{4^k}$

25. $\sum_{k=1}^{\infty}k^2e^{-k^3}$

26. $\sum_{k=0}^{\infty}(-1)^k\left(\frac{4+k}{3+2k}\right)^k$

27. $\sum_{k=1}^{\infty}\frac{\ln k^2}{k^3}$

28. $\sum_{k=2}^{\infty}\frac{\cos k}{k^2}$

29. $\sum_{k=2}^{\infty}\frac{2}{k\sqrt{\ln k+1}}$

30. $\sum_{k=1}^{\infty}\frac{3^k}{(k!)^2}$

31. 급수 $\sum_{k=1}^{\infty}\frac{p^k}{k}$가 수렴하는 p의 범위를 구하여라.

8.6 제곱급수

이 절에서는 급수의 항들이 x의 함수로 이루어진 급수에 대하여 살펴볼 것이다. 이러한 급수를 학습하는 이유는 급수를 사용하여 보다 복잡한 함수를 간단한 함수의 급수로 나타낼 수 있기 때문이다. 이러한 급수는 초월함수의 미분 및 적분, 미분방정식의 해 등을 구하는 데 응용된다. 또한 베셀함수와 같이 응용 분야에서 널리 이용되는 함수들이 일반항이 함수인 급수, 즉 제곱급수로 정의된다. 몇 개의 단계를 통하여 제곱급수를 살펴보자.

우선 다음과 같은 급수를 생각하여 보자.

$$\sum_{k=0}^{\infty}(x-2)^k = 1+(x-2)+(x-2)^2+(x-2)^3+\cdots$$

각 실수 x에 대하여 이 급수는 $r=(x-2)$인 기하급수이다. 따라서 이 급수는 $|r|=|x-2|<1$이면 수렴하고, $|r|=|x-2|\geq 1$이면 발산한다. 보다 더 자세히 살펴보면 $|x-2|<1$일 때, 즉 $1<x<3$이면 이 급수는

$$\frac{a}{1-r}=\frac{1}{1-(x-2)}=\frac{1}{3-x}$$

에 수렴한다. 따라서 $x\in(1, 3)$인 x에 대하여

$$\sum_{k=0}^{\infty}(x-2)^k=\frac{1}{3-x}$$

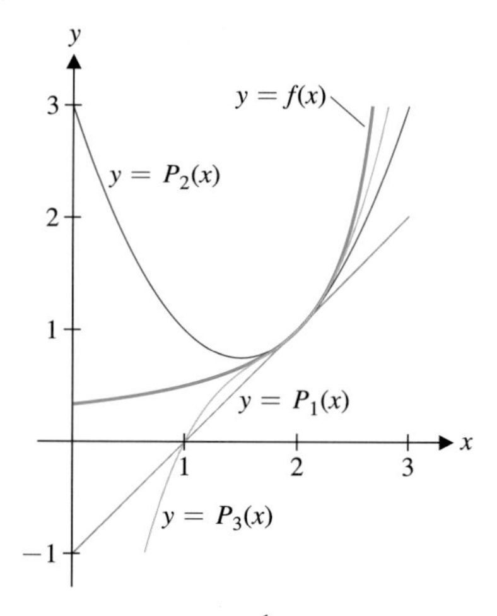

그림 8.38 $y=\dfrac{1}{3-x}$와 세 개의 부분합

이고 $x\notin(1,3)$이면 급수는 발산한다. 함수 $f(x)=\dfrac{1}{3-x}$ 및 부분합 P_1, P_2, P_3의 그래프를 그림 8.38에 나타내었다. 여기서 $x\in[1,3]$일 때, $\sum_{k=0}^{\infty}(x-2)^k$의 부분합 P_n은

$$P_n(x)=\sum_{k=0}^{n}(x-2)^k=1+(x-2)+(x-2)^2+(x-2)^3+\cdots+(x-2)^n$$

이다. n이 커지면 구간 (1, 3)에서 $P_n(x)$는 $f(x)$에 점점 가까워진다. 더욱이 n이 커질수록 구간 (1, 3)의 보다 많은 x값에서 $P_n(x)$가 $f(x)$에 가까워짐을 알 수 있다.

따라서 위의 사실로부터 제곱급수는 어떤 구간에서 우리가 이미 알고 있는 함수와 같음을 알 수 있다. 반면에 주어진 함수를 제곱급수로 나타낼 수 있다면 함수의 근삿값을 구하는 데 매우 유용할 것이다. 예를 들어, 모든 x에 대하여

$$e^x=\sum_{k=0}^{\infty}\frac{x^k}{k!}=1+x+\frac{x^2}{2!}+\frac{x^3}{3!}+\cdots \tag{6.1}$$

임을 증명할 수 있고 이 식을 이용하여 $e^{1.234567}$의 근삿값을 계산해 보자. 주어진 $x=1.234567$에 대하여 식 (6.1)의 e^x에 대한 제곱급수로부터 처음 몇 개 항을 선택하여 e^x의 근삿값을 구할 수 있다. 부분합이 다항식이므로 이 근삿값은 쉽게 계산된다.

제곱급수

$$\sum_{k=0}^{\infty}b_k(x-c)^k=b_0+b_1(x-c)+b_2(x-c)^2+b_3(x-c)^3+\cdots$$

위와 같은 형태의 급수를 $(x-c)$의 **제곱급수**(power series)라 한다. 그리고 $k=0$, 1, 2,⋯에 대하여 b_k를 제곱급수의 **계수**(coefficient)라 한다. 그러면, 어떤 x값에서 제곱급수가 수렴하겠는가? 다시 말하면 제곱급수 $\sum_{k=0}^{\infty}b_k(x-c)^k$은 x에 관한 함수이다. 이 함수의 정의역은 무엇인가? 이 함수의 정의역은 제곱급수가 수렴하는 모든 x들의 집합이 될 것이다. 제곱급수의 수렴 및 발산을 판정하는 가장 좋은 방법은 비판정법이다. 다음 예제를 보자.

예제 6.1 제곱급수의 수렴영역 구하기

제곱급수 $\sum_{k=0}^{\infty}\dfrac{k}{3^{k+1}}x^k$이 수렴하는 x의 값을 구하여라.

풀이

비판정법을 사용하기 위하여 다음 극한을 계산하자. $|x|<3$, 즉 $-3<x<3$일 때

$$\begin{aligned}\lim_{k\to\infty}\left|\frac{a_{k+1}}{a_k}\right| &= \lim_{k\to\infty}\left|\frac{(k+1)x^{k+1}}{3^{k+2}}\frac{3^{k+1}}{kx^k}\right| \\ &= \lim_{k\to\infty}\frac{(k+1)|x|}{3k}=\frac{|x|}{3}\lim_{k\to\infty}\frac{k+1}{k} \\ &= \frac{|x|}{3}<1\end{aligned}$$

이므로 주어진 급수는 $-3<x<3$에서 절대수렴하고, $|x|>3$, 즉 $x>3$ 또는 $x<-3$에서 발산한다. 그리고 $x=\pm 3$에서는 비판정법으로 판정할 수 없으므로 급수에 직접 대입하여 수렴성을 조사해야 한다. $x=3$에서 주어진 급수는

$$\sum_{k=0}^{\infty} \frac{k}{3^{k+1}} x^k = \sum_{k=0}^{\infty} \frac{k}{3^{k+1}} 3^k = \sum_{k=0}^{\infty} \frac{k}{3}$$

이고

$$\lim_{k\to\infty} \frac{k}{3} = \infty \neq 0$$

이므로 주어진 급수는 발산한다. $x=-3$일 때도 같은 이유로 발산한다. 그러므로 주어진 제곱급수는 구간 $(-3, 3)$에서 수렴하고 이 구간 밖의 모든 점에서는 발산한다.

예제 6.1과 앞에서 살펴본 제곱급수는 공통적인 성질을 갖는다. 즉, 두 급수 모두 $\sum_{k=0}^{\infty} b_k(x-c)^k$과 같은 형태(예제 6.1에서 $c=0$)이고, 제곱급수는 적당한 구간 $(c-r, c+r)$에서 수렴하며 이 구간 밖에서는 발산한다. 제곱급수가 수렴하는 구간을 **수렴구간**(interval of convergence)이라 하고 상수 r을 **수렴반지름**(radius of convergence)이라 하는데, 수렴반지름은 수렴구간의 길이의 절반을 나타낸다. 모든 제곱급수는 이와 같은 수렴구간을 가지며 따라서 다음 정리를 얻는다.

정리 6.1

임의의 제곱급수 $\sum_{k=0}^{\infty} b_k(x-c)^k$은 다음 세 가지 중 하나를 만족한다.

(i) 모든 실수 $x \in (-\infty, \infty)$에서 절대수렴한다. 이때 수렴반지름은 $r=\infty$이다.

(ii) $x=c$에서만 수렴한다. 이때 수렴반지름은 $r=0$이다.

(iii) 구간 $(c-r, c+r)$에서 절대수렴하며, $x<c-r$ 또는 $x>c+r$인 x에 대하여 발산한다. 이때 주어진 제곱급수의 수렴반지름은 $0<r<\infty$이다.

주 6.1

정리 6.1의 (iii)에서, 수렴구간의 양 끝점 $x=c\pm r$에서는 주어진 제곱급수가 발산할 수도 있고, 어느 한 점 또는 두 점에서 수렴할 수도 있다. 수렴구간의 중심은 $x=c$이므로 c를 제곱급수의 중심(center)이라 한다.

이 정리의 증명은 부록 A에 남겨 두었다.

예제 6.2 수렴반지름과 수렴구간 구하기

제곱급수 $\sum_{k=0}^{\infty} \frac{10^k}{k!}(x-1)^k$의 수렴구간과 수렴반지름을 구하여라.

풀이

비판정법으로부터 모든 실수 x에 대하여

$$\begin{aligned}\lim_{k\to\infty}\left|\frac{a_{k+1}}{a_k}\right| &= \lim_{k\to\infty}\left|\frac{10^{k+1}(x-1)^{k+1}}{(k+1)!}\,\frac{k!}{10^k(x-1)^k}\right| \\ &= 10|x-1|\lim_{k\to\infty}\frac{k!}{(k+1)k!} \\ &= 10|x-1|\lim_{k\to\infty}\frac{1}{(k+1)} = 0<1\end{aligned}$$

이므로 이 급수는 모든 x에 대하여 절대수렴한다. 따라서 수렴구간은 $(-\infty, \infty)$이고 수렴반지름은 $r=\infty$이다.

■

제곱급수의 수렴구간은 폐구간, 개구간 또는 다음 예제와 같이 반개구간이 될 수도 있다.

예제 6.3 반개구간인 수렴구간

제곱급수 $\sum_{k=1}^{\infty} \frac{x^k}{k4^k}$ 의 수렴구간과 수렴반지름을 구하여라.

풀이

비판정법으로부터

$$\lim_{k\to\infty}\left|\frac{a_{k+1}}{a_k}\right| = \lim_{k\to\infty}\left|\frac{x^{k+1}}{(k+1)4^{k+1}}\frac{k4^k}{x^k}\right|$$

$$= \frac{|x|}{4}\lim_{k\to\infty}\frac{k}{k+1} = \frac{|x|}{4} < 1$$

이므로 $|x|<4$이면 절대수렴하고 $|x|>4$이면 발산한다. 이 구간의 양 끝점 $x=\pm 4$에서 수렴성을 조사하여 살펴보자. $x=4$를 주어진 급수에 대입하면

$$\sum_{k=1}^{\infty}\frac{x^k}{k4^k} = \sum_{k=1}^{\infty}\frac{4^k}{k4^k} = \sum_{k=1}^{\infty}\frac{1}{k}$$

이고 이 급수는 조화급수이므로 발산한다. $x=-4$일 때는

$$\sum_{k=1}^{\infty}\frac{x^k}{k4^k} = \sum_{k=1}^{\infty}\frac{(-4)^k}{k4^k} = \sum_{k=1}^{\infty}\frac{(-1)^k}{k}$$

이고 이 급수교대 조화급수이므로 수렴한다(예제 4.2). 따라서 주어진 급수의 수렴구간은 $[-4, 4)$이고 수렴반지름은 $r=4$이다.

■

정리 6.1에서 살펴본 것과 같이 모든 제곱급수 $\sum_{k=0}^{\infty} a_k(x-c)^k$은 적어도 한 점, 즉 $x=c$에서는 수렴한다. 왜냐하면

$$\sum_{k=0}^{\infty} a_k(x-c)^k = \sum_{k=0}^{\infty} a_k(c-c)^k = a_0 + \sum_{k=1}^{\infty} a_k 0^k = a_0 + 0 = a_0$$

이기 때문이다.

예제 6.4 중심에서만 수렴하는 제곱급수

제곱급수 $\sum_{k=0}^{\infty} k!(x-5)^k$의 수렴반지름을 구하여라.

풀이

비판정법으로부터

$$\lim_{k\to\infty}\left|\frac{a_{k+1}}{a_k}\right| = \lim_{k\to\infty}\left|\frac{(k+1)!(x-5)^{k+1}}{k!(x-5)^k}\right|$$
$$= \lim_{k\to\infty}\frac{(k+1)k!\,|x-5|}{k!}$$
$$= \lim_{k\to\infty}[(k+1)|x-5|]$$
$$= \begin{cases} 0, & x=5 \\ \infty, & x\neq 5 \end{cases}$$

이다. 따라서 이 급수는 $x=5$에서만 수렴하고 수렴반지름은 $r=0$이다.

수렴반지름이 $r>0$인 제곱급수 $\sum_{k=0}^{\infty} b_k(x-c)^k$이 주어졌다고 하자. 이 급수는 구간 $(c-r,\ c+r)$의 모든 점에서 절대수렴하고 양 끝점 $x=c-r$ 또는 $c+r$에서 수렴하거나 발산한다. 모든 $x\in(c-r,\ c+r)$에 대하여 이 급수가 수렴하므로 구간 $(c-r,\ c+r)$에서 이 제곱급수는 다음 함수 f를 정의한다.

$$f(x)=\sum_{k=0}^{\infty} b_k(x-c)^k = b_0+b_1(x-c)+b_2(x-c)^2+b_3(x-c)^3+\cdots$$

이 함수는 연속이고 미분가능한데 증명은 고급 미분적분학 과정에서 다룬다. 제곱급수로 주어진 함수의 도함수는 다음과 같이 다시 제곱급수가 된다.

$$f'(x) = \frac{d}{dx}f(x) = \frac{d}{dx}[b_0+b_1(x-c)+b_2(x-c)^2+b_3(x-c)^3+\cdots]$$
$$= b_1+2b_2(x-c)+3b_3(x-c)^2+\cdots = \sum_{k=1}^{\infty} b_k k(x-c)^{k-1}$$

미분하여 얻은 이 제곱급수의 수렴반지름도 원래의 제곱급수와 같이 r이며 제곱급수의 각 항을 미분하여 도함수를 구하기 때문에 이것을 **항별 미분**(term-by-term differentiation)이라 한다. 또한 수렴하는 제곱급수는 다음과 같이 항별로 적분할 수 있다.

$$\int f(x)\,dx = \int\sum_{k=0}^{\infty} b_k(x-c)^k\,dx = \sum_{k=0}^{\infty} b_k\int(x-c)^k\,dx$$
$$=\sum_{k=0}^{\infty} b_k\frac{(x-c)^{k+1}}{k+1}+K$$

적분하여 얻은 이 제곱급수의 수렴반지름도 원래의 제곱급수와 같이 r이며, 여기서 K는 적분상수이다. 위의 두 결과는 일반적인 미분과 적분의 합에 대한 성질로 간주할 수 있으나 제곱급수는 다항식의 유한합이 아니라 무한합, 즉 유한합의 극한이므로 일반적인 합에 대한 미분과 적분의 성질은 아니다. 더욱이, 이 성질은 제곱급수에서만 성립하고 일반적인 함수의 급수에서는 성립하지 않을 수도 있다. 이 결과의 증명은 이 책의 범위를 넘으며 보다 더 자세한 결과는 고급 과정에서 다루어진다. 다음 예제를 보자.

예제 6.5 항별 미분급수가 발산하는 수렴급수

급수 $\sum_{k=1}^{\infty}\frac{\sin(k^3x)}{k^2}$ 의 수렴구간을 구하여라. 그리고 항별로 미분한 급수는 수렴하지 않음을 보여라.

풀이

모든 실수 x에 대하여 $|\sin(k^3x)|\le 1$이므로

$$\left|\frac{\sin(k^3x)}{k^2}\right|\le\frac{1}{k^2}$$

이고 $\sum_{k=1}^{\infty}\frac{1}{k^2}$은 수렴하는 p-급수이므로 비교판정법에 의하여 급수 $\sum_{k=0}^{\infty}\frac{\sin(k^3x)}{k^2}$는 절대수렴한다. 한편, 항별로 미분하여 얻은 급수

$$\sum_{k=1}^{\infty}\frac{d}{dx}\left[\frac{\sin(k^3x)}{k^2}\right]=\sum_{k=1}^{\infty}\left[\frac{k^3\cos(k^3x)}{k^2}\right]=\sum_{k=1}^{\infty}[k\cos(k^3x)]$$

는 급수의 일반항이 0으로 수렴하지 않으므로 발산하는 급수의 k번째 항 판정법에 의하여 모든 실수 x에 대하여 발산한다.

■

예제 6.5에서 유의할 것은 $\sum_{k=1}^{\infty}\frac{\sin(k^3x)}{k^2}$는 제곱급수가 아니라는 것이다. 위의 결과는 수렴반지름이 $r>0$인 제곱급수에서는 일어날 수 없다.

다음 예제에서 주어진 함수의 수렴하는 제곱급수를 알고 있다면 대입이나 항별 미분 또는 적분을 이용하여 이 함수 이외의 다른 함수에 대한 제곱급수를 구할 수 있음을 살펴볼 것이다.

예제 6.6 제곱급수의 미분과 적분

제곱급수 $\sum_{k=0}^{\infty}(-1)^kx^k$을 이용하여 함수 $\frac{1}{(x+1)^2}$, $\frac{1}{1+x^2}$, $\tan^{-1}x$의 제곱급수를 구하여라.

풀이

제곱급수 $\sum_{k=0}^{\infty}(-1)^kx^k=\sum_{k=0}^{\infty}(-x)^k$은 $r=-x$인 기하급수이다. 만약 $|r|=|-x|=|x|<1$이면 이 급수는

$$\frac{a}{1-r}=\frac{1}{1-(-x)}=\frac{1}{1+x}$$

에 수렴한다. 즉 $-1<x<1$에 대하여

$$\frac{1}{1+x}=\sum_{k=0}^{\infty}(-1)^kx^k \tag{6.2}$$

이다. 식 (6.2)의 양변을 미분하면, $-1<x<1$일 때

$$\frac{-1}{(x+1)^2}=\sum_{k=0}^{\infty}(-1)^kkx^{k-1}$$

이다. 양변에 -1을 곱하면 다음과 같은 새로운 제곱급수를 얻는다.

$$\frac{1}{(x+1)^2} = \sum_{k=0}^{\infty}(-1)^{k+1}kx^{k-1}, \quad -1<x<1$$

또한 식 (6.2)에서 x 대신 x^2을 대입하면 $-1<x^2<1$(또는 $-1<x<1$)일 때 다음 제곱급수

$$\frac{1}{1+x^2} = \sum_{k=0}^{\infty}(-1)^k(x^2)^k = \sum_{k=0}^{\infty}(-1)^k x^{2k} \tag{6.3}$$

을 얻고 식 (6.3)의 양변을 적분하면

$$\int \frac{1}{1+x^2}\,dx = \sum_{k=0}^{\infty}(-1)^k \int x^{2k}dx = \sum_{k=0}^{\infty}\frac{(-1)^k x^{2k+1}}{2k+1} + c \tag{6.4}$$

를 얻는데 식 (6.4)의 좌변은 $\tan^{-1}x$이다. 따라서 $\tan^{-1}x$의 제곱급수는 $-1<x<1$일 때

$$\tan^{-1}x = \sum_{k=0}^{\infty}\frac{(-1)^k x^{2k+1}}{2k+1} + c \tag{6.5}$$

이고 c를 결정하기 위하여 $x=0$을 대입하면

$$\tan^{-1}0 = \sum_{k=0}^{\infty}\frac{(-1)^k 0^{2k+1}}{2k+1} + c = c$$

이므로 $c=0$이다. 즉 $\tan^{-1}x$의 제곱급수는 $-1<x<1$일 때

$$\tan^{-1}x = \sum_{k=0}^{\infty}\frac{(-1)^k x^{2k+1}}{2k+1} = x - \frac{1}{3}x^3 + \frac{1}{5}x^5 - \frac{1}{7}x^7 + \cdots$$

이다.

■

예제 6.6에서 여러 가지 함수의 제곱급수를 구하는 방법을 살펴보았다. 8.7절에서는 보다 더 다양한 함수들의 제곱급수를 구하는 방법을 체계적으로 살펴볼 것이다.

연습문제 8.6

[1~8] 다음 제곱급수의 수렴반지름과 수렴구간을 구하여라.

1. $\sum_{k=0}^{\infty}\frac{2^k}{k!}(x-2)^k$

2. $\sum_{k=0}^{\infty}\frac{k}{4^k}x^k$

3. $\sum_{k=1}^{\infty}\frac{(-1)^k}{k3^k}(x-1)^k$

4. $\sum_{k=0}^{\infty}k!(x+1)^k$

5. $\sum_{k=2}^{\infty}(k+3)^2(2x-3)^k$

6. $\sum_{k=1}^{\infty}\frac{4^k}{\sqrt{k}}(2x+1)^k$

7. $\sum_{k=1}^{\infty}\frac{k^2}{2^k}(x+2)^k$

8. $\sum_{k=3}^{\infty}\frac{k!}{(2k)!}x^k$

[9~11] 다음 제곱급수의 수렴구간을 구하고, 제곱급수가 나타내는 함수를 구하여라.

9. $\sum_{k=0}^{\infty}(x+2)^k$

10. $\sum_{k=0}^{\infty}(2x-1)^k$

11. $\sum_{k=0}^{\infty}(-1)^k\left(\frac{x}{2}\right)^k$

[12~15] 함수 $f(x)$의 $c=0$에서의 제곱급수를 찾고 수렴구간 및 수렴반지름을 구하여라. 또 $f(x)$와 부분합 $\sum_{k=0}^{3}a_k x^k$, $\sum_{k=0}^{6}a_k x^k$의 그래프를 그려라.

12. $f(x) = \frac{2}{1-x}$

13. $f(x) = \frac{3}{1+x^2}$

14. $f(x) = \frac{2x}{1-x^3}$

15. $f(x) = \frac{2}{4+x}$

[16~17] 문제 12~15에서 구한 제곱급수를 적분하거나 미분하여 다음 함수 $f(x)$의 제곱급수와 수렴반지름을 구하여라.

16. $f(x)=3\tan^{-1}x$ **17.** $f(x)=\ln(1+x^2)$

[18~19] 다음 급수와 항별 미분한 급수의 수렴구간을 구하여라.

18. $\sum_{k=1}^{\infty}\frac{\cos(k^3x)}{k^2}$ **19.** $\sum_{k=0}^{\infty}e^{kx}$

20. 임의의 상수 a와 양수 b에 대하여 제곱급수 $\sum_{k=0}^{\infty}\frac{(x-a)^k}{b^k}$의 수렴구간 및 수렴반지름을 구하여라.

21. 제곱급수 $\sum_{k=0}^{\infty}a_k x^k$의 수렴반지름이 $r(0<r<\infty)$일 때 임의의 상수 c에 대하여 급수 $\sum_{k=0}^{\infty}a_k(x-c)^k$의 수렴반지름을 구하여라.

8.7 테일러 급수

함수의 제곱급수

함수를 제곱급수로 전개하는 이유는 무엇인가? 이 절에서 그 해답을 찾을 수 있을 것이다. 즉, 제곱급수는 그 자체로도 공부할 가치가 있을 뿐만 아니라 초월함수(삼각함수, 지수함수, 로그함수 등)와 같이 함수의 값을 대수적으로 구하기 어려운 함수의 근삿값을 구하는 데 널리 이용된다.

제곱급수 $\sum_{k=0}^{\infty}b_k(x-c)^k$가 수렴반지름 $r>0$을 갖는다고 하자. 앞에서 살펴본 것처럼 이 급수는 구간 $(c-r,\ c+r)$의 모든 x에서 어떤 함수 $f(x)$에 절대수렴한다. 즉, 구간 $(c-r,\ c+r)$의 모든 x에 대하여

$$f(x)=\sum_{k=0}^{\infty}b_k(x-c)^k=b_0+b_1(x-c)+b_2(x-c)^2+b_3(x-c)^3+\cdots$$

이다. 이 식을 항별로 미분하면

$$f'(x)=\sum_{k=0}^{\infty}b_k k(x-c)^{k-1}=b_1+2b_2(x-c)+3b_3(x-c)^2+4b_4(x-c)^3+\cdots$$

이며 이것을 다시 미분하면, 구간 $(c-r,\ c+r)$의 모든 x에 대하여

$$f''(x)=\sum_{k=0}^{\infty}b_k k(k-1)(x-c)^{k-2}=2b_2+3\cdot 2b_3(x-c)+4\cdot 3b_4(x-c)^2+\cdots$$

이고

$$f'''(x)=\sum_{k=0}^{\infty}b_k k(k-1)(k-2)(x-c)^{k-3}=3\cdot 2b_3+4\cdot 3\cdot 2b_4(x-c)+\cdots$$

이다. 계속 미분을 하여 구한 제곱급수는 구간 $(c-r,\ c+r)$의 모든 x에 대하여 수렴한다. 위의 각 도함수에 $x=c$를 대입하면

$$\begin{aligned}f(c)&=b_0,\\ f'(c)&=b_1,\\ f''(c)&=2b_2,\\ f'''(c)&=3!b_3\end{aligned}$$

이고 일반적으로 다음 식을 얻는다.

$$f^{(k)}(c) = k!b_k \tag{7.1}$$

식 (7.1)을 b_k에 대하여 풀면, $k = 0, 1, 2, \cdots$ 에 대하여

$$b_k = \frac{f^{(k)}(c)}{k!}$$

이다. 따라서 제곱급수 $\sum_{k=0}^{\infty} b_k(x-c)^k$가 수렴반지름 $r > 0$을 갖는다면 이 급수는 어떤 함수 $f(x)$에 수렴하고 $x \in (c-r, c+r)$일 때

$$f(x) = \sum_{k=0}^{\infty} b_k(x-c)^k = \sum_{k=0}^{\infty} \frac{f^{(k)}(c)}{k!}(x-c)^k$$

이다.

이제 다른 관점에서 생각해 보자. 급수에서 시작하는 것 대신에 무한히 미분가능한 함수 $f(x)$로부터 시작하자. 그러면 다음과 같은 급수

$$\boxed{\sum_{k=0}^{\infty} \frac{f^{(k)}(c)}{k!}(x-c)^k}$$

를 구할 수 있으며 이것을 함수 f의 **테일러 급수**(Taylor series)라 한다. 여기서 다음과 같은 두 개의 중요한 의문점을 생각할 수 있다.

- 함수 f의 테일러 급수는 수렴하는가? 수렴한다면 수렴반지름은 무엇인가?
- f의 테일러 급수가 수렴한다면 어떤 함수로 수렴하는가? 그 함수는 f 자신인가?

첫 번째 물음은 비판정법을 이용하여 그 해답을 구할 수 있다. 두 번째 물음은 보다 많은 고찰을 해야 한다.

예제 7.1 테일러 급수

함수 $f(x) = e^x$의 $x = 0\,(c = 0)$에서 테일러 급수를 구하여라.

풀이

$f'(x) = e^x$, $f''(x) = e^x$, $\cdots$이므로 $k = 0, 1, 2, \cdots$일 때

$$f^{(k)}(x) = e^x$$

이다. 따라서 구하는 테일러 급수는

$$\sum_{k=0}^{\infty} \frac{f^{(k)}(0)}{k!}(x-0)^k = \sum_{k=0}^{\infty} \frac{e^0}{k!}x^k = \sum_{k=0}^{\infty} \frac{1}{k!}x^k$$

이고 비판정법으로부터, 모든 실수 x에 대하여

$$\lim_{k\to\infty}\left|\frac{a_{k+1}}{a_k}\right| = \lim_{k\to\infty}\frac{|x|^{k+1}}{(k+1)!}\frac{k!}{|x|^k} = |x|\lim_{k\to\infty}\frac{k!}{(k+1)k!}$$

$$= |x|\lim_{k\to\infty}\frac{1}{k+1} = |x|(0) = 0 < 1$$

주 7.1

$x = 0$에서의 테일러 급수를 매클로린 급수라 한다. 즉, 급수 $\sum_{k=0}^{\infty}\frac{f^{(k)}(0)}{k!}x^k$을 함수 f의 매클로린 급수라 한다. 8.3절에서 매클로린에 대하여 간략히 언급하였다.

이므로 e^x의 테일러 급수 $\sum_{k=0}^{\infty} \frac{1}{k!} x^k$은 모든 실수 x에서 절대수렴한다. 그러나 이 급수가 어떤 함수에 수렴하는지는 아직 알 수 없다(e^x가 아닐까?).

■

테일러 급수를 구하는 다른 예제를 살펴보기 전에 주어진 테일러 급수가 수렴하는 함수는 무엇인지, 즉, 테일러 급수가 어떤 함수에 수렴하는지를 찾는 방법에 대하여 알아보자. 우선 테일러 급수의 부분합은 다항식이라는 것에 유의하자. 이 다항식을 다음과 같이 정의한다.

$$P_n(x) = \sum_{k=0}^{n} \frac{f^{(k)}(c)}{k!}(x-c)^k$$
$$= f(c) + f'(c)(x-c) + \frac{f''(c)}{2!}(x-c)^2 + \cdots + \frac{f^{(n)}(c)}{n!}(x-c)^n$$

$P_n(x)$는 각 k에 대하여 계수가 $\frac{f^{(k)}(c)}{k!}$인 n차 다항식이다. 이와 같은 P_n을 $x=c$에서 함수 f의 **n차 테일러 다항식**(Taylor polynomial of degree n)이라 한다.

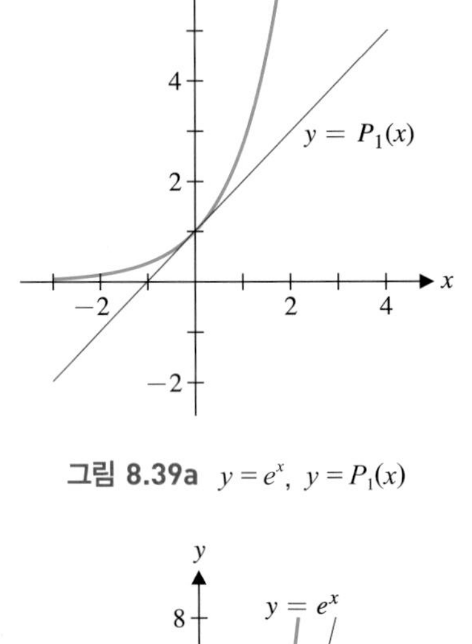

그림 8.39a $y=e^x$, $y=P_1(x)$

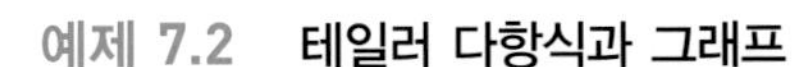

예제 7.2 테일러 다항식과 그래프

$x=0$에서 함수 $f(x)=e^x$의 n차 테일러 다항식을 구하여라.

풀이

예제 7.1에서 $k=0, 1, 2, \cdots$일 때, $f^{(k)}(x)=e^x$이었다. 따라서 $x=0$에서 전개한 f의 n차 테일러 다항식은

$$P_n(x) = \sum_{k=0}^{n} \frac{f^{(k)}(0)}{k!}(x-0)^k = \sum_{k=0}^{n} \frac{e^0}{k!} x^k$$
$$= \sum_{k=0}^{n} \frac{1}{k!} x^k = 1 + x + \frac{x^2}{2!} + \frac{x^3}{3!} + \cdots + \frac{x^n}{n!}$$

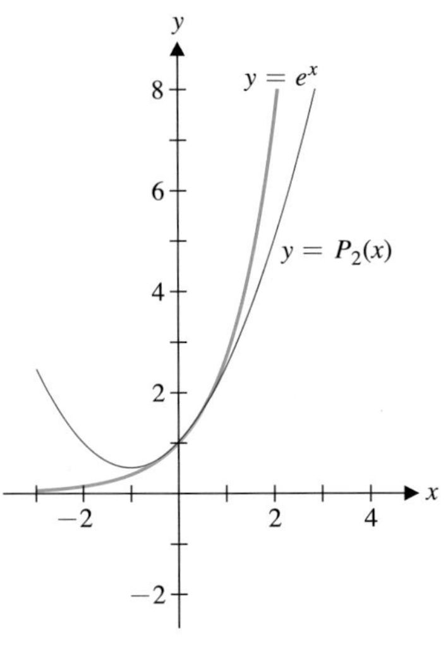

그림 8.39b $y=e^x$, $y=P_2(x)$

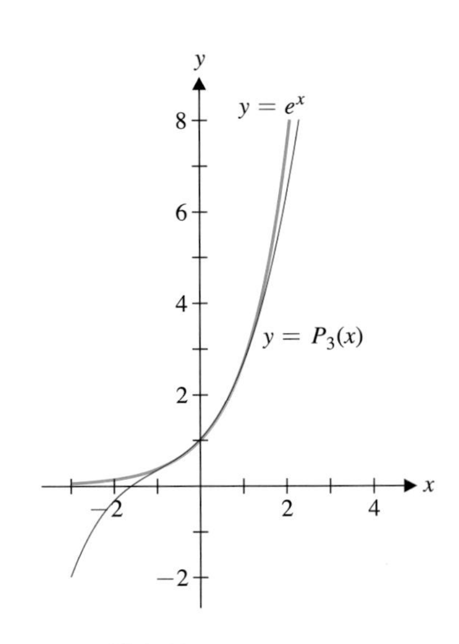

그림 8.39c $y=e^x$, $y=P_3(x)$

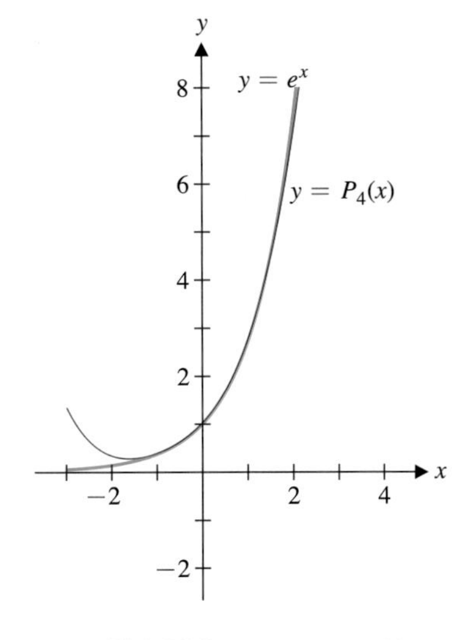

그림 8.39d $y=e^x$, $y=P_4(x)$

이다. 예제 7.1에서 살펴본 것처럼 $x = 0$에서 함수 $f(x) = e^x$의 테일러 급수는 모든 x에 대하여 수렴한다. 이것은 부분합 수열이 모든 x에 대하여 수렴함을 의미한다. 이 테일러 급수가 수렴하는 극한함수를 구하기 위하여 $P_1(x)$, $P_2(x)$, $P_3(x)$ 그리고 $P_4(x)$와 $f(x) = e^x$에 대한 그래프를 그려 보자(그림 8.39a~8.39d).

n이 커질수록 $P_n(x)$의 그래프는 $f(x) = e^x$에 점점 가까이 접근한다. 주어진 함수의 테일러 급수는 수렴하고 부분합 수열의 그래프도 점점 $f(x) = e^x$에 가까이 접근하므로 이 테일러 급수는 e^x에 수렴함을 추측할 수 있다. 다음에 주어질 정리 7.1과 7.2를 이용하면 이것을 증명할 수 있다.

■

정리 7.1 테일러 정리(Taylor's Theorem)

함수 f가 구간 $(c-r, c+r)$에서 $n+1$번 미분가능하면 구간 $(c-r, c+r)$의 모든 x에 대하여 $f(x) \approx P_n(x)$이고, 이때 오차 $R_n(x)$는 x와 c 사이의 적당한 z에 대하여

$$R_n(x) = f(x) - P_n(x) = \frac{f^{(n+1)}(z)}{(n+1)!}(x-c)^{n+1} \tag{7.2}$$

이다.

식 (7.2)에서 오차 $R_n(x)$를 **나머지 항**(remainder term)이라 한다. 이 나머지 항에서 $f^{(n+1)}$은 x와 c 사이의 적당한 값 z에서 계산되며, 나머지 항 자체는 오차로서 근삿값을 구할 때 무시해도 좋은 양이다. 또한 나머지 항은 다음과 같은 두 가지의 의미를 갖는다. 첫째는 주어진 함수를 테일러 다항식으로 근사시킬 때 두 함수 사이의 오차이고, 둘째는 정리 7.2에서와 같이 함수 f의 테일러 급수가 f에 수렴한다는 것을 증명할 때 이용된다.

테일러 정리는 이 절의 끝에서 증명하였다.

주 7.2

모든 $x \in (c-r, c+r)$에 대하여

$$\lim_{n\to\infty} R_n(x) = 0$$

이면

$$0 = \lim_{n\to\infty} R_n(x) = \lim_{n\to\infty}[f(x) - P_n(x)] = f(x) - \lim_{n\to\infty} P_n(x)$$

이고 따라서 구간 $(c-r, c+r)$의 모든 x에 대하여

$$\lim_{n\to\infty} P_n(x) = f(x)$$

이다. 함수 f의 테일러 급수의 부분합, 즉 테일러 다항식 수열은 구간 $(c-r, c+r)$에서 $f(x)$에 수렴한다.

주 7.3

$n = 0$일 때, 테일러 정리는 이미 알고 있는 결과, 즉

$$R_0(x) = f(x) - P_0(x) = \frac{f'(z)}{(0+1)!}(x-c)^{0+1}$$

이며 $P_0(x) = f(c)$이므로

$$f(x) - f(c) = f'(z)(x-c)$$

이다. 양변을 $(x-c)$로 나누면

$$\frac{f(x) - f(c)}{x - c} = f'(z)$$

를 얻을 수 있다. 이것은 평균값 정리이다. 이런 의미에서 테일러 정리는 평균값 정리의 일반화이다.

정리 7.2

적당한 양수 r에 대하여 구간 $(c-r,\ c+r)$에서 함수 f가 무한번 미분가능하고 $(c-r,\ c+r)$의 모든 x에 대하여 $\lim_{n\to\infty} R_n(x) = 0$이면 $x = c$에서 함수 f의 테일러 급수는 $f(x)$에 수렴한다. 즉, $(c-r,\ c+r)$의 모든 x에 대하여

$$f(x) = \sum_{k=0}^{\infty} \frac{f^{(k)}(c)}{k!}(x-c)^k$$

이다.

이제 예제 7.1과 7.2로 다시 돌아가서 함수 $f(x) = e^x$의 $x = 0$에서의 테일러 급수가 e^x에 수렴함을 증명해 보자.

예제 7.3 테일러 급수의 수렴성 증명

$x = 0$에서 함수 $f(x) = e^x$의 테일러 급수가 e^x에 수렴함을 증명하여라.

풀이

예제 7.1과 식 (7.2)로부터 나머지 항은

$$R_n(x) = \frac{f^{(n+1)}(z)}{(n+1)!}(x-0)^{n+1} = \frac{e^z}{(n+1)!}x^{n+1} \tag{7.3}$$

이고 여기서 z는 x와 0 사이에 있으며 n의 값에 따라 변한다. 먼저 e^z에 대한 유계를 구하자. $x > 0$이면 $0 < z < x$이므로

$$e^z < e^x$$

이고 $x \le 0$이면 $x \le z \le 0$이므로

$$e^z \le e^0 = 1$$

이다. 여기서 $M = \max\{e^x, 1\}$이라 하면 임의의 x와 n에 대하여

$$e^z \le M$$

이다. 위 식을 식 (7.3)에 적용하면 다음과 같이 오차를 추정할 수 있다.

$$|R_n(x)| = \frac{e^z}{(n+1)!}|x|^{n+1} \le M\frac{|x|^{n+1}}{(n+1)!} \tag{7.4}$$

이제, 주어진 테일러 급수가 e^x에 수렴함을 증명하기 위하여 식 (7.4)를 사용하여 모든 x에 대하여 $\lim_{n\to\infty} R_n(x) = 0$임을 보이고자 한다. 그러나 임의의 x에 대하여 $\lim_{n\to\infty}\frac{|x|^{n+1}}{(n+1)!}$을 직접 계

산할 수는 없다. 간접적인 방법으로 우선, 급수 $\sum_{n=0}^{\infty} \frac{|x|^{n+1}}{(n+1)!}$ 을 생각해 보자. 비판정법에 의하여, 모든 실수 x에 대하여

$$\lim_{n\to\infty}\left|\frac{a_{n+1}}{a_n}\right| = \lim_{n\to\infty}\frac{|x|^{n+2}}{(n+2)!}\frac{(n+1)!}{|x|^{n+1}} = |x|\lim_{n\to\infty}\frac{1}{(n+2)} = 0 < 1$$

이므로 급수 $\sum_{n=0}^{\infty} \frac{|x|^{n+1}}{(n+1)!}$은 절대수렴한다. 따라서 발산하는 급수의 k번째 항 판정법에 의하여 일반항은 0으로 수렴한다. 즉

$$\lim_{n\to\infty}\frac{|x|^{n+1}}{(n+1)!} = 0$$

이다. 따라서 식 (7.4)로부터 모든 실수 x에 대하여 $\lim_{n\to\infty} R_n(x) = 0$이고 정리 7.2로부터 모든 x에 대하여 e^x의 테일러 급수는 e^x에 수렴한다. 즉 다음과 같이 나타낼 수 있다.

$$e^x = \sum_{k=0}^{\infty}\frac{1}{k!}x^k = 1 + x + \frac{x^2}{2!} + \frac{x^3}{3!} + \frac{x^4}{4!} + \cdots \tag{7.5}$$

■

주어진 함수의 테일러 급수를 구하기 위해서는 그 함수의 n계도함수를 알아야 한다. 테일러 급수를 구한 후에는 이 급수가 주어진 함수에 수렴하는지 판정하기 위하여 모든 x에 대하여 $n \to \infty$일 때 $R_n(x) \to 0$임을 증명하여야 한다.

테일러 급수의 부분합을 사용하여 주어진 함수의 근삿값을 구하는 것이 이 함수의 테일러 급수를 구하는 목적 중 하나이다.

예제 7.4 e의 근삿값

식 (7.5)의 e^x에 대한 매클로린 급수를 사용하여 실수 e의 근삿값을 구하여라.

풀이

식 (7.5)로부터

$$e = e^1 = \sum_{k=0}^{\infty}\frac{1}{k!}1^k = \sum_{k=0}^{\infty}\frac{1}{k!}$$

이므로 이 급수의 부분합을 몇 개 찾아보자. 오른쪽 표로부터 비교적 정확한 근삿값

$$e \approx 2.718281828$$

을 얻는다.

■

M	$\sum_{k=0}^{M}\frac{1}{k!}$
5	2.716666667
10	2.718281801
15	2.718281828
20	2.718281828

예제 7.5 $\sin x$의 테일러 급수

$x = \frac{\pi}{2}$에서 함수 $f(x) = \sin x$의 테일러 급수를 구하고 이 급수가 모든 x에 대하여 $\sin x$에 수렴함을 보여라.

풀이

이 경우에 f의 테일러 급수는 다음과 같다.

$$\sum_{k=0}^{\infty} \frac{f^{(k)}\left(\frac{\pi}{2}\right)}{k!}\left(x-\frac{\pi}{2}\right)^k$$

먼저, 몇 개의 도함수를 구하고 $x = \frac{\pi}{2}$ 에서 이 도함수의 값을 구하면

$$\begin{aligned}
f(x) &= \sin x, & f\left(\tfrac{\pi}{2}\right) &= 1,\\
f'(x) &= \cos x, & f'\left(\tfrac{\pi}{2}\right) &= 0,\\
f''(x) &= -\sin x, & f''\left(\tfrac{\pi}{2}\right) &= -1,\\
f'''(x) &= -\cos x, & f'''\left(\tfrac{\pi}{2}\right) &= 0,\\
f^{(4)}(x) &= \sin x, & f^{(4)}\left(\tfrac{\pi}{2}\right) &= 1
\end{aligned}$$

이다. 따라서 구하는 테일러 급수는 다음과 같다.

$$\begin{aligned}
\sum_{k=0}^{\infty} \frac{f^{(k)}\left(\frac{\pi}{2}\right)}{k!}\left(x-\frac{\pi}{2}\right)^k &= 1-\frac{1}{2}\left(x-\frac{\pi}{2}\right)^2+\frac{1}{4!}\left(x-\frac{\pi}{2}\right)^4-\frac{1}{6!}\left(x-\frac{\pi}{2}\right)^6+\cdots\\
&= \sum_{k=0}^{\infty} \frac{(-1)^k}{(2k)!}\left(x-\frac{\pi}{2}\right)^{2k}
\end{aligned}$$

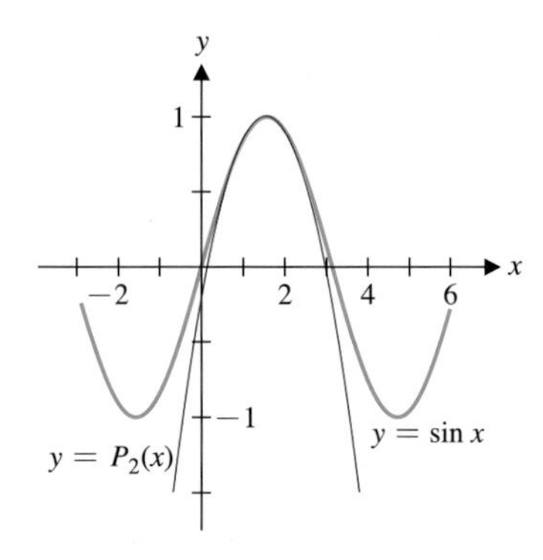

그림 8.40a $y = \sin x,\ y = P_2(x)$

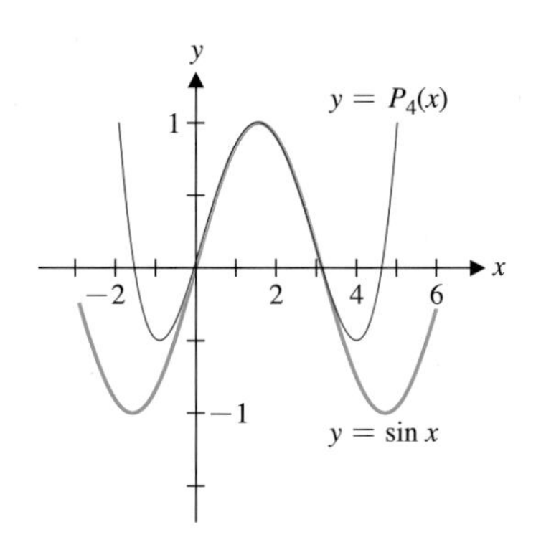

그림 8.40b $y = \sin x,\ y = P_4(x)$

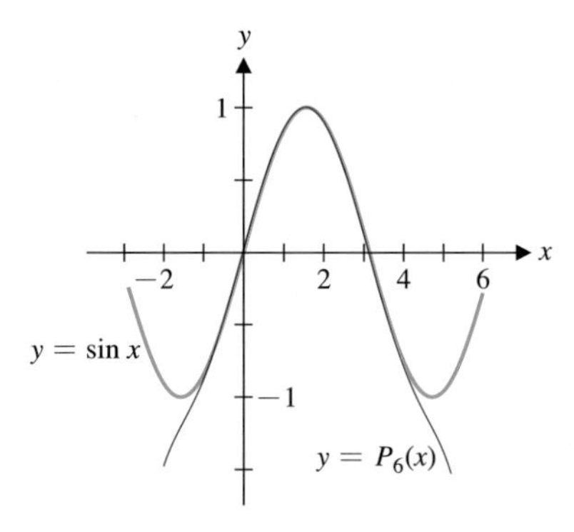

그림 8.40c $y = \sin x,\ y = P_6(x)$

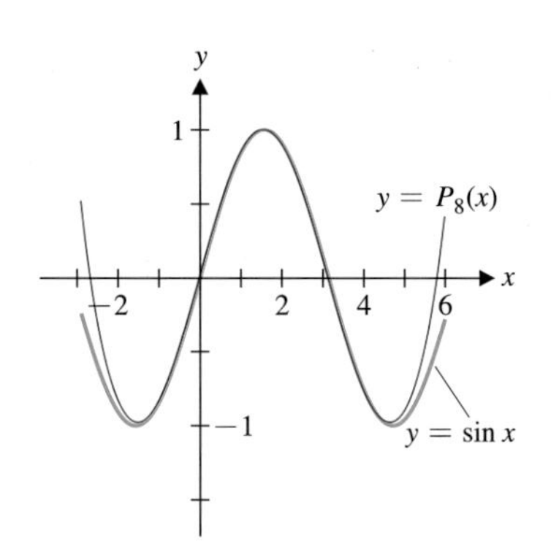

그림 8.40d $y = \sin x,\ y = P_8(x)$

이제 이 급수의 수렴성을 판정해 보자. 나머지 항은 x와 $\frac{\pi}{2}$ 사이의 적당한 값 z에 대하여

$$|R_n(x)| = \left| \frac{f^{(n+1)}(z)}{(n+1)!} \left(x - \frac{\pi}{2}\right)^{n+1} \right| \tag{7.6}$$

이고

$$f^{(n+1)}(z) = \begin{cases} \pm\cos z, & n: \text{짝수} \\ \pm\sin z, & n: \text{홀수} \end{cases}$$

이므로 모든 n에 대하여

$$|f^{(n+1)}(z)| \le 1$$

이다. 이 결과를 식 (7.6)에 적용하면 $n \to \infty$일 때

$$|R_n(x)| = \left| \frac{f^{(n+1)}(z)}{(n+1)!} \right| \left| x - \frac{\pi}{2} \right|^{n+1} \le \frac{1}{(n+1)!} \left| x - \frac{\pi}{2} \right|^{n+1} \to 0$$

이다. 즉 $\sin x$의 테일러 급수는 모든 실수 x에 대하여

$$\boxed{\sin x = \sum_{k=0}^{\infty} \frac{(-1)^k}{(2k)!} \left(x - \frac{\pi}{2}\right)^{2k} = 1 - \frac{1}{2}\left(x - \frac{\pi}{2}\right)^2 + \frac{1}{4!}\left(x - \frac{\pi}{4}\right)^4 - \cdots}$$

이다. 그림 8.40a~8.40d에서는 $f(x) = \sin x$의 그래프와 테일러 다항식 $P_2(x)$, $P_4(x)$, $P_6(x)$, $P_8(x)$의 그래프를 함께 나타내고 있다. 그림으로부터 다항식의 차수가 높을수록 테일러 다항식이 $f(x) = \sin x$에 더 근사함을 알 수 있다.

■

이제 테일러 정리를 사용하여 어떤 함수의 근삿값을 테일러 다항식을 이용하여 구할 때 생기는 오차의 한계를 구하여 보자. 다음 예제를 보자.

예제 7.6 테일러 다항식을 이용한 오차 추정

$f(x) = \ln x$의 테일러 급수를 구하고 사차 테일러 다항식을 이용하여 $\ln(1.1)$의 근삿값을 구하여라. 이때 오차의 한계를 구하여라.

풀이

$\ln 1$의 참값은 계산이 가능하며, 1.1은 1에 가까우므로 $x = 1$에서 $\ln x$의 테일러 급수를 구하자. 먼저 몇 개의 도함수를 구해 보자.

$$\begin{aligned}
f(x) &= \ln x & f(1) &= 0 \\
f'(x) &= x^{-1} & f'(1) &= 1 \\
f''(x) &= -x^{-2} & f''(1) &= -1 \\
f'''(x) &= 2x^{-3} & f'''(1) &= 2 \\
f^{(4)}(x) &= -3 \cdot 2x^{-4} & f^{(4)}(1) &= -3! \\
f^{(5)}(x) &= 4!x^{-5} & f^{(5)}(1) &= 4! \\
&\vdots & &\vdots \\
f^{(k)}(x) &= (-1)^{k+1}(k-1)!\,x^{-k} & f^{(k)}(1) &= (-1)^{k+1}(k-1)!
\end{aligned}$$

이고 따라서 $x=1$에서 함수 $\ln x$의 테일러 급수는 다음과 같다.

$$\sum_{k=0}^{\infty}\frac{f^{(k)}(1)}{k!}(x-1)^k=(x-1)-\frac{1}{2}(x-1)^2+\frac{2}{3!}(x-1)^3+\cdots+(-1)^{k+1}\frac{(k-1)!}{k!}(x-1)^k+\cdots$$
$$=\sum_{k=1}^{\infty}\frac{(-1)^{k+1}}{k}(x-1)^k$$

여기서 나머지 항을 사용하여 $0<x<2$일 때 이 급수가 $f(x)=\ln x$에 수렴함을 보일 수 있으며 증명은 연습문제로 남긴다. 이해를 돕기 위하여 사차 테일러 다항식 $P_4(x)$를 찾아보자.

$$P_4(x)=\sum_{k=1}^{4}\frac{(-1)^{k+1}}{k}(x-1)^k$$
$$=(x-1)-\frac{1}{2}(x-1)^2+\frac{1}{3}(x-1)^3-\frac{1}{4}(x-1)^4$$

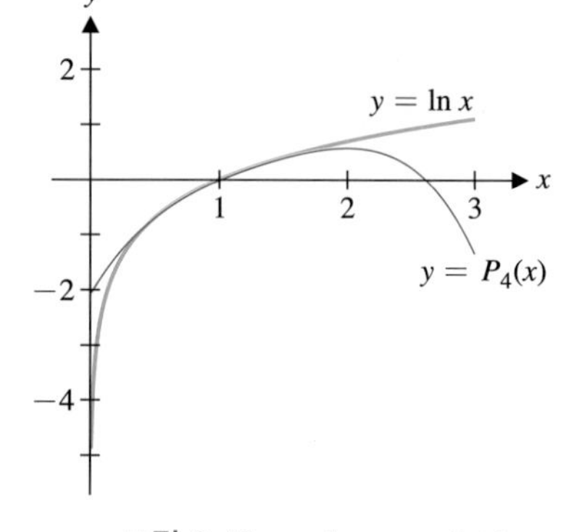

그림 8.41 $y=\ln x,\ y=P_4(x)$

그림 8.41에 $y=\ln x$와 $y=P_4(x)$의 그래프가 주어져 있다. $x=1.1$을 위 식에 대입하여 근삿값을 구하면

$$\ln(1.1)\approx P_4(1.1)=0.1-\frac{1}{2}(0.1)^2+\frac{1}{3}(0.1)^3-\frac{1}{4}(0.1)^4\approx 0.095308333$$

이다. 나머지 항을 사용하여 이 근삿값에 대한 오차의 한계를 구하면 적당한 $z\in(1,\ 1.1)$에 대하여

$$|\text{오차}|=|\ln(1.1)-P_4(1.1)|=|R_4(1.1)|$$
$$=\left|\frac{f^{(4+1)}(z)}{(4+1)!}(1.1-1)^{4+1}\right|=\frac{4!\,|z|^{-5}}{5!}(0.1)^5$$

이다. 이제 다음과 같이 오차한계를 구할 수 있다. $1<z<1.1$이므로 부등식 $\frac{1}{z}<\frac{1}{1}=1$을 이용하면

$$|\text{오차}|=\frac{(0.1)^5}{5z^5}<\frac{(0.1)^5}{5(1)^5}=0.000002$$

이고 이것은 $\ln(1.1)\approx 0.095308333$일 때 오차는 ± 0.000002를 넘지 않음을 의미한다. ■

예제 7.6에서 원하는 만큼의 정확도를 가지는 근삿값을 얻을 수 있도록 하는 데 필요한 테일러 급수의 항의 개수는 얼마인가? 이러한 문제에서도 나머지 항을 이용할 수 있다. 다음 예제를 보자.

예제 7.7 주어진 정확도를 갖기 위한 항의 개수

(a) $\ln(1.1)$ (b) $\ln(1.5)$의 근삿값을 $x=1$에서 $f(x)=\ln x$의 테일러 급수로 구할 때 오차가 1×10^{-10}을 넘지 않도록 하려면 테일러 급수의 항은 몇 개 필요한가?

풀이

(a) 예제 7.6과 식 (7.2)로부터 구간 $(1,\ 1.1)$의 적당한 z에 대하여

$$|R_n(1.1)| = \left| \frac{f^{(n+1)}(z)}{(n+1)!}(1.1-1)^{n+1} \right| = \frac{n!\,|z|^{-n-1}}{(n+1)!}(0.1)^{n+1}$$

$$= \frac{(0.1)^{n+1}}{(n+1)z^{n+1}} < \frac{(0.1)^{n+1}}{(n+1)}$$

이다. 여기서 $1 < z < 1.1$이므로 부등식 $\frac{1}{z} < \frac{1}{1} = 1$임을 이용하였다. 오차가 1×10^{-10}을 넘지 않아야 하므로 $R_n(1.1)$는 다음 부등식을 만족하면 충분하다.

$$|R_n(1.1)| < \frac{(0.1)^{n+1}}{(n+1)} < 1 \times 10^{-10}$$

이 부등식을 n에 관하여 풀면 $n = 9$를 얻을 수 있다. 물론 더 큰 n에 대해서도 주어진 정확도를 얻을 수 있다. $n = 9$일 때 근삿값을 구하여 보면

$$\ln(1.1) \approx P_9(1.1) = \sum_{k=0}^{9} \frac{(-1)^{k+1}}{k}(1.1-1)^k$$

$$= (0.1) - \frac{1}{2}(0.1)^2 + \frac{1}{3}(0.1)^3 - \frac{1}{4}(0.1)^4 + \frac{1}{5}(0.1)^5$$

$$- \frac{1}{6}(0.1)^6 + \frac{1}{7}(0.1)^7 - \frac{1}{8}(0.1)^8 + \frac{1}{9}(0.1)^9$$

$$\approx 0.095310179813$$

이고 그림 8.42에 $y = \ln x$와 $y = P_9(x)$의 그래프가 나타나 있다. 그림 8.42를 그림 8.41과 비교하여 보면 $P_9(x)$가 $P_4(x)$보다 수렴구간 (0, 2) 에서 더 정확한 근사식임을 알 수 있다. 그러나 구간 (0, 2) 밖에서는 근사식이 아니다.

(b) 마찬가지로, 구간 (1, 1.5)의 적당한 z에 대하여

$$|R_n(1.5)| = \left| \frac{f^{(n+1)}(z)}{(n+1)!}(1.5-1)^{n+1} \right| = \frac{n!\,|z|^{-n-1}}{(n+1)!}(0.5)^{n+1}$$

$$= \frac{(0.5)^{n+1}}{(n+1)z^{n+1}} < \frac{(0.5)^{n+1}}{(n+1)}$$

이다. 여기서 $1 < z < 1.5$이므로 부등식 $\frac{1}{z} < \frac{1}{1} = 1$임을 이용하였다. 오차가 1×10^{-10}을 넘지 않아야 하므로 다음 부등식을 만족하면 충분하다.

$$|R_n(1.5)| < \frac{(0.5)^{n+1}}{(n+1)} < 1 \times 10^{-10}$$

이 부등식을 n에 관하여 풀면 $n = 28$을 얻을 수 있다. 같은 정확도를 얻기 위해서 $f(1.1)$보다 $f(1.5)$의 근삿값을 구하는 데 더 많은 항이 필요함을 알 수 있다. 이것은 테일러 급수의 중심으로부터 x값이 멀어질수록 테일러 급수의 수렴은 점점 느려진다는 것을 설명하고 있다.

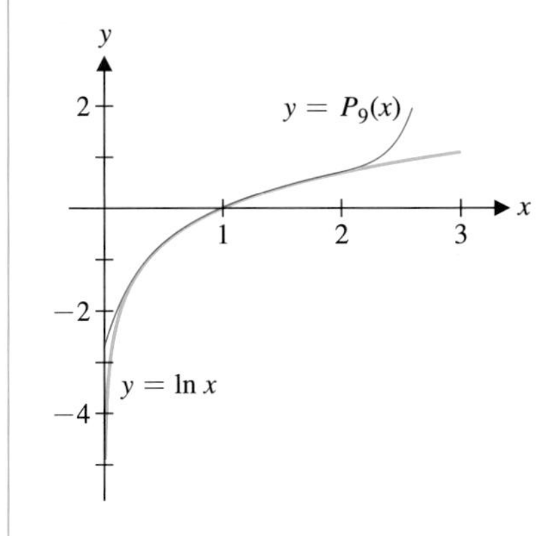

그림 8.42 $y = \ln x$, $y = P_9(x)$

다음 표에서 널리 사용되는 함수의 테일러 급수를 나타내었다.

테일러 급수	수렴구간	사용된 예제 또는 연습문제
$e^x = \sum_{k=0}^{\infty} \frac{1}{k!}x^k \quad = 1 + x + \frac{1}{2}x^2 + \frac{1}{3!}x^3 + \frac{1}{4!}x^4 + \cdots$	$(-\infty, \infty)$	예제 7.1, 7.3
$\sin x = \sum_{k=0}^{\infty} \frac{(-1)^k}{(2k+1)!}x^{2k+1} \quad = x - \frac{1}{3!}x^3 + \frac{1}{5!}x^5 - \frac{1}{7!}x^7 + \cdots$	$(-\infty, \infty)$	연습문제 2
$\cos x = \sum_{k=0}^{\infty} \frac{(-1)^k}{(2k)!}x^{2k} \quad = 1 - \frac{1}{2}x^2 + \frac{1}{4!}x^4 - \frac{1}{6!}x^6 + \cdots$	$(-\infty, \infty)$	연습문제 1
$\sin x = \sum_{k=0}^{\infty} \frac{(-1)^k}{(2k)!}\left(x - \frac{\pi}{2}\right)^{2k} = 1 - \frac{1}{2}\left(x - \frac{\pi}{2}\right)^2 + \frac{1}{4!}\left(x - \frac{\pi}{2}\right)^4 - \cdots$	$(-\infty, \infty)$	예제 7.5
$\ln x = \sum_{k=1}^{\infty} \frac{(-1)^{k+1}}{k}(x-1)^k \quad = (x-1) - \frac{1}{2}(x-1)^2 + \frac{1}{3}(x-1)^3 - \cdots$	$(0, 2]$	예제 7.6, 7.7
$\tan^{-1} x = \sum_{k=0}^{\infty} \frac{(-1)^k}{2k+1}x^{2k+1} \quad = x - \frac{1}{3}x^3 + \frac{1}{5}x^5 - \frac{1}{7}x^7 + \cdots$	$(-1, 1)$	예제 6.6

어떤 함수의 테일러 급수를 알고 있다면 치환을 통하여 다른 함수의 테일러 급수를 구할 수 있다. 다음 예제를 보자.

예제 7.8 알고 있는 테일러 급수를 이용하여 새로운 테일러 급수 구하기

함수 e^{2x}, e^{x^2}, e^{-2x}의 x에 대한 테일러 급수를 구하여라.

풀이

각 함수의 테일러 급수를 구하는 것보다 예제 7.3에서 구한 급수

$$e^t = \sum_{k=0}^{\infty} \frac{1}{k!}t^k = 1 + t + \frac{t^2}{2!} + \frac{t^3}{3!} + \frac{t^4}{4!} + \cdots \tag{7.7}$$

를 이용하는 것이 쉽다. 여기서 t는 모든 실수이다. 식 (7.7)에 $t = 2x$를 대입하면 테일러 급수

$$e^{2x} = \sum_{k=0}^{\infty} \frac{1}{k!}(2x)^k = \sum_{k=0}^{\infty} \frac{2^k}{k!}x^k = 1 + 2x + \frac{2^2}{2!}x^2 + \frac{2^3}{3!}x^3 + \cdots$$

를 구할 수 있다. 식 (7.7)에 $t = x^2$를 대입하면 급수

$$e^{x^2} = \sum_{k=0}^{\infty} \frac{1}{k!}(x^2)^k = \sum_{k=0}^{\infty} \frac{1}{k!}x^{2k} = 1 + x^2 + \frac{1}{2!}x^4 + \frac{1}{3!}x^6 + \cdots$$

를 얻는다. 마지막으로 식 (7.7)에 $t = -2x$를 대입하면 급수

$$e^{-2x} = \sum_{k=0}^{\infty} \frac{1}{k!}(-2x)^k = \sum_{k=0}^{\infty} \frac{(-1)^k}{k!}2^k x^k = 1 - 2x + \frac{2^2}{2!}x^2 - \frac{2^3}{3!}x^3 + \cdots$$

를 얻으며 세 급수의 수렴구간은 모두 $(-\infty, \infty)$이다. ■

테일러 정리의 증명

평균값 정리는 테일러 정리의 특수한 경우이고 테일러 정리의 증명은 평균값 정리의 증명과 유사하며 롤의 정리를 이용한다. 여기서 롤의 정리는 함수 g가 폐구간 $[a, b]$에서 연속이고 개구간 (a, b)에서 미분가능하며 $g(a) = g(b)$이면 $g'(z) = 0$인 z를 구간 (a, b)에서 택할 수 있다는 것이다. 이제 구간 $(c-r, c+r)$에서 한 점 x를 택하고 t를 변수로 간주하여 함수 $g(t)$를

$$g(t) = f(x) - f(t) - f'(t)(x-t) - \frac{1}{2!}f''(t)(x-t)^2 - \frac{1}{3!}f'''(t)(x-t)^3 - \cdots - \frac{1}{n!}f^{(n)}(t)(x-t)^n - R_n(x)\frac{(x-t)^{n+1}}{(x-c)^{n+1}}$$

으로 정의하자. 여기서 $R_n(x) = f(x) - P_n(x)$, 즉 $R_n(x)$는 나머지 항이다. $t = x$를 위 식에 대입하면

$$g(x) = f(x) - f(x) - 0 - 0 - \cdots - 0 = 0$$

이고 $t = c$를 대입하면

$$\begin{aligned} g(c) &= f(x) - f(c) - f'(c)(x-c) - \frac{1}{2!}f''(c)(x-c)^2 - \frac{1}{3!}f'''(c)(x-c)^3 \\ &\quad - \cdots - \frac{1}{n!}f^{(n)}(t)(x-c)^n - R_n(x)\frac{(x-c)^{n+1}}{(x-c)^{n+1}} \\ &= f(x) - P_n(x) - R_n(x) = R_n(x) - R_n(x) = 0 \end{aligned}$$

이다. 롤의 정리로부터 x와 c 사이의 적당한 z에 대하여 $g'(z) = 0$이다. $g(t)$를 t에 대하여 미분하고 정리하면 대부분의 항은 소거되어

$$\begin{aligned} g'(t) &= 0 - f'(t) - f'(t)(-1) - f''(t)(x-t) - \frac{1}{2}f'''(t)(2)(x-t)(-1) \\ &\quad - \frac{1}{2}f'''(t)(x-t)^2 - \cdots - \frac{1}{n!}f^{(n)}(t)(n)(x-t)^{n-1}(-1) \\ &\quad - \frac{1}{n!}f^{(n+1)}(t)(x-t)^n - R_n(x)\frac{(n+1)(x-t)^n(-1)}{(x-c)^{n+1}} \\ &= -\frac{1}{n!}f^{(n+1)}(t)(x-t)^n + R_n(x)\frac{(n+1)(x-t)^n}{(x-c)^{n+1}} \end{aligned}$$

이다. 위 식에 $t = z$를 대입하면

$$0 = g'(z) = -\frac{1}{n!}f^{(n+1)}(z)(x-z)^n + R_n(x)\frac{(n+1)(x-z)^n}{(x-c)^{n+1}}$$

이고 이 식을 $R_n(x)$를 포함한 항에 대하여 풀면

$$R_n(x)\frac{(n+1)(x-z)^n}{(x-c)^{n+1}} = \frac{1}{n!}f^{(n+1)}(z)(x-z)^n$$

이다. 따라서

$$R_n(x) = \frac{1}{n!} f^{(n+1)}(z)(x-z)^n \frac{(x-c)^{n+1}}{(n+1)(x-z)^n}$$
$$= \frac{f^{(n+1)}(z)}{(n+1)!}(x-c)^{n+1}$$

이다.

연습문제 8.7

[1~4] 다음 함수의 매클로린 급수($x = 0$에서의 테일러 급수)를 구하고 수렴구간을 구하여라.

1. $f(x) = \cos x$　　**2.** $f(x) = e^{2x}$

3. $f(x) = \ln(1+x)$　　**4.** $f(x) = \dfrac{1}{(1+x)^2}$

[5~7] 주어진 점에서 다음 함수의 테일러 급수를 구하고 수렴구간을 구하여라.

5. $f(x) = e^{x-1}$, $c = 1$

6. $f(x) = \ln x$, $c = e$

7. $f(x) = \dfrac{1}{x}$, $c = 1$

[8~10] 다음 함수에 대하여 주어진 점 c와 차수 n에 해당하는 테일러 다항식을 구하고 그래프를 그려라.

8. $f(x) = \sqrt{x}$, $c = 1$, $n = 3$; $n = 6$

9. $f(x) = e^x$, $c = 2$, $n = 3$; $n = 6$

10. $f(x) = \sin^{-1} x$, $c = 0$, $n = 3$; $n = 5$

[11~12] $n \to \infty$일 때 $R_n(x) \to 0$임을 증명하여 주어진 테일러 급수가 $f(x)$에 수렴함을 보여라.

11. $\sin x = \sum_{k=0}^{\infty} (-1)^k \dfrac{x^{2k+1}}{(2k+1)!}$

12. $\ln x = \sum_{k=1}^{\infty} (-1)^{k+1} \dfrac{(x-1)^k}{k}$, $1 \le x \le 2$

[13~14] (a) 사차 테일러 다항식을 사용하여 주어진 수의 근삿값을 구하고 (b) 이 근삿값에 대한 오차를 구하고 (c) 오차한계가 10^{-10} 이내이기 위한 항의 개수를 구하여라.

13. $\ln(1.05)$　　**14.** $\sqrt{1.1}$

[15~16] 다음 함수에 대하여 $c = 0$에서의 테일러 급수를 이미 알려진 테일러 급수를 사용하여 구하여라.

15. $f(x) = e^{-3x}$　　**16.** $f(x) = xe^{-x^2}$

[17~18] 테일러 급수를 이용하여 다음 등식을 증명하여라.

17. $\sum_{k=0}^{\infty} \dfrac{2^k}{k!} = e^2$　　**18.** $\sum_{k=0}^{\infty} \dfrac{(-1)^k}{2k+1} = \dfrac{\pi}{4}$

19. $f(x) = \begin{cases} e^{-1/x^2}, & x \neq 0 \\ 0, & x = 0 \end{cases}$ 일 때, 모든 자연수 n에 대하여 $f^{(n)}(0) = 0$임을 증명하여라. 이것으로부터 $c = 0$에서 $f(x)$의 테일러 급수는 0임을 알 수 있고 이 테일러 급수는 $f(x)$에 수렴하지 않는다(힌트: 모든 자연수 n에 대하여 $\lim_{h \to 0} \dfrac{e^{-1/h^2}}{h^n} = 0$임을 증명하여라).

20. 임의의 상수 r에 대하여 $(1+x)^r$의 매클로린 급수는 다음과 같음을 보여라.

$$(1+x)^r = 1 + \sum_{k=1}^{\infty} \frac{r(r-1)\cdots(r-k+1)}{k!} x^k$$

21. 문제 20의 결과를 이용하여 $f(x) = \sqrt{1+x}$의 매클로린 급수를 구하여라.

22. $c = 1$에서 함수 $f(x) = |x|$의 테일러 급수를 구하고 수렴반지름은 ∞임을 증명하여라. 또한 $f(x)$의 테일러 급수는 모든 실수 x에 대하여 $f(x)$에 수렴하는 것은 아님을 증명하여라.

23. 함수 $f(x) = \begin{cases} \dfrac{\sin x}{x}, & x \neq 0 \\ 1, & x = 0 \end{cases}$ 의 매클로린 급수를 구하고 $\sin x$의 매클로린 급수와 비교해 보아라.

8.8 테일러 급수의 응용

8.7절에서 테일러 급수의 개념과 이 급수를 구하는 방법을 예제를 통하여 살펴보았다. 이 절에서는 다양한 예제에서 테일러 급수를 이용하여 새로운 함수의 정의, 극한과 적분 계산, 초월함수의 근삿값의 계산 방법을 알아볼 것이다. 이러한 것들이 테일러 급수의 중요한 응용의 일부분이다.

우선, 계산기나 컴퓨터가 sin(1.234567)과 같은 초월함수의 값을 어떻게 계산하는지 살펴보자. 다음 예제를 보자.

예제 8.1 테일러 다항식을 이용한 사인함수의 근삿값

테일러 급수를 사용하여 sin(1.234567)을 오차범위 10^{-11} 이내에서 계산하여라.

풀이

$x=0$에서 $f(x)=\sin x$의 테일러 급수, 즉 매클로린 급수는

$$\sin x=\sum_{k=0}^{\infty}\frac{(-1)^k}{(2k+1)!}x^{2k+1}=x-\frac{1}{3!}x^3+\frac{1}{5!}x^5-\frac{1}{7!}x^7+\cdots$$

이고 이 급수는 모든 실수에서 수렴한다. $x=1.234567$로 택하면 sin (1.234567)는

$$\sin 1.234567=\sum_{k=0}^{\infty}\frac{(-1)^k}{(2k+1)!}(1.234567)^{2k+1}$$

인 교대급수이다. 원하는 정확도를 갖는 근삿값을 구하기 위하여 이 급수의 부분합을 이용하자. 이 급수는 교대급수이므로 오차는 나머지 항에서 첫 번째 항의 절댓값에 의하여 유계된다. 이 오차가 10^{-11}보다 작을 충분조건은

$$\frac{1.234567^{2k+1}}{(2k+1)!}<10^{-11}$$

이고 이 부등식을 만족하는 최소의 k를 구하기 위해 몇 개의 k값을 대입하면

$$\frac{1.234567^{17}}{17!}\approx 1.010836\times 10^{-13}<10^{-11}$$

이므로 $k=8$이다. 따라서 부분합을 다음과 같이 계산할 수 있다.

$$\begin{aligned}\sin 1.234567 &\approx \sum_{k=0}^{7}\frac{(-1)^k}{(2k+1)!}(1.234567)^{2k+1}\\ &=1.234567-\frac{1.234567^3}{3!}+\frac{1.234567^5}{5!}-\frac{1.234567^7}{7!}+\cdots-\frac{1.234567^{15}}{15!}\\ &\approx 0.94400543137\end{aligned}$$

계산기나 컴퓨터를 이용하여 sin(1.234567)의 값을 구하고 위의 결과와 비교해 보아라.

■

예제 8.1에서는 $x=0$에서 $f(x)=\sin x$의 테일러 급수를 이용하여 원하는 정확도를 갖는 근삿값을 구하였다. 그러나 경우에 따라서 $x=0$에서의 급수를 이용하는 것

이 가장 효율적인 것은 아니다. 예제 8.2에서와 같이 다른 중심의 테일러 급수를 이용하면 더 적은 항들의 부분합을 이용하여 비교적 간단하게 근삿값을 구할 수 있다.

예제 8.2 효과적인 테일러 급수의 선택

$x=\frac{\pi}{2}$에서의 테일러 급수를 이용하여 sin(1.234567)의 근삿값을 오차범위 10^{-11} 이내에서 구하여라.

풀이

테일러 급수는 x값이 중심에 가까울수록 빠르게 수렴한다. 따라서 sin (1.234567)을 계산할 때 $x=1.234567$에 가까운 중심을 택하여 $f(x)=\sin x$의 테일러 급수를 구하는 것이 근삿값을 계산하는 데 효율적이다. $x=0$에서 $\sin x$의 테일러 급수보다 $x=\frac{\pi}{2}\approx 1.57$에서 전개한 $\sin x$의 테일러 급수에 1.234567을 대입하는 것이 빨리 수렴한다. $x=\frac{\pi}{3}$에서 전개한 테일러 급수도 마찬가지이다. 예제 7.5로부터 $x=\frac{\pi}{2}$에서 $\sin x$의 테일러 급수는

$$\sin x=\sum_{k=0}^{\infty}\frac{(-1)^k}{(2k)!}\left(x-\frac{\pi}{2}\right)^{2k}=1-\frac{1}{2}\left(x-\frac{\pi}{2}\right)^2+\frac{1}{4!}\left(x-\frac{\pi}{2}\right)^4-\cdots$$

이고 모든 실수에서 수렴한다. 이 급수에 $x=1.234567$을 대입하면

$$\begin{aligned}\sin 1.234567&=\sum_{k=0}^{\infty}\frac{(-1)^k}{(2k)!}\left(1.234567-\frac{\pi}{2}\right)^{2k}\\&=1-\frac{1}{2}\left(1.234567-\frac{\pi}{2}\right)^2+\frac{1}{4!}\left(1.234567-\frac{\pi}{2}\right)^4-\cdots\end{aligned}$$

인 교대급수이고 주어진 오차의 한계를 만족하기 위해서는 테일러 급수의 나머지 항이 다음 부등식을 만족하면 충분하다.

$$\begin{aligned}|R_n(1.234567)|&=\left|\frac{f^{(2n+2)}(z)}{(2n+2)!}\right|\left|1.234567-\frac{\pi}{2}\right|^{2n+2}\\&\le\frac{\left|1.234567-\frac{\pi}{2}\right|^{2n+2}}{(2n+2)!}<10^{-11}\end{aligned}$$

이 부등식을 n에 대하여 풀면 $n=4$를 얻고, 따라서 원하는 정확도를 갖는 근삿값은 다음과 같이 계산할 수 있다.

$$\begin{aligned}\sin 1.234567&\approx\sum_{k=0}^{4}\frac{(-1)^k}{(2k)!}\left(1.234567-\frac{\pi}{2}\right)^{2k}\\&=1-\frac{1}{2}\left(1.234567-\frac{\pi}{2}\right)^2+\frac{1}{4!}\left(1.234567-\frac{\pi}{2}\right)^4\\&\quad-\frac{1}{6!}\left(1.234567-\frac{\pi}{2}\right)^6+\frac{1}{8!}\left(1.234567-\frac{\pi}{2}\right)^8\\&\approx 0.94400543137\end{aligned}$$

이 결과를 예제 8.1과 비교하여 보면, 예제 8.1에서는 같은 결과를 얻기 위하여 보다 많은 항($n=8$)을 계산하였음을 알 수 있다.

또 다른 테일러 급수의 응용으로, 쉽게 구할 수 없는 극한값을 추정하기 위하여 테일러 급수를 사용할 수 있다. 다음 예제에서와 같이 극한값을 추정하는 것은 참이지만 증명하는 것은 이 책의 범위를 넘으므로 생략한다.

예제 8.3 테일러 다항식을 이용한 극한값

테일러 급수를 사용하여 극한값 $\lim_{x\to 0}\frac{\sin x^3 - x^3}{x^9}$ 을 추정하여라.

풀이

$\sin x$의 매클로린 급수는

$$\sin x = \sum_{k=0}^{\infty}(-1)^k \frac{x^{2k+1}}{(2k+1)!} = x - \frac{1}{3!}x^3 + \frac{1}{5!}x^5 - \frac{1}{7!}x^7 + \cdots$$

이고 이 급수의 수렴구간은 $(-\infty, \infty)$이다. 이 급수에 x 대신 x^3을 대입하면

$$\sin x^3 = \sum_{k=0}^{\infty}\frac{(-1)^k}{(2k+1)!}(x^3)^{2k+1} = x^3 - \frac{x^9}{3!} + \frac{x^{15}}{5!} - \cdots$$

이므로

$$\frac{\sin x^3 - x^3}{x^9} = \frac{\left(x^3 - \frac{x^9}{3!} + \frac{x^{15}}{5!} - \cdots\right) - x^3}{x^9} = -\frac{1}{3!} + \frac{x^6}{5!} + \cdots$$

이다. 따라서 구하는 극한을 다음과 같이 추정할 수 있다.

$$\lim_{x\to 0}\frac{\sin x^3 - x^3}{x^9} = -\frac{1}{3!} = -\frac{1}{6}$$

로피탈 정리를 이용하여 이 극한값이 참임을 확인해 보아라.

이 밖에도 테일러 급수는 여러 분야에서 이용된다. 테일러 급수는 주어진 구간에서 다항식이 아닌 함수의 다항식 근사함수를 구하는 데 이용될 수 있다. 또 다항식은 부정적분을 구하기가 쉬우므로 다항식이 아닌 함수의 정적분의 근삿값을 구하는 데 테일러 다항식을 이용할 수 있다. 테일러 급수를 이용한 정적분의 근삿값은 4.7절에서 살펴본 수치적 방법보다 경우에 따라서는 더 정확하다. 다음 예제를 보자.

예제 8.4 테일러 급수를 이용한 정적분의 근삿값

팔차 테일러 다항식을 이용하여 $\int_{-1}^{1}\cos(x^2)\,dx$의 근삿값을 구하여라.

풀이

$\cos(x^2)$의 원시함수(부정적분)는 쉽게 구할 수 없으므로 이 적분은 수치적 방법을 이용하여 구하여야 한다. 적분 구간이 $(-1, 1)$이므로 $x=0$에서의 테일러 급수, 즉 매클로린 급수를 이용하여 주어진 정적분을 계산하는 것이 편리하다. $\cos x$의 매클로린 급수는

$$\cos x = \sum_{k=0}^{\infty} \frac{(-1)^k}{(2k)!} x^{2k} = 1 - \frac{1}{2}x^2 + \frac{1}{4!}x^4 - \frac{1}{6!}x^6 + \cdots$$

이고 이 급수는 모든 실수에서 수렴한다. 이 식에 x 대신 x^2을 대입하면 $\cos(x^2)$의 매클로린 급수

$$\cos(x^2) = \sum_{k=0}^{\infty} \frac{(-1)^k}{(2k)!} x^{4k} = 1 - \frac{1}{2}x^4 + \frac{1}{4!}x^8 - \frac{1}{6!}x^{12} + \cdots$$

을 얻고 따라서

$$\cos(x^2) \approx 1 - \frac{1}{2}x^4 + \frac{1}{4!}x^8$$

이다. 이것을 이용하여 주어진 정적분의 근삿값을 구하면

$$\begin{aligned}\int_{-1}^{1} \cos(x^2)\, dx &\approx \int_{-1}^{1} \left(1 - \frac{1}{2}x^4 + \frac{1}{4!}x^8\right) dx \\ &= \left(x - \frac{x^5}{10} + \frac{x^9}{216}\right)\Bigg|_{x=-1}^{x=1} \\ &= \frac{977}{540} \approx 1.809259\end{aligned}$$

이고 계산기나 컴퓨터 프로그램을 통하여 얻은 결과는 $\int_{-1}^{1} \cos(x^2)\, dx \approx 1.809259$인데 테일러 급수를 이용한 근삿값 계산이 더 정확함을 알 수 있다. ■

예제 8.4에서와 같은 근삿값을 구할 때, 테일러 급수를 이용하지 않아도 된다고 생각할 수 있다. 왜냐하면 심프슨 공식과 같은 더 간단한 수치적 방법이 있기 때문이다. 물론, 경우에 따라서는 심프슨 공식이 더 편리할 수도 있다. 그러나 다음 예제에서 심프슨 공식을 사용한다면 어떻게 될까?

예제 8.5 테일러 급수를 이용한 적분의 근삿값

오차 테일러 다항식을 사용하여 $\int_{-1}^{1} \frac{\sin x}{x}\, dx$의 근삿값을 구하여라.

풀이

$\frac{\sin x}{x}$의 원시함수(부정적분)는 쉽게 구할 수 없고 더욱이 이 함수는 $x = 0$에서 불연속이다. 주어진 적분은 이상적분이지만 $\lim_{x \to 0} \frac{\sin x}{x} = 1$이므로 이상적분으로 계산할 필요는 없다(즉, 피적분함수는 $g(0) = 1$인 연속함수 g로 확장할 수 있다). $f(x) = \sin x$의 매클로린 급수로부터

$$\sin x \approx x - \frac{x^3}{3!} + \frac{x^5}{5!}$$

이므로

$$\frac{\sin x}{x} \approx 1 - \frac{x^2}{3!} + \frac{x^4}{5!}$$

이다. 이 식은 다항식이므로 적분을 하기 편리하며 다음과 같은 근삿값

$$\begin{aligned}\int_{-1}^{1}\frac{\sin x}{x}\,dx &\approx \int_{-1}^{1}\left(1-\frac{x^2}{6}+\frac{x^4}{120}\right)dx\\ &= \left(x-\frac{x^3}{18}+\frac{x^5}{600}\right)\Big|_{x=-1}^{x=1}\\ &= \left(1-\frac{1}{18}+\frac{1}{600}\right)-\left(-1+\frac{1}{18}-\frac{1}{600}\right)\\ &= \frac{1703}{900}\approx 1.89222\end{aligned}$$

를 얻는다. 계산기나 컴퓨터 프로그램을 통하여 얻은 결과는 $\int_{-1}^{1}\frac{\sin x}{x}\,dx \approx 1.89216$인데 테일러 급수를 이용한 근삿값 계산이 더 정확함을 알 수 있다. $x=0$에서 $\frac{\sin x}{x}$의 참값을 계산할 수 없으므로 사다리꼴 공식이나 심프슨 공식과 컴퓨터 프로그램을 이용하여 주어진 정적분의 근삿값을 계산할 수는 없다.

■

지금까지는 널리 알려진 함수의 테일러 급수에 대하여 살펴보았다. 그러나 많은 함수들이 테일러 급수 자체로 정의된다. 제곱급수로 정의된 함수는 물리학이나 공학 등 다양한 분야에서 흔히 볼 수 있으며 **특수함수**(special function)의 한 종류이다. 이 특수함수 중에서 널리 이용되는 함수가 베셀함수이며, 유체역학, 파동확산방정식, 음향학 및 응용수학 등의 여러 분야에 이용된다. **계수가 p인 베셀함수**(Bessel function of order p)는 다음과 같은 제곱급수

$$J_p(x)=\sum_{k=0}^{\infty}\frac{(-1)^k x^{2k+p}}{2^{2k+p}k!\,(k+p)!} \tag{8.1}$$

로 정의하며 여기서 p는 음이 아닌 정수이다. 이 베셀함수는 미분방정식

$$x^2y''+xy'+(x^2-p^2)y=0$$

의 해이다. 예제 8.6과 8.7에서 베셀함수의 다양한 성질을 살펴보자.

예제 8.6 베셀함수의 수렴반지름

베셀함수 $J_0(x)$의 수렴반지름을 구하여라.

풀이

(8.1)에 $p=0$을 대입하면, 주어진 함수는 $J_0(x)=\sum_{k=0}^{\infty}\frac{(-1)^k x^{2k}}{2^{2k}(k!)^2}$이다. 비판정법으로부터 모든 x에 대하여

$$\begin{aligned}\lim_{k\to\infty}\left|\frac{a_{k+1}}{a_k}\right| &= \lim_{k\to\infty}\left|\frac{x^{2k+2}}{2^{2k+2}[(k+1)!]^2}\,\frac{2^{2k}(k!)^2}{x^{2k}}\right|\\ &= \lim_{k\to\infty}\left|\frac{x^2}{4(k+1)^2}\right| = 0<1\end{aligned}$$

이므로 이 급수는 모든 x에 대하여 절대수렴한다. 따라서 수렴반지름은 ∞이다.

■

예제 8.7 베셀함수의 근

구간 [0, 10]에서 $J_0(x)$, $J_1(x)$의 근은 교대로 나타남을 그래프를 이용하여 보여라.

풀이

베셀함수가 내장된 컴퓨터 프로그램(CAS 등)을 사용하지 않는다면 베셀함수의 그래프를 그리는 데 부분합

$$J_0(x) \approx \sum_{k=0}^{n} \frac{(-1)^k x^{2k}}{2^{2k}(k!)^2}, \quad J_1(x) \approx \sum_{k=0}^{n} \frac{(-1)^k x^{2k+1}}{2^{2k+1}k!(k+1)!}$$

을 이용하여야 하고 이때 적당한 그래프를 그리기 위해서는 n값을 결정해야 한다. 각 양수 x에 대하여 두 베셀함수는 교대급수이고 오차는 나머지 항에서 첫 항의 절댓값보다 작다. 즉

$$\left| J_0(x) - \sum_{k=0}^{n} \frac{(-1)^k x^{2k}}{2^{2k}(k!)^2} \right| \le \frac{x^{2n+2}}{2^{2n+2}[(n+1)!]^2}$$

이고

$$\left| J_1(x) - \sum_{k=0}^{n} \frac{(-1)^k x^{2k+1}}{2^{2k+1}k!(k+1)!} \right| \le \frac{x^{2n+3}}{2^{2n+3}(n+1)!(n+2)!}$$

이며 따라서 각 오차는 부등식의 우변에 $x = 10$을 대입한 값을 넘지 못한다. $n = 12$일 때 부등식

$$\left| J_0(x) - \sum_{k=0}^{12} \frac{(-1)^k x^{2k}}{2^{2k}(k!)^2} \right| \le \frac{x^{2(12)+2}}{2^{2(12)+2}[(12+1)!]^2} \le \frac{10^{26}}{2^{26}(13!)^2} < 0.04$$

와

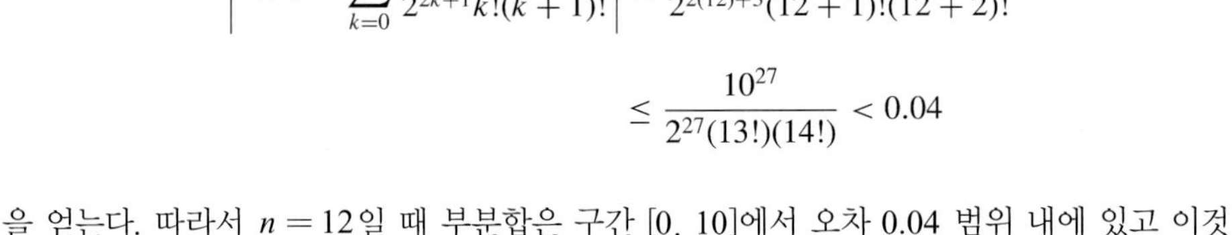

$$\left| J_1(x) - \sum_{k=0}^{12} \frac{(-1)^k x^{2k+1}}{2^{2k+1}k!(k+1)!} \right| \le \frac{x^{2(12)+3}}{2^{2(12)+3}(12+1)!(12+2)!}$$

$$\le \frac{10^{27}}{2^{27}(13!)(14!)} < 0.04$$

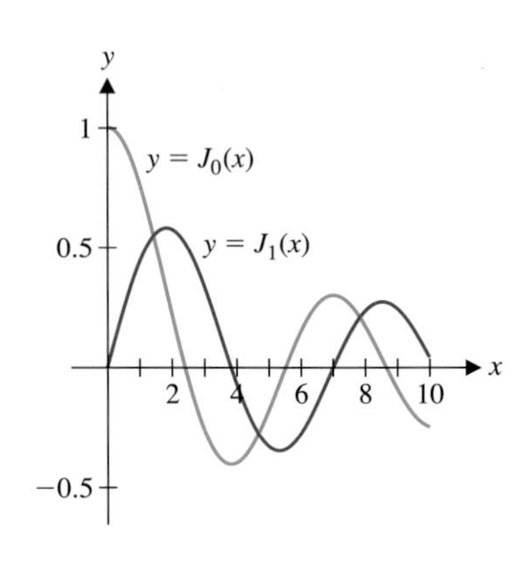

그림 8.43 $y = J_0(x)$와 $y = J_1(x)$

을 얻는다. 따라서 $n = 12$일 때 부분합은 구간 [0, 10]에서 오차 0.04 범위 내에 있고 이것은 그래프를 그리는 데 충분한 정확도를 갖는다. 그림 8.43은 $n = 12$일 때, $J_0(x)$와 $J_1(x)$의 부분합의 그래프를 나타내고 있다.

$J_1(0) = 0$이며 그림으로부터 $x = 2.4$, 5.6, 8.8 근처에서 $J_0(x) = 0$, $x = 3.9$, 7.0 근처에서 $J_1(x) = 0$임을 알 수 있다. 또한 구간 [0, 10]에서 $J_0(x)$와 $J_1(x)$의 근이 교대로 나타남을 알 수 있다. ■

예제 8.7에서와 같이 양의 구간에서 $J_p(x)$와 $J_{p+1}(x)$의 근은 교대로 나타난다.

이항급수(binomial series)

이항정리는 임의의 자연수 n에 대하여

$$(a+b)^n = a^n + na^{n-1}b + \frac{n(n-1)}{2}a^{n-2}b^2 + \cdots + nab^{n-1} + b^n$$

이고 위 식을

$$(a+b)^n = \sum_{k=0}^{n} \binom{n}{k} a^{n-k} b^k$$

으로 나타내기도 한다. 여기서 $\binom{n}{k}$는

$$\binom{n}{0} = 1, \quad \binom{n}{1} = n, \quad \binom{n}{2} = \frac{n(n-1)}{2}$$

이고 $k \geq 3$일 때

$$\binom{n}{k} = \frac{n(n-1)\cdots(n-k+1)}{k!}$$

인 이항계수이다.

위 전개식에 $a=1$, $b=x$를 대입하면

$$(1+x)^n = \sum_{k=0}^{n} \binom{n}{k} x^k$$

이다. 뉴턴은 n이 자연수가 아닌 실수일 때도 이 식이 성립함을 발견하였는데 이것을 이항급수라 한다. 이항급수는 물리 및 통계학 등에 널리 이용된다. 우선 $n \neq 0$인 상수 n에 대하여 함수 $f(x) = (1+x)^n$의 매클로린 급수를 구하여 보자. 반복하여 미분하고 $x=0$을 대입하면

$$\begin{aligned}
f(x) &= (1+x)^n & f(0) &= 1 \\
f'(x) &= n(1+x)^{n-1} & f'(0) &= n \\
f''(x) &= n(n-1)(1+x)^{n-2} & f''(0) &= n(n-1) \\
&\vdots & &\vdots \\
f^{(k)}(x) &= n(n-1)\cdots(n-k+1)(1+x)^{n-k} & f^{(k)}(0) &= n(n-1)\cdots(n-k+1)
\end{aligned}$$

이다. 이것으로부터 함수 $(1+x)^n$의 매클로린 급수, 즉 이항급수

$$\begin{aligned}
\sum_{k=0}^{\infty} \frac{f^{(k)}(0)}{k!}x^k &= 1 + nx + n(n-1)\frac{x^2}{2!} + \cdots \\
&\quad + n(n-1)\cdots(n-k+1)\frac{x^k}{k!} + \cdots \\
&= \sum_{k=0}^{\infty} \binom{n}{k} x^k
\end{aligned}$$

을 얻는다. 비판정법을 이용하면

$$\lim_{k\to\infty}\left|\frac{a_{k+1}}{a_k}\right| = \lim_{k\to\infty}\left|\frac{n(n-1)\cdots(n-k+1)(n-k)x^{k+1}}{(k+1)!}\right.$$
$$\left.\times\frac{k!}{n(n-1)\cdots(n-k+1)x^k}\right|$$
$$= |x|\lim_{k\to\infty}\frac{|n-k|}{k+1} = |x|$$

이므로 이항급수는 $|x|<1$일 때 수렴하고 $|x|>1$일 때 발산한다. $k\to\infty$일 때 나머지 항 $R_n(x)$는 수렴함을 증명할 수 있고, 따라서 $|x|<1$일 때 이항급수는 $(1+x)^n$에 수렴한다. 이 결과를 다음 정리에 요약하였다.

정리 8.1 이항급수

임의의 실수 r에 대하여, $-1<x<1$일 때 $(1+x)^r=\sum_{k=0}^{\infty}\binom{r}{k}x^k$이다.

적당한 r에 따라서는 $x=-1$ 또는 $x=1$에서도 이항급수는 수렴한다.

예제 8.8 이항급수를 이용한 근삿값

이항급수를 이용하여 함수 $f(x)=\sqrt{1+x}$의 매클로린 급수를 구하고 이 급수를 이용하여 오차 범위 0.000001 이내에서 $\sqrt{17}$의 근삿값을 구하여라.

풀이

$r=\frac{1}{2}$이고 $-1<x<1$일 때의 이항급수에 의하여

$$\sqrt{1+x} = (1+x)^{1/2} = \sum_{k=0}^{\infty}\binom{1/2}{k}x^k$$
$$= 1+\frac{1}{2}x+\frac{\left(\frac{1}{2}\right)\left(-\frac{1}{2}\right)}{2}x^2+\frac{\left(\frac{1}{2}\right)\left(-\frac{1}{2}\right)\left(-\frac{3}{2}\right)}{3!}x^3+\cdots$$
$$= 1+\frac{1}{2}x-\frac{1}{8}x^2+\frac{1}{16}x^3-\frac{5}{128}x^4+\cdots$$

이다. 주어진 근삿값을 구하기 위해, 우선 $\sqrt{17}$을 $\sqrt{1+x}$를 포함한 형태로 변형하면

$$\sqrt{17}=\sqrt{16\cdot\frac{17}{16}}=4\sqrt{\frac{17}{16}}=4\sqrt{1+\frac{1}{16}}$$

이다. $x=\frac{1}{16}$은 수렴구간 $-1<x<1$ 내에 있으므로 이항급수로부터

$$\sqrt{17}=4\sqrt{1+\frac{1}{16}}$$
$$=4\left[1+\frac{1}{2}\left(\frac{1}{16}\right)-\frac{1}{8}\left(\frac{1}{16}\right)^2+\frac{1}{16}\left(\frac{1}{16}\right)^3-\frac{5}{128}\left(\frac{1}{16}\right)^4+\cdots\right]$$

이다. 이 급수는 교대급수이므로 구하는 근삿값의 오차는 나머지 항에서 첫 항의 절댓값보다 작아야 한다. 근삿값으로 세 항을 사용한다면 오차는 $\frac{1}{16}\left(\frac{1}{16}\right)^3\approx 0.000015>0.000001$에

의하여 유계된다. 네 항을 사용하면 오차는 $\frac{5}{128}\left(\frac{1}{16}\right)^4 \approx 0.0000006 < 0.000001$에 의하여 유계되고 이것은 주어진 오차의 한계를 만족하므로 구하는 근삿값은

$$\sqrt{17} \approx 4\left[1 + \frac{1}{2}\left(\frac{1}{16}\right) - \frac{1}{8}\left(\frac{1}{16}\right)^2 + \frac{1}{16}\left(\frac{1}{16}\right)^3\right] \approx 4.1231079$$

이다.

연습문제 8.8

[1~3] 테일러 급수를 사용하여 오차가 10^{-11}을 넘지 않도록 주어진 값의 근삿값을 구하여라.

1. $\sin 1.61$

2. $\cos 0.34$

3. $e^{-0.2}$

[4~6] 테일러 급수를 이용하여 다음 극한값을 구하여라.

4. $\lim_{x \to 0} \frac{\cos x^2 - 1}{x^4}$

5. $\lim_{x \to 1} \frac{\ln x - (x-1)}{(x-1)^2}$

6. $\lim_{x \to 0} \frac{e^x - 1}{x}$

[7~9] 주어진 n에 대하여, n개의 0이 아닌 항을 갖는 테일러 다항식을 이용하여 다음 정적분의 근삿값을 구하여라.

7. $\int_{-1}^{1} \frac{\sin x}{x} dx,\ n = 3$

8. $\int_{-1}^{1} e^{-x^2} dx,\ n = 5$

9. $\int_{1}^{2} \ln x\, dx,\ n = 5$

10. 베셀함수 $J_1(x)$의 수렴반지름을 구하여라.

11. 구간 [0, 10]에서 오차 0.04 이내로 베셀함수 $J_2(x)$의 근삿값을 구하기 위해 필요한 항의 개수를 구하여라.

[12~13] 이항정리를 사용하여 다음 함수의 매클로린 급수의 처음 다섯 개 항을 구하여라.

12. $f(x) = \frac{1}{\sqrt{1-x}}$

13. $f(x) = \frac{6}{\sqrt[3]{1+3x}}$

14. 이항정리를 이용하여 오차범위 10^{-6} 이내에서 다음 수의 근삿값을 구하여라.

(a) $\sqrt{26}$　　(b) $\sqrt{24}$

15. 문제 12의 급수를 이용하여 $\frac{1}{\sqrt{1-x^2}}$의 매클로린 급수를 구하고 이것으로부터 $\sin^{-1} x$의 매클로린 급수를 구하여라.

16. 아인슈타인의 상대성 이론으로부터 속도 v로 움직이는 물체의 질량은 $m(v) = m_0/\sqrt{1 - v^2/c^2}$이다. 여기서 m_0은 정지 상태의 물체의 질량이며 c는 광속도이다. (a) $m \approx m_0 + \left(\frac{m_0}{2c^2}\right)v^2$임을 증명하고 (b) 이 근사식을 이용하여 질량이 10% 증가하였을 때 속도를 구하여라.

17. 지표면으로부터 높이 x마일인 지점에서 질량이 m인 물체의 무게는 $w(x) = \frac{mgR^2}{(R+x)^2}$이다. 여기서 R은 지구의 반지름이며 g는 중력가속도이다. (a) $w(x) \approx mg(1 - 2x/R)$임을 증명하여라. (b) 무게가 10% 줄어들게 하려면 x가 얼마나 커야 하는지 추정하여라. (c) $x = 0$에서 $w(x)$의 이차 테일러 다항식을 구하고 이것을 이용하여 (b)를 다시 구하여라.

8.9 푸리에 급수

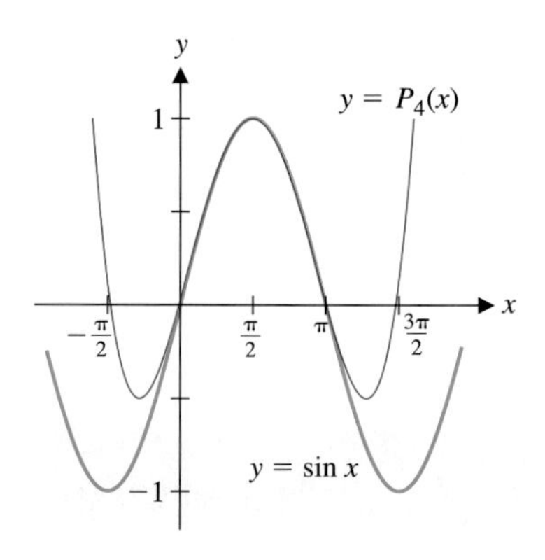

그림 8.44 $y = \sin x$와 $y = P_4(x)$

자연 현상에서 흔히 나타나는 현상 중 하나는 주기성이다. 즉, 그 자체가 끊임없이 반복되는 현상이다. 예를 들어 빛, 소리, 전파, X선 등은 주기성을 갖는다. 이러한 현상을 기술하는 데 있어서 테일러 다항식을 이용한 근사는 단점을 가지고 있다. x가 중심 c로부터 멀어질수록 함수와 테일러 다항식의 오차는 커진다. 그림 8.44에 나타낸 $x = \frac{\pi}{2}$에서 함수 $\sin x$의 테일러 다항식과 $\sin x$의 그래프가 한 예이다.

중심 c 근처에서만 테일러 다항식과 주어진 함수의 오차가 작으며 이러한 성질을 **국소적**(locally) 성질이라 한다. 일반적으로, n이 커진다 하더라도 국소적으로만 테일러 다항식과 함수의 참값의 오차가 매우 작다. 통신 분야와 같은 많은 분야의 경우 주기함수에 전체적으로(즉, 모든 x에 대하여) 근사하는 식을 구할 필요가 있다. 따라서 주기함수에 대한 새로운 형태의 급수 전개가 필요하며 급수 전개에서 각 항은 주기성을 가져야 한다.

함수 f의 정의역 내의 모든 x에 대하여 $f(x + T) = f(x)$인 양수 T가 존재하면 f를 주기 T인 **주기함수**(periodic of period)라 한다. $\sin x$, $\cos x$ 등이 주기 2π인 주기함수이다. 더욱이 $\sin(2x)$, $\cos(2x)$, $\sin(3x)$, $\cos(3x)$ 등도 주기 2π인 주기함수이다. 더 나아가 $k = 1, 2, 3, \cdots$에 대하여

$$\sin(kx) \text{ 와 } \cos(kx)$$

는 주기함수이다. 왜냐하면 임의의 정수 k에 대하여 $f(x) = \sin(kx)$라 하면

$$f(x + 2\pi) = \sin[k(x + 2\pi)] = \sin(kx + 2k\pi) = \sin(kx) = f(x)$$

이므로 일반적으로 $k = 1, 2, 3, \cdots$일 때, $\sin(kx)$는 주기 2π인 주기함수이다. 마찬가지로 $\cos(kx)$도 주기가 2π인 주기함수임을 보일 수 있다.

이제 각 항이 주기 2π인 주기함수로 이루어진 급수를 살펴보자. 예를 들어, 다음과 같은 급수

푸리에 급수

$$\frac{a_0}{2} + \sum_{k=1}^{\infty} [a_k \cos(kx) + b_k \sin(kx)]$$

를 **푸리에 급수**(Fourier series)라 한다. 각 항의 주기가 2π이므로 이 급수가 어떤 함수에 수렴하면 그 함수는 주기 2π인 주기함수이며, 급수의 계수 $a_0, a_1, a_2, \cdots$와 $b_1, b_2, \cdots$를 **푸리에 계수**(Fourier coefficient)라 한다. 급수의 첫 항이 $\frac{a_0}{2}$임을 유의하자. 한 함수를 푸리에 급수로 전개하려면 계수를 구하는 간단한 공식을 찾아야 한다.

우선 다음과 같은 것을 생각해 보자.

- 어떤 함수가 푸리에 급수로 전개될 수 있는가?

• 함수를 푸리에 급수로 전개할 때 푸리에 계수는 어떻게 구할 것인가?
• 구한 푸리에 급수는 수렴하는가? 수렴한다면 이 푸리에 급수는 주어진 함수에 수렴하는가?

제곱급수에서 사용하였던 방법과 같은 순서로 시작하자. 구간 $[-\pi, \pi]$에서 주어진 푸리에 급수가 수렴한다고 가정하자. 구간 $[-\pi, \pi]$에서 푸리에 급수를 나타내는 함수를 f라 하면

$$f(x) = \frac{a_0}{2} + \sum_{k=1}^{\infty} [a_k \cos(kx) + b_k \sin(kx)] \tag{9.1}$$

이고 이 함수는 구간 $[-\pi, \pi]$ 밖에서는 주기성을 갖는다. 이제 자세한 증명은 생략하고 푸리에 계수를 구하는 방법을 살펴보자. 적분과 무한합의 순서를 바꾸어 계산할 수 있다고 가정하고 구간 $[-\pi, \pi]$에서 x에 대하여 식 (9.1)의 양변을 적분하면

$$\begin{aligned}\int_{-\pi}^{\pi} f(x)\,dx &= \int_{-\pi}^{\pi} \frac{a_0}{2}\,dx + \int_{-\pi}^{\pi} \sum_{k=1}^{\infty} [a_k \cos(kx) + b_k \sin(kx)]\,dx \\ &= \int_{-\pi}^{\pi} \frac{a_0}{2}\,dx + \sum_{k=1}^{\infty} \left[a_k \int_{-\pi}^{\pi} \cos(kx)\,dx + b_k \int_{-\pi}^{\pi} \sin(kx)\,dx\right] \end{aligned} \tag{9.2}$$

이다. 일반적으로 적분과 무한합의 순서를 바꾸어 계산할 수 있는 것은 아니나 대부분의 푸리에 급수에서는 이것이 가능하며 증명은 이 책의 범위를 넘으므로 생략한다. $k = 1, 2, \cdots$일 때

$$\int_{-\pi}^{\pi} \cos(kx)\,dx = \frac{1}{k}\sin(kx)\Big|_{-\pi}^{\pi} = \frac{1}{k}[\sin(k\pi) - \sin(-k\pi)] = 0$$

이고

$$\int_{-\pi}^{\pi} \sin(kx)\,dx = -\frac{1}{k}\cos(kx)\Big|_{-\pi}^{\pi} = -\frac{1}{k}[\cos(k\pi) - \cos(-k\pi)] = 0$$

이므로 식 (9.2)에서

$$\int_{-\pi}^{\pi} f(x)\,dx = \int_{-\pi}^{\pi} \frac{a_0}{2}\,dx = a_0\,\pi$$

이고 이 식을 a_0에 대하여 풀면

$$a_0 = \frac{1}{\pi}\int_{-\pi}^{\pi} f(x)\,dx \tag{9.3}$$

이다. 마찬가지로, n이 자연수일 때 식 (9.1)의 양변에 $\cos(nx)$를 곱하고 구간 $[-\pi, \pi]$에서 x에 대하여 적분하면

수학자

푸리에
(Jean Baptiste Joseph Fourier, 1768–1830)

푸리에 급수를 창안한 프랑스의 수학자이다. 프랑스 혁명 위원회의 위원이 되면서 정치에 깊숙이 관여하였고 나폴레옹의 과학자문을 맡았으며 이집트의 여러 교육시설을 설립하였다. 또한 그르노블의 지사와 카이로 연구소 간사 등 많은 직책을 역임하였다. 그는 매우 독창적이고 혁신적인 열역학 이론을 발전시켰는데, 이 과정에서 삼각급수를 창안하고 사용하였다.

$$\begin{aligned}
&\int_{-\pi}^{\pi} f(x)\cos(nx)\,dx \\
&\quad = \int_{-\pi}^{\pi} \frac{a_0}{2}\cos(nx)\,dx \\
&\qquad + \int_{-\pi}^{\pi} \sum_{k=1}^{\infty} [a_k \cos(kx)\cos(nx) + b_k \sin(kx)\cos(nx)]\,dx \\
&\quad = \frac{a_0}{2}\int_{-\pi}^{\pi} \cos(nx)\,dx \\
&\qquad + \sum_{k=1}^{\infty} \left[a_k \int_{-\pi}^{\pi} \cos(kx)\cos(nx)\,dx + b_k \int_{-\pi}^{\pi} \sin(kx)\cos(nx)\,dx \right]
\end{aligned} \tag{9.4}$$

이다. 여기서도 적분과 무한합의 순서를 바꿀 수 있다고 가정하였다. $n = 1, 2, \cdots$일 때

$$\int_{-\pi}^{\pi} \cos(nx)\,dx = 0$$

이며 삼각함수에서 곱을 합으로 바꾸는 공식을 이용하면, $k = 1, 2, \cdots$ 이고 $n = 1, 2, \cdots$일 때

$$\int_{-\pi}^{\pi} \sin(kx)\cos(nx)\,dx = 0$$

이고

$$\int_{-\pi}^{\pi} \cos(kx)\cos(nx)\,dx = \begin{cases} 0, & n \neq k \\ \pi, & n = k \end{cases}$$

이다. 따라서 식 (9.4)에서 $k \neq n$인 모든 항은 0이고 식 (9.4)는

$$\int_{-\pi}^{\pi} f(x)\cos(nx)\,dx = a_n \pi$$

가 된다. 이때, n을 k로 바꾸면 $k = 1, 2, \cdots$일 때 다음 공식

$$\boxed{a_k = \frac{1}{\pi}\int_{-\pi}^{\pi} f(x)\cos(kx)\,dx} \tag{9.5}$$

를 얻는다. 마찬가지로 식 (9.1)의 양변에 $\sin(nx)$를 곱하고 $-\pi$에서 π까지 양변을 적분하면 $k = 1, 2, \cdots$일 때 다음 공식

$$\boxed{b_k = \frac{1}{\pi}\int_{-\pi}^{\pi} f(x)\sin(kx)\,dx} \tag{9.6}$$

를 얻는다. 식 (9.3), (9.5), (9.6)을 **오일러-푸리에 공식**(Euler-Fourier formula)이라고 한다. 식 (9.3)은 식 (9.5)에 $k = 0$을 대입한 것과 같다. 이러한 이유로 푸리에 급수의 첫 항을 a_0보다 $\frac{a_0}{2}$로 나타낸다.

지금까지 학습한 것을 요약하여 보면 한 구간에서 푸리에 급수가 수렴하면 이 급수는 오일러–푸리에 공식 (9.3), (9.5), (9.6)로 주어지는 푸리에 계수를 갖는 함수 f에 수렴한다는 것이다.

제곱급수와 마찬가지로, 함수 f가 적분가능하면 식 (9.3), (9.5), (9.6)의 계수를 계산할 수 있으며 따라서 푸리에 급수도 구할 수 있다. 이제 푸리에 급수의 수렴성과 푸리에 급수가 수렴하는 함수를 살펴보자. 우선 다음 예제를 보자.

예제 9.1 푸리에 급수 구하기

$$f(x) = \begin{cases} 0, & -\pi < x \le 0 \\ 1, & 0 < x \le \pi \end{cases}$$

이고 구간 $[-\pi, \pi]$ 밖에서는 주기 2π인 **사각파 함수**(square-wave)의 푸리에 급수를 구하여라.

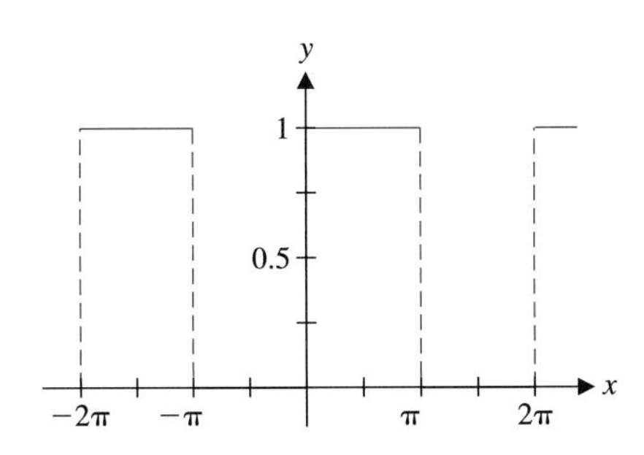

그림 8.45 사각파 함수

풀이

우선 a_0를 계산하자. 식 (9.3)을 이용하면

$$a_0 = \frac{1}{\pi}\int_{-\pi}^{\pi} f(x)\,dx = \frac{1}{\pi}\int_{-\pi}^{0} 0\,dx + \frac{1}{\pi}\int_{0}^{\pi} 1\,dx = 0 + \frac{\pi}{\pi} = 1$$

이다. $k = 1, 2, \cdots$에 대하여 식 (9.5)로부터

$$\begin{aligned} a_k &= \frac{1}{\pi}\int_{-\pi}^{\pi} f(x)\cos(kx)\,dx = \frac{1}{\pi}\int_{-\pi}^{0} (0)\cos(kx)\,dx + \frac{1}{\pi}\int_{0}^{\pi} (1)\cos(kx)\,dx \\ &= \frac{1}{\pi k}\sin(kx)\Big|_{0}^{\pi} = \frac{1}{\pi k}[\sin(k\pi) - \sin(0)] = 0 \end{aligned}$$

이고 식 (9.6)으로부터

$$\begin{aligned} b_k &= \frac{1}{\pi}\int_{-\pi}^{\pi} f(x)\sin(kx)\,dx = \frac{1}{\pi}\int_{-\pi}^{0} (0)\sin(kx)\,dx + \frac{1}{\pi}\int_{0}^{\pi} (1)\sin(kx)\,dx \\ &= -\frac{1}{\pi k}\cos(kx)\Big|_{0}^{\pi} = -\frac{1}{\pi k}[\cos(k\pi) - \cos(0)] = -\frac{1}{\pi k}[(-1)^k - 1] \\ &= \begin{cases} 0, & k\text{는 짝수} \\ \dfrac{2}{\pi k}, & k\text{는 홀수} \end{cases} \end{aligned}$$

현대의 수학자

다우베치
(Ingrid Daubechies, 1954–)

벨기에의 여성 수학자이자 물리학자이며 푸리에 급수 이론을 확장한 웨이블릿(wavelet) 이론의 개척자이다. 그녀는 알고리듬과 분석의 관계에 대한 강연회에서 그녀의 웨이블릿 이론 연구를 다음과 같이 말하였다. "나의 웨이블릿 이론 연구는 자연과학 문제보다 공학적 욕구에 의해서 더 자극받았다. 그러나 두 가지 모두 흥미롭고 광범위하게 영향을 끼쳤다." 효과적인 이미지 압축을 위해 빠른 알고리듬에 상응하는 연속 웨이블릿 이론을 처음으로 창안하였다. 다우베치의 웨이블릿 이론이 응용 분야에 가장 널리 사용되고 있는데, JPEG-2000과 같은 디지털 압축 포맷, 자기공명영상(MRI), FBI의 지문채취술 등과 같이 여러 분야에 이용되며, 그 이용 수요는 다양한 분야에서 폭발적으로 증가하고 있다.

즉 $k=1, 2, \cdots$일 때, $b_{2k}=0$이고 $b_{2k-1}=\dfrac{2}{(2k-1)\pi}$이다. 따라서 사각파 함수의 푸리에 급수는

$$\begin{aligned}\frac{a_0}{2}+\sum_{k=1}^{\infty}[a_k\cos(kx)+b_k\sin(kx)] &= \frac{1}{2}+\sum_{k=1}^{\infty}b_k\sin(kx)\\ &= \frac{1}{2}+\sum_{k=1}^{\infty}b_{2k-1}\sin[(2k-1)x]\\ &= \frac{1}{2}+\sum_{k=1}^{\infty}\frac{2}{(2k-1)\pi}\sin[(2k-1)x]\\ &= \frac{1}{2}+\frac{2}{\pi}\sin x+\frac{2}{3\pi}\sin(3x)+\frac{2}{5\pi}\sin(5x)+\cdots\end{aligned}$$

이다. 앞 절에서 살펴 본 판정법으로는 이 급수의 수렴성을 판정할 수 없다. 반면에 이 급수의 부분합

$$F_n(x)=\frac{1}{2}+\sum_{k=1}^{n}\frac{2}{(2k-1)\pi}\sin[(2k-1)x]$$

의 그래프를 살펴보자. $n=4, 8, 20, 50$일 때의 그래프가 아래 그림에 나타나 있다.

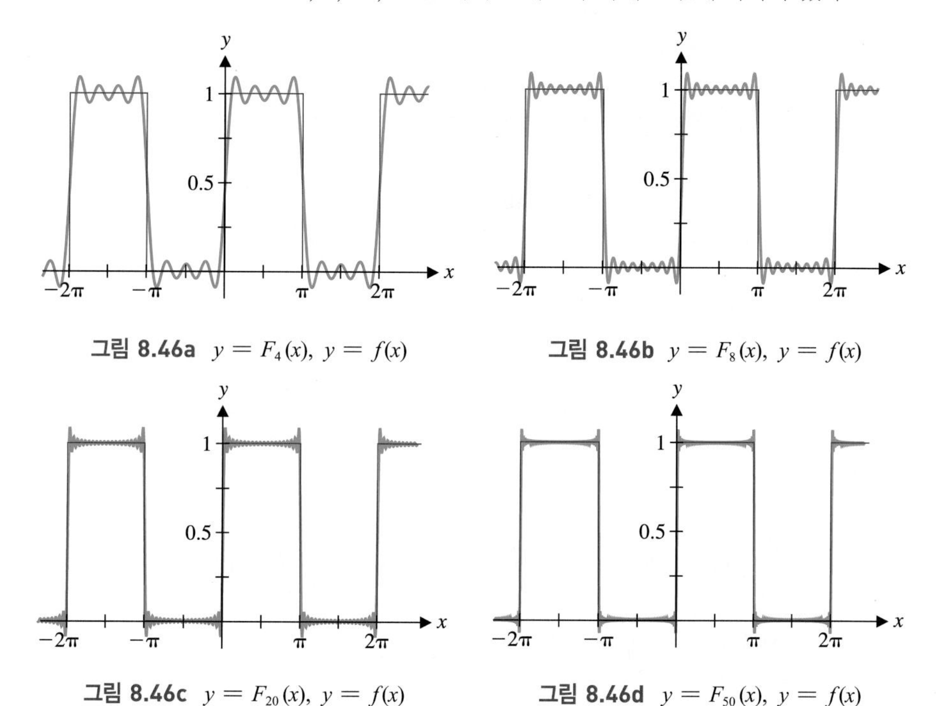

그림 8.46a $y=F_4(x)$, $y=f(x)$

그림 8.46b $y=F_8(x)$, $y=f(x)$

그림 8.46c $y=F_{20}(x)$, $y=f(x)$

그림 8.46d $y=F_{50}(x)$, $y=f(x)$

그림에서 보듯이 n이 증가함에 따라 $F_n(x)$의 그래프는 그림 8.45에서 빨간색 실선으로 표시된 사각파 함수 $f(x)$에 점점 더 가까이 접근한다. 그림에서 위의 푸리에 급수는 함수 $f(x)$에 수렴함을 추정할 수 있지만, 모든 점에서 푸리에 급수가 함수 $f(x)$에 수렴하는 것은 아니다. 즉 f의 불연속점을 제외한 모든 점에서만 급수는 사각파 함수 $f(x)$에 수렴한다. ■

다음 예제에서 삼각파 함수의 푸리에 급수를 구하여 보자.

예제 9.2 삼각파 함수의 푸리에 급수

$-\pi \le x \le \pi$에서 $f(x)=|x|$이고 구간 $[-\pi, \pi]$ 밖에서는 주기 2π인 주기함수 f의 푸리에 급수를 구하여라.

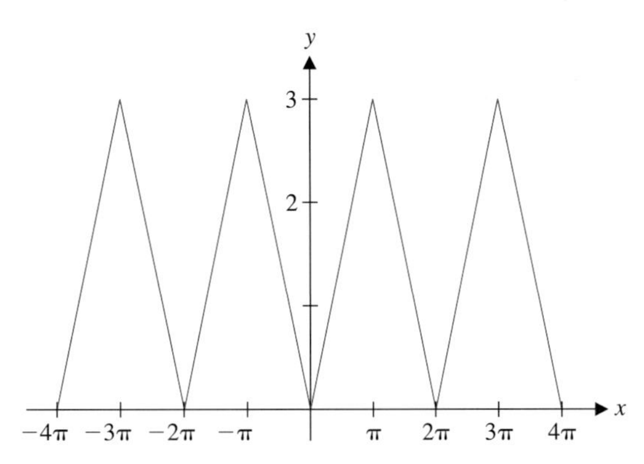

그림 8.47 삼각파 함수

풀이

주어진 함수는 그림 8.47에 나타나 있으며 **삼각파 함수**(triangular-wave)라 한다. 오일러-푸리에 공식으로부터

$$\begin{aligned} a_0 &= \frac{1}{\pi}\int_{-\pi}^{\pi} |x| dx = \frac{1}{\pi}\int_{-\pi}^{0} -x\,dx + \frac{1}{\pi}\int_{0}^{\pi} x\,dx \\ &= -\frac{1}{\pi}\frac{x^2}{2}\bigg|_{-\pi}^{0} + \frac{1}{\pi}\frac{x^2}{2}\bigg|_{0}^{\pi} = \frac{\pi}{2} + \frac{\pi}{2} = \pi \end{aligned}$$

이고 자연수 k에 대하여

$$a_k = \frac{1}{\pi}\int_{-\pi}^{\pi} |x| \cos(kx)\,dx = \frac{1}{\pi}\int_{-\pi}^{0} (-x)\cos(kx)\,dx + \frac{1}{\pi}\int_{0}^{\pi} x\cos(kx)\,dx$$

이다.

$$u = x \qquad dv = \cos(kx)\,dx$$

라 하면

$$du = dx \qquad v = \frac{1}{k}\sin(kx)$$

이고 부분적분을 이용하여 위의 적분을 계산하면

$$\begin{aligned} a_k &= -\frac{1}{\pi}\int_{-\pi}^{0} x\cos(kx)\,dx + \frac{1}{\pi}\int_{0}^{\pi} x\cos(kx)\,dx \\ &= -\frac{1}{\pi}\left[\frac{x}{k}\sin(kx)\right]_{-\pi}^{0} + \frac{1}{\pi k}\int_{-\pi}^{0} \sin(kx)\,dx \\ &\quad + \frac{1}{\pi}\left[\frac{x}{k}\sin(kx)\right]_{0}^{\pi} - \frac{1}{\pi k}\int_{0}^{\pi} \sin(kx)\,dx \end{aligned}$$

$$= -\frac{1}{\pi}\left[0+\frac{\pi}{k}\sin(-\pi k)\right]-\frac{1}{\pi k^2}\cos(kx)\Big|_{-\pi}^{0}$$

$$+\frac{1}{\pi}\left[\frac{\pi}{k}\sin(\pi k)-0\right]+\frac{1}{\pi k^2}\cos(kx)\Big|_{0}^{\pi}$$

$$= 0-\frac{1}{\pi k^2}[\cos 0-\cos(-k\pi)]+0+\frac{1}{\pi k^2}[\cos(k\pi)-\cos 0]$$

$$= \frac{2}{\pi k^2}[\cos(k\pi)-1] = \begin{cases} 0, & k\text{는 짝수} \\ \dfrac{-4}{\pi k^2}, & k\text{는 홀수} \end{cases}$$

즉, k=1, 2, ⋯일 때 $a_{2k}=0$이고 $a_{2k-1}=\dfrac{-4}{\pi(2k-1)^2}$이다. 한편, 모든 자연수 k에 대하여

$$b_k = 0$$

임을 보일 수 있으며 이것은 연습문제로 남긴다. 따라서 주어진 삼각파 함수의 푸리에 급수는

$$\frac{a_0}{2}+\sum_{k=1}^{\infty}[a_k\cos(kx)+b_k\sin(kx)] = \frac{\pi}{2}+\sum_{k=1}^{\infty}a_k\cos(kx)$$

$$= \frac{\pi}{2}+\sum_{k=1}^{\infty}a_{2k-1}\cos[(2k-1)x]$$

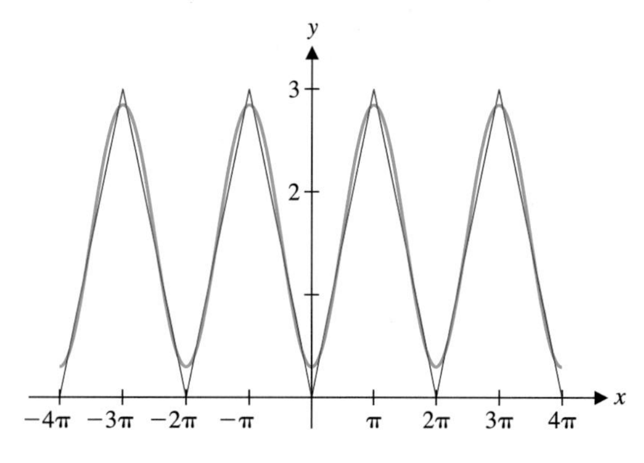

그림 8.48a $y=F_1(x),\ y=f(x)$

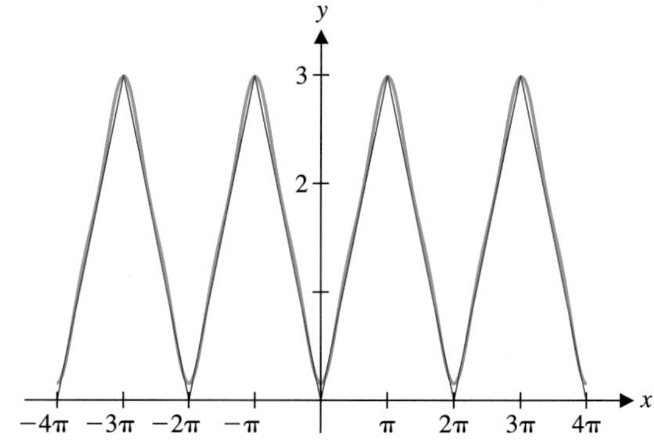

그림 8.48b $y=F_2(x),\ y=f(x)$

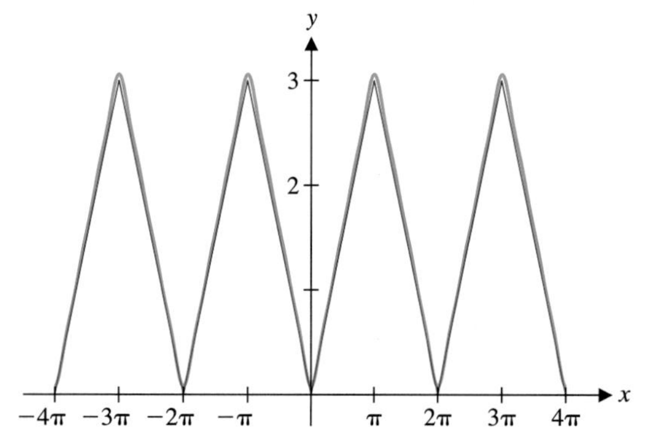

그림 8.48c $y=F_4(x),\ y=f(x)$

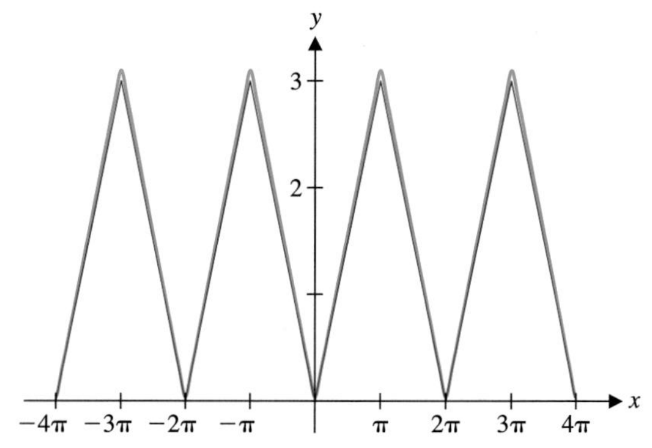

그림 8.48d $y=F_8(x),\ y=f(x)$

$$= \frac{\pi}{2} - \sum_{k=1}^{\infty} \frac{4}{\pi(2k-1)^2} \cos[(2k-1)x]$$

$$= \frac{\pi}{2} - \frac{4}{\pi} \cos x - \frac{4}{9\pi} \cos(3x) - \frac{4}{25\pi} \cos(5x) - \cdots$$

이다. 이제 비교판정법을 이용하여 이 급수의 수렴성을 살펴보자. 우선 p-급수 $\sum_{k=1}^{\infty} \frac{1}{k^2}$와 급수 $\sum_{k=1}^{\infty} \frac{4}{\pi(2k-1)^2}$를 비교하여 극한비교판정법을 사용하면 급수 $\sum_{k=1}^{\infty} \frac{4}{\pi(2k-1)^2}$는 수렴하고

$$|a_k| = \left| \frac{4}{\pi(2k-1)^2} \cos(2k-1)x \right| \leq \frac{4}{\pi(2k-1)^2}$$

이므로 비교판정법에 의하여 위의 푸리에 급수는 모든 실수 x에 대하여 절대수렴한다. 이 급수가 수렴하는 함수를 구하기 위하여 우선 부분합

$$F_n(x) = \frac{\pi}{2} - \sum_{k=1}^{n} \frac{4}{\pi(2k-1)^2} \cos[(2k-1)x]$$

의 그래프를 살펴보자. $n=1, 2, 4, 8$일 때 F_n의 그래프가 그림 8.48a~8.48d에 나타나 있다. 부분합은 그림 8.47의 빨간색으로 나타낸 삼각파 함수 f에 빠르게 수렴함을 알 수 있다. 실제로 주어진 삼각파 함수 $f(x)$의 푸리에 급수는 모든 실수 x에 대하여 $f(x)$에 수렴하며 증명은 고급 미분적분학 과정에서 다룬다. 알아두어야 할 것은 부분합이 평등하게 $f(x)$에 수렴한다는 것이다. 즉 각 x에서 부분합과 $f(x)$의 차는 거의 같다는 것이다. 테일러 급수에서는 중심에서 멀어질수록 부분합과 함수의 차가 커지지만 푸리에 급수의 경우는 평등하다는 것이 푸리에 급수와 테일러 급수의 차이점이다.

■

일반적인 주기함수

이제 f를 $T \neq 2\pi$인 주기 T를 갖는 주기함수라 하고 함수 f를 주기가 T인 함수의 급수로 전개하여 보자. 우선 $l = \frac{T}{2}$라 하면 $k=1, 2, \cdots$일 때

$$\cos\left(\frac{k\pi x}{l}\right) \text{와} \quad \sin\left(\frac{k\pi x}{2}\right)$$

는 주기가 $T = 2l$인 주기함수이고 주기가 $2l$인 함수 f의 푸리에 급수는

$$\frac{a_0}{2} + \sum_{k=1}^{\infty} \left[a_k \cos\left(\frac{k\pi x}{l}\right) + b_k \sin\left(\frac{k\pi x}{l}\right) \right]$$

이다. 이 경우, 오일러-푸리에 공식은 $k=1, 2, \cdots$일 때

$$a_k = \frac{1}{l} \int_{-l}^{l} f(x) \cos\left(\frac{k\pi x}{l}\right) dx \tag{9.7}$$

이고 $k=1, 2, 3, \cdots$일 때

$$b_k = \frac{1}{l}\int_{-l}^{l} f(x)\sin\left(\frac{k\pi x}{l}\right)dx \tag{9.8}$$

이며 증명은 연습문제로 남긴다. $l = \pi$이면 식 (9.3), (9.5), (9.6)는 (9.7), (9.8)과 동치이다.

예제 9.3 사각파 함수의 푸리에 급수

$$f(x) = \begin{cases} -2, & -1 < x \leq 0 \\ 2, & 0 < x \leq 1 \end{cases}$$

이고 구간 $[-1, 1]$ 밖에서는 주기 2인 주기함수 f의 푸리에 급수를 구하여라.

풀이

사각파 함수 f의 그래프는 그림 8.49에 나타나 있다. $l = 1$일 때 식 (9.7), (9.8)의 오일러 공식을 이용하면

$$a_0 = \frac{1}{1}\int_{-1}^{1} f(x)\,dx = \int_{-1}^{0}(-2)\,dx + \int_{0}^{1} 2\,dx = 0$$

이다. $k = 1, 2, \cdots$일 때

$$a_k = \frac{1}{1}\int_{-1}^{1} f(x)\cos\left(\frac{k\pi x}{1}\right)dx = 0$$

이며

$$\begin{aligned} b_k &= \frac{1}{1}\int_{-1}^{1} f(x)\sin\left(\frac{k\pi x}{1}\right)dx \\ &= \int_{-1}^{0}(-2)\sin(k\pi x)\,dx + \int_{0}^{1} 2\sin(k\pi x)\,dx \\ &= \frac{2}{k\pi}\cos(k\pi x)\Big|_{-1}^{0} - \frac{2}{k\pi}\cos(k\pi x)\Big|_{0}^{1} = \frac{4}{k\pi}[\cos 0 - \cos(k\pi)] \\ &= \frac{4}{k\pi}[1 - \cos(k\pi)] = \begin{cases} 0, & k\text{는 짝수} \\ \dfrac{8}{k\pi}, & k\text{는 홀수} \end{cases} \end{aligned}$$

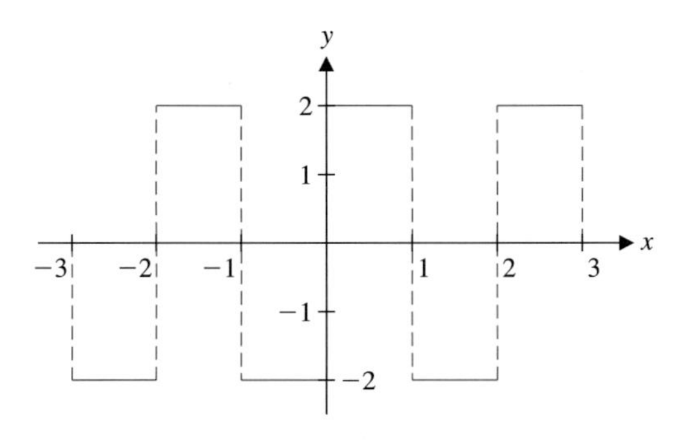

그림 8.49 사각파

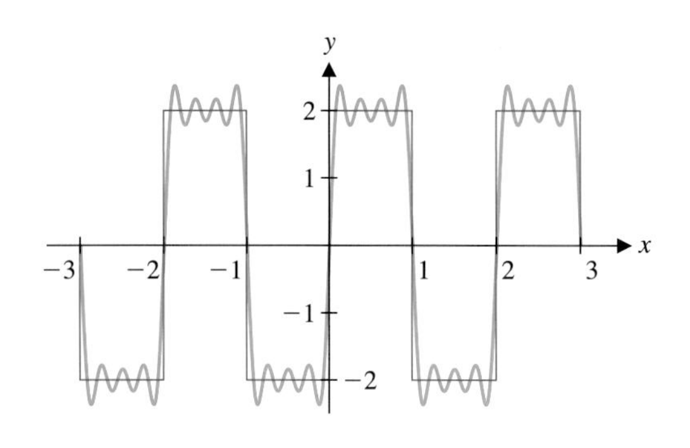

그림 8.50a $y = F_4(x),\ y = f(x)$

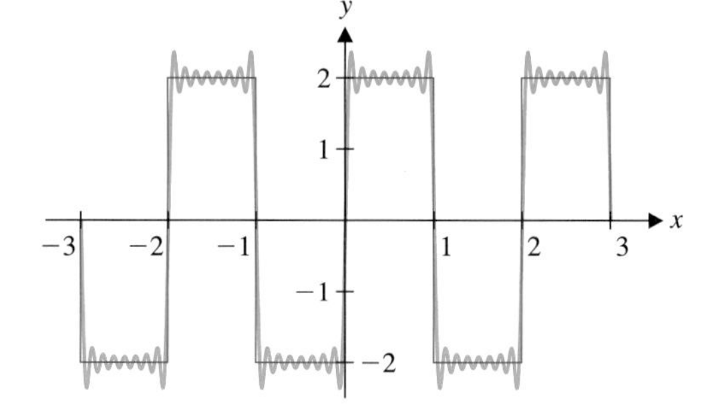

그림 8.50b $y = F_8(x),\ y = f(x)$

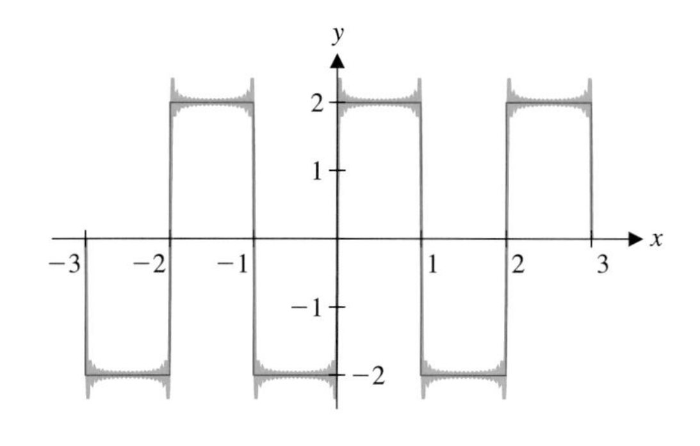

그림 8.50c $y = F_{20}(x),\ y = f(x)$

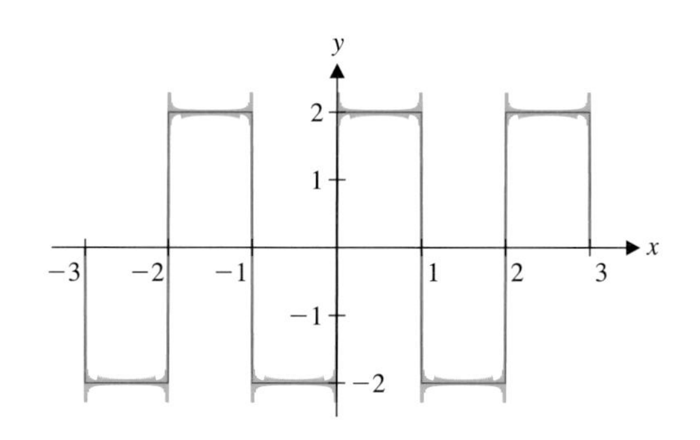

그림 8.50d $y = F_{50}(x),\ y = f(x)$

이고 따라서 주어진 사각파 함수의 푸리에 급수는

$$\begin{aligned}\frac{a_0}{2} + \sum_{k=1}^{\infty} [a_k \cos(k\pi x) + b_k \sin(k\pi x)] &= \sum_{k=1}^{\infty} b_k \sin(k\pi x) \\ &= \sum_{k=1}^{\infty} b_{2k-1} \sin[(2k-1)\pi x] \\ &= \sum_{k=1}^{\infty} \frac{8}{(2k-1)\pi} \sin[(2k-1)\pi x]\end{aligned}$$

이다. 이 급수의 수렴성을 판정하는 것은 쉽지 않으나 급수의 부분합

$$F_n(x) = \sum_{k=1}^{n} \frac{8}{(2k-1)\pi} \sin[(2k-1)\pi x]$$

의 그래프로부터 수렴성을 추정할 수 있다. $n = 4,\ 8,\ 20,\ 50$일 때 F_n의 그래프가 그림 8.50a~8.50d에 나타나 있다. 이 그림으로부터 사각파 함수 f의 불연속점 $x = 0, \pm 1, \pm 2, \pm 3, \cdots$을 제외하면 푸리에 급수는 f에 수렴함을 알 수 있다. $x = 0, \pm 1, \pm 2, \pm 3, \cdots$ 일 때, 급수의 각 항은

$$\frac{8}{(2k-1)\pi} \sin[(2k-1)\pi x] = 0$$

이고 따라서 f의 불연속점 $x = 0, \pm 1, \pm 2, \pm 3, \cdots$ 에서 푸리에 급수는 0에 수렴한다. 이것으로부터 f의 불연속점에서 푸리에 급수는 좌극한과 우극한의 평균에 수렴함을 추측할 수 있으며 이 성질은 적당한 조건이 주어지면 항상 성립한다.

■

다음 정리는 적당한 조건이 주어지면 푸리에 급수는 주어진 함수에 수렴함을 나타내고 있다.

정리 9.1 푸리에 수렴 정리

f는 주기가 $2l$인 주기함수이며 구간 $[-l, l]$에서 유한개의 불연속점을 갖는다고 하고 각 불연속점에서 f와 f'이 좌극한과 우극한을 갖는다고 하자. 또한, 불연속점을 제외한 구간 $[-l, l]$의 모든 점에서 f'이 연속이라고 하면 f의 푸리에 급수는 수렴한다. 더욱이 f가 x에서 연속이면 푸리에 급수는 $f(x)$에 수렴하고 f가 x에서 불연속이면 푸리에 급수는

$$\frac{1}{2}\left[\lim_{t \to x^+} f(t) + \lim_{t \to x^-} f(t)\right]$$

에 수렴한다.

이 정리의 증명은 고급 미분적분학이나 푸리에 해석학에서 다루며 이 책의 범위를 넘으므로 생략한다.

주 9.1

푸리에 수렴 정리로부터 푸리에 급수의 각 항은 모든 실수 x에서 연속이고 미분가능하나, 푸리에 급수 자체는 불연속함수로 수렴할 수 있음을 알 수 있다.

예제 9.4 푸리에 급수의 수렴성 증명

푸리에 수렴 정리를 사용하여 예제 9.2에 주어진 함수 $f(x)$의 푸리에 급수

$$\frac{\pi}{2} - \sum_{k=1}^{\infty} \frac{4}{(2k-1)^2\pi} \cos[(2k-1)x]$$

는 모든 실수 x에 대하여 $f(x)$에 수렴함을 증명하여라.

풀이

그림 8.47에 나타낸 것과 같이 f는 모든 실수에서 연속이다. 또한

$$f(x) = |x| = \begin{cases} -x, & -\pi \le x < 0 \\ x, & 0 \le x < \pi \end{cases}$$

이고 구간 $[-\pi, \pi]$에서 f는 주기함수이므로

$$f'(x) = \begin{cases} -1, & -\pi < x < 0 \\ 1, & 0 < x < \pi \end{cases}$$

이다. 따라서 $x = 0, \pm\pi$를 제외한 구간 $[-\pi, \pi]$의 모든 점에서 f'은 연속이며 f는 모든 점에서 연속이다. 푸리에 수렴 정리로부터 f의 푸리에 급수는 모든 x에서 $f(x)$에 수렴한다. 따라서 모든 x에 대하여

$$f(x) = \frac{\pi}{2} - \sum_{k=1}^{\infty} \frac{4}{(2k-1)^2\pi} \cos(2k-1)x$$

이다. ■

푸리에 수렴 정리에서 언급한 것과 같이 함수의 푸리에 급수는 모든 점에서 주어진 함수에 수렴하는 것은 아니다. 다음 예제를 보자.

예제 9.5 푸리에 급수의 수렴성 조사

푸리에 수렴 정리를 사용하여 예제 9.3에 주어진 사각파 함수 $f(x)$의 푸리에 급수

$$\sum_{k=1}^{\infty} \frac{8}{(2k-1)\pi} \sin[(2k-1)\pi x]$$

의 수렴성을 판정하여라.

풀이

우선, $x \neq 0, \pm 1, \pm 2, \cdots$ 일 때 $f(x)$는 연속이며

$$f'(x) = \begin{cases} 0, & -1 < x < 0 \\ 0, & 0 < x < 1 \end{cases}$$

이고 구간 $[-1, 1]$ 밖에서 f'도 주기성을 갖는다. 따라서 f'은 모든 정수에서 정의되지 않으며 정수를 제외한 모든 점에서 연속이다. 푸리에 수렴 정리로부터 정수를 제외한 모든 점에서 f의 푸리에 급수는 $f(x)$에 수렴하며 각 정수에서 f의 푸리에 급수는 f의 좌극한과 우극한의 평균, 즉 0에 수렴한다. 푸리에 급수가 수렴하는 함수를 그림 8.51에 나타내었다. 푸리에 급수는 모든 점에서 $f(x)$에 수렴하는 것은 아니므로 주어진 함수와 푸리에 급수는 같다고 할 수 없다. 이 경우에 등호 대신 기호 $\sim$을 사용하여 푸리에 급수가 f에 대응된다는 의미, 즉

$$f(x) \sim \sum_{k=1}^{\infty} \frac{8}{(2k-1)\pi} \sin[(2k-1)\pi x]$$

로 나타낸다. 이것은 f가 연속인 점에서는 푸리에 급수가 $f(x)$에 수렴하며 불연속점에서는 f의 좌극한과 우극한의 평균에 급수가 수렴함을 의미한다. 또한 이것은 그림 8.50a~8.50d에서 나타낸 부분합 그래프의 특징이다.

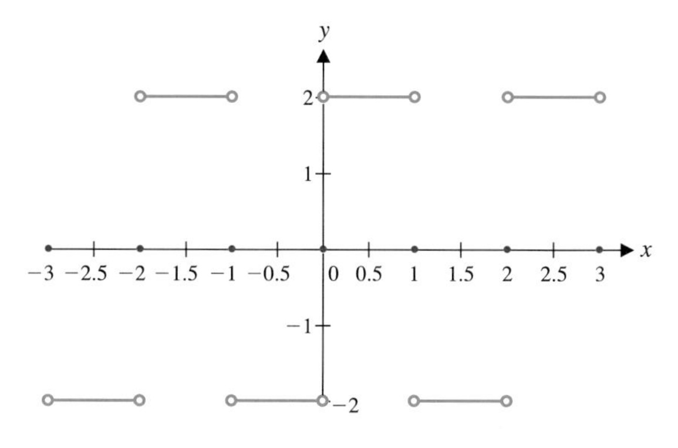

그림 8.51 $\sum_{k=1}^{\infty} \frac{8}{(2k-1)\pi} \sin[(2k-1)\pi x]$

푸리에 급수와 음악 합성기

푸리에 급수는 공학, 물리학, 화학 등 다양한 분야에 광범위하게 이용된다. 이제 음악 합성기에 푸리에 급수가 어떻게 이용되는지 살펴보자.

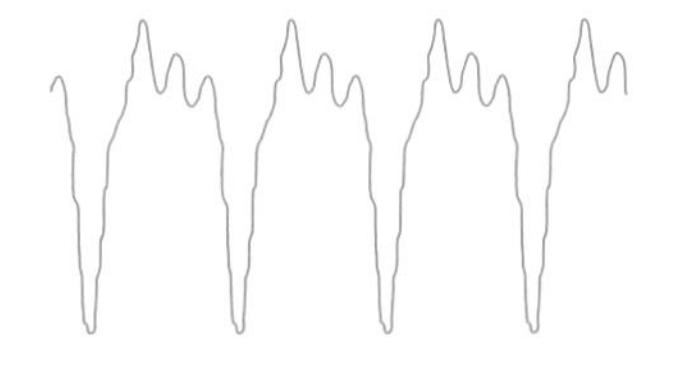

그림 8.52 색소폰 음파

다양한 음높이와 음량을 가진 순음을 내는 악기를 생각해 보자. 여러 가지 순음을 결합하여 합성함으로서 어떠한 형태의 소리(음)를 만들어내겠는가? 이 문제를 해결하기 위해서는 우선 주어진 문제를 수학적 문제로 변환하여야 한다. 순음은 $A\sin\omega t$로 나타낼 수 있는데, 여기서 진폭 A는 음량을 결정하고 주파수 ω는 음의 높이를 결정한다. 예를 들어 색소폰을 연주하면 그림 8.52와 같은 음파를 낸다. 이 음파가 색소폰의 음색을 나타내며 이 음색으로 대부분의 사람들이 다른 악기 연주와 구별하는 것이다.

이제 음악 합성기 문제를 생각해 보자. 파형이 $A\sin\omega t$인 순음을 결합하면 그림 8.52와 비슷한 음파를 만들 수 있을 것이다. 순음의 파형이 $b_1\sin t$, $b_2\sin 2t$, $b_3\sin 3t$, $\cdots$ 이면 이것은 푸리에 급수를 이용하는 문제가 된다. 즉, 음파의 근사함수 $f(t)$를 다음과 같이 순음의 합으로 나타낼 수 있다.

$$f(t) \approx b_1\sin t + b_2\sin 2t + b_3\sin 3t + \cdots + b_n\sin nt$$

위식을 살펴보면 코사인 항은 없지만 푸리에 급수의 부분합임을 알 수 있고 이 급수를 **푸리에 사인급수**(Fourier sine series)라 한다. 음악 합성기에서 푸리에 계수는 다양한 배음의 진폭을 나타낸다. 여러 가지 푸리에 계수를 조작하여 음향의 고음과 저음을 만들어낼 수 있다. 푸리에 계수의 처음 몇 개 항의 계수를 증가시켜, 즉 저주파 항을 크게 하여 저음을 만들고 고주파 항을 크게 하여 고음을 만든다. 그림 8.53에 주어진 것과 같은 이퀄라이저를 통하여 개별적인 주파수를 조작할 수 있다.

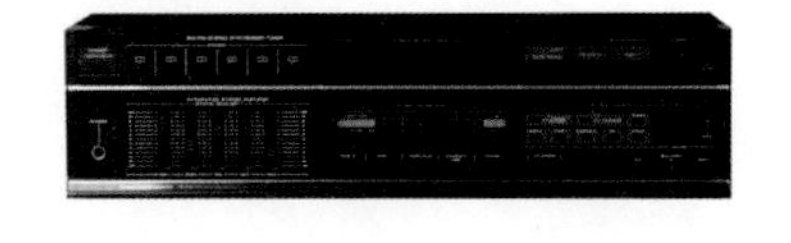

그림 8.53 그래픽 이퀄라이저

파를 각 성분 주파수로 분리하여 파형을 분석하는 것은 현대 공학과 과학에서 필수적인 것이다. 이러한 스펙트럼의 분석은 현대 과학의 다양한 분야에서 이용되고 있다.

연습문제 8.9

[1~4] 구간 $[-\pi, \pi]$에서 다음 함수의 푸리에 급수를 구하고, 구간 $[-2\pi, 2\pi]$에서 부분합 $F_4(x)$, $F_8(x)$의 그래프를 그려라.

1. $f(x) = x$

2. $f(x) = 2|x|$

3. $f(x) = \begin{cases} 1, & -\pi < x < 0 \\ -1, & 0 < x < \pi \end{cases}$

4. $f(x) = 3\sin 2x$

[5~7] 주어진 구간에서 각 함수의 푸리에 급수를 구하여라.

5. $f(x) = -x$, $[-1, 1]$

6. $f(x) = x^2$, $[-1, 1]$

7. $f(x) = \begin{cases} 0, & -1 < x < 0 \\ x, & 0 < x < 1 \end{cases}$

[8~10] 푸리에 급수를 계산하지 말고 주기의 세 배 구간에서 각 함수의 그래프를 그려서 다음 함수의 푸리에 급수가 수렴하는 함수를 구하여라.

8. $f(x) = x,\ [-2, 2]$

9. $f(x) = \begin{cases} -x, & -1 < x < 0 \\ 0, & 0 < x < 1 \end{cases}$

10. $f(x) = \begin{cases} -1, & -2 < x < -1 \\ 0, & -1 < x < 1 \\ 1, & 1 < x < 2 \end{cases}$

11. 문제 6의 푸리에 급수에 $x = 1$을 대입하여 $\sum_{k=1}^{\infty} \frac{1}{k^2} = \frac{\pi^2}{6}$임을 증명하여라.

12. 예제 9.2의 푸리에 급수를 이용하여 $\sum_{k=1}^{\infty} \frac{1}{(2k-1)^2} = \frac{\pi^2}{8}$임을 증명하여라.

13. f의 정의역 내의 모든 x에 대하여 $f(-x) = f(x)$, 즉 함수 f가 우함수이면 모든 k에 대하여 $b_k = 0$임을 증명하여라. 또한 f의 정의역 내의 모든 x에 대하여 $f(-x) = -f(x)$, 즉 함수 f가 기함수이면 모든 k에 대하여 $a_k = 0$임을 증명하여라.

14. 오일러-푸리에 공식인 식 (9.7)과 (9.8)을 증명하여라.

[15~16] 문제 13을 이용하여 각 함수의 푸리에 급수가 사인항만 갖는지, 코사인항만 갖는지 또는 사인항과 코사인항 모두를 갖는지 추정하여라.

15. $f(x) = x^3$

16. $f(x) = e^x$

17. 함수 $f(x) = \begin{cases} -1, & -2 < x < 0 \\ 3, & 0 < x < 2 \end{cases}$는 기함수도 우함수도 아니며 $g(x) = \begin{cases} -2, & -2 < x < 0 \\ 2, & 0 < x < 2 \end{cases}$라 하면 $f(x) = g(x) + 1$로 나타낼 수 있다. f의 푸리에 급수가 사인항과 상수 1만 가지는 이유를 설명하여라.

매개변수방정식과 극좌표

CHAPTER 9

음속돌파폭음은 음속보다 빠르게 날아가는 비행기의 갑작스럽고 요란한 폭음을 말한다. 이러한 폭음을 들은 적은 있어도 실제로 본 적은 아마도 없을 것이다. 그러나 이 진기한 사진은 초음속으로 비행하는 F－18 제트기가 분출하는 충격파 표면의 수증기 윤곽을 보여주고 있다(조종석 뒤에도 작은 원추형 수증기 꼬리가 나타나 있다).

충격파가 원추형으로 나타난다는 사실은 놀라운 일이 아닐 수 없다. 그러나 충격파의 수학적 해석을 통해 이 사실은 증명된다. 음파가 어떻게 가시화되는지 알아보기 위해 폭발하는 폭죽을 생각해 보자. 이차원에서 생각한다면, 음파는 폭죽으로부터 일정한 거리에 있는 모든 사람들에게 계속 전달되는 일련의 동심원으로 해석할 수 있다. 음원이(이 경우는 비행기가) 움직이고 있다면, 우리의 미분적분학 지식으로는 이해할 수 없는 아주 복잡한 수학적 상황에 직면하게 될 것이다.

이 장에서는 미분적분학의 개념을 매개변수방정식과 극좌표로 정의되는 곡선으로 확장한다. 예를 들면, 이차원에서 비행기와 같이 움직이는 물체의 위치 (x, y)는 매개변수 t(시간)의 함수 $x(t)$, $y(t)$를 이용하여 $(x, y) = (x(t), y(t))$로 나타낸다. 이때 방정식 $x = x(t)$, $y = y(t)$를 매개변수방정식이라 한다. 또한, 극좌표가 곡선을 나타내는데 어떻게 이용되는지도 알아본다. 극좌표에서는 한 점을 원점으로부터 그 점까지의 수평거리와 수직거리의 순서쌍 (x, y)로 나타내는 것이 아니라, 원점으로부터 그 점까지의 거리와 그 점을 향하는 방향에 대응되는 각으로 나타낸다. 음파의 전달과정에서 발생하는 동심원과 같은 원을 표현하는 데는 극좌표가 편리하다.

곡선을 매개변수방정식이나 극좌표로 나타내는 방법은 다양한 문제해결에 필요한 융통성을 제공해 준다. 대단히 복잡해 보이는 곡선이라도 매개변수방정식이나 극좌표를 이용하면 아주 간단하게 표현되는 경우가 많다. 이 장에서는 여러 가지 재미있는 곡선들을 살펴보고 미분과 적분이 그러한 곡선으로는 어떻게 확장될 수 있는지 알아본다.

9.1 평면곡선과 매개변수방정식

평면에 있는 점 (x, y)는 매개변수를 이용하여 나타내는 것이 편리한 경우가 많다. 예를 들어, 인공위성의 이동을 추적한다면 시간의 변화에 따른 위성의 위치를 알아야 한다. 그래야만 인공위성의 이동경로뿐만 아니라 원하는 점을 지나는 시각도 알 수 있는 것이다.

정의역 D가 같은 두 함수 $x(t)$, $y(t)$에 대하여, 방정식

$$x = x(t), \quad y = y(t)$$

를 **매개변수방정식**(parametric equation)이라 한다. 매개변수방정식은 각각의 t에 대해서 xy평면의 점 $(x, y) = (x(t), y(t))$를 나타낸다. 이러한 모든 점들의 집합을 매개변수방정식의 **그래프**(graph)라 한다. 여기서 $x(t)$, $y(t)$가 연속함수이고 D가 실수 구간이면, xy평면에 그린 그래프를 **평면곡선**(plane curve)이라 한다.

독립변수인 **매개변수**(parameter)를 나타내기 위해 선택한 문자 t를 보면 시간이 생각날 것이다. 매개변수가 시간을 나타내는 경우는 많다. 예를 들면, 시간 t의 함수로 이동하는 물체의 위치 $(x(t), y(t))$를 나타낸다. 이미 5.5절에서 이차원 포물체 운동을 설명하기 위해 이러한 형태의 방정식을 이용했다. 매개변수는 여러 응용 분야에서 시간이 아닌 변수로도 해석된다. 다시 말하면, 물리학적 의미를 전혀 갖지 않는 경우도 있다. 일반적으로, 매개변수가 x, y의 관계를 설명하는 데 편리하다면 어떤 양도 될 수 있다. 다음 예제 1.1에서 매개변수를 소거하여 단순화할 수 있다.

예제 1.1 평면곡선의 그래프

매개변수방정식 $x = 6 - t^2$, $y = \frac{t}{2}$, $-2 \le t \le 4$로 정의되는 평면곡선을 그려라.

풀이

t	x	y
-2	2	-1
-1	5	$-\frac{1}{2}$
0	6	0
1	5	$\frac{1}{2}$
2	2	1
3	-3	$\frac{3}{2}$
4	-10	2

다음과 같은 표를 만들어 몇 가지 매개변수 t와 이에 대응되는 x, y의 값을 구한다. 이 점들을 그림 9.1과 같이 좌표로 나타내어 매끄러운 곡선으로 연결한다. 여기서 t를 y로 나타내면 매개변수는 쉽게 소거할 수 있다. $t = 2y$이므로 $x = 6 - 4y^2$이다. 이 방정식의 그래프는 왼쪽으로 오목한 포물선이다. 우리가 원하는 평면곡선은 $-2 \le t \le 4$에 대응되는 이 포물선의 일

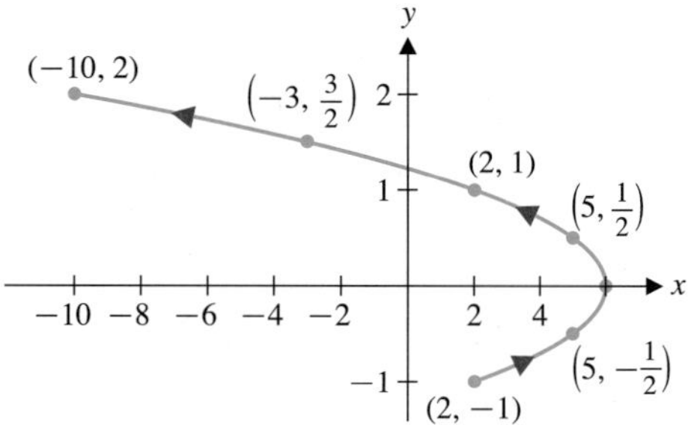

그림 9.1 $x = 6 - t^2$, $y = \frac{t}{2}$, $-2 \le t \le 4$

부이다. 표를 살펴보면 이 값은 $-1 \le y \le 2$에 대응된다. 따라서 평면곡선은 그림 9.1과 같이 포물선의 일부이다. 곡선 위에 몇 개의 점이 표시되어 있다.

그림 9.1의 평면곡선에는 위로 향하는 화살표가 그려져 있다. 즉, t가 증가하는 방향인 곡선의 방향을 의미한다. 여기서 t는 시간을 나타내고 곡선은 물체의 이동경로를 나타내며 방향은 경로를 따라 이동하는 물체의 방향을 나타낸다. 다음 예제 1.2를 살펴보자.

예제 1.2 포물체의 경로

처음 속도 20 ft/s로 높이 64피트에서 수평방향으로 던진 물체의 경로를 구하여라.

풀이

5.5절에서 논의된 바와 같이 물체의 경로는 매개변수방정식

$$x = 20t, \quad y = 64 - 16t^2, \quad 0 \le t \le 2$$

로 정의된다. 여기서 t는 단위가 초인 시간이다. 이 방정식은 그림 9.2와 같은 평면곡선을 나타내며 그래프에 표시된 방향은 운동의 방향을 나타낸다. 예제 1.1과 같이 매개변수를 소거할 수도 있지만 매개변수방정식이 더 많은 정보를 제공한다. 대응되는 xy방정식 $y = 64 - 16\left(\frac{x^2}{20^2}\right)$이 포물체의 경로만을 나타내지만 매개변수방정식은 임의의 점에 있는 물체의 이동시간과 운동방향을 동시에 나타낸다.

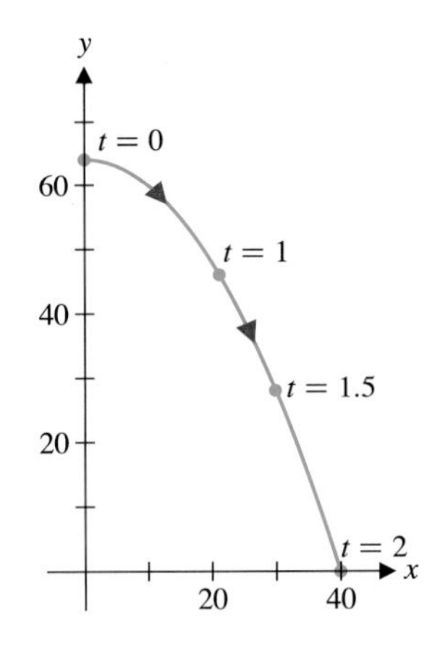

그림 9.2 포물체의 경로

그래프계산기나 컴퓨터 연산시스템(CAS)을 이용하면 매개변수 t의 여러 가지 값에 대응되는 점들을 매끄러운 곡선으로 연결한 평면곡선을 그릴 수 있다. 이렇게 얻은 그래프는 창의 이용과 t의 값 선택에 크게 좌우된다. 다음 예제 1.3에서 이러한 사실을 확인한다.

예제 1.3 사인과 코사인을 포함하는 매개변수방정식

다음 매개변수방정식으로 정의되는 두 평면곡선을 그려라.

$$x = 2\cos t, \quad y = 2\sin t \qquad \text{(a) } 0 \le t \le 2\pi \quad \text{(b) } 0 \le t \le \pi \tag{1.1}$$

풀이

(a) 그래프계산기를 이용하면 그래프는 대부분 그림 9.3a와 같은 곡선 모양으로 나타난다. 방향을 나타내기 위해 그래프에 화살표를 첨가하였다. 이 그래프를 정확하게 그리기 위해 다음과 같이 생각한다. $x = 2\cos t$이므로 x의 범위는 -2와 2 사이이다. 또 y의 범위도 -2와 2 사이이다. 다음에는 그래프창을 $-2.1 \le x \le 2.1$, $-2.1 \le y \le 2.1$로 변경하면 그림 9.3b와 같은 곡선을 얻는다. 이 곡선은 그림 9.3a보다 좀 더 개선된 것이다.이 곡선도 여전히 타원 모양이다. 그러나 조금만 더 생각해 보면 그것이 원이라는 것을 알 수 있다. x나 y에서 t에 대해 풀어서 매개변수를 소거하기보다는 식 (1.1)로부터

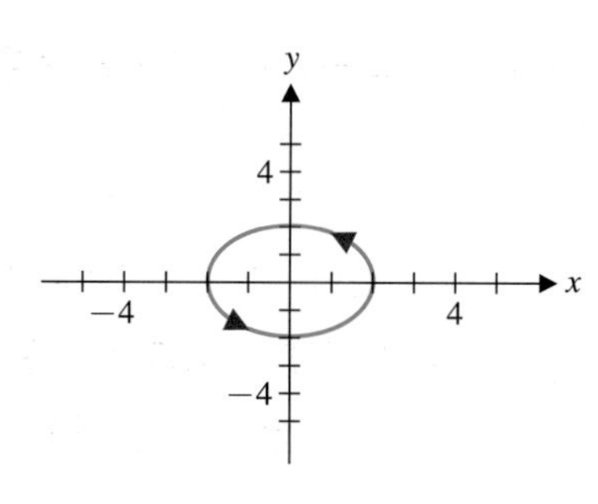

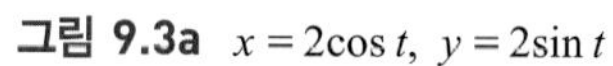

그림 9.3a $x = 2\cos t,\ y = 2\sin t$

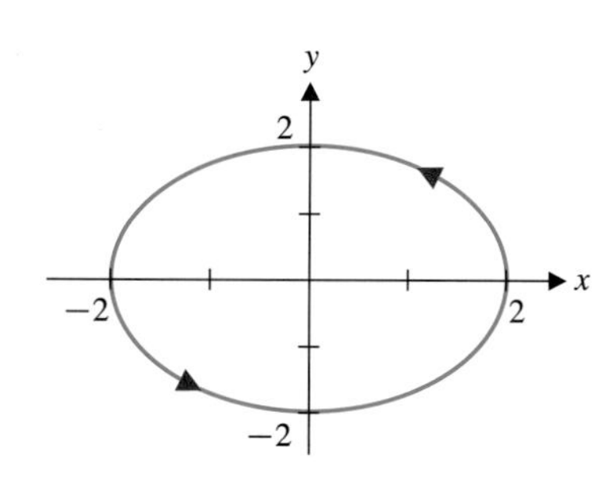

그림 9.3b $x = 2\cos t,\ y = 2\sin t$

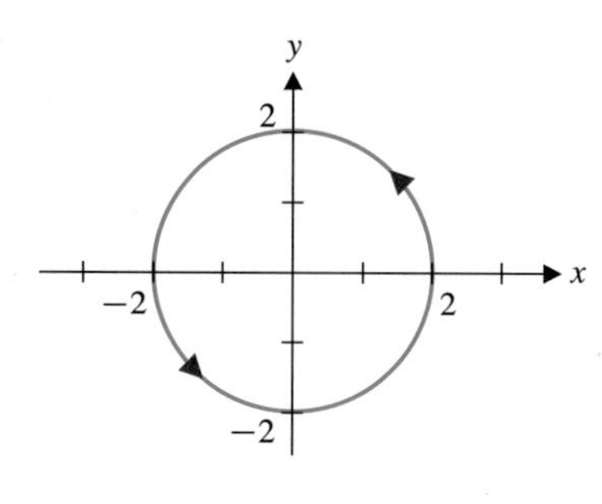

그림 9.3c 원

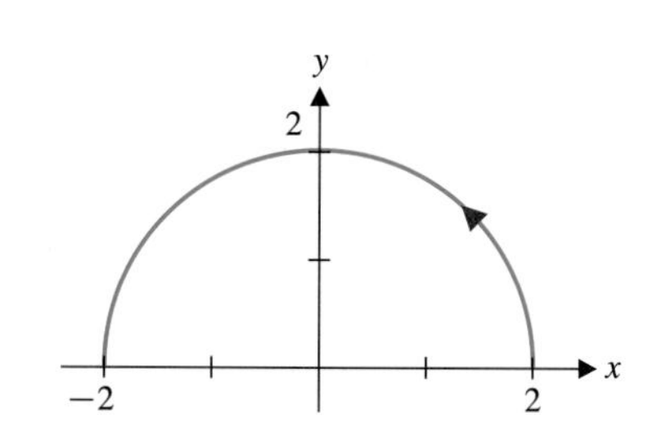

그림 9.3d 위쪽 반원

$$x^2 + y^2 = 4\cos^2 t + 4\sin^2 t = 4(\cos^2 t + \sin^2 t) = 4$$

를 구하면 이 곡선은 중심이 원점이고 반지름이 2인 원이다. 매개변수의 범위를 생각해 보면 곡선은 원 전체이다. 사인과 코사인의 정의에서, (x, y)가 단위원 위의 점이고 θ가 양의 x축에서 원점과 (x, y)를 연결하는 선분에 이르는 각이면 $\cos\theta = x,\ \sin\theta = y$이다. 그런데 $x = 2\cos t,\ y = 2\sin t$이므로 매개변수 t는 θ에 대응된다. t의 범위가 0에서 2π까지이면 곡선은 반지름 2인 원 전체이다. 정사각형 그래프창은 x축, y축 눈금의 크기가 같은 창이다(x, y의 범위가 같을 필요는 없고 눈금의 크기만 같다). 정사각형 창은 그림 9.3c와 같이 원을 보여준다.

(b) 정의역을 $0 \le t \le \pi$로 제한하면 t는 양의 x축으로부터 측정된 각이므로 그림 9.3d와 같이 위쪽 반원을 얻는다. ■

주 1.1

CAS로 매개변수방정식의 그래프를 그릴 때는 방정식을 벡터 형식으로 입력한다. 예를 들면, 예제 1.3의 경우에 $x = 2\cos t,\ y = 2\sin t$ 대신 두 함수의 순서쌍 $(2\cos t, 2\sin t)$를 입력해야 한다.

예제 1.3의 매개변수방정식을 약간만 수정하면 여러 가지 형태의 원과 타원을 얻는다. 다음 예제 1.4는 이런 경우를 다룬다.

예제 1.4 매개변수방정식으로 정의된 원: 타원

구간 $0 \le t \le 2\pi$에서 정의되는 다음 평면곡선을 그려라.

(a) $x = 2\sin t,\ y = 3\cos t$ (b) $x = 2 + 4\cos t,\ y = 3 + 4\sin t$

(c) $x = 3\cos 2t,\ y = 3\sin 2t$

풀이

그림 9.4a는 컴퓨터로 그린 (a)의 그래프이다. 이 그래프로는 곡선이 타원인지 원인지를 판정하기 어렵다. 매개변수방정식으로부터 x는 −2와 2 사이의 값, y는 −3과 3 사이의 값이므로 원이 아니다. 곡선이 타원이라는 사실은

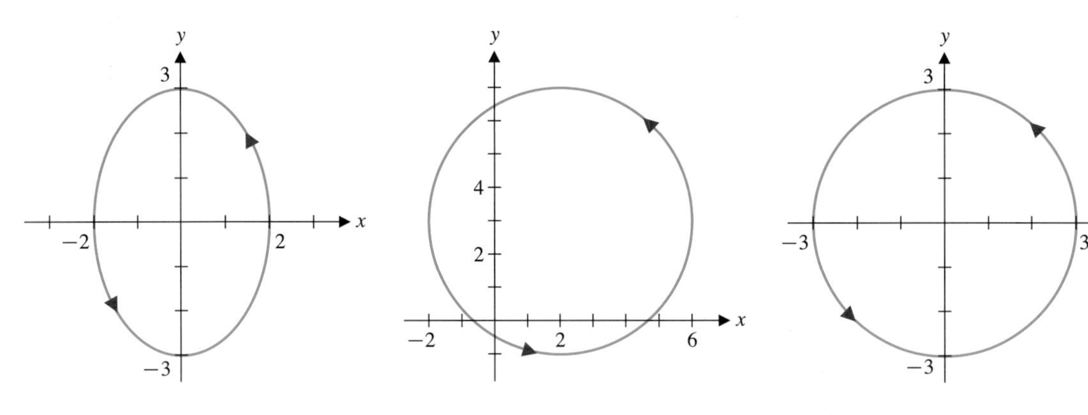

그림 9.4a $x=2\sin t,\ y=3\cos t$ **그림 9.4b** $x=2+4\cos t,\ y=3+4\sin t$ **그림 9.4c** $x=3\cos 2t,\ y=3\sin 2t$

$$\frac{x^2}{4}+\frac{y^2}{9}=\frac{4\sin^2 t}{4}+\frac{9\cos^2 t}{9}=\sin^2 t+\cos^2 t=1$$

로 확인할 수 있다.

그림 9.4b는 (b)의 그래프이다. 이 곡선이 원 $(x-2)^2+(y-3)^2=16$이라는 사실은 쉽게 확인할 수 있다. 컴퓨터로 그린 (c)의 그래프는 그림 9.4c이다. 이 곡선이 원 $x^2+y^2=9$라는 사실도 쉽게 확인할 수 있다. 여기서 사인과 코사인의 각의 크기를 나타내는 2의 의미를 생각해 보자. 그래프계산기로 이 곡선을 그려 보면, 계산기가 그래프를 완성하기 전에 원이 그려진다는 사실을 알 수 있다. 이 원은 $0\le 2t\le 2\pi$ 또는 $0\le t\le \pi$일 때 한 번 그려진다. 그런데 정의역이 $0\le t\le 2\pi$이므로 원은 두 번 그려진다. 즉, 각의 크기를 나타내는 2는 원이 그려지는 속도를 두 배로 증가시킨다.

■

주 1.2

예제 1.3~1.4의 곡선을 살펴보고, 방정식 $x=a+b\cos ct,\ y(t)=d+e\sin ct$에 포함된 상수들의 의미를 생각해 보자. 응용분야에서는 이러한 판단이 중요하다.

다음 예제 1.5는 선분의 매개변수방정식을 구하는 방법이다.

예제 1.5 선분의 매개변수방정식

점 (1, 2), (4, 7)을 연결하는 선분의 매개변수방정식을 구하여라.

풀이

선분의 매개변수방정식은 다음과 같은 두 일차함수로 나타낼 수 있다.

$$x=a+bt,\ \ y=c+dt$$

여기서 a, b, c, d는 상수이다(두 함수가 직선을 나타낸다는 사실을 확인하려면 매개변수를 소거해 보아라). 상수의 값을 결정하는 간단한 방법은 시작점 (1, 2)에 대응하여 $t=0$을 선택하는 것이다. $t=0$이면 $x=a,\ y=c$이다. 선분은 $x=1,\ y=2$에서 시작되므로 $a=1$, $c=2$이다. $t=1$이면 $x=a+b,\ y=c+d$이다. 끝점 (4, 7)을 얻기 위해서는 $a+b=4$, $c+d=7$이어야 한다. $a=1,\ c=2$이므로 $b=3,\ d=5$이다. 그러므로 선분을 나타내는 매개변수방정식은 다음과 같다.

$$x=1+3t,\quad y=2+5t,\quad 0\le t\le 1$$

■

주 1.3

예제 1.5로부터 주어진 곡선을 나타내는 매개변수방정식의 선택 방법은 무수히 많다는 사실을 알 수 있다. 예를 들면, 다음 두 매개변수방정식은 모두 예제 1.5의 선분을 나타낸다.

$$x=-2+3t,\ y=-3+5t,\ 1\le t\le 2,$$

$$x=t,\ y=\frac{1+5t}{3},\ 1\le t\le 4$$

이러한 매개변수방정식 각각을 곡선의 서로 다른 **매개변수화**(parameterization)라고 한다.

$x=a+bt$, $y=c+dt$ 형태의 매개변수방정식에서는 언제나 a, c를 시작점의 x좌표, y좌표로 선택할 수 있다($t=0$이면 $x=a$, $y=c$이다). 끝점의 x좌표를 $a+b$, y좌표를 $c+d$로 선택하면 선분은 항상 $0\le t\le 1$에 대해 그려진다.

다음 예제 1.6은 $y=f(x)$ 형태의 방정식은 모두 매개변수방정식으로 표현된다는 사실을 보여준다.

예제 1.6 직교방정식을 매개변수방정식으로 바꾸기

포물선 $y=x^2$의 $(-1, 1)$에서 $(3, 9)$에 이르는 부분의 매개변수방정식을 구하여라.

풀이

$x=t$라 하면 $y=f(x)$ 형태의 어떤 방정식도 매개변수 형태로 바꿀 수 있다. 여기서 $y=x^2=t^2$이므로

$$x=t,\quad y=t^2,\quad -1\le t\le 3$$

은 곡선의 매개변수방정식이다(물론, t 대신 다른 매개변수를 이용할 수도 있다). ■

매개변수 표현이 곡선의 방향을 나타내기도 하지만 때로는 곡선의 범위를 제한하기도 한다. 다음 예제 1.7은 이런 경우에 해당된다.

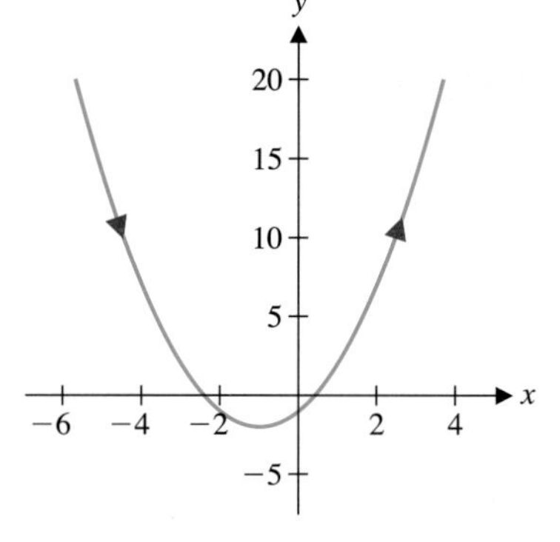

그림 9.5a $y=(x+1)^2-2$

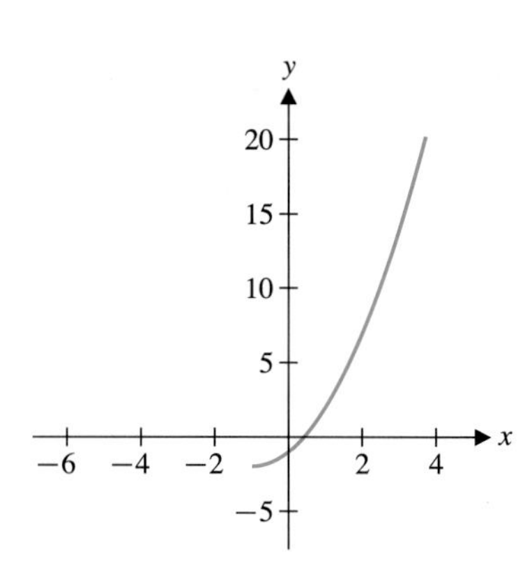

그림 9.5b $x=t^2-1,\ y=t^4-2$

예제 1.7 매개변수로 표현된 곡선의 미묘한 차이

다음 평면곡선을 그려라.

(a) $x=t-1,\ y=t^2-2$ (b) $x=t^2-1,\ y=t^4-2$

풀이

t에 어떤 제한도 없으므로 t를 임의의 실수로 생각하자. (a)에서 매개변수를 소거하면 $t=x+1$이므로 매개변수방정식은 그림 9.5a의 포물선 $y=(x+1)^2-2$에 대응된다. t가 임의의 실수이므로 $x=t-1$도 임의의 실수이고, 그래프는 포물선 전체를 나타낸다(계산기나 컴퓨터가 포물선의 양쪽 끝을 보여주지 않을 때는 t의 범위를 조정한다). 이 과정의 중요성은 (b)에서 확인된다. (b)에서 매개변수를 소거하면 $t^2=x+1$이므로 $y=(x+1)^2-2$이다. 이것은 (a)와 같은 포물선을 의미한다. 그렇지만 컴퓨터로 그린 매개변수방정식의 그래프는 그림 9.5b와 같이 포물선의 오른쪽 절반만 나타난다. $x=t^2-1$이므로 모든 실수 t에 대해 $x\ge -1$이기 때문이다. 그러므로 곡선은 그림 9.5b와 같이 포물선 $y=(x+1)^2-2$의 오른쪽 절반만 나타난다. ■

지금까지 미분적분학을 공부하면서 볼 수 있었던 어떤 곡선과도 다른 여러 가지 평면곡선이 매개변수방정식으로 나타난다. 이들 대부분은 손으로 그리기 쉽지 않지만 그래프계산기나 CAS를 이용하면 쉽게 그릴 수 있다.

예제 1.8 몇 가지 특이한 평면곡선

다음 평면곡선을 그려라.

(a) $x = t^2 - 2,\ y = t^3 - t$ (b) $x = t^3 - t,\ y = t^4 - 5t^2 + 4$

풀이

그림 9.6a는 (a)의 그래프이다. 이것은 함수의 그래프가 아니다. 그러므로 직교방정식으로 바꾸는 것은 별로 도움이 되지 않는다. 그렇지만 그래프의 중요한 부분이 빠져 있지 않은지를 알아보기 위해서 매개변수방정식을 살펴보자. 이 경우 모든 t에 대해 $x = t^2 - 2 \geq -2$이고 $y = t^3 - t$는 최댓값, 최솟값을 갖지 않는다(이유를 생각해 보아라). 그림 9.6b는 컴퓨터로 그린 (b)의 그래프이다. 이것도 함수의 그래프가 아니다. 그래프의 범위에 대한 아이디어를 얻기 위해서 $x = t^3 - t$가 최댓값, 최솟값을 갖지 않는다는 사실에 유의하자. $y = t^4 - 5t^2 + 4$의 최솟값을 구하기 위해서는 임계점을 함숫값 4, $-\frac{9}{4}$에 대응되는 $t = 0,\ t = \pm\sqrt{\frac{5}{2}}$일 때 얻는다는 사실에 유의하자. 따라서 그림 9.6b와 같이 $y \geq -\frac{9}{4}$ 라는 결론을 얻는다.

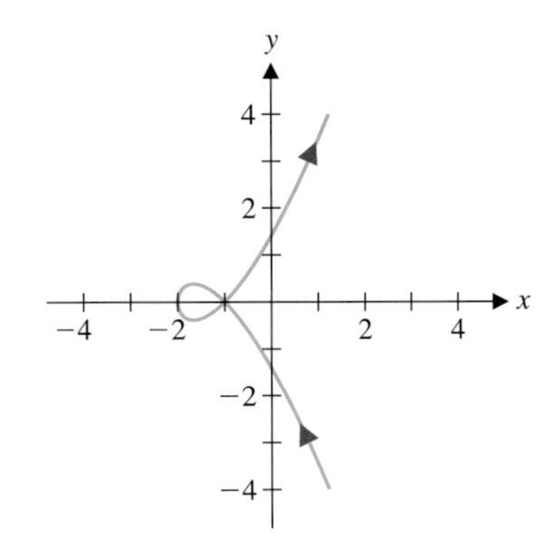

그림 9.6a $x = t^2 - 2,\ y = t^3 - t$

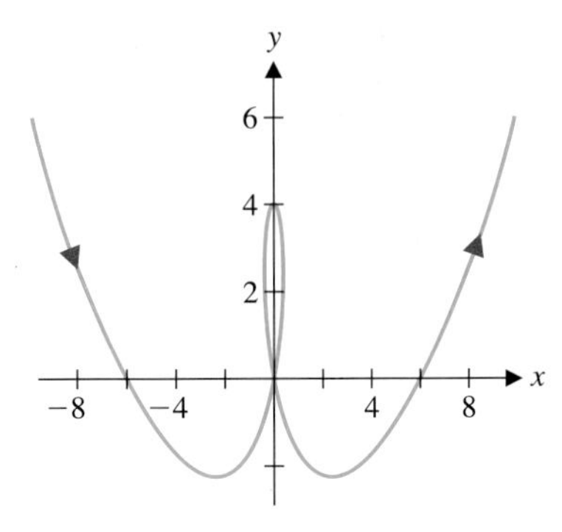

그림 9.6b $x = t^3 - t,\ y = t^4 - 5t^2 + 4$

이제는 매개변수방정식의 유용성에 대한 아이디어를 얻을 수 있을 것이다. 이러한 유용성은 문제 해결 능력을 신장하고 매개변수방정식에 대한 이해를 가치 있게 할 것이다. 그러나 더욱 중요한 것은 매개변수방정식으로 바꾸어 해결하는 것이 더 좋은 응용문제가 많다는 것이다.

매개변수방정식은 대응되는 직교좌표방정식보다 더 많은 정보를 제공해 준다. 다음 예제 1.9는 이러한 사실을 보여준다.

예제 1.9 비행 중인 미사일 요격

500마일 떨어진 지점에서 우리를 향해 발사된 미사일의 비행경로가 다음 매개변수방정식과 같다고 가정하자.

$$x = 100t,\quad y = 80t - 16t^2,\quad 0 \leq t \leq 5$$

2분 후에는 비행경로가 다음과 같은 요격미사일을 우리가 발사한다.

$$x = 500 - 200(t-2),\quad y = 80(t-2) - 16(t-2)^2,\quad 2 \leq t \leq 7$$

요격미사일이 목표에 명중할 수 있는지를 판정하라.

풀이

그림 9.7a는 두 미사일의 비행경로이다. 두 그래프가 교차하는 것은 분명하지만, 그것이 두 미사일의 충돌을 의미하는 것은 아니다. 충돌하려면 두 미사일이 동시에 동일한 점을 지나야 한다. 두 경로가 동시에 동일한 점을 지나게 하는 t가 존재하는지를 판정하기 위해 두 x를 같다고 하면 방정식

$$100t = 500 - 200(t-2)$$

에서 하나의 해 $t = 3$을 얻는다. 이 해는 $t = 3$이면 두 미사일의 x좌표가 같다는 사실만을 말해준다. 불행하게도 $t = 3$이면

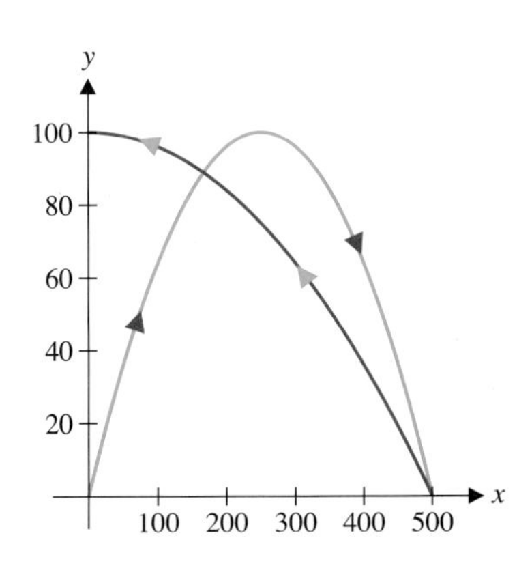

그림 9.7a 미사일의 비행경로

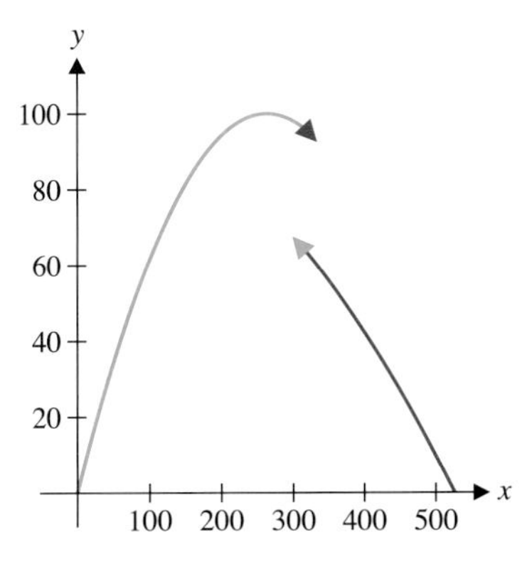

그림 9.7b 미사일의 비행경로

$$80t-16t^2=96,\ 80(t-2)-16(t-2)^2=64$$

이므로 두 y좌표는 같지 않다. 그림 9.7b는 $0 \le t \le 3$에 대한 두 경로를 나타낸다. 이 그래프로부터 두 미사일은 서로 충돌하지 않는다는 사실을 확실하게 알 수 있다. 그러므로 요격미사일의 경로가 다가오는 미사일의 경로와 교차하는 시간에는 이미 그 미사일이 멀리 날아가 버린다. 이러한 현상을 관찰할 수 있는 다른 방법은 그래프계산기에 두 매개변수방정식의 그래프를 동시에 그리는 것이다. 그렇게 하면 두 미사일이 서로 비껴가는 것을 관찰할 수 있는 동영상 경로를 얻을 수 있다.

연습문제 9.1

[1~6] 다음 매개변수방정식으로 정의된 평면곡선을 그리고 곡선에 대응되는 직교방정식을 구하여라.

1. $\begin{cases} x=2\cos t \\ y=3\sin t \end{cases}$

2. $\begin{cases} x=-1+2t \\ y=3t \end{cases}$

3. $\begin{cases} x=1+t \\ y=t^2+2 \end{cases}$

4. $\begin{cases} x=t^2-1 \\ y=2t \end{cases}$

5. $\begin{cases} x=\sin^{-1}t \\ y=\sin t \end{cases}$

6. $\begin{cases} x=\sqrt{\ln t} \\ y=1/t \end{cases}$

[7~10] 다음 매개변수방정식으로 정의된 평면곡선을 CAS나 그래프계산기를 이용하여 그려라.

7. $\begin{cases} x=t^3-2t \\ y=t^2-3 \end{cases}$

8. $\begin{cases} x=\cos 2t \\ y=\sin 7t \end{cases}$

9. $\begin{cases} x=3\cos 2t+\sin 5t \\ y=3\sin 2t+\cos 5t \end{cases}$

10. $\begin{cases} x=(2-t/\sqrt{t^2+1})\cos 32t \\ y=(1+t/\sqrt{t^2+1})\sin 32t \end{cases}$

[11~14] 다음 곡선을 나타내는 매개변수방정식을 구하여라.

11. $(0,\ 1)$에서 $(3,\ 4)$까지의 선분

12. $(-2,\ 4)$에서 $(6,\ 1)$까지의 선분

13. $(1, 2)$에서 $(2,\ 5)$까지의 포물선 $y=x^2+1$의 일부

14. 중심이 $(2,\ 1)$이고 반지름이 3인 반시계방향으로 그린 원

[15~16] 높이 h인 지점에서 지면과 θ의 각도로 처음 속도 v로 발사한 발사체의 경로를 나타내는 매개변수방정식을 구하여라.

15. $h=16'$, $v=12$ ft/s (a) $\theta=0°$ (b) $\theta=6°$ 위로

16. $h=10$m, $v=2$ m/s (a) $\theta=0°$ (b) $\theta=8°$ 아래로

[17~18] 다음 두 곡선의 교점을 구하여라.

17. $\begin{cases} x=t \\ y=t^2-1, \end{cases}$ $\begin{cases} x=1+s \\ y=4-s \end{cases}$

18. $\begin{cases} x=t+3 \\ y=t^2 \end{cases}$, $\begin{cases} x=1+s \\ y=2-s \end{cases}$

9.2 매개변수방정식의 미분과 적분

매개변수로 정의된 곡선의 접선의 기울기를 구해 보자. 함수 $y=f(x)$가 미분가능하면, $x=a$인 점에서는 접선의 기울기가 $f'(a)$이다. 라이프니츠 기호로 쓰면 $\dfrac{dy}{dx}(a)$

이다. 매개변수방정식으로 정의된 곡선에서는 x, y가 모두 매개변수 t의 함수이다. $x = x(t)$, $y = y(t)$가 $t = c$에서 연속인 도함수를 가지므로 연쇄법칙으로부터

$$\frac{dy}{dt} = \frac{dy}{dx}\frac{dx}{dt}$$

이다. $\frac{dx}{dt}(c) \neq 0$인 경우에는

$$\boxed{\frac{dy}{dx}(a) = \frac{\dfrac{dy}{dt}(c)}{\dfrac{dx}{dt}(c)} = \frac{y'(c)}{x'(c)}} \qquad (2.1)$$

를 얻는다. 여기서 $a = x(c)$이다. $x'(c) = y'(c) = 0$이고 극한이 존재하면

$$\boxed{\frac{dy}{dx}(a) = \lim_{t \to c}\frac{\dfrac{dy}{dt}}{\dfrac{dx}{dt}} = \lim_{t \to c}\frac{y'(t)}{x'(t)}} \qquad (2.2)$$

로 정의한다.

주 2.1

식 (2.1)은 주의해서 해석해야 한다. 오른쪽 끝의 미분기호는 매개변수 t에 대한 미분을 의미한다. 라이프니츠 기호를 이용하는 것이 연쇄법칙을 정확하게 기억할 수 있는 간단한 방법이다.

이계도함수나 고계도함수를 계산하기 위해서도 식 (2.1)을 이용할 수 있다. y를 $\frac{dy}{dx}$로 대치하면

$$\frac{d^2 y}{dx^2} = \frac{d}{dx}\left(\frac{dy}{dx}\right) = \frac{\dfrac{d}{dt}\left(\dfrac{dy}{dx}\right)}{\dfrac{dx}{dt}} \qquad (2.3)$$

를 얻는다.

주 2.2

식 (2.3)을 살펴보고

$$\frac{d^2y}{dx^2} \neq \frac{\dfrac{d^2y}{dt^2}}{\dfrac{d^2x}{dt^2}}$$

임을 확인해 보라. 등식이 성립한다고 생각하는 오류를 범하지 않도록 조심해야 한다.

놀이공원에서 볼 수 있는 스크램블러(Scrambler)는 회전하는 두 팔로 구성되어 있다(그림 9.8a 참조). 길이가 2인 안쪽 팔이 반시계방향으로 회전한다고 가정하자. 이 경우, 안쪽 팔 끝의 위치 (x_i, y_i)는 매개변수방정식 $x_i = 2\cos t$, $y_i = 2\sin t$로 나타낼 수 있다. 안쪽 팔 끝에서는 바깥쪽 팔이 시계방향으로 안쪽 팔 속도의 두 배로 회전하고 있다. 길이가 1인 바깥쪽 팔의 회전을 나타내는 매개변수방정식은 $x_o = \sin 2t$, $y_o = \cos 2t$이다. 여기서 사인, 코사인 항의 위치가 바뀐 것은 시계방향 회전을 나타내며, $2t$의 2는 회전 속도가 안쪽 팔의 두 배라는 의미이다. 스크램블러에 타고 있는 사람의 위치는 다음 두 성분의 합이다.

$$x = 2\cos t + \sin 2t, \quad y = 2\sin t + \cos 2t$$

이 매개변수방정식의 그래프는 그림 9.8b와 같다.

그림 9.8a 스크램블러

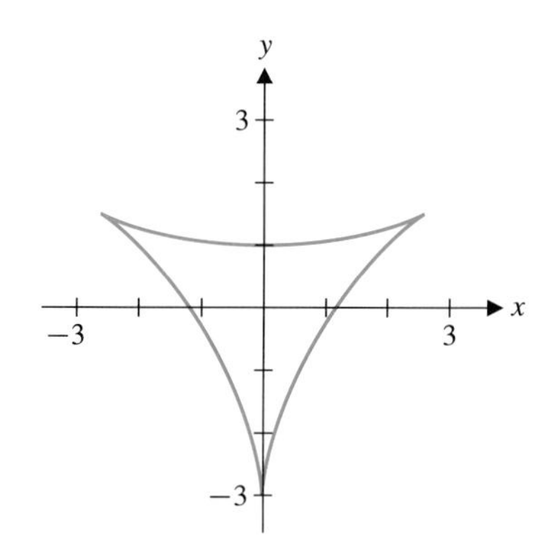

그림 9.8b 스크램블러의 경로

예제 2.1 스크램블러의 경로에 대한 접선의 기울기

스크램블러의 경로 $x = 2\cos t + \sin 2t$, $y = 2\sin t + \cos 2t$에서 (a) $t = 0$ (b) 점 $(0, -3)$에서 접선의 기울기를 구하여라.

풀이

(a) $\frac{dx}{dt} = -2\sin t + 2\cos 2t$, $\frac{dy}{dt} = 2\cos t - 2\sin 2t$이므로 식 (2.1)로부터 $t = 0$일 때 접선의 기울기는 다음과 같다.

$$\left.\frac{dy}{dx}\right|_{t=0} = \frac{\frac{dy}{dt}(0)}{\frac{dx}{dt}(0)} = \frac{2\cos 0 - 2\sin 0}{-2\sin 0 + 2\cos 0} = 1$$

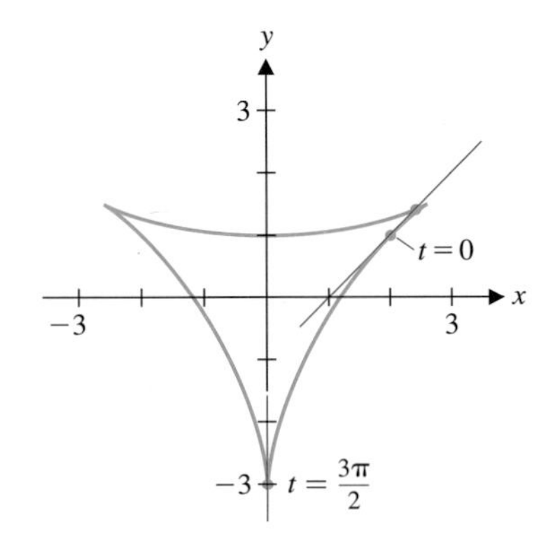

그림 9.9 스크램블러의 경로에 대한 접선

(b) 점 $(0, -3)$에서 접선의 기울기를 구하려면 먼저 이 점에 대응되는 t를 구해야 한다. $t = \frac{3\pi}{2}$이면 $x = 0$, $y = -3$이다. 그런데

$$\frac{dx}{dt}\left(\frac{3\pi}{2}\right) = \frac{dy}{dt}\left(\frac{3\pi}{2}\right) = 0$$

이므로 $\frac{dy}{dx}$를 계산하기 위해서는 식 (2.2)를 이용해야 한다. 극한이 $\frac{0}{0}$ 형태의 부정형이므로 로피탈의 법칙을 이용하면

$$\frac{dy}{dx}\left(\frac{3\pi}{2}\right) = \lim_{t\to 3\pi/2} \frac{2\cos t - 2\sin 2t}{-2\sin t + 2\cos 2t} = \lim_{t\to 3\pi/2} \frac{-2\sin t - 4\cos 2t}{-2\cos t - 4\sin 2t}$$

를 얻는다. 분자의 극한은 6, 분모의 극한은 0이므로 이 극한은 존재하지 않는다. 그림 9.9에 $t = 0$, $t = \frac{3\pi}{2}$, 점 $(0, -3)$에 대한 접선을 나타내었다. 점 $(0, -3)$에서 접선은 수직선이다. ■

접선의 기울기를 구하는 것은 여러 흥미로운 문제해결에 도움이 된다.

예제 2.2 수직접선과 수평접선

곡선 $x = \cos 2t$, $y = \sin 3t$가 수평접선 또는 수직접선을 갖는 점을 모두 구하여라.

풀이

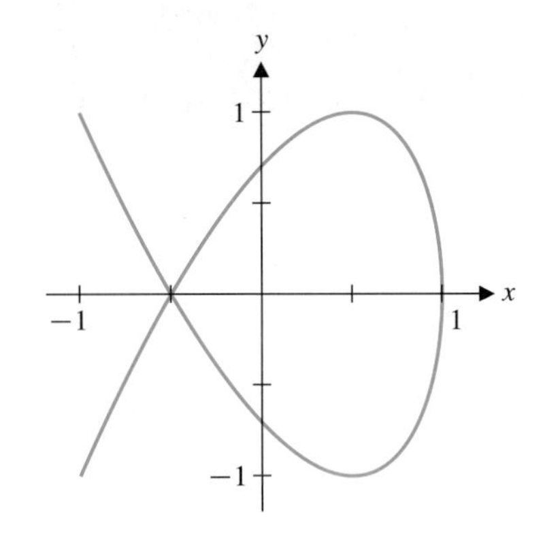

그림 9.10 $x = \cos 2t$, $y = \sin 3t$

이 곡선은 그림 9.10에 그려져 있다. 그림에는 수평접선을 갖는 두 점 (곡선의 위와 아래)과 수직접선을 갖는 한 점(곡선의 오른쪽 끝)이 나타나 있다. 수평접선은 $\frac{dy}{dx} = 0$인 점에 있다. 식 (2.1)을 이용하면 $\frac{dy}{dx} = \frac{y'(t)}{x'(t)} = 0$이다. 이 값은 동일한 t에 대해 $y'(t) = 3\cos 3t = 0$, $x'(t) = -2\sin 2t \neq 0$일 때 얻을 수 있다. $3t$가 $\frac{\pi}{2}$의 홀수배일 때 $\cos 3t = 0$이므로 $3t = \frac{\pi}{2}, \frac{3\pi}{2}, \frac{5\pi}{2} \cdots$ 또는 $t = \frac{\pi}{6}, \frac{3\pi}{6}, \frac{5\pi}{6}, \cdots$ 일 때 $y'(t) = 3\cos 3t = 0$ 이다. 그러므로 대응되는 점들은 다음과 같다.

$$\left(x\left(\frac{\pi}{6}\right), y\left(\frac{\pi}{6}\right)\right) = \left(\cos\frac{\pi}{3}, \sin\frac{\pi}{2}\right) = \left(\frac{1}{2}, 1\right),$$

$$\left(x\left(\frac{3\pi}{6}\right), y\left(\frac{3\pi}{6}\right)\right) = \left(\cos\pi, \sin\frac{3\pi}{2}\right) = (-1, -1),$$

$$\left(x\left(\frac{7\pi}{6}\right), y\left(\frac{7\pi}{6}\right)\right) = \left(\cos\frac{7\pi}{3}, \sin\frac{7\pi}{2}\right) = \left(\frac{1}{2}, -1\right),$$

$$\left(x\left(\frac{9\pi}{6}\right), y\left(\frac{9\pi}{6}\right)\right) = \left(\cos 3\pi, \sin\frac{9\pi}{2}\right) = (-1, 1).$$

$t=\frac{5\pi}{6}$, $t=\frac{11\pi}{6}$일 때도 첫 번째 점과 세 번째 점을 얻을 수 있다. 수평접선이 존재하는 점 $\left(\frac{1}{2}, 1\right)$은 곡선 위쪽에 있고 $\left(\frac{1}{2}, -1\right)$은 아래쪽에 있다. 그렇지만 곡선의 양쪽 끝에 있는 점 $(-1, -1)$, $(-1, 1)$은 수평접선이나 수직접선을 갖지 않는다. $t=\frac{\pi}{2}$, $t=\frac{3\pi}{2}$이면 $x'(t)=y'(t)=0$이므로 기울기는 식 (2.2)를 이용하여 극한값으로 구해야 한다. $t=\frac{\pi}{2}$, $t=\frac{3\pi}{2}$에 대한 기울기는 $\frac{9}{4}$, $-\frac{9}{4}$이다.

수직접선이 존재하는 점을 구하기 위해서는 $x'(t)=0$, $y'(t)\neq 0$인 점을 구해야 한다. $x'(t)=-2\sin 2t=0$이면 $\sin 2t=0$이고, 따라서 $2t=0, \pi, 2\pi, \cdots$ 또는 $t=0, \frac{\pi}{2}, \pi, \cdots$이다. 그러므로 대응되는 점은

$$(x(0),\ y(0))=(\cos 0,\ \sin 0)=(1,\ 0),$$
$$(x(\pi),\ y(\pi))=(\cos 2\pi,\ \sin 3\pi)=(1,\ 0)$$

이다. $t=\frac{\pi}{2}$, $t=\frac{3\pi}{2}$에서는 위에서 알아보았듯이 $y'(t)=0$이다. $t=0$, $t=\pi$이면 $y'(t)=3\cos 3t\neq 0$이므로 수직접선은 $(1, 0)$에서만 존재한다.

다음은 정리 2.1은 예제 2.2의 결과를 일반화한 것이다.

정리 2.1

$x'(t)$, $y'(t)$가 연속이라고 하자. 매개변수방정식 $x=x(t)$, $y=y(t)$로 정의되는 곡선에 대하여

(i) $y'(c)=0$, $x'(c)\neq 0$이면 점 $(x(c), y(c))$에 수평접선이 존재한다.
(ii) $x'(c)=0$, $y'(c)\neq 0$이면 점 $(x(c), y(c))$에 수직접선이 존재한다.

증명

곡선의 매개변수방정식을 미분하여 증명할 수 있으므로 각자 해 보기 바란다. ■

스크램블러 문제에 대한 의문은 타고 있는 사람이 완전한 정지상태에 도달할 수 있는지에 관한 것이다. 이 문제를 해결하려면 속도를 계산해야 한다. 직선을 따라 이동하는 물체의 위치가 미분가능한 함수 $f(t)$로 주어지면, 속도는 $f'(t)$로 주어진다. 매개변수방정식의 경우도 이와 전혀 다르지 않다. 미분가능한 함수 $x(t)$, $y(t)$에 의해 위치가 $(x(t), y(t))$로 주어지면 **속도의 수평성분**(horozontal component of velocity)은 $x'(t)$가 되고 **속도의 수직성분**(vertical component of velocity)은 $y'(t)$가 된다(그림 9.11 참조). **속력**(speed)은 $\sqrt{[x'(t)]^2+[y'(t)]^2}$이다. 속력이 0이면 $x'(t)=y'(t)=0$이고, 이는 수평운동도 없고 수직운동도 없는 경우이다.

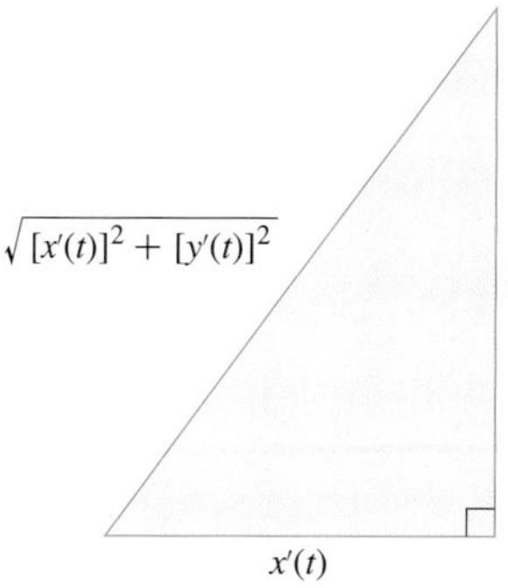

$\sqrt{[x'(t)]^2+[y'(t)]^2}$

$y'(t)$

$x'(t)$

그림 9.11 속도의 수평, 수직 성분과 속력

예제 2.3 스크램블러의 속도

스크램블러의 경로가 $x=2\cos t+\sin 2t$, $y=2\sin t+\cos 2t$일 때, $t=0$, $t=\frac{\pi}{2}$에 대한 속도의 수평선분, 수직성분, 속력을 구하고 이동방향을 결정하여라. 또한, 속력이 0인 시간을 모두 구하여라.

풀이

속도의 수평성분은 $\frac{dx}{dt}=-2\sin t+2\cos 2t$, 수직성분은 $\frac{dy}{dt}=2\cos t-2\sin 2t$이다. $t=0$이면 속도의 수평성분, 수직성분은 모두 2이고 속력은 $\sqrt{4+4}=\sqrt{8}$이다. 타고 있는 사람의 위치는 $(x(0),\ y(0))=(2,\ 1)$이고 오른쪽($x'(0)>0$이므로), 위쪽($y'(0)>0$이므로)으로 이동하고 있다. $t=\frac{\pi}{2}$이면 속도의 수평성분은 -4, 수직성분은 0이고 속력은 $\sqrt{16+0}=4$이다. 타고 있는 사람의 위치는 $(0,\ 1)$이고 $x'\left(\frac{\pi}{2}\right)<0$이므로 왼쪽으로 이동하고 있다.
일반적으로 시간이 t일 때 타고 있는 사람의 속력은 다음과 같다.

$$\begin{aligned} s(t) &= \sqrt{\left(\frac{dx}{dt}\right)^2+\left(\frac{dy}{dt}\right)^2} = \sqrt{(-2\sin t+2\cos 2t)^2+(2\cos t-2\sin 2t)^2} \\ &= \sqrt{4\sin^2 t-8\sin t\cos 2t+4\cos^2 2t+4\cos^2 t-8\cos t\sin 2t+4\sin^2 2t} \\ &= \sqrt{8-8\sin t\cos 2t-8\cos t\sin 2t} \\ &= \sqrt{8-8\sin 3t} \end{aligned}$$

여기서 $\sin^2 t+\cos^2 t=1$, $\sin^2 2t+\cos^2 2t=1$, $\sin t\cos 2t+\sin 2t\cos t=\sin 3t$이다. 이 식은 $\sin 3t=1$일 때 속력이 0이라는 사실을 말해 준다. 그런 경우에는 $3t=\frac{\pi}{2},\ \frac{5\pi}{2},\ \frac{9\pi}{2},\ \cdots$ 또는 $t=\frac{\pi}{6},\ \frac{5\pi}{6},\ \frac{9\pi}{6},\ \cdots$이다. 이에 대응되는 점은

$$\left(x\left(\frac{\pi}{6}\right),\ y\left(\frac{\pi}{6}\right)\right)=\left(\frac{3}{2}\sqrt{3},\ \frac{3}{2}\right),\ \left(x\left(\frac{5\pi}{6}\right),\ y\left(\frac{5\pi}{6}\right)\right)=\left(-\frac{3}{2}\sqrt{3},\ \frac{3}{2}\right),$$

$$\left(x\left(\frac{9\pi}{6}\right),\ y\left(\frac{9\pi}{6}\right)\right)=(0,\ -3)$$

이다. 이들이 그림 9.8b의 세 뾰족한 점이라는 사실은 쉽게 보일 수 있다.

■

스크램블러를 타는 사람은 그림 9.8b의 곡선 바깥쪽에서 순간적인 정지상태에 이르게 된다. 대부분의 스크램블러에서 이러한 현상은 사실이다. 그러나 완전한 정지상태에 이르도록 하려면 좀 더 복잡한 경로를 선택해야 한다.

그림 9.8b처럼 시작점과 끝점이 같은 경로는 곡선으로 둘러싸인 넓이를 보여준다. 이러한 넓이를 구하는 것은 흥미로운 문제이다. 매개변수방정식으로 표현된 넓이의 계산은 이미 알고 있는 적분의 확장에 불과하다. $[a,\ b]$에서 정의된 연속함수 f에 대하여, $f(x)\geq 0$이면 구간 $a\leq x\leq b$에 있는 곡선 $y=f(x)$의 아랫부분의 넓이는 다음과 같다.

$$A=\int_a^b f(x)\,dx=\int_a^b y\,dx$$

동일한 곡선을 매개변수방정식 $x=x(t)$, $y=y(t)$로 나타낸다. 곡선이 $c\leq t\leq d$에 대해 한 번 그려진다면 $x=x(t)$를 대입하여 넓이를 계산할 수 있다. $dx=x'(t)dt$이므로 넓이는 다음과 같다.

$$A=\int_a^b \underbrace{y}_{y(t)}\ \underbrace{dx}_{x'(t)dt}=\int_c^d y(t)x'(t)\,dt$$

여기서는 새로운 적분변수에 맞게 적분구간도 변경해야 한다. 다음 정리 2.2에서 이

런 결과를 일반화한다.

정리 2.2 매개변수로 정의된 곡선으로 둘러싸인 넓이

매개변수방정식 $x=x(t)$, $y=y(t)$, $c \le t \le d$는 t가 c에서 d로 증가하는 동안 시계방향으로 정확하게 한 번 그려지는 곡선을 나타내며, 곡선은 시작점과 끝점이 같고 $(x(c)=x(d)$, $y(c)=y(d))$ 그 자신과 교차하는 점이 없다고 하자. 그러면 곡선으로 둘러싸인 넓이는 다음과 같다.

$$A = \int_c^d y(t)x'(t)\,dt = -\int_c^d x(t)\,y'(t)\,dt \tag{2.4}$$

곡선이 반시계방향으로 그려지면 곡선으로 둘러싸인 넓이는 다음과 같다.

$$A = -\int_c^d y(t)x'(t)\,dt = \int_c^d x(t)\,y'(t)\,dt \tag{2.5}$$

증명

이 결과는 14.4절에서 공부하게 될 그린의 정리의 특별한 경우이다. ■

정리 2.2에 있는 새로운 넓이 공식은 아주 유용하다. 예제 2.4에서처럼 이 공식을 이용하면 매개변수로 정의된 곡선으로 둘러싸인 넓이를 구할 수 있다.

예제 2.4 곡선으로 둘러싸인 넓이

스크램블러의 경로 $x=2\cos t+\sin 2t$, $y=2\sin t+\cos 2t$로 둘러싸인 넓이를 구하여라.

풀이

곡선은 $0 \le t \le 2\pi$에서 반시계방향으로 한 번 그려진다. 그러므로 식 (2.5)로부터 넓이는 다음과 같다.

$$\begin{aligned} A &= \int_0^{2\pi} x(t)y'(t)\,dt = \int_0^{2\pi} (2\cos t + \sin 2t)(2\cos t - 2\sin 2t)\,dt \\ &= \int_0^{2\pi} (4\cos^2 t - 2\cos t \sin 2t - 2\sin^2 2t)\,dt = 2\pi \end{aligned}$$

여기서 적분 계산은 CAS를 이용하였다. ■

다음 예제 2.5에서는 정리 2.2를 이용하여 타원의 넓이를 구하는 공식을 유도한다. 매개변수방정식을 이용하는 것이 직교방정식을 이용하는 것보다 훨씬 쉽다는 것을 알 수 있다.

예제 2.5 타원의 넓이

타원 $\dfrac{x^2}{a^2}+\dfrac{y^2}{b^2}=1$의 넓이를 구하여라($a$, b는 양의 상수).

풀이

한 가지 방법은 타원의 방정식을 y에 대해 풀어 얻은 $y=\pm b\sqrt{1-\dfrac{x^2}{a^2}}$을 이용하여 다음 적분을 계산하는 것이다.

$$A=\int_{-a}^{a}\left[b\sqrt{1-\frac{x^2}{a^2}}-\left(-b\sqrt{1-\frac{x^2}{a^2}}\right)\right]dx$$

이 적분의 계산은 삼각치환이나 CAS를 이용할 수도 있으나 매개변수방정식을 이용하는 것이 훨씬 간단하다. 타원은 매개변수방정식 $x=a\cos t,\ y=b\sin t,\ 0\le t\le 2\pi$로 표현된다. 이 타원은 $0\le t\le 2\pi$에서 반시계방향으로 한 번 그려지며, 넓이는 식 (2.5)를 이용하여 다음과 같이 계산된다.

$$A=-\int_0^{2\pi}y(t)x'(t)\,dt=-\int_0^{2\pi}(b\sin t)(-a\sin t)\,dt=ab\int_0^{2\pi}\sin^2 t\,dt=ab\pi$$

마지막 적분은 반각공식 $\sin^2 t=\dfrac{1}{2}(1-\cos 2t)$을 이용하여 계산된다.

연습문제 9.2

[1~3] 다음 곡선의 주어진 점에서의 접선의 기울기를 구하여라.

1. $\begin{cases}x=t^2-2\\ y=t^3-t\end{cases}$ (a) $t=-1$ (b) $t=1$ (c) $(-2,\ 0)$

2. $\begin{cases}x=2\cos t\\ y=3\sin t\end{cases}$ (a) $t=\frac{\pi}{4}$ (b) $t=\frac{\pi}{2}$ (c) $(0,\ 3)$

3. $\begin{cases}x=t\cos t\\ y=t\sin t\end{cases}$ (a) $t=0$ (b) $t=\frac{\pi}{2}$ (c) $(\pi,\ 0)$

[4~6] 다음 곡선에서 (a) 수평접선 (b) 수직접선을 갖는 점을 모두 구하여라.

4. $\begin{cases}x=\cos 2t\\ y=\sin 4t\end{cases}$

5. $\begin{cases}x=t^2-1\\ y=t^4-4t\end{cases}$

6. $\begin{cases}x=2\cos t+\sin 2t\\ y=2\sin t+\cos 2t\end{cases}$

[7~9] 물체의 위치에 대한 매개변수방정식이 다음과 같을 때 주어진 시간에서 물체의 속도와 속력을 구하고 운동을 설명하여라.

7. $\begin{cases}x=2\cos t\\ y=3\sin t\end{cases}$ (a) $t=0$ (b) $t=\frac{\pi}{2}$

8. $\begin{cases}x=20t\\ y=30-2t-16t^2\end{cases}$ (a) $t=0$ (b) $t=2$

9. $\begin{cases}x=2\cos 2t+\sin 5t\\ y=2\sin 2t+\cos 5t\end{cases}$ (a) $t=0$ (b) $t=\frac{\pi}{2}$

[10~13] 다음 곡선으로 둘러싸인 넓이를 구하여라.

10. $\begin{cases}x=3\cos t\\ y=2\sin t\end{cases}$

11. $\begin{cases}x=\frac{1}{2}\cos t-\frac{1}{4}\cos 2t\\ y=\frac{1}{2}\sin t-\frac{1}{4}\sin 2t\end{cases}$

12. $\begin{cases}x=\cos t\\ y=\sin 2t\end{cases},\ \frac{\pi}{2}\le t\le\frac{3\pi}{2}$

13. $\begin{cases}x=t^3-4t\\ y=t^2-3\end{cases},\ -2\le t\le 2$

14. 매개변수방정식이

$$\begin{cases} x = 2\cos^2 t + 2\cos t - 1 \\ y = 2(1 - \cos t)\sin t \end{cases}$$

일 때 물체가 x축을 지나는 점과 그 점에서의 속력을 구하여라.

15. $x = 2\cos t$, $y = 2\sin t$일 때 $\dfrac{d^2y}{dx^2}(\sqrt{3})$과 $\dfrac{\frac{d^2y}{dt^2}(\pi/6)}{\frac{d^2x}{dt^2}(\pi/6)}$을 비교하여라.

16. 경로가 $\begin{cases} x = \sin 4t \\ y = -\cos 4t \end{cases}$인 물체의 속력은 상수임을 보여라. 임의의 시각 t에서 접선은 원점과 물체를 연결하는 직선에 수직임을 보여라.

17. 예제 2.1에 주어진 스크램블러의 경로가

$$\begin{cases} x = 2\cos 3t + \sin 5t \\ y = 2\sin 3t + \cos 5t \end{cases}$$

로 수정되었다. 예제 2.1에서는 바깥쪽 팔과 안쪽 팔의 속력의 비가 2 : 1이다. 이 문제에서는 이 비가 어떻게 되는가? 이 새로운 스크램블러의 운동을 나타내는 그래프를 그려라.

18. 예제 2.1의 스크램블러에서 바깥쪽 팔이 안쪽 팔보다 세 배 빠르게 회전할 때 스크램블러의 경로에 대한 매개변수방정식을 구하여라. 이 경로의 그래프를 그리고 최소속력과 최대속력을 구하여라.

9.3 매개변수방정식의 호의 길이와 곡면의 넓이

이 절에서는 매개변수방정식으로 정의된 곡선에 대하여 호의 길이와 곡면의 넓이를 구하는 방법을 알아본다.

매개변수방정식 $x = x(t)$, $y = y(t)$, $a \le t \le b$로 정의되는 곡선을 C라 하자(그림 9.12a 참조). 여기서 x, x', y, y'은 구간 $[a, b]$에서 연속이다. 곡선은 유한개의 점들을 제외하면 자기 자신과 교차하지 않는다고 가정한다. 다시 말하면 곡선에는 둘 이상의 t값에 의해 결정되는 점들이 유한개밖에 없다. 우리의 목표는 곡선의 길이(또는 호의 길이)를 계산하는 것이다. 앞에서 한 것처럼 공식을 얻기 위해 근사식을 먼저 생각한다.

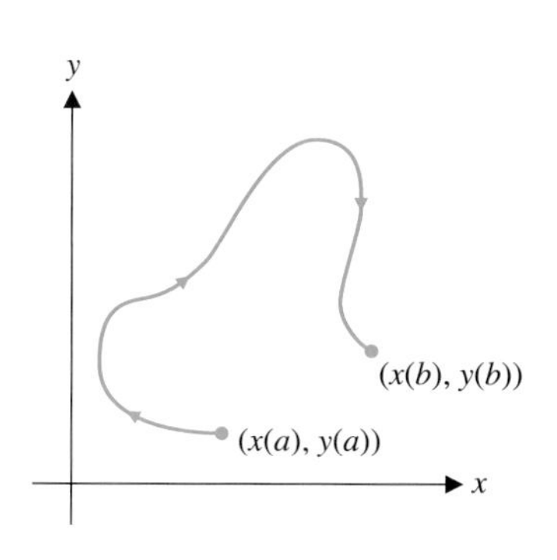

그림 9.12a 평면곡선 C

구간 $[a, b]$를 같은 길이 Δt로 n등분하면

$$a = t_0 < t_1 < t_2 < \cdots < t_n = b$$

이다. 여기서 $t_i - t_{i-1} = \Delta t = \dfrac{b-a}{n}$, $i = 1, 2, 3, \cdots$이다. 즉, 소구간 $[t_{i-1}, t_i]$의 길이 Δt는 모두 같다. 소구간 $[t_{i-1}, t_i]$에 대해 점 $(x(t_{i-1}), y(t_{i-1}))$과 점 $(x(t_i), y(t_i))$를 연결하는 곡선의 길이 s_i를 두 점을 연결하는 선분의 길이로 근사시킨다. 그림 9.12b는 $n = 4$인 경우의 근사 길이를 나타낸다. 그러면

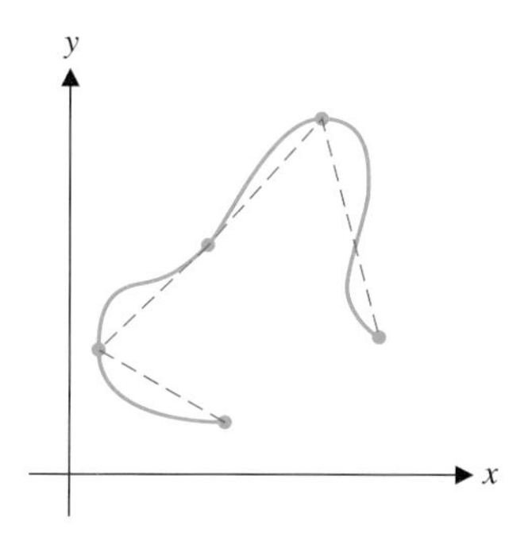

그림 9.12b 근사적인 호의 길이

$$\begin{aligned} s_i &\approx d\{(x(t_{i-1}), y(t_{i-1})), (x(t_i), y(t_i))\} \\ &= \sqrt{[x(t_i) - x(t_{i-1})]^2 + [y(t_i) - y(t_{i-1})]^2} \end{aligned}$$

이다. 평균값 정리를 이용하면 다음 식을 얻는다(2.9절을 참조하면 이 정리를 이용할 수 있는 이유를 알 수 있을 것이다).

$$x(t_i) - x(t_{i-1}) = x'(c_i)(t_i - t_{i-1}) = x'(c_i)\Delta t,$$
$$y(t_i) - y(t_{i-1}) = y'(d_i)(t_i - t_{i-1}) = y'(d_i)\Delta t$$

여기서 c_i, d_i는 구간 (t_{i-1}, t_i)에 있는 점이다. 이 식을 이용하면

$$\begin{aligned} s_i &\approx \sqrt{[x(t_i) - x(t_{i-1})]^2 + [y(t_i) - y(t_{i-1})]^2} \\ &= \sqrt{[x'(c_i)\Delta t]^2 + [y'(d_i)\Delta t]^2} \\ &= \sqrt{[x'(c_i)]^2 + [y'(d_i)]^2}\,\Delta t \end{aligned}$$

이다. Δt가 아주 작다고 가정하면 c_i, d_i는 거의 같게 되며, 따라서 다음 근사식을 얻을 수 있다.

$$s_i \approx \sqrt{[x'(c_i)]^2 + [y'(c_i)]^2}\,\Delta t$$

이 식은 모든 $i = 1, 2, \cdots, n$에 대해 성립한다. 그러므로 호의 길이 전체의 근사식은 다음과 같다.

$$s \approx \sum_{i=1}^{n} \sqrt{[x'(c_i)]^2 + [y'(c_i)]^2}\,\Delta t$$

여기서 $n \to \infty$로 극한을 구하면 정확한 호의 길이를 구하는 적분공식을 얻는다.

$$s = \lim_{n\to\infty} \sum_{i=1}^{n} \sqrt{[x'(c_i)]^2 + [y'(c_i)]^2}\,\Delta t = \int_a^b \sqrt{[x'(t)]^2 + [y'(t)]^2}\,dt$$

이러한 사실을 다음 정리로 요약한다.

정리 3.1 매개변수방정식으로 정의된 곡선의 길이

매개변수방정식 $x = x(t)$, $y = y(t)$, $a \le t \le b$로 정의되는 곡선에 대하여 x', y'이 $[a, b]$에서 연속이고 곡선은 유한개의 점들을 제외하고 자기 자신과 교차하지 않는다고 가정한다면 호의 길이 s는 다음과 같다.

$$s = \int_a^b \sqrt{[x'(t)]^2 + [y'(t)]^2}\,dt = \int_a^b \sqrt{\left(\frac{dx}{dt}\right)^2 + \left(\frac{dy}{dt}\right)^2}\,dt \tag{3.1}$$

다음 예제에서는 식 (3.1)을 이용하여 예제 2.1의 스크램블러 곡선에 대한 호의 길이를 구한다.

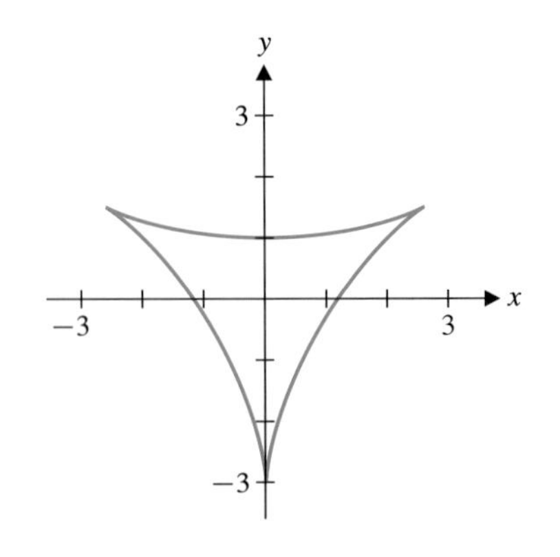

그림 9.13 $x = 2\cos t + \sin 2t$, $y = 2\sin t + \cos 2t$, $0 \le t \le 2\pi$

예제 3.1 평면곡선의 호의 길이

다음 스크램블러 곡선의 길이를 구하여라. 또한, 주어진 구간에서 스크램블러의 평균속력을 구하여라.

$$x = 2\cos t + \sin 2t,\ \ y = 2\sin t + \cos 2t,\ \ 0 \le t \le 2\pi$$

풀이

이 곡선은 그림 9.13과 같다. x, x', y, y'이 모두 $[0, 2\pi]$에서 연속이므로 식 (3.1)로부터 다

음을 얻는다.

$$\begin{aligned} s &= \int_a^b \sqrt{\left(\frac{dx}{dt}\right)^2 + \left(\frac{dy}{dt}\right)^2}\, dt \\ &= \int_0^{2\pi} \sqrt{(-2\sin t + 2\cos 2t)^2 + (2\cos t - 2\sin 2t)^2}\, dt \\ &= \int_0^{2\pi} \sqrt{4\sin^2 t - 8\sin t\cos 2t + 4\cos^2 2t + 4\cos^2 t - 8\cos t\sin 2t + 4\sin^2 2t}\, dt \\ &= \int_0^{2\pi} \sqrt{8 - 8\sin t\cos 2t - 8\cos t\sin 2t}\, dt = \int_0^{2\pi} \sqrt{8 - 8\sin 3t}\, dt \approx 16 \end{aligned}$$

적분 계산은 공식

$$\sin^2 t + \cos^2 t = 1,\ \cos^2 2t + \sin^2 2t = 1,\ \ \sin t\cos 2t + \sin 2t\cos t = \sin 3t$$

를 이용하였고 마지막 적분은 근삿값으로 구하였다. 주어진 구간의 평균속력을 구하기 위해서는 호의 길이(이동 거리)를 시간 2π로 나누면 된다. 따라서

$$s_{\text{ave}} \approx \frac{16}{2\pi} \approx 2.5$$

■

정리 3.1은 곡선이 그 자신과 유한개의 점에서 교차하는 것을 허용하고 있다. 그러나 곡선이 매개변수 t의 전체 구간에서 그 자신과 교차하는 것은 허용하지 않는다. 이런 조건이 필요한 이유를 알아보기 위해서 중심이 원점이고 반지름이 1인 원을 나타내는 매개변수방정식 $x = \cos t,\ y = \sin t,\ 0 \le t \le 4\pi$를 살펴보자. 이 원은 t가 0에서 4π까지 변하는 동안 두 번 그려진다. 식 (3.1)을 이 곡선에 적용하면

$$\int_0^{4\pi} \sqrt{\left(\frac{dx}{dt}\right)^2 + \left(\frac{dy}{dt}\right)^2}\, dt = \int_0^{4\pi} \sqrt{(-\sin t)^2 + \cos^2 t}\, dt = 4\pi$$

이고 이 값은 원둘레 길이의 두 배에 해당된다. 이렇게 곡선이 t의 구간 전체에서 그 자신과 중복된다면, 식 (3.1)을 이용하여 얻은 곡선의 길이는 두 배로 계산된다.

예제 3.2 복잡한 평면곡선의 호의 길이

평면곡선 $x = \cos 5t,\ y = \sin 7t,\ 0 \le t \le 2\pi$의 길이를 구하여라.

풀이

리사조 곡선(Lissajous curve) 가운데 하나인 독특한 이 곡선은 그림 9.14와 같다. 이 곡선은 정리 3.1의 가정을 만족한다. 그러므로 식 (3.1)로부터

$$s = \int_0^{2\pi} \sqrt{\left(\frac{dx}{dt}\right)^2 + \left(\frac{dy}{dt}\right)^2}\, dt = \int_0^{2\pi} \sqrt{(-5\sin 5t)^2 + (7\cos 7t)^2}\, dt \approx 36.5$$

이다. 여기서 적분은 근삿값으로 계산하였다. 이 긴 곡선은 정사각형 영역 $-1 \le x \le 1$, $-1 \le y \le 1$에서만 그려진다.

■

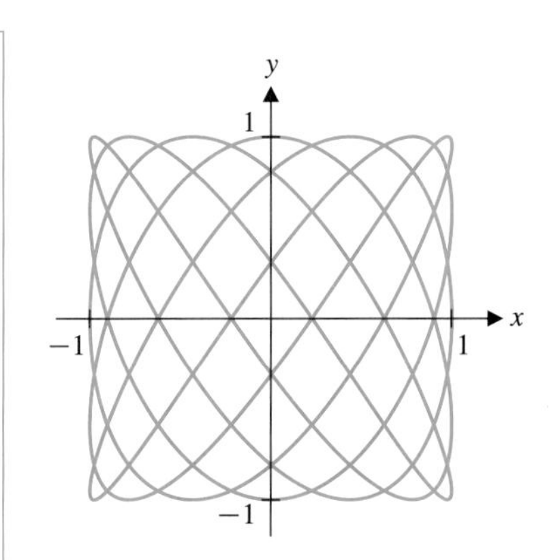

그림 9.14 리사조 곡선

호의 길이 공식 식 (3.1)에는 익숙해졌을 것이다. 이제는 정리 3.1의 매개변수적분과 5.4절의 곡선 $y=f(x)$에 대한 길이 공식을 비교해 보자. 곡선 $y=f(x)$의 매개변수방정식은 $x=t$, $y=f(t)$이므로 식 (3.1)로부터 호의 길이

$$s=\int_a^b\sqrt{\left(\frac{dx}{dt}\right)^2+\left(\frac{dy}{dt}\right)^2}\,dt=\int_a^b\sqrt{1+[f'(t)]^2}\,dt$$

를 얻는다. 이 식은 5.4절의 호의 길이와 같다. 다시 말하면, 5.4절에서 얻은 공식은 식 (3.1)의 특수한 경우이다.

예제 2.3에서 구한 스크램블러의 속력이나 예제 3.1에서 구한 스크램블러 곡선의 길이는 모두 같은 양 $\sqrt{\left(\frac{dx}{dt}\right)^2+\left(\frac{dy}{dt}\right)^2}$에 의해 결정된다. 매개변수 t가 시간을 나타낸다면 $\sqrt{\left(\frac{dx}{dt}\right)^2+\left(\frac{dy}{dt}\right)^2}$은 속력을 나타내므로 정리 3.1로부터 호의 길이(이동거리)는 속력의 시간에 대한 적분이다.

호의 길이에 대한 개념을 이용하여 이동시간이 최소인 경로를 구하는 최속강하선 문제 또는 **브라키스토크론 문제**(brachistochrone problem)를 소개한다. 이 문제를 스키 선수의 활강으로 설명하기 위해 스키장의 경사면을 경사진 평면이라고 생각해 보자. 스키 선수의 목표는 경사면의 상단 점 A를 출발하여 최소의 시간에 하단 점 B에 도달하는 것이다(그림 9.15 참조). 스키 선수의 활강경로를 매개변수방정식 $x=x(u)$, $y=y(u)$, $0\le u\le 1$이라 하자. 여기서 x, y는 스키장 경사면에 있는 선수의 위치를 나타낸다(편의상 y축은 아래쪽 방향을 양으로 생각한다. 매개변수는 시간만을 나타내는 것이 아니기 때문에 u를 선택한다).

그림 9.15 스키 선수의 활강

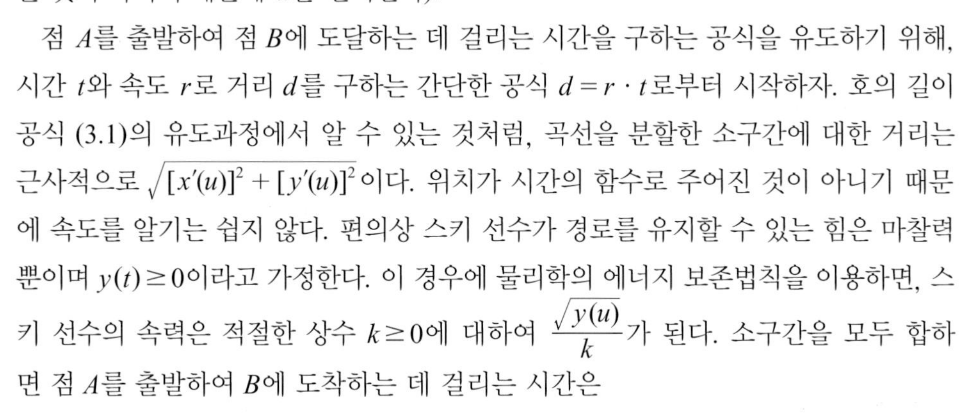

점 A를 출발하여 점 B에 도달하는 데 걸리는 시간을 구하는 공식을 유도하기 위해, 시간 t와 속도 r로 거리 d를 구하는 간단한 공식 $d=r\cdot t$로부터 시작하자. 호의 길이 공식 (3.1)의 유도과정에서 알 수 있는 것처럼, 곡선을 분할한 소구간에 대한 거리는 근사적으로 $\sqrt{[x'(u)]^2+[y'(u)]^2}$이다. 위치가 시간의 함수로 주어진 것이 아니기 때문에 속도를 알기는 쉽지 않다. 편의상 스키 선수가 경로를 유지할 수 있는 힘은 마찰력뿐이며 $y(t)\ge 0$이라고 가정한다. 이 경우에 물리학의 에너지 보존법칙을 이용하면, 스키 선수의 속력은 적절한 상수 $k\ge 0$에 대하여 $\frac{\sqrt{y(u)}}{k}$가 된다. 소구간을 모두 합하면 점 A를 출발하여 B에 도착하는 데 걸리는 시간은

$$\text{시간}=\int_0^1 k\sqrt{\frac{[x'(u)]^2+[y'(u)]^2}{y(u)}}\,du \tag{3.2}$$

이다. 점 A에서 점 B에 이르는 최단경로는 직선이라는 생각을 하게 될 것이다. 거리의 관점에서 최단을 생각한다면 이 말은 물론 옳다. 그러나 시간의 관점에서 최단을 생각한다면(스키 선수는 이런 관점에서 생각한다!), 이 말은 참이 아니다. 다음 예제는 점 A에서 B로 이동하는 가장 빠른(최단시간) 경로가 직선이 아니라는 사실을 보여준다.

예제 3.3 선분보다 빠른 경로

스키 선수의 활강에서 점 A를 $(0, 0)$, 점 B를 $(\pi, 2)$라 하면

$$x = \pi u - \sin \pi u, \quad y = 1 - \cos \pi u$$

로 정의되는 **사이클로이드**(cycloid)가 두 점을 연결하는 선분보다 빠르다는 사실을 보이고 이 결과를 물리학적으로 설명하여라.

풀이

두 점을 연결하는 선분은 $x = \pi u,\ y = 2u,\ 0 \le u \le 1$이고 이 선분과 곡선의 두 끝점이 만나는 조건은 $(x(0), y(0)) = (0, 0),\ (x(1), y(1)) = (\pi, 2)$이다. 사이클로이드 경로를 따라 내려갔을 때 걸리는 시간은 식 (3.2)로부터 다음과 같다.

$$\begin{aligned}
\text{시간} &= \int_0^1 k\sqrt{\frac{[x'(u)]^2 + [y'(u)]^2}{y(u)}}\,du \\
&= k\int_0^1 \sqrt{\frac{(\pi - \pi\cos\pi u)^2 + (\pi\sin\pi u)^2}{1 - \cos\pi u}}\,du \\
&= k\sqrt{2}\,\pi\int_0^1 \sqrt{\frac{1 - \cos\pi u}{1 - \cos\pi u}}\,du \\
&= k\sqrt{2}\,\pi
\end{aligned}$$

마찬가지로 선분을 따라 내려갔을 때 걸리는 시간은 다음과 같다.

$$\begin{aligned}
\text{시간} &= \int_0^1 k\sqrt{\frac{[x'(u)]^2 + [y'(u)]^2}{y(u)}}\,du \\
&= k\int_0^1 \sqrt{\frac{\pi^2 + 2^2}{2u}}\,du \\
&= k\sqrt{2}\sqrt{\pi^2 + 4}
\end{aligned}$$

두 경우 모두 시간은 상수 $k\sqrt{2}$의 배수이고 $\pi < \sqrt{\pi^2 + 4}$이므로 사이클로이드 경로가 더 빠르다. 그림 9.16은 두 경로를 보여준다. 출발 초기에는 사이클로이드의 기울기가 더 크며 이것이 직선보다 사이클로이드를 따라 활강하는 것이 더 빠르다고 할 수 있는 근거이다. 사이클로이드의 빠른 속도가 짧은 직선거리와의 차이만큼을 보충하고도 남는 것이다. 이 사이클로이드가 브라키스토크론(최속강하선)이다.

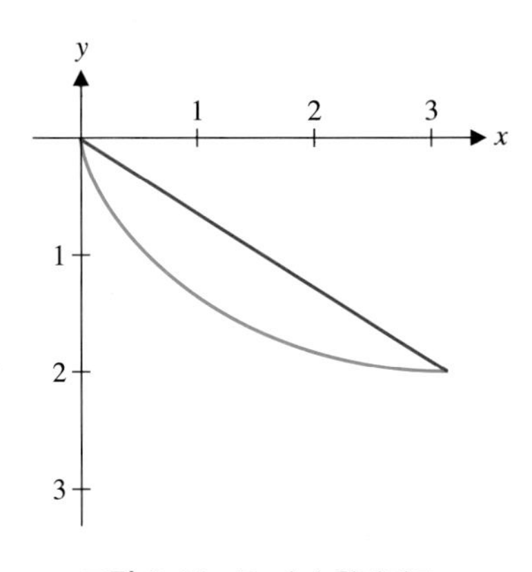

그림 9.16 두 가지 활강경로

연습문제에서 좀 더 빠른 활강로의 사이클로이드를 구하는 문제를 다룰 것이다. 그러나 최단시간 활강로는(그리스어 어원의 브라키스토크론의 의미인) 사이클로이드임을 증명하였다. 사이클로이드의 또 다른 의미있는 성질인 유명한 초토크론 문제를 발견할 기회를 가질 것이다. 이 두 문제는 야곱 베르누이와 요한 베르누이 형제가 1697년에 해결하였다.

5.4절에서와 마찬가지로, 회전곡면의 넓이 공식을 유도하기 위해 호의 길이 공식을 이용한다. 그림 9.17과 같이 곡선 $y = f(x),\ c \le x \le d$를 x축에 대해 회전시켜 얻은 곡면의 넓이는 다음과 같다.

수학자

야곱 베르누이
(Jacob Bernoulli, 1654−1705)
요한 베르누이
(Johann Bernoulli, 1667−1748)

미분적분학의 발전에 크게 기여한 스위스의 수학자 형제이다. 야곱 베르누이는 확률론, 급수, 변분법 등의 연구에 많은 업적을 남겼으며, '적분'이라는 용어를 처음 사용하였다. 요한 베르누이는 의사로서 수학에 공헌한 야곱의 동생이다. 로피탈의 법칙도 사실은 그가 발견하였다. 이 두 형제의 수학에 대한 경쟁과 협조는 미분적분학의 발전을 가속화시켰다.

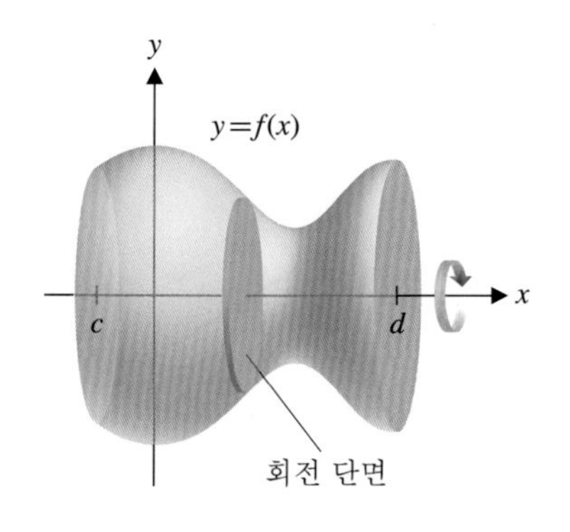

그림 9.17 회전곡면

$$\text{곡면의 넓이} = \int_c^d 2\pi \underbrace{|f(x)|}_{\text{반지름}} \underbrace{\sqrt{1+[f'(x)]^2}}_{\text{호의 길이}}\, dx$$

매개변수방정식 $x = x(t)$, $y = y(t)$, $a \le t \le b$로 정의되는 곡선을 C라 하자. 여기서 x, x', y, y'은 연속이고 곡선은 $a \le t \le b$에서 자신과 교차하지 않는다. 이 매개변수방정식에 대응되는 곡면의 넓이 공식은 다음과 같다.

$$\text{곡면의 넓이} = \int_a^b 2\pi \underbrace{|y(t)|}_{\text{반지름}} \underbrace{\sqrt{[x'(t)]^2 + [y'(t)]^2}}_{\text{호의 길이}}\, dt$$

좀 더 일반적으로, 곡선을 직선 $y = c$에 대해 회전시켜 얻은 곡면의 넓이는

$$\text{곡면의 넓이} = \int_a^b 2\pi \underbrace{|y(t) - c|}_{\text{반지름}} \underbrace{\sqrt{[x'(t)]^2 + [y'(t)]^2}}_{\text{호의 길이}}\, dt \tag{3.3}$$

이다. 마찬가지로, 곡선을 직선 $x = d$에 대해 회전시켜 얻은 곡면의 넓이는

$$\text{곡면의 넓이} = \int_a^b 2\pi \underbrace{|x(t) - d|}_{\text{반지름}} \underbrace{\sqrt{[x'(t)]^2 + [y'(t)]^2}}_{\text{호의 길이}}\, dt \tag{3.4}$$

이다. 이러한 곡면의 넓이 공식들은 다음과 같이 하나의 공식으로 나타낼 수 있다.

곡면의 넓이

$$\text{곡면의 넓이} = \int_a^b 2\pi\, (\text{반지름})\, (\text{호의 길이})\, dt \tag{3.5}$$

곡선의 그래프와 회전축을 잘 살펴본다면 식 (3.5)의 괄호를 채울 수 있을 것이다. 5.4절에서와 마찬가지로 여기서도 그래프를 그려보는 것은 대단히 중요하다.

예제 3.4 매개변수 곡면의 넓이

그림 9.18과 같은 타원의 절반 $\frac{x^2}{9} + \frac{y^2}{4} = 1$, $y \ge 0$을 x축에 대해 회전시켜 얻은 곡면의 넓이를 구하여라.

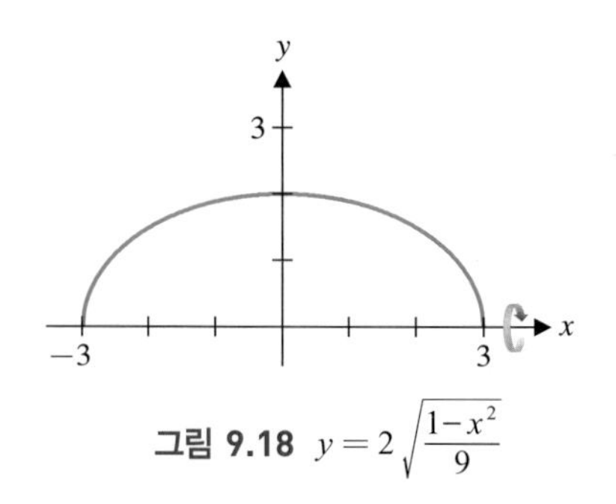

그림 9.18 $y = 2\sqrt{\frac{1-x^2}{9}}$

풀이

$y = f(x) = 2\sqrt{1 - \frac{x^2}{9}}$ 을 이용한 적분계산은 복잡해 보인다(한 번 생각해 보라!). 그 대신 곡선을 매개변수방정식 $x = 3\cos t$, $y = 2\sin t$, $0 \le t \le \pi$로 나타내 보자. 그러면 식 (3.3)으로부터 곡면의 넓이는 다음과 같다.

$$\text{곡면의 넓이} = \int_0^\pi 2\pi \underbrace{(2\sin t)}_{\text{반지름}} \underbrace{\sqrt{(-3\sin t)^2 + (2\cos t)^2}}_{\text{호의 길이}}\, dt$$

$$= 4\pi \int_0^{\pi} \sin t \sqrt{9\sin^2 t + 4\cos^2 t}\; dt$$

$$= 4\pi \frac{9\sqrt{5}\sin^{-1}(\sqrt{5}/3) + 10}{5} \approx 67.7$$

여기서 적분 계산은 CAS를 이용하였다.

예제 3.5 좌표축이 아닌 직선에 대한 회전

곡선 $x = \sin 2t$, $y = \cos 3t$, $0 \le t \le \pi/3$를 직선 $x = 2$에 대해 회전시켜 얻은 곡면의 넓이를 구하여라.

풀이

그림 9.19는 이 곡선을 보여주고 있다. 곡선의 x값이 모두 2보다 작기 때문에 회전반지름은 $2 - x = 2 - \sin 2t$이다. 따라서 식 (3.4)로부터 곡면의 넓이는 다음과 같다.

$$\text{곡면의 넓이} = \int_0^{\pi/3} 2\pi \underbrace{(2 - \sin 2t)}_{\text{반지름}} \underbrace{\sqrt{[2\cos 2t]^2 + [-3\sin 3t]^2}}_{\text{호의 길이}}\, dt \approx 20.1$$

여기서 적분은 근삿값으로 구하였다.

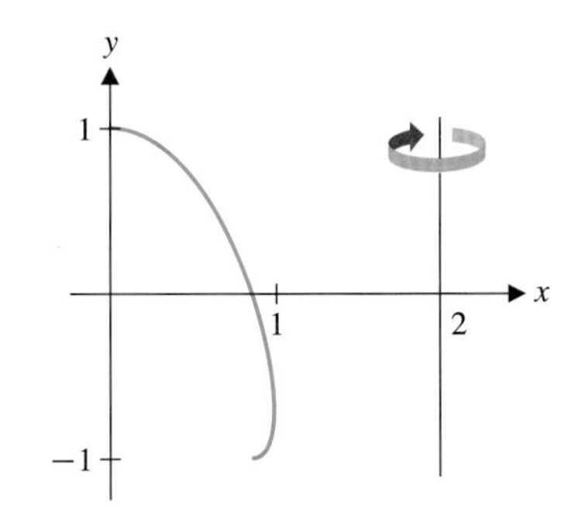

그림 9.19 $x = \sin 2t$, $y = \cos 3t$

예제 3.6에서는 매개변수방정식으로 물리적 모델링 과정을 보여준다. 모델링 과정은 그 자체로 매우 중요하기 때문에 전 과정을 이해해야 한다. 이 문제의 다른 접근 방법도 있는지 찾아보아라.

예제 3.6 떨어지는 사다리에서 호의 길이

8피트 길이의 사다리가 수직으로 벽에 붙어 있다. 사다리의 바닥 쪽 끝을 바닥면을 따라 끌어당겨서 사다리 윗부분의 끝이 벽에 붙은 채로 미끄러져 내려 바닥에 닿을 때까지 사다리의 중점이 이동한 거리를 구하여라.

풀이

먼저 사다리의 중점의 매개방정식을 구하자. x축과 y축을 그림 9.20처럼 잡고, x는 벽에서 사다리의 아래쪽 끝까지의 거리, y는 바닥에서 사다리의 위쪽 끝까지의 거리라 하자. 사다리의 길이는 8피트이므로 $x^2 + y^2 = 64$이다. x를 매개변수 t로 두면 $y = \sqrt{64 - t^2}$이다. 사다리의 중점의 좌표는 $\left(\frac{x}{2}, \frac{y}{2}\right)$이므로 사다리의 중점의 매개변수방정식은

$$\begin{cases} x(t) = \frac{1}{2}t \\ y(t) = \frac{1}{2}\sqrt{64 - t^2} \end{cases}$$

이다. 사다리가 벽에 수직으로 서 있을 때는 $x = 0$이고 바닥에 평평하게 미끄러져 내렸을 때는 $x = 8$이다. 그러므로 $0 \le t \le 8$이다. 식 (3.1)로부터 호의 길이는

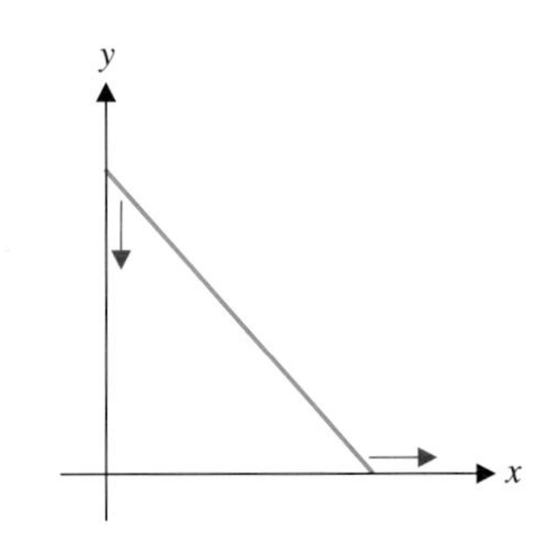

그림 9.20 벽을 따라 미끄러져 내려오는 사다리

$$s = \int_0^8 \sqrt{\left(\frac{1}{2}\right)^2 + \left(\frac{1}{2}\frac{-t}{\sqrt{64-t^2}}\right)^2}\,dt = \int_0^8 \sqrt{\frac{1}{4}\left(1+\frac{t^2}{64-t^2}\right)}\,dt$$
$$= \int_0^8 \frac{1}{2}\sqrt{\frac{64}{64-t^2}}\,dt = \int_0^8 \frac{1}{2}\sqrt{\frac{1}{1-(t/8)^2}}\,dt$$

$u = \frac{t}{8}$로 치환하면 $du = \frac{1}{8}dt$ 또는 $dt = 8du$이므로 적분구간은 $t = 0$이면 $u = 0$이고 $t = 8$이면 $u = 1$이므로 호의 길이는

$$s = \int_0^8 \frac{1}{2}\sqrt{\frac{1}{1-(t/8)^2}}\,dt = \int_0^1 \frac{1}{2}\sqrt{\frac{1}{1-u^2}}\,8\,du = 4\sin^{-1}u\Big|_{u=0}^{u=1}$$
$$= 4\left(\frac{\pi}{2}-0\right) = 2\pi$$

이 호의 길이 계산은 정확한 계산이 가능한 드문 경우이므로 호의 길이를 구하는 다른 쉬운 방법이 있을 것이다. 연습문제에서 좀 더 생각해 보자. ■

연습문제 9.3

[1~4] 다음 곡선의 길이를 구하여라. 필요하면 근삿값으로 구하여라.

1. (a) $\begin{cases} x = 2\cos t \\ y = 4\sin t \end{cases}$ (b) $\begin{cases} x = 1 - 2\cos t \\ y = 2 + 2\sin t \end{cases}$

2. (a) $\begin{cases} x = \cos 4t \\ y = \sin 4t \end{cases}$ (b) $\begin{cases} x = \cos 7t \\ y = \sin 11t \end{cases}$

3. (a) $\begin{cases} x = \sin t \cos t \\ y = \sin^2 t \end{cases}, \ 0 \le t \le \pi/2$

(b) $\begin{cases} x = \sin 4t \cos t \\ y = \sin 4t \sin t \end{cases}, \ 0 \le t \le \pi/2$

4. (a) $\begin{cases} x = e^{2t} + e^{-2t} \\ y = 4t \end{cases}, \ 0 \le t \le 4$

(b) $\begin{cases} x = e^{2t} \\ y = t^2 \end{cases}, \ 0 \le t \le 4$

[5~6] 다음 곡선이 (a) $t = 0$일 때 원점에서 출발하여 $t = 1$일 때 점 $(\pi, 2)$에 도달함을 보여라. (b) 식 (3.2)를 이용하여 스키 선수가 주어진 경로를 따라 활강할 때 걸리는 시간을 구하여라.

5. $\begin{cases} x = \pi t \\ y = 2\sqrt{t} \end{cases}$

6. $\begin{cases} x = -\frac{1}{2}\pi(\cos \pi t - 1) \\ y = 2t + \frac{7}{10}\sin \pi t \end{cases}$

[7~9] 다음 곡선을 지시된 축에 대하여 회전시켜 얻은 곡면의 넓이를 구하여라.

7. $\begin{cases} x = t^2 - 1 \\ y = t^3 - 4t \end{cases}, \ -2 \le t \le 0$ (a) x축 (b) $x = -1$

8. $\begin{cases} x = t^3 - 4t \\ y = t^2 - 3 \end{cases}, \ 0 \le t \le 2$ (a) y축 (b) $y = 2$

9. $\begin{cases} x = 2t \\ y = 2\cos t \end{cases}, \ 0 \le t \le \frac{\pi}{2}$ (a) y축 (b) $y = 3$

10. 8피트 길이의 사다리가 수직으로 벽에 서 있다. 사다리의 아랫부분은 바닥에 닿은 채로 윗부분을 바닥 쪽으로 끌어당겨 사다리가 바닥에 놓이도록 하자. 사다리의 중점을 나타내는 매개변수방정식을 구하여라. 또 사다리의 중점의 이동거리를 구하여라.

9.4 극좌표

흔히 사용하는 xy좌표계는 **직교좌표계**(rectangular coordinates)라 부른다. 그 이유는 이 좌표계가 점을 원점으로부터의 수평거리와 수직거리로 나타내기 때문이다(그림 9.21).

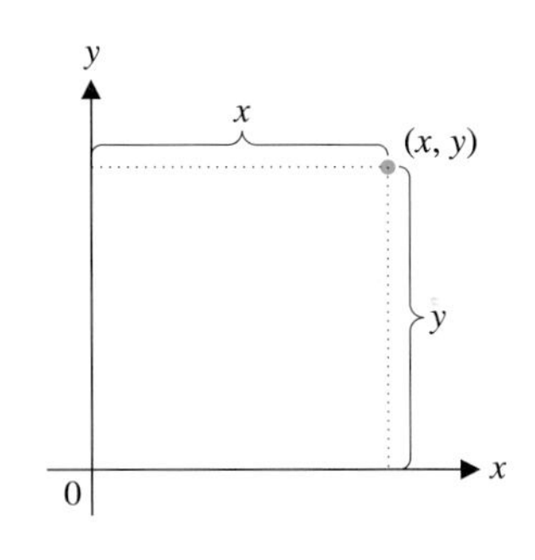

그림 9.21 직교좌표

xy평면에 있는 점을 나타내는 또 하나의 방법은 그 점에서 원점까지의 거리 r과 양의 x축으로부터 반시계방향으로 그 점과 원점을 연결하는 선분에 이르는 각 θ(라디안)를 이용하는 것이다. 이와 같이 순서쌍으로 나타낸 점 (r, θ)를 그 점의 **극좌표**(polar coordinates)라고 한다(그림 9.22).

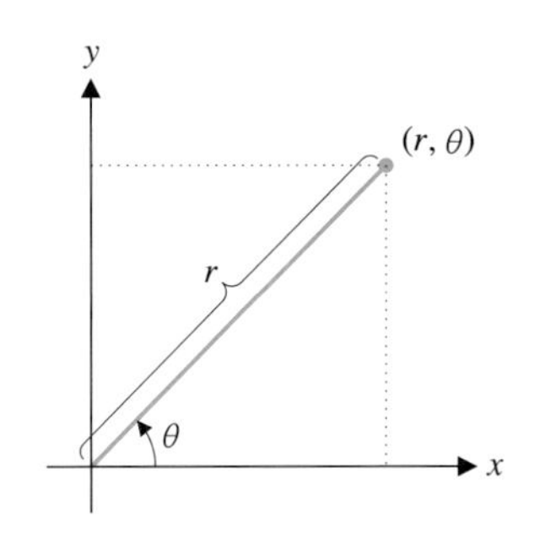

그림 9.22 극좌표

예제 4.1 극좌표를 직교좌표로 바꾸기

다음 극좌표의 점을 표시하고 대응되는 직교좌표 (x, y)를 구하여라.

(a) $(2, 0)$ (b) $\left(3, \frac{\pi}{2}\right)$ (c) $\left(-3, \frac{\pi}{2}\right)$ (d) $(2, \pi)$

풀이

(a) $\theta = 0$은 양의 x축에 있는 점을 나타낸다. 그러므로 원점으로부터의 거리 $r = 2$인 이 점의 직교좌표는 $(2, 0)$이다(그림 9.23a).

(b) $\theta = \frac{\pi}{2}$는 양의 y축에 있는 점을 나타낸다. 그러므로 원점으로부터의 거리 $r = 3$인 이 점의 직교좌표는 $(0, 3)$이다(그림 9.23b).

(c) 각은 (b)와 같지만 음의 r값은 반대방향을 나타낸다. 그러므로 원점으로부터의 거리가 3인 이 점의 직교좌표는 $(0, -3)$이다(그림 9.23b).

(d) $\theta = \pi$는 음의 x축에 있는 점을 나타낸다. 그러므로 원점으로부터의 거리가 2인 이 점의 직교좌표는 $(-2, 0)$이다(그림 9.23c).

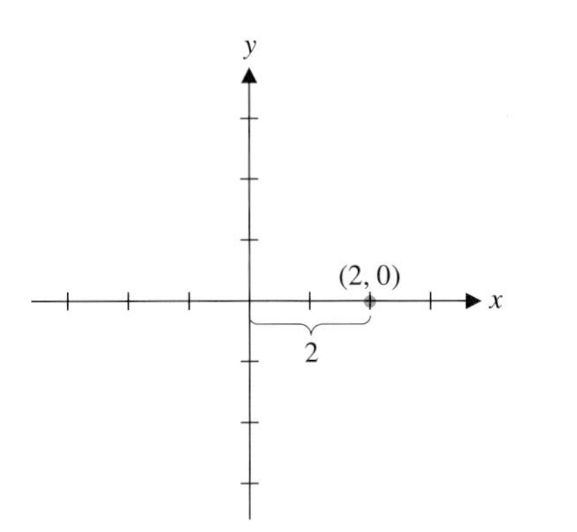

그림 9.23a 극좌표 $(2, 0)$

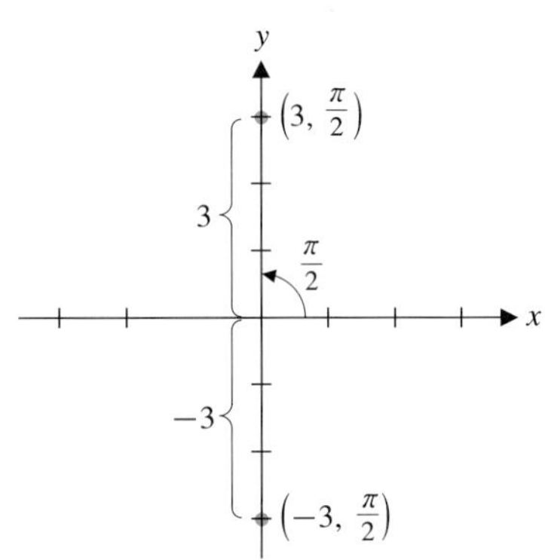

그림 9.23b 극좌표 $\left(3, \frac{\pi}{2}\right), \left(-3, \frac{\pi}{2}\right)$

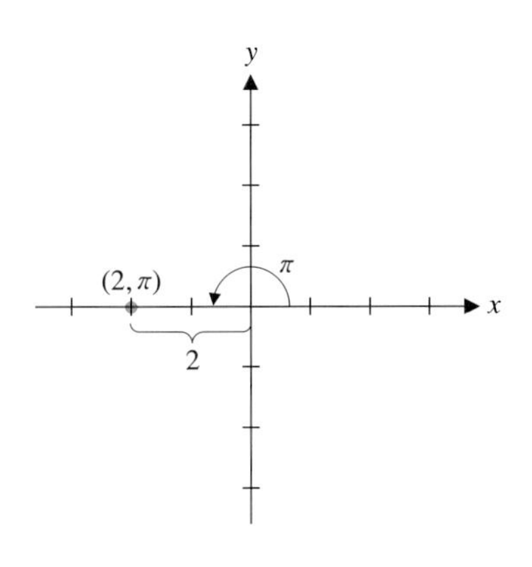

그림 9.23c 극좌표 $(2, \pi)$

예제 4.2 직교좌표를 극좌표로 바꾸기

직교좌표의 점 (1, 1)의 극좌표를 구하여라.

풀이

이 점은 직선 $y=x$에 있고 양의 x축과 이루는 각이 $\frac{\pi}{4}$이다(그림 9.24a). 거리는 $r=\sqrt{1^2+1^2}=\sqrt{2}$이다. 그러므로 이 점의 극좌표는 $\left(\sqrt{2}, \frac{\pi}{4}\right)$로 나타낼 수 있다. 이 점은 그림 9.24b와 같이 음의 r값 $r=-\sqrt{2}$와 각 $\frac{5\pi}{4}$를 이용하여 나타낼 수도 있다. 또한, 각 $\frac{9\pi}{4}=\frac{\pi}{4}+2\pi$ 또한 그림 9.24a와 같은 선분에 대응된다(그림 9.24c). 사실, 임의의 정수 n에 대하여 극좌표 평면의 점 $\left(\sqrt{2}, \frac{\pi}{4}+2n\pi\right)$와 점 $\left(-\sqrt{2}, \frac{5\pi}{4}+2n\pi\right)$는 xy평면의 같은 점에 대응된다.

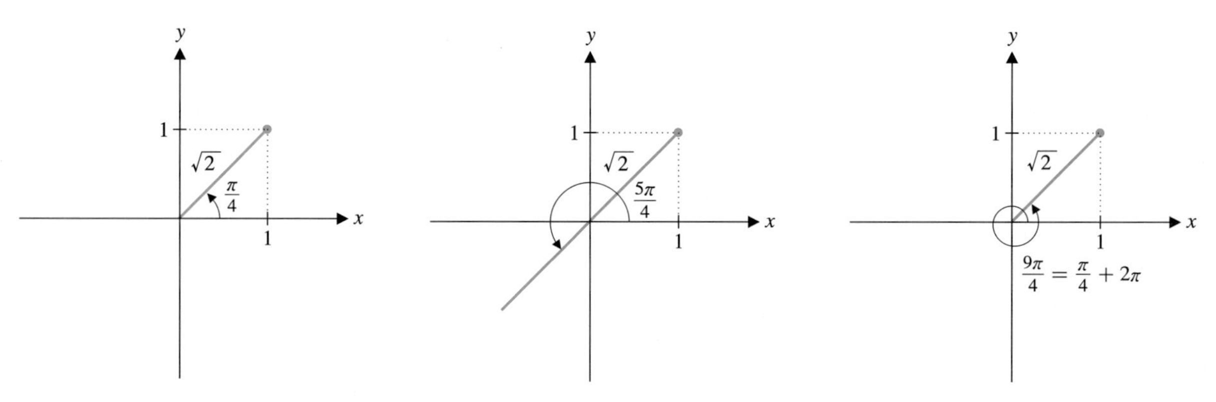

그림 9.24a (1, 1)의 극좌표　**그림 9.24b** (1, 1)의 다른 극좌표　**그림 9.24c** (1, 1)의 또 다른 극좌표

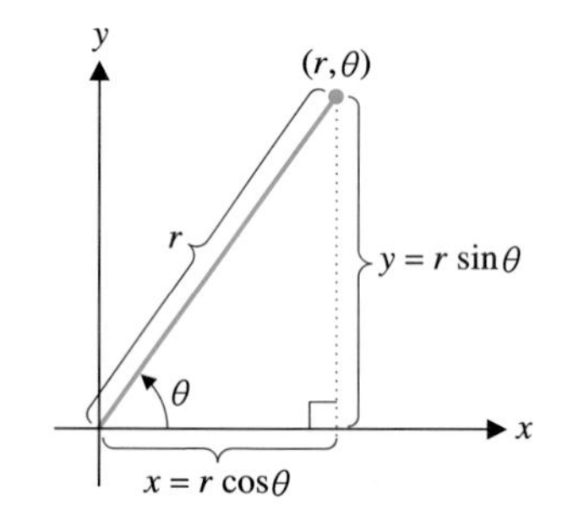

그림 9.25 극좌표를 직교좌표로 바꾸기

주 4.1

주어진 거리 r과 각 θ에 대하여 극좌표가 (r, θ)인 점은 xy평면에 정확하게 하나만 존재한다. 그렇지만, 예제 4.2에서 본 것처럼, 평면에 주어진 점 (x, y)에 대한 극좌표 표현은 무수히 많다. 특히, r값은 양도 되고 음도 된다. 또한, 주어진 각 θ에 대하여 $\theta\pm2\pi$, $\theta\pm4\pi$, $\cdots$도 모두 동일한 선분에 대응된다. 이러한 모든 각은 편의상 $\theta+2n\pi$(n은 임의의 정수)로 표기한다.

극좌표 (r, θ)로 표시된 점의 직교좌표는 그림 9.25를 참고하면 쉽게 구할 수 있다. $\sin\theta$와 $\cos\theta$의 정의로부터

$$x=r\cos\theta,\quad y=r\sin\theta \tag{4.1}$$

이다. 이미 알고 있는 것처럼 주어진 점 (x, y)에 대한 극좌표 표현은 무수히 많다. 식 (4.1)로부터

$$x^2+y^2=r^2\cos^2\theta+r^2\sin^2\theta=r^2(\cos^2\theta+\sin^2\theta)=r^2$$

이고 $x\neq0$이면

$$\frac{y}{x}=\frac{r\sin\theta}{r\cos\theta}=\frac{\sin\theta}{\cos\theta}=\tan\theta$$

이다. 즉, $x\neq0$인 점 (x, y)에 대한 모든 극좌표 표현 (r, θ)는 다음 식을 만족한다.

$$r^2=x^2+y^2,\quad \tan\theta=\frac{y}{x} \tag{4.2}$$

r, θ를 선택하는 방법은 한 가지가 아니기 때문에 식 (4.2)를 이용해도 r, θ를 구하는 공식은 얻을 수가 없다. $\theta=\tan^{-1}\left(\frac{y}{x}\right)$이지만 이것이 유일한 해는 아니다. (r, θ)가 점

(x, y)의 극좌표 표현이면 θ는 $\tan\theta = \frac{y}{x}$를 만족하는 임의의 각이다. 그러나 $\tan^{-1}\left(\frac{y}{x}\right)$로는 구간 $\left(-\frac{\pi}{2}, \frac{\pi}{2}\right)$에 있는 각 하나만을 얻게 된다. 주어진 점의 극좌표를 구하는 문제는 그래프와 더불어 사고의 다양성이 요구되는 대표적인 문제이다.

예제 4.3 직교좌표를 극좌표로 바꾸기

다음 직교좌표의 점의 극좌표 표현을 모두 구하여라. (a) (2, 3) (b) (−3, 1)

풀이

(a) $x=2$, $y=3$이다. 식 (4.2)로부터

$$r^2 = x^2 + y^2 = 2^2 + 3^2 = 13$$

이므로 $r = \pm\sqrt{13}$이다. 또한,

$$\tan\theta = \frac{y}{x} = \frac{3}{2}$$

의 한 해는 $\theta = \tan^{-1}\left(\frac{3}{2}\right) \approx 0.98$라디안이다. 이 각에 대응되는 r을 구하기 위해 점 (2, 3)이 제1사분면에 있다는 사실에 주목하자(그림 9.26a). 0.98라디안도 제1사분면에 있고 이 각은 양의 r에 대응된다. 따라서 이 점의 극좌표 표현 하나는 $\left(\sqrt{13}, \tan^{-1}\left(\frac{3}{2}\right)\right)$이다. 음의 r은 π만큼 더 큰 각에 대응되며, 따라서 다른 하나는 $\left(-\sqrt{13}, \tan^{-1}\left(\frac{3}{2}\right)+\pi\right)$이다(그림 9.26b). 또 다른 표현은 모두 이 두 각에 2π의 배수를 더한 것이다. 즉, 직교좌표로 (2, 3)의 극좌표는 모두 임의의 정수 n에 대하여 $\left(\sqrt{13}, \tan^{-1}\left(\frac{3}{2}\right)+2n\pi\right)$ 또는 $\left(-\sqrt{13}, \tan^{-1}\left(\frac{3}{2}\right)+\pi+2n\pi\right)$로 나타낼 수 있다.

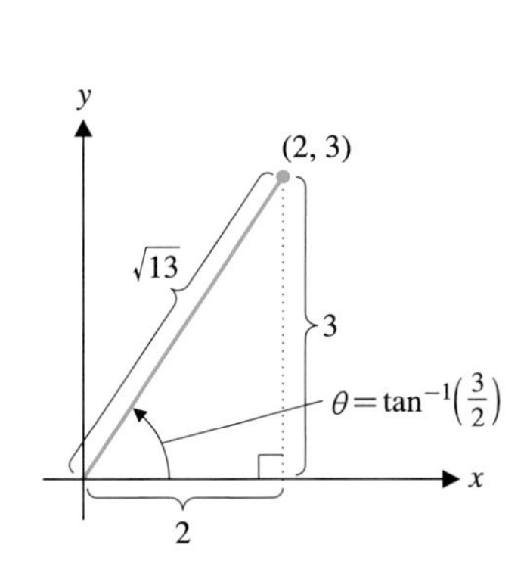

그림 9.26a 점 (2, 3)

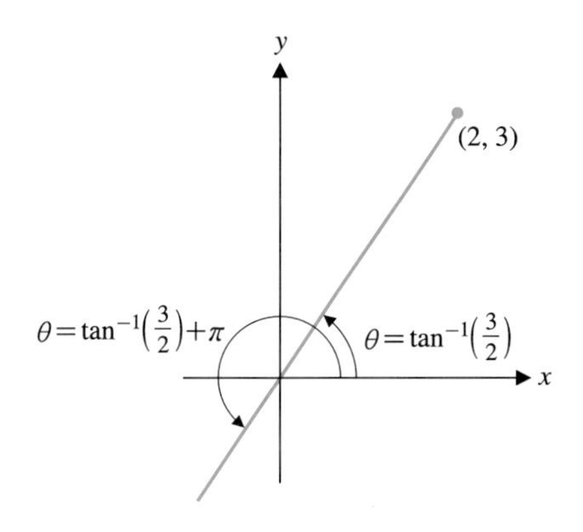

그림 9.26b 음의 r값

(b) $x=-3$, $y=1$이다. 식 (4.2)로부터

$$r^2 = x^2 + y^2 = (-3)^2 + 1^2 = 10$$

이므로 $r = \pm\sqrt{10}$이다. 또한,

$$\tan\theta = \frac{y}{x} = \frac{1}{-3}$$

의 한 해는 $\theta = \tan^{-1}\left(-\frac{1}{3}\right) \approx -0.32$라디안이다. 점 (−3, 1)은 제2사분면에 있다. 그러나 제4사분면에 있는 이 각은 음의 r에 대응된다(그림 9.27). 따라서 양의 r은 $\theta =$

주 4.2

직교좌표 (x, y)는 항상 $\tan^{-1}\left(\frac{y}{x}\right)$ 또는 $\tan^{-1}\left(\frac{y}{x}\right)+\pi$를 이용하여 극좌표로 나타낼 수 있다($x \neq 0$). 어느 각이 $r = \sqrt{x^2+y^2}$에 대응되고 어느 각이 $r = -\sqrt{x^2+y^2}$에 대응되는지는 그 점이 속하는 사분면을 보고 결정한다.

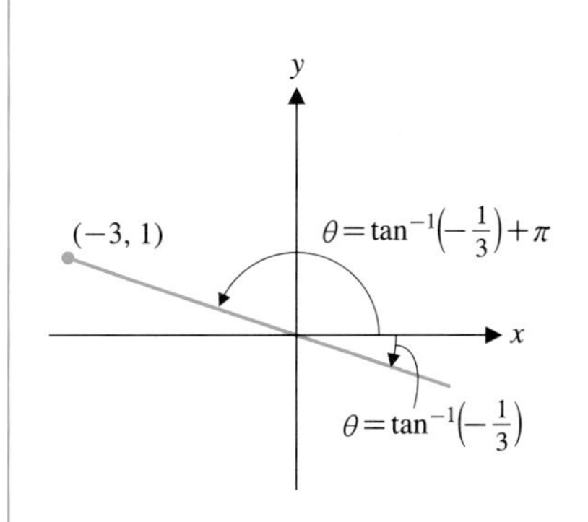

그림 9.27 점 (−3, 1)

$\tan^{-1}\left(-\frac{1}{3}\right)+\pi$에 대응된다. 그러므로 점 $(-3,\ 1)$의 극좌표는 모두 $\left(-\sqrt{10},\ \tan^{-1}\left(-\frac{1}{3}\right)+2n\pi\right)$ 또는 $\left(\sqrt{10},\ \tan^{-1}\left(-\frac{1}{3}\right)+\pi+2n\pi\right)$로 나타낼 수 있다($n$은 임의의 정수).

극좌표를 직교좌표로 바꾸기는 아주 쉽다. 다음 예제 4.4를 살펴보자.

예제 4.4 극좌표를 직교좌표로 바꾸기

다음 극좌표의 직교좌표를 구하여라. (a) $\left(3,\ \frac{\pi}{6}\right)$ (b) $(-2,\ 3)$

풀이

(a) 식 (4.1)로부터

$$x = r\cos\theta = 3\cos\frac{\pi}{6} = \frac{3\sqrt{3}}{2},$$

$$y = r\sin\theta = 3\sin\frac{\pi}{6} = \frac{3}{2}$$

이므로 직교좌표는 $\left(\frac{3\sqrt{3}}{2},\ \frac{3}{2}\right)$이다.

(b)

$$x = r\cos\theta = -2\cos 3 \approx 1.98,$$

$$y = r\sin\theta = -2\sin 3 \approx -0.28$$

이므로 직교좌표는 $(-2\cos 3,\ -2\sin 3) \approx (1.98,\ -0.28)$이다.

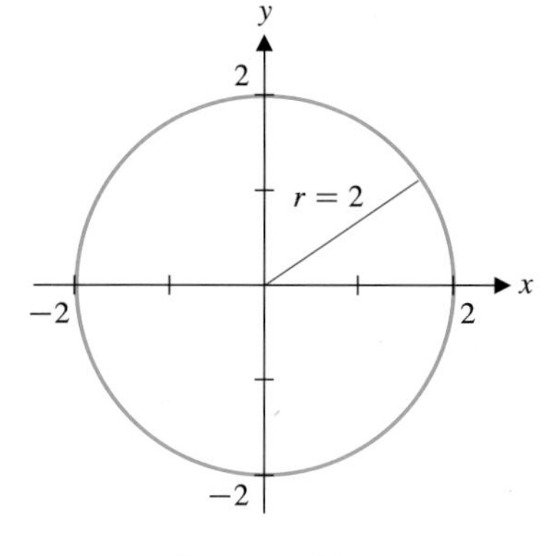

그림 9.28a 원 $r=2$

극방정식 $r=f(\theta)$의 그래프는 $x=r\cos\theta$, $y=r\sin\theta$, $r=f(\theta)$가 되는 모든 점 $(x,\ y)$의 집합이다. 다시 말하면, 극방정식의 그래프는 xy평면에서 주어진 방정식을 만족하는 모든 극좌표 점들의 그래프이다. 먼저, 간단하고 익숙한 그래프 두 가지를 그려 보자. 극방정식의 그래프를 그리는 열쇠는 극좌표가 나타내는 의미를 항상 생각해 두는 것이다.

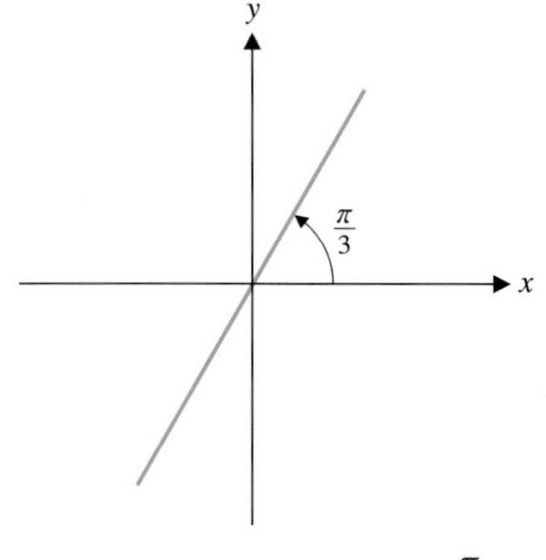

그림 9.28b 직선 $\theta=\frac{\pi}{3}$

예제 4.5 극좌표에서의 간단한 그래프

방정식 (a) $r=2$ (b) $\theta=\frac{\pi}{3}$의 그래프를 그려라.

풀이

(a) $2=r=\sqrt{x^2+y^2}$이므로 그래프는 원점으로부터의 거리가 2인 (각은 임의의 θ인) 모든 점이다. 이 그래프는 물론 중심이 원점이고 반지름이 2인 원이다(그림 9.28a).

(b) $\theta=\frac{\pi}{3}$는 양의 x축으로부터의 각이 $\frac{\pi}{3}$인(원점으로부터의 거리가 r인) 모든 점이다. 음의 r도 포함하므로 이 그래프는 기울기가 $\tan\frac{\pi}{3}=\sqrt{3}$인 직선이다(그림 9.28b).

알려진 많은 곡선이 간단한 극방정식으로 표현된다.

예제 4.6 직교방정식을 극방정식으로 바꾸기

쌍곡선 $x^2-y^2=9$의 극방정식을 구하여라.

풀이

식 (4.1)로부터

$$9=x^2-y^2=r^2\cos^2\theta-r^2\sin^2\theta$$
$$=r^2(\cos^2\theta-\sin^2\theta)=r^2\cos 2\theta$$

이다. r에 대해 풀면

$$r^2=\frac{9}{\cos 2\theta}=9\sec 2\theta$$

이므로

$$r=\pm 3\sqrt{\sec 2\theta}$$

이다. $\sec 2\theta>0$이 되도록 하면 $-\frac{\pi}{2}<2\theta<\frac{\pi}{2}$이고 따라서 $-\frac{\pi}{4}<\theta<\frac{\pi}{4}$이다. 이 구간에서 쌍곡선은 한 번 그려지며 $r=3\sqrt{\sec 2\theta}$는 쌍곡선의 오른쪽 부분, $r=-3\sqrt{\sec 2\theta}$는 왼쪽 부분에 해당된다.

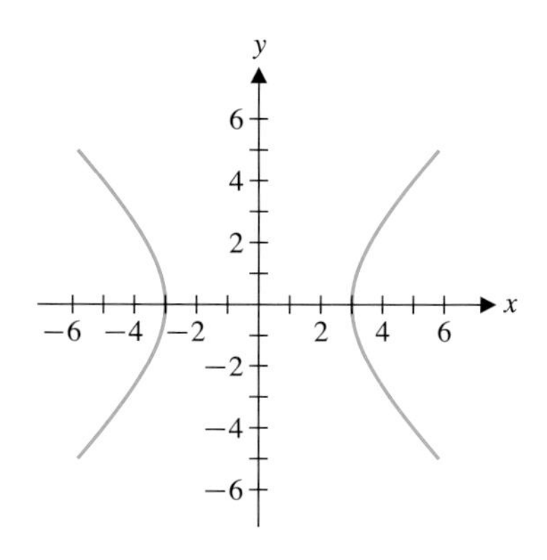

그림 9.29 $x^2-y^2=9$

예제 4.7 간단한 극좌표 그래프

극방정식 $r=\sin\theta$의 그래프를 그려라.

풀이

참고로 구간 $[0,\ 2\pi]$에서 $y=\sin x$의 그래프를 직교좌표계에서 그려 보자(그림 9.30a). $0\le\theta\le\frac{\pi}{2}$에서 $\sin\theta$는 0에서부터 최댓값 1까지 증가하고, $\frac{\pi}{2}\le\theta\le\pi$에서는 1에서부터 0까지 감소한다. 극좌표 그래프를 그리려면 $r=0$은 원점에 대응된다는 사실을 알아야 한다. $\pi\le\theta\le\frac{3\pi}{2}$에서 $\sin\theta$는 0에서부터 최솟값 -1까지 감소한다. 여기서 음의 r은 그래프가 반대쪽으로 제1사분면에 나타난다는 의미이다. 따라서 이미 $0\le\theta\le\frac{\pi}{2}$에서 제1사분면에 그린 곡선이 다시 한 번 그려진다. 마찬가지로, $\frac{3\pi}{2}\le\theta\le 2\pi$에서도 이미 제2사분면에 있는 곡선이 다시 한 번 그려진다. $\sin\theta$는 주기 2π인 주기함수이므로 다른 구간에서도 이미 얻은 곡선을 또 그리게 된다. 그림 9.30b는 이 극좌표 그래프를 보여준다. 이 곡선이 원이라는 사실을 증명하자. $r=\sin\theta$의 양변에 r을 곱하면

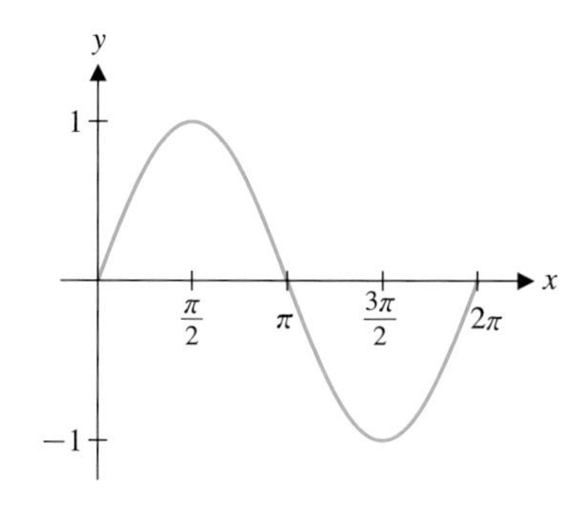

그림 9.30a $y=\sin x$의 그래프

$$r^2=r\sin\theta$$

이다. 식 (4.1), (4.2)로부터 $y=r\sin\theta$, $r^2=x^2+y^2$이므로 직교방정식은

$$x^2+y^2=y$$

이다. 완전제곱식으로 바꾸기 위해 이 식을

$$0=x^2+\left(y^2-y+\frac{1}{4}\right)-\frac{1}{4}$$

로 바꾸고 양변에 $\frac{1}{4}$을 더하면

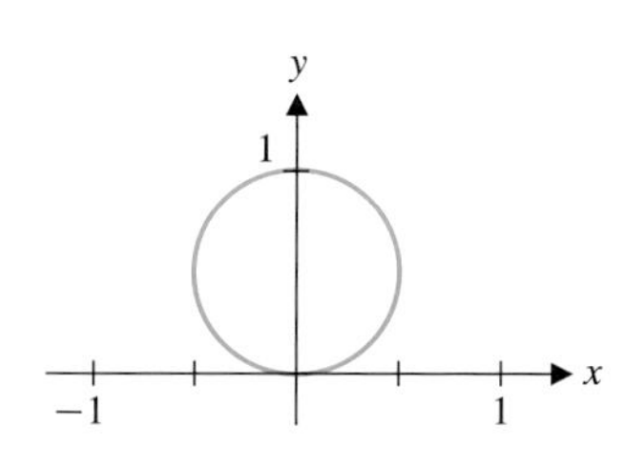

그림 9.30b 원 $r=\sin\theta$

$$\left(\frac{1}{2}\right)^2 = x^2 + \left(y - \frac{1}{2}\right)^2$$

을 얻는다. 이 식은 그림 9.30b에 있는 중심이 $\left(0,\ \frac{1}{2}\right)$이고 반지름이 $\frac{1}{2}$인 원의 직교방정식이다.

다음 예제 4.8과 같이 $y = f(x)$ 형태의 함수의 그래프가 아닌 극방정식의 그래프도 많다.

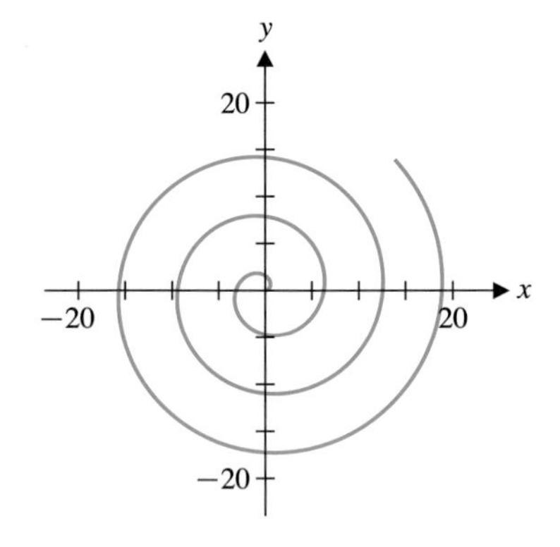

그림 9.31 나선 $r = \theta$, $\theta \geq 0$

예제 4.8 아르키메데스 나선

극방정식 $r = \theta$, $\theta \geq 0$의 그래프를 그려라.

풀이

θ가 증가하면 r도 증가한다. 즉, 각이 증가하는 만큼 원점으로부터의 거리도 증가한다. 이 그래프는 그림 9.31과 같은 나선형이며 대표적인 **아르키메데스 나선**(Archimedian spiral)이다.

다음 예제 4.9 ~ 4.11의 그래프는 모두 **리마송**(limaçons) 또는 달팽이모양 곡선이다. 이 그래프는 양의 상수 a와 b에 대하여 $r = a \pm b\sin\theta$ 또는 $r = a \pm b\cos\theta$로 정의된다. $a = b$인 그래프는 **심장형 곡선**(cardioids)이라고 한다.

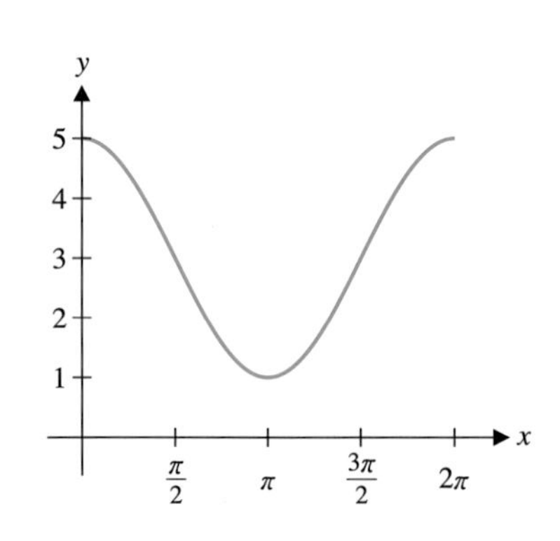

그림 9.32 $y = 3 + 2\cos x$의 그래프

예제 4.9 리마송

극방정식 $r = 3 + 2\cos\theta$의 그래프를 그려라.

풀이

참고로, 구간 $[0, 2\pi]$에서 $y = 3 + 2\cos x$의 그래프를 직교좌표계에서 그려 보자(그림 9.32). 모든 θ에 대해 $r = 3 + 2\cos\theta > 0$이다. 또한 r의 최댓값은 $\cos\theta = 1(\theta = 0,\ 2\pi,\ \cdots)$일 때 5, 최솟값은 $\cos\theta = -1(\theta = \pi,\ 3\pi,\ \cdots)$일 때 1이다. 이 그래프는 $0 \leq \theta \leq 2\pi$에서 그려진다. r의 증가구간과 감소구간을 다음 표에 요약한다.

구간	$\cos\theta$	$r = 3 + 2\cos\theta$
$\left[0,\ \frac{\pi}{2}\right]$	1에서 0까지 감소	5에서 3까지 감소
$\left[\frac{\pi}{2},\ \pi\right]$	0에서 −1까지 감소	3에서 1까지 감소
$\left[\pi,\ \frac{3\pi}{2}\right]$	−1에서 0까지 증가	1에서 3까지 증가
$\left[\frac{3\pi}{2},\ 2\pi\right]$	0에서 1까지 증가	3에서 5까지 증가

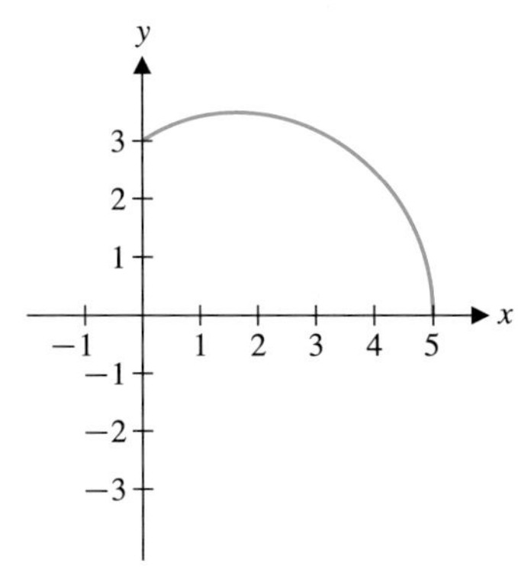

그림 9.33a $0 \le \theta \le \frac{\pi}{2}$

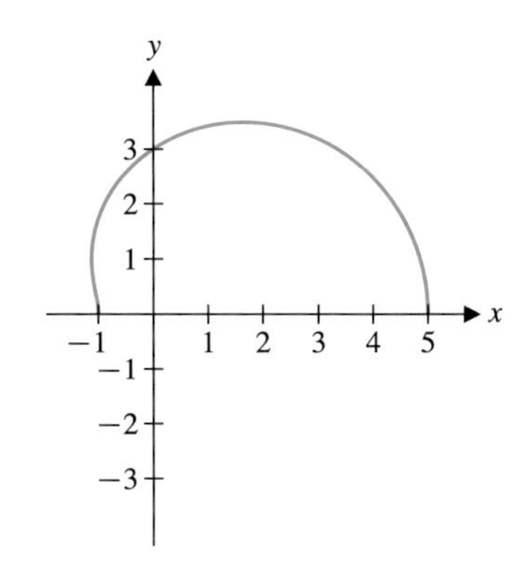

그림 9.33b $0 \le \theta \le \pi$

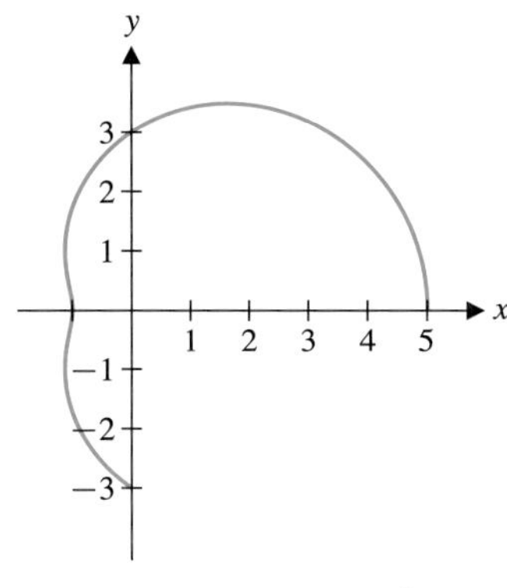

그림 9.33c $0 \le \theta \le \frac{3\pi}{2}$

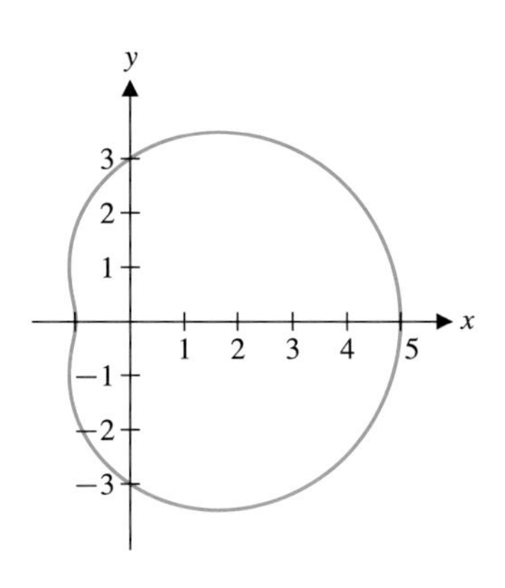

그림 9.33d $0 \le \theta \le 2\pi$

그림 9.33a ~ 9.33d는 표에 제시된 구간별로 그래프가 그려지는 과정을 보여준다. 그림 9.33d는 완성된 리마송 그래프이다.

예제 4.10 심장형 곡선

극방정식 $r = 2 - 2\sin\theta$의 그래프를 그려라.

풀이

여기서도 그림 9.34와 같이 구간 $[0, 2\pi]$에서 $y = 2 - 2\sin x$의 그래프를 그려 보자. 직교좌표계에서 r의 증가구간과 감소구간은 다음 표에 요약한다.

구간	$\sin\theta$	$r = 2 - 2\sin\theta$
$\left[0, \frac{\pi}{2}\right]$	0에서 1까지 증가	2에서 0까지 감소
$\left[\frac{\pi}{2}, \pi\right]$	1에서 0까지 감소	0에서 2까지 증가
$\left[\pi, \frac{3\pi}{2}\right]$	0에서 −1까지 감소	2에서 4까지 증가
$\left[\frac{3\pi}{2}, 2\pi\right]$	−1에서 0까지 증가	4에서 2까지 감소

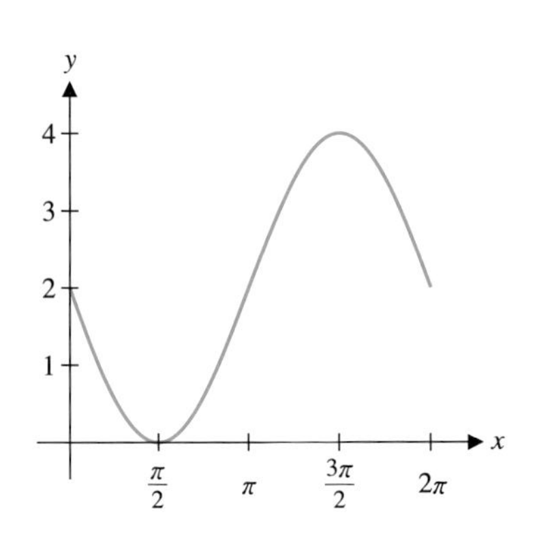

그림 9.34 $y = 2 - 2\sin x$의 그래프

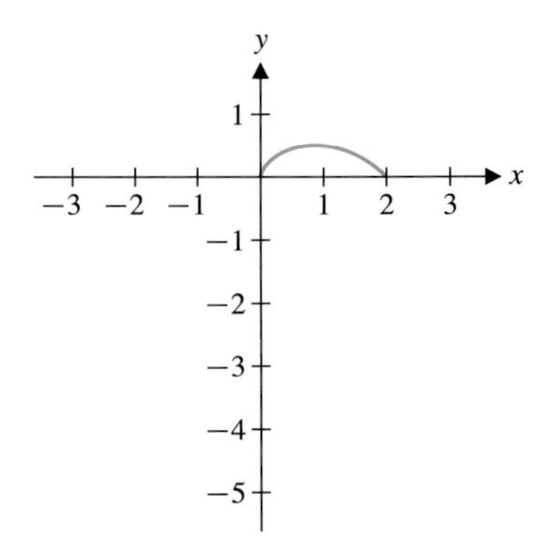

그림 9.35a $0 \le \theta \le \frac{\pi}{2}$

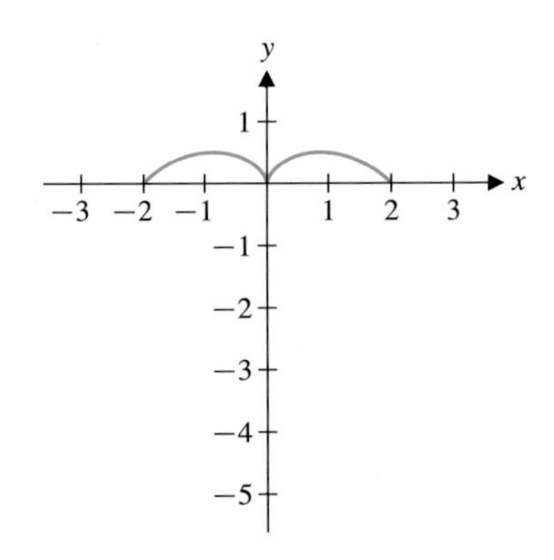

그림 9.35b $0 \le \theta \le \pi$

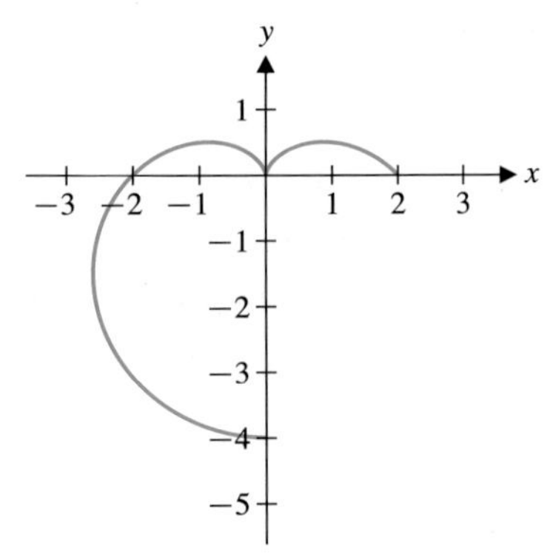

그림 9.35c $0 \le \theta \le \frac{3\pi}{2}$

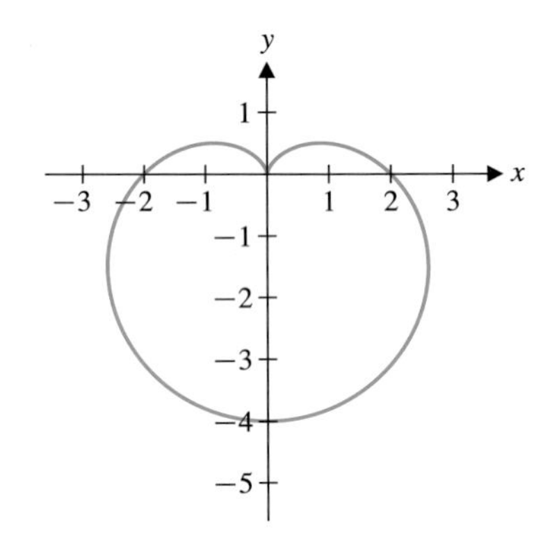

그림 9.35d $0 \le \theta \le 2\pi$

표에 제시된 구간별로 그림 9.35a ~ 9.35d와 같이 그래프를 그린다. 그래프는 $0 \le \theta \le 2\pi$에서 그려지며 그림 9.35d는 완성된 그래프이다. 이 그래프를 왜 심장형이라고 하는지는 쉽게 알 수 있을 것이다.

예제 4.11 고리가 있는 리마송

극방정식 $r = 1 - 2\sin\theta$ 의 그래프를 그려라.

풀이

그림 9.36과 같이 직교좌표계에서 $y = 1 - 2\sin x$의 그래프를 먼저 그려 보자. 증가구간과 감소구간은 다음 표에 요약한다.

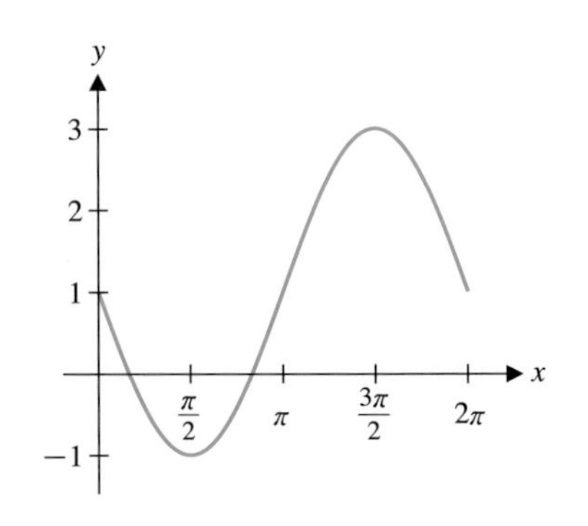

그림 9.36 $y = 1 - 2\sin x$의 그래프

구간	$\cos\theta$	$r = 1 - 2\sin\theta$
$\left[0, \frac{\pi}{2}\right]$	0에서 1까지 증가	1에서 -1까지 감소
$\left[\frac{\pi}{2}, \pi\right]$	1에서 0까지 감소	-1에서 1까지 증가
$\left[\pi, \frac{3\pi}{2}\right]$	0에서 -1까지 감소	1에서 3까지 증가
$\left[\frac{3\pi}{2}, 2\pi\right]$	-1에서 0까지 증가	3에서 1까지 감소

이 경우에는 r이 음수도 된다. r이 음이면 그래프가 반대쪽 사분면에 나타나게 된다는 사실에 유의해야 한다. $1 - 2\sin\theta = 0$에서 $\sin\theta = \frac{1}{2}$이므로 $r = 0$인 θ는 $\theta = \frac{\pi}{6}$, $\theta = \frac{5\pi}{6}$ 이다. 따라서 구간을 더 많이 포함하고 그래프가 그려지는 사분면도 생각하여 새로운 표를 다음과 같이 만든다. 다음 표에 제시된 구간별로 그림 9.37a ~ 9.37f와 같이 그래프를 그린다. 완성된 그래프는 그림 9.37f이고 $0 \le \theta \le 2\pi$에서 그려진다. 여기서는 r의 증가구간과 감소구간은 물론 $r = 0$이 되는 θ도 중요하다.

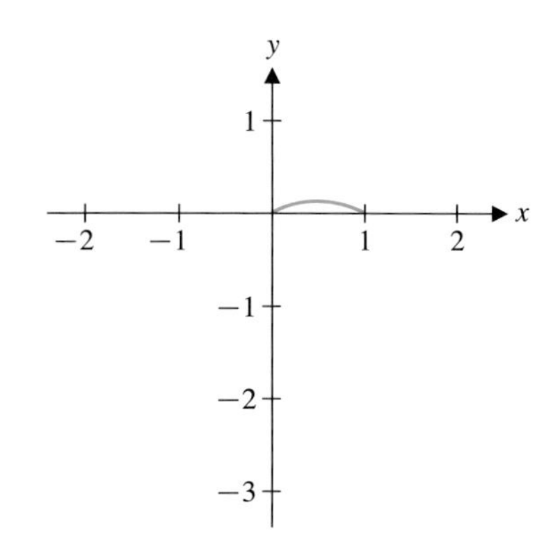

그림 9.37a $0 \le \theta \le \frac{\pi}{6}$

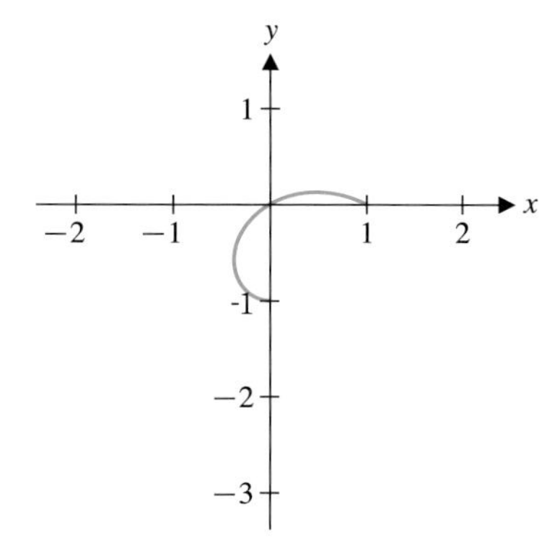

그림 9.37b $0 \le \theta \le \frac{\pi}{2}$

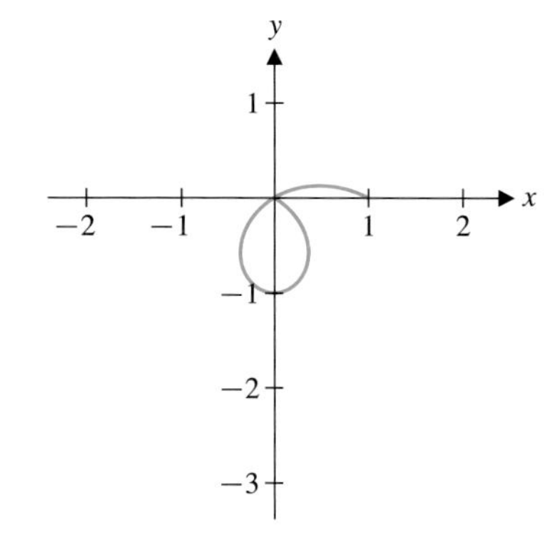

그림 9.37c $0 \le \theta \le \frac{5\pi}{6}$

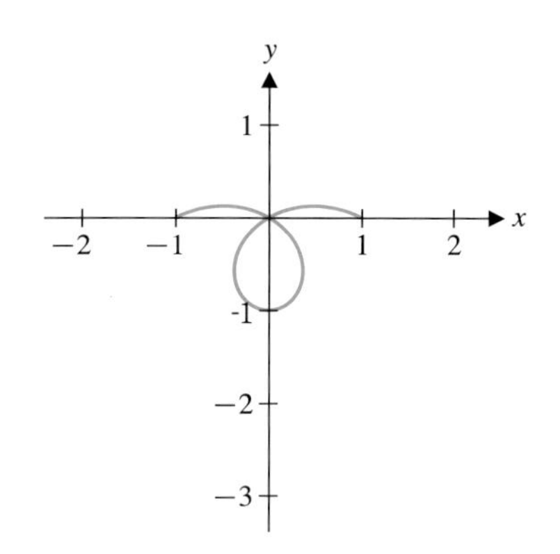

그림 9.37d $0 \le \theta \le \pi$

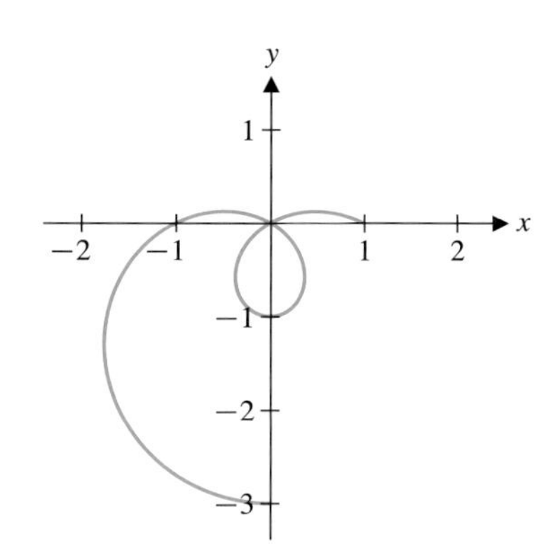

그림 9.37e $0 \le \theta \le \frac{3\pi}{2}$

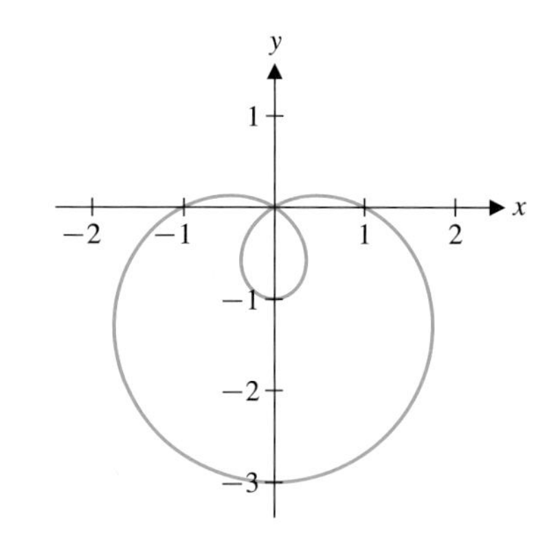

그림 9.37f $0 \le \theta \le 2\pi$

구간	$\sin\theta$	$r = 1 - 2\sin\theta$	사분면
$\left[0, \frac{\pi}{6}\right]$	0에서 $\frac{1}{2}$까지 증가	1에서 0까지 감소	1
$\left[\frac{\pi}{6}, \frac{\pi}{2}\right]$	$\frac{1}{2}$에서 1까지 증가	0에서 −1까지 감소	3
$\left[\frac{\pi}{2}, \frac{5\pi}{6}\right]$	1에서 $\frac{1}{2}$까지 감소	−1에서 0까지 증가	4
$\left[\frac{5\pi}{6}, \pi\right]$	$\frac{1}{2}$에서 0까지 감소	0에서 1까지 증가	2
$\left[\pi, \frac{3\pi}{2}\right]$	0에서 −1까지 감소	1에서 3까지 증가	3
$\left[\frac{3\pi}{2}, 2\pi\right]$	−1에서 0까지 증가	3에서 1까지 감소	4

■

예제 4.12 사엽장미선

극방정식 $r = \sin 2\theta$ 의 그래프를 그려라.

풀이

여기서도 그림 9.38과 같이 직교좌표 구간 $[0, 2\pi]$에서 $y = \sin 2x$의 그래프를 직교좌표계에 그려 본다. $\sin 2\theta$ 의 주기는 π 이다. r의 증가구간과 감소구간을 다음 표에 요약하였다. 표에 제시된 구간별로 그림 9.39a ~ 9.39h와 같이 그래프를 그린다. 그래프를 그리기 쉽도록 직선 $y = \pm x$ 도 표시하였다.

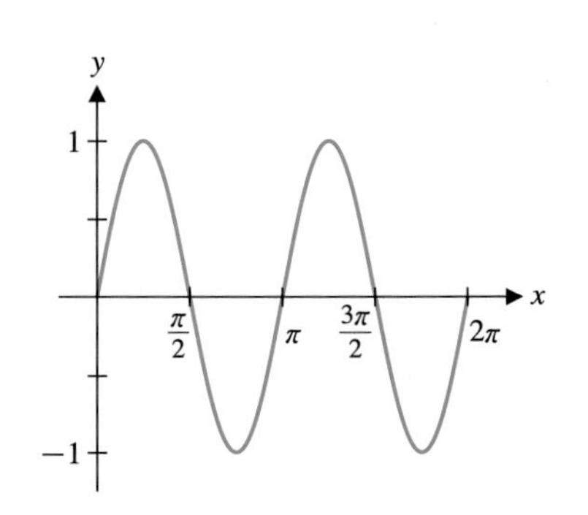

그림 9.38 $y = \sin 2x$의 그래프

구간	$r = \sin 2\theta$	사분면
$\left[0, \frac{\pi}{4}\right]$	0에서 1까지 증가	1
$\left[\frac{\pi}{4}, \frac{\pi}{2}\right]$	1에서 0까지 감소	1
$\left[\frac{\pi}{2}, \frac{3\pi}{4}\right]$	0에서 −1까지 감소	4
$\left[\frac{3\pi}{4}, \pi\right]$	−1에서 0까지 증가	4
$\left[\pi, \frac{5\pi}{4}\right]$	0에서 1까지 증가	3
$\left[\frac{5\pi}{4}, \frac{3\pi}{2}\right]$	1에서 0까지 감소	3
$\left[\frac{3\pi}{2}, \frac{7\pi}{4}\right]$	0에서 −1까지 감소	2
$\left[\frac{7\pi}{4}, 2\pi\right]$	−1에서 0까지 증가	2

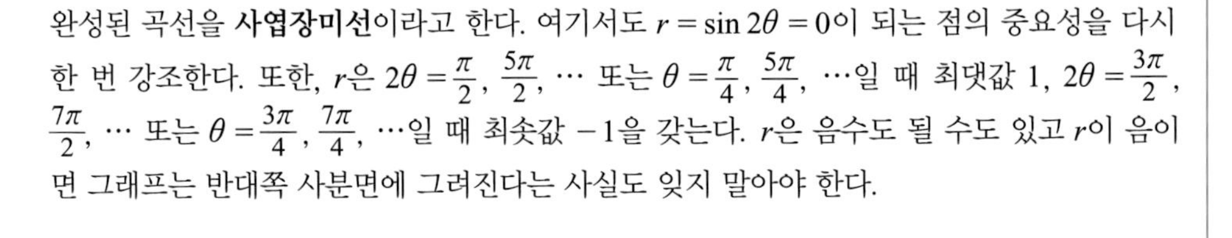

완성된 곡선을 **사엽장미선**이라고 한다. 여기서도 $r = \sin 2\theta = 0$이 되는 점의 중요성을 다시 한 번 강조한다. 또한, r은 $2\theta = \frac{\pi}{2}, \frac{5\pi}{2}, \cdots$ 또는 $\theta = \frac{\pi}{4}, \frac{5\pi}{4}, \cdots$일 때 최댓값 1, $2\theta = \frac{3\pi}{2}, \frac{7\pi}{2}, \cdots$ 또는 $\theta = \frac{3\pi}{4}, \frac{7\pi}{4}, \cdots$일 때 최솟값 −1을 갖는다. r은 음수도 될 수도 있고 r이 음이면 그래프는 반대쪽 사분면에 그려진다는 사실도 잊지 말아야 한다.

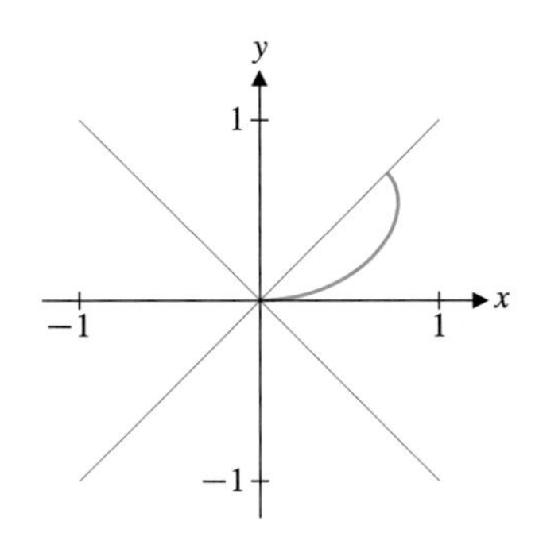

그림 9.39a $0 \le \theta \le \frac{\pi}{4}$

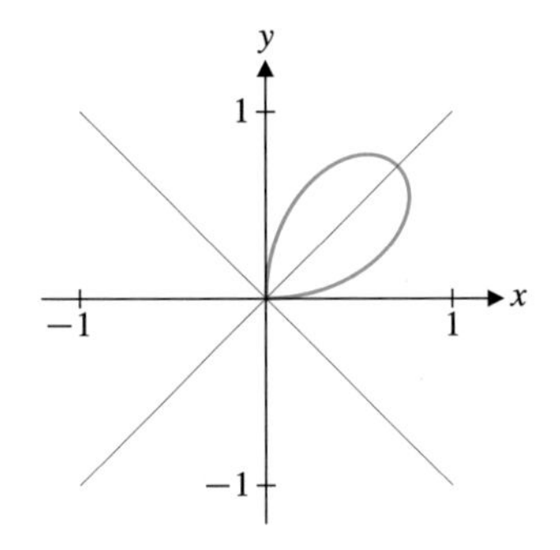

그림 9.39b $0 \le \theta \le \frac{\pi}{2}$

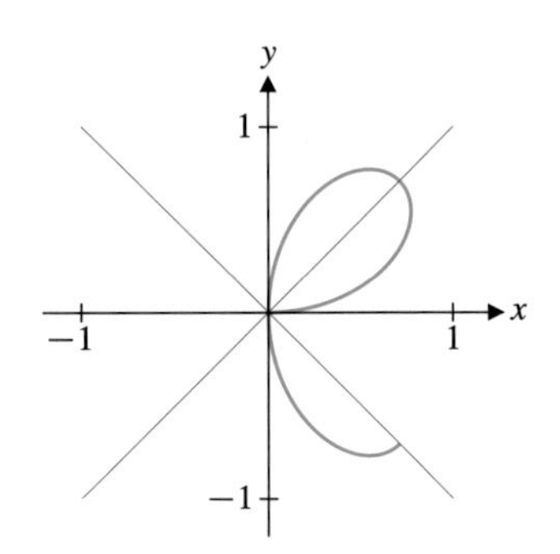

그림 9.39c $0 \le \theta \le \frac{3\pi}{4}$

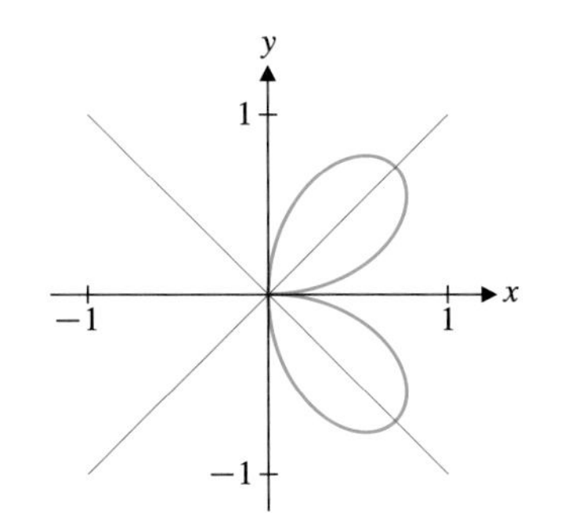

그림 9.39d $0 \le \theta \le \pi$

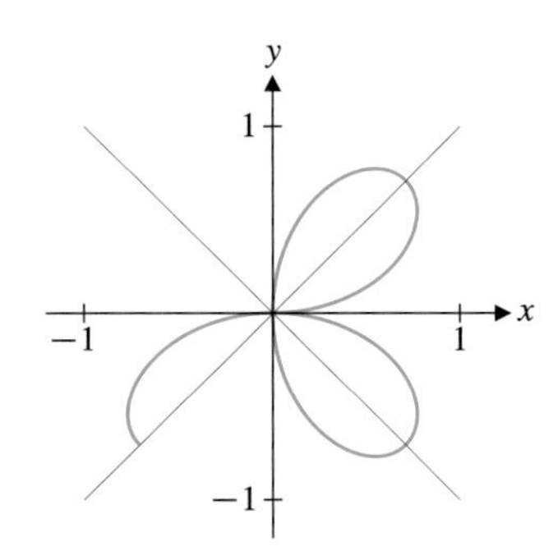

그림 9.39e $0 \le \theta \le \frac{5\pi}{4}$

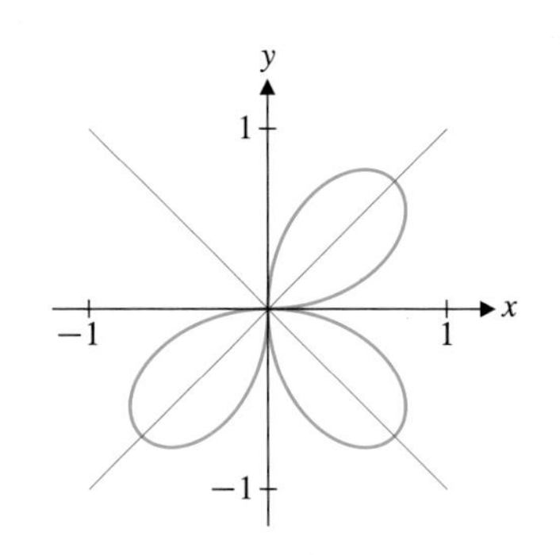

그림 9.39f $0 \le \theta \le \frac{3\pi}{2}$

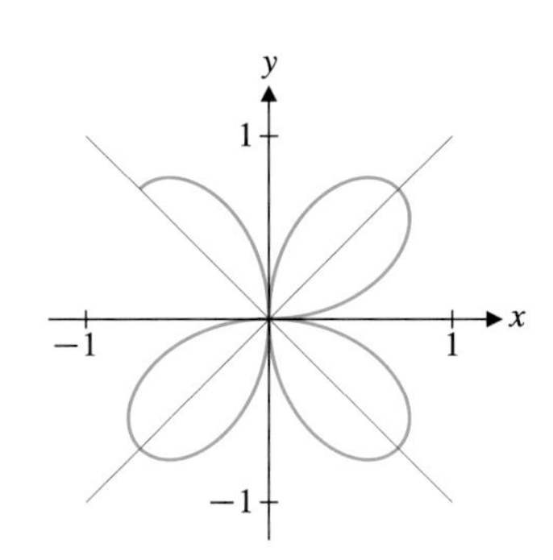

그림 9.39g $0 \le \theta \le \frac{7\pi}{4}$

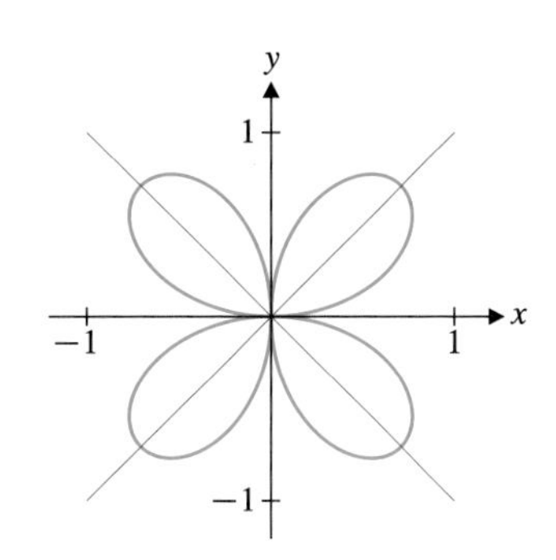

그림 9.39h $0 \le \theta \le 2\pi$

예제 4.12의 $\sin 2\theta$는 주기가 π이지만 $r = \sin 2\theta$의 그래프를 그리는 데 필요한 θ의 범위는 $0 \le \theta \le 2\pi$ 이다. 반면에, $\sin \theta$는 주기가 2π 이지만 원 $r = \sin \theta$를 그리는 데 필요한 θ의 범위는 $0 \le \theta \le \pi$ 이다. 그래프를 그리는 데 필요한 θ의 범위를 결정하기 위해서는, 예제 4.12에서와 같이 확인해야 할 중요한 점들을 신중하게 선택해야 한다. 그래프계산기로 그린 그래프가 θ의 범위를 결정하는 데 도움이 되긴 하지만 이는 어디까지나 근삿값일 뿐이다.

연습문제 9.4

[1~3] 다음 극좌표 (r, θ)를 그래프로 나타내고 이 점의 직교좌표를 구하여라.

1. $(2, 0)$　　**2.** $(-2, \pi)$

3. $(3, -\pi)$

[4~6] 다음 직교좌표의 극좌표를 구하여라.

4. $(2, -2)$　　**5.** $(0, 3)$

6. $(3, 4)$

[7~9] 다음 극좌표의 직교좌표를 구하여라.

7. $\left(2, -\frac{\pi}{3}\right)$　　**8.** $(0, 3)$

9. $\left(4, \frac{\pi}{10}\right)$

[10~13] 다음 극방정식의 그래프를 그리고 대응되는 직교방정식을 구하여라.

10. $r=4$
11. $\theta=\frac{\pi}{6}$
12. $r=\cos\theta$
13. $r=3\sin\theta$

[14~20] 다음 극방정식의 그래프를 그리고 $r=0$이 되는 모든 θ 값과 그래프를 한 번 그리는 데 필요한 θ의 범위를 구하여라.

14. $r=\cos 2\theta$
15. $r=\sin 3\theta$
16. $r=3+2\sin\theta$
17. $r=2-4\sin\theta$
18. $r=2+2\sin\theta$
19. $r=\frac{1}{4}\theta$
20. $r=2\cos(\theta-\pi/4)$

[21~23] 다음 직교방정식에 대응되는 극방정식을 구하여라.

21. $y^2-x^2=4$
22. $x^2+y^2=16$
23. $y=3$

[24~26] a의 값을 몇 개 정하여 다음 그래프를 그리고 a에 따라 그래프가 어떻게 변하는지 설명하여라.

24. $r=a\cos\theta$
25. $r=\cos(a\theta)$
26. $y=1+a\cos\theta$

9.5 미분적분과 극좌표

앞 절에서는 극좌표를 소개하였고 여러 가지 그래프도 살펴보았다. 이 절에서는 미분적분을 극좌표의 경우로 확장하고 접선, 넓이, 호의 길이에 대하여 살펴본다.

식 (4.1)로부터

$$x=r\cos\theta=f(\theta)\cos\theta \tag{5.1}$$

$$y=r\sin\theta=f(\theta)\sin\theta \tag{5.2}$$

이기 때문에 극방정식 $r=f(\theta)$의 그래프는 매개변수방정식 $x(t)=f(t)\cos t$, $y(t)=f(t)\sin t$에서 t 대신 θ를 이용한 그래프로 생각할 수 있다. 이러한 관점에서 이미 매개변수방정식에서 얻은 결과를 극좌표의 특수한 경우로 확장한다.

극방정식으로 주어진 곡선 $r=f(\theta)$의 접선의 기울기를 계산해 보자. 매개변수방정식을 다룬 9.2절의 식 (2.1)로부터 $\theta=a$에 대응되는 점에서 곡선의 기울기는

$$\boxed{\left.\frac{dy}{dx}\right|_{\theta=a}=\frac{\dfrac{dy}{d\theta}(a)}{\dfrac{dx}{d\theta}(a)}} \tag{5.3}$$

이다. 곱의 미분법칙과 식 (5.1), (5.2)로부터

$$\frac{dy}{d\theta}=f'(\theta)\sin\theta+f(\theta)\cos\theta,$$

$$\frac{dx}{d\theta}=f'(\theta)\cos\theta-f(\theta)\sin\theta$$

이고 이들을 식 (5.3)에 대입하면 다음 식을 얻는다.

$$\left.\frac{dy}{dx}\right|_{\theta=a} = \frac{f'(a)\sin a + f(a)\cos a}{f'(a)\cos a - f(a)\sin a} \tag{5.4}$$

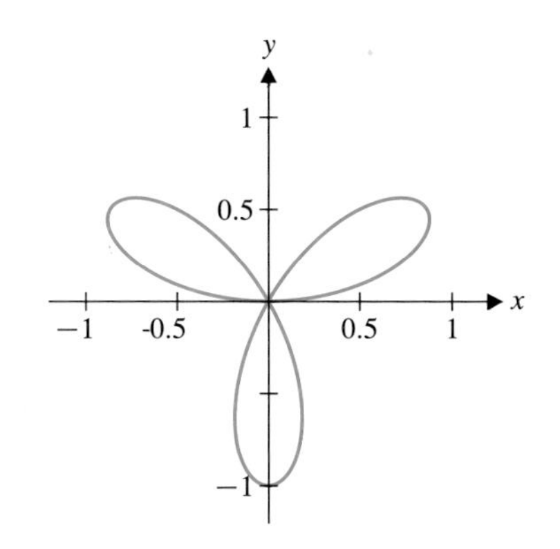

그림 9.40a 삼엽장미선

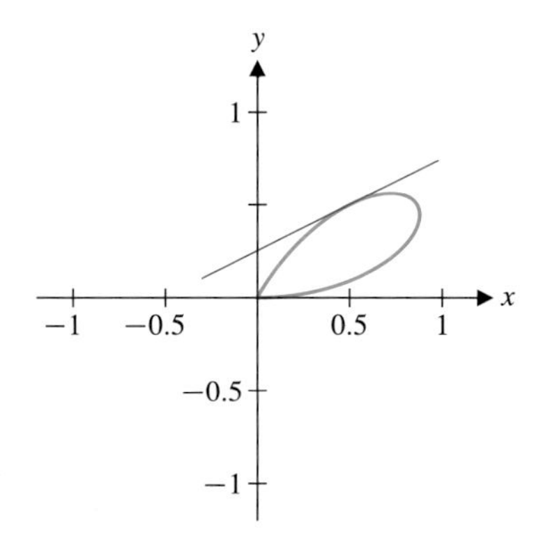

그림 9.40b $\theta = \frac{\pi}{4}$ 일 때의 접선

예제 5.1 삼엽장미선의 접선의 기울기

$\theta = 0$, $\theta = \frac{\pi}{4}$ 에서 삼엽장미선 $r = \sin 3\theta$ 의 접선의 기울기를 구하여라.

풀이

이 곡선은 그림 9.40a와 같다. 식 (4.2)로부터

$$y = r\sin\theta = \sin 3\theta \sin\theta,$$
$$x = r\cos\theta = \sin 3\theta \cos\theta$$

이다. 식 (5.3)을 이용하면

$$\frac{dy}{dx} = \frac{\frac{dy}{d\theta}}{\frac{dx}{d\theta}} = \frac{(3\cos 3\theta)\sin\theta + \sin 3\theta(\cos\theta)}{(3\cos 3\theta)\cos\theta - \sin 3\theta(\sin\theta)}$$

이다. 따라서 $\theta = \frac{\pi}{4}$ 일 때의 접선의 기울기는 다음과 같다.

$$\left.\frac{dy}{dx}\right|_{\theta=\pi/4} = \frac{\left(3\cos\frac{3\pi}{4}\right)\sin\frac{\pi}{4} + \sin\frac{3\pi}{4}\left(\cos\frac{\pi}{4}\right)}{\left(3\cos\frac{3\pi}{4}\right)\cos\frac{\pi}{4} - \sin\frac{3\pi}{4}\left(\sin\frac{\pi}{4}\right)} = \frac{-\frac{3}{2}+\frac{1}{2}}{-\frac{3}{2}-\frac{1}{2}} = \frac{1}{2}$$

그림 9.40b는 $0 \le \theta \le \frac{\pi}{3}$ 에 대한 $r = \sin 3\theta$ 의 그래프와 $\theta = \frac{\pi}{4}$ 일 때의 접선을 보여준다.

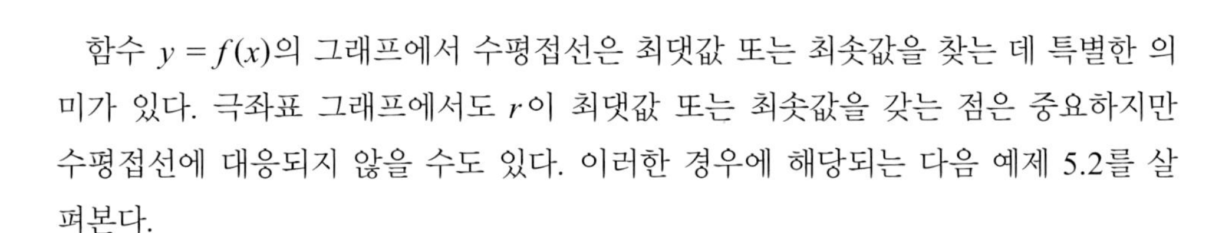
함수 $y = f(x)$의 그래프에서 수평접선은 최댓값 또는 최솟값을 찾는 데 특별한 의미가 있다. 극좌표 그래프에서도 r이 최댓값 또는 최솟값을 갖는 점은 중요하지만 수평접선에 대응되지 않을 수도 있다. 이러한 경우에 해당되는 다음 예제 5.2를 살펴본다.

예제 5.2 극좌표 그래프와 수평접선

삼엽장미선 $r = \sin 3\theta$ 의 수평접선을 모두 구하고 접점의 의미를 설명하여라. 또한, $|r|$이 최대인 세 점의 접선은 그 점과 원점을 연결하는 직선에 수직임을 보여라.

풀이

식 (5.3)과 (5.4)로부터

$$\frac{dy}{dx} = \frac{\frac{dy}{d\theta}}{\frac{dx}{d\theta}} = \frac{f'(\theta)\sin\theta + f(\theta)\cos\theta}{f'(\theta)\cos\theta - f(\theta)\sin\theta}$$

이다. 여기서 $f(\theta) = \sin 3\theta$ 이므로 $\frac{dy}{dx} = 0$이 되려면

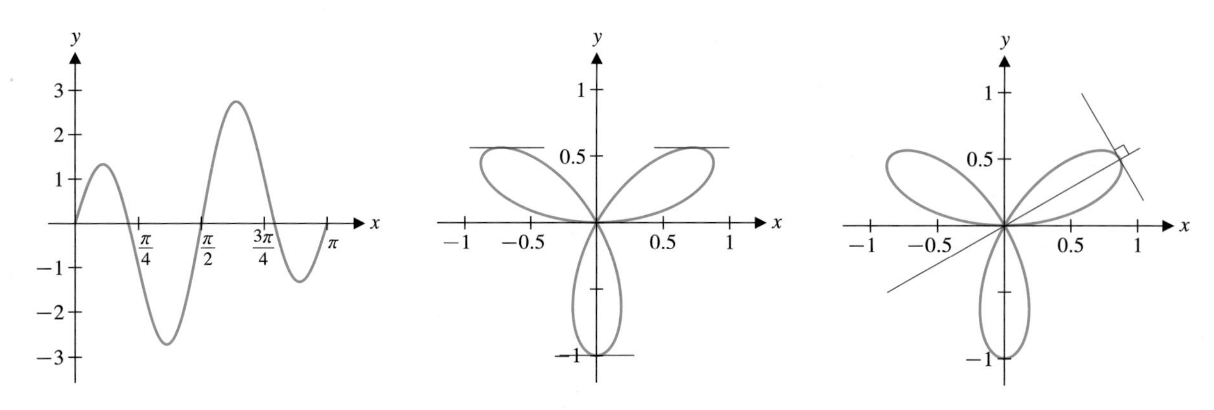

그림 9.41a $y = 3\cos 3x\ \sin x + \sin 3x\ \cos x$ **그림 9.41b** 수평접선 **그림 9.41c** 잎 끝점의 접선

$$0 = \frac{dy}{d\theta} = 3\cos 3\theta \sin\theta + \sin 3\theta \cos\theta$$

이어야 한다. $f(x) = 3\cos 3x \sin x + \sin 3x \cos x$의 그래프를 $0 \le x \le \pi$ 에서 그려 보면 해가 다섯 개 존재함을 알 수 있다(그림 9.41a). 이 중 $\theta = 0$, $\theta = \frac{\pi}{2}$, $\theta = \pi$는 정확한 값이다. 나머지 값 두 개를 근사적으로 구하면 $\theta \approx 0.659$, $\theta \approx 2.48$이다. 곡선 $r = \sin 3\theta$ 위에 있는 다섯 개의 점에 대응되는 직교좌표는 (0, 0), (0.73, 0.56), (0, −1), (−0.73, 0.56), (0, 0)이다. 점 (0, −1)은 잎의 아래쪽에 있고 이는 극소점의 수평접선이다. 점 (±0.73, 0.56)에서의 접선이 그림 9.41b에 그려져 있다. 이 두 점은 y좌표가 최대인 점에 대응된다. 그렇지만, 극좌표 그래프에서 이 두 점은 특별한 의미가 없다. 오히려 잎의 끝점에 더 관심이 있다. 끝점에서는 $|r|$이 최대이다. $r = \sin 3\theta$ 이므로 $\sin 3\theta = \pm 1$, $3\theta = \frac{\pi}{2}, \frac{3\pi}{2}, \frac{5\pi}{2}, \cdots$ 또는 $\theta = \frac{\pi}{6}, \frac{\pi}{2}, \frac{5\pi}{6}, \cdots$일 때 $|r|$이 최대이다. 식 (5.4)로부터 $\theta = \frac{\pi}{6}$일 때의 접선의 기울기는

$$\left.\frac{dy}{dx}\right|_{\theta=\pi/6} = \frac{\left(3\cos\frac{3\pi}{6}\right)\sin\frac{\pi}{6} + \sin\frac{3\pi}{6}\left(\cos\frac{\pi}{6}\right)}{\left(3\cos\frac{3\pi}{6}\right)\cos\frac{\pi}{6} - \sin\frac{3\pi}{6}\left(\sin\frac{\pi}{6}\right)} = \frac{0 + \frac{\sqrt{3}}{2}}{0 - \frac{1}{2}} = -\sqrt{3}$$

이다. $\theta = \frac{\pi}{6}$에 대응되는 직교좌표는

$$\left(1\cos\frac{\pi}{6},\ 1\sin\frac{\pi}{6}\right) = \left(\frac{\sqrt{3}}{2},\ \frac{1}{2}\right)$$

이므로 이 점과 원점을 연결하는 직선의 기울기는 $\frac{1}{\sqrt{3}}$이다. 두 기울기의 곱이 −1이므로 접선과 이 직선은 서로 수직이다(그림 9.41c). 마찬가지로, $\theta = \frac{5\pi}{6}$일 때는 접선의 기울기가 $\sqrt{3}$이고, 이 접선은 원점과 점 $\left(-\frac{\sqrt{3}}{2}, \frac{1}{2}\right)$을 연결하는 선분과 직교한다. 마지막으로, $\theta = \frac{\pi}{2}$ 일 때는 접선의 기울기가 0이고 이 접선은 원점과 점 (0, −1)을 연결하는 수직선과 직교한다. ■

그림 9.40a의 삼엽장미선과 같은 극좌표 곡선에서도 자연스럽게 곡선으로 둘러싸인 넓이를 생각하게 된다. 그러한 그래프는 $y = f(x)$와 같은 직교좌표계의 함수로부터 얻은 것이 아니기 때문에 5장의 넓이 공식을 이용할 수 없다. 그러나 정리 2.2의

매개변수방정식에 대한 넓이 공식을 극좌표의 경우로 바꾸면 가능하다. 공식을 얻는 간단한 방법은 다음과 같다.

반지름 r인 원의 넓이는 πr^2이다. 반지름이 r이고 중심각이 θ라디안인 부채꼴을 생각해 보자(그림 9.42). 원의 넓이의 $\left(\frac{\theta}{2\pi}\right)$배인 부채꼴의 넓이는 다음과 같다.

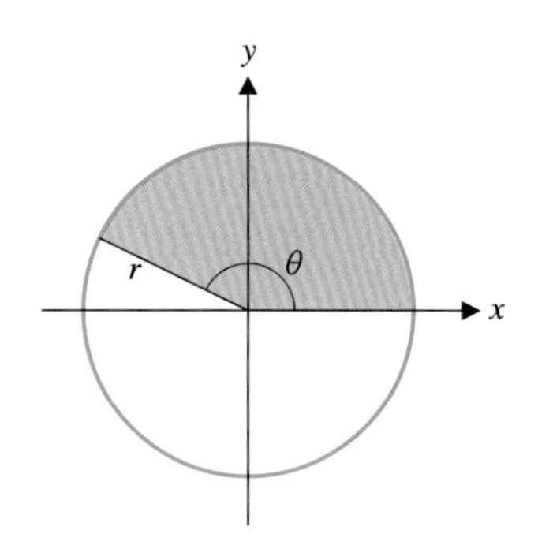

그림 9.42 부채꼴

$$A = \pi r^2 \frac{\theta}{2\pi} = \frac{1}{2} r^2 \theta$$

이제 $r = f(\theta)$, $\theta = a$, $\theta = b$인 극좌표 곡선으로 둘러싸인 부분의 넓이를 생각해 보자(그림 9.43a). 여기서 f는 구간 $a \le \theta \le b$에서 연속이고 양이다. 정적분을 정의했을 때와 마찬가지로 θ 의 구간을 n등분한다.

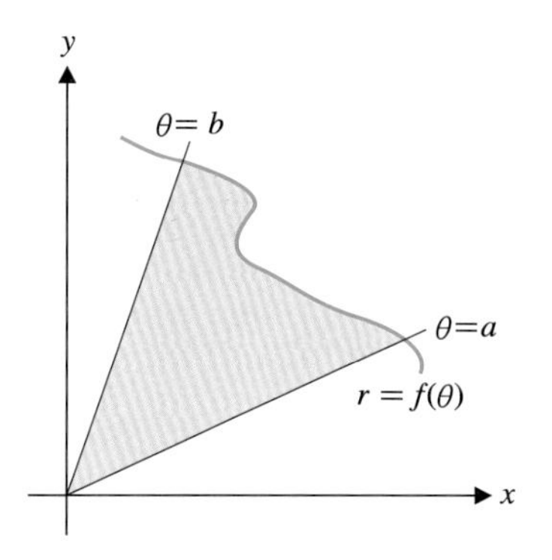

그림 9.43a 극좌표 영역의 넓이

$$a = \theta_0 < \theta_1 < \theta_2 < \cdots < \theta_n = b$$

그러면 소구간의 길이는 $\Delta\theta = \theta_i - \theta_{i-1} = \frac{b-a}{n}$ 이다. 소구간 $[\theta_{i-1}, \theta_i]$ $(i = 1, 2, \cdots, n)$에서 곡선을 원호 $r = f(\theta_i)$로 근사시키면(그림 9.43b) 곡선으로 둘러싸인 넓이 A_i는 근사적으로 반지름이 $f(\theta_i)$이고 중심각이 $\Delta\theta$인 부채꼴의 넓이와 같다.

$$A_i \approx \frac{1}{2} r^2 \Delta\theta = \frac{1}{2} [f(\theta_i)]^2 \Delta\theta$$

따라서 곡선으로 둘러싸인 전체의 넓이 A는 그러한 부채꼴들의 넓이의 합과 같다.

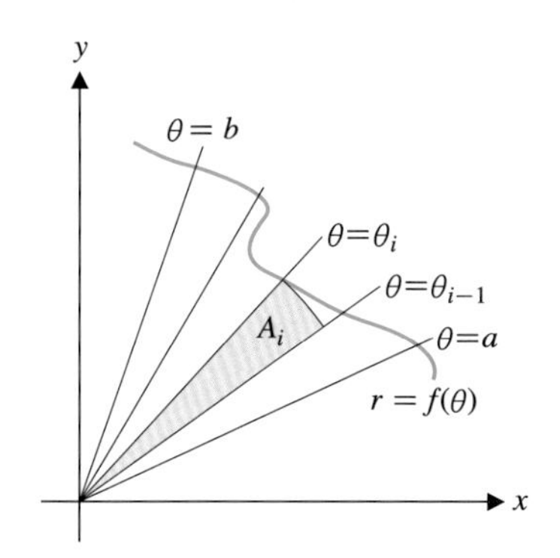

그림 9.43b 극좌표 영역 넓이의 근사화

$$A \approx \sum_{i=1}^{n} A_i = \sum_{i=1}^{n} \frac{1}{2} [f(\theta_i)]^2 \Delta\theta$$

n을 더 크게 하면 근삿값은 더 참값에 가까워진다. 그러므로 $n \to \infty$인 극한을 취하면 다음 정적분을 얻는다.

$$A = \lim_{n\to\infty} \sum_{i=1}^{n} \frac{1}{2} [f(\theta_i)]^2 \Delta\theta = \int_a^b \frac{1}{2} [f(\theta)]^2 \, d\theta \tag{5.5}$$

예제 5.3 삼엽장미선의 한 잎의 넓이

삼엽장미선 $r = \sin 3\theta$ 의 한 잎의 넓이를 구하여라.

풀이

삼엽장미선의 한 잎은 $0 \le \theta \le \frac{\pi}{3}$ 에서 그려진다(그림 9.44). 식 (5.6)으로부터 넓이는 다음과 같다.

$$A = \int_0^{\pi/3} \frac{1}{2} (\sin 3\theta)^2 \, d\theta = \frac{1}{2} \int_0^{\pi/3} \sin^2 3\theta \, d\theta$$

$$= \frac{1}{4} \int_0^{\pi/3} (1 - \cos 6\theta) \, d\theta = \frac{1}{4} \left(\theta - \frac{1}{6} \sin 6\theta\right)\Big|_0^{\pi/3} = \frac{\pi}{12}$$

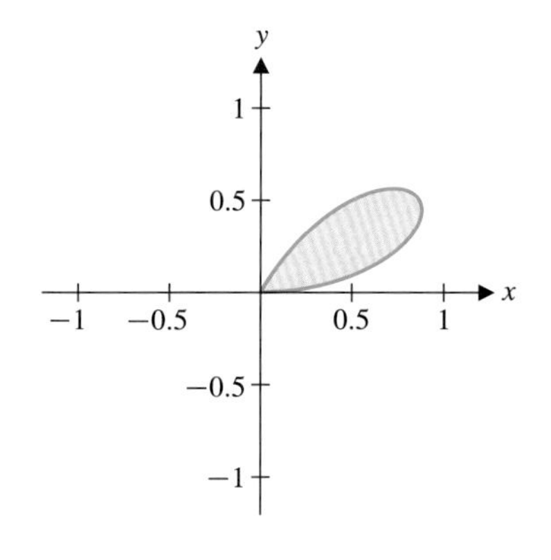

그림 9.44 $r = \sin 3\theta$ 의 한 잎

여기서 피적분함수는 반각공식 $\sin^2 \alpha = \frac{1}{2}(1-\cos 2\alpha)$를 이용하여 적분가능한 함수로 바꾸었다.

극좌표 영역의 넓이를 구할 때 가장 주의해야 할 부분은 적분구간의 설정이다.

예제 5.4 리마송 안쪽 고리의 넓이

리마송 $r = 2 - 3\sin\theta$의 안쪽 고리로 둘러싸인 부분의 넓이를 구하여라.

풀이

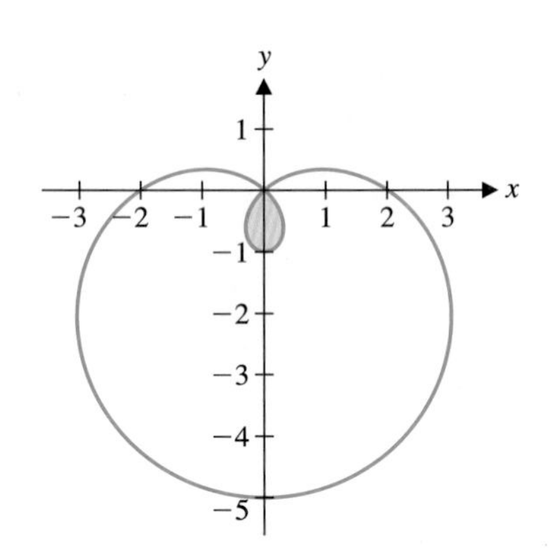

그림 9.45 $r = 2 - 3\sin\theta$

리마송의 그래프가 그림 9.45에 그려져 있다. 곡선 $\theta = 0$일 때 점 (2, 0)을 출발하여 원점을 지나면서 안쪽 고리를 그리고 다시 원점을 지난 후에 바깥쪽 고리를 그린다. 따라서 안쪽 고리를 형성하는 $\theta > 0$의 범위는 $r = 0$이 되는 첫 번째 각과 두 번째 각 사이이다. $r = 0$이면 $\sin\theta = \frac{2}{3}$이므로 첫 번째 각은 $\theta = \sin^{-1}\left(\frac{2}{3}\right)$, 두 번째 각은 $\theta = \pi - \sin^{-1}\left(\frac{2}{3}\right)$이다. 두 각은 각각 $\theta = 0.73$, $\theta = 2.41$에 근사하다. 식 (5.6)으로부터 넓이의 근삿값은 다음과 같다.

$$A \approx \int_{0.73}^{2.41} \frac{1}{2}(2 - 3\sin\theta)^2 d\theta = \frac{1}{2}\int_{0.73}^{2.41}(4 - 12\sin\theta + 9\sin^2\theta)\, d\theta$$

$$= \frac{1}{2}\int_{0.73}^{2.41}\left[4 - 12\sin\theta + \frac{9}{2}(1 - \cos 2\theta)\right] d\theta \approx 0.44$$

여기서도 피적분함수는 반각공식 $\sin^2\theta = \frac{1}{2}(1 - \cos 2\theta)$를 이용하여 적분가능한 함수로 바꾸었다(적분구간이 근삿값이므로 넓이도 근삿값이다).

두 극좌표 그래프 사이에 있는 넓이를 구하기 위해서는 한 쪽 넓이에서 다른 쪽 넓이를 빼는 방법을 이용한다. 다음 예제는 계산이 번거롭지는 않지만 두 극좌표 곡선의 교점을 구하기가 까다롭다.

예제 5.5 두 극좌표 곡선 사이의 넓이 구하기

리마송 $r = 3 + 2\cos\theta$의 안쪽에 있고 원 $r = 2$의 바깥쪽에 있는 부분의 넓이를 구하여라.

풀이

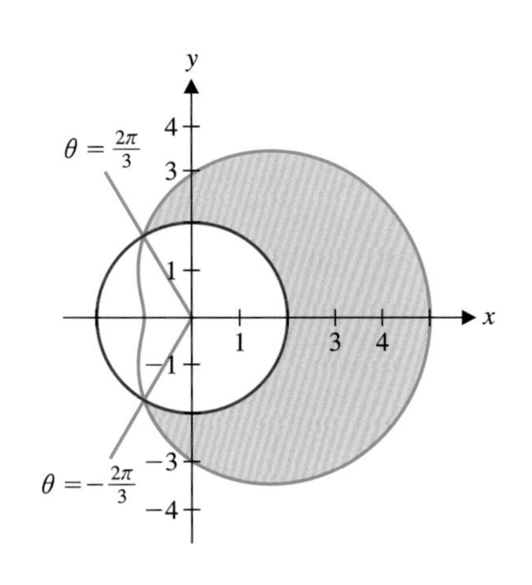

그림 9.46a $r = 3 + 2\cos\theta$, $r = 2$

그림 9.46a는 두 곡선을 보여주고 있다. 적분구간은 곡선이 교차하는 두 θ에 대응되므로 방정식 $3 + 2\cos\theta = 2$를 풀어야 한다. 그런데 $\cos\theta$가 주기함수이므로 이 방정식의 해는 무수히 많다. 따라서 필요한 해를 구하기 위해 그래프를 참고한다. 이 경우에는 음의 해와 양의 해가 필요하다(그림 9.46b는 두 양의 해 $\frac{2\pi}{3}$와 $\frac{4\pi}{3}$ 사이의 θ에 대응되는 영역을 나타낸다. 이것은 리마송 바깥쪽에 있고 원 안쪽에 있는 부분의 넓이이다!). $3 + 2\cos\theta = 2$에서 $\cos\theta = -\frac{1}{2}$이므로 음의 해는 $\theta = -\frac{2\pi}{3}$, 양의 해는 $\theta = \frac{2\pi}{3}$이다. 식 (5.6)으로부터, 이 구간에서 리마송으로 둘러싸인 넓이는

$$\int_{-2\pi/3}^{2\pi/3} \frac{1}{2}(3 + 2\cos\theta)^2 d\theta = \frac{33\sqrt{3} + 44\pi}{6}$$

이다. 마찬가지로, 이 구간에서 원으로 둘러싸인 부분의 넓이는

$$\int_{-2\pi/3}^{2\pi/3} \frac{1}{2}(2)^2\, d\theta = \frac{8\pi}{3}$$

이다. 그러므로 리마송 안쪽에 있고 원 바깥쪽에 있는 부분의 넓이는 다음과 같다.

$$A = \int_{-2\pi/3}^{2\pi/3} \frac{1}{2}(3+2\cos\theta)^2\, d\theta - \int_{-2\pi/3}^{2\pi/3} \frac{1}{2}(2)^2\, d\theta$$

$$= \frac{33\sqrt{3}+44\pi}{6} - \frac{8\pi}{3} = \frac{33\sqrt{3}+28\pi}{6} \approx 24.2$$

자세한 적분 계산은 독자에게 맡긴다.

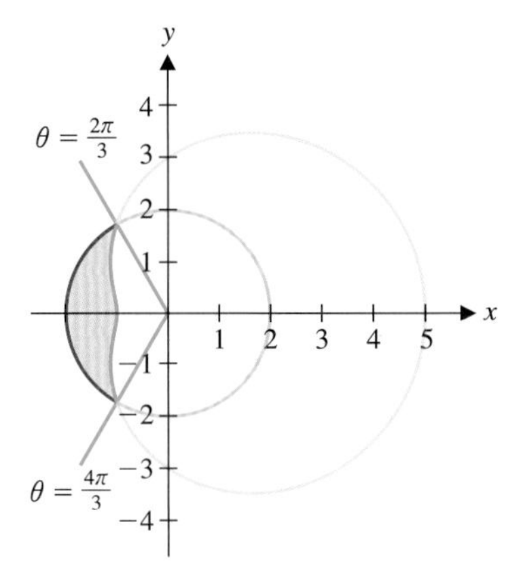

그림 9.46b $\frac{2\pi}{3} \le \theta \le \frac{4\pi}{3}$

r이 양수도 되고 음수도 되는 경우에는 두 곡선의 교점을 찾는 과정이 더욱 복잡하다.

예제 5.6 r이 양수 또는 음수인 극좌표 곡선의 교점 구하기

리마송 $r = 1 - 2\cos\theta$와 원 $r = 2\sin\theta$의 교점을 모두 구하여라.

풀이

두 곡선을 보여주는 그림 9.47a로부터 교점은 세 개 있다는 사실을 알 수 있다. 원 $r = 2\sin\theta$는 $0 \le \theta \le \pi$에서 그려지므로 이 구간에서 $1 - 2\cos\theta = 2\sin\theta$의 세 해를 구할 수 있다고 생각할 수 있다. 그러나 직교좌표 구간 $0 \le x \le \pi$에서 두 곡선 $y = 1 - 2\cos x$, $y = 2\sin x$를 그려 보면(그림 9.47b) 하나의 해 $\theta \approx 1.99$만 있다는 사실을 알 수 있다. 이 해에 대응되는 직교좌표는 $(r\cos\theta,\ r\sin\theta) \approx (-0.74,\ 1.67)$이다. 그림 9.47a는 이 점 아래쪽에 있는 또 다른 교점을 보여준다. 이 점을 구하는 한 가지 방법은 θ의 범위를 확장한 직교좌표 구간에서 두 곡선을 그려보는 것이다(그림 9.47c). 이 그림은 방정식 $1 - 2\cos\theta = 2\sin\theta$의 두 번째 해가 $\theta = 5.86$ 근처에 있다는 것을 말해주며 이 해에 대응되는 점은 $(-0.74,\ 0.34)$이다. 이 점은 $r = 1 - 2\cos\theta$의 안쪽 고리에 있고 음의 r에 대응된다. 마지막 세 번째 교점은 원점이다. 이 점은 방정식 $1 - 2\cos\theta = 2\sin\theta$의 어떤 해로부터도 얻을 수 없다. 그 이유는 두 곡선이 원점을 통과하는 순간의 θ값이 다르기 때문이다. 극좌표에서는

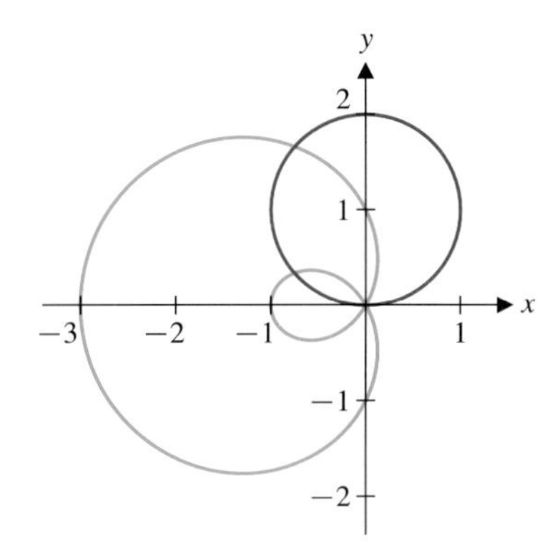

그림 9.47a $r = 1 - 2\cos\theta$, $r = 2\sin\theta$

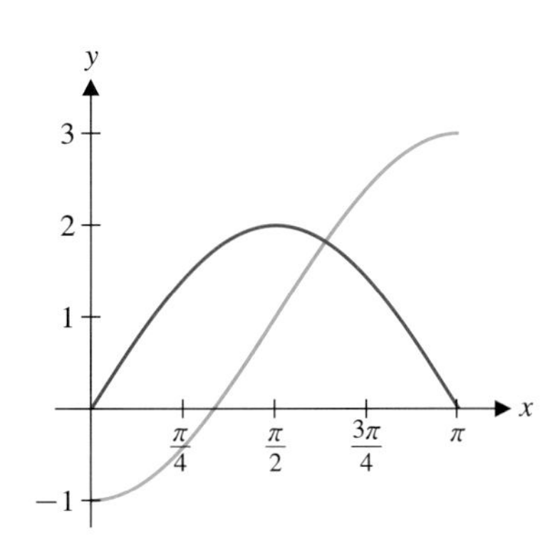

그림 9.47b $y = 1 - 2\cos x$, $y = 2\sin x$, $0 \le x \le \pi$

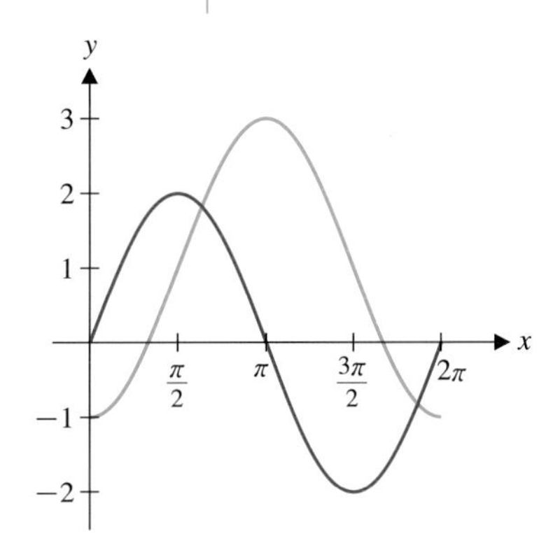

그림 9.47c $y = 1 - 2\cos x$, $y = 2\sin x$, $0 \le x \le 2\pi$

어떤 각 θ에 대해서도 점 $(0, \theta)$가 원점에 대응된다. $1-2\cos\theta=0$은 $\theta=\frac{\pi}{3}$일 때 성립하고 $2\sin\theta=0$은 $\theta=0$일 때 성립한다. 그러므로 두 곡선이 원점에서 만나긴 하지만 이들이 원점을 통과할 때의 각 θ는 서로 다르다.

주 5.1

두 극좌표 곡선 $r=f(\theta)$, $r=g(\theta)$의 교점을 구하기 위해서는 점들의 극좌표 표현이 한 가지가 아니라는 사실을 알아야 한다. 이는 두 곡선의 교점이 $f(\theta)=g(\theta)$의 해에 반드시 대응될 필요는 없다는 의미이다.

다음 예제 5.7은 직교좌표보다 극좌표에서 훨씬 간단하게 해결되는 응용문제이다.

예제 5.7 부분적으로 채워진 원통형 기름 탱크의 부피

반지름 2피트인 원통형 기름 탱크가 옆으로 놓여 있다. 계량막대로 측정한 기름의 깊이는 1.8피트이다(그림 9.48a). 남아있는 기름은 탱크 용량의 몇 %인가?

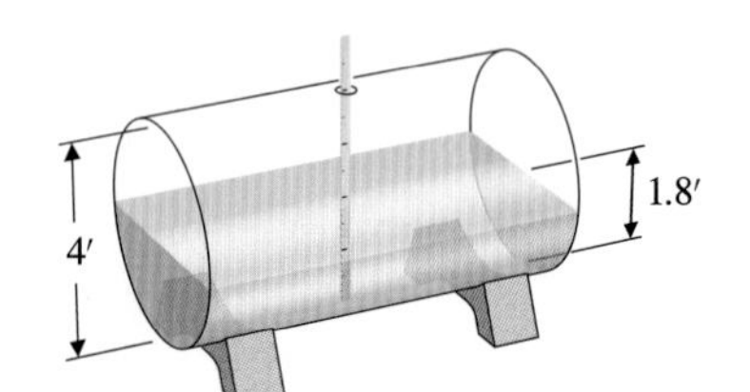

그림 9.48a 원통형 기름 탱크

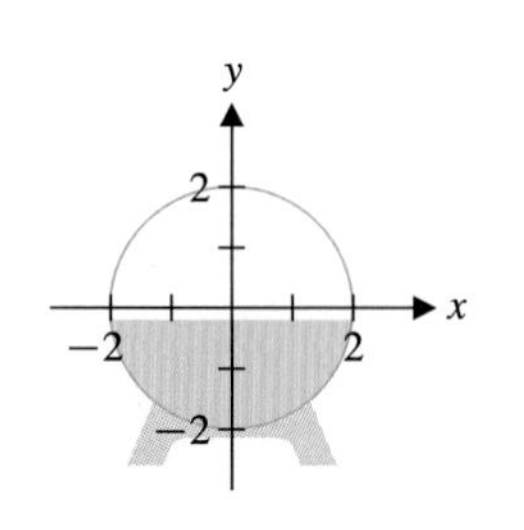

그림 9.48b 탱크의 단면

풀이

탱크에 남아 있는 기름의 백분율을 구하기 때문에 탱크의 길이는 문제와 아무 관련이 없다. 따라서 중심이 원점이고 반지름이 2인 원으로 나타나는 탱크의 단면만 생각한다. 남아있는 기름의 비는, 직선 $y=-0.2$ 아래에 있고 원 안쪽에 있는 넓이를 원의 넓이 전체로 나누어 얻는다. 원의 넓이는 4π이므로 그림 9.48b의 색칠한 부분의 넓이가 필요하다. 이 넓이를 직교좌표에서 구하기는 번거롭지만 극좌표에서 구하기는 쉽다. 직선 $y=-0.2$를 극좌표로 나타내면 $r\sin\theta=-0.2$ 또는 $r=-0.2\csc\theta$이다. 그러므로 식 (5.6)에 의해 직선 아래에 있고 원 안쪽에 있는 넓이는 다음과 같다.

$$\text{넓이}=\int_{\theta_1}^{\theta_2}\frac{1}{2}(2)^2\,d\theta-\int_{\theta_1}^{\theta_2}\frac{1}{2}(-0.2\csc\theta)^2\,d\theta$$

여기서 θ_1, θ_2는 $r=2$, $r=-0.2\csc\theta$의 교점이다. 뉴턴의 방법을 이용하면 $\theta_1\approx 3.242$, $\theta_2\approx 6.183$을 얻는다. 따라서 넓이는

$$\begin{aligned}\text{넓이}&=\int_{\theta_1}^{\theta_2}\frac{1}{2}(2)^2 d\theta-\int_{\theta_1}^{\theta_2}\frac{1}{2}(-0.2\csc\theta)^2 d\theta\\&=(2\theta+0.02\cot\theta)\Big|_{\theta_1}^{\theta_2}\approx 5.485\end{aligned}$$

이고 탱크에 남아 있는 기름의 비는 $\frac{5.485}{4\pi}\approx 0.43648$ 또는 탱크 용량의 약 43.6%이다.

극좌표 곡선의 호의 길이를 구하는 방법을 살펴보면서 이 절을 마무리한다. 식 (3.1)에서 매개변수방정식 $x=x(t)$, $y=y(t)$, $a\le t\le b$로 정의된 곡선의 호의 길이는

$$s=\int_a^b\sqrt{\left(\frac{dx}{dt}\right)^2+\left(\frac{dy}{dt}\right)^2}\,dt \tag{5.6}$$

이다. 극방정식으로 주어진 곡선 $r=f(\theta)$를 매개변수가 θ인 매개변수방정식으로 나

타내면

$$x = r\cos\theta = f(\theta)\cos\theta, \quad y = r\sin\theta = f(\theta)\sin\theta$$

이므로

$$\begin{aligned}\left(\frac{dx}{d\theta}\right)^2+\left(\frac{dy}{d\theta}\right)^2 &= [f'(\theta)\cos\theta - f(\theta)\sin\theta]^2 + [f'(\theta)\sin\theta + f(\theta)\cos\theta]^2 \\ &= [f'(\theta)]^2(\cos^2\theta+\sin^2\theta) + f'(\theta)f(\theta)(-2\cos\theta\sin\theta + 2\sin\theta\cos\theta) \\ &\quad 2\sin\theta\cos\theta) + [f(\theta)]^2(\cos^2\theta+\sin^2\theta) \\ &= [f'(\theta)]^2 + [f(\theta)]^2\end{aligned}$$

이다. 따라서 식 (5.6)으로부터 호의 길이는 다음과 같다.

$$\boxed{s = \int_a^b [f'(\theta)]^2 + [f(\theta)]^2\, d\theta} \tag{5.7}$$

예제 5.8 극방정식으로 주어진 곡선의 호의 길이

심장형 곡선 $r = 2-2\cos\theta$의 전체 길이를 구하여라.

풀이

그림 9.49는 심장형 곡선의 그래프이다. 이 곡선은 $0 \le \theta \le 2\pi$에서 그려진다. 식 (5.8)로부터 호의 길이는

$$\begin{aligned} s &= \int_a^b \sqrt{[f'(\theta)]^2 + [f(\theta)]^2}\, d\theta = \int_0^{2\pi} \sqrt{(2\sin\theta)^2 + (2-2\cos\theta)^2}\, d\theta \\ &= \int_0^{2\pi} \sqrt{4\sin^2\theta + 4 - 8\cos\theta + 4\cos^2\theta}\, d\theta = \int_0^{2\pi} \sqrt{8 - 8\cos\theta}\, d\theta = 16 \end{aligned}$$

이다. 자세한 계산은 각자 해 보기 바란다(반각공식 $\sin^2 x = \frac{1}{2}(1-\cos 2x)$를 이용하고 $\sqrt{x^2} = |x|$임에 유의하여라). ■

연습문제 9.5

[1~3] 주어진 점에서 다음 극방정식 곡선의 접선의 기울기를 구하여라.

1. $r = \sin 3\theta$ (a) $\theta = \frac{\pi}{3}$ (b) $\theta = \frac{\pi}{2}$

2. $r = 3\sin\theta$ (a) $\theta = 0$ (b) $\theta = \frac{\pi}{2}$

3. $r = e^{2\theta}$ (a) $\theta = 0$ (b) $\theta = 1$

[4~5] (a) $|r|$이 최댓값을 갖는 점을 모두 구하고 (b) 접선은 그 점과 원점을 연결하는 선분에 수직임을 보여라.

4. $r = \sin 3\theta$

5. $r = 2 - 4\sin 2\theta$

[6~13] 다음 영역의 넓이를 구하여라.

6. $r=\cos 3\theta$의 한 잎

7. $r=2\cos\theta$의 내부

8. $r=1+2\sin 2\theta$의 작은 고리 내부

9. $r=3-4\sin\theta$의 안쪽 고리 내부

10. $r=2+3\sin 3\theta$의 안쪽 고리 내부

11. $r=3+2\sin\theta$의 내부이고 $r=2$의 외부인 영역

12. $r=2$의 내부이고 $r=1+2\sin\theta$의 외부인 영역

13. $r=1+\cos\theta$의 내부이고 $r=1$의 내부인 영역

[14~15] 다음 두 곡선의 교점을 모두 구하여라.

14. $r=1-2\sin\theta$, $r=2\cos\theta$

15. $r=1+\sin\theta$, $r=1+\cos\theta$

[16~18] 다음 곡선의 호의 길이를 구하여라.

16. $r=2-2\sin\theta$

17. $r=\sin 3\theta$

18. $r=1+2\sin 2\theta$

벡터와 공간기하

CHAPTER 10

영국 서남부 항구의 브리스틀 자동차 경주로는 엄청난 속도, 가파른 경기장, 열띤 관객 등으로 인해 미국 개조자동차 경기연맹(NASCAR)의 레이싱 코스로 인기가 높다. 43명의 레이서가 약 0.5마일의 타원형 트랙을 시간당 120마일의 속도로 2시간 반 동안 16만 명 관중의 환호를 받으며 달린다.

모든 자동차 경기는 고도의 과학 기술이 요구되는데 경주차의 제조 원리는 비행기 제조 원리와 흡사하다. 시속 100~200마일을 달리는 경주차가 받는 공기 저항은 허리케인에 버금간다. 그래서 경주차 엔지니어의 주된 임무 중 하나는 도로에서 차가 이탈되지 않도록 공기 역학적으로 경주차를 디자인하는 것인데, 도로 마찰력 향상을 위해 차 후미에 큰 날개를 부착시켜 아래로 향하는 힘을 증대시킨다.

여기서 차의 하체 부분은 마치 비행기 날개를 뒤집은 것 같은 형상이며 차 아래쪽에서 빠져나온 공기는 아래로 향하는 가공할 만한 힘을 생성시킨다. 이러한 디자인은 차 무게 세 배 이상의 지면 밀착력을 가져온다. 또한 이러한 이유로 개조차 레이서들은 차를 개조하는 데 복잡하고 엄격한 제한을 받는다.

브리스틀 경기장은 트랙의 길이가 겨우 0.533마일인 타원형인데, 차들은 평균 시속 120마일을 유지하며 15초당 한 바퀴를 도는 셈이 된다. 이러한 속력을 고려해 트랙을 특수하게 제작하지 않는다면 위험할 것이다. 특히 브리스틀 트랙은 직선 코스의 경우 경사도가 16도이고 코너 부분은 36도에 이른다. 이때 도로의 경사도는 중력의 역할에 영향을 미친다.

이 장에서는 이러한 경주차나 경주 트랙을 디자인하는 엔지니어에게 필수적 도구인 벡터에 대해 다룬다.

10.1 평면에서의 벡터

그림 10.1 방향선분

움직이는 물체의 속도를 설명하기 위해서는 그것이 움직이는 방향과 크기(속력) 모두를 필요로 한다. 실제로 속도, 가속도, 힘은 각각 크기(예를 들면, 속력)와 방향을 갖는다. 우리는 그러한 양을 기하학적인 방향선분(즉 화살모양), 다시 말해 특별한 방향을 가진 선분으로 표시한다. 이 절에서는 이차원 공간에 한정시키고 점 P(시작점)에서 점 Q (끝점)로 가는 방향선분을 $\overrightarrow{PQ}$로 나타낸다(그림 10.1).

방향선분 $\overrightarrow{PQ}$의 길이를 그 **크기**(magnitude)라고 하며 $\|\overrightarrow{PQ}\|$라 표시한다. 수학적으로 같은 크기와 방향을 가지고 있는 모든 방향선분은 그 시작점의 위치에 관계없이 같은 것으로 여긴다. **벡터**(vector)라는 용어는 크기와 방향을 가지고 있는 어떤 양을 나타낼 때 사용한다. 보통 벡터는 방향이 주어진 선분으로 표시된다. 시작점의 위치는 관계가 없고 오직 크기와 방향만이 중요하다. 다시 말해, 만약 $\overrightarrow{PQ}$가 시작점 P에서 끝점 Q로 가는 방향선분이라면 그것에 대응하는 벡터 $\mathbf{v}$는 $\overrightarrow{PQ}$와 똑같은 크기와 방향을 가지는 모든 방향선분뿐만 아니라 $\overrightarrow{PQ}$도 나타낸다. 그림 10.2는 비록 그 시작점들은 다르지만 동치인 세 벡터를 보여준다. 이때 아래와 같이 표시한다.

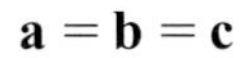

$$\mathbf{a} = \mathbf{b} = \mathbf{c}$$

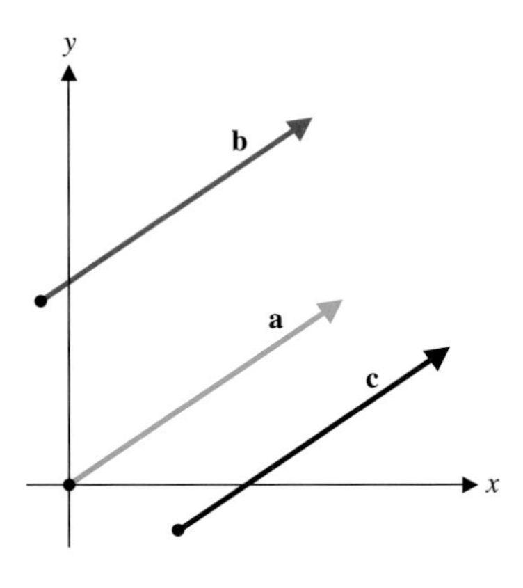

그림 10.2 같은 벡터

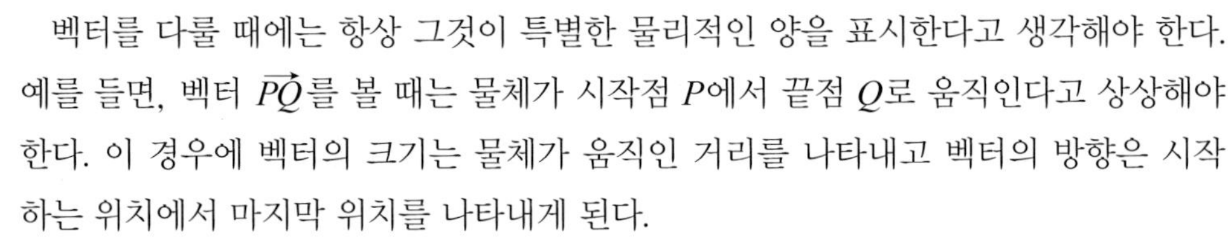

벡터를 다룰 때에는 항상 그것이 특별한 물리적인 양을 표시한다고 생각해야 한다. 예를 들면, 벡터 $\overrightarrow{PQ}$를 볼 때는 물체가 시작점 P에서 끝점 Q로 움직인다고 상상해야 한다. 이 경우에 벡터의 크기는 물체가 움직인 거리를 나타내고 벡터의 방향은 시작하는 위치에서 마지막 위치를 나타내게 된다.

이 책에서는 벡터를 그림 10.2에서처럼 **a**, **b**, **c**로 표시한다. 이 경우에 시작점과 끝점은 P, Q와 같이 구체적으로 표시하고 그 벡터를 $\overrightarrow{PQ}$로 표시한다. 굵은 활자체로 표시할 수 없을 때에는 화살표 기호(예를 들면, $\vec{a}$) 를 사용한다. 벡터를 다룰 때에는 실수를 **스칼라**(scalar)라고 말한다.

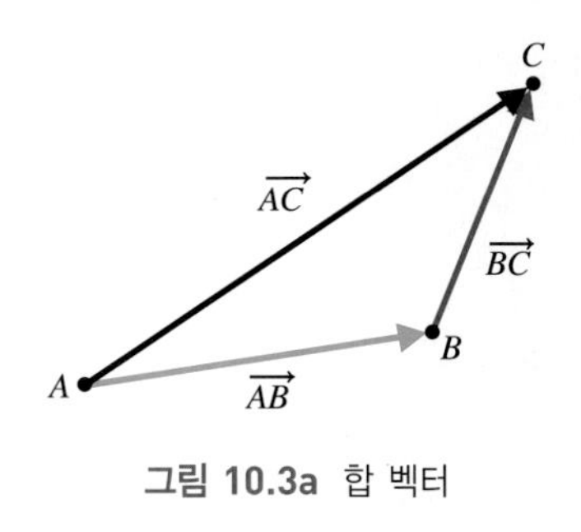

그림 10.3a 합 벡터

그림 10.3a와 같이 세 벡터가 주어져 있다고 하자. 만약 벡터 $\overrightarrow{AB}$를 점 A에서 점 B로 가는 입자의 변위(벡터 $\overrightarrow{AB}$에 대응)라고 생각한다면, A에서 B로 입자를 움직인 후에 B로부터 C로 입자를 움직인 결과(벡터 $\overrightarrow{BC}$에 대응)는 A에서 C로 바로 움직인 것과 같으며, 그것은 벡터 $\overrightarrow{AC}$(합벡터라 부름)에 대응한다. 벡터 $\overrightarrow{AC}$를 벡터 $\overrightarrow{AB}$와 벡터 $\overrightarrow{BC}$의 **합**(sum)이라 하고 다음과 같이 나타낸다.

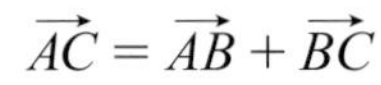

$$\overrightarrow{AC} = \overrightarrow{AB} + \overrightarrow{BC}$$

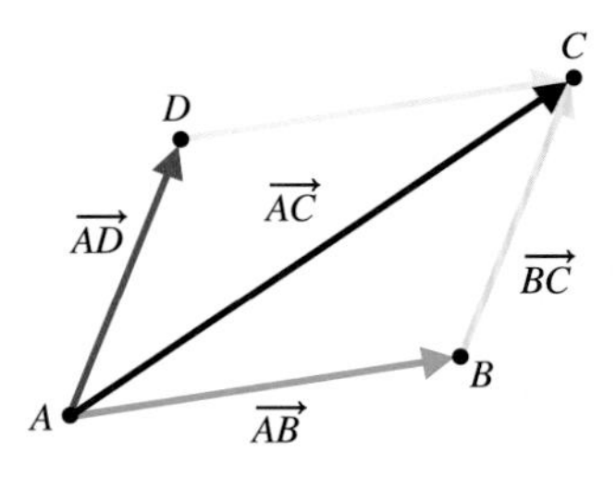

그림 10.3b 두 벡터의 합

따라서, 합해야 할 두 벡터의 시작점들을 같은 점에 놓은 후 한 벡터의 시작점을 다른 벡터의 끝점에 옮겨 그림 10.3b처럼 평행사변형을 완성한다. 시작점이 A이고 끝점이 C인 대각선 방향의 벡터는 그 합이다.

$$\overrightarrow{AC} = \overrightarrow{AB} + \overrightarrow{AD}$$

벡터의 두 번째 기본적인 연산은 **스칼라곱**(scalar multiplication)이다. 만약 벡터

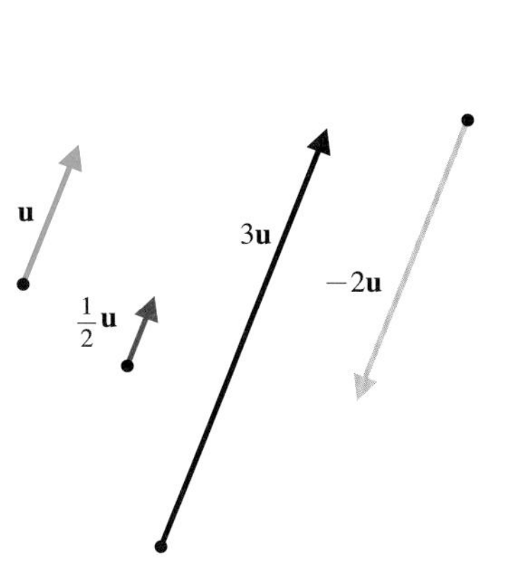

그림 10.4 스칼라곱

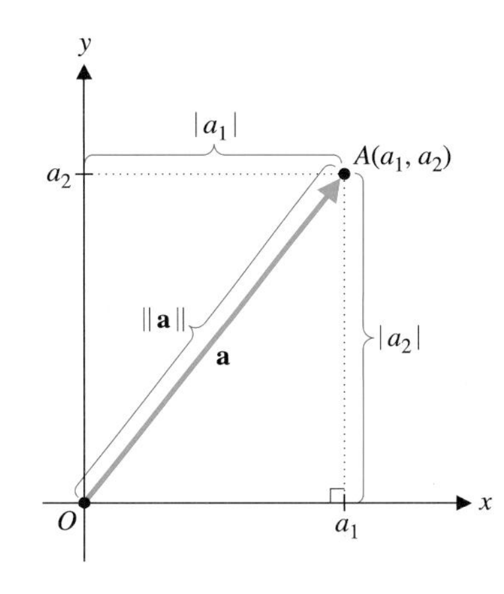

그림 10.5 위치벡터 $a = \langle a_1, a_2 \rangle$

$\mathbf{u}$에 스칼라(실수) $c>0$를 곱한다면 그 결과 벡터는 방향은 $\mathbf{u}$와 같고 크기는 $c\|\mathbf{u}\|$가 된다. 한편, 벡터 $\mathbf{u}$에 스칼라 $c<0$를 곱한다면 그 벡터는 $\mathbf{u}$와 반대방향으로 크기가 $|c|\|\mathbf{u}\|$가 된다(그림 10.4).

벡터를 나타낼 때 시작점의 위치는 상관없으므로 일반적으로 시작점을 원점에 둔 벡터들을 생각한다. 이 벡터를 **위치벡터**(position vector)라 한다. 시작점이 원점이고 끝점이 점 $A(a_1, a_2)$인 위치벡터를 벡터 $\mathbf{a}$라고 할 때(그림 10.5), 그 벡터는 다음과 같이 표시된다.

$$\mathbf{a} = \overrightarrow{OA} = \langle a_1, a_2 \rangle$$

a_1과 a_2를 벡터 $\mathbf{a}$의 **성분**(component)이라고 한다. a_1은 첫 번째 성분이고 a_2는 두 번째 성분이라 한다. 점 (a_1, a_2)와 위치벡터 $\langle a_1, a_2 \rangle$을 주의 깊게 구별해야 한다. 그림 10.5로부터 위치벡터 $\mathbf{a}$의 크기는 피타고라스 정리를 사용하면 다음과 같다.

$$\boxed{\|\mathbf{a}\| = \sqrt{a_1^2 + a_2^2}} \qquad (1.1)$$

두 위치벡터 $\mathbf{a} = \langle a_1, a_2 \rangle$, $\mathbf{b} = \langle b_1, b_2 \rangle$에서 $\mathbf{a} = \mathbf{b}$일 필요충분조건은 그 끝점이 같을 때이다. 즉 $a_1 = b_1$, $a_2 = b_2$이다. 다시 말하면, 두 위치벡터는 대응하는 각 성분이 같을 때 같다. 두 위치벡터 $\overrightarrow{OA} = \langle a_1, a_2 \rangle$와 $\overrightarrow{OB} = \langle b_1, b_2 \rangle$에 대하여 앞에서와 같이 위치벡터들을 그려 평행사변형을 완성하면 그림 10.6과 같다.

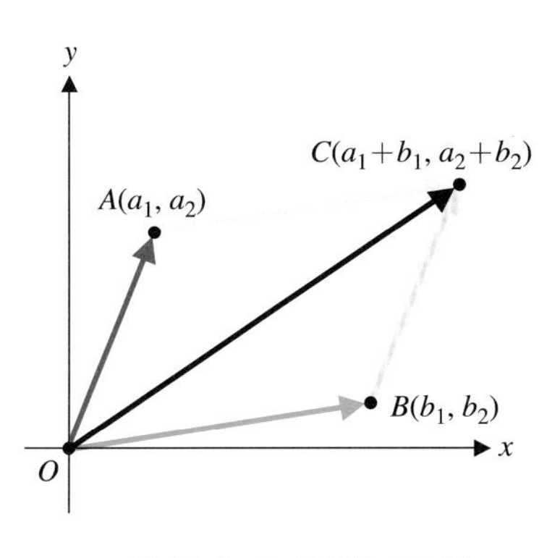

그림 10.6 두 위치벡터의 합

$$\overrightarrow{OA} + \overrightarrow{OB} = \overrightarrow{OC}$$

성분형태로 위치벡터를 나타내면 다음과 같이 벡터합을 정의할 수 있다.

$$\boxed{\langle a_1, a_2 \rangle + \langle b_1, b_2 \rangle = \langle a_1 + b_1, a_2 + b_2 \rangle} \quad \text{벡터합} \qquad (1.2)$$

따라서 두 벡터를 합한다는 것은 대응하는 성분을 단순히 합하는 것이다. 이런 이유로 벡터들의 합은 성분끼리의 합이라 한다. 같은 방법으로 벡터들의 차도 다음과 같이 성분끼리의 차이다.

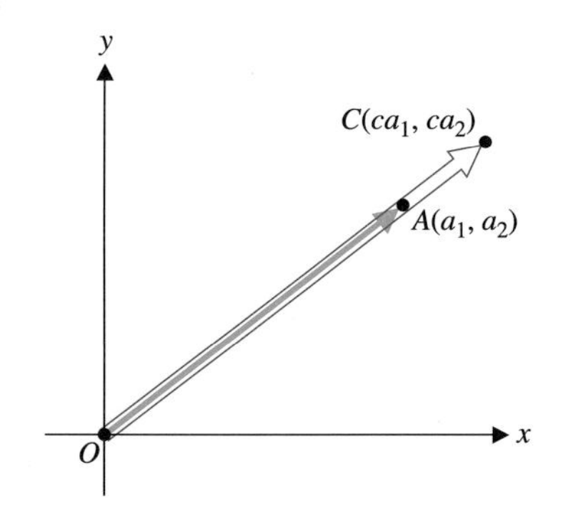

그림 10.7a 스칼라곱($c>1$)

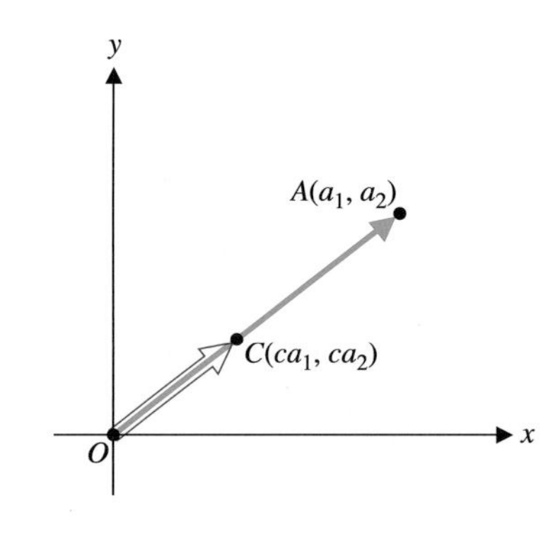

그림 10.7b 스칼라곱($0<c<1$)

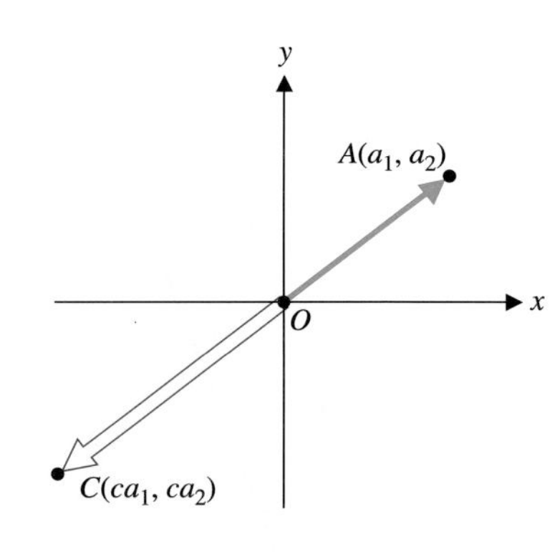

그림 10.7c 스칼라곱($c<-1$)

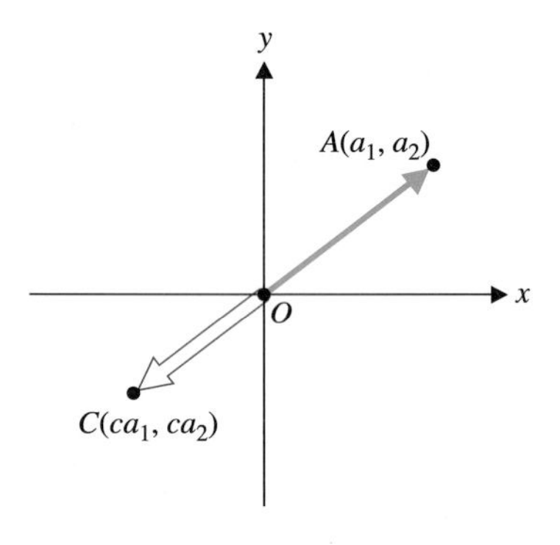

그림 10.7d 스칼라곱($-1<c<0$)

벡터차

$$\boxed{\langle a_1, a_2\rangle - \langle b_1, b_2\rangle = \langle a_1-b_1, a_2-b_2\rangle} \tag{1.3}$$

이제 위치벡터에 스칼라곱을 하는 의미를 살펴보자. 만약 벡터 **a**에 스칼라 c를 곱하여 그 결과가 $c>0$일 때는 **a**와 같은 방향이고 $c<0$일 때는 **a**와 반대방향이며, 각각의 경우에 그 크기는 $|c|\|\mathbf{a}\|$이다. 그림 10.7a는 위치벡터 $\mathbf{a}=\langle a_1, a_2\rangle$에 $c>1$인 스칼라곱을 한 벡터를 나타내고, 그림 10.7b는 $0<c<1$인 스칼라곱을 한 벡터를 나타낸다. 음수값을 갖는 스칼라곱의 경우는 그림 10.7c와 10.7d에 나타난다.

$c>0$인 경우 **a**와 같은 방향이고 크기가 $|c|\|\mathbf{a}\|$인 위치벡터는 $\langle ca_1, ca_2\rangle$이다. 그 이유는

$$\begin{aligned}\|\langle ca_1, ca_2\rangle\| &= \sqrt{(ca_1)^2+(ca_2)^2} = \sqrt{c^2a_1^2+c^2a_2^2}\\ &= |c|\sqrt{a_1^2+a_2^2} = |c|\|\mathbf{a}\|\end{aligned}$$

이기 때문이다. 같은 방법으로, 만약 $c<0$이면 $\langle ca_1, ca_2\rangle$는 **a**와 반대방향이고 크기가 $|c|\|\mathbf{a}\|$인 벡터이다. 이런 이유로 임의의 스칼라 c에 대한 위치벡터의 스칼라곱은 다음과 같이 정의한다.

스칼라곱

$$\boxed{c\langle a_1, a_2\rangle = \langle ca_1, ca_2\rangle} \tag{1.4}$$

더욱이,

$$\boxed{\|c\mathbf{a}\| = |c|\|\mathbf{a}\|} \tag{1.5}$$

이다.

예제 1.1 벡터 연산

두 벡터 $\mathbf{a}=\langle 2, 1\rangle$, $\mathbf{b}=\langle 3, -2\rangle$에 대하여 다음을 계산하여라.

(a) $\mathbf{a}+\mathbf{b}$ (b) $2\mathbf{a}$ (c) $2\mathbf{a}+3\mathbf{b}$ (d) $2\mathbf{a}-3\mathbf{b}$ (e) $\|2\mathbf{a}-3\mathbf{b}\|$

풀이

(a) 식 (1.2)로부터

$$\mathbf{a}+\mathbf{b}=\langle 2,\ 1\rangle+\langle 3,\ -2\rangle=\langle 2+3,\ 1-2\rangle=\langle 5,\ -1\rangle$$

(b) 식 (1.4)로부터

$$2\mathbf{a}=2\langle 2,\ 1\rangle=\langle 2\cdot 2,\ 2\cdot 1\rangle=\langle 4,\ 2\rangle$$

(c) 식 (1.2)와 (1.4)로부터

$$2\mathbf{a}+3\mathbf{b}=2\langle 2,\ 1\rangle+3\langle 3,\ -2\rangle=\langle 4,\ 2\rangle+\langle 9,\ -6\rangle=\langle 13,\ -4\rangle$$

(d) 식 (1.3)과 (1.4)로부터

$$2\mathbf{a}-3\mathbf{b}=2\langle 2,\ 1\rangle-3\langle 3,\ -2\rangle=\langle 4,\ 2\rangle-\langle 9,\ -6\rangle=\langle -5,\ 8\rangle$$

(e) 식 (1.1)로부터

$$\|2\mathbf{a}-3\mathbf{b}\|=\|\langle -5,\ 8\rangle\|=\sqrt{25+64}=\sqrt{89}$$

■

임의의 벡터에 스칼라 $c=0$를 곱한다면 길이가 0인 벡터가 된다. 이 벡터를 **영벡터**(zero vector)라 한다.

$$\mathbf{0}=\langle 0,\ 0\rangle$$

더욱이 이것은 길이가 0인 유일한 벡터이다(그 이유는?). 영벡터는 특별한 방향도 가지고 있지 않다. **벡터 $\mathbf{a}$의 덧셈에 대한 역원** $-\mathbf{a}$는 다음과 같이 정의한다.

$$-\mathbf{a}=-\langle a_1,\ a_2\rangle=(-1)\langle a_1,\ a_2\rangle=\langle -a_1,\ -a_2\rangle$$

$-\mathbf{a}$벡터는 $\mathbf{a}$벡터와 반대방향을 가지며, 다음과 같이 그 크기는 같다.

$$\|-\mathbf{a}\|=\|(-1)\langle a_1,\ a_2\rangle\|=|-1|\|\mathbf{a}\|=\|\mathbf{a}\|$$

정의 1.1

같은 또는 반대방향을 가지는 두 벡터를 **평행**(parallel)이라고 한다. 영벡터는 모든 벡터와 평행이다.

0이 아닌 두 위치벡터 $\mathbf{a}$, $\mathbf{b}$가 평행일 필요충분조건은 적당한 스칼라 c에 대해 $\mathbf{b}=c\mathbf{a}$이다.

예제 1.2 두 벡터가 평행인지 결정하기

주어진 벡터들이 평행인지 아닌지 밝혀라.

(a) $\mathbf{a}=\langle 2,\ 3\rangle$, $\mathbf{b}=\langle 4,\ 5\rangle$ (b) $\mathbf{a}=\langle 2,\ 3\rangle$, $\mathbf{b}=\langle -4,\ -6\rangle$

풀이

(a) 식 (1.4)로부터 $\mathbf{b}=c\mathbf{a}$이면

$$\langle 4,\ 5\rangle=c\langle 2,\ 3\rangle=\langle 2c,\ 3c\rangle$$

이다. 이 식이 성립하려면 두 벡터의 대응하는 성분들이 같아야 한다. 즉, $4 = 2c(c = 2)$이고 $5 = 3c(c = 5/3)$이다. 이것은 모순이다. 그러므로 $\mathbf{a}$와 $\mathbf{b}$는 평행이 아니다.
(b) 식 (1.4)로부터

$$\langle -4,\ -6 \rangle = c\langle 2,\ 3 \rangle = \langle 2c,\ 3c \rangle$$

이다. 이 경우에는 $-4 = 2c$(따라서 $c = -2$)이고 $-6=3c$(따라서 $c = -2$)이다. 즉 $-2\mathbf{a} = \langle -4,\ -6 \rangle = \mathbf{b}$이다. 그러므로 $\langle 2, 3 \rangle$과 $\langle -4, 6 \rangle$은 평행이다.
■

이차원 공간의 모든 위치벡터들의 집합을

$$V_2 = \{\langle x,\ y \rangle \mid x,\ y \in \mathbb{R}\}$$

으로 표시한다. V_2에 속하는 벡터에 대하여 다음 정리가 성립한다.

정리 1.1

V_2에 속하는 임의의 벡터 $\mathbf{a}$, $\mathbf{b}$, $\mathbf{c}$에 대해 다음이 성립한다.

(i) $\mathbf{a}+\mathbf{b} = \mathbf{b}+\mathbf{a}$ (교환법칙)
(ii) $\mathbf{a}+(\mathbf{b}+\mathbf{c}) = (\mathbf{a}+\mathbf{b})+\mathbf{c}$ (결합법칙)
(iii) $\mathbf{a}+\mathbf{0} = \mathbf{a}$ (영벡터)
(iv) $\mathbf{a}+(-\mathbf{a}) = \mathbf{0}$ (덧셈에 대한 역원)
(v) $d(\mathbf{a}+\mathbf{b}) = d\mathbf{a}+d\mathbf{b}$ (분배법칙)
(vi) $(d+e)\mathbf{a} = d\mathbf{a}+e\mathbf{a}$ (분배법칙)
(vii) $(1)\mathbf{a} = \mathbf{a}$ (1을 곱하기)
(viii) $(0)\mathbf{a} = \mathbf{0}$ (0을 곱하기)

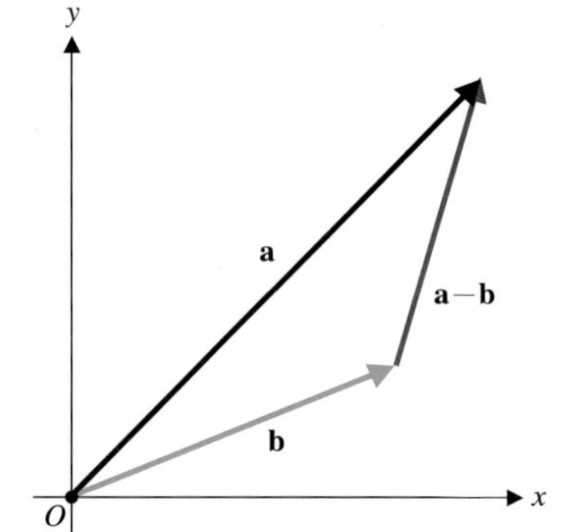

그림 10.8 $\mathbf{b}+(\mathbf{a}-\mathbf{b}) = \mathbf{a}$

증명

(i)만 증명하고 나머지는 연습문제로 남겨둔다.

$$\begin{aligned}\mathbf{a}+\mathbf{b} &= \langle a_1,\ a_2 \rangle + \langle b_1,\ b_2 \rangle = \langle a_1+b_1,\ a_2+b_2 \rangle \\ &= \langle b_1+a_1,\ b_2+a_2 \rangle = \mathbf{b}+\mathbf{a}\end{aligned}$$ ■

벡터의 덧셈에 대한 교환법칙과 결합법칙을 사용하면 다음과 같이 된다.

$$\mathbf{b}+(\mathbf{a}-\mathbf{b}) = (\mathbf{a}-\mathbf{b})+\mathbf{b} = \mathbf{a}+(-\mathbf{b}+\mathbf{b}) = \mathbf{a}+\mathbf{0} = \mathbf{a}$$

벡터의 덧셈으로 그림 10.8을 얻을 수 있고 이것으로부터 벡터의 뺄셈에 관한 기하학적 분석을 할 수 있다. 임의의 두 점 $A(x_1,\ y_1)$와 $B(x_2,\ y_2)$에 대해 그림 10.9로부터 벡터 $\overrightarrow{AB}$는 위치벡터 $\langle x_2-x_1,\ y_2-y_1 \rangle$에 대응됨을 알 수 있다.

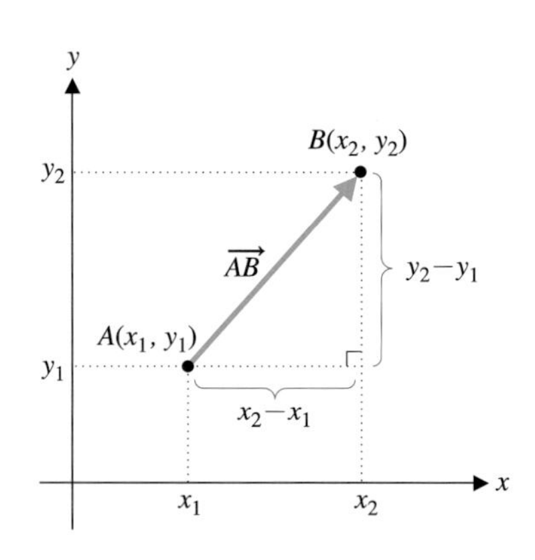

그림 10.9 A부터 B까지의 벡터

예제 1.3 위치벡터 찾기

(a) 시작점이 $A(2, 3)$이고 끝점이 $B(3, -1)$인 벡터 (b) 시작점이 B이고 끝점이 A인 벡터를 구하여라.

풀이

(a) 그림 10.10a에서

$$\overrightarrow{AB} = \langle 3-2,\ -1-3 \rangle = \langle 1,\ -4 \rangle$$

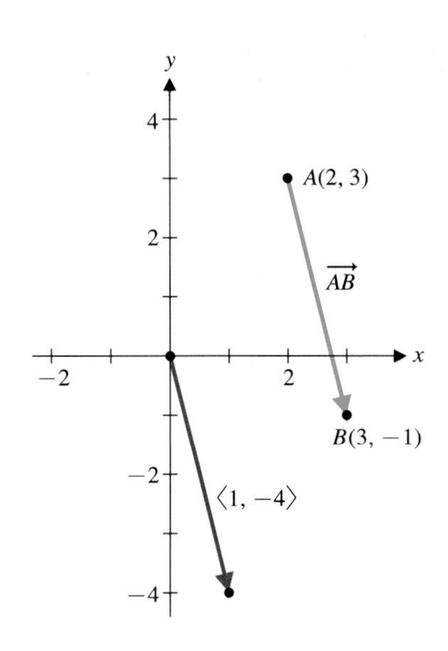

그림 10.10a $\overrightarrow{AB} = \langle 1, -4 \rangle$

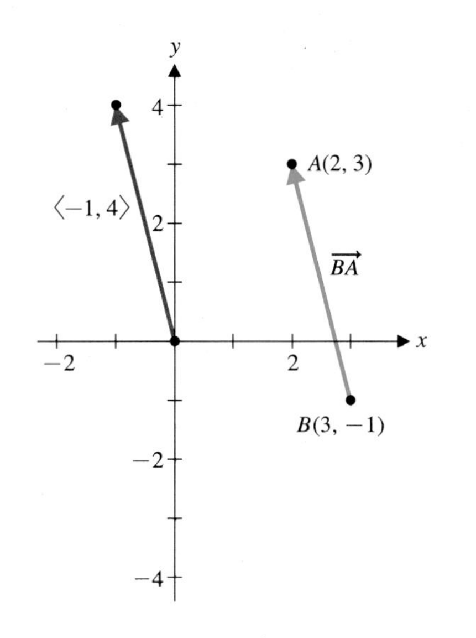

그림 10.10b $\overrightarrow{BA} = \langle -1, 4 \rangle$

(b) 그림 10.10b에서

$$\overrightarrow{BA} = \langle 2-3,\ 3-(-1) \rangle = \langle 2-3,\ 3+1 \rangle = \langle -1,\ 4 \rangle$$

때로는 벡터를 어떤 표준벡터들을 사용하여 표현하면 편리할 때가 있다. **표준기저 벡터**(standard basis vector) $\mathbf{i}$와 $\mathbf{j}$를 다음과 같이 정의한다(그림 10.11).

$$\mathbf{i} = \langle 1,\ 0 \rangle, \quad \mathbf{j} = \langle 0,\ 1 \rangle$$

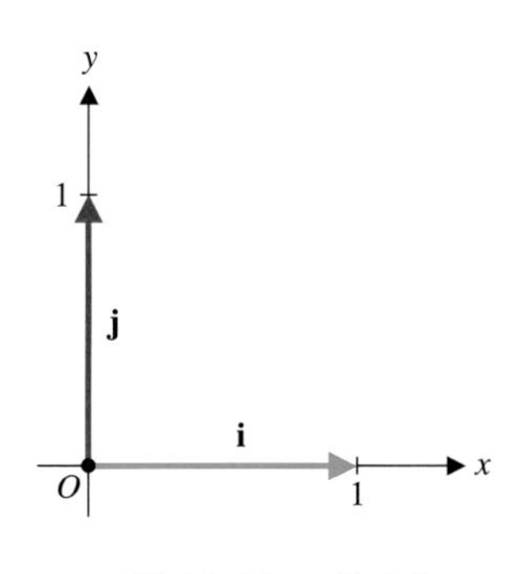

그림 10.11 표준기저

또한 $\|\mathbf{i}\| = \|\mathbf{j}\| = 1$이 성립한다. $\|\mathbf{a}\| = 1$인 임의의 벡터 $\mathbf{a}$를 **단위벡터**(unit vector)라고 부른다. $\mathbf{i}$와 $\mathbf{j}$는 단위벡터들이다.

$\mathbf{i}$와 $\mathbf{j}$는 V_2의 **기저**(basis)가 된다. 왜냐하면, 임의의 벡터 $\mathbf{a} \in V_2$를 $\mathbf{i}$와 $\mathbf{j}$를 사용하여 다음과 같이 나타낼 수 있기 때문이다.

$$\mathbf{a} = \langle a_1,\ a_2 \rangle = a_1\mathbf{i} + a_2\mathbf{j}$$

a_1과 a_2를 벡터 $\mathbf{a}$의 **수평성분**과 **수직성분**이라 한다.

$\mathbf{0}$이 아닌 임의의 벡터에 대해 다음 정리에서와 같이 같은 방향을 가지는 단위벡터를 항상 찾을 수 있다.

정리 1.2 단위벡터

$\mathbf{0}$이 아닌 위치벡터 $\mathbf{a} = \langle a_1,\ a_2 \rangle$와 같은 방향을 갖는 단위벡터는 다음과 같다.

$$\mathbf{u} = \frac{1}{\|\mathbf{a}\|}\mathbf{a}$$

$\mathbf{0}$이 아닌 벡터를 그 크기로 나누는 과정을 표준화라고 한다(벡터의 크기를 그 벡터

의 **노름**(norm)이라 한다).

증명

$\mathbf{a} \neq \mathbf{0}$이기 때문에 $\|\mathbf{a}\| > 0$이다. 따라서 $\mathbf{u}$는 $\mathbf{a}$의 양의 스칼라곱이다. 따라서 $\mathbf{u}$와 $\mathbf{a}$는 같은 방향을 갖는다. $\frac{1}{\|\mathbf{a}\|}$이 양의 스칼라이므로 식 (1.5)로부터

$$\|\mathbf{u}\| = \left\| \frac{1}{\|\mathbf{a}\|}\mathbf{a} \right\| = \frac{1}{\|\mathbf{a}\|}\|\mathbf{a}\| = 1$$

이 성립한다. 그러므로 $\mathbf{u}$는 단위벡터이다. ■

예제 1.4 단위벡터 찾기

$\mathbf{a} = \langle 3, -4 \rangle$와 같은 방향을 갖는 단위벡터를 구하여라.

풀이

먼저

$$\|\mathbf{a}\| = \|\langle 3, -4 \rangle\| = \sqrt{3^2 + (-4)^2} = \sqrt{25} = 5$$

이 성립한다. 그러면 $\mathbf{a}$와 같은 방향을 갖는 단위벡터는

$$\mathbf{u} = \frac{1}{\|\mathbf{a}\|}\mathbf{a} = \frac{1}{5}\langle 3, -4 \rangle = \left\langle \frac{3}{5}, -\frac{4}{5} \right\rangle$$

이다.

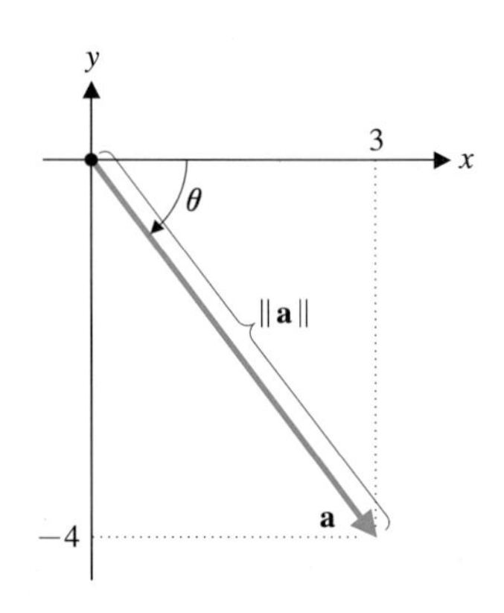

그림 10.12 벡터의 극형식

크기와 방향을 사용하여 벡터를 표현하는 것은 편리하다. 예제 1.4에서 $\mathbf{a} = \langle 3, -4 \rangle$의 크기는 $\|\mathbf{a}\| = 5$이고 그 방향은 단위벡터 $\left\langle \frac{3}{5}, -\frac{4}{5} \right\rangle$에 의해 알 수 있다. 이때 $\mathbf{a} = 5\left\langle \frac{3}{5}, -\frac{4}{5} \right\rangle$으로 나타낼 수 있다. 그래프로는 $\mathbf{a}$를 위치벡터로 나타낼 수 있다(그림 10.12). 만약 θ가 양의 x축과 $\mathbf{a}$ 사이의 각이라면

$$\mathbf{a} = 5\langle \cos\theta, \sin\theta \rangle$$

이다. 여기서 $\theta = \tan^{-1}\left(-\frac{4}{3}\right) \approx -0.93$이다. 이 표시방법을 벡터 $\mathbf{a}$의 **극형식**(polar form)이라 부른다. 직교좌표 $(3, -4)$는 극좌표 (r, θ)에 대응한다. 여기서 식 $r = \|\mathbf{a}\|$이다.

벡터를 활용하는 응용문제를 두 가지 소개하고 이 절을 마무리한다. 물체에 둘 또는 그 이상의 힘이 작용할 때 그 물체에 작용하는 전체 힘은 각 힘 벡터의 합이다. 즉, 어떤 물체에 작용하는 둘 이상의 힘이 주는 영향은 그 힘 벡터들의 합벡터가 주는 영향과 같다.

예제 1.5 스카이다이버에게 작용하는 힘 구하기

스카이다이버가 점프하는 순간에 스카이다이버에게 다음 두 가지 힘이 작용한다고 하자. 수직 아래로 180파운드의 힘으로 작용하는 중력과 수직 위로 180파운드의 힘과 오른쪽으로 30파운드의 공기저항이 있다고 하자. 스카이다이버에게 작용하는 전체 힘을 구하여라.

풀이

중력 힘 벡터를 $\mathbf{g} = \langle 0, -180 \rangle$이라 하고 공기저항 힘 벡터를 $\mathbf{r} = \langle 30, 180 \rangle$이라 하자. 스카이다이버에게 작용하는 힘은 두 벡터의 합인 $\mathbf{g} + \mathbf{r} = \langle 30, 0 \rangle$이다. 이 순간에 수직 힘은 균형을 이루어 자유낙하하므로 스카이다이버의 속도가 빨라지거나 느려지지 않는다.

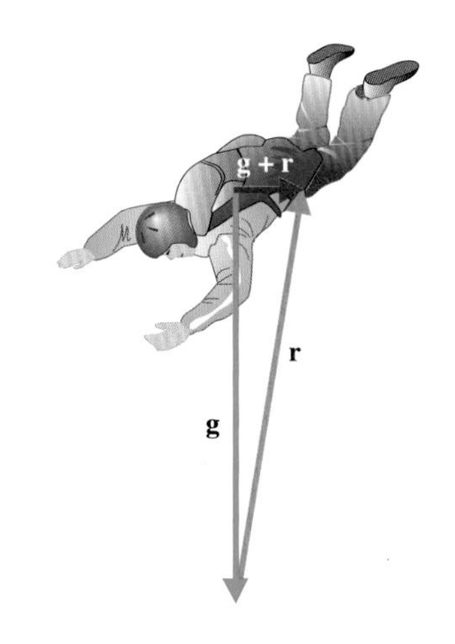

그림 10.13 스카이다이버에게 작용하는 힘

비행기가 날아갈 때 공기의 속도의 영향은 매우 중요하다. 예를 들어, 비행기가 200 mph로 날아가고 공기가 비행기와 같은 방향으로 35 mph의 속도로 움직이면 비행기의 속도는 235 mph이다. 반대로 바람이 35 mph의 속도로 비행기와 반대방향으로 불면 비행기의 속도는 165 mph이다. 바람이 비행기가 날아가는 방향과 평행하지 않게 불면, 비행기와 바람의 속도벡터를 합해야 한다.

예제 1.6 앞과 옆에서 바람이 불 때의 비행기 조종

비행기의 속력이 400 mph이고 바람의 속도가 벡터 $\mathbf{w} = \langle 20, 30 \rangle$라 하자. 비행기가 서쪽으로 날아가려면(즉 $-\mathbf{i} = \langle -1, 0 \rangle$ 방향으로) 비행기는 어느 방향으로 향해야 하는가?

풀이

비행기와 바람의 속도벡터가 그림 10.14에 있다. 비행기의 속도벡터를 $\mathbf{v} = \langle x, y \rangle$라 하자. 비행기의 실제 속도는 $\mathbf{v} + \mathbf{w}$이므로 이 벡터가 적당한 음수 c에 대하여 $\langle c, 0 \rangle$과 같다고 하자.

$$\mathbf{v} + \mathbf{w} = \langle x + 20,\ y + 30 \rangle = \langle c,\ 0 \rangle$$

이므로 $x + 20 = c$, $y + 30 = 0$이고 $y = -30$이다. 또 비행기의 속력이 400 mph이므로 $400 = \|\mathbf{v}\| = \sqrt{x^2 + y^2} = \sqrt{x^2 + 900}$이다. 제곱하면 $x^2 + 900 = 160{,}000$이며 $x = -\sqrt{159{,}000}$이다(비행기가 서쪽을 향하도록 음의 부호를 택했다). 따라서 비행기는 $\mathbf{v} = \left\langle -\sqrt{159{,}000}, -30 \right\rangle$ 방향으로 향해야 한다. 즉 $\tan^{-1}\left(\dfrac{30}{\sqrt{159{,}000}}\right) \approx 4°$ 남서쪽을 향해야 한다.

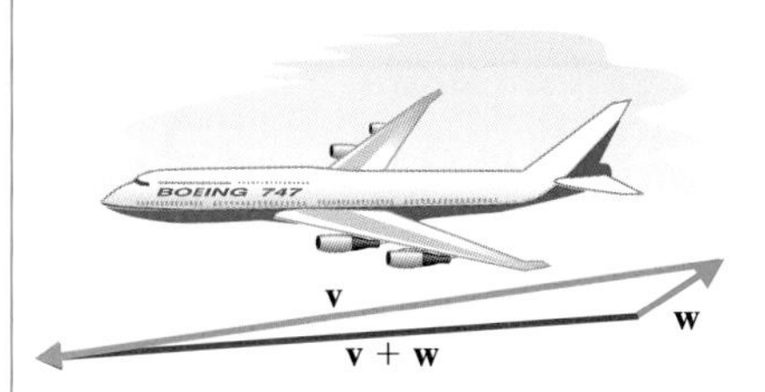

그림 10.14 비행기에 작용하는 힘

연습문제 10.1

1. 좌표평면에 벡터 $2\mathbf{a}$, $-\mathbf{b}$, $\mathbf{a}+\mathbf{b}$, $2\mathbf{a}-\mathbf{b}$를 표시하여라.

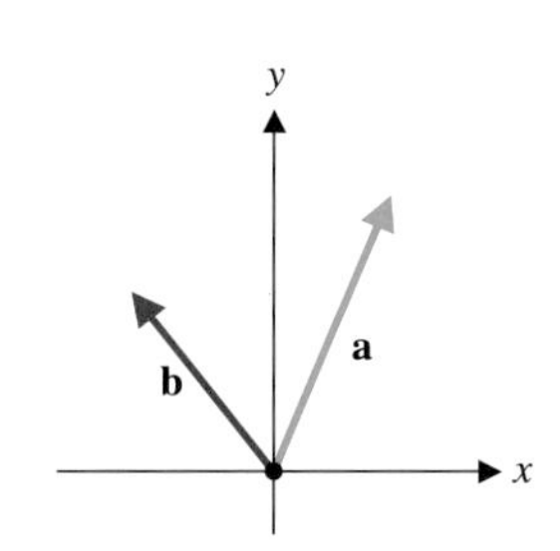

[2~3] 벡터 $\mathbf{a}+\mathbf{b}$, $\mathbf{a}-2\mathbf{b}$, $3\mathbf{a}$, $\|5\mathbf{b}-2\mathbf{a}\|$를 구하여라.

2. $\mathbf{a} = \langle 2, 4 \rangle$, $\mathbf{b} = \langle 3, -1 \rangle$

3. $\mathbf{a} = \mathbf{i} + 2\mathbf{j}$, $\mathbf{b} = \mathbf{j} - 3\mathbf{i}$

4. 문제 2에서 $\mathbf{a}+\mathbf{b}$와 $\mathbf{a}-\mathbf{b}$를 그려라.

[5~7] 다음 벡터 $\mathbf{a}$, $\mathbf{b}$가 평행이 되는지를 결정하여라.

5. $\mathbf{a} = \langle 2, 1 \rangle$, $\mathbf{b} = \langle -4, -2 \rangle$

6. $\mathbf{a} = \langle -2, 3\rangle$, $\mathbf{b} = \langle 4, 6\rangle$

7. $\mathbf{a} = \mathbf{i} + 2\mathbf{j}$, $\mathbf{b} = 3\mathbf{i} + 6\mathbf{j}$

[8~9] 시작점이 A이고 끝점이 B인 벡터를 구하여라.

8. $A = (2, 3)$, $B = (5, 4)$

9. $A = (-1, 2)$, $B = (1, -1)$

[10~12] (a) 다음 벡터와 같은 방향을 갖는 단위벡터를 구하여라. (b) 다음 벡터를 극형식으로 나타내어라.

10. $\langle 4, -3\rangle$

11. $2\mathbf{i} - 4\mathbf{j}$

12. $(2, 1)$에서 $(5, 2)$까지의 벡터

[13~15] 다음 벡터와 같은 방향을 가지면서 주어진 크기를 갖는 벡터를 구하여라.

13. 크기 3, $\mathbf{v} = 3\mathbf{i} + 4\mathbf{j}$

14. 크기 29, $\mathbf{v} = \langle 2, 5\rangle$

15. 크기 4, $\mathbf{v} = \langle 3, 0\rangle$

[16~17] 시작점을 원점으로 하여 $\mathbf{a}$, $\mathbf{b}$, $\mathbf{c}$를 그려라. 대각선이 $\mathbf{c}$이고 양변이 $\mathbf{a}$와 $\mathbf{b}$인 평행사변형을 그려서 $\mathbf{c}$를 $c_1\mathbf{a} + c_2\mathbf{b}$의 형태로 나타내어라.

16. $\mathbf{a} = \langle 2, 1\rangle$, $\mathbf{b} = \langle 1, 3\rangle$, $\mathbf{c} = \langle 7, 11\rangle$

17. $\mathbf{a} = \langle 1, 2\rangle$, $\mathbf{b} = \langle -3, 1\rangle$, $\mathbf{c} = \langle 8, 2\rangle$

18. 스카이다이버에게 아래로 작용하는 150파운드의 중력과 위와 오른쪽으로 방향으로 각각 140파운드와 20파운드 작용하는 공기저항이 작용한다고 하자. 이때 스카이다이버에게 작용하는 전체 힘을 구하여라.

19. 비행기의 엔진이 바람이 불지 않는 공기 중에서 300 mph의 속력을 낸다고 할 때 바람의 속도가 $\langle 30, -20\rangle$으로 주어졌다고 하자. 비행기가 서쪽으로 날아가려면 어느 방향으로 향하고 있어야 하나? 서쪽 방향과의 각도로 답하여라.

10.2 공간벡터

수학자

해밀턴
(William Rowan Hamilton, 1805−1865)

아일랜드의 수학자로 벡터이론을 처음 개발했다. 해밀턴은 아주 뛰어나서 대학생일 때 이미 트리니티대학의 천문학 교수로 임용되었다. 광학 분야에서 여러 편의 논문을 발표하고 역학에서도 새롭고 아주 중요한 연구를 하였다. 그 후에는 '4원수'이론을 개발하는 데 몰두했다. 해밀턴은 4원수가 수리물리학에서 큰 변혁을 일으키리라 생각했으나 그보다는 벡터가 수학에 기여한 그의 가장 큰 업적이 되었다.

이 절에서는 이차원 유클리드공간 $\mathbb{R}^2$에서 삼차원 유클리드공간 $\mathbb{R}^3$로 벡터에 대한 여러 가지 개념을 확장한다. $\mathbb{R}^2$에서 점은 실수로 된 순서쌍 (a, b)로 나타낼 수 있다. 여기서 a는 x축에서 원점으로부터의 거리이고 b는 y축에서 원점으로부터의 거리를 나타낸다. 같은 방법으로 공간상의 점을 세 수의 순서쌍 (a, b, c)로 나타낼 수 있는데, a, b, c 좌표는 세 개의 좌표축 x, y, z에서 원점으로부터의 거리를 나타낸다. 여기서의 방향은 **오른손 좌표계**를 사용한다. 즉, 오른손의 손가락들을 양의 x축 방향으로 정렬한 뒤 양의 y축 방향으로 구부리면, 엄지손가락은 양의 z축 방향을 가리키게 된다(그림 10.15b).

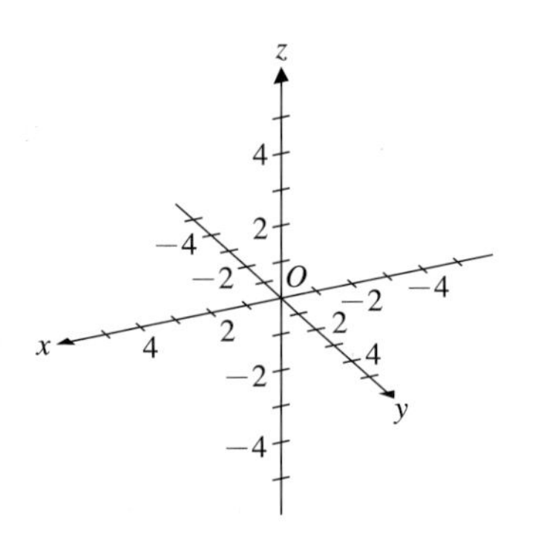

그림 10.15a $\mathbb{R}^3$의 좌표축

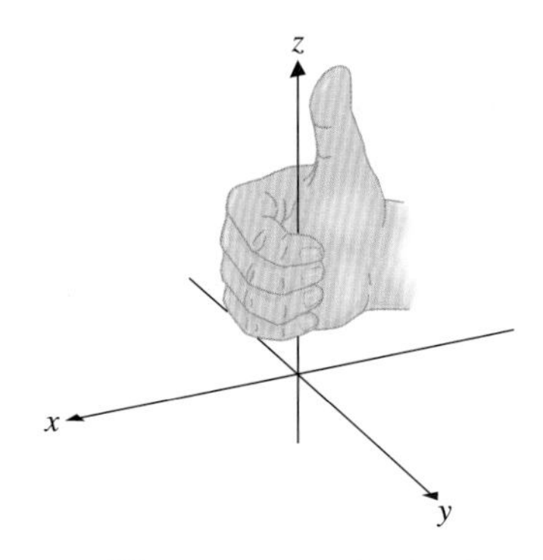

그림 10.15b 오른손 좌표계

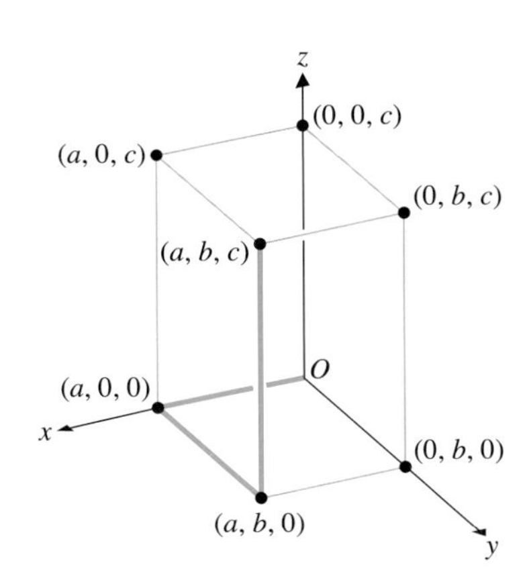

그림 10.16 점 (a, b, c)의 위치

a, b, c가 양수일 때 점 $(a, b, c) \in \mathbb{R}^3$은 먼저 x축을 따라 원점으로부터 거리 a만큼 옮기면 점 $(a, 0, 0)$가 된다. 점 $(a, 0, 0)$를 y축에 평행하게 거리 b만큼 옮기면 점 $(a, b, 0)$가 된다. 마지막으로 이 점으로부터 z축에 평행하게 c만큼 옮기면 점 (a, b, c)이 된다(그림 10.16).

예제 2.1 삼차원에서 점 표시하기

점 $(1, 2, 3)$, $(3, -2, 4)$, $(-1, 3, -2)$를 표시하여라.

풀이

다음 그림 10.17a~10.17c로 각각 표시된다.

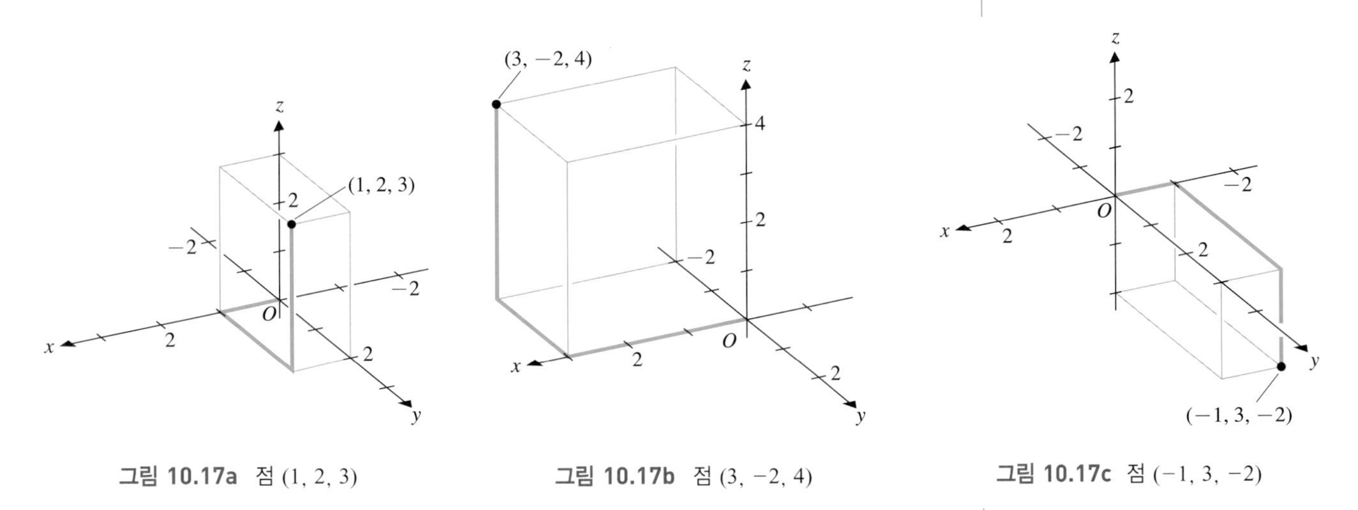

그림 10.17a 점 $(1, 2, 3)$ **그림 10.17b** 점 $(3, -2, 4)$ **그림 10.17c** 점 $(-1, 3, -2)$

$\mathbb{R}^2$에서 좌표축들은 xy평면을 4개의 사분면으로 나눈다. 같은 방법으로 $\mathbb{R}^3$에서의 3개의 좌표평면(xy평면, yz평면, xz평면)들을 8개의 팔분공간으로 나눈다(그림 10.18). **제 1 팔분공간**은 $x > 0$, $y > 0$, $z > 0$이다. $\mathbb{R}^3$에서의 두 점 $P_1(x_1, y_1, z_1)$, $P_2(x_2, y_2, z_2)$의 거리를 계산해 보자. 먼저 제 3 의 점 $P_3(x_2, y_2, z_1)$을 잡는다. 동일 직선상에 있지

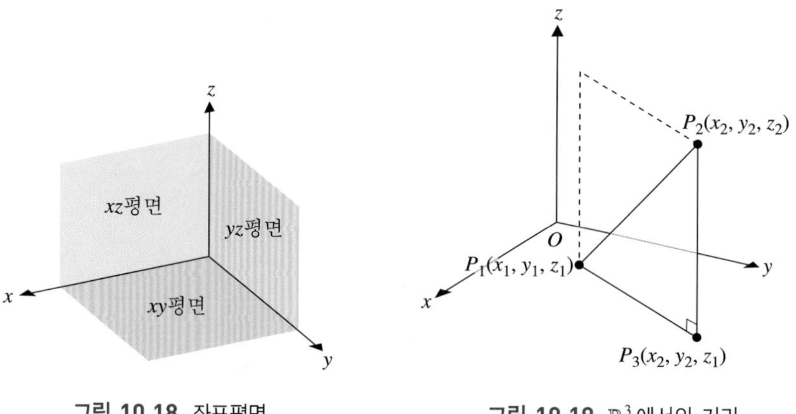

그림 10.18 좌표평면

그림 10.19 $\mathbb{R}^3$에서의 거리

않는 세 점은 한 평면을 구성하고 평면에서의 점들 사이의 거리는 이차원 문제이다. 또한 이 세 점들은 점 P_3에서 직각을 갖는 직각삼각형의 꼭짓점들이다(그림 10.19).

세 점 P_1, P_2, P_3는 직각삼각형의 꼭짓점이므로 피타고라스의 정리에 의하여 두 점 P_1과 P_2 사이의 거리 $d\{P_1, P_2\}$는 다음 식을 만족한다.

$$d\{P_1, P_2\}^2 = d\{P_1, P_3\}^2 + d\{P_2, P_3\}^2 \tag{2.1}$$

P_2가 P_3 바로 위(만약 $z_2 < z_1$이라면 아래)에 있기 때문에

$$d\{P_2, P_3\} = d\{(x_2, y_2, z_2), (x_2, y_2, z_1)\} = |z_2 - z_1|$$

이 성립한다. 식 (2.1)로부터

$$\begin{aligned} d\{P_1, P_2\}^2 &= d\{P_1, P_3\}^2 + d\{P_2, P_3\}^2 \\ &= \left[\sqrt{(x_2 - x_1)^2 + (y_2 - y_1)^2}\,\right]^2 + |z_2 - z_1|^2 \\ &= (x_2 - x_1)^2 + (y_2 - y_1)^2 + (z_2 - z_1)^2 \end{aligned}$$

이 성립한다. 위의 식에서 제곱근을 각각 취하면 $\mathbb{R}^3$에 관한 **거리공식**이 된다.

$$\boxed{d\{(x_1, y_1, z_1), (x_2, y_2, z_2)\} = \sqrt{(x_2 - x_1)^2 + (y_2 - y_1)^2 + (z_2 - z_1)^2}} \tag{2.2}$$

예제 2.2 $\mathbb{R}^3$에서의 거리 계산하기

점 $(1, -3, 5)$와 $(5, 2, -3)$ 사이의 거리를 구하여라.

풀이

식 (2.2)로부터 다음이 성립한다.

$$\begin{aligned} d\{(1, -3, 5), (5, 2, -3)\} &= \sqrt{(5-1)^2 + [2-(-3)]^2 + (-3-5)^2} \\ &= \sqrt{4^2 + 5^2 + (-8)^2} = \sqrt{105} \end{aligned}$$

■

$\mathbb{R}^3$에서의 벡터

이차원에서처럼 삼차원 공간에서도 벡터는 방향과 크기를 가진다. 벡터는 두 점을 연결하는 유향선분으로 나타낼 수 있다. 벡터 **v**는 적당한 크기와 방향을 가지는 어떤 유향선분으로 표시된다. 끝점이 $A(a_1, a_2, a_3)$(시작점은 원점)인 위치벡터 **a**는 $\langle a_1, a_2, a_3 \rangle$로 표시하고 그림 10.20a에 나타나 있다.

모든 삼차원 위치벡터들은 다음과 같이 표시된다.

$$V_3 = \{\langle x, y, z \rangle \mid x, y, z \in \mathbb{R}\}$$

위치벡터 $\mathbf{a} = \langle a_1, a_2, a_3 \rangle$의 크기는 식 (2.2)의 거리공식에 의해 다음과 같다.

$$\|\mathbf{a}\| = \|\langle a_1, a_2, a_3 \rangle\| = \sqrt{a_1^2 + a_2^2 + a_3^2} \tag{2.3}$$

$\mathbb{R}^2$에서와 마찬가지로 시작점이 $P(a_1, a_2, a_3)$이고 끝점이 $Q(b_1, b_2, b_3)$인 벡터는 그림 10.20b로부터 위치벡터

$$\overrightarrow{PQ} = \langle b_1 - a_1, b_2 - a_2, b_3 - a_3 \rangle$$

에 대응된다. V_2에서처럼 V_3에서의 벡터의 덧셈은 그림 10.20c에서처럼 평행사변형을 그려서 정의할 수 있다.

벡터 $\mathbf{a} = \langle a_1, a_2, a_3 \rangle$, $\mathbf{b} = \langle b_1, b_2, b_3 \rangle$에 대해 벡터의 덧셈은 다음과 같이 정의한다.

$$\mathbf{a} + \mathbf{b} = \langle a_1, a_2, a_3 \rangle + \langle b_1, b_2, b_3 \rangle = \langle a_1 + b_1, a_2 + b_2, a_3 + b_3 \rangle$$

즉 V_2에서와 마찬가지로 V_3에서의 벡터의 합도 성분별로 더하면 된다. 벡터의 빼기 또한 성분별로 빼면 된다.

$$\mathbf{a} - \mathbf{b} = \langle a_1, a_2, a_3 \rangle - \langle b_1, b_2, b_3 \rangle = \langle a_1 - b_1, a_2 - b_2, a_3 - b_3 \rangle$$

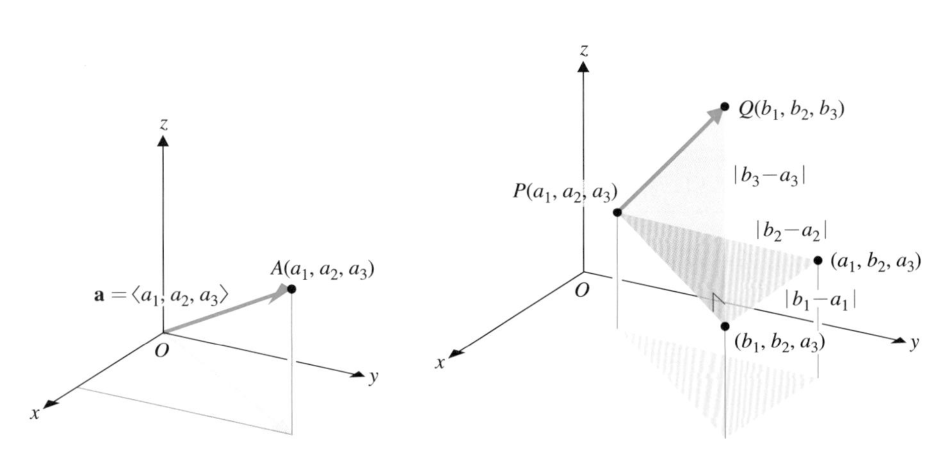

그림 10.20a $\mathbb{R}^3$의 위치벡터

그림 10.20b P에서 Q로의 벡터

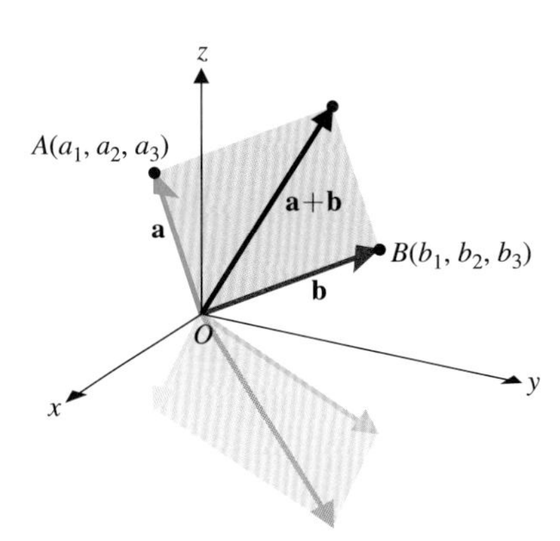

그림 10.20c 벡터합

스칼라 $c \in \mathbb{R}$에 대하여 $c\mathbf{a}$는 $c>0$일 때는 $\mathbf{a}$와 같은 방향, $c<0$일 때는 $\mathbf{a}$와 반대방향이 된다.

$$c\mathbf{a} = c\langle a_1, a_2, a_3\rangle = \langle ca_1, ca_2, ca_3\rangle$$

식 (2.3)을 사용하면

$$\|c\mathbf{a}\| = |c|\|\mathbf{a}\|$$

이 된다. V_3에서 길이가 0인 **영벡터**(zero vector) $\mathbf{0}$은 다음과 같으며 특별한 방향을 가지지 않는다.

$$\mathbf{0} = \langle 0, 0, 0\rangle$$

벡터 $\mathbf{a}$의 덧셈에 대한 역원은 V_2에서와 같이 다음과 같이 정의한다.

$$-\mathbf{a} = -\langle a_1, a_2, a_3\rangle = \langle -a_1, -a_2, -a_3\rangle$$

V_2에서 성립한 연산에 대한 모든 법칙들이 V_3에서도 다음과 같이 성립한다.

정리 2.1

임의의 벡터 $\mathbf{a}$, $\mathbf{b}$, $\mathbf{c}$와 $\mathbb{R}$에서의 스칼라 d, e에 대해 다음 식이 성립한다.

(i)	$\mathbf{a}+\mathbf{b}=\mathbf{b}+\mathbf{a}$	(교환법칙)
(ii)	$\mathbf{a}+(\mathbf{b}+\mathbf{c})=(\mathbf{a}+\mathbf{b})+\mathbf{c}$	(결합법칙)
(iii)	$\mathbf{a}+\mathbf{0}=\mathbf{a}$	(영벡터)
(iv)	$\mathbf{a}+(-\mathbf{a})=\mathbf{0}$	(덧셈에 대한 역원)
(v)	$d(\mathbf{a}+\mathbf{b})=d\mathbf{a}+d\mathbf{b}$	(분배법칙)
(vi)	$(d+e)\mathbf{a}=d\mathbf{a}+e\mathbf{a}$	(분배법칙)
(vii)	$(1)\mathbf{a}=\mathbf{a}$	(1을 곱하기)
(viii)	$(0)\mathbf{a}=\mathbf{0}$	(0을 곱하기)

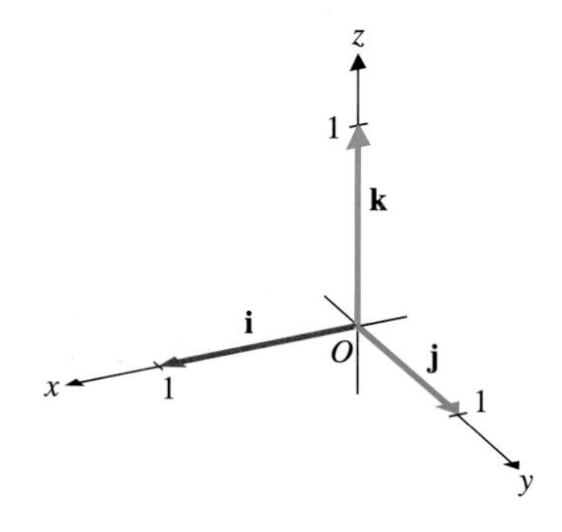

그림 10.21 V_3의 표준기저

정리 2.1의 증명은 연습문제로 남겨둔다.

V_3가 삼차원이므로 표준기저벡터는 세 개의 단위벡터로 구성되는데 각각 세 개의 좌표축을 따라 놓여져 있다. 벡터를 그림 10.21처럼 다음과 같이 정의한다.

$$\mathbf{i} = \langle 1, 0, 0\rangle,\ \ \mathbf{j} = \langle 0, 1, 0\rangle,\ \ \mathbf{k} = \langle 0, 0, 1\rangle$$

V_2에서와 같이 이 벡터는 $\|\mathbf{i}\| = \|\mathbf{j}\| = \|\mathbf{k}\| = 1$이기 때문에 단위벡터이다. V_2에서처럼 V_3에서의 위치벡터들을 표준기저벡터로 나타내는 것이 편리할 때가 있다. $\mathbf{a} \in V_3$일 때

$$\mathbf{a} = \langle a_1, a_2, a_3\rangle = a_1\mathbf{i} + a_2\mathbf{j} + a_3\mathbf{k}$$

이다. 임의의 $\mathbf{a} = \langle a_1, a_2, a_3\rangle \neq \mathbf{0}$에 대해 $\mathbf{a}$와 같은 방향을 가지는 단위벡터는

$$\boxed{\mathbf{u} = \frac{1}{\|\mathbf{a}\|}\mathbf{a}} \qquad (2.4)$$

로 주어진다.

예제 2.3 단위벡터 찾기

$\langle 1, -2, 3\rangle$과 같은 방향을 가지는 단위벡터를 찾고 $\langle 1, -2, 3\rangle$을 그 크기와 단위벡터의 곱으로 표시하여라.

풀이

벡터의 크기는

$$\|\langle 1, -2, 3\rangle\| = \sqrt{1^2 + (-2)^2 + 3^2} = \sqrt{14}$$

이다. 식 (2.4)로부터 $\langle 1, -2, 3\rangle$과 같은 방향을 가지는 단위벡터는

$$\mathbf{u} = \frac{1}{\sqrt{14}}\langle 1, -2, 3\rangle = \left\langle \frac{1}{\sqrt{14}}, \frac{-2}{\sqrt{14}}, \frac{3}{\sqrt{14}} \right\rangle$$

로 주어진다. 더욱이

$$\langle 1, -2, 3\rangle = \sqrt{14}\left\langle \frac{1}{\sqrt{14}}, \frac{-2}{\sqrt{14}}, \frac{3}{\sqrt{14}} \right\rangle$$

이 성립한다.

이차원을 삼차원으로 확장함으로써 훨씬 더 흥미로운 여러 가지 기하학적 현상을 살펴볼 수 있다.

예제 2.4 구의 방정식 찾기

반지름이 r이고 중심이 (a, b, c)인 구의 방정식을 찾아라.

풀이

구는 그림 10.22에서처럼 (a, b, c)로부터 거리가 r인 모든 점 (x, y, z)로 구성되어 있다.

$$\sqrt{(x-a)^2 + (y-b)^2 + (z-c)^2} = d\{(x, y, z), (a, b, c)\} = r$$

양변을 제곱하면

$$\boxed{(x-a)^2 + (y-b)^2 + (z-c)^2 = r^2}$$

이고 이것은 구의 방정식의 표준형이다.

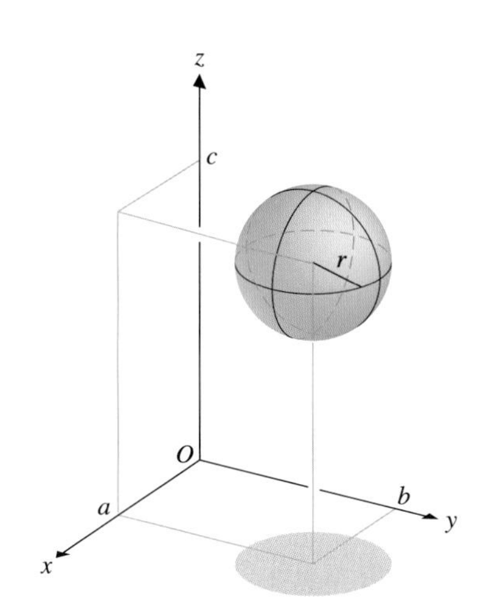

그림 10.22 반지름이 r이고 중심이 (a, b, c)인 구

예제 2.5 구의 중심과 반지름 찾기

다음 방정식이 나타내는 도형을 찾아라.

$$0 = x^2 + y^2 + z^2 - 4x + 8y - 10z + 36$$

풀이

각 변수를 완전제곱으로 만들면

$$\begin{aligned} 0 &= (x^2 - 4x + 4) - 4 + (y^2 + 8y + 16) - 16 + (z^2 - 10z + 25) - 25 + 36 \\ &= (x-2)^2 + (y+4)^2 + (z-5)^2 - 9 \end{aligned}$$

이 되고 여기에 9를 더하면

$$3^2 = (x-2)^2 + (y+4)^2 + (z-5)^2$$

인데 이것은 반지름이 3이고 중심이 $(2, -4, 5)$인 구의 방정식이다.

연습문제 10.2

1. 다음 점을 좌표공간에 나타내어라.

(a) $(2, 1, 5)$ (b) $(3, 1, -2)$ (c) $(-1, 2, -4)$

[2~3] 다음 두 점 사이의 거리를 구하여라.

2. $(2, 1, 2)$, $(5, 5, 2)$

3. $(-1, 0, 2)$, $(1, 2, 3)$

[4~5] $\mathbf{a}+\mathbf{b}$, $\mathbf{a}-3\mathbf{b}$와 식 $\|4\mathbf{a}+2\mathbf{b}\|$를 계산하여라.

4. $\mathbf{a} = \langle 2, 1, -2\rangle$, $\mathbf{b} = \langle 1, 3, 0\rangle$

5. $\mathbf{a} = 3\mathbf{i} - \mathbf{j} + 4\mathbf{k}$, $\mathbf{b} = 5\mathbf{i} + \mathbf{j}$

[6~8] **(a)** 다음 벡터와 평행인 두 개의 단위벡터를 찾아라.
(b) 다음 벡터를 그 크기와 단위벡터의 곱으로 나타내어라.

6. $\langle 3, 1, 2\rangle$

7. $2\mathbf{i} - \mathbf{j} + 2\mathbf{k}$

8. 시작점이 $(1, 2, 3)$이고 끝점이 $(3, 2, 1)$인 벡터

[9~10] 크기와 방향이 다음과 같은 벡터를 구하여라.

9. 크기 6, $\mathbf{v} = \langle 2, 2, -1\rangle$

10. 크기 4, $\mathbf{v} = 2\mathbf{i} - \mathbf{j} + 3\mathbf{k}$

[11~12] 반지름이 r이고 중심이 (a, b, c)인 구의 방정식을 구하여라.

11. $r = 2$, $(a, b, c) = (3, 1, 4)$

12. $r = \sqrt{5}$, $(a, b, c) = (\pi, 1, -3)$

[13~15] 다음 방정식이 나타내는 도형을 찾아라.

13. $(x-1)^2 + y^2 + (z+2)^2 = 4$

14. $x^2 - 2x + y^2 + z^2 - 4z = 0$

15. $(x+1)^2 + (y-2)^2 + z^2 = 0$

[16~17] 다음 평면은 xy평면, xz평면, yz평면 중 어느 것과 평행한지 찾고 그래프를 그려라.

16. $y = 4$

17. $z = -1$

18. $P = (2, 3, 1)$, $Q = (4, 2, 2)$, $R = (8, 0, 4)$일 때 벡터 $\overrightarrow{PQ}$와 $\overrightarrow{QR}$을 구하고 세 점이 같은 직선 위에 있는지 판정하여라.

19. 벡터를 이용하여 세 점 $(0, 1, 1)$, $(2, 4, 2)$, $(3, 1, 4)$가 정삼각형을 이루는지 판정하여라.

20. 벡터와 피타고라스 정리를 이용하여 세 점 $(3, 1, -2)$, $(1, 0, 1)$, $(4, 2, -1)$이 직각삼각형을 이루는지 판정하여라.

10.3 내 적

앞의 두 절에서 $\mathbb{R}^2$과 $\mathbb{R}^3$에서의 벡터를 정의하고 벡터들의 덧셈과 뺄셈 등 여러 가지 성질들을 살펴보았다. 벡터 사이에는 내적(또는 스칼라적)과 외적(벡터적)의 두 가지 곱이 널리 사용된다.

정의 3.1

V_3에서 두 벡터 $\mathbf{a} = \langle a_1, a_2, a_3 \rangle$과 $\mathbf{b} = \langle b_1, b_2, b_3 \rangle$의 **내적**(dot product 또는 inner product)을

$$\mathbf{a} \cdot \mathbf{b} = \langle a_1, a_2, a_3 \rangle \cdot \langle b_1, b_2, b_3 \rangle = a_1b_1 + a_2b_2 + a_3b_3 \tag{3.1}$$

로 정의한다. 같은 방법으로 V_2에서 두 벡터의 내적은

$$\mathbf{a} \cdot \mathbf{b} = \langle a_1, a_2 \rangle \cdot \langle b_1, b_2 \rangle = a_1b_1 + a_2b_2$$

로 정의한다.

두 벡터의 내적은 스칼라(즉 벡터가 아닌 수)이다. 이러한 이유 때문에 내적을 **스칼라적**(scalar product)이라고도 한다.

예제 3.1 $\mathbb{R}^3$에서의 내적 계산하기

$\mathbf{a} = \langle 1, 2, 3 \rangle$이고 $\mathbf{b} = \langle 5, -3, 4 \rangle$일 때 내적 $\mathbf{a} \cdot \mathbf{b}$를 계산하여라.

풀이

$$\mathbf{a} \cdot \mathbf{b} = \langle 1, 2, 3 \rangle \cdot \langle 5, -3, 4 \rangle = (1)(5) + (2)(-3) + (3)(4) = 11$$

내적은 벡터를 성분으로 표시하거나 표준기저벡터를 이용하여 표시하는 것 모두 아주 간단하다는 것을 다음 예에서 알 수 있다.

예제 3.2 $\mathbb{R}^2$에서의 내적 계산하기

$\mathbf{a} = 2\mathbf{i} - 5\mathbf{j}$이고 $\mathbf{b} = 3\mathbf{i} + 6\mathbf{j}$일 때 두 벡터의 내적을 구하여라.

풀이

$$\mathbf{a} \cdot \mathbf{b} = (2)(3) + (-5)(6) = 6 - 30 = -24$$

V_2와 V_3에서의 내적은 다음 성질들을 만족한다.

주 3.1

V_2와 V_3의 경우를 각각 분리하여 다루기보다는 V_3에서만 벡터에 관한 내적의 성질들을 증명할 것이다. V_2에서의 벡터들은 V_3에서의 벡터의 특별한 경우로 생각할 수 있기 때문에 V_3에서 성립하는 모든 성질들은 V_2에서도 성립한다.

정리 3.1

벡터 $\mathbf{a}$, $\mathbf{b}$, $\mathbf{c}$와 스칼라 d에 대해 다음 성질이 성립한다.

(i) $\mathbf{a} \cdot \mathbf{b} = \mathbf{b} \cdot \mathbf{a}$ (교환법칙)

(ii) $\mathbf{a} \cdot (\mathbf{b}+\mathbf{c})=\mathbf{a} \cdot \mathbf{b}+\mathbf{a} \cdot \mathbf{c}$ (분배법칙)
(iii) $(d\mathbf{a}) \cdot \mathbf{b} = d(\mathbf{a} \cdot \mathbf{b})=\mathbf{a} \cdot (d\mathbf{b})$
(iv) $\mathbf{0} \cdot \mathbf{a} = 0$
(v) $\mathbf{a} \cdot \mathbf{a} = \|\mathbf{a}\|^2$

증명

(i)과 (v)를 증명하고 나머지는 연습문제로 남긴다.

(i) $\mathbf{a} = \langle a_1, a_2, a_3 \rangle$와 $\mathbf{b} = \langle b_1, b_2, b_3 \rangle$에 대해 식 (3.1)로부터 실수의 곱셈은 교환법칙이 성립하므로

$$\begin{aligned} \mathbf{a} \cdot \mathbf{b} &= \langle a_1, a_2, a_3 \rangle \cdot \langle b_1, b_2, b_3 \rangle = a_1b_1 + a_2b_2 + a_3b_3 \\ &= b_1a_1 + b_2a_2 + b_3a_3 = \mathbf{b} \cdot \mathbf{a} \end{aligned}$$

이 성립한다.

(v) $\mathbf{a} = \langle a_1, a_2, a_3 \rangle$에 대하여

$$\mathbf{a} \cdot \mathbf{a} = \langle a_1, a_2, a_3 \rangle \cdot \langle a_1, a_2, a_3 \rangle = a_1^2 + a_2^2 + a_3^2 = \|\mathbf{a}\|^2$$

이 성립한다. ■

정리 3.1의 (i)~(iv)의 성질들은 실수의 곱셈에서도 역시 성립하는 성질들이다. 그러나 실수에서의 곱셈에서 성립하는 성질 중 내적에서는 성립하지 않는 것도 있다. 예를 들면, $\mathbf{a} \cdot \mathbf{b} = 0$가 $\mathbf{a} = \mathbf{0}$ 또는 $\mathbf{b} = \mathbf{0}$를 뜻하지는 않는다. 내적에서 얻을 수 있는 것 중의 하나는 두 벡터 사이의 각이다.

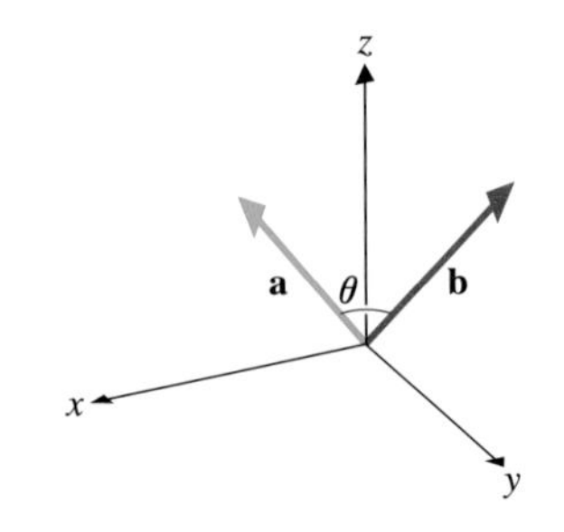

그림 10.23a 두 벡터의 사이각

V_3에서 영벡터가 아닌 두 벡터 $\mathbf{a}$와 $\mathbf{b}$에 대해, 만약 그 시작점들을 같은 점에 놓는다면 두 벡터는 사이각 θ를 만든다. 여기서 $0 \le \theta \le \pi$이다(그림 10.23a). 이 각을 벡터 $\mathbf{a}$와 $\mathbf{b}$의 **사이각**이라 한다. 즉, $\mathbf{a}$와 $\mathbf{b}$에 의해 결정되는 평면에서 두 벡터의 사이각은 $\mathbf{a}$와 $\mathbf{b}$ 사이의 작은 각으로 정의한다. 만약 $\mathbf{a}$와 $\mathbf{b}$가 같은 방향을 가진다면 $\theta = 0$이다. 만약 $\mathbf{a}$와 $\mathbf{b}$가 반대방향을 가진다면 $\theta = \pi$이다. 만약 $\theta = \frac{\pi}{2}$이면 $\mathbf{a}$와 $\mathbf{b}$는 **직교**(orthogonal 또는 perpendicular)한다.

정리 3.2

영벡터가 아닌 두 벡터 $\mathbf{a}$와 $\mathbf{b}$의 사이각을 θ라 하면,

$$\mathbf{a} \cdot \mathbf{b} = \|\mathbf{a}\| \|\mathbf{b}\| \cos\theta \tag{3.2}$$

이다.

증명

다음 세 가지 경우를 증명해야 한다.

(i) 만약 $\mathbf{a}$와 $\mathbf{b}$가 같은 방향을 가진다면 적당한 스칼라 $c > 0$에 대해 $\mathbf{b} = c\mathbf{a}$이고 $\mathbf{a}$와 $\mathbf{b}$의 사이각은 $\theta = 0$이다. 그러므로

$$\mathbf{a}\cdot\mathbf{b} = \mathbf{a}\cdot(c\mathbf{a}) = c\mathbf{a}\cdot\mathbf{a} = c\|\mathbf{a}\|^2$$

이다. 더욱이 $c>0$이므로 $|c|=c$이고

$$\|\mathbf{a}\|\|\mathbf{b}\|\cos\theta = \|\mathbf{a}\||c|\|\mathbf{a}\|\cos 0 = c\|\mathbf{a}\|^2 = \mathbf{a}\cdot\mathbf{b}$$

이다.

(ii) 만약 **a**와 **b**가 반대방향을 가진다면 증명은 위의 (i)과 거의 같기 때문에 연습문제로 남겨 둔다.

(iii) 만약 **a**와 **b**가 평행이 아니라면 $0<\theta<\pi$이다(그림 10.23b). 코사인 제2법칙에 의해

$$\|\mathbf{a}-\mathbf{b}\|^2 = \|\mathbf{a}\|^2 + \|\mathbf{b}\|^2 - 2\|\mathbf{a}\|\|\mathbf{b}\|\cos\theta \tag{3.3}$$

이 성립한다. 또한

$$\begin{aligned}\|\mathbf{a}-\mathbf{b}\|^2 &= \|\langle a_1-b_1,\ a_2-b_2,\ a_3-b_3\rangle\|^2\\ &= (a_1-b_1)^2+(a_2-b_2)^2+(a_3-b_3)^2\\ &= (a_1^2-2a_1b_1+b_1^2)+(a_2^2-2a_2b_2+b_2^2)+(a_3^2-2a_3b_3+b_3^2)\\ &= (a_1^2+a_2^2+a_3^2)+(b_1^2+b_2^2+b_3^2)-2(a_1b_1+a_2b_2+a_3b_3)\\ &= \|\mathbf{a}\|^2+\|\mathbf{b}\|^2-2\mathbf{a}\cdot\mathbf{b}\end{aligned} \tag{3.4}$$

가 성립한다. 식 (3.3)과 (3.4)에 의하여 식 (3.2)가 성립한다. ■

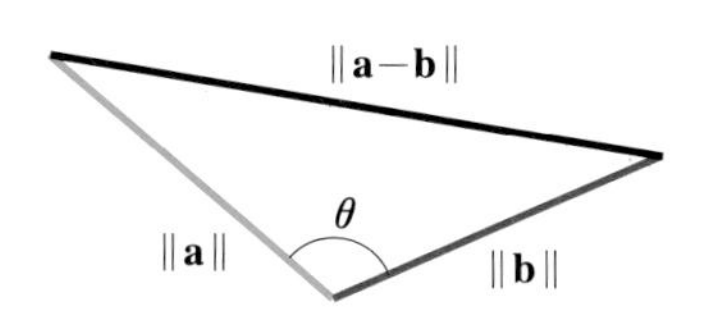

그림 10.23b 두 벡터의 사이각

예제 3.3 두 벡터의 사이각 찾기

두 벡터 $\mathbf{a}=\langle 2, 1, -3\rangle$와 $\mathbf{b}=\langle 1, 5, 6\rangle$의 사이각을 구하여라.

풀이

식 (3.2)로부터

$$\cos\theta = \frac{\mathbf{a}\cdot\mathbf{b}}{\|\mathbf{a}\|\|\mathbf{b}\|} = \frac{-11}{\sqrt{14}\sqrt{62}}$$

이다. $0\le\theta\le\pi$이고 이 영역에서의 역코사인함숫값은 각도이기 때문에

$$\theta = \cos^{-1}\left(\frac{-11}{\sqrt{14}\sqrt{62}}\right) \approx 1.953 \text{ 라디안}$$

또는 약 112도이다.

■

따름정리 3.1

두 벡터 **a**와 **b**가 직교할 필요충분조건은 $\mathbf{a}\cdot\mathbf{b}=0$이다.

증명

a 또는 **b**가 영벡터이면 $\mathbf{a}\cdot\mathbf{b}=0$이고, 영벡터가 모든 벡터에 직교하기 때문에 **a**와 **b**는 직교한다. 만약 **a**와 **b**가 영벡터가 아니고 **a**와 **b**의 사이각을 θ라 하면 정리 3.2로부터

$$\|\mathbf{a}\|\|\mathbf{b}\|\cos\theta = \mathbf{a}\cdot\mathbf{b} = 0$$

이 성립할 필요충분조건은 $\cos\theta=0$(**a**와 **b** 모두 영벡터가 아니므로)이다. 이것은 **a**와 **b**가 직교하는 것과 동치이다. ■

예제 3.4 두 벡터의 직교성 결정하기

다음 벡터들이 직교하는지 결정하여라.

(a) $\mathbf{a} = \langle 1, 3, -5 \rangle$, $\mathbf{b} = \langle 2, 3, 10 \rangle$ (b) $\mathbf{a} = \langle 4, 2, -1 \rangle$, $\mathbf{b} = \langle 2, 3, 14 \rangle$

풀이

(a) $\mathbf{a} \cdot \mathbf{b} = 2 + 9 - 50 = -39 \neq 0$ 이므로 **a**와 **b**는 직교하지 않는다.

(b) $\mathbf{a} \cdot \mathbf{b} = 8 + 6 - 14 = 0$ 이므로 **a**와 **b**는 직교한다.

■

정리 3.3 코시–슈바르츠 부등식(Cauchy–Schwartz Inequality)

임의의 벡터 **a**와 **b**에 대해

$$|\mathbf{a} \cdot \mathbf{b}| \leq \|\mathbf{a}\| \|\mathbf{b}\| \tag{3.5}$$

이다.

증명

a 또는 **b**가 영벡터이면 식 (3.5)의 양변이 모두 0이므로 성립한다. 한편 **a**와 **b** 모두 영벡터가 아니라면 식 (3.2)로부터

$$|\mathbf{a} \cdot \mathbf{b}| = \|\mathbf{a}\| \|\mathbf{b}\| \, |\cos\theta| \leq \|\mathbf{a}\| \|\mathbf{b}\|$$

이 성립한다. 모든 θ에 대해 $|\cos\theta| \leq 1$이기 때문이다. ■

정리 3.4 삼각부등식(Triangle Inequality)

임의의 벡터 **a**와 **b**에 대해

$$\|\mathbf{a}+\mathbf{b}\| \leq \|\mathbf{a}\| + \|\mathbf{b}\| \tag{3.6}$$

이다.

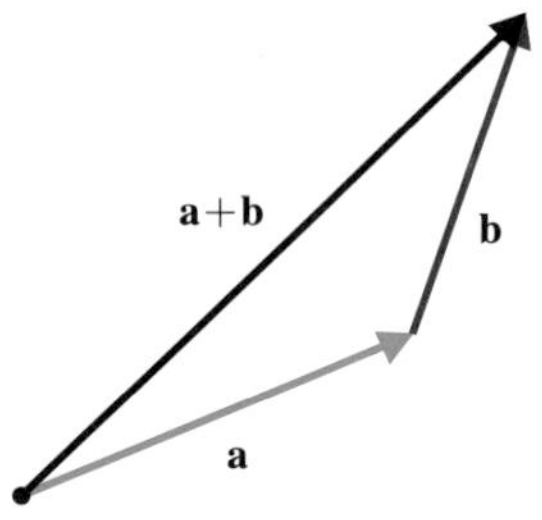

a+b
b
a

그림 10.24 삼각부등식

그림 10.24를 보면 삼각부등식은 벡터 **a+b**의 길이는 **a**와 **b** 각 길이의 합을 넘지 않음을 의미한다.

증명

정리 3.1 (i), (ii), (v)에 의해

$$\begin{aligned}\|\mathbf{a}+\mathbf{b}\|^2 &= (\mathbf{a}+\mathbf{b}) \cdot (\mathbf{a}+\mathbf{b}) = \mathbf{a} \cdot \mathbf{a} + \mathbf{a} \cdot \mathbf{b} + \mathbf{b} \cdot \mathbf{a} + \mathbf{b} \cdot \mathbf{b} \\ &= \|\mathbf{a}\|^2 + 2\mathbf{a} \cdot \mathbf{b} + \|\mathbf{b}\|^2\end{aligned}$$

이 성립한다. 코시–슈바르츠 부등식 (3.5)로부터 $\mathbf{a} \cdot \mathbf{b} \leq |\mathbf{a} \cdot \mathbf{b}| \leq \|\mathbf{a}\| \|\mathbf{b}\|$이 되고

$$\begin{aligned}\|\mathbf{a}+\mathbf{b}\|^2 &= \|\mathbf{a}\|^2 + 2\mathbf{a} \cdot \mathbf{b} + \|\mathbf{b}\|^2 \\ &\leq \|\mathbf{a}\|^2 + 2\|\mathbf{a}\|\|\mathbf{b}\| + \|\mathbf{b}\|^2 = (\|\mathbf{a}\| + \|\mathbf{b}\|)^2\end{aligned}$$

이 된다. 양변의 제곱근을 취하면 식 (3.6)을 얻는다. ■

그림 10.25 수레 끌기

성분과 정사영

벡터가 힘을 나타낼 경우를 생각해 보자. 우리가 원하는 방향으로 힘을 가하는 것이 불가능하거나 실용적이지 않을 때가 자주 있다. 예를 들면, 어린이용 수레를 끌 때 운동방향 대신에(손잡이의 위치가 가리키는 방향인) 편리한 방향으로 힘을 가하게 된다(그림 10.25). 중요한 질문은 다른 방향으로 작용하는 힘이 있는지, 그리고 운동방향으로 힘을 가할 때와 같은 효과를 낼 수 있는지의 여부이다. 힘의 수평성분이 손수레의 이동에 가장 직접적인 영향을 주는 힘이다(힘의 수직성분은 단지 마찰력을 감소시키는 역할을 한다). 이제부터 힘의 그러한 성분을 구하는 방법을 생각해 보자.

영이 아닌 두 위치벡터 **a**와 **b**에 대해 벡터의 사이각을 θ라 하자. 만약 **a**의 끝점으로부터 벡터 **b**를 포함하는 직선에 수선의 발을 내리면 삼각형의 밑변의($0<\theta<\frac{\pi}{2}$일 경우) 길이는 $\|\mathbf{a}\|\cos\theta$이 된다(그림 10.26a).

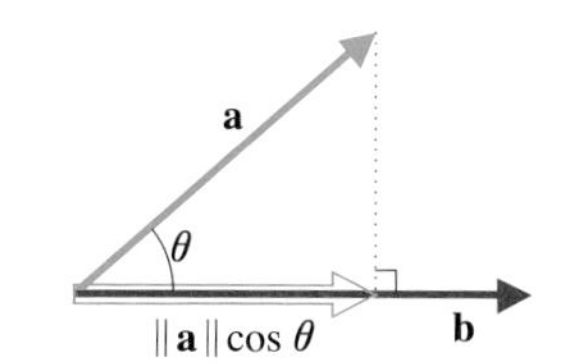

그림 10.26a $0<\theta<\frac{\pi}{2}$일 때 $\text{comp}_{\mathbf{b}}\mathbf{a}$

만약 $\frac{\pi}{2}<\theta<\pi$이면, 밑변의 길이는 $-\|\mathbf{a}\|\cos\theta$이 된다(그림 10.26b). $\|\mathbf{a}\|\cos\theta$를 **b**에 대한 **a**의 **성분**(component)이라 하고 $\text{comp}_{\mathbf{b}}\mathbf{a}$로 표시한다. 식 (3.2)를 사용하면 이것을 다음과 같이 나타낼 수 있다.

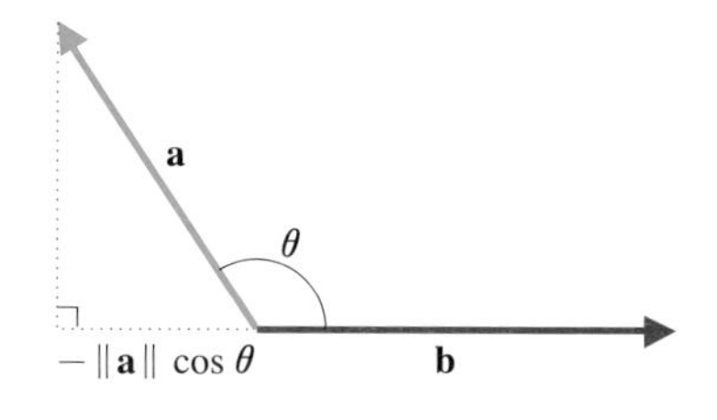

그림 10.26b $\frac{\pi}{2}<\theta<\pi$일 때 $\text{comp}_{\mathbf{b}}\mathbf{a}$

$$\text{comp}_{\mathbf{b}}\mathbf{a} = \|\mathbf{a}\|\cos\theta = \frac{\|\mathbf{a}\|\|\mathbf{b}\|}{\|\mathbf{b}\|}\cos\theta$$

$$= \frac{1}{\|\mathbf{b}\|}\|\mathbf{a}\|\|\mathbf{b}\|\cos\theta = \frac{1}{\|\mathbf{b}\|}\mathbf{a}\cdot\mathbf{b}$$

또는

$$\boxed{\text{comp}_{\mathbf{b}}\mathbf{a} = \frac{\mathbf{a}\cdot\mathbf{b}}{\|\mathbf{b}\|}} \tag{3.7}$$

$\text{comp}_{\mathbf{b}}\mathbf{a}$은 스칼라이고, 식 (3.7)의 내적에서 $\|\mathbf{a}\|$가 아니고 $\|\mathbf{b}\|$로 나누었다. 식 (3.7)은 벡터 **a**와 **b**방향의 단위벡터인 $\frac{\mathbf{b}}{\|\mathbf{b}\|}$의 내적으로 볼 수 있다.

벡터 **a**가 힘을 나타낸다고 하자. **b**에 대한 **a**의 성분보다는 **b**에 대한 **a**의 성분과 같고 **b**에 평행한 벡터를 찾아보자. 이 벡터를 **a**의 **b**로의 **정사영**(projection)이라 하

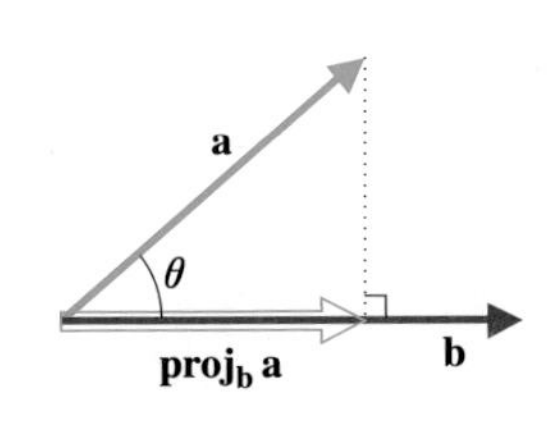

그림 10.27a $0<\theta<\frac{\pi}{2}$일 때 $\mathbf{proj_b\, a}$

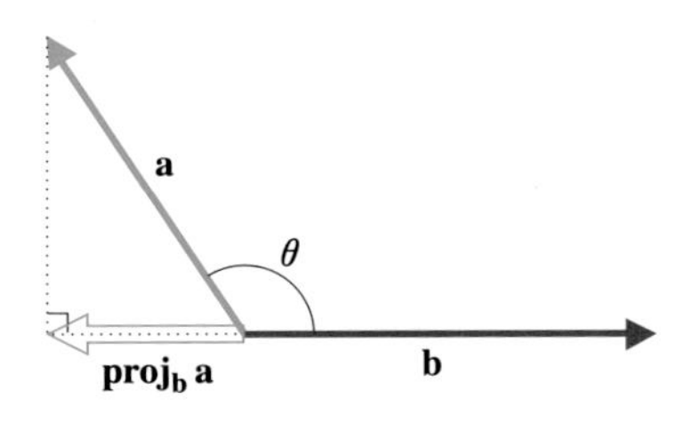

그림 10.27b $\frac{\pi}{2}<\theta<\pi$일 때 $\mathbf{proj_b\, a}$

고 그림 10.27a와 그림 10.27b에 나타난 바와 같이 $\mathbf{proj_b\, a}$으로 표시한다. 정사영은 크기가 $|\text{comp}_{\mathbf{b}}\mathbf{a}|$이며 $0<\theta<\frac{\pi}{2}$일 때는 $\mathbf{b}$방향의 벡터이고, $\frac{\pi}{2}<\theta<\pi$이면 $\mathbf{b}$와 반대방향의 벡터이기 때문에 식 (3.7)로부터

$$\mathbf{proj_b\, a} = (\text{comp}_{\mathbf{b}}\,\mathbf{a})\frac{\mathbf{b}}{\|\mathbf{b}\|} = \left(\frac{\mathbf{a}\cdot\mathbf{b}}{\|\mathbf{b}\|}\right)\frac{\mathbf{b}}{\|\mathbf{b}\|}$$

또는

$$\boxed{\mathbf{proj_b\, a} = \frac{\mathbf{a}\cdot\mathbf{b}}{\|\mathbf{b}\|^2}\,\mathbf{b}} \tag{3.8}$$

이다. 여기서 $\frac{\mathbf{b}}{\|\mathbf{b}\|}$은 $\mathbf{b}$방향의 단위벡터를 나타낸다.

주 3.2

$\mathbf{a}$의 $\mathbf{b}$로의 정사영(벡터)과 $\mathbf{b}$에 대한 $\mathbf{a}$의 성분(스칼라)을 혼동하지 말아야 한다.

예제 3.5 성분과 정사영 찾기

$\mathbf{a} = \langle 2, 3\rangle$, $\mathbf{b} = \langle -1, 5\rangle$일 때 $\mathbf{b}$에 대한 $\mathbf{a}$의 성분과 $\mathbf{a}$의 $\mathbf{b}$로의 정사영을 찾아라.

풀이

식 (3.7)로부터

$$\text{comp}_{\mathbf{b}}\,\mathbf{a} = \frac{\mathbf{a}\cdot\mathbf{b}}{\|\mathbf{b}\|} = \frac{\langle 2, 3\rangle\cdot\langle -1, 5\rangle}{\|\langle -1, 5\rangle\|} = \frac{-2+15}{\sqrt{1+5^2}} = \frac{13}{\sqrt{26}}$$

이 성립한다. 같은 방법으로 식 (3.8)로부터 다음이 성립한다.

$$\mathbf{proj_b\, a} = \left(\frac{\mathbf{a}\cdot\mathbf{b}}{\|\mathbf{b}\|}\right)\frac{\mathbf{b}}{\|\mathbf{b}\|} = \left(\frac{13}{\sqrt{26}}\right)\frac{\langle -1, 5\rangle}{\sqrt{26}}$$
$$= \frac{13}{26}\langle -1, 5\rangle = \frac{1}{2}\langle -1, 5\rangle = \left\langle -\frac{1}{2}, \frac{5}{2}\right\rangle$$

■

일반적으로, $\text{comp}_{\mathbf{b}}\,\mathbf{a} \neq \text{comp}_{\mathbf{a}}\,\mathbf{b}$과 $\mathbf{proj_b\, a} \neq \mathbf{proj_a\, b}$라는 것은 연습문제로 남겨둔다.

예제 3.6 일의 계산

그림 10.28과 같이 40파운드의 일정한 힘을 가하여 수레를 끌고 있다. 수레의 손잡이가 수평과 $\frac{\pi}{4}$의 각을 이루고 평평한 길을 1마일(5280피트) 끈다고 할 때 한 일을 구하여라.

풀이

5장에서 공부한 것과 같이 상수의 힘 F를 가하여 거리 d만큼 움직였을 때 한 일은 $W = Fd$이다. 이 문제에서는 수레가 움직이는 방향으로의 힘이 주어져 있지 않다. 힘의 크기가 40이므로 힘 벡터는 다음과 같다.

$$\mathbf{F} = 40\left\langle \cos\frac{\pi}{4}, \sin\frac{\pi}{4} \right\rangle = 40\left\langle \frac{\sqrt{2}}{2}, \frac{\sqrt{2}}{2} \right\rangle = \langle 20\sqrt{2}, 20\sqrt{2} \rangle$$

수레가 움직이는 방향으로의 힘은 벡터의 $\mathbf{i}$ 방향으로의 성분 즉, F의 수평성분 또는 $20\sqrt{2}$이다. 따라서 한 일은 다음과 같다.

$$W = Fd = 20\sqrt{2}\,(5280) \approx 149.341 \text{ 피트-파운드}$$

일반적으로, 상수의 힘 $\mathbf{F}$를 가하여 물체가 점 P에서 점 Q까지 움직이면 벡터 $\mathbf{d} = \overrightarrow{PQ}$를 **변위벡터**(displacement vector)라 한다. 이때 한 일은 $\mathbf{F}$의 $\mathbf{d}$ 방향으로의 성분과 이동거리의 곱이다.

$$\begin{aligned} W &= \text{comp}_{\mathbf{d}}\, \mathbf{F} \|\mathbf{d}\| \\ &= \frac{\mathbf{F} \cdot \mathbf{d}}{\|\mathbf{d}\|} \cdot \|\mathbf{d}\| = \mathbf{F} \cdot \mathbf{d} \end{aligned}$$

이 문제에서는 이 방법으로 풀면 다음과 같다.

$$W = \langle 20\sqrt{2}, 20\sqrt{2} \rangle \cdot \langle 5280, 0 \rangle = 20\sqrt{2}\,(5280)$$

■

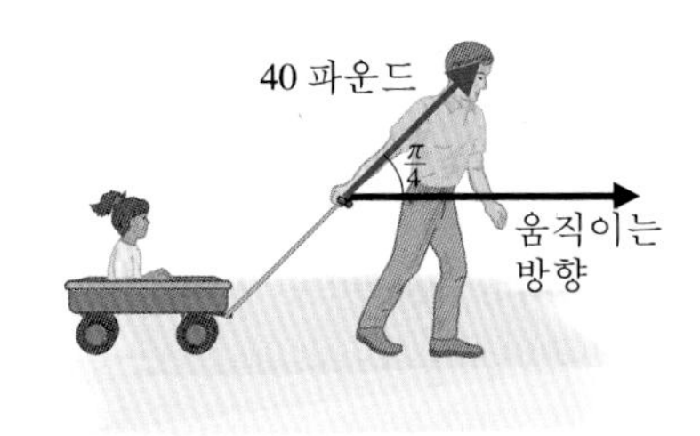

그림 10.28 수레 끌기

연습문제 10.3

[1~3] $\mathbf{a} \cdot \mathbf{b}$를 계산하여라.

1. $\mathbf{a} = \langle 3, 1 \rangle$, $\mathbf{b} = \langle 2, 4 \rangle$
2. $\mathbf{a} = \langle 2, -1, 3 \rangle$, $\mathbf{b} = \langle 0, 2, -4 \rangle$
3. $\mathbf{a} = 2\mathbf{i} - \mathbf{k}$, $\mathbf{b} = 4\mathbf{j} - \mathbf{k}$

[4~5] 다음 벡터 사이의 각을 구하여라.

4. $\mathbf{a} = 3\mathbf{i} - 2\mathbf{j}$, $\mathbf{b} = \mathbf{i} + \mathbf{j}$
5. $\mathbf{a} = 3\mathbf{i} + \mathbf{j} - 4\mathbf{k}$, $\mathbf{b} = -2\mathbf{i} + 2\mathbf{j} + \mathbf{k}$

[6~7] 다음 벡터들이 직교하는지 밝혀라.

6. $\mathbf{a} = \langle 2, -1 \rangle$, $\mathbf{b} = \langle 2, 4 \rangle$
7. $\mathbf{a} = 3\mathbf{i}$, $\mathbf{b} = 6\mathbf{j} - 2\mathbf{k}$

[8~9] **(a)** 다음 벡터와 직교하는 벡터를 찾아라. **(b)** 다음 벡터와 직교하는 벡터 중에서 $\langle a, 2, -3 \rangle$ 형태의 벡터를 구하여라.

8. $\langle 2, -1, 0 \rangle$
9. $6\mathbf{i} + 2\mathbf{j} - \mathbf{k}$

[10~12] $\text{comp}_{\mathbf{b}}\,\mathbf{a}$과 $\mathbf{proj}_{\mathbf{b}}\,\mathbf{a}$를 찾아라.

10. $\mathbf{a} = \langle 2, 1 \rangle$, $\mathbf{b} = \langle 3, 4 \rangle$
11. $\mathbf{a} = \langle 2, -1, 3 \rangle$, $\mathbf{b} = \langle 1, 2, 2 \rangle$
12. $\mathbf{a} = \langle 2, 0, -2 \rangle$, $\mathbf{b} = \langle 0, -3, 4 \rangle$
13. 수평과의 각도가 $\frac{\pi}{3}$일 때 예제 3.6을 다시 구하여라.
14. 상수의 힘 $F = \langle 30, 20 \rangle$이 물체를 점 (0, 0)에서 점 (24, 10)까지 직선으로 움직였을 때 한 일을 구하여라.

15. 다음 내용이 사실이면 간단히 설명하고 거짓이면 반례를 들어라.

(a) $\mathbf{a}\cdot\mathbf{b}=\mathbf{a}\cdot\mathbf{c}$이면 $\mathbf{b}=\mathbf{c}$이다.

(b) $\mathbf{b}=\mathbf{c}$이면 $\mathbf{a}\cdot\mathbf{b}=\mathbf{a}\cdot\mathbf{c}$이다.

(c) $\mathbf{a}\cdot\mathbf{a}=\|\mathbf{a}\|^2$이다.

(d) $\|\mathbf{a}\|>\|\mathbf{b}\|$이면 $\mathbf{a}\cdot\mathbf{c}>\mathbf{b}\cdot\mathbf{c}$이다.

(e) $\|\mathbf{a}\|=\|\mathbf{b}\|$이면 $\mathbf{a}=\mathbf{b}$이다.

16. $\mathbf{a}=\langle 2, 1\rangle$일 때 (a) $\text{comp}_{\mathbf{b}}\mathbf{a}=1$ (b) $\text{comp}_{\mathbf{a}}\mathbf{b}=-1$을 만족하는 벡터 $\mathbf{b}$를 구하여라.

17. 점 P에서 직선 L까지의 거리는 P에서 L까지 수직으로 연결하는 선분의 길이이다. (x_1, y_1)에서 직선 $ax+by+c=0$까지의 거리는 $\dfrac{|ax_1+by_1+c|}{\sqrt{a^2+b^2}}$임을 보여라.

18. n차원 코시-슈바르츠 부등식을 이용하여 $\left(\sum_{k=1}^{n}|a_k b_k|\right)^2 \le \left(\sum_{k=1}^{n}a_k^2\right)\left(\sum_{k=1}^{n}b_k^2\right)$임을 보여라. 또 $\sum_{k=1}^{\infty}a_k^2$과 $\sum_{k=1}^{\infty}b_k^2$이 수렴하면 어떤 결론을 얻을 수 있는가? 이 결과를 $a_k=\dfrac{1}{k}$과 $b_k=\dfrac{1}{k^2}$에 적용하여라.

19. $\sum_{k=1}^{n}a_k^2 b_k^2 \le \left(\sum_{k=1}^{n}a_k^2\right)\left(\sum_{k=1}^{n}b_k^2\right)$과 $\left(\sum_{k=1}^{n}a_k b_k c_k\right)^2 \le \left(\sum_{k=1}^{n}a_k^2\right)\left(\sum_{k=1}^{n}b_k^2\right)\left(\sum_{k=1}^{n}c_k^2\right)$을 보여라.

20. 임의의 영이 아닌 벡터 $\mathbf{a}$, $\mathbf{b}$, $\mathbf{c}$에 대해 $\text{comp}_{\mathbf{c}}(\mathbf{a}+\mathbf{b})=\text{comp}_{\mathbf{c}}\mathbf{a}+\text{comp}_{\mathbf{c}}\mathbf{b}$를 증명하여라.

10.4 외 적

두 벡터의 내적은 또 다른 벡터가 아니라 스칼라이다. 이 절에서는 벡터 사이의 곱, 외적 또는 벡터적을 정의하는데 이것은 또 다른 벡터가 된다.

정의 4.1

성분이 실수인 2×2 행렬의 **행렬식**(determinant)을 다음과 같이 정의한다.

$$\underbrace{\begin{vmatrix} a_1 & a_2 \\ b_1 & b_2 \end{vmatrix}}_{2\times 2\text{ 행렬}} = a_1 b_2 - a_2 b_1 \tag{4.1}$$

예제 4.1 2×2 행렬식 계산하기

행렬식 $\begin{vmatrix} 1 & 2 \\ 3 & 4 \end{vmatrix}$을 계산하여라.

풀이

식 (4.1)로부터

$$\begin{vmatrix} 1 & 2 \\ 3 & 4 \end{vmatrix} = (1)(4)-(2)(3)=-2$$

이다.

■

정의 4.2

성분이 실수인 3×3 행렬의 **행렬식**은 세 개의 2×2 행렬식의 결합으로 다음과 같이 정의한다.

$$\underbrace{\begin{vmatrix} a_1 & a_2 & a_3 \\ b_1 & b_2 & b_3 \\ c_1 & d_2 & c_3 \end{vmatrix}}_{3\times3\text{ 행렬}} = a_1\begin{vmatrix} b_2 & b_3 \\ c_2 & c_3 \end{vmatrix} - a_2\begin{vmatrix} b_1 & b_3 \\ c_1 & c_3 \end{vmatrix} + a_3\begin{vmatrix} b_1 & b_2 \\ c_1 & c_2 \end{vmatrix} \tag{4.2}$$

식 (4.2)는 행렬식을 첫째 행을 따라 전개한다고 한다. 각 2×2 행렬식 앞에 곱해진 숫자는 3×3 행렬의 첫째 행의 성분들이다. 각 2×2 행렬식은 대응하는 숫자의 위치의 행과 열을 제거하여 얻은 행렬식이다. 즉 첫 번째 숫자는 a_1이고 2×2 행렬식은 3×3 행렬로부터 첫째 행과 첫째 열을 제거하여 얻은 것이다.

$$\begin{vmatrix} a_1 & a_2 & a_3 \\ b_1 & b_2 & b_3 \\ c_1 & c_2 & c_3 \end{vmatrix} = \begin{vmatrix} b_2 & b_3 \\ c_2 & c_3 \end{vmatrix}$$

같은 방법으로, 두 번째 2×2 행렬식은 3×3 행렬로부터 첫째 행과 둘째 열을 제거하여 얻은 것이다.

$$\begin{vmatrix} a_1 & a_2 & a_3 \\ b_1 & b_2 & b_3 \\ c_1 & c_2 & c_3 \end{vmatrix} = \begin{vmatrix} b_1 & b_3 \\ c_1 & c_3 \end{vmatrix}$$

이 항 앞에는 음의 부호가 있음을 유의하여라. 마지막으로 세 번째 행렬식은 3×3 행렬로부터 첫째 행과 셋째 열을 제거하여 얻은 것이다.

$$\begin{vmatrix} a_1 & a_2 & a_3 \\ b_1 & b_2 & b_3 \\ c_1 & c_2 & c_3 \end{vmatrix} = \begin{vmatrix} b_1 & b_2 \\ c_1 & c_2 \end{vmatrix}$$

예제 4.2 3×3 행렬식 계산하기

행렬식 $\begin{vmatrix} 1 & 2 & 4 \\ -3 & 3 & 1 \\ 3 & -2 & 5 \end{vmatrix}$을 계산하여라.

풀이

첫째 행을 따라 전개하면 다음과 같다.

$$\begin{aligned} \begin{vmatrix} 1 & 2 & 4 \\ -3 & 3 & 1 \\ 3 & -2 & 5 \end{vmatrix} &= (1)\begin{vmatrix} 3 & 1 \\ -2 & 5 \end{vmatrix} - (2)\begin{vmatrix} -3 & 1 \\ 3 & 5 \end{vmatrix} + (4)\begin{vmatrix} -3 & 3 \\ 3 & -2 \end{vmatrix} \\ &= (1)[(3)(5) - (1)(-2)] - (2)[(-3)(5) - (1)(3)] \\ &\quad + (4)[(-3)(-2) - (3)(3)] \\ &= 41 \end{aligned}$$

■

외적을 정의하는 편리한 수단으로 다음과 같은 행렬식 표시법을 사용한다.

정의 4.3

V_3에 있는 두 벡터 $\mathbf{a} = \langle a_1, a_2, a_3 \rangle$와 $\mathbf{b} = \langle b_1, b_2, b_3 \rangle$에 대해 $\mathbf{a}$와 $\mathbf{b}$의 **외적**(cross product) 또는 **벡터적**(vector product)은 다음과 같이 정의한다.

$$\mathbf{a} \times \mathbf{b} = \begin{vmatrix} \mathbf{i} & \mathbf{j} & \mathbf{k} \\ a_1 & a_2 & a_3 \\ b_1 & b_2 & b_3 \end{vmatrix} = \begin{vmatrix} a_2 & a_3 \\ b_2 & b_3 \end{vmatrix} \mathbf{i} - \begin{vmatrix} a_1 & a_3 \\ b_1 & b_3 \end{vmatrix} \mathbf{j} + \begin{vmatrix} a_1 & a_2 \\ b_1 & b_2 \end{vmatrix} \mathbf{k} \tag{4.3}$$

$\mathbf{a} \times \mathbf{b}$는 V_3에서 벡터이고 $\mathbf{a} \times \mathbf{b}$를 계산하기 위해 둘째 행에 있는 $\mathbf{a}$의 성분과 세 번째 행에 있는 $\mathbf{b}$의 성분들로 행렬식을 표현해야 한다. 순서는 아주 중요하다. 비록 행렬식 표현을 사용했지만 식 (4.3)에서의 행렬식은 첫째 행이 스칼라 대신에 벡터를 사용했기 때문에 실제로 행렬식은 아니다.

예제 4.3 외적 계산하기

$\langle 1, 2, 3 \rangle \times \langle 4, 5, 6 \rangle$을 계산하여라.

풀이

식 (4.3)을 사용하면 다음식을 얻는다.

$$\langle 1, 2, 3 \rangle \times \langle 4, 5, 6 \rangle = \begin{vmatrix} \mathbf{i} & \mathbf{j} & \mathbf{k} \\ 1 & 2 & 3 \\ 4 & 5 & 6 \end{vmatrix}$$

$$= \begin{vmatrix} 2 & 3 \\ 5 & 6 \end{vmatrix} \mathbf{i} - \begin{vmatrix} 1 & 3 \\ 4 & 6 \end{vmatrix} \mathbf{j} + \begin{vmatrix} 1 & 2 \\ 4 & 5 \end{vmatrix} \mathbf{k}$$

$$= -3\mathbf{i} + 6\mathbf{j} - 3\mathbf{k} = \langle -3, 6, -3 \rangle$$

■

주 4.1

외적은 V_3에 있는 벡터에서만 정의할 수 있고 V_2의 벡터에서는 대응하는 연산이 없다.

정리 4.1

임의의 벡터 $\mathbf{a} \in V_3$에 대하여 $\mathbf{a} \times \mathbf{a} = \mathbf{0}$이고 $\mathbf{a} \times \mathbf{0} = \mathbf{0}$이다.

증명

처음 것만 증명하고 두 번째 것은 연습문제로 남긴다. $\mathbf{a} = \langle a_1, a_2, a_3 \rangle$에 대해 식 (4.3)을 적용하면 다음과 같다.

$$\mathbf{a} \times \mathbf{a} = \begin{vmatrix} \mathbf{i} & \mathbf{j} & \mathbf{k} \\ a_1 & a_2 & a_3 \\ a_1 & a_2 & a_3 \end{vmatrix} = \begin{vmatrix} a_2 & a_3 \\ a_2 & a_3 \end{vmatrix} \mathbf{i} - \begin{vmatrix} a_1 & a_3 \\ a_1 & a_3 \end{vmatrix} \mathbf{j} + \begin{vmatrix} a_1 & a_2 \\ a_1 & a_2 \end{vmatrix} \mathbf{k}$$

$$= (a_2a_3 - a_3a_2)\mathbf{i} - (a_1a_3 - a_3a_1)\mathbf{j} + (a_1a_2 - a_2a_1)\mathbf{k} = \mathbf{0}$$ ■

예제 4.3의 결과를 보면

$$\langle 1, 2, 3 \rangle \times \langle 4, 5, 6 \rangle = \langle -3, 6, -3 \rangle$$

인데 여기서

$$\langle 1, 2, 3\rangle \cdot \langle -3, 6, -3\rangle = 0$$

이고

$$\langle 4, 5, 6\rangle \cdot \langle -3, 6, -3\rangle = 0$$

이다. 즉 $\langle 1, 2, 3\rangle$과 $\langle 4, 5, 6\rangle$은 이 두 벡터의 외적과 직교한다. 이것은 다음의 정리 4.2에서와 같이 일반적인 벡터들에 대해서도 성립한다.

정리 4.2

V_3에 있는 두 벡터 $\mathbf{a}$와 $\mathbf{b}$에 대해 $\mathbf{a}\times\mathbf{b}$는 $\mathbf{a}$와 $\mathbf{b}$ 모두에 직교한다.

증명

두 벡터가 직교할 필요충분조건은 그 내적이 0이다. 또한 식 (4.3)으로부터

$$\begin{aligned}\mathbf{a}\cdot(\mathbf{a}\times\mathbf{b}) &= \langle a_1, a_2, a_3\rangle \cdot \left[\begin{vmatrix} a_2 & a_3 \\ b_2 & b_3 \end{vmatrix}\mathbf{i} - \begin{vmatrix} a_1 & a_3 \\ b_1 & b_3 \end{vmatrix}\mathbf{j} + \begin{vmatrix} a_1 & a_2 \\ b_1 & b_2 \end{vmatrix}\mathbf{k}\right] \\ &= a_1\begin{vmatrix} a_2 & a_3 \\ b_2 & b_3 \end{vmatrix} - a_2\begin{vmatrix} a_1 & a_3 \\ b_1 & b_3 \end{vmatrix} + a_3\begin{vmatrix} a_1 & a_2 \\ b_1 & b_2 \end{vmatrix} \\ &= a_1[a_2b_3 - a_3b_2] - a_2[a_1b_3 - a_3b_1] + a_3[a_1b_2 - a_2b_1] \\ &= a_1a_2b_3 - a_1a_3b_2 - a_1a_2b_3 + a_2a_3b_1 + a_1a_3b_2 - a_2a_3b_1 \\ &= 0\end{aligned}$$

이다. 따라서 $\mathbf{a}$와 $\mathbf{a}\times\mathbf{b}$는 직교한다. 같은 방법으로 $\mathbf{b}\cdot(\mathbf{a}\times\mathbf{b}) = 0$이 된다. ■

수학자

깁스
(Josiah Willard Gibbs, 1839–1903)

미국의 물리학자이자 수학자로 내적과 외적의 개념과 용어를 처음 도입했다. 깁스는 예일대학교를 졸업했으며 열역학, 통계역학, 전자기학 분야에서 중요한 논문을 발표하였다. 그는 벡터를 이용하여 혜성의 궤도를 알아냈는데 단 세 번의 관측 결과를 이용했다. 깁스의 벡터이론은 학생들을 가르치기 위해 처음 고안되었으며 이것은 해밀턴이 처음 개발했던 벡터이론보다 훨씬 간편한 것이다. 그는 좋은 사람이었지만 살아있는 동안에는 그리 유명하지 않았다. 어떤 전기작가는 깁스에 대해서 다음과 같이 썼다. "그의 지적인 업적이 위대하다 하더라도 이것이 그의 삶의 아름다움과 품위를 결코 덮을 수 없다."

$\mathbf{a}\times\mathbf{b}$는 $\mathbf{a}$와 $\mathbf{b}$에 직교하기 때문에 $\mathbf{a}$와 $\mathbf{b}$를 포함하는 평면에 있는 모든 벡터와 직교한다(이 경우에 $\mathbf{a}\times\mathbf{b}$는 평면과 직교한다고 한다). 그러면 주어진 평면에 대해 $\mathbf{a}\times\mathbf{b}$는 평면에 대하여 어느 방향으로 향하겠는가? 간단한 외적을 계산함으로써 답을 얻을 수 있다.

$$\mathbf{i}\times\mathbf{j} = \begin{vmatrix} \mathbf{i} & \mathbf{j} & \mathbf{k} \\ 1 & 0 & 0 \\ 0 & 1 & 0 \end{vmatrix} = \begin{vmatrix} 0 & 0 \\ 1 & 0 \end{vmatrix}\mathbf{i} - \begin{vmatrix} 1 & 0 \\ 0 & 0 \end{vmatrix}\mathbf{j} + \begin{vmatrix} 1 & 0 \\ 0 & 1 \end{vmatrix}\mathbf{k} = \mathbf{k}$$

이다. 같은 방법으로

$$\mathbf{j}\times\mathbf{k} = \mathbf{i}$$

이다. 이것들은 **오른손 법칙**을 설명하는 것이다. 벡터 $\mathbf{a}$를 따라 오른손 손가락들을 정렬한 다음 $\mathbf{a}$에서부터 $\mathbf{b}$방향(180도보다 작은 각의 방향)으로 회전하는 방향으로 굽힌다면, 엄지손가락은 $\mathbf{a}\times\mathbf{b}$방향을 향하게 된다(그림 10.29a). 오른손 법칙에 따르면 $\mathbf{b}\times\mathbf{a}$는 $\mathbf{a}\times\mathbf{b}$와 반대방향이다(그림 10.29b). 특히,

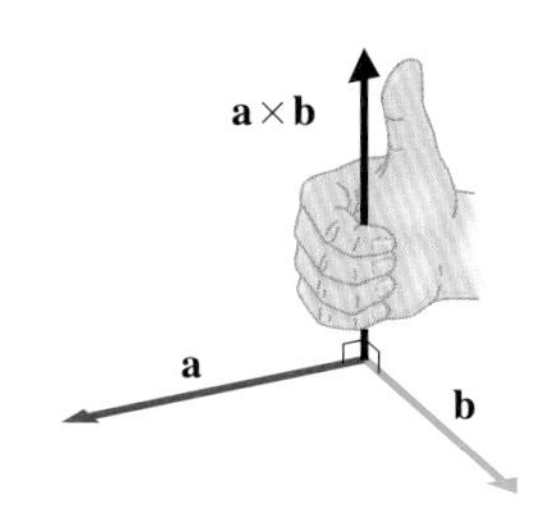

그림 10.29a a × b

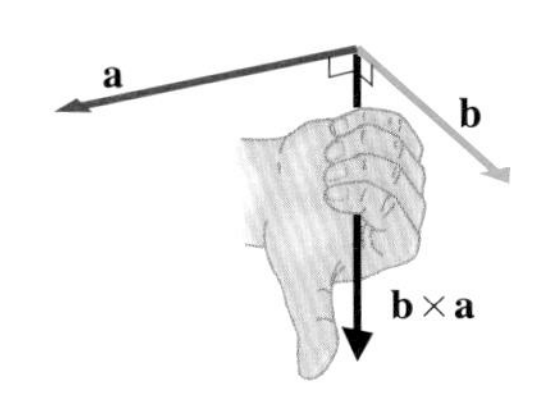

그림 10.29b b × a

$$\mathbf{j}\times\mathbf{i}=\begin{vmatrix}\mathbf{i} & \mathbf{j} & \mathbf{k}\\ 0 & 1 & 0\\ 1 & 0 & 0\end{vmatrix}=-\mathbf{k}$$

된다.

$$\mathbf{j}\times\mathbf{k}=\mathbf{i} \qquad \mathbf{k}\times\mathbf{j}=-\mathbf{i}$$
$$\mathbf{k}\times\mathbf{i}=\mathbf{j} \qquad \mathbf{i}\times\mathbf{k}=-\mathbf{j}$$

도 성립한다.

다음 식도 역시 성립한다.

$$\mathbf{i}\times\mathbf{j}=\mathbf{k}\neq-\mathbf{k}=\mathbf{j}\times\mathbf{i}$$

이것은 외적에 대해서는 교환법칙이 성립하지 않는다는 것을 의미한다. 더욱이 다음 식도 역시 성립한다.

$$(\mathbf{i}\times\mathbf{j})\times\mathbf{j}=\mathbf{k}\times\mathbf{j}=-\mathbf{i}$$
$$\mathbf{i}\times(\mathbf{j}\times\mathbf{j})=\mathbf{i}\times\mathbf{0}=\mathbf{0}$$

따라서 외적에 대해서는 결합법칙도 성립하지 않는다. 일반적으로

$$(\mathbf{a}\times\mathbf{b})\times\mathbf{c}\neq\mathbf{a}\times(\mathbf{b}\times\mathbf{c})$$

이 성립한다. 이상의 법칙들을 정리하면 다음과 같다.

정리 4.3

임의의 벡터 $\mathbf{a}$, $\mathbf{b}$, $\mathbf{c}$ 그리고 스칼라 d에 대해서 다음이 성립한다.

(i) $\mathbf{a}\times\mathbf{b}=-(\mathbf{b}\times\mathbf{a})$ (비교환성)

(ii) $(d\mathbf{a})\times\mathbf{b}=d(\mathbf{a}\times\mathbf{b})=\mathbf{a}\times(d\mathbf{b})$

(iii) $\mathbf{a}\times(\mathbf{b}+\mathbf{c})=\mathbf{a}\times\mathbf{b}+\mathbf{a}\times\mathbf{c}$ (분배법칙)

(iv) $(\mathbf{a}+\mathbf{b})\times\mathbf{c}=\mathbf{a}\times\mathbf{c}+\mathbf{b}\times\mathbf{c}$ (분배법칙)

(v) $\mathbf{a}\cdot(\mathbf{b}\times\mathbf{c})=(\mathbf{a}\times\mathbf{b})\cdot\mathbf{c}$ (스칼라 삼중곱)

(vi) $\mathbf{a}\times(\mathbf{b}\times\mathbf{c})=(\mathbf{a}\cdot\mathbf{c})\mathbf{b}-(\mathbf{a}\cdot\mathbf{b})\mathbf{c}$ (벡터 삼중곱)

증명

(i)과 (iii)만을 증명하고 나머지는 연습문제로 남긴다.

(i) $\mathbf{a}=\langle a_1, a_2, a_3\rangle$와 $\mathbf{b}=\langle b_1, b_2, b_3\rangle$에 대해 식 (4.3)으로부터

$$\mathbf{a}\times\mathbf{b}=\begin{vmatrix}\mathbf{i} & \mathbf{j} & \mathbf{k}\\ a_1 & a_2 & a_3\\ b_1 & b_2 & b_3\end{vmatrix}=\begin{vmatrix}a_2 & a_3\\ b_2 & b_3\end{vmatrix}\mathbf{i}-\begin{vmatrix}a_1 & a_3\\ b_1 & b_3\end{vmatrix}\mathbf{j}+\begin{vmatrix}a_1 & a_2\\ b_1 & b_2\end{vmatrix}\mathbf{k}$$

$$=-\begin{vmatrix}b_2 & b_3\\ a_2 & a_3\end{vmatrix}\mathbf{i}+\begin{vmatrix}b_1 & b_3\\ a_1 & a_3\end{vmatrix}\mathbf{j}-\begin{vmatrix}b_1 & b_2\\ a_1 & a_2\end{vmatrix}\mathbf{k}=-(\mathbf{b}\times\mathbf{a})$$

이다.

(iii) $\mathbf{c}=\langle c_1, c_2, c_3\rangle$에 대해서

$$\mathbf{b}+\mathbf{c}=\langle b_1+c_1,\ b_2+c_2,\ b_3+c_3\rangle$$

와

$$\mathbf{a}\times(\mathbf{b}+\mathbf{c})=\begin{vmatrix}\mathbf{i} & \mathbf{j} & \mathbf{k}\\ a_1 & a_2 & a_3\\ b_1+c_1 & b_2+c_2 & b_3+c_3\end{vmatrix}$$

이 성립한다. 이것의 $\mathbf{i}$벡터 방향의 성분만을 보면 다음과 같다.

$$\begin{aligned}\begin{vmatrix}a_2 & a_3\\ b_2+c_2 & b_3+c_3\end{vmatrix}&=a_2(b_3+c_3)-a_3(b_2+c_2)\\ &=(a_2b_3-a_3b_2)+(a_2c_3-a_3c_2)\\ &=\begin{vmatrix}a_2 & a_3\\ b_2 & b_3\end{vmatrix}+\begin{vmatrix}a_2 & a_3\\ c_2 & c_3\end{vmatrix}\end{aligned}$$

이것은 $\mathbf{a}\times\mathbf{b}+\mathbf{a}\times\mathbf{c}$의 $\mathbf{i}$벡터 방향의 성분이다. 같은 방법으로 $\mathbf{j}$와 $\mathbf{k}$ 방향의 성분도 대응하는 것을 보여주면 결과가 성립한다. ■

벡터는 항상 크기와 방향에 의해서 결정된다는 것을 명심해야 한다. 그리고 $\mathbf{a}\times\mathbf{b}$의 방향은 $\mathbf{a}$와 $\mathbf{b}$에 직교한다는 것을 이미 알고 있다. 그렇다면 크기는 어떻게 결정하는가? 이것은 기저벡터로 계산할 수도 있지만 일반적으로 다음 성질이 성립한다.

정리 4.4

V_3에 있는 0 아닌 벡터 $\mathbf{a}$, $\mathbf{b}$에 대해서 만약 θ가 $\mathbf{a}$와 $\mathbf{b}$의 사이각이라면

$$\|\mathbf{a}\times\mathbf{b}\|=\|\mathbf{a}\|\|\mathbf{b}\|\sin\theta \tag{4.4}$$

가 성립한다.

증명

식 (4.3)으로부터 다음을 얻는다.

$$\begin{aligned}\|\mathbf{a}\times\mathbf{b}\|^2&=[a_2b_3-a_3b_2]^2+[a_1b_3-a_3b_1]^2+[a_1b_2-a_2b_1]^2\\ &=a_2^2b_3^2-2a_2a_3b_2b_3+a_3^2b_2^2+a_1^2b_3^2-2a_1a_3b_1b_3+a_3^2b_1^2\\ &\quad+a_1^2b_2^2-2a_1a_2b_1b_2+a_2^2b_1^2\\ &=(a_1^2+a_2^2+a_3^2)(b_1^2+b_2^2+b_3^2)-(a_1b_1+a_2b_2+a_3b_3)^2\\ &=\|\mathbf{a}\|^2\|\mathbf{b}\|^2-(\mathbf{a}\cdot\mathbf{b})^2\\ &=\|\mathbf{a}\|^2\|\mathbf{b}\|^2-\|\mathbf{a}\|^2\|\mathbf{b}\|^2\cos^2\theta && \text{정리 3.2에 의해}\\ &=\|\mathbf{a}\|^2\|\mathbf{b}\|^2(1-\cos^2\theta)\\ &=\|\mathbf{a}\|^2\|\mathbf{b}\|^2\sin^2\theta\end{aligned}$$

양변의 제곱근을 취하면

$$\|\mathbf{a}\times\mathbf{b}\|=\|\mathbf{a}\|\|\mathbf{b}\|\sin\theta$$

이 성립한다. $0\le\theta\le\pi$일 때 $\sin\theta\ge 0$이기 때문이다. ■

평행인 벡터의 다음 특징은 정리 4.4에서 바로 나오는 결과이다.

따름정리 4.1

V_3에 속하는 두 개의 $\mathbf{0}$ 아닌 벡터가 평행일 필요충분조건은 $\mathbf{a}\times\mathbf{b}=\mathbf{0}$이 성립하는 것이다.

증명

$\mathbf{a}$와 $\mathbf{b}$가 평행일 필요충분조건은 그들의 사이각 θ가 0이거나 또는 π일 때이다. 각 경우에 $\sin\theta=0$이다. 정리 4.4에 의해서

$$\|\mathbf{a}\times\mathbf{b}\| = \|\mathbf{a}\|\|\mathbf{b}\|\sin\theta = \|\mathbf{a}\|\|\mathbf{b}\|(0) = 0$$

이 성립한다. 크기가 0인 벡터는 영벡터이므로 결론이 성립한다. ■

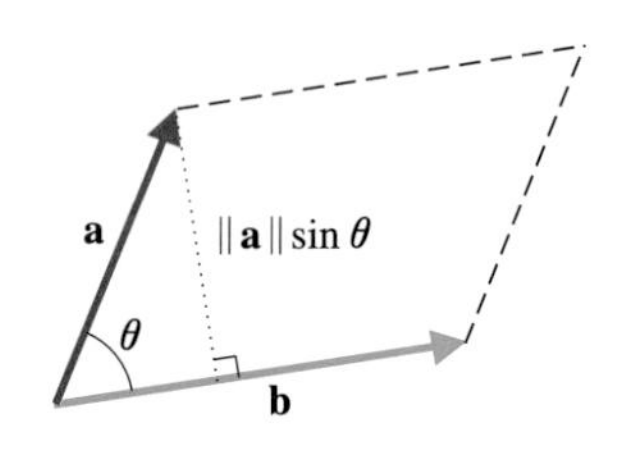

그림 10.30 평행사변형

$\mathbf{a}$와 $\mathbf{b}$가 평행이 아니고 모두 $\mathbf{0}$ 아닌 벡터는 그림 10.30처럼 평행사변형의 두 이웃하는 변을 만든다. 평행사변형의 넓이는 밑변과 높이의 곱으로 주어진다. 정리 4.4로부터

$$\begin{aligned} \text{넓이} &= (\text{밑변})(\text{높이}) \\ &= \|\mathbf{b}\|\|\mathbf{a}\|\sin\theta = \|\mathbf{a}\times\mathbf{b}\| \end{aligned} \tag{4.5}$$

이다. 즉, 두 벡터의 외적의 크기는 이 벡터들에 의해서 만들어지는 평행사변형의 넓이로 주어진다.

예제 4.4 외적을 이용하여 평행사변형의 넓이 구하기

벡터 $\mathbf{a}=\langle 1, 2, 3\rangle$, $\mathbf{b}=\langle 4, 5, 6\rangle$가 이웃하는 두 변인 평행사변형의 넓이를 구하여라.

풀이

$$\mathbf{a}\times\mathbf{b} = \begin{vmatrix} \mathbf{i} & \mathbf{j} & \mathbf{k} \\ 1 & 2 & 3 \\ 4 & 5 & 6 \end{vmatrix} = \mathbf{i}\begin{vmatrix} 2 & 3 \\ 5 & 6 \end{vmatrix} - \mathbf{j}\begin{vmatrix} 1 & 3 \\ 4 & 6 \end{vmatrix} + \mathbf{k}\begin{vmatrix} 1 & 2 \\ 4 & 5 \end{vmatrix} = \langle -3, 6, -3\rangle$$

이 성립한다. 식 (4.5)로부터 평행사변형의 넓이는

$$\|\mathbf{a}\times\mathbf{b}\| = \|\langle -3, 6, -3\rangle\| = \sqrt{54} \approx 7.348$$

이다.

정리 4.4를 사용하여 다음과 같이 $\mathbb{R}^3$에 있는 한 점으로부터 직선까지의 거리를 구할 수 있다. d를 점 Q로부터, 점 P와 R을 지나는 직선까지의 거리라 하자. 그러면

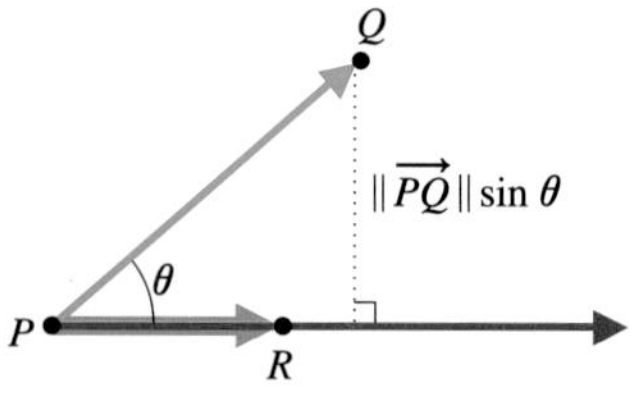

$$d = \|\overrightarrow{PQ}\|\sin\theta$$

가 성립한다. 여기서 θ는 $\overrightarrow{PQ}$과 $\overrightarrow{PR}$의 사이각이다(그림 10.31). 식 (4.4)로부터 다음이 성립한다.

그림 10.31 한 점으로부터 직선까지의 거리

$$\|\overrightarrow{PQ} \times \overrightarrow{PR}\| = \|\overrightarrow{PQ}\|\|\overrightarrow{PR}\| \sin\theta = \|\overrightarrow{PR}\|(d)$$

이것을 d에 관해서 풀면

$$d = \frac{\|\overrightarrow{PQ} \times \overrightarrow{PR}\|}{\|\overrightarrow{PR}\|} \tag{4.6}$$

이다.

예제 4.5 점과 직선 사이의 거리 구하기

점 $Q(1, 2, 1)$에서 두 점 $P(2, 1, -3)$와 $R(2, -1, 3)$을 지나는 직선까지의 거리를 구하여라.

풀이

먼저 $\overrightarrow{PQ}$과 $\overrightarrow{PR}$에 대응하는 위치벡터는 다음과 같다.

$$\overrightarrow{PQ} = \langle -1, 1, 4 \rangle, \ \overrightarrow{PR} = \langle 0, -2, 6 \rangle$$

따라서

$$\langle -1, 1, 4 \rangle \times \langle 0, -2, 6 \rangle = \begin{vmatrix} \mathbf{i} & \mathbf{j} & \mathbf{k} \\ -1 & 1 & 4 \\ 0 & -2 & 6 \end{vmatrix} = \langle 14, 6, 2 \rangle$$

이고 식 (4.6)으로부터

$$d = \frac{\|\overrightarrow{PQ} \times \overrightarrow{PR}\|}{\|\overrightarrow{PR}\|} = \frac{\|\langle 14, 6, 2 \rangle\|}{\|\langle 0, -2, 6 \rangle\|} = \frac{\sqrt{236}}{\sqrt{40}} \approx 2.429$$

이다.

같은 평면 위에 있지 않은 세 벡터 **a**, **b**, **c**에 관해서 세 벡터를 이웃하는 변으로 하는 평행육면체를 생각해 보자(그림 10.32). 이 입체의 부피는

$$\text{부피} = (\text{밑면의 넓이})(\text{높이})$$

이다. 더욱이, 밑면의 두 이웃하는 변들은 벡터 **a**와 **b**로 구성되고 그 밑면의 넓이는 $\|\mathbf{a} \times \mathbf{b}\|$으로 주어진다. 그림 10.32를 참조하면 식 (3.7)에 의해서 높이는

$$|\text{comp}_{\mathbf{a}\times\mathbf{b}}\,\mathbf{c}| = \frac{|\mathbf{c} \cdot (\mathbf{a} \times \mathbf{b})|}{\|\mathbf{a} \times \mathbf{b}\|}$$

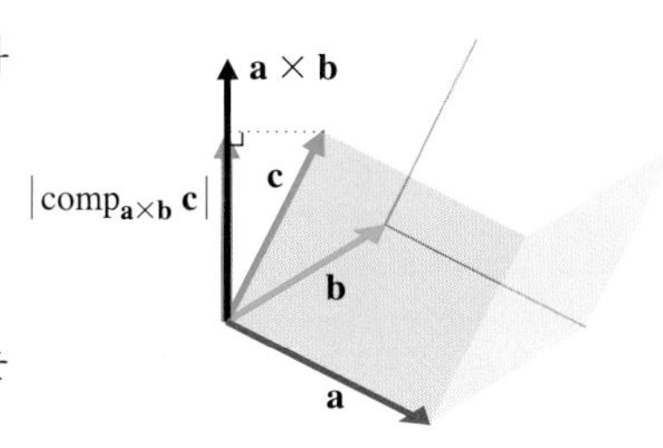

그림 10.32 **a**, **b**, **c**로 이루어진 평행육면체

이다. 따라서 평행육면체의 부피는

$$\text{부피} = \|\mathbf{a} \times \mathbf{b}\| \frac{|\mathbf{c} \cdot (\mathbf{a} \times \mathbf{b})|}{\|\mathbf{a} \times \mathbf{b}\|} = |\mathbf{c} \cdot (\mathbf{a} \times \mathbf{b})|$$

이다. 스칼라 $\mathbf{c} \cdot (\mathbf{a} \times \mathbf{b})$을 **a**, **b**와 **c**의 **스칼라 삼중곱**(scalar triple product)이라 한다. 스칼라 삼중곱은 행렬식을 계산함으로써 알 수 있다. $\mathbf{a} = \langle a_1, a_2, a_3 \rangle$, $\mathbf{b} = \langle b_1, b_2, b_3 \rangle$와 $\mathbf{c} = \langle c_1, c_2, c_3 \rangle$에 대해서

$$\begin{aligned}\mathbf{c}\cdot(\mathbf{a}\times\mathbf{b}) &= \mathbf{c}\cdot\begin{vmatrix}\mathbf{i} & \mathbf{j} & \mathbf{k}\\ a_1 & a_2 & a_3\\ b_1 & b_2 & b_3\end{vmatrix}\\ &= \langle c_1, c_2, c_3\rangle\cdot\left(\mathbf{i}\begin{vmatrix}a_2 & a_3\\ b_2 & b_3\end{vmatrix} - \mathbf{j}\begin{vmatrix}a_1 & a_3\\ b_1 & b_3\end{vmatrix} + \mathbf{k}\begin{vmatrix}a_1 & a_2\\ b_1 & b_2\end{vmatrix}\right)\\ &= c_1\begin{vmatrix}a_2 & a_3\\ b_2 & b_3\end{vmatrix} - c_2\begin{vmatrix}a_1 & a_3\\ b_1 & b_3\end{vmatrix} + c_3\begin{vmatrix}a_1 & a_2\\ b_1 & b_2\end{vmatrix}\\ &= \begin{vmatrix}c_1 & c_2 & c_3\\ a_1 & a_2 & a_3\\ b_1 & b_2 & b_3\end{vmatrix}\end{aligned} \tag{4.7}$$

이다.

예제 4.6 외적을 이용하여 평행육면체의 부피 구하기

벡터 $\mathbf{a} = \langle 1, 2, 3\rangle$, $\mathbf{b} = \langle 4, 5, 6\rangle$, $\mathbf{c} = \langle 7, 8, 0\rangle$를 이웃하는 세 변으로 하는 평행육면체의 부피를 구하여라.

풀이

부피 $= |\mathbf{c}\cdot(\mathbf{a}\times\mathbf{b})|$이다. 식 (4.7)로부터

$$\begin{aligned}\mathbf{c}\cdot(\mathbf{a}\times\mathbf{b}) &= \begin{vmatrix}7 & 8 & 0\\ 1 & 2 & 3\\ 4 & 5 & 6\end{vmatrix} = 7\begin{vmatrix}2 & 3\\ 5 & 6\end{vmatrix} - 8\begin{vmatrix}1 & 3\\ 4 & 6\end{vmatrix} + 0\begin{vmatrix}1 & 2\\ 4 & 5\end{vmatrix}\\ &= 7(-3) - 8(-6) = 27\end{aligned}$$

이 성립한다. 따라서 평행육면체의 부피는

$$\text{부피} = |\mathbf{c}\cdot(\mathbf{a}\times\mathbf{b})| = |27| = 27$$

이다. ■

그림 10.33과 같이 렌치가 볼트에 가하는 작용을 생각해 보자.

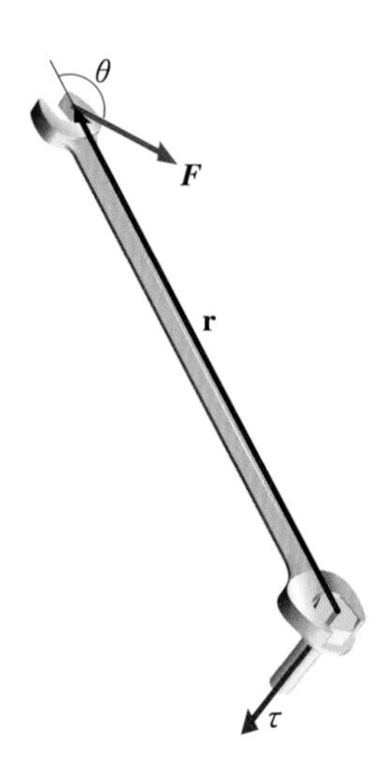

그림 10.33 토크 τ

볼트를 조이기 위해 손잡이의 끝 부분에 그림과 같은 방향으로 힘 $\mathbf{F}$를 가하자. 이 힘은 볼트의 축에 **토크**(torque) $\boldsymbol{\tau}$가 생기게 한다. 이 토크는 $\mathbf{F}$와 그림 10.33에 표시된 손잡이의 위치벡터 $\mathbf{r}$에 수직인 방향으로 작용한다. 오른손 법칙을 이용하면 토크는 $\mathbf{r}\times\mathbf{F}$와 같은 방향으로 작용하고, 물리학자들은 토크벡터를 다음과 같이 정의한다.

$$\boldsymbol{\tau} = \mathbf{r}\times\mathbf{F}$$

특히, 식 (4.4)에 의하여

$$\|\boldsymbol{\tau}\| = \|\mathbf{r}\times\mathbf{F}\| = \|\mathbf{r}\|\|\mathbf{F}\|\sin\theta \tag{4.8}$$

이다. 이것으로부터 몇 가지 사실을 알 수 있다. 첫째, 볼트의 축에서 멀리 떨어질수록(즉, $\|\mathbf{r}\|$이 클수록) 토크의 크기는 커진다. 둘째로, $\theta = \frac{\pi}{2}$일 때 $\sin\theta$는 최대가 된다. 따라서 식 (4.8)에 의하여 $\theta = \frac{\pi}{2}$일 때(힘 벡터 $\mathbf{F}$가 위치벡터 $\mathbf{r}$과 수직일 때) 토크

의 크기가 최대가 된다. 렌치를 사용해 본 적이 있다면 경험상 이 사실을 잘 알 것이다.

예제 4.7 렌치에 작용하는 토크 구하기

크기가 25파운드인 힘을 15인치 길이의 렌치 끝에 렌치와 $\frac{\pi}{3}$의 각을 이루도록 가할 때 볼트에 작용하는 토크의 크기를 구하여라. 또 25파운드의 힘이 작용하여 만들 수 있는 토크의 최대 크기를 구하여라.

풀이

식 (4.8)에 의하여

$$\|\boldsymbol{\tau}\| = \|\mathbf{r}\|\|\mathbf{F}\|\sin\theta = \left(\frac{15}{12}\right)25\sin\frac{\pi}{3}$$
$$= \left(\frac{15}{12}\right)25\frac{\sqrt{3}}{2} \approx 27.1 \text{ 피트-파운드}$$

이다. 또 최대 토크는 렌치와 힘 벡터 사이의 각이 $\frac{\pi}{2}$일 때 생긴다. 따라서 최대 토크는 다음과 같다.

$$\|\boldsymbol{\tau}\| = \|\boldsymbol{\tau}\|\|\mathbf{F}\|\sin\theta = \left(\frac{15}{12}\right)25(1) = 31.25 \text{ 피트-파운드}$$

연습문제 10.4

[1~2] 다음 행렬식을 계산하여라.

1. $\begin{vmatrix} 2 & 0 & -1 \\ 1 & 1 & 0 \\ -2 & -1 & 1 \end{vmatrix}$ **2.** $\begin{vmatrix} 2 & 3 & -1 \\ 0 & 1 & 0 \\ -2 & -1 & 3 \end{vmatrix}$

[3~5] 외적 $\mathbf{a}\times\mathbf{b}$을 계산하여라.

3. $\mathbf{a} = \langle 1, 2, -1\rangle$, $\mathbf{b} = \langle 1, 0, 2\rangle$

4. $\mathbf{a} = \langle 0, 1, 4\rangle$, $\mathbf{b} = \langle -1, 2, -1\rangle$

5. $\mathbf{a} = 2\mathbf{i} - \mathbf{k}$, $\mathbf{b} = 4\mathbf{j} + \mathbf{k}$

[6~8] 다음 두 벡터에 직교하는 단위벡터를 두 개 구하여라.

6. $\mathbf{a} = \langle 1, 0, 4\rangle$, $\mathbf{b} = \langle 1, -4, 2\rangle$

7. $\mathbf{a} = \langle 2, -1, 0\rangle$, $\mathbf{b} = \langle 1, 0, 3\rangle$

8. $\mathbf{a} = 3\mathbf{i} - \mathbf{j}$, $\mathbf{b} = 4\mathbf{i} + \mathbf{k}$

[9~10] 점 Q로부터 다음 직선까지의 거리를 계산하여라.

9. $Q = (1, 2, 0)$, $(0, 1, 2)$, $(3, 1, 1)$을 지나는 직선

10. $Q = (3, -2, 1)$, $(2, 1, -1)$, $(1, 1, 1)$을 지나는 직선

[11~13] 다음 넓이 또는 부피를 계산하여라.

11. $\langle 2, 3\rangle$과 $\langle 1, 4\rangle$를 이웃하는 두 변으로 하는 평행사변형의 넓이

12. 꼭짓점이 $(0, 0, 0)$, $(2, 3, -1)$, $(3, -1, 4)$인 삼각형의 넓이

13. $\langle 2, 1, 0\rangle$, $\langle -1, 2, 0\rangle$과 $\langle 1, 1, 2\rangle$를 이웃하는 세 변으로 하는 평행육면체의 부피

14. 20파운드 크기의 힘을 8인치 길이의 렌치 끝에 렌치와 $\frac{\pi}{4}$의 각을 이루도록 가할 때 볼트에 작용하는 토크의 크기를 구하여라.

[15~16] 외적을 사용하여 다음 벡터들 사이의 각을 구하여라(단, $0 \le \theta \le \frac{\pi}{2}$).

15. $\mathbf{a} = \langle 1, 0, 4\rangle$, $\mathbf{b} = \langle 2, 0, 1\rangle$

16. $\mathbf{a} = 3\mathbf{i} + \mathbf{k}$, $\mathbf{b} = 4\mathbf{j} + \mathbf{k}$

[17~18] 평행육면체의 부피공식을 사용하여 다음 벡터들이 같은 평면 위에 있는지를 밝혀라.

17. $\langle 2, 3, 1\rangle$, $\langle 1, 0, 2\rangle$, $\langle 0, 3, -3\rangle$

18. $\langle 1, 0, -2\rangle$, $\langle 3, 0, 1\rangle$, $\langle 2, 1, 0\rangle$

19. 다음 등식을 증명하여라.

$$\|\mathbf{a}\times\mathbf{b}\|^2 = \|\mathbf{a}\|^2\|\mathbf{b}\|^2 - (\mathbf{a}\cdot\mathbf{b})^2$$

10.5 공간에서의 직선과 평면

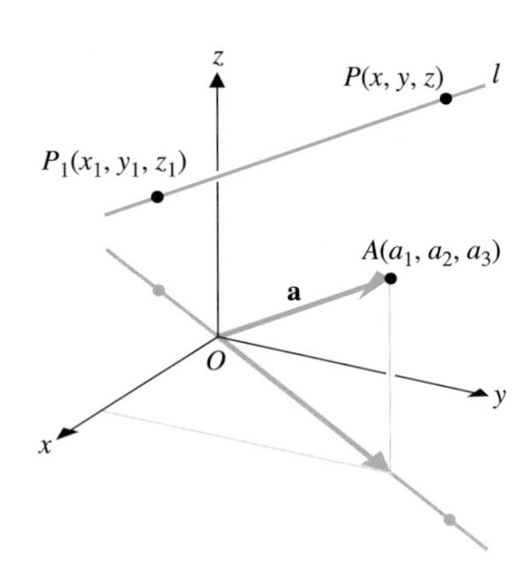

그림 10.34 공간에서의 직선

평면에서 서로 다른 두 점을 연결하면 직선이 결정되고, 또한 한 점과 구하고자 하는 직선의 방향이 주어지면 직선이 결정된다. 평면에서 직선의 방향은 **기울기**(slope)로 나타낼 수 있다. 공간에서도 서로 다른 두 점이 주어지면 직선이 결정된다. 또, 한 점과 방향이 주어지면 직선이 결정된다. 공간에서의 직선의 방향은 그 직선과 평행한 방향이다.

벡터를 잘 생각하면 될 것이다. 점 $P_1(x_1, y_1, z_1)$를 지나고 위치벡터 $\mathbf{a} = \langle a_1, a_2, a_3\rangle$에 평행한 직선을 살펴보자(그림 10.34). 이 직선상에 있는 다른 점 $P(x, y, z)$에 대해 벡터 $\overrightarrow{P_1P}$는 $\mathbf{a}$에 평행해야만 한다. 더욱이 두 개의 벡터가 평행할 필요충분조건은 하나가 다른 것의 스칼라곱인 것이다. 즉 스칼라 t에 관해서

$$\overrightarrow{P_1P} = t\mathbf{a} \tag{5.1}$$

이 성립한다. 이 직선은 식 (5.1)이 성립하는 모든 점 $P(x, y, z)$로 구성되어 있다. 한편

$$\overrightarrow{P_1P} = \langle x-x_1,\ y-y_1,\ z-z_1\rangle$$

이 성립하기 때문에 식 (5.1)로부터

$$\langle x-x_1,\ y-y_1,\ z-z_1\rangle = t\mathbf{a} = t\langle a_1, a_2, a_3\rangle$$

이다. 마지막으로 두 벡터가 같을 필요충분조건은 그 성분이 같을 경우이므로

$$\boxed{x-x_1 = a_1t,\quad y-y_1 = a_2t,\quad z-z_1 = a_3t} \tag{5.2}$$

를 얻는다. 식 (5.2)를 직선에 관한 **매개변수방정식**(parametric equation)이라고 한다. 여기서 t는 **매개변수**(parameter)이다. 평면의 경우와 마찬가지로 공간에서도 직선을 매개변수방정식으로 표현할 수 있다. 만약 a_1, a_2, a_3가 모두 0이 아닌 경우에는 매개변수를 세 개의 방정식으로 풀어서

$$\boxed{\frac{x-x_1}{a_1} = \frac{y-y_1}{a_2} = \frac{z-z_1}{a_3}} \tag{5.3}$$

을 얻을 수 있다. 식 (5.3)을 직선의 **대칭방정식**(symmetric equation)이라고 한다.

예제 5.1 **한 점과 벡터가 주어졌을 때 직선의 방정식 구하기**

점 (1, 5, 2)를 지나고 벡터 $\langle 4, 3, 7\rangle$에 평행한 직선의 방정식을 구하여라. 그리고 이 직선이 yz평면과 만나는 점을 결정하여라.

풀이

이 직선의 방정식은 다음과 같이 나타낼 수 있다. 식 (5.2)로부터 이 직선의 매개변수방정식은

$$x-1=4t,\quad y-5=3t,\quad z-2=7t$$

이다. 식 (5.3)으로부터 이 직선의 대칭방정식은

$$\frac{x-1}{4}=\frac{y-5}{3}=\frac{z-2}{7} \tag{5.4}$$

이다. 그림 10.35에서 이 직선의 그래프를 볼 수 있다. 이 직선은 yz평면과 교차하고 여기서 $x=0$이다. 식 (5.4)에서 x를 0으로 두어 y와 z를 풀 수 있고 여기서

$$y=\frac{17}{4},\quad z=\frac{1}{4}$$

이다. 한편 t에 관한 방정식 $x-1=4t$를 풀 수 있는데(여기서 $x=0$) 이것을 y와 z에 관한 매개변수방정식에 대입하면 된다. 따라서 이 직선은 점 $\left(0,\ \frac{17}{4},\ \frac{1}{4}\right)$에서 yz평면과 교차한다. ■

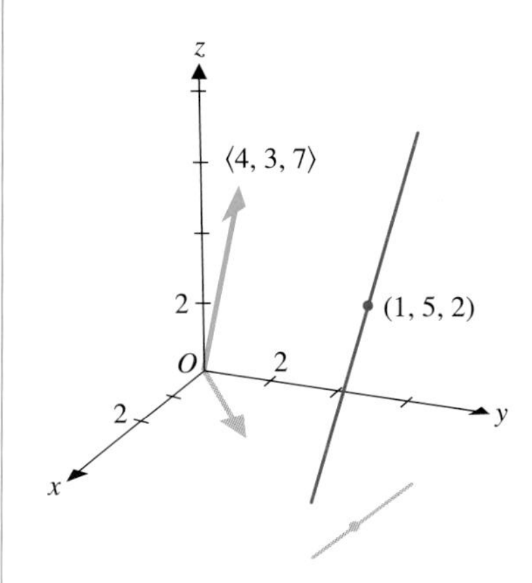

그림 10.35 직선 $x=1+4t$, $y=5+3t$, $z=2+7t$

두 개의 서로 다른 점이 주어진다면 이것을 지나는 직선의 방정식을 다음 예제에서처럼 쉽게 찾을 수 있다.

예제 5.2 **주어진 두 점을 지나는 직선의 방정식 구하기**

점 $P(1, 2, -1)$와 $Q(5, -3, 4)$를 지나는 직선의 방정식을 구하여라.

풀이

먼저 주어진 직선에 평행한 벡터를 찾아야 한다. 이것은

$$\overrightarrow{PQ}=\langle 5-1,\ -3-2,\ 4-(-1)\rangle=\langle 4,\ -5,\ 5\rangle$$

이다. 점 P와 Q 중 어떤 점을 선택해도 직선의 방정식을 구할 수 있다. 여기서 우리는 P를 사용한다. 그래서 이 직선의 매개변수방정식은

$$x-1=4t,\quad y-2=-5t,\quad z+1=5t$$

이 된다. 같은 방법으로 이 직선의 대칭방정식은

$$\frac{x-1}{4}=\frac{y-2}{-5}=\frac{z+1}{5}$$

이다. 그림 10.36에서 그래프를 볼 수 있다. ■

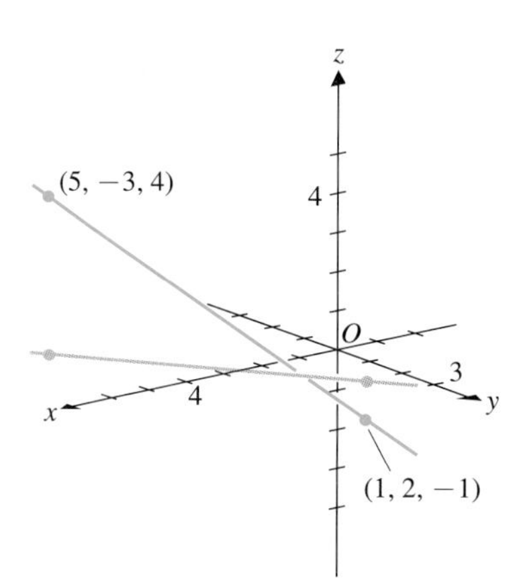

그림 10.36 직선 $\frac{x-1}{4}=\frac{y-2}{-5}=\frac{z+1}{5}$

정의 5.1

$\mathbb{R}^3$에서 **a**와 **b**에 평행인 두 개의 직선을 각각 l_1과 l_2라 하자. θ를 **a**와 **b** 사이의 각이라고 하자.

(i) **a**와 **b**가 평행할 때 직선 l_1과 l_2는 **평행**(parallel)이라 한다.

(ii) 만약 l_1과 l_2가 교차한다면

(a) l_1과 l_2 사이의 각을 θ라 하고

(b) **a**와 **b**가 직교할 때 직선 l_1과 l_2는 **직교**(orthogonal)한다고 한다.

평면에서 두 직선은 평행하거나 또는 만나야 한다. 하지만 삼차원에서 이것이 항상 사실인 것은 아니다.

예제 5.3 두 직선이 평행하지도 않고 만나지도 않음을 보이기

두 직선

$$l_1: x-2=-t,\quad y-1=2t,\quad z-5=2t$$
$$l_2: x-1=s,\quad y-2=-s,\quad z-1=3s$$

는 평행하지도 만나지도 않음을 보여라.

풀이

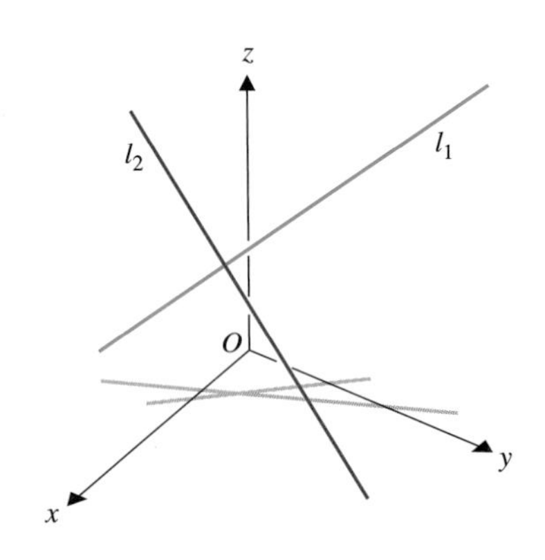

그림 10.37 꼬인 위치의 직선

두 개의 직선에 관한 매개변수로서 다른 문자 t와 s를 사용했다. 여기서 이 매개변수는 **무효변수**(dummy variable)이다. 따라서 매개변수를 나타내는 문자는 중요하지 않다. 그러나 x를 사용하여 각 직선의 첫 번째의 매개변수방정식을 매개변수에 관해 풀면

$$t=2-x,\quad s=x-1$$

을 각각 얻는다. 이는 매개변수가 각 직선에서 무엇인가 다른 것을 나타내기 때문이다. 따라서 다른 문자를 사용해야 한다. 그림 10.37의 그래프에서 직선들은 분명히 평행하지는 않다. 그러나 이들이 만나는지 그렇지 않는지는 불분명하다. 매개변수방정식으로부터 l_1에 평행한 벡터는 $\mathbf{a}_1=\langle -1,\ 2,\ 2\rangle$이다. 한편 l_2에 평행한 벡터는 $\mathbf{a}_2=\langle 1,\ -1,\ 3\rangle$이다. $\mathbf{a}_1$은 $\mathbf{a}_2$의 스칼라곱이 아니기 때문에 직선 l_1과 l_2는 평행하지 않다. 이 직선들이 만날 것으로 생각할 수도 있다. 만약 매개변수 s와 t가 같은 점을 만든다면 이 직선은 만날 것이다. 즉 x, y, z에 대해 같은 값을 가질 때이다. x값들이 같다면 다음 식이 성립한다.

$$2-t=1+s$$

y값이 같다고 하면 $s=1-t$라 놓음으로써

$$1+2t=2-s=2-(1-t)=1+t$$

가 성립한다. 이것을 t에 관해 풀면 $t=0$이다. 그러면 $s=1$이 된다. z성분을 같게 놓음으로써

$$5+2t=3s+1$$

이 성립한다. 그러나 이것은 $t=0$이고 $s=1$일 때 성립하지 않는다. 따라서 l_1과 l_2는 평행하지 않다. 더욱이 만나지도 않는다.

■

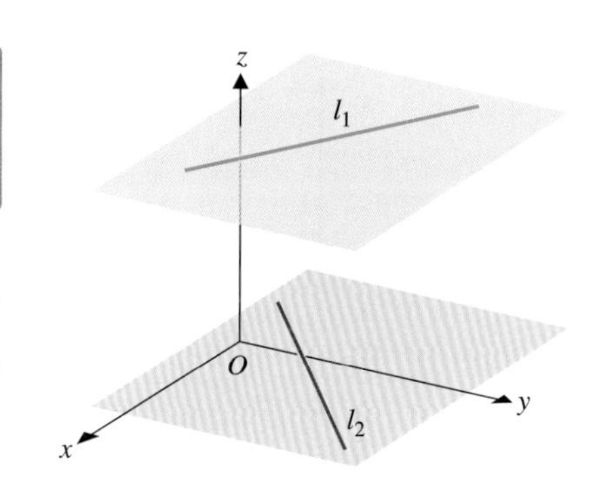

그림 10.38 꼬인 위치의 직선

정의 5.2

평행하지도 않고 만나지도 않는 두 직선을 **꼬인 위치**(skew)의 직선이라 한다.

꼬인 위치의 직선들을 볼 수 있도록 그리는 것은 비교적 쉽다. 평행인 두 평면을 그리고 각 평면에서 한 직선을 그린다(그래서 그것은 평면에 완전히 포함되는 것이다). 두 직선이 평행하지 않는 한 꼬인 위치의 직선이 된다(그림 10.38).

$\mathbb{R}^3$에서의 평면

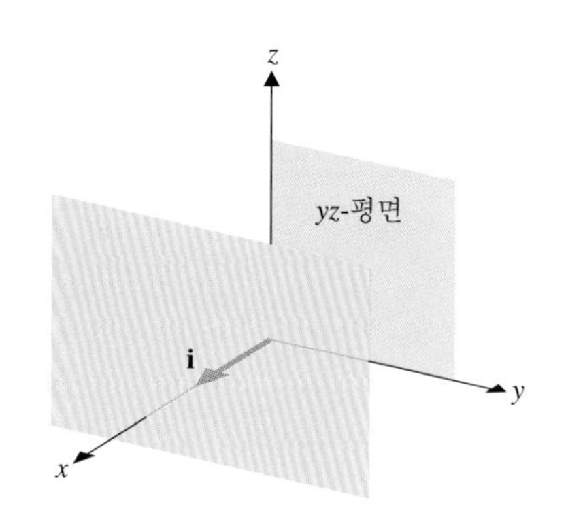

그림 10.39 평행한 평면

공간에서 평면을 어떻게 결정하는지 생각해 보자. yz평면은 x좌표가 0이 되는 모든 점들의 모임이다. 이러한 설명은 세 개의 좌표평면 중 하나에 평행인 평면에 관해서만 설명할 수 있다. 그리고 yz평면의 두 점을 연결하는 모든 벡터가 $\mathbf{i}$에 직교하는 공간상의 점들의 집합으로서도 생각할 수 있다. 그러나 이러한 평면들은 많이 있으며 사실 yz평면과 평행인 평면은 이 성질을 만족한다(그림 10.39). yz평면을 찾기 위해서 이 평면이 통과하는 한 점을 선택할 필요가 있다.

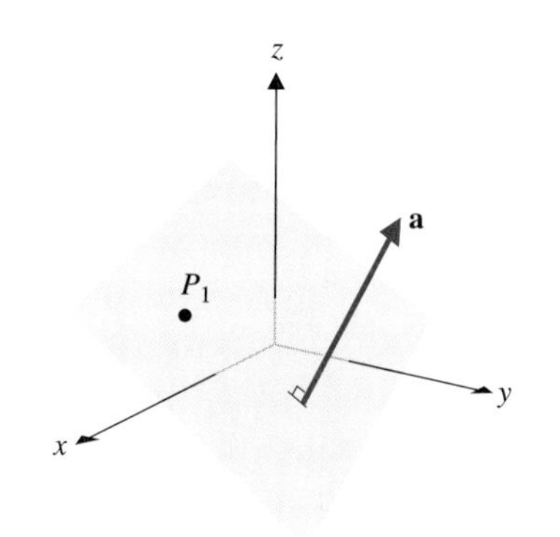

그림 10.40 $\mathbb{R}^3$에서의 평면

일반적으로 공간상의 평면은 그 평면상에 놓여 있는 한 점 $P_1(x_1, y_1, z_1)$(그림 10.40)과 평면에 수직인 법선벡터 $\mathbf{a} = \langle a_1, a_2, a_3 \rangle$를 택해서 결정한다(즉 그 평면에 놓여 있는 모든 벡터와 직교하는 것). 평면의 방정식을 찾기 위해서 점 $P(x, y, z)$를 평면상의 임의의 점이라고 하자. 그러면 P와 P_1은 평면상의 두 점이기 때문에 벡터 $\overrightarrow{P_1P} = \langle x-x_1, y-y_1, z-z_1 \rangle$은 이 평면에 놓여 있고 이것은 $\mathbf{a}$와 직교하게 된다. 따름정리 3.1에 의해서

$$0 = \mathbf{a} \cdot \overrightarrow{P_1P} = \langle a_1, a_2, a_3 \rangle \cdot \langle x-x_1, y-y_1, z-z_1 \rangle$$

또는

$$\boxed{0 = a_1(x - x_1) + a_2(y - y_1) + a_3(z - z_1)} \tag{5.5}$$

이다. 식 (5.5)는 점 (x_1, y_1, z_1)를 통과하고 법선벡터 $\langle a_1, a_2, a_3 \rangle$을 가지는 평면의 방정식이다.

예제 5.4 한 점과 법선벡터가 주어질 때 평면의 방정식

점 (1, 2, 3)을 지나고 법선벡터 $\langle 4, 5, 6 \rangle$을 가지는 평면의 방정식을 구하여라.

풀이

식 (5.5)로부터

$$0 = 4(x - 1) + 5(y - 2) + 6(z - 3) \tag{5.6}$$

이 성립한다. 평면을 그리기 위해서 그 평면상에 놓여 있는 세 점을 택한다. 이 경우에 가장

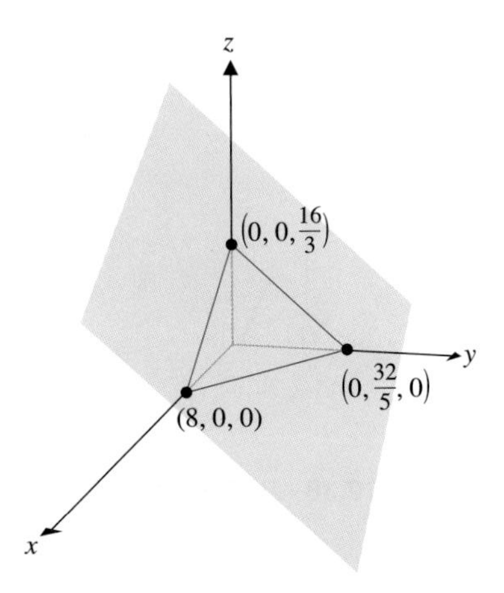

그림 10.41 점 $(8, 0, 0)$, $(0, \frac{32}{5}, 0)$, $(0, 0, \frac{16}{3})$을 지나는 평면

간단한 방법은 각 좌표축과 평면의 교점을 보는 것이다. $y = z = 0$일 때 식 (5.6)으로부터

$$0 = 4(x-1) + 5(0-2) + 6(0-3) = 4x - 4 - 10 - 18$$

이므로 $4x = 32$ 또는 $x = 8$이 된다. 따라서 x축과 평면의 교점은 점 (8, 0, 0)이고 같은 방법으로 y, z축과 평면의 교점은 각각 $\left(0, \frac{32}{5}, 0\right)$과 $\left(0, 0, \frac{16}{3}\right)$이다. 이 세 점을 사용해서 그림 10.41처럼 평면을 그릴 수 있다. 먼저 세 점을 꼭짓점으로 가지는 삼각형을 그리면 우리가 원하는 평면은 이 삼각형을 포함한다. 이 평면은 세 개의 좌표축과 교차하기 때문에 제1팔분공간에 있는 평면의 부분이 그림에 표시된 삼각형이다.

식 (5.5)에 있는 식을 전개하면

$$\begin{aligned} 0 &= a_1(x - x_1) + a_2(y - y_1) + a_3(z - z_1) \\ &= a_1 x + a_2 y + a_3 z + \underbrace{(-a_1 x_1 - a_2 y_1 - a_3 z_1)}_{\text{상수}} \end{aligned}$$

이다. 마지막 방정식을 변수 x, y, z에 관한 **선형방정식**(linear equation)이라고 한다. 특히 다음과 같은 형태의 선형방정식

$$0 = ax + by + cz + d \text{ (단, } a, b, c, d\text{는 상수)}$$

는 법선벡터가 $\langle a, b, c\rangle$인 평면의 방정식이다.

우리는 앞에서 세 점은 평면을 결정한다는 것을 알았다. 그러나 단지 세 점만 주어졌을 때 평면의 방정식을 결정할 수 있겠는가? 만약 식 (5.5)를 사용하려면 먼저 법선벡터를 찾아야 한다.

예제 5.5 세 점이 주어질 때 평면의 방정식 구하기

세 점 $P(1, 2, 2)$, $Q(2, -1, 4)$, $R(3, 5, -2)$를 포함하는 평면을 구하여라

풀이

평면의 법선벡터를 먼저 찾아야 한다. 평면상에 놓여 있는 두 벡터는

$$\overrightarrow{PQ} = \langle 1, -3, 2\rangle \quad \text{그리고} \quad \overrightarrow{QR} = \langle 1, 6, -6\rangle$$

이다. 따라서 $\overrightarrow{PQ}$과 $\overrightarrow{QR}$에 직교하는 벡터는 외적인

$$\overrightarrow{PQ} \times \overrightarrow{QR} = \begin{vmatrix} \mathbf{i} & \mathbf{j} & \mathbf{k} \\ 1 & -3 & 2 \\ 1 & 6 & -6 \end{vmatrix} = \langle 6, 8, 9\rangle$$

이다. $\overrightarrow{PQ}$과 $\overrightarrow{QR}$이 평행하지 않기 때문에 $\overrightarrow{PQ} \times \overrightarrow{QR}$은 평면에 직교해야만 한다. 식 (5.5)로부터 평면의 방정식은

$$0 = 6(x-1) + 8(y-2) + 9(z-2)$$

가 된다. 그림 10.42로부터 우리는 세 점을 꼭짓점으로 갖는 삼각형을 볼 수 있다. 구하는 평면은 이 삼각형을 포함하는 것이다.

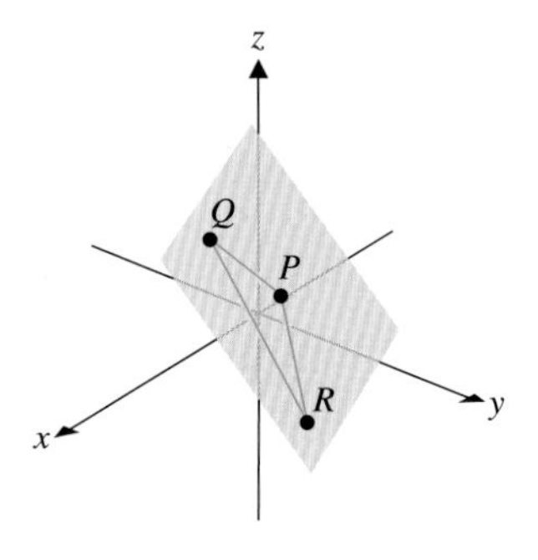

그림 10.42 세 점을 포함하는 평면

공간에서 두 개의 평면은 평행하거나 하나의 직선에서 만나게 된다. 두 개의 평면이 법선벡터 **a**와 **b**를 각각 갖는다고 가정하자. 그러면 평면 사이의 각은 **a**와 **b**의 사이각과 같게 된다(그림 10.43). 그러면 두 개의 평면이 평행하다는 것은 그들의 법선벡터가 평행할 때를 말하고 그들이 직교한다는 것은 그들의 법선벡터가 직교한다는 것을 말한다.

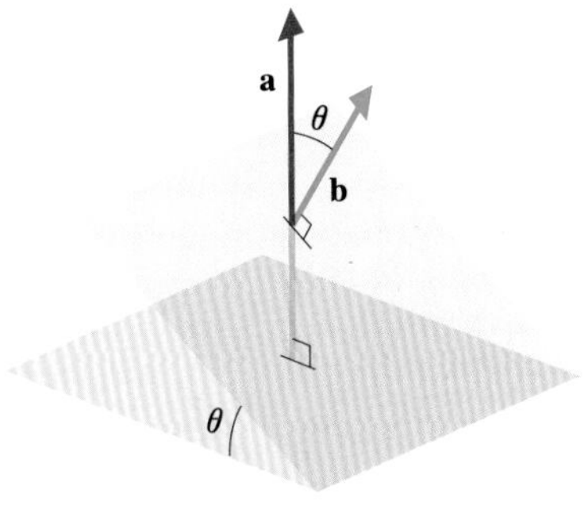

그림 10.43 평면 사이의 각

예제 5.6 한 점과 평행한 평면이 주어질 때 평면의 방정식

점 $(1, 4, -5)$를 지나고 평면 $2x - 5y + 7z = 12$에 평행한 평면의 방정식을 구하여라.

풀이

주어진 평면의 법선벡터는 $\langle 2, -5, 7 \rangle$이다. 한편 두 개의 평면은 평행하고 이 벡터는 구하는 평면의 법선벡터가 된다. 식 (5.5)로부터 평면의 방정식은 다음과 같이 나타낼 수 있다.

$$0 = 2(x-1) - 5(y-4) + 7(z+5)$$

■

예제 5.7 간단한 평면 그리기

평면 $y = 3$과 $y = 8$을 그려라.

풀이

두 방정식은 같은 법선벡터 $\langle 0, 1, 0 \rangle = \mathbf{j}$를 가지는 평면을 나타낸다. 이 평면들은 그림 10.44처럼 xz평면에 평행하고 첫 번째 것은 점 $(0, 3, 0)$을 지나고 두 번째 것은 점 $(0, 8, 0)$을 지나는 것이다.

■

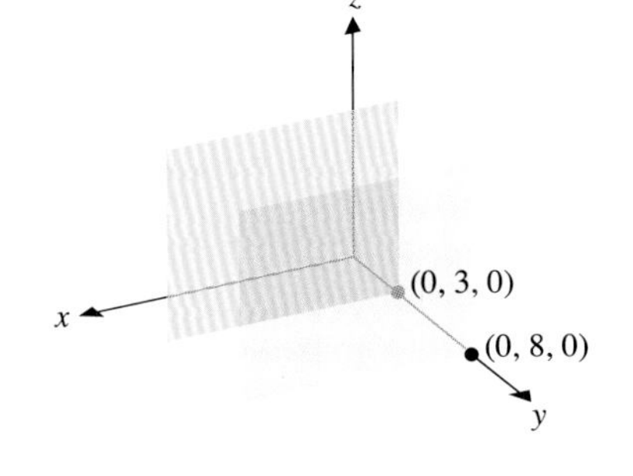

그림 10.44 평면 $y = 3$과 $y = 8$

두 개의 평행하지 않는 평면이 만나는 부분은 직선이 된다.

예제 5.8 두 평면이 만나는 직선 구하기

평면 $x + 2y + z = 3$과 $x - 4y + 3z = 5$가 만나는 직선을 찾아라.

풀이

x에 관해서 방정식을 풀면

$$x = 3 - 2y - z \text{와 } x = 5 + 4y - 3z \tag{5.7}$$

가 된다. 그러면

$$3 - 2y - z = 5 + 4y - 3z$$

가 된다. 이것을 z에 관해서 풀면

$$2z = 6y + 2 \quad \text{또는} \quad z = 3y + 1$$

이다. 식 (5.7)에 있는 각 방정식에서 이것을 x에 관해서 풀면(y에 관해서도 마찬가지로)

$$x = 3 - 2y - z = 3 - 2y - (3y + 1) = -5y + 2$$

가 된다. t를 매개변수로 하고 $y=t$라 하면 만나는 직선의 매개변수방정식을 다음과 같이 얻을 수 있다.

$$x=-5t+2,\ \ y=t,\ z=3t+1$$

그림 10.45의 그래프에서 두 평면이 만나는 직선을 볼 수 있다.

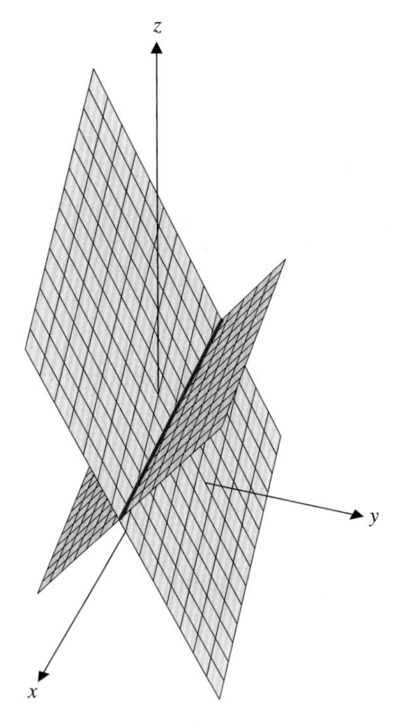

그림 10.45 두 평면의 만남

평면 $0=ax+by+cz+d$로부터 이 평면에 있지 않는 점 $P_0(x_0, y_0, z_0)$까지의 거리를 찾아보자. 이 거리는 이 점에서부터 평면에 수직으로 연결하는 선분을 따라서 측정할 수 있다(그림 10.46). 이 거리를 계산하기 위해서 평면에 놓여 있는 임의의 점 $P_1(x_1, y_1, z_1)$을 잡자. 그리고 $\mathbf{a}=\langle a, b, c\rangle$를 이 평면에 법선인 벡터라고 하자. 그림 10.46에서 P_0로부터 이 평면까지의 거리는 $|\text{comp}_{\mathbf{a}}\overrightarrow{P_1P_0}|$이다. 또한

$$\overrightarrow{P_1P_0}=\langle x_0-x_1,\ y_0-y_1,\ z_0-z_1\rangle$$

이다. 식 (3.7)로부터 거리를

$$\begin{aligned}|\text{comp}_{\mathbf{a}}\overrightarrow{P_1P_0}| &= \left|\overrightarrow{P_1P_0}\cdot\frac{\mathbf{a}}{\|\mathbf{a}\|}\right| \\ &= \left|\langle x_0-x_1,\ y_0-y_1,\ z_0-z_1\rangle\cdot\frac{\langle a, b, c\rangle}{\|\langle a, b, c\rangle\|}\right| \\ &= \frac{|a(x_0-x_1)+b(y_0-y_1)+c(z_0-z_1)|}{\sqrt{a^2+b^2+c^2}} \\ &= \frac{|ax_0+by_0+cz_0-(ax_1+by_1+cz_1)|}{\sqrt{a^2+b^2+c^2}} \\ &= \frac{|ax_0+by_0+cz_0+d|}{\sqrt{a^2+b^2+c^2}} \qquad (5.8)\end{aligned}$$

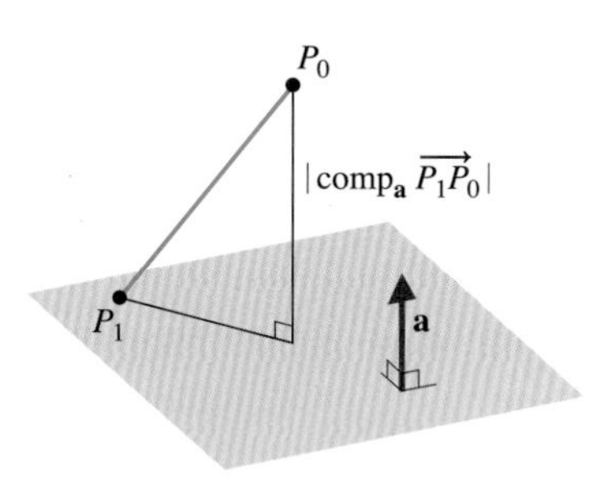

그림 10.46 한 점으로부터 평면까지의 거리

으로 나타낼 수 있다. 왜냐하면 (x_1, y_1, z_1)은 평면상에 놓여 있고 평면상에 놓여 있는 모든 점 (x, y, z)에 대해서 $ax+by+cz=-d$이기 때문이다.

예제 5.9 평행인 두 평면 사이의 거리 구하기

평행인 다음 두 평면 사이의 거리를 구하여라.

$$P_1: 2x-3y+z=6,\quad P_2: 4x-6y+2z=8$$

풀이

이 평면들의 법선벡터 $\langle 2, -3, 1\rangle$과 $\langle 4, -6, 2\rangle$는 평행하기 때문에 평면들은 평행하다. 이 평면들이 평행하기 때문에 평면 P_1으로부터 평면 P_2상에 있는 모든 점까지의 거리는 같다. 따라서 P_2에 있는 임의의 점 (0, 0, 4)를 잡아 보자. 점 (0, 0, 4)로부터 평면 P_1까지의 거리는 식 (5.8)에 의하여 다음과 같다.

$$d=\frac{|(2)(0)-(3)(0)+(1)(4)-6|}{\sqrt{2^2+3^2+1^2}}=\frac{2}{\sqrt{14}}$$

연습문제 10.5

[1~5] 다음 직선의 (a) 매개변수방정식 (b) 대칭방정식을 구하여라.

1. $(1, 2, -3)$을 지나고 $\langle 2, -1, 4\rangle$와 평행한 직선

2. $(2, 1, 3)$과 $(4, 0, 4)$를 지나는 직선

3. $(1, 2, 1)$을 지나고 직선 $x=2-3t,\ y=4,\ z=6+t$에 평행한 직선

4. $(2, 0, 1)$을 지나고 $\langle 1, 0, 2\rangle$와 $\langle 0, 2, 1\rangle$에 수직인 직선

5. $(1, 2, -1)$을 지나고 평면 $2x-y+3z=12$에 수직인 직선

[6~7] 다음 직선들이 평행한지 직교하는지 말하고 두 직선 사이의 각을 구하여라.

6. $\begin{cases} x=4+t \\ y=2 \\ z=3+2t \end{cases}$ $\begin{cases} x=2+2s \\ y=2s \\ z=-1+4s \end{cases}$

7. $\begin{cases} x=1+2t \\ y=3 \\ z=-1-4t \end{cases}$ $\begin{cases} x=2-s \\ y=2 \\ z=3+2s \end{cases}$

[8~11] 다음 조건을 만족하는 평면의 방정식을 구하여라.

8. 점 $(1, 3, 2)$를 포함하고 법선벡터가 $\langle 2, -1, 5\rangle$인 평면

9. 점 $(2, 0, 3)$, $(1, 1, 0)$, $(3, 2, -1)$을 포함하는 평면

10. 점 $(0, -2, -1)$을 포함하고 평면 $-2x+4y=3$에 평행한 평면

11. 점 $(1, 2, 1)$을 포함하고 평면 $x+y=2$와 $2x+y-z=1$에 수직인 평면

[12~13] 다음 평면을 그려라.

12. $x+y+z=4$

13. $2x-z=2$

[14~15] 다음 평면들이 만나는 직선을 구하여라.

14. $2x-y-z=4$와 $3x-2y+z=0$

15. $3x+4y=1$과 $x+y-z=3$

[16~17] 다음 점과 평면 또는 평면과 평면 사이의 거리를 구하여라.

16. 점 $(2, 0, 1)$과 평면 $2x-y+2z=4$

17. 평면 $2x-y-z=1$과 $2x-y-z=4$

[18~20] 다음 직선들이 평행한지 꼬인 위치인지 또는 직교하는지 결정하여라.

18. $\begin{cases} x=1-3t \\ y=2+4t \\ z=-6+t \end{cases}$ $\begin{cases} x=1+2s \\ y=2-2s \\ z=-6+s \end{cases}$

19. $\begin{cases} x=1+2t \\ y=3 \\ z=-1+t \end{cases}$ $\begin{cases} x=2-s \\ y=8+5s \\ z=2+2s \end{cases}$

20. $\begin{cases} x=-1+2t \\ y=3+4t \\ z=-6t \end{cases}$ $\begin{cases} x=-1-s \\ y=3-2s \\ z=3s \end{cases}$

21. 다음 직선과 평면의 교점을 구하여라.

$\begin{cases} x=2+t \\ y=3-t, \\ z=2t \end{cases}$ $x-y+2z=3$

10.6 공간에서의 곡면

주면

간단한 삼차원 곡면을 생각해 보자. 주면이라고 하면 아마 직원기둥을 생각할 것이다. 예를 들어, 공간에서 방정식 $x^2+y^2=9$의 그래프를 생각해 보자. 이것을 원의 방정식이라고 말할 수 있을지도 모른다. 그러나 이것은 부분적으로 맞을 뿐이다. 이차

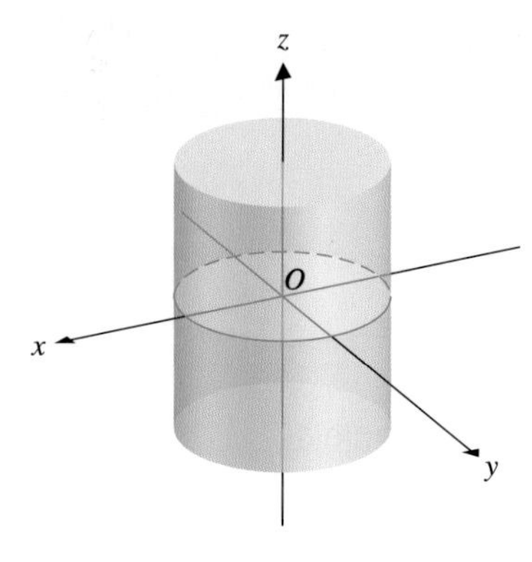

그림 10.47 직원기둥

원에서는 $x^2+y^2=9$는 반지름이 3이고 중심이 원점인 원이 된다. 그러나 삼차원에서 그 그래프는 무엇을 나타낼 것인가? 어떤 상수 k에 대해서 평면 $z=k$와 이 곡면과의 교점을 생각해 보자. 이 방정식 안에 z가 없기 때문에 이러한 모든 평면과의 공통부분은 같다(이것을 평면 $z=k$에서 곡면의 궤적이라 한다). 반지름이 3이고 원점이 중심인 원이다. 이 삼차원상의 곡면과 xy평면과 평행인 모든 평면의 교차부분은 반지름이 3인 원이고 원점에 중심이 있다. 이것을 직원주면이라고 한다. 반지름이 3이고 축이 z축이다(그림 10.47). 일반적으로 주면은 한 평면과 평행인 모든 평면에서 그 궤적들이 같을 때의 곡면을 말한다.

예제 6.1 곡면 그리기

$\mathbb{R}^3$에서 곡면 $z=y^2$의 그래프를 그려라.

풀이

주어진 방정식에는 x가 나타나 있지 않으므로 모든 k에 대해 평면 $x=k$에서 이 곡면의 궤적은 같다. 따라서 이것은 yz평면에 평행인 모든 평면에서 궤적이 포물선 $z=y^2$인 곡면이다. 이 곡면의 그래프를 그리려면 먼저 yz평면상의 궤적을 그리고, 이 포물선의 꼭짓점이 x축 위의 여러 점에 놓이도록 궤적을 복사한 다음 x축과 평행한 직선들로 이 궤적들을 연결하면 그림 10.48a와 같은 곡면을 얻을 수 있다. 컴퓨터를 이용하여 그린 그래프가 그림 10.48b에 나타나 있는데 이것은 철망 모양의 프레임을 가지고 있다.

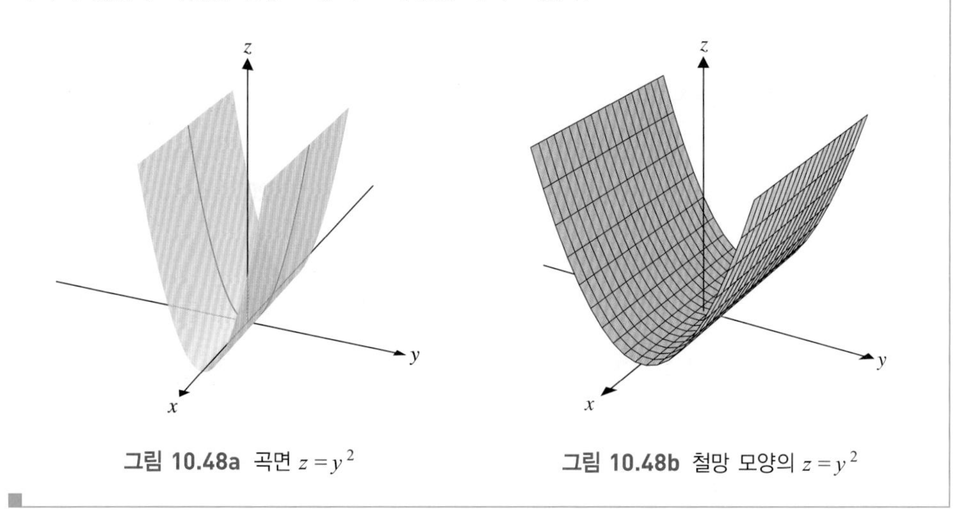

그림 10.48a 곡면 $z=y^2$

그림 10.48b 철망 모양의 $z=y^2$

예제 6.2 특별한 곡면 그리기

$\mathbb{R}^3$에서의 곡면 $z=\sin x$의 그래프를 그려라.

풀이

이 경우에는 y가 없다. 따라서 xz평면에 평행인 평면에서 곡면의 궤적은 모두 같다. 이 궤적은 이차원상에서 $z=\sin x$의 그래프처럼 보인다. 이 중 한 개를 xz평면상에 그리고 xz평면에 평행인 평면상에 많은 복사본을 만든 다음 y축과 평행인 직선들로 궤적을 연결하면

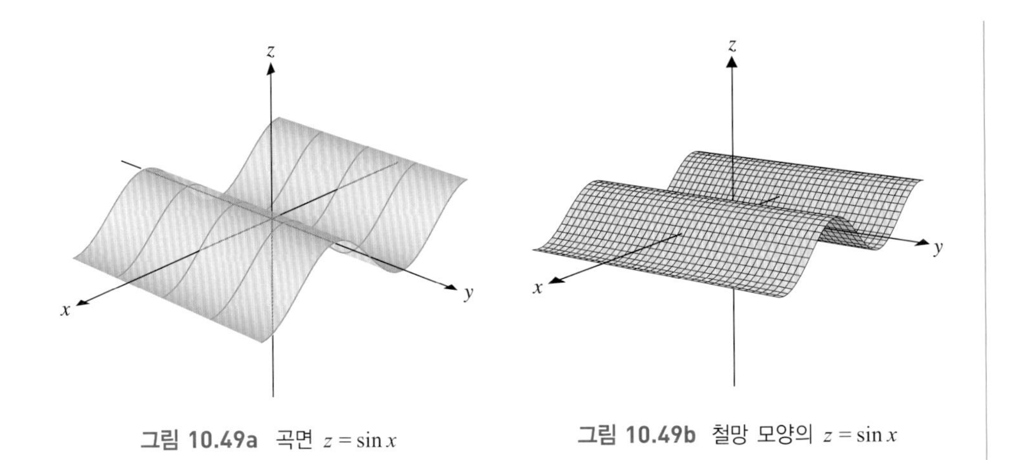

그림 10.49a 곡면 $z = \sin x$ **그림 10.49b** 철망 모양의 $z = \sin x$

된다(그림 10.49a). 컴퓨터를 이용하여 그린 그래프가 그림 10.49b에 나타나 있는데 이것은 철망 모양의 프레임을 가지고 있으며 물결파 모양이다.

이차곡면

삼차원 공간상에서

$$ax^2 + by^2 + cz^2 + dxy + eyz + fxz + gx + hy + jz + k = 0$$

을 **이차곡면**(quadric surface)이라고 부른다(a, b, c, d, e, f, g, h, j, k는 상수이고 a, b, c, d, e 또는 f 중 적어도 한 개는 0이 아니다).

가장 잘 알려져 있는 이차곡면은 반지름이 r이고 중심이 (a, b, c)인 **구면**(sphere)이다.

$$(x - a)^2 + (y - b)^2 + (z - c)^2 = r^2$$

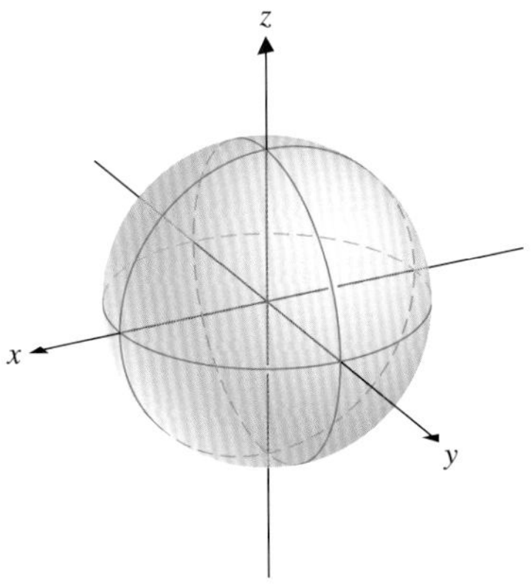

중심이 점 (0, 0, 0)인 구면을 그리려면 먼저 반지름이 r인 원을 yz평면상에서 그려야 한다. 그리고 삼차원 공간상에 이 곡면을 보이도록 하기 위해서는 그림 10.50처럼 xz평면과 xy평면상에서 원점을 중심으로 하는 반지름 r의 원을 그리면 된다. 이러한 원들은 타원처럼 보일 것이며 일부분만 보일 뿐이다. 구를 일반화시킨 것을 **타원면**(ellipsoid)이라고 한다.

$$\frac{(x-a)^2}{d^2} + \frac{(y-b)^2}{e^2} + \frac{(z-c)^2}{f^2} = 1$$

($d = e = f$일 때 이 곡면은 구가 된다)

그림 10.50 구

예제 6.3 타원면 그리기

타원면

$$\frac{x^2}{1} + \frac{y^2}{4} + \frac{z^2}{9} = 1$$

의 그래프를 그려라.

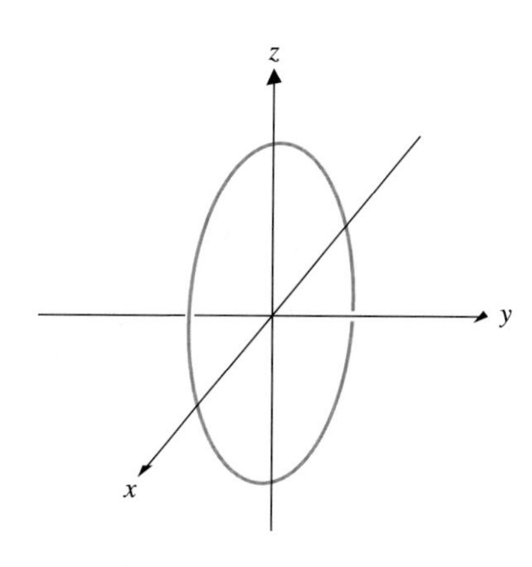

그림 10.51a yz평면에서의 타원

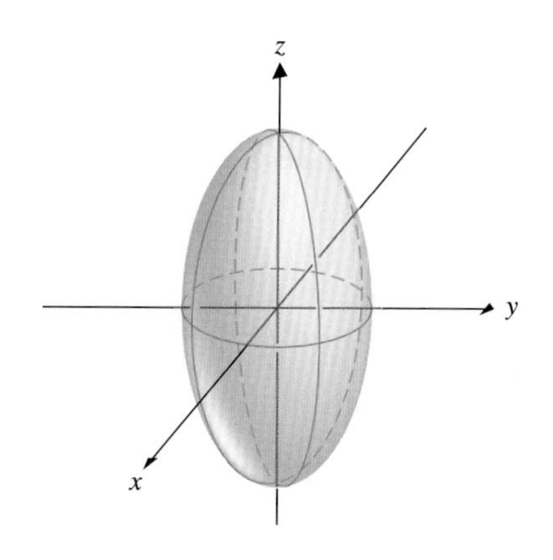

그림 10.51b 타원면

풀이

먼저 삼차원 평면상에서의 궤적을 그려 보자. yz평면상에서는 $x = 0$이다. 따라서 타원

$$\frac{y^2}{4} + \frac{z^2}{9} = 1$$

을 얻는다. 이것은 그림 10.51a에 있다. 다음에는 xy와 xz평면상에서 궤적을 그림 10.51a처럼 추가한다. 이것들은 각각

$$\frac{x^2}{1} + \frac{y^2}{4} = 1, \quad \frac{x^2}{1} + \frac{z^2}{9} = 1$$

이다. 그리고 모두 타원이다(그림 10.51b).

예제 6.4 포물면 그리기

이차곡면

$$x^2 + y^2 = z$$

의 그래프를 그려라.

풀이

그래프를 얻기 위해서 먼저 세 개의 좌표평면에 그 궤적을 그린다. yz평면에서는 $x = 0$이다. 따라서 $y^2 = z$(포물선)이다. xz평면상에서는 $y = 0$이다. 따라서 $x^2 = z$(포물선)이다. xy평면상에서는 $z = 0$이다. 따라서 $x^2 + y^2 = 0$(한 점−원점)이다. 그림 10.52a에서 이 궤적을 그린다. 평면 $z = k(k > 0)$에서의 궤적을 생각해 보자. 이런 것들은 원 $x^2 + y^2 = k$가 된다. k값이 커지면 큰 반지름을 갖는 원들을 얻을 수 있다. 이 곡면은 그림 10.52b처럼 보인다. 이러한 곡면을 **포물면**(paraboloid)이라고 한다. xy평면에 평행인 평면상에 나타난 궤적들이 원이기 때문에 이것을 원형포물면이라고 한다.

컴퓨터를 사용하여 그린 $x^2 + y^2 = z$의 삼차원 그래프가 그림 10.52c에 나타나 있다. 이 그래프에서 포물선 궤적은 나타나 있지만, 그림 10.52b에서와 같은 원형 단면은 나타나 있지 않다. $-5 \le x \le 5$, $-5 \le y \le 5$인 영역에서 그래프를 그렸기 때문에 그림 10.52c에서 네 개의 끝점을 볼 수 있다.

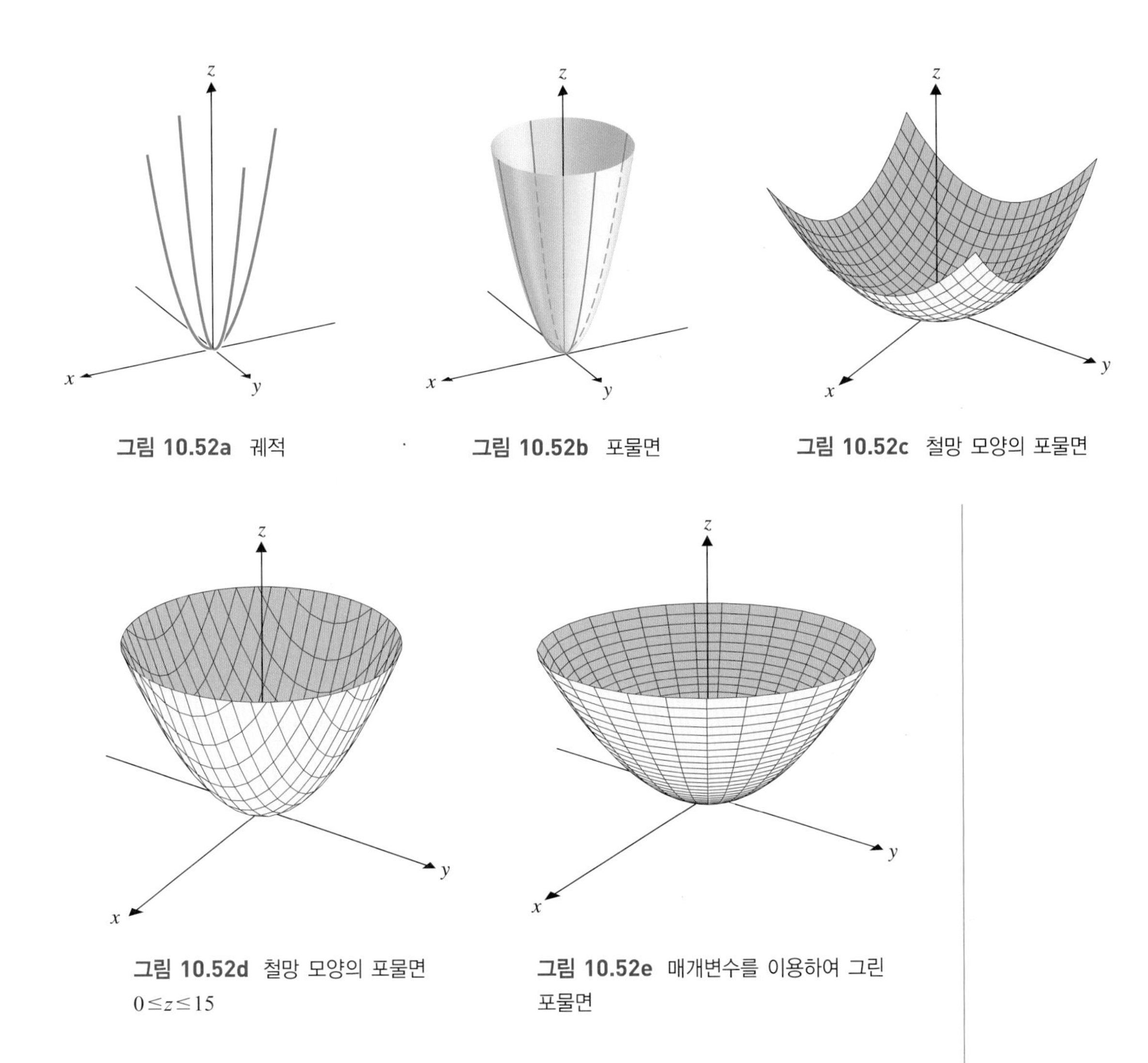

그림 10.52a 궤적

그림 10.52b 포물면

그림 10.52c 철망 모양의 포물면

그림 10.52d 철망 모양의 포물면
$0 \le z \le 15$

그림 10.52e 매개변수를 이용하여 그린 포물면

더 자세한 그래프를 얻기 위해서 z 범위를 갖는 치역을 제한시키는 것이다. $0 \le z \le 15$로 제한하면 평면 $z = 15$에서의 원형 단면을 볼 수 있다(그림 10.52d).
예제 6.3과 같이 매개변수를 사용하여 더 정확한 곡면의 그래프를 얻을 수 있다. s와 t의 범위를 $0 \le x \le 5$, $0 \le t \le 2\pi$로 택하고 $x = s\cos t$, $y = s\sin t$, $z = s^2$인 매개변수방정식을 사용하면 그림 10.52e의 그래프를 얻을 수 있는데 이 그래프에는 $z = k(k > 0)$에서의 원형단면이 잘 나타나 있다.
■

예제 6.5 타원추 그리기

이차곡면 $x^2 + \dfrac{y^2}{4} = z^2$의 그래프를 그려라.

풀이

이것은 타원면처럼 보이지만 중요한 차이점이 있다(z^2항을 보아라). 각 좌표평면에서의 궤적을 먼저 살펴보자. yz평면에서는 $x = 0$이다. 따라서 $\dfrac{y^2}{4} = z^2$ 또는 $y^2 = 4z^2$이고, $y = \pm 2z$이다. 즉 이 궤적은 직선들의 쌍, $y = 2z$와 $y = -2z$의 궤적이다. 이것은 그림 10.53a에 나타난다. 같은 방법으로 xz평면에 대한 궤적은 한 쌍의 선분들 $x = \pm z$이다. xy평면상에서 궤

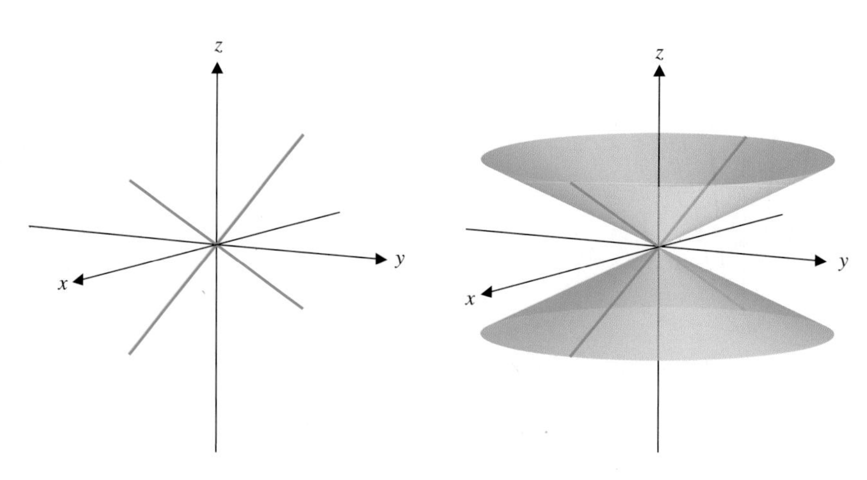

그림 10.53a yz평면에서의 궤적

그림 10.53b 타원추

적은 단지 원점이다. 마지막으로 $z = k(k \neq 0)$평면에서의 궤적들은 xy평면에 평행한 타원들 $x^2 + \frac{y^2}{4} = k^2$이다. 이러한 것들을 사용하면 그림 10.53b에 나타나는 두 개의 추면을 볼 수 있다. xy평면에 평행인 평면에서의 궤적들은 타원이기 때문에 타원추면이라고 한다.

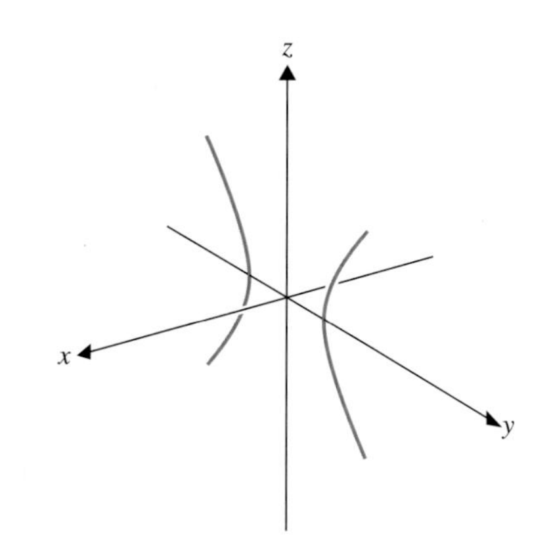

그림 10.54a yz평면에서의 궤적

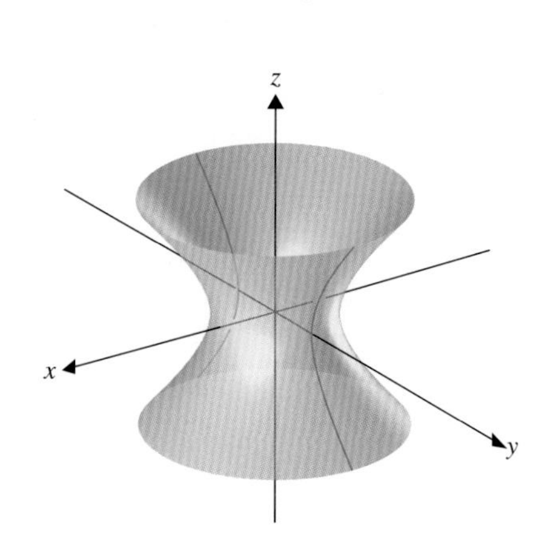

그림 10.54b 일엽쌍곡면

예제 6.6 일엽쌍곡면 그리기

이차곡면

$$\frac{x^2}{4} + y^2 - \frac{z^2}{2} = 1$$

의 그래프를 그려라.

풀이

좌표평면들의 궤적은 다음과 같다.

$$yz\text{평면}(x = 0):\ y^2 - \frac{z^2}{2} = 1 \ (\text{쌍곡선})$$

$$xy\text{평면}(z = 0):\ \frac{x^2}{4} + y^2 = 1 \ (\text{타원})$$

$$xz\text{평면}(y = 0):\ \frac{x^2}{4} - \frac{z^2}{2} = 1 \ (\text{쌍곡선})$$

더욱이 각 평면 $z = k$(xy평면에 평행)에서의 궤적들 역시 타원

$$\frac{x^2}{4} + y^2 = \frac{k^2}{2} + 1$$

이 된다. k가 클수록 그 타원들의 축이 더 커진다. 그림 10.54a에 이러한 성질들을 사용하면 그림 10.54b에 보이는 곡면을 그릴 수 있는데 이것을 **일엽쌍곡면**이라고 한다.

예제 6.7 이엽쌍곡면 그리기

이차곡면

$$\frac{x^2}{4} - y^2 - \frac{z^2}{2} = 1$$

의 그래프를 그려라.

풀이

y항의 부호를 제외하고는 예제 6.6과 같은 방정식이다. 좌표평면상의 궤적을 먼저 보자. yz평면($x = 0$)상의 궤적은

$$-y^2 - \frac{z^2}{2} = 1$$

이다. 두 개의 음수를 더해서 양수를 만드는 것이 불가능하기 때문에 yz평면상에서의 궤적은 없다. 즉, 이 곡면은 yz평면과는 만나지 않는다. 다른 두 좌표평면에서의 궤적은 다음과 같다.

$$xy\text{평면}(z = 0)\colon\ \frac{x^2}{4} - y^2 = 1 \quad (\text{쌍곡선})$$

과

$$xz\text{평면}(y = 0)\colon\ \frac{x^2}{4} - \frac{z^2}{2} = 1 \quad (\text{쌍곡선})$$

이다. 이것은 그림 10.55a에 나타난다. 마지막으로 $x = k$일 때,

$$y^2 + \frac{z^2}{2} = \frac{k^2}{4} - 1$$

이다. 따라서 평면 $x = k$일 때의 궤적은 타원이다. 여기서 만약 $k^2 < 4$라면 방정식 $y^2 + \frac{z^2}{9} = \frac{k^2}{4} - 1$은 해가 없다. 만약 $-2 < k < 2$라면 그 곡면은 $x = k$ 평면상에서 전혀 궤적을 가지지 않는다. 따라서 쌍곡선은 두 개로 분리가 된다. 이것을 모으면 그림 10.55b에 보여지는 곡면을 가지는데 이 곡면을 **이엽쌍곡면**이라 부른다.

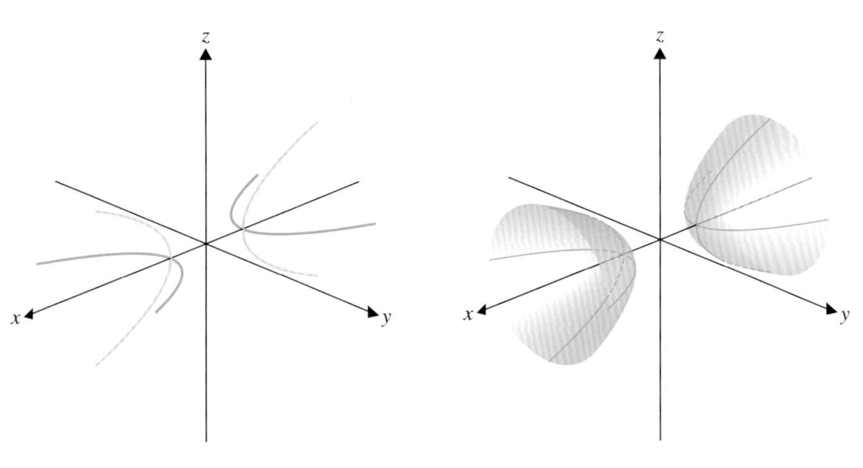

그림 10.55a xy평면과 xz평면에서의 궤적

그림 10.55b 이엽쌍곡면

예제 6.8 쌍곡포물면 그리기

방정식

$$z = 2y^2 - x^2$$

에 의해 정의된 이차곡면의 그래프를 그려라.

풀이

먼저 각 좌표평면에 평행인 평면에서의 궤적을 생각해 보자.

xy평면에 평행($z = k$): $2y^2 - x^2 = k$($k \neq 0$일 때는 쌍곡선)
xz평면에 평행($y = k$): $z = -x^2 + 2k^2$(아래로 오목한 포물선)
yz평면에 평행($x = k$): $z = 2y^2 - k^2$(위로 오목한 포물선)

그림 10.56a처럼 xz평면과 yz평면상의 궤적을 먼저 그려 보자. xy평면에서의 궤적은 퇴화하는 쌍곡선 $2y^2 = x^2$(두 직선: $x = \pm y$)을 나타내기 때문에, 평면 $z = k$에서의 여러 궤적을 그려 보자. $k > 0$일 때는 이것들은 양의 y방향과 음의 y방향으로 열려있는 쌍곡선이다. $k < 0$일 때에는 이러한 것들은 양과 음의 x방향으로 열려 있는 쌍곡선이다. 그림 10.56b는 $k > 0$일 때와 $k < 0$일 때 이런 것 중의 하나를 보여준다. 이 곡면을 **쌍곡포물면**이라 한다. 이 곡면은 말안장과 비슷해서 원점을 이 그래프의 **안장점**(saddle point)이라고 한다.

$z = 2y^2 - x^2$의 철망 모양의 프레임을 갖는 그래프는 그림 10.56c($-5 \leq x \leq 5$, $5 \leq y \leq 5$, $-8 \leq z \leq 12$)에 나타나 있다. 쌍곡선 형태의 단면을 그렸을 뿐만 아니라 그림 10.56b의 모든 특징들을 보여준다.

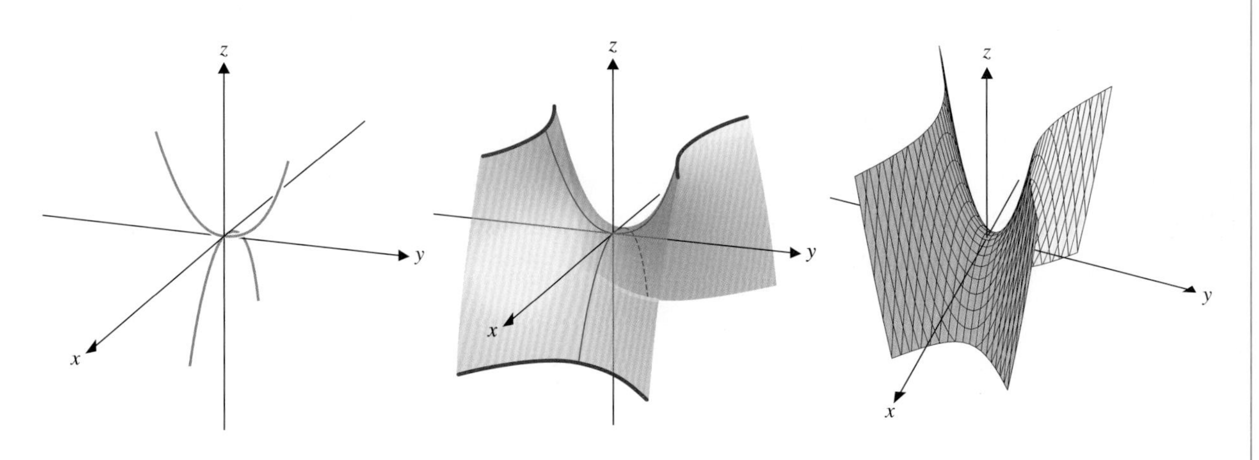

그림 10.56a xz평면과 yz평면에서의 궤적 **그림 10.56b** 곡면 $z = 2y^2 - x^2$ **그림 10.56c** 철망 모양의 $z = 2y^2 - x^2$

연습문제 10.6

[1~18] 적절한 궤적을 그리고 그 곡면을 구하여라.

1. $z = x^2$
2. $x^2 + \dfrac{y^2}{9} + \dfrac{z^2}{4} = 1$
3. $z = 4x^2 + 4y^2$
4. $z^2 = 4x^2 + y^2$
5. $z = x^2 - y^2$
6. $x^2 - y^2 + z^2 = 1$
7. $x^2 - \dfrac{y^2}{9} - z^2 = 1$
8. $z = \cos x$
9. $z = 4 - x^2 - y^2$
10. $z = y^3$
11. $z = \sqrt{x^2 + y^2}$
12. $y = x^2 + z^2$
13. $x^2 + 4y^2 + 16z^2 = 16$
14. $4x^2 - y - z^2 = 0$
15. $4x^2 + y^2 - z^2 = 4$
16. $-4x^2 - y^2 - z^2 = 4$
17. $x + y = 1$
18. $x^2 - y + z^2 = 4$
19. $x = a \sin s \cos t,\ y = b \sin s \sin t,\ z = c \cos s$이면 (x, y, z)는 타원면 $\dfrac{x^2}{a^2} + \dfrac{y^2}{b^2} + \dfrac{z^2}{c^2} = 1$ 위에 있음을 보여라.
20. $x = as \cos t,\ y = bs \sin t,\ z = s$이면 (x, y, z)는 원뿔 $z^2 = \dfrac{x^2}{a^2} + \dfrac{y^2}{b^2}$ 위에 있음을 보여라.

벡터함수

CHAPTER 11

로보컵은 국제로봇축구대회이다. 이 대회에 참가하는 로봇들은 공의 위치나 골대 또는 다른 선수들의 위치에 자동적으로 반응하도록 만들어지고 프로그램 되어 있다. 엔지니어들이 겪는 주요한 어려움 중 하나는 로봇들이 스스로 경기장을 분석하고 동료들과 협력하여 상대방을 무찌르고 골을 넣도록 하는 것이다.

좁은 범위에서 로봇의 시야는 머리 위의 카메라로부터 로봇에게 무선으로 전달되는 정보에 의해 확보된다. 중요한 시력 문제가 해결되면 로봇이 효과적으로 움직이게 하는 것과 팀워크를 위한 인공지능을 갖는 데 초점을 맞추게 된다. 로봇의 이러한 놀라운 능력들은 아래 그림에서처럼 일련의 단계를 거쳐 구현할 수 있으며 이 그림은 2001년 코넬 빅 레드의 로봇이 팀 동료들과 완벽하게 패스하여 골을 넣는 모습이다.

이 경기에는 수학이 상당 부분 숨어 있다. 같은 팀 선수가 상대 팀 선수로부터 자유로운지 아닌지 판단하기 위해서는 각 로봇의 위치와 속도를 고려하여야 한다. 왜냐하

면 같은 팀과 상대 팀이 모두 움직이고 있고 공이 패스되는 동안에도 움직일 수 있기 때문이다. 위치와 속도는 벡터를 이용하여 매 시각 다른 벡터를 이용하여 나타낼 수 있다. 이 장에서는 시간 변수에 대하여 벡터를 대응시키는 벡터함수를 소개한다. 이 장에서 소개하는 미분적분학은 로보컵에 출전하는 프로그래머뿐만 아니라 이 책의 나머지 부분을 공부할 우리에게도 필수적인 내용이다.

11.1 벡터함수

그림 11.1a의 비행기의 위치를 나타내려면 삼차원 공간에서의 점 (x, y, z)를 이용하는 것이 보통이다. 그러나 그것보다는 시작점이 원점인 벡터의 끝점(위치벡터)을 이용하여 표현하는 것이 더 편리하다(그림 11.1b는 몇 개의 시각에 비행기의 위치를 가리키는 벡터를 나타낸 것이다). 즉, 각 시각 t에 대하여 V_3의 벡터를 대응시키는 함수를 이용하면 편리하다. 이것이 정의 1.1에서 정의할 벡터함수이다.

정의 1.1

벡터함수(vector-valued function) $\mathbf{r}(t)$는 정의역이 $D \subset \mathbb{R}$이고 치역이 $R \subset V_3$이며 D의 각 t에 대하여 오직 하나의 벡터 $\mathbf{v} \in V_3$를 대응시키는 함수 $\mathbf{r}(t) = \mathbf{v}$이다. 벡터함수는 적당한 스칼라함수 f, g, h에 대하여

$$\mathbf{r}(t) = f(t)\mathbf{i} + g(t)\mathbf{j} + h(t)\mathbf{k} \tag{1.1}$$

로 나타내며 f, g, h는 $\mathbf{r}(t)$의 **성분함수**(component function)라 한다.

각 t에 대하여 $\mathbf{r}(t)$는 위치벡터로 생각한다. 따라서 $\mathbf{r}(t)$의 끝점은 그림 11.1b에서와 같이 곡선 궤적으로 볼 수 있다. 식 (1.1)로 정의된 $\mathbf{r}(t)$에 대하여 이 곡선은 매개방정식 $x = f(t),\ y = g(t),\ z = h(t)$로 정의된 곡선과 같다. 삼차원 공간에서 이러한 곡선을 **공간곡선**(space curve)이라 한다. V_2의 벡터함수 $\mathbf{r}(t)$는

$$\mathbf{r}(t) = f(t)\mathbf{i} + g(t)\mathbf{j}$$

그림 11.1a 비행기의 경로

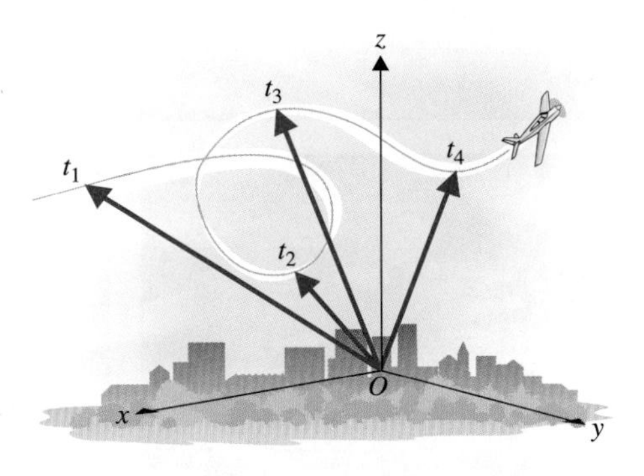

그림 11.1b 비행기의 위치를 나타내는 벡터

로 표현한다.

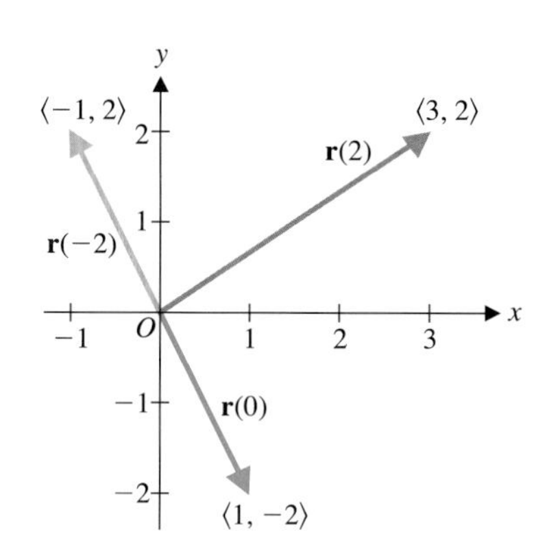

그림 11.2a $\mathbf{r}(t) = (t+1)\mathbf{i} + (t^2-2)\mathbf{j}$ 의 몇 개의 값

예제 1.1 벡터함수로 표현된 곡선 그리기

이차원 벡터함수

$$\mathbf{r}(t) = (t+1)\mathbf{i} + (t^2-2)\mathbf{j}$$

의 끝점으로 그려지는 곡선의 그래프를 그려라.

풀이

t에 몇 개의 값을 대입하면 $\mathbf{r}(0) = \mathbf{i} - 2\mathbf{j} = \langle 1, -2\rangle$, $\mathbf{r}(2) = 3\mathbf{i} + 2\mathbf{j} = \langle 3, 2\rangle$, $\mathbf{r}(-2) = \langle -1, 2\rangle$이다. 이것을 그린 것이 그림 11.2a이다. 위치벡터 $\mathbf{r}(t)$의 모든 끝점은

$$C: x = t+1, \quad y = t^2-2, \quad t \in \mathbb{R}$$

로 표현되는 곡선 C 위에 있다. t를 x에 대하여 풀면 $t = x-1$이므로 곡선은

$$y = t^2 - 2 = (x-1)^2 - 2$$

로 주어진다. 이 포물선의 그래프는 11.2b에 있고 그래프 위에 표시된 작은 화살표는 방향, 즉 t가 증가하는 방향을 나타낸다.

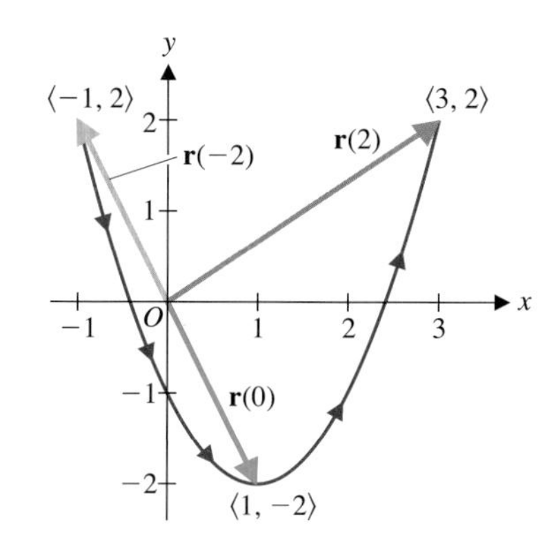

그림 11.2b $\mathbf{r}(t) = (t+1)\mathbf{i} + (t^2-2)\mathbf{j}$ 의 그래프

예제 1.2 타원의 벡터함수

벡터함수 $\mathbf{r}(t) = 4\cos t\,\mathbf{i} - 3\sin t\,\mathbf{j}$, $t \in \mathbb{R}$의 끝점이 나타내는 곡선의 그래프를 그려라.

풀이

매개방정식으로 나타내면

$$x = 4\cos t, \quad y = -3\sin t, \quad t \in \mathbb{R}$$

이므로

$$\left(\frac{x}{4}\right)^2 + \left(\frac{y}{3}\right)^2 = \cos^2 t + \sin^2 t = 1$$

이 되어 타원의 방정식이다(그림 11.3). 곡선의 방향을 결정하기 위해 시작점이 점 (4, 0)이라 하자. 이 점은 $t = 0, \pm 2\pi, \pm 4\pi, \cdots$ 등에 해당한다. t가 증가하면 $\cos t$는 처음에 감소하고 $\sin t$는 증가하므로 $x = 4\cos t$와 $y = -3\sin t$는 모두 감소한다. 따라서 그림 11.3과 같이 시계방향임을 알 수 있다.

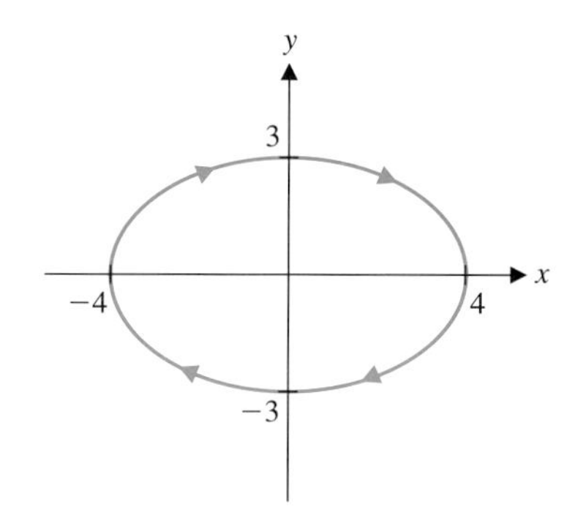

그림 11.3 곡선 $\mathbf{r}(t) = 4\cos t\,\mathbf{i} - 3\sin t\,\mathbf{j}$

이차원 벡터함수의 끝점이 곡선을 나타내는 것과 마찬가지로, 벡터 $\mathbf{r}(t) = f(t)\mathbf{i} + g(t)\mathbf{j} + h(t)\mathbf{k}$의 끝점은 삼차원 공간에서의 곡선을 나타낸다.

예제 1.3 타원나선의 벡터함수

벡터함수 $\mathbf{r}(t) = \sin t\,\mathbf{i} - 3\cos t\,\mathbf{j} + 2t\,\mathbf{k}$, $t \geq 0$이 나타내는 곡선을 그려라.

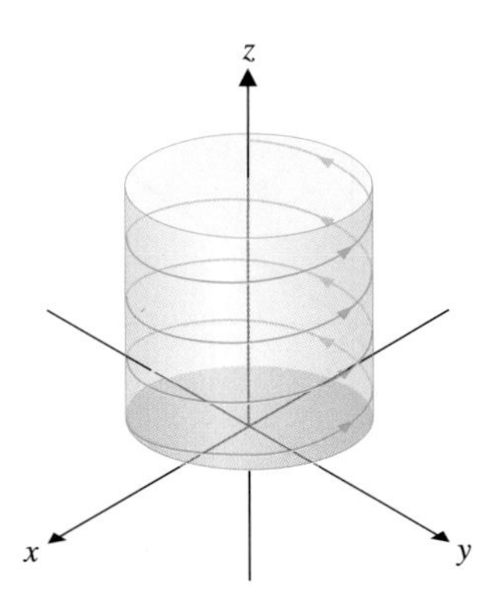

그림 11.4 타원 나선
$\mathbf{r}(t) = \sin t\,\mathbf{i} - 3\cos t\,\mathbf{j} + 2t\,\mathbf{k}$

풀이

매개방정식으로 나타내면

$$x = \sin t, \quad y = -3\cos t, \quad z = 2t, \quad t \geq 0$$

이다. x와 y는

$$x^2 + \left(\frac{y}{3}\right)^2 = \sin^2 t + \cos^2 t = 1 \tag{1.2}$$

을 만족하므로 이차원 평면에서 타원의 방정식이다. 삼차원 공간에서 식 (1.2)는 변수 z를 포함하지 않으므로 중심축이 z축인 타원주면을 나타낸다. 즉, $\mathbf{r}(t)$가 나타내는 곡선 위의 각 점은 이 타원주면 위에 있다. 또 x와 y의 매개방정식에 의하면 곡선의 방향은 시계반대방향임을 알 수 있다. 즉, z축의 양의 방향에서 원점을 바라볼 때 타원주면은 시계반대방향으로 회전하는 곡선이다. 마지막으로 $z = 2t$이므로 t가 증가할 때 z도 증가하여 타원주면을 감고 올라가는 그림 11.4와 같은 곡선이다. 이 곡선을 **타원나선**(elliptical helix)이라 한다.

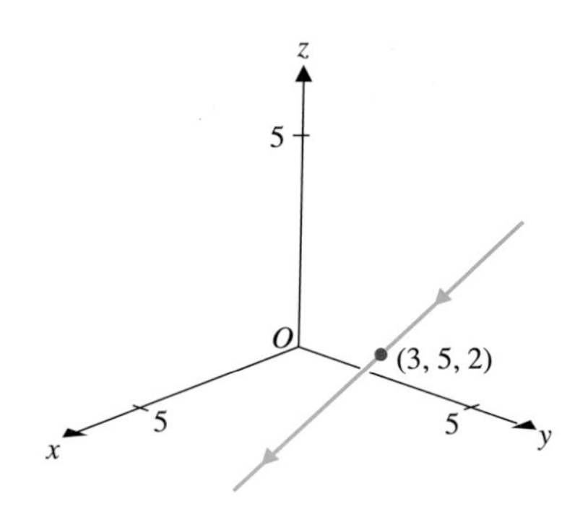

그림 11.5 직선
$\mathbf{r}(t) = \langle 3 + 2t,\ 5 - 3t,\ 2 - 4t \rangle$

예제 1.4 직선의 벡터방정식

벡터함수

$$\mathbf{r}(t) = \langle 3 + 2t,\ 5 - 3t,\ 2 - 4t \rangle, \quad t \in \mathbb{R}$$

이 나타내는 곡선을 그려라.

풀이

매개방정식으로 나타내면

$$x = 3 + 2t, \quad y = 5 - 3t, \quad z = 2 - 4t, \quad t \in \mathbb{R}$$

이다. 이 매개방정식은 그림 11.5와 같이 점 (3, 5, 2)를 지나고 벡터 $\langle 2, -3, -4 \rangle$에 평행한 직선의 방정식이다.

$\mathbb{R}^3$에서의 곡선의 길이

5.4절에서 f와 f'이 구간 $[a, b]$에서 연속이면 곡선 $y = f(x)$의 곡선의 길이는

$$s = \int_a^b \sqrt{1 + [f'(x)]^2}\, dx$$

로 주어짐을 공부하였다. 9.3절에서는 곡선이 매개방정식 $x = f(t)$, $y = g(t)$로 주어진 경우로 확장하였다. 즉, f, f', g, g'이 구간 $[a, b]$에서 연속이고 t가 a에서 b까지 증가할 때 곡선을 한 번만 지난다고 하면 곡선의 길이는

$$s = \int_a^b \sqrt{[f'(t)]^2 + [g'(t)]^2}\, dt \tag{1.3}$$

로 주어진다. 두 경우 모두 곡선을 작은 구간으로 나누어서 곡선의 길이를 작은 구간의 직선의 길이의 합으로 근사시킨 후 작은 구간의 개수를 증가시키는 방법으로 곡선

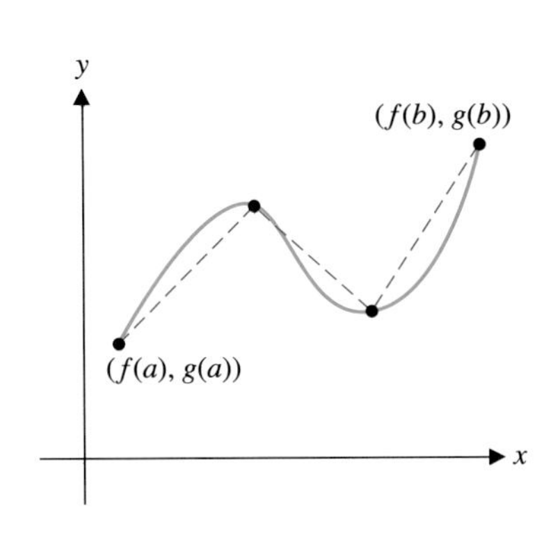

그림 11.6a $\mathbb{R}^2$에서 곡선의 근사길이

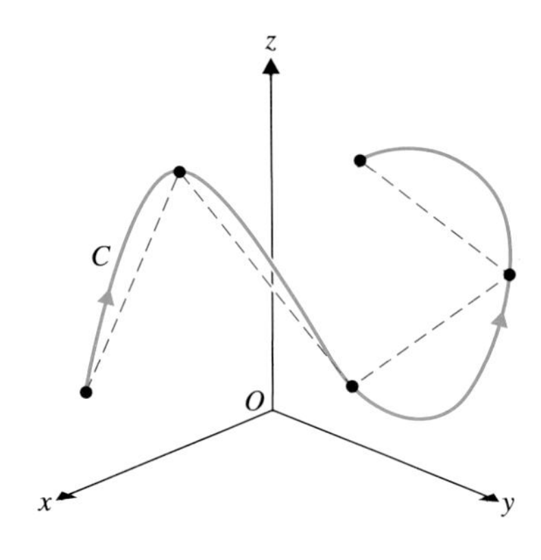

그림 11.6b $\mathbb{R}^3$에서 곡선의 근사길이

의 길이를 구하였다. 따라서 $\mathbb{R}^2$에서의 곡선 C가 벡터방정식 $\mathbf{r}(t)=\langle f(t), g(t)\rangle$, $t\in[a, b]$의 끝점으로 표현되면 곡선의 길이는 식 (1.3)으로 주어짐을 알 수 있다.

삼차원 공간의 경우는 이차원 공간에서의 경우를 그대로 확장하면 되므로 여기에서는 자세한 과정은 생략하고 결과만 설명하기로 한다.

곡선이 벡터함수 $\mathbf{r}(t)=\langle f(t), g(t), h(t)\rangle$의 끝점으로 표현되고 f, f', g, g', h, h'은 구간 $[a, b]$에서 연속이고 t가 a에서 b까지 증가할 때 곡선을 한 번만 지난다고 하자. 그러면 곡선의 길이는

$$s=\int_a^b \sqrt{[f'(t)]^2+[g'(t)]^2+[h'(t)]^2}\,dt \tag{1.4}$$

로 주어진다.

예제 1.5 $\mathbb{R}^3$에서의 곡선의 길이 계산

벡터함수 $\mathbf{r}(t)=\langle 2t, \ln t, t^2\rangle$, $1\le t\le e$의 끝점이 나타내는 곡선의 길이를 구하여라.

풀이

$x(t)=2t$, $y(t)=\ln t$, $z(t)=t^2$이므로 $x'(t)=2$, $y'(t)=1/t$, $z'(t)=2t$이고 $1\le t\le e$에서 곡선은 한 번만 그려진다. 따라서

$$\begin{aligned} s &= \int_1^e \sqrt{4+1/t^2+4t^2}\,dt \\ &= \int_1^e \sqrt{\frac{(1+2t^2)^2}{t^2}}\,dt \\ &= \int_1^e \left(\frac{1}{t}+2t\right)dt = \left(\ln|t|+t^2\right)\Big|_1^e \\ &= (\ln e+e^2)-(\ln 1+1)=e^2 \end{aligned}$$

이다. 그래프는 그림 11.7에 있다.

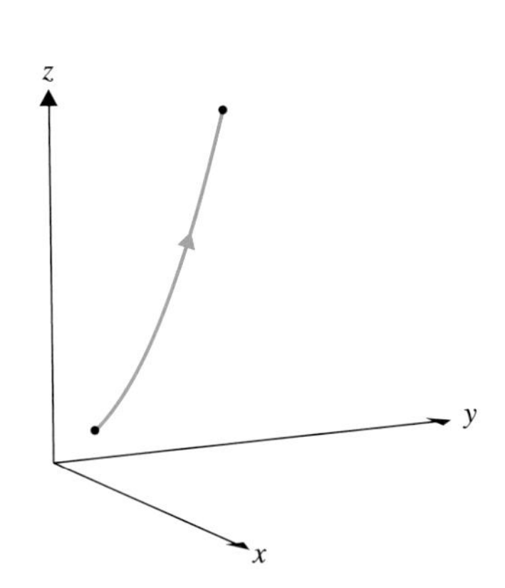

그림 11.7 곡선 $\mathbf{r}(t)=\langle 2t, \ln t, t^2\rangle$

예제 1.6 $\mathbb{R}^3$에서 곡선의 길이 추정

벡터함수 $\mathbf{r}(t) = \langle e^{2t}, \sin t, t \rangle$, $0 \le t \le 2$의 끝점이 나타내는 곡선의 길이를 구하여라.

풀이

$x(t) = e^{2t}$, $y(t) = \sin t$, $z(t) = t$이므로 $x'(t) = 2e^{2t}$, $y'(t) = \cos t$, $z'(t) = 1$이고 $0 \le t \le 2$에서(x가 t의 함수로 증가하므로) 곡선은 한 번만 그려진다. 식 (1.4)에 의하여

$$s = \int_0^2 \sqrt{(2e^{2t})^2 + (\cos t)^2 + 1^2}\, dt = \int_0^2 \sqrt{4e^{4t} + \cos^2 t + 1}\, dt$$

이다. 이 적분은 정확히 계산할 수 없으므로 심프슨 공식이나 계산기 등을 이용하여 근삿값을 구하면 $s \approx 53.8$이다.

■

때로는 곡선이 두 곡면의 교선으로 주어질 때가 있다. 이런 곡선은 매개방정식으로 간단히 나타낼 수 있다.

예제 1.7 곡면의 교선의 매개방정식

원뿔 $z = \sqrt{x^2 + y^2}$과 평면 $y + z = 2$의 교선에서 제1팔분공간에 있는 부분의 길이를 구하여라.

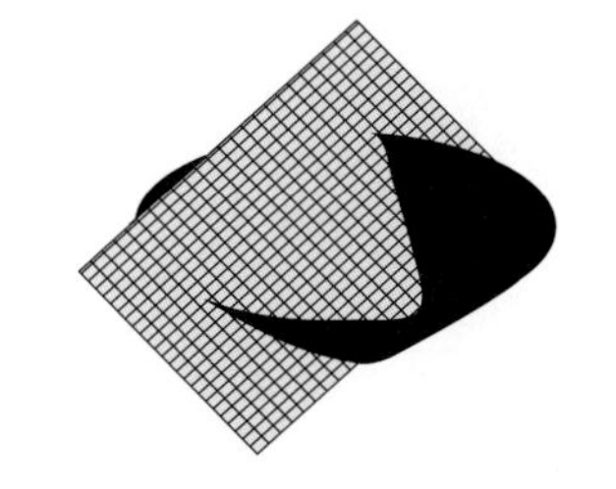

그림 11.8a 원뿔과 평면의 교선

풀이

원뿔과 평면의 그림이 그림 11.8a에 있다. 교선은 포물선이거나 타원이다. 교선의 매개방정식은 $z = \sqrt{x^2 + y^2}$과 $y + z = 2$를 만족해야 한다. 두 방정식을 z에 대하여 풀어서 z를 소거하면

$$z = \sqrt{x^2 + y^2} = 2 - y$$

이다. 양변을 제곱하여 정리하면

$$x^2 + y^2 = (2 - y)^2 = 4 - 4y + y^2$$

또는

$$x^2 = 4 - 4y$$

이다. y에 대하여 풀면

$$y = 1 - \frac{x^2}{4}$$

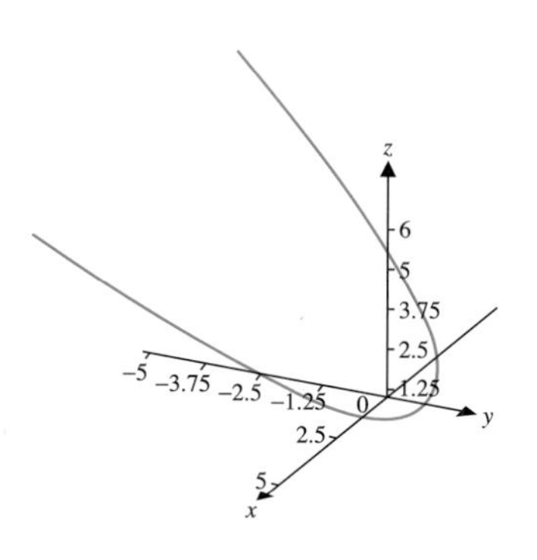

그림 11.8b 교선

이므로 평면에서 포물선의 방정식이다. 삼차원 포물선의 방정식을 얻기 위하여 x를 매개변수로 하면 다음 방정식을 얻는다.

$$x = t,\ \ y = 1 - \frac{t^2}{4},\ \ z = \sqrt{t^2 + \left(1 - \frac{t^2}{4}\right)^2} = 1 + \frac{t^2}{4}$$

이 그래프는 그림 11.8b이다. 제1팔분공간에서는 $x \ge 0\,(t \ge 0)$, $y \ge 0\,(t^2 \le 4)$, $z \ge 0$(항상 참)이므로 $0 \le t \le 2$이다. 따라서 곡선의 길이는 다음과 같다.

$$s = \int_0^2 \sqrt{1 + \left(-\frac{t}{2}\right)^2 + \left(\frac{t}{2}\right)^2}\, dt = \frac{\sqrt{2}}{2}\ln\left(\sqrt{2} + \sqrt{3}\right) + \sqrt{3} \approx 2.54$$

■

연습문제 11.1

[1~9] 다음 벡터함수가 나타내는 곡선을 그려라.

1. $\mathbf{r}(t)=\langle t-1,\ t^2\rangle$
2. $\mathbf{r}(t)=2\cos t\,\mathbf{i}+(\sin t-1)\mathbf{j}$
3. $\mathbf{r}(t)=\langle 2\cos t,\ 2\sin t,\ 3\rangle$
4. $\mathbf{r}(t)=\langle t,\ t^2+1,\ -1\rangle$
5. $\mathbf{r}(t)=t\,\mathbf{i}+\mathbf{j}+3t^2\mathbf{k}$
6. $\mathbf{r}(t)=\langle 4t-1, 2t+1, -6t\rangle$
7. $\mathbf{r}(t)=3\cos t\,\mathbf{i}+3\sin t\,\mathbf{j}+t\mathbf{k}$
8. $\mathbf{r}(t)=\langle 2\cos t,\ 2t,\ 3\sin t\rangle$
9. $\mathbf{r}(t)=\langle t\cos 2t, t\sin 2t, 2t\rangle$

[10~11] 다음 곡선의 길이를 구하여라.

10. $\mathbf{r}(t)=\left\langle t\cos t,\ t\sin t,\ \frac{1}{3}(2t)^{3/2}\right\rangle,\ 0\le t\le 2\pi$
11. $\mathbf{r}(t)=\langle 4\ln t,\ t^2,\ 4t\rangle,\ 1\le t\le 3$

[12~14] **CAS**를 이용하여 다음 곡선을 그리고 길이를 구하여라.

12. $\mathbf{r}(t)=\langle \cos t,\ \sin t,\ \cos 2t\rangle,\ 0\le t\le 2\pi$
13. $\mathbf{r}(t)=\langle \cos \pi t,\ \sin \pi t,\ \cos 16t\rangle,\ 0\le t\le 2$
14. $\mathbf{r}(t)=\langle t,\ t^2-1,\ t^3\rangle,\ 0\le t\le 2$

11.2 벡터함수의 미분과 적분

벡터함수의 극한과 연속, 미분, 적분에 대하여 알아보자.

벡터함수 $\mathbf{r}(t)=\langle f(t), g(t), h(t)\rangle$에 대하여

$$\lim_{t\to a}\mathbf{r}(t)=\mathbf{u}$$

의 의미는 t가 a에 가까워질수록 벡터 $\mathbf{r}(t)$는 $\mathbf{u}$에 아주 가까워진다는 의미이다. 즉, $\mathbf{u}=\langle u_1, u_2, u_3\rangle$라 하면

$$\lim_{t\to a}\mathbf{r}(t)=\lim_{t\to a}\langle f(t), g(t), h(t)\rangle=\mathbf{u}=\langle u_1, u_2, u_3\rangle$$

이다. 이렇게 되기 위해서는 $f(t)$는 u_1에 접근하며 $g(t)$는 u_2에 접근하고 $h(t)$는 u_3에 접근해야 한다. 따라서 다음과 같이 정의한다.

정의 2.1

벡터함수 $\mathbf{r}(t)=\langle f(t), g(t), h(t)\rangle$에서 t가 a에 접근할 때 $\mathbf{r}(t)$의 **극한**(limit)은 다음과 같이 정의한다.

$$\lim_{t\to a}\mathbf{r}(t)=\lim_{t\to a}\langle f(t), g(t), h(t)\rangle=\langle \lim_{t\to a}f(t), \lim_{t\to a}g(t), \lim_{t\to a}h(t)\rangle \tag{2.1}$$

식 (2.1)의 우변의 세 극한이 모두 존재할 때 극한 $\lim_{t\to a}\mathbf{r}(t)$는 존재한다고 하고, 어느 하나라도 존재하지 않으면 극한 $\lim_{t\to a}\mathbf{r}(t)$는 **존재하지 않는다**고 한다.

예제 2.1 벡터함수의 극한

극한 $\lim_{t \to 0} \langle t^2+1,\ 5\cos t,\ \sin t \rangle$를 구하여라.

풀이

각 성분의 극한을 계산하면

$$\begin{aligned}\lim_{t \to 0} \langle t^2+1,\ 5\cos t,\ \sin t \rangle &= \langle \lim_{t \to 0}(t^2+1),\ \lim_{t \to 0}(5\cos t),\ \lim_{t \to 0}\sin t \rangle \\ &= \langle 1,\ 5,\ 0 \rangle\end{aligned}$$

이다.

예제 2.2 극한이 존재하지 않는 경우

극한 $\lim_{t \to 0} \left\langle e^{2t}+5,\ t^2+2t-3,\ \dfrac{1}{t} \right\rangle$를 구하여라.

풀이

세 번째 성분의 극한은 $\lim_{t \to 0} \dfrac{1}{t}$인데 이 극한은 존재하지 않는다. 따라서 이 벡터함수의 극한은 존재하지 않는다.

스칼라함수 f에 대하여

$$\lim_{t \to a} f(t) = f(a)$$

일 때 f는 a에서 연속이라고 한다. 벡터함수에 대해서도 같은 방법으로 연속을 정의한다.

정의 2.2

벡터함수 $\mathbf{r}(t) = \langle f(t),\ g(t),\ h(t) \rangle$에서

$$\lim_{t \to a} \mathbf{r}(t) = \mathbf{r}(a)$$

가 성립할 때 $t = a$에서 **연속**(continuous)이라 한다. 즉 극한이 존재하고 함숫값과 같을 때 연속이다.

함수 $\mathbf{r}$을 성분으로 나타내면 $\mathbf{r}(t)$가 $t = a$에서 연속일 필요충분조건은

$$\lim_{t \to a} \langle f(t),\ g(t),\ h(t) \rangle = \langle f(a),\ g(a),\ h(a) \rangle$$

즉

$$\langle \lim_{t \to a} f(t),\ \lim_{t \to a} g(t),\ \lim_{t \to a} h(t) \rangle = \langle f(a),\ g(a),\ h(a) \rangle$$

이고 이것은

$$\lim_{t \to a} f(t) = f(a), \quad \lim_{t \to a} g(t) = g(a), \quad \lim_{t \to a} h(t) = h(a)$$

와 같다. 따라서 다음 정리를 얻을 수 있다.

정리 2.1

벡터함수 $\mathbf{r}(t) = \langle f(t), g(t), h(t) \rangle$가 $t = a$에서 연속일 필요충분조건은 f, g, h가 모두 $t = a$에서 연속인 것이다.

예제 2.3 벡터함수의 연속

벡터함수 $\mathbf{r}(t) = \langle e^{5t}, \ln(t+1), \cos t \rangle$가 연속인 값 t를 구하여라.

풀이

정리 2.1에 의하여 모든 성분이 연속일 때 $\mathbf{r}(t)$는 연속이다. e^{5t}와 $\cos t$는 모든 t에 대하여 연속이고 $\ln(t+1)$은 $t > -1$일 때 연속이다. 따라서 $\mathbf{r}(t)$는 $t > -1$일 때 연속이다.

예제 2.4 무한히 많은 불연속점이 있는 벡터함수

벡터함수 $\mathbf{r}(t) = \left\langle \tan t, |t+3|, \frac{1}{t-2} \right\rangle$이 연속이 되는 t의 값을 구하여라.

풀이

$\tan t$는 $t = \frac{(2n+1)\pi}{2}$, $n = 0, \pm1, \pm2, \cdots$ 이외의 점에서 연속이다. $|t+3|$은 모든 t에서 연속이다. 마지막으로 $\frac{1}{t-2}$은 $t = 2$가 아닐 때 연속이다. $\mathbf{r}(t)$가 연속이기 위해서는 세 성분이 모두 연속이어야 하므로 $\mathbf{r}(t)$는 $t = 2$와 $t = \frac{(2n+1)\pi}{2}$, $n = 0, \pm1, \pm2, \cdots$ 이외의 점에서 연속이다.

2장에서 스칼라함수의 도함수는

$$f'(t) = \lim_{h \to 0} \frac{f(t+h) - f(t)}{h}$$

로 정의하였다. 여기서 h를 Δt로 바꾸어 쓰면

$$f'(t) = \lim_{\Delta t \to 0} \frac{f(t+\Delta t) - f(t)}{\Delta t}$$

이다.

벡터함수의 도함수도 같은 방법으로 정의한다.

정의 2.3

벡터함수 $\mathbf{r}(t)$의 **도함수**(derivative) $\mathbf{r}'(t)$는

$$\mathbf{r}'(t) = \lim_{\Delta t \to 0} \frac{\mathbf{r}(t+\Delta t) - \mathbf{r}(t)}{\Delta t} \tag{2.2}$$

이다. 이 극한이 $t = a$에서 존재하면 $\mathbf{r}$은 $t = a$에서 **미분가능하다**(differentiable)고 한다.

정리 2.2

벡터함수 $\mathbf{r}(t)=\langle f(t), g(t), h(t)\rangle$에 대하여 f, g, h가 t에서 미분가능하다고 하자. 그러면 $\mathbf{r}$도 t에서 미분가능하고

$$\mathbf{r}'(t)=\langle f'(t), g'(t), h'(t)\rangle \tag{2.3}$$

이다.

증명

식 (2.2)에 의하여

$$\begin{aligned}\mathbf{r}'(t)&=\lim_{\Delta t\to 0}\frac{\mathbf{r}(t+\Delta t)-\mathbf{r}(t)}{\Delta t}\\ &=\lim_{\Delta t\to 0}\frac{1}{\Delta t}\langle f(t+\Delta t)-f(t), g(t+\Delta t)-g(t), h(t+\Delta t)-h(t)\rangle\end{aligned}$$

이다. $\dfrac{1}{\Delta t}$을 각 성분에 곱하고 벡터함수의 극한에 대한 식 (2.1)을 적용하면

$$\begin{aligned}\mathbf{r}'(t)&=\lim_{\Delta t\to 0}\left\langle\frac{f(t+\Delta t)-f(t)}{\Delta t}, \frac{g(t+\Delta t)-g(t)}{\Delta t}, \frac{h(t+\Delta t)-h(t)}{\Delta t}\right\rangle\\ &=\left\langle\lim_{\Delta t\to 0}\frac{f(t+\Delta t)-f(t)}{\Delta t}, \lim_{t\to 0}\frac{g(t+\Delta t)-g(t)}{\Delta t}, \lim_{t\to 0}\frac{h(t+\Delta t)-h(t)}{\Delta t}\right\rangle\\ &=\langle f'(t), g'(t), h'(t)\rangle\end{aligned}$$

이다. ■

예제 2.5 벡터함수의 도함수

벡터함수 $\mathbf{r}(t)=\langle\sin(t^2), e^{\cos t}, t\ln t\rangle$의 도함수를 구하여라.

풀이

처음 두 성분에는 연쇄법칙을 적용하고 세 번째 성분에는 곱의 법칙을 적용하면 $t>0$에 대하여

$$\begin{aligned}\mathbf{r}'(t)&=\left\langle\frac{d}{dt}[\sin(t^2)], \frac{d}{dt}(e^{\cos t}), \frac{d}{dt}(t\ln t)\right\rangle\\ &=\langle 2t\cos(t^2), -\sin t\, e^{\cos t}, \ln t+1\rangle\end{aligned}$$

이다. ■

대부분의 경우 벡터함수의 도함수는 우리가 알고 있는 스칼라함수의 도함수를 이용하면 구할 수 있다. 벡터함수의 도함수에 대한 몇 개의 법칙은 다음과 같다.

정리 2.3

벡터함수 $\mathbf{r}(t)$, $\mathbf{s}(t)$와 스칼라함수 $f(t)$가 미분가능하고 c가 상수이면

(i) $\dfrac{d}{dt}[\mathbf{r}(t)+\mathbf{s}(t)]=\mathbf{r}'(t)+\mathbf{s}'(t)$

(ii) $\dfrac{d}{dt}[c\,\mathbf{r}(t)]=c\mathbf{r}'(t)$

(iii) $\dfrac{d}{dt}[f(t)\mathbf{r}(t)]=f'(t)\mathbf{r}(t)+f(t)\mathbf{r}'(t)$

(iv) $\dfrac{d}{dt}[\mathbf{r}(t)\cdot\mathbf{s}(t)]=\mathbf{r}'(t)\cdot\mathbf{s}(t)+\mathbf{r}(t)\cdot\mathbf{s}'(t)$

(v) $\dfrac{d}{dt}[\mathbf{r}(t)\times\mathbf{s}(t)]=\mathbf{r}'(t)\times\mathbf{s}(t)+\mathbf{r}(t)\times\mathbf{s}'(t)$

증명

(i)만 증명하고 나머지는 각자 해 보기 바란다. $\mathbf{r}(t)=\langle f_1(t), g_1(t), h_1(t)\rangle$라 하고 $\mathbf{s}(t)=\langle f_2(t), g_2(t), h_2(t)\rangle$라 하자. 식 (2.3)에 의하여

$$\begin{aligned}\frac{d}{dt}[\mathbf{r}(t)+\mathbf{s}(t)]&=\frac{d}{dt}[\langle f_1(t), g_1(t), h_1(t)\rangle+\langle f_2(t), g_2(t), h_2(t)\rangle]\\&=\frac{d}{dt}\langle f_1(t)+f_2(t), g_1(t)+g_2(t), h_1(t)+h_2(t)\rangle\\&=\langle f_1'(t)+f_2'(t), g_1'(t)+g_2'(t), h_1'(t)+h_2'(t)\rangle\\&=\mathbf{r}'(t)+\mathbf{s}'(t)\end{aligned}$$

이다. ■

벡터함수 $\mathbf{r}(t)=\langle f(t), g(t), h(t)\rangle$, $t\in I$로 표현되는 곡선에서 $\mathbf{r}'$이 I에서 연속이고 $\mathbf{r}'(t)\neq\mathbf{0}$이면($I$의 양 끝점은 제외할 수도 있다) 곡선은 I에서 **매끄럽다**(smooth)고 한다. 즉, f', g', h'이 I에서 연속이고 $f'(t), g'(t), h'(t)$가 I에서 0이 아니면 곡선은 매끄럽다.

예제 2.6 곡선의 매끄러움

벡터함수 $\mathbf{r}(t)=\langle t^3, t^2\rangle$으로 표현되는 평면곡선이 매끄러운지 판정하여라.

풀이

곡선의 그림은 그림 11.9에 있다. $\mathbf{r}'(t)=\langle 3t^2, 2t\rangle$는 모든 점에서 연속이고 $\mathbf{r}'(t)=\mathbf{0}$일 필요충분조건은 $t=0$이다. 따라서 곡선은 $t=0$을 포함하지 않는 모든 구간에서 매끄럽다. ■

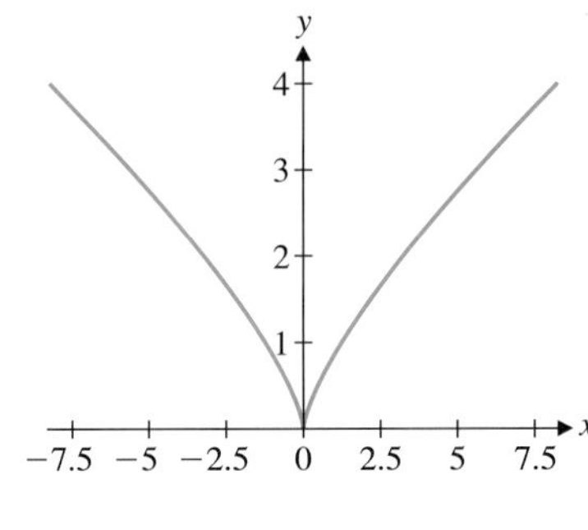

그림 11.9 곡선 $\mathbf{r}(t)=\langle t^3, t^2\rangle$

벡터함수의 도함수의 기하학적 의미를 살펴보자. 스칼라함수의 도함수는 곡선 위의 한 점에서의 접선의 기울기를 의미함을 알고 있다. 벡터함수 $\mathbf{r}(t)$의 $t=a$에서의 도함수는

$$\mathbf{r}'(a)=\lim_{\Delta t\to 0}\frac{\mathbf{r}(a+\Delta t)-\mathbf{r}(a)}{\Delta t}$$

이다. 또한 벡터함수 $\mathbf{r}(t)$의 끝점은 $\mathbb{R}^3$에서의 곡선 C를 나타냄을 알고 있다. 그림

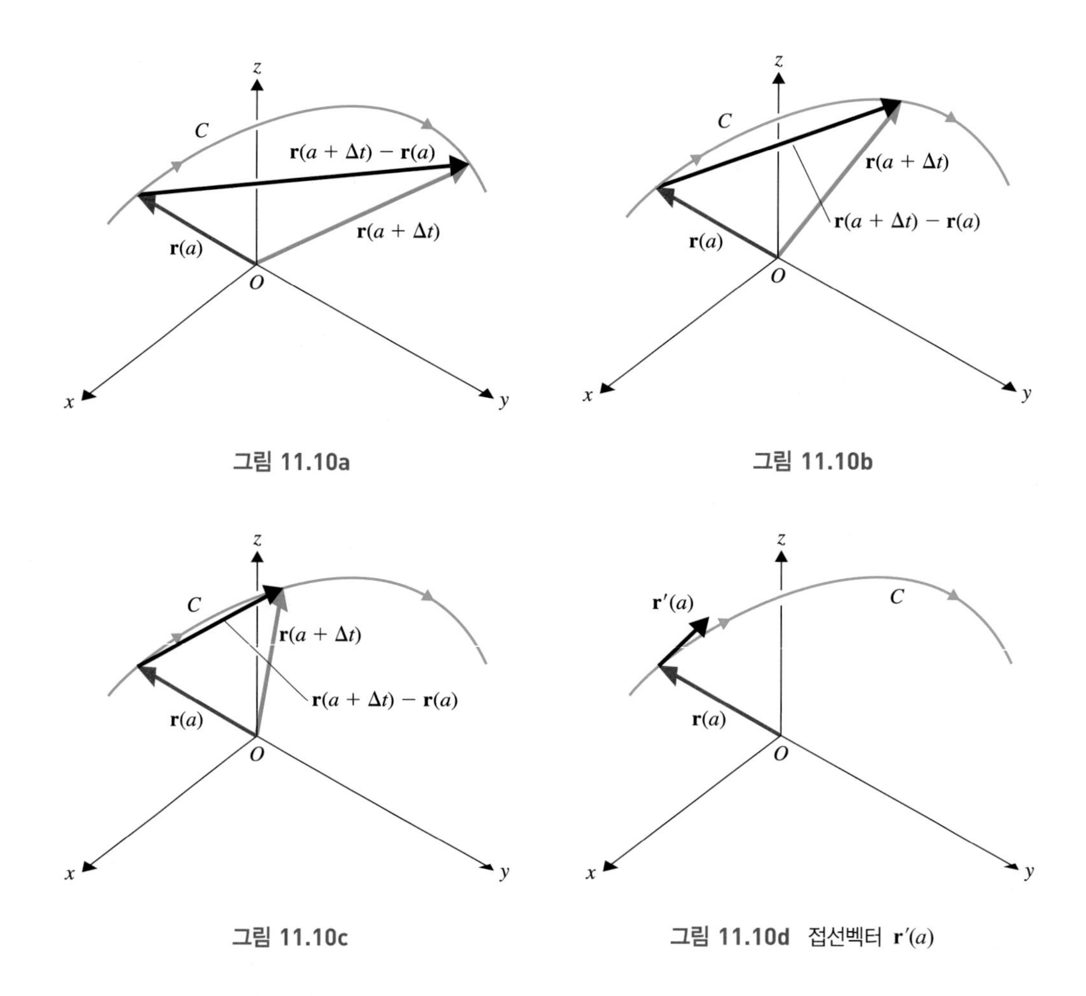

그림 11.10a

그림 11.10b

그림 11.10c

그림 11.10d 접선벡터 $\mathbf{r}'(a)$

11.10a에 위치벡터 $\mathbf{r}(a)$, $\mathbf{r}(a+\Delta t)$와 $\Delta t > 0$일 때 $\mathbf{r}(a+\Delta t)-\mathbf{r}(a)$가 그려져 있다. $\Delta t > 0$일 때 벡터 $\dfrac{\mathbf{r}(a+\Delta t)-\mathbf{r}(a)}{\Delta t}$는 $\mathbf{r}(a+\Delta t)-\mathbf{r}(a)$와 같은 방향을 가리킨다.

Δt의 값을 점점 더 작게 하면 $\dfrac{\mathbf{r}(a+\Delta t)-\mathbf{r}(a)}{\Delta t}$는 $\mathbf{r}'(a)$에 접근한다. 이것을 그림으로 나타낸 것이 그림 11.10b와 11.10c이다.

$\Delta t \to 0$이면 벡터 $\dfrac{\mathbf{r}(a+\Delta t)-\mathbf{r}(a)}{\Delta t}$는 그림 11.10d에서 보듯이 $\mathbf{r}'(a)$의 끝점에서 곡선 C의 접선에 접근한다. 따라서 $\mathbf{r}'(a)$를 곡선 C에서 $t=a$일 때의 **접선벡터**(tangent vector)라 한다. 그림 11.10a~11.10c는 모두 $\Delta t > 0$일 때 그린 것이다. $\Delta t < 0$일 때는 어떻게 되는지 각자 생각해 보기 바란다.

예제 2.7 위치벡터와 접선벡터

$\mathbf{r}(t)=\langle -\cos 2t, \sin 2t\rangle$의 끝점이 나타내는 곡선을 그리고 $t=\dfrac{\pi}{4}$일 때 위치벡터와 접선벡터를 그려라.

풀이

먼저 도함수를 구하면

$$\mathbf{r}'(t)=\langle 2\sin 2t,\ 2\cos 2t\rangle$$

이다. $\mathbf{r}(t)$가 나타내는 곡선을 매개방정식으로 나타내면

$$C:\ x=-\cos 2t,\quad y=\sin 2t,\quad t\in\mathbb{R}$$

이다.

$$x^2+y^2=\cos^2 2t+\sin^2 2t=1$$

이므로 중심이 원점이고 반지름이 1인 원이고 방향은 시계방향이다. $t=\dfrac{\pi}{4}$일 때 위치벡터와 접선벡터는

$$\mathbf{r}\left(\frac{\pi}{4}\right)=\left\langle -\cos\frac{\pi}{2},\ \sin\frac{\pi}{2}\right\rangle=\langle 0,1\rangle$$

$$\mathbf{r}'\left(\frac{\pi}{4}\right)=\left\langle 2\sin\frac{\pi}{2},\ 2\cos\frac{\pi}{2}\right\rangle=\langle 2,0\rangle$$

이다. 그림은 그림 11.11에 있다. 특히

$$\mathbf{r}\left(\frac{\pi}{4}\right)\cdot\mathbf{r}'\left(\frac{\pi}{4}\right)=0$$

이므로 $\mathbf{r}\left(\frac{\pi}{4}\right)$와 $\mathbf{r}'\left(\frac{\pi}{4}\right)$는 서로 수직이다.

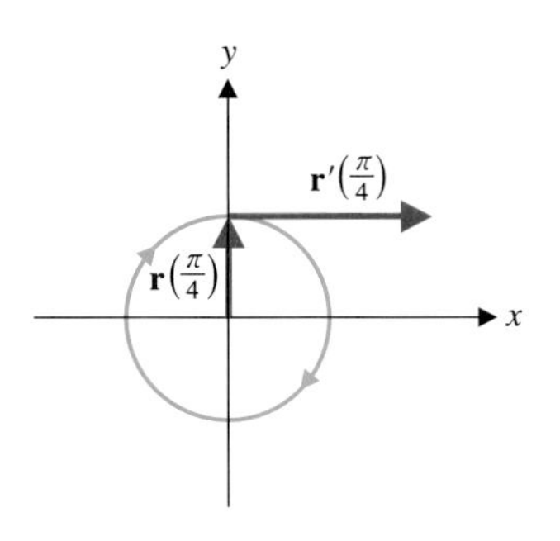

그림 11.11 위치벡터와 접선벡터

일반적으로 다음 정리가 성립한다.

정리 2.4

$\|\mathbf{r}(t)\|=$ 상수일 필요충분조건은 모든 t에 대하여 $\mathbf{r}(t)$와 $\mathbf{r}'(t)$가 수직인 것이다.

증명

(i) $\|\mathbf{r}(t)\|=c$이고 c는 상수라 하자.

$$\mathbf{r}(t)\cdot\mathbf{r}(t)=\|\mathbf{r}(t)\|^2=c^2 \tag{2.4}$$

이므로 식 (2.4)의 양변을 미분하면

$$\frac{d}{dt}[\mathbf{r}(t)\cdot\mathbf{r}(t)]=\frac{d}{dt}c^2=0$$

이다. 정리 2.3 (iv)에 의하여

$$0=\frac{d}{dt}[\mathbf{r}(t)\cdot\mathbf{r}(t)]=\mathbf{r}'(t)\cdot\mathbf{r}(t)+\mathbf{r}(t)\cdot\mathbf{r}'(t)=2\mathbf{r}(t)\cdot\mathbf{r}'(t)$$

이므로 $\mathbf{r}(t)\cdot\mathbf{r}'(t)=0$이다.

(ii) 역의 증명은 각자 해 보기 바란다. ■

스칼라함수 $F(t)$와 $f(t)$가 $F'(t)=f(t)$의 관계를 만족하면 $F(t)$는 $f(t)$의 역도함수라 한다. 이 개념을 다음과 같이 벡터함수로 확장할 수 있다.

정의 2.4

벡터함수 $\mathbf{R}(t)$와 $\mathbf{r}(t)$가 $\mathbf{R}'(t) = \mathbf{r}(t)$의 관계를 만족하면 $\mathbf{R}(t)$는 $\mathbf{r}(t)$의 **역도함수**(antiderivative)라 한다.

$\mathbf{r}(t) = \langle f(t), g(t), h(t) \rangle$이고 f, g, h의 역도함수가 각각 F, G, H이면

$$\frac{d}{dt}\langle F(t), G(t), H(t) \rangle = \langle F'(t), G'(t), H'(t) \rangle = \langle f(t), g(t), h(t) \rangle$$

이므로 $F(t), G(t), H(t)$는 $\mathbf{r}(t)$의 역도함수이다. 일반적으로 임의의 상수 c_1, c_2, c_3에 대하여 $\langle F(t) + c_1, G(t) + c_2, H(t) + c_3 \rangle$는 $\mathbf{r}(t)$의 역도함수이다. 따라서 다음과 같은 정의를 얻을 수 있다.

정의 2.5

$\mathbf{R}(t)$가 $\mathbf{r}(t)$의 역도함수이면 $\mathbf{r}(t)$의 **부정적분**(indefinite integral)은

$$\int \mathbf{r}(t)\,dt = \mathbf{R}(t) + \mathbf{c}$$

이다. 여기서 $\mathbf{c}$는 임의의 상수벡터이다.

따라서 벡터함수를 적분하려면 각 성분을 적분하여

$$\int \mathbf{r}(t)\,dt = \int \langle f(t), g(t), h(t) \rangle\,dt = \left\langle \int f(t)\,dt, \int g(t)\,dt, \int h(t)\,dt \right\rangle \tag{2.5}$$

와 같이 계산하면 된다.

예제 2.8 벡터함수의 부정적분

부정적분 $\int \langle t^2 + 2, \sin 2t, 4te^{t^2} \rangle\,dt$를 구하여라.

풀이

식 (2.5)에 의하여

$$\begin{aligned}\int \langle t^2 + 2, \sin 2t, 4te^{t^2} \rangle\,dt &= \left\langle \int (t^2 + 2)\,dt, \int \sin 2t\,dt, \int 4te^{t^2}\,dt \right\rangle \\ &= \left\langle \frac{1}{3}t^3 + 2t + c_1, -\frac{1}{2}\cos 2t + c_2, 2e^{t^2} + c_3 \right\rangle \\ &= \left\langle \frac{1}{3}t^3 + 2t, -\frac{1}{2}\cos 2t, 2e^{t^2} \right\rangle + \mathbf{c}\end{aligned}$$

여기서 $\mathbf{c} = \langle c_1, c_2, c_3 \rangle$는 임의의 상수벡터이다. ■

벡터함수의 정적분에 대해서도 같은 방법으로 정의할 수 있다.

정의 2.6

벡터함수 $\mathbf{r}(t) = \langle f(t),\ g(t),\ h(t)\rangle$에 대하여 구간 $[a, b]$에서 $\mathbf{r}(t)$의 **정적분**(definite integral)은

$$\int_a^b \mathbf{r}(t)\,dt = \int_a^b \langle f(t),\ g(t),\ h(t)\rangle\,dt = \left\langle \int_a^b f(t)\,dt,\ \int_a^b g(t)\,dt,\ \int_a^b h(t)\,dt \right\rangle \qquad (2.6)$$

이다.

즉, 벡터함수 $\mathbf{r}(t)$의 정적분은 각 성분함수의 정적분이다. 따라서 미분적분학의 기본정리를 다음과 같이 벡터함수의 경우로 확장할 수 있다.

정리 2.5

$\mathbf{R}(t)$가 구간 $[a, b]$에서 $\mathbf{r}(t)$의 역도함수이면

$$\int_a^b \mathbf{r}(t)\,dt = \mathbf{R}(b) - \mathbf{R}(a)$$

이다.

이 정리의 증명은 간단하므로 생략하기로 하자.

예제 2.9 벡터함수의 정적분

정적분 $\int_0^1 \langle \sin \pi t,\ 6t^2 + 4t\rangle\,dt$를 구하여라.

풀이

부정적분을 구하면

$$\left\langle -\frac{1}{\pi}\cos \pi t,\ \frac{6t^3}{3} + 4\frac{t^2}{2}\right\rangle = \left\langle -\frac{1}{\pi}\cos \pi t,\ 2t^3 + 2t^2\right\rangle$$

이므로 정리 2.5에 의하여

$$\begin{aligned}\int_0^1 \langle \sin \pi t,\ 6t^2 + 4t\rangle\,dt &= \left\langle -\frac{1}{\pi}\cos \pi t,\ 2t^3 + 2t^2\right\rangle\Big|_0^1 \\ &= \left\langle -\frac{1}{\pi}\cos \pi,\ 2 + 2\right\rangle - \left\langle -\frac{1}{\pi}\cos 0,\ 0\right\rangle \\ &= \left\langle \frac{1}{\pi} + \frac{1}{\pi},\ 4 - 0\right\rangle = \left\langle \frac{2}{\pi},\ 4\right\rangle\end{aligned}$$

이다. ■

연습문제 11.2

[1~2] 다음 극한이 존재하면 구하여라.

1. $\lim_{t \to 0}\langle t^2-1,\ e^{2t},\ \sin t\rangle$

2. $\lim_{t \to 0}\left\langle \dfrac{\sin t}{t},\ \cos t,\ \dfrac{t+1}{t-1}\right\rangle$

[3~4] 다음 벡터함수가 연속인 값 t를 모두 구하여라.

3. $\mathbf{r}(t)=\left\langle \dfrac{t+1}{t-2},\ \sqrt{t^2-1},\ 2t\right\rangle$

4. $\mathbf{r}(t)=\langle \tan t,\ \sin t^2,\ \cos t\rangle$

[5~7] 다음 벡터함수의 도함수를 구하여라.

5. $\mathbf{r}(t)=\left\langle t^4,\ \sqrt{t+1},\ \dfrac{3}{t^2}\right\rangle$

6. $\mathbf{r}(t)=\langle \sin t,\ \sin t^2,\ \cos t\rangle$

7. $\mathbf{r}(t)=\langle e^{t^2},\ t^2e^{2t},\ \sec 2t\rangle$

[8~9] 곡선 $\mathbf{r}(t)$가 매끄러운지 판정하여라.

8. $\mathbf{r}(t)=\langle t^4-2t^2,\ t^2-2t\rangle$

9. $\mathbf{r}(t)=\langle \sin t,\ \cos 2t\rangle$

[10~11] 다음 벡터함수의 끝점이 나타내는 곡선을 그리고 주어진 점에서 위치벡터와 접선벡터를 표시하여라.

10. $\mathbf{r}(t)=\langle \cos t,\ \sin t\rangle,\ t=0,\ t=\dfrac{\pi}{2},\ t=\pi$

11. $\mathbf{r}(t)=\langle \cos t,\ t,\ \sin t\rangle,\ t=0,\ t=\dfrac{\pi}{2},\ t=\pi$

[12~15] 다음 적분을 구하여라.

12. $\int\langle 3t-1,\ \sqrt{t}\rangle\, dt$

13. $\int\langle t\cos 3t,\ t\sin t^2,\ e^{2t}\rangle\, dt$

14. $\int\left\langle \dfrac{4}{t^2-t},\ \dfrac{2t}{t^2+1},\ \dfrac{4}{t^2+1}\right\rangle dt$

15. $\int_0^2\left\langle \dfrac{4}{t+1},\ e^{t-2},\ te^t\right\rangle dt$

[16~17] $\mathbf{r}(t)$와 $\mathbf{r}'(t)$가 수직이 되는 t를 모두 구하여라.

16. $\mathbf{r}(t)=\langle \cos t,\ \sin t\rangle$

17. $\mathbf{r}(t)=\langle t,\ t,\ t^2-1\rangle$

[18~19] $\mathbf{r}'(t)$가 (a) xy평면 (b) yz평면 (c) 평면 $x=y$와 평형이 되는 t를 모두 구하여라.

18. $\mathbf{r}(t)=\langle t,\ t,\ t^3-3\rangle$

19. $\mathbf{r}(t)=\langle \cos t,\ \sin t,\ \sin 2t\rangle$

11.3 공간에서의 운동

이 절에서는 삼차원 공간에서 물체의 운동을 수식으로 나타내 보자. 물체가 벡터함수

$$\mathbf{r}(t)=\langle f(t),\ g(t),\ h(t)\rangle,\quad t\in[a,b]$$

의 끝점이 나타내는 곡선을 따라 움직인다고 하자. 11.2절에서 $\mathbf{r}'(t)$는 곡선의 방향을 가리키는 접선벡터라고 하였다. 여기서는 또 다른 의미를 알아보자. 식 (2.3)에서

$$\mathbf{r}'(t)=\langle f'(t),\ g'(t),\ h'(t)\rangle$$

이고 이 벡터함수의 크기는

$$\|\mathbf{r}'(t)\| = \sqrt{[f'(t)]^2 + [g'(t)]^2 + [h'(t)]^2}$$

이다. 식 (1.4)에서 임의의 값 $t_0 \in [a, b]$에 대하여 $u = t_0$부터 $u = t$까지의 길이는

$$s(t) = \int_{t_0}^{t} \sqrt{[f'(u)]^2 + [g'(u)]^2 + [h'(u)]^2}\, du \tag{3.1}$$

임을 알고 있다. 미분적분학의 기본정리 II에 의하여 식 (3.1)의 양변을 미분하면

$$s'(t) = \sqrt{[f'(t)]^2 + [g'(t)]^2 + [h'(t)]^2} = \|\mathbf{r}'(t)\|$$

이다. $s(t)$는 곡선의 길이를 나타내므로 $s'(t)$는 곡선의 길이의 시간에 대한 변화율, 즉 물체가 곡선을 따라 움직일 때의 **속력**(speed)을 의미한다. 따라서 주어진 값 t에 대하여 $\mathbf{r}'(t)$는 곡선 C의 방향을(물체가 움직이는 방향) 나타내는 접선벡터이고 그 크기는 물체의 속력을 나타낸다. 따라서 우리는 $\mathbf{r}'(t)$를 **속도**(velocity)벡터라 부르고 $\mathbf{v}(t)$로 나타낸다. 또 속도벡터의 도함수 $\mathbf{v}'(t) = \mathbf{r}''(t)$를 **가속도**(acceleration)벡터라 하고 $\mathbf{a}(t)$로 나타낸다. 그림으로 그릴 때는 그림 11.12와 같이 $\mathbf{r}(t)$의 끝점을 속도벡터와 가속도벡터의 시작점으로 나타낸다.

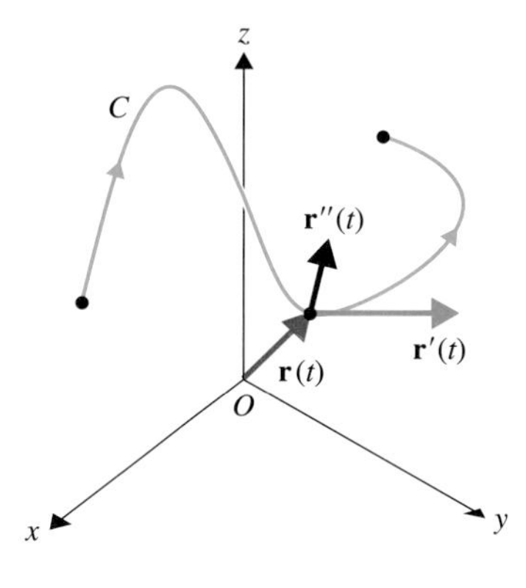

그림 11.12 위치, 속도, 가속도벡터

예제 3.1 속도와 가속도벡터

xy평면에서 움직이는 물체의 위치가 $\mathbf{r}(t) = \langle t^3, 2t^2 \rangle$으로 주어질 때 속도와 가속도벡터를 구하여라.

풀이

미분하면

$$\mathbf{v}(t) = \mathbf{r}'(t) = \langle 3t^2, 4t \rangle, \quad \mathbf{a}(t) = \mathbf{r}''(t) = \langle 6t, 4 \rangle$$

이다. 예를 들어 $t = 1$이면 $\mathbf{r}(1) = \langle 1, 2 \rangle$, $\mathbf{v}(1) = \mathbf{r}'(1) = \langle 3, 4 \rangle$, $\mathbf{a}(1) = \mathbf{r}''(1) = \langle 6, 4 \rangle$이다. 이것을 그림으로 그리면 그림 11.13과 같다.

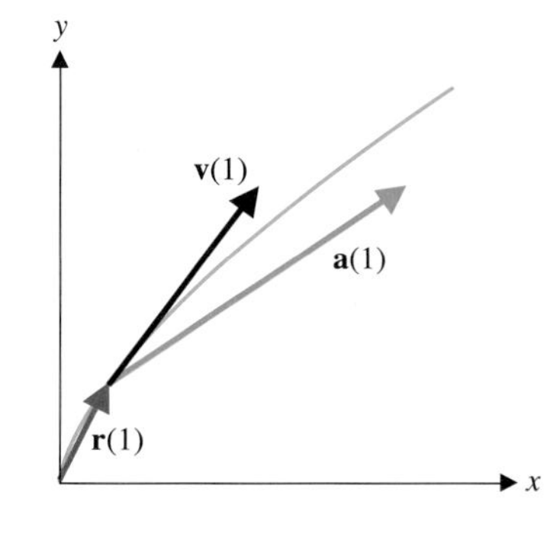

그림 11.13 위치, 속도, 가속도벡터

예제 3.2 가속도를 이용하여 속도와 위치 구하기

가속도가 $\mathbf{a}(t) = \langle 6t, 12t + 2, e^t \rangle$이고 처음 속도는 $\mathbf{v}(0) = \langle 2, 0, 1 \rangle$이며 처음 위치는 $\mathbf{r}(0) = \langle 0, 3, 5 \rangle$일 때 임의의 시각 t에서의 물체의 속도와 위치를 구하여라.

풀이

$\mathbf{a}(t) = \mathbf{v}'(t)$이므로 한 번 적분하면

$$\mathbf{v}(t) = \int \mathbf{a}(t)\,dt = \int [6t\mathbf{i} + (12t + 2)\mathbf{j} + e^t\mathbf{k}]\, dt$$
$$= 3t^2\mathbf{i} + (6t^2 + 2t)\mathbf{j} + e^t\mathbf{k} + \mathbf{c}_1$$

이고 여기서 $\mathbf{c}_1$은 상수벡터이다. $\mathbf{c}_1$의 값을 구하기 위해 처음 속도를 이용하면

$$\langle 2, 0, 1 \rangle = \mathbf{v}(0) = (0)\mathbf{i} + (0)\mathbf{j} + (1)\mathbf{k} + \mathbf{c}_1$$

이므로 $\mathbf{c}_1 = \langle 2, 0, 0 \rangle$이고

$$\mathbf{v}(t) = (3t^2 + 2)\mathbf{i} + (6t^2 + 2t)\mathbf{j} + e^t\mathbf{k}$$

이다. $\mathbf{v}(t) = \mathbf{r}'(t)$이므로 한 번 더 적분하면

$$\mathbf{r}(t) = \int \mathbf{v}(t)dt = \int [(3t^2 + 2)\mathbf{i} + (6t^2 + 2t)\mathbf{j} + e^t\mathbf{k}]\,dt$$
$$= (t^3 + 2t)\mathbf{i} + (2t^3 + t^2)\mathbf{j} + e^t\mathbf{k} + \mathbf{c}_2$$

이고 여기서 $\mathbf{c}_2$은 상수벡터이다. 처음 위치를 이용하여 $\mathbf{c}_2$를 구하면

$$\langle 0, 3, 5 \rangle = \mathbf{r}(0) = (0)\mathbf{i} + (0)\mathbf{j} + (1)\mathbf{k} + \mathbf{c}_2$$

이므로 $\mathbf{c}_2 = \langle 0, 3, 4 \rangle$이다. 따라서 위치벡터는

$$\mathbf{r}(t) = (t^3 + 2t)\mathbf{i} + (2t^3 + t^2 + 3)\mathbf{j} + (e^t + 4)\mathbf{k}$$

이다. 곡선과 $\mathbf{r}(t)$, $\mathbf{v}(t)$, $\mathbf{a}(t)$의 그림은 그림 11.14에 있다.

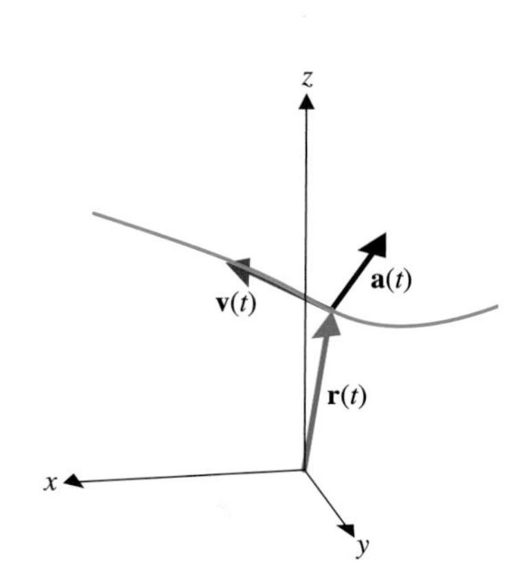

그림 11.14 위치, 속도, 가속도벡터

일차원 운동의 경우 힘은 뉴턴의 **제2운동법칙**에 의하여 힘과 가속도의 곱($F = ma$) 임을 알고 있다. 이차원이나 삼차원 운동의 경우에 뉴턴의 제2운동법칙은 벡터 형태

$$\mathbf{F} = m\mathbf{a}$$

로 표현된다. 여기서 m은 질량이고 $\mathbf{a}$는 가속도이며 $\mathbf{F}$는 물체에 가해지는 힘을 나타낸다.

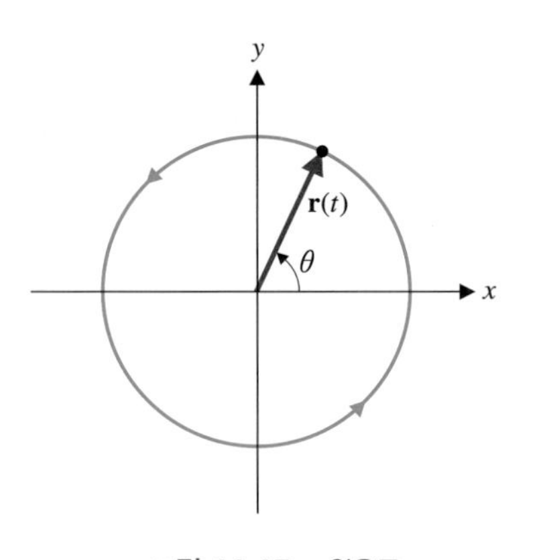

그림 11.15a 원운동

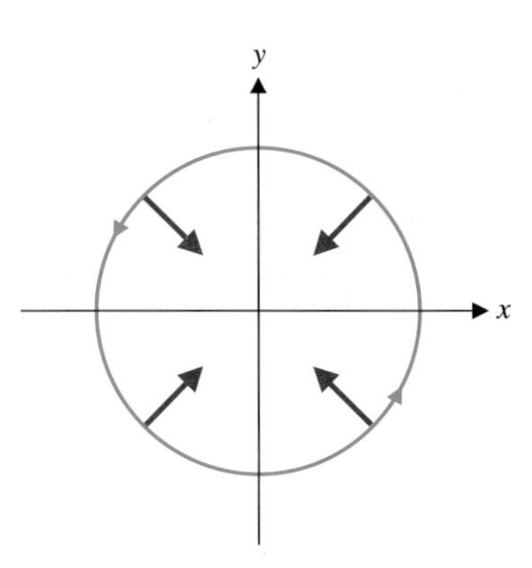

그림 11.15b 구심력

예제 3.3 물체에 가해지는 힘

반지름이 b인 원을 따라 일정한 각속력으로 움직일 때 물체에 가해지는 힘을 구하여라.

풀이

편의상 중심이 원점이고 xy평면에 놓여 있는 원이라 하자. 각속력이 일정하므로 x축의 양의 방향과 위치벡터가 이루는 각이 θ이고 시간을 t라고 하면

$$\frac{d\theta}{dt} = \omega \ \ (\text{상수})$$

이다. 그림 11.15a는 $\omega > 0$일 때의 그림이다. 따라서 $\theta = \omega + c$(c는 상수)이다. 또 원은 벡터함수

$$\mathbf{r}(t) = \langle b\cos\theta,\ b\sin\theta \rangle = \langle b\cos(\omega t + c),\ b\sin(\omega t + c) \rangle$$

의 끝점의 궤적으로 생각할 수 있다. 간단히 하기 위하여 $t = 0$일 때 $\theta = 0$이라 하면 $\theta = \omega t$이므로

$$\mathbf{r}(t) = \langle b\cos\omega t,\ b\sin\omega t \rangle$$

이다. 이제 위치함수를 미분하면 속도와 가속도를 구할 수 있다. 따라서

$$\mathbf{v}(t) = \mathbf{r}'(t) = \langle -b\omega\sin\omega t,\ b\omega\cos\omega t \rangle$$

이고 속력은 $\|\mathbf{v}(t)\| = \omega b$ 이며

$$\mathbf{a}(t) = \mathbf{v}'(t) = \mathbf{r}''(t) = \langle -b\omega^2 \cos \omega t, -b\omega^2 \sin \omega t \rangle$$
$$= -\omega^2 \langle b \cos \omega t, b \sin \omega t \rangle = -\omega^2 \mathbf{r}(t)$$

이다. 뉴턴의 운동에 관한 제2운동법칙에 의하여

$$\mathbf{F}(t) = m\mathbf{a}(t) = -m\omega^2 \mathbf{r}(t)$$

이다. $m\omega^2 > 0$이므로 힘은 물체의 위치벡터의 반대방향으로 작용함을 알 수 있다. 즉, 원 위의 임의의 점에서 힘은 그림 11.15b와 같이 원의 중심으로 향하고 이것을 **구심력**(centripetal force)이라 한다.

■

예제 3.3의 원 운동에서 $\|\mathbf{r}(t)\| = b$이므로 원 위의 모든 점에서 힘 벡터의 크기는 다음과 같이 상수이다.

$$\|\mathbf{F}(t)\| = \|-m\omega^2 \mathbf{r}(t)\| = m\omega^2 \|\mathbf{r}(t)\| = m\omega^2 b$$

예제 3.3의 결과 $\mathbf{F}(t) = -m\omega^2 \mathbf{r}(t)$로 얻을 수 있는 결론 중의 하나는 각속도 ω가 증가할수록 힘의 크기가 증가한다는 것이다. 롤러코스터를 탔을 때 이런 경험을 해 보았을 것이다. 더 빨리 돌수록 받는 힘이 더 커진다. 또 속력이 $\|\mathbf{v}(t)\| = \omega b$이므로 주어진 속력을 내기 위해서는 b가 작으면 ω가 커져야 한다. 따라서 롤러코스터에서는 작게 회전하면 ω가 커야 하고 따라서 구심력이 커진다. 일차원에서 했던 것과 마찬가지로 물체에 작용하는 힘만 알고 있을 때 뉴턴의 제2운동법칙을 이용하여 그 물체의 위치를 결정할 수 있다. 예제 3.4에서 간단한 문제를 보자.

예제 3.4 발사체 운동 분석

발사체가 지면에서 수평과 $\frac{\pi}{4}$의 각도와 처음 속력 50 m/sec로 발사되었다. 물체에는 중력만 (즉, 공기 저항 없이) 작용한다고 하고 최대고도, 날아간 수평거리, 땅에 닿는 순간의 속력을 구하여라.

풀이

평면에서의 운동이고(따라서 이차원에서 생각하면 된다) 물체에 작용하는 유일한 힘은 아래로 작용하는 중력이다. 중력은 상수는 아니지만 해수면 근처에서는 거의 상수이다. 따라서

$$\mathbf{F}(t) = -mg\mathbf{j}$$

라 할 수 있다. 여기서 g는 중력가속도로 $g \approx 9.8 \text{ m/s}^2$이다. 뉴턴의 제2운동법칙에 의하여

$$-mg\mathbf{j} = \mathbf{F}(t) = m\mathbf{a}(t)$$

이고

$$\mathbf{v}'(t) = \mathbf{a}(t) = -9.8\mathbf{j}$$

이다. 양변을 적분하면

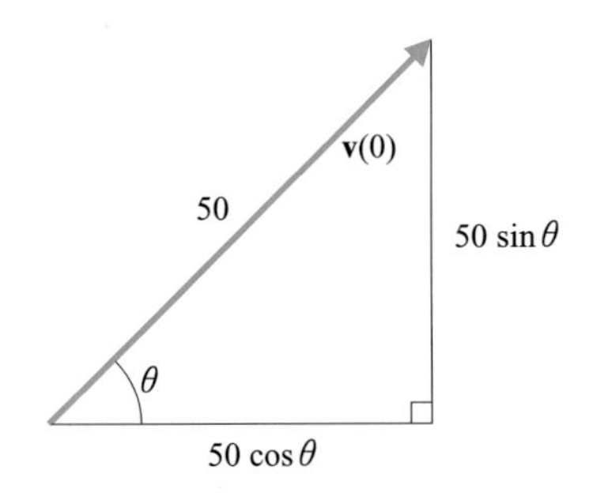

그림 11.16a 처음 속도 벡터

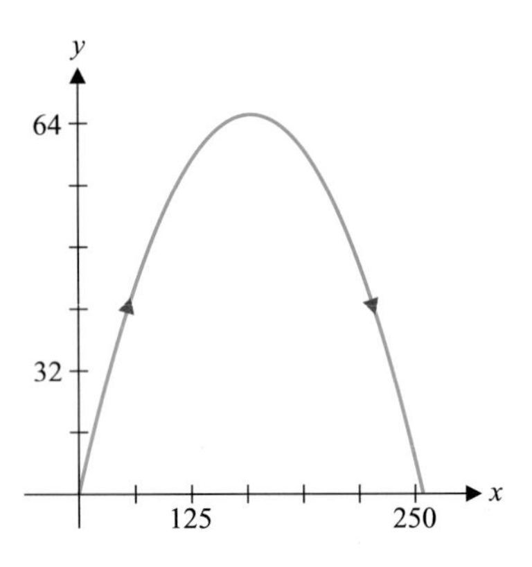

그림 11.16b 발사체의 경로

$$\mathbf{v}(t) = \int \mathbf{a}(t)\,dt = -9.8t\,\mathbf{j} + \mathbf{c}_1 \tag{3.2}$$

이다. 여기서 $\mathbf{c}_1$은 상수벡터이다. 처음 속도 $\mathbf{v}(0)$를 안다면 이것을 이용하여 $\mathbf{c}_1$을 구할 수 있다. 그러나 이 문제에서는 처음 속력만 알고 있다. 그림 11.16a로부터 $\mathbf{v}(0)$의 성분을 다음과 같이 구할 수 있다.

$$\mathbf{v}(0) = \left\langle 50\cos\frac{\pi}{4},\ 50\sin\frac{\pi}{4} \right\rangle = \langle 25\sqrt{2},\ 25\sqrt{2}\rangle$$

식 (3.2)에 의하여

$$\langle 25\sqrt{2},\ 25\sqrt{2}\rangle = \mathbf{v}(0) = (-9.8)(0)\mathbf{j} + \mathbf{c}_1 = \mathbf{c}_1$$

이므로

$$\mathbf{v}(t) = -9.8t\,\mathbf{j} + \langle 25\sqrt{2},\ 25\sqrt{2}\rangle = \langle 25\sqrt{2},\ 25\sqrt{2} - 9.8t\rangle \tag{3.3}$$

이다. 식 (3.3)을 다시 적분하면 위치벡터는 다음과 같다.

$$\mathbf{r}(t) = \int \mathbf{v}(t)\,dt = \langle 25\sqrt{2}\,t,\ 25\sqrt{2}\,t - 4.9t^2\rangle + \mathbf{c}_2$$

문제에서 처음 위치가 명시되어 있지 않았으므로 원점에서 출발하였다고 하면

$$\mathbf{0} = \mathbf{r}(0) = \mathbf{c}_2$$

이므로

$$\mathbf{r}(t) = \langle 25\sqrt{2}\,t,\ 25\sqrt{2}\,t - 4.9t^2\rangle \tag{3.4}$$

이다. 그림 11.16b는 발사체의 경로를 나타낸 그림이다. 발사체의 위치벡터와 속도벡터를 구했으므로 이제 문제의 답을 구할 수 있다. 최대 고도는 물체가 더 이상 위로 올라가지 않는 순간이다. 즉, 속도의 수직성분이 0일 때이다. 식 (3.3)에 의하여

$$0 = 25\sqrt{2} - 9.8t$$

이므로 최대고도는

$$t = \frac{25\sqrt{2}}{9.8}$$

일 때이다. 따라서 최대고도는 위치벡터의 수직성분을 이용하면 다음과 같이 구할 수 있다.

$$\text{최대고도} = 25\sqrt{2}\,t - 4.9t^2\Big|_{t=\frac{25\sqrt{2}}{9.8}} = 25\sqrt{2}\left(\frac{25\sqrt{2}}{9.8}\right) - 4.9\left(\frac{25\sqrt{2}}{9.8}\right)^2$$

$$= \frac{1250}{19.6} = 63.8\,\text{미터}$$

수평거리를 구하기 위해서는 물체가 땅에 닿는 시간을 구해야 한다. 이것은 위치벡터의 수직성분이 0일 때이다. 식 (3.4)에 의하여

$$0 = 25\sqrt{2}\,t - 4.9t^2 = t(25\sqrt{2} - 4.9t)$$

이므로 $t = 0$(물체가 발사되는 순간)과 $t = \dfrac{25\sqrt{2}}{4.9}$(물체가 땅에 닿는 순간)이다. 수평거리는 위치벡터의 수평성분을 이용하여 다음과 같이 구할 수 있다.

$$\text{거리} = 25\sqrt{2}\,t\Big|_{t=\frac{25\sqrt{2}}{4.9}} = (25\sqrt{2})\left(\frac{25\sqrt{2}}{4.9}\right) = \frac{1250}{4.9} = 255.1\text{미터}$$

마지막으로 땅에 닿는 순간의 속력은 다음과 같다.

$$\left\|\mathbf{v}\left(\frac{25\sqrt{2}}{4.9}\right)\right\| = \left\|\left\langle 25\sqrt{2},\ 25\sqrt{2} - 9.8\left(\frac{25\sqrt{2}}{4.9}\right)\right\rangle\right\|$$
$$= \|25\sqrt{2},\ -25\sqrt{2}\| = 50\ \mathrm{m/s}$$

운동방정식

예제 3.4보다 조금 더 일반적인 발사체 운동방정식을 유도해 보자. 지면 위의 높이가 h인 지점에서 수평과 θ의 각도로 처음 속력 v_0로 발사된 물체를 생각해 보자. 뉴턴의 제2운동법칙을 이용하여 시각 t일 때 발사체의 위치를 구할 수 있고 이것이 구해지면 운동에 관한 어떤 문제에도 답할 수 있다.

뉴턴의 제2운동법칙을 이용하고 물체에 작용하는 힘은 중력뿐이라고 하면

$$-mg\,\mathbf{j} = \mathbf{F}(t) = m\mathbf{a}(t)$$

이다. 따라서 예제 3.4에서와 같이

$$\mathbf{v}'(t) = \mathbf{a}(t) = -g\,\mathbf{j} \tag{3.5}$$

이다. 식 (3.5)을 적분하면

$$\mathbf{v}(t) = \int \mathbf{a}(t)\,dt = -gt\,\mathbf{j} + \mathbf{c}_1 \tag{3.6}$$

이다. 여기서 $\mathbf{c}_1$은 임의의 상수벡터이다. $\mathbf{c}_1$을 구하기 위해서는 적당한 시각 t일 때의 $\mathbf{v}(t)$를 알아야 한다. 그러나 처음 속력 v_0와 물체가 발사된 각도만 알고 있으므로 사인과 코사인의 정의를 이용하여 그림 11.17a에서와 같이 v_0의 성분을 구할 수 있다. 이것과 식 (3.6)으로부터 다음 식을 얻는다.

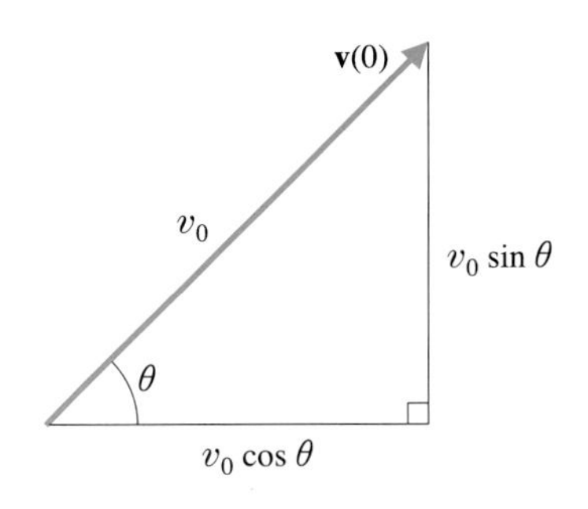

그림 11.17a 처음 속도

$$\langle v_0\cos\theta,\ v_0\sin\theta\rangle = \mathbf{v}(0) = \mathbf{c}_1$$

따라서 속도벡터는

$$\mathbf{v}(t) = \langle v_0\cos\theta,\ v_0\sin\theta - gt\rangle \tag{3.7}$$

이다. $\mathbf{r}'(t) = \mathbf{v}(t)$이므로 식 (3.7)을 적분하면 위치벡터를 구할 수 있다.

$$\mathbf{r}(t) = \int \mathbf{v}(t)\,dt = \left\langle (v_0\cos\theta)t,\ (v_0\sin\theta)t - \frac{gt^2}{2}\right\rangle + \mathbf{c}_2$$

$\mathbf{c}_2$를 구하기 위하여 처음 위치 $\mathbf{r}(0)$를 이용하자. 물체가 지면 위 h인 지점에서 발사되었으므로 발사지점 아래에 원점이 있다고 하면

$$\langle 0,\ h\rangle = \mathbf{r}(0) = \mathbf{c}_2$$

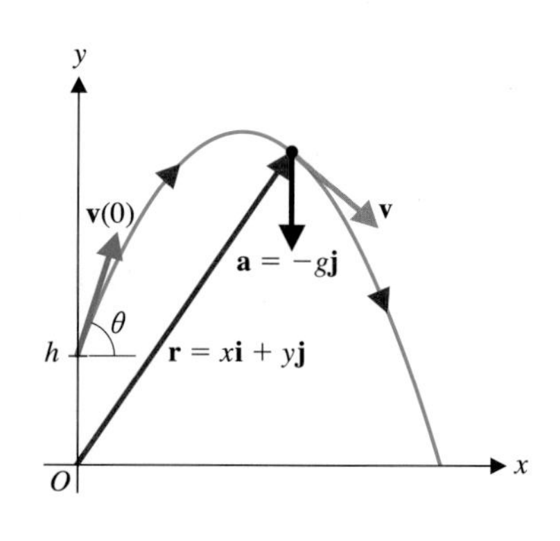

그림 11.17b 발사체의 경로

이므로

$$\mathbf{r}(t) = \left\langle (v_0 \cos\theta)t,\ (v_0 \sin\theta)t - \frac{gt^2}{2} \right\rangle + \langle 0,\ h \rangle$$
$$= \left\langle (v_0 \cos\theta)t,\ h + (v_0 \sin\theta)t - \frac{gt^2}{2} \right\rangle \tag{3.8}$$

이다. $\mathbf{r}(t)$로 표현되는 궤적은 그림 11.17b와 같이 포물선의 일부이다.

식 (3.3)과 식 (3.8)을 이용하면 물체의 운동에 관한 여러 질문에 답할 수 있다. 예를 들어, 최대고도는 속도의 수직성분이 0일 때 얻어진다. 식 (3.7)에서

$$0 = v_0 \sin\theta - gt$$

이므로

$$t_{\max} = \frac{v_0 \sin\theta}{g}$$

일 때 고도가 최대이다. 또 최대 고도는 위치함수의 수직성분에 시각을 대입하여 구할 수 있다. 식 (3.8)에 의하여

$$\text{최대고도} = h + (v_0 \sin\theta)t - \frac{gt^2}{2}\bigg|_{t = t_{\max}}$$
$$= h + (v_0 \sin\theta)\left(\frac{v_0 \sin\theta}{g}\right) - \frac{g}{2}\left(\frac{v_0 \sin\theta}{g}\right)^2$$
$$= h + \frac{1}{2}\frac{v_0^2 \sin^2\theta}{g}$$

이다.

지금까지 중력가속도를 g라 나타내었다. g의 근삿값으로는 흔히 다음 두 가지를 사용한다.

$$g \approx 32\ \text{ft/s}^2, \quad g \approx 9.8\ \text{m/s}^2$$

예제 3.5 삼차원 공간에서의 발사체 운동

질량이 1킬로그램인 발사체가 지면에서 수평선과 $\frac{\pi}{6}$의 각도로 동쪽 방향으로 200 m/s의 속력으로 발사되었다. 발사체에 북쪽방향으로 2뉴턴의 마그누스 힘이 작용할 때 발사체가 땅에 닿는 지점과 그때의 속력을 구하여라.

풀이

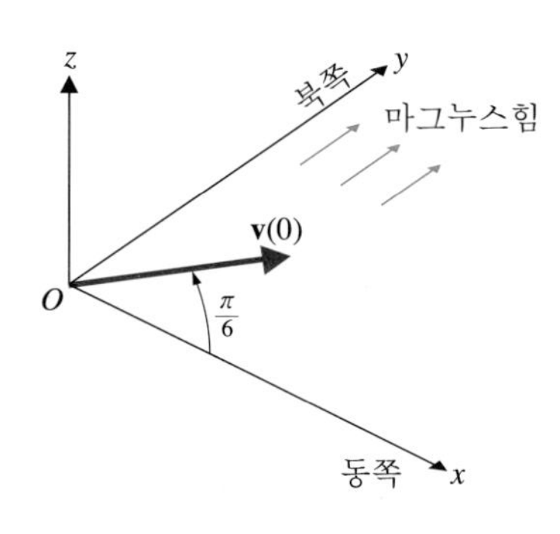

그림 11.18a 처음 속도와 마그누스힘

마그누스 힘 때문에 삼차원 운동이다. 양의 y방향이 북쪽 양의 x방향이 동쪽, 양의 z방향이 위쪽이라고 하자. 그림 11.18a에서는 세 방향과 처음 속도와 마그누스 힘을 보여준다. 발사체에 작용하는 힘은 중력(음의 z방향으로 작용하며 크기는 9.8 m=9.8뉴턴)과 마그누스 힘(y축 방향으로 작용하여 크기는 2뉴턴)이다. 뉴턴의 제2운동법칙에 의하면 $\mathbf{F} = m\mathbf{a} = \mathbf{a}$이고

$$\mathbf{a}(t) = \mathbf{v}'(t) = \langle 0,\ 2,\ -9.8 \rangle$$

이다. 양변을 적분하면 속도벡터를 구할 수 있다.

$$\mathbf{v}(t) = \langle 0,\ 2t,\ -9.8t \rangle + \mathbf{c}_1 \tag{3.9}$$

여기서 $\mathbf{c}_1$은 상수벡터이다. 처음 속도는

$$\mathbf{v}(0) = \left\langle 200 \cos \frac{\pi}{6},\ 0,\ 200 \sin \frac{\pi}{6} \right\rangle = \langle 100\sqrt{3},\ 0,\ 100 \rangle$$

이므로 식 (3.9)에 의하여

$$\langle 100\sqrt{3},\ 0,\ 100 \rangle = \mathbf{v}(0) = \mathbf{c}_1$$

이고

$$\mathbf{v}(t) = \langle 100\sqrt{3},\ 2t,\ 100 - 9.8t \rangle$$

이다. 이 식을 한 번 더 적분하면 위치벡터는

$$\mathbf{r}(t) = \langle 100\sqrt{3}t,\ t^2,\ 100t - 4.9t^2 \rangle + \mathbf{c}_2$$

이다. 여기서 $\mathbf{c}_2$는 임의의 상수벡터이다. 처음 위치를 원점으로 택하면

$$\mathbf{0} = \mathbf{r}(0) = \mathbf{c}_2$$

이므로

$$\mathbf{r}(t) = \langle 100\sqrt{3}t,\ t^2,\ 100t - 4.9t^2 \rangle \tag{3.10}$$

이다. 위치벡터의 $\mathbf{k}$성분이 0일 때 발사체는 땅에 닿는다. 식 (3.10)에 의하여

$$0 = 100t - 4.9t^2 = t(100 - 4.9t)$$

즉 $t = 0$일 때(발사되는 순간)와 $t = \frac{100}{4.9} \approx 20.4$초일 때이다. 따라서 땅에 닿는 지점은 $\mathbf{r}\left(\frac{100}{4.9}\right) \approx \langle 3534.8,\ 416.5,\ 0 \rangle$이고 이때의 속력은

$$\left\| \mathbf{v}\left(\frac{100}{4.9}\right) \right\| \approx 204 \text{ m/s}$$

이다. 그림 11.18b는 발사체의 경로를 나타낸 그림이고 그림 11.18c는 발사체의 경로를 xz 평면으로 정사영한 그림이다.

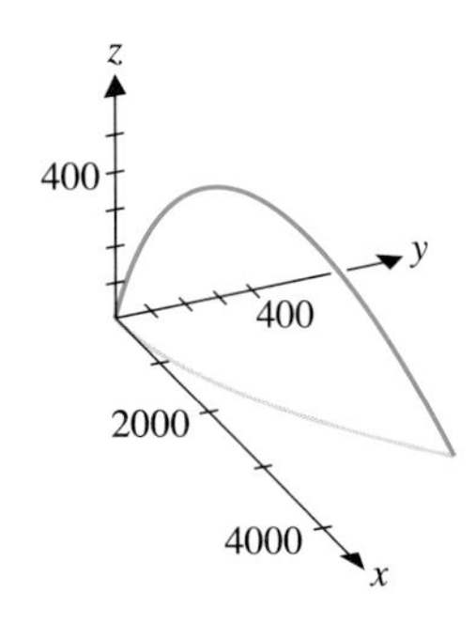

그림 11.18b 발사체의 경로

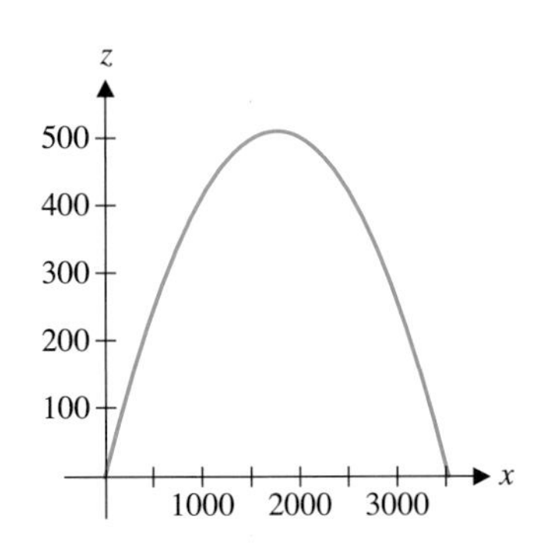

그림 11.18c xz 평면으로 정사영한 경로

연습문제 11.3

[1~3] 다음 위치함수에 대하여 속도와 가속도함수를 구하여라.

1. $\mathbf{r}(t) = \langle 5 \cos 2t,\ 5 \sin 2t \rangle$

2. $\mathbf{r}(t) = \langle 25t,\ -16t^2 + 15t + 5 \rangle$

3. $\mathbf{r}(t) = \langle 4te^{-2t},\ \sqrt{t^2 + 1},\ t/(t^2 + 1) \rangle$

[4~7] 다음 속도와 가속도함수를 이용하여 위치함수를 구하여라.

4. $\mathbf{v}(t) = \langle 10,\ -32t + 4 \rangle$, $\mathbf{r}(0) = \langle 3,\ 8 \rangle$

5. $\mathbf{a}(t) = \langle 0,\ -32 \rangle$, $\mathbf{v}(0) = \langle 5,\ 0 \rangle$, $\mathbf{r}(0) = \langle 0,\ 16 \rangle$

6. $\mathbf{v}(t) = \langle 12\sqrt{t},\ t/(t^2 + 1),\ te^{-t} \rangle$, $\mathbf{r}(0) = \langle 8,\ -2,\ 1 \rangle$

7. $\mathbf{a}(t) = \langle t, 0, -16 \rangle$, $\mathbf{v}(0) = \langle 12, -4, 0 \rangle$, $\mathbf{r}(0) = \langle 5, 0, 2 \rangle$

[8~10] 발사체가 처음 속도 v_0 m/s로 높이가 h미터인 지점에서 수평선과 θ의 각을 이루며 발사되었다. 발사체에 작용하는 힘은 중력뿐이라고 할 때 최대높이와 날아간 거리, 땅에 닿는 순간의

속력을 구하여라.

8. $v_0 = 98,\ h = 0,\ \theta = \frac{\pi}{3}$

9. $v_0 = 49,\ h = 0,\ \theta = \frac{\pi}{4}$

10. $v_0 = 60,\ h = 10,\ \theta = \frac{\pi}{3}$

11. 문제 8에서 발사체의 질량이 1슬러그이고 동쪽 방향으로 발사되었으며 남쪽 방향으로 4파운드의 마그누스힘이 작용한다고 할 때 발사체의 도달지점을 구하여라.

12. 문제 8에서 발사체가 평면 $y = x$ 위에 있다고 할 때 위치를 나타내는 벡터방정식을 구하고 도달지점을 구하여라.

13. 지면에서 발사된 발사체의 도달거리가 100미터이고 발사각도가 $\frac{\pi}{3}$일 때 처음 속력을 구하여라.

다변수함수와 편미분

CHAPTER 12

오초아 같은 골프 스타가 호수 너머로 장타를 날릴 때 관중은 골프공이 높이 솟았다가 다시 땅 위로 떨어지는 몇 초 동안 긴장감을 느낀다. 공이 홀 근처에 안전하게 떨어질까 아니면 물에 빠지거나 풀 속에 떨어질까? 프로 골프 선수들은 대개 공이 안전하게 떨어질지 예측할 수 있지만, 대부분의 관중은 공이 완벽하게 날아갔는지 알려면 공이 땅에 떨어질 때까지 기다려야 한다.

골프공이 떨어지는 위치를 결정하는 요소가 무엇인지 생각해 보자. 앞에서 발사체 운동을 공부할 때 공의 경로에 영향을 주는 세 가지 힘, 즉 중력, 공기저항, (공의 회전에 의해 생기는) 마그누스 힘에 대하여 알아보았다. 처음 속도(처음 속력과 공의 경로가 지면과 이루는 각도)와 처음 회전을 알면 처음 속도, 각도와 회전의 함수를 이용하여 거리를 구하는 미분방정식을 만들 수 있다. 이 절에서는 이렇게 변수가 둘 또는 그 이상인 함수를 다루는 데 필요한 기본 개념을 소개한다.

골프공이 날아가는 것이 위에서 설명한 것보다 훨씬 복잡하다는 것을 알고 있을 것이다. 예를 들어, 공기저항은 온도나 습도 같은 환경의 영향을 받는다. 또한 골프공 표면의 홈은 저항을 크게 하거나 작게 할 수도 있다. 이러한 요소를 모두 고려하려면 열 개 이상의 변수를 갖는 함수가 필요하다. 다행히도 10변수함수의 미분적분은 이 변수나 삼변수함수의 미분적분과 비슷하다. 이 장의 이론은 특별한 응용에서 필요한 다변수함수로 쉽게 확장할 수 있다.

12.1 다변수함수

지금까지는 정의역과 치역이 실수의 부분집합인 함수 $f(x)$에 대하여 공부하였다. 이 절에서는 함수의 개념을 변수가 두 개 이상인 함수로 확장한다. 즉, 정의역이 다차원인 함수로 확장한다. **이변수함수**는 정의역에 속하는 실수의 순서쌍 (x, y)에 한 실수 $f(x, y)$를 대응시키는 규칙이다. 정의역 $D \subset \mathbb{R}^2$에서 정의되는 함수 f를 기호 $f: D \subset \mathbb{R}^2 \to \mathbb{R}$로 나타낸다. 이 함수는 입력은 실수의 순서쌍이고 출력은 실수인 규칙으로 생각하면 된다. 예를 들어 $f(x, y) = xy^2$와 $g(x, y) = x^2 - e^y$는 이변수 x, y의 함수이다.

마찬가지로, **삼변수함수**는 정의역 $D \subset \mathbb{R}^3$에 속하는 세 실수의 순서쌍 (x, y, z)에 한 실수 $f(x, y, z)$를 대응시키는 규칙이다. 삼차원의 점을 실수로 대응시키는 정의역 $D \subset \mathbb{R}^3$ 위에서 정의되는 함수 f를 기호 $f: D \subset \mathbb{R}^3 \to \mathbb{R}$로 나타낸다. 예를 들어, $f(x, y, z) = xy^2 \cos z$와 $g(x, y, z) = 3zx^2 - e^y$는 삼변수 x, y, z의 함수이다.

마찬가지로 사변수 또는 그 이상 변수의 함수를 정의할 수 있다. 여기서는 이변수함수와 삼변수함수만 다루기로 한다. 물론 여기서 얻는 결과는 고차원으로 쉽게 확장할 수 있다. 정의역에 대한 특별한 언급이 없으면 다변수함수의 정의역은 그 함수가 정의되는 모든 변수들의 집합으로 약속한다.

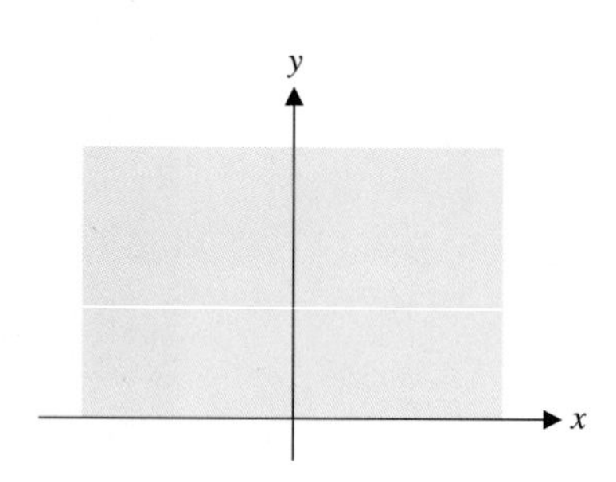

그림 12.1a $f(x, y) = x \ln y$의 정의역

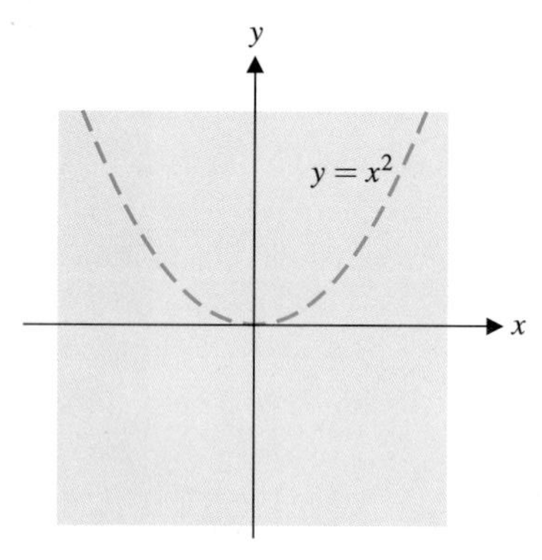

그림 12.1b $g(x, y) = \dfrac{2x}{y - x^2}$의 정의역

예제 1.1 이변수함수의 정의역 구하기

다음 함수의 정의역을 구하고 좌표평면에 그려라.

(a) $f(x, y) = x \ln y$ (b) $g(x, y) = \dfrac{2x}{y - x^2}$

풀이

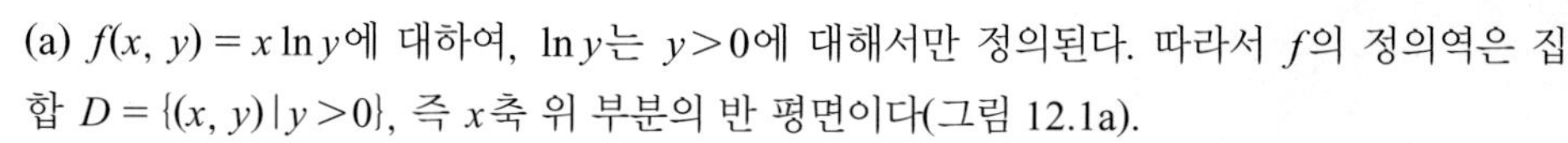

(a) $f(x, y) = x \ln y$에 대하여, $\ln y$는 $y > 0$에 대해서만 정의된다. 따라서 f의 정의역은 집합 $D = \{(x, y) \mid y > 0\}$, 즉 x축 위 부분의 반 평면이다(그림 12.1a).

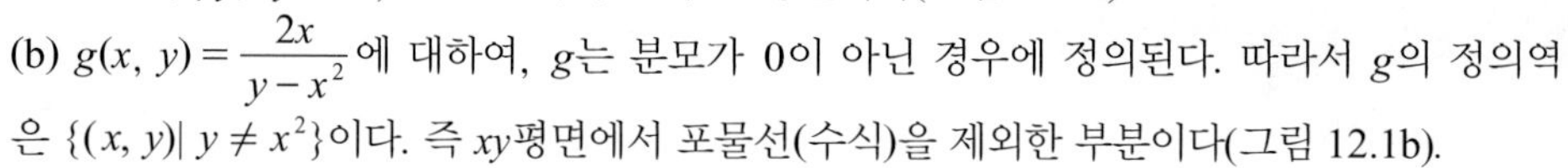

(b) $g(x, y) = \dfrac{2x}{y - x^2}$에 대하여, g는 분모가 0이 아닌 경우에 정의된다. 따라서 g의 정의역은 $\{(x, y) \mid y \neq x^2\}$이다. 즉 xy평면에서 포물선(수식)을 제외한 부분이다(그림 12.1b).

예제 1.2 삼변수함수의 정의역 구하기

다음 함수의 정의역을 구하고 설명하여라.

(a) $f(x, y, z) = \dfrac{\cos(x + z)}{xy}$ (b) $g(x, y, z) = \sqrt{9 - x^2 - y^2 - z^2}$

풀이

(a) $f(x, y, z) = \dfrac{\cos(x + z)}{xy}$에 대하여 분모가 0이면 $x = 0$ 또는 $y = 0$이다. 따라서 정의역은 $\{(x, y, z) \mid x \neq 0,\ y \neq 0\}$으로 yz평면$(x = 0)$과 xz평면$(y = 0)$을 제외한 삼차원공간 전체이다.

(b) $g(x, y, z) = \sqrt{9 - x^2 - y^2 - z^2}$이 정의되기 위해 $9 - x^2 - y^2 - z^2 \geq 0$, 즉 $x^2 + y^2 + z^2 \leq 9$이다. 따라서 g의 정의역은 중심이 원점에 있고 반지름이 3인 구와 그 내부이다.

여러 가지 응용에서, 우리가 관심을 갖는 함수 중에는 수식으로 표현할 수 없는 함수도 있다. 다음 예제 1.3에서 보는 바와 같이 비교적 적은 개수의 점에서의 함숫값만을 알고 있는 경우도 있다.

예제 1.3 데이터 표로 정의된 함수

다음 표는 처음 속도 v ft/s, 역회전율 ω rpm으로 친 야구공이 수평으로 날아간 거리를 컴퓨터 시뮬레이션으로 얻은 데이터 정보이다. 수평선과 30도의 각도로 공을 친다고 가정하자.

v \ ω	0	1000	2000	3000	4000
150	294	312	333	350	367
160	314	334	354	373	391
170	335	356	375	395	414
180	355	376	397	417	436

수평으로 날아간 거리를 함수 $R(v, \omega)$로 생각하고, $R(180, 0)$, $R(160, 0)$, $R(160, 4000)$, $R(160, 2000)$를 구하여라. 각 결과를 야구 용어로 설명하여라.

풀이

주어진 v의 값을 갖는 행과 ω의 값을 갖는 열이 교차하는 곳이 함수의 값이다. 따라서 $R(180, 0)=355$, $R(160, 0)=314$, $R(160, 4000)=391$, $R(160, 2000)=354$이다. 역회전 없이 처음 속도가 180 ft/s인 공이 처음 속도가 160 ft/s인 공보다 41피트 더 멀리 날아간다. 그러나 160 ft/s인 공이 역회전 4000 rpm을 하면 역회전 없는 180 ft/s인 공보다 실제로 36피트 더 멀리 날아간다(역회전은 공에 부력을 주어 공중에 더 오래 머무르게 한다). 160 ft/s와 2000 rpm의 조합은 역회전 없는 180 ft/s와 날아간 거리가 거의 같다(Watts와 Bahill은 공의 중심 아래 1/4를 치면 2000 rpm이 발생한다고 추정하였다). 따라서, 처음 속도와 회전이 공이 날아간 거리에 미치는 영향은 매우 크다. ■

이변수함수의 그래프는 방정식 $z=f(x, y)$의 그래프이다. 우리는 이변수함수를 나타내는 이차곡면을 여러 차례 그려 보았다.

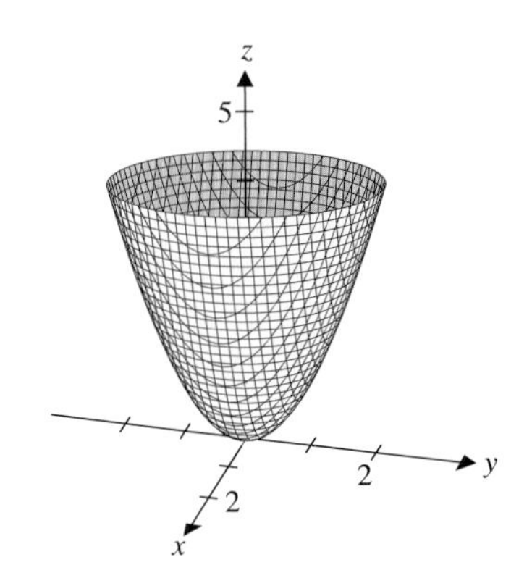

그림 12.2a $z=x^2+y^2$

예제 1.4 이변수함수의 그래프

다음 함수의 그래프를 그려라.

(a) $f(x, y) = x^2 + y^2$ (b) $g(x, y) = \sqrt{4 - x^2 + y^2}$

풀이

(a) $f(x, y) = x^2 + y^2$에 대하여, 곡면 $z = x^2 + y^2$은 회전포물면임을 알 수 있다. 평면 $z=k>0$과의 교선은 원이다. 한편, 평면 $x=k$ 또는 $y=k$와의 교선은 포물선이다. 그래프는 그림 12.2a와 같다.

(b) $g(x, y) = \sqrt{4-x^2+y^2}$에 대하여, 곡면 $z = \sqrt{4-x^2+y^2}$은 곡면 $z^2 = 4-x^2+y^2$ 즉 $x^2-y^2+z^2 = 4$의 위 반쪽 부분이다. 여기서 평면 $x = k$ 또는 $z = k$와의 교선은 쌍곡선이다. 한편, 평면 $y = k$와의 교선은 원이다. 이것은 y축으로 회전시켜 생기는 일엽쌍곡면이다. $z = g(x, y)$의 그래프는 그림 12.2b에서 보는 바와 같이 쌍곡면의 위 반쪽 부분이다. ■

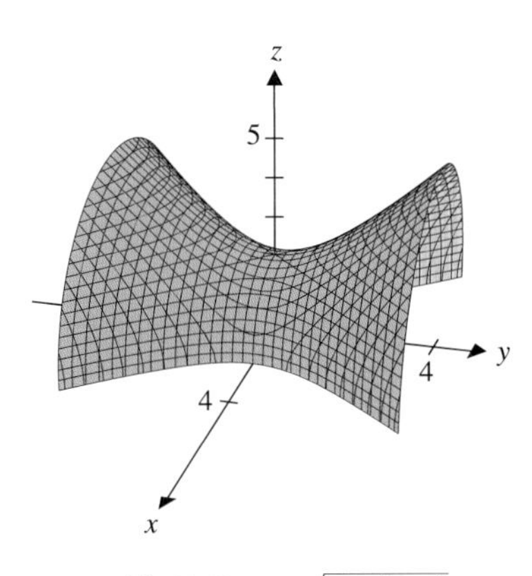

그림 12.2b $z=\sqrt{4-x^2+y^2}$

삼차원에서 곡면의 그래프를 그릴 때 곡면과 평면과의 교선을 생각하면 도움이 된다.

예제 1.5 삼차원에서 함수의 그래프

다음 함수의 그래프를 그려라.

(a) $f(x, y) = \sin x \cos y$ (b) $g(x, y) = e^{-x^2}(y^2+1)$

풀이

(a) $f(x, y) = \sin x \cos y$에 대하여 평면 $y = k$와의 교선은 사인곡선 $z = \sin x \cos k$이고, 평면 $x = k$와의 교선은 코사인곡선 $z = \sin k \cos y$이다. 평면 $z = k$와의 교선은 곡선 $k = \sin x \cos y$이다. 이들은 그림 12.3a ($k = 0.5$일 때 컴퓨터로 그린 것이다)에서 보듯이 단순하지는 않다. 컴퓨터로 그린 그림 12.3b에서 보듯이 곡면은 모든 방향으로 사인곡선처럼 보인다.

(b) $g(x, y) = e^{-x^2}(y^2+1)$에 대하여 평면 $x = k$와 곡면과의 교선은 포물선이다. 한편, 평면 $y = k$와의 교선은 종 모양의 곡선 $z = e^{-x^2}$에 비례한다. 평면 $z = k$와의 교선은 이 경우 별 도움이 되지 못한다. 곡면의 그래프는 그림 12.3c와 같다.

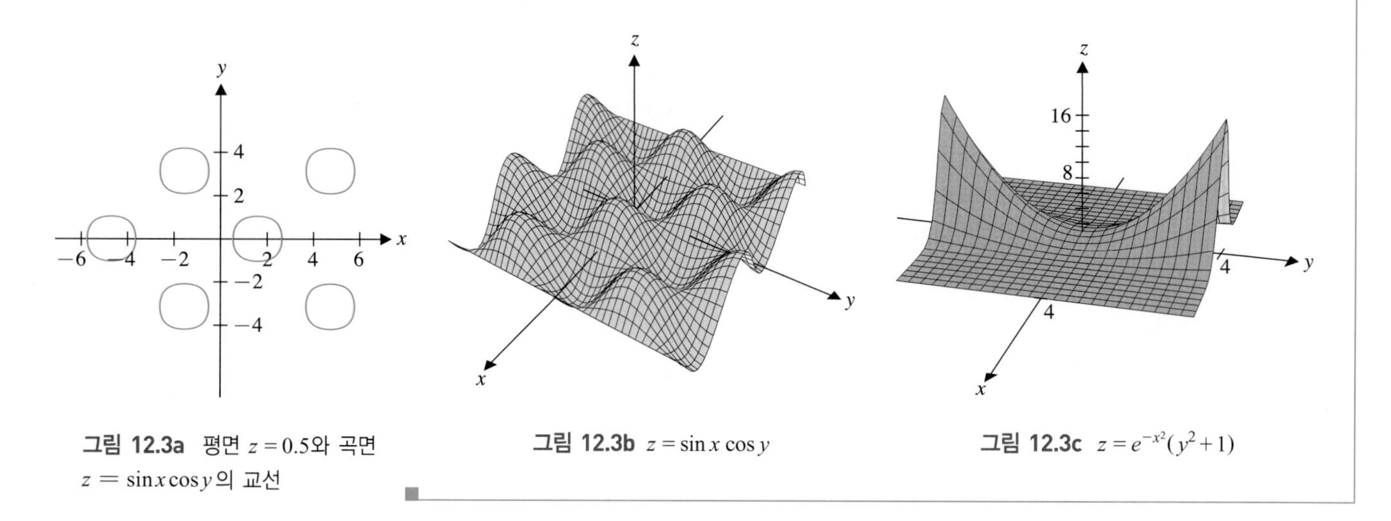

그림 12.3a 평면 $z = 0.5$와 곡면 $z = \sin x \cos y$의 교선

그림 12.3b $z = \sin x \cos y$

그림 12.3c $z = e^{-x^2}(y^2+1)$

주 1.1

컴퓨터를 이용해서 삼차원 그래프를 그리는 것이 편리하기는 하지만, 삼차원 그래프를 정확히 이해하기 위해서는 직접 손으로 그려보는 것이 바람직하다. 이렇게 하는 것은 컴퓨터를 이용한 그래프가 정확한지, 또는 잘못된 부분은 어딘지를 알아내는 데 도움이 될 것이다.

이변수 이상의 함수의 그래프를 그리기는 그리 간단한 일이 아니다. 대부분의 이변수함수에 대하여, 함수로부터 힌트를 찾아내 그 자료를 종합하여 곡면을 그려야만 한다. 여기서 일변수함수에 관한 지식이 중요하다. 일변수함수의 그래프를 자주 참고할 필요가 있다.

예제 1.6 이변수함수의 그래프

함수 $f_1(x, y) = \cos(x^2+y^2)$, $f_2(x, y) = \cos(e^x+e^y)$, $f_3(x, y) = \ln(x^2+y^2)$, $f_4(x, y) = e^{-xy}$를 각각 그림 12.4a~12.4d의 곡면과 짝지어 보아라.

풀이

$f_1(x, y)$는 쉽게 알 수 있는 두 가지 성질을 갖고 있다. 첫째, 코사인의 값은 -1과 1 사이에 있으므로 $z = f_1(x, y)$도 항상 -1과 1 사이의 값을 취한다. 둘째, 식 x^2+y^2이 중요한 의미를 지닌다. 임의로 주어진 r의 값과 원 $x^2+y^2 = r^2$ 위에 있는 임의의 점 (x, y)에 대하여 점 (x, y)에서 곡면의 높이 $z = f_1(x, y) = \cos(r^2)$는 일정하다. 유계인 곡면을 찾아라(이 때문에

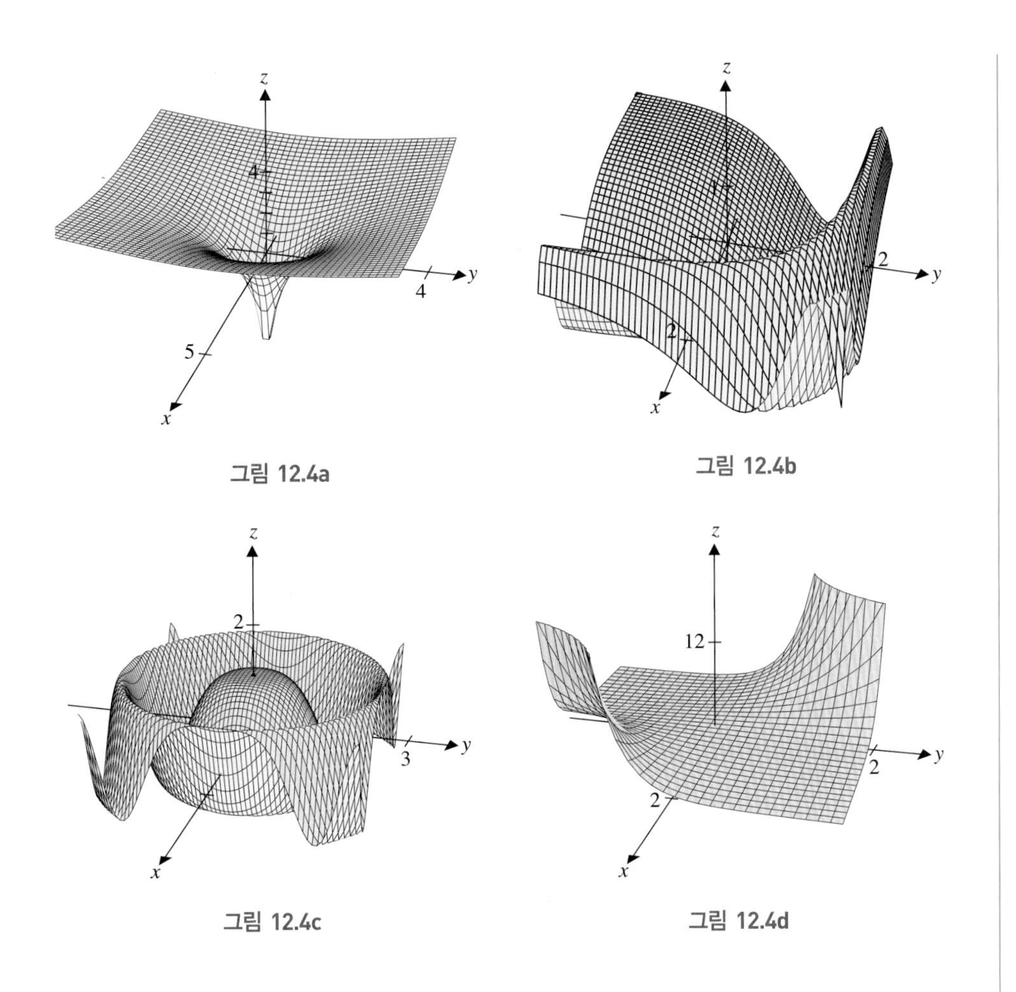

그림 12.4a

그림 12.4b

그림 12.4c

그림 12.4d

그림 12.4a는 제외된다). 또 xy평면에 평행인 평면과의 교선이 원이다(그림 12.4b와 12.4d는 제외된다). 따라서 $z=f_1(x, y)$의 그래프는 그림 12.4c이다.

또, 식 x^2+y^2 때문에(극좌표를 생각하여라) $z=f_3(x, y)$도 xy평면과의 교선이 원임을 주목하여야 한다. 또 하나의 중요한 사실은 로그함수는 변수가(이 경우 x^2+y^2) 0으로 가까워지면 함숫값은 $-\infty$로 발산한다는 것이다. 이것은 그림 12.4a에 나타난 것처럼 곡면은 그림의 중심쪽 방향으로 급격히 아래로 꺼진다. 따라서 $z=f_3(x, y)$는 그림 12.4a에 대응한다.

나머지 두 함수는 지수함수를 포함한다. 이 두 함수의 가장 중요한 차이점은 $f_2(x, y)$의 값은 -1과 1 사이에 있다는 사실이다. 왜냐하면 코사인 함수이기 때문이다. 이것은 $f_2(x, y)$의 그래프가 그림 12.4b임을 암시한다. $xy\to\infty$이면 $e^{-xy}\to 0$이고, $xy\to-\infty$이면 $e^{-xy}\to\infty$이므로 x와 y가 같은 부호를 갖는 영역에서 원점으로부터 멀어짐에 따라 곡면은 xy평면($z=0$)에 가까워져야 한다. 또 x와 y가 반대부호를 갖는 영역에서 곡면은 급히 상승해야 한다. 이러한 성질은 곧 그림 12.4d에서 보는 바와 같다.

주 1.2

예제 1.6에서 다룬 과정은 다소 복잡한 것 같지만 이러한 과정을 여러분 스스로 연습하기를 권한다. 함수의 성질이 삼차원에서 곡면의 구조에 어떻게 대응되는지 생각을 많이 하면 할수록 이 장의 내용이 그만큼 더 쉬워질 것이다.

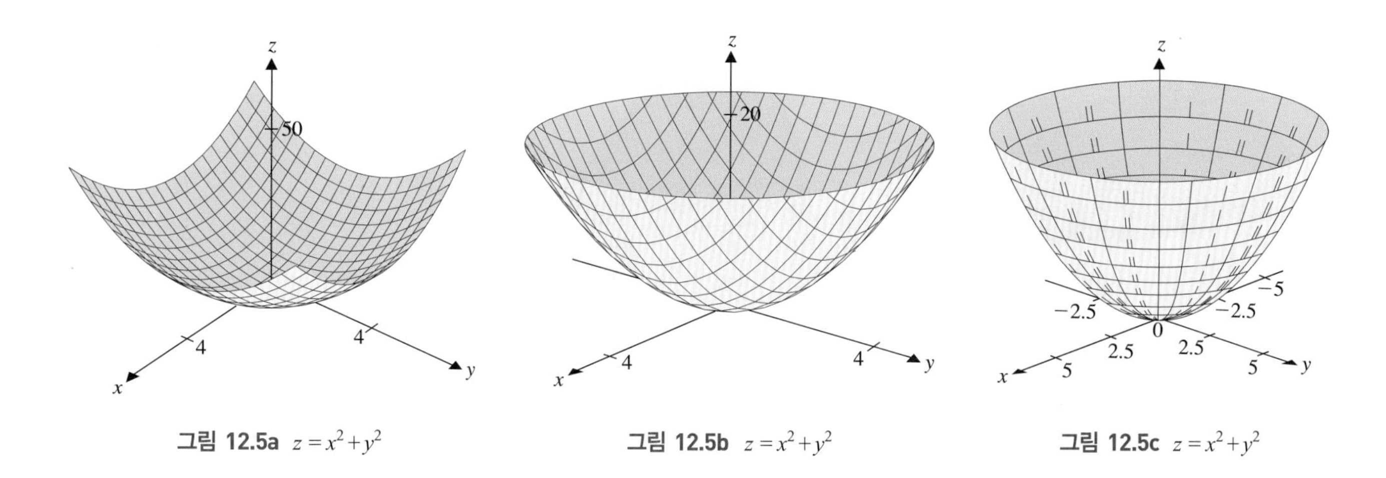

그림 12.5a $z=x^2+y^2$ 그림 12.5b $z=x^2+y^2$ 그림 12.5c $z=x^2+y^2$

어떤 방법을 사용하더라도, 삼차원 그래프를 그리기 위해서는 함수의 성질을 많이 알아야 하고 또한 시행착오의 과정을 거치게 된다. 그래프의 모양에 대한 윤곽이 잡히더라도 그 모양을 명확히 볼 수 있도록 화면을 몇 번이고 변화시킬 필요도 있을 수 있다. 그림 12.5a의 그물틀 그래프는 $f(x, y)=x^2+y^2$의 그래프라고 하기에는 좀 미흡하다. 이 그래프는 $-5\le c\le 5$인 c에 대하여 평면 $x=c$ 또는 $y=c$와의 교선임을 주목하여라. 그러나 xy평면에 평행한 평면과의 교선은 나타나 있지 않다. 따라서 이에 대한 어떤 정보도 가지지 못한다. 이를 개선하기 위한 한 가지 방법으로 그림 12.5b처럼 z값의 범위를 $0\le z\le 20$로 제한한다. 여기서는 그래프를 $z=20$으로 잘라낸 단면을 보여준다. 매개변수 $x=u\cos v$, $y=u\sin v$, $z=u^2$을 이용하면 그림 12.5c처럼 보다 쉽게 그래프를 그릴 수 있다.

이차원 그래프에서 나타나지 않는 삼차원 그래프의 중요한 특징은 그래프를 그릴 때의 관찰지점이다. 그림 12.5a와 그림 12.5b는 xy 평면의 윗부분과 양의 x축과 y축 사이에서 본 포물면이다. 이 관찰지점은 대부분의 그래핑 유틸리티(그래프를 그리는 프로그램 작성에 필요한 각종 소프트웨어)에서 사용하는 프로그램에 내장되어 있고 그래프를 손으로 그리는 것과 매우 유사하다.

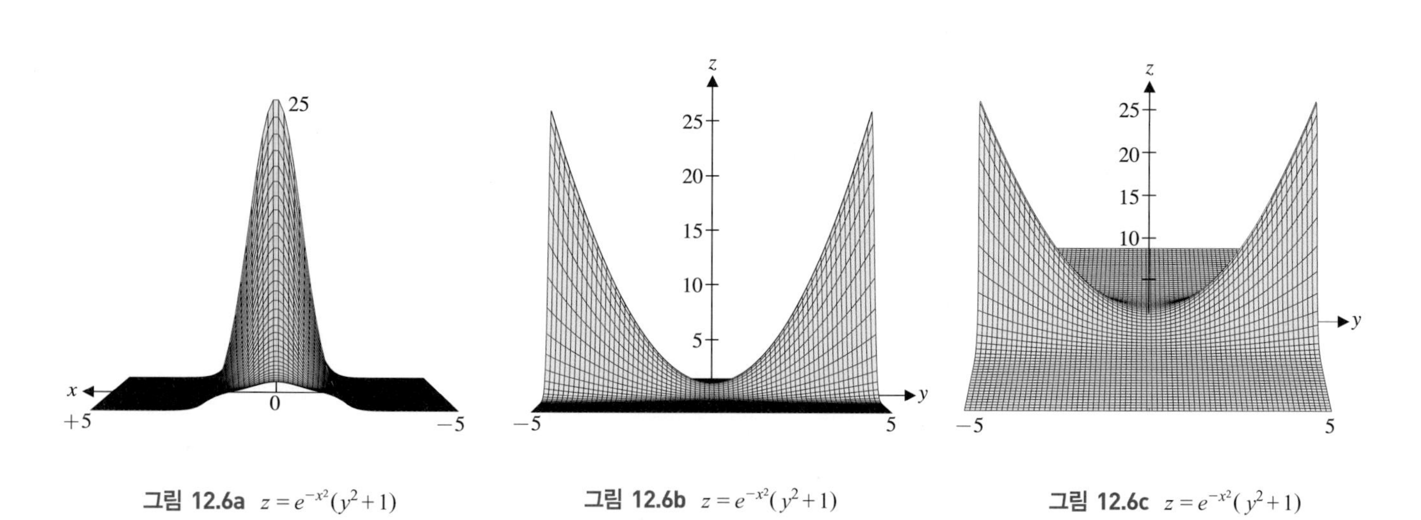

그림 12.6a $z=e^{-x^2}(y^2+1)$ 그림 12.6b $z=e^{-x^2}(y^2+1)$ 그림 12.6c $z=e^{-x^2}(y^2+1)$

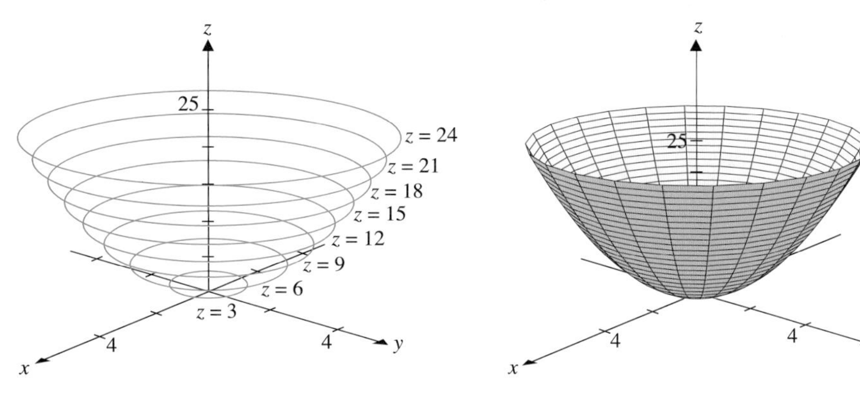

그림 12.7a $z=x^2+y^2$ (등고선 모드) **그림 12.7b** $z=x^2+y^2$ (매개변수 도안)

그림 12.3c는 곡면 $f(x, y)=e^{-x^2}(y^2+1)$의 관찰지점을 보여준다. 그림 12.6a에서는 종 모양의 그래프의 측면도를 볼 수 있도록 관찰지점을 양의 y축으로 바꾸었다. 이 관찰지점은 $z=ke^{-x^2}$ 형태의 여러 곡선을 볼 수 있도록 평면 $y=c$와의 교선들을 보여준다. 그림 12.3b에서는 관찰지점이 양의 x축이고 $z=k(y^2+1)$ 형태의 포물선 교선을 볼 수 있다. 그림 12.6c는 x축의 위쪽에서 본 그래프이다.

그물망 그래핑 대신 다른 모양의 그래프를 제공하는 그래핑 유틸리티도 많이 있다. 그물망 그래프는 xy평면에 평행인 평면과의 교선이 나타나지 않는다는 결점이 있다. 그림 12.6a~12.6c에서는 이것은 큰 문제가 안된다. 여기에서 xy평면에 평행인 평면 $z=c$와의 교선은 너무 복잡하여 도움이 되지 못한다. 그러나 그림 12.5a와 그림 12.5b에서 xy평면에 평행인 평면과의 교선이 동심원으로서 그래프의 구조를 설명하는 데 귀중한 정보를 제공한다. 그러한 교선을 보기 위해, 경로선 모드 또는 매개변수 곡면을 제공하는 그래핑 유틸리티도 많다. 이것은 $f(x, y)=x^2+y^2$에 대하여 그림 12.7a와 그림 12.7b에서 보여준다. 연습문제에서 더 많은 예를 보자.

경로선 도안(contour plot)과 **밀도 도안**(density plot)이라고 부르는 두 종류의 그래프는 이차원 영상으로 축약된 정보를 제공한다. 예제 1.6의 두 곡면 f_1과 f_3에서는 x와 y가 x^2+y^2 형태로만 나타나므로 곡면의 단면이 동심원 모양이라는 것을 알 수 있었다. 경로선과 밀도 도안은 이와 같은 모양의 곡면을 그리는 데 편리하다.

함수 $f(x, y)$의 **등고선**(level curve)은 식 $f(x, y)=c$의 이차원 그래프이다. 이 때, c는 상수이다(따라서 등고선 $f(x, y)=c$은 평면 $z=f(x, y)$와 곡면 $z=c$와의 교선의 이차원 그래프이다). $f(x, y)$의 경로선 도안은 c의 대표값에 대하여 여러 등고선 $f(x, y)=c$의 그래프이다.

예제 1.7 경로선 도안

다음 함수에 대하여 경로선 도안을 그려라.

(a) $f(x, y)=-x^2+y$ (b) $g(x, y)=x^2+y^2$

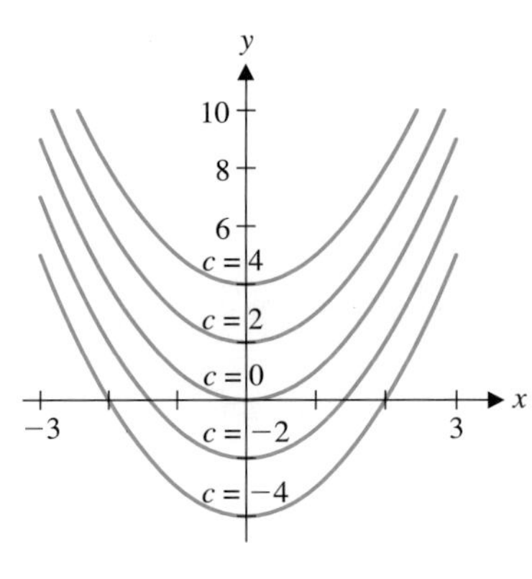

그림 12.8a $f(x, y) = -x^2 + y$

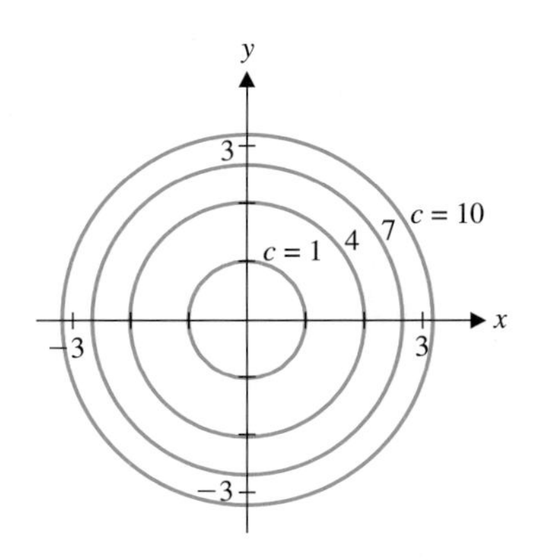

그림 12.8b $g(x, y) = x^2 + y^2$

풀이

(a) $f(x, y)$의 등고선은 $-x^2 + y = c$이다. 여기서 c는 상수이다. y에 대하여 풀면 등고선은 포물선 $y = x^2 + c$이다. $c = -4, -2, 0, 2$에 대한 경로선 도안은 그림 12.8a에서 보여준다.
(b) $g(x, y)$에 대한 등고선은 원 $x^2 + y^2 = c$이다. 이 경우 $c \geq 0$에 대해서만 등고선이 존재한다. $c = 1, 4, 7, 10$에 대한 경로선 도안은 그림 12.8b에서 보여준다.

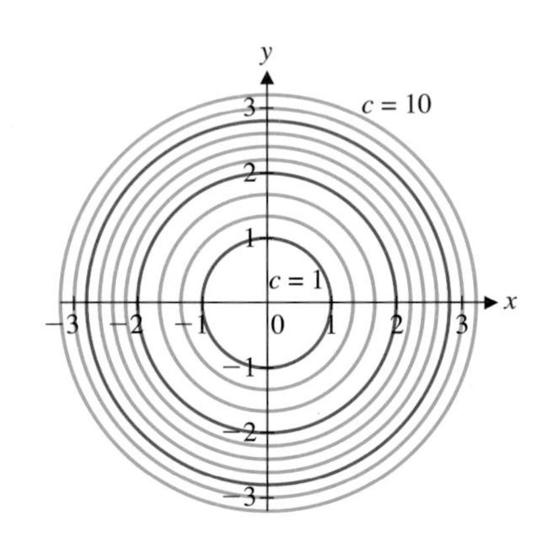

그림 12.9a $g(x, y) = x^2 + y^2$의 등고선 도안

예제 1.7에서는 c의 값들의 간격이 같도록 하였다. 반드시 그렇게 할 필요는 없으나, 이렇게 하면 등고선이 어떻게 분포되어 삼차원 그래프를 형성하는지 쉽게 알아볼 수 있다. 그림 12.9a에서 $g(x, y) = x^2 + y^2$에 대한 보다 조밀한 경로선 도안을 보여준다. 그림 12.9b에서 xy평면에 평행인 평면과의 교선으로 곡면의 도안을 볼 수 있다. 이들 평면과의 교선을 xy평면 위로 정사영하면 그림 12.9a의 경로선 도안에 대응한다.

그림 12.9a를 주의 깊게 보면 c의 값이 증가함에 따라 원의 반지름의 증가율은 일정하지 않음을 알 수 있다.

보다 더 복잡한 함수에 대하여 곡면과 그것의 경로선 도안을 관련시키는 방법은 도전해 볼 만한 일이다.

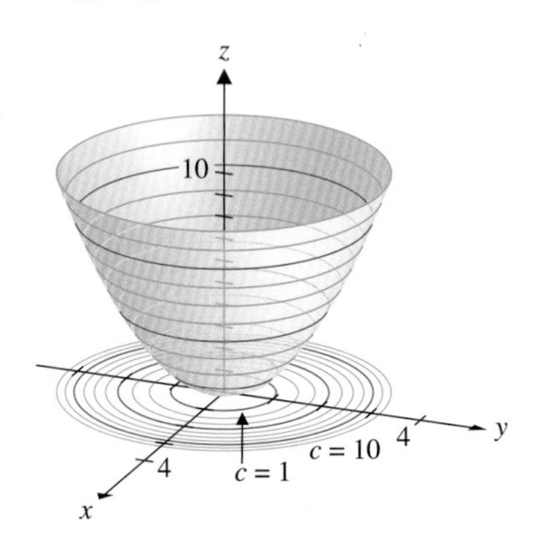

그림 12.9b $z = x^2 + y^2$

예제 1.8 곡면의 경로선 도안

예제 1.6의 각 곡면을 그림 12.10a~12.10d에서 보여주는 경로선 도안과 짝지어라.

풀이

그림 12.4a와 12.4c에서 등고선은 원이다. 따라서 곡면의 경로선 도안은 그림 12.10a와 12.10b에 대응한다. 그림 12.4a에서 곡면의 주요한 성질로서 원점에서 수직인 점근선을 갖는다. 원점 근처에서 함수가 급히 변하므로 원점의 근방에서 등고선의 수가 많아지게 된다. 반면에, 그림 12.10c에서 진동이 교대로 서로 가까워지다가 멀어지는 등고선을 만든다. 따라서 그림 12.4a와 그림 12.10a를, 그림 12.4c와 그림 12.10b를 짝지을 수 있다. 이제 나머지 두 곡면과 등고선을 생각하자. 그림 12.4d의 곡면과 평면 $z = 4$와의 교선을 생각하자. 반대쪽으로 열려 있는(그림 12.4d의 왼쪽 아래와 오른쪽 위) 두 분리된 등고선을 얻는다. 이들은 그림 12.10c에서 보여주는 쌍곡선에 대응한다. 마지막으로 그림 12.10d와 그림 12.4b

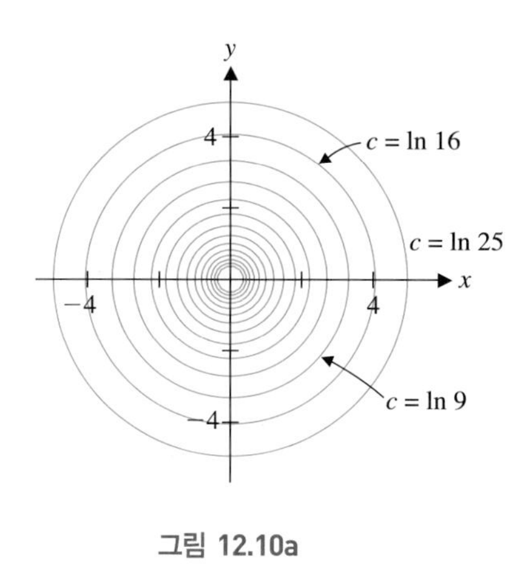

그림 12.10a

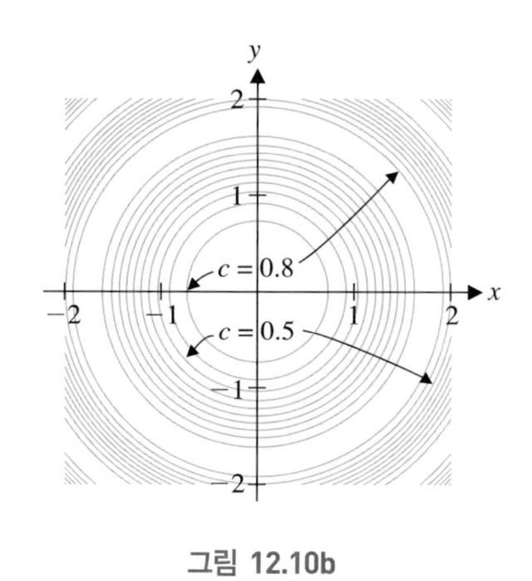

그림 12.10b

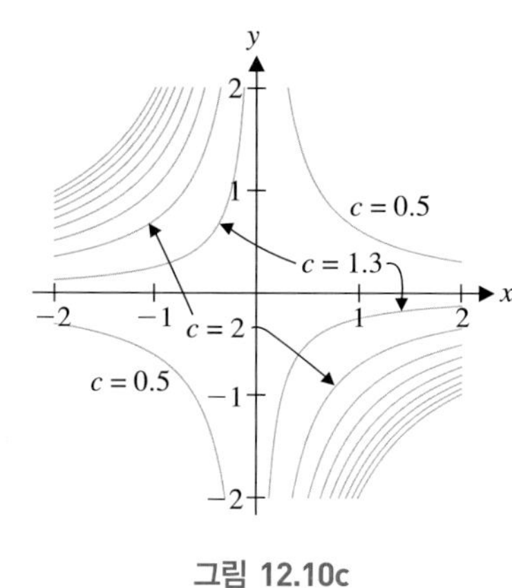

그림 12.10c

의 대응으로 이해하기는 쉽지 않으나 그림 12.10d의 곡선들이 그림 12.4b에서 정점의 곡선에 어떻게 대응하는지를 주목하여라. 마지막 두 그래프를 구별하는 또 하나의 방법으로 그림 12.4d는 원점 근처에서 매우 평탄하다는 점을 주목한다. 이것은 그림 12.10c에서 원점 근처의 등고선의 수가 적다는 것에 대응한다. 반대로 그림 12.4b는 원점 근처에서 진동을 나타내고 그림 12.10d에서 원점 근처에 몇 개의 등고선이 있다.

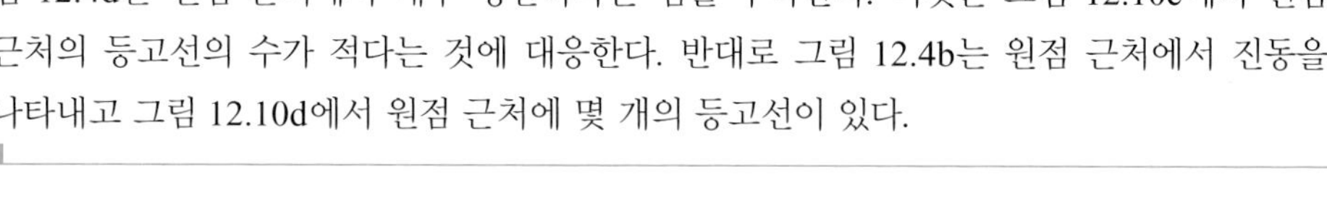

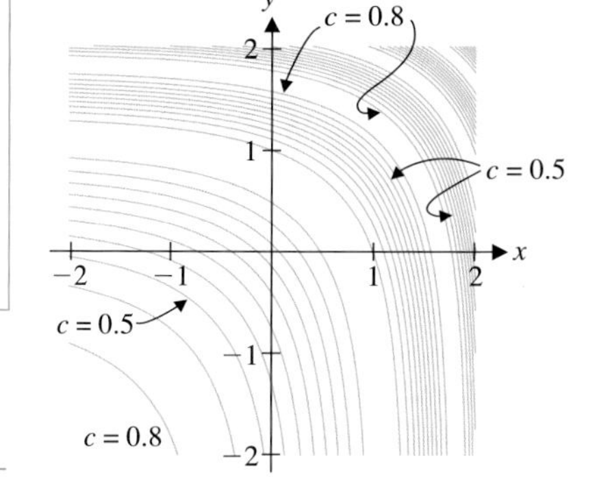

그림 12.10d

주 1.3

경로선 도안에서 등고선이 균등한 z의 값에 대하여 그려졌을 때, 등고선이 조밀하게 놓여있는 영역은 함수가 급히 변하는 영역임을 나타낸다. 반대로 경로선 도안에서 등고선이 없는 영역은 함수가 느리게 변화한다는 것을 의미한다. 이러한 이유로 우리는 경로선 도안을 그릴 때 z의 간격을 일정하게 한다.

삼차원 곡면의 이차원 표현이라는 점에서 밀도 도안은 경로선 도안과 밀접한 관계가 있다. 밀도 도안에서, xy그래프 창은 직사각형으로 분할된다. 각 직사각형은 그 직사각형의 대표점에서 함숫값의 크기에 따라 밝기로 표시되고, 옅은 푸른색(함수의 최댓값)에서 검정색(함수의 최솟값)까지 사용된다. 밀도 도안에서 등고선은 특수한 회색 음영으로 형성된 곡선으로 보여질 수 있다.

예제 1.9 함수의 밀도 도안

그림 12.11a ~ 12.11c의 밀도 도안과 함수 $f_1(x, y) = \dfrac{1}{y^2 - x^2}$, $f_2(x, y) = \dfrac{2x}{y - x^2}$, $f_3(x, y) = \cos(x^2 + y^2)$를 짝지어라.

풀이

경로선 도안과 마찬가지로, 함수의 분명한 성질로부터 밀도 도안에 대응하는 성질을 찾는다. $f_1(x, y)$와 $f_2(x, y)$는 둘 모두 0에 의해 나뉘는 영역에서 틈을 갖는다. 불연속인 점의 근방에서 큰 함숫값을 갖는다. 그림 12.11b는 작은 수 c에 대하여 $y^2 - x^2 = c$와 같은 쌍곡선 모양의 옅은 색의 띠를 보여주고, 그림 12.11c는 $y - x^2 = 0$과 같은 포물선 모양의 옅은 색의 띠를 보여준다는 것에 주목하라. 따라서 $f_1(x, y)$의 밀도 도안은 그림 12.11b이고 $f_2(x, y)$의 밀도 도안은 그림 12.11c임을 말해준다. $f_3(x, y)$에 대하여 그림 12.11a만 남는다. $f_3(x, y)$

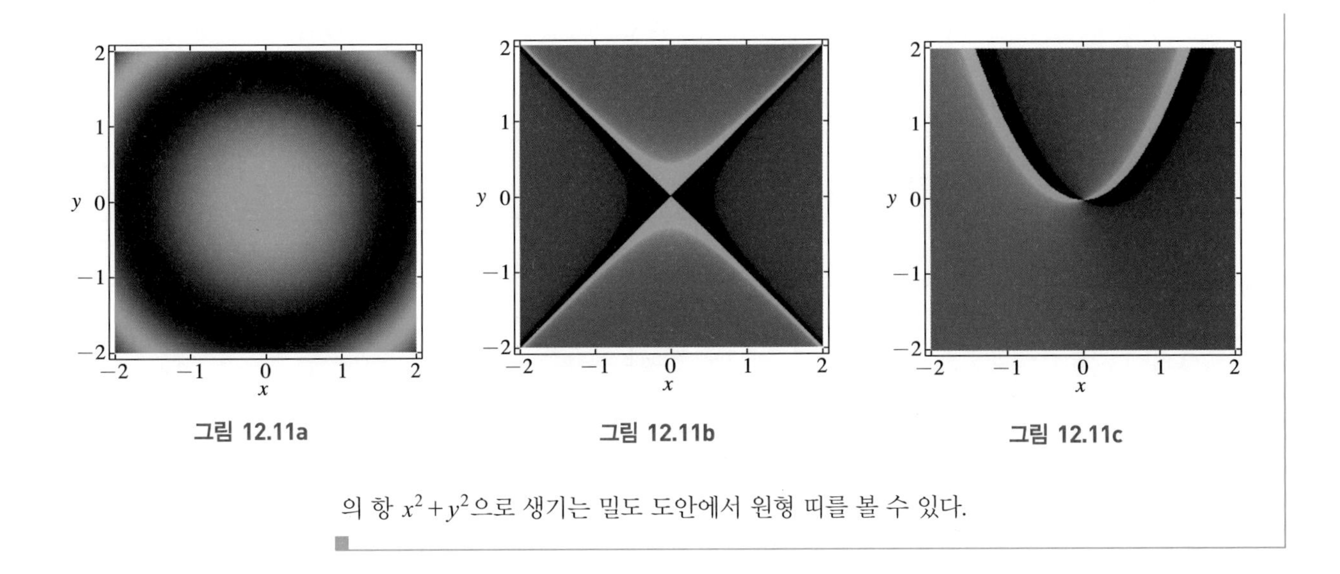

그림 12.11a 그림 12.11b 그림 12.11c

의 항 x^2+y^2으로 생기는 밀도 도안에서 원형 띠를 볼 수 있다.

우리는 매일 여러 종류의 경로선 도안과 밀도 도안의 예를 접한다. 기상도는 기압의 등고선을 보여준다(그림 12.12a). 여기에서, 등고선을 **등압선**(isobar)이라고 부른다(즉 그 곡선을 따라서 대기압이 일정하다). 또 다른 기상도는 기온과 습도를 색깔로

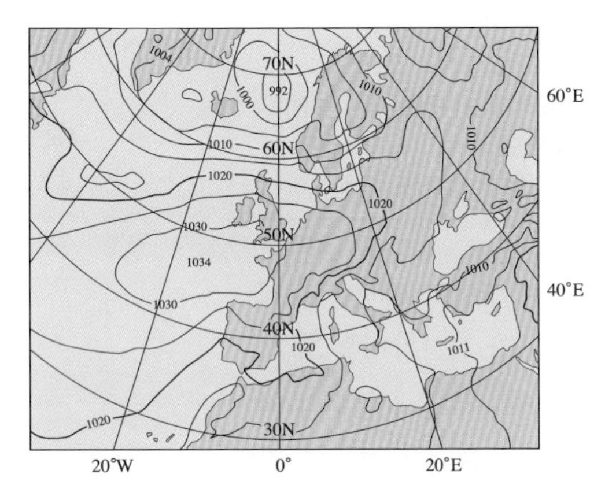

그림 12.12a 대기압을 보여주는 기상도

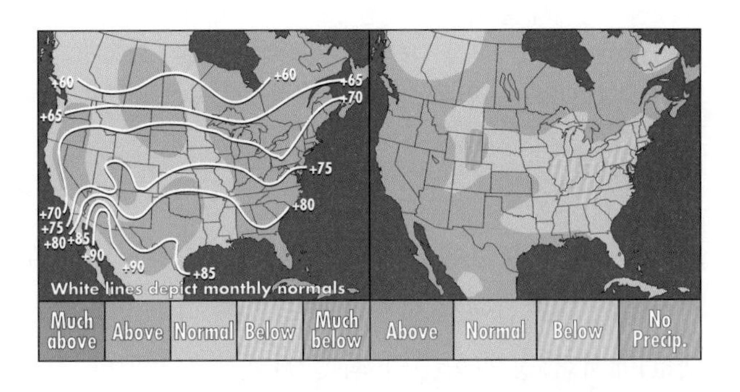

그림 12.12b 기온과 강수량 정도를 보여주는 기상도

그림 12.12c 해수의 열 함류량

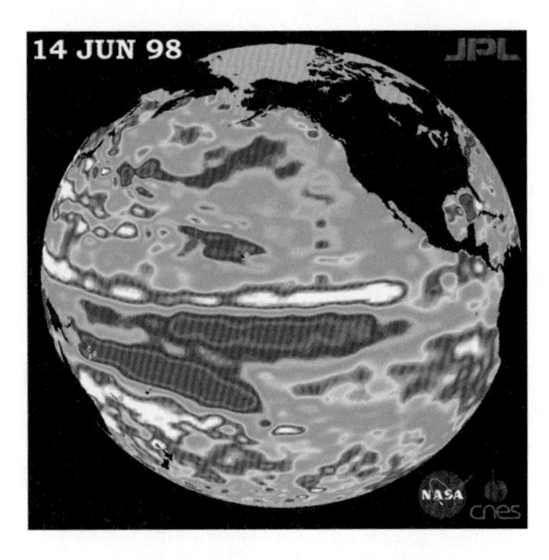

그림 12.12d 해수의 열 함류량

표시한다(그림 12.12b). 이것도 근본적으로 밀도 도안이다.

과학자들은 다른 기후 현상을 연구할 때도 밀도 도안을 사용한다. 예를 들면, 그림 12.12c와 12.12d에서 해수면의 높이(해수의 열 함유량과 관계가 있다)를 나타내는 밀도 도안과 몇 주 동안 엘리뇨 현상의 변화를 나타내는 밀도 도안을 보여 준다.

삼변수함수 $f(x, y, z)$의 그래프를 잠시 생각해 보고 이 절을 맺기로 한다. 실제 그래프는 세 개의 독립변수와 한 개의 종속변수로 사차원을 필요로 하므로 실제로 그래프를 그릴 수는 없다. 그러나 함수 f의 **등고곡면**(level surface) $f(x, y, z) = c$의 그래프를 관찰함으로써 중요한 정보를 얻을 수 있다. 이 변수함수에 대한 등고선의 역할과 마찬가지로 등고곡면도 대칭성, 삼변수함수의 급한 변화율 구간 또는 느린 변화율 구간 등의 성질을 찾는 데 도움이 된다.

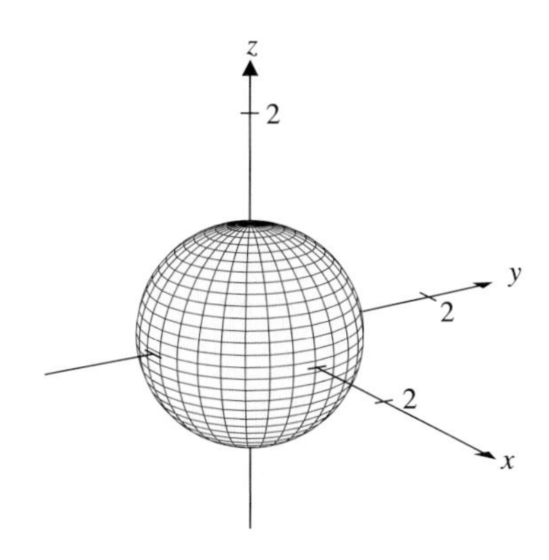

그림 12.13a $x^2+y^2+z^2=1$

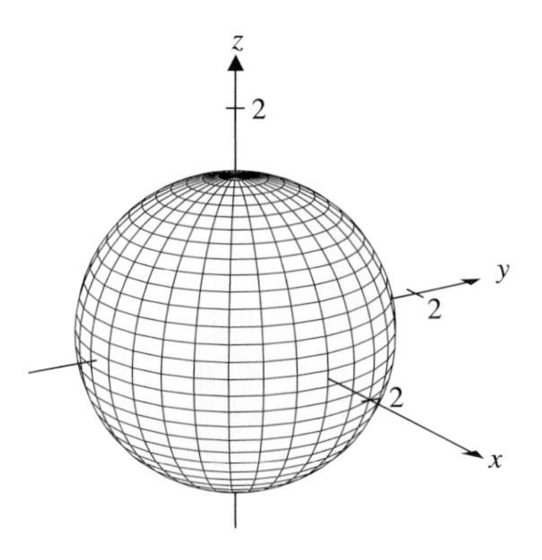

그림 12.13b $x^2+y^2+z^2=2$

예제 1.10 등고곡면 그리기

다음 함수의 등고곡면을 그려라.

$$f(x, y, z) = x^2 + y^2 + z^2$$

풀이

등고곡면은 방정식 $x^2+y^2+z^2=c$로 표시된다. 물론 이것은 반지름이 $\sqrt{c}$인 구면이다. $c=1$과 $c=2$에 대응하는 곡면은 각각 그림 12.13a와 12.13b와 같다.

예제 1.10에서 함수는 원점으로부터 거리의 제곱임을 주목하여라. 만일 먼저 이 사실을 인식하지 못할지라도 등고곡면으로 그 함수의 대칭성과 증가성을 명확하게 알 수 있다.

연습문제 12.1

[1~3] 다음 함수의 정의역을 설명하고 그려라.

1. $f(x, y) = \dfrac{1}{x+y}$
2. $f(x, y) = \ln(x^2 + y^2 - 1)$
3. $f(x, y, z) = \dfrac{2xz}{\sqrt{4 - x^2 - y^2 - z^2}}$

[4~5] 다음 함수의 치역을 설명하여라.

4. (a) $f(x, y) = \sqrt{2 + x - y}$
   (b) $f(x, y) = \sqrt{4 - x^2 - y^2}$
5. (a) $f(x, y) = x^2 + y^2 - 1$
   (b) $f(x, y) = \tan^{-1}(x^2 + y^2 - 1)$

[6~8] 다음 평면에서의 단면을 그리고 $z = f(x, y)$의 그래프를 그려라.

6. $f(x, y)=x^2+y^2$; $x=0,\ z=1,\ z=2,\ z=3$
7. $f(x, y)=\sqrt{x^2+y^2}$; $x=0,\ z=1,\ z=2,\ z=3$
8. $f(x, y)=\sqrt{4-x^2-y^2}$; $x=0,\ y=0,\ z=0,\ z=1$

[9~10] 그래프를 그리는 프로그램을 사용하여 다른 두 관점에서 $z = f(x, y)$의 그래프를 그려라.

9. (a) $f(x, y) = \dfrac{xy^2}{x^2 + y^4}$ (b) $f(x, y) = \dfrac{xy^2}{x^2 + y^2}$

10. (a) $f(x, y) = xe^{-x^2-y^3+y}$ (b) $f(x, y) = xye^{-x^2-y^2}$

11. 다음 함수와 곡면을 바르게 짝지어라.

(a) $f(x, y) = x^2 + 3x^7$

(b) $f(x, y) = x^2 + 3y^7$

(c) $f(x, y) = x^2 - y^3$

(d) $f(x, y) = y^2 - x^3$

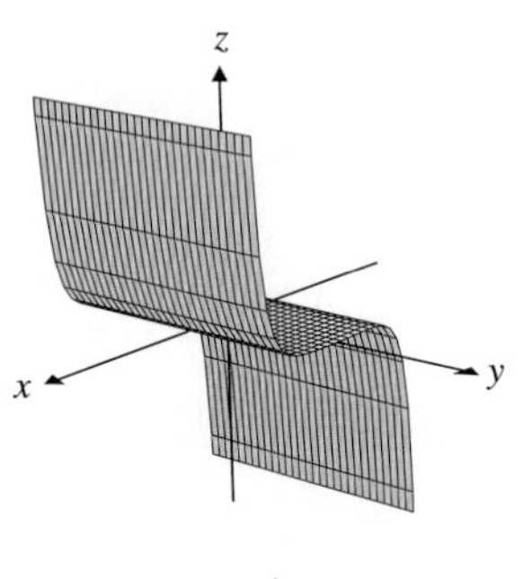

곡면 1

곡면 2

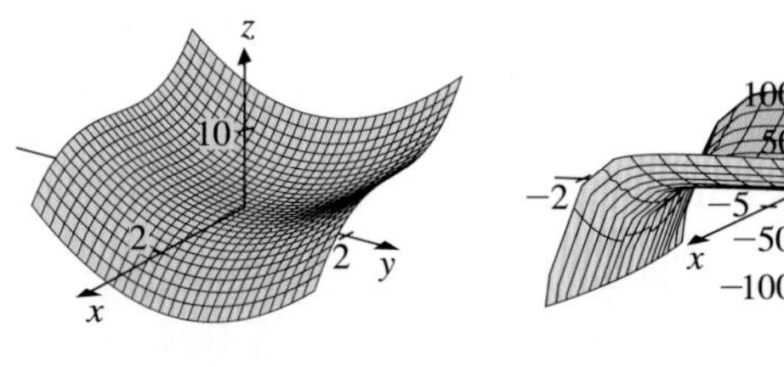

곡면 3

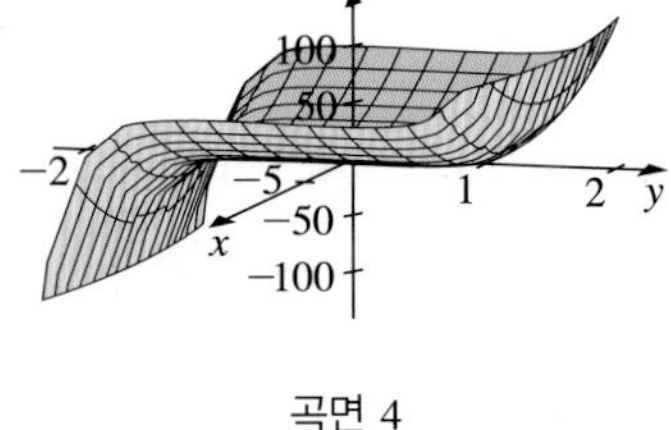

곡면 4

[12~13] 다음 함수의 등고선 도안을 그려라.

12. $f(x, y) = x^2 + 4y^2$

13. $f(x, y) = y - 4x^2$

[14~15] 다음 함수의 등고곡면을 몇 개 그려라.

14. $f(x, y, z) = x^2 - y^2 + z^2$

15. $f(x, y, z) = z - \sqrt{x^2 + y^2}$

12.2 극한과 연속

미분적분학을 처음 시작할 때나 벡터함수를 도입할 때 먼저 함수의 그래프를 생각하였다. 그리고 극한, 연속, 도함수와 적분을 공부하였다. 여기서도 먼저 극한의 개념을 이변수 이상의 함수의 경우로 확장한다. 차원이 커짐에 따라 다소 복잡해지는 것도 사실이다.

첫째, 극한 개념은 매우 단순하다. 일변수함수에서 $\lim_{x \to a} f(x) = L$은 x가 a에 점점 가까워짐에 따라 $f(x)$가 수 L에 점점 가까워진다는 것을 뜻한다. x가 a에 점점 가까워진다는 것은 x가 a보다 큰 쪽이나 작은 쪽에서 원하는 만큼 얼마든지 가까워진다는 것을 뜻한다. 더욱이 x가 a의 어느 쪽으로 접근하든 극한은 일치하여야 한다.

다변수함수에서도 그 개념은 매우 비슷하다. 기호

$$\lim_{(x, y) \to (a, b)} f(x, y) = L$$

은 (x, y)가 (a, b)에 한없이 가까워짐에 따라 $f(x, y)$가 L에 한없이 가까워짐을 뜻한다. 이 경우 (a, b)를 지나는 어떠한 경로에 대하여도 (x, y)가 (a, b)에 접근할 수 있다. 일변수함수의 경우와는 달리 점 (a, b)를 지나는 수많은 경로가 있을 수 있다.

예를 들어, $\lim_{(x, y) \to (2, 3)} (xy - 2)$은 x가 2로 y가 3으로 가까워짐에 따라 함수 $xy-2$가 어떻게 되는지를 묻는다. 분명히 $xy-2$는 $2(3)-2=4$에 가까워지고 기호

$$\lim_{(x, y) \to (2, 3)} (xy - 2) = 4$$

로 나타낸다. 같은 방법으로

$$\lim_{(x, y) \to (-1, \pi)} (\sin xy - x^2 y) = \sin(-\pi) - \pi = -\pi$$

임을 알 수 있다.

다시 말하면 많은 함수에서 단순히 x, y를 대입해서 극한을 구할 수 있다. 그러나 일변수함수의 경우와 마찬가지로 가장 흥미로운 극한은 단순히 x와 y에 대입하여 구할 수 없는 것들이다. 예를 들어,

$$\lim_{(x, y) \to (1, 0)} \frac{y}{x + y + 1}$$

에서 $x=1$과 $y=0$를 직접 대입하면 부정형 $\frac{0}{0}$이 된다. 이 극한을 계산하기 위해 더 조사해 보아야만 한다.

1.6절에서 공부한 극한의 정의를 다시 기술해 보자. a를 포함하는 개구간에서 정의되는 일변수함수(a에서 반드시 정의될 필요는 없다)에 대하여, 임의로 주어진 ε에 대하여 양수 δ가 존재하여 $0<|x-a|<\delta$인 모든 x에 대하여 $|f(x)-L|<\varepsilon$이 되면 $\lim_{x \to a} f(x)=L$라고 한다. 다시 말하면, x를 a에 충분히 가까이 함으로써(a로부터 δ보다 가까운 거리) $f(x)$를 L에 원하는 만큼(이 거리를 ε로 나타낸다) 가깝게 할 수 있다.

이변수함수에 대한 극한의 정의는 일변수함수의 극한의 정의와 매우 비슷하다. 점 (x, y)를 (a, b)에 충분히 가깝게 하면 $f(x, y)$를 L에 원하는 만큼 가깝게 할 수 있을 때 $\lim_{(x, y) \to (a, b)} f(x, y) = L$이라고 한다. 다음에서 보다 엄밀하게 정의한다.

정의 2.1 극한의 형식적 정의

함수 f는 중심이 점 (a, b)인 원의 내부에서 정의된다고 하자. 점 (a, b)에서 함수 f가 반드시 정의될 필요는 없다. 임의의 $\varepsilon>0$에 대하여 $\delta>0$가 존재하여 $0<\sqrt{(x-a)^2+(y-b)^2}<\delta$일 때 언제나 $|f(x, y)-L|<\varepsilon$이 만족되면 $\lim_{(x, y) \to (a, b)} f(x, y) = L$이라고 정의한다.

그림 12.14에서 위 정의를 예시한다.

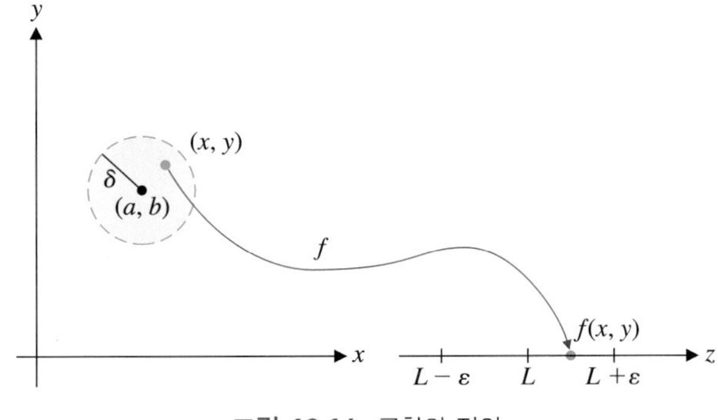

그림 12.14 극한의 정의

임의의 $\varepsilon > 0$이 주어지면 $\delta > 0$를 찾을 수 있어서 점 (a, b)로부터 거리가 $\delta > 0$ 이내에 있는 모든 점은 함수 f에 의하여 L로부터 거리가 $\varepsilon > 0$ 이내에 있는 수직선 상의 점으로 사상된다.

예제 2.1 극한의 정의를 이용하기

$\lim_{(x, y) \to (a, b)} x = a$와 $\lim_{(x, y) \to (a, b)} y = b$를 증명하여라.

풀이

이들 극한은 직관적으로 분명하지만 정의 2.1을 이용하여 이를 증명해 보자. 임의의 $\varepsilon > 0$에 대하여 $0 < \sqrt{(x-a)^2 + (y-b)^2} < \delta$일 때 언제나 $|x - a| < \varepsilon$이 성립하는 $\delta > 0$을 찾아야 한다.

$$\sqrt{(x-a)^2 + (y-b)^2} \geq \sqrt{(x-a)^2} = |x - a|$$

임을 고려하여 $\delta = \varepsilon$로 택하면 $0 < \sqrt{(x-a)^2 + (y-b)^2} < \delta$일 때는 언제나

$$|x - a| = \sqrt{(x-a)^2} \leq \sqrt{(x-a)^2 + (y-b)^2} < \varepsilon$$

이다. 같은 방법으로 $\lim_{(x, y) \to (a, b)} y = b$도 증명할 수 있다.

■

극한의 정의를 이용하여 합, 곱, 몫의 극한에 관한 결과를 증명할 수 있다. 즉, (x, y)가 (a, b)에 접근할 때 $f(x, y)$와 $g(x, y)$가 모두 극한을 가지면

$$\lim_{(x, y) \to (a, b)} [f(x, y) \pm g(x, y)] = \lim_{(x, y) \to (a, b)} f(x, y) \pm \lim_{(x, y) \to (a, b)} g(x, y)$$

(즉, 합과 차의 극한은 극한의 합과 차)

$$\lim_{(x, y) \to (a, b)} [f(x, y)\, g(x, y)] = \left[\lim_{(x, y) \to (a, b)} f(x, y)\right]\left[\lim_{(x, y) \to (a, b)} g(x, y)\right]$$

(즉, 곱의 극한은 극한의 곱) 그리고

$$\lim_{(x, y) \to (a, b)} \frac{f(x, y)}{g(x, y)} = \frac{\lim_{(x, y) \to (a, b)} f(x, y)}{\lim_{(x, y) \to (a, b)} g(x, y)}$$

(즉, 몫의 극한은 극한의 몫)이고 단 $\lim_{(x, y) \to (a, b)} g(x, y) \neq 0$이다.

두 변수 x와 y에 관한 **다항식**(polynomial)은 $cx^n y^m$ 형태의 항들의 합이다. 여기서 c는 상수이고 n과 m은 음 아닌 정수이다. 위의 결과와 예제 2.1을 이용하면 다항식의 극한은 언제나 존재하고 값을 직접 대입하여 구할 수 있다.

예제 2.2 간단한 극한 구하기

$\lim_{(x, y) \to (2, 1)} \frac{2x^2 y + 3xy}{5xy^2 + 3y}$을 계산하여라.

풀이

먼저 유리함수(즉, 두 다항식의 나누기)의 극한임을 주목한다. 분모의 극한이

$$\lim_{(x,y)\to(2,1)} (5xy^2+3y) = 10+3 = 13 \neq 0$$

이므로

$$\lim_{(x,y)\to(2,1)} \frac{2x^2y+3xy}{5xy^2+3y} = \frac{\lim_{(x,y)\to(2,1)}(2x^2y+3xy)}{\lim_{(x,y)\to(2,1)}(5xy^2+3y)} = \frac{14}{13}$$

이다.

■

ε과 δ의 역할에 대해 이해가 잘 안 되더라도 정의 2.1의 의미를 생각해 보자. 함숫값이 L에 접근하지 않으면서 점 (a, b)에 접근하는 방법이 있다면(예를 들어 함숫값이 없거나, 진동하거나 또는 다른 값에 접근할 경우) 극한은 L과 같지 않다. 물론, 이차원에서 생각하기 때문에 주어진 점 (a, b)에 접근하는 방법은 무수히 많다. 극한이 L과 같기 위해서 가능한 모든 경로에서 함수는 L에 접근하여야 한다. 이 사실로부터 극한이 존재하지 않음을 결정할 수 있는 간단한 방법을 얻는다.

주 2.1

점 (x, y)가 경로 P_1을 따라서 (a, b)에 접근할 때 함수 $f(x, y)$가 L_1에 접근하고, (x, y)가 경로 P_2를 따라 (a, b)에 접근할 때 $f(x, y)$가 $L_2 \neq L_1$에 접근하면 극한 $\lim_{(x,y)\to(a,b)} f(x, y)$은 존재하지 않는다.

일변수함수에서 주어진 점에 접근하는 방법은 단 두 가지 우극한과 좌극한뿐이었다. 그러나 이 변수함수에서는 셀 수 없이 많은 접근법이 있다. 실제로 극한이 없을 것으로 생각되면 가장 간단한 경로에서 극한을 구해 보라. 아래에 몇 가지 기본경로를 예시한다.

주 2.2

제일 단순한 경로는 (1) $x=a$, $y\to b$(수직선), (2) $y=b$, $x\to a$(수평선), (3) $y=g(x)$, $x\to a$ [이때 $b=g(a)$], (4) $x=g(y)$, $y\to b$[이때 $a=g(b)$]이다.

몇 개의 경로가 그림 12.15에 예시되어 있다.

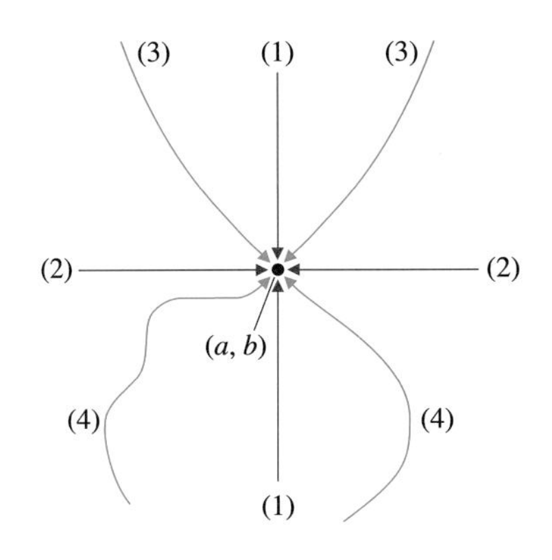

그림 12.15 (a, b)로 접근하는 여러 경로

예제 2.3 존재하지 않는 극한

$\lim_{(x,y)\to(1,0)} \frac{y}{x+y-1}$을 계산하여라.

풀이

먼저, 수직선 경로 $x=1$을 생각하고 y가 0에 접근할 때 극한을 계산한다. 직선 $x=1$을 따라서 $(x, y)\to(1, 0)$이면

$$\lim_{(1,y)\to(1,0)} \frac{y}{1+y-1} = \lim_{y\to 0} 1 = 1$$

이다. 다음 수평선 $y=0$을 생각하고 x가 1에 접근할 때 극한을 계산한다. 이때

$$\lim_{(x,0)\to(1,0)} \frac{0}{x+0-1} = \lim_{x\to 1} 0 = 0$$

이다. 이 함수는 서로 다른 경로를 따라서 (1, 0)에 접근함에 따라 서로 다른 값에 접근하기 때문에 극한은 존재하지 않는다.

(x, y)가 (0, 0)에 접근하는 경우의 예제와 문제에서 원점 (0, 0)을 지나는 다른 경로로 직선 $y=x$와 같은 것도 있음을 유의하여라.

예제 2.4 두 경로에 대한 극한은 같지만 극한이 존재하지 않는 경우

$\lim_{(x,y)\to(0,0)} \frac{xy}{x^2+y^2}$ 을 계산하여라.

풀이

경로 $x=0$을 따라 극한을 생각하면

$$\lim_{(0,y)\to(0,0)} \frac{0}{0+y^2} = \lim_{y\to 0} 0 = 0$$

이고 경로 $y=0$를 따라 극한을 생각하면

$$\lim_{(x,0)\to(0,0)} \frac{0}{x^2+0} = \lim_{x\to 0} 0 = 0$$

이다. 두 경로에 대해서 극한이 같다고 극한이 존재하는 것이 아니라는 사실을 명심하여라. 극한이 존재하기 위해서 원점을 지나는 모든 경로에 대하여 극한이 같아야 한다. 더 많은 경로를 관찰할 필요가 있다. 경로 $y=x$에 대하여 극한을 계산해 보면

$$\lim_{(x,x)\to(0,0)} \frac{x(x)}{x^2+x^2} = \lim_{x\to 0} \frac{x^2}{2x^2} = \frac{1}{2}$$

이다. 이때의 극한이 앞의 두 경우의 극한과 일치하지 않기 때문에 극한은 존재하지 않는다.

예제 2.3과 2.4에서와 같이 특수한 경로에서 생각하면 그 함수가 상수함수가 되는 경우가 있다. 경로를 선택할 때 그 함수를 간단히 줄일 수 있도록 하는 것이 좋다.

예제 2.5 더 복잡한 경로를 선택해야 하는 극한 문제

$\lim_{(x,y)\to(0,0)} \frac{xy^2}{x^2+y^4}$ 을 계산하여라.

풀이

경로 $x=0$을 택하면

$$\lim_{(0,y)\to(0,0)} \frac{0}{0+y^4} = \lim_{y\to 0} 0 = 0$$

이고 경로 $y=0$을 택하면

$$\lim_{(x,0)\to(0,0)} \frac{0}{x^2+0} = \lim_{x\to 0} 0 = 0$$

이다. 위 두 경로에 대하여 극한이 같으므로 또 다른 경로에 대해 조사해 보자. 예제 2.4와 같이 (0, 0)를 지나는 경로 $y=x$를 생각하면 극한은

$$\lim_{(x,x)\to(0,0)} \frac{x^3}{x^2+x^4} = \lim_{x\to 0}\frac{x}{1+x^2} = 0$$

이므로 또 다른 경로로 조사해 볼 필요가 있다. 원점을 지나는 각 직선에 대하여 극한이 0임을 증명하는 문제는 연습으로 넘긴다($y=kx$로 놓고 $x \to 0$일 때 증명하여라). 그러나 여전히 극한이 0이라는 결론을 내릴 수 없다. 모든 경로를 따라 극한이 0이어야 하기 때문이다. 여기서 두 가지 경우가 있다. 극한이 존재하여 0이거나 존재하지 않거나 둘 중에 하나이다. 극한이 존재하지 않는 경우 극한이 0이 되지 않도록 하는 원점을 지나는 경로를 찾아야 한다. 마지막으로 경로 $x=y^2$을 따라서 극한을 생각하면

$$\lim_{(y^2,y)\to(0,0)} \frac{y^2(y^2)}{(y^2)^2+y^4} = \lim_{y\to 0}\frac{y^4}{2y^2} = \frac{1}{2}$$

이다. 이 극한은 앞에서 생각한 극한과 같지 않기 때문에 문제의 극한은 존재하지 않는다. ■

극한이 존재하지 않음을 보이는 방법을 논의하기 전에, 잠시 숨을 돌려 예제 2.5를 그래프를 이용하여 생각해 보자. 먼저, $f(x, y)=\dfrac{xy^2}{x^2+y^4}$ 의 그래프를 생각해 보자. 이 함수는 원점 이외에서 정의되고 x축, y축, 원점을 지나는 임의의 직선 $y=kx$를 따라서 극한이 0이다. 그러나 포물선 $x=y^2$을 따라서 함수 $f(x, y)$는 $\frac{1}{2}$에 접근한다. 곡면은 어떤 모양을 하고 있는가? 곡면 $z=f(x, y)$를 그려 보면 좋은 실마리를 찾아낼 수 있을 것이다. $-5 \le x \le 5$, $-5 \le y \le 5$ 범위에서 곡면 $z=f(x, y)$ 의 모양을 구해 보자. 그러나 조사할 일이 무엇인지를 알아야 할 필요가 있다. 그림 12.16a에서 보면 $z=0.5$에서 용마루 모양을, $x=-y^2$에 대응하여 $z=-0.5$에서 나무통 모양을 이루고 있다. 그림 12.16b의 밀도 도안을 보면 큰 함숫값의 포물선은 옅은 하늘색이고 작은 함숫값의 포물선은 검은색을 띠고 있다. 원점 근처에서 곡면은 $x=y^2$, $z=\frac{1}{2}$에서

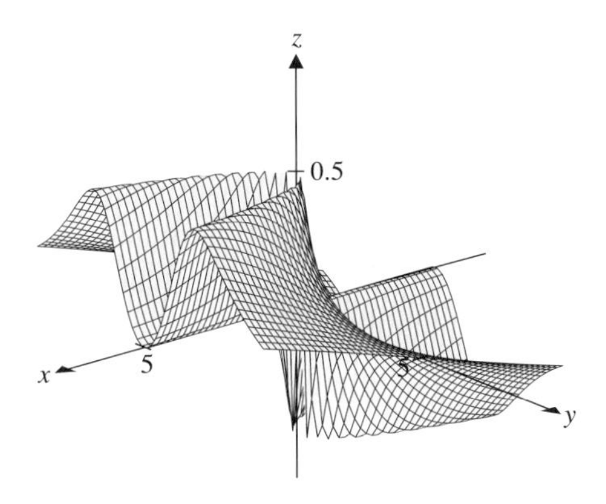

그림 12.16a $z=\dfrac{xy^2}{x^2+y^4}$, $-5 \le x \le 5$, $-5 \le y \le 5$

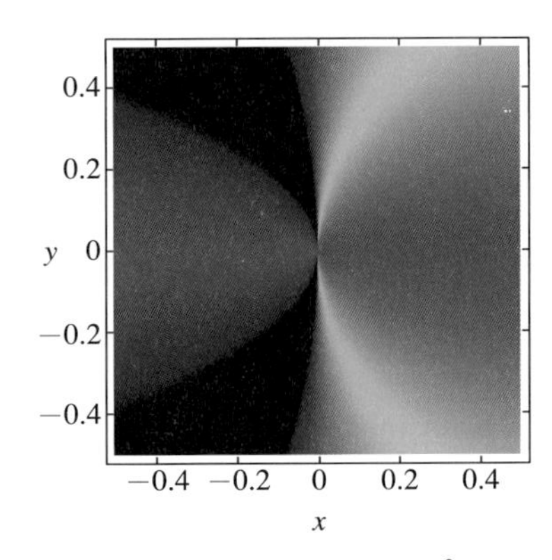

그림 12.16b $f(x, y)=\dfrac{xy^2}{x^2+y^4}$

용마루를 이루다가 원점에 접근하는 매끄러운 곡면을 이루면서 급히 하강한다. 용마루는 두 부분($y>0$과 $y<0$)으로 되어 있는데 원점에 의해 분리된다.

앞의 세 예제에서 논의한 과정은 극한이 존재하지 않음을 보이는 데 이용되었다. 그렇다면 극한이 존재한다면 어떻게 보여야 할까? 특수한 경로를 따라 극한을 구하여 극한이 존재한다고 주장할 수 없음을 알아야 한다. 주어진 점을 지나는 경로는 무수히 많기 때문에 가능한 경우를 모두 조사할 수는 없을 것이다. 그러나 여러 경로를 따라서 동일한 극한을 가지면 극한이 존재할지도 모른다고 예상할 수 있다. 1.3절의 조임정리를 일반화하여 극한을 구하는 유용한 정리를 얻는다.

정리 2.1

중심이 (a, b)인 원의 내부(점 (a, b)는 제외될 수 있다)의 모든 점 (x, y)에 대하여 $|f(x, y)-L|\le g(x, y)$가 성립한다고 하자. 만일 $\lim_{(x, y)\to(a, b)} g(x, y) = 0$이면 $\lim_{(x, y)\to(a, b)} f(x, y) = L$이다.

증명

임의의 $\varepsilon>0$에 대하여 $\lim_{(x, y)\to(a, b)} g(x, y) = 0$의 정의로부터 $|g(x, y)-0|<\varepsilon$는 $\delta>0$이 존재하여 $0<\sqrt{(x-a)^2+(y-b)^2}<\delta$일 때 언제나 성립한다. 그러한 (x, y)에 대하여

$$|f(x, y)-L|\le g(x, y)<\varepsilon$$

이 성립한다. 따라서 극한의 정의로부터 $\lim_{(x, y)\to(a, b)} f(x, y) = L$이 성립한다. ■

바꾸어 말하면, 정리는 $|f(x, y)-L|$이 0과 0에 수렴하는 함수 $g(x, y)$ 사이에 들어 있으면 $|f(x, y)-L|$은 0에 수렴한다는 것을 말해 주고 있다.

정리 2.1을 이용하여 극한을 구하는 방법은 다음과 같다. 먼저 몇 개의 경로를 따라 극한을 계산해 보고 L을 예측한다. 다음으로 $|f(x, y)-L|$보다 크고 간단한 함수 $g(x, y)$를 찾는다. $g(x, y)$를 얻기 위해 $|f(x, y)-L|$에서 몇몇 항들을 제거하면 편리할 때가 있다. 마지막으로 (x, y)가 (a, b)로 접근함에 따라서 $g(x, y)$가 0에 수렴하면 정리 2.1을 이용할 수 있다.

예제 2.6 극한의 존재를 증명하기

$\lim_{(x, y)\to(0, 0)} \dfrac{x^2 y}{x^2+y^2}$을 계산하여라.

풀이

앞의 예제와 마찬가지로 점 $(0, 0)$을 지나는 몇 개의 경로를 따라 극한을 조사한다(이들 극한이 일치하지 않으면 극한은 존재하지 않는다. 만일 일치한다면 그것을 극한으로 잠시 추정한다). 경로 $x=0$을 따르면

$$\lim_{(0,\,y)\to(0,\,0)} \frac{0}{0+y^2} = 0$$

이고 경로 $y=0$를 따르면

$$\lim_{(x,\,0)\to(0,\,0)} \frac{0}{x^2+0} = 0$$

이다. 또, 경로 $y=x$를 따르면

$$\lim_{(x,\,x)\to(0,\,0)} \frac{x^3}{x^2+x^2} = \lim_{x\to 0} \frac{x}{2} = 0$$

이다. 만일 극한이 존재한다면 그 극한이 0임에 틀림없다. 다른 경로에 대하여 조사할 수 있으나 마지막 계산으로부터 극한이 존재하는 실마리를 얻는다. 그 계산에서 식을 간단히 줄인 후 분자에 0으로 수렴하는 x의 지수가 남아 있다. 극한이 $L=0$임을 보이기 위해

$$|f(x,y)-L| = |f(x,y)-0| = \left|\frac{x^2y}{x^2+y^2}\right|$$

을 생각하여라. 만일 분모에 y^2항이 없다면 x^2은 약분될 수 있음을 주목하여라. $x^2+y^2 \geq x^2$이므로 $x \neq 0$에 대하여

$$|f(x,y)-L| = \left|\frac{x^2y}{x^2+y^2}\right| \leq \left|\frac{x^2y}{x^2}\right| = |y|$$

이다. $\lim_{(x,\,y)\to(0,\,0)} |y| = 0$이 분명하므로 정리 2.1로부터 $\lim_{(x,\,y)\to(0,\,0)} \dfrac{x^2y}{x^2+y^2}$이 증명된다.

■

(x, y)가 $(0, 0)$과 다른 점으로 접근하면 아이디어는 예제 2.6과 동일하지만 다음 예제에서 보는 것처럼 계산은 좀 복잡할 수도 있다.

예제 2.7 이변수함수의 극한 구하기

$\lim_{(x,\,y)\to(1,\,0)} \dfrac{(x-1)^2 \ln x}{(x-1)^2+y^2}$을 계산하여라.

풀이

경로 $x=1$을 따르면

$$\lim_{(1,\,y)\to(1,\,0)} \frac{0}{y^2} = 0$$

이다. 경로 $y=0$을 따르면

$$\lim_{(x,\,0)\to(1,\,0)} \frac{(x-1)^2 \ln x}{(x-1)^2} = \lim_{x\to 1} \ln x = 0$$

이다. $(1, 0)$을 지나는 직선 $y=x-1$을 경로로 택하면(이 경우 $x\to 1$이면 $y\to 0$이다)

$$\lim_{(x,\,x-1)\to(1,\,0)} \frac{(x-1)^2\ln x}{(x-1)^2+(x-1)^2} = \lim_{x\to 1} \frac{(x-1)^2\ln x}{2(x-1)^2} = \lim_{x\to 1} \frac{\ln x}{2} = 0$$

이다. 여기서 구하는 극한은 0임을 추정할 수는 있지만 아직 확신하기는 어렵다. 이를 증명

하기 위하여

$$|f(x, y)-L| = \left| \frac{(x-1)^2 \ln x}{(x-1)^2+y^2} \right|$$

를 생각하자. 만일 분모에 y^2이 없다면 $(x-1)^2$은 약분될 수 있다. 따라서

$$|f(x, y)-L| = \left| \frac{(x-1)^2 \ln x}{(x-1)^2+y^2} \right| \leq \left| \frac{(x-1)^2 \ln x}{(x-1)^2} \right| = |\ln x|$$

이다. $\lim_{(x, y)\to(1, 0)} |\ln x| = 0$이므로 정리 2.1로부터 $\lim_{(x, y)\to(1, 0)} \frac{(x-1)^2 \ln x}{(x-1)^2+y^2} = 0$이 증명된다.

일변수함수의 경우와 마찬가지로 연속의 개념은 극한과 밀접한 관계가 있다. 이들 각 경우에서 극한과 함숫값이 같으면 함수는 그 점에서 연속이다. 특히, 연속함수의 극한은 단순히 대입하여 구해진다. 다음 정의에서 보는 것과 같이 이 같은 특성은 연속인 다변수함수에도 적용된다.

정의 2.2

함수 $f(x, y)$는 중심이 (a, b)인 원의 내부에서 정의된다고 하자. 만일

$$\lim_{(x, y)\to(a, b)} f(x, y) = f(a, b)$$

이면 함수 f는 (a, b)에서 **연속**(continuous)이라고 정의한다. 만일 $f(x, y)$가 (a, b)에서 연속이 아니면 (a, b)를 f의 **불연속점**(discontinuity)이라고 한다.

이 정의는 이미 앞에서 정의한 일변수함수의 연속성 정의와 매우 흡사하다. 삼차원 그래프가 보다 더 복잡한 것 외에는 그래프의 해석도 비슷하다. 연속함수 $f(x, y)$에 대하여, (x, y)가 조금 바뀌면 $f(x, y)$도 조금 변한다는 것이다.

그림 12.17a 열린원판

그림 12.17b 닫힌원판

영역 $R \subset \mathbb{R}^2$ 위에서 연속성을 정의하기 전에 먼저 이차원에서 열린영역과 닫힌영역을 정의할 필요가 있다. 원의 내부(즉, 원 위에 있지 않고 안 쪽에 있는 점들 전체의 집합)를 **열린원판**이라 부른다(그림 12.17a). **닫힌원판**은 원주와 원의 내부에 있는 점들 전체로 이루어진다(그림 12.17b). 이들은 수직선 위에서 각각 열린구간과 닫힌구간에 해당하는 이차원 집합이다.

주어진 이차원 영역 R에 속하는 점 (a, b)가 R에 완전히 포함되는 작은 열린원판의 중심이 되면 (a, b)를 영역 R의 **내점**(interior point)이라고 한다(그림 12.18a). 또, 중심이 (a, b)인 어떤 열린원판도 R의 점과 R에 속하지 않는 점을 모두 포함할 때, 점 (a, b)를 영역 R의 **경계점**(boundary point)이라고 한다(그림 12.18b).

집합 R이 R의 모든 경계점을 포함하면 R을 **닫힌집합**이라고 한다. 경계점을 하나도 가지고 있지 않은 집합을 **열린집합**이라고 한다. 이러한 용어의 성질은 수직선 위에서 열린구간과 닫힌구간의 성질과 유사하다. 닫힌구간은 모든 경계점(구간의 양 끝

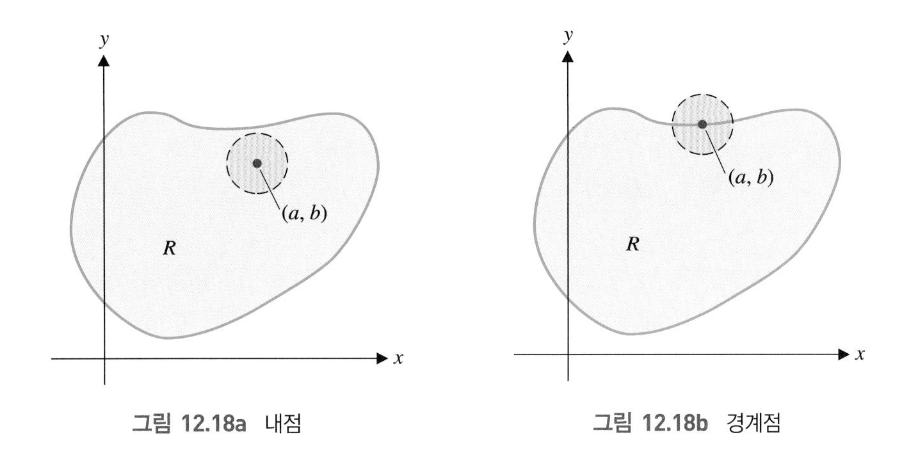

그림 12.18a 내점 **그림 12.18b** 경계점

점)을 포함하고 열린구간은 경계점을 하나도 포함하지 않는다.

함수의 정의역이 경계점을 가지면 극한이 정의역의 내부에 있는 경로에 대하여 계산되도록 하기 위하여 연속의 정의를 약간 수정할 필요가 있다(폐구간 위에서 일변수함수의 연속성을 정의하기 위하여 취했던 것과 본질적으로 같다). (a, b)가 함수 f의 정의역 D의 경계점이면

$$\lim_{\substack{(x, y) \to (a, b) \\ (x, y) \in D}} f(x, y) = f(a, b)$$

일 때 f는 (a, b)에서 연속이라고 한다. 이 기호는 영역에 완전히 포함되는 경로를 따라서 극한이 취해졌음을 보여준다(이것은 일변수함수의 한쪽극한에 대응한다). 이 극한은 정의 2.1을 다음과 같이 약간 수정한 것이다.

임의의 $\varepsilon > 0$에 대하여 $\delta > 0$이 존재하여 $(x, y) \in D$이고 $0 < \sqrt{(x-a)^2 + (y-b)^2} < \delta$ 일 때 언제나 $|f(x) - L| < \varepsilon$이 성립하면

$$\lim_{\substack{(x, y) \to (a, b) \\ (x, y) \in D}} f(x, y) = L$$

이라고 한다. 함수가 영역 R의 모든 점에서 연속이면 $f(x, y)$을 영역 R에서 연속함수라고 한다.

연속이 극한을 이용하여 정의되었기 때문에, 극한의 성질로부터 다음 결과를 쉽게 얻을 수 있다. $f(x, y)$와 $g(x, y)$가 (a, b)에서 연속이면 $f+g$, $f-g$, $f \cdot g$는 모두 (a, b)에서 연속이다. 또, f/g도 $g(a, b) \neq 0$이면 (a, b)에서 연속이다. 이들 명제의 증명은 연습으로 남긴다. 다항식은 모든 점에서 연속이다.

대부분의 경우 함수가 연속이 되는 곳을 구하기 위해서는 함수가 정의되지 않는 곳을 찾고 일변수함수의 연속에 대한 결과를 이용한다.

예제 2.8 이변수함수가 연속이 되는 점 구하기

다음 함수가 연속이 되는 점을 모두 구하여라.

(a) $f(x, y) = \dfrac{x}{x^2 - y}$,

(b) $g(x, y) = \begin{cases} \dfrac{x^4}{x^2 + y^2}, & (x, y) \neq (0, 0) \\ 0, & (x, y) = (0, 0) \end{cases}$

풀이

(a) $f(x, y)$은 유리함수이므로 분모가 0이 아닌 모든 점에서 연속이다. 따라서 f는 $y \neq x^2$인 모든 점 (x, y)에서 연속이다.

(b) 함수 g는 원점 이외의 점에서 유리함수이다. $x = 0$일 때는 0으로 나누게 되어 함수가 정의되지 않으므로 (0, 0)은 따로 생각하여야 한다. 다음 일련의 부등식을 이용하여 $\lim_{(x, y) \to (0, 0)} g(x, y) = 0$을 증명할 수 있다. $(x, y) \neq (0, 0)$에 대하여

$$|g(x, y)| = \left| \frac{x^4}{x^2 + y^2} \right| \leq \left| \frac{x^4}{x^2} \right| = x^2$$

이고 $(x, y) \to (0, 0)$일 때 $x^2 \to 0$이다. 정리 2.1에 의하여

$$\lim_{(x, y) \to (0, 0)} g(x, y) = 0 = g(0, 0)$$

이므로 g는 (0, 0)에서 연속이다. 이상을 모두 종합하면 g는 원점과 $x \neq 0$인 모든 점 (x, y)에서 연속이다.

■

다음 정리는 다변수함수를 생각할 때 일변수함수의 연속성으로부터 얻은 기존의 성질을 이용할 수 있음을 보여준다.

정리 2.2

$f(x, y)$가 (a, b)에서 연속이고 $g(x)$가 $f(a, b)$에서 연속이라 하면

$$h(x, y) = (g \circ f)(x, y) = g(f(x, y))$$

은 (a, b)에서 연속이다.

증명

자세한 증명은 연습문제로 남긴다. 증명의 아이디어는 다음과 같다. 만일 (x, y)가 (a, b)에 접근하면 f가 (a, b)에서 연속이므로 $f(x, y)$도 $f(a, b)$에 접근할 것이다. 또, g가 $f(a, b)$에서 연속이므로 $g(f(x, y))$도 $g(f(a, b))$에 접근한다. 따라서 $g \circ f$ 은 (a, b)에서 연속이다.

예제 2.9 합성함수의 연속성

함수 $f(x, y) = e^{x^2 y}$가 연속이 되는 점을 구하여라.

풀이

$g(t) = e^t$, $h(x, y) = x^2 y$로 놓으면 $f(x, y) = g(h(x, y))$이다. g가 모든 t에 대하여 연속이고 h는 x와 y에 관한 다항식이므로 모든 x, y에 대하여 연속이다. 정리 2.2로부터 f는 모든 x, y에 대하여 연속이다.

■

주 2.3

앞의 모든 논의는 삼변수(그 이상)함수로 쉽게 확장된다.

정의 2.3

함수 $f(x, y, z)$가 중심이 (a, b, c)인 구의 내부에서 정의된다고 하자(점 (a, b, c)는 제외될 수 있다). 임의의 $\varepsilon > 0$에 대하여 $\delta > 0$이 존재하여

$$0 < \sqrt{(x-a)^2 + (y-b)^2 + (z-c)^2} < \delta$$

일 때는 언제나 $|f(x, y, z) - L| < \varepsilon$이 성립하면 $\lim_{(x, y, z) \to (a, b, c)} f(x, y, z) = L$이라고 정의한다.

이변수함수의 극한과 마찬가지로 정의 2.3은 $\lim_{(x, y, z) \to (a, b, c)} f(x, y, z) = L$이기 위하여 (a, b, c)를 지나는 모든 경로를 따라 $f(x, y, z)$는 L에 한없이 접근해야 한다. 또 삼변수함수가 어떤 두 경로를 따라 서로 다른 극한을 가지면 극한은 존재하지 않는다.

예제 2.10 극한이 존재하지 않는 삼변수함수

$\lim_{(x, y, z) \to (0, 0, 0)} \dfrac{x^2 + y^2 - z^2}{x^2 + y^2 + z^2}$을 계산하여라.

풀이

경로 $x = y = 0$(z축)를 따라

$$\lim_{(0, 0, z) \to (0, 0, 0)} \frac{0^2 + 0^2 - z^2}{0^2 + 0^2 + z^2} = \lim_{z \to 0} \frac{-z^2}{z^2} = -1$$

이고 경로 $x = z = 0$(y축)를 따라

$$\lim_{(0, y, 0) \to (0, 0, 0)} \frac{0^2 + y^2 - 0^2}{0^2 + y^2 + 0^2} = \lim_{y \to 0} \frac{y^2}{y^2} = 1$$

이다. 따라서 위의 두 경로에 대한 극한이 서로 다르기 때문에 극한은 존재하지 않는다. ■

연속성의 정의를 삼변수함수로 다음과 같이 확장한다.

정의 2.4

함수 $f(x, y, z)$가 중심이 (a, b, c)인 구의 내부에서 정의된다고 하자. $\lim_{(x, y, z) \to (a, b, c)} f(x, y, z) = f(a, b, c)$이 성립할 때 f는 (a, b, c)에서 **연속**이라고 한다. 또 $f(x, y, z)$가 점 (a, b, c)에서 연속이 아니면 (a, b, c)를 f의 **불연속점**이라고 한다.

삼변수함수에 대한 극한과 연속성 개념은 이변수함수의 그것과 본질적으로 동일하다. 연습문제에서 보다 자세하게 살펴볼 수 있다.

예제 2.11 삼변수함수의 연속성

$f(x, y, z) = \ln(9 - x^2 - y^2 - z^2)$이 연속이 되는 모든 점을 구하여라.

풀이

$f(x, y, z)$는 $9-x^2-y^2-z^2>0$이어야 정의된다. 이 정의역에서 f는 연속함수의 합성이므로 연속이다. 따라서 f는 $9>x^2+y^2+z^2$에서 연속이다. 즉 중심이 원점이고 반지름이 3인 구의 내부에서 연속이 된다.

연습문제 12.2

[1~2] 다음 극한을 계산하여라.

1. $\displaystyle\lim_{(x,y)\to(1,3)} \frac{x^2y}{4x^2-y}$
2. $\displaystyle\lim_{(x,y)\to(\pi,1)} \frac{\cos xy}{y^2+1}$

[3~6] 다음 극한이 존재하지 않음을 보여라.

3. $\displaystyle\lim_{(x,y)\to(0,0)} \frac{3x^2}{x^2+y^2}$
4. $\displaystyle\lim_{(x,y)\to(0,0)} \frac{4xy}{3y^2-x^2}$
5. $\displaystyle\lim_{(x,y)\to(0,0)} \frac{2x^2y}{x^4+y^2}$
6. $\displaystyle\lim_{(x,y)\to(0,0)} \frac{\sqrt[3]{x}y^2}{x+y^3}$

[7~10] 다음 극한이 존재함을 증명하여라.

7. $\displaystyle\lim_{(x,y)\to(0,0)} \frac{xy^2}{x^2+y^2}$
8. $\displaystyle\lim_{(x,y)\to(0,0)} \frac{2x^2\sin y}{2x^2+y^2}$
9. $\displaystyle\lim_{(x,y)\to(0,0)} \frac{x^3+4x^2+2y^2}{2x^2+y^2}$
10. $\displaystyle\lim_{(x,y,z)\to(0,0,0)} \frac{3x^3}{x^2+y^2+z^2}$

[11~13] 다음 함수가 연속인 점을 모두 결정하여라.

11. $f(x, y)=\sqrt{9-x^2-y^2}$
12. $f(x, y)=\ln(3-x^2+y)$
13. $f(x, y)=\begin{cases} \dfrac{x^2-y^2}{x-y}, & x\neq y \\ 2x, & x=y \end{cases}$

[14~15] 다음 극한이 존재하는지 판정하여라.

14. $\displaystyle\lim_{(x,y)\to(0,0)} \frac{x+y}{\sqrt{x^2+y^2+4}-2}$
15. $\displaystyle\lim_{(x,y)\to(0,0)} \frac{x(e^{y/x}-1)}{x+y}$

[16~17] 다음 두 명제의 참과 거짓을 말하고 이유를 설명하여라.

16. $\displaystyle\lim_{(x,y)\to(a,b)} f(x, y)=L$이면 $\displaystyle\lim_{x\to a} f(x, b)=L$이다.
17. $\displaystyle\lim_{x\to a} f(x, b)=\lim_{y\to b} f(a, y)=L$이면 $\displaystyle\lim_{(x,y)\to(a,b)} f(x, y)=L$이다.

[18~19] 다음 극한이 존재하면, 극좌표를 이용하여 극한을 구하여라. $(x, y)\to(0, 0)$은 $r\to 0$과 동치임을 주의하여라.

18. $\displaystyle\lim_{(x,y)\to(0,0)} \frac{\sqrt{x^2+y^2}}{\sin\sqrt{x^2+y^2}}$
19. $\displaystyle\lim_{(x,y)\to(0,0)} \frac{xy^2}{x^2+y^2}$

12.3 편미분

이 절에서는 변수가 두 개 이상인 함수에 대해서 도함수의 개념을 일반화시키고자 한다. 일변수함수 f의 경우에 다음 극한이 존재하는 x에 대하여 f의 도함수를

$$f'(x)=\lim_{h\to 0}\frac{f(x+h)-f(x)}{h}$$

으로 정의한다. 어떤 값 $x=a$에서 $f'(a)$를 그 점에서 x에 관한 순간변화율이라고 한다.

영역 $R \subset \mathbb{R}^2$ 모양의 평평한 금속판을 생각해 보자. $(x, y) \in R$에서 온도가 $f(x, y)$라고 하자. 만일 (a, b)에서 $(a+h, b)$로 수평선을 따라 이동하면 수평거리 x에 관한 온도의 평균변화율은 얼마인가(그림 12.19)? 이 직선 위에서 y는 상수($y=b$)임을 주목하여라. 이 직선 위에서 평균변화율은

$$\frac{f(a+h, b)-f(a, b)}{h}$$

로 주어진다. 점 (a, b)에서 x방향으로 f의 순간변화율을 구하기 위해 $h \to 0$일 때 극한을 취하면 된다.

$$\lim_{h \to 0} \frac{f(a+h, b)-f(a, b)}{h}$$

이 극한은 도함수이다. f가 이변수함수이고 하나의 변수 y를 고정($y=b$)하였으므로 이를 점 (a, b)에서 **x에 관한 f의 편미분**이라 부르고, 기호

$$\frac{\partial f}{\partial x}(a, b) = \lim_{h \to 0} \frac{f(a+h, b)-f(a, b)}{h}$$

로 표시한다. $\frac{\partial f}{\partial x}(a, b)$는 점 (a, b)에서 x에 관한(x의 방향으로) f의 순간변화율이다. 그래프로 보면, $\frac{\partial f}{\partial x}(a, b)$를 정의할 때 평면 $y=b$ 위에 있는 점만을 생각하고 있다. 그림 12.20a와 12.20b에서 보는 것과 같이 $z=f(x, y)$와 $y=b$와의 공통부분은 곡선이므로 편미분 $\frac{\partial f}{\partial x}(a, b)$는 $x=a$에서 이 곡선의 접선의 기울기이다(그림 12.20b).

마찬가지로 점 (a, b)에서 $(a, b+h)$로 수직선을 따라 움직이면(그림 12.21) 이 직선을 따른 f의 평균변화율은

$$\frac{f(a, b+h)-f(a, b)}{h}$$

이다. 점 (a, b)에서 y방향으로 f의 순간변화율은

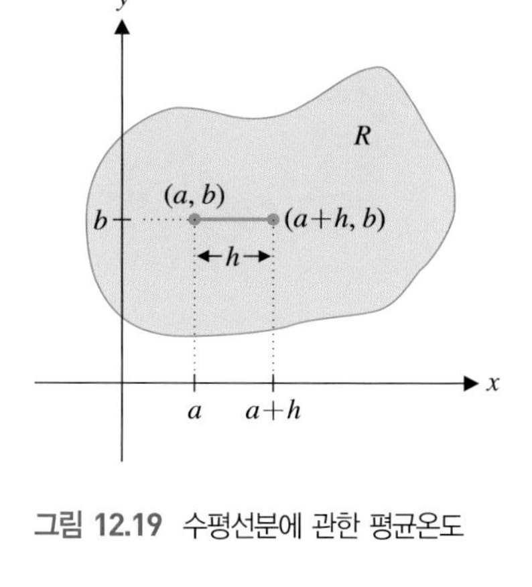

그림 12.19 수평선분에 관한 평균온도

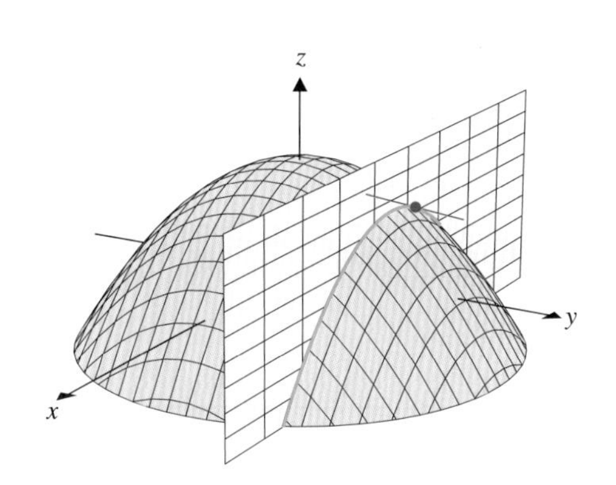

그림 12.20a 곡면 $z=f(x, y)$와 평면 $y=b$의 교선

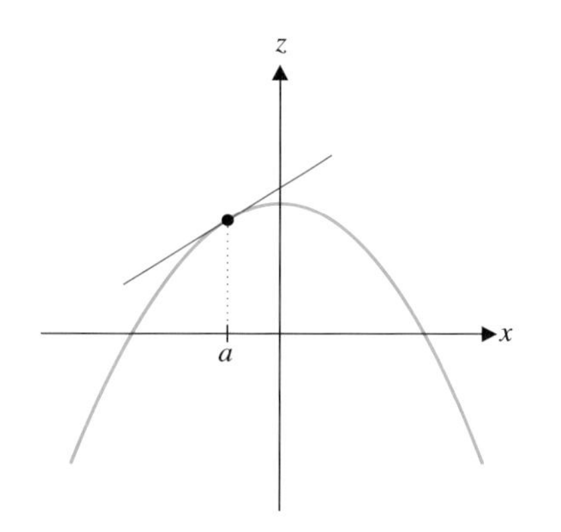

그림 12.20b 곡선 $z=f(x, b)$

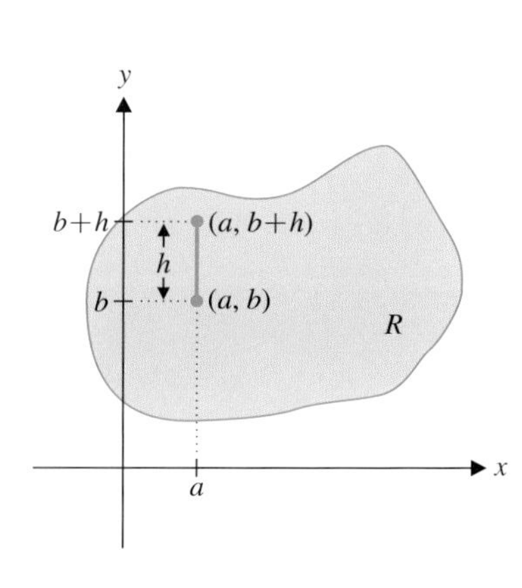

그림 12.21 수직 선분에 관한 평균온도

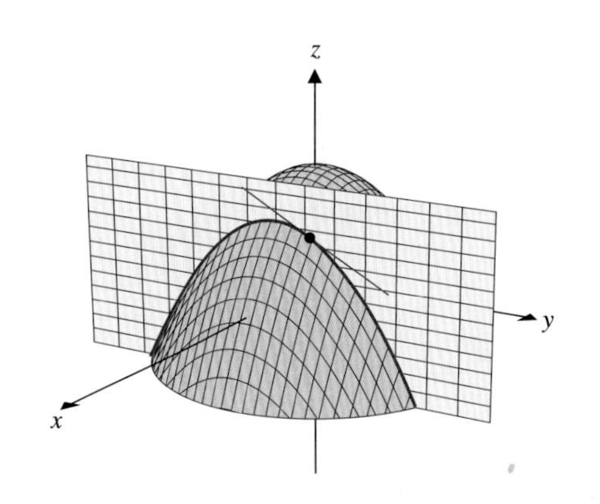

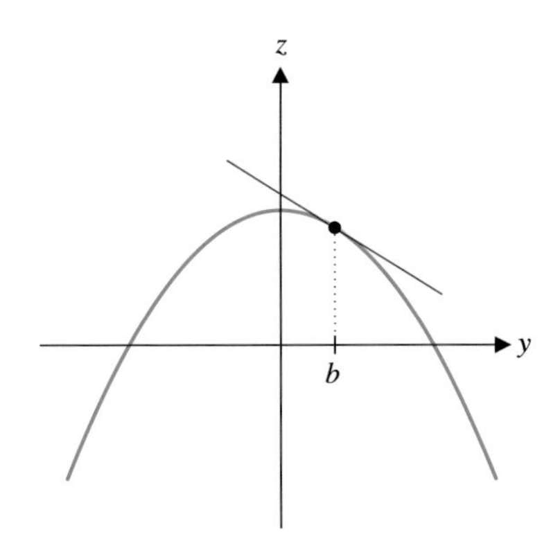

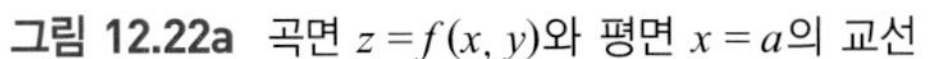

그림 12.22a 곡면 $z=f(x, y)$와 평면 $x=a$의 교선

그림 12.22b 곡선 $z=f(a, y)$

$$\lim_{h\to 0}\frac{f(a,\ b+h)-f(a,\ b)}{h}$$

으로 주어진다. 이것도 도함수로 인식되어야 한다. 이 경우 x를 고정하였으므로 $(x=a)$ 이 값을 $(a,\ b)$에서 ***y*에 관한 *f*의 편미분**이라 부르고 기호

$$\frac{\partial f}{\partial y}(a,\ b)=\lim_{h\to 0}\frac{f(a,\ b+h)-f(a,\ b)}{h}$$

로 나타낸다. 그래프로 보면 $\frac{\partial f}{\partial x}(a,\ b)$을 정의할 때 평면 $x=a$ 위에 있는 점만을 생각하고 있다. 그림 12.22a와 12.22b에서 보는 것과 같이 $z=f(x,\ y)$과 $x=a$와의 공통부분은 곡선이다. 따라서 편미분 $\frac{\partial f}{\partial x}(a,\ b)$은 $y=b$에서 이 곡선의 접선의 기울기이다(그림 12.22b).

일반적으로 편도함수를 다음과 같이 정의한다.

정의 3.1

x에 관한 $f(x, y)$의 **편도함수**(partial derivative)를 $\frac{\partial f}{\partial x}$로 나타내고 다음 극한이 존재하는 임의의 x와 y에 대하여

$$\frac{\partial f}{\partial x}(x,\ y)=\lim_{h\to 0}\frac{f(x+h,\ y)-f(x,\ y)}{h}$$

로 정의한다. 또, y에 관한 $f(x, y)$의 **편도함수**를 $\frac{\partial f}{\partial y}$로 나타내고 다음 극한이 존재하는 임의의 x와 y에 대하여

$$\frac{\partial f}{\partial y}(x,\ y)=\lim_{h\to 0}\frac{f(x,\ y+h)-f(x,\ y)}{h}$$

로 정의한다.

다변수함수에서는 편도함수를 나타내기 위해 기호 '′'를 더 이상 사용할 수 없다.

[$f'(x, y)$ 는 어떤 편도함수를 나타내는가?] 몇 가지 편리한 기호를 소개한다. $z = f(x, y)$에 대하여 기호

$$\frac{\partial f}{\partial x}(x, y) = f_x(x, y) = \frac{\partial z}{\partial x}(x, y) = \frac{\partial}{\partial x}[f(x, y)]$$

등을 사용한다. 기호 $\frac{\partial}{\partial x}$ 는 **편미분작용소**라 한다. 이 기호는 그 뒤에 있는 함수를 x에 관해 편미분하는 것을 의미한다. 마찬가지로

$$\frac{\partial f}{\partial y}(x, y) = f_y(x, y) = \frac{\partial z}{\partial y}(x, y) = \frac{\partial}{\partial y}[f(x, y)]$$

등을 사용한다.

이들 도함수가 어떻게 정의되었는지를 살펴보면 보통 미분공식을 이용하여 편도함수를 계산할 수 있음을 알게 된다. $\frac{\partial f}{\partial x}$의 정의에서 y의 값은 상수이므로 $y = b$라 두자. $g(x) = f(x, b)$로 놓으면

$$\frac{\partial f}{\partial x}(x, b) = \lim_{h \to 0} \frac{f(x+h, b) - f(x, b)}{h} = \lim_{h \to 0} \frac{g(x+h) - g(x)}{h} = g'(x)$$

을 얻는다. 즉, 편도함수 $\frac{\partial f}{\partial x}$를 계산하기 위하여 y를 상수로 생각하고 x에 관한 도함수를 구하는 것이다. 마찬가지로 x를 상수로 생각하고 y에 관한 도함수를 구함으로써 편도함수 $\frac{\partial f}{\partial y}$를 계산할 수 있다.

예제 3.1 편도함수의 계산

$f(x, y) = 3x^2 + x^3y + 4y^2$에 대하여 $\frac{\partial f}{\partial x}(x, y)$, $\frac{\partial f}{\partial y}(x, y)$, $f_x(1, 0)$, $f_y(2, -1)$을 계산하여라.

풀이

y를 상수로 생각하고 $\frac{\partial f}{\partial x}$을 계산하면

$$\frac{\partial f}{\partial x} = \frac{\partial}{\partial x}(3x^2 + x^3y + 4y^2) = 6x + (3x^2)y + 0 = 6x + 3x^2y$$

을 얻는다. 여기서 $4y^2$은 x에 관하여 미분할 때 상수로 취급되므로 x로 편미분하면 0이 되었다. 반면에 x를 상수로 보고 $\frac{\partial f}{\partial y}$을 계산하면

$$\frac{\partial f}{\partial y} = \frac{\partial}{\partial y}(3x^2 + x^3y + 4y^2) = 0 + x^3(1) + 8y = x^3 + 8y$$

이다. x와 y의 값을 대입하면

$$f_x(1, 0) = \frac{\partial f}{\partial x}(1, 0) = 6 + 0 = 6$$

와

$$f_y(2, -1) = \frac{\partial f}{\partial y}(2, -1) = 8 - 8 = 0$$

을 얻는다.

■

편도함수를 계산할 때 변수 중 하나를 고정하므로 도함수 계산 공식을 모두 사용할 수 있다. 예를 들어, 곱의 공식은

$$\frac{\partial}{\partial x}(uv) = \frac{\partial u}{\partial x}v + u\frac{\partial v}{\partial x}$$

와

$$\frac{\partial}{\partial y}(uv) = \frac{\partial u}{\partial y}v + u\frac{\partial v}{\partial y}$$

이고 몫의 공식은

$$\frac{\partial}{\partial x}\left(\frac{u}{v}\right) = \frac{\frac{\partial u}{\partial x}v - u\frac{\partial v}{\partial x}}{v^2}$$

이다. 마찬가지로 $\frac{\partial}{\partial y}\left(\frac{u}{v}\right)$도 공식을 구할 수 있다.

예제 3.2 편도함수의 계산

$f(x, y) = e^{xy} + \frac{x}{y}$에 대하여 $\frac{\partial f}{\partial x}$와 $\frac{\partial f}{\partial y}$를 계산하여라.

풀이

y를 상수로 취급하면

$$\frac{\partial f}{\partial x} = \frac{\partial}{\partial x}\left(e^{xy} + \frac{x}{y}\right) = ye^{xy} + \frac{1}{y}$$

이다. 같은 방법으로 x를 상수로 취급하면

$$\frac{\partial f}{\partial y} = \frac{\partial}{\partial y}\left(e^{xy} + \frac{x}{y}\right) = xe^{xy} - \frac{x}{y^2}$$

이다. ■

일변수함수의 도함수와 마찬가지로 편도함수도 변화율로 해석된다.

현대의 수학자

싱-텅유
(Shing-Tung Yau, 1949−)

중국 출신 수학자로 대수기하와 편미분방정식에 관한 연구로 필즈상을 수상하였다. 중국수학교육의 강력한 후원자로써 홍콩 수리과학연구소, 중국과학원의 모닝사이드 수학센터, 제장대학의 수리과학센터 등을 설립하였다. 그의 동료들은 그를 "매우 심오하고 역동적이며 직관과 막강한 테크닉을 보유하고 있으며 수십 년 동안 해결되지 못한 문제도 쉽게 해결한다."고 평가했다.

예제 3.3 열역학에 편도함수 응용하기

기체에 관한 반 데르 발스 방정식은

$$\left(P + \frac{n^2 a}{V^2}\right)(V - nb) = nRT$$

이다. 여기서 P는 기체의 압력, V는 기체의 부피, T는 온도, n은 기체의 몰수, R은 기체상수이고 a와 b는 상수이다. $\frac{\partial P(V, T)}{\partial V}$와 $\frac{\partial T(P, V)}{\partial P}$를 계산하고 그 의미를 설명하여라.

풀이

P에 대하여 풀면

$$P = \frac{nRT}{V-nb} - \frac{n^2a}{V^2}$$

이고 V에 대한 편도함수를 계산하면

$$\frac{\partial P(V, T)}{\partial V} = \frac{\partial}{\partial V}\left(\frac{nRT}{V-nb} - \frac{n^2a}{V^2}\right) = -\frac{nRT}{(V-nb)^2} + 2\frac{n^2a}{V^3}$$

이다. 이것은 온도를 고정할 때 부피에 대한 압력의 변화율을 나타낸다. 반 데르 발스 방정식을 T에 대하여 풀면

$$T = \frac{1}{nR}\left(P + \frac{n^2a}{V^2}\right)(V-nb)$$

이고 P에 대한 편도함수를 계산하면

$$\frac{\partial T(P, V)}{\partial P} = \frac{\partial}{\partial P}\left[\frac{1}{nR}\left(P + \frac{n^2a}{V^2}\right)(V-nb)\right] = \frac{1}{nR}(V-nb)$$

이다. 이것은 부피를 고정했을 때 온도의 압력에 관한 변화율을 나타낸다.

앞의 예제에서 구한 편도함수도 다시 이변수함수임을 주목하여라. 일변수함수의 이계, 고계도함수가 많은 유용한 정보를 제공하는 것을 보았다. 마찬가지로 **고계편도함수**도 응용면에서 매우 중요하다.

이변수함수에 대하여 네 가지 서로 다른 **이계편도함수**가 있다. $\frac{\partial f}{\partial x}$의 x에 관한 편도함수는 $\frac{\partial}{\partial x}\left(\frac{\partial f}{\partial x}\right)$이고 간단히 $\frac{\partial^2 f}{\partial x^2}$ 또는 f_{xx}으로 나타낸다. 마찬가지로 y에 관하여 두 번 편미분하면 $\frac{\partial}{\partial y}\left(\frac{\partial f}{\partial y}\right) = \frac{\partial^2 f}{\partial y^2} = f_{yy}$이다. **혼합된 이계편도함수**는 각각의 변수에 관하여 한 번씩 미분한 도함수이다. 처음 y에 관하여 편미분하고 다시 x에 관하여 편미분하면 $\frac{\partial}{\partial x}\left(\frac{\partial f}{\partial y}\right)$이고 이를 간단히 $\frac{\partial^2 f}{\partial x \partial y}$ 또는 $(f_y)_x = f_{yx}$로 나타낸다. 처음에 x로 편미분하고 다시 y로 편미분하면 $\frac{\partial}{\partial y}\left(\frac{\partial f}{\partial x}\right)$이고 간단히 $\frac{\partial^2 f}{\partial y \partial x}$ 또는 $(f_x)_y = f_{xy}$로 표시한다.

예제 3.4 이계편도함수 계산하기

함수 $f(x, y) = x^2y - y^3 + \ln x$의 모든 이계편도함수를 구하여라.

풀이

일계편도함수는 $\frac{\partial f}{\partial x} = 2xy + \frac{1}{x}$이고 $\frac{\partial f}{\partial y} = x^2 - 3y^2$이다. 따라서

$$\frac{\partial^2 f}{\partial x^2} = \frac{\partial}{\partial x}\left(\frac{\partial f}{\partial x}\right) = \frac{\partial}{\partial x}\left(2xy + \frac{1}{x}\right) = 2y - \frac{1}{x^2}$$

$$\frac{\partial^2 f}{\partial y \partial x} = \frac{\partial}{\partial y}\left(\frac{\partial f}{\partial x}\right) = \frac{\partial}{\partial y}\left(2xy + \frac{1}{x}\right) = 2x$$

$$\frac{\partial^2 f}{\partial x \partial y} = \frac{\partial}{\partial x}\left(\frac{\partial f}{\partial y}\right) = \frac{\partial}{\partial x}(x^2 - 3y^2) = 2x$$

이고 마지막으로

$$\frac{\partial^2 f}{\partial y^2} = \frac{\partial}{\partial y}\left(\frac{\partial f}{\partial y}\right) = \frac{\partial}{\partial y}(x^2 - 3y^2) = -6y$$

이다.

■

예제 3.4에서 $\frac{\partial^2 f}{\partial y \partial x} = \frac{\partial^2 f}{\partial x \partial y}$ 임을 주목하여라. 이것은 대부분의 함수에 대하여 성립하지만 항상 성립하는 것은 아니다. 다음 결과의 증명은 대부분의 고등 미분적분학에서 찾아볼 수 있다.

정리 3.1

$f_{xy}(x, y)$와 $f_{yx}(x, y)$이 점(a, b)를 포함하는 열린집합 위에서 연속이면 $f_{xy}(a, b) = f_{yx}(a, b)$이다.

물론 삼계, 사계, 고계편도함수 등도 계속하여 구할 수 있다. 정리 3.1을 확장하여 편도함수가 열린집합 위에서 연속이기만 하면 미분의 순서는 중요하지 않은 것을 보일 수 있다. 고계편도함수에서 $\frac{\partial^3 f}{\partial x \partial y \partial x}$와 같은 기호는 불편하다. 따라서 대신 f_{xyx}와 같은 기호를 사용하기로 한다.

예제 3.5 고계편도함수 계산하기

$f(x, y) = \cos(xy) - x^3 + y^4$에 대하여 f_{xyy}를 계산하여라.

풀이

x에 관하여 미분하면

$$f_x = \frac{\partial}{\partial x}[\cos(xy) - x^3 + y^4] = -y\sin(xy) - 3x^2$$

이다. f_x을 y에 관하여 미분하면

$$f_{xy} = \frac{\partial}{\partial y}[-y\sin(xy) - 3x^2] = -\sin(xy) - xy\cos(xy)$$

이고

$$f_{xyy} = \frac{\partial}{\partial y}[-\sin(xy) - xy\cos(xy)] = -2x\cos(xy) + x^2 y\sin(xy)$$

이다.

■

지금까지 이변수함수의 편도함수에 대해서 공부하였다. 삼변수 또는 그 이상의 변수를 가진 함수로의 확장은 여기서 논의한 것과 거의 같다. 다음 예제에서 계산과정이 예견했던 바와 같음을 보게 된다.

예제 3.6 삼변수함수의 편도함수

$f(x, y, z) = \sqrt{xy^3 z} + 4x^2 y$, $x, y, z \geq 0$에 대하여 f_x, f_{xy}, f_{xyz}를 각각 계산하여라.

풀이

x, y, z를 가능한 한 분리하기 위해 우선 f를

$$f(x, y, z) = x^{1/2} y^{3/2} z^{1/2} + 4x^2 y$$

로 다시 쓴다. x에 관한 편도함수를 계산하기 위해 y, z를 상수로 취급하여

$$f_x = \frac{\partial}{\partial x}(x^{1/2} y^{3/2} z^{1/2} + 4x^2 y) = \left(\frac{1}{2}x^{-1/2}\right) y^{3/2} z^{1/2} + 8xy$$

를 얻는다. 다시 x, z를 상수로 취급하여

$$f_{xy} = \frac{\partial}{\partial y}\left(\frac{1}{2}x^{-1/2} y^{3/2} z^{1/2} + 8xy\right) = \left(\frac{1}{2}x^{-1/2}\right)\left(\frac{3}{2}y^{1/2}\right) z^{1/2} + 8x$$

을 얻는다. 마지막으로 x, y를 상수로 취급하여

$$f_{xyz} = \frac{\partial}{\partial z}\left[\left(\frac{1}{2}x^{-1/2}\right)\left(\frac{3}{2}y^{1/2}\right) z^{1/2} + 8x\right] = \left(\frac{1}{2}x^{-1/2}\right)\left(\frac{3}{2}y^{1/2}\right)\left(\frac{1}{2}z^{-1/2}\right)$$

를 얻는다. 이 도함수는 $x, z > 0$, $y \geq 0$에 대하여 정의되고 모든 일계, 이계, 삼계편도함수는 $x, y, z > 0$에 대하여 연속임을 보일 수 있다. 따라서 편도함수를 취하는 순서는 이 경우에는 의미가 없다.

예제 3.7 늘어지는 막대에 편도함수 응용하기

길이 L, 폭 w, 높이 h인 막대에서 늘어진 정도는 $S(L, w, h) = c\dfrac{L^4}{wh^3}$로 주어진다(그림 12.23). 여기서 c는 상수이다.

$$\frac{\partial S}{\partial L} = \frac{4}{L}S, \quad \frac{\partial S}{\partial w} = -\frac{1}{w}S, \quad \frac{\partial S}{\partial h} = -\frac{3}{h}S$$

임을 증명하여라. 이 결과를 이용하여 늘어짐에 최대비례효과를 가지는 변수는 어느 것인지를 결정하여라.

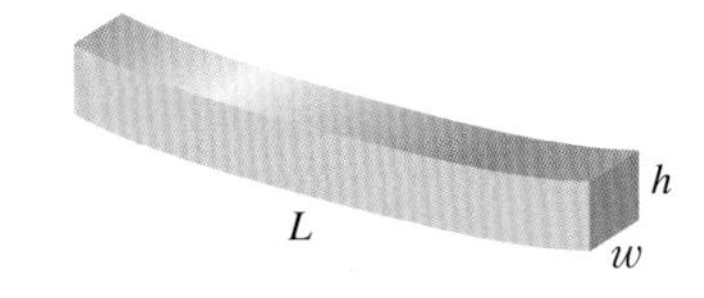

그림 12.23 수평 막대

풀이

먼저 다음 식을 계산한다.

$$\frac{\partial S}{\partial L} = \frac{\partial}{\partial L}\left(c\frac{L^4}{wh^3}\right) = c\frac{4L^3}{wh^3}$$

이 식을 S에 관하여 다시 쓰면

$$\frac{\partial S}{\partial L} = c\frac{4L^3}{wh^3} = c\frac{4L^4}{wh^3 L} = \frac{4}{L}c\frac{L^4}{wh^3} = \frac{4}{L}S$$

이다. 다른 계산도 마찬가지이므로 연습으로 남긴다. 결과를 해석하기 위하여 길이의 증분 ΔL에 대하여 늘어지는 정도의 증분을 ΔS이라 하자. 그러면 $\frac{\Delta S}{\Delta L} \approx \frac{\partial S}{\partial L} = \frac{4}{L}S$ 이다. 다시 정리하면

$$\frac{\Delta S}{S} \approx 4\frac{\Delta L}{L}$$

이다. 즉, S의 비례효과는 L의 비례효과의 약 4배이다. 마찬가지로 절댓값으로 S의 비례효과는 w의 비례효과이고 h의 비례효과 약 3배이다. 따라서 L의 비례효과가 제일 크다. 이런 의미에서 늘어짐에는 길이가 가장 중요하다.

■

실험에서 얻은 결과는 항상 함수로 표현가능한 것은 아니다. 적은 데이터로부터 편미분의 값을 추정할 수도 있다.

예제 3.8 표에서 편도함수 추정하기

처음 속도 v ft/s, 역회전율 ω rpm으로 친 공이 수평으로 날아간 거리를 컴퓨터 시뮬레이션으로 얻은 자료가 아래와 같다. 각각의 공은 수평선과 30도를 이루면서 친 것이다.

v \ ω	0	1000	2000	3000	4000
150	294	312	333	350	367
160	314	334	354	373	391
170	335	356	375	395	414
180	355	376	397	417	436

위 표를 이용하여 $\frac{\partial f}{\partial v}(160, 2000)$와 $\frac{\partial f}{\partial \omega}(160, 2000)$를 추정하고 이를 야구용어로 해석하여라.

풀이

편도함수의 정의로부터

$$\frac{\partial f}{\partial v}(160, 2000) = \lim_{h \to 0} \frac{f(160 + h, 2000) - f(160, 2000)}{h}$$

이다. 가능한 한 적은 h의 값에 대하여 $\frac{f(160 + h, 2000) - f(160, 2000)}{h}$을 계산하여 편도함수의 근삿값을 구할 수 있다. 데이터는 $v = 150$에 대한 값이 있으므로 $h = -10$에 대하여 위의 식을 계산할 수 있다. 따라서

$$\frac{\partial f}{\partial v}(160, 2000) \approx \frac{f(150, 2000) - f(160, 2000)}{150 - 160} = \frac{333 - 354}{150 - 160} = 2.1$$

을 얻는다. 또 $v = 170$에 대한 데이터를 이용하여

$$\frac{\partial f}{\partial v}(160, 2000) \approx \frac{f(170, 2000) - f(160, 2000)}{170 - 160} = \frac{375 - 354}{170 - 160} = 2.1$$

을 얻을 수 있다. 이 두 추정값은 모두 2.1로 같다. 따라서 $\frac{\partial f}{\partial v}(160, 2000) \approx 2.1$을 추정할 수 있다. 데이터 $f(160, 2000) = 354$은 처음 속도 160 ft/s, 역회전율 2000 rpm으로 친 공은 354피트 날아감을 말해 준다. 편미분값은 처음 속도를 1 ft/s씩 증가시키면 공은 2.1피트씩 더 멀리 날아감을 보여 준다.

같은 방법으로 $\frac{\partial f}{\partial \omega}(160, 2000)$을 구해 보자. $\omega = 2000$에 가장 가까운 데이터는 $\omega = 1000$과 $\omega = 3000$이다. 따라서

$$\frac{\partial f}{\partial \omega}(160, 2000) \approx \frac{f(160, 1000) - f(160, 2000)}{1000 - 2000} = \frac{334 - 354}{1000 - 2000} = 0.02$$

이고

$$\frac{\partial f}{\partial \omega}(160, 2000) \approx \frac{f(160, 3000) - f(160, 2000)}{3000 - 2000} = \frac{373 - 354}{3000 - 2000} = 0.019$$

이다. 따라서 $\frac{\partial f}{\partial \omega}(160, 2000)$의 근삿값은 0.02, 0.019 또는 이들의 평균값 0.0195이다. 근삿값으로 0.02를 택하면 역회전율이 1 rpm씩 증가할 때 공이 날아간 거리는 0.02피트씩 더 늘어나게 됨을 의미한다. 즉, 역회전율이 100 rpm 증가하면 공이 날아간 거리는 2피트 늘어난다.

연습문제 12.3

[1~4] 모든 일계편도함수를 구하여라.

1. $f(x, y) = x^3 - 4xy^2 + y^4$
2. $f(x, y) = x^2 \sin xy - 3y^3$
3. $f(x, y) = 4e^{x/y} + \tan^{-1}\left(\frac{y}{x}\right)$
4. $f(x, y) = \int_x^y \sin t^2\, dt$

[5~8] 제시된 편도함수를 구하여라.

5. $f(x, y) = x^3 - 4xy^2 + 3y$; $\frac{\partial^2 f}{\partial x^2}$, $\frac{\partial^2 f}{\partial y^2}$, $\frac{\partial^2 f}{\partial y \partial x}$
6. $f(x, y) = \ln(x^4) - 3x^2y^3 + 5x\tan^{-1}y$; f_{xx}, f_{xy}, f_{xyy}
7. $f(x, y, z) = \sin^{-1}(xy) - \sin yz$; f_{xx}, f_{yz}, f_{xyz}
8. $f(w, x, y, z) = w^2\tan^{-1}(xy) - e^{wz}$; f_{ww}, f_{wxy}, f_{wwxyz}
9. 다음 표는 온도(F)와 풍속(mph)에 따라 느끼는 체감온도를 나타낸 것이다. 이를 함수 $C(t, s)$로 생각할 수 있다. 편미분 $\frac{\partial C}{\partial t}(10, 10)$, $\frac{\partial C}{\partial s}(10, 10)$을 추정하고 각각을 해석하여라. 또 $\frac{\partial C}{\partial t}(10, 10) \neq 1$이 되는 이유를 설명하여라.

풍속 \ 온도	30	20	10	0	−10
0	30	20	10	0	−10
5	27	16	6	−5	−15
10	16	4	−9	−24	−33
15	9	−5	−18	−32	−45
20	4	−10	−25	−39	−53
25	0	−15	−29	−44	−59
30	−2	−18	−33	−48	−63

[10~11] $f_x = f_y = 0$을 만족하는 점을 모두 구하여라. 또한 그래프 상에서 이들 점의 의미를 해석하여라.

10. $f(x, y) = x^2 + y^2$
11. $f(x, y) = \sin x \sin y$

12. 함수

$$f(x, y) = \begin{cases} \dfrac{xy(x^2 - y^2)}{x^2 + y^2}, & (x, y) \neq (0, 0) \\ 0, & (x, y) = (0, 0) \end{cases}$$

에 대하여 편도함수의 정의를 이용하여 $f_{xy}(0, 0) = -1$, $f_{yx}(0, 0) = 1$임을 보여라. 정리 3.1의 어느 가정이 만족되지 않는지 설명하여라.

[13~14] 다음 성질을 갖는 함수를 구하여라.

13. $f_x = 2x \sin y + 3x^2 y^2$, $f_y = x^2 \cos y + 2x^3 y + \sqrt{y}$

14. $f_x = \dfrac{2x}{x^2 + y^2} + \dfrac{2}{x^2 - 1}$, $f_y = \dfrac{3}{y^2 + 1} + \dfrac{2y}{x^2 + y^2}$

15. 길이 L인 기타 현의 위치는 $p(x, t) = \sin x \cos t$로 표현된다. 여기서, x는 현의 길이 $0 \leq x \leq L$이고 t는 시간을 나타낸다. $\dfrac{\partial p}{\partial x}$과 $\dfrac{\partial p}{\partial t}$를 계산하고 해석하여라.

16. (a) 화학반응에서 온도 T, 엔트로피 S, 깁(Gibbs)의 자유에너지 G, 엔탈피 H 사이에는 $G = H - TS$인 관계가 있다. $\dfrac{\partial (G/T)}{\partial T} = -\dfrac{H}{T^2}$가 성립함을 보여라.

(b) $\dfrac{\partial (G/T)}{\partial (1/T)} = H$가 성립함을 보여라.

12.4 접평면과 일차근사식

$x = a$에서 곡선 $y = f(x)$의 접선은 접점 a의 근방에서 그 곡선과 아주 비슷한 성질을 가지고 있다. 이러한 사실로부터 접점의 근방에서 함수의 근삿값을 구하기 위하여 접선을 이용할 수 있다(그림 12.24a). 접선의 방정식은

$$y = f(a) + f'(a)(x - a) \tag{4.1}$$

이다. 3.1절에서 이것을 $x = a$에서 $f(x)$의 **일차근사식**이라 하였다.

같은 방법으로 주어진 점의 근방에서 이변수함수의 근삿값은 그 점에서 곡면의 접평면으로부터 얻을 수 있다. 예를 들어, $z = 6 - x^2 - y^2$의 그래프와 점 (1, 2, 1)에서 이 곡면의 접평면은 그림 12.24b로 주어진다. 점 (1, 2, 1)의 근방에서 곡면과 접평면은 서로 매우 가깝다.

점 $(a, b, f(a, b))$에서 $z = f(x, y)$에 대한 접평면의 일반적인 방정식을 구하려고

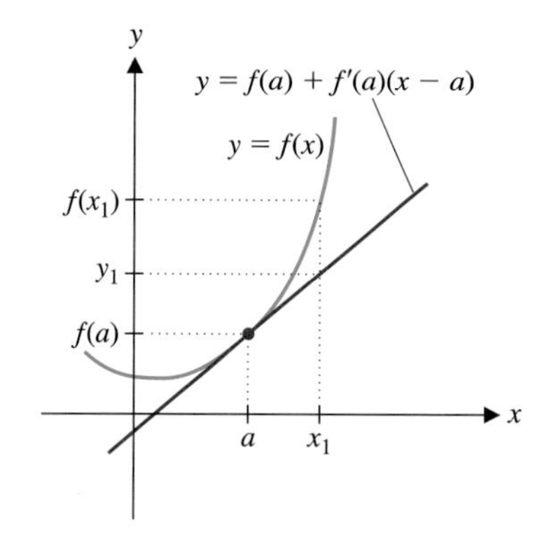

그림 12.24a 일차근사식

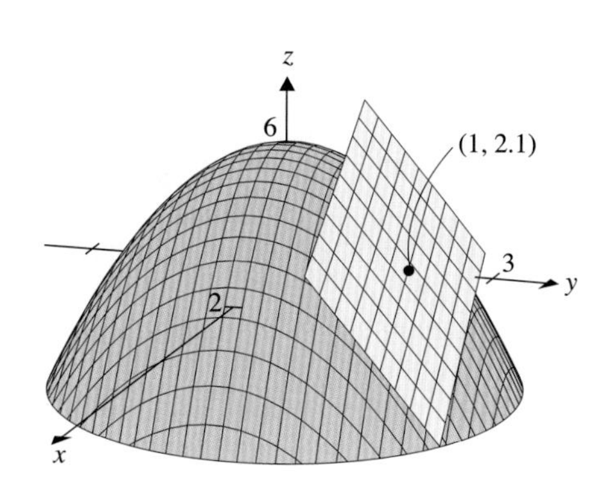

그림 12.24b $z = 6 - x^2 - y^2$과 점 (1, 2, 1)에서의 접평면

한다. 이 과정을 영상화하기 위해 그림 12.25a와 12.25b를 참고한다. 그림 12.25a에서 보여주는 $z=6-x^2-y^2$, $-3\le x\le 3$, $-3\le y\le 3$의 표준 그래프 창으로부터, 점 (1, 2, 1) 부분만을 확대하자. 그러면 그림 12.25b에서 보여주는 $z=6-x^2-y^2$, $0.9\le x\le 1.1$, $1.9\le y\le 2.1$의 그래프와 같다. 그림 12.25b는 마치 평면과 같이 보인다. 이것은 충분히 크게 확대하면 곡면과 접평면을 영상으로 구별하는 것이 어렵다는 것을 설명해 주고 있다. 이 사실은 접점에 가까운 점 (x, y)에서 함숫값 대신 접평면에 대응하는 z값을 근삿값으로 사용할 수 있음을 암시해 준다.

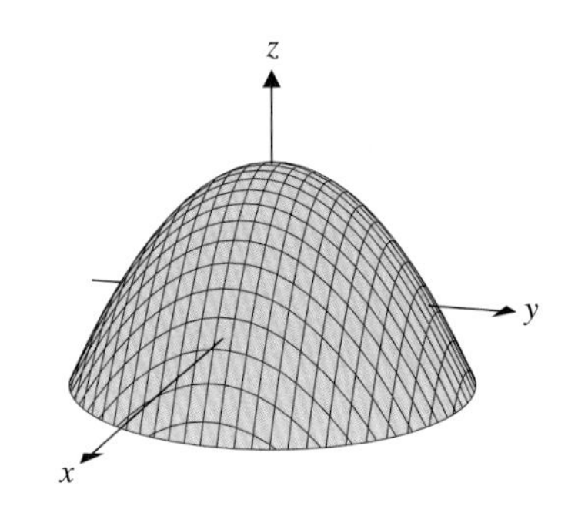

그림 12.25a $-3\le x\le 3$, $-3\le y\le 3$일 때 $z=6-x^2-y^2$

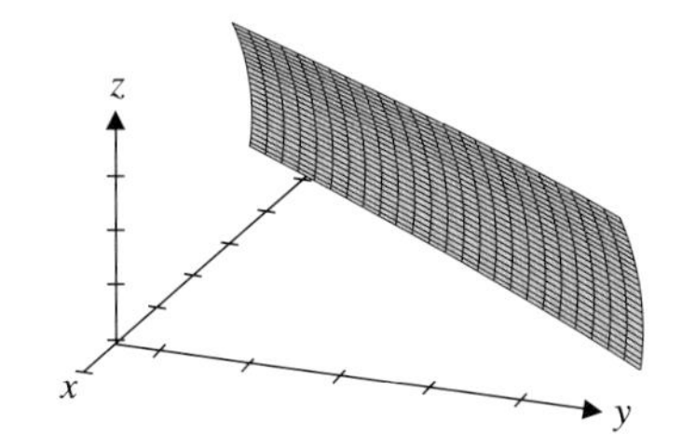

그림 12.25b $0.9\le x\le 1.1$, $1.9\le y\le 2.1$일 때 $z=6-x^2-y^2$

점 (a, b)에서 f_x, f_y가 연속일 때 점 $(a, b, f(a, b))$에서 곡면 $z=f(x, y)$의 접평면의 식을 구해 보자. 접평면의 방정식은 평면 위의 한 점과 법선벡터로부터 구한다. 접평면 위의 점은 물론 접점 $(a, b, f(a, b))$이다. 법선벡터를 구하기 위해, 평면 위에 놓여 있는 두 벡터를 찾아서 그들의 외적을 취하면 두 벡터에 수직인 벡터, 즉 평면의 법선벡터를 얻는다. 그림 12.26a과 같이 곡면 $z=f(x, y)$와 평면 $y=b$의 교선을 생각하자. 12.3절에서처럼 그 곡선은 평면 $y=b$ 위에 있으면서 $x=a$에서 기울기가 $f_x(a, b)$이다. $x=a$에서 접선을 따라 x가 1만큼 변하면 z는 $f_x(a, b)$만큼 변한다. 평면 $y=b$ 위에 놓여 있는 곡선을 생각하고 있기 때문에 y의 값은 그 곡선을 따라서 변하지 않는다. 따라서 접선과 같은 방향을 갖는 벡터는 $\langle 1, 0, f_x(a, b)\rangle$이고 이 벡터는 접평면과 평행하다. 다음, 그림 12.26b처럼 곡면 $z=f(x, y)$와 평면 $x=a$와의 교선은 평면 $x=a$ 위에 놓여 있고 $y=b$에서 기울기가 $f_y(a, b)$인 곡선이다. 또, $y=b$에서 접선과 같은 방향을 갖는 벡터는 $\langle 0, 1, f_y(a, b)\rangle$이다.

지금, 평면과 평행한 두 벡터 $\langle 1, 0, f_x(a, b)\rangle$와 $\langle 0, 1, f_y(a, b)\rangle$를 찾았다. 따라서 평면의 법선벡터는 외적에 의하여 구해진다.

$$\langle 0, 1, f_y(a, b)\rangle \times \langle 1, 0, f_x(a, b)\rangle = \langle f_x(a, b), f_y(a, b), -1\rangle$$

그림 12.26c는 한 점에서의 접평면과 법선벡터를 보여준다. 이상에서 다음 결과를 얻는다.

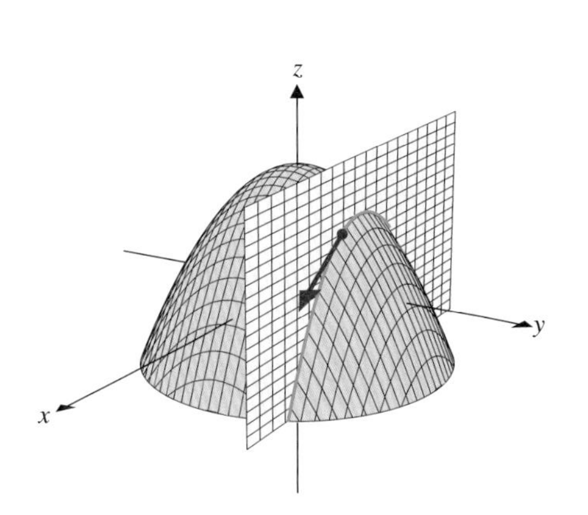

그림 12.26a 곡면 $z=f(x, y)$와 평면 $y=b$의 교선

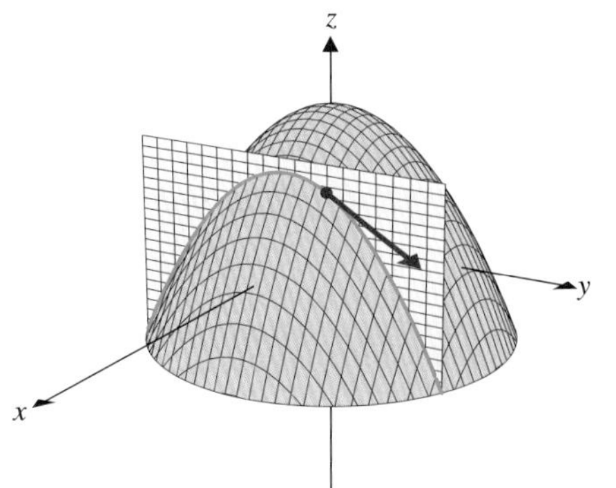

그림 12.26b 곡면 $z=f(x, y)$와 평면 $x=a$의 교선

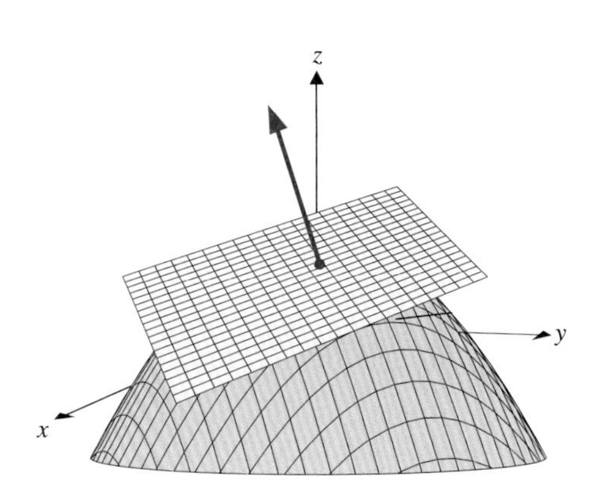

그림 12.26c 접평면과 법선벡터

주 4.1

식 (4.2)로 주어진 접평면의 방정식과 식 (4.1)로 주어진 곡선 $y = f(x)$의 접선의 방정식이 유사하다는 점을 주목하여라.

정리 4.1

함수 $f(x, y)$는 (a, b)에서 연속인 일계편도함수를 갖는다고 하자. 그러면 (a, b)에서 $z = f(x, y)$의 접평면의 법선벡터는 $\langle f_x(a, b), f_y(a, b), -1 \rangle$이다. 또 접평면의 방정식은

$$z - f(a, b) = f_x(a, b)(x - a) + f_y(a, b)(y - b)$$

즉

$$z = f(a, b) + f_x(a, b)(x - a) + f_y(a, b)(y - b) \tag{4.2}$$

로 주어진다.

이제 접평면의 법선벡터를 알기 때문에 $(a, b, f(a, b))$를 지나고 접평면에 수직인 직선은

$$x = a + f_x(a, b)t, \quad y = b + f_y(a, b)t, \quad z = f(a, b) - t \tag{4.3}$$

로 주어진다. 이 직선을 점 $(a, b, f(a, b))$에서 곡면의 **법선**(normal line)이라 부른다.

다음 예제에서 보는 것과 같이 이제 곡면의 접평면과 법선의 방정식을 구하는 문제는 간단한 일이다.

예제 4.1 접평면과 법선의 방정식

점 (1, 2, 1)에서 곡면 $z = 6 - x^2 - y^2$의 접평면과 법선의 방정식을 구하여라.

풀이

$f(x, y) = 6 - x^2 - y^2$에 대하여 $f_x = -2x$이고 $f_y = -2y$이다. 이로부터 $f_x(1, 2) = -2$이고 $f_y(1, 2) = -4$이다. 따라서 법선벡터는 $\langle -2, -4, -1 \rangle$이고 접평면의 방정식은

$$z = 1 - 2(x - 1) - 4(y - 2)$$

이다. 식 (4.3)으로부터 법선의 방정식은

$$x = 1 - 2t, \quad y = 2 - 4t, \quad z = 1 - t$$

이다. 그림 12.27은 곡면, 접평면, 법선의 모양을 보여준다.

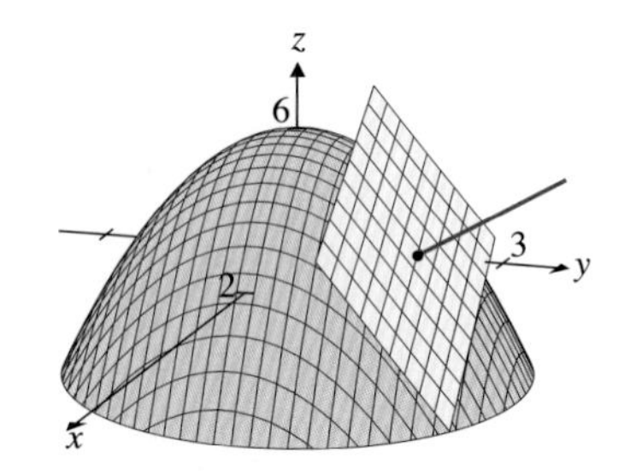

그림 12.27 점 (1, 2, 1)에서 곡면, 접평면, 법선

예제 4.2 접평면과 법선의 방정식

점 (2, 1, 13)에서 $z = x^3 + y^3 + \dfrac{x^2}{y}$의 접평면과 법선의 방정식을 구하여라.

풀이

$f_x = 3x^2 + \dfrac{2x}{y}$이고 $f_y = 3y^2 - \dfrac{x^2}{y^2}$이므로 $f_x(2, 1) = 12 + 4 = 16$이고 $f_y(2, 1) = 3 - 4 = -1$이다. 따라서 법선벡터는 $\langle 16, -1, -1 \rangle$이고 식 (4.2)로부터 접평면의 방정식은

$$z = 13 + 16(x - 2) - (y - 1)$$

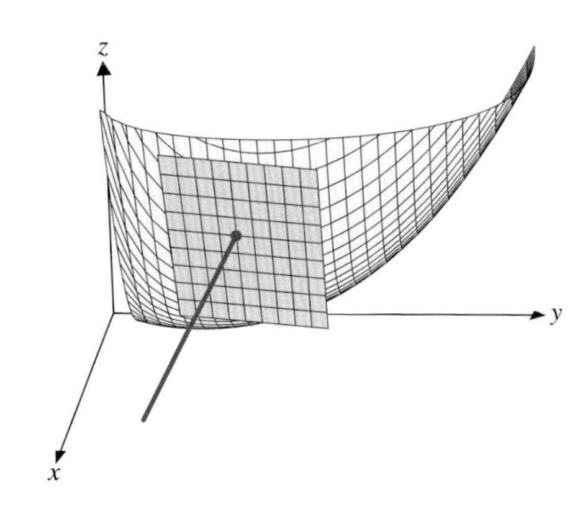

그림 12.28 점 (2, 1, 13)에서 곡면, 접평면, 법선

이다. 식 (4.3)으로부터 법선의 방정식은

$$x = 2 + 16t, \quad y = 1 - t, \quad z = 13 - t$$

이다. 그림 12.28은 곡면, 접평면, 법선의 모양을 보여준다.

그림 12.27과 12.28에서, 접평면은 접점의 근방에서 곡면과 근접해 있음을 주목하여라. 이것은 접평면 위에서 z값은 곡면 위에서 대응하는 z값, 즉 접점에 가까운 점 (x, y)에 대한 함숫값 $f(x, y)$와 근사함을 말해 주고 있다. 더욱이 접평면의 방정식은 단순한 형태이므로 복잡한 함숫값을 대신할 수 있는 근삿값으로 이상적이라 할 수 있다. 정리 4.1에서 점 (a, b)에서 $z = f(x, y)$의 접평면의 방정식은

$$z = f(a, b) + f_x(a, b)(x - a) + f_y(a, b)(y - b)$$

이다. 점 (a, b)에서 접평면의 z값을 $f(x, y)$의 **일차근사식** $L(x, y)$이라 한다. 즉

$$L(x, y) = f(a, b) + f_x(a, b)(x - a) + f_y(a, b)(y - b) \tag{4.4}$$

로 정의한다. 다음 예제는 이를 예시한다.

예제 4.3 일차근사식 구하기

$(0, 0)$에서 $f(x, y) = 2x + e^{x^2 - y}$의 일차근사식을 계산하여라. 그리고 다음 각 경우에 일차근사식의 값을 실제값과 비교하여 보아라.

(a) $x = 0$과 y의 0 근방 (b) $y = 0$과 x의 0 근방

(c) $y = x$이고 x와 y의 0 근방 (d) $y = 2x$이고 x와 y의 0 근방

풀이

$f_x = 2 + 2xe^{x^2 - y}$이고 $f_y = -e^{x^2 - y}$이므로 $f_x(0, 0) = 2$이고 $f_y(0, 0) = -1$이다. 또한 $f(0, 0) = 1$이다. 식 (4.4)로부터 구하는 일차근사식은

$$L(x, y) = 1 + 2(x - 0) - (y - 0) = 1 + 2x - y$$

이다. 다음 표는 $(0, y)$, $(x, 0)$, (x, x), $(x, 2x)$ 형태의 점에서 $L(x, y)$와 $f(x, y)$의 값을 비교한 것이다.

(x, y)	$f(x, y)$	$L(x, y)$
(0, 0.1)	0.905	0.9
(0, 0.01)	0.99005	0.99
(0, −0.1)	1.105	1.1
(0, −0.01)	1.01005	1.01
(0.1, 0)	1.21005	1.2
(0.01, 0)	1.02010	1.02
(−0.1, 0)	0.81005	0.8
(−0.01, 0)	0.98010	0.98

(x, y)	$f(x, y)$	$L(x, y)$
(0.1, 0.1)	1.11393	1.1
(0.01, 0.01)	1.01015	1.01
(−0.1, −0.1)	0.91628	0.9
(−0.01, −0.01)	0.99015	0.99
(0.1, 0.2)	1.02696	1.0
(0.01, 0.02)	1.00030	1.0
(−0.1, −0.2)	1.03368	1.0
(−0.01, −0.02)	1.00030	1.0

주어진 점이 접점에 가까워질수록 그 점에서의 일차근사식의 값을 더욱 더 실제값에 가까워진다. 연습문제에서 이를 더 깊이 다루기로 한다.

증분과 미분

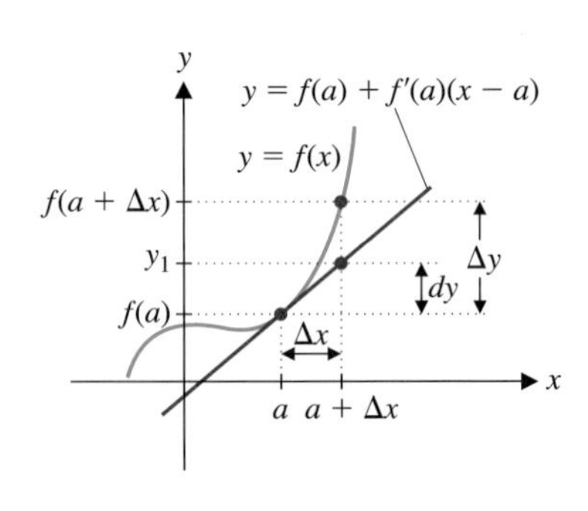

그림 12.29 일변수함수에 대한 증분과 미분

그래프의 관점에서 일차근사식을 조사해 보았으니 기호화하여 이를 조사해 보자. 먼저, 3.1절에서 일변수함수에 대하여 이미 사용하였던 기호와 몇 가지 용어를 다시 생각해 보자. $x = a$에서 함수 $f(x)$의 증분 Δy를

$$\Delta y = f(a + \Delta x) - f(a)$$

으로 정의하였다. 그림 12.29를 보면 작은 Δx에 대하여

$$\Delta y \approx dy = f'(a)\Delta x$$

이고, dy를 y의 미분이라 하였다. 또, f가 $x = a$에서 미분가능하고 $\varepsilon = \dfrac{\Delta y - dy}{\Delta x}$로 놓으면 $\Delta x \to 0$일 때

$$\varepsilon = \frac{\Delta y - dy}{\Delta x} = \frac{f(a+\Delta x) - f(a) - f'(a)\Delta x}{\Delta x}$$

$$= \frac{f(a+\Delta x) - f(a)}{\Delta x} - f'(a) \to 0$$

이다(여기서 도함수의 정의를 인식하여야 한다!). 마지막으로 Δy를 ε에 관하여 풀면 $\Delta x \to 0$일 때 $\varepsilon \to 0$이고

$$\Delta y = dy + \varepsilon \Delta x$$

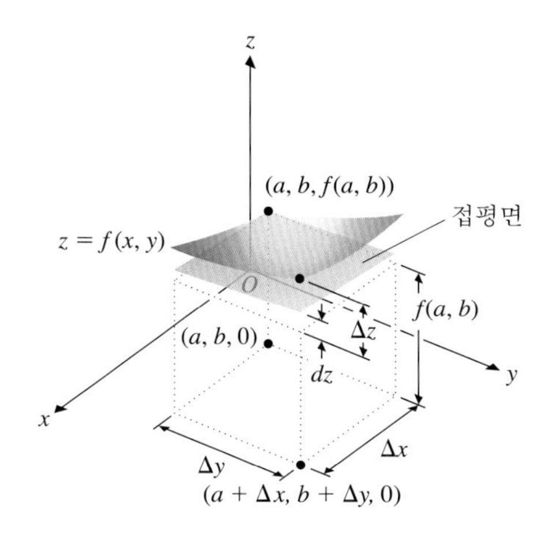

그림 12.30 일차근사식

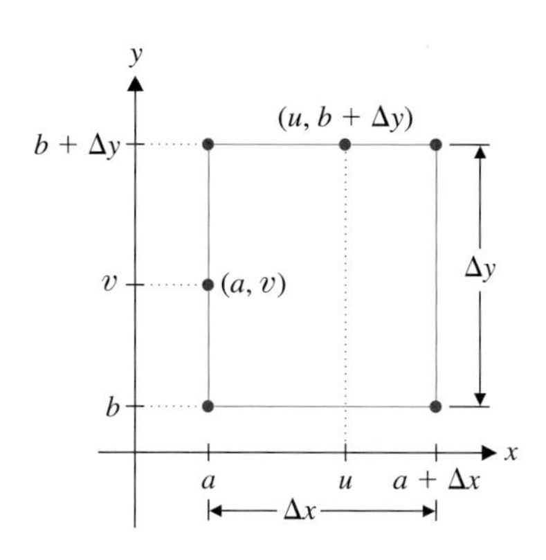

그림 12.31 평균값 정리에서의 중간점

이다. 다변수함수에 대하여도 다음과 같이 비슷하게 관찰해 볼 수 있다.

$z=f(x, y)$에 대하여 (a, b)에서 f의 **증분**(increment)을

$$\Delta z = f(a+\Delta x, b+\Delta y) - f(a, b)$$

로 정의한다. 즉, a가 Δx만큼 변하고 b가 Δy만큼 변할 때 Δz는 z의 변화량이다(그림 12.30). f가 (a, b)를 포함하는 어떤 열린영역에서 연속이고 일계편도함수를 가지면 평균값 정리에 의하여

$$\begin{aligned}\Delta z &= f(a+\Delta x, b+\Delta y)-f(a, b)\\ &= [f(a+\Delta x, b+\Delta y)-f(a, b+\Delta y)]+[f(a, b+\Delta y)-f(a, b)]\\ &= f_x(u, b+\Delta y)[(a+\Delta x)-a]+f_y(a, v)[(b+\Delta y)-b]\\ &= f_x(u, b+\Delta y)\Delta x+f_y(a, v)\Delta y\end{aligned}$$

이다. 여기서 u는 a와 $a+\Delta x$의 사이에, v는 b와 $b+\Delta y$의 사이의 값이다(그림 12.31). 따라서

$$\begin{aligned}\Delta z &= f_x(u, b+\Delta y)\Delta x+f_y(a, v)\Delta y\\ &= \{f_x(a, b)+[f_x(u, b+\Delta y)-f_x(a, b)]\}\Delta x\\ &\quad +\{f_y(a, b)+[f_y(a, v)-f_y(a, b)]\}\Delta y\end{aligned}$$

이다. 식은

$$\Delta z = f_x(a, b)\Delta x+f_y(a, b)\Delta y+\varepsilon_1\Delta x+\varepsilon_2\Delta y$$

로 다시 쓸 수 있다. 여기서

$$\varepsilon_1=f_x(u, b+\Delta y)-f_x(a, b),\quad \varepsilon_2=f_y(a, v)-f_y(a, b)$$

이다. 끝으로, f_x와 f_y가 모두 (a, b)를 포함하는 어떤 열린영역에서 연속이면 $(\Delta x, \Delta y)\to(0, 0)$일 때 ε_1과 ε_2은 모두 0에 가까워진다. 실제로 $(\Delta x, \Delta y)\to(0, 0)$일 때 ε_1,

$\varepsilon_2 \to 0$이므로 곱 $\varepsilon_1 \Delta x$와 $\varepsilon_2 \Delta y$는 ε_1, ε_2, Δx 또는 Δy보다 더 빨리 0으로 가까워진다. 따라서 다음 결과를 얻는다.

정리 4.2

$z = f(x, y)$가 직사각형 영역 $R = \{(x, y) \mid x_0 < x < x_1,\ y_0 < y < y_1\}$에서 정의되고 f_x와 f_y가 R에서 정의되고 $(a, b) \in R$에서 연속이라 하자. 그러면 $(a + \Delta x, b + \Delta y) \in R$에 대하여

$$\Delta z = f_x(a, b)\Delta x + f_y(a, b)\Delta y + \varepsilon_1 \Delta x + \varepsilon_2 \Delta y \tag{4.5}$$

이다. 여기서 ε_1과 ε_2는 Δx와 Δy의 함수이고 $(\Delta x, \Delta y) \to (0, 0)$일 때 0으로 가까워진다.

다음 예제에서와 같이 간단한 함수에서는 Δz를 직접 계산할 수 있다.

예제 4.4 증분의 계산

$z = f(x, y) = x^2 - 5xy$에 대하여 Δz를 구하고 정리 4.2에서 제시한 형태로 써라.

풀이

$$\begin{aligned}
\Delta z &= f(x + \Delta x, y + \Delta y) - f(x, y) \\
&= [(x + \Delta x)^2 - 5(x + \Delta x)(y + \Delta y)] - (x^2 - 5xy) \\
&= x^2 + 2x\Delta x + (\Delta x)^2 - 5(xy + x\Delta y + y\Delta x + \Delta x\Delta y) - x^2 + 5xy \\
&= \underbrace{(2x - 5y)}_{f_x}\Delta x + \underbrace{(-5x)}_{f_y}\Delta y + \underbrace{(\Delta x)}_{\varepsilon_1}\Delta x + \underbrace{(-5\Delta x)}_{\varepsilon_2}\Delta y \\
&= f_x(x, y)\Delta x + f_y(x, y)\Delta y + \varepsilon_1 \Delta x + \varepsilon_2 \Delta y
\end{aligned}$$

이고 여기서 $(\Delta x, \Delta y) \to (0, 0)$일 때 $\varepsilon_1 = \Delta x$와 $\varepsilon_2 = -5\Delta x$는 모두 0으로 가까워진다. 여기서 Δx와 Δy의 동류항을 다르게 묶으면 ε_1과 ε_2도 달라질 수 있다. ■

식 (4.5)로 주어지는 증분 Δy의 처음 두 항을 면밀히 살펴보자. $\Delta x = x - a$이고 $\Delta y = y - b$라 하면 이 두 항은 $f(x, y)$의 일차근사식과 같다. 이 책에서는 이것을 다음과 같이 부르자. x가 $dx = \Delta x$만큼 증감하고 y가 $dy = \Delta y$만큼 증감하면 z의 **미분**(differential)을

$$\boxed{dz = f_x(x, y)\,dx + f_y(x, y)\,dy}$$

로 정의한다. 이것을 **전미분**(total differential)이라고도 부른다. dx와 dy가 아주 작은 값이면 식 (4.5)로부터

$$\Delta z \approx dz$$

을 얻는다. 이것은 이 절의 첫 부분에서 소개한 것과 똑같은 근삿값임을 알아야 한다. 이 경우 이 절의 앞부분에서 사용한 기하학적 관점이라기보다 해석적 관점에서 이것을 개발하였다.

다음 정의에서 위와 같이 일차근사가 가능한 함수에 특별한 이름을 부여한다.

정의 4.1

$z = f(x, y)$라 하자. 만일

$$\Delta z = f_x(a, b)\Delta x + f_y(a, b)\Delta y + \varepsilon_1 \Delta x + \varepsilon_2 \Delta y$$

이고 ε_1와 ε_2는 Δx와 Δy의 함수로서 $(\Delta x, \Delta y) \to (0, 0)$일 때 $\varepsilon_1, \varepsilon_2 \to 0$으로 나타낼 수 있으면 f는 (a, b)에서 **미분가능하다**(differentiable)고 한다. 또, f가 영역 $R \subset \mathbb{R}^2$의 모든 점에서 미분가능하면 f는 R 위에서 미분가능하다고 한다.

위의 정의는 그냥 봐서는 일변수함수의 미분가능의 일반화로 보이지 않는다. 그러나 사실은 일변수함수의 미분가능과 동일하다.

정리 4.2로부터 f_x와 f_y가 점 (a, b)를 포함하는 어떤 열린영역 위에서 정의되고 점 (a, b)에서 연속이면 f는 (a, b)에서 미분가능하다. 일변수함수와 마찬가지로 f가 (a, b)에서 미분가능하면 (a, b)에서 연속임을 보일 수 있다. 또, 정리 4.2로부터 함수가 한 점에서 미분가능하면 그 점에서 일차근사식(미분)은 그 점의 근방에서 유용한 근삿값을 준다. 그러나 함수가 한 점에서 편도함수를 가지더라도 미분가능 또는 연속이 될 필요는 없다. 모든 점에서 편도함수를 가지지만 어떤 점에서도 연속이 아닌 경우도 있다.

일차근사의 개념은 삼차원 또는 그 이상의 차원으로 쉽게 확장된다. 다만 곡면을 접평면으로 근사화하는 과정과 같이 그래프적 해석은 불가능하지만 그 정의는 여전히 의미를 가진다.

정의 4.2

점 (a, b, c)에서 $f(x, y, z)$의 **일차근사식**(linear approximation)을

$$\begin{aligned} L(x, y, z) &= f(a, b, c) + f_x(a, b, c)(x - a) \\ &\quad + f_y(a, b, c)(y - b) + f_z(a, b, c)(z - c) \end{aligned}$$

로 정의한다.

증분과 미분의 관계로 보아 일차근사를 다음과 같이 나타낼 수 있다. Δx, Δy, Δz를 각각 x, y, z의 증분이라 하면 $w = f(x, y, z)$의 증분은

$$\begin{aligned} \Delta w &= f(x + \Delta x, y + \Delta y, z + \Delta z) - f(x, y, z) \\ &\approx dw = f_x(x, y, z)\Delta x + f_y(x, y, z)\Delta y + f_z(x, y, z)\Delta z \end{aligned}$$

이다. 각 편도함수가 그 변수의 변화량에 대한 함수의 변화량을 나타낸다는 것은 일차근사를 해석하는 좋은 방법이다(기억하라!). 일차근사는 주어진 점에서 함숫값으로 시작하여 각 독립변수에 대응하는 근사변화량을 더한 것이다.

예제 4.5 막대의 늘어진 정도 근삿값

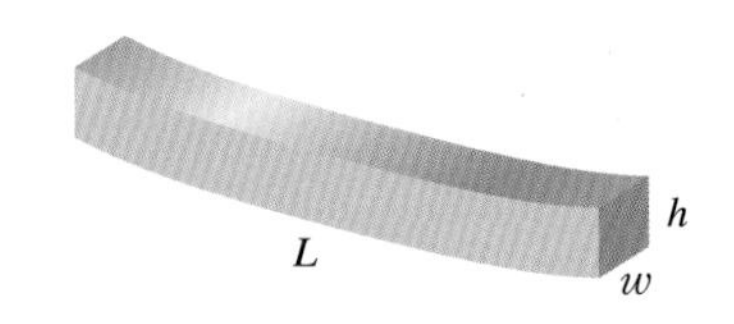

그림 12.32 막대

길이 L, 폭 w이고 높이 h인 막대의 늘어진 정도는 $S(L, w, h) = 0.0004\dfrac{L^4}{wh^3}$으로 주어진다고 하자. 단 모든 길이의 단위는 인치이다. 그림 12.32는 막대를 나타낸다. $L = 36$, $w = 2$, $h = 6$인 막대의 늘어진 정도는 1.5552인치이다. 날씨 및 다른 요인에 의하여, 생산자는 허용오차로 $L = 36 \pm 1$, $w = 2 \pm 0.4$, $h = 6 \pm 0.8$의 측정을 보증할 수 있다고 한다. 일차근사를 이용하여 막대의 늘어지는 정도의 가능한 범위를 구하여라.

풀이

먼저 $\dfrac{\partial S}{\partial L} = 0.0016\dfrac{L^3}{wh^3}$, $\dfrac{\partial S}{\partial w} = -0.0004\dfrac{L^4}{w^2h^3}$, $\dfrac{\partial S}{\partial h} = -0.0012\dfrac{L^4}{wh^4}$를 계산한다. 따라서 점 (36, 2, 6)에서 $\dfrac{\partial S}{\partial L}(36, 2, 6) = 0.1728$, $\dfrac{\partial S}{\partial w}(36, 2, 6) = -0.7776$, $\dfrac{\partial S}{\partial h}(36, 2, 6) = -0.7776$를 얻는다. 정의 4.2로부터 늘어진 정도의 근삿값은

$$S \approx 1.5552 + 0.1728(L - 36) - 0.7776(w - 2) - 0.7776(h - 6)$$

이다. 주어진 허용오차로부터 $L-36$은 -1과 1 사이, $w-2$은 -0.4와 0.4 사이, $h-6$은 -0.8과 0.8 사이에 있어야 한다. 늘어진 정도의 최댓값은 $L-36 = 1$, $w-2 = -0.4$, $h-6 = -0.8$일 때 일어나므로 일차근삿값은

$$S - 1.5552 \approx 0.1728 + 0.31104 + 0.62208 = 1.10592$$

로 예측된다. 마찬가지로 늘어진 정도의 최솟값은 $L-36 = -1$, $w-2 = 0.4$, $h-6 = 0.8$일 때 일어나고 이때의 일차근삿값은

$$S - 1.5552 \approx 0.1728 - 0.31104 - 0.62208 = -1.10592$$

로 예측된다. 일차근사를 바탕으로 늘어진 정도는 1.5552 ± 1.10592 또는 0.44928과 2.66112 사이에 있다. 보는 바와 같이 이 경우에 늘어진 정도의 불확실성은 존재한다.

실제 상황에서는 계산하고자 하는 양을 구하는 공식이 없는 경우가 많다. 그렇다 하더라도 충분한 정보가 주어지면 일차근사식을 이용하여 원하는 양의 근삿값을 계산할 수 있다.

예제 4.6 금속판 표준 두께 추정하기

제조공장에서는 금속재료를 매우 큰 롤러를 통과시켜 원하는 두께의 금속판을 만들어 낸다. 이때 생산하는 금속판의 두께는 생산 롤러의 틈, 롤러의 회전속도, 금속의 온도에 의존한다. 어떤 금속에 대하여 4밀리미터의 틈, 10 m/s의 속도, 900도의 온도로 4밀리미터 두께의 금속판을 만든다고 하자. 실험에 의하여 속도가 0.2 m/s만큼 증가하면 금속판의 두께는 0.06밀리미터 증가하고 온도가 10도 증가하면 금속판의 두께는 0.04밀리미터 감소한다는 사실이 밝혀져 있다. 일차근사식을 이용하여 10.1 m/s, 880도에서 금속판의 두께를 추정하여라.

풀이

롤러의 틈을 고정하면 금속판의 두께는 속도 s와 온도 t의 함수 $g(s, t)$라 할 수 있다.

데이터에 근거하여 $\dfrac{\partial g}{\partial s} \approx \dfrac{0.06}{0.2} = 0.3$이고 $\dfrac{\partial g}{\partial t} \approx \dfrac{-0.04}{10} = -0.004$이다. 정의 4.2로부터 $g(s, t)$의 일차근사식은

$$g(s, t) \approx 4 + 0.3(s - 10) - 0.004(t - 900)$$

로 주어진다. $s = 10.1$과 $t = 880$이면

$$g(10.1, 880) \approx 4 + 0.3(0.1) - 0.004(-20) = 4.11$$

임을 추정할 수 있다.

연습문제 12.4

[1~3] 곡면 위의 주어진 점에서 접평면과 법선의 방정식을 구하여라.

1. $z = x^2 + y^2 - 1$ (a) $(2, 1, 4)$ (b) $(0, 2, 3)$

2. $z = \sin x \cos y$ (a) $(0, \pi, 0)$ (b) $\left(\dfrac{\pi}{2}, \pi, -1\right)$

3. $z = \sqrt{x^2 + y^2}$ (a) $(-3, 4, 5)$ (b) $(8, -6, 10)$

[4~6] 주어진 점에서 함수의 일차근사식을 구하여라.

4. $f(x, y) = \sqrt{x^2 + y^2}$ (a) $(3, 0)$ (b) $(0, -3)$

5. $f(x, y, z) = \sin^{-1} x + \tan(yz)$

(a) $\left(0, \pi, \dfrac{1}{4}\right)$ (b) $\left(\dfrac{1}{\sqrt{2}}, 2, 0\right)$

6. $f(w, x, y, z) = w^2xy - e^{wyz}$

(a) $(-2, 3, 1, 0)$ (b) $(0, 1, -1, 2)$

7. 일차근사식을 이용하여 예제 4.5에서 막대의 늘어지는 정도의 범위를 추정하여라. 단, 허용오차는 $L = 36 \pm 0.5$, $w = 2 \pm 0.2$, $h = 6 \pm 0.5$이다.

8. 일차근사식을 이용하여 예제 4.6에서 9.9 m/s이고 930도일 때 금속판의 두께를 추정하여라.

9. 예제 4.6의 금속판에 대하여, 속도가 0.3 m/s 증가하면 0.03 밀리미터 증가하고, 온도가 20도 증가하면 두께는 0.02밀리미터 감소한다. 일차근사식을 이용하여 10.2 m/s이고 890도일 때 두께를 추정하여라.

[10~12] 증분 Δz를 구하고 이것을 정리 4.2의 형태로 써라. f가 모든 점 (a, b)에서 미분가능한지 판정하여라(힌트: e^x, $\cos x$, $\sin x$의 테일러 급수를 이용하여라).

10. $f(x, y) = 2xy + y^2$

11. $f(x, y) = x^2 + y^2$

12. $f(x, y) = e^{x+2y}$

[13~14] 다음 함수의 전미분을 구하여라.

13. $f(x, y) = ye^x + \sin x$

14. $f(x, y, z) = \ln(xyz) - \tan^{-1}(x - y - z)$

15. 함수

$$f(x, y) = \begin{cases} \dfrac{2xy}{x^2 + y^2}, & (x, y) \neq (0, 0) \\ 0, & (x, y) = (0, 0) \end{cases}$$

에 대하여 편미분 $f_x(0, 0)$, $f_y(0, 0)$은 존재하지만 함수 $f(x, y)$는 $(0, 0)$에서 연속이 아님을 증명하여라. 또 f는 $(0, 0)$에서 미분가능하지 않음을 증명하여라.

16. 다음 표는 체감온도를 온도(화씨)와 풍속의 함수로 나타낸

풍속 \ 온도	30	20	10	0	−10
0	30	20	10	0	−10
5	27	16	6	−5	−15
10	16	4	−9	−24	−33
15	9	−5	−18	−32	−45
20	4	−10	−25	−39	−53
25	0	−15	−29	−44	−59
30	−2	−18	−33	−48	−63

것이다. 이를 함수 $w(t, s)$로 생각할 수 있다. 편미분 $\frac{\partial w}{\partial t}(10, 10)$, $\frac{\partial w}{\partial s}(10, 10)$와 (10, 10)에서 $w(t, s)$의 일차근삿값을 추정하여라. 또 (12, 13)에서 체감온도를 추정하여라.

12.5 연쇄법칙

우리는 이미 일변수함수의 연쇄법칙을 배웠다. 예를 들어, 함수 $e^{\sin(x^2)}$을 미분하면

$$\begin{aligned}\frac{d}{dx}\left[e^{\sin(x^2)}\right] &= e^{\sin(x^2)}\frac{d}{dx}[\sin(x^2)]\\ &= e^{\sin(x^2)}\cos(x^2)\frac{d}{dx}(x^2)\\ &= e^{\sin(x^2)}\cos(x^2)(2x)\end{aligned}$$

이다. 미분가능한 함수 f와 g에 대한 연쇄법칙의 일반형은 다음과 같다.

$$\frac{d}{dx}[f(g(x))] = f'(g(x))g'(x)$$

우리는 연쇄법칙을 다변수함수로 확장하고자 한다. 다변수함수의 연쇄법칙은 독립변수의 수에 따라 조금씩 다른 형태를 갖는다. 그러나 이것은 어디까지나 이미 잘 알고 있는 일변수함수에 대한 연쇄법칙의 변형이다.

먼저 미분가능한 함수 $f(x, y)$를 생각하고 다시 x와 y는 한 변수 t의 미분가능한 함수라고 하자. $f(x, y)$의 t에 관한 도함수를 구하기 위해 우선 $g(t) = f(x(t), y(t))$로 쓴다. 그러면 도함수의 정의로부터

$$\begin{aligned}\frac{d}{dt}[f(x(t), y(t))] = g'(t) &= \lim_{\Delta t\to 0}\frac{g(t+\Delta t)-g(t)}{\Delta t}\\ &= \lim_{\Delta t\to 0}\frac{f(x(t+\Delta t), y(t+\Delta t))-f(x(t), y(t))}{\Delta t}\end{aligned}$$

이다. 간단하게 하기 위해 $\Delta x = x(t+\Delta t)-x(t)$, $\Delta y = y(t+\Delta t)-y(t)$, $z = f(x(t+\Delta t), y(t+\Delta t))-f(x(t), y(t))$로 놓는다. 그러면

$$\frac{d}{dt}[f(x(t),\ y(t))] = \lim_{\Delta t \to 0} \frac{\Delta z}{\Delta t}$$

이다. f는 x와 y의 미분가능한 함수이므로 미분가능성의 정의로부터

$$\Delta z = \frac{\partial f}{\partial x}\Delta x + \frac{\partial f}{\partial y}\Delta y + \varepsilon_1 \Delta x + \varepsilon_2 \Delta y$$

이다. 여기서 $(\Delta x,\ \Delta y) \to (0,\ 0)$일 때 ε_1와 ε_2는 모두 0으로 가까워진다. 양변을 Δt로 나누면

$$\frac{\Delta z}{\Delta t} = \frac{\partial f}{\partial x}\frac{\Delta x}{\Delta t} + \frac{\partial f}{\partial y}\frac{\Delta y}{\Delta t} + \varepsilon_1 \frac{\Delta x}{\Delta t} + \varepsilon_2 \frac{\Delta y}{\Delta t}$$

이고 $\Delta t \to 0$으로 극한을 취하면

$$\begin{aligned} \frac{d}{dx}[f(x(t),\ y(t))] &= \lim_{\Delta t \to 0} \frac{\Delta z}{\Delta t} \\ &= \frac{\partial f}{\partial x}\lim_{\Delta t \to 0}\frac{\Delta x}{\Delta t} + \frac{\partial f}{\partial y}\lim_{\Delta t \to 0}\frac{\Delta y}{\Delta t} \\ &\quad + \lim_{\Delta t \to 0}\varepsilon_1 \lim_{\Delta t \to 0}\frac{\Delta x}{\Delta t} + \lim_{\Delta t \to 0}\varepsilon_2 \lim_{\Delta t \to 0}\frac{\Delta y}{\Delta t} \end{aligned} \tag{5.1}$$

이다. 그런데

$$\lim_{\Delta t \to 0}\frac{\Delta x}{\Delta t} = \lim_{\Delta t \to 0}\frac{x(t+\Delta t) - x(t)}{\Delta t} = \frac{dx}{dt}$$

이고

$$\lim_{\Delta t \to 0}\frac{\Delta y}{\Delta t} = \lim_{\Delta t \to 0}\frac{y(t+\Delta t) - y(t)}{\Delta t} = \frac{dy}{dt}$$

이다. 더욱이 $x(t)$와 $y(t)$는 미분가능하므로 연속이고

$$\lim_{\Delta t \to 0}\Delta x = \lim_{\Delta t \to 0}[x(t+\Delta t) - x(t)] = 0$$

이다. 마찬가지로 $\lim_{\Delta t \to 0}\Delta y = 0$이다. 따라서 $\Delta t \to 0$일 때 $(\Delta x,\ \Delta y) \to (0,\ 0)$이므로

$$\lim_{\Delta t \to 0}\varepsilon_1 = \lim_{\Delta t \to 0}\varepsilon_2 = 0$$

이다. 식 (5.1)로부터

$$\begin{aligned} \frac{d}{dt}[f(x(t),\ y(t))] &= \frac{\partial f}{\partial x}\lim_{\Delta t \to 0}\frac{\Delta x}{\Delta t} + \frac{\partial f}{\partial y}\lim_{\Delta t \to 0}\frac{\Delta y}{\Delta t} \\ &\quad + \lim_{\Delta t \to 0}\varepsilon_1 \lim_{\Delta t \to 0}\frac{\Delta x}{\Delta t} + \lim_{\Delta t \to 0}\varepsilon_2 \lim_{\Delta t \to 0}\frac{\Delta y}{\Delta t} \\ &= \frac{\partial f}{\partial x}\frac{dx}{dt} + \frac{\partial f}{\partial y}\frac{dy}{dt} \end{aligned}$$

이다. $f(x(t),\ y(t))$의 도함수를 구하기 위한 연쇄법칙을 요약하면 다음과 같다.

정리 5.1 연쇄법칙(Chain Rule)

$x(t)$와 $y(t)$가 미분가능하고 $f(x, y)$가 x와 y의 미분가능한 함수일 때 $z=f(x(t), y(t))$라 하면

$$\frac{dz}{dt}=\frac{d}{dt}[f(x(t), y(t))]=\frac{\partial f}{\partial x}(x(t), y(t))\frac{dx}{dt}+\frac{\partial f}{\partial y}(x(t), y(t))\frac{dy}{dt}$$

가 성립한다.

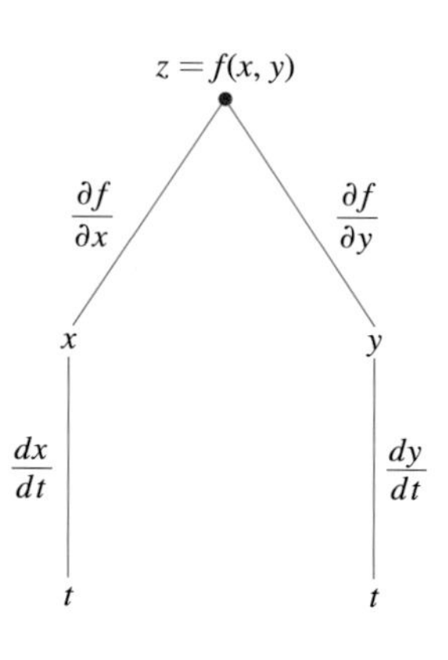

연쇄법칙을 기억하는 편리한 방법으로 왼쪽 그림과 같은 **수형도**(tree diagram)를 참고하면 도움이 될 것이다. $z=f(x, y)$이고 x와 y가 모두 변수 t의 함수이면 t는 독립변수이다. x와 y는 t의 함수이므로 x와 y를 중간변수로 생각한다. 수형도에서 종속변수 z를 맨 위쪽에 쓰고 다음에 중간변수 x와 y를 각각 쓴다. 그리고 맨 아래쪽에 t를 쓰고 이를 각각 경로로 연결한다. 마지막으로 각 경로에 대하여 도함수를 대응시킨다(즉, z와 x 사이에 $\frac{\partial z}{\partial x}$를 쓴다). 그러면 연쇄법칙은 각 경로를 따라 도함수의 곱의 합으로 $\frac{dz}{dt}$를 구할 수 있다. 즉,

$$\frac{dz}{dt}=\frac{\partial z}{\partial x}\frac{dx}{dt}+\frac{\partial z}{\partial y}\frac{dy}{dt}$$

이다. 이 방법은 다변수함수에서 각 변수가 다시 다변수함수로 표시되는 함수에 대하여 특히 유용하다. 다음 예제에서 연쇄법칙을 이용하여 도함수를 구해 보자.

예제 5.1 연쇄법칙의 이용

$z=f(x, y)=x^2e^y$, $x(t)=t^2-1$, $y(t)=\sin t$에 대하여 $g(t)=f(x(t), y(t))$의 도함수를 구하여라.

풀이

먼저 도함수 $\frac{\partial z}{\partial x}=2xe^y$, $\frac{\partial z}{\partial y}=x^2e^y$, $x'(t)=2t$, $y'(t)=\cos t$를 계산한다. 정리 5.1의 연쇄법칙을 이용하면

$$\begin{aligned} g'(t) &= \frac{\partial z}{\partial x}\frac{dx}{dt}+\frac{\partial z}{\partial y}\frac{dy}{dt}=2xe^y(2t)+x^2e^y\cos t \\ &= 2(t^2-1)e^{\sin t}(2t)+(t^2-1)^2e^{\sin t}\cos t \end{aligned}$$

이다.

예제 5.1에서 먼저 x와 y를 대입하고 미분공식을 이용하여 $g(t)=(t^2-1)^2e^{\sin t}$를 미분할 수도 있다. 다음 예제에서 보는 것처럼 연쇄법칙을 이용할 수밖에 없는 경우도 있다.

예제 5.2 연쇄법칙이 필요한 경우

어떤 공장의 생산량이 **콥-더글러스 생산**(Cobb–Douglas production) 함수 $P(k, l) = 20k^{1/4}l^{3/4}$로 주어진다고 하자. 여기서 k는 자본이고 l은 노동력을 나타낸다. $l=2$, $k=6$ 그리고 노동력은 매년 20명씩 감소하고 자본은 매년 400,000달러씩 증가한다고 하자. 생산량의 변화율을 구하여라.

풀이

$g(t)=P(k(t), l(t))$라 하자. 연쇄법칙으로부터

$$g'(t) = \frac{\partial P}{\partial k}k'(t) + \frac{\partial P}{\partial l}l'(t)$$

이다. $\frac{\partial P}{\partial k} = 5k^{-3/4}l^{3/4}$이고 $\frac{\partial P}{\partial l} = 15k^{1/4}l^{-1/4}$임을 주목하여라. $l=2$, $k=6$이면 $\frac{\partial P}{\partial k}(6, 2) \approx 2.1935$이고 $\frac{\partial P}{\partial l}(6, 2) \approx 19.7411$이다. k는 백만 달러를 단위로 하고 l은 천 명을 단위로 하기 때문에 $k'(t) = 0.4$ 이고 $l'(t) = -0.02$이다. 따라서 연쇄법칙으로부터

$$\begin{aligned} g'(t) &= \frac{\partial P}{\partial k}k'(t) + \frac{\partial P}{\partial l}l'(t) \\ &\approx 2.1935\,(0.4) + 19.7411(-0.02) = 0.48258 \end{aligned}$$

이다. 위의 사실로부터 생산은 일 년에 대략 1/2씩 증가함을 알 수 있다. ■

정리 5.1은 $f(x, y)$에서 x와 y가 두 독립변수 s와 t의 함수 $x(s, t)$, $y(s, t)$인 경우로 쉽게 확장할 수 있다. s에 관하여 미분할 때는 t를 상수로 취급한다. t를 고정하고 정리 5.1을 이용하면

$$\frac{\partial}{\partial s}[f(x, y)] = \frac{\partial f}{\partial x}\frac{\partial x}{\partial s} + \frac{\partial f}{\partial y}\frac{\partial y}{\partial s}$$

이다. 마찬가지로 $\frac{\partial}{\partial t}[f(x, y)]$에 대하여 연쇄법칙을 구할 수 있다. 따라서 다음과 같은 일반적인 연쇄법칙을 얻는다.

정리 5.2 연쇄법칙(Chain Rule)

$z=f(x, y)$라고 하자. 여기서 f는 x와 y의 미분가능한 함수이고 $x=x(s, t)$와 $y=y(s, t)$는 모두 일계편도함수를 갖는다. 그러면 연쇄법칙은

$$\frac{\partial z}{\partial s} = \frac{\partial z}{\partial x}\frac{\partial x}{\partial s} + \frac{\partial z}{\partial y}\frac{\partial y}{\partial s}$$

이고

$$\frac{\partial z}{\partial t} = \frac{\partial z}{\partial x}\frac{\partial x}{\partial t} + \frac{\partial z}{\partial y}\frac{\partial y}{\partial t}$$

이다.

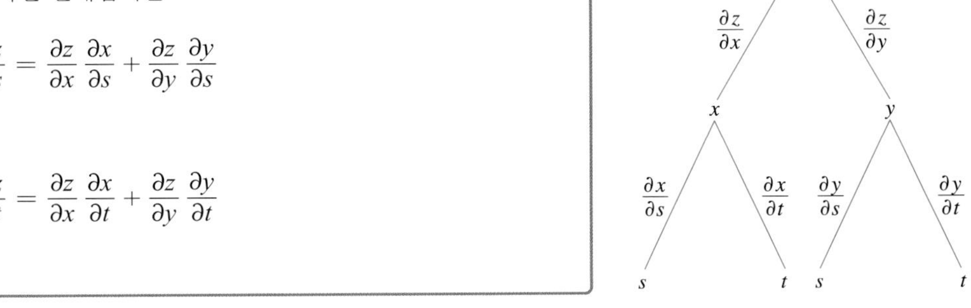

오른쪽 그림은 정리 5.2의 연쇄법칙을 기억하는 좋은 방법을 보여준다. z에서 s 또는 t로 가는 각 경로를 따라 주어진 편도함수의 곱을 합하면 된다.

연쇄법칙은 삼변수 또는 그 이상 변수의 함수로 쉽게 확장할 수 있다.

예제 5.3 연쇄법칙의 이용

$f(x, y) = e^{xy}$, $x(u, v) = 3u \sin v$, $y(u, v) = 4v^2 u$라고 하자. $g(u, v) = f(x(u, v), y(u, v))$에 대하여 편도함수 $\frac{\partial g}{\partial u}$와 $\frac{\partial g}{\partial v}$를 구하여라.

풀이

먼저 편도함수 $\frac{\partial f}{\partial x} = ye^{xy}$, $\frac{\partial f}{\partial y} = xe^{xy}$, $\frac{\partial x}{\partial u} = 3 \sin v$, $\frac{\partial y}{\partial u} = 4v^2$를 계산한다. 정리 5.2의 연쇄법칙으로부터

$$\frac{\partial g}{\partial u} = \frac{\partial f}{\partial x}\frac{\partial x}{\partial u} + \frac{\partial f}{\partial y}\frac{\partial y}{\partial u} = ye^{xy}(3\sin v) + xe^{xy}(4v^2)$$

이다. x와 y를 대입하면

$$\frac{\partial g}{\partial u} = 4v^2 ue^{12u^2v^2\sin v}(3\sin v) + 3u\sin v e^{12u^2v^2\sin v}(4v^2)$$

이다. g의 v에 관한 편도함수를 구하자. $\frac{\partial x}{\partial v} = 3u\cos v$와 $\frac{\partial y}{\partial v} = 8vu$이므로 연쇄법칙을 이용하면

$$\frac{\partial g}{\partial v} = ye^{xy}(3u\cos v) + xe^{xy}(8vu)$$

이다. 따라서 x와 y를 대입하면

$$\frac{\partial g}{\partial v} = 4v^2 ue^{12u^2v^2\sin v}(3u\cos v) + 3u\sin v\, e^{12u^2v^2\sin v}(8vu)$$

이다.

처음부터 x, y를 직접 대입해서 계산하는 것이 더 간단한 경우도 있다. 그렇게 하더라도 도함수의 값은 같다. 그러나 정리 5.1과 5.2의 연쇄법칙을 써야 하는 경우가 대단히 많다. 아래 몇 가지 예를 살펴보자.

예제 5.4 직교좌표를 극좌표로 바꾸기

미분가능한 함수 $f(x, y)$와 $x = r\cos\theta$, $y = r\sin\theta$에 대하여 $f_r = f_x\cos\theta + f_y\sin\theta$와 $f_{rr} = f_{xx}\cos^2\theta + 2f_{xy}\cos\theta\sin\theta + f_{yy}\sin^2\theta$를 증명하여라.

풀이

$\frac{\partial x}{\partial r} = \cos\theta$, $\frac{\partial y}{\partial r} = \sin\theta$이므로 정리 5.2로부터

$$f_r = \frac{\partial f}{\partial r} = \frac{\partial f}{\partial x}\frac{\partial x}{\partial r} + \frac{\partial f}{\partial y}\frac{\partial y}{\partial r} = f_x\cos\theta + f_y\sin\theta$$

이다. 이차편도함수를 구할 때는 특히 주의해야 한다. f_r을 구한 식과 정리 5.2를 이용하면

$$f_{rr} = \frac{\partial(f_r)}{\partial r} = \frac{\partial}{\partial r}(f_x\cos\theta + f_y\sin\theta) = \frac{\partial}{\partial r}(f_x)\cos\theta + \frac{\partial}{\partial r}(f_y)\sin\theta$$

$$= \left[\frac{\partial}{\partial x}(f_x)\frac{\partial x}{\partial r} + \frac{\partial}{\partial y}(f_x)\frac{\partial y}{\partial r}\right]\cos\theta + \left[\frac{\partial}{\partial x}(f_y)\frac{\partial x}{\partial r} + \frac{\partial}{\partial y}(f_y)\frac{\partial y}{\partial r}\right]\sin\theta$$

$$= (f_{xx}\cos\theta + f_{xy}\sin\theta)\cos\theta + (f_{yx}\cos\theta + f_{yy}\sin\theta)\sin\theta$$

$$= f_{xx}\cos^2\theta + 2f_{xy}\cos\theta\sin\theta + f_{yy}\sin^2\theta$$

으로 원하는 결과를 얻는다.

■

극좌표에서 다른 편도함수도 연쇄법칙을 이용해 구할 수 있다. 특히 $r \neq 0$이면

$$f_{xx} + f_{yy} = f_{rr} + \frac{1}{r}f_r + \frac{1}{r^2}f_{\theta\theta}$$

와 같은 중요한 식을 얻는다.

특히 $f_{xx} + f_{yy}$와 같은 이차편도함수의 결합을 f의 **라플라스 작용소**(Laplacian)라고 부른다. 이 모양은 열역학이나 파동의 전달을 나타내는 식 등에 자주 나타난다.

아래 예제 5.5에서 변수 변환의 또 다른 응용을 살펴보자. 어떤 식을 푸는 중요한 요령은 그 식을 다시 써서 가능한 한 일반적인 형태로 풀이하는 것이다. 이러한 식의 손쉬운 접근방법에는 **무차원 변수**(dimensionless variable)로 바꾸는 방법이 있다. 이름이 말하는 것처럼 이 방법은 단위가 없는 변수로 바꾸는 전형적인 방식이다. 한 예로 직선 위를 움직이는 물체의 속도가 v ft/s이고 처음 속도가 $v(0) = v_0$ ft/s라고 하면 변수 $V = \frac{v}{v_0}$는 차수가 없다. 왜냐하면 V의 단위는 ft/s를 ft/s로 나눈 것이기 때문이다. 보통 무차원 변수로 바꾸면 식이 간단해진다.

예제 5.5 무차원 변수

어떤 물체가 평면 위에서 처음 속도 $x'(0) = v_0\cos\theta$, $y'(0) = v_0\sin\theta$, 처음 위치 $x(0) = y(0) = 0$이고 t초 후의 위치는 각각 식 $x''(t) = 0$, $y''(t) = -g$를 만족시킨다. 이 식과 처음 조건을 변수 $X = \frac{g}{v_0^2}x$, $Y = \frac{g}{v_0^2}y$, $T = \frac{g}{v_0}t$로 고쳐 쓰라. x, y가 t에 대한 거리로 표시되는 함수이면 변수 X, Y, T는 차수가 없음을 보여라.

풀이

이 식을 변형하기 위해서 도함수 $x'' = \frac{d^2x}{dt^2}$, $y'' = \frac{d^2y}{dt^2}$를 X, Y, T의 식으로 다시 쓰자. 연쇄법칙에 의해서

$$\frac{dx}{dt} = \frac{dx}{dT}\frac{dT}{dt} = \frac{d(v_0^2X/g)}{dT}\frac{d(gt/v_0)}{dt} = \frac{v_0^2}{g}\frac{dX}{dT}\frac{g}{v_0} = v_0\frac{dX}{dT}$$

이다. 다시, 이차도함수를 계산하면

$$\frac{d^2x}{dt^2} = \frac{d}{dt}\left(\frac{dx}{dt}\right) = \frac{d}{dt}\left(v_0\frac{dX}{dT}\right) = \frac{d}{dT}\left(v_0\frac{dX}{dT}\right)\frac{dT}{dt}$$

$$= v_0\frac{d^2X}{dT^2}\frac{g}{v_0} = g\frac{d^2X}{dT^2}$$

를 얻을 수 있다. 마찬가지로 $\frac{dy}{dt} = v_0\frac{dY}{dT}$와 $\frac{d^2y}{dt^2} = g\frac{d^2Y}{dT^2}$를 얻는다. 미분방정식 $x''(t)$

$= 0$로부터 $g\dfrac{d^2X}{dT^2} = 0$이므로 $\dfrac{d^2X}{dT^2} = 0$이다.

또 미분방정식 $y''(t) = -g$로부터 $g\dfrac{d^2Y}{dT^2} = -g$, 즉 $\dfrac{d^2Y}{dT^2} = -1$이다. 마지막으로 처음 조건 $x'(0) = v_0 \cos\theta$로부터 $v_0\dfrac{dX}{dT}(0) = v_0\cos\theta$ 즉 $\dfrac{dX}{dT}(0) = \cos\theta$이고 처음 조건 $y'(0) = v_0\sin\theta$로부터 $v_0\dfrac{dY}{dT}(0) = v_0\sin\theta$ 즉 $\dfrac{dY}{dT}(0) = \sin\theta$이다. 처음값 문제는 결국 다음 식과 같고

$$\frac{d^2X}{dT^2} = 0,\ \frac{d^2Y}{dT^2} = -1,\ \frac{dX}{dT}(0) = \cos\theta,\ \frac{dY}{dT}(0) = \sin\theta,\ X(0) = 0, Y(0) = 0$$

이 식의 남은 변수는 단지 θ뿐이다. 따라서 우리는 이 처음값 문제를 풀기 위해서 어떤 단위들이 사용되었는지 알 필요가 없다. 마지막으로 변수가 무차원이라는 것을 보이기 위해서 단위를 살펴보자. 처음 속도 v_0는 단위 ft/s, g는 단위 ft/s²(중력가속도)이다. $X = \dfrac{g}{v_0^2}x$의 단위는

$$\frac{\text{ft/s}^2}{(\text{ft/s})^2}(\text{ft}) = \frac{\text{ft}^2/\text{s}^2}{\text{ft}^2/\text{s}^2} = 1$$

이다. 마찬가지로 Y도 단위가 없다. 마지막으로 $T = \dfrac{g}{v_0}t$의 단위도

$$\frac{\text{ft/s}^2}{\text{ft/s}}(\text{s}) = \frac{\text{ft/s}}{\text{ft/s}} = 1$$

이다.

■

음함수 미분법

방정식 $F(x, y) = 0$은 y가 x의 함수, 즉 $y = f(x)$를 음적으로 정의한다고 하자. 2.8절에서 이 경우 $\dfrac{dy}{dx}$를 계산하는 방법을 이미 공부하였다. 다변수함수에 대한 연쇄법칙을 이용하여 이를 계산하는 다른 방법을 얻을 수 있다. 더욱이 음적으로 정의된 다변수함수로 확장할 수 있다.

$z = F(x, y)$라고 하자. 여기서 $x = t$, $y = f(t)$이다. 정리 5.1로부터

$$\frac{dz}{dt} = F_x\frac{dx}{dt} + F_y\frac{dy}{dt}$$

이다. 그러나 $z = F(x, y) = 0$ 이므로 $\dfrac{dz}{dt} = 0$이다. 또, $x = t$이므로 $\dfrac{dx}{dt} = 1$, $\dfrac{dy}{dt} = \dfrac{dy}{dx}$이다. 따라서

$$0 = F_x + F_y\frac{dy}{dx}$$

이다. $F_y \neq 0$이면 $\dfrac{dy}{dx}$로 풀 수 있다. 이 경우에

$$\frac{dy}{dx} = -\frac{F_x}{F_y}$$

이다. $\dfrac{dy}{dx}$을 음적으로 계산하는 방법을 이미 공부하였으므로 이 모양은 그렇게 새로운 것이 아니다. 그러나 **음함수 정리**(Implicit Function Theorem)에 의하면 F_x와 F_y

가 (a, b)를 포함하는 열린원판 위에서 연속이고 $F(a, b)=0$, $F_y(a, b) \neq 0$이면 방정식 $F(x, y)=0$은 점 (a, b)의 근처에서 y가 x의 함수임을 음적으로 정의한다.

이제 이러한 개념을 음적으로 정의된 다변수함수로 다음과 같이 확장할 수 있다. 방정식 $F(x, y, z)=0$이 함수 $z=f(x, y)$을 음적으로 정의한다고 하자. 여기서 f는 미분가능한 함수이다. 그러면 연쇄법칙을 이용하여 다음과 같이 편도함수 F_x와 F_y를 구할 수 있다. 먼저 $w=F(x, y, z)$라고 하자. 연쇄법칙으로부터

$$\frac{\partial w}{\partial x} = F_x \frac{\partial x}{\partial x} + F_y \frac{\partial y}{\partial x} + F_z \frac{\partial z}{\partial x}$$

이다. $w=F(x, y, z)=0$이므로 $\frac{\partial w}{\partial x}=0$이다. 또 x와 y는 독립변수이므로 $\frac{\partial x}{\partial x}=1$이고 $\frac{\partial y}{\partial x}=0$이다. 따라서

$$0 = F_x + F_z \frac{\partial z}{\partial x}$$

이다. $F_z \neq 0$이면 $\frac{\partial z}{\partial x}$에 대하여 풀 수 있고,

$$\frac{\partial z}{\partial x} = -\frac{F_x}{F_z} \tag{5.2}$$

이다. 마찬가지로 w를 y에 관하여 미분하면

$$\frac{\partial z}{\partial y} = -\frac{F_y}{F_z} \tag{5.3}$$

을 얻을 수 있다. 단 $F_z \neq 0$이다. 이변수함수와 마찬가지로 삼변수함수에 대한 음함수 정리는 F_x, F_y, F_z이 점 (a, b, c)를 포함하는 구의 내부에서 연속이고 $F(a, b, c)=0$, $F_z(a, b, c) \neq 0$이면 방정식 $F(x, y, z)=0$은 점 (a, b, c)의 근처에서 z는 x와 y의 함수로서 z를 음적으로 정의한다.

예제 5.6 음함수의 편도함수 구하기

$F(x, y, z)=xy^2+z^3+\sin(xyz)=0$일 때 $\frac{\partial z}{\partial x}$, $\frac{\partial z}{\partial y}$을 구하여라.

풀이

먼저 연쇄법칙을 이용하면

$$F_x = y^2 + yz\cos(xyz)$$
$$F_y = 2xy + xz\cos(xyz)$$

이고

$$F_z = 3z^2 + xy\cos(xyz)$$

이다. 식 (5.2)로부터

$$\frac{\partial z}{\partial x} = -\frac{F_x}{F_z} = -\frac{y^2 + yz\cos(xyz)}{3z^2 + xy\cos(xyz)}$$

이다. 마찬가지로 식 (5.3)으로부터,

$$\frac{\partial z}{\partial y} = -\frac{F_y}{F_z} = -\frac{2xy + xz\cos(xyz)}{3z^2 + xy\cos(xyz)}$$

이다.

■

이변수함수의 음함수 미분과 마찬가지로 삼변수함수의 음함수 미분은 삼변수에 의존하는 도함수로 표시됨을 유의하여라.

연습문제 12.5

1. 예제 5.1에서 $x = t^2 - 1$, $y = \sin t$를 대입한 후 $g'(t)$를 계산하여라.

[2~3] 연쇄법칙을 이용하여 다음 도함수를 구하여라.

2. $g(t) = f(x(t),\ y(t))$, $f(x,\ y) = x^2 y - \sin y$, $x(t) = \sqrt{t^2+1}$, $y(t) = e^t$일 때 $g'(t)$

3. $g(u,\ v) = f(x(u,\ v),\ y(u,\ v))$, $f(x,\ y) = 4x^2 y^3$, $x(u,\ v) = u^3 - v\sin u$, $y(u,\ v) = 4u^2$일 때 $\frac{\partial g}{\partial u}$, $\frac{\partial g}{\partial v}$

[4~7] 일반적인 합성함수에 대하여 연쇄법칙을 유도하여라.

4. $g(t) = f(x(t),\ y(t),\ z(t))$

5. $g(u,\ v,\ w) = f(x(u,\ v,\ w),\ y(u,\ v,\ w))$

6. $g(u,\ v) = f(u+v,\ u-v,\ u^2+v^2)$

7. $g(u,\ v,\ w) = f(uv,\ u/v,\ w^2)$

8. 예제 5.2에서, $l = 4$이고 $k = 6$이며 노동력은 매년 60명씩 감소하고 자본은 매년 100,000달러씩 증가한다고 하자. 생산량의 변화율을 구하여라.

9. 공장의 생산량은 예제 5.2에서 정의된 k와 l에 대하여 $P(k,\ l) = 16k^{1/3}l^{2/3}$으로 주어진다고 하자. $l = 3$이고 $k = 4$이며 노동력은 매년 80명씩 증가하고 자본은 매년 200,000달러씩 감소한다고 하자. 생산량의 변화율을 구하여라.

10. 수입은 판매량과 가격의 곱이다, 즉 $I = qp$로 쓸 수 있다. 판매량이 5% 증가하고 가격이 3% 증가하면 수입은 8% 증가함을 증명하여라.

[11~13] 음함수 미분법을 이용하여 $\frac{\partial z}{\partial x}$와 $\frac{\partial z}{\partial y}$를 구하여라.

11. $3x^2 z + 2z^3 - 3yz = 0$

12. $3e^{xyz} - 4xz^2 + x\cos y = 2$

13. $xyz = \cos(x+y+z)$

14. $x = r\cos\theta$, $y = r\sin\theta$일 때 미분가능한 함수 $f(x,\ y)$에 대하여 $f_\theta = -f_x r\sin\theta + f_y r\cos\theta$임을 증명하여라.

15. $x = r\cos\theta$, $y = r\sin\theta$일 때 미분가능한 함수 $f(x,\ y)$에 대하여 $f_{xx} + f_{yy} = f_{rr} + \frac{1}{r}f_r + \frac{1}{r^2}f_{\theta\theta}$이 성립함을 증명하여라. 이 식을 f의 라플라스 작용소라고 한다.

[16~18] 연쇄법칙을 두 번 이용하여 다음 도함수를 구하여라.

16. $g(t) = f(x(t),\ y(t))$일 때 $g''(t)$

17. $g(u,\ v) = f(x(u,\ v),\ y(u,\ v))$일 때 $\frac{\partial^2 g}{\partial u^2}$

18. $g(u,\ v) = f(u+v,\ u-v,\ u^2+v^2)$일 때 $\frac{\partial^2 g}{\partial u \partial v}$

12.6 기울기와 방향도함수

울퉁불퉁한 지역을 하이킹하고 있다고 가정해 보자. 위도 x와 경도 y로 주어지는 지점에서 고도를 함수 $f(x, y)$로 생각할 수 있다. 이 함수는 다루기 쉬운 편리한 함수는 아니지만 기대하는 것보다 훨씬 많은 것을 배울 수 있다. 동쪽으로 향하는(x축의 양의 방향) 지형의 기울기는 $\dfrac{\partial f}{\partial x}(x, y)$이고 북쪽으로 향하는 지형의 기울기는 $\dfrac{\partial f}{\partial y}(x, y)$으로 주어진다. 그러나 $f(x, y)$에서 이를테면 북북서로 향하는 방향의 기울기는 어떻게 계산할 수 있을까? 이 절에서는 이 질문에 대한 해답으로 **방향도함수**(directional derivative)의 개념을 소개한다.

점 $P(a, b)$에서 단위벡터 $\mathbf{u} = \langle u_1, u_2 \rangle$의 방향으로 $f(x, y)$의 순간변화율을 구해 보자. 점 $P(a, b)$를 지나고 $\mathbf{u}$의 방향을 갖는 직선 위의 임의의 한 점을 $Q(x, y)$라고 하자. 그러면 벡터 $\overrightarrow{PQ}$는 $\mathbf{u}$와 평행하다. 두 벡터가 평행일 필요충분조건은 적당한 수 h에 대하여 $\overrightarrow{PQ} = h\mathbf{u}$이다. 즉,

$$\overrightarrow{PQ} = \langle x-a, y-b \rangle = h\mathbf{u} = h\langle u_1, u_2 \rangle = \langle hu_1, hu_2 \rangle$$

이다. 두 벡터의 대응하는 성분이 모두 같을 때만 두 벡터는 같으므로 $x-a = hu_1$, $y-b = hu_2$이고 따라서

$$x = a + hu_1, \quad y = b + hu_2$$

이다. 여기서 점 Q는 $(a+hu_1, b+hu_2)$으로 표시된다(그림 12.33). 직선을 따라서 점 P에서 Q까지 $z = f(x, y)$의 평균변화율은

$$\frac{f(a+hu_1, b+hu_2) - f(a, b)}{h}$$

으로 쓸 수 있다. 점 $P(a, b)$에서 단위벡터 $\mathbf{u}$의 방향으로 $f(x, y)$의 순간변화율이 $h \to 0$일 때 극한을 취하여 구한다. 이렇게 구한 극한을 방향도함수라고 한다.

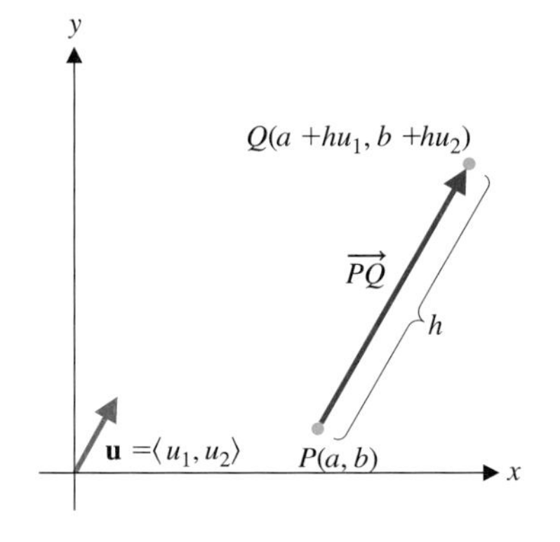

그림 12.33 벡터 $\overrightarrow{PQ}$

정의 6.1

점 (a, b)에서 단위벡터 $\mathbf{u} = \langle u_1, u_2 \rangle$의 방향으로 $f(x, y)$의 **방향도함수**는 극한이 존재할 때

$$D_{\mathbf{u}} f(a, b) = \lim_{h \to 0} \frac{f(a+hu_1, b+hu_2) - f(a, b)}{h}$$

으로 정의한다.

이 경우에 두 변수 모두 변한다는 것을 제외한다면 이 극한은 편미분의 정의와 비슷하다. 또, 양의 x축의 방향(즉 단위벡터 $\mathbf{u} = \langle 1, 0 \rangle$의 방향)으로 방향도함수는

$$D_{\mathbf{u}} f(a, b) = \lim_{h \to 0} \frac{f(a+h, b) - f(a, b)}{h} = \frac{\partial f}{\partial x}(a, b)$$

이고 이것은 편미분 $\dfrac{\partial f}{\partial x}$이다. 마찬가지로 양의 y축의 방향(즉 단위벡터 $\mathbf{u} = \langle 0, 1 \rangle$)

의 방향)으로 방향도함수는 $\dfrac{\partial f}{\partial y}$이다. 정리 6.1에서와 같이 실제로 임의의 방향도함수는 일계편도함수로 간단히 계산할 수 있다.

정리 6.1

f가 점 (a, b)에서 미분가능하고 $\mathbf{u} = \langle u_1, u_2 \rangle$가 단위벡터라고 하자. 그러면

$$D_{\mathbf{u}} f(a, b) = f_x(a, b)\, u_1 + f_y(a, b)\, u_2$$

이다.

증명

$g(h) = f(a + hu_1, b + hu_2)$라고 하면 $g(0) = f(a, b)$이고 따라서 정의 6.1로부터

$$D_{\mathbf{u}} f(a, b) = \lim_{h \to 0} \frac{f(a + hu_1, b + hu_2) - f(a, b)}{h} = \lim_{h \to 0} \frac{g(h) - g(0)}{h} = g'(0)$$

이다. $x = a + hu_1$와 $y = b + hu_2$로 놓으면 $g(h) = f(x, y)$이다. 정리 5.1의 연쇄법칙으로부터

$$g'(h) = \frac{\partial f}{\partial x}\frac{dx}{dh} + \frac{\partial f}{\partial y}\frac{dy}{dh} = \frac{\partial f}{\partial x} u_1 + \frac{\partial f}{\partial y} u_2$$

이다. 마지막으로 $h = 0$으로 두면 다음과 같이 원하는 결과를 얻는다.

$$D_{\mathbf{u}} f(a, b) = g'(0) = \frac{\partial f}{\partial x}(a, b) u_1 + \frac{\partial f}{\partial y}(a, b) u_2$$

■

예제 6.1 방향도함수 계산하기

$f(x, y) = x^2 y - 4y^3$에 대하여 다음 방향으로 $D_{\mathbf{u}} f(2, 1)$를 계산하여라.

(a) $\mathbf{u} = \left\langle \frac{\sqrt{3}}{2}, \frac{1}{2} \right\rangle$ (b) $\mathbf{u}$는 점 $(2, 1)$에서 $(4, 0)$로 향하는 방향

풀이

방향에 관계없이 먼저 편도함수 $\dfrac{\partial f}{\partial x} = 2xy$와 $\dfrac{\partial f}{\partial y} = x^2 - 12y^2$를 계산한다. 따라서 $f_x(2, 1) = 4$, $f_y(2, 1) = -8$이다.

(a) $\mathbf{u} = \left\langle \frac{\sqrt{3}}{2}, \frac{1}{2} \right\rangle$는 단위벡터이므로 정리 6.1로부터

$$D_{\mathbf{u}} f(2, 1) = f_x(2, 1) u_1 + f_y(2, 1)\, u_2 = 4\frac{\sqrt{3}}{2} - 8\left(\frac{1}{2}\right) = 2\sqrt{3} - 4 \approx -0.5$$

이다. 이 값은 함수는 이 방향으로 감소하고 있음을 나타낸다.

(b) 먼저 주어진 방향을 갖는 단위벡터 $\mathbf{u}$를 찾아야 한다. 점 $(2, 1)$에서 $(4, 0)$으로 향하는 벡터의 위치벡터는 $\langle 2, -1 \rangle$이다. 따라서 이 방향의 단위벡터는 $\mathbf{u} = \left\langle \frac{2}{\sqrt{5}}, -\frac{1}{\sqrt{5}} \right\rangle$이다. 따라서 정리 6.1로부터

$$D_{\mathbf{u}} f(2, 1) = f_x(2, 1) u_1 + f_y(2, 1) u_2 = 4\frac{2}{\sqrt{5}} - 8\left(-\frac{1}{\sqrt{5}}\right) = \frac{16}{\sqrt{5}}$$

이다. 이것은 함수가 이 방향으로 빠르게 증가하고 있음을 나타낸다.

■

편의상, 함수 f의 일계편도함수를 각 좌표의 성분으로 갖는 벡터값함수를 그 함수의 기울기라고 정의한다. 그리고 기호 **grad** f 또는 ∇f('del f'로 읽는다)로 나타낸다.

정의 6.2

함수 $f(x, y)$의 각 편도함수가 존재할 때 벡터값함수

$$\nabla f(x, y) = \left\langle \frac{\partial f}{\partial x}, \frac{\partial f}{\partial y} \right\rangle = \frac{\partial f}{\partial x}\mathbf{i} + \frac{\partial f}{\partial y}\mathbf{j}$$

를 함수 f의 **기울기**(gradient) 또는 기울기벡터라고 한다.

기울기를 이용하여 방향도함수를 기울기와 주어진 방향을 갖는 단위벡터와의 내적으로 표시할 수 있다. 단위벡터 $\mathbf{u} = \langle u_1, u_2 \rangle$에 대하여

$$\begin{aligned} D_{\mathbf{u}} f(x, y) &= f_x(x, y)\,u_1 + f_y(x, y)\,u_2 \\ &= \langle f_x(x, y), f_y(x, y) \rangle \cdot \langle u_1, u_2 \rangle \\ &= \nabla f(x, y) \cdot \mathbf{u} \end{aligned}$$

이다. 이 결과를 다음 정리로 다시 쓴다.

정리 6.2

함수 $f(x, y)$가 미분가능하고 $\mathbf{u}$가 단위벡터이면

$$D_{\mathbf{u}} f(x, y) = \nabla f(x, y) \cdot \mathbf{u}$$

이다.

방향도함수를 내적으로 쓰면 여러 가지 중요한 결과를 얻는다. 그 중 하나를 다음 예제에서 다룬다.

예제 6.2 방향도함수 구하기

함수 $f(x, y) = x^2 + y^2$에 대하여 다음 각 경우의 $D_{\mathbf{u}} f(1, -1)$를 구하여라.
(a) $\mathbf{u}$가 $\mathbf{v} = \langle -3, 4 \rangle$ 방향일 때 (b) $\mathbf{u}$가 $\mathbf{v} = \langle 3, -4 \rangle$ 방향일 때

풀이

$$\nabla f = \left\langle \frac{\partial f}{\partial x}, \frac{\partial f}{\partial y} \right\rangle = \langle 2x, 2y \rangle$$

이므로 점 $(1, -1)$에서 $\nabla f(1, -1) = \langle 2, -2 \rangle$이다.
(a) $\mathbf{v}$와 같은 방향을 갖는 단위벡터는 $\mathbf{u} = \left\langle -\frac{3}{5}, \frac{4}{5} \right\rangle$이다. 따라서 점 $(1, -1)$에서 이 방향으로 f의 방향도함수는

$$D_{\mathbf{u}} f(1, -1) = \langle 2, -2 \rangle \cdot \left\langle -\frac{3}{5}, \frac{4}{5} \right\rangle = \frac{-6-8}{5} = -\frac{14}{5}$$

이다.

(b) 단위벡터는 $\mathbf{u} = \left\langle \frac{3}{5}, -\frac{4}{5} \right\rangle$이므로 점 (1, −1)에서 이 방향으로 f의 방향도함수는

$$D_{\mathbf{u}} f(1, -1) = \langle 2, -2 \rangle \cdot \left\langle \frac{3}{5}, -\frac{4}{5} \right\rangle = \frac{6+8}{5} = \frac{14}{5}$$

이다.

예제 6.2의 방향도함수를 그래프로 나타낸 것이 그림 12.34a이다. 곡면 $z = f(x, y)$이 점 (1, −1, 2)를 지나고 xy평면과 수직이고 벡터 $\mathbf{u}$와 평행인 평면과 만난다고 하자(그림 12.34a). 교선은 이차원 곡선이다. 이 교선을 새로운 원점을 점 (1, −1, 2)에 대응하도록 택하고 새로운 수직축을 z축으로 하고 새로운 양의 수평축을 $\mathbf{u}$의 방향과 일치하도록 새로운 좌표평면 위에서 그린다. 그림 12.34b는 $\mathbf{u} = \left\langle -\frac{3}{5}, \frac{4}{5} \right\rangle$인 경우이고 그림 12.34c는 $\mathbf{u} = \left\langle \frac{3}{5}, -\frac{4}{5} \right\rangle$인 경우의 그래프이다. 각각의 경우에 방향도함수는 원점(새로운 좌표계)에서 곡선의 기울기이다. 예제 6.2의 (a)와 (b)의 방향벡터는 부호만 다르고 따라서 그림 12.34b와 12.34c의 곡선은 서로 대칭이다.

방향도함수를 그래프로 보여주는 또 하나의 방법은 등고선을 이용하는 것이다.

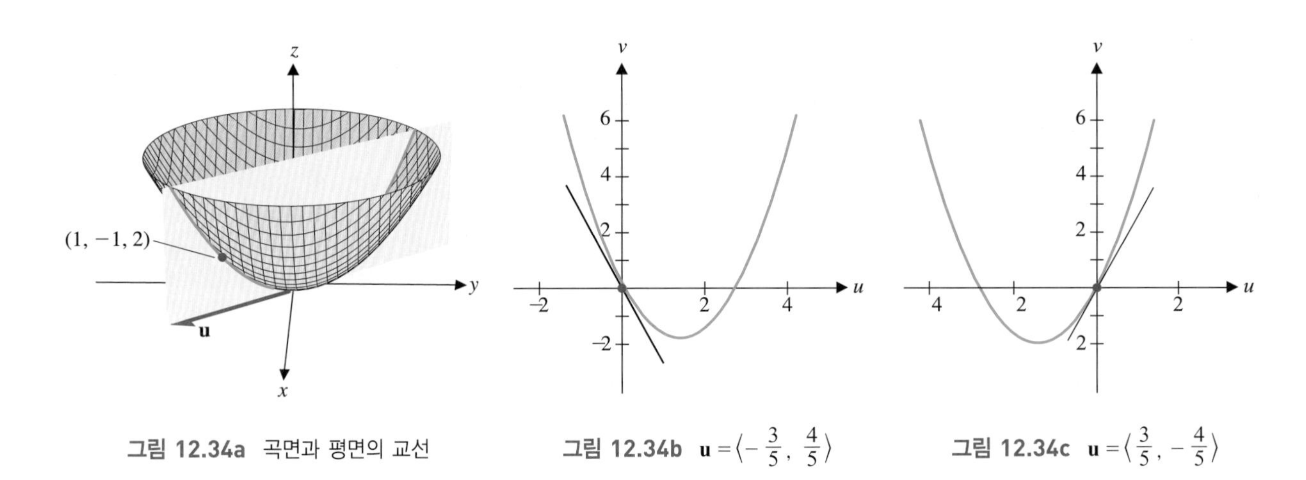

그림 12.34a 곡면과 평면의 교선 **그림 12.34b** $\mathbf{u} = \left\langle -\frac{3}{5}, \frac{4}{5} \right\rangle$ **그림 12.34c** $\mathbf{u} = \left\langle \frac{3}{5}, -\frac{4}{5} \right\rangle$

예제 6.3 방향도함수와 등고선

$z = x^2 + y^2$의 등고선 도안을 이용하여 $\mathbf{u} = \left\langle -\frac{3}{5}, \frac{4}{5} \right\rangle$에 대한 $D_{\mathbf{u}} f(1, -1)$를 구하여라.

풀이

그림 12.35는 시작점이 (1, −1)이고 방향벡터 $\mathbf{u} = \left\langle -\frac{3}{5}, \frac{4}{5} \right\rangle$를 갖는 $z = x^2 + y^2$의 등고선 도안이다. 그래프에 표시된 등고선은 $z = 0.2, 0.5, 1, 2, 3$에 대응한다. 그래프에서 $\frac{\Delta z}{\Delta u}$을 추정함으로써 방향도함수의 근삿값을 구할 수 있다. 여기서 Δu는 벡터 $\mathbf{u}$를 따라 이동한 거리를 나타낸다. 단위벡터 $\mathbf{u}$에 대하여 $\Delta u = 1$이다. 또, 이 벡터는 $z = 2$ 등고선으로부터 $z = 0.2$ 등고선까지 미친다. 이 경우, $\Delta z = 0.2 - 2 = -1.8$이고 방향도함수의 추정값은 $\frac{\Delta z}{\Delta u} = -1.8$이다. 예제 6.2의 실제 방향도함수의 값 $-\frac{14}{5} = -2.8$과 비교해 보면 이 근삿값은 그리 정확하지 못하다. 더 정확한 근삿값은 Δu의 값을 작게 함으로써 구할 수 있다. 예를 들어, $z = 2$ 등고선에서 $z = 1$ 등고선까지 취하면 이동거리는 단위벡터의 약 40%가 되고 이

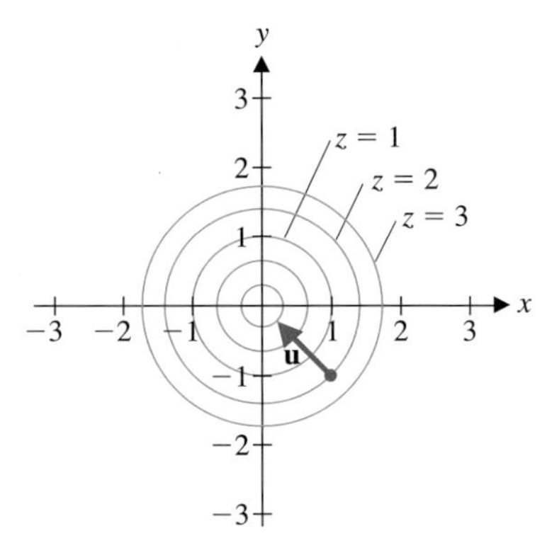

그림 12.35 $z = x^2 + y^2$의 등고선 도안

때 $\dfrac{\Delta z}{\Delta u} \approx \dfrac{1-2}{0.4} = 2.5$이다. $z=2$에 보다 더 가까운 z의 값에 대응하여 등고선을 더욱 더 많이 그려 위 과정을 계속한다.

방향도함수는 주어진 방향으로 함수의 변화율을 말해 준다. 이 경우에 주어진 함수는 어떤 방향에서 최대 또는 최소의 증가율을 가질까? 이 질문의 해답을 얻기 위해, 10장의 정리 3.2로부터 두 벡터 $\mathbf{a}$와 $\mathbf{b}$에 대하여 $\mathbf{a} \cdot \mathbf{b} = \|\mathbf{a}\|\|\mathbf{b}\|\cos\theta$을 이용한다. 여기서 θ는 두 벡터 $\mathbf{a}$와 $\mathbf{b}$가 이루는 각이다. 이 식을 정리 6.2의 방향도함수에 적용하면

$$\begin{aligned} D_{\mathbf{u}} f(a, b) &= \nabla f(a, b) \cdot \mathbf{u} \\ &= \|\nabla f(a, b)\|\|\mathbf{u}\|\cos\theta = \|\nabla f(a, b)\|\cos\theta \end{aligned}$$

이다. 여기서 θ는 점 (a, b)에서 기울기벡터와 방향벡터 $\mathbf{u}$가 이루는 각이다.

$\|\nabla f(a, b)\|\cos\theta$의 최댓값은 $\theta = 0$일 때, 즉 $\cos\theta = 1$일 때이다. 이 때 방향도함수는 $\|\nabla f(a, b)\|$이다. 또 $\nabla f(a, b)$와 $\mathbf{u}$가 같은 방향을 가질 때 $\theta = 0$이다. 따라서 $\mathbf{u} = \dfrac{\nabla f(a, b)}{\|\nabla f(a, b)\|}$이다. 마찬가지로 방향도함수의 최솟값은 $\theta = \pi$, 즉 $\cos\theta = -1$일 때이다. 이 경우 $\nabla f(a, b)$와 $\mathbf{u}$는 반대방향을 갖고 따라서 $\mathbf{u} = -\dfrac{\nabla f(a, b)}{\|\nabla f(a, b)\|}$이다. 끝으로, $\theta = \frac{\pi}{2}$일 때 $\mathbf{u}$는 $\nabla f(a, b)$와 수직이고 이 방향에 대한 방향도함수는 0이다. 등고선은 xy평면 위의 곡선이고 이 평면 위에서 f는 상수이므로 한 점에서 방향도함수가 0이면 $\mathbf{u}$가 등고선에 접한다. 이를 요약하면 다음 정리를 얻는다.

정리 6.3

함수 $f(x, y)$는 점 (a, b)에서 미분가능하다고 하자. 그러면

(i) (a, b)에서 f의 최대변화율은 $\|\nabla f(a, b)\|$이고 이것은 기울기벡터의 방향 $\mathbf{u} = \dfrac{\nabla f(a, b)}{\|\nabla f(a, b)\|}$일 때 나타난다.

(ii) (a, b)에서 f의 최소변화율은 $-\|\nabla f(a, b)\|$이고 이것은 기울기벡터의 반대방향 $\mathbf{u} = -\dfrac{\nabla f(a, b)}{\|\nabla f(a, b)\|}$일 때 나타난다.

(iii) (a, b)에서 $\nabla f(a, b)$에 수직방향으로의 f의 변화율은 0이다.

(iv) 기울기 $\nabla f(a, b)$는 점 (a, b)에서 등고선 $f(x, y) = c$와 수직이다. 여기서 $c = f(a, b)$이다.

정리 6.3에서, 방향도함수는 주어진 방향으로 함수의 변화율을 나타낸다.

예제 6.4 최대, 최소변화율 구하기

점 $(1, 3)$에서 함수 $f(x, y) = x^2 + y^2$의 최대, 최소변화율을 구하여라.

풀이

먼저 기울기벡터 $\nabla f = \langle 2x, 2y \rangle$를 계산하고 점 $(1, 3)$에서 $\nabla f(1, 3) = \langle 2, 6 \rangle$을 구한다. 정

리 6.3으로부터 (1, 3)에서 f의 최대변화율은 $\|\nabla f(1, 3)\| = \|\langle 2, 6\rangle\| = \sqrt{40}$ 이고 방향

$$\mathbf{u} = \frac{\nabla f(1, 3)}{\|\nabla f(1, 3)\|} = \frac{\langle 2, 6\rangle}{\sqrt{40}}$$

에서 나타난다. 마찬가지로, 최소변화율은 $-\|\nabla f(1, 3)\| = -\|\langle 2, 6\rangle\| = -\sqrt{40}$ 이고 방향

$$\mathbf{u} = -\frac{\nabla f(1, 3)}{\|\nabla f(1, 3)\|} = -\frac{\langle 2, 6\rangle}{\sqrt{40}}$$

에서 나타난다.

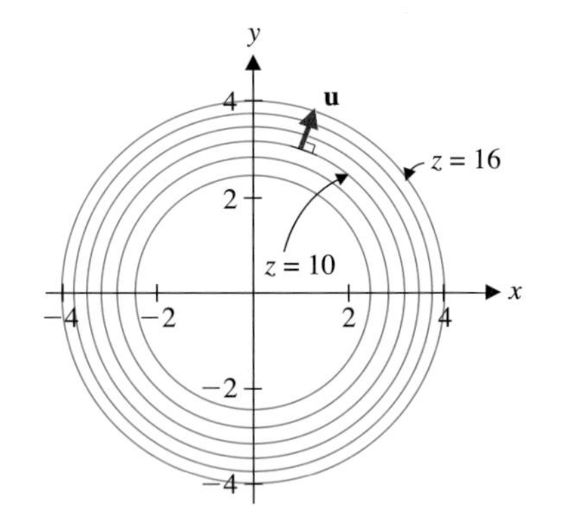

그림 12.36 $z = x^2 + y^2$의 등고선 도안

점 (0, 0)에서 (1, 3)으로 변위벡터는 $\mathbf{u} = \langle 2, 6\rangle/\sqrt{40}$와 평행하므로 예제 6.4에서 최대증가 방향은 원점에서 멀어지는 방향을 가리킨다. 그림 12.36에서 함수 $f(x, y)$의 등고선 도안은 기울기벡터가 등고선과 직교함을 보여준다. 이 경우를 다음 예제에서 다룬다.

예제 6.5 급경사를 가지는 방향 구하기

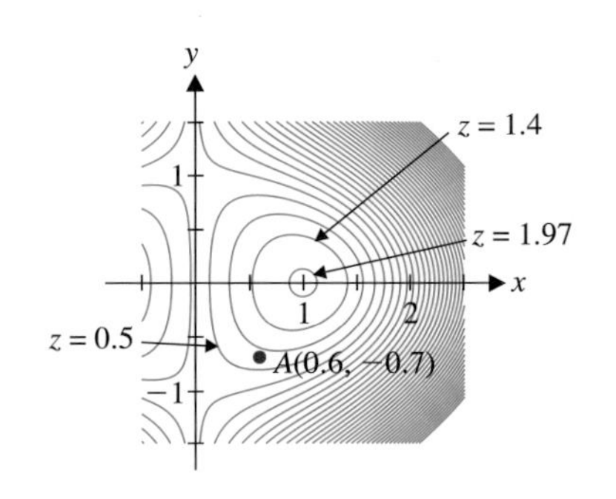

그림 12.37 $z = 3x - x^3 - 3xy^2$의 등고선 도안

그림 12.37은 $f(x, y) = 3x - x^3 - 3xy^2$의 등고선 도안으로서 (1, 0)의 근처에서 몇 개의 등고선을 보여주고 있다. 점 $A(0.6, -0.7)$에서 증가율이 최대인 방향을 구하고 최대 급경사를 가지는 경로를 그려라.

풀이

정리 6.3에서 (0.6, −0.7)에서 증가율이 최대인 방향은 기울기벡터 $\nabla f(0.6, -0.7)$로 주어진다. $\nabla f = \langle 3 - 3x^2 - 3y^2, -6xy\rangle$이므로 $\nabla f(0.6, -0.7) = \langle 0.45, 2.52\rangle$이다. 따라서 이 방향으로의 단위벡터는 $\mathbf{u} = \langle 0.176, 0.984\rangle$이다. 점 (0.6, −0.7)에서 이 방향으로의 한 벡터는 그림 12.38a에서 보여준다. 이 벡터만으로는 (1, 0)에서 최대를 알 수 없다(산 위에서, 주어진 점으로부터 최대 급경사 경로가 반드시 정상으로 향하는 것은 아니다). 최대 급경사를 갖는 경로는 각 등고선을 수직으로 통과하는 곡선이다. 그림 12.38a에서 보여주는 벡터의 끝점에서 그 벡터는 등고선과 수직이지 않다. 최대 급경사를 갖는 경로의 방정식을 찾기는 어렵다. 그림 12.38b에서와 같이 가능한 최대 급경사 곡선을 그릴 수 있다.

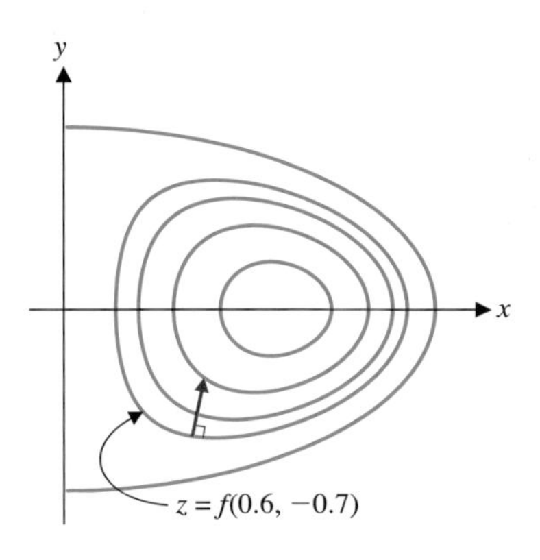

그림 12.38a (0.6, −0.7)에서 경사가 최대인 방향

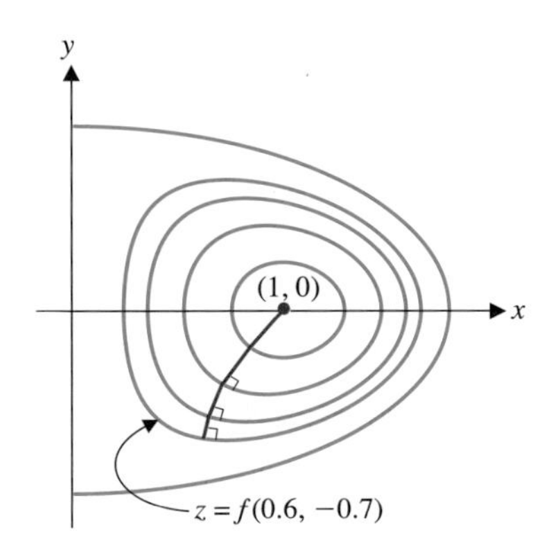

그림 12.38b 경사가 최대인 경로

이 절의 대부분 결과는 다변수함수로 쉽게 확장된다.

정의 6.3

점 (a, b, c)에서 함수 $f(x, y, z)$의 단위벡터 $\mathbf{u} = (u_1, u_2, u_3)$ 방향으로 **방향도함수**는 극한이 존재할 때

$$D_{\mathbf{u}} f(a, b, c) = \lim_{h \to 0} \frac{f(a+hu_1, b+hu_2, c+hu_3) - f(a, b, c)}{h}$$

로 정의한다.

$f(x, y, z)$의 **기울기벡터**는 모든 편도함수가 정의되면 벡터값함수

$$\nabla f(x, y, z) = \left\langle \frac{\partial f}{\partial x}, \frac{\partial f}{\partial y}, \frac{\partial f}{\partial z} \right\rangle = \frac{\partial f}{\partial x}\mathbf{i} + \frac{\partial f}{\partial y}\mathbf{j} + \frac{\partial f}{\partial z}\mathbf{k}$$

이다.

이변수함수의 경우와 마찬가지로 삼차원의 경우에도 기울기벡터를 이용하면 방향도함수를 구할 수 있다.

정리 6.4

f가 x, y, z의 미분가능한 함수이고 $\mathbf{u}$가 단위벡터이면

$$D_{\mathbf{u}} f(x, y, z) = \nabla f(x, y, z) \cdot \mathbf{u} \tag{6.1}$$

이다.

이차원에서와 같이

$$\begin{aligned} D_{\mathbf{u}} f(x, y, z) &= \nabla f(x, y, z) \cdot \mathbf{u} = \|\nabla f(x, y, z)\| \|\mathbf{u}\| \cos\theta \\ &= \|\nabla f(x, y, z)\| \cos\theta \end{aligned}$$

이다. 여기서 θ는 벡터 $\nabla f(x, y, z)$와 $\mathbf{u}$가 이루는 각이다. 이차원에서와 같이 주어진 점에서 증가율이 최대인 방향은 그 점에서 기울기벡터에 의하여 주어진다.

예제 6.6 증가율이 최대인 방향 구하기

점 (x, y, z)에서 온도가 $T(x, y, z) = 85 + (1 - z/100)e^{-(x^2+y^2)}$으로 주어진다면, 점 $(2, 0, 99)$에서 온도가 가장 빨리 증가하는 방향을 구하여라.

풀이

먼저 기울기벡터를 구하면

$$\begin{aligned} \nabla f &= \left\langle \frac{\partial f}{\partial x}, \frac{\partial f}{\partial y}, \frac{\partial f}{\partial z} \right\rangle \\ &= \left\langle -2x\left(1 - \frac{z}{100}\right)e^{-(x^2+y^2)}, -2y\left(1 - \frac{z}{100}\right)e^{-(x^2+y^2)}, -\left(\frac{z}{100}\right)e^{-(x^2+y^2)} \right\rangle \end{aligned}$$

이고 $\nabla f(2, 0, 99) = \left\langle -\frac{1}{25}e^{-4}, 0, -\frac{1}{100}e^{-4} \right\rangle$이다. 이 방향으로의 단위벡터를 구하기 위해서 e^{-4}로 각 항을 나누고 다시 100을 곱하면 $\langle -4, 0, -1 \rangle$을 얻고 따라서 $\nabla f(2, 0, 99)$의 방향으로의 단위벡터는 $\frac{\langle -4, 0, -1 \rangle}{\sqrt{17}}$이다.

임의의 상수 k에 대하여 방정식 $f(x, y, z) = k$는 함수 $f(x, y, z)$의 등고곡면을 정의한다. 등고곡면 위의 점 (a, b, c)에서 등고곡면 $f(x, y, z) = k$의 접평면 위에 놓여 있는 임의의 한 단위벡터를 $\mathbf{u}$라 하자. 그러면 점 (a, b, c)에서 $\mathbf{u}$의 방향으로 f의 변화율(방향도함수 $D_{\mathbf{u}} f(a, b, c)$으로 주어진다)은 0이다. 왜냐하면 f는 등고곡면 위에서는 상수이기 때문이다. 식 (6.1)로부터

$$0 = D_{\mathbf{u}} f(a, b, c) = \nabla f(a, b, c) \cdot \mathbf{u}$$

이다. 이것은 벡터 $\nabla f(a, b, c)$와 $\mathbf{u}$가 직교할 때만 일어난다. $\mathbf{u}$는 접평면 위에 놓여 있는 임의의 벡터로 택하였으므로 $\nabla f(a, b, c)$은 점 (a, b, c)에서 접평면 위에 놓여 있는 각 벡터와 직교한다. 이것은 $\nabla f(a, b, c)$이 점 (a, b, c)에서 곡면 $f(x, y, z) = k$의 접평면의 법선벡터임을 말한다. 따라서 다음 정리가 성립한다.

정리 6.5

함수 $f(x, y, z)$가 점 (a, b, c)에서 연속인 편도함수를 갖는다고 하자. 그리고 $\nabla f(a, b, c) \neq 0$이다. 그러면 $\nabla f(a, b, c)$은 곡면 $f(x, y, z) = k$ 위의 점 (a, b, c)에서 접평면의 법선벡터이다. 또, 접평면의 방정식은

$$0 = f_x(a, b, c)(x - a) + f_y(a, b, c)(y - b) + f_z(a, b, c)(z - c)$$

이다.

점 (a, b, c)를 지나고 방향이 $\nabla f(a, b, c)$인 직선을 점 (a, b, c)에서 곡면의 **법선**(normal line)이라 부른다. 이 법선의 방정식은 다음과 같다.

$$x = a + f_x(a, b, c)\,t, \quad y = b + f_y(a, b, c)\,t, \quad z = c + f_z(a, b, c)\,t$$

다음 예제에서 한 점에서 기울기벡터를 이용하여 그 점에서 곡면의 접평면의 방정식과 법선을 구하는 방법을 예시한다.

예제 6.7 기울기벡터를 이용하여 곡면의 접평면과 법선의 방정식 구하기

점 $(1, 2, 3)$에서 $x^3y - y^2 + z^2 = 7$의 접평면과 법선의 방정식을 구하여라.

풀이

곡면을 함수 $f(x, y, z) = x^3y - y^2 + z^2$의 등고곡면으로 해석하면 점 $(1, 2, 3)$에서 접평면의 법선벡터는 $\nabla f(1, 2, 3)$이다. 따라서 $\nabla f = \langle 3x^2y, x^3 - 2y, 2z \rangle$이고 $\nabla f(1, 2, 3) = \langle 6, -3, 6 \rangle$이다. 법선벡터 $\langle 6, -3, 6 \rangle$와 점 $(1, 2, 3)$이 주어지면 접평면의 방정식은

$$6(x-1)-3(y-2)+6(z-3)=0$$

이고 법선의 방정식은 매개방정식으로

$$x=1+6t, \quad y=2-3t, \quad z=3+6t$$

이다.

점 $(a,\ b,\ f(a,\ b))$에서 $z=f(x,\ y)$의 접평면의 법선벡터가 $\left\langle \frac{\partial f}{\partial x}(a,b), \frac{\partial f}{\partial y}(a,b), -1 \right\rangle$이라는 것을 12.4절에서 알았다. 다음에서와 같이 이것은 정리 6.5의 기울기벡터 공식의 특수한 경우이다. 먼저, 방정식 $z=f(x,\ y)$를 $f(x,\ y)-z=0$으로 다시 쓰면 이 곡면을 함수 $g(x,\ y,\ z)=f(x,\ y)-z$의 등고곡면으로 생각할 수 있고 점 $(a,\ b,\ f(a,\ b))$에서 법선벡터는

$$\nabla g(a,\ b,\ f(a,\ b)) = \left\langle \frac{\partial f}{\partial x}(a,b), \frac{\partial f}{\partial y}(a,b), -1 \right\rangle$$

이다. 보통의 도함수를 접선의 기울기와 순간변화율로 생각했듯이 기울기벡터는 함수의 증가율이 최대인 방향을 주는 벡터값함수와 법선벡터(이차원인 경우 등고곡선에 대한, 삼차원인 경우 등고곡면에 대한)를 알 수 있게 하는 함수이다.

예제 6.8 기울기벡터를 이용하여 곡면의 접평면 구하기

점 $(\pi,\ \pi,\ 0)$에서 $z=\sin(x+y)$의 접평면의 방정식을 구하여라.

풀이

곡면의 방정식을 $g(x,\ y,\ z)=\sin(x+y)-z=0$으로 다시 쓰고 $\nabla g(x,\ y,\ z)=\langle\cos(x+y),\ \cos(x+y),\ -1\rangle$을 계산하면, 점 $(\pi,\ \pi,\ 0)$에서 곡면의 법선벡터는 $\nabla g(\pi,\ \pi,\ 0)=\langle 1,\ 1,\ -1\rangle$이다. 따라서 접평면의 방정식은

$$(x-\pi)+(y-\pi)-z=0$$

이다.

연습문제 12.6

[1~2] 다음 함수의 기울기벡터를 구하여라.

1. $f(x,\ y) = x^2+4xy^2-y^5$
2. $f(x,\ y) = xe^{xy^2}+\cos y^2$

[3~5] 주어진 점에서 다음 함수의 기울기벡터를 구하여라.

3. $f(x,\ y) = 2e^{4x/y}-2x$, $(2,\ -1)$
4. $f(x,\ y,\ z) = 3x^2y - z\cos x$, $(0,\ 2,\ -1)$
5. $f(w,x,y,z) = w^2\cos x + 3\ln y e^{xz}$, $(2,\pi,1,4)$

[6~10] 다음 함수의 주어진 점에서 주어진 방향으로의 방향도함수를 구하여라.

6. $f(x,\ y) = x^2y+4y^2$, $(2,\ 1)$, $\mathbf{u}$는 $\left\langle \frac{1}{2},\ \frac{\sqrt{3}}{2} \right\rangle$ 방향

7. $f(x, y) = \sqrt{x^2 + y^2}$, $(3, -4)$, $\mathbf{u}$는 $3\mathbf{i} - 2\mathbf{j}$ 방향

8. $f(x, y) = \cos(2x - y)$, $(\pi, 0)$, $\mathbf{u}$는 $(\pi, 0)$에서 $(2\pi, \pi)$까지의 방향

9. $f(x, y, z) = x^3yz^2 - \tan^{-1}(x/y)$, $(1, -1, 2)$, $\mathbf{u}$는 $\langle 2, 0, -1\rangle$ 방향

10. $f(x, y, z) = e^{xy+z}$, $(1, -1, 1)$, $\mathbf{u}$는 $4\mathbf{i} - 2\mathbf{j} + 3\mathbf{k}$ 방향

[11~13] 주어진 점에서 함수의 변화율이 최대, 최소인 방향을 구하여라. 또 최대, 최소변화율을 구하여라.

11. $f(x, y) = x^2 - y^3$ (a) $(2, 1)$ (b) $(-1, -2)$

12. $f(x, y) = \sqrt{x^2 + y^2}$ (a) $(3, -4)$ (b) $(-4, 5)$

13. $f(x, y, z) = 4x^2yz^3$ (a) $(1, 2, 1)$ (b) $(2, 0, 1)$

[14~15] 주어진 점에서 곡면의 접평면의 방정식과 법선의 방정식을 구하여라.

14. $z = x^2 + y^3$; $(1, -1, 0)$

15. $x^2 + y^2 + z^2 = 6$; $(-1, 2, 1)$

16. 다음 그래프의 주어진 점에서 최대 경사를 갖는 경로를 추적하여라.

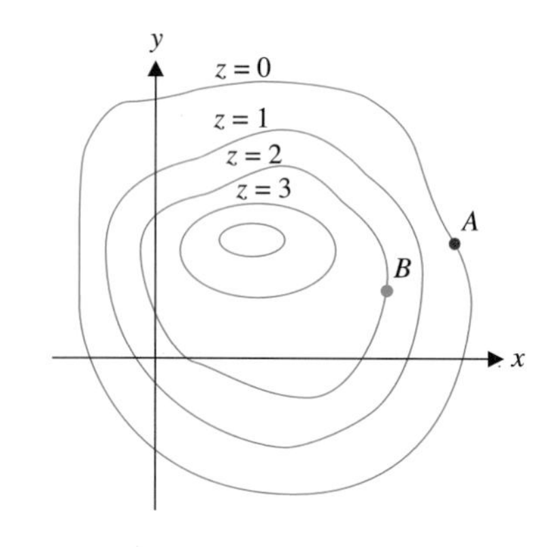

17. 다음 표를 이용하여 $\nabla f(0, 0)$를 추정하여라.

y \ x	-0.2	-0.1	0	0.1	0.2
-0.4	2.1	2.5	2.8	3.1	3.4
-0.2	1.9	2.2	2.4	2.6	2.9
0	1.6	1.8	2.0	2.2	2.5
0.2	1.3	1.4	1.6	1.8	2.1
0.4	1.1	1.2	1.1	1.4	1.7

18. 함수

$$f(x, y) = \begin{cases} \dfrac{x^2y}{x^6 + 2y^2}, & (x, y) \neq (0, 0) \\ 0, & (x, y) = (0, 0) \end{cases}$$

은 $(0, 0)$에서 불연속이지만 모든 방향으로 방향도함수 $D_{\mathbf{u}}f(0, 0)$은 존재함을 증명하여라.

19. 산 위의 한 지점에서 측량자가 정동을 겨냥하면 각이 10도 줄어들고 정북을 겨냥하면 각이 6도 늘어난다. 최대 경사 방향을 구하고 이 방향으로 상승각도를 계산하여라.

20. 언덕의 높이가 $f(x, y) = 200 - y^2 - 4x^2$으로 주어진다고 가정하자. $(1, 2)$ 지점에 떨어진 물방울은 어느 방향으로 흘러가게 될까?

12.7 다변수함수의 극값

우리는 최적화문제를 3.7절에서 처음 소개한 후 여러 곳에서 접했다. 이 절에서는 다변수함수의 최적화에 대한 수학적 기초를 소개하고자 한다.

그림 12.39a는 곡면

$$z = xe^{-x^2/2 - y^3/3 + y}$$

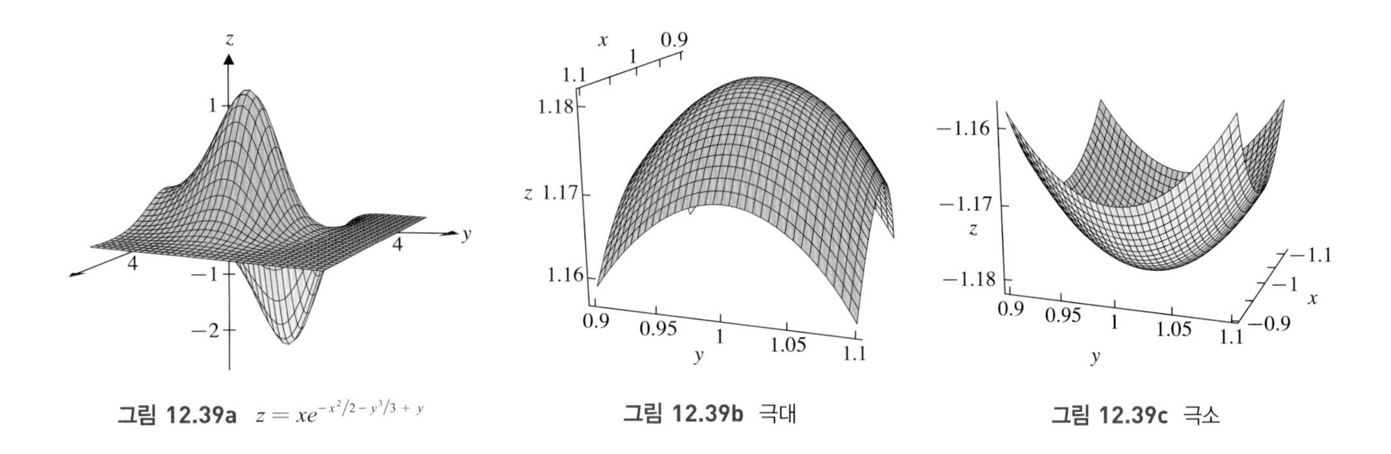

그림 12.39a $z = xe^{-x^2/2 - y^3/3 + y}$

그림 12.39b 극대

그림 12.39c 극소

를 $-2 \leq x \leq 4$, $-1 \leq y \leq 4$ 범위에서 그린 것이다. 그래프에서 보면 꼭대기와 골짜기를 볼 수 있다. 정점을 더 잘 보기 위해서 $0.9 \leq x \leq 1.1$, $0.9 \leq y \leq 1.1$ 범위로 그래프를 확대한 것이 그림 12.39b이다. 또 그림 12.39a에서 골짜기만을 확대한 것이 그림 12.39c이다($-1.1 \leq x \leq -0.9$, $0.9 \leq y \leq 1.1$). 이러한 점을 극값이라고 하는데 아래 정의와 같다.

정의 7.1

(a, b)를 중심으로 하는 열린 원 R이 있어서 임의의 $(x, y) \in R$에 대해서 $f(a, b) \geq f(x, y)$일 때 $f(a, b)$는 f의 **극댓값**(local maximum)이라 한다. 마찬가지로 (a, b)를 중심으로 하는 열린 원 R이 있어서 임의의 $(x, y) \in R$에 대해서 $f(a, b) \leq f(x, y)$일 때 $f(a, b)$는 f의 **극솟값**(local minimum)이라고 한다. 극댓값 또는 극솟값을 **극값**(local extremum)이라 한다.

위의 정의 7.1은 3.3절의 극값의 정의와 매우 닮았다. 즉 (a, b) 근처의 모든 (x, y)에 대해서 $f(a, b) \geq f(x, y)$이면 $f(a, b)$는 극댓값이다.

그림 12.39b와 12.39c를 잘 살펴보자. 둘 다 모두 극값을 가지는 지점에서 접평면은 수평을 이룬다. 여기서 잠시 생각해 보자. 만일 접평면이 기울어져 있으면 함수는 한쪽 방향으로 증가하고 반대방향으로는 감소한다. 그러나 극값(극대 또는 극소)점에서는 이런 일은 절대 일어나지 않는다. 일변수함수일 때와 마찬가지로 극값은 일계(편)도함수가 0이거나 존재하지 않는 곳에서 생긴다.

정의 7.2

(a, b)가 f의 정의역 내에 있고 $\dfrac{\partial f}{\partial x}(a, b) = \dfrac{\partial f}{\partial y}(a, b) = 0$이거나 (a, b)에서 $\dfrac{\partial f}{\partial x}$와 $\dfrac{\partial f}{\partial y}$ 둘 중 한 개 또는 둘 다 존재하지 않을 때 (a, b)를 $f(x, y)$의 **임계점**(critical point)이라고 한다.

일변수함수 $f(x)$에서 만일 f가 $x = a$에서 극값을 가지면 a는 f의 임계점(즉 $f'(a) = 0$ 또는 $f'(a)$가 없음)이었다. 마찬가지로 만일 $f(a, b)$가 극값(극대 또는 극소)이면 (a, b)는 f의 임계점이다. 그러나 극값은 임계점에서만 생기지만 모든 임계점에서 극값을 가지지 않음에 주의하라. 이런 이유로 임계점은 단지 극값의 후보로 볼 수 있다.

정리 7.1

만일 $f(x, y)$가 (a, b)에서 극값을 가지면 (a, b)는 f의 임계점이다.

증명

$f(x, y)$가 (a, b)에서 극값을 가진다고 하자. y를 상수 b로 생각해서 $y = b$로 두면 함수 $g(x) = f(x, b)$는 $x = a$에서 극값을 가진다. 3장 정리 3.2의 페르마의 정리에 의해서 $g'(a) = 0$이거나 $g'(a)$는 존재하지 않는다. $g'(a) = \frac{\partial f}{\partial x}(a, b)$임을 명심하자. 마찬가지로 x를 상수 a로 두면 함수 $h(y) = f(a, y)$는 $y = b$에서 극값을 가진다. 역시 $h'(b) = 0$ 또는 $h'(b)$는 존재하지 않는다. 또 $h'(b) = \frac{\partial f}{\partial y}(a, b)$이다. 위의 두 식을 결합하면 $\frac{\partial f}{\partial x}(a, b)$와 $\frac{\partial f}{\partial y}(a, b)$가 0이거나 존재하지 않는다. 따라서 (a, b)는 f의 임계점이 된다. ■

극값은 임계점에서만 생기므로 극값을 구하기 위해서는 먼저 임계점을 찾아야 한다. 그 다음 임계점을 분석해서 극대인지 극소인지 또는 아무것도 아닌지 결정한다.

이 절의 처음에 소개한 함수 $f(x, y) = xe^{-x^2/2-y^3/3+y}$에 대해서 논의해 보자.

예제 7.1 그래프로 극값 구하기

$f(x, y) = xe^{-x^2/2-y^3/3+y}$의 모든 임계점을 구하고 각 임계점을 그래프로 해석하여라.

풀이

먼저 일계편도함수를 계산하면

$$\frac{\partial f}{\partial x} = e^{-x^2/2-y^3/3+y} + x(-x)e^{-x^2/2-y^3/3+y} = (1-x^2)e^{-x^2/2-y^3/3+y}$$

이고

$$\frac{\partial f}{\partial y} = x(-y^2+1)e^{-x^2/2-y^3/3+y}$$

이다. 지수는 항상 양이므로 $\frac{\partial f}{\partial x} = 0$일 필요충분조건은 $1-x^2 = 0$, 즉 $x = \pm 1$일 때이다. 또 $\frac{\partial f}{\partial y} = 0$일 필요충분조건은 $x(-y^2+1) = 0$, 즉 $x = 0$ 또는 $y = \pm 1$이다. 모든 (x, y)에서 두 편도함수는 항상 존재하므로 임계점은 $\frac{\partial f}{\partial x} = \frac{\partial f}{\partial y} = 0$일 경우뿐이다. 이 경우는 결국 $x = \pm 1$이고 $x = 0$ 또는 $y = \pm 1$일 때인데 만일 $x = 0$이면 $\frac{\partial f}{\partial x} \neq 0$이므로 임계점이 될 수 없다. 따라서 임계점은 남는 경우인 $x = \pm 1$이고 $y = \pm 1$일 경우, 즉 $(1, 1), (-1, 1), (1, -1), (-1, -1)$ 뿐이다. 임계점은 단지 극값의 후보점임을 명심하자. 어느 점에서 극값을 가지는지 살펴보자. 각 점을 차례로 확대해서 그래프로 극값을 가지는지 확인해 보자.

우리는 이미 그림 12.39b와 12.39c에서 $f(x, y)$는 $(1, 1)$에서 극대, $(-1, 1)$에서 극값을 가짐을 보았다. 그림 12.40a와 그림 12.40b는 $z = f(x, y)$를 점 $(1, -1)$과 $(-1, -1)$에서 각각 확대한 것을 보여준다. 그림 12.40a에서 평면 $x = 1$(왼편에서 오른편으로 펼친 것) 위에서

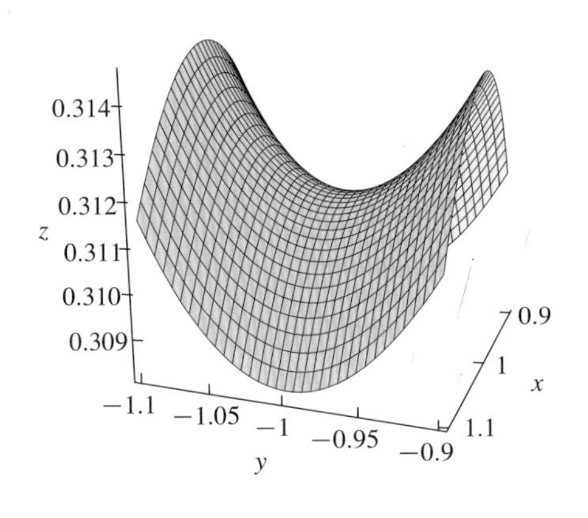

그림 12.40a (1, −1)에서 안장점

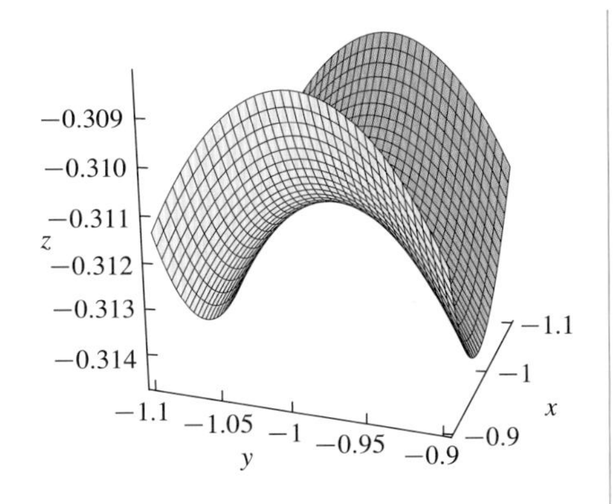

그림 12.40b (−1, −1)에서 안장점

(1, −1)은 극소이다. 그러나 평면 $y = -1$(뒤에서 앞으로 펼친 것) 위에서 점 (1, −1)은 극대이다. 따라서 이 점은 극값이 아니다. 우리는 이런 점을 안장점(말 안장처럼 보임)이라고 부른다.

마찬가지로 그림 12.40b에서 평면 $x = -1$(왼쪽에서 오른쪽으로 펼친 것) 위에서 점 (−1, −1)은 극대이다. 그러나 평면 $y = -1$(뒤에서 앞으로 펼친 것) 위에서 (−1, −1)은 극소이다. 역시 (−1, −1)은 안장점이다.

아래에 안장점을 정의한다.

정의 7.3

함수 $z = f(x, y)$에서 $(a,\ b)$는 f의 임계점이고 $(a,\ b)$를 중심으로 하는 모든 열린원판은 $f(x, y) < f(a, b)$인 점 (x, y)와 $f(x, y) > f(a, b)$인 점 (x, y)를 모두 포함할 때 점 $P(a, b, f(a, b))$를 $z = f(x, y)$의 **안장점**(saddle point)이라고 한다.

예제 7.1을 그래프로 좀 더 조사하면 그림 12.41에서 $f(x,\ y) = xe^{-x^2/2-y^3/3+y}$의 등고선 그림을 볼 수 있다. (1, 1)의 극대 근방과 (−1, 1)의 극소 근방에서 등위곡선은 동심원과 매우 비슷하다. 이 모양은 이 두 점 근방에서 포물면 비슷한 형태가 되는 것과 일치한다(그림 12.39b~12.39c). 동심 타원모양은 극값의 특징이다. 만일 등위곡선의 위도표시가 없으면 어느 것이 극대고 어느 것이 극소인지 등고선 그림만으로는 알 수 없다. 안장점은 (−1, −1)과 (1, −1) 근처에서 보는 바와 같이 쌍곡선 모양의 곡선으로 표시된다.

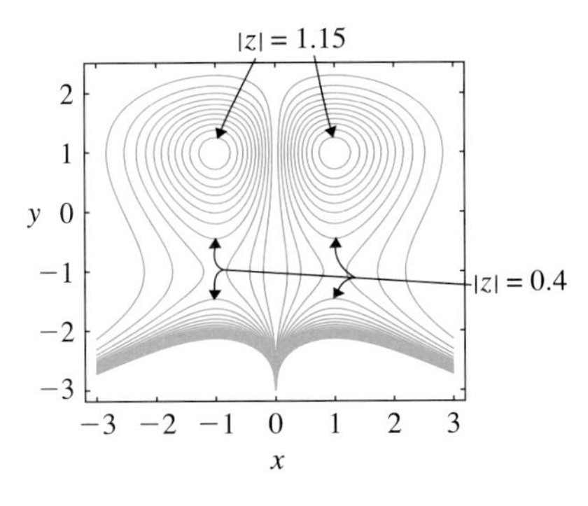

그림 12.41 수 $f(x,\ y) = xe^{-x^2/2-y^3/3+y}$의 등고선 그림

물론 극값을 구하는 데 삼차원 그래프의 설명에만 매달릴 수는 없다. 일변수함수에서 주어진 임계점이 극대에 대응되는지 혹은 극소에 대응되는지를 결정할 때 두 가지 판정과정(일계도함수와 이계도함수 판정)을 거쳤다.

아래 결과는 매우 간단하지만 일변수함수의 이계도함수 판정의 확장으로 볼 수 있는데 이 절의 마지막에서 증명하겠다.

정리 7.2 이계도함수 판정법

$f(x, y)$는 (a, b)를 포함하는 어떤 열린원판 안에서 연속이고 이계편도함수를 가진다. 또 $f_x(a, b) = f_y(a, b) = 0$이다. (a, b)에서 판별식 D를

$$D(a, b) = f_{xx}(a, b)f_{yy}(a, b) - [f_{xy}(a, b)]^2$$

이라고 하자.

(i) 만일 $D(a, b) > 0$이고 $f_{xx}(a, b) > 0$이면 f는 (a, b)에서 극솟값을 가진다.
(ii) 만일 $D(a, b) > 0$이고 $f_{xx}(a, b) < 0$이면 f는 (a, b)에서 극댓값을 가진다.
(iii) 만일 $D(a, b) < 0$이면 f는 (a, b)에서 안장점을 가진다.
(iv) 만일 $D(a, b) = 0$이면 알 수 없다.

이 결과에서 어떤 의미를 찾는 것이 중요하다(다시 말하면 이 결과를 단순히 기억하는 것이 아니라 이해해야 한다). $D(a, b) > 0$이기 위해서는 $f_{xx}(a, b)$와 $f_{yy}(a, b)$가 둘 다 양수이거나 둘 다 음수이어야 한다.

처음 경우는 곡면 $z = f(x, y)$는 평면 $y = b$에서 위로 볼록이고 평면 $x = a$에서 위로 볼록이다. 이 경우 곡면은 (a, b) 근처에서 위가 벌어진 포물면 모양이 되는 것을 알 수 있다. 따라서 f는 (a, b)에서 극솟값을 가진다.

두 번째 경우 $f_{xx}(a, b) < 0$이고 $f_{yy}(a, b) < 0$이면 곡면 $z = f(x, y)$는 평면 $y = b$에서 아래로 볼록이고 평면 $x = a$에서 아래로 볼록이다. 따라서 이 경우는 곡면은 (a, b) 근방에서 아래가 벌어진 포물면 모양이 되므로 f는 (a, b)에서 극댓값을 가진다.

$D(a, b) < 0$인 경우는 $f_{xx}(a, b)$와 $f_{yy}(a, b)$가 반대 부호(한 개는 양, 한 개는 음)인 경우뿐이다. 평면 $x = a$와 $y = b$에서 반대의 볼록오목을 가진다는 말은 그림 12.40a와 12.40b에서 본 바와 같이 점 (a, b)가 안장점이라는 뜻이다. $f_{xx}(a, b) > 0$이고 $f_{yy}(a, b) > 0$이나 $D(a, b) > 0$이 아니면 $f(a, b)$가 극솟값이라고 말할 수 없다.

예제 7.2 판별식을 이용한 극값 구하기

$f(x, y) = 3x^2 - y^3 - 6xy$의 모든 임계점을 표시하고 분류하여라.

풀이

먼저 일계편도함수를 계산하면 $f_x = 6x - 6y$이고 $f_y = -3y^2 - 6x$이다. f_x, f_y 모두 모든 (x, y)에서 정의되므로 임계점은 두 개의 방정식

$$f_x = 6x - 6y = 0$$
$$f_y = -3y^2 - 6x = 0$$

을 풀면 된다. 처음 식을 y에 관해서 풀면 $y = x$이고 이 식을 두 번째 식에 대입하면

$$0 = -3x^2 - 6x = -3x(x + 2)$$

이다. 따라서 $x = 0$ 또는 $x = -2$를 얻는다. 대응하는 y 값은 $y = 0$와 $y = -2$이다. 따라서 임계점은 $(0, 0)$과 $(-2, -2)$ 단 둘뿐이다. 이 점을 분석하기 위해서 이계편도함수를 각각 구

점	$(0, 0)$	$(-2, -2)$
$f_{xx} = 6$	6	6
$f_{yy} = -6y$	0	12
$f_{xy} = -6$	−6	−6
$D(a, b)$	−36	36

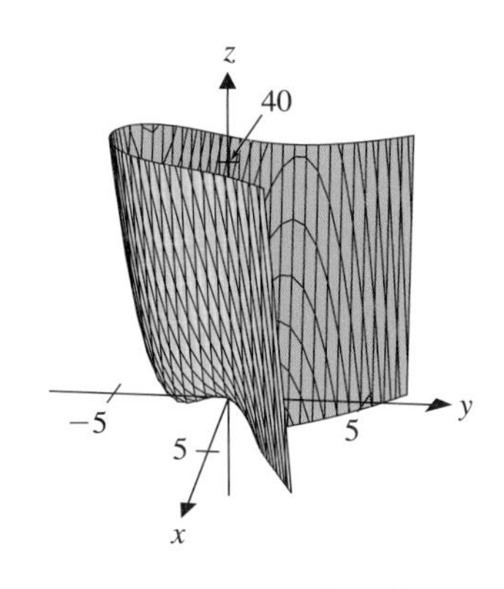

그림 12.42a $z = 3x^2 - y^3 - 6xy$

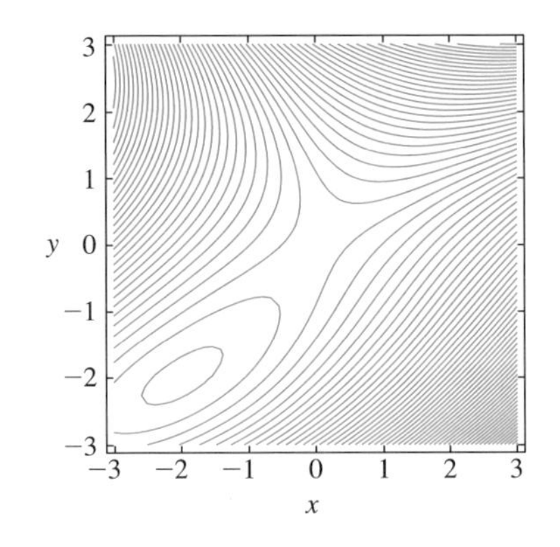

그림 12.42b $f(x, y) = 3x^2 - y^2 - 6xy$의 등고선 그림

하면

$$f_{xx} = 6,\ f_{yy} = -6y,\ f_{xy} = -6$$

이다. 따라서 판별식을 계산하면

$$D(0, 0) = (6)(0) - (-6)^2 = -36 < 0$$
$$D(-2, -2) = (6)(12) - (-6)^2 = 36 > 0$$

이다. 정리 7.2에 의해서 $D(0, 0) < 0$이므로 $(0, 0)$에서 f는 안장점이다.

$$D(-2, -2) > 0,\ f_{xx}(-2, -2) > 0$$

이므로 $(-2, -2)$에서 극솟값을 갖는다. 곡면의 모양은 그림 12.42b와 같다.

아래 예에서 보는 바와 같이 이계도함수 판정법이 임계점을 분석하는 데 절대적이지는 않다.

예제 7.3 임계점의 분류

$f(x, y) = x^3 - 2y^2 - 2y^4 + 3x^2 y$의 모든 임계점을 표시하고 분류하여라.

풀이

$f_x = 3x^2 + 6xy,\ f_y = -4y - 8y^3 + 3x^2$이다. f_x, f_y는 모든 (x, y)에서 정의되므로 임계점은 두 개의 방정식

$$f_x = 3x^2 + 6xy = 0$$
$$f_y = -4y - 8y^3 + 3x^2 = 0$$

을 풀면 된다. 이 방정식으로부터

$$0 = 3x^2 + 6xy = 3x(x + 2y)$$

이므로 임계점은 $x = 0$ 또는 $x = -2y$이다. 두 번째 식에 $x = 0$을 대입하면

$$0 = -4y - 8y^3 = -4y(1 + 2y^2)$$

이 된다. 이 방정식의 해는 $y = 0$이다. 따라서 $(0, 0)$가 임계점이 된다. 이번에는 두 번째 식

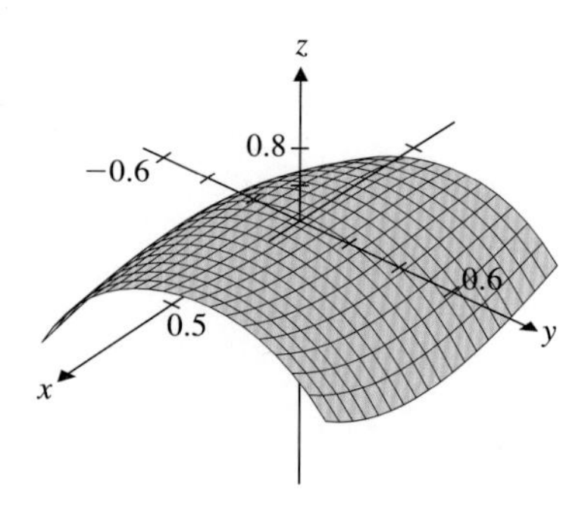

그림 12.43a
(0, 0) 근방의 $z = f(x, y)$

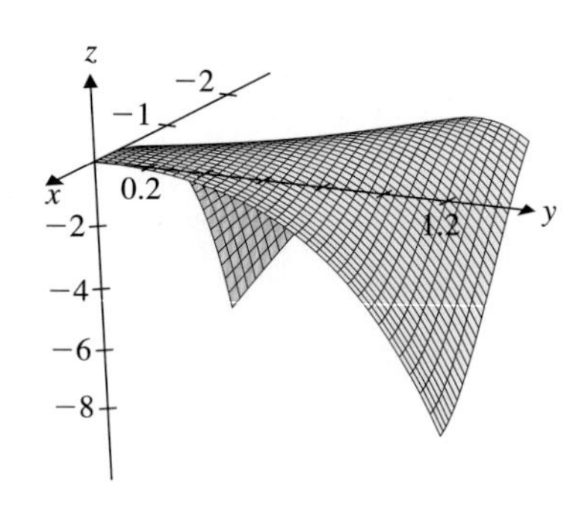

그림 12.43b
(−2, 1) 근방의 $z = f(x, y)$

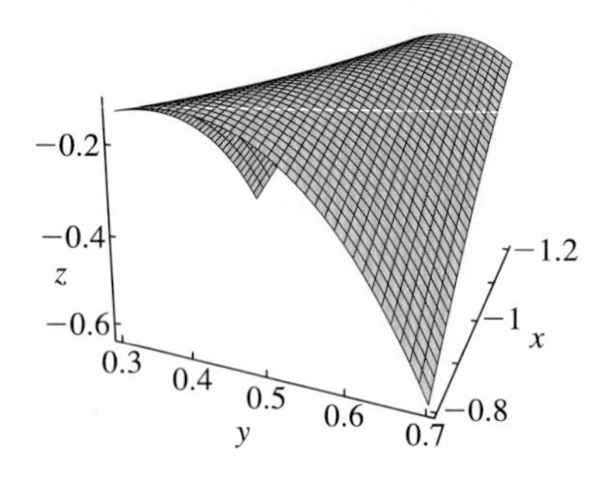

그림 12.43c
$\left(-1, \frac{1}{2}\right)$ 근방의 $z = f(x, y)$

에 $x = -2y$를 대입하면 식

$$0 = -4y - 8y^3 + 3(4y^2) = -4y(1 + 2y^2 - 3y) = -4y(2y - 1)(y - 1)$$

을 얻는다. 이 방정식의 해는 $y = 0,\ y = \frac{1}{2},\ y = 1$이다. 따라서 대응하는 임계점은

$$(0, 0), \left(-1, \frac{1}{2}\right), (-2, 1)$$

이다. 임계점을 조사하기 위해서 이계편도함수를 구하면

$$f_{xx} = 6x + 6y, \quad f_{yy} = -4 - 24y^2, \quad f_{xy} = 6x$$

이다. 각 임계점에서의 판별식의 값을 계산하면

$$D(0, 0) = (0)(-4) - (0)^2 = 0$$
$$D\left(-1, \frac{1}{2}\right) = (-3)(-10) - (-6)^2 = -6 < 0$$
$$D(-2, 1) = (-6)(-28) - (-12)^2 = 24 > 0$$

가 된다. 정리 7.2로부터 $D\left(-1, \frac{1}{2}\right) < 0$이므로 $\left(-1, \frac{1}{2}\right)$에서는 f는 안장점을 가지고 $D(-2, 1) > 0$, $f_{xx}(-2, 1) < 0$이므로 $(-2, 1)$에서는 f는 극댓값을 가진다. 그러나 불행하게도 $D(0, 0) = 0$이므로 임계점 (0, 0)에서는 아무런 정보도 얻을 수 없다. 그러나 평면 $y = 0$에서 $f(x, y) = x^3$이므로 이차평면에서 곡선 $z = x^3$은 $x = 0$에서 변곡점이다. 이 사실로부터 (0, 0)에서는 극값이 없다. (0, 0) 근방에서의 곡면의 모양은 그림 12.43a에 나타나 있다. 점 (−2, 1)과 $\left(-1, \frac{1}{2}\right)$ 근방의 곡면의 모양은 각각 그림 12.43b, 12.43c이다.

■

극값 정리의 응용 중 많이 쓰이는 것이 **최소제곱법**(least square)이라 불리는 통계학적 기법이다. 이 기법은 곡선의 적합성과 자료의 분석에 필수적으로 쓰인다. 다음 예제에서 **일차회귀**(linear regression)에 사용되는 최소제곱법을 볼 수 있다.

예제 7.4 일차회귀

아래는 미국의 인구조사표이다.

연도	인구	연도	인구
1960	179,323,175	1980	226,542,203
1970	203,302,031	1990	248,709,873

이 표에 가장 알맞는 직선을 구하여라.

풀이

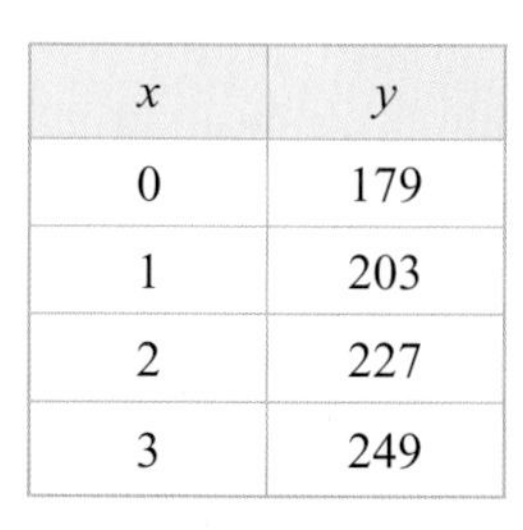

x	y
0	179
1	203
2	227
3	249

표를 보다 쉽게 다루기 위해서 열을 변수 x(1960년부터 10년 단위)와 y(인구를 백만 단위로 반올림)로 바꾼다. 이와 같이 변형시킨 표와 그림은 그림 12.44로 표시할 수 있다. 이 표에 가장 적합한 직선(회귀직선)을 구하는 것이 우리의 목표다. 여기서 가장 적합하다는 것은 다음에 정의하는 최소제곱 방식을 말한다. 우리가 구하는 직선의 식을 $y = ax + b$라고 하자.

표에 표시된 변수 x의 값에 대하여 오차(또는 편차)는 실제 표의 y값과 예측한 값 $ax + b$와의 차이이다. 최소제곱방식은 이 모든 편차의 제곱의 합이 최소(총 오차를 최소화)가 되도록 a, b를 선택하는 것이다. 주어진 표에 대한 편차는 다음 표와 같다.

x	$ax+b$	y	편차
0	b	179	$b-179$
1	$a+b$	203	$a+b-203$
2	$2a+b$	227	$2a+b-227$
3	$3a+b$	249	$3a+b-249$

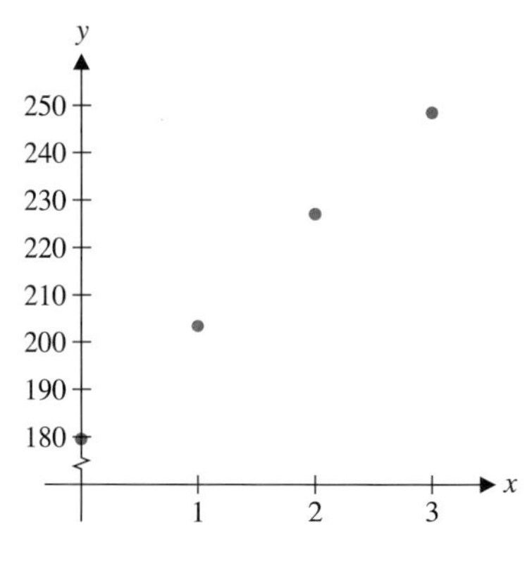

그림 12.44 1960년 이후의 미국 인구(단위는 백만)

편차의 제곱의 합은 다음 함수와 같다.

$$f(a, b) = (b-179)^2 + (a + b-203)^2 + (2a + b-227)^2 + (3a + b-249)^2$$

정리 7.1에 의해서 f_a, f_b는 모든 점에서 정의되므로 극소점에서는

$$\frac{\partial f}{\partial a} = \frac{\partial f}{\partial b} = 0$$

이다. 따라서 다음 두 식

$$0 = \frac{\partial f}{\partial a} = 2(a + b-203) + 4(2a + b-227) + 6(3a + b-249)$$

$$0 = \frac{\partial f}{\partial b} = 2(b-179) + 2(a + b-203) + 2(2a + b-227) + 2(3a + b-249)$$

을 얻게 되고 식을 전개하여

$$28a + 12b = 2808$$
$$12a + 8b = 1716$$

을 얻는다. 두 번째 식에서 $3a + 2b = 429$이고 따라서 $a = 143 - \frac{2}{3}b$이다. 이 식을 처음 식에 대입하면

$$28\left(143 - \frac{2}{3}b\right) + 12b = 2808$$

$$4004 - 2808 = \left(\frac{56}{3} - 12\right) = b$$

가 되고 따라서

$$b = \frac{897}{5} = 179.4$$

이고

$$a = 143 - \frac{2}{3}\left(\frac{897}{5}\right) = \frac{117}{5} = 23.4$$

이다. 구하는 회귀직선은

$$y = 23.4x + 179.4$$

이다. 지금까지 한 것은 (a, b)가 임계점이라는 사실이다. 즉 극값의 후보이다. 이 a, b에 대하여 $f(a, b)$가 최소라는 것은 곡면 $z = f(x, y)$는 z축의 양의 방향으로 열린 포물면 모양(그림 12.45)이고 위로 열린 포물면의 임계점은 최소가 된다는 사실로부터 알 수 있다. 또 다

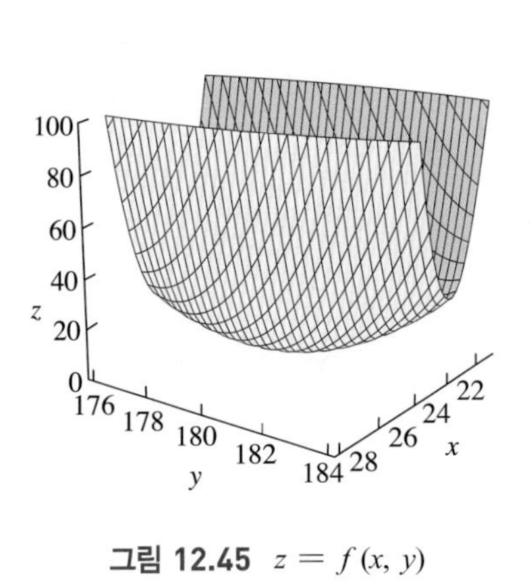

그림 12.45 $z = f(x, y)$

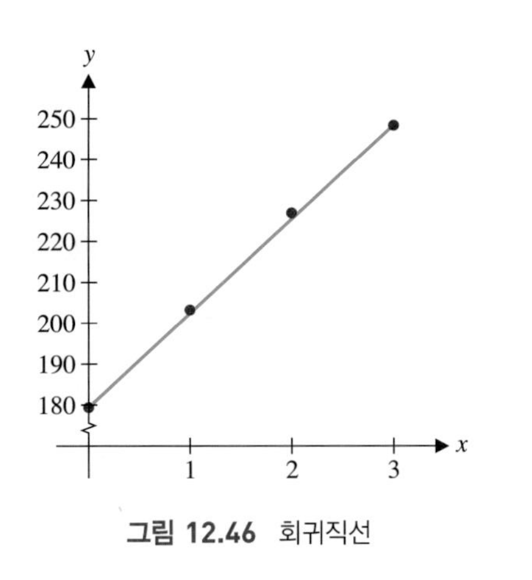

그림 12.46 회귀직선

른 방법으로는

$$D(a, b) = 80 > 0, \quad f_{aa} > 0$$

으로부터 알 수도 있다. 회귀직선 $y = 23.4x + 179.4$는 그림 12.46과 같다. 이 선과 처음의 자료와 매우 가까운 것을 알 수 있다. 따라서 우리가 구한 편차의 제곱의 최소합은 신뢰할 수 있다.

응용에서 자주 나타나는 복잡한 함수에서 임계점을 일일이 손으로 계산하는 것은 매우 어렵고 때로는 불가능하다. 이 때문에 극대와 극소를 수치해석적으로 구할 필요가 있다. 그러한 방법을 간단히 소개한다.

주어진 함수 $f(x, y)$에서 적당한 극대(또는 극소)점의 위치 (x_0, y_0)를 추정한다. 이 **처음 추정**(initial guess)을 이용하여 극대(또는 극소)점의 더 정확한 추정을 얻을 수 있다. 어떤 방법을 쓸까? 점 (x_0, y_0)에서 함수의 극대 증가 방향은 기울기 $\nabla f(x_0, y_0)$로 주어진다. 따라서 (x_0, y_0)에서 시작하여 $\nabla f(x_0, y_0)$ 방향으로 움직이면 f는 증가한다. 그렇다면 그 방향으로 얼마나 가야 할까?

급상승(steepest ascent) 방법은 기울기 방향으로 증가가 멈출 때까지 움직이는 것이다. 이 정지한 점을 (x_1, y_1)이라고 하자. 다시 이 점에서 새로운 기울기 $\nabla f(x_1, y_1)$을 계산하여 이 방법을 반복하여 $f(x, y)$가 증가를 마친 점 (x_2, y_2)를 찾는다. 이 과정을 함숫값 $f(x_n, y_n)$에서 $f(x_{n+1}, y_{n+1})$까지의 변화가 거의 미미할 때까지 반복한다. 마찬가지로 극솟값을 구하기 위해서 **급하강**(steepest descent) 경로를 따라서 기울기의 반대방향 $-\nabla f(x_0, y_0)$(함수가 최대로 감소하는 방향)로 움직여 나간다. 아래 예의 급상승 방법을 살펴보자.

예제 7.5 급상승 방법

함수 $f(x, y) = 4xy - x^4 - y^4 + 4$의 제1사분면에서 극댓값을 급상승 방법을 이용하여 구하여라.

풀이

이 곡면의 대략적인 모양은 그림 12.47과 같다. 오른편 봉우리의 극대를 구하기 위해서 처음 추정점을 (2, 3)으로 택하였다. $f(2,3) = -69$는 극댓값이 아니다. 단지 막연한 추정값이다. 이 점에서 급상승 경로를 따라가기 위해서 $\nabla f(2,3)$ 방향으로 움직인다.

$$\nabla f(x, y) = \langle 4y - 4x^3,\ 4x - 4y^3 \rangle$$

이므로 $\nabla f(2,3) = \langle -20, -100 \rangle$이다. (2, 3)을 지나고 $\langle -20, -100 \rangle$ 방향으로의 직선의 식은 $\langle 2-20h, 3-100h \rangle$ 형태이다(단 $h > 0$). 이 방향으로 $f(x, y)$가 증가를 멈출 때까지 움직이자. 직선 $\langle 2-20h, 3-100h \rangle$ 방향에 있는 함숫값의 임계점을 찾으면 된다. 이 직선 위에 있는 함숫값은

$$g(h) = f(2-20h,\ 3-100h)$$

로 주어지므로 $g'(h) = 0$이 되는 최소의 양의 h를 찾는다. 연쇄법칙에 의해서

$$\begin{aligned} g'(h) &= -20\frac{\partial f}{\partial x}(2-20h,\ 3-100h) - 100\frac{\partial f}{\partial y}(2-20h,\ 3-100h) \\ &= -20[4(3-100h) - 4(2-20h)^3] - 100[4(2-20h) - 4(3-100h)^3] \end{aligned}$$

이고 $g'(h) = 0$을 풀어서 수치해석적으로 $h \approx 0.02$를 얻는다. 이 결과로 우리는 점 $(x_1, y_1) = (2-20h, 3-100h) = (1.6, 1)$까지 움직이면 $f(1.6, 1) = 2.8464$를 얻는다. 이 첫 번째 과정까지의 $f(x, y)$의 등고선 지도는 그림 12.48a에 나타나 있다. $f(x_1, y_1) > f(x_0, y_0)$이므로 우리는 보다 개선된 극댓값의 추정치를 얻었다. 더 좋은 값을 얻기 위해서 (x_1, y_1)에서 다시 똑같은 과정을 반복한다. 이 경우

$$\nabla f(1.6, 1) = \langle -12.384,\ 2.4 \rangle$$

이고 새 함수 $g(h) = f(1.6-12.384h,\ 1+2.4h)$, $h > 0$의 임계점을 구하기 위해서 다시 연쇄법칙을 사용하면

$$g'(h) = -12.384\frac{\partial f}{\partial x}(1.6-12.384h,\ 1+2.4h) + 2.4\frac{\partial f}{\partial y}(1.6-12.384h,\ 1+2.4h)$$

이고 $g'(h) = 0$을 수치해석적으로 풀면 $h \approx 0.044$를 얻는다. 따라서 두 번째 점 (x_2, y_2)는

$$(x_2, y_2) = (1.6-12.384h,\ 1+2.4h) = (1.055,\ 1.106)$$

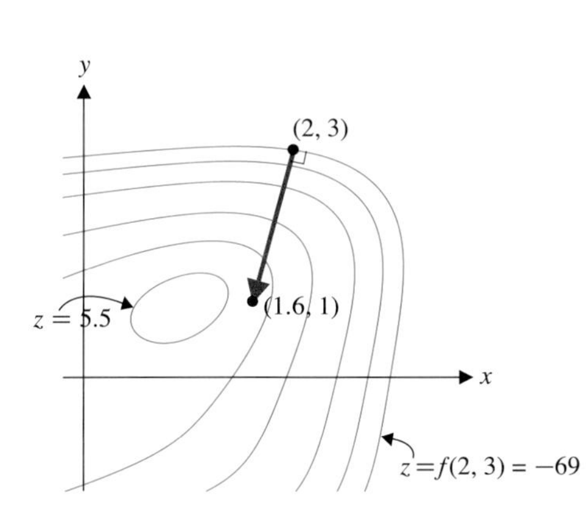

그림 12.48a 급상승의 처음 단계

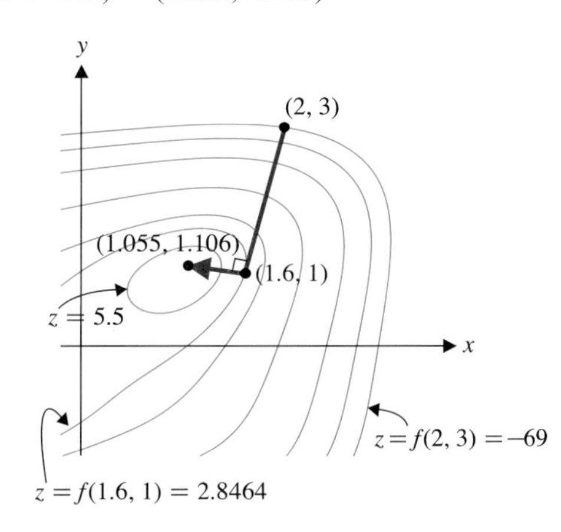

그림 12.48b 급상승의 두 번째 단계

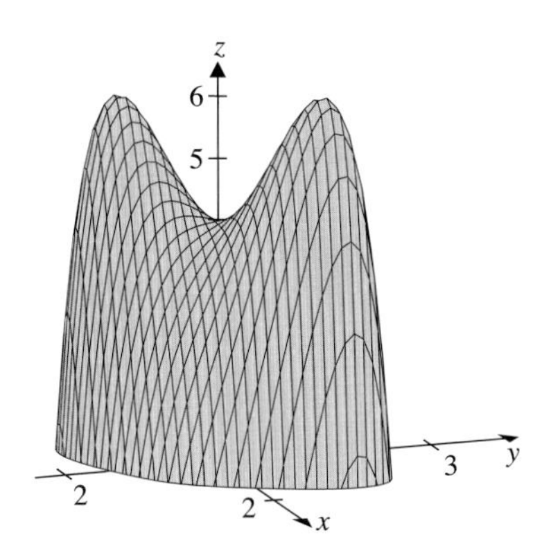

그림 12.47 $z = 4xy - x^4 - y^4 + 4$

이고 이때의 함숫값은

$$f(x_2, y_2) = 5.932$$

이다. 이 값은 첫 번째 단계에서 얻은 값보다 크므로 더 극댓값에 가까운 값이다. 두 번째 단계의 $f(x, y)$의 등고선 지도는 그림 12.48b이다. 이 등고선 지도에서 우리는 극대점에 아주 가까워진 것을 알 수 있다. 실제로 이 과정을 반복해서 추정치의 증가가 무의미할 때까지(컴퓨터로 계산했을 때) 반복한다. 아래 첨부표에서 우리는 7단계까지 하였다. 실제로 극대점은 (1, 1)이고 극댓값은 $f(1,1) = 6$이다.

n	x_n	y_n	$f(x_n, y_n)$
0	2	3	−69
1	1.6	1	2.846
2	1.055	1.106	5.932
3	1.0315	1.0035	5.994
4	1.0049	1.0094	5.9995
5	1.0029	1.0003	5.99995
6	1.0005	1.0009	5.999995
7	1.0003	1.0003	5.9999993

극값과 비슷한 절대극값은 아래에 정의한다.

정의 7.4

영역 R의 임의의 $(x, y) \in R$에 대해서 $f(a, b) \geq f(x, y)$일 때 $f(a, b)$를 영역 R에서 f의 **최댓값**(absolute maximum)이라고 부른다. 마찬가지로 임의의 $(x, y) \in R$에 대해서 $f(a, b) \leq f(x, y)$일 때 $f(a, b)$를 영역 R에서 f의 **최솟값**(absolute minimum)이라고 부른다.

일변수함수 f가 폐구간 $[a, b]$에서 연속이면 f는 $[a, b]$에서 최대와 최소를 가진다. 더욱이 최댓값과 최솟값은 f의 임계점이나 또는 $[a, b]$의 끝점에서 생긴다는 사실을 증명하였다. 이변수함수에서의 최댓값과 최솟값도 이와 유사하다. 먼저 몇 개의 표기법이 필요하다. 영역 $R \subset \mathbb{R}^2$이 R을 완전히 포함하는 원판이 존재할 때 R을 **유계**(bounded)라 부른다. 우리는 다음 결과를 알 수 있다(증명은 고등 미분적분학을 참고하라).

정리 7.3 극값 정리(Extreme Value Theorem)

$f(x, y)$가 유계인 닫힌영역 $R \subset \mathbb{R}^2$에서 연속이면 f는 R에서 최댓값과 최솟값을 가진다. 또 이 값들은 R의 임계점이나 또는 R의 경계에서 생긴다.

만일 R에서 $f(a, b)$가 f의 최댓값 또는 최솟값이고 (a, b)가 R의 내점이면 (a, b)는 역시 f의 극값이다. 이 경우 (a, b)는 임계점이 된다. 이것은 영역 R에서 f의 최댓값과 최솟값이 임계점(구하는 법은 이미 알고 있다)이나 또는 R의 경계에서 생김을 말한다.

이 사실로부터 유계인 닫힌영역에서 연속함수의 최댓값과 최솟값을 구하는 방법을 알 수 있다. 즉 경계에서 극값을 구하고 이것을 다시 내부에서의 극값과 비교하면 된다. 기본적인 단계는 다음과 같다.

- 영역 R에서 f의 모든 임계점을 구한다.
- R의 경계에서 f의 극댓값, 극솟값을 구한다.
- 이 임계점에서의 f의 값과 R의 경계에서의 f의 극댓값과 극솟값을 비교한다.

아래 예제 7.6을 살펴보자.

예제 7.6 최댓값과 최솟값 구하기

영역 R은 직선 $y = 2$, $y = x$, $y = -x$로 둘러싸인 부분이다. R에서 $f(x, y) = 5 + 4x - 2x^2 + 3y - y^2$의 최댓값과 최솟값을 구하여라.

풀이

그림 12.49a는 곡면의 모양이고 그림 12.49b는 영역 R이다. 곡면의 모양에서 최솟값은 선 $x = -2$에서 생기고 최댓값은 직선 $x = 1$ 근처에서 생긴다. 극값은 임계점이나 또는 R의 경계에서 생기므로 우선 내부에 임계점이 있는지 조사해 보자.

$$f_x = 4 - 4x = 0\text{에서 } x = 1$$

$$f_y = 3 - 2y = 0\text{에서 } y = \frac{3}{2}$$

을 얻는다. 따라서 임계점은 단 한 점 $\left(1, \frac{3}{2}\right)$이고 이 점은 R의 내부에 있다. 다음으로 R의 경계에서 f의 극댓값과 극솟값을 찾아보자. 이 경우 R은 세 개의 분리된 부분으로 구성되어 있다. 즉

$$-2 \le x \le 2 \text{ 범위에서 직선 } y = 2 \text{ 부분}$$

$$0 \le x \le 2 \text{ 범위에서 직선 } y = x \text{ 부분}$$

$$-2 \le x \le 0 \text{ 범위에서 직선 } y = -x \text{ 부분}$$

이다. $-2 \le x \le 2$ 범위에서 $y = 2$인 경우에는

$$f(x, y) = f(x, 2) = 5 + 4x - 2x^2 + 6 - 4 = 7 + 4x - 2x^2 = g(x)$$

이 경계 부분에서 f의 극댓값과 극솟값을 구하기 위해서 구간 $[-2, 2]$에서 g의 극댓값과 극솟값만 찾아주면 된다. $g'(x) = 4 - 4x = 0$에서 $x = 1$이므로 끝점에서 g의 값과 구간의 임계점에서의 값을 비교하면

$$g(-2) = -9, \quad g(2) = 7, \quad g(1) = 9$$

이므로 이 경계부분에서 f의 극댓값은 9, 극솟값은 -9이다. $0 \le x \le 2$ 범위에서 직선 $y = x$인 부분에서는

$$f(x, y) = f(x, x) = 5 + 7x - 3x^2 = h(x)$$

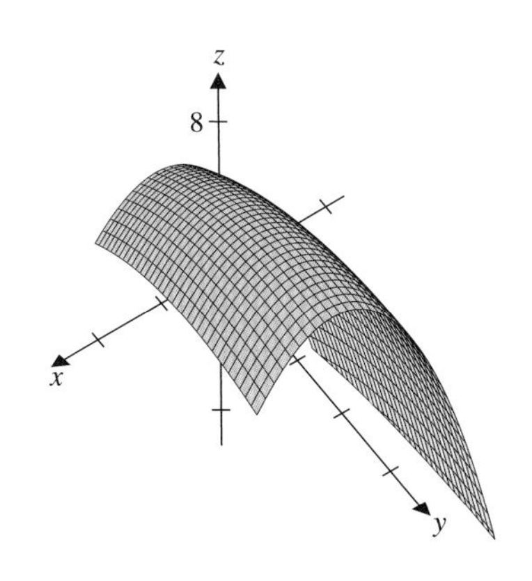

그림 12.49a
곡면 $z = 5 + 4x - 2x^2 + 3y - y^2$

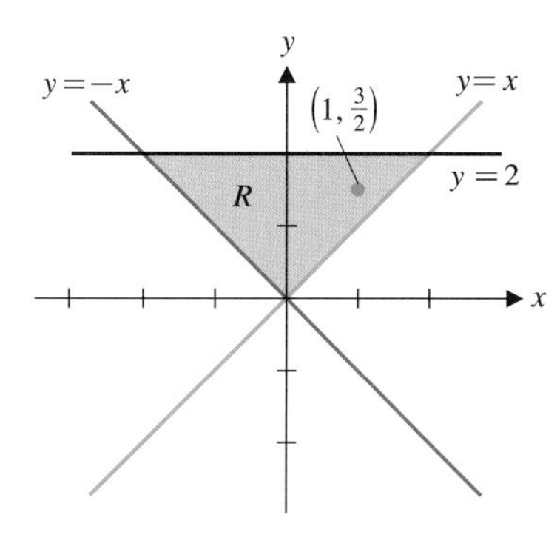

그림 12.49b 영역 R

이고 $h'(x) = 7 - 6x = 0$에서 $x = \frac{7}{6}$을 얻고 이 점은 구간 내에 있다. 임계점과 양 끝점에서 h의 값을 비교하면

$$h(0) = 5,\ h(2) = 7,\ h\left(\frac{7}{6}\right) \approx 9.08$$

이므로 이 경계 부분에서 f의 극댓값은 약 9.08, 극솟값은 5이다. 마지막으로 $-2 \le x \le 0$ 범위에서 직선 $y = -x$ 부분에서는

$$f(x, y) = f(x, -x) = 5 + x - 3x^2 = k(x)$$

라 하면 $k'(x) = 1 - 6x = 0$으로부터 $x = \frac{1}{6}$을 얻고 이 점은 구간 [−2, 0] 밖의 점이다. 따라서 양 끝점에서 k의 값을 비교하면

$$k(-2) = -9,\ k(0) = 5$$

로부터 이 경계 부분에서 f의 극댓값은 5, 극솟값은 −9이다. 마지막으로 R의 내부의 임계점에서의 f의 값은 $f\left(1, \frac{3}{2}\right) = \frac{37}{4} = 9.25$이므로 우리가 계산한 이 모든 값 중 가장 작은 것이 R에서 최솟값이고 가장 큰 것이 최댓값이다. 따라서 최댓값은 $f\left(1, \frac{3}{2}\right) = 9.25$이고 최솟값은 $f(-2, 2) = -9$이다. 이 점들은 그림 12.49a에서 우리가 살펴본 것과 일치한다.

정리 7.2의 이계도함수 판정법을 증명하고 이 절을 마무리하자. 표현을 간단히 하기 위해서 임계점은 (0, 0)으로 가정하자. 변수를 치환하면 임의의 임계점으로 증명을 확장할 수 있다.

이계도함수 판정법의 증명

(0, 0)이 $f(x, y)$의 임계점이라 하고 $f_x(0, 0) = f_y(0, 0) = 0$이라고 한다. 점 (0, 0)에서 적당한 상수 k에 대한 단위벡터 $\mathbf{u} = \frac{\langle k, 1\rangle}{\sqrt{k^2+1}}$ 방향으로의 $f(x, y)$의 변화를 살펴보자(**u**는 **i** 방향 이외에 어떤 방향으로도 향할 수 있음에 주목하라). 이 방향에서는 $x = ky$가 된다. $g(x) = f(kx, x)$라고 두면 연쇄법칙에 의해서

$$g'(x) = kf_x(kx, x) + f_y(kx, x) \tag{7.1}$$

이고

$$g''(x) = k^2 f_{xx}(kx, x) + kf_{yy}(kx, x) + kf_{yx}(kx, x) + f_{yy}(kx, x)$$

이다. $x = 0$이면

$$g''(0) = k^2 f_{xx}(0, 0) + 2kf_{xy}(0, 0) + f_{yy}(0, 0) \tag{7.2}$$

이고 f는 연속인 이계편도함수를 가지므로

$$f_{xy} = f_{yx}$$

이다. $f_x(0, 0) = f_y(0, 0) = 0$이므로 식 (7.1)로부터

$$g'(0) = kf_x(0, 0) + f_y(0, 0) = 0$$

이다. 일변수함수의 이계도함수 판정법을 이용하면 $g''(0)$의 부호로 $x = 0$에서 g가 극대인지 극소인지 알 수 있다. 식 (7.2)를 이용해서 $g''(0)$를

$$g''(0) = ak^2 + 2bk + c = p(k)$$

로 쓸 수 있다. 단 a, b, c는 상수로

$$a = f_{xx}(0, 0),\quad b = f_{xy}(0, 0),\quad c = f_{yy}(0, 0)$$

이다. 물론 $p(k)$의 그래프는 포물선이다. 임의의 포물선에서 $a > 0$이면 $p(k)$는 $k = -\frac{b}{a}$에서 극솟값

$$p\left(-\frac{b}{a}\right) = -\frac{b^2}{a} + c$$

를 가진다. 정리의 (i)의 경우 판별식은

$$0 < D(0, 0) = f_{xx}(0, 0)f_{yy}(0, 0) - [f_{xy}(0, 0)]^2 = ac - b^2$$

를 만족한다고 가정했으므로 $-\frac{b^2}{a} + c > 0$이다. 이 경우

$$p(k) \geq p\left(-\frac{b}{a}\right) = -\frac{b^2}{a} + c > 0$$

이다. 따라서 (i)의 경우, 즉 $D(0, 0) > 0$이고 $f_{xx}(0, 0) > 0$이면 모든 k에 대해서 $g''(0) = p(k) > 0$이다. 따라서 g는 0에서 극소이고 결국 (0, 0)에서 f는 극소가 된다.

(ii)의 경우, 즉 $D(0, 0) > 0$이고 $f_{xx}(0, 0) < 0$이면 $a < 0$이다. 이때 $p(k)$를 보면 (i)과 같은 방법으로 $p(k) \leq -\frac{b^2}{a} + c < 0$을 보일 수 있다. 임의의 k에 대해서 $g''(0) = p(k) < 0$이므로 (0, 0)에서 f는 극대가 됨을 알 수 있다.

(iii)의 경우, 즉 $D(0, 0) < 0$이면 $p(k)$는 양의 값과 음의 값을 가진다. 따라서 어떤 k에서는 $g''(0) > 0$이 되어 경로 $x = ky$ 위에서 (0, 0)는 극소가 되고 또 다른 k에서는 $g''(0) < 0$이 되어 경로 $x = ky$ 위에서 (0, 0)는 극대가 된다. 이것은 점 (0, 0)이 f의 안장점이라는 말이다.

마지막으로 $\mathbf{u} = \mathbf{i}$인 경우를 생각하면 이 경우에도 위의 방법을 똑같이 반복하여 같은 결과를 얻을 수 있다. 자세한 것은 각자 해 보기 바란다.

연습문제 12.7

[1~6] 다음 함수의 임계점을 찾고 정리 7.2를 사용하여 그 점을 분류하여라.

1. $f(x, y) = e^{-x^2}(y^2 + 1)$

2. $f(x, y) = x^3 - 3xy + y^3$

3. $f(x, y) = y^2 + x^2y + x^2 - 2y$

4. $f(x, y) = e^{-x^2-y^2}$

5. $f(x, y) = xy + \dfrac{1}{x} + \dfrac{1}{y}$

6. $f(x, y) = xe^{-x^2-y^2}$

[7~8] 다음 함수의 임계점을 구하고 그래프로 설명하여라. CAS가 있으면 정리 7.2를 사용하여 각 점을 분류하여라.

7. $f(x, y) = x^2 - \dfrac{4xy}{y^2+1}$

8. $f(x, y) = xye^{-x^2-y^2}$

[9~10] 다음 함수의 모든 임계점의 근삿값을 수치적으로 구하여라. 또 각 점을 그래프 혹은 정리 7.2를 사용하여 분류하여라.

9. $f(x, y) = xy^2 - x^2 - y + \dfrac{1}{16}x^4$

10. $f(x, y) = (x^2 - y^3)e^{-x^2-y^2}$

[11~12] 다음 함수에서 주어진 점을 시작점으로 하여 급상승 반복법의 처음 두 단계를 계산하여라.

11. $f(x, y) = 2xy - 2x^2 + y^3$, $(0, -1)$

12. $f(x, y) = x - x^2y^4 + y^2$, $(1, 1)$

[13~15] 주어진 영역에서 다음 함수의 최댓값과 최솟값을 구하여라.

13. $f(x, y) = x^2 + 3y - 3xy$, 영역은 $y = x$, $y = 0$, $x = 2$로 둘러싸인 부분

14. $f(x, y) = x^2 + y^2$, 영역은 $(x-1)^2 + y^2 = 4$로 둘러싸인 부분

15. $f(x, y) = xye^{-x^2/2-y^2/2}$, 영역은 $y = x$, $0 \le x \le 2$, $0 \le y \le 2$로 둘러싸인 부분

16. 함수 $f(x, y) = 5xe^y - x^5 - e^{5y}$의 임계점은 하나뿐이고 이 점에서 극댓값을 갖지만 최댓값은 아님을 보여라.

17. (a) 넓이가 96제곱피트인 재료로 만든 부피가 최대가 되는 상자의 가로 x, 세로 y, 높이 z를 구하여라.
    (b) 상자의 아랫면을 두 겹으로 만든다면 부피가 최대가 되는 상자의 규격을 구하여라.

12.8 제약된 최적화와 라그랑주승수

12.7절에서 찾은 극값은 최적화의 극히 일부이다. 많은 응용에 있어서 우리의 목표는 단순히 이론적인 극대, 극소를 찾는 것이 아니라 자원이나 기술 등 많은 제약을 가진 상황에서 최선의 제품을 생산하는 것이다.

예를 들어, 자동차 디자이너의 목적은 차를 설계할 때 공기의 저항을 최소가 되게 하는 것이다. 그러나 고객의 취향이나 사양, 가격과 같은 어쩔 수 없는 생산요인 때문에 상당히 제한적일 수밖에 없다. 이 절에서는 주어진 함수의 정의역에 여러 가지 제약을 주었을 때 이러한 조건 아래에서 함수의 극대와 극소를 구하는 방법을 찾아보자.

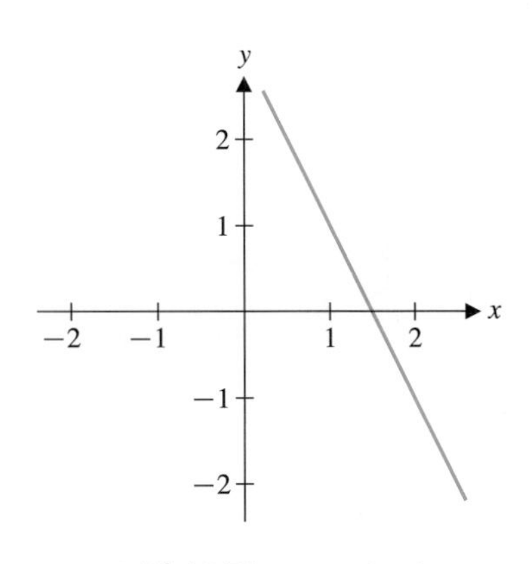

그림 12.50a $y = 3 - 2x$

먼저 이차평면기하에서 원점에 가장 가까운 직선 $y = 3 - 2x$ 위의 점을 구해 보자. 이 직선의 그래프는 그림 12.50a와 같다. 원점에서 반지름 1인 원 $x^2 + y^2 = 1$을 그리면 그림 12.50b와 같이 직선 $y = 3 - 2x$와 만나지 않는다. 이 사실로부터 직선 위의 임의의 점은 원점에서 거리가 1 이상이다. 그림 12.50c의 원 $x^2 + y^2 = 4$를 보면 직선 위에는 원점에서 거리가 2 이하인 점이 무수히 많음을 알 수 있다. 그림 12.50c의 원을 축소(혹은 그림 12.50b의 원을 확대)하면 직선이 원에 접하도록 할 수 있다(그림 12.50d).

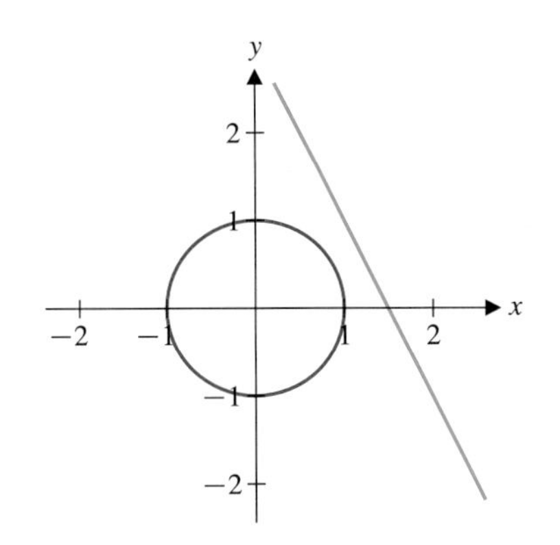

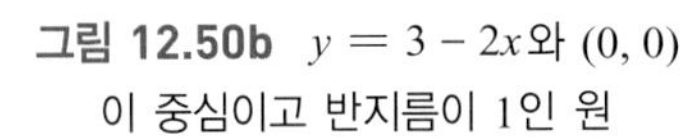
그림 12.50b $y = 3 - 2x$와 (0, 0)이 중심이고 반지름이 1인 원

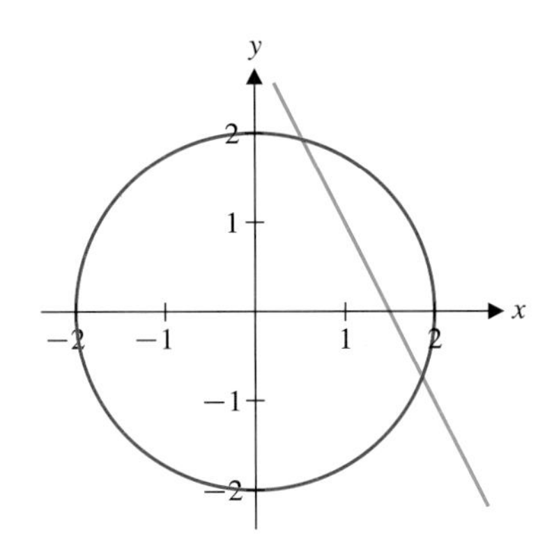

그림 12.50c $y = 3 - 2x$와 (0, 0)이 중심이고 반지름이 2인 원

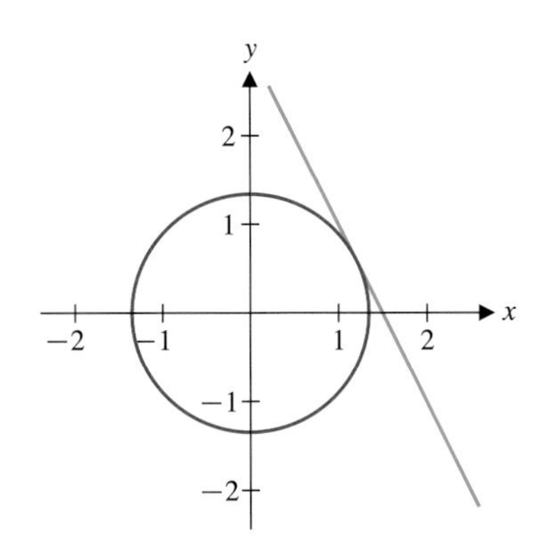

그림 12.50d $y = 3 - 2x$와 직선에 접하는 원

이 접점 이외의 나머지 점은 모두 원의 밖에 있으므로 직선 위에서 원점까지의 거리가 최소가 되는 점은 바로 이 접점이 된다. 이 기하학적 문제를 수학적 언어로 바꾸면 주어진 점 (x, y)에서 원점까지의 거리 $\sqrt{x^2 + y^2}$을 최소화시키는 것이다. 그런데 거리의 제곱이 최소이면 그 거리도 최소가 된다. 거리 공식에서 제곱근이 포함되면 복잡하므로 거리의 제곱인 $x^2 + y^2$를 최소화시키자. 따라서 직선 위의 점(즉 $y = 3 - 2x$)이라는 제약 하에서 즉 $g(x, y) = 2x + y - 3 = 0$라는 조건을 가지고 $f(x, y) = x^2 + y^2$을 최소화시키면 된다. 사실 우리는 이미 가장 가까운 점에서는 직선과 원이 접한다는 사실을 입증하였다.

함수의 기울기벡터는 그 점의 등고선에 항상 수직이므로 f의 등고선이 조건곡선 $g(x, y) = 0$에 접하기 위해서는 f와 g의 기울기벡터가 평행해야 한다. 즉 다시 말하면 직선 위의 점 (x, y)에서 원점까지의 최단거리는 적당한 상수 λ가 존재하여 $\nabla f(x, y) = \lambda \nabla g(x, y)$를 만족시켜야 한다. 예제 8.1을 살펴보자.

예제 8.1 최단거리 구하기

관계식 $\nabla f(x, y) = \lambda \nabla g(x, y)$와 제약직선 $y = 3 - 2x$을 이용하여 직선 $y = 3 - 2x$로부터 원점까지의 최단거리를 구하여라.

풀이

$f(x, y) = x^2 + y^2$, $\nabla f(x, y) = \langle 2x, 2y \rangle$, $g(x, y) = 2x + y - 3$에서 $\nabla g(x, y) = \langle 2, 1 \rangle$이다. $\nabla f(x, y) = \lambda \nabla g(x, y)$로부터

$$\langle 2x, 2y \rangle = \lambda \langle 2, 1 \rangle$$

을 풀면

$$2x = 2\lambda, \ 2y = \lambda$$

가 된다. 마지막 식에서 $\lambda = 2y$이므로 $x = \lambda = 2y$이고 이 식을 $y = 3 - 2x$에 대입하면

$$y = 3 - 2(2y)$$

따라서
$$y = \frac{3}{5}$$
$$x = 2y = \frac{6}{5}$$
이다. 가장 가까운 점은 결국 $\left(\frac{6}{5}, \frac{3}{5}\right)$이 된다. 그림 12.50d를 유심히 살펴보고 이 점이 그래프적인 풀이와 일치하는지 판단해 보자. 또 매개변수 방정식으로 나타낸 직선 $x = \lambda$, $y = \frac{\lambda}{2}$는 원점을 통과하고 $y = 3 - 2x$에 수직이다.

■

수학자

라그랑주
(Joseph-Louis Lagrange, 1736−1813)

그의 이름이 든 방법을 포함해서 변수에 대한 많은 기본적인 기법을 개발한 수학자이다. 그는 거의 독학으로 수학을 공부했는데 곧 유명한 수학자 오일러의 주목을 끌게 되었다. 그는 19세에 고향 투린에 있는 왕립 포병학교의 교수로 임명되었다. 그는 일생 동안 통계학, 미분방정식, 유체역학 등에 많은 공헌을 하였고 현재 라그랑주함수라 알려진, 새로운 함수도 개발하였다.

예제 8.1에서 선보인 방법은 제약된 최적화 문제에 광범위하게 응용된다. 이 방법을 더욱 확장시켜서 **라그랑주승수 방법**(method of Lagrange multipliers)에 대해서 논하자.

제약조건 $g(x, y, z) = 0$ 하에서 함수 $f(x, y, z)$의 극댓값 또는 극솟값을 구하고자 한다. f, g는 모두 연속인 일계편도함수를 가진다. f는 $g(x, y, z) = 0$으로 정의된 등위곡면 S 위의 점 (x_0, y_0, z_0)에서 극값을 가진다고 하자. C를 점 (x_0, y_0, z_0)를 지나는 등위곡면 위의 임의의 곡선이라고 하면 C는 벡터함수
$$\mathbf{r}(t) = \langle x(t), y(t), z(t) \rangle, \;\; \mathbf{r}(t_0) = \langle x_0, y_0, z_0 \rangle$$
의 종점으로 나타낼 수 있다. 변수가 t인 일변수함수 h를
$$h(t) = f(x(t), y(t), z(t))$$
라고 하자. 만일 $f(x, y, z)$가 (x_0, y_0, z_0)에서 극값을 가지면 $h(t)$는 t_0에서 극값을 가지므로
$$h'(t_0) = 0$$
이다. 연쇄법칙에 의해서
$$\begin{aligned} 0 = h'(t_0) &= f_x(x_0, y_0, z_0)x'(t_0) + f_y(x_0, y_0, z_0)y'(t_0) + f_z(x_0, y_0, z_0)z'(t_0) \\ &= \langle f_x(x_0, y_0, z_0), f_y(x_0, y_0, z_0), f_z(x_0, y_0, z_0) \rangle \cdot \langle x'(t_0), y'(t_0), z'(t_0) \rangle \\ &= \nabla f(x_0, y_0, z_0) \cdot \mathbf{r}'(t_0) \end{aligned}$$
을 얻는다. 즉 $f(x_0, y_0, z_0)$가 극값이면 f의 (x_0, y_0, z_0)에서의 기울기는 접선벡터 $\mathbf{r}'(t_0)$에 수직이다.

C는 등위곡면 S 위의 임의의 곡선이므로 $\nabla f(x_0, y_0, z_0)$는 S 위의 모든 곡선에 수직이다. 따라서 결국 S에 수직이다. 정리 6.5에서 ∇g는 등위곡면 $g(x, y, z) = 0$에 역시 수직이므로 $\nabla f(x_0, y_0, z_0)$와 $\nabla g(x_0, y_0, z_0)$는 서로 평행이다. 이 사실로 우리는 다음과 같은 결론을 얻을 수 있다.

정리 8.1

함수 $f(x, y, z)$와 $g(x, y, z)$는 연속인 일계편도함수를 가진다. 또 곡면 $g(x, y, z) = 0$에서 $\nabla g(x, y, z) \neq 0$라고 하자.

(i) 함수 $f(x, y, z)$는 제약식 $g(x, y, z) = 0$인 조건에서 (x_0, y_0, z_0)에서 극솟값을 가지거나

혹은

(ii) 함수 $f(x, y, z)$는 제약식 $g(x, y, z) = 0$인 조건에서 (x_0, y_0, z_0)에서 극댓값을 가진다면 적당한 상수 λ가 존재해서 $\nabla f(x_0, y_0, z_0) = \lambda \nabla g(x_0, y_0, z_0)$를 만족한다[이 상수 λ를 **라그랑주승수**(Lagrange multiplier)라고 부른다].

정리 8.1의 의미는 만일 $f(x, y, z)$가 곡면 $g(x, y, z) = 0$ 위의 점 (x_0, y_0, z_0)에서 극값을 가진다면 $(x, y, z) = (x_0, y_0, z_0)$에 대해서

$$\begin{aligned} f_x(x, y, z) &= \lambda g_x(x, y, z) \\ f_y(x, y, z) &= \lambda g_y(x, y, z) \\ f_z(x, y, z) &= \lambda g_z(x, y, z) \\ g(x, y, z) &= 0 \end{aligned}$$

가 성립한다는 뜻이다. 이 네 개의 식에서 극값을 구하기 위해서 네 개의 미지수 x, y, z, λ를 구할 수 있다(실제로는 x, y, z의 값만 구하면 된다).

이 방법은 단지 극값의 후보만을 구한 것이다. 위의 네 식을 풀어서 해를 구한 후에는 예제 8.1에서 한 것과 같이 그래프를 이용하거나 혹은 다른 방법으로 이 해가 실제로 우리가 원하는 최적점인지 확인해야 한다.

우리가 지금까지 수행한 라그랑주승수 방법은 정리 8.1의 세 번째 변수를 무시해 버리고 이변수함수에도 적용할 수 있다. 즉 만일 $f(x, y)$와 $g(x, y)$가 연속인 일계편도함수를 가지고 $g(x, y) = 0$라는 제약조건 아래에서 $f(x_0, y_0)$가 극값이면 적당한 상수 λ가 존재해서

$$\nabla f(x_0, y_0) = \lambda \nabla g(x_0, y_0)$$

가 성립한다. 그림으로 생각해 보면 $f(x_0, y_0)$가 극값이면 (x_0, y_0)를 지나는 f의 등고선은 (x_0, y_0)에서 제약곡선 $g(x, y) = 0$에 접한다는 말이다. 그림 12.51을 참고하기 바란다.

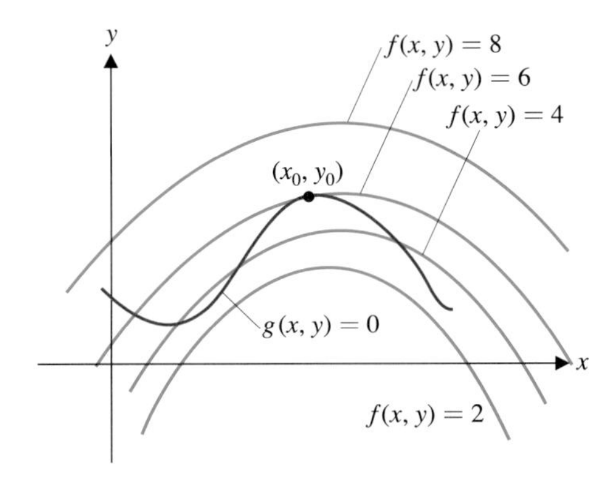

그림 12.51 극값에서 제약곡선에 접하는 등고선

이 경우 우리는 미지수가 x, y, λ인 세 개의 식

$$f_x(x, y) = \lambda g_x(x, y), \quad f_y(x, y) = \lambda g_y(x, y), \quad g(x, y) = 0$$

을 얻는다. 다음 예제 8.2를 보자.

예제 8.2 로켓의 최적추진력 구하기

로켓은 가속도 u ft/s^{2}에 비례한 일정한 추진력으로 발사된다. 공기저항을 무시하면 t초 후의 로켓의 고도는 $f(t, u) = \frac{1}{2}(u - 32)t^2$피트이다. t초 동안의 연료사용량은 $u^2 t$에 비례하고 연료의 최대용량은 식 $u^2 t = 10{,}000$을 만족시킨다. 연료가 소진될 때까지 로켓이 가장 높이 올라갈 수 있는 u의 값을 구하여라.

풀이

정리 8.1에서 식 $\nabla f(t, u) = \lambda \nabla g(t, u)$의 해를 구하면 된다. 여기서 $g(t, u) = u^2 t - 10{,}000 = 0$은 제약조건식이다.

$$\nabla f(t, u) = \left\langle (u - 32)t, \frac{1}{2}t^2 \right\rangle$$

이고 $\nabla g(t, u) = \langle u^2, 2ut \rangle$이다. 정리 8.1로부터 적당한 상수 λ가 존재해서

$$\left\langle (u - 32)t, \frac{1}{2}t^2 \right\rangle = \lambda \langle u^2, 2ut \rangle$$

를 만족시킨다. 따라서

$$(u - 32)t = \lambda u^2, \quad \frac{1}{2}t^2 = \lambda 2ut$$

이고 이 식을 λ에 관해서 풀면 다음과 같은 식을 얻는다.

$$\lambda = \frac{(u - 32)t}{u^2} = \frac{\frac{1}{2}t^2}{2ut}$$

$$2u(u - 32)t^2 = \frac{1}{2}t^2 u^2$$

이 식의 해 $t = 0$, $u = 0$는 $u^2 t = 10{,}000$을 만족시키지 않으므로 t^2과 u를 소거시키면 $4(u - 32) = u$이고 따라서 $u = \frac{128}{3}$이다. 이 때의 엔진의 가동시간은

$$t = \frac{10{,}000}{u^2} = \frac{10{,}000}{(128/3)^2} \approx 5.5 \text{ 초}$$

이고 로켓의 도달고도 z는

$$z = \frac{1}{2}\left(\frac{128}{3} - 32\right)(5.5)^2 \approx 161 \text{피트}$$

이다. ■

우리는 예제 8.2를 끝맺지 않았다(무엇이 빠졌는지 말할 수 있는가?) 실제로 우리가 구한 해가 최대고도라는 것을 따지는 것은 대단히 어렵다(안장점일 수도 있을까?). 우리가 알 수 있는 것은 정리 8.1로부터 만일 극대가 존재하면 그 값을 찾는 것이다. 물리적 문제로 돌아가서 한정된 연료로 도달할 수 있는 최대고도가 있다는 사실을 이해한다면 위 식으로 실제로 최대고도를 구할 수 있다.

정리 8.1은 최적화문제의 또 다른 중요한 한 부분을 말해 준다. 다음에는 제약조건이 부등식 $g(x, y) \le c$ 형태일 때 함수를 최적화시켜 보자. 우리의 해법을 이해하기 위해서 12.7절에서 유계인 닫힌영역에서 다변수함수의 절대극값을 어떻게 구했는지 기억해 내자. 먼저 영역의 내부에서 임계점을 구하고 이 임계점에서의 함숫값과 영역의 경계에서 함수의 극댓값과 극솟값을 비교하였다. 제약식 $g(x, y) \le c$와 같은 조건 아래에서 $f(x, y)$의 극값을 구하기 위해서는 먼저 제약조건 아래에서 $f(x, y)$의 임계점을 찾아야 한다. 그 다음 경계 $g(x, y) = c$(제약곡선)에서 함수의 극값을 찾는다. 마지막으로 이 함숫값을 비교하면 된다. 아래 예제 8.3을 보자.

예제 8.3 부등식 제약하의 최적화

타원 $x^2 + 4y^2 \le 24$ 모양의 금속판 위의 점 (x, y)에서의 온도 T는 $T(x, y) = x^2 + 2x + y^2$으로 주어진다. 금속판 위의 최대온도와 최저온도를 구하여라.

풀이

금속판은 그림 12.52의 검게 칠한 영역 R과 같다. 먼저 영역 R의 내부에서 $T(x, y)$의 임계점을 구하자. $\nabla T(x, y) = \langle 2x + 2, 2y \rangle = \langle 0, 0 \rangle$에서 $(x, y) = (-1, 0)$이고 이 점은 R의 내부에 있다. 또 $T(-1, 0) = -1$이다. 이번에는 타원 $x^2 + 4y^2 = 24$ 위의 점에서 $T(x, y)$의 극값을 구해 보자. 이때 제약식은

$$g(x, y) = x^2 + 4y^2 - 24 = 0$$

이다. 정리 8.1로부터 타원에서의 극값은 라그랑주승수 방정식 $\nabla T(x, y) = \lambda \nabla g(x, y)$ 즉

$$\langle 2x + 2, 2y \rangle = \lambda \langle 2x, 8y \rangle = \langle 2\lambda x, 8\lambda y \rangle$$

를 만족시킨다. 이 식은

$$2x + 2 = 2\lambda x, \quad 2y = 8\lambda y$$

이므로 두 번째 식에서 $y = 0$ 또는 $\lambda = \frac{1}{4}$이다. 만일 $y = 0$이면 제약식은 $x^2 + 4y^2 = 24$이고 이때 $x = \pm\sqrt{24}$이다. 또 만일 $\lambda = \frac{1}{4}$이면 처음 식에서

$$2x + 2 = \frac{1}{2}x$$

을 얻고 따라서 $x = -\frac{4}{3}$가 된다. 제약식 $x^2 + 4y^2 = 24$에서 $y = \pm\frac{\sqrt{50}}{3}$이다. 마지막으로 이 모든 점(내부의 임계점과 경계극값 후보)에서의 함숫값을 비교하면

$$\begin{aligned} T(-1, 0) &= -1 \\ T(\sqrt{24}, 0) &= 24 + 2\sqrt{24} \approx 33.8 \\ T(-\sqrt{24}, 0) &= 24 - 2\sqrt{24} \approx 14.2 \\ T\left(-\frac{4}{3}, \frac{\sqrt{50}}{3}\right) &= \frac{14}{3} \approx 4.7 \\ T\left(-\frac{4}{3}, -\frac{\sqrt{50}}{3}\right) &= \frac{14}{3} \approx 4.7 \end{aligned}$$

이다. 따라서 최솟값은 $(-1, 0)$에서 -1이고 최댓값은 $(\sqrt{24}, 0)$에서 $24 + 2\sqrt{24}$임을 알 수 있다.
■

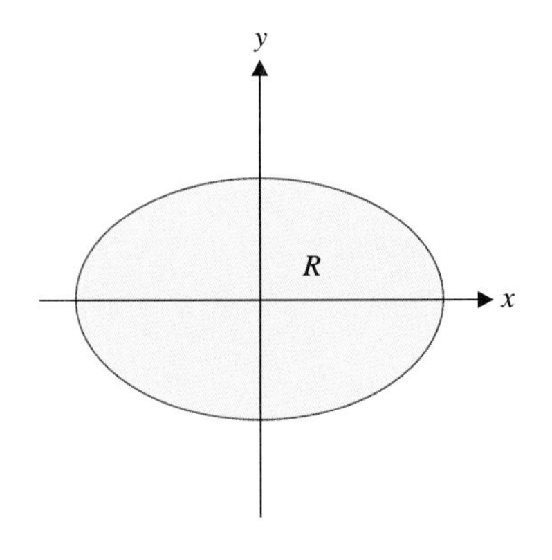

그림 12.52 금속판

예제 8.4에서 삼변수함수에 대한 라그랑주승수의 이용법을 알아보자. 또 중간에 라그랑주승수의 의미도 알아보자.

예제 8.4 최적생산량 구하기

세 종류의 상품을 생산하는 기업에서 상품 x, y, z을 천 개 단위로 생산할 때 회사의 이익(단위는 천)은 $P(x, y, z) = 4x + 8y + 6z$이다. 생산의 제약식은 $x^2 + 4y^2 + 2z^2 \le 800$이다. 회사의 최대이익을 구하여라. 만일 제약식이 $x^2 + 4y^2 + 2z^2 \le 801$일 때는 어떻게 되는지 설명하여라.

풀이

$\nabla P(x, y, z) = \langle 4, 8, 6\rangle$이므로 임계점은 없다. 이 말은 최적인 점은 제약영역의 경계에 있다는 뜻이다. 따라서 이 점은 제약식 $g(x, y, z) = x^2 + 4y^2 + 2z^2 - 800 = 0$을 만족시킨다. 정리 8.1로부터 라그랑주승수식은

$$\nabla P(x, y, z) = \lambda \nabla g(x, y, z)$$

즉

$$(4, 8, 6) = \lambda(2x, 8y, 4z) = (2\lambda x, 8\lambda y, 4\lambda z)$$

이다. 이 식으로부터

$$4 = 2\lambda x, \quad 8 = 8\lambda y, \quad 6 = 4\lambda z$$

를 얻는다. 먼저 첫 번째 식에서 $x = \frac{2}{\lambda}$, 두 번째 식에서 $y = \frac{1}{\lambda}$, 세 번째 식에서 $z = \frac{3}{2\lambda}$이다. 제약식 $x^2 + 4y^2 + 2z^2 = 800$에 대입하면

$$800 = \left(\frac{2}{\lambda}\right)^2 + 4\left(\frac{1}{\lambda}\right)^2 + 2\left(\frac{3}{2\lambda}\right)^2 = \frac{25}{2\lambda^2}$$

이므로 따라서 $\lambda^2 = \frac{25}{1600}$, $\lambda = \frac{1}{8}$ (λ의 부호가 양인 이유는?)이다. 극값이 될 가능성이 있는 점은

$$x = \frac{2}{\lambda} = 16, \quad y = \frac{1}{\lambda} = 8, \quad z = \frac{3}{2\lambda} = 12$$

이고 이 때의 이익은

$$P(16, 8, 12) = 4(16) + 8(8) + 6(12) = 200$$

이다. 이 값이 최대이익이 된다. 만일 제약식 우변의 상수가 801이면

$$801 = \frac{25}{2\lambda^2}$$

따라서 $\lambda \approx 0.12492$, $x = \frac{2}{\lambda} \approx 16.009997$, $y = \frac{1}{\lambda} \approx 8.004998$, $z = \frac{3}{2\lambda} \approx 12.007498$이고 이때의 최대이익은

$$P\left(\frac{2}{\lambda}, \frac{1}{\lambda}, \frac{3}{2\lambda}\right) \approx 200.12496$$

이다. 이익의 증가량을 구하면

$$P\left(\frac{2}{\lambda}, \frac{1}{\lambda}, \frac{3}{2\lambda}\right) - P(16, 8, 12) \approx 200.12496 - 200 = 0.12496 \approx \lambda$$

가 되는 것이 흥미롭다. 이 사실로부터 라그랑주승수 λ는 생산의 제약식의 변화에 대한 이익의 증가율과 같음을 알 수 있다.

■

마지막으로 미분가능함수 $f(x, y, z)$의 최댓값과 최솟값을 두 개의 미분가능한 제약식 $g(x, y, z) = 0$, $h(x, y, z) = 0$ 아래에서 구하는 경우를 생각해 보자.

어떤 점 (x, y, z)가 두 제약식을 만족시킨다는 말은 이 점이 두 식이 정의되는 공통 곡면 위에 있다는 뜻이다. 결국, 해가 존재하기 위해서는 두 곡면이 만나야 한다. 따라서 ∇g와 ∇h는 0이 아니고 또 평행이 아니라고 가정한다. 이러면 두 곡면은 만나서 어떤 곡선 C를 만들고 서로 접하지 않는다. 만일 f가 곡선 C 위의 점 (x_0, y_0, z_0)에서 극값을 가지면 $\nabla f(x_0, y_0, z_0)$는 곡선에 수직이다. C는 두 제약곡면 위에 있고 $\nabla g(x_0, y_0, z_0)$와 $\nabla h(x_0, y_0, z_0)$는 점 (x_0, y_0, z_0)에서 C에 수직이다. 이것은 $\nabla f(x_0, y_0, z_0)$는 $\nabla g(x_0, y_0, z_0)$와 $\nabla h(x_0, y_0, z_0)$에 의해서 결정된 평면 위에 있다는 뜻이다. 즉 $(x, y, z) = (x_0, y_0, z_0)$에 대해서 적당한 상수 λ, μ(라그랑주승수)가 존재해서

$$\nabla f(x, y, z) = \lambda \nabla g(x, y, z) + \mu \nabla h(x, y, z)$$

을 만족시킨다.

제약이 두 개인 경우의 라그랑주승수 방법은 결국 다음 식을 만족시키는 점 (x, y, z)와 라그랑주승수 λ, μ(모두 다섯 개의 미지수)로 구성되어 있다.

$$\begin{aligned}
f_x(x, y, z) &= \lambda g_x(x, y, z) + \mu h_x(x, y, z) \\
f_y(x, y, z) &= \lambda g_y(x, y, z) + \mu h_y(x, y, z) \\
f_z(x, y, z) &= \lambda g_z(x, y, z) + \mu h_z(x, y, z) \\
g(x, y, z) &= 0 \\
h(x, y, z) &= 0
\end{aligned}$$

아래 예제 8.5에서 이 경우를 살펴보자.

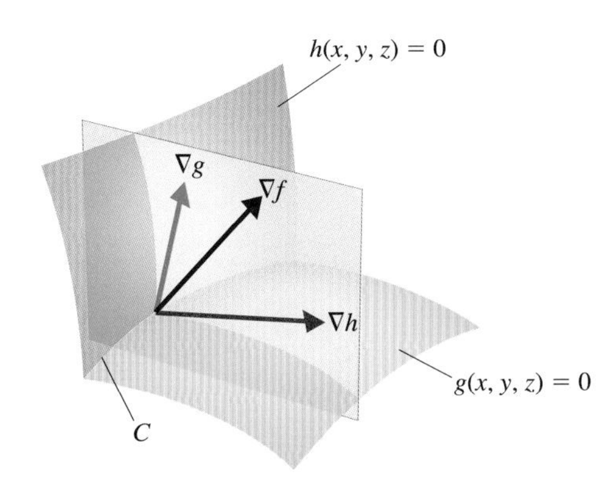

그림 12.53 제약곡면과 법선벡터 ∇g과 ∇h로 결정된 곡면

예제 8.5 제약식이 두 개일 경우의 최적화

평면 $x + y + z = 12$와 포물면 $z = x^2 + y^2$의 교선은 타원이다. 이 타원에서 원점까지의 거리가 최소가 되는 점을 구하여라.

풀이

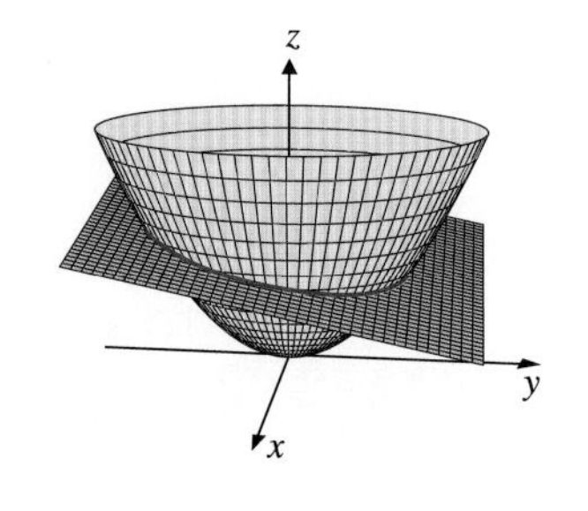

그림 12.54 포물면과 평면의 교선

평면과 포물면의 교선의 모양은 그림 12.54와 같다. 원점까지의 최소거리를 구하는 것은 함수

$$f(x, y, z) = x^2 + y^2 + z^2$$

을 최소화하는 것과 같다[(x, y, z)에서 원점까지의 거리의 제곱]. 또 제약식은 $g(x, y, z) = x + y + z - 12 = 0$와 $h(x, y, z) = x^2 + y^2 - z = 0$이다. 극값에서는

$$\nabla f(x, y, z) = \lambda \nabla g(x, y, z) + \mu \nabla h(x, y, z)$$
$$\langle 2x, 2y, 2z \rangle = \lambda \langle 1, 1, 1 \rangle + \mu \langle 2x, 2y, -1 \rangle$$

이므로 우리는 다음과 같은 연립방정식을 얻을 수 있다.

$$2x = \lambda + 2\mu x \tag{8.1}$$
$$2y = \lambda + 2\mu y \tag{8.2}$$
$$2z = \lambda - \mu \tag{8.3}$$
$$x + y + z - 12 = 0 \tag{8.4}$$
$$x^2 + y^2 - z = 0 \tag{8.5}$$

식 (8.1)에서

$$\lambda = 2x(1 - \mu)$$

이고 식 (8.2)에서

$$\lambda = 2y(1 - \mu)$$

이다. 이 두 식에서 λ를 소거하면

$$2x(1 - \mu) = 2y(1 - \mu)$$

이므로 $\mu = 1(\lambda = 0$일 경우) 또는 $x = y$이다. 그러나 $\mu = 1$, $\lambda = 0$이면 식 (8.3)에서 $z = -\frac{1}{2}$이고 이것은 식 (8.5)에 모순이다. 따라서 $x = y$이고 식 (8.5)에서 $z = 2x^2$이다. 이 값을 식 (8.4)에 대입하면

$$0 = x + y + z - 12 = x + x + 2x^2 - 12$$
$$= 2x^2 + 2x - 12 = 2(x^2 + x - 6) = 2(x + 3)(x - 2)$$

가 되어 $x = -3$ 또는 $x = 2$ 값을 구할 수 있다. $y = x$, $z = 2x^2$이므로 $(2, 2, 8)$과 $(-3, -3, 18)$이 극값의 후보이다. 마지막으로

$$f(2, 2, 8) = 72, \quad f(-3, -3, 18) = 342$$

이므로 원점에 가장 가까운 두 곡면의 교선 위의 점은 $(2, 2, 8)$이 된다. 마찬가지로 $(-3, -3, 18)$은 원점에서 교선 위의 가장 먼 점이다. ■

라그랑주승수 방법은 임의의 개수의 변수함수와 임의의 개수의 제약식에 대해서도 얼마든지 확대하여 최댓값, 최솟값을 구할 수 있다.

연습문제 12.8

[1~4] 라그랑주승수를 이용하여 주어진 점에서 가장 가까이 있는 곡선 위의 점을 구하여라.

1. $y = 3x - 4$, 원점
2. $y = 3 - 2x$, $(4, 0)$
3. $y = x^2$, $(3, 0)$
4. $y = x^2$, $\left(2, \frac{1}{2}\right)$

[5~10] 라그랑주승수를 이용하여 제약조건 $g(x, y) = c$ 아래에서 $f(x, y)$의 최댓값과 최솟값을 구하여라.

5. $f(x, y) = 4xy$, $x^2 + y^2 = 8$
6. $f(x, y) = 4x^2y$, $(0, 0)$, $(2, 0)$, $(0, 4)$를 꼭짓점으로 하는 삼각형 위의 점
7. $f(x, y) = xe^y$, $4x^2 + y^2 = 4$
8. $f(x, y) = x^2e^y$, $x^2 + y^2 = 3$
9. $f(x, y, z) = 4x^2 + y^2 + z^2$, $x^4 + y^4 + z^4 = 1$
10. $f(x, y, z) = y^2 + 3xz + 2yz$, $x + 2y + z = 1$

[11~14] 제약조건이 $g(x, y) \le c$일 때 $f(x, y)$의 최댓값과 최솟값을 구하여라.

11. $f(x, y) = 4x^2y$, $x^2 + y^2 \le 3$
12. $f(x, y) = x^3 + y^3$, $x^4 + y^4 \le 1$
13. $f(x, y) = 3 - x + xy - 2y$, $(1, 0)$, $(5, 0)$, $(1, 4)$를 꼭짓점으로 하는 삼각형과 그 내부에 있는 점
14. $f(x, y, z) = x^2 + y^2 + z^2$, $x^4 + y^4 + z^4 \le 1$
15. 예제 8.2에서 $u^2t = 11{,}000$일 때 다시 계산하여라.
16. 예제 8.4에서 $P(x, y, z) = 3x + 6y + 6z$ 제약식이 $2x^2 + y^2 + 4z^2 \le 8800$일 경우 최대이익을 구하여라.
17. $x^2 + y^2 = 1$일 때 $y - x$의 최댓값을 구하여라.
18. 제약식이 $x + 2y + 3z = 6$, $y + z = 0$일 때 $f(x, y, z) = x^2 + y^2 + z^2$의 최솟값을 구하여라.
19. 제약식이 $x + y + z = 4$, $x + y - z = 0$일 때 $f(x, y, z) = xyz$의 최댓값을 구하여라.
20. $x^2 + y^2 = 1$과 $x^2 + z^2 = 1$의 교선에서 원점까지의 (a) 최단거리 (b) 최장거리에 있는 점을 각각 구하여라.

중적분

CHAPTER 13

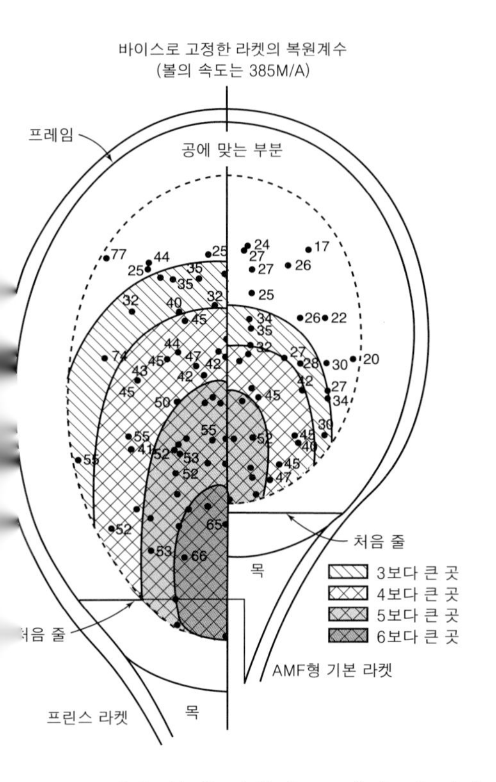

현대 스포츠용품의 디자인은 매우 정교한 공학사업이 되었다. 이 분야는 유능한 공학자이지만 평범한 운동가인 하워드 헤드에 의해 많은 혁신이 이루어졌다. 1940년대 항공공학자인 헤드는 그 당시의 나무스키를 배우다가 분통을 터뜨렸다. 몇 년간의 실험 끝에 항공공학의 원리를 응용한 금속스키를 소개하여 스키산업을 혁명적으로 바꾸어 놓았다.

헤드는 스키제국의 제왕으로 군림하다가 1970년 헤드스키 회사를 은퇴하였다. 그는 또다시 그 당시 나무라켓을 주로 사용하였던 테니스를 배우다가 너무 진도가 늦는 바람에 짜증이 나버렸다. 헤드는 다시 라켓을 세심히 분석하여 큰 라켓이 덜 휘어지고 따라서 다루기도 쉽다는 것을 알게 되었다. 그러나 몇 년간 실험해 보니 큰 나무라켓은 쉽게 부러지고 스윙하기에 너무 무거웠다.

헤드의 금속스키가 크게 성공한 이유는 회전할 때 스키의 비틀림을 획기적으로 감소시킨 점에 있다는 것을 감안하면 그가 금속을 이용해 테니스라켓을 크게 만든 것은 조금도 놀랄 일이 아니다. 헤드는 그의 라켓에 프린스라는 상품명을 붙여 시판했는데 이것은 테니스라켓계의 혁명이었다. 위의 그림이 보여주는 것처럼 큰 사이즈의 라켓은 작은 나무라켓보다 안정된 점이 훨씬 많다.

이 장에서 우리는 이중적분과 삼중적분을 소개한다. 이것은 부피계산, 관성능률, 기타 삼차원 물체의 중요한 성질을 파악하는 데 필요하다.

관성운동률은 물체의 회전에 대한 저항값이다. 작은 라켓보다 큰 라켓은 관성운동률이 크다. 따라서 공이 중심에서 벗어난 지점에 맞더라도 비틀림이 적다. 공학자들은 차세대 스포츠장비를 위한 신물질의 강도와 무게 등을 테스트할 때 이와 유사한 계산을 한다.

13.1 이중적분

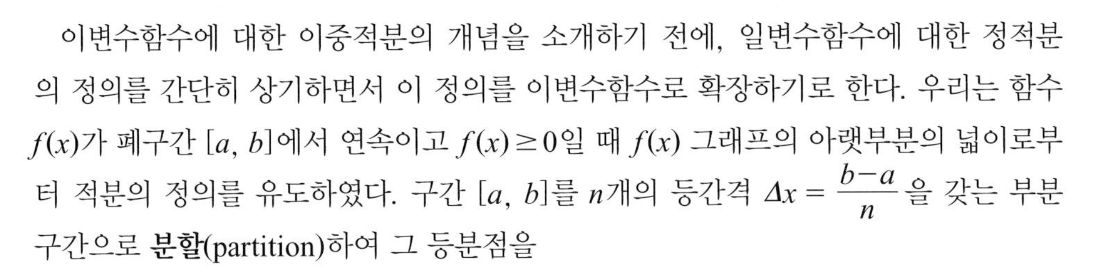

이변수함수에 대한 이중적분의 개념을 소개하기 전에, 일변수함수에 대한 정적분의 정의를 간단히 상기하면서 이 정의를 이변수함수로 확장하기로 한다. 우리는 함수 $f(x)$가 폐구간 $[a, b]$에서 연속이고 $f(x) \geq 0$일 때 $f(x)$ 그래프의 아랫부분의 넓이로부터 적분의 정의를 유도하였다. 구간 $[a, b]$를 n개의 등간격 $\Delta x = \dfrac{b-a}{n}$을 갖는 부분구간으로 **분할**(partition)하여 그 등분점을

$$a = x_0 < x_1 < \cdots < x_n = b$$

라 하자. 그림 13.1a에서와 같이 i번째 부분구간 $[x_{i-1}, x_i]$의 임의의 점 c_i에 대하여 $f(c_i)$를 높이로 하는 직사각형의 넓이를 곡선 아래의 넓이의 근삿값으로 하고, 이러한 사각형들의 넓이를 모두 합하여 그림 13.1b에서 보는 바와 같이 주어진 구간에서 곡선 아래의 넓이의 근삿값으로 한다.

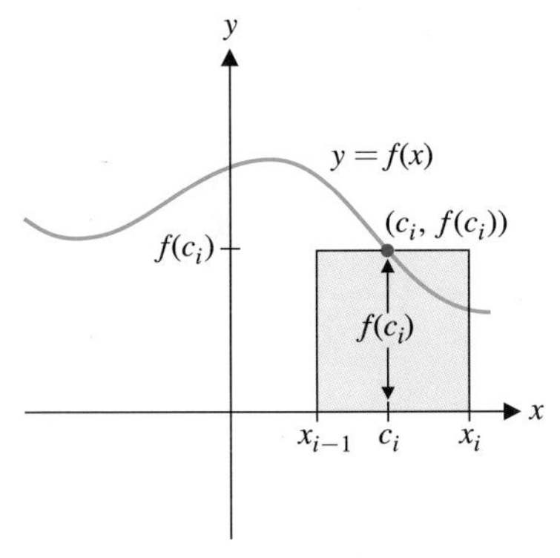

그림 13.1a $[x_{i-1}, x_i]$에서 넓이의 근삿값

$$A \approx \sum_{i=1}^{n} f(c_i)\,\Delta x$$

마지막으로 $n \to \infty$로 극한(이것은 또한 $\Delta x \to 0$을 의미한다)을 취함으로써 정확한 넓이를 구할 수 있다(여기서 점 c_i의 선택에 관계없이 극한이 존재하고 그 극한값이 모두 같다고 가정한다).

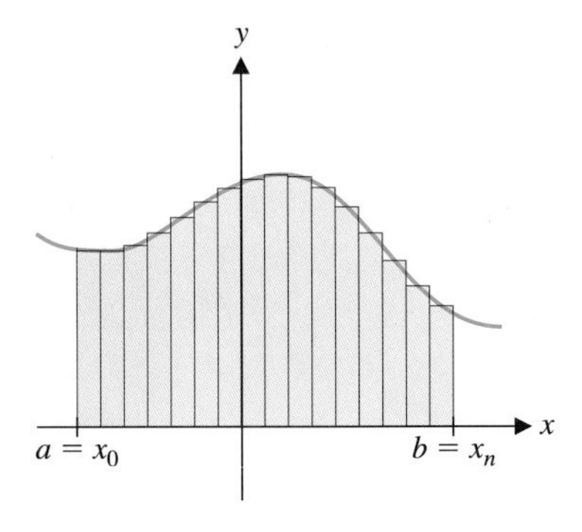

그림 13.1b 곡선 아래의 넓이

$$A = \lim_{n \to \infty} \sum_{i=1}^{n} f(c_i)\,\Delta x$$

이 극한으로서 정적분으로 다음과 같이 정의하였다.

$$\int_a^b f(x)\,dx = \lim_{n \to \infty} \sum_{i=1}^{n} f(c_i)\,\Delta x \tag{1.1}$$

일반적으로 **불규칙 분할**(irregular partition)(즉 모든 부분구간이 같은 간격을 가지지 않는다)도 허용하는 것으로 일반화한다. 이러한 불규칙 분할은 매우 복잡한 정적분의 근삿값을 수치 계산하는 데 필요하고, 또 이론적인 이유로도 필요하다. 이 부분은 고등 미분적분학에서 다루도록 한다. 위와 같은 식으로 간단한 불규칙 분할을 살펴보자. 그림 13.2에서는 $n = 7$인 경우 간격이 $\Delta x_i = x_i - x_{i-1}$인 i번째 부분구간 $[x_{i-1}, x_i]$에서 불규칙 분할을 보여주고 있다.

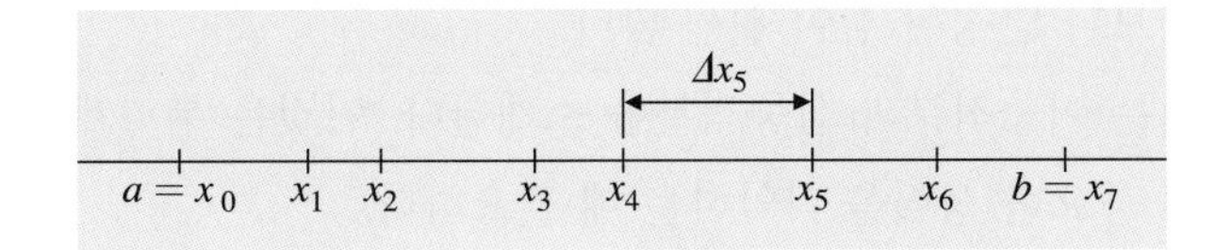

그림 13.2 구간 $[a, b]$의 불규칙 분할

앞서 말한 바와 같이 i번째 부분구간 $[x_{i-1}, x_i]$의 임의의 점 c_i에 대하여 넓이의 근삿값은 다음과 같다.

$$A \approx \sum_{i=1}^{n} f(c_i)\Delta x_i$$

정확한 넓이를 구하기 위해서는 $n \to \infty$로 취해야 하지만 분할이 불규칙하기 때문에 모든 간격 Δx_i가 0으로 접근하리라고는 보장하지 못한다. 따라서 우리는 모든 간격 Δx_i에서 가장 큰 분할의 **크기**(norm)를 $\|P\|$로 정의하고 다음과 같이 정적분에 대해 좀 더 일반적인 정의를 할 수 있다.

> **정의 1.1**
>
> 구간 $[a, b]$에서 정의된 함수 f의 **정적분**(definite integral)은
>
> $$\int_a^b f(x)\,dx = \lim_{\|P\| \to 0} \sum_{i=1}^{n} f(c_i)\Delta x_i$$
>
> 으로 정의한다. 여기서 i번째 부분구간 $[x_{i-1}, x_i]$의 임의의 점 c_i의 선택에 관계없이 우변의 극한이 존재하고 그 극한값이 모두 같아야 한다. 이 경우 함수 f는 구간 $[a, b]$에서 **적분가능하다**(integrable)고 한다.

여기서 정의 1.1의 극한이 L이라는 말은 $\|P\|$가 충분히 작으면 $\sum_{i=1}^{n} f(c_i)\Delta x_i$를 L에 필요한 만큼 가까이 할 수 있다는 뜻이다. 합이 얼마만큼 L에 가까이 갈까? 임의의 거리 $\varepsilon > 0$보다 합이 L에 가까이 할 수 있다는 뜻이다. 즉 임의의 $\varepsilon > 0$에 대해서 $\delta > 0$ (ε에 따라서 결정)가 존재해서 $\|P\| < \delta$이면

$$\left| \sum_{i=1}^{n} f(c_i)\Delta x_i - L \right| < \varepsilon$$

이 되게 할 수 있다. 이 말은 정적분의 기본적 의미를 약간 일반적으로 말한 것이다.

넓이를 계산하기 위해 정의 1.1을 직접 사용하지는 않겠지만 컴퓨터나 계산기에서는 적분을 계산하기 위해 불규칙 분할을 사용하게 된다.

직사각형에서의 이중적분

xy평면에서 곡선 아래의 넓이를 구하는 방법으로 일변수함수의 정적분을 정의하였다. 마찬가지 방법으로 이변수함수에 대한 이중적분을 정의할 수 있다. 함수 $f(x, y)$가 $a \le x \le b$, $c \le y \le d$에서 $f(x, y) \ge 0$이고 연속이라 하자. xy평면의 사각형 영역 $R = \{(x, y) | a \le x \le b,\ c \le y \le d\}$ 위에 있는 곡면 $z = f(x, y)$의 표면 아랫부분으로 된 입체의 부피를 구하고자 한다(그림 13.3).

기본적으로는 곡선 아래의 넓이를 구하는 방법과 동일한 과정으로 한다. 우선, 그림 13.4a에서와 같이 xy평면의 사각형 영역 R을 n개의 작은 사각형 영역 $R_1, R_2, \cdots, R_n$으로 분할한다(여기서 작은 사각형의 변의 길이가 같을 필요는 없다). 분할된 사각형 $R_i (i = 1, 2, \cdots, n)$ 위, 그리고 곡면 $z = f(x, y)$의 표면 아래에 놓이는 입체의 부피 V_i의 근삿값을 구한다. 이렇게 구해진 부피 V_i의 합은 전체 부피의 근삿값이 된다. 분

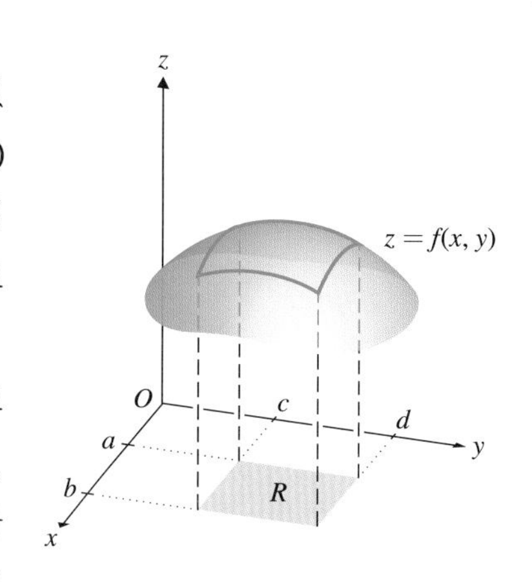

그림 13.3 $z = f(x, y)$ 표면 아랫부분의 부피

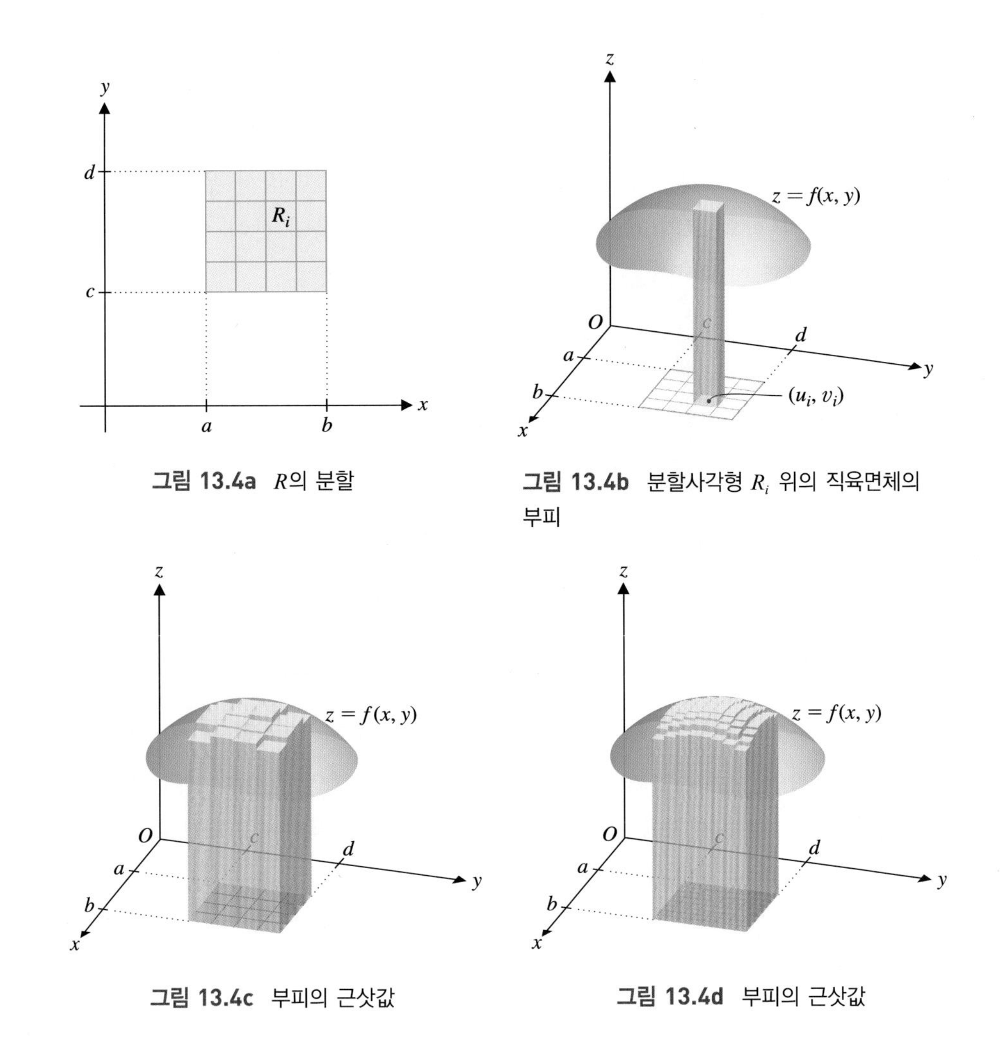

그림 13.4a R의 분할

그림 13.4b 분할사각형 R_i 위의 직육면체의 부피

그림 13.4c 부피의 근삿값

그림 13.4d 부피의 근삿값

할영역 R_i의 임의점 $(u_i,\ v_i)$에서 높이 $f(u_i,\ v_i)$를 갖는 직육면체의 부피(그림 13.4b)는 V_i의 근삿값이 된다 즉,

$$V_i \approx \text{높이} \times \text{밑면의 넓이} = f(u_i,\ v_i)\,\Delta A_i$$

이다. 여기서 ΔA_i는 분할사각형 R_i의 넓이를 나타낸다.

따라서 전체부피의 근삿값을 다음과 같이 분할부피 V_i의 합으로 나타낼 수 있다.

$$V \approx \sum_{i=1}^{n} f(u_i,\ v_i)\Delta A_i \tag{1.2}$$

4장에서 정적분을 정의할 때와 마찬가지로 식 (1.2)에서의 합을 **리만합**(Riemman sum)이라고 한다. 그림 13.4c와 그림 13.4d에서 리만합은 곡면 아랫부분으로 된 입체의 부피의 근삿값을 보여준다. 좀 더 많은 수의 작은 사각형을 사용한 그림 13.4d의 경우 좀 더 정확한 근삿값을 나타낸다.

예제 1.1 곡면 아랫부분의 부피의 근삿값

영역 $R = \{(x, y) | 0 \le x \le 6,\ 0 \le y \le 6\}$에서 곡면 $z = x^2 \sin \frac{\pi y}{6}$의 아랫부분으로 된 입체의 부피의 근삿값을 구하여라.

풀이

첫째, 영역 R 위에서 함수 f는 연속이고 $f(x, y) = x^2 \sin \frac{\pi y}{6} \ge 0$이다(그림 13.5a). 그림 13.5b에서와 같이 영역 R을 간단히 4개의 정사각형으로 분할한 후 4개의 정사각형의 중심 좌표 $\left(\frac{3}{2}, \frac{3}{2}\right), \left(\frac{9}{2}, \frac{3}{2}\right), \left(\frac{3}{2}, \frac{9}{2}\right), \left(\frac{9}{2}, \frac{9}{2}\right)$를 선택한다.

4개의 정사각형은 같은 크기를 갖기 때문에 $\Delta A_i = 9$이다. 따라서 $f(x, y) = x^2 \sin \frac{\pi y}{6}$의 곡면 아래의 입체의 부피는 식 (1.2)로부터 다음과 같이 얻을 수 있다.

$$\begin{aligned} V &\approx \sum_{i=1}^{4} f(u_i, v_i) \Delta A_i \\ &= f\left(\frac{3}{2}, \frac{3}{2}\right)(9) + f\left(\frac{9}{2}, \frac{3}{2}\right)(9) + f\left(\frac{3}{2}, \frac{9}{2}\right)(9) + f\left(\frac{9}{2}, \frac{9}{2}\right)(9) \\ &= 9\left[\left(\frac{3}{2}\right)^2 \sin\left(\frac{\pi}{4}\right) + \left(\frac{9}{2}\right)^2 \sin\left(\frac{\pi}{4}\right) + \left(\frac{3}{2}\right)^2 \sin\left(\frac{3\pi}{4}\right) + \left(\frac{9}{2}\right)^2 \sin\left(\frac{3\pi}{4}\right)\right] \\ &= \frac{405}{2}\sqrt{2} \approx 286.38 \end{aligned}$$

이 값은 분할 정사각형의 수를 증가시킴으로써 정확도를 향상시킬 수 있다. 예를 들어, 영역 R을 9개의 정사각형 크기로 분할(그림 13.5c)하고 정사각형의 중심 좌표를 계산점으로 선택한다면 각각의 분할 정사각형의 크기는 $\Delta A_i = 4$가 되고 부피의 근삿값을 다음과 같이 구할 수 있다.

$$\begin{aligned} V &\approx \sum_{i=1}^{9} f(u_i, v_i) \Delta A_i \\ &= 4[f(1, 1) + f(3, 1) + f(5, 1) + f(1, 3) + f(3, 3) + f(5, 3) + f(1, 5) + f(3, 5) + f(5, 5)] \\ &= 4\left[1^2 \sin\left(\frac{\pi}{6}\right) + 3^2 \sin\left(\frac{\pi}{6}\right) + 5^2 \sin\left(\frac{\pi}{6}\right) + 1^2 \sin\left(\frac{3\pi}{6}\right) + 3^2 \sin\left(\frac{3\pi}{6}\right)\right. \\ &\quad \left. + 5^2 \sin\left(\frac{3\pi}{6}\right) + 1^2 \sin\left(\frac{5\pi}{6}\right) + 3^2 \sin\left(\frac{5\pi}{6}\right) + 5^2 \sin\left(\frac{5\pi}{6}\right)\right] = 280 \end{aligned}$$

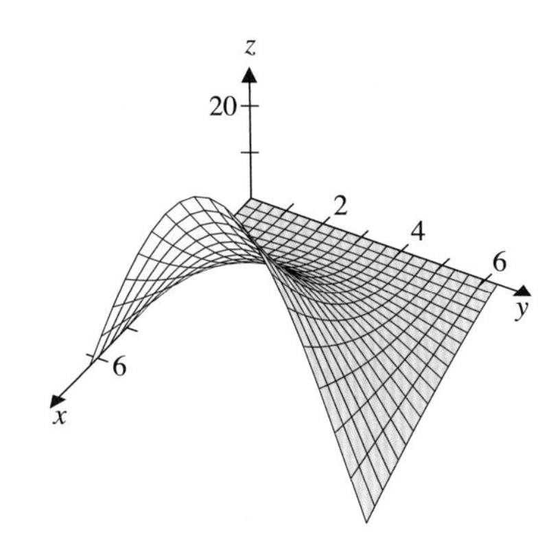

그림 13.5a $z = x^2 \sin \frac{\pi y}{6}$

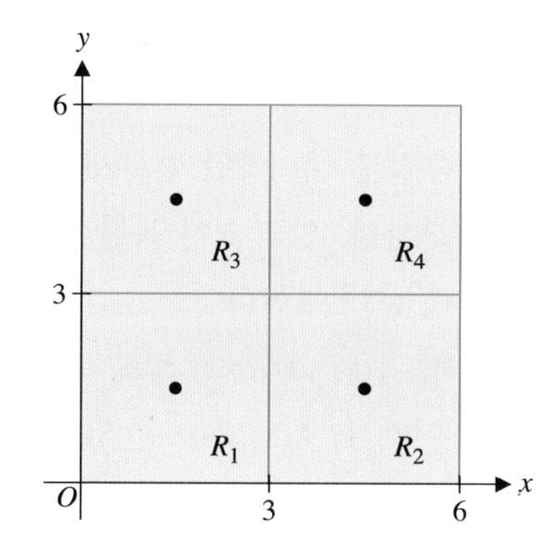

그림 13.5b 4개의 정사각형으로 영역 R의 분할

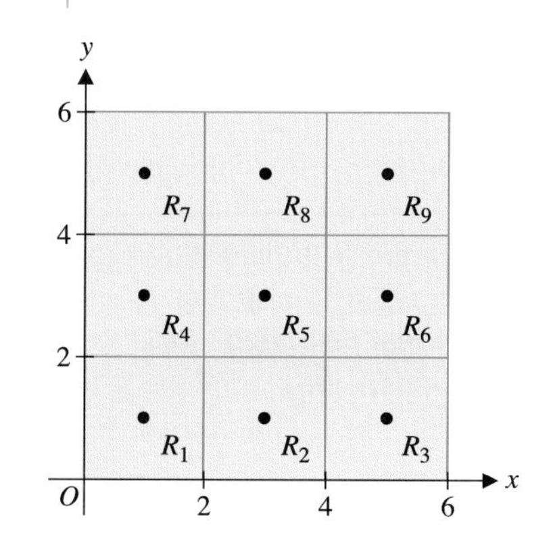

그림 13.5c 9개의 정사각형으로 영역 R의 분할

분할 정사각형 수	부피의 근삿값
4	286.38
9	280.00
36	276.25
144	275.33
400	275.13
900	275.07

같은 방법으로 분할 정사각형의 수를 계속 증가시키고 정사각형의 중심좌표를 계산점으로 사용한다면 왼쪽 표에서 보는 바와 같이 부피의 근삿값의 정확도를 좀 더 향상시킬 수 있다. 정확한 부피 $\frac{864}{\pi} \approx 275.02$와 900개의 정사각형의 분할에서 얻은 근삿값 275.07을 비교하면 상당히 정확하게 근삿값을 예측하고 있음을 확인할 수 있다.

주 1.1

예제 1.1에서 분할 정사각형의 중심을 점으로 하는 것은 4.7절에서 설명했던 것처럼 일변수함수에 대한 정적분의 근삿값의 중간점 법칙에 대응된다. 이렇게 중심점을 선택하면 일반적으로 합리적인 근삿값을 얻을 수 있다.

어떻게 하면 식 (1.2)로 부피를 구하는 정확한 공식을 얻을 수 있을까? 단순히 $n \to \infty$만으로는 안된다. 분할의 모든 정사각형의 넓이가 0이 되게 해야 한다. 그렇게 하는 편리한 방법은 분할의 크기 $\|P\|$를 분할의 사각형 중 가장 긴 대각선으로 하는 것이다.

분할의 크기 $\|P\|$를 0으로 접근시키면(이것은 $n \to \infty$와 같은 의미이다) 모든 분할 정사각형의 넓이는 0에 가까워지게 되고 식 (1.2)는 좀 더 정확한 부피를 나타낸다. 따라서 다음과 같이 정의할 수 있다.

$$V = \lim_{\|P\| \to 0} \sum_{i=1}^{n} f(u_i, v_i) \Delta A_i$$

이때, 임의의 점 (u_i, v_i)의 선택에 관계없이 극한이 존재하고 그 극한은 모두 같다고 가정한다. 여기서 극한이 V라는 말은 $\|P\|$를 충분히 작게 하면 $\sum_{i=1}^{n} f(u_i, v_i)\Delta A_i$를 얼마든지 V에 가깝게 할 수 있다는 의미이다. 즉 임의의 $\varepsilon > 0$에 대해서 적당한 $\delta > 0$(ε에 따라서 정해짐)가 존재해서 $\|P\| < \delta$이면

$$\left| \sum_{i=1}^{n} f(u_i, v_i)\Delta A_i - V \right| < \varepsilon$$

가 된다는 말이다. 아래에 함수가 음의 값일 경우를 포함해서 일반적인 정의를 한다.

정의 1.2

$f(x, y)$가 xy평면의 사각형 영역 $R = \{(x, y) | \, a \le x \le b, \, c \le y \le d\}$에서 정의된 함수라 하자. 영역 R에서 f의 **이중적분**(double integral)을 다음과 같이 정의한다.

$$\iint_R f(x, y)\,dA = \lim_{\|P\| \to 0} \sum_{i=1}^{n} f(u_i, v_i)\Delta A_i$$

여기서 i번째 분할영역 R_i에서 임의의 점 (u_i, v_i)의 선택에 관계없이 우변의 극한이 존재하고 그 극한값은 모두 같아야 한다. 이 경우 함수 f는 R에서 **적분가능하다**고 한다.

주 1.2

영역 R에서 함수 f가 연속이면 f는 R에서 적분가능하다. 이에 대한 증명은 좀 더 깊이 있는 내용을 다루는 교재를 참고하기 바란다.

이 새로운 이중적분에는 약간의 문제점이 있다. 일변수일 때와 마찬가지로 아직 계산하는 방법을 모른다. 영역 R이 복잡할 경우 사실 약간 까다롭다. 그러나 직사각형일 경우는 다음과 같이 구한다.

사각형 영역 $R = \{(x, y) \,|\, a \le x \le b, \, c \le y \le d\}$에서 $f(x, y) \ge 0$인 특별한 경우를 알아보도록 하자. 이때 $\iint_R f(x, y)\,dA$는 영역 R에서 곡면 $z = f(x, y)$의 아랫부분으로 된 입체의 부피를 나타낸다. 우리가 5.2절에서 했던 것처럼 그림 13.6a에서와 같이 yz평면에 나란하게 부피를 분할하고 그 단면의 넓이를 $A(x)$라 할 때, 5.2절의 식 (2.1)로부터 부피는 다음과 같이 주어진다.

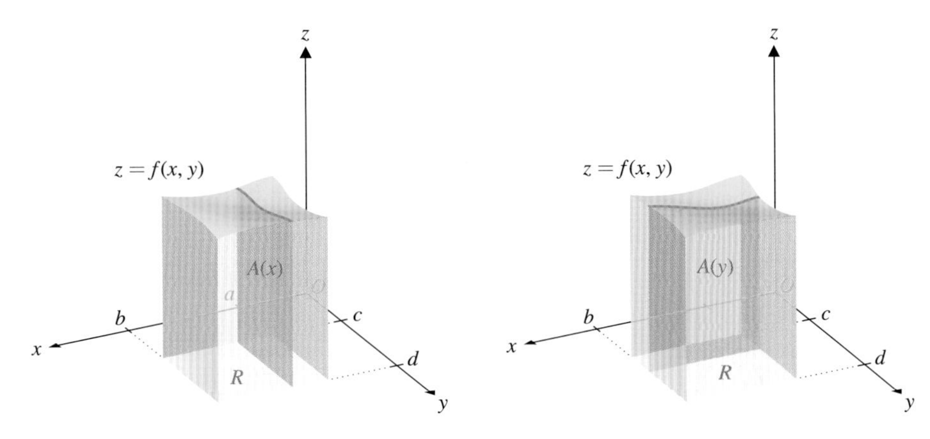

그림 13.6a yz평면에 나란한 분할면

그림 13.6b xz평면에 나란한 분할면

$$V = \int_a^b A(x)dx$$

여기서 단면의 넓이 $A(x)$는 x를 고정시키고 $c \le y \le d$에서 곡면 $z = f(x, y)$ 아래의 넓이이며 다음과 같이 주어진다.

$$A(x) = \int_c^d f(x, y)\, dy$$

이 식은 x를 고정시키고 $f(x, y)$를 y에 관해서 적분하므로 y에 관한 $f(x, y)$의 **편적분**(partial integration)이라고 한다. 따라서 부피에 관한 적분은 다음과 같은 형태로 나타낼 수 있다.

$$V = \int_a^b A(x)\, dx = \int_a^b \left[\int_c^d f(x, y)\, dy \right] dx \tag{1.3}$$

마찬가지로 그림 13.6b에서와 같이 xz평면에 나란하게 부피를 분할한다면 다음과 같이 부피를 구할 수 있다.

$$V = \int_c^d A(y)\, dy = \int_c^d \left[\int_a^b f(x, y)\, dx \right] dy \tag{1.4}$$

식 (1.3)과 (1.4)를 **반복적분**(iterated integrals)이라고 한다. 순서는 내부변수에 대한 편적분을 먼저 계산하고(즉 외부변수는 상수처럼 취급하면서 내부변수에 대한 적분을 계산한다) 다음에 외부변수에 대한 적분을 계산한다.

식 (1.3)과 (1.4)를 괄호 없이 간단하게 표현하면 다음과 같다.

$$\int_a^b \left[\int_c^d f(x, y)\, dy \right] dx = \int_a^b \int_c^d f(x, y)\, dy\, dx$$

$$\int_c^d \left[\int_a^b f(x, y)\, dx \right] dy = \int_c^d \int_a^b f(x, y)\, dx\, dy$$

앞에서 지적한 대로 이 적분은 안에서 밖으로 우리가 이미 잘 알고 있는 일변수함수의 적분방법을 이용해서 한다.

수학자

푸비니
(Guido Fubini, 1879−1943)

이탈리아의 수학자로 수학, 물리학, 공학 분야에 폭넓게 기여하였다. 푸비니의 연구분야는 처음에는 미분기하학이었지만 곧 해석학, 변분이론, 군론, 비 유클리드 기하학, 수리물리학 등으로 다양해졌다. 그의 아버지는 수학교사였고 아들은 공학자가 되었다. 푸비니는 유태인 박해를 피하여 1939년 이탈리아에서 미국으로 이주하였다. 그는 아들에게 영감을 받아 공학 교재를 쓰던 중 숨을 거두었다.

다음 정리는 이중적분과 반복적분의 관계를 말해준다. 이중적분을 반복적분으로 바꾸어 계산할 수 있다. 여기서 다룬 것은 $f(x, y) \geq 0$인 특별한 경우이며 좀 더 일반적인 경우에 대한 증명은 여기서는 생략하기로 한다.

정리 1.1 푸비니 정리(Fubini's Theorem)

함수 $f(x, y)$가 영역 $R = \{(x, y) \mid a \leq x \leq b,\ c \leq y \leq d\}$에서 적분가능하다고 하자. 이때 영역 R에서 f의 이중적분을 다음과 같이 반복적분으로 표현할 수 있다.

$$\iint_R f(x, y)\,dA = \int_a^b \int_c^d f(x, y)\,dy\,dx = \int_c^d \int_a^b f(x, y)\,dx\,dy \tag{1.5}$$

푸비니 정리에서 반복적분의 계산 순서는 바꾸어도 상관없다. 다음 예제에서 확인하도록 하자.

예제 1.2 직사각형 영역에서의 이중적분

영역 $R = \{(x, y) \mid 0 \leq x \leq 2,\ 1 \leq y \leq 4\}$에서 $\iint_R (6x^2 + 4xy^3)\,dA$을 계산하여라.

풀이

식 (1.5)로부터 계산은 다음과 같다.

$$\begin{aligned}
\iint_R (6x^2 + 4xy^3)\,dA &= \int_1^4 \int_0^2 (6x^2 + 4xy^3)\,dx\,dy \\
&= \int_1^4 \left[\int_0^2 (6x^2 + 4xy^3)dx\right] dy \\
&= \int_1^4 \left(6\frac{x^3}{3} + 4\frac{x^2}{2}y^3\right)\Bigg|_{x=0}^{x=2} dy \\
&= \int_1^4 (16 + 8y^3)\,dy \\
&= \left(16y + 8\frac{y^4}{4}\right)\Bigg|_1^4 \\
&= [16(4) + 2(4)^4] - [16(1) + 2(1)^4] = 558
\end{aligned}$$

여기서 우리는 y를 상수로 하고 x에 대하여 먼저 적분하였다. 계산 순서를 바꾸어 x를 상수로 하고 y에 대하여 먼저 적분하는 것은 여러분이 직접 계산해 보기 바란다. 즉 다음을 확인해 보아라.

$$\iint_R (6x^2 + 4xy^3)\,dA = \int_0^2 \int_1^4 (6x^2 + 4xy^3)\,dy\,dx = 558$$

■

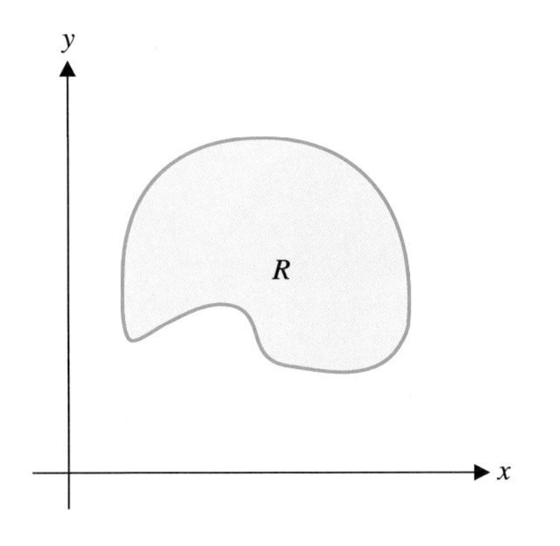

그림 13.7a 직사각형이 아닌 영역

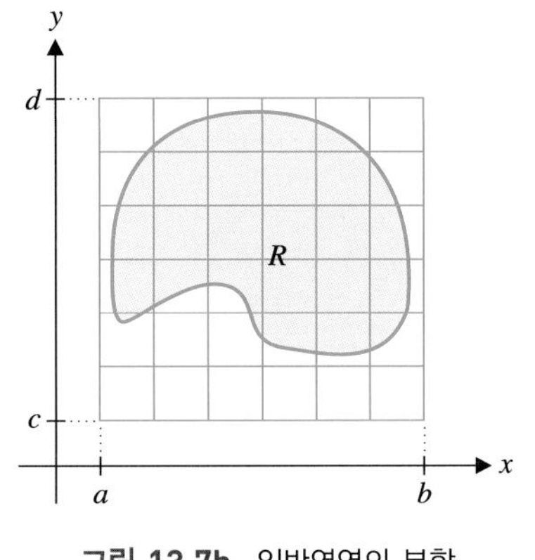

그림 13.7b 일반영역의 분할

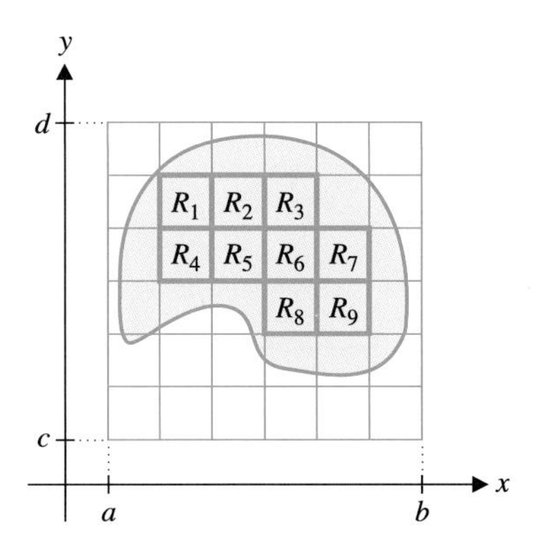

그림 13.7c 내부분할

일반영역에서 이중적분

그림 13.7a에서와 같이 유계이고 직사각형이 아닌 영역에서 이중적분을 생각해 보자. 직사각형 영역에서 했던 것처럼, 함수 $f(x, y)$가 영역 R에서 연속이고 $f(x, y) \geq 0$일 때 영역 R에서 곡면 $z = f(x, y)$의 아랫부분의 입체의 부피를 생각하자. 우선, 주어진 영역을 포함하는 사각형을 그리고 그림 13.7b에서와 같이 작은 사각형으로 분할한다. 그리고 영역 R의 내부에 완전히 포함되는 작은 사각형만을 택한다(그림 13.7c에서 진한 실선으로 표시한 부분이다).

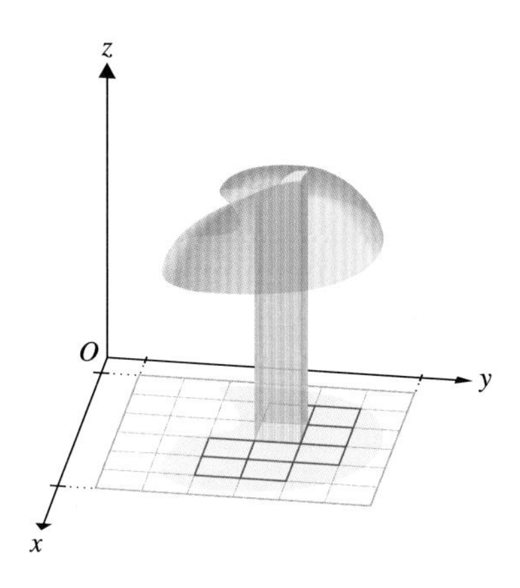

그림 13.7d 직육면체의 부피

이러한 분할을 **내부분할**(inner partition)이라고 하며, 그림 13.7c에서는 9개의 내부분할을 보여주고 있다. 여기서부터는 직사각형 영역에서와 같은 방법을 수행한다. 즉 내부분할 영역 $R_i\,(i = 1, 2, \cdots, n)$ 중에서 임의의 계산점 (u_i, v_i)에서 높이 $f(u_i, v_i)$를 갖는 직육면체의 부피는 영역 R_i에서 곡면 아래의 입체의 부피 V_i의 근삿값이다(그림 13.7d의 간단한 박스 구성 예를 참고하여라).

$$V_i \approx \text{높이} \times (\text{밑면의 넓이}) = f(u_i, v_i)\,\Delta A_i$$

여기서 ΔA_i는 내부분할 R_i의 넓이를 나타낸다. 따라서 영역 R에서 곡면 아랫부분의 입체의 부피 V는 근사적으로 다음과 같이 주어진다.

$$V \approx \sum_{i=1}^{n} f(u_i, v_i)\,\Delta A_i \tag{1.6}$$

분할 사각형 R_i 중에서 가장 큰 대각선의 길이를 내부분할의 크기 $\|P\|$로 정의하자. 이 $\|P\|$을 좀 더 작게 함으로써 내부분할을 그림 13.8a에서와 같이 영역 R을 더 작은 사각형으로 채울 수 있으며, 식 (1.6)의 근삿값은 실제 부피에 좀 더 가까워질 수 있다(그림 13.8b). 이때 임의의 계산점에 대한 선택에 관계없이 극한이 존재하고 그 극한이 모두 같다고 가정할 때 전체 부피는 다음과 같이 주어진다.

$$V = \lim_{\|P\| \to 0} \sum_{i=1}^{n} f(u_i, v_i)\,\Delta A_i$$

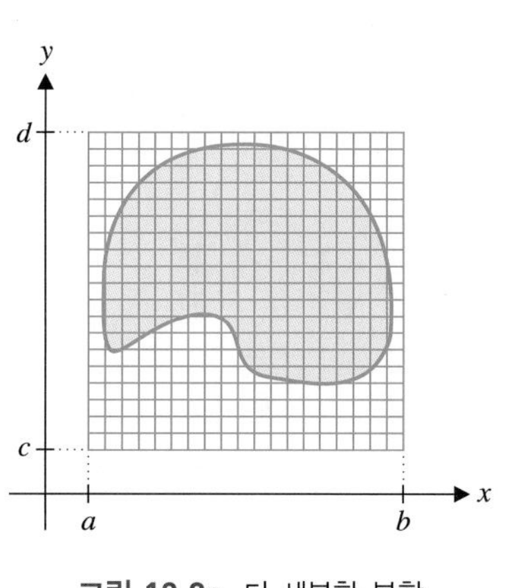

그림 13.8a 더 세분한 분할

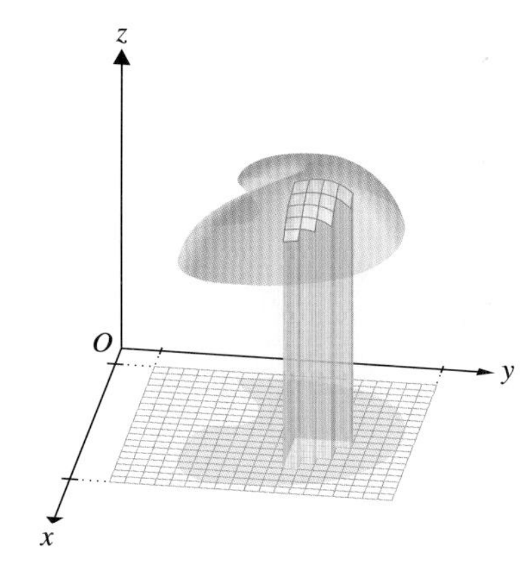

그림 13.8b 근사 부피

좀 더 일반적으로 아래와 같이 정의할 수 있다.

주 1.3

영역 R에서 함수 f가 연속이면 f는 R에서 적분가능하다. 이 증명은 여기에서는 생략하기로 한다.

정의 1.3

$f(x, y)$가 유계인 영역 $R \subset \mathbb{R}^2$에서 정의된 함수라고 할 때, 영역 R에서 f의 **이중적분**을 다음과 같이 정의한다.

$$\iint_R f(x, y)\, dA = \lim_{\|P\| \to 0} \sum_{i=1}^{n} f(u_i, v_i) \Delta A_i \tag{1.7}$$

여기서 i번째 분할영역 R_i에서 임의의 계산점 (u_i, v_i)에 대한 선택에 관계 없이 우변의 극한이 존재하고 그 극한은 모두 같아야 한다. 이 경우 함수 f는 R에서 **적분가능하다**고 한다.

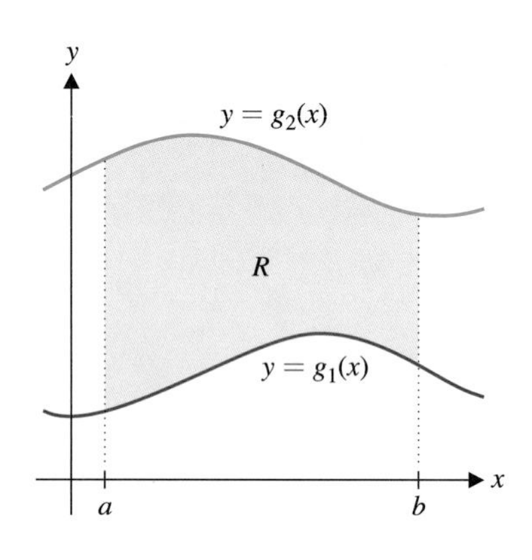

그림 13.9a 영역 R

일반 영역에서 이중적분의 계산은 영역 R이 사각형 영역인 경우보다 좀 더 복잡한 편이다. 먼저 일반 영역이 다음과 같은 경우를 생각해 보자.

$$R = \{(x, y) \mid a \le x \le b,\ g_1(x) \le y \le g_2(x)\}$$

이 경우는 5.1절에서 두 곡선 사이의 넓이를 계산한 것과 같다. 그림 13.9a는 xy평면에서 제1사분면에 있는 영역 R에서 $f(x, y) \ge 0$인 경우에 위쪽과 아래쪽의 영역 경계가 함수로 주어진 영역의 예이다. 여기서 R에서 f의 이중적분은 xy평면에서 영역 R에서 곡면 $z = f(x, y)$의 아래에 놓이는 입체의 부피이다. 사각형 영역에서 이중적분을 계산했던 것처럼 일반 영역에서의 부피를 구해보도록 하자.

그림 13.9b에서와 같이 구간 $[a, b]$에서 x를 고정시키고 분할된 선분의 위와 곡면 $z = f(x, y)$의 아래에 놓이는 도형의 넓이는

$$A(x) = \int_{g_1(x)}^{g_2(x)} f(x, y)\, dy$$

이다. 전체 부피는 5.2절의 식 (2.1)에 의해서 다음과 같이 주어진다.

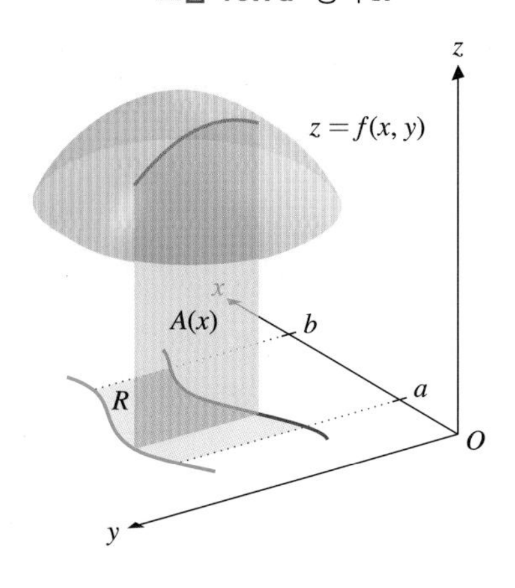

그림 13.9b 분할면에 의한 부피

$$V = \int_a^b A(x)\, dx = \int_a^b \int_{g_1(x)}^{g_2(x)} f(x, y)\, dy\, dx$$

따라서 부피 $V=\iint_R f(x, y)\,dA$는 영역 R에서 $f(x, y)\geq 0$인 경우에 아래와 같은 정리로 나타낼 수 있다.

주 1.4

반복적분으로 나타내기 전에 영역 R을 잘 그려야 한다. 이렇게 하지 않고도 처음 몇 개의 예제는 쉽게 계산할 수 있지만 좀 더 복잡해지면 계산할 수 없다. 적분을 올바로 계산하기 위해서는 반드시 영역을 정확하게 그려야 한다.

정리 1.2

함수 $f(x, y)$는 영역 $R=\{(x, y)|\,a\leq x\leq b,\ g_1(x)\leq y\leq g_2(x)\}$에서 연속이고, $g_1(x)$와 $g_2(x)$도 연속함수이고 모든 $x\in[a, b]$에 대해서 $g_1(x)\leq g_2(x)$라고 하자. 이때 다음 성질이 성립한다.

$$\iint_R f(x, y)\,dA=\int_a^b\int_{g_1(x)}^{g_2(x)} f(x, y)\,dy\,dx$$

위 정리에 대한 일반적인 증명은 이 책의 범위를 벗어나지만 $f(x, y)\geq 0$인 경우에 대한 증명은 여러분이 직접 해 본다면 이해에 도움이 될 것이다.

다음 예제에서는 반복적분을 사용하여 이중적분을 계산한다.

예제 1.3 이중적분 계산

세 직선 $y=x$, $y=0$, $x=4$로 만들어지는 영역 R에서

$$\iint_R (4e^{x^2}-5\sin y)\,dA$$

을 계산하여라.

풀이

우선, 영역 R에 대한 그래프를 그림 13.10에서와 같이 그려 보자. 적분구간을 결정하기 위해 영역 내부에 선분을 그으면 고정된 x값에 대해 y값은 0에서 x까지 변한다. 정리 1.2로부터 다음 식을 얻는다.

$$\iint_R (4e^{x^2}-5\sin y)dA=\int_0^4\int_0^x (4e^{x^2}-5\sin y)dy\,dx \tag{1.8}$$

$$=\int_0^4 (4ye^{x^2}+5\cos y)\Big|_{y=0}^{y=x} dx$$

$$=\int_0^4 [(4xe^{x^2}+5\cos x)-(0+5\cos 0)]dx$$

$$=\int_0^4 (4xe^{x^2}+5\cos x-5)dx$$

$$=(2e^{x^2}+5\sin x-5x)\Big|_0^4$$

$$=2e^{16}+5\sin 4-22\approx 1.78\times 10^7$$

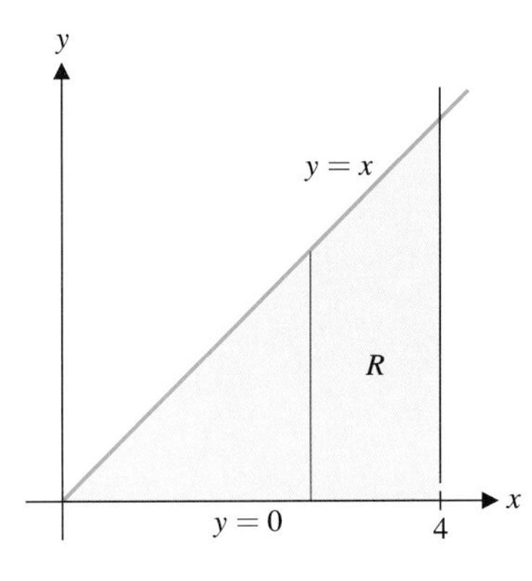

그림 13.10 영역 R

위 식에서 안쪽의 (y에 관한) 적분은 y에 대한 편적분이다. 따라서 x는 고정되어 있다. 여기서 주의할 점은 자칫하면 x와 y의 범위를 각각 따로 생각하여

$$\iint_R f(x, y)dA=\int_0^4\int_0^4 f(x, y)\,dy\,dx$$

로 나타내면 안된다는 것이다. 이 식을 (1.8)과 비교해 보아라. 그림 13.10의 영역 R에서의 적분이 아니라 $0 \le x \le 4,\ 0 \le y \le 4$에서 적분한 것이 된다.

다른 적분과 마찬가지로 반복적분도 아무리 좋은 컴퓨터라도 공식만으로 계산할 수 없을 때도 있다. 이럴 경우는 근사계산법을 쓴다. 가능하면 안쪽의 적분은 기호로 바깥쪽 적분은 수치적 방법(예를 들어 심프슨의 법칙) 등을 사용한다.

예제 1.4 적분의 근삿값

$y = \cos x$와 $y = x^2$로 둘러싸인 부분을 영역 R이라고 할 때 $\iint_R (x^2 + 6y)\,dA$를 계산하여라.

풀이

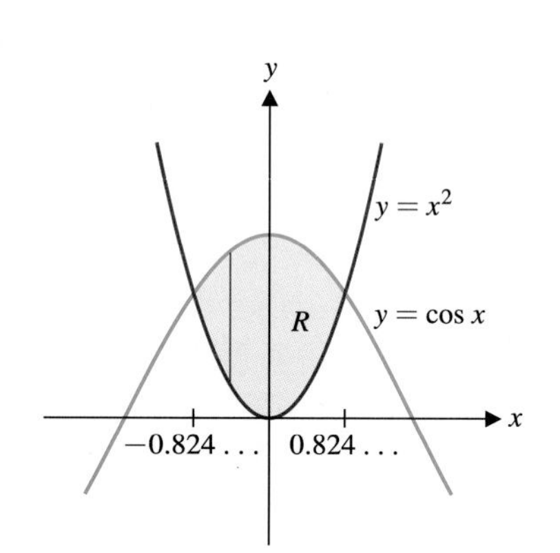

그림 13.11 영역 R

우선, 영역 R의 그림을 그려 보면 그림 13.11과 같다. 그림으로부터 내부적분 구간은 x를 고정하면 y가 x^2에서 $\cos x$까지 변하고 있음을 알 수 있다. 그러나 외부적분 구간은 곡선의 교점을 구하기 위해 방정식 $\cos x = x^2$을 풀어야 한다. 물론 이 방정식을 쉽게 풀 수는 없지만 우리는 수치적 방법(뉴턴 방법 또는 계산기나 컴퓨터를 이용)을 사용하여 교점 $x \approx \pm 0.82413$을 얻을 수 있다. 따라서 정리 1.2로부터

$$\begin{aligned}\iint_R (x^2 + 6y)\,dA &\approx \int_{-0.82413}^{0.82413}\int_{x^2}^{\cos x} (x^2 + 6y)\,dy\,dx \\ &= \int_{-0.82413}^{0.82413} \left(x^2 y + 6\frac{y^2}{2}\right)\Bigg|_{y=x^2}^{y=\cos x} dx \\ &= \int_{-0.82413}^{0.82413} (x^2\cos x + 3\cos^2 x) - (x^4 + 3x^4)]\,dx \\ &\approx 3.659765588\end{aligned}$$

이고 마지막 적분은 부분적분법과 삼각항등식을 사용하여 근사적으로 구하였다.

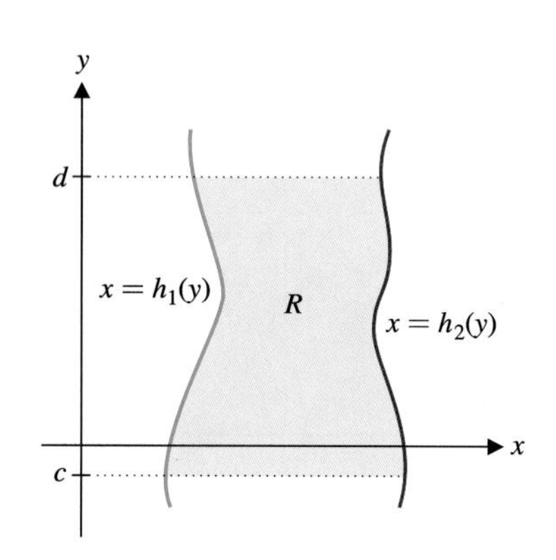

그림 13.12 전형적인 영역 R

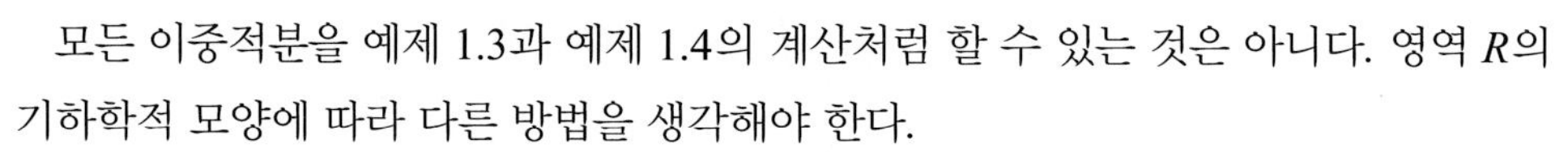

모든 이중적분을 예제 1.3과 예제 1.4의 계산처럼 할 수 있는 것은 아니다. 영역 R의 기하학적 모양에 따라 다른 방법을 생각해야 한다.

예를 들면, 영역 R이

$$R = \{(x, y) \mid c \le y \le d,\ h_1(y) \le x \le h_2(y)\}$$

으로 그림 13.12와 같이 주어지는 경우이다. 이때 반복적분으로서 이중적분은 아래의 정리를 이용하여 계산할 수 있다.

정리 1.3

함수 $f(x, y)$는 영역 $R = \{(x, y) \mid c \le y \le d,\ h_1(y) \le x \le h_2(y)\}$에서 연속이고 $h_1(y)$과 $h_2(y)$도 연속함수이고 모든 $y \in [c, d]$에서 $h_1(y) \le h_2(y)$라고 하자. 이때 다음의 정리가 성립한다.

$$\iint_R f(x, y)\,dA = \int_c^d \int_{h_1(y)}^{h_2(y)} f(x, y)\,dx\,dy$$

정리 1.2에서와 마찬가지로 위 정리에 대한 일반적인 증명은 이 책의 범위를 벗어난다. 영역 R에서 $f(x, y) \geq 0$인 경우에 대하여 생각해 본다면 쉽게 이해할 수 있을 것이다.

현대의 수학자

루딘
(Mary Ellen Rudin, 1924−)

미국의 수학자로 4명의 자녀를 양육하고 학생들과 동료들의 사랑과 존경을 받으며 박사학위 학생을 지도하는 동안 70편 이상의 논문을 발표하였다. 어린 아이 때 그녀는 친구와 놀이를 했는데 나중에 그 놀이에 대해 "대단히 정교하고 상상력을 길러주었다. 수학자가 되는 데 한몫을 담당했다. 복잡한 일을 사고하고 시간을 두고 생각하게 했다."라고 회고했다. 또한 그녀는 "나는 아주 기하적이고 수에는 별로 흥미가 없다"고 말했다. 그의 강의스타일은 학생들을 열심히 하게 하고 좀 부풀리는 편이라고 자평했다.

예제 1.5 x에 대하여 먼저 적분하기

$x = y^2$과 $x = 2 - y$로 둘러싸인 부분을 영역 R이라고 할 때 $\iint_R f(x, y)\,dA$을 반복적분으로 표현하여라.

풀이

우선, 그림 13.13a에서와 같이 영역 R에 대한 그래프를 그리도록 하자. 영역 내에서 위쪽 경계를 선정할 때 구간 $0 \leq x \leq 1$에서는 $y = \sqrt{x}$ 이고 $1 \leq x \leq 4$에서는 $y = 2 - x$가 되므로 처음에 y에 관해 적분하는 것은 좋은 선택이 아니다. 따라서 이 문제의 경우는 정리 1.3에 의해서 x에 관한 적분을 내부적분으로 택하는 것이 더 편리하다. 그림 13.13b에서 영역의 내부적분 구간을 나타내는 수평 선분은 y를 고정시킬 때 x의 범위는 $x = y^2$ 부터 $x = 2 - y$까지이다. 이때 $y^2 = 2 - y$를 풀면

$$0 = y^2 + 2 - y = (y + 2)(y - 1)$$

이 되므로 두 곡선의 교점 $y = -2$와 $y = 1$을 구할 수 있다. 따라서 정리 1.3으로부터 다음과 같은 반복적분을 얻을 수 있다.

$$\iint_R f(x, y)\,dA = \int_{-2}^{1}\int_{y^2}^{2-y} f(x, y)\,dx\,dy$$

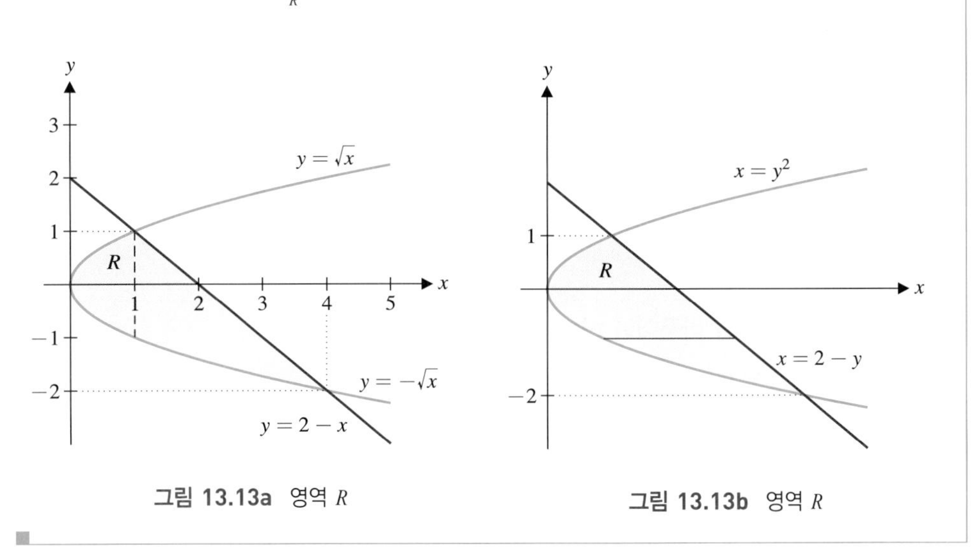

그림 13.13a 영역 R

그림 13.13b 영역 R

이중적분의 계산에서는 어떤 변수에 대하여 먼저 적분할 것인지에 따라 계산식이 더 쉬워질 수도 있고 어려워질 수도 있다. 다음 예제를 가지고 확인해 보도록 하자.

예제 1.6 이중적분의 계산

$y = \sqrt{x}$, $x = 0$, $y = 3$으로 둘러싸인 부분을 영역 R이라고 할 때 $\iint_R (2xy^2 + 2y\cos x)\,dA$을

계산하여라.

풀이

영역 R의 그래프는 그림 13.14이고 정의 1.3으로부터 다음 식을 얻는다.

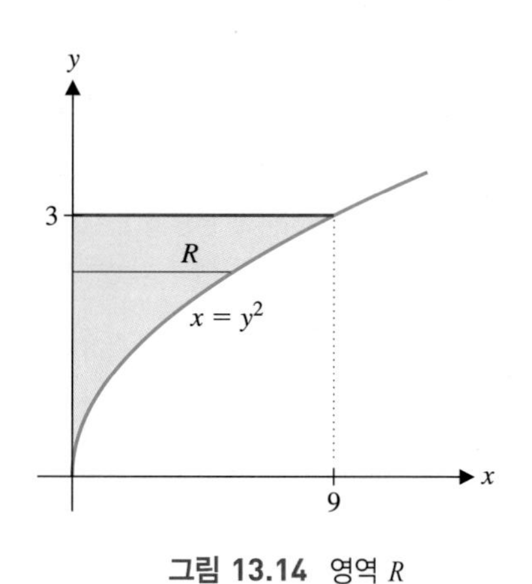

그림 13.14 영역 R

$$\iint_R (2xy^2+2y\cos x)\,dA = \int_0^3\int_0^{y^2}(2xy^2+2y\cos x)dx\,dy$$
$$= \int_0^3 (x^2y^2+2y\sin x)\Big|_{x=0}^{x=y^2} dy$$
$$= \int_0^3 [(y^6+2y\sin y^2)-(0+2y\sin 0)]dy$$
$$= \int_0^3 (y^6+2y\sin y^2)dy$$
$$= \left(\frac{y^7}{7}-\cos y^2\right)\Big|_0^3$$
$$= \frac{3^7}{7}-\cos 9+\cos 0 \approx 314.3$$

반복적분의 순서를 바꾸어 y에 관한 적분을 먼저 구하면 다음과 같다.

$$\iint_R (2xy^2+2y\cos x)\,dA = \int_0^9\int_{\sqrt{x}}^3(2xy^2+2y\cos x)\,dy\,dx$$
$$= \int_0^9 \left(2x\frac{y^3}{3}+y^2\cos x\right)\Big|_{y=\sqrt{x}}^{y=3} dx$$
$$= \int_0^9 \left[\frac{2}{3}x(27-x^{3/2})+(3^2-x)\cos x\right]dx$$

여기서 두 적분의 계산은 직접 해 보기 바란다. 어떤 방법이 더 쉽다고 생각하는가?

예제 1.6에서 적분 순서를 바꿈으로써 계산이 더 쉬워질 수 있음을 확인할 수 있었다. 다음 예제는 이중적분을 계산하기 위해서 적분 순서를 꼭 바꾸어야 하는 경우이다.

예제 1.7 적분 순서를 바꾸어야 하는 경우

반복적분 $\int_0^1\int_y^1 e^{x^2}dx\,dy$을 계산하여라.

풀이

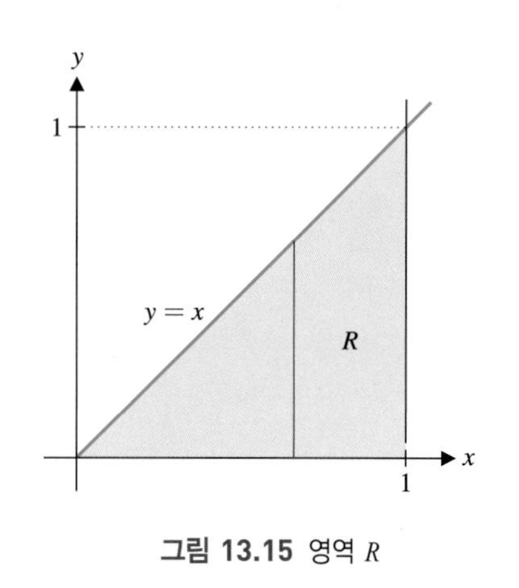

그림 13.15 영역 R

e^{x^2}의 역도함수를 알 수 없기 때문에 x에 관한 첫 번째 적분을 구할 수 없다. 그러나 적분 순서를 바꾼다면 적분은 아래와 같이 좀 더 간단해진다. 이 적분에서 영역 R을 그려 보면 그림 13.15와 같다. 구간 [0, 1]에서 y를 고정하면 x는 y에서 1까지 변한다. 여기서 구간 [0, 1]에서 x를 고정하고 y가 0에서 x까지 변하는 적분으로 순서를 바꾸게 되면 반복적분 계산은 다음과 같다.

$$\int_0^1\int_y^1 e^{x^2}dx\,dy = \int_0^1\int_0^x e^{x^2}dy\,dx$$
$$= \int_0^1 e^{x^2}y\Big|_{y=0}^{y=x} dx$$

$$= \int_0^1 e^{x^2} x\, dx$$

위 식에서 마지막 적분은 $u = x^2$으로 치환하여 아래와 같이 구할 수 있다.

$$\int_0^1 \int_y^1 e^{x^2} dx\, dy = \frac{1}{2}\int_0^1 \underbrace{e^{x^2}}_{e^u} \underbrace{(2x)\, dx}_{du}$$
$$= \frac{1}{2} e^{x^2} \Big|_{x=0}^{x=1} = \frac{1}{2}(e^1 - 1)$$

주 1.5

예제 1.7에서 적분 순서를 바꾸는 과정을 잘 보아 두어야 한다. 단순히 두 적분의 위치만 바꾼 것이 아니라 안쪽 적분에서 구간이 바뀌었다. 적분의 순서를 바꿀 때는 반드시 그림 13.15에서와 같은 그림을 그려서 적분 방향과 경계를 결정해야 한다. 앞으로도 이러한 문제가 나오므로 연습해 두도록 하자.

마지막으로 이중적분에 대한 몇 가지 기본성질을 요약해 보면 다음과 같다.

정리 1.4

함수 $f(x, y)$와 $g(x, y)$가 영역 $R \subset \mathbb{R}^2$에서 적분가능하고 c는 임의의 상수라고 하자. 이때 다음 식이 성립한다.

(i) $\displaystyle\iint_R cf(x, y)\, dA = c\iint_R f(x, y)\, dA$

(ii) $\displaystyle\iint_R [f(x, y) + g(x, y)]\, dA = \iint_R f(x, y)\, dA + \iint_R g(x, y)\, dA$

(iii) 그림 13.16에서와 같이 R_1과 R_2가 서로 겹치지 않으면서 $R = R_1 \cup R_2$라면 다음이 성립한다.

$$\iint_R f(x, y)\, dA = \iint_{R_1} f(x, y)\, dA + \iint_{R_2} f(x, y)\, dA$$

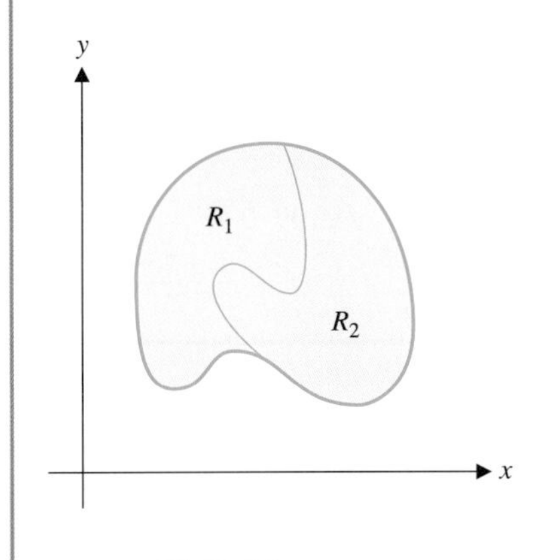

그림 13.16 $R = R_1 \cup R_2$

정리 1.4는 식 (1.7)의 이중적분의 정의로부터 얻을 수 있다. 이에 대한 증명은 연습으로 남겨두기로 한다.

연습문제 13.1

[1~2] 영역을 n개의 직사각형으로 내부분할하고 지정된 계산점에서 다음 함수의 리만합을 계산하여라.

1. $f(x, y) = x + 2y^2$, $0 \le x \le 2$, $-1 \le y \le 1$, 중점,

(a) $n = 4$ (b) $n = 8$

2. $f(x, y) = x + 2y^2$, $0 \le x \le 2$, $-1 \le y \le 1$, 각 직사각형의 오른쪽 윗점,

(a) $n = 4$ (b) $n = 8$

[3~4] 다음 직사각형 영역에서 곡면 아래의 부피를 구하여라.

3. $z = x^2 + y^2$, $0 \le x \le 3$, $1 \le y \le 4$

4. $z = 6 + xe^x + 2y \sin y$, $0 \le x \le 2$, $1 \le y \le 4$

5. 이중적분을 계산하여라.

$$\iint_R (1 - ye^{xy})\, dA,\ R = \{(x, y) \mid 0 \le x \le 2,\ 0 \le y \le 3\}$$

[6~10] 다음 반복적분을 계산하여라.

6. $\int_0^1\int_0^{2x}(x+2y)\,dy\,dx$ 7. $\int_0^1\int_0^{2t}(4u\sqrt{t}+t)\,du\,dt$

8. $\int_0^2\int_0^{2y}e^{y^2}dx\,dy$ 9. $\int_1^4\int_0^{1/u}\cos(uy)\,dy\,du$

10. $\int_0^1\int_0^t\frac{u^2+1}{t^2+1}\,du\,dt$

[11~13] 다음 곡선으로 둘러싸인 영역에서 곡면 $z=f(x, y)$의 아래의 입체의 부피를 구하여라.

11. $z=x^2+y^2,\ z=0,\ y=x^2,\ y=1$

12. $z=6-x-y,\ z=0,\ x=4-y^2,\ x=0$

13. $z=y^2,\ z=0,\ y=0,\ y=x,\ x=2$

[14~15] 다음 적분의 순서를 바꾸어라.

14. $\int_0^1\int_0^{2x}f(x, y)\,dy\,dx$ 15. $\int_0^2\int_{2y}^4 f(x, y)\,dx\,dy$

[16~17] 적분 순서를 바꾸어 다음 반복적분을 계산하여라.

16. $\int_0^2\int_x^2 2e^{y^2}\,dy\,dx$ 17. $\int_0^1\int_y^1 3xe^{x^3}\,dx\,dy$

18. (a) $\int_0^1\int_0^{2x}x^2\,dy\,dx \neq \int_0^2\int_0^{y/2}x^2\,dx\,dy$ 임을 보여라.

(b) (a)의 부피를 갖는 입체를 그리고 왜 같지 않은지 설명하여라.

19. 다음 반복적분으로 주어진 부피를 그림으로 나타내어라.

(a) $\int_0^3\int_0^{6-2x}(6-2x-y)\,dy\,dx$

(b) $\int_0^1\int_0^{6-2x}(6-2x-y)\,dy\,dx$

20. 피적분함수의 그래프를 그려 보고 기하학 공식을 사용하여 다음의 반복적분을 계산하여라.

$$\int_{-1}^1\int_{-\sqrt{1-x^2}}^{\sqrt{1-x^2}}\sqrt{1-x^2-y^2}\,dy\,dx$$

13.2 넓이, 부피와 질량중심

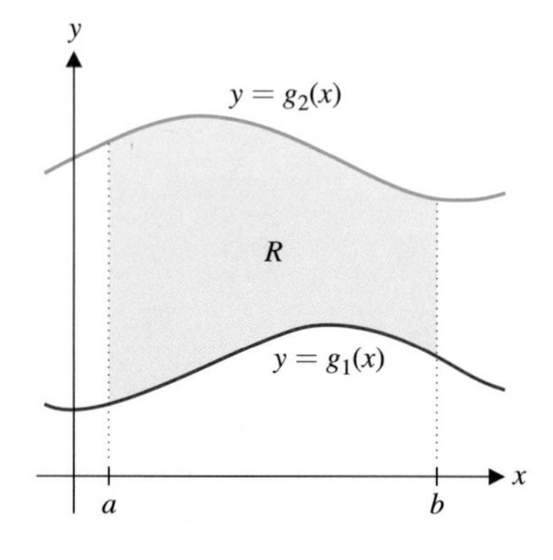

그림 13.17 영역 R

이중적분 문제를 풀기 위해서는 적분구간을 나타내는 영역의 정확한 모양을 알아야 한다. 영역 R에서 $f(x, y)\geq 0$인 연속함수를 생각하자. 영역 R이 그림 13.17에서와 같이

$$R=\{(x, y)\,|\,a\leq x\leq b,\ g_1(x)\leq y\leq g_2(x)\}$$

으로 주어진다면 13.1절에서 했던 것처럼 영역 R에서 곡면 $z=f(x, y)$의 아래에 있는 입체의 부피 V는 다음과 같다.

$$V=\int_a^b A(x)dx=\int_a^b\int_{g_1(x)}^{g_2(x)}f(x, y)\,dy\,dx \tag{2.1}$$

여기서 $A(x)$는 고정된 x에 대응되는 입체의 단면의 넓이이다. 식 (2.1)의 부피의 적분을 13.1절의 방법과 약간 다르게 나타내 보자. 정적분의 정의에 의해서 다음 식을 얻는다.

$$\int_a^b A(x)\,dx=\lim_{\|P_1\|\to 0}\sum_{i=1}^n A(c_i)\Delta x_i \tag{2.2}$$

여기서 P_1은 구간 $[a, b]$의 분할, c_i는 i번째 내부구간 $[x_{i-1}, x_i]$에서 임의의 점, 그리고 $\Delta x_i=x_i-x_{i-1}$는 i번째 내부구간의 길이이다. 구간 $[a, b]$에서 x를 고정시키고 $A(x)$를 단면의 넓이로 할 때 다음 식을 얻을 수 있다.

$$A(x) = \int_{g_1(x)}^{g_2(x)} f(x, y)\, dy = \lim_{\|P_2\| \to 0} \sum_{j=1}^{m} f(x, v_j)\, \Delta y_j \tag{2.3}$$

여기서 P_2는 구간 $[g_1(x), g_2(x)]$의 분할, v_j는 j번째 내부구간 $[y_{j-1}, y_j]$ 내의 임의의 점, 그리고 $\Delta y_j = y_j - y_{j-1}$는 j번째 내부구간의 길이이다. 식 (2.1)~(2.3)을 이용하면 다음 식을 얻는다.

$$\begin{aligned} V &= \lim_{\|P_1\| \to 0} \sum_{i=1}^{n} A(c_i) \Delta x_i \\ &= \lim_{\|P_1\| \to 0} \sum_{i=1}^{n} \left[\lim_{\|P_2\| \to 0} \sum_{j=1}^{m} f(c_i, v_j) \Delta y_j \right] \Delta x_i \\ &= \lim_{\|P_1\| \to 0} \lim_{\|P_2\| \to 0} \sum_{i=1}^{n} \sum_{j=1}^{m} f(c_i, v_j)\, \Delta y_j\, \Delta x_i \end{aligned} \tag{2.4}$$

식 (2.4)의 이중합을 **이중리만합**(double Riemann sum)이라고 한다. 각 항은 길이 Δx_i, 폭 Δy_j 그리고 높이 $f(c_i, v_j)$를 갖는 직육면체의 부피이다(그림 13.18 참조). 두 개의 분할을 포개어 놓음으로써 영역 R을 내부분할할 수 있다. 이때 사각형의 내부분할 중에서 가장 큰 대각선의 길이를 그 분할의 크기 $\|P\|$로 정의하고 식 (2.4)를 다시 쓰면 하나의 극한 기호가 사라지고 다음 식을 얻는다.

$$V = \lim_{\|P\| \to 0} \sum_{i=1}^{n} \sum_{j=1}^{m} f(c_i, v_j)\, \Delta y_j\, \Delta x_i \tag{2.5}$$

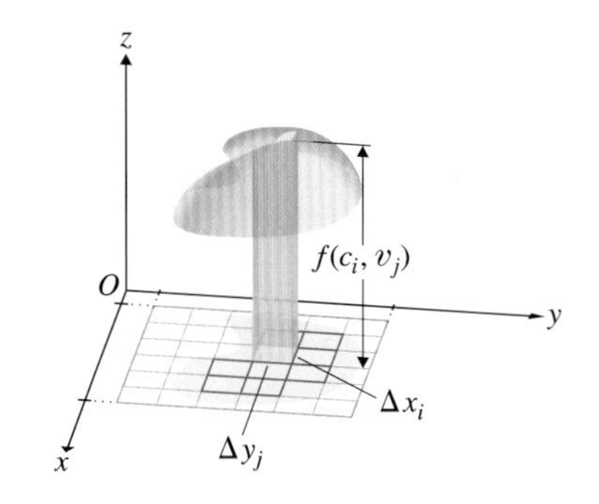

그림 13.18 전형적인 직육면체의 부피

식 (2.5)에서 각 항의 의미와 함께 부피를 나타내는 반복적분으로 다시 쓰면 다음과 같다.

$$\begin{aligned} V &= \lim_{\|P\| \to 0} \sum_{i=1}^{n} \sum_{j=1}^{m} \underbrace{f(c_i, v_j)}_{\text{높이}}\ \underbrace{\Delta y_j}_{\text{폭}}\ \underbrace{\Delta x_i}_{\text{길이}} \\ &= \int_a^b \int_{g_1(x)}^{g_2(x)} \underbrace{f(x, y)}_{\text{높이}}\ \underbrace{dy}_{\text{폭}}\ \underbrace{dx}_{\text{길이}} \end{aligned} \tag{2.6}$$

식 (2.6)에서 리만합의 각 성분에 대응하는 적분성분을 마음속으로 그릴 수 있어야 한다. 마찬가지로 영역 R이

$$R = \{(x, y) \mid c \le y \le d,\ h_1(y) \le x \le h_2(y)\}$$

으로 주어질 때 대응되는 반복적분은 다음과 같다.

$$\begin{aligned} V &= \lim_{\|P\| \to 0} \sum_{j=1}^{m} \sum_{i=1}^{n} \underbrace{f(c_i, v_j)}_{\text{높이}}\ \underbrace{\Delta x_i}_{\text{길이}}\ \underbrace{\Delta y_j}_{\text{폭}} \\ &= \int_a^b \int_{h_1(x)}^{h_2(x)} \underbrace{f(x, y)}_{\text{높이}}\ \underbrace{dx}_{\text{길이}}\ \underbrace{dy}_{\text{폭}} \end{aligned} \tag{2.7}$$

$\iint_R 1\, dA$ 또는 $\iint_R dA$는 xy평면의 영역 R에서 곡면 $z = 1$ 아래의 입체의 부피를 나타낸다. 이때 xy평면에 평행한 모든 단면은 같기 때문에 이 입체는 실린더 모양이 된다. 따라서 이 적분은 영역 R을 밑넓이로 하고 높이는 1을 갖는 기둥의 부피가 된다. 즉

$$\iint_R dA = (1)(\text{영역 } R\text{의 넓이}) = \text{영역 } R\text{의 넓이} \tag{2.8}$$

이다. 따라서 우리는 이중적분에서 $f(x, y) = 1$로 놓으면 영역 R의 넓이를 구할 수도 있다.

예제 2.1 이중적분으로 넓이 구하기

$x = y^2$, $y - x = 3$, $y = -3$, $y = 2$로 둘러싸인 영역의 넓이를 구하여라.

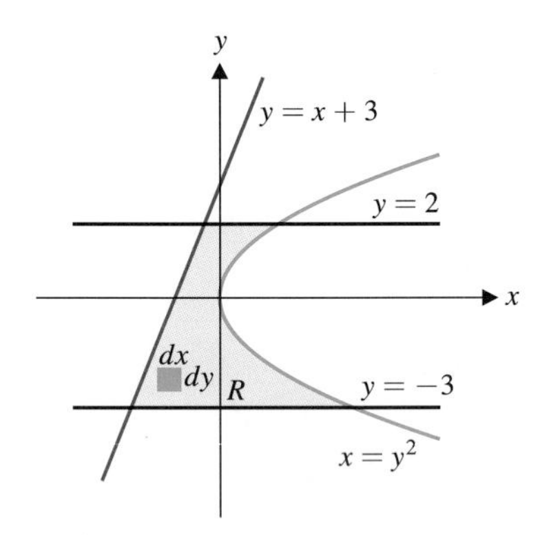

그림 13.19 영역 R

풀이

그림 13.19에서 영역 R의 내부에 $dx \times dy$ 의 크기를 갖는 작은 사각형을 생각하자. 이때 이 사각형은 식 (2.8)의 반복적분에서 작은 넓이 dA를 나타내며 그 계산은 다음과 같다.

$$\begin{aligned} A &= \iint_R dA = \int_{-3}^{2}\int_{y-3}^{y^2} dx\,dy = \int_{-3}^{2} x\Big|_{x=y-3}^{x=y^2} dy \\ &= \int_{-3}^{2}[y^2-(y-3)]dy = \left(\frac{y^3}{3}-\frac{y^2}{2}+3y\right)\Big|_{-3}^{2} \\ &= \frac{175}{6} \end{aligned}$$

예제 2.1에서 구하려는 넓이는 5.1절에서 배웠던 식을 사용하면 위 예제의 두 번째 행에 있는 식

$$A = \int_{-3}^{2}[y^2-(y-3)]\,dy$$

을 직접 얻을 수 있다. 이처럼 이중적분은 우리에게 친숙한 문제들을 쉽게 풀 수 있도록 많은 곳에 적용할 수 있다.

우리는 이미 xy평면의 영역 R에서 곡면 $z = f(x, y)$ 아래의 입체의 부피를 구하는 식을 유도하였다. 다음 예제에서는 곡면의 한쪽 경계면이 직접 영역 R에 접하여 만들어지는 입체의 부피를 구하는 문제를 다루게 된다.

예제 2.2 이중적분으로 부피 구하기

평면 $2x + y + z = 2$와 세 좌표평면이 이루는 사면체의 부피를 구하여라.

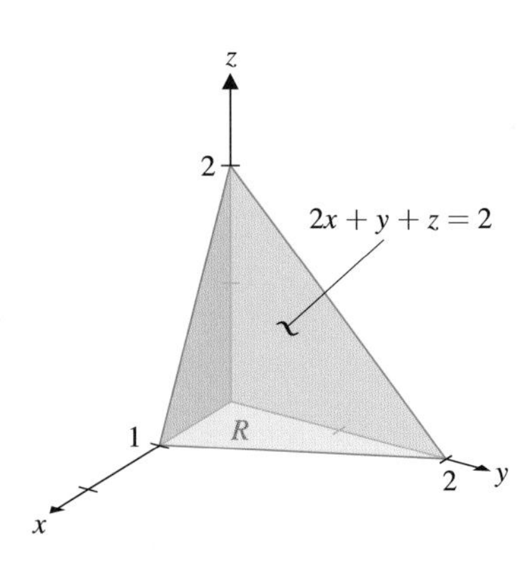

그림 13.20a 사면체

풀이

우선, 주어진 평면과 세 좌표평면이 이루는 입체의 그림을 그려 보자. 평면 $2x + y + z = 2$이 각 좌표축과 만나는 점은 (1, 0, 0), (0, 2, 0), (0, 0, 2)이기 때문에 그림 13.20a와 같이 사면체의 그림을 쉽게 그릴 수 있다. 부피 공식을 사용하기 위해서 사면체가 xy평면의 영역 R에서 곡면 $z = f(x, y)$의 아래에 있는 것으로 생각하자. 따라서 그림 13.20a에서 보는 바와 같이 xy평면의 삼각형 영역 R에서 평면 $z = 2 - 2x - y$의 아래에 있는 부피로 생각할 수 있다. 삼각형 영역 R은 x축, y축 그리고 평면 $2x + y + z = 2$이 xy평면과 만나는

직선의 세 변으로 이루어진다. 이때 주어진 평면이 xy평면과 만나는 직선의 방정식은 $z=0$으로 놓음으로써 얻는다. 그림 13.20b에서와 같이 $2x+y=2$이다. 식 (2.6)으로부터 다음과 같은 부피를 구할 수 있다.

$$V=\int_0^1\int_0^{2-2x}\underbrace{(2-2x-y)}_{\text{높이}}\,\underbrace{dy}_{\text{폭}}\,\underbrace{dx}_{\text{길이}}$$

$$=\int_0^1\left(2y-2xy-\frac{y^2}{2}\right)\bigg|_{y=0}^{y=2-2x}dx$$

$$=\int_0^1\left[2(2-2x)-2x(2-2x)-\frac{(2-2x)^2}{2}\right]dx$$

$$=\frac{2}{3}$$

세세한 계산은 각자 해 보도록 한다.

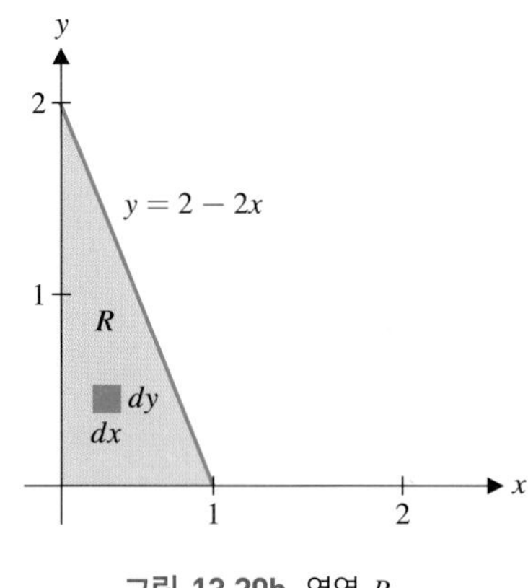

그림 13.20b 영역 R

입체를 잘 그리고 이 입체의 xy평면 위의 영역을 구하는 것이 이중적분에서 제일 중요하다. 지금까지 다룬 예제에서는 다행히도 부피의 밑면을 이루는 영역 R과 적분구간을 결정하는 데 큰 어려움이 없었지만 복잡한 함수에 대하여 정확한 그래프를 그리고 올바르게 적분구간을 결정하는 것은 매우 중요하다는 것을 명심하자.

예제 2.3 입체의 부피 구하기

$z=4-x^2$, $x+y=2$, $x=0$, $y=0$, $z=0$으로 이루어지는 입체에서 제1팔분공간에 있는 부분의 부피를 구하여라.

풀이

주어진 곡선들의 그래프를 그려 보면 그림 13.21a에서 보는 바와 같이 $z=4-x^2$은 기둥이 되고, $x+y=2$는 평면이 되며, $x=0$, $y=0$, $z=0$은 좌표평면이다. 이때 부피는 x축, y축 그리고 평면 $x+y=2$이 xy 평면과 만나는 직선을 세 변으로 하는 xy평면의 삼각형 영역 R과 이에 대응하는 곡면 $z=4-x^2$의 사이에 있는 입체의 부피이다. 입체의 바닥을 나타내는 삼각형 영역을 그림 13.21b에서 보여주고 있다. 반복적분에서 x와 y 중 어느 것을 먼저 적분하더라도 상관없지만 우리는 x에 대해서 먼저 적분하는 것으로 하여 식 (2.7)을 사용한 계산은 다음과 같다.

$$V=\int_0^2\int_0^{2-y}\underbrace{(4-x^2)}_{\text{높이}}\,\underbrace{dx}_{\text{폭}}\,\underbrace{dy}_{\text{길이}}$$

$$=\int_0^2\left(4x-\frac{x^3}{3}\right)\bigg|_{x=0}^{x=2-y}dy$$

$$=\int_0^2\left[4(2-y)-\frac{(2-y)^3}{3}\right]dy$$

$$=\frac{20}{3}$$

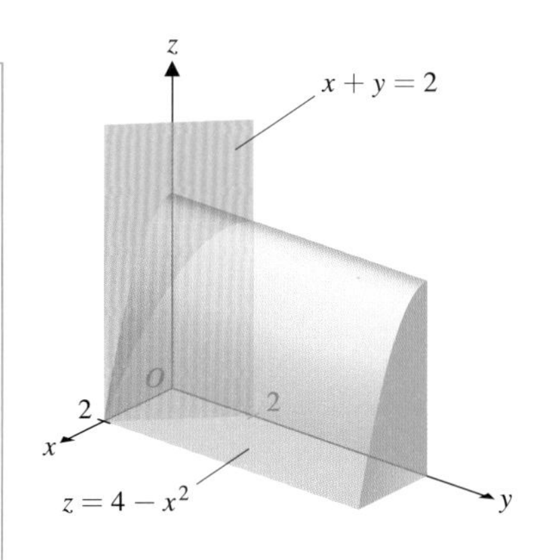

그림 13.21a 제1팔분공간에서 입체의 부피

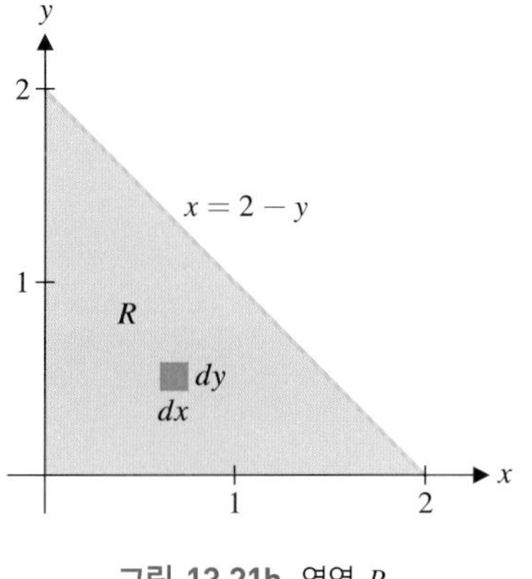

그림 13.21b 영역 R

예제 2.4 xy 평면 위에서 유계인 입체의 부피 구하기

$z = 2, z = x^2 + 1, \ y = 0, \ x + y = 2$로 둘러싸인 도형의 부피를 구하여라.

풀이

먼저 $z = x^2 + 1$의 그래프는 y축에 평행한 포물실린더이다. 이 곡면이 $z = 2$와 만나는 점은 $x^2 + 1 = 2$ 즉 $x = \pm 1$이다. 이것은 홈통의 양끝을 $y = 0$(xz평면)과 $x + y = 2$로 자른 모양이다. 대략 모양은 그림 13.22a와 같다. 이 홈통의 아래는 $z = x^2 + 1$이고 윗면은 $z = 2$이다. 식 (2.6)에서 피적분함수 $f(x, y)$는 점 (x, y)에서 입체의 높이가 됨을 알 수 있다. 그림 13.22a에서 xy평면에서 수직으로 입체를 관통하는 선을 그으면 그 길이는 $x^2 + 1$에서 2까지이다. 따라서 $f(x, y) = 2 - (x^2 + 1) = 1 - x^2$이 된다. 그림 13.22a에서 이 입체의 xy평면 위의 영역 R은 $y = 0, \ x + y = 2, x = -1, \ x = 1$로 싸여 있다(그림 13.22b).
그림 13.22b에서 보면 먼저 y에 관해서 적분하는 것이 쉽다. 구간 $[-1, 1]$에 x를 고정하고 y가 0에서 $2 - x$까지 움직이므로 부피는 다음과 같다.

$$
\begin{aligned}
V &= \int_{-1}^{1} \int_{0}^{2-x} (1 - x^2)\, dy\, dx \\
&= \int_{-1}^{1} (1 - x^2) y \Big|_{y=0}^{y=2-x} dx \\
&= \int_{-1}^{1} (1 - x^2)(2 - x)\, dx \\
&= \frac{8}{3}
\end{aligned}
$$

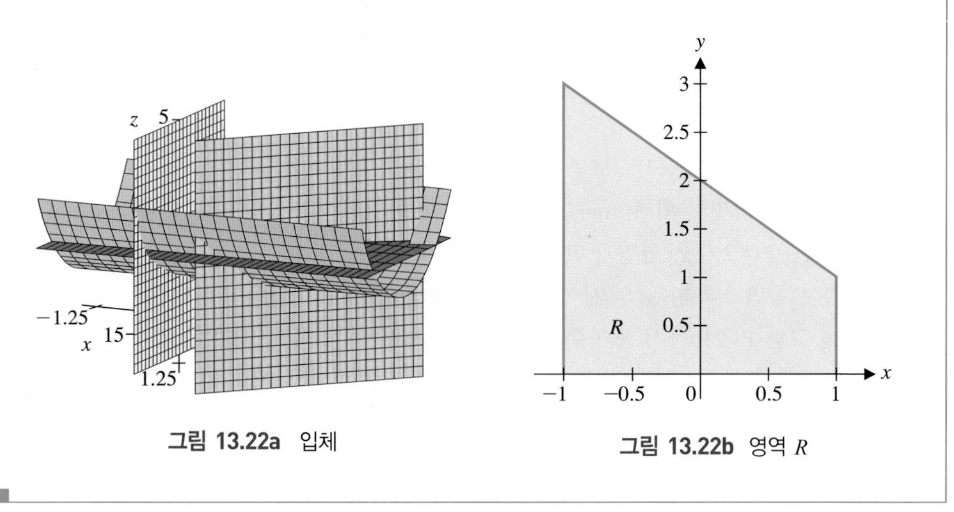

그림 13.22a 입체 **그림 13.22b** 영역 R

이중적분은 여러 응용분야에 광범위하게 쓰인다. 아래 예제에 한 가지를 소개한다.

예제 2.5 개체 수 추정

$f(x, y) = 20{,}000\, ye^{-x^2-y^2}$는 평방마일 단위로 측정된 x와 y변수를 갖는 작은 동물 종의 개체 수 밀도(평방마일 당 개체 수)를 나타낸다. 꼭짓점 (1, 1), (2, 1), (1, 0)인 삼각형 모양의 서식지에서 개체 수를 구하여라.

풀이

영역 R에서 개체 수는

$$\iint_R f(x, y)\,dA = \iint_R 20{,}000ye^{-x^2-y^2}dA$$

이다[이 식에서 $f(x, y)$는 평방마일 당 개체의 단위이고 넓이 증가 dA는 평방마일이 단위가 되기 때문에 둘의 결합인 $f(x, y)\,dA$의 단위는 개체 수가 된다]. 피적분함수가 $20{,}000\,ye^{-x^2-y^2} = 20{,}000e^{-x^2}ye^{-y^2}$이 되는 것에 주목하여 먼저 y에 대해 적분하도록 하자. 영역 R에 대한 그래프는 그림 13.23과 같고 점 (1, 0)과 (2, 1)을 지나는 곡선은 $y = x - 1$이 된다. 이때 영역 R은 x가 1에서 2까지 변하는 동안 $y = x - 1$에서 $y = 1$까지 확장된다. 따라서 반복적분 계산은 다음과 같다.

$$\begin{aligned}\iint_R f(x, y)\,dA &= \int_1^2 \int_{x-1}^1 20{,}000e^{-x^2}ye^{-y^2}\,dy\,dx \\ &= \int_1^2 10{,}000e^{-x^2}[e^{-(x-1)^2} - e^{-1}]\,dx \\ &\approx 698\end{aligned}$$

위의 식에서 마지막 적분은 수치적으로 구한 값이다.

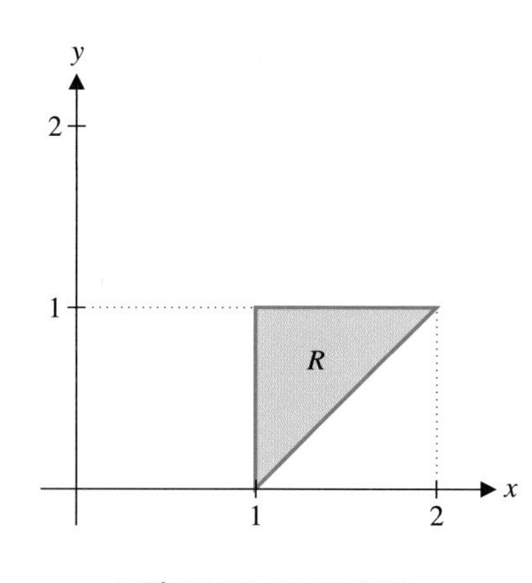

그림 13.23 서식지 영역

능률과 질량중심

마지막으로 이중적분의 물리적 응용을 간단히 다루도록 하자. 밀도가 평판 전체에 걸쳐 변하는 영역 R의 모양을 **얇은 판**(lamina)으로 생각하자. 공학에서는 평판이 균형을 이룰 수 있는 점을 찾는 것이 매우 중요한 일이며 이러한 점을 얇은 판의 **질량중심**(center of mass)이라고 한다. 질량중심을 구하기 위해서는 우선 평판의 전체 질량을 구해야 한다. 얇은 판은 그림 13.24a와 같은 영역 R의 모양을 갖고 질량 밀도는(단위넓이당 질량) 함수 $\rho(x, y)$로 주어진다고 가정하자. 그림 13.24b에서와 같이 R에 내부분할을 하고 분할의 크기 $\|P\|$를 작게 하면 내부분할 사각형의 밀도는 거의 일정하게 될 것이다. i번째 내부분할 R_i에서 임의의 점 (u_i, v_i)를 선택하고 사각형 R_i에 대응하는 얇은 판의 부분 질량 m_i는 다음과 같은 근삿값으로 구한다.

$$m_i \approx \rho(u_i, v_i)\Delta A_i$$

여기서 ΔA_i는 R_i의 넓이를 나타낸다. 얇은 판의 전체질량 m은 다음과 같은 근삿값으로 주어진다.

$$m \approx \sum_{i=1}^{n} \rho(u_i, v_i)\,\Delta A_i$$

여기서 만약 분할의 크기 $\|P\|$가 작아진다면 위의 식은 좀 더 정확한 전체 질량의 근삿값이 된다.

정확한 질량을 구하기 위해서 $\|P\|$을 0으로 접근시키는 극한을 취함으로써 다음과

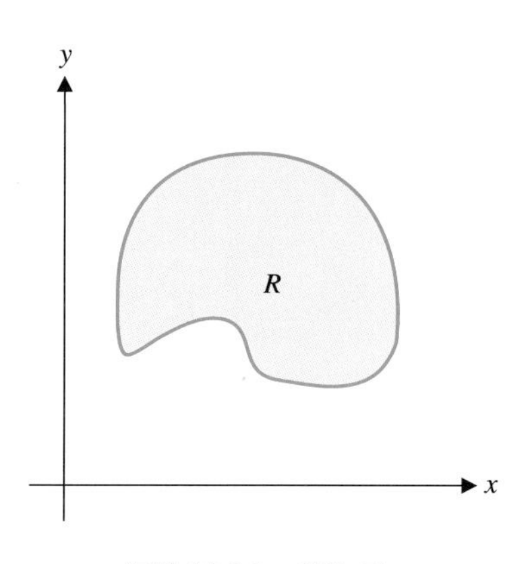

그림 13.24a 얇은 판

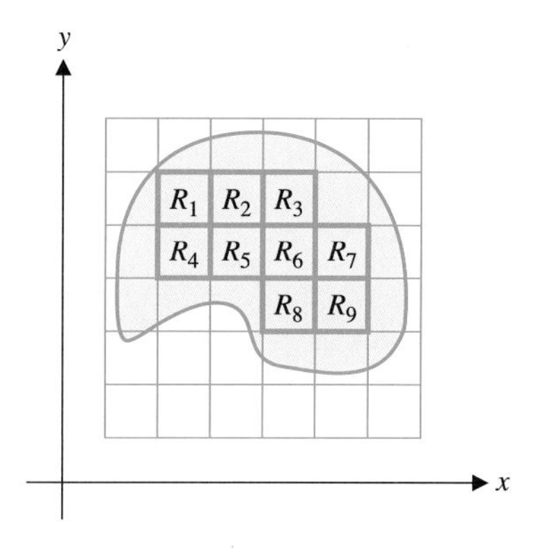

그림 13.24b R의 내부분할

같은 이중적분을 얻을 수 있다.

$$m = \lim_{\|P\| \to 0} \sum_{i=1}^{n} \rho(u_i, v_i) \Delta A_i = \iint_R \rho(x, y) dA \tag{2.9}$$

그림 13.24a와 같은 얇은 판의 균형을 유지하기 위해서는 왼쪽에서 오른쪽 그리고 위에서 아래의 양쪽에서 균형이 필요할 것이다. 5.5절의 질량중심에 대한 설명에서 일차능률의 종류로 y축에 관한 능률과 x축에 관한 능률을 언급하였다. 우선 y축에 관한 능률 M_y의 근삿값을 구해 보자. i번째 분할 사각형의 질량은 점 (u_i, v_i)에 집중된다고 가정할 때 다음과 같이 M_y의 근삿값을 나타낼 수 있다.

$$M_y \approx \sum_{i=1}^{n} u_i \rho(u_i, v_i) \Delta A_i$$

(즉, 질량과 y축으로부터 수직거리의 곱을 합한 것이다) $\|P\|$를 0으로 접근시키는 극한을 취함으로써 다음 식을 얻을 수 있다.

$$M_y = \lim_{\|P\| \to 0} \sum_{i=1}^{n} u_i \rho(u_i, v_i) \Delta A_i = \iint_R x\rho(x, y)\, dA \tag{2.10}$$

마찬가지 방법으로, 질량과 x축으로부터 수직거리의 곱을 합하고 극한을 취함으로써 다음과 같은 x축에 관한 능률 M_x를 구할 수 있다.

$$M_x = \lim_{\|P\| \to 0} \sum_{i=1}^{n} v_i \rho(u_i, v_i) \Delta A_i = \iint_R y\rho(x, y)\, dA \tag{2.11}$$

마지막으로 질량중심 $(\bar{x}, \bar{y})$은 다음과 같이 주어진다.

$$\bar{x} = \frac{M_y}{m}, \quad \bar{y} = \frac{M_x}{m} \tag{2.12}$$

예제 2.6 얇은 판의 질량중심 구하기

$y = x^2$과 $y = 4$로 둘러싸인 영역에서 질량밀도 $\rho(x, y) = 1 + 2y + 6x^2$를 갖는 얇은 판의 질량중심을 구하여라.

풀이

두 곡선으로 이루어진 영역은 그림 13.25에 나타나 있다. 식 (2.9)로부터 얇은 판의 전체 질량은 다음과 같이 구할 수 있다.

$$\begin{aligned} m &= \iint_R \rho(x, y)\, dA = \int_{-2}^{2} \int_{x^2}^{4} (1 + 2y + 6x^2)\, dy\, dx \\ &= \int_{-2}^{2} \left(y + 2\frac{y^2}{2} + 6x^2 y \right) \Bigg|_{y=x^2}^{y=4} dx \\ &= \int_{-2}^{2} [(4 + 16 + 24x^2) - (x^2 + x^4 + 6x^4)]\, dx \\ &= \frac{1696}{15} \approx 113.1 \end{aligned}$$

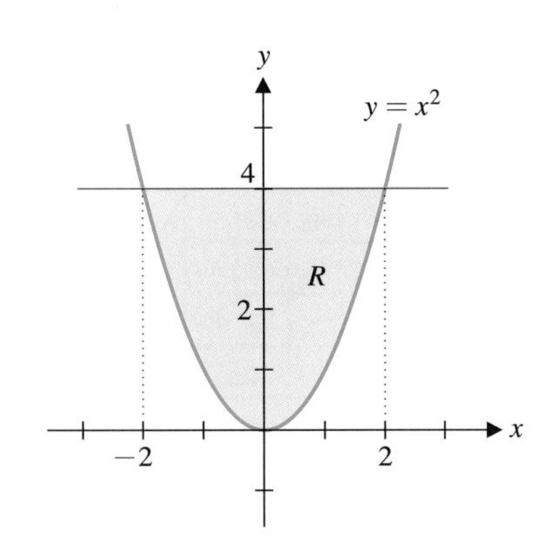

그림 13.25 얇은 판

식 (2.10)으로부터 능률 M_y를 구할 수 있다.

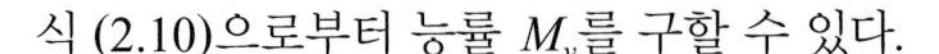

$$\begin{aligned} M_y &= \iint_R x\rho(x, y)\,dA = \int_{-2}^{2}\int_{x^2}^{4} x(1+2y+6x^2)\,dy\,dx \\ &= \int_{-2}^{2}\int_{x^2}^{4} (x+2xy+6x^3)\,dy\,dx \\ &= \int_{-2}^{2} (xy+xy^2+6x^3y)\Big|_{y=x^2}^{y=4} dx \\ &= \int_{-2}^{2} [(4x+16x+24x^3)-(x^3+x^5+6x^5)]\,dx = 0 \end{aligned}$$

식 (2.12)로부터 질량중심의 x좌표는 $\bar{x} = \dfrac{M_y}{m} = \dfrac{0}{113.1} = 0$이 된다. 이 결과는 당연한 것이다. 왜냐하면 영역과 질량 밀도가 y축에 대하여 대칭이기 때문이다[$\rho(-x, y) = \rho(x, y)$임을 주의하라]. 다음에 식 (2.11)로부터 능률 M_x를 구할 수 있다.

$$\begin{aligned} M_x &= \iint_R y\rho(x, y)\,dA = \int_{-2}^{2}\int_{x^2}^{4} y(1+2y+6x^2)\,dy\,dx \\ &= \int_{-2}^{2}\int_{x^2}^{4} (y+2y^2+6x^2y)\,dy\,dx \\ &= \int_{-2}^{2} \left(\frac{y^2}{2}+2\frac{y^3}{3}+6x^2\frac{y^2}{2}\right)\Bigg|_{y=x^2}^{y=4} dx \\ &= \int_{-2}^{2} \left[\left(8+\frac{128}{3}+48x^2\right)-\left(\frac{x^4}{2}+\frac{2}{3}x^6+3x^6\right)\right] dx \\ &= \frac{11,136}{35} \approx 318.2 \end{aligned}$$

식 (2.12)로부터 질량중심의 y좌표는 $\bar{y} \approx \dfrac{M_x}{m} = \dfrac{318.2}{113.1} \approx 2.8$이 된다. 따라서 질량중심은 대략 다음의 위치로 주어진다.

$$(\bar{x}, \bar{y}) \approx (0,\ 2.8)$$

예제 2.6에서는 그림 13.25의 얇은 판의 질량중심을 구하기 위해 일차능률 M_y와 M_x를 구하였다. 또한 이러한 얇은 판의 다른 물리적 성질로 **이차능률**(second moments) I_y와 I_x를 구할 수 있다. 식 (2.10)과 (2.11)에서 일차능률을 정의한 것처럼 밀도함수 $\rho(x, y)$를 갖는 영역 R에서 얇은 판의 y축에 관한 이차능률(**y축에 관한 관성능률**이라고 한다)을 다음과 같이 정의한다.

$$I_y = \iint_R x^2\rho(x, y)\,dA$$

마찬가지 방법으로, 밀도함수 $\rho(x, y)$를 갖는 영역 R에서 얇은 판의 x축에 관한 이차능률(**x축에 관한 관성능률**이라고 한다)은 다음과 같이 정의한다.

$$I_x = \iint_R y^2\rho(x, y)\,dA$$

물리적으로는 I_y값이 클수록 y축을 기준으로 얇은 판을 회전시키기 어려움을 의미한다. 마찬가지로 좀 더 큰 I_x값은 x축을 기준으로 얇은 판을 회전시키기 어려움을 나타낸다. 다음 예제에서 물리적 의미를 확실히 이해할 수 있을 것이다.

예제 2.7 얇은 판의 관성능률 구하기

예제 2.6에서의 얇은 판에 대한 관성능률 I_y와 I_x를 구하여라.

풀이

영역 R은 예제 2.6과 같으므로 적분구간도 같다. 따라서 두 관성능률은

$$I_y = \int_{-2}^{2}\int_{x^2}^{4} x^2(1+2y+6x^2)\, dy\, dx$$
$$= \int_{-2}^{2} (20x^2 + 23x^4 - 7x^6)\, dx$$
$$= \frac{2176}{15} \approx 145.07$$

이고

$$I_x = \int_{-2}^{2}\int_{x^2}^{4} y^2(1+2y+6x^2)\, dy\, dx$$
$$= \int_{-2}^{2} \left(\frac{448}{3} + 128x^2 - \frac{1}{3}x^6 - \frac{5}{2}x^8\right) dx$$
$$= \frac{61,952}{63} \approx 983.37$$

이다. 두 관성능률을 비교할 때 그림 13.25의 얇은 판을 y축을 기준으로 회전시키는 것보다 x축 기준으로 회전시키는 것이 더 어렵다는 것을 보여주고 있다.

연습문제 13.2

[1~3] 다음 곡선으로 둘러싸인 영역의 넓이를 이중적분을 사용하여 구하여라.

1. $y = x^2,\ y = 8 - x^2$

2. $y = 2x,\ y = 3 - x,\ y = 0$

3. $y = x^2,\ x = y^2$

[4~10] 다음 곡면으로 둘러싸인 입체의 부피를 구하여라.

4. $2x + 3y + z = 6$과 세 좌표평면

5. $z = \sin y,\ z = -1,\ y = x,\ y = 2 - x,\ y = 0$

6. $z = 1 - y^2,\ x + y = 1$과 세 좌표평면(제1팔분공간)

7. $z = x^2 + y^2 + 3,\ z = 1,\ y = x^2,\ y = 4$

8. $z = x + 2,\ z = y - 2,\ x = y^2 - 2,\ x = y$

9. $z - x + y^2 = 0 (z \geq 0),\ z = 0,\ x = 4$

10. $z = 2 - y,\ z = |x|,\ y = 0,\ y = 1$

[11~12] 다음 곡면으로 둘러싸인 입체의 부피를 이중적분으로 나타내고 수치적으로 구하여라.

11. $z = \sqrt{x^2 + y^2},\ y = 4 - x^2$과 제1팔분공간

12. $z = e^{xy},\ x + 2y = 4$ 과 세 좌표평면

[13~15] 다음 밀도를 갖는 얇은 판의 질량과 질량중심을 구하여라.

13. $y = x^3,\ y = x^2,\ \rho(x, y) = 4$

14. $x = y^2,\ x = 1,\ \rho(x, y) = y^2 + x + 1$

15. $y = x^2 (x > 0),\ y = 4,\ x = 0,\ \rho(x, y) = y$축부터의 거리

16. $f(x, y) = 15{,}000xe^{-x^2-y^2}$는 작은 동물 종의 개체 밀도를 나타낸다. 꼭짓점이 (1, 1), (2, 1), (1, 0)인 삼각형 모양의 영역에서 개체 수를 구하여라.

[17~18] 영역 R의 넓이가 a일 때 이 영역에서 $f(x, y)$의 평균값을 $\frac{1}{a}\iint_R f(x, y)\,dA$로 정의한다. 다음을 구하여라.

17. (a) $y = x^2$과 $y = 4$로 둘러싸인 영역에서 $f(x, y) = y$의 평균값을 구하여라.

(b) f의 평균값과 모양이 같고 밀도가 상수인 얇은 판의 질량중심의 y좌표를 비교하여라.

18. (a) $y = x^2 - 4$와 $y = 3x$로 둘러싸인 영역에서 $f(x, y) = \sqrt{x^2 + y^2}$의 평균값을 구하여라.

(b) 이 문제의 평균값의 기하학적 의미를 설명하여라(힌트: $\sqrt{x^2 + y^2}$의 기하학적 의미는 무엇인가?).

19. (a) $f(x, t) = 20e^{-t/6}$는 매년 배럴당 석유 가격의 변화율이다. 여기서 x의 단위는 10억 배럴이며 t는 2000년 이후의 년수이다. 이때 이중적분 $\int_0^{10}\int_0^4 f(x, t)\,dt\,dx$을 계산하고 그 의미를 설명하여라.

(b) $f(x, t) = \begin{cases} 20e^{-t/6}, & 0 \le x \le 4 \\ 14e^{-t/6}, & x > 4 \end{cases}$에 대하여 계산하여라.

13.3 극좌표계에서 이중적분

극좌표계는 어떤 이중적분을 다룰 때 특별히 유용하다. 원 형태의 영역에서 적분을 하려고 할 때는 직교좌표계보다는 극좌표계를 사용하는 것이 더 편리하다. 예를 들어 다음의 이중적분을 생각해 보자.

$$\iint_R (x^2 + y^2 + 3)\,dA$$

위 식은 매우 간단해 보인다. 다항식을 적분하면 된다. 영역 R은 반지름이 2인 원으로 그림 13.26과 같다고 하자. 원의 위쪽 반원은 $y = \sqrt{4 - x^2}$이 되고 아래쪽 반원은 $y = -\sqrt{4 - x^2}$이 된다. 따라서 영역에 따른 적분구간을 표시하면 다음과 같다.

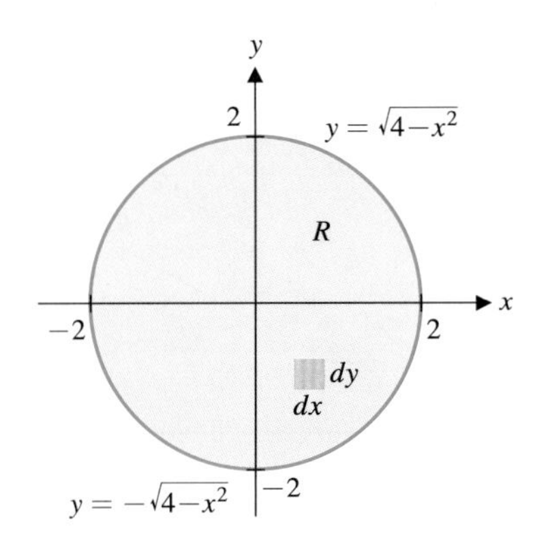

그림 13.26 원 형태의 영역

$$\begin{aligned}\iint_R (x^2 + y^2 + 3)\,dA &= \int_{-2}^{2}\int_{-\sqrt{4-x^2}}^{\sqrt{4-x^2}} (x^2 + y^2 + 3)\,dy\,dx \\ &= \int_{-2}^{2} \left(x^2 y + \frac{y^3}{3} + 3y\right)\Bigg|_{y=-\sqrt{4-x^2}}^{y=\sqrt{4-x^2}} dx \\ &= 2\int_{-2}^{2} \left[(x^2 + 3)\sqrt{4 - x^2} + \frac{1}{3}(4 - x^2)^{3/2}\right] dx \qquad (3.1)\end{aligned}$$

위 식에서 마지막 줄의 적분은 쉽게 계산할 수 없다. 그러나 이중적분의 표현을 직교좌표계에서 극좌표계로 바꾸면 식은 아주 간단해진다. 이제 몇 가지 극좌표 영역을 생각해 보자.

그림 13.27a와 같이 영역 R이 다음과 같은 형태로 표현된다고 하자.

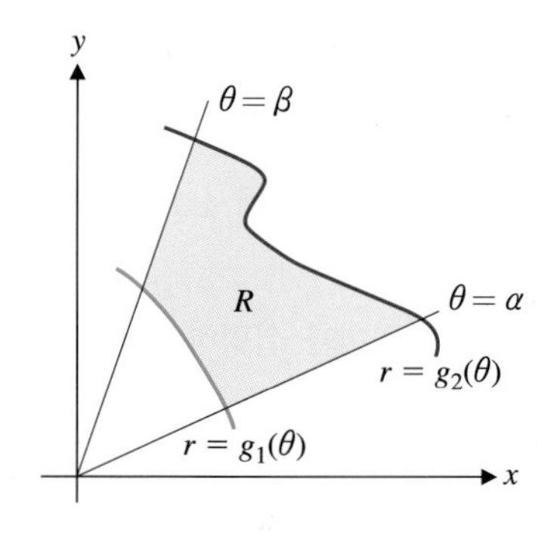

그림 13.27a 극좌표 영역 R

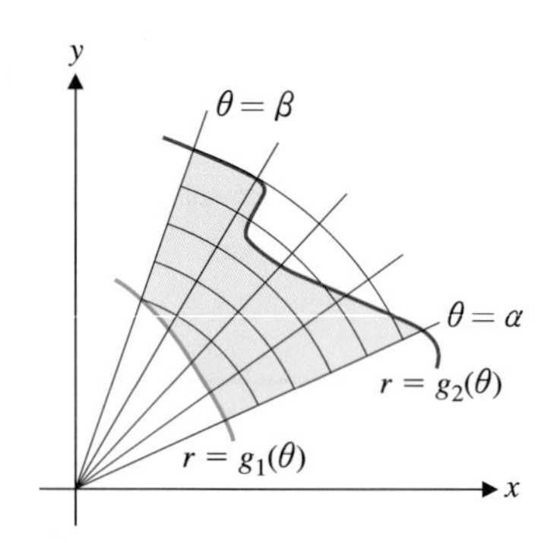

그림 13.27b R의 내부분할

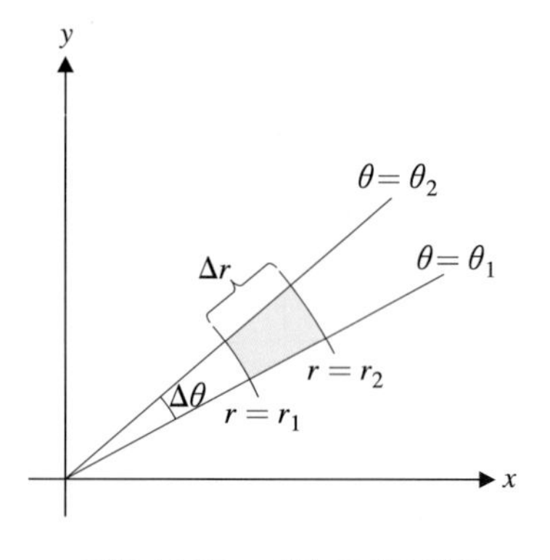

그림 13.27c 기본 극좌표 영역

$$R = \{(r, \theta) \mid \alpha \le \theta \le \beta,\ g_1(\theta) \le r \le g_2(\theta)\}$$

여기서 $[\alpha, \beta]$의 모든 θ에 대하여 $0 \le g_1(\theta) \le g_2(\theta)$라 하자. 영역 R을 그림 13.27b에서와 같이 동심원호(r이 일정한 형태의 호)와 방사선(θ가 일정한 선)으로 분할한다. 이 경우 분할은 직사각형들로 이루어진 것이 아니라 그림 13.27c에서와 같이 두 개의 원호와 두 개의 방사선으로 이루어진 **기본 극좌표 영역**으로 구성된다.

그림 13.27c에 있는 기본 극좌표 영역의 넓이 ΔA를 계산하도록 하자. 두 동심원호 $r = r_1$과 $r = r_2$의 평균 반지름을 $\bar{r} = \frac{1}{2}(r_1 + r_2)$으로 정의하자. 반지름이 r이고 중심각이 θ일 때 부채꼴의 넓이는 $A = \frac{1}{2}\theta r^2$이다. 따라서 다음 식을 얻을 수 있다.

$$\begin{aligned} \Delta A &= \text{외부 부채꼴의 넓이} - \text{내부 부채꼴의 넓이} \\ &= \frac{1}{2}\Delta\theta r_2^2 - \frac{1}{2}\Delta\theta r_1^2 \\ &= \frac{1}{2}(r_2^2 - r_1^2)\Delta\theta \\ &= \frac{1}{2}(r_2 + r_1)(r_2 - r_1)\Delta\theta \\ &= \bar{r}\,\Delta r\,\Delta\theta \end{aligned} \tag{3.2}$$

이제까지 해왔던 것처럼 함수 f가 영역 R에서 연속이고 $f(r, \theta) \ge 0$일 때 곡면 $z = f(r, \theta)$ 아래에 있는 입체의 부피를 구하는 문제를 생각하자. 식 (3.2)를 사용하여 분할의 i번째 기본 극좌표 영역과 곡면 $z = f(r, \theta)$의 아래에 있는 입체의 부피 V_i의 근삿값은 다음과 같이 주어진다.

$$V_i \approx \underbrace{(r_i, \theta_i)}_{\text{높이}}\ \underbrace{\Delta A_i}_{\text{넓이}} = f(r_i, \theta_i) r_i\,\Delta r_i\,\Delta\theta_i$$

여기서 (r_i, θ_i)는 R_i 안에 있는 점이며 r_i는 평균반지름이다. 내부분할의 모든 영역의 근삿값을 더해서 전체 부피 V의 근삿값을 얻을 수 있다.

$$V \approx \sum_{i=1}^{n} f(r_i, \theta_i)\, r_i\,\Delta r_i\,\Delta\theta_i$$

분할의 크기 $\|P\|$를 0으로 접근시키고 극한을 취하면 반복적분으로서 정확한 부피를 얻는다.

$$\begin{aligned} V &= \lim_{\|P\| \to 0} \sum_{i=1}^{n} f(r_i, \theta_i)\, r_i\,\Delta r_i\,\Delta\theta_i \\ &= \int_\alpha^\beta \int_{g_1(\theta)}^{g_2(\theta)} f(r, \theta)\, r\, dr\, d\theta \end{aligned}$$

이 경우에, $\|P\|$은 내부분할의 기본 극좌표 영역에서 가장 큰 대각선의 길이를 뜻한다. 좀 더 일반적으로 영역 R에서 $f(r, \theta) \ge 0$의 조건에 관계없이 성립하는 성질은 다음과 같다.

정리 3.1 푸비니 정리(Fubini's Theorem)

영역 $R=\{(r,\theta)\mid \alpha\le\theta\le\beta,\ g_1(\theta)\le r\le g_2(\theta)\}$에서 함수 $f(r,\theta)$이 연속이고 모든 $\theta\in[\alpha,\beta]$에 대해서 $0\le g_1(\theta)\le g_2(\theta)$ 이라고 하면, 다음 식이 성립한다.

$$\iint_R f(r,\theta)\,dA=\int_\alpha^\alpha\int_{g_1(\theta)}^{g_2(\theta)} f(r,\theta)\,r\,dr\,d\theta \tag{3.3}$$

주 3.1

정리 3.1은 극좌표계의 이중적분으로 r과 θ에 대한 적분구간은 $x=r\cos\theta$, $y=r\sin\theta$로부터 구하고 dA는 $r\,dr\,d\theta$로 대신한다. $dA=r\,dr\,d\theta$에서 r을 생략하지 않도록 주의하라. 이것은 흔히 할 수 있는 실수이다.

식 (3.3)의 증명은 이 교재의 수준을 벗어나는 것이다. 그러나 정리 앞에서 설명한 내용을 잘 살펴보면 $f(r,\theta)\ge 0$인 경우에는 성립함을 쉽게 알 수 있다.

예제 3.1 극좌표계에서의 넓이

$r=2-2\sin\theta$으로 정의된 곡선 내부의 넓이를 구하여라.

풀이

영역의 그래프는 그림 13.28에서 볼 수 있으며, θ를 고정시키면 r은 0(원점)에서 $2-2\sin\theta$ (심장형)까지이다. 또 전체 심장형을 일주하려면 θ는 0에서 2π까지 움직인다. 식 (3.3)으로부터 다음 식을 얻는다.

$$\begin{aligned}A&=\iint_R dA=\int_0^{2\pi}\int_0^{2-2\sin\theta} r\,dr\,d\theta\\&=\int_0^{2\pi}\frac{r^2}{2}\bigg|_{r=0}^{r=2-2\sin\theta}d\theta\\&=\frac{1}{2}\int_0^{2\pi}[(2-2\sin\theta)^2-0]\,d\theta=6\pi\end{aligned}$$

위 식에서 마지막 줄의 적분 계산은 연습으로 남겨두기로 한다.

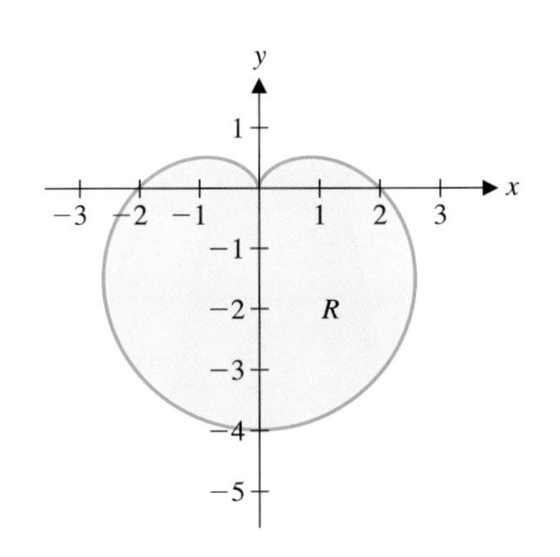

그림 13.28 $r=2-2\sin\theta$

이제는 극좌표의 처음에 소개한 예로 돌아가서 극좌표로 바꾸면 얼마나 간단하게 변하는지 보자.

예제 3.2 극좌표계에서 이중적분 계산

영역 R은 중심이 원점이고 반지름이 2인 원이다. $\iint_R (x^2+y^2+3)\,dA$을 계산하여라.

풀이

주어진 식은 직교좌표계의 경우 식 (3.1)에서와 같이 매우 귀찮은 적분 계산이 된다. 그림 13.29의 적분 영역으로부터 고정된 θ에서 r은 0(원점에 대응)에서 2(원주상의 한 점에 대응)까지의 범위를 나타내며, 원을 표현하기 위한 θ의 범위는 0에서 2π까지이다. 피적분함수 x^2+y^2은 극좌표계에서 r^2으로 바뀌어진다. 식 (3.3)으로부터 다음 식을 얻을 수 있다.

$$\iint_R \underbrace{(x^2+y^2+3)}_{r^2+3}\ \underbrace{dA}_{r\,dr\,d\theta}=\int_0^{2\pi}\int_0^2 (r^2+3)\,r\,dr\,d\theta$$

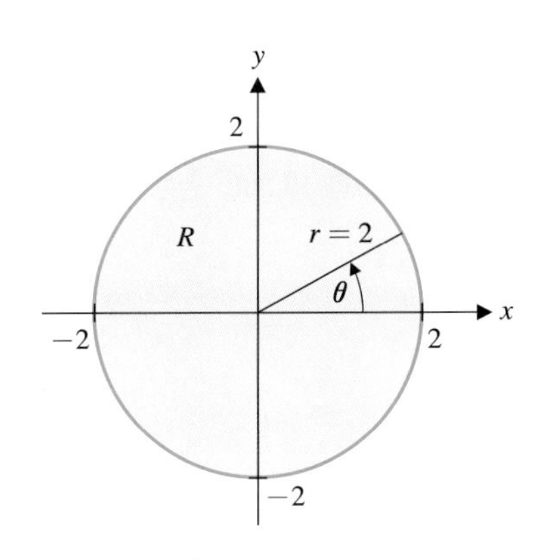

그림 13.29 영역 R

주 3.2

$\int_a^b \int_c^d f(r)\,dr\,d\theta$ 형태의 이중적분에서 안쪽의 적분은 θ와는 무관하다. 결국 이 식은 다음과 같이도 적을 수 있다.

$$\left(\int_a^b 1\,d\theta\right)\left(\int_c^d f(r)\,dr\right) = (b-a)\int_c^d f(r)\,dr$$

$$= \int_0^{2\pi}\int_0^2 (r^3 + 3r)\,dr\,d\theta$$

$$= \int_0^{2\pi}\left(\frac{r^4}{4} + 3\frac{r^2}{2}\right)\Bigg|_{r=0}^{r=2} d\theta$$

$$= \int_0^{2\pi}\left[\left(\frac{2^4}{4} + 3\frac{2^2}{2}\right) - 0\right] d\theta$$

$$= 10\int_0^{2\pi} d\theta = 20\pi$$

위 반복적분이 식 (3.1)의 직교좌표계에서는 어떠했는지 비교해 보아라.

이중적분 문제를 다룰 때는 영역이 원의 형태를 갖는지 먼저 생각해야 한다. 만약 영역이 원이거나 원과 유사한 형태를 갖는다면 극좌표계를 사용하는 것이 좋다.

예제 3.3 극좌표계를 이용하여 부피 구하기

xy평면 위의 원기둥 $x^2+y^2=4$의 외부와 포물면 $z=9-x^2-y^2$의 내부가 이루는 입체의 부피를 구하여라.

풀이

그림 13.30a에서 보는 바와 같이 포물면의 꼭짓점은 (0, 0, 9)이고 원기둥의 축은 z축이 된다. 구하고자 하는 입체의 부피는 원기둥과 포물면의 xy평면 사이 부분, 즉 반지름 2와 3을 갖는 동심원 사이가 부피의 바닥 영역이 되고 주어진 포물면의 아래에 만들어지는 부분이다. 구간 $[0, 2\pi]$에서 θ를 고정할 때 r은 2에서 3까지 변한다. 그림 13.30b와 같은 영역을 **원환**(circular annulus)이라고 한다. 식 (3.3)으로부터 다음 식을 얻을 수 있다.

그림 13.30a 원기둥의 외부와 포물면의 내부가 이루는 부피

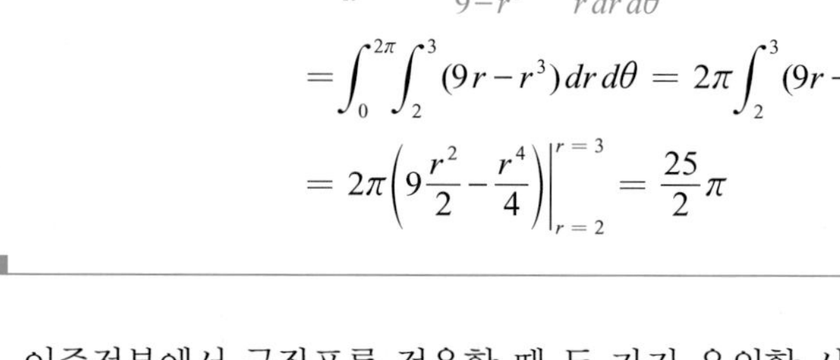

$$V = \iint_R \underbrace{(9-x^2-y^2)}_{9-r^2}\,\underbrace{dA}_{r\,dr\,d\theta} = \int_0^{2\pi}\int_2^3 (9-r^2)\,r\,dr\,d\theta$$

$$= \int_0^{2\pi}\int_2^3 (9r - r^3)\,dr\,d\theta = 2\pi\int_2^3 (9r - r^3)\,dr$$

$$= 2\pi\left(9\frac{r^2}{2} - \frac{r^4}{4}\right)\Bigg|_{r=2}^{r=3} = \frac{25}{2}\pi$$

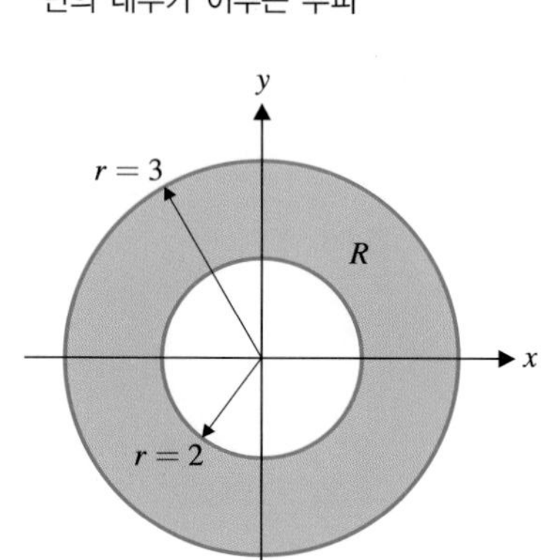

그림 13.30b 원환

이중적분에서 극좌표를 적용할 때 두 가지 유의할 사항이 있다. 첫 번째는 영역이 원의 형태인지를 알아보는 것이고, 두 번째는 적분함수의 표현 중에서 x^2+y^2을 찾는 것이다(제곱근과 지수함수에 포함되어 있을 경우도 해당된다). 왜냐하면 극좌표계에서는 $r^2=x^2+y^2$ 형태로 변환될 수 있기 때문이다.

예제 3.4 이중적분을 극좌표계로 바꾸기

반복적분 $\int_{-1}^{1}\int_0^{\sqrt{1-x^2}} x^2(x^2+y^2)^2\,dy\,dx$을 계산하여라.

풀이

직교좌표 그대로 이 식을 계산하는 것은 거의 불가능하다(실제로 해 보아라). 적분함수의 표현에 x^2+y^2이 있다. 준식의 적분구간으로부터 영역은 x는 -1에서 1까지 그리고 y는 $y=0$에서 $y=\sqrt{1-x^2}$까지 범위를 나타내고 있으므로 그림 13.31과 같이 반지름이 1인 반원으로 표현할 수 있다. 따라서 식 (3.3)으로부터 준식을 극좌표계로 변환하고 식 (3.3)을 이용하여 다음과 같이 계산할 수 있다.

$$\int_{-1}^{1}\int_{0}^{\sqrt{1-x^2}} x^2(x^2+y^2)^2\,dy\,dx = \iint_R \underbrace{x^2}_{r^2\cos^2\theta}\ \underbrace{(x^2+y^2)^2}_{(r^2)^2}\ \underbrace{dA}_{r\,dr\,d\theta} \quad x=r\cos\theta\text{이므로}$$

$$= \int_0^{\pi}\int_0^1 r^7\cos^2\theta\,dr\,d\theta$$

$$= \int_0^{\pi} \frac{r^8}{8}\bigg|_{r=0}^{r=1} \cos^2\theta\,d\theta$$

$$= \frac{1}{8}\int_0^{\pi}\frac{1}{2}(1+\cos 2\theta)d\theta \quad \cos^2\theta=\tfrac{1}{2}(1+\cos 2\theta)\text{이므로}$$

$$= \frac{1}{16}\left(\theta+\frac{1}{2}\sin 2\theta\right)\bigg|_0^{\pi} = \frac{\pi}{16}$$

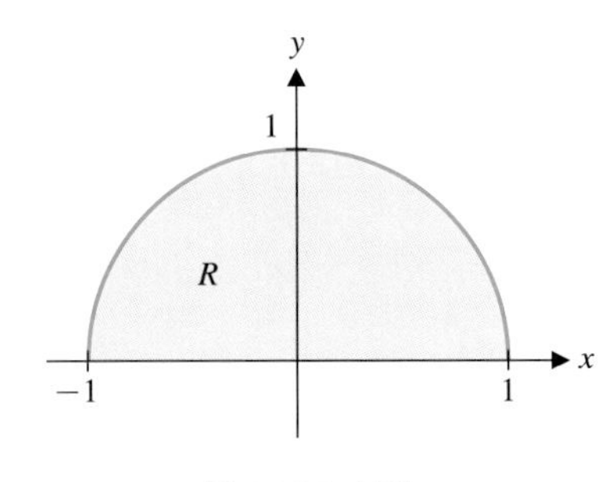

그림 13.31 영역 R

예제 3.5 극좌표계를 이용하여 부피 구하기

구면 $x^2+y^2+z^2=4$와 원기둥 $x^2+y^2=2y$의 공통부분의 입체의 부피를 구하여라.

풀이

$x^2+y^2=2y$은 그림 13.32a에서 보는 바와 같이 $x=0,\ y=1,\ z=t$를 축으로 하고 반지름이 1인 원기둥이다. 반지름이 1이고 중심이 (0, 1)인 원의 위와 아래에 있는 구면 사이의 입체의 부피가 서로 같다. 따라서 그림 13.32b의 영역과 위쪽 반구 $z=\sqrt{4-x^2-y^2}$ 사이에 있는 입체의 부피를 구하고 두 배하면 된다. 식은 다음과 같다.

$$V = 2\iint_R \sqrt{4-x^2-y^2}\,dA$$

위 식에서 영역 R은 원이고 피적분함수는 x^2+y^2의 항을 포함하기 때문에 극좌표계를 사용한다. $y=r\sin\theta$이기 때문에 원 $x^2+y^2=2y$는 $r^2=2r\sin\theta$ 또는 $r=2\sin\theta$가 된다. 따라서 위 적분은 다음과 같이 극좌표계로 표현할 수 있다.

$$V = 2\int_0^{\pi}\int_0^{2\sin\theta}\sqrt{4-r^2}\,r\,dr\,d\theta$$

여기서 전체 원 $r=2\sin\theta$는 $0\le\theta\le\pi$ 구간의 범위에서 그려지며, θ가 구간 $[0,\ \pi]$에서 고정될 때 r의 범위는 $r=0$에서부터 $r=2\sin\theta$까지이다. 또한 영역 R은 y축에 관하여 대칭이므로 위 식은 다음과 같이 계산된다.

$$V = 4\int_0^{\pi/2}\int_0^{2\sin\theta}\sqrt{4-r^2}\,r\,dr\,d\theta$$

$$= -2\int_0^{\pi/2}\left[\frac{2}{3}(4-r^2)^{3/2}\right]_{r=0}^{r=2\sin\theta} d\theta$$

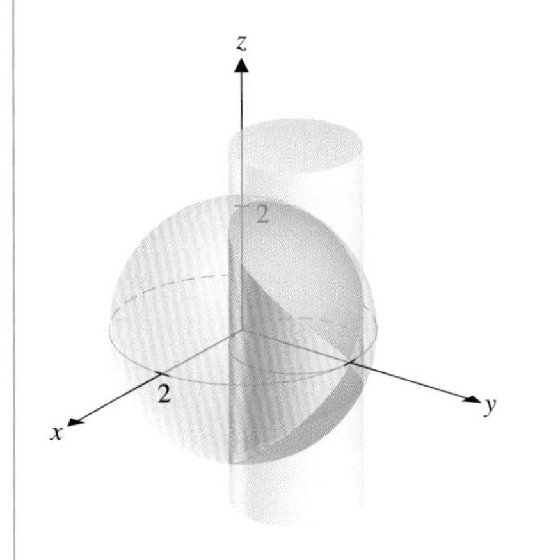

그림 13.32a 구와 원기둥의 공통부분의 부피

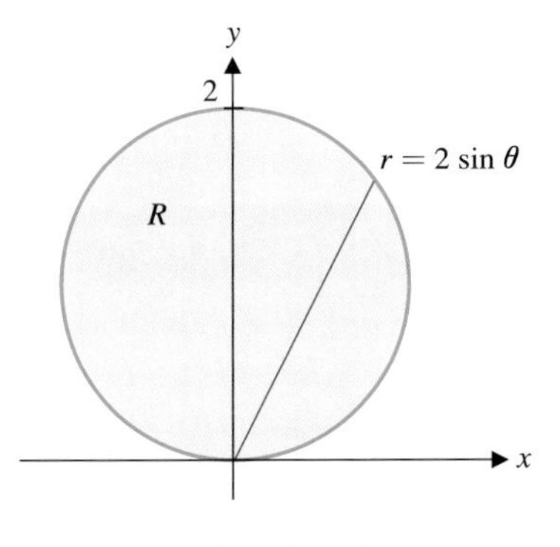

그림 13.32b 영역 R

$$= -\frac{4}{3}\int_0^{\pi/2}\left[(4-4\sin^2\theta)^{3/2}-4^{3/2}\right]d\theta$$

$$= -\frac{32}{3}\int_0^{\pi/2}\left[(\cos^2\theta)^{3/2}-1\right]d\theta$$

$$= -\frac{32}{3}\int_0^{\pi/2}\left[\cos^3\theta-1\right]d\theta$$

$$= -\frac{64}{9}+\frac{16}{3}\pi \approx 9.644$$

위 계산에서 대칭성은 중요한 사항이다. 즉, 적분구간을 $\left[0, \frac{\pi}{2}\right]$로 제한함으로써 $(\cos^2\theta)^{3/2} = \cos^3\theta$의 표현을 가능하게 해주기 때문이다. 전구간 $[0, \pi]$에서는 이렇게 할 수 없다(그 이유는?) 또한 직교좌표계에서의 적분이었다면 좀 더 복잡한 적분 계산이 되었을 것이다.

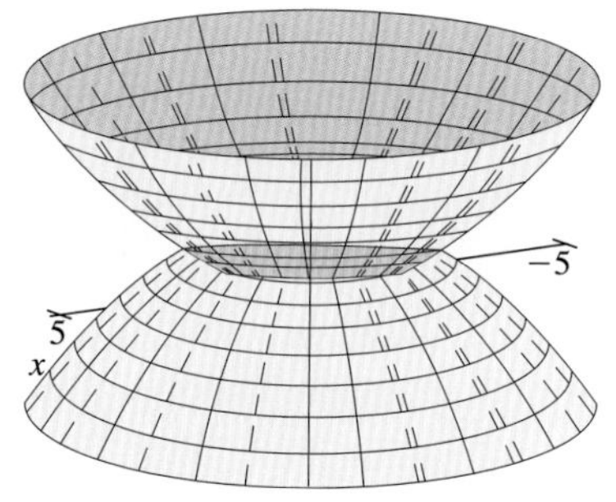

그림 13.33a 만나는 포물면

예제 3.6 두 포물면 사이의 부피 구하기

$z = 8-x^2-y^2$와 $z = x^2+y^2$로 둘러싸인 입체의 부피를 구하여라.

풀이

곡면 $z = 8-x^2-y^2$은 꼭짓점이 $z = 8$인 아래로 열린 포물면이다. 또 $z = x^2+y^2$은 꼭짓점의 원점이고 위로 열린 포물면이다. 입체의 모양은 그림 13.33a와 같다. 점 (x, y)에서 이 입체의 높이는

$$(8-x^2-y^2)-(x^2+y^2) = 8-2x^2-2y^2$$

이므로 부피 V는

$$V = \iint_R (8-2x^2-2y^2)\,dA$$

가 된다. 여기서 적분 영역 R은 xy평면 위의 입체의 검게 칠한 부분이다. 입체가 가장 넓은 부분은 두 포물면이 만나는 곳이고 이 점은

$$8-x^2-y^2 = x^2+y^2 \text{ 즉 } x^2+y^2 = 4$$

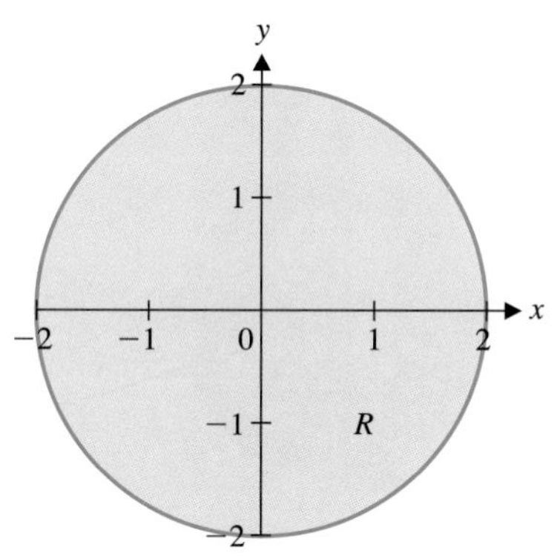

그림 13.33b 영역 R

이다. 따라서 R은 그림 13.33b와 같고 극좌표로 나타내는 것이 쉽다. 피적분함수는 $8-2x^2-2y^2 = 8-2r^2$가 되므로

$$V = \int_0^{2\pi}\int_0^2 (8-2r^2)\,r\,dr\,d\theta = 16\pi$$

가 된다.

마지막으로 극좌표계 반복적분에서 θ에 관한 첫 번째 적분을 생각해 볼 수 있다. 이것은 흔한 일은 아니지만 직교좌표계에서 극좌표계로 변환할 때 발생할 수도 있는 문제이다.

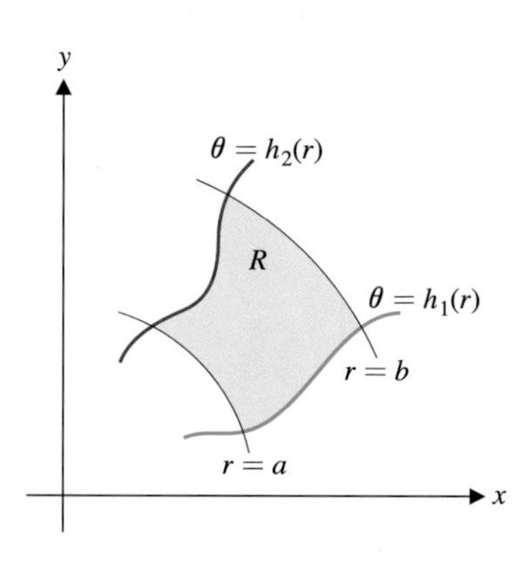

그림 13.34 영역 R

영역 R이 그림 13.34에서와 같이

$$R = \{(r, \theta)\,|\,0 \le a \le r \le b,\ h_1(r) \le \theta \le h_2(r)\}$$

으로 주어지고 모든 $r \in [a, b]$에 대해서 $h_1(r_1) \le h_2(r)$이다. 함수 $f(r, \theta)$가 R에서 연속일 때 이중적분은 다음과 같다.

$$\iint_R f(r, \theta)\, dA = \int_a^b \int_{h_1(r)}^{h_2(r)} f(r, \theta)\, r\, d\theta\, dr \tag{3.4}$$

연습문제 13.3

[1~3] 다음 곡선으로 둘러싸인 영역의 넓이를 구하여라.

1. $r = 3 + 2\sin\theta$

2. $r = \sin 3\theta$ 의 한 잎

3. $r = 2\sin 3\theta$의 내부, $r = 1$의 외부, 제1사분면

[4~6] 극좌표계를 사용하여 다음 이중적분을 계산하여라.

4. R이 $x^2 + y^2 \le 9$일 때, $\iint_R \sqrt{x^2 + y^2}\, dA$

5. R이 $x^2 + y^2 \le 4$일 때, $\iint_R e^{-x^2-y^2} dA$

6. R이 $r = 2 - \cos\theta$의 내부일 때, $\iint_R y\, dA$

[7~8] 적절한 좌표계를 사용하여 다음 이중적분을 계산하여라.

7. R이 $x^2 + y^2 = 9$의 내부일 때, $\iint_R (x^2 + y^2)\, dA$

8. R이 $y = x$, $y = 0$, $x = 2$에 의해 둘러싸인 영역일 때, $\iint_R (x^2 + y^2)\, dA$

[9~14] 적절한 좌표계를 사용하여 다음 입체의 부피를 구하여라.

9. $z = x^2 + y^2$의 아래, $z = 0$의 위, $x^2 + y^2 = 9$의 내부

10. $z = \sqrt{x^2 + y^2}$ 의 아래, $z = 0$의 위, $x^2 + y^2 = 4$의 내부

11. $z = 6 - x - y$의 아래, 제1팔분공간

12. $z = 4 - x^2 - y^2$의 아래, $z = x^2 + y^2$의 위, $y = 0$과 $y = x$ 사이, 제1팔분공간

13. $z = 2$의 아래, $z = -\sqrt{x^2 + y^2}$ 의 위, $x^2 + y^2 = 1$의 내부

14. 원기둥 $x^2 + y^2 = 1$로 $x^2 + y^2 + z^2 = 4$를 자른 부분

[15~16] 직교좌표계를 극좌표계로 변환하여 다음 반복적분을 계산하여라.

15. $\int_{-2}^{2} \int_{-\sqrt{4-x^2}}^{\sqrt{4-x^2}} \sqrt{x^2 + y^2}\, dy\, dx$

16. $\int_{0}^{2} \int_{-\sqrt{4-x^2}}^{\sqrt{4-x^2}} e^{-x^2-y^2} dy\, dx$

17. 밀도가 $\rho(x, y) = 1/\sqrt{x^2 + y^2}$ 이고 $x^2 + (y-1)^2 = 1$인 모양을 갖는 얇은 판의 질량중심을 구하여라.

18. 밀도가 $\rho(x, y) = 1$ 일 때 $x^2 + y^2 = R^2$의 영역을 갖는 원판에서 관성능률 I_y를 구하여라. 영역의 반지름이 두 배가 된다면 관성능률은 몇 배로 증가할까?

19. 반지름이 a인 구의 부피를 구하는 공식을 이중적분을 사용하여 유도하여라.

20. 작은 동물 종의 개체군 밀도가 $f(x, y) = 20{,}000\, e^{-x^2-y^2}$일 때 영역 $x^2 + y^2 = 1$에서 개체 수를 구하여라.

13.4 겉넓이

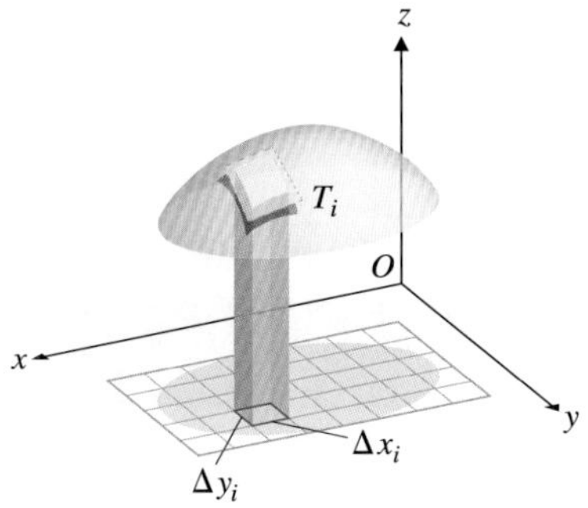

그림 13.35a 겉넓이

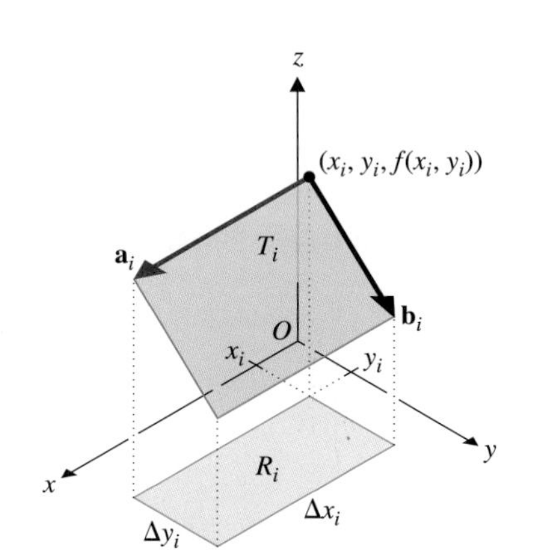

그림 13.35b R_i 위 접평면 부분

5.4절에서는 회전곡면의 겉넓이를 구하는 방법을 다루었다. 이 절에서는 좀 더 일반적인 겉넓이를 구하는 방법을 다룰 것이다. xy평면의 영역 R에서 $f(x, y) \geq 0$이고 f는 연속인 일차편도함수를 갖는다고 하자. 영역 R 위에 있는 곡면 $z = f(x, y)$의 겉넓이를 구해 보자. 우리가 지금까지 해온 것처럼, 영역 R을 사각형 $R_1, R_2, \cdots, R_n$으로 분할한다. i번째 분할영역 R_i 위에 있는 곡면의 겉넓이의 근삿값을 구하고 전체 겉넓이의 근삿값을 얻기 위해 분할된 겉넓이를 모두 더하도록 한다.

xy평면의 i번째 사각형 R_i에서 원점과 가장 가까운 구석점을 나타내는 좌표 $(x_i, y_i, 0)$과 점 $(x_i, y_i, f(x_i, y_i))$에서 곡면 $z = f(x, y)$의 접평면을 생각하자. 접평면은 접촉점 표면에 가깝기 때문에 그림 13.35a에서 보는 바와 같이 R_i 위에 있는 접평면의 평행사변형 T_i의 넓이 ΔT_i는 R_i 위의 겉넓이와 거의 같다. ΔT_i는 쉽게 계산할 수 있다. 따라서 전체 겉넓이 S는 분할된 모든 겉넓이를 더하여 다음과 같이 근사시킬 수 있다.

$$S \approx \sum_{i=1}^{n} \Delta T_i$$

또한 분할의 크기 $\|P\|$를 0으로 접근시키는 극한을 취함으로써 다음과 같이 정확한 겉넓이를 구할 수 있다.

$$S = \lim_{\|P\| \to 0} \sum_{i=1}^{n} \Delta T_i \tag{4.1}$$

여기서 ΔT_i를 계산하기 위해 그림 13.35b에서와 같이 R_i의 두 변을 Δx_i, Δy_i라 하고 평행사변형 T_i의 두 인접한 변을 벡터 $\mathbf{a}_i$와 $\mathbf{b}_i$로 택하자. 13.4절에서 접평면에 대한 설명으로부터 접평면의 방정식은 다음과 같이 주어진다.

$$z - f(x_i, y_i) = f_x(x_i, y_i)(x - x_i) + f_y(x_i, y_i)(y - y_i) \tag{4.2}$$

그림 13.35b에서 벡터 $\mathbf{a}_i$는 시작점이 $(x_i, y_i, f(x_i, y_i))$이고 끝점은 $x = x_i + \Delta x_i$와 $y = y_i$에 대응되는 접평면의 점이다. 식 (4.2)로부터 끝점의 z좌표는 다음 식을 만족한다.

$$\begin{aligned} z - f(x_i, y_i) &= f_x(x_i, y_i)(x_i + \Delta x_i - x_i) + f_y(x_i, y_i)(y_i - y_i) \\ &= f_x(x_i, y_i)\,\Delta x_i \end{aligned}$$

따라서 벡터 $\mathbf{a}_i$는 다음 식으로 표현된다.

$$\mathbf{a}_i = \langle \Delta x_i, 0, f_x(x_i, y_i)\Delta x_i \rangle$$

마찬가지로 벡터 $\mathbf{b}_i$는 시작점이 $(x_i, y_i, f(x_i, y_i))$이고 끝점은 $x = x_i$, $y = y_i + \Delta y_i$에 대응되는 접평면의 점이다. 다시, 식 (4.2)를 사용하여 끝점의 z좌표는 다음 식으로 얻어진다.

$$\begin{aligned} z - f(x_i, y_i) &= f_x(x_i, y_i)(x_i - x_i) + f_y(x_i, y_i)(y_i + \Delta y_i - y_i) \\ &= f_y(x_i, y_i)\,\Delta y_i \end{aligned}$$

따라서 벡터 $\mathbf{b}_i$ 는 다음 식으로 표현된다.

$$\mathbf{b}_i = \langle 0,\ \Delta y_i,\ f_y(x_i, y_i)\Delta y_i \rangle$$

ΔT_i 는 그림 13.36에서 보는 바와 같이 평행사변형의 넓이가 되고 다음과 같이 표현된다.

$$\Delta T_i = \|\mathbf{a}_i\|\|\mathbf{b}_i\| \sin\theta = \|\mathbf{a}_i \times \mathbf{b}_i\|$$

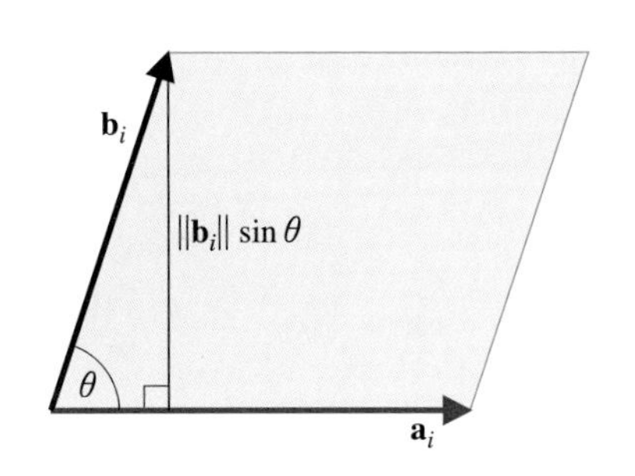

그림 13.36 평행사변형 T_i

여기서 θ 는 $\mathbf{a}_i$와 $\mathbf{b}_i$ 사이의 각이 된다. 그리고 두 벡터의 외적은

$$\begin{aligned} \mathbf{a}_i \times \mathbf{b}_i &= \begin{vmatrix} \mathbf{i} & \mathbf{j} & \mathbf{k} \\ \Delta x_i & 0 & f_x(x_i, y_i)\Delta x_i \\ 0 & \Delta y_i & f_y(x_i, y_i)\Delta y_i \end{vmatrix} \\ &= -f_x(x_i, y_i)\Delta x_i \Delta y_i\, \mathbf{i} - f_y(x_i, y_i)\, \Delta x_i \Delta y_i\, \mathbf{j} + \Delta x_i \Delta y_i\, \mathbf{k} \end{aligned}$$

이 된다. 따라서 평행사변형 ΔT_i의 넓이는 다음과 같다.

$$\Delta T_i = \|\mathbf{a}_i \times \mathbf{b}_i\| = \sqrt{[f_x(x_i, y_i)]^2 + [f_y(x_i, y_i)]^2 + 1}\ \underbrace{\Delta x_i \Delta y_i}_{\Delta A_i}$$

여기서 $\Delta A_i = \Delta x_i \Delta y_i$는 사각형 R_i의 넓이이다. 식 (4.1)에 위의 식을 대입하면 전체 겉넓이는 다음과 같이 주어진다.

$$\begin{aligned} S &= \lim_{\|P\| \to 0} \sum_{i=1}^{n} \Delta T_i \\ &= \lim_{\|P\| \to 0} \sum_{i=1}^{n} \sqrt{[f_x(x_i, y_i)]^2 + [f_y(x_i, y_i)]^2 + 1}\ \Delta A_i \end{aligned}$$

마지막으로 위의 식을 이중적분으로 표현하면 다음 식을 얻는다.

$$\boxed{S = \iint_R \sqrt{[f_x(x, y)]^2 + [f_y(x, y)]^2 + 1}\ dA} \tag{4.3}$$

겉넓이 공식 (4.3)은 R 위에서 $f(x, y) \le 0$인 경우에도 성립하며, 5.4절에서 유도했던 호의 길이 공식과 유사하고 또 $\mathbf{n} = \langle f_x(x, y), f_y(x, y), -1 \rangle$은 곡면 $z = f(x, y)$ 위의 점 (x, y)의 접평면에 수직이므로 식 (4.3)의 피적분함수는 접평면의 수직벡터의 크기 $\|\mathbf{n}\|$과 같다.

예제 4.1 겉넓이 계산

xy평면에서 꼭짓점 (0, 0), (0, 2), (2,2)를 갖는 삼각형 영역 R 위에 있는 곡면 $z = y^2 + 4x$ 의 겉넓이를 구하여라.

풀이

그림 13.37a는 컴퓨터를 이용해서 그린 곡면 $z = y^2 + 4x$의 그래프이고 그림 13.37b는 영역 R에 대한 그림이다. $f(x, y) = y^2 + 4x$로 놓으면 일차편도함수는 $f_x(x, y) = 4$, $f_y(x, y) = 2y$ 가 된다. 따라서 식 (4.3)으로 다음 식을 얻는다.

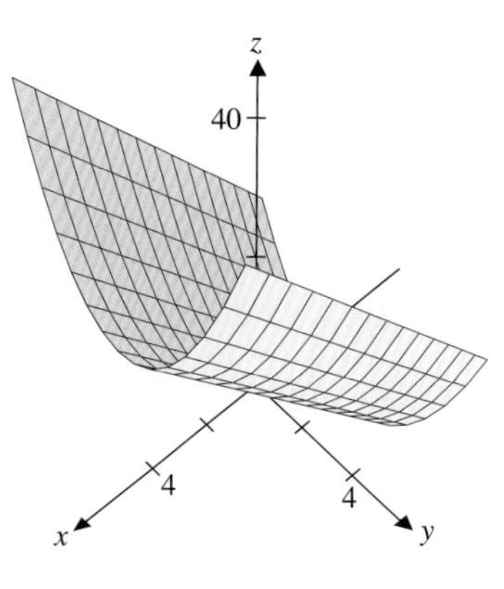

그림 13.37a $z = y^2 + 4x$의 표면

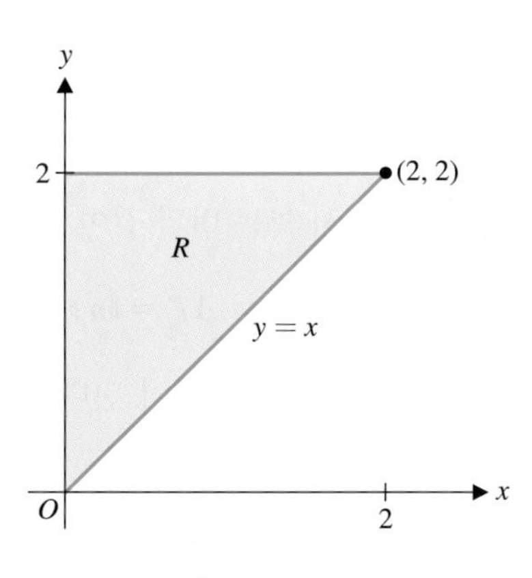

그림 13.37b 영역 R

$$\begin{aligned} S &= \iint_R \sqrt{[f_x(x, y)]^2 + [f_y(x, y)]^2 + 1}\, dA \\ &= \iint_R \sqrt{4^2 + 4y^2 + 1}\, dA \end{aligned}$$

그림 13.37b로부터 적분구간을 관찰해 적용하면 이중적분의 계산은 다음과 같다.

$$\begin{aligned} S &= \int_0^2 \int_0^y \sqrt{4y^2 + 17}\, dx\, dy \\ &= \int_0^2 \sqrt{4y^2 + 17}\, x \Big|_{x=0}^{x=y} dy \\ &= \int_0^2 y\sqrt{4y^2 + 17}\, dy \\ &= \frac{1}{8}(4y^2 + 17)^{3/2}\left(\frac{2}{3}\right)\Big|_0^2 \\ &= \frac{1}{12}\left[[4(2^2) + 17]^{3/2} - [4(0)^2 + 17]^{3/2}\right] \\ &\approx 9.956 \end{aligned}$$

겉넓이 계산은 단순히 식 (4.3)에 대입하는 것보다 더 많은 계산이 필요하다. 또한 다음 예제에서처럼 적분 영역에 대하여 적절한 좌표계를 선택하면 편리하다.

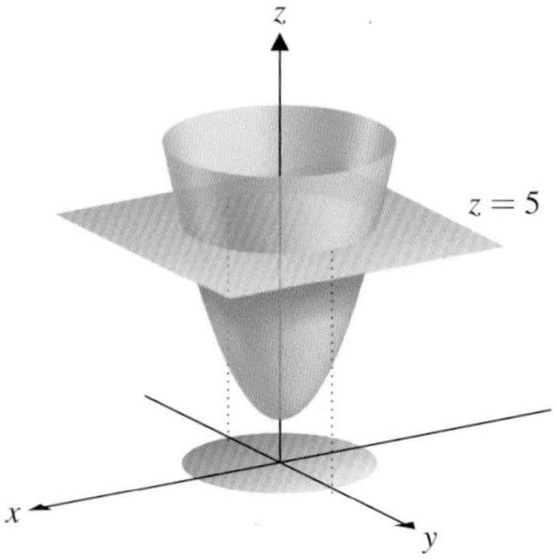

예제 4.2 극좌표계를 이용하여 겉넓이 구하기

평면 $z = 5$ 아래에 있는 포물면 $z = 1 + x^2 + y^2$의 겉넓이를 구하여라.

풀이

그림 13.38a 평면 $z = 5$와 포물면의 교선

문제에서 적분 영역이 주어져 있지 않으므로 그림 13.38a의 그래프를 가지고 결정해야 한다. 평면 $z = 5$는 포물면과 만나서 z축 위의 점 (0, 0, 5)에서 xy평면에 평행한 반지름 2인 원을 만든다. 따라서 이러한 교선을 xy평면으로 사영하면 영역 R은 반지름 2인 원이 되고 (그림 13.38b 참조) 이 영역 위에 있는 평면 $z = 5$ 아래 포물면의 겉넓이를 구하는 것이 된다. $f(x, y) = 1 + x^2 + y^2$으로 놓으면 $f_x(x, y) = 2x$, $f_y(x, y) = 2y$이고, 식 (4.3)으로부터 다음의 이중적분을 얻을 수 있다.

$$S = \iint_R \sqrt{[f_x(x, y)]^2 + [f_y(x, y)]^2 + 1}\, dA$$
$$= \iint_R \sqrt{4^2 + 4y^2 + 1}\, dA$$

적분 영역이 원이고 피적분함수에는 x^2+y^2항이 포함되기 때문에 극좌표계로 변환하여 계산하면 다음과 같다.

$$S = \iint_R \underbrace{\sqrt{4x^2 + 4y^2 + 1}}_{\sqrt{4r^2+1}}\ \underbrace{dA}_{r\,dr\,d\theta}$$
$$= \int_0^{2\pi} \int_0^2 \sqrt{4r^2 + 1}\, r\, dr\, d\theta$$
$$= \frac{1}{8}\int_0^{2\pi} \left(\frac{2}{3}\right)(4r^2+1)^{3/2}\bigg|_{r=0}^{r=2}\ d\theta$$
$$= \frac{1}{12}\int_0^{2\pi} (17^{3/2} - 1^{3/2})\ d\theta$$
$$= \frac{2\pi}{12}(17^{3/2} - 1^{3/2}) \approx 36.18$$

■

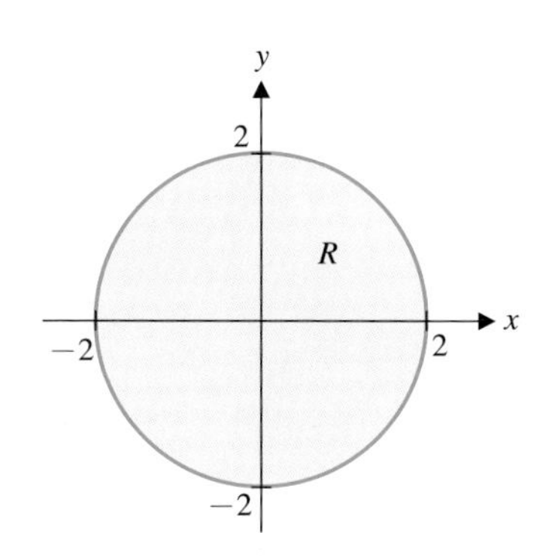

그림 13.38b 영역 R

대부분의 겉넓이에 대한 적분은 호의 길이와 마찬가지로 정확하게 계산할 수 없다. 따라서 적분을 계산하는 데 수치해석의 방법을 이용해야 한다. 가능하다면 반복적분에서 적어도 하나의 적분은 공식으로 계산하고 나머지는 심프슨의 법칙 등을 이용하여 수치적 근삿값을 구하는 것이 좋다.

예제 4.3 겉넓이의 근삿값 구하기

꼭짓점 (0, 0), (1, 1), (1, 0)을 갖는 xy평면의 삼각형 영역 R 위에 있는 포물면 $z = 4 - x^2 - y^2$의 겉넓이를 구하여라.

풀이

그림 13.39a에 포물면과 영역 R에 대한 그래프가 있다. $f(x, y) = 4 - x^2 - y^2$으로 놓으면 $f_x(x, y) = -2x$, $f_y(x, y) = -2y$이다. 식 (4.3)으로부터 다음의 이중적분을 얻을 수 있다.

$$S = \iint_R \sqrt{[f_x(x, y)]^2 + [f_y(x, y)]^2 + 1}\, dA$$
$$= \iint_R \sqrt{4x^2 + 4y^2 + 1}\, dA$$

위 식에서 적분 영역이 원은 아니지만 피적분함수가 x^2+y^2항을 포함하고 있기 때문에 극좌표계를 적용하도록 하자. 그림 13.39b의 적분 영역 R을 극좌표계로 표현한다. 각 θ를 고정시킬 때 반지름 r은 0으로부터 직선 $x = 1$의 한 점까지 변한다. 극좌표계에서 $x = r\cos\theta$이기 때문에 직선 $x = 1$은 $r\cos\theta = 1$ 또는 $r = \sec\theta$에 대응한다. 또한 θ는 $\theta = 0$(x축)부터

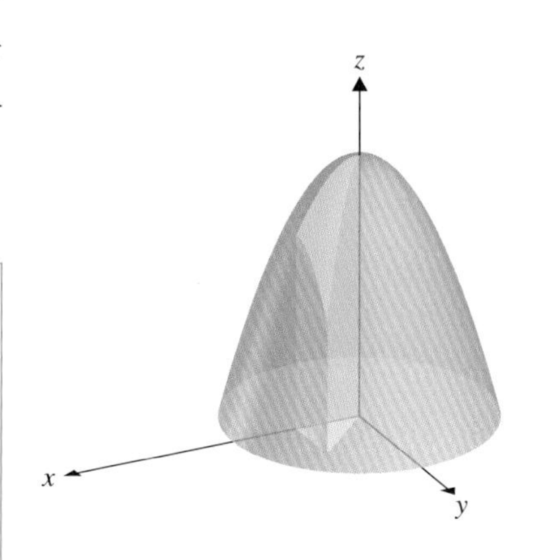

그림 13.39a $z = 4 - x^2 - y^2$

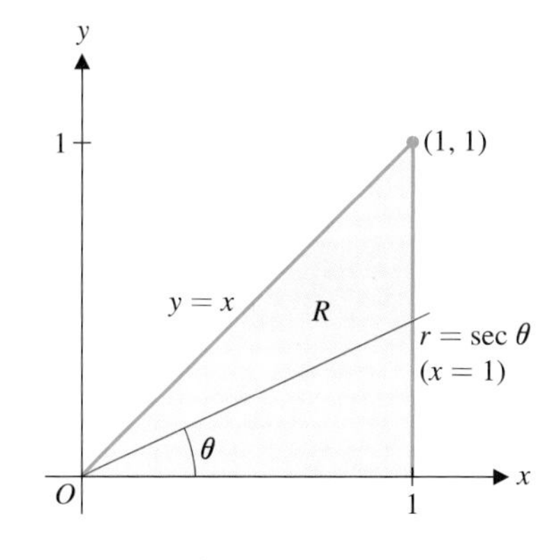

그림 13.39b 영역 R

$\theta = \frac{\pi}{4}$ (직선 $y = x$)까지 변한다. 따라서 겉넓이 계산은 다음과 같다.

$$S = \iint_R \underbrace{\sqrt{4x^2 + 4y^2 + 1}}_{\sqrt{4r^2+1}} \underbrace{dA}_{r\,dr\,d\theta}$$

$$= \int_0^{\pi/4} \int_0^{\sec\theta} \sqrt{4r^2 + 1}\, r\, dr\, d\theta$$

$$= \frac{1}{8} \int_0^{\pi/4} \left(\frac{2}{3}\right)(4r^2 + 1)^{3/2} \Big|_{r=0}^{r=\sec\theta} d\theta$$

$$= \frac{1}{12} \int_0^{\pi/4} [(4\sec^2\theta + 1)^{3/2} - 1]\, d\theta$$

$$\approx 0.93087$$

위 식에서 마지막의 적분 계산은 심프슨 법칙 또는 계산기를 사용하여 구한 적분의 근삿값이다.

■

연습문제 13.4

[1~6] 다음 곡면의 넓이를 계산하여라.

1. $z = x^2 + 2y$에서 $y = x,\ y = 0,\ x = 4$ 사이의 부분
2. $z = 4 - x^2 - y^2$에서 xy평면의 윗부분
3. $z = \sqrt{x^2 + y^2}$ 에서 $z = 2$의 밑부분
4. $x + 3y + z = 6$에서 제1팔분공간의 영역
5. $x - y - 2z = 4$에서 $x \ge 0,\ y \le 0,\ z \le 0$ 사이의 부분
6. $z = \sqrt{4 - x^2 - y^2}$ 에서 $z = 0$의 윗부분

[7~9] 수치적분으로 다음 곡면의 넓이를 구하여라.

7. $z = e^{x^2 + y^2}$ 에서 $x^2 + y^2 = 4$의 안쪽 부분
8. $z = x^2 + y^2$ 에서 $z = 5$와 $z = 7$ 사이의 부분
9. $z = y^2$ 에서 $z = 4$의 아래이고 $x = -2$와 $x = 2$ 사이의 부분
10. $z = \sin x \cos y$ 에서 $0 \le x \le \pi$와 $0 \le y \le \pi$인 부분

13.5 삼중적분

곡선 $y = f(x)$의 아래 넓이를 계산하기 위해 일변수함수 $f(x)$에 대한 정적분을 유도하였다. 비슷한 방법으로 곡면 $z = f(x, y)$ 아래의 부피를 구하기 위해 이변수함수 $f(x, y)$에 대한 이중적분을 유도하였다. 반면에 삼변수함수 $u = f(x, y, z)$는 사차원에서 **초곡면**(hypersurface)의 그래프이기 때문에 함수 $f(x, y, z)$에 대한 삼중적분은 기하학적 의미를 부여할 수 없다. 이 세상은 삼차원이기 때문에 사차원 그래프를 시각

화할 수 없다. 경우에 따라서는 삼변수 또는 그 이상의 변수에 대한 함수의 적분이 중요할 수도 있다. 사실 우리가 살고 있는 삼차원 세상에서 삼변수함수에 대한 적분은 매우 중요한 응용이다. 이 절의 마지막에서 다루게 될 입체의 질량과 질량중심 구하기가 바로 그 응용 중의 하나이다.

삼변수함수에 대한 삼중적분을 설명할 만한 기하학적 표현이 없기 때문에 이변수 함수의 이중적분에 대한 개념을 근거로 하여 삼중적분을 정의하기로 하자. 우선 공간에 대한 영역 Q가

$$Q = \{(x, y, z) \mid a \le x \le b,\ c \le y \le d,\ r \le z \le s\}$$

인 직육면체 영역에서 정의된 함수 $f(x, y, z)$를 생각해 보자. 여기서 Q는 삼차원 공간에서 사각형 상자이다. 영역 Q를 xy평면에 평행한 평면, xz평면에 평행한 평면 그리고 yz평면에 평행한 평면으로 분할한다. 이렇게 함으로써 그림 13.40a에서와 같이 영역 Q는 수많은 작은 상자들로 분할이 된다. 분할 상자들을 Q_1, Q_2, $\cdots$, Q_n라고 하자. i번째 분할 상자 Q_i는 Δx_i, Δy_i, Δz_i의 세 변으로 구성된다(그림 13.40b 참조). 따라서 분할 상자 Q_i의 부피는 $\Delta V_i = \Delta x_i \Delta y_i \Delta z_i$이다. 우리가 일차원과 이차원에서 했던 것처럼 분할 상자 Q_i에서 임의의 점 (u_i, v_i, w_i)를 선택해서 리만합을 구하면 다음과 같다.

$$\sum_{i=1}^{n} f(u_i, v_i, w_i)\,\Delta V_i$$

분할 상자 Q_i 중에서 대각선이 가장 긴 분할의 크기를 $\|P\|$라고 하면 다음과 같이 Q에 대한 $f(x, y, z)$의 삼중적분을 정의할 수 있다.

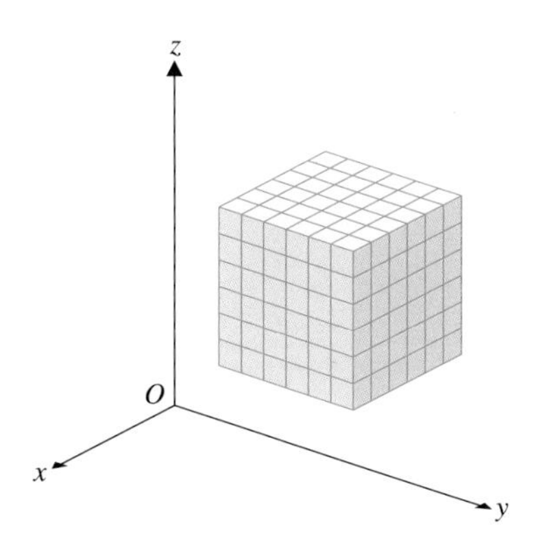

그림 13.40a 상자 Q의 분할

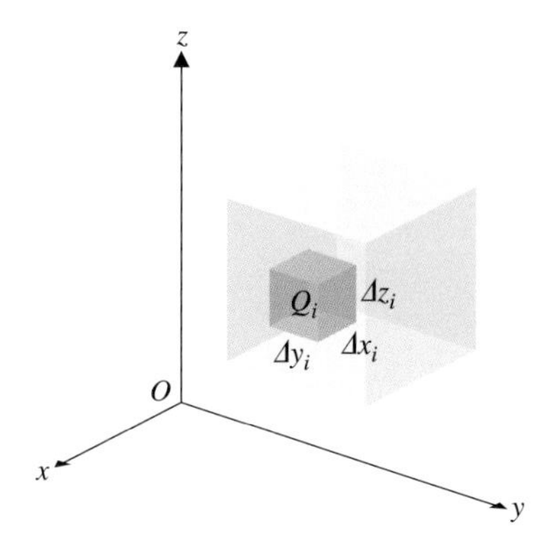

그림 13.40b 분할 상자 Q_i

정의 5.1

함수 $f(x, y, z)$가 직육면체 Q에서 정의된다고 할 때, Q에 대한 f의 **삼중적분**(triple integral)을 다음과 같이 정의한다.

$$\iiint_Q f(x, y, z)\,dV = \lim_{\|P\| \to 0} \sum_{i=1}^{n} f(u_i, v_i, w_i)\,\Delta V_i \tag{5.1}$$

Q_i에서 점 (u_i, v_i, w_i)의 선택에 관계없이 이 극한이 존재하고 그 값이 모두 같으면, f는 Q에서 **적분가능하다**고 한다.

주 5.1

일반적으로 f가 Q에서 연속이면 f는 Q에서 적분가능하다

이제 삼중적분을 정의하였으며 이 값을 어떻게 구할지 알아보자. 이중적분이 두 개의 반복적분으로 표현된 것처럼 삼중적분은 세 개의 반복적분으로 표현하여 계산한다.

정리 5.1 푸비니 정리(Fubini's Theorem)

함수 $f(x, y, z)$는 $Q = \{(x, y, z) \mid a \le x \le b,\ c \le y \le d,\ r \le z \le s\}$에서 정의되고 연속이라고 하자. 이때 삼중적분은 Q에서 삼중 반복적분으로 표현할 수 있다.

$$\iiint_Q f(x, y, z)\,dV = \int_r^s \int_c^d \int_a^b f(x, y, z)\,dx\,dy\,dz \tag{5.2}$$

식 (5.2)에서 삼중적분의 계산은 이중적분의 경우처럼 편적분을 사용하여 안쪽에서부터 바깥쪽으로 적분해 나간다. 즉, 첫 번째는 가장 안쪽 적분으로서 y와 z 변수를 고정시키고 x에 대하여 적분한다. 두 번째로 z를 고정시키고 y에 대하여 적분하고, 마지막으로 z에 대하여 적분한다. 또한 Q가 사각형 상자인 경우에는 식 (5.2)에서 삼중 반복적분의 적분 순서는 다음과 같이 바꾸어도 상관없다.

$$\iiint_Q f(x, y, z)\,dV = \int_a^b \int_c^d \int_r^s f(x, y, z)\,dz\,dy\,dx$$

예제 5.1 직육면체에서의 삼중적분

$Q = \{(x, y, z) \mid 1 \le x \le 2,\ 0 \le y \le 1,\ 0 \le z \le \pi\}$에서 삼중적분 $\iiint_Q 2xe^y \sin z\,dV$을 계산하여라.

풀이

식 (5.2)로부터 다음과 같이 계산한다.

$$\begin{aligned}\iiint_Q 2xe^y \sin z\,dV &= \int_0^\pi \int_0^1 \int_1^2 2xe^y \sin z\,dx\,dy\,dz \\ &= \int_0^\pi \int_0^1 e^y \sin z \left.\frac{2x^2}{2}\right|_{x=1}^{x=2} dy\,dz \\ &= 3\int_0^\pi \sin z\, e^y\Big|_{y=0}^{y=1} dz \\ &= 3(e^1 - 1)(-\cos z)\Big|_{z=0}^{z=\pi} \\ &= 3(e-1)(-\cos\pi + \cos 0) \\ &= 6(e-1)\end{aligned}$$

위 식에서 적분 순서를 바꾸어 계산하는 다른 다섯 가지 경우에 대한 연습은 각자 해 보기 바란다.

■

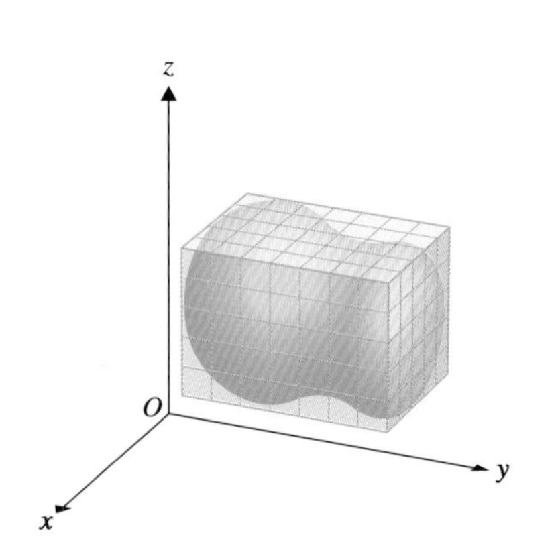

그림 13.41a 입체의 분할

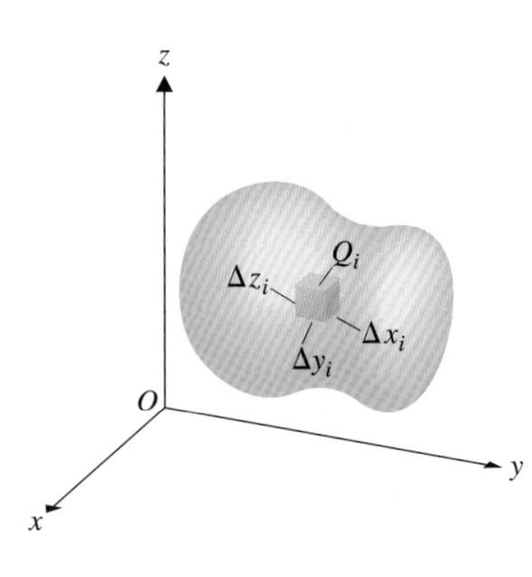

그림 13.41b 부피의 내부분할 상자

이중적분에서 했던 것처럼, 삼중적분에 대해서도 영역의 내부분할을 사용하여 삼차원에서 좀 더 일반적인 식을 정의할 수 있다. 삼차원의 임의의 영역 Q를 세 개의 좌표평면에 평행한 면으로 분할한다. Q가 상자였던 것처럼 이 **내부분할**(inner partition)의 면들은 많은 수의 작은 상자들 $Q_1, Q_2, \cdots, Q_n$으로 구성된다(그림 13.41a~13.41b 참조). i번째 분할 상자 Q_i에서 임의의 계산점 (u_i, v_i, w_i)를 선택해 리만합을 구하면 다음과 같다.

$$\sum_{i=1}^n f(u_i, v_i, w_i)\,\Delta V_i$$

여기서 $\Delta V_i = \Delta x_i \Delta y_i \Delta z_i$은 분할 상자 Q_i의 부피가 된다. 다음과 같이 리만합의 극한으로 임의의 영역 Q에 대한 삼중적분을 정의할 수 있다.

정의 5.2

함수 $f(x, y, z)$가 임의의 영역 Q에서 정의된다고 할 때, Q에서 $f(x, y, z)$의 **삼중적분**을 다음과 같이 정의한다.

$$\iiint_Q f(x, y, z)\, dV = \lim_{\|P\| \to 0} \sum_{i=1}^{n} f(u_i, v_i, w_i)\, \Delta V_i \tag{5.3}$$

이때, Q_i에서 점 (u_i, v_i, w_i)의 선택에 관계없이 극한이 존재하고 그 극한값이 모두 같은 경우 f는 Q에서 **적분가능하다**고 한다.

영역 Q에 대한 내부분할을 제외하고는 식 (5.3)이 식 (5.1)과 정확히 같다는 것을 알 수 있다.

여기서 남은 문제는 일반적인 영역에서 삼중적분을 계산하는 것이다. 임의의 영역에서 삼중적분의 반복적분에는 여섯 가지의 다른 계산 순서가 있다. 여기서는 특별한 몇 가지 경우에 대해서만 설명할 것이다. 예를 들어 R은 xy평면의 영역이고 영역 Q가

$$Q = \{(x, y, z) \mid (x, y) \in R,\ g_1(x, y) \le z \le g_2(x, y)\}$$

이고 모든 $(x, y) \in R$에 대해서 $g_1(x, y) \le g_2(x, y)$으로 주어질 때(그림 13.42 참조) 삼중적분을 다음과 같은 반복적분으로 표현할 수 있다.

$$\iiint_Q f(x, y, z)\, dV = \iint_R \int_{g_1(x,y)}^{g_2(x,y)} f(x, y, z)\, dz\, dA \tag{5.4}$$

식 (5.4)에서 가장 안쪽 적분은 x와 y를 고정시키고 z에 관하여 적분한다. 그리고 이중적분은 13.1과 13.3절에서 설명했던 방법을 사용하여 계산한다.

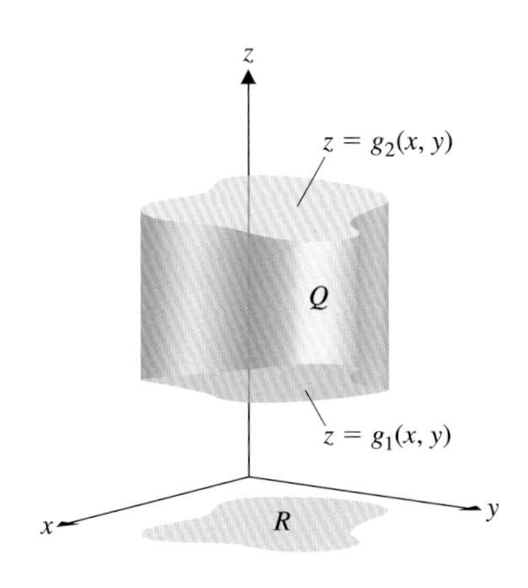

그림 13.42 위와 아래 표면으로 정의된 부피

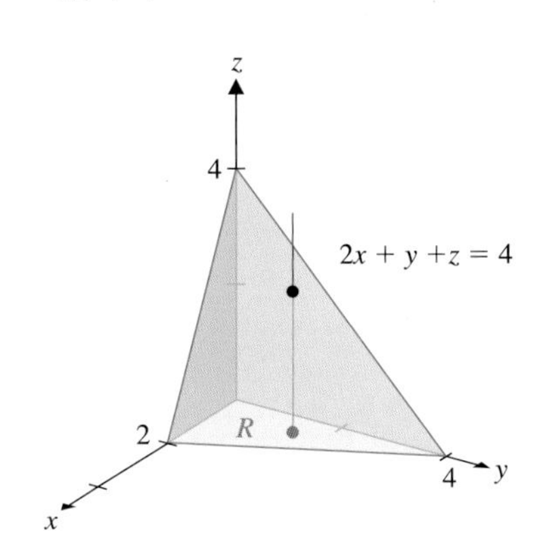

그림 13.43a 사면체

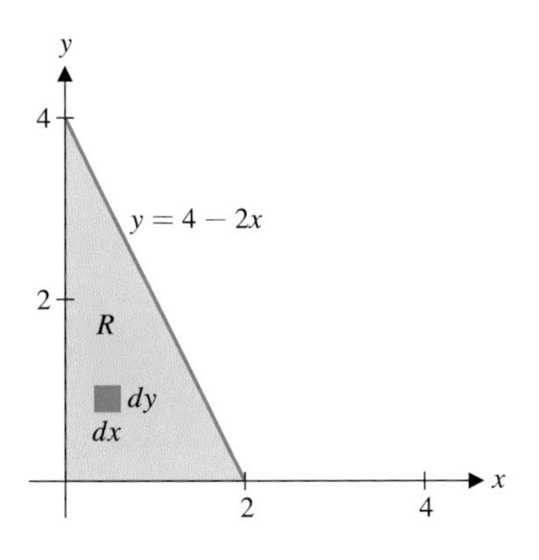

그림 13.43b xy평면에서 사면체의 바닥

예제 5.2 사면체에서의 삼중적분

영역 Q는 평면 $x=0,\ y=0,\ z=0,\ 2x+y+z=4$에 둘러싸인 사면체(그림 13.43a 참조)이다. 삼중적분 $\iiint_Q 6xy\, dV$을 계산하여라.

풀이

그림 13.43a에는 사면체의 각 꼭짓점들이 표현되어 있고 그림 13.43b에는 xy평면에 사면체의 바닥영역 R이 나타나 있다. 고정된 점 $(x, y) \in R$에서 z는 $z=0$에서 $z=4-2x-y$까지 변한다. 그림 13.43a에서처럼 바닥으로부터 사면체의 윗면을 통과하는 수직선을 그려 보면 이 선은 xy평면($z=0$)으로 들어와서 $z=4-2x-y$ 평면을 나가게 된다. 이것은 삼중적분의 가장 안쪽 적분(z에 관한 적분)의 구간이 $z=0$에서 $z=4-2x-y$까지라는 것을 나타낸다. 식 (5.4)로부터 다음 식을 얻는다.

$$\iiint_Q 6xy\, dV = \iint_R \int_0^{4-2x-y} 6xy\, dz\, dA$$

위의 식에서 마지막 식은 그림 13.43b에서와 같이 삼각형 영역 R에서 이중적분을 계산해야 한다. 고정된 $x \in [0, 2]$에서 y는 0에서 $y = 4 - 2x$까지 변한다. 따라서 나머지 이중적분은 다음과 같이 계산한다.

$$\begin{aligned}
\iiint_Q 6xy\, dV &= \iint_R \int_0^{4-2x-y} 6xy\, dz\, dA \\
&= \int_0^2 \int_0^{4-2x} \int_0^{4-2x-y} 6xy\, dz\, dy\, dx \\
&= \int_0^2 \int_0^{4-2x} (6xyz)\Big|_{z=0}^{z=4-2x-y} dy\, dx \\
&= \int_0^2 \int_0^{4-2x} 6xy(4 - 2x - y)\, dy\, dx \\
&= \int_0^2 6\left(4x\frac{y^2}{2} - 2x^2\frac{y^2}{2} - x\frac{y^3}{3}\right)\Bigg|_{y=0}^{y=4-2x} dx \\
&= \int_0^2 [12x(4-2x)^2 - 6x^2(4-2x)^2 - 2x(4-2x)^3]\, dx \\
&= \frac{64}{5}
\end{aligned}$$

위 식에서 마지막 적분의 계산은 각자 해 보기 바란다.

주 5.2

예제 5.2에서 R의 경계는 $x = 0$, $y = 0$(z를 포함하지 않는 Q의 표면에 대응)와 $y = 4 - 2x$(z를 포함한 Q의 두 표면의 공통부분)이다. 바깥의 적분 경계를 정할 때는 대개 이와 같이 하면 된다.

삼중적분을 계산하는 데 가장 중요한 것은 적분구간을 올바르게 선정하는 것이다. 그러기 위해서는 우선 주어진 영역에 대한 정확한 그래프를 그릴 수 있어야 하고 바닥영역 R과 좌표평면 위의 영역 R의 위 또는 아래 놓인 입체의 상하경계를 잘 알아야 한다. 특히 입체가 평면 R에서 $z = f(x, y)$와 $z = g(x, y)$ 사이에 놓여 있으면 z가 제일 먼저 적분할 수 있는 변수가 된다. 이에 대해서는 앞으로 예제와 연습문제를 통하여 많이 다루게 될 것이다.

적분구간을 결정하기 위해서는 그림 13.43a에서와 같이 바닥을 대표할 수 있는 점으로부터 입체의 윗면을 통과하는 선을 그려서 입체의 바닥 또는 위와 아래의 표면을 확인하는 것이 필요하다. 이러한 확인선은 삼중 반복적분에서 가장 안쪽 적분의 구간을 나타내게 된다. 이것을 설명하기 위해서 예제 5.2를 몇 가지 다른 관점에서 다루어 보도록 하자.

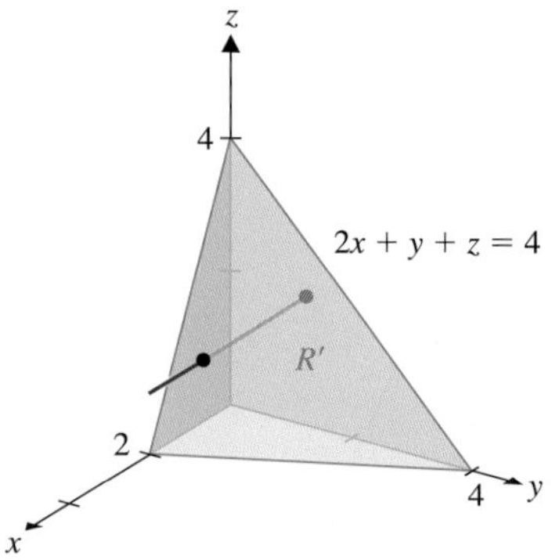

z
4
2x + y + z = 4
R′
2
4
y
x

그림 13.44a yz평면을 바닥으로 본 사면체

예제 5.3 x에 관해서 먼저 적분하는 삼중적분

예제 5.2에서와 같이 영역 Q가 평면 $x = 0$, $y = 0$, $z = 0$, $2x + y + z = 4$로 둘러싸인 사면체일 때 삼중적분 $\iiint_Q 6xy\, dV$ 을 계산하여라(단, x에 관하여 첫 번째 적분을 하여라).

풀이

삼중적분 식 (5.4)는 첫 번째 적분변수가 z에 관한 것이었다. 그림 13.44a에서와 같이 yz평면의 삼각형 영역 R' 을 사면체의 바닥으로 생각할 수도 있다. 이 경우 yz평면에 수직인 직선을 그려 보면 이 선은 yz평면($x=0$)으로부터 $x = \frac{1}{2}(4 - y - z)$평면을 통과한다. 따라서 이것을 식 (5.4)에 적용하면(즉, 변수 x와 z의 역할이 바뀐다) 다음 식을 얻는다.

$$\iiint_Q 6xy\,dV = \iint_{R'} \int_0^{\frac{1}{2}(4-y-z)} 6xy\,dx\,dA$$
$$= \iint_{R'} \left(6\frac{x^2}{2}y\right)\Bigg|_{x=0}^{x=\frac{1}{2}(4-y-z)} dA$$
$$= \iint_{R'} 3\frac{(4-y-z)^2}{4}y\,dA$$

위 식에서 마지막 이중적분을 계산하기 위해서 그림 13.44b에서 yz평면의 영역 R'을 생각하면 된다.

$$\iiint_Q 6xy\,dV = \frac{3}{4}\int_0^4\int_0^{4-y}(4-y-z)^2 y\,dz\,dy = \frac{64}{5}$$

위 식에서 자세한 이중적분 계산은 각자 해 보기 바란다. 또한 삼중적분의 반복적분에서 첫 번째 적분으로 y변수를 선택한다면 식은 다음과 같이 표현된다.

$$\iiint_Q 6xy\,dV = \int_0^2\int_0^{4-2x}\int_0^{4-2x-z} 6xy\,dy\,dz\,dx$$

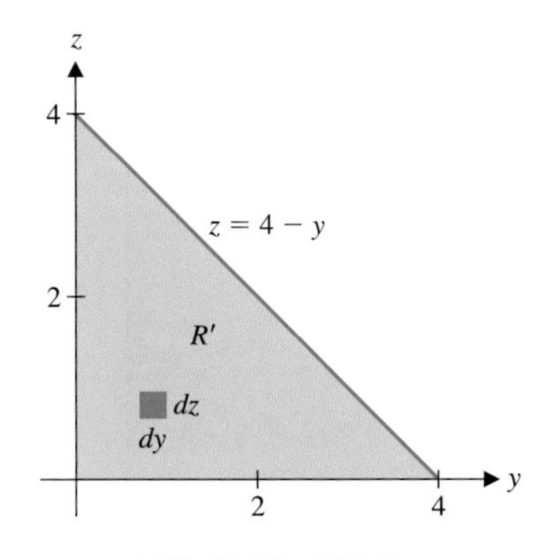

그림 13.44b 영역 R'

주 5.3

예제 5.3에서 R'의 경계는 $y=0$, $z=0$ (x를 포함하지 않은 Q의 표면)과 $z=4-y$(x를 포함한 두 표면의 공통부분)이다. 안쪽 두 적분의 적분구간은 이와 같다.

앞에서 말했던 것처럼 올바른 적분구간을 구하는 것은 매우 중요한 일이다. 컴퓨터를 이용한 수치해석 방법으로 근사적인 적분값을 구할 수는 있지만 적분구간을 구할 수는 없다. 삼중적분에서 가장 안쪽 적분구간은 언제나 두 개의 삼차원 표면에 대응되며 두 개의 바깥쪽 변수들을 포함할 수 있다. 중간적분의 적분구간은 언제나 두 개의 곡선을 나타내며 가장 바깥쪽의 변수만을 포함하게 된다. 어떤 변수에 대한 적분을 해나가면 다음 적분에서는 그 변수가 없어져서 변수의 수는 하나씩 줄어들게 된다. 적분구간을 올바르게 구하기 위해서는 이러한 문제들을 많이 다루어보는 것이 가장 좋은 방법이다.

예제 5.4 적분의 순서를 바꾸어서 삼중적분 계산하기

$\displaystyle\int_0^4\int_x^4\int_0^y \frac{6}{1+48z-z^3}\,dz\,dy\,dx$를 계산하여라.

풀이

피적분함수를 부분분수로 분해하여 적분하면 로그함수로 표현되는데 이렇게 하면 두 번째 적분이 어렵다. 그러나 적분의 순서를 바꾸면 쉽게 적분할 수 있다. 그러기 위해서는 우리가 적분하고자 하는 입체를 둘러싼 곡면을 파악해야 한다. 제일 안쪽의 상하한은 기울어진 평면 $z=y$가 입체의 위고 아래가 $z=0$이다. 중간 적분의 상하한은 평면 $y=x$와 $y=4$로 싸여 있다. 마지막 제일 밖은 평면 $x=0$으로 싸여 있다(여기서 $x=4$는 중간적분 $y=x$와 $y=4$에서 정해졌다). 따라서 이 입체의 모양은 그림 13.45a와 같다. 그런데 여기서 y는 세 개의 서로 다른 경계면에 모두 포함되어 있으므로 안쪽 변수로 택하는 것은 현명하지 못하다. 처음 x에 관해서 적분하기 위해서 x축의 양의 방향으로 선을 그으면 입체는 $x=0$면에

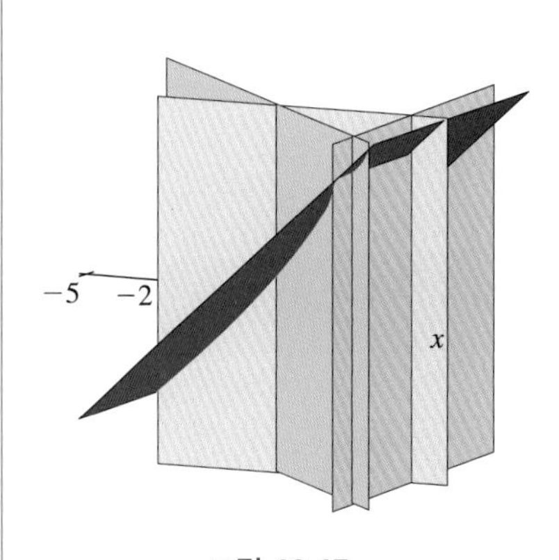

그림 13.45a

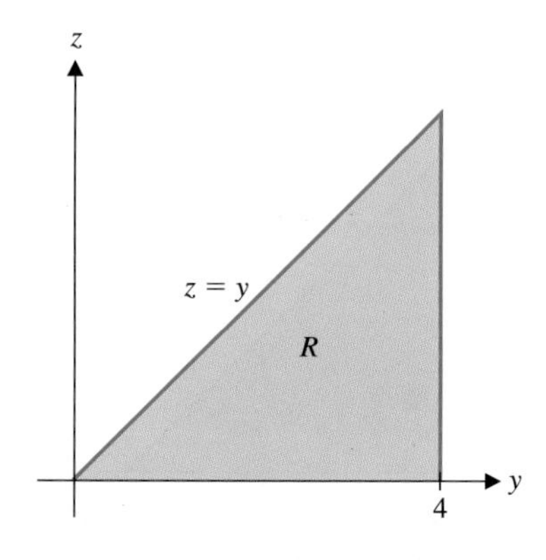

그림 13.45b 영역 R

서 $x = y$면까지 관통한다. 따라서 다음과 같은 식으로 바꿀 수 있다.

$$\int_0^4 \int_x^4 \int_0^y \frac{6}{1+48z-z^3}\, dz\, dy\, dx = \iint_R \int_0^y \frac{6}{1+48z-z^3}\, dx\, dA$$

단 여기서 R은 $z = y$, $z = 0$, $y = 4$로 둘러싸인 삼각형이다(그림 13.45b). R에서 y는 $y = z$에서 $y = 4$까지 움직이고 z는 $z = 0$에서 $z = 4$까지 변한다. 따라서 적분은

$$\begin{aligned}\int_0^4 \int_x^4 \int_0^y \frac{6}{1+48z-z^3}\, dz\, dy\, dx &= \int_0^4 \int_z^4 \int_0^y \frac{6}{1+48z-z^3}\, dx\, dy\, dz \\ &= \int_0^4 \int_z^4 \frac{6}{1+48z-z^3}\, y\, dy\, dz \\ &= \int_0^4 \frac{6}{1+48z-z^3} \frac{y^2}{2}\bigg|_{y=z}^{y=4} dz \\ &= \int_0^4 \frac{48-3z^2}{1+48z-z^3}\, dz \\ &= \ln\left|1+48z-z^3\right|\Big|_{z=0}^{z=4} \\ &= \ln 129\end{aligned}$$

가 된다.

주 5.4

예제 5.4의 적분을 CAS를 사용해서 원래대로 적분해 보라. 많은 적분 계산 프로그램이 이 적분을 정확히 계산하지 못한다. 그러나 적분의 순서를 바꾸어서 계산하면 거의 정확하게 $\ln 129$를 얻는다. 기계기술이 결코 계산방식의 완전한 이해를 따라올 수 없는 것이다.

예제 5.4에서와 같이 삼중적분을 계산할 때 조금만 변형시키면 훨씬 쉽게 계산할 수 있다. 따라서 바로 문제를 풀려고 할 것이 아니라 입체를 그려 보고 시각을 조금 바꾸어서 관찰할 수 있어야 한다.

우리는 아직 삼중적분의 기하학적 중요성을 설명하지 않았다. 이중적분에서 함수 $f(x, y) = 1$인 경우 $\iint_R dA$는 영역 R의 넓이가 된다. 마찬가지로 모든 $(x, y, z) \in Q$에서 $f(x, y, z) = 1$인 경우 식 (5.3)으로부터 다음 식을 얻는다.

$$\iiint_Q 1\, dV = \lim_{\|P\| \to 0} \sum_{i=1}^{n} \Delta V_i = V \tag{5.5}$$

여기서 V는 영역 Q의 부피가 된다.

예제 5.5 삼중적분을 이용하여 부피 구하기

$z = 4 - y^2$, $x + z = 4$, $x = 0$, $z = 0$로 둘러싸인 입체의 부피를 구하여라.

풀이

그림 13.46a는 주어진 곡선들로 둘러싸인 입체를 보여 주고 있으며, yz평면($x = 0$)으로 입체를 투영하여 생긴 영역 R을 입체의 바닥으로 하자. 영역 R은 포물선 $z = 4 - y^2$과 y축으로 둘러싸인 부분이 된다(그림 13.46b 참조). 이때 그림 13.47a에서와 같이 yz평면에 수직인 직선을 그려 보면 고정된 y와 z에 대하여 x는 0에서 $4 - z$까지 변한다. 따라서 입체의 부피를 다음과 같이 계산한다.

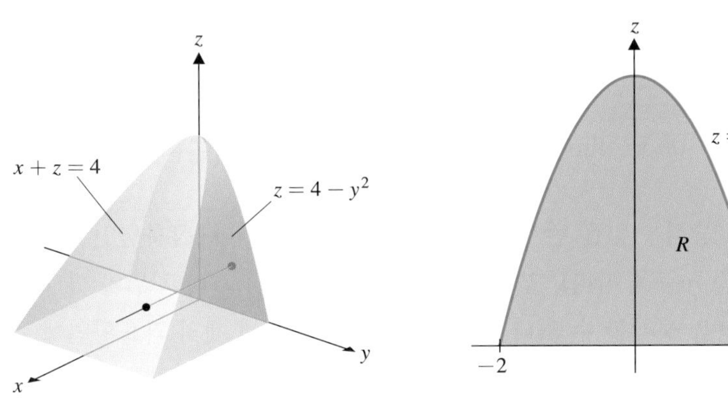

그림 13.46a 입체 Q

그림 13.46b 입체의 바닥 R

$$
\begin{aligned}
V &= \iiint_Q dV = \iint_R \int_0^{4-z} dx\, dA \\
&= \int_{-2}^{2}\int_0^{4-y^2}\int_0^{4-z} dx\, dz\, dy \\
&= \int_{-2}^{2}\int_0^{4-y^2} (4-z)\, dz\, dy \\
&= \int_{-2}^{2} \left(4z - \frac{z^2}{2}\right)\Bigg|_{z=0}^{z=4-y^2} dy \\
&= \int_{-2}^{2} \left[4(4-y^2) - \frac{1}{2}(4-y^2)^2\right] dy \\
&= \frac{128}{5}
\end{aligned}
$$

여기서 마지막 적분은 각자 계산해 보기 바란다.

주 5.5

삼중적분에서 첫 번째로 z에 관하여 적분하기 위해서는 입체의 윗면과 아랫면을 알아야 하고, 첫 번째로 y에 관하여 적분하기 위해서는 입체의 오른쪽과 왼쪽 면을 알아야 하며, 첫 번째로 x에 관하여 적분하기 위해서는 입체의 앞면과 뒷면을 알아야 한다.

질량과 질량중심

13.2절에서는 얇은 판의 질량과 질량중심을 구하였다. 이제 이 결과를 삼차원으로 확장하여 설명하고자 한다. 입체 Q는 질량밀도 $\rho(x, y, z)$(단위부피당 질량 단위)를 갖는다고 가정하자. 입체 Q의 전체 질량을 구하기 위해서 내부분할($Q_1, Q_2, \cdots, Q_n$)을 구성한다. 그림 13.47에서와 같이 분할 입체 Q_i가 작다면 Q_i에서 밀도는 거의 일정해지므로 i번째 Q_i에서 질량 m_i는 다음과 같은 근삿값을 갖는다.

$$m_i \approx \underbrace{\rho(u_i, v_i, w_i)}_{\text{질량/단위부피}}\ \underbrace{\Delta V_i}_{\text{부피}}$$

여기서 $(u_i, v_i, w_i) \in Q_i$는 임의의 점이고 ΔV_i는 Q_i의 부피이다. 따라서 Q의 전체질량 m은 다음과 같은 근삿값을 갖는다.

$$m \approx \sum_{i=1}^{n} \rho(u_i, v_i, w_i)\, \Delta V_i$$

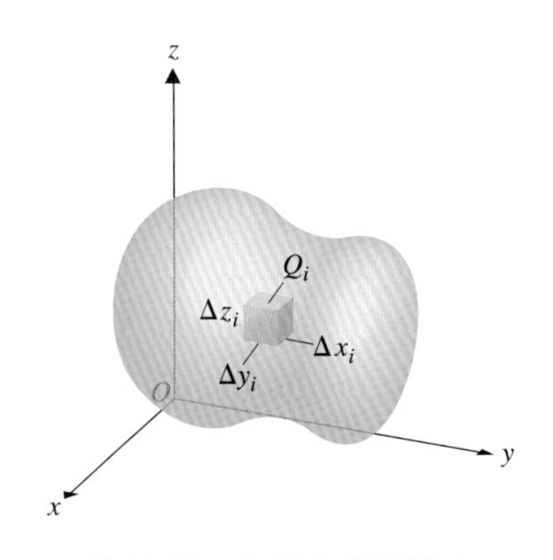

그림 13.47 Q의 내부분할 입체 Q_i

분할의 크기 $\|P\|$를 0으로 접근시키고 극한을 취함으로써 다음과 같이 삼중적분으로 정확한 질량을 구할 수 있다.

$$m = \lim_{\|P\| \to 0} \sum_{i=1}^{n} \rho(u_i, v_i, w_i) \Delta V_i = \iiint_Q \rho(x, y, z)\, dV \tag{5.6}$$

얇은 판의 질량중심은 얇은 판이 균형을 유지하는 점이었다. 삼차원인 경우에는 왼쪽에서 오른쪽(즉, y축을 따라), 앞에서 뒤(즉, x축을 따라) 그리고 위와 아래(즉, z축을 따라)로의 균형을 생각할 수 있다. 이를 위해서는 각각 세 개의 좌표평면에 관한 일차능률을 구해야 한다. 삼차원에서 일차능률은

$$M_{yz} = \iiint_Q x\rho(x, y, z)\, dV,\ M_{xz} = \iiint_Q y\rho(x, y, z)\, dV \tag{5.7}$$

$$M_{xy} = \iiint_Q z\rho(x, y, z)\, dV \tag{5.8}$$

으로 정의되며 각각 yz평면에 관한 **일차능률**(first moments), xz평면에 관한 일차능률 그리고 xy평면에 관한 일차능률을 나타낸다. 그리고 **질량중심**은 점 $(\bar{x}, \bar{y}, \bar{z})$으로 다음과 같이 주어진다.

$$\bar{x} = \frac{M_{yz}}{m},\ \bar{y} = \frac{M_{xz}}{m},\ \bar{z} = \frac{M_{xy}}{m} \tag{5.9}$$

이것은 얇은 판의 질량중심 공식에 대응된다.

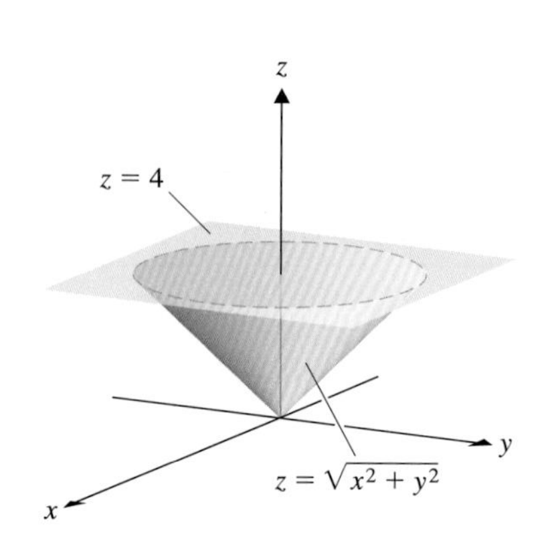

그림 13.48a 입체 Q

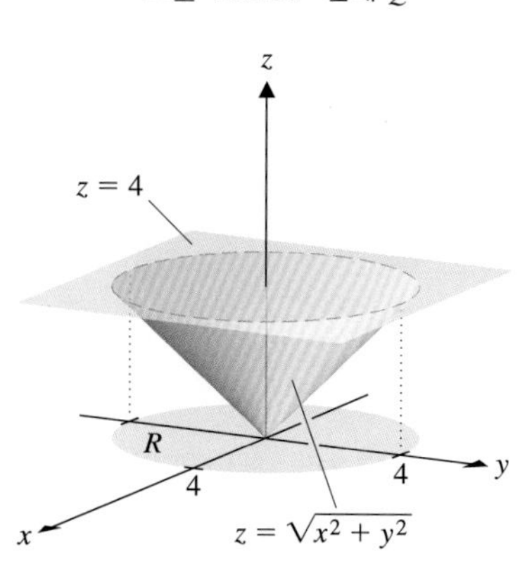

그림 13.48b xy평면으로 입체의 투영

예제 5.6 입체의 질량중심

원뿔 $z = \sqrt{x^2 + y^2}$와 평면 $z = 4$가 둘러싸고, 질량밀도 ρ가 일정한 입체의 질량중심을 구하여라(그림 13.48a 참조).

풀이

xy평면으로 입체를 투영하면 영역 R은 원점을 중심으로 반지름이 4인 원이 된다(그림 13.48b 참조). R에서 고정된 x와 y에 대해서 z는 원뿔 $z = \sqrt{x^2 + y^2}$의 꼭짓점으로부터 평면 $z = 4$까지 변한다. 식 (5.6)으로부터 입체의 전체질량은 다음과 같이 주어진다.

$$\begin{aligned} m &= \iiint_Q \rho(x, y, z)\, dV = \rho \iint_R \int_{\sqrt{x^2+y^2}}^{4} dz\, dA \\ &= \rho \iint_R \left(4 - \sqrt{x^2 + y^2}\right) dA \end{aligned}$$

이때 영역 R은 xy평면 위의 원점이 중심, 반지름 4인 원이고 피적분함수는 $\sqrt{x^2 + y^2}$ 항을 포함하고 있기 때문에 극좌표계를 사용한다. 따라서 적분 계산은 다음과 같다.

$$\begin{aligned} m &= \rho \iint_R \big(4 - \underbrace{\sqrt{x^2 + y^2}}_{r}\big) \underbrace{dA}_{r\,dr\,d\theta} \\ &= \rho \int_0^{2\pi} \int_0^4 (4 - r) r\, dr\, d\theta \end{aligned}$$

$$= \rho \int_0^{2\pi} \left(4\frac{r^2}{2} - \frac{r^3}{3} \right) \Bigg|_{r=0}^{r=4} d\theta$$

$$= \rho \left(32 - \frac{4^3}{3} \right) (2\pi) = \frac{64}{3} \pi \rho$$

식 (5.8)로부터 xy평면에 관한 일차능률은 다음과 같다.

$$M_{xy} = \iiint_Q z\rho(x, y, z)\,dV = \rho \iint_R \int_{\sqrt{x^2+y^2}}^{4} z\,dz\,dA$$

$$= \rho \iint_R \frac{z^2}{2} \Bigg|_{\sqrt{x^2+y^2}}^{4} dA$$

$$= \frac{\rho}{2} \iint_R [16 - (x^2 + y^2)]\,dA$$

전체질량을 구하기 위해서 한 것처럼 나머지 이중적분은 극좌표계를 사용하여 다음과 같이 계산한다.

$$M_{xy} = \frac{\rho}{2} \iint_R [16 - \underbrace{(x^2 + y^2)}_{r^2}]\,\underbrace{dA}_{r\,dr\,d\theta}$$

$$= \frac{\rho}{2} \int_0^{2\pi} \int_0^4 (16 - r^2) r\,dr\,d\theta$$

$$= \frac{\rho}{2} \int_0^{2\pi} \left(16\frac{r^2}{2} - \frac{r^4}{4} \right) \Bigg|_{r=0}^{r=4} d\theta$$

$$= 32\rho(2\pi) = 64\pi\rho$$

xz평면과 yz평면에 관해서는 입체가 대칭이고 밀도는 일정하기 때문에 두 평면에 관한 일차능률은 0이 된다(왜 밀도가 일정한 것이 문제가 되는지 생각해 보아라). 따라서 식 (5.9)로부터 질량중심은 다음과 같다.

$$(\bar{x}, \bar{y}, \bar{z}) = \left(\frac{M_{yz}}{m}, \frac{M_{xz}}{m}, \frac{M_{xy}}{m} \right) = \left(0, 0, \frac{64\pi\rho}{64\pi\rho/3} \right) = (0, 0, 3)$$

■

연습문제 13.5

[1~7] 삼중적분 $\iiint_Q f(x, y, z)\,dV$을 계산하여라.

1. $f(x, y, z) = 2x + y - z$,
$Q = \{(x, y, z) \mid 0 \le x \le 2, -2 \le y \le 2, 0 \le z \le 2\}$

2. $f(x, y, z) = \sqrt{y} - 3z^2$,
$Q = \{(x, y, z) \mid 2 \le x \le 3, 0 \le y \le 1, -1 \le z \le 1\}$

3. $f(x, y, z) = 4yz$, Q는 $x + 2y + z = 2$와 좌표평면으로 둘러싸인 사면체

4. $f(x, y, z) = 3y^2 - 2z$, Q는 $3x + 2y - z = 6$과 좌표평면으로 둘러싸인 사면체

5. $f(x, y, z) = 2xy$, Q는 $z = 1 - x^2 - y^2$과 $z = 0$으로 둘러싸인 입체

6. $f(x, y, z) = 2yz$, Q는 $z + x = 2$, $z - x = 2$, $z = 1$, $y = -2$, $y = 2$로 둘러싸인 입체

7. $f(x, y, z) = 15$, Q는 $2x + y + z = 4$, $z = 0$, $x = 1 - y^2$, $x = 0$으로 둘러싸인 입체

[8~13] 다음 곡면으로 둘러싸인 입체의 부피를 구하여라.

8. $z = x^2$, $z = 1$, $y = 0$, $y = 2$

9. $z = 1 - y^2$, $z = 0$, $z = 4 - 2x$, $x = 4$

10. $y = 4 - x^2$, $z = 0$, $z - y = 6$

11. $y = 3 - x$, $y = 0$, $z = x^2$, $z = 1$

12. $z = 1 + x$, $z = 1 - x$, $z = 1 + y$, $z = 1 - y$, $z = 0$

13. $z = 4 - x^2 - y^2$, xy평면

[14~15] 밀도 $\rho(x, y, z)$와 다음 모양을 갖는 입체의 질량과 질량중심을 구하여라.

14. $\rho(x, y, z) = 4$, $z = x^2 + y^2$, $z = 4$로 둘러싸인 입체

15. $\rho(x, y, z) = 10 + x$, $x + 3y + z = 6$과 좌표평면으로 둘러싸인 사면체

[16~18] 다음 적분이 나타내는 부피를 갖는 입체를 그리고 가장 안쪽 적분의 변수를 다른 변수로 바꾸어 표현하여라.

16. $\displaystyle\int_0^2 \int_0^{4-2y} \int_0^{4-2y-z} dx\,dz\,dy$

17. $\displaystyle\int_0^1 \int_0^{\sqrt{1-x^2}} \int_0^{\sqrt{1-x^2-y^2}} dz\,dy\,dx$

18. $\displaystyle\int_0^2 \int_0^{\sqrt{4-z^2}} \int_{x^2+z^2}^4 dy\,dx\,dz$

13.6 원주좌표계

13.5절의 예제 5.6에서 바깥쪽 이중적분을 구하기 위해서 극좌표계를 사용하여 편리하게 적분을 계산할 수 있었다. 때때로 이것은 다음 예제에서 보는 것처럼 단순한 편리성 이상이다. 직교좌표계에서는 할 수 없는 적분도 극좌표계를 사용하면 적분할 수 있는 경우도 있다.

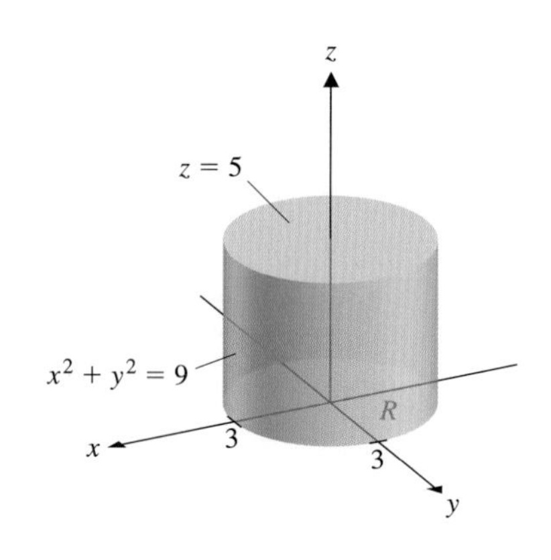

그림 13.49a 입체 Q

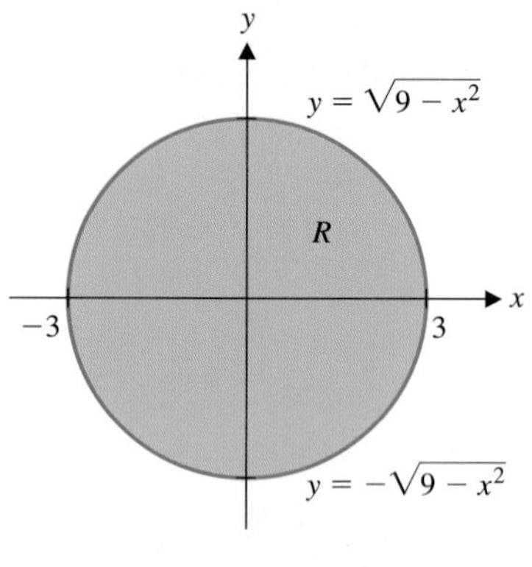

그림 13.49b 영역 R

예제 6.1 극좌표계가 필요한 삼중적분

기둥 $x^2 + y^2 = 9$, xy평면, $z = 5$으로 둘러싸인 입체 Q에서 삼중적분 $\displaystyle\iiint_Q e^{x^2+y^2}dV$을 계산하여라.

풀이

그림 13.49a는 입체 Q를 나타내고 있으며 특별히 복잡해 보이지는 않지만 적분 계산은 쉽지가 않다. 입체의 바닥 영역 R은 원점이 중심이고 반지름이 3인 원이고 xy평면 위에 있다. R의 점 (x, y)에서 z는 0에서 5까지 변한다. 따라서 다음과 같은 적분을 얻을 수 있다.

$$\iiint_Q e^{x^2+y^2}dV = \iint_R \int_0^5 e^{x^2+y^2}dz\,dA$$
$$= 5\iint_R e^{x^2+y^2}dA$$

위 식에서 마지막 이중적분을 구하기 위해서 그림 13.50b로부터 고정된 $x \in [-3, 3]$에서 y는 $-\sqrt{9-x^2}$(아래쪽 반원)에서 $\sqrt{9-x^2}$(위쪽 반원)까지 변한다. 따라서 아래와 같은 적분구간

을 얻는다.

$$\iiint_Q e^{x^2+y^2}\,dV = 5\iint_R e^{x^2+y^2}\,dA = 5\int_{-3}^{3}\int_{-\sqrt{9-x^2}}^{\sqrt{9-x^2}} e^{x^2+y^2}\,dy\,dx$$

위 식에서 $e^{x^2+y^2}$의 역도함수를 알 수 없기 때문에 적분을 계산할 수 없다. 그러나 극좌표계를 사용한다면 좌표 변환 관계식 $x = r\cos\theta$와 $y = r\sin\theta$를 적용하고 각 $\theta \in [0, 2\pi]$에 대하여 r은 0에서부터 3까지 변한다. 위 조건들을 주어진 식에 대입하면 다음과 같이 계산이 좀 더 편리한 적분을 얻는다.

$$\begin{aligned}\iiint_Q e^{x^2+y^2}\,dV &= 5\iint_R \underbrace{e^{x^2+y^2}}_{e^{r^2}}\,\underbrace{dA}_{r\,dr\,d\theta} \\ &= 5\int_0^{2\pi}\int_0^3 e^{r^2} r\,dr\,d\theta \\ &= \frac{5}{2}\int_0^{2\pi} e^{r^2}\Big|_{r=0}^{r=3}\,d\theta \\ &= 5\pi(e^9 - 1)\end{aligned}$$

■

예제 6.1에서 설명한 것처럼 삼차원 좌표계에서 두 변수를 극좌표계로 표현하는 경우를 원주좌표계라고 한다.

그림 13.50에서 보는 바와 같이 $x = r\cos\theta$와 $y = r\sin\theta$로부터 $r^2 = x^2 + y^2$이고 θ는 원점에서 r까지의 각이다. 또한 $\tan\theta = \dfrac{y}{x}$가 된다. 이처럼 점 $P(x, y, z) \in \mathbb{R}^3$를 점 (r, θ, z)로 표현하는 삼차원 좌표계를 **원주좌표계**(cylindrical coordinates)라고 한다.

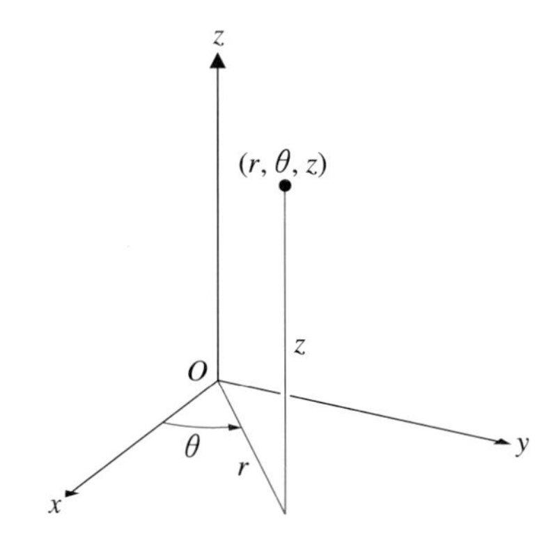

그림 13.50 원주좌표계

예제 6.2 원주좌표계에서 원기둥의 방정식

그림 13.51을 참조하여 원기둥 $x^2 + y^2 = 16$의 방정식을 원주좌표계로 표현하여라.

풀이

원주좌표계에서 $r^2 = x^2 + y^2$이므로 원기둥의 방정식은 $r^2 = 16$ 또는 $r = \pm 4$이다. 위 식에서 θ는 표현되지 않았기 때문에 방정식 $r = 4$는 동일한 모양의 기둥을 나타낸다.

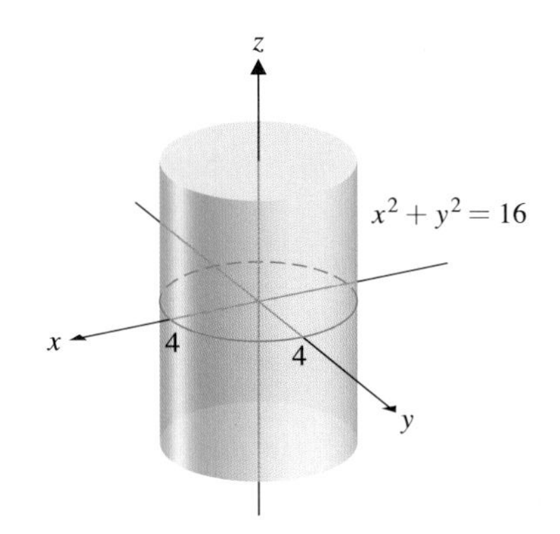

그림 13.51 $r = 4$인 원기둥

■

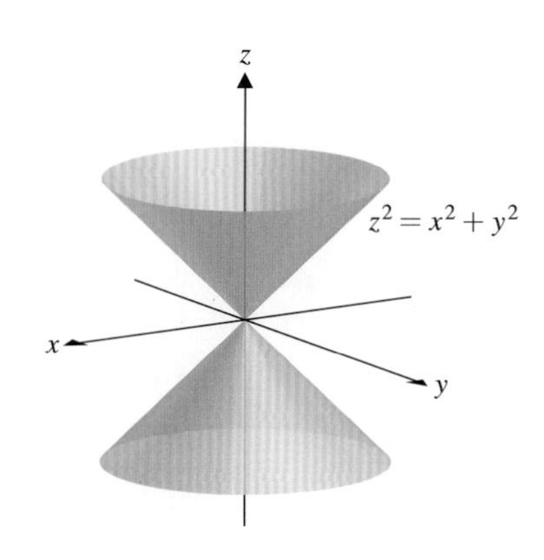

그림 13.52 $z = r$인 원뿔

예제 6.3 원주좌표계에서 원뿔의 방정식

그림 13.52를 참조하여 원뿔 $z^2 = x^2 + y^2$의 방정식을 원주좌표계로 표현하여라.

풀이

원주좌표계에서 $r^2 = x^2 + y^2$이므로 원뿔의 방정식은 $z^2 = r^2$ 또는 $z = \pm r$이다. r은 양수와 음수 모두 될 수 있기 때문에 방정식은 $z = r$로 단순화된다. r이 양수면 위의 원뿔이고 r이 음수이면 아래의 원뿔이다.

■

13.5절의 몇 가지 예제와 예제 6.1에서 했던 것처럼 삼중적분을 간단하게 하기 위해서 원주좌표계를 사용할 수 있다. 예를 들어, 입체 영역이

$$Q = \{(r, \theta, z) \mid (r, \theta) \in R,\ \ k_1(r, \theta) \le z \le k_2(r, \theta)\}$$

이고 xy평면의 영역 R은

$$R = \{(r, \theta) \mid \alpha \le \theta \le \beta,\ \ g_1(\theta) \le r \le g_2(\theta)\}$$

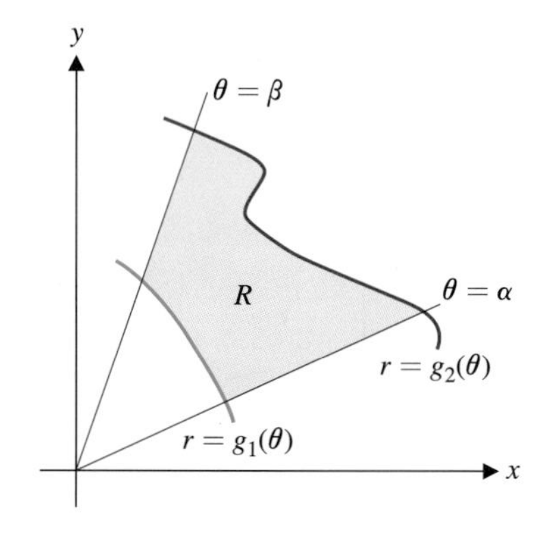

그림 13.53 영역 R

라고 하자(그림 13.53 참조). 식 (5.4)로부터 다음과 같이 표현할 수 있다.

$$\iiint_Q f(r, \theta, z)\, dV = \iint_R \left[\int_{k_1(r,\theta)}^{k_2(r,\theta)} f(r, \theta, z) dz \right] dA$$

그러나 바깥쪽의 이중적분은 우리가 이미 알고 있는 반복적분으로 극좌표계로 표현할 수 있다. 따라서 다음 식을 얻는다.

$$\iiint_Q f(r, \theta, z)\, dV = \iint_R \left[\int_{k_1(r,\theta)}^{k_2(r,\theta)} f(r, \theta, z)\, dz \right] \underbrace{dA}_{r\,dr\,d\theta}$$

$$= \int_\alpha^\beta \int_{g_1(\theta)}^{g_2(\theta)} \left[\int_{k_1(r,\theta)}^{k_2(r,\theta)} f(r, \theta, z)\, dz \right] r\, dr\, d\theta$$

다음 식은 원주좌표계로 표현된 삼중적분 계산 공식을 나타낸다.

$$\iiint_Q f(r, \theta, z)\, dV = \int_\alpha^\beta \int_{g_1(\theta)}^{g_2(\theta)} \int_{k_1(r,\theta)}^{k_2(r,\theta)} f(r, \theta, z) r\, dz\, dr\, d\theta \tag{6.1}$$

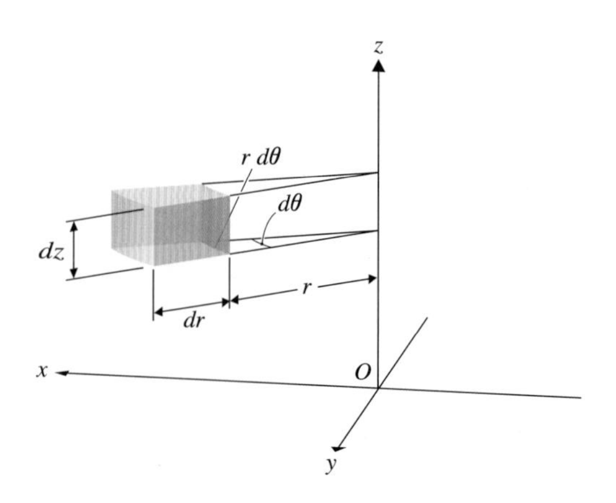

그림 13.54 원주좌표계에서 적분요소

원주좌표계에서 삼중적분을 표현할 때 적분의 요소 $dV = r\,dz\,dr\,d\theta$는 그림으로 그려보면 이해하기 쉽다(그림 13.54 참조).

예제 6.4 원주좌표계에서 삼중적분

$Q = \{(x, y, z) \mid \sqrt{x^2 + y^2} \le z \le \sqrt{18 - x^2 - y^2}\}$일 때 $\iiint_Q f(r, \theta, z)\,dV$을 원주좌표계를 사용하여 삼중 반복적분으로 표현하여라.

풀이

중적분을 표현할 때 첫 번째 할 일은 적분하고자 하는 영역을 그리는 것이다. $z = \sqrt{x^2 + y^2}$은 원점을 꼭짓점으로 하고 z축을 축으로 하는 원뿔을 나타내고 $z = \sqrt{18 - x^2 - y^2}$은 원점을 중심으로 하고 반지름이 $\sqrt{18}$인 위쪽 반구를 나타낸다(그림 13.55a 참조). 우리는 원뿔 위와 반구 아래에 있는 모든 점들을 구해야 한다. 원주좌표계에서 $x^2 + y^2 = r^2$이기 때문에 원뿔은 $z = r$이 되고 반구는 $z = \sqrt{18 - r^2}$이 된다. 또한 이것은 임의의 점 (r, θ)에서 z는 r에서 $\sqrt{18 - r^2}$까지 변함을 의미한다. 원뿔과 반구의 교점은

$$\sqrt{18 - r^2} = r \quad \text{또는} \quad 18 - r^2 = r^2$$

이며 이것으로부터 $r = 3$이 구해진다. 이것은 두 표면이 평면 $z = 3$에서 반지름이 3인 원으로 접하는 것을 나타낸다. 따라서 입체의 xy평면으로의 투영은 그림 13.55b에서처럼 중심이 원점이고 반지름 3인 원이므로 다음과 같다.

$$\iiint_Q f(r, \theta, z)\,dV = \int_0^{2\pi} \int_0^3 \int_r^{\sqrt{18 - r^2}} f(r, \theta, z) r\,dz\,dr\,d\theta$$

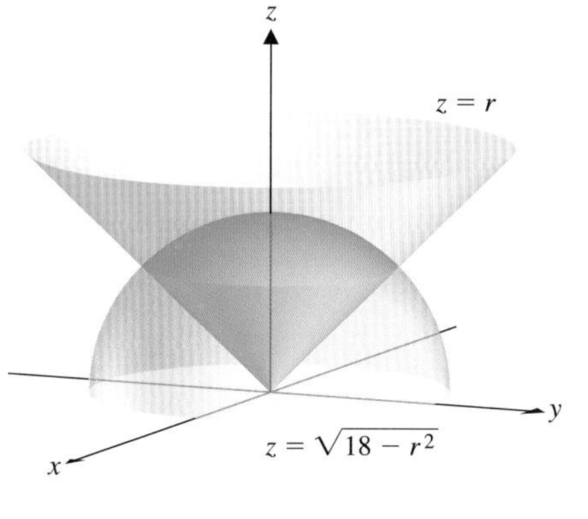

그림 13.55a 입체 Q

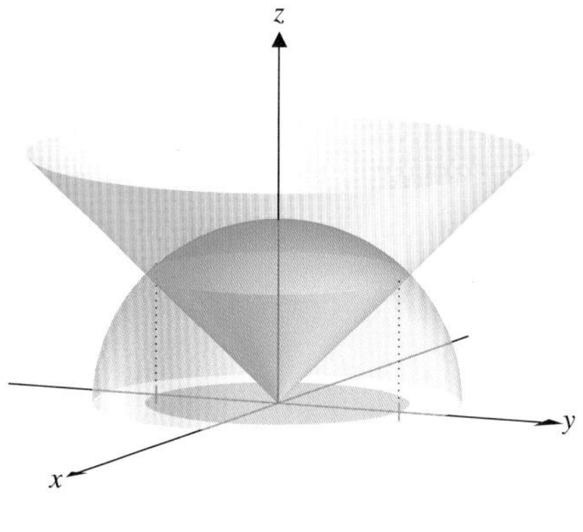

그림 13.55b 입체 Q의 xy평면으로의 투영

직교좌표계로 표현된 삼중적분이 때로는 원주좌표계로 변환되면 좀 더 간단해진다는 것을 알 수 있다. 따라서 원주좌표계로 입체를 표현하는 법을 알아야 한다.

예제 6.5 직교좌표계를 원주좌표계로 바꾸기

삼중 반복적분 $\int_{-1}^{1} \int_{-\sqrt{1-x^2}}^{\sqrt{1-x^2}} \int_{x^2+y^2}^{2-x^2-y^2} (x^2 + y^2)^{3/2}\,dz\,dy\,dx$을 계산하여라.

현대의 수학자

봄비에리
(Enrico Bombieri, 1940−)

이탈리아의 수학자로써 오늘날 "봄비에리의 중앙값 정리"로 잘 알려진 소수의 분포에 대한 정리를 증명하였다. 봄비에리는 특히 세계 최고의 수학자들을 좌절시킨 수학의 아주 심오하고 근본적인 문제를 잘 해결하였다. 이러한 문제는 풀 수 없는 경우가 많으므로 이런 문제에 도전하는 것은 하나의 무모한 도박과 같다. 봄비에리의 특별한 재능은 이러한 문제를 풀 수 있는지 없는지 직관적으로 판단하는 것이었다. 이러한 재능이 어떤 것인지를 알기 위해서는 이중적분 또는 삼중적분을 쉽고 풀이 가능하고 재미있게 나타내는 것이 얼마나 어려운지 생각해 보라(즉 피적분함수를 구하고 계산하기). 또 아무도 풀지 못한 문제를 똑같은 방식으로 실행해서 계산하는 것을 상상해 보라.

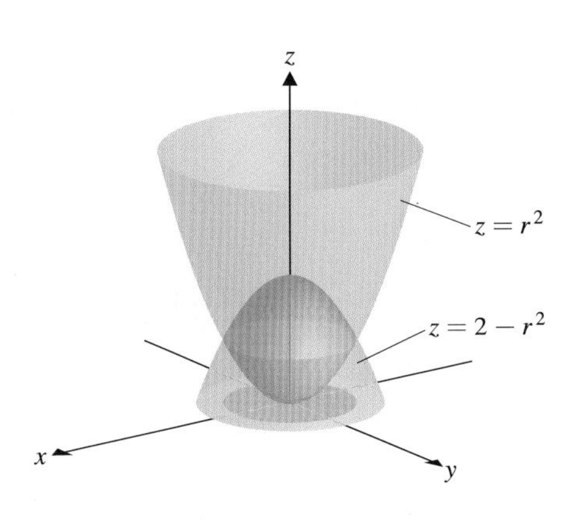

그림 13.56 입체 부피 Q

풀이

이 적분을 그대로 계산하기는 불가능하다(CAS로도 문제가 생긴다). 우선 피적분함수의 $x^2 + y^2$은 원주좌표계에서 r^2으로 변환하고 적분하고자 하는 영역을 생각해 보자. 가장 안쪽의 적분구간으로부터 $z = 2 - x^2 - y^2$은 꼭짓점이 $(0, 0, 2)$이고 아래로 볼록인 포물면이고 $z = x^2 + y^2$은 원점이 꼭짓점이고 위로 볼록인 포물면이다. 따라서 이 입체는 두 포물면으로 둘러싸인 입체가 된다. 두 포물면의 교점은

$$2 - x^2 - y^2 = x^2 + y^2 \quad \text{즉} \quad 1 = x^2 + y^2$$

이다. 두 포물면이 접하는 면은 평면 $z = 1$에서 중심이 $(0, 0, 1)$이고 반지름이 1인 원이다. 바깥의 두 적분에서 $x \in [-1, 1]$인 경우 y는 $-\sqrt{1-x^2}$ (중심이 원점이고 반지름이 1인 아래쪽 반구)로부터 $\sqrt{1-x^2}$ (중심이 원점이고 반지름이 1인 위쪽 반구)까지 변한다. 이것은 xy평면으로의 접하는 원의 투영에 대응하기 때문에 삼중적분은 하나의 포물면 아래 그리고 또 하나의 포물면 위를 포함하는 입체가 된다(그림 13.56). 원주좌표계에서 위쪽 포물면은 $z = 2 - x^2 - y^2 = 2 - r^2$이 되고 아래쪽 포물면은 $z = x^2 + y^2 = r^2$이다. r과 θ를 고정시킬 때 z는 r^2으로부터 $2 - r^2$까지 변한다. 또한 xy평면으로 입체의 투영은 중심이 원점이고 반지름이 1인 원이고 이 때 r은 0에서 1까지 변하고 θ는 0에서 2π까지 변한다. 따라서 주어진 삼중적분을 다음과 같이 원주좌표계로 변환하여 계산할 수 있다.

$$\begin{aligned}\int_{-1}^{1}\int_{-\sqrt{1-x^2}}^{\sqrt{1-x^2}}\int_{x^2+y^2}^{2-x^2-y^2}(x^2+y^2)^{3/2}\,dz\,dy\,dx &= \int_0^{2\pi}\int_0^1\int_{r^2}^{2-r^2}(r^2)^{3/2}\,r\,dz\,dr\,d\theta \\ &= \int_0^{2\pi}\int_0^1\int_{r^2}^{2-r^2} r^4\,dz\,dr\,d\theta \\ &= \int_0^{2\pi}\int_0^1 r^4(2-2r^2)\,dr\,d\theta \\ &= 2\int_0^{2\pi}\left(\frac{r^5}{5}-\frac{r^7}{7}\right)\Bigg|_{r=0}^{r=1} d\theta = \frac{8\pi}{35}\end{aligned}$$

이것으로부터 직교좌표계로 표현된 원래 적분보다 원주좌표계로 표현된 적분이 훨씬 쉽다는 것을 알 수 있을 것이다.

■

반복적분에서 직교좌표계를 원주좌표계로 변환하고자 할 때 적분하고자 하는 입체

영역의 시각화에 주의를 기울여야 한다. 변수 x, y를 극좌표형식을 빌려서 원주좌표계로 고친 것과 같이 예제 6.6처럼 세 개의 변수 중 임의의 두 개를 바꿀 수도 있다.

예제 6.6 삼중적분을 이용하여 부피 구하기

$y = 4 - x^2 - z^2$과 xz평면으로 둘러싸인 영역 Q의 부피를 구하기 위해 삼중적분을 사용하여라.

풀이

$y = 4 - x^2 - z^2$는 축이 y축이고 y축의 음수 방향으로 열려 있으며 꼭짓점이 (0, 4, 0)인 포물면으로 그림 13.57a와 같다. 첫 번째 적분으로 z변수에 관한 적분을 생각하자. 이 경우 xy평면으로의 투영은 그림 13.57b에서처럼 포물선이 된다. 그림 13.57b로부터 고정된 x와 y에 대하여 점 $(x, y, 0)$을 지나고 xy평면에 수직인 직선은 포물면의 아래 반쪽부분 $(z = -\sqrt{4-x^2-y})$에서 들어와서 포물면의 위쪽 표면$(z = \sqrt{4-x^2-y})$으로 나간다. 이것은 가장 안쪽 적분의 변수 구간을 제공한다. 또한 xy평면으로 포물면을 투영할 때의 영역은 그림 13.57c와 같다. 나머지 이중적분에 대한 적분구간은 그림 13.57c로부터 얻을 수 있으며 식 (5.5)로부터 삼중적분 계산은 다음과 같다.

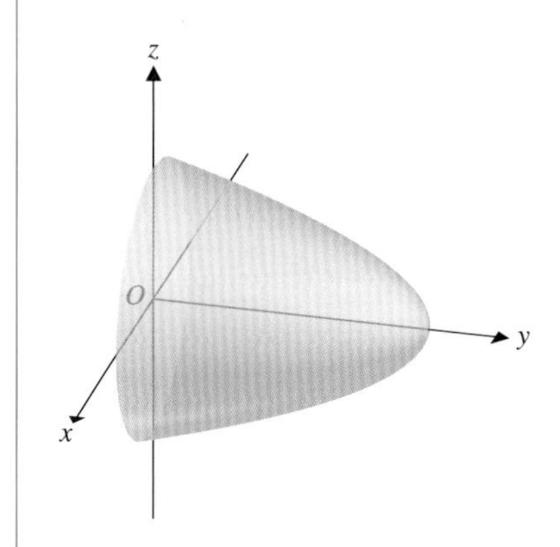

그림 13.57a 입체 Q

$$
\begin{aligned}
V &= \iiint_Q dV = \int_{-2}^{2}\int_{0}^{4-x^2}\int_{-\sqrt{4-x^2-y}}^{\sqrt{4-x^2-y}} dz\, dy\, dx \\
&= \int_{-2}^{2}\int_{0}^{4-x^2} z\Big|_{z=-\sqrt{4-x^2-y}}^{z=\sqrt{4-x^2-y}} dy\, dx \\
&= \int_{-2}^{2}\int_{0}^{4-x^2} 2\sqrt{4-x^2-y}\, dy\, dx \\
&= \int_{-2}^{2} (-2)\left(\frac{2}{3}\right)(4 - x^2 - y)^{3/2}\Big|_{y=0}^{y=4-x^2} dx \\
&= \frac{4}{3}\int_{-2}^{2} (4 - x^2)^{3/2}\, dx = 8\pi
\end{aligned}
$$

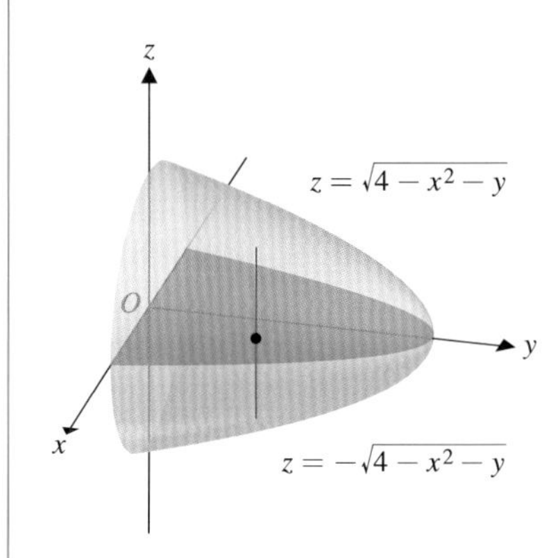

그림 13.57b xy평면으로 투영을 보여주는 입체

위 식에서 마지막 적분을 계산하기 위해 CAS를 사용하였다. 위 식은 계산하기가 약간 어렵기 때문에 좀 더 쉬운 방법을 생각해 보기로 하자. 그림 13.57a을 자세히 관찰해 보면 포물면이 xz평면에서 원 바닥을 이루고 있음을 알 수 있다. 이것은 첫 번째 적분변수로서 y를 사용할 수 있음을 시사한다. 그림 13.57d를 기초로 하여 xz평면의 바닥에서 각 점을 살펴보면 y는 0에서 $4 - x^2 - z^2$까지 변하고 있다. 이 경우의 바닥은 xz평면과 포물면과의 교차면으로 구성된다. $0 = 4 - x^2 - z^2$ 또는 $x^2 + z^2 = 4$(즉 원점을 중심으로 하는 반지름 2인 원이 된다. 그림 13.57e 참조)

식 (5.5)로부터 부피는 다음과 같다.

$$
\begin{aligned}
V &= \iiint_Q dV = \iint_R \int_0^{4-x^2-z^2} dy\, dA \\
&= \iint_R (4 - x^2 - z^2)\, dA
\end{aligned}
$$

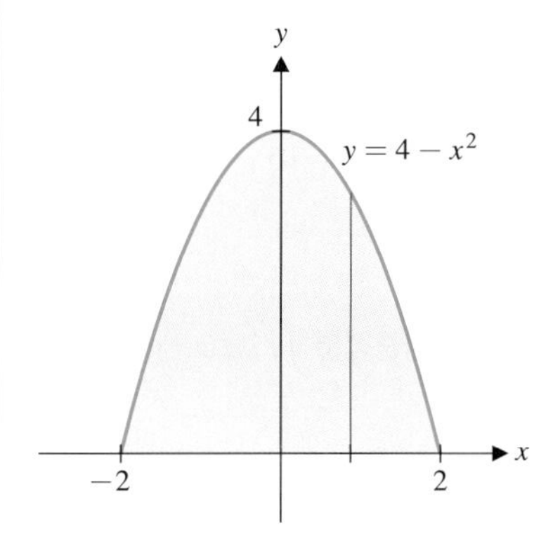

그림 13.57c xy평면으로의 투영

여기서 R은 그림 13.57e에서와 같이 원판의 모양을 갖는다. 영역 R은 원이고 피적분함수는 $x^2 + z^2$항을 포함하고 있기 때문에 극좌표계를 사용하면 좀 더 쉬운 적분 계산을 할 수 있다.

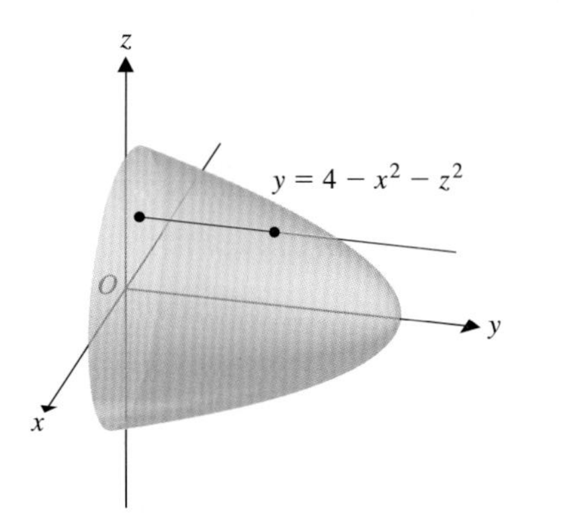

그림 13.57d xz평면에서 바닥을 갖는 포물면

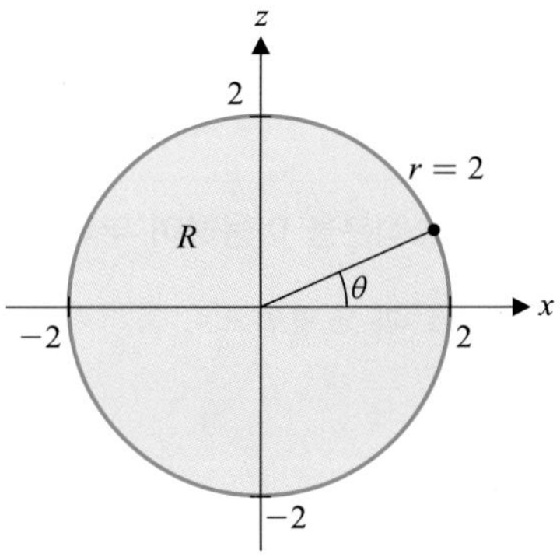

그림 13.57e 입체의 바닥

그림 13.57e로부터 좌표계의 변환 관계식은 $x = r\cos\theta$와 $z = r\sin\theta$가 되며, 각 θ가 고정된 경우 r은 0에서 2까지 변하고 있다. 따라서 부피는 다음과 같이 극좌표계를 사용하여 계산할 수 있다.

$$V = \iint_R \underbrace{(4 - x^2 - z^2)}_{4 - r^2} \underbrace{dA}_{r\,dr\,d\theta}$$

$$= \int_0^{2\pi} \int_0^2 (4 - r^2)\, r\, dr\, d\theta$$

$$= -\frac{1}{2} \int_0^{2\pi} \frac{(4 - r^2)^2}{2} \Bigg|_{r=0}^{r=2} d\theta$$

$$= 4 \int_0^{2\pi} d\theta = 8\pi$$

위 방법과 첫 번째 방법을 비교해 보면 xz평면에서 입체의 바닥을 구하는 것이 좀 더 자연스럽다.

주 6.1

예제 6.6에서 입체를 원주좌표로 바꿀 때 x, y, z 중 어느 것을 극좌표로 바꾸어도 된다.

연습문제 13.6

[1~4] 다음 방정식을 원주좌표계로 표현하여라.

1. $x^2 + y^2 = 16$

2. $(x-2)^2 + y^2 = 4$

3. $z = x^2 + y^2$

4. $y = 2x$

[5~9] 삼중적분 $\iiint_Q f(x, y, z)\, dV$을 원주좌표계로 표현하여라.

5. Q는 $z = \sqrt{x^2 + y^2}$ 위와 $z = \sqrt{8 - x^2 - y^2}$ 아래에 있는 영역

6. Q는 xy평면의 위와 $z = 9 - x^2 - y^2$ 아래에 있는 영역

7. Q는 $z = x^2 + y^2 - 1$ 위와 $z = 8$ 아래이고 $x^2 + y^2 = 3$과 $x^2 + y^2 = 8$ 사이에 있는 영역

8. Q는 $y = 4 - x^2 - z^2$ 과 $y = 0$으로 둘러싸인 영역

9. Q는 $x = y^2 + z^2$과 $x = 2 - y^2 - z^2$ 으로 둘러싸인 영역

[10~13] 다음 삼중적분을 적절한 좌표계로 변환하고 계산하여라.

10. $\iiint_Q e^{x^2+y^2} dV$, Q는 $x^2 + y^2 = 4$의 내부 그리고 $z = 1$과 $z = 2$ 사이의 영역

11. $\iiint\limits_Q (x+z)\,dV$, Q는 제1팔분공간에서 $x+2y+3z=6$ 아래의 영역

12. $\iiint\limits_Q z\,dV$, Q는 $z=\sqrt{x^2+y^2}$과 $z=\sqrt{4-x^2-y^2}$ 사이의 영역

13. $\iiint\limits_Q (x+y)\,dV$, Q는 $x+2y+z=4$와 좌표평면으로 둘러싸인 사면체

[14~16] 좌표계를 변환한 후에 다음 반복적분을 계산하여라.

14. $\int_{-1}^{1}\int_{-\sqrt{1-x^2}}^{\sqrt{1-x^2}}\int_{0}^{\sqrt{x^2+y^2}} 3z^2\,dz\,dy\,dx$

15. $\int_{0}^{2}\int_{-\sqrt{4-y^2}}^{\sqrt{4-y^2}}\int_{\sqrt{x^2+y^2}}^{\sqrt{8-x^2-y^2}} 2\,dz\,dx\,dy$

16. $\int_{-3}^{3}\int_{-\sqrt{9-x^2}}^{0}\int_{0}^{x^2+z^2} (x^2+z^2)\,dy\,dz\,dx$

[17~18] 다음 원주방정식의 그래프를 그려라.

17. $z=r$ 18. $z=4-r^2$

[19~20] 다음 곡선으로 둘러싸인 영역과 밀도에 대한 입체의 질량과 질량중심을 구하여라.

19. $\rho(x, y, z)=\sqrt{x^2+y^2}$, $z=\sqrt{x^2+y^2}$와 $z=4$로 둘러싸인 영역

20. $\rho(x, y, z)=4$, $z=x^2+y^2$와 $z=4$ 사이 그리고 $x^2+(y-1)^2=1$의 내부로 이루어진 영역

13.7 구면좌표계

이 절에서는 직교좌표계나 원주좌표계보다 때로는 더 편리한 좌표계에 대하여 알아보자. 특히 어떤 삼중적분에서는 직교좌표계나 원주좌표계로는 정확하게 계산할 수 없지만 구면좌표계를 이용하면 쉽게 계산할 수 있는 경우도 있다. 일반적으로 직교좌표계의 점 $P(x, y, z)$는 **구면좌표계**(spherical coordinates)의 점 (ρ, ϕ, θ)에 대응시킬 수 있다. 여기서 ρ는 원점으로부터의 거리로 다음과 같이 정의한다.

$$\rho=\sqrt{x^2+y^2+z^2} \tag{7.1}$$

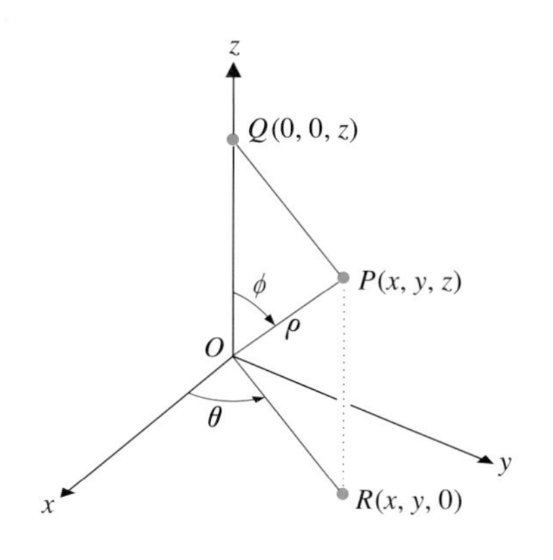

그림 13.58 구면좌표계

예를 들어 방정식 $\rho=\rho_0>0$은 중심이 원점이고 반지름이 ρ_0인 구를 나타낸다. 공간에서 한 점을 나타내기 위해서는 그림 13.58에서 보는 바와 같이 두 개의 각 ϕ와 θ가 필요하다. ϕ는 양의 z축으로부터 벡터 $\overrightarrow{OP}$까지의 각이고 θ는 양의 x축으로부터 벡터 $\overrightarrow{OR}$까지의 각이다. 여기서 R은 직교좌표 $(x, y, 0)$을 갖는 xy평면에 있는 점이다(즉, R은 xy평면으로 P를 투영한 점이다). 원점으로부터의 거리 ρ와 각 ϕ는 다음의 조건을 만족한다.

$$\rho\geq 0,\quad 0\leq\phi\leq\pi$$

그림 13.58로부터 직교좌표계와 구면좌표계의 관계식을 구할 수 있다.

$$x=\|\overrightarrow{OR}\|\cos\theta=\|\overrightarrow{QP}\|\cos\theta$$

한편, 삼각형 OQP에서 $\|\overrightarrow{QP}\|=\rho\sin\phi$이므로

$$x = \rho \sin \phi \cos \theta \tag{7.2}$$

가 된다. 마찬가지로

$$y = \|\overrightarrow{OR}\| \sin \theta = \rho \sin \phi \sin \theta \tag{7.3}$$

이 되고 마지막으로 삼각형 OQP에서

$$z = \rho \cos \phi \tag{7.4}$$

가 된다.

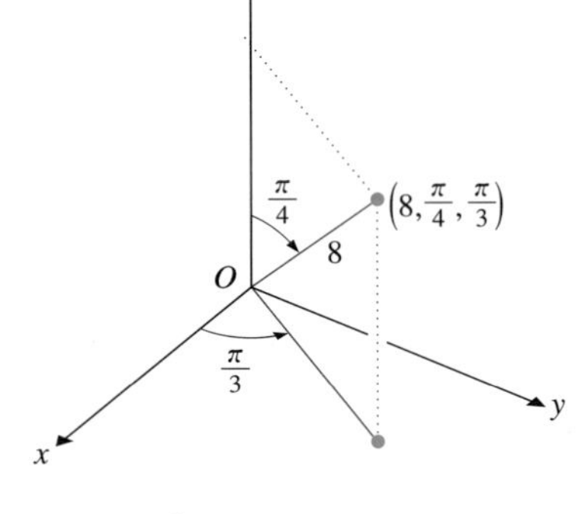

그림 13.59 점 $(8, \pi/4, \pi/3)$

예제 7.1 구면좌표계를 직교좌표계로 바꾸기

구면좌표계의 점 $(8, \pi/4, \pi/3)$을 직교좌표계로 나타내어라.

풀이

그림 13.59에 구면좌표계의 점이 표현되어 있다. 식 (7.2)~(7.4)로부터 직교좌표계의 표현은 다음과 같다.

$$x = 8 \sin \frac{\pi}{4} \cos \frac{\pi}{3} = 8\left(\frac{\sqrt{2}}{2}\right)\left(\frac{1}{2}\right) = 2\sqrt{2}$$

$$y = 8 \sin \frac{\pi}{4} \sin \frac{\pi}{3} = 8\left(\frac{\sqrt{2}}{2}\right)\left(\frac{\sqrt{3}}{2}\right) = 2\sqrt{6}$$

$$z = 8 \cos \frac{\pi}{4} = 8\left(\frac{\sqrt{2}}{2}\right) = 4\sqrt{2}$$

■

식 (7.2)~(7.4)는 구면좌표계에서 곡면을 나타낼 때 매우 유용(특히 삼중적분을 다룰 때)하다.

예제 7.2 구면좌표계에서 원뿔의 방정식

원뿔의 방정식 $z^2 = x^2 + y^2$을 구면좌표계로 표현하여라.

풀이

식 (7.2)~(7.4)를 주어진 식에 대입하면 다음과 같다.

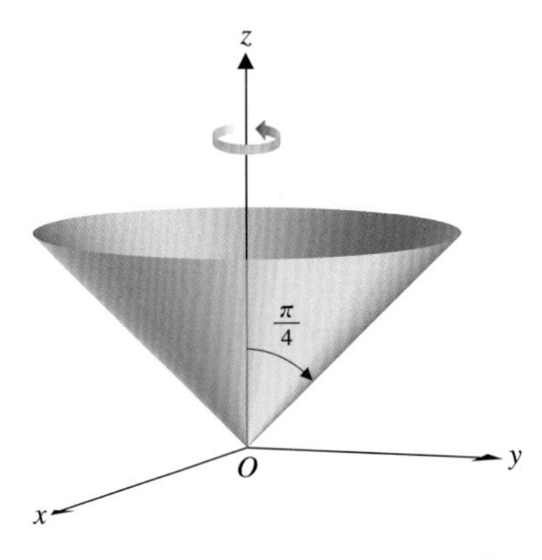

그림 13.60a 위로 열린 원뿔 $\phi = \frac{\pi}{4}$

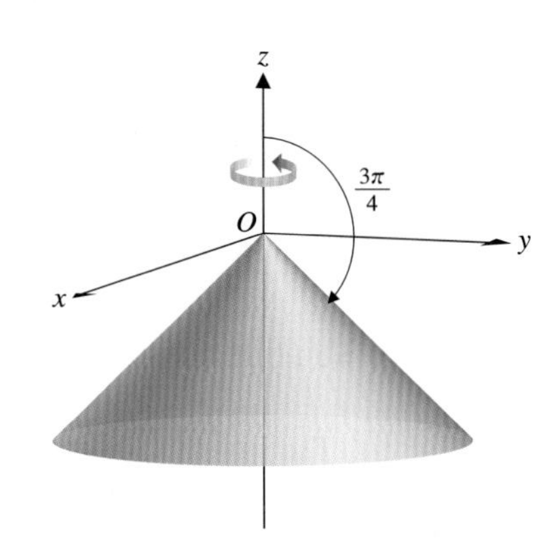

그림 13.60b 밑으로 열린 원뿔 $\phi = \frac{3\pi}{4}$

$$\begin{aligned}\rho^2\cos^2\phi &= \rho^2\sin^2\phi\cos^2\theta + \rho^2\sin^2\phi\sin^2\theta \\ &= \rho^2\sin^2\phi(\cos^2\theta + \sin^2\theta) \\ &= \rho^2\sin^2\phi\end{aligned}$$

여기서 $\rho^2\cos^2\phi = \rho^2\sin^2\phi$이 성립하기 위해서는 $\rho = 0$(이것은 원점에 대응된다) 또는 $\cos^2\phi = \sin^2\phi$가 되어야 한다. 후자 조건을 만족하기 위해서는 $0 \le \phi \le \pi$에서 $\phi = \frac{\pi}{4}$ 또는 $\frac{3\pi}{4}$가 되어야 한다. $\phi = \frac{\pi}{4}$이면 그림 13.60a에서와 같이 원점을 꼭짓점으로 하고 위로 열린 원뿔이 된다. 이것은 yz평면에 $\phi = \frac{\pi}{4}$의 방사선을 그은 후 z축을 중심으로 회전시킨 것(θ는 0에서 2π까지 변한다)으로 생각할 수 있다. 마찬가지 방법으로 $\phi = \frac{3\pi}{4}$인 경우는 그림 13.60b에서와 같이 밑으로 열린 원뿔이 된다.

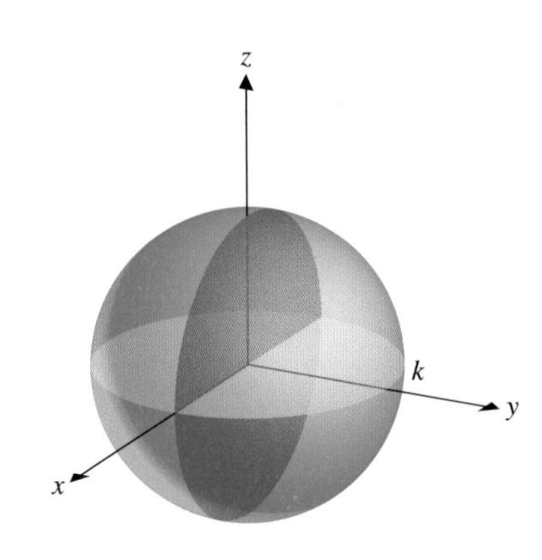

그림 13.61a 구 $\rho = k$

일반적으로 방정식 $\rho = k$(임의의 상수 $k > 0$)는 그림 13.61a에서와 같이 중심이 원점이고 반지름이 k인 구를 나타낸다. 방정식 $\theta = k$(임의의 상수 k)는 그림 13.61b에서와 같이 z축의 가장자리를 따라 형성된 수직 반평면을 나타낸다. 또한 방정식 $\theta = k$(임의의 상수 k)는 그림 13.62a에서와 같이 $0 < k < \frac{\pi}{2}$에서 위로 열린 원뿔이 되고 $\frac{\pi}{2} < k < \pi$이면 그림 13.62b에서와 같이 밑으로 열린 원뿔이 된다. 마지막으로 $\phi = \frac{\pi}{2}$이면 xy평면을 나타낸다. 그러면 방정식 $\phi = 0$과 $\phi = \pi$는 무엇을 나타내는지 생각해 보아라.

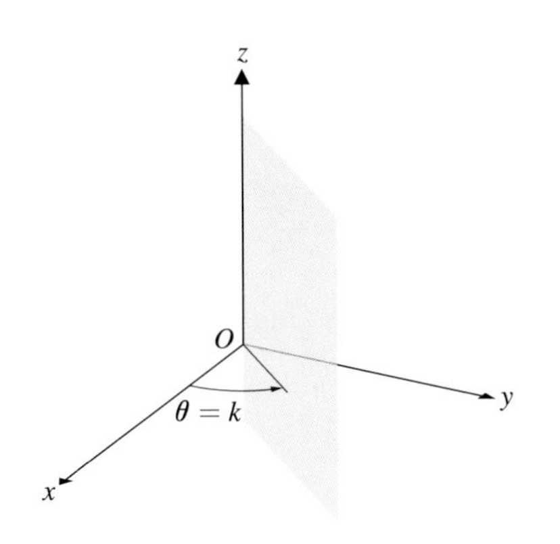

그림 13.61b 반평면 $\theta = k$

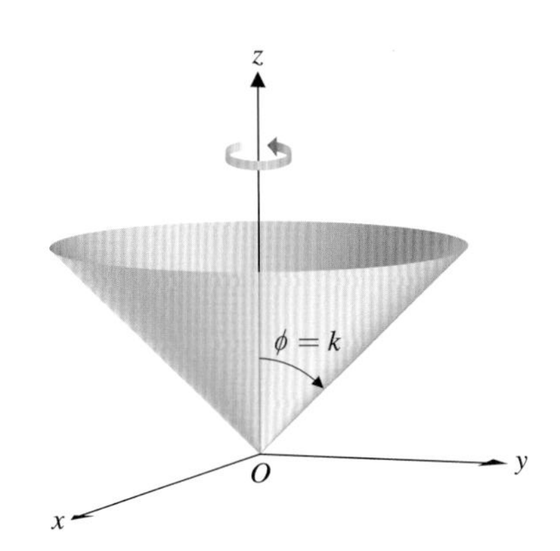

그림 13.62a 위로 열린 원뿔 $\phi = k,\ 0 < k < \frac{\pi}{2}$

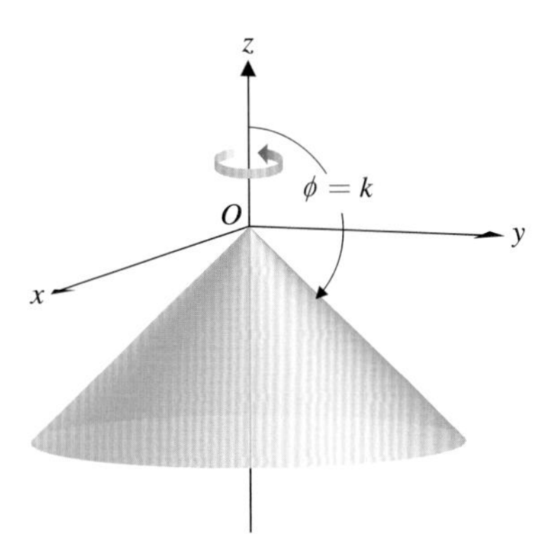

그림 13.62b 밑으로 열린 원뿔 $\phi = k,\ \frac{\pi}{2} < k < \pi$

구면좌표계에서 삼중적분

피적분함수에 $x^2 + y^2$항이 포함될 경우 원 영역에 대한 이중적분에서 극좌표계를 사용하는 것이 필요했던 것처럼, 피적분함수에 $x^2 + y^2 + z^2$항이 포함될 경우 구 영역에 대한 삼중적분을 다룰 때는 구면좌표계를 사용하는 것이 편리하다. 이러한 유형의 적분들은 주로 응용문제에서 나타난다. 예를 들어 다음의 삼중적분을 생각해 보자.

$$\iiint_Q \cos(x^2 + y^2 + z^2)^{3/2}\,dV$$

여기서 Q는 $x^2 + y^2 + z^2 \le 1$인 단위 구를 나타낸다. 우리는 다음과 같은 순서로 삼중

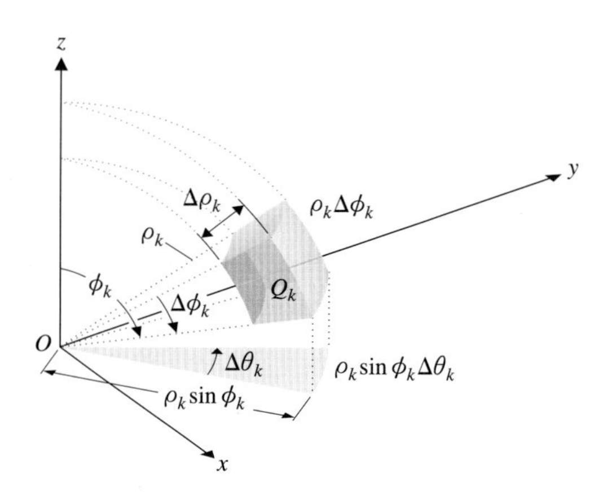

그림 13.63 구 쐐기 Q_k

반복적분을 표현할 수 있다.

$$\int_{-1}^{1}\int_{-\sqrt{1-x^2}}^{\sqrt{1-x^2}}\int_{-\sqrt{1-x^2-y^2}}^{\sqrt{1-x^2-y^2}} \cos(x^2+y^2+z^2)^{3/2}\,dz\,dy\,dx$$

직교좌표계로(또는 원주좌표계) 위의 적분을 정확히 계산하기는 어렵다. 그러나 구면좌표계에서 위의 적분은 쉬운 일이다. 우선 구면좌표계에서 삼중적분을 표현하는 법을 알아야 한다.

적분 $\iiint_Q f(\rho,\ \phi,\ \theta)\,dV$에서 우리가 전에 했던 것처럼 입체 Q의 내부분할을 만든다. 세 좌표평면에 평행한 면을 사용하여 Q를 분할하는 것보다는, $\rho=\rho_k$의 형태를 갖는 구, $\theta=\theta_k$의 형태를 갖는 반 평면 그리고 $\phi=\phi_k$의 형태를 갖는 반 원뿔에 의해 Q를 분할하도록 한다. 즉, 사각형 상자들로 Q를 세분화하는 대신에 그림 13.63에서 보는 것처럼 수많은 구 쐐기 형태로 Q를 나누도록 한다.

$$Q_k=\{(\rho,\ \phi,\ \theta)\,|\,\rho_{k-1}\le\rho\le\rho_k,\ \phi_{k-1}\le\phi\le\phi_k,\ \theta_{k-1}\le\theta\le\theta_k\}$$

여기서 $\Delta\rho_k=\rho_k-\rho_{k-1}$, $\Delta\phi_k=\phi_k-\phi_{k-1}$, $\Delta\theta_k=\theta_k-\theta_{k-1}$이다. Q_k는 거의 사각형 상자와 같기 때문에 그 부피 ΔV_k는 사각형 상자의 부피와 근사적으로 같다.

$$\begin{aligned}\Delta V_k &\approx \Delta\rho_k(\rho_k\Delta\phi_k)(\rho_k\sin\phi_k\Delta\theta_k)\\ &=\rho_k^2\sin\phi_k\,\Delta\rho_k\,\Delta\phi_k\,\Delta\theta_k\end{aligned}$$

입체 Q의 내부분할 $Q_1,\ Q_2,\ \cdots,\ Q_n$은 완전히 Q의 내부에 존재하는 쐐기만을 택하도록 한다. 내부분할을 더 세분하고 분할의 크기 $\|P\|$(내부분할 쐐기 중에서 가장 긴 대각선)를 0으로 접근시킴으로써 다음과 같은 표현을 얻을 수 있다.

$$\begin{aligned}\iiint_Q f(\rho,\ \phi,\ \theta)\,dV &= \lim_{\|P\|\to 0}\sum_{k=1}^{n} f(\rho_k,\ \phi_k,\ \theta_k)\,\Delta V_k\\ &=\lim_{\|P\|\to 0}\sum_{k=1}^{n} f(\rho_k,\ \phi_k,\ \theta_k)\,\rho_k^2\sin\phi_k\,\Delta\rho_k\,\Delta\phi_k\,\Delta\theta_k\\ &=\iiint_Q f(\rho,\ \phi,\ \theta)\,\rho^2\sin\phi\,d\rho\,d\phi\,d\theta \qquad (7.5)\end{aligned}$$

여기서 삼중 반복적분의 각각의 적분구간들은 전에 우리가 했던 방법으로 구할 수 있다. 식 (7.5)로부터 구면좌표계에서 부피 요소는 다음과 같다.

$$dV = \rho^2 \sin\phi\, d\rho\, d\phi\, d\theta$$

앞서 설명한 예제로 다시 돌아가 다음의 예제를 확인하도록 하자.

예제 7.3 구면좌표계에서 삼중적분

Q가 $x^2 + y^2 + z^2 \le 1$인 단위 구일 때 삼중적분 $\iiint_Q \cos(x^2 + y^2 + z^2)^{3/2}\, dV$ 을 계산하여라.

풀이

Q가 단위 구이므로 ρ(원점으로부터 거리)는 0에서 1까지 변한다. 또한 각 ϕ는 0에서 π 까지 변한다(여기서 $\phi = 0$은 구의 위에서 시작하고, $\phi \in [0, \pi/2]$는 위쪽 반구에 대응된다. 그리고 $\phi \in [\pi/2, \pi]$는 아래쪽 반구에 대응된다). 마지막으로(구 둘레의 모든 구간을 구하기 위해서) 각 θ는 0에서 2π까지 변한다. 식 (7.5)에 $x^2+y^2+z^2=\rho^2$을 대입하여 다음 식을 얻는다.

$$\begin{aligned}
\iiint_Q \cos\underbrace{(x^2 + y^2 + z^2)}_{\rho^2}{}^{3/2}\ \underbrace{dV}_{\rho^2 \sin\phi\, d\rho\, d\phi\, d\theta}
&= \int_0^{2\pi}\int_0^{\pi}\int_0^1 \cos(\rho^2)^{3/2} \rho^2 \sin\phi\, d\rho\, d\phi\, d\theta \\
&= \frac{1}{3}\int_0^{2\pi}\int_0^{\pi}\int_0^1 \cos(\rho^3)(3\rho^2) \sin\phi\, d\rho\, d\phi\, d\theta \\
&= \frac{1}{3}\int_0^{2\pi}\int_0^{\pi} \sin(\rho^3)\Big|_{\rho=0}^{\rho=1} \sin\phi\, d\phi\, d\theta \\
&= \frac{\sin 1}{3}\int_0^{2\pi}\int_0^{\pi} \sin\phi\, d\phi\, d\theta \\
&= -\frac{\sin 1}{3}\int_0^{2\pi} \cos\phi\Big|_{\phi=0}^{\phi=\pi} d\theta \\
&= -\frac{\sin 1}{3}\int_0^{2\pi} (\cos\pi - \cos 0)\, d\theta \\
&= \frac{2}{3}(\sin 1)(2\pi) \approx 3.525
\end{aligned}$$

■

주 7.1

피적분함수 $\rho^2\cos(\rho^3)\sin\phi$는 $f(\rho)g(\phi)h(\theta)$로 나타낼 수 있으므로 적분구간은 모두 상수이다(이런 경우는 구면좌표계에서 자주 나타난다). 따라서 예제 7.3의 삼중적분은 $\left(\int_0^1 \rho^2\cos(\rho^3)\,d\rho\right)\left(\int_0^{\pi}\sin\phi\, d\phi\right)\left(\int_0^{2\pi} 1\, d\theta\right)$와 같이 표시할 수 있다.

일반적으로 구면좌표계는 삼중적분에서 적분하고자 하는 입체영역이 구의 형태를 갖고 피적분함수가 $x^2+y^2+z^2$항을 포함할 때 매우 유용하다. 다음 예제에서는 부피 계산을 쉽게 하기 위해서 구면좌표계를 사용한다.

예제 7.4 구면좌표계를 이용하여 부피 구하기

구 $x^2 + y^2 + z^2 = 2z$의 내부와 원뿔 $z^2 = x^2 + y^2$의 내부가 이루는 부피를 구하여라.

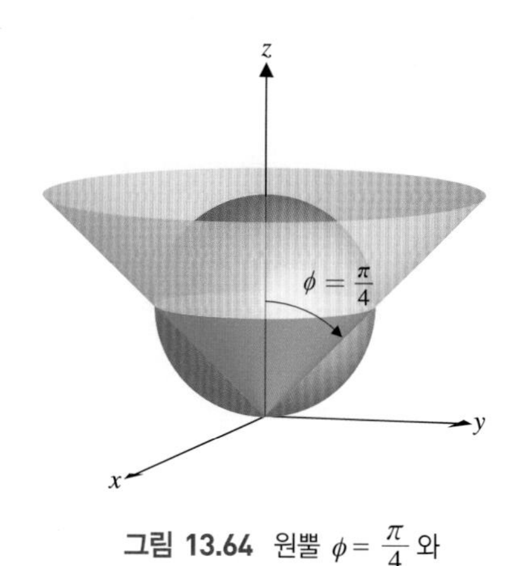

그림 13.64 원뿔 $\phi = \frac{\pi}{4}$ 와 $\rho = 2\cos\phi$

풀이

구의 방정식에서 완전제곱을 하여 다음 식을 얻는다.

$$x^2 + y^2 + (z-1)^2 = 1$$

이것은 중심점이 (0, 0, 1)이고 반지름이 1인 구를 나타낸다. 구는 완전히 xy평면 위에 있기 때문에 그림 13.64에서와 같이 위로 열린 원뿔 $z = \sqrt{x^2+y^2}$ 는 구와 교차한다. 직교좌표계를 사용하여 이 문제의 부피를 구해 보기 바란다(그러나 너무 많은 시간을 낭비하지는 마라). 이 문제는 기하학적으로 구의 모양을 갖기 때문에 우리는 구면좌표계를 택해야 한다(원뿔은 구면좌표계로 매우 간단하게 표현할 수 있다). 식 (7.1)과 (7.4) 그리고 구의 방정식으로부터 다음 식을 얻는다.

$$\underbrace{x^2+y^2+z^2}_{\rho^2} = 2\underbrace{z}_{\rho\cos\phi} \quad \text{즉} \quad \rho^2 = 2\rho\cos\phi$$

이 방정식은 $\rho = 0$(원점에 대응)이거나 $\rho = 2\cos\phi$(구면좌표계에서 구의 방정식)일 때 만족한다. 위로 열린 원뿔의 경우 예제 7.2에서 설명했던 것처럼 $z = \sqrt{x^2+y^2}$ 또는 구면좌표계로 $\phi = \frac{\pi}{4}$가 된다.

다시 그림 13.64를 보면, 원뿔 내부와 구 내부가 교차하는 영역에서 고정된 ϕ와 θ인 경우 ρ는 0에서 위로 $2\cos\phi$까지 변한다. 원뿔 내부에서 고정된 θ인 경우 ϕ는 0에서 $\frac{\pi}{4}$까지 변한다. 마지막으로 입체의 모든 구간을 얻기 위해서 θ는 0에서 2π까지 변한다. 따라서 입체의 부피는 다음과 같다.

$$\begin{aligned}
V &= \iiint_Q \underbrace{dV}_{\rho^2\sin\phi\, d\rho\, d\phi\, d\theta} \\
&= \int_0^{2\pi}\int_0^{\pi/4}\int_0^{2\cos\phi} \rho^2 \sin\phi\, d\rho\, d\phi\, d\theta \\
&= \int_0^{2\pi}\int_0^{\pi/4} \frac{1}{3}\rho^3\Big|_{\rho=0}^{\rho=2\cos\phi} \sin\phi\, d\phi\, d\theta \\
&= \frac{8}{3}\int_0^{2\pi}\int_0^{\pi/4} \cos^3\phi\, \sin\phi\, d\phi\, d\theta \\
&= -\frac{8}{3}\int_0^{2\pi} \frac{\cos^4\phi}{4}\Big|_{\phi=0}^{\phi=\pi/4} d\theta = -\frac{8}{12}\int_0^{2\pi}\left(\cos^4\frac{\pi}{4} - 1\right)d\theta \\
&= -\frac{16\pi}{12}\left(\cos^4\frac{\pi}{4} - 1\right) = -\frac{4\pi}{3}\left(\frac{1}{4} - 1\right) = \pi
\end{aligned}$$

■

예제 7.5 직교좌표계를 구면좌표계로 바꾸기

삼중 반복적분 $\int_{-2}^{2}\int_0^{\sqrt{4-x^2}}\int_0^{\sqrt{4-x^2-y^2}} (x^2+y^2+z^2)\, dz\, dy\, dx$을 계산하여라.

풀이

대충 보면, 이 적분은 피적분함수가 간단한 다항식이기 때문에 그렇게 어려워 보이지 않는다. 그러나 주의 깊게 보면 두 번째와 세 번째 적분구간은 쉬워 보이지 않는다. 여기에 몇 가지 주목할 것이 있다. 우선 피적분함수가 구면좌표계에서 ρ^2과 같은 $x^2+y^2+z^2$을 포함하고 있다. 두 번째로 적분하고자 하는 입체 영역은 다음과 같이 구를 나타낸다. 가장 바깥쪽 적분구간인 x의 구간은 $[-2, 2]$이고 y는 0(x축에 대응)에서 $y=\sqrt{4-x^2}$(중심이 원점이고 반지름이 2인 위쪽 반원)까지 변한다. 마지막으로 z는 0(xy평면에 대응)에서 위로 $z=\sqrt{4-x^2-y^2}$(중심이 원점이고 반지름이 2인 위쪽 반구)까지 변한다. 우리가 적분하고자 하는 입체 영역 Q는 그림 13.65에서 보는 바와 같이 xy평면의 제1사분면과 제2사분면 위에 있는 반구의 반이 된다. 구면좌표계에서 이러한 구 형태는 ρ는 0에서 위로 2까지 변하게 하고, ϕ는 0에서 위로 $\frac{\pi}{2}$까지 변하고 θ는 0에 π까지 변하게 함으로써 얻어진다. 이때 적분 계산은 다음과 같다.

$$\int_{-2}^{2}\int_{0}^{\sqrt{4-x^2}}\int_{0}^{\sqrt{4-x^2-y^2}}(x^2+y^2+z^2)\,dz\,dy\,dx$$

$$=\iiint_Q \underbrace{(x^2+y^2+z^2)}_{\rho^2}\quad \underbrace{dV}_{\rho^2\sin\phi\, d\rho d\phi d\theta}$$

$$=\int_0^{\pi}\int_0^{\pi/2}\int_0^{2}\rho^2(\rho^2\sin\phi)\,d\rho\,d\phi\,d\theta$$

$$=\frac{32}{5}\pi$$

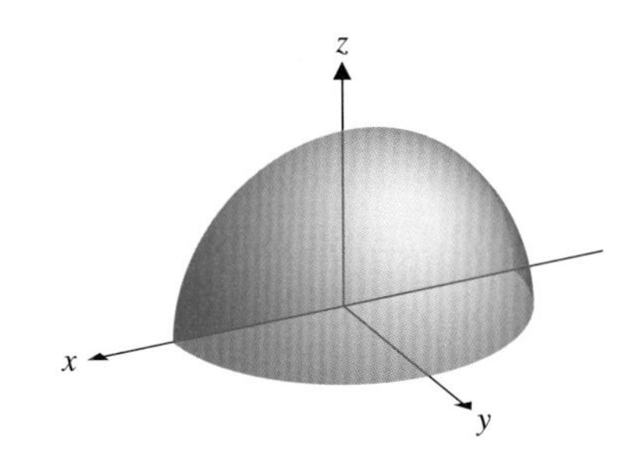

그림 13.65 입체 영역 Q

연습문제 13.7

[1~2] 구면좌표계의 점 (ρ, ϕ, θ)을 직교좌표계로 변환하여라.

1. $(4, 0, \pi)$

2. $(\sqrt{2}, \frac{\pi}{6}, \frac{\pi}{3})$

[3~4] 다음 방정식을 구면좌표계의 방정식으로 변환하여라.

3. $x^2+y^2+z^2=9$

4. $z=\sqrt{3(x^2+y^2)}$

[5~7] 구면좌표계로 주어진 다음 방정식의 그래프를 그려라.

5. $\rho=2$

6. $\phi=\frac{\pi}{4}$

7. $\theta=0$

[8~9] 다음 영역을 그려라.

8. $0\le\rho\le4,\ 0\le\phi\le\frac{\pi}{4},\ 0\le\theta\le\pi$

9. $0\le\rho\le3,\ \frac{\pi}{2}\le\phi\le\pi,\ 0\le\theta\le\pi$

[10~13] 적절한 좌표계로 다음 삼중적분을 표현하고 적분하여라.

10. $\iiint_Q e^{(x^2+y^2+z^2)^{3/2}}dV$, Q는 반구 $z=\sqrt{4-x^2-y^2}$와 xy평면으로 둘러싸인 영역

11. $\iiint_Q z^2dV$, Q는 $x^2+y^2+z^2=2$의 내부이고 $x^2+y^2=1$의 외부

12. $\iiint_Q (x^2+y^2+z^2)dV$, Q는 $0\le x\le1,\ 1\le y\le2,\ 3\le z\le4$인 직육면체

13. $\iiint_Q \sqrt{x^2+y^2+z^2}\,dV$, Q는 $z=\sqrt{x^2+y^2}$과 $z=\sqrt{2-x^2-y^2}$로 둘러싸인 영역

[14~16] 적절한 좌표계를 사용하여 다음 입체의 부피를 구하여라.

14. $x^2+y^2+z^2=4z$ 아래와 $z=\sqrt{x^2+y^2}$ 위에 있는 영역

15. $z=\sqrt{2x^2+2y^2}$ 내부이고 $z=2$와 $z=4$ 사이에 있는 영역

16. $x^2 + y^2 + z^2 = 4$ 아래와 $z = \sqrt{x^2+y^2}$의 위에 있는 제1팔분공간의 영역

[17~19] 좌표계를 변환하여 다음 반복적분을 계산하여라.

17. $\int_0^1 \int_{-\sqrt{1-x^2}}^{\sqrt{1-x^2}} \int_{-\sqrt{1-x^2-y^2}}^{\sqrt{1-x^2-y^2}} \sqrt{x^2+y^2+z^2}\, dz\, dy\, dx$

18. $\int_{-2}^{2} \int_0^{\sqrt{4-x^2}} \int_{\sqrt{x^2+y^2}}^{\sqrt{8-x^2-y^2}} (x^2+y^2+z^2)^{3/2} dz\, dy\, dx$

19. $\int_{-2}^{2} \int_0^{\sqrt{4-x^2}} \int_{-\sqrt{4-x^2-y^2}}^{0} e^{\sqrt{x^2+y^2+z^2}}\, dz\, dy\, dx$

20. $z = \sqrt{x^2+y^2}$과 $z = \sqrt{4-x^2-y^2}$로 둘러싸인 영역에서 밀도가 일정할 때 입체의 질량중심을 구하여라.

13.8 중적분에서 변수 변환

정적분을 계산하는 데 가장 기본적인 방법은 치환법을 사용하는 것이다. 예를 들어, 적분 $\int_0^2 2xe^{x^2+3} dx$을 계산하기 위해서는 $u = x^2 + 3$으로 치환해야 한다. 이 치환으로부터 $du = 2x\,dx$를 얻을 수 있다. 또 하나 중요한 것은 정적분의 변수를 변환할 때 반드시 적분구간도 새로운 변수에 대한 것으로 바꾸는 것이다. 이 경우 $x = 0$일 때 $u = 0^2 + 3 = 3$이 되고 $x = 2$일 때 $u = 2^2 + 3 = 7$이 된다. 따라서 적분은 다음과 같다.

$$\int_0^2 2xe^{x^2+3} dx = \int_0^2 \underbrace{e^{x^2+3}}_{e^u} \underbrace{(2x)\,dx}_{du}$$

$$= \int_3^7 e^u du = e^u \Big|_3^7 = e^7 - e^3$$

변수를 바꾸는 첫 번째 이유는 역도함수를 쉽게 구할 수 있도록 피적분함수를 간단하게 하는 것이다. 더불어 피적분함수를 변환할 때는 적분구간 또한 바꾸어야 한다.

우리는 이미 극좌표계(이중적분의 경우), 원주좌표계 그리고 구면좌표계(삼중적분의 경우)의 특별한 경우에 중적분의 변수를 변환하는 방법을 설명하였다. 직교좌표계에서 이중적분의 경우에 피적분함수가 $x^2 + y^2$을 포함하거나 적분하고자 하는 영역이 원 모양일 때 극좌표계를 사용하였다. 예를 들어 다음의 반복적분

$$\int_0^3 \int_0^{\sqrt{9-x^2}} \cos(x^2+y^2)\, dy\, dx$$

을 생각하자. 이것은 직교좌표계로는 적분할 수 없다(한 번 시도해 보기를 바란다!). 여러분은 적분구간 R이 제1사분면에서 중심이 원점이고 반지름이 3인 원의 형태라는 것을 알아야 한다(그림 13.66a 참조). 또한 피적분함수는 $x^2 + y^2$을 포함하고 있기 때문에 극좌표계를 적용하는 것이 유리하다. 따라서 좌표계를 변환하여 다음과 같이 적분 계산이 쉬운 표현을 얻을 수 있다.

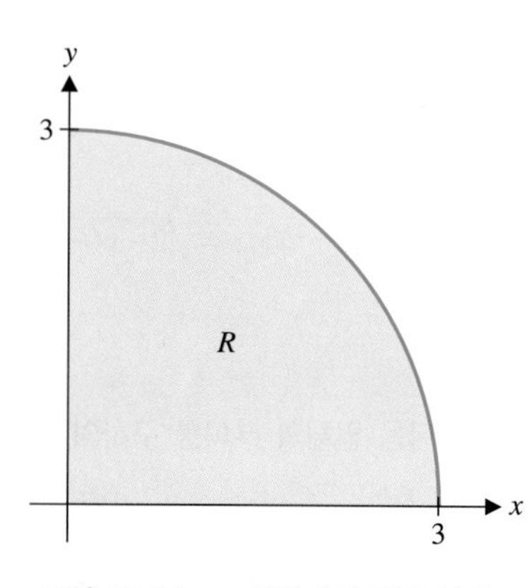

그림 13.66a xy평면에서 적분 영역

$$\int_0^3 \int_0^{\sqrt{9-x^2}} \cos(x^2+y^2)\, dy\, dx = \iint_R \cos(\underbrace{x^2+y^2}_{r^2})\, \underbrace{dA}_{r\,dr\,d\theta}$$

$$= \int_0^{\pi/2} \int_0^3 \cos(r^2) r\, dr\, d\theta$$

위 식에서는 첫 번째로 피적분함수를 간단하게 하였고 두 번째로는 다음과 같이 적분구간을 변화시켰다. xy평면에서는 그림 13.66a에서 표시된 원 부분을 적분하는 것이었고 $r\theta$평면에서는 그림 13.66b에서 표시된 것처럼 사각형 S를 적분하는 것으로 변환하였다.

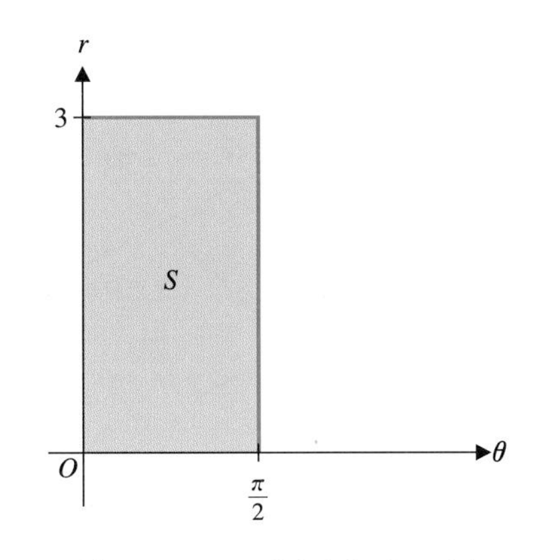

그림 13.66b $r\theta$평면에서 적분 영역

우리는 비슷한 이유로 삼중적분을 원주좌표계 또는 구면좌표계로 변환하였고 이 경우 역시 피적분함수를 간단하게 하고 적분구간을 변환하였다. 현재 우리에게 주어진 문제는 일반적으로 중적분에서 어떻게 변수를 바꿀 수 있는지에 대한 것이다. 우리는 이 문제에 답하기 전에 우선 몇 가지 변수에 대한 변환 개념을 조사해야 한다.

uv평면으로부터 xy평면으로의 **변환**(transformation) T는 uv평면에서 점이 xy평면의 점으로 변환되는 함수를 뜻한다.

$$T(u, v) = (x, y)$$

여기서 x와 y는 적당한 함수 $x = g(u, v)$와 $y = h(u, v)$로 표시된다. uv평면의 영역 S로부터 xy평면의 영역 R로의 변환 T에 의해서 정의된 이중적분의 변수 변환을 생각하자(그림 13.67 참조). 그림 13.67은 변환 T에 의한 S의 **상**(image)이 R임을 나타낸다. R의 점 (x, y)를 S의 점(u, v)에 꼭 하나씩만 대응시키는 변환 T를 **일대일**(one-to-one)이라고 한다. 이것은 u와 v를 x와 y의 항으로 풀 수 있다는 것을 의미한다. 또한 g와 h가 영역 S에서 연속인 일차편도함수로의 변환만을 다루려고 한다.

중적분에서 변수 변환을 소개하는 첫 번째 이유는 적분 계산을 간단하게 하기 위한 것이다. 이것은 피적분함수 또는 적분 영역을 간단하게 함으로써 이루어진다. 중적분에서 변환 효과를 조사하기 전에 이차원 영역에서 변환 방법을 몇 가지 예제를 통해 알아보도록 하자.

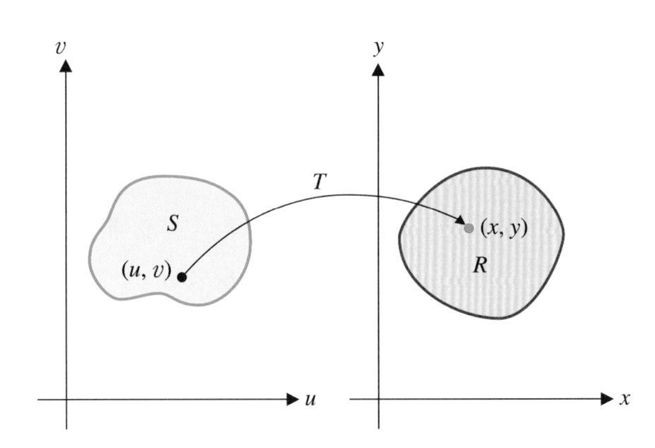

그림 13.67 S에서 R로 사상하는 변환 T

예제 8.1 간단한 영역 변환

직선 $y = 2x + 3$, $y = 2x + 1$, $y = 5 - x$, $y = 2 - x$로 둘러싸인 영역을 R이라고 하자. uv평면에서 영역 S가 R로 사상하는 변환 T를 구하여라. 여기서 S는 u와 v축을 변으로 하는 사각형 영역이다.

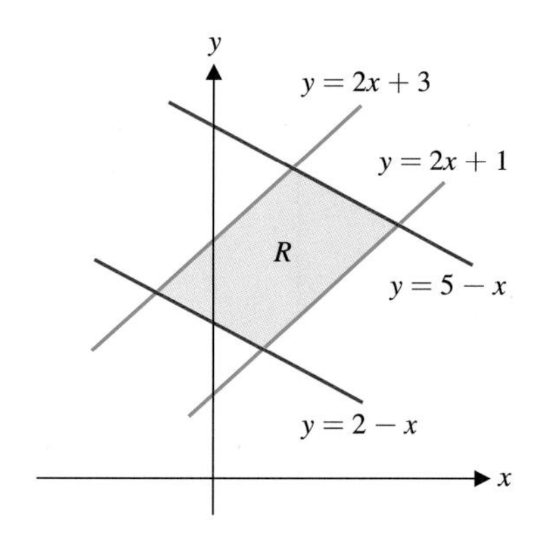

그림 13.68a xy평면에서 영역 R

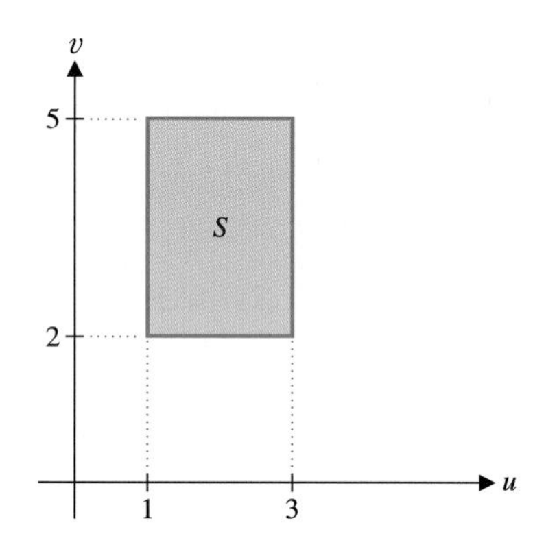

그림 13.68b uv 평면에서 영역 R

풀이

영역 R은 그림 13.68a에서와 같이 xy평면에서 평행사변형이 된다. 직선 방정식들은 R의 경계를 만드는 방정식 $y-2x=3$, $y-2x=1$, $y+x=5$, $y+x=2$로 다시 쓸 수 있다. 그리고 다음과 같이 변수를 치환하도록 하자.

$$u = y - 2x, \quad v = y + x \tag{8.1}$$

따라서 R의 경계를 구성하는 선분들은 uv평면에서 영역 S에 대응하는 경계선들로 각각 $u=3$, $v=1$, $v=5$, $v=2$에 대응된다(그림 13.68b 참조). 식 (8.1)로부터 다음과 같은 변환 T를 정의할 수 있다.

$$x = \frac{1}{3}(v-u), \quad y = \frac{1}{3}(2v+u)$$

변환 T는 다음과 같이 사각형 S의 네 점들을 평행사변형 R의 꼭짓점들로 사상한다.

$$T(1, 2) = \left(\frac{1}{3}(2-1),\ \frac{1}{3}[2(2)+1]\right) = \left(\frac{1}{3},\ \frac{5}{3}\right)$$

$$T(3, 2) = \left(\frac{1}{3}(2-3),\ \frac{1}{3}[2(2)+3]\right) = \left(-\frac{1}{3},\ \frac{7}{3}\right)$$

$$T(1, 5) = \left(\frac{1}{3}(5-1),\ \frac{1}{3}[2(5)+1]\right) = \left(\frac{4}{3},\ \frac{11}{3}\right)$$

$$T(3, 5) = \left(\frac{1}{3}(5-3),\ \frac{1}{3}[2(5)+3]\right) = \left(\frac{2}{3},\ \frac{13}{3}\right)$$

위의 네 점들이 정말로 평행사변형 R의 꼭짓점인지를 확인하는 것은 각자 해 보기 바란다(이것을 하기 위해서는 교점방정식을 풀어야 한다).

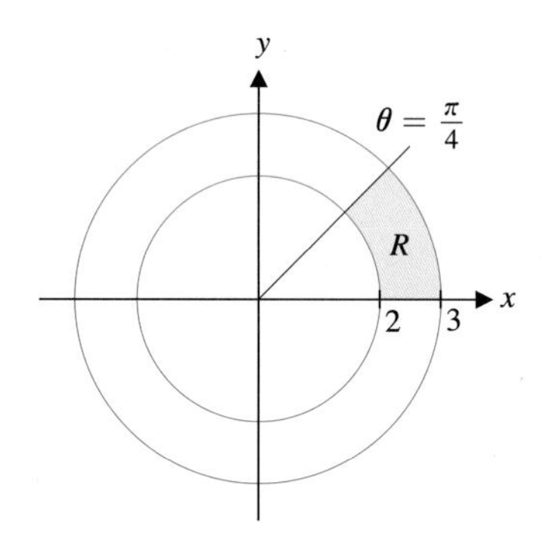

그림 13.69a xy평면에서 영역 R

다음 예제에서는 $r\theta$ 평면의 사각형이 원환의 부채꼴로 변환되는 극좌표계에 대한 문제를 다루고 있다.

예제 8.2 극좌표계를 포함하는 변환

원 $x^2+y^2=9$의 내부와 원 $x^2+y^2=4$의 외부가 이루는 부분에서 제1사분면의 $y=0$과 $y=x$ 사이의 영역을 R이라고 하자. $r\theta$ 평면의 사각형 영역 S로부터 영역 R로의 변환 T를 구하여라.

풀이

우선 영역 R의 그래프는 그림 13.69a에 있다. 이것은 원환의 부채꼴을 나타내고 있다. 변환은 극좌표계를 이용하여 얻어진다. $x=r\cos\theta$와 $y=r\sin\theta$의 관계식으로부터 $x^2+y^2=r^2$이 된다. R의 경계 부분을 형성하는 내부 원과 외부 원은 각각 $r=2$와 $r=3$에 대응된다. 또한 $y=x$는 $\theta=\frac{\pi}{4}$에 대응되고 $y=0$은 $\theta=0$에 대응된다. 그림 13.69b에서 영역 S를 확인할 수 있다.

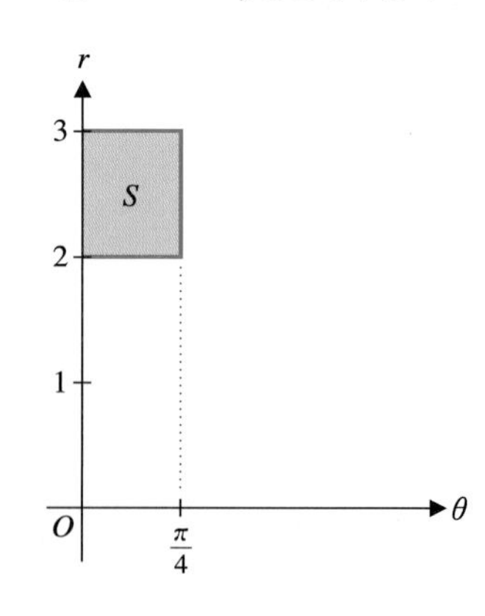

그림 13.69b uv 평면에서 영역 R

이제까지 이차원에서의 변환을 소개했으며 이제부터는 적분의 변수 변환에 대하여 알아보도록 하자. 우선 영역 R 위에서 연속인 함수 f에 대한 이중적분

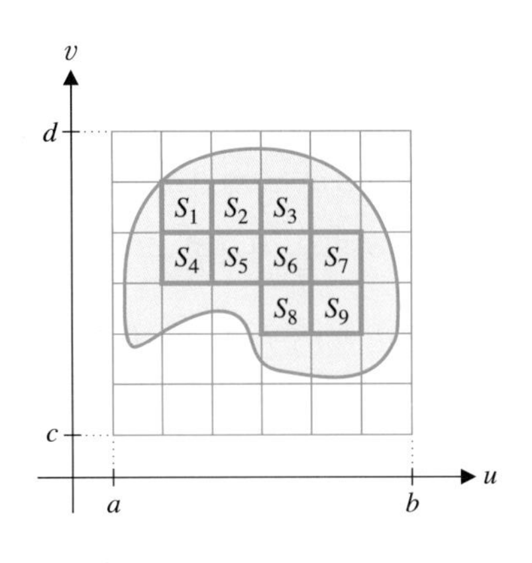

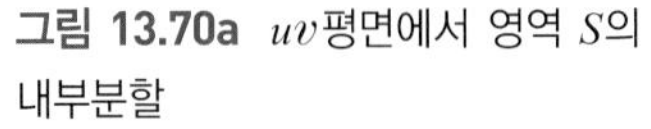

그림 13.70a uv평면에서 영역 S의 내부분할

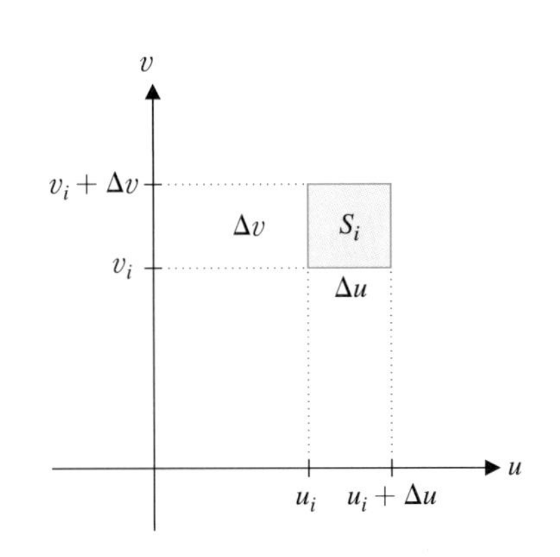

그림 13.70b 사각형 S_i

$$\iint_R f(x, y)\, dA$$

을 생각하자. R은 일대일 변환 T에 의해 uv평면의 영역 S의 상으로 가정하자. 우리는 이전에 R을 내부분할하고 대응하는 리만합에 극한을 취함으로써 이중적분을 정의하였다. 그림 13.70a에 표시된 바와 같이 n개의 사각형 $S_1, S_2, \cdots, S_n$로 구성되는 uv평면의 영역 S를 내부분할하도록 하자. 그림 13.70b에 표시된 바와 같이 내부분할 사각형 S_i에서 왼쪽 아래의 구석을 $(u_i, v_i)(i = 1, 2, \cdots, n)$으로 표시하고 모든 내부분할 사각형의 변을 $\Delta u \times \Delta v$로 같게 하였다. $R_1, R_2, \cdots, R_n$을 각각 변환 T에 의한 $S_1, S_2, \cdots, S_n$의 상이라 하고 점 $(x_1, y_1), (x_2, y_2), \cdots, (x_n, y_n)$은 각각 $(u_1, v_1), (u_2, v_2), \cdots, (u_n, v_n)$의 상이라고 하자. 여기서 $R_1, R_2, \cdots, R_n$는 그림 13.71에서와 같이 xy평면에서 영역 R의 내부분할을 구성한다(이것이 일반적으로 사각형 구성이 아니더라도). 특별히, T에 의한 사각형 S_i의 상은 곡선영역 R_i이다.

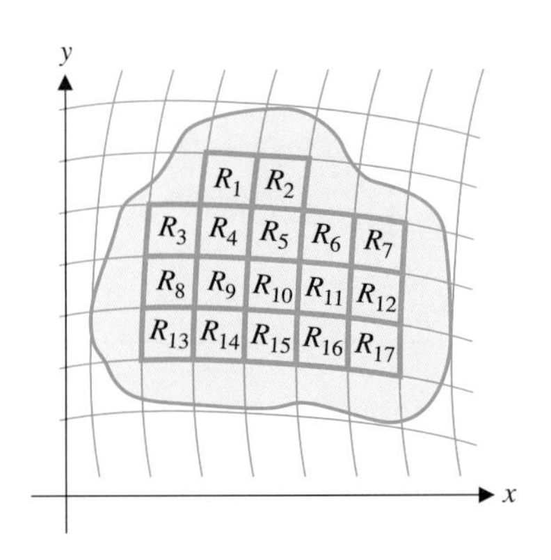

그림 13.71 xy평면에서 영역 R의 내부분할

이중적분의 유도로부터 다음 식을 얻을 수 있다.

$$\iint_R f(x, y)dA \approx \sum_{i=1}^{n} f(x_i, y_i)\Delta A_i \tag{8.2}$$

여기서 ΔA_i는 i번째 R_i의 넓이이다. 위 식의 문제는 영역 R_i가 일반적으로 사각형이 아니기 때문에 ΔA_i를 구하는 방법을 모른다는 것이다. 그러나 우리는 다음과 같이 합리적인 근삿값을 구할 수 있다.

T는 S_i의 네 점 $(u_i, v_i), (u_i+\Delta u, v_i), (u_i+\Delta u, v_i+\Delta v), (u_i, v_i+\Delta v)$을 아래에 표시된 것처럼 R_i의 경계상에서 각각 A, B, C, D의 네 점으로 사상한다고 하자.

$$\begin{aligned}
(u_i, v_i) &\xrightarrow{T} A(g(u_i, v_i), h(u_i, v_i)) = A(x_i, y_i) \\
(u_i+\Delta u, v_i) &\xrightarrow{T} B(g(u_i+\Delta u, v_i), h(u_i+\Delta u, v_i)) \\
(u_i+\Delta u, v_i+\Delta v) &\xrightarrow{T} C(g(u_i+\Delta u, v_i+\Delta v), h(u_i+\Delta u, v_i+\Delta v)) \\
(u_i, v_i+\Delta v) &\xrightarrow{T} D(g(u_i, v_i+\Delta v), h(u_i, v_i+\Delta v))
\end{aligned}$$

그림 13.72a에는 이러한 네 개의 점과 일반적인 곡선 영역 R_i가 표현되어 있다. 만약

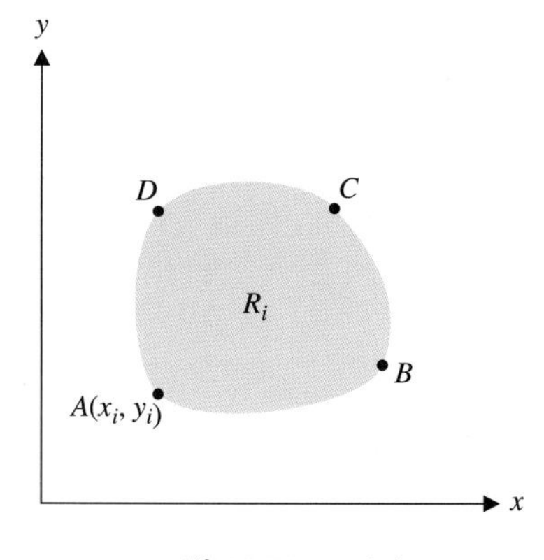

그림 13.72a 영역 R

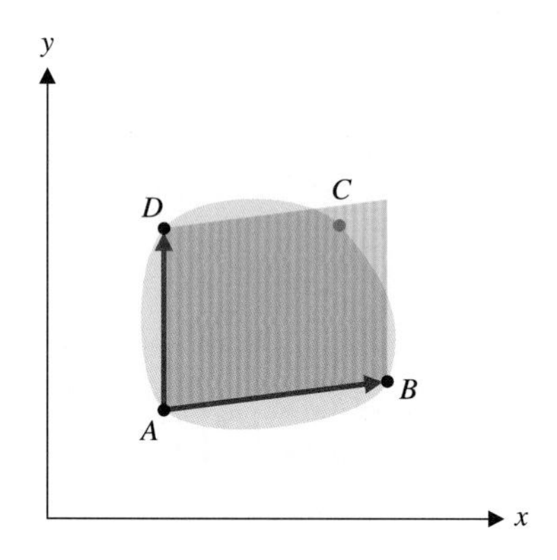

그림 13.72b 벡터 $\overrightarrow{AB}$와 $\overrightarrow{AD}$에 의해 결정되는 평행사변형

Δu와 Δv가 작기만 하면 그림 13.73b에 나타난 바와 같이 벡터 $\overrightarrow{AB}$와 $\overrightarrow{AD}$의 곱, 평행사변형 넓이에 의해 R_i의 넓이의 근삿값을 구할 수 있다. 삼차원 벡터($\vec{k}$가 0인 경우)로서 $\overrightarrow{AB}$와 $\overrightarrow{AD}$를 고려한다면 10.4절에서 설명했던 것처럼 평행사변형의 넓이는 간단하게 $\|\overrightarrow{AB} \times \overrightarrow{AD}\|$이 된다. ΔA_i의 넓이의 근삿값으로 이것을 사용할 수 있다. 우선

$$\overrightarrow{AB} = \langle g(u_i + \Delta u, v_i) - g(u_i, v_i), h(u_i + \Delta u, v_i) - h(u_i, v_i), 0\rangle \tag{8.3}$$

과

$$\overrightarrow{AD} = \langle g(u_i, v_i + \Delta v) - g(u_i, v_i), h(u_i, v_i + \Delta v) - h(u_i, v_i), 0\rangle \tag{8.4}$$

를 생각한다. 편도함수의 정의로부터 다음을 얻는다.

$$g_u(u_i, v_i) = \lim_{\Delta u \to 0} \frac{g(u_i + \Delta u, v_i) - g(u_i, v_i)}{\Delta u}$$

따라서 Δu가 작은 값이면 다음과 같이 표현할 수 있다.

$$g(u_i + \Delta u, v_i) - g(u_i, v_i) \approx g_u(u_i, v_i)\Delta u$$

같은 방법으로

$$h(u_i + \Delta u, v_i) - h(u_i, v_i) \approx h_u(u_i, v_i)\Delta u$$

또 비슷한 방법으로 Δv가 작은 값이면 다음 식을 얻을 수 있다.

$$g(u_i, v_i + \Delta v) - g(u_i, v_i) \approx g_v(u_i, v_i)\Delta v$$
$$h(u_i, v_i + \Delta v) - h(u_i, v_i) \approx h_v(u_i, v_i)\Delta v$$

식 (8.3)과 (8.4)에 위 식들을 적용하면 다음과 같은 표현을 얻을 수 있다.

$$\overrightarrow{AB} \approx \langle g_u(u_i, v_i)\Delta u, h_u(u_i, v_i)\Delta u\rangle = \Delta u\langle g_u(u_i, v_i), h_u(u_i, v_i), 0\rangle$$
$$\overrightarrow{AD} \approx \langle g_v(u_i, v_i)\Delta v, h_v(u_i, v_i)\Delta v\rangle = \Delta v\langle g_v(u_i, v_i), h_v(u_i, v_i), 0\rangle$$

R_i의 근사 넓이는 다음과 같이 주어진다.

$$\Delta A_i \approx \|\overrightarrow{AB} \times \overrightarrow{AD}\| \tag{8.5}$$

여기서

$$\overrightarrow{AB} \times \overrightarrow{AD} \approx \begin{vmatrix} \mathbf{i} & \mathbf{j} & \mathbf{k} \\ \Delta u g_u(u_i, v_i) & \Delta u h_u(u_i, v_i) & 0 \\ \Delta v g_v(u_i, v_i) & \Delta v h_v(u_i, v_i) & 0 \end{vmatrix}$$

$$= \begin{vmatrix} g_u(u_i, v_i) & h_u(u_i, v_i) \\ g_v(u_i, v_i) & h_v(u_i, v_i) \end{vmatrix} \Delta u\, \Delta v \mathbf{k} \tag{8.6}$$

이것을 행렬식으로 다음과 같이 간단하게 표현할 수 있다.

$$\begin{vmatrix} g_u(u_i, v_i) & h_u(u_i, v_i) \\ g_v(u_i, v_i) & h_v(u_i, v_i) \end{vmatrix} = \begin{vmatrix} g_u(u_i, v_i) & g_v(u_i, v_i) \\ h_u(u_i, v_i) & h_v(u_i, v_i) \end{vmatrix} = \begin{vmatrix} \dfrac{\partial x}{\partial u} & \dfrac{\partial x}{\partial v} \\ \dfrac{\partial y}{\partial u} & \dfrac{\partial y}{\partial v} \end{vmatrix} (u_i, v_i)$$

다음 정의에서는 위의 행렬식에 대한 이름과 새로운 기호를 소개한다.

정의 8.1

행렬식 $\begin{vmatrix} \frac{\partial x}{\partial u} & \frac{\partial x}{\partial v} \\ \frac{\partial y}{\partial u} & \frac{\partial y}{\partial v} \end{vmatrix}$을 변환 T의 **자코비안**(Jacobian)이라 하고 $\dfrac{\partial(x,\ y)}{\partial(u,\ v)}$로 나타낸다.

식 (8.5)와 (8.6)으로부터 자코비안 표현을 하면 다음과 같다(**k**는 단위벡터이므로).

$$\Delta A_i \approx \|\overrightarrow{AB} \times \overrightarrow{AD}\| = \left|\frac{\partial(x,\ y)}{\partial(u,\ v)}\right| \Delta u\, \Delta v$$

여기서 행렬은 점 $(u_i,\ v_i)$에서 계산된다. 따라서 식 (8.2)는 다음과 같이 표현된다.

$$\iint_R f(x,\ y)\,dA \approx \sum_{i=1}^{n} f(x_i,\ y_i)\,\Delta A_i \approx \sum_{i=1}^{n} f(x_i,\ y_i)\left|\frac{\partial(x,\ y)}{\partial(u,\ v)}\right| \Delta u\, \Delta v$$

$$= \sum_{i=1}^{n} f(g(u_i,\ v_i),\ h(u_i,\ v_i))\left|\frac{\partial(x,\ y)}{\partial(u,\ v)}\right| \Delta u\, \Delta v$$

위 식에서 마지막 줄의 리만합 표현은 다음과 같은 이중적분이다.

$$\iint_S f(g(u,\ v),\ h(u,\ v))\left|\frac{\partial(x,\ y)}{\partial(u,\ v)}\right| du\, dv$$

이상을 정리하면 다음 정리 8.1과 같다.

정리 8.1 이중적분의 변수 변환

uv평면의 영역 S는 $x = g(u,\ v)$와 $y = h(u,\ v)$에 의해 정의된 일대일 변환 T에 의해 xy평면의 영역 R로 사상된다. 여기서 g와 h는 영역 S에서 연속인 일차편도함수를 갖는다. f가 R에서 연속이고 자코비안 $\dfrac{\partial(x,\ y)}{\partial(u,\ v)}$이 0이 아니면 다음 식이 성립한다.

$$\iint_R f(x,\ y)\,dA = \iint_S f(g(u,\ v),\ h(u,\ v))\left|\frac{\partial(x,\ y)}{\partial(u,\ v)}\right| du\, dv$$

이중적분에서 극좌표계의 변수 변환은 정리 8.1의 특별한 경우이다.

예제 8.3 극좌표계로 변수 변환

정리 8.1을 사용하여 극좌표계에 대한 다음 계산공식을 유도하여라.

$$\iint_R f(x,\ y)\,dA = \iint_S f(r\cos\theta,\ r\sin\theta)\,r\,dr\,d\theta$$

풀이

극좌표계로의 변수 변환은 $r\theta$평면으로부터 $x = r\cos\theta$와 $y = r\sin\theta$에 의해 정의된 xy평면으로의 변환으로 이루어진다. 이것으로부터 다음과 같은 자코비안을 얻는다.

수학자

자코비
(Carl Gustav Jacobi, 1804−1851)

함수들의 행렬식으로 중요한 업적을 남긴 독일의 수학자이다. 어려서부터 독일의 교육체계에서 배울 수 있는 것보다 훨씬 앞서 나갔으며 혼자 많은 연구를 하였다. 유대교에서 기독교로 개종한 이후 대학에서 가르치게 되었다. 그는 타원 함수이론에 관해서 세계 최고의 연구자로 간주되었으며 정수론과 편미분 방정식이론 연구에도 기여하였다. 훌륭한 교사로서 자코비는 그의 제자들과 함께 독일의 수학을 부흥시켰다.

$$\frac{\partial(x, y)}{\partial(r, \theta)} = \begin{vmatrix} \frac{\partial x}{\partial r} & \frac{\partial x}{\partial \theta} \\ \frac{\partial y}{\partial r} & \frac{\partial y}{\partial \theta} \end{vmatrix} = \begin{vmatrix} \cos\theta & -r\sin\theta \\ \sin\theta & r\cos\theta \end{vmatrix} = r\cos^2\theta + r\sin^2\theta = r$$

정리 8.1에 의해서 우리에게 익숙한 공식을 얻는다.

$$\iint_R f(x, y)\,dA = \iint_S f(r\cos\theta, r\sin\theta)\left|\frac{\partial(x, y)}{\partial(r, \theta)}\right| dr\,d\theta$$
$$= \iint_S f(r\cos\theta, r\sin\theta)\,r\,dr\,d\theta$$

■

다음 예제에서는 변수 변환이 적분의 영역을 간단하게 하기 위해 사용될 수 있음을 보여준다(그 때문에 적분이 간단해진다).

예제 8.4 변수 변환

R이 $y = 2x + 3$, $y = 2x + 1$, $y = 5 - x$, $y = 2 - x$로 둘러싸인 영역일 때 적분 $\iint_R (x^2 + 2xy)\,dA$을 구하여라.

풀이

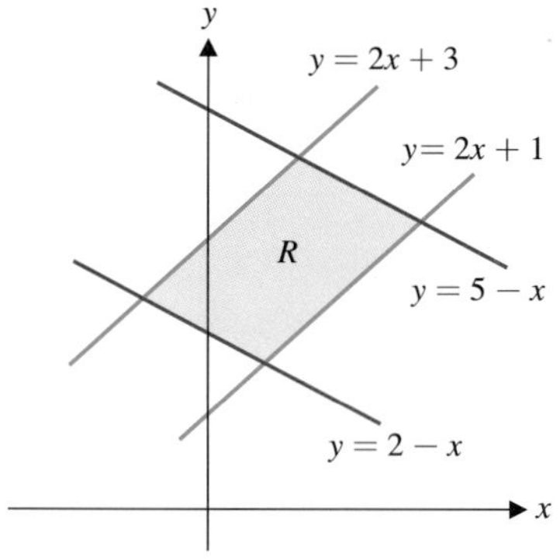

이 적분을 계산하는 데 어려움은 그림 13.73에서와 같이 세 부분으로 분해해야 하는 적분 영역이다(이것에 관하여 생각해 보라!). 또 다른 방법은 uv평면 사각형에서 xy평면 R로의 변환에 대응하는 변수 변환을 구하는 것이다. 예제 8.1에서 한 것을 기억해 보라. 변수 변환

$$x = \frac{1}{3}(v - u), \quad y = \frac{1}{3}(2v + u)$$

은 사각형 $S = \{(u, v) \mid 1 \le u \le 3\ ,\ 2 \le v \le 5\}$를 R로 사상한다. 이 변환의 자코비안은

$$\frac{\partial(x, y)}{\partial(u, v)} = \begin{vmatrix} \frac{\partial x}{\partial u} & \frac{\partial x}{\partial v} \\ \frac{\partial y}{\partial u} & \frac{\partial y}{\partial v} \end{vmatrix} = \begin{vmatrix} -\frac{1}{3} & \frac{1}{3} \\ \frac{1}{3} & \frac{2}{3} \end{vmatrix} = -\frac{1}{3}$$

이다. 정리 8.1에 의해서 다음과 같은 계산식이 구해진다.

$$\iint_R (x^2 + 2xy)\,dA = \iint_S \left[\frac{1}{9}(v - u)^2 + \frac{2}{9}(v - u)(2v + u)\right]\left|\frac{\partial(x, y)}{\partial(r, \theta)}\right| du\,dv$$
$$= \frac{1}{27}\int_2^5\int_1^3 [(v - u)^2 + 2(2v^2 - uv - u^2)]\,du\,dv$$
$$= \frac{196}{27}$$

여기서 마지막 줄의 반복적분 계산은 각자 해 보기 바란다.

■

그림 13.73 영역 R

정적분에서는 피적분함수의 역도함수를 구하기 위해서 변수 변환하였다. 다음 예제에서는 이러한 이중적분의 예를 설명하고 있다.

예제 8.5 변수 변환하여 역도함수 구하기

R이 $y = x$, $y = x + 5$, $y = 2 - x$, $y = 4 - x$에 의해 둘러싸인 사각형 영역일 때 이중적분 $\iint_R \frac{e^{x-y}}{x+y}\,dA$을 구하여라.

풀이

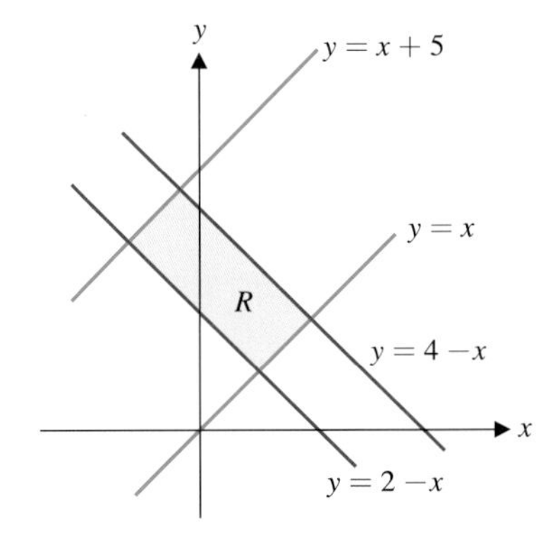

그림 13.74a 영역 R

적분하고자 하는 영역이 xy평면상에서 간단한 사각형이지만 사각형의 변들이 x축과 y축에 평행하지 않다(그림 13.74a 참조). 문제의 피적분함수는 첫 번째 적분변수를 어느 것으로 하더라도 역도함수를 구하기 어렵다. $u = x - y$와 $v = x + y$라 변수 변환하자. 이 식을 x와 y에 대해서 풀면 다음 식을 얻는다.

$$x = \frac{1}{2}(u + v), \quad y = \frac{1}{2}(v - u) \tag{8.7}$$

이 변환의 자코비안은 다음과 같다.

$$\frac{\partial(x, y)}{\partial(u, v)} = \begin{vmatrix} \frac{\partial x}{\partial u} & \frac{\partial x}{\partial v} \\ \frac{\partial y}{\partial u} & \frac{\partial y}{\partial v} \end{vmatrix} = \begin{vmatrix} \frac{1}{2} & \frac{1}{2} \\ -\frac{1}{2} & \frac{1}{2} \end{vmatrix} = \frac{1}{2}$$

다음은 변환에 의해 xy평면의 영역 R로 사상된 uv평면의 영역 S를 구하도록 하자. 영역 S의 경계곡선은 영역 R의 경계곡선이 사상된 것이다. 식 (8.7)로부터 $y = x$는

$$\frac{1}{2}(v - u) = \frac{1}{2}(u + v) \quad \text{즉} \quad u = 0$$

에 대응된다. 마찬가지로, $y = x + 5$는

$$\frac{1}{2}(v - u) = \frac{1}{2}(u + v) + 5 \quad \text{즉} \quad v = -5$$

에 대응하고 $y = 2 - x$는

$$\frac{1}{2}(v - u) = 2 - \frac{1}{2}(u + v) \quad \text{즉} \quad v = 2$$

에, 그리고 $y = 4 - x$는

$$\frac{1}{2}(v - u) = 4 - \frac{1}{2}(u + v) \quad \text{즉} \quad v = 4$$

에 대응한다. xy평면의 영역 R에 대응되는 uv평면의 영역 S는 그림 13.74b와 같은 사각형이 된다.

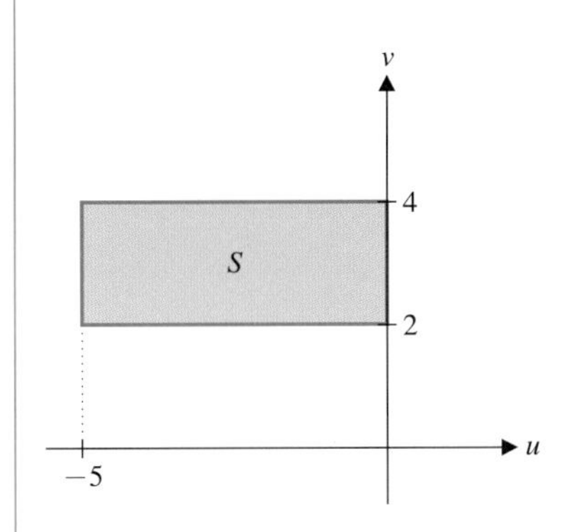

그림 13.74b 영역 S

$$S = \{(u, v) \mid -5 \le u \le 0 \quad \text{그리고} \quad 2 \le v \le 4\}$$

따라서 uv 평면에서 적분구간은 쉽게 구할 수 있다. 정리 8.1에 의해 계산식은 다음과 같다.

$$\iint_R \frac{e^{x-y}}{x+y}\,dA = \iint_S \frac{e^u}{v}\left|\frac{\partial(x, y)}{\partial(u, v)}\right| du\,dv = \frac{1}{2}\int_2^4 \int_{-5}^0 \frac{e^u}{v}\,du\,dv$$

$$= \frac{1}{2}\int_2^4 \frac{1}{v} e^u \Big|_{u=-5}^{u=0} dv = \frac{1}{2}(e^0 - e^{-5})\int_2^4 \frac{1}{v}\,dv$$

$$= \frac{1}{2}(1-e^{-5})\ln|v|\Big|_{v=2}^{v=4} = \frac{1}{2}(1-e^{-5})(\ln 4 - \ln 2)$$

$$\approx 0.34424$$

■

이차원에서 변수 변환 공식을 유도한 것처럼 삼중적분에 대해서도 변수 변환 공식을 유도할 수 있다. 다음 결과의 증명은 대부분의 고등 수학 교재에서 확인할 수 있을 것이다. 우선 삼차원에서의 자코비안을 정의하도록 하자.

T가 uvw공간의 영역 S에서 $x=g(u, v, w)$, $y=h(u, v, w)$, $z=l(u, v, w)$에 의해 정의된 xyz공간의 영역 R로의 변환이라면 자코비안은 다음과 같이 정의된다.

$$\frac{\partial(x, y, z)}{\partial(u, v, w)} = \begin{vmatrix} \frac{\partial x}{\partial u} & \frac{\partial x}{\partial v} & \frac{\partial x}{\partial w} \\ \frac{\partial y}{\partial u} & \frac{\partial y}{\partial v} & \frac{\partial y}{\partial w} \\ \frac{\partial z}{\partial u} & \frac{\partial z}{\partial v} & \frac{\partial z}{\partial w} \end{vmatrix}$$

삼중적분에 대한 다음 정리 8.2는 정리 8.1에 대응한다.

정리 8.2 삼중적분의 변수 변환

uvw공간 영역 S는 $x=g(u, v, w)$, $y=h(u, v, w)$, $z=l(u, v, w)$에 의해 정의된 일대일 변환 T에 의해 xyz공간 영역 R로 사상된다고 하자. 여기서 g, h, l은 S에서 연속인 일차편도함수를 갖는다. f가 R에서 연속이고 자코비안 $\frac{\partial(x, y, z)}{\partial(u, v, w)}$은 0이 아니면 다음과 같은 표현을 얻는다.

$$\iiint_R f(x, y, z)\, dv = \iiint_S f(g(u, v, w), h(u, v, w), l(u, v, w))\left|\frac{\partial(x, y, z)}{\partial(u, v, w)}\right| du\, dv\, dw$$

우리는 이중적분에서 했던 것과 같은 방법으로 삼중적분에서의 변수 변환 공식을 유도하였다. 이러한 변수 변환 공식은 피적분함수 또는 적분 영역을 간단히 하기 위한 것이다. 다음 예제에서는 직교좌표계를 구면좌표계로 바꾸는 변수 변환 공식을 식 (8.2)로부터 유도하고 있으며, 이것은 정리 8.2에서 주어진 일반적인 변수 변환 과정의 간단하고 특별한 경우가 된다.

예제 8.6 구면좌표계에서 계산 공식

정리 8.2를 사용하여 다음과 같은 구면좌표계에서의 삼중적분 계산 공식을 유도하여라.

$$\iiint_R f(x, y, z)\, dV = \iiint_S f(\rho\sin\phi\cos\theta,\ \rho\sin\phi\sin\theta,\ \rho\cos\phi)\rho^2\sin\phi\, d\rho\, d\phi\, d\theta$$

풀이

xyz평면의 영역 R은 구면좌표계 변환 T에 의한 $\rho\phi\theta$평면의 영역 S의 상이라고 하자. 직교좌표계를 구면좌표계로 변환하는 관계식은 다음과 같다.

$$x = \rho\sin\phi\cos\theta,\ y = \rho\sin\phi\sin\theta,\ z = \rho\cos\phi$$

이 변환의 자코비안은 다음과 같이 주어진다.

$$\frac{\partial(x, y, z)}{\partial(\rho, \phi, \theta)} = \begin{vmatrix} \frac{\partial x}{\partial\rho} & \frac{\partial x}{\partial\phi} & \frac{\partial x}{\partial\theta} \\ \frac{\partial y}{\partial\rho} & \frac{\partial y}{\partial\phi} & \frac{\partial y}{\partial\theta} \\ \frac{\partial z}{\partial\rho} & \frac{\partial z}{\partial\phi} & \frac{\partial z}{\partial\theta} \end{vmatrix} = \begin{vmatrix} \sin\phi\cos\theta & \rho\cos\phi\cos\theta & -\rho\sin\phi\sin\theta \\ \sin\phi\sin\theta & \rho\cos\phi\sin\theta & \rho\sin\phi\cos\theta \\ \cos\phi & -\rho\sin\phi & 0 \end{vmatrix}$$

세 번째 행에 따라 행렬식을 전개하면

$$\begin{aligned} \frac{\partial(x, y, z)}{\partial(\rho, \phi, \theta)} &= \cos\phi \begin{vmatrix} \rho\cos\phi\cos\theta & -\rho\sin\phi\sin\theta \\ \rho\cos\phi\sin\theta & \rho\sin\phi\cos\theta \end{vmatrix} \\ &\quad + \rho\sin\phi \begin{vmatrix} \sin\phi\cos\theta & -\rho\sin\phi\sin\theta \\ \sin\phi\sin\theta & \rho\sin\phi\cos\theta \end{vmatrix} \\ &= \cos\phi(\rho^2\sin\phi\cos\phi\cos^2\theta + \rho^2\sin\phi\cos\phi\sin^2\theta) \\ &\quad + \rho\sin\phi(\rho\sin^2\phi\cos^2\theta + \rho\sin^2\phi\sin^2\theta) \\ &= \rho^2\sin\phi\cos^2\phi + \rho^2\sin^3\phi = \rho^2\sin\phi(\cos^2\phi + \sin^2\phi) \\ &= \rho^2\sin\phi \end{aligned}$$

정리 8.2로부터 다음과 같은 표현을 얻을 수 있다.

$$\begin{aligned} \iiint_R f(x, y, z)\,dV &= \iiint_S f(\rho\sin\phi\cos\theta, \rho\sin\phi\sin\theta, \rho\cos\phi) \left| \frac{\partial(x, y, z)}{\partial(\rho, \phi, \theta)} \right| d\rho\, d\phi\, d\theta \\ &= \iiint_S f(\rho\sin\phi\cos\theta, \rho\sin\phi\sin\theta, \rho\cos\phi)\rho^2\sin\phi\, d\rho\, d\phi\, d\theta \end{aligned}$$

여기서 $0 \le \phi \le \pi$이므로 $|\sin\phi| = \sin\phi$이다. 이것은 우리가 13.7절에서 유도했던 것과 같은 계산 공식이고 정리 8.2의 특별한 경우이다.

연습문제 13.8

[1~6] uv평면의 사각형 영역 S를 어떻게 변환하면 다음과 같은 영역 R이 되는지 구하여라.

1. R은 $y = 4x + 2$, $y = 4x + 5$, $y = 3 - 2x$, $y = 1 - 2x$로 둘러싸인 영역

2. R은 $y = 1 - 3x$, $y = 3 - 3x$, $y = x - 1$, $y = x - 3$로 둘러싸인 영역

3. R은 $x^2 + y^2 = 4$의 내부와 $x^2 + y^2 = 1$의 외부로 둘러싸인 제1사분면의 영역

4. R은 $x^2 + y^2 = 9$의 내부와 $x^2 + y^2 = 4$의 외부 그리고 $y = x$와 $y = -x$ 사이의 영역(여기서 $y \ge 0$이다)

5. R은 $y = x^2$, $y = x^2 + 2$, $y = 4 - x^2$, $y = 2 - x^2$으로 둘러싸인 영역(여기서 $x \ge 0$이다)

6. R은 $y = e^x$, $y = e^x + 1$, $y = 3 - e^x$, $y = 5 - e^x$으로 둘러싸인 영역

[7~10] 다음 이중적분을 구하여라.

7. $\iint_R (y-4x)\,dA$, R은 문제 1에서 주어진 영역

8. $\iint_R (y+3x)^2\,dA$, R은 문제 2에서 주어진 영역

9. $\iint_R x\,dA$, R은 문제 3에서 주어진 영역

10. $\iint_R \frac{e^{y-4x}}{y+2x}\,dA$, R은 문제 1에서 주어진 영역

[11~12] 다음 변환의 자코비안을 구하여라.

11. $x = ue^{v}$, $y = ue^{-v}$

12. $x = u/v$, $y = v^2$

13. uvw공간의 직육면체 영역 S를 어떻게 변환하면 입체 Q가 되겠는가? 여기서 Q는 $x+y+z=1$, $x+y+z=2$, $x+2y=0$, $x+2y=1$, $y+z=2$, $y+z=4$로 둘러싸인 입체이다.

14. 문제 13에서 입체 Q의 부피를 구하여라.

[15~16] 다음 이중적분을 좌표계를 변환하여 계산하여라.

15. $\iint_R \frac{e^{y-\sqrt{x}}}{2\sqrt{x}}\,dA$, R은 $y=\sqrt{x}$, $y=\sqrt{x}+2$, $y=4-\sqrt{x}$, $y=6-\sqrt{x}$로 둘러싸인 영역

16. $\iint_R 2(y-2x)e^{y+4x}\,dA$, R은 $y=2x$, $y=2x+1$, $y=3-4x$, $y=1-4x$로 둘러싸인 영역

17. 정리 8.1에서 자코비안은 0이 아니라고 가정하였다. 이것의 필요성을 설명하기 위해서 변환 $x=u-v$와 $y=2v-2u$을 생각해 보자. 이때 자코비안이 0임을 설명하고 u와 v에 대하여 풀어 보아라.

벡터함수의 미분적분학

CHAPTER 14

폴크스바겐의 자동차 비틀은 1950년대부터 1970년대까지 가장 사랑받는 차종 중의 하나였다. 그래서 폴크스바겐이 1998년 내놓은 새로운 디자인의 비틀은 자동차 업계에 큰 반향을 일으켰다. 새로운 비틀은 이전의 비틀을 닮으면서도 연비, 안정성, 운전의 편의성 등 여러 면에서 성능이 개선되었다. 이 장에서 공부할 내용은 자동차, 비행기 또는 다른 복잡한 기계 장치를 설계하고 분석하는 데 필요한 기본적인 도구가 된다.

자동차를 어떻게 새로 디자인하면 공기역학적인 성능을 개선할 수 있을지 생각해 보자. 기술자들은 공기역학의 많은 중요한 원리들을 밝혀냈지만 자동차와 같이 복잡한 장치를 설계하는 데는 시행착오가 따른다. 고성능 컴퓨터가 상용화되기 전에는 기술자들은 새로운 디자인의 모형을 작은 규모 또는 실제 크기로 만들어서 풍동 속에서 실험하였다. 불행하게도 이러한 모형은 항상 충분한 정보를 주는 것이 아닐 뿐만 아니라 특히 시도해 보아야 할 새로운 아이디어가 스무 가지 이상이 되면 만드는 비용 또한 많이 들 수 있다.

오늘날에는 수학적 모델을 이용하여 풍동실험을 정확하게 할 수 있다. 컴퓨터로 하는 풍동 모의실험은 자동차와 그 주변의 각 지점에서의 공기의 속도를 정확히 파악해야 한다. 공간의 각 점에 벡터(예를 들어 속도벡터)를 대응시키는 함수를 벡터장이라 하는데 14.1절에서 이를 공부한다. 유체역학이나 다른 중요한 응용문제에 필수적인 수학 개념들을 이 장에서 공부할 것이다.

비틀을 새로 디자인하는 경우 컴퓨터 모의실험을 통하여 과거의 비틀에서 많은 부분을 개선할 수 있었다. 자동차의 공기역학적인 효율성을 측정하는 단위의 하나가 공기저항계수이다(공기저항계수가 낮을수록 좀 더 공기역학적인 자동차이다). 과거 비틀의 공기저항계수는 0.46인(Robertson과 Crowe의 《Engineering Fluid Mechanics》에서 인용) 반면 (매우 공기역학적인) 1985년 쉐보레의 코르벳이라는

뉴비틀

자동차의 공기저항계수는 0.34이다. 폴크스바겐에 따르면 뉴비틀의 공기저항계수는 0.38로서 공학과 자세한 수학적 분석을 통하여 이전보다 공기저항을 획기적으로 줄였다고 한다.

14.1 벡터장

비행기의 비행을 분석하기 위해서는 풍동실험을 통해 날개나 동체 주위의 흐름에 대한 정보를 얻어야 한다. 이 실험을 수학적으로 분석하려면 풍동 속의 각 점에서 공기의 속도를 표현할 수 있어야 한다. 따라서 공간의 각 점에 벡터를 대응시키는 함수를 공부할 필요가 있는데 이러한 함수를 벡터장이라 한다.

정의 1.1

$\mathbb{R}^2$에서 이차원 벡터공간 V_2로의 함수 $\mathbf{F}(x, y)$를 평면에서의 **벡터장**(vector field)이라 하고

$$\mathbf{F}(x, y) = \langle f_1(x, y),\ f_2(x, y)\rangle = f_1(x, y)\mathbf{i} + f_2(x, y)\mathbf{j}$$

으로 나타낸다. 여기서 $f_1(x, y)$와 $f_2(x, y)$는 스칼라함수이다. 공간에서의 벡터장은 $\mathbb{R}^3$에서 삼차원 벡터공간 V_3로의 함수 $\mathbf{F}(x, y, z)$

$$\begin{aligned}\mathbf{F}(x, y, z) &= \langle f_1(x, y, z),\ f_2(x, y, z),\ f_3(x, y, z)\rangle \\ &= f_1(x, y, z)\mathbf{i} + f_2(x, y, z)\mathbf{j} + f_3(x, y, z)\mathbf{k}\end{aligned}$$

로 나타낸다.

이차원 벡터장을 그래프로 나타내기 위해서는 정의역의 몇 개의 점 (x, y)에 대하여 벡터 $\mathbf{F}(x, y)$를 시작점이 (x, y)에 있도록 그리면 된다. 다음 예제 1.1을 보자.

예제 1.1 벡터장 그리기

벡터장 $\mathbf{F}(x, y) = \langle x + y,\ 3y - x\rangle$에 대하여 (a) $\mathbf{F}(1, 0)$ (b) $\mathbf{F}(0, 1)$ (c) $\mathbf{F}(-2, 1)$을 구하고 점 (x, y)를 시작점으로 하여 $\mathbf{F}(x, y)$를 그려라.

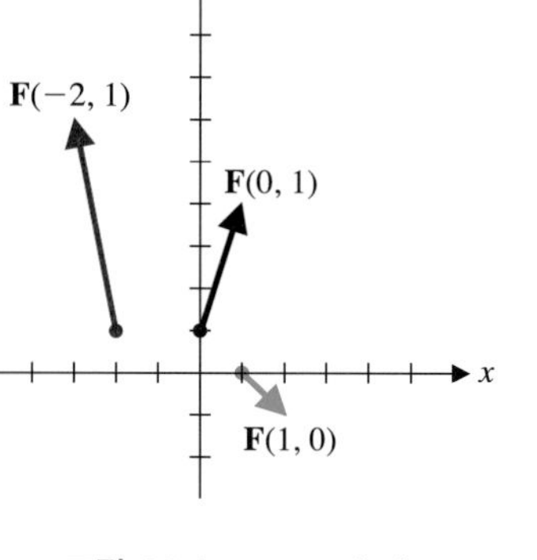

그림 14.1 $\mathbf{F}(x, y)$의 값

풀이

(a) $x = 1,\ y = 0$이므로 $\mathbf{F}(1, 0) = \langle 1, -1\rangle$이다. 그림 14.1에 시작점이 (1, 0)인 벡터 $\langle 1, -1\rangle$이 있다. 따라서 끝점이 (2, −1)이다.

(b) $x = 0,\ y = 1$이므로 $\mathbf{F}(0, 1) = \langle 1, 3\rangle$이다. 그림 14.1에 시작점이 (0, 1)이고 끝점이 (1, 4)인 벡터 $\langle 1, 3\rangle$이 표시되어 있다.

(c) $x = -2,\ y = 1$이므로 $\mathbf{F}(-2, 1) = \langle -1, 5\rangle$이다. 그림 14.1에 시작점이 (−2, 1)이고 끝점이 (−3, 6)인 벡터 $\langle -1, 5\rangle$이 표시되어 있다. ■

벡터장의 그래프를 그리는 데는 문제가 있다. 이차원 벡터장의 그래프는 사차원이다(독립변수가 두 가지이고 벡터도 이차원이기 때문이다). 같은 이유로 삼차원 벡터

장의 그래프는 육차원이다. 그렇지만 그림 14.1에서처럼 몇 개의 벡터를 표시하여 벡터장의 중요한 성질을 알아볼 수 있다. 일반적으로 점 (x, y)에 대하여 시작점이 (x, y)인 벡터 $\mathbf{F}(x, y)$를 표시한 이차원 그래프를 벡터장 $\mathbf{F}(x, y)$의 그래프라 한다.

예제 1.2 벡터장 그리기

벡터장 $\mathbf{F}(x, y) = \langle x, y\rangle$, $\mathbf{G}(x, y) = \dfrac{\langle x, y\rangle}{\sqrt{x^2 + y^2}}$, $\mathbf{H}(x, y) = \langle y, -x\rangle$의 그래프를 그려라.

풀이

몇 개의 점 (x, y)에 대하여 이 점에서 벡터장의 값을 계산하고 (x, y)를 시작점으로 하는 벡터를 그리자. 다음 표에는 각 축과 각 사분면의 몇 개의 점에서 $\mathbf{F}(x, y) = \langle x, y\rangle$를 계산한 것이다.

(x, y)	$\langle x, y\rangle$	(x, y)	$\langle x, y\rangle$
(2, 0)	⟨2, 0⟩	(−2, 1)	⟨−2, 1⟩
(1, 2)	⟨1, 2⟩	(−2, 0)	⟨−2, 0⟩
(2, 1)	⟨2, 1⟩	(−1, −2)	⟨−1, −2⟩
(0, 2)	⟨0, 2⟩	(0, −2)	⟨0, −2⟩
(−1, 2)	⟨−1, 2⟩	(1, −2)	⟨1, −2⟩
(−2, −1)	⟨−2, −1⟩	(2, −1)	⟨2, −1⟩

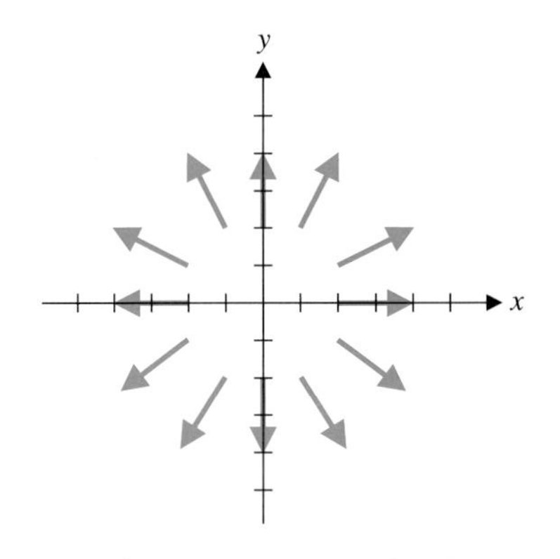

그림 14.2a $\mathbf{F}(x, y) = \langle x, y\rangle$

표의 벡터들을 그린 것이 그림 14.2a이다. 그림 14.2b는 컴퓨터로 그린 것이다. 두 그림에서 벡터들은 원점에서 바깥으로 향하고 있고 시작점이 원점에서 멀어질수록 벡터의 크기가 커진다. 각 벡터의 시작점 (x, y)는 원점에서 $\sqrt{x^2 + y^2}$ 만큼 떨어져 있고 벡터 $\langle x, y\rangle$의 길이는 $\sqrt{x^2 + y^2}$이다. 따라서 각 벡터의 길이는 원점에서 시작점까지의 거리와 같다.

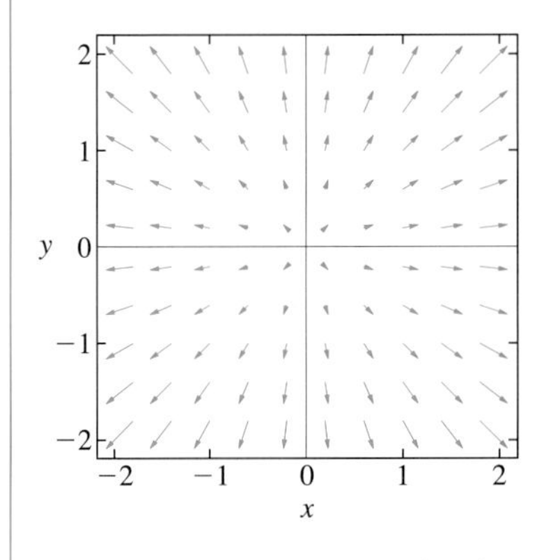

그림 14.2b $\mathbf{F}(x, y) = \langle x, y\rangle$

벡터장 $\mathbf{G}(x, y)$는 $\mathbf{F}(x, y)$를 벡터 $\langle x, y\rangle$를 크기 $\sqrt{x^2 + y^2}$로 나눈 것이고, 벡터를 그 크기로 나누면 같은 방향의 단위벡터가 된다. 따라서 각 (x, y)에 대하여 $\mathbf{G}(x, y)$는 $\mathbf{F}(x, y)$와 같은 방향의 단위벡터이다. $\mathbf{G}(x, y)$의 그래프가 그림 14.2c이다.

몇 개의 벡터 $\mathbf{H}(x, y)$를 구한 것이 다음 표이고 이것을 그린 것이 그림 14.3a이다.

(x, y)	$\langle y, -x\rangle$	(x, y)	$\langle y, -x\rangle$
(2, 0)	⟨0, −2⟩	(−2, 1)	⟨1, 2⟩
(1, 2)	⟨2, −1⟩	(−2, 0)	⟨0, 2⟩
(2, 1)	⟨1, −2⟩	(−1, −2)	⟨−2, 1⟩
(0, 2)	⟨2, 0⟩	(0, −2)	⟨−2, 0⟩
(−1, 2)	⟨2, 1⟩	(1, −2)	⟨−2, −1⟩
(−2, −1)	⟨−1, 2⟩	(2, −1)	⟨−1, −2⟩

그림 14.3b는 $\mathbf{H}(x, y)$를 그린 것이다. $\mathbf{H}(x, y)$가 유체의 운동에서 속도장을 나타낸다면 이 벡터들은 유체가 원 모양을 따라 흐르고 있음을 의미한다. 원의 접선은 반지름에 수직임을 알고 있다. 원점에서 점 (x, y)까지의 반지름 벡터는 $\langle x, y\rangle$이고 이것은 $\langle y, -x\rangle$와 수직이다. 또 이 벡터들은 크기가 일정하지 않다. $\mathbf{F}(x, y)$와 마찬가지로 벡터 $\langle y, -x\rangle$의 크기도 $\sqrt{x^2 + y^2}$인데 이것은 원점에서 점 (x, y)까지의 거리와 같다.

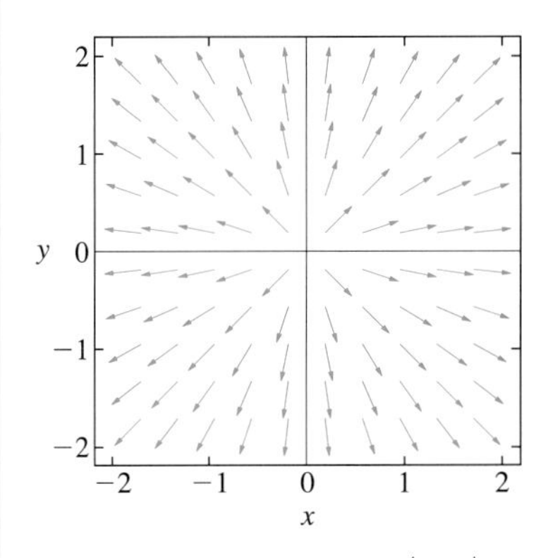

그림 14.2c $\mathbf{G}(x, y) = \dfrac{\langle x, y\rangle}{\sqrt{x^2 + y^2}}$

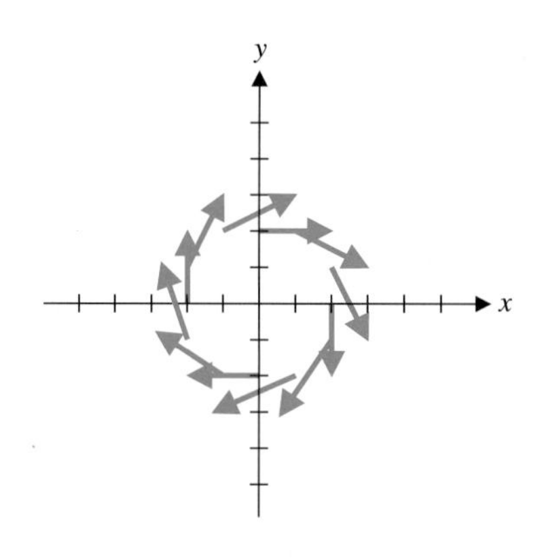

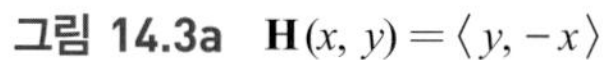

그림 14.3a $\mathbf{H}(x, y) = \langle y, -x \rangle$

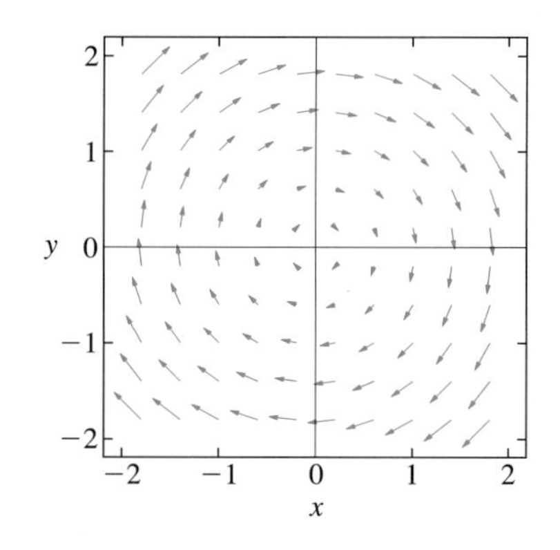

그림 14.3b $\mathbf{H}(x, y) = \langle y, -x \rangle$

벡터장 중에서 중요한 것은 어떤 스칼라함수의 기울기벡터(그래디언트벡터)로 주어지는 기울기장(그래디언트장)이다. 아래의 정의 1.2는 이변수함수나 삼변수함수 모두에 적용된다.

정의 1.2

스칼라함수 f에 대하여 벡터장 $\mathbf{F} = \nabla f$를 **기울기장**(gradient field)이라 한다. 이때 f를 $\mathbf{F}$의 **퍼텐셜함수**(potential function)라 한다. 또 벡터함수 $\mathbf{F}$가 적당한 스칼라함수 f에 대하여 $\mathbf{F} = \nabla f$를 만족할 때 $\mathbf{F}$는 **보존벡터장**(conservative vector field)이라 한다.

몇몇 응용분야(물리학이나 공학)에서 보존벡터장과 퍼텐셜을 다룰 때는 $-f$를 퍼텐셜함수라 하기도 한다. 이것은 근본적인 차이는 없고 다만 기호의 차이일 뿐이다.

예제 1.3 기울기장 구하기

다음 함수의 기울기장을 구하고 CAS를 이용하여 그려라.

(a) $f(x, y) = x^2 y - e^y$ (b) $g(x, y, z) = \dfrac{1}{x^2 + y^2 + z^2}$

풀이

(a) 편도함수를 구하면 $\dfrac{\partial f}{\partial x} = 2xy$, $\dfrac{\partial f}{\partial y} = x^2 - e^y$이므로

$$\nabla f(x, y) = \left\langle \frac{\partial f}{\partial x}, \frac{\partial f}{\partial y} \right\rangle = \langle 2xy,\ x^2 - e^y \rangle$$

이다(그림 14.4a).

(b) $g(x, y, z) = (x^2 + y^2 + z^2)^{-1}$이므로

$$\frac{\partial g}{\partial x} = -(x^2 + y^2 + z^2)^{-2}(2x) = -\frac{2x}{(x^2 + y^2 + z^2)^2}$$

이고 같은 방법으로

$$\frac{\partial g}{\partial y} = -\frac{2y}{(x^2 + y^2 + z^2)^2},\quad \frac{\partial g}{\partial z} = -\frac{2z}{(x^2 + y^2 + z^2)^2}$$

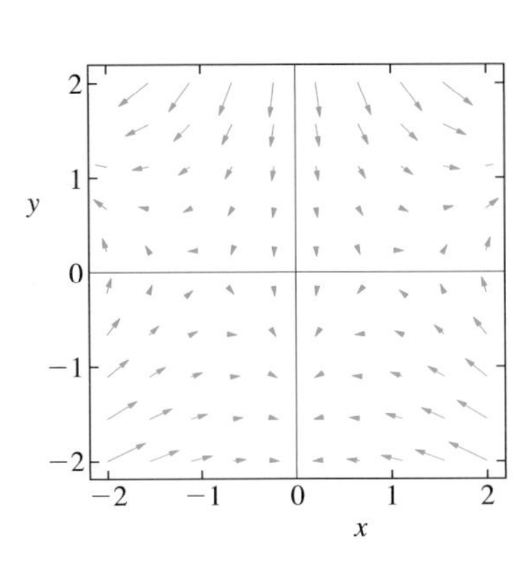

그림 14.4a $\nabla(x^2y - e^y)$

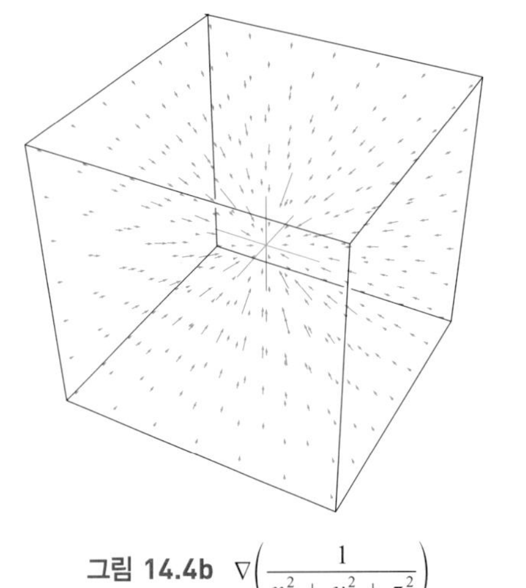

그림 14.4b $\nabla\left(\dfrac{1}{x^2+y^2+z^2}\right)$

이다. 따라서

$$\nabla g(x, y, z) = \left\langle \frac{\partial g}{\partial x}, \frac{\partial g}{\partial y}, \frac{\partial g}{\partial z} \right\rangle = -\frac{2\langle x, y, z\rangle}{(x^2+y^2+z^2)^2}$$

이다(그림 14.4b).

■

벡터장이 기울기장(즉 벡터장이 보존적)이면 여러 가지 계산이 매우 간단해진다. 또 간단히 하기 위해서는 주어진 보존장의 퍼텐셜함수를 구할 수 있어야 한다. 예제 1.4의 방법은 이 장의 많은 문제에서 이용된다.

예제 1.4 퍼텐셜함수 구하기

다음 벡터장이 보존적인지 판정하고 보존적일 경우 퍼텐셜함수를 구하여라.

(a) $\mathbf{F}(x, y) = \langle 2xy - 3, x^2 + \cos y\rangle$ (b) $\mathbf{G}(x, y) = \langle 3x^2y^2 - 2y, x^2y - 2x\rangle$

풀이

(a) $f(x, y)$가 $\mathbf{F}(x, y)$의 퍼텐셜함수라 하면

$$\nabla f(x, y) = \mathbf{F}(x, y) = \langle 2xy - 3, x^2 + \cos y\rangle$$

이므로

$$\frac{\partial f}{\partial x} = 2xy - 3, \quad \frac{\partial f}{\partial y} = x^2 + \cos y \tag{1.1}$$

이다. 첫 번째 식에서 y를 상수로 간주하고 x에 대하여 적분하면

$$f(x, y) = \int (2xy - 3)\, dx = x^2y - 3x + g(y) \tag{1.2}$$

이다. 여기에서 x로 적분할 때 y를 상수로 간주했으므로 적분상수 c 대신 y만의 함수 $g(y)$가 생겼다. $f(x, y)$를 y에 대하여 미분하면 식 (1.1)에서

$$\frac{\partial f}{\partial y}(x, y) = x^2 + g'(y) = x^2 + \cos y$$

이므로 $g'(y) = \cos y$ 이고

$$g(y) = \int \cos y \, dy = \sin y + c$$

이다. 따라서 식 (1.2)에서

$$f(x, y) = x^2 y - 3x + \sin y + c$$

이고 여기서 c는 임의의 상수이다. 퍼텐셜함수를 구했으므로 벡터장 $\mathbf{F}(x, y)$는 보존적이다.
(b) $g(x, y)$가 $\mathbf{G}(x, y)$의 퍼텐셜함수라 하면

$$\nabla g(x, y) = \mathbf{G}(x, y) = \langle 3x^2 y^2 - 2y,\ x^2 y - 2x \rangle$$

이므로

$$\frac{\partial g}{\partial x} = 3x^2 y^2 - 2y\ , \quad \frac{\partial g}{\partial y} = x^2 y - 2x \tag{1.3}$$

이다. 첫 번째 식을 x에 대하여 적분하면

$$g(x, y) = \int (3x^2 y^2 - 2y) dx = x^3 y^2 - 2xy + h(y)$$

이다. 여기에서 $h(y)$는 y에 관한 임의의 함수이다. 이것을 y에 관하여 미분하면 식 (1.3)에 의하여

$$\frac{\partial g}{\partial y}(x, y) = 2x^3 y - 2x + h'(y) = x^2 y - 2x$$

이므로

$$h'(y) = x^2 y - 2x - 2x^3 y + 2x = x^2 y - 2x^3 y$$

이다. 그런데 $h(y)$는 y만의 함수가 되어야 하므로 모순이다. 따라서 $\mathbf{G}(x, y)$는 퍼텐셜함수가 없고 보존적이 아니다.

연습문제 14.1

[1~5] 다음 벡터장에서 벡터를 몇 개 그려라.

1. $\mathbf{F}(x, y) = \langle -y, x \rangle$ **2.** $\mathbf{F}(x, y) = \langle 0, x^2 \rangle$

3. $\mathbf{F}(x, y) = -(x-1)\mathbf{i} + (y-2)\mathbf{j}$

4. $\mathbf{F}(x, y, z) = \langle 0, z, 1 \rangle$

5. $\mathbf{F}(x, y, z) = \dfrac{\langle x, y, z \rangle}{\sqrt{x^2 + y^2 + z^2}}$

6. 벡터장 $\mathbf{F}_1 \sim \mathbf{F}_4$에 해당하는 그래프 A~D를 찾아라.

$$\mathbf{F}_1(x, y) = \frac{(x, y)}{\sqrt{x^2 + y^2}}, \quad \mathbf{F}_2(x, y) = (x, y),$$

$\mathbf{F}_3(x, y) = (e^y, x),$ 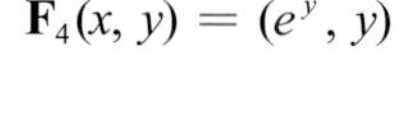 $\mathbf{F}_4(x, y) = (e^y, y)$

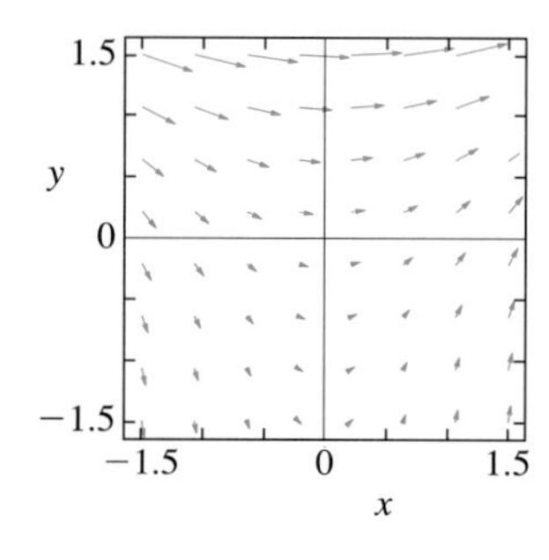

그래프 A

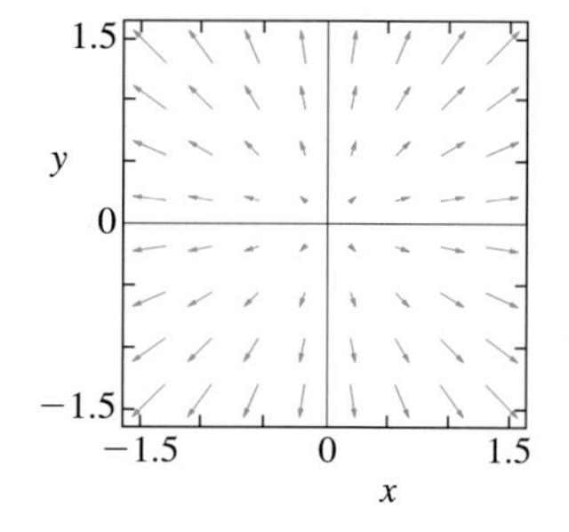

그래프 B

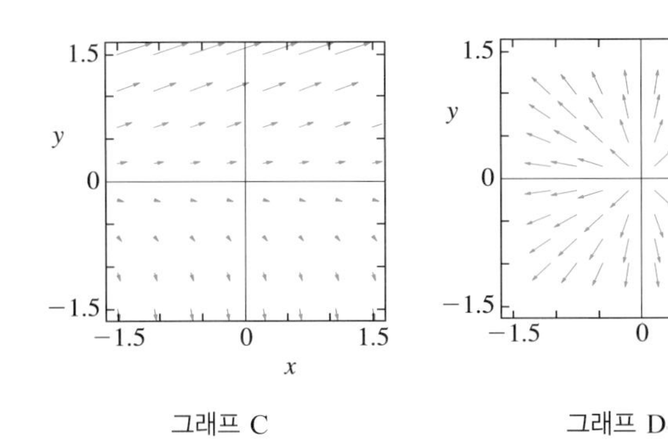

그래프 C　　　　그래프 D

[7~11] 다음 함수의 기울기장을 구하여라.

7. $f(x, y) = x^2 + y^2$

8. $f(x, y) = \sqrt{x^2 + y^2}$

9. $f(x, y) = xe^{-xy}$

10. $f(x, y, z) = \sqrt{x^2 + y^2 + z^2}$

11. $f(x, y, z) = \dfrac{x^2 y}{x^2 + z^2}$

[12~17] 다음 벡터장이 $\mathbb{R}^2$ 또는 $\mathbb{R}^3$에서 보존적인지 판정하고 보존적일 경우 퍼텐셜함수를 구하여라.

12. $\langle y, x \rangle$

13. $\langle y, -x \rangle$

14. $(x - 2xy)\mathbf{i} + (y^2 - x^2)\mathbf{j}$

15. $\langle y \sin xy, x \sin xy \rangle$

16. $\langle 4x - z, 3y + z, y - x \rangle$

17. $\langle y^2 z^2 - 1, 2xyz^2, 4z^3 \rangle$

14.2 선적분

5.6절에서 $x = a$에서 $x = b$까지 변하는 밀도 $\rho(x)$를 갖는 얇은 막대의 질량이 $\int_a^b \rho(x)\,dx$로 주어짐을 공부하였다. 그러나 그림 14.5의 용수철 같은 삼차원 물체의 질량을 구하려면 앞에서 공부한 내용을 삼차원으로 확장해야 한다. 이 경우에 밀도 함수는 $\rho(x, y, z)$ 형태이다. 물체가 방향을 갖는 곡선 C의 형태이고 C는 점 (a, b, c)에서 시작하여 점 (d, e, f)에서 끝난다고 하자. 먼저 곡선을 그림 14.6과 같이 n개의 조각으로 나누고 끝점이 $(a, b, c) = (x_0, y_0, z_0), (x_1, y_1, z_1), \cdots, (x_n, y_n, z_n) = (d, e, f)$라 하자. 점 (x_i, y_i, z_i)를 P_i라 나타내고 $i = 1, 2, \cdots, n$에 대하여 P_{i-1}과 P_i를 잇는 조각을 C_i라 하자. C_i가 아주 작으면 C_i에서 밀도는 상수라 할 수 있다. 이때 C_i의 질량은 밀도와 C_i의 길이를 곱하면 된다. C_i의 밀도는 C_i의 적당한 점 $(x_i^*, y_i^*, z_i^*)P_{i-1}$에서의 밀도 $\rho(x_i^*, y_i^*, z_i^*)$와 같다고 하자. 그러면 C_i의 질량의 근삿값은

$$\rho(x_i^*, y_i^*, z_i^*)\Delta s_i$$

이다. 여기서 Δs_i는 C_i의 길이를 나타낸다. n개의 조각의 질량을 합하여 전체질량 m의 근삿값을 구하면 다음과 같다.

$$m \approx \sum_{i=1}^{n} \rho(x_i^*, y_i^*, z_i^*)\Delta s_i$$

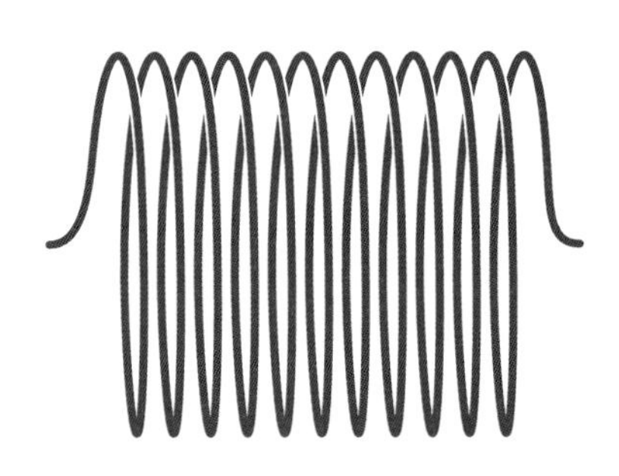
그림 14.5 원나선 스프링

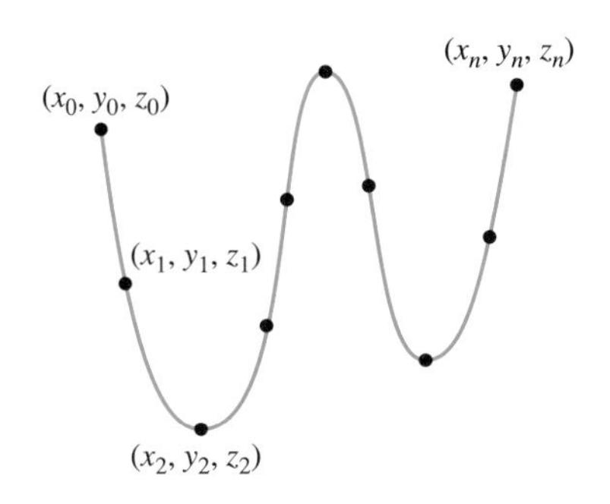

그림 14.6 분할한 곡선

곡선을 더 많은 조각으로 나누어서 조각의 길이를 짧게 하면 할수록 좀 더 근사한 값을 얻을 수 있음을 알 수 있다. 따라서 호의 길이 $\Delta s_i (i = 1, 2, \cdots, n)$의 최댓값을 분할의 크기 $\|P\|$라 하면

$$m = \lim_{\|P\| \to 0} \sum_{i=1}^{n} \rho(x_i^*, y_i^*, z_i^*) \Delta s_i \tag{2.1}$$

이다. 이때 이 극한이 존재하고 계산점 $\rho(x_i^*, y_i^*, z_i^*)$ $(i = 1, 2, \cdots, n)$을 어떻게 택하더라도 같은 값이 나와야 한다.

식 (2.1)은 리만합의 극한이다. 이러한 형태의 극한은 응용문제에서도 많이 나온다. 이 극한을 다음과 같이 정의하자.

정의 2.1

방향이 있는 곡선 C의 곡선의 길이에 대한 $f(x, y, z)$의 **선적분**(line integral)은

$$\int_C f(x, y, z)\, ds = \lim_{\|P\| \to 0} \sum_{i=1}^{n} f(x_i^*, y_i^*, z_i^*) \Delta s_i$$

이다. 이때 우변의 극한은 모든 분할 P에 대하여 극한이 존재하고 그 값이 같아야 한다.

정리 2.1 선적분 계산 공식

$f(x, y, z)$가 곡선 C를 포함하는 영역 D에서 연속이고 C를 매개방정식으로 나타내면 $(x(t), y(t), z(t))$, $a \le t \le b$라 하고 $x(t)$, $y(t)$, $z(t)$의 도함수도 연속이라 하자. 그러면

$$\int_C f(x, y, z)\, ds = \int_a^b f(x(t), y(t), z(t)) \sqrt{[x'(t)]^2 + [y'(t)]^2 + [z'(t)]^2}\, dt$$

이다. 또 $f(x, y)$가 곡선 C를 포함하는 영역 D에서 연속이고 C를 매개방정식으로 나타내면 $(x(t), y(t))$, $a \le t \le b$라 하고 $x(t)$, $y(t)$의 도함수도 연속이라 하자. 그러면

$$\int_C f(x, y)\, ds = \int_a^b f(x(t), y(t)) \sqrt{[x'(t)]^2 + [y'(t)]^2}\, dt$$

이다.

증명

이차원 곡선의 경우만 증명하기로 하자. 정의 2.1에서

$$\int_C f(x, y)\, ds = \lim_{\|P\| \to 0} \sum_{i=1}^{n} f(x_i^*, y_i^*)\, \Delta s_i \tag{2.2}$$

이다. 여기서 Δs_i는 곡선 C 위의 점 (x_{i-1}, y_{i-1})과 (x_i, y_i) 사이의 길이를 의미한다. $i = 0, 1, \cdots, n$에 대하여 $x(t_i) = x_i$, $y(t_i) = y_i$가 되도록 $t_0, t_1, \cdots, t_n$을 택하자. 작은 구간에서 곡선의 길이는 직선의 길이와 근사하고

$$\Delta s_i \approx \sqrt{(x_i - x_{i-1})^2 + (y_i - y_{i-1})^2}$$

이다. $x(t)$와 $y(t)$의 도함수가 연속이므로 평균값 정리에 의하여

$$\Delta s_i \approx \sqrt{[x'(t_i^*)]^2 + [y'(t_i^*)]^2}\, \Delta t_i$$

이고 여기서 $t_i^* \in (t_{i-1}, t_i)$이다. 따라서 식 (2.2)에서

$$\int_C f(x, y)\,ds = \lim_{\|P\|\to 0}\sum_{i=1}^{n} f(x(t_i^*), y(t_i^*))\sqrt{[x'(t_i^*)]^2 + [y'(t_i^*)]^2}\,\Delta t_i$$
$$= \int_a^b f(x(t), y(t))\sqrt{[x'(t)]^2 + [y'(t)]^2}\,dt$$

이다. ■

곡선 C가 매개방정식 $x = x(t)$, $y = y(t)$, $z = z(t)$, $a \le t \le b$로 표현되고 $x(t)$, $y(t)$, $z(t)$의 도함수가 연속이며 $[a, b]$에서 $[x'(t)]^2 + [y'(t)]^2 + [z'(t)]^2 \ne 0$일 때 C는 **매끄럽다**(smooth)고 한다. 정리 2.1에 의하면 공간곡선에 대해서

$$ds = \sqrt{[x'(t)]^2 + [y'(t)]^2 + [z'(t)]^2}\,dt \tag{2.3}$$

로 나타낼 수 있음을 알 수 있다. 마찬가지로 평면곡선에 대해서는

$$ds = \sqrt{[x'(t)]^2 + [y'(t)]^2}\,dt \tag{2.4}$$

로 나타낼 수 있다.

예제 2.1 원나선의 질량

매개방정식 $x = 2\cos t$, $y = t$, $z = 2\sin t$, $0 \le t \le 6\pi$로 표현되고 밀도는 $\rho(x, y, z) = 2y$인 원나선의 질량을 구하여라.

풀이

원나선의 그림은 그림 14.7이다. 밀도는 $\rho(x, y, z) = 2y = 2t$이고 식 (2.3)에 의하여

$$ds = \sqrt{[x'(t)]^2 + [y'(t)]^2 + [z'(t)]^2}\,dt$$
$$= \sqrt{(-2\sin t)^2 + 1^2 + (2\cos t)^2}\,dt = \sqrt{5}\,dt$$

이므로 정리 2.1에 의하여

$$\text{질량} = \int_C \rho(x, y, z)\,ds = \int_0^{6\pi} 2\sqrt{5}\,t\,dt = 36\sqrt{5}\,\pi^2$$

이다.

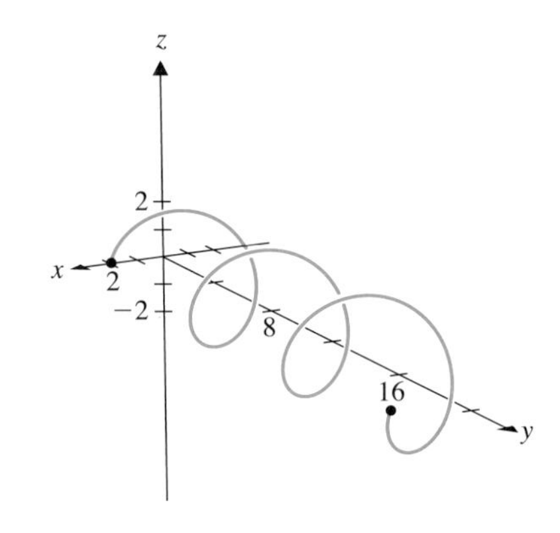

그림 14.7 원나선 $x = 2\cos t$, $y = t$, $z = 2\sin t$, $0 \le t \le 6\pi$

정리 2.1은 곡선 C가 매끄러울 때만 이용할 수 있다. 우리가 다루는 곡선 중에는 매끄럽지 않은 곡선도 많은데 정리 2.1을 C가 유한개의 매끄러운 곡선으로 이루어진 경우로 확장할 수 있다. 즉,

$$C = C_1 \cup C_2 \cup \cdots \cup C_n$$

이고 $C_1, C_2, \cdots, C_n$은 매끄러운 곡선이며 $i = 1, 2, \cdots, n-1$에 대하여 C_i의 끝점이 C_{i+1}의 시작점과 같다고 하자. 이때 곡선 C는 **구분적으로 매끄럽다**(piecewise-smooth)고 한다. 예를 들어 C_1과 C_2가 방향이 있는 곡선이고 C_1의 끝점이 C_2의 시작점과 같다고 하자. 그러면 $C_1 \cup C_2$는 C_1의 시작점에서 C_2의 끝점까지의 방향이 있는 곡선이다(그림 14.8). 아래의 정리 2.2의 결과는 충분히 예상할 수 있는 것이다. 여기

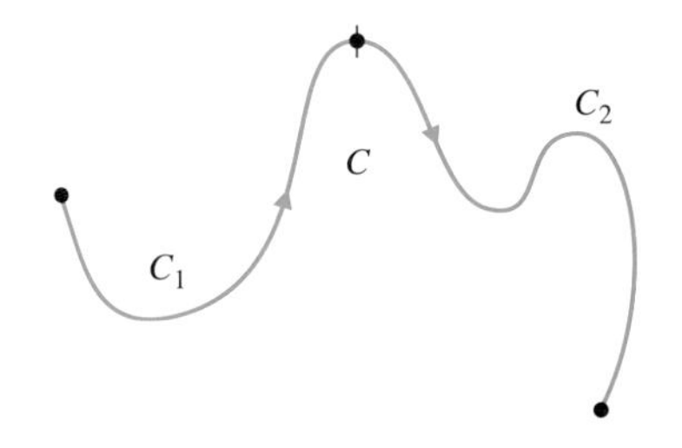

그림 14.8 $C = C_1 \cup C_2$

서 $-C$는 곡선 C와 같지만 방향이 반대인 곡선을 나타낸다.

정리 2.2

함수 $f(x, y, z)$는 방향이 있는 곡선 C를 포함하는 영역 D에서 연속이라 하자. C는 구분적으로 매끄러운 곡선이며 $C = C_1 \cup C_2 \cup \cdots \cup C_n$으로 표현되고 여기서 $C_1, C_2, \cdots, C_n$은 매끄러운 곡선이며 $i = 1, 2, \cdots, n-1$에 대하여 C_i의 끝점이 C_{i+1}의 시작점과 같다고 하자. 그러면 다음이 성립한다.

(i) $$\int_{-C} f(x, y, z)\,ds = \int_C f(x, y, z)\,ds$$

(ii) $$\int_C f(x, y, z)\,ds = \int_{C_1} f(x, y, z)\,ds + \int_{C_2} f(x, y, z)\,ds + \cdots + \int_{C_n} f(x, y, z)\,ds$$

증명은 생략하기로 하자. 또 이 성질들은 이차원의 경우에도 같은 형태로 성립한다.

예제 2.2 구분적으로 매끄러운 곡선에서 선적분

C는 점 $(1, 2)$에서 점 $(3, 3)$까지의 선분과 점 $(3, 3)$에서 점 $(3, -3)$까지 원 $x^2 + y^2 = 18$을 시계방향으로 따라간 곡선일 때 선적분 $\int_C (3x - y)\,ds$를 구하여라.

풀이

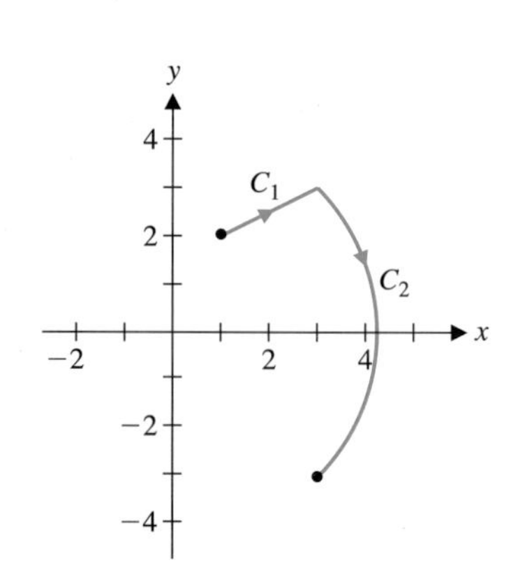

그림 14.9 구분적으로 매끄러운 곡선

곡선의 그래프는 그림 14.9에 있다. 선분 C_1과 곡선 C_2로 나누어 계산해야 한다. C_1을 매개방정식으로 나타내면 $x = 1 + (3-1)t = 1 + 2t$, $y = 2 + (3-2)t = 2 + t$, $0 \le t \le 1$이다. 또 C_1에서 피적분함수는

$$3x - y = 3(1 + 2t) - (2 + t) = 1 + 5t$$

이고 식 (2.4)에 의하여

$$ds = \sqrt{2^2 + 1^2}\,dt = \sqrt{5}\,dt$$

이다. 따라서

$$\int_{C_1} f(x, y)\,ds = \int_0^1 \underbrace{(1 + 5t)}_{f(x,\,y)} \underbrace{\sqrt{5}\,dt}_{ds} = \frac{7}{2}\sqrt{5} \qquad (2.5)$$

이다. C_2을 매개방정식으로 나타내면 반지름이 $\sqrt{18}$인 원의 시계방향이므로 $x(t) = \sqrt{18}\cos t$, $y(t) = -\sqrt{18}\sin t$이고 시작점 $(3, 3)$은 t가 $-\frac{\pi}{4}$일 때이고 끝점 $(3, -3)$은 t가 $\frac{\pi}{4}$일 때이다. 또 C_2에서 피적분함수는

$$3x - y = 3\sqrt{18}\cos t + \sqrt{18}\sin t$$

이고

$$ds = \sqrt{(-\sqrt{18}\sin t)^2 + (-\sqrt{18}\cos t)^2}\,dt = \sqrt{18}\,dt$$

이다. 따라서

$$\int_{C_2} f(x, y)\,ds = \int_{-\pi/4}^{\pi/4} \underbrace{(3\sqrt{18}\cos t + \sqrt{18}\sin t)}_{f(x,\,y)}\ \underbrace{\sqrt{18}\,dt}_{ds} = 54\sqrt{2} \tag{2.6}$$

이다. 따라서

$$\int_C f(x, y)\,ds = \int_{C_1} f(x, y)\,ds + \int_{C_2} f(x, y)\,ds = \frac{7}{2}\sqrt{5} + 54\sqrt{2}$$

이다.

선적분의 기하학적 의미에 대하여 알아보자. 정적분 $\int_a^b f(x)\,dx$는 구간 $[a, b]$에 대하여 곡선 $f(x)$에서 x축까지의 높이를 더하여 극한을 취한 것이다. 마찬가지로 선적분 $\int_C f(x, y)\,ds$는 xy평면에 놓여 있는 곡선 C에 대하여 함수 $f(x, y)$에서 xy평면까지의 높이를 더하여 극한을 취한 것이다. 이것을 그림으로 나타낸 것이 그림 14.10a와 그림 14.10b이다. 특히 $f(x) \geq 0$이면 $\int_a^b f(x)\,dx$는 구간 $[a, b]$에서 곡선 $y = f(x)$ 아래, 즉 그림 14.10a에서 색칠한 부분의 넓이를 나타낸다. 마찬가지로 $f(x, y) \geq 0$이면 $\int_C f(x, y)\,ds$는 그림 14.10b에서 색칠한 곡면의 넓이를 나타낸다. 일반적으로 $\int_a^b f(x)\,dx$는 부호가 있는 넓이($f(x) > 0$이면 양수이고 $f(x) < 0$이면 음수)를 나타내고 선적분 $\int_C f(x, y)\,ds$는 xy평면에서 곡선 $z = f(x, y)$까지의 수직 곡면의 부호가 있는 넓이를 나타낸다.

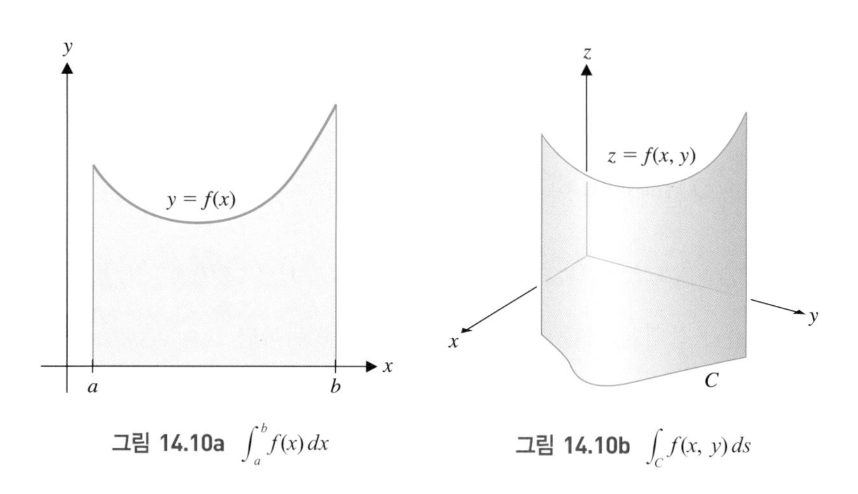

그림 14.10a $\int_a^b f(x)\,dx$　　**그림 14.10b** $\int_C f(x, y)\,ds$

정리 2.3

C가 구분적으로 매끄러운 곡선일 때 $\int_C 1\,ds$는 곡선 C의 길이이다.

일정한 힘 f를 가하여 물체를 직선거리 d만큼 움직였을 때 한 일은 $W = f \cdot d$이다. 이것을 확장하여 힘 $f(x)$를 가하여 물체를 $x = a$에서 $x = b$까지 직선을 따라 움직였을 때 한 일은

$$W = \int_a^b f(x)\,dx$$

임을 알았다. 이 개념을 확장하여 삼차원 공간에서 곡선을 따라 물체를 움직였을 때 한 일을 구해 보자. 힘 $\mathbf{F}(x, y, z)$를 가하여 물체를 곡선 C를 따라 움직였다고 하자. C를 n개의 구간 $C_1, C_2, \cdots, C_n$으로 나누자. 각 구간 $C_i(i=1, 2, \cdots, n)$의 길이가 작고 $\mathbf{F}$가 연속이면 $\mathbf{F}$는 C_i에서는 거의 변하지 않으므로 $\mathbf{F}$의 값은 C_i 위의 점 (x_i^*, y_i^*, z_i^*)에서의 값과 근사하다. 따라서 C_i 위에서 한 일 W_i는 점 (x_i^*, y_i^*, z_i^*)에서 곡선 C의 단위접선벡터 $\mathbf{T}(x, y, z)$ 방향이고 크기가 움직인 거리와 같은 벡터와 $\mathbf{F}(x_i^*, y_i^*, z_i^*)$의 내적과 근사하다. 즉

$$W_i \approx \mathbf{F}(x_i^*, y_i^*, z_i^*) \cdot \mathbf{T}(x_i^*, y_i^*, z_i^*) \Delta s_i$$

이다. 여기서 Δs_i는 구간 C_i의 길이이다. C_i를 매개방정식으로 나타내면 $x=x(t)$, $y=y(t)$, $z=z(t)$, $a \le t \le b$이고 매끄럽다고 하면

$$\begin{aligned} W_i &\approx \mathbf{F}(x_i^*, y_i^*, z_i^*) \cdot \mathbf{T}(x_i^*, y_i^*, z_i^*) \Delta s_i \\ &= \frac{\mathbf{F}(x_i^*, y_i^*, z_i^*) \cdot \langle x'(t_i^*), y'(t_i^*), z'(t_i^*) \rangle}{\sqrt{[x'(t_i^*)]^2 + [y'(t_i^*)]^2 + [z'(t_i^*)]^2}} \sqrt{[x'(t_i^*)]^2 + [y'(t_i^*)]^2 + [z'(t_i^*)]^2}\, \Delta t \\ &= \mathbf{F}(x_i^*, y_i^*, z_i^*) \cdot \langle x'(t_i^*), y'(t_i^*), z'(t_i^*) \rangle \Delta t \end{aligned}$$

이고 여기서 $(x_i^*, y_i^*, z_i^*) = (x(t_i^*), y(t_i^*), z(t_i^*))$이다. 만약

$$\mathbf{F}(x, y, z) = \langle F_1(x, y, z), F_2(x, y, z), F_3(x, y, z) \rangle$$

이면

$$W_i \approx \langle F_1(x_i^*, y_i^*, z_i^*), F_2(x_i^*, y_i^*, z_i^*), F_3(x_i^*, y_i^*, z_i^*) \rangle \cdot \langle x'(t_i^*), y'(t_i^*), z'(t_i^*) \rangle \Delta t$$

이다. C의 각 부분구간에서 한 일을 더하여 전체 일의 근삿값을 구하면

$$W \approx \sum_{i=1}^{n} \langle F_1(x_i^*, y_i^*, z_i^*), F_2(x_i^*, y_i^*, z_i^*), F_3(x_i^*, y_i^*, z_i^*) \rangle \cdot \langle x'(t_i^*), y'(t_i^*), z'(t_i^*) \rangle \Delta t$$

이고 C의 각 부분구간의 길이를 0으로 보내는 극한을 취하면

$$\begin{aligned} W &= \lim_{\|P\| \to 0} \sum_{i=1}^{n} \mathbf{F}(x_i^*, y_i^*, z_i^*) \cdot \langle x'(t_i^*), y'(t_i^*), z'(t_i^*) \rangle \Delta t \\ &= \lim_{\|P\| \to 0} \sum_{i=1}^{n} [F_1(x_i^*, y_i^*, z_i^*) x'(t_i^*) \Delta t + F_2(x_i^*, y_i^*, z_i^*) y'(t_i^*) \Delta t \\ &\qquad + F_3(x_i^*, y_i^*, z_i^*) z'(t_i^*) \Delta t] \\ &= \int_a^b F_1(x(t), y(t), z(t)) x'(t)\, dt + \int_a^b F_2(x(t), y(t), z(t)) y'(t)\, dt \\ &\qquad + \int_a^b F_3(x(t), y(t), z(t)) z'(t)\, dt \end{aligned} \tag{2.7}$$

이다.

이제 식 (2.7)의 세 적분에 해당하는 선적분을 정의하자. 정의 2.1에서 $\Delta x_i = x_i - x_{i-1}$, $\Delta y_i = y_i - y_{i-1}$, $\Delta z_i = z_i - z_{i-1}$이다.

정의 2.2

삼차원 공간에서 방향이 있는 곡선 C를 따라서 $f(x, y, z)$의 x에 대한 선적분은

$$\int_C f(x, y, z)\,dx = \lim_{\|P\| \to 0} \sum_{i=1}^{n} f(x_i^*, y_i^*, z_i^*)\Delta x_i$$

이고 y에 대한 선적분은

$$\int_C f(x, y, z)\,dy = \lim_{\|P\| \to 0} \sum_{i=1}^{n} f(x_i^*, y_i^*, z_i^*)\Delta y_i$$

이며 z에 대한 선적분은

$$\int_C f(x, y, z)\,dz = \lim_{\|P\| \to 0} \sum_{i=1}^{n} f(x_i^*, y_i^*, z_i^*)\Delta z_i$$

이다. 여기에서 우변의 각 극한은 x_i^*, y_i^*, z_i^*를 어떻게 택하더라도 항상 같아야 한다.

곡선 C를 매개방정식으로 나타낼 수 있으면 선적분은 정적분으로 표현할 수 있다. 정리 2.4는 정리 2.1과 비슷한 방법으로 증명할 수 있다.

정리 2.4 선적분 계산 공식

곡선 C를 포함하는 영역 D에서 $f(x, y, z)$가 연속이고 C를 매개방정식으로 나타내면 $x = x(t)$, $y = y(t)$, $z = z(t)$, $a \le t \le b$이며 t는 $t = a$에서 $t = b$까지 변하고 $x(t), y(t), z(t)$의 일계도함수가 연속이라 하자. 그러면

$$\int_C f(x, y, z)\,dx = \int_a^b f(x(t), y(t), z(t))x'(t)\,dt$$

$$\int_C f(x, y, z)\,dy = \int_a^b f(x(t), y(t), z(t))y'(t)\,dt$$

$$\int_C f(x, y, z)\,dz = \int_a^b f(x(t), y(t), z(t))z'(t)\,dt$$

이다.

예제 2.3 공간에서의 선적분 계산

선적분 $\int_C (4xz + 2y)\,dx$를 다음 선분 C에 대하여 계산하여라.
(a) $(2, 1, 0)$에서 $(4, 0, 2)$까지 (b) $(4, 0, 2)$에서 $(2, 1, 0)$까지

풀이

(a) C를 매개방정식으로 나타내면

$$x = 2 + (4 - 2)t = 2 + 2t$$
$$y = 1 + (0 - 1)t = 1 - t$$
$$z = 0 + (2 - 0)t = 2t$$

이고 $0 \le t \le 1$이다. 따라서 피적분함수는

$$4xz + 2y = 4(2 + 2t)(2t) + 2(1 - t) = 16t^2 + 14t + 2$$

이고

$$dx = x'(t)\,dt = 2dt$$

이므로

$$\int_C (4xz + 2y)\,dx = \int_0^1 (16t^2 + 14t + 2)(2)\,dt = \frac{86}{3}$$

이다. (b)에서는 (a)와 같은 직선이지만 방향이 반대이다. 따라서 t가 $t=1$에서 $t=0$까지 변하므로

$$\int_C (4xz + 2y)\,dx = \int_1^0 (16t^2 + 14t + 2)(2)\,dt = -\frac{86}{3}$$

이다.

■

정리 2.5는 정리 2.2에 대응하는 것인데 다른 점은 (i)의 경우에 여기서는 (−) 부호가 붙는다는 것이다. 이 정리에서는 x에 대한 선적분의 결과만 나타냈지만 y와 z에 대해서도 같은 결과를 얻을 수 있다.

주 2.1

간단히 다음과 같이 쓴다.

$$\int_C f(x, y, z)\,dx + \int_C g(x, y, z)\,dy + \int_C h(x, y, z)\,dz = \int_C f(x, y, z)\,dx + g(x, y, z)\,dy + h(x, y, z)\,dz$$

정리 2.5

함수 $f(x, y, z)$가 방향이 있는 곡선 C를 포함하는 영역 D에서 연속이라 하면 다음이 성립한다.

(i) C가 구분적으로 매끄러우면

$$\int_{-C} f(x, y, z)\,dx = -\int_C f(x, y, z)\,dx$$

(ii) $C = C_1 \cup C_2 \cup \cdots \cup C_n$이고 $C_1, C_2, \cdots, C_n$은 모두 매끄러운 곡선이며 $i = 1, 2, \cdots, n-1$에 대하여 C_i의 끝점이 C_{i+1}의 시작점과 같으면

$$\int_C f(x, y, z)\,dx = \int_{C_1} f(x, y, z)\,dx + \int_{C_2} f(x, y, z)\,dx + \cdots + \int_{C_n} f(x, y, z)\,dx$$

예제 2.4 공간에서의 선적분 계산

C가 (0, 1, 0)에서 (0, 1, 1)까지의 직선, (0, 1, 1)에서 (2, 1, 1)까지의 직선, (2, 1, 1)에서 (2, 4, 1)까지의 직선으로 이루어져 있을 때 $\int_C 4x\,dy + 2y\,dz$를 계산하여라.

풀이

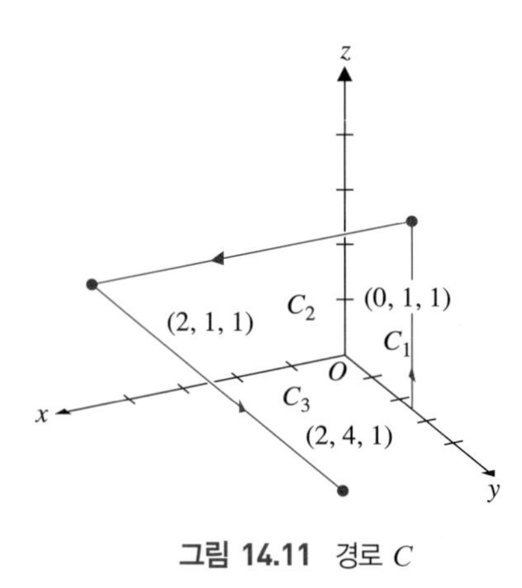

그림 14.11 경로 C

그림 14.11이 곡선의 그림이다. 첫 번째 선분 C_1의 매개방정식은 $x=0$, $y=1$, $z=t$, $0 \le t \le 1$이고 여기에서 $dy = 0\,dt$, $dz = 1\,dt$이다. 두 번째 선분 C_2의 매개방정식은 $x = 2t$, $y=1$, $z=1$, $0 \le t \le 1$이고 여기에서 $dy = dz = 0\,dt$이다. 세 번째 선분 C_3의 매개방정식은 $x=2$, $y = 3t+1$, $z=1$, $0 \le t \le 1$이고 여기에서 $dy = 3dt$, $dz = 0\,dt$이다. 따라서

$$\int_C 4x\,dy + 2y\,dz = \int_{C_1} 4x\,dy + 2y\,dz + \int_{C_2} 4x\,dy + 2y\,dz + \int_{C_3} 4x\,dy + 2y\,dz$$

$$= \int_0^1 [\underbrace{4(0)}_{4x}\underbrace{(0)}_{y'(t)} + \underbrace{2(1)}_{2y}\underbrace{(1)}_{z'(t)}]dt + \int_0^1 [\underbrace{4(2t)}_{4x}\underbrace{(0)}_{y'(t)} + \underbrace{2(1)}_{2y}\underbrace{(0)}_{z'(t)}]dt$$

$$+ \int_0^1 [\underbrace{4(2)}_{4x}\underbrace{(3)}_{y'(t)} + \underbrace{2(3t+1)}_{2y}\underbrace{(0)}_{z'(t)}]dt$$

$$= \int_0^1 26\,dt = 26$$

■

피적분함수가 0이거나 곡선 위에서 상수이면 선적분은 0이다. 예를 들어, z가 곡선 위에서 상수이면 z의 변화량(dz)은 그 곡선 위에서 0이다.

힘 $\mathbf{F}(x, y, z) = \langle F_1(x, y, z), F_2(x, y, z), F_3(x, y, z)\rangle$가 곡선 $x = x(t)$, $y = y(t)$, $z = z(t)$, $a \le t \le b$를 따라 한 일은 식 (2.7)에 의하여

$$W = \int_a^b F_1(x(t), y(t), z(t))x'(t)\,dt + \int_a^b F_2(x(t), y(t), z(t))y'(t)\,dt$$

$$+ \int_a^b F_3(x(t), y(t), z(t))z'(t)\,dt$$

로 주어진다. 그런데 정리 2.4를 이용하여 이 적분을 다시 표현하면

$$W = \int_C F_1(x, y, z)\,dx + \int_C F_2(x, y, z)\,dy + \int_C F_3(x, y, z)\,dz$$

이다. 이제 새로운 선적분을 도입하여 이 적분을 더 간단히 표현해 보자.

$\mathbf{r} = x\mathbf{i} + y\mathbf{j} + z\mathbf{k}$에 대하여

$$d\mathbf{r} = dx\,\mathbf{i} + dy\,\mathbf{j} + dz\,\mathbf{k} \ \text{ 또는 } \ d\mathbf{r} = \langle dx, dy, dz\rangle$$

라 정의하고 선적분을 다음과 같이 정의하자.

$$\int_C \mathbf{F}(x, y, z)\cdot d\mathbf{r} = \int_C F_1(x, y, z)\,dx + F_2(x, y, z)\,dy + F_3(x, y, z)\,dz$$

$$= \int_C F_1(x, y, z)\,dx + \int_C F_2(x, y, z)\,dy + \int_C F_3(x, y, z)\,dz$$

따라서 $\mathbf{F}$가 힘을 나타내면 물체에 $\mathbf{F}$의 힘을 가하여 곡선 C를 따라 움직였을 때 한 일은

$$\boxed{W = \int_C \mathbf{F}(x, y, z)\cdot d\mathbf{r}} \tag{2.8}$$

이라 나타낼 수 있다.

예제 2.5 일의 계산

물체에 $\mathbf{F}(x, y, z) = \langle 4y, 2xz, 3y\rangle$의 힘을 가하여 원나선 $x = 2\cos t$, $y = 2\sin t$, $z = 3t$를 따라 점 $(2, 0, 0)$에서 $(-2, 0, 3\pi)$까지 움직였을 때 한 일을 구하여라.

풀이

식 (2.8)에 의하여 한 일은

$$W = \int_C \mathbf{F}(x, y, z) \cdot d\mathbf{r} = \int_C 4y\,dx + 2xz\,dy + 3y\,dz$$

이다. 점 (2, 0, 0)은 $t=0$에 해당하고 점 $(-2, 0, 3\pi)$은 $t=\pi$에 해당한다. 또 $dx = -2\sin t\,dt$, $dy = 2\cos t\,dt$, $dz = 3dt$이므로

$$\begin{aligned} W &= \int_C 4y\,dx + 2xz\,dy + 3y\,dz \\ &= \int_0^\pi [\underbrace{4(2\sin t)}_{4y}\underbrace{(-2\sin t)}_{x'(t)} + \underbrace{2(2\cos t)(3t)}_{2xz}\underbrace{(2\cos t)}_{y'(t)} + \underbrace{3(2\sin t)}_{3y}\underbrace{(3)}_{z'(t)}]dt \\ &= \int_0^\pi (-16\sin^2 t + 24t\cos^2 t + 18\sin t)\,dt = 36 - 8\pi + 6\pi^2 \end{aligned}$$

이다.

이차원 벡터장이 한 일도 삼차원의 경우와 같은 방법으로 구할 수 있다.

예제 2.6 일의 계산

물체에 $\mathbf{F}(x, y) = \langle y, -x \rangle$의 힘을 가하여 포물선 $y = x^2 - 1$을 따라 점 (1, 0)에서 (−2, 3)까지 움직였을 때 한 일을 구하여라.

풀이

식 (2.8)에 의하여 한 일은

$$W = \int_C \mathbf{F}(x, y) \cdot d\mathbf{r} = \int_C y\,dx - x\,dy$$

이다. $x = t$, $y = t^2 - 1$이라 하면 t는 1부터 −2까지이므로

$$W = \int_C y\,dx - x\,dy = \int_1^{-2} [(t^2-1)(1) - (t)(2t)]\,dt = \int_1^{-2} (-t^2 - 1)\,dt = 6$$

이다.

연습문제 14.2

[1~6] 다음 선적분 $\int_C f\,ds$를 계산하여라.

1. $f(x, y) = 2x$, C는 (1, 2)에서 (3, 5)까지의 선분
2. $f(x, y, z) = 4z$, C는 (1, 0, 1)에서 (2, −2, 2)까지의 선분
3. $f(x, y) = 3x$, C는 $x^2 + y^2 = 4$의 (2, 0)에서 (0, 2)까지
4. $f(x, y) = 3xy$, C는 $y = x^2$의 (0, 0)에서 (2, 4)까지
5. $f(x, y) = 3x$, C는 (0, 0)에서 (1, 0)까지의 선분과 (0, 1)로의 사분원
6. $f(x, y, z) = xz$, C는 평면 $z = 2$에서 $y = x^2$의 (1, 1, 2)에서 (2, 4, 2)까지

[7~12] 다음 선적분을 계산하여라.

7. $\int_C 2xe^x\,dx$, C는 (0, 2)에서 (2, 6)까지의 선분
8. $\int_C 2y\,dx$, C는 $x^2 + y^2 = 4$의 (2, 0)에서 (0, 2)까지

9. $\int_C 3y^2 dx$, C는 $x^2 + 4y^2 = 4$의 (0, 1)에서 (0, −1)까지이고 $x \geq 0$

10. $\int_C \sqrt{4x^2 + y}\, dx$, C는 $y = x^2$의 (2, 4)에서 (0, 0)까지

11. $\int_C (e^{\sqrt{x} - 2y}) dy$, C는 $x = y^2$의 (1, 1)에서 (4, 2)까지

12. $\int_C \sin(x^2 + z) dy$, C는 평면 $z = 2$에서 $y = x^2$의 (1, 1, 2)에서 (2, 4, 2)까지

[13~16] 힘 $\mathbf{F}$가 곡선 C를 따라 한 일을 구하여라.

13. $\mathbf{F}(x, y) = \langle 2x, 2y \rangle$, C는 (3, 1)에서 (5, 4)까지의 선분

14. $\mathbf{F}(x, y) = \langle y^2 + x, y^2 + 2 \rangle$, C는 (4, 0)에서 (0, 4)까지의 사분원

15. $\mathbf{F}(x, y) = \langle xe^y, e^x + y^2 \rangle$, C는 $y = x^2$의 (0, 0)에서 (1, 1)까지

16. $\mathbf{F}(x, y, z) = \langle y, 0, z \rangle$, C는 점 (0, 0, 0), (2, 1, 2), (2, 1, 0)을 연결하는 삼각형

14.3 경로에 독립과 보존벡터장

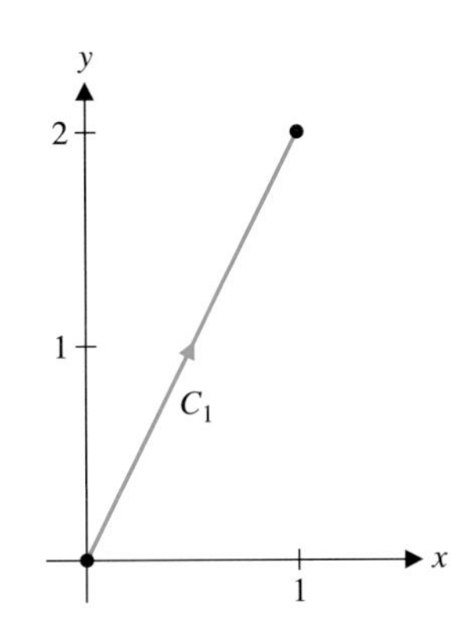

그림 14.12a 경로 C_1

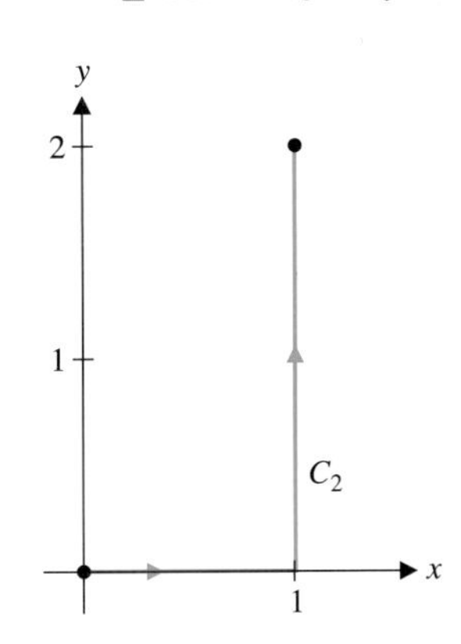

그림 14.12b 경로 C_2

C_1이 두 점 (0, 0)과 (1, 2)를 연결하는 직선이고(그림 14.12a) $\mathbf{F}(x, y) = \langle 2x, 3y^2 \rangle$일 때 선적분 $\int_{C_1} \mathbf{F} \cdot d\mathbf{r}$을 계산해 보자. 매개방정식으로 나타내면 $x = t$, $y = 2t$, $0 \leq t \leq 1$이므로

$$\begin{aligned}\int_C \mathbf{F} \cdot d\mathbf{r} &= \int_{C_1} \langle 2x, 3y^2 \rangle \cdot \langle dx, dy \rangle \\ &= \int_{C_1} 2x\,dx + 3y^2 dy \\ &= \int_0^1 [2t + 12t^2(2)]dt = 9\end{aligned}$$

이다. 그러나 같은 $\mathbf{F}$에 대하여 C_2가 (0, 0)에서 (1, 0)까지의 수평선분과 (1, 0)부터 (1, 2)까지의 수직선분을 연결한 곡선이면(그림 14.12b)

$$\begin{aligned}\int_{C_2} \mathbf{F} \cdot d\mathbf{r} &= \int_{C_2} \langle 2x, 3y^2 \rangle \cdot \langle dx, dy \rangle \\ &= \int_0^1 2x\,dx + \int_0^2 3y^2 dy = 9\end{aligned}$$

이다. 이 함수에 대해서는 시작점과 끝점은 같지만 다른 두 경로에 대한 선적분이 같다.

C가 구분적으로 매끄러운 곡선이고 벡터함수 $\mathbf{r}(t)$, $a \leq t \leq b$의 끝점으로 표현된다고 하자. 선적분 $\int_C \mathbf{F} \cdot d\mathbf{r}$이 영역 D에서 시작점과 끝점이 같은 모든 경로에 대하여 같은 값을 가질 때 선적분은 **경로에 독립**(independent of path)이라 한다.

정의 3.1

영역 $D \subset \mathbb{R}^n$ $(n \geq 2)$에 대하여 D 내의 임의의 두 점은 D를 벗어나지 않는 구분적으로 매끄러운 곡선으로 연결할 수 있을 때 **연결된 영역**(connected region)이라 한다.

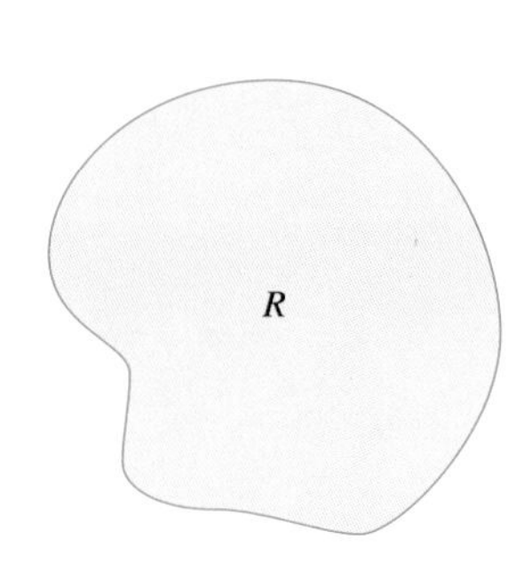

그림 14.13a 연결된 영역

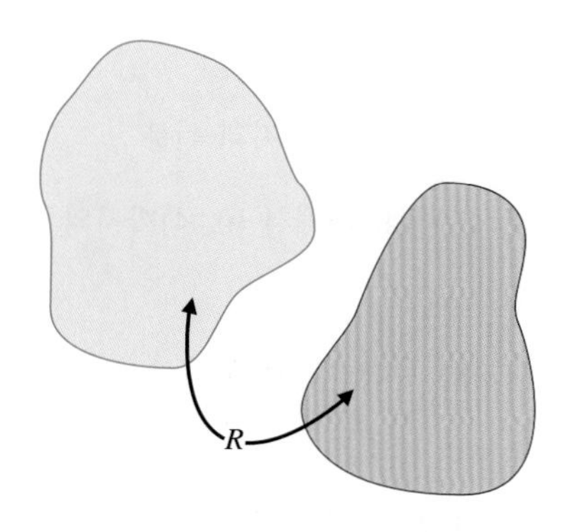

그림 14.13b 연결되지 않은 영역

정리 3.1

벡터장 $\mathbf{F}(x, y) = \langle M(x, y), N(x, y)\rangle$가 연결된 개영역 $D \subset \mathbb{R}^2$에서 연속이라 하자. 그러면 선적분 $\int_C \mathbf{F}(x, y) \cdot d\mathbf{r}$이 D에서의 경로에 독립일 필요충분조건은 $\mathbf{F}$가 D에서 보존적인 것이다.

증명

$\mathbf{F}$가 보존적이면 적당한 스칼라함수 f에 대하여 $\mathbf{F} = \nabla f$이다. 먼저 $\mathbf{F}$가 D에서 보존적이고 $\mathbf{F}(x, y) = \nabla f(x, y)$라 하자. 그러면

$$\mathbf{F}(x, y) = \langle M(x, y), N(x, y)\rangle = \nabla f(x, y) = \langle f_x(x, y), f_y(x, y)\rangle$$

이므로

$$M(x, y) = f_x(x, y), \quad N(x, y) = f_y(x, y)$$

이다. 두 점 $A(x_1, y_1)$, $B(x_2, y_2)$를 연결하는 임의의 매끄러운 경로를 $C: x = g(t),\ y = h(t),\ t_1 \le t \le t_2$라 하면

$$\begin{aligned}\int_C \mathbf{F}(x, y) \cdot d\mathbf{r} &= \int_C M(x, y)dx + N(x, y)\,dy \\ &= \int_C f_x(x, y)dx + f_y(x, y)\,dy \\ &= \int_{t_1}^{t_2} [f_x(g(t), h(t))g'(t) + f_y(g(t), h(t))h'(t)]\,dt \end{aligned} \tag{3.1}$$

이다. f_x와 f_y가 연속이므로 연쇄법칙에 의하여

$$\frac{d}{dt}[f(g(t), h(t))] = f_x(g(t), h(t))g'(t) + f_y(g(t), h(t))h'(t)$$

인데 우변은 식 (3.1)의 피적분함수와 같다. 미분적분학의 기본정리에 의하여

$$\begin{aligned}\int_C \mathbf{F}(x, y) \cdot d\mathbf{r} &= \int_{t_1}^{t_2} [f_x(g(t), h(t))g'(t) + f_y(g(t), h(t))h'(t)]dt \\ &= \int_{t_1}^{t_2} \frac{d}{dt}[f(g(t), h(t))]\,dt \\ &= f(g(t_2), h(t_2)) - f(g(t_1), h(t_1)) \\ &= f(x_2, y_2) - f(x_1, y_1)\end{aligned}$$

이다. 선적분값이 퍼텐셜함수의 양 끝점에서의 함숫값의 차로 주어졌으므로 선적분은 적분 경로에 독립이다.

다음은 $\int_C \mathbf{F}(x, y) \cdot d\mathbf{r}$이 D에서의 경로에 독립이라 하자. $\mathbf{F}$가 D에서 보존적임을 보여야 한다. 임의의 점 (u, v)와 $(x_0, y_0) \in D$에 대하여 다음과 같이 정의하자.

$$f(u, v) = \int_{(x_0, y_0)}^{(u, v)} \mathbf{F}(x, y) \cdot d\mathbf{r}$$

선적분이 D에서의 경로에 독립이므로 위의 적분에서 적분하는 경로를 명시할 필요는 없다(D는 연결되어 있으므로 두 점을 연결하고 D 내에 있는 경로는 반드시 존재한다). 또 D는 개영역이므로 중심이 (u, v)이고 D에 포함되는 원이 있다. 그 원 안에서 $x_1 < u$ 되는 점 (x_1, v)를

택하고 (x_0, y_0)와 (x_1, v)를 연결하고 D 내에 있는 임의의 경로를 C_1이라 하자. 경로 C_1과 그림 14.14에서와 같은 수평경로 C_2를 따라 적분하면 다음 식을 얻는다.

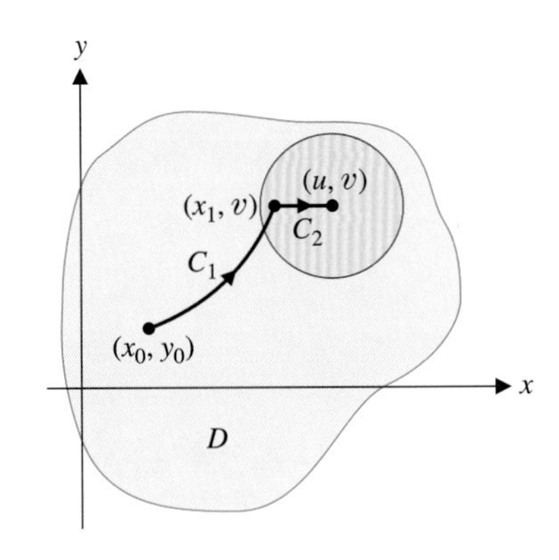

그림 14.14 첫 번째 경로

$$f(u, v) = \int_{(x_0, y_0)}^{(x_1, v)} \mathbf{F}(x, y) \cdot d\mathbf{r} + \int_{(x_1, v)}^{(u, v)} \mathbf{F}(x, y) \cdot d\mathbf{r} \tag{3.2}$$

식 (3.2)의 첫 번째 적분은 u에 독립이다. 따라서 식 (3.2)의 양변을 u에 대하여 편미분하면

$$\begin{aligned} f_u(u, v) &= \frac{\partial}{\partial u}\int_{(x_0, y_0)}^{(x_1, v)} \mathbf{F}(x, y) \cdot d\mathbf{r} + \frac{\partial}{\partial u}\int_{(x_1, v)}^{(u, v)} \mathbf{F}(x, y) \cdot d\mathbf{r} \\ &= 0 + \frac{\partial}{\partial u}\int_{(x_1, v)}^{(u, v)} \mathbf{F}(x, y) \cdot d\mathbf{r} \\ &= \frac{\partial}{\partial u}\int_{(x_1, v)}^{(u, v)} M(x, y)\,dx + N(x, y)\,dy \end{aligned}$$

이다. 그런데 두 번째 경로에서 y는 상수이므로 $dy = 0$이고 따라서

$$f_u(u, v) = \frac{\partial}{\partial u}\int_{(x_1, v)}^{(u, v)} M(x, y)\,dx + N(x, y)\,dy = \frac{\partial}{\partial u}\int_{(x_1, v)}^{(u, v)} M(x, y)\,dx$$

이다. 마지막으로 미분적분학의 기본정리의 두 번째 형태에 의하여

$$f_u(u, v) = \frac{\partial}{\partial u}\int_{(x_1, v)}^{(u, v)} M(x, y)\,dx = M(u, v) \tag{3.3}$$

이다. 비슷한 방법으로, 중심이 (u, v)인 원 안에서 $y_1 < v$인 점 (u, y_1)을 택하고 (x_0, y_0)와 (u, y_1)을 연결하고 D 안에 있는 임의의 경로를 C_1이라 하자. 경로 C_1과 그림 14.15에서와 같은 수직경로 C_2를 따라 적분하면 다음 식을 얻는다.

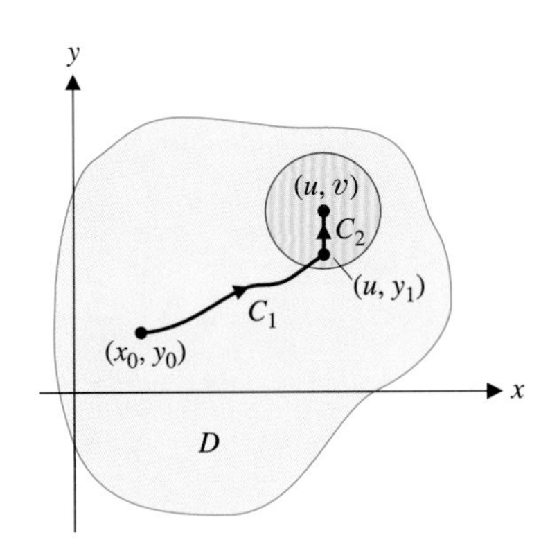

그림 14.15 두 번째 경로

$$f(u, v) = \int_{(x_0, y_0)}^{(u, y_1)} \mathbf{F}(x, y) \cdot d\mathbf{r} + \int_{(u, y_1)}^{(u, v)} \mathbf{F}(x, y) \cdot d\mathbf{r} \tag{3.4}$$

이 경우에 첫 번째 적분은 v에 독립이다. 따라서 식 (3.4)의 양변을 v에 대하여 편미분하면

$$\begin{aligned} f_v(u, v) &= \frac{\partial}{\partial v}\int_{(x_0, y_0)}^{(u, y_1)} \mathbf{F}(x, y) \cdot d\mathbf{r} + \frac{\partial}{\partial v}\int_{(u, y_1)}^{(u, v)} \mathbf{F}(x, y) \cdot d\mathbf{r} \\ &= 0 + \frac{\partial}{\partial v}\int_{(u, y_1)}^{(u, v)} \mathbf{F}(x, y) \cdot d\mathbf{r} \\ &= \frac{\partial}{\partial v}\int_{(u, y_1)}^{(u, v)} M(x, y)\,dx + N(x, y)\,dy \\ &= \frac{\partial}{\partial v}\int_{(u, y_1)}^{(u, v)} N(x, y)\,dy = N(u, v) \end{aligned} \tag{3.5}$$

이다. 여기서 미분적분학의 기본정리의 두 번째 형태를 이용했고 두 번째 경로에서는 x가 상수이므로 $dx = 0$이라는 사실을 이용했다. 식 (3.3)과 식 (3.5)에서 변수 u와 v를 x와 y로 바꾸어 쓰면

$$\mathbf{F}(x, y) = \langle M(x, y), N(x, y)\rangle = \langle f_x(x, y), f_y(x, y)\rangle = \nabla f(x, y)$$

이므로 $\mathbf{F}$는 D에서 보존적이다. ■

정리 3.1의 증명의 앞부분을 요약하면 다음 정리를 얻는다.

정리 3.2 선적분에 대한 미분적분학의 기본정리

$\mathbf{F}(x, y)=\langle M(x, y), N(x, y)\rangle$가 연결된 개영역 $D \subset \mathbb{R}^2$에서 연속이고 C는 시작점이 (x_1, y_1)이고 끝점이 (x_2, y_2)이며 D를 벗어나지 않는 구분적으로 매끄러운 곡선이라 하자. $\mathbf{F}$가 D에서 보존적이고 $\mathbf{F}(x, y)=\nabla f(x, y)$이면 다음이 성립한다.

$$\int_C \mathbf{F}(x, y) \cdot d\mathbf{r} = f(x, y)\Big|_{(x_1, y_1)}^{(x_2, y_2)} = f(x_2, y_2) - f(x_1, y_1)$$

예제 3.1 경로에 독립인 선적분

$\mathbf{F}(x, y)=\langle 2xy-3,\ x^2+4y^3+5\rangle$에 대하여 선적분 $\int_C \mathbf{F}(x, y) \cdot d\mathbf{r}$이 경로에 독립임을 보여라. 또 C가 시작점이 $(-1, 2)$이고 끝점이 $(2, 3)$인 곡선일 때 선적분을 계산하여라.

풀이

$\mathbf{F}$의 퍼텐셜함수가 존재한다면

$$\mathbf{F}(x, y)=\langle 2xy-3,\ x^2+4y^3+5\rangle=\nabla f(x, y)=\langle f_x(x, y),\ f_y(x, y)\rangle$$

이다. 즉

$$f_x = 2xy-3, \quad f_y = x^2+4y^3+5 \tag{3.6}$$

이다. 첫 번째 식을 x에 대하여 적분하면

$$f(x, y)=\int (2xy-3)\,dx = x^2y-3x+g(y) \tag{3.7}$$

이고 여기서 $g(y)$는 y만의 함수이다. 이 식을 y에 대하여 미분하면

$$f_y(x, y)=x^2+g'(y)$$

이므로 식 (3.6)에 의하여

$$x^2+g'(y)=x^2+4y^3+5$$

이고 정리하면

$$g'(y)=4y^3+5$$

이다. y에 대하여 적분하면

$$g(y)=y^4+5y+c$$

이므로 식 (3.7)에 의하여

$$f(x, y)=x^2y-3x+y^4+5y+c$$

가 $\mathbf{F}(x, y)$의 퍼텐셜함수이다. 따라서 선적분은 적분 경로에 독립이고 정리 3.2에 의하여 다음과 같다.

$$\begin{aligned}\int_C \mathbf{F}(x, y) \cdot d\mathbf{r} &= f(x, y)\Big|_{(-1, 2)}^{(2, 3)} \\ &= [2^2(3)-3(2)+3^4+5(3)+c]-[2+3+2^4+5(2)+c] \\ &= 71\end{aligned}$$

■

곡선 C의 양 끝점이 같을 때 **폐경로**라 한다. 즉 평면곡선

$$C=\{(x, y) \mid x=g(t),\ y=h(t),\ a \leq t \leq b\}$$

의 경우 $(g(a), h(a))=(g(b), h(b))$이면 C는 폐경로이다. 정리 6.3은 보존벡터장과 폐경로에서의 적분 사이의 관계이다.

> **정리 3.3**
>
> $\mathbf{F}(x, y)$가 연결된 개영역 $D \subset \mathbb{R}^2$에서 연속이라 하자. $\mathbf{F}$가 보존적일 필요충분조건은 D 내의 구분적으로 매끄러운 모든 폐경로 C에 대하여 $\int_C \mathbf{F}(x, y) \cdot d\mathbf{r}=0$인 것이다.

증명

D 내의 구분적으로 매끄러운 모든 폐경로 C에 대하여 $\int_C \mathbf{F}(x, y) \cdot d\mathbf{r}=0$이라 하자. D 내의 임의의 두 점 P와 Q를 택하고 이 두 점을 연결하는 구분적으로 매끄러운 임의의 두 경로를 그림 14.16a와 같이 C_1, C_2라 하자. 그러면 C_1과 $-C_2$로 이루어진 곡선 C는 그림 14.16b에서와 같이 D 내에서 구분적으로 매끄러운 폐경로이다. 따라서

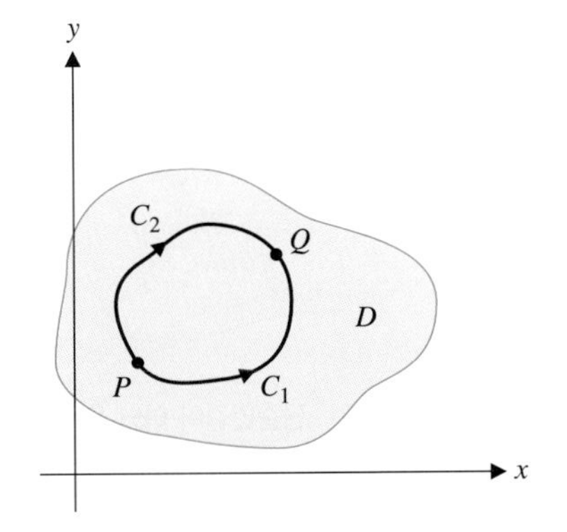

그림 14.16a 곡선 C_1, C_2

$$\begin{aligned} 0=\int_C \mathbf{F}(x, y) \cdot d\mathbf{r} &= \int_{C_1} \mathbf{F}(x, y) \cdot d\mathbf{r}+\int_{-C_2} \mathbf{F}(x, y) \cdot d\mathbf{r} \\ &= \int_{C_1} \mathbf{F}(x, y) \cdot d\mathbf{r}-\int_{C_2} \mathbf{F}(x, y) \cdot d\mathbf{r} \end{aligned}$$

이므로

$$\int_{C_1} \mathbf{F}(x, y) \cdot d\mathbf{r}=\int_{C_2} \mathbf{F}(x, y) \cdot d\mathbf{r}$$

이다. C_1과 C_2는 P와 Q를 연결하는 임의의 경로였으므로 $\int_C \mathbf{F}(x, y) \cdot d\mathbf{r}$는 경로에 독립이고 정리 3.1에 의하여 $\mathbf{F}$는 보존적이다. 또 정리 3.2를 이용하면 $\mathbf{F}$가 보존적일 때 $\int_C \mathbf{F}(x, y) \cdot d\mathbf{r}=0$임을 쉽게 보일 수 있다. ■

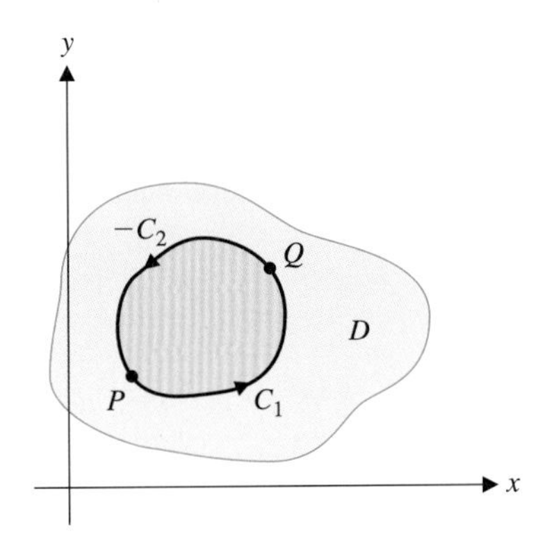

그림 14.16b 폐곡선 $C_1 \cup (-C_2)$

정리 3.1에 의하여 $\mathbf{F}(x, y)=\langle M(x, y), N(x, y)\rangle$가 연결된 개영역 D에서 연속이고 선적분 $\int_C \mathbf{F}(x, y) \cdot d\mathbf{r}$이 경로에 독립이면 $\mathbf{F}$는 보존적이다. 즉 $\mathbf{F}(x, y)=\nabla f(x, y)$인 함수 $f(x, y)$가 존재한다. 따라서

$$M(x, y)=f_x(x, y), \quad N(x, y)=f_y(x, y)$$

이다. 첫 번째 식을 y에 관하여 미분하고 두 번째 식을 x에 대하여 미분하면

$$M_y(x, y)=f_{xy}(x, y), \quad N_x(x, y)=f_{yx}(x, y)$$

이다. M_y와 N_x가 D에서 연속이면 12장의 정리 3.1에 의하여 $f_{xy}(x, y)=f_{yx}(x, y)$는 같으므로 모든 $(x, y) \in D$에 대하여

$$M_y(x, y)=N_x(x, y)$$

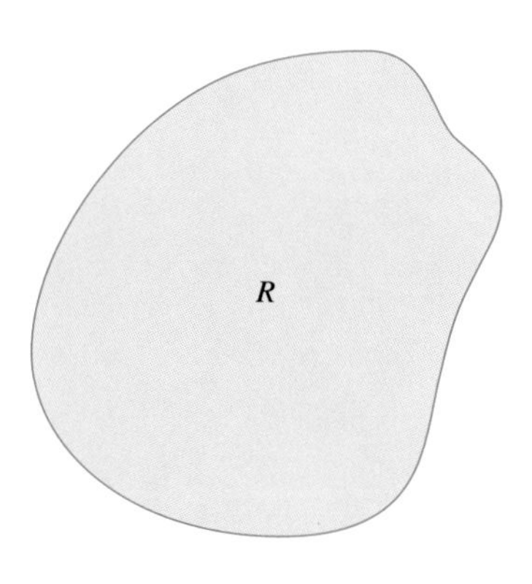

그림 14.17a 단순연결영역

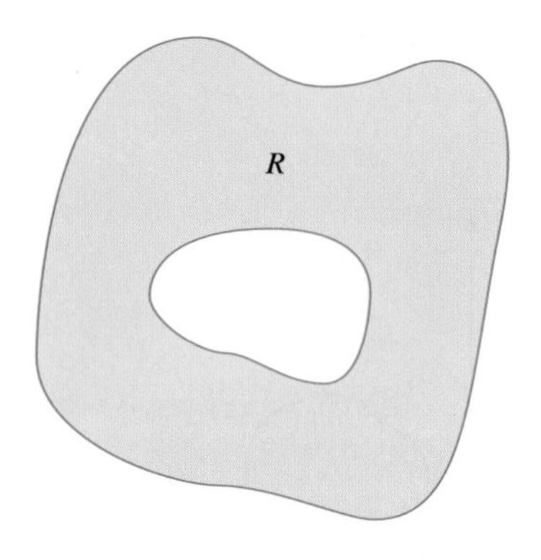

그림 14.17b 단순연결이 아닌 영역

이다. 그뿐만 아니라 D가 **단순연결영역**(D 내의 모든 폐경로의 내부에는 D의 점만 포함하는 영역)이면 위의 역도 성립함이 알려져 있다. 즉, D에서 $M_y = N_x$이면 $\int_C \mathbf{F}(x, y) \cdot d\mathbf{r}$이 경로에 독립이다. 그림 14.17a~14.17b는 단순연결영역과 단순연결이 아닌 영역을 나타낸 것이다. 이상을 정리하면 다음 정리를 얻는다.

정리 3.4

$M(x, y)$와 $N(x, y)$가 단순연결영역 D에서 연속인 일계편도함수를 갖는다고 하자. 그러면 $\int_C M(x, y)dx + N(x, y)dy$가 D에서의 경로에 독립일 필요충분조건은 D 내의 모든 (x, y)에 대하여 $M_y(x, y) = N_x(x, y)$인 것이다.

예제 3.2 선적분이 경로에 독립인지 판정하기

선적분 $\int_C (e^{2x} + x\sin y)dx + (x^2\cos y)dy$가 경로에 독립인지 판정하여라.

풀이

편미분하면

$$M_y = \frac{\partial}{\partial y}(e^{2x} + x\sin y) = x\cos y$$

$$N_x = \frac{\partial}{\partial x}(x^2\cos y) = 2x\cos y$$

이므로 $M_y \neq N_x$이다. 정리 3.4에 의하여 선적분은 경로에 독립이 아니다.

■

보존벡터장

$M(x, y)$와 $N(x, y)$가 단순연결 개영역 $D \subset \mathbb{R}^2$에서 연속인 일계편도함수를 갖는다고 하자. $\mathbf{F}(x, y) = \langle M(x, y), N(x, y)\rangle$라 하면 다음 명제들은 서로 동치이다.

1. $\mathbf{F}(x, y)$는 D에서 보존적이다.
2. $\mathbf{F}(x, y)$는 D에서 기울기장이다. 즉 적당한 퍼텐셜함수 f에 대하여 $\mathbf{F}(x, y) = \nabla f(x, y)$이다.
3. $\int_C \mathbf{F} \cdot d\mathbf{r}$은 D에서의 경로에 독립이다.
4. D 내의 모든 구분적으로 매끄러운 폐곡선 C에 대하여 $\int_C \mathbf{F} \cdot d\mathbf{r} = 0$이다.
5. 모든 $(x, y) \in D$에 대하여 $M_y(x, y) = N_x(x, y)$이다.

위의 결과는 모두 삼차원 벡터장 $\mathbf{F}(x, y, z)$에 대한 것으로 확장할 수 있다. 다만 선적분이 경로에 독립인지 보이는 과정이 조금 더 복잡해질 뿐이다. 삼차원 벡터장 $\mathbf{F}(x, y, z)$에 대하여 스칼라함수 $f(x, y, z)$가 존재해서

$$\mathbf{F}(x, y, z) = \nabla f(x, y, z), (x, y, z) \in D$$

를 만족하면 $\mathbf{F}$는 D에서 보존적이라 한다. 이차원의 경우와 마찬가지로 f는 벡터장 $\mathbf{F}$

의 퍼텐셜함수라 한다. 삼차원 보존벡터장의 퍼텐셜함수는 이차원에서 했던 것과 같은 방법으로 구할 수 있다.

예제 3.3 보존적인 삼차원 벡터장

벡터장 $\mathbf{F}(x, y, z) = \langle 4xe^z, \cos y, 2x^2e^z \rangle$의 퍼텐셜함수 f를 찾아서 벡터장이 $\mathbb{R}^3$에서 보존적임을 보여라.

풀이

다음 성질을 만족하는 퍼텐셜함수 f를 찾아야 한다.

$$\begin{aligned}\mathbf{F}(x, y, z) &= \langle 4xe^z, \cos y, 2x^2e^z \rangle = \nabla f(x, y, z)\\ &= \langle f_x(x, y, z), f_y(x, y, z), f_z(x, y, z) \rangle\end{aligned}$$

즉

$$f_x = 4xe^z, \quad f_y = \cos y, \quad f_z = 2x^2e^z \tag{3.8}$$

첫 번째 식을 x로 적분하면

$$f(x, y, z) = \int 4xe^z\, dx = 2x^2e^z + g(y, z)$$

이다. 여기서 $g(x, y)$는 y와 z에 대한 임의의 함수이다. x로 미분하거나 적분할 때 y와 z는 상수로 간주되므로 x로 적분하면 (상수가 아닌) y와 z의 함수를 더해야 한다. 이 식을 y에 대하여 미분하면 식 (3.8)의 두 번째 식에 의하여

$$f_y(x, y, z) = g_y(y, z) = \cos y$$

이다. $g_y(y, z)$를 y로 적분하면

$$g(y, z) = \int \cos y\, dy = \sin y + h(z)$$

이다. 여기서 $h(z)$는 z에 대한 임의의 함수이다. 따라서

$$f(x, y, z) = 2x^2e^z + g(y, z) = 2x^2e^z + \sin y + h(z)$$

이고 이 식을 z로 미분하면 식 (3.8)의 세 번째 식에 의하여

$$f_z(x, y, z) = 2x^2e^z + h'(z) = 2x^2e^z$$

이다. 따라서 $h'(z) = 0$이고 $h(z)$는 상수이다. $h(z) = 0$으로 택하면 $\mathbf{F}(x, y, z)$의 퍼텐셜함수는

$$f(x, y, z) = 2x^2e^z + \sin y$$

이고 따라서 $\mathbf{F}$는 $\mathbb{R}^3$에서 보존적이다.

■

삼차원 벡터장의 선적분에 대한 중요한 결과는 정리 3.5와 같다.

정리 3.5

벡터장 $\mathbf{F}(x, y, z)$가 개연결영역 $D \subset \mathbb{R}^3$에서 연속이라 하자. 선적분 $\int_C \mathbf{F}(x, y, z) \cdot d\mathbf{r}$이 경로에 독립일 필요충분조건은 $\mathbf{F}$가 D에서 보존적인 것이다. 즉, 적당한 스칼라함수 f($\mathbf{F}$의 퍼텐셜함수)에 대하여 $\mathbf{F}(x, y, z) = \nabla f(x, y, z)$, $(x, y, z) \in D$가 성립하는 것이다. 또 D 내에 있고 시작점이 (x_1, y_1, z_1)이고 끝점이 (x_2, y_2, z_2)인 임의의 구분적으로 매끄러운 곡선 C에 대하여 다음 식이 성립한다.

$$\int \mathbf{F}(x, y, z) \cdot d\mathbf{r} = f(x, y, z)\Big|_{(x_1, y_1, z_1)}^{(x_2, y_2, z_2)} = f(x_2, y_2, z_2) - f(x_1, y_1, z_1)$$

연습문제 14.3

[1~6] $\mathbf{F}$가 보존적인지, 즉 퍼텐셜함수 f가 존재하는지 판정하여라.

1. $\mathbf{F}(x, y) = \langle 2xy - 1, x^2 \rangle$
2. $\mathbf{F}(x, y) = \left\langle \frac{1}{y} - 2x, y - \frac{x}{y^2} \right\rangle$
3. $\mathbf{F}(x, y) = \langle e^{xy} - 1, xe^{xy} \rangle$
4. $\mathbf{F}(x, y) = \langle ye^{xy}, xe^{xy} + \cos y \rangle$
5. $\mathbf{F}(x, y, z) = \langle z^2 + 2xy, x^2 + 1, 2xz - 3 \rangle$
6. $\mathbf{F}(x, y, z) = \langle y^2z^2 + xe^{-2x}, y\sqrt{y^2+1} + 2xyz^2, 2xy^2z \rangle$

[7~9] 다음 선적분이 경로에 독립임을 보이고 퍼텐셜함수를 이용하여 선적분을 계산하여라.

7. $\int_C 2xy\,dx + (x^2 - 1)\,dy$, C는 $(1, 0)$에서 $(3, 1)$까지
8. $\int_C ye^{xy}\,dx + (xe^{xy} - 2y)\,dy$, C는 $(1, 0)$에서 $(0, 4)$까지
9. $\int_C (z^2 + 2xy)\,dx + x^2dy + 2xz\,dz$, C는 $(2, 1, 3)$에서 $(4, -1, 0)$까지

[10~15] $\int_C \mathbf{F} \cdot d\mathbf{r}$를 계산하여라.

10. $\mathbf{F}(x, y) = \langle x^2 + 1, (y^2 - 1)^2 \rangle$, C는 $(-4, 0)$에서 $(4, 0)$까지의 위쪽 반원
11. $\mathbf{F}(x, y, z) = \frac{\langle x, y, z \rangle}{\sqrt{x^2 + y^2 + z^2}}$, C는 $(1, 3, 2)$에서 $(2, 1, 5)$까지
12. $\mathbf{F}(x, y) = \langle 3x^2y + 1, 3xy^2 \rangle$, C는 $(1, 0)$에서 $(-1, 0)$까지의 아래 반원
13. $\mathbf{F}(x, y) = \langle y^2e^{xy^2} - y, 2xye^{xy^2} - x - 1 \rangle$, C는 $(2, 3)$에서 $(3, 0)$까지의 선분
14. $\mathbf{F}(x, y, z) = \left\langle \frac{y}{1+x^2y^2} - ze^{xz}, \frac{x}{1+x^2y^2} - \frac{1}{1+y}, \sqrt{z} - xe^{xz} \right\rangle$, C는 $(0, 1, 2)$에서 $(1, 1, 4)$까지의 선분
15. $\mathbf{F}(x, y) = \left\langle \frac{1}{y} - e^{2x}, 2x - \frac{x}{y^2} \right\rangle$, C는 원 $(x-5)^2 + (y+6)^2 = 16$의 시계반대방향

[16~17] 다음 선적분에 대하여 적분값이 다르게 나오는 두 경로를 찾아서 선적분이 경로에 독립이 아님을 보여라.

16. $\int_C y\,dx - x\,dy$, C는 $(-2, 0)$에서 $(2, 0)$까지
17. $\int_C y\,dx - 3\,dy$, C는 $(-2, 2)$에서 $(0, 0)$까지

14.4 그린정리

이 절에서는 평면에서 폐경로에 대한 선적분과 이중적분의 관계에 대하여 알아보자. 그린정리는 매우 중요한 것으로 여러 곳에 응용된다. 유체의 흐름을 분석하거나 전자기학 이론에서 매우 중요한 정리이다.

먼저 몇 가지 용어를 설명하기로 하자. 평면곡선 C의 매개방정식이 다음과 같다고 하자.

$$C = \{(x, y) \mid x = g(t),\ y = h(t),\ a \le t \le b\}$$

C의 양 끝점이 같으면, 즉 $(g(a), h(a)) = (g(b), h(b))$이면 C는 폐곡선이라 한다. 또 곡선이 끝점을 제외하고는 자기 자신과 만나지 않으면 C는 **단순하다**(simple)고 한다. 그림 14.18a는 단순폐곡선이고 그림 14.18b는 폐곡선이지만 단순하지 않은 경우이다.

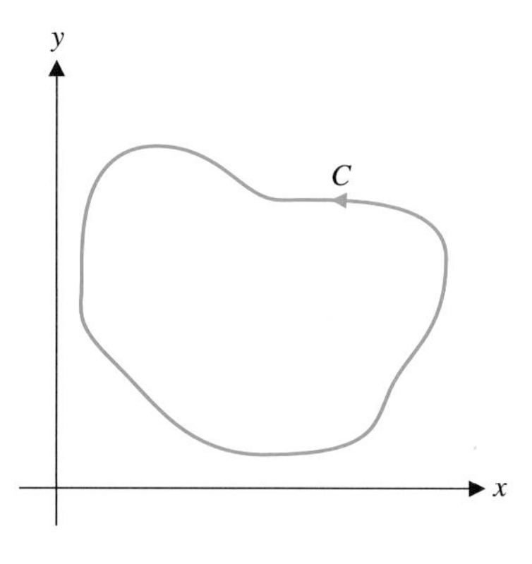

그림 14.18a 단순폐곡선

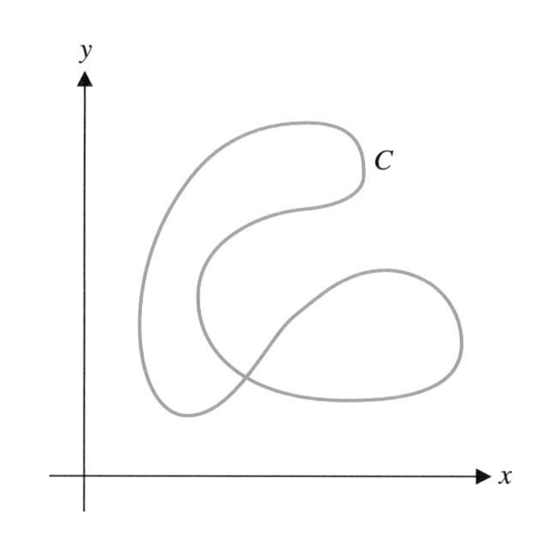

그림 14.18b 폐곡선이지만 단순하지 않은 경우

단순폐곡선 C에 대하여 C로 둘러싸인 영역 R이 C를 따라 진행할 때 왼쪽에 놓여 있으면 **양의 방향**이라 하고 R이 C의 오른쪽에 놓여있으면 **음의 방향**이라 한다. 그림 14.19a와 14.19b는 각각 양의 방향과 음의 방향인 단순폐곡선을 나타낸 것이다.

양의 방향인 단순폐곡선 C에 대한 선적분은

$$\oint_C \mathbf{F}(x, y) \cdot d\mathbf{r}$$

이라 나타내기로 하자.

정리 4.1 그린정리(Green's Theorem)

C는 평면에서 구분적으로 매끄러운 단순폐곡선이고 양의 방향을 갖는다고 하자. 또 R은 C와 C로 둘러싸인 부분이라 하자. $M(x, y)$와 $N(x, y)$가 개영역 D에서 연속이고 일계편도함수도 연속이며 $R \subset D$라 하자. 그러면 다음이 성립한다.

$$\oint_C M(x, y)dx + N(x, y)dy = \iint_R \left(\frac{\partial N}{\partial x} - \frac{\partial M}{\partial y}\right) dA$$

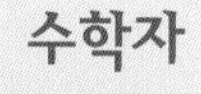

수학자

그린

(George Green, 1793−1841)

영국의 수학자로 그린정리를 발견하였다. 학교에는 2년만 다니고 독학하였으며 9살 때부터 아버지가 운영하는 빵집에서 일했다. 1828년 퍼텐셜함수를 정의하고 이것을 전자기학에 응용한 논문을 발표하였다. 이 논문에서 그린정리와 편미분방정식 연구에 이용되는 그린함수를 소개하였다. 그린은 40살 때 케임브리지 대학교에 입학하여 몇 편의 논문을 발표한 후 병으로 일찍 사망하였다.

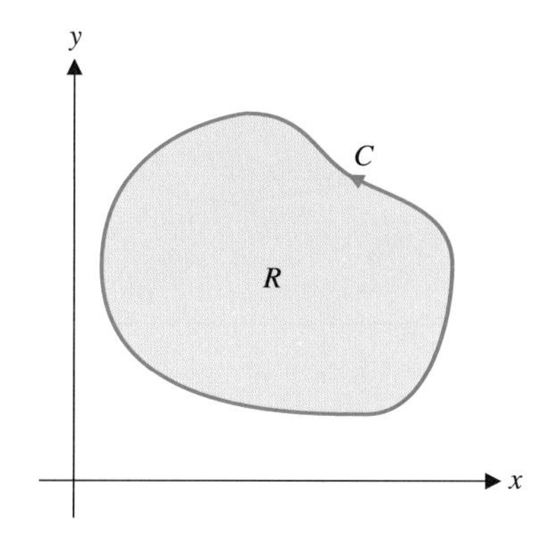

그림 14.19a 양의 방향

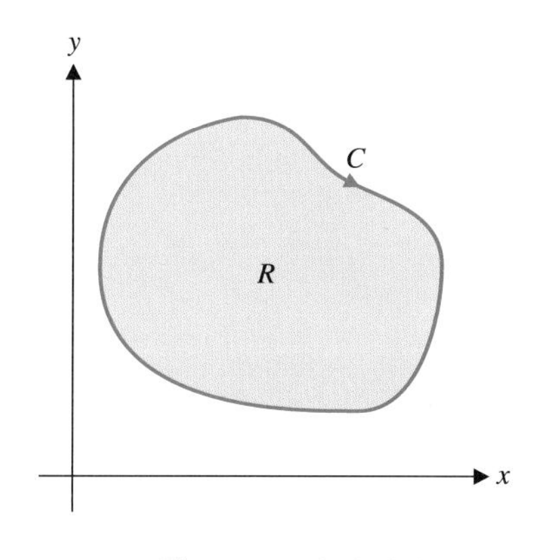

그림 14.19b 음의 방향

증명

영역 R이 다음과 같이 표현되는 특수한 경우만 증명하기로 하자.

$$R = \{(x, y) | a \le x \le b,\ g_1(x) \le y \le g_2(x)\}$$

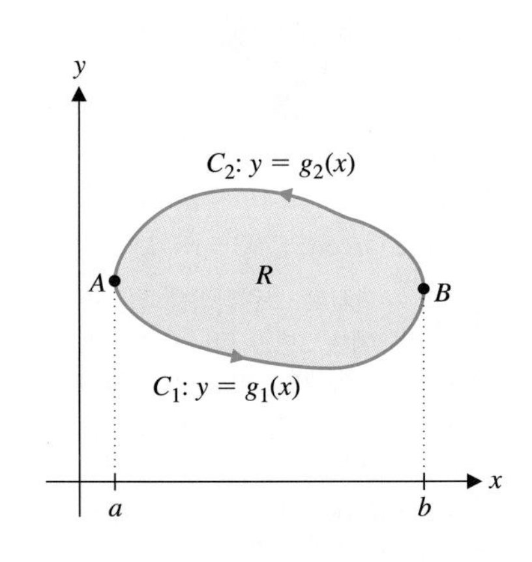

그림 14.20a 영역 R

여기서 모든 $x \in [a, b]$에 대하여 $g_1(x) \le g_2(x)$이고 $g_1(a) = g_2(a)$, $g_1(b) = g_2(b)$이다(그림 14.20a). C를 그림 14.20a에서처럼 둘로 나누어 $C = C_1 \cup C_2$로 나타낼 수 있다. 여기서 C_1은 곡선의 아랫부분으로

$$C_1 = \{(x, y) | a \le x \le b,\ y = g_1(x)\}$$

로 표현되고 C_2는 곡선의 윗부분으로

$$C_2 = \{(x, y) | a \le x \le b,\ y = g_2(x)\}$$

로 나타낼 수 있으며 방향은 그림에 표시된 대로이다. 정리 2.4의 선적분 계산 공식에 의하여

$$\begin{aligned}\oint_C M(x, y)\,dx &= \int_{C_1} M(x, y)\,dx + \int_{C_2} M(x, y)\,dx \\ &= \int_a^b M(x, g_1(x))\,dx - \int_a^b M(x, g_2(x))\,dx \\ &= \int_a^b [M(x, g_1(x)) - M(x, g_2(x))]\,dx \qquad (4.1)\end{aligned}$$

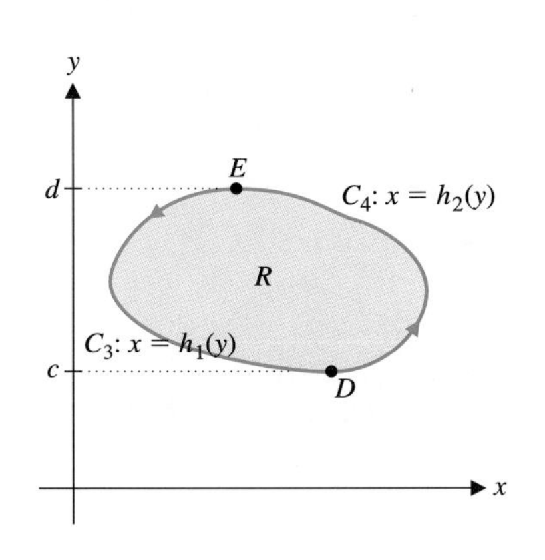

그림 14.20b 영역 R

이다. 그런데

$$\begin{aligned}\iint_R \frac{\partial M}{\partial y}\,dA &= \int_a^b \int_{g_1(x)}^{g_2(x)} \frac{\partial M}{\partial y}\,dy\,dx \\ &= \int_a^b M(x, y)\Big|_{y = g_1(x)}^{y = g_2(x)}\,dx \\ &= \int_a^b [M(x, g_2(x)) - M(x, g_1(x))]\,dx\end{aligned}$$

이므로 식 (4.1)에 의하여

$$\oint_C M(x, y)\,dx = -\iint_R \frac{\partial M}{\partial y}\,dA \qquad (4.2)$$

을 얻을 수 있다. 영역 R이 그림 14.20b에서처럼

$$R = \{(x, y) | c \le y \le d,\ h_1(y) \le x \le h_2(y)\}$$

로도 표현된다고 하자. 여기서 모든 $y \in [c, d]$에 대하여 $h_1(y) \le h_2(y)$이고 $h_1(c) = h_2(c)$, $h_1(d) = h_2(d)$이다. 또 그림 14.20b에서처럼 $C = C_3 \cup C_4$라 하자. 그러면

$$\begin{aligned}\oint_C N(x, y)\,dy &= \int_{C_3} N(x, y)\,dy + \int_{C_4} N(x, y)\,dy \\ &= -\int_c^d N(h_1(y), y)\,dy + \int_c^d N(h_2(y), y)\,dy \\ &= \int_c^d [N(h_2(y), y) - N(h_1(y), y]\,dy \qquad (4.3)\end{aligned}$$

이다. 그런데

$$\iint_R \frac{\partial N}{\partial x}\, dA = \int_c^d \int_{h_1(y)}^{h_2(y)} \frac{\partial N}{\partial x}\, dx\, dy$$

$$= \int_c^d [N(h_2(y), y) - N(h_1(y), y)]\, dy$$

이므로 식 (4.3)에 의하여

$$\oint_C N(x, y)\, dy = \iint_R \frac{\partial N}{\partial x}\, dA \tag{4.4}$$

을 얻을 수 있다. 식 (4.2)와 (4.4)를 더하면

$$\oint_C M(x, y)\, dx + N(x, y)\, dy = \iint_R \left(\frac{\partial N}{\partial x} - \frac{\partial M}{\partial y}\right) dA$$

이 되어 정리가 증명된다. ■

예제 4.1 그린정리의 이용

그린정리를 이용하여 $\oint_C (x^2 + y^3)\, dx + 3xy^2\, dy$를 계산하여라. 여기서 C는 $y = x^2$을 따라 (2, 4)에서 (0, 0)까지 가고 (0, 0)에서 (2, 0)까지 선분을 따라가서 다시 (2, 0)에서 (2, 4)까지 선분을 따라가는 경로이다.

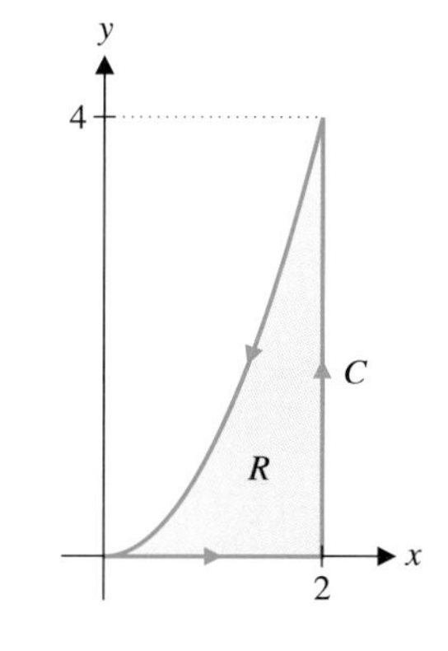

그림 14.21 영역 R

풀이

곡선 C와 영역 R은 그림 14.21에 표시되어 있다. C는 구분적으로 매끄러운 단순폐곡선이고 양의 방향이다. 또 $M(x, y) = x^2 + y^3$, $N(x, y) = 3xy^2$이라 하면 M과 N은 연속이고 일계편도함수도 연속이다. 따라서 그린정리에 의하여 다음과 같다.

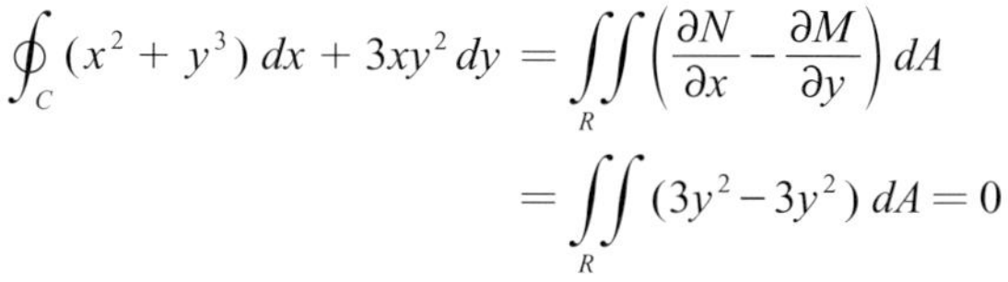

$$\oint_C (x^2 + y^3)\, dx + 3xy^2\, dy = \iint_R \left(\frac{\partial N}{\partial x} - \frac{\partial M}{\partial y}\right) dA$$

$$= \iint_R (3y^2 - 3y^2)\, dA = 0$$

예제 4.1에서는 이중적분의 피적분함수가 0이므로 이중적분을 계산하는 것이 선적분을 직접 계산하는 것보다 쉬웠다. 이 선적분은 또 다른 방법으로도 간단히 할 수 있다. $\oint_C \mathbf{F}(x, y) \cdot d\mathbf{r}$이라 하면 선적분은 $\mathbf{F}(x, y) = \langle x^2 + y^3, 3xy^2 \rangle$이라 나타낼 수 있다. 이때 $\mathbf{F}$는 보존적이며 퍼텐셜함수는 $f(x, y) = \frac{1}{3}x^3 + xy^3$이다. 따라서 정리 3.3에 의하여 폐경로에 대한 선적분은 0임을 알 수 있다.

예제 4.2 그린정리로 선적분 계산하기

C는 그림 14.22에 있는 중심이 (5, −7)이고 반지름이 3인 원일 때 선적분 $\oint_C (7y - e^{\sin x})\, dx + [15x - \sin(y^3 + 8y)]\, dy$를 계산하여라.

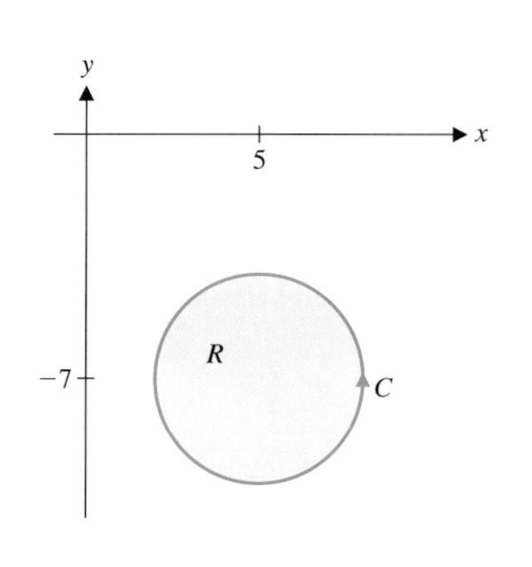

그림 14.22 영역 R

풀이

선적분을 직접 계산하는 것은 불가능하다. 그러나 $M(x, y) = 7y - e^{\sin x}$, $N(x, y) = 15x -$

$\sin(y^3+8y)$라 하면 M과 N은 연속이고 일계편도함수도 연속이다. 따라서 그린정리에 의하여

$$\oint_C (7y - e^{\sin x})\,dx + [15x - \sin(y^3+8y)]\,dy = \iint_R \left(\frac{\partial N}{\partial x} - \frac{\partial M}{\partial y}\right) dA$$
$$= \iint_R (15-7)\,dA$$
$$= 8\iint_R dA = 72\pi$$

이다. 여기에서 $\iint_R dA$는 영역 R의 넓이이므로 $\iint_R dA = 9\pi$이다.

예제 4.3을 보면 그린정리는 단순히 편리한 정도를 넘어서 반드시 필요한 정리라는 것을 알 수 있다. 선적분을 직접 계산하는 것은 매우 복잡하다.

예제 4.3 그린정리를 이용해 선적분 계산하기

선적분 $\oint_C (e^x + 6xy)\,dx + (8x^2 + \sin y^2)\,dy$를 계산하여라. 여기서 C는 그림 14.23과 같이 중심이 원점이고 반지름이 각각 1과 3인 두 원 사이의 제1사분면의 영역의 경계선으로 양의 방향이다.

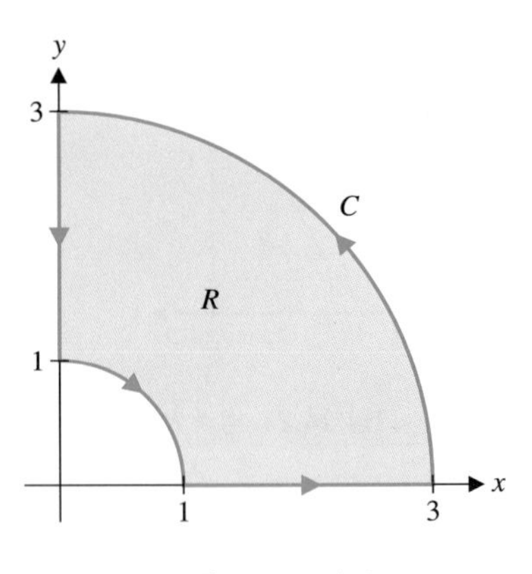

그림 14.23 영역 R

풀이

C가 네 개의 조각이므로 선적분을 직접 계산하는 것은 좋은 방법이 아니다. C가 구분적으로 매끄러운 단순폐곡선이므로 그린정리를 이용하면

$$\oint_C (e^x + 6xy)\,dx + (8x^2 + \sin y^2)\,dy$$
$$= \iint_R \left[\frac{\partial}{\partial x}(8x^2 + \sin y^2) - \frac{\partial}{\partial y}(e^x + 6xy)\right] dA$$
$$= \iint_R (16x - 6x)\,dA = \iint_R 10x\,dA$$

이다. 여기서 R은 두 원 사이의 제1사분면의 영역이다. 극좌표계를 이용하여 계산하면 다음과 같다.

$$\oint_C (e^x + 6xy)\,dx + (8x^2 + \sin y^2)\,dy = \iint_R 10\,x\,dA$$
$$= \int_0^{\pi/2}\int_1^3 (10r\cos\theta)\,r\,dr\,d\theta$$
$$= \int_0^{\pi/2} \cos\theta \left.\frac{10r^3}{3}\right|_{r=1}^{r=3} d\theta$$
$$= \frac{10}{3}(3^3 - 1^3)\sin\theta\Big|_0^{\pi/2}$$
$$= \frac{260}{3}$$

그린정리를 이용하면 또 다른 유용한 공식을 얻을 수 있다. C는 구분적으로 매끄러운 단순폐곡선이고 영역 R의 경계선이라 하자. $M(x, y) = 0$이고 $N(x, y) = x$라 하면

$$\oint_C x\,dy = \iint_R \left(\frac{\partial N}{\partial x} - \frac{\partial M}{\partial y}\right) dA = \iint_R dA$$

고 이것은 영역 R의 넓이이다. 또 $M(x, y) = -y$이고 $N(x, y) = 0$이라 하면

$$\oint_C -y\,dx = \iint_R \left(\frac{\partial N}{\partial x} - \frac{\partial M}{\partial y}\right) dA = \iint_R dA$$

이다. 따라서 이 두 식을 이용하면

$$\iint_R dA = \frac{1}{2}\oint_C x\,dy - y\,dx \tag{4.5}$$

을 얻는다.

예제 4.4 그린정리를 이용해 넓이 구하기

타원 $\frac{x^2}{a^2} + \frac{y^2}{b^2} = 1$로 둘러싸인 영역의 넓이를 구하여라.

풀이

$a, b > 0$에 대하여 곡선 C의 매개방정식이

$$C = \{(x, y) \mid x = a\cos t,\ y = b\sin t,\ 0 \le t \le 2\pi\}$$

라 하면, 주어진 타원은 단순폐곡선 C로 둘러싸인 영역이다. 또 C는 매끄럽고 양의 방향을 갖는다(그림 14.24). 식 (4.5)에 의하여 타원의 넓이 A는 다음과 같이 구할 수 있다.

$$A = \frac{1}{2}\oint_C x\,dy - y\,dx = \frac{1}{2}\int_0^{2\pi} [(a\cos t)(b\cos t) - (b\sin t)(-a\sin t)]\,dt$$
$$= \frac{1}{2}\int_0^{2\pi} (ab\cos^2 t + ab\sin^2 t)\,dt = \pi ab$$

■

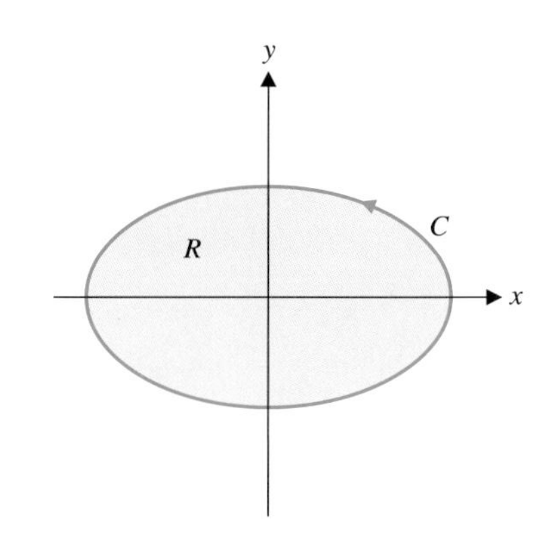

그림 14.24 타원 영역 R

영역 R의 경계선으로 양의 방향을 갖는 곡선을 ∂R이라 나타내면 편리하다. 그러면 그린정리는 다음과 같이 나타낼 수 있다.

$$\oint_{\partial R} M(x, y)\,dx + N(x, y)\,dy = \iint_R \left(\frac{\partial N}{\partial x} - \frac{\partial M}{\partial y}\right) dA$$

그린정리를 단순연결이 아닌 영역으로 확장할 수 있다. 이런 영역에 대한 적분은 바깥 경계선에 대해서만 적분하는 것이 아니라 전체 경계선에 대해 적분하는 것을 의미하고 방향은 양의 방향을 의미한다. 예를 들어 그림 14.25a와 같이 구멍이 하나인 영역에서 R의 경계선 ∂R은 두 개의 곡선 C_1과 C_2로 이루어져 있다. 여기서 C_2는 시계방향의 곡선이다. R이 단순연결영역이 아니므로 그린정리를 직접 적용할 수는 없다. 그 대신 영역을 수평으로 잘라서 두 개의 영역 R_1과 R_2로 나누자.

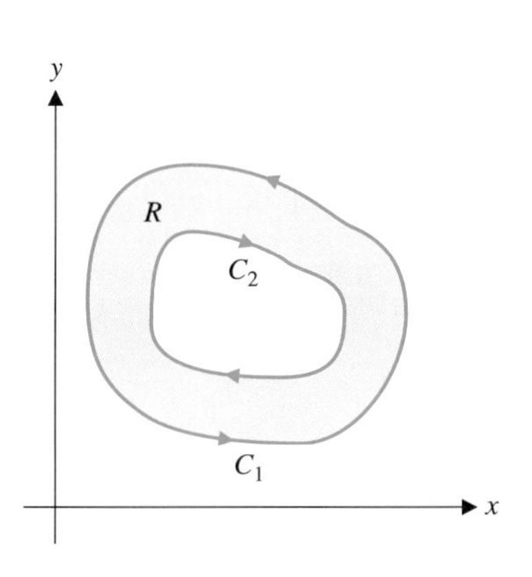

그림 14.25a 구멍이 하나인 영역

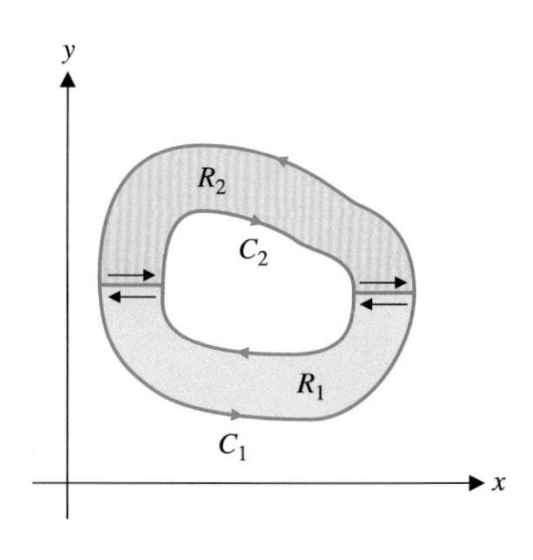

그림 14.25b $R = R_1 \cup R_2$

R_1과 R_2에 대한 두 이중적분을 더하면 그림 14.25b와 같이 R 전체에서의 이중적분을 다음과 같이 구할 수 있다.

$$\iint_R \left(\frac{\partial N}{\partial x} - \frac{\partial M}{\partial y}\right) dA = \iint_{R_1} \left(\frac{\partial N}{\partial x} - \frac{\partial M}{\partial y}\right) dA + \iint_{R_2} \left(\frac{\partial N}{\partial x} - \frac{\partial M}{\partial y}\right) dA$$
$$= \oint_{\partial R_1} M(x, y)dx + N(x, y)\,dy + \oint_{\partial R_2} M(x, y)\,dx + N(x, y)\,dy$$

그런데 ∂R_1과 ∂R_2의 공통부분에서의 선적분은 방향이 서로 반대이므로(∂R_1에서의 방향과 ∂R_2에서의 방향), 이 부분에서의 선적분은 서로 상쇄되고 C_1, C_2에서의 선적분만 남게 된다. 따라서 다음 식을 얻는다.

$$\iint_R \left(\frac{\partial N}{\partial x} - \frac{\partial M}{\partial y}\right) dA = \oint_{\partial R_1} M(x, y)\,dx + N(x, y)\,dy + \oint_{\partial R_2} M(x, y)dx + N(x, y)\,dy$$
$$= \oint_{C_1} M(x, y)\,dx + N(x, y)\,dy + \oint_{C_2} M(x, y)dx + N(x, y)\,dy$$
$$= \oint_C M(x, y)\,dx + N(x, y)\,dy$$

따라서 그린정리는 구멍이 하나인 영역에 대해서도 성립함을 알 수 있다. 위의 과정을 반복하면 구멍이 유한개인 영역으로 그린정리를 확장할 수 있다.

예제 4.5 그린정리의 응용

$\mathbf{F}(x, y) = \dfrac{1}{x^2 + y^2}\langle -y, x\rangle$에 대하여 $\oint_C \mathbf{F}(x, y) \cdot d\mathbf{r} = 2\pi$임을 보여라. 여기서 C는 원점을 둘러싼 단순폐곡선이다.

풀이

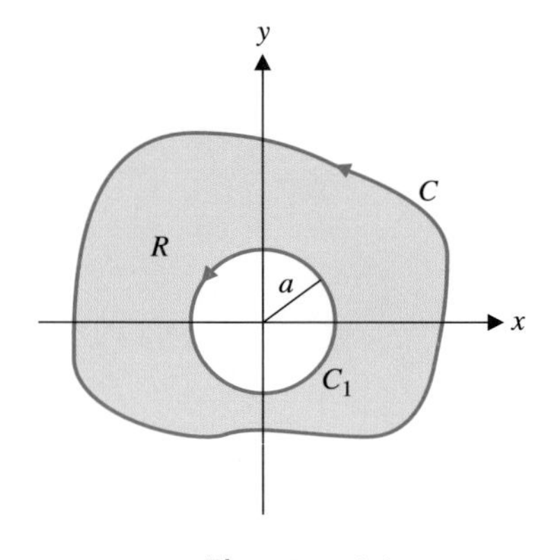

그림 14.26 영역 R

원점을 둘러싼 임의의 단순폐곡선을 C라 하고 중심이 원점이고 반지름이 $a > 0$인 양의 방향의 원을 C_1이라 하자. 여기서 a는 그림 14.26처럼 C_1이 C의 내부에 포함되도록 충분히 작게 택한다. 또 C와 C_1 사이의 영역을 R이라 하자. 앞에서 확장한 그린정리를 이용하면

$$\oint_C \mathbf{F}(x, y) \cdot d\mathbf{r} - \oint_{C_1} \mathbf{F}(x, y) \cdot d\mathbf{r}$$
$$= \oint_{\partial R} \mathbf{F}(x, y) \cdot d\mathbf{r}$$
$$= \iint_R \left(\frac{\partial N}{\partial x} - \frac{\partial M}{\partial y}\right) dA$$
$$= \iint_R \left[\frac{(1)(x^2 + y^2) - x(2x)}{(x^2 + y^2)^2} - \frac{(-1)(x^2 + y^2) + y(2y)}{(x^2 + y^2)^2}\right] dA$$
$$= \iint_R 0\,dA = 0$$

이므로

$$\oint_C \mathbf{F}(x, y) \cdot d\mathbf{r} = \oint_{C_1} \mathbf{F}(x, y) \cdot d\mathbf{r}$$

이다. C_1은 원이므로 매개방정식으로 표현하여 선적분을 쉽게 계산할 수 있다. C_1을 $x = a\cos t$, $y = a\sin t$, $0 \le t \le 2\pi$라 나타내면 C_1 위에서 $x^2 + y^2 = a^2$ 이므로 다음과 같이 계산할 수 있다.

$$\begin{aligned}\oint_C \mathbf{F}(x, y) \cdot d\mathbf{r} &= \oint_{C_1} \mathbf{F}(x, y) \cdot d\mathbf{r} = \oint_{C_1} \frac{1}{a^2}\langle -y, x\rangle \cdot d\mathbf{r} \\ &= \frac{1}{a^2}\oint_{C_1} -y\,dx + x\,dy \\ &= \frac{1}{a^2}\int_0^{2\pi} [(-a\sin t)(-a\sin t) + (a\cos t)(a\cos t)]\,dt \\ &= \int_0^{2\pi} dt = 2\pi\end{aligned}$$

■

그린정리를 이용하면 정리 3.4에서 증명하지 않았던 나머지 절반을 증명할 수 있다. 그 정리를 다시 쓰면 다음과 같다.

정리 4.2

$M(x, y)$와 $N(x, y)$가 단순연결영역 D에서 연속인 일계편도함수를 갖는다고 하자. 그러면 $\int_C M(x, y)dx + N(x, y)dy$가 D에서의 경로에 독립일 필요충분조건은 D 내의 모든 (x, y)에 대하여 $M_y(x, y) = N_x(x, y)$인 것이다.

증명

14.3절에서 $\int_C M(x, y)dx + N(x, y)dy$가 경로에 독립이면 모든 $(x, y) \in D$에 대하여 $M_y(x, y) = N_x(x, y)$임을 증명하였다. 여기서는 $M_y(x, y) = N_x(x, y)$이면 선적분이 경로에 독립임을 증명하자. S는 D에 있는 임의의 구분적으로 매끄러운 폐곡선이라 하자. S가 단순연결영역이므로 S에 의해 둘러싸인 영역 R은 D에 포함된다. 따라서 모든 $(x, y) \in R$에 대하여 $M_y(x, y) = N_x(x, y)$이다. 그린정리에 의하여

$$\oint_S M(x, y)\,dx + N(x, y)\,dy = \iint_R \left(\frac{\partial N}{\partial x} - \frac{\partial M}{\partial y}\right) dA = 0$$

이다. 즉 D 내의 임의의 구분적으로 매끄러운 폐곡선 S에 대하여

$$\oint_S M(x, y)\,dx + N(x, y)\,dy = 0 \tag{4.6}$$

이다. S가 단순곡선이 아니면 자신과 다시 만나므로 단순폐곡선 몇 개로 나눌 수 있다. 각각의 단순폐곡선에 대하여 $M(x, y)\,dx + N(x, y)\,dy$의 선적분은 식 (4.6)에 의하여 0이므로 $\int_S M(x, y)dx + N(x, y)dy = 0$이다. 이제 정리 3.3에 의하여 $\mathbf{F}(x, y) = \langle M(x, y), N(x, y)\rangle$는 D에서 보존적이고 정리 3.1에 의하여 $\int_C M(x, y)dx + N(x, y)dy$는 경로에 독립이다. ■

연습문제 14.4

[1~2] 다음 선적분을 (a) 직접 (b) 그린정리를 이용하여 계산하여라.

1. $\oint_C (x^2 - y)dx + y^2 dy$, C는 원 $x^2 + y^2 = 1$의 시계반대방향

2. $\oint_C x^2 dx - x^3 dy$, C는 꼭짓점이 (0, 0), (0, 2), (2, 2), (2, 0)인 정사각형

[3~10] 그린정리를 이용하여 다음 선적분을 계산하여라.

3. $\oint_C xe^{2x} dx - 3x^2 y dy$, C는 꼭짓점이 (0, 0), (3, 0), (3, 2), (0, 2)인 직사각형

4. $\oint_C \left(\frac{x}{x^2+1} - y\right) dx + (3x - 4\tan y/2)\, dy$, C는 $y = x^2$의 $(-1, 1)$에서 $(1, 1)$까지와 $y = 2 - x^2$의 $(1, 1)$에서 $(-1, 1)$까지

5. $\oint_C (\tan x - y^3)\, dx + (x^3 - \sin y)\, dy$, C는 원 $x^2 + y^2 = 2$

6. $\oint_C \mathbf{F} \cdot d\mathbf{r}$, $\mathbf{F} = \langle x^3 - y, x + y^3 \rangle$, C는 $y = x^2$과 $y = x$로 만들어진 폐경로

7. $\oint_C \mathbf{F} \cdot d\mathbf{r}$, $\mathbf{F} = \langle e^{x^2} - y, e^{2x} + y \rangle$, C는 $y = 1 - x^2$과 $y = 0$으로 만들어진 폐경로

8. $\oint_C x^2 dx + 2x\, dy + (z - 2)\, dz$, C는 (0, 0, 2)에서 (2, 2, 2), (4, 0, 2)을 연결하는 삼각형

9. $\oint_C (y\sec^2 x - 2e^y)\, dx + (\tan x - 4y^2)\, dy$, C는 $x = 4 - y^2$과 $x = 0$로 만들어진 폐경로

10. $\oint_C \mathbf{F} \cdot d\mathbf{r}$, $\mathbf{F} = \langle -ze^{x^2+z^2}, e^{y^2+z^2}, xe^{x^2+z^2} \rangle$, C는 평면 $y = 0$에서 $x^2 + z^2 = 1$

[11~13] 선적분을 이용하여 다음 영역의 넓이를 구하여라.

11. 타원 $4x^2 + y^2 = 16$

12. $y = x^2$과 $y = 4$로 둘러싸인 영역

13. $x^{2/3} + y^{2/3} = 1$로 둘러싸인 영역(힌트: $x = \cos^3 t$와 $y = \sin^3 t$로 치환하여라)

[14~16] 예제 4.5의 방법을 이용하여 다음 선적분을 계산하여라.

14. $\oint_C \mathbf{F} \cdot d\mathbf{r}$, $\mathbf{F} = \left\langle \frac{x}{x^2+y^2}, \frac{y}{x^2+y^2} \right\rangle$, C는 원점을 포함하고 양의 방향을 갖는 단순폐곡선

15. $\oint_C \mathbf{F} \cdot d\mathbf{r}$, $\mathbf{F} = \left\langle \frac{x^3}{x^4+y^4}, \frac{y^3}{x^4+y^4} \right\rangle$, C는 원점을 포함하고 양의 방향을 갖는 단순폐곡선

16. $\oint_C \mathbf{F} \cdot d\mathbf{r}$, $\mathbf{F} = \frac{\langle -y+1, x \rangle}{4x^2 + (y-1)^2}$, C는 (0, 1)을 포함하고 양의 방향을 갖는 단순폐곡선

14.5 회전과 발산

그린정리는 평면영역 R의 경계선에서의 선적분과 R에서의 이중적분의 관계에 관한 것이다. 때로는 선적분이 계산하기 쉽고 때로는 이중적분이 계산하기 쉽다. 더 중요한 것은 그린정리는 평면영역의 경계선에서 측정한 어떤 물리적인 양과 영역 내부에서의 양의 관계를 나타낸다는 것이다. 이 장의 나머지 부분에서는 그린정리를 삼중적분 등으로 확장해 보자. 먼저 회전과 발산 등 벡터 연산에 관하여 알아보자.

회전과 발산은 벡터장에서의 미분의 개념을 확장한 것인데 모두 벡터장 $\mathbf{F}(x, y, z)$와 관련된 중요한 물리적인 양을 측정하는 것이다.

정의 5.1

벡터장 $\mathbf{F}(x, y, z) = \langle F_1(x, y, z), F_2(x, y, z), F_3(x, y, z) \rangle$의 **회전**(curl)은 벡터장

$$\text{curl } \mathbf{F} = \left(\frac{\partial F_3}{\partial y} - \frac{\partial F_2}{\partial z} \right) \mathbf{i} + \left(\frac{\partial F_1}{\partial z} - \frac{\partial F_3}{\partial x} \right) \mathbf{j} + \left(\frac{\partial F_2}{\partial x} - \frac{\partial F_1}{\partial y} \right) \mathbf{k}$$

으로 위의 각 편도함수가 존재하는 모든 점에서 정의된다.

curl $\mathbf{F}$는 외적 기호를 이용하여 다음과 같이 쉽게 기억할 수 있다.

$$\begin{aligned} \nabla \times \mathbf{F} &= \begin{vmatrix} \mathbf{i} & \mathbf{j} & \mathbf{k} \\ \dfrac{\partial}{\partial x} & \dfrac{\partial}{\partial y} & \dfrac{\partial}{\partial z} \\ F_1 & F_2 & F_3 \end{vmatrix} \\ &= \left(\frac{\partial F_3}{\partial y} - \frac{\partial F_2}{\partial z} \right) \mathbf{i} - \left(\frac{\partial F_3}{\partial x} - \frac{\partial F_1}{\partial z} \right) \mathbf{j} + \left(\frac{\partial F_2}{\partial x} - \frac{\partial F_1}{\partial y} \right) \mathbf{k} \\ &= \left\langle \frac{\partial F_3}{\partial y} - \frac{\partial F_2}{\partial z}, \frac{\partial F_1}{\partial z} - \frac{\partial F_3}{\partial x}, \frac{\partial F_2}{\partial x} - \frac{\partial F_1}{\partial y} \right\rangle = \text{curl } \mathbf{F} \end{aligned} \tag{5.1}$$

예제 5.1 벡터장의 회전

다음 벡터장에 대하여 회전을 계산하여라.

(a) $\mathbf{F}(x, y, z) = \langle x^2 y, 3x - yz, z^3 \rangle$

(b) $\mathbf{F}(x, y, z) = \langle x^3 - y, y^5, e^z \rangle$

풀이

식 (5.1)의 외적 표현을 이용하면 (a)의 경우

$$\begin{aligned} \text{curl } \mathbf{F} = \nabla \times \mathbf{F} &= \begin{vmatrix} \mathbf{i} & \mathbf{j} & \mathbf{k} \\ \dfrac{\partial}{\partial x} & \dfrac{\partial}{\partial y} & \dfrac{\partial}{\partial z} \\ x^2 y & 3x - yz & z^3 \end{vmatrix} \\ &= \left(\frac{\partial (z^3)}{\partial y} - \frac{\partial (3x - yz)}{\partial z} \right) \mathbf{i} - \left(\frac{\partial (z^3)}{\partial x} - \frac{\partial (x^2 y)}{\partial z} \right) \mathbf{j} + \left(\frac{\partial (3x - yz)}{\partial x} - \frac{\partial (x^2 y)}{\partial y} \right) \mathbf{k} \\ &= (0 + y)\mathbf{i} - (0 - 0)\mathbf{j} + (3 - x^2)\mathbf{k} = \langle y, 0, 3 - x^2 \rangle \end{aligned}$$

이고 같은 방법으로 (b)의 경우

$$\begin{aligned} \text{curl } \mathbf{F} = \nabla \times \mathbf{F} &= \begin{vmatrix} \mathbf{i} & \mathbf{j} & \mathbf{k} \\ \dfrac{\partial}{\partial x} & \dfrac{\partial}{\partial y} & \dfrac{\partial}{\partial z} \\ x^3 - y & y^5 & e^z \end{vmatrix} \\ &= \left(\frac{\partial (e^z)}{\partial y} - \frac{\partial (y^5)}{\partial z} \right) \mathbf{i} - \left(\frac{\partial (e^z)}{\partial x} - \frac{\partial (x^3 - y)}{\partial z} \right) \mathbf{j} + \left(\frac{\partial (y^5)}{\partial x} - \frac{\partial (x^3 - y)}{\partial y} \right) \mathbf{k} \\ &= (0 - 0)\mathbf{i} - (0 - 0)\mathbf{j} + (0 + 1)\mathbf{k} = \langle 0, 0, 1 \rangle \end{aligned}$$

이다.

■

예제 5.1의 (b)에서 회전에 영향을 주는 항은 **i**성분의 $-y$뿐이다. 이것은 curl의 중요한 성질이다. **i**성분에서 x만 포함한 항은 회전에 영향을 주지 못한다. 마찬가지로 **j**성분에서 y만 포함한 항이나 **k**성분에서 z만 포함한 항도 회전에 영향을 주지 못한다. 이 사실을 이용하면 회전을 간단하게 계산할 수도 있다. 예를 들면,

$$\begin{aligned}\text{curl}\langle x^3, \sin^2 y, \sqrt{z^2+1}+x^2\rangle &= \text{curl}\langle 0, 0, x^2\rangle \\ &= \nabla\times\langle 0, 0, x^2\rangle = \langle 0, -2x, 0\rangle\end{aligned}$$

이다. 예제 5.2는 벡터장의 회전이 어떤 의미인지 이해하는 데 도움이 된다.

예제 5.2 벡터장의 회전의 의미

(a) $\mathbf{F}(x, y, z) = x\mathbf{i} + y\mathbf{j}$ (b) $\mathbf{G}(x, y, z) = y\mathbf{i} - x\mathbf{j}$의 회전을 계산하고 기하학적 의미를 알아보아라.

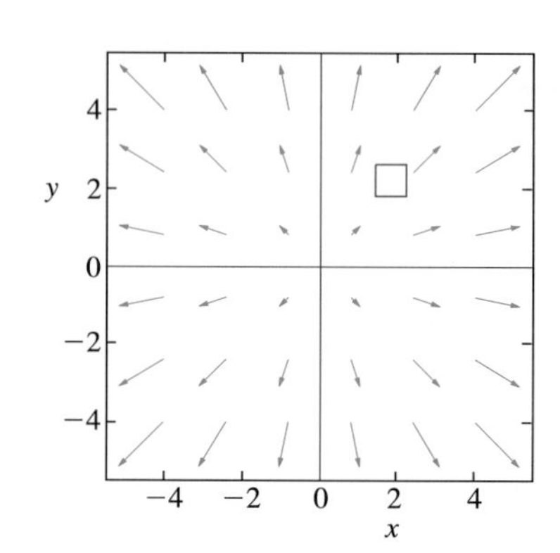

그림 14.27a $\langle x, y, 0\rangle$의 그래프

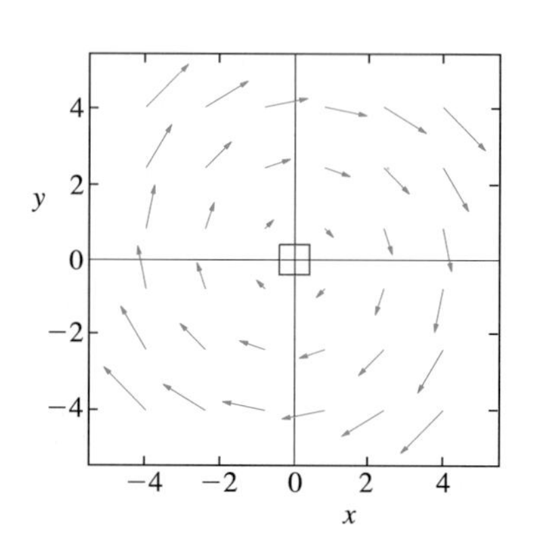

그림 14.27b $\langle y, -x, 0\rangle$의 그래프

풀이

(a)에 대해서는

$$\nabla\times\mathbf{F} = \begin{vmatrix}\mathbf{i} & \mathbf{j} & \mathbf{k}\\ \frac{\partial}{\partial x} & \frac{\partial}{\partial y} & \frac{\partial}{\partial z}\\ x & y & 0\end{vmatrix} = \langle 0-0, -(0-0), 0-0\rangle = \langle 0, 0, 0\rangle$$

이고 (b)에 대해서는

$$\nabla\times\mathbf{G} = \begin{vmatrix}\mathbf{i} & \mathbf{j} & \mathbf{k}\\ \frac{\partial}{\partial x} & \frac{\partial}{\partial y} & \frac{\partial}{\partial z}\\ y & -x & 0\end{vmatrix} = \langle 0-0, -(0-0), -1-1\rangle = \langle 0, 0, -2\rangle$$

이다. 벡터장 **F**와 **G**의 그래프는 그림 14.27a와 14.27b이다. 이 벡터장이 xy평면을 지나는 유체의 속도장이라 생각해 보자. 그러면 그래프에 표시된 벡터는 유체가 흐르는 방향을 나타내는 속도장이다. 벡터장 $\langle x, y, 0\rangle$은 유체가 원점에서 바깥으로 흐르고 있으므로 유체는 회전하지 않고 curl $\mathbf{F} = \mathbf{0}$이다. 반면에 벡터장 $\langle y, -x, 0\rangle$은 유체가 시계방향으로 흐르는 것을 나타내고 curl $\mathbf{F} \neq 0$이다. 특히 오른손의 손가락 끝이 유체가 흐르는 방향을 가리키면 엄지손가락은 아랫방향, 즉 $-\mathbf{k}$ 방향을 가리키는데 이것은

$$\text{curl}\langle y, -x, 0\rangle = \nabla\times\langle y, -x, 0\rangle = -2\mathbf{k}$$

와 같은 방향이다.

■

나중에 공부하겠지만 $\nabla\times\mathbf{F}(x, y, z)$는 유체가 $\nabla\times\mathbf{F}(x, y, z)$와 평행한 축의 주위로 회전하는 경향을 나타낸다. $\nabla\times\mathbf{F} = \mathbf{0}$이면 벡터장은 그 점에서 **비회전적**(irrotational)이라고 한다. 즉 유체가 그 점 근처에서는 회전하지 않는다는 것이다.

정의 5.2

벡터장 $\mathbf{F}(x, y, z) = \langle F_1(x, y, z),\ F_2(x, y, z),\ F_3(x, y, z)\rangle$의 **발산**(divergence)은 스칼라함수

$$\operatorname{div}\mathbf{F}(x, y, z) = \frac{\partial F_1}{\partial x} + \frac{\partial F_2}{\partial y} + \frac{\partial F_3}{\partial z}$$

으로 위의 각 편도함수가 존재하는 모든 점에서 정의된다.

회전을 외적 기호를 이용하여 표현했듯이 발산은 내적 기호를 이용하여 다음과 같이 표현할 수 있다.

$$\nabla \cdot \mathbf{F} = \left\langle \frac{\partial}{\partial x}, \frac{\partial}{\partial y}, \frac{\partial}{\partial z} \right\rangle \cdot \langle F_1, F_2, F_3 \rangle = \frac{\partial F_1}{\partial x} + \frac{\partial F_2}{\partial y} + \frac{\partial F_3}{\partial z} \tag{5.2}$$
$$= \operatorname{div}\mathbf{F}(x, y, z)$$

주 5.1

벡터장의 회전은 또 다른 벡터장이고 벡터장의 발산은 스칼라함수이다.

예제 5.3 벡터장의 발산

다음 벡터장에 대하여 발산을 계산하여라.

(a) $\mathbf{F}(x, y, z) = \langle x^2 y, 3x - yz, z^3 \rangle$

(b) $\mathbf{F}(x, y, z) = \langle x^3 - y, z^5, e^y \rangle$

풀이

(a)에 대해서 식 (5.2)를 적용하면

$$\operatorname{div}\mathbf{F} = \nabla \cdot \mathbf{F} = \frac{\partial (x^2 y)}{\partial x} + \frac{\partial (3x - yz)}{\partial y} + \frac{\partial (z^3)}{\partial z} = 2xy - z + 3z^2$$

(b)에 대해서 식 (5.2)를 적용하면

$$\operatorname{div}\mathbf{F} = \nabla \cdot \mathbf{F} = \frac{\partial (x^3 - y)}{\partial x} + \frac{\partial (z^5)}{\partial y} + \frac{\partial (e^y)}{\partial z} = 3x^2 + 0 + 0 = 3x^2$$

예제 5.3의 (b)에서 발산에 영향을 미치는 것은 $\mathbf{i}$성분의 x^3항이다. 일반적으로 $\mathbf{F}(x, y, z)$의 $\mathbf{i}$성분에서 x를 포함하지 않은 항은 발산에 영향을 주지 못한다. 마찬가지로 $\mathbf{j}$성분에서 y를 포함하지 않은 항과 $\mathbf{k}$성분에서 z를 포함하지 않은 항도 영향을 주지 못한다. 예제 5.2의 벡터장으로 돌아가서 발산의 기하학적 의미를 알아보자.

예제 5.4 벡터장의 발산의 의미

(a) $\mathbf{F}(x, y) = x\mathbf{i} + y\mathbf{j}$ (b) $\mathbf{F}(x, y) = y\mathbf{i} - x\mathbf{j}$의 발산을 계산하고 기하학적 의미를 알아보아라.

풀이

(a)에 대하여 $\nabla \cdot \mathbf{F} = \frac{\partial (x)}{\partial x} + \frac{\partial (y)}{\partial y} = 2$이고 (b)에 대해서는 $\nabla \cdot \mathbf{F} = \frac{\partial (y)}{\partial x} + \frac{\partial (-x)}{\partial y} = 0$이다. (a)와 (b)의 벡터장의 그래프는 그림 14.28a와 14.28b이다. 벡터장의 그래프에 표시된 작은 사각형을 잘 살펴보자. $\mathbf{F}(x, y)$가 유체의 속도장을 나타낸다고 하고 작은 사각형으로

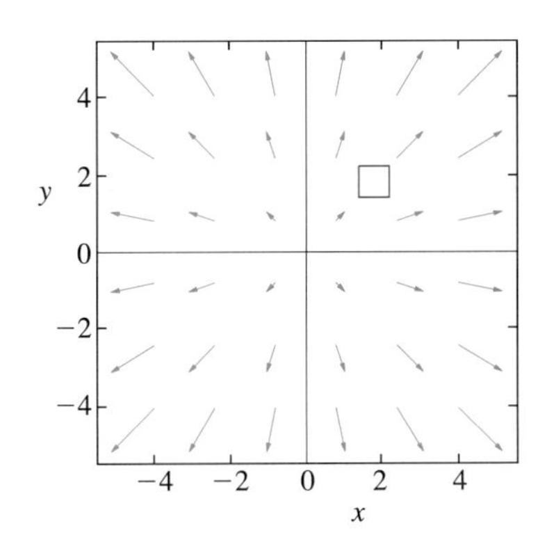

그림 14.28a $\langle x, y\rangle$의 그래프

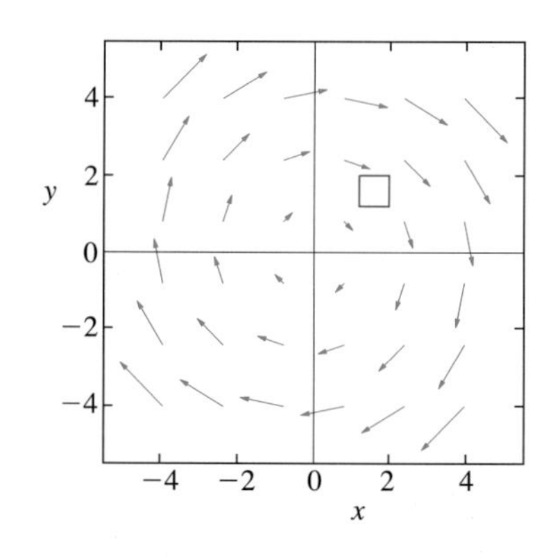

그림 14.28b $\langle y, -x \rangle$의 그래프

흘러들어 오는 유체의 양과 흘러나가는 유체의 양을 생각해 보자. $\langle y, -x \rangle$의 경우 유체는 원 모양으로 흐르기 때문에 원점을 중심으로 하는 원 위에서 유체의 속도는 상수이다. 따라서 작은 사각형으로 흘러들어 오는 유체의 양과 흘러나가는 유체의 양의 차는 0이고 이 경우 앞에서 계산한 발산도 0이었다. 반면에 벡터장 $\langle x, y \rangle$의 경우 작은 사각형으로 들어오는 화살표보다 나가는 화살표의 길이가 길다. 즉, 흘러나가는 유체의 양과 흘러들어 오는 유체의 양의 차는 양수이고 이 경우 앞에서 계산한 발산도 양수였다.

$\nabla \cdot \mathbf{F}(x, y, z) > 0$이면 작은 사각형으로 흘러들어 오는 양보다 흘러나가는 양이 더 많고 이때 점 (x, y, z)를 **소스**(source)라 한다. $\nabla \cdot \mathbf{F}(x, y, z) < 0$이면 작은 사각형으로 흘러들어 오는 양이 흘러나가는 양보다 더 많고 이때 점 (x, y, z)를 **싱크**(sink)라 한다. 또 영역 D에서 $\nabla \cdot \mathbf{F}(x, y, z) = 0$이면 벡터장 $\mathbf{F}$는 **압축불가능**(incompressible)이라 한다.

지금까지 '델' 연산자 ∇을 세 가지 연산에 이용하였다. 스칼라함수 f의 기울기는 벡터장 ∇f이고, 벡터장 $\mathbf{F}$의 회전은 벡터장 $\nabla \times \mathbf{F}$이고, 벡터장 $\mathbf{F}$의 발산은 스칼라함수 $\nabla \cdot \mathbf{F}$이다. 이 세 가지 연산들을 조합하여 계산하면 벡터장의 성질을 좀 더 잘 이해할 수 있다.

예제 5.5 기울기를 포함하는 벡터장과 스칼라함수

$f(x, y, z)$가 스칼라함수이고 $\mathbf{F}(x, y, z)$가 벡터장일 때 다음 연산이 스칼라함수인지, 벡터장인지, 정의되지 않는지 설명하여라.

(a) $\nabla \times (\nabla f)$ (b) $\nabla \times (\nabla \cdot \mathbf{F})$ (c) $\nabla \cdot (\nabla f)$

풀이

각각 안쪽의 연산부터 순서대로 살펴보자. (a) ∇f는 벡터장이므로 ∇f의 회전은 정의되고 벡터장이다. (b) $(\nabla \cdot \mathbf{F})$는 스칼라함수이므로 $(\nabla \cdot \mathbf{F})$의 회전은 정의되지 않는다. (c) ∇f는 벡터장이므로 ∇f의 발산은 정의되고 스칼라함수이다.

예제 5.5의 (a)와 (c)에서 정의된 연산에 대하여 좀 더 살펴보자. f의 이계편도함수가 연속이면 $\nabla f = \langle f_x, f_y, f_z \rangle$이고 기울기의 발산은 다음과 같은 스칼라함수이다.

$$\nabla \cdot (\nabla f) = \left\langle \frac{\partial}{\partial x}, \frac{\partial}{\partial y}, \frac{\partial}{\partial z} \right\rangle \cdot \langle f_x, f_y, f_z \rangle = f_{xx} + f_{yy} + f_{zz}$$

이와 같은 이계편도함수의 합은 물리학이나 공학에서 많은 중요한 응용문제에서도 나온다. $\nabla \cdot (\nabla f)$를 f의 **라플라시안**(Laplacian)이라 하고 다음과 같이 간단히 나타낸다.

$$\nabla \cdot (\nabla f) = \nabla^2 f = f_{xx} + f_{yy} + f_{zz}$$

또는 $\Delta f = \nabla^2 f$이다.

스칼라함수 f의 기울기의 회전은 다음과 같이 나타낸다.

$$\nabla \times (\nabla f) = \begin{vmatrix} \mathbf{i} & \mathbf{j} & \mathbf{k} \\ \dfrac{\partial}{\partial x} & \dfrac{\partial}{\partial y} & \dfrac{\partial}{\partial z} \\ f_x & f_y & f_z \end{vmatrix} = \langle f_{zy} - f_{yz}, f_{xz} - f_{zx}, f_{yx} - f_{xy} \rangle = \langle 0, 0, 0 \rangle$$

여기서 이계편도함수는 순서를 바꾸어도 같다고 가정하였다(모든 이계편도함수가 적당한 개영역에서 연속이면 된다). $\mathbf{F} = \nabla f$ 이면 $\mathbf{F}$는 보존장이다. $\nabla \times (\nabla f) = \mathbf{0}$라는 사실은 정리 5.1을 증명한다. 즉, 언제 삼차원 벡터장이 보존적이 아닌지 쉽게 판정할 수 있다.

정리 5.1

벡터장 $\mathbf{F}(x, y, z) = \langle F_1(x, y, z), F_2(x, y, z), F_3(x, y, z) \rangle$의 성분 F_1, F_2, F_3의 일계편도함수가 개영역 $D \subset \mathbb{R}^3$에서 연속이라 하자. $\mathbf{F}$가 D에서 보존적이면 $\nabla \times \mathbf{F} = \mathbf{0}$이다.

정리 5.1을 이용하여 주어진 벡터장이 보존적이 아닌지 판정할 수 있다. 예제 5.6을 보자.

예제 5.6 벡터장이 보존적인지 판정하기

정리 5.1을 이용하여 다음 벡터장이 보존적인지 판정하여라.

(a) $\mathbf{F} = \langle \cos x - z, y^2, xz \rangle$ (b) $\mathbf{F} = \langle 2xz, 3z^2, x^2 + 6yz \rangle$

풀이

(a) 회전을 계산하면

$$\nabla \times \mathbf{F} = \begin{vmatrix} \mathbf{i} & \mathbf{j} & \mathbf{k} \\ \dfrac{\partial}{\partial x} & \dfrac{\partial}{\partial y} & \dfrac{\partial}{\partial z} \\ \cos x - z & y^2 & xz \end{vmatrix} = \langle 0 - 0, -1 - z, 0 - 0 \rangle \neq \mathbf{0}$$

이므로 정리 5.1에 의하여 $\mathbf{F}$는 $\mathbb{R}^3$에서 보존적이 아니다.

(b) 같은 방법으로

$$\nabla \times \mathbf{F} = \begin{vmatrix} \mathbf{i} & \mathbf{j} & \mathbf{k} \\ \dfrac{\partial}{\partial x} & \dfrac{\partial}{\partial y} & \dfrac{\partial}{\partial z} \\ 2xz & 3z^2 & x^2 + 6yz \end{vmatrix} = \langle 6z - 6z, 2x - 2x, 0 - 0 \rangle = \mathbf{0}$$

이다. 그러나 이 경우에 정리 5.1은 $\mathbf{F}$가 보존적인지 아닌지 결정할 수 없다. 그런데

$$\mathbf{F}(x, y, z) = \langle 2xz, 3z^2, x^2 + 6yz \rangle = \nabla(x^2 z + 3yz^2)$$

이다. $\mathbf{F}$의 퍼텐셜함수를 찾았으므로 $\mathbf{F}$는 보존벡터장이다.

■

예제 5.6을 보면 정리 5.1의 역이 참이라고 생각할 수도 있다. 즉 $\nabla \times \mathbf{F} = \mathbf{0}$이면 $\mathbf{F}$는 보존적일까? 그러나 그렇지 않다. 예제 4.5가 중요한 실마리이다. 이 예제에서 이

차원 벡터장 $\mathbf{F}(x, y) = \dfrac{1}{x^2 + y^2}\langle -y, x\rangle$는 원점을 포함하는 모든 단순폐곡선 C에 대하여 $\oint_C \mathbf{F}(x, y) \cdot d\mathbf{r} = 2\pi$임을 보였다. 이 문제를 예제 5.7에서 다시 살펴보자.

예제 5.7 보존적이 아닌 비회전벡터장

$\mathbf{F}(x, y, z) = \dfrac{1}{x^2 + y^2}\langle -y, x, 0\rangle$에 대하여 $\mathbf{F}$의 정의역에서 $\nabla \times \mathbf{F} = \mathbf{0}$이지만 $\mathbf{F}$는 보존적이 아님을 보여라.

풀이

회전을 계산하면

$$\begin{aligned}
\nabla \times \mathbf{F} &= \begin{vmatrix} \mathbf{i} & \mathbf{j} & \mathbf{k} \\ \dfrac{\partial}{\partial x} & \dfrac{\partial}{\partial y} & \dfrac{\partial}{\partial z} \\ \dfrac{-y}{x^2+y^2} & \dfrac{x}{x^2+y^2} & 0 \end{vmatrix} \\
&= \mathbf{i}\begin{vmatrix} \dfrac{\partial}{\partial y} & \dfrac{\partial}{\partial z} \\ \dfrac{x}{x^2+y^2} & 0 \end{vmatrix} - \mathbf{j}\begin{vmatrix} \dfrac{\partial}{\partial x} & \dfrac{\partial}{\partial z} \\ \dfrac{-y}{x^2+y^2} & 0 \end{vmatrix} + \mathbf{k}\begin{vmatrix} \dfrac{\partial}{\partial x} & \dfrac{\partial}{\partial y} \\ \dfrac{-y}{x^2+y^2} & \dfrac{x}{x^2+y^2} \end{vmatrix} \\
&= \mathbf{k}\left[\frac{\partial}{\partial x}\left(\frac{x}{x^2+y^2}\right) + \frac{\partial}{\partial y}\left(\frac{y}{x^2+y^2}\right)\right] \\
&= \mathbf{k}\left[\frac{(x^2+y^2) - 2x^2}{(x^2+y^2)^2} + \frac{(x^2+y^2) - 2y^2}{(x^2+y^2)^2}\right] = \mathbf{0}
\end{aligned}$$

이므로 $\mathbf{F}$는 정의역(즉 $x = y = 0$ 이외의 점)에서 비회전적이다. 그러나 예제 4.5에서 xy평면에 있고 원점을 포함하는 모든 단순폐곡선 C에 대하여 $\oint_C \mathbf{F}(x, y) \cdot d\mathbf{r} = 2\pi$임을 보였다. 따라서 정리 3.3에 의하여 $\mathbf{F}$는 보존적이 아니다. 왜냐하면 $\mathbf{F}$가 보존적이면 $\mathbf{F}$의 정의역에 있는 모든 단순폐곡선 C에 대하여 $\oint_C \mathbf{F}(x, y) \cdot d\mathbf{r} = 0$이 되어야 하기 때문이다. ■

예제 5.7에서의 벡터장은 z축의 모든 점에서 특이점(벡터장의 성분 중 일부가 ∞로 커지는 점)이다. 곡선 C가 특이점을 지나지는 않지만 z축을 둘러싸고 있다. 따라서 정리 3.1의 역은 참이 될 수 없다. 정리 5.2와 같이 가정을 더 추가하면 역도 참이 된다.

정리 5.2

벡터장 $\mathbf{F}(x, y, z) = \langle F_1(x, y, z), F_2(x, y, z), F_3(x, y, z)\rangle$의 성분 F_1, F_2, F_3의 일계편도함수가 $\mathbb{R}^3$에서 연속이라 하자. $\mathbf{F}$가 보존적일 필요충분조건은 $\nabla \times \mathbf{F} = \mathbf{0}$인 것이다.

이 정리의 절반은 정리 5.1에서 이미 보였고 나머지 절반은 14.8절에서 좀 더 일반적인 경우를 증명하자.

보존벡터장

삼차원 벡터장에 대한 동치인 성질 몇 가지를 요약하자. 벡터장 $\mathbf{F}(x, y, z) = \langle F_1(x, y, z), F_2(x, y, z), F_3(x, y, z)\rangle$의 성분 F_1, F_2, F_3의 일계편도함수가 $\mathbb{R}^3$에서 연속이라 하자. 그러면 다음 성질들은 동치이다.

1. $\mathbf{F}(x, y, z)$는 보존적이다.
2. $\int_C \mathbf{F} \cdot d\mathbf{r}$이 경로에 독립이다.
3. C가 구분적으로 매끄러운 폐경로일 때 $\int_C \mathbf{F} \cdot d\mathbf{r} = 0$이다.
4. $\nabla \times \mathbf{F} = \mathbf{0}$이다.
5. $\mathbf{F}(x, y, z)$는 기울기장(퍼텐셜함수 f에 대하여 $\mathbf{F} = \nabla f$)이다.

그린정리를 회전과 발산을 이용하여 표현하고 이 장을 마치기로 하자. $\mathbf{F}(x, y) = \langle M(x, y),\ N(x, y), 0\rangle$이라 하자. C는 xy평면의 영역 R의 경계이고 구분적으로 매끄럽고 양의 방향을 갖는 단순폐곡선이라 하자. 또 M과 N은 R을 포함하는 적당한 개영역 D에서 연속이고 일계편도함수도 연속이라 하자. 그린정리로부터

$$\iint_R \left(\frac{\partial N}{\partial x} - \frac{\partial M}{\partial y}\right) dA = \oint_C M dx + N dy$$

이다. 그런데 이중적분의 피적분함수인 $\dfrac{\partial N}{\partial x} - \dfrac{\partial M}{\partial y}$은 $\nabla \times \mathbf{F}$의 $\mathbf{k}$성분이다. 또 xy평면의 임의의 곡선에 대하여 $dz = 0$이므로

$$\oint_C M dx + N dy = \oint_C \mathbf{F} \cdot d\mathbf{r}$$

이다. 따라서 그린정리를 다시 표현하면

$$\oint_C \mathbf{F} \cdot d\mathbf{r} = \iint_R (\nabla \times \mathbf{F}) \cdot \mathbf{k}\, dA$$

이다. 14.8절에서 이것을 확장한 것이 스톡스정리이다.

그린정리를 또 다른 관점에서 보기 위하여 $\mathbf{F}$와 R은 위와 같다고 하고, C는 벡터함수 $\mathbf{r}(t) = \langle x(t), y(t), 0\rangle$, $a \le t \le b$의 끝점을 나타낸다고 하자. 여기에서 $x(t)$와 $y(t)$는 $a \le t \le b$에서 연속인 일계도함수를 갖는다. 곡선의 단위접선벡터는 다음과 같다.

$$\mathbf{T}(t) = \left\langle \frac{x'(t)}{\|\mathbf{r}'(t)\|}, \frac{y'(t)}{\|\mathbf{r}'(t)\|}, 0 \right\rangle$$

이때 외향 단위법선벡터(R의 바깥쪽을 가리키는 단위법선벡터)는 다음과 같음을 쉽게 보일 수 있다(그림 14.29).

$$\mathbf{n}(t) = \left\langle \frac{y'(t)}{\|\mathbf{r}'(t)\|}, \frac{-x'(t)}{\|\mathbf{r}'(t)\|}, 0 \right\rangle$$

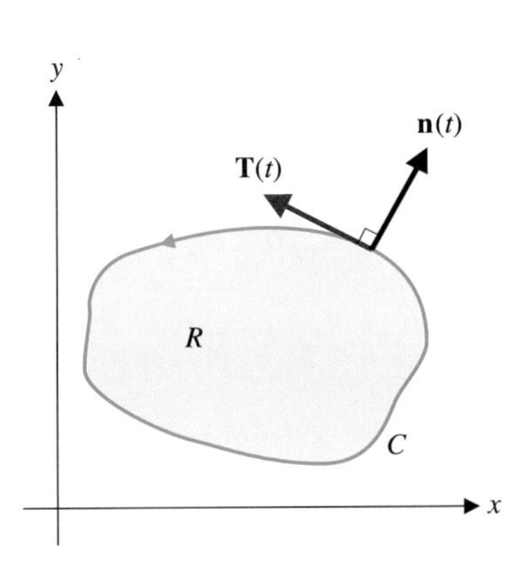

그림 14.29 단위접선벡터와 R의 외향 단위법선벡터

이제 정리 2.1과 그린정리에 의하여

$$\begin{aligned}\oint_C \mathbf{F}\cdot\mathbf{n}\,ds &= \int_a^b (\mathbf{F}\cdot\mathbf{n})(t)\|\mathbf{r}'(t)\|\,dt\\ &= \int_a^b \left[\frac{M(x(t),y(t))y'(t)}{\|\mathbf{r}'(t)\|} - \frac{N(x(t),y(t))x'(t)}{\|\mathbf{r}'(t)\|}\right]\|\mathbf{r}'(t)\|\,dt\\ &= \int_a^b [M(x(t),y(t))y'(t)dt - N(x(t),y(t))x'(t)dt]\\ &= \oint_C M(x,y)dy - N(x,y)dx\\ &= \iint_R \left(\frac{\partial M}{\partial x} + \frac{\partial N}{\partial y}\right)dA\end{aligned}$$

이다. 마지막으로, 이중적분의 피적분함수가 $\mathbf{F}$의 발산이므로 다음과 같은 그린정리의 또 다른 형태를 얻을 수 있다.

$$\oint_C \mathbf{F}\cdot\mathbf{n}\,ds = \iint_R \nabla\cdot\mathbf{F}(x,y)\,dA \tag{5.3}$$

이 형태의 그린정리를 일반화한 것이 14.7절의 발산정리이다.

연습문제 14.5

[1~5] 다음 벡터장에 대하여 회전과 발산을 계산하여라.

1. $x^2\mathbf{i} - 3xy\,\mathbf{j}$

2. $2xz\,\mathbf{i} - 3y\,\mathbf{k}$

3. $\langle xy, yz, x^2\rangle$

4. $\langle x^2, y-z, xe^{xy}\rangle$

5. $\langle 3y/z, \sqrt{xz}, x\cos y\rangle$

[6~10] 다음 벡터장이 보존적인지, 압축불가능한지 판정하여라.

6. $\langle 2x, 2yz^2, 2y^2z\rangle$

7. $\langle 3yz, x^2, x\cos y\rangle$

8. $\langle \sin z, z^2e^{yz^2}, x\cos z + 2yze^{yz^2}\rangle$

9. $\langle z^2 - 3ye^{3x}, z^2 - e^{3x}, 2z\sqrt{xy}\rangle$

10. $\langle xy^2, 3xz, 4 - zy^2\rangle$

11. f가 스칼라함수이고 $\mathbf{F}$가 벡터장일 때 다음 표현이 스칼라인지, 벡터인지, 정의되지 않는지 설명하여라.

(a) $\nabla\cdot(\nabla f)$ (b) $\nabla\times(\nabla\cdot\mathbf{F})$ (c) $\nabla(\nabla\times\mathbf{F})$

(d) $\nabla(\nabla\cdot\mathbf{F})$ (e) $\nabla\times(\nabla f)$

12. 벡터장 $\mathbf{F}$의 성분이 연속인 이계편도함수를 가질 때 $\nabla\cdot(\nabla\times\mathbf{F}) = 0$임을 보여라.

13. $\mathbf{F}$의 회전의 $\mathbf{k}$성분 $\dfrac{\partial F_2}{\partial x} - \dfrac{\partial F_1}{\partial y}$이 양수일 때 그린정리를 이용하여 $\int_C \mathbf{F}\cdot d\mathbf{r} \neq 0$인 폐경로 C가 존재함을 보여라.

14. $\nabla^2 f = 0$이면 ∇f는 비압축적이고 비회전적임을 보여라.

15. 다음 함수의 라플라시안 Δf를 구하여라.

(a) $f(x,y,z) = \sqrt{x^2+y^2+z^2}$

(b) $f(x,y,z) = \dfrac{1}{\sqrt{x^2+y^2+z^2}}$

16. $\mathbf{F}$와 $\mathbf{G}$가 벡터장일 때 다음을 증명하여라.

$$\nabla\cdot(\mathbf{F}\times\mathbf{G}) = \mathbf{G}\cdot(\nabla\times\mathbf{F}) - \mathbf{F}\cdot(\nabla\times\mathbf{G})$$

17. $\mathbf{F}$가 벡터장일 때 다음을 증명하여라.

$$\nabla\times(\nabla\times\mathbf{F}) = \nabla(\nabla\cdot\mathbf{F}) - \nabla^2\mathbf{F}$$

18. f가 스칼라함수이고 $\mathbf{F}$가 벡터장일 때 다음을 증명하여라.

$$\nabla \cdot (f\mathbf{F}) = \nabla f \cdot \mathbf{F} + f(\nabla \cdot \mathbf{F})$$

19. 편도함수가 연속인 벡터장 $\mathbf{F}$에 대하여 $\mathbf{G} = \nabla \times \mathbf{F}$라 하면 $\nabla \cdot \mathbf{G} = 0$임을 보여라.

14.6 면적분

곡면 S를 n개의 조각 $S_1, S_2, \cdots, S_n$으로 나누자. 또 $\rho(x, y, z)$를 밀도함수라 하고 $i=1, 2, \cdots, n$에 대하여 (x_i, y_i, z_i)를 S_i 위의 점이고 S_i의 넓이를 ΔS_i라 하자. S_i의 질량은 대략 $\rho(x_i, y_i, z_i)\Delta S_i$에 근사하다. 따라서 전체 질량은

$$m \approx \sum_{i=1}^{n} \rho(x_i, y_i, z_i)\Delta S_i$$

이다. 정확한 질량을 구하려면 나눈 조각의 크기를 점점 더 작게 하면 된다. 따라서 작은 조각 S_i들의 최대 크기를 $\|P\|$라 하면

$$m = \lim_{\|P\| \to 0} \sum_{i=1}^{n} \rho(x_i, y_i, z_i)\Delta S_i$$

이다. 이렇게 정의된 적분을 면적분이라 한다.

정의 6.1

곡면 $S \subset \mathbb{R}^3$에서 함수 $g(x, y, z)$의 **면적분**(surface integral)은 $\iint_S g(x, y, z)dS$라 나타내고

$$\iint_S g(x, y, z)\, dS = \lim_{\|P\| \to 0} \sum_{i=1}^{n} g(x_i, y_i, z_i)\Delta S_i$$

으로 정의된다. 이때 우변의 극한은 (x_i, y_i, z_i)를 어떻게 택하더라도 항상 같은 값으로 존재해야 한다.

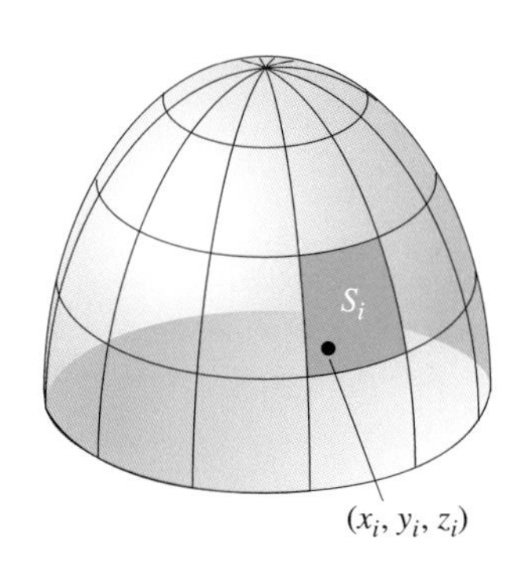

그림 14.30 곡면의 분할

면적분을 계산하는 방법은 그것을 이중적분으로 비꾸어 계산하는 것이다.

그림 14.30과 같은 곡면을 생각해 보자. 곡면이 $z = f(x, y)$로 표현되고 f는 xy평면의 영역 R에서 일계편도함수가 연속이라 하자. R을 $R_1, R_2, \cdots, R_n$으로 분할하고 R_i에서 원점에 가장 가까운 점을 $(x_i, y_i, 0)$이라 하고 곡면에서 R_i 위에 있는 부분을 S_i라 하자. 또 점 $(x_i, y_i, f(x_i, y_i))$에서 곡면의 접평면 중에서 R_i 위에 있는 부분을 T_i라 하면, S_i와 T_i는 거의 비슷하다. 따라서 곡면 S_i의 넓이는 평행사변형 T_i의 넓이와 근사하다. 그림 14.31은 R_i 위에 있는 T_i를 나타낸 것이다.

벡터 $\mathbf{u}_i = \langle 0, a, b \rangle$와 $\mathbf{v}_i = \langle c, 0, d \rangle$는 그림 14.31에서처럼 평행사변형 T_i의 두 변을 나타낸다. $\mathbf{u}_i$와 $\mathbf{v}_i$는 접평면에 있으므로 $\mathbf{n}_i = \mathbf{u}_i \times \mathbf{v}_i = \langle ad, bc, -ac \rangle$는 접평면의 법선벡터이고 평행사변형 T_i의 넓이는

$$\Delta S_i = \|\mathbf{u}_i \times \mathbf{v}_i\| = \|\mathbf{n}_i\|$$

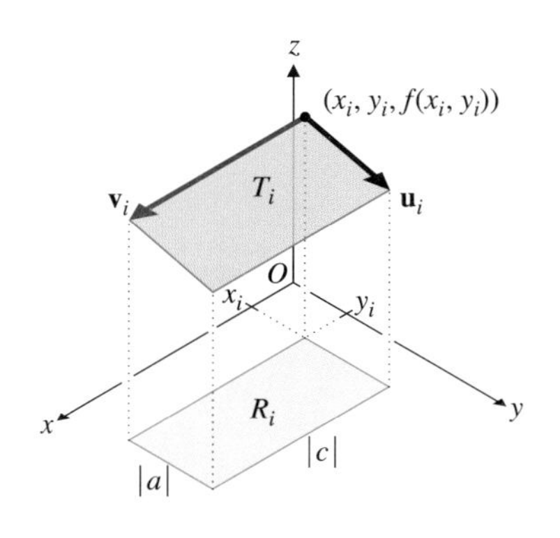

그림 14.31 R_i 위에 있는 접평면

이다. 또 R_i의 넓이는 $\Delta A_i = |ac|$이고 $\mathbf{n}_i \cdot \mathbf{k} = -ac$이므로 $|\mathbf{n}_i \cdot \mathbf{k}| = |ac|$이다. 따라서 $ac \neq 0$이면

$$\Delta S_i = \frac{|ac|\,\|\mathbf{n}_i\|}{|ac|} = \frac{\|\mathbf{n}_i\|}{|\mathbf{n}_i \cdot \mathbf{k}|}\,\Delta A_i$$

이다. 따라서 곡면 면적소 dS와 면적소 dA의 관계는

$$\boxed{dS = \frac{\|\mathbf{n}\|}{|\mathbf{n} \cdot \mathbf{k}|}\,dA}$$

라 나타낼 수 있다.

다음에서 우리는 두 가지 형태의 면적분을 공부한다. 첫 번째는 곡면이 $z = f(x, y)$로 정의되어 있을 때이다. 두 번째는 매개방정식 $x = x(u, v)$, $y = y(u, v)$, $z = z(u, v)$로 주어질 때이다. 각 경우에 먼저 할 일은 법선벡터를 이용하여 dS의 표현식을 구하는 것이다.

곡면 S가 $z = f(x, y)$로 표현되면 법선벡터는 $\mathbf{n} = \langle f_x, f_y, -1 \rangle$이다. $\|\mathbf{n}\| = \sqrt{(f_x)^2 + (f_y)^2 + 1}$이므로 다음 결과를 얻는다.

정리 6.1 계산 정리

곡면 S가 $z = f(x, y)$, $(x, y) \in R \subset \mathbb{R}^2$로 주어지고 f의 일계편도함수가 연속이면 다음이 성립한다.

$$\iint_S g(x, y, z)\,dS = \iint_R g(x, y, f(x, y))\sqrt{(f_x)^2 + (f_y)^2 + 1}\,dA$$

증명

정의 6.1의 면적분의 정의를 이용하여 다음과 같이 증명할 수 있다.

$$\begin{aligned}
\iint_S g(x, y, z)\,dS &= \lim_{\|P\| \to 0} \sum_{i=1}^{n} g(x_i, y_i, z_i)\,\Delta S_i \\
&= \lim_{\|P\| \to 0} \sum_{i=1}^{n} g(x_i, y_i, z_i)\,\frac{\|\mathbf{n}_i\|}{|\mathbf{n}_i \cdot \mathbf{k}|}\,\Delta A_i \\
&= \lim_{\|P\| \to 0} \sum_{i=1}^{n} g(x_i, y_i, f(x_i, y_i))\sqrt{(f_x)^2 + (f_y)^2 + 1}\,\Big|_{(x_i, y_i)}\,\Delta A_i \\
&= \iint_R g(x, y, f(x, y))\sqrt{(f_x)^2 + (f_y)^2 + 1}\,dA
\end{aligned}$$

■

정리 6.1은 이중적분을 이용하여 면적분을 계산할 수 있음을 보이고 있다. 면적분을 이중적분으로 바꾸기 위해서는 함수 $g(x, y, z)$에 $z = f(x, y)$를 대입하고 곡면 면적소 dS를 $\|\mathbf{n}\|dA$로 바꾼다. 곡면이 $z = f(x, y)$로 주어질 때는 dS는 다음과 같다.

$$dS = \|\mathbf{n}\|\,dA = \sqrt{(f_x)^2 + (f_y)^2 + 1}\,dA \tag{6.1}$$

예제 6.1 면적분의 계산

S는 평면 $2x+y+z=2$에서 제1팔분공간의 영역일 때 $\iint_S 3z\,dS$를 계산하여라.

풀이

S 위에서 $z=2-2x-y$이므로 $\iint_S 3(2-2x-y)dS$를 계산하면 된다. 평면 $2x+y+z=2$의 법선벡터는 $\mathbf{n}=\langle 2,1,1\rangle$이므로 곡면 면적소는 식 (6.1)에 의하여

$$dS=\|\mathbf{n}\|\,dA=\sqrt{6}\ dA$$

이다. 그러면 정리 6.1에 의하여

$$\iint_S 3(2-2x-y)dS=\iint_R 3(2-2x-y)\sqrt{6}\ dA$$

이고 여기서 R은 S를 xy평면으로 정사영한 영역이다. S의 그래프는 그림 14.32a이므로 R은 그림 14.32b에 표시된 삼각형이다. 이 삼각형은 $x=0$, $y=0$, $2x+y=2$(두 평면 $2x+y+z=2$와 $z=0$의 교선)으로 둘러싸여 있다. 먼저 y에 대하여 적분하고 그 다음에 x에 대하여 적분하면 선적분은 다음과 같다.

$$\begin{aligned}\iint_S 3(2-2x-y)dS&=\iint_R 3(2-2x-y)\sqrt{6}\ dA\\&=\int_0^1\int_0^{2-2x}3\sqrt{6}\,(2-2x-y)\,dy\,dx\\&=2\sqrt{6}\end{aligned}$$

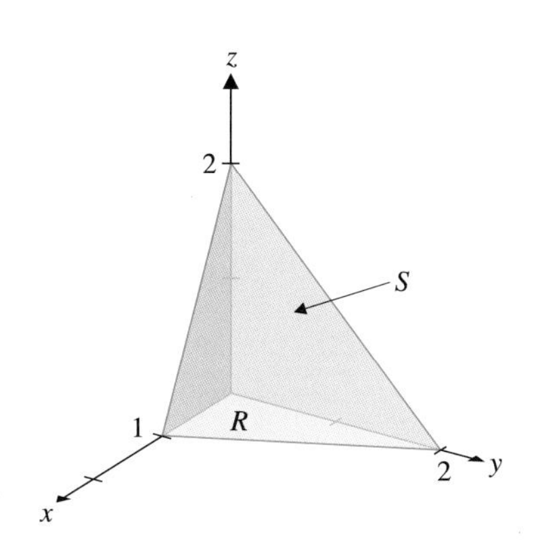

그림 14.32a $z=2-2x-y$

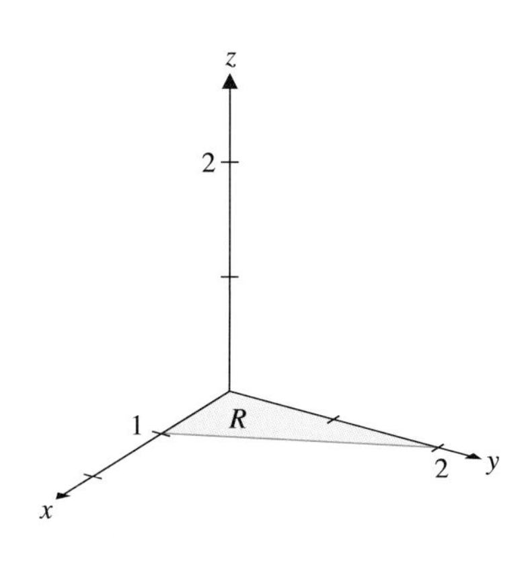

그림 14.32b S의 정사영 R

예제 6.2에서는 극좌표를 이용하여 이중적분을 계산해 보자.

예제 6.2 극좌표를 이용해 이중적분 계산하기

S가 포물면 $z=4-x^2-y^2$에서 xy평면 윗부분일 때 $\iint_S z\,dS$를 계산하여라.

풀이

$z=4-x^2-y^2$를 대입하면

$$\iint_S z\,dS=\iint_S (4-x^2-y^2)\,dS$$

이다. 곡면 $z=4-x^2-y^2$의 법선벡터는 $\mathbf{n}=\langle -2x,-2y,-1\rangle$이므로

$$dS=\|\mathbf{n}\|dA=\sqrt{4x^2+4y^2+1}\ dA$$

이고

$$\iint_S (4-x^2-y^2)dS=\iint_R (4-x^2-y^2)\sqrt{4x^2+4y^2+1}\,dA$$

이다. 여기서 R은 포물면과 xy평면의 교선인 $x^2+y^2=4$로 둘러싸인 영역이다(그림 14.33). 적분영역이 원이고 피적분함수에 x^2+y^2이 있으므로 극좌표를 이용하는 것이 편리하다. 이 경우 $4-x^2-y^2=4-r^2$, $\sqrt{4x^2+4y^2+1}=\sqrt{4r^2+1}$이고 $dA=r\,dr\,d\theta$이다. 원 $x^2+y^2=4$은 r은 0부터 2까지 변하고 θ는 0부터 2π까지 변하므로 선적분은 다음과 같다.

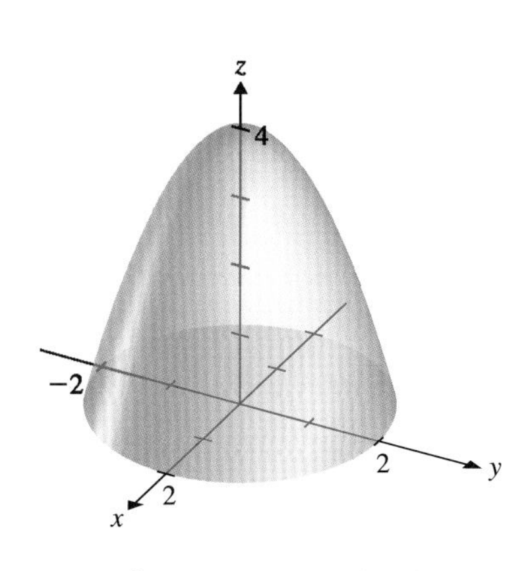

그림 14.33 $z=4-x^2-y^2$

$$\iint_S (4-x^2-y^2)\,dS = \iint_R (4-x^2-y^2)\sqrt{4x^2+4y^2+1}\,dA$$
$$= \int_0^{2\pi}\int_0^2 (4-r^2)\sqrt{4r^2+1}\,r\,dr\,d\theta$$
$$= \frac{289}{60}\pi\sqrt{17} - \frac{41}{60}\pi$$

■

곡면의 매개방정식

먼저 매개방정식으로 주어진 곡면에 대하여 알아보자. 원뿔 $z=\sqrt{x^2+y^2}$는 원주좌표계에서는 $z=r$, $0\le\theta\le 2\pi$로 표현되는데 이 경우 r과 θ가 매개변수이다. 또 방정식 $\rho=4$, $0\le\theta\le 2\pi$, $0\le\phi\le\pi$는 구 $x^2+y^2+z^2=16$을 θ와 ϕ를 매개변수로 하여 좀 더 살펴보자. 삼차원 곡면을 매개방정식으로 나타내는 일반적인 형태는 $x=x(u,v)$, $y=y(u,v)$, $z=z(u,v)$, $u_1\le u\le u_2$, $v_1\le v\le v_2$이다. 곡면을 나타내기 위해서는 두 개의 매개변수가 필요하다.

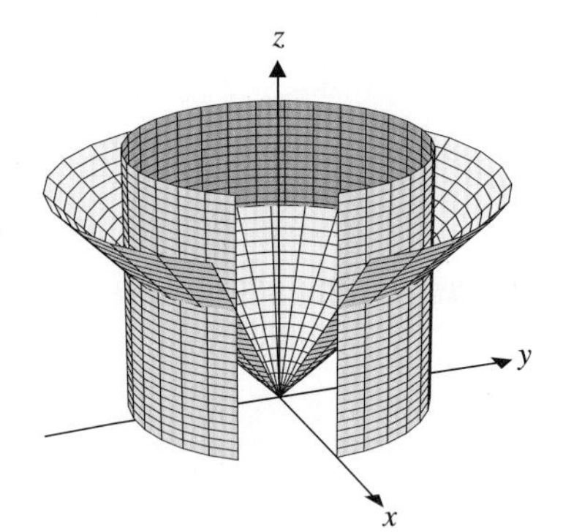

그림 14.34a 원뿔 $z=\sqrt{x^2+y^2}$와 원기둥 $x^2+y^2=4$

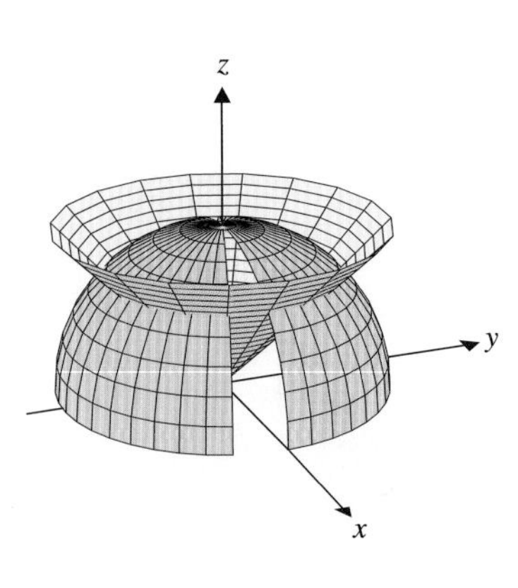

그림 14.34b 구에서 원뿔 안쪽 부분

예제 6.3 곡면의 매개방정식

다음의 매개방정식을 구하여라. (a) 원뿔 $z=\sqrt{x^2+y^2}$에서 원기둥 $x^2+y^2=4$의 안쪽 부분 (b) 구 $x^2+y^2+z^2=16$에서 원뿔 $z=\sqrt{x^2+y^2}$의 안쪽 부분

풀이

(a)와 (b) 모두 여러 가지 답이 있다(모든 곡면은 매개방정식으로 표현하는 방법을 무한히 가진다). 여기에서의 풀이는 가장 간단하고 가장 많이 쓰이는 방법이다. (a)에서는 x^2+y^2이 포함되어 있으므로 원주좌표계 (r,θ,z)를 이용하자. 곡면의 그림은 그림 14.34a이다. 원뿔 $z=\sqrt{x^2+y^2}$은 원주좌표계에서는 $x=r\cos\theta$, $y=r\sin\theta$라 하면 $z=r$이 된다. 또, 매개변수 r과 θ의 범위는 원기둥 $x^2+y^2=4$에 의해 결정되므로 $0\le r\le 2$이고 $0\le\theta\le 2\pi$이다. 따라서 원뿔의 매개방정식은 $x=r\cos\theta$, $y=r\sin\theta$, $z=r$이고 $0\le r\le 2$, $0\le\theta\le 2\pi$이다.

(b)의 곡면은 구의 일부이므로 구면좌표계를 이용하는 것이 좋다. 즉, $x=\rho\sin\phi\cos\theta$, $y=\rho\sin\phi\sin\theta$, $z=\rho\cos\phi$이고 $\rho^2=x^2+y^2+z^2$. 따라서 구 $x^2+y^2+z^2=16$의 방정식은 $\rho=4$이다. 이것을 이용하면 구의 매개방정식은 $x=4\sin\phi\cos\theta$, $y=4\sin\phi\sin\theta$, $z=4\cos\phi$이고 $0\le\theta\le 2\pi$, $0\le\phi\le\pi$이다. 원뿔의 안쪽에 있는 부분을 구하기 위해서 문제의 원뿔은 구면좌표계에서는 $\phi=\frac{\pi}{4}$로 표현됨을 생각하자. 그림 14.34b를 참고하면 구에서 원뿔 안쪽에 있는 부분은 $x=4\sin\phi\cos\theta$, $y=4\sin\phi\sin\theta$, $z=4\cos\phi$이고 $0\le\theta\le 2\pi$, $0\le\phi\le\frac{\pi}{4}$이다.

■

곡면 S의 매개방정식이 $x=x(u,v)$, $y=y(u,v)$, $z=z(u,v)$로 주어지고 이때 대응되는 uv평면의 영역이 $R=\{(u,v)\,|\,a\le u\le b,\ c\le v\le d\}$라 하자. 곡면의 매개방정식을 이용하면 선적분 $\iint_S f(x,y,z)\,dS$를 계산하기 편리할 때가 많다. 물론 그렇게 하

려면 피적분함수를 u, v의 함수로 바꾸어

$$g(u, v) = f(x(u, v),\ y(u, v),\ z(u, v))$$

로 나타내야 한다. 또 곡면 면적소 dS를 uv 평면에서의 면적소 dA로 바꾸어야 한다. 불행하게도 이 경우는 식 (6.1)을 이용할 수 없다. 왜냐하면 식 (6.1)은 곡면이 $z = f(x, y)$로 표현되는 경우만 이용할 수 있기 때문이다.

곡면 S 위의 점의 위치벡터는 $\mathbf{r}(u, v) = \langle x(u, v),\ y(u, v),\ z(u, v)\rangle$이다. 두 벡터 $\mathbf{r}_u$와 $\mathbf{r}_v$(첨자는 편도함수를 의미한다)를 다음과 같이 정의하자.

$$\mathbf{r}_u(u, v) = \langle x_u(u, v),\ y_u(u, v),\ z_u(u, v)\rangle$$
$$\mathbf{r}_v(u, v) = \langle x_v(u, v),\ y_v(u, v),\ z_v(u, v)\rangle$$

고정된 (u, v)에 대하여 $\mathbf{r}_u(u, v)$와 $\mathbf{r}_v(u, v)$는 곡면 S 위의 점 $(x(u, v),\ y(u, v),\ z(u, v))$에서의 접평면에 있는 벡터이다. 따라서 이 두 벡터가 평행하지 않다면 $\mathbf{n} = \mathbf{r}_u \times \mathbf{r}_v$는 점 $(x(u, v),\ y(u, v),\ z(u, v))$에서 곡면의 법선벡터이다. 모든 $(u, v) \in R$에 대하여 $\mathbf{r}_u$와 $\mathbf{r}_v$가 연속이고 $\mathbf{r}_u \times \mathbf{r}_v \neq \mathbf{0}$이면 곡면 S는 **매끄럽다**고 한다. 즉 곡면에 뾰족한 점이 없다. 또 $S = S_1 \cup S_2 \cup \cdots \cup S_n$으로 표현되고 $S_1, S_2, \cdots, S_n$이 매끄러운 곡면이면 S는 **구분적으로 매끄럽다**고 한다.

앞에서도 여러 번 한 것처럼 uv평면의 직사각형 R을 분할하자. 작은 직사각형 R_i에서 원점으로부터 가장 가까운 점을 그림 14.35a에서와 같이 (u_i, v_i)라 하자. R_i의 각 변은 곡면 S에서는 xyz공간에서 곡선으로 대응되므로 R_i는 그림 14.35b에서와 같이 xyz 공간에서의 곡면 S_i에 대응된다. 따라서 시작점을 $P_i(x(u_i, v_i),\ y(u_i, v_i),\ z(u_i, v_i))$라 하면 두 벡터 $\mathbf{r}_u(u_i, v_i)$와 $\mathbf{r}_v(u_i, v_i)$는 S_i의 양변의 접선벡터이다. 따라서 S_i의 넓이 ΔS_i와 평행사변형 T_i의 넓이는 근사하다. 여기서 T_i는 두 벡터 $\Delta u_i \mathbf{r}_u(u_i, v_i)$와 $\Delta v_i \mathbf{r}_v(u_i, v_i)$로 이루어진 평행사변형이다(그림 14.35c). 평행사변형의 넓이는 외적의 크기이므로

$$\begin{aligned}\|\Delta u_i \mathbf{r}_u(u_i, v_i) \times \Delta v_i \mathbf{r}_v(u_i, v_i)\| &= \|\mathbf{r}_u(u_i, v_i) \times \mathbf{r}_v(u_i, v_i)\|\, \Delta u_i \Delta v_i \\ &= \|\mathbf{r}_u(u_i, v_i) \times \mathbf{r}_v(u_i, v_i)\|\, \Delta A_i\end{aligned}$$

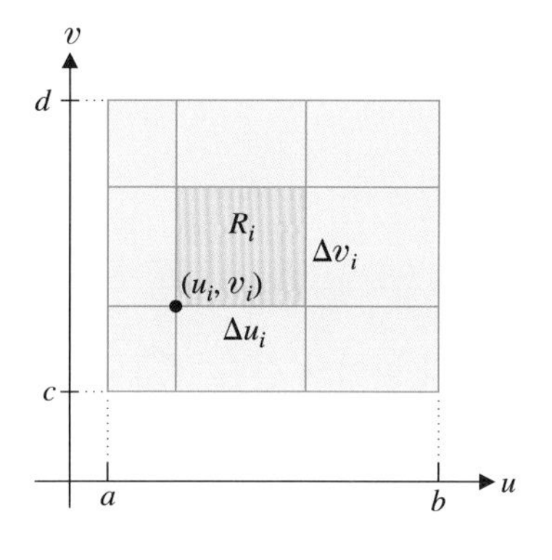

그림 14.35a uv평면의 분할

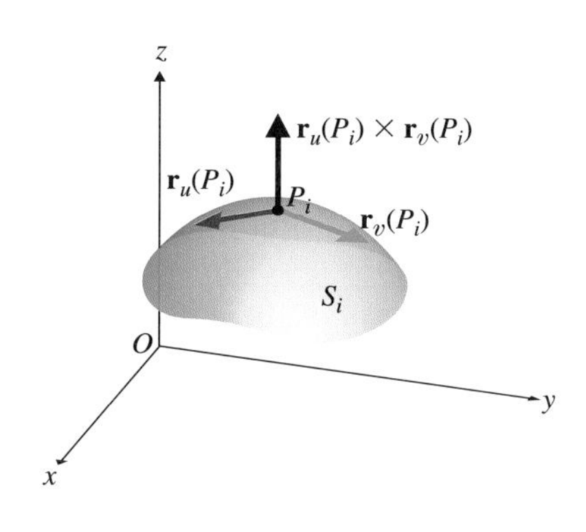

그림 14.35b 곡면영역 S_i

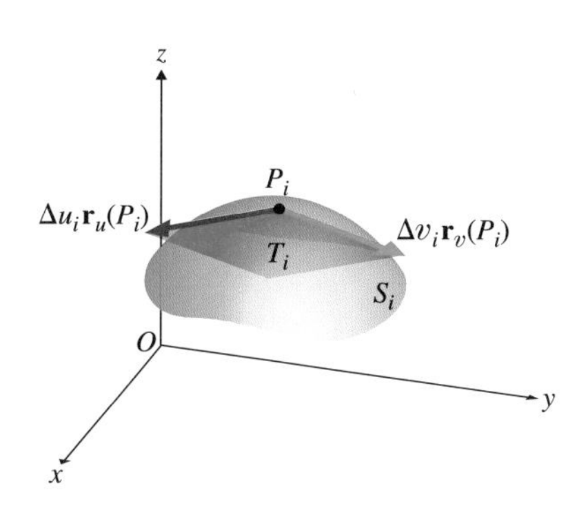

그림 14.35c 평행사변형 T_i

이고 여기서 ΔA_i는 직사각형 R_i의 넓이이다. 따라서

$$\Delta S_i \approx \|\mathbf{r}_u(u_i, v_i) \times \mathbf{r}_v(u_i, v_i)\| \Delta A_i$$

이고 곡면 면적소는

$$dS = \|\mathbf{r}_u \times \mathbf{r}_v\| dA \tag{6.2}$$

로 나타낼 수 있다. $\mathbf{r}_u \times \mathbf{r}_v$는 S의 법선벡터이므로 이 식은 식 (6.2)와 밀접한 관련이 있음을 알 수 있다. 매개변수의 영역 R이 직사각형이 아니면 분할한 작은 직사각형들에 대하여 위와 같은 방법을 적용하면 된다. 이제 매개방정식을 이용하여 선적분을 계산할 수 있다.

예제 6.4 구면좌표를 이용하여 면적분 계산

S는 구 $x^2 + y^2 + z^2 = 4$를 나타낼 때 $\iint_S (3x^2 + 3y^2 + 3z^2) dS$를 계산하여라.

풀이

곡면이 구이고 피적분함수가 $x^2 + y^2 + z^2$을 포함하고 있으므로 구면좌표계를 이용하는 것이 편리하다. S는 $\rho = 2$로 나타낼 수 있고 피적분함수는 $3(x^2 + y^2 + z^2) = 12$이다. 또 구 $\rho = 2$를 매개방정식으로 나타내면 $x = 2\sin\phi\cos\theta$, $y = 2\sin\phi\sin\theta$, $z = 2\cos\phi$이고 $0 \le \theta \le 2\pi$, $0 \le \phi \le \pi$이다. 따라서 곡면의 벡터방정식은

$$\mathbf{r}(\phi, \theta) = \langle 2\sin\phi\cos\theta, 2\sin\phi\sin\theta, 2\cos\phi \rangle$$

이므로

$$\mathbf{r}_\theta = \langle -2\sin\phi\sin\theta, 2\sin\phi\cos\theta, 0 \rangle$$
$$\mathbf{r}_\phi = \langle 2\cos\phi\cos\theta, 2\cos\phi\sin\theta, -2\sin\phi \rangle$$

이다. 법선벡터를 구하는 자세한 과정은 각자 계산해 보기 바라고 그 결과는

$$\mathbf{n} = \mathbf{r}_\theta \times \mathbf{r}_\phi = \langle -4\sin^2\phi\cos\theta, -4\sin^2\phi\sin\theta, -4\sin\phi\cos\phi \rangle$$

이므로 $\|\mathbf{n}\| = 4|\sin\phi|$이다. 따라서 식 (6.2)에 의하여 $dS = 4|\sin\phi|dA$이므로 면적분을 계산하면 다음과 같다.

$$\begin{aligned} \iint_S (3x^2 + 3y^2 + 3z^2) dS &= \iint_R (12)(4)|\sin\phi| dA \\ &= \int_0^{2\pi}\int_0^{\pi} 48\sin\phi \, d\phi \, d\theta \\ &= 192\pi \end{aligned}$$

여기서 $0 \le \phi \le \pi$이므로 $\sin\phi \ge 0$이어서 $|\sin\phi| = \sin\phi$이다.

■

주 6.1

구 $x^2 + y^2 + z^2 = R^2$을 구면좌표계로 나타냈을 때 곡면 면적소는 $dS = R^2\sin\phi \, d\phi \, d\theta$이다.

함수 $f(x, y, z) = 1$을 곡면 S에 대하여 면적분하면 곡면 S의 넓이와 같다. 즉

$$\iint_S 1 \, dS = \text{곡면 } S\text{의 넓이}$$

이다.

예제 6.5 면적분을 이용하여 곡면의 넓이 구하기

쌍곡면 $x^2 + y^2 - z^2 = 4$에서 $z = 0$과 $z = 2$ 사이에 있는 부분의 겉넓이를 구하여라.

풀이

$\iint_S 1\,dS$를 계산하자. 쌍곡면을 매개방정식으로 나타내면 $x = 2\cos u \cosh v$, $y = 2\sin u \cosh v$, $z = 2\sinh v$이다(이 식을 유도하는 방법은 다음과 같다. xy평면에서 반지름이 2인 원을 얻기 위해 $x = 2\cos u$, $y = 2\sin u$라 놓자. xz평면 또는 yz평면에서 쌍곡선을 얻기 위해 x와 y에 $\cosh v$를 곱하고 $z = \sinh v$라 놓는다). 단면이 원이기 위해서는 $0 \le u \le 2\pi$이고 $0 \le v \le \sinh^{-1}1 (\approx 0.88)$이다. 쌍곡면은 다음 벡터함수의 끝점들의 궤적이다.

$$\mathbf{r}(u, v) = \langle 2\cos u \cosh v, 2\sin u \cosh v, 2\sinh v \rangle$$

따라서

$$\mathbf{r}_u = \langle -2\sin u \cosh v, 2\cos u \cosh v, 0 \rangle$$

이고

$$\mathbf{r}_v = \langle 2\cos u \sinh v, 2\sin u \sinh v, 2\cosh v \rangle$$

이므로 법선벡터는

$$\mathbf{n} = \mathbf{r}_u \times \mathbf{r}_v = \langle 4\cos u \cosh^2 v, 4\sin u \cosh^2 v, -4\cosh v \sinh v \rangle$$

이고 $\|\mathbf{n}\| = 4\cosh v\sqrt{\cosh^2 v + \sinh^2 v}$이다. 따라서

$$\begin{aligned}\iint_S 1\,dS &= \iint_R 4\cosh v\sqrt{\cosh^2 v + \sinh^2 v}\,dA \\ &= \int_0^{\sinh^{-1}1}\int_0^{2\pi} 4\cosh v\sqrt{\cosh^2 v + \sinh^2 v}\,du\,dv \\ &\approx 31.95\end{aligned}$$

이다. 여기서 마지막 적분은 계산기를 이용하여 계산하였다. ■

곡면 S의 경계선이 아닌 각 점 (x, y, z)에서 법선벡터 $\mathbf{n}$을 정의할 수 있고 $\mathbf{n}$이 (x, y, z)의 함수로 연속이면 S는 **방향을 줄 수 있는**(orientable) 곡면이라 한다. 이 경우 S는 두 개의 면을 갖는다(위와 아래 또는 안쪽과 바깥쪽 면). 예를 들면 구는 방향을 줄 수 있는 곡면이다. 즉 구의 안쪽 곡면과 바깥쪽 곡면으로 나뉜다. 이 경우 바깥에서 구를 통과하지 않고서는 안쪽 면으로 들어갈 수 없다. 곡면에서 법선벡터가 바깥쪽을 향할 때를 양의 방향이라 한다.

정의 6.2

S는 방향을 줄 수 있는 곡면이고 $\mathbf{n}$은 단위법선벡터이며 $\mathbf{F}(x, y, z)$는 S에서 연속이라 하자. S에서 $\mathbf{F}$의 **면적분**(surface integral) [또는 S에서 $\mathbf{F}$의 **유출량**(flux)]은 $\iint_S \mathbf{F}\cdot\mathbf{n}\,dS$이다.

정의 6.2에서 $\mathbf{n}$은 단위법선벡터이므로 피적분함수 $\mathbf{F}\cdot\mathbf{n}$은 $\mathbf{F}$의 $\mathbf{n}$방향으로의 성분

이다. 따라서 $\mathbf{F}$가 유체의 속도장이라면 $\mathbf{F}\cdot\mathbf{n}$은 곡면을 통과하는 유체의 속도 성분에 해당한다. 또한 법선벡터를 어느 쪽으로 택하느냐에 따라 $\mathbf{F}\cdot\mathbf{n}$은 양수일 수도 있고 음수일 수도 있다.

예제 6.6 벡터장의 유출량 계산

포물면 $z=x^2+y^2$의 $z=4$ 아랫부분(법선벡터의 방향은 위쪽)에서 $\mathbf{F}(x, y, z)=\langle x, y, 0\rangle$의 유출량을 구하여라.

풀이

포물면 $z=x^2+y^2$의 법선벡터는 $\pm\langle 2x, 2y, -1\rangle$이다. 법선벡터가 위쪽을 향하기 위해서는 z좌표의 부호가 양이어야 하므로

$$\mathbf{m}=-\langle 2x, 2y, -1\rangle=\langle -2x, -2y, 1\rangle$$

을 택해야 한다. $\mathbf{m}$방향의 단위벡터는

$$\mathbf{n}=\frac{\langle -2x, -2y, 1\rangle}{\sqrt{4x^2+4y^2+1}}$$

이다. 또 $\mathbf{m}$을 이용하여 곡면 면적소 dS를 구하면 식 (6.1)에 의하여

$$dS=\|\mathbf{m}\|\,dA=\sqrt{4x^2+4y^2+1}\,dA$$

이다. 따라서

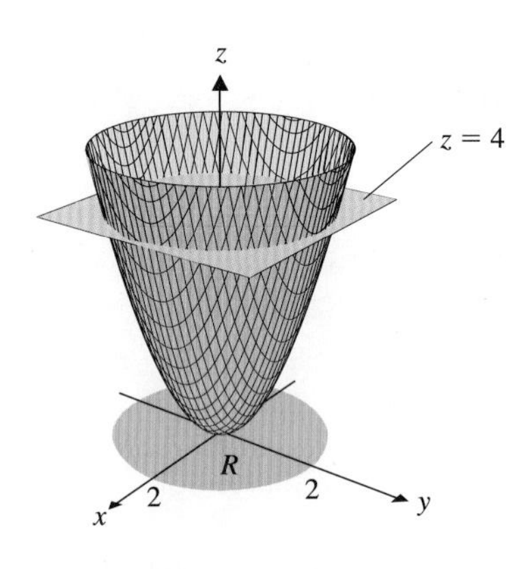

그림 14.36 $z=x^2+y^2$

$$\begin{aligned}\iint_S \mathbf{F}\cdot\mathbf{n}\,dS&=\iint_R \langle x, y, 0\rangle\cdot\frac{\langle -2x, -2y, 1\rangle}{\sqrt{4x^2+4y^2+1}}\sqrt{4x^2+4y^2+1}\,dA\\&=\iint_R \langle x, y, 0\rangle\cdot\langle -2x, -2y, 1\rangle\,dA\\&=\iint_R \langle -2x^2-2y^2\rangle\,dA\end{aligned}$$

이고 여기서 R은 곡면을 xy평면으로 정사영한 영역이다. 그림 14.36을 보면 R은 원 $x^2+y^2=4$로 둘러싸인 영역임을 알 수 있다. 따라서 극좌표를 이용하여 적분하면 유출량은 다음과 같다.

$$\begin{aligned}\iint_S \mathbf{F}\cdot\mathbf{n}\,dS&=\iint_R (-2x^2-2y^2)\,dA\\&=\int_0^{2\pi}\int_0^2(-2r^2)\,r\,dr\,d\theta=-16\pi\end{aligned}$$

■

연습문제 14.6

[1~2] 다음 곡면의 매개방정식을 구하여라.

1. $z = 3x + 4y$

2. $x^2 + y^2 = 4$이고 $z = 0$에서 $z = 2$까지

[3~6] 다음 곡면의 넓이를 구하여라.

3. 원뿔 $z = \sqrt{x^2 + y^2}$ 의 $z = 4$ 아랫부분

4. 평면 $3x + y + 2z = 6$에서 원기둥 $x^2 + y^2 = 4$의 안쪽 부분

5. 원뿔 $z = \sqrt{x^2 + y^2}$에서 꼭짓점이 (0, 0), (1, 0), (1, 1)인 삼각형의 윗부분

6. 반구 $z = \sqrt{4 - x^2 - y^2}$에서 평면 $z = 1$의 윗부분

[7~10] 다음 면적분 $\iint_S g(x, y, z)\,dS$를 이중적분으로 바꾸어 계산하여라.

7. $\iint_S xz\,dS$, S는 평면 $z = 2x + 3y$에서 직사각형 $1 \le x \le 2$, $1 \le y \le 3$의 윗부분

8. $\iint_S (x^2 + y^2 + z^2)^{3/2}\,dS$, S는 반구 $z = -\sqrt{9 - x^2 - y^2}$의 아랫부분

9. $\iint_S (x^2 + y^2 - z)\,dS$, S는 포물면 $z = 4 - x^2 - y^2$에서 $z = 1$와 $z = 2$ 사이의 부분

10. $\iint_S z^2\,dS$, S는 원뿔 $z^2 = x^2 + y^2$에서 $z = -4$와 $z = 4$ 사이의 부분

[11~14] 유출량 적분 $\iint_S \mathbf{F} \cdot \mathbf{n}\,dS$를 계산하여라.

11. $\mathbf{F} = \langle x, y, z \rangle$, S는 $z = 4 - x^2 - y^2$에서 xy 평면 윗부분($\mathbf{n}$은 위를 향함)

12. $\mathbf{F} = \langle y, -x, z \rangle$, S는 $z = \sqrt{x^2 + y^2}$에서 $z = 3$ 아랫부분($\mathbf{n}$은 아래를 향함)

13. $\mathbf{F} = \langle xy, y^2, z \rangle$, S는 $0 \le x \le 1$, $0 \le y \le 1$, $0 \le z \le 1$로 이루어진 정육면체($\mathbf{n}$은 바깥을 향함)

14. $\mathbf{F} = \langle 1, 0, z \rangle$, S는 $z = 4 - x^2 - y^2$의 위이고 $z = 1$의 아래에 있는 영역의 경계면($\mathbf{n}$은 바깥을 향함)

[15~18] 다음 면적분을 계산하여라.

15. $\iint_S z\,dS$, S는 $x^2 + y^2 = 1$에서 $x \ge 0$이고 z는 $z = 1$과 $z = 2$ 사이의 영역

16. $\iint_S (y^2 + z^2)\,dS$, S는 포물면 $x = 9 - y^2 - z^2$에서 yz평면 앞부분

17. $\iint_S x^2\,dS$, S는 포물면 $y = x^2 + z^2$에서 평면 $y = 1$의 왼쪽에 있는 부분

18. $\iint_S 4x\,dS$, S는 $y = 1 - x^2$에서 $y \ge 0$이고 $z = 0$과 $z = 2$ 사이의 영역

14.7 발산정리

14.5절의 마지막 부분에서 그린정리를 이차원 벡터장의 발산을 이용하여 다음과 같이 표현하였다.

$$\oint_C \mathbf{F} \cdot \mathbf{n}\,ds = \iint_R \nabla \cdot \mathbf{F}(x, y)\,dA$$

여기서 R은 xy평면에서 구분적으로 매끄럽고 양의 방향을 갖는 단순폐곡선 C에 의

해 둘러싸인 영역이다. 또 $\mathbf{F}(x, y) = \langle M(x, y), N(x, y), 0 \rangle$이고 $M(x, y)$와 $N(x, y)$는 xy평면의 적당한 영역 D, $R \subset D$에서 연속이고 일계편도함수도 연속이다.

이차원에서의 이 결과를 삼차원으로 확장할 수 있다. 즉 경계면이 ∂Q인 입체 $Q \subset \mathbb{R}^3$에 대하여 다음이 성립한다.

$$\iint_{\partial Q} \mathbf{F} \cdot \mathbf{n}\, dS = \iiint_Q \nabla \cdot \mathbf{F}(x, y, z)\, dV$$

이 결과는 **발산정리** 또는 **가우스정리**라 하는데 여러 면에서 매우 중요한 정리이다. $\mathbf{F}$가 유체의 속도장을 나타내면 발산정리는 입체의 경계면을 통과하는 속도장의 전체 유출량이 그 입체에서 속도장의 발산의 삼중적분과 같다는 것을 의미한다.

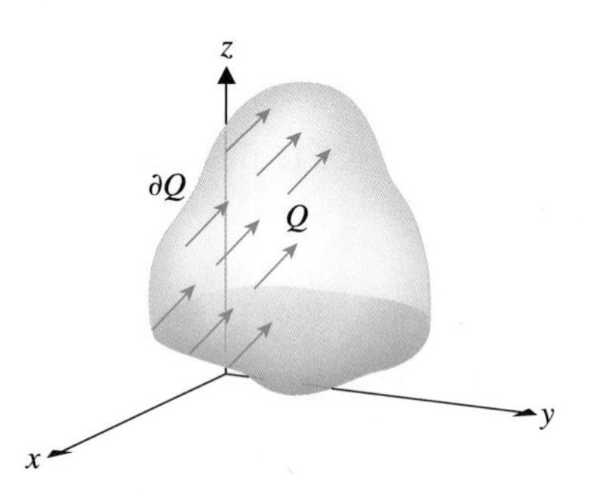

그림 14.37 ∂Q를 통과하는 유체의 흐름

그림 14.37에서 경계면이 ∂Q인 입체 Q에 유체의 속도장 $\mathbf{F}$가 표시되어 있다. Q에서 유체의 양의 변화율을 계산하는 방법은 두 가지가 있다. 한 가지 방법은 경계면을 통해 들어오거나 빠져나가는 유체의 양을 계산하는 것인데 이것은 유출량 적분 $\iint_{\partial Q} \mathbf{F} \cdot \mathbf{n}\, dS$로 구할 수 있다. 또 다른 방법은 경계면을 생각하는 대신 Q의 각 점에서 유체의 압축이나 분산을 생각하는 것이다. 앞으로 공부하게 되겠지만 이것은 $\nabla \cdot \mathbf{F}$로 계산할 수 있다. Q 전체에서의 변화량을 구하기 위해서는 $\nabla \cdot \mathbf{F}$의 값을 Q 전체에서 더하면 된다. 즉 $\nabla \cdot \mathbf{F}$를 Q에서 삼중적분하면 된다. 유출량 적분과 삼중적분은 모두 Q에서 유체의 변화량을 나타내므로 두 값은 같아야 한다.

이 결과를 요약하면 다음과 같다.

정리 7.1 발산정리(Divergence Theorem)

$Q \subset \mathbb{R}^3$의 경계 ∂Q가 폐 유계 영역이라 하고 ∂Q의 외향 단위법선벡터를 $\mathbf{n}(x, y, z)$라 하자. $\mathbf{F}(x, y, z)$의 성분의 일계편도함수가 연속이면 다음이 성립한다.

$$\iint_{\partial Q} \mathbf{F} \cdot \mathbf{n}\, dS = \iiint_Q \nabla \cdot \mathbf{F}(x, y, z)\, dV$$

정리에서는 일반적인 경우를 설명했지만 증명은 Q가 비교적 간단한 경우만 다루기로 하자.

증명

$\mathbf{F}(x, y, z) = \langle M(x, y, z), N(x, y, z), P(x, y, z) \rangle$일 때 $\mathbf{F}$의 발산은

$$\nabla \cdot \mathbf{F}(x, y, z) = \frac{\partial M}{\partial x} + \frac{\partial N}{\partial y} + \frac{\partial P}{\partial z}$$

이므로

$$\iiint_Q \nabla \cdot \mathbf{F}(x, y, z)\, dV = \iiint_Q \frac{\partial M}{\partial x}\, dV + \iiint_Q \frac{\partial N}{\partial y}\, dV + \iiint_Q \frac{\partial P}{\partial z}\, dV \qquad (7.1)$$

이다. 또 면적분을 다음과 같이 나타낼 수 있다.

$$\iint_{\partial Q} \mathbf{F}\cdot\mathbf{n}\,dS = \iint_{\partial Q} M(x, y, z)\mathbf{i}\cdot\mathbf{n}\,dS + \iint_{\partial Q} N(x, y, z)\mathbf{j}\cdot\mathbf{n}\,dS$$

$$+ \iint_{\partial Q} P(x, y, z)\mathbf{k}\cdot\mathbf{n}\,dS \tag{7.2}$$

식 (7.1)과 (7.2)에 의하여 다음 세 가지 식을 보일 수 있으면 증명이 끝난다.

$$\iiint_Q \frac{\partial M}{\partial x}dV = \iint_{\partial Q} M(x, y, z)\mathbf{i}\cdot\mathbf{n}\,dS \tag{7.3}$$

$$\iiint_Q \frac{\partial N}{\partial y}dV = \iint_{\partial Q} N(x, y, z)\mathbf{j}\cdot\mathbf{n}\,dS \tag{7.4}$$

$$\iiint_Q \frac{\partial P}{\partial z}dV = \iint_{\partial Q} P(x, y, z)\mathbf{k}\cdot\mathbf{n}\,dS \tag{7.5}$$

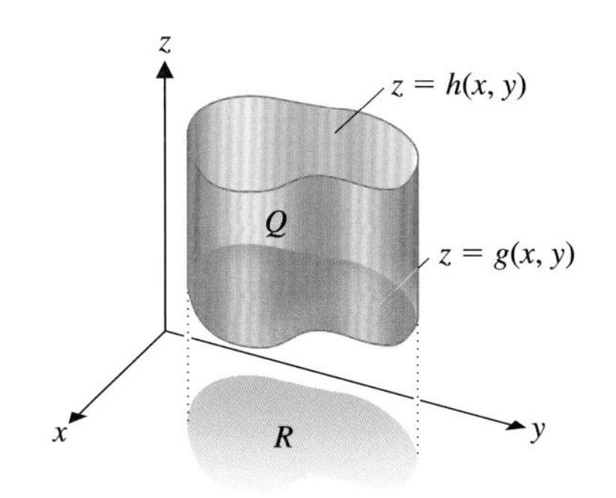

그림 14.38a 입체 Q

식 (7.3)~(7.5)의 증명방법은 모두 같으므로 여기에서는 식 (7.5)만 증명하기로 한다. Q가 다음과 같이 표현된다고 하자.

$$Q = \{(x, y, z) \mid g(x, y) \le z \le h(x, y),\ (x, y) \in R\}$$

여기에서 R은 그림 14.38a처럼 xy평면의 영역이다. 그림 14.38a를 보면 Q의 경계는 세 곡면으로 이루어져 있음을 알 수 있다. 이것을 그림 14.38b와 같이 S_1(아랫면), S_2(윗면), S_3(옆면)라 하자.

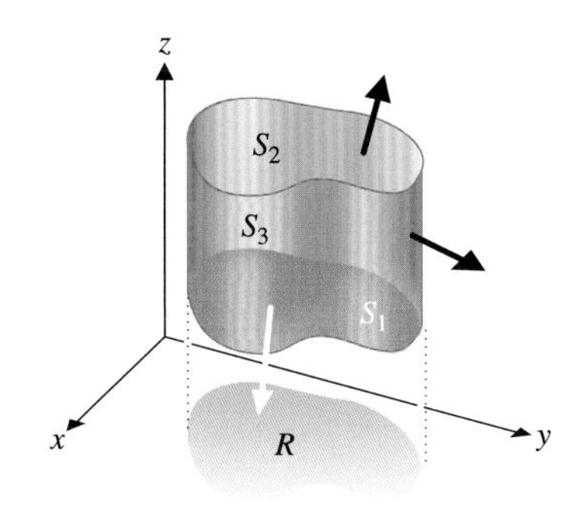

그림 14.38b 곡면 S_1, S_2, S_3와 외향 법선벡터

옆면 S_3에서 외향 단위법선벡터 $\mathbf{n}$의 $\mathbf{k}$성분은 0이므로 S_3에서 $P(x, y, z)\mathbf{k}$의 유출량 적분은 0이다. 따라서

$$\iint_{\partial Q} P(x, y, z)\mathbf{k}\cdot\mathbf{n}\,dS = \iint_{S_1} P(x, y, z)\mathbf{k}\cdot\mathbf{n}\,dS + \iint_{S_2} P(x, y, z)\mathbf{k}\cdot\mathbf{n}\,dS \tag{7.6}$$

이다. 식 (7.6)의 우변의 적분을 xy평면의 영역 R에서의 이중적분으로 표현해 보자. 우선 S_1에서 외향 단위법선벡터 $\mathbf{n}$은 아래쪽을 향한다. 즉 $\mathbf{k}$성분이 음수이다.

$$S_1 = \{(x, y, z) \mid z = g(x, y),\ (x, y) \in R\}$$

이므로 $k_1(x, y, z) = z - g(x, y)$라 하면 S_1에서 외향 단위법선벡터는

$$\mathbf{n} = \frac{-\nabla k_1}{\|\nabla k_1\|} = \frac{g_x(x, y)\mathbf{i} + g_y(x, y)\mathbf{j} - \mathbf{k}}{\sqrt{[g_x(x, y)]^2 + [g_y(x, y)]^2 + 1}}$$

이고

$$\mathbf{k}\cdot\mathbf{n} = \frac{-1}{\sqrt{[g_x(x, y)]^2 + [g_y(x, y)]^2 + 1}}$$

이다. 따라서

$$\begin{aligned}\iint_{S_1} P(x, y, z)\mathbf{k}\cdot\mathbf{n}\,dS &= -\iint_{S_1} \frac{P(x, y, z)}{\sqrt{[g_x(x, y)]^2 + [g_y(x, y)]^2 + 1}}dS \\ &= -\iint_R \frac{P(x, y, g(x, y))}{\sqrt{[g_x(x, y)]^2 + [g_y(x, y)]^2 + 1}} \\ &\quad\cdot \sqrt{[g_x(x, y)]^2 + [g_y(x, y)]^2 + 1}\,dA \\ &= -\iint_R P(x, y, g(x, y))dA \end{aligned} \tag{7.7}$$

이다. 같은 방법으로 S_2의 외향 단위법선벡터 $\mathbf{n}$은 위쪽을 향한다. 즉 $\mathbf{k}$성분이 양수이다. S_2는 $(x, y) \in R$에 대하여 $z = h(x, y)$에 해당하므로 $k_2(x, y, z) = z - h(x, y)$라 하면

$$\mathbf{n} = \frac{\nabla k_2}{\|\nabla k_2\|} = \frac{-h_x(x, y)\mathbf{i} - h_y(x, y)\mathbf{j} + \mathbf{k}}{\sqrt{[h_x(x, y)]^2 + [h_y(x, y)]^2 + 1}}$$

이고

$$\mathbf{k} \cdot \mathbf{n} = \frac{1}{\sqrt{[h_x(x, y)]^2 + [h_y(x, y)]^2 + 1}}$$

이다. 따라서

$$\begin{aligned}\iint_{S_2} P(x, y, z)\mathbf{k} \cdot \mathbf{n}\, dS &= \iint_{S_2} \frac{P(x, y, z)}{\sqrt{[h_x(x, y)]^2 + [h_y(x, y)]^2 + 1}} dS \\ &= \iint_R \frac{P(x, y, h(x, y))}{\sqrt{[h_x(x, y)]^2 + [h_y(x, y)]^2 + 1}} \\ &\quad \cdot \sqrt{[h_x(x, y)]^2 + [h_y(x, y)]^2 + 1}\, dA \\ &= \iint_R P(x, y, h(x, y))dA \end{aligned} \tag{7.8}$$

이다. 식 (7.6)~(7.8)에 의하여

$$\begin{aligned}\iint_{\partial Q} P(x, y, z)\mathbf{k} \cdot \mathbf{n}\, dS &= \iint_{S_1} P(x, y, z)\mathbf{k} \cdot \mathbf{n}\, dS + \iint_{S_2} P(x, y, z)\mathbf{k} \cdot \mathbf{n}\, dS \\ &= \iint_R P(x, y, h(x, y))dA - \iint_R P(x, y, g(x, y))dA \\ &= \iint_R [P(x, y, h(x, y)) - P(x, y, g(x, y))]dA \\ &= \iint_R \int_{g(x, y)}^{h(x, y)} \frac{\partial P}{\partial z} dz\, dA \\ &= \iiint_Q \frac{\partial P}{\partial z} dV\end{aligned}$$

이므로 식 (7.5)가 증명된다. 비슷한 방법으로 식 (7.3)과 (7.4)도 증명할 수 있다. ■

예제 7.1 발산정리의 응용

Q는 포물면 $z = 4 - x^2 - y^2$과 xy평면으로 둘러싸인 영역일 때 곡면 ∂Q에서 $\mathbf{F}(x, y, z) = \langle x^3, y^3, z^3 \rangle$의 유출량을 구하여라.

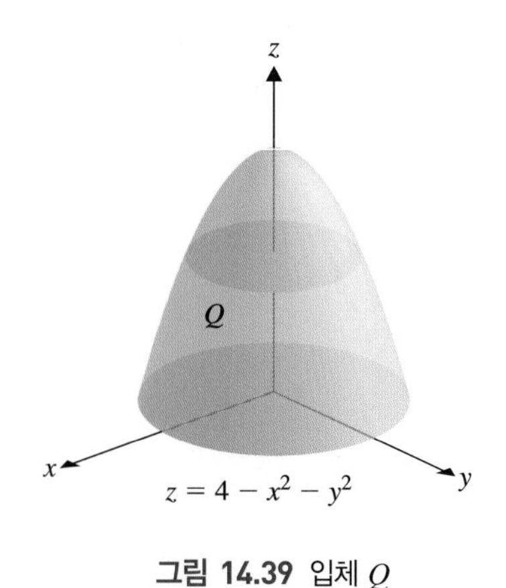

그림 14.39 입체 Q

풀이

영역의 모양이 그림 14.39와 같으므로 유출량을 직접 계산하기 위해서는 ∂Q를 두 부분(포물면과 xy평면)으로 나누어야 한다. 다른 방법으로 구하기 위해 $\mathbf{F}$의 발산을 계산하면

$$\nabla \cdot \mathbf{F}(x, y, z) = \nabla \cdot \langle x^3, y^3, z^3 \rangle = 3x^2 + 3y^2 + 3z^2$$

이므로 발산정리에 의하여

$$\iint_{\partial Q} \mathbf{F} \cdot \mathbf{n}\, dS = \iiint_Q \nabla \cdot \mathbf{F}(x, y, z)dV = \iiint_Q (3x^2 + 3y^2 + 3z^2)dV$$

이다. 원주좌표계를 이용하여 삼중적분을 계산하면 다음과 같다.

$$\begin{aligned}\iint_{\partial Q} \mathbf{F} \cdot \mathbf{n}\,dS &= \iiint_Q (3x^2 + 3y^2 + 3z^2)\,dV \\ &= 3\int_0^{2\pi}\int_0^2\int_0^{4-r^2} (r^2 + z^2)\,r\,dz\,dr\,d\theta \\ &= 3\int_0^{2\pi}\int_0^2 \left(r^2 z + \frac{z^3}{3}\right)\Big|_{z=0}^{z=4-r^2} r\,dr\,d\theta \\ &= 3\int_0^{2\pi}\int_0^2 \left[r^3(4-r^2) + \frac{1}{3}(4-r^2)^3 r\right] dr\,d\theta \\ &= 96\pi\end{aligned}$$

■

예제 7.2 발산정리로 증명하기

입체 Q를 둘러싼 폐곡면 ∂Q에서 벡터장 $\mathbf{F}(x, y, z) = \langle 3y\cos z, x^2 e^z, x\sin y\rangle$의 유출량이 0임을 보여라.

풀이

$\mathbf{F}$의 발산은

$$\begin{aligned}\nabla \cdot \mathbf{F}(x, y, z) &= \nabla \cdot \langle 3y\cos z, x^2 e^z, x\sin y\rangle \\ &= \frac{\partial}{\partial x}(3y\cos z) + \frac{\partial}{\partial y}(x^2 e^z) + \frac{\partial}{\partial z}(x\sin y) = 0\end{aligned}$$

이므로 발산정리에 의해 유출량은 다음과 같다.

$$\begin{aligned}\iint_{\partial Q} \mathbf{F} \cdot \mathbf{n}\,dS &= \iiint_Q \nabla \cdot \mathbf{F}(x, y, z)\,dV \\ &= \iiint_Q 0\,dV = 0\end{aligned}$$

■

4.4절에서 일변수함수 $f(x)$가 구간 $[a, b]$에서 연속이면 f의 $[a, b]$에서의 평균은

$$f_{\text{ave}} = \frac{1}{b-a}\int_a^b f(x)\,dx$$

이었다. 마찬가지로 $f(x, y, z)$가 영역 $Q \subset \mathbb{R}^3$에서 연속이면 Q에서 f의 평균은 Q의 부피를 V라 할 때

$$f_{\text{ave}} = \frac{1}{V}\iiint_Q f(x, y, z)\,dV$$

이다. 더구나 연속성에 의하여 f의 함숫값과 평균값이 같은 점 $P(a, b, c) \in Q$가 있다. 즉

$$f(P) = \frac{1}{V}\iiint_Q f(x, y, z)\,dV$$

이다. 따라서 $\mathbf{F}(x, y, z)$의 일계편도함수가 Q에서 연속이면 $\nabla \cdot \mathbf{F}$가 Q에서 연속이므

로 발산정리에 의해

$$(\nabla \cdot \mathbf{F})\big|_P = \frac{1}{V}\iiint_Q \nabla \cdot \mathbf{F}(x, y, z)\,dV$$
$$= \frac{1}{V}\iint_{\partial Q} \mathbf{F}(x, y, z) \cdot \mathbf{n}\,dS$$

가 되는 점 $P(a, b, c) \in Q$가 있다. 면적분은 곡면 ∂Q에서 $\mathbf{F}$의 유출량을 나타내므로 $(\nabla \cdot \mathbf{F})\big|_P$는 ∂Q 위에서 단위부피당 유출량을 나타낸다.

특히 Q의 내부의 점 $P_0(x_0, y_0, z_0)$에 대하여, S_a를 중심이 P_0이고 반지름이 a인 구라 하자. 여기서 a는 S_a가 Q의 내부에 있도록 충분히 작게 택한다. 그러면 S_a의 내부에 점 P_a가 존재하여 다음 식을 만족한다.

$$(\nabla \cdot \mathbf{F})\big|_{P_a} = \frac{1}{V_a}\iint_{S_a} \mathbf{F}(x, y, z) \cdot \mathbf{n}\,dS$$

여기서 $V_a = \frac{4}{3}\pi a^3$은 구의 부피이다. 마지막으로 극한 $a \to 0$을 취하면 $\nabla \cdot \mathbf{F}$가 연속이므로 다음 식을 얻는다.

$$(\nabla \cdot \mathbf{F})\big|_{P_0} = \lim_{a \to 0} \frac{1}{V_a}\iint_{S_a} \mathbf{F}(x, y, z) \cdot \mathbf{n}\,dS$$

또는

$$\boxed{\operatorname{div}\mathbf{F}(P_0) = \lim_{a \to 0} \frac{1}{V_a}\iint_{S_a} \mathbf{F}(x, y, z) \cdot \mathbf{n}\,dS} \qquad (7.9)$$

다시 말하면 벡터장의 점 P_0에서의 발산은 중심이 P_0인 구 위에서 단위부피당 유출량의, 구의 반지름이 0으로 갈 때의, 극한이다.

예제 7.3 음의 제곱 벡터장의 유출량

원점을 둘러싼 곡면에 대한 음의 제곱 벡터장의 유출량은 상수임을 보여라.

풀이

원점을 둘러싼 입체 Q의 경계를 S라 하고 $\mathbf{F}$는 음의 제곱 벡터장이라 하자. 즉

$$\mathbf{F}(x, y, z) = \frac{c}{\|\mathbf{r}\|^3}\mathbf{r}$$

이다. 여기서 $\mathbf{r} = \langle x, y, z \rangle$, $\|\mathbf{r}\| = \sqrt{x^2 + y^2 + z^2}$이고 c는 상수이다. $\mathbf{F}$는 원점에서 정의되지 않으므로 연속이 아니고 발산정리를 적용할 수 없다. 그러나 원점을 제거하면 발산정리를 적용할 수 있다. 이럴 때 이용할 수 있는 방법이 중심이 원점이고 반지름이 a인 구 S_a를 그림 14.40처럼 구멍을 내는 것이다. 여기서 a는 S_a가 Q의 내부에 포함되도록 충분히 작게 택한다. 즉 Q의 내부이고 S_a의 외부인 영역을 Q_a라 하면 Q_a에서는 발산정리를 적용할 수 있다. Q_a의 경계는 두 곡면 S와 S_a로 이루어져 있으므로

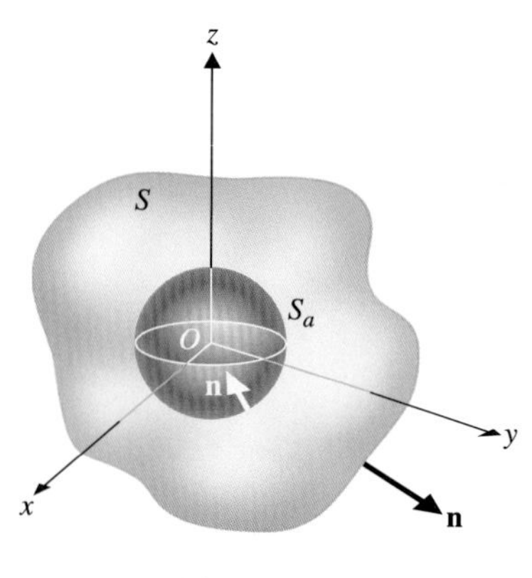

그림 14.40 영역 Q_a

$$\iiint_{Q_a} \nabla \cdot \mathbf{F}\,dV = \iint_S \mathbf{F} \cdot \mathbf{n}\,dS + \iint_{S_a} \mathbf{F} \cdot \mathbf{n}\,dS$$

이다. $\nabla \cdot \mathbf{F} = 0$임은 각자 계산해 보기 바란다. 따라서

$$\iint_S \mathbf{F} \cdot \mathbf{n} dS = -\iint_{S_a} \mathbf{F} \cdot \mathbf{n} dS \tag{7.10}$$

이다. 식 (7.10)의 우변의 적분은 중심이 원점인 구에 대한 적분이므로 쉽게 계산할 수 있다. Q_a의 외향 법선벡터는 식 (7.10)의 우변에서는 원점을 향하는 방향이므로

$$\mathbf{n} = -\frac{1}{\|\mathbf{r}\|}\mathbf{r} = -\frac{1}{a}\mathbf{r}$$

이다. 따라서 식 (7.10)에 의해

$$\begin{aligned}\iint_S \mathbf{F} \cdot \mathbf{n} dS &= -\iint_{S_a} \frac{c}{a^3}\mathbf{r} \cdot \left(-\frac{1}{a}\mathbf{r}\right) dS \\ &= \frac{c}{a^4}\iint_{S_a} \mathbf{r} \cdot \mathbf{r} dS \\ &= \frac{c}{a^4}\iint_{S_a} \|\mathbf{r}\|^2 dS \\ &= \frac{c}{a^2}\iint_{S_a} dS = \frac{c}{a^2}(4\pi a^2) = 4\pi c\end{aligned}$$

이다. 즉, 원점을 둘러싼 곡면에 대한 음의 제곱 벡터장의 유출량은 상수 $4\pi c$이다.

예제 7.3에서 유도한 법칙을 음의 제곱 벡터장에 대한 **가우스의 법칙**(Gauss' Law)이라 하는데 전자기학에서 중요한 역할을 한다.

발산정리를 이용하여 폐곡면에 대한 자기장의 유출량은 항상 0임을 보이자.

예제 7.4 자기장의 유출량

발산정리와 맥스웰 방정식 $\nabla \cdot \mathbf{B} = 0$을 이용하여, S가 폐곡면일 때 $\iint_S \mathbf{B} \cdot \mathbf{n} dS = 0$임을 보여라.

풀이

$\iint_S \mathbf{B} \cdot \mathbf{n} dS$에 발산정리를 적용하고 $\nabla \cdot \mathbf{B} = 0$을 이용하면 다음과 같다.

$$\iint_S \mathbf{B} \cdot \mathbf{n} dS = \iiint_Q \nabla \cdot \mathbf{B} dV = 0$$

연습문제 14.7

[1~2] 다음 벡터장에 대하여 발산정리를 검증하여라.

1. $\mathbf{F} = \langle 2xz, y^2, -xz \rangle$, Q는 $0 \le x \le 1$, $0 \le y \le 1$, $0 \le z \le 1$인 정육면체

2. $\mathbf{F} = \langle xz, zy, 2z^2 \rangle$, Q는 $z = 1 - x^2 - y^2$과 $z = 0$으로 둘

러싸인 영역

[3~6] 발산정리를 이용하여 $\iint_{\partial Q} \mathbf{F} \cdot \mathbf{n}\, dS$를 계산하여라. $\mathbf{n}$은 외향 단위법선벡터

3. Q는 $x + y + 2z = 2$와 좌표평면으로 둘러싸인 제1팔분공간, $\mathbf{F} = \langle 2x - y^2, 4xz - 2y, xy^3 \rangle$

4. Q는 정육면체 $0 \le x \le 2,\ 1 \le y \le 2,\ -1 \le z \le 2$, $\mathbf{F} = \langle y^3 - 2x, e^{xz}, 4z \rangle$

5. Q는 $z = x^2 + y^2$와 $z = 4$로 둘러싸인 영역, $\mathbf{F} = \langle x^3, y^3 - z, xy^2 \rangle$

6. Q는 $x^2 + y^2 = 4$와 $z = 1,\ z = 8 - y$로 둘러싸인 영역, $\mathbf{F} = \langle y^2 z, 2y - e^z, \sin x \rangle$

[7~8] 가장 쉬운 방법으로 $\iint_{\partial Q} \mathbf{F} \cdot \mathbf{n}\, dS$를 계산하여라.

7. Q가 직사각형 $-1 \le x \le 1,\ -1 \le y \le 1,\ -1 \le z \le 1$일 때

(a) $\mathbf{F} = \langle 4y^2, 3z - \cos x, z^3 - x \rangle$

(b) $\mathbf{F} = \langle (x^2 - 1)e^{\sqrt{x^2 + y^2}}, 2(y^2 - 1)z, 4zx^3 \rangle$

8. Q가 $x^2 + y^2 = 1, z = 0, z = 1$로 둘러싸인 영역일 때

(a) $\mathbf{F} = \langle x - y^3, x^2 \sin z, 3z \rangle$

(b) $\mathbf{F} = \langle x - 1, y, (z^2 - 2)\sqrt{e^z + 1} \rangle$

[9~14] ∂Q에서 $\mathbf{F}$의 유출량을 구하여라.

9. Q는 $z = \sqrt{x^2 + y^2}$와 $z = \sqrt{2 - x^2 - y^2}$ 로 둘러싸인 영역, $\mathbf{F} = \langle x^2, z^2 - x, y^3 \rangle$

10. Q는 $z = \sqrt{x^2 + y^2}$와 $x^2 + y^2 = 1,\ z = 0$으로 둘러싸인 영역, $\mathbf{F} = \langle y^2, x^2 z, z^2 \rangle$

11. Q는 $x^2 + z^2 = 1, y = 0, y = 1$로 둘러싸인 영역, $\mathbf{F} = \langle xz^4, ye^{x^2 + z^2} + 2yx^2 z^2, zx^4 \rangle$

12. Q는 $x = y^2 + z^2$과 $x = 4$로 둘러싸인 영역, $\mathbf{F} = \langle (x - 4)\sin(x - y^2 - z^2), y, z \rangle$

13. Q는 $3x + 2y + z = 6$와 좌표평면으로 둘러싸인 영역, $\mathbf{F} = \langle y^2 x, 4x^2 \sin z, 3 \rangle$

14. Q는 $z = 1 - x^2, z = -3, y = -2, y = 2$로 둘러싸인 영역, $\mathbf{F} = \langle e^x, y^3, x^3 y^2 \rangle$

14.8 스톡스정리

14.5절에서 C가 xy평면에서 영역 R의 경계선으로 구분적으로 매끄럽고 양의 방향을 갖는 단순폐곡선이면 그린정리는 다음과 같은 형태로 표현할 수 있음을 배웠다.

$$\oint_C \mathbf{F} \cdot d\mathbf{r} = \iint_R (\nabla \times \mathbf{F}) \cdot \mathbf{k}\, dA \tag{8.1}$$

여기서 $\mathbf{F}(x, y) = \langle M(x, y), N(x, y), 0 \rangle$이다. 이 절에서는 이 결과를 삼차원 공간의

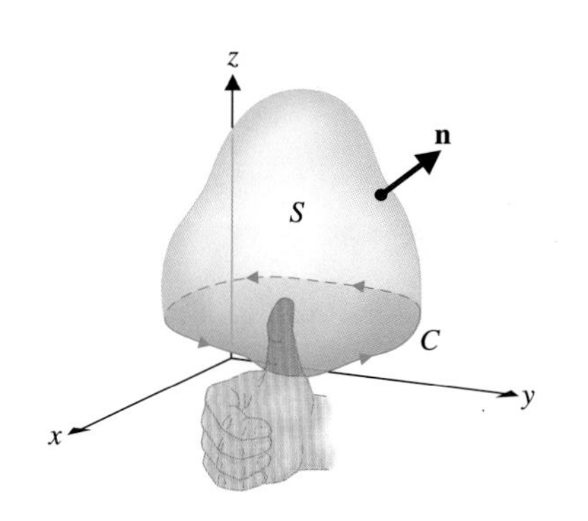

그림 14.41a 양의 방향

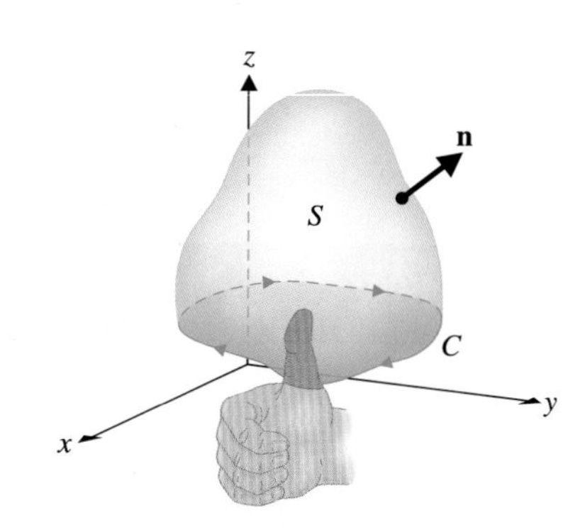

그림 14.41b 음의 방향

곡면에서 정의된 벡터장으로 일반화하자. S가 방향을 갖는 곡면이고 단위법선벡터를 $\mathbf{n}$이라 하자. S의 경계선이 단순폐곡선 C이면 C의 방향은 벡터의 외적을 계산할 때와 같이 오른손 법칙에 따라 정한다. 오른손 엄지손가락을 S의 법선벡터와 같은 방향을 가리키게 놓고 그림 14.41a와 같이 다른 손가락을 구부리면 그 방향이 C의 양의 방향이다. 그림 14.41b와 같이 손가락이 회전하는 반대방향은 음의 방향이다. 식 (8.1)의 그린정리를 확장하면 다음과 같다.

정리 8.1 스톡스정리(Stokes' Theorem)

S가 방향을 갖고 구분적으로 매끄러운 곡면이고 단위법선벡터가 $\mathbf{n}$이라 하자. 또 그 경계선 ∂S가 구분적으로 매끄러운 단순폐곡선이고 양의 방향을 갖는다고 하자. 벡터장 $\mathbf{F}(x, y, z)$의 성분이 S에서 일계편도함수가 연속이면 다음이 성립한다.

$$\int_{\partial S} \mathbf{F}(x, y, z) \cdot d\mathbf{r} = \iint_S (\nabla \times \mathbf{F}) \cdot \mathbf{n}\, dS \tag{8.2}$$

S가 xy평면의 영역이면 법선벡터는 $\mathbf{n} = \mathbf{k}$이고 $dS = dA$이므로 식 (8.1)의 그린정리는 식 (8.2)의 특별한 경우이다.

스톡스정리의 중요한 의미 중의 하나는 $\mathbf{F}$가 힘을 나타낼 때이다. 이 경우 식 (8.2)의 왼쪽 적분은 힘 $\mathbf{F}$를 작용하여 물체를 S의 경계선을 따라 움직였을 때 한 일을 의미한다. 반면에 식 (8.2)의 우변은 S 위에서 $\mathbf{F}$의 회전의 유출량을 나타낸다. 곡면 S가 특별한 경우로 제한하여 스톡스정리를 증명해 보자.

증명

S가 다음과 같이 표현된다고 하자.

$$S = \{(x, y, z) \mid z = f(x, y),\ (x, y) \in R\}$$

여기서 R은 xy평면의 영역이고, 경계선 ∂R은 구분적으로 매끄러우며 ∂S를 xy평면으로 정사영한 것이다(그림 14.42). 또 $f(x, y)$의 일계편도함수는 연속이다. $\mathbf{F}(x, y, z) = \langle M(x, y, z), N(x, y, z), P(x, y, z)\rangle$라 하면

$$\nabla \times \mathbf{F} = \begin{vmatrix} \mathbf{i} & \mathbf{j} & \mathbf{k} \\ \dfrac{\partial}{\partial x} & \dfrac{\partial}{\partial y} & \dfrac{\partial}{\partial z} \\ M & N & P \end{vmatrix} = \left(\frac{\partial P}{\partial y} - \frac{\partial N}{\partial z}\right)\mathbf{i} + \left(\frac{\partial M}{\partial z} - \frac{\partial P}{\partial x}\right)\mathbf{j} + \left(\frac{\partial N}{\partial x} - \frac{\partial M}{\partial y}\right)\mathbf{k}$$

이다. S의 법선벡터는

$$\mathbf{m} = \langle -f_x(x, y), -f_y(x, y), 1\rangle$$

이므로 단위법선벡터는

$$\mathbf{n} = \frac{\langle -f_x(x, y), -f_y(x, y), 1\rangle}{\sqrt{[f_x(x, y)]^2 + [f_y(x, y)]^2 + 1}}$$

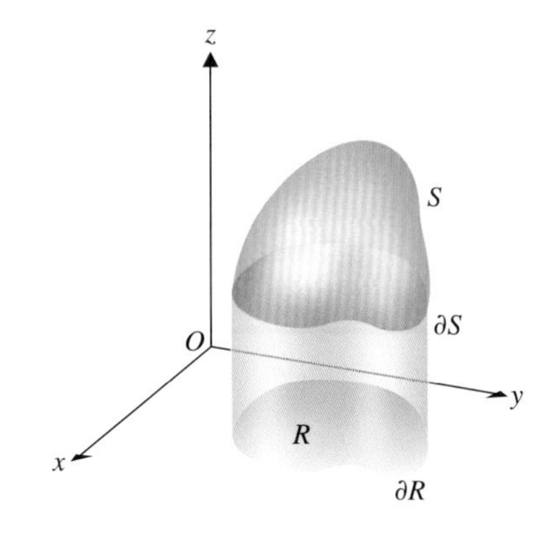

그림 14.42 곡면 S와 xy평면으로의 정사영 R

수학자

스톡스
(George Gabriel Stokes, 1819−1903)

영국 수학자로 유체역학에서 중요한 결과를 발표하였다. 오늘날 나비어-스톡스 방정식으로 불리는 것을 포함하여 많은 결과를 발표했는데 유럽 대륙의 수학자들이 발표한 것과 중복되기도 한다. 그 이유는 미적분학에 대한 뉴턴과 라이프니츠의 논쟁 이후 영국과 유럽 대륙 사이에 연구 결과에 대한 의사소통이 많지 않았기 때문이다.

이다. $dS = \sqrt{[f_x(x, y)]^2 + [f_y(x, y)]^2 + 1}\, dA$이므로

$$\iint_S (\nabla \times \mathbf{F}) \cdot \mathbf{n}\, dS = \iint_R \left[-\left(\frac{\partial P}{\partial y} - \frac{\partial N}{\partial z}\right)f_x - \left(\frac{\partial M}{\partial z} - \frac{\partial P}{\partial x}\right)f_y + \left(\frac{\partial N}{\partial x} - \frac{\partial M}{\partial y}\right)\right]_{z = f(x, y)} dA$$

이다. 따라서 식 (8.2)를 다시 쓰면 다음 식과 같다.

$$\int_{\partial S} M\,dx + N\,dy + P\,dz = \iint_R \left[-\left(\frac{\partial P}{\partial y} - \frac{\partial N}{\partial z}\right)f_x - \left(\frac{\partial M}{\partial z} - \frac{\partial P}{\partial x}\right)f_y + \left(\frac{\partial N}{\partial x} - \frac{\partial M}{\partial y}\right)\right]_{z = f(x, y)} dA \tag{8.3}$$

이제 다음 식을 보이자.

$$\int_{\partial S} M(x, y, z)\,dx = -\iint_R \left(\frac{\partial M}{\partial y} + \frac{\partial M}{\partial z} f_y\right)_{z = f(x, y)} dA \tag{8.4}$$

R의 경계선을 매개방정식으로 나타내면

$$\partial R = \{(x, y) \mid x = x(t),\ y = y(t),\ a \le t \le b\}$$

라 하자. 그러면 S의 경계선은

$$\partial S = \{(x, y, z) \mid x = x(t),\ y = y(t),\ z = f(x(t), y(t)),\ a \le t \le b\}$$

로 표현할 수 있고

$$\int_{\partial S} M(x, y, z)\,dx = \int_a^b M(x(t), y(t), f(x(t), y(t)))x'(t)\,dt$$

이다. $m(x, y) = M(x, y, f(x, y))$라 하면

$$\int_{\partial S} M(x, y, z)\,dx = \int_a^b m(x(t), y(t))x'(t)\,dt = \int_{\partial R} m(x, y)\,dx \tag{8.5}$$

이다. 그런데 그린정리에 의해

$$\int_{\partial R} m(x, y)\,dx = -\iint_R \frac{\partial m}{\partial y}\,dA \tag{8.6}$$

이고 연쇄법칙을 적용하면

$$\frac{\partial m}{\partial y} = \frac{\partial}{\partial y} M(x, y, f(x, y)) = \left(\frac{\partial M}{\partial y} + \frac{\partial M}{\partial z} f_y\right)_{z = f(x, y)}$$

이다. 이 식을 식 (8.5)와 (8.6)에 적용하면

$$\int_{\partial S} M(x, y, z)\,dx = -\iint_R \frac{\partial m}{\partial y}\,dA = -\iint_R \left(\frac{\partial M}{\partial y} + \frac{\partial M}{\partial z} f_y\right)_{z = f(x, y)} dA$$

이고 이것이 식 (8.4)이다. 같은 방법으로

$$\int_{\partial S} N(x, y, z)\,dy = \iint_R \left(\frac{\partial N}{\partial x} + \frac{\partial N}{\partial z} f_x\right)_{z = f(x, y)} dA \tag{8.7}$$

$$\int_{\partial S} P(x, y, z)\,dz = \iint_R \left(\frac{\partial P}{\partial x} f_y - \frac{\partial P}{\partial y} f_x\right)_{z = f(x, y)} dA \tag{8.8}$$

을 보일 수 있다. 식 (8.4), (8.7), (8.8)에 의해 식 (8.3)을 보일 수 있고 스톡스정리의 증명이 끝난다. ■

예제 8.1 스톡스정리를 이용해 선적분 계산하기

$\mathbf{F}(x, y, z) = \langle -y, x^2, z^3 \rangle$일 때 $\int_C \mathbf{F} \cdot d\mathbf{r}$을 계산하여라. 여기서 C는 원기둥 $x^2 + y^2 = 4$와 평면 $x + z = 3$의 교선이고 z축의 양의 방향 위에서 내려다볼 때 시계반대방향이다.

풀이

C는 그림 14.43과 같이 타원이다. C를 매개방정식으로 나타내기 복잡하여 선적분을 직접 계산하기는 어려우므로 스톡스정리를 이용하자. $\mathbf{F}$의 회전을 계산하면

$$\nabla \times \mathbf{F} = \begin{vmatrix} \mathbf{i} & \mathbf{j} & \mathbf{k} \\ \frac{\partial}{\partial x} & \frac{\partial}{\partial y} & \frac{\partial}{\partial z} \\ -y & x^2 & z^3 \end{vmatrix} = (2x + 1)\mathbf{k}$$

이다. 평면 $x + z = 3$에서 C의 내부를 S라 하면 S의 단위법선벡터는

$$\mathbf{n} = \frac{1}{\sqrt{2}} \langle 1, 0, 1 \rangle$$

이므로 스톡스정리에 의해

$$\int_C \mathbf{F} \cdot d\mathbf{r} = \iint_S (\nabla \times \mathbf{F}) \cdot \mathbf{n}\, dS = \iint_R \underbrace{\frac{1}{\sqrt{2}}(2x + 1)}_{(\nabla \times \mathbf{F}) \cdot \mathbf{n}} \underbrace{\sqrt{2}\, dA}_{dS}$$

이고 여기서 R은 중심이 원점이고 반지름이 2인 원의 내부이다. 즉, S를 xy평면으로 정사영한 것이다. 극좌표계를 이용하면 선적분은 다음과 같다.

$$\begin{aligned} \int_C \mathbf{F} \cdot d\mathbf{r} &= \iint_R (2x + 1)\, dA = \int_0^{2\pi} \int_0^2 (2r\cos\theta + 1)\, r\, dr\, d\theta \\ &= \int_0^{2\pi} \int_0^2 (2r^2\cos\theta + r)\, dr\, d\theta \\ &= \int_0^{2\pi} \left(2\frac{r^3}{3}\cos\theta + \frac{r^2}{2} \right) \Bigg|_{r=0}^{r=2} d\theta \\ &= \int_0^{2\pi} \left(\frac{16}{3}\cos\theta + 2 \right) d\theta = 4\pi \end{aligned}$$

■

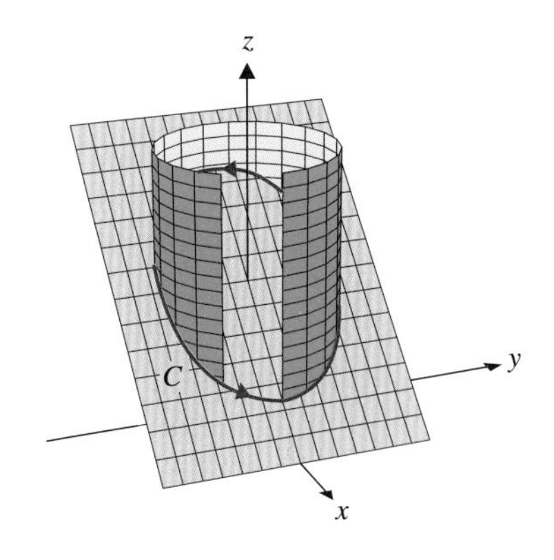

그림 14.43 평면과 원기둥의 교선 C

예제 8.2 스톡스정리를 이용해 면적분 계산하기

$\mathbf{F}(x, y, z) = \langle e^{z^2}, 4z - y, 8x\sin y \rangle$일 때 $\iint_S (\nabla \times \mathbf{F}) \cdot \mathbf{n}\, dS$를 계산하여라. 여기서 S는 포물면 $z = 4 - x^2 - y^2$의 xy평면 위쪽이고 단위법선벡터는 그림 14.44와 같이 포물면의 바깥쪽을 향하도록 택한다.

풀이

곡면의 경계선은 xy평면에서 원 $x^2 + y^2 = 4$이다. 스톡스정리에 의해

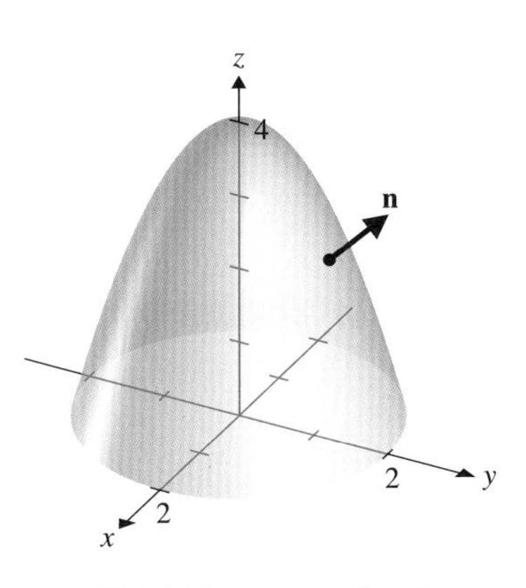

그림 14.44 $z = 4 - x^2 - y^2$

$$\iint_S (\nabla \times \mathbf{F}) \cdot \mathbf{n}\, dS = \int_{\partial S} \mathbf{F}(x, y, z) \cdot d\mathbf{r}$$
$$= \int_{\partial S} e^{z^2} dx + (4z - y) dy + 8x \sin y\, dz$$

이다. ∂S를 매개방정식으로 나타내면 $x = 2\cos t$, $y = 2\sin t$, $z = 0$, $0 \le t \le 2\pi$이므로 $dx = -2\sin t$, $dy = 2\cos t$, $dz = 0$이다. 따라서 면적분은 다음과 같다.

$$\iint_S (\nabla \times \mathbf{F}) \cdot \mathbf{n}\, dS = \int_{\partial S} e^{z^2} dx + (4z - y) dy + 8x \sin y\, dz$$
$$= \int_0^{2\pi} \{e^0(-2\sin t) + [4(0) - 2\sin t](2\cos t)\} dt = 0$$

■

예제 8.3에서는 예제 8.2의 면적분을 다른 곡면 위에서 계산해 보자. 곡면이 다르기는 하지만 경계곡선이 같으므로 적분값은 같아야 한다.

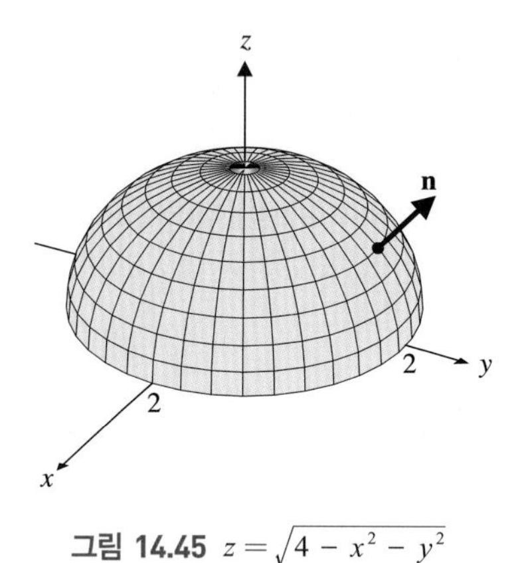

그림 14.45 $z = \sqrt{4 - x^2 - y^2}$

예제 8.3 스톡스정리를 이용해 면적분 계산하기

$\mathbf{F}(x, y, z) = \langle e^{z^2}, 4z - y, 8x \sin y \rangle$이고 S는 반구 $z = \sqrt{4 - x^2 - y^2}$이며 방향은 그림 14.45와 같이 단위법선벡터가 반구의 바깥쪽을 가리킬 때 $\iint_S (\nabla \times \mathbf{F}) \cdot \mathbf{n}\, dS$를 계산하여라.

풀이

예제 8.2에서의 곡면과 같지는 않지만 경계면은 모두 xy평면에서의 원 $x^2 + y^2 = 4$이고 방향도 같다. 따라서 예제 8.2에서와 같이

$$\iint_S (\nabla \times \mathbf{F}) \cdot \mathbf{n}\, dS = 0$$

이다.

■

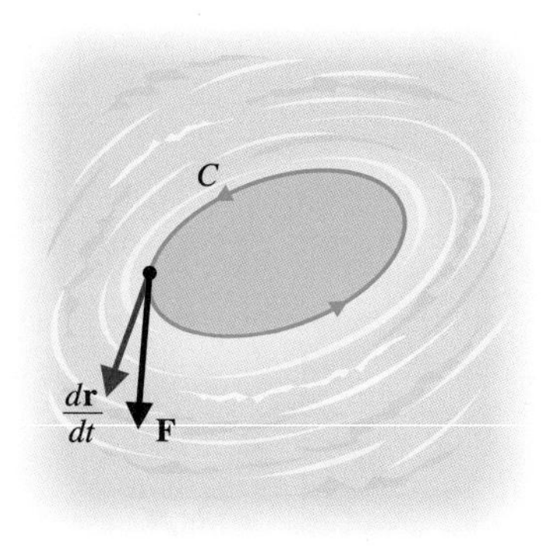

그림 14.46 유체의 흐름에서 곡면 S

14.7절에서 발산정리를 이용하여 벡터장의 발산의 의미를 이해했듯이 스톡스정리를 이용하여 벡터장의 회전의 의미를 이해할 수 있다. $\mathbf{F}(x, y, z)$가 흐르는 유체의 속도벡터를 나타내고, C는 $\mathbf{F}$의 정의역에서 벡터함수 $\mathbf{r}(t)$, $a \le t \le b$의 끝점으로 이루어진 유향폐곡선이라고 하자. $\mathbf{F}$의 방향이 $\frac{d\mathbf{r}}{dt}$의 방향과 가까우면 가까울수록 $\frac{d\mathbf{r}}{dt}$ 방향의 성분은 커진다(그림 14.46). 즉, $\frac{d\mathbf{r}}{dt}$은 C의 단위접선벡터의 방향을 가리킨다. 따라서

$$\int_C \mathbf{F} \cdot d\mathbf{r} = \int_a^b \mathbf{F} \cdot \frac{d\mathbf{r}}{dt} dt$$

이므로 $\mathbf{F}$의 방향이 $\frac{d\mathbf{r}}{dt}$의 방향과 가까울수록 $\int_C \mathbf{F} \cdot d\mathbf{r}$은 커진다. 이 말은 $\int_C \mathbf{F} \cdot d\mathbf{r}$은 유체가 C 주변을 흐르거나 순환하는 경향을 나타내는 척도가 됨을 의미한다. 그래서 $\int_C \mathbf{F} \cdot d\mathbf{r}$을 C 주변에서 $\mathbf{F}$의 **순환**(circulation)이라 한다.

흐르는 유체의 임의의 점 (x_0, y_0, z_0)에 대하여 중심이 (x_0, y_0, z_0)이고 반지름이 a인 원판을 S_a라 하고 그림 14.47과 같이 법선벡터는 $\mathbf{n}$이라 하자. 또 양의 방향을 갖는

S_a의 경계선을 C_a라 하자. 그러면 스톡스정리에 의하여

$$\int_{C_a} \mathbf{F} \cdot d\mathbf{r} = \iint_{S_a} (\nabla \times \mathbf{F}) \cdot \mathbf{n}\, dS \tag{8.9}$$

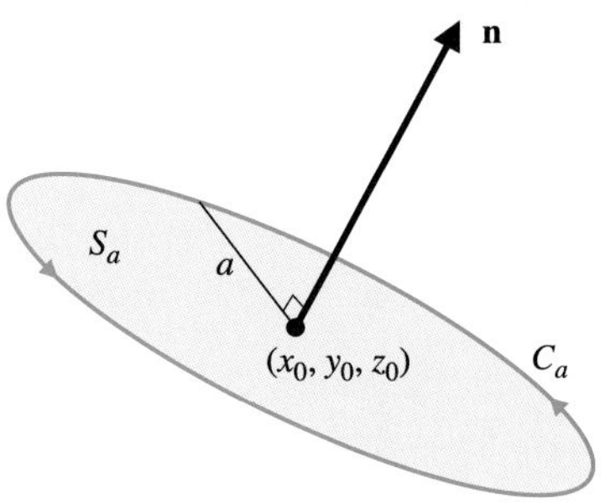

이다. 곡면 S_a 위에서 함수 f의 평균값은 다음과 같다.

$$f_{\text{ave}} = \frac{1}{\pi a^2} \iint_{S_a} f(x, y, z)\, dS$$

또 f가 S_a에서 연속이면 f의 함숫값이 평균값과 같게 되는 점 P_a가 S_a에 존재한다. 즉

$$f(P_a) = \frac{1}{\pi a^2} \iint_{S_a} f(x, y, z)\, dS$$

이다. 특히, 속도장 $\mathbf{F}$가 S_a에서 연속인 일계편도함수를 가지면 식 (8.9)에 의하여 S_a 위의 적당한 점 P_a에 대하여 다음이 성립한다.

$$(\nabla \times \mathbf{F})(P_a) \cdot \mathbf{n} = \frac{1}{\pi a^2} \iint_{S_a} (\nabla \times \mathbf{F}) \cdot \mathbf{n}\, dS = \frac{1}{\pi a^2} \int_{C_a} \mathbf{F} \cdot d\mathbf{r} \tag{8.10}$$

식 (8.10)의 제일 오른쪽 표현은 단위면적에 대한 C_a 주변에서 $\mathbf{F}$의 순환이다. 극한 $a \to 0$을 취하면 curl $\mathbf{F}$의 연속성에 의하여 다음 식을 얻는다.

$$(\nabla \times \mathbf{F})(x_0, y_0, z_0) \cdot \mathbf{n} = \lim_{n \to \infty} \frac{1}{\pi a^2} \int_{C_a} \mathbf{F} \cdot d\mathbf{r} \tag{8.11}$$

식 (8.11)을 주의 깊게 보자. 이 식에 의하면 어떤 점에서 curl $\mathbf{F}$의 $\mathbf{n}$방향으로의 성분은 그 점을 중심으로 하는 (또 $\mathbf{n}$에 수직인) 반지름이 a인 원 주변의 순환을 원의 넓이로 나눈 값에서 a가 0에 가까워질 때의 극한과 같다. 따라서 $(\nabla \times \mathbf{F}) \cdot \mathbf{n}$은 유체가 벡터 $\mathbf{n}$방향의 축 주위를 따라 도는 경향을 나타내는 값이 된다. 이것은 축이 $\mathbf{n}$과 평행하고 작은 물갈퀴가 있는 바퀴가 유체에 잠겨있는 것으로 생각할 수 있다(그림 14.48). 단위면적당 순환은 $\mathbf{n}$이 $\nabla \times \mathbf{F}$의 방향과 같을 때 가장 큰 값을 갖는다(따라서 물갈퀴 바퀴가 가장 빨리 돈다).

그림 14.47 디스크 S_a

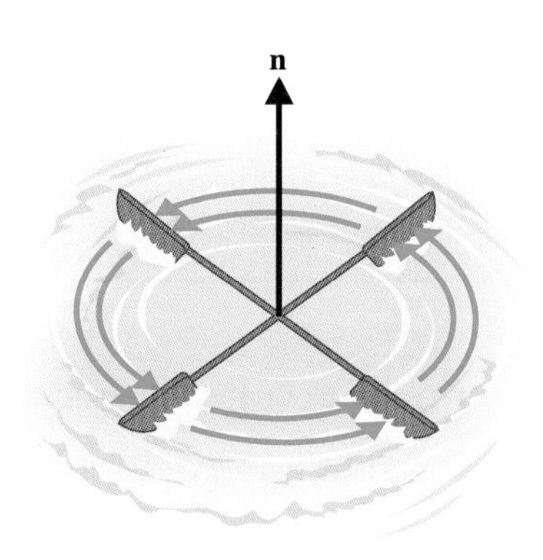

그림 14.48 물갈퀴 바퀴

유체의 모든 점에서 $\nabla \times \mathbf{F} = \mathbf{0}$이면 유체는 **비회전적**(irrotational)이라 한다. 왜냐하면 각 점에서의 순환이 0이기 때문이다. 특히 속도장 $\mathbf{F}$가 유체 전체에서 상수벡터이면

$$\operatorname{curl} \mathbf{F} = \nabla \times \mathbf{F} = \mathbf{0}$$

이므로 유체는 비회전적이다. 물리적으로 이 유체에는 소용돌이가 없다는 말이 된다.

또한, 스톡스정리에 의하여 적당한 개영역 D의 각점에서 curl $\mathbf{F}$이면 D에 포함되는 방향을 갖는 곡면의 경계선 C가 단순폐곡선일 때

$$\oint_C \mathbf{F} \cdot d\mathbf{r} = 0$$

이 된다. 즉, 영역 D에서 위의 조건을 만족하는 모든 곡선 C 주위의 순환은 0이다. 영역 $D \subset \mathbb{R}^3$의 형태를 적당히 제한하면 D에 포함된 모든 단순폐곡선 주위의 순환이 0이 됨을 보일 수 있다(이것의 역도 사실이다. 즉, 영역 D에 포함된 모든 단순폐곡선에 대하여 $\oint_C \mathbf{F} \cdot d\mathbf{r} = 0$이면 D의 모든 점에서 $\operatorname{curl} \mathbf{F} = \mathbf{0}$이다). 이 결과를 얻기 위해서 단순연결영역에 대하여 알아야 한다. 평면에서의 영역이 그 영역에 포함된 모든 폐곡선이 영역 내의 한 점으로 수축될 수 있으면(즉, 영역이 구멍을 갖고 있지 않으면) 단순연결영역이다. 삼차원 공간에서는 좀 더 복잡하다.

$\mathbb{R}^3$의 영역 D의 모든 단순폐곡선 C가 D의 경계를 벗어나지 않고 한 점으로 수축될 수 있을 때 D는 단순연결영역이라 한다. 예를 들면 구나 직육면체의 내부는 단순연결영역이지만 속에 구멍이 있으면 단순연결영역이 아니다. 이차원에서 이들 영역을 나타낸 것이 그림 14.49a~14.49c이다.

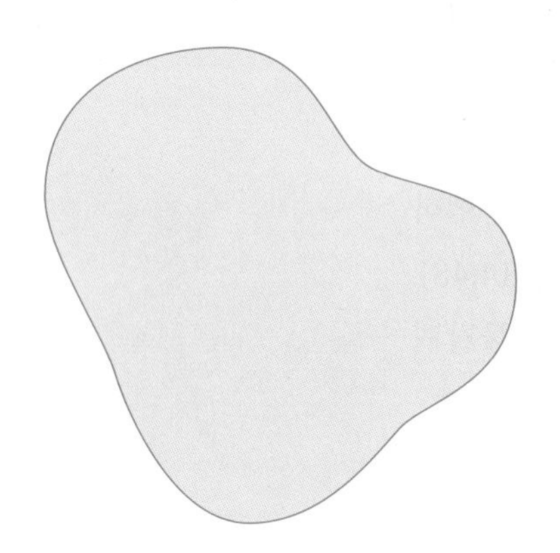

그림 14.49a 단순연결

그림 14.49b 단순연결은 아니지만 연결

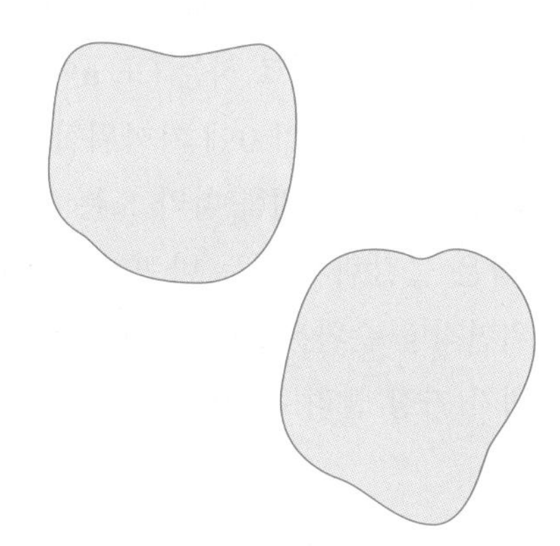

그림 14.49c 연결은 아니지만 단순연결

정리 8.2

$\mathbf{F}(x, y, z)$의 성분이 단순연결영역 $D \subset \mathbb{R}^3$에서 일계편도함수를 갖는다고 하자. 그러면 D에서 $\operatorname{curl} \mathbf{F} = \mathbf{0}$일 필요충분조건은 D 내의 모든 단순연결폐곡선 C에 대하여 $\oint_C \mathbf{F} \cdot d\mathbf{r} = 0$인 것이다.

증명

curl $\mathbf{F}=\mathbf{0}$일 때 $\oint_C \mathbf{F}\cdot d\mathbf{r}=0$임을 보이는 것은 이 책의 범위를 넘으므로 그 반대쪽만 증명하기로 하자. D 내의 모든 단순폐곡선 C에 대하여 $\oint_C \mathbf{F}\cdot d\mathbf{r}=0$이지만 점 $(x_0, y_0, z_0)\in D$에서 curl $\mathbf{F}\neq\mathbf{0}$이라 하자. $\mathbf{F}$의 성분의 일계편도함수가 연속이므로 curl $\mathbf{F}$는 D에서 연속이다. 따라서 중심이 (x_0, y_0, z_0)이고 D를 포함하며 S의 내부에 있고 반지름이 $a_0>0$인 구가 존재한다. 또 이 구에서 curl $\mathbf{F}\neq\mathbf{0}$이고 curl $\mathbf{F}(x, y, z)\cdot$ curl $\mathbf{F}(x_0, y_0, z_0)>0$이다(이것은 curl $\mathbf{F}$가 연속이고 curl $\mathbf{F}(x_0, y_0, z_0)\cdot$ curl $\mathbf{F}(x_0, y_0, z_0)>0$이기 때문에 가능하다). 반지름이 $a<a_0$이고 중심이 (x_0, y_0, z_0)인 원판을 S_a라 하고 이 구의 단위법선벡터 $\mathbf{n}$은 curl $\mathbf{F}(x_0, y_0, z_0)$와 같은 방향이라 하자. $a<a_0$이므로 S_a는 그림 14.50과 같이 S에 포함된다. S_a의 경계를 C_a라 하면 $\mathbf{n}$은 $\nabla\times\mathbf{F}(x_0, y_0, z_0)$와 평행하게 택했으므로 스톡스정리에 의해

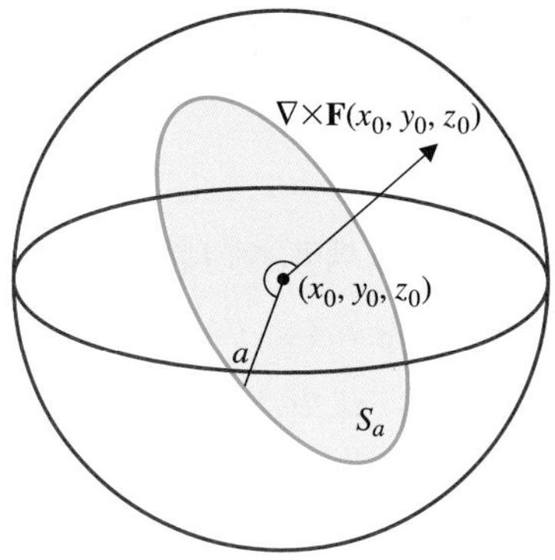

$$\int_{C_a}\mathbf{F}\cdot d\mathbf{r}=\iint_{S_a}(\nabla\times\mathbf{F})\cdot\mathbf{n}\,dS>0$$

인데 이것은 $\oint_C \mathbf{F}\cdot d\mathbf{r}=0$이라는 가정에 모순이다. 따라서 D에서 curl $\mathbf{F}=\mathbf{0}$이다. ■

$\nabla\times\mathbf{F}(x_0, y_0, z_0)$
(x_0, y_0, z_0)
a
S_a

그림 14.50 원판 S_a

앞에서 벡터장이 어떤 영역에서 보존적일 필요충분조건은 영역 내의 모든 단순폐곡선 C에 대하여 $\oint_C \mathbf{F}\cdot d\mathbf{r}=0$인 것임을 알았다. 정리 8.2를 이용하면 다음 결과를 얻는다.

정리 8.3

단순연결영역 D에서 $\mathbf{F}(x, y, z)$의 일계편도함수가 연속이라 하자. 그러면 다음은 서로 동치이다.

(i) $\mathbf{F}$가 D에서 보존적이다. 즉 적당한 스칼라함수 $f(x, y, z)$에 대하여 $\mathbf{F}=\nabla f$이다.
(ii) $\int_{C_a}\mathbf{F}\cdot d\mathbf{r}$이 D에서 경로에 독립이다.
(iii) $\mathbf{F}$는 D에서 비회전적(즉 curl $\mathbf{F}=\mathbf{0}$)이다.
(iv) D 내의 모든 단순폐곡선 C에 대하여 $\oint_C \mathbf{F}\cdot d\mathbf{r}=0$이다.

마지막으로 스톡스정리의 간단한 응용문제를 알아보자.

예제 8.4 자기장의 유출량

스톡스정리와 맥스웰 방정식 $\nabla\cdot\mathbf{B}=0$을 이용하여 스톡스정리의 조건을 만족하는 곡면 S 위에서 자기장 $\mathbf{B}=\nabla\times\mathbf{A}$의 유출량은 ∂S에서 $\mathbf{A}$의 선적분과 같음을 보여라.

풀이

S에서 $\mathbf{B}$의 유출량은 $\iint_S \mathbf{B}\cdot\mathbf{n}\,dS$이다. 스톡스정리를 이용하면 다음과 같이 증명된다.

$$\iint_S \mathbf{B}\cdot\mathbf{n}\,dS=\iint_S(\nabla\times\mathbf{A})\cdot\mathbf{n}\,dS=\oint_{\partial S}\mathbf{A}\cdot d\mathbf{r}$$

■

연습문제 14.8

[1~2] 다음 벡터장에 대하여 스톡스정리를 검증하여라.

1. S는 $z=4-x^2-y^2$에서 xy평면의 윗부분, $\mathbf{F}=\langle zx, 2y, z^3\rangle$
2. S는 $z=\sqrt{4-x^2-y^2}$에서 xy평면의 윗부분, $\mathbf{F}=\langle 2x-y, yz^2, y^2z\rangle$

[3~6] 스톡스정리를 이용하여 $\iint_S (\nabla\times\mathbf{F})\cdot\mathbf{n}\,dS$를 계산하여라.

3. S는 $x+y+2z=2$와 좌표평면으로 이루어진 사면체에서 $z>0$인 부분, $\mathbf{n}$은 위로 향함, $\mathbf{F}=\langle zy^4-y^2, y-x^3, z^2\rangle$
4. S는 $z=1-x^2-y^2$에서 xy평면 윗부분, $\mathbf{n}$은 위로 향함, $\mathbf{F}=\langle zx^2, ze^{xy^2}-x, x\ln y^2\rangle$
5. S는 문제 3의 사면체에서 $y>0$인 부분, $\mathbf{n}$은 오른쪽으로 향함, $\mathbf{F}=\langle zy^4-y^2, y-x^3, z^2\rangle$
6. S는 원뿔 $z=\sqrt{x^2+y^2}$에서 구 $x^2+y^2+z^2=2$의 아랫부분, $\mathbf{n}$은 아래로 향함, $\mathbf{F}=\langle x^2+y^2, ze^{x^2+y^2}, e^{x^2+z^2}\rangle$

[7~10] 스톡스정리를 이용하여 $\int_C \mathbf{F}\cdot d\mathbf{r}$를 계산하여라.

7. C는 포물면 $y=4-x^2-z^2$에서 $y>0$인 부분의 경계선, $\mathbf{n}$은 오른쪽으로 향함, $\mathbf{F}=\langle x^2z, 3\cos y, 4z^3\rangle$
8. C는 $z=4-x^2-y^2$에서 xy평면의 위쪽 부분의 경계선, $\mathbf{n}$은 위로 향함, $\mathbf{F}=\langle x^2e^x-y, \sqrt{y^2+1}, z^3\rangle$
9. C는 $z=x^2+y^2$과 $z=8-y$의 교선, 위에서 보았을 때 시계방향, $\mathbf{F}=\langle 2x^2, 4y^2, e^{8z^2}\rangle$
10. C는 $z=4-x^2-y^2$, $x^2+z^2=1$의 교선에서 $y>0$인 부분, 오른쪽에서 보았을 때 시계방향, $\mathbf{F}=\langle x^2+3y, \cos y^2, z^3\rangle$

[11~12] $\iint_S (\nabla\times\mathbf{F})\cdot\mathbf{n}\,dS$와 $\int_C \mathbf{F}\cdot d\mathbf{r}$중 쉬운 것을 계산하여라.

11. S는 원뿔 $z=\sqrt{x^2+y^2}$에서 원기둥 $x^2+y^2=2$ 안쪽에 있는 부분, $\mathbf{n}$은 아래쪽 방향
    (a) $\mathbf{F}=\langle zx, x^2+y^2, z^2-y^2\rangle$
    (b) $\mathbf{F}=\langle xe^x-xy, 3y^2, \sin z-xy\rangle$
12. S는 쌍곡면 $x^2+y^2-z^2=4$와 $z=0$, $z=2$, $z<2$로 둘러싸인 영역의 경계면, $\mathbf{n}$은 바닥면에서 아래쪽 방향
    (a) $\mathbf{F}=\langle 2y-x\cos x, \sqrt{y^2+1}, e^{-z^2}\rangle$
    (b) $\mathbf{F}=\langle z^2y, x-z, \sqrt{x^2+y^2}\rangle$
13. C가 단순폐곡선이고 f는 미분가능할 때 $\oint_C (f\nabla f)\cdot d\mathbf{r}=0$임을 보여라.
14. 스톡스정리를 이용하여 다음을 보여라.

$$\oint_C (f\nabla g)\cdot d\mathbf{r}=\iint_S (\nabla f\times\nabla g)\cdot\mathbf{n}\,dS$$

여기서 C는 곡면 S의 경계선으로 양의 방향을 갖는다.

부록 A: 증명

이 장에서는 본문에서 증명을 생략한 정리들 중에서 필요하다고 생각되는 몇 개의 정리를 선별해서 증명한다. 이 증명에서는 극한의 (ε - δ) 정의 개념이 필요하다.

다음 정리는 1.3절의 정리 3.1이다.

정리 A.1

$\lim_{x \to a} f(x)$, $\lim_{x \to a} g(x)$가 존재하고 c가 임의의 상수라고 하면, 다음 성질이 성립한다.

(i) $\lim_{x \to a} [cf(x)] = c \lim_{x \to a} f(x)$

(ii) $\lim_{x \to a} [f(x) \pm g(x)] = \lim_{x \to a} f(x) \pm \lim_{x \to a} g(x)$

(iii) $\lim_{x \to a} [f(x)g(x)] = [\lim_{x \to a} f(x)][\lim_{x \to a} g(x)]$

(iv) $\lim_{x \to a} \dfrac{f(x)}{g(x)} = \dfrac{\lim_{x \to a} f(x)}{\lim_{x \to a} g(x)}$ ($\lim_{x \to a} g(x) \neq 0$인 경우)

증명

(i) $\lim_{x \to a} f(x) = L_1$이라고 하자. 극한의 정의에 의해서 다음 성질이 성립한다. 임의의 $\varepsilon_1 > 0$에 대해서

$$0 < |x-a| < \delta_1 \text{이면 } |f(x) - L_1| < \varepsilon_1 \tag{A.1}$$

을 만족하는 $\delta_1 > 0$이 존재한다. 이제 $\lim_{x \to a} [cf(x)] = c \lim_{x \to a} f(x)$임을 보이기 위해서 다음 식을 생각하자.

$$|cf(x) - cL_1| = |c|\,|f(x) - L_1|$$

임의의 $\varepsilon > 0$에 대해서, $\varepsilon_1 = \dfrac{\varepsilon}{|c|}$, $\delta = \delta_1$으로 택하자. 그러면, $0 < |x-a| < \delta$이면

$$|cf(x) - cL_1| \leq |c|\,\varepsilon_1 = |c|\,\frac{\varepsilon}{|c|} < \varepsilon$$

이다. 따라서 $\lim_{x \to a} [cf(x)] = cL_1$이다.

(ii) $\lim_{x \to a} g(x) = L_2$라고 하자. 임의의 $\varepsilon_2 > 0$에 대해서

$$0 < |x-a| < \delta_2 \text{이면 } |g(x) - L_2| < \varepsilon_2 \tag{A.2}$$

을 만족하는 $\delta_2 > 0$가 존재한다.

$$\lim_{x \to a}[f(x)+g(x)] = L_1 + L_2$$

을 증명하기 위하여 임의의 $\varepsilon > 0$에 대해서

$$0 < |x-a| < \delta \text{이면} \quad |[f(x)+g(x)]-(L_1+L_2)| < \varepsilon$$

을 만족하는 $\delta > 0$를 찾아야 한다. 삼각부등식에 의해서 다음 식이 성립한다.

$$\begin{aligned} |[f(x)+g(x)]-(L_1+L_2)| &= |[f(x)-L_1]+[g(x)-L_2]| \\ &\le |f(x)-L_1| + |g(x)-L_2| \end{aligned} \tag{A.3}$$

식 (A.3)의 오른쪽은 식 (A.1)과 (A.2)에 의해서 임의로 작게 할 수 있다. 즉 임의의 $\varepsilon > 0$에 대해서 $\varepsilon_1 = \varepsilon_2 = \frac{\varepsilon}{2}$, $\delta = \min\{\delta_1, \delta_2\}$로 택하면 다음 식이 성립한다. $0 < |x-a| < \delta$이면

$$0 < |x-a| < \delta_1, \quad 0 < |x-a| < \delta_2$$

이고 식 (A.1) ~ (A.3)에 의해서

$$\begin{aligned} |[f(x)+g(x)]-(L_1+L_2)| &\le |f(x)-L_1| + |g(x)-L_2| \\ &< \varepsilon_1 + \varepsilon_2 = \frac{\varepsilon}{2} + \frac{\varepsilon}{2} = \varepsilon \end{aligned}$$

이다.

(iii) 임의의 $\varepsilon > 0$에 대해서

$$0 < |x-a| < \delta \text{이면} \quad |f(x)g(x) - L_1L_2| < \varepsilon$$

을 만족하는 $\delta > 0$를 찾아야 한다. 삼각부등식에 의해서 다음 식이 성립한다.

$$\begin{aligned} |f(x)g(x)-L_1L_2| &= |f(x)g(x) - g(x)L_1 + g(x)L_1 - L_1L_2| \\ &= |[f(x) - L_1]g(x) + L_1[g(x) - L_2]| \\ &\le |f(x) - L_1||g(x)| + |L_1||g(x) - L_2| \end{aligned} \tag{A.4}$$

임의의 $\varepsilon > 0$에 대해서 $0 < |x-a| < \delta_2$이면

$$|g(x) - L_2| < \frac{\varepsilon}{2|L_1|} \quad (\text{단, } L_1 \ne 0)$$

을 만족하는 δ_2가 존재한다. 따라서

$$|L_1||g(x) - L_2| < |L_1|\frac{\varepsilon}{2|L_1|} = \frac{\varepsilon}{2}$$

$L_1 = 0$이면

$$|L_1||g(x) - L_2| = 0 < \frac{\varepsilon}{2}$$

이므로 어떤 L_1에 대해서도

$$0 < |x-a| < \delta_2 \text{이면} \quad |L_1||g(x) - L_2| < \frac{\varepsilon}{2} \tag{A.5}$$

이 성립한다. 이제, 식 (A.4)에서 오른쪽의 첫 번째 항이

$$|f(x)-L_1||g(x)| < \frac{\varepsilon}{2}$$

을 만족하도록 해야 한다. 먼저,

$$|g(x)| = |g(x) - L_2 + L_2| \leq |g(x) - L_2| + |L_2| \tag{A.6}$$

을 생각하자. $\lim_{x \to a} g(x) = L_2$이므로

$$0 < |x-a| < \delta_3 \text{이면} \quad |g(x) - L_2| < 1$$

을 만족하는 $\delta_3 > 0$가 존재한다. 식 (A.6)으로부터

$$|g(x)| \leq |g(x) - L_2| + |L_2| < 1 + |L_2|$$

을 얻는다. 따라서, $0 < |x-a| < \delta_3$이면

$$|f(x) - L_1|\,|g(x)| < |f(x) - L_1|(1 + |L_2|) \tag{A.7}$$

이다. $\lim_{x \to a} f(x) = L_1$이므로 $0 < |x-a| < \delta_1$이면

$$|f(x) - L_1| < \frac{\varepsilon}{2(1 + |L_2|)}$$

을 만족하는 δ_1이 존재한다. 식 (A.7)에 의해서, $0 < |x-a| < \delta_1$, $0 < |x-a| < \delta_3$이면

$$\begin{aligned} |f(x) - L_1|\,|g(x)| &< |f(x) - L_1|(1 + |L_2|) \\ &< \frac{\varepsilon}{2(1 + |L_2|)}(1 + |L_2|) \\ &= \frac{\varepsilon}{2} \end{aligned}$$

이 성립한다. $\delta = \min\{\delta_1,\ \delta_2,\ \delta_3\}$로 놓으면 위 식과 식 (A.4)과 (A.5)로부터 다음 식을 얻는다. $0 < |x-a| < \delta$이면

$$\begin{aligned} |f(x)\,g(x) - L_1L_2| &\leq |f(x) - L_1|\,|g(x)| + |L_1|\,|g(x) - L_2| \\ &< \frac{\varepsilon}{2} + \frac{\varepsilon}{2} = \varepsilon \end{aligned}$$

이다. 따라서 (iii)이 증명된다.

(iv) 먼저,

$$\lim_{x \to a} \frac{1}{g(x)} = \frac{1}{L_2} \qquad (\text{단, } L_2 \neq 0)$$

을 증명한다. 임의의 $\varepsilon > 0$에 대해서

$$\left| \frac{1}{g(x)} - \frac{1}{L_2} \right| < \varepsilon$$

을 보이기 위해서 다음 식을 생각하자.

$$\left| \frac{1}{g(x)} - \frac{1}{L_2} \right| = \left| \frac{L_2 - g(x)}{L_2\,g(x)} \right| \tag{A.8}$$

$\lim_{x \to a} g(x) = L_2$이므로, 임의의 $\varepsilon_2 > 0$에 대해서

$$0 < |x-a| < \delta_2 \text{이면} \quad |g(x) - L_2| < \varepsilon_2$$

을 만족하는 $\delta_2 > 0$가 존재한다. 특히, $\varepsilon_2 = \frac{|L_2|}{2}$이면

$$|g(x) - L_2| < \frac{|L_2|}{2}$$

이다. 따라서

$$|L_2| = |L_2 - g(x) + g(x)| \leq |L_2 - g(x)| + |g(x)| < \frac{|L_2|}{2} + |g(x)|$$

이다. 양변에서 $\frac{|L_2|}{2}$을 빼면

$$\frac{|L_2|}{2} < |g(x)|$$

이고

$$\frac{2}{|L_2|} > \frac{1}{|g(x)|}$$

이다. 식 (A.8)에 의해서

$$\left|\frac{1}{g(x)} - \frac{1}{L_2}\right| = \left|\frac{L_2 - g(x)}{L_2 g(x)}\right| < \frac{2|L_2 - g(x)|}{L_2^2} \tag{A.9}$$

이다. 또한

$$0 < |x-a| < \delta_3 \text{이면} \quad |L_2 - g(x)| < \frac{\varepsilon L_2^2}{2}$$

을 만족하는 $\delta_3 > 0$가 존재한다. $\delta = \min\{\delta_2,\ \delta_3\}$로 놓으면, 식 (A.9)로부터 $0 < |x-a| < \delta$이면

$$\left|\frac{1}{g(x)} - \frac{1}{L_2}\right| < \frac{2|L_2 - g(x)|}{L_2^2} < \varepsilon$$

이다. 따라서

$$\lim_{x \to a} \frac{1}{g(x)} = \frac{1}{L_2}$$

을 증명하였다. (iii)에 의해서

$$\lim_{x \to a} \frac{f(x)}{g(x)} = \lim_{x \to a}\left[f(x)\frac{1}{g(x)}\right] = \left[\lim_{x \to a} f(x)\right]\left[\lim_{x \to a} \frac{1}{g(x)}\right]$$

$$= L_1\left(\frac{1}{L_2}\right) = \frac{L_1}{L_2}$$

을 얻으므로 (iv)가 증명된다. ■

다음 정리는 1.3절의 정리 3.3이다.

정리 A.2

$\lim_{x \to a} f(x) = L$이고 n이 양의 정수이면

$$\lim_{x \to a} \sqrt[n]{f(x)} = \sqrt[n]{\lim_{x \to a} f(x)} = \sqrt[n]{L}$$

이 성립한다. n이 짝수이면 $L > 0$이라고 가정한다.

증명

(i) $L > 0$인 경우를 먼저 증명하자. $\lim_{x \to a} f(x) = L$이므로 임의의 $\varepsilon_1 > 0$에 대해서

$$0 < |x-a| < \delta_1 \text{이면} \quad |f(x)-L| < \varepsilon_1$$

을 만족하는 $\delta_1 > 0$이 존재한다. $\lim_{x \to a} \sqrt[n]{f(x)} = \sqrt[n]{L}$ 임을 보이기 위해서는, 임의의 $\varepsilon > 0$에 대해서

$$0 < |x-a| < \delta \text{이면} \quad \left|\sqrt[n]{f(x)} - \sqrt[n]{L}\right| < \varepsilon$$

을 만족하는 $\delta > 0$를 찾아야 한다. 위 부등식은 다음 부등식들과 동치이다.

$$\sqrt[n]{L} - \varepsilon < \sqrt[n]{f(x)} < \sqrt[n]{L} + \varepsilon$$

$$(\sqrt[n]{L} - \varepsilon)^n < f(x) < (\sqrt[n]{L} + \varepsilon)^n$$

$$(\sqrt[n]{L} - \varepsilon)^n - L < f(x) - L < (\sqrt[n]{L} + \varepsilon)^n - L$$

ε은 아주 작은 수이므로 $\varepsilon < \sqrt[n]{L}$ 이라고 가정해도 된다. 이 경우에 다음 부등식이 성립한다.

$$0 < \sqrt[n]{L} - \varepsilon < \sqrt[n]{L}$$

$\varepsilon_1 = \min\{(\sqrt[n]{L} + \varepsilon)^n - L,\ L - (\sqrt[n]{L} - \varepsilon)^n\} > 0$로 놓자. $\lim_{x \to a} f(x) = L$이므로

$$0 < |x-a| < \delta \text{이면} \quad -\varepsilon_1 < f(x) - L < \varepsilon_1$$

을 만족하는 $\delta > 0$가 존재한다. 따라서 $0 < |x-a| < \delta$이면

$$(\sqrt[n]{L} - \varepsilon)^n - L \le -\varepsilon_1 < f(x) - L < \varepsilon_1 \le (\sqrt[n]{L} + \varepsilon)^n - L$$

이므로 정리가 증명된다.

(ii) $L < 0$이고 n이 홀수이며 $\lim_{x \to a} f(x) = L < 0$이라 하면

$$\lim_{x \to a} [-f(x)] = -L > 0$$

이다. 따라서 (i)에 의하여

$$-\lim_{x \to a} \sqrt[n]{f(x)} = \lim_{x \to a} \sqrt[n]{-f(x)} = \sqrt[n]{-L} = -\sqrt[n]{L}$$

이므로 증명된다.

(iii) $L = 0$이고 n이 홀수이며 $\lim_{x \to a} f(x) = L = 0$이라 하면, 임의의 $\varepsilon_1 > 0$에 대하여

$$0 < |x-a| < \delta \text{이면} \ |f(x)| < \varepsilon_1$$

을 만족하는 $\delta > 0$가 존재한다. 그런데 $\left|\sqrt[n]{f(x)} - 0\right| = \sqrt[n]{f(x)} = \sqrt[n]{|f(x)|} < \varepsilon$일 필요충분조건은 $|f(x)| < \varepsilon^n$이다. 따라서 $\varepsilon_1 = \varepsilon^n$으로 택하면 증명된다. ■

다음 정리는 1.3절의 정리 3.5이다.

정리 A.3 조임정리(Squeeze Theorem)

모든 $x \in (c, d)$에 대하여

$$f(x) \le g(x) \le h(x) \tag{A.10}$$

이고

$$\lim_{x\to a} f(x)=\lim_{x\to a} h(x)=L \quad (\text{단}, x\neq a)$$

이라 하자. 그러면

$$\lim_{x\to a} g(x)=L$$

이다.

증명

$\lim_{x\to a} g(x)=L$임을 보이기 위하여 임의의 $\varepsilon>0$에 대해서

$$0<|x-a|<\delta\text{이면} \quad |g(x)-L|<\varepsilon$$

을 만족하는 $\delta>0$를 찾아야 한다. $\lim_{x\to a} f(x)=L$이므로 임의의 $\varepsilon>0$에 대해서

$$0<|x-a|<\delta_1\text{이면} \quad |f(x)-L|<\varepsilon$$

을 만족하는 $\delta_1>0$이 존재한다. $\lim_{x\to a} h(x)=L$이므로 임의의 $\varepsilon>0$에 대해서

$$0<|x-a|<\delta_2\text{이면} \quad |h(x)-L|<\varepsilon$$

을 만족하는 $\delta_2>0$가 존재한다. $\delta=\min\{\delta_1, \delta_2\}$로 놓자. $0<|x-a|<\delta$이면, $0<|x-a|<\delta_1$이고 $0<|x-a|<\delta_2$이므로

$$|f(x)-L|<\varepsilon, \quad |h(x)-L|<\varepsilon$$

이다. 이 식을 다시 쓰면

$$L-\varepsilon<f(x)<L+\varepsilon, \quad L-\varepsilon<h(x)<L+\varepsilon \tag{A.11}$$

이다. 식 (A.10)과 (A.11)로부터, $0<|x-a|<\delta$이면

$$L-\varepsilon<f(x)\leq g(x)\leq h(x)<L+\varepsilon$$

이다. 따라서

$$L-\varepsilon<g(x)<L+\varepsilon \quad \text{즉} \quad |g(x)-L|<\varepsilon$$

이므로 정리가 증명된다. ■

다음 정리는 1.4절의 정리 4.3이다.

정리 A.4

$\lim_{x\to a} g(x)=L$이고 f가 L에서 연속이면

$$\lim_{x\to a} f(g(x)) = f\left(\lim_{x\to a} g(x)\right) = f(L)$$

이다.

증명

이것을 증명하기 위해서, 임의의 $\varepsilon>0$에 대해서

$$0<|x-a|<\delta\text{이면} \quad |f(g(x))-f(L)|<\varepsilon$$

을 만족하는 $\delta>0$를 찾아야 한다. f가 L에서 연속이므로 $\lim_{t\to L} f(t)=f(L)$이다. 따라서, 임의의 $\varepsilon>0$에 대해서

$$0<|t-L|<\delta_1\text{이면}\quad |f(t)-f(L)|<\varepsilon$$

을 만족하는 $\delta_1>0$이 존재한다. 또한, $\lim_{x\to a} g(x)=L$이므로 $0<|x-a|<\delta$이면 $|g(x)-L|<\delta_1$을 만족하는 $\delta>0$가 존재한다. 따라서 $0<|x-a|<\delta$이면

$$|f(g(x))-f(L)|<\varepsilon$$

이므로 정리가 증명된다. ■

다음 정리는 1.5절의 정리 5.1이다.

정리 A.5

임의의 유리수 $t>0$에 대해서

$$\lim_{x\to\pm\infty}\frac{1}{x^t}=0$$

이다. 여기서 $x\to-\infty$일 때는 $t=\dfrac{p}{q}$ (q는 홀수)이다.

증명

먼저, $\lim_{x\to\infty}\dfrac{1}{x^t}=0$을 증명한다. 이것을 보이기 위해서는, 임의의 $\varepsilon>0$에 대해서 $x>M$이면을 만족하는 $M>0$을 찾아야 한다. $x\to\infty$이므로

$$\left|\frac{1}{x^t}-0\right|=\frac{1}{x^t}<\varepsilon$$

을 만족하는 $x>0$를 택할 수 있다. 이것은

$$\frac{1}{x}<\varepsilon^{1/t}$$

$$\frac{1}{\varepsilon^{1/t}}<x$$

와 동치이므로 $\dfrac{1}{\varepsilon^{1/t}}<M$인 M을 택하면, $M<x$인 모든 x에 대해서 $\left|\dfrac{1}{x^t}-0\right|<\varepsilon$이므로 정리가 증명된다.

$\lim_{x\to-\infty}\dfrac{1}{x^t}=0$을 증명하기 위해서는, 임의의 $\varepsilon>0$에 대해서 $x<N$이면 $\left|\dfrac{1}{x^t}-0\right|<\varepsilon$을 만족하는 $N<0$을 찾아야 한다. $x\to-\infty$이므로

$$\left|\frac{1}{x^t}-0\right|=\frac{1}{x^t}<\varepsilon$$

되는 $x<0$을 택할 수 있다. 이것은

$$\frac{1}{|x|}<\varepsilon^{1/t}$$

이고 $x<0$이므로

$$\frac{1}{\varepsilon^{1/t}} < |x| = -x$$

이다. 위 부등식의 양변에 -1을 곱하면

$$-\frac{1}{\varepsilon^{1/t}} > x$$

이다. 이제 $N < -\frac{1}{\varepsilon^{1/t}}$이 되는 $N < 0$을 택하면 $x < N$인 모든 x에 대해서

$$\left| \frac{1}{x^t} - 0 \right| < \varepsilon$$

이므로 정리가 증명된다. ■

2.10절의 정리 10.1에서 롤의 정리를 공부하였으나 증명은 그래프를 이용하여 아이디어만 소개하였다. 이제 극값의 정리를 이용하여 완전한 증명을 해 보자.

> **정리 A.6 롤의 정리(Rolle's Theorem)**
>
> f가 구간 $[a, b]$에서 연속이고 구간 (a, b)에서 미분가능하며 $f(a) = f(b)$라 하자. 그러면 $f'(c) = 0$이 되는 $c \in (a, b)$가 존재한다.

증명

세 가지 경우로 나누어 증명하자.

(i) $f(x)$가 $[a, b]$에서 상수이면 (a, b) 전체에서 $f'(x) = 0$이다.

(ii) 적당한 $x \in (a, b)$에 대하여 $f(x) < f(a)$라 하자. f가 $[a, b]$에서 연속이므로 극값의 정리(3.3절 정리 3.1)에 의하여 f는 $[a, b]$에서 최솟값을 갖는다. 그런데 적당한 $x \in (a, b)$에 대하여 $f(x) < f(a) = f(b)$이므로 최솟값은 적당한 $c \in (a, b)$에서 생긴다. 그러면 페르마의 정리(3.3절 정리 3.2)에 의하여 c는 f의 임계점이다. 마지막으로 f는 (a, b)에서 미분가능하므로 $f'(c) = 0$이다.

(iii) 적당한 $x \in (a, b)$에 대하여 $f(x) > f(a)$라 하자. 그러면 (ii)에서와 같은 방법으로 극값의 정리에 의하여 f는 $[a, b]$에서 최댓값을 갖는다. 적당한 $x \in (a, b)$에 대하여 $f(x) > f(a) = f(b)$이므로 최댓값은 적당한 점 $c \in (a, b)$에서 생긴다. 그러면 페르마의 정리에 의하여 $f'(c) = 0$이다. ■

3.2절에서는 로피탈의 법칙을 특별한 경우에만 증명하였다. 여기서는 $\frac{0}{0}$ 형태에 대한 일반적인 경우를 증명한다. 다음 정리는 일반화된 평균값 정리이다.

> **정리 A.7 일반화된 평균값 정리(Generalized Mean Value Theorem)**
>
> 함수 f와 g가 구간 $[a, b]$에서 연속이고 구간 (a, b)에서 미분가능하다고 하자. 모든 $x \in (a, b)$에 대해서 $g'(x) \neq 0$이면
>
> $$\frac{f(b) - f(a)}{g(b) - g(a)} = \frac{f'(z)}{g'(z)}$$
>
> 을 만족하는 $z \in (a, b)$가 존재한다.

주 : 정리 A.7에서 $g(x)=x$인 경우가 평균값 정리이다.

증명

모든 $x\in(a, b)$에 대해서 $g'(x)\neq 0$이므로 $g(b)-g(a)\neq 0$이다. 왜냐하면, 만일 $g(a)=g(b)$이면 롤의 정리에 의해서 $g'(c)=0$이 되는 $c\in(a, b)$가 존재하기 때문이다. 이제,

$$h(x)=[f(b)-f(a)]g(x)-[g(b)-g(a)]f(x)$$

로 놓으면 f와 g가 $[a, b]$에서 연속이고 (a, b)에서 미분가능하므로 h도 $[a, b]$에서 연속이고 (a, b)에서 미분가능하다. 또한,

$$\begin{aligned} h(a) &= [f(b)-f(a)]\,g(a)-[g(b)-g(a)]f(a) \\ &= f(b)g(a)-g(b)f(a) \end{aligned}$$

이고

$$\begin{aligned} h(b) &= [f(b)-f(a)]\,g(b)-[g(b)-g(a)]\,f(b) \\ &= g(a)f(b)-f(a)g(b) \end{aligned}$$

이므로 $h(a)=h(b)$이다. 롤의 정리에 의해서

$$0=h'(z)=[f(b)-f(a)]\,g'(z)-[g(b)-g(a)]\,f'(z)$$

즉

$$\frac{f(b)-f(a)}{g(b)-g(a)}=\frac{f'(z)}{g'(z)}$$

을 만족하는 $z\in(a, b)$가 존재하므로 정리가 증명된다. ■

다음 정리에서는 $\frac{0}{0}$ 형태의 로피탈의 법칙을 증명한다. $\frac{\infty}{\infty}$ 형태의 증명은 고등 미분적분학 교재에서 찾아볼 수 있다.

정리 A.8 로피탈의 법칙(l'Hôpital's Theorem)

f와 g는 구간 (a, b)에서 미분가능하고(어떤 점 $c\in(a, b)$는 제외), 구간 (a, b)에서 $g'(x)\neq 0$라고 하자(점 $x=c$는 제외). $\lim_{x\to c}\frac{f(x)}{g(x)}$는 $\frac{0}{0}$ 또는 $\frac{\infty}{\infty}$ 형태의 부정형이고 $\lim_{x\to c}\frac{f'(x)}{g'(x)}=L$ (또는 $\pm\infty$)이면

$$\lim_{x\to c}\frac{f(x)}{g(x)}=\lim_{x\to c}\frac{f'(x)}{g'(x)}$$

이 성립한다.

증명

($\frac{0}{0}$인 경우) 이 경우는 $\lim_{x\to c}f(x)=\lim_{x\to c}g(x)=0$이다. $F(x)$, $G(x)$를

$$F(x)=\begin{cases} f(x) & x\neq c \\ 0 & x=c \end{cases},\qquad G(x)=\begin{cases} g(x) & x\neq c \\ 0 & x=c \end{cases}$$

로 정의하면

$$\lim_{x\to c}F(x)=\lim_{x\to c}f(x)=0=F(c)$$

이고

$$\lim_{x \to c} G(x) = \lim_{x \to c} g(x) = 0 = G(c)$$

이므로 F와 G는 (a, b)에서 연속이다. 또한, $x \neq c$에 대해서 $F'(x) = f'(x)$, $G'(x) = g'(x)$이므로 F와 G는 구간 (a, c), (c, b)에서 미분가능하다. F와 G는 구간 $[c, b]$에서 연속이고 구간 (c, b)에서 미분가능하므로 일반화된 평균값 정리에 의해서 임의의 $x \in (c, b)$에 대해서

$$\frac{F'(z)}{G'(z)} = \frac{F(x) - F(c)}{G(x) - G(c)} = \frac{F(x)}{G(x)} = \frac{f(x)}{g(x)}$$

을 만족하는 $z(c < z < x)$가 존재한다. 여기서 $F(c) = G(c) = 0$임을 사용하였다. $c < z < x$이므로 $x \to c^+$이면 $z \to c^+$이다. $x \to c^+$일 때 극한을 취하면

$$\lim_{x \to c^+} \frac{f(x)}{g(x)} = \lim_{z \to c^+} \frac{F'(z)}{G'(z)} = \lim_{z \to c^+} \frac{f'(z)}{g'(z)} = L$$

을 얻는다. 구간 (a, c)에서도 위와 같은 방법으로

$$\lim_{x \to c^-} \frac{f(x)}{g(x)} = L$$

임을 보일 수 있다. 따라서 $\lim_{x \to c} \dfrac{f(x)}{g(x)} = L$이고 정리가 증명된다. ■

다음 정리는 8.6절의 정리 6.1이다.

정리 A.9

제곱급수 $\sum_{k=0}^{\infty} b_k (x-c)^k$가 수렴하는 경우는 다음의 세 가지 중의 하나이다.

(i) 이 급수는 모든 $x \in (-\infty, \infty)$에서 수렴한다. 이 때, 수렴반지름은 $r = \infty$이다.

(ii) 이 급수는 $x = c$에서만 수렴한다($c \neq x$인 모든 x에서 발산한다). 이 때, 수렴반지름은 $r = 0$이다.

(iii) 이 급수는 모든 $x \in (c-r, c+r)$에서 수렴하고, $x < c-r$와 $x > c+r$인 모든 x에서는 발산한다(단, $0 < r < \infty$).

정리 A.9를 증명하기 위해서 먼저 다음 두 정리를 소개한다.

정리 A.10

(i) 제곱급수 $\sum_{k=0}^{\infty} b_k x^k$가 $x = a \neq 0$에서 수렴하면, 이 급수는 $|x| < |a|$인 모든 x에서 수렴한다.

(ii) 제곱급수 $\sum_{k=0}^{\infty} b_k x^k$가 $x = d$에서 발산하면, 이 급수는 $|x| > |d|$인 모든 x에서 발산한다.

증명

(i) $\sum_{k=0}^{\infty} b_k a^k$이 수렴하면, 8.2절 정리 2.2에 의해서 $\lim_{k \to \infty} b_k a^k = 0$이다. 따라서 자연수 $N > 0$이 존재해서 $N > k$인 모든 k에 대해서 $|b_k a^k| < 1$이다. $N < k$에 대해서,

$$|b_k x^k| = \left| b_k a^k \left(\frac{x^k}{a^k} \right) \right| = |b_k a^k| \left| \frac{x}{a} \right|^k < \left| \frac{x}{a} \right|^k$$

이다. 만일 $|x| < |a|$이면 $\left|\frac{x}{a}\right| < 1$이고 따라서 $\sum_{k=0}^{\infty} \left|\frac{x}{a}\right|^k$는 기하급수이므로 수렴한다. 비교판정법에 의해서 $\sum_{k=0}^{\infty} |b_k x^k|$이 수렴하므로 $\sum_{k=0}^{\infty} b_k x^k$도 수렴한다.

(ii) $\sum_{k=0}^{\infty} b_k d^k$이 발산한다고 하자. $|d| < |x|$인 모든 x에 대해서 $\sum_{k=0}^{\infty} b_k x^k$는 발산한다. 왜냐하면, 만일 이 급수가 수렴한다고 하면 (i)에 의해서 $\sum_{k=0}^{\infty} b_k d^k$도 수렴하기 때문이다. ■

다음 정리는 정리 A.9보다 간단한 정리이다.

정리 A.11

제곱급수 $\sum_{k=0}^{\infty} b_k x^k$가 수렴하는 경우는 다음 세 가지 중의 하나이다.

(i) 이 급수는 모든 $x \in (-\infty, \infty)$에서 수렴한다. 이 때, 수렴반지름은 $r = \infty$이다.

(ii) 이 급수는 $x = 0$에서만 수렴한다($0 \neq x$인 모든 x에서는 발산한다). 이 때, 수렴반지름은 $r = 0$이다.

(iii) 이 급수는 모든 $x \in (-r, r)$에서 수렴하고 $x < -r$와 $x > r$인 모든 x에서는 발산한다(단, $0 < r < \infty$).

증명

(i)과 (ii)가 성립하지 않는다면, 이 급수가 $x = a \neq 0$에서 수렴하고 $x = d \neq 0$에서 발산하게 되는 수 a, d가 존재한다. 정리 A.10에 의해서, $\sum_{k=0}^{\infty} b_k x^k$는 $|x| > |d|$인 모든 x에서 발산한다. S를 급수 $\sum_{k=0}^{\infty} b_k x^k$이 수렴하는 x들의 집합이라고 하자. 이 급수는 $x = a$에서 수렴하므로 $a \in S$이고, 따라서 S는 공집합이 아니다. 또한, $|d| < |x|$인 모든 x에서 이 급수는 발산하므로 $|d|$는 S의 상계가 된다. 완비공리(8.1절)에 의해서 S는 최소상계 r을 갖는다. 따라서, $r < |x|$이면 $\sum_{k=0}^{\infty} b_k x^k$는 발산한다. $|x| < r$이면 $|x|$는 S의 상계가 아니므로 $|x| < t$인 $t \in S$가 존재한다. $t \in S$이므로 $\sum_{k=0}^{\infty} b_k t^k$는 수렴하고, $|x| < |t|$이므로 정리 A.10에 의해서 $\sum_{k=0}^{\infty} b_k x^k$는 수렴한다. ■

이제 정리 A.9를 증명하기로 하자.

정리 A.9의 증명

$t = x - c$로 놓으면, 제곱급수 $\sum_{k=0}^{\infty} b_k (x-c)^k$는 $\sum_{k=0}^{\infty} b_k t^k$이 된다. 정리 A.11에 의해서 이 급수는 모든 t(즉 모든 x)에 대하여 수렴하거나 $t = 0$일 때만(즉 $x = c$일 때만) 수렴하거나 적당한 $r > 0$이 존재해서 $|t| < r$일 때(즉 $|x - c| < r$일 때) 수렴하고, $|t| > r$일 때(즉 $|x - c| > r$일 때) 발산한다. 따라서 증명된다. ■

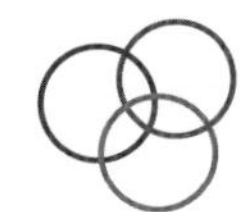

부록 B: 공식

대수

산술

$$\frac{a+b}{c} = \frac{a}{c} + \frac{b}{c} \qquad \frac{a}{b} + \frac{c}{d} = \frac{ad+bc}{bd}$$

$$\frac{\left(\frac{a}{b}\right)}{\left(\frac{c}{d}\right)} = \left(\frac{a}{b}\right)\left(\frac{d}{c}\right) = \frac{ad}{bc}$$

인수분해

$$x^2 - y^2 = (x-y)(x+y) \qquad x^3 - y^3 = (x-y)(x^2+xy+y^2)$$

$$x^3 + y^3 = (x+y)(x^2-xy+y^2) \qquad x^4 - y^4 = (x-y)(x+y)(x^2+y^2)$$

이항전개

$$(x+y)^2 = x^2 + 2xy + y^2 \qquad (x+y)^3 = x^3 + 3x^2y + 3xy^2 + y^3$$

지수법칙

$$x^n x^m = x^{n+m} \qquad \frac{x^n}{x^m} = x^{n-m} \qquad (x^n)^m = x^{nm}$$

$$x^{-n} = \frac{1}{x^n} \qquad (xy)^n = x^n y^n \qquad \left(\frac{x}{y}\right)^n = \frac{x^n}{y^n}$$

$$x^{n/m} = \sqrt[m]{x^n} \qquad \sqrt[n]{xy} = \sqrt[n]{x}\sqrt[n]{y} \qquad \sqrt[n]{\frac{x}{y}} = \frac{\sqrt[n]{x}}{\sqrt[n]{y}}$$

직선

두 점 (x_0, y_0)과 (x_1, y_1) 사이의 기울기 m

$$m = \frac{y_1 - y_0}{x_1 - x_0}$$

점 (x_0, y_0)을 지나고 기울기가 m인 직선

$$y - y_0 = m(x - x_0)$$

기울기가 m이고 y절편이 b인 직선

$$y = mx + b$$

근의 공식

$ax^2 + bx + c = 0$ 이면

$$x = \frac{-b \pm \sqrt{b^2 - 4ac}}{2a}$$

거리

두 점 (x_1, y_1) 과 (x_2, y_2) 사이의 기울기 d는

$$d = \sqrt{(x_2 - x_1)^2 + (y_2 - y_1)^2}$$

기하

삼각형

넓이= $\frac{1}{2}bh$

$c^2 = a^2 + b^2 - 2ab\cos\theta$

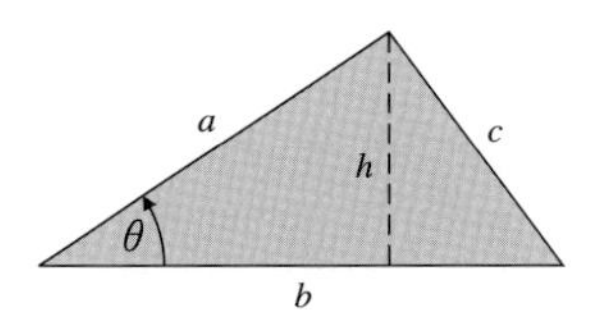

원

넓이 $= \pi r^2$

$C = 2\pi r$

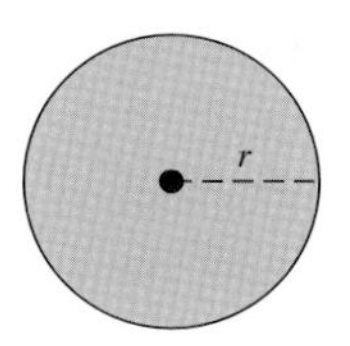

부채꼴

넓이= $\frac{1}{2}r^2\theta$

$s = r\theta$

(θ는 라디안)

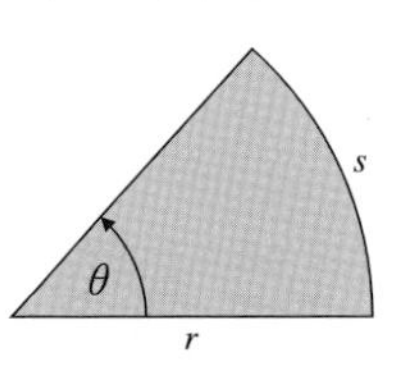

사다리꼴

넓이= $\frac{1}{2}(a+b)h$

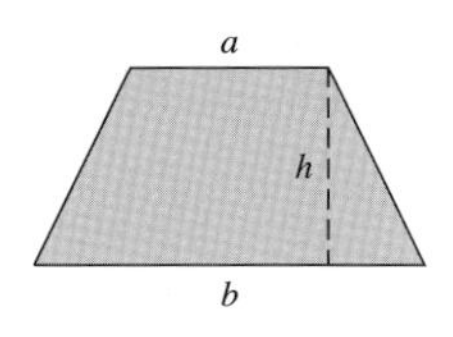

구

부피= $\frac{4}{3}\pi r^3$

겉넓이 $= 4\pi r^2$

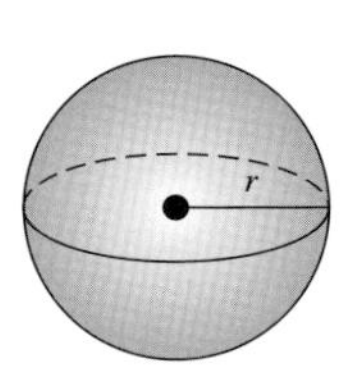

원뿔

부피= $\frac{1}{3}\pi r^2 h$

겉넓이= $\pi r\sqrt{r^2 + h^2}$

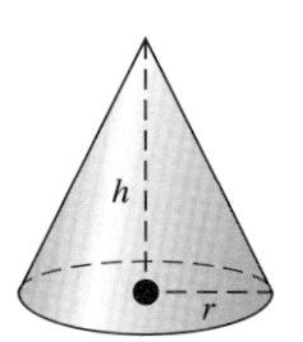

원기둥

부피 $= \pi r^2 h$

겉넓이 $= 2\pi rh$

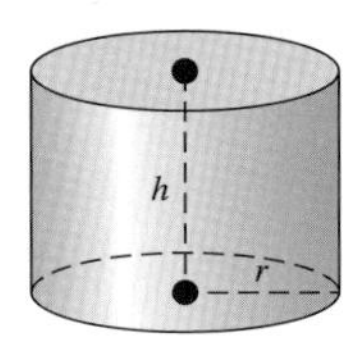

삼각함수

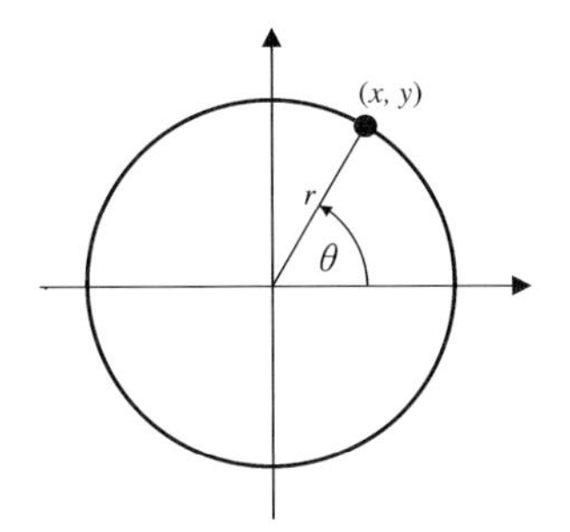

$\sin\theta = \dfrac{y}{r}$

$\cos\theta = \dfrac{x}{r}$

$\tan\theta = \dfrac{y}{x}$

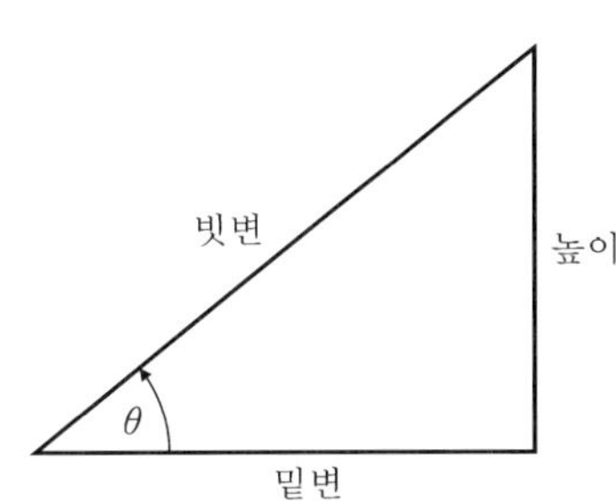

$\sin\theta = \dfrac{\text{높이}}{\text{빗변}}$

$\cos\theta = \dfrac{\text{밑변}}{\text{빗변}}$

$\tan\theta = \dfrac{\text{높이}}{\text{밑변}}$

역관계

$\cot\theta = \dfrac{1}{\tan\theta}$ $\sec\theta = \dfrac{1}{\cos\theta}$ $\csc\theta = \dfrac{1}{\sin\theta}$

정의

$\cot\theta = \dfrac{\cos\theta}{\sin\theta}$ $\sec\theta = \dfrac{1}{\cos\theta}$ $\csc\theta = \dfrac{1}{\sin\theta}$

피타고라스 공식

$\sin^2\theta + \cos^2\theta = 1$ $\tan^2\theta + 1 = \sec^2\theta$ $1 + \cot^2\theta = \csc^2\theta$

여각관계

$\sin\left(\frac{\pi}{2} - \theta\right) = \cos\theta$ $\cos\left(\frac{\pi}{2} - \theta\right) = \sin\theta$ $\tan\left(\frac{\pi}{2} - \theta\right) = \cot\theta$

우함수/기함수

$\sin(-\theta) = -\sin\theta$ $\cos(-\theta) = \cos\theta$ $\tan(-\theta) = -\tan\theta$

배각공식

$\sin 2\theta = 2\sin\theta\cos\theta$ $\cos 2\theta = \cos^2\theta - \sin^2\theta$ $\cos 2\theta = 1 - 2\sin^2\theta$

반각공식

$\sin^2\theta = \dfrac{1 - \cos 2\theta}{2}$ $\cos^2\theta = \dfrac{1 + \cos 2\theta}{2}$

합의 공식

$\sin(a + b) = \sin a\cos b + \cos a\sin b$ $\cos(a + b) = \cos a\cos b - \sin a\sin b$

차의 공식

$\sin(a - b) = \sin a\cos b - \cos a\sin b$ $\cos(a - b) = \cos a\cos b + \sin a\sin b$

합공식

$\sin u + \sin v = 2\sin\dfrac{u+v}{2}\cos\dfrac{u-v}{2}$

$\cos u + \cos v = 2\cos\dfrac{u+v}{2}\cos\dfrac{u-v}{2}$

곱공식

$\sin u\sin v = \frac{1}{2}[\cos(u - v) - \cos(u + v)]$

$\cos u\cos v = \frac{1}{2}[\cos(u - v) + \cos(u + v)]$

$\sin u\cos v = \frac{1}{2}[\sin(u + v) + \sin(u - v)]$

$\cos u\sin v = \frac{1}{2}[\sin(u + v) - \sin(u - v)]$

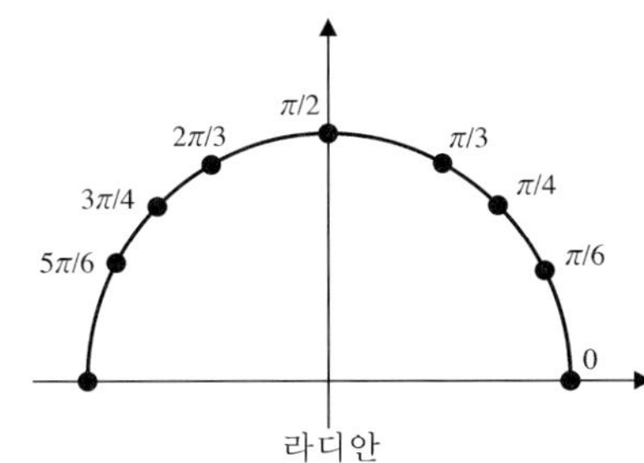

$\sin(0) = 0$ $\cos(0) = 1$

$\sin\left(\frac{\pi}{6}\right) = \frac{1}{2}$ $\cos\left(\frac{\pi}{6}\right) = \frac{\sqrt{3}}{2}$

$\sin\left(\frac{\pi}{4}\right) = \frac{\sqrt{2}}{2}$ $\cos\left(\frac{\pi}{4}\right) = \frac{\sqrt{2}}{2}$

$\sin\left(\frac{\pi}{3}\right) = \frac{\sqrt{3}}{2}$ $\cos\left(\frac{\pi}{3}\right) = \frac{1}{2}$

$\sin\left(\frac{\pi}{2}\right) = 1$ $\cos\left(\frac{\pi}{2}\right) = 0$

$\sin\left(\frac{2\pi}{3}\right) = \frac{\sqrt{3}}{2}$ $\cos\left(\frac{2\pi}{3}\right) = -\frac{1}{2}$

$\sin\left(\frac{3\pi}{4}\right) = \frac{\sqrt{2}}{2}$ $\cos\left(\frac{3\pi}{4}\right) = -\frac{\sqrt{2}}{2}$

$\sin\left(\frac{5\pi}{6}\right) = \frac{1}{2}$ $\cos\left(\frac{5\pi}{6}\right) = -\frac{\sqrt{3}}{2}$

$\sin(\pi) = 0$ $\cos(\pi) = -1$

$\sin(2\pi) = 0$ $\cos(2\pi) = 1$

미분공식

일반적인 법칙

$$\frac{d}{dx}[f(x)+g(x)] = f'(x)+g'(x) \qquad \frac{d}{dx}[f(x)-g(x)] = f'(x)-g'(x) \qquad \frac{d}{dx}[cf(x)] = cf'(x)$$

$$\frac{d}{dx}[f(g(x))] = f'(g(x))g'(x) \qquad \frac{d}{dx}[f(x)g(x)] = f'(x)g(x)+f(x)g'(x) \qquad \frac{d}{dx}\left[\frac{f(x)}{g(x)}\right] = \frac{f'(x)g(x)-f(x)g'(x)}{[g(x)]^2}$$

곱의 법칙

$$\frac{d}{dx}(x^n) = nx^{n-1} \qquad \frac{d}{dx}(c) = 0 \qquad \frac{d}{dx}(cx) = c \qquad \frac{d}{dx}(\sqrt{x}) = \frac{1}{2\sqrt{x}}$$

지수함수

$$\frac{d}{dx}[e^x] = e^x \qquad \frac{d}{dx}[a^x] = a^x \ln a \qquad \frac{d}{dx}\left[e^{u(x)}\right] = e^{u(x)}u'(x) \qquad \frac{d}{dx}\left[e^{rx}\right] = r\,e^{rx}$$

삼각함수

$$\frac{d}{dx}(\sin x) = \cos x \qquad \frac{d}{dx}(\cos x) = -\sin x \qquad \frac{d}{dx}(\tan x) = \sec^2 x$$

$$\frac{d}{dx}(\cot x) = -\csc^2 x \qquad \frac{d}{dx}(\sec x) = \sec x \tan x \qquad \frac{d}{dx}(\csc x) = -\csc x \cot x$$

역삼각함수

$$\frac{d}{dx}(\sin^{-1} x) = \frac{1}{\sqrt{1-x^2}} \qquad \frac{d}{dx}(\cos^{-1} x) = -\frac{1}{\sqrt{1-x^2}} \qquad \frac{d}{dx}(\tan^{-1} x) = \frac{1}{1+x^2}$$

$$\frac{d}{dx}(\cot^{-1} x) = -\frac{1}{1+x^2} \qquad \frac{d}{dx}(\sec^{-1} x) = \frac{1}{|x|\sqrt{x^2-1}} \qquad \frac{d}{dx}(\csc^{-1} x) = -\frac{1}{|x|\sqrt{x^2-1}}$$

쌍곡선함수

$$\frac{d}{dx}(\sinh x) = \cosh x \qquad \frac{d}{dx}(\cosh x) = \sinh x \qquad \frac{d}{dx}(\tanh x) = \operatorname{sech}^2 x$$

$$\frac{d}{dx}(\coth x) = -\operatorname{csch}^2 x \qquad \frac{d}{dx}(\operatorname{sech} x) = -\operatorname{sech} x \tanh x \qquad \frac{d}{dx}(\operatorname{csch} x) = -\operatorname{csch} x \coth x$$

역쌍곡선함수

$$\frac{d}{dx}(\sinh^{-1} x) = \frac{1}{\sqrt{1+x^2}} \qquad \frac{d}{dx}(\cosh^{-1} x) = \frac{1}{\sqrt{x^2-1}} \qquad \frac{d}{dx}(\tanh^{-1} x) = \frac{1}{1-x^2}$$

$$\frac{d}{dx}(\coth^{-1} x) = \frac{1}{1-x^2} \qquad \frac{d}{dx}(\operatorname{sech}^{-1} x) = -\frac{1}{x\sqrt{1-x^2}} \qquad \frac{d}{dx}(\operatorname{csch}^{-1} x) = -\frac{1}{|x|\sqrt{x^2+1}}$$

적분표

$a + bu$를 포함한 적분

1. $\int \frac{1}{a+bu}\,du = \frac{1}{b}\ln|a+bu| + c$

2. $\int \frac{u}{a+bu}\,du = \frac{1}{b^2}(a+bu-a\ln|a+bu|) + c$

3. $\int \frac{u^2}{a+bu}\,du = \frac{1}{2b^3}[(a+bu)^2 - 4a(a+bu) + 2a^2\ln|a+bu|] + c$

4. $\int \frac{1}{u(a+bu)}\,du = \frac{1}{a}\ln\left|\frac{u}{a+bu}\right| + c$

5. $\int \frac{1}{u^2(a+bu)}\,du = \frac{b}{a^2}\ln\left|\frac{a+bu}{u}\right| - \frac{1}{au} + c$

$(a + bu)^2$을 포함한 적분

6. $\int \frac{1}{(a+bu)^2}\,du = \frac{-1}{b(a+bu)} + c$

7. $\int \frac{u}{(a+bu)^2}\,du = \frac{1}{b^2}\left(\frac{a}{a+bu} + \ln|a+bu|\right) + c$

8. $\int \frac{u^2}{(a+bu)^2}\,du = \frac{1}{b^3}\left(a+bu - \frac{a^2}{a+bu} - 2a\ln|a+bu|\right) + c$

9. $\int \frac{1}{u(a+bu)^2}\,du = \frac{1}{a(a+bu)} + \frac{1}{a^2}\ln\left|\frac{u}{a+bu}\right| + c$

10. $\int \frac{1}{u^2(a+bu)^2}\,du = \frac{2b}{a^3}\ln\left|\frac{a+bu}{u}\right| - \frac{a+2bu}{a^2u(a+bu)} + c$

$\sqrt{a + bu}$를 포함한 적분

11. $\int u\sqrt{a+bu}\,du = \frac{2}{15b^2}(3bu-2a)(a+bu)^{3/2} + c$

12. $\int u^2\sqrt{a+bu}\,du = \frac{2}{105b^3}(15b^2u^2 - 12abu + 8a^2)(a+bu)^{3/2} + c$

13. $\int u^n\sqrt{a+bu}\,du = \frac{2}{b(2n+3)}u^n(a+bu)^{3/2} - \frac{2na}{b(2n+3)}\int u^{n-1}\sqrt{a+bu}\,du$

14. $\int \frac{\sqrt{a+bu}}{u}du = 2\sqrt{a+bu} + a\int \frac{1}{u\sqrt{a+bu}}\,du$

15. $\int \frac{\sqrt{a+bu}}{u^n}\,du = \frac{-1}{a(n-1)}\frac{(a+bu)^{3/2}}{u^{n-1}} - \frac{(2n-5)b}{2a(n-1)}\int \frac{\sqrt{a+bu}}{u^{n-1}}\,du,\ n \neq 1$

16a. $\int \frac{1}{u\sqrt{a+bu}}\,du = \frac{1}{\sqrt{a}}\ln\left|\frac{\sqrt{a+bu}-\sqrt{a}}{\sqrt{a+bu}+\sqrt{a}}\right| + c,\ a > 0$

16b. $\int \frac{1}{u\sqrt{a+bu}}\,du = \frac{2}{\sqrt{-a}}\tan^{-1}\sqrt{\frac{a+bu}{-a}} + c,\ a < 0$

17. $\int \frac{1}{u^n\sqrt{a+bu}}\,du = \frac{-1}{a(n-1)}\frac{\sqrt{a+bu}}{u^{n-1}} - \frac{(2n-3)b}{2a(n-1)}\int \frac{1}{u^{n-1}\sqrt{a+bu}}\,du,\ n \neq 1$

18. $\int \frac{u}{\sqrt{a+bu}}\,du = \frac{2}{3b^2}(bu-2a)\sqrt{a+bu} + c$

19. $\int \frac{u^2}{\sqrt{a+bu}}\,du = \frac{2}{15b^3}(3b^2u^2 - 4abu + 8a^2)\sqrt{a+bu} + c$

20. $\int \frac{u^n}{\sqrt{a+bu}}\,du = \frac{2}{(2n+1)b}u^n\sqrt{a+bu} - \frac{2na}{(2n+1)b}\int \frac{u^{n-1}}{\sqrt{a+bu}}\,du$

$\sqrt{a^2 + u^2},\ a > 0$를 포함한 적분

21. $\int \sqrt{a^2+u^2}\,du = \frac{1}{2}u\sqrt{a^2+u^2} + \frac{1}{2}a^2\ln\left|u+\sqrt{a^2+u^2}\right| + c$

22. $\int u^2\sqrt{a^2+u^2}\,du = \frac{1}{8}u(a^2+2u^2)\sqrt{a^2+u^2} - \frac{1}{8}a^4\ln\left|u+\sqrt{a^2+u^2}\right| + c$

23. $\int \frac{\sqrt{a^2+u^2}}{u}\,du = \sqrt{a^2+u^2} - a\ln\left|\frac{a+\sqrt{a^2+u^2}}{u}\right| + c$

24. $\int \frac{\sqrt{a^2+u^2}}{u^2}\,du = \ln\left|u+\sqrt{a^2+u^2}\right| - \frac{\sqrt{a^2+u^2}}{u} + c$

25. $\int \frac{1}{\sqrt{a^2+u^2}}\,du = \ln\left|u+\sqrt{a^2+u^2}\right| + c$

26. $\int \frac{u^2}{\sqrt{a^2+u^2}}\,du = \frac{1}{2}u\sqrt{a^2+u^2} - \frac{1}{2}a^2\ln\left|u+\sqrt{a^2+u^2}\right| + c$

27. $\int \frac{1}{u\sqrt{a^2+u^2}}\,du = \frac{1}{a}\ln\left|\frac{u}{a+\sqrt{a^2+u^2}}\right| + c$

28. $\int \frac{1}{u^2\sqrt{a^2+u^2}}\,du = -\frac{\sqrt{a^2+u^2}}{a^2u} + c$

$\sqrt{a^2 - u^2},\ a > 0$를 포함한 적분

29. $\int \sqrt{a^2-u^2}\,du = \frac{1}{2}u\sqrt{a^2-u^2} + \frac{1}{2}a^2\sin^{-1}\frac{u}{a} + c$

30. $\int u^2\sqrt{a^2-u^2}\,du = \frac{1}{8}u(2u^2-a^2)\sqrt{a^2-u^2} + \frac{1}{8}a^4\sin^{-1}\frac{u}{a} + c$

31. $\int \frac{\sqrt{a^2-u^2}}{u}\,du = \sqrt{a^2-u^2} - a\ln\left|\frac{a+\sqrt{a^2-u^2}}{u}\right| + c$

32. $\int \frac{\sqrt{a^2-u^2}}{u^2}\,du = -\frac{\sqrt{a^2-u^2}}{u} - \sin^{-1}\frac{u}{a} + c$

33. $\displaystyle\int \frac{1}{\sqrt{a^2-u^2}}\,du = \sin^{-1}\frac{u}{a}+c$

34. $\displaystyle\int \frac{1}{u\sqrt{a^2-u^2}}\,du = -\frac{1}{a}\ln\left|\frac{a+\sqrt{a^2-u^2}}{u}\right|+c$

35. $\displaystyle\int \frac{u^2}{\sqrt{a^2-u^2}}\,du = -\frac{1}{2}u\sqrt{a^2-u^2}+\frac{1}{2}a^2\sin^{-1}\frac{u}{a}+c$

36. $\displaystyle\int \frac{1}{u^2\sqrt{a^2-u^2}}\,du = -\frac{\sqrt{a^2-u^2}}{a^2u}+c$

$\sqrt{u^2-a^2}$, $a>0$를 포함한 적분

37. $\displaystyle\int \sqrt{u^2-a^2}\,du = \tfrac{1}{2}u\sqrt{u^2-a^2}-\tfrac{1}{2}a^2\ln\left|u+\sqrt{u^2-a^2}\right|+c$

38. $\displaystyle\int u^2\sqrt{u^2-a^2}\,du = \tfrac{1}{8}u(2u^2-a^2)\sqrt{u^2-a^2} - \tfrac{1}{8}a^4\ln\left|u+\sqrt{u^2-a^2}\right|+c$

39. $\displaystyle\int \frac{\sqrt{u^2-a^2}}{u}\,du = \sqrt{u^2-a^2}-a\sec^{-1}\frac{|u|}{a}+c$

40. $\displaystyle\int \frac{\sqrt{u^2-a^2}}{u^2}\,du = \ln\left|u+\sqrt{u^2-a^2}\right|-\frac{\sqrt{u^2-a^2}}{u}+c$

41. $\displaystyle\int \frac{1}{\sqrt{u^2-a^2}}\,du = \ln\left|u+\sqrt{u^2-a^2}\right|+c$

42. $\displaystyle\int \frac{u^2}{\sqrt{u^2-a^2}}\,du = \frac{1}{2}u\sqrt{u^2-a^2}+\frac{1}{2}a^2\ln\left|u+\sqrt{u^2-a^2}\right|+c$

43. $\displaystyle\int \frac{1}{u\sqrt{u^2-a^2}}\,du = \frac{1}{a}\sec^{-1}\frac{|u|}{a}+c$

44. $\displaystyle\int \frac{1}{u^2\sqrt{u^2-a^2}}\,du = \frac{\sqrt{u^2-a^2}}{a^2u}+c$

$\sqrt{2au-u^2}$를 포함한 적분

45. $\displaystyle\int \sqrt{2au-u^2}\,du = \frac{1}{2}(u-a)\sqrt{2au-u^2}+\frac{1}{2}a^2\cos^{-1}\left(\frac{a-u}{a}\right)+c$

46. $\displaystyle\int u\sqrt{2au-u^2}\,du = \frac{1}{6}(2u^2-au-3a^2)\sqrt{2au-u^2} + \frac{1}{2}a^3\cos^{-1}\left(\frac{a-u}{a}\right)+c$

47. $\displaystyle\int \frac{\sqrt{2au-u^2}}{u}\,du = \sqrt{2au-u^2}+a\cos^{-1}\left(\frac{a-u}{a}\right)+c$

48. $\displaystyle\int \frac{\sqrt{2au-u^2}}{u^2}\,du = -\frac{2\sqrt{2au-u^2}}{u}-\cos^{-1}\left(\frac{a-u}{a}\right)+c$

49. $\displaystyle\int \frac{1}{\sqrt{2au-u^2}}\,du = \cos^{-1}\left(\frac{a-u}{a}\right)+c$

50. $\displaystyle\int \frac{u}{\sqrt{2au-u^2}}\,du = -\sqrt{2au-u^2}+a\cos^{-1}\left(\frac{a-u}{a}\right)+c$

51. $\displaystyle\int \frac{u^2}{\sqrt{2au-u^2}}\,du = -\frac{1}{2}(u+3a)\sqrt{2au-u^2} + \frac{3}{2}a^2\cos^{-1}\left(\frac{a-u}{a}\right)+c$

52. $\displaystyle\int \frac{1}{u\sqrt{2au-u^2}}\,du = -\frac{\sqrt{2au-u^2}}{au}+c$

$\sin u$ 또는 $\cos u$를 포함한 적분

53. $\displaystyle\int \sin u\,du = -\cos u+c$

54. $\displaystyle\int \cos u\,du = \sin u+c$

55. $\displaystyle\int \sin^2 u\,du = \tfrac{1}{2}u-\tfrac{1}{2}\sin u\cos u+c$

56. $\displaystyle\int \cos^2 u\,du = \tfrac{1}{2}u+\tfrac{1}{2}\sin u\cos u+c$

57. $\displaystyle\int \sin^3 u\,du = -\tfrac{2}{3}\cos u-\tfrac{1}{3}\sin^2 u\cos u+c$

58. $\displaystyle\int \cos^3 u\,du = \tfrac{2}{3}\sin u+\tfrac{1}{3}\sin u\cos^2 u+c$

59. $\displaystyle\int \sin^n u\,du = -\frac{1}{n}\sin^{n-1}u\cos u+\frac{n-1}{n}\int \sin^{n-2}u\,du$

60. $\displaystyle\int \cos^n u\,du = \frac{1}{n}\cos^{n-1}u\sin u+\frac{n-1}{n}\int \cos^{n-2}u\,du$

61. $\displaystyle\int u\sin u\,du = \sin u-u\cos u+c$

62. $\displaystyle\int u\cos u\,du = \cos u+u\sin u+c$

63. $\displaystyle\int u^n\sin u\,du = -u^n\cos u+n\int u^{n-1}\cos u\,du+c$

64. $\displaystyle\int u^n\cos u\,du = u^n\sin u-n\int u^{n-1}\sin u\,du+c$

65. $\displaystyle\int \frac{1}{1+\sin u}\,du = \tan u-\sec u+c$

66. $\displaystyle\int \frac{1}{1-\sin u}\,du = \tan u+\sec u+c$

67. $\displaystyle\int \frac{1}{1+\cos u}\,du = -\cot u+\csc u+c$

68. $\displaystyle\int \frac{1}{1-\cos u}\,du = -\cot u-\csc u+c$

69. $\displaystyle\int \sin(mu)\sin(nu)\,du = \frac{\sin(m-n)u}{2(m-n)}-\frac{\sin(m+n)u}{2(m+n)}+c$

70. $\displaystyle\int \cos(mu)\cos(nu)\,du = \frac{\sin(m-n)u}{2(m-n)}+\frac{\sin(m+n)u}{2(m+n)}+c$

71. $\int \sin(mu)\cos(nu)\,du = \dfrac{\cos(n-m)u}{2(n-m)} - \dfrac{\cos(m+n)u}{2(m+n)} + c$

72. $\int \sin^m u \cos^n u\,du = -\dfrac{\sin^{m-1} u \cos^{n+1} u}{m+n} + \dfrac{m-1}{m+n}\int \sin^{m-2} u \cos^n u\,du$

기타 삼각함수를 포함한 적분

73. $\int \tan u\,du = -\ln|\cos u| + c = \ln|\sec u| + c$

74. $\int \cot u\,du = \ln|\sin u| + c$

75. $\int \sec u\,du = \ln|\sec u + \tan u| + c$

76. $\int \csc u\,du = \ln|\csc u - \cot u| + c$

77. $\int \tan^2 u\,du = \tan u - u + c$

78. $\int \cot^2 u\,du = -\cot u - u + c$

79. $\int \sec^2 u\,du = \tan u + c$

80. $\int \csc^2 u\,du = -\cot u + c$

81. $\int \tan^3 u\,du = \frac{1}{2}\tan^2 u + \ln|\cos u| + c$

82. $\int \cot^3 u\,du = -\frac{1}{2}\cot^2 u - \ln|\sin u| + c$

83. $\int \sec^3 u\,du = \frac{1}{2}\sec u \tan u + \frac{1}{2}\ln|\sec u + \tan u| + c$

84. $\int \csc^3 u\,du = -\frac{1}{2}\csc u \cot u + \frac{1}{2}\ln|\csc u - \cot u| + c$

85. $\int \tan^n u\,du = \dfrac{1}{n-1}\tan^{n-1} u - \int \tan^{n-2} u\,du,\ n \neq 1$

86. $\int \cot^n u\,du = -\dfrac{1}{n-1}\cot^{n-1} u - \int \cot^{n-2} u\,du,\ n \neq 1$

87. $\int \sec^n u\,du = \dfrac{1}{n-1}\sec^{n-2} u \tan u + \dfrac{n-2}{n-1}\int \sec^{n-2} u\,du,\ n \neq 1$

88. $\int \csc^n u\,du = -\dfrac{1}{n-1}\csc^{n-2} u \cot u + \dfrac{n-2}{n-1}\int \csc^{n-2} u\,du,\ n \neq 1$

89. $\int \dfrac{1}{1 \pm \tan u}\,du = \frac{1}{2}u \pm \ln|\cos u \pm \sin u| + c$

90. $\int \dfrac{1}{1 \pm \cot u}\,du = \frac{1}{2}u \mp \ln|\sin u \pm \cos u| + c$

91. $\int \dfrac{1}{1 \pm \sec u}\,du = u + \cot u \mp \csc u + c$

92. $\int \dfrac{1}{1 \pm \csc u}\,du = u - \tan u \pm \sec u + c$

역삼각함수를 포함한 적분

93. $\int \sin^{-1} u\,du = u\sin^{-1} u + \sqrt{1-u^2} + c$

94. $\int \cos^{-1} u\,du = u\cos^{-1} u - \sqrt{1-u^2} + c$

95. $\int \tan^{-1} u\,du = u\tan^{-1} u - \ln\sqrt{1+u^2} + c$

96. $\int \cot^{-1} u\,du = u\cot^{-1} u + \ln\sqrt{1+u^2} + c$

97. $\int \sec^{-1} u\,du = u\sec^{-1} u - \ln|u + \sqrt{u^2-1}| + c$

98. $\int \csc^{-1} u\,du = u\csc^{-1} u + \ln|u + \sqrt{u^2-1}| + c$

99. $\int u\sin^{-1} u\,du = \frac{1}{4}(2u^2-1)\sin^{-1} u + \frac{1}{4}u\sqrt{1-u^2} + c$

100. $\int u\cos^{-1} u\,du = \frac{1}{4}(2u^2-1)\cos^{-1} u - \frac{1}{4}u\sqrt{1-u^2} + c$

e^u를 포함한 적분

101. $\int e^{au}\,du = \dfrac{1}{a}e^{au} + c$

102. $\int ue^{au}\,du = \left(\dfrac{1}{a}u - \dfrac{1}{a^2}\right)e^{au} + c$

103. $\int u^2e^{au}\,du = \left(\dfrac{1}{a}u^2 - \dfrac{2}{a^2}u + \dfrac{2}{a^3}\right)e^{au} + c$

104. $\int u^n e^{au}\,du = \dfrac{1}{a}u^n e^{au} - \dfrac{n}{a}\int u^{n-1}e^{au}\,du$

105. $\int e^{au}\sin bu\,du = \dfrac{1}{a^2+b^2}(a\sin bu - b\cos bu)e^{au} + c$

106. $\int e^{au}\cos bu\,du = \dfrac{1}{a^2+b^2}(a\cos bu + b\sin bu)e^{au} + c$

$\ln u$를 포함한 적분

107. $\int \ln u\,du = u\ln u - u + c$

108. $\int u\ln u\,du = \frac{1}{2}u^2\ln u - \frac{1}{4}u^2 + c$

109. $\int u^n \ln u\, du = \frac{1}{n+1}u^{n+1}\ln u - \frac{1}{(n+1)^2}u^{n+1} + c$

110. $\int \frac{1}{u\ln u}\, du = \ln|\ln u| + c$

111. $\int (\ln u)^2\, du = u(\ln u)^2 - 2u\ln u + 2u + c$

112. $\int (\ln u)^n\, du = u(\ln u)^n - n\int (\ln u)^{n-1}\, du$

쌍곡선함수를 포함한 적분

113. $\int \sinh u\, du = \cosh u + c$

114. $\int \cosh u\, du = \sinh u + c$

115. $\int \tanh u\, du = \ln(\cosh u) + c$

116. $\int \coth u\, du = \ln|\sinh u| + c$

117. $\int \operatorname{sech} u\, du = \tan^{-1}|\sinh u| + c$

118. $\int \operatorname{csch} u\, du = \ln|\tanh \frac{1}{2}u| + c$

119. $\int \operatorname{sech}^2 u\, du = \tanh u + c$

120. $\int \operatorname{csch}^2 u\, du = -\coth u + c$

121. $\int \operatorname{sech} u \tanh u\, du = -\operatorname{sech} u + c$

122. $\int \operatorname{csch} u \coth u\, du = -\operatorname{csch} u + c$

123. $\int \frac{1}{\sqrt{a^2+1}}\, da = \sinh^{-1} a + c$

124. $\int \frac{1}{\sqrt{a^2-1}}\, da = \cosh^{-1} a + c$

125. $\int \frac{1}{1-a^2}\, da = \tanh^{-1} a + c$

126. $\int \frac{1}{|a|\sqrt{a^2+1}}\, da = -\operatorname{csch}^{-1} a + c$

127. $\int \frac{1}{a\sqrt{1-a^2}}\, da = -\operatorname{sech}^{-1} a + c$

부록 C: 연습문제 해답

CHAPTER 0

연습문제 0.1

1. $-\frac{4}{3} < x \le \frac{1}{3}$

2. $x > 4$ or $x \le -2$

3. yes **4.** no

5. (a) $\sqrt{20}$ (b) 2 (c) $y = 2x$

6. (a) $\sqrt{2.96}$ (b) $-\frac{5}{7}$ (c) $1.4y = -x - 1.66$

7. (2, 5), $y = 2(x-1)+3$

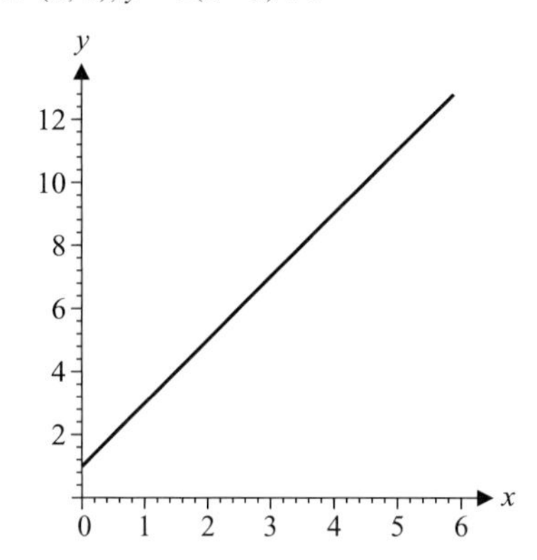

8. (3.3, 2.3), $y = 1.2(x - 2.3) + 1.1$

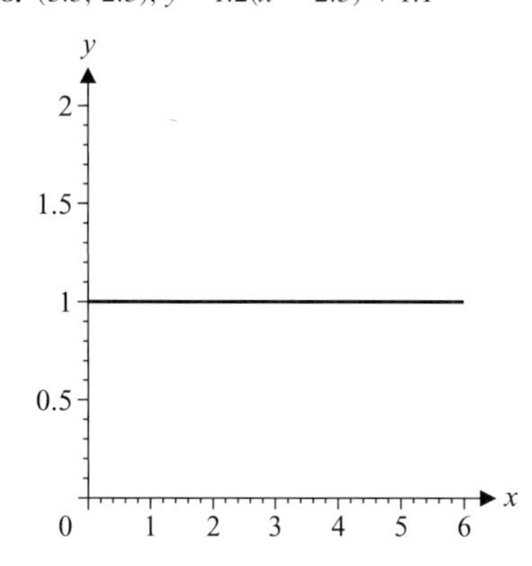

9. parallel **10.** perpendicular

11. (a) $y = 2(x-2)+1$ (b) $y = -\frac{1}{2}(x-2)+1$

12. (a) $y = 2(x-3)+1$ (b) $y = -\frac{1}{2}(x-3)+1$

13. yes **14.** no

15. $x \ge -2$ **16.** $(-\infty, -2) \cup (3, 5) \cup (5, \infty)$

17. $-1, 1, 11, -\frac{5}{4}$

18. 1, 3 **19.** $2+\sqrt{2},\ 2-\sqrt{2}$ **20.** 0, 1, 2

연습문제 0.2

3. $f^{-1}(x) = \sqrt[3]{x+2}$ **4.** $f^{-1}(x) = \sqrt[5]{x+1}$

5. not one-to-one **6.** $f^{-1}(x) = \sqrt[3]{x^2-1},\ x \ge 0$

7. (a) 0 (b) 1 **8.** (a) 2 (b) 0

9.

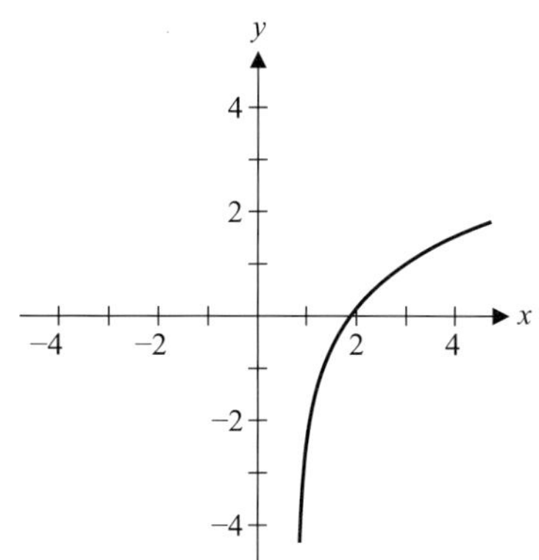

10.

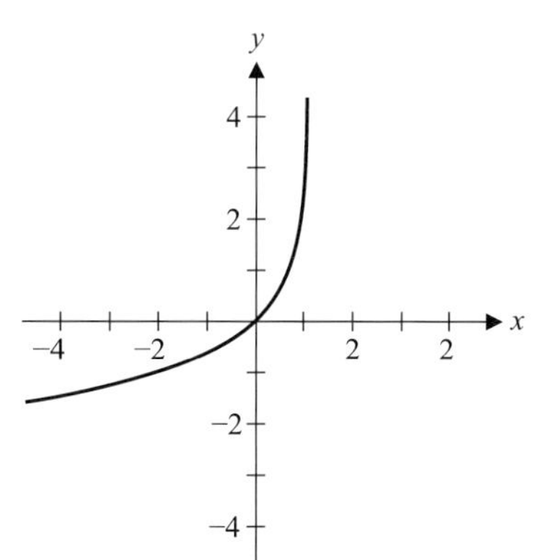

11.

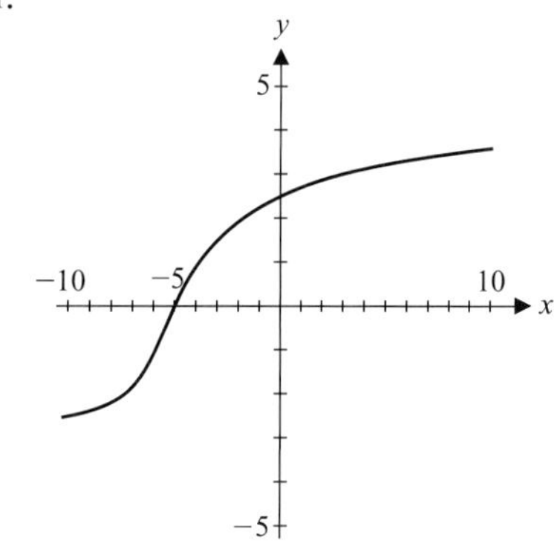

12.

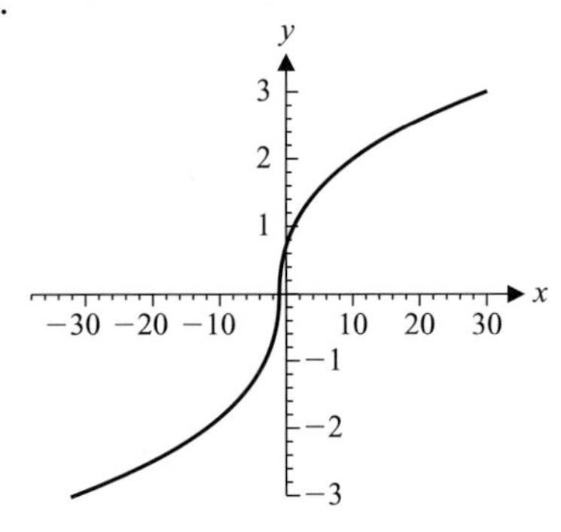

13.

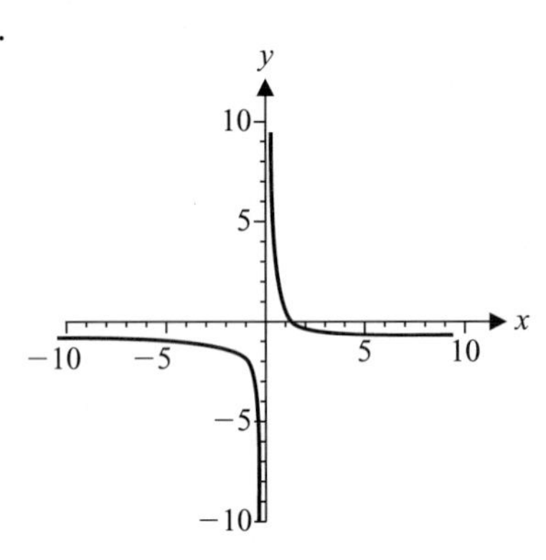

14.

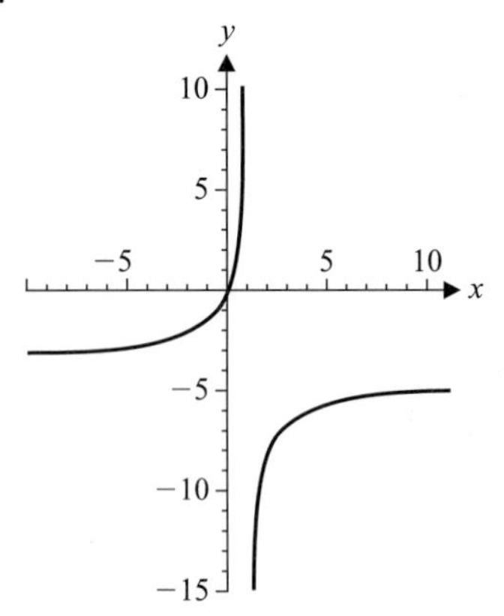

15.

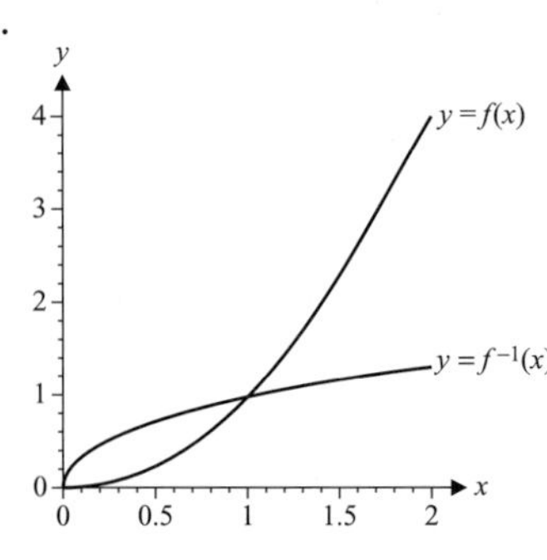

16. $f^{-1}(x) = -\sqrt{x},\ x \geq 0$

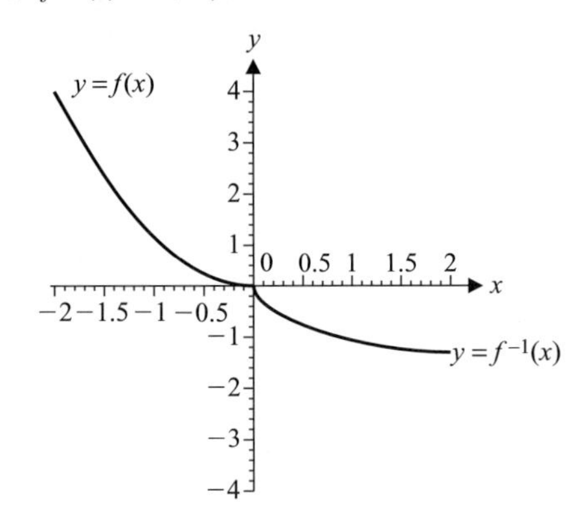

17. f is one-to-one for $x \geq 2$; $f^{-1}(x) = \sqrt{x^2+1}+1$

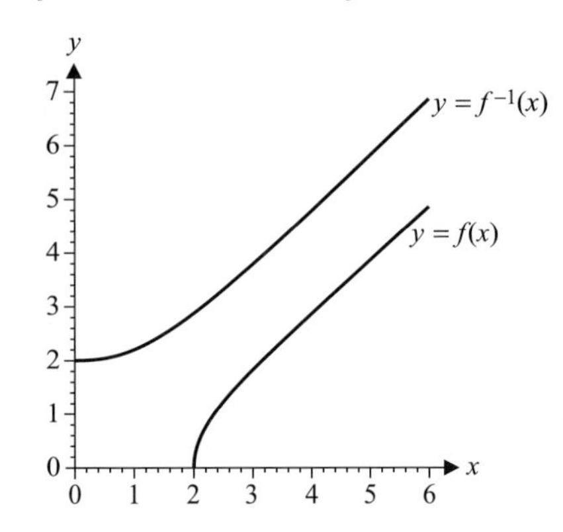

18. f is one-to-one for $-\frac{\pi}{2} \leq x \leq \frac{\pi}{2}$

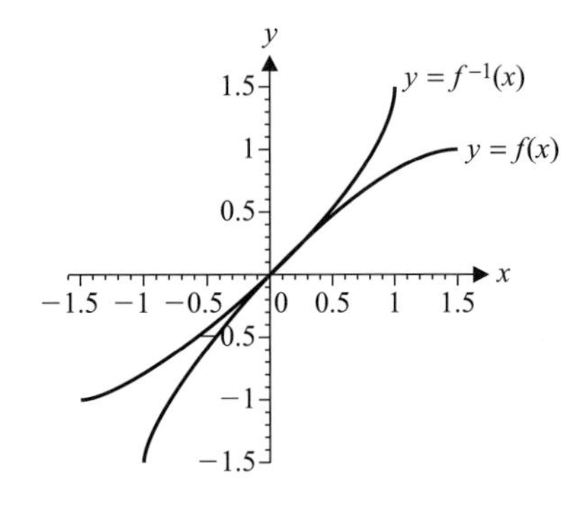

연습문제 0.3

1. (a) $45°$ (b) $60°$ (c) $30°$ (d) $240°$

2. (a) π (b) $\frac{3\pi}{2}$ (c) $\frac{2\pi}{3}$ (d) $\frac{\pi}{6}$

3. $-\frac{\pi}{3} + 2n\pi;\ \frac{\pi}{3} + 2n\pi$ **4.** $-\frac{\pi}{4} + 2n\pi;\ \frac{\pi}{4} + 2n\pi$

5.

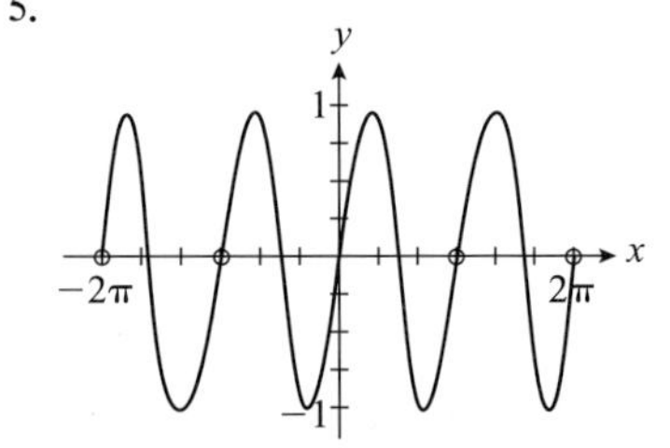

6.

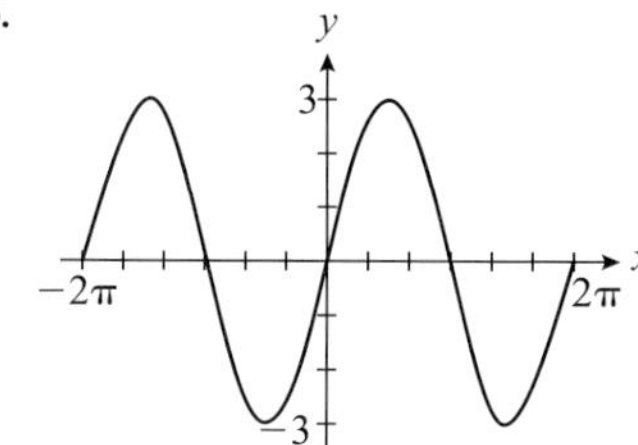

7. $A = 3$, period $= \pi$, frequency $= \dfrac{1}{\pi}$

8. $A = 3$, period $= \pi$, $f = \dfrac{1}{\pi}$

11. $\beta \approx 0.6435$ 12. no 13. yes, 2π

14. $\sqrt{1 - x^2}$; $-1 \le x \le 1$

15. $\sqrt{x^2 - 1}$, $x \ge 1$ or $-\sqrt{x^2 - 1}$, $x \le -1$

16. $\dfrac{\sqrt{3}}{2}$

17. $2 \tan 20^\circ \approx 0.73$ mile

18. $100 \tan 50^\circ \approx 119$ feet

연습문제 0.4

1. $\frac{1}{8}$ 2. $\sqrt{3}$ 3. x^{-2} 4. $2x^{-3}$

5. Both the graphs have same y-intercept.

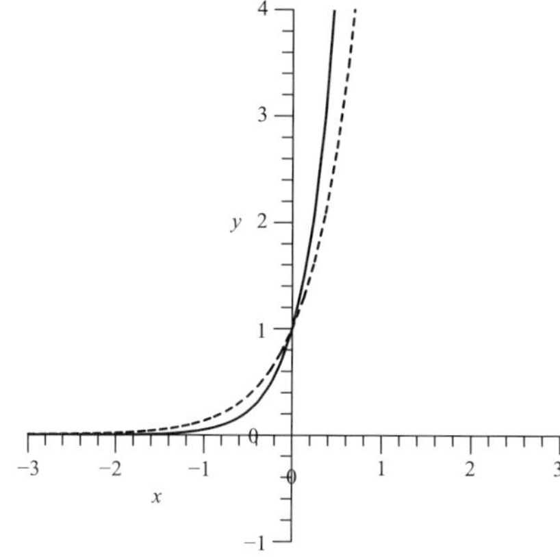

Graph of $f(x)$: Dotted line.
Graph of $g(x)$: Solid line.

6. For the graph $f(x)$, y-intercept is 3 and for the graph $g(x)$, y-intercept is 2.

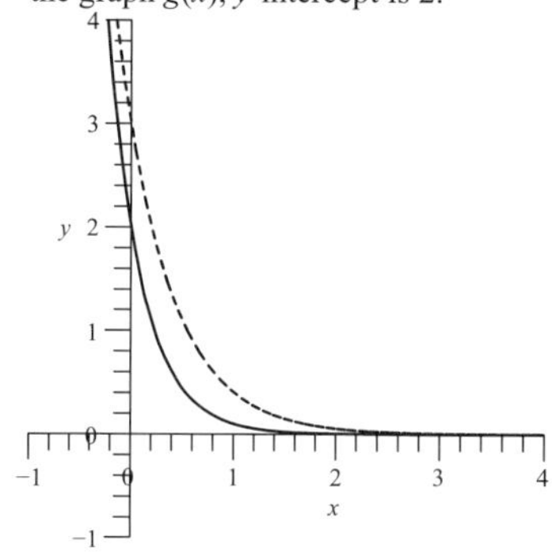

Graph of $f(x)$: Dotted line.
Graph of $g(x)$: Solid line.

7. The graph $f(x)$, is defined for positive values of x only and the graph $g(x)$ is defined for all nonzero value of x.

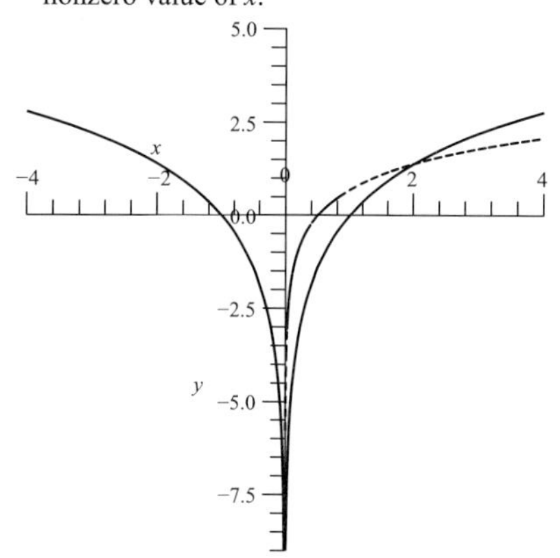

Graph of $f(x)$: Dotted line.
Graph of $g(x)$: Solid line.

8. $\frac{1}{2} \ln 2$ 9. $x = -1, x = 1$

10. e^{-2} 11. 2 12. $\ln 3$

13. (a) 2 (b) 3 (c) -3

14. $\ln \frac{3}{4}$ 15. $\ln 1 = 0$ 16. $\ln 12$

18. $x = -1, x = 1$ 19. 0.651

20. $1 - e^{-1} \approx 0.632$

연습문제 0.5

1. $(f \circ g)(x) = \sqrt{x - 3} + 1,\ x \ge 3$
   $(g \circ f)(x) = \sqrt{x - 2},\ x \ge 2$

2. $(f \circ g)(x) = x,\ x > 0$
   $(g \circ f)(x) = x$, all reals

3. $(f \circ g)(x) = \sin^2 x + 1$, all reals
   $(g \circ f)(x) = \sin(x^2 + 1)$, all reals

4. possible answer: $f(x) = \sqrt{x},\ g(x) = x^4 + 1$

5. possible answer: $f(x) = \dfrac{1}{x},\ g(x) = x^2 + 1$

6. possible answer: $f(x) = x^2 + 3,\ g(x) = 4x + 1$

7. possible answer: $f(x) = x^3,\ g(x) = \sin x$

8. possible answer: $f(x) = \dfrac{3}{x},\ g(x) = \sqrt{x},\ h(x) = \sin x + 2$

9. possible answer: $f(x) = x^3$, $g(x) = \cos x$, $h(x) = 4x - 2$

10. possible answer: $f(x) = 4x - 5$, $g(x) = e^x$, $h(x) = x^2$

11.

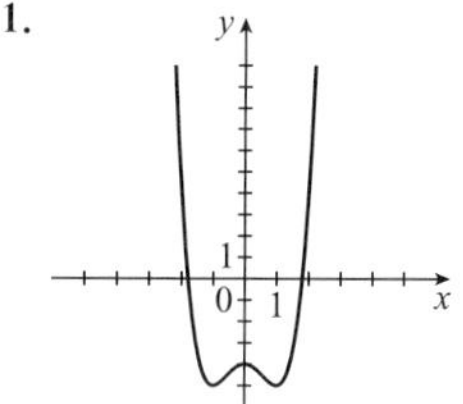

12.

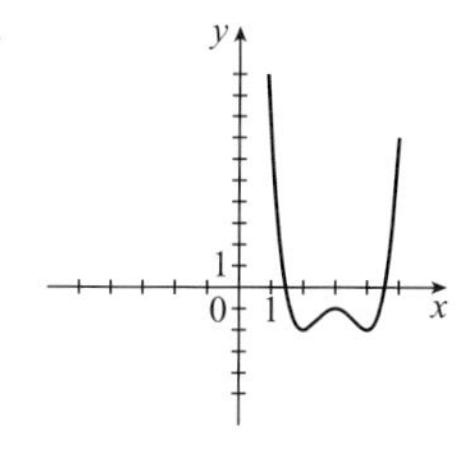

13.

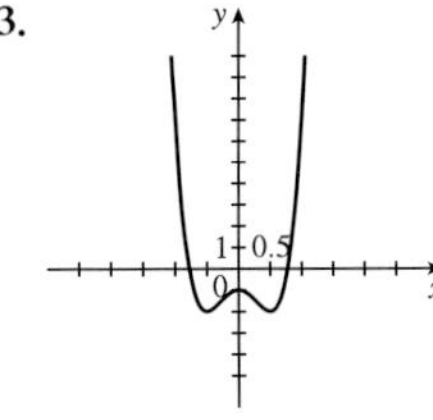

14.

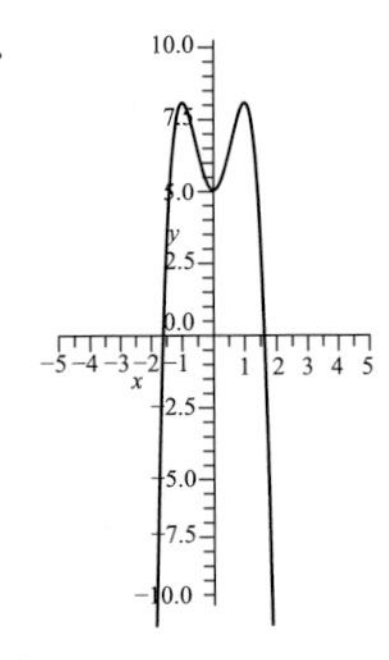

15. $y = (x + 1)^2$, shift left one

16. $y = (x + 1)^2 + 3$, shift left one, up three

17. $y = 2[(x + 1)^2 + 1]$, shift left one, up one, double vertical scale

18. reflect across x-axis, double vertical scale

19. reflect across x-axis, triple vertical scale, shift up two

CHAPTER 1

연습문제 1.1

1. (a) 2 (b) 4 **2.** (a) 0 (b) −1

3. (a) 1 (b) 2.7

4. (a) 1.90626 (b) 1.90913 (c) 1.91010

5. (a) 3.16732 (b) 3.16771 (c) 3.16784

6. (a) 9.15298 (b) 9.25345 (c) 9.29357

연습문제 1.2

1. 2 **2.** $\frac{1}{4}$ **3.** 3

4. (a) −2 (b) 2 (c) does not exist (d) 2 (e) 2 (f) 2 (g) 0 (h) 1

5. (a) 4 (b) 4 (c) 4 (d) 2 (e) 9

6. 2.2247, 2.0488, 2.0050, 2.0005 → 2; 1.7071, 1.9487, 1.9950, 1.9995 → 2 **7.** 1 **8.** 0

9. 1 **10.** limit does not exist **11.** does not exist

12.

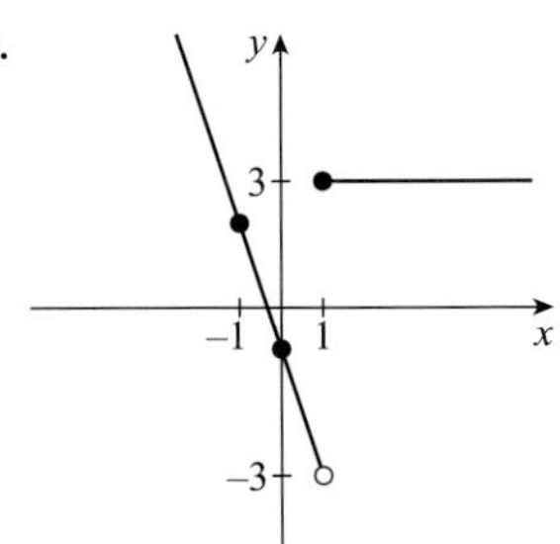

13.

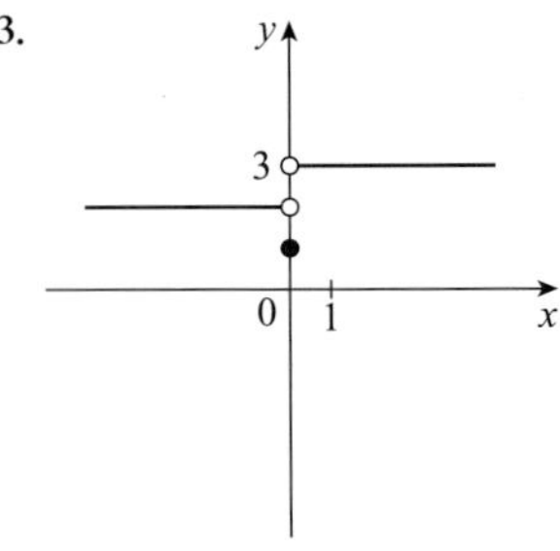

14. does not exist

15. The first argument is correct.

16. 2.7182818

17. One possibility: $f(x) = \frac{\sin x}{x}$, $g(x) = \begin{cases} 2x, & x = 0 \\ x + 1, & x > 0 \end{cases}$

연습문제 1.3

1. 1 **2.** 5 **3.** e **4.** $\frac{1}{4}$ **5.** $\frac{1}{2}$

6. 4 **7.** does not exist

8. 4 **9.** 1 **10.** 0, $f(x) = -x^2$, $h(x) = x^2$

11. $f(x) = 0$, $h(x) = \sqrt{x}$ **12.** 4 **13.** 0

14. $h(a)$ **15.** (a) −1 (b) −2

16. $f(x) = \frac{1}{x}$, $g(x) = -\frac{1}{x}$ **17.** yes

19. for $2 \le x < 3$, $[x] = 2$ and for $3 \le x < 4$, $[x] = 3$, so $\lim_{x\to 3^-}[x] \ne \lim_{x\to 3^+}[x]$.

연습문제 1.4

1. $x \ne -2$; $g(x) = x - 1$

2. $x \ne \pm 1$, $g(x) = \frac{1}{x+1}$

3. $x \ne 1$ **4.** $x \ne 1$

5. $f(1)$ is not defined and $\lim_{x\to 1} f(x)$ does not exist

6. $f(0)$ is not defined and $\lim_{x\to 0} f(x)$ does not exist

7. $\lim_{x\to 2} f(x) \ne f(2)$

8. $[-3, \infty)$ **9.** $(-\infty, \infty)$ **10.** $[-1, \sqrt{2}]$, $(\sqrt{2}, \infty)$

11. −700 **12.** $\left[2\frac{20}{32}, 2\frac{21}{32}\right]$

13. $\left[\frac{23}{32}, \frac{24}{32}\right]$ **14.** $(-7, -2)$, $(-2, -1)$, $(1, 4)$, $(4, 7)$

15. $a = b = 2$ **16.** $a = \frac{3}{2}$, $b = \frac{1}{3}\ln 4$ **17.** no

21. One answer: $g(T) = 100 - 25(T - 30)$

연습문제 1.5

1. (a) ∞ (b) $-\infty$ (c) does not exist

2. (a) $-\infty$ (b) $-\infty$ (c) $-\infty$

3. does not exist **4.** $\frac{1}{3}$

5. 1 **6.** ∞ **7.** 0 **8.** 0 **9.** does not exist

10. (a) vertical asymptotes at $x = \pm 2$; horizontal asymptote at $y = 0$
(b) vertical asymptotes at $x = \pm 2$; horizontal asymptote at $y = -1$

11. horizontal asymptotes at $y = \pm 2\pi - 1$

12. vertical asymptotes at $x = \pm 2$; slant asymptote at $y = -x$

13. vertical asymptotes at $x = -\frac{1}{2} \pm \sqrt{\frac{17}{4}}$; slant asymptote at $y = x - 1$

14. with no light, 40 mm; with an infinite amount of light, 12 mm

15. no. **16.** $-2(x-3)^2$ **17.** $x^2 + 1$

18. 30 mm, 300 mm **19.** ∞, c

연습문제 1.6

1. $\frac{\varepsilon}{3}$ **2.** $\frac{\varepsilon}{3}$ **3.** $\frac{\varepsilon}{4}$ **4.** $\delta \le \varepsilon$ **5.** $\min\left\{1, \frac{\varepsilon}{3}\right\}$

6. $\frac{\varepsilon}{|m|}$, no **7.** $\sqrt{0.1} \approx 0.32$ **8.** 0.39

10. (a) 0.02 (b) 0.02 **11.** 12 **12.** −3.4

13. $N = -\sqrt{\frac{1}{\varepsilon} - 2}$, for $0 < \varepsilon \le \frac{1}{2}$

14. $\delta = \sqrt[4]{-\frac{2}{N}}$ **15.** $M = \sqrt[k]{\frac{1}{\varepsilon}}$

16. 2 **17.** 1.9

CHAPTER 2

연습문제 2.1

1. $y = 2(x-1) - 1$ **2.** $y = -7(x+2) + 10$

3. $y = -\frac{1}{2}(x-1)+1$ **4.** $y = \frac{1}{2}(x+2)+1$

5. (a) 6 (b) 18 (c) 8.25 (d) 14.25 (e) 10.41 (f) 11.61 (g) 11

6. (a) 0.33 (b) 0.17 (c) 0.27 (d) 0.19 (e) 0.23 (f) 0.22 (g) 0.22

7. C, B, A, D

8. (a) −9.8 m/s (b) −19.6 m/s

10. (a) 32 ft/s (b) 48 ft/s (c) 62.4 ft/s (d) 63.84 ft/s (e) 64 ft/s

11. (a) 2.236 ft/s (b) 1.472 ft/s (c) 1.351 ft/s (d) 1.343 ft/s (e) 1.342 ft/s

12. sharp corner

13. jump discontinuity

14. (a) $\left(\sqrt{2/3}, 5\sqrt{2/3}+1\right), \left(-\sqrt{2/3}, -5\sqrt{2/3}+1\right)$

15. (a) $y = 6(x-1) + 5$ (b) $x = -2, x = 1$

16. −10; −4.5

17. about 1.75 hours; 1.5 hours; 4 hours; rest

연습문제 2.2

1. 3 **2.** $\frac{3}{4}$ **3.** $6x$ **4.** $3x^2 + 2$

5. $\frac{-3}{(x+1)^2}$ **6.** $\frac{3}{2\sqrt{3x+1}}$

7. (a) (b)

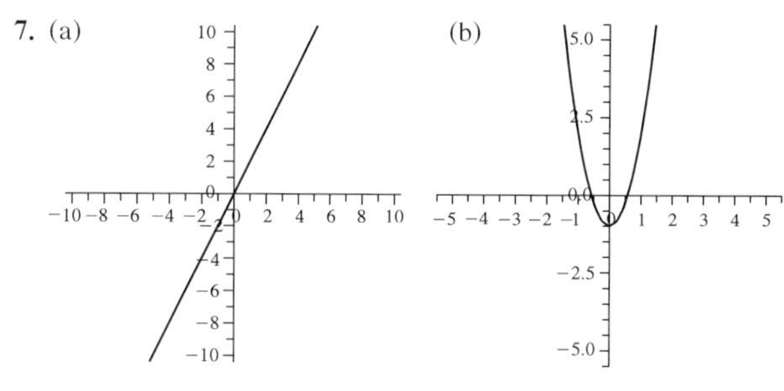

8. (a) (b)

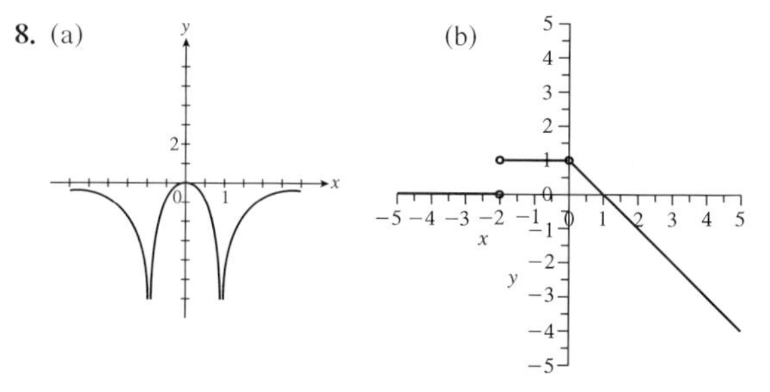

9. (a) (b)

10. $D_+ f(0) = 3,\ D_- f(0) = 2$; no

11. $D_+ f(0) = D_- f(0) = 0$; yes

12. 0.35 **13.** 0 **14.** 10

15. $p \ge 1$ **16.** $f(x) = -1 - x^2$

17. $\frac{f(a)\, f'(a)}{a}$ **19.** losing value; sell

연습문제 2.3

1. $3x^2 - 2$ **2.** $9t^2 - \frac{1}{\sqrt{t}}$ **3.** $-\frac{3}{w^2} - 8$

4. $\frac{-10}{3}x^{-4/3} - 2$ **5.** $3s^{1/2} + s^{-4/3}$

6. $\frac{3}{2} - \frac{1}{2}x^{-2}$ **7.** $9x^2 - \frac{3}{2}x^{1/2}$

8. $12t^2 + 6$ **9.** $24x^2 - \frac{9}{4}x^{-5/2}$ **10.** 24

11. $v(t) = -32t + 40,\ a(t) = -32$

12. $v(t) = \frac{1}{2}t^{-1/2} + 4t,\ a(t) = -\frac{1}{4}t^{-3/2} + 4$

13. (a) $v(1) = 8$(going up); $a(1) = -32$ (b) $v(2) = -24$(going down); $a(2) = -32$

14. $y = 4(x-2)+2$ **15.** $y = -x + 4$

16. (a) (b)

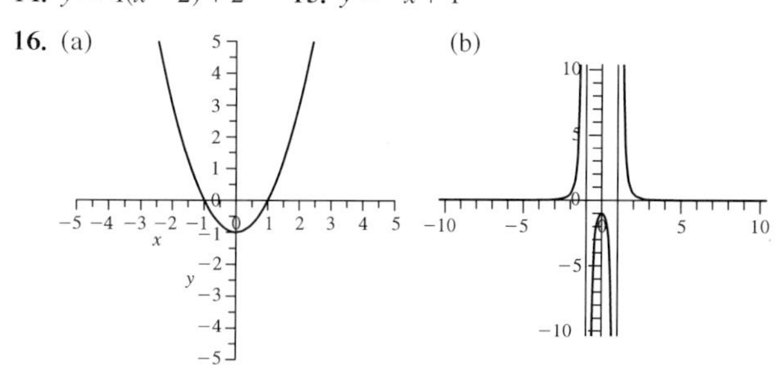

17. $x = -1$ (peak); $x = 1$ (trough); $x = \pm\sqrt{\frac{2}{3}},\ \pm\sqrt{\frac{4}{3}}$

18. (a) $\frac{3}{2}x^2 + 2x - 2$ (b) $\frac{1}{2}x^2 + 5x$

19. 2 **20.** x^4 **21.** $\frac{2}{3}x^{3/2}$ **22.** $b > \frac{4}{9c^2}$

연습문제 2.4

1. $2x(x^3 - 3x + 1) + (x^2 + 3)(3x^2 - 3)$

2. $\left(\frac{1}{2}x^{-1/2} + 3\right)\left(5x^2 - \frac{3}{x}\right) + (\sqrt{x} + 3x)(10x + 3x^{-2})$

3. $\frac{3(5t+1) - (3t-2)5}{(5t+1)^2} = \frac{13}{(5t+1)2}$

4. $\frac{(3 - 3x^{-1/2})(5x^2 - 2) - (3x - 6\sqrt{x})10x}{(5x^2 - 2)^2}$

5. $\frac{(2u-1)(u^2 - 5u + 1) - (u^2 - u - 2)(2u - 5)}{(u^2 - 5u + 1)^2}$

6. $\frac{3}{2}x^{1/2}+\frac{3}{2}x^{-1/2}+x^{-3/2}$ 7. $\frac{4}{3}t^{1/2}+3$

8. $2x\frac{x^3+3x^2}{x^2+2}+(x^2-1)\frac{(3x^2+6x)(x^2+2)-(x^3+3x^2)(2x)}{(x^2+2)^2}$

9. $y=2x$ 10. $y=\frac{1}{4}x+\frac{1}{2}$

11. (a) $y=-2x-3$ (b) $y=7(x-1)-2$

12. (a) $y=-(x-1)-2$ (b) $y=0$

13. $65,000 per year.

14. $\frac{19.125}{(m+0.15)^2}$; bigger bat gives greater speed

15. $f'(x)g(x)h(x)+f(x)g'(x)h(x)+f(x)g(x)h'(x)$

16. $\frac{2}{3}x^{-1/3}(x^2-2)(x^3-x+1)+x^{2/3}(2x)(x^3-x+1)+$
$x^{2/3}(x^2-2)(3x^2-1)$

17. $F'''(x)=f'''(x)g(x)+3f''(x)g'(x)+3f'(x)g''(x)+f(x)g'''(x)$

연습문제 2.5

1. $6x^2(x^3-1)$ 2. $6x(x^2+1)^2$

3. (a) $(9x^2-3)(x^3-x)^2$ (b) $\frac{x}{\sqrt{x^2+4}}$

4. (a) $5t^4\sqrt{t^3+2}+\frac{3t^7}{2\sqrt{t^3+2}}$ (b) $\frac{7}{2}t^{5/2}+t^{-1/2}$

5. (a) $\frac{u^2+8u-1}{(u+4)^2}$ (b) $\frac{12u^2-u^4}{(u^2+4)^3}$

6. (a) $\frac{1}{(x^2+1)^{3/2}}$ (b) $\frac{1}{2}(1-x^2)x^{-1/2}(x^2+1)^{-3/2}$

7. (a) $-6w(w^2+4)^{-3/2}$ (b) $\frac{w}{6\sqrt{w^2+4}}$

8. (a) $-2(\sqrt{x^3+2}+2x)^{-3}\left(\frac{3x^2}{2\sqrt{x^3+2}}+2\right)$

(b) $\frac{3x^2-4x^{-3}}{2\sqrt{x^3+2+2x^{-2}}}$

9. $\frac{1}{f'(0)}=\frac{1}{4}$ 10. $\frac{1}{f'(1)}=\frac{1}{15}$ 11. $\frac{1}{f'(0)}=2$

12. $y=\frac{3}{5}(x-3)+5$ 13. $\frac{1}{\sqrt{3}}$ 14. -6

16. (a) $2xf'(x^2)$ (b) $2f(x)f'(x)$ (c) $f'(f(x))f'(x)$

17. (a) $-\frac{f'(1/x)}{x^2}$ (b) $-\frac{f'(x)}{[f(x)]^2}$ (c) $f'\left(\frac{x}{f(x)}\right)\frac{f(x)-xf'(x)}{[f(x)]^2}$

18. (a) $4(x^2+4)^{-3/2}$ (b) $\frac{8-4t^2}{(t^2+4)^{5/2}}$

19. $\frac{1}{3}(x^2+3)^3$ 20. $\sqrt{x^2+1}$

연습문제 2.6

1. $12\cos 3x-1$ 2. $6\tan^2 2t\sec^2 2t+12\csc^4 3t\cot 3t$

3. $\cos(5x^2)-10x^2\sin(5x^2)$ 4. $\frac{2x^2\cos x^2-2\sin x^2}{x^3}$

5. $3\sec^2 3t$ 6. $-4\csc(4w)\cot(4w)$

7. $4\cos^2 2x-4\sin^2 2x$ 8. $\frac{x}{\sqrt{x^2+1}}\sec^2\sqrt{x^2+1}$

9. $-3\frac{3x^2+4x}{2\sqrt{x^3+2x^2}}\sin^2\left(\cos\sqrt{x^3+2x^2}\right)$
$\cos\left(\cos\sqrt{x^3+2x^2}\right)\sin\left(\sqrt{x^3+2x^2}\right)$

10. (a) $2x\cos x^2$ (b) $2\sin x\cos x$ (c) $2\cos 2x$

11. (a) $2x\cos x^2\tan x+\sin x^2\sec^2 x$

(b) $2\sin(\tan x)\cos(\tan x)\sec^2 x$

(c) $2\cos(\tan^2 x)\tan x\sec^2 x$

12. $y=1$ 13. $y=\frac{-\pi}{4}\left(x-\frac{\pi}{2}\right)$

14. -2 ft/s 15. $\frac{1}{\pi^2}$ ft/s

16. (a) $12\cos 3t$ (b) 12 (c) $f=0$

17. (a) 3 (b) $\frac{1}{4}$ (c) 0 (d) 1

18. $-2^{75}\cos 2x$; $-2^{150}\sin 2x$

20. (a) $f'(x)=\begin{cases}(x\cos x-\sin x)/x^2, & x\neq 0\\ 0, & x=0\end{cases}$

연습문제 2.7

1. $(x^3+3x^2)e^x$ 2. $1+(\ln 2)2^t$ 3. $8e^{4x+1}$

4. $-2x\ln 3\left(\frac{1}{3}\right)^{x^2}$ 5. $(2u+4)e^{u^2+4u}$

6. $\frac{(4w-1)}{w^2}e^{4w}$ 7. $\frac{1}{x}$

8. $\frac{3t^2+3}{t^3+3t}$ 9. $-\tan x$

10. (a) $\frac{2}{x}\cos(\ln x^2)$ (b) $2t\cos(t^2)$

11. (a) $e^x\left(\ln x+\frac{1}{x}\right)$ (b) $1\ (x>0)$

12. (a) $\cot x$ (b) $\sec t$ 13. $y=6e(x-1)+3e$

14. $y=x-1$ 15. (a) $\frac{1}{2}$ (b) $\frac{1}{3}$

16. $100\ln 3=109.86\%$ 17. 40%

18. $p(t)=(200)3^t$; 110% 19. $\left(\cos x\ln x+\frac{\sin x}{x}\right)x^{\sin x}$

20. $[\ln(\sin x)+x\cot x](\sin x)^x$ 21. $\left(\frac{2\ln x}{x}\right)x^{\ln x}$

연습문제 2.8

1. $-\frac{1}{2}$ 2. 0 3. $\frac{4-2xy^2}{3+2x^2y}$ 4. $\frac{y}{16y\sqrt{xy}-x}$

5. $\frac{y-4y^2}{x+3+2y^3}$ 6. $\frac{1-2xye^{x^2y}}{x^2e^{x^2}y-e^y}$

7. $\frac{16x\sqrt{x+y}-y^2}{4y(x+y)+y^2-2\sqrt{x+y}}$ 8. $\frac{1}{2e^{4y}-y/(y^2+3)}$

9. $y''=\frac{27x^2+48y^2-180x+240y-144xy+200}{4(x^2y-2)^3}$

10. $y''=\frac{3[4x(y+2\sin y)^2-3(x^2-2)^2(1+2\cos y)]}{4(y+2\sin y)^3}$

11. $\frac{6y(3y-6-9x-12e^{4y}+24ye^{4y})}{(2y-2-3x-4e^{4y})^3}$

12. (a) $\frac{3x^2}{\sqrt{1-(x^3+1)^2}}$ (b) $\frac{1}{2\sqrt{x-x^2}}$

13. (a) $\frac{1}{2\sqrt{x}(1+x)}$ (b) $-\frac{1}{x^2+1}$

14. (a) $16x^3\sec(x^4)\tan(x^4)$ (b) $\frac{16}{x\sqrt{x^8-1}}$

15. $-\frac{130}{3}$ rad/s

16. horizontal asymptotes at (0,0), (0,3); vertical asymptotes at $\left(\frac{3}{2},\frac{3}{2}\right)$, $\left(-\frac{3}{2},\frac{3}{2}\right)$

17. $\sin^{-1}x+\cos^{-1}x=\frac{\pi}{2}$

18. vertical asymptotes at $x=\pm\sqrt{2}$ horizontal asymptotes at $y=0$

연습문제 2.9

1. $c = 0$ **2.** $c = \dfrac{\sqrt{7}-1}{3}$ **3.** $c = \cos^{-1}\left(\frac{2}{\pi}\right)$

4. $3x^2 + 5 > 0$ **5.** $f'(x) = 4x^3 + 6x$ has one zero

6. $3x^2 + a > 0$ **7.** $5x^4 + 3ax^2 + b > 0$

8. $\frac{1}{3}x^3 + c$ **9.** $-\dfrac{1}{x} + c$ **10.** $-\cos x + c$

11. $4\tan^{-1} x + c$

12. $f(x) > 0$ in an interval $(b, 0)$ for some $b < 0$

15. increasing **16.** decreasing **17.** increasing

18. increasing **21.** discontinuous at $x = 0$

CHAPTER 3

연습문제 3.1

1. $\frac{1}{2}x + \frac{1}{2}$; 1.1 **2.** $\frac{1}{3}x + 3$; 2.967 **3.** $3x$; 0.3

4. (a) 2.00125 (b) 2.0025 (c) 2.005

5. (a) 16.4 thousand (b) 12.8 thousand

6. (a) 133.6 (b) 138.4 **7.** $\frac{2}{3}, \frac{79}{144}$, 0.53209

8. $\frac{1}{2}, \frac{5}{8}$, 0.61803 **9.** −4.685780 **10.** 0.525261

11. −0.636733, 1.409624 **12.** −0.567143

13. $f(x) = x^2 - 11$; 3.316625 **14.** $f(x) = x^3 - 11$; 2.223980

15. $f(x) = x^{4.4} - 24$; 2.059133

16. $f'(0) = 0$; −0.3454, 0.4362, 1.6592

17. $f'(0) = 0$; no root **18.** $f'(-1)$ does not exist; 0.1340, 1.8660

19. too large **20.** $P(1 - 2x/R)$; 104,500 ft

연습문제 3.2

1. $-\frac{1}{4}$ **2.** 3 **3.** 2 **4.** 1 **5.** $-\frac{1}{6}$

6. $\frac{1}{2}$ **7.** $-\frac{1}{3}$ **8.** 1 **9.** does not exist **10.** 0

11. ∞ **12.** 1 **13.** e^{-5}

14. orignal expression is not indeterminate

15. 0 is the correct value, but the original expression is not indeterminate

16. (a) $\dfrac{(x+1)(2+\sin x)}{x(2+\cos x)}$ (b) $\dfrac{x}{e^x}$

(c) $\dfrac{3x+1}{x-7}$ (d) $\dfrac{3-8x}{1+2x}$

17. $\dfrac{3}{2}, \dfrac{\text{degree of } p}{\text{degree of } q}$ **18.** L; $a^2 \neq a$ **19.** $\frac{3}{4}$

연습문제 3.3

1. (a) $-\frac{5}{2}$, local minimum (b) 2, local maximum

2. (a) none (b) 1, neither **3.** 0, neither; $\frac{9}{4}$, local minimum

4. 0, neither; $\frac{16}{9}$, local minimum

5. $\frac{\pi}{4}, \frac{5\pi}{4}$, local maxima; $\frac{3\pi}{4}, \frac{7\pi}{4}$, local minima

6. 0, minimum **7.** 0, local maximum; ±1, local minima

8. −1, 2: local minima; 0, local maximum

9. (a) minimum, −1; maximum, 3

(b) minimum −17; maximum, 3

10. (a) maximum, 1; minimum, e^{-4}

(b) maximum, 1; minimum, e^{-9}

11. (a) maximum, 0; minimum, −12

(b) no maximum; no minimum

12. (a) maximum, $\frac{1}{2}$; minimum, 0

(b) maximum, $\frac{1}{2}$; minimum, $\frac{-1}{2}$

13. (a) absolute min at (−1, −3);

absolute max at (0.3660, 1.3481)

(b) absolute min at (−1.3660, −3.8481);

absolute max at (−3, 49)

14. (a) absolute minimum at (0, 3); absolute maxima at $\left(\pm\dfrac{\pi}{2}, 3+\dfrac{\pi}{2}\right)$

(b) absolute minimum at (4.9132, −1.8145); absolute maximum at (2.0288, 4.8197)

16. $c \geq 0$, none; $c < 0$, one relative maximum, one relative minimum

17. $4b^2 - 12c > 0$ if $c < 0$

연습문제 3.4

1. increasing: $x < -1, x > 1$; decreasing: $-1 < x < 1$;

local maximum at $x = -1$; local minimum at $x = 1$

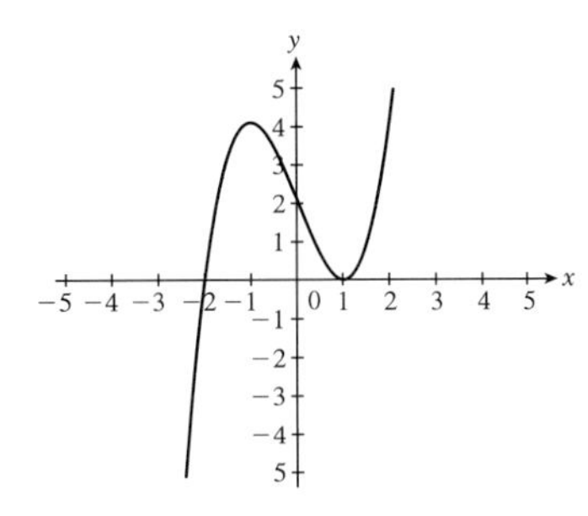

2. increasing: $-2 < x < 0, x > 2$; decreasing: $x < -2$, $0 < x < 2$;

local maximum at $x = 0$, local minimum at $x = \pm 2$

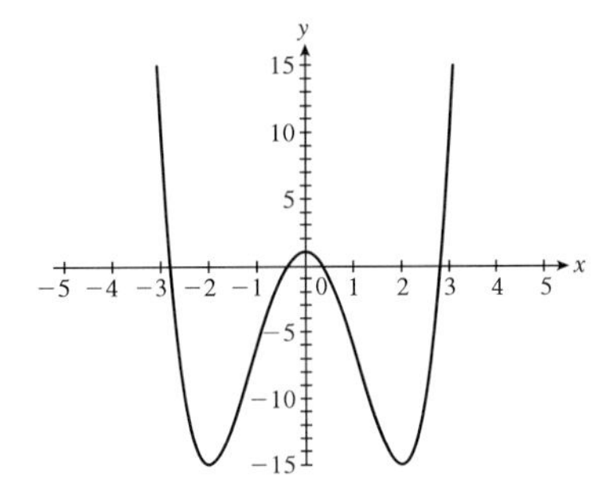

3. increasing: $x > -1$; decreasing: $x < -1$;

local minimum at $x = -1$

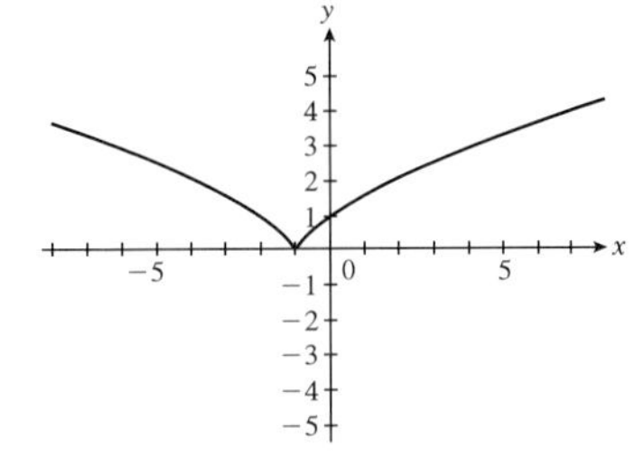

4. increasing: $x > 0$; decreasing: $x < 0$; local minimum at $x = 0$

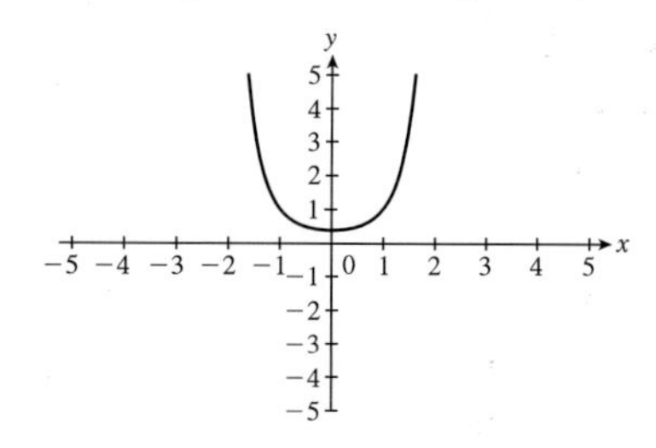

5. $x = -3$ (local minimum) and $x = 0$ (neither)

6. max at $x = \frac{1}{2}$

7. $x = \dfrac{1}{\sqrt[3]{2}}$ (local maximum)

8. local max at $x = -2$,
local min at $x = 0$

9. local max: $x = 0.9374$;
local min: $x = -0.9474$, $x = 11.2599$

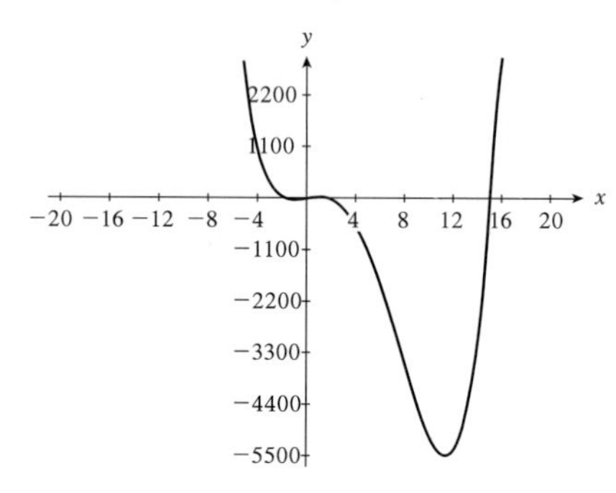

10. local max: $x = -10.9079$, $x = 1.0084$;
local min: $x = -1.0084$, $x = 10.9079$

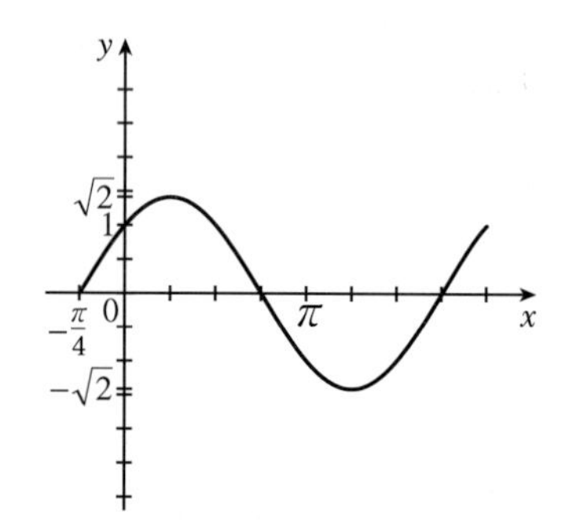

11. local max: $x = 0.2236$; local min: $x = -0.2236$

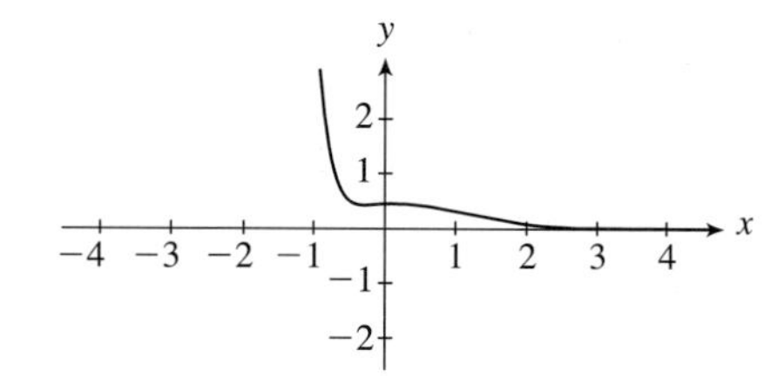

15. vertical asymptotes at $x = -1$ and $x = 1$;
horizontal asymptote at $y = 0$

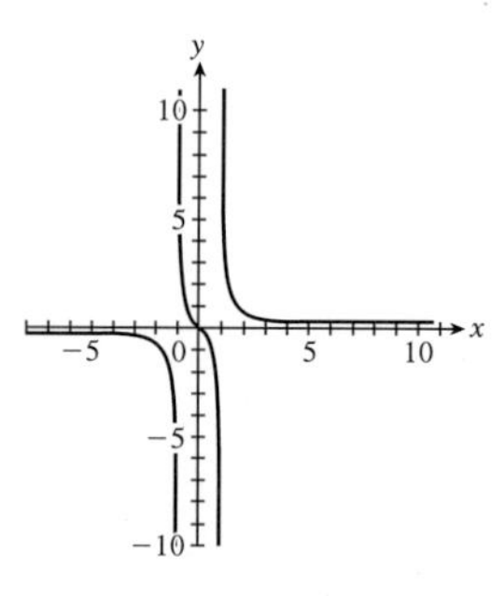

16. vertical asymptotes at $x = 1$ and $x = 3$; horizontal asymptote at $y = 1$; local minimum at $x = 0$, local maximum at $x = 3/2$

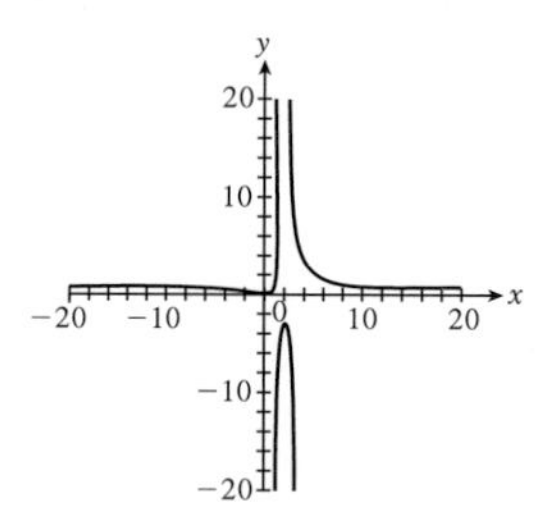

17. horizontal asymptotes at $y = -1$ and $y = 1$

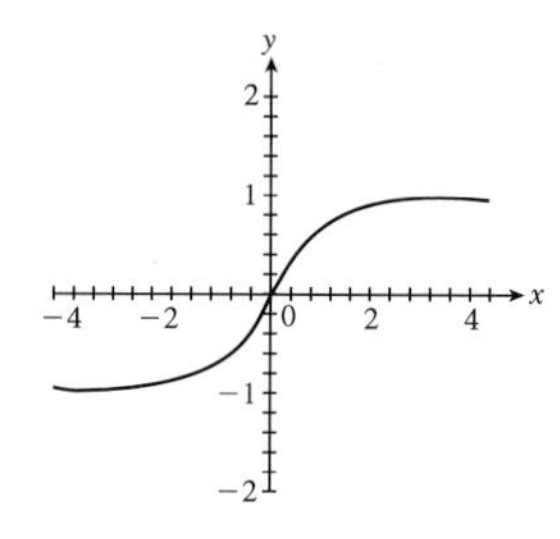

18. $f(x) = 3 + e^{-x}$ has no zeros 19. yes

21. $s'(t) = \dfrac{1}{2\sqrt{t+4}}$ = rate of increase of sales function

연습문제 3.5

1. concave up for $x > 1$, concave down for $x < 1$;
inflection point at $x = 1$

2. concave up for $x > 0$, concave down for $x < 0$;
no inflection points

3. concave up on $\left(-\dfrac{3\pi}{4} + 2n\pi,\ \dfrac{\pi}{4} + 2n\pi\right)$;
concave down on $\left(-\dfrac{3\pi}{4} + 2n\pi,\ \dfrac{\pi}{4} + 2n\pi\right)$;
inflection points at $x = \dfrac{\pi}{4} + n\pi$

4. concave up for $x < 0$, $x > 2$; concave down for $0 < x < 2$;
inflection points at $x = 0$, $x = 2$

5. critical numbers:
$x = -3$ (min), $x = 0$ (inflection point)

6. $x = 1$ (max)

7. local max at $x = -2$,
local min at $x = 2$

8. min at $x = 0$, no inflection points

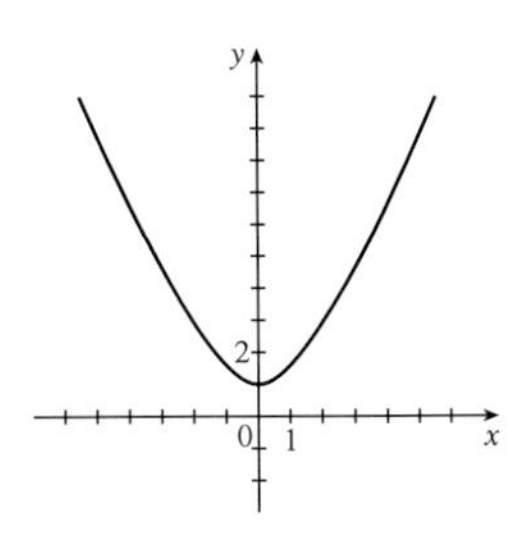

9. local max at $x = 0$; asymptotes: $x = \pm 3$, $y = 1$

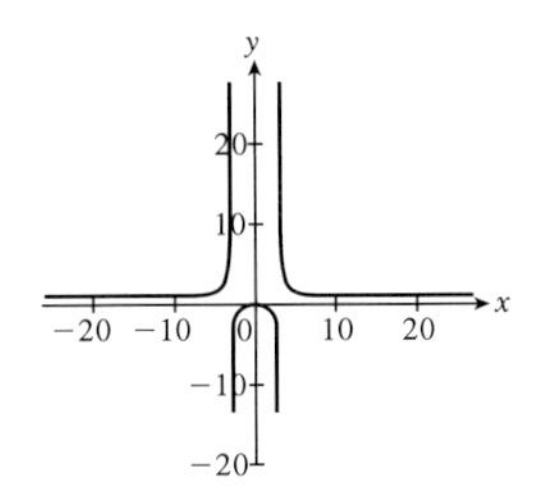

10. maxima at $x = \frac{\pi}{4} + 2\pi n$, minima at $x = \frac{5\pi}{4} + 2\pi n$
inflection points at $x = \frac{3\pi}{4} + \pi n$

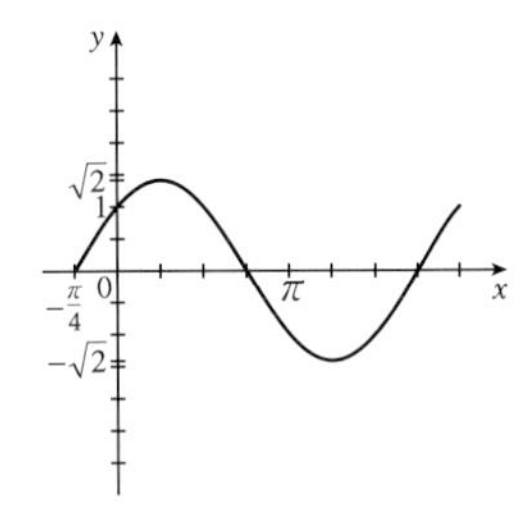

11. local minimum at $x = \frac{16}{9}$; inflection point at $x = 16$

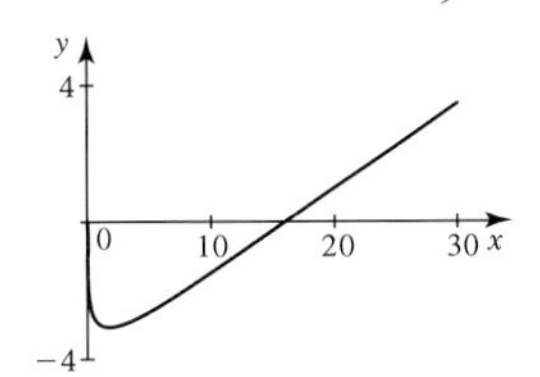

12. inflection point at $x = 0$

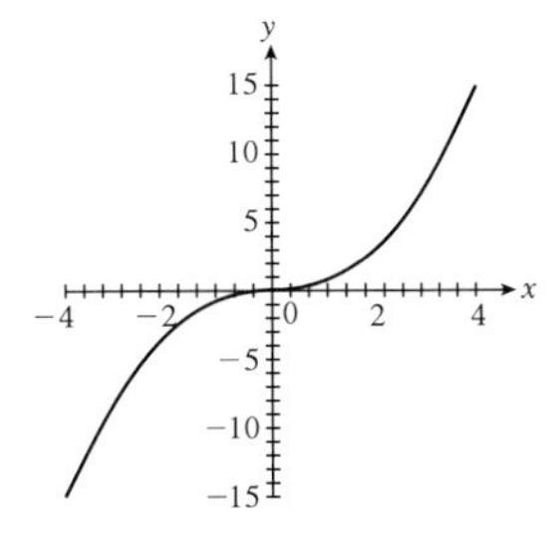

15. cubic has one inflection point at $x = -\frac{b}{3a}$; quartic has two inflection points if and only if $3b^2 - 8ac > 0$

16. $f(x) = -1 - x^2$

17. increasing for $-1 < x < 0$, $x > 1$; decreasing for $x < -1$, $0 < x < 1$; local max at $x = 0$; local min at $x = \pm 1$; concave up for $x < -\frac{1}{2}$, $x > \frac{1}{2}$; concave down for $-\frac{1}{2} < x < \frac{1}{2}$; inflection points at $x = \pm \frac{1}{2}$

18. $x = 600$

연습문제 3.6

1. inflection point at $x = 1$

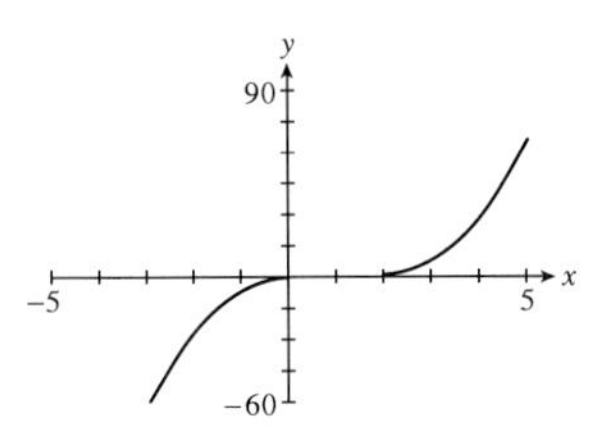

2. local max at $x = -\sqrt{\frac{6}{5}}$, local min at $x = \sqrt{\frac{6}{5}}$,
inflection points at $x = -\sqrt{\frac{3}{5}}$, $x = 0$, $x = \sqrt{\frac{3}{5}}$

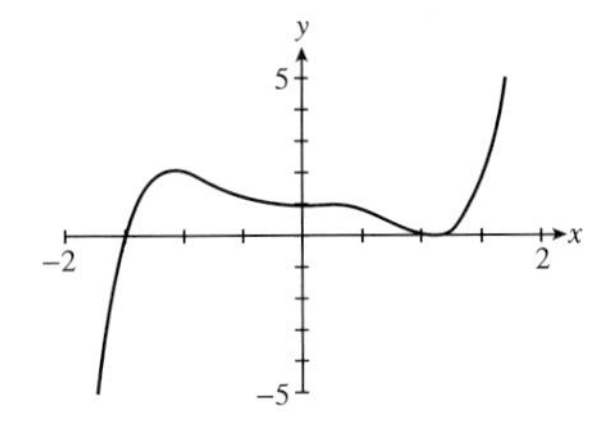

3. local max at $x = -2$, local min at $x = 2$;
asymptotes: $x = 0$, $y = x$

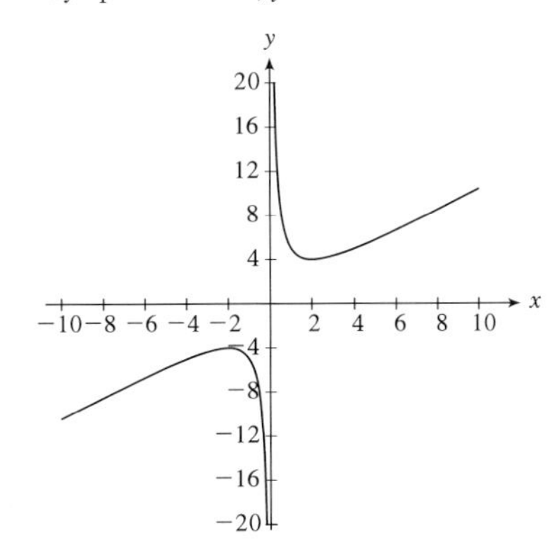

4. No extrema, vertical asymptote $x = 0$,
horizontal asymptote $y = 0$.

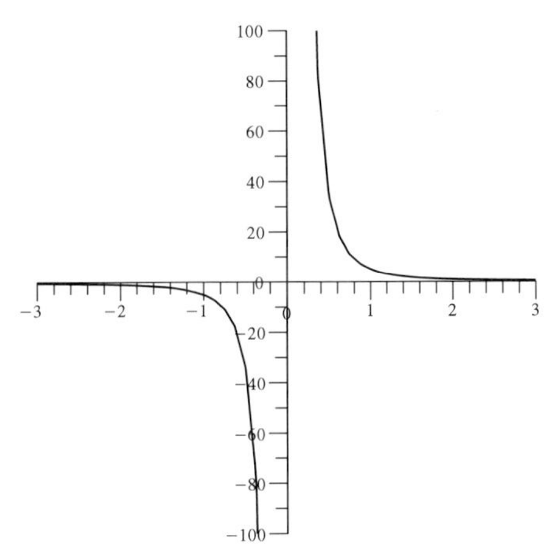

5. No extrema, inflection point $x = 0$, vertical asymptote $x = \pm 1$, horizontal asymptote $y = 0$.

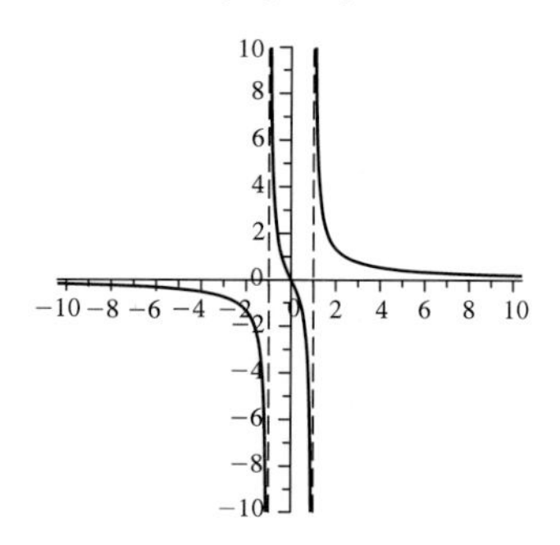

6. min at $x = e^{-1}$

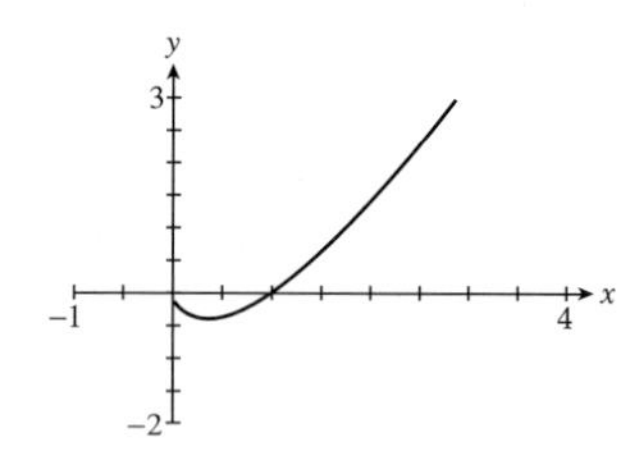

7. min at $x = 0$

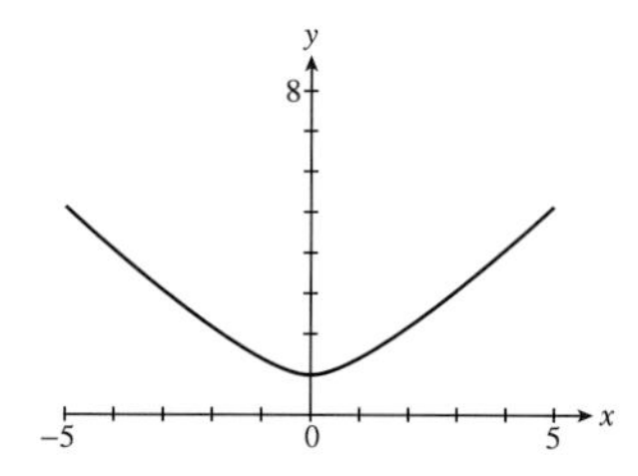

8. local max at $x = 1 - \frac{1}{\sqrt{3}}$, local min at $x = 1 + \frac{1}{\sqrt{3}}$, vertical tangent lines at $x = 0,\ 1,\ 2$, asymptote is $y = x - 1$, inflection points at $x = 0,\ 1,\ 2$

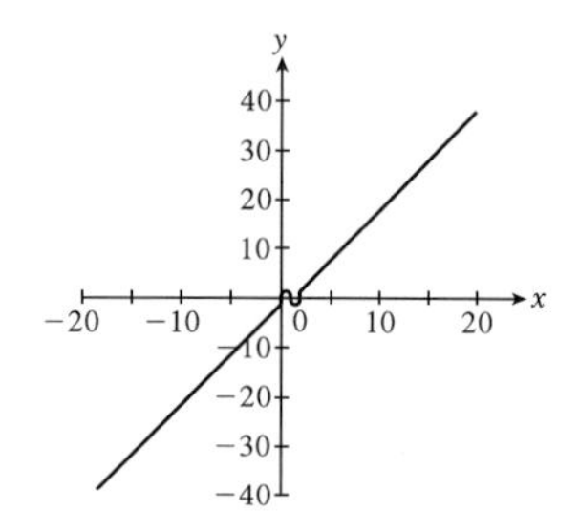

9. Local max at $x = 0$, local min at $x = 2$, inflection point at $x = -1$.

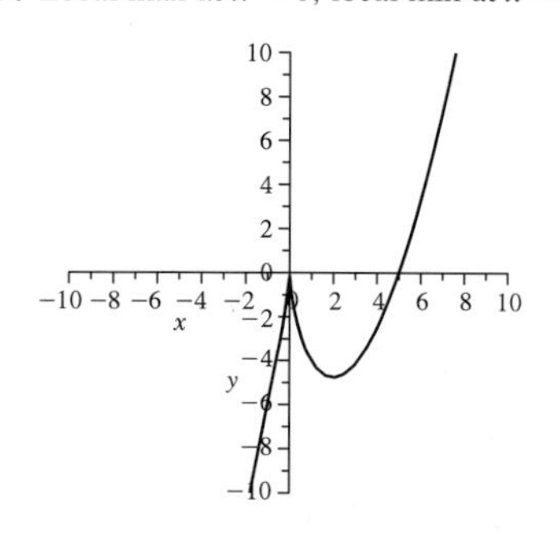

10. inflection point at $x = 1$, vertical asymptote at $x = 0$, horizontal asymptote at $y = 1$

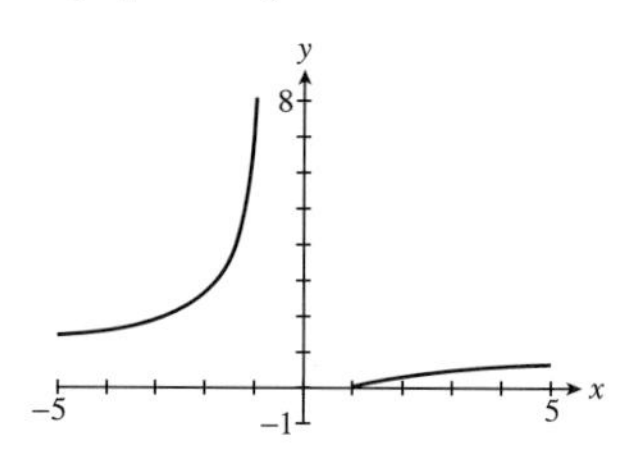

11. $c < 0$: 3 extrema, 2 inflection points;
$c \geq 0$: 1 extremum, 0 inflection points;
as $c \to -\infty$, the graph widens and lowers;
as $c \to +\infty$, the graph narrows

12. min at $x = 0$; inflection points at $x = \pm\frac{c}{\sqrt{3}}$; graph widens as $c^2 \to \infty$; $y = 1$ for $c = 0$ (undefined at $x = 0$)

13. $|c|$ = frequency of oscillation

14. $y = 3x$

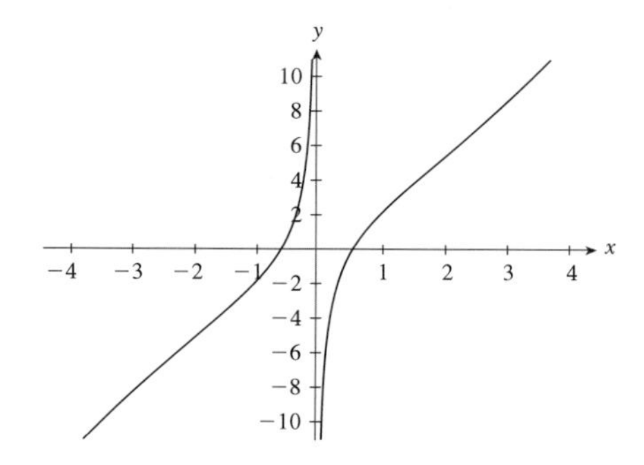

15. $y = x - 2$

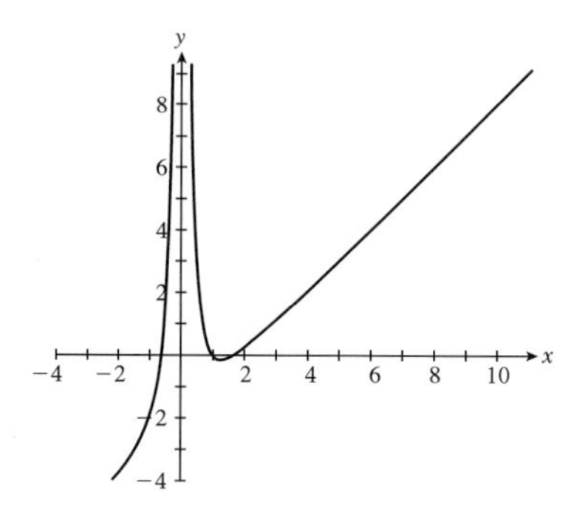

16. $y = x$

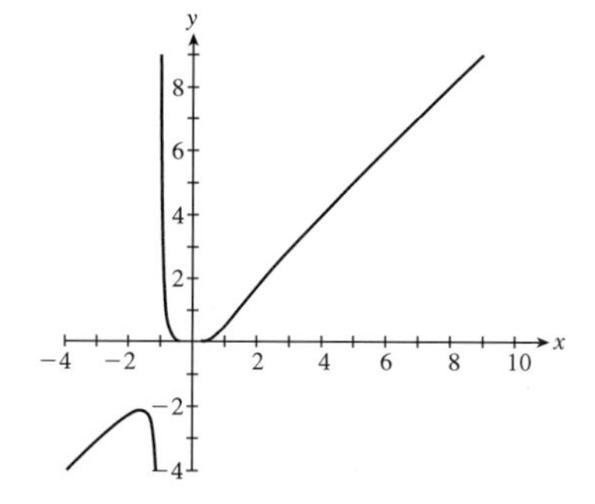

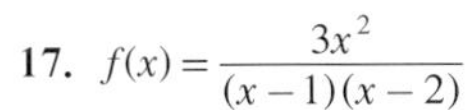

17. $f(x)=\dfrac{3x^2}{(x-1)(x-2)}$

20. $y = \sinh x$ has an inflection point at $x = 0$, no extrema

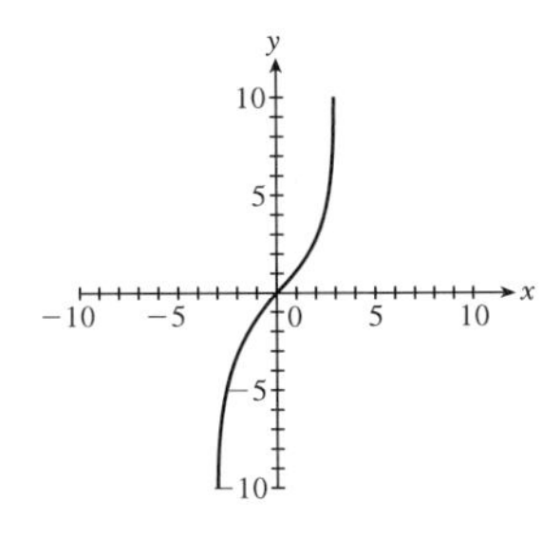

$y = \cosh x$ has a local minimum at $x = 0$

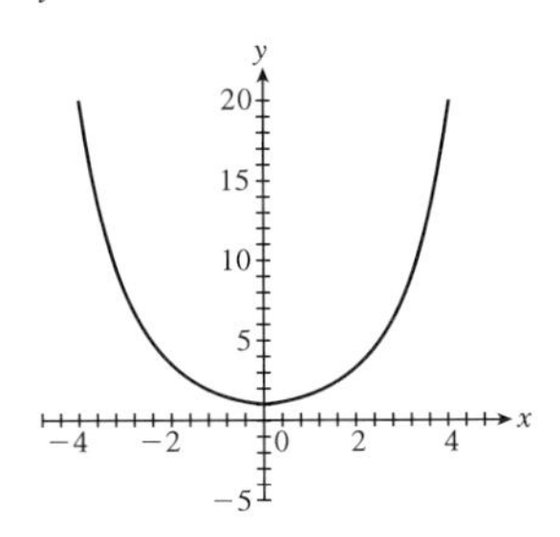

연습문제 3.7

1. $30' \times 60'$; the perimeter is $120'$ **2.** $20' \times 30'$

4. $\frac{8}{3}-\frac{\sqrt{19}}{3}\approx 1.2137$

5. $\left(\sqrt{\frac{1}{2}}, \frac{1}{2}\right)$ or $\left(-\sqrt{\frac{1}{2}}, \frac{1}{2}\right)$ **6.** $(0, 1)$

7. $r = 1.1989''$, $h = 4.7959''$

8. $\frac{15}{7}\approx 2.143$ miles east of first development

9. 1.2529 miles east of bridge; \$1.964 million

10. $x = R$ **11.** $2' \times 2'$

12. printed region: $\sqrt{46}'' \times 2\sqrt{46}''$; overall: $(\sqrt{46}+2)'' \times (2\sqrt{46}+4)''$

13. (a) 50° (b) 45° (c) 40°

연습문제 3.8

1. (a) 1.22 ft/min (b) 0.61 ft/min

2. (a) 58.9 gal/min (b) halved

3. (a) -2.25 ft/s (b) $\frac{-3}{8}$ rad/s

4. (a) $24\sqrt{101}\approx 241$ mph (b) 242.7 mph

6. (a) -65 rad/s (b) 6 ft/s

7. (a) 1 ft/s (b) -1.5 ft/s

8. (a) 0 (b) $\frac{60}{\sqrt{2}}$ ft

CHAPTER 4

연습문제 4.1

1. $\frac{3}{5}x^5-\frac{3}{2}x^2+c$ **2.** $2x^{3/2}+\frac{1}{3}x^{-3}+c$

3. $\frac{3}{2}x^{2/3}-9x^{1/3}+c$ **4.** $2\sec x + c$

5. $3e^x - 2x + c$ **6.** $2\ln\left|x^2+4\right|+c$

7. $\ln\left|e^x+3\right|+c$ **8.** $\frac{2}{5}x^{5/2}-\frac{16}{5}x^{5/4}+c$ **9.** $\sec x$

10. $3e^x+\frac{1}{2}x^2+1$ **11.** x^4+2e^x+1

12. $\frac{1}{3}t^3+t^2-6t+2$ **13.** $-3\sin x+\frac{1}{3}x^4+c_1x+c_2$

14. $\frac{2}{3}x^3-\ln|x|+\frac{c_1}{2}x^2+c_2x+c_3$

15. $3t-6t^2+3$ **16.** $-3\sin t+\frac{1}{2}t^2+3t+4$

17. $f(x)=\dfrac{x^3}{6}-\dfrac{x^2}{2}+\dfrac{7}{2}x-\dfrac{7}{6}$

19. $a=\frac{1}{720}$ mi/s²; $\frac{2}{45}$ mi ≈ 235 ft

20. distances fallen: 5.95, 12.925, 17.4, 19.3; accelerations: -31.6, -24.2, -11.6, -3.6

연습문제 4.2

1. (a) $\sum_{i=1}^{50} i^2 = 42{,}925$ (b) $\left(\sum_{i=1}^{50} i\right)^2 = 1{,}625{,}625$

2. $3+12+27+48+75+108=273$

3. $26+30+34+38+42=170$

4. 7385 **5.** $-21{,}980$ **6.** 323,400

7. 7308 **8.** $\dfrac{n(n+1)(2n+1)}{6}-3n+1$

9. 2.84 **10.** 24.34

11. $\dfrac{(n+1)(2n+1)}{6n^2}+\dfrac{n+1}{n}\to\dfrac{4}{3}$

12. $\dfrac{8}{3}\dfrac{(n+1)(2n+1)}{n^2}-\dfrac{n+1}{n}\to\dfrac{13}{3}$

14. 375 miles **15.** 217.75 ft

연습문제 4.3

1. (a) 0.125, 0.375, 0.625, 0.875; 1.328125
(b) 0.25, 0.75, 1.25, 1.75; 4.625

2. (a) $\frac{\pi}{8}, \frac{3\pi}{8}, \frac{5\pi}{8}, \frac{7\pi}{8}$; 2.05234
(b) $\frac{\pi}{16}, \frac{3\pi}{16}, \frac{5\pi}{16}, \cdots, \frac{13\pi}{16}, \frac{5\pi}{16}$; 2.0129

3. (a) 1.3027 (b) 1.3330 (c) 1.3652

4. (a) 6.2663 (b) 6.3340 (c) 6.4009

5. (a) 1.0156 (b) 1.00004 (c) 0.9842

6. (a) $\frac{4}{3}$ (b) $\frac{14}{3}$ (c) $\frac{32}{3}$

7. (a) $\frac{5}{3}$ (b) $\frac{10}{3}$ (c) $\frac{58}{3}$

8. $\frac{32}{3}$ **9.** 18

10. (a) less than (b) less than (c) greater than

11. (a) greater than (b) less than (c) less than

12. For example, use $x=\frac{1}{\sqrt{2}}$ on $[0, 0.5]$ and $\sqrt{7/12}$ on $[0.5, 1]$

13. (b) $a-\frac{1}{2}\Delta x+i\Delta x$ for $i=1,\cdots,n$ **14.** A_2

연습문제 4.4

1. 24.47 **2.** 0.8685

3. area bounded by $y = x^2$, $y = 0$ and $x = 1$

4. area bounded by $y = x^2 - 2$, $y = 0$ and $x = 2$ minus the area bounded by $y = x^2 - 2$, $y = 0$ and $x = 0$

5. $\int_{-2}^{2}(4-x^2)\,dx$ **6.** $-\int_{-2}^{2}(x^2-4)\,dx$ **7.** $\int_{0}^{\pi}\sin x\,dx$

8. 140.01 **9.** 13 **10.** 5 **11.** $\frac{10}{3}$

12. between −1.23 and 0.72 **13.** between 2 and 6

14. $\frac{2}{\sqrt{3}}$ **15.** (a) $\int_0^3 f(x)\,dx$ (b) $\int_0^2 f(x)\,dx$

16. (a) 1 (b) 8

17.

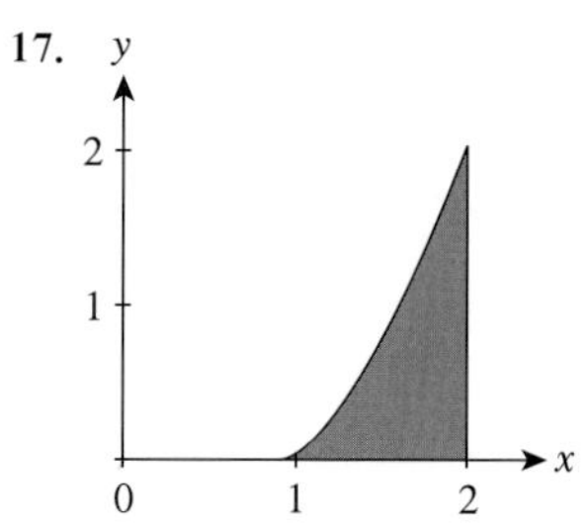

19. positive

20. (a) $\int_0^\pi \sin x\,dx$ (b) $\int_0^1 (1+x)\,dx$ (c) $\int_0^1 f(x)\,dx$

21. $t < 40$; $t < 40$; $t > 40$; $t = 40$ **22.** 6.93

연습문제 4.5

1. 0 **2.** $\frac{62}{5} + 3\ln 4$ **3.** 3 **4.** $\sqrt{2} - 1$ **5.** $\frac{\pi}{2}$

6. $3 - 3\ln 4$ **7.** $\frac{32}{3}$ **8.** $\frac{8}{3}$ **9.** 2

10. $x^2 - 3x + 2$ **11.** $(e^{-x^4}+1)2x$ **12.** $40t + \cos t + 1$

13. $2t^2 - \frac{1}{6}t^3 + 8t$ **14.** $y = 0$ **15.** $y = x - 2$

16. $\frac{10}{3}$ **17.** $\frac{2}{\pi}$

18. (a) $\int_a^x e^{-t^2}\,dt$ (b) $\int_0^x \sin\sqrt{t^2+1}\,dt$

19. local max at $x = 1$, local min at $x = 2$

20. $5x - x^2 + 10\sin x$ = Katie's lead

연습문제 4.6

1. $\frac{2}{9}(x^3+2)^{3/2}+c$ **2.** $\frac{1}{2}(\sqrt{x}+2)^4+c$ **3.** $\frac{1}{6}(x^4+3)^{3/2}+c$

4. $-2\sqrt{\cos x}+c$ **5.** $\frac{1}{2}e^{x^2+1}+c$ **6.** $2e^{\sqrt{x}}+c$

7. $-4(\ln x+1)^{-1}+c$ **8.** $\frac{1}{4}(\sin^{-1}x)^4+c$

9. $\frac{1}{2}\sin^{-1}(x^2)+c$ **10.** $\tan^{-1}x + \frac{1}{2}\ln(1+x^2)+c$

11. 0 **12.** $\tan^{-1}(e^2) - \frac{\pi}{4}$ **13.** $-\ln\frac{\sqrt{2}}{2} = \frac{1}{2}\ln 2$

14. $\frac{8}{3}$ **15.** $\frac{1}{2}\int_0^4 f(u)\,du$ **16.** $\int_0^1 f(u)\,du$

18. (a) 5 (b) $\frac{a}{2}$; $\frac{\pi}{4}$ **19.** 1

20. $\tan^{-1}(a) + \tan^{-1}\left(\frac{1}{a}\right) = \frac{\pi}{2}$

연습문제 4.7

1. midpoint $\frac{85}{64}$, trapezoidal $\frac{43}{32}$, Simpson $\frac{4}{3}$

2. midpoint $\frac{3776}{3465}$, trapezoidal $\frac{67}{60}$, Simpson $\frac{11}{10}$

3. midpoint 1.3662, trapezoidal 1.4281, Simpson 1.3916

4. midpoint 0.8437, trapezoidal 0.8371, Simpson 0.8415

5.

n	*Midpoint*	*Trapezoidal*	*Simpson*
10	0.5538	0.5889	0.5660
20	0.5629	0.5713	0.5657
50	0.5652	0.5666	0.5657

6.

n	*Midpoint*	*Trapezoidal*	*Simpson*
10	0.88220	0.88184	0.88207
20	0.88211	0.88202	0.88208
50	0.88209	0.88207	0.88208

7.

n	*Midpoint*	*Trapezoidal*	*Simpson*
10	3.9775	3.9775	3.9775
20	3.9775	3.9775	3.9775
50	3.9775	3.9775	3.9775

8.

n	*Midpoint Error*	*Trapezoidal Error*	*Simpson Error*
10	0.00832	0.01665	0.00007
20	0.00208	0.00417	4.2×10^{-6}
40	0.00052	0.00104	2.6×10^{-7}
80	0.00013	0.00026	1.6×10^{-8}

9.

n	*Midpoint Error*	*Trapezoidal Error*	*Simpson Error*
10	5.5×10^{-17}	0	0
20	2.7×10^{-17}	1.6×10^{-16}	1.1×10^{-16}
40	2.9×10^{-16}	6.9×10^{-17}	1.3×10^{-16}
80	1.7×10^{-16}	3.1×10^{-16}	1.5×10^{-16}

10. (a) 9.1 (b) 9.033

11. (a) 0.282, 0.141, 0.127 (b) 4745, 6709, 135

12. 289; 205; 14 **13.** 409; 289; 17

14. Integrating $\frac{1}{1+x^2}$ provides better accuracy for a given n.

15. 529 ft

연습문제 4.8

1. $\int_1^4 \frac{1}{t}\,dt$

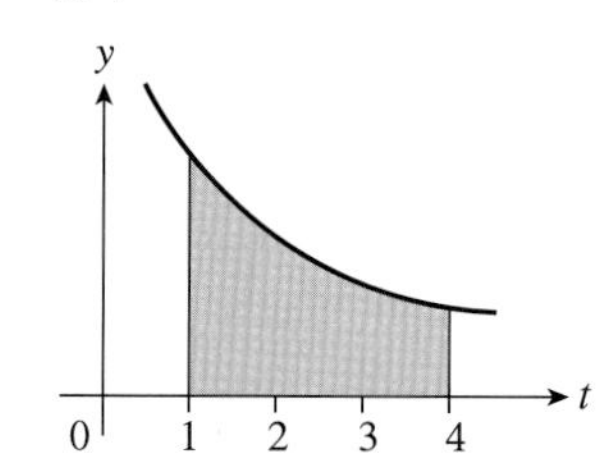

2. $\int_1^{8.2} \frac{1}{t} dt$

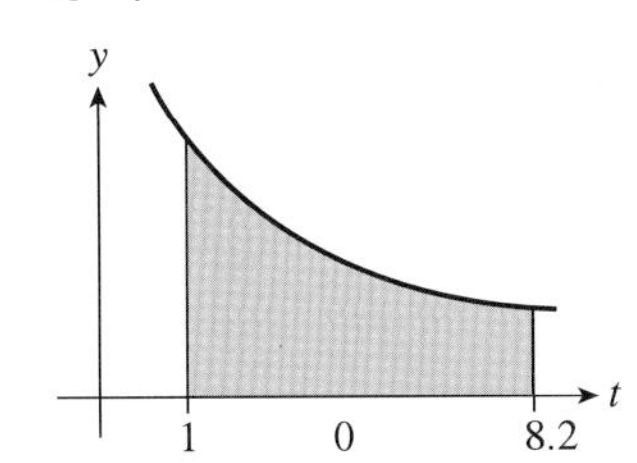

3. 1.3916 **4.** (a) 1.386296874 (b) 1.386294521 **5.** $\frac{7}{2}\ln 2$

6. $\frac{1}{2}\ln 3$ **7.** $\frac{x}{x^2+1}$ **8.** $\frac{4}{x} - \frac{5x^4}{x^5+1}$ **9.** $\frac{x}{(x^2+1)\ln 7}$

10. $(\ln 3)\cos x e^{\sin x}$ **11.** $\ln|\ln x| + c$ **12.** $\frac{1}{2\ln 3}3x^2 + c$

13. $-\frac{1}{2}e^{2/x} + c$ **14.** $\frac{1}{3}\ln\frac{3}{4}$ **15.** $-\ln(\cos 1) \approx 0.6156$

CHAPTER 5

연습문제 5.1

1. $\frac{40}{3}$ **2.** $5 - e^{-2}$ **3.** $\frac{64}{3}$ **4.** $\frac{27}{4}$

5. $\frac{3 - \ln 4}{2}$ **6.** $5\ln 5 - 4$ **7.** 0.08235

8. 0.135698 **9.** 4.01449 **10.** $\int_0^1 (2-2y)\,dy = 1$

11. $\int_0^1 2x\,dx = 1$ **12.** $\int_0^1 (3 - x^2 - 2x)\,dx = \frac{5}{3}$

13. $\int_1^{\ln 2} (4e^{-x} - e^x)\,dx$ **14.** 35.08%

15. 3; $\int_0^{\sqrt{3}} (3 - x^2)\,dx = \int_{\sqrt{3}}^3 (x^2 - 3)\,dx = 2\sqrt{3}$

17. $L = \frac{3}{16}$

18. Critical points at $t = n\pi/2$, n odd; no extrema; inflection points at $t = n\pi/2$

19. 2.45 million people

연습문제 5.2

1. 12 **2.** $\frac{56\pi}{3}$

3. (a) $\int_0^{500} \left(750 - \frac{3}{2}x\right)^2 dx = 93{,}750{,}000$ ft^3

(b) $\int_0^{250} \left(750 - \frac{3}{2}x\right)^2 dx = 82{,}031{,}250$ ft^3; wider at bottom

4. $\int_0^{30} \left(3 - \frac{1}{12}x\right)^2 dx = \frac{215}{2}$ ft^3

5. $\int_0^{60} \pi[60(60-y)]\,dy = 108{,}000\pi$ ft^3

6. 0.2467 cm^3 **7.** 2.5 ft^3

8. (a) $\frac{8\pi}{3}$ (b) $\frac{28\pi}{3}$ **9.** (a) $\frac{32\pi}{5}$ (b) $\frac{224\pi}{15}$

10. (a) $2\pi e^2 + 2\pi$ (b) $\pi\left(\frac{e^4}{2} + 4e^2 - \frac{9}{2}\right)$

11. (a) $\frac{\pi}{2}\ln\frac{3}{2} \approx 0.637$ (b) 7.472

12. (a) $\frac{16\pi}{3}$ (b) $\frac{32\pi}{3}$ (c) $\frac{64\pi}{3}$ (d) $\frac{128\pi}{3}$

(e) $\frac{32\pi}{3}$ (f) $\frac{64\pi}{3}$

13. (a) $\frac{\pi}{2}$ (b) $\frac{\pi}{5}$ (c) $\frac{\pi}{6}$ (d) $\frac{7\pi}{15}$ (e) $\frac{7\pi}{6}$ (f) $\frac{13\pi}{15}$

14. $\frac{\pi h^2}{2a} = \frac{1}{2}\pi h\left(\sqrt{\frac{h}{a}}\right)^2$ **15.** $\int_{-1}^1 \pi(1)^2\,dy = 2\pi$

16. $\int_{-1}^1 \pi\left(\frac{1-y}{2}\right)^2 dy = \frac{2\pi}{3}$ **17.** $\int_{-r}^r \pi(r^2 - y^2)\,dy = \frac{4}{3}\pi r^3$

18. (a) $\frac{64}{15}$ (b) $\frac{8\pi}{15}$ (c) $\frac{16\sqrt{3}}{15}$ 19. $\frac{5\pi}{12}$

연습문제 5.3

1. $r = 2 - x$, $h = x^2$, $V = \frac{8\pi}{3}$ **2.** $r = x$, $h = 2x$, $V = \frac{4\pi}{3}$

3. $r = x$, $h = \sqrt{x^2+1}$, $V = \frac{2\pi}{3}(17^{3/2} - 1)$

4. $r = 2 - y$, $h = 2\sqrt{1 - y^2}$, $V = 4\pi^2$

5. $\frac{32\pi}{3}$ **6.** $\frac{128\pi}{3}$ **7.** $\frac{28\pi}{3}$ **8.** 288π

9. (a) $\frac{80\pi}{3}$ (b) 16π (c) 16π (d) $\frac{16\pi}{3}$

10. (a) $\frac{625\pi}{6}$ (b) $\frac{625\pi}{3}$ (c) $\frac{875\pi}{6}$ (d) $\frac{500\pi}{3}$

11. (a) $\frac{32\pi}{15}$ (b) $\frac{5\pi}{6}$ (c) $\frac{3\pi}{2}$ (d) $\frac{38\pi}{15}$

12. (a) $\frac{5\pi}{6}$ (b) $\frac{64\pi}{15}$

13. $x = \sqrt{y}$ and $x = y$ about $x = 0$

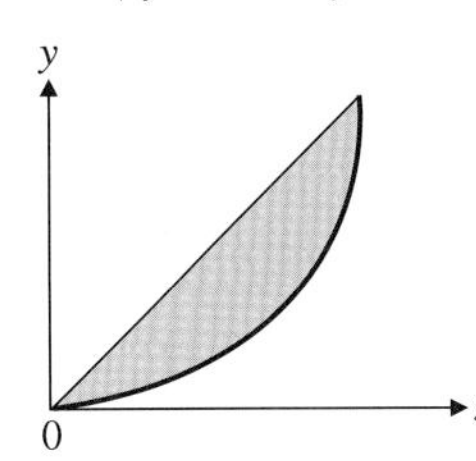

14. same as #27 **16.** $\sqrt{1 - \sqrt{0.9}} \approx 0.2265$

연습문제 5.4

1. 1.4604; 1.4743 **2.** 3.7242; 3.7901 **3.** $2\sqrt{5}$

4. $\frac{73\sqrt{73} - 37\sqrt{37}}{54}$ **5.** $\frac{3}{4} + \frac{1}{2}\ln 2$ **6.** $\frac{33}{16}$

7. $\frac{10}{3}$ **8.** $\int_{-1}^1 \sqrt{1 + 9x^4}\,dx \approx 3.0957$

9. $\int_0^\pi \sqrt{1 + (x\sin x)^2}\,dx \approx 4.6984$

10. $20(e - e^{-1}) \approx 47$ ft

11. 1.672, 1.720, 1.754 → 2

12. $\int_0^1 2\pi x^2\sqrt{1 + 4x^2}\,dx \approx 3.8097$

13. $\int_0^2 2\pi(2x - x^2)\sqrt{1 + (2 - 2x)^2}\,dx \approx 10.9655$

14. $\int_0^1 2\pi e^x\sqrt{1 + e^{2x}}\,dx \approx 22.9430$

15. $\int_0^{\pi/2} 2\pi\cos x\sqrt{1 + \sin^2 x}\,dx \approx 7.2118$

16. (a) 6π (b) 4π (c) $(\sqrt{5} + 1)\pi$

연습문제 5.5

1. $-8\sqrt{30}$ ft/s ≈ 30 mph **2.** 78.4 meters **3.** $8\sqrt{\frac{5}{3}}$ ft/sec

5. $1010\sqrt{3} \approx 17$ sec, $490\sqrt{3} \approx 849$ m; the same

6. The serve is not in; 9.0° **7.** 2.59 ft

8. ball bounces ($h \approx -0.62$)

9. $40\sqrt{\frac{5}{\sqrt{3}}} \approx 68$ ft/s; $20\sqrt{10} \approx 63$ ft/s

10. Goal! ($x \approx -0.288$ at $y = 90$)

연습문제 5.6

1. $\frac{15}{8}$ ft-lb **2.** $\frac{1250}{3}$ ft-lb **3.** 270,000,000 ft-lb

4. 50,000 ft-lb **5.** (a) $44{,}100\pi$ N-m (b) 9800π N-m

6. 7.07 ft **7.** $J \approx 2.133$; 113 ft/s

8. $m = 15$ kg, $\bar{x} = \frac{16}{5}$ m; heavier to right of center

9. 0.0614 slug, 31.5 oz

10. $\left(\frac{8}{3}, 2\right)$ **11.** (0, 1.6) **12.** 8,985,600 lb

CHAPTER 6

연습문제 6.1

1. $-\frac{1}{6}\cos 6t + c$ **2.** $\frac{1}{5}x^5 + \frac{8}{3}x^3 + 16x + c$

3. $\frac{3}{4}\tan^{-1}\left(\frac{x}{4}\right) + c$ **4.** $\sin^{-1}\left(\frac{x+1}{2}\right) + c$ **5.** $2\tan^{-1}\left(\frac{x+1}{2}\right) + c$

6. $2\ln|t^2 + 2t + 5| - 2\tan^{-1}\left(\frac{t+1}{2}\right) + c$

7. $-\frac{1}{2}e^{3-2x} + c$ **8.** $-2\cos\sqrt{x} + c$ **9.** 0 **10.** $1 - \sqrt{2}$

11. $\frac{1}{3}\tan^{-1}x^3 + c$ **12.** $\sin^{-1}\frac{x}{2} + c$ **13.** $\frac{1}{2}\sin^{-1}x^2 + c$

14. $\tan^{-1}x + \frac{1}{2}\ln(1 + x^2) + c$ **15.** $-(\ln 2)^2$ **16.** $\frac{12}{5}$

17. $\frac{72}{5}$ **18.** $1 + \frac{1}{2}\ln 2 - \tan^{-1}(2) + \frac{1}{4}\pi$

19. $\tan^{-1}x + c$; $\frac{1}{2}\ln(1 + x^2) + c$; $x - \tan^{-1}x + c$;
$\frac{1}{2}x^2 - \frac{1}{2}\ln(1 + x^2) + c$

연습문제 6.2

1. $x\sin x + \cos x + c$ **2.** $\frac{1}{2}xe^{2x} - \frac{1}{4}e^{2x} + c$

3. $\frac{1}{3}x^3\ln x - \frac{1}{9}x^3 + c$ **4.** $-\frac{1}{3}x^2e^{-3x} - \frac{2}{9}xe^{-3x} - \frac{2}{27}e^{-3x} + c$

5. $\frac{1}{17}e^x\sin 4x - \frac{4}{17}e^x\cos 4x + c$

6. $\frac{2}{3}\sin 2x\cos x - \frac{1}{3}\cos 2x\sin x + c$

7. $\frac{1}{2}x^2e^{x^2} - \frac{1}{2}e^{x^2} + c$ **8.** $\sin x\ln(\sin x) - \sin x + c$

9. $\frac{1}{4}\sin 2 - \frac{1}{2}\cos 2$ **10.** $10\ln 20 - \ln 2 - 9$

11. $\frac{1}{a}x^2e^{ax} - \frac{2}{a^2}xe^{ax} + \frac{2}{a^3}e^{ax} + c$

12. $\frac{1}{n+1}x^{n+1}\ln x - \frac{1}{(n+1)^2}x^{n+1} + c$

14. $-2\sqrt{x}\cos\sqrt{x} + 2\sin\sqrt{x} + c$

15. $\frac{x}{2}[\sin(\ln x) - \cos(\ln x)] + c$

16. $\left(1 - \frac{e^{4x}}{2}\right)\cos(e^{2x}) + e^{2x}\sin(e^{2x}) + c$

17. n times

18. first column: derivatives; second column: antiderivatives

19. $x^4\sin x + 4x^3\cos x - 12x^2\sin x - 24x\cos x + 24\sin x + c$

20. $\left(\frac{1}{2}x^4 - x^3 + \frac{3}{2}x^2 - \frac{3}{2}x + \frac{3}{4}\right)e^{2x} + c$

21. $-\frac{1}{3}x^3e^{-3x} - \frac{1}{3}x^2e^{-3x} - \frac{2}{9}xe^{-3x} - \frac{2}{27}e^{-3x} + c$

연습문제 6.3

1. $\frac{1}{5}\sin^5 x + c$ **2.** $\frac{1}{3}$ **3.** $\frac{1}{2}x + \frac{1}{4}\sin 2(x+1) + c$

4. $\frac{1}{3}\sec^3 x + c$ **5.** $\frac{1}{6}\sec^3(x^2+1) - \frac{1}{2}\sec(x^2+1) + c$

6. $\frac{12}{35}$ **7.** $\frac{1}{8}x - \frac{1}{32}\sin 4x + c$ **8.** $-\frac{1}{9}\frac{\sqrt{9-x^2}}{x} + c$

9. $8\sin^{-1}\left(\frac{x}{4}\right) - \frac{1}{2}x\sqrt{16 - x^2} + c$ **10.** π

11. $\frac{3x}{2}\sqrt{\left(\frac{x}{3}\right)^2 - 1} + \frac{9}{2}\ln\left|\frac{x}{3} + \sqrt{\left(\frac{x}{3}\right)^2 - 1}\right| + c$

12. $2\ln|\sqrt{x^2 - 4} + x| + c$

13. $\sqrt{4x^2 - 9} - 3\tan^{-1}\left(\frac{\sqrt{4x^2 - 9}}{3}\right) + c$

14. $\frac{3x}{2}\sqrt{\left(\frac{x}{3}\right)^2 + 1} - \frac{9}{2}\ln\left|\frac{x}{3} + \sqrt{\left(\frac{x}{3}\right)^2 + 1}\right| + c$

15. $\frac{1}{2}x\sqrt{16 + x^2} + 8\ln\left|\frac{1}{4}\sqrt{16 + x^2} + \frac{x}{4}\right| + c$

16. $9 - \frac{16\sqrt{2}}{3}$ **17.** $\sqrt{x^2 + 4x} - \cosh^{-1}\left(\frac{x+2}{2}\right) + c$

18. $\sqrt{x^2 + 2x + 10} - \frac{1}{3}\sinh^{-1}\left(\frac{x+1}{3}\right) + c$

19. $\frac{1}{4}\tan^4 x + \frac{1}{2}\tan^2 x + c$; $\frac{1}{4}\sec^4 x + c$

20. (b) $\frac{1}{2}\sec x\tan x + \frac{1}{2}\ln|\sec x + \tan x| + c$
(c) $\frac{1}{3}\sec^2 x\tan x + \frac{2}{3}\tan x + c$
(d) $\frac{1}{4}\sec^3 x\tan x + \frac{3}{8}\sec x\tan x + \frac{3}{8}\ln|\sec x + \tan x| + c$

연습문제 6.4

1. $\frac{3}{x+1} - \frac{2}{x-1}$; $3\ln|x+1| - 2\ln|x-1| + c$

2. $\frac{2}{x+1} + \frac{4}{x-2}$; $2\ln|x+1| + 4\ln|x-2| + c$

3. $\frac{2}{x+1} + \frac{\frac{1}{2}}{x-2} - \frac{\frac{5}{2}}{x}$; $2\ln|x+1| + \frac{1}{2}\ln|x-2| - \frac{5}{2}\ln|x| + c$

4. $\frac{3}{2x+1} - \frac{2}{3x-7}$; $\frac{3}{2}\ln|2x+1| - \frac{2}{3}\ln|3x-7| + c$

5. $\frac{\frac{1}{4}}{x+2} + \frac{\frac{3}{2}}{(x+2)^2} - \frac{\frac{1}{4}}{x}$; $\frac{1}{4}\ln|x+2| - \frac{3}{2}(x+2)^{-1} - \frac{1}{4}\ln|x| + c$

6. $\frac{-2x+1}{x^2+1} + \frac{2}{x}$; $-\ln(x^2+1) + \tan^{-1}x + 2\ln|x| + c$

7. $\frac{2}{3} + \frac{1}{3}\left[\frac{5}{3x+2} - \frac{3}{2x-5}\right]$;
$\frac{2}{3}x + \frac{5}{9}\ln|3x+2| - \frac{1}{2}\ln|2x-5| + c$

8. $\frac{2}{x+1} + \frac{1}{(x+1)^2}$; $2\ln|x+1| - (x+1)^{-1} + c$

9. $1-\dfrac{2}{x}+\dfrac{2}{x^2+2x+2}$; $x-2\ln|x|+2\tan^{-1}(x+1)+c$

10. $3+\dfrac{2}{x-1}+\dfrac{x-2}{x^2+1}$;
$3x+2\ln|x-1|+\frac{1}{2}\ln\left(x^2+1\right)-2\tan^{-1}x+c$

11. $11\ln|x+4|+2\ln|x-2|+\frac{1}{2}x^2-2x+c$

12. $\ln|x+2|-3\ln|x+1|+2\ln|x|+c$ **13.** $\ln|x^4-x|+c$

14. $\frac{1}{2}\ln|2x+1|-\frac{1}{4}\ln(4x^2+1)+\frac{1}{2}\tan^{-1}(2x)+c$

15. $3\ln|x|+\frac{1}{2}\ln|x^2+x+1|-\frac{7}{\sqrt{3}}\tan^{-1}\left(\frac{2x+1}{\sqrt{3}}\right)+c$

16. $^1\ln(4-\sin^2 x)+c$

17. $\ln|x^3|-\ln|x^3+1|+c$; $-\ln|1+1/x^3|+c$

연습문제 6.5

1. $\dfrac{1}{8(2+4x)}+\dfrac{1}{16}\ln|2+4x|+c$

2. $\frac{2}{15}(3e^x-2)(1+e^x)^{3/2}+c$

3. $\frac{1}{4}x\sqrt{1/4+x^2}-\frac{1}{16}\ln\left|x+\sqrt{1/4+x^2}\right|+c$

4. $-\dfrac{\sqrt{3}}{12}+\dfrac{\pi}{9}$ **5.** $\ln\left(2+\sqrt{8}\right)-\ln\left(1+\sqrt{5}\right)$

6. $\dfrac{-1}{x-3}\sqrt{9-(x-3)^2}-\sin^{-1}\left(\dfrac{x-3}{3}\right)+c$

7. $\frac{1}{5}\tan^5 u-\frac{1}{3}\tan^3 u+\tan u-u+c$

8. $\dfrac{1}{2}\ln\left|\dfrac{\sqrt{4+\sin x}-2}{\sqrt{4+\sin x}+2}\right|+c$

9. $\frac{1}{2}\cos x^2+\frac{1}{2}x^2\sin x^2+c$

10. $-\frac{4}{3}(\cos x-2)\sqrt{1+\cos x}+c$

11. $\frac{1}{2}\sin t\sqrt{4+\sin^2 t}-2\ln\left(\sin t+\sqrt{4+\sin^2 t}\right)+c$

12. $\frac{1}{4}e^{-2/x^2}+c$

13. $-\sqrt{4x-x^2}+2\cos^{-1}\left(\dfrac{2-x}{2}\right)+c$

14. $e^x\tan^{-1}(e^x)-\ln\left(1+e^{2x}\right)+c$

연습문제 6.6

1. (a) improper (b) not

2. (a) converges to $\frac{2}{3}$ (b) diverges

3. (a) converges to 2 (b) converges to 8

4. (a) diverges (b) converges to $\frac{5}{4}e^{-2}$

5. (a) diverges (b) diverges

6. (a) converges to -1 (b) diverges

7. (a) diverges (b) diverges

8. (a) converges to π (b) diverges

9. (a) converges to 2 (b) diverges

10. (a) $p<1$ (b) $p>1$ **11.** $\dfrac{x}{1+x^3}<\dfrac{1}{x^2}$, converges

12. $\dfrac{x}{x^{3/2}-1}>\dfrac{1}{\sqrt{x}}$, diverges **13.** $\dfrac{3}{x+e^x}<\dfrac{3}{e^x}$, converges

14. $\dfrac{\sin^2 x}{1+e^x}<\dfrac{1}{e^x}$, converges **15.** $\dfrac{x^2e^x}{\ln x}>e^x$, diverges

16. $\frac{1}{2}\ln 4-\frac{1}{4}$ **17.** (a) $\sqrt{\frac{\pi}{k}}$ (b) $\dfrac{\sqrt{\pi}}{2}$

CHAPTER 7

연습문제 7.1

1. $2e^{4t}$ **2.** $5e^{-3t}$ **3.** $2e^{2(t-1)}$ **4.** $50+20e^t$

5. (a) 3200 (b) $400\cdot 2^t=400e^{(\ln 2)t}$ (c) 4525

6. (a) 8 hours (b) $100\cdot 2^{t/4}=100e^{(\ln 2/4)t}$ (c) 23.6 hours

7. $20\dfrac{\ln 10}{\ln 2}\approx 66.4$ minutes **9.** (a) 12.5% (b) 8.4%

10. $0.4e^{-(\ln 2/3)t}$ mg; 15.97 hours; (a) 6 hours (b) 15.97 hours

11. 13,305 years **12.** $\dfrac{\ln\left(\frac{5}{13}\right)}{\ln\left(\frac{11}{13}\right)}\approx 5.72$ minutes

13. (a) $70-20e^{(\ln\cdot 7/2)t}$ (b) 66.6° (c) 9.02 min

14. 9:46 P.M. **15.** \$1080, \$1083, \$1083.28, \$1083.29

16. (a) A = \$110,232; B = \$66,402 (b) A = \$22,255; B = \$29,836
(c) 6.9%

연습문제 7.2

1. (a) yes (b) no **2.** (a) yes (b) no

3. $y=ce^{x+x^3/3}$ **4.** $y=-\dfrac{1}{\frac{2}{3}x^3+c}$

5. $y=\pm\sqrt{4\ln\left|1+x^3\right|+c}$

6. $(y+1)e^{-y}=2(x+1)e^{-x}+c$

7. $\cos y=-\sin x+c$ **8.** $y=c\sqrt{1+x^2}$

9. $y=e^{-1}e^{(x+1)^3}$ **10.** $y=\sqrt{\frac{8}{3}x^3+4}$

11. $y=(x+3)^4$ **12.** $\sin y=2x^2$ **13.** 70 m/s

연습문제 7.3

1.

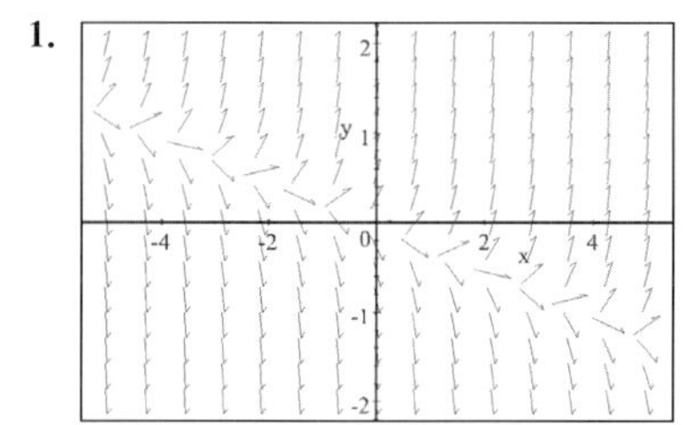

2.

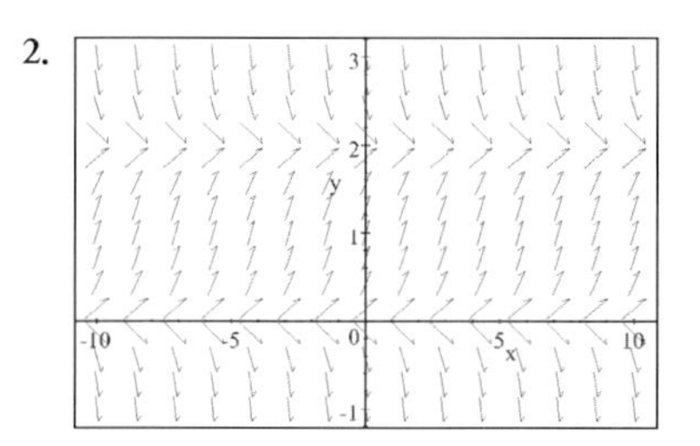

3.

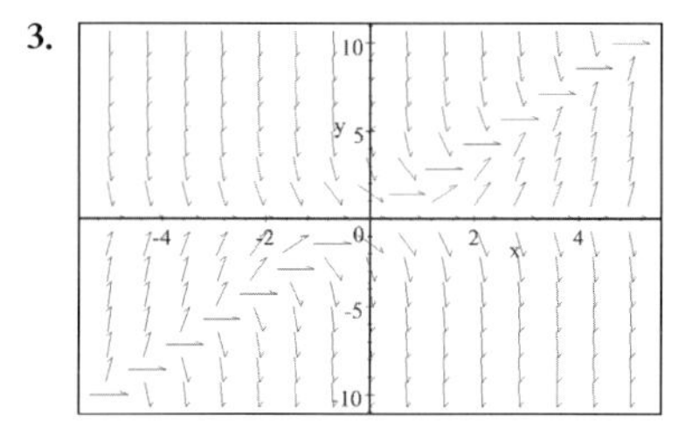

4. B **5.** C **6.** A

7. $h = 0.1$: $y_1 = 1$, $y_2 = 1.02$, $y(1) \approx 2.3346$, $y(2) \approx 29.4986$;
$h = 0.05$: $y_1 = 1$, $y_2 = 1.005$, $y(1) \approx 2.5107$, $y(2) \approx 39.0930$

8. $h = 0.1$: $y_1 = 1.3$, $y_2 = 1.651$, $y(1) \approx 3.8478$, $y(2) \approx 3.9990$;
$h = 0.05$: $y_1 = 1.15$, $y_2 \approx 1.3139$, $y(1) \approx 3.8188$, $y(2) \approx 3.9978$

9. $h = 0.1$: $y_1 = 2.9$, $y_2 \approx 2.8005$, $y(1) \approx 2.0943$, $y(2) \approx 1.5276$;
$h = 0.05$: $y_1 = 2.95$, $y_2 \approx 2.9001$, $y(1) \approx 2.0990$, $y(2) \approx 1.5345$

10. $h = 0.1$: $y_1 = 1.1$, $y_2 \approx 1.2095$, $y(1) \approx 2.3960$, $y(2) \approx 4.5688$;
$h = 0.05$: $y_1 = 1.05$, $y_2 \approx 1.1024$, $y(1) \approx 2.4210$, $y(2) \approx 4.6203$

11. $y = 0$ (unstable), $y = 2$ (stable)

12. $y = 0$ (unstable), $y = -1$ (unstable), $y = 1$ (stable)

13. $y = 1$ (stable)

연습문제 7.4

1. (0, 0): no prey or predators; (1, 0): prey but no predators;
(1/2, 1/4): twice as many prey as predators

2. (0, 0): no prey or predators; (3, 0): prey but no predators;
(2, 1/2): four times as many prey as predators

3. (0, 0): no prey or predators; (2, 0): prey but no predators

4. unstable **5.** stable

6. (0, 0): none of either species; (3/2, 0): some of first species, none of second; (0, 2): some of second species, none of first;
(1, 1): equal amounts of each species

7. (0, 0): none of either species; (1, 0): some of first species, none of second; (0, 1): some of second species, none of first

8. $u' = v$; $v' = -4u - 2xv + 4x^2$

9. $u' = v$; $v' = -xu^2 + (\cos u)v + 2x$

10. (0, 3), (0, −3), (2, 1), (−2, −1), (6, 3), (−6, −3)

11. (0, 0), (−2, 2), (4, 4)

CHAPTER 8

연습문제 8.1

1. $1, \frac{3}{4}, \frac{5}{9}, \frac{7}{16}, \frac{9}{25}, \frac{11}{36}$ **2.** $4, 2, \frac{2}{3}, \frac{1}{6}, \frac{1}{30}, \frac{1}{180}$

3. converges to 0 **4.** converges to 1

5. converges to 32 **6.** diverges **7.** diverges

8. converges to 0 **9.** converges to 0 **10.** converges to 0

11. converges to 0 **12.** 1 **13.** ln 2 **14.** 0

17. decreasing **18.** increasing **19.** $|a_n| < 3$

20. $|a_n| < \frac{1}{2}$ **21.** 1.8312

연습문제 8.2

1. converges to $\frac{15}{4}$ **2.** converges to $\frac{3}{8}$ **3.** diverges

4. converges to 3 **5.** diverges **6.** diverges

7. converges to 1 **8.** converges to $\frac{2/e}{e-1}$ **9.** diverges

10. converges to $\frac{5}{6}$ **11.** diverges **12.** diverges

13. $-1 < c < 0$ **14.** $c = 0$ **15.** (a) $L - \sum_{k=1}^{m-1} a_k$

16. (a) $\frac{0.9}{1-0.1} = 1$ **17.** $a_k = \frac{1}{k}$ and $b_k = -\frac{1}{k}$

18. $\frac{1}{1-r} > \frac{1}{2}$ if $-1 < r < 1$ **19.** no

연습문제 8.3

1. (a) diverges (b) diverges

2. (a) diverges (b) converges

3. (a) diverges (b) converges

4. (a) converges (b) converges

5. (a) diverges (b) diverges

6. (a) converges (b) converges

7. (a) diverges (b) diverges

8. (a) diverges (b) converges

9. (a) converges (b) converges

10. (a) diverges (b) diverges

11. $p > 1$ **12.** $p > 1$ **13.** $\frac{1}{3 \cdot 100^3}$

14. $e^{-1600} \approx 6.73 \times 10^{-696}$

15. (a) can't tell (b) converges (c) converges (d) can't tell

연습문제 8.4

1. convergent **2.** convergent **3.** convergent

4. convergent **5.** divergent **6.** diverges

7. convergent **8.** convergent **9.** diverges

10. convergent **11.** divergent **12.** convergent

13. 3.61 **14.** −0.22 **15.** 20,000

16. 34 terms ($k = 0$ to $k = 33$)

17. $f'(k) < 0$ for $k \geq 2$

18. positives diverge, negatives converge

19. $\int_1^2 \frac{1}{x}\,dx$

연습문제 8.5

1. absolutely convergent **2.** divergent

3. conditionally convergent **4.** absolutely convergent

5. divergent **6.** absolutely convergent

7. absolutely convergent **8.** divergent

9. conditionally convergent **10.** absolutely convergent

11. absolutely convergent **12.** absolutely convergent

13. conditionally convergent **14.** conditionally convergent

15. absolutely convergent **16.** absolutely convergent

17. divergent **18.** absolutely convergent

19. absolutely convergent **20.** absolutely convergent

21. ratio **22.** alternating **23.** p-series

24. ratio **25.** integral **26.** root

27. comparison **28.** comparison

29. integral **30.** ratio

31. $-1 \leq p \leq 1$

연습문제 8.6

1. $\infty, (-\infty, \infty)$ **2.** $4, (-4, 4)$

3. $3, (-2, 4]$ **4.** $0, \{x = -1\}$

5. $r = \frac{1}{2}, (1, 2)$ **6.** $r = \frac{1}{8}, \left(-\frac{5}{8}, -\frac{3}{8}\right)$

7. $r = 2, (-4, 0)$ **8.** $r = \infty$, all x

9. $(-3, -1), \frac{-1}{1+x}$ **10.** $(0, 1), \frac{1}{2-2x}$

11. $(-2, 2), \frac{2}{2+x}$ **12.** $\sum_{k=1}^{\infty} 2x^k,\ r = 1, (-1, 1)$

13. $\sum_{k=0}^{\infty}(-1)^k 3x^{2k}, r = 1, (-1, 1)$

14. $\sum_{k=0}^{\infty} 2x^{3k+1}, r = 1, (-1, 1)$

15. $\sum_{k=0}^{\infty}(-1)^k \frac{1}{2^{2k+1}} x^k, r = 4, (-4, 4)$

16. $\sum_{k=0}^{\infty}(-1)^k \frac{3}{2k+1} x^{2k+1}, r = 1$

17. $\sum_{k=0}^{\infty}(-1)^k \frac{1}{k+1} x^{2k+2}, r = 1$

18. $(-\infty, \infty); \sum_{k=1}^{\infty} -k\sin(k^3 x), \{x = n\pi\}$

19. $(-\infty, 0); \sum_{k=0}^{\infty} ke^{kx}, (-\infty, 0)$

20. $(a-b, a+b), r = b$ **21.** r

연습문제 8.7

1. $\sum_{k=0}^{\infty}(-1)^k \frac{x^{2k}}{(2k)!}, (-\infty, \infty)$ **2.** $\sum_{k=0}^{\infty} \frac{2^k}{k!} x^k, (-\infty, \infty)$

3. $\sum_{k=0}^{\infty}(-1)^k \frac{x^{k+1}}{k+1}, (-1, 1]$ **4.** $\sum_{k=0}^{\infty}(-1)^k (k+1)x^k, (-1, 1)$

5. $\sum_{k=0}^{\infty} \frac{(x-1)^k}{k!}, (-\infty, \infty)$

6. $1 + \sum_{k=1}^{\infty}(-1)^{k+1} \frac{e^{-k}}{k}(x-e)^k, (0, 2e]$

7. $\sum_{k=0}^{\infty}(-1)^k (x-1)^k, (0, 2)$

8. $1 + \frac{1}{2}(x-1) - \frac{1}{8}(x-1)^2 + \frac{1}{16}(x-1)^3 - \frac{5}{128}(x-1)^4 + \frac{7}{256}(x-1)^5 - \frac{21}{1024}(x-1)^6$

9. $e^2\left[1 + (x-2) + \frac{1}{2}(x-2)^2 + \frac{1}{6}(x-2)^3 + \frac{1}{24}(x-2)^4 + \frac{1}{120}(x-2)^5 + \frac{1}{720}(x-2)^6\right]$

10. $x + \frac{1}{6}x^3 + \frac{3}{40}x^5$

11. $|R_n(x)| \le \frac{|x|^{n+1}}{(n+1)!} \to 0$ **12.** $|R_n(x)| = \frac{1}{n+1}\left|\frac{x-1}{z}\right|^{n+1} \to 0$

13. (a) 0.04879 (b) $\frac{0.05^5}{5}$ (c) 7

14. (a) 1.0488 (b) $\frac{7(0.1)^5}{256}$ (c) 9

15. $\sum_{k=0}^{\infty} \frac{(-3)^k}{k!} x^k; r = \infty$ **16.** $\sum_{k=0}^{\infty}(-1)^k \frac{x^{2k+1}}{k!}; r = \infty$

17. e^x with $x = 2$ **18.** $\tan^{-1} x$ with $x = 1$

19. x; converges to f for all $x \ge 0$

21. $1 + \sum_{k=1}^{\infty} \frac{(-1)^k (2k-3)(2k-1)\cdots(-1)}{2^k k!} x^k$

22. $1 + (x-1) = x \neq |x|$, for $x < 0$

23. $1 - \frac{x^2}{3!} + \frac{x^4}{5!} - \frac{x^6}{7!}$; equals to the Maclaurin series for $\sin x$, divided by x

연습문제 8.8

1. 0.99923163442 **2.** 0.94275466553

3. 0.81873075307 **4.** $-\frac{1}{2}$ **5.** $-\frac{1}{2}$ **6.** 1

7. $\frac{1703}{900}$ **8.** $\frac{5651}{3780}$ **9.** $\frac{2}{5}$ **10.** ∞ **11.** 12

12. $1 + \frac{1}{2}x + \frac{3}{8}x^2 + \frac{5}{16}x^3 + \frac{35}{128}x^4 + \cdots$

13. $6 - 6x + 12x^2 - 28x^3 + 70x^4 - \cdots$

14. (a) 5.0990200 (b) 4.8989800

15. $x + \frac{1}{6}x^3 + \frac{3}{40}x^5 + \frac{5}{112}x^7 + \frac{35}{1152}x^9 + \cdots$

16. (b) $m = 1.1m_0$ if $V = \sqrt{0.2}\,C \approx 83{,}000$ miles per second

17. (b) $x = \frac{R}{20} \approx 200$ miles

(c) $\text{mg}\left(1 - \frac{2}{R}x + \frac{3}{R^2}x^2\right); x = R\,\frac{1-\sqrt{0.7}}{3} \approx 217$ miles

연습문제 8.9

1. $\sum_{k=1}^{\infty}(-1)^{k+1} \frac{2}{k}\sin kx$ **2.** $\pi - \sum_{k=1}^{\infty} \frac{8}{(2k-1)^2\pi}\cos[(2k-1)x]$

3. $\sum_{k=1}^{\infty} \frac{-4}{\pi(2k-1)}\sin[(2k-1)x]$ **4.** $3\sin 2x$

5. $\sum_{k=1}^{\infty}(-1)^k \frac{2}{k\pi}\sin k\pi x$ **6.** $\frac{1}{3} + \sum_{k=1}^{\infty}(-1)^k \frac{4}{k^2\pi^2}\cos k\pi x$

7. $\frac{1}{4} + \sum_{k=1}^{\infty} \frac{-2}{(2k-1)^2\pi^2}\cos(2k-1)\pi x + \sum_{k=1}^{\infty}(-1)^{k+1}\frac{1}{k\pi}\sin k\pi x$

8.

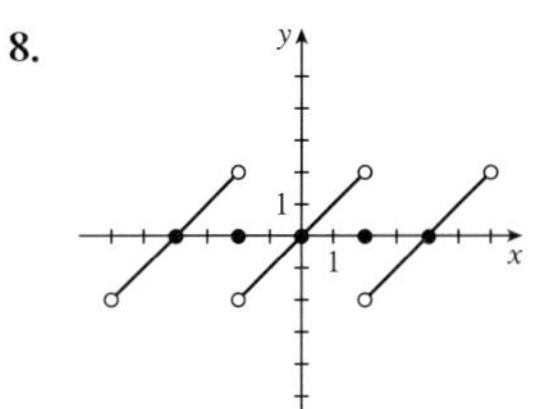

9.

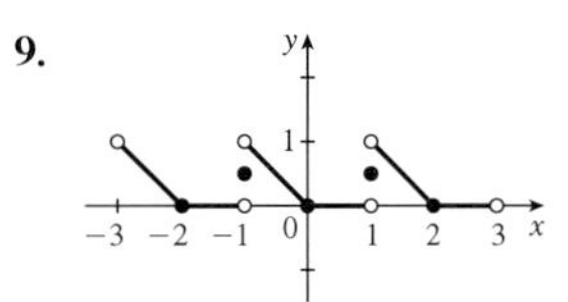

10.

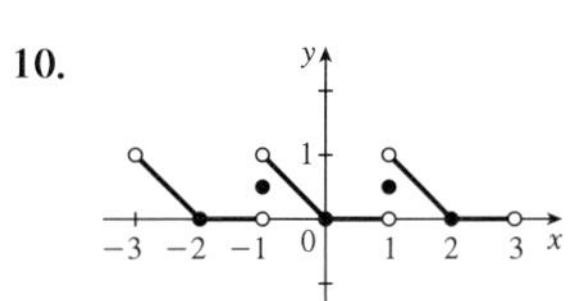

15. sine **16.** both

CHAPTER 9

연습문제 9.1

1. $\frac{x^2}{4} + \frac{y^2}{9} = 1$

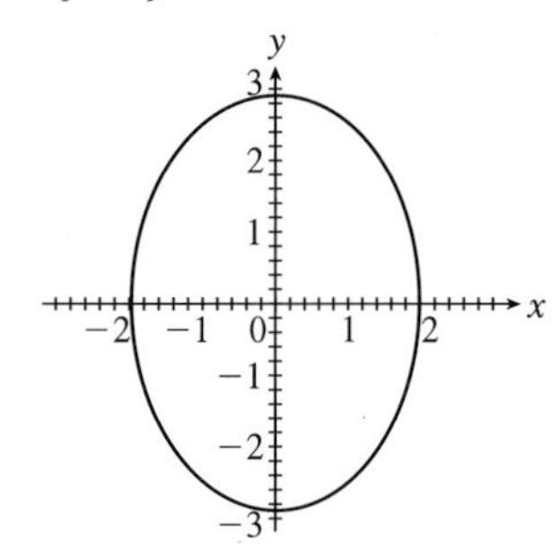

2. $y = \frac{3}{2}x + \frac{3}{2}$

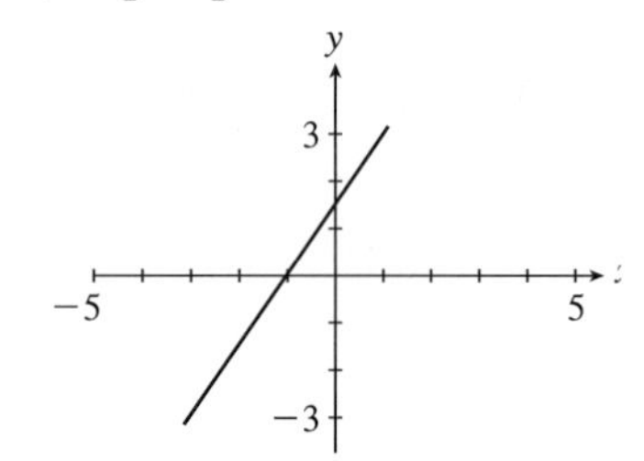

3. $y = x^2 - 2x + 3$

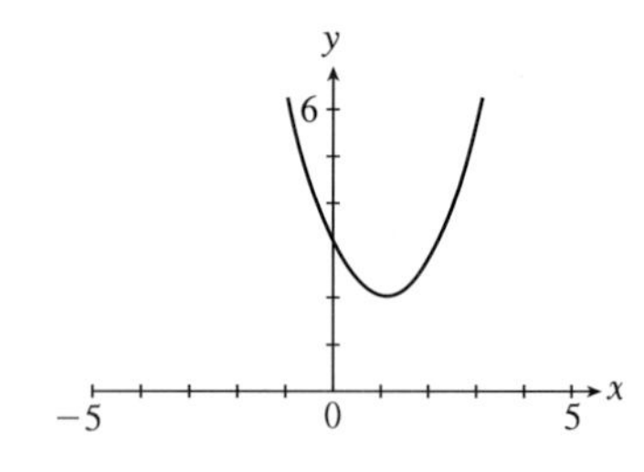

4. $x = \frac{1}{4}y^2 - 1$

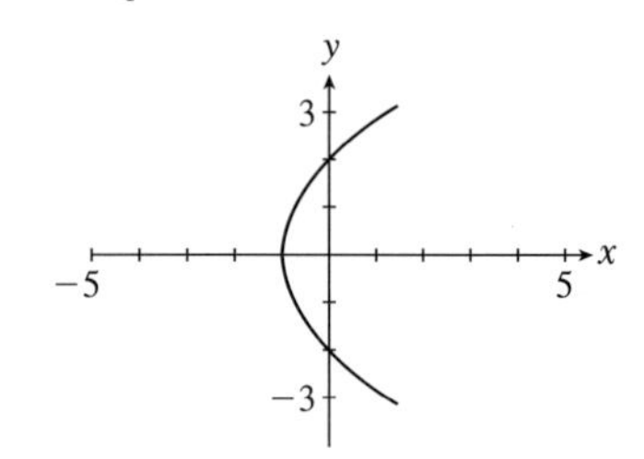

5. $y = \sin(\sin x),\ \frac{-\pi}{2} \le x \le \frac{\pi}{2}$

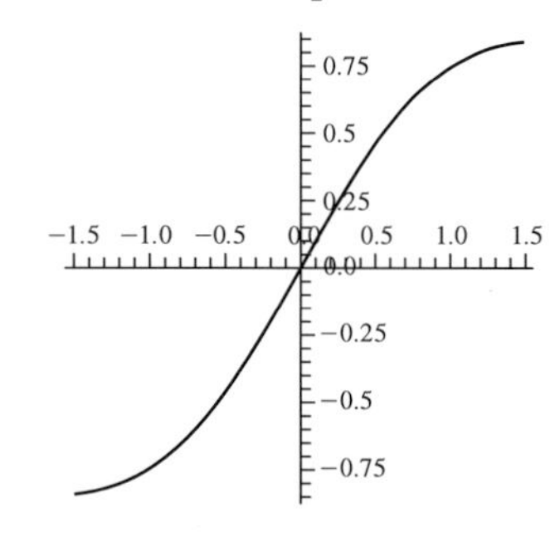

6. $y = e^{-x^2},\ x > 0$

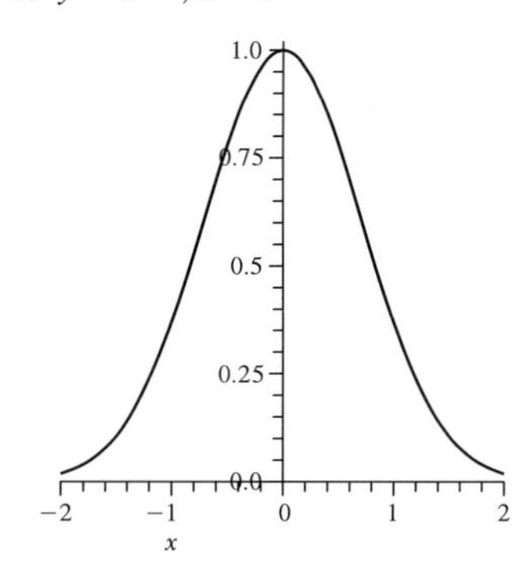

7.

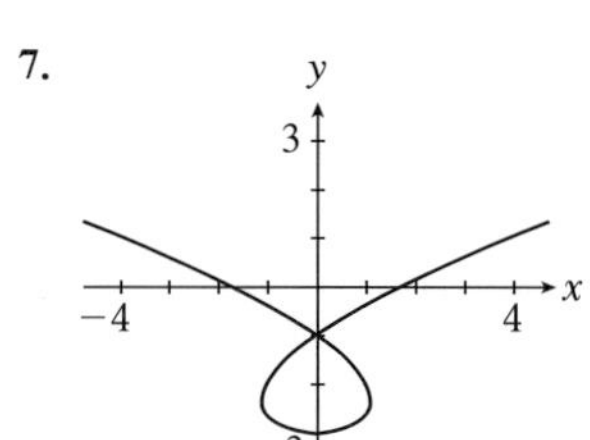

8.

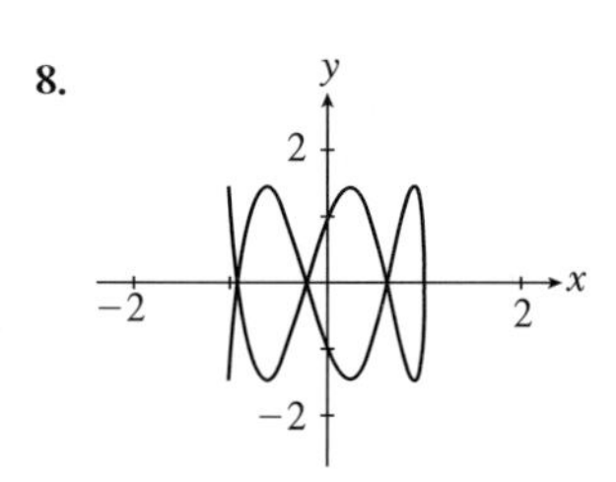

9.

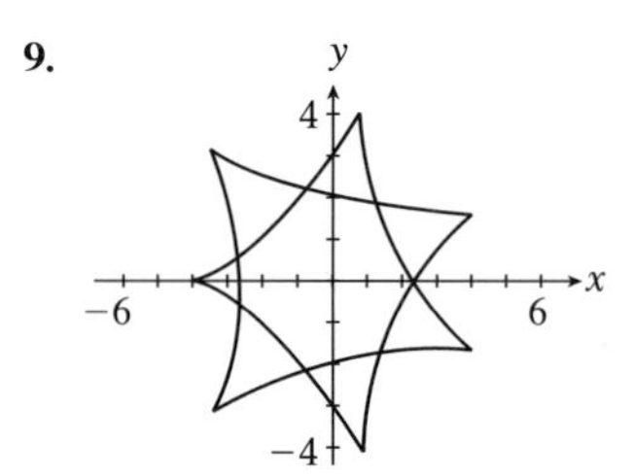

10.

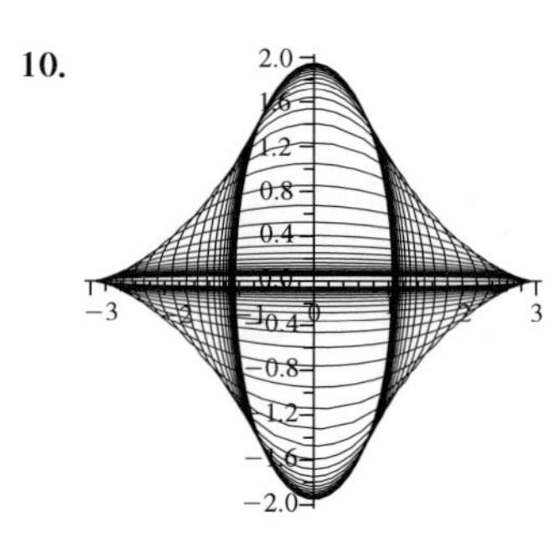

11. $x = 3t,\ y = 1 + 3t,\ 0 \le t \le 1$

12. $x = -2 + 8t,\ y = 4 - 3t,\ 0 \le t \le 1$

13. $x = t,\ y = t^2 + 1,\ 1 \le t \le 2$

14. $x = 2 + 3\cos t,\ y = 1 + 3\sin t,\ 0 \le t \le 2\pi$

15. (a) $x = 12t,\ y = 16 - 16t^2$

(b) $x = (12\cos 6^\circ)t,\ y = 16 + (12\cos 6^\circ)t - 16t^2$

16. (a) $x = 2t,\ y = 10 - 4.9t^2$

(b) $x = (2\cos 8^\circ)t,\ y = 10 - (2\cos 8^\circ)t - 4.9t^2$

17. (2, 3) and (−3, 8) **18.** (2, 1) and (3, 0)

연습문제 9.2

1. (a) −1 (b) 1 (c) undefined **2.** (a) $-\frac{3}{2}$ (b) 0 (c) 0

3. (a) 0 (b) $-\frac{2}{\pi}$ (c) $-\pi$

4. (a) $\left(\frac{\sqrt{2}}{2}, 1\right), \left(\frac{\sqrt{2}}{2}, -1\right), \left(-\frac{\sqrt{2}}{2}, 1\right)\left(-\frac{\sqrt{2}}{2}, -1\right)$

(b) (1, 0), (−1, 0)

5. (a) (0, −3) (b) (−1, 0) **6.** (a) (0, 1) (b) (0, −3)

7. (a) $x' = 0,\ y' = 3$; speed is 3; up

(b) $x' = -2;\ y' = 0$; speed is 2; left

8. (a) $x'(0) = 20,\ y'(0) = -2$, speed $= 2\sqrt{101}$, right/down

(b) $x'(2) = 20,\ y'(2) = -66$, speed $= \sqrt{4756}$, right/down

9. (a) $x'(0) = 5,\ y'(0) = 4$, speed $= \sqrt{41}$, right/up

(b) $x'\left(\frac{\pi}{2}\right) = 0,\ y'\left(\frac{\pi}{2}\right) = -9$, speed $= 9$, down

10. 6π **11.** $\frac{3\pi}{8}$ **12.** $\frac{4}{3}$ **13.** $\frac{256}{15}$

14. At (3,0), speed is 0 and acceleration is $x'' = -6,\ y'' = 0$; at (−1, 0), speed is 4 and acceleration is $x'' = -2,\ y'' = 0$

16. speed = 4, $(\tan 4t)(-\cot 4t) = -1$

17. 5: 3

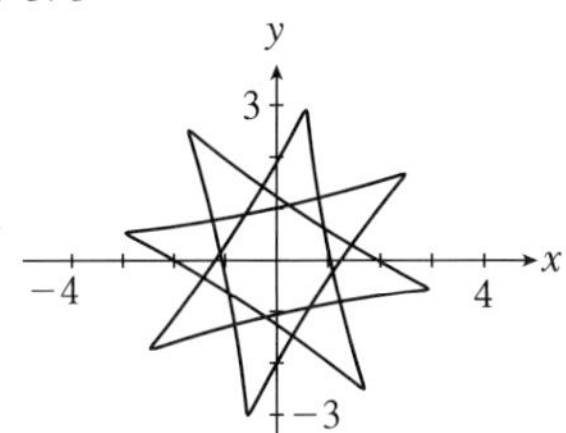

18. $x = 2\cos t + \sin 3t,\ y = 2\sin t + \cos 3t$;

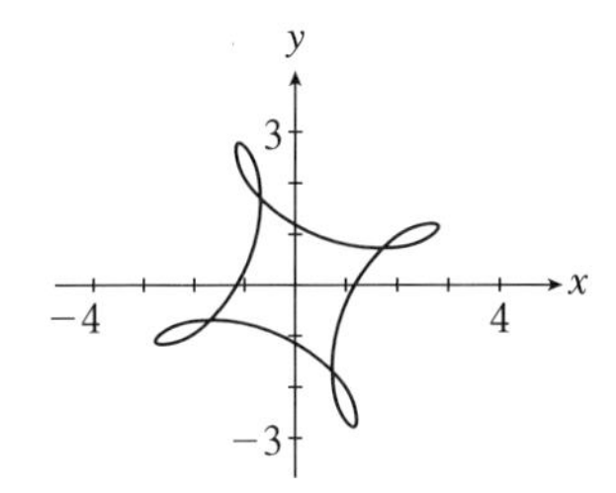

Min/max speeds: 1, 5

연습문제 9.3

1. (a) 19.38 (b) 4π **2.** (a) 2π (b) 55.09

3. (a) $\frac{\pi}{2}$ (b) 4.29 **4.** (a) $e^8 - e^{-8}$ (b) 2980.2

5. (a) $4.4859k$ (b) $4.4859k$

6. (a) $4.4569k$ (b) $4.4569k$

7. (a) 85.8 (b) 83.92 **8.** (a) 85.8 (b) 162.60

9. (a) 40.30 (b) 43.16

10. $x = 4u,\ y = 4\sqrt{1-u^2}$; 2π

연습문제 9.4

1. (2, 0) **2.** (2, 0) **3.** (−3, 0)

4. $\left(2\sqrt{2}, -\frac{\pi}{4} + 2\pi n\right), \left(-2\sqrt{2}, \frac{3\pi}{4} + 2\pi n\right)$

5. $\left(3, \frac{\pi}{2} + 2\pi n\right), \left(-3, \frac{3\pi}{2} + 2\pi n\right)$

6. $\left(\tan^{-1}\left(\frac{4}{3}\right) + 2n\pi\right), \left(-5, \tan^{-1}\left(\frac{4}{3}\right) + 2(n+1)\pi\right)$

7. $(1, -\sqrt{3})$ **8.** (0, 0) **9.** (3.80, 1.24)

10.

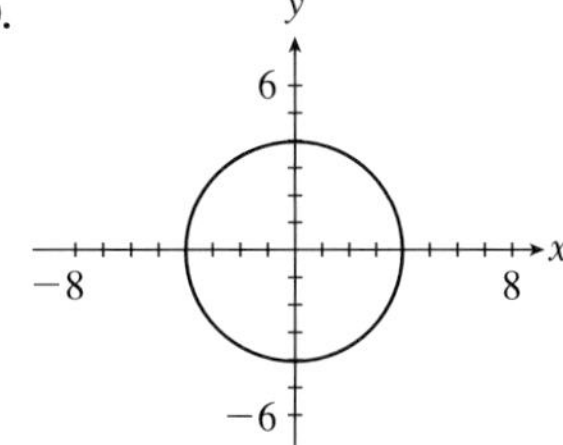

$x^2 + y^2 = 16$

11.

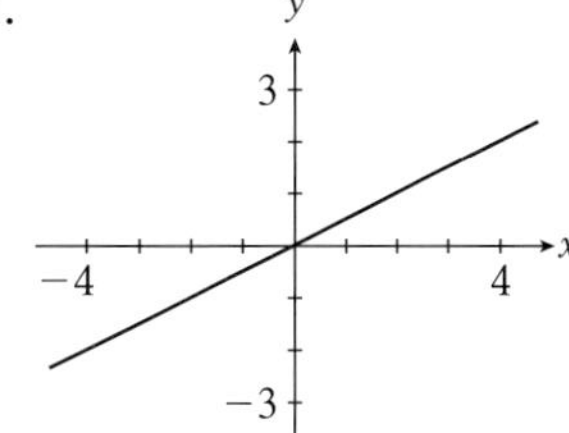

$y = \frac{1}{\sqrt{3}}x$

12.

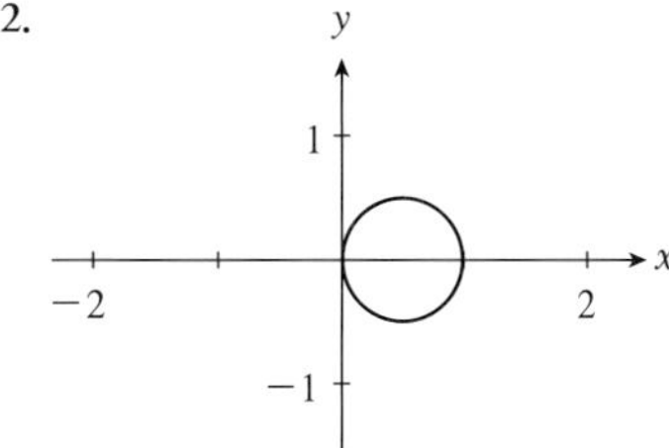

$x^2 + y^2 = x$

13.

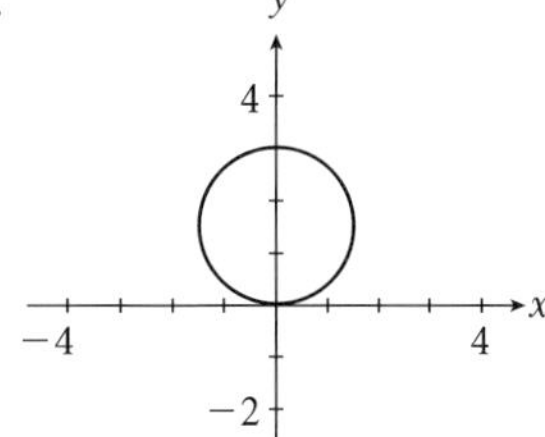

$x^2 + y^2 = 3y$

14.

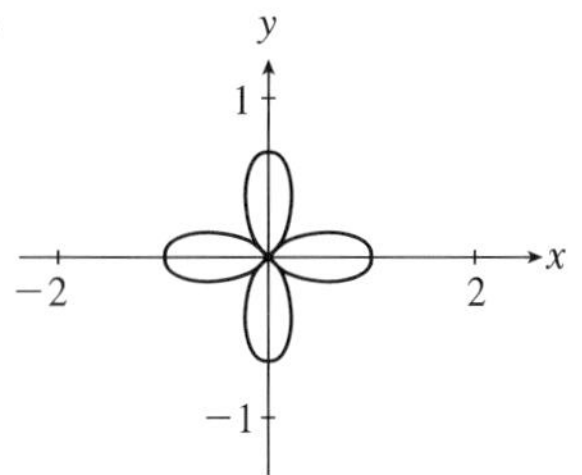

$r = 0$ at $\theta = \frac{k\pi}{4}$ (k odd), $0 \le \theta \le 2\pi$

15.

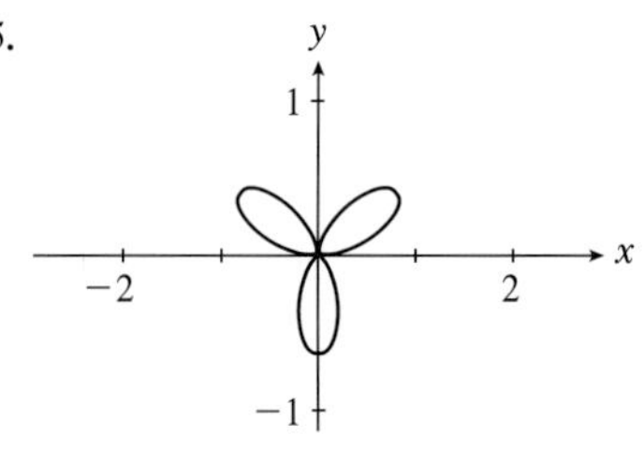

$r=0$ at $\theta=\frac{n\pi}{3}$, $0\le\theta\le\pi$

16.

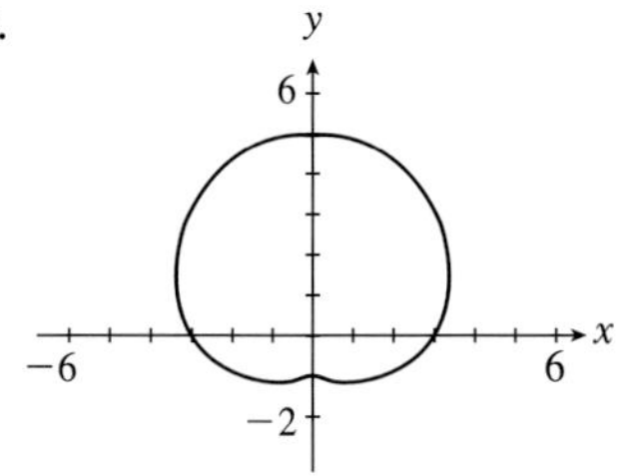

$r>0$, $0\le\theta\le 2\pi$

17.

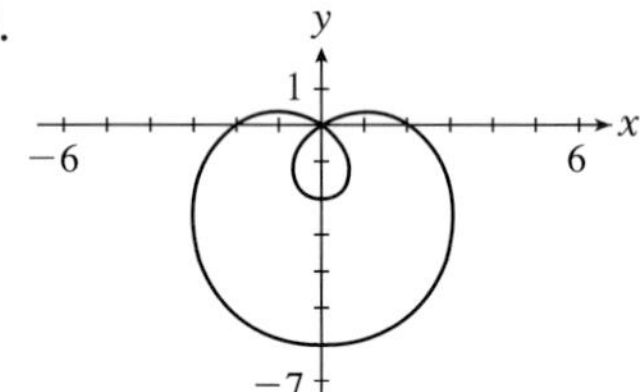

$r=0$ at $\theta=\frac{\pi}{6}+2\pi n$, $\frac{5\pi}{6}+2\pi n$; $0\le\theta\le 2\pi$

18.

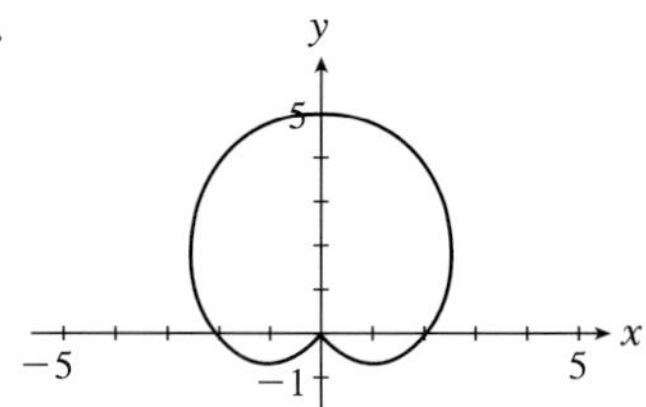

$r=0$ at $\theta=\frac{3\pi}{2}+2\pi n$, $0\le\theta\le 2\pi$

19.

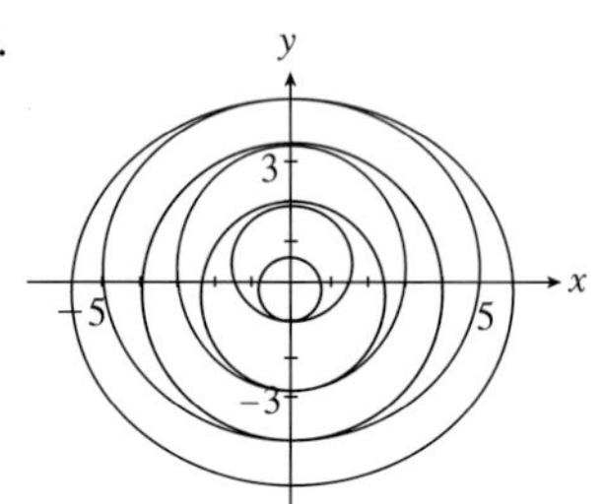

$r=0$ at $\theta=0$, $-\infty<\theta<\infty$

20.

$r=0$ at $\theta=\frac{3\pi}{4}+\pi n$, $0\le\theta\le\pi$

21. $r=\pm 2\sqrt{-\sec 2\theta}$

22. $r=4$

23. $r=3\csc\theta$

24. circles of radius $\frac{1}{2}|a|$ and center $\left(\frac{1}{2}a, 0\right)$

25. For integer a, rose with $2n$ leaves (n even) or n leaves (n odd)

26. For $|a|>1$, larger $|a|$ gives larger inner loop.

연습문제 9.5

1. (a) $\sqrt{3}$ **2.** (a) 0

3. (a) $\frac{1}{2}$ (b) $\frac{2\sin 1+\cos 1}{2\cos 1-\sin 1}$

4. (a) $\left(\frac{\sqrt{3}}{2}, \frac{1}{2}\right)$, $\left(-\frac{\sqrt{3}}{2}, \frac{1}{2}\right)$, $(0, -1)$

(b) concave up at $(0, 0)$ and $(0, -1)$; concave down at $(\pm 0.73, 0.56)$

5. (a) $(3\sqrt{2}, -3\sqrt{2})$, $(-3\sqrt{2}, 3\sqrt{2})$

(b) concave up at $(-0.98, -0.13)$, $(-1.22, -1.49)$ and $(2.97, -4.74)$; concave down at $(1.22, 1.49)$, $(0.98, 0.13)$ and $(-2.97, 4.74)$

6. $\frac{\pi}{12}$ **7.** π **8.** $\frac{\pi}{2}-\frac{3\sqrt{3}}{4}\approx 0.2718$ **9.** 0.3806

10. 0.1470 **11.** $\frac{11\sqrt{3}}{2}+\frac{14\pi}{3}\approx 24.187$

12. $\frac{5\pi}{3}+\sqrt{3}\approx 6.9680$ **13.** $\frac{5\pi}{4}-2\approx 1.9270$

14. $(0, 0)$, $(0.3386, -0.75)$, $(1.6614, -0.75)$

15. $(0, 0)$, $(1.2071, 1.2071)$, $(-0.2071, -0.2071)$

16. 16 **17.** 6.6824 **18.** 20.0158

CHAPTER 10

연습문제 10.1

1.

2. $\langle 5, 3\rangle$, $\langle -4, 6\rangle$, $\langle 6, 12\rangle$, $\sqrt{290}$

3. $-2\mathbf{i}+3\mathbf{j}$, $7\mathbf{i}$, $3\mathbf{i}+6\mathbf{j}$, $\sqrt{290}$

4.

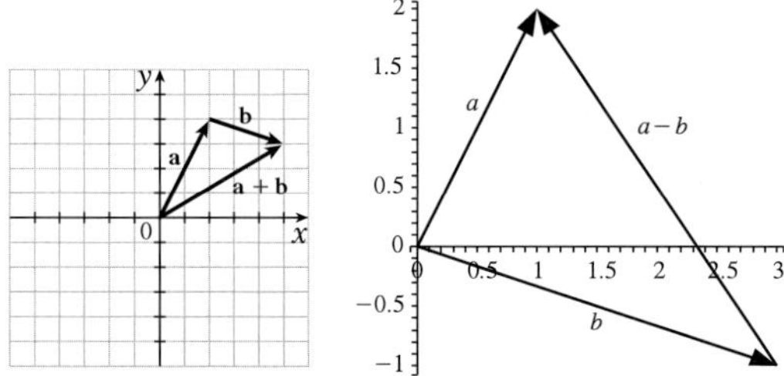

5. parallel **6.** not **7.** parallel **8.** $\langle 3, 1\rangle$

9. $\langle 2, -3\rangle$ **10.** (a) $\left\langle \frac{4}{5}, -\frac{3}{5}\right\rangle$ (b) $5\left\langle \frac{4}{5}, -\frac{3}{5}\right\rangle$

11. (a) $\dfrac{1}{\sqrt{5}}\mathbf{i} - \dfrac{2}{\sqrt{5}}\mathbf{j}$ (b) $2\sqrt{5}\left\langle \dfrac{1}{\sqrt{5}}, -\dfrac{2}{\sqrt{5}}\right\rangle$

12. (a) $\left\langle \dfrac{3}{\sqrt{10}}, \dfrac{1}{\sqrt{10}}\right\rangle$ (b) $\sqrt{10}\left\langle \dfrac{3}{\sqrt{10}}, \dfrac{1}{\sqrt{10}}\right\rangle$

13. $\frac{9}{5}\mathbf{i} + \frac{12}{5}\mathbf{j}$ **14.** $\left\langle 2\sqrt{29}, 5\sqrt{29}\right\rangle$ **15.** $\langle 4, 0\rangle$

16.

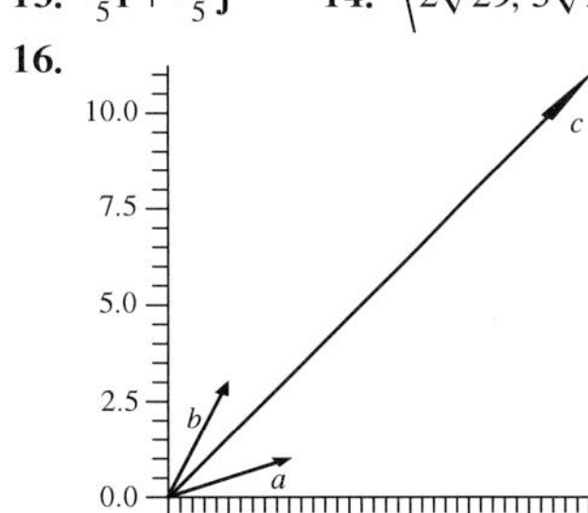

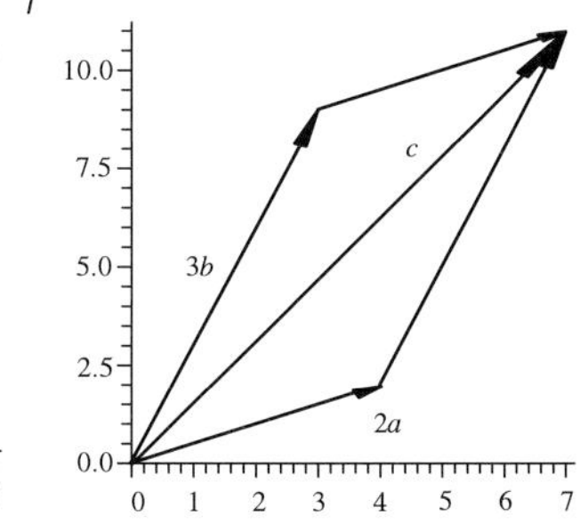

18. 10 pounds down, 20 pounds to the right

19. $\langle -80\sqrt{14}, 20\rangle$ or 3.8° north of west

연습문제 10.2

1. (a)

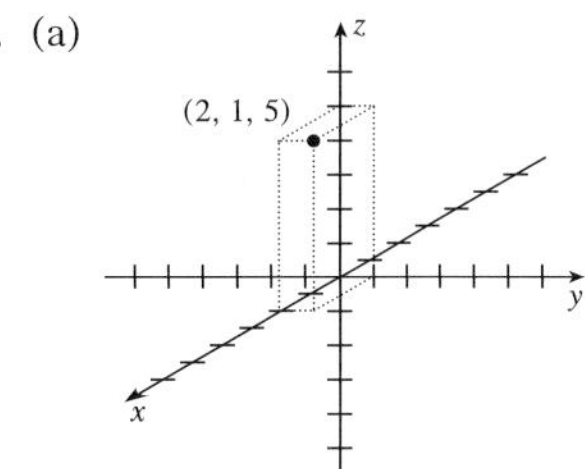

(b)

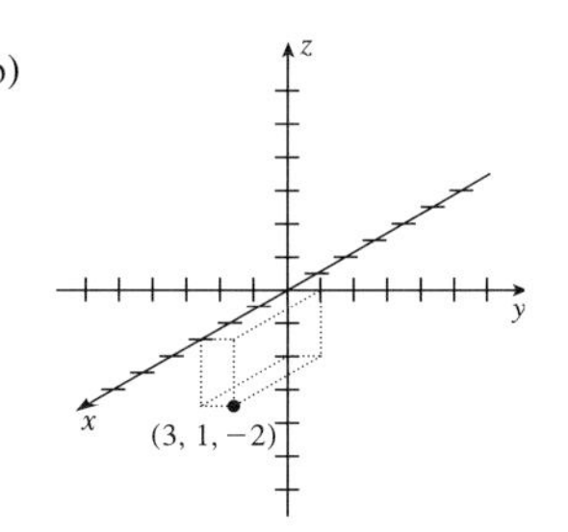

(c)

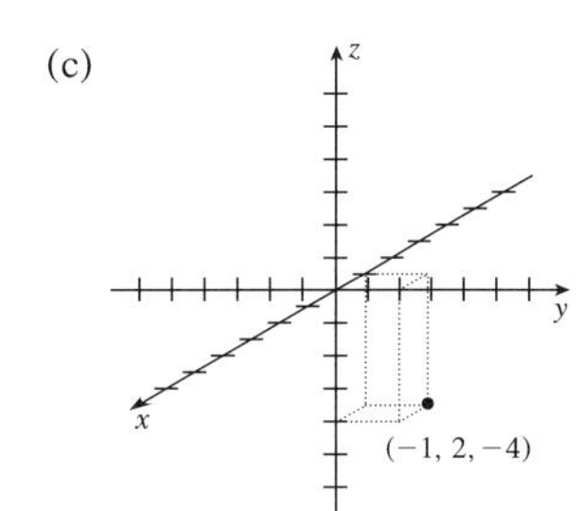

2. 5 **3.** 3 **4.** $\langle 3, 4, -2\rangle, \langle -1, -8, -2\rangle, 2\sqrt{66}$

5. $8\mathbf{i} + 4\mathbf{k}, -12\mathbf{i} - 4\mathbf{j} + 4\mathbf{k}, 2\sqrt{186}$

6. (a) $\pm\dfrac{1}{\sqrt{14}}\langle 3, 1, 2\rangle$ (b) $\sqrt{14}\left\langle \dfrac{3}{\sqrt{14}}, \dfrac{1}{\sqrt{14}}, \dfrac{2}{\sqrt{14}}\right\rangle$

7. (a) $\pm\frac{1}{3}(2\mathbf{i} - \mathbf{j} + 2\mathbf{k})$ (b) $3\left(\frac{2}{3}\mathbf{i} - \frac{1}{3}\mathbf{j} + \frac{2}{3}\mathbf{k}\right)$

8. (a) $\pm\dfrac{1}{\sqrt{2}}\langle 1, 0, -1\rangle$ (b) $2\sqrt{2}\left\langle \dfrac{1}{\sqrt{2}}, 0, -\dfrac{1}{\sqrt{2}}\right\rangle$

9. $\langle 4, 4, -2\rangle$ **10.** $\dfrac{4}{\sqrt{14}}(2\mathbf{i} - \mathbf{j} + 3\mathbf{k})$

11. $(x-3)^2 + (y-1)^2 + (z-4)^2 = 4$

12. $(x-\pi)^2 + (y-1)^2 + (z+3)^2 = 5$

13. sphere, center (1, 0,−2), radius 2

14. sphere, center (1, 0, 2), radius $\sqrt{5}$

15. point (−1, 2, 0)

16. plane parallel to xz−plane **17.** plane parallel to xy−plane

18. $\langle 2, -1, 1\rangle, \langle 4, -2, 2\rangle$, yes

19. not equilateral **20.** they form a right triangle

연습문제 10.3

1. 10 **2.** −14 **3.** 1 **4.** $\cos^{-1}\dfrac{1}{\sqrt{26}} \approx 1.37$

5. $\cos^{-1}\dfrac{-8}{\sqrt{234}} \approx 2.12$ **6.** yes **7.** yes

8. (a) one possible answer: $\langle 1, 2, 3\rangle$ (b) $\langle 1, 2, -3\rangle$

9. (a) one possible answer: $\mathbf{i} - 3\mathbf{j}$ (b) $-\frac{7}{6}\mathbf{i} + 2\mathbf{j} - 3\mathbf{k}$

10. $2, \left\langle \frac{6}{5}, \frac{8}{5}\right\rangle$ **11.** $2, \frac{2}{3}\langle 1, 2, 2\rangle$ **12.** $-\frac{8}{5}, -\frac{8}{25}\langle 0, -3, 4\rangle$

13. 105,600 foot-pounds **14.** 920 foot-pounds

15. (a) false (b) true (c) true (d) false (e) false

16. (a) $\langle 0, x\rangle$ or $\left\langle x, -\frac{3}{4}x\right\rangle$, for any $x > 0$

(b) $\langle 0, x\rangle$ or $\left\langle x, -\frac{3}{4}x\right\rangle$, for any $x < 0$

18. $\displaystyle\sum_{k=1}^{n}\frac{1}{k^3} \le \frac{\pi^3}{6\sqrt{15}}$

연습문제 10.4

1. 1 **2.** 4 **3.** $\langle 4, -3, -2\rangle$ **4.** $\langle 9, -4, 1\rangle$

5. $\langle 4, -2, 8\rangle$ **6.** $\pm\dfrac{1}{\sqrt{69}}(8, 1, -2)$ **7.** $\pm\dfrac{1}{\sqrt{46}}(-3, -6, 1)$

8. $\pm\dfrac{1}{\sqrt{154}}(-1, -3, 12)$ **9.** $\sqrt{\frac{7}{2}} \approx 1.87$ **10.** $\sqrt{\frac{61}{5}} \approx 3.49$

11. 5 **12.** $\dfrac{11\sqrt{3}}{2}$ **13.** 10

14. $\dfrac{20\sqrt{2}}{3} \approx 9.4$ foot-pounds

15. $\sin^{-1}\dfrac{7}{\sqrt{85}} \approx 0.86$ **16.** $\sin^{-1}\dfrac{13}{\sqrt{170}} \approx 1.49$

17. coplanar **18.** not coplanar **19.** $-\mathbf{i}$

연습문제 10.5

1. (a) $x = 1 + 2t, y = 2 - t, z = -3 + 4t$

(b) $\dfrac{x-1}{2} = \dfrac{y-2}{-1} = \dfrac{z+3}{4}$

2. (a) $x = 2 + 2t, y = 1 - t, z = 3 + t$

(b) $\dfrac{x-2}{2} = \dfrac{y-1}{-1} = \dfrac{z-3}{1}$

3. (a) $x = 1 - 3t, y = 2, z = 1 + t$ (b) $\dfrac{x-1}{-3} = z - 1, y = 2$

4. (a) $x = 2 - 4t, y = -t, z = 1 + 2t$ (b) $\dfrac{x-2}{-4} = \dfrac{y}{-1} = \dfrac{z-1}{2}$

5. (a) $x = 1 + 2t, y = 2 - t, z = -1 + 3t$

(b) $\dfrac{x-1}{2} = \dfrac{y-2}{-1} = \dfrac{z+1}{3}$

6. intersect, (4, 2, 3) **7.** parallel

8. $2(x-1)-(y-3)+5(z-2)=0$

9. $2(x-2)-7y-3(z-3)=0$

10. $-2x+4(y+2)=0$

11. $(x-1)-(y-2)+(z-1)=0$

12. $x=4, y=4, z=4$ **13.** $x=1, z=-2$

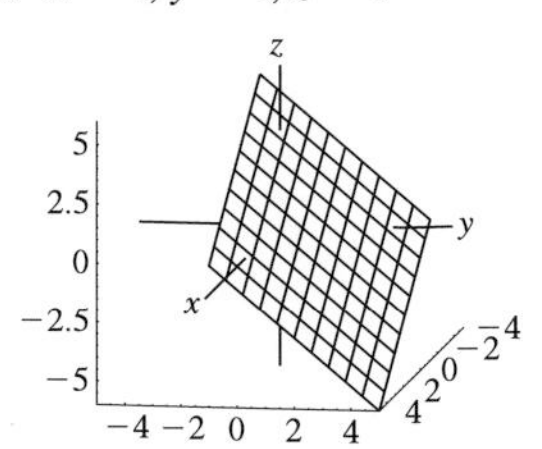

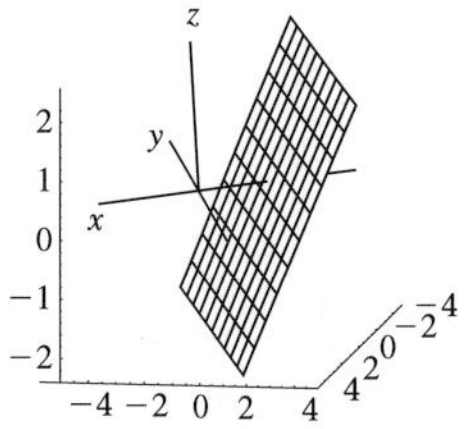

14. $x=t, y=\frac{5}{3}t-\frac{4}{3}, z=\frac{1}{3}t-\frac{8}{3}$

15. $x=4t+11, y=-3t-8, z=t$

16. $\frac{2}{3}$ **17.** $\frac{3}{\sqrt{6}}$

18. $\cos^{-1}\frac{-13}{\sqrt{234}}\approx 2.59$ **19.** perpendicular

20. parallel **21.** $\left(\frac{8}{3}, \frac{7}{3}, \frac{4}{3}\right)$

연습문제 10.6

1.

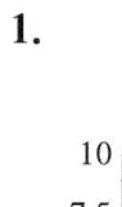

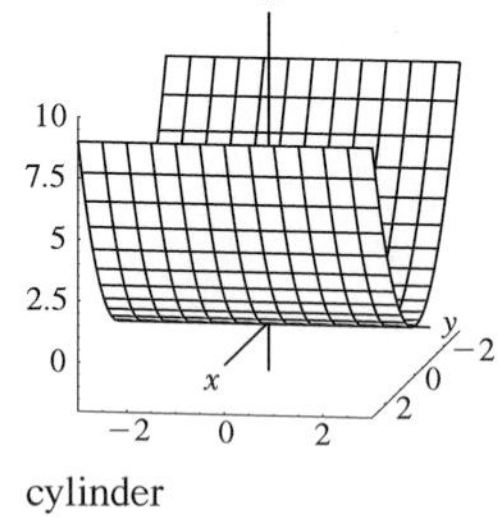

cylinder

2.

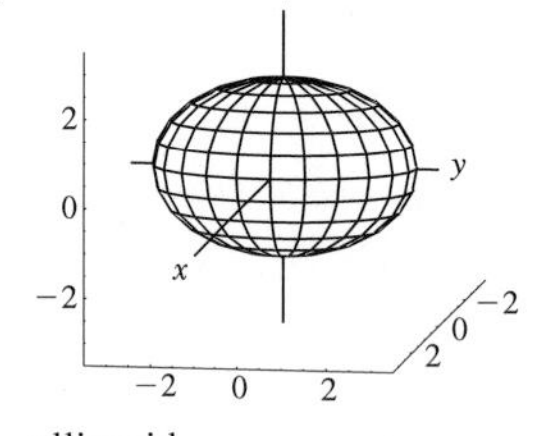

ellipsoid

3.

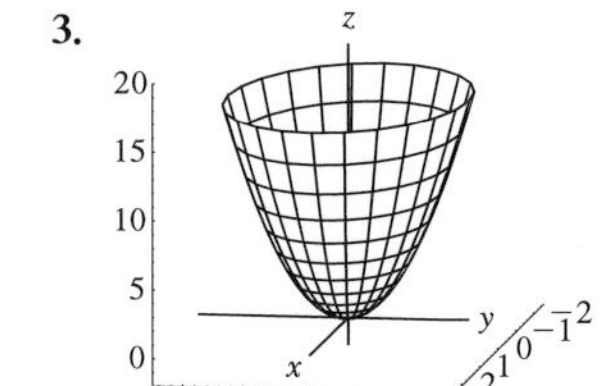

circular paraboloid

4.

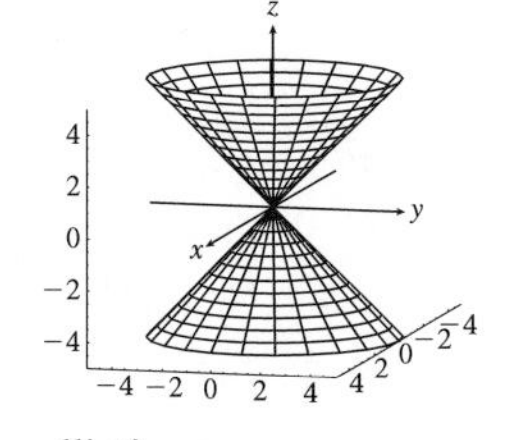

elliptic cone

5.

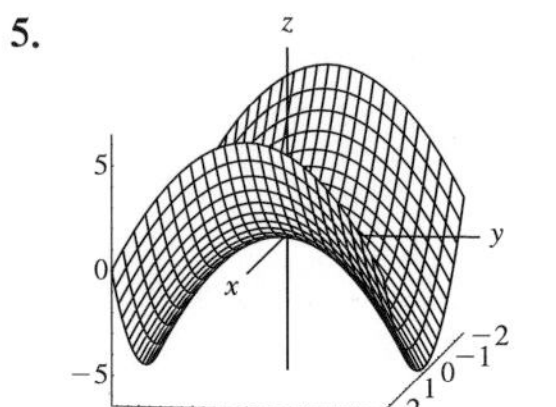

hyperbolic paraboloid

6.

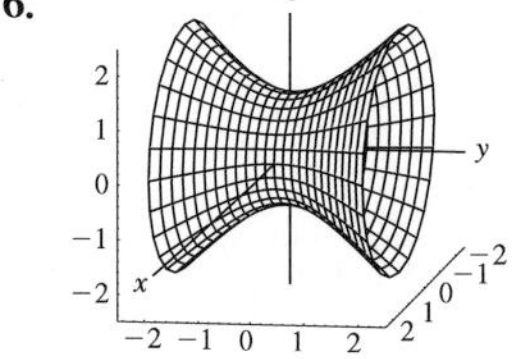

hyperboloid of 1 sheet

7.

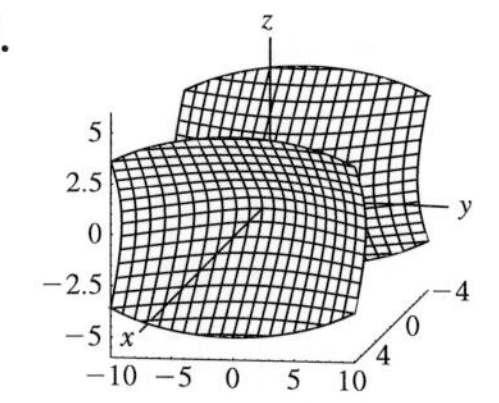

hyperboloid of 2 sheets

8.

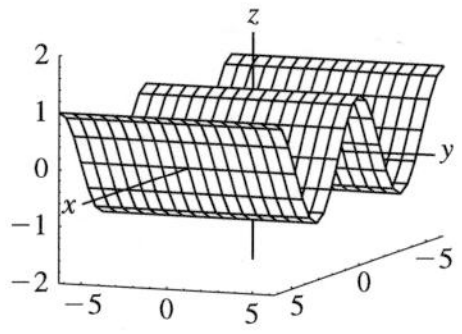

cylinder

9.

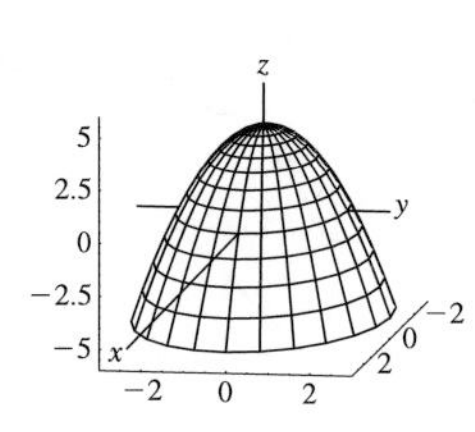

circular paraboloid

10.

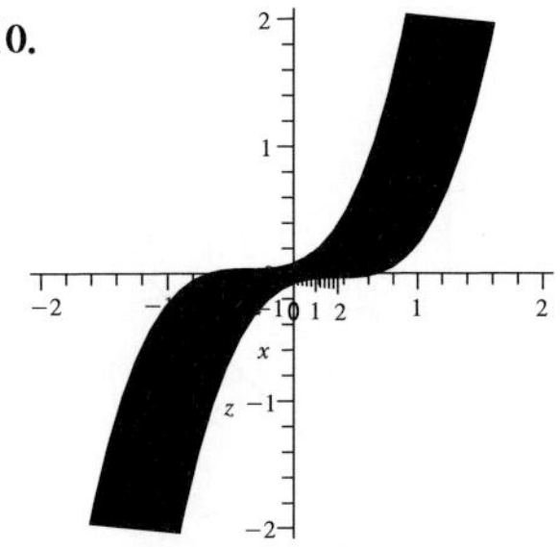

cylinder

11.

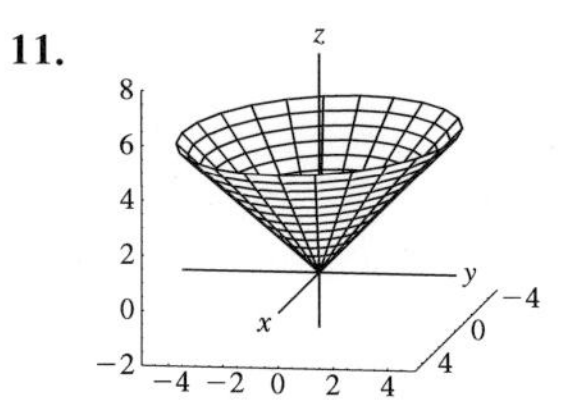

circular cone, $z\geq 0$

12.

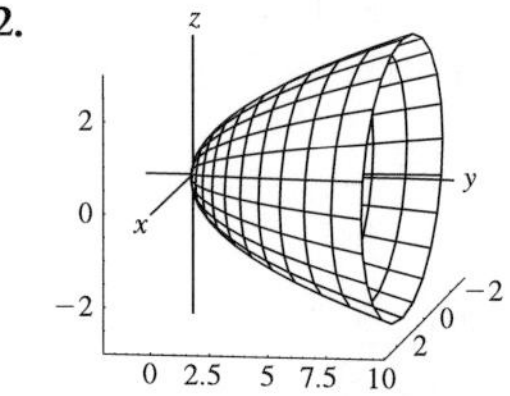

circular paraboloid

13.

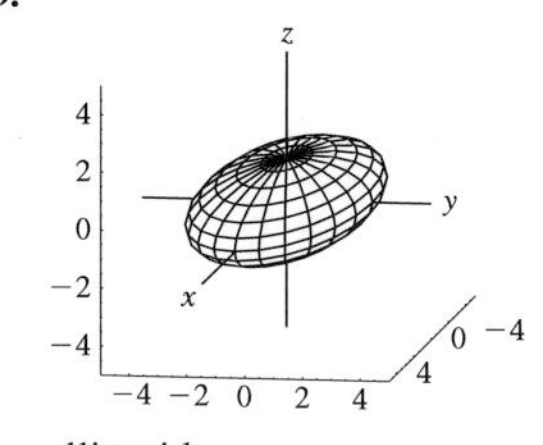

ellipsoid

14.

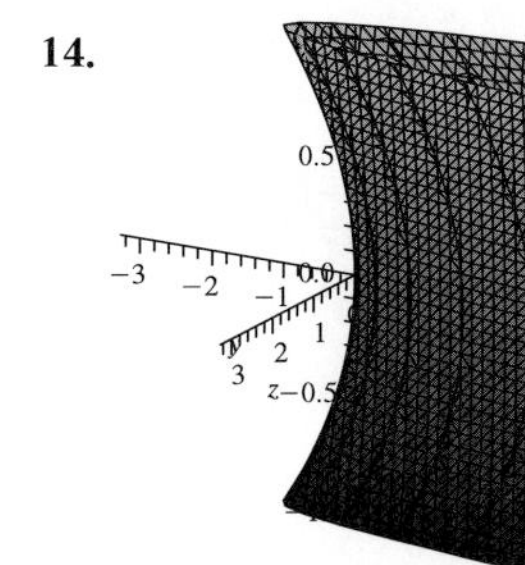

hyperbolic paraboloid

15.

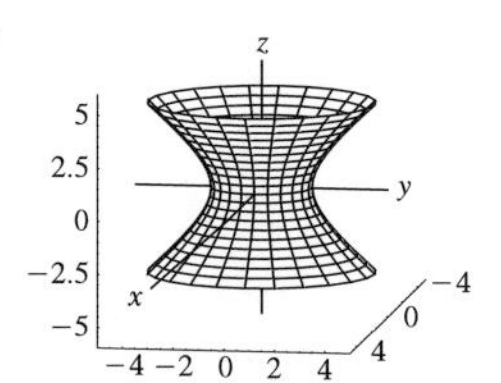

hyperboloid of 1 sheet

16.

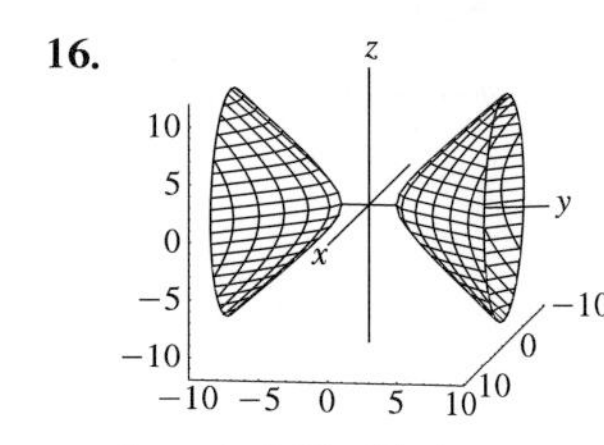

hyperboloid of 2 sheets

17.

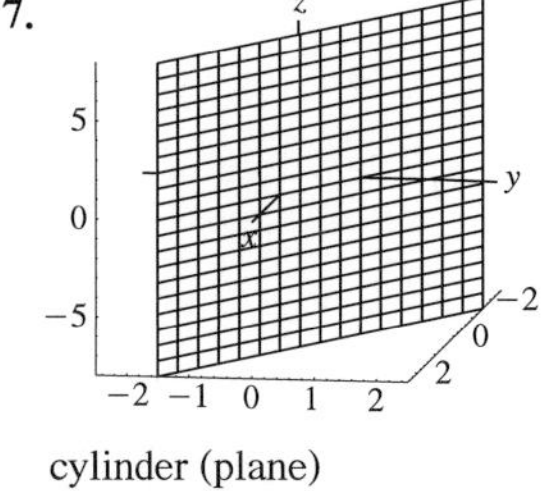

cylinder (plane)

18.

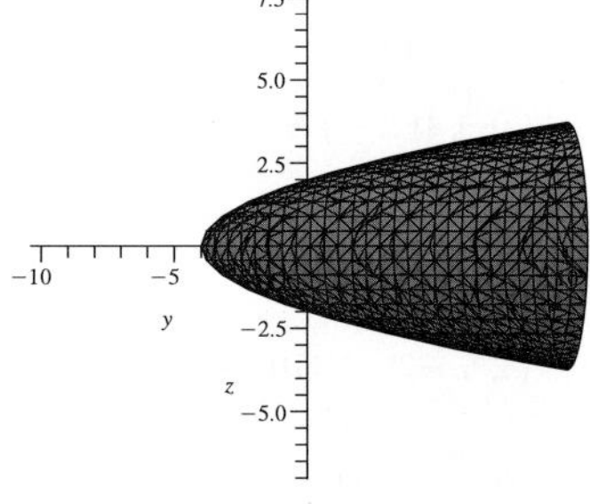

CHAPTER 11

연습문제 11.1

1.

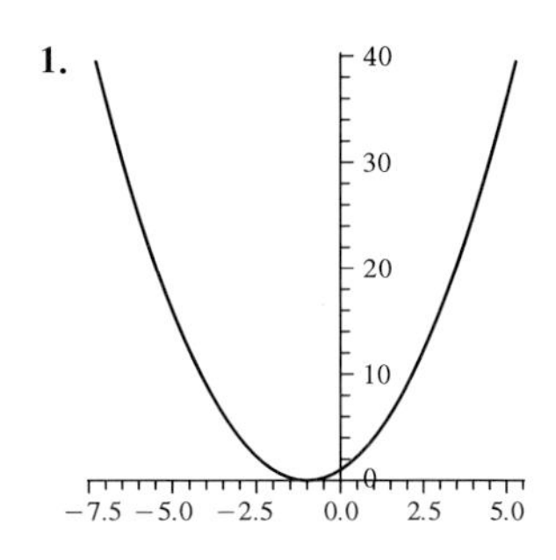

2.

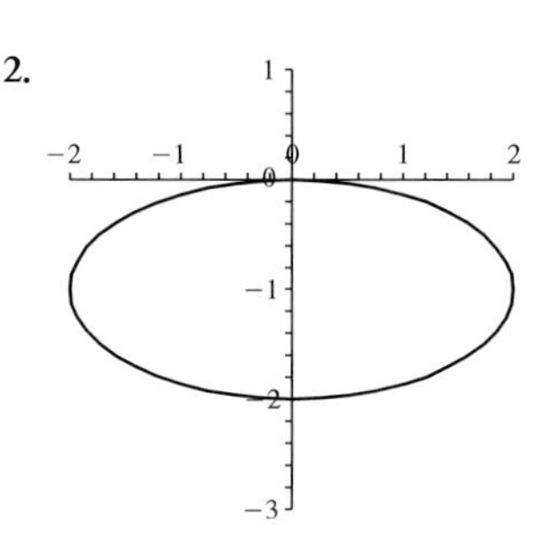

3.

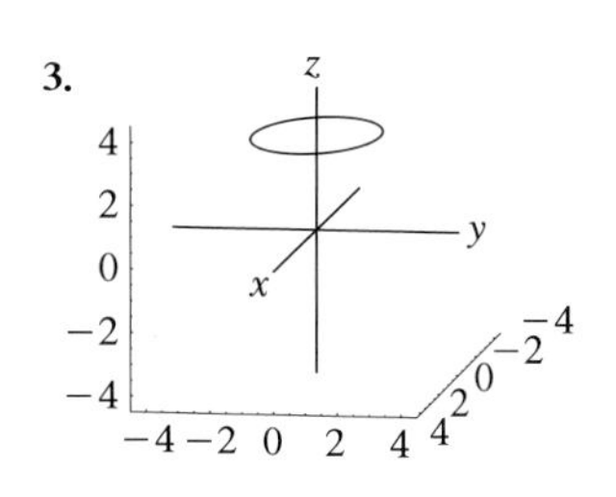

4.

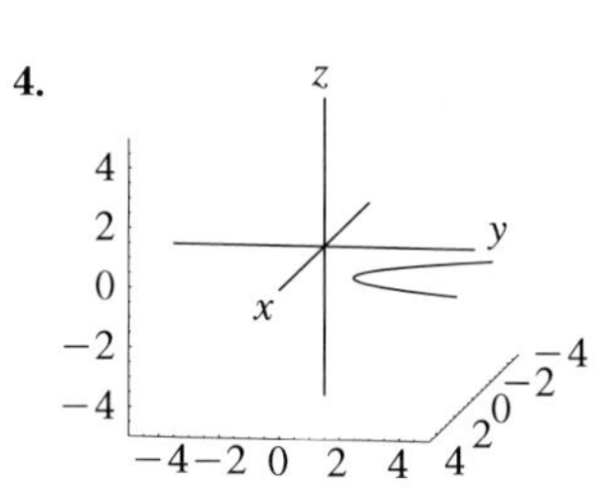

5.

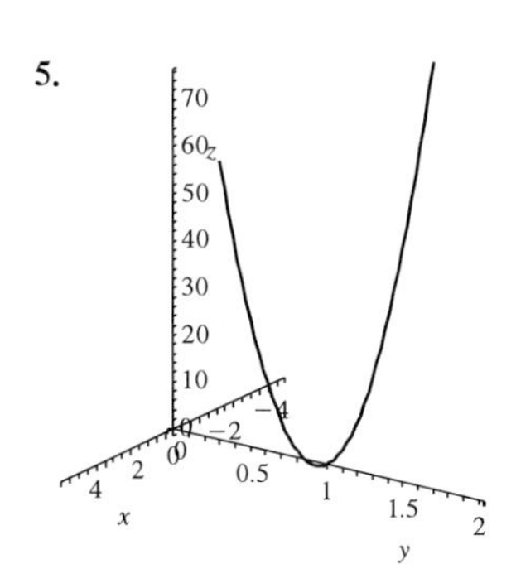

6.

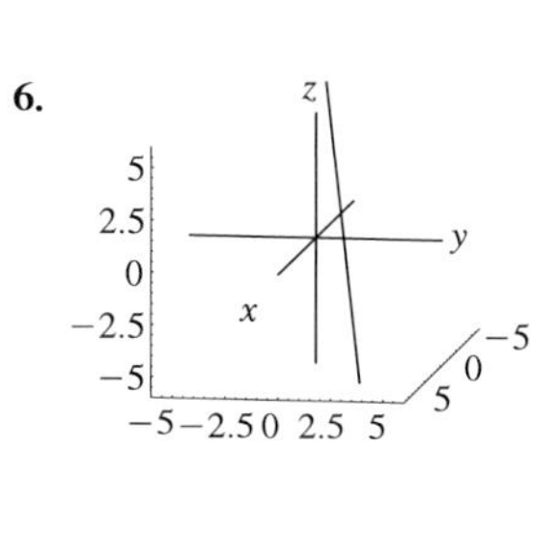

7.

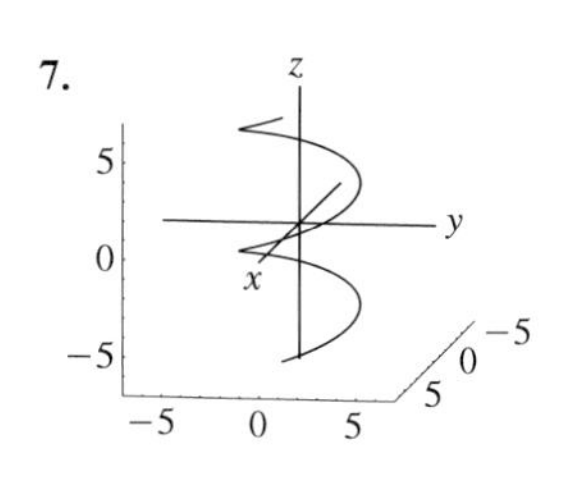

8.

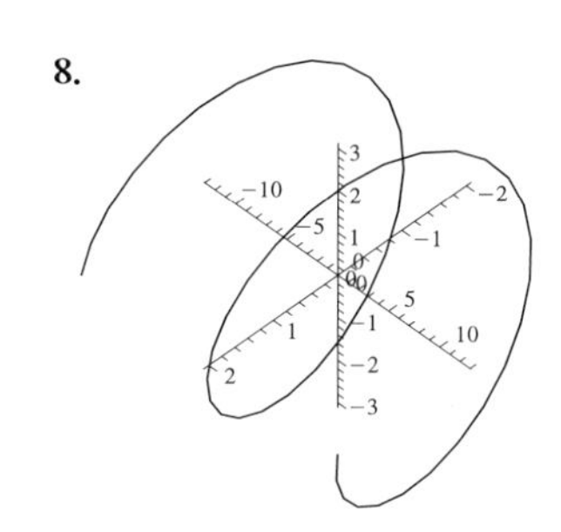

9.

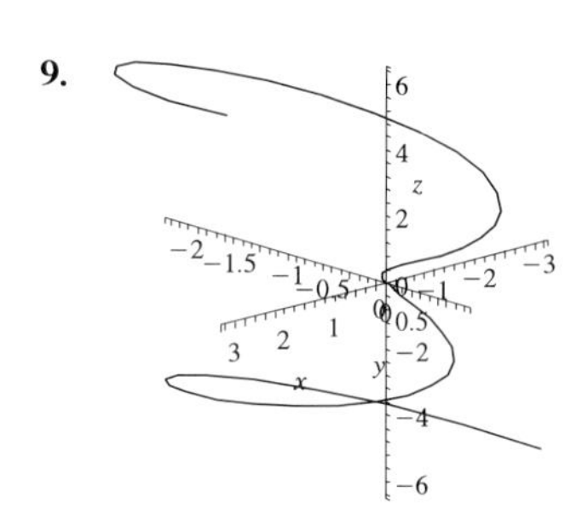

10. $2\pi(\pi + 1)$ **11.** $8 + 4 \ln 3$

12. 10.54 **13.** 21.56 **14.** 9.57

연습문제 11.2

1. $\langle -1, 1, 0\rangle$ **2.** $\langle 1, 1, -1\rangle$ **3.** $t \le -1,\ 1 \le t < 2,\ t > 2$

4. $t \ne \dfrac{n\pi}{2}$, n odd **5.** $\left\langle 4t^3, \dfrac{1}{2\sqrt{t+1}}, -\dfrac{6}{t^3}\right\rangle$

6. $\langle \cos t, 2t\cos t^2, -\sin t\rangle$

7. $\left\langle 2te^{t^2}, 2te^{2t}(t+1), 2\sec 2t \tan 2t\right\rangle$

8. Smooth except $t = 1$ **9.** Smooth except $t = \frac{n\pi}{2}$, n odd

10.

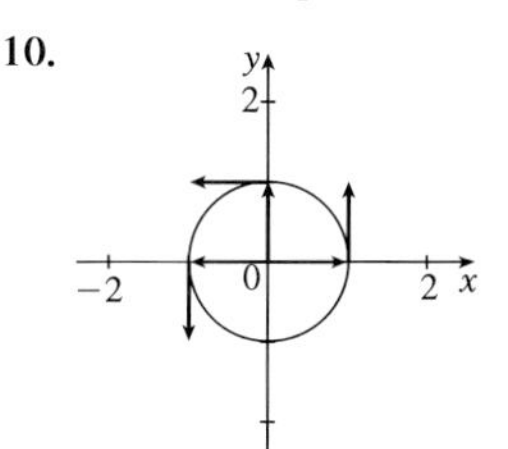

11.

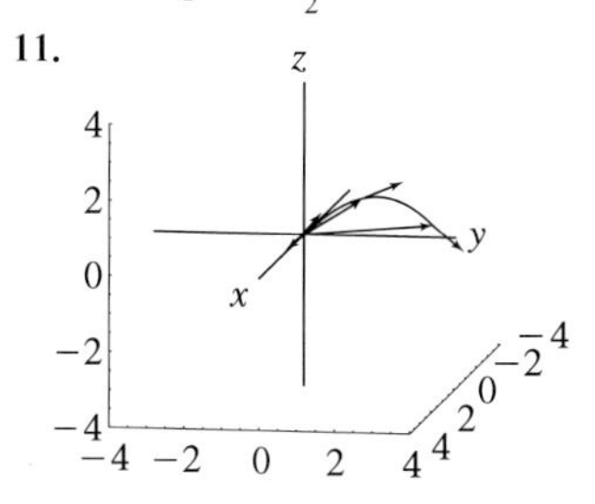

12. $\left\langle \dfrac{3}{2}t^2 - t, \dfrac{2}{3}t^{3/2}\right\rangle + \mathbf{c}$

13. $\left\langle \dfrac{1}{3}t\sin 3t + \dfrac{1}{9}\cos 9t, -\dfrac{1}{2}\cos t^2, \dfrac{1}{2}e^{2t}\right\rangle + \mathbf{c}$

14. $\left\langle 4\ln\left|\dfrac{t-1}{t}\right|, \ln(t^2+1), 4\tan^{-1}t\right\rangle + \mathbf{c}$

15. $\langle 4\ln 3, 1 - e^{-2}, e^2 + 1\rangle$ **16.** all t **17.** $t = 0$

18. (a) $t = 0$ (b) No such t exists (c) For all real t

19. (a) $t = \dfrac{n\pi}{4}$, n odd (b) $t = n\pi$, n is an integer

(c) $t = \dfrac{3\pi}{4} + n\pi$, n an integer

연습문제 11.3

1. $\langle -10\sin 2t, 10\cos 2t\rangle$, $\langle -20\cos 2t, -20\sin 2t\rangle$

2. $\langle 25, -32t + 15\rangle$, $\langle 0, -32\rangle$

3. $\left\langle 4(1-2t)e^{-2t}, \dfrac{t}{\sqrt{t^2+1}}, \dfrac{1-t^2}{(1+t^2)^2}\right\rangle$;

$\left\langle 16(t-1)e^{-2t}, \dfrac{1}{(1+t^2)^{3/2}}, \dfrac{2t(t^2-3)}{(1+t^2)^{3/2}}\right\rangle$

4. $\langle 10t + 3, -16t^2 + 4t + 8\rangle$ **5.** $\langle 5t, -16t^2 + 16\rangle$

6. $\left\langle 8(1+t^{3/2}), \dfrac{1}{2}\ln(1+t^2) - 2, -e^{-t}(t+1) + 2\right\rangle$

7. $\left\langle \dfrac{1}{6}t^3 + 12t + 5, -4t, -8t^2 + 2\right\rangle$

8. Max altitude: 367.5 m; Horizontal range: $490\sqrt{3}$ m; speed at impact: 98 m/s

9. Max altitude: 61.25 m; Horizontal range: 245 m; speed at impact: 49 m/s

10. Max altitude: 147.751 m; Horizontal range: 323.8 m; speed at impact: 61.6119 m/s

11. $\langle 271, 117, 0\rangle$

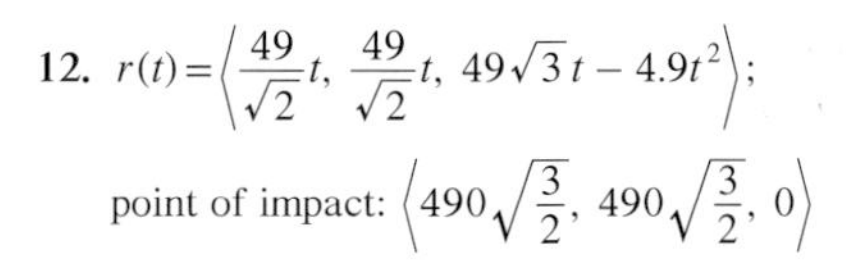

12. $r(t) = \left\langle \dfrac{49}{\sqrt{2}}t,\ \dfrac{49}{\sqrt{2}}t,\ 49\sqrt{3}\,t - 4.9t^2 \right\rangle$;

point of impact: $\left\langle 490\sqrt{\dfrac{3}{2}},\ 490\sqrt{\dfrac{3}{2}},\ 0 \right\rangle$

13. 33.64 m/s

CHAPTER 12

연습문제 12.1

1. $y \neq -x$ **2.** $x^2 + y^2 > 1$ **3.** $x^2 + y^2 + z^2 < 4$

4. (a) $f \geq 0$ (b) $0 \leq f \leq 2$

5. (a) $f \geq -1$ (b) $-\frac{\pi}{4} \leq f < \frac{\pi}{2}$

6.

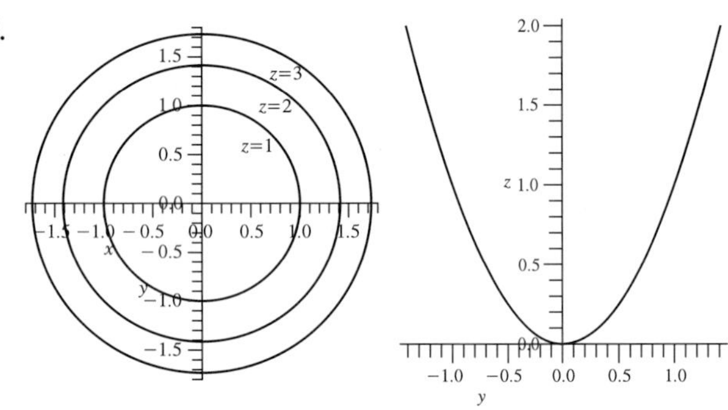

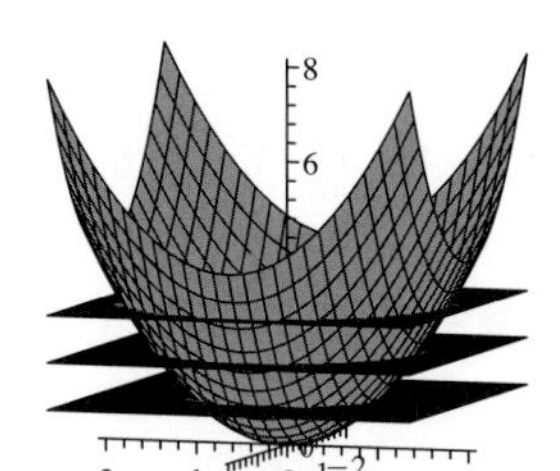

7.

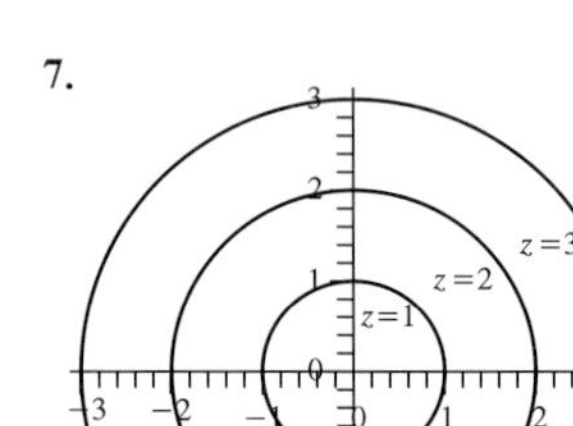

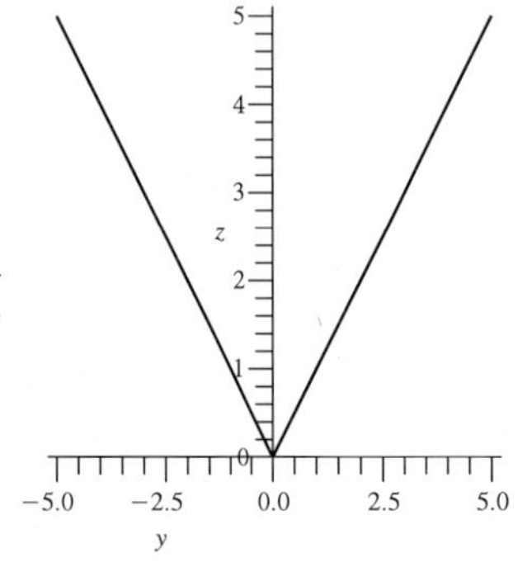

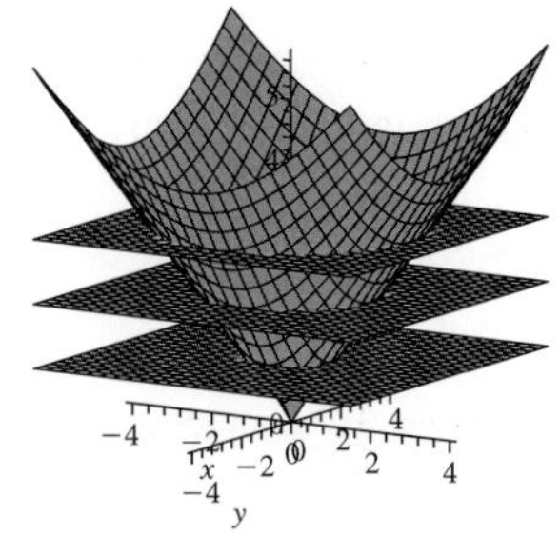

8.

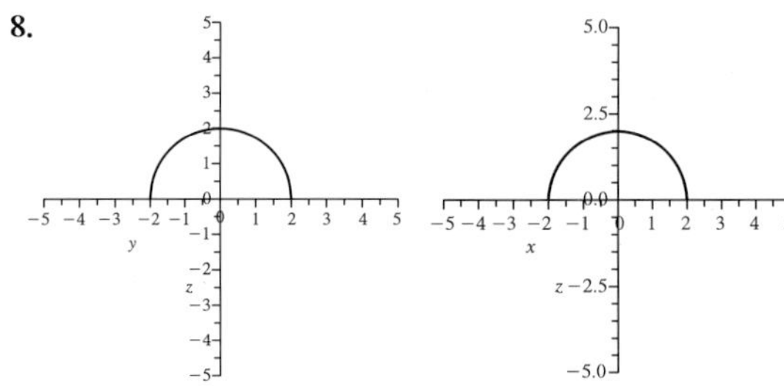

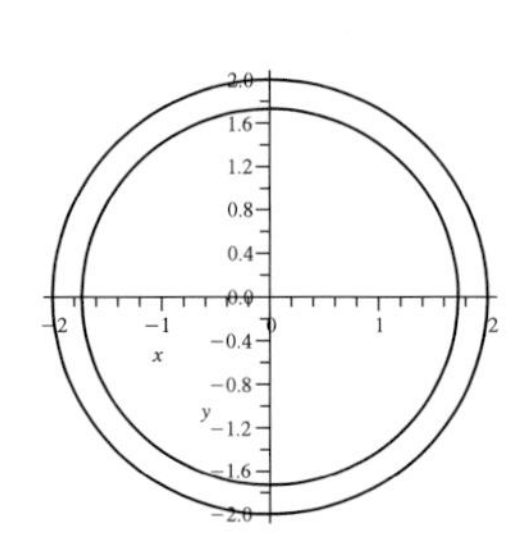

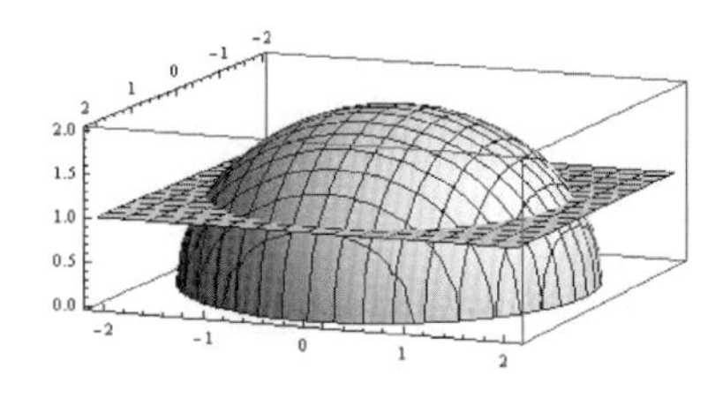

9. (a)

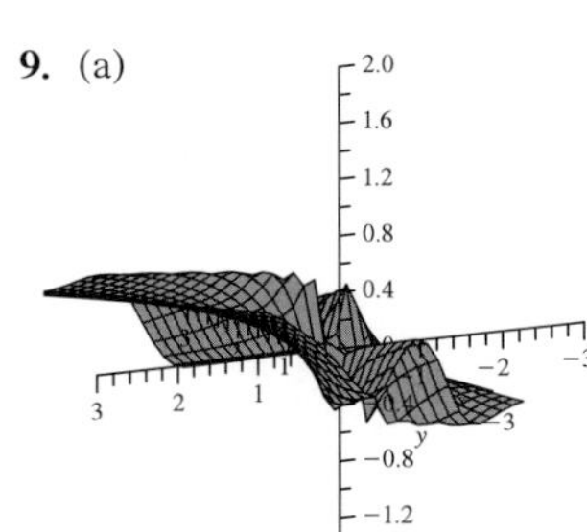

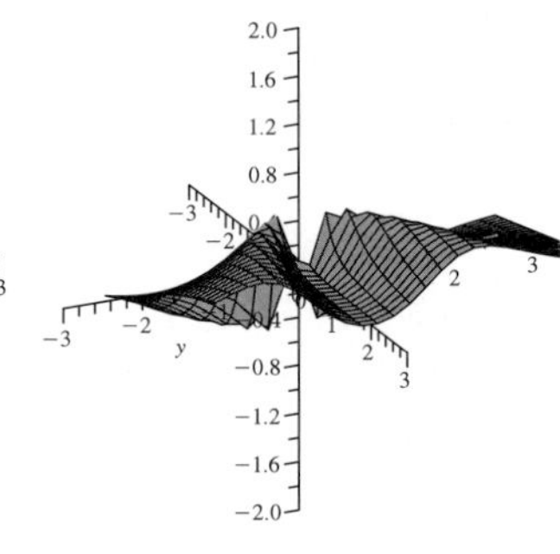

(b)

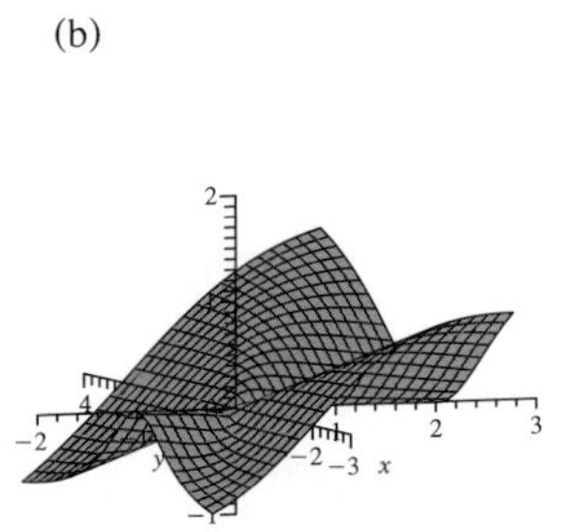

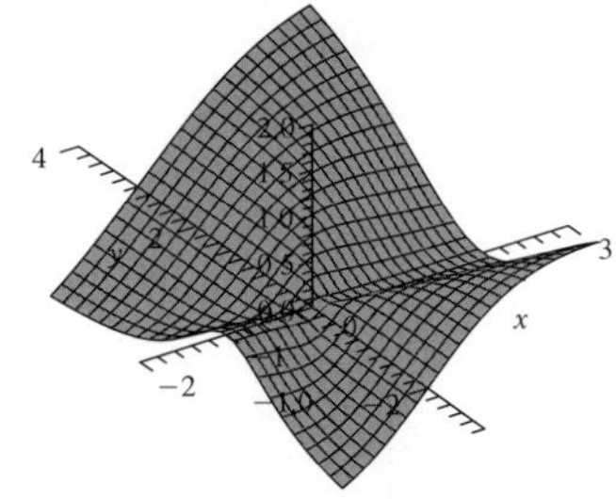

10. (a)

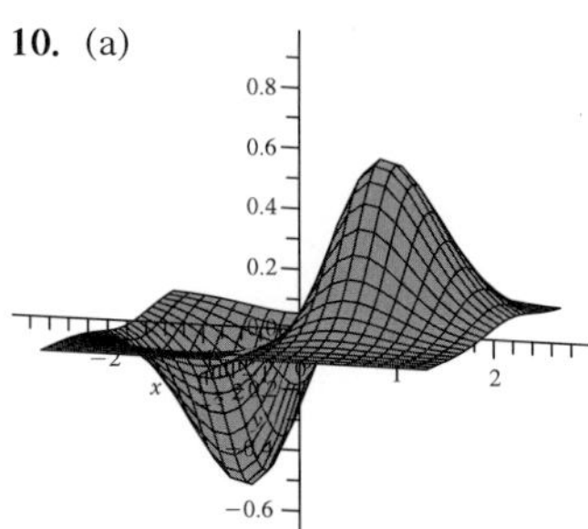

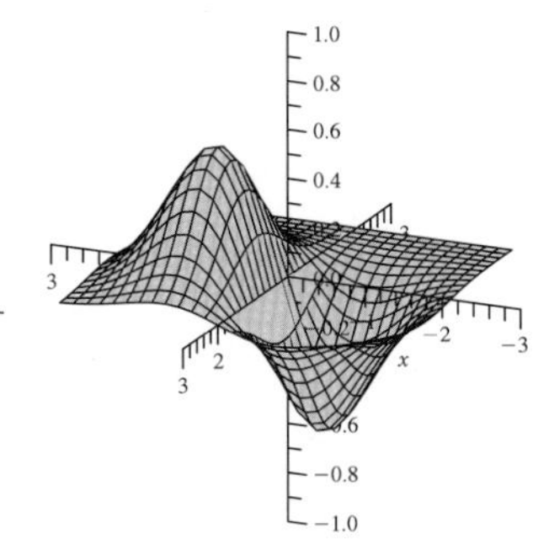

(b)

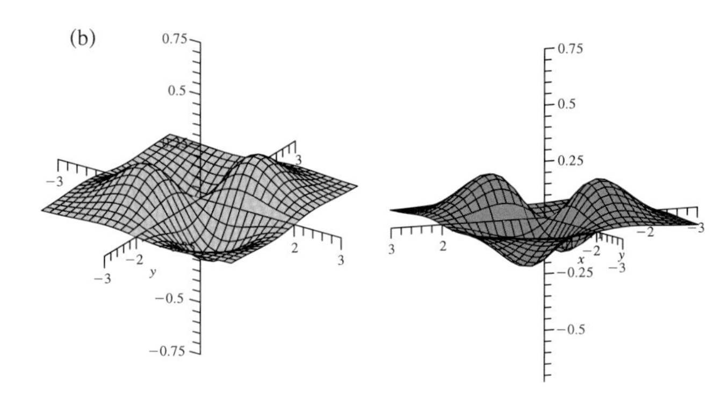

11. (a) 1 (b) 4 (c) 2 (d) 3

12.

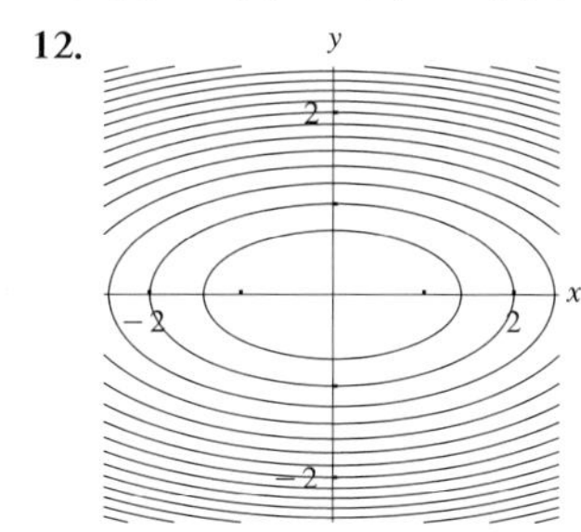

13.

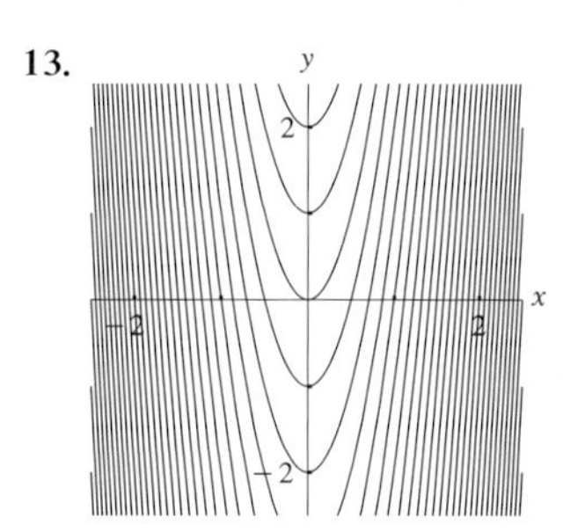

14. $f(x, y, z) = 0$ $f(x, y, z) = 2$

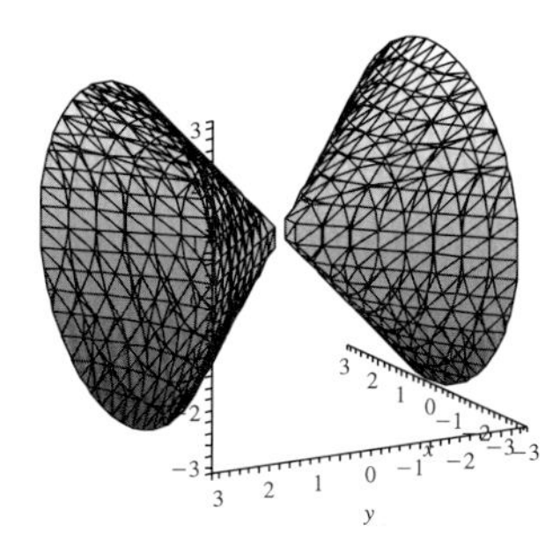

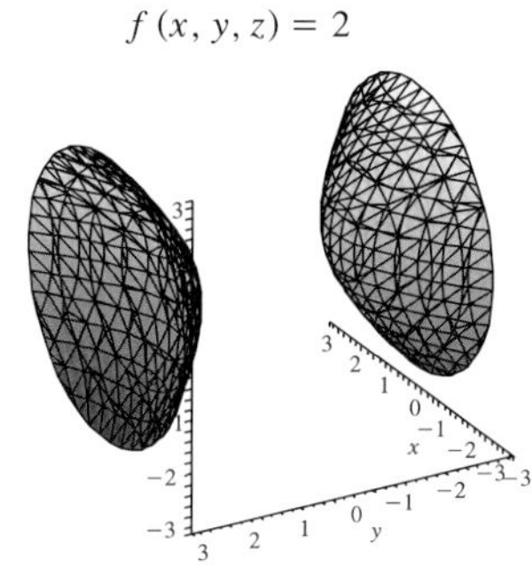

$f(x, y, z) = -2$

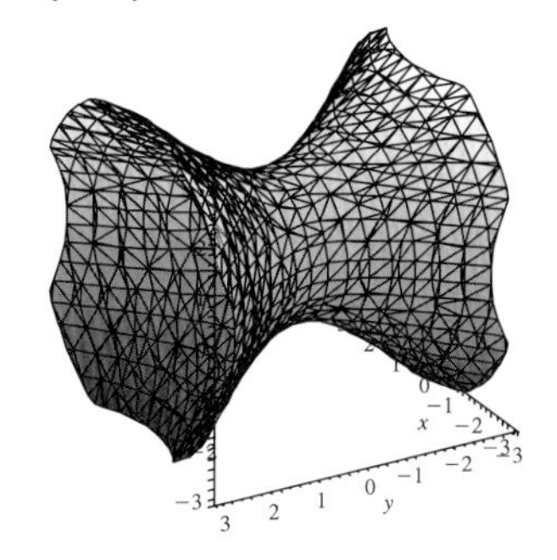

15. $f = -2, 2$

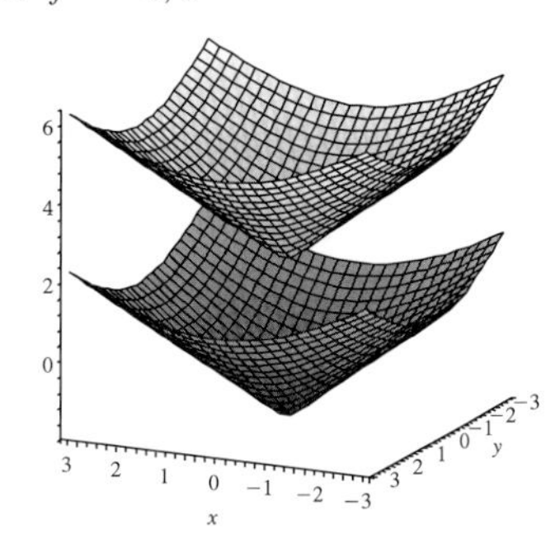

연습문제 12.2

1. 3 **2.** $-\frac{1}{2}$

3. Along $x = 0$, $L_1 = 0$; along $y = 0$, $L_2 = 3$, therefore L does not exist.

4. Along $x = 0$, $L_1 = 0$; along $y = x$, $L_2 = 2$, therefore L does not exist.

5. Along $x = 0$, $L_1 = 0$; along $y = x^2$, $L_2 = 1$, therefore L does not exist.

6. Along $x = 0$, $L_1 = 0$; along $y^3 = x$, $L_2 = \frac{1}{2}$, therefore L does not exist.

7. 0 **8.** 0 **9.** 2 **10.** 0

11. $x^2 + y^2 \leq 9$ **12.** $x^2 - y < 3$ **13.** all (x, y)

14. Limit does not exist **15.** Limit does not exist

16. true **17.** false **18.** 1 **19.** 0

연습문제 12.3

1. $f_x = 3x^2 - 4y^2, f_y = -8xy + 4y^3$

2. $f_x = 2x \sin xy + x^2 y \cos xy, f_y = x^3 \cos xy - 9y^2$

3. $f_x = \dfrac{4e^{\frac{x}{y}}}{y} - \dfrac{y}{x^2+y^2},\ f_y = -\dfrac{4xe^{\frac{x}{y}}}{y^2} + \dfrac{x}{x^2+y^2}$

4. $f_x = -\sin x^2,\ f_y = \sin y^2$

5. $\dfrac{\partial^2 f}{\partial x^2} = 6x,\ \dfrac{\partial^2 f}{\partial y^2} = -8x,\ \dfrac{\partial^2 f}{\partial y \partial x} = -8y$

6. $f_{xx} = -\dfrac{4}{x^2} - 6y^3,\ f_{xy} = -18xy^2 + \dfrac{5}{1+y^2},$

$f_{xyy} = -36xy - \dfrac{10y}{(1+y^2)^2}$

7. $f_{xx} = \dfrac{xy^3}{(1-x^2y^2)^{3/2}},\ f_{yz} = yz\sin(yz) - \cos(yz),\ f_{xyz} = 0$

8. $f_{ww} = 2\tan^{-1}(xy) - z^2e^{wz},\ f_{wxy} = \dfrac{2w(1-x^2y^2)}{(1+x^2y^2)^2},\ f_{wwxyz} = 0$

9. 1.4, −2.4

10. $(0, 0, 0) = \min$

11. $\left(\dfrac{\pi}{2} + m\pi, \dfrac{\pi}{2} + n\pi, 1\right) = \max$ for m, n odd or m, n even;

$\left(\dfrac{\pi}{2} + m\pi, \dfrac{\pi}{2} + n\pi, -1\right) = \min$ for m odd and n even or m even and n odd; $(m\pi, n\pi, 0)$ neither max nor min

13. $x^2\sin y + x^3y^2 + \frac{2}{3}y^{3/2} + c$

14. $\ln(x^2+y^2) + \ln\left|\frac{x-1}{x+1}\right| + 3\tan^{-1}y + c$

15. $\cos x\cos t,\ -\sin x\sin t$

연습문제 12.4

1. (a) $4(x-2)+2(y-1)=z-4;\ x=2+4t,\ y=1+2t,\ z=4-t$

(b) $4(y-2)=z-3;\ x=0,\ y=2+4t,\ z=3-t$

2. (a) $-(x-0)=z-0$ or $x+z=0;\ x=-t,\ y=\pi,\ z=-t$

(b) $z+1=0;\ x=\frac{\pi}{2},\ y=\pi,\ z=-1-t$

3. (a) $-\frac{3}{5}(x+3)+\frac{4}{5}(y-4)=z-5;\ x=-3-\frac{3}{5}t,\ y=4+\frac{4}{5}t,$ $z=5-t$

(b) $\frac{4}{5}(x-8)-\frac{3}{5}(y+6)=z-10;\ x=8+\frac{4}{5}t,\ y=-6-\frac{3}{5}t,$ $z=10-t$

4. (a) $L(x,y)=x$ (b) $L(x,y)=-y$

5. (a) $1+x+\frac{1}{2}(y-\pi)+2\pi\left(z-\frac{1}{4}\right)$

(b) $\frac{\pi}{4}+\sqrt{2}\left(x-\frac{1}{\sqrt{2}}\right)+2z$

6. (a) $L(w,x,y,z)=-12w+4x+12y+2z-37$

(b) $L(w,x,y,z)=2w-1$

7. 1.5552 ± 0.6307 **8.** 3.85 **9.** 4.03

10. $2y\Delta x+(2x+2y)\Delta y+(2\Delta y)\Delta x+(\Delta y)\Delta y,$ differentiable for all(a,b).

11. $2x\Delta x+2y\Delta y+(\Delta x)\Delta x+(\Delta y)\Delta y$ differentiable for all(a,b).

12. $e^{x+2y}(\Delta x)+2e^{x+2y}(\Delta y)$
$$+\left[e^{x+2y}\left(\frac{(\Delta x)+(2\Delta y)}{2!}+\frac{(\Delta x)^2+3(\Delta x)(2\Delta y)}{3!}+\cdots\right)\right](\Delta x)$$
$$+\left[e^{x+2y}\left(\frac{(\Delta x)+(2\Delta y)}{2!}+\frac{3(\Delta x)(2\Delta y)+(2\Delta y)^2}{3!}+\cdots\right)\right](2\Delta y);$$
differentiable for all(a,b).

13. $(ye^x+\cos x)\,dx+e^x\,dy$

14. $$dw=\left(\frac{1}{x}-\frac{1}{1+(x-y-z)^2}\right)dx+\left(\frac{1}{y}+\frac{1}{1+(x-y-z)^2}\right)dy+\left(\frac{1}{z}+\frac{1}{1+(x-y-z)^2}\right)dz$$

15. $f_x(0,0)=f_y(0,0)=0$

16. $-9+1.4(t-10)-2.4(s-10);\ -13.4$

연습문제 12.5

1. $\left[4t+\left(t^2-1\right)\cos t\right]\left(t^2-1\right)e^{\sin t}$

2. $(2t+t^2+1-\cos e^t)e^t$

3. $\frac{\partial g}{\partial u}=512u^6(3u^2-v\cos u)(u^3-v\sin u)+1536u^5(u^3-v\sin u)^2;$

$\frac{\partial g}{\partial v}=512u^6\sin u(v\sin u-u^3)$

4. $g'(t)=\frac{\partial f}{\partial x}x'(t)+\frac{\partial f}{\partial y}y'(t)+\frac{\partial f}{\partial z}z'(t)$

5. $\frac{\partial g}{\partial u}=\frac{\partial f}{\partial x}\frac{\partial x}{\partial u}+\frac{\partial f}{\partial y}\frac{\partial y}{\partial u},\ \frac{\partial g}{\partial v}=\frac{\partial f}{\partial x}\frac{\partial x}{\partial v}+\frac{\partial f}{\partial y}\frac{\partial y}{\partial v},$

$\frac{\partial g}{\partial w}=\frac{\partial f}{\partial x}\frac{\partial x}{\partial w}+\frac{\partial f}{\partial y}\frac{\partial y}{\partial w}$

6. $\frac{\partial g}{\partial u}=\frac{\partial f}{\partial x}+\frac{\partial f}{\partial y}+2u\frac{\partial f}{\partial z},\ \frac{\partial f}{\partial v}=\frac{\partial f}{\partial x}-\frac{\partial f}{\partial y}+2v\frac{\partial f}{\partial z}$

7. $\frac{\partial g}{\partial u}=v\frac{\partial f}{\partial x}+\frac{1}{v}\frac{\partial f}{\partial y},\ \frac{\partial f}{\partial v}=u\frac{\partial f}{\partial x}-\frac{u}{v^2}\frac{\partial f}{\partial y},\ \frac{\partial f}{\partial w}=2w\frac{\partial f}{\partial z}$

8. -0.6271 **9.** 0.0587

11. $\frac{\partial z}{\partial x}=\frac{-6xz}{3x^2+6z^2-3y},\ \frac{\partial z}{\partial y}=\frac{3z}{3x^2+6z^2-3y}$

12. $\frac{\partial z}{\partial x}=\frac{3yze^{xyz}-4z^2+\cos y}{8xz-3xye^{xyz}},\ \frac{\partial z}{\partial y}=\frac{3xze^{xyz}-x\sin y}{8xz-3xye^{xyz}}$

13. $\frac{\partial z}{\partial x}=-\left(\frac{yz+\sin(x+y+z)}{xy+\sin(x+y+z)}\right),$

$\frac{\partial z}{\partial y}=-\left(\frac{xz+\sin(x+y+z)}{xy+\sin(x+y+z)}\right)$

16. $g''(t)=f_{xx}\left(x'(t)\right)^2+2f_{xy}x'(t)y'(t)+f_{yy}\left(y'(t)\right)^2+f_xx''(t)+f_yy''(t)$

17. $$\frac{\partial^2 g}{\partial u^2}=\frac{\partial^2 f}{\partial x^2}\left(\frac{\partial x}{\partial u}\right)^2+2\frac{\partial^2 f}{\partial x\partial y}\frac{\partial x}{\partial u}\frac{\partial y}{\partial u}+\frac{\partial^2 f}{\partial y^2}\left(\frac{\partial y}{\partial u}\right)^2+\frac{\partial f}{\partial x}\frac{\partial^2 x}{\partial u^2}+\frac{\partial f}{\partial y}\frac{\partial^2 y}{\partial u^2}$$

18. $$\frac{\partial^2 f}{\partial x^2}-\frac{\partial^2 f}{\partial y^2}+4uv\frac{\partial^2 f}{\partial z^2}+2v\left(\frac{\partial^2 f}{\partial x\partial z}+\frac{\partial^2 f}{\partial y\partial z}\right)+2u\left(\frac{\partial^2 f}{\partial x\partial z}-\frac{\partial^2 f}{\partial y\partial z}\right)$$

연습문제 12.6

1. $\langle 2x+4y^2,\ 8xy-5y^4\rangle$

2. $\langle e^{xy^2}+xy^2e^{xy^2},\ 2x^2ye^{xy^2}-2y\sin y^2\rangle$

3. $\langle -8e^{-8}-2,\ -16e^{-8}\rangle$ **4.** $\langle 0,0,-1\rangle$ **5.** $\langle -4,0,3e^{4\pi},0\rangle$

6. $2+6\sqrt{3}$ **7.** $\frac{17}{5\sqrt{13}}$ **8.** 0 **9.** $-\frac{19}{\sqrt{5}}$ **10.** $-\frac{3}{\sqrt{29}}$

11. (a) $\langle 4,-3\rangle,\ \langle -4,3\rangle,\ 5,\ -5$ (b) $\langle -2,-12\rangle,\ \langle 2,12\rangle,\ \sqrt{148},\ -\sqrt{148}$

12. (a) $\left\langle \frac{3}{5},-\frac{4}{5}\right\rangle,\ \left\langle -\frac{3}{5},\frac{4}{5}\right\rangle,\ 1,\ -1$

(b) $\left\langle -\frac{4}{\sqrt{41}},\frac{5}{\sqrt{41}}\right\rangle,\ \left\langle \frac{4}{\sqrt{41}},-\frac{5}{\sqrt{41}}\right\rangle,\ 1,\ -1$

13. (a) $\langle 16,4,24\rangle,\ \langle 16,-4,-24\rangle,\ \sqrt{848},\ -\sqrt{848}$

(b) $\langle 0,16,0\rangle,\ \langle 0,-16,0\rangle,\ 16,\ -16$

14. $2(x-1)+3(y+1)-z=0,$

The equation of the normal line is $\begin{cases}x=1+2t\\ y=-1+3t\\ z=-t\end{cases}$

15. $-2(x+1)+4(y-2)+2(z-1)=0,$

The equation of the normal line is $\begin{cases}x=-1-2t\\ y=2+4t\\ z=1+2t\end{cases}$

16.

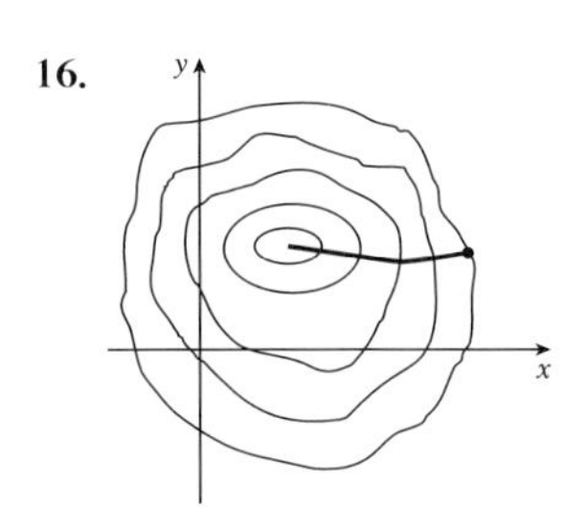

17. $\langle 2, -2\rangle$ **18.** 0

19. $\langle -\tan 10°, \tan 6°\rangle \approx \langle 0.176, 0.105\rangle$, 11.6°

20. $\langle 8, 4\rangle$

연습문제 12.7

1. (0, 0) saddle **2.** (0, 0) saddle, (1, 1) local min

3. (0, 1) local min, $(\pm 2, -1)$ saddle **4.** (0, 0) max

5. (1, 1) local min **6.** $\left(\frac{1}{\sqrt{2}}, 0\right)$ local max, $\left(-\frac{1}{\sqrt{2}}, 0\right)$ local min

7. (0, 0) saddle, (1, 1) and $(-1, -1)$ local min

8. (0, 0) saddle, $\left(\sqrt{\frac{1}{2}}, \sqrt{\frac{1}{2}}\right)$ local max, $\pm\left(\sqrt{\frac{1}{2}}, -\sqrt{\frac{1}{2}}\right)$ local min

9. (2.82, 0.18) local min, $(-2.84, -0.18)$ saddle, (0.51, 0.99) saddle

10. $(\pm 1, 0)$ local max, $\left(0, -\sqrt{\frac{3}{2}}\right)$ local max, $\left(0, \sqrt{\frac{3}{2}}\right)$
local min, (0, 0) saddle, $\left(\pm\frac{\sqrt{19}}{3\sqrt{3}}, -\frac{2}{3}\right)$ saddle

11. $(-0.3210, -0.5185)$, $(-0.1835, -0.4269)$

12. (0.9044, 0.8087), $(3.2924, -0.3853)$

13. $f(2, 0) = 4$, $f(2, 2) = -2$ **14.** $f(3, 0) = 9$, $f(0, 0) = 0$

15. max : e^{-1} at (1, 1);
min : 0 at $(0, y)$ and $(x, 0)$

16. $(1, 0)$, $f(1, 0) < f(-10, 0)$

17. (a) 4 ft by 4 ft by 4 ft (b) $\frac{4}{3}\sqrt{6}$ ft by $\frac{4}{3}\sqrt{6}$ ft by $2\sqrt{6}$ ft

연습문제 12.8

1. $x = \frac{6}{5}$, $y = -\frac{2}{5}$ **2.** $x = 2$, $y = -1$

3. $x = 1$, $y = 1$ **4.** $x = 1$, $y = 1$

5. max : $f(2, 2) = f(-2, -2) = 16$,
min : $f(2, -2) = f(-2, 2) = -16$

6. max : $f\left(\frac{4}{3}, \frac{4}{3}\right) = \frac{256}{27}$,
min : $f(x, 0) = f(0, y) = 0$

7. max : $f\left(\sqrt{(\sqrt{17}-1)/8}, (\sqrt{17}-1)/2\right) = \sqrt{\frac{\sqrt{17}-1}{8}}\, e^{(\sqrt{17}-1)/2}$,
min : $f\left(-\sqrt{(\sqrt{17}-1)/8}, (\sqrt{17}-1)/2\right) = -\sqrt{\frac{\sqrt{17}-1}{8}}\, e^{(\sqrt{17}-1)/2}$

8. max : $f(\pm\sqrt{2}, 1) = 2e$, min $= f(0, \pm\sqrt{3}) = 0$

9. max : $f\left(\pm\frac{2}{(18)^{1/4}}, \pm\frac{1}{(18)^{1/4}}, \pm\frac{1}{(18)^{1/4}}\right) = \sqrt{18}$,
min : $f(0, 0, \pm 1) = f(0, \pm 1, 0) = f(\pm 1, 0, 0) = 1$

10. no max or min

11. max $= f(\pm\sqrt{2}, 1) = 8$,
min $= f(\pm\sqrt{2}, -1) = -8$

12. max $= f(2^{-1/4}, 2^{-1/4}) = 2^{1/4}$,
min $= f(-2^{-1/4}, -2^{-1/4}) = -2$

13. max $= f(1, 0) = f(3, 2) = 2$,
min $= f(5, 0) = f(1, 4) = -2$

14. max $= f\left(\pm\left(\frac{1}{3}\right)^{1/4}, \pm\left(\frac{1}{3}\right)^{1/4}, \pm\left(\frac{1}{3}\right)^{1/4}\right) = \sqrt{3}$,
min $= f(0, 0, 0) = 0$

15. $u = \frac{128}{3}$, $z = 195$ feet **16.** $P(20, 80, 20) = 660$

17. $f\left(-\frac{\sqrt{2}}{2}, \frac{\sqrt{2}}{2}\right) = \sqrt{2}$ **18.** $f(4, -2, 2) = 24$

19. $f(1, 1, 2) = 2$ **20.** (a) $(\pm 1, 0, 0)$ (b) $(0, \pm 1, \pm 1)$

CHAPTER 13

연습문제 13.1

1. (a) 6 (b) 6.5 **2.** (a) 10 (b) 9 **3.** 90

4. $39 + 3e^2 + 4\sin 4 + 4\cos 1 - 16\cos 4 - 4\sin 1$

5. $\frac{19}{2} - \frac{1}{2}e^6$ **6.** 2 **7.** $\frac{62}{21}$

8. $e^4 - 1$ **9.** $2(\ln 2)(\sin 1)$ **10.** $\frac{1}{6} + \frac{1}{3}\ln 2$

11. $\int_{-1}^{1}\int_{x^2}^{1}(x^2 + y^2)\,dy\,dx = \frac{88}{105}$

12. $\int_{-2}^{2}\int_{0}^{4-y^2}(6 - x - y)\,dx\,dy = \frac{704}{15}$

13. $\int_0^2\int_0^x y^2\,dy\,dx = \frac{4}{3}$ **14.** $\int_0^2\int_{y/2}^1 f(x, y)\,dx\,dy$

15. $\int_0^4\int_0^{x/2} f(x, y)\,dy\,dx$ **16.** $\int_0^2\int_0^y 2e^{y^2}\,dx\,dy = e^4 - 1$

17. $\int_0^1\int_0^x 3xe^{x^3}\,dy\,dx = e - 1$

18. (a) $\int_0^1\int_0^{2x} x^2\,dy\,dx = \frac{1}{2}$; $\int_0^2\int_0^{y/2} x^2\,dx\,dy = \frac{1}{6}$

(b)

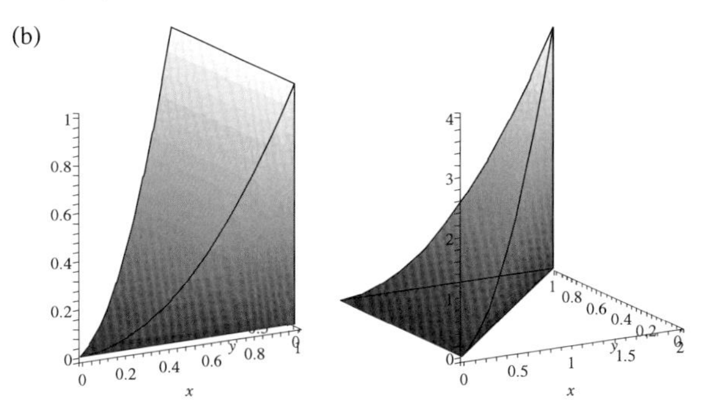

19. (a) (b)

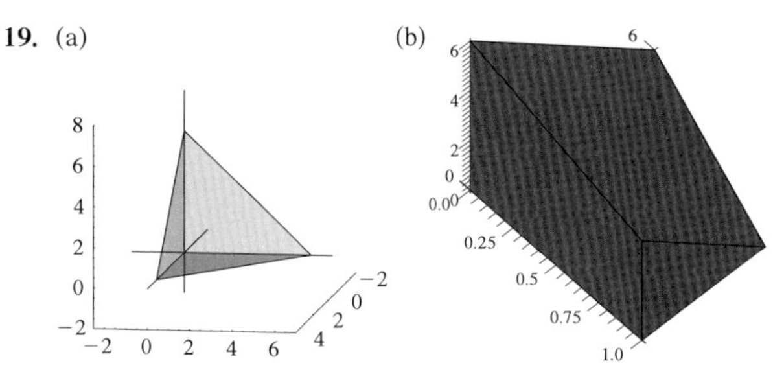

20. $\frac{2\pi}{3}$

연습문제 13.2

1. $\int_{-2}^{2}\int_{x^2}^{8-x^2} 1\,dy\,dx = \frac{64}{3}$ 2. $\int_{0}^{2}\int_{y/2}^{3-y} 1\,dx\,dy = 3$

3. $\int_{0}^{1}\int_{x^2}^{\sqrt{x}} 1\,dy\,dx = \frac{1}{3}$ 4. 6

5. $3-2\sin 1$ 6. $\frac{5}{12}$ 7. $\frac{10{,}816}{105}$

8. $\frac{279}{20}$ 9. $\frac{256}{15}$ 10. $\frac{7}{3}$

11. $\int_{0}^{2}\int_{0}^{4-x^2} \sqrt{x^2+y^2}\,dy\,dx = 10.275$

12. $\int_{0}^{4}\int_{0}^{2-x/2} e^{xy}\,dy\,dx = 9.003$

13. $m=\frac{1}{3}, \overline{x}=\frac{3}{5}, \overline{y}=\frac{12}{35}$ 14. $m=\frac{12}{5}, \overline{x}=\frac{41}{63}, \overline{y}=0$

15. $m=4, \overline{x}=\frac{16}{15}, \overline{y}=\frac{8}{3}$

16. 1164 17. (a) $\frac{12}{5}$ (b) same

18. (a) 3.792
 (b) The average distance of points in the region from the origin

19. (a) $1200(1-e^{-2/3}) \approx 583.899$
 (b) $984(1-e^{-2/3}) \approx 478.80$

연습문제 13.3

1. 11π 2. $\frac{\pi}{12}$ 3. $\frac{\pi}{9}+\frac{\sqrt{3}}{6}$ 4. 18π 5. $\pi-\pi e^{-4}$

6. 0 7. $\frac{81\pi}{2}$ 8. $\frac{16}{3}$ 9. $\frac{81\pi}{2}$ 10. $\frac{16\pi}{3}$

11. 36 12. $\frac{\pi}{2}$ 13. $\frac{8\pi}{3}$ 14. $\frac{4\pi}{3}\left(8-3\sqrt{3}\right)$

15. $\int_{0}^{2\pi}\int_{0}^{2} r^2\,dr\,d\theta = \frac{16\pi}{3}$

16. $\int_{-\pi/2}^{\pi/2}\int_{0}^{2} re^{-r^2}\,dr\,d\theta = \frac{\pi}{2}(1-e^{-4})$

17. $\overline{x}=0,\ \overline{y}=\frac{2}{3}$

18. $I_y=\frac{\pi R^4}{4}$, if radius is doubled then moment of inertia is multiplied by 16.

19. $\frac{4}{3}\pi a^3$

20. $20{,}000\pi(1-e^{-1}) \approx 39{,}717$

연습문제 13.4

1. $\frac{1}{12}(69^{3/2}-5^{3/2}) \approx 46.831$ 2. $\frac{\pi}{6}(17^{3/2}-1) \approx 36.177$

3. $4\sqrt{2}\pi$ 4. $6\sqrt{11}$ 5. $4\sqrt{6}$ 6. 8π 7. 583.7692

8. 31.3823 9. 37.174 10. 12.045

연습문제 13.5

1. 16 2. $-\frac{2}{3}$ 3. $\frac{4}{15}$ 4. $\frac{171}{5}$ 5. 0 6. 0 7. 64

8. $\int_{0}^{2}\int_{-1}^{1}\int_{x^2}^{1} dz\,dx\,dy = \frac{8}{3}$

9. $\int_{-1}^{1}\int_{0}^{1-y^2}\int_{2-z/2}^{4} dx\,dz\,dy = \frac{44}{15}$

10. $\int_{-\sqrt{10}}^{\sqrt{10}}\int_{-6}^{4-x^2}\int_{0}^{y+6} dz\,dy\,dx = \frac{160\sqrt{10}}{3}$

11. $\int_{-1}^{1}\int_{x^2}^{1}\int_{0}^{3-x} dy\,dz\,dx = 4$ 12. $\frac{4}{3}$ 13. 8π

14. $m=32\pi,\ \overline{x}=\overline{y}=0,\ \overline{z}=\frac{8}{3}$

15. $m=138,\ \overline{x}=\frac{186}{115},\ \overline{y}=\frac{56}{115},\ \overline{z}=\frac{168}{115}$

16. $\int_{0}^{2}\int_{0}^{4-2y}\int_{0}^{4-2y-x} dz\,dx\,dy$

17. $\int_{0}^{1}\int_{0}^{\sqrt{1-x^2}}\int_{0}^{\sqrt{1-x^2-z^2}} dy\,dz\,dx$

18. $\int_{0}^{2}\int_{x}^{4}\int_{0}^{\sqrt{y-x^2}} dz\,dy\,dx$

연습문제 13.6

1. $r=4$ 2. $r=4\cos\theta$ 3. $z=r^2$ 4. $\theta=\tan^{-1}(2)$

5. $\int_{0}^{2\pi}\int_{0}^{2}\int_{r}^{\sqrt{8-r^2}} rf(r\cos\theta, r\sin\theta, z)\,dz\,dr\,d\theta$

6. $\int_{0}^{2\pi}\int_{0}^{3}\int_{0}^{9-r^2} rf(r\cos\theta, r\sin\theta, z)\,dz\,dr\,d\theta$

7. $\int_{0}^{2\pi}\int_{\sqrt{3}}^{\sqrt{8}}\int_{r^2-1}^{8} rf(r\cos\theta, r\sin\theta, z)\,dz\,dr\,d\theta$

8. $\int_{0}^{2\pi}\int_{0}^{2}\int_{0}^{4-r^2} rf(r\cos\theta, y, r\sin\theta)\,dy\,dr\,d\theta$

9. $\int_{0}^{2\pi}\int_{0}^{1}\int_{r^2}^{2-r^2} rf(x, r\cos\theta, r\sin\theta)\,dx\,dr\,d\theta$

10. $\int_{0}^{2\pi}\int_{0}^{2}\int_{1}^{2} re^{r^2}\,dz\,dr\,d\theta = \pi(e^4-1)$

11. $\int_{0}^{2}\int_{0}^{3-3z/2}\int_{0}^{6-2y-3z} (x+z)\,dx\,dy\,dz = 12$

12. $\int_{0}^{2\pi}\int_{0}^{\sqrt{2}}\int_{r}^{\sqrt{4-r^2}} zr\,dz\,dr\,d\theta = 2\pi$

13. $\int_{0}^{2}\int_{0}^{4-2y}\int_{0}^{4-x-2y} (x+y)\,dz\,dx\,dy = 8$

14. $\int_{0}^{2\pi}\int_{0}^{1}\int_{0}^{r} 3z^2 r\,dz\,dr\,d\theta = \frac{2\pi}{5}$

15. $\int_{0}^{\pi}\int_{0}^{2}\int_{r}^{\sqrt{8-r^2}} 2r\,dz\,dr\,d\theta = \frac{32\pi}{3}\left(\sqrt{2}-1\right)$

16. $\int_{\pi}^{2\pi}\int_{0}^{3}\int_{0}^{r^2} r^3\,dy\,dr\,d\theta = \frac{243\pi}{2}$

17. 18.

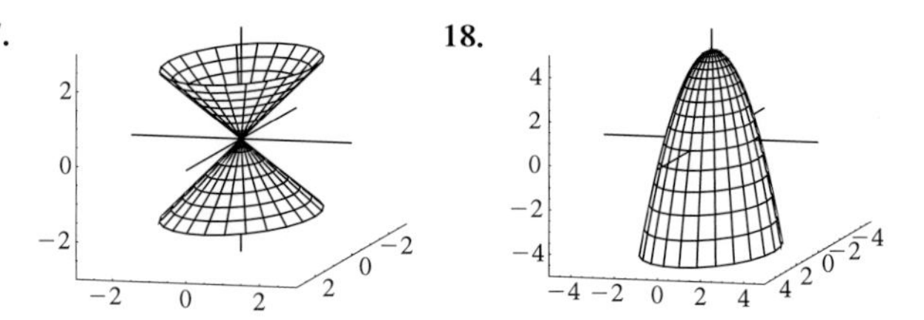

19. $m=\frac{128\pi}{3},\ \overline{x}=\overline{y}=0,\ \overline{z}=\frac{16}{5}$

20. $m=10\pi,\ \overline{x}=0,\ \overline{y}=\frac{4}{5},\ \overline{z}=\frac{38}{15}$

연습문제 13.7

1. $(0, 0, 4)$ **2.** $\left(\frac{\sqrt{2}}{4}, \frac{\sqrt{6}}{4}, \frac{\sqrt{6}}{2}\right)$ **3.** $\rho = 3$ **4.** $\phi = \frac{\pi}{6}$

5. $x^2 + y^2 + z^2 = 2$

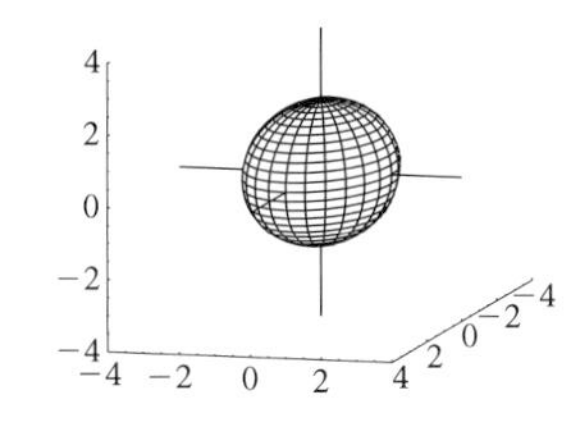

6. 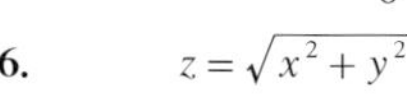
$z = \sqrt{x^2 + y^2}$

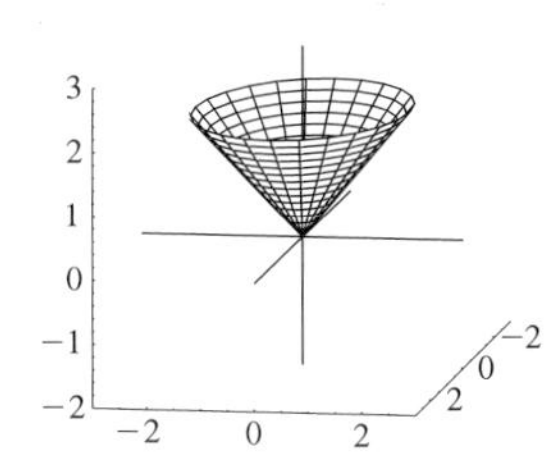

7. $y = 0;\ x \geq 0$

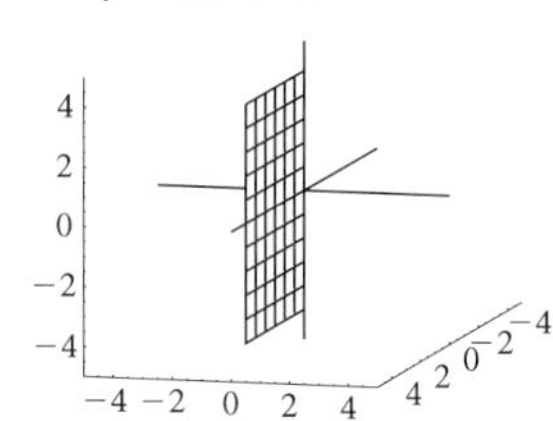

8.

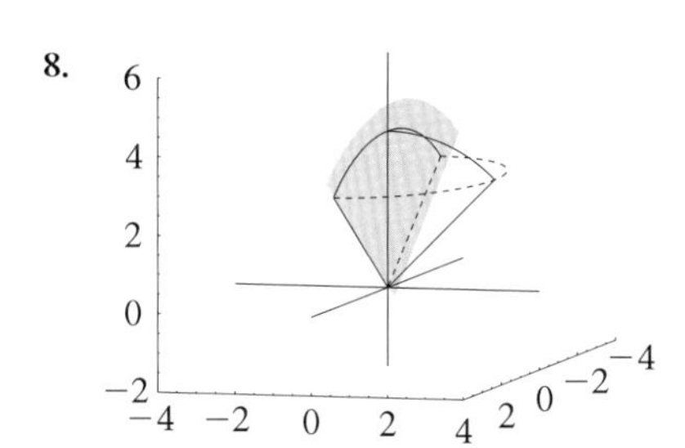

9.

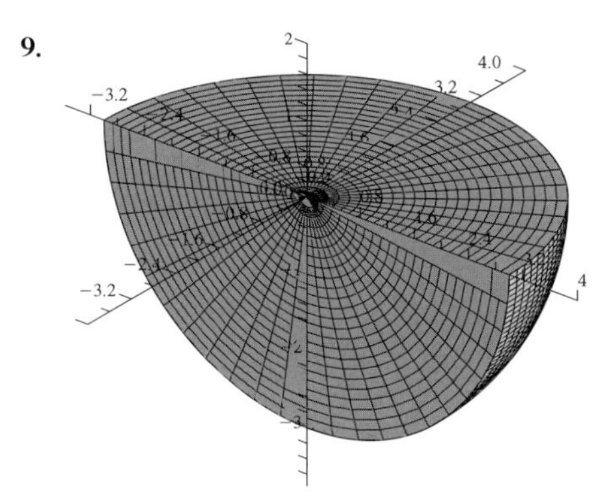

10. $\int_0^{2\pi}\int_0^{\pi/2}\int_0^{2} e^{\rho^3}\rho^2 \sin\phi\, d\rho\, d\phi\, d\theta = \frac{2}{3}\pi(e^8 - 1)$

11. $\int_0^{2\pi}\int_{\pi/4}^{3\pi/4}\int_{\csc\phi}^{\sqrt{2}} \rho^4 \cos^2\phi \sin\phi\, d\rho d\phi d\theta$
$= \int_0^{2\pi}\int_1^{\sqrt{2}}\int_{-\sqrt{2-r^2}}^{\sqrt{2-r^2}} z^2 r\, dz\, dr\, d\theta = \frac{4\pi}{15}$

12. $\int_0^{1}\int_1^{2}\int_3^{4} (x^2 + y^2 + z^2)\, dz\, dy\, dx = 15$

13. $\int_0^{2\pi}\int_0^{\pi/4}\int_0^{\sqrt{2}} \rho^3 \sin\phi\, d\rho\, d\phi\, d\theta = (2 - \sqrt{2})\pi$

14. $\int_0^{2\pi}\int_0^{\pi/4}\int_0^{4\cos\phi} \rho^2 \sin\rho\, d\rho\, d\phi\, d\theta = 8\pi$

15. $\int_0^{2\pi}\int_2^{4}\int_0^{z/\sqrt{2}} r\, dr\, dz\, d\theta = \frac{28\pi}{3}$

16. $\int_0^{\pi/2}\int_0^{\pi/4}\int_0^{2} \rho^2 \sin\phi\, d\rho d\phi d\theta = \frac{4 - 2\sqrt{2}}{3}\pi$

17. $\int_{-\pi/2}^{\pi/2}\int_0^{\pi}\int_0^{1} \rho^3 \sin\phi\, d\rho\, d\phi\, d\theta = \frac{\pi}{2}$

18. $\int_0^{\pi}\int_0^{\pi/4}\int_0^{\sqrt{8}} \rho^5 \sin\phi\, d\rho\, d\phi\, d\theta = \frac{256 - 128\sqrt{2}}{3}\pi$

19. $\int_{-2}^{2}\int_0^{\sqrt{4-x^2}}\int_{-\sqrt{4-x^2-y^2}}^{0} e^{\sqrt{x^2+y^2+z^2}}\, dz\, dy\, dx = 2\pi\left(e^2 - 1\right)$

20. $\overline{x} = \overline{y} = 0,\ \overline{z} = \frac{3}{4} + \frac{3\sqrt{2}}{8}$

연습문제 13.8

1. $x = \frac{1}{6}(v - u),\ y = \frac{1}{3}(u + 2v),\ 2 \leq u \leq 5,\ 1 \leq v \leq 3$

2. $x = \frac{1}{4}(u + v),\ y = \frac{1}{4}(u - 3v),\ 1 \leq u \leq 3,\ -1 \leq v \leq -3$

3. $x = r\cos\theta,\ y = r\sin\theta,\ 1 \leq r \leq 2,\ 0 \leq \theta \leq \frac{\pi}{2}$

4. $x = r\cos\theta,\ y = r\sin\theta,\ 2 \leq r \leq 3,\ \frac{\pi}{4} \leq \theta \leq \frac{3\pi}{4}$

5. $x = \sqrt{\frac{1}{2}(v - u)},\ y = \frac{1}{2}(u + v),\ 0 \leq u \leq 2,\ 2 \leq v \leq 4$

6. $x = \ln\left(\frac{1}{2}(v - u)\right),\ y = \frac{1}{2}(u + v),\ 0 \leq u \leq 1,\ 3 \leq v \leq 5$

7. $\frac{7}{2}$ **8.** $\frac{13}{3}$ **9.** $\frac{7}{3}$ **10.** $\frac{\ln 3}{6}\left(e^5 - e^2\right)$ **11.** $-2u$ **12.** 2

13. $x = u - w,\ y = \frac{1}{2}(-u + v + w),\ z = \frac{1}{2}(u - v + w),$
$1 \leq u \leq 2,\ 0 \leq v \leq 1,\ 2 \leq w \leq 4$

14. 1 **15.** $e^2 - 1$ **16.** $\frac{e^3 - e}{6}$

CHAPTER 14

연습문제 14.1

1.

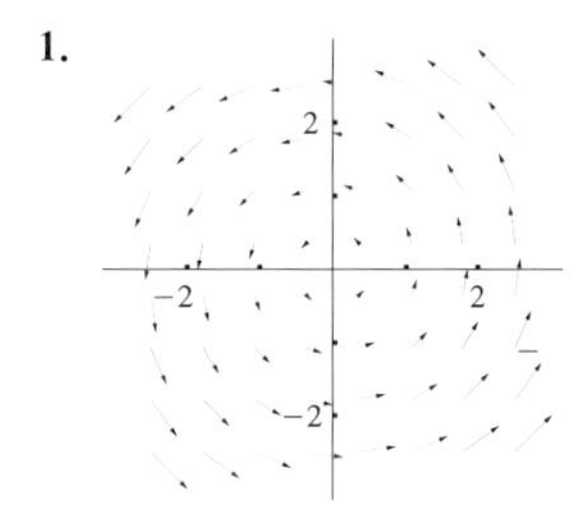

2.

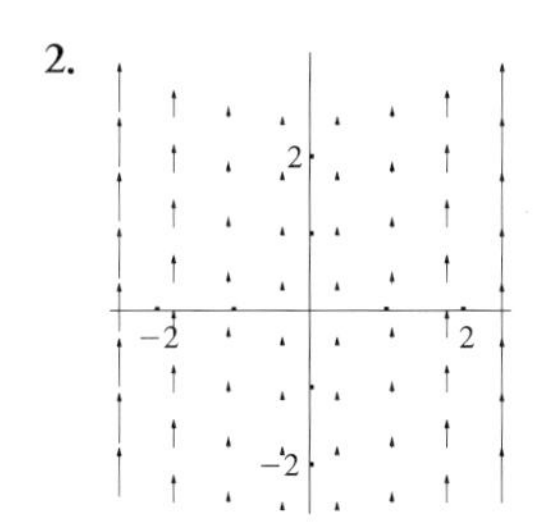

3.

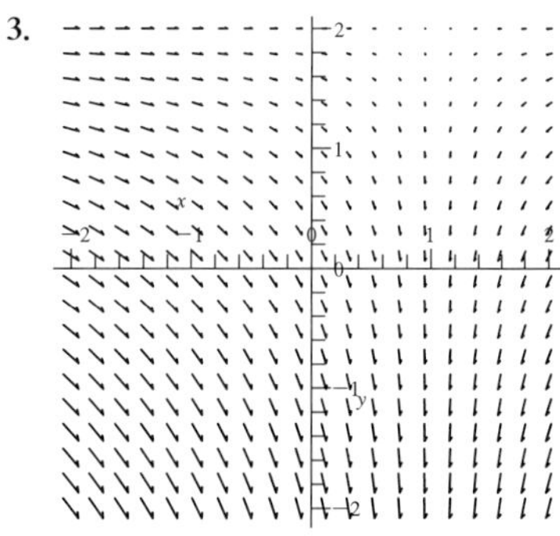

4. 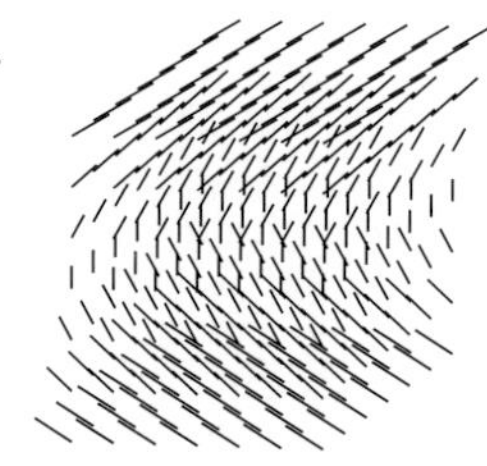 5. 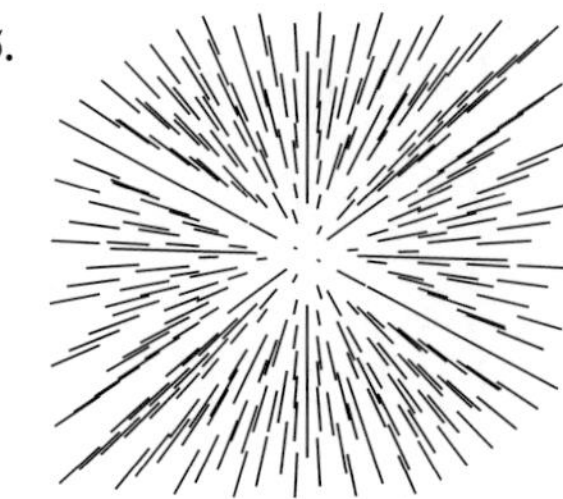

6. $\mathbf{F}_1 = \mathrm{D}, \mathbf{F}_2 = \mathrm{B}, \mathbf{F}_3 = \mathrm{A}, \mathbf{F}_4 = \mathrm{C}$

7. $\langle 2x, 2y\rangle$ 8. $\dfrac{\langle x, y\rangle}{\sqrt{x^2+y^2}}$

9. $\nabla f = \langle e^{-xy} - xye^{-xy}, -x^2e^{-xy}\rangle$

10. $\dfrac{\langle x, y, z\rangle}{\sqrt{x^2+y^2+z^2}}$

11. $\nabla f = \dfrac{\langle 2xyz^2, x^2(x^2+z^2) - 2x^2yz\rangle}{(x^2+z^2)^2}$

12. $f(x, y) = xy + c$ 13. not

14. $f(x, y) = \frac{1}{2}x^2 - x^2y + \frac{1}{3}y^3 + c$

15. $f(x, y) = -\cos xy + c$

16. $f(x, y, z) = 2x^2 - xz + \frac{3}{2}y^2 + yz + c$ 17. not

연습문제 14.2

1. $4\sqrt{13}$ 2. $6\sqrt{6}$ 3. 12 4. $\dfrac{3}{80}17^{5/2} - \dfrac{1}{16}17^{3/2} + \dfrac{1}{40}$

5. $\frac{9}{2}$ 6. $\dfrac{1}{6}(17^{3/2} - 5^{3/2})$ 7. $2(e^2+1)$ 8. -2π

9. 0 10. $-2\sqrt{5}$ 11. $e^{-1} - e^{-2}$ 12. $\cos 3 - \cos 6$

13. 31 14. $-\dfrac{64}{3}$ 15. $\dfrac{11}{6} + \dfrac{e}{2}$ 16. 0

연습문제 14.3

1. $f(x, y) = x^2y - x + c$

2. $f(x,y) = \dfrac{x}{y} - x^2 + \dfrac{1}{2}y^2 + c$

3. not 4. $f(x, y) = e^{xy} + \sin y + c$

5. $f(x, y, z) = xz^2 + x^2y + y - 3z + c$

6. $f(x, y, z) = xy^2z^2 - \left(\dfrac{1}{2}x + \dfrac{1}{4}\right)e^{-2x} + \dfrac{1}{3}(y^2+1)^{3/2}$

7. $f(x, y) = x^2y - y$; 8

8. $f(x, y) = e^{xy} - y^2$; -16

9. $f(x, y, z) = xz^2 + x^2y$; -38

10. $f(x, y) = \dfrac{x^3}{3} + x + \dfrac{y^5}{5} - \dfrac{2}{3}y^3 + y$; $\dfrac{152}{3}$

11. $\sqrt{30} - \sqrt{14}$ 12. -2 13. $10 - e^{18}$

14. $\dfrac{\pi}{4} + 1 - e^4 + \dfrac{4}{3}(4 - \sqrt{2})$ 15. 32π

16. $C_1 : x = t,\ y = 0,\ -2 \le t \le 2;$

$C_2 : x = 2\cos t,\ y = 2\sin t,\ \pi \le t \le 2\pi$

17. $C_1 : x = -2 + 2t,\ y = 2 - 2t,\ 0 \le t \le 1;$

$C_{2a} : x = t,\ y = 2,\ -2 \le t \le 0,$

$C_{2b} : x = 0,\ y = 2 - t,\ 0 \le t \le 2$

연습문제 14.4

1. π 2. 16 3. -54 4. $\frac{32}{3}$

5. 6π 6. $\frac{1}{3}$ 7. $\frac{4}{3} + \frac{1}{2}e^2 + \frac{3}{2}e^{-2}$

8. 8 9. $4e^2 + 12e^{-2}$ 10. $2\pi e$ 11. 8π

12. $\frac{32}{3}$ 13. $\frac{3}{8}\pi$ 14. 0 15. 0 16. π

연습문제 14.5

1. $\langle 0, 0, -3y\rangle$, $-x$ 2. $\langle -3, 2x, 0\rangle$, $2z$

3. $\langle -y, -2x, -x\rangle$, $y + z$

4. $\langle x^2e^{xy} + 1, -(1+xy)e^{xy}, 0\rangle$; $2x + 1$

5. $\left\langle -x\sin y - \dfrac{\sqrt{x}}{2\sqrt{z}}, -\dfrac{3y}{z^2} - \cos y, \dfrac{\sqrt{z}}{2\sqrt{x}} - \dfrac{3}{z}\right\rangle$; 0

6. conservative 7. incompressible 8. conservative

9. neither 10. incompressible

11. (a) scalar (b) undefined (c) undefined (d) vector (e) vector

15. (a) $\dfrac{2}{\sqrt{x^2+y^2+z^2}}$ (b) 0

연습문제 14.6

1. $x = x,\ y = y,\ z = 3x + 4y$

2. $x = 2\cos\theta,\ y = 2\sin\theta,\ z = z,\ 0 \le \theta \le 2\pi,\ 0 \le z \le 2$

3. $16\pi\sqrt{2}$ 4. $2\pi\sqrt{14}$ 5. $\dfrac{\sqrt{2}}{2}$ 6. 4π

7. $\displaystyle\int_1^3\int_1^2 (2x^2 + 3xy)\sqrt{14}\,dx\,dy = \frac{82\sqrt{14}}{3}$

8. 486π (the integrand is the constant 27 on a hemisphere of radius 3)

9. $\displaystyle\int_0^{2\pi}\int_{\sqrt{2}}^{\sqrt{3}} (2r^3 - 4r)\sqrt{4r^2+1}\,dr\,d\theta = \frac{\pi}{10}[81 - 13\sqrt{13}]$

10. $\displaystyle 2\int_0^{2\pi}\int_0^4 \sqrt{2}r^3 dr\,d\theta = 256\sqrt{2}\pi$

11. 24π 12. -18π 13. $\dfrac{5}{2}$ 14. $\dfrac{9\pi}{2}$ 15. $\dfrac{3\pi}{2}$

16. 198.8π 17. 0.47π 18. 0

연습문제 14.7

1. $\frac{3}{2}$ 2. π 3. 0 4. 12 5. 32π

6. 56π 7. (a) 8 (b) 0 8. (a) 4π (b) 2π

9. 0 10. $\frac{\pi}{2}$ 11. $\pi e - \frac{2}{3}\pi$ 12. 16π

13. $\dfrac{27}{5}$ 14. $\dfrac{512}{3} + 8e^2 + 24e^{-2}$

연습문제 14.8

1. 0 2. 4π 3. $-\dfrac{4}{3}$ 4. $-\pi$ 5. 0 6. 0

7. 4π 8. 4π 9. 0 10. 3π

11. (a) 0 (b) 0 12. (a) $\dfrac{88}{3}\pi$ (b) 24π

14. Use $\nabla \times (f\nabla g) = (\nabla f) \times (\nabla g)$.

찾아보기

[ㅂ]

[ㅅ]

[ㅇ]

[ㅈ]

[ㅊ]

[ㅋ]

[ㅌ]

[ㅍ]

[ㅎ]

미분적분학 번역 및 교정자

권언근, 권태인, 김권욱, 김병수, 김상현, 김석찬, 김성주, 김수현
김안현, 김영호, 김인수, 김종기, 김한두, 김형순, 남상복, 박병춘
박용길, 박용진, 박진원, 박태훈, 배은규, 손무영, 손진우, 심문식
양기열, 엄정석, 우경수, 유 일, 유병훈, 유상욱, 이 우, 이남용
이두범, 이수철, 이은표, 이창현, 장건수, 정내경, 정수미, 정일효
조동현, 조정래, 채홍철, 최두일, 최택영, 허 찬, 홍우표, 홍지창

(가나다순)

미분적분학

2016년 3월 1일 인쇄
2016년 3월 5일 발행

원 저 자 ◎ ROBERT T. SMITH & ROLAND B. MINTON
대표역자 ◎ 장 건 수
발 행 자 ◎ 조 승 식
발 행 처 ◎ (주) 도서출판 북스힐
서울시 강북구 한천로 153길 17
등 록 ◎ 제 22-457호

(02) 994-0071(代)

(02) 994-0073

bookswin@unitel.co.kr
www.bookshill.co.kr

잘못된 책은 교환해 드립니다.

값 33,000원

ISBN 978-89-5526-467-8